国家科学技术学术著作出版基金资助出版

菊芋生物学及高值化利用

刘兆普 等 著

科学出版社

北京

内 容 简 介

本书第 1～3 章阐述菊芋品种资源的概况及其分布，介绍其形态学特征，菊芋水分利用高效、光能转化效率高等生理生化特征及其分子机制；第 4 章阐述其代谢生态学过程相互协同关系；第 5 章和第 6 章介绍菊芋育种、“双减”栽培原理，不同区域菊芋播种、田间管理、收获到储存防腐的技术体系；第 7 章介绍菊芋的生态作用过程及机制，阐述菊芋栽培对中国健康土壤的贡献；第 8 章介绍菊芋块茎的化学成分与菊粉化学特征，揭示菊芋菊粉对高血脂、高血糖、肥胖症及糖尿病等症状的控制效果；第 9 章阐明菊芋叶片主要化学成分及其提取物对一些致病菌的抑制效果和抑菌机制，对菊芋秸秆的化学成分及作为动物功能性饲料、生物质能源材料、纤维类产品原料开发进行探索；第 10 章和第 11 章描述菊芋代谢产物菊粉与蛋白质的提取、分离、纯化的关键技术和燃料生产关键技术与工艺。

本书从菊芋种质资源、遗传改良、非耕地轻简栽培及生态修复、绿色高值化利用诸方面作了系统阐述，可作为科研人员、大专院校师生、企业决策者、政府产业规划人员的参考用书。

图书在版编目（CIP）数据

菊芋生物学及高值化利用 / 刘兆普等著. -- 北京 : 科学出版社, 2024. 10. -- ISBN 978-7-03-079646-2

Ⅰ. S632.9

中国国家版本馆 CIP 数据核字第 2024KV6012 号

责任编辑：周 丹 黄 海 沈 旭/责任校对：杨 赛
责任印制：张 伟/封面设计：许 瑞

科学出版社 出版
北京东黄城根北街 16 号
邮政编码：100717
http://www.sciencep.com

北京中科印刷有限公司印刷

科学出版社发行 各地新华书店经销

*

2024 年 10 月第 一 版 开本：787×1092 1/16
2024 年 10 月第一次印刷 印张：68
字数：1 620 000

定价：799.00 元

（如有印装质量问题，我社负责调换）

清华大学能源转型与社会发展研究中心、

江苏省华夏三农事业发展基金会、

江苏滩涂生物农业协同创新中心/盐城师范学院、

江苏碧清园资源开发有限公司、

南京农业大学世界一流学科建设项目“农业资源与环境学科”、

国家科学技术学术著作出版基金资助出版，

谨表诚挚感谢！

作 者 名 单

刘兆普　隆小华　刘　玲　赵耕毛　唐伯平

徐国华　邓力群　周兆胜　谢军伟　周春霖

梁明祥　何继江　徐　天　曹春祥　冯慧敏

刘　联　高秀美　左兆河　薛祥华

序　一

菊芋或称鬼子姜，是一个神奇的植物品种，具有传奇的历史。过去300年间，凡在灾荒年代，如粮食短缺或油价猛增的时代，人们就会关注起这种作物，同时，关于菊芋的研究著作也会纷纷出版。近来，菊芋作为不同层面新产品的开发潜力又激起了人们的兴趣，人们逐渐意识到菊芋在当今及未来人类食品和动物饲料方面的重大健康意义，以及利用它取代石油生产生物质能源及生物基化学品的广阔前景。

《菊芋生物学及高值化利用》一书是以非耕地持续高效利用、推动农业“双减”变革及农业供给侧结构性改革、开发新资源碳水化合物为目的的研究成果的汇集，是我国生态高值农业的重大实践，对推动我国新兴产业群发展将发挥巨大的引领作用。

《菊芋生物学及高值化利用》一书具有明显的三大特色：其一是著作时空跨度之大，专著展示了南京农业大学刘兆普教授研究小组从 1988 年至今关于菊芋等抗逆高效植物的研究成果，30 多年的默默耕耘，从内陆盐碱荒漠到沿海广袤海涂，从北方干旱地区到南方热带盐渍荒地，一篇篇铿锵有声的论文跃然纸上。其二是著作内容之广，从菊芋种质资源及其分布到菊芋的形态特征、生物学特性，从菊芋新品种选育到菊芋非耕地栽培，从菊芋播种、田间管理及收获到采后储存管理，从菊芋植物生产到其高值化利用，在各个层面上形成了完整的技术体系与工艺方案，促进了菊芋产业链的健康发展。其三是著作科学思路之新，在菊芋这一特质植物的研究中，将科学、技术与工程完美有机融合，实现三者无缝衔接，突显其叠加效应，如在菊芋非耕地栽培方面，首先从菊芋的连作与边际效应这一基本科学问题入手，到田间水肥调控关键技术攻关与技术体系集成，最终配置完整的菊芋植物生产系统工程，这一科学思路使成果的先进性与可操作性大大提高。

《菊芋生物学及高值化利用》一书的作者在海南、江苏、山东及河北四省的海陆过渡带及新疆、青海、河北、内蒙古和东北地区等的内陆盐碱地进行的以耐盐高效植物修复环境的试验与研究颇具创新性，揭示了菊芋在盐渍荒漠地脱盐、生物多样性及固碳、减排等方面的生态功能、作用过程及其机制，阐明了菊芋海陆过渡带生态修复及海水养殖废水净化的效应，既具有一定的理论价值，也会对我国生态高值农业的拓展产生重大影响。

综上所述，《菊芋生物学及高值化利用》是一本很有分量的专著，我很高兴作序祝贺其出版。

中国科学院院士　赵其国

2018 年 2 月 18 日于南京

序　二

《菊芋生物学及高值化利用》从菊芋品种资源、形态、分布、遗传背景等方面做了详细介绍，探索了菊芋生理生化、分子生物学及代谢生态学特征，汇集了菊芋育种与改良、菊芋非耕地栽培等方面最新的研究成果，挖掘了菊芋海涂盐土及养殖废水生态修复功能，阐述了菊芋块茎的化学成分与菊粉化学特征、菊芋地上部化学成分，研发集成了菊芋代谢产物的提取、分离、纯化及修饰，菊芋高值化利用关键技术。该书是国内关于菊芋既有深厚理论内涵、又有可操作性的技术体系专著，其出版与发行，将对我国菊芋这一特质植物的研究、开发及产业化产生重大影响。

《菊芋生物学及高值化利用》对菊芋抗逆高效的生理生化特征及分子机制进行系统的阐述，揭示了菊芋适应非生物胁迫的完美策略及相应机制，将菊芋定义为抗逆高效植物。

在菊芋的组织培养技术、运用海水胁迫的途径进行抗盐新品种选育等菊芋优良品种育种方面有独到之处，并育成了南菊芋 1 号和南菊芋 9 号新品种，这些育种技术及培育的新品种具有广阔的推广前景与巨大的应用价值。

在菊芋非耕地栽培原理与轻简栽培技术方面也独具特色。该书首先阐述了菊芋的连作效应、菊芋盐碱地种植的边际效应两个最新成果，接着在菊芋非耕地栽培原理与轻简栽培技术方面做了系统而深入的研究：分别集成了山东莱州半干旱半湿润带滨海盐渍土、江苏大丰湿润带淤进型滨海盐渍土、内陆高寒荒漠及盐碱地菊芋轻简栽培技术体系，又在菊芋病虫害与杂草防治、菊芋收获与储存等共性关键技术方面进行集成，这些研究既具有一定的理论深度，又具有成果成熟度高、操作性强的特色。

在菊芋高值化利用方面，《菊芋生物学及高值化利用》从其原初代谢产物——菊粉到次生代谢产物——酚酸类代谢产物都进行了颇有深度的技术开发与集成，为构建菊芋产业链与盐土生态高值农业产业群提供了比较完整的科学、技术与工程相衔接、贯通的技术体系，对菊芋这一新资源植物的开发将产生重大的推动与引领作用。

为此，我十分高兴地为《菊芋生物学及高值化利用》作序并祝贺其出版。

中国工程院院士　万建民

2018 年 2 月 18 日于北京

序　三

菊芋是一种具有独特遗传背景的植物，《菊芋生物学及高值化利用》专著选择菊芋作为研究对象，既有强烈的挑战性，又有独特的科学意义，战略地位凸显。

《菊芋生物学及高值化利用》专著首先研究了菊芋抗逆（旱、涝、盐、沙、冻）的生理生化特征及分子机制，揭示了作者选育的南菊芋 1 号菊芋抗逆高产、适应非生物胁迫的完美巧妙的策略及相应机制，并从中筛选克隆了两个 Na^+/H^+逆向转运蛋白基因，经转入水稻验证，其表现出强的抗逆功能。著作还对南菊芋 1 号菊芋的逆境下信号传递调控基因序列进行筛选并克隆，进行了一些分析与推测。

《菊芋生物学及高值化利用》专著对南菊芋 1 号菊芋高效的生物学特征（很高的 CO_2 同化能力、营养元素高效利用能力）进行了较为系统而深入的研究，从其根中首次发现内生固氮与磷、钾高效利用的微生物。专著还比较深入地介绍了南菊芋 1 号菊芋高光合效率与水分利用的生理生化特征与机制。

该专著还介绍了南菊芋 1 号和南菊芋 9 号菊芋在多聚果糖、果寡糖及绿原酸等初生与次生代谢产物生理生化机制与分子调控方面的独到之处。

在菊芋非耕地栽培原理与轻简栽培技术方面，《菊芋生物学及高值化利用》专著做了大量而详细的描述，从新疆的沙漠经内蒙古至东三省的盐碱地，从内蒙古至三亚，都有南菊芋 1 号和南菊芋 9 号菊芋的高产靓影。著作阐明了菊芋的连作效应、菊芋盐碱地种植的边际效应等两个最新成果，集成了山东莱州半干旱半湿润带滨海盐渍土、江苏大丰湿润带淤进型滨海盐渍土、内陆高寒荒漠及盐碱地菊芋轻简栽培技术体系。

为此，我十分高兴为《菊芋生物学及高值化利用》作序，并祝贺著作出版。

由于菊芋研究既有强烈的挑战性，又具有独特的科学意义与战略地位，因此建议国家层面组织力量，从菊芋的种质资源、遗传发育学等方面进行科学系统工程的建设工作。

中国科学院院士　李家洋

2024 年 04 月 18 日于北京

前言

多年日日夜夜的伏案撰写，《菊芋生物学及高值化利用》一书终于脱稿，它汇集了作者团队 30 多年关于菊芋的研究成果，并介绍了国内外的最新研究进展，试图为我国菊芋的科学研究与产业发展贡献微薄之力。

之所以把菊芋作为作者毕生研究的重点内容，首先是因为作者孩童时代生活在苏北黄泛区盐碱土地区，盐碱造成的极度贫困令作者现在仍心有余悸，而菊芋这种野生植物在那个贫穷饥荒的年代曾供人果腹，至今仍令作者眷恋不止。1988 年，一群年轻学者放弃大城市多彩的生活，奔赴荒芜的海涂，立志将海涂变良田进行创业时，适逢已在海涂扎根的尹金来博士卓有远见地提出菊芋等特质植物在海涂利用中的潜力与前景，后来因工作岗位的变动，他本人无法参与这一长期的研发过程，而他的爱人周春霖教授却成为菊芋研发团队的重要成员之一。1999 年，作者团队已形成菊芋研发的详细计划与技术路线，在中国不同类型的盐碱地上进行长期的试验、示范与推广。

菊芋（*Helianthus tuberosus* L.）为菊科向日葵属一种能形成地下块茎的草本植物。它分布极其广泛，是能从热带分布到北极、从海边分布到海拔近 4500m 的地区的高等植物物种，被称为“魔鬼植物”，因而成为植物中最早被“树碑立传”（对单一物种撰写的一本书）的异源六倍体（$2n=6x=102$）草本植物，在全球热带、温带、寒带以及干旱、半干旱区均有分布和栽培。南京农业大学海洋科学及其能源生物资源研究所菊芋研究小组根据菊芋抗逆性强、光合效率高、肥水需求低、市场调适性强的生物学特性与经济属性，首次将其称为抗逆高效植物，同时把菊芋作为我国非耕地“双减”栽培的最佳作物，这无疑对我国农业产业结构调整、农业供给侧结构性改革及健康膳食等产生重大影响。

菊芋地下块茎果聚糖高效累积调控过程是菊芋新品种（系）选育的重要目标。随着两个菊芋果聚糖代谢关键酶[蔗糖：蔗糖果糖基转移酶（1-SST）和果聚糖：果聚糖果糖基转移酶（1-FFT）]的发现和果聚糖代谢的经典模型的构建，作者在研究菊芋果聚糖代谢调控途径时发现，1-SST 和 1-FFT 在花和茎中低量表达，在叶、根和休眠块茎中无表达，而在生长块茎中大量表达。在研究中还发现，果聚糖不仅是重要的新糖源，而且是菊芋适应逆境的关键调节物质，主要分布于菊芋细胞液泡内，在干旱、低温和盐胁迫下，释放出可溶性果糖，调节渗透压，提高菊芋的抗逆性。作者团队通过分子生物学手段进行了验证，对菊芋逆境适应的策略及其分子调控机制做了比较系统的研究。

菊芋驯化栽培和开发利用的时间较短，栽培品种和自然群系间在果聚糖含量、产量、抗性等方面差异显著。作为一个具有广泛适应性的“魔鬼植物”，世界各国把菊芋种质资源收集作为菊芋遗传育种研究的重要战略：如美国国家种质资源库共收集了以北美洲分布为主的菊芋种质资源 107 份，德国国家种质资源库主要收集了欧洲分布的菊芋种质资源 102 份，我国一些高校院所收集了在亚洲、欧洲分布的菊芋种质资源 500 余份。作者根据不同菊芋种质资源的特性差异，在全球率先在高寒、沿海滩涂、内陆荒漠、盐碱地等边际土地上开展了菊芋新品种筛选培育工作，通过人工定向选择和自主研发的具有知识产权的菊芋育种方法成功培育了“南菊芋 1 号”、“南菊芋 9 号”等适宜于不同边际地类型种植的新品种、新品系。作为新资源植物，南京农业大学海洋科学及其能源生物资源研究所菊芋研究小组花费巨大的人力、物力，在菊芋新糖源、新活性物质、新能源、新植物基化学品开发方面进行了有益的探索，取得了一些有价值的成果，为以菊芋为材料研发功能性食品及新型食品添加剂、增强动物免疫能力的饲料、有市场开发潜力的植物源药品及环保清洁的固体与液体燃料等奠定了坚实的技术与工艺基础。

《菊芋生物学及高值化利用》作为一本理论性与应用性兼顾的学术专著，其主要内容汇集了 30 余年来南京农业大学海洋科学及其能源生物资源研究所菊芋研究小组关于菊芋科研所取得的最新成果。由于作者对本书寄予一些希望——启迪研发思维、激发创新灵感、创新设计理念、把握领先技术、配置工艺体系、支撑新兴产业，故在著作中介绍了一些新颖的设计理念、先进的研究手段与工艺流程，以期满足科研院所、大专院校及高新技术企业不同领域中不同层次人员的需求。本书注入了作者团队 30 余年的心血，值此著作出版之际，对以下参与菊芋研究并做出重要贡献的研究生表示诚挚的谢意：夏天翔、薛延丰、王琳、李青、黄增荣、吴成龙、孟宪法、谌馥佳、严一诺、寇伟峰、Vecheck、迟金和、何新华、李杰、张海娟、陈良、金善钊、康健、严德凯、常子磐、方琳、于秋红、孙晓娥、赵婕、耿再燕、李玲玲、李妞、刘莉萍、刘元瑞、魏微、刘海伟、辛本荣、黄玉玲、杜迎春、冯迪、俞梦妮、包婉君、郑晓涛、王建绪、辛邵南、杨慧、邵天韵、陈咏文、陈满霞、岳杨、闻奋亮等。同时对出席作者团队主持的第五届国际菊芋研讨会并提供了宝贵研究信息的部分专家致以诚挚的谢意，他们是：Uzi Kafkafi 教授，The Hebrew University of Jerusalem；Jim Oster 教授，University of California；Muhammad Javed Iqbal 教授，Institute for Sustainable and Renewable Resources（ISRR）；Gerald J. Seiler 教授，USDA - Agricultural Research Service；Stepan Kiru 教授，N. I. Vavilov Research Institute of Plant Industry（VIR）；Anna Guzi 教授，N. I. Vavilov Research Institute of Plant Industry；Cherku Prathibha 教授，Devi Osmania University；Zed Rengel 教授，University of Western Australia；H. H. Mündel 教授，Agriculture and Agri-Food Canada/Lethbridge Research Centre；József Barta 教授，Department of Food Technology, Faculty of Food Industry, University of Horticulture and Food Industry；B. Prathibha Devi 教授，Department of Botany, Osmania University；Jos Osvaldo Beserra Carioca 教授，Universidade Federal do Ceará- UFC, Brazil；Stanley J. Kays 教授，Department of Horticulture, the University of Georgia；Natalya Anushkevich 教授，Department of Potato Genetic Resources，N. I. Vavilov Research Institute of Plant Industry；André Bervillé 教授，Institut National de la Recherche Agronomique（INRA）；Catherine Breton 教授，Institut National de la Recherche Agronomique（INRA）；Jaromir Kvacek 教授，Czech University of Life Science, Faculty of Tropical AgriSciences；Ondrej Vacek 教授，Czech University of Life Science, Faculty of Tropical AgriSciences；Sanun Jogloy 教授，Department of Agronomy, Faculty of Agriculture, Khon Kaen University；Darunee Puangbut 教授，Department of Agronomy, Faculty of Agriculture, Khon Kaen University；Prapart Changlek Senior 教授，Faculty of Agriculture,

Kasetsart University; Sarote Sirisansaneeyakul 教授，Department of Biotechnology, Faculty of Agro-Industry, Kasetsart University; Mei Chuansheng 助理教授，Institute for Sustainable and Renewable Resources，USA；Muhammad Javed Iqbal 助理教授，North Dakota State University，USA。

著作涉及的研究工作面广，获得了国家及江苏省有关部门的项目资助，在此深表感谢：国家 863 项目“海岸带盐生经济植物中试与产业化”（863-819-08-06）、“苏北滩涂耐海水植物新品种筛选培育及综合栽培技术研究与示范”（2007AA091702），国家科技支撑计划项目“耐盐经济植物规模化栽培技术研究与开发”（2006BAD09A04）、“东海区淤进型滩涂高效利用关键技术集成与示范”（2011BAD13B09），蓝色粮仓科技创新专项“滩涂耐盐植物轻简生态栽培技术与高效生产模式”（2019YFD0900702），国家自然科学基金项目“耐盐菊芋两个钠（钾）氢逆向转运蛋白调控、钾钠平衡和耐盐力差异的作用机制”（31272226），国家自然科学基金中美合作项目“基于海洋能转化技术的滩涂生态系统重塑的构架与机理研究”（20191J006），农业部 948 计划“海涂盐生经济植物的引进驯化及海水灌溉技术”（201036）、“海涂适生菊芋品种及其轻简化节本增效栽培技术引进与创新”（2009-Z9），江苏省科技攻关项目“沿海滩涂耐盐植物海水灌溉技术研究”（BE2001338）、“耐盐碱能源作物——菊芋规模化种植与应用关键技术研究与开发”（BE201030）、“适合沿海滩涂种植的高效耐盐能源植物分子育种和新品种规模化种植技术研发”（BE2011368），江苏省农业科技自主创新资金产业体系类项目“盐土特植物产业化关键技术研究与集成创新示范区”[CX(12)1005]。

《菊芋生物学及高值化利用》由国家科学技术学术著作出版基金、江苏省华夏三农事业发展基金会、清华大学能源转型与社会发展研究中心、南京农业大学世界一流学科建设项目“农业资源与环境学科”、江苏滩涂生物农业协同创新中心/盐城师范学院专项经费及江苏碧清园资源开发有限公司、山东菊芋农业科技有限公司资助出版，在此谨表诚挚感谢。

刘兆普

2024 年 4 月 28 日

于南京农业大学（海南）滩涂农业研究所

目　录

第1章 绪 论

菊芋，从植物生物学的角度将其说成是一种非常奇妙的物种，是有其道理的。它有着一段丰富多彩的历史，通常所用的名字（鬼子姜）与作物本身并没有多大联系，其独特的生物与化学组分却将它与其他的作物区别开来。这种植物原产于美国，但在欧洲获得了重视。早期就大约有35部关于这种植物的专论和书籍出版，最初是在1789年，主要以法语、德语和俄语出版，后来的主要书籍在1955年以匈牙利语编著而成。与主要的田间作物相比，有更多关于菊芋的科学出版物发行，从1932年的400部猛增至1957年的1300部，如今已经达到了几千部。

菊芋（*Helianthus tuberosus* L.），别称鬼子姜、菊藷（薯）、五星草、洋羌（姜）、番羌（姜），为植物界被子植物门双子叶植物纲合瓣花亚纲桔梗目菊科管状花亚科向日葵属菊芋种，命名者及年代为L., 1753，英文名称为jerusalem artichoke，多年生草本植物。原产于北美洲，在亚洲、欧洲、美洲都有广泛分布且被大面积栽培。在我国，南从广东、北至黑龙江，西起新疆、东至沿海地区都有菊芋生长，种植规模呈增长的趋势。

菊芋是难得的抗逆高效植物，17世纪后传入法国、意大利、日本和中国。菊芋被认为是北美最为古老的种植作物，联合国粮食及农业组织已把菊芋视为“21世纪人畜共用作物”，种植菊芋成为充分利用非耕地缓解世界粮食安全的重要途径之一。鉴于我国人多地少的国情，非耕地菊芋产业对于我国粮食安全、缓解粮饲矛盾举足轻重，是解决我国当前人们对美好生活需求与社会发展不全面、不平衡的矛盾，建设美好农村，拓展粮食安全、国土安全、能源安全内涵等关系民族复兴的伟大战略性工程的有效途径之一。

菊芋与我国主要夏季粮食作物如玉米、水稻相比，具有显著的优势。菊芋光合效率高，生物产量与经济产量均明显高于玉米与水稻。在我国粗放种植的背景下，菊芋每亩[①]可产块茎1250～5000 kg，折合亩产糖250～1000 kg，茎秆1000～2000 kg。如果像玉米与水稻那样精耕细作，其增产潜力巨大：国外菊芋块茎亩产6000～8000 kg（鲜重），其产菊粉量远远超过玉米与水稻的淀粉产量；茎秆2600 kg，品质与产量均超过玉米与水稻的茎秆。

菊芋抗逆性强，肥水需求低，适于轻简种植。菊芋在含盐量0.3%～0.4%的盐土上能正常生长，在含盐量0.5%的盐土上仍能很好地生长；菊芋对氮、磷的需求仅是水稻与玉米的1/3，且能够利用土壤中其他植物不能利用的低水势水分，因而水分利用效率高，大田菊芋栽培可节水2/3左右。加之菊芋病虫害极少，田间管理成本可节约1/2左右，是难得的适合“双减”栽培的新资源植物。

菊芋是地表能源转型、农业与光伏耦合增效、非耕地修复的首选作物，对荒漠地、盐碱地的修复效应显著。菊芋的生存力与繁殖力很强，根系发达，枝叶繁茂，生长迅速，

---

① 1亩≈666.7 m^2。

茎秆、枝叶密若蛛网，有助于遏制沙尘暴，是防风固沙、保持水土的理想植物；菊芋有较高的耐盐能力和一定的储盐能力，且茂密的生物覆盖以及地下部块茎与根系对土壤的物理性改造等使其有巨大的淋盐与抑盐能力，其种植成为我国对广袤的盐碱土进行高效利用与快速改良的主要途径之一，已在中国北方与沿海盐渍土地区迅速推广。

近年来，由于认识到菊芋在地表健康、人类健康、动物饲用、生产生物燃料及生物基化学品方面的重大意义，许多有识之士从不同侧面开展了对菊芋的研究与开发，并竭尽全力推动我国菊芋产业的发展。我国政府及有关职能部门从2009年起，颁布了多个关于菊芋产业发展的指导性文件。

1.1 菊芋广袤的分布

菊芋在很多方面还是个谜，如在原产地及其分布方面就众说纷纭，Kays 和 Nottingham 根据北美与西欧的调查资料记载，认为菊芋是原产于美洲的温带作物，其生产带大致在南北纬 45°～55°[1]。本书作者从 1988 年开始在中国与俄罗斯进行菊芋资源调查，发现菊芋生长空间更为广阔，在中国的四川资阳至江苏无锡北纬 30°～31°的亚热带与暖温过渡带均有菊芋的生长与栽培生产。作者曾用在江苏盐城（北纬 32°59′）选育的南菊芋 1 号在中国海南省乐东黎族自治县龙沐湾这一热带海涂（北纬 18°73′）进行种植试验，发现其地上部完全能正常生长，仅块茎较小，块茎产量较低；俄罗斯瓦维诺夫植物研究所在克拉斯诺达尔市的菊芋种质繁育基地（地处黑海沿海亚热带气候区），栽培有 400 多份菊芋种质资源；Puttha 等在北纬 10°～25°的位于热带的泰国对收集的 79 个菊芋品种资源进行栽培试验，也取得了满意的结果[2]。同时菊芋既可在平原上种植，也可在海拔 4500m 左右的高寒地区栽培。因此，随着对菊芋研究的深入，作者发现菊芋有更加广阔的生长地域。菊芋的驯化栽培和开发利用时间较短，栽培品种和自然群系间在果聚糖含量、产量、抗性等方面的特点各不相同。作为一个具有广泛适应性的“魔鬼植物”，世界各国把菊芋种质资源收集作为菊芋遗传育种研究的重要战略。例如，美国国家种质资源库共收集了以北美洲分布为主的菊芋种质资源 107 份，德国国家种质资源库主要收集了欧洲分布的菊芋种质资源 102 份；我国以南京农业大学为主收集了亚洲、欧洲、美洲、大洋洲的菊芋种质资源 500 余份。为了给菊粉生产提供原料以及使用菊芋治理荒漠和盐碱地，我国科学家在种质资源收集的基础上，根据不同菊芋种质资源特性的差异，在全球率先在高寒、沿海滩涂、内陆荒漠、盐碱地等边际土地上开展了菊芋新品种的筛选培育工作，通过人工定向选择和自主研发的具有知识产权的菊芋人工杂交方法成功培育了“南菊芋 9 号”、“青芋 2 号”、“南菊芋 1 号”等 8 个适宜于不同边际土地类型种植的新品种。作者对中国菊芋研究概况做了比较系统的综述，2016 年发表在著名的学术期刊 *Renewable & Sustainable Energy Reviews* 上[3]。

1.2 菊芋神奇的遗传学特性

前面已介绍，菊芋属于菊科向日葵属，是能形成地下块茎的一种草本植物。它分布极其广泛，是高等植物中为数不多的能从热带分布到北极、从海边分布到海拔近4500m地区的物种，被称为“魔鬼植物”，因而在植物中最早被“树碑立传”。菊芋的遗传背景有两大特点，一是它为含有102条染色体的六倍体植物，经分析其可能是由雄性异性四倍体向日葵属植物和一种二倍体植物品种杂交产生的含有51条染色体的三倍体，经加倍而形成的同源异源六倍体（$2n=6x=102$）。众所周知，向日葵属基本的染色体数目是17条，人们已发现二倍体（$2n = 34$）的物种，如*H. annuus* 和*H. debilis*，也同时发现了3个四倍体（$2n = 4x = 68$）物种，即*H. divaricatus*、*H. eggertii*、*H. hirsutus*，以及六倍体的物种，如*H. rigidus*、*H. macrophyllus*、*H. tuberosus*。二是菊芋基因组特别大，约为12Gb，而水稻基因组仅为430Mb，即使是人类的基因组也仅为2.91Gb左右，因此至今世界范围内人们尚未确定菊芋的祖先植物。

菊芋的遗传图谱很大，约为水稻的30倍，它又是为数不多的兼有有性与无性繁殖后代方式的高等植物，更令人震惊的是，菊芋主动适应逆境的策略简直堪称完美，致使其在数千年的历史长河中，即使环境险恶，也能繁衍不息，越来越广泛地生长于世界各地，甚至在近乎寸草不生的绝地也曾发现它的存在。

菊芋遗传育种有许多难点要突破，首先是菊芋育性差，主要原因有三：一是菊芋具有减数分裂不规则性，在第二次减数分裂中期染色体数目为49～53[4~9]。对染色体的核型分析显示其总长度在2.05～3.90 μm，染色体臂长比在0.52～2.54[10]，而且12对染色体都有中部着丝点，30对有近中着丝点，9对有近端着丝点。二是菊芋为异花授粉植物，但在长期进化中无性繁殖几乎取代了种子繁育，致使花粉活力极差[11]。三是菊芋具有很强的自交不亲和性[12]，导致菊芋有性繁育后代更为困难。

1.3 菊芋——名副其实的抗逆高效植物

南京农业大学海洋科学研究院及其能源生物资源研究所菊芋研究小组经过30余年的探索，首次将菊芋认定为抗逆高效植物。在抗逆特性如耐盐方面，菊芋拥有完美无缺的抗盐策略与精细独特的耐盐机制，本著作在第3章中将详细地阐述菊芋较高的水分与养分利用效率，巧妙利用毒害离子区隔化、酶促保护、渗透调节等机制，提高其耐盐能力，第4章还从器官与细胞水平上通过代谢生态途径揭示菊芋“独具匠心”地应对离子毒害的过程与特征。本著作还从分子生物学角度阐明了菊芋应对盐胁迫的分子策略：从菊芋中克隆得到质膜型Na^+/H^+逆向转运蛋白基因*HtSOS1*与两个液泡膜型Na^+/H^+逆向转运蛋白基因*HtNHX1/2*，利用*HtSOS1*酵母转化子验证了其功能为通过外排过多的Na^+到酵母细胞外从而增强酵母盐敏感突变体的耐盐能力，并将*HtSOS1*整合到水稻基因组中且在转录水平上表达，采用耐盐生理实验表明*HtSOS1*转基因水稻的耐盐能力得到了一定程度的提高。转基因水稻在100 mmol/L NaCl的营养液中处理21天后比野生型具有显著高的鲜重、相对含水量、K^+含量及K^+/Na^+值，而体内Na^+浓度相对于野生型显著降低。这表明*HtSOS1*可以外排细胞中过多的Na^+从而增强了转基因水稻的耐盐能力。而同样在菊芋中克隆得到两个液泡膜型Na^+/H^+逆向转运蛋白基因*HtNHX1/2* cDNA全序列，其在菊芋根、茎和叶中都有表达，而在盐胁迫下两者的表达均上调，并且在根和茎中的上调程度大于叶片，表明 *HtNHX1/2* 的表达具有组织特异性。在菊芋全生育期中，*HtNHX1/2* 在根、茎、叶和块茎中均有表达。测定水稻体内 K^+、Na^+浓度和分配的结果显示，*HtNHX2* 转基因水稻具有更强的 Na^+区隔化能力从而具有更强的耐盐能力。菊芋细胞质膜及液泡膜两类 Na^+/H^+ 逆向转运蛋白基因的存在与表达，使菊芋将 Na^+外排与胞内区隔化两大机制共同配合运用，从而大大增强了其耐盐能力。

渗调机制是菊芋抗盐的又一策略，菊芋通过无机与有机渗透调节物质来提高抗盐能力，如南菊芋 1 号通过两个基因 *P5CS1* 和 *P5CS2* 合成脯氨酸。菊芋通过脯氨酸合成酶 P5CS 和 OAT 及脯氨酸降解酶 PDH 的动态变化，以脯氨酸代谢途径中限速酶活性的变化来应对盐胁迫下体内对有机渗透调节物质——脯氨酸的需求。

菊芋以增强抗氧化酶类系统活性来适应干旱、低温和盐渍生境成为其又一科学的生存策略，通过超氧化物歧化酶（SOD）、过氧化物酶（POD）交替变化以抵抗逆境对其生命活动的伤害。SOD 在 0～200 mmol/L NaCl 胁迫下活性不断增强，而在 300 mmol/L NaCl 胁迫下活性比对照下降 28.3%左右。POD 在 100 mmol/L NaCl 胁迫下活性比对照上升 15.7%，而在 200 和 300 mmol/L NaCl 胁迫下活性分别下降 28.0%和 32.0%。

菊芋除了在抗逆方面具有独特的优势外，其高效利用水的属性更加显著。首先，菊芋叶片水分利用效率、蒸腾效率、现实水分利用效率、潜在水分利用效率、冠层水分利用效率等各项参数均表征其具有很高的水分利用效率。2008 年南京农业大学海洋科学及其能源生物资源研究所菊芋研究小组曾用自己选育的南菊芋 1 号品种在吉林洮南的“死海”进行种植试验，当地年降水量为 126 mm，菊芋块茎产量达 15 t/hm^2，其潜在水分利用效率达 8.4 mm/（t • hm^2）；2001 年山东莱州朱由镇年降水量仅 226 mm，南菊芋 1 号菊芋块茎产量达 30 t/hm^2，其潜在水分利用效率为 7.53 mm/（t • hm^2），而种植的玉米因干旱几乎绝收，表明南菊芋 1 号的现实水分利用效率高于玉米[17.29 mm/（t • hm^2）]和大麦[19.7 mm/（t • hm^2）]1 倍以上。菊芋可利用低水势的土壤水是其水分利用效率高的重要原因之一，低海水浓度浇灌菊芋极显著地提高了菊芋的水分利用效率。在土壤水充足的情况（75%～85%）下，南菊芋 1 号生物量水平水分利用效率为 5.68 g/kg，而南菊芋 2 号达 6.01 g/kg，两者在生物量水平水分利用效率方面存在显著差异，但当土壤缺水（55%～65%）时，两个品种的植物生物量水平水分利用效率均为 5.81 g/kg 左右。

菊芋具有高光能转化效率，虽是 C3 代谢植物，但其光合效率可与 C4 植物媲美，在含盐量 0.9～5.5 g/kg 的盐土上，其太阳光能转化率达 0.66%～2.40%，而其他植物的太阳光能转化率只有 0.5%～1.0%。

菊芋养分利用效率高是菊芋又一重要的高效属性。菊芋通过其根内生固氮菌实现对氮的高效利用。作者通过回接筛选的内生固氮菌 *Ochrobactrum anthropi* Mn1 处理的菊芋幼苗从空气中固定的氮占总氮的百分比在根部高达 20%左右，茎中 10%左右，叶中约 5%，同样不同处理菊芋根的生长发育状况也反映在适量供氮情况下菊芋根中的内生固氮菌显著促进菊芋根的健壮生长，充分表征了南菊芋 1 号根中的内生固氮菌在菊芋对氮的吸收利用中的重要贡献。南菊芋 1 号根的内生固氮菌是菊芋对氮肥需求低的重要原因之一，尤其对土壤含氮量低的滨海盐土上菊芋从空气中固定氮贡献更大。

菊芋根内生固氮菌 *O. anthropi* Mn1 也明显促进了菊芋对磷钾的高效利用。南京农业大学海洋科学及其能源生物资源研究所菊芋研究小组将 *O. anthropi* Mn1（Cho1）菌株回接到南菊芋 1 号的组培苗中，以未接种的菊芋组培苗为对照，进行了连续 2 年的田间小区试验。从 2 年的试验结果来看，回接 *O. anthropi* Mn1 菌株处理的南菊芋 1 号块茎、根、茎及叶中磷的含量远远高于未回接 *O. anthropi* Mn1 菌株处理的菊芋相同部位磷的含量，块茎与叶片的磷含量显著高于其他部位，这些结果直观地反映了菊芋根内生固氮菌在促进菊芋对土壤中磷的吸收方面的显著效果。同样，回接 *O. anthropi* Mn1 菌株处理的南菊芋 1 号块茎、根、茎及叶中钾的含量远远高于未回接 *O. anthropi* Mn1 菌株处理的菊芋相同部位钾的含量，回接 *O. anthropi* Mn1 菌株处理的南菊芋 1 号块茎及叶中铁的含量远远高于未回接 *O. anthropi* Mn1 菌株处理的菊芋相同部位铁的含量，且叶片的铁含量显著高于其他部位。铁作为植株体内难以移动的元素，在快速生长部位容易率先表现出缺素症状，回接 *O. anthropi* Mn1 菌株处理的南菊芋 1 号叶片中铁显著增加具有重要意义。镁元素在植物光合作用过程中发挥了不可替代的作用。回接 *O. anthropi* Mn1 菌株处理的南菊芋 1 号叶片中镁的含量远远高于未回接 *O. anthropi* Mn1 菌株处理的菊芋叶片中镁的含量，这也是南菊芋 1 号光合效率高的原因之一。

1.4 我国菊芋发展现状及对策

菊芋产业是一个新兴的朝阳产业。我国菊芋产业起步于 1998 年，经过 20 多年的努力，该产业已经取得了明显进展。2007 年，南京农业大学、中国科学院大连化学物理研究所、大连理工大学、复旦大学等单位成立了我国首个“菊芋生物质炼制协作组”，大大推进了我国以菊芋为原料的生物炼制产品的研究与开发。目前，我国菊芋产业正有序高速发展。菊芋种质资源收集与品种培育、栽培已有一定的研究基础，南京农业大学、青海大学等单位建立并完善了菊芋种植制度，成功培育了“南菊芋 1 号”、“青芋 2 号”等高产优质品种，为菊芋原料生产与供应奠定了坚实基础。2008 年开始在非耕地大面积种植栽培菊芋品种，主要栽培品种为“南菊芋 1 号”、“青芋 2 号”、“吉芋 1 号”、“吉芋 2 号”及内蒙古几个新品系——“蒙芋 1 号”、“蒙芋 2 号”、“蒙芋 3 号”、“蒙芋 4 号”等，据 2014 年不完全统计种植面积近 100 万亩（表 1-1）。2014 年以来，菊芋种植面积迅速扩大，2018 年仅山东瑞鸿农业发展有限公司就种植南菊芋 1 号等品种达 4 万亩，山西田根农业科技有限公司在山西省静乐县种植菊芋 2 万余亩，辽宁省喀左县老爷庙镇把菊芋产业作为田园综合体的主干项目。

表 1-1 菊芋主要产区生产情况（2014 年不完全统计）

地区	面积/万亩	单产/（kg/亩）	总产量/万 kg
江苏省	10.5	3000～4000	31500～42000
内蒙古自治区	10.0	1500～2200	15000～22000
黑龙江省	10.0	1500～3000	15000～30000
青海省	10.0	1500～2000	15000～20000
甘肃省	16.55	3000～3750	49650～62062

续表

地区	面积/万亩	单产/（kg/亩）	总产量/万 kg
宁夏回族自治区	14.5	1500～2000	21750～29000
新疆维吾尔自治区	1.0	1500～2000	1500～2000
吉林省	10.10	1500～2000	15150～20200
辽宁省	10.00	1500～2000	15000～20000
河北省	2.20	1500～2000	3300～4400
山东省	1.00	1500～2000	1500～2000
河南省	0.50	1500～2000	750～1000
山西省	0.50	1500～2000	750～1000
陕西省	0.50	1500～2000	750～1000
西藏自治区	0.50	1500～2000	750～1000
合计	97.85		187350～257662

菊芋虽然为植物中的小品种，但可被培育为举足轻重、引领我国新兴与朝阳产业的大产业。除了具有独特的生态功能外，它还是为数不多的适应非耕地生长并能获得相当可观的生物产量与经济产量的植物[13]，同时它的块茎储存物为难得的多聚果糖，茎叶中富含叶蛋白（占干重的 24%以上）[14]与酚酸类次生代谢产物（绿原酸占叶片干重的 2.8%左右）[15]，且成熟的秸秆燃烧值超过 5000 kcal①[16]，因此以菊芋为原料，可在新糖源、新药物、新能源三大领域生产具有极强市场竞争力的系列产品（图 1-1）。

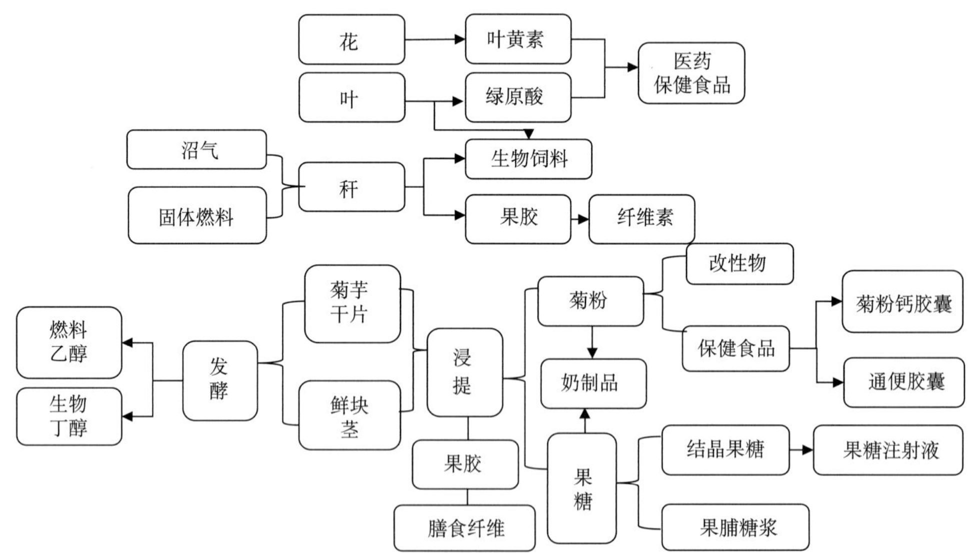

图 1-1 菊芋开发产品的示意图

① 1 kcal=4.184 kJ。

1.4.1　新资源健康食品与功能饲料

菊芋为重要的新型粮食与蔬菜作物，其块茎可直接干燥磨粉，掺和面粉用来制作面包、馒头等，也可鲜作蔬菜食用。鲜菊芋块茎中含 18%～22%菊粉（inulin），茎秆菊粉约占新鲜茎秆质量的5.6%。菊芋块茎中含苏氨酸0.8%、异亮氨酸0.09%、甲硫氨酸0.09%、色氨酸0.24%、组氨酸0.06%、精氨酸0.12%、苯丙氨酸0.13%；富含钠、钾、钙、镁、铁等多种矿物元素与维生素 A、维生素 B_1、维生素 B_2、维生素 C 等。采用现代生物技术将菊芋块茎制成菊粉、低聚果糖和超高果糖浆，这些都是当今保健食品全新的、绿色安全的多功能配料。菊粉是一种全水溶性的膳食纤维，是人体肠道中双歧杆菌的增殖因子，具有特殊的保健作用。菊芋块茎性味甘平、无毒，能利水去湿、和中益胃，具有清热解毒的功效。它是糖尿病、高血压、肥胖病等患者的健康食品。直接把菊芋块茎晾干磨成粉，可掺入小麦或黑麦面粉中加工成面包，以提高面包的内在品质与感官评价[17]。例如，提高面包碎屑的柔软度，增加面包发泡，延长面包存储时间[18, 19]。菊粉是冰淇淋、夹心巧克力及糕点中的增稠剂[20, 21]。菊芋块茎也可以直接食用，包括生食如做成沙拉、腌制成咸菜或煮熟食用，因其富含膳食纤维，可减轻便秘。因人类胃中没有菊粉酶，食用的菊粉与低聚果糖有 89%～97%进入小肠[22, 23]，并在肠道中增殖双歧杆菌与乳酸杆菌为主的有益肠道微生物，抑制有害微生物生长，提高人们的免疫力[24]。菊芋营养丰富且热值低，是十分理想的减肥控肥食品。同时菊芋还可作为功能性饲料减少对抗生素的依赖[25]。在法国、捷克、奥地利等国菊芋作为蔬菜食用，如制作成沙拉等，在俄罗斯菊芋粗粉被用作面包的添加剂，酱菊芋、菊芋蜜饯、菊芋果酱、菊粉等加工技术迅猛发展。

菊芋作为饲料也越来越引起人们的关注。自 1993 年以来，欧盟和美国把菊芋定为取代甘蔗糖、甜菜糖的首选作物之一。其块茎可广泛用于饲喂畜禽，每年 10 月下旬开始采收利用，块茎平均产量为 2000 kg/亩。干菊芋块中含粗蛋白 14.2%、粗脂肪 1.6%、粗纤维 8.5%，消化能为 3.21 Mcal/kg。菊芋的茎叶可晒干制成干草，也可青贮，青贮法可选择塑料装青贮或窖贮。夏秋应采收部分茎叶，不能收割尽，每窝留 1～3 株茎秆，以免影响块根产量。冬季初霜前，将茎叶全部收获。鲜嫩茎叶、青贮或制得的干草均可饲喂畜禽。菊芋的地上茎叶和地下块茎都是优良的饲料，地上茎叶部分营养价值可超过绿色的三叶草。如经青贮，其营养价值并不降低。菊芋的块茎具有较高的营养价值。新鲜的块茎中含有较多的无氮浸出物和蛋白质，尤其是菊粉，其营养价值较马铃薯更高，块茎脆嫩、适口性好，无论新鲜的或储藏过的，畜禽均喜食，尤以用来喂猪最佳。菊芋茎秆顶部的青贮可获得 pH 4.0 的保存完好的乳酸菌青贮饲料，其消化能为 11 MJ/kg DM。

有研究表明，含有菊芋低聚果糖的合生元补充剂可增加仔猪体重和食物转换效率[26]，商用猪饲料中的低聚果糖可以影响粪便质量[27]和粪便体积[28]并减少猪粪的恶臭[29]，它们也被证明可减少消化道干扰，增加体重，以及提高奶牛的牛奶产量。菊芋糖浆可以作为抗生素代替品或预防性饲料添加剂[30]。菊粉和低聚果糖补充剂可以减少猫与狗的粪便的恶臭，并可能有助于预防疾病，如大肠癌。Gritsienko 等提出了含有菊芋绿色成分的狗的预防性饲料，许多含有菊粉和低聚果糖的宠物食品可能不久就会上市[31]。

1.4.2　新型生物质固体与液体燃料

菊芋在盐碱地可获得 1 t/亩以上的茎叶干物质，其燃烧值可达 5800 kcal/kg，也就是说一亩盐碱地上生产的菊芋秸秆相当于 800 kg 的标准煤，尤其是南菊芋 1 号等菊芋秸秆做成的固体炭棒因具有着火点低、热值高、灰分低和污染排放轻等优良性状而具有广阔的应用市场；而其地下每亩可生产 2～3 t 的菊芋鲜块茎，可转化乙醇 350～500 kg。它是中国非耕地生物质能源生产最具竞争力的植物之一。专著第 11 章 11.1 节详细地介绍了利用菊芋块茎发酵制作液体燃料——乙醇的关键技术、生产工艺及小试与中试结果，从菊芋块茎发酵工程菌株的构建、小试及中试规模上的发酵条件优化，一步发酵与两步发酵工艺的经济技术参数比较等方面侧面给出了大量的数据与验证结论，提供了菊芋块茎转化液体燃料的科学依据，从而证明了市场开发的可行性；11.3 节对生物量可观的菊芋秸秆研制固体燃料进行了核心技术的攻关研究，从与其他秸秆固体燃料的燃烧相关参数对比、菊芋秸秆与劣质煤混合固体燃料及其添加剂含量等方面，对其燃烧特性包括燃烧灰成分、燃烧结渣率、燃烧放热量、燃烧烟气成分、燃烧烟黑及燃烧灰熔点等参数进行了大量的测量与分析，显示了菊芋秸秆作为固体燃料不可替代的优越性。

1.4.3　植物蛋白质来源

菊芋块茎蛋白质含量不是很高，而菊芋茎叶中蛋白质含量较高，随菊芋品种与种植条件的变化，其蛋白质含量有一定的变幅。专著第 9 章 9.1 节介绍了一些菊芋品种茎叶中的蛋白质含量，总体来讲，菊芋茎叶中蛋白质含量占其干重的 2.00%～3.00%，由于菊芋茎叶鲜草量大，氨基酸组分齐全且结构合理，故菊芋茎叶还是植物叶蛋白质生产原料和优良牧草之一。第 10 章 10.1 节对菊芋叶蛋白质的提取包括提取剂筛选、提取条件优化、提取工艺集成等进行了系统介绍，展现了菊芋叶蛋白质开发的诱人前景。

1.4.4　新颖的次生代谢产物

菊芋茎叶富含黄酮类与酚酸类等有生物活性的次生代谢产物，专著分别在第 9 章 9.1 节、第 10 章 10.2 和 10.3 节中对不同菊芋品种与不同栽培条件下其茎叶中次生代谢产物含量的变化、气温与盐分胁迫对菊芋茎叶中次生代谢产物含量的影响进行了系统的研究，发现菊芋茎叶中黄酮类产物以异黄酮为主，有机酸类有莽草酸、各种咖啡酸等，有重要生物活性功能的绿原酸含量占茎叶干重的 2.00%左右，而在黑龙江大庆盐渍地种植的南菊芋 1 号茎叶中绿原酸占干重的 2.00%以上；对菊芋叶片中总黄酮与酚酸类活性物质的提取分离纯化及其功能验证、菊芋叶片杀虫灭菌类农药的研制即不同浸提剂膏乳化剂的筛选与功能验证等方面均介绍了详细的过程与结果，对关键技术进行了集成与优化，展示了菊芋叶片取代贵重中药材——杜仲与金银花开发植物源农药和果蔬保鲜剂的巨大潜力。

1.4.5 生物基化学品最具竞争力的原料

菊芋每亩干物质产量达 1.5 t 以上，因此其生物质碳的利用引起了广泛的重视。其茎叶转化发酵为工业用甲烷已进入试生产阶段，而甲烷是重要的化工原料；利用块茎降解生产果糖、果寡糖的技术与工艺日渐成熟，同时甘露醇转化等工作也已取得一些突破性成果。菊芋将为生物基化学品生产提供丰富且廉价的原料。

1.5 我国菊芋产业发展展望与对策

在科技部、农业农村部、教育部与国家海洋局以及江苏有关部门的支持下，我国科研人员经过 20 余年的努力，在菊芋的种质资源收集、新品种选育、规范化栽培及高值化利用方面开展了大量研发工作，取得了许多项技术成果。近年来菊芋块茎加工转化技术开发主要集中在我国，特别是 2002 年中国科学院大连化学物理研究所联合复旦大学、大连理工大学、兰州大学和南京农业大学等 10 余个具有良好工作基础的研究单位通力合作，在成立“菊芋生物质炼制协作组”之后，取得了一系列的研究进展，包括很多专利技术成果，如表 1-2 所示。

表 1-2　菊芋相关专利技术情况

序号	专利名称及申请（专利）号	专利权人
1	一种菊芋人工杂交的方法（CN201010137263.9）	兰州大学
2	一种菊芋品种的培育方法（CN200710135260.X）	南京农业大学
3	一种生产高品质菊粉的方法（CN200910017835.7）	中科院烟台海岸带研究所
4	一种 6-氨基-6-脱氧菊粉及其制备和应用（CN201010570421.X）	中科院烟台海岸带研究所
5	一种提高重组蛋白在克鲁维酵母中表达量的方法（CN200810200344.1）	复旦大学
6	一种马克斯克鲁维酵母外切菊粉酶的分泌表达方法（CN200710159198.8）	中科院烟台海岸带研究所
7	一种利用菊芋原料糖化和发酵同步进行生产乙醇的方法（CN200810037117.1）	复旦大学
8	丙酮丁醇产生菌发酵菊芋生产丁醇的方法（201010234705.1）	大连理工大学
9	一种以菊芋块茎及茎叶为原料发酵生产 2,3-丁二醇的方法（CN200910302837.0）	大连理工大学
10	一种内切-β-葡聚糖酶基因（CN201010104728.0）	浙江大学
11	一种纤维二糖酶基因（CN201010104729.5）	浙江大学
12	一种携带木糖代谢相关基因的广宿主质粒及其构建方法（CN200810246561.4）	清华大学
13	一种木糖异构酶及其编码基因与应用（CN200810138563.1）	山东大学
14	一种利用葡萄糖木糖共发酵生产酒精的方法（CN200610070207.1）	山东大学
15	一种糖类化合物转化制备 5-羟甲基糠醛的方法（201010122864.2）	中科院大连化学物理研究所
16	催化 5-羟甲基糠醛制备 2, 5-二甲酰基呋喃的方法（200810012159.X）	中科院大连化学物理研究所
17	一种菊芋脱毒快繁的方法（CN201210246564.4）	南京农业大学
18	一种菊芋不定芽诱导及植株再生的方法（CN201310348799.9）	南京农业大学
19	一种盐碱地油菜套播菊芋的栽培方法（CN201410787168.1）	南京农业大学
20	一种大孔树脂富集纯化菊芋叶中总黄酮的方法（CN201210235648.8）	南京农业大学
21	菊芋叶片酚类提取物及其制备方法和应用（CN01310056376.X）	南京农业大学

续表

序号	专利名称及申请（专利）号	专利权人
22	一种菊芋果聚糖外切水解酶基因及其应用（CN201210141758.8）	南京农业大学
23	菊芋 Na^+/H^+逆向转运蛋白基因 *HtNHX1* 和 *HtNHX2* 及其应用（CN201310626326.0）	南京农业大学
24	一种菊芋叶片水饱和正丁醇提取物乳化物及其制备方法和应用（CN201610095180.5）	南京农业大学
25	一种菊芋叶片二氯甲烷提取物乳化物及其制备方法和应用（CN201610095284.6）	南京农业大学

在此坚实的基础上，我国应组织力量，加大投入，重点构建菊芋的产业体系（图 1-2），目标是培育我国特色的菊芋产业群（图 1-3），延伸至滨海盐土农业产业链。

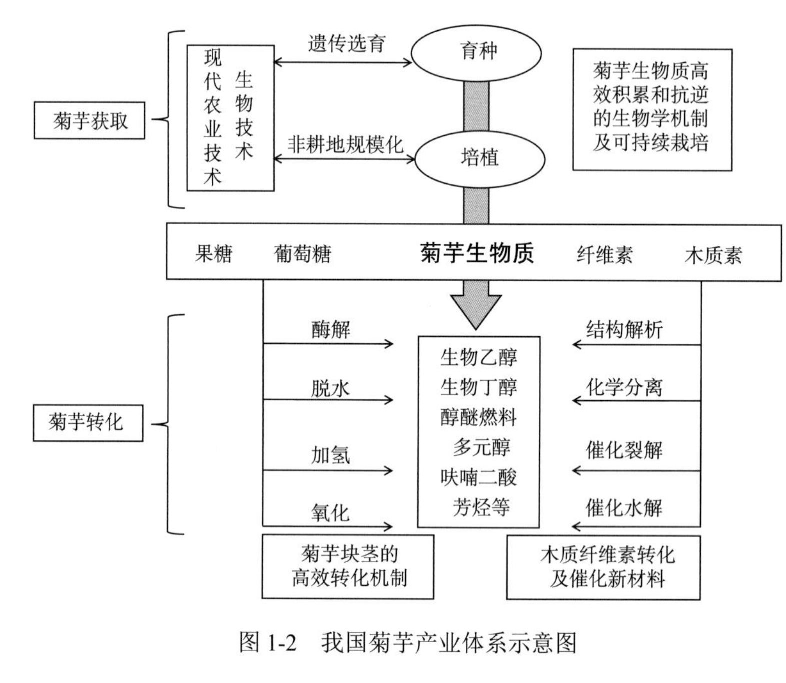

图 1-2　我国菊芋产业体系示意图

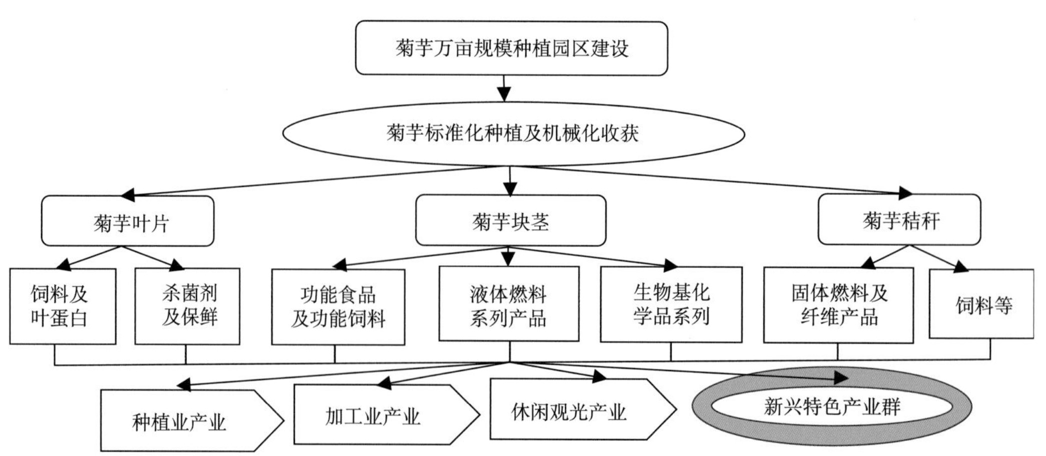

图 1-3　我国菊芋产业群框架示意图

根据我国菊芋产业发展及盐碱地利用现状，为发挥菊芋产业对美丽中国与健康中国建设的潜在功能，促进农业供给侧结构的改革，应从战略层面考虑解决以下问题。

1.5.1 重视现代盐土农业

目前淡土农业仍是我国农业发展的核心与基础，但是一方面，淡土农业发展限制因素越来越突出，尤其是我国人多地少的矛盾越来越尖锐，另一方面，人们的生活质量不断提高，发展盐土农业已成为我国农业持续发展的一条重要途径，故菊芋的盐土修复、固碳增汇、海陆过渡带清洁生产、提供新型能源植物资源的强大功能将日益显现。

1.5.2 加大力度引进国外耐盐新资源植物

目前，我国一方面耐盐新资源植物偏少，另一方面对现有的植物资源开发投入的力度也不够。这就要求在加大引入新资源植物的同时，也应注重对已引入并经初步消化的植物品种资源的再改造。以我国现有的经引入并选育的糖基能源植物——菊芋为例，其块茎产量一般在 45 t/hm^2 左右，而德国、以色列的一些品种块茎产量可达 90 t/hm^2 以上，目前国内经引入并改良的菊芋在含盐量 0.3%～0.5%的盐土上生长良好，而国外的一些菊芋品种在含盐量 0.7%以上的盐土上仍能够正常生长。这表明我国尚需花大力气继续引进国外更好的材料，并对现有品种进行改造，以选育出产量更高、抗逆性更强、能源密度更高的适宜我国海涂等非耕地轻简化种植的新资源植物品种。

1.5.3 加快能源植物生产配套关键技术的引进

相对于淡土农业，海涂能源植物栽培是完全的新型农业，还没有形成淡土农业那样完整的技术体系，十分缺乏一些瓶颈性的关键技术，如异源水循环利用的关键技术与设备，海涂盐渍土的高效播种与收获技术及其关键设备，低成本块茎存储技术、设施与装备。因此，应加快能源植物生产配套关键技术的引进。

1.5.4 菊粉、生物源药物与燃料加工技术和关键设备的引进

目前国际上菊粉生产主要集中在欧洲，比利时的 Orafti、Cosucra 与荷兰的 Sensus 菊粉占世界市场的 95%，主要以其优良的品质占领市场。我国宜在菊粉加工技术与乙醇清洁生产技术方面加快引进的步伐，并根据我国农业清洁生产需求，以菊芋叶片为原料研发植物源农药与食品果蔬保鲜剂。

1.5.5 建立菊芋种质资源圃

海涂等非耕地是一块处女地，相对于淡土农业耕地，其农田基本建设处于空白状态，一些边远地区有时缺电缺水，连基本的生活保障也难以解决，要种植新资源植物，就需要建设机耕道路、农田水利等基础设施。收集国内外菊芋种质资源，在全国建立 3～5 个菊芋种质资源圃，能为我国菊芋产业发展奠定坚实的基础。

1.5.6 发展特色小镇、美丽农村建设的支柱产业

十九大以来，党和国家把农业、农村与农民三大问题进一步作为首要战略任务，把特色小镇、美丽农村与乡村经济作为国家层面的战略任务，这是作为农业大国持续发展、建设强大的社会主义现代化国家的必经之路。根据我国农村尤其是北方偏远农村的现状，将菊芋作为特色小镇、美丽农村建设的支柱产业具有独特而明显的优势，它将挑起健康、美丽大中国建设的重担。一头挑起中国健康土壤、美丽农村建设与培育的重大历史使命，另一头挑起呵护人类健康、美好生活的重担。

农业、农村的发展给广大农村环境带来的压力越来越大，农业面源污染来势汹汹。农药、化肥等化工产品无节制地施用，不仅使农业的经济效益降低，更重要的是造成土壤富营养化等突出问题，导致农村小沟小河水体污染严重，许多地方的小沟成了清一色的“酱油汤”，小鱼小虾与水草绝迹。因此党和国家提出农业发展要走“双减”节约生产栽培的道路。菊芋抗逆高效属性显著，生态功能强大，对氮素营养的需求不到常规作物的 1/3，这为培育健康土壤、杜绝面源污染提供了切实可行的条件；同时菊芋病虫害极少，目前在我国大规模的种植中尚未发现施用农药的案例，是难得的实行清洁生产的植物之一。菊芋可防沙固沙，且防治水土流失的正面环境效应特别明显，种植菊芋是友好农村环境、创建健康土壤的重要措施之一。

随着我国经济的发展，人们对美好生活的需求越来越强烈，而广阔的农村是今后与未来满足广大人群休闲观光、健康养生最具潜力的空间与场所。夏末秋初，北方广袤的田野呈现无垠的绿色海洋与菊芋花开的金色波涛，令人沉醉。2018 年初秋，山西静乐、山东邹平、辽宁喀左等地均在农民丰收节期间举办了丰富多彩的菊芋花节，这些活动为我国北方休闲观光产业的发展增添了新的色彩。

农村的发展，最终的落脚点是农村经济发展，而农村经济发展的产业必须植根于农村、农业，菊芋以其产品结构新、市场调适性强及市场回报率高的商品属性，成为农村朝阳产业、健康产业群领军项目，成为振兴乡村经济的抓手，催生出美丽农村的新资源食品、新型功能饲料、新型植物源药品与食品果蔬保鲜剂及清洁生物质能等许多重大产业。

参 考 文 献

[1] Kays S J, Nottingham S F. Biology and Chemistry of Jerusalem Artichoke (*Helianthus tuberosus* L.)[M]. London, New York, Florida: CRC Press, 2007: 1-2.

[2] Puttha R, Jogloy S, Suriharn B, et al. Variations in morphological and agronomic traits among Jerusalem artichoke (*Helianthus tuberosus* L.) accessions[J]. Genetic Resources and Crop Evolution, 2013, 60(2): 731-746.

[3] Long X H, Shao H B, Liu L, et al. Jerusalem artichoke: A sustainable biomass feedstock for biorefinery[J]. Renewable & Sustainable Energy Reviews, 2016, 54: 1382-1388.

[4] Kihara H, Yamamoto Y, Hosono S. A List of Chromosome Numbers of Plants Cultivated in Japan[M]. Kyoto: Nakanishya Book Co., 1931: 136.

[5] Kostoff D. A contribution to the meiosis of *Helianthus tuberosus* L. Z[J]. Pfianzenzuchtung, 1934, 19: 429-438.

[6] Kostoff D. Autosyndesis and structural hybridity in F1-hybrid *Helianthus tuberosus* L.×*Helianthus annuus* L. and their sequences[J]. Genetica, 1939, 21: 285-300.

[7] Wagner S. Artkreuzungen in der Gattung Helianthus[J]. Zeitschrift Für Induktive Abstammungs-Und Vererbungslehre, 1932, 61(1): 76-146.

[8] Wagner S. Ein Beitrag zur Züchtung des Topinambur und zur Kastration bei Helianthus[J]. Z. Züchtg A, 1932, 17: 563-582.

[9] Whelan E D P. Cytology and interspecific hybridization//Carter J F. Sunflower Science and Technology[R]. American Society of Agronomy, WI, 1978: 339-369.

[10] Pushpa G, Nayar K M D, Reddy B G S. Karyotype analysis in *Helianthus tuberosus* L.[J]. Current Res., 1979, 8: 131-134.

[11] Atlagic J, Dozet B, Skoric D. Meiosis and pollen viability in *Helianthus tuberosus* L. and its hybrids with cultivated sunflower[J]. Plant Breeding, 1993, 111(4): 318-324.

[12] Toxopeus H. Improvement of plant type and biomass productivity of *Helianthus tuberosus* L.[J]. Final Report to the EEC, 1991.

[13] 夏天翔, 刘兆普, 綦长海, 等. 莱州湾利用海水资源灌溉菊芋研究[J]. 干旱地区农业研究, 2004, 22(3): 60-63.

[14] 俞梦妮, 包婉君, 谌馥佳, 等. 菊芋叶蛋白提取工艺研究及氨基酸分析[J]. 草业科学, 2015, 32(1): 125-131.

[15] Chen F, Long X H, Yu M N, et al. Phenolics and antifungal activities analysis in industrial crop Jerusalem artichoke (*Helianthus tuberosus* L.) leaves[J]. Industrial Crops and Products, 2013, 47: 339-345.

[16] 常子磐, 郭加汛, 赵耕毛, 等. 新型菊芋秸秆-烟煤混合固体燃料添加剂的选择与燃烧性能分析[J]. 农业环境科学学报, 2016, 35(8): 1610-1615.

[17] Praznik W, Cieslik E, Filipiak-Florkiewicz A. Soluble dietary fibres in Jerusalem artichoke powders: Composition and application in bread[J]. Food Nahrung, 2002, 46(3): 151-157.

[18] de Man M, Weegels P L. High-fiber bread and bread improver compositions: CA2534733A[P/OL]. 2004-08-26. https://patents.google.com/patent/CA2534733C/en.

[19] Miura Y, Juki A. Manufacture of bread dough with fructan: 7046956[P]. Japanese Patent, 1995.

[20] Berghofer E, Cramer A, Schiesser E. Chemical modification of chicory root inulin[M] // Fuchs A. Inulin and Inulin-Containing Crops. Amsterdam: Elsevier, 1993: 135-142.

[21] Frippiat A, Smits G S. Fructan-containing fat substitutes and their use in food and feed[P]. US Patent, 1993.

[22] Andersson H B, Ellegard L H, Bosaeus I G. Nondigestibility characteristics of inulin and oligofructose in humans[J]. The Journal of Nutrition, 1999, 129(7): 1428s-1430s.

[23] Molis C, Flourie B, Ouarne F, et al. Digestion, excretion, and energy value of fructooligosaccharides in healthy humans[J]. The American Journal of Clinical Nutrition, 1996, 64(3): 324-328.

[24] Nilsson U, Bjorck I. Availability of cereal fructans and inulin in the rat intestinal tract[J]. The Journal of Nutrition, 1988, 118(12): 1482-1486.

[25] Nilsson U, Öste R, Jägerstad M, et al. Cereal fructans: *In vitro* and *in vivo* studies on availability in rats and humans[J]. The Journal of Nutrition, 1988, 118(11): 1325-1330.

[26] Fukuyasa T, Oshida T, Ashida K. Effects of oligosaccharides on growth of piglets and bacterial flora, putrefactive substances and volatile fatty acids in the feces[J]. Bull. Anim. Hyg., 1987, 24: 15-22.

[27] Hussein H S, Flickinger E A, Fahey G C, et al. Petfood applications of inulin and oligofructose[J]. The Journal of Nutrition, 1999, 129(7 Suppl): 1454-1456.

[28] Houdijk J G M, Hartemink R, Van Laere K M J, et al. Fructooligosaccharides and transgalactooligosaccharides in weaner pigs' diets[C] //Proceedings of the InternationalSymposium on Non-digestible Oligosaccharides "Healthy Food for the Colon" ?. Wageningen, The Netherlands, 1997: 69-78.

[29] Flickinger E A, van Loo J, Fahey G C, et al. Nutritional responses to the presence of inulin and oligofructose in the diets of domesticated animals: A review[J]. Crit. Rev. Food Sci. Nutr., 2003, 43(1): 19-60.

[30] Kleessen B, Elsayed N A, Loehren U, et al. Jerusalem artichokes stimulate growth of broiler chickens and protect them against endotoxins and potential cecal pathogens[J]. J. Food Prot., 2003, 66(11): 2171-2175.

[31] Gritsienko E G, Dolganova N V, Alyanskii R I. Prophylactic feed for dogs and method for producing the same: 2264125[P]. Russian Federation Patent RU, 2005.

第 2 章　菊芋品种资源、形态及其分布

我国菊芋品种资源十分丰富，而且分布十分广泛，北方黑龙江、内蒙古到新疆各地均有一些当地的菊芋种质资源，黄河流域、长江流域也拥有十分丰富的菊芋种质资源；菊芋的形态变化很大，即使是同一品种，在不同条件下形态也十分不同。

2.1　我国菊芋品种资源概况及其分布

南京农业大学海洋科学及其能源生物资源研究所菊芋研究小组从 1988 年开始收集整理我国各地的菊芋种质资源 102 份，仅江苏就有 4 份，经过近 20 年的观察及试验，筛选出了 16 个品系。2008 年起，该研究小组分别在黑龙江大庆的龙岗，吉林的洮南，宁夏的隆德与盐池，青海的大通及海西，新疆石河子农垦 149 团，河北的海兴，山东的莱州与羊口，江苏的大丰与连云港，四川的资阳，海南的乐东进行栽培试验，试验中菊芋表现出了很强的适应能力，如图 2-1 所示。

图 2-1　中国部分地区种植的菊芋

2.2 我国主要菊芋栽培品种的形态学与解剖学特征

菊芋之所以被称为神奇的植物，不仅是因为其植物形态品种间差异很大。不同品种植株的形态与菊芋块茎的产量之间具有相关性，即便是同一个菊芋品种，受不同环境因素的影响，其植株形态变化也可以很大。菊芋的植株形态结构可塑性很强，同一品种、同一地块各植株间形态结构差异也非常大，其机制尚不清楚。总体来说，菊芋旺盛的生长势及覆盖度极高的群体结构，是其在自然竞争中取胜的主要因素，也是菊芋能主动适应环境的原因之一。

2.2.1 菊芋地上茎的形态

除科学研究之外，生产上我国菊芋基本上均以块茎种植为主，其主茎由块茎中芽眼的幼芽长出，不同品种菊芋的主茎分枝数、分枝间距、茎的粗细和颜色及高度均有很大的差异，导致其农艺性状与株型千变万化。

1. 菊芋地上茎/植株高度

菊芋的地上茎可以达到 3 m 甚至更高，由于目前把菊芋块茎作为主要经济产量，故大多数栽培种较矮，人们主要将较矮的品系筛选出来进行种植[1]。南京农业大学海洋科学及其能源生物资源研究所菊芋研究小组对筛选的一些菊芋品种进行形态学观察后发现，菊芋地上株高多在 1.47～3.31 m，茎基部粗 1.7～4.1 cm，一次分枝数在 0～13 个，茎多为绿色与紫红色（表 2-1）[2]。

表 2-1 菊芋几个栽培品种的植物形态

编号	株高/cm	茎粗/cm	一次分枝数	其他
1	196.7	1.7	13.0	茎为绿色
2	147.7	2.5	2.3	茎为紫红色
3	201.7	2.8	0.0	茎为绿色
4	212.3	2.4	0.0	茎为紫红色
5	237.0	2.7	1.7	茎为绿色
6	260.3	3.5	1.0	茎为紫红色
7	331.3	3.6	3.3	茎为绿色
8	279.7	2.7	1.3	茎为紫红色
9	252.3	3.0	0.3	茎为绿色
10	269.0	4.1	2.0	茎为绿色
11	284.3	3.1	0.7	茎为绿色
12	264.0	3.3	1.7	茎为绿色
13	269.7	3.0	2.7	茎为绿色
14	285.7	3.1	0.3	茎为绿色
15	244.0	2.1	2.3	花多，结籽
16	201.0	3.6	5.0	叶片黄绿色

菊芋茎秆幼嫩时富含汁液，但随着生长时间增加，茎秆不断木质化。同一品种菊芋不同植株主干上分枝的数量和位置也有很大差别，这给菊芋的品种鉴定增加了难度。菊芋主茎直接从块茎芽眼中的幼芽长出，分枝则从茎上的茎节部位长出。主茎基部的分枝可能在地下形成，然后在土壤表面形成主茎；繁殖用块茎的芽眼个数不同，因而每个植株长出的主茎的数目也不一样。

菊芋主茎的高度变化非常大，如图 2-2 所示。在比较一致的生长环境下，按菊芋主茎的高度将菊芋分为三类：高大植株（＞3 m）、中等植株（2～3 m）和低矮植株（＜2 m）。大部分把块茎作为主要经济产量的菊芋栽培品种的主茎高度在 1.5～2.5 m，仅有少数个体达到 3m，如表 2-1 所示。环境条件对植株的高度产生重要影响，在水肥充裕条件下，植株的高度甚至可以达到 4 m，但是这会影响块茎的产量。

2. 菊芋地上茎的直立性

大多数菊芋品种的植株是直立生长的，也有少数在生长初期是匍匐状的，在生出一定数目的节后开始直立，如图 2-3 所示。

图 2-2　菊芋主茎高度变化

图 2-3　‘T1’菊芋品种在热带夏播（A）与温带春播（B）的主茎

3. 菊芋主茎的数量

菊芋主茎的数量与播种的块茎的芽眼数目有关，并与这些芽眼中的幼芽能否生长出来直接相关。根据从块茎中长出主茎的数量将菊芋分为三个等级：主茎＞3 根（强），主茎 2～3 根（中），主茎为 1 根（弱）。在植株发育早期，主茎越多，叶也就越多。种植方式、播种块茎的大小及种植密度等栽培措施都会直接影响主茎的数量。

4. 菊芋地上茎的直径

菊芋基部茎的粗细会随主茎的数量和生长状况的变化而变化。随着植株的生长，菊芋茎粗不断增加，可达到 1.7～4.1 cm（表 2-1），种植方式、播种块茎的大小及种植密度等栽培措施同样影响菊芋地上茎的粗细。

5. 菊芋地上茎的分枝

菊芋主茎上的分枝跟品种和植株的种植密度有关，分枝的数目和发生位置均会有很大的不同。总体来说，菊芋主茎有 4 种分枝的位置变化（图 2-4）：（A）整个主茎都有分枝，（B）仅发生在底部的主茎上，（C）仅发生在顶部的主茎上，（D）主茎上不发生分枝。大多数品种的主茎分枝发生在植株底部的三分之一处（图 2-4B），但是腋部产生的分枝在开花之前会朝植株的顶部生长（图 2-4C）。由于菊芋地上茎的分枝有差异，因此菊芋株型为如下三大类：宝塔形（图 2-4A、B）、纺锤形（图 2-4C）与棒形（图 2-4D）。

A　B　C　D

图 2-4　菊芋主茎分枝发生的位置变化

不同菊芋品种主茎上分枝的数目有很大变化（图 2-5），如前所述，一次分枝数在 0～13 个（表 2-1）。开始时分枝一般都是相对而生的，随着植株不断生长，后来逐渐变成交替而生，而且发生分枝的节也逐渐减少。每个节可生出 3 个芽，1 个芽又可以发育成 1 个分枝或叶[3]。即使是同一品种，种植密度仍能对菊芋主茎分枝数目产生极大影响。若种植过于密集，菊芋底部和中部的分枝因遮蔽而无足够的光照，所以分枝数目明显减少，而稀植则会因为光照充足，使分枝数目大大增加，南菊芋 1 号在稀植情况下主茎分枝可达 46 个（图 2-5B）。

A　B

图 2-5　不同菊芋品种主茎分枝数

6. 菊芋地上茎的颜色

菊芋各品种茎的颜色也不相同。许多栽培种的茎是绿色的，紫红色也是比较常见的

（表 2-1），不过其颜色所处的位置及其花纹不尽相同，有的菊芋茎上下全部为同一颜色，有的颜色仅出现在主茎的局部位置。许多情况下，比较短的分枝会有着细小、清晰的条纹[3]。紫红色多见于茎秆顶端新生的部位，茎和块茎表面的颜色并不相关[4]。

2.2.2　菊芋叶的形态

菊芋叶都是茎生的，同菊芋分枝的规律一样，叶片在茎上最初为对生，然后会在不同的位置变成互生。有时候，茎上 1 个节能长出 3 片叶，而其他的一般长 1 片叶。叶形简单，为披针形或卵形，长 10～20 cm，宽 5～10 cm，叶尖而有锯齿，上表面粗糙、下表面有毛，基部圆形然后变成宽阔的楔形并逐渐削弱，叶柄长 1～6 cm。网状叶脉，并有 3 条明显的主叶脉从基部发生，叶的边缘有锯齿。据报道，菊芋主干中部的叶对块茎的大小有重要意义。

1. 菊芋叶形

菊芋叶形从披针形到卵形，而且不同品种之间叶片的形状和发生部位也不同（图 2-6）。叶的左右边缘完全对称。叶的形状变化非常大。花枝上的叶比主茎和一般分枝上的叶要小而且窄。

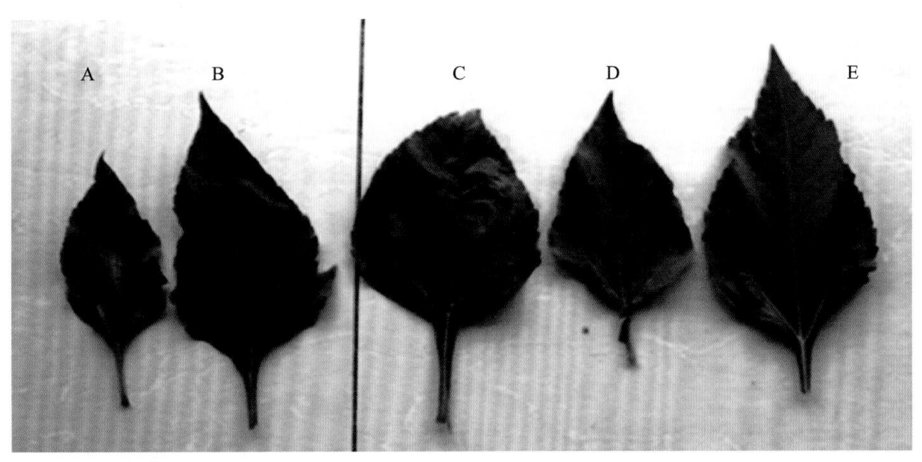

图 2-6　菊芋叶的形状与大小

2. 菊芋叶尖的形状

菊芋叶的顶端很尖，逐渐缩成一点，但锐利的程度各有不同，有的很尖锐，如图 2-6A、B、D、E 所示，而有的叶尖较钝，如图 2-6C 所示。

3. 菊芋叶基的形状

菊芋叶的基部从宽阔的楔形逐渐变窄（拉长变细）。一些植株上基部叶基形状的变化性比顶部叶基形状的变化性更大（图 2-6）。

4. 菊芋叶缘的锯齿

菊芋叶的边缘有朝向叶尖的锯齿，这些锯齿在高度、个数、形状和一致性上都有所不同（图 2-6）。锯齿的高度有的有规律，有的没规律，锯齿间距变化也很大，有的品种间距很大，有的品种的边缘则相对平滑。叶边缘的位置变化很大，在植株上的位置变化也很明显。叶缘的形态主要有三种：披针形、圆锥形和深锯齿形。

5. 菊芋叶片的大小

叶的大小随其在植株上的位置及农事耕作的不同而有所不同。植株基部的叶较小，中部的最大，然后越往上越小。侧枝上叶的大小取决于侧枝相对光照的位置。花枝上的叶片相对主茎和侧枝上的叶片明显偏小。

6. 菊芋叶片的数量

即使在相同的条件下，不同品种菊芋的叶片数量也有所不同。种植条件，比如土壤肥瘦程度、湿度和种植密度对菊芋叶的数量和叶片的生长期都有重要的影响。一般来说，在植株开花以前，叶的数量不断增加，开花后就开始减少[5]。整个生长季节，植株都有叶长出，但叶的数目因品种、种植密度及其他因素而有所不同，一般情况下，菊芋叶片数为 25～491 片/株。由于被遮蔽，植株基部得到的光照很少，叶的产量也非常小。

7. 菊芋叶片的颜色

不同品种的菊芋叶的颜色不同，从浅绿色到深绿色再到浅灰色均有。一些品种的叶在秋季会呈现红色，但是这种情况不是每年都有，所以气候条件，特别是秋天的气温非常关键[3]。此外，叶因离轴远近程度不同，颜色也会有所不同，离轴越远，颜色越浅。

8. 菊芋的叶序

早期的叶是对生叶序，每节 2 片，但极少数的也有 3 片。随着菊芋地上部的不断生长，由对生叶序逐渐变成互生叶序。同一品种的菊芋，也有叶序部位转换的可能，所以有的茎或枝可能是互生的而其他的则是对生的。最终，叶序从 1/2 变成 3/8。

2.2.3 菊芋花的形态

菊芋花序单独或者成群地发生于茎或腋枝的顶端。每个花序的中心为由许多黄色、管状小花组成的花盘，周围有 10～20 个黄色干瘪的放射状的舌状花，这些花的舌状部位常常被认为是花瓣（图 2-7）。

1. 菊芋花序的大小

不同品种的菊芋花序的大小有所不同。要将舌状花瓣算在内的话，花序的直径为 7.3～11.4 cm。舌状花瓣一般在 0.8～3.5 cm。周侧花枝上花序的实际直径要大一点，可以达到 7.5 cm，而主茎上的花一般为 6 cm（图 2-7）。

图 2-7　菊芋花序的排列及花序颜色

2. 菊芋花序的数量

菊芋每一植株上花序的数量可以分为三种——小（1～15 个）、中（16～49 个）、大（50～155 个），有的品种甚至没有花序。花序的数量因品种发育的早晚及分枝数目的不同而不同，江苏大丰试验基地同一块试验区内，南菊芋 1 号菊芋连花蕾都没有（图 2-8A），而南菊芋 9 号已满园开花（图 2-8B），花的数量也会因年份和生长状况的不同而不同。

图 2-8　不同品种菊芋的开花情况迥然不同

3. 菊芋花序中花盘的数量

菊芋品种不同，花的生长位置不同，则花盘中管状小花的数量也会有所不同。在典型的栽培品种中，每个花盘中平均有 58.8 个管状花，花盘的直径在 4～8.5 mm。花枝上花盘的直径比主茎上的稍大一点。

4. 菊芋花序中放射舌状花的数目

菊芋不同品种花序中舌状花的数目差异很大，而且同一植株上不同花序里放射状花的数目也不同。在典型的栽培品种中，每个花序中平均有 11.5 个放射舌状花，一般为 9～14 个。

5. 菊芋放射舌状花的形状

每朵舌状花（通常被认为是花瓣）的形状各有不同，有的基部较宽阔（图 2-7A），有的则比较狭窄（椭圆形）（图 2-7D），长度为宽度的 2.6（图 2-7A）～4 倍（图 2-7D）。有些花盘可能在形状、大小等方面有些怪异，甚至出现各种畸形。有的舌状花会长在一起，形成双花或三花。

6. 菊芋放射舌状花的布局

花盘上的放射舌状花基部排列有的彼此明显分离，互不连接（图 2-7D），有的则相互连接（图 2-7C），还有的彼此交叠，且交叠程度也存在差异（图 2-7A、B）。

2.2.4 菊芋种子的形态

菊芋的种子为瘦果，而且数量极少。种子长 5 mm、宽 2 mm，平楔形（倒卵形或披卵形），表面光滑。表面颜色为杂黑色、灰色、褐色或棕色，有的可能有黑色斑点[6, 7]。野生种的每个花盘可产生 3～50 粒种子，栽培种每个花盘可能连 1 粒种子都达不到。南京农业大学海洋科学及其能源生物资源研究所选育的抗逆高产的南菊芋 1 号生长期达 230 d，尚未发现结出种子。单个种子的重量（0.8～1.8 mg）变化非常大，但是中等种子的重量是相对恒定的（如 3.5～4.8 mg，中等重量为 4.5 mg）[8]。

2.2.5 菊芋根状茎（匍匐茎）的形态

菊芋根状茎为绳索状，又称为匍匐茎，位于茎的地下部，根状茎长 50～100 cm，有的长达 1.5 m（图 2-9）。根状茎一般为白色（图 2-9A、B、C、E、F），也有少数的为粉红色（图 2-9D）。有的在根状茎顶端膨大形成块茎（图 2-9A），有的在中部膨大形成众多的瘤状块茎（图 2-9B），还有的整个根状茎膨大变粗（图 2-9F）。根状茎一般在地下再进行两三次分枝（图 2-9C），并有可能形成块茎，导致块茎的数量大大多于从地下茎中生出来的根状茎的数量。如果根状茎不粗壮发达，则菊芋块茎的产量就会急剧下降（图 2-9D）。这一方面与品种有关，另一方面与栽培条件影响根茎的发育有关。例如，在

图 2-9　菊芋根状茎的形态

较为结实的黏土中，根状茎发育受到影响，进而影响块茎的形成。不同品种之间，特别是野生种和栽培种之间，根状茎的差别很大（如直径和长度）[8]。一些高产的菊芋栽培种有发达的根状茎，每根根状茎又有更多的分枝，而且总的干重也比较大，因而其块茎的产量很高，但同一品种菊芋各植株之间根状茎的数量与粗壮程度差异极大，导致南菊芋 1 号有的单株块茎鲜重产量达 17.34 kg，而平均单株块茎鲜重只有 1.2 kg。株间块茎产量差异如此之大，其机理尚不清楚，这也是南京农业大学海洋科学及其能源生物资源研究所重点攻关的任务之一。

1. 菊芋根状茎的长度与直径

菊芋不同品种根状茎的长度与粗细有很大不同，这与土壤条件和种植方式有关。根状茎不同位置的直径不同，节处的部分最为粗壮。在疏松的土壤中生长的培育种根状茎的直径为 2～6 mm。根状茎不是越长越好，细长的根状茎不利于块茎的膨大与生长，容易在远离根部处形成很小的块茎，形成分散的块茎分布（图 2-10D）；而粗壮的根状茎利于其膨大成单个较大的块茎，形成紧凑的块茎分布（图 2-10A），而图 2-10B、图 2-10C 为过渡类型，因此在菊芋品种选育中把根状茎粗细作为一个重要的考察指标。

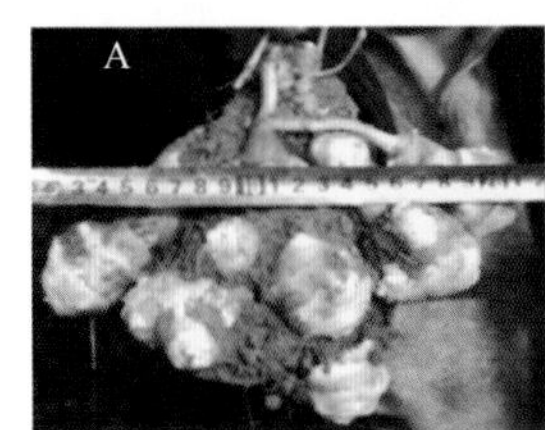

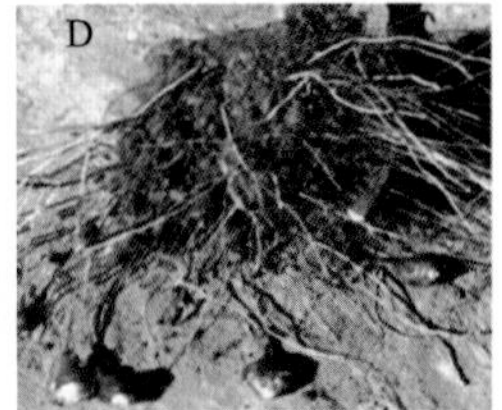

图 2-10　菊芋不同根状茎形成的块茎及分布

2. 菊芋根状茎的数量

不同品种的菊芋根状茎的数量有很大不同。南京农业大学海洋科学及其能源生物资源研究所菊芋研究小组多年选育的南菊芋 1 号的根状茎平均多达 46 条，且二次分枝多（图 2-9C），南菊芋 2 号根状茎在 20 条左右（图 2-9A），而图 2-9D、图 2-9E 中两种菊芋的根状茎在 10 条之内，因此可根据正常环境条件下菊芋根状茎的数量将不同品种菊芋分为多（>40）、中（20～40）、少（<20）三个等级。作者经研究发现，即使同一品种的菊芋因不同环境条件、栽培管理的差异也会有很大不同，同一田块中同品种的植株间差异也很大，表明控制根状茎数量的内因与外因非常复杂，需要深入研究加以分析。

2.2.6　菊芋根的形态

菊芋有纤维性的须根系。Swanton 的一项研究表明，栽培菊芋品种根系的干重（15 g）比野生种（12.7 g）的要大，而且根系干重在不同等级的菊芋品种中并不相同[8]。在一项研究中，McLaurin 等发现，在刚刚种植后的 24 周中，菊芋根系迅速生长，在干重达到

25 g后生长速度开始下降[5]。南京农业大学海洋科学及其能源生物资源研究所菊芋研究小组经过多年考察发现，菊芋根系过于发达时，块茎产量不高，南菊芋 1 号之所以块茎产量较高，就是因为其根系并不十分发达（图 2-10A），根系过于发达的菊芋，块茎产量很低（图 2-10D）。由于根的收集非常困难，关于菊芋根的形态学研究比较少。

2.2.7　菊芋地下块茎的形态

菊芋的块茎是一种变态茎，它是菊芋进行繁殖的最主要方式。块茎上有节，分枝较多，分枝受到品种遗传因素和栽培条件的共同影响，但尚不清楚这两方面的影响该如何调控。菊芋块茎有明显的顶端优势，并控制块茎生成的数量。不同菊芋品种地下茎顶端优势的程度也各不相同；顶端优势较弱或者分枝较多的植株则产生较多的块茎，而这些顶端优势的发挥又受到土壤条件的影响。

菊芋块茎的形态多种多样，图 2-11 是南京农业大学海洋科学及其能源生物资源研究所菊芋研究小组多年收集的一些菊芋品种块茎的形状，同时该研究小组也从国内收集到的菊芋品种资源中筛选了 16 份具有开发前景的品种，其块茎形状也各具特色（图 2-12、表 2-2）。这里要说明的是，菊芋块茎的形态会随土壤等环境条件的不同而发生很大的变化。

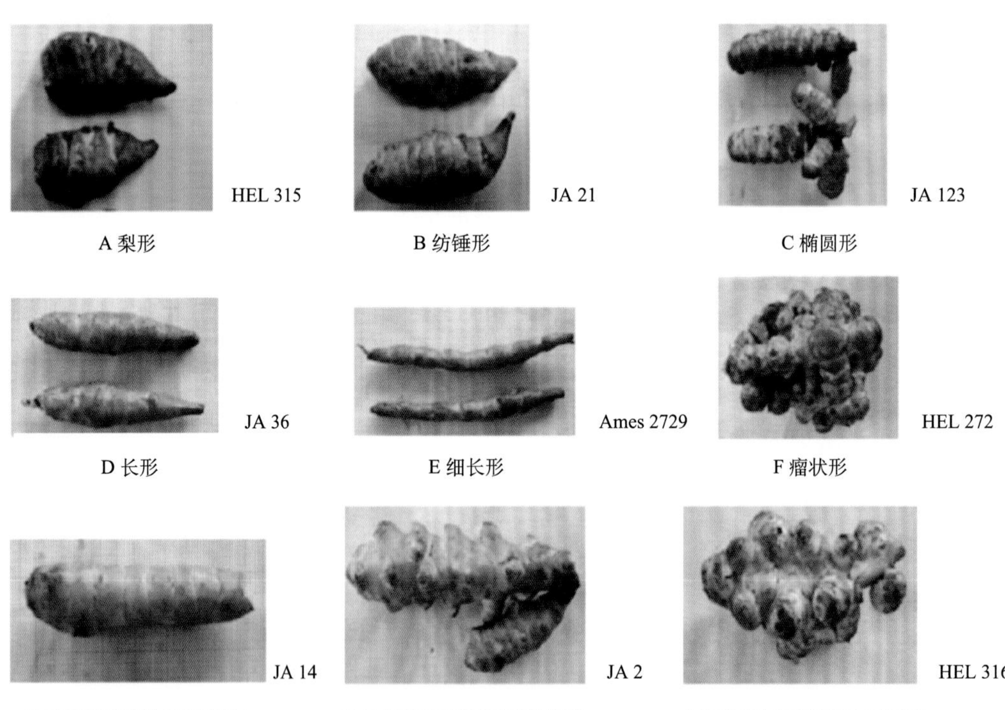

图 2-11　部分菊芋块茎的形状及表面光滑度

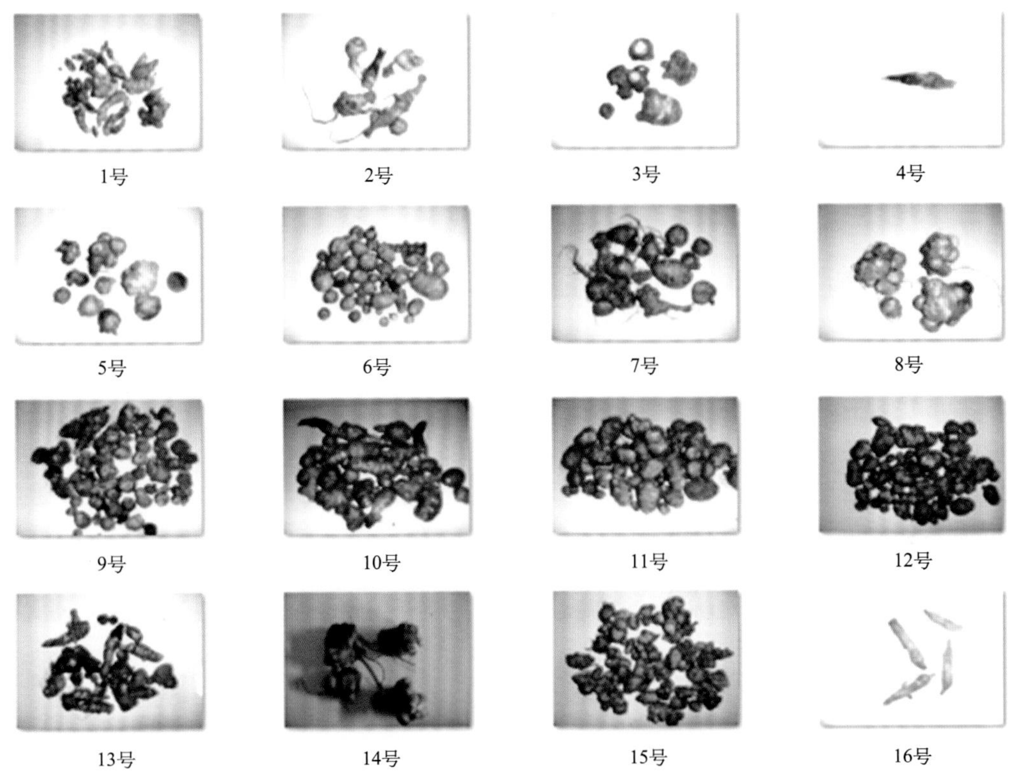

图 2-12　我国部分菊芋块茎的形状

表 2-2　收集的菊芋块茎的基本性状

编号	产量/（g/株）	单株粒数/个	单粒重量/g	产量/（kg/hm^2）	形状	颜色
1	110.25	27	4.99	4597	狗牙形	黄色
2	45.99	7	6.57	1918	球形	黄色
3	53.34	6	8.88	2224	瘤形	紫色
4	5.23	1	5.23	218	镰刀形	黄色
5	103.48	10	10.25	4315	球状	黄色
6	227.11	39	6.09	9470	圆球形	黄色
7	296.65	15	21.25	12370	球状体，表面有根毛	黄色
8	253.5	4	63.36	10571	不规则瘤形	黄色
9	533.25	12	41.69	22237	球形、不规则瘤形	黄色
10	963.55	15	61.07	40180	多为手雷形，或有不规则突起	淡红色
11	1207.27	57	22.83	50343	梨形	黄色
12	292.54	20	19.13	12199	不规则瘤形或纺锤形	紫色
13	218.85	4	54.69	9126	不规则瘤形	白色
14	849.01	34	26.20	35404	不规则瘤形	黄色
15	9.03	4	2.26	377	纺锤形	浅黄色
16	112.84	12	10.24	4705	不规则瘤形、圆形	紫色

1. 菊芋地下块茎表面的颜色

菊芋块茎表面的颜色多种多样，有白色（图 2-13C）、姜黄色（图 2-13G）、鲜红色（图 2-13B）、紫红色（图 2-13A）、紫罗兰色（图 2-13F）、淡棕色或红棕色（图 2-13I），且菊芋块茎表面颜色分布也不均匀，有的颜色单一（图 2-13C、F、G），有的表面则呈现多种颜色，如图 2-13B 块茎表面大部分呈鲜红色，而在顶部呈白色，图 2-13D 块茎表面大部分呈白色，而在其节间处呈现许多紫罗兰色的条纹，图 2-13E 则有少量不规则的紫罗兰色点状或线状分布，这主要是比菊芋品种块茎节间发育不明显的缘故。菊芋从根状茎到块茎的颜色变化很大，根状茎一般呈白色或淡姜黄色，形成块茎后表面才开始出现各种颜色。Tsvetoukhine 发现其表面花青素的一致程度可以分为：一致、中等、不协调、仅节处有色素[3]。菊芋白色块茎在收获之后如果暴露于阳光下一段时间就会变成棕色，而在收获之前较长时间暴露于阳光下，由于色素的合成，块茎就有可能呈现绿色、红色或紫罗兰色。在同一植株内，表面颜色也不一致[3]。

图 2-13　菊芋地下块茎表面的颜色及其分布

2. 菊芋地下块茎内部颜色

菊芋地下块茎内部颜色绝大多数是一致的，也有个别块茎内部颜色不一致。大多数菊芋块茎内部呈白色或者淡棕色，但也有极个别块茎内部呈粉色、红色[4]。

3. 菊芋地下块茎的形状

菊芋地下块茎的形状多种多样，有圆形、长形、不规则形，有的甚至是节状的[9]。南京农业大学海洋科学及其能源生物资源研究所菊芋研究小组经过多年研究发现，即使是同一菊芋品种，因生长发育时期不同，种植状况不同，块茎长度和直径的比一般也不相同，其形状也可发生很大变化。例如，同样是南菊芋 1 号品种，在新疆石河子砂壤土中，块茎为梨状，表面光滑；而在吉林洮南死海坚硬的碱化土中，块茎为不规则的瘤状，表面凹凸不平。生长发育时期不同也会对块茎的形状产生很大影响。比如，早期呈现长长的绳索状根状茎，后期才形成圆形、纺锤形等各种形状。幼嫩的块茎形状比较一致，但长成的块茎由于形成分枝、生成节间，形状发生较大变化[4]。Pas'ko 将块茎形状分为四类：梨形、短梨形、椭圆形（长为宽的 2.2～2.5 倍）、纺锤形（长/宽≥3）。

4. 菊芋地下块茎的大小

块茎的大小分为三个等级：特大（>500g）（图 2-14A），大（200～500g）（图 2-14B），中（150～200g）（图 2-14C）、小（<150g）。块茎的大小一般与数量呈负相关关系。南京农业大学海洋科学及其能源生物资源研究所菊芋研究小组经过多年研究发现，不同品种、同一植株内及不同种植状况下的块茎的大小有很大不同。

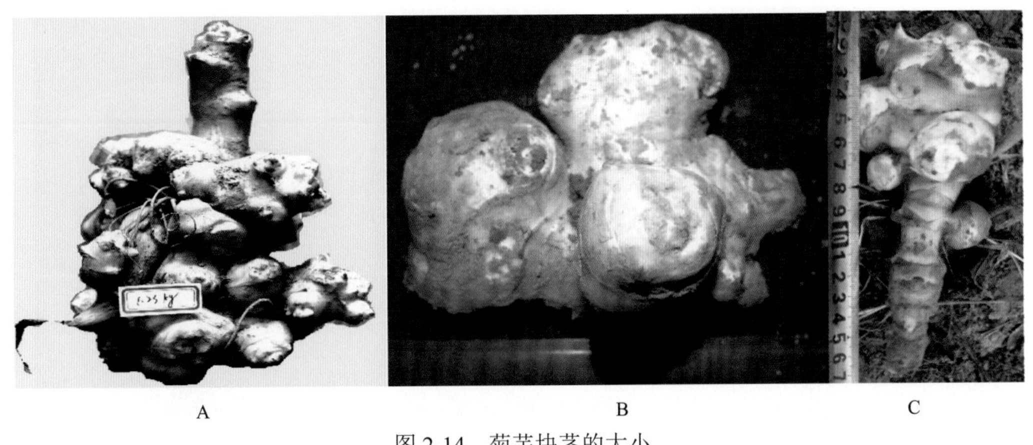

A　　B　　C

图 2-14　菊芋块茎的大小

5. 菊芋地下块茎节间的数量

菊芋地下块茎的节间发育因品种不同差异很大，有的品种块茎节间发育明显（图 2-13D、I），而有的品种块茎上的节间完全退化（图 2-13C）。

6. 菊芋地下块茎的表面

大多数菊芋地下块茎的表面凹凸不平，这给其清洗带来一定困难，所以商品性差。在菊芋品种培育时要十分重视块茎表面的平滑性。图 2-15 为作者选育的块茎表面比较光滑的菊芋新品种。

图 2-15　选育的一些菊芋新品种块茎的表面

7. 菊芋块茎形成过程及其变化

南京农业大学海洋科学及其能源生物资源研究所菊芋研究小组研究了菊芋块茎的形成过程及其变化，图 2-16 反映了江苏大丰海涂南菊芋 1 号块茎形成期间匍匐茎和块茎的形态变化。根据图 2-16，可将南菊芋 1 号块茎形成过程大致划分为 3 个阶段。匍匐茎生长期：根部生长出完全不同于根毛的乳白色匍匐茎并不断伸长生长（图 2-16 A，2014 年 9 月 2～17 日）。块茎形成期：大量匍匐茎纵径生长逐渐停止，匍匐茎顶端及匍匐茎上的生长点开始横径生长并形成块茎雏形（图 2-16B，2014 年 9 月 17 日～10 月 8 日）。块茎膨大期（图 2-16C）：根据此阶段块茎发育形态特征可再细分为块茎膨大前期[匍匐茎上

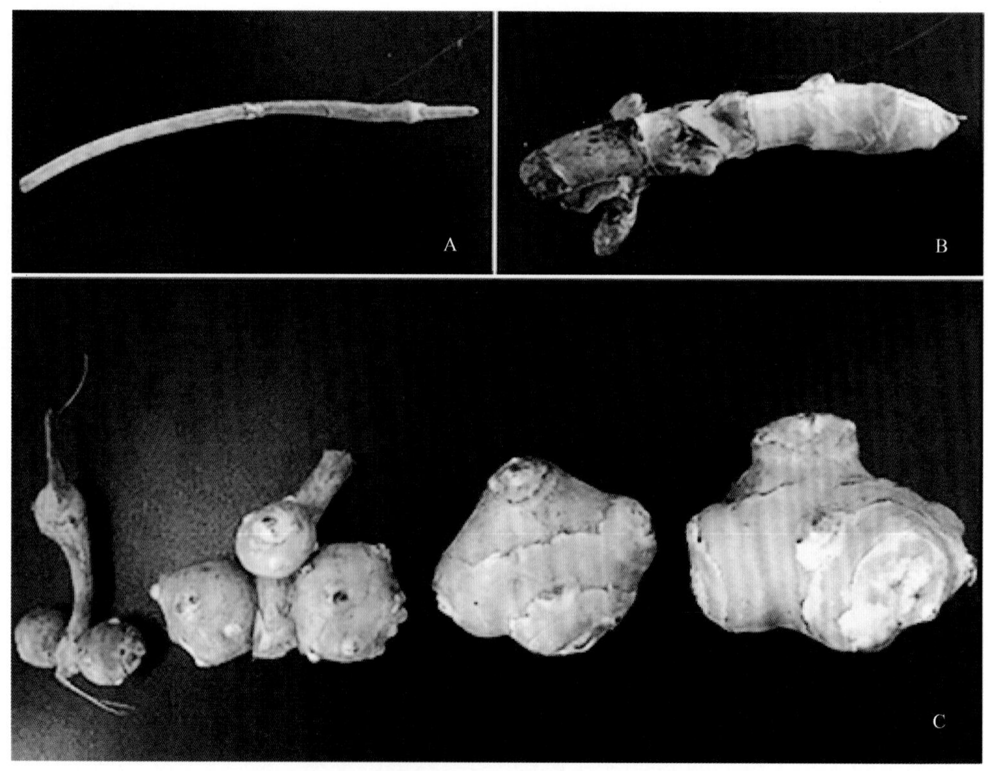

图 2-16　南菊芋 1 号块茎发育的三个阶段

A. 匍匐茎生长期；　B. 块茎形成期；C. 块茎膨大期

较多的生长点发育成较规则的球形块茎，其上也同样有很多新的生长点（2014 年 10 月 8～28 日）]、块茎膨大中期[块茎体积增大速度较快，不仅表现为纵横径的生长加快，而且其上的生长点也同时发生一定程度的膨大，使整个块茎生长成不规则的形状（2014 年 10 月 28 日～11 月 15 日）]、块茎膨大后期[纵横径的生长及生长点的膨大均趋于停止，新的生长点将留作下一年块茎萌发的芽点，块茎完全成型（2014 年 11 月 15～28 日）]。

同样可将青芋 2 号块茎发育过程划分为 3 个阶段。匍匐茎生长期：同发育时期，匍匐茎的产生较之于南菊芋 1 号数量少且细短（2014 年 9 月 17 日～10 月 8 日）。块茎形成期：此阶段形成的块茎呈规则的球形，数量及体积明显小于同发育时期的南菊芋 1 号，同时新生的生长点较少（2014 年 10 月 8～28 日）。块茎膨大期：青芋 2 号块茎膨大期没有明显的前中后分期，块茎始终为较规则的球形或纺锤形，其上的生长点基本不发生明显的膨大（2014 年 10 月 28 日～11 月 28 日）。

菊芋块茎形成期间块茎细胞形态会发生变化，南菊芋 1 号块茎形成过程中，细胞分裂，细胞增大（图 2-17）。匍匐茎生长期：多数细胞处于增大、伸长状态；从细胞核数量来看，有细胞分裂活动存在，但不是太旺盛（图 2-17A、B）。块茎形成期：块茎形成的起始部位是染色很深的高密度的分生细胞，相比匍匐茎生长期表现出非常旺盛的细胞分裂行为，以皮层细胞及环髓区细胞分裂行为最为旺盛（图 2-17C、D）。块茎膨大期：皮层细胞和环髓区细胞形态规则，环髓区分化出韧皮部和木质部，用以传输营养物质；细胞分裂没有块茎形成期旺盛，环髓区及髓区细胞基本停止细胞分裂，细胞大小也明显大于块茎形成期的细胞大小；周皮细胞分层明显，中央维管组织薄壁化形成丰富的储藏薄壁组织（图 2-17 E、F）。

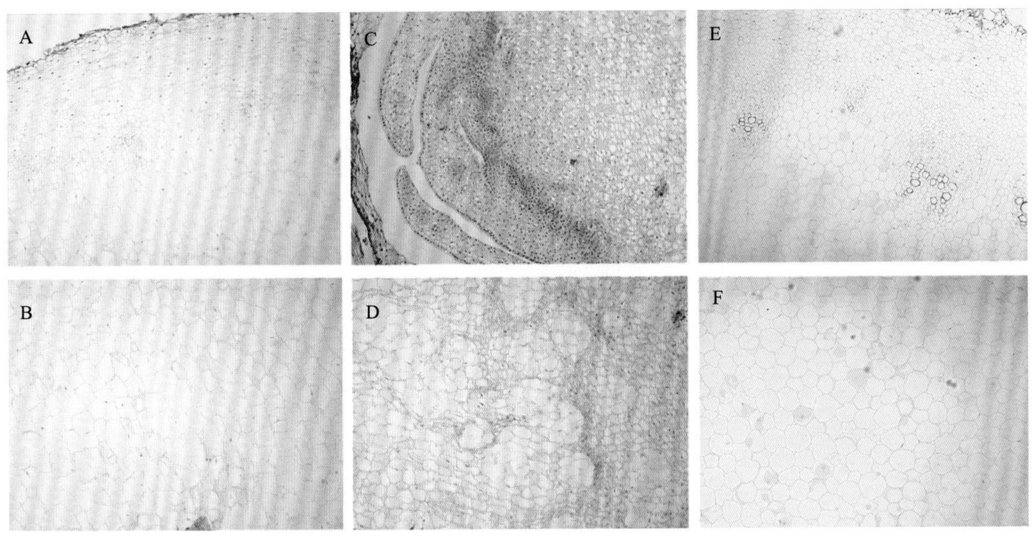

图 2-17　南菊芋 1 号块茎发育细胞变化

A. 匍匐茎生长期：周皮及维管组织（100×）；B. 匍匐茎生长期：中央维管组织（100×）；C. 块茎形成期：周皮及维管组织（100×）；D. 块茎形成期：中央维管组织（100×）；E. 块茎膨大期：周皮及维管组织（100×）；F. 块茎膨大期：中央维管组织（100×）

自然条件下生长的南菊芋 1 号和青芋 2 号成熟块茎结构相似（图 2-18），从横切面上观察主要包括周皮和维管束两部分。两个菊芋品种成熟块茎周皮结构基本一致，包含木栓层、木栓形成层和栓内层共 25 层左右大致呈扁平状的细胞。在皮层细胞和维管组织之间分布着初生韧皮部和初生木质部并位于髓射线上。髓区和环髓区细胞形成大量次生维管组织和次生木质部，中央储藏薄壁组织间也分布着少量次生木质部。相同大小视野内两个菊芋品种细胞大小及数量没有明显差异。

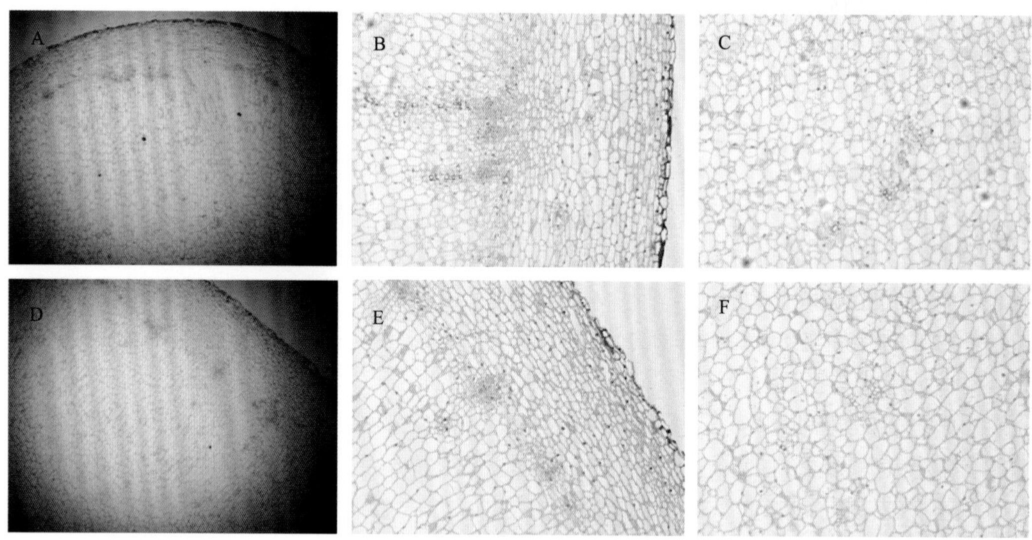

图 2-18　青芋 2 号和南菊芋 1 号块茎细胞形态

A. 青芋 2 号成熟块茎横切面（40×）；B. 青芋 2 号成熟块茎横切面局部放大，示周皮及维管组织（100×）；C. 青芋 2 号成熟块茎横切面局部放大，示中央维管组织（100×）；D. 南菊芋 1 号成熟块茎横切面（40×）；E. 南菊芋 1 号成熟块茎横切面局部放大，示周皮及维管组织（100×）；F. 南菊芋 1 号成熟块茎横切面局部放大，示中央维管组织（100×）

图 2-19　菊芋的地上块茎

A. 摄自山东莱州基地；B、C. 摄自江苏大丰基地

8. 菊芋地上块茎

南京农业大学海洋科学及其能源生物资源研究所菊芋研究小组经田间试验还发现，在山东莱州与江苏大丰的海涂种植的菊芋，有一些植株地上部茎秆上发育了一定数量的地上块茎，有的块茎距地面达 1m。受光照的影响，其表面均呈现紫罗兰色，块茎大多小于 50 g（图 2-19A、B），呈瘤状，也有的地上块茎达 100 g 以上（图 2-19C）。菊芋地上块茎的发育机制尚不清楚，有待于进一步探索。

2.3　菊芋主要解剖学特征

菊芋具有独特的解剖学特征，本节主要介绍菊芋一些典型的解剖学特征。

2.3.1　菊芋的气孔

菊芋的气孔是其进行气体交换的主要场所，主要分布在菊芋的叶片与叶柄部位。但不同品种菊芋的气孔的大小、形状与密度各异，一般菊芋叶片反面的气孔比叶片正面的气孔圆。图 2-20 是透射电镜拍摄的南菊芋 1 号叶片正面的气孔，其形状为标准的菱形，如遇干旱胁迫，其形状会变得更狭长直至完全闭合。

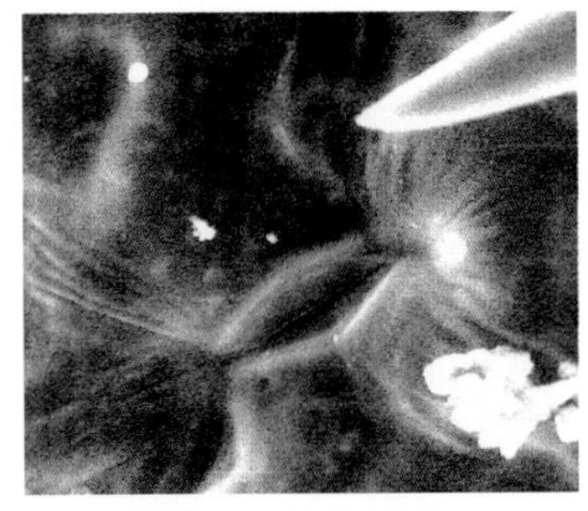

图 2-20　南菊芋 1 号叶片正面的气孔

2.3.2　菊芋的毛状体

南京农业大学海洋科学及其能源生物资源研究所菊芋研究小组发现，菊芋茎叶上的毛状体是其植株地上部表皮细胞产生的表皮特化形成的（图 2-21）。菊芋的毛状体形状、粗细、密度不尽相同，有的菊芋品种毛状体发达粗壮，如绣花针状，有的品种毛状体发育较差，稀疏如茸毛状，即使是同一菊芋品种，其植株幼嫩部分分布的毛状体远远多于老化的部分，叶片反面远远多于叶片正面。从菊芋毛状体的形成规律及分布特点来看，其似乎是菊芋预防害虫、抵制渗透胁迫的一种本能的生物学特性，这对于菊芋适应逆境

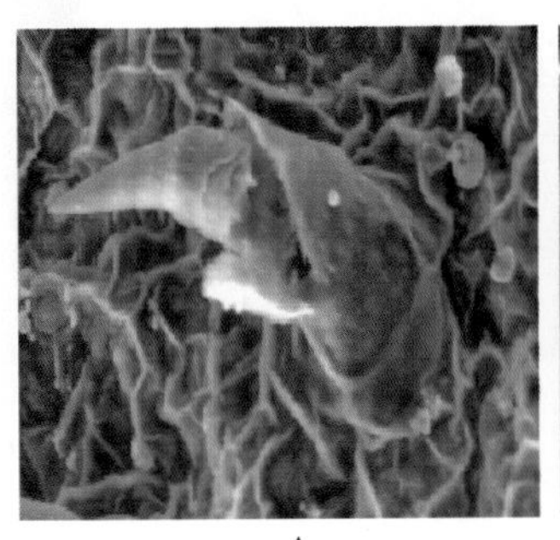

A

B

图 2-21　南菊芋 1 号叶片正面分布的毛状体[10]

具有重要意义。Payne 等阐述了其他植物毛状体形成的调控基因，一共发现了两个：*TRANSPARENT TESTA GLABRA 1*（*TTG1*）和 *GLABROUS 1*（*GL1*），*GL1* 控制着毛状体的发育[10]。菊芋中毛状体的形成是否有同样的控制机制还有待研究。

1. 菊芋茎秆表面的毛状体

南京农业大学海洋科学及其能源生物资源研究所菊芋研究小组发现，幼嫩的茎表面覆盖有许多长而尖的毛状体，一般由 6 或 7 个细胞组成。不同于菊芋叶片上的毛状体，茎秆表面的毛状体直接向茎外生长，多为 2.6 mm 以上，远比叶片表面毛状体长，且茎秆表面单位面积毛状体的数量特别多。菊芋各栽培种间虽存在差异，但都有毛状体，图 2-22 为毛状体不发达的菊芋品种的茎秆，图 2-23 为毛状体发达的菊芋品种的茎秆。无论在菊芋茎秆的基部、中部还是顶部，品种间毛状体的形状、长度与密度都有明显的不同。即使是同一菊芋品种，其茎秆各部位的毛状体也有差别（图 2-23），茎秆的顶部，特别是茎秆上部 30 cm 处的毛状体（图 2-23C）比基部（图 2-23A、B）的密度要大得多，且茎秆顶部的毛状体坚硬扎手（图 2-23C）。随着茎的增粗，毛状体的密度变小，随着时间的推移，由于磨损等原因，茎秆基部许多毛状体脱落了（图 2-22A、图 2-23A）。

图 2-22　毛状体不发达的菊芋茎秆不同部位毛状体的分布情况

图 2-23　毛状体发达的菊芋茎秆不同部位毛状体的分布情况

2. 菊芋叶片上的毛状体

菊芋叶片和叶柄上有许多毛状体（图 2-21）。叶缘上则有三种毛状体：弯曲的多细胞毛状体、多细胞念珠状毛状体和单细胞腺体状毛状体。这三种毛状体的大小、结构和密度在近轴面和远轴面并不相同。叶片表面上的钩状毛状体为三细胞，总长度为 200 μm，密度为每平方毫米 8 个左右（图 2-21A）。念珠状的毛状体较短（图 2-21B），有 4～6 个细胞，每平方毫米 10 个左右。有趣的是，近轴面和远轴面毛状体的方向也不相同。在近轴面，毛状体朝向叶片的顶部；而在远轴面，毛状体的方向是随机的。

叶片上下表面毛状体长度的差异不是由于组成毛状体的细胞数目不同，而是因为细胞的长度不同。远轴面的念珠状毛状体（112 μm）比近轴面的长，但是它包含的细胞数目反而少（如 2～5 个）。远轴面毛状体的密度比近轴面的两倍还多。同时，远轴面有较多的单细胞毛状体（每平方毫米 14 个），而近轴面却没有。叶片上下表面毛状体的密度差别很大，图 2-24 为南菊芋 1 号叶片反面的多毛状体，图片中有 5 个毛状体，而同样面积的菊芋叶片正面只有 1 个毛状体。

3. 菊芋花上的毛状体

菊芋花的许多部位都有很细小的毛状体，比如花冠的基部，未成熟瘦果的顶部，还有柱头、冠毛和苞叶。

2.3.3　菊芋花中的草酸钙晶体

Meric 和 Dane 研究发现，菱形草酸钙晶体和柱状草酸钙晶体存在于菊芋的花冠中[11]。柱状草酸钙晶体还存在于花粉囊和花柱的内皮与反光组织细胞中。草酸钙晶簇存在于柱头的毛状体中。除了子房中没有晶体，针晶体存在于花的各部分。

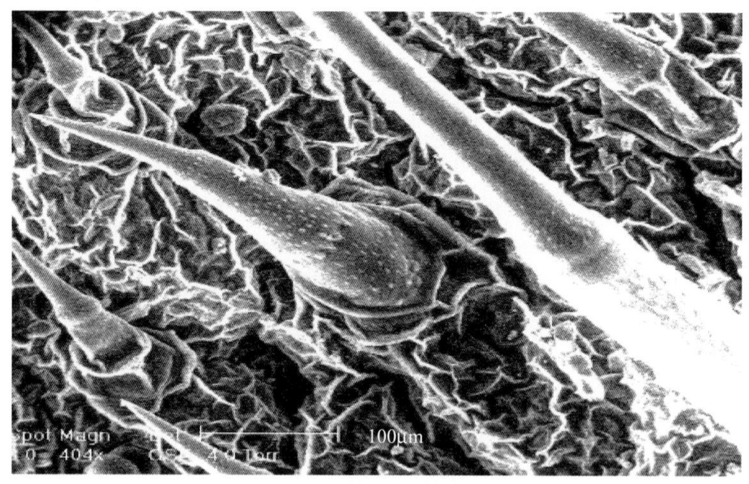

图 2-24　南菊芋 1 号叶片反面的多毛状体

2.3.4　菊芋块茎的亚显微结构

菊芋块茎睡眠状态的细胞中含有质体、线粒体、高尔基体和细胞核（图 2-25）。细胞中精氨酸、谷氨酸、天冬酰胺的含量很高，DNA 和 RNA 的新陈代谢很慢，多糖体和多胺的含量也比较低[12]。菊芋块茎细胞中的液泡很多，这使得细胞核和其他的细胞器都被挤到了细胞壁的附近（图 2-25A）。液泡是储藏果聚糖的场所，在细胞质中形成一些小泡，有助于细胞利用进入细胞的蔗糖合成多聚果糖[13]。质体、线粒体和细胞核有着密切的关系。质体的结构不尽相同，分布于周围的细胞质中，或聚集成簇，位于细胞核附近。质体中有膜结构，包含一些颗粒状的电子密集物质，分散于细胞中（图 2-25B、D）。

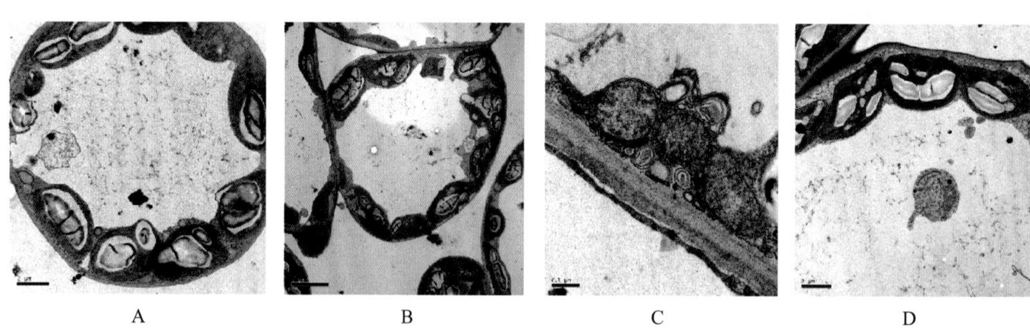

图 2-25　菊芋块茎的亚显微结构

在菊芋块茎细胞分裂一开始，细胞核和核仁会发生明显的变化。例如，染色质重新分配，核仁增大，并伴随着 DNA 和 RNA 的新陈代谢，在第一次有丝分裂期间，细胞核体积剧烈增加，但是核孔的密度不变[12-16]。随着细胞活动，高尔基体、内质网和核糖体数目增加，质体和线粒体中 DNA 的合成也有所增加[12]。

随着对菊芋研究的深入，人们对菊芋的形态与结构将会有更多的发现。

参 考 文 献

[1] Zubr J, Pedersen H S. Characteristics of growth and development of different Jerusalem artichoke cultivars[M]// Fuchs A. Inulin and Inulin-containing Crops. Amsterdam: Elsevier, 1993: 11-19.

[2] Long X H, Shao H B, Liu L, et al. Jerusalem artichoke: A sustainable biomass feedstock for biorefinery[J]. Renewable & Sustainable Energy Reviews, 2016, 54: 1382-1388.

[3] Tsvetoukhine V. Contribution a l'étude des variété de topinambour (*Helianthus tuberosus* L.)[J]. Annal. Amelior. Plant, 1960, 10: 275-308.

[4] Pas'ko N M. Basic morphological features for distinguishing varieties of Jerusalem artichoke[J]. Trudy po Prikladnoy Botanike, Genetike i Selektsii, 1973, 50(2): 91-101.

[5] McLaurin W J, Somda Z C, Kays S J. Jerusalem artichoke growth, development, and field storage. Ⅰ. Numerical assessment of plant part development and dry matter acquisition and allocation[J]. Journal of Plant Nutrition, 1999, 22(8): 1303-1313.

[6] Konvalinková P. Generative and vegetative reproduction of *Helianthus tuberosus*, an invasive plant in central Europe[M]// Child L E, Brock L, Brundu G, et al. Plant Invasions: Ecological Threats and Management Solutions. Leiden, The Netherlands: Backbuys Pub., 2003, 289-299.

[7] USDA. National Plant Germplasm System[R]. USDA-ARS. http://www.ars-grin.gov/npgs/searchgrin.html, 2006.

[8] Swanton C J. Ecological aspects of growth and development of Jerusalem artichoke (*Helianthus tuberosus* L.)[D]. London: Univ. Western Ontario, 1986: 181.

[9] Alex J F, Switzer C M. Ontario Weeds[M]. Ontario: Ontario Ministry of Agriculture Food, 1976, 505: 200.

[10] Payne T, Clement J, Arnold D, et al. Heterologous *MYB* genes distinct from GL1 enhance trichome production when overexpressed in *Nicotiana tabacum*[J]. Development, 1999, 126(4): 671-682.

[11] Meric C, Dane F. Calcium oxalate crystals in floral organs of *Helianthus annuus* L. and *H. tuberosus* L.(Asteraceae)[J]. Acta Biologica Szegediensis, 2004, 48(1): 19-23.

[12] Favali M A, Serafini-Fracassini D, Sartorato P. Ultrastructure and autoradiography of dormant and activated parenchyma of *Helianthus tuberosus*[J]. Protoplasma, 1984, 123: 192-202.

[13] Kaeser W. Ultrastructure of storage cells in Jerusalem artichoke tubers (*Helianthus tuberosus* L.) vesicle formation during inulin synthesis[J]. Zeitschrift für Pflanzenphysiologie, 1983, 111(3): 253-260.

[14] Serafini-Fracassini D, Alessandri M. Advances in Polyamine Research[M].Vol. 4. New York: Raven Press,1983: 419-426.

[15] Torrigiani P, Serafini-Fracassini D. Early DNA synthesis and polyamines in mitochondria from activated parenchyma of *Helianthus tuberosus*[J]. Zeitschrift für Pflanzenphysiologie, 1980, 97: 353-359.

[16] Williams L M, Jordan E G. Nuclear and nucleolar size changes and nuclear pore frequency in cultured explants of Jerusalem artichoke tubers (*Helianthus tuberosus* L.)[J]. Journal of Experimental Botany, 1980, 31(6): 1613-1619.

第3章　菊芋遗传背景、生理生化及分子生物学

菊芋是一种难得的抗逆性强的高效植物，其抗旱耐盐能力极强，肥水需求量很低，很少有病虫害，且其产品市场调适性强。菊芋的遗传背景极其复杂，其主要代谢产物为多聚果糖（菊粉），在生理生化方面具有明显的特征，南京农业大学海洋科学及其能源生物资源研究所菊芋研究小组对其高效利用光能与水分的生理生化特征、应对逆境胁迫的生理生化及分子机制、应对盐胁迫的形态学变化特征等生物学特性进行了比较系统的研究，取得一些重要的阶段性成果。

3.1　菊芋的遗传背景

前文中已指出，菊芋是一种六倍体植物，它有 102 条染色体。众所周知，多倍体植物是两个不同种植物进行杂交，造成子代染色体加倍。人们根据菊芋这一遗传基础进行推理，菊芋可能是由一个含有 34 条染色体的植物种与一个含有 68 条染色体的植物种进行杂交，生成一个含有 51 条染色体的三倍体，再进行染色体加倍后形成的含有 102 条染色体的六倍体植物。为验证这一推论，基于菊芋为向日葵属植物，人们利用向日葵属植物进行了检测种间基因交流潜力的研究。Rogers 等在向日葵属植物物种间进行了一些杂交实验，并获得了一些杂种[1]。Heiser 经过一些验证，于 1978 年发表论文，推论用于杂交的 68 条染色体的母本植物几乎可以肯定是 *Helianthus decapetalus* L.、*H. hirsutus* Raf. 或者 *H. strumosus* L.这三个物种中的一个，而且已在美国中部和东部发现了上述三个物种。在这三个物种里，*H. hirsutus* Raf. 和菊芋在形态上最相似[2]。假如菊芋的父本并没有灭绝的话，另一个含 34 条染色体的亲本有可能为下述三个物种中的一个，即 *H. giganteus* L.、*H. grosseserratus* Martens 或者 *H. annuus* L.。然而，人工杂交仅仅在三项实验中成功地获得了杂交品种，即 *H. giganteus* × *H. decapetalus*，*H. annuus* × *H. decapetalus*, *H. hirsutus* 和 *H. strumosus* 三组杂交[3, 4]。但并不排除 *H. hirsutus* 和 *H. giganteus* 或者 *H. grosseserratus* 之间杂交的可能性。Anisimova 使用免疫化学方法表明菊芋的基因组可能来自 *H. annuus*，有可能是 *H. annuus* subsp. *petiolaris*[5]。如果菊芋父母本物种没有灭绝的话，我们肯定能用基因分析的方法研究出菊芋的祖先，Kochert 等就曾在 1996 年使用这种方法发现了花生的祖先。

由于菊芋是六倍体，种间杂交导致结实率和发育率很低[6]，这给利用传统育种方法对菊芋进行遗传改良带来极大的困难。

过氧化物酶是广泛存在于植物体内的重要酶类，它的差异反映了植物的种（品种）生长发育特点、体内代谢状况及对外界环境的适应性的不同。同工酶在一定程度上能反映植物种（品种）间的差异，用其来进行品种鉴定是有一定价值的。因此南京农业大学海洋科学及其能源生物资源研究所菊芋研究小组研究了 8 种菊芋的过氧化物酶同工酶，

试图对菊芋的种质资源评价提供支撑。结果发现 8 种菊芋在酶带数目、酶带宽度、酶带染色深度和酶带相对迁移率上都有明显的差异，这种差异是由各个种（品种）固有特性决定的。因此在菊芋品种选择和菊芋遗传改良工作中，同工酶可作为一种有效的辅助手段。

如表 3-1 所示，南菊芋 2 号与 5 号、6 号、7 号间的相似系数最大，而南菊芋 4 号与其他品种间的相似系数最小。

表 3-1　供试菊芋品种间的相似系数

品种	南菊芋1号	南菊芋2号	南菊芋3号	南菊芋4号	南菊芋5号	南菊芋6号	南菊芋7号	南菊芋8号
南菊芋 1 号	1.000							
南菊芋 2 号	0.714	1.000						
南菊芋 3 号	0.714	0.714	1.000					
南菊芋 4 号	0.364	0.545	0.545	1.000				
南菊芋 5 号	0.571	0.857	0.714	0.527	1.000			
南菊芋 6 号	0.571	0.857	0.714	0.545	0.714	1.000		
南菊芋 7 号	0.571	0.857	0.571	0.364	0.571	0.714	1.000	
南菊芋 8 号	0.571	0.571	0.714	0.364	0.714	0.571	0.571	1.000

从聚类分析得知，可大致将南京农业大学海洋科学及其能源生物资源研究所菊芋研究小组所研究的 8 种菊芋分为三大类型，第 1 类为南菊芋 1 号、2 号和 3 号，它们之间的遗传相近度较大；第 2 类为南菊芋 5 号、6 号、7 号和 8 号，它们之间的遗传相近度较大；第 3 类为南菊芋 4 号（图 3-1）。

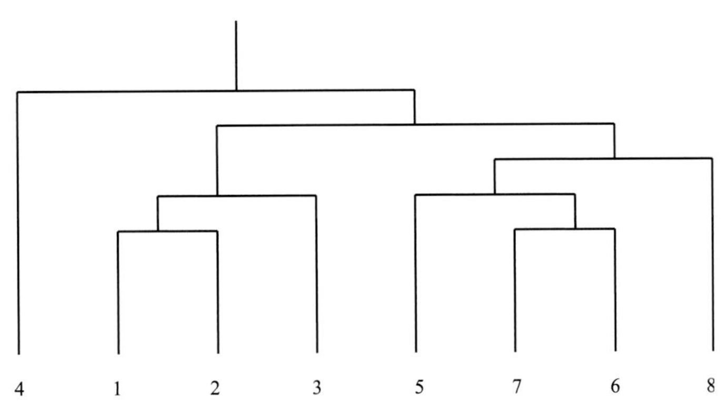

图 3-1　供试菊芋品种间的聚类图

1～8 对应南菊芋 1 号至南菊芋 8 号

过氧化物酶为单体酶或二聚体酶，一般有 2～13 个基因位点。南京农业大学海洋科学及其能源生物资源研究所菊芋研究小组试验中过氧化物酶同工酶显色反应表现：活性较强的酶瞬间显出蓝色谱带，当摇动盛有染液和凝胶的培养皿时，活性较弱的酶也显现淡蓝色，而活性强的酶谱带变宽、颜色加深呈棕褐色。大约 20 min 之后，各谱带颜色、位置趋于稳定，经反复脱色，酶带呈棕黄色。从图 3-2 和图 3-3 可以看出，在 0%海水处理下，从谱带分布看，R_f 值较大位置酶带居多：在 R_f 值分别为 0.727、0.788、0.848 和 0.879 位置，8 个品种均出现了 4 条酶带，在 R_f 值为 0.591、0.679 和 0.818 位置除南菊芋 4 号外，其他菊芋品种均出现了 3 条酶带，但各品种酶带颜色深浅不一致，南菊芋 8 号在这 3 个 R_f 位置上的酶带宽度最窄，颜色最浅。在 15%海水处理下，各品种菊芋过氧化物酶同工酶酶带颜色增强，尤其是南菊芋 7 号和南菊芋 2 号。除南菊芋 4 号仍没有在 R_f 值 0.679 位置出现酶带，其他品种菊芋在 R_f 值为 0.591、0.679、0.727、0.788、0.818、0.848 和 0.879 位置均有酶带，但品种间各酶带宽度与深浅不一致，南菊芋 7 号的酶带最宽。菊芋各品种较各自在 0%处理时也有所变化，随着海水浓度的提高，酶带颜色普遍增强。从图 3-2 和图 3-3 也可以看出，在 30%海水处理下，较 0%和 15%海水处理，除南菊芋 4 号、南菊芋 6 号和南菊芋 8 号的一些酶带颜色加深外，其他品种菊芋过氧化物酶同工酶的酶带颜色普遍没有加深。

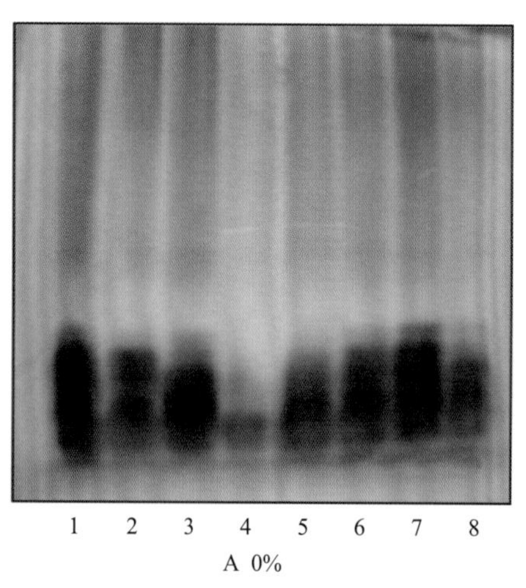

A 0%

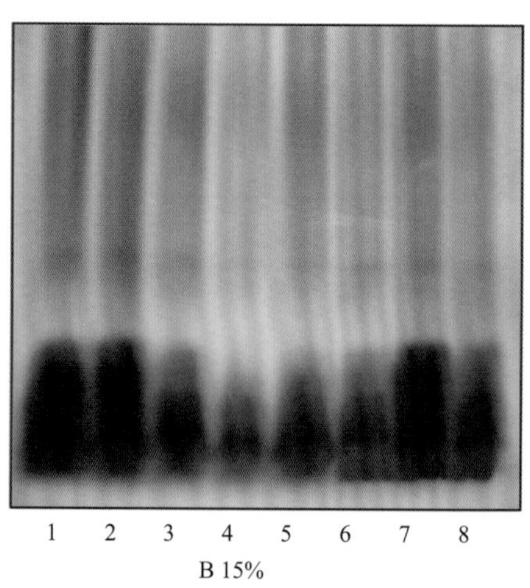

B 15%

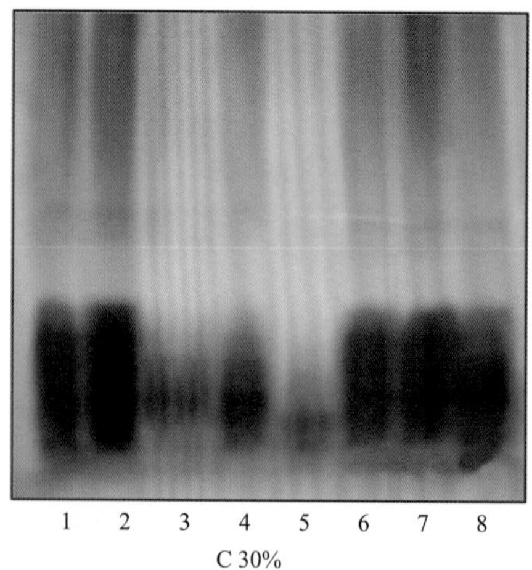

C 30%

图 3-2　不同处理对不同菊芋品种幼苗叶片过氧化物酶酶谱的影响

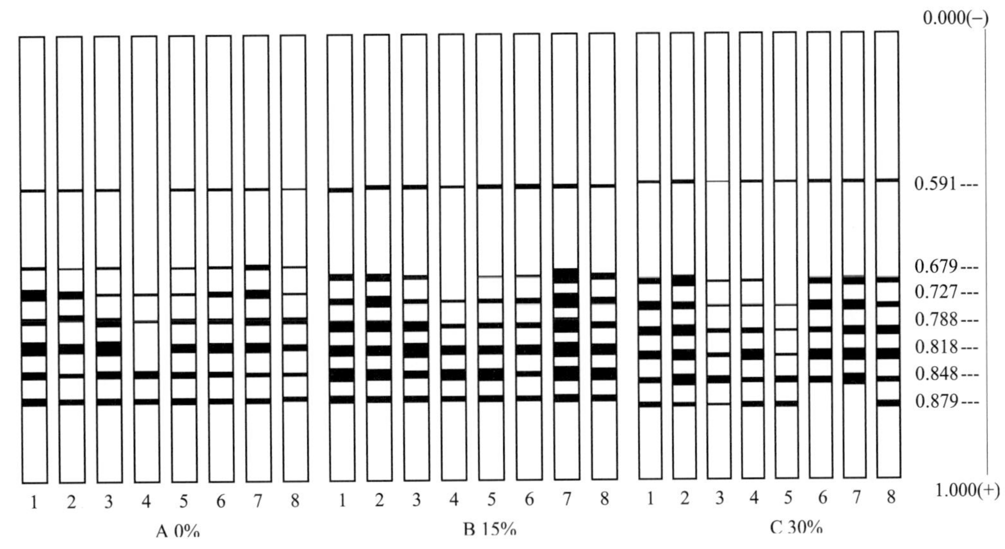

图 3-3　不同处理对不同菊芋品种幼苗叶片 POD 同工酶的影响

3.2　菊芋高效利用光能与水分的生理生化特征

根据南京农业大学海洋科学及其能源生物资源研究所菊芋研究小组多年的研究结果可知：菊芋是名副其实的高效植物，它虽是 C3 代谢植物，但它的光合效率可以与 C4 植物相媲美；它具有很高的水分利用效率，因而赋予其较强的耐旱能力；尤其重要的是，菊芋具有对氮、磷等营养元素高效的吸收利用能力，能在贫瘠的土壤上生长并获得令人满意的产量；同时菊芋极少有病虫害，基本上不使用农药，是难得的适宜非耕地双减栽培的新资源植物。

3.2.1　菊芋高效的水分利用特征

植物水分利用特征可用多种方式来描述。对植物叶片来说，植物水分利用效率（WUE）=光合速率/蒸腾速率[7]，它是植物固有的植物生理特征；而对植株个体来讲，用 WUE=干物质量/蒸腾量比较恰当；对植物群体来说，WUE=干物质量/（蒸腾量+蒸发量）[8]。对农林生产来说，可以通过栽培措施将蒸发量控制到最小，因此通过减少蒸发量来提高水分利用效率的余地不大[9]。提高水分利用效率首先是要提高植物本身的水分利用效率，植物个体水分利用效率可用叶片水分利用效率来估算，所以植物个体水分利用效率与叶片水分利用效率在某种意义上是一致的。菊芋水分利用效率常有以下几种描述方式。

1. 菊芋叶片水分利用效率

单叶或细胞水平的水分利用效率与植物生理功能有最直接的关系，可反映植物气体（CO_2/H_2O）代谢功能及植物生长与水分利用之间的数量关系，常以净同化光合速率（Pn）

与蒸腾速率（Tr）之比表示（WUE=Pn/Tr）[10]。

2. 菊芋蒸腾效率

蒸腾效率指在控制实验条件下，去除土壤表面蒸发，测定的作物个体水分利用效率，即由单位蒸腾水分（*T*）所形成的光合产物，是生理学意义的水分利用效率，可表达为ET=Yd（或 DW）/*T* [11]。

3. 菊芋现实水分利用效率

现实水分利用效率通常指群体水平上的水分利用效率，常以大田产量（或干物质）和实际蒸发蒸腾量之比来表示：WUE=Yd（或 DW）/ET。这个定义在研究菊芋不同生育期和整个生育期水分利用效率特征及其与产量、生理生态因素关系，进行农田水分调配和栽培管理等方面应用较多[12]。

4. 菊芋潜在水分利用效率

潜在水分利用效率指在 1 hm^2 农田上每毫米耗水量可能转换为菊芋生物量的生产潜力[13]，它可直观地反映大田生产中菊芋水分利用情况。

5. 菊芋冠层水分利用效率

菊芋冠层水分利用效率是将生长的环境因子和生理指标相结合，采用多种参数来建立估算模型，再与生产实际相对比，然后修正建立的半理论半经验的估算模型。

在灌溉农业生产中除上述方法外，还常用灌溉水利用效率，即以灌溉水量（*L*）和因灌溉增加的干物质（DW）或产量（*Y*）的关系来评价灌溉水利用状况[WUE=DW（或 *Y*）/*L*]。旱作生产中也常用降水利用效率，即以菊芋生育期的降水补给量（*P*）与同期干物质（DW）或产量（*Y*）之比来评价水分利用状况[WUE=DW（或 *Y*）/*P*]。

早期的研究表明菊芋是一种比较耐水分胁迫的作物[14]。Mecella 等的研究表明，在意大利中部地区，6～9 月降雨量为 125 mm 时，每公顷菊芋可收获干块茎约 10 t[15]。菊芋的潜在水分利用效率较高，可达 14.17 mm/（t • hm^2），2008 年南京农业大学海洋科学及其能源生物资源研究所菊芋研究小组用自己选育的南菊芋 1 号菊芋品种在吉林洮南的“死海”进行种植试验，年降雨量为 126 mm，菊芋块茎产量达 15 t/hm^2，菊芋的潜在水分利用效率达 8.4 mm/（t • hm^2）；2001 年山东莱州朱由年降雨量仅 226 mm，南菊芋 1 号菊芋块茎产量达 30 t/hm^2，其潜在水分利用效率为 7.53 mm/（t • hm^2），而种植的玉米因干旱几乎绝收，表明南菊芋 1 号的现实水分利用效率高于玉米[17.29 mm/（t • hm^2）]和大麦[19.7 mm/（t • hm^2）]1 倍以上[16]。

根据植物水分利用效率研究进展，针对菊芋特点，南京农业大学海洋科学及其能源生物资源研究所菊芋研究小组首先对菊芋个体水分利用效率这一固有的生理学特性进行研究，用水分利用效率来估算，以叶片净同化光合速率（Pn）与蒸腾速率（Tr）之比表示（WUE=Pn/Tr）。研究小组的盆栽试验表明，南菊芋 2 号上部叶片水分利用效率（以 CO_2/H_2O 计）高达 4.78（图 3-4），且用低比例的海淡水灌溉叶片水分利用效率显著高于淡水灌溉，这可能是因适当比例海水灌溉降低了叶片水分蒸腾速率，而且菊芋又具有利用低水势水的能力。叶片持水力是反映植物耐旱（包括生理干旱）的重要指标，南京农业大学海洋科学及其能源生物资源研究所菊芋研究小组的试验表明，南菊芋 2 号叶片离体 12 h，淡水灌溉处理叶片持水率是离体时叶片持水率的 28.49%，而低比例海水灌溉处理叶片持水率达 42.89%（图 3-5），显著高于淡水灌溉处理[17]。菊芋个体水分利用效率与叶片持水率的研究结果相互验证了南菊芋 2 号叶片高持水率是其上部叶片水分利用效率高的重要原因之一。

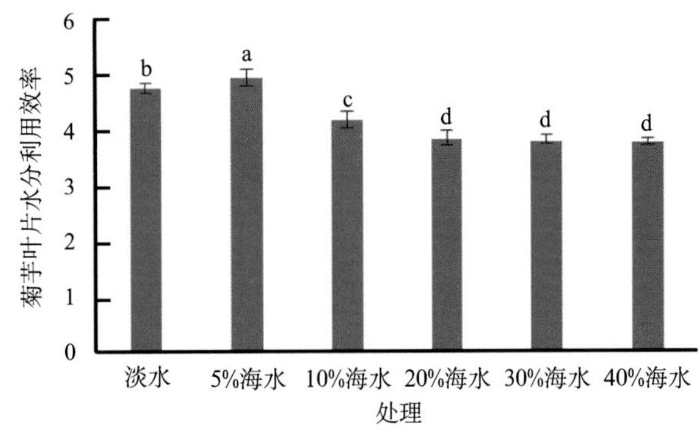

图 3-4　南菊芋 2 号上部叶片水分利用效率

不同样本间显著性差异（$P \leqslant 0.05$）由不同字母表示。下同

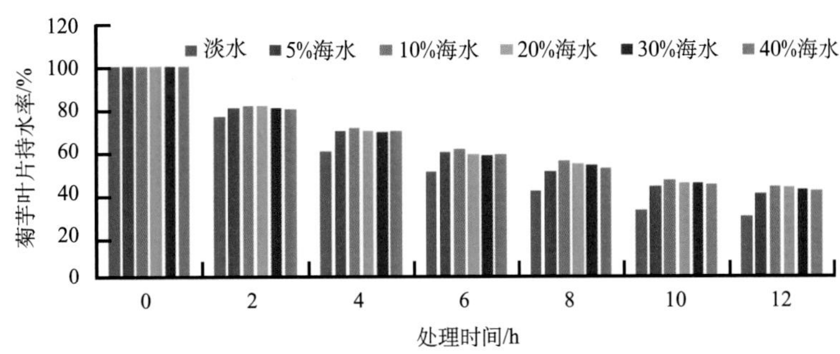

图 3-5　南菊芋 2 号上部叶片持水率

环境水分条件对菊芋上部叶片水分利用效率具有很大影响，当土壤含水量为田间最大持水量 55%～65%时，南菊芋 1 号（NY1）和南菊芋 2 号（NY2）在各个时间段叶片水分利用效率随海水浓度的升高呈现先升高后下降的趋势，其中当海水浓度为 10%时达到最高点，而且显著高于对照；当海水浓度为 20%时，菊芋上部叶片水分利用效率急剧下降（图 3-6）。

南京农业大学海洋科学及其能源生物资源研究所菊芋研究小组对菊芋生物量水平水分利用效率的研究表明，菊芋在生产过程中也具有很高的水分利用效率。所谓的菊芋生物量水平水分利用效率，即计算菊芋植株干重质量（DW）与从种植到收获累计耗水量总值（Tw）之比，这一指标能比较客观地反映菊芋生产中实际水分利用效率。研究小组研究了南菊芋 2 号菊芋幼苗生物量水平水分利用效率（图 3-7）。随着浇灌海水浓度的升

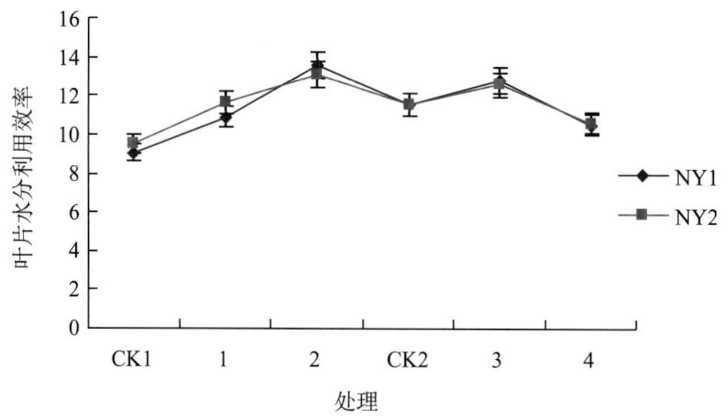

图 3-6　不同水分条件下两种菊芋上部叶片水分利用效率

CK1 表示土壤含水量为田间最大持水量的 75%～85%的淡水灌溉，CK2 表示土壤含水量为田间最大持水量的 55%～65%的淡水灌溉，左侧的 1，2 表示在 75%～85%土壤持水量的 10%海水与 20%的海水处理，右侧的 3，4 是在土壤持水量 55%～65%的 10%与 20%海水灌溉处理

高，菊芋幼苗生物量水平水分利用效率呈现先升高后降低的趋势，且整体上都比对照偏高，浇灌海水浓度 5%、10%、20%、30%、40%的生物量水平水分利用效率分别为对照的 132.3%、161.6%、163.2%、149.1%、124.3%。结合菊芋的生物量及其耐海水胁迫性可以说明，低浓度海水浇灌菊芋是可行的，而且极显著地提高了菊芋的水分利用效率。

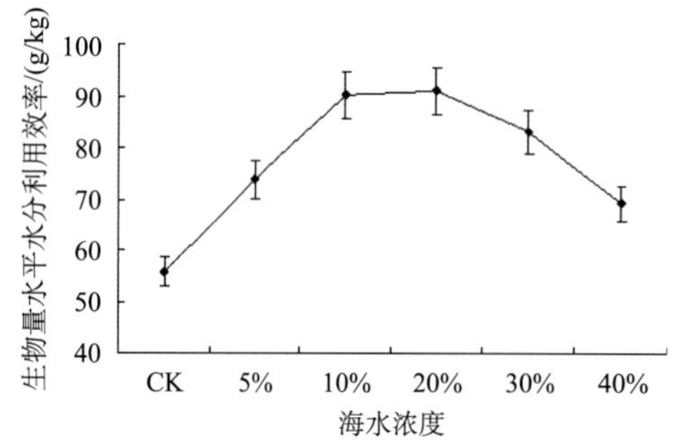

图 3-7　南菊芋 2 号菊芋幼苗生物量水平水分利用效率

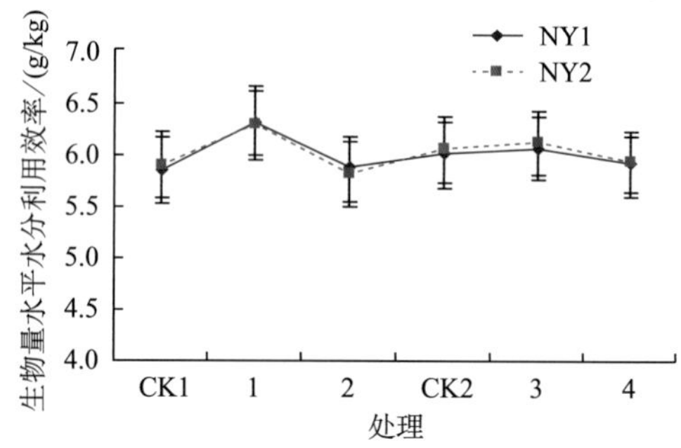

图 3-8　不同菊芋品种田间生物量水平水分利用效率

在上述研究的基础上，南京农业大学海洋科学及其能源生物资源研究所菊芋研究小组模拟大田生产实践，采取 2 个土壤水分含量水平（土壤含水量为田间持水量的 75%～85%，用 CK1、1、2 表示：CK1 表示淡水，1 表示 10%海水，2 表示 20%海水。土壤含水量为田间持水量的 55%～65%，用 CK2、3、4 表示：CK2 表示淡水，3 表示 10%海水，4 表示 20%海水）、3 个海淡水比例灌溉和 2 个菊芋品种（南菊芋 1 号用 NY1 表示，南菊芋 2 号用 NY2 表示）一共 3 个因素进行正交实验，合计 12 个处理，每个处理设置 3 个重复。其试验结果如图 3-8 所示。

试验表明，在充分灌溉时，南菊芋 1 号生物量水平水分利用效率随海水浓度的增加而呈现先升高后降低的变化趋势，其中 10%海水浓度下达到最大值；南菊芋 2 号则呈现逐渐升高的趋势，10%和 20%海水处理差异不显著。水分胁迫时，南菊芋 1 号先略下降后又上升，10%处理与对照差异不显著；南菊芋 2 号则呈现逐渐上升的趋势。所有处理中，可以看出充分灌溉下 10%海水浓度处理具有最大的生物量水平水分利用效率。

南京农业大学海洋科学及其能源生物资源研究所菊芋研究小组通过比较发现，在土壤水充足的情况下（75%～85%），南菊芋 1 号生物量水平水分利用效率为 5.86 g/kg，而南菊芋 2 号达 6.01 g/kg，两者在生物量水平水分利用效率方面存在显著差异，但当土壤缺水时（55%～65%），两品种的植物生物量水平水分利用效率均为 5.81 g/kg 左右[17]。

在充分灌溉条件下，南菊芋 1 号和南菊芋 2 号叶片蒸腾速率均随海水浓度的升高而升高，在 20%浓度处理时达到最大值 13.6 mmol/(m^2 • s)；水分胁迫条件下，叶片蒸腾速率呈现先增加后减少的趋势，海水浓度为 10%时达到最大值 12.6 mmol/(m^2 •s)（图 3-9）。

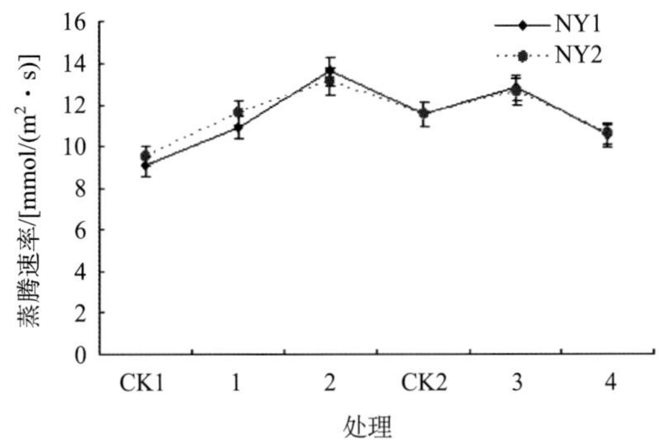

图 3-9　菊芋两个品种叶片蒸腾速率的比较

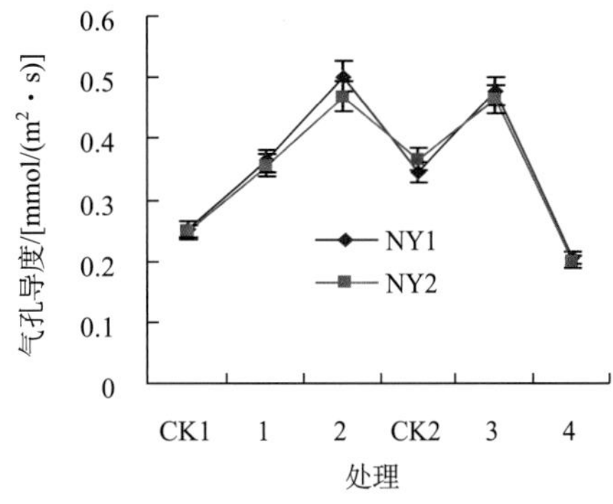

图 3-10　菊芋两个品种叶片气孔导度的比较

充分灌溉时，南菊芋 1 号和南菊芋 2 号叶片气孔导度随海水浓度的升高而增加，在海水浓度为 20%时达到最大值 0.501 mmol/（m^2 •s），显著高于对照 0.247 mmol/（m^2 •s）；水分胁迫条件下，叶片气孔导度随海水浓度的升高呈现先增加后减少的变化趋势，其中在海水浓度为 10%时达到最大值 0.478 mmol/（m^2 • s），而在海水浓度为 20%时，气孔导度急剧下降（图 3-10）。

但在大田菊芋生产中，水分利用效率与产量一样是受多因素控制的数量性状，在不同环境下植物体内发生的多种复杂多变的生理生化过程都可能影响到它[18]。为此，南京农业大学海洋科学及其能源生物资源研究所菊芋研究小组结合海涂菊芋栽培实践，进行了有关咸水灌溉、咸水灌溉与覆盖条件下菊芋水分利用效率的研究，以便在充分提高菊芋水分利用效率的同时，大幅增加菊芋产量。

南京农业大学海洋科学及其能源生物资源研究所菊芋研究小组对菊芋现实水分利用效率、菊芋潜在水分利用效率、灌溉水利用效率、菊芋生物量水平水分利用效率等多种角度与层次的研究表明，菊芋的水分利用效率很高，是干旱荒漠地不可多得的栽培植物之一。

3.2.2　南菊芋 1 号的高光能转化效率及生理机制

光合作用是高等植物将无机碳转化成有机碳、太阳能转化为生物能的唯一途径，它由分布于植物的叶绿体内、类囊体膜上的各种色素蛋白复合体完成。类囊体膜是叶绿体光能吸收、传递和转换的结构基础单元，植物从事光能吸收、传递和转换的各种色素蛋白复合体分布于其上。

色素是类囊体膜的重要组分，是光能的受体，叶绿素 b 是捕光色素蛋白复合体的重要成分。LHC Ⅰ（光系统Ⅰ捕光色素蛋白复合体）和 LHC Ⅱ（光系统Ⅱ捕光色素蛋白复合体）除具有天线功能，把吸收的光能传递给各自所属的光系统外，LHC Ⅱ还是类囊体膜垛叠的主导因素，LHC Ⅰ和 LHC Ⅱ中的可流动部分在调节两个光系统（PS）之间的激发能分配方面起着重要作用，而 PS Ⅰ和 PS Ⅱ 之间激发能的平衡分配又是植物实现并维持高光合速率、避免光抑制的必要条件。绿色植物捕光天线色素吸收的光能传递到光系统Ⅱ（PS Ⅱ）反应中心色素后，可引起光化学反应，驱动 PS Ⅱ的电子传递，一方面导致质体醌的还原与同化力的形成，另一方面导致水的氧化和放氧。但当叶绿素荧光参数 Fv/Fm 明显降低，表明 PS Ⅱ原初光能转换效率明显降低，这时如捕光系统功能正常，就会导致光能过剩现象。光能过剩时，多余的激发能便在系统内积累，引起光合作用的光抑制，甚至光氧化、光破坏，逆境条件与强光伴随出现时，会加重光能过剩程度，更易发生光抑制和光破坏现象。陈良等报道高浓度 Cd 条件下对 Cd 敏感的菊芋品种 ΦPS Ⅱ降低，说明光合电子传递速率降低[19]。朱新广等报道用低浓度的 NaCl 处理小麦叶片，荧光光化学猝灭系数（qP）下降，使 PS Ⅱ反应中心在较高的光强下更加容易受到光抑制的伤害[20, 21]。

菊芋虽然为 C3 代谢植物，但却具有与 C4 代谢植物不相上下的光合效率。不同品种的菊芋，其光合效应对逆境的响应差异很大，南京农业大学海洋科学及其能源生物资源研究所菊芋研究小组根据菊芋盐土栽培需求，着重研究了不同菊芋品种在盐、碱及海水胁迫下光合作用的变化及机制，为筛选适合海涂种植的品种提供理论基础。

3.2.2.1　南菊芋 1 号苗期光合碳分配

^{13}C 脉冲标记技术是科研界的最新研究成果，是一种用于高精密度研究土壤有机碳输入、输出的方法，有灵敏度高、精密性高和操作简便等优点。它可以定量研究根际沉积碳、植物输入到根部的碳和根际呼吸（进而区分土壤呼吸）。只要在植物生长发育过程中进行定时定量的脉冲标记，便能简便、精确地估算出植物地下部碳量的多少。同位素的选择更加倾向于 ^{13}C，因为 ^{13}C 相比 ^{14}C、^{12}C 更有优越性，而且 ^{13}C 与 ^{12}C 的性质差异远远小于与 ^{14}C，因而 ^{13}C 被认为更加稳定而可靠。此外，植物的根际激发效应在促进或者抑制土壤原有有机碳的合成与分解中起着举足轻重的作用，值得注意。用脉冲标记法可以细致地对土壤呼吸进行有效的划分，其中包括两部分：土壤有机碳的微生物呼吸和根际呼吸，再与无植被覆盖的土壤呼吸进行比较，就可以最终确认根际呼吸碳的量。

南菊芋 1 号种植于南京农业大学牌楼试验基地（北纬 32.02°，东经 118.50°），种植 15 d 后开始标记。所设计制作的标记装置如图 3-11 所示，标记室由透明玻璃面板制作而成。

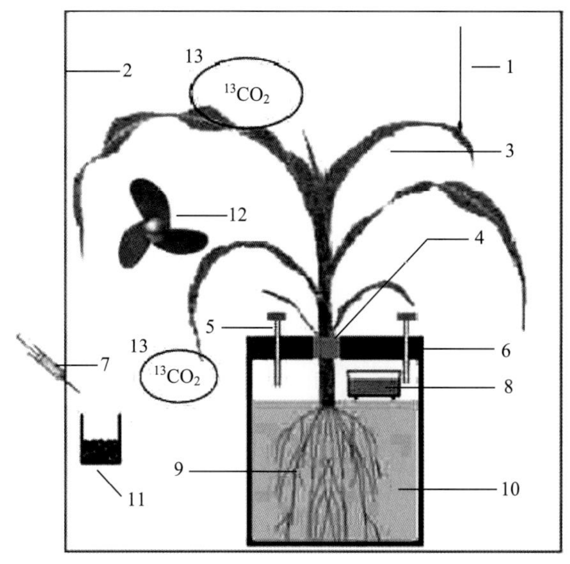

图 3-11　标记室装置示意图

1. 温度计；2. 密闭玻璃容器；3. 菊芋植株；4. 真空绝缘硅树脂；5. 5 mL 采血管；6. 密闭塑料容器；7. HCl 溶液；8. NaOH 溶液；9. 菊芋根系；10. 土壤；11. ^{13}C 丰度为 98%的 $Ba^{13}CO_3$；12. 风扇；13. $^{13}CO_2$ 浓度仪

每次选取 3 盆菊芋，进行 ^{13}C 脉冲标记。标记前，首先在土壤与隔板间的空间中放入 5 mol/L 的 NaOH 溶液，接着用透明塑料硬板将土壤和硬板间的空气与标记空气区分开；把硬板和 5 mL 采血管的连接处用乳性胶反复涂抹最终至密封状态。最后一个步骤是检查密闭性：把气球套在一 5 mL 采血管上，在另一管的管口吹气，根据气球是否能够膨胀起来判定是否密封，然后把采血管管口堵住，将风扇、温度计、CO_2 浓度仪、菊芋植株和装有 ^{13}C 丰度为 98%的 $Ba^{13}CO_3$ 药品的小盒放入标记室内。标记于晴朗天气的 09:00 开始。用塑料吸管向装有 $Ba^{13}CO_3$ 的烧杯中不断滴入浓度为 1 mol/L 的 HCl 溶液至标记室内 CO_2 浓度仪数据为 360 μL/L 左右，随即开动风扇，使标记室内空气开始流动。在实验过程中不停加入盐酸，以保证 360 μL/L 的 CO_2 浓度。标记过程中用 CO_2 浓度仪实时监测装置内 CO_2 的浓度，标记结束时间为 16:00。待标记流程结束，把菊芋远离标记室置于风口处，以免标记室的标记气体对试验结果产生影响。每次标记时，另选 3 株生长在自然环境条件下的菊芋作为空白对照。

标记结束后，每 3d 更换 1 次 NaOH 溶液。每天定点定量用抽气筒在土壤与硬板间注入足够使用的不含 CO_2 的空气，用于菊芋的呼吸作用。此外，收集 3 个无植被覆盖的盆钵的土壤呼吸，其土壤条件和盆钵大小与种植菊芋用盆保持一致无差异。标记结束后的第一天，破坏菊芋进行取样。从土壤和菊芋的连接处剪断菊芋植株，将所有的土壤碾碎反复过 1 mm 的筛子，挑出其中存在的断根，并把土壤摊开于透明薄膜上。把挑出的细碎断根以及部分根际土壤用水打湿，轻轻摇匀，半小时后，把混合溶液轻轻地滤过空隙大小为 1 mm 的筛子，并把筛上的断根清洁至无泥土状态。然后把它们混合后摊开置于透明薄膜上的土壤中。将土壤反复用网格取土法进行缩分，最后取 50 g 以上的土壤。将菊芋叶、茎和根分别置于 105℃条件下杀青 3.5 h，随后在 60℃条件下烘干。

地上部的生物量即地上部净初级生产力；地下部的净初级生产力是现存地上部的30%～80%，为便于计算取 50%。

光能利用率即单位面积初级生产力的能量和太阳辐射量之比，计算公式为

$$p = Mq / \sum Q_{\mathrm{d}} \tag{3-1}$$

式中，p 为光能利用率；M 为单位面积上净初级生产力（地上部与地下部之和）；q 为单位质量植物干物质含能量，一般碳水化合物为 17.38 kJ/g；Q_{d} 为太阳总辐射，江苏沿海湿地取值 1100 MJ/m^2。

1. 南菊芋 1 号根际呼吸中 ^{13}C 的积累

首先进行 ^{13}C 标记时间选择确定的试验，结果如表 3-2 所示，从表可以看出，南菊芋 1 号根际呼吸中 ^{13}C 在苗期的积累绝大部分都出现在标记结束后 6 d 内，^{13}C 占 45.1%～53.4%。然后随着标记时间的延长，^{13}C 的积累速率直线下降，最后培养的 19～24 d 的 6 d 中产生的 ^{13}C 只占总量的 2.2%～5.0%。即使再延长标记时间，^{13}C 在南菊芋 1 号生态系统根、茎、叶、块茎和土壤中的分配比例也不会有什么重大的变化，因此用 ^{13}C 标记 18 d 内碳分配的试验数据是可行的。

表 3-2　南菊芋 1 号标记结束后不同时段产生的 ^{13}C 占根际呼吸产生的 ^{13}C 总量的比例　（%）

时段	^{13}C	C	CK
0～6 d	53.4±0.2a	46.4±0.1b	45.1±0.1c
7～12 d	32.3±0.2b	34.5±0.3a	35.0±0.6a
13～18 d	12.2±0.1b	14.5±0.1a	15.0±0.6a
19～24 d	2.2±0.1c	4.5±0.1b	5.0±0.1a

注：不同样本间显著性差异（$P \leqslant 0.05$）由不同字母表示。数据值为平均值±标准误（mean±SE, n=3）。

2. 南菊芋 1 号苗期光合 ^{13}C 的分配

1）^{13}C 分配到南菊芋 1 号各部分的浓度

^{13}C 标记处理、未标记处理及自然环境下 3 个处理结果见图 3-12。^{13}C 标记处理菊芋地上部与地下部中碳的含量均显著高于其他两个处理菊芋相同部位碳的含量；而未标记处理与自然条件处理菊芋地上部与地下部中碳的含量均没有显著差异。^{13}C 标记处理土壤有机碳含量显著高于其他两个处理土壤有机碳的含量，而自然条件处理菊芋根际呼吸碳显著低于其他两个处理菊芋根际呼吸碳，标记与未标记处理菊芋根际呼吸碳没有显著差异。从 3 个处理的试验结果来看，菊芋根际呼吸碳所占比例最小，为 5.29%～6.13%，土壤有机碳占 23.66%～30.52%。

2）^{13}C 分配到南菊芋 1 号各组分的量

从 ^{13}C 标记处理的结果来看，^{13}C 分配到各组分的量表现为土壤有机碳>根际呼吸>根部>地上部（表 3-3），其中，地上部表现为 ^{13}C 标记处理是 C 处理的 1.46 倍，是 CK 的 1.64 倍；根部表现为 ^{13}C 处理是 C 处理的 1.20 倍，是 CK 的 1.85 倍；根际呼吸部分

表现为 ^{13}C 处理是 C 处理的 1.25 倍，是 CK 的 1.59 倍；土壤有机碳部分表现为 ^{13}C 处理是 C 处理的 1.05 倍，是 CK 的 1.47 倍。

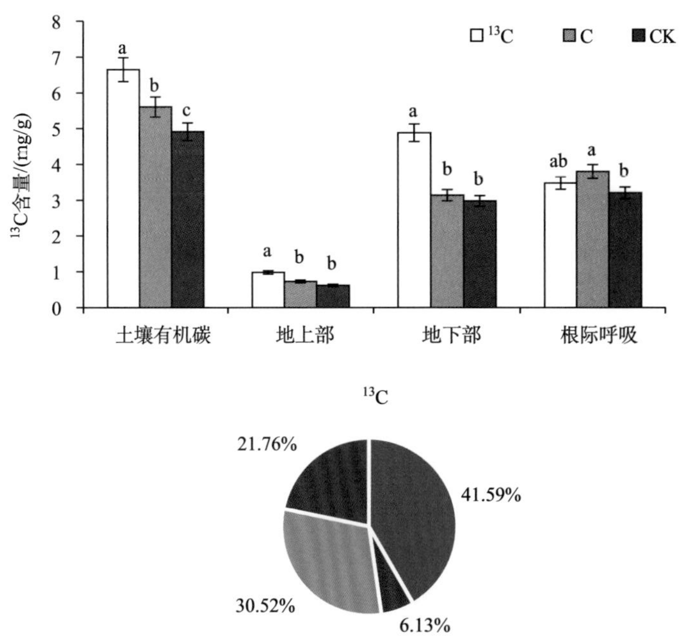

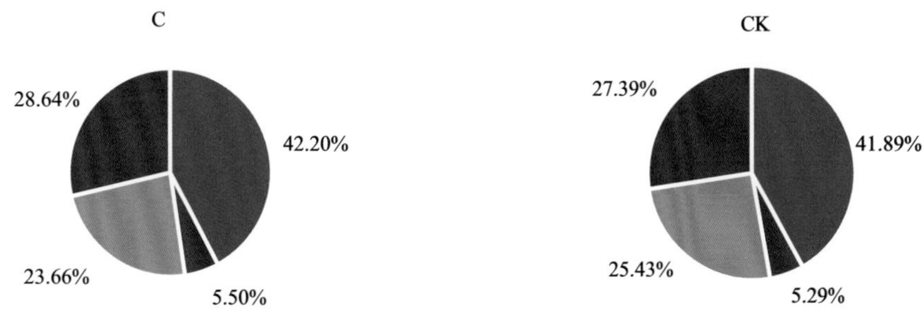

图 3-12　菊芋在苗期内输入各组分的碳量及百分比

表 3-3　^{13}C 分配到各组分的量　（单位：g/株）

处理	地上部	地下部		土壤有机碳	地下小计
		根部	根际呼吸		
C	1.07±0.1b	4.71±0.2b	6.02±0.1b	13.84±0.1b	24.57±0.1b
^{13}C	1.56±0.2a	5.63±0.1a	7.51±0.1a	14.55±0.2a	27.69±0.2a
CK	0.95±0.1c	3.05±0.1c	4.73±0.1c	9.87±0.1c	17.65±0.1c

注：不同样本间显著性差异（$P \leq 0.05$）由不同字母表示。数据值为平均值±标准误（mean±SE, n=3）。

3）^{13}C 分配到南菊芋 1 号各组分的比例

从 3 个处理可见，大多数碳被分配到地下，占 95%左右。其中根部碳占比为 16.40%～18.37%；根际呼吸碳占比为 49.74%～53.98%；土壤有机碳占比为 23.48%～25.68%。地上部碳占比较小，为 4.17%～5.33%（表 3-4）。

表 3-4　^{13}C 分配到各组分的比例　（%）

处理	地上部	地下部		土壤有机碳	地下小计
		根部	根际呼吸		
C	4.17±0.2b	18.37±0.2b	53.98±0.1b	23.48±0.4b	95.83±0.2b
^{13}C	5.33±0.2a	19.25±0.2a	49.74±0.1a	25.68±0.1a	94.67±0.2a
CK	5.11±0.1c	16.40±0.1c	53.06±0.1c	25.43±0.2c	94.89±0.2c

注：不同样本间显著性差异（P≤0.05）由不同字母表示。数据值为平均值±标准误（mean±SE, n=3）。

使用脉冲标记法的前提和基础是确保标记期结束时 ^{14}C 和 ^{13}C 的比例越来越稳定并最终达到一定的程度。很多专业研究人员认为，当标记所加同位素在根际呼吸中不再出现的时候，碳同位素已经分配趋于稳定。在南京农业大学海洋科学及其能源生物资源研究所菊芋研究小组的试验中，在最后 3d 的时间，只有极微量、可以忽视的 ^{13}C 在菊芋根际呼吸中被注意到，因此从理论上而言，此时 ^{13}C 的分配已基本维持了稳定状态。用 ^{13}C 气体标记菊芋以后，经过一个半月的示踪期，^{13}C 在菊芋生态系统中的分配已大致维持在稳定的情况。

前人研究指出：大麦和小麦在整个生育期中转移到根碳的量，占总吸收碳量的比例为 25%左右。这部分碳中，大概有一半存在于根部；剩下的有 1/3 进入根际呼吸；其余的部分则通过根际沉积作用转化为土壤有机碳。目前学术界对于苗期植株的标记资料尚少，许多问题尚待研究。研究者发现，在苗期标记的过程内分配到菊芋的碳，进入地上部、根部、根际呼吸和土壤有机碳中的量分别占 4.17%～5.33%、16.40%～19.25%、49.74%～53.98%和 23.48%～25.68%。此结论与前人研究略有差异: ①前人的研究总结的分配占比是以植物吸收的总碳为计算分母，而南京农业大学海洋科学及其能源生物资源研究所菊芋研究小组是以菊芋的碳的净吸收作为分母，所以菊芋分配到地下的碳占总量的百分比比之前的结论要高；②南京农业大学海洋科学及其能源生物资源研究所菊芋研究小组试验的研究阶段为苗期，菊芋植株地上部较小，所以地上部的碳累积占比较小；③南京农业大学海洋科学及其能源生物资源研究所菊芋研究小组的试验中，菊芋的地上根处于土壤和硬板的固定空间中，根际呼吸中也包括菊芋地下根的呼吸。南京农业大学海洋科学及其能源生物资源研究所菊芋研究小组试验表明，随着菊芋的生长时间的推移，其分配到地下的碳的百分比也逐渐变少。这一结论与其他学者研究其他的粮食作物得到的结论并不相悖。

3.2.2.2　盐分胁迫对南菊芋 1 号碳的效应

大田盐分胁迫对南菊芋 1 号碳的效应试验在江苏盐城海涂进行，总共有 3 个不同的地块，每个样地面积是 25 m^2（5 m×5 m），每个样地盐度不同，新洋地块、大丰地块、顺泰地块样地盐度为 3 个水平：0.6～1.0 g/kg；1.5～2.4 g/kg；3.8～4.5 g/kg（即大田含盐量为 0.1%左右、0.2%左右与 0.4%左右 3 个水平）。土壤在冬季用犁翻整过，然后在播种块茎之前再翻 2 次。播种时间是 2016 年 6 月。挑选无病伤的南菊芋 1 号块茎，切成质量相当的若干块，播种行间距和株间距分别是 60 cm 和 50 cm。于 8 月、9 月、10 月、11 月、12 月分别在每个地块任意取 3 株菊芋进行采样备用。

1. 大田盐分胁迫下南菊芋 1 号各器官含碳量的变化

由表 3-5 可以看出，含盐量 0.2%左右的大丰样地南菊芋 1 号各器官碳密度最高。根的碳密度在新洋（含盐量 0.1%左右）、大丰样地（含盐量 0.2%左右）分别比顺泰样地（含盐量 0.4%左右）提高了 0.5%和 0.8%。茎的碳密度在新洋、大丰样地分别比顺泰样地提高了 7.9% 和 9.8%。叶的碳密度在新洋、大丰样地分别比顺泰样地提高了 5.4% 和 9.2%。块茎的碳密度在新洋、大丰样地分别比顺泰样地提高了 0.3%和 4.0%，表明在土壤含盐量 0.1%～0.4%时，盐分对南菊芋 1 号地下部含碳量的影响不大，其主要对南菊芋 1 号茎与叶中碳含量有一定的影响。

表 3-5　不同地块对菊芋不同器官含碳量的影响　　（单位：%DW）

处理	不同器官含碳量			
	根	茎	叶	块茎
XY	38.6±0.6a	39.6±0.6a	36.8±0.4a	37.7±0.1a
DF	38.7±0.1a	40.3±0.2a	38.1±0.1a	39.1±0.1a
ST	38.4±0.2a	36.7±0.6b	34.9±0.6b	37.6±1.2a

注：数据表示为平均值±标准误（n=3）。字母不同表示差异显著（$P \leqslant 0.05$）。XY：新洋样地，含盐量 0.1%左右。DF：大丰样地，含盐量 0.2%左右。ST：顺泰样地，含盐量 0.4%左右。下同。

2. 大田盐分胁迫下南菊芋 1 号各月份碳储量的变化

由表 3-6 可知，新洋地块、大丰地块、顺泰地块的南菊芋 1 号全株碳储量均在 10 月达到了顶峰。10 月大丰地块（含盐量 0.2%左右）的南菊芋 1 号全株碳储量显著高于新洋地块（含盐量 0.1%左右）与顺泰地块（含盐量 0.4%左右），分别高 30.40%与 145.09%；顺泰地块（含盐量 0.4%左右）南菊芋 1 号全株碳储量又显著低于新洋地块（含盐量 0.1%左右）南菊芋 1 号全株碳储量，表明适当的盐分胁迫可显著提高南菊芋 1 号的全株碳储量，而过高的盐分含量又显著降低了其全株碳储量，这在第 6 章的田间栽培试验中得到了验证。

表 3-6　不同含盐量地块对南菊芋 1 号全株碳储量的影响　　（单位：g/株）

月份	XY	DF	ST
8 月	162±20b	219±20a	173±30ab
9 月	121±12b	251±30a	25±2c
10 月	421±12b	549±24a	224±14c
11 月	158±12a	187±12a	31±3b
12 月	274±14a	240±6a	42±2b

3. 大田盐分胁迫下南菊芋 1 号各月份总净初级生产力的变化

新洋、大丰地块的南菊芋 1 号总净初级生产力从 8 月到 10 月逐渐增大，随后减小，顺泰地块的南菊芋 1 号总净初级生产力在 8 月最高（表 3-7）。8 月至 12 月，与顺泰地块相比，新洋地块的总净初级生产力分别增加了 2 g/株、221 g/株、461 g/株、167 g/株、244 g/株，大丰地块的总净初级生产力分别增加了 160 g/株、577 g/株、743 g/株、168 g/株、97 g/株。南菊芋 1 号碳储量约 6.72～8.89 t/hm^2。

表 3-7　不同含盐量地块对南菊芋 1 号各月份总净初级生产力的影响　　（单位：g/株）

月份	XY（新洋）	DF（大丰）	ST（顺泰）
8 月	208±29b	366±38a	206±15b
9 月	288±17b	644±25a	67±10c
10 月	530±58b	812±52a	69±12c
11 月	195±23a	196±17a	28±3b
12 月	294±32a	147±42b	50±5c

4. 大田盐分胁迫下南菊芋 1 号各月份地上部净初级生产力的变化

由表 3-8 可知，新洋、大丰地块的南菊芋 1 号地上部净初级生产力从 8 月到 10 月逐渐增大，随后减小。8 月至 12 月，与顺泰地块相比，新洋地块的地上部净初级生产力分别增加了 2g/株、196g/株、427g/株、101g/株、168g/株，大丰地块的地上部净初级生产力分别增加了 136g/株、556g/株、574g/株、121g/株、146g/株。

表 3-8　不同含盐量地块对南菊芋 1 号各月份地上部净初级生产力的影响　　（单位：g/株）

月份	XY（新洋）	DF（大丰）	ST（顺泰）
8 月	188±17b	322±58a	186±23b
9 月	256±32b	616±107a	60±9b
10 月	486±24b	633±58a	59±8c
11 月	148±12a	148±17a	47±3b
12 月	208±12a	186±18a	40±3b

5. 大田盐分胁迫下南菊芋 1 号各月份地下部净初级生产力的变化

由表 3-9 可知，新洋地块的南菊芋 1 号地下部净初级生产力逐月增加，大丰地块的南菊芋 1 号地下部净初级生产力从 8 月至 10 月逐渐增大，随后减小，顺泰地块的南菊芋 1 号地下部净初级生产力在 8 月最高。8 月至 12 月，与顺泰地块相比，新洋地块的地下部净初级生产力分别增加了 2 g/株、25 g/株、34 g/株、46 g/株、76 g/株，大丰地块的地下部净初级生产力分别增加了 24 g/株、21 g/株、169 g/株、57 g/株、81 g/株。

表 3-9　不同含盐量地块对南菊芋 1 号各月份地下部净初级生产力的影响　（单位：g/株）

月份	XY（新洋）	DF（大丰）	ST（顺泰）
8 月	22±1b	44±6a	20±2b
9 月	32±1a	28±5a	7±1b
10 月	44±6b	179±12a	10±1c
11 月	47±4a	58±1a	1±1b
12 月	86±3a	91±3a	10±1b

6. 大田盐分胁迫下南菊芋 1 号各月份光能利用率的动态变化

由表 3-10 可知，新洋地块的南菊芋 1 号光能利用率从 8 月至 10 月逐渐增大，在 11 月减小；大丰地块的南菊芋 1 号光能利用率从 8 月至 10 月逐渐增大，随后即下降，在 10 月达到顶峰；顺泰地块的南菊芋 1 号光能利用率在 8 月最高。8 月至 12 月，与顺泰地块相比，新洋地块南菊芋 1 号的光能利用率分别增加了 0.02%、0.48%、1.02%、0.62%、0.42%，大丰地块南菊芋 1 号的光能利用率分别增加了 0.58%、1.59%、1.65%、0.63%、0.47%。

表 3-10　不同含盐量地块对南菊芋 1 号各月份光能利用率的影响　（%）

月份	XY（新洋）	DF（大丰）	ST（顺泰）
8 月	0.73±0.12b	1.29±0.12a	0.71±0.05b
9 月	1.01±0.12b	2.12±0.07a	0.53±0.02c
10 月	1.77±0.13b	2.40±0.13a	0.75±0.03c
11 月	0.76±0.12a	0.77±0.04a	0.14±0.03b
12 月	0.61±0.12a	0.66±0.12a	0.19±0.02b

通过室内与大田试验对南菊芋 1 号高光能转化效率及生理机制的研究发现，南菊芋 1 号从碳密度、碳储量及初级生产力等各项指标均一致反映了菊芋极显著的碳同化能力与太阳光能的利用率，同时 ^{13}C 脉冲标记法试验证明，菊芋根呼吸释放的碳较少，这也是菊芋高生物量的调控机制之一。

3.2.2.3　盐、碱对不同品种（系）菊芋光合作用的效应

光合作用是高等植物体内极为重要的基础代谢过程，而叶片叶绿素 a 荧光与光合作用中各种反应过程密切相关，任何环境因子对光合作用的影响都可通过叶片叶绿素 a 荧光动力学反映出来，因此叶绿素 a 荧光是探测植物光合作用动态变化的理想内在探针[22]。植物叶片叶绿素含量不仅是一个直接反映植物光合能力的重要指标，也是衡量植物耐盐性的重要生理指标之一[23, 24]。盐胁迫下，植物的各种生理过程受到影响，叶绿素的含量也直接或间接地受到影响，从而影响了光合作用。光合效率的改变除受到叶绿素含量影响到的光能吸收、转化的限制外，还同时受到气孔导度的限制，气孔导度的大小与植物

的光合速率密切相关。在大多数情况下，气孔导度的下降会造成 CO_2 供应受阻进而造成光合速率的下降[25]，因此叶绿素含量及活性、气孔导度是反映光合强度的两个重要指标。番茄叶片经 $Ca(NO_3)_2$ 和 NaCl 两种盐处理后，导致 Fv/Fm、ΦPSII 和 qP 的大幅度下降，且 NaCl 处理下降的幅度更大[26]，表明 NaCl 胁迫主要导致 PSII 反应中心的原初光能转化效率降低，而对光吸收的影响较小，产生了光过剩而形成光抑制。惠红霞等的研究表明盐胁迫能对枸杞 PSⅡ产生伤害，使 PSⅡ光化学活性及能量转化率下降，并且随盐迫程度的加深这种伤害也更加严重[27]。上述实验表明，NaCl 等胁迫主要影响了 PSⅡ的原初光能转换效率而不能影响光能的吸收。

植物叶绿素是植物光合作用的基础物质。首先以南京农业大学海洋科学及其能源生物资源研究所菊芋研究小组选育的南菊芋 1 号（NY1）和南菊芋 2 号（NY2）两个菊芋品系为材料进行盐、碱胁迫对光合作用效应的试验，表 3-11 为南菊芋 1 号和南菊芋 2 号两个菊芋品系叶绿素含量及组成的变化[28]。在 50 mmol/L NaCl 胁迫下，南菊芋 1 号叶片中叶绿素含量与对照相比没有显著差异，而南菊芋 2 号叶片中叶绿素含量与对照相比显著降低，为对照的 87.6%。当 NaCl 浓度为 100 mmol/L、150 mmol/L 时，南菊芋 1 号和南菊芋 2 号叶片中叶绿素含量随着 NaCl 浓度的增加而降低，分别是对照的 83.6%、73.4%和 71.8%、56.6%，与对照差异显著，但南菊芋 1 号叶绿素含量随着 NaCl 浓度的增加而下降的幅度明显小于南菊芋 2 号，表明盐分胁迫对南菊芋 1 号叶绿素含量的影响显著小于南菊芋 2 号，这反映出南菊芋 2 号耐盐能力受到了较大的限制。

表 3-11　NaCl 和 Na_2CO_3 处理对不同品种（系）菊芋叶片中叶绿素含量及叶绿素 a/叶绿素 b 的影响

盐碱处理	浓度/（mmol/L）	叶绿素含量/（mg/g）		叶绿素 a/叶绿素 b	
		NY1	NY2	NY1	NY2
NaCl	0	1.755a	1.769a	3.040a	3.033a
	50	1.850a	1.549b	2.876a	3.242a
	100	1.467b	1.271c	2.790a	2.975a
	150	1.288c	1.001d	2.812a	3.002a
Na_2CO_3	0	1.755a	1.769a	3.040a	3.033a
	25	1.064b	1.203b	2.975a	3.012a
	50	0.828c	1.071c	2.978a	3.051a
	75	0.693d	0.806d	2.890a	3.137a

在 Na_2CO_3 胁迫下，南菊芋 1 号和南菊芋 2 号叶片中叶绿素含量随其浓度的增加而降低，分别是对照的 60.6%、47.2%、39.5%和 68.0%、60.5%、45.6%，与对照差异显著[28]，但碱胁迫对南菊芋 1 号叶片中叶绿素含量的影响明显大于南菊芋 2 号，这从侧面反映了碱胁迫对菊芋光合作用的影响远远大于盐胁迫。

就菊芋叶绿素 a 和叶绿素 b 的比值而言，从表 3-11 可以看出，南菊芋 1 号和南菊芋 2 号（NY1 和 NY2）两个品种，无论是在 NaCl 胁迫下，还是在 Na_2CO_3 胁迫下，其叶绿素 a 和叶绿素 b 的比值与对照相比均无显著差异，叶绿素 a 和叶绿素 b 的比值相对稳定，表明试验盐、碱浓度范围内可能尚未达到导致叶绿素 b 降解的程度[29]。

从表 3-12 可以看出，在 50 mmol/L NaCl 胁迫下，南菊芋 1 号（NY1）叶片净光合速率（Pn）、水分利用效率（WUE）、细胞间 CO_2 浓度（Ci）和气孔导度（Gs）分别为对照的 1.11 倍、1.13 倍、1.04 倍和 1.08 倍，除叶片的细胞间 CO_2 浓度（Ci）与对照没有显著差异外，其他指标均显著高于对照；100 mmol/L NaCl 胁迫下，南菊芋 1 号（NY1）叶片净光合速率（Pn）、水分利用效率（WUE）、细胞间 CO_2 浓度（Ci）和气孔导度（Gs）分别为对照的 1.19 倍、1.23 倍、1.07 倍和 1.15 倍，均显著高于对照及 50 mmol/L NaCl 处理；150 mmol/L NaCl 胁迫处理下，南菊芋 1 号（NY1）叶片净光合速率（Pn）、水分利用效率（WUE）、细胞间 CO_2 浓度（Ci）和气孔导度（Gs）等相关指标与对照均有显著差异，这些数据表明南菊芋 1 号（NY1）在 150 mmol/L 以下 NaCl 浓度胁迫下，其光合作用没有受到显著抑制，而适当的盐胁迫还可提高南菊芋 1 号的光合效率，这与后面大田试验的趋势相同。

表 3-12　NaCl 和 Na_2CO_3 处理对不同品种（系）菊芋叶片净光合速率、水分利用效率、细胞间 CO_2 浓度、气孔导度和气孔限制值的影响

盐碱处理	浓度/（mmol/L）	净光合速率/[μmol/（m² · s）]		水分利用效率/（μmol/mmol）		细胞间 CO_2 浓度/（μL/L）		气孔导度/[mmol/（m² ·s）]		气孔限制值	
		NY1	NY2	NY1	NY2	NY1	NY2	NY1	NY2	NY1	NY2
NaCl	0	22.22c	23.73a	6.072c	6.578a	311.1b	318.7a	0.584c	0.615a	0.454b	0.442c
	50	24.60b	24.92a	6.867b	6.973a	323.0b	324.6a	0.632b	0.638a	0.449b	0.436c
	100	26.53a	21.53b	7.511a	5.844b	332.7a	307.7a	0.671a	0.571b	0.385c	0.479b
	150	21.94c	19.80c	5.979c	5.267c	309.7b	299.0b	0.579c	0.536c	0.493a	0.504a
Na_2CO_3	0	22.22a	23.73a	6.072a	6.578a	311.1a	318.7a	0.584a	0.615a	0.454c	0.442c
	25	17.47b	19.08b	4.489b	5.027b	287.3b	295.4b	0.489b	0.522b	0.515b	0.485b
	50	12.08c	15.15c	2.694c	3.717c	260.4c	275.8c	0.382c	0.443c	0.526b	0.499b
	75	7.533d	10.35d	1.178d	2.117d	237.7d	251.8d	0.291d	0.347d	0.542a	0.511a

注：同列不同字母表示差异显著（$P < 0.05$）。南菊芋 1 号：NY1；南菊芋 2 号：NY2。下同。

南菊芋 2 号（NY2）在 50 mmol/L NaCl 胁迫下，与对照差异不显著，而在 100 mmol/L NaCl 胁迫下，其叶片净光合速率（Pn）、水分利用效率（WUE）显著降低，表明南菊芋 2 号（NY2）在 100 mmol/L NaCl 浓度胁迫下，其光合作用受到显著抑制。当 NaCl 浓度增加到 150 mmol/L，南菊芋 2 号（NY2）叶片净光合速率（Pn）、水分利用效率（WUE）、细胞间 CO_2 浓度（Ci）和气孔导度（Gs）显著低于对照及 100 mmol/L NaCl 浓度处理，表明南菊芋 2 号在超过 50 mmol/L NaCl 胁迫时，其光合作用受到显著抑制[30]。

在 Na_2CO_3 胁迫下，南菊芋 1 号和南菊芋 2 号（NY1 和 NY2）叶片净光合速率（Pn）、水分利用效率（WUE）、细胞间 CO_2 浓度（Ci）和气孔导度（Gs）随着 Na_2CO_3 浓度的增加而显著降低，南菊芋 1 号（NY1）的下降幅度大于南菊芋 2 号（NY2）；而两种菊芋品种的气孔限制值（Ls）在随 Na_2CO_3 浓度的增加而显著增加，南菊芋 1 号（NY1）增加的幅度明显大于南菊芋 2 号（NY2），表明碱胁迫对南菊芋 1 号光合作用的抑制影响较大。

Fm/Fo 值常被用来作为反映 PSⅡ电子传递情况的一个荧光参数，Fm/Fo 值升高，表明光能吸收后，电子传递顺畅，反之表明电子传递受阻，不利于光合作用的顺利进行。从表 3-13 可见，南菊芋 1 号（NY1）在 50 mmol/L NaCl 胁迫下，Fm/Fo 与对照相比显著增加，随着 NaCl 浓度的增加，Fm/Fo 又显著降低；而南菊芋 2 号（NY2）与对照相比，Fm/Fo 随着 NaCl 浓度的增加而急剧降低。

表 3-13　NaCl 和 Na_2CO_3 处理对不同品种（系）菊芋叶片 Fm/Fo、Fv/Fm、ΦPSⅡ、qP 和 NPQ 的影响

盐碱处理	浓度/（mmol/L）	Fm/Fo		Fv/Fm		ΦPSⅡ		qP		NPQ	
		NY1	NY2	NY1	NY2	NY1	NY2	NY1	NY2	NY1	NY2
NaCl	0	3.341b	3.443a	0.734ab	0.737a	0.156b	0.166a	0.310a	0.316a	0.520c	0.513d
	50	3.421a	3.121b	0.748a	0.706b	0.169a	0.141b	0.323a	0.280b	0.508c	0.552c
	100	3.013c	2.613c	0.705b	0.654c	0.140c	0.121c	0.281b	0.251c	0.565b	0.609b
	150	2.645d	2.430c	0.650c	0.608d	0.118d	0.096d	0.259c	0.219d	0.612a	0.646a
Na_2CO_3	0	3.341a	3.443a	0.734a	0.737a	0.156a	0.166a	0.310a	0.316a	0.520c	0.513c
	25	2.753b	2.664b	0.669b	0.666b	0.108b	0.111b	0.255b	0.243b	0.629b	0.611b
	50	2.221c	2.331c	0.594c	0.614c	0.071c	0.874c	0.214c	0.223c	0.672a	0.667a
	75	1.976d	2.108d	0.548c	0.583d	0.060c	0.712d	0.188d	0.201d	0.698a	0.686a

Fv/Fm 可代表 PSⅡ的最大光化学效率，是反映 PSⅡ光化学效率的稳定指标。南菊芋 1 号（NY1）在 50 mmol/ L NaCl 胁迫下，与对照相比差异不显著，随着 NaCl 浓度的增加，Fv/Fm 显著降低；而南菊芋 2 号（NY2）与对照相比随着 NaCl 浓度的增加，Fv/Fm 急剧降低；在相同 NaCl 浓度下，发现南菊芋 1 号（NY1）的 Fv/Fm 显著大于南菊芋 2 号（NY2），表明盐胁迫对南菊芋 1 号（NY1）最大光化学效率的影响远远低于南菊芋 2 号（NY2）。

ΦPSⅡ反映的是光照下 PSⅡ的实际光化学效率。南菊芋 1 号（NY1）在 50 mmol/L NaCl 胁迫下，ΦPSⅡ与对照相比显著增加，NaCl 浓度分别达 100 mmol/ L、150 mmol/ L 时，其ΦPSⅡ又显著低于对照；而南菊芋 2 号（NY2）ΦPSⅡ随着 NaCl 浓度的增加急剧降低；在相同 NaCl 浓度下，对南菊芋 1 号（NY1）与南菊芋 2 号（NY2）进行比较，发现南菊芋 2 号（NY2）的ΦPSⅡ下降幅度显著大于南菊芋 1 号（NY1），表明盐胁迫对南菊芋 1 号（NY1）光合电子传递速率的影响小于南菊芋 2 号（NY2）。

qP（荧光光化学猝灭系数）是对 PSⅡ原初电子受体 QA 氧化态的一种量度，反映 PSⅡ反应中心受到光抑制伤害的程度，qP 降低越多，表明受到光抑制的伤害越严重。南菊芋 1 号（NY1）在 50 mmol/L NaCl 胁迫下，qP 与对照相比差异不显著，随着 NaCl 浓度的增加，qP 显著降低；南菊芋 2 号（NY2）与对照相比，随着 NaCl 浓度的增加急剧降低；在相同 NaCl 浓度情况下，南菊芋 2 号（NY2）qP 的下降幅度显著大于南菊芋 1 号（NY1），表明盐胁迫对南菊芋 2 号（NY2）的光抑制伤害大于南菊芋 1 号（NY1）。

NPQ（非光化学猝灭系数）反映 PSⅡ反应中心非辐射能量耗散能力的大小[30]。一般情况下，NPQ 升高，表明有利于促进植物吸收的光能转化成生物能、利用植物的光合作用，反之表明光能转化生物能受阻，而以能量耗散为热能方式释放出来，导致植物温度升高而被“灼烧”，影响植物生长直至植株枯死。南菊芋 1 号（NY1）在 50 mmol/ L NaCl 胁迫下，NPQ 与对照相比差异不显著，随着 NaCl 浓度的增加 NPQ 显著升高；南菊芋 2 号（NY2）与对照相比，NPQ 随着 NaCl 浓度的增加而显著增加；在相同 NaCl 浓度下，对南菊芋 1 号（NY1）与南菊芋 2 号（NY2）进行比较，发现随着 NaCl 浓度的增加，NPQ 均升高，但南菊芋 2 号（NY2）上升幅度显著大于南菊芋 1 号（NY1）。

在 Na_2CO_3 胁迫下，南菊芋 1 号（NY1）与南菊芋 2 号（NY2）叶片的 Fm/Fo、Fv/Fm、ΦPSⅡ和 qP 大多随着 Na_2CO_3 浓度的增加而显著降低，在相同 Na_2CO_3 浓度下，南菊芋 1 号（NY1） Fm/Fo、Fv/Fm、ΦPSⅡ和 qP 下降幅度显著大于南菊芋 2 号（NY2）；而南菊芋 1 号（NY1）与南菊芋 2 号（NY2）叶片的 NPQ 随着 Na_2CO_3 浓度的增加而显著增加，在相同 Na_2CO_3 浓度下，南菊芋 1 号（NY1）增加的幅度显著大于南菊芋 2 号（NY2）。

南京农业大学海洋科学及其能源生物资源研究所菊芋研究小组试验结果显示，随着 NaCl 和 Na_2CO_3 浓度的增加，叶绿素含量发生了不同程度的改变，从而引起叶绿素各荧光参数的明显变化。对叶绿素含量改变与叶绿素荧光各参数变化进行相关性分析，结果见表 3-14。叶片叶绿素含量的变化与荧光参数 Fm/Fo、Fv/Fm、ΦPSⅡ和 qP 的变化均呈极显著正相关关系，与 NPQ 呈极显著负相关关系。从时间上看，Fm/Fo、Fv/Fm、ΦPSⅡ、qP 和 NPQ 变化同步于叶绿素含量的改变（表 3-14），表明 NaCl 浓度在 50 mmol/L 范围内，南菊芋 1 号与南菊芋 2 号光合作用对盐分胁迫的敏感性没有太大差异，而在碱胁迫下，南菊芋 2 号光合作用对碱的敏感性大于南菊芋 1 号。

表 3-14　不同品种（系）菊芋叶片叶绿素含量与荧光参数变化的相关性分析

处理	参数	NY1		NY2	
		公式	R^2 值	公式	R^2 值
NaCl	Fm/Fo	$y = 1.479x + 0.779$	0.9848	$y = 1.370x + 0.987$	0.9697
	Fv/Fm	$y = 0.162x + 0.452$	0.9351	$y = 0.170x + 0.438$	0.9976
	ΦPSⅡ	$y = 0.084x + 0.013$	0.9713	$y = 0.089x + 0.007$	0.9934
	qP	$y = 0.111x + 0.117$	0.9977	$y = 0.123x + 0.094$	0.9917
	NPQ	$y = -0.181x + 0.839$	0.9814	$y = -0.177x + 0.827$	0.9939
Na_2CO_3	Fm/Fo	$y = 1.248x + 1.218$	0.9458	$y = 1.427x + 0.906$	0.9851
	Fv/Fm	$y = 0.165x + 0.457$	0.8995	$y = 0.163x + 0.453$	0.9640
	ΦPSⅡ	$y = 0.090x + 0.001$	0.9704	$y = 0.102x-0.014$	0.9850
	qP	$y = 0.110x + 0.122$	0.9547	$y = 0.122x + 0.098$	0.9917
	NPQ	$y = -0.166x + 0.810$	0.9984	$y = -0.188x + 0.847$	0.9644

3.2.2.4　海水胁迫对菊芋光合作用的效应

在沿海滩涂菊芋种植实践中，菊芋往往受到海水复盐组分的胁迫，为了更贴近生产实际，南京农业大学海洋科学及其能源生物资源研究所菊芋研究小组在单盐胁迫试验的基础上，又开展了海水胁迫对菊芋光合作用的效应研究。

1. 海水胁迫对菊芋叶绿素含量及叶绿素 a/叶绿素 b 的影响

从表 3-15 可以看出，南菊芋 1 号（NY1）在 10%海水胁迫下，叶片中叶绿素（以鲜重计，FW）含量与对照相比显著增加，随着海水浓度的进一步增加，叶片中叶绿素含量降低，但与对照相比差异不显著；南菊芋 2 号（NY2）在 10%海水胁迫下，叶片中叶绿素含量有所降低，但与对照相比差异不显著，随着海水浓度的进一步增加，叶片中叶绿素含量与对照相比显著降低，分别是对照的 82.7%和 75.0%；在相同浓度的海水胁迫下，南菊芋 1 号（NY1）叶片中叶绿素含量的降低速率小于南菊芋 2 号（NY2）。

就植物中叶绿素 a 和叶绿素 b 的比值而言，从表 3-15 可以看出，在海水胁迫下，南菊芋 1 号（NY1）和南菊芋 2 号（NY2）两个品种的叶绿素 a 和叶绿素 b 的比值与对照相比均无显著差异，这说明就同一个品种而言，其叶绿素 a 和叶绿素 b 的比值是相对稳定的，很难随外界环境的改变而改变。

表 3-15　海水处理对不同品种（系）菊芋叶片中叶绿素含量及叶绿素 a/叶绿素 b 的影响

处理	叶绿素含量/（mg/g）		叶绿素 a/叶绿素 b	
	南菊芋 1 号（NY1）	南菊芋 2 号（NY2）	南菊芋 1 号（NY1）	南菊芋 2 号（NY2）
CK（淡水）	1.735b	1.753a	3.002a	3.107a
10%海水	1.900a	1.675a	2.975a	3.032a
20%海水	1.720b	1.449b	3.012a	2.990a
30%海水	1.667b	1.314c	2.886a	3.142a

注：同列不同字母表示海水浓度处理间差异显著（$P \leqslant 0.05$）。

2. 海水胁迫对菊芋光合参数的影响

从表 3-16 可以看出，在 10%海水胁迫下，南菊芋 1 号（NY1）叶片净光合速率（Pn）、水分利用效率（WUE）、细胞间 CO_2 浓度（Ci）和气孔导度（Gs）分别为对照的 1.13 倍、1.16 倍、1.05 倍和 1.10 倍，与对照有显著差异（除了 Ci），而南菊芋 2 号（NY2）叶片 Pn、WUE、Ci 和 Gs 也有所增加，其中 Pn 和 WUE 与对照有显著差异；在 20%海水胁迫下，南菊芋 1 号（NY1）叶片 Pn、WUE、Ci 和 Gs 分别为对照的 1.20 倍、1.25 倍、1.07 倍和 1.16 倍，均与对照有显著差异，而南菊芋 2 号（NY2）叶片 Pn、WUE、Ci 和 Gs 也有所增加，但与对照差异不显著；随着海水浓度的增加，南菊芋 1 号（NY1）叶片 Pn、WUE、Ci 和 Gs 均有所下降，但与对照没有显著差异，而南菊芋 2 号（NY2）叶片 Pn、WUE、Ci 和 Gs 则显著降低（除了 Ci）；南菊芋 1 号（NY1）和南菊芋 2 号（NY2）

叶片的气孔限制值（Ls）则随着胁迫浓度的增加而呈现出先降低后增加的趋势。

表 3-16　海水处理对不同品种（系）菊芋叶片光合参数的影响

处理	净光合速率/[μmol/（m²·s）]		水分利用效率/（μmol/mmol）		细胞间 CO_2 浓度/（μL/L）		气孔导度/[mmol/（m²·s）]		气孔限制值	
	NY1	NY2	NY1	NY2	NY1	NY2	NY1	NY2	NY1	NY2
CK	22.88c	23.55b	6.292c	6.517b	314.4b	317.8ab	0.598b	0.611b	0.451a	0.446a
10%	25.92b	25.66a	7.306b	7.220a	329.6b	328.3a	0.658a	0.653a	0.374b	0.356c
20%	27.53a	24.10b	7.844a	6.700b	337.7a	320.5ab	0.691a	0.622b	0.309c	0.401b
30%	22.21c	21.76c	6.070c	5.920c	311.1b	308.8b	0.584b	0.575c	0.465a	0.476a

注：同列不同字母表示海水浓度处理间差异显著 （$P \leq 0.05$）。

3. 海水胁迫对菊芋叶绿素荧光参数的影响

Fm/Fo 常被用来作为反映 PSⅡ电子传递情况的一个荧光参数。从表 3-17 可见，南菊芋 1 号（NY1）在 10%海水胁迫下，Fm/Fo 与对照相比显著增加，当浓度增至 20%时，Fm/Fo 有所降低，但与对照没有显著差异，随着海水浓度的继续增加，Fm/Fo 则显著降低；而南菊芋 2 号（NY2）叶片的 Fm/Fo 则随着海水浓度的增加而急剧降低。

表 3-17　海水处理对不同品种（系）菊芋叶片 Fm/Fo、Fv/Fm、ΦPSⅡ、qP 和 NPQ 的影响

处理	Fm/Fo		Fv/Fm		ΦPSⅡ		qP		NPQ	
	NY1	NY2	NY1	NY2	NY1	NY2	NY1	NY2	NY1	NY2
CK	3.351b	3.455a	0.729ab	0.725a	0.161b	0.160a	0.318ab	0.324a	0.534bc	0.516b
10%	3.555a	3.222b	0.759a	0.714ab	0.178a	0.152b	0.344a	0.292b	0.496c	0.542b
20%	3.214b	3.013c	0.733ab	0.685bc	0.151c	0.136c	0.311b	0.275c	0.551b	0.585a
30%	2.943c	2.731d	0.700b	0.658c	0.137d	0.107d	0.286c	0.251d	0.592a	0.607a

注：同列不同字母表示海水浓度处理间差异显著 （$P \leq 0.05$）。

Fv/Fm 可代表 PSⅡ的最大光化学效率，是反映 PSⅡ光化学效率的稳定指标。南菊芋 1 号（NY1）在 0～10%海水胁迫下，Fv/Fm 随着海水浓度的增加而增加，但与对照相比差异不显著，随着海水浓度的继续增加，Fv/Fm 显著降低；而南菊芋 2 号（NY2）与对照相比随着海水浓度的增加，Fv/Fm 显著降低。

ΦPSⅡ是反映光照下 PSⅡ的实际光化学效率。南菊芋 1 号（NY1）在 10%海水胁迫下，ΦPSⅡ与对照相比显著增加，是对照的 1.11 倍，随着海水浓度的增加，ΦPSⅡ显著降低；而南菊芋 2 号（NY2）随着海水浓度的增加，ΦPSⅡ显著降低，分别是对照的 95.0%、85.0%和 66.9%；在相同海水浓度下，发现南菊芋 2 号（NY2）下降幅度显著大于南菊芋 1 号（NY1）。

qP 是对 PSⅡ原初电子受体 QA 氧化态的一种度量，代表 PSⅡ反应中心开放部分的比例[29]。南菊芋 1 号（NY1）在 10%海水胁迫下，qP 有所增加，但与对照相比差异不显著，随着海水浓度的增加，qP 显著降低；而南菊芋 2 号（NY2）与对照相比随着海水浓度的增加，qP 显著降低，分别是对照的 90.1%、84.9%和 77.5%。

NPQ 反映 PSⅡ反应中心非辐射能量耗散能力的大小[30]。南菊芋 1 号（NY1）在 10%海水胁迫下，NPQ 最小，但与对照相比差异不显著，随着海水浓度的增加，NPQ 与对照相比显著升高；南菊芋 2 号（NY2）与对照相比，NPQ 随着海水浓度的增加而显著增加。

4. 海水胁迫下叶绿素含量与叶绿素荧光参数变化的相关性分析

南京农业大学海洋科学及其能源生物资源研究所菊芋研究小组试验结果显示，随着海水浓度的增加，叶绿素含量发生了不同程度的改变，从而引起叶绿素各荧光参数的明显变化。为了研究叶绿素含量与叶绿素荧光参数之间的相关性，对南菊芋 1 号（NY1）和南菊芋 2 号（NY2）叶绿素含量改变与叶绿素荧光各参数变化进行了相关性分析，结果见表 3-18。南菊芋 1 号（NY1）和南菊芋 2 号（NY2）叶片叶绿素含量的变化与荧光参数 Fm/Fo、Fv/Fm、ΦPSⅡ和 qP 的变化均呈极显著正相关关系，与 NPQ 呈极显著负相关关系。从时间上看，Fm/Fo、Fv/Fm、ΦPSⅡ、qP 和 NPQ 变化同步于叶绿素含量的改变。从两个品种菊芋的 R^2 值来看，南菊芋 1 号的 R^2 均小于南菊芋 2 号，表明南菊芋 1 号的光合作用对海水胁迫的敏感性低于南菊芋 2 号。

表 3-18　不同品种（系）菊芋叶绿素含量与荧光参数变化的相关性分析

参数	NY1		NY2	
	公式	R^2 值	公式	R^2 值
Fm/Fo	$y = 2.318x–0.803$	0.8257	$y = 1.493x + 0.794$	0.9616
Fv/Fm	$y = 0.222x + 0.340$	0.8587	$y = 0.148x + 0.466$	0.9904
ΦPSⅡ	$y = 0.162x–0.128$	0.8978	$y = 0.112x–0.035$	0.9366
qP	$y = 0.225x–0.080$	0.9013	$y = 0.145x + 0.061$	0.9171
NPQ	$y = –0.369x + 1.192$	0.8723	$y = –0.202x + 0.875$	0.9869

综上所述，南菊芋 1 号通过光能的高效吸收、有效转化为生物能而减少电子散射、降低呼吸消耗等有效机制与策略，以提高其光能利用率，并缓解逆境对其光合作用的负面效应。

3.3　菊芋高养分利用效率及其机制

南京农业大学海洋科学及其能源生物资源研究所菊芋研究小组在研究中发现，菊芋对外源氮的需求非常小，而菊芋植株内含氮量较高，且连续种植菊芋的土壤含氮量也在显著增加，这一现象引起作者极大的兴趣，令作者开始对菊芋氮素的利用机制进行探索。

3.3.1　对氮高效利用的生理生化机制

内生固氮菌定植于宿主植物体内，受到保护的同时，可有效为植物提供氮素营养，且不需要与特异性宿主结成根瘤，提高了内生固氮菌的应用范围。同时内生固氮菌大多数还具有对难于溶解被植物吸收的矿物磷的有效化功能，以及分泌植物激素的特性，增强了植株的抗病性和适应性[31]。菊芋的适应性强，对土壤的要求低，可以在少量施加甚至不施加氮肥的盐碱地生长良好。在研究中发现，施氮量很少的条件下，菊芋的总生物量可以达到 15 000 kg/hm^2 以上，土壤中氮素处于净消耗状态[32]。研究小组从微生物角度入手，在发现菊芋根际固氮菌的数量没有显著增加的情况下，从南菊芋 1 号根系中分离得到了 10 株性状良好的内生固氮菌，分别为根瘤菌属（*Rhizobium*）3 株，窄食单胞菌属（*Stenotrophomonas*）6 株，肠杆菌属（*Enterobacter*）1 株（表 3-19）。与禾本科植物相比，菊芋根系中的内生固氮菌的种类较为单一，菌株之间的固氮酶活性差异较大，这是因为固氮酶活性受到 pH、C/N、温度、氧气分压等多种因素的影响。

表 3-19　南菊芋 1 号内生固氮菌菌株名录

菌株号	系统名
Cho1（*O. anthropi* Mn1）	根瘤菌属（*Rhizobium* sp.）
Cho2	窄食单胞菌属（*Stenotrophomonas* sp.）
Cho3	窄食单胞菌属（*Stenotrophomonas* sp.）
Cho4	根瘤菌属（*Rhizobium* sp.）
Cho5	窄食单胞菌属（*Stenotrophomonas* sp.）
Cho6	根瘤菌属（*Rhizobium* sp.）
Cho7	窄食单胞菌属（*Stenotrophomonas* sp.）
Cho8	窄食单胞菌属（*Stenotrophomonas* sp.）
Cho9（*O. anthropi* Mn1g）	肠杆菌属（*Enterobacter* sp.）
Cho10	窄食单胞菌属（*Stenotrophomonas* sp.）

对分离获得的这 10 株菌株进行体外理化培养试验，发现菊芋内生高固氮酶活性的菌株较少，仅 Cho1（*O. anthropi* Mn1）、Cho9（*O. anthropi* Mn1g）这两株菌体外固氮酶活性分别达到 207.34 nmol/(mL・h)和 207.58 nmol/（mL・h）（表 3-20），但这些菌株均具有很强的耐盐能力，可在 5%的盐度下正常生长，菌株 Cho4 甚至可以在 7%的高盐培养条件下生长；所得菌株均具有较高的吲哚乙酸（IAA）分泌的特性，其中 Cho10 菌株分泌 IAA 可达 132.6 μg/mL，分泌的 IAA 可促进菊芋生长，也可促进菊芋根系对土壤中的水分和养分的吸收，并可为有益菌附生创造有利条件（表 3-21）；除 Cho3、Cho5 和 Cho10 外的固氮菌，均具有解磷活性，可以分解土壤中的难溶无机磷和有机磷，将之转变为植物可以吸收利用的有效磷素，以利于菊芋在磷素较少的土壤中生长。

表 3-20　南菊芋 1 号菊芋内生固氮菌体外固氮酶活性　[单位：nmol/（mL・h）]

菌株	Cho1（*O. anthropi* Mn1）	Cho2	Cho3	Cho4	Cho5	Cho6	Cho7	Cho8	Cho9（*O. anthropi* Mn1g）	Cho10
固氮酶活性	207.34	85.31	26.74	32.04	75.53	27.71	40.94	39.19	207.58	24.52

表 3-21　南菊芋 1 号菊芋内生固氮菌分泌 IAA 浓度　（单位：μg/mL）

菌株	Cho1	Cho2	Cho3	Cho4	Cho5	Cho6	Cho7	Cho8	Cho9	Cho10
IAA	55.5	5.4	47.9	27.9	61.6	44.2	32.6	31.4	55.4	132.6

对两株体外具有较高固氮酶活性的菌株 Cho1（命名为 *O. anthropi* Mn1，下同）和 Cho9（命名为 *O. anthropi* Mn1g，下同）进行菊芋体内固氮功能的验证。利用南菊芋 1 号的组织培养幼苗进行固氮菌株回接，在确认回接成功的前提下，以没有回接菌株的南菊芋 1 号组培苗为对照进行温室盆栽试验，结果发现，在未施氮肥的情况下，对照组菊芋幼苗的生物量高于回接 *O. anthropi* Mn1 与 *O. anthropi* Mn1g 菌株的菊芋幼苗，两组回接 *O. anthropi* Mn1 与 *O. anthropi* Mn1g 菌株的菊芋幼苗生物没有显著差异，这是因为在没有外界充足氮源情况下，*O. anthropi* Mn1 与 *O. anthropi* Mn1g 菌株与寄主幼苗形成竞争而影响菊芋幼苗生长。而在中等以上供氮水平下，寄生菊芋幼苗的 *O. anthropi* Mn1 菌株生物固氮效应明显，致使寄主菊芋幼苗生物量显著高于对照及接种 *O. anthropi* Mn1g 处理的菊芋幼苗（图 3-13A）。

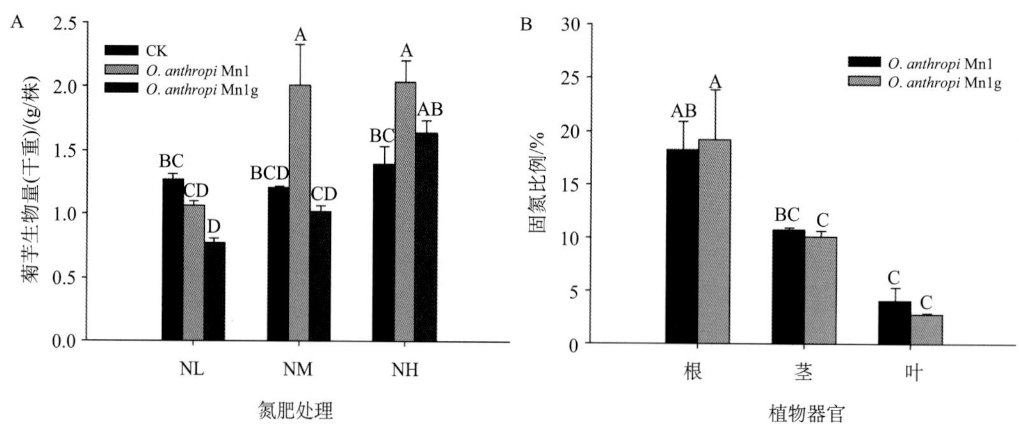

图 3-13　内生固氮菌回接南菊芋 1 号后菊芋的生物量（A）及固氮效应（B）

NL 为未施$(NH_4)_2SO_4$，NM 为 2 mmol/L$(NH_4)_2SO_4$，NH 为 10 mmol/L$(NH_4)_2SO_4$。下同

这一推论从回接菌株菊芋幼苗固氮效应得到验证，从图 3-13B 可以看出，回接内生固氮菌处理的菊芋幼苗从空气中固定的氮占总氮的百分比在根部高达 20%左右，茎中约 10%，叶中约 5%。同样从不同处理菊芋根的生长发育状况也发现，在适量供氮情况下，内生固氮菌显著促进菊芋根的健壮生长（表 3-22）。这些试验结果，充分表征了南菊芋 1 号根中的内生固氮菌在菊芋对氮的吸收利用中的重要贡献。

表 3-22　南菊芋 1 号内生固氮菌在不同供氮水平下对菊芋根生长的影响

指标	CK×NL	CK×NM	CK×NH	Mn1×NL	Mn1×NM	Mn1×NH	Mn1g×NL	Mn1g×NM	Mn1g×NH
根长/cm	273c	193cd	221cd	285c	410b	320bc	228d	550a	299bc
根面积/cm^2	55c	42cd	49cd	55c	87b	63bc	25d	124a	64bc
根体积/cm^3	0.9c	0.7cd	0.9cd	0.9cd	1.5b	1.0c	0.4d	2.2a	1.1bbc
根条数	290ab	231ab	291ab	271ab	496ab	462ab	198	527a	490ab

在温室水培试验的基础上，经 2 年的田间试验发现，回接 *O. anthropi* Mn1 菌株处理的南菊芋 1 号地上部干重极显著地高于未回接 *O. anthropi* Mn1 菌种处理的菊芋地上部干重（图 3-14A），而对菊芋地下部干重影响不显著；回接 *O. anthropi* Mn1 菌株处理的南菊芋 1 号植株地上部氮的含量极显著高于未回接 *O. anthropi* Mn1 菌种处理的菊芋地上部氮的含量（图 3-14B）。

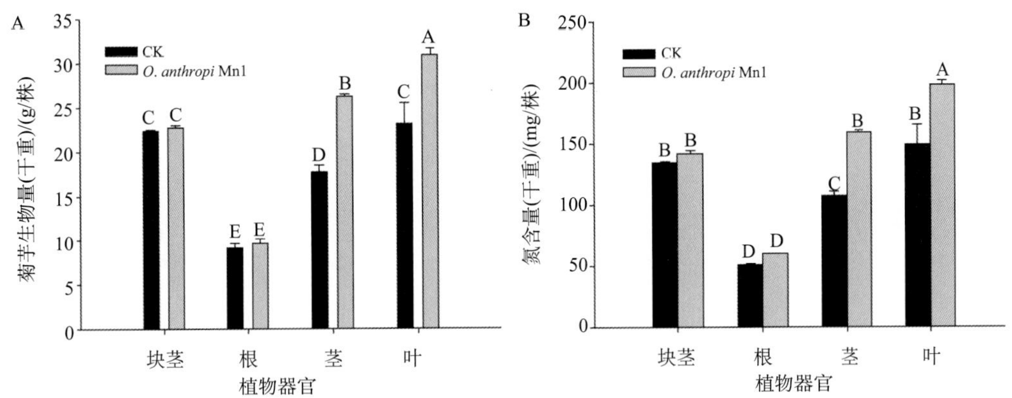

图 3-14　内生固氮菌回接南菊芋 1 号后菊芋大田生物量（A）及固氮效应（B）

上述 *O. anthropi* Mn1 菌固氮效应试验以及南菊芋 1 号组培苗回接 *O. anthropi* Mn1 并经多年田间试验表明，南菊芋 1 号根的内生固氮菌是菊芋对氮肥需求低的重要机制之一，尤其是在土壤含氮量低的滨海盐土上，菊芋从空气中固定氮的贡献更大。

3.3.2　对磷钾高效利用的生理生化机制

目前尚没有出现致病性内生菌的报道，故内生固氮菌的环保安全性能有了保障。南京农业大学海洋科学及其能源生物资源研究所从南菊芋 1 号根部筛选得到的内生固氮菌株，除具有高效的固氮酶活性，能够从空气中固定大量的氮外，还具有良好的解磷活性和促进植物激素分泌的效应。

经对分离并经筛选的 10 株南菊芋 1 号根内生菌体外生理生化培养试验，发现其中 5 株内生菌具有较强的解磷能力，最高的达 70.06 μg/mL（表 3-23）。

表 3-23　南菊芋 1 号菊芋内生固氮菌解磷特性　（单位：μg/mL）

菌株	Cho1	Cho2	Cho3	Cho4	Cho5	Cho6	Cho7	Cho8	Cho9	Cho10
解磷量	55.49	6.51	—	25.11	—	70.06	63.84	52.39	45.26	—

为进一步验证南菊芋根部内生菌对磷的利用效应，南京农业大学海洋科学研究院及其能源生物资源研究所菊芋研究小组将 *O. anthropi* Mn1（Cho1）菌株回接到南菊芋 1 号的组培苗中，以未接种的菊芋组培苗为对照，进行连续 2 年的田间小区试验。

从 2 年的试验结果来看，回接 *O. anthropi* Mn1 菌株处理的南菊芋 1 号块茎、根、茎及叶中磷的含量远远高于未回接 *O. anthropi* Mn1 菌种处理的菊芋相同部位磷的含量，块茎与叶片的磷含量显著高于其他部位（图 3-15），这些结果直观地反映了菊芋根部内生菌显著地促进了菊芋对土壤中磷的吸收。同样，回接 *O. anthropi* Mn1 菌株处理的南菊芋 1 号块茎、根、茎及叶中钾的含量远远高于未回接 *O. anthropi* Mn1 菌种处理的菊芋相同部位钾的含量，块茎与叶片的钾含量显著高于其他部位（图 3-16）。

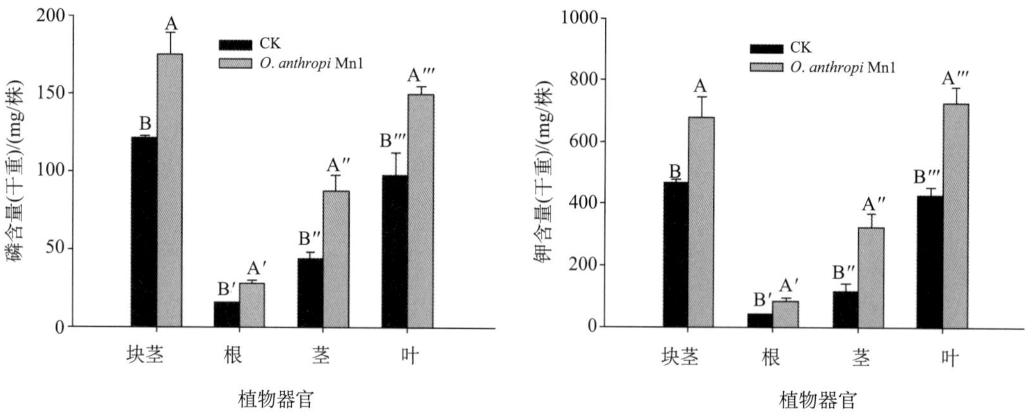

图 3-15　*O. anthropi* Mn1 对南菊芋 1 号磷吸收的效应

图 3-16　*O. anthropi* Mn1 对南菊芋 1 号钾吸收的效应

回接 *O. anthropi* Mn1 菌株处理的南菊芋 1 号块茎及叶中铁的含量远远高于未回接 *O. anthropi* Mn1 菌种处理的菊芋相同部位铁的含量，且叶片的铁含量显著高于其他部位（图 3-17）。铁作为植株体内难于移动的元素，在快速生长部位最先容易表现出缺素症状，回接 *O. anthropi* Mn1 菌株处理的南菊芋 1 号叶片中的铁显著增加。

镁元素在植物光合作用过程中发挥重要与不可替代的作用。回接 *O. anthropi* Mn1 菌株处理的南菊芋 1 号叶片中镁的含量远远高于未回接 *O. anthropi* Mn1 菌种处理的菊芋叶片中镁的含量（图 3-18），这也是南菊芋 1 号高光合效率的原因之一。

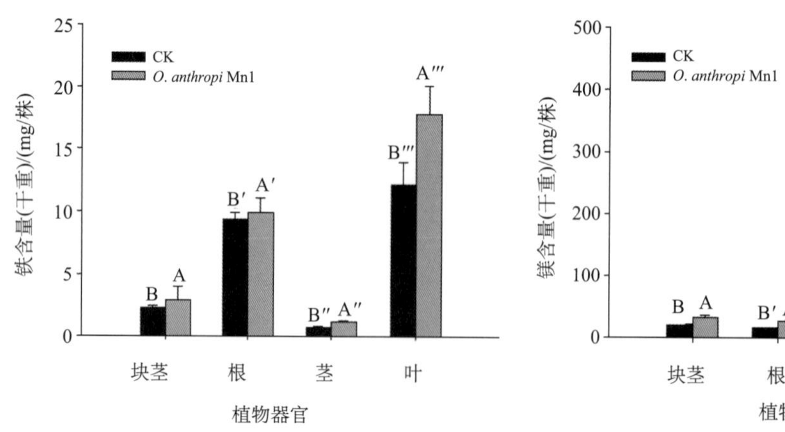

图 3-17　*O. anthropi* Mn1 对南菊芋 1 号铁吸收的效应

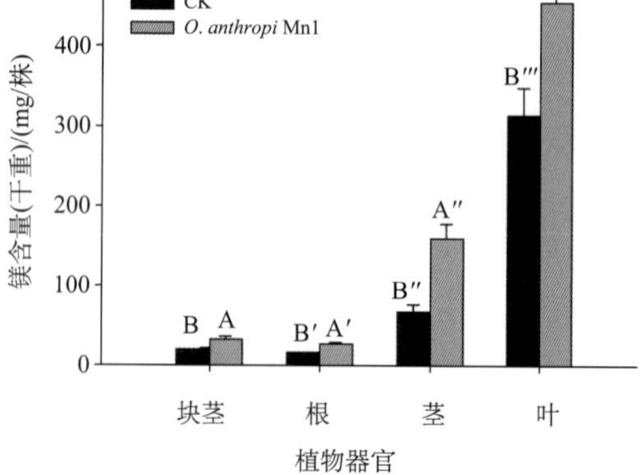

图 3-18　*O. anthropi* Mn1 对南菊芋 1 号镁吸收的效应

上述探索表明，菊芋之所以对外源养分需求低，是因为它可以通过其根部内生固氮菌直接同化空气中的氮气，并有效利用土壤中难以利用的磷，以满足其生长发育对养分的需求。

3.4　菊芋的抗逆性

菊芋的抗逆性表现在其独特的抗风沙能力、耐旱能力、抗热耐寒能力等抗非生物胁迫的能力，同时菊芋又具有抗病、抗虫与抗杂草等抗生物胁迫的能力。这些抗逆的生物学特点将在有关的章节给予阐述，本节重点介绍菊芋抗盐碱、耐贫瘠的策略及其生理生化与分子机制。

3.4.1　菊芋高耐盐的生理生化与分子机制

菊芋在抗盐方面具有独到的策略，它几乎利用了植物耐盐的所有途径，在不同的条件下采用不同的耐盐策略，因此我们将菊芋定义为抗逆高效植物。

3.4.1.1　盐和水分胁迫下菊芋的酶促保护机制

菊芋适应干旱、低温和盐生境，表现出抗氧化酶类系统活性增强[32~35]、多胺代谢加强[36]、光合能力下降[37~41]。

不同强度盐胁迫下，南菊芋 1 号幼苗叶片 SOD 和 POD 的变化趋势有所不同。SOD 在 0～200 mmol/L NaCl 胁迫下活性不断增强，而在 300 mmol/L NaCl 胁迫下活性比对照下降 28.3%左右。POD 在 100 mmol/L NaCl 胁迫下活性比对照上升 15.7%，而在 200 mmol/L 和 300 mmol/L NaCl 胁迫下活性分别下降 28.0%和 32.0%。在聚乙二醇（PEG）处理下，SOD 活性分别高于对照和等渗 NaCl 处理 31.1%和 27.1%；而 POD 活性却均低于对照和等渗 NaCl 处理，分别为对照和等渗 NaCl 处理的 74.0%和 63.9%（图 3-19）。

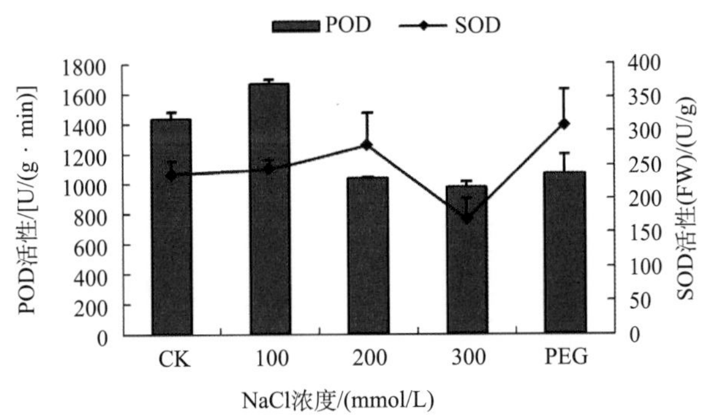

图 3-19　盐分和水分胁迫对叶片中 SOD、POD 的影响

从图 3-20 可以看出，随海水浓度的增加，各品种菊芋叶片 SOD 活性变化不一致。第 2 天时均随海水浓度的增加而增加，各浓度海水下南菊芋 1 号叶片的 SOD 活性较其他两品种大；在第 4 天时各品种菊芋叶片 SOD 活性在 30%海水处理下较 0%和 15%海水处

理下大，但南菊芋 1 号叶片的 SOD 活性在 15%海水处理下最小；在第 6 天时除南菊芋 1 号，其他叶片的 SOD 活性随海水浓度的增加而增加，南菊芋 1 号叶片的 SOD 活性在 0%海水处理下最大。随处理时间的延长，各品种菊芋叶片 SOD 活性变化逐渐不一致，各处理下南菊芋 1、7 号叶片的 SOD 活性在第 2 天时分别较在第 4、6 天时高，南菊芋 6 号叶片的 SOD 活性在 15%和 30%海水处理下在第 6 天时最大。

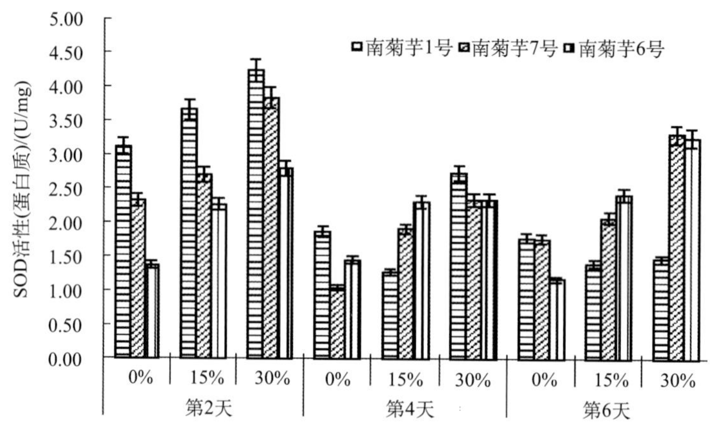

图 3-20　不同菊芋品种盐胁迫对 SOD 活性的影响

从图 3-21 可以看出，随海水浓度的增加，各品种菊芋叶片 POD 活性变化不一致，第 2 天时南菊芋 7 号，第 4 天时南菊芋 6 号在 15%海水处理下 POD 活性较 0%和 30%海水处理下大，其他 POD 活性均在 30%海水处理下最大。随时间的延长，各品种菊芋叶片 POD 活性变化也不一致，南菊芋 1 号和 6 号叶片 POD 活性在第 2 天时 30%海水处理下最大，而南菊芋 7 号在第 2 天时 15%海水处理下最大。

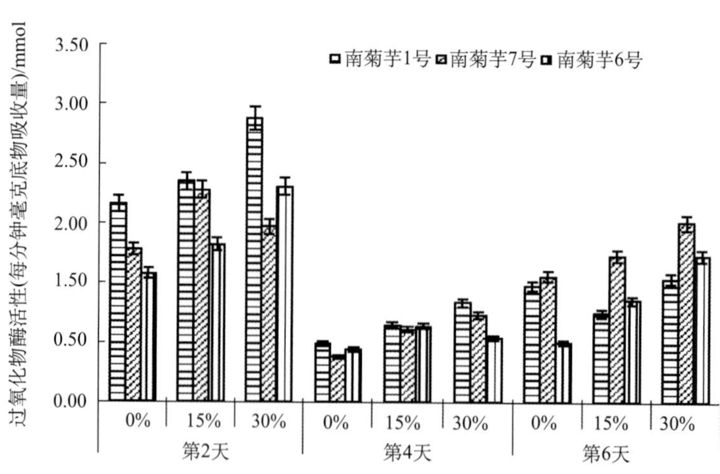

图 3-21　不同菊芋品种盐胁迫对 POD 活性的影响

图 3-22 显示，随海水浓度的增加，各品种菊芋叶片过氧化氢酶（CAT）活性变化不一致，第 4 天时南菊芋 7 号在 15%海水处理下 CAT 活性较 0%和 30%海水处理下大，其他均在 30%海水处理下最大，随时间的延长，各品种菊芋叶片 CAT 活性变化也不一致，但均在第 2 天时 30%海水处理下最大。

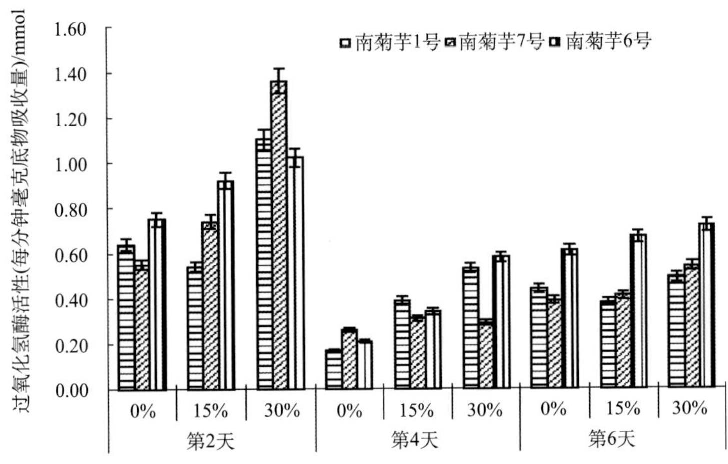

图 3-22　不同菊芋品种盐胁迫对 CAT 活性的影响

图 3-23 反映不同品种菊芋盐胁迫下质膜（A）、液泡膜（B）H^+-ATP 酶活性变化：与对照相比，150 mmol/L NaCl 处理下，南菊芋 1 号和青芋 2 号根中质膜 H^+-ATP 酶活性均显著降低。30 mmol/L NaCl 处理下，与对照相比，青芋 2 号根中 H^+-ATP 酶活性显著增加，60、90、20 mmol/L NaCl 处理下菊芋根中 H^+-ATP 酶活性降低至对照水平。而南菊芋 1 号根中 H^+-ATP 酶活性在 60 和 90 mmol/L NaCl 处理下仍显著高于对照。与青芋 2 号相比，南菊芋 1 号在 NaCl 浓度为 0、30、60、90 和 120 mmol/L 时均保持较高的 H^+-ATP 酶活性。60 mmol/L NaCl 处理下，南菊芋 1 号根中液泡膜 H^+-ATP 酶活性显著上升。与

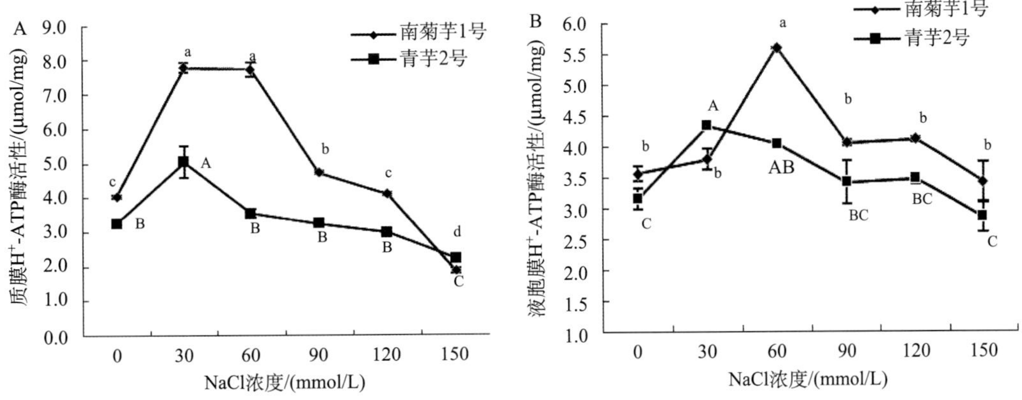

图 3-23　不同菊芋品种盐胁迫下质膜（A）、液泡膜（B）H^+-ATP 酶活性变化

对照相比，30 和 60 mmol/L NaCl 处理均显著提高了青芋 2 号根中 H^+-ATP 酶活性。当 NaCl 浓度高于 60 mmol/L 时，与青芋 2 号相比，南菊芋 1 号根中维持较高的液泡膜 H^+-ATP 酶活性。

研究结果表明，菊芋增强、激活其株内一些抗氧化酶活性是其重要的响应盐分等逆境胁迫的机制之一。

3.4.1.2　盐与水分胁迫下渗透调节物质对渗透势的调节作用

渗透调节是植物适应盐胁迫保持细胞稳态的重要机制。盐胁迫下，植物通过在细胞质内累积渗透调节物质降低渗透势，促进水分吸收从而防止细胞质脱水。菊芋幼苗叶片的计算渗透势（COP）如表 3-24 所示，随着 NaCl 浓度的递增，COP 依次降低。PEG 处理下，COP 低于对照但高于等渗 NaCl 处理。无机物质（Na^+、Cl^-、NO_3^-）占 COP 的百分比随着盐浓度的增加而增加，在对照菊芋幼苗叶片中 Na^+、Cl^-约占 COP 的 7%，而在盐处理下，二者占 COP 的 42%～68%。K^+、Ca^{2+}和 Mg^{2+}对 COP 的贡献随盐浓度的增加越来越小，NO_3^-在不同盐浓度下对 COP 的贡献均小于对照，但随着盐浓度的增加，却有所上升。不同盐处理下，总有机物质（AA、SS、OA、Pro）对 COP 的贡献很小（小于 5%），并且小于对照（约 10%）。总有机物质占 COP 的比重随盐浓度的增加而减小。其中，可溶性糖（SS）和有机酸（OA）随着盐浓度的增加逐渐减小，而氨基酸（AA）和脯氨酸（Pro）都是先减小，在 200、300 mmol/L NaCl 处理处又略有增加。PEG 处理中，无机离子对 COP 的贡献大于对照，除了 Ca^{2+}、Mg^{2+}和 NO_3^-低于对照外其余均高于对照。有机溶质中除了氨基酸对 COP 的贡献大于对照外，其余均小于对照。脯氨酸仅占 0.2%左右，可见脯氨酸在菊芋幼苗叶片渗透调节中作用不大。

表 3-24　盐分和水分胁迫下南菊芋 1 号幼苗叶片的各种渗透调节物质的渗透势占计算渗透势（COP）的比例

处理		COP/MPa	渗透调节物质渗透势占 COP 的比例/%											
			IS	OS	K^+	Na^+	Cl^-	Ca^{2+}	Mg^{2+}	NO_3^-	AA	OA	SS	Pro
CK		–0.23	90.36	9.64	60.36	1.44	5.37	11.54	5.47	6.16	1.19	3.56	5.56	0.22
NaCl /（mmol/L）	100	–0.51	95.27	4.73	34.14	20.72	21.49	5.51	2.83	0.56	0.60	2.02	2.18	0.12
	200	–0.67	96.45	3.55	26.68	34.15	28.87	3.67	2.13	0.95	0.63	1.31	1.59	0.12
	300	–0.71	96.90	3.10	22.40	37.40	30.35	3.50	1.99	1.26	0.75	1.08	1.20	0.16
PEG		–0.26	92.34	7.66	61.48	2.79	8.98	10.00	4.37	4.71	1.68	2.64	3.77	0.15

3.4.1.3　脯氨酸代谢调控基因克隆分析及盐胁迫下的调控机制

脯氨酸是植物体内合成的一种常见的渗透调节物质。逆境胁迫下，脯氨酸除了对植物细胞进行渗透保护外，还在氧化还原平衡、信号转导以及蛋白质翻译等过程中起重要作用[42]。

南京农业大学海洋科学及其能源生物资源研究所菊芋研究小组在研究了菊芋盐胁迫下脯氨酸的应答效应基础上，对南菊芋 1 号脯氨酸代谢关键基因进行了筛选与克隆，并研究了相关基因时空表达与菊芋中脯氨酸动态变化的对应关系，以揭示盐胁迫下脯氨酸调控的分子机制。

南京农业大学海洋科学及其能源生物资源研究所菊芋研究小组从南菊芋 1 号克隆了调控脯氨酸合成途径中的两个基因，即 *P5CS1* 和 *P5CS2* 基因。

首先利用拟南芥和水稻的 *P5CS* 基因序列比对菊芋表达序列标签（EST）数据库，获得 12 条高度相似的 EST 序列，GI 号分别为 125441546、125423128、125430151、125443641、125446643、125448887、125449956、12550355、125429963、125439651、125439845 和 125442867。将获得的 EST 序列用 SeqManⅡ（DNAStar）软件的 assemble 功能进行序列拼接，获得两条拼接后的长片段序列。

第一条序列长度为 2516 bp，翻译的氨基酸序列与已报道的 P5CS 蛋白具有高度相似性。通过设计引物（F：GCAGATACTCAAACCCTA；R：TTCTTCCCTCTCCAACAA），采用普通 PCR 扩增的方法，将获得的片段连接 pMD19-T（大连宝生物工程公司，Takara）载体后，转化感受态大肠杆菌（*E. coli*）DH5α（北京全式金生物技术股份有限公司），后送华大基因公司测序。测序结果显示，第一条序列长度为 2296 bp，包含一个 2154 bp 的完整可读框（ORF），命名为 *HtP5CS1*（图 3-24）。

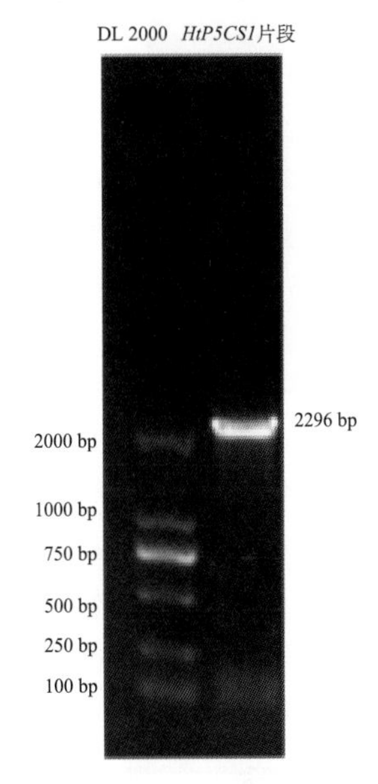

图 3-24　*HtP5CS1* 的 PCR 扩增

第二条拼接序列不含完整的可读框，为获得完整的可读框，研究小组在与菊科向日葵属植物绢毛葵（*Helianthus argophyllus* L.）数据库比对后，获得了一条与比对序列有高度保守性的 EST 序列（GI：113187185）。通过软件拼接获得模板后，设计引物（F：GTCAAGCGTGTAGTCGTC；R：GGTGTAAACAACTCCCTT），通过普通 PCR 的方法扩增，经测序后发现，所获得的片段长度为 1936 bp。与已发表的 *P5CS* 基因序列比对后发现，所获得的序列距 3′端终止密码子还有 400 bp 左右的核苷酸。比对所有菊科材料后，均未发现高度相似的可供延伸模板的序列，故采用 3′ RACE PCR（Clontech, USA）的方法，设计引物（GSP：TGATGGGGCTCG GTTTGGACTCGGA；NGSP：CGAGGTCCAGTTGGCGTAGAGGG），获得 3′端序列。将获得的 3′端序列拼接后，设计引物（F：CAAAAAACCTCACATTCGA；R：CTTACTGTGTTCGTTTAATAT），最终克隆到一条含有 2178 bp 可读框的序列（图 3-25 ），初步确定为 *HtP5CS2*。

将获得的 HtP5CS1 和 HtP5CS2 与已经过功能验证的 P5CS 氨基酸序列进行比对，发现 HtP5CS1 和 HtP5CS2 均含有类似的保守区域，如 ATP 结合位点（ATP binding site）、保守的亮氨酸拉链（conserved Leu zipper）和谷氨酸-5-激酶结构域（conserved Glu-5-kinase domain）等（图 3-26）。

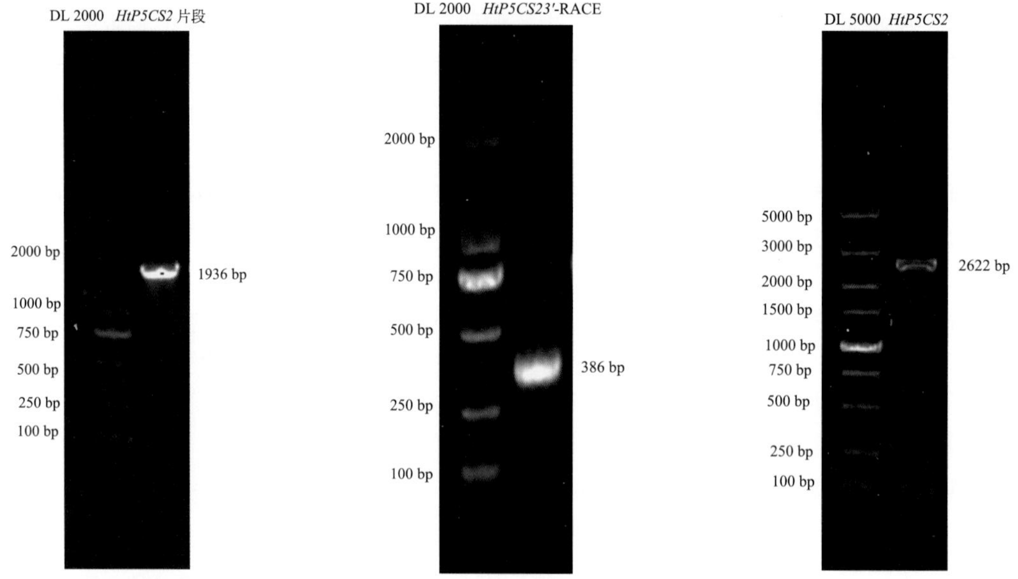

图 3-25　*HtP5CS2* 的 PCR 扩增

保守结构域是在生物进化过程中或者一个蛋白家族中具有的不变或相同的结构域，一般具有重要的功能，不能被改变。用 HtP5CS1 和 HtP5CS2 氨基酸序列到 NCBI 网站（https://www.ncbi.nlm.nih.gov/Structure）保守结构域数据库（Conserved Domain Database，CDD）中进行保守结构域预测。结果如图 3-27 和图 3-28 所示，HtP5CS1 和 HtP5CS2 均含有氨基酸激酶家族（amino acid kinase family）和乙醛脱氢酶家族（aldehyde dehydrogenase family）的保守模块。

比对已发表的 P5CS 序列，应用 EST 数据库比对方法所得到的第一条氨基酸序列 HtP5CS1 与杨树的 P5CS1（PvP5CS1）氨基酸序列相似性最高，达到 79.1%。第二条序列 HtP5CS2 与杨树 P5CS2（PvP5CS2）的相似性达到 72.9%。

根据已有文献报道，猕猴桃 P5CS （*Actinidia deliciosa* L. P5CS, U92286.1）的氨基酸序列与 HtP5CS1 的氨基酸序列相似性达 83%，与 HtP5CS2 的氨基酸序列相似性达 76%[43]。根据已报道的 P5CS 家族氨基酸序列，用 DNAstar Megalign 进行系统发育进化树分析，结果表明，HtP5CS1 与 PvP5CS1 的相似性达 79.1%，与 PvP5CS2 的相似性达 76.8%，与 AtP5CS2 的相似性达 75.7%，与 AtP5CS1 的相似性达 75.5%，与 OsP5CS1 的相似性达 75.1%，与 SbP5CS2 的相似性达 74.2%，与 HtP5CS2 的相似性达 73.4%，与 OsP5CS2 的相似性达 72.1%，与 SbP5CS1 的相似性达 70.5%；HtP5CS2 与 PvP5CS1 的相似性达 73.7%，与 OsP5CS1 的相似性达 73.3%，与 AtP5CS2 的相似性达 72.8%，与 AtP5CS1 的相似性达 72.7%，与 SbP5CS2 的相似性达 71.8%，与 OsP5CS2 的相似性达 70.6%，与 SbP5CS1 的相似性达 69.8%。

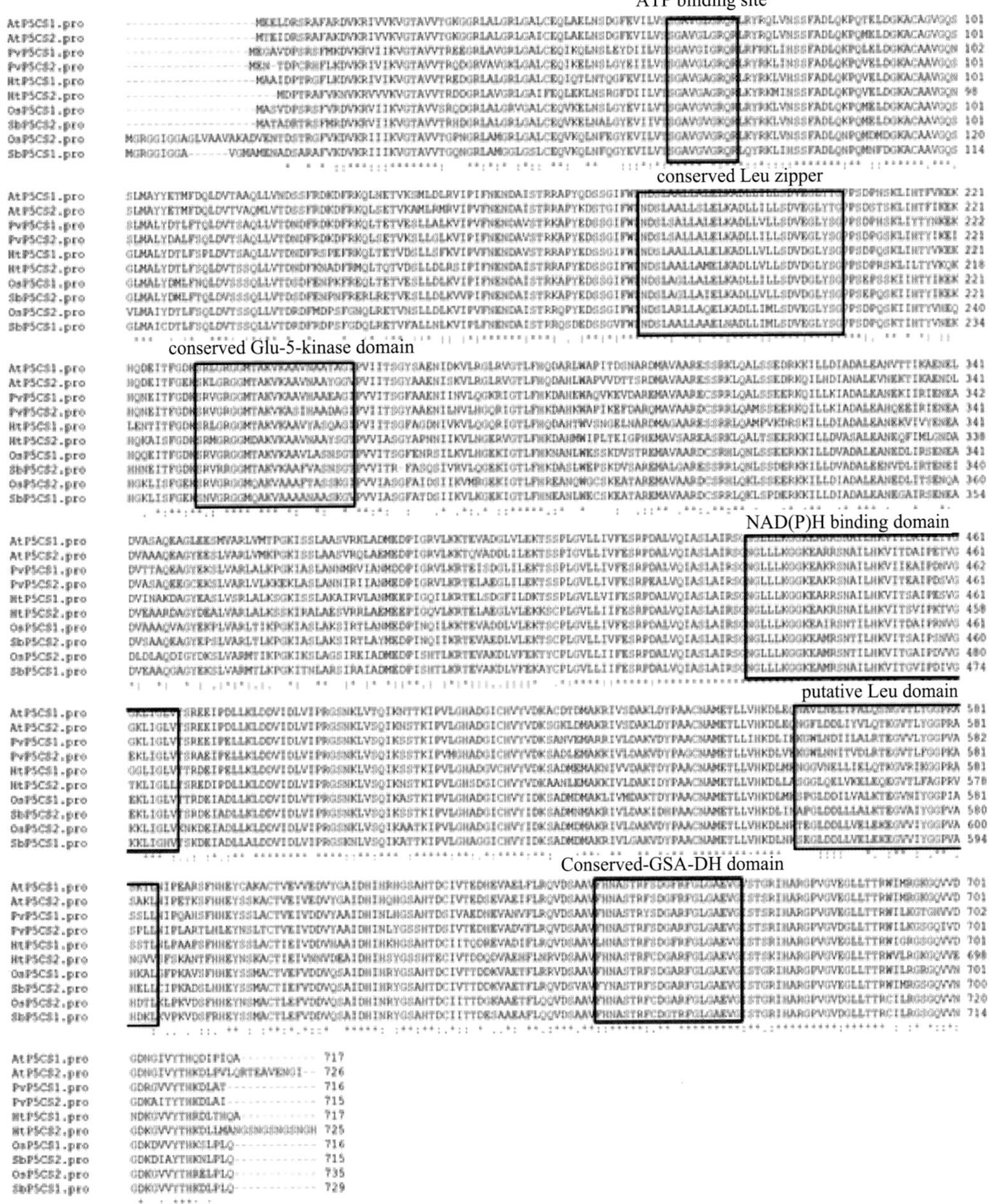

图 3-26　HtP5CS1 和 HtP5CS2 的氨基酸序列比对分析

以下序列通过 ClustalW 程序进行生物信息学分析：AtP5CS1 （NM_129539）, AtP5CS2 （NM_115419.4）; OsP5CS1 （D49714.1）, OsP5CS2 （NM_001051337）; PvP5CS1 （EU340347）, PvP5CS2 （EU407263）; SbP5CS1 （GQ377719）, SbP5CS2 （GQ377720）。星号、分号和圆点分别表示氨基酸序列相同、保守替换和半保守替换。方框中的序列表示可能存在的 ATP 结合位点（ATP binding site）、保守的亮氨酸拉链（conserved Leu zipper）、谷氨酸-5-激酶结构域（conserved Glu-5-kinase domain）、还原性辅酶结合位点、亮氨酸结构域（putative Leu domain）和保守的谷氨酸半醛脱氢酶结构域（conserved-GSA-DH domain）

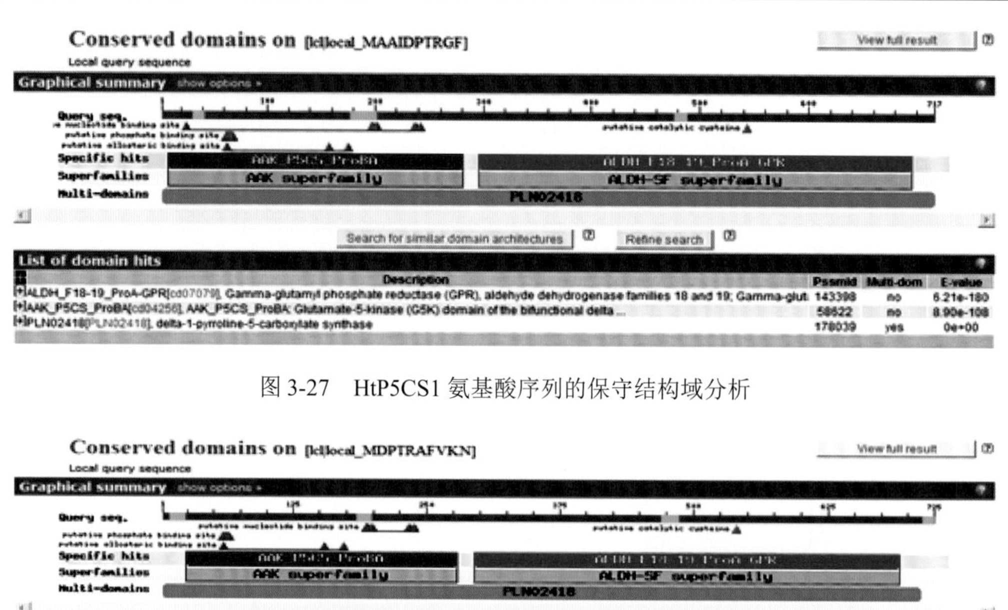

图 3-27　HtP5CS1 氨基酸序列的保守结构域分析

图 3-28　HtP5CS2 氨基酸序列的保守结构域分析

由以上结果推测 HtP5CS1 和 HtP5CS2 极有可能是菊芋脯氨酸合成代谢位于 Glu 途径编码吡咯啉-5-羧酸合成酶的基因（图 3-29），但基因的具体功能还需要通过实验进一步验证。

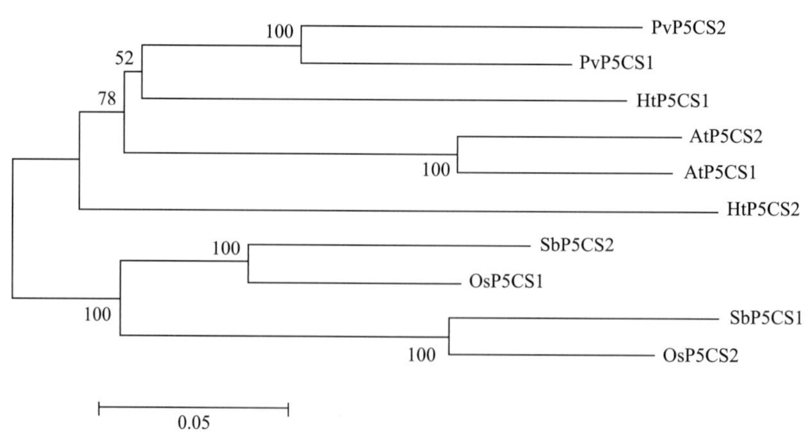

图 3-29　HtP5CS1 和 HtP5CS2 系统发育进化树

南菊芋 1 号 Orn（鸟氨酸）途径合成脯氨酸关键基因（*OAT*）的克隆：根据已报道的拟南芥和油菜的 *OAT* 序列，比对菊芋 EST 数据库，我们获得了 9 条具有高度相似性的 EST 片段，GI 号分别为 125422045、125426820、125427805、125431428、125437709、

125439438、125440189、125443871 和 125450877。通过 EST 序列拼接的方法，获得了一条 1265 bp 的虚拟模板，设计引物（F：CACTCTGGGACGATTCAACA；R：AATAACCGCCTCAACTCCTC）。以菊芋 cDNA 为模板，通过普通 PCR 的方法克隆得到一条 1146 bp 的核苷酸序列，该序列不含完整可读框。将已获得的序列比对菊科其他物种 EST 数据库，获得了 3 条与被比对序列高度相似的 EST 序列，其 GI 号分别为 211619016[来自向日葵（*Helianthus annus* L.）]、113237927[来自蛇纹石向日葵（*Helianthus exilis* L.）]以及 90489792[来自平原向日葵（*Helianthus petiolaris* L.）]，拼接得到一条 1681bp 的序列。设计引物（F：GGATAGAGTGTTTCGTAA；R：AATAACCTAGCATTGAGA）克隆测序后得到一条含有 1410bp 可读框的核苷酸序列（图 3-30），与烟草 OAT 氨基酸序列的相似性达 77.2%。

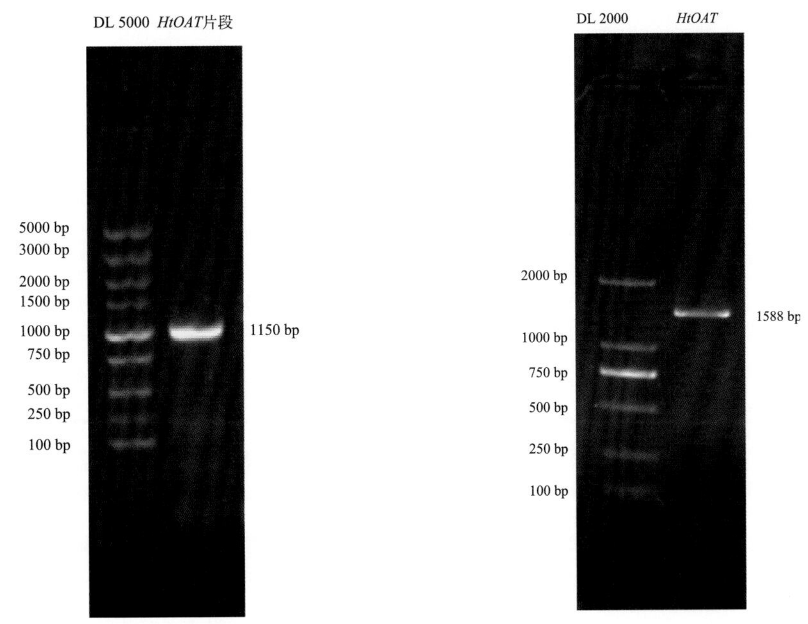

图 3-30　*HtOAT* 的 PCR 扩增

将获得的 HtOAT 与文献报道的其他 OAT 氨基酸序列比对[44]，发现 HtOAT 与已发表的 OAT 氨基酸序列具有高度相似性，且含有可能的磷酸吡哆醛结合位点（图 3-31）。

将获得的 HtOAT 氨基酸序列进行保守结构域分析，结果显示 HtOAT 与乙酰鸟氨酸转氨酶家族（acetyl ornithine aminotransferase family）的匹配度最高（图 3-32），该家族属于磷酸吡哆醛依赖型的天冬氨酸氨基转移酶超家族。所有属于该超家族的酶均作用于碱性氨基酸，这些酶的衍生物参与转氨基或脱羧作用。

与已发表的 OAT 氨基酸序列构建进化树，表明 HtOAT 与烟草 OAT（NtOAT）的氨基酸序列相似性达 77.2%，与大豆 OAT（GmOAT）的相似性达 72.8%，与拟南芥 OAT（AtOAT）的相似性达 72.7%，与油菜 OAT（BnOAT）的相似性达 71.6%，与苜蓿 OAT（MtOAT）的相似性达 67.5%（图 3-33）。

putative pvridoxal phosphate-binding site

图 3-31　HtOAT 的氨基酸序列比对分析

以下序列通过 ClustalW 程序进行生物信息学分析：AtOAT（NM_123987.3）;BnOAT （EU375566.1）;GmOAT （NM_001250221.1）; MtOAT（AJ278819）; NtOAT（ADM47437）。星号、分号和圆点分别表示氨基酸序列相同、保守替换和半保守替换。方框中序列表示可能存在的吡哆醛磷酸结合位点（putative pvridoxal phosphate-binding site）

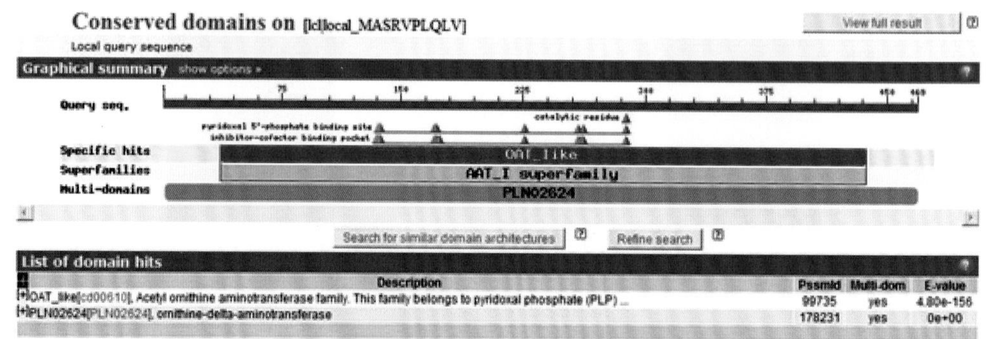

图 3-32　HtOAT 氨基酸序列的保守结构域分析

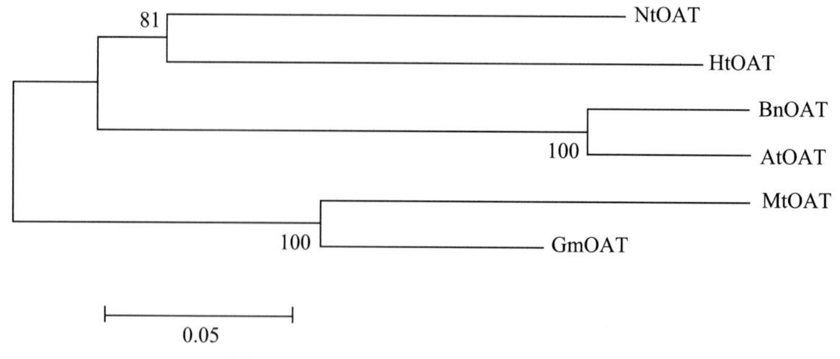

图 3-33　HtOAT 系统发育进化树

南菊芋 1 号脯氨酸降解途径 *PDH1* 和 *PDH2* 基因的克隆：根据已发表的油菜 PDH 核苷酸序列比对菊芋 EST 数据库，获得 13 条高度相似的 EST 序列，GI 号分别为 125424918、125425174、125425617、125427731、125428176、125437754、125456916、125457059、125422040、125432267、125434747、125459104 和 125450265。通过 Bioedit 软件的拼接功能，得到两条拼接后的序列。序列 1 长度为 1867 bp，设计引物（F：GCCTTAAACTTTCACCCG；R：TGTGACTTGTGACAGCCA），以菊芋 cDNA 为模板，用普通 PCR 的方法克隆测序后得到一条含有 1497 bp 完整可读框的基因编码序列(CDS)（图 3-34）。经比对，该序列与烟草 *PDH1*（*NtPDH1*）有最高的相似性（57.7%）。因此，将其命名为 *HtPDH1*。用同样的方法将不含完整可读框的序列 2 在向日葵 EST 数据库中比对，获得八条高度相似的 EST 片段，GI 号分别为 22314834、22396411、90454266、90456587、90457722、90463063、90464320 和 90454869。拼接此 8 条 EST 后，获得一条长度为 2039 bp 的核苷酸序列。以拼接后的序列为模板设计引物（F：TTATTCAGCCGAAAAACTT；R：ATTATTCCAAAATCCCCAT），在菊芋中克隆得到一条含有 1581 bp 完整可读框的 CDS(图 3-34)，与烟草 *PDH2*(*NtPDH2*)的相似性达 58.4%，将其命名为 *HtPDH2*。

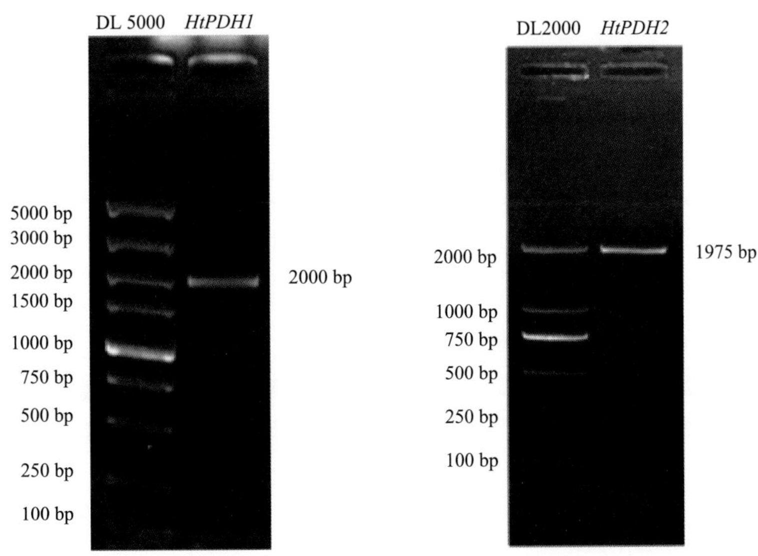

图 3-34　*HtPDH1* 和 *HtPDH2* 的 PCR 扩增

将已发表的 PDH 氨基酸序列[45]与 HtPDH1 和 HtPDH2 氨基酸序列比对，结果表明，HtPDH1 和 HtPDH2 均含有脯氨酸降解酶结构域（proline dehydrogenase domain）（图 3-35）。

保守结构域分析显示，HtPDH1 和 HtPDH2 与脯氨酸降解酶超家族的匹配度最高（图 3-36 和图 3-37）。

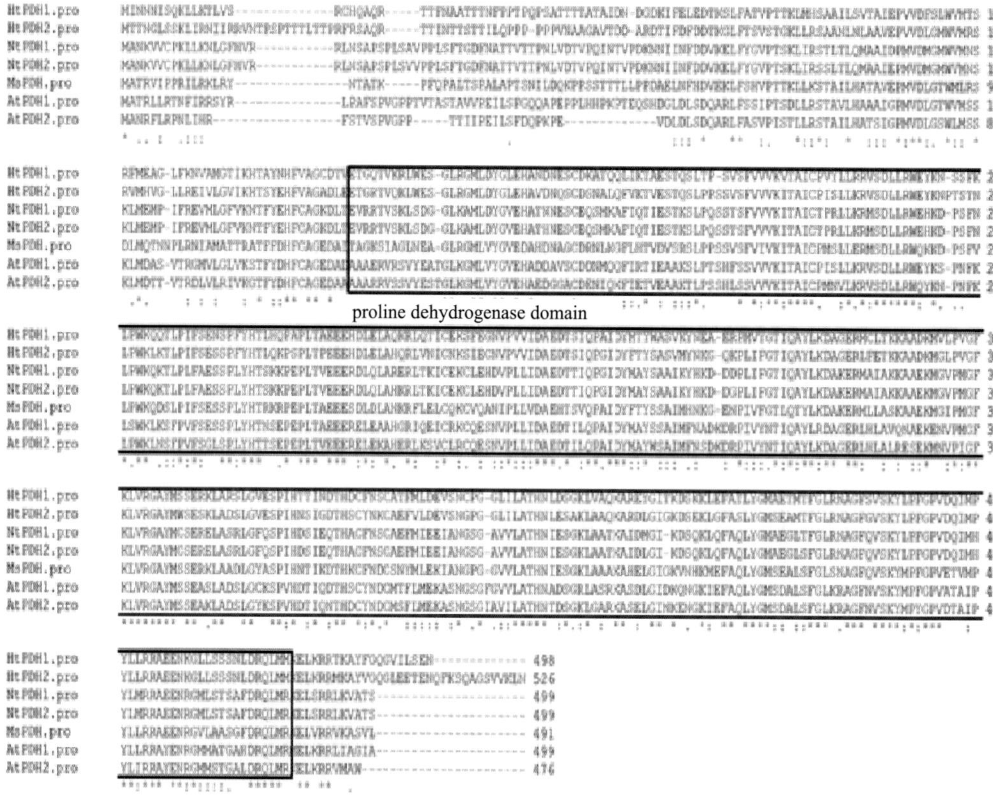

图 3-35　HtPDH1 和 HtPDH2 的氨基酸序列比对分析

以下序列通过 ClustalW 程序进行生物信息学分析：AtPDH1（NM_113981.5），AtPDH（NM_123232.2）；MsPDH（AY556386.1）；NtPDH1（AY639145.1），NtPDH2 （AY639146.1）。星号、分号和圆点分别表示氨基酸序列相同、保守替换和半保守替换。方框中的序列表示脯氨酸脱氢酶结构域

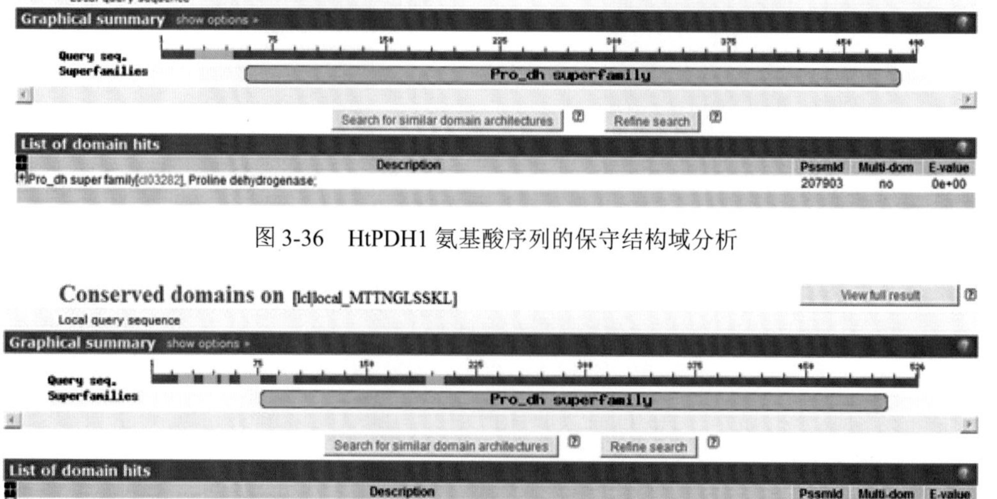

图 3-36　HtPDH1 氨基酸序列的保守结构域分析

图 3-37　HtPDH2 氨基酸序列的保守结构域分析

与已发表的 PDH 氨基酸序列构建进化树，如图 3-38 所示。

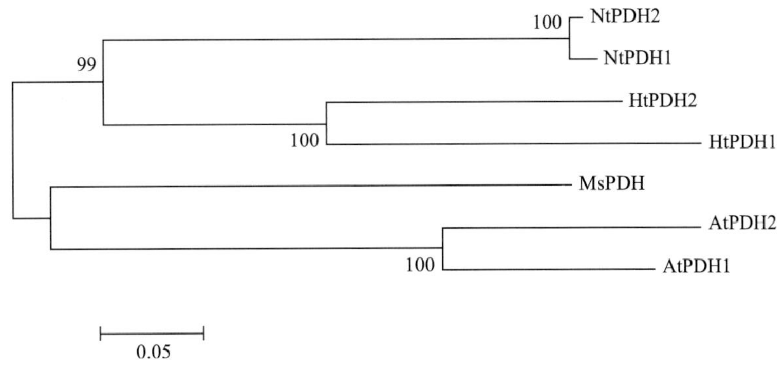

图 3-38　HtPDH1 和 HtPDH2 系统发育进化树

脯氨酸代谢包含脯氨酸合成代谢和脯氨酸降解代谢。大量研究结果表明，植物体内普遍存在两条脯氨酸合成途径，根据反应起始底物的不同，分别命名为谷氨酸途径和鸟氨酸途径。在谷氨酸途径中，P5CS 起关键限速作用；在鸟氨酸途径中，OAT 起限速作用。在脯氨酸降解途径中，起关键限速作用的是 PDH。NaCl 胁迫下，南菊芋 1 号和青芋 2 号两个菊芋品种根中脯氨酸含量均随 NaCl 浓度的增加而增加（图 3-39）。南菊芋 1 号根中，不同浓度 NaCl 处理下，脯氨酸含量分别增加 6.74%、34.14%、71.62%、96.21% 和 158.41%。青芋 2 号根中脯氨酸含量分别增加了 83.36%、128.03%、180.38%、295.03% 和 362.46%。相同处理下，与青芋 2 号相比，南菊芋 1 号在根中累积了更多的脯氨酸。与对照相比，青芋 2 号叶中的脯氨酸含量表现出较高的增长率。两种菊芋不同部位脯氨酸含量随着盐胁迫时间的延长变化趋势不尽一致。

南京农业大学海洋科学及其能源生物资源研究所菊芋研究小组以南菊芋 1 号为试验材料，设置 0 mmol/L 和 100 mmol/L NaCl 处理，研究 NaCl 胁迫 72 h 内脯氨酸在菊芋根、茎、叶中的组织特异性分布（图 3-40～图 3-42）。同时，研究了菊芋脯氨酸合成酶 P5CS 和 OAT，以及菊芋脯氨酸降解酶 PDH 在盐胁迫下的活性变化，拟从脯氨酸代谢途径中限速酶活性的变化初步阐述盐胁迫下菊芋体内脯氨酸代谢响应，为进一步研究菊芋脯氨

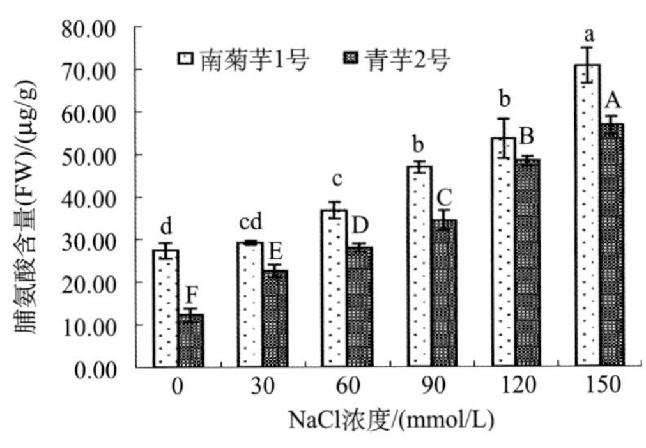

图 3-39　不同菊芋品种盐胁迫下脯氨酸含量变化

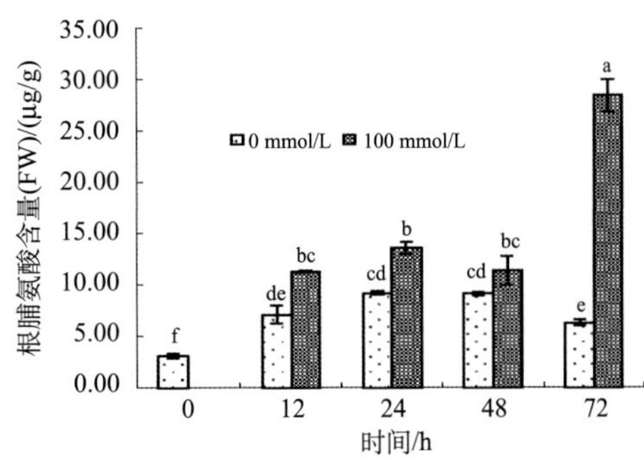

图 3-40　南菊芋 1 号盐胁迫下根脯氨酸含量变化

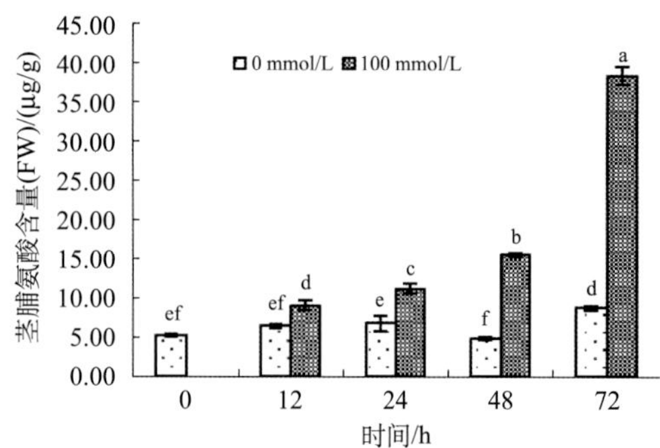

图 3-41　南菊芋 1 号盐胁迫下茎脯氨酸含量变化

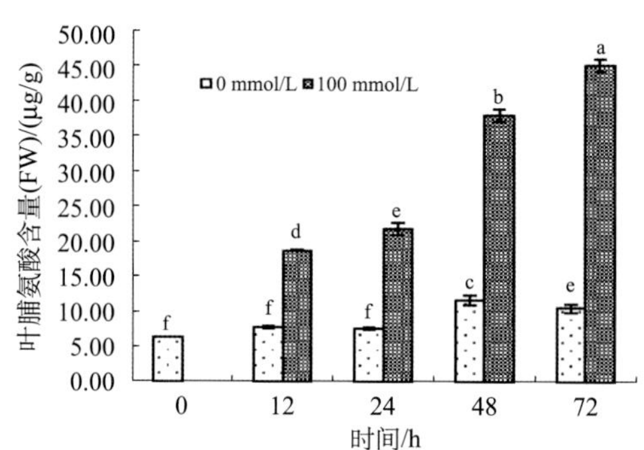

图 3-42　南菊芋 1 号盐胁迫下叶脯氨酸含量变化

酸的调控机理奠定基础。如图 3-40～图 3-42 所示，100 mmol/L NaCl 处理显著提高了菊芋根、茎、叶中的脯氨酸含量。NaCl 处理 72 h 后，根、茎、叶（以鲜重计，FW）中的脯氨酸含量分别为 28.42 μg/g、38.39 μg/g、45.10 μg/g，分别比对照组高约 3～4 倍。相同时间点下，脯氨酸累积在叶中最多，茎中次之，根中最少。NaCl 胁迫下，脯氨酸在根、茎、叶中的累积均呈上升趋势，表明不同组织间脯氨酸分布的差异主要是通过从头合成而不是通过组织间的转运产生的。

菊芋幼苗根、茎、叶中 P5CS 活性随 NaCl 胁迫时间的延长而上升。如图 3-43 所示，NaCl 处理 24 h 后，茎中 P5CS 活性显著上升（图 3-43B）。根（图 3-43A）和叶中（图 3-43C）P5CS 活性在处理 48 h 后显著上升，分别为对照组的 6.57 倍和 8.79 倍。NaCl 处理 72 h 后，菊芋叶中 P5CS 活性出现最高值，为对照组的 12.56 倍。P5CS 活性的变化趋势与脯氨酸在菊芋幼苗根、茎、叶中的累积趋势类似。

NaCl 胁迫下，菊芋幼苗根、茎、叶中 OAT 活性的变化趋势与 P5CS 活性的变化趋势相反。NaCl 处理 12～72 h，OAT 活性降低。盐处理 12 h，与对照相比，菊芋幼苗茎和叶中 OAT 活性显著降低，盐处理 24 h 后菊芋幼苗根中 OAT 活性显著降低，酶活性的抑制程度随胁迫时间的延长而增加（图 3-44 ）。

PDH 是脯氨酸降解途径中的关键酶。图 3-45 表明，100 mmol/L NaCl 处理 24 h 缓慢地降低了菊芋幼苗根和茎中的 PDH 活性，降幅分别为 50.9%和 26.5%。而在叶中，100 mmol/L NaCl 处理 12 h 提高了 PDH 活性，随后酶活性降低至对照水平，处理 72 h 较对照组显著降低，降幅达到 96.2%。与根和茎相比，相同处理条件下，PDH 活性在叶中保持较低的水平。总体而言，100 mmol/L NaCl 处理 72 h 降低了 PDH 活性。

Newton 等通过在电导率为 7.5 dS/m 的盐土中种植菊芋，根据盐分对产量的递减效应，认为菊芋是一种中度耐盐作物[46]。作者通过设定不同电导率范围内的盐浓度梯度[EC（50 mmol/L NaCl+1/2 Hoagland 营养液）=3.48 dS/m, EC（100 mmol/L NaCl + 1/2 Hoagland 营养液）= 6.26 dS/m, EC（200 mmol/L NaCl+1/2 Hoagland 营养液）=9.82 dS/m]，研究了 NaCl 胁迫对菊芋脯氨酸代谢的影响。结果表明，100 mmol/L NaCl 处理下，菊芋幼苗根、茎、叶中脯氨酸含量均随胁迫时间的延长而显著上升。有关油菜植株[47]和水稻愈伤组织[48]的报道中也有类似的结论。

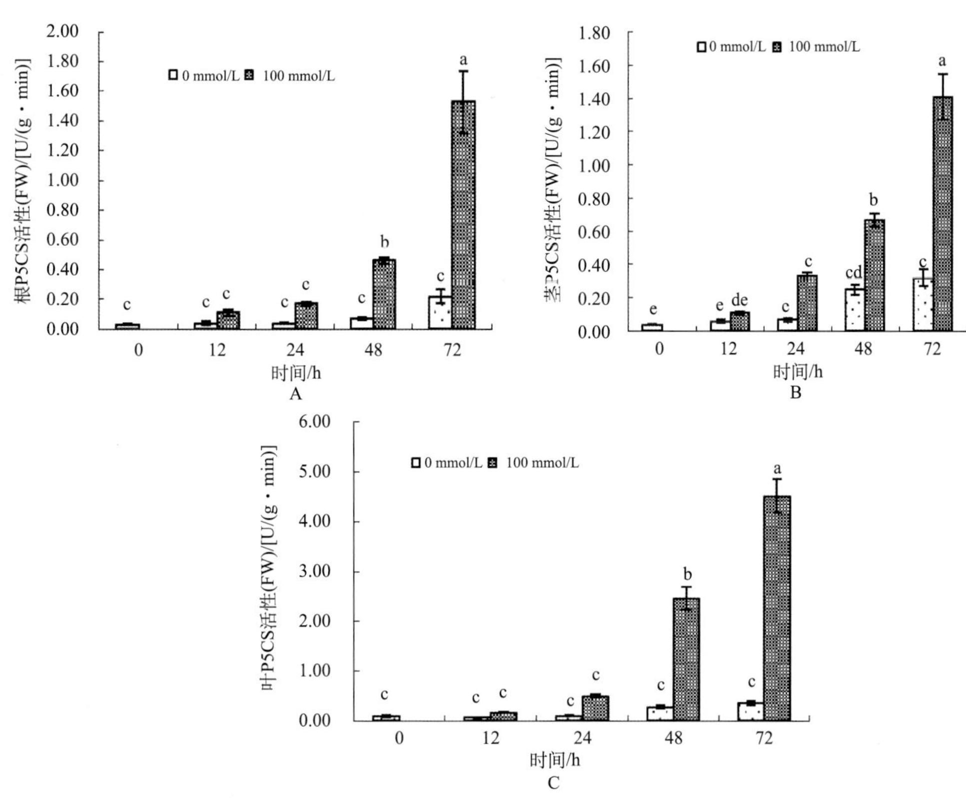

图 3-43　NaCl 胁迫对南菊芋 1 号幼苗不同部位中 P5CS 活性的影响

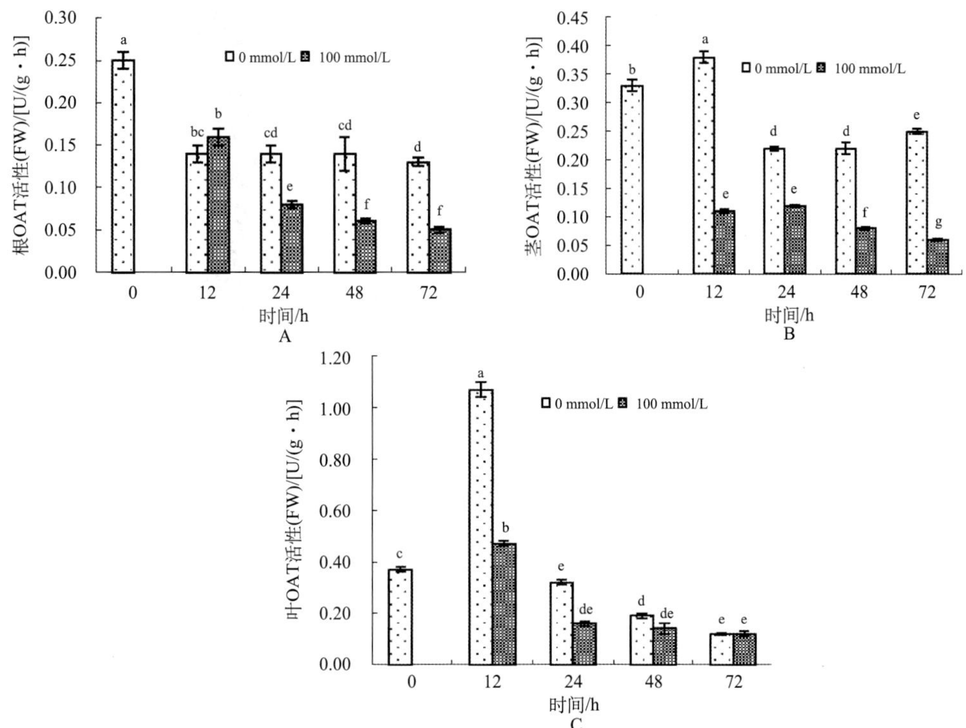

图 3-44　NaCl 胁迫对南菊芋 1 号幼苗不同部位中 OAT 活性的影响

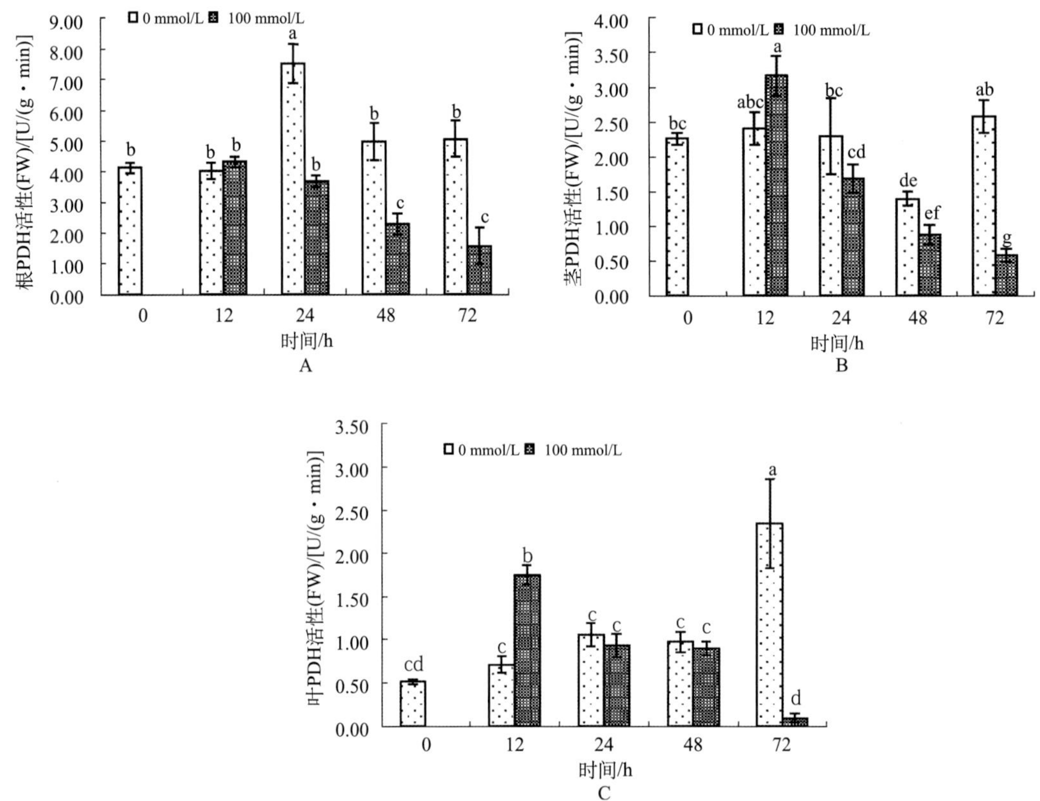

图 3-45　NaCl 胁迫对南菊芋 1 号幼苗不同部位中 PDH 活性的影响

南京农业大学海洋科学及其能源生物资源研究所菊芋研究小组的研究结果显示，脯氨酸在植物中的分布呈现组织特异性，根中最低，叶片中脯氨酸含量最高。这与前人在绿豆[49]、桑树[50]和油菜[51]中研究的结果一致。通过比较不同向日葵品种对盐胁迫的响应差异，Shahbaz 等发现耐盐品种比盐敏感品种累积更多的脯氨酸[52]。Silva-Ortega 等认为，较高的脯氨酸含量有利于维持叶绿素含量和细胞膨压，从而减弱盐胁迫对光合活力的抑制作用。

研究表明，烟草不同组织中脯氨酸含量均随胁迫程度的增加而上升[53]。因此，有人认为脯氨酸的组织特异性分布主要是由脯氨酸的重新合成引起的。进一步研究脯氨酸组织特异性分布机理，结果表明脯氨酸合成的谷氨酸途径中的限速酶 P5CS 活性随胁迫时间的延长而增加，变化趋势与相同时间内脯氨酸累积的趋势类似。而鸟氨酸途径中的限速酶 OAT 活性则逐渐下降。盐胁迫下，HtOAT 活性低于对照。Wang 等对盐土植物草地风毛菊（*Saussurea amara* L.）的研究结果表明，OAT 活性同样受盐胁迫诱导从而促进脯氨酸的合成[54]。这可能是由于脯氨酸的合成方式与植物品种有关。就菊芋而言，鸟氨酸途径在盐胁迫下起到一定的作用，但谷氨酸途径是脯氨酸合成的主要途径。该结果与 Delauney 等的结果一致[55]。

NaCl 胁迫下 HtPDH 活性下降，这与前人在水稻上的研究结果一致[56]。研究还表明，根中 HtPDH 活性高于叶片中的 HtPDH 活性，这与水稻的研究结果一致。菊芋叶中较高的 HtP5CS 活性与较低的 HtPDH 活性共同促进了叶片中较高的脯氨酸累积。因此，试验结果表明 NaCl 胁迫下，菊芋幼苗脯氨酸的累积是通过激活脯氨酸合成与抑制脯氨酸降解实现的。

脯氨酸的分子调控特征研究、有机及无机渗透调节物质在菊芋植株时空表达差异的分析揭示了菊芋通过渗透调节物质以缓解盐胁迫时对水分胁迫的影响。

3.4.1.4　钠氢逆向转运蛋白调控基因的克隆及功能分析

为了进行对南菊芋 1 号质膜型 Na^{+}/H^{+} 逆向转运蛋白基因 *HtSOS1* 的克隆及生物信息学分析，研究小组首先克隆了南菊芋 1 号 *HtSOS1* 基因，以 200 mmol/L NaCl 处理 24 h 的菊芋幼苗叶片 cDNA 为模板，利用简并引物通过 RT-PCR 扩增出大约 1.2 kb 的片段（图 3-46A），测序后比对分析推测该片段其可能为 *SOS1* 同源基因片段。然后用 RACE 的方法分别获得了约 1.2 kb 的 5′ 端片段（图 3-46B）和约 1.9 kb 的 3′ 端片段（图 3-46C）。经序列拼接后获 *HtSOS1* cDNA 全序列，重新设计 *HtSOS1* 基因全长引物，以菊芋 cDNA 为模板，用 KOD-Plus 高保真酶扩增获得了约 3.9 kb 的目的片段（图 3- 46D），测序分析后将其命名为 *HtSOS1*。

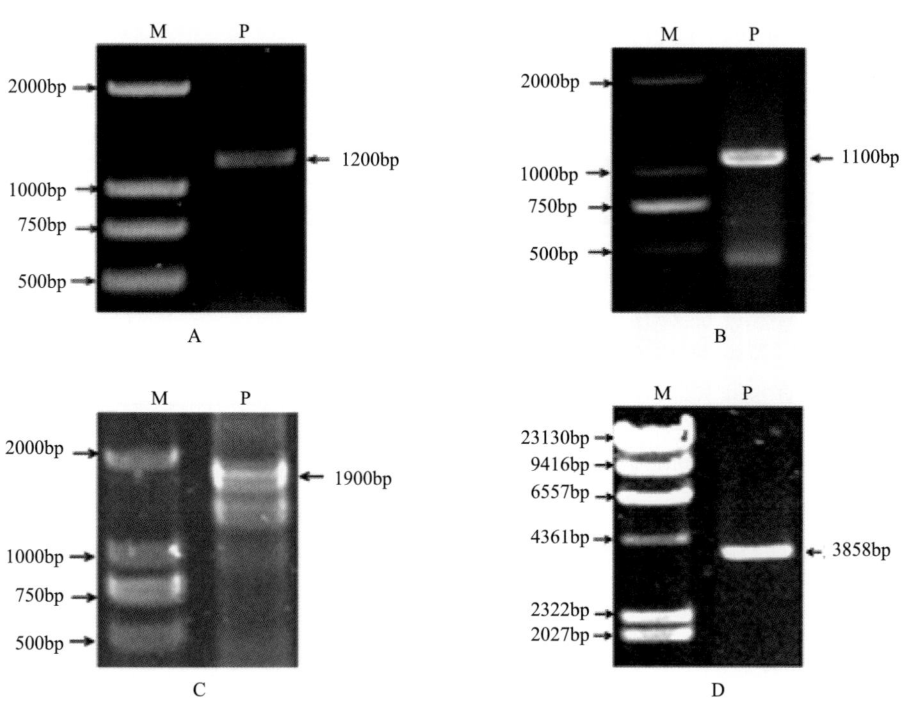

图 3-46　*HtSOS1* 基因 cDNA 全长的克隆

M. marker, DNA 梯状标志；P. PCR 产物

经 *HtSOS1* cDNA 序列的分析，*HtSOS1* cDNA 全长 3858 bp，具有 372 bp 长的 5′ 端非编码区和 96 bp 3′ 端非编码区，其 ORF 为 3390 bp，预测编码一条 1129 个氨基酸组成的多肽链，预测蛋白分子量为 124 kDa。将该 cDNA 序列通过 NCBI 数据库（https://

www.ncbi.nlm.nih.gov/）进行登录，基因登录号为 KC410809。通过 TMHMM 软件分析菊芋 HtSOS1 的跨膜结构，分析结果显示 HtSOS1 是膜整合蛋白，在该蛋白的 N 端疏水区有 12 个明显的跨膜结构，在 C 端是一个近 700 个氨基酸组成的非跨膜尾巴（图 3-47A、B）。HtSOS1 的跨膜结构特征与其他植物质膜型 Na^+/H^+ 逆向转运蛋白相似。

A
MATEGESSNPTDAVLFVGMSLVLGIASRHVLRGTRVPYTVALLVIGIGLGSLEYGTSHRLGKVGDGIRI
WANIDPDLLLAVFLPALLFESSFSMEVHQIKKCMAQMILLAGPGVLISTFILGAALKLIFPYNWSWKTS
LLLGGLLSATDPVAVVALLKELGASKKLSTIIEGESLMNDGTAIVVYTLFFRMVTGSTFSWGTIIKFLS
QVSLGAVGMGIAFGLVSYLWLGFIFNDTVIEITLTLAVSYLAYFVSQEGADISGVLTVMTLGMFYAAVA
RTAFKGEGQQSLHHFWEMVAYIANTLIFILSGVVIAEGILGADNILKHEENVWWYLILLYVLLQLSRAI
VVGSLYPLLSYCGYGLDWKEATVLVWSGLRGAVALSLSLSVKQSSDTSSYISRETGILFVFFTGGIVFL
TLIINGSTTQFVLRMLQMDKLSAAKTRILEYTKYEMMSKALEAFGDLVDDEELGPADWSTVKKYITSLQ
DSEGERMMPHTALEDDHDVDHHHLSDIRIRFLNGVQAAYWVMLEQGRITQFTANILMQSVDEALDLVSS
QPLCDWNGLKANVMFPNYYKFLQSTTIPRKLVTYFTVERLESACYISAAFLRAHRIARQQLMDFIGDSE
IALAIINESETEGEEAKKFLEDVRTTFPQVLRVLKTRQVTYSVLNHLIEYVQDLEKSGLLEEKELVHLH
DAVQTDLKKLLRNPPLVKIPKAHDLISANPLLGALPSAVREKIAGSTKETMKLRAVTLYREDSKANGVW
LISNGVVKWDSTKIKKRYSLHPTFAHGSTLGLYEVLTGKRYICDIITDSVVLGFFIEAEKILSVLGTDD
AVDDFLWQESSIVLSKLLVPQIFEKMTMHDLRTLVAEKSTMNTYISGESFDLPQNHIGLLLEGFIKTQG
TLEFITAPAALFPSYGDRSFRVSEIAAAGSFCHHATSYVVETRTRVHHFEISGFEGTRTLQRRTSSLIS
HGGAGDNPSPAREHSGLHSWPQVSFKSRQQSSAIDNNLSARAMQLSHYGSHISNERISPHNGGAKRSEK
PSHSKSYPRVPPTEKPSHSKSYPRIPPTERRGLLSVRSEGSTTVRKTVNVGSESLIVPENINDGHEHDY
SSDESGGEDEHIVRIDSPSTLSFQAP*

B
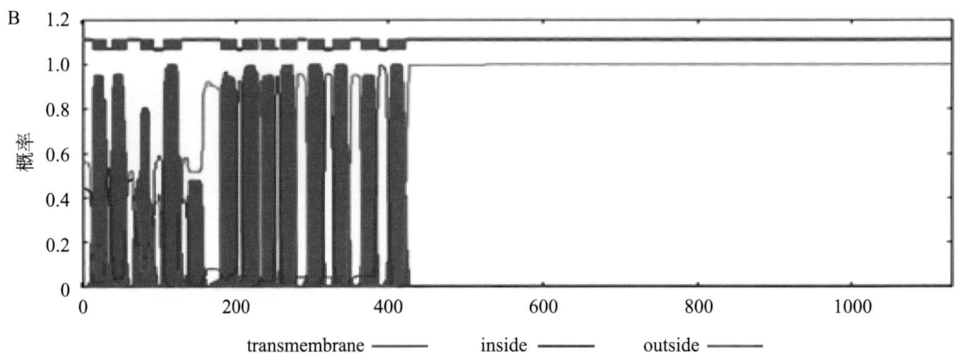

图 3-47　HtSOS1 的跨膜结构预测图

横坐标轴表示提交蛋白序列对应的氨基酸残基序号，纵坐标轴的数值为横轴上每个氨基酸位于膜内侧（inside）、膜外侧（outside）和跨膜螺旋区的概率值

磷酸化位点分析结果显示 HtSOS1 有 67 个磷酸化位点，其中有 48 个丝氨酸（Ser）位点、12 个苏氨酸（Thr）位点和 7 个酪氨酸（Tyr）位点（图 3-48），这些磷酸化位点在细胞信号转导过程中可能起到极其重要的作用。

氨基酸序列比对分析结果显示 HtSOS1 与大岛野路菊（*Chrysanthemum crassum*）CcSOS1、葡萄（*Vitis vinifera*）VvSOS1、水稻（*Oryza sativa*）OsSOS1、拟南芥（*Arabidopis thaliana*）AtSOS1 的相似性比较高，分别达到 83%、70%、64%和 62% （图 3-49 ）。

HtSOS1 的系统进化分析，从图 3-50 可以看出，HtSOS1 与质膜型 Na^+/H^+ 逆向转运蛋白的同源关系较近；而与拟南芥、水稻等的液泡膜型 Na^+/H^+ 逆向转运蛋白的同源关系较远，其中与同属于菊科的大岛野路菊 CcSOS1 的亲缘关系最近。

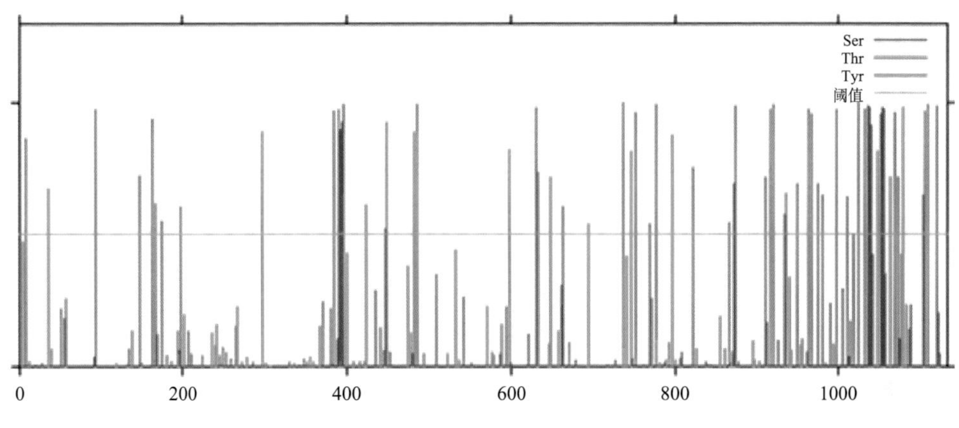

图 3-48　HtSOS1 的磷酸化位点分析

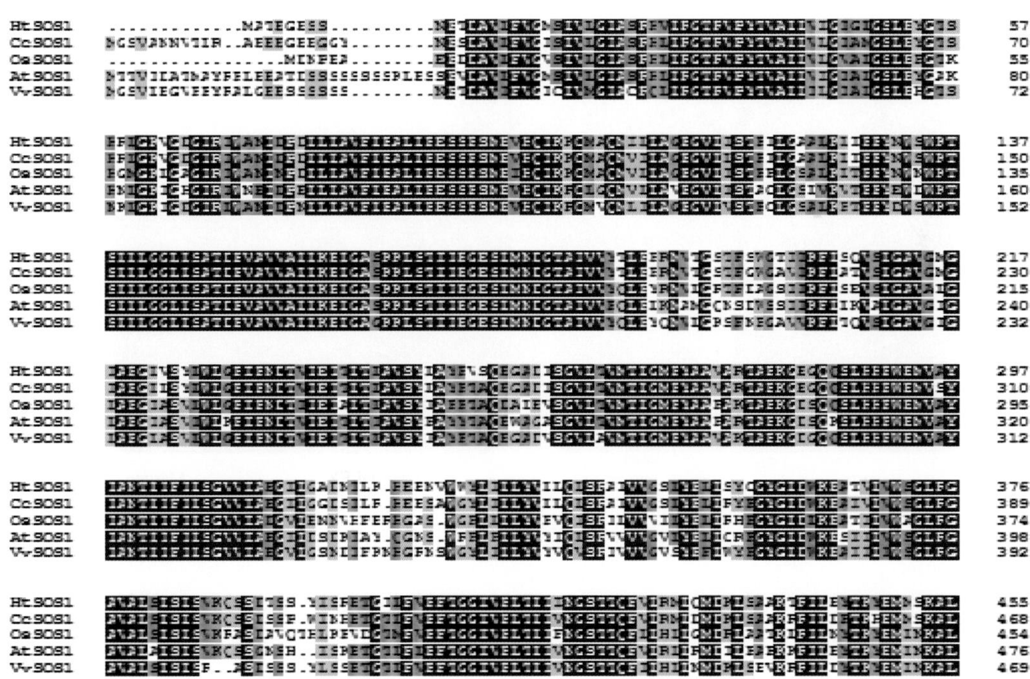

图 3-49　HtSOS1 与其他高等植物 SOS1 氨基酸序列的多重比对

利用 WoLF PSORT 和 TargetP 软件预测菊芋 HtSOS1 为质膜定位的蛋白。为了进一步验证 HtSOS1 在细胞中的定位，南京农业大学海洋科学及其能源生物资源研究所菊芋研究小组将 *HtSOS1* 与 GFP 融合，再将形成的融合蛋白表达质粒转入水稻原生质体细胞，用水稻原生质体的瞬时表达系统来观察目的蛋白的亚细胞定位。结果与其预测的一致，*HtSOS1* 融合 GFP 表达的绿色荧光都定位在细胞质膜上，能与质膜特异性染料

（FM4-64）的红色荧光重合，而无基因融合的对照载体的 GFP 绿色荧光则分布于整个细胞（图 3-51）。

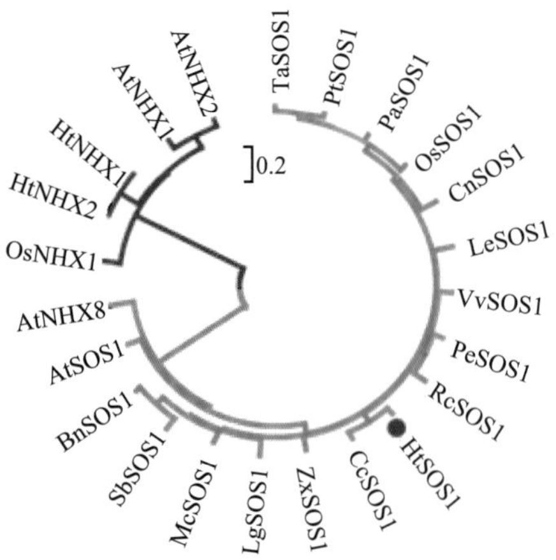

图 3-50　HtSOS1 的系统进化树分析

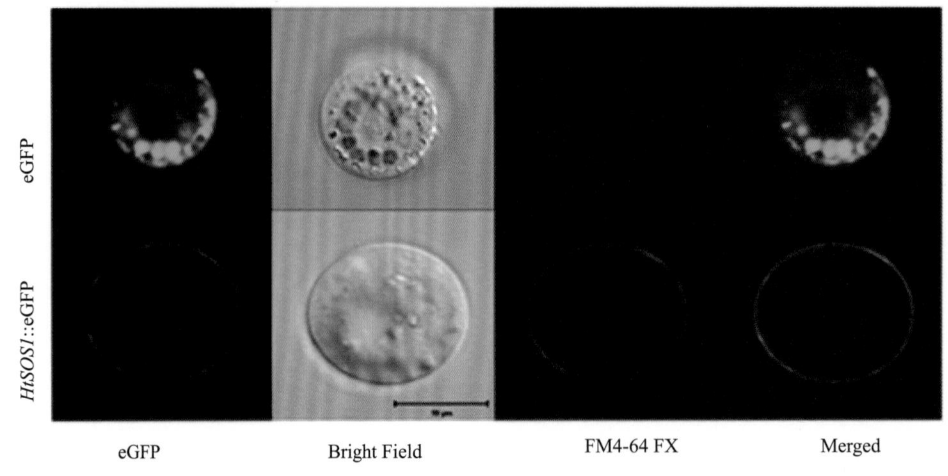

图 3-51　*HtSOS1* 的亚细胞定位

接着进行菊芋质膜型 Na^+/H^+逆向转运蛋白基因的表达及酵母功能回补分析，分别取正常条件下培养的菊芋和用 100 mmol/L NaCl 处理 12 h 后的菊芋幼苗的根、茎和叶片，分析不同组织中 *HtSOS1* 的表达情况。结果显示在无外源 NaCl 条件下，菊芋根、茎和叶片中 *HtSOS1* 均有表达但表达量很低；但经过 100 mmol/L NaCl 处理后，*HtSOS1* 在菊芋根、茎和叶片中表达量均显著上调；但在根和茎中上调程度显著高于叶片（图 3-52）。

用含不同浓度 NaCl 的 1/2 Hoagland 营养液处理菊芋幼苗 24 h，分析其叶片中 *HtSOS1* 基因的表达情况，结果显示在菊芋叶片中，随着 NaCl 浓度的增加，*HtSOS1* 基因的表达量不断增加，在 300 mmol/L NaCl 处理时达到最大（图 3-53）。

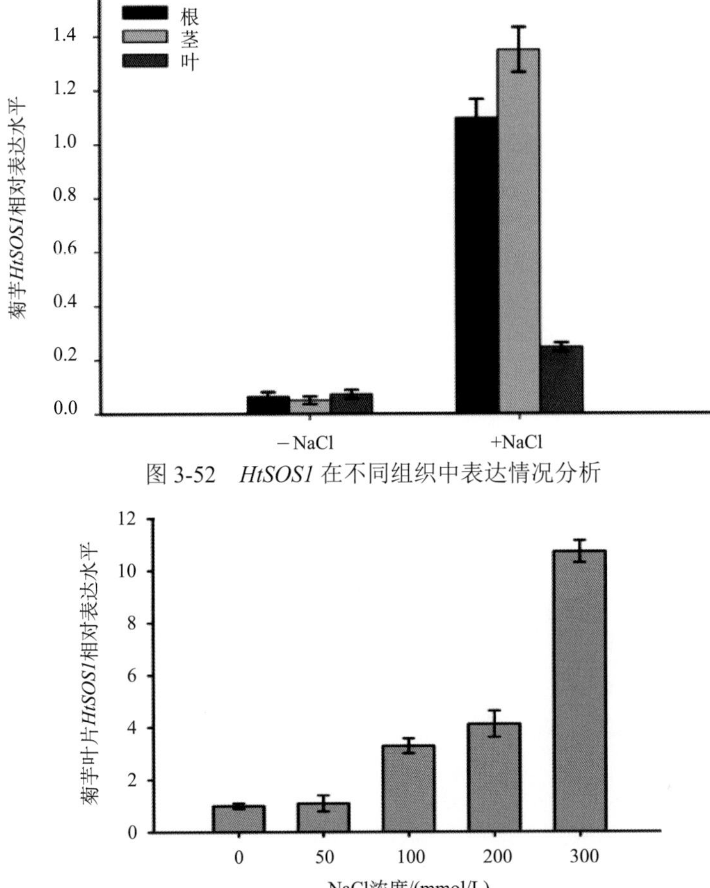

图 3-52　*HtSOS1* 在不同组织中表达情况分析

图 3-53　不同浓度 NaCl 处理 24 h 后菊芋叶片中 *HtSOS1* 表达情况

用含 300 mmol/L NaCl 的营养液处理菊芋幼苗不同时间，分析测定其叶片中 *HtSOS1* 基因的表达情况。结果显示随着 NaCl 胁迫时间的延长，*HtSOS1* 表达量不断增加，在处理后 8h *HtSOS1* 的表达达到最大值；而 NaCl 胁迫 12 h 表达量降低，但仍比处理前高（图 3-54）；处理 24 h 后又恢复高表达量。

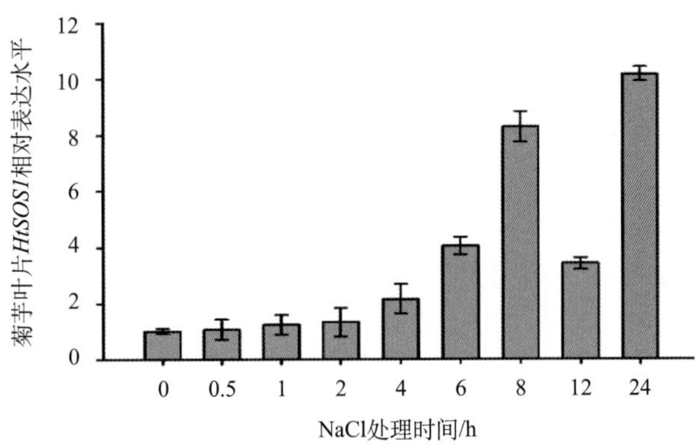

图 3-54　300 mmol/L NaCl 处理菊芋不同时间后 *HtSOS1* 在叶片中的表达情况

对菊芋全生育期内不同器官中 *HtSOS1* 基因表达情况进行检测，结果显示 *HtSOS1* 在幼苗期根、茎和叶，成熟期根、茎和叶，不同发育时期的块茎，萌发的块茎中均有表达（图 3-55）。

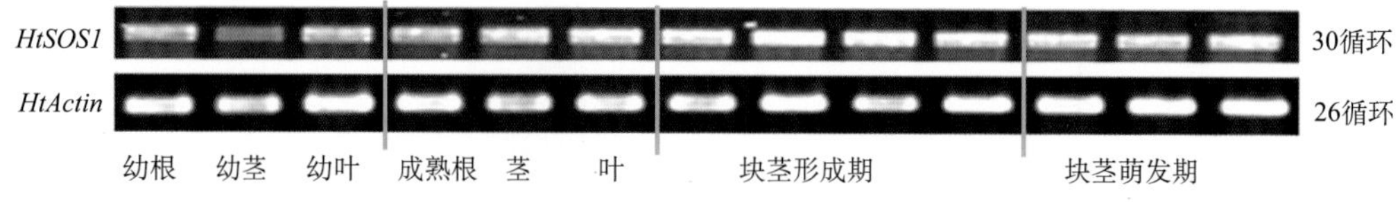

图 3-55　菊芋全生育期 *HtSOS1* 基因的表达分析

分析 pYES2 酵母转化子及 *HtSOS1* 酵母转化子在含 0～150 mmol/L NaCl 的选择培养基上的生长情况。结果显示在不添加外源 NaCl 的 SC-U 培养基中，pYES2 空载体酵母转化子与 *HtSOS1* 酵母转化子之间生长情况无明显差异，而在含 90 mmol/L、120 mmol/L 及 150 mmol/L NaCl 的培养基上，*HtSOS1* 酵母转化子的生长情况均显著好于空载体酵母转化子（图 3-56）。这表明 *HtSOS1* 可以部分回补盐敏感突变体 *AXT3* 的耐盐能力。

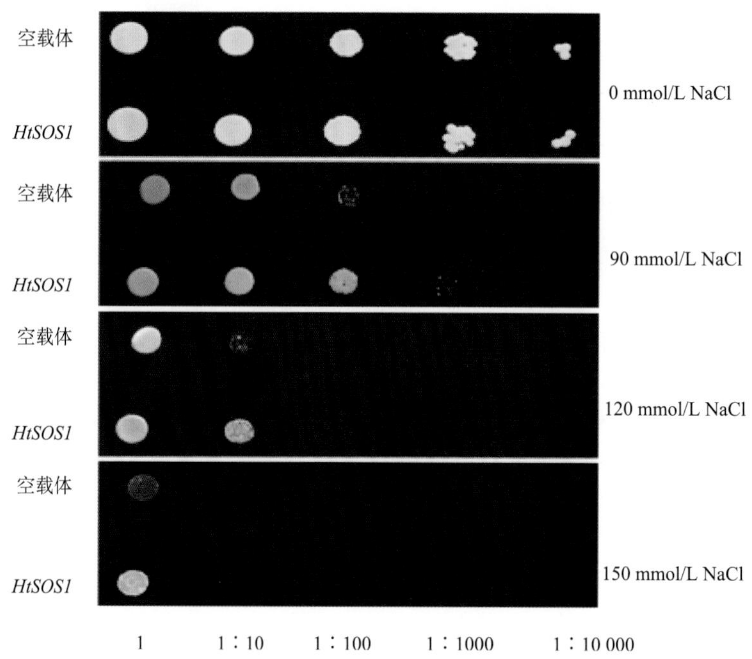

图 3-56　*HtSOS1* 酵母转化子对盐敏感突变体 *AXT3* 的回补作用

HtSOS1 转基因水稻的获得与分子生物学鉴定。将转基因 T0 代苗用潮霉素与 GUS 染色筛选后，得到 *HtSOS1* 转基因阳性苗 20 余个株系，将获得的转基因苗移至塑料大桶中繁种以便获得 T0 代种子。用 GUS 染色筛选阳性株系，*HtSOS1* 转基因水稻株系与野生型相比并无明显差异。鉴定 *HtSOS1* 转基因阳性苗 3 个株系，将它们分别命名为 SOSOx-1，SOSOx-2 和 SOSOx-3（图 3-57）。

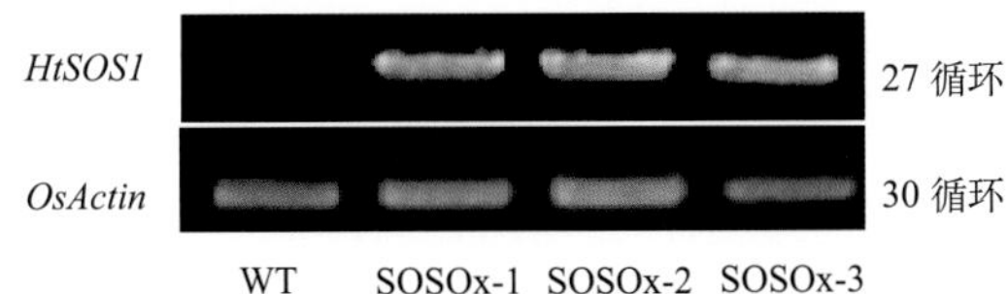

图 3-57　*HtSOS1* 转基因水稻株系的分子鉴定

用含不同浓度 NaCl 处理野生型水稻和 *HtSOS1* 转基因水稻株系 3 周，结果显示在用含 1 mmol/L NaCl 的正常营养液中（对照组）培养 3 周后，*HtSOS1* 转基因水稻株系与野生型水稻生长情况无明显差异（图 3-58A）；而用含 50 mmol/L 或 100 mmol/L NaCl 的营养液处理 3 周后，水稻长势发生明显差异（图 3-58B、C），*HtSOS1* 转基因水稻株系具有比野生型水稻显著增加的鲜重和地上部相对含水量（图 3-59A、B）。在对照组，*HtSOS1* 转基因水稻株系与野生型水稻的生物量和相对含水量也没有显著差异（图 3-59）。

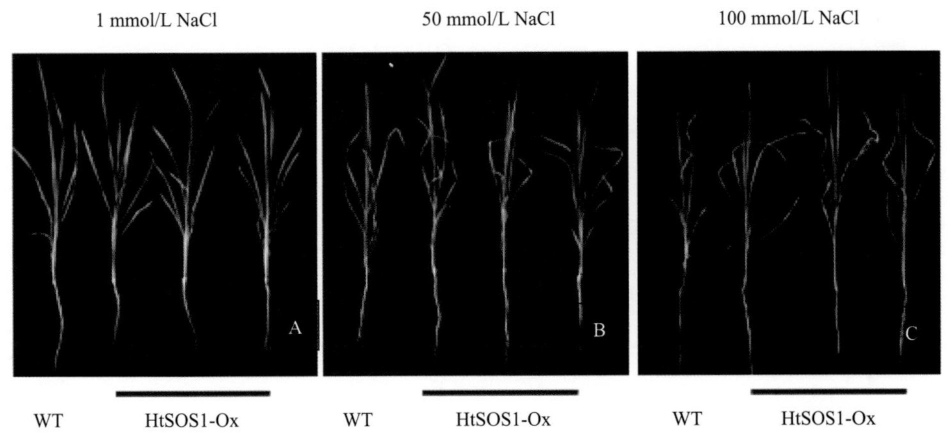

图 3-58　不同浓度 NaCl 胁迫对 *HtSOS1* 转基因株系和野生型水稻生长的影响

WT. 野生型水稻；HtSOS1-Ox. *HtSOS1* 转基因水稻株系。下同

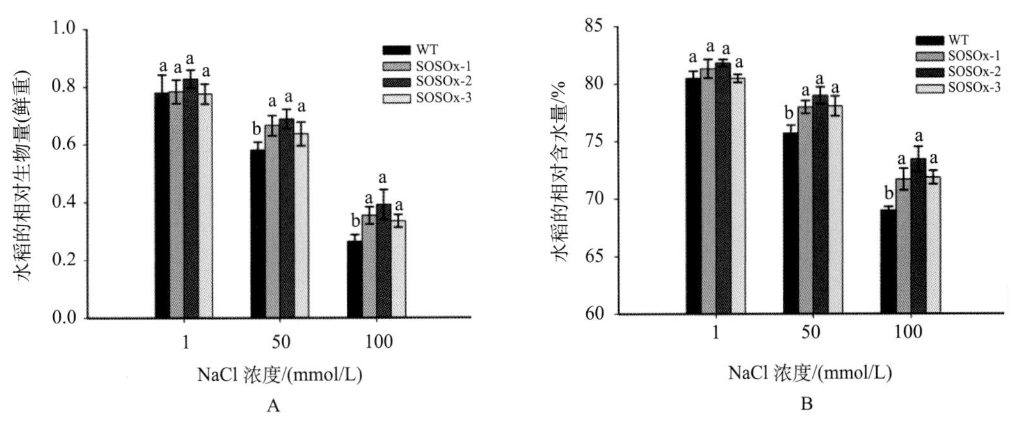

图 3-59　*HtSOS1* 转基因水稻株系对盐胁迫的影响

不同 NaCl 浓度处理条件下水稻地上部与根中 Na^{+}、K^{+} 含量测定结果显示：在正常水稻营养液培养条件下，*HtSOS1* 转基因水稻株系与野生型水稻根中 Na^{+} 含量无显著差

别，但在地上部，*HtSOS1* 转基因水稻株系 Na^+ 含量显著低于野生型水稻（图 3-60A、B）。用含 50 mmol/L NaCl 和 100 mmol/L NaCl 的营养液处理 3 周后，*HtSOS1* 转基因水稻株系地上部和根中 Na^+含量与野生型水稻相比均显著降低（图 3-60A、B）；对不同水稻株系中 K^+含量的分析发现，在正常培养条件下（处理 1），*HtSOS1* 转基因水稻株系地上部和根中 K^+ 含量均与野生型无明显差异；但用含 100 mmol/L NaCl 的水稻营养液培养 3 周后，*HtSOS1* 转基因水稻株系地上部和根中均积累了比野生型水稻显著增加的 K^+（图 3-60C、D）。分析不同水稻株系中 K^+/Na^+ 比，结果显示在正常培养条件下，*HtSOS1* 转基因水稻株系仅在地上部具有比野生型水稻显著增加的 K^+/Na^+；用含 50 mmol/L 和 100 mmol/L NaCl 处理 3 周后，*HtSOS1* 转基因水稻株系地上部和根中 K^+/Na^+均显著比野生型水稻高（图 3-60E、F）。实验结果表明较高浓度 NaCl 胁迫下，*HtSOS*1 转基因水稻株系在一定程度上增强了水稻的耐盐能力，且 *HtSOS1* 转基因水稻体内积累了相对野生型水稻显著减少的 Na^+ 和显著增加的 K^+，并具有更高的 K^+/Na^+。

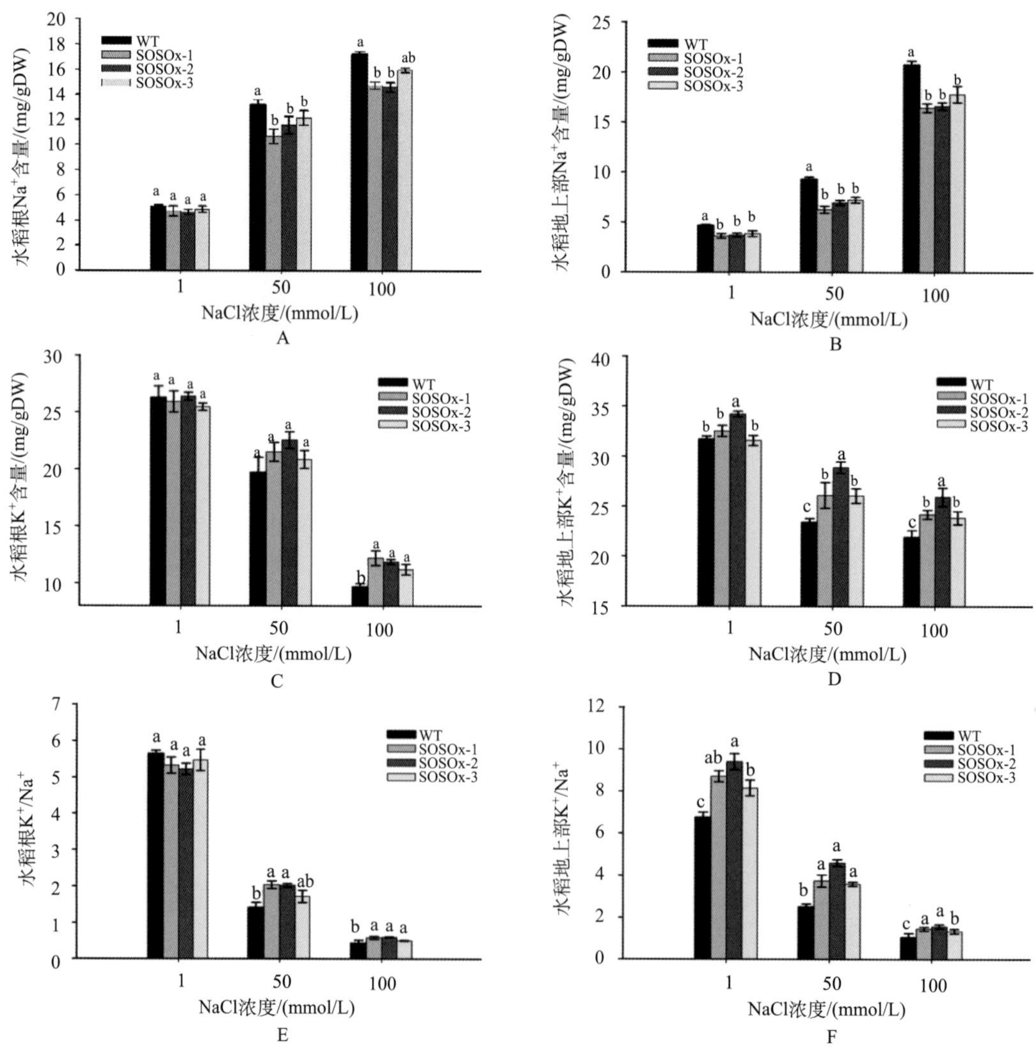

图 3-60　盐胁迫下 *HtSOS1* 转基因水稻株系和野生型水稻体内离子含量分析

菊芋液泡膜型 Na^+/H^+ 逆向转运蛋白基因的克隆及生物信息学分析。首先进行菊芋 *HtNHX1/2* 基因的克隆，以 200 mmol/L NaCl 处理 24 h 的菊芋叶片 cDNA 为模板，通过 RT-PCR 扩增出大约 416 bp 的片段（图 3-61A），通过 RLM-RACE 法获得了约 1190 bp 的 5′端片段（图 3-61B）和约 765 bp 的 3′端片段（图 3-61C）。经序列拼接后获 *HtNHX1* cDNA 全序列，通过设计全长序列引物，PCR 分别获得了约 2.1 kb 和 1.8 kb 的片段（图 3-61D），序列分析后分别命名为 *HtNHX1* 和 *HtNHX2*。

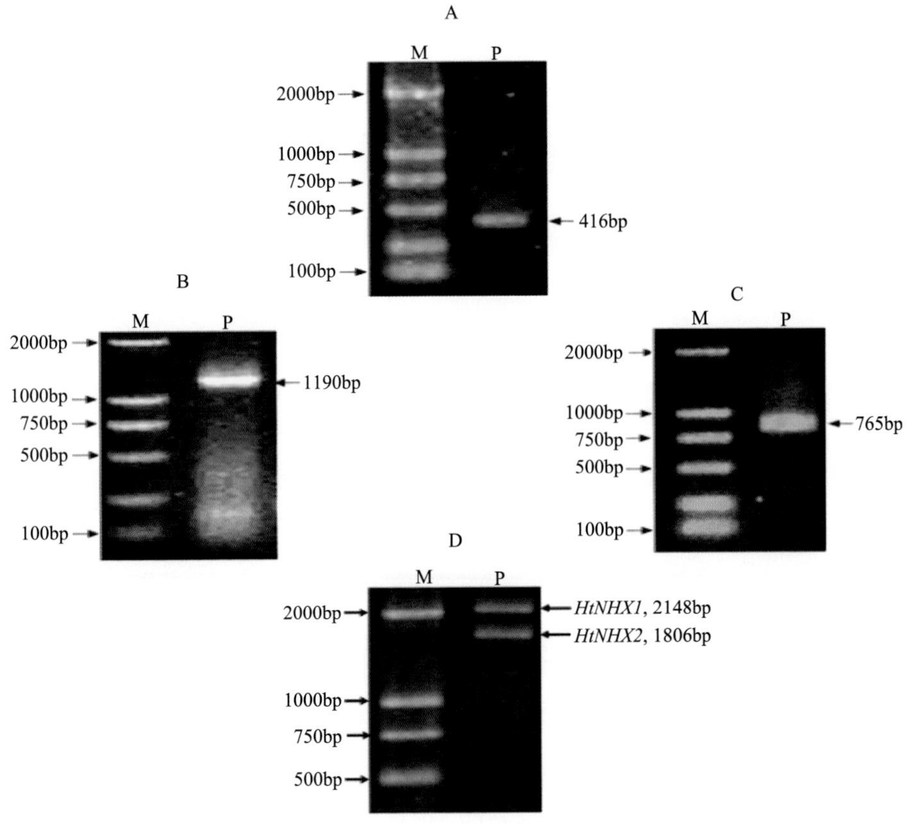

图 3-61　*HtNHX1/2* cDNA 全长的克隆

M. DL2000 marker；P. PCR 产物

接着进行 *HtNHX1/2* cDNA 序列的分析，发现 *HtNHX1* 和 *HtNHX2* cDNA 全长分别为 2148 bp 和 1806 bp，它们具有相同的 269 bp 的 5′端非编码区和 501 bp 3′端非编码区。分析预测 *HtNHX1* 与 *HtNHX2* ORF 分别为 1650 bp 和 1308 bp，预测分别编码两条含 549 个氨基酸和 435 个氨基酸的多肽。对 *HtNHX1* 与 *HtNHX2* cDNA 序列比对分析，发现 *HtNHX2* 相对 *HtNHX1* 缺失了 342 个碱基，而其他碱基序列完全一致（图 3-62）。

将 HtNHX1 和 HtNHX2 氨基酸序列比对分析，结果显示 HtNHX2 相对 HtNHX1 在碱基缺失处相对应地缺失了 114 个氨基酸（图 3-63），这可能是由于选择性剪接产生了两条 mRNA 序列。Clustal X 多重序列比对显示两个基因的氨基酸序列都有一段高度保守的液泡膜型 Na^+/H^+ 逆向转运蛋白活力的竞争性抑制剂氨氯吡嗪脒的结合位点（85）

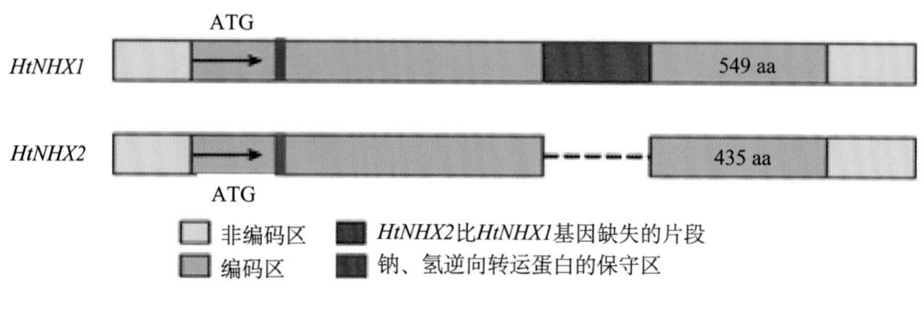

图 3-62　*HtNHX1* 与 *HtNHX2* cDNA 序列比对分析示意图

图 3-63　HtNHX1 与 HtNHX2 氨基酸序列比对分析

LFFIYLLPPI（94），这也是液泡膜型 Na^+/H^+逆向转运蛋白的特征之一，这表明虽然 HtNHX2 相对 HtNHX1 缺失了 114 个氨基酸，但仍然可能为液泡膜型的 Na^+/H^+逆向转运蛋白基因。

用多个常用跨膜结构分析软件预测发现，HtNHX1 的跨膜结构域可能为 10 个（图 3-64A），相对 HtNHX1 跨膜结构，HtNHX2 缺失 3 个跨膜结构域（图 3-64B），其羧基（C）端尾巴从位于 HtNHX1 的液泡膜内（inside，即液泡内腔）变成位于 HtNHX2 的液泡膜外（outside，即位于细胞质）。也有可能 HtNHX2 缺失 2 个跨膜区（移位），C 端朝向不变（液泡内腔）但长度改变（图 3-64C）。利用 WoLF PSORT 和 TargetP 软件对菊芋 *HtNHX1/2* 基因的亚细胞定位进行预测分析，推测 HtNHX1 与 HtNHX2 都可能为液泡膜定位的蛋白。

HtNHX1 氨基酸序列与花花柴 KcNHX2、水稻 OsNHX1、海蓬子 SbNHX1 和拟南芥 AtNHX1 氨基酸序列相似性比较高，分别达 90.7%、80.3%、79.3%和 75.8%（图 3-65 ）。而 HtNHX1 和 HtNHX2 氨基酸序列相似性为 100%。

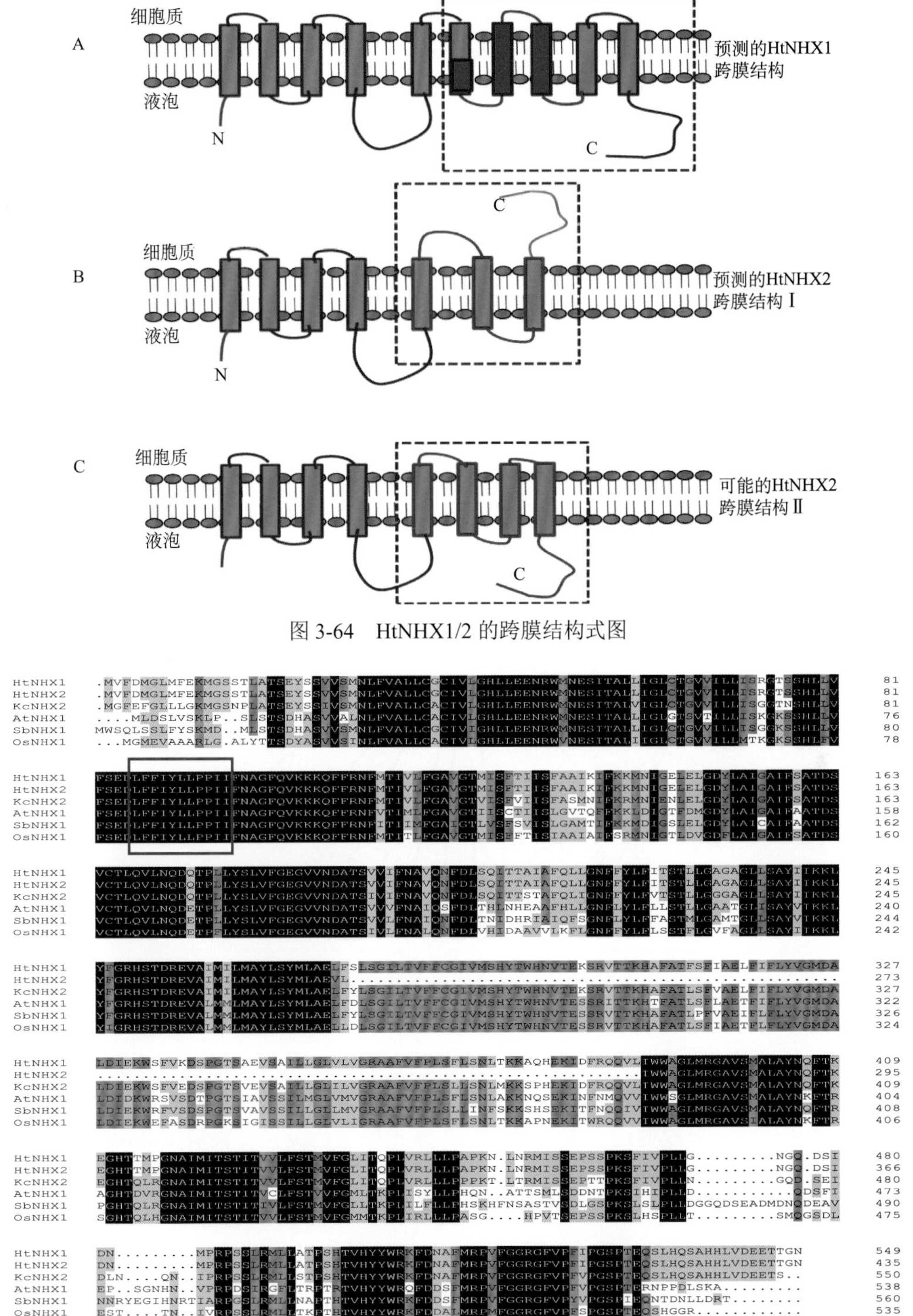

图 3-64　HtNHX1/2 的跨膜结构式图

图 3-65　HtNHX1/2 与其他高等植物 NHX 氨基酸序列的多重比对

对 HtNHX1/2 系统进化分析。Na^+/H^+逆向转运蛋白可分成三支。一支为质膜型 Na^+/H^+逆向转运蛋白（plasma membrane, PM），即 SOS 类。另外两支均为 NHX 类蛋白，均位于细胞内部（intra-cellular, IC），其中一支定位在植物液泡膜上，称为 Class Ⅰ类；另一支定位在内膜囊泡上，称为 ClassⅡ类。对 HtNHX1 和 HtNHX2 的系统进化进行分析，结果显示 HtNHX1/2 与花花柴 KcNHX2、拟南芥 AtNHX1、水稻 OsNHX1、小麦 TaNHX1 等液泡膜型 Na^+/H^+逆向转运蛋白的同源关系较近，均属于 IC 类蛋白的 Class Ⅰ类，而与 ClassⅡ类 Na^+/H^+逆向转运蛋白或质膜型 Na^+/H^+逆向转运蛋白如 AtNHX5 与 AtNHX6 同源关系较远（图 3-66）。

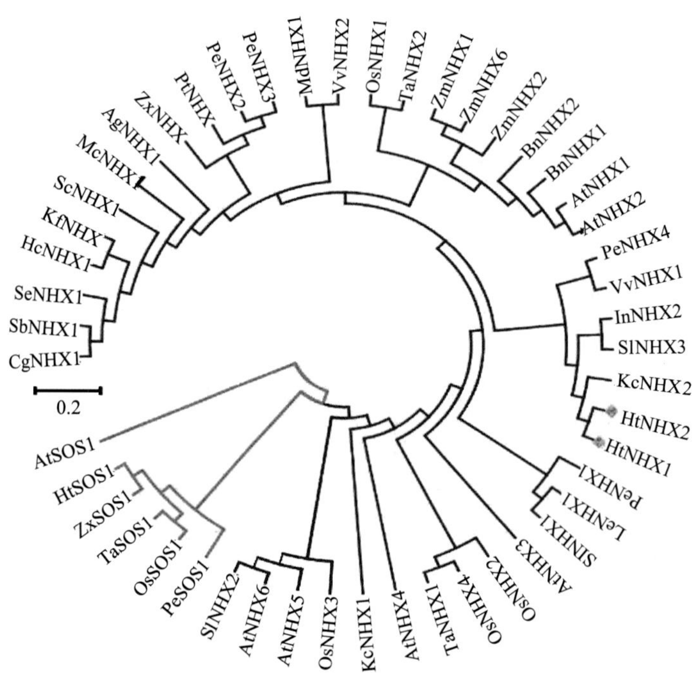

图 3-66　HtNHX1/2 蛋白的系统发育树

对菊芋 HtNHX1/2 亚细胞定位分析。将 pYES2-GFP、pYES2-*HtNHX1*-GFP 和 pYES2-*HtNHX2*-GFP 转化到酵母 AXT3 中，通过酵母液泡膜染料 FM4-64 进行染色，然后在激光扫描共聚焦显微镜下双通道分别观察 eGFP 发出的绿色荧光和染料 FM4-64 发出的红色荧光。如图 3-67 所示，转入 pYES2-GFP 的酵母，其 GFP 几乎在全部细胞质中表达，与酵母液泡膜无重合。*HtNHX1*-GFP 的 GFP 绿色荧光均位于酵母液泡上，与酵母液泡膜染料 FM4-64 发出的荧光基本重合；而 *HtNHX2*-GFP 的 GFP 绿色荧光则更像分布在整个细胞质中。试验结果初步证明 HtNHX1 定位在液泡膜，而 HtNHX2 可能为定位在内膜囊泡上的 ClassⅡ类 Na^+/H^+逆向转运蛋白。

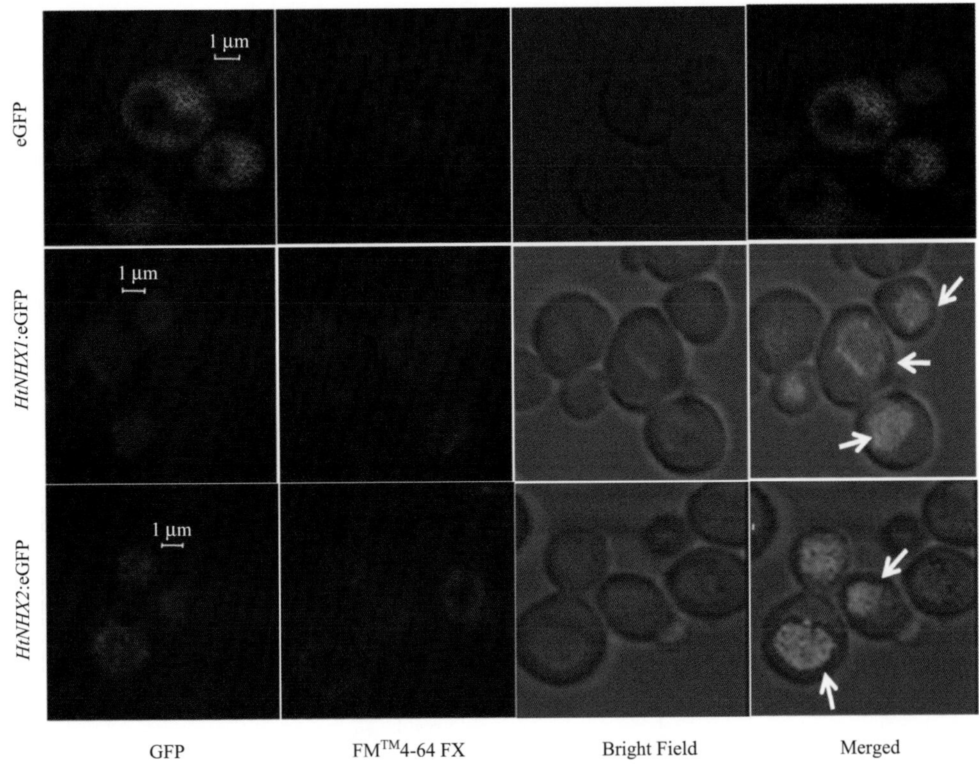

图 3-67　HtNHX1/2 在酵母细胞中的亚细胞定位

对 HtNHX1/2 在洋葱表皮细胞中的亚细胞定位分析。将构建好的 35S-*HtNHX1/2*-GFP 和 35S-GFP 的表达载体分别用基因枪轰入洋葱表皮细胞中发现：对照组的 GFP 绿色荧光在整个细胞中都有分布；35S-*HtNHX1*-GFP 的 GFP 绿色荧光表达在液泡膜上；而 35S-*HtNHX2*-GFP 的 GFP 绿色荧光分布在细胞质中（图 3-68）；该结果与在酵母细胞中的结果一致，同样地证明了 HtNHX1 为液泡膜型 Na^+/H^+ 逆向转运蛋白，而由于洋葱表皮细胞液泡占细胞体积的绝大部分，因此不能确定 HtNHX2 的定位情况。

对菊芋液泡膜型 Na^+/H^+逆向转运蛋白基因的表达及酵母功能回补分析。首先进行 *HtNHX1/2* 在菊芋不同组织中的表达分析，分别取正常培养条件下的菊芋幼苗和用 100 mmol/L NaCl 处理 12 h 的菊芋幼苗的根、茎和叶片，分析不同组织中 *HtNHX1/2* 的表达情况。结果显示在无外源 NaCl 胁迫条件时，菊芋根、茎和叶中 *HtNHX1/2* 均有表达，但表达量不高，且在不同组织间表达量差异不大。经过 100 mmol/L NaCl 处理后根、茎和叶中 *HtNHX1/2* 表达量均显著上调；其中 *HtNHX1* 在根和茎中的上调程度比叶片中显著高（图 3-69A）；而 *HtNHX2* 在根、茎、叶中的上调程度无明显差异（图 3-69B）。但在有或无 NaCl 胁迫下，*HtNHX2* 表达量在各组织中均比 *HtNHX1* 低。

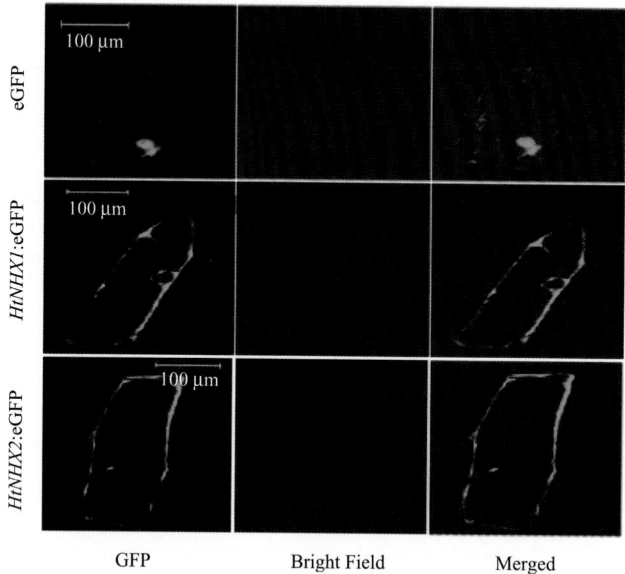

图 3-68　*HtNHX1/2* 在洋葱表皮细胞中的亚细胞定位

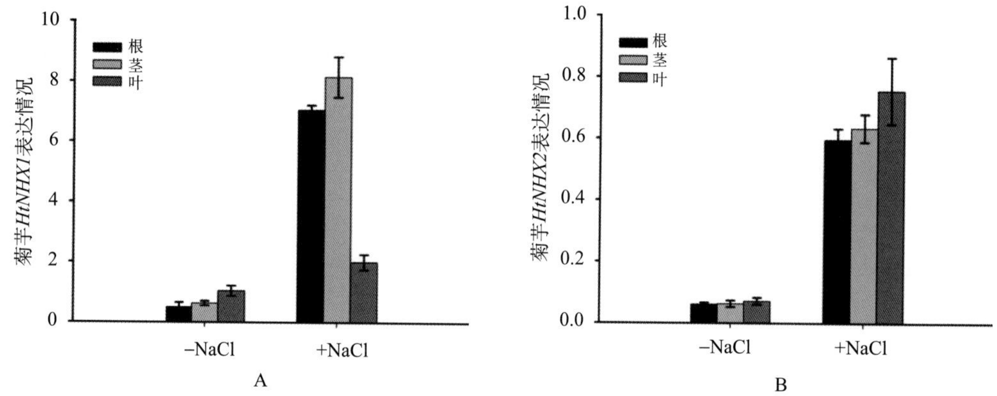

图 3-69　*HtNHX1/2* 在不同组织中表达情况分析

−NaCl：正常培养条件；+NaCl：100 mmol/L NaCl 处理 12 h

用不同浓度 NaCl 处理菊芋幼苗 24 h，分析其叶片中 *HtNHX1/2* 基因的表达情况，结果显示在菊芋叶片中，*HtNHX1* 和 *HtNHX2* 的表达量随着 NaCl 浓度的增大而增加（图 3-70 A、B）。

对 NaCl 处理南菊芋 1 号幼苗不同时间点 *HtNHX1/2* 基因的表达分析。用含 300 mmol/L NaCl 处理菊芋幼苗不同时间，分析测定叶片中 *HtNHX1/2* 的表达情况。结果发现，随着 NaCl 胁迫时间的延长，*HtNHX1* 表达量不断增加，在处理后 8 h *HtNHX1* 的表达达到最大值，而 NaCl 胁迫 12 h 表达量降低，但表达量仍比处理前高（图 3-71A）。*HtNHX2* 的表达模式与 *HtNHX1* 不尽相同，在处理 0～2 h 内 *HtNHX2* 表达量增加，在处理后 2 h 和 4 h 时却均检测不到表达，在 6 h 又开始检测到有表达，在处理 8 h 时表达量增多，12 h 时间点又降低（图 3-71B），这同 *HtNHX1* 相似。

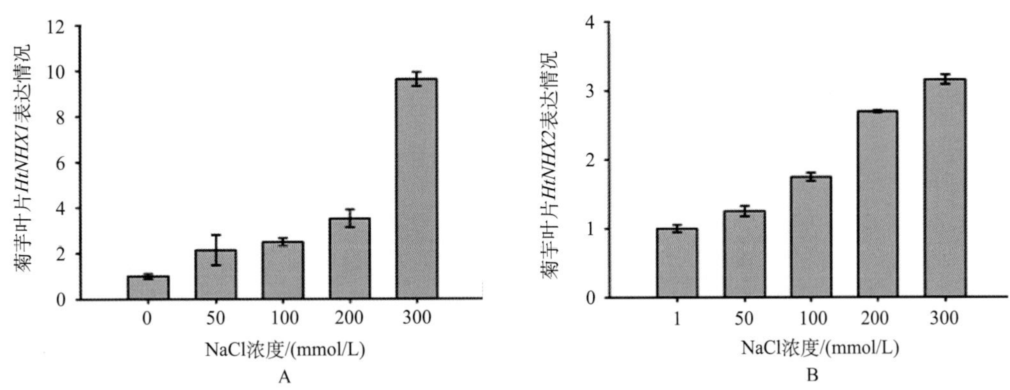

图 3-70　不同浓度 NaCl 处理 24 h 后菊芋叶片中 *HtNHX1/2* 表达情况

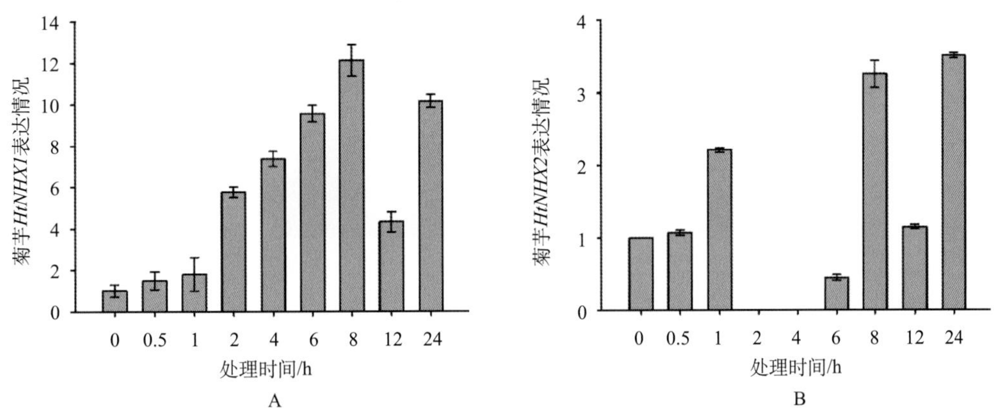

图 3-71　300 mmol/L NaCl 处理菊芋在不同时间点 *HtNHX1/2* 的表达情况

对南菊芋 1 号全生育期 *HtNHX1/2* 基因的表达分析。探索菊芋全生育期内不同器官中 *HtNHX1/2* 基因表达情况，结果显示 *HtNHX1/2* 在幼苗期根、茎和叶，成熟期根、茎和叶，不同发育时期的块茎，萌发的块茎中均有表达（图 3-72）。但 *HtNHX2* 的表达在各组织器官中没有 *HtNHX1* 丰富。

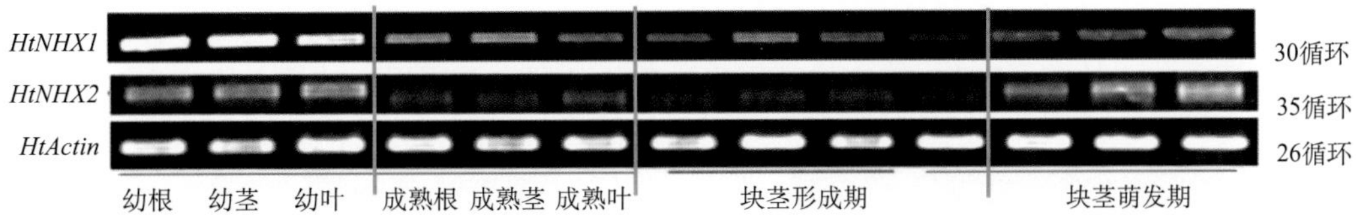

图 3-72　南菊芋 1 号全生育期 *HtNHX1/2* 基因的表达分析

分析 pYES2 空载体酵母转化子及 *HtNHX1/2* 酵母转化子在含 0～150 mmol/L NaCl 选择培养基中的生长情况。结果显示在不添加外源 NaCl 的 SC-U 培养基中，转入 pYES2 空载体的酵母菌株与 *HtNHX1/2* 的酵母转化子之间生长均无明显差异，而在含 90 mmol/L NaCl 的 SC-U 培养基中，转入 pYES2 空载体的 AXT3 酵母菌就开始出现生长迟缓的现象，且随着培养基中 NaCl 浓度的增加，转化空载体的酵母转化子与 *HtNHX1/2* 基因的酵母转化子生长差异更显著(图 3-73)。这表明 *HtNHX1/2* 可以部分回补盐敏感突变体 AXT3 的耐盐能力。但 *HtNHX1* 酵母转化子和 *HtNHX2* 酵母转化子之间无显著差异。

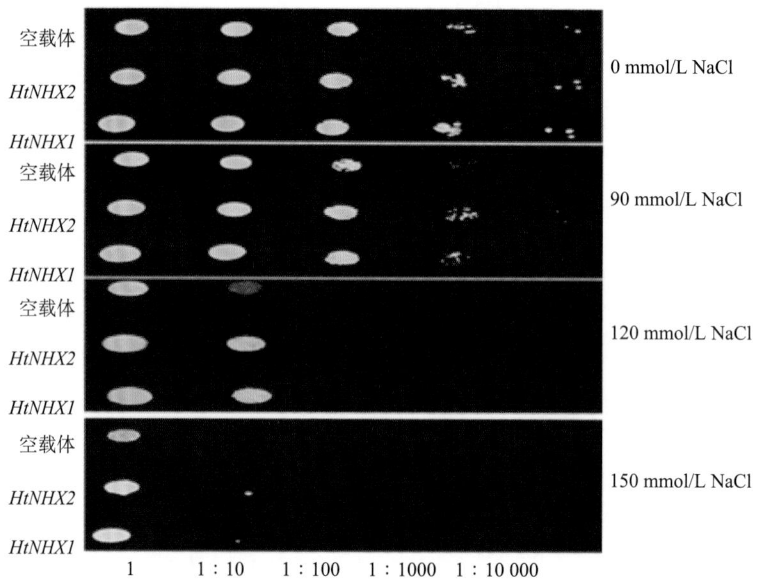

图 3-73　*HtNHX1/2* 酵母转化子对盐敏感突变体 AXT3 的回补作用

南菊芋 1 号 *HtNHX1/2* 转基因水稻材料的获得及其生物学分析。将转基因 T0 代苗用潮霉素与 GUS 染色筛选后，分别得到 *HtNHX1/2* 转基因阳性苗各 20 株系，将获得的水稻转基因苗移至大田中繁种以便获得 T0 代种子。在水稻阳性株系中，所有的 *HtNHX1/2* 超表达材料在田间与野生型相比并无明显差异。为了获得水稻纯合体株系，分别用不同的株系在海南和南京农业大学牌楼基地繁殖转基因水稻得到 T2 代种子。为了确定这些水稻株系中目的基因是否得到表达，取 T2 和 T3 代转基因水稻苗叶片提取 RNA 进行初步的 RT-PCR，结果显示目的基因在 mRNA 水平上有表达（图 3-74）。为了鉴定遗传稳定的转基因水稻不同株系，随机选择 T2 代水稻苗中各 6 个株系进行 Southern blot 分析，获得目的基因单拷贝插入的株系，进一步通过 TAIL-PCR 的方法分析转基因株系基因组中 T-DNA 插入位点的侧翼序列，确定转基因表达载体片段在基因组中的插入位点(图 3-75)。

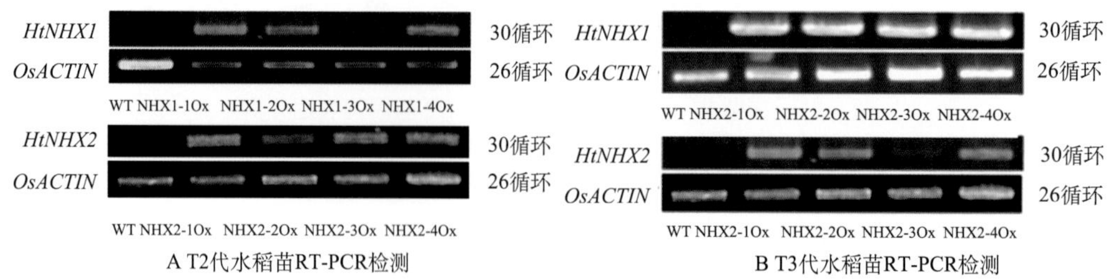

图 3-74　*HtNHX1/2* 水稻超表达株系初步鉴定

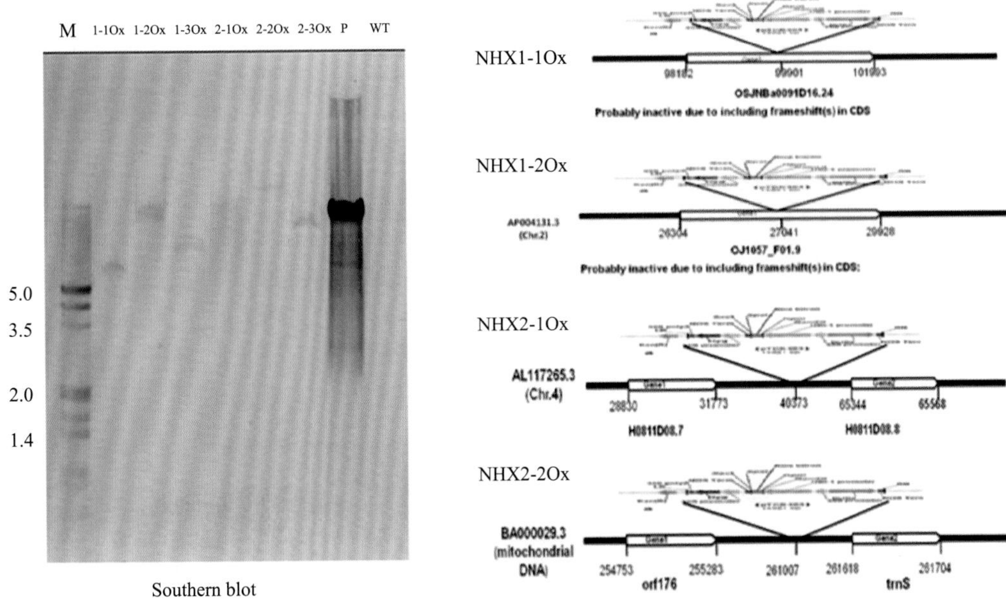

A 超表达水稻株系拷贝数的鉴定　　B 超表达水稻株系T-DNA插入位点分析

图 3-75　*HtNHX1/2* 超表达水稻株系分子生物学鉴定

根据检测结果，南京农业大学海洋科学及其能源生物资源研究所菊芋研究小组分别从中选择 Southern blot 结果为单拷贝、插入位点在基因组非编码区或者在没有功能的基因编码区的两个株系作为下一步研究的材料，将它们分别命名为 NHX1-1Ox、NHX1-2Ox 和 NHX2-1Ox、NHX2-2Ox。

为了进一步分析 *HtNHX1/2* 超表达水稻株系和野生型水稻植株在有或者无外源 NaCl 胁迫下水稻内源 Na^+/H^+逆向转运蛋白基因的表达特征，南京农业大学海洋科学及其能源生物资源研究所菊芋研究小组分别用 CK、100 mmol/L NaCl 处理 *HtNHX1/2* 转基因水稻及野生型水稻 48 h，并分别提取其地上部（S）和根部（R）总 RNA，反转录得 cDNA 后进行 RT-PCR 分析了水稻 *OsNHX1*、*OsSOS1*、*OsSKC1* 和外源基因 *HtNHX1/2* 等与 Na^+/H^+ 逆向转运蛋白相关基因的表达特征。结果表明在 NaCl 胁迫时，*HtNHX1/2* 超表达株系中 *OsNHX1*、*OsSOS1*、*OsSKC1* 在地上部和根部的表达量都没有表现出与野生型有明显差别，但无外源 NaCl 胁迫时，在根中除了 *OsSOS1* 表达有所降低外，*OsNHX1*、*OsSKC1* 表达均没有变化。而在地上部，与野生型及超表达 *HtNHX1* 水稻株系相比，*HtNHX2* 转基因水稻中 *OsSOS1* 表达量显著降低；*OsSKC1* 在两个转基因株系中的表达量均明显低于野生型水稻；而 *OsNHX1* 的表达量在两个转基因水稻株系中要明显高于野生型水稻（图 3-76A）。从图 3-77 亦可看出，*HtNHX1/2* 转基因水稻苗期长势明显优于野生型水稻。这表明盐胁迫下外源基因 *HtNHX1/2* 并没有影响水稻自身 Na^+/H^+逆向转运蛋白基因的表达，转基因水稻耐盐能力的增强可能是外源基因 *HtNHX1/2* 的功能造成的。

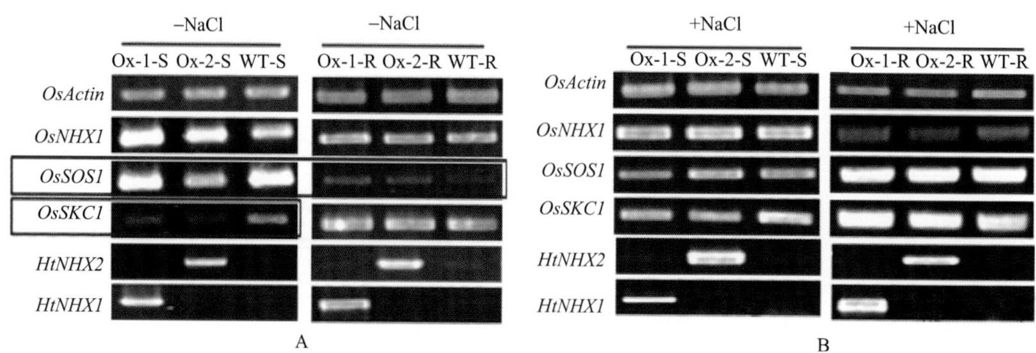

图 3-76　Na^+/H^+逆向转运蛋白基因在 *HtNHX1/2* 转基因株系和野生型水稻中的表达模式

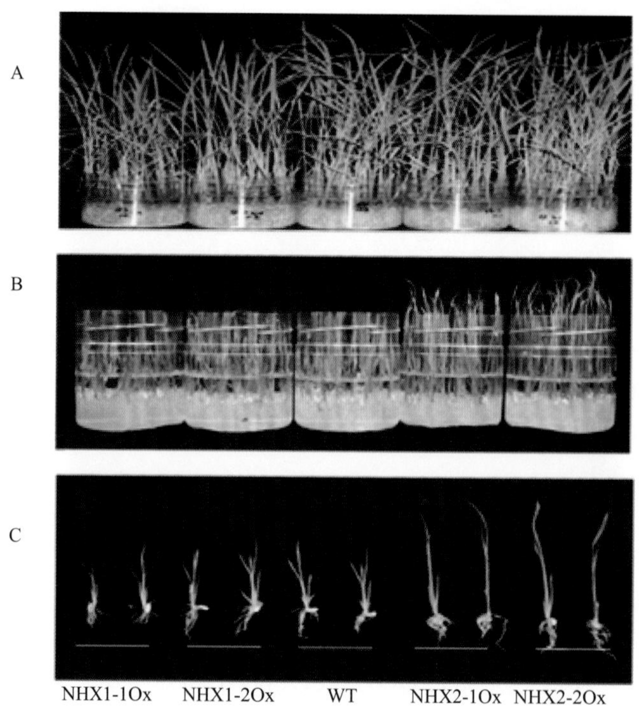

图 3-77　NaCl 处理水稻植株长势

A. 淡水处理；B. 200 mmol/L NaCl 处理；C. 单株长势。WT 为野生型水稻；*NHX1/2* 为转基因水稻植株。下同

野生型水稻种子及 *HtNHX1/2* 转基因水稻株系种子同时在含有 200 mmol/L NaCl 和不含 NaCl 的 1/2MS 培养基中生长 25 d，观察其生长情况。结果发现 *HtNHX2* 转基因水稻株系生长明显优于野生型水稻，而 *HtNHX1* 转基因水稻株系生长与野生型水稻相比无明显差异（图 3-77B）；在无 NaCl 的培养基中，*HtNHX1* 和 *HtNHX2* 转基因水稻株系与野生型水稻之间均无明显差异（图 3-77A）。

收集各分化罐中的水稻苗，用去离子水洗干净后烘干，测定其体内 Na^+ 与 K^+ 含量，结果显示在有 NaCl 和无 NaCl 情况下，*HtNHX1/2* 转基因水稻株系体内均积累了比野生

型水稻多的 Na^+（图 3-78A），但 K^+含量的增加仅存在于在 NaCl 胁迫时（图 3-78B），在无 NaCl 的培养基中时，水稻体内 Na^+ 含量无明显差异。该实验结果表明 *HtNHX1/2* 转基因水稻株系可能具有更强的将 Na^+区隔化的能力。

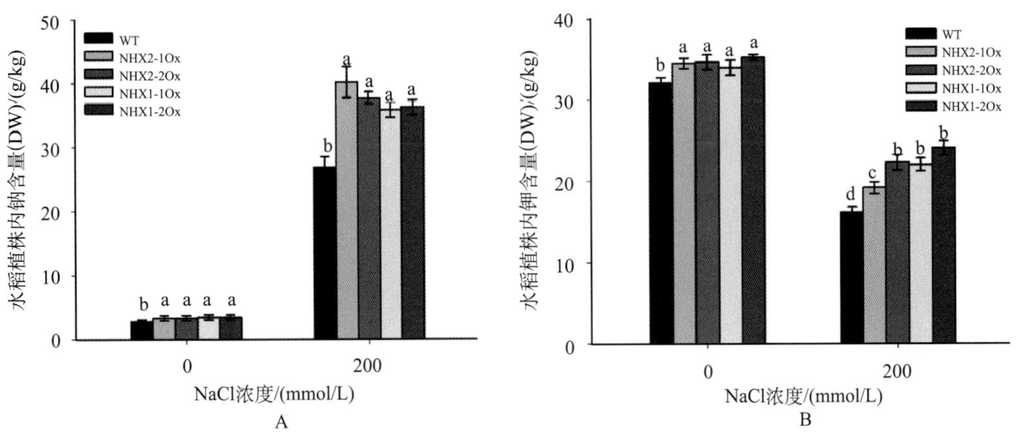

图 3-78　不同处理下水稻植株内 Na^+和 K^+含量

将在正常水稻营养液中生长 4 周的野生型水稻及 *HtNHX1/2* 转基因水稻株系直接移到含有 200 mmol/L NaCl 的水稻营养液中盐激（salt-shock）处理 3d 后再移至正常营养液中培养 7d，观察其生长情况（图 3-79），盐激后 *HtNHX2* 转基因水稻株系具有比 *HtNHX1* 转基因水稻株系与野生型水稻更高的株高和生物量（图 3-80A、B）。

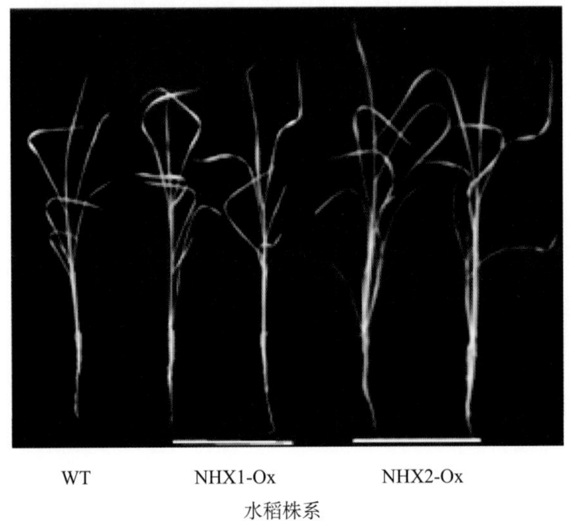

图 3-79　*HtNHX1/2* 转基因株系与野生型水稻盐激后生长情况

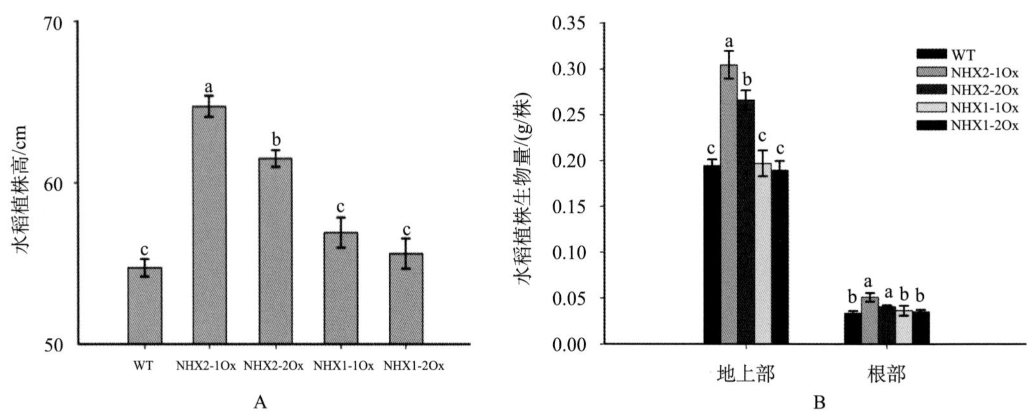

图 3-80 *HtNHX1/2* 转基因株系与野生型水稻盐激后体内生物量测定

用去离子水冲洗水稻根部数次后收集水稻样品并测定水稻地上部和根中 Na^+ 与 K^+ 的含量，结果显示，*HtNHX1* 和 *HtNHX2* 转基因水稻株系在地上部均具有比野生型水稻显著增加的 K^+ 含量，而仅有 *HtNHX2* 转基因水稻株系地上部 Na^+ 含量比野生型显著高，*HtNHX1* 转基因水稻株系地上部 Na^+ 含量与野生型含量相当（图 3-81A）；但在根中 *HtNHX1* 转基因水稻株系积累了比 *HtNHX2* 转基因水稻株系和野生型水稻显著增加的 Na^+ 和 K^+，*HtNHX2* 转基因水稻株系和野生型水稻根中 Na^+ 和 K^+ 含量却均没有显著差异（图 3-81B）。结果显示 *HtNHX2* 转基因水稻株系抗盐激能力强于野生型水稻和 *HtNHX1* 转基因水稻株系，而 *HtNHX1* 转基因水稻株系抗盐激能力与野生型水稻没有明显差异。离子含量分析显示 *HtNHX2* 转基因水稻株系地上部 Na^+ 含量显著高于野生型水稻和 *HtNHX1* 转基因水稻株系，可能具有更强的将 Na^+ 区隔化到液泡中的能力，从而具有更强的耐盐激能力，而 *HtNHX1* 转基因水稻株系根部虽然 Na^+ 含量显著高于野生型水稻，但没有向地上部转运，根系区隔化 Na^+ 的容量有限，所以其耐盐能力受到限制。

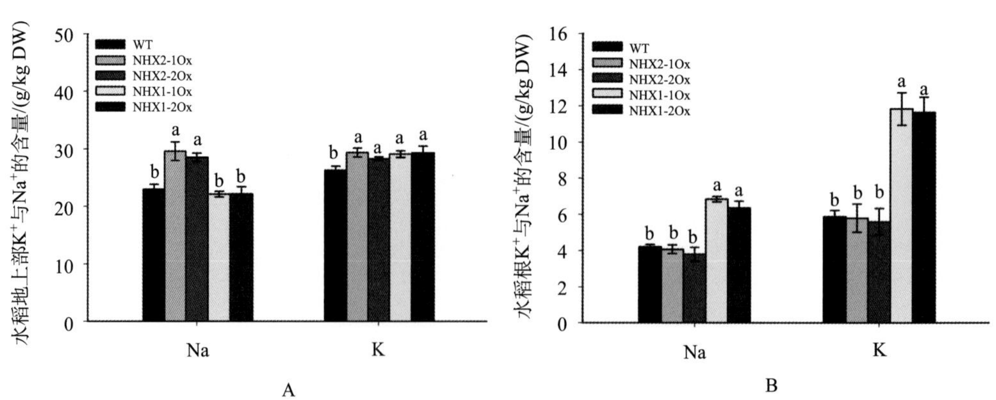

图 3-81 *HtNHX1/2* 转基因株系与野生型植株盐激后水稻地上部（A）与根部（B）Na^+ 和 K^+ 含量分析

用含不同浓度 NaCl 的营养液培养水稻 3 周后采样分析，试验结果显示在含 1 mmol/L NaCl 的正常营养液中，*HtNHX1/2* 转基因水稻株系与野生型水稻株系表型无明显差异

（图 3-82A），但在含 100 mmol/L NaCl 和 150 mmol/L NaCl 的营养液中处理 3 周后，*HtNHX2* 转基因水稻株系生长状况显著优于 *HtNHX1* 转基因水稻株系和野生型水稻，而 *HtNHX1* 转基因水稻株系和野生型水稻生长状况也无差异（图 3-82B）。测定分析 *HtNHX1/2* 转基因水稻株系和野生型水稻的地上部和根部生物量，结果显示在正常营养液中，*HtNHX1/2* 转基因水稻株系和野生型水稻均无明显差异（图 3-82A、B）；用 100 mmol/L NaCl 和 150 mmol/L NaCl 处理 3 周后，*HtNHX2* 转基因水稻株系地上部和根部干重均显著高于 *HtNHX1* 转基因水稻株系和野生型水稻（图 3-82A、B）；在 150 mmol/L NaCl 处理 3 周后 *HtNHX1* 转基因水稻株系地上部干重也比野生型水稻显著增加（图 3-82B）。该结果显示水稻中过量表达 *HtNHX2* 相比过量表达 *HtNHX1* 更大程度地提高了转基因水稻的耐盐胁迫能力。

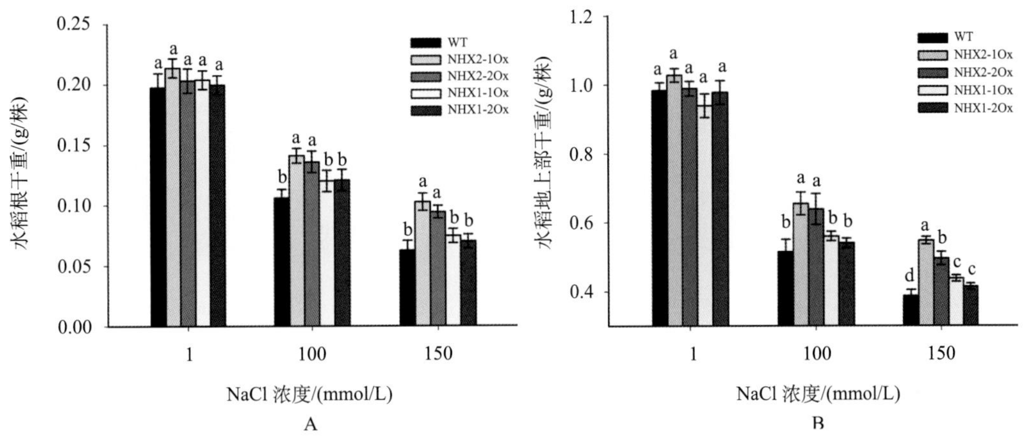

图 3-82　不同浓度 NaCl 处理对 *HtNHX1/2* 转基因株系和野生型水稻根（A）与地上部干重（B）的影响

测定分析用含不同浓度 NaCl 营养液处理的水稻地上部与根中 Na^+和 K^+含量，结果显示在正常营养液培养条件下，*HtNHX1/2* 转基因水稻株系和野生型水稻根中 Na^+、K^+ 含量大多无显著差别，而 *HtNHX1/2* 转基因水稻株系 Na^+、K^+含量在地上部均显著高于野生型水稻。在 100 mmol/L NaCl 和 150 mmol/L NaCl 处理 21 d 后，*HtNHX2* 转基因水稻株系地上部 Na^+含量比 *HtNHX1* 转基因水稻株系和野生型水稻显著增加，而 *HtNHX1* 转基因水稻株系和野生型水稻地上部 Na^+含量并无明显差异（图 3-83A）。*HtNHX1/2* 转基因水稻株系根中 Na^+含量均显著高于野生型对照，而超表达这两个基因的水稻不同株系大多无明显差异（图 3-83B）；*HtNHX1* 转基因水稻株系在地上部和根中大多积累了比 *HtNHX2* 转基因水稻株系和野生型显著多的 K^+（图 3-83C、D）；而 *HtNHX2* 转基因水稻株系仅在地上部积累了比野生型显著多的 K^+，在根中与野生型水稻无显著差异（图 3-83C、D）。

测定野生型水稻和 *HtNHX1/2* 转基因水稻在正常培养条件下（对照组）和经 100 mmol/L NaCl 处理 48 h 后（实验组）根尖的 H^+和 Na^+的流速。通过实时测定水稻根尖的 Na^+、H^+ 净流速，结果发现在对照组或实验组，*HtNHX1* 转基因水稻和野生型水稻根尖均表现为 Na^+的外排，而 *HtNHX2* 转基因水稻根尖在两种条件下却均呈现出 Na^+ 的内吸（图 3-84A），*HtNHX2* 转基因水稻与野生型水稻在实验组的 Na^+平均流速均低于对照组，推测原因可能是实验组水稻体内 Na^+浓度已趋向饱和。测定 H^+流速结果显示在对照组 *HtNHX1/2* 转基因水稻和野生型水稻根尖均呈现为 H^+外排，其中 *HtNHX2* 转基因水稻根尖 H^+平均流速在对照组和实验组均显著高于 *HtNHX1* 转基因水稻和野生型水稻（图 3-84B）；在实验组，*HtNHX1/2* 转基因水稻和野生型水稻均表现为 H^+的内吸，且 *HtNHX1/2* 转基因水稻根尖内吸的平均速率均显著高于野生型对照（图 3-84B）。该试验结果可以间接证明 Na^+/H^+逆向转运蛋白在调控水稻根系 Na^+净吸收和耐盐中具有重要功能，而且转 *HtNHX2* 基因增加水稻 Na^+吸收同时具有强抗盐能力的主要机制是 Na^+在液泡中的区隔化。

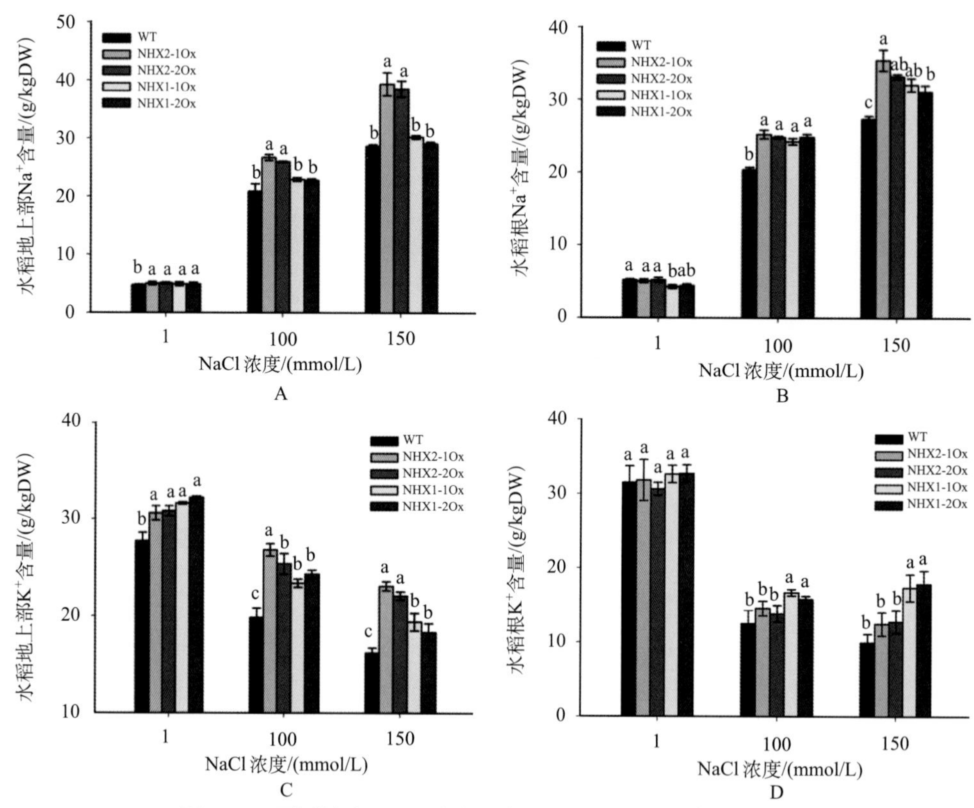

图 3-83　不同浓度 NaCl 胁迫下水稻不同组织内 Na^+和 K^+含量

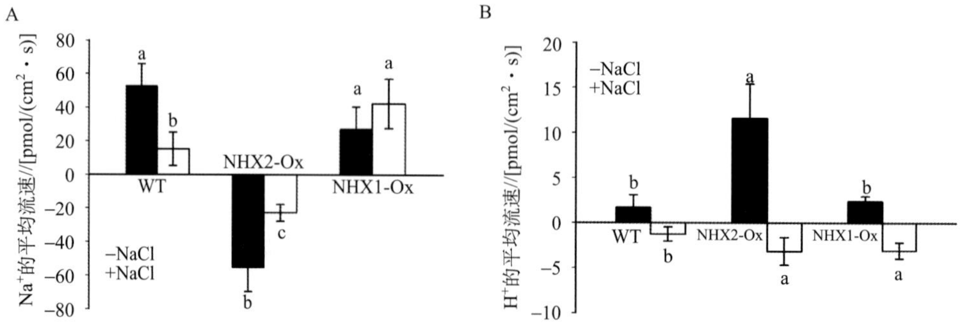

图 3-84　*HtNHX1/2* 转基因水稻和野生型水稻根表分生区 Na^+和 H^+平均流速分析

综上所述，*HtSO1*、*HtNHX1* 和 *HtNHX2* 均为菊芋抗盐的重要基因，尤其是 *HtNHX2* 基因比其他 Na^+/H^+逆向转运蛋白基因可能具有更强的抗盐功效，其作用机制值得进一步深入研究。

通过对菊芋中克隆的质膜与液泡膜两个 Na^+/H^+逆向转运蛋白基因的功能分析与鉴定，以及上述基因在盐胁迫下菊芋不同部位与器官表达的时空差异分析，菊芋盐胁迫下生物量动态变化等方面的研究，揭示了菊芋对 Na^+毒害的主动适应策略。

3.4.1.5　南菊芋 1 号糖代谢调控基因克隆及盐胁迫下全生育期糖代谢分子调控机制

自然界中的果聚糖可以分为 5 类：线型菊粉型果聚糖（inulin）、菊粉型果聚糖新生系列（inulin neoseries）、混合型果聚糖（branched）、梯牧草糖型果聚糖（levan）和梯牧草糖型果聚糖新生系列（levan neoseries）。这 5 种不同类型的果聚糖可以概括为线型、分支类型以及上述两种类型的新生系列三大类，其糖苷键类型、起始三糖类型及代表植物如表 3-25 所示。

表 3-25　5 种不同类型果聚糖的代表植物[57]

果聚糖类型	代表植物	糖苷键（β）	起始三糖
菊粉型	菊苣、菊芋	2-1	1-蔗果三糖
梯牧草糖型	鸭茅	2-6	6-蔗果三糖
混合型	小麦、大麦	2-1 和 2-6	1-和 6-蔗果三糖
菊粉型新生系列	洋葱、芦笋、 黑麦草	2-1	新蔗果三糖
梯牧草糖型新生系列	黑麦草、燕麦	2-6	新蔗果三糖

线型果聚糖基本由呋喃果糖基仅仅通过 β（2-1）键或者 β（2-6）糖苷键连接而成。从菊芋块茎中提取的菊粉（inulin）就是线型果聚糖的一种，基本由果糖基通过 β（2-1）键连接，末端存在一个葡萄糖基，菊粉最大可以占到菊芋块茎鲜重的 20%或者干重的 90%[58]（图 3-85A）。菊芋中菊粉的聚合度为 3～50，其聚合度就是果糖基的数目[59]。而鸭茅中以 β（2-6）糖苷键连接而成的梯牧草糖型果聚糖（levan）就是线型果聚糖的另一种[60]（图 3-85D）。分支类型的果聚糖是指果糖基同时以 β（2-1）键和 β（2-6）糖苷键连接而成的果聚糖类型，小麦和大麦等植物中的果聚糖主要就是这种类型（图 3-85C）。新生系列的果聚糖就是在葡萄糖残基的两侧均连接果糖基的一种果聚糖类型，此类果聚糖在洋葱和黑麦草等植物中存在[61]（图 3-85B、E）。

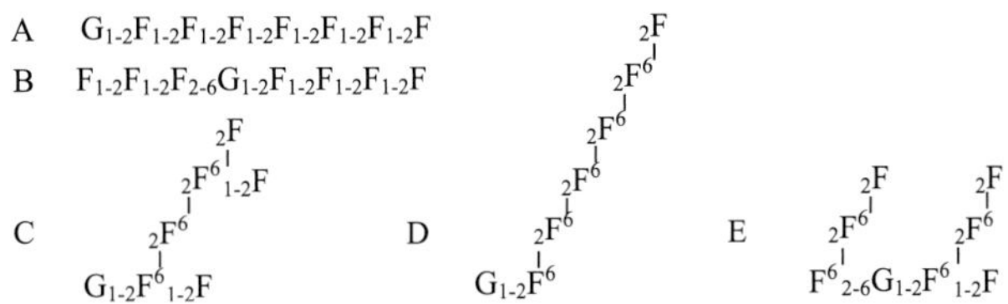

图 3-85　5 种不同类型果聚糖示意图[60]

线型果聚糖（A、D）、分支类型（C）、分支类型的新生系列（B、E），G 代表葡萄糖，F 代表果糖

果聚糖是一类非常有益于人类健康的可溶性碳水化合物。由于人体不含分解果聚糖的酶，因此人类本身不能消化吸收果聚糖。果聚糖进入结肠后，成为肠道菌群的营养物质，选择性地促进肠道中双歧杆菌和乳酸菌的生长。同时这些益生细菌的生长又可减少与人体肿瘤发生有关物质的产生量。此外，短链的果聚糖作为一种低热量的甜味成分，可作为糖类或脂类替代物被用在酸奶和冰激凌等中，也可用于糖尿病患者的特殊食品中[62]。

菊芋地下块茎能源性状果聚糖高效累积调控过程是菊芋新品种（系）选育的核心。Edelman 和 Jefford 最早发现了 2 个菊芋果聚糖代谢关键酶（蔗糖：蔗糖果糖基转移酶 1-SST，果聚糖：果聚糖果糖基转移酶 1-FFT），并提出了果聚糖代谢的经典模型，描绘了菊芋果聚糖的生化合成过程，但果聚糖代谢调控过程尚未明晰[63]。van den Ende 通过研究菊芋果聚糖代谢调控途径发现，1-SST 和 1-FFT 在花与茎中低量表达，叶、根和休眠块茎无表达，而在生长块茎中大量表达。果聚糖不仅是生物质能的重要原料，而且是菊芋适应逆境的关键调节物质，主要分布于菊芋细胞液泡内，在干旱、低温和盐胁迫下，释放出可溶性果糖，调节渗透压，提高菊芋的抗逆性，并通过转基因手段进行了验证[57,64-66]。

果糖代谢中除了合成酶之外，外切水解酶（FEH）也是果糖代谢重要调节因子之一，FEH 除了水解果聚糖参与糖分再分配之外，还和逆境保护机制或者植物保卫机制有关[67]。在干旱处理的植物中，FEH 的活力大大上升，并且伴随着单糖或者双糖含量的上升，这些渗透调节物质保持了植物的根压从而避免植物过度失水[68,69]。但菊芋的 1-FEH 的核苷酸序列或者肽段信息迄今尚未见报道。根据菊苣中的研究，应该具有 2～3 个 1-FEH 酶，研究小组主要利用序列比对分析等基因电子克隆手段获得菊芋 *1-FEH* 基因的编码序列，然后对基因序列进行同源性分析和功能预测，并初步分析 *1-FEH* 在菊芋中的时空表达模式；再利用巴斯德毕赤酵母（*Pichia pastoris* X-33）表达系统，将菊芋果聚糖外切水解酶基因转化至巴斯德毕赤酵母中并实现基因的同源重组，通过重组蛋白的表达与活性检测来初步验证菊芋果聚糖外切水解酶基因的功能。

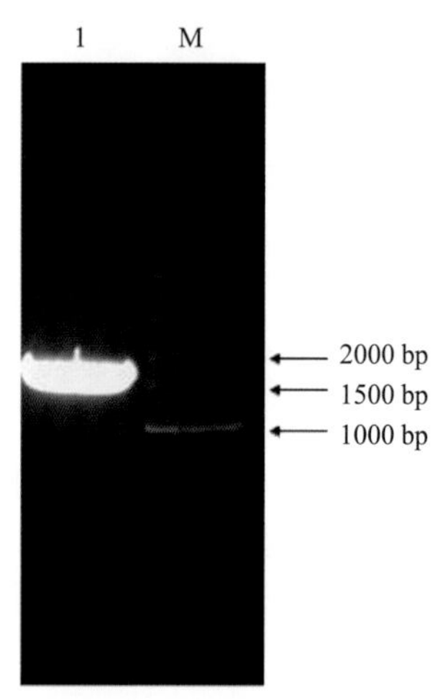

图 3-86　菊芋果聚糖外切水解酶基因的 CDS 全长扩增结果

菊芋果聚糖外切水解酶基因的克隆。南京农业大学海洋科学及其能源生物资源研究所菊芋研究小组以菊芋 cDNA 为模板，经 FEH-F/R 特异引物 RT-PCR 扩增，得到约 1700 bp 的特异条带，如图 3-86 所示。将扩增片段回收，TA 克隆后测序结果显示，得到长度为 1698 bp 的 DNA 序列，序列分析发现其中有一个 1683 bp 的 ORF，ORF 编码 560 个氨基酸，因此，该 ORF 序列即预测的 CDS 全长序列，将该基因命名为 *Ht 1-FEH*。

然后进行菊芋果聚糖外切水解酶基因的序列分析。用 *Ht 1-FEH* CDS 核酸序列在 NCBI BLAST 比对分析，结果显示，*Ht 1-FEH* 与向日葵细胞壁转化酶基因（*Helianthus annuus* cwINV1，DQ012383）同源性最高，相似性达 97%，其次与菊苣果聚糖外切水解酶基因（*Cichorium intybus* 1-FEH Ⅰ，AJ242538）相似性为 81%。氨基酸序列 BLAST 比对分析显示，Ht 1-FEH 与向日葵细胞壁转化酶（Ha cwINV1，AAY85659）相似性达 96%，与菊苣果聚糖外切水解酶（Ci 1-FEH I，CAC19366）相似性为 75%。

如图 3-87 所示，系统发育树主要分为两个大的分支，第一个分支（Ⅰ）包括果聚糖水解酶（FEH）和细胞壁转化酶（cwINV），第二个分支（Ⅱ）包括果糖基转移酶（SST、FFT）和液泡型转化酶（vacINV）。在这些蛋白中，除向日葵细胞壁转化酶（Ha cwINV1）没有进行功能验证以外，其他所列蛋白的功能都已经得到验证。结果显示，Ht 1-FEH 和菊苣的 FEH 一样与 cwINV 聚为一簇（Ⅰ），Ht 1-FEH 与 Ha cwINV1 亲缘关系最近，其次是 Ci 1-FEH Ⅰ，虽然 Ht 1-FEH 与 Ha cwINV1 同源性最高，但 Ha cwINV1 功能尚没有公开报道；而与 Ht 1-FEH 亲缘关系较为密切的 Ci 1-FEH Ⅰ 功能已验证明确。前人的研究表明，FEH 和 cwINV 之间可以通过基因的关键位点（天冬氨酸 239，Asp239）突变而发生功能互换[67,70]。因此，Ht 1-FEH 的具体功能必须通过实验验证才能明确。

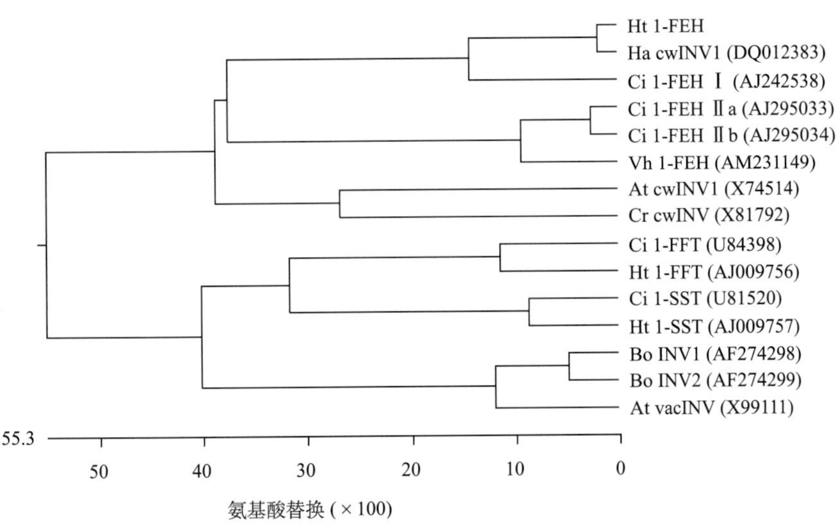

图 3-87　Ht 1-FEH 与相关蛋白的系统发育进化树

Ht 1-FEH 为菊芋果聚糖外切水解酶

氨基酸序列的多重比对与保守结构域分析。用 Ht 1-FEH 氨基酸序列在 NCBI（http://www.ncbi.nlm.nih.gov/Structure）保守结构域数据库（Conserved Domain Database，CDD）中进行保守结构域预测，结果如图 3-88 所示。N 端的 45～225 个氨基酸序列中，有 3 个活性位点、5 个底物结合区、Ht 1-FEH 与糖苷水解酶 32 家族（glycosyl hydrolase family 32，GH32）匹配性最高。GH32 家族成员包括水解酶（cell wall invertase、fructan exohydrolase、vacuolar invertase）和果糖基转移酶（fructosyltransferase），这些酶在分子结构上非常相似但功能各异，该家族的显著特征是有 NDPN、RDP 和 EC 三个高度保守的基序（motif）。另外，转化酶（INV）还有一个特异的 SLD 保守基序，而果聚糖外切水解酶（FEH）一般没有这个保守基序，SLD 是区分 FEH 和 INV 的主要特征[67,71,72]。将 Ht 1-FEH 与相关蛋白的氨基酸序列多重比对发现（图 3-89），Ht 1-FEH 有 NDPN、RDP 和 EC 三个保守基序，而没有 SLD 这个保守基序。由以上结果推测 Ht 1-FEH 可能为果聚糖外切水解酶，但其具体功能还需要实验来验证。

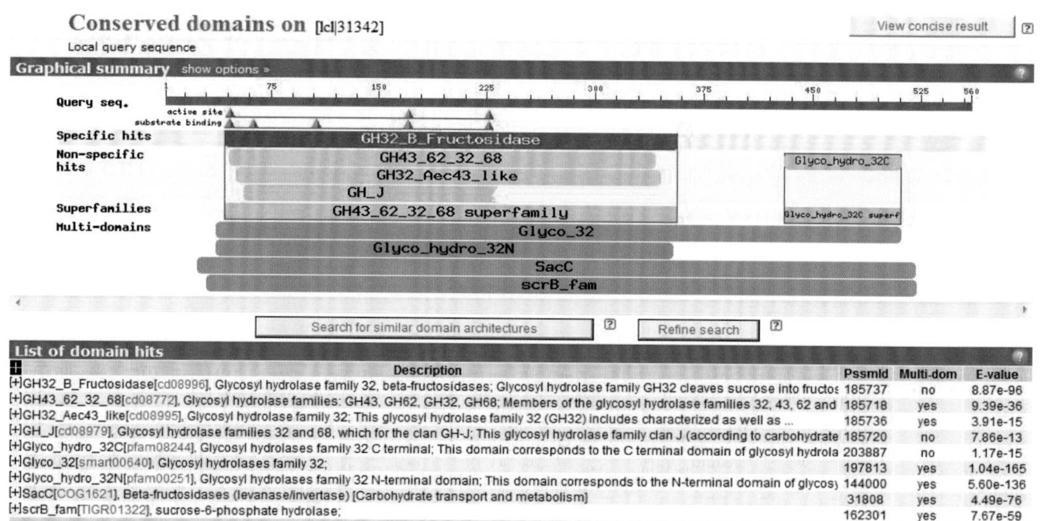

图 3-88　Ht 1-FEH 氨基酸序列的保守结构域分析

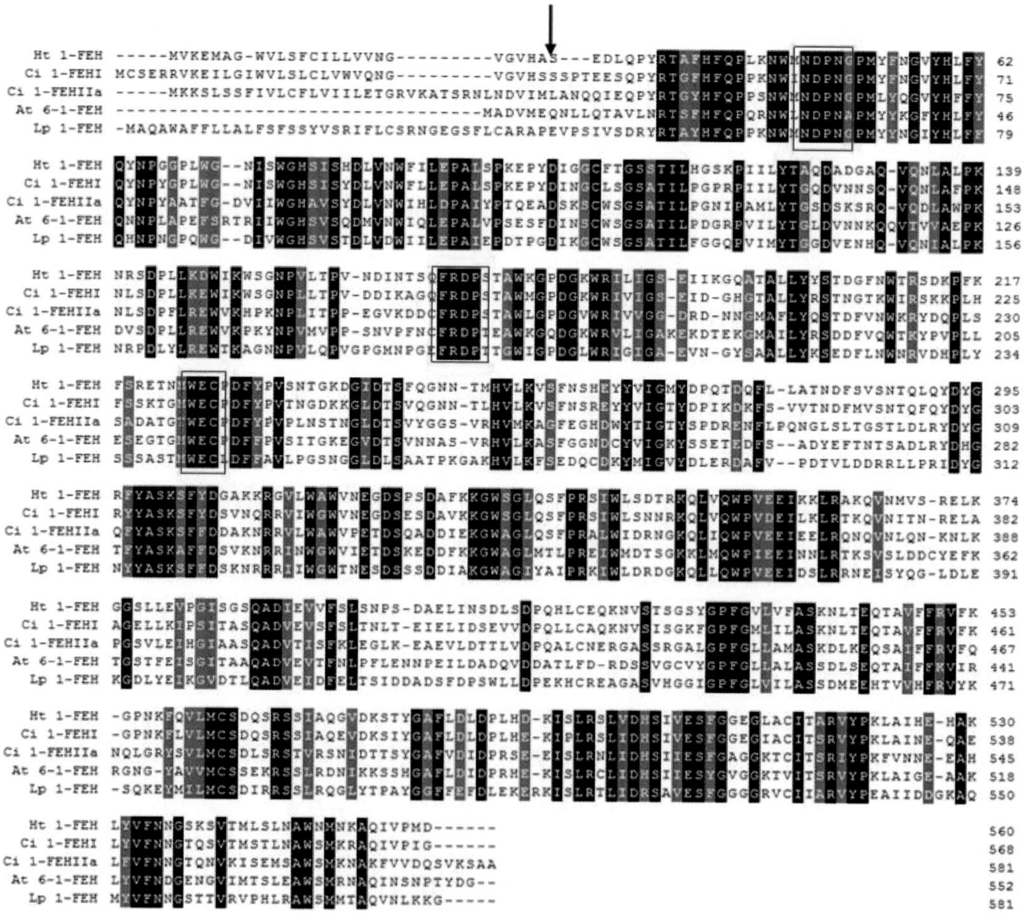

```
Ht 1-FEH     -----MVKEMAG-WVLSFCILLVVNG---------VGVHAS---EDLQPYRTAFHFQPLKNWMNDPNGPMYFNGVYHLFY  62
Ci 1-FEHI    MCSERRVKEILGIWVLSLCLVWVQNG---------VGVHSSSPTEESQPYRTGFHFQPPKNWINDPNGPMYFNGVYHLFY  71
Ci 1-FEHIIa  -----MKKSLSSFIVLCFLVIILETGRVKATSRNLNDVIMLANQQIEQPYRTGYHFQPPSNWMNDPNGPMLYQGVYHFFY  75
At 6-1-FEH   ----------------------------------MADVMEQNLLQTAVLNRTSFHFQPQRNWLNDPNAPMYYKGFYHLFY  46
Lp 1-FEH     -MAQAWAFFLLALFSFSSYVSRIFLCSRNGEGSFLCARAPEVPSIVSDRYRTAYHFQPPKNWMNDPNGPMYYNGIYHLFF  79

Ht 1-FEH     QYNPGGPLWG--NISWGHSISHDLVNWFILEPALSPKEPYDIGGCFTGSSTILHGSKPIILYTAQDADGAQ-VQNLALPK  139
Ci 1-FEHI    QYNPYGPLWG--NISWGHSISYDLVNWFLLEPALSPKEPYDINGCLSGSATILPGPRPIILYTGQDVNNSQ-VQNLAFPK  148
Ci 1-FEHIIa  QYNPYAATFG-DVIIWGHAVSYDLVNWIHLDPAIYPTQEADSKSCWSGSATILPGNIPAMLYTGSDSKSRQ-VQDLAWPK  153
At 6-1-FEH   QNNPLAPEFSRTRIIWGHSVSQDMVNWIQLEPALVPSESFDINSCWSGSATILPDGRPVILYTGLDVNNKQQVTVVAEPK  126
Lp 1-FEH     QHNPNGPQWG--DIVWGHSVSTDLVDWIILEPAIEPDTPGDIKGCWSGSATILFGGQPVIMYTGGDVENHQ-VQNIALPK  156

Ht 1-FEH     NRSDPLLKDWIKWSGNPVLTPV-NDINTSQFRDPSTAWKGPDGKWRILIGS-EIIKGQATALLYYSTDGFNWTRSDKPFK  217
Ci 1-FEHI    NLSDPLLKEWIKWSGNPLLTPV-DDIKAGQFRDPSTAWMGPDGKWRIVIGS-EID-GHGTALLYRSTNGTKWIRSKKPLH  225
Ci 1-FEHIIa  NLSDPFLREWVKHPKNPLITPP-EGVKDDCFRDPSTAWLGPDGVWRIVVGG-DRD-NNGMAFLYQSTDFVNWKRYDQPLS  230
At 6-1-FEH   DVSDPLLREWVKPKYNPVMVPP-SNVPFNCFRDPTEAWKGQDGKWRVLIGAKEKDTEKGMAILYRSDDFVQWTKYPVPLL  205
Lp 1-FEH     NRPDLYLREWTKAGNNPVLQPVGPGMNPGEFRDPTTGWIGPDGLWRIGIGA-EVN-GYSAALLYKSEDFLNWNRVDHPLY  234

Ht 1-FEH     FSRETNMWECPDFYPVSNTGKDGIDTSFQGNN-TMHVLKVSFNSHEYYVIGMYDPQTDQFL-LATNDFSVSNTQLQYDYG  295
Ci 1-FEHI    FSSKTGMWECPDFYPVTNGDKKGLDTSVQGNN-TLHVLKVSFNSREYYVIGTYDPIKDKFS-VVTNDFMVSNTQFQYDYG  303
Ci 1-FEHIIa  SADATGMWECPDFYPVPLNSTNGLDTSVYGGS-VRHVMKAGFEGHDWYTIGTYSPDRENFLPQNGLSLTGSTLDLRYDYG  309
At 6-1-FEH   ESEGTGMWECPDFFPVSITGKEGVDTSVNNAS-VRHVLKASFGGNDCYVIGKYSSETEDFS--ADYEFTNTSADLRYDHG  282
Lp 1-FEH     SSSASTMWECLDFFAVLPGSNGGLDLSAATPKGAKHVLKFSEDQCDKYMIGVYDLERDAFV--PDTVLDDRRLLPRIDYG  312

Ht 1-FEH     RFYASKSFYDGAKKRGVLWAWVNEGDSPSDAFKKGWSGLQSFPRSIWLSDTRKQLVQWPVEEIKKLRAKQVNMVS-RELK  374
Ci 1-FEHI    RYYASKSFYDSVNQRRVIWGWVNEGDSESDAVKKGWSGLQSFPRSIWLSNNRKQLVQWPVDEILKLRTKQVNITN-RELA  382
Ci 1-FEHIIa  QFYASKSFFDDAKNRRVLWAWVPETDSQADDIEKGWAGLQSFPRALWIDRNGKQLIQWPVEEIEELRQNQVNLQN-KNLK  388
At 6-1-FEH   TFYASKAFFDSVKNRRINWGWVIETDSKEDDFKKGWAGLMTLPREIWMDTSGKKLMQWPIEEINNLRTKSVSLDDCYEFK  362
Lp 1-FEH     NYYASKSFFDSKNRRRIIWGWTNESDSSSDDIAKGWAGIYAIPRKIWLDRDGKQLLQWPVEEIDSLRRNEISYQG-LDLE  391

Ht 1-FEH     GGSLLEVPGISGSQADIEVVFSLSNPS-DAELINSDLSDPQHLCEQKNVSTSGSYGPFGVLVFASKNLTEQTAVFFRVFK  453
Ci 1-FEHI    AGELLKIPSITASQADVEVSFSLTNLT-EIELIDSEVVDPQLLCAQKNVSISGKFGPFGMLILASKNLTEQTAVFFRVFK  461
Ci 1-FEHIIa  PGSVLEIHGIAASQADVTISFKLEGLK-EAEVLDTTLVDPQALCNERGASSRGALGPFGLLAMASKDLKEQSAIFFRVFQ  467
At 6-1-FEH   TGSTFEISGITAAQADVEVTFNLPFLENNPEILDADQVDDATLFD-RDSSVGCVYGPFGLLALASSDLSEQTAIFFKVIR  441
Lp 1-FEH     KGDLYEIKGVDTLQADVEIDFELTSIDDADSFDPSWLLDPEKHCREAGASVHGGIGPFGLVILASSDMEEHTVVHFRVYK  471

Ht 1-FEH     -GPNKFQVLMCSDQSRSSIAQGVDKSTYGAFLDLDPLHD-KISLRSLVDHSIVESFGGEGLACITARVYPKLAIHE-HAK  530
Ci 1-FEHI    -GPNKFLVLMCSDQSRSSIAQEVDKSIYGAFLDLDPLHE-KIPLRSLIDHSIVESFGGEGIACITSRVYPKLAINE-QAE  538
Ci 1-FEHIIa  NQLGRYSVLMCSDLSRSTVRSNIDTTSYGAFVDIDPRSE-EISLRNLIDHSIIESFGAGGKTCITSRIYPKFVNNE-EAH  545
At 6-1-FEH   RGNG-YAVVMCSSEKRSSLRDNIKKSSHGAFLDIDPRHE-KISLRCLIDHSIIESYGVGGKTVITSRVYPKLAIGE-AAK  518
Lp 1-FEH     -SQKEYMILMCSDIRRSSLRQGLYTPAYGGFFEFDLEKERKISLRTLIDRSAVESFGGGGRVCIIARVYPEAIIDDGKAQ  550

Ht 1-FEH     LYVFNNGSKSVTMLSLNAWNMNKAQIVPMD------  560
Ci 1-FEHI    LYVFNNGTQSVTMSTLNAWSMKRAQIVPIG------  568
Ci 1-FEHIIa  LFVFNNGTQNVKISEMSAWSMKNAKFVVDQSVKSAA  581
At 6-1-FEH   LYVFNDGENGVIMTSLEAWSMRNAQINSNPTYDG--  552
Lp 1-FEH     MYVFNNGSTTVRVPHLRAWSMMTAQVNLKKG-----  581
```

图 3-89　Ht 1-FEH 序列与相关 FEH 序列的多重比对

氨基酸序列的信号肽预测。信号肽是分泌蛋白新生肽链 N 端的一段 20～30 个氨基酸残基组成的肽段，信号肽序列可使正在翻译的核糖体附着到粗面内质网（RER）膜上并合成分泌蛋白，带有信号肽的蛋白可通过分泌途径分泌到胞外，因此，信号肽对蛋白质的正确合成与转运起重要作用，并使功能蛋白能分泌到特定的部位行使具体的功能[73]。南京农业大学海洋科学及其能源生物资源研究所菊芋研究小组通过信号肽分析软件预测显示（图 3-90），Ht 1-FEH 的氨基酸序列在 N 端第 25 和 26 个氨基酸之间有一个较大可能的切割位点（VHA-SE），那么可以推测在 Ht 1-FEH 氨基酸序列的 N 端有一条包括 25 个氨基酸残基的信号肽序列，因此该基因所编码的蛋白有可能是分泌蛋白，这对于后续开展该基因的功能研究具有重要的指导意义。

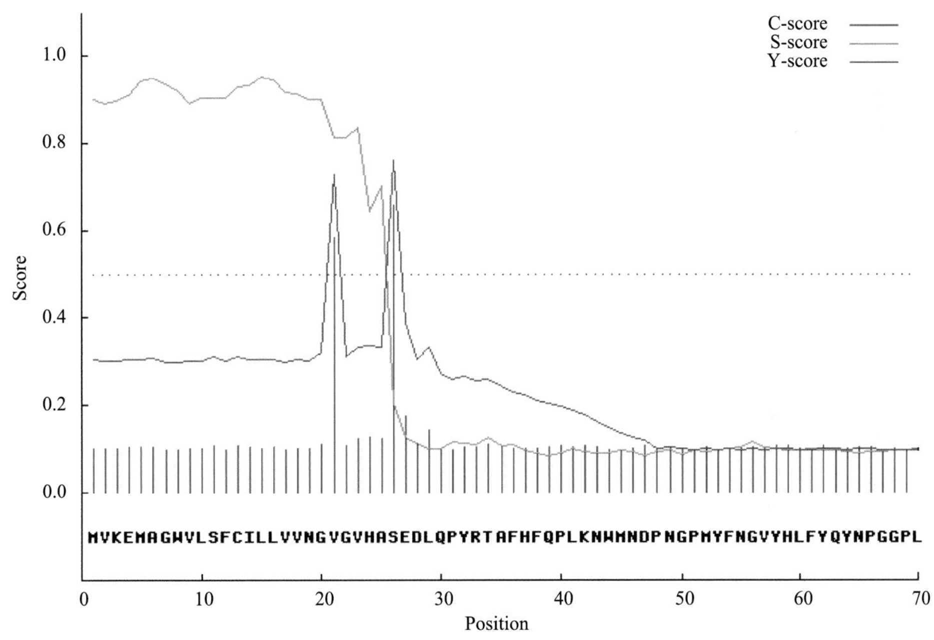

图 3-90　Ht 1-FEH 氨基酸序列的信号肽预测

氨基酸序列的糖基化位点预测。*N*-糖基化是真核生物蛋白质翻译后修饰的重要特征，它影响着蛋白质的折叠、运送、定位、表达、稳定性、活性及抗原性等，从而影响蛋白质的功能特性，所有的分泌蛋白和膜蛋白几乎都是糖基化蛋白[74]。Ht 1-FEH 氨基酸序列的糖基化位点预测结果显示（图 3-91），该序列中可能存在 7 个糖基化位点，且这 7 个位点的可能性都超过了 0.5；其中在第 73 位（NISW）和第 399 位（NPSD）糖基化的可能性较大，两者的可能性分别达到了 0.7142 和 0.6386。蛋白质的糖基化不仅影响其生理功能，还影响蛋白质的分子大小，Keiji Ueno 等将牛蒡的果聚糖外切水解酶基因（*Al 1-FEH*）转入毕赤酵母中异源表达，SDS-PAGE 电泳显示重组蛋白的分子量为 80 kDa 左右，大于预测的 60 kDa，而且是弥散的一团，并非单一条带，用 *N*-糖苷酶 F（*N*-glycosidase F，PNGase F）将重组蛋白切割以后，得到了一条分子量为 60 kDa 左右的单一条带，重组蛋白的糖基化很可能是其分子量变大的原因[74]。因此，氨基酸序列的糖基化位点分析对于真核生物蛋白的异源表达与功能特性研究具有重要的指导意义。

```
Name:  Ht1-FEH  Length:  560
MVKEMAGWVLSFCILLVVNGVGVHASEDLQPYRTAFHFQPLKNWMNDPNGPMYFNGVYHLFYQYNPGGPLWGNISWGHSI     80
SHDLVNWFILEPALSPKEPYDIGGCFTGSSTILHGSKPIILYTAQDADGAQVQNLALPKNRSDPLLKDWIKWSGNPVLTP    160
VNDINTSQFRDPSTAWKGPDGKWRILIGSEIIKGQATALLYYSTDGFNWTRSDKPFKFSRETNMWECPDFYPVSNTGKDG    240
IDTSFQGNNTMHVLKVSFNSHEYYVIGMYDPQTDQFLLATNDFSVSNTQLQYDYGRFYASKSFYDGAKKRGVLWAWVNEG    320
DSPSDAFKKGWSGLQSFPRSIWLSDTRKQLVQWPVEEIKKLRAKQVNMVSRELKGGSLLEVPGISGSQADIEVVFSLSNP    400
SDAELINSDLSDPQHLCEQKNVSTSGSYGPFGVLVFASKNLTEQTAVFFRVFKGPNKFQVLMCSDQSRSSIAQGVDKSTY    480
GAFLDLDPLHDKISLRSLVDHSIVESFGGEGLACITARVYPKLAIHEHAKLYVFNNGSKSVTMLSLNAWNMNKAQIVPMD    560
........................................................................N.......     80
...........................................................N....................    160
...............................................N................................    240
.......N........................................................................    320
..............................................................................N.    400
.......................................N........................................    480
.......................................................N........................    560

(Threshold=0.5)
----------------------------------------------------------------------
SeqName      Position  Potential   Jury       N-Glyc
                                   agreement  result
----------------------------------------------------------------------
Ht1-FEH       73 NISW   0.7142    (9/9)      ++
Ht1-FEH      140 NRSD   0.6126    (8/9)      +
Ht1-FEH      165 NTSQ   0.4372    (8/9)      -
Ht1-FEH      208 NWTR   0.5589    (7/9)      +
Ht1-FEH      248 NNTM   0.5592    (6/9)      +
Ht1-FEH      399 NPSD   0.6386    (9/9)      ++    WARNING: PRO-X1.
Ht1-FEH      421 NVST   0.3593    (9/9)      --
Ht1-FEH      440 NLTE   0.5062    (5/9)      +
Ht1-FEH      536 NGSK   0.6096    (5/9)      +
----------------------------------------------------------------------
```

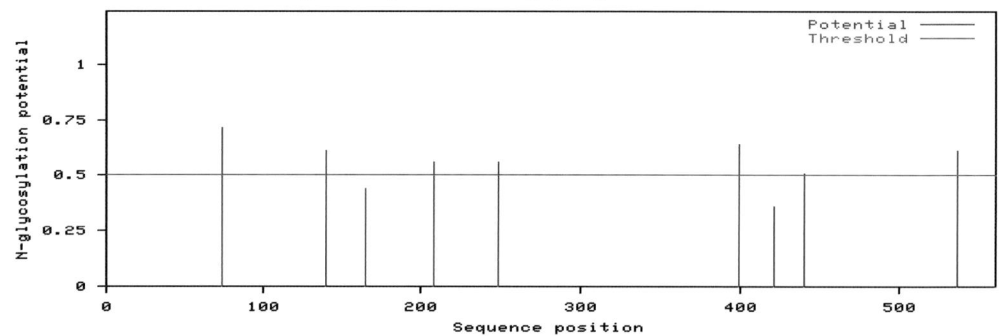

图 3-91　Ht 1-FEH 氨基酸序列的糖基化位点预测

菊芋果聚糖外切水解酶分子量的预测。为保证基因序列的准确性，研究小组以 cDNA 为模板，用高保真酶对 Ht 1-FEH 成熟蛋白的编码序列进行扩增，结果如图 3-92 A-1 所示，得到长度为 1.6 kb 左右的单一条带，与预期的大小（1630 bp）相同。将该基因片段克隆至 pEASY-Blunt 平末端载体上，即得到克隆载体 pEASY-B-picFEH。将克隆载体 pEASY-B-picFEH 和表达载体 pPICZαC 都进行双酶切（*Xho* Ⅰ，*Xba* Ⅰ），pEASY-B-picFEH 酶切后得到一条 3.9 kb 和一条 1.6 kb 左右的条带（图 3-92 A-2），pPICZαC 酶切后得到 3.6 kb 左右的单一条带（图 3-92 A-3），与预期大小相符。将酶切后的 pPICZαC 单一片段和 pEASY-B-picFEH 中的 picFEH 片段回收，然后用连接酶将二者酶连，即得到表达载体 pPICZαC-picFEH，表达载体转化至大肠杆菌 Trans T1 感受态细胞中，并在低盐 LB+Zeocin^{TM}（25 μg/mL）的平板上筛选阳性克隆，挑阳性克隆提质粒进行双酶切验证，结果如图 3-92 B 所示，得到了 3.6 kb 和 1.6 kb 的两条带，说明目的基因片段 picFEH 已成功连入 pPICZαC 中，表达载体 pPICZαC-picFEH 构建成功。

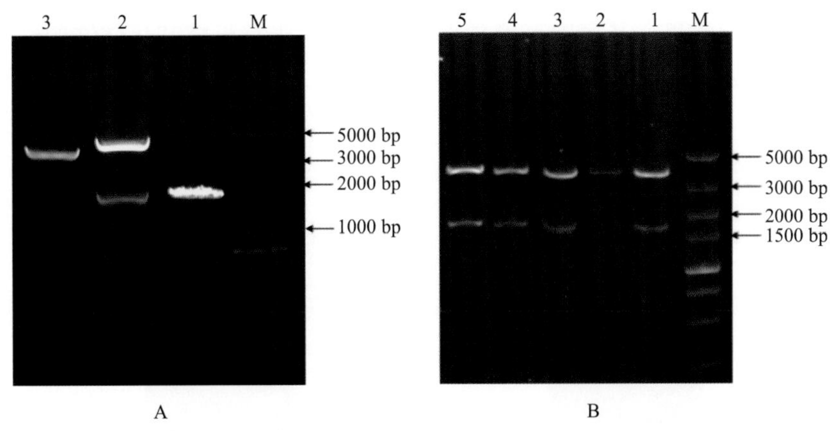

图 3-92　菊芋果聚糖外切水解酶基因表达载体的构建

菊芋果聚糖外切水解酶在毕赤酵母中成功异源表达，重组蛋白功能分析表明，重组蛋白的分子量在 100 kDa 左右，大于软件预测的分子量，重组蛋白的糖基化修饰可能是使其分子量变大的原因。重组蛋白具有果聚糖水解酶活性，而对蔗糖没有水解活性。因此，初步推断 Ht 1-FEH 为果聚糖外切水解酶，与预测的结果相符，但该重组酶的具体性质（底物特异性、最适反应条件等）还有待于进一步的深入研究。

毕赤酵母的转化。质粒线性化后再转化毕赤酵母，可以使外源基因与酵母基因组以同源重组的方式整合，有利于外源基因在酵母中的稳定表达。表达载体 pPICZαC-picFEH 的线性化结果如图 3-93A 所示，质粒线性化后为单一的条带（5.2 kb 左右）。作者将线性化的质粒电转化至受体菌中，经 YPDS+ Zeocin^{TM}（100 μg/mL）抗性平板筛选得到 2 个阳性转化子，转化效率较低，原因可能是线性化质粒的量不够，Invitrogen 公司毕赤酵母表达系统操作指南提示 10 μg 左右的质粒可以获得较多的转化子。阳性转化子经划线纯化后再进行 PCR 验证（图 3-93B），结果显示，用 AOX1-F 和 picFEH-R 引物可以从阳性转化子的基因组 DNA 中扩增到 1.6 kb 左右的目的条带，而未转基因和转空载的对照中则没有扩得任何片段，这说明目的基因片段 picFEH 成功转入受体菌中，并成功整合到宿主基因组 DNA 中。

Mut+和 MutS 表型鉴定。不同的毕赤酵母菌株对甲醇的利用效率不同，有两种表型：甲醇利用正常型（Mut+）和甲醇利用缓慢型（MutS）。实验中 Mut+和 MutS 表型鉴定结果表明，转化子在 MD 和 MM 培养基上都能正常生长，所以获得的转化子为 Mut+型，即甲醇利用正常型。

重组蛋白的 SDS-PAGE 分析。将诱导表达 4 d 的发酵液上清进行 SDS-PAGE 分析，在 70～130 kDa 内，未转化的对照没有条带，转空载的对照则有一条较暗的带。携带 *Ht 1-FEH* 基因的重组子则有两条较明亮的带，其中一条较单一，而另一条较弥散，且随着诱导表达时间的延长，蛋白条带颜色越来越深。与对照相比，转 *Ht 1-FEH* 的重组子在 100 kDa 左右有一条弥散的带，而对照中没有，因此可以推断这条 100 kDa 左右的条带是 Ht 1-FEH 在毕赤酵母中重组表达的蛋白（图 3-94）。重组蛋白较弥散且 SDS-PAGE 中蛋白的大小（100 kDa）大于软件预测的（62.7 kDa），前人用毕赤酵母异源表达外源基因也出现过类似的结果，其原因可能是重组蛋白在毕赤酵母糖基化修饰的结果。从图3-93B中发现，用AOX1-F和pic FEH-R引物从阳性转化子的基因组DNA中扩增到1.6 kb左右的目的条带，而未转基因和转空载的对照中没有扩增到任何片段，表明基因片段picFEH成功转入受菌体中，并整合到宿主基因组DNA中。

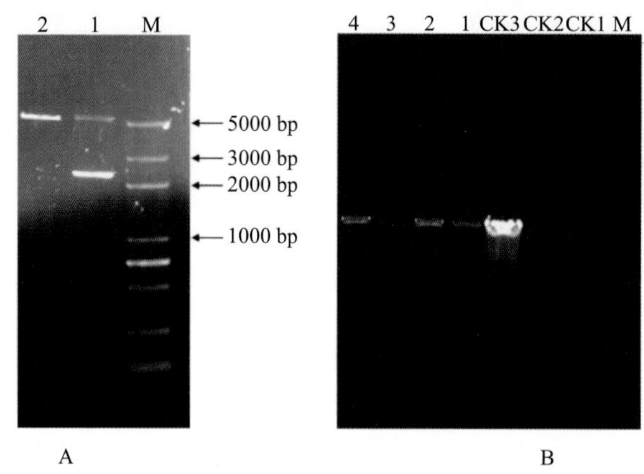

图3-93　质粒的线性化（A）和阳性转化子的PCR验证（B）

CK3为转Ht 1-FEH基因用AOX1-F和pic FEH-R引物处理；CK2为未转基因的；CK1为转空载处理

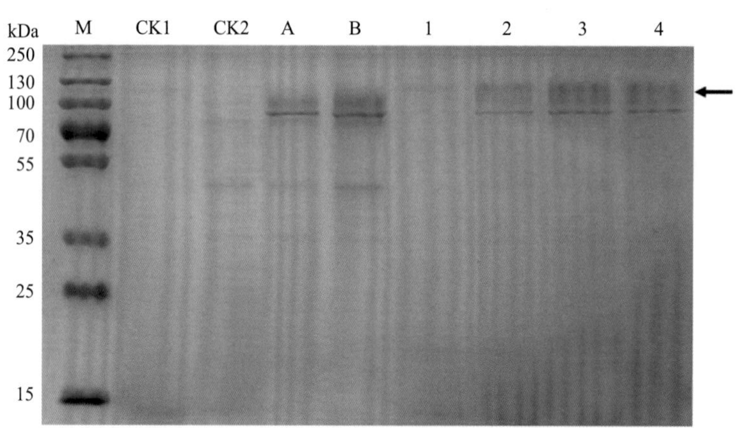

图3-94　Ht 1-FEH重组蛋白的SDS-PAGE分析

用于SDS-PAGE分析的样品均为菌液上清。M. marker；CK1. *P. pastoris* X-33野生型菌株；CK2. 转pPICZαC空载体的转化子；1～4. 诱导表达1～4 d的Ht 1-FEH重组子；A和B. Ht 1-FEH重组子的浓缩液

重组酶的底物特异性和酶活力的初步分析。为初步检测重组酶的底物特异性，以菊粉和蔗糖为底物进行酶活性测定。结果发现（表3-26），重组酶只对菊粉有水解活性，而对蔗糖几乎没有水解活性，由此可见，重组酶为果聚糖水解酶，而不是转化酶（invertase）。菊粉为β（2-1）型果聚糖，是菊芋中天然的果聚糖，因此可以初步推断，从菊芋中克隆得到的*FEH*基因具有*1-FEH*活性，但对其他类型果聚糖是否有水解活性，还需用其他类型果聚糖为底物进一步验证。

表 3-26　Ht 1-FEH 重组酶的底物特异性

底物	聚合度	相对活力/%
菊粉	>7	100
蔗糖	2	0.3

南京农业大学海洋科学研究院及其能源生物资源研究所菊芋研究小组将诱导表达 4 d 的发酵液上清进行酶活测定，从表 3-27 可知，转空载的对照没有果聚糖外切水解酶活性，重组子具有果聚糖水解酶活性，在 24 小时至 72 小时内，随着发酵时间的延长，粗酶液中的可溶性蛋白含量不断增加，单位体积粗酶液（1 mL）中的酶活力呈增加趋势，比活力也不断增加，由此可见，菊芋果聚糖水解酶基因在毕赤酵母中成功分泌表达，且具有生物活性。

表 3-27　Ht 1-FEH 重组酶的酶活力分析

样品	诱导时间/h	蛋白含量/（mg/mL）	酶活力/（U/mL）	比活力/（U/mg）
CK	96	0.15	—	—
Ht 1-FEH	24	0.08	15.91	211.52
Ht 1-FEH	48	0.15	77.05	512.48
Ht 1-FEH	72	0.16	113.25	719.57
Ht 1-FEH	96	0.11	89.34	813.24

菊芋果聚糖外切水解酶基因的表达模式分析。通过半定量 RT-PCR 检测了 *Ht 1-FEH* 在菊芋不同器官和块茎发育、萌发过程中的转录水平（图 3-95）。*Ht 1-FEH* 在发芽块茎中表达量最高，块茎发芽后，随着时间的延长，表达量呈增加趋势；*Ht 1-FEH* 在成熟叶片中表达，但弱于发芽后的块茎。*Ht 1-FEH* 在根和茎中只有少量表达，在块茎发育膨大过程中，*Ht 1-FEH* 的表达水平很低。以上结果表明，*Ht 1-FEH* 主要在块茎萌发过程中提高转录水平的表达量。基因序列同源性和保守功能域分析结果表明，*Ht 1-FEH* 可能是果聚糖外切水解酶的编码基因，*Ht 1-FEH* 在转录水平的时空表达调控可能与果聚糖外切水解酶在菊芋生长发育中所起的作用有关，Marx 前期研究发现菊芋总的 *1-FEH* 酶在块茎生长中活力较低，在块茎萌发过程中活力急剧上升，其在块茎萌发过程中酶活力的增加可能是通过水解块茎中的果聚糖而提高果糖、葡萄糖含量，为块茎萌发和幼苗生长提供能量物质[75]。因此，*Ht 1-FEH* 转录水平的高低与其酶活力的大小是密切相关的，*Ht 1-FEH* 基因的表达调控与菊芋块茎萌发过程中果聚糖降解代谢密切相关。

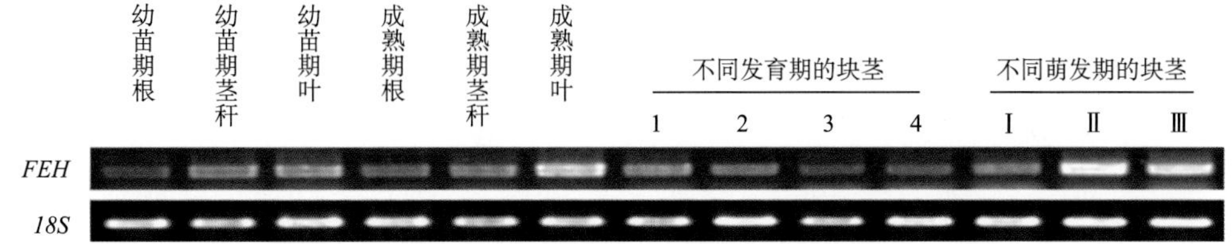

图 3-95　*Ht 1-FEH* 基因在菊芋不同器官中的时空表达模式

样品为幼嫩（萌发后一周）和成熟的（移栽后 90 d）根、茎、叶，不同发育时期的块茎（移栽后 90、130、180、210 d），萌发的块茎（萌发后每隔一周取一次，共 3 次）

为探索不同菊芋品种在不同环境条件下干物质和糖分积累分配的规律，揭示菊芋果聚糖合成、分解代谢关键酶基因的表达调控机制，南京农业大学海洋科学及其能源生物资源研究所菊芋研究小组选择差异显著的南菊芋 1 号（NY1，下同）与青芋 2 号（QY2，下同）做全生育期平行比较试验，在移栽后的 50 d、90 d、130 d、180 d、210 d（days after planting，DAP）分别取样一次，每个处理每次取 3 株作为重复样。每个时期都将地上部与块茎分开，地上部烘干称干重；块茎称量鲜重，烘干后称干重计算干物质含量；取功能叶片（倒三、四、五）、茎基部（5～10 cm）和块茎（匍匐茎）烘干用于糖分测定；在移栽后的 50 d、90 d 和 130 d 取幼嫩的倒数第一片完全叶、倒一茎节，移栽后 90 d、130 d、180 d 和 210 d 取块茎，用锡箔纸将样品包裹装入 5 mL 离心管中，于液氮中速冻后于 –70℃条件下保存，用于提取 RNA。

菊芋块茎起始形成后地上部干物质积累动态表明，地上部干物质积累呈单峰曲线变化（图 3-96），两个菊芋品种出现峰值的时间都在 130 d，块茎起始形成后，地上部干物质积累量呈增加趋势，随着块茎逐渐膨大，地上部干物质开始向地下转运。土壤盐处理没有改变两个菊芋品种地上部干物质积累达到高峰的时间，但却显著降低了两个品种地上部干物质的积累量，NY1 和 QY2 地上部最大干物质积累量降低幅度分别为 44.85% 和 43.45%。盐胁迫（T）下，NY1 在 90～130 d 地上部干物质积累速率低于对照（CK），

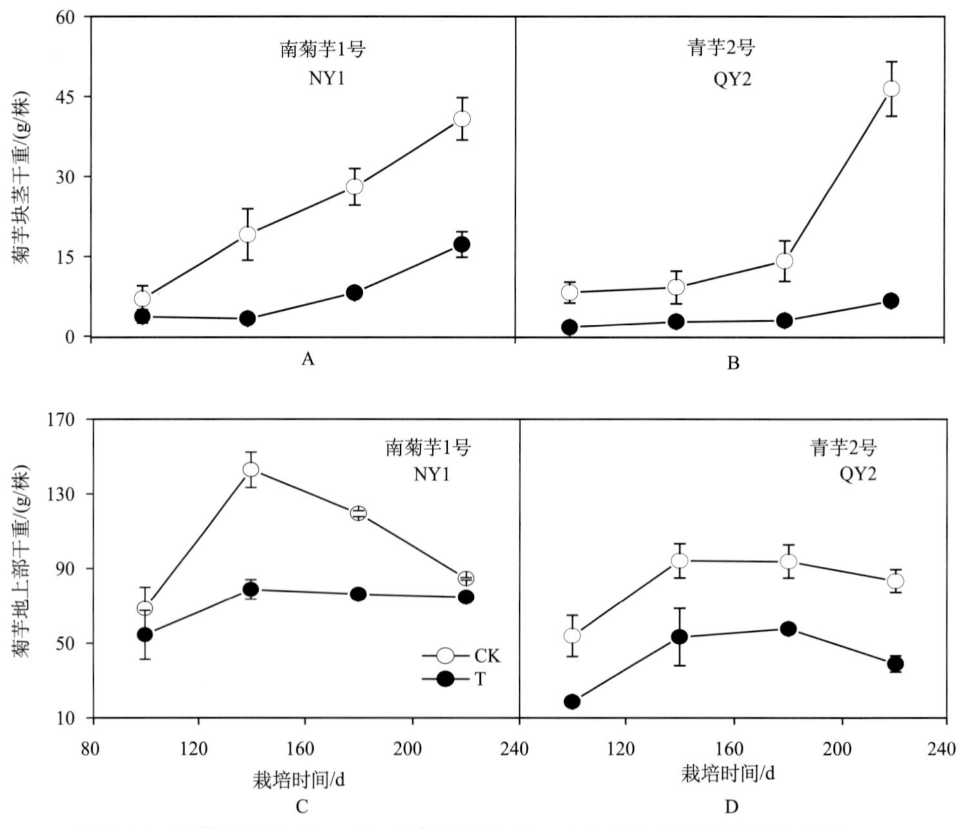

图 3-96　南菊芋 1 号（A、C）与青芋 2 号（B、D）地上部及块茎的生长量

于 130～210 d 地上部干物质转运速率也明显低于对照；QY2 地上部干物质积累动态与对照差异不明显。以上结果表明，盐胁迫显著降低了两菊芋品种地上部干物质的积累量，盐胁迫虽没有改变地上部干物质积累的动态变化趋势，却限制了块茎膨大过程中地上部储藏物质的积累速率和向外转运的速率。

表 3-28 表明，两个菊芋品种的块茎干物质积累速率变化有明显的差异，NY1 块茎干物质积累速率呈“快-慢-快”的变化趋势，即在块茎形成后，块茎干物质有两个快速积累时期，分别在 90～130 d 和 180～210 d；QY2 块茎干物质积累速率在 90～180 d 都很低，在 180～210 d，块茎干物质积累速率才有明显提高，说明 QY2 块茎干物质的积累主要集中在块茎膨大的后期。土壤盐处理使两菊芋品种的块茎干物质积累速率都显著降低，NY1 在 180～210 d 的块茎干物质积累速率才与对照 90～130 d 的相当，QY2 在整个块茎发育过程中的干物质积累速率都较慢；在 180～210 d，块茎干物质积累速率降幅 NY1（28.57%）<QY2（88.89%）。

表 3-28　盐胁迫对块茎干物质积累速率的影响　[单位：g/（株·d）]

生育期	南菊芋 1 号（NY1）		青芋 2 号（QY2）	
	CK	T	CK	T
90～130 d	0.30	0.00	0.02	0.03
130～180 d	0.18	0.10	0.10	0.00
180～210 d	0.42	0.30	1.08	0.12

由表 3-29 可知，在块茎发育过程中，块茎干重与地上部干重呈显著正相关（$P<0.05$），块茎干物质含量与地上部干重和块茎干重都呈极显著正相关（$P<0.01$），说明块茎干物质的积累储存与地上部干物质的积累密切相关；地上部配比例与块茎干重和块茎分配比例均呈极显著负相关，块茎分配比例与块茎干重呈极显著正相关，说明块茎形成后，菊芋干物质的分配主要由块茎的干物质积累量决定。

表 3-29　地上部与块茎干物质积累的相关性

	地上部干重	块茎干重	块茎干物质含量	地上部配比例
块茎干重	0.505*			
块茎干物质含量	0.765**	0.737**		
地上部配比例	–0.289	–0.962**	–0.629**	
块茎分配比例	0.307	0.961**	0.614*	–0.989**

*表示显著性水平 $P<0.05$，**表示显著性水平 $P<0.01$。

菊芋叶片中总可溶性糖（图 3-97A、B）和还原糖（图 3-97C、D）含量的变化总趋势基本相同。在对照中，NY1 叶片中总可溶性糖和还原糖含量都呈先上升后下降趋势，在 130 d 达到高峰；QY2 叶片中总可溶性糖含量在 50～90 d 呈上升趋势，在 90～180 d 趋于平稳，而 QY2 叶片中还原糖含量在 90 d 出现峰值；NY1 叶片中总可溶性糖和还原糖含量的最大值均高于 QY2。土壤盐处理未改变叶片中总可溶性糖和还原糖含量的总体变化趋势；在 50～90 d，NY1 的总可溶性糖和还原糖含量有所增加，在 90～180 d，叶片中总可溶性糖和还原糖含量低于对照；QY2 的总可溶性糖和还原糖含量只有在 50 d 时高于对照。盐胁迫下，在 90～130 d，两个品种叶片的总可溶性糖和还原糖积累速率都低于对照；在 130～180 d，NY1 叶片中总可溶性糖的输出速率低于对照，而 QY2 叶片中总可溶性糖的下降幅度与对照无明显差异。以上结果表明，盐胁迫提高了菊芋快速增长期（50～90 d）叶片中的总可溶性糖和还原糖含量，但在块茎形成后（90～180 d），叶片中总可溶性糖的积累和输出均受到抑制。

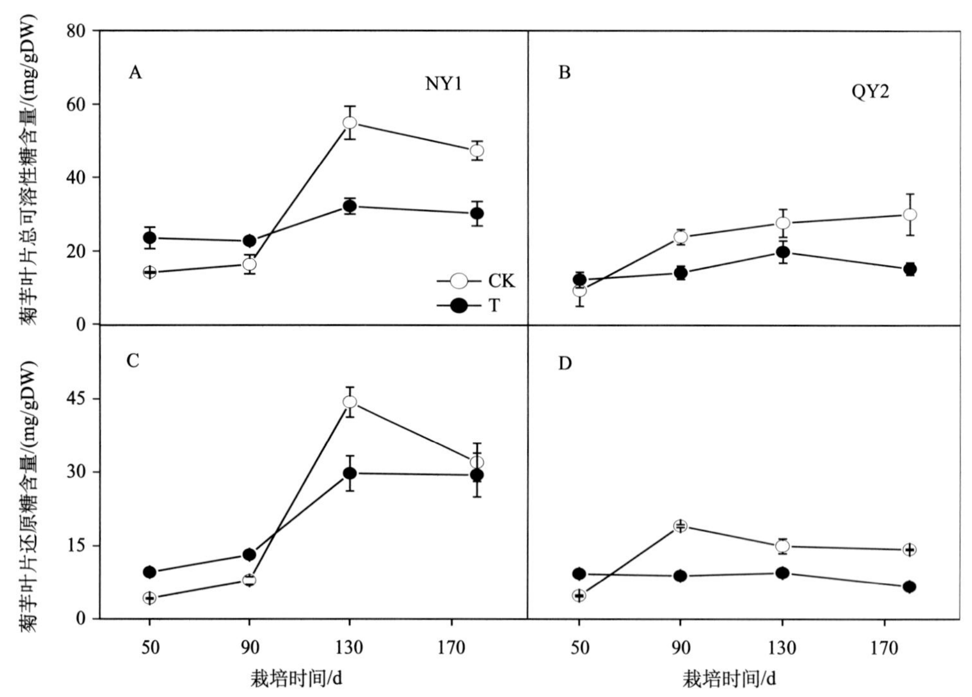

图 3-97　盐胁迫对菊芋叶片总可溶性糖（A、B）和还原糖（C、D）含量的影响

菊芋块茎形成后，茎基部的总可溶性糖（图 3-98A、B）、还原糖（图 3-98C、D）和非还原糖（图 3-98E、F）含量均呈单峰曲线变化，在 90～130 d 总可溶性糖含量上升，至 130 d 达到峰值，其后下降。盐处理没有改变茎基部中糖组分含量的变化趋势，但降低了茎基部的总可溶性糖和还原糖含量，同一品种盐处理与对照同期相比，茎基部还原糖含量的下降幅度显著大于总可溶性糖；盐胁迫下茎基部糖分向外输出的速率也有所下降；然而，盐处理却使茎基部的非还原糖含量在 90～180 d 都明显高于对照。两个品种中，盐胁迫下 NY1 和 QY2 茎基部的最大总可溶性糖含量分别比对照降低了 20.74%和 9.66%，降幅 NY1> QY2；茎基部最大还原糖含量的降幅 NY1（77.34%）>QY2（60.79%）。以上结果表明，盐胁迫虽没有改变茎基部糖分积累和向外输出的时间，但糖含量有所下降，其中还原糖的下降幅度很大，然而，盐处理却诱导了非还原糖在茎基部有较多的积累。

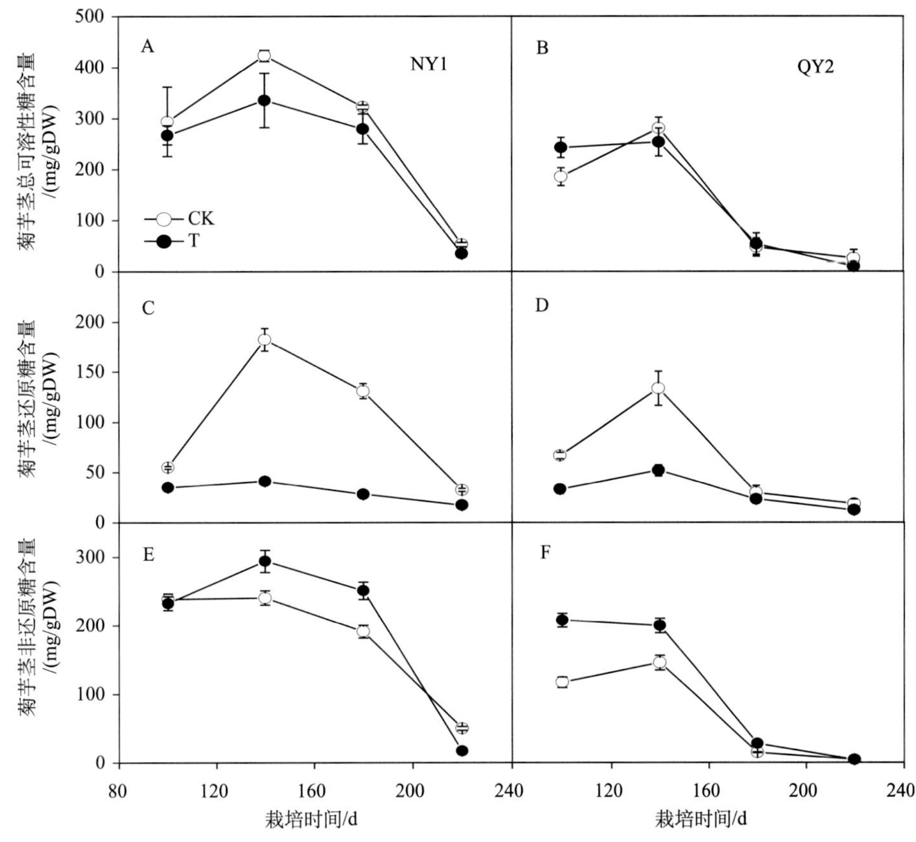

图 3-98　盐胁迫对菊芋茎基部总可溶性糖（A、B）、还原糖（C、D）和非还原糖（E、F）含量的影响

在块茎膨大过程中，两个菊芋品种在非盐害条件下块茎的总可溶性糖含量呈持续上升趋势。在盐胁迫下，块茎中总可溶性糖含量呈先增加后减少趋势，NY1 块茎中总可溶性糖含量在 130 d 最高，QY2 在 180 d 达到最高值；在 90～130 d，NY1 块茎总可溶性糖含量稍高于对照，在 130～210 d，其总可溶性糖含量显著低于对照；QY2 块茎总可溶性糖含量在 90～180 d 高于对照，而在 210 d 显著低于对照。由此可见，盐胁迫有利于膨大前、中期块茎总可溶性糖含量的升高，而在块茎膨大后期，块茎总可溶性糖含量的积累明显受到限制（图 3-99A、B）。

在块茎膨大过程中，两个菊芋品种块茎中还原糖含量（图 3-99C、D）都呈先上升后下降趋势，在 90～130 d，还原糖含量增加，其后开始下降。盐处理条件下，两菊芋品种块茎中还原糖含量都显著低于对照，NY1 块茎中还原糖含量在 130～210 d 的下降幅度都较大，而 QY2 只在 90～130 d 有较大的降幅。

如图 3-99 E、F 所示，块茎膨大过程中果聚糖含量的变化趋势与总可溶性糖含量一致，说明块茎中积累的糖分主要是果聚糖。同样，盐胁迫使果聚糖含量积累的时间提前，NY1 在 130 d 的果聚糖含量显著高于对照；QY2 在 90～130 d 的果聚糖含量显著高于对照；从 180 d 后，两菊芋品种块茎中果聚糖含量开始下降，均显著低于对照。以上结果表明，盐胁迫改变了块茎中果聚糖含量积累的时间，限制了块茎中果聚糖的持续有效积累。

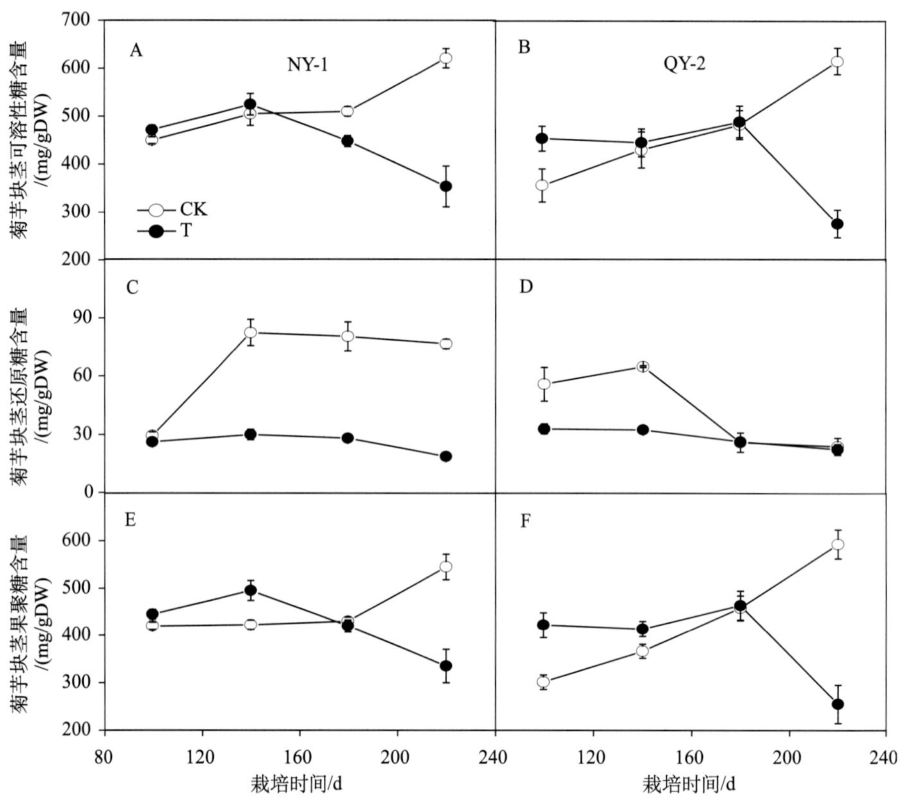

图 3-99　盐胁迫对块茎总可溶性糖（A、B）、还原糖（C、D）和果聚糖（E、F）含量的影响

在块茎发育过程中，两个菊芋品种块茎果聚糖积累量均呈逐渐增加的趋势（图 3-100），在 210 d 果聚糖积累量达到最大值。盐处理显著降低了两个品种块茎中果聚糖的积累量，至块茎成熟（210 d），NY1 和 QY2 块茎中果聚糖积累量分别比对照降低了 74.02%和 93.81%，降幅 NY1<QY2，由此可见，盐胁迫对菊芋块茎中果聚糖积累总量的限制作用极其显著，对 QY2 的限制作用更加突出。

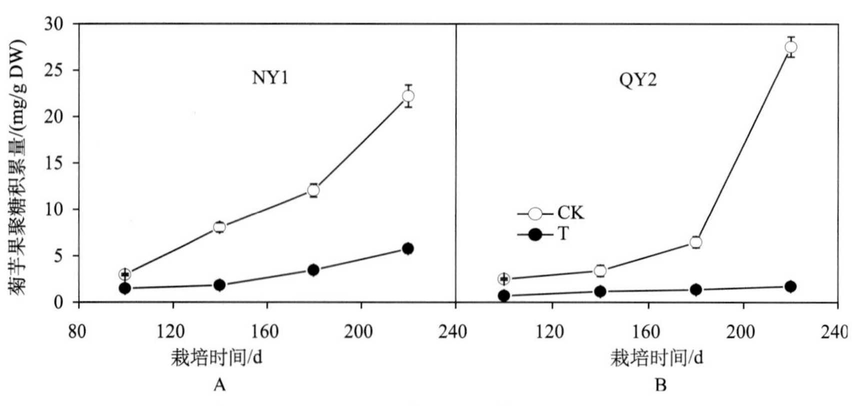

图 3-100　盐胁迫对块茎果聚糖积累量的影响

由表 3-30 可知，在对照中，NY1 在块茎发育过程中的果聚糖积累速率呈“快-慢-快”的趋势；QY2 在 90～180 d 的果聚糖积累速率较低，在 180～210 d，其果聚糖积累速率显著增加。由此可见，不同菊芋品种块茎中果聚糖积累速率变化趋势不同，NY1 有两个果聚糖快速积累期，而 QY2 的果聚糖积累主要集中在块茎膨大后期。盐处理条件下，两个菊芋品种的块茎果聚糖积累速率明显下降，最大降幅 NY1（77.08%）<QY2（98.44%），说明盐胁迫严重限制了菊芋块茎中果聚糖的积累速率，对 QY2 的限制作用尤为突出。

表 3-30　盐胁迫对块茎果聚糖积累速率的影响　[单位：mg/（株・d）]

生育期	南菊芋 1 号 NY1		青芋 2 号 QY2	
	CK	T	CK	T
90～130 d	127.43	9.19	22.00	10.95
130～180 d	79.83	32.04	62.32	4.70
180～210 d	338.79	77.65	701.99	10.92

果聚糖代谢与植物碳素分配、源库关系调节和抗逆性等有密切关系[76]。果聚糖作为一种渗透调节物质，在提高植物的抗寒、抗旱以及抗盐等方面发挥重要作用，果聚糖代谢酶就在这些代谢过程中起关键的调控作用[77]。菊芋果聚糖的合成由 1-SST 和 1-FFT 完成。1-FFT 除了具有果聚糖链的延伸功能外，还可以通过果糖基的转移将果聚糖长链变短，因此也具有降解果聚糖的功能[78-80,100]。有研究表明，渗透胁迫可以诱导菊芋块茎的形成[81]，因此，盐胁迫下果聚糖合成酶基因在块茎发育初期的转录正调控是诱导块茎果聚糖合成提前的内在原因。但是，在块茎发育中后期，果聚糖合成酶基因的转录量和果聚糖含量均显著低于对照，说明盐处理虽诱导块茎果聚糖合成提前，但限制了果聚糖合成的持续性，不利于果聚糖的持续有效积累，这也是盐胁迫使菊芋块茎最终产量降低的内在原因。

基因表达模式分析结果表明，*Ht 1-FEH* 主要在发芽的块茎中表达，可能参与菊芋块茎萌发过程中果聚糖降解代谢的转录调控。

在对菊芋糖代谢调控基因分析验证的基础上，研究小组对南菊芋 1 号进行果聚糖合成与水解调控基因时空表达的研究，以期揭示菊芋果聚糖代谢的分子机制。

南京农业大学海洋科学及其能源生物资源研究所菊芋研究小组的研究表明，盐胁迫使果聚糖合成酶基因 *1-SST* 和 *1-FFT* 在块茎发育初期的表达量高于对照，而该时间段菊芋块茎果聚糖含量也显著高于对照，表明盐胁迫诱导块茎中果聚糖的合成提前。在地上部快速生长期（50 d），盐胁迫诱导 *1-FEH* 在叶片中的表达量上升，叶片中总可溶性糖和还原糖含量明显高于对照，由此可见，盐胁迫下 *1-FEH* 基因在地上部快速生长期的转录正调控可以增加叶片中的单糖，单糖的增加一方面可为叶片的生长提供能量物质，另外，也有利于叶片在盐胁迫下进行渗透调节。菊芋（NY1）果聚糖代谢关键酶基因半定量表达分析结果如图 3-101 所示，*1-SST* 和 *1-FFT* 主要在块茎中表达，在 180 d 和 210 d 表达量较高，在茎和叶中表达量较低。盐处理下，*1-SST* 在块茎发育初期（90 d）表达量最高，明显高于对照，随着块茎的发育，其表达量减少，表达量明显低于对照；*1-FFT*

在块茎发育初期（90 d）和块茎成熟期（210 d）表达量较高，在 90 d 和 130 d 的表达量高于对照，180 d 的表达量低于对照，210 d 的表达量与对照无显著差异。以上结果表明，盐胁迫使果聚糖合成酶基因 *1-SST* 和 *1-FFT* 在块茎发育初期表达量上升，而在块茎膨大中后期，*1-SST* 和 *1-FFT* 表达量下降，说明盐胁迫使块茎中果聚糖的合成提前。

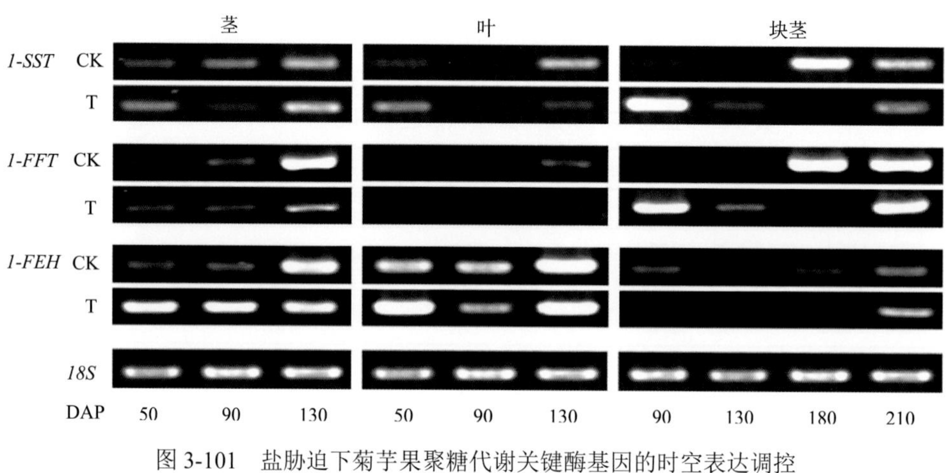

图 3-101　盐胁迫下菊芋果聚糖代谢关键酶基因的时空表达调控

由图 3-101 可知，果聚糖外切水解酶基因 *1-FEH* 在茎和叶中有表达，而在块茎发育中没有表达或表达量很低。盐处理下，在 50 d 和 90 d，茎中的 *1-FEH* 表达量高于对照；在 50 d，叶片中的 *1-FEH* 表达量高于对照，其他时期与对照无明显差异。这说明在地上部快速生长期（50～90 d），盐胁迫诱导 *1-FEH* 在地上部的表达量上升。

从南京农业大学海洋科学及其能源生物资源研究所菊芋研究小组试验的结果可以看出，盐胁迫对菊芋干物质积累与分配产生了影响，干物质积累是光合作用碳同化产物在植物体内储藏的主要表现形式。菊芋的一个典型特征就是先在地上部积累储存同化物，然后再向地下块茎转运[82,83]。研究表明，在块茎起始形成后，地上部干物质的积累动态呈先增加后减少的趋势，也表现出先积累后转运的特征。菊芋在块茎发育过程中，块茎不断膨大，干物质含量和积累总量随生长的进行而增加，且与收获季节有关[84,85]。作者的研究表明，块茎起始形成后，块茎干物质积累量呈增加趋势，在非盐胁迫下，NY1 块茎的干物质积累速率呈"快-慢-快"的变化趋势，表明其块茎有两个较快的膨大时期（90～130 d 和 180～210 d），而 QY2 块茎干物质的积累主要集中在块茎膨大后期（180～210 d）；钟启文等对青芋 1 号生长发育动态的研究表明，其块茎膨大速率在第 18 周和第 21 周有 2 个高峰。由此可见，菊芋块茎的发育动态因品种的不同而有所差异；造成差异的原因可能与地上部干物质向地下块茎转运的时间和速率有关。本研究结果显示 NY1 地上部干物质向块茎转运的时间是在 130 d 后，而 QY2 在 180 d 后才开始转运，而且 NY1 的转运速率大于 QY2。另外，由于地下块茎的生长发育不易观察，对菊芋的生长发育时期尚未有清晰完整的定义，所以在与文献报道的结果进行比较时可能会有较大的差异。

干物质的积累与分配直接关系到植物的目标产量，菊芋的块茎产量最终取决于同化产物在植物体各个部分的分布与再分配，一方面取决于同化产物的来源是否充足，另一方面，也取决于其自身的生长潜力（库强）[85,86]。江苏大丰海涂试验表明，盐处理降低了菊芋地上部和块茎的干物质积累量，而且地上部干物质的积累和转运速率也都有所下降。地上部作为块茎同化物的主要来源，其干物质的积累与转运直接影响到块茎干物质的积累，相关性分析结果也表明，地上部干重与块茎干重呈显著正相关，因此，盐胁迫降低菊芋块茎产量的一个重要原因是减少了其地上部同化物的供给。植物库器官对同化物的竞争能力或者说对同化物的利用能力可能决定了植物体内同化物的分配。在菊芋块茎发育过程中，块茎的干物质积累速率在一定程度上决定了其同化物有效积累的潜力[85,87]。盐胁迫显著降低了块茎的干物质积累速率，说明盐胁迫限制了块茎中干物质的有效快速积累，从而降低其最终产量。因此，盐胁迫从“源”和“库”两方面限制了菊芋块茎中同化物的积累，即地上部来源减少和块茎库强变弱。

植物同化物的分配主要受植物遗传特性、生理过程和环境因子的影响。盐胁迫、干旱等逆境胁迫可改变干物质在植物各个器官的分配[88-90]。研究结果表明，盐胁迫改变了菊芋干物质的分配格局，地上部配比例增大而块茎分配比例减小，且块茎干物质积累量的降幅比地上部大，说明盐胁迫对块茎的限制作用更大[91]。相关性分析结果显示，地上部配比例与块茎干重呈极显著负相关，块茎分配比例与块茎干重呈极显著正相关，说明盐胁迫下菊芋干物质的分配格局由块茎的干物质积累量所主导。

南京农业大学海洋科学及其能源生物资源研究所菊芋研究小组的研究表明，盐胁迫对两个菊芋品种干物质积累与分配的影响明显不同。盐处理下，虽然 NY1 地上部干物质最大积累量的降幅大于 QY2，但 NY1 块茎干重和干物质积累速率的降幅都小于 QY2，说明盐胁迫对 QY2 块茎产量的影响更加明显，其原因可能是盐胁迫对 QY2 块茎膨大的限制作用更大，不利于地上部干物质向块茎的转运。

同时盐胁迫对菊芋糖分积累与分配的影响十分明显，总可溶性糖是植物光合产物的主要形式，在植物体内的合成、运输和分配受植物生长发育的调控，在植物生长发育的不同时期，各营养器官中的总可溶性糖含量会发生规律性的变化，同时也受到环境因素的影响[92,93]。在菊芋的生长发育过程中，叶片是糖分的主要来源，茎秆作为糖分的临时储藏器官，而块茎的糖分只能来源于地上部的转运，糖分在茎中的积累和再分配对块茎的生长形成起重要的调节作用[82,94-96]。研究结果表明，叶片和茎中的总可溶性糖含量均呈单峰曲线变化，在块茎形成后，茎、叶中的总可溶性糖含量开始减少，糖分逐渐向地下块茎转运，盐胁迫没有改变茎、叶中糖分的变化趋势，表明盐胁迫并没有影响地上部糖分的积累转运时间。在块茎中，非盐胁迫下的块茎总可溶性糖含量呈持续增加趋势，而盐处理下，块茎中总可溶性糖含量的变化趋势发生改变，在块茎发育前期含量较高，表明盐胁迫诱导了块茎中糖分合成积累的提前。有研究表明，对菊芋伸长生长有抑制作用的任何因素（渗透胁迫[96]、抗赤霉素类物质等）都可以诱导块茎形成和膨大，且这些因子具有叠加效应。如此看来，盐处理所产生的渗透胁迫可能诱导了菊芋块茎形成提前，而使其糖含量在块茎形成初期比对照高，但盐胁迫降低了块茎发育后期的糖含量，不利于块茎中糖分的持续有效积累。

菊芋茎秆中储藏的可溶性碳水化合物主要是果聚糖、蔗糖及果糖等[97]，果聚糖在茎中临时性储存，其含量在不同生理期的变化很大，茎中的最大糖含量可占干物质的25%～70%，蔗糖是糖分在植物体内的主要转运形式[82,94,98]。外界环境因素可以通过改变茎秆中各糖组分的比例，从而影响糖分在植物体内的分配与再分配。本研究表明，盐处理降低了茎中的总可溶性糖含量，其中还原糖含量下降极为明显，但是，茎中的非还原糖（果聚糖、蔗糖）含量反而高于对照。研究表明，果聚糖除作为储藏性碳水化合物外，还是重要的渗透调节物质，果聚糖可以保护质膜不被冷害、干旱等胁迫损伤[57,99]。那么盐胁迫使茎中果聚糖等非还原性糖含量升高，其原因可能是通过增加渗透调节物质而使其抵抗胁迫的能力增强。但从另一个角度来看，果聚糖比例的升高意味着糖分的去向发生改变，茎中果聚糖含量升高，相对就会减少果聚糖向地下块茎的再转运，减少了块茎糖分的来源，从而限制块茎的膨大和糖分的积累[59,100,101]。

FEH除了水解果聚糖参与糖分再分配之外，还和逆境保护机制或者植物保卫机制有关[57,58,102,103]。在干旱处理的植物中，FEH的活力大大上升并且伴随着单糖或者双糖含量的上升，这些渗透调节物质保持了植物的根压从而避免植物过度失水[68,104,105]。本研究中，在地上部快速生长期（50 d），盐胁迫诱导*1-FEH*在叶片中的表达量上升，叶片中总可溶性糖和还原糖含量明显高于对照，由此可见，盐胁迫下*1-FEH*基因在地上部快速生长期的转录正调控可以增加叶片中的单糖，单糖的增加一方面可为叶片的生长提供能量物质，另外，单糖的增加也有利于叶片在盐胁迫下进行渗透调节。

3.4.1.6　南菊芋1号环境胁迫下次生代谢的分子调控

南菊芋1号除了在Na^+/H^+逆向转运蛋白基因、有机与无机渗透物质调控及脯氨酸调控基因、原初果聚糖调控基因等方面应对盐分等逆境胁迫外，还可通过次生代谢调控适应盐分胁迫。

1. 不同胁迫条件下次生代谢时空变化

植物受到外源因素的刺激（如伤害、病原菌及诱导物等），会产生一系列防御反应，并产生一系列次生代谢物，保护自己免受伤害。检测外源因素刺激的信号传递过程及产生的次生代谢产物对于研究植物的诱导抗性机理具有重要的理论意义。南京农业大学海洋科学及其能源生物资源研究所菊芋研究小组利用高效液相色谱-电化学阵列检测系统[包括582型泵、542型自动进样器、CoulArray 5600A型电化学阵列检测器及CoulArray for Windows色谱工作站（ESA公司，美国）平台]，进行了海水胁迫下南菊芋1号叶片小分子活性物质的检测。结果表明，菊芋在海水胁迫下产生了一系列次生代谢物，以保护自己免受伤害（图3-102）。

从对照（淡水）处理来看，随处理时间变化各波段出现的峰值变化不大：在14 min处的峰值多在15～20 μA内，在37 min处的峰值多在5～7 μA，在54 min处的峰值均在10 μA左右（图3-102A、D、G、J）。

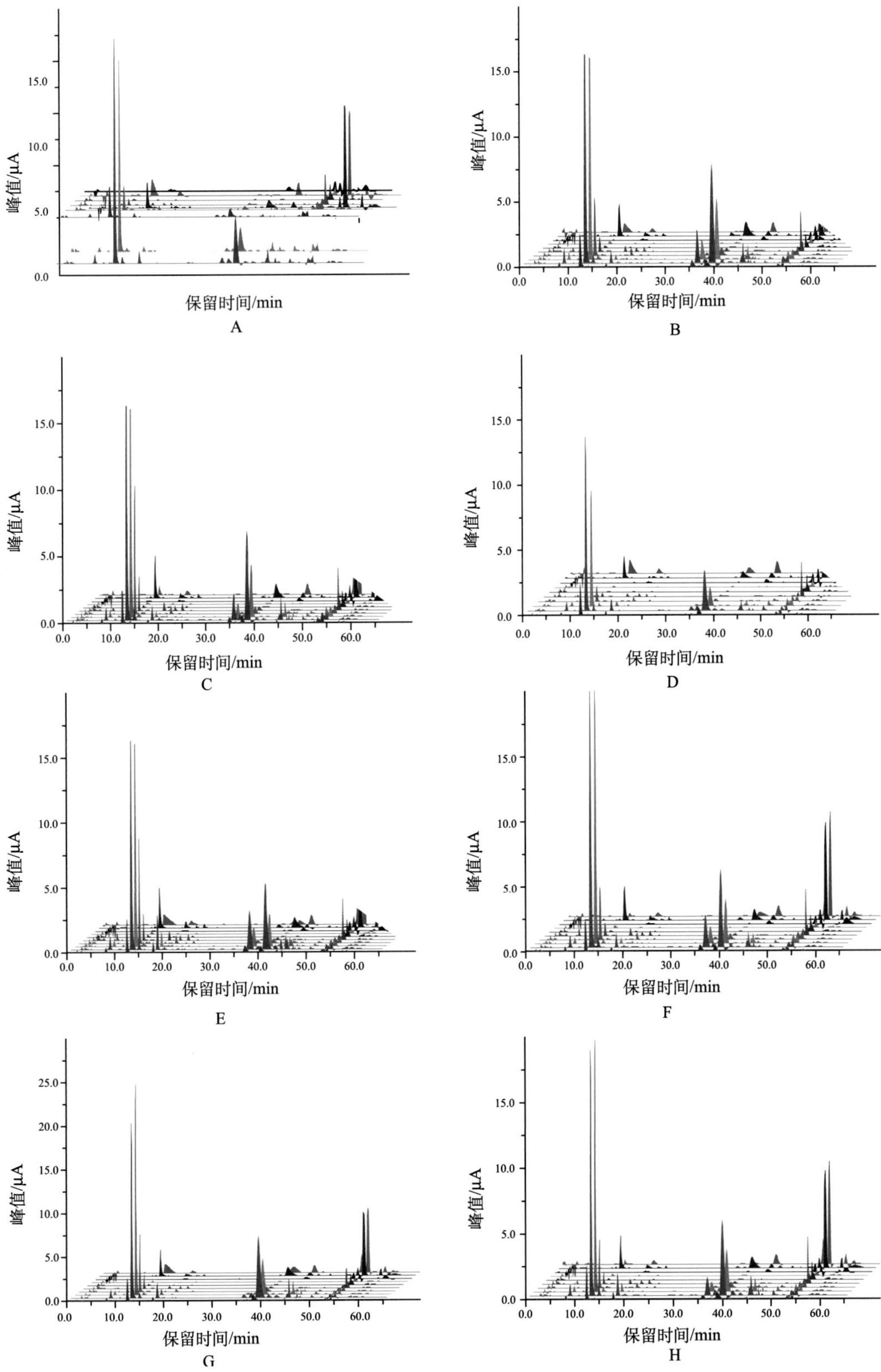
峰值/μA
保留时间/min
A
B
C
D
E
F
G
H

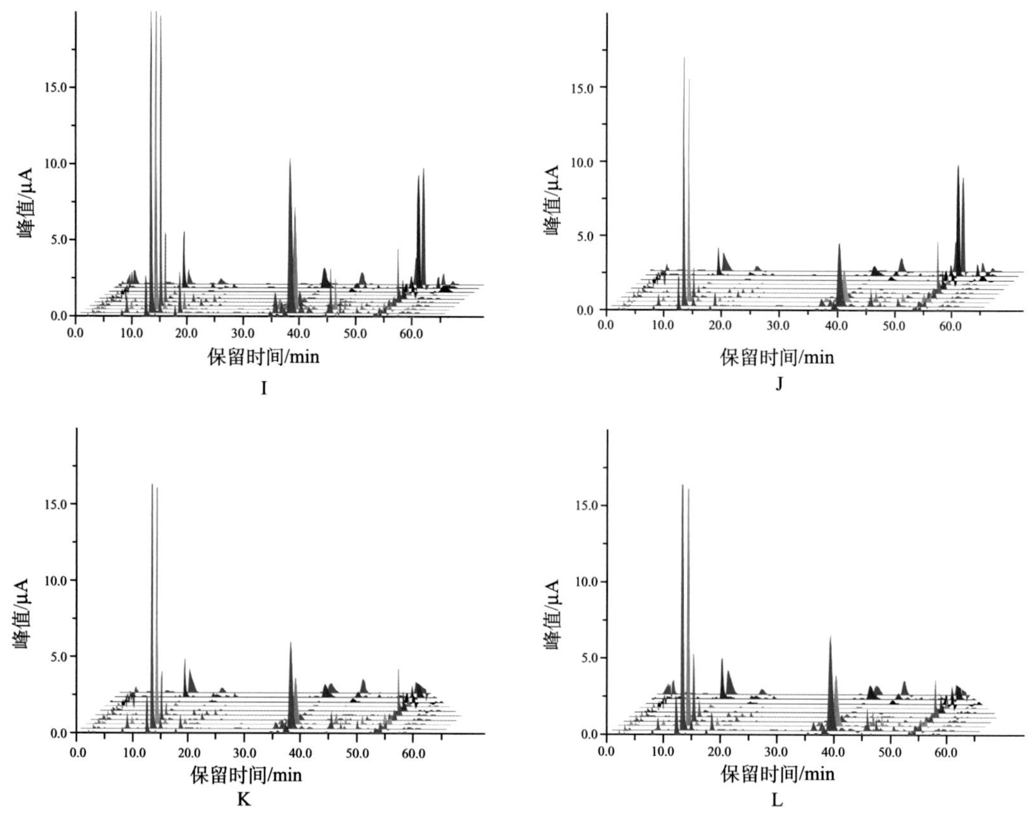

图 3-102　海水处理对菊芋叶片小分子物质含量的影响

A、B、C 是 0%、15%和 30%海水处理 1h 对小分子物质含量的影响；D、E、F 是 0%、15%和 30%海水处理 2h 对小分子物质含量的影响；G、H、I 是 0%、15%和 30%海水处理 3h 对小分子物质含量的影响；J、K、L 是 0%、15%和 30%海水处理 6h 对小分子物质含量的影响

15%海水胁迫处理，在 14 min 处的峰值在不同处理时间段均在 20 μA 左右，比对照明显升高；在 37 min 处在不同处理时间段的峰值也在 5～7 μA，与对照相比没有明显变化；在 54 min 处的峰值也同对照持平，均在 10 μA 左右（图 3-102B、E、H、K）。

30%海水胁迫处理，在 14 min 处的峰值在不同处理时间段均在 20 μA 左右，同 15%海水胁迫处理的峰值持平，比对照明显升高；在 37 min 处、54 min 处的峰值也均没有明显变化（图 3-102）。

再从各处理的胁迫时间对小分子物质含量的影响来看，15%海水处理 1 h，在 37 min 处的峰值升至 7.8 μA，而其他时间段峰值均在 5.0 μA 上下（图 3-102B、E、H、K）；30%海水胁迫下，处理 3 h 与处理 6 h，在 37 min 处的峰值升至 7.5～10μA，明显高于对照处理（图 3-102C、F、I、L）。

上述探索性试验表明，在海水等胁迫下，菊芋叶片中一些次生小分子物质明显增加，而胁迫时间也对一些小分子物质的含量产生了一定的影响。基于这一试验结果，南京农业大学海洋科学及其能源生物资源研究所菊芋研究小组首先对菊芋叶片中酚酸类小分子物质开展了系统的研究。

袁晓艳等发现菊芋中含有大量的酚酸类物质[106]，而酚酸类物质是植物次生代谢产物，广泛地存在于植物体各个部位，可有效地预防植物病害[107]、昆虫入侵[108,109]以及杂草滋生[110]。Maddox 等发现 12 种酚类化合物包括绿原酸均可抑制叶缘焦枯菌（*Xylella fastidiosa*）的生长[111]。Prats 等的研究表明一种新型酚类化合物对油菜菌核病菌（*Sclerotinia sclerotiorum*）有特效[112]。据报道，咖啡酸、绿原酸、阿魏酸、*p*-香豆酸均有抑菌作用[107,113]，咖啡酸、阿魏酸和 3, 5-二咖啡酰奎宁酸（3, 5-DiCQA）分别可以抑制小麦赤霉病菌（*Gibberlla zeae*）[114]、油菜菌核病菌（*Sclerotinia sclerotiorum*）[115,116]和匍枝根霉菌（*Rhizopus stolonifer*）[117]，而绿原酸可以有效抑制尖孢镰刀菌、展青霉菌等，但对番茄灰霉病菌有促生作用[118]。

南京农业大学海洋科学及其能源生物资源研究所菊芋研究小组进一步研究发现，绿原酸是菊芋叶片中一种主要的次生代谢产物，其有较强的自由基清除作用，可缓解菊芋由海水胁迫引起的自由基伤害，因为其具有多方面的生物活性功能，有望为心血管疾病、糖尿病等慢性疾病的防治提供新思路和新途径，这就为菊芋的综合开发利用增加了新的途径。

绿原酸（chlorogenic acid），别名氯原酸、咖啡鞣酸，是植物体在有氧呼吸过程中经莽草酸途径产生的一种苯丙素类化合物（图 3-103），为多酚类化合物，分子式为 $C_{16}H_{18}O_9$，分子量为 345.30。

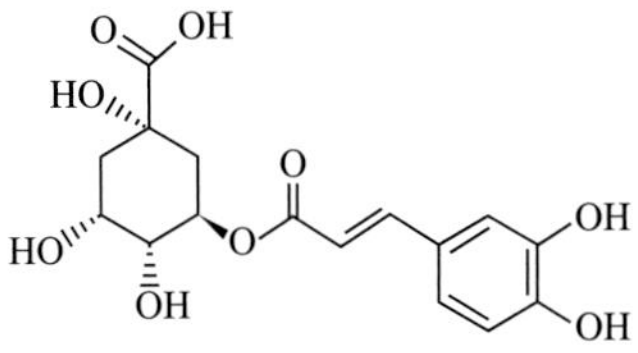

图 3-103　绿原酸的分子结构

绿原酸在植物中的生物合成过程包括一系列的酶促反应，首先在酶的催化下，葡萄糖转化成莽草酸（shikimic acid），莽草酸再转化成苯丙氨酸，最后在合成酶的作用下得到绿原酸，其可能的生物合成途径如图 3-104 所示。

对不同菊芋品种及不同生长期菊芋叶片中总酚、总黄酮、总糖、总蛋白含量的比较见图 3-105。由图 3-105 可以看出，菊芋叶片中总糖和总蛋白含量比总酚和总黄酮要高得多，这说明菊芋叶片中糖类和蛋白是主要成分。南菊芋 1 号叶片中各成分含量均高于其他两个品种，尤其总糖含量（70.04 mg/g，DW）明显高于其他两个品种；南菊芋 1 号叶片中总酚含量（12.14 mg/g，DW）也明显高于野生型和青芋 2 号；三种菊芋品种的总黄酮含量无显著差异；南菊芋 1 号叶片中总蛋白含量（19.45%）高于其他两个品种，而青芋 2 号（12.83%）和野生型（14.25%）中总蛋白含量无明显差异。

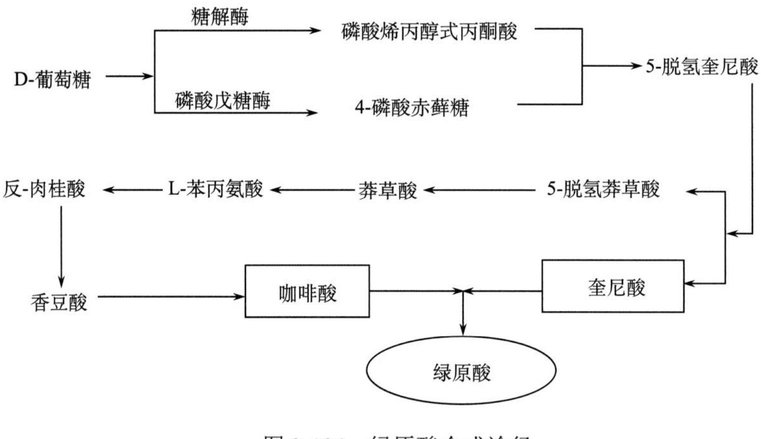

图 3-104　绿原酸合成途径

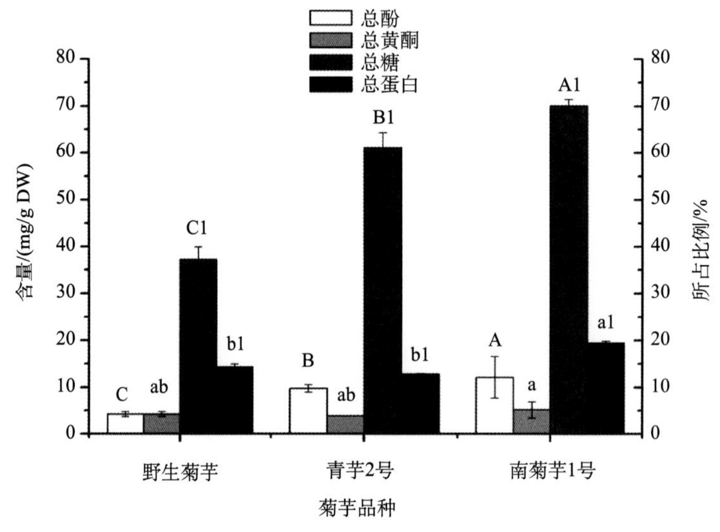

图 3-105　不同品种菊芋叶片中各化学成分的比较

南京农业大学海洋科学及其能源生物资源研究所菊芋研究小组在江苏大丰海涂的试验结果表明，菊芋叶片不同生长期的总酚、总黄酮、总糖和总蛋白含量均以 9 月花期为最高，各时期总蛋白含量分别为 18.35%（8 月）、19.45%（9 月）和 18.04%（10 月），但 3 个月之间总蛋白含量无显著差异，而花期（9 月）的总酚和总黄酮含量显著高于现蕾期（8 月）和块茎膨大期（10 月），花期和块茎膨大期的总糖含量（以干重计，DW，下同）分别为 62.94 mg/g、64.15 mg/g，显著高于现蕾期的含量 46.56 mg/g（图 3-106）。由此推测，菊芋叶片在花期完成各营养成分的积累，并达到最大值。而菊芋叶片中总酚含量可能还受到菊芋植株成熟程度的影响。

以不同品种、不同生长时期的菊芋叶片中酚酸类物质含量为例，酚酸类物质含量的差异可能与绿原酸类物质含有多种同分异构体有关[119]，也可能跟菊芋植株体不同的部位有关，如块茎、叶和整个植株中酚酸含量是有差别的[120-122]。然而，植株中酚类物质含量可能受外界环境因素的影响，如包括土壤类型、日晒和降雨量等在内的小气候环境，还包括温室或者大田、生物培养及水培、单株产量等农业栽培条件[123]。南菊芋叶片中花期的总酚含量远高于现蕾期和块茎膨大期，这可能跟植株的成熟程度有关[124]。南菊芋 1 号叶片中花期的总黄酮含量也高于现蕾期和块茎膨大期，这与南京农业大学海洋科学及其能源生物资源研究所菊芋研究小组之前的研究确定 9 月为最佳采收期的结果一致[125]。

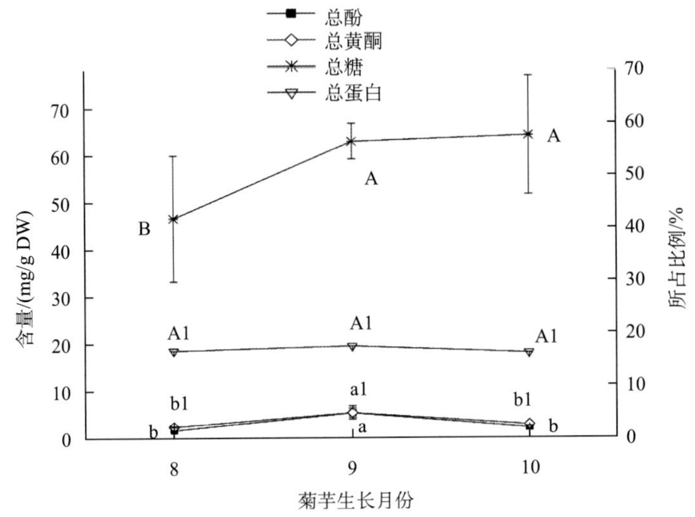

图 3-106　江苏大丰南菊芋 1 号叶片不同生长期各主要成分含量的比较

8 月.现蕾期；9 月.花期；10 月.块茎膨大期

不同产地、不同品种菊芋叶片中绿原酸含量也不尽相同。分别称取大丰地区 3 个菊芋品种叶片粉末及大庆地区 2 个菊芋品种叶片粉末测定绿原酸含量，考察大丰地区南菊芋 1 号、青芋 2 号、南菊芋 10 号以及大庆地区南菊芋 1 号、南菊芋 9 号叶片中绿原酸含量的差异，结果见表 3-31。

表 3-31　不同产地、不同品种菊芋叶片绿原酸含量

产地	品种	绿原酸含量/%
江苏大丰地区	南菊芋 1 号	0.431
	青芋 2 号	0.040
	南菊芋 10 号	0.933
黑龙江大庆地区	南菊芋 1 号	2.139
	南菊芋 9 号	1.245

对大丰地区菊芋叶片绿原酸含量的测定。南菊芋 10 号叶片绿原酸的含量达到干重的 0.933%，明显高于南菊芋 1 号的 0.431%和青芋 2 号的 0.040%，差异较大，表明大丰地区不同品种菊芋叶片绿原酸含量有较大差异。由于青芋 2 号成熟较早，采样时部分已经枯萎，所以含量不高，有待来年采样继续研究。

对大庆地区菊芋叶片绿原酸含量的测定。南菊芋 1 号叶片绿原酸的含量达到干重的

2.139%，高于南菊芋 9 号的 1.245%，大庆地区 2 个品种菊芋叶片绿原酸含量也有较大差异。

采自大庆基地的样品中绿原酸含量明显高于大丰地区，可能与当地气候、光照、水分等因素有关。

对江苏大丰地区以及黑龙江大庆地区南菊芋 1 号叶片绿原酸含量进行比较，试验分析结果见图 3-107。由图 3-107 可知，南菊芋 1 号叶片绿原酸含量在江苏大丰地区和黑龙江大庆地区差异明显。其中，产自江苏大丰地区的南菊芋 1 号叶片中绿原酸含量仅为叶片干重的 0.431%，而产自黑龙江大庆地区的南菊芋 1 号叶片中绿原酸的含量高达叶片干重的 2.139%，是江苏大丰地区的 4.96 倍，同样南菊芋 1 号在热带种植（海南乐东：南京农业大学滩涂农业研究所）叶片中绿原酸的含量也远远高于江苏大丰海涂（南京农业大学大丰王港滩涂开发试验站）种植的菊芋叶片中绿原酸的含量，表明不利的气候条件可加快菊芋叶片中次生代谢产物的积累。

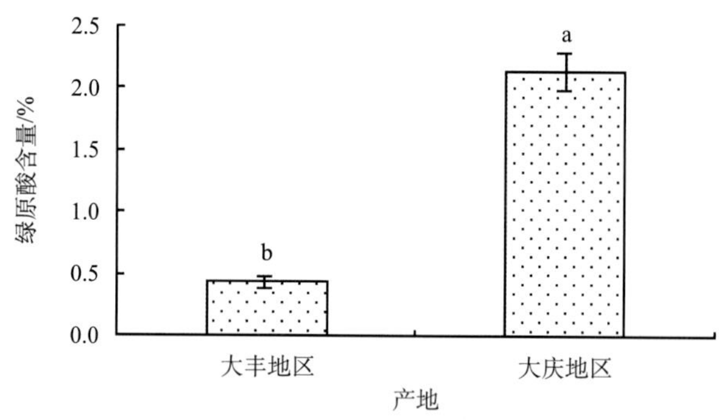

图 3-107　江苏大丰、黑龙江大庆地区南菊芋 1 号叶片绿原酸含量的比较

采用电化学阵列检测器检测化合物时，会在连续的通道上出现检测信号，信号最强的通道为主通道，其前一通道及后一通道的信号强度与该通道信号强度的比值即“峰面积比值”。在一定的电势条件下，每种化合物的“峰面积比值” 是一定的。因此样品中各物质的定性采用保留时间和“峰面积比值”两个参数与标准品比较来确定。在上述色谱条件下，绿原酸保留时间为 12.5 min，最小检测限为 1 ng，该方法可即时实测绿原酸的含量。研究小组对不同 NaCl 浓度处理不同时间南菊芋 1 号幼苗叶片绿原酸含量进行比较，不同 NaCl 浓度处理不同时间，南菊芋 1 号幼苗叶片绿原酸含量差异显著，绿原酸含量随着 NaCl 浓度的增加而增加（表 3-32）。在不同 NaCl 浓度处理 10 d 后，随着 NaCl 浓度的增加，绿原酸含量缓慢增加，200 mmol/L NaCl 浓度的绿原酸含量是 6.483 mg/g，是 CK 的 1.67 倍。在不同 NaCl 浓度处理 15d、20d 后，绿原酸含量在 100 mmol/L NaCl 浓度时明显增加，处理 15 d 和 20 d 后 200 mmol/L NaCl 浓度的绿原酸含量是 11.887 mg/g 和 12.832 mg/g，分别是 CK 的 2.76 倍和 2.78 倍。

表 3-32　盐胁迫下南菊芋 1 号幼苗叶片绿原酸含量　（单位：%DW）

处理	处理时间		
	10 d	15 d	20 d
CK	0.39±0.004d	0.43±0.01d	0.46±0.002c
50mmol/L（3‰）	0.42±0.01c	0.52±0.01c	0.58±0.02b
100mmol/L（6‰）	0.59±0.00b1	1.10±0.03b	1.25±0.01a
200mmol/L（12‰）	0.65±0.01a	1.19±0.02a	1.28±0.02a

注：表中同行同项数据后相同字母表示在 $P<0.05$ 水平上无显著差异。

2. 气温胁迫下次生代谢的分子调控

温度升高导致全球气候变化，严重影响了全球农业的生产，高温可以使植物叶片发黄衰老，降低光合作用，降低次生代谢产物的生物活性，使次生代谢产物含量下降。为了适应高温，植物会通过调节膜的稳定性、清除有害物质、合成热激蛋白等措施减少损害。RNA-seq 测序是目前转录组研究用得最广泛的手段，它可以检测基因表达量，进行差异表达等方面的分析，具有检测范围广、通量高、可重复性高等特点。李铁柱等对杜仲叶片和果实进行转录组测序，经分析发现杜仲绿原酸合成途径共注释了 27 条基因，其中有 20 条显著差异基因[126]。王德龙等应用 RNA-seq 测序技术对高温胁迫下陆地棉苗期的叶片进行转录组测序，得到 54 612 条转录本，其中新转录本 22 022 条，且检测出高温胁迫后差异表达基因 1076 条，其中有 561 条上调基因，515 条下调基因，通过高丰度表达基因分析，找到了一些可能参与棉属耐高温胁迫相关生物途径的主要基因[127]。

菊芋为菊科向日葵属多年生草本被子植物，具有耐寒、耐旱、耐高温、耐盐、抗风沙等优点。目前菊芋基因组测序正在进行中，国内外对菊芋分子生物学的研究还比较少，因此利用高通量测序对高温胁迫下的菊芋进行了转录组测序分析，通过菊芋的转录组测序可以获得菊芋转录本，为菊芋的分子生物学研究奠定一定的基础，同时还可以挖掘菊芋响应高温胁迫的机制，为进一步运用电子克隆技术克隆菊芋绿原酸合成途径相关基因奠定基础。

1）高温胁迫下南菊芋 1 号叶片转录组研究方法

南京农业大学海洋科学及其能源生物资源研究所菊芋研究小组实验所用叶片采自南菊芋 1 号块茎经无性繁殖获得的幼苗。将采自南京农业大学江苏大丰试验基地的南菊芋 1 号块茎用自来水及蒸馏水冲洗干净，选取有芽眼的菊芋块茎切片，播种于装有石英砂的周转箱中，放于光照培养箱中培养。待块茎萌发后，选取长势一致的幼苗转移至塑料盆钵中，以 1/2 Hoagland 营养液（pH 5.8）进行液体培养，营养液每三天更换一次，温度为（25±1）℃，光照度为 12 000 lx。当菊芋幼苗长至 3 叶期时，设置 25℃和 30℃两个温度，分别处理 20 d 后剪取叶片，液氮速冻，然后送至上海欧易生物医学科技有限公司进行转录组测序或于–70℃冰箱保存备用。

RNA 提取试剂盒（TRIzol），反转录试剂盒（Takara，RR047A），PCR Mix；DL 2000 DNA marker、DL 1000 DNA marker、DL 500 DNA marker，定量试剂盒（SYBR Premix Ex

TaqTM Kit），均购自上海宝生物有限公司。核酸染料（DuRed）购自北京泛博生物化学有限公司。

测序文库的构建。转录组测序实验流程：检测合格的总 RNA 经 DNase 消解后，用带有 Oligo（dT）的磁珠富集 mRNA；将 mRNA 打断成短片段，以此为模板，合成单链 cDNA，再合成双链 cDNA 并纯化；将纯化的双链 cDNA 进行末端修复、加 A 尾，连接测序接头，选择片段大小，进行 PCR 扩增；构建好的文库经质检合格后，最后进行测序。

序列分析。Illumina HiSeq 2500 测序所得的图像数据文件经碱基识别分析转化为原始测序序列后，首先使用软件 FastQC（http://www.bioinformatics.babraham.ac.uk/projects/fastqc/）对所产生的原始序列文件进行质量评估和可信度分析，再使用软件 NGS QC Toolkit v2.3.3 去除测序过程中低质量的序列片段。然后使用 Trinity（vesion: trinityrnaseq_r20131110）软件 paired-end 的拼接方法将有 overlap 的 reads 连接成一个更长的序列，经过不断的延伸，拼接成转录本（transcript），最后利用 TGICL 聚类去冗余延伸得到一套最终的非重复序列（unigene），以此作为后续分析的参考序列。

unigene 的注释。将 unigene 序列通过 BLASTX 分别与 NR、SWISSPROT 和 KOG 等数据库进行比对，取 $e<1\times10^{-5}$ 的注释，获得相似性极高的蛋白质序列，继而获得该 unigene 的蛋白质功能注释信息。其中，NCBI NR 数据库（ftp://ftp.ncbi.nih.gov/blast/db）含有整个 GenBank 保存的 DNA 序列所翻译的蛋白质序列；SWISSPROT 数据库（http://www. uniprot.org/downloads）中的所有序列条目都经过有经验的分子生物学家和蛋白质化学家通过计算机工具并查阅有关文献资料仔细核实，每个条目都有详细的注释，包括结构域、功能位点等；构成每个 KOG（clusters of orthologous groups for eukaryotic complete genomes）（ftp://ftp.ncbi.nih.gov/pub/COG/KOG/kyva）的蛋白都是被假定为来自一个祖先蛋白，并且因此或者是 orthologs（直系同源蛋白）或者是 paralogs（旁系同源蛋白）。

根据 NR 注释信息，使用 Blast2GO 软件对 unigene 的 GO（Gene Ontology）（http://www.geneontology.org/）分析，统计其在 Biological Process（P）、Cellular Component（C）、Molecular Function（F）三个类别的 GO 条目。再利用 KAAS 预测得到对应的 KO 号，然后利用 KO 号对应到 KEGG 路径上，分析 unigene 与 KEGG 中酶注释的关系以及映射到 Pathway 的信息（http://www.genome.jp/kegg/pathway.html）。

基因表达分析。用软件 Bowtie 2（http://bowtie-bio.sourceforge.net/bowtie2/manual.shtml）和 express（http://www.rna-seqblog.com/express-a-tool-for-quantification-of-rna-seq-data/），根据序列相似性比对的方法求 unigene 在各样本中的表达丰度，unigene 表达量的计算使用 FPKM 法。其计算公式为（以 unigene A 为例）：

$$\text{FPKM(A)}=\frac{\text{比对到unigene A的fragments数}}{\text{比对到所有unigene A的总fragments数}\times\text{unigene A的长度}}\times10^{9} \tag{3-2}$$

差异表达分析。依据 DESeq 软件包（http://bioconductor.org/packages/release/bioc/html/DESeq. html）中的负二项分布检验计算 unigene 差异表达量，并对差异表达的 unigene 进行非监督层次聚类分析、GO 富集分析以及 KEGG 富集分析。

转录组 unigene 定量 PCR 验证引物设计。引物设计采用 Primer Premier 5.0 软件，由金唯智生物科技有限公司合成。

cDNA 的合成。用 Takara 反转录试剂盒（Takara，RR047A）反转录得到 cDNA 模板，具体方法参照试剂盒说明书进行。

荧光定量 PCR 及数据处理。荧光定量 PCR 使用 SYBR Premix EX Taq 试剂盒(Takara，RR420A)。仪器为 StepOne Plus Real-Time PCR System，仪器使用参考仪器使用说明，引物见表 3-33。

表 3-33　unigene 定量 PCR 验证引物

引物名称	引物序列（5′-3′）
comp114876_c0_seq1-F	GTCTACTTTGCTCCTTTGGTTATTGTT
comp114876_c0_seq1-R	CTCCTCTAAGCCAGTTCCATTCG
comp109827_c0_seq1-F	GGCTTCCCTTTCAACAACAACTTCG
comp109827_c0_seq1-R	GTCCGGGTACATCCGCCTTAA
comp127014_c0_seq3-F	GAGAACCGTGGTGACATCAAGAGTG
comp127014_c0_seq3-R	ACCCAGGAAGAGGGAAAGGATTG
comp118729_c0_seq5-F	CTTCTACCCATAATCATCCAAACC
comp118729_c0_seq5-R	CATCTTCGGGCGTAATAACTG
comp101941_c0_seq1-F	AAAGGCCAACGGATAACGC
comp101941_c0_seq1-R	AAAGATGGGTCCACGGGTAA
comp138209_c0_seq2-F	GACATTTGGGAGGGATATGGAAAG
comp138209_c0_seq2-R	GGCACCCATCATCAGGTCAAG
comp105193_c0_seq1-F	TTTCCTTCTTTAGAACCGTTGG
comp105193_c0_seq1-R	TGGCGACACCATGTCCTCAC
comp126088_c0_seq2-F	CCCATTAACTTGGTCTTAGCAGTCG
comp126088_c0_seq2-R	CCAGGGTGCAGCTTGTCTTCC
comp119318_c0_seq3-F	GGGCTCATCGGAGGCAATC
comp119318_c0_seq3-R	CAATGTTGGGTTTATCACAAGGTTT
comp119754_c0_seq1-F	CACTTCACTCTTCCGTTGATGCC
comp119754_c0_seq1-R	CCGACGACCGCGTTGACTTT
comp121354_c0_seq1-F	AAGCGTGGTGGTGTTGATGTG
comp121354_c0_seq1-R	CGTTGATTTCGGATTAGCAGTAGC
Htactin-F	ATGTATGTAGCCATCCAGG
Htactin-R	TGTTAGGTCACGCCCAG

注：F 指正向引物（forward primer），R 指反向引物（reverse primer）。

2）绿原酸合成途径注释的 unigene（非重复序列）分析

南京农业大学海洋科学及其能源生物资源研究所菊芋研究小组一共建立了 6 个南菊芋 1 号叶片转录组测序文库，处理温度为 25℃和 30℃的皆为 3 个，其中，25℃处理的样本命名为 RT1（room temperature）、RT2 和 RT3；30℃处理的样本命名为 HT1（high temperature)、HT2 和 HT3，测序结果统计如表 3-34 所示，样本 RT1、RT2 和 RT3 的 raw reads 总数分别是 61694388、63594122 和 63295430 条，经过质量过滤后的 clean reads 的总数分别是 60441214、62263132、61998868 条，Q30 的碱基百分比分别是 95.45%、95.34% 和 95.45%，G 和 C 的总数和占总碱基数量的百分比分别是 44.00%、44.50%和 44.00%；样本 HT1、HT2 和 HT3 的 raw reads 总数分别是 58251380、57800022 和 60298028 条，经过质量过滤后的 clean reads 的总数是 57088004、56270252 和 59081848 条，Q30 的碱基百分比分别是 95.48%、94.87%和 95.51%，G 和 C 的总数和占总碱基数量的百分比均是 44.00%。

表 3-34　转录组测序数据质量预处理后结果统计

样本	RT1	RT2	RT3	HT1	HT2	HT3
raw reads	61694388	63594122	63295430	58251380	57800022	60298028
clean reads	60441214	62263132	61998868	57088004	56270252	59081848
Q30/%	95.45	95.34	95.45	95.48	94.87	95.51
GC 含量/%	44.00	44.50	44.00	44.00	44.00	44.00

经过 De novo 拼接，结果见表 3-35，获得长度不小于 300 bp 的 unigene（非重复序列）有 81886 条，总长度为 72639510 bp，平均长度为 887.08 bp，N50 长度（覆盖 50%所有核苷酸的最大序列重叠群长度）是 1237bp，大于 500 bp 的为 47661 条，大于 1000 bp 的为 22882 条。这些 unigene 长度分布情况如图 3-108 所示。由图 3-108 可知，301～400 bp 所占的比例最大，数量达 22004 条，占 26.87%；其次是 401～500 bp，有 12312 条，占 15.04%；数量第三的是 501～600bp，有 8077 条，占 9.86%；而大于 2000 bp 的 unigene（非重复序列）数目有 7002 条，占 8.55%。

表 3-35　转录组 De novo 拼接结果统计

	unigene
Total_Length	72639510
Average_Length	887.08
All≥1000bp	22882
All≥500bp	47661
All≥300bp	81886
N50	1237

为了更全面地了解南菊芋 1 号叶片转录组信息，南京农业大学海洋科学及其能源生物资源研究所菊芋研究小组对所拼接的 81886 条 unigene 给出了 unigene 的蛋白质功能注释、KOG 功能注释、GO 分类和 KEGG 代谢通路分析（表 3-36）。首先，通过 BLASTX 将 unigene 序列分别与 NR、SWISSPROT 和 KOG 数据库进行比对，取 $e<1\times10^{-5}$ 的注释，得到该 unigene 的蛋白质功能注释信息，其中 41808 条注释到 NR 数据库中，占 51.06%；30340 条注释到 SWISSPROT 数据库中，占 37.05%；其次，有 25338 条注释到 GO 数据

库中，占 30.94%，23782 条注释到 KOG 数据库中，占 29.04%；最后，有 10406 条注释到 KEGG 数据库中，占 12.71%。

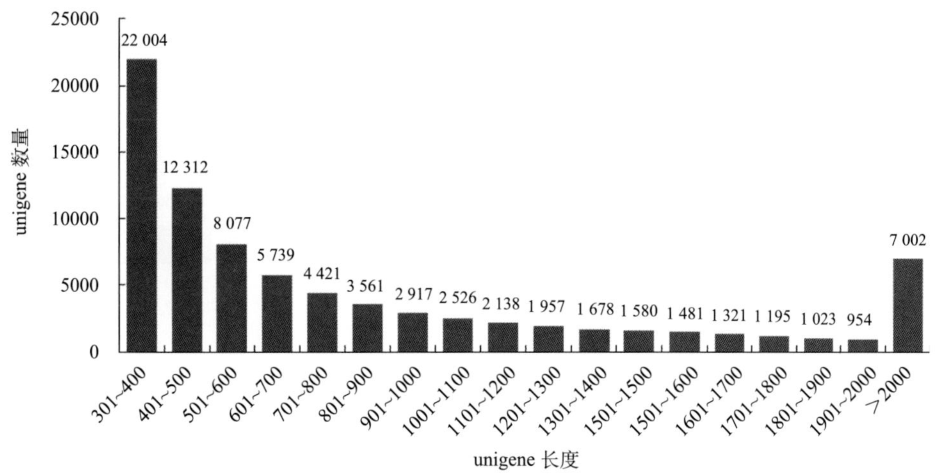

图 3-108　unigene（非重复序列）长度分布图

表 3-36　unigene（非重复序列）注释结果统计

数据库	总 unigene	注释数	注释率/%	末注释数	末注释率/%
NR	81886	41808	51.06	40078	48.94
SWISSPROT	81886	30340	37.05	51546	62.95
KOG	81886	23782	29.04	58104	70.96
KEGG	81886	10406	12.71	71480	87.29
GO	81886	25338	30.94	56548	69.06

在 KOG 功能分类体系中，涉及了 25 种 KOG 功能类别，见图 3-109。其中一般功能基因（R）所占比例最大，unigene 数量有 6941 条，占 26.40%；其次是信号转导机制（T），有 2728 条，占 10.38%；再次是蛋白质翻译后修饰与转运及分子伴侣相关基因（O），有 2320 条，占 8.82%；而次生代谢产物合成、运输及代谢（Q）相关基因有 1064 条，仅占 4.05%。在次生代谢产物合成及代谢过程中，苯丙烷生物合成途径所占 unigene 比例最大，为 34.63%；其次是萜类化合物、二芳基庚酸类化合物和姜辣素的生物合成，为 16.83%；再次是类黄酮生物合成，为 11.81%，见图 3-110。其中在苯丙烷生物合成途径中，有相关基因参与绿原酸、木质素等次生代谢产物的生物合成。

在 GO 功能分析体系中，共得到 216588 个 GO 功能注释，见图 3-111，分为三大类。其中，有 34152 个（15.77%）、86211 个（39.80%）和 96225 个（44.43%）分别归为分子功能（molecular function）、细胞组分（cellular component）和生物过程（biological process）。进一步细分，这些 unigene（非重复序列）又可以分为分子功能的 18 个、细胞组分的 19 个、生物过程的 23 个功能亚类。在分子功能亚类中，蛋白质结合和催化活性所占比例最高，分别为 43.61%和 39.02%；在细胞组分功能亚类中，细胞和细胞组分所占比例最高，分别为 22.10%和 22.04%；在生物过程功能亚类中，细胞过程所占比例最大，占 17.74%，其次是代谢过程，占 15.07%。

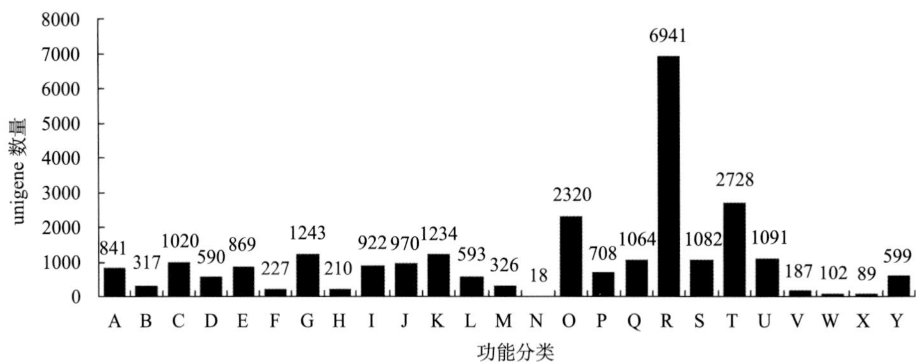

图 3-109　25 种 KOG 功能分类

A.RNA 加工与修饰；B.染色质结构与变化；C.能量产生与转化；D.细胞周期调控与分裂、染色体重排；E.氨基酸运输与代谢；F.核苷酸运输与代谢；G.碳水化合物运输与代谢；H.辅酶运输与代谢；I.脂类运输与代谢；J.翻译、核糖体结构与生物合成；K.转录；L.复制、重组与修复；M.胞壁/膜生物发生；N.细胞运动；O.蛋白质翻译后修饰与转运及分子伴侣；P.无机离子运输与代谢；Q.次生代谢产物合成、运输及代谢；R.一般功能基因；S.功能未知；T.信号转导机制；U.胞内分泌与膜泡运输；V.防御机制；W.胞外结构；X.核酸结构；Y.细胞骨架

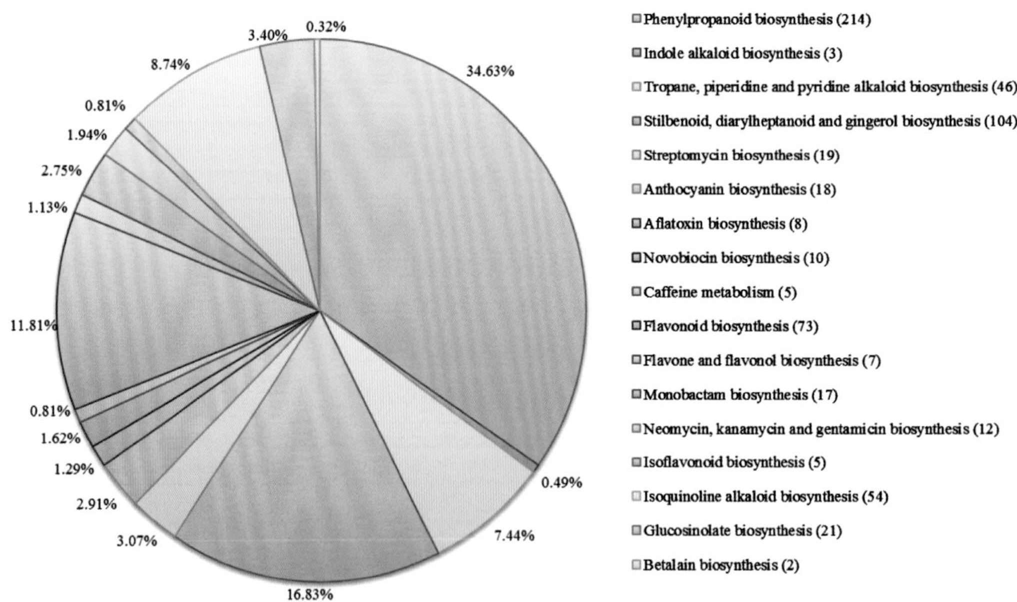

图 3-110　转录组次生代谢过程所占比例图

从上往下代谢过程依次是：苯丙烷生物合成；吲哚类生物碱生物合成；托烷、哌啶和吡啶生物碱生物合成；芪类化合物、二芳基庚酸类化合物和姜辣素的生物合成；链霉素生物合成；花青素生物合成；黄曲霉毒素生物合成；新生霉素生物合成；咖啡因代谢；类黄酮生物合成；黄酮和黄酮醇生物合成；单菌霉素生物合成；新霉素、卡那霉素和庆大霉素生物合成；异黄酮生物合成；异喹啉生物碱生物合成；芥子油苷生物合成；甜菜红色素生物合成

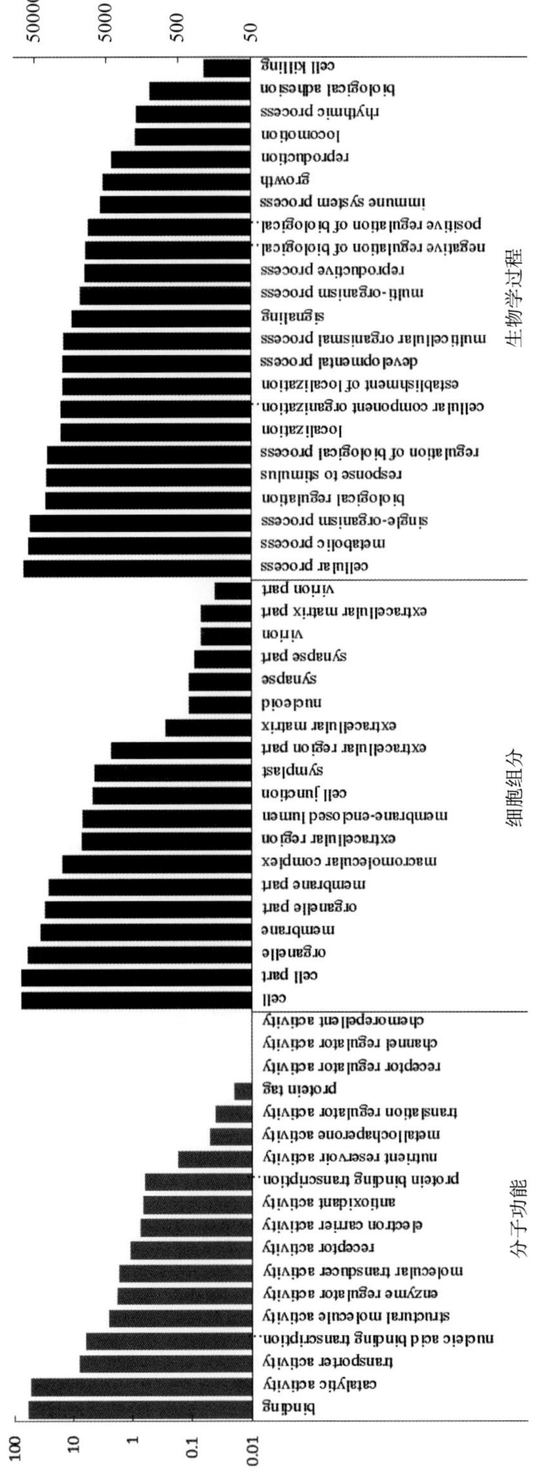

图 3-111 GO 功能分类

图中横轴为 GO 功能注释；纵轴为所占比例（左）和 unigene 数目（右）

在 KEGG 代谢通路分类体系中，共得到 355 个 KEGG 代谢通路，按照每个通路注释基因的数量排序，我们总结了高温胁迫下植物体内所占比例较大的通路，如表 3-37 所示，所占比例最大的是 ko04064（NF-kappa B 信号通路），在此通路中注释的 unigene 数为 926 条，其次是 ko01200（碳代谢），注释的 unigene 数为 493 条，接下来依次是 ko04075（植物激素信号转导，434 条）、ko03010（核蛋白体，416 条）、ko01230（氨基酸生物合成，411 条）、ko04141（内质网蛋白加工，404 条）、ko04144（胞吞作用，368 条）、ko03040（剪接体，326 条）、ko04016（植物 MAPK 信号通路，305 条）、ko03013（RNA 运输，278 条）。

表 3-37　KEGG 代谢通路分析

KEGG id	通路	unigene 数
ko04064	NF-kappa B signaling pathway	926
ko01200	Carbon metabolism	493
ko04075	Plant hormone signal transduction	434
ko03010	Ribosome	416
ko01230	Biosynthesis of amino acids	411
ko04141	Protein processing in endoplasmic reticulum	404
ko04144	Endocytosis	368
ko03040	Spliceosome	326
ko04016	MAPK signaling pathway - plant	305
ko03013	RNA transport	278

南京农业大学海洋科学及其能源生物资源研究所菊芋研究小组利用 unigene 的表达量进行主成分分析（PCA 分析），考察样品分布情况，对样本间关系进行探究或者对实验设计进行验证。PCA 可以从不同维度展现样品间的关系，样本聚类距离或者 PCA 距离越近，说明样本越相似，如图 3-112A 所示，在 RT 样本重复中，有两个样本 PAC 距离几乎重合，说明这两个样本比较相似；在 HT 样本重复中，有两个样本距离较近，说明这两个样本比较相似。利用聚类方法计算样本和样本的距离，从而对样本之间的相似性进行考察，如图 3-112B 所示，可以发现，RT3 和 RT1 样本距离相近，说明这两个样本重复性较好，而 RT2 距离较远，说明此样本与 RT3 和 RT1 重复性相对较差；HT3 和 HT1 样本距离相近，说明这两个样本重复性较好，而与 HT2 距离较远，说明此样本与 HT3 和 HT1 重复性相对较差。

由表 3-38 可知，每个样本的 unigene 表达丰度最小值均为 0，在 RT1、RT2、RT3 样本中，unigene 表达丰度最大值均在 16000 左右，平均值在 11.7 左右，总和高达 970000。在 HT1、HT2、HT3 样本中，unigene 表达丰度最大值均超过 10000，平均值在 12 左右，总和高达 980000。

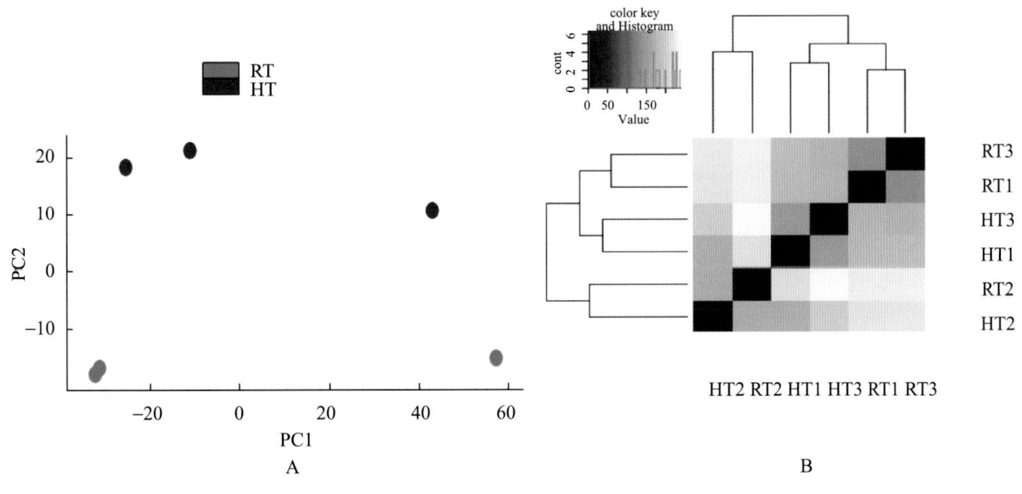

图 3-112　样本的 PCA 分析（A）和聚类分析（B）

表 3-38　unigene 表达丰度情况统计

样本	最小值	最大值	平均值	总和
RT1	0	15696.05	11.86	971272.11
RT2	0	16169.72	11.52	943386.54
RT3	0	16207.51	11.74	961484.83
HT1	0	10473.73	11.91	975290.74
HT2	0	15295.46	11.90	974549.21
HT3	0	13156.82	12.06	987824.45

在 81886 条 unigene 中，有 2720 条在 RT 中特异表达，2319 条在 HT 中特异表达；另外，在 81886 条 unigene 中，有注释的有 42569 条，所占比例为 51.99%，而在有注释的 unigene 中，有 734 条在 RT 中特异表达，680 条在 HT 中表达。本研究列举了 RT 和 HT 样本中有注释的表达丰度前 20 条 unigene，见表 3-39 和表 3-40，通过分析发现，在 RT 和 HT 中表达丰度最高的均是 comp120813_c0_seq2，注释为 RuBisCO small subunit，长度为 982 bp，FPKM 平均值分别为 16024.43 和 11968.73。

南京农业大学海洋科学及其能源生物资源研究所菊芋研究小组通过总结发现差异表达的 unigene 数为 4444 个，有 2232 个表达上调，2212 个表达下调，其中在总差异表达 unigene 中，有 811 个注释为未知功能，2062 个没有注释，1571 个有较为明确的注释。研究总结了有注释的表达丰度上、下调前 20 条 unigene，由表 3-41 和表 3-42 可知，表达丰度上调最大的是 comp127014_c0_seq3，长度为 2074 bp，上调了 287.19 倍，其次是 comp78050_c0_seq1，长度为 609 bp，上调了 232.04 倍；表达丰度下调最大的是 comp30437_c0_seq2，长度为 1101 bp，下调了 0.02 倍，其次是 comp84551_c0_seq1，长度为 939 bp，下调了 0.02 倍。

表 3-39　RT 样本中有注释的表达丰度前 20 个 unigene

unigene ID	长度/bp	RT1	RT2	RT3	平均	注释
comp120813_c0_seq2	982	15696.05	16169.72	16207.51	16024.43	RuBisCO small subunit
comp130592_c1_seq4	1034	7668.86	6321.16	7596.10	7195.37	chlorophyll A-B binding protein
comp126954_c5_seq1	757	4942.08	8894.11	5147.31	6327.84	protein of unknown function CP12
comp117677_c1_seq4	834	4940.36	5034.95	4965.43	4980.25	photosystem II PsbR
comp120743_c0_seq1	894	7344.81	28.57	4624.25	3999.21	multicystatin
comp126088_c0_seq2	1541	3401.87	3775.80	3836.03	3671.23	chlorophyll a-b binding protein CP26
comp101436_c0_seq2	719	3128.43	4848.66	3013.15	3663.41	Photosystem I PsaG
comp116495_c0_seq1	1095	2349.74	5438.54	2341.74	3376.67	chlorophyll A-B binding protein
comp115144_c1_seq1	647	3530.50	3149.08	3421.98	3367.19	metallothionein 1
comp127723_c0_seq1	649	2914.76	4294.01	2886.04	3364.94	photosystem II PsbW,
comp123589_c0_seq1	1185	2847.14	3358.83	2864.43	3023.47	LHCI type II CAB
comp104120_c0_seq1	1166	2217.58	4463.58	2341.87	3007.67	OEC 33 kDa subunit
comp122562_c0_seq1	1887	3864.81	1710.26	3392.39	2989.15	catalase 3
comp115017_c0_seq1	1095	1908.67	4504.44	2334.10	2915.74	photosystem II PsbQ
comp124857_c2_seq2	1020	2169.55	3962.17	2244.22	2791.98	PSI-F
comp128353_c3_seq1	1221	2197.08	3442.75	2214.83	2618.22	photosystem I PsaL
comp72354_c0_seq1	304	3595.52	825.76	3341.94	2587.74	chloroplast rubisco activase
comp113363_c0_seq1	1584	1778.80	3771.01	1874.45	2474.75	hypothetical protein DCAR
comp111157_c0_seq3	1485	2628.56	2258.24	2520.54	2469.11	serine-glyoxylate aminotransferase
comp128271_c2_seq1	669	1932.96	3598.83	1871.47	2467.75	ferredoxin

表 3-40　HT 样本中有注释的表达丰度前 20 个 unigene

unigene ID	长度/bp	HT1	HT2	HT3	平均	注释
comp120813_c0_seq2	982	1316.07	1344.52	1514.62	11968.73	RuBisCO small subunit
comp115144_c1_seq1	647	1247.03	1983.28	1063.19	8538.84	metallothionein 1
comp130592_c1_seq4	1034	6464.80	5186.08	6023.06	5891.32	chlorophyll A-B binding protein
comp120024_c0_seq2	2012	787.47	1249.30	770.20	5207.98	peptidase C13
comp126954_c5_seq1	757	766.38	995.37	766.35	4763.58	protein of unknown function CP12
comp117677_c1_seq4	834	739.79	1267.32	763.70	3828.66	photosystem II PsbR
comp120743_c0_seq1	894	3871.09	2262.34	4771.23	3787.19	multicystatin
comp122562_c0_seq1	1887	818.35	816.66	772.27	3634.89	catalase 3
comp113363_c0_seq1	1584	1200.44	2361.87	1040.67	3142.83	hypothetical protein DCAR
comp115147_c4_seq2	1429	3862.41	3378.92	4244.65	2434.55	hypothetical protein Ccrd
comp127721_c2_seq3	1569	1083.13	1083.97	1193.83	2420.65	peroxidase
comp101436_c0_seq2	719	1839.19	2660.49	1705.04	2068.24	photosystem I PsaG
comp127723_c0_seq1	649	1684.27	2292.61	1835.32	2060.87	photosystem II PsbW
comp127014_c0_seq3	2074	2392.88	2843.41	2025.67	2060.07	sucrose 1F-fructosyltransferase
comp133541_c1_seq6	819	1951.76	1868.89	2058.74	1959.79	polyubiquitin 11-like
comp128271_c2_seq1	669	1651.22	2164.04	1647.07	1937.40	ferredoxin
comp123589_c0_seq1	1185	1643.41	1501.79	1585.15	1829.85	LHCI type II CAB
comp128353_c3_seq1	1221	937.63	989.55	998.26	1820.78	photosystem I PsaL
comp78555_c0_seq1	1082	863.88	631.54	734.25	1808.18	23 kDa jasmonate-induced protein-like
comp115049_c0_seq1	476	10148.90	5899.38	9568.22	1743.56	unnamed protein product

表 3-41　南菊芋 1 号有注释的表达上调前 20 条 unigene（非重复序列）

unigene ID	长度/bp	RT	HT	$\log_2$（HT/RT）	*P*-value	注释
comp127014_c0_seq3	2074	295.58	84886.03	8.17	0.00	sucrose 1F-fructosyltransferase
comp78050_c0_seq1	609	0.34	78.34	7.86	0.00	dehydration-responsive protein RD22
comp120738_c1_seq28	2164	0.66	61.94	6.56	0.00	protein ECERIFERUM 1-like
comp102746_c0_seq1	620	0.68	61.16	6.50	0.00	sucrose 1F-fructosyltransferase
comp119848_c0_seq1	1976	3.93	331.80	6.40	0.00	putative monoterpene synthase
comp98454_c0_seq1	1303	0.33	26.77	6.34	0.00	chloramphenicol acetyltransferase-like domain-containing protein
comp129054_c0_seq4	2049	63.95	4517.16	6.14	0.00	BTB/POZ-like protein
comp123761_c0_seq1	1447	80.22	4517.91	5.82	0.04	inorganic pyrophosphatase 1-like
comp117699_c0_seq2	798	1.32	66.89	5.67	0.00	Reticulon
comp90118_c0_seq2	1218	0.34	16.90	5.65	0.00	heavy metal transport/detoxification superfamily protein isoform 6
comp127735_c1_seq1	2091	372.72	18599.34	5.64	0.00	1,2-beta-fructan 1F-fructosyltransferase
comp119864_c0_seq1	1260	45.43	2156.77	5.57	0.00	concanavalin A-like lectin/glucanase superfamily
comp116203_c4_seq3	712	16.53	700.05	5.40	0.00	protein GLUTAMINE DUMPER 6
comp92889_c0_seq1	1045	25.99	1058.74	5.35	0.00	ribosomal protein 60S
comp78780_c0_seq1	1303	142.63	5504.83	5.27	0.00	alpha/beta hydrolase fold-3
comp122002_c0_seq1	1067	13.21	505.03	5.26	0.01	SPX, N-terminal
comp88457_c0_seq1	843	0.34	12.66	5.23	0.01	extradiol aromatic ring-opening dioxygenase, DODA type
comp113177_c0_seq1	681	7.01	219.87	4.97	0.00	non-specific lipid-transfer protein
comp28277_c0_seq1	573	0.99	28.81	4.86	0.03	bet v I domain-containing protein
comp117258_c0_seq1	857	3.62	99.32	4.78	0.00	vacuolar iron transporter homolog 4-like

表 3-42　南菊芋 1 号有注释的表达下调前 20 条 unigene（非重复序列）

unigene ID	长度/bp	RT	HT	$\log_2$（HT/RT）	*P*-value	注释
comp30437_c0_seq2	1101	32.66	0.63	−5.69	0.00	kinesin, motor domain-containing protein
comp84551_c0_seq1	939	15.36	0.32	−5.60	0.01	predicted protein
comp118892_c0_seq1	1458	30.66	0.65	−5.55	0.00	ribonucleoside-diphosphate reductase large subunit
comp133622_c0_seq2	622	14.14	0.34	−5.39	0.01	BTB/POZ fold
comp132083_c0_seq1	1343	51.61	1.31	−5.30	0.00	Os01g0879800
comp62182_c1_seq3	833	26.64	0.68	−5.30	0.01	pentatricopeptide repeat-containing protein chloroplastic-like
comp91344_c0_seq1	830	10.38	0.34	−4.94	0.03	leucine-rich repeat-containing protein
comp142559_c0_seq1	694	16.62	0.63	−4.72	0.01	aldehyde dehydrogenase, C-terminal
comp106874_c0_seq3	852	146.19	5.58	−4.71	0.00	phloem protein 2-like protein
comp91764_c0_seq2	452	25.30	1.01	−4.64	0.03	acyl transferase/acyl hydrolase/lysophospholipase
comp126326_c0_seq2	1637	39.76	1.64	−4.60	0.00	auxin-induced protein 15A

续表

unigene ID	长度/bp	RT	HT	$\log_2$（HT/RT）	*P*-value	注释
comp29341_c1_seq1	452	14.93	0.63	–4.56	0.01	leucine-rich repeat-containing protein
comp95763_c0_seq1	454	14.07	0.63	–4.47	0.02	ankyrin repeat-containing protein
comp65061_c0_seq1	553	14.83	0.68	–4.45	0.01	acetate/butyrate-CoA ligase AAE7
comp112639_c0_seq1	1079	13.62	0.68	–4.33	0.02	alpha/beta hydrolase fold-3
comp42119_c0_seq2	372	18.86	0.95	–4.31	0.01	putative Opie4 pol protein
comp137574_c1_seq1	413	18.56	0.95	–4.29	0.01	kinesin, motor domain-containing protein
comp113005_c1_seq1	375	37.82	1.99	–4.25	0.02	predicted protein
comp43768_c0_seq1	362	17.81	0.97	–4.21	0.01	ribonucleoside-diphosphate reductase large subunit
comp133041_c0_seq1	2975	98.07	5.49	–4.16	0.00	BTB/POZ fold

南京农业大学海洋科学及其能源生物资源研究所菊芋研究小组通过对南菊芋 1 号进行高温（30℃）胁迫处理，对得到差异表达的 unigene 进行 GO 富集分析，对其功能进行描述。总结后发现，有 1952 个 GO 条目被注释，而仅仅有 199 个 GO 条目显著富集（FDR＜0.01），其中，细胞组分 18 个，分子功能 68 个，生物过程 113 个。按照每个条目上差异基因的数量排序，分别总结了分子功能、细胞组分和生物过程中前 10 个 GO 条目，如图 3-113 所示，在分子功能中，色红素结合所占差异基因数最多，为 54 条；其次是铁离子结合，为 49 条。在细胞组分中，膜的有机组成差异基因数最多，为 374 条；其次是胞外区，为 91 条。在生物过程中，光合作用所占差异基因数最多，为 22 条；其次是相应细胞分裂素，为 20 条。

通过对南菊芋 1 号进行高温（30℃）胁迫处理，对获得的差异表达 unigene（非重复序列）进行 KEGG 富集分析，差异基因可以注释到 272 个 KEGG 通路上，8 个显著富集（FDR＜0.01），按照每个通路差异基因的数量排序，结果如图 3-114 所示。总结发现，在 KEGG 数据库中被注释的 10406 条 unigene 中有 561 条 unigene（非重复序列）被注释差异显著，其中淀粉与蔗糖代谢所占比例最大，比例为 5.35%，其次是苯丙烷生物合成（4.63%），甘氨酸、丝氨酸和苏氨酸代谢（4.10%），光合作用（4.10%），二羧酸代谢（3.39%），萜类化合物生物合成（2.85%），光合作用-天线蛋白（2.67%），类黄酮生物合成（2.50%）。

按照每个通路差异基因的数量排序，南京农业大学海洋科学及其能源生物资源研究所菊芋研究小组总结了上调和下调所占比例较大的通路，如图 3-115 所示。unigene 上调数量最多的是苯丙烷生物合成（6.71%），其次是淀粉和蔗糖代谢（6.39%），糖酵解（5.43%），抗原加工（5.43%），甘氨酸、丝氨酸和苏氨酸代谢（3.83%），萜类化合物生物合成（3.51%），甲烷代谢（3.51%）萜类，二芳基庚酸类和姜酚类化合物生物合成（3.19%）；unigene 下调数量最多的是光合作用（9.27%），其次是光合作用-天线蛋白（6.05%），二羧酸代谢（4.84%），光合生物固碳（4.44%），甘氨酸、丝氨酸和苏氨酸代谢（4.44%），光合生物固碳作用（2.0%）。其中，苯丙烷酸生物合成途径与绿原酸的合成有直接关系。

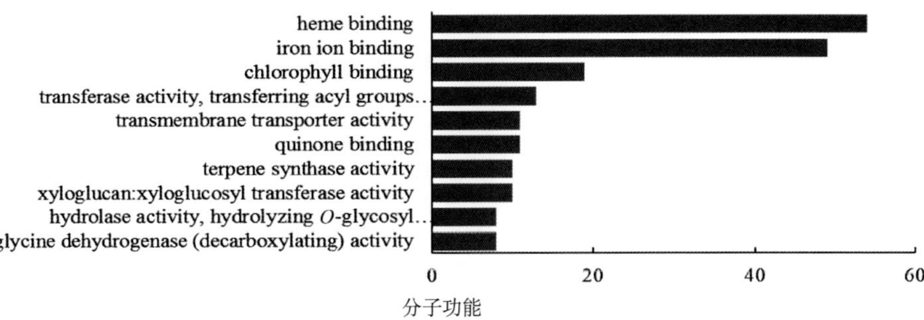

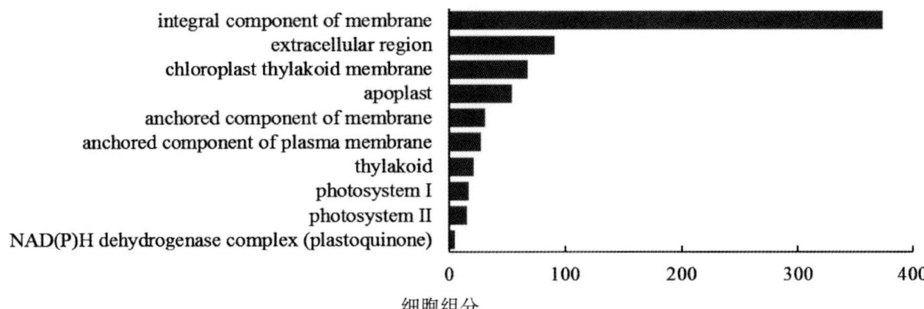

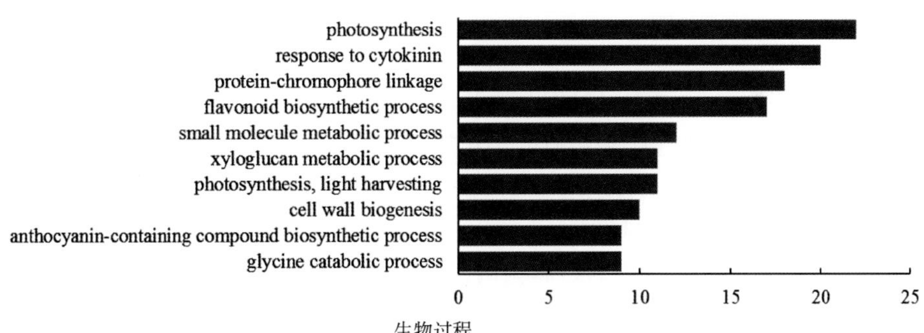

图 3-113　南菊芋 1 号高温胁迫下差异表达 unigene 的 GO 富集分析

图中横轴为 unigene 数目，纵轴为 GO 条目名称

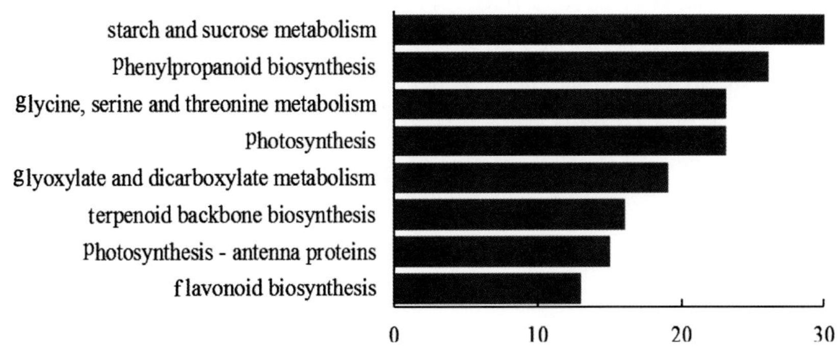

图 3-114　南菊芋 1 号高温胁迫下差异表达 unigene 的 KEGG 富集分析

图中横坐标为 unigene 数目，纵轴为 KEGG 通路

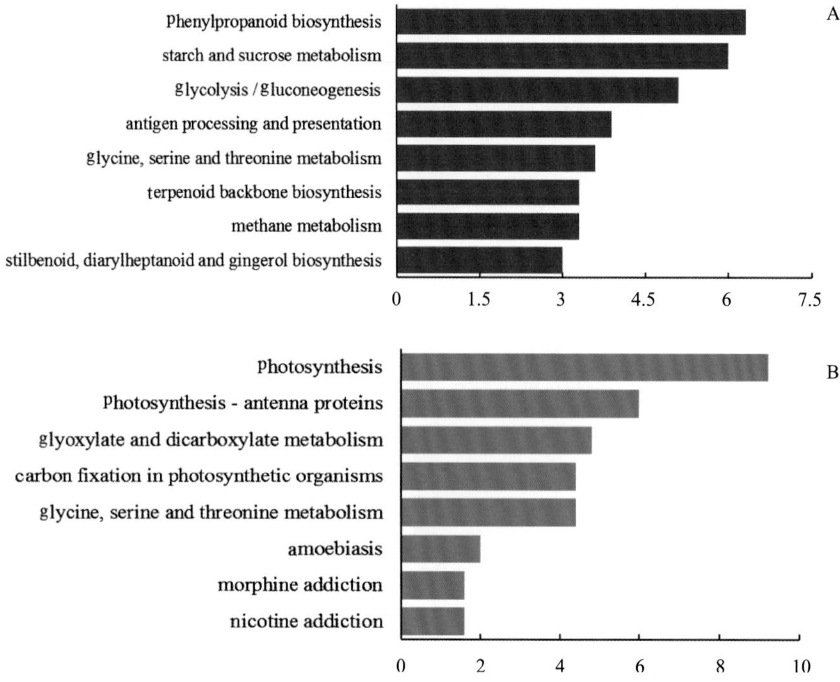

图 3-115　南菊芋 1 号高温胁迫下 unigene 差异表达的上调（A）和下调（B）分析

图中横坐标为 unigene（非重复序列）所占比例

为了验证南菊芋 1 号高温（30℃）胁迫下转录组数据的真实性，南京农业大学海洋科学及其能源生物资源研究所菊芋研究小组选择单独的样本（经高温处理的南菊芋 1 号幼苗叶片与对照），随机选取转录组中 11 个差异表达的 unigene，设计特异性引物，进行实时定量 PCR，结果如图 3-116 所示。comp114876_c0_seq1 注释为饱和脂肪酸脱氢酶基因，comp109827_c0_seq1 注释为热休克蛋白基因（*HSF20* 家族），comp127014_c0_seq3 注释为果糖基转移酶基因，comp118729_c0_seq5 注释为 *WRKY* 转录因子（*WRKY65*）基因，comp101941_c0_seq1 注释为与细胞膜组成、叶片衰老、防御病毒和微生物等有关的基因，comp138209_c0_seq2 注释为内根-贝壳杉烯氧化酶（cytochrome *P450 CYP2* 亚家族）基因，comp105193_c0_seq1 注释为 *WRKY* 转录因子（*WRKY11*）基因，comp126088_c0_seq2 注释为叶绿素 a、b 结合蛋白 *CP26* 基因，comp119318_c0_seq3 注释为谷氨酸脱羧酶基因，comp119754_c0_seq1 注释为响应乙烯的转录因子 *RAP2-4* 基因，comp121354_c0_seq1 注释为热休克蛋白（*HSP70*）基因。从图 3-116 中可以看出，有些实时定量 PCR 结果会与转录组结果存在一定的差异，但实时定量 PCR 结果与转录组结果无论是上调还是下调基本上都呈现一致性，且结果显著。

绿原酸合成途径注释的 unigene 分析。通过 KEGG 数据库可知，绿原酸是经苯丙烷代谢生成，首先在 PAL 催化下生成肉桂酸，继而在 C4H 催化下生成 4-香豆酸，再在 4CL 作用下生成 4-香豆酰辅酶 A，从 4-香豆酰辅酶 A 开始，绿原酸合成有两条分支：其一是在 C3H 和 HCT 的参与下生成咖啡酰辅酶 A；其二是在 C3H 和 HQT 参与下生成咖啡酰辅酶 A，最后在 CCoAOMT 的作用下生成绿原酸。在绿原酸生物合成途径中注释的有 7

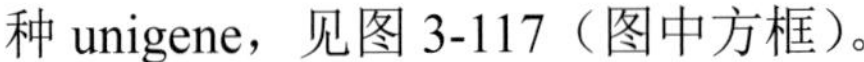

种 unigene，见图 3-117（图中方框）。

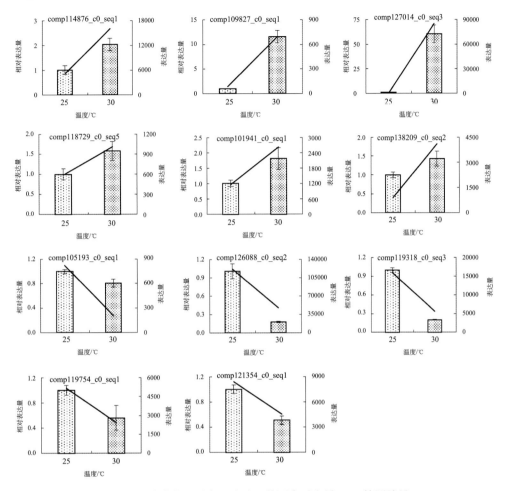

图 3-116　南菊芋 1 号高温胁迫下基因实时定量 PCR 检测结果

图中数据为 3 个重复的平均值±SD；同一指标不同小写字母表示 $P≤0.05$ 差异水平

PAL 参与植物类黄酮、香豆酸酯类和木质素等次生代谢产物的形成，通过高温胁迫下南菊芋 1 号叶片的转录组分析，注释 *PAL* 的 unigene 为 14 个，且在不同温度（25℃和 30℃）下均有表达，其中 7 个 unigene 上调，7 个 unigene 下调，但仅有 2 条 unigene 存在显著差异，unigene ID 是 comp97991_c0_seq1 和 comp108371_c0_seq1，见表 3-43。comp97991_c0_seq1 和 comp108371_c0_seq1 在高温胁迫下均上调，且 30℃条件下这 2 个 unigene 的表达量是 25℃条件下的 2.56 倍和 2.24 倍。在被注释的 14 个 unigene 中，comp135224_c2_seq1 在 25℃和 30℃条件下表达量均最高，其次是 comp117446_c0_seq2 和 comp122644_c0_seq1。

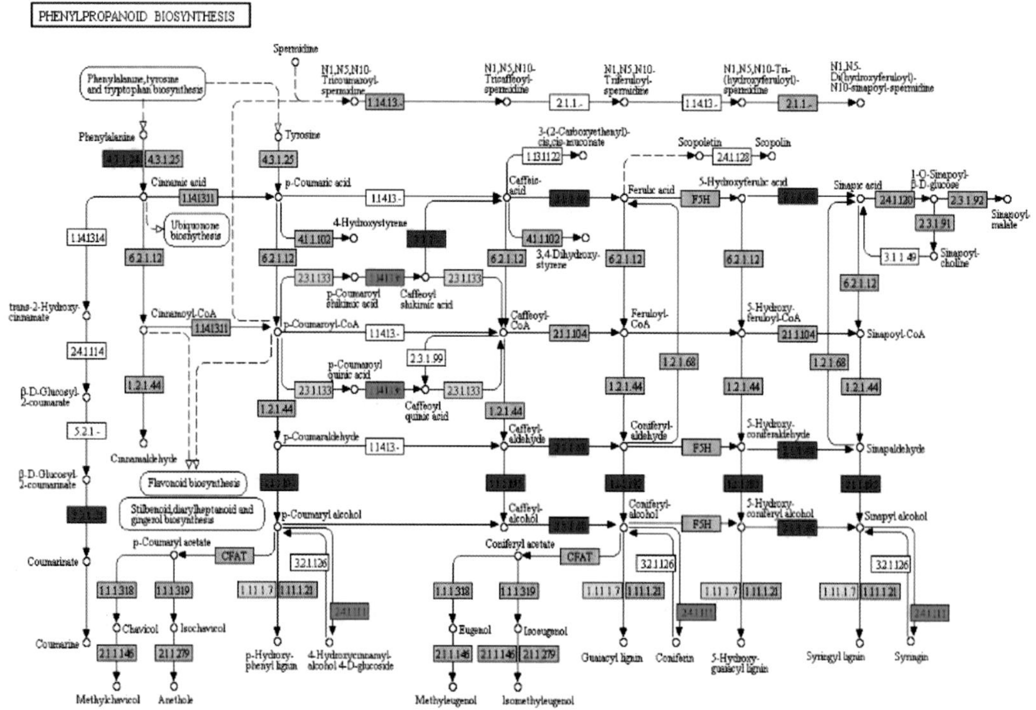

图 3-117　KEGG 数据库中的绿原酸生物合成

表 3-43　高温胁迫下南菊芋 1 号叶片 *PAL* 基因的表达

unigene ID	长度/bp	RT（25℃）	HT（30℃）	$\log_2$（HT/RT）	*P*
comp148147_c0_seq1	604	2.66	3.23	0.28	0.96
comp117446_c0_seq2	716	855.69	1711.57	1.00	0.05
comp121714_c0_seq2	1250	14.51	8.82	−0.72	0.54
comp113048_c0_seq3	984	883.83	967.42	0.13	0.87
comp102099_c0_seq1	979	6.60	4.20	−0.65	0.74
comp135224_c2_seq1	2475	92953.46	67409.25	−0.46	0.51
comp116605_c1_seq1	325	15.17	25.77	0.77	0.42
**comp97991_c0_seq1	354	115.80	296.45	1.36	0.01
comp51176_c0_seq1	302	6.27	1.01	−2.63	0.30
comp98088_c0_seq1	377	24.56	61.17	1.32	0.20
comp135224_c1_seq1	436	151.66	85.85	−0.82	0.28
**comp108371_c0_seq1	436	261.21	584.66	1.16	0.02
comp122644_c0_seq1	1013	1704.53	1475.16	−0.21	0.77

*表示差异基因下调，**表示差异基因上调。下同。

C4H 是苯丙烷代谢途径中第 2 个关键酶，催化合成多种次生代谢产物，高温胁迫下南菊芋 1 号叶片的转录组分析见表 3-44，注释 *C4H* 的 unigene 为 5 个，其中 4 个 unigene 上调，1 个 unigene 下调，且在不同温度（25℃和 30℃）下被注释的 5 个 unigene 无差异表达。在被注释的 5 个 unigene 中，comp124944_c0_seq3 在 25℃和 30℃条件下表达量均最高，且在高温胁迫下该 unigene 出现上调，30℃条件下该 unigene 的表达量是 25℃条件下的 1.28 倍；其次是 comp129251_c4_seq1，高温胁迫下该 unigene 也出现略微上调。而 comp131506_c2_seq1 表达量最少，且在高温胁迫下表达量为 0。

表 3-44　高温胁迫下南菊芋 1 号叶片 *C4H* 基因的表达

unigene ID	长度/bp	RT（25℃）	HT（30℃）	$\log_2$（HT/RT）	*P*
comp131506_c2_seq1	304	9.92	0	—	0.19
comp124944_c0_seq3	1848	5306.45	6800.02	0.36	0.52
comp129251_c4_seq1	430	174.87	184.39	0.08	0.87
comp124944_c1_seq2	659	12.22	13.23	0.11	0.94
comp131506_c0_seq23	2438	78.31	91.59	0.23	0.68

4CL 是苯丙氨酸途径中催化肉桂酸、咖啡酸、阿魏酸等衍生物生成香豆酰辅酶 A 的关键酶，高温胁迫下南菊芋 1 号叶片的转录组分析见表 3-45，注释 *4CL* 的 unigene 为 10 个，其中上调的 unigene 有 6 个，下调的 unigene 有 4 个，且在不同温度（25℃和 30℃）下被注释的 10 个 unigene 无差异表达。在被注释的 10 个 unigene 中，comp128685_c0_seq2 和 comp130188_c0_seq1 在 25℃和 30℃条件下均出现高表达的现象，且均出现上调；而 comp119818_c0_seq1 在 25℃和 30℃条件下也出现高表达的现象，但该 unigene 在高温胁迫下出现下调现象。

表 3-45　高温胁迫下南菊芋 1 号叶片 *4CL* 基因的表达

unigene ID	长度/bp	RT（25℃）	HT（30℃）	$\log_2$（HT/RT）	*P*
comp114966_c0_seq3	1314	13.23	18.32	0.47	0.67
comp124477_c0_seq74	1854	89.75	86.13	–0.06	0.94
comp135140_c0_seq5	2059	620.73	726.05	0.23	0.56
comp31804_c0_seq2	953	284.65	305.16	0.10	0.81
comp128685_c0_seq2	2393	2262.68	3243.16	0.52	0.31
comp130188_c0_seq1	1857	3629.20	3957.91	0.13	0.80
comp130188_c3_seq1	713	21.22	15.49	–0.45	0.62
comp129980_c0_seq2	1952	54.73	58.36	0.09	0.97
comp8435_c0_seq1	711	6.68	1.96	–1.77	0.40
comp119818_c0_seq1	2173	5391.96	3508.82	–0.61	0.44

HCT 在苯丙氨酸途径中催化对-香豆酰辅酶 A 形成对-香豆酰莽草酸/奎尼酸，且还能催化咖啡酰莽草酸/奎尼酸转化为咖啡酰辅酶 A，HQT 能够催化香豆酰辅酶 A 和咖啡酰辅酶 A 与奎尼酸反应生成绿原酸，高温胁迫下南菊芋 1 号叶片的转录组分析见表 3-46，注释 *HCT*/*HQT* 的 unigene 为 38 个，其中上调的 unigene 有 26 个，下调的 unigene 有 12 个，但仅有 8 条 unigene 存在显著差异。在这 8 条存在显著差异的 unigene 中，有 6 条 unigene 在高温胁迫下表达量出现上调，有 2 条表达量出现下调。在 25℃条件下，有 4

条 unigene（comp89872_c0_seq3、comp20840_c0_seq1、comp902_c0_seq1、comp161712_c0_seq1）的表达量为 0，但在高温胁迫下，这 4 条 unigene 均出现了略微表达；而在高温胁迫下，也有 2 条 unigene（comp160337_c0_seq1、comp152620_c0_seq1）的表达量为 0。在被注释的 38 个 unigene 中，表达量最高的是 comp131129_c0_seq1，且在高温胁迫下该 unigene 的表达量基本无变化。

表 3-46　高温胁迫下南菊芋 1 号叶片 *HCT/HQT* 基因的表达

unigene ID	长度/bp	RT（25℃）	HT（30℃）	log_2（HT/RT）	*P*
comp124104_c0_seq1	1483	104.05	168.18	0.69	0.15
comp136851_c3_seq1	323	53.67	76.11	0.50	0.60
**comp89872_c0_seq3	1503	0	22.83	Inf	0.00
comp160337_c0_seq1	349	2.64	0	–Inf	0.39
comp86252_c0_seq2	433	4.00	0.68	–2.56	0.43
**comp125151_c0_seq1	1415	407.77	715.15	0.81	0.04
comp973_c0_seq1	361	4.94	1.98	–1.32	0.58
**comp113102_c1_seq3	736	123.88	244.97	0.98	0.03
*comp98111_c0_seq1	1462	25.82	5.51	–2.23	0.04
comp111794_c1_seq1	422	22.87	18.41	–0.31	0.75
**comp96000_c1_seq1	1378	4.03	68.70	4.09	0.00
comp117874_c0_seq2	601	12.97	14.11	0.12	0.94
comp20840_c0_seq1	322	0	2.64	Inf	0.40
comp136578_c0_seq4	1355	73.15	96.93	0.41	0.56
comp89730_c0_seq1	526	103.64	105.34	0.02	0.98
comp124925_c0_seq1	1562	34.08	60.32	0.82	0.20
*comp126966_c1_seq1	1560	1047.46	143.07	–2.87	0.00
comp89315_c0_seq1	342	6.35	3.84	–0.73	0.73
**comp123980_c0_seq1	1591	43.13	215.60	2.32	0.00
comp105150_c0_seq1	304	20.49	19.68	–0.06	0.96
comp113102_c0_seq2	395	49.10	65.63	0.42	0.49
comp126473_c0_seq4	1628	360.61	261.42	–0.46	0.27
comp95195_c0_seq1	413	48.08	44.65	–0.11	0.90
comp34356_c0_seq1	1634	21.16	29.65	0.49	0.55
comp152620_c0_seq1	367	1.99	0	–Inf	0.52
comp116109_c0_seq2	828	51.87	105.08	1.02	0.22
comp112951_c0_seq1	954	474.51	573.21	0.27	0.49
comp131129_c0_seq1	1711	8375.34	8345.22	–0.01	0.97
comp107646_c0_seq1	426	546.94	1016.26	0.89	0.31
comp902_c0_seq1	324	0	2.25	Inf	0.47
comp161712_c0_seq1	338	0	3.20	Inf	0.31
comp121527_c0_seq1	1594	264.38	445.62	0.75	0.06
comp52755_c0_seq1	1362	27.73	27.93	0.01	1.00

续表

unigene ID	长度/bp	RT（25℃）	HT（30℃）	$\log_2$（HT/RT）	P
comp127876_c0_seq1	1432	29.67	31.21	0.07	0.93
comp80221_c1_seq1	341	1.35	3.90	1.53	0.60
comp136851_c2_seq4	2371	532.20	866.27	0.70	0.41
comp112951_c1_seq1	757	333.73	390.67	0.23	0.58
**comp119460_c0_scq2	1379	11.72	47.94	2.03	0.02

C3H 是调控植物体内木质素代谢过程中 H 单体向 G 单体和 S 单体转化的木质素生物合成的关键酶，高温胁迫下南菊芋 1 号叶片的转录组分析见表 3-47，注释 *C3H* 的 unigene 为 5 个，且在不同温度（25℃和 30℃）下均有表达，其中上调的 unigene 有 3 个，下调的 unigene 有 2 个，但仅有 1 条 unigene 存在显著差异，unigene ID 是 comp30873_c0_seq1。comp30873_c0_seq1 在高温胁迫下出现下调现象，且 30℃条件下该 unigene 的表达量是 25℃条件下的 0.06 倍。在被注释的 5 个 unigene 中，comp132731_c0_seq1 在 25℃和 30℃条件下表达量均最高，且在高温胁迫下该 unigene 出现上调，30℃条件下该 unigene 的表达量是 25℃条件下的 1.55 倍；其次是 comp122918_c0_seq1 和 comp122918_c1_seq1，30℃条件下这 2 个 unigene 的表达量分别是 25℃条件下的 1.70 倍和 1.23 倍。

表 3-47　高温胁迫下南菊芋 1 号叶片 *C3H* 基因的表达

unigene ID	长度/bp	RT（25℃）	HT（30℃）	$\log_2$（HT/RT）	P
comp109478_c0_seq3	567	17.19	16.90	–0.02	1.00
*comp30873_c0_seq1	1376	34. 40	2.21	–3.96	0.02
comp122918_c0_seq1	353	110.10	187.42	0.77	0.10
comp132731_c0_seq1	1996	2491.27	3854.25	0.63	0.21
comp122918_c1_seq1	1414	178.66	219.61	0.30	0.50

CCoAOMT 催化芳香环上的羟基甲基化，参与 G 型木质素的合成，高温胁迫下南菊芋 1 号叶片的转录组分析见表 3-48，注释 *CCoAOMT* 的 unigene 为 9 个，其中上调的 unigene 有 6 个，下调的 unigene 有 3 个，且在不同温度（25℃和 30℃）下被注释的 9 个 unigene 无差异表达。在被注释的 9 个 unigene 中，comp109040_c0_seq1 在 25℃和 30℃条件下表达量最高，且高温胁迫下出现上调，30℃条件下该 unigene 的表达量是 25℃条件下的 1.42 倍；其次是 comp126935_c0_seq2，高温胁迫下该 unigene 出现上调，30℃条件下该 unigene 的表达量是 25℃条件下的 1.80 倍。

表 3-48　高温胁迫下南菊芋 1 号叶片 *CCoAOMT* 基因的差异表达

unigene ID	长度/bp	RT（25℃）	HT（30℃）	$\log_2$（HT/RT）	P
comp103689_c0_seq1	893	569.58	671.41	0.24	0.89
comp126935_c0_seq2	1221	885.07	1591.60	0.85	0.19
comp62423_c0_seq2	334	12.53	12.79	0.03	1.00

续表

unigene ID	长度/bp	RT（25℃）	HT（30℃）	$\log_2$（HT/RT）	P
comp98142_c0_seq3	377	12.71	1.29	−3.30	0.06
comp106555_c1_seq1	437	12.88	8.01	−0.69	0.60
comp108839_c1_seq2	614	120.65	134.03	0.15	0.75
comp124763_c2_seq2	951	50.25	61.40	0.29	0.65
comp125844_c0_seq6	1166	300.31	296.32	−0.02	0.97
comp109040_c0_seq1	1021	1366.02	1938.83	0.51	0.48

南京农业大学海洋科学及其能源生物资源研究所菊芋研究小组通过对高温胁迫下南菊芋 1 号叶片的转录组分析可知，经 De novo 拼接，获得 81886 条 unigene，接着对 unigene 进行 BLASTX 比对，其中有 41808 条 unigene 注释到 NR 数据库中；30340 条 unigene 注释到 SWISSPROT 数据库中；23782 条 unigene 注释到 KOG 数据库中；10406 条 unigene 注释到 KEGG 数据库中；25338 条 unigene 注释到 GO 数据库中。在 KOG 功能分类体系中，涉及了 25 个 KOG 功能类别，在次生代谢产物合成及代谢过程中，苯丙氨酸生物合成途径所占比例最大；在 GO 功能分析体系中，将 216588 个 GO 功能注释分为分子功能、细胞组分、生物过程三大类。2013 年，He 等报道应用 454 测序技术对金银花叶片和花蕾进行了转录组测序，共得到 64184 条 unigene，有 47121 条 unigene 注释到 NR 数据库中；27671 条 unigene 注释到 SWISSPROT 数据库中；11414 条 unigene 注释到 KOG 数据库中，其中参与次生代谢产物生物合成的 unigene 有 232 条；43129 条 unigene 注释到 KEGG 数据库中，其中 325 条 unigene 与次生代谢有关，在次生代谢产物合成途径中，苯丙氨酸生物合成途径所占比例最大；19785 条 unigene 注释到 GO 数据库中，可分为分子功能、细胞组分、生物过程三大类，包括 34 个亚类。通过比较分析菊芋与金银花转录组发现，在次生代谢产物生物合成过程中，苯丙氨酸生物合成途径所占比例最大，而在苯丙氨酸生物合成途径中，有相关基因参与绿原酸、木质素等次生代谢产物的生物合成。

温度影响植物的生长发育和植物体内的新陈代谢，高温会影响光合作用过程中酶的活性，从而会降低光合速率。另外，细胞膜能够维持植物体内细胞的正常生命活动和新陈代谢，高温会影响细胞膜的通透性。研究表明，高温胁迫对植物叶片的损害与响应更明显[128]。通过对高温胁迫下南菊芋 1 号叶片转录组数据中差异表达的 unigene 进行 GO 富集分析发现，有 1952 个 GO 条目被注释，有 541 个 GO 条目呈现显著性（$P\leqslant 0.05$），按照每个条目上差异基因的数量排序，其中膜的有机组成所占比例最大。高温能够改变膜的组成，破坏线粒体、内质网和高尔基体等膜结构，导致膜上离子载体种类和作用发生变化，影响膜的选择吸收和电解质的渗漏[129]。然后还包括转录因子活性、叶绿体、酶的活性等。研究表明，在响应生物胁迫和非生物胁迫时，转录因子对组织的生长和细胞功能方面发挥着重要的作用[130]。脂质和膜蛋白是细胞膜的主要组成部分，其中膜脂包括饱和脂肪酸和不饱和脂肪酸。植物的细胞膜饱和脂肪酸含量越高，耐热性就越强[131]。另外，高温能够致使植物体内产生过氧化物自由基、超氧化物自由基、单线态氧等活性氧，这会对膜产生毒性[132]。

高温会影响植物的渗透调节系统，促使植物积累氨基酸、可溶性糖、可溶性酚类等物质，以防御高温胁迫的伤害[133]。通过对高温胁迫下南菊芋 1 号叶片转录组数据中差异表达的 unigene 进行 KEGG 富集分析发现，转录组预测有 272 个生物合成通路，其中有 17 个代谢通路出现富集（$P \leqslant 0.05$），按照每个通路差异基因的数量排序，unigene（非重复序列）上调数量最多的是苯丙氨酸生物合成，其次是淀粉和蔗糖代谢。高温胁迫下高达 5%的植物转录本出现高度上调，其中包括钙、植物激素、脂质信号、磷酸化、糖合成积累、次生代谢等生物过程[134-137]。unigene 下调数量最多的是光合作用，其次是光合作用-天线蛋白，二羧酸代谢，甘氨酸、丝氨酸和苏氨酸代谢，光合生物固碳作用等。光合作用是植物物质交换与能量代谢的重要途径，研究表明高温能够抑制葡萄叶片的光合作用，降低光合速率，这些主要与光系统Ⅱ有关[138]。另外，高温能够引起植物蛋白质变性、降解、合成受阻，杜磊等研究发现辣椒在高温胁迫下，蛋白质降解，脯氨酸含量增加，且脯氨酸含量与耐热性呈正相关[139]。

南京农业大学海洋科学及其能源生物资源研究所菊芋研究小组通过对高温胁迫下南菊芋 1 号叶片转录组数据中 unigene 进行 KEGG 分析发现，有 3 个步骤合成南菊芋 1 号叶片绿原酸，有 81 条 unigene 被注释参与绿原酸合成，其中 11 条 unigene 被注释存在显著差异。在金银花叶片和花蕾转录组数据中发现，绿原酸合成有 3 条可能的途径，共涉及 61 条 unigene 参与绿原酸的生物合成[140]。通过分析转录组数据发现，杜仲叶片和果实绿原酸合成途径有 3 个步骤，共涉及 27 条 unigene，其中幼果和叶片表达量存在显著差异的基因有 20 条[141]。在绿原酸生物合成被注释的 81 条 unigene 中，14 个 unigene 被注释为 *PAL*，有 7 个 unigene 上调，7 个 unigene 下调，其中有 2 条 unigene 存在显著差异，在高温胁迫下均上调；*HCT*/*HQT* 有 38 个 unigene 被注释，26 个 unigene 上调，12 个 unigene 下调，其中有 8 条 unigene 存在显著差异，且在这 8 条存在显著差异的 unigene 中，有 6 条 unigene 在高温胁迫下表达量出现上调，有 2 条表达量出现下调；*C3H* 有 5 个 unigene 被注释，3 个 unigene 上调，2 个 unigene 下调，其中有 1 条 unigene 存在显著差异，在高温胁迫下出现下调现象；*C4H* 有 5 个 unigene 被注释，其中 4 个 unigene 上调，1 个 unigene 下调；*4CL* 有 10 个 unigene 被注释，其中 6 个 unigene 上调，4 个 unigene 下调；*CCoAOMT* 有 9 个 unigene 被注释，6 个 unigene 上调，3 个 unigene 下调；*C4H*、*4CL*、*CCoAOMT* 被注释的 unigene 均无显著差异。因此，高温胁迫下关键酶在南菊芋 1 号叶片绿原酸合成途径中起着非常重要的作用。Chen 等研究发现，热处理（38℃处理 3 d）能提高香蕉的 PAL 活性和 PAL 的转录水平[141]；Larkindale 和 Vierling 研究发现拟南芥在高温胁迫下有 18 个不同的 *cyp* 基因出现下调[142]。

综上所述，南京农业大学海洋科学及其能源生物资源研究所菊芋研究小组关于高温胁迫下南菊芋 1 号叶片转录组分析，主要获得如下进展。

首先，针对菊芋基因组未测序、基因信息匮乏的情况，南京农业大学海洋科学及其能源生物资源研究所菊芋研究小组对 25℃（RT1、RT2 和 RT3）和 30℃（HT1、HT2 和 HT3）处理 20 d 的菊芋叶片进行了转录组测序和分析：①6 个样本的 clean reads 皆达到 60 M 以上，经过 De novo 拼接获得不小于 300bp 的 unigene 数为 81886 条。②继而对 unigene 进行注释，其中注释到 NR 数据库中的为 41808 条；注释到 SWISSPROT 数据库中的为 30340 条，注释到 KOG 数据库中的为 23782 条，涉及了 25 个 KOG 功能类别，其中次生代谢产物合成、运输及代谢相关基因的 unigene 数量有 1064 条，苯丙氨酸生物合成途径所占比例最大；注释到 GO 数据库中的为 25338 条，分为分子功能、细胞组分、生物过程三大类；注释到 KEGG 数据库中的为 10406 条，涉及 355 个 KEGG 代谢通路。

其次，发现了在 81886 条 unigene 中，有 2720 条在 RT 下特异表达，2319 条在 HT 下特异表达；其中，表达丰度最高的均是 comp120813_c0_seq2（RuBisCO small subunit），说明其在菊芋叶片光合作用中发挥极为重要的作用；高温胁迫下，差异表达的 unigene 为 4444 个，其中，2232 个表达上调，2212 个表达下调，上调最显著的为 comp127014_c0_seq3，为蔗糖 1F-果糖转移酶（sucrose 1F-fructosyltransferase），其可促进果聚糖的合成，推测有利于提高菊芋抗高温的能力。同时发现有 1952 个 GO 条目被注释，其中有 199 个 GO 条目显著富集（$FDR < 0.01$），包括分子功能 68 个、细胞组分 18 个和生物过程 113 个；通过对差异基因的 KEGG 富集分析，我们发现差异基因可以注释到 272 个 KEGG 通路上，8 个显著富集（$FDR < 0.01$），其中淀粉与蔗糖代谢所占比例最大，比例为 5.35%，其次是苯丙烷生物合成（4.63%），推测高温胁迫对碳水化合物代谢及次生物质代谢的影响非常大。

南京农业大学海洋科学及其能源生物资源研究所菊芋研究小组揭示了转录组中绿原酸合成关键基因的注释和表达特征：14 个 unigene 被注释为 *PAL*，2 条表达差异显著；38 个 unigene 被注释为 *HCT/HQT*，8 条表达差异显著；5 个 unigene 被注释为 *C3H*，1 条表达差异显著；分别有 5 个、10 个和 9 个 unigene 被注释为 *C4H*、*4CL* 和 *CCoAOMT*，且均未发现表达差异显著的；研究小组随机挑选了 11 个 unigene，利用实时定量 PCR 进行了验证，结果与转录组结果一致。

3. 南菊芋 1 号绿原酸合成途径相关基因的克隆与组织表达

电子克隆是以同源基因的核苷酸序列相似性为基础，从各个基因组数据库中检索已发表或成功测序验证的植物的目的基因，获得目的基因 cDNA 序列，应用计算机软件，得到具有高度相似的同源序列片段，以该序列为模板在其他植物的 EST 数据库进行 BLAST 检索，获得与之部分同源的 EST 群，进行组装拼接再加以人工修饰获得一条核苷酸序列，再以该序列为基础，继续运用计算机软件，再次检索各个目的基因数据库直至无法延长核苷酸序列为止。以最后拼接得到的核苷酸序列为模板设计引物，用普通 PCR 扩增的方法获得目的基因[143]。殷祥贞通过电子克隆拼接的方法获得甘蓝型油菜 *NF-YB* 基因[144]。郭慧等运用电子克隆的方法获得甘蓝中 *AP2/ERF* 转录因子基因[145]。南京农业大学海洋科学及其能源生物资源研究所菊芋研究小组在高温胁迫下南菊芋 1 号叶片转录组分析的基础上，以电子克隆技术开展了研究，本部分主要介绍菊芋绿原酸合成途径相关基因的克隆与组织表达的研究成果。

1）南菊芋 1 号绿原酸合成途径相关基因的克隆与组织表达研究方法

为了更深入探究绿原酸的生物合成途径，南京农业大学海洋科学及其能源生物资源研究所菊芋研究小组根据菊芋绿原酸含量的变化以及高温胁迫下南菊芋 1 号叶片转录组的数据，运用电子克隆技术克隆了南菊芋 1 号叶片绿原酸合成途径的相关基因，检测了菊芋不同组织相关基因的表达，更深层地研究绿原酸合成的分子机制。

菊芋绿原酸合成途径相关基因的克隆。菊芋基因的克隆采用 EST 数据库比对法[143]，首先通过 NCBI 网站搜索各物种中绿原酸合成途径相关基因序列，通过比对软件 DNAssist 2.0 进行比对，对保守区域的序列片段设计简并性引物，然后利用近 80 万条菊科植物 EST 序列（http://compgenomics.ucdavis.edu/cwp/draft.php 网站下载）和菊芋转录组数据库，用 *HtPAL1*、*HtPAL2*、*HtC3H1*、*HtCCoAOMT1*、*HtHCT*、*HtHQT* 基因序列比对菊科 EST 数据库和菊芋转录组数据库，以获得相似性极高的序列片段，通过序列拼接的方法对拼接成功的候选序列进行分段克隆，最后进行生物信息学分析。

引物设计及 PCR 程序：引物设计采用 Primer Premier 5.0 软件，由金唯智生物科技有限公司合成。

PCR 反应体系：PCR Mix 12.5 μL，正向和反向引物各 1 μL，模板 2 μL，双蒸水 8.5 μL。

RACE 反应参照 RACE 试剂盒（Takara 公司）操作说明进行 cDNA 的合成与 PCR 反应。

PCR 反应程序根据各对引物的退火温度和目的片段的长度而定。PCR 结束后取 5μL 扩增产物跑 1%的琼脂糖凝胶电泳，检测扩增结果。若电泳检测结果中得到单一的目的条带，将所有扩增产物跑 1%琼脂糖凝胶电泳，然后在紫外灯下切胶回收目的片段，参照胶回收试剂盒说明书进行（表 3-49）。

表 3-49　南菊芋 1 号绿原酸合成途径相关基因 PCR 扩增引物

引物名称	引物序列
HtPAL1-F	CTCCAAGGCTATTCTGGCATCCG
HtPAL1-R	CGCTGGGACCCGTGGTTAGG
HtPAL2-F	AATCCGGTTACAAACCATGTTCAAAGC
HtPAL2-R	GCCACCAAGCTCCTCCCTCACA
Ht4CL1-F	AAAATTGTCCAAGCGGAAGTGCA
Ht4CL1-R	AACGGCGGATGTAGCGAAGG
HtC3H1-F	TCCTCCAATCCCTCTACACCCG
HtC3H1-R	TTTCCCTGTTCATCCATTCCACC
HtCCoAOMT1-F	CAACAAACGTAACGCCTTTCCA
HtCCoAOMT1-R	TCATTCAGTTGATCCGACGACATAG
HtCCoAOMT1-3′-outprimer	CATCCAACAAACGTAACGCCTTTCCATC
HtCCoAOMT1-3′-inprimer	CGGAGAGACCAAAACCGAGTCAACC
HtHCT-F	GTTGGTCCCGTTTTACCCGATGGGA
HtHCT-R	CGGATGGGGTCGGCCCATATTCATG
HtHCT-3′-outprimer	GTTGGTCCCGTTTTACCCGATGGGA
HtHCT-3′-inprimer	GATGGCCGAATTGAGATAGATTGTC
HtHQT-F	TCTAATTTCACCATGAAAACCGATCA
HtHQT-R	AGTGGTTGTTCCTTTGCATCTAAG
HtHQT-3′-outprimer	GCGCTTGCTGATGTGCTTGTGCCG
HtHQT-3′-inprimer	TGGTGAGGGTGCTTTGTTTGTTGAGGC

注：F 指 forward primer，R 指 reverse primer；outprimer 和 inprimer 指 RACE 引物。

相关基因的生物信息学分析。从 GenBank 获得的基因序列转换成氨基酸序列后用 MegAlign 程序（DNAStar）进行比对分析。进化树根据 ClawstalW 比对的结果采用 Neighbor-Joining 的方法制作。以下基因序列用于氨基酸序列比对：*AaPAL1*（*AKP55356*）、*RbPAL*（*ABN79671*）、*LsPAL*（*AAL55242*）、*GbPAL*（*BAJ17655*）；*In4CL*（*XP-019198632*）、*Nt4CL*（*XP-016464466*）、*St4CL*（*XP-006351482*）、*Sl4CL*（*XP-004236342*）；*AtHCT*（*NP_199704*）、*CcHCT*（*AFL93686*）、*NtHCT*（*CAD47830*）、*LjHCT*（*AGA20364*）；*LjC3H*（*AFQ37421*）、*DcC3H1*（*AN053926*）、*CcC3H*（*AB077958*）、*TpC3H*（*ACX48910*）；*SlHQT*（*NP_001234850*）、*StHQT*（*NP_001275483*）、*LjHQT*（*AEK80405*）、*NtHQT*（*NP_001312079*）；*VvCCoAOMT1*（*NP_001268047*）、*LjCCoAoMT1*（*AFZ15799*）、*AtCCoAoMT1*（*NP_001328048*）、*NtCCoAOMT1*（*NP_001312329*）。用 NCBI 网站进行基因的保守结构域分析。引物见表 3-50。

表 3-50　南菊芋 1 号绿原酸合成途径相关基因实时定量 PCR 引物

引物名称	引物序列
HtPAL1-F	GGAGAAATGCTCAACGCCACCA
HtPAL1-R	CACTGAAGCCAAACCAGATCCAACC
HtPAL2-F	GAAGAACACCGTGAGCCAAGTAGCG
HtPAL2-R	CGAGGCAAGGGTCGTCAGCGTA
HtC4H-F	CCCTCGTCGCCTTATTCGC
HtC4H-R	ATTGGGCCAGGTGGGAGCT
Ht4CL1-F	TAAGAACCAAGTCGCACTGATCCTATC
Ht4CL1-R	AACGGCGGATGTAGCGAAGG
HtC3H1-F	CCCCATCGTCGGCAACCTCT
HtC3H1-R	CCTTCAACACCTCTTTAGCCAACTCA
HtCCoAOMT1-F	CAGCAGATGCACCGATGAGA
HtCCoAOMT1-R	CATTCAGTTGATCCGACGACAT
HtHCT-F	GCCCACCTGGTACGCTGCTAGTAAA
HtHCT-R	CCACGAACCAAAGCCTTCAAATCG
HtHQT-F	ACCGTTCATTGACCGCACCCT
HtHQT-R	CCGCCTTCGCTCTTGGCTTT
Htactin-F	ATGTATGTAGCCATCCAGG
Htactin-R	TGTTAGGTCACGCCCAG

2）南菊芋 1 号不同组织相关基因的表达

PAL1 和 *PAL2* 的克隆与生物信息学分析。根据已发表的 *PAL1* 和 *PAL2* 基因序列，通过比对获得同源序列，设计简并性引物，扩增获得长度为 1159bp 和 591bp 序列片段，然后进行测序验证，再将获得的基因片段序列比对菊科 EST 数据库和菊芋转录组数据库，获得多条相似度高的 EST 序列，经过筛选并通过 DNAStar 软件的拼接功能，得到拼接后的长片段序列，然后进行 ORF 分析，获得 *PAL1* 和 *PAL2* 基因 CDS 序列全长分别是 2100 bp 和 2136 bp，分别编码 699 个和 711 个氨基酸。将 PAL1 和 PAL2 氨基酸序列输入 NCBI

网站进行保守结构域分析，如图 3-118 和图 3-119 所示，结果显示 PAL1 和 PAL2 属于 PLN02457 酶家族。再从 NCBI 网站中获得与菊芋相对较近物种的 PAL 氨基酸序列进行比对，结果如图 3-120 所示，并且运用 MegAlign 6.0 软件构建系统进化树，如图 3-121 所示，结果显示：菊芋 PAL1 与朝鲜蓟（KVI06790）的相似性是 89%，与毛果杨（ACC63889）的相似性是 85%，与葡萄（XP-002267953）的相似性是 84%；菊芋 HtPAL2 与黑心菊（ABN79671）的相似性是 96%，与青蒿（AKP55356）的相似性是 94%，与北野菊（AGU91428）的相似性是 93%。

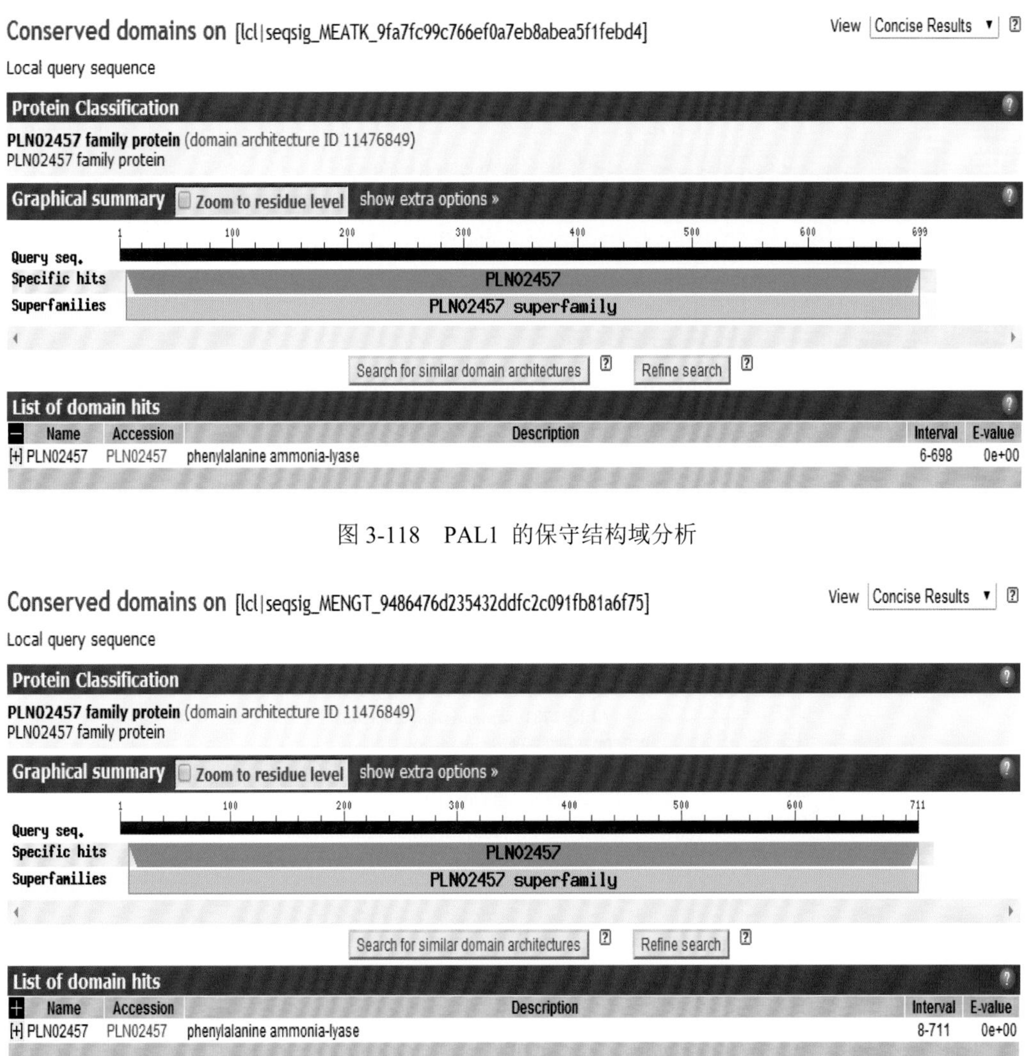

图 3-118　PAL1 的保守结构域分析

图 3-119　PAL2 的保守结构域分析

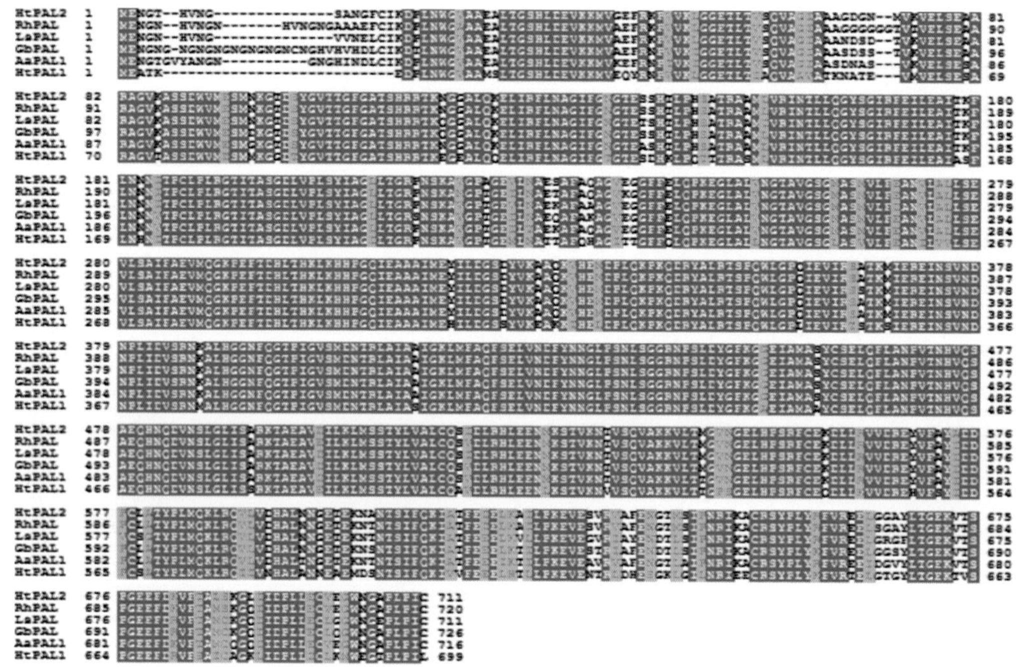

图 3-120　PAL1 和 PAL2 的氨基酸序列比对分析

以下序列通过 DNAssist 2.0 软件进行生物信息学分析：AaPAL1（AKP55356）、RbPAL（ABN79671）、LsPAL（AAL55242）、GbPAL（BAJ17655）。黑色区域表示氨基酸序列相同；灰色区域表示保守替换

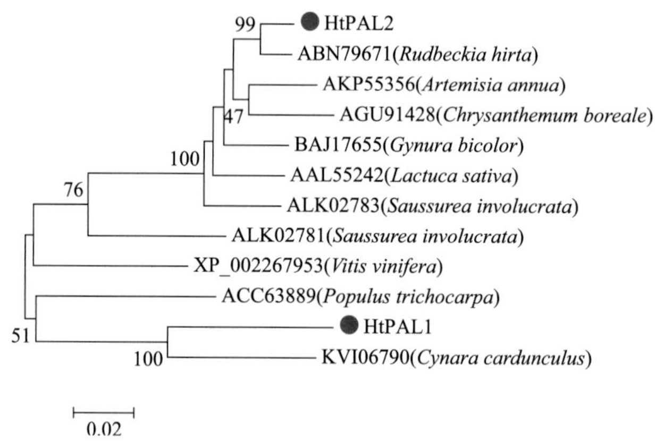

图 3-121　PAL1 和 PAL2 系统发育进化树

通过 NCBI 网站 BLAST 下载已知物种的 PAL 氨基酸序列，用 MegAlign 6.0 软件中的 Clustal W 方法进行序列比对

4CL1 的克隆与生物信息学分析。根据已发表的 *4CL1* 基因序列，通过比对获得同源序列，设计简并性引物，扩增获得长度为 560 bp 的序列片段，然后进行测序验证，再将获得的基因片段序列比对菊科 EST 数据库和菊芋转录组数据库，获得多条相似度高的 EST 序列，经过筛选并通过 DNAStar 软件的拼接功能，得到拼接后的长片段序列，然后进行 ORF 分析，获得 *4CL1* 基因 CDS 序列全长为 1377 bp，共编码 458 个氨基酸。将 Ht4CL1 氨基酸序列输入 NCBI 网站进行保守结构域分析，如图 3-122 所示，结果显示

175～1368 AA 含有 AFD-class Ⅰ家族。再从 NCBI 网站中获得与菊芋相对较近物种的 HCT 氨基酸序列进行比对，结果如图 3-123 所示，并且运用 MegAlign 6.0 软件构建系统进化树，如图 3-124 所示。结果显示菊芋 Ht4CL1 与牵牛花（XP_019198632）的相似性是 62%，与烟草（XP_016464466）的相似性是 62%，与马铃薯（XP_006351482）的相似性是 62%。

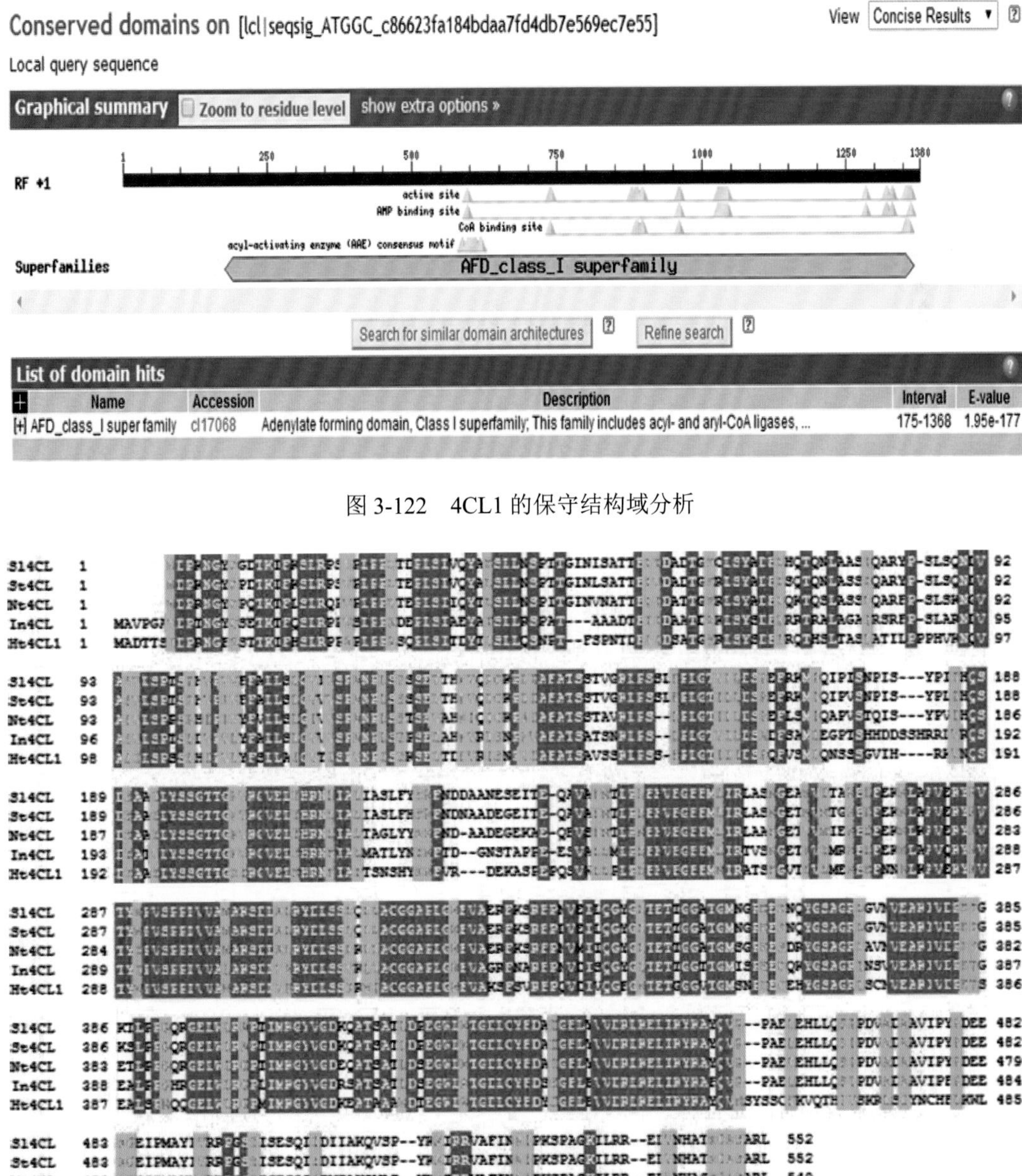

图 3-122　4CL1 的保守结构域分析

图 3-123　4CL1 的氨基酸序列比对分析

以下序列通过 DNAssist 2.0 软件进行生物信息学分析：In4CL（XP-019198632）、Nt4CL（XP-016464466）、St4CL（XP-006351482）、Sl4CL（XP-004236342）。黑色区域表示氨基酸序列相同；灰色区域表示保守替换

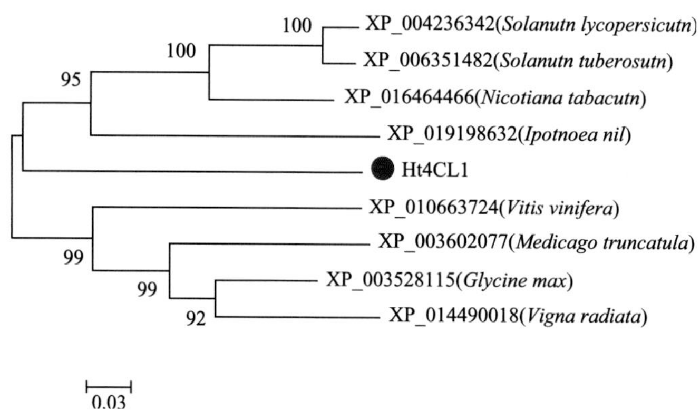

图 3-124　4CL1 系统发育进化树

通过 NCBI 网站 BLAST 下载已知物种的 HCT 序列，用 MegAlign 6.0 软件中的 Clustal W 方法进行序列比对

HCT 的克隆与生物信息学分析。根据已发表的 *HCT* 基因序列，通过比对获得同源序列，设计简并性引物，扩增获得长度为 970 bp 的序列片段，然后进行测序验证，再将获得的基因片段序列比对菊科 EST 数据库和菊芋转录组数据库，获得多条相似度高的 EST 序列，经过筛选并通过 DNAStar 软件的拼接功能，得到拼接后的长片段序列，然后进行 ORF 分析，未发现完整的 ORF，通过采用 3′RACE 技术，获得 3′端，将获得的 3′端序列拼接后，进行 ORF 分析，得到 *HCT* 基因 CDS 序列全长为 1293 bp，共编码 430 个氨基酸。将 HCT 氨基酸序列输入 NCBI 网站进行保守结构域分析，如图 3-125 所示，结果显示 1～430 AA 含有 *ω*-羟基棕榈酸酯-*O*-阿魏酰基转移酶家族。再从 NCBI 网站中获得与菊芋相对较近物种的 HCT 氨基酸序列进行比对，结果如图 3-126 所示，并且运用 MegAlign 6.0 软件构建系统进化树，如图 3-127 所示。结果显示菊芋 HCT 与菊苣（ANN12609）的相似性是 88%，与朝鲜蓟（AAZ80046）的相似性是 86%，与桔梗（AEM63675）的相似性是 83%，与金银花（AIG20957）的相似性是 81%。

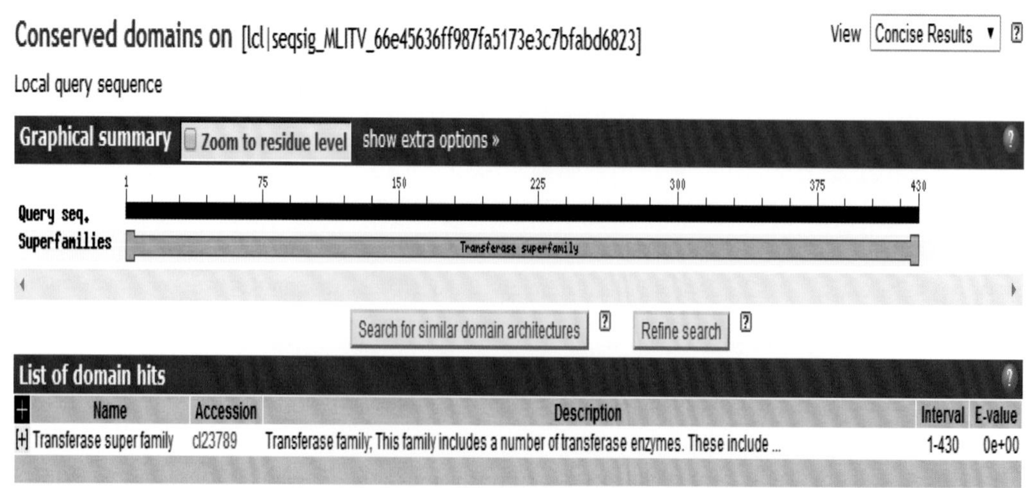

图 3-125　HCT 的保守结构域分析

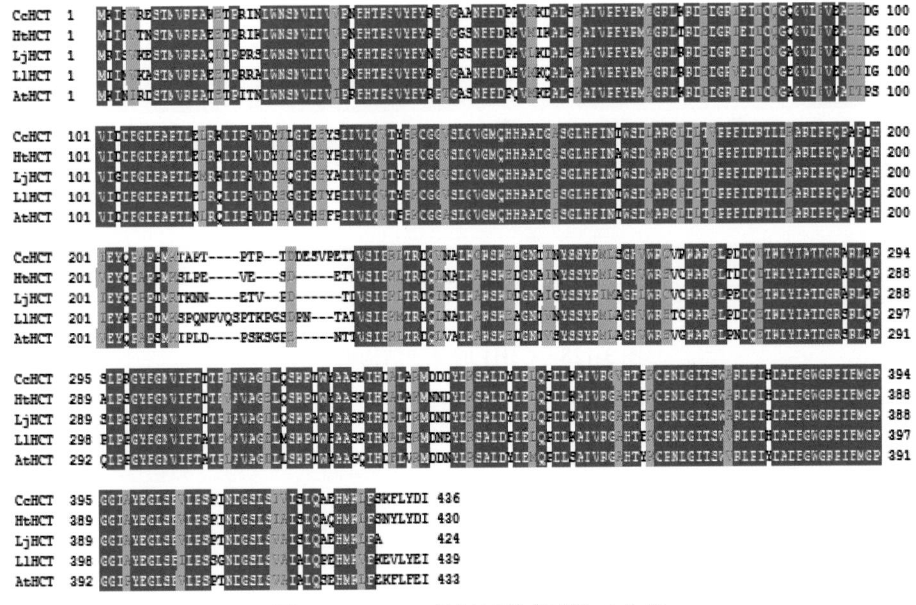

图 3-126　HCT 的氨基酸序列比对分析

以下序列通过 DNAssist 2.0 软件进行生物信息学分析：AtHCT（NP_199704）、CcHCT（AFL93686）、NtHCT（CAD47830）、LjHCT（AGA20364）。黑色区域表示氨基酸序列相同；灰色区域表示保守替换

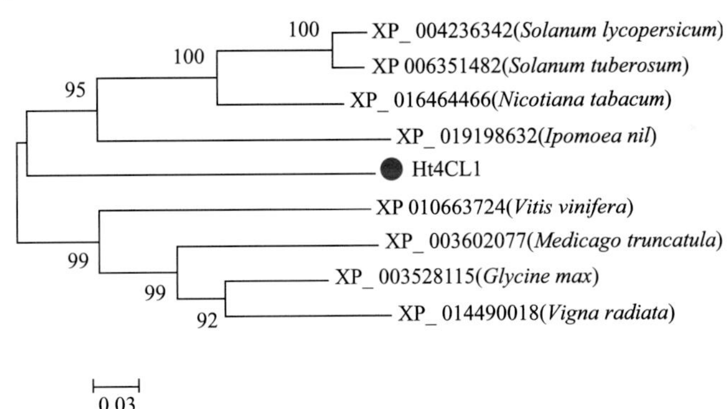

图 3-127　HCT 系统发育进化树

通过 NCBI 网站 BLAST 下载已知物种的 HCT 序列，用 MegAlign 6.0 软件中的 Clustal W 方法进行序列比对

C3H1 的克隆与生物信息学分析。根据已发表的 *C3H1* 基因序列，通过比对获得同源序列，设计简并性引物，扩增获得长度为 565 bp 的序列片段，然后进行测序验证，再将获得的基因片段序列比对菊科 EST 数据库和菊芋转录组数据库，获得多条相似度高的 EST 序列，经过筛选并通过 DNAStar 软件的拼接功能，得到拼接后的长片段序列，然后进行 ORF 分析，获得 *C3H1* 基因 CDS 序列全长为 1536 bp，共编码 511 个氨基酸。将 C3H1 氨基酸序列输入 NCBI 网站进行保守结构域分析，如图 3-128 所示，结果显示 C3H1 属于 P450 超家族。再从 NCBI 网站中获得与菊芋相对较近物种的 C3H1 氨基酸序列进行比对，结果如图 3-129 所示，并且运用 MegAlign 6.0 软件构建系统进化树，如图 3-130 所示。结果显示菊芋 C3H1 与青蒿（AGN54071）的相似性是 91%，与金银花（AFQ37421）的相似性是 81%，与胡萝卜（ANO53926）的相似性是 81%。

Conserved domains on [lcl|seqsig_MAAPL_d4a4ae8e679d77ecdb0fc80995fc14ec]　　View Concise Results

Local query sequence

Graphical summary　Zoom to residue level　show extra options »

Query seq.　1　75　150　225　300　375　450　511

Superfamilies　P450 superfamily

Search for similar domain architectures　Refine search

List of domain hits

Name	Accession	Description	Interval	E-value
[+] p450 superfamily	cl12078	Cytochrome P450; Cytochrome P450s are haem-thiolate proteins involved in the oxidative ...	19-506	1.14e-125

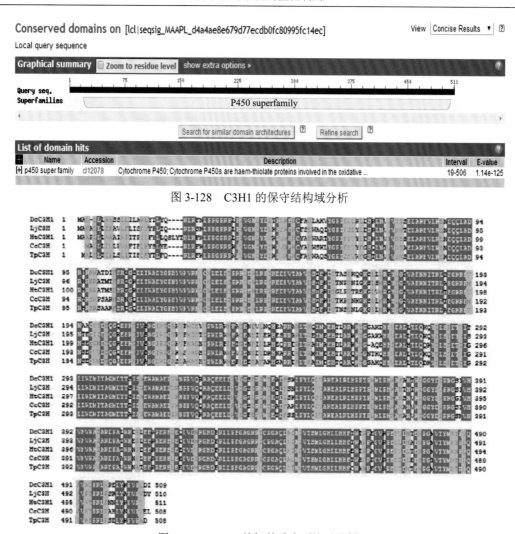

图 3-128　C3H1 的保守结构域分析

图 3-129　C3H1 的氨基酸序列比对分析

以下序列通过 DNAssist 2.0 软件进行生物信息学分析：AtHCT（NP_199704）；CcHCT（AFL93686）；NtHCT（CAD47830）；LjHCT（AGA20364）。黑色区域表示氨基酸序列相同；灰色区域表示保守替换

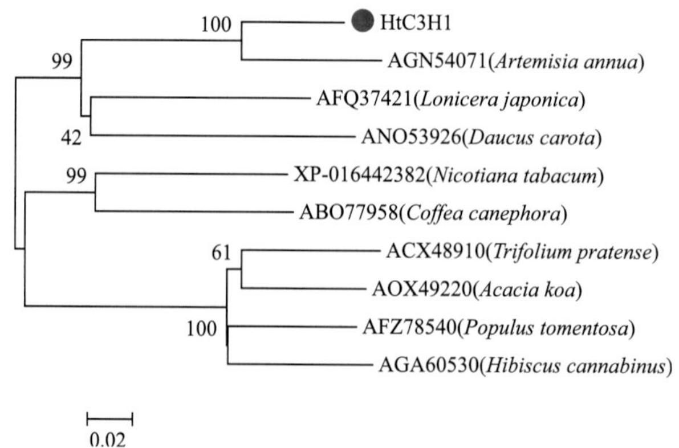

图 3-130　C3H1 系统发育进化树

通过 NCBI 网站 BLAST 下载已知物种的 C3H1 氨基酸序列，用 MegAlign 6.0 软件中的 Clustal W 方法进行序列比对

HQT 的克隆与生物信息学分析。根据已发表的 *HQT* 基因序列，通过比对获得同源序列，设计简并性引物，扩增获得长度为 1303 bp 的序列片段，然后进行测序验证，再将获得的基因片段序列比对菊科 EST 数据库和菊芋转录组数据库，获得多条相似度高的 EST 序列，经过筛选并通过 DNAStar 软件的拼接功能，得到拼接后的长片段序列，然后进行 ORF 分析，未发现完整的 ORF，通过采用 3′ RACE 技术，获得 3′端，将获得的 3′端序列拼接后，进行 ORF 分析，得到 *HQT* 基因 CDS 序列全长为 1272 bp，共编码 423 个氨基酸。将 HtHQT 氨基酸序列输入 NCBI 网站进行保守结构域分析，如图 3-131 所示，结果显示 9～404 AA 含有 ω-羟基棕榈酸酯-*O*-阿魏酰基转移酶家族。再从 NCBI 网站中获得与菊芋相对较近物种的 HQT 氨基酸序列进行比对，结果如图 3-132 所示，并且运用

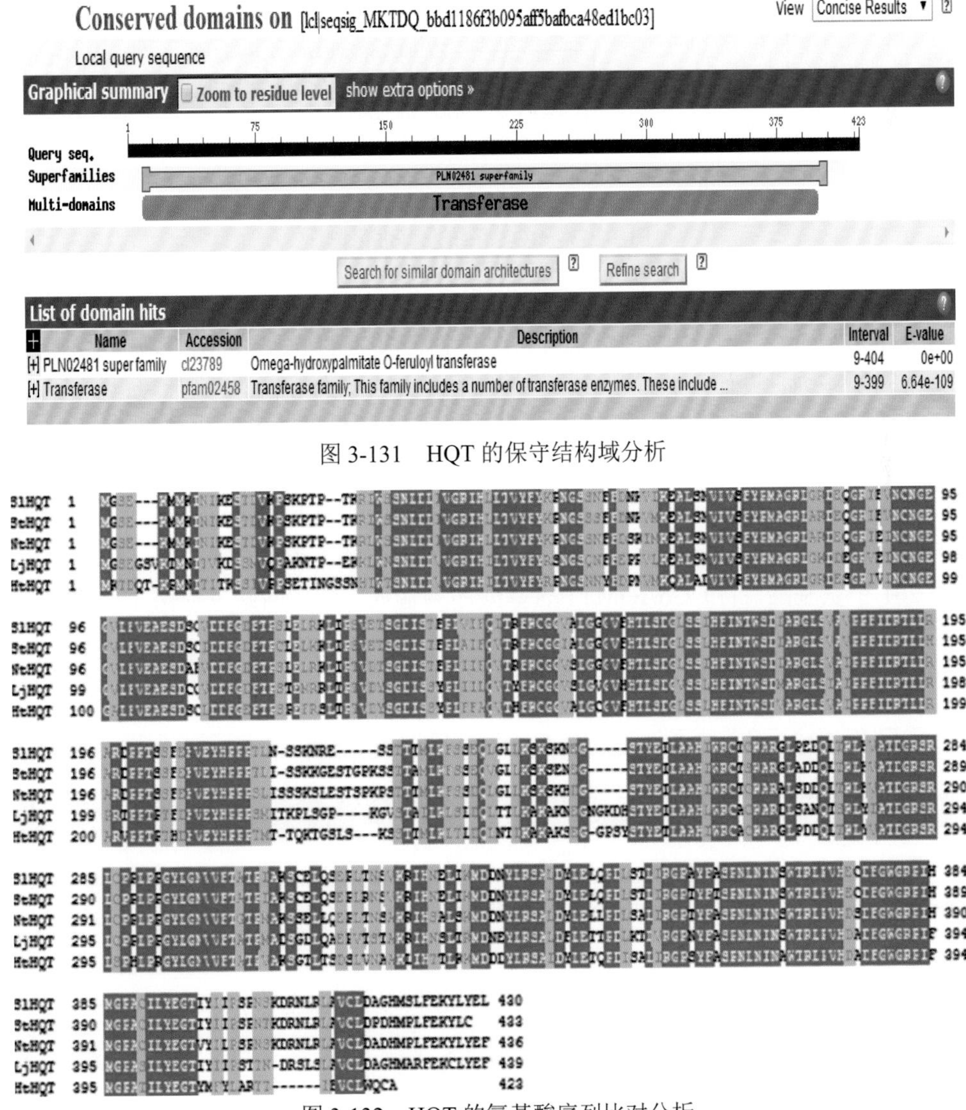

图 3-131　HQT 的保守结构域分析

图 3-132　HQT 的氨基酸序列比对分析

以下序列通过 DNAssist 2.0 软件进行生物信息学分析：SlHQT（NP_001234850）、StHQT（NP_001275483）、LjHQT（AEK80405）、NtHQT（NP_001312079）。黑色区域表示氨基酸序列相同；灰色区域表示保守替换

MegAlign 6.0 软件构建系统进化树，如图 3-133 所示。结果显示菊芋 HQT 与菊苣（ANN12611）的相似性是 86%，与朝鲜蓟（ACJ23164）的相似性是 85%，与桔梗（AEM63676）的相似性是 72%，与金银花（AEK80405）的相似性是 70%。

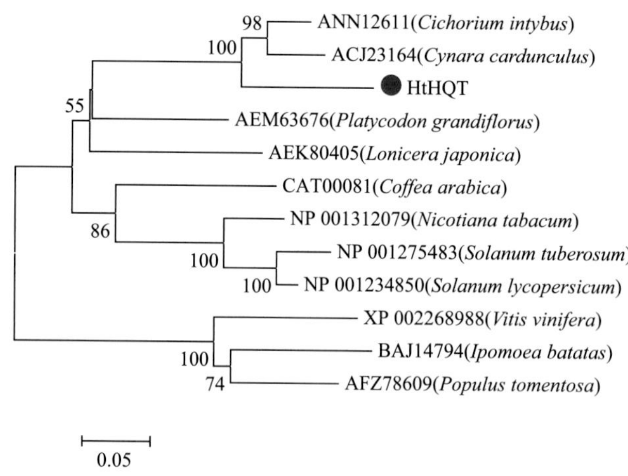

图 3-133　HQT 系统发育进化树

通过 NCBI 网站 BLAST 下载已知物种的 HQT 氨基酸序列，用 MegAlign 6.0 软件中的 Clustal W 方法进行序列比对

CCoAOMT1 的克隆与生物信息学分析。根据已发表的 *CCoAOMT1* 基因序列，通过比对获得同源序列，设计简并性引物，扩增获得长度为 854 bp 的序列片段，然后进行测序验证，再将获得的基因片段序列比对菊科 EST 数据库和菊芋转录组数据库，获得多条相似度高的 EST 序列，经过筛选并通过 DNAStar 软件的拼接功能，得到拼接后的长片段序列，然后进行 ORF 分析，未发现完整的 ORF，通过采用 3′RACE 技术，获得 3′端，将获得的 3′端序列拼接后，进行 ORF 分析，得到 *CCoAOMT1* 基因 CDS 序列全长为 786bp，共编码 261 个氨基酸。将 CCoAOMT1 氨基酸序列输入 NCBI 网站进行保守结构域分析，如图 3-134 所示，结果显示含有 *S*-腺苷甲硫氨酸甲基转移酶超家族、*O*-甲基转移酶 YrrM。再从 NCBI 网站中获得与菊芋相对较近物种的 CCoAOMT1 氨基酸序列进行比对，结果

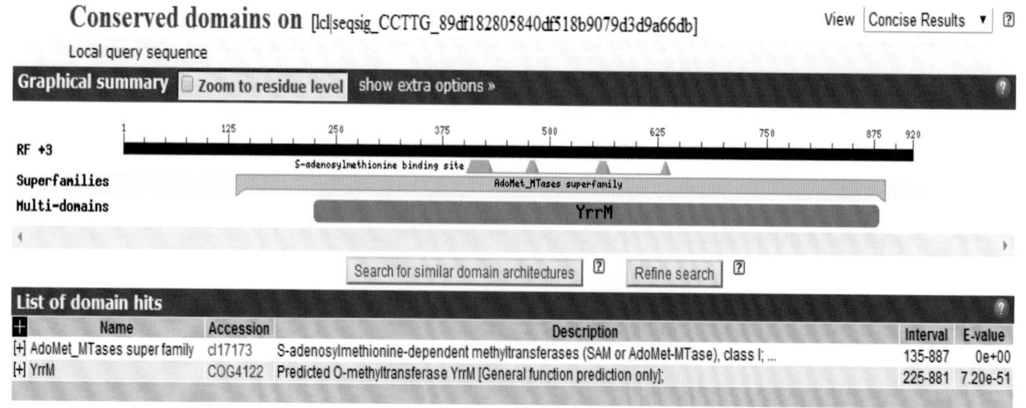

图 3-134　CCoAOMT1 的保守结构域分析

如图 3-135 所示，并且运用 MegAlign 6.0 软件构建系统进化树，如图 3-136 所示。结果显示菊芋 CCoAOMT1 与非洲菊（AEM45654）的相似性是 94%，与红花（BAG71894）的相似性是 92%，与芍药（AFG17073）的相似性是 90%，与金银花（AFZ15799）的相似性是 87%。

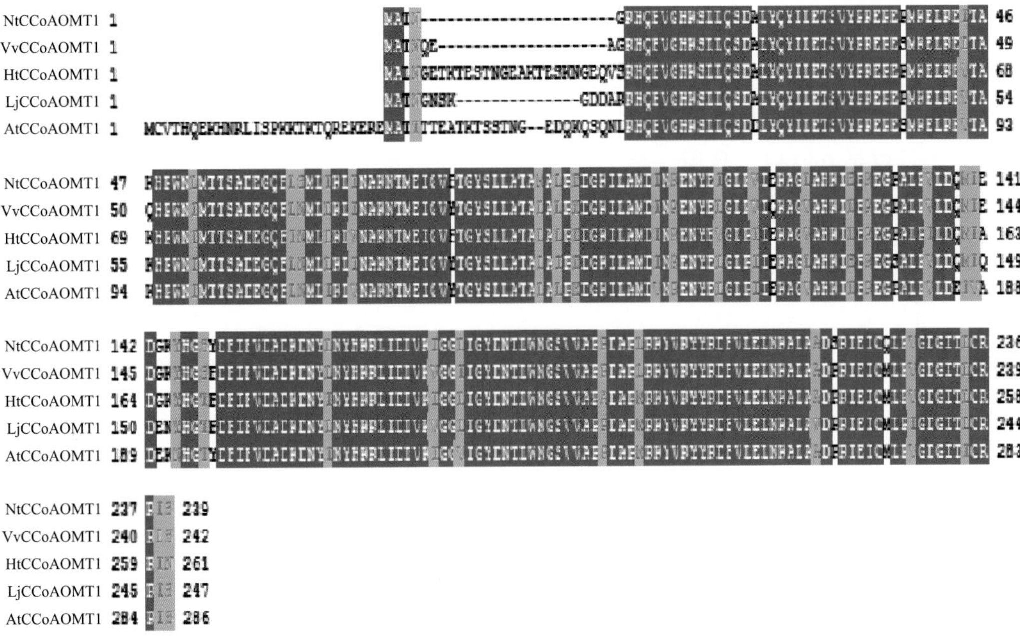

图 3-135　CCoAOMT1 的氨基酸序列比对分析

以下序列通过 DNAssist 2.0 软件进行生物信息学分析：VvCCoAOMT1（NP_001268047）、LjCCoAOMT1（AFZ15799）、AtCCoAOMT1（NP_001328048）、NtCCoAOMT1（NP_001312329）。黑色区域表示氨基酸序列相同；灰色区域表示保守替换

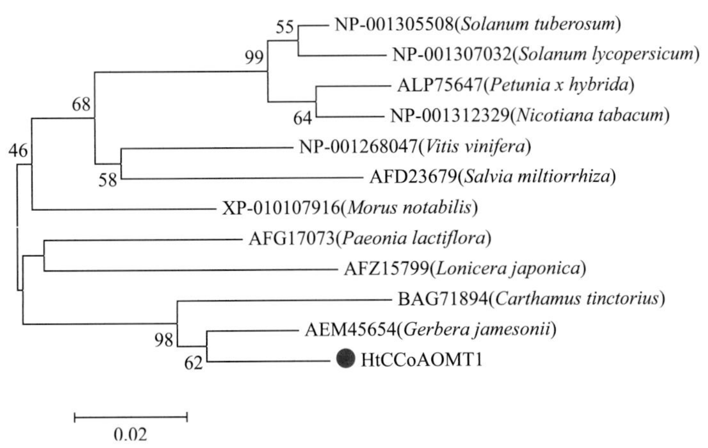

图 3-136　CCoAOMT1 系统发育进化树

通过 NCBI 网站 BLAST 下载已知物种的 CCoAOMT1 氨基酸序列，用 MegAlign 6.0 软件中的 Clustal W 方法进行序列比对

南菊芋 1 号不同组织相关基因的表达。由图 3-137 可知，江苏大丰南菊芋 1 号不同组织 *PAL1*、*PAL2*、*C4H*、*4CL1*、*HCT*、*C3H1*、*HQT*、*CCoAOMT1* 基因在根、茎、叶、花、块茎中均有表达。*PAL1* 基因在根中表达量最高，相对表达量为 1.0000，而茎中 *PAL1* 基因表达量最少，相对表达量仅为 0.2926。*PAL2* 基因在茎中表达量最高，相对表达量是 5.2941，其次是叶，根最少。*C4H* 基因表达量在茎中表达量最高，相对表达量是 2.2424，叶中最少。*4CL1* 和 *C3H1 的*基因表达趋势基本一致，都是在叶中表达量最高，在茎和块茎中表达量最少。*HCT* 基因表达量在叶和块茎中最高，且无显著性差异；而在根、茎、花中表达量相对较低。*HQT* 基因表达量在叶中最高，相对表达量是 9.3261，花中最低，相对表达量仅是 0.8163，且根、茎、花和块茎之间相对表达量无显著差异。*CCoAOMT1* 基因表达量在叶中最高，与花的表达量无明显差异，茎中的表达量最低，且叶中的相对表达量约是茎中的 10 倍。

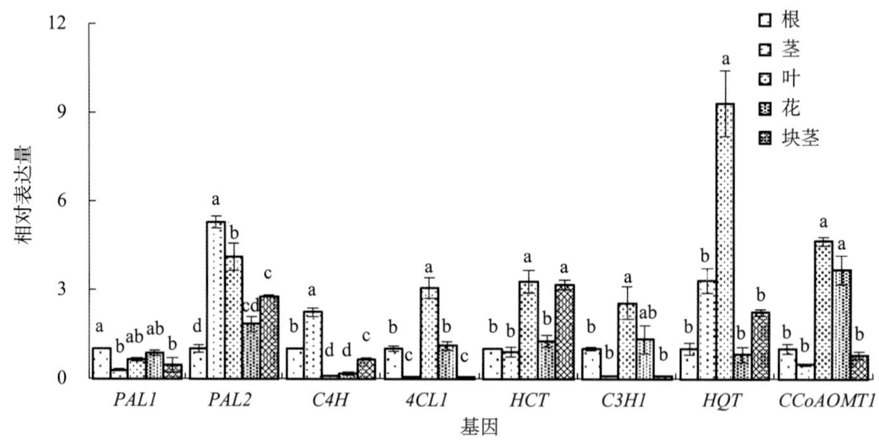

图 3-137　南菊芋 1 号不同组织绿原酸合成相关基因的表达

选取大丰 9 月菊芋（南菊芋 1 号）的根、茎、叶、花、块茎，提取总 RNA 反转录后用于实时定量 PCR。基因转录水平的变化先用管家基因 *Htactin* 标准化成倍数后再进行比较。图中数据为 3 个重复的平均值±SD；同一指标不同小写字母表示 $P \leqslant 0.05$ 差异水平

宋西红等发现，紫苏 *C4H* 表达具有组织特异性，根中表达量最高，茎中次之，叶中最少[146]。冯春燕总结了植物中 *4CL* 表达具有组织特异性，且不同的 *4CL* 家族成员在不同组织中的表达是不同的[147]。王斌等发现丹参中 *C3H* 的表达在茎中最丰富，根中最低，这与本研究的结果不同，说明其具有组织特异性[148]。*HQT* 表达量在叶中最高，花中最低，这与菊芋叶片中绿原酸含量最高相一致，这与刘颖等研究的结果存在一致性[149]。

4. 高温和盐胁迫对南菊芋 1 号绿原酸合成途径的影响

南京农业大学海洋科学及其能源生物资源研究所菊芋研究小组已发现同一品种在不同区域栽培，其绿原酸含量差异显著，同时又从菊芋中克隆了调控绿原酸合成的相关基因。在此基础上，对高温、高盐逆境与绿原酸合成途径相关基因的相互关系进行深入研究，以揭示逆境调控绿原酸途径的分子机制。

1）高温和盐胁迫对南菊芋 1 号绿原酸合成途径的影响研究方法

高温可以使植物叶片发黄衰老，降低次生代谢产物的生物活性，使次生代谢产物的含量下降。高温胁迫下，苹果果皮颜色变暗，降低花青素生物合成关键基因的表达量[150]。另外，我国盐碱地分布广泛，在抗盐性植物中，菊芋能产生较多经济和生态效益。胡庆辉等研究表明，NaCl 胁迫下鲜烟叶中多酚物质含量增加且与 PAL 活性变化密切相关[151]。所以，PAL 活性变化也可以成为衡量绿原酸含量多少的依据。近年来温度和盐胁迫引起的菊芋绿原酸含量变化以及绿原酸生物合成途径相关基因的表达方面少有报道，南京农业大学海洋科学及其能源生物资源研究所菊芋研究小组选取南菊芋 1 号叶片为试验材料，观察大田中不同盐分地区栽培的菊芋植株，检测高温和盐胁迫下菊芋绿原酸生物合成相关基因表达的变化；继而，在培养箱中用不同温度和不同浓度的 NaCl 溶液处理南菊芋 1 号幼苗，观察高温和盐胁迫对绿原酸生物合成途径关键酶表达的影响。

营养液配制如表 3-51 所示。

Fe 素的配制：称量 3.059 g $FeSO_4 \cdot 7H_2O$，溶于 200 mL 蒸馏水，称量 4.095 g Na_2EDTA，溶于 200 mL 蒸馏水，加热后者，向其中逐渐滴加前者，边加边搅拌。冷却后定容至 500 mL，储存在棕色瓶中。

微量元素的配制：分别称取 $MnCl_2 \cdot 2H_2O$ 1.782 g，H_3BO_3 2.84 g，$ZnSO_4 \cdot 7H_2O$ 0.23 g，$CuSO_4 \cdot 5H_2O$ 0.075 g，$H_2MoO_4 \cdot H_2O$ 0.018 g，溶解，定容至 500 mL。

表 3-51　Hoagland 营养液母液的配制

母液配制	浓度/（mol/ L）
KNO_3	1.5
$Ca(NO_3)_2 \cdot 4H_2O$	1.0
$NH_4H_2PO_4$	0.25
$MgSO_4 \cdot 7H_2O$	0.5
Fe 素	0.022
微量元素	—

注：每配制 5 L Hoagland 营养液加 5 mL 母液。

RNA 提取方法：

将组织在液氮中磨碎，每 50～100 mg 组织加入 1 mL TRIzol，用匀浆仪进行匀浆处理。样品体积不应超过 TRIzol 体积 10%。

将匀浆样品在室温（15～30℃）放置 5min，使核酸蛋白复合物完全分离。

于 4℃ 10 000×*g* 离心 10 min，取上清。

每使用 1 mL TRIzol 加入 0.2 mL 氯仿，上下颠倒 15 s，室温放置 15 min。

4℃ 10 000×*g* 离心 15 min。样品分为三层，而底层的黄色有机相、上层的无色水相和一个中间层。RNA 主要在水相中，水相体积约为所用 TRIzol 试剂的 60%。

把水相转移到新管中，用异丙醇沉淀水相中的 RNA。每使用 1 mL TRIzol 加入 0.5 mL 异丙醇，室温放置 10min。4℃ 10 000×*g* 离心 10min，离心前看不出 RNA 沉淀，离心后在管侧和管底出现胶状沉淀，移去上清。用 75%乙醇洗涤 RNA 沉淀。每使用 1 mL TRIzol

至少加 1 mL 75%乙醇。4℃不超过 10 000×*g* 离心 10min，弃上清。室温放置干燥 RNA 沉淀，大约晾 5 min 即可。过于干燥会导致 RNA 的溶解性大大降低。加入 20～50 μL 无 RNase 的水使 RNA 溶解，完全溶解后于–70℃保存。

转化过程：

以 1 μL p-EASY Blunt Simple，4 μL 回收产物，为连接反应体系，于 25℃酶连 15min。

将 5 μL 连接产物加入 50 μL 感受态细菌轻轻混匀，冰上放置 30 min。42℃热激 30 s，冰上放置 2 min。

加无抗生素的 LB 液体培养基 1 mL，37℃摇床 150 r/min 培养 1 h。

取 100 μL 复苏菌液涂布于 LB+Amp 平板培养基上，37℃倒置过夜培养。

挑选阳性克隆，送金唯智生物科技有限公司测序。

实时定量 PCR 及数据处理：

实时定量 PCR 使用 SYBR Premix EX Taq 试剂盒（Takara, RR420A）。仪器为 StepOne Plus Real-Time PCR System，仪器使用参考仪器使用说明，引物见表 3-50。PCR 反应体系为 10 μL SYBR Premix Ex Taq，0.8 μL 上下游引物，0.4 μL ROX Reference Dye（50×），2.0 μL DNA 模板，6 μL dd H_2O。

实时定量 PCR 反应程序：

阶段 1（预变性）：95℃，30 s；

阶段 2（PCR 反应 40 循环）：95℃，5 s；60℃，34 s；

阶段 3（解链）：95℃，15 s；60℃，1 min ；95℃，15 s。

实时定量 PCR 以 *Htactin* 为内参，设置 3 个生物学重复，每个生物学重复含有 3 个技术重复。根据预实验结果，各基因的扩增效率误差小于 10%，因此试验数据采用 2–ΔΔCT 法处理。运用 Excel 2013 和 SPSS 19.0 软件对数据进行绘图、统计和分析。

2）高温胁迫与盐胁迫南菊芋 1 号幼苗叶片相关基因表达分析

南京农业大学海洋科学及其能源生物资源研究所菊芋研究小组选取南菊芋 1 号为实验材料，研究江苏大丰南菊芋 1 号叶片不同生长时间相关基因的表达特征。由图 3-138 可知，*PAL1*、*PAL2*、*C4H*、*4CL1*、*HCT*、*C3H1*、*HQT*、*CCoAOMT1* 在南菊芋 1 号叶片中均有表达。随着南菊芋 1 号生长时间的延长，*PAL1* 表达量增加，10 月 *PAL1* 表达量约是 6 月的 4 倍；*PAL2* 和 *C4H* 表达量均为先增加后减少，7 月 *PAL2* 和 *C4H* 表达量最高，分别约是 9 月的 9 倍和 3 倍；*4CL1* 和 *C3H1* 表达量 7 月均出现低表达的现象，6 月、9 月、10 月表达量无显著差异；*HCT* 表达量总体呈现减少的趋势，在 9 月略有增加，且 10 月 *HCT* 基因表达量约是 6 月的 0.4 倍；*HQT* 表达量总体呈现增加的趋势，6 月、7 月、9 月 *HQT* 表达量无显著差异，且 10 月 *HQT* 表达量约是 6 月的 3 倍；*CCoAOMT1* 表达量一直增加，且 10 月 *CCoAOMT1* 表达量达到最大，约是 6 月的 22 倍。

南京农业大学海洋科学及其能源生物资源研究所菊芋研究小组又在海南三亚进行南菊芋 1 号叶片不同生长时间相关基因的表达相对应的平行试验。由图 3-139 可知，*PAL1*、*PAL2*、*C4H*、*4CL1*、*HCT*、*C3H1*、*HQT*、*CCoAOMT1* 在南菊芋 1 号叶片中均有表达。随着南菊芋 1 号生长时间的延长，*PAL1* 表达量先减少后略微增加，6 月、7 月、10 月 *PAL1* 表达量差异不显著；*PAL2* 表达量呈现不规则的变化规律，7 月 *PAL2* 表达量最高；*C4H*

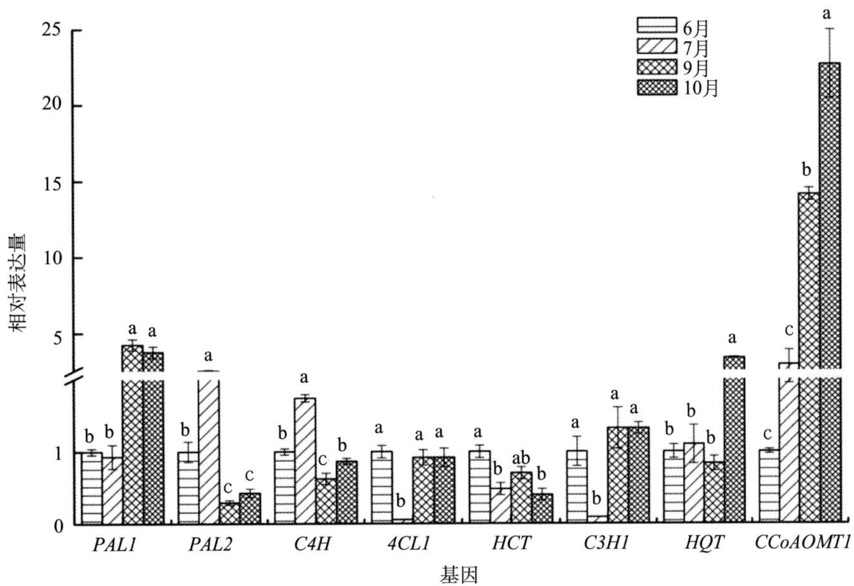

图 3-138　江苏大丰南菊芋 1 号不同生长期叶片绿原酸合成相关基因的表达

选取江苏大丰 6 月、7 月、9 月、10 月菊芋（南菊芋 1 号）叶片，提取总 RNA 反转录后用于实时定量 PCR。基因转录水平的变化先用管家基因 *Htactin* 标准化成倍数后再进行比较。图中数据为 3 个重复的平均值±SD；同一指标不同小写字母表示 $P \leqslant 0.05$ 差异水平

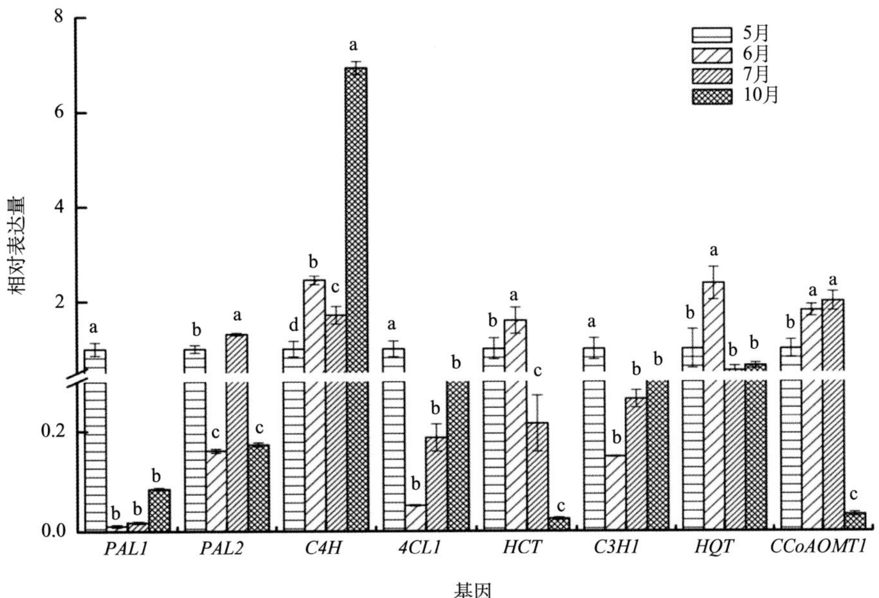

图 3-139　海南三亚南菊芋 1 号不同生长期叶片绿原酸合成相关基因的表达

选取海南三亚 5 月、6 月、7 月、10 月菊芋（南菊芋 1 号）叶片，提取总 RNA 反转录后用于实时定量 PCR。基因转录水平的变化先用管家基因 *Htactin* 标准化成倍数后再进行比较。图中数据为 3 个重复的平均值±SD；同一指标不同小写字母表示 $P \leqslant 0.05$ 差异水平

表达量总体呈现增加的趋势，且 10 月 *C4H* 表达量约是 5 月的 7 倍；*4CL1* 和 *C3H1* 表达量呈现先减少后增加的趋势，6 月均出现低表达的现象，且 6 月、7 月、10 月表达量差异均不显著；*HCT* 表达量总体呈现先增加后减少的趋势，在 6 月 *HCT* 表达量出现最高值，且 6 月 *HCT* 表达量约是 10 月的 64 倍；*HQT* 表达量在 6 月出现最高值，且 5 月、7 月、10 月 *HQT* 表达量无显著差异，且 6 月 *HQT* 表达量约是 10 月的 4 倍；*CCoAOMT1* 表达量先增加后减少，且 7 月 *CCoAOMT1* 表达量约是 10 月的 60 倍。

南京农业大学海洋科学及其能源生物资源研究所菊芋研究小组在分别对江苏大丰与海南三亚南菊芋 1 号叶片绿原酸途径相关基因表达特征研究的基础上，对两个气候带南菊芋 1 号叶片的绿原酸途径相关基因表达特征进行了比较，结果如图 3-140 所示。在 6 月，种植在江苏大丰的南菊芋 1 号叶片的 *PAL1*、*C4H*、*4CL1* 和 *C3H1* 的表达量高于种植在海南三亚的，且存在显著差异；种植在江苏大丰的南菊芋 1 号叶片的 *PAL2* 和 *HQT* 的表达量略高于种植在海南三亚的，但无显著差异；种植在江苏大丰的南菊芋 1 号叶片的 *CCoAOMT1* 和 *HCT* 的表达量低于种植在海南三亚的，且存在显著差异。在 7 月，种植在江苏大丰的南菊芋 1 号叶片的 *C4H* 和 *HQT* 的表达量高于种植在海南三亚的，且存在显著差异；种植在江苏大丰的南菊芋 1 号叶片的 *PAL1*、*4CL1* 和 *C3H1* 的表达量与种植在海南三亚的无显著差异；种植在江苏大丰的南菊芋 1 号叶片的 *PAL2*、*CCoAOMT1* 和 *HCT* 的表达量低于种植在海南三亚的，且存在显著差异。在 10 月，种植在江苏大丰的南菊芋 1 号叶片的 *PAL1*、*4CL1*、*C3H1*、*HCT*、*HQT*、*CCoAOMT1* 的表达量高于种植在海南三亚的，存在显著差异；种植在江苏大丰的南菊芋 1 号叶片的 *PAL2* 和 *C4H* 的表达量低于种植在海南三亚的，且存在显著差异。

江苏大丰与海南三亚首先是气候上的差异，根据这一特点，南京农业大学海洋科学及其能源生物资源研究所菊芋研究小组首先进行高温胁迫下南菊芋 1 号幼苗叶片相关基因的表达特征的探索，为保持试验的精确性，以盆栽进行试验，其试验结果如图 3-141 所示。由图 3-141 可以看出，*PAL1*、*PAL2*、*C4H*、*4CL1*、*HCT*、*C3H1*、*HQT*、*CCoAOMT1* 均在高温胁迫下南菊芋 1 号幼苗叶片中表达。30℃处理 10、15、20 d 后，与 25 ℃相比，均促进 *PAL1* 的表达，且有显著性差异；30℃处理 10、15、20 d 后，与 25℃相比，均促进 *PAL2* 的表达，但 30℃处理 10 d 有显著性差异，处理 15、20 d 无显著性差异；30℃处理 10、15、20 d 后，与 25℃相比，均促进 *C4H* 的表达，但 30℃处理 20 d 有显著性差异，处理 10、15 d 无显著性差异；30℃处理 10、15 d 后，与 25℃相比，均促进 *4CL1* 的表达，但无显著性差异，30℃处理 20 d 后，与 25℃相比，出现了抑制 *4CL1* 表达的现象；30℃处理 10、15、20 d 后，与 25℃相比，均促进 *HCT* 的表达，但均无显著性差异；30℃处理 10 d 后，与 25℃相比，抑制 *C3H1* 的表达，但无显著性差异，30℃处理 15 d 后，与 25℃相比，促进 *C3H1* 的表达，但无显著性差异，30℃处理 20 d 后，与 25℃相比，促进 *C3H1* 的表达，且有显著性差异；30℃处理 10、15、20 d 后，与 25℃相比，均促进 *HQT* 的表达，但 30℃处理 10、15 d 后，有显著性差异，处理 20 d 后无显著性差异；30℃处理 10、15、20 d 后，与 25℃相比，均促进 *CCoAOMT1* 的表达，但 30℃处理 10、15 d 后，无显著性差异，处理 20 d 后有显著性差异。

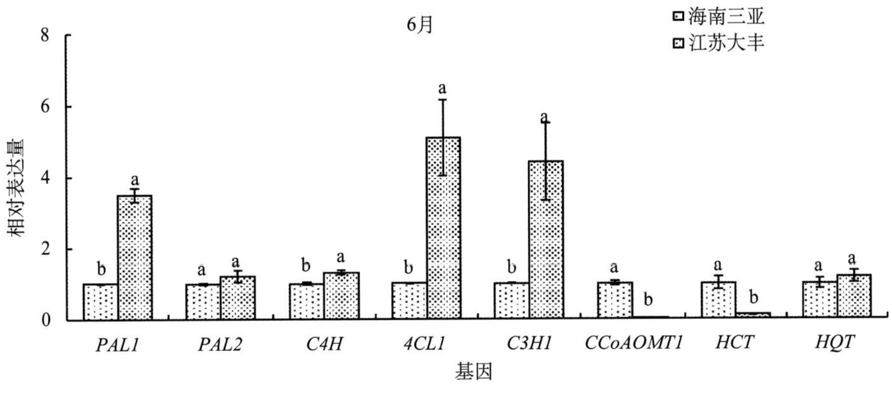

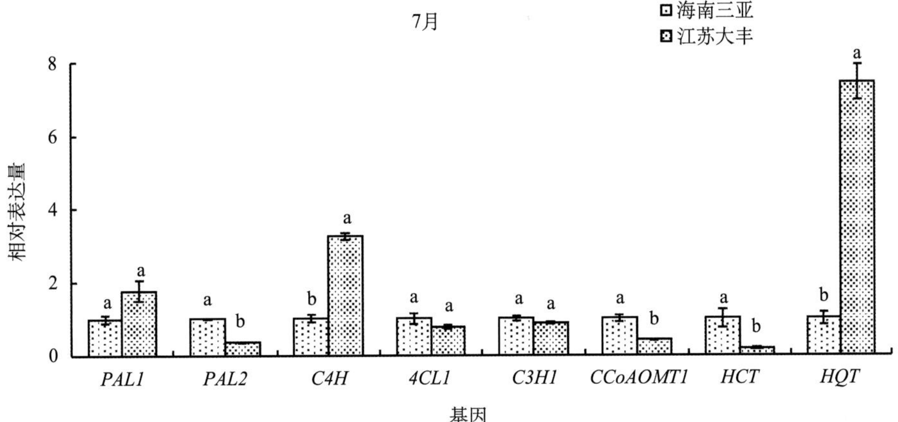

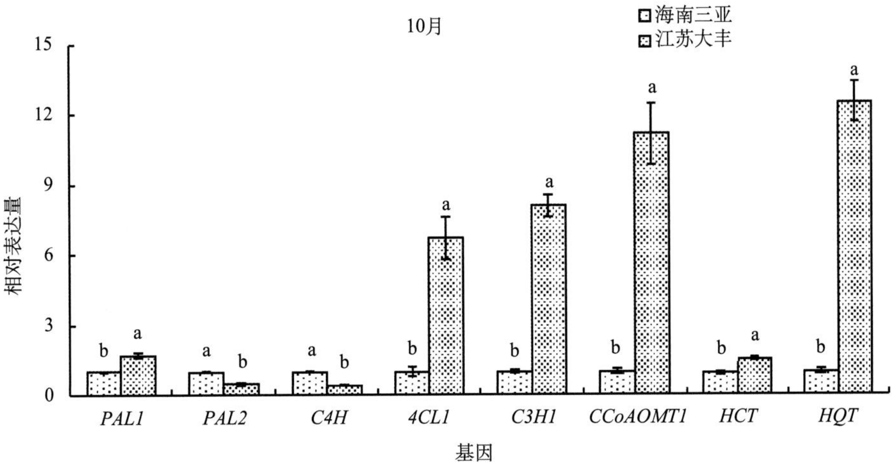

图 3-140　江苏大丰与海南三亚菊芋叶片绿原酸合成相关基因表达的比较

基因转录水平的变化先用管家基因 *Htactin* 标准化成倍数后再进行比较。图中数据为 3 个重复的平均值±SD；同一指标不同小写字母表示 $P \leqslant 0.05$ 差异水平

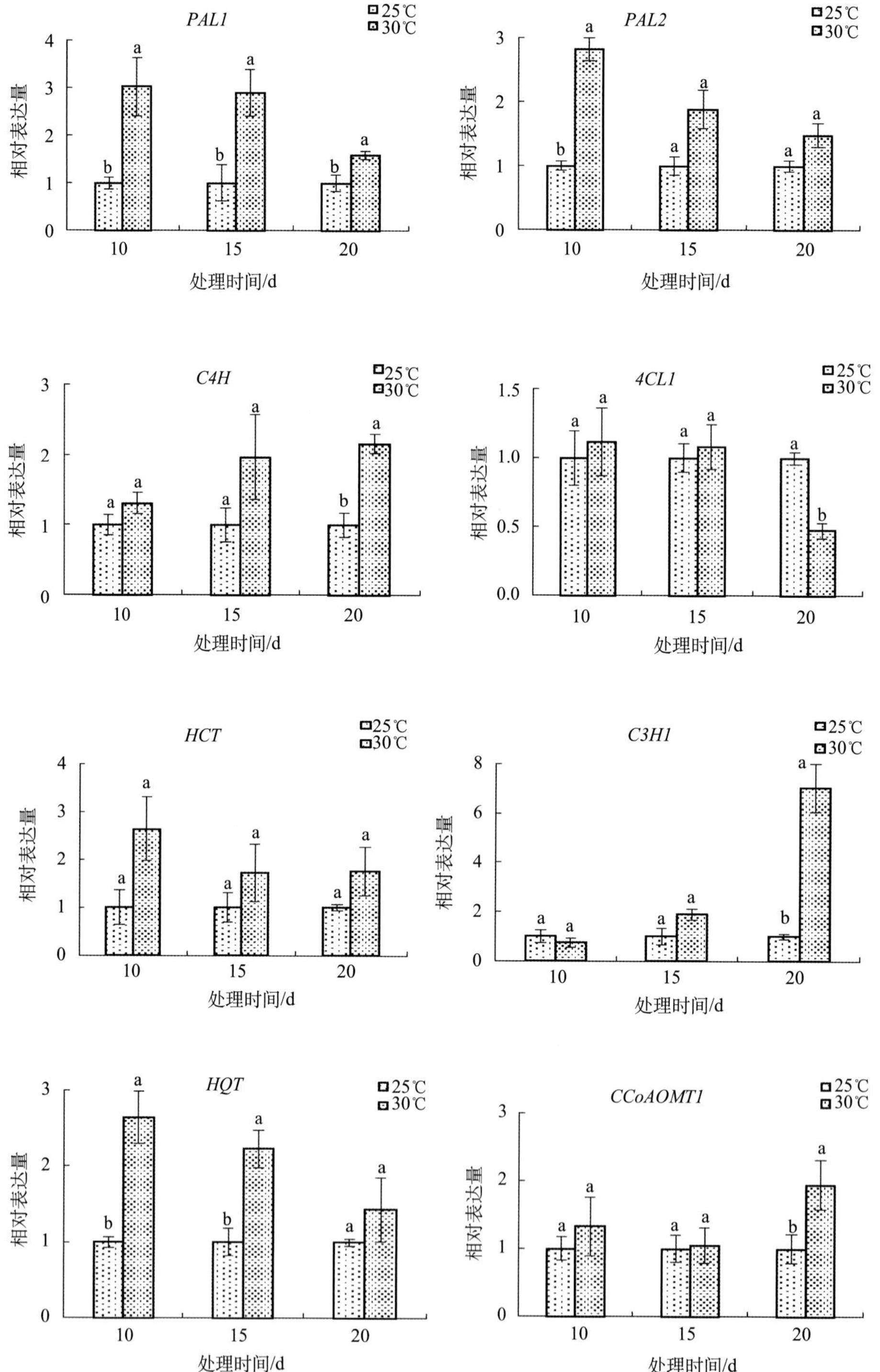

图 3-141　高温胁迫下南菊芋 1 号幼苗叶片相关基因的表达

预培养 20 d 的菊芋幼苗用 25℃和 30℃处理 10、15 和 20 d，提取总 RNA 反转录后用于实时定量 PCR。基因转录水平的变化先用管家基因 *Htactin* 标准化成倍数后再进行各处理间的比较。图中数据为 3 个重复的平均值±SD；同一指标不同小写字母表示 $P \leqslant 0.05$ 差异水平

盐胁迫也是影响菊芋绿原酸途径的又一重要因素，为此南京农业大学海洋科学及其能源生物资源研究所菊芋研究小组进行了不同盐分胁迫南菊芋 1 号叶片不同生长时间相关基因的表达的研究。为保持试验的可靠性与精准性，大田小区试验与室内盆栽试验同时进行，以阐明盐分胁迫调控菊芋叶片绿原酸途径的分子机制。

大田小区试验安排在江苏大丰海涂进行，不同盐分不同生长期南菊芋 1 号叶片 *PAL1*、*PAL2*、*C4H*、*4CL1*、*HCT*、*C3H1*、*HQT*、*CCoAOMT1* 表达量数据如图 3-142 所示，8 个基因在南菊芋 1 号叶片中均有表达。随着南菊芋 1 号生长时间的延长，*PAL1* 表达量在轻度盐胁迫下呈现先下降后上升的趋势，且南菊芋 1 号叶片生长前期（5、6 月）*PAL1* 表达量最高；在中度盐和重度盐胁迫下，*PAL1* 表达量出现先下降后上升，10 月又下降的现象，这可能与 10 月时南菊芋 1 号在中度盐和重度盐胁迫下叶片出现枯萎有关。随着南菊芋 1 号生长时间的延长，不同盐分胁迫下，*PAL2* 表达量呈现先上升后下降的趋势，但 10 月时，轻度盐和中度盐 *PAL2* 表达量出现略微上升的现象，且中度盐上升幅度较轻度盐大，而重度盐一直在下降，这可能与盐分浓度有关。随着南菊芋 1 号生长时间的延长，*C4H* 表达量在轻度盐胁迫下，6 月时最大；在中度盐胁迫下，9 月时最大；在重度盐胁迫下，6 月和 9 月较大，且无明显差异。随着南菊芋 1 号生长时间的延长，在轻度盐和中度盐胁迫下，*4CL1* 表达量呈现增加的趋势，且轻度盐略高于中度盐；在重度盐胁迫下，*4CL1* 表达量发生明显变化，呈现先下降再上升，10 月又急剧下降的现象，这可能是重度盐胁迫影响了南菊芋 1 号生长变化的原因。随着南菊芋 1 号生长时间的延长，*HCT* 表达量总体呈现上升的趋势，但 10 月时，轻度盐胁迫下，*HCT* 表达量继续上升；中度盐胁迫下，*HCT* 表达量趋于稳定；重度盐胁迫下，*HCT* 表达量出现急剧下降，这也可能与不同盐分胁迫下叶片出现不同程度的枯萎有关。随着南菊芋 1 号生长时间的延长，不同盐分胁迫下，*C3H1* 表达量总体呈现上升的现象，但 10 月时，轻度盐胁迫下，*C3H1* 表达量继续上升；中度盐胁迫下，*C3H1* 表达量趋于稳定；重度盐胁迫下，*C3H1* 表达量出现急剧下降，这可能与不同盐分胁迫下叶片出现不同程度的枯萎有关。随着南菊芋 1 号生长时间的延长，不同盐分胁迫下，*HQT* 表达量均呈现增加的趋势，但 10 月时，轻度盐胁迫下，*HQT* 表达量略微下降；中度盐胁迫下，*HQT* 表达量基本稳定；重度

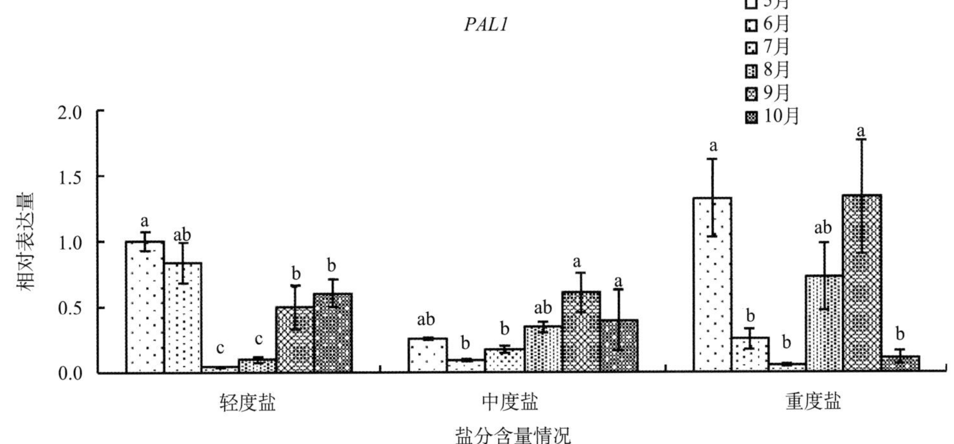

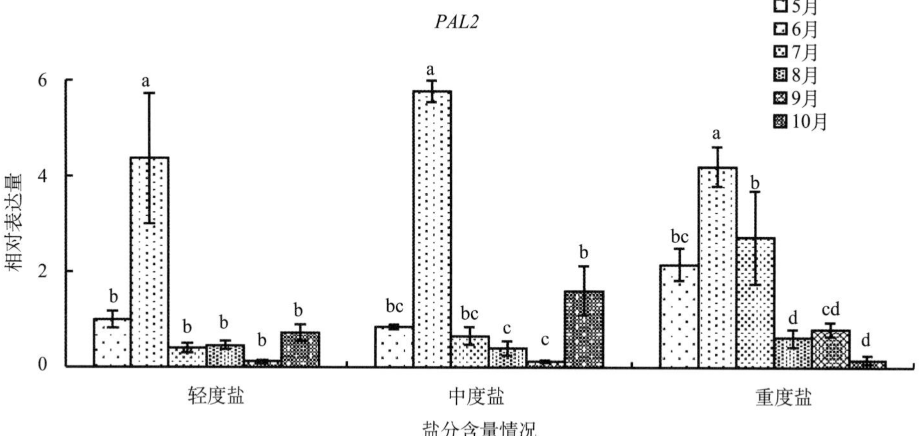
PAL2
5月
6月
7月
8月
9月
10月
相对表达量
轻度盐
中度盐
重度盐
盐分含量情况

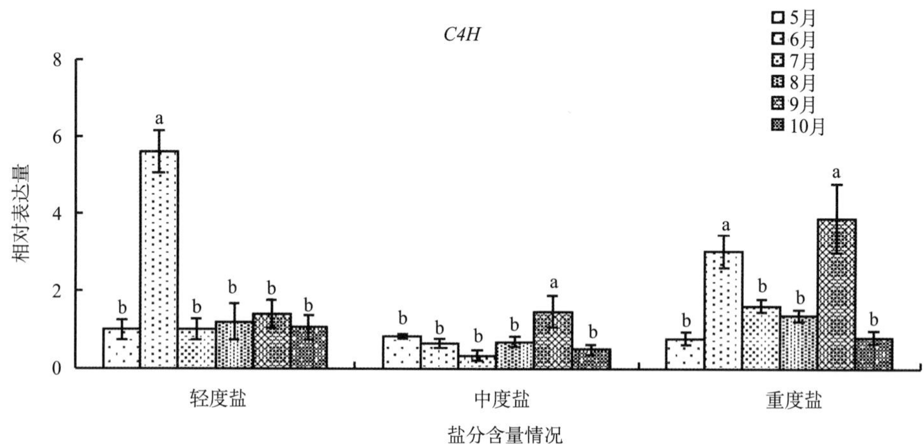
C4H
5月
6月
7月
8月
9月
10月
相对表达量
轻度盐
中度盐
重度盐
盐分含量情况

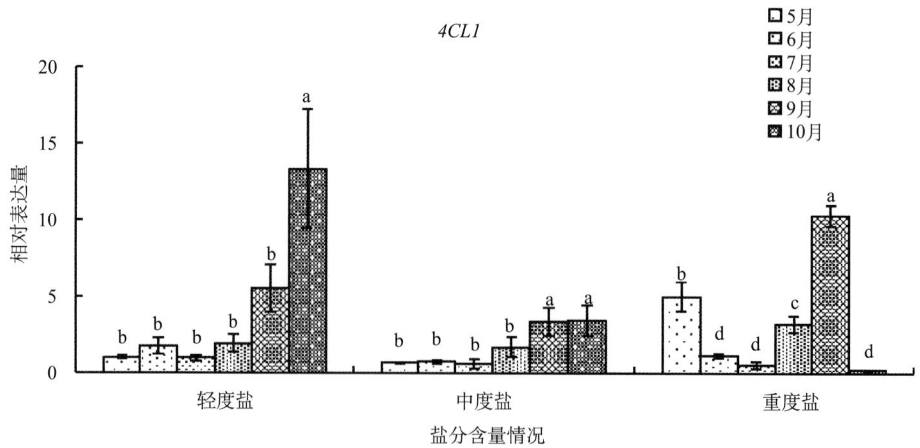
4CL1
5月
6月
7月
8月
9月
10月
相对表达量
轻度盐
中度盐
重度盐
盐分含量情况

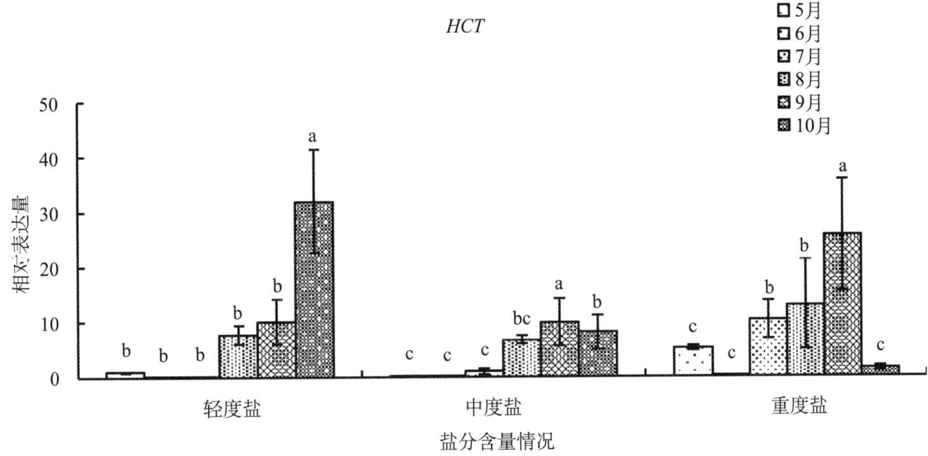
HCT
5月
6月
7月
8月
9月
10月
相对表达量
50
40
30
20
10
0
轻度盐
中度盐
重度盐
盐分含量情况

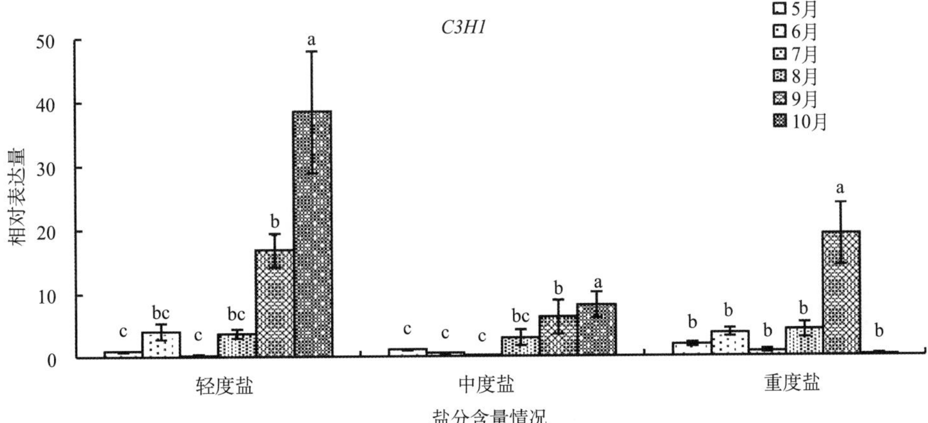
C3H1
5月
6月
7月
8月
9月
10月
相对表达量
50
40
30
20
10
0
轻度盐
中度盐
重度盐
盐分含量情况

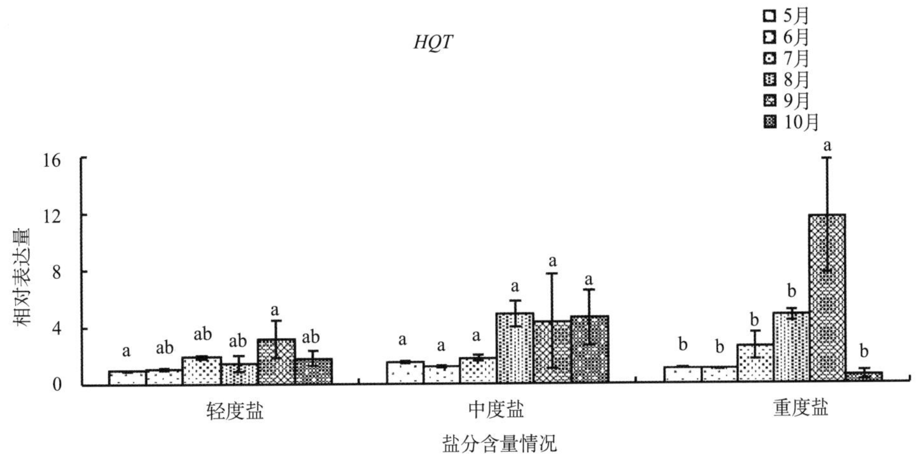
HQT
5月
6月
7月
8月
9月
10月
相对表达量
16
12
8
4
0
轻度盐
中度盐
重度盐
盐分含量情况

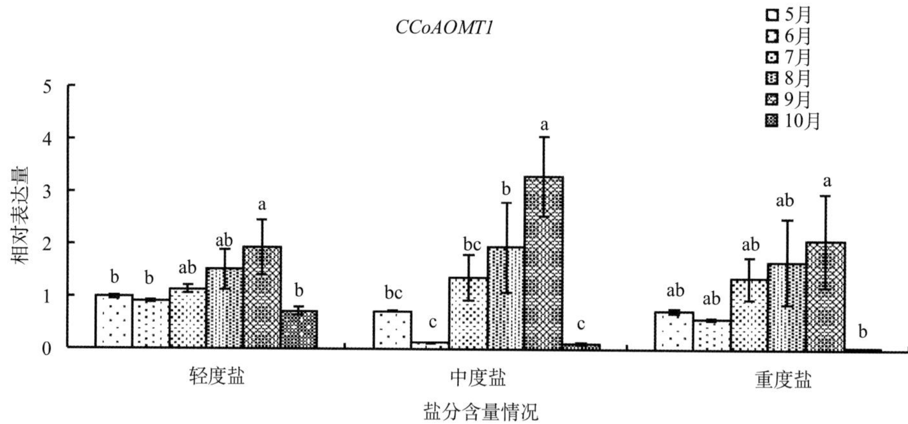

图 3-142　不同盐分地区南菊芋 1 号不同生长期叶片绿原酸合成相关基因的表达

选取不同盐分中 5～10 月菊芋（南菊芋 1 号）叶片，提取总 RNA 反转录后用于实时定量 PCR。基因转录水平的变化先用管家基因 *Htactin* 标准化成倍数后再进行比较。图中数据为 3 个重复的平均值±SD；同一指标不同小写字母表示 $P \leqslant 0.05$ 差异水平

盐胁迫下，*HQT* 表达量明显下降，这可能是不同盐分对南菊芋 1 号生长状况的影响不同引起的。随着南菊芋 1 号生长时间的延长，在轻度盐和重度盐胁迫下，*CCoAOMT1* 表达量均呈现先上升后下降的趋势，在中度盐胁迫下，*CCoAOMT1* 表达量呈现先下降后上升再下降的趋势，且中度盐上升趋势较轻度盐和中度盐大，中度盐和重度盐下降趋势较轻度盐大。

室内盆栽盐胁迫下南菊芋 1 号幼苗叶片相关基因表达试验结果如图 3-143 所示。从图 3-143 发现，南菊芋 1 号幼苗 *PAL1*、*PAL2*、*C4H*、*4CL1*、*HCT*、*C3H1*、*HQT*、*CCoAOMT1* 表达量数据显示，8 个基因在南菊芋 1 号幼苗叶片中均有表达。NaCl 处理 10、15、20 d，与 CK 相比，随着盐浓度的增加，抑制了 *PAL1* 的表达。NaCl 处理 10 d，与 CK 相比，100 mmol/L NaCl 处理下促进 *PAL2* 的表达，50 和 200 mmol/L NaCl 处理下抑制 *PAL2* 的表达；NaCl 处理 15、20 d，与 CK 相比，50 mmol/L NaCl 均促进 *PAL2* 显著表达。NaCl 处理 10d，与 CK 相比，100 mmol/L NaCl 处理下促进 *C4H* 的表达，50 和 200 mmol/L NaCl 处理下抑制 *C4H* 的表达；NaCl 处理 15、20 d，与 CK 相比，均促进 *C4H* 的表达，50 mmol/L NaCl 处理下促进作用不显著，100 和 200 mmol/L NaCl 处理下显著。NaCl 处理 10、15、20 d，100 mmol/L NaCl 处理下显著促进 *4CL1* 的表达，50 mmol/L NaCl 处理下大多显著抑制 *4CL1* 的表达。NaCl 处理 10 d，与 CK 相比，200 mmol/L NaCl 处理下显著促进 *HCT* 的表达；NaCl 处理 15d，与 CK 相比，50 mmol/L NaCl 处理下显著促进 *HCT* 的表达；NaCl 处理 20 d，与 CK 相比，50、100 和 200 mmol/L NaCl 处理下显著促进 *HCT* 的表达。NaCl 处理 10、15、20 d，与 CK 相比，100 mmol/L NaCl 处理下均显著促进 *C3H1* 的表达。NaCl 处理 10、15、20 d，与 CK 相比，50、100 和 200 mmol/L NaCl 处理下均显著促进 *HQT* 的表达。NaCl 处理 15、20 d，与 CK 相比，50 mmol/L NaCl 处理下显著促进 *CCoAOMT1* 的表达。

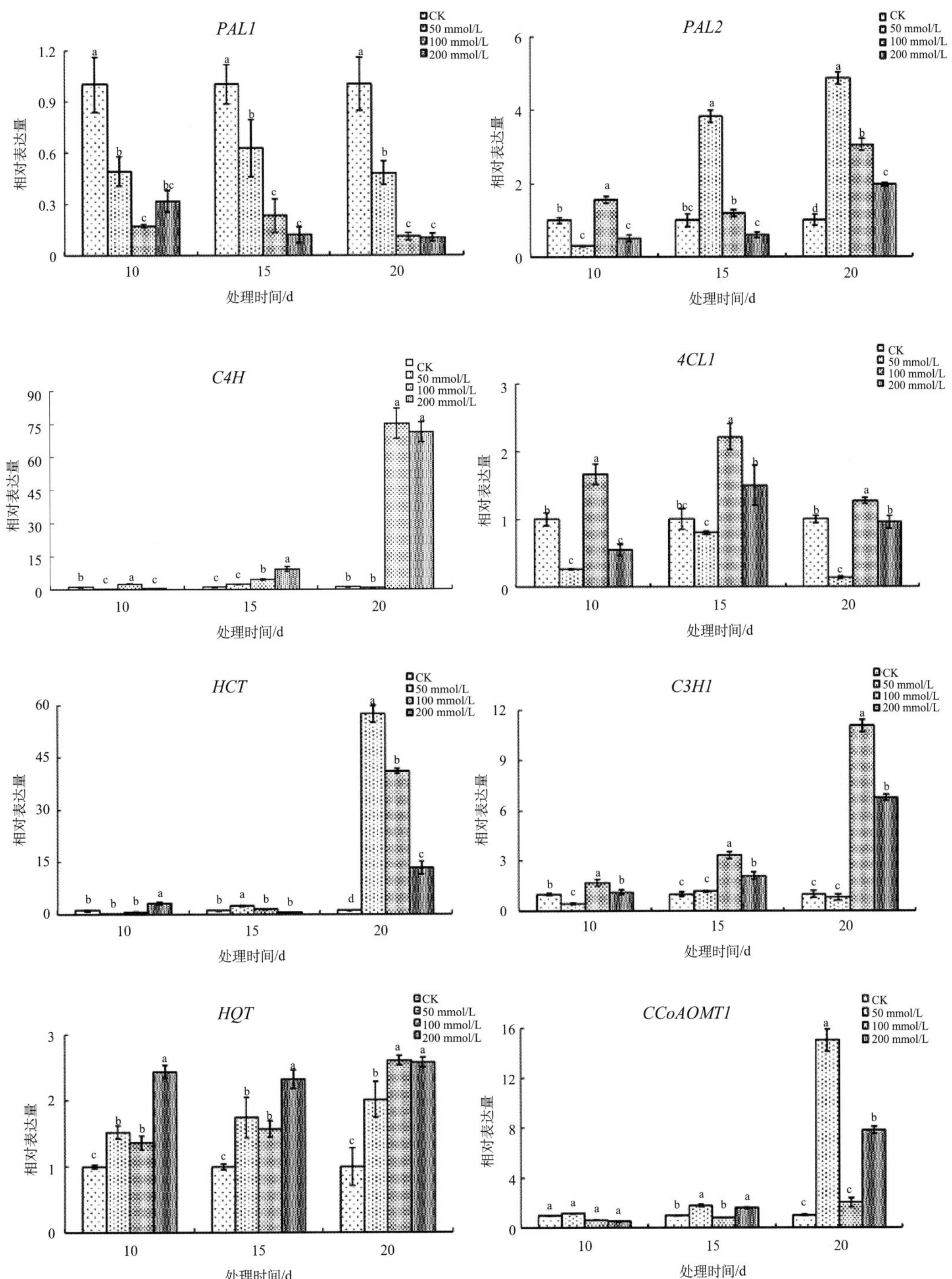

图 3-143　盐胁迫下南菊芋 1 号幼苗叶片绿原酸合成关键酶基因的表达

预培养 20 d 的菊芋幼苗用 0、50、100、200 mmol/L NaCl 处理 10、15 和 20 d，提取总 RNA 反转录后用于实时定量 PCR。基因转录水平的变化先用管家基因 *Htactin* 标准化成倍数后再进行各处理间的比较。图中数据为 3 个重复的平均值±SD；同一指标不同小写字母表示 $P \leqslant 0.05$ 差异水平

为了更充分了解不同产地不同生长时间叶片绿原酸含量变化的原因，南京农业大学海洋科学及其能源生物资源研究所菊芋研究小组选取南菊芋 1 号为实验材料，检测绿原酸相关基因在大丰和海南不同菊芋品种叶片中的变化。研究表明，大丰地区随着生长时间的延长，*PAL1* 表达量呈现增加的现象，*PAL2* 表达量呈现先增加后减少的趋势，而海南地区，随着生长时间的延长，*PAL1* 表达受到抑制，*PAL2* 表达量也出现了不规则的现象，这可能是南菊芋 1 号在大丰与海南的生长条件不同引起的。在基因组中，*PAL* 存在多个家族成员，且不同的成员都具有特异性表达。光、低温、外源植物激素等因素都可以诱导 *PAL* 的表达。大丰地区 *C4H* 的变化趋势与 *PAL2* 变化趋势基本一致，而海南地区菊芋随着生长时间的延长，*C4H* 表达量总体呈现增加的趋势。大丰地区菊芋随着生长时间的延长，*4CL1* 和 *C3H1* 表达量呈现先减少后增加的现象，而海南地区 *4CL1* 和 *C3H1* 表达量呈现先减少后增加的现象，我们推测 *4CL1* 和 *C3H1* 可能共同参与调节南菊芋 1 号绿原酸的生物合成。随着菊芋生长时间的延长，大丰和海南地区 *CCoAOMT1* 均呈现增加的现象，而海南地区在 10 月 *CCoAOMT1* 表达量减少，可能是海南地区南菊芋 1 号叶片出现发黄枯萎的原因。大丰地区菊芋随着生长时间的延长，*HQT* 表达量增加，绿原酸含量也呈现增加的现象。一些学者在马铃薯块茎中发现将改变的 MYB 转录因子基因 *StMtflM* 进行特异性表达，可以激活苯丙醇的生物合成途径，使绿原酸含量明显上升，同时还检测到 *HQT* 表达量也显著增加。由绿原酸生物合成途径中相关基因变化可以发现，大丰和海南菊芋相关基因的变化出现很大差异，由此可见，不同生境对菊芋叶片绿原酸合成会产生很大的影响。

为更清楚地认识高温对绿原酸合成的影响，南京农业大学海洋科学及其能源生物资源研究所菊芋研究小组选取南菊芋 1 号为实验材料，检测了南菊芋 1 号幼苗叶片绿原酸生物合成途径中相关基因表达量的变化规律。结果显示，高温促进了 *PAL1* 和 *PAL2* 的表达，但是随着处理时间的延长，增加的趋势会变小，30℃和 25℃分别处理 15、20 d 后 *PAL2* 表达量无显著差异。*PAL* 在基因组中存在多个家族成员，但不同的家族成员具有特异性表达。高温能够促进 *C4H* 的表达，随着处理时间的延长，促进变得明显。孟雪娇在研究黄瓜苯丙烷代谢关键酶活性及基因表达时发现，高温能够使长春密刺黄瓜和津春 4 号黄瓜的 *PAL* 表达上调，且 47℃处理 1～2 h 长春密刺黄瓜、津春 4 号黄瓜的 *C4H* 表达也上调。高温在处理 10、15 d 后 *4CL* 表达量略微上调，但无显著差异，但处理 20 d 后，*4CL* 表达量下调，且产生显著差异。有学者研究发现温度可以激活香鳞毛蕨 *4CL* 的表达，在低温（4℃）或者高温（35℃）条件下，*4CL* 呈现先增加后减少的趋势。高温促进 *HCT* 表达量的增加，但是均无显著差异；高温处理 10、15 d 后，*C3H1* 表达量均无显著差异，当处理 20 d 后，*C3H1* 明显增加；高温能够促进 *HQT* 的表达上调，随着处理时间的延长，增加的趋势逐渐变小；高温处理 10、15 d 后，*CCoAOMT1* 表达量均无显著差异，但处理 20 d 后，*CCoAOMT1* 明显增加。也有人研究发现，*HQT1* 短暂和稳定的表达能够促进绿原酸和二咖啡酰奎尼酸的增加。南京农业大学海洋科学及其能源生物资源研究所菊芋研究小组的研究也发现，高温胁迫下，绿原酸含量与 *HQT* 表达量基本呈现正相关的关系。

为更全面地了解绿原酸合成的调控机制，南京农业大学海洋科学及其能源生物资源研究所菊芋研究小组对菊芋绿原酸合成途径中 8 个相关基因进行了表达量的分析，结果显示：NaCl 胁迫下，*PAL1*、*PAL2*、*C4H*、*4CL1*、*C3H1*、*CCoAOMT1*、*HCT*、*HQT* 8 个相关基因在南菊芋 1 号幼苗叶片中均有表达，但表达水平各有差异。盐胁迫下南菊芋 1 号幼苗叶片 *PAL1* 表达量整体呈现减少的趋势，而 *PAL2* 表达量呈现不规则的变化；而在不同盐胁迫下，南菊芋 1 号不同生长期 *PAL1* 和 *PAL2* 表达量也呈现不规则变化。刘丽萍等证明盐胁迫能够使荞麦中的 *PAL* 活性下降[152]；Yan 等发现，金银花叶片在盐胁迫下不仅能显著增加 *HQT* 和 *PAL* 的表达水平，而且能促进绿原酸的积累[153]，由此可见盐胁迫对不同植物 *PAL* 的影响差异较大，需谨慎评价 *PAL*。盐胁迫下南菊芋 1 号幼苗 *C4H* 表达量在处理 10 d 时，呈现无规则变化，在处理 15、20 d 时整体呈现增加的现象；而在不同盐分的大田中，南菊芋 1 号在不同生长期 *C4H* 表达量也出现不同变化，这与张慧荣的研究结果不完全一致，可能是田间光照、温度、土壤因素等原因对 *C4H* 表达产生了一定的影响[154]。盐胁迫下南菊芋 1 号幼苗 *4CL1* 和 *C3H1* 表达量趋势基本一致；不同盐分的田间，南菊芋 1 号在不同生长期 *4CL1* 和 *C3H1* 表达量趋势基本一致。我们推测 *4CL1* 与 *C3H1* 可能共同参与调节绿原酸的合成。盐胁迫处理 10 d，南菊芋 1 号幼苗 *HCT* 表达量整体呈现增加的现象，而在不同盐胁迫下，南菊芋 1 号不同生长期 *HCT* 表达量也呈现增加的趋势，这与 Hoffmann 等研究的结果基本吻合[155]。盐胁迫下南菊芋 1 号幼苗 *HQT* 表达量与不同盐分的田间南菊芋 1 号在不同生长期 *HQT* 表达量趋势基本一致，都呈现增加的现象。同时研究也发现在马铃薯块茎中将改变的 MYB 转录因子基因 *StMtflM* 进行特异性表达，可以激活苯丙醇的生物合成途径，使绿原酸含量明显上升，同时还检测到 *HQT* 的表达量显著增加[156]。适度的盐胁迫能够促进南菊芋 1 号幼苗 *CCoAOMT1* 表达，高浓度的盐胁迫抑制南菊芋 1 号幼苗 *CCoAOMT1* 表达。而在不同盐分的田间，*CoAOMT1* 表达也不同，中度盐的 *CoAOMT1* 表达量高于轻度盐和重度盐，但随着生长时间的延长，*CCoAOMT1* 表达量也在上升，绿原酸含量也在增加。研究表明将 *CCoAOMT* 转化苜蓿，*CCoAOMT* 表达受抑制，G 木质素含量显著降低，对 S 木质素含量与野生型影响甚小，因此 *CCoAOMT* 可能参与 G 木质素的生物合成过程[157]。

南京农业大学海洋科学及其能源生物资源研究所菊芋研究小组经不同气候带的大田小区试验及室内盆栽验证试验获得如下结论。

绿原酸合成途径相关基因在种植于江苏大丰的南菊芋 1 号叶片中均有表达，随着生长时间的延长，*PAL1*、*HQT* 和 *CCoAOMT1* 表达量增加，而 *PAL2*、*C4H*、*4CL1*、*HCT* 和 *C3H1* 表达量无明显相关关系。绿原酸合成途径相关基因在种植于海南三亚的南菊芋 1 号叶片中同样均有表达，但相关基因表达量与生长时间无明显相关关系。比较江苏大丰和海南三亚南菊芋 1 号叶片不同生长时间绿原酸合成途径相关基因表达量发现，种植在江苏大丰的南菊芋 1 号叶片的 *PAL1* 和 *HQT* 表达量高于种植在海南三亚的，其他相关基因无相关关系。因此，不同生境能够影响菊芋绿原酸合成。在实验室培养经高温处理的菊芋幼苗叶片进行定量分析发现，绿原酸合成途径相关基因在经高温处理的南菊芋 1 号幼苗叶片中均有表达但有差异，高温促进 *PAL1*、*PAL2*、*C4H*、*HCT*、*C3H1*、*HQT*、*CCoAOMT1* 的表达，抑制 *4CL1* 的表达。

分析不同盐分大田中南菊芋 1 号叶片在不同生长时间绿原酸合成途径相关基因表达量发现：随着生长时间的延长，轻度盐胁迫下，*4CL1*、*HCT*、*C3H1*、*HQT*、*CCoAOMT1*

表达量也增加，而与 *PAL1*、*PAL2*、*C4H* 表达量无明显相关关系；中度盐胁迫下，*4CL1*、*HCT*、*HQT*、*CCoAOMT1* 表达量总体呈现增加的趋势（10 月例外），而与 *PAL1*、*PAL2*、*C4H*、*C3H1* 表达量无明显相关关系；重度盐胁迫下，*HCT*、*HQT*、*CCoAOMT1* 表达量总体呈现增加的趋势（10 月例外），而与 *PAL1*、 *PAL2*、*C4H*、*4CL1*、*C3H1* 表达量无明显相关关系。我们在实验室条件下，对经不同浓度 NaCl 溶液处理的南菊芋 1 号幼苗叶片进行定量分析发现，绿原酸合成途径相关基因在经不同浓度 NaCl 溶液处理的南菊芋 1 号幼苗叶片中均有表达但有差异，NaCl 浓度的增加抑制 *PAL1* 的表达，促进 *HQT* 的表达，而与 *PAL2*、*C4H*、*4CL1*、*HCT*、*C3H1*、*CCoAOMT1* 表达量无明显的相关关系。综上所述，高温和盐胁迫均促进 *HQT* 的表达，且表达量与绿原酸的含量呈正相关关系，因此可以推测 *HQT* 在菊芋绿原酸合成途径中发挥着重要作用。

3.4.1.7 南菊芋 1 号 miRNA 及其靶基因的分析

植物中，细胞核内编码 miRNA 基因的转录与加工是偶联的，整个形成过程均在细胞核中完成，不存在 miRNA 前体从细胞核到细胞质的运输过程。具体步骤见图 3-144。植物大部分的 miRNA 基因都定位于基因间区，大部分植物 miRNA 在基因组上具有一个独立的转录单元。

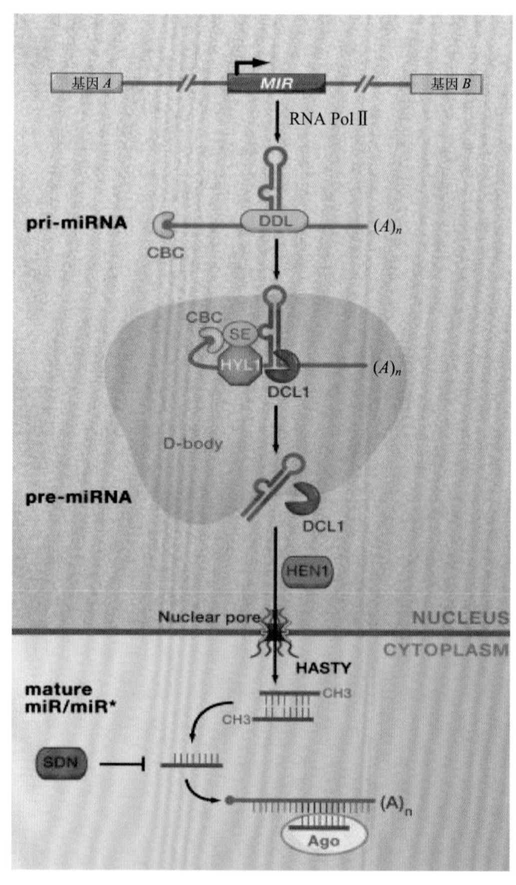

图 3-144 植物 miRNA 的生物合成过程

近年来发现，植物 miRNA 对应的靶基因有相当一部分是与抗逆相关的转录因子如激素调控因子（脱落酸、生长素）、抗盐碱、抗干旱等相关的基因[158]，环境胁迫影响植物中某些 miRNA 表达水平或者刺激一些新的 miRNA 的合成，进而影响这类转录因子的表达，从而在植物抗逆境中发挥作用[159]。这在菊芋中的研究甚少，截至 2015 年 5 月，miRBase 仅收录了 15 条菊芋 miRNA，很多基本问题尚不清楚：菊芋中究竟有多少 miRNA？菊芋 miRNA 通过何种途径在菊芋中发挥调控功能？查找出菊芋中的 miRNA 并找出它们的靶基因和揭示它们的功能，是研究菊芋 miRNA 的首要任务。只有揭示 miRNA 作用的靶基因后才能更好地进行功能研究，从而也才可以弄清楚它在生命活动中的作用。南京农业大学海洋科学及其能源生物资源研究所菊芋研究小组以本实验室保存品种南菊芋 1 号为材料，通过小分子非编码 RNA 库、降解组等 RNA 组学和分子生物学等手段鉴定与菊芋中盐胁迫相关的 miRNA，鉴定这些 miRNA 的靶基因，探究与菊芋生长发育和逆境适应相关的 miRNA 及其靶基因发挥作用的分子机制。

1. 南菊芋 1 号 miRNA 文库的构建和分析

目前，高通量测序已经成为一个强有力的工具，尽管高通量测序获得的序列较短，但测序结果具有高通量、覆盖度深、成本低等优点，非常适合对具有组织和时期表达特异性、长度小于 25 nt 的 miRNA 进行测序[160]。这种方法的优势在于，与以前的芯片相比，更能定性与定量鉴定基因的表达情况。菊芋是在世界范围内分布广泛的多年草本植物，关于菊芋 miRNA 种类和它们的靶基因以及其调控菊芋生长发育的生理功能相关的报道很少，为了更全面地了解菊芋中 miRNA 的存在情况，南京农业大学海洋科学及其能源生物资源研究所菊芋研究小组利用 Illumina Solexa 平台对菊芋品种南菊芋 1 号材料进行了 sRNA 测序。

1）南菊芋 1 号 miRNA 文库构建和分析研究方法

从菊芋块茎切取芽眼，放入装有石英砂的花盆中，用 1/4 Hoagland 营养液浇灌，长至四叶一心时，用浓度为 100 mmol/L NaCl 的 Hoagland 营养液处理，分别剪取 6、12、24 和 48 h 时间点 NaCl 处理与正常生长植株的根和叶，用液氮速冻后于–80℃冰箱保存备用。

RNA 提取具体操作方法按 Invitrogen 公司的说明书进行：

用液氮将 50～100 mg 菊芋各个样品研磨至细粉状，转移至 1.5 mL 离心管中，加入 1 mL TRIzol 试剂，剧烈振荡混匀；

室温静置 5 min，4℃ 12 000 r/min 离心 10 min；

将上清转移 1 mL 至新的 1.5 mL 离心管中，加入 200 μL 氯仿，涡旋 15 s 后冰上孵育 15 min；

4℃ 12 000 r/min 离心 15 min，吸取上清液（约 500 μL）于一个新的 1.5 mL 离心管中，注意不要触及中间蛋白层；

加入 500 μL 异丙醇，混匀，于–20℃条件下放置 20 min 以上；

4℃ 12 000 r/min 离心 10 min，弃上清；

加入 1 mL 70%的乙醇，轻弹管底，使沉淀浮起，7400 r/min 离心 2 min；

去除上清，RNA 沉淀置无菌风下适当吹干（过干会造成 RNA 难于溶解）；

加入适量的 DEPC 水溶解，置于–80℃冰箱中保存备用。

总 RNA 质量检验：

电泳检测。用 1.0%琼脂糖凝胶分离总 RNA，当最大的两条条带（28S RNA∶18S RNA）亮度比约为 2∶1，最小的条带（5S RNA）比较暗时，说明 RNA 降解很少。

紫外分光光度计检测。取 1 μL 总 RNA，在 Thermo 2000 上检测浓度和 A_{260}/A_{280} 值，当 A_{260}/A_{280} 为 1.8~2.0 时，总 RNA 的纯度较好。

通过计算，将 6、12、24 和 48 h 的根和叶中相同质量的总 RNA 按照盐处理和未处理分别混合，得到 4 个样品：盐处理叶总 RNA（S-L），盐处理根总 RNA（S-R），对照叶总 RNA（L），对照根总 RNA（R）。

sRNA 文库的构建和测序。按照 Illumina 样品准备方案中的要求和标准进行（Kwak et al., 2009），如图 3-145 所示。

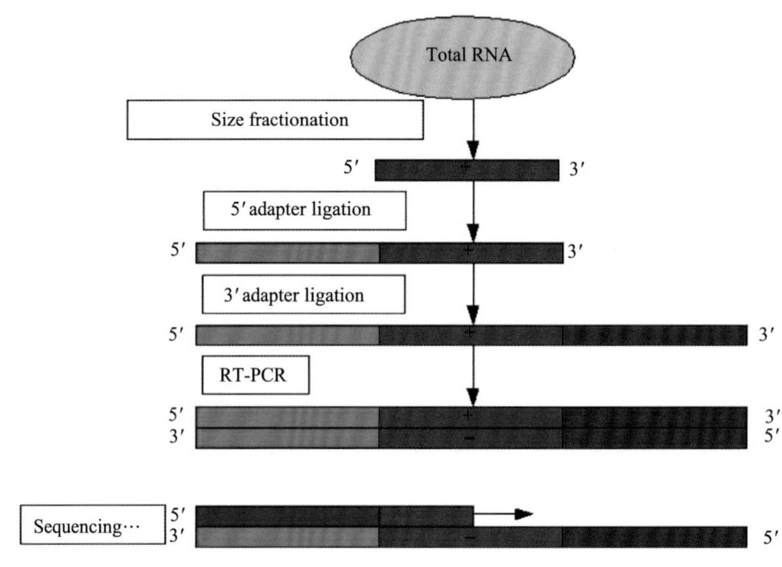

图 3-145　sRNA 测序实验流程图

实验流程如下：

用 15%的尿素-聚丙烯酰胺凝胶变性电泳（PAGE）分离 4 个总 RNA 样品，回收大小为 18～30nt 的 sRNA；

用 T_4 RNA 连接酶连接 5′接头，PAGE 分离、回收；

用 T_4 RNA 连接酶连接 3′接头，PAGE 分离、回收；

用 SuperScript Ⅱ 反转录酶（Invitrogen）将连上 5′和 3′接头的 sRNA 反转成 cDNA；

用接头引物进行 PCR 扩增，15 个循环；

PAGE 分离、回收，用 Agilent 2100 再次检验 cDNA 的大小、纯度和浓度。

将 4 个文库的 cDNA 加到 Solexa 测序芯片（flow cell）上并固定，每条分子经过原位扩增成为一个单分子簇（cluster）的测序模板，加入 4 色荧光标记的 4 种核苷酸，采用边合成边测序法（sequencing by synthesis，SBS）测序，1G 测序仪自动循环收集荧光信号确定测序片段中的碱基。每个通道将产生成百上千万条原始序列，称 raw reads，测序读长为 35 nt。

sRNA 生物信息学分析。将测序得到的原始图像数据经 base calling 转化为序列数据，即原始 reads，由此产生的 4 个文库我们分别称为 S-R 文库、S-L 文库、R 文库和 L 文库。通过对原始序列去接头、去低质量、去污染等过程完成数据处理得到干净序列，然后对其进行序列长度分布的统计及样品间公共序列统计。将处理后的干净序列进行分类注释，获得样品中包含的各组分及表达量信息。利用华大自主开发的软件 SOAP（http://soap.genomics.org.cn/）将测序获得的小 RNA 序列分别在向日葵 TIGR 数据库和从 NCBI 中下载的 EST 序列中进行比对，统计完全匹配的 sRNA。选取 Rfam 数据库（10.0, http://rfam.sanger.ac.uk/）、NCBI GenBank 数据库（http://ftp. ncbi. nlm. nih. gov/）来对测序获得的非编码 sRNA 序列进行注释，统计并去除其中可能的 rRNA、scRNA、snoRNA、snRNA、tRNA 等。测序数据与数据库数据 BLAST 比对，匹配的相似度达到 90%的 sRNA 将被注释。选取剩下的未注释 sRNA 片段进行已知 miRNA 的相关分析和新 miRNA 的预测分析。将测序获得的 sRNA 序列与 miRNA 数据库（miRBase v20.0）中已有植物的 miRNA 进行比对分析，能与 miRBase20 中植物 miRNA 碱基错配低于 2 个的 sRNA 被注释为已知 miRNA（known miRNA）。鉴定出菊芋小 RNA 文库中的已知 miRNA（无碱基错配），统计得到样品中已知 miRNA 的含量、首位点碱基分布等信息。

总体设计和数据处理流程如图 3-146 所示。

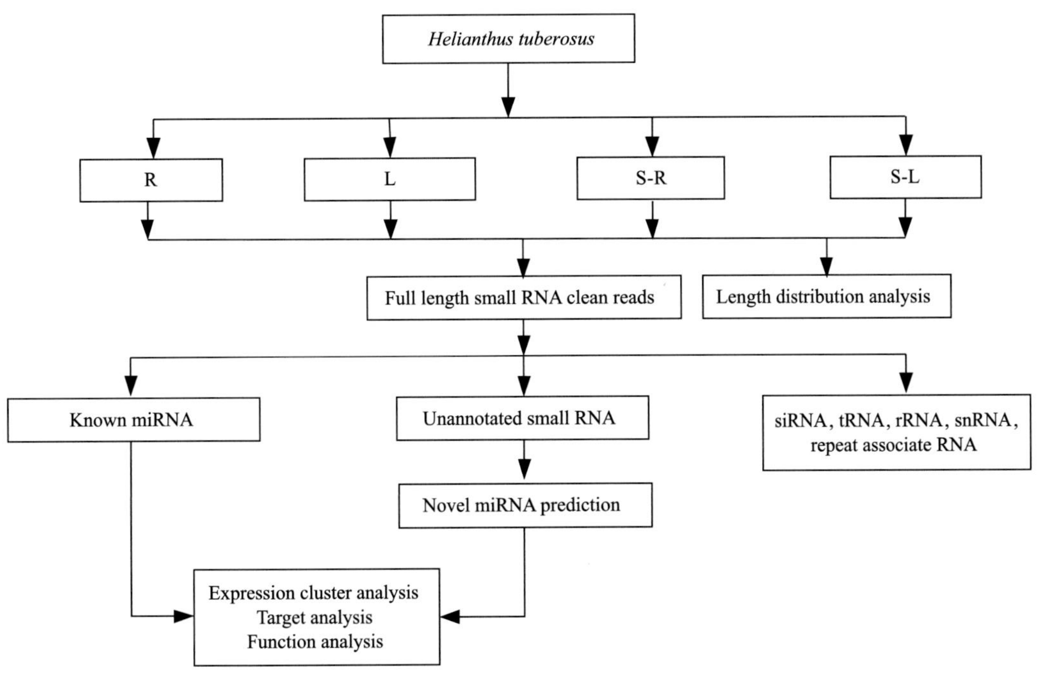

图 3-146 实验总体设计和数据处理流程图

菊芋已知 miRNA 鉴定。sRNA 分类注释后得到的已知 miRNA 参照 Meyers 等的标准，使用 Mireap 软件将候选新 miRNA 序列定位到向日葵基因组序列上，截取与 miRNA 对应的一定长度基因组序列用于分析预测 miRNA 前体的标志性发夹结构，二级结构图用 Mfold program（http://mfold.rna.albany. edu/? q= mfold/ RNA-Folding-Form）进行在线折叠，探寻其二级结构及折叠自由能等特征，判断其是否符合 miRNA 的基本特征。由于高通量测序技术存在误差，我们只考虑拷贝大于 4 个的 reads。

菊芋新的 miRNA 识别。将能定位到向日葵基因组或者菊芋 EST 序列上的未注释的 sRNA 用于预测小菊芋新的 miRNA（novel miRNA）。通过对截取一定长度与 sRNA 比对上的基因组序列，分析预测其二级结构及折叠自由能等特征，来断定其是否为 novel miRNA，所选用的软件为 Mireap，所选用的参数如下：

候选 miRNA 的最短长度为 20 nt，最长长度为 23 nt；

miRNA 前体的最大自由能为–18 kcal/mol；

miRNA 和 miRNA*序列之间的长度最大为 400 bp；

miRNA 和 miRNA*序列之间至少要有 16 个碱基完全匹配；

miRNA 和 miRNA*序列之间最多有 2 个不对称环；

miRNA 侧翼序列长度为 20 nt。

除去以上 Mireap 软件设置的参数，在识别 novel miRNA 的过程中，我们还需要遵守以下原则：定位到 novel miRNA 位点上的 sRNA reads 应该占定位到前体上的总 sRNA reads 的 95%以上，并且 novel miRNA reads 要占定位到 novel miRNA 位点上的总 sRNA reads 的 75%。

菊芋不同样品中特定 miRNA 丰度分析具体步骤如下：

首先将两个文库（a 和 b）归一化到同一个量级。公式为归一化的表达量=miRNA 表达量/样品总表达量×归一量级。

然后使用标准化后的结果对 4 个库中特定 miRNA 的丰度进行比较，将处理组与对照组归一化后的丰度相除，得到特定 miRNA 在这两个库的差异倍数，再用差异倍数的对数（$\log_2$差异倍数）表示 miRNA 在不同样品中的相对丰度变化。

2）南菊芋 1 号 sRNA 测序数据处理及统计分析

所提取总 RNA 质量对产生高质量 sRNA 测序结果至关重要，要最大限度地避免降解。南京农业大学海洋科学及其能源生物资源研究所菊芋研究小组对菊芋所提取总 RNA 部分样品的琼脂糖电泳如图 3-147 所示，28S 与 18S 比例基本符合构建文库的要求，可用于下一步的实验。

为了挖掘菊芋中新的 miRNA 并分析 miRNA 对盐胁迫的响应，南京农业大学海洋科学及其能源生物资源研究所菊芋研究小组构建了南菊芋 1 号正常生长的根（R）、叶（L）和盐胁迫根（S-R）、盐胁迫叶（S-L）的 4 个 sRNA 文库，采用新一代高通量测序技术进行深度测序。测序得到原始数据后，对其进行去接头、去低质量 reads、去污染等处理，得到干净的序列（clean reads），如表 3-52 所示。

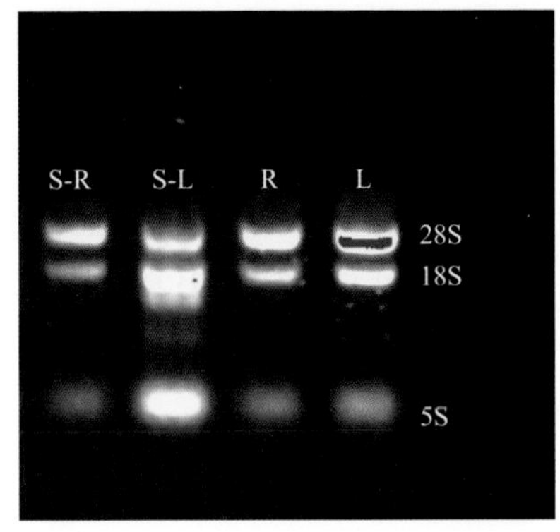

图 3-147　南菊芋 1 号总 RNA 质量检测

表 3-52　菊芋小 RNA 测序数据处理

片段类型	S-L	S-R	L	R
total_reads	21966349	19753790	20323140	20280175
high_quality	21696247	19411290	20075484	19938734
3′adapter_null	150686	141866	143171	139066
insert_null	662	677	477	655
5′adapter_contaminants	19922	7798	11656	7441
smaller_than_18nt	16097	46271	14810	54256
polyA	5164	2171	5391	3093
clean reads	21503716 （99.11%）	19212507 （98.98%）	19899979 （98.98%）	19734223 （98.97%）

注：total_reads 表示高通量测序序列总读数；high_quality 表示测序质量较高的序列（在第 1～30 个碱基中不含 N，质量值低于 10 的位点不超过 4 个且质量值低于 13 的位点不超过 6 个的片段）；3′adapter_null 表示缺失 3′端接头的序列；insert_null 表示缺失插入片段的序列；5′adapter_contaminants 表示 5′接头污染的序列；small_than_l8nt 表示长度短于 18nt 的序列。下同。

对得到的高质量序列进行长度在 18～28 nt 的高质量序列的分布情况的分析见图 3-148。一般来说，sRNA 的长度区间为 18～31 nt，长度分布的峰值能帮助我们判断 sRNA 的种类，现已知功能的 sRNA 通常长 20～24 nt[161]，如 miRNA 主要集中于 21～22 nt，siRNA 集中于 24 nt。从图 3-148 中发现，在 4 个库中菊芋中长度为 24 nt 的 sRNA 无论从数量上还是从种类上，都占有绝对的优势，24 nt sRNA 是核糖核酸内切酶作用的典型产物，南京农业大学海洋科学及其能源生物资源研究所菊芋研究小组的试验结果与以前的研究一致。发现 4 个 sRNA 文库的 Unique sRNA 序列和 sRNA 序列的长度分布都存在一些差异，在两个菊芋叶片的 RNA 文库 S-L 和 L 中尤为明显，NaCl 处理条件下菊芋叶片中的 sRNA 片段无论在种类上还是在数量上都较对照组的多，说明 100 mmol/L NaCl 处理对菊芋的 sRNA 表达有一定影响。

南京农业大学海洋科学及其能源生物资源研究所菊芋研究小组进一步分析了每两个库中 sRNA 的共有性和特异性，如图 3-149 所示。在总 RNA 的比较中每两个库中共同存在的 sRNA 为 71.5%和 70.5%，这个结果与特异的 sRNA 的情况相反，在特异的 sRNA 的两两比较中，发现不同的序列比共有的序列多。更进一步的分析表明，44.8%的特异的 sRNA 是在 NaCl 处理的地下部（S-R）中出现的，然而只有 42.1%出现在对照组（R）中（图 3-149A）。这个趋势也在菊芋叶片部分中出现，NaCl 处理的叶片（S-L）占 45.4%的特异性序列，而对照只有 41.1%（R）（图 3-149B）。这些结果表明，某些特异性 sRNA 的表达可以通过 NaCl 处理来诱导。

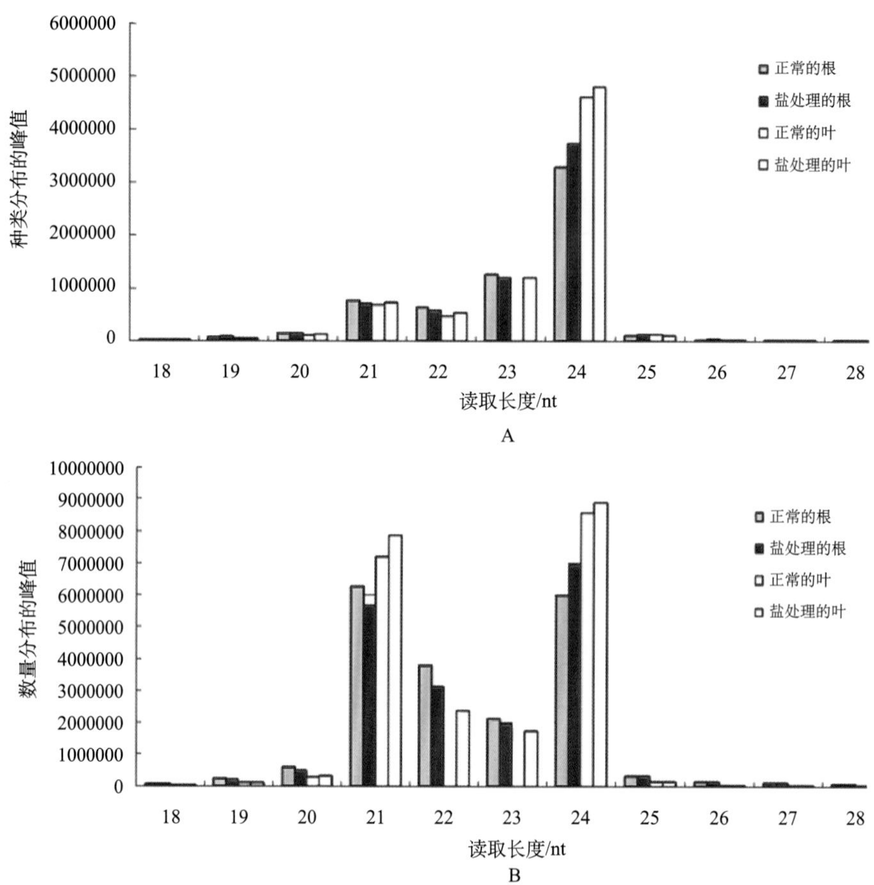

图 3-148　正常生长和盐胁迫下菊芋 sRNA 种类（A）和数量（B）分布

通过比对发现，4 个库中能够定位到基因组上的菊芋小 RNA 序列分别占总序列数的 2.03%、2.32%、2.04%和 2.35%；序列读数分别占总读数的 14.01%、14.89%、13.93%和 15.77%（表 3-53）。因此可以认为，菊芋与基因组小 RNA 的序列特异匹配率较低，究其原因可能与菊芋的基因组信息较少有关。

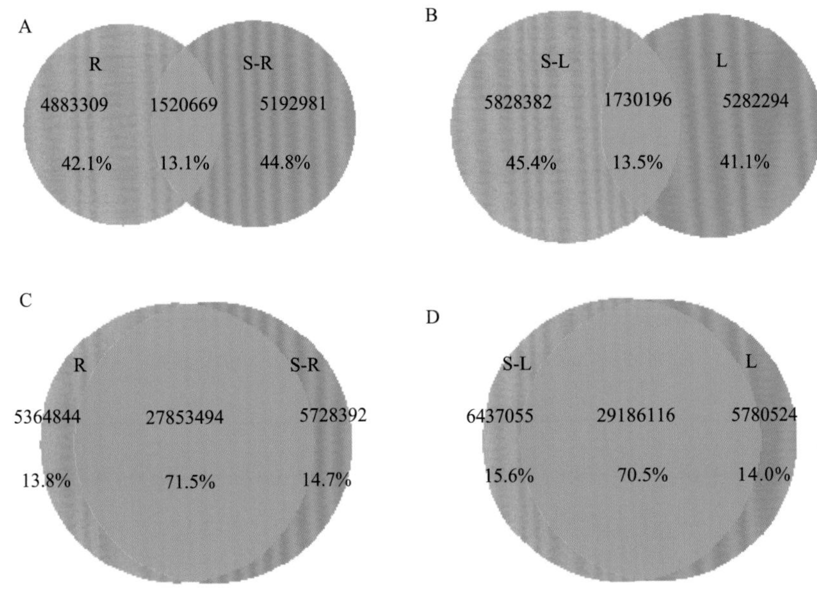

图 3-149　菊芋 sRNA 测序特异序列及共有序列统计

A. 盐处理根（S-R）与对照根（R）特异序列比较；B. 盐处理叶片（S-L）与对照叶片（L）特异序列比较；C. 盐处理根（S-R）与对照根（R）总序列比较；D. 盐处理叶片（S-L）与对照叶片（L）总序列比较

表 3-53　菊芋小 RNA 文库基因组定位

分类	S-L		S-R		L		R	
	Unique sRNA	Total sRNA	Unique sRNA	Total sRNA	Unique sRNA	Total sRNA	Unique sRNA	Total sRNA
小 RNA 总量	7558578	21503716	6713650	19212507	7012490	19899979	6403978	19734223
比对上基因组部分	153214（2.03%）	3012930（14.01%）	155965（2.32%）	2860659（14.89%）	142772（2.04%）	2771867（13.93%）	150224（2.35%）	3112153（15.77%）

南京农业大学海洋科学及其能源生物资源研究所菊芋研究小组将高质量数据分别与 GeneBank 数据库和 Rfam 数据库中比对，注释与数据库中的 rRNA、scRNA、snoRNA、snRNA 及 tRNA 匹配的小 RNA 序列，比对结果见表 3-54 和表 3-55。通过比较可发现，两个库所能注释的 ncRNA 在种类和类型上都有所差异，通过这两个数据库的比对，尽可能发现并去除其中可能的 rRNA、scRNA、snoRNA、snRNA 及 tRNA。

表 3-54　小 RNA 文库与 GeneBank 数据库比对

分类	S-L		S-R		L		R	
	Unique sRNA	Total sRNA	Unique sRNA	Total sRNA	Unique sRNA	Total sRNA	Unique sRNA	Total sRNA
rRNA	24553	262125	44870	883432	19798	212716	44066	931860
tRNA	1416	14628	1116	4528	1319	16107	1151	5564
other	7532609	21226963	6667664	18324547	6991373	19671156	6358761	18796799
total	7558578	21503716	6713650	19212507	7012490	19899979	6403978	19734223

表 3-55　小 RNA 文库与 Rfam 数据库比对

分类	S-L		S-R		L		R	
	Unique sRNA	Total sRNA	Unique sRNA	Total sRNA	Unique sRNA	Total sRNA	Unique sRNA	Total sRNA
rRNA	15340	170025	44345	378107	13266	134352	45435	381247
snRNA	2121	7862	2988	13115	2021	7658	2938	14703
snoRNA	549	1186	931	2583	489	925	820	1965
tRNA	5225	44973	19667	140981	5091	46191	19937	157611
other	7535343	21279670	6645719	18677721	6991623	19710853	6334848	19178697
total	7558578	21503716	6713650	19212507	7012490	19899979	6403978	19734223

通过 BLAST 比对软件，将测序得到的菊芋小 RNA 序列同 miRBase 数据库比对，注释已知的 miRNA。同时将之前的 GenBank 和 Rfam 注释结果进行总结，为了确保测序获得的每个 unique sRNA 序列注释信息的唯一性，遵照优先级顺序的原则对 sRNA 进行遍历注释，注释结果如表 3-56 所示。其中，unann 表示没有获得任何注释信息的 sRNA，这些数据将作为发现新 miRNA 序列的来源。分类注释结果中的 rRNA 总量可以作为一个样品质量的参考标准：植物样品中的 rRNA 总量所占比例应低于 60%。

表 3-56　菊芋小 RNA 文库 sRNA 分类注释

分类	S-L		S-R		L		R	
	Unique sRNA	Total sRNA	Unique sRNA	Total sRNA	Unique sRNA	Total sRNA	Unique sRNA	Total sRNA
Total	7558578	21503716	6713650	19212507	7012490	19899979	6403978	19734223
miRNA	19512	1369027	26135	1257581	19805	1168594	18148	1485649
	（0.26%）	（6.37%）	（0.39%）	（6.55%）	（0.28%）	（5.87%）	（0.28%）	（7.53%）
rRNA	34358	340379	79916	1085871	28470	275305	80601	1161274
	（0.45%）	（1.58%）	（1.19%）	（5.65%）	（0.41%）	（1.38%）	（1.26%）	（5.88%）
snRNA	2045	7641	2850	12772	1954	7453	2825	14411
	（0.03%）	（0.04%）	（0.04%）	（0.07%）	（0.03%）	（0.04%）	（0.04%）	（0.07%）
snoRNA	535	992	915	2452	480	869	805	1869
	（0.01%）	（0.00%）	（0.01%）	（0.01%）	（0.01%）	（0.00%）	（0.01%）	（0.01%）
tRNA	5616	51004	19859	142440	5447	51430	20122	159170
	（0.07%）	（0.24%）	（0.30%）	（0.74%）	（0.08%）	（0.26%）	（0.31%）	（0.81%）
Unann	7496512	19734673	6583975	16711391	6956334	18396328	6281477	16911850
	（99.18%）	（91.77%）	（98.07%）	（86.98%）	（99.20%）	（92.44%）	（98.09%）	（85.70%）

sRNA 的注释过程中，未注释的 sRNA 的数量大多超过 90%。菊芋是一种天然的六倍体植物，其基因组非常复杂和庞大，截至目前，基因组信息仍然非常匮乏，序列的完全注释也需要一个过程。这可能是造成未注释的 sRNA 数量多的一个原因。

将与 miRBase 比对获得的已知 miRNA 数据库的碱基偏性进行统计分析，初步得到菊芋 4 个库中 miRNA 的碱基分布特征，其中包括统计不同长度（18～30 nt）miRNA 首位点碱基（图 3-150）以及各位点 miRNA 碱基（图 3-151），最后获得菊芋 4 组文库中已知 miRNA 的碱基偏性，进而对研究得到的测序数据进行准确性评价。

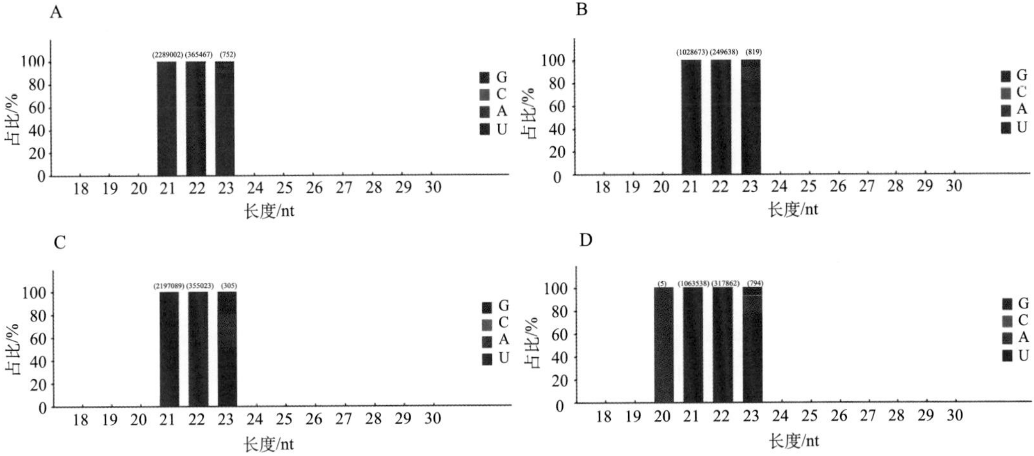

图 3-150　菊芋 miRNA 片段（长度 18～30nt）的首位点碱基偏性

A. S-R，盐处理根；B. S-L，盐处理叶；C. R，正常生长根；D. L，正常生长叶

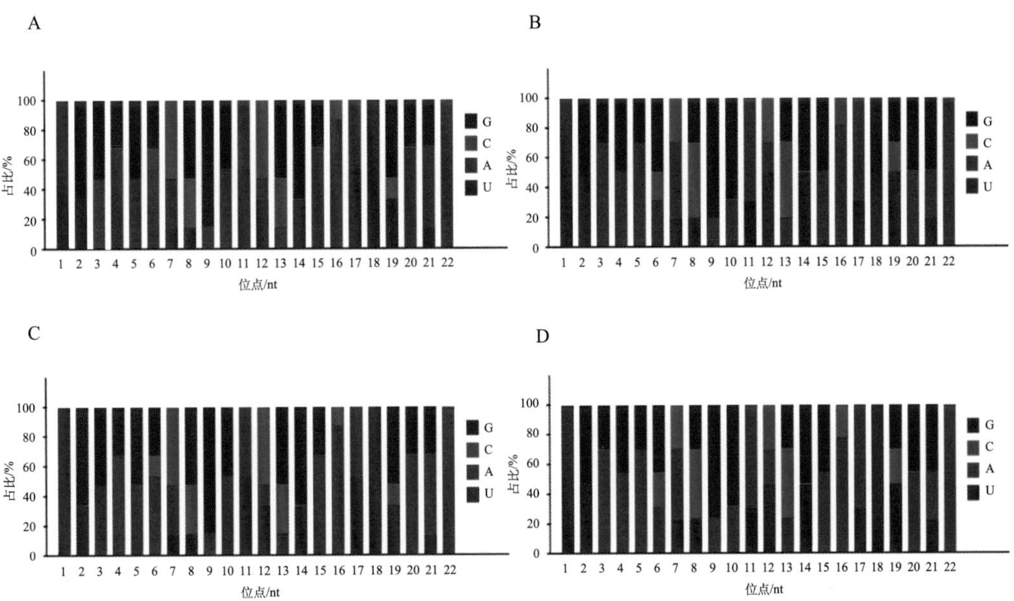

图 3-151　菊芋 miRNA 片段各位点碱基偏性

A. S-R，盐处理根；B. S-L，盐处理叶；C. R，正常生长根；D. L，正常生长叶

图 3-150 是研究 4 个文库中已知 miRNA 经过比对分析后获得相应的 miRNA 片段(长度 18～30 nt）的首位点碱基偏性和各位点碱基偏性，其中两图中的横轴均表示各碱基在

菊芋 miRNA 片段中所处的位点，而纵轴均表示各碱基在某一位点存在的可能性。如图 3-151 中，U 碱基存在于 21 位点在 4 个库中的可能性均为 100%，进而充分表明 U 碱基对该位点非常偏好；再如图 3-151 中的 A 碱基，其在第 22 位点的可能性均为 100%。相对于其他小 RNA 来讲，成熟的 miRNA 序列第一个碱基通常偏好以“U”开始，第二到四个碱基通常缺乏 C（第四个碱基有时例外）。通过比对分析，可以认为菊芋 miRNA（长度 18～30 nt）的首位碱基对“U”碱基极其偏好，这样将有利于菊芋 miRNA 和 AGO 酶相结合，从而更好地发挥其特殊的生物学功能。统计 miRNA 碱基使用偏好是检验数据质量的依据，从这一结果来看，4 个文库测序结果可信度高，预测分析准确，获得的测序信息可以应用于后续的研究工作中。

通过严谨的筛选标准，南京农业大学海洋科学及其能源生物资源研究所菊芋研究小组共在菊芋中鉴定出 28 个家族的已知 miRNA。例如，通过将小 RNA 序列与 miRBase 序列进行比对分析，发现菊芋 htu-miRl56 家族完全比中已知 miRNA 序列，若一个位点产生一个家族成员，则 htu-miR156 家族在菊芋中具有 12 个成员（表 3-57），分别命名为 htu-miR156-C1～htu-miRl56-C12。将所有这些 miRNA 家族在我们的 4 个库中进行检测，获得了 106 个已知的 miRNA。对菊芋已知 miRNA 的丰度统计见表 3-58。

表 3-57　菊芋中 htu-miR156 鉴定结果统计

miRNA families	miRNA candidate	Small RNA sequence	Length	miRBase best match	Mismatch number
156	htu-miR156-C1	TTGACAGAAGATAGAGAGCAC	21	ath-miR157a	0
156	htu-miR156-C2	TTGACAGAAGATAGAGGGCAC	21	mtr-miR156g	0
156	htu-miR156-C3	TGACAGAAGAGAGCGAGCAC	20	zma-miR156k	0
156	htu-miR156-C4	CTGACAGAAGATAGAGAGCAC	21	smo-miR156b	0
156	htu-miR156-C5	CGACAGAAGAGAGTGAGCAC	20	ath-miR156g	0
156	htu-miR156-C6	TGACAGAGGAGAGTGAGCAC	20	vvi-miR156e	0
156	htu-miR156-C7	TGACAGAAGAGAGAGAGCAT	20	vvi-miR156h	0
156	htu-miR156-C8	TTGACAGAAGAAAGAGAGCAC	21	smo-miR156c	0
156	htu-miR156-C9	CGACAGAAGAGAGTGAGCATA	21	osa-miR156l	0
156	htu-miR156-C10	TGTCAGAAGAGAGTGAGCAC	20	ghr-miR156c	0
156	htu-miR156-C11	TGACAGAAGAAAGAGAGCAC	20	ath-miR156h	0
156	htu-miR156-C12	GCTCACTCTCTATCTGTCACC	21	aly-miR156f*	0

表 3-58　菊芋已知 miRNA 的丰度统计

miRNA family	Root reads	S-Root reads	Leaf reads	S-Leaf reads	$\log_2\frac{\text{S-Root}}{\text{Root}}$	$\log_2(\frac{\text{S-Leaf}}{\text{Leaf}})$	$\log_2(\frac{\text{Leaf}}{\text{Root}})$	$\log_2(\frac{\text{S-Leaf}}{\text{S-Root}})$
156	1022178	784526	482826	529494	–0.34	0.02	–1.09	–0.73
159	1839	855	1803	624	–1.07	–1.64	–0.04	–0.62
160	88	100	58	87	0.22	0.47	–0.61	–0.36
162	140	114	438	360	–0.26	–0.39	1.63	1.50

续表

miRNA family	Root reads	S-Root reads	Leaf reads	S-Leaf reads	$\log_2\frac{\text{S-Root}}{\text{Root}}$	$\log_2(\frac{\text{S-Leaf}}{\text{Leaf}})$	$\log_2(\frac{\text{Leaf}}{\text{Root}})$	$\log_2(\frac{\text{S-Leaf}}{\text{S-Root}})$
164	755	761	4420	4091	0.05	−0.22	2.54	2.26
166	411544	405843	390801	471132	0.02	0.16	−0.09	0.05
167	17014	16321	53938	74472	−0.02	0.35	1.65	2.03
168	38317	44011	28088	53340	0.24	0.81	−0.46	0.11
169	142	114	836	967	−0.28	0.10	2.55	2.92
171	4986	4892	845	1239	0.01	0.44	−2.57	−2.14
172	6656	6229	10811	13940	−0.06	0.25	0.69	1.00
390	280	193	174	239	−0.50	0.35	−0.70	0.15
393	20	16	2307	2155	−0.28	−0.21	6.84	6.91
394	2	3	36	29	0.62	−0.42	4.16	3.11
395	47	14	27	7	−1.71	−2.06	−0.81	−1.16
396	8445	7422	12024	7588	−0.15	−0.78	0.50	−0.13
397	586	433	926	728	−0.40	−0.46	0.65	0.59
398	1302	816	4993	4809	−0.64	−0.17	1.93	2.40
399	25	26	30	17	0.10	−0.93	0.25	−0.78
403	71	83	96	73	0.26	−0.51	0.42	−0.35
408	30	18	13	10	−0.70	−0.49	−1.22	−1.01
444	—	—	1	—	—	—	—	—
477	1176	986	159	105	−0.22	—	−2.90	−3.39
858	132	52	183	64	−1.31	−1.63	0.46	0.14
894	155	367	102	306	1.28	1.47	−0.62	−0.42
2111	4	5	—	4	0.36	—	—	−0.48
2911	251	309	53	68	0.34	0.25	−2.26	−2.35

注：Root reads 表示菊芋根中的序列；S-Root reads 表示盐胁迫下菊芋根的序列；Leaf reads 表示菊芋叶片中的序列；S-Leaf reads 表示盐胁迫下菊芋根的序列。下同。

在菊芋 4 个文库中一共检测出 11 种 miRNA（表 3-59），将这些新预测的 miRNA 命名为 htu-miR6001……htu-miR6010。新 miRNA 序列中，以 U 为 5′第一个碱基的序列有 11 条，占总序列数的 64.7%，序列总长度为 21 nt 的有 5 条，占总序列数的 29.4%。预测得到它们的 pre-miRNA 序列的长度为 84～230 nt，同时 GC%大多数都为 30%～70%。折叠鉴定到的 miRNA 预测前体，寻找对应的 miRNA*，11 条新 miRNA 中共有 7 条找到能检测到表达的 miRNA*。这些能检测到的 miRNA*增加了南京农业大学海洋科学及其能源生物资源研究所菊芋研究小组预测结果的可靠性。

表 3-59　利用高通量测序获得的 miRNA 家族新成员

miRNA	miRNA sequence	total miRNA star	Precursor ID
htu-miR6001a	TGGAGACGGATCGGAATTGAA	75	DY919877
htu-miR6001b	TTGGAGACTGATCGGAATTGA	120	DY919877

续表

miRNA	miRNA sequence	total miRNA star	Precursor ID
htu-miR6002	TTAGAGACGGATCTGAATTGG	60	GE511104
htu-miR6003	TGAAACTTAGAAAGACATCATA	375	BU020885
htu-miR6004	TTATGAAGGTAGTCTAGCCCAC	0	TC58527
htu-miR6005	TGATAGAAGCAGCATTGAGAG	114	BQ913164
htu-miR6006	TCTGCAAAAGCAAGGAGAGCA	0	TC55909 -
htu-miR6007	TTTCTGCAAAAGCAAGGAGAG	2	TC56689 -
htu-miR6008	CTCAATGCTGCTTCTATCACA	3	BQ913164 -
htu-miR6009	TGCTCTTGGATGTTGTTGGAA	0	TC51131
htu-miR6010	ACAAGGGACCTATATGCTACATA	0	DY912937 -

统计这些新预测出的 miRNA 在 4 个库中的序列读数，并对这些序列读数进行归一化，比较某一特定的新的 miRNA 在同一组织、不同处理下的表达情况。发现这些检测到的新的 miRNA 在 4 个库中表达量都相对较高，与之前的一些高丰度的保守 miRNA 读数接近。

一些 miRNA 家族如 miR156、miR159、miR166、miR167、miR168 在 4 个库中高度表达，而其他的表达相对来说比较低。一些 miRNA 在根中表达较高（如 miR156），有些在叶中表达较高（如 miR167）。为了鉴定 miRNA 对 NaCl 的响应，我们将处理与对照叶片和根文库中 miRNA 的丰度两两比较，结果表明，盐处理的叶片部分或地下部与对照组相比部分 miRNA 有差异表达。特别是 miR159，在 100 mmol/L NaCl 处理情况下，叶片和根中 miRNA 表达水平都明显上调。但一些如 miR398 等已知的在盐胁迫中发挥作用的保守 miRNA 在这几个库中并没有特别显著的差异，猜测其可能原因是 NaCl 溶液浓度相对较低，处于菊芋能承受范围之内，从而并未引起菊芋较为强烈的抗逆反应。

高通量测序技术是近年发展起来的一种能有效挖掘植物中表达丰度低、具有组织时期表达特异性 miRNA 的方法。目前，高通量测序技术是发现和鉴定植物中 miRNA 的最有力的手段，miRBase 20.0 数据库中有大量基于高通量测序得到的 miRNA 是最有说服力的证据。在本章中，我们利用高通量测序技术鉴定了菊芋中的一些 miRNA，总的来说，这些保守 miRNA 和新 miRNA 的发现在很大程度上扩展了菊芋 miRNA 群体的种类和数量。但是，在对小 RNA 高通量测序数据进行分析的过程中，存在大量无法分析的数据，这些数据目前不能归类到任何 RNA 类型。

对于预测和鉴定 miRNA，无法分析的数据可以分为三类，第一类是测序获得的聚类序列可以与菊芋 EST 序列或向日葵基因组比对上，但在比对上基因组位置的延伸序列不可以形成合格的发夹结构；第二类是聚类序列不能与菊芋 EST 序列或向日葵基因组比对上；第三类是不能归类到 GenBank、Rfam 数据库中的 rRNA、tRNA、snRNA、snoRNA 等非编码 RNA 的序列。对于第一类中的聚类序列，我们猜测这类序列可能是 miRNA 在进化过程中基因组复制漂移和多样化结果，或者这类序列是来自基因组非编码区的其他类型的非编码 RNA。对于第二类中的聚类序列，我们无法将它们归类分析可能是由于菊芋与向日葵虽然同属向日葵属，但两者序列还是有所差异，从而导致无法比对。第三类序列可能是某一种类型 RNA 但序列还未被报道，也有可能是来自目前还未引起关注的小 RNA 类型。总而言之，因为目前菊芋基因组信息缺失，另外各种 RNA 类型的分类和建库不完整，而且还可能存在目前未引起足够关注的小 RNA 类型等原因，高通量测序数据中有大量无法分析的序列，给菊芋 miRNA 的预测和鉴定工作带来了困难。

miRBase 是一个权威的用于登记和注释在动植物以及人类中发现和鉴定的 miRNA 的数据库。近几年，越来越多的植物 miRNA 被录入 miRBase 数据库中，尤其是拟南芥和水稻等模式植物中被注释的 miRNA 数量已经非常多。截至 2015 年 5 月，菊芋仅有 13 条成熟的 miRNA 序列被注释，且这 13 条 miRNA 都并未提交前体序列，这说明挖掘菊芋中 miRNA 是一项非常有必要的研究内容，这为后续研究菊芋中 miRNA 的表达特性和功能提供了研究基础。

南京农业大学海洋科学及其能源生物资源研究所菊芋研究小组在 4 个 sRNA 数据库中得到的能用于后续分析的高质量序列（clean reads）数据，分别为对照根（R）19734223、对照叶（L）19899979、盐处理根（S-R）19212507 和盐处理叶（S-L）21503716。对 4 个 sRNA 数据库中的长度分布分析发现，4 个库中大部分的 sRNA 序列分布在 20～24 nt。对所得的 sRNA 进行了分类注释，其中的 known miRNA 和未注释的 sRNA 序列将用于后续鉴定菊芋 known miRNA 和 novel miRNA 的数据。对已知的 miRNA 进行碱基偏性分析，发现符合之前的报道，测序结果比较可靠。南京农业大学海洋科学及其能源生物资源研究所菊芋研究小组在菊芋中鉴定到了属于 28 个 miRNA 家族的 106 条植物保守 miRNA，并发现了 11 条新的 miRNA。

菊芋和向日葵同为向日葵属植物，由于菊芋基因组信息较少，因此南京农业大学海洋科学及其能源生物资源研究所菊芋研究小组的研究中同时使用菊芋的 EST 序列数据和向日葵 TIGR 数据库 HaGI6.0 进行分析，研究中基于向日葵数据库的分析结果可能存在一些不足之处。由于高通量测序技术获得的核酸序列存在一定的误差，特别是一些低丰度的小 RNA 序列，因此在后续研究中还需要使用其他实验来进一步验证高通量测序结果的准确性。

2. 南菊芋 1 号降解组测序与 miRNA 靶基因分析

miRNA 功能研究中，鉴定 miRNA 所作用的靶基因是最为关键的一步，植物 miRNA 通常与靶基因进行完全或者近乎完全的配对而引起基因的剪切，研究中常利用这一特征进行生物信息学预测，但仅凭这一点无法区分预测靶基因的真伪，常需要大量的实验去进行验证，极大地影响了研究的效率。降解组测序（degradome sequencing）针对 miRNA 介导的剪切降解片段进行测序，从实验中筛选 miRNA 作用的靶基因，是一种高通量鉴定 miRNA 靶基因的方法，已成功应用于拟南芥[162]、水稻[163]等多种植物 miRNA 的靶基因鉴定。最近几年，利用高通量测序技术进行 miRNA 的发现和鉴定，并同时利用降解组测序技术进行 miRNA 靶基因的挖掘是最常用也是最高效分析某个植物物种中 miRNA 和对应靶基因信息的方法。

在前期研究中，南京农业大学海洋科学及其能源生物资源研究所菊芋研究小组利用高通量测序技术在菊芋中发现和鉴定了大量植物保守的 miRNA 和新的 miRNA，但是对于大部分 miRNA 的靶基因信息并不是很清楚，这为后续研究 miRNA 的生物学功能带来了一定难度。因此，寻找和确认这些 miRNA 作用的靶基因是首要任务。

南京农业大学海洋科学及其能源生物资源研究所菊芋研究小组利用降解组测序技术，以南菊芋 1 号未处理叶片和根进行取样，提取根和叶混合 RNA 样品为材料构建降解组文库并进行深度测序，结合作者前期利用高通量测序发现和鉴定到的菊芋 miRNA 序列信息对降解组数据进行生物信息学分析并最终鉴定 miRNA 靶基因，这些研究结果有助于分析 miRNA 与靶基因间的调控关系以及它们在植物中的功能。

1）南菊芋 1 号降解组测序与 miRNA 靶基因分析研究方法

菊芋培养至四叶一心时，剪取正常生长植株的根和叶，用液氮速冻后于–80℃冰箱保存备用。

降解组文库的构建和测序的原理与流程如图 3-152 所示。

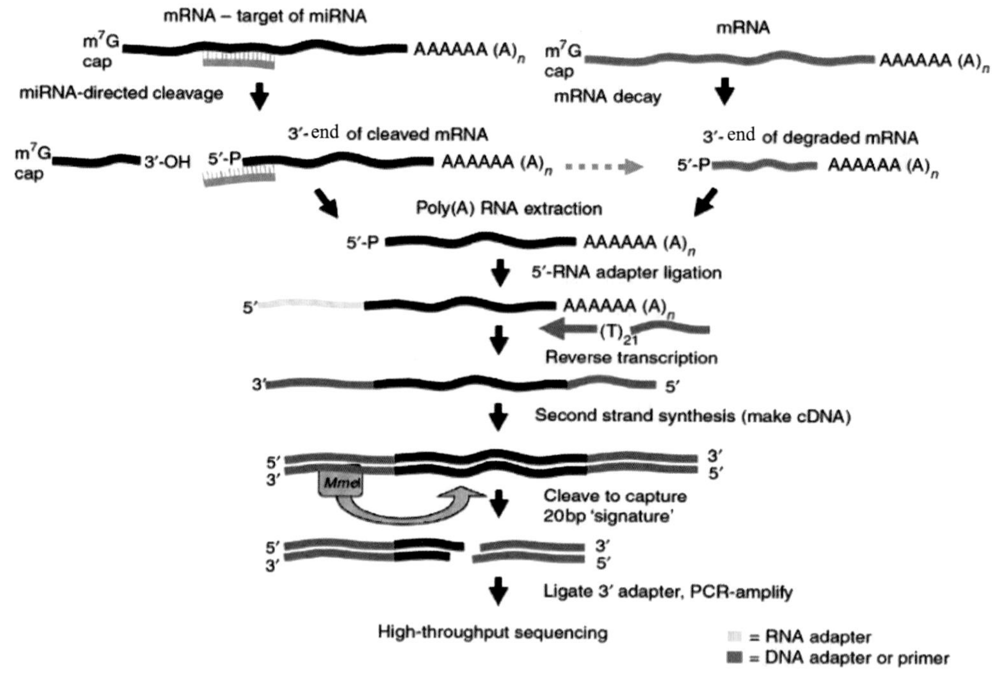

图 3-152　降解组测序实验流程图

从总 RNA 中纯化获取 polyA+ RNA，通过 RNA 连接酶在降解或剪切片段的 5′端（具有 5′端单磷酸基团）连接接头，采用 oligo（dT）引物进行反转录合成 cDNA 第一链，利用接头引物进行 PCR 扩增 cDNA，采用 *Mme* I 消化 PCR 产物，*Mme* I 酶切产物 3′端连接接头，经 PCR 扩增和纯化后进行 Illumina 高通量测序。

Solexa 测序得到 35 nt 长度的原始序列，通过去接头、去污染、去低质量序列等步骤获得“干净”的序列（称为降解序列）。将降解序列进行一系列注释之后，得到 mRNA 的降解片段，通过与 miRNA 比对来寻找 mRNA-miRNA 配对，主要分析流程如图 3-153 所示。

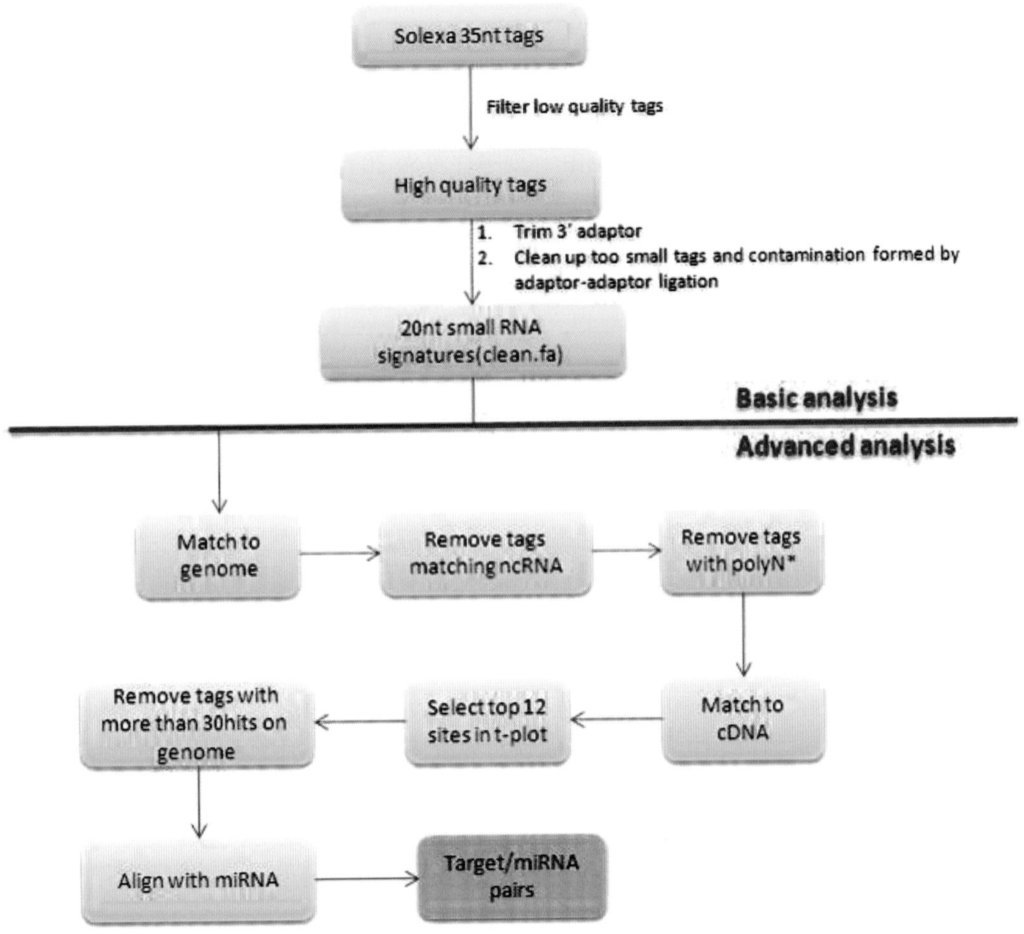

图 3-153　原始序列到 miRNA 靶基因的分析流程

降解组文库注释。Solexa 测序得到的 35 nt 序列，通过去接头、去低质量、去污染、统计序列长度分布等过程完成初级分析。数据处理的步骤为：①去除低质量序列；②去除缺失 3′接头的序列；③去除 5′接头污染的序列；④去除缺失插入片段的序列；⑤去除长度小于 18 nt 的序列。降解组分析的主要目的是找到由 miRNA 切割引起 mRNA 降解的靶基因。在本实验中，首先我们将降解片段比对到向日葵基因组上，去除样品中 ncRNA（noncoding RNA）的干扰，去除 polyN 片段，鉴定其中表达的 cDNA，与菊芋 miRNA 进行比对，预测可能的 mRNA-miRNA 配对。

基因组比对。利用 SOAP 将测序的序列比对到基因组，可以分析降解片段在基因组上的分布特征。

比对 ncRNA（GenBank、Rfam）。我们选择比对的数据集是来自 NCBI 的 GenBank

（http://ftp.ncbi.nlm.nih.gov/）和 Sanger 中心 Rfam（http://rfam.sanger.ac.uk/），前者是按照物种来分类的，后者是按照 ncRNA 的家族特征进行分类的，这样比对更加全面，能够获得更多的信息。

去除 polyN。polyN 为序列中 A/C/G/T 的含量，偏高会影响分析质量，在分析中去除单个碱基比例大于 0.7 的片段。

鉴定样品中 mRNA 的降解片段。由于测序片段为 20 nt 左右，绝大部分为 mRNA 的降解片段，我们利用寻找 overlap 的方法，鉴定样品中表达了的 mRNA 的降解片段。

对降解片段进行分类注释。将所有降解片段与各类 RNA 的比对、注释结果进行总结，按照 ncRNA>polyN>mRNA 的优先级进行注释，没有比对上任何注释信息的用 unann 表示。

菊芋靶基因鉴定。根据 miRNA 与其靶基因反向互补结合从而达到剪切或抑制靶基因转录后翻译的原理，将目的序列与向日葵基因组或菊芋 EST 序列进行比对，设置一定的标准，留下匹配的序列，淘汰其余的序列，进而得到 miRNA 切割的 mRNA 的完整序列信息。

比对中会发现 miRNA 切割靶基因时，在某个位点出现 1 个波峰，此处就是候选的 miRNA 对 mRNA 的切割位点。一般植物中 miRNA 对 I 靶基因的切割位点在结合区域的第 10 位或者第 11 位。

根据 CleaveLand pipeline [162,164]原理对靶基因进行鉴定和分类。取波峰上游和下游各 15 nt 的核苷酸序列产生一个 30 nt 的序列（t-signature）。将 30 nt 序列的反向互补序列与菊芋的 miRNA 序列进行比对，根据罚分规则对 miRNA:mRNA 序列比对情况进行罚分计算（alignment score）。罚分规则为：碱基对错配或单核苷酸凸起的罚分为 1，G:U 配对的罚分为 0.5，当碱基对错配和 G:U 配对位于 miRNA:mRNA 配对区域的第 2～13 位核心区域时，罚分双倍，最后计算总的罚分，留下总罚分小于等于 6 的配对组合。若某一 miRNA:mRNA 配对组合满足罚分小于 6 并且剪切位点对应 miRNA 的第 10 个或第 11 个核苷酸，则认为此 miRNA 作用于该靶基因。

依据靶基因在不同位置产生的降解片段的丰度情况将这些靶基因进行分类（category），大体分为以下 3 类：类型 I，预测降解片段在第 10 位或第 11 位的位置，其丰度等于该 cDNA 上所有降解片段的丰度最大值；类型 II，预测降解片段丰度小于该 cDNA 上所有降解片段的丰度最大值，大于该 cDNA 上所有降解片段的丰度中间值；类型III，大于 1 条降解片段在预测降解位置，其丰度小于或等于该 cDNA 上所有降解片段的丰度中间值。

2）南菊芋 1 号降解组数据处理与统计分析

降解组数据处理与统计分析。将原始序列数据去除接头、污染序列及低质量序列，得到干净的序列（clean reads）（表 3-60）。然后统计降解片段（degradome fragment）的种类（用 unique 表示）及数量（用 total 表示），并对降解片段做长度分布统计。本次测序一共获得了原始序列（raw reads）27277908 条，去除接头、低质量序列后获得高质量序列 27244942 条。所测得的降解片段的长度峰值为 20～21 nt，其中 20 nt 片段所占比例最大，达 32.42%，21 nt 的片段占 29.49%（图 3-154），取 18～30 nt 序列进行下一步分析。

表 3-60　降解组原始序列统计

片段类型	数量	百分比/%
total_reads	27277908	100
high_quality	27244942	97.88
3′adaptor_null	47059	0.17
insert_null	1447	0.01
5′adaptor_contaminants	76311	0.28
smaller_than_18nt	2603683	9.56

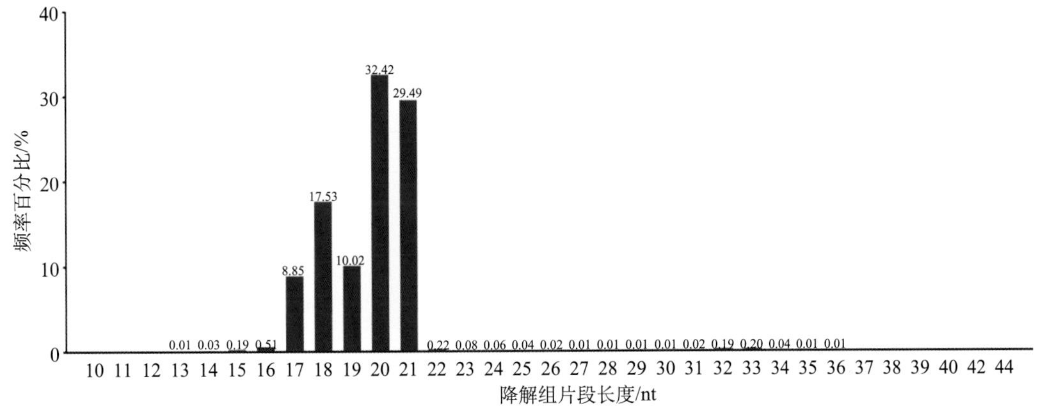

图 3-154　降解组片段长度分布统计

降解组序列与向日葵基因组数据比对。因为菊芋没有全基因组信息，选取其同属的向日葵基因组作为参考，将所得序列与向日葵基因组序列数据比较，47.13%的总序列（total reads）可定位到向日葵基因组，26.44%的唯一序列（unique reads）可定位到向日葵基因组（表 3-61）。

表 3-61　降解组与向日葵基因组比对情况统计

指标	唯一序列	百分比/%	总序列	百分比/%
降解片段总量	1337976	100	24516442	100
比对上基因组	353725	26.44	11555727	47.13

降解组片段与 Rfam 比对鉴定非编码 RNA。选取 Rfam 数据库来注释测序得到的降解片段序列，以尽可能地发现并去除其中可能的 rRNA、scRNA、snoRNA、snRNA、tRNA 等 ncRNA。经过注释，得到 1334210 种、总数为 24340723 条的序列用于下一步分析（表 3-62）。

表 3-62　比对上 Rfam 非编码 RNA 的降解片段统计

分类	唯一序列	总序列
rRNA	2384	151169
snRNA	452	7548
snoRNA	564	10021
tRNA	366	6981
其他	1334210	24340723
合计	1337976	24516442

降解组片段中 polyN 的鉴定。单个碱基比例大于 70%的降解片段定义为 polyN 序列，如表 3-63 所示，所测序列中不含 polyC 序列，polyA/G/T 序列所占比例极小，均低于 0.7，对分析结果不构成干扰。

表 3-63　polyN 的统计

指标	唯一序列	百分比/%	总序列	百分比/%
所测序列	1337976	100	24516442	100
polyA	1528	0.11	16757	0.07
polyC	0	0.00	0	0.00
polyG	91	0.01	473	0.00
polyT	427	0.03	7224	0.03

降解组片段分类注释。将上述所有降解组片段与各类 RNA 的比对、注释情况进行汇总。在上述各类注释中，由于可能存在一个 reads 同时有两种不同的注释信息的情况，为了使每个唯一序列只有唯一的注释，按照“ncRNA>miRNA>重复序列>外显子>内含子”的优先级顺序对序列进行唯一的注释，没有上述任何注释信息的序列为未知序列（用 unann 表示）。结果显示，在总序列（total reads）中，2.1%为 cDNA 反义序列（cDNA antisense sequence），44.42%为 cDNA 正义序列（cDNA sense sequence）；在唯一序列（unique reads）中，1.85%为 cDNA 反义序列，24.24%为 cDNA 正义序列（图 3-155、表 3-64）。

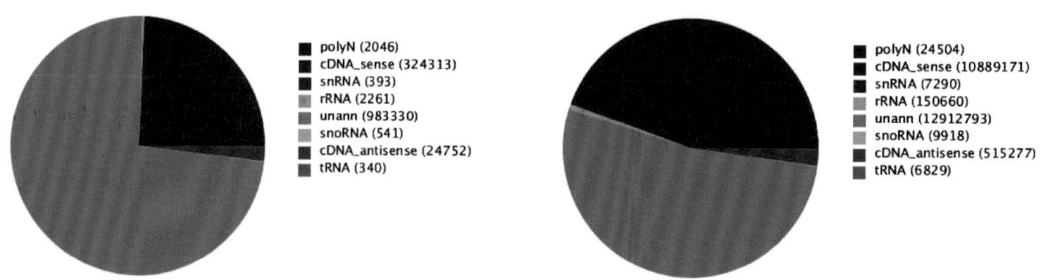

图 3-155　降解组测序片段注释结果统计

表 3-64　菊芋降解片段分类注释

分类	唯一序列	百分比/%	总序列	百分比/%
总数	1337976	100	24516442	100
反义序列	24752	1.85	515277	2.10
正义序列	324313	24.24	10889171	44.42
polyN	2046	0.15	24504	0.10
rRNA	2261	0.17	150660	0.61
snRNA	393	0.03	7290	0.03
snoRNA	541	0.04	9918	0.04
tRNA	340	0.03	6829	0.03
未知序列	983330	73.49	12912793	52.67

已知 miRNA 靶基因鉴定。将与 mRNA 比对上的序列，采用 CleaveLand 软件与之前鉴定的菊芋 miRNA 进行比对，预测 miRNA-mRNA 配对，部分结果如表 3-65 所示。基于在靶点上标签序列的相对丰度，降解物能够被分成 3 类。Ⅰ类在预测的 miRNA 切割位点降解组标签的丰度最高。Ⅱ类在切割位点的降解组标签的丰度比所有降解片段丰度的平均水平高。Ⅲ类包含了大量其他降解序列。很明显，Ⅰ类有更高的降解序列标签并且 miRNA 的切割错误率更低。我们分别将降解组测序结果与 NCBI 上所有的菊芋 EST 序列和向日葵基因组比对，一共鉴别了 39 个 miRNA（33 个保守和 6 个不保守）的靶基因 512 个，Ⅰ类有 54 个，Ⅱ类有 200 个，Ⅲ类有 258 个（表 3-65）。

表 3-65　菊芋 miRNA 靶标鉴定结果统计

靶标类型	Ⅰ	Ⅱ	Ⅲ
从菊芋的 EST 被识别的	22	99	191
从向日葵 HaGI6.0 被识别的	32	101	67
总计	54	200	258

由于Ⅰ类的靶基因通常能被 miRNA 精确切割，可信度更高一些，因此作者对这组靶基因在细节上做了分析。如表 3-66 和表 3-67 所示，除了 miR171、miR172 和 miR390 只有一个靶点外，绝大多数 miRNA 拥有多个靶基因。miR156 拥有 5 个靶基因，其中 4 个转录物编码不同的蛋白质。

表 3-66　菊芋 EST 序列中鉴定到的已知 miRNA 的Ⅰ类靶基因

miRNA 家族	靶基因登录号	得分	切割位点	切割位点的读数（TP10M）	在预期切割位点的比例	靶基因分类	靶基因功能（BLASTX in NCBI）
156	BU031626	5	67	8.16	74.07	Ⅰ	probable glutathione S-transferase parA-like
156	BU033700	4	123	10.61	59.09	Ⅰ	no significant similarity found

续表

miRNA家族	靶基因登录号	得分	切割位点	切割位点的读数（TP10M）	在预期切割位点的比例	靶基因分类	靶基因功能（BLASTX in NCBI）
156	TC43306	4.5	610	31.41	30.80	I	core-2/I-branching beta-1, 6-*N*-acetylglucosaminyltransferase family protein, putative
156	TC59554	4	799	13.87	18.78	I	glucose-6-phosphate/ phosphate translocator 1, chloroplast precursor, putative
159	TC44429	5	492	13.05	19.16	I	major facilitator superfamily protein isoform 4
159	CD845878	3.5	160	4.08	66.67	I	transcription factor TCP2-like
164	CD854680	5	609	18.76	17.42	I	sugar transporter ERD6-like 6（*Arabidopsis thaliana*）
164	TC53269	5	717	18.76	21.90	I	sugar transporter ERD6-like 6（*Arabidopsis thaliana*）
166	DY926517	3.5	50	3.67	100.00	I	hypothetical protein（*Fulvivirga imtechensis*）
166	TC43419	1	190	97.08	44.49	I	homeobox leucine-zipper protein（*Zinnia elegans*）
168	BQ971506	1.5	224	25.29	15.62	I	argonaute 1（*Salvia miltiorrhiza*）
168	TC45176	5	1240	167.64	22.00	I	glycolate oxidase（*Mikania micrantha*）
168	TC40207	4	659	12.24	51.72	I	mitochondrial substrate carrier family protein（*Theobroma cacao*）
171	TC49209	4.5	509	12.64	22.14	I	putative phospholipid-transporting ATPase 4-like
172	TC51435	1.5	607	6.53	64.00	I	hypothetical protein（*Rudaea cellulosilytica*）
390	CD855543	2	191	314.48	97.72	I	no significant similarity found
396	TC41214	2	674	25.70	18.81	I	histidinol dehydrogenase，chloroplastic-like isoform X1
396	DY929861	4.5	390	44.46	14.23	I	unknown
396	TC44066	1	488	1305.65	93.03	I	growth-regulating factor 3-like
403	BU017780	0.5	63	20.39	26.74	I	no significant similarity found
403	CD851672	0.5	22	20.39	37.59	I	hypothetical protein ANT_15610
408	DY912030	4.5	695	61.18	27.78	I	uncharacterized protein LOC101210790（*Cucumis sativus*）
408	TC43501	4.5	504	61.18	27.83	I	dessication responsive protein（*Arabidopsis thaliana*）
408	TC49200	4.5	991	61.18	36.86	I	dessication responsive protein（*Arabidopsis thaliana*）
858	TC56679	3	165	39.16	46.15	I	R2R3-MYB transcription factor MYB21, partial（*Pinus taeda*）
858	GE503741	3	437	28.14	60.00	I	transcription factor MYB104

表 3-67　向日葵基因组 HaGI6.0 中鉴定到的已知 miRNA 的 Ⅰ 类靶基因

miRNA 家族	靶基因登录号	得分	切割位点	切割位点的读数（TP10M）	在预期切割位点的比例	靶基因分类	靶基因功能（BLASTX in NCBI）
156	EL443467	4	119	73.83	64.64	Ⅰ	no significant similarity found
156	EL445803	5	122	5.30	35.14	Ⅰ	no significant similarity found
156	EL465289	5	330	12.64	13.14	Ⅰ	delta-12 oleate desaturase（*Helianthus annuus*）
156	EL444617	4	733	13.87	26.15	Ⅰ	glucose-6phosphate/phosphate translocator 1, chloroplast precursor, putative
156	EL459599	4	735	13.87	24.11	Ⅰ	glucose-6-phosphate/phosphate translocator 1, chloroplast precursor, putative
164	EL473157	1	264	8.57	53.85	Ⅰ	transcriptional factor NAC35
168	EL446270	4	258	9.79	63.16	Ⅰ	DUF246 domain-containing protein At1g04910-like
172	EL512602	4	409	98.71	82.31	Ⅰ	calmodulin binding protein, putative
172	EL465541	1.5	633	7.75	52.78	Ⅰ	AP2 transcription factor SlAP2c
396	EL453639	2	270	5.30	2.05	Ⅱ	histidinoldehydrogenase,chloroplastic-like
			271	25.70	9.94	Ⅰ	
396	EL465163	3	471	15.09	41.11	Ⅰ	VAP-like protein 12（*Arabidopsis thaliana*）
403	EL458321	0.5	609	20.39	11.96	Ⅰ	AGO2A2
408	EL459050	4.5	577	61.18	26.69	Ⅰ	adenine nucleotide alpha hydrolases-like protein（*Arabidopsis thaliana*）
408	EL466198	4.5	569	61.18	31.06	Ⅰ	adenine nucleotide alpha hydrolases-like protein（*Arabidopsis thaliana*）
408	EL467874	4.5	117	61.18	79.37	Ⅰ	conserved hypothetical protein
408	EL472945	4.5	570	61.18	30.18	Ⅰ	adenine nucleotide alpha hydrolases-like protein（*Arabidopsis thaliana*）
858	EL448145	2.5	477	19.99	29.88	Ⅰ	myb-like transcription factor
			478	5.30	7.93	Ⅱ	
858	EL466247	2.5	343	19.99	17.88	Ⅰ	r2r3-myb transcription factor，putative
			344	5.30	4.74	Ⅲ	
858	EL445696	3	518	12.24	15.31	Ⅰ	uncharacterized protein isoform 5（*Theobroma cacao*）

大多数保守 miRNA 的靶基因也是保守的。以菊芋 EST 序列作为参考，我们鉴定到了菊芋 miR168 的三个靶基因，其中一个为 AGO1 酶，这与 Baumberger 和 Baulcombe 的研究结果一致[165]。miR164 能被生长素诱导，下调靶基因 *NAC1* mRNA 的表达量，调控生长素信号途径[166]。菊芋 miR164 的靶基因，以向日葵基因组作为参考，我们鉴定到了

注释功能类似的靶基因 *transcriptional factor NAC35*。在拟南芥中，miR172 的靶基因 *AP2*，特异性地调控花器官中萼片和花瓣的发育 [167,168]，在向日葵 HaGI6.0 数据库中，我们鉴定到的其中一个 I 类靶基因注释也为 AP2 结构域。此外，一些保守 miRNA 的靶基因都参与了植物能量代谢或者对环境胁迫的应答，包括 6-磷酸-葡萄糖载运蛋白（TC59554，miR156）、MYB 转录调控因子（TC56679 和 GE503741，miR858）。相对而言，miRNA 越保守，所能鉴定到的靶基因数量越多。

菊芋新预测 miRNA 的靶基因的鉴定。在之前的研究中，我们鉴定到了 11 个新的 miRNA。由于菊芋基因组信息匮乏、向日葵与菊芋本身的物种差异性，通过比对，只鉴定到了其中 4 种新的 miRNA 的 I 类靶基因（表 3-68、表 3-69）。鉴定获得的 8 个 I 类靶基因中 4 个 BLAST 的结果有注释。

表 3-68 菊芋 EST 序列中鉴定到的新的 miRNA 的 I 类靶基因

miRNA 家族	靶基因登录号	得分	切割位点	切割位点的读数（TP10M）	在预期切割位点的比例	靶基因分类	靶基因功能（BLASTX in NCBI）
6004	EL445719	1.5	333	16.72	52.56	I	cathepsin O（*Taeniopygia guttata*）
6004	EL467035	1.5	330	8.16	58.82	I	phosphatidylinositol 3- and 4-kinase family protein
6004	EL445917	2	192	16.72	41.00	I	cathepsin H precursor

表 3-69 向日葵基因组 HaGI6.0 中鉴定到的新的 miRNA 的 I 类靶基因

miRNA 家族	靶基因登录号	得分	切割位点	切割位点的读数（TP10M）	在预期切割位点的比例	靶基因分类	靶基因功能（BLASTX in NCBI）
6003	BU023404	3.5	138	39.16	100.00	I	no significant similarity found
6003	BU026517	3.5	193	39.16	100.00	I	no significant similarity found
6003	CD847447	3.5	18	11.83	100.00	I	no significant similarity found
6003	TC58451	3.5	192	11.83	55.77	I	zinc knuckle containing protein（*Brassica oleracea*）
6007	TC53987	0	160	71.38	43.97	I	no significant similarity found

在植物中，大多数 miRNA 几乎可以完全地与其靶基因 mRNA 互补配对，因此，生物信息学预测是一种常见的快速大批预测 miRNA 靶基因的途径。psRNATarget [169]、PMRD [170]等生物信息学软件和在线服务器被用于预测植物 miRNA 的靶基因。但是生物信息学预测结果中往往存在较高的假阳性，在后期利用 5′RACE 验证时就会增加一些不必要的工作量。另外，当 miRNA 与靶基因间碱基错配数较多时，利用生物信息学方法并不能发现这些真实的靶基因。5′ RACE 是一种常用的验证 miRNA 靶基因可靠的实验方法，它可以非常准确地找出 miRNA 切割靶基因的位点，但是使用该方法前期准备和操作较烦琐，表达量低的靶基因也很难检测到，而且该方法验证靶基因的效率较低，不适用于大批量靶基因的验证工作。

与生物信息学分析和 5′RACE 相比，降解组包含了两者的优点：第一，降解组测序技术可以实现大规模检测 miRNA 靶基因的目的，并且其检测到的靶基因的准确性远远高于生物信息学预测结果；第二，降解组测序能使 miRNA 介导剪切的靶基因 mRNA 片段定量化，当 miRNA 对靶基因切割存在 2 个以上切割位点时，通过降解组分析可以了解到 miRNA 对靶基因的切割位点的优先顺序；第三，当 miRNA 与靶基因间的错配碱基数较多时，利用降解组测序依然可以检测到这些靶基因的存在；第四，当靶基因的表达丰度低或 miRNA 剪切后产生的剪切片段的丰度低时，5′ RACE 方法很难检测到这些剪切片段，但是降解组测序技术可以很好地解决这一问题。综上所述，降解组测序技术是寻找和验证 miRNA 靶基因的一种高效且准确的方法。

综上所述，南京农业大学海洋科学及其能源生物资源研究所菊芋研究小组构建了未处理的菊芋根和叶片混合样的降解组文库并进行高通量测序，共获得 27277908 条原始序列，去除接头、污染序列及低质量序列，得到干净的（clean reads）共 27244942 条序列用于降解组分析。分类注释结果中的 rRNA 总量可以作为一个样品的质控标准：一般情况下，质量较好的植物样品中的 rRNA 总量所占比例应低于 60%。在本实验中获得的降解组序列中，rRNA 序列在总序列和特异序列中分别占 0.61%和 0.17%，远低于 60%，所以本实验中降解组样品的质量是符合要求的。并利用降解组测序进行菊芋 miRNA 靶基因的检测，一共鉴别了 39 个 miRNA（33 个保守和 6 个不保守）的靶基因 512 个，Ⅰ类有 54 个，Ⅱ类有 200 个，Ⅲ类有 258 个。分析Ⅰ型靶基因的功能注释，可发现保守的 miRNA 功能很多都与已有文献报道相似。

3. 南菊芋 1 号 miR390 及靶基因 *TAS* 的功能研究

miR390 是一个古老的 miRNA 家族，在进化过程中高度保守，这与该家族在植物中的重要调控作用密不可分。miR390 切割靶基因 *TAS3* 后产生 5′和 3′片段，其 5′片段在一系列 RNA 酶作用下，形成 21 nt 双链 RNA，即 tasiRNA[171]。Howell 等发现拟南芥中编码 tasiRNA 的 *TAS* 基因有 4 个家族（*TAS1*、*TAS2*、*TAS3* 和 *TAS4*），其中 *TAS3* 的保守性较高[172]。*TAS1* 和 *TAS2*、*TAS3*、*TAS4* 分别受 miR173、miR390、miR828 调控。而来自 *TAS3* 的 tasiRNA 在拟南芥中靶向生长素响应因子 ARF2、ARF3 和 ARF4，在植物激素水平上参与植物生长发育调控。

南京农业大学海洋科学及其能源生物资源研究所菊芋研究小组以其前期研究中鉴定到的 htu-miR390 为研究对象，设计引物克隆 htu-TAS3、ARF；通过生物信息学方法，依据 sRNA 及降解组测序文库，鉴定出 htu-miR390 切割 *TAS3*，后者产生的 tasiRNA 调控生长素响应因子 ARF。以上结果为深入研究 miRNA 提供了理论依据。

1）南菊芋 1 号 miR390 及靶基因 *TAS* 的功能研究方法

所用材料和资源：南菊芋 1 号，前面章节中的 sRNA 数据库和降解组数据库。

htu-miR390 及其前体获得。htu-miR390 的成熟序列（AAGCTCAGGAGGGATAGCGCC）从菊芋小 RNA 文库高通量测序结果中获得。查找 miRBase，发现 Muhammad 于 2011 年预测了向日葵 miR390 的前体 hex-MIR390。以 hex-MIR390 作为参考，设计引物（表 3-70）。

表 3-70　实验所需引物

引物名称	引物序列（5′—3′）
htu-MIR390-F	TAAGCTCAGGAGGGATAGCG
htu-MIR390-R	TGATACTCCTATACAATCTGGTT
TAS3-F	ATGAAGGGTATAGAGGATGAGAA
TAS3-R	CCCTAATAATCCAATCTAGCATC

菊芋 *TAS3* 基因的克隆。以本实验室构建的转录组数据库作为参考，分析得到一条可能的序列，设计引物，以菊芋 cDNA 作为模板克隆 *TAS* 序列。

利用上述引物用高保真酶进行 PCR 扩增，将扩增片段切胶回收，连接到 PMD-19T 载体上，转化大肠杆菌，经过筛选、菌落 PCR 验证，将得到的阳性克隆进行测序，每条序列测三个克隆。

菊芋 tasiRNA 的识别。将克隆得到的 *TAS3* 基因与 4 个 sRNA 数据库进行比对，筛选完全匹配的 sRNA，并分别提取其在 4 个 sRNA 数据库中的 reads。一般将从 miR390 切割 *TAS3* 基因的位点向后每 21 个核苷酸定义为一个相位。根据片段在 *TAS3* 上的位置，相应的相位命名为 D1、2、3 等。根据克隆得到的 *TAS3* 基因上的 siRNA 相应的相位，确定是否为 tasiRNA，统计其在 NaCl 处理下不同组织的表达丰度。

tasiRNA 靶基因 ARF 的鉴定。将实验室已有的菊芋转录组数据库作为靶基因数据库，寻找其中的 ARF 序列。分析得到 4 个可能的 ARF 序列，联合之前的降解组数据，寻找 tasiRNA 切割 *ARF* 基因产生的降解片段。

2）htu-miR390 前体、菊芋 *TAS3* 基因的获得与分析及 tasiRNA 靶基因的鉴定

htu-miR390 前体的获得与分析。将 htu-miR390 成熟序列与其他物种的 miR390 进行比较，发现 miR390 序列在物种间保守，序列相似度很高。如图 3-156 所示，miR390 成熟序列与毛白杨（*Zea mays*）、水稻（*Oryza sativa*）和拟南芥（*Arabidopsis thaliana*）等植物种类中的完全一致。

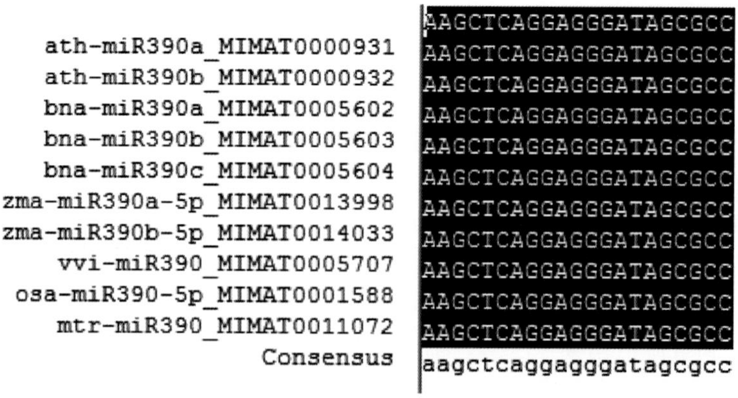

	AAGCTCAGGAGGGATAGCGCC
ath-miR390a_MIMAT0000931	AAGCTCAGGAGGGATAGCGCC
ath-miR390b_MIMAT0000932	AAGCTCAGGAGGGATAGCGCC
bna-miR390a_MIMAT0005602	AAGCTCAGGAGGGATAGCGCC
bna-miR390b_MIMAT0005603	AAGCTCAGGAGGGATAGCGCC
bna-miR390c_MIMAT0005604	AAGCTCAGGAGGGATAGCGCC
zma-miR390a-5p_MIMAT0013998	AAGCTCAGGAGGGATAGCGCC
zma-miR390b-5p_MIMAT0014033	AAGCTCAGGAGGGATAGCGCC
vvi-miR390_MIMAT0005707	AAGCTCAGGAGGGATAGCGCC
osa-miR390-5p_MIMAT0001588	AAGCTCAGGAGGGATAGCGCC
mtr-miR390_MIMAT0011072	AAGCTCAGGAGGGATAGCGCC
Consensus	aagctcaggagggatagcgcc

图 3-156　htu-miR390 与其他物种 miR390 的比较

设计引物克隆得到一个长度为 96 bp 的片段，该片段包含之前鉴定到的菊芋成熟 miR390 序列（AAGCTCAGGAGGGATAGCGCC）。将其命名为 htu-MI390，用 mfold 进行折叠，能形成二级茎环结构。与在 miRBase 中下载的前体序列构建进化树分析同源性（图 3-157），发现其与向日葵 hex390 前体非常接近，因此基本确认为 htu-miR390 的前体序列。

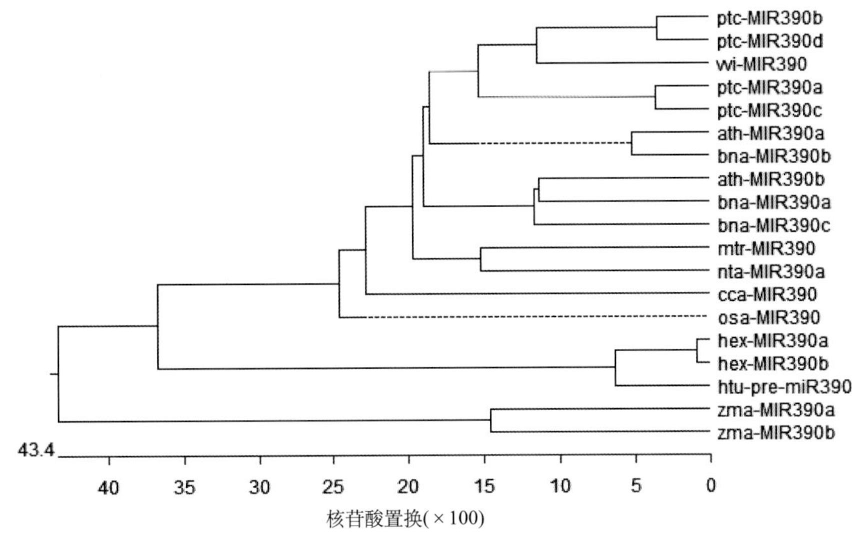

图 3-157　菊芋与其他物种的 miR390 前体序列进化树

菊芋 *TAS3* 基因的获得与分析。利用所设计的 *TAS3* 引物，对菊芋 cDNA 进行扩增，最后得到大小为 852 bp 的 PCR 扩增片段，将其克隆测序得到的序列命名为 htu-TAS3。比较菊芋 *TAS* 基因序列与拟南芥、烟草等模式植物中 miR390 结合位点和产生的 tasiRNA 的序列，结果见图 3-158。发现 *TAS3* 基因整体序列并不保守，只有 miR390 与 *TAS3* 的结合区域和 tasiRNA 相应相位区的序列比较保守，且产生高丰度 tasiRNA 的相位区的保守程度高于低丰度相位区。

```
                          miR390                          D6(+)                D7(+)
Helianthus tuberosus      GGTGCTATCCTTACCTGAGCTT T.90nts. TT CTTGACCTTGTAAGACCTTTT CTTGACCTTGTAAGACCCGG TGATATGTTATGTGTCTTTAGCGTTAACTATCG
Nicotiana tabacum         GGTGCTATCCTATCTGAGCTTT C.88nts. TT TCTTGACCTTGTAAGACCTTT TCTTGACCTTGTAAGACCCC GTGTTCTGTGTTATATTTTTGTGTTTTGTATTCT
Nicotiana benthamiana     GGTGCTATCCTATCTGAGCTTT A.45nts. GT TCTTGACCTTGTAAGGCCTTT TATTGGCCTTGTAAGACCTG ATATGTTTCCTAACCTTCTCGTTATAAGTCCAAC
Arabidopsis thaliana      GGTGTTATCCTATCTGAGCTTT T.60nts. TT TCTTGACCTTGTAAGGCCTTT TCTTGACCTTGTAAGACCCC ATCTCTTTCTAAACGTTTTATTATTTTCTCGTTT
Glycine max               GGTGCTATCCTATCTGAGCTTT T.75nts. CT TCTTGACCTTGTAAGACCTTT TCTTGACCTTGTAAGACCTC ACACCCTATCTCTTCTCTTTGTTTTTGCTTTTGT
Manihot esculenta         GGTGCTATCCTACCTGAGCTTT T.45nts. CT TCTTGACCTTGTAAGACCTTT TCTTGACCTTGTAAGACCCC TTTTTATGTTTATTTATCTTAATTTTTGTATTGT
Malus domestica           GGTGCTATCCTAGCTGAGCTTT T.70nts. TT TCTTGACCTTGTAAGACCTTT TCTTGACCTTGTAAGATGTC ATGCCAGGTCTGTTGTCTTTGTTTTGCATTTCGC
Vitis vinifera            GGTGCTATCCTACCTGAGCTTT T.56nts. CT TCTTGACCTTGTAAGACCTTT TCTTGACCTTGTAAGACCCT GTTGTGCGCATTTCTTCTTCGTTTTCCATCTTGT
Populus trichocarpa       GGTGCTATCCTACCTGAGCTTT T.33nts. TT TCTTGACCTTGTAAGACCTTT TCTTGACCTTGTAAGACCCC ATTTTTTGTTCTTTGTTTCTATTTTTTGTATTAT
Lycopersicon esculentum   GGTGCTATCCTACCTGAGCTTT T.75nts. CT TCTTGACCTTGTAAGACCTTT TCTTGACCTTGTAAGACCCC GTGTTATCTCTTACGTCTTTATGTTTCGTTTTTT
```

图 3-158　菊芋与其他物种 *TAS3* 基因 miR390 结合位点和 tasiRNA 产生位点的比较

菊芋 tasiRNA 的识别。在前面章节中构建的 4 个 sRNA 数据库中分别搜索能定位到 htu-TAS3 上的小 RNA，共发现 5 条 tasiRNA 能够定位到 *TAS3* 基因对应的相位上，这 5 条 tasiRNA 均定位到正链上。由表 3-71 可以看出，*TAS3* 基因在 D7（+）相位上的 tasiRNA 的总丰度最高，另外在 D6（+）相位上的 tasiRNA 的总丰度仅次于 D7（+）相位区的

tasiRNA。

表 3-71　菊芋中的 tasiRNA 丰度统计

单元 Location	序列 Sequence（5′→3′）	S-R	S-L	L	R	Total
htuTAS3-5′D3（+）	TCATTTCATTTCTTTATTGTA	4	61	43	8	116
htuTAS3-5′D4（+）	TTTTTTGATTTGTTGCCTTTT	208	1681	841	258	2988
htuTAS3-5′D5（+）	TTTCTTTTTGTGATTCTTATT	1	18	14	6	39
htuTAS3-5′D6（+）	TTCTTGACCTTGTAAGACCTT	1982	14893	11441	2399	30715
htuTAS3-5′D7（+）	TTCTTGACCTTGTAAGACCCG	2607	24615	12988	2876	43086

tasiRNA 靶基因的鉴定。在已有的报道中，miR390 的靶基因一般为 *TAS3*，*TAS3* 产生的 tasiRNA 调控生长素相应因子 *ARF* 基因的表达。将南京农业大学海洋科学及其能源生物资源研究所菊芋研究小组实验室已有的菊芋转录组数据库作为靶基因数据库，寻找其中的 *ARF* 序列，寻找到了 4 个可能的序列。在 NCBI 进行 BLAST，这 4 个序列分别被注释为 *ARF2a*、*ARF2b*、*ARF4*、*ARF5*。利用菊芋降解组文库，验证之前检测到的 4 个 ta-siRNA 是否对这 4 个 ARF 切割。分析发现，只有表达丰度相对较高的 3 个 tasiRNA 可检测到对 ARF 的切割，绘制这些 tasiRNA 切割靶基因 *ARF* 的 T-plot 图（图 3-159），同时在每个 T- plot 图附上 tasiRNA 对 ARF 的切割位点图。如图 3-159 所示，横轴表示被切割基因在整个基因中的核苷酸位置，纵轴表示在降解组文库中检测到的靶基因的降解

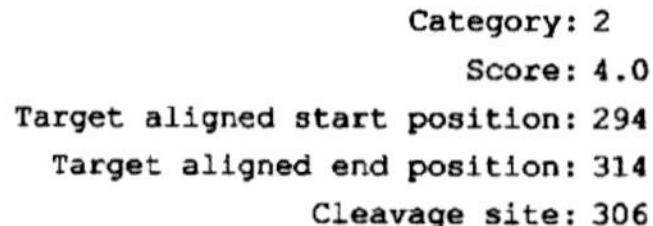

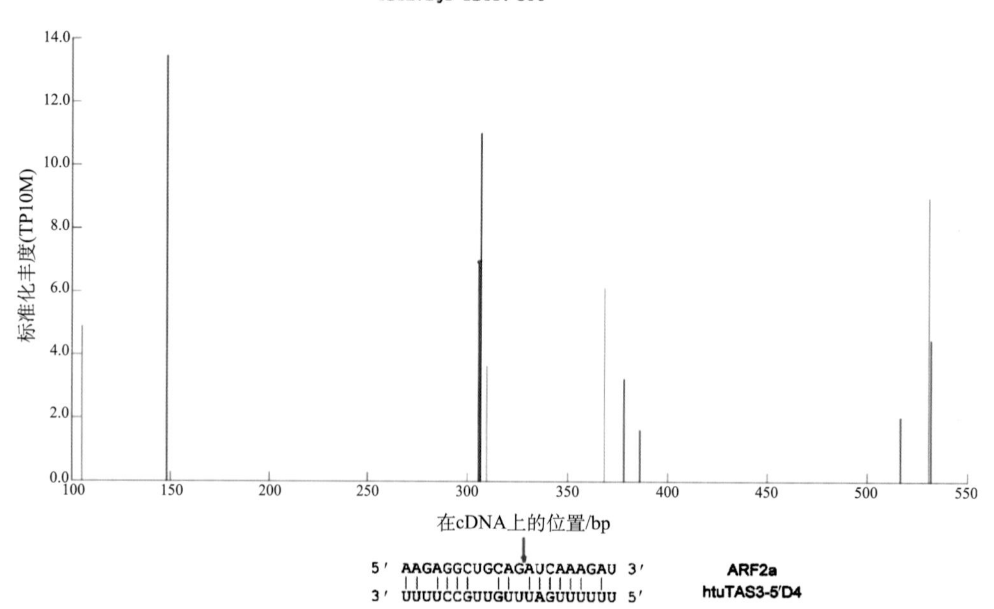

A

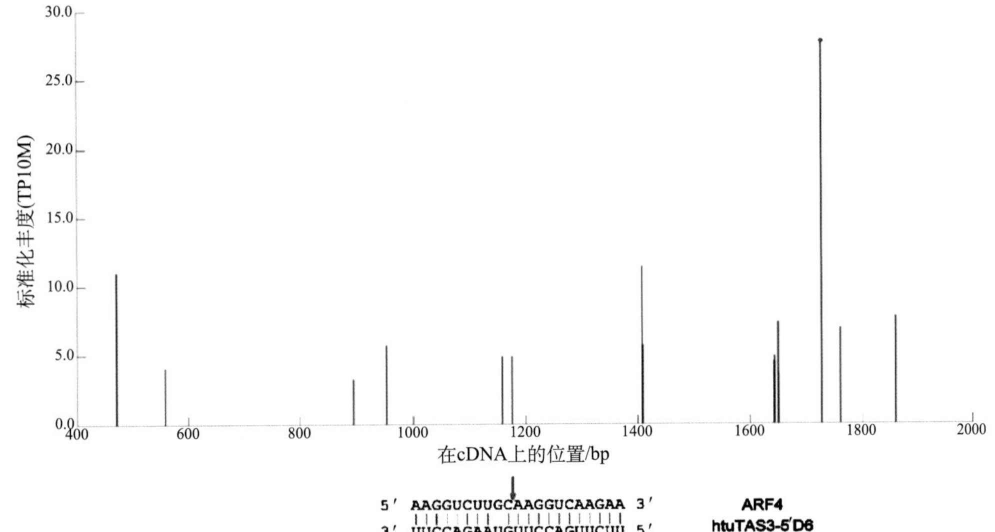
Category: 1
Score: 0.5
Target aligned start position: 1718
Target aligned end position: 1738
Cleavage site: 1728
标准化丰度(TP10M)
在cDNA上的位置/bp
5′ AAGGUCUUGCAAGGUCAAGAA 3′
3′ UUCCAGAAUGUUCCAGUUCUU 5′
ARF4
htuTAS3-5′D6

B

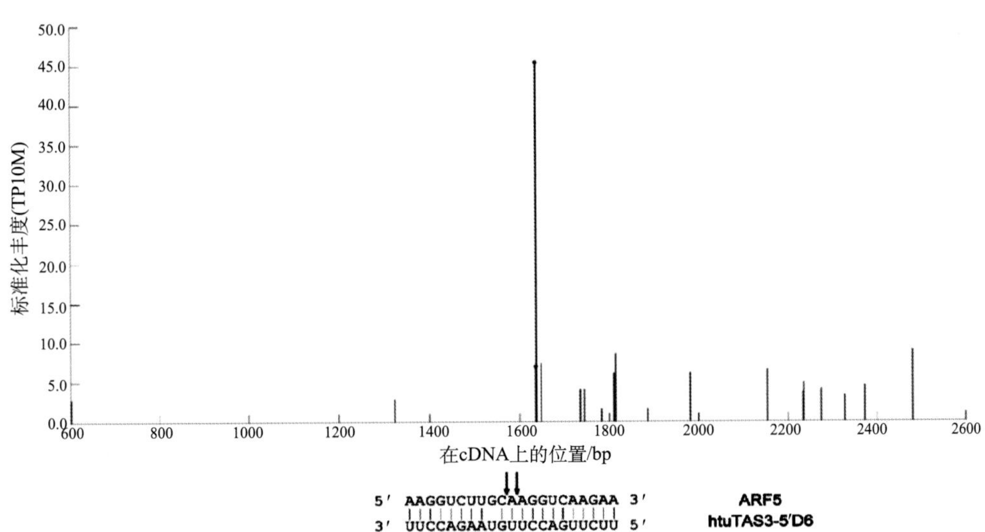
Category: 1,2
Score: 0.5
Target aligned start position: 1626
Target aligned end position: 1646
Cleavage site: 1637,1636
标准化丰度(TP10M)
在cDNA上的位置/bp
5′ AAGGUCUUGCAAGGUCAAGAA 3′
3′ UUCCAGAAUGUUCCAGUUCUU 5′
ARF5
htuTAS3-5′D6

C

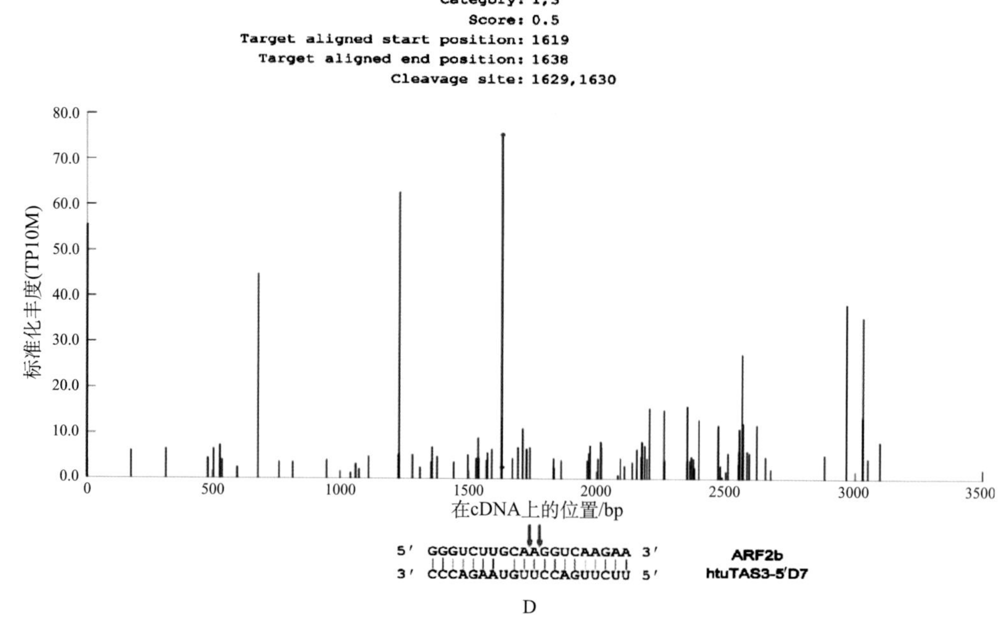

D

图 3-159 tasiRNA 切割 ARF 的 T- plot 图

A. htuTAS3-5′D4（+）切割 ARF2a；B. htuTAS3-5′D6（+）切割 ARF4；C. htuTAS3-5′D6（+）切割 ARF5；D. htuTAS3-5′D7（+）切割 ARF2b

片段的标准化丰度。切割位点图中，红色的箭头指出了 tasiRNA 对 ARF 的切割位点。通过 T-plot 图可发现，htuTAS3-5′D6（+）和 htuTAS3-5′D7（+）在预测切割位点的降解组标签的丰度明显大于其他位置，因此可推断出 htuTAS3-5′D6（+）和 htuTAS3-5′D7（+）这两个 tasiRNA 靶基因确实为预测的 ARF。htuTAS3-5′ D4（+）在切割位点的降解组标签的丰度比所有降解片段丰度的平均水平高，但小于最大值，说明它有可能对 ARF2a 进行切割，但是否为 ARF2a 的真实靶基因，还需要进一步的实验验证。

综上，南京农业大学海洋科学及其能源生物资源研究所菊芋研究小组克隆得到长度为 96 bp 的菊芋 miR390 前体，该前体中包含前面章节中鉴定到的菊芋 miR390 成熟序列，能折叠成发卡结构。该前体与文献中报道的向日葵 miR390 前体仅有 5 个碱基的差异。克隆得到长度为 852 bp 的菊芋 *TAS3* 基因的部分序列，与文献中报道的 *TAS3* 基因序列进行比对，发现克隆得到的菊芋 *TAS3* 基因在 miR390 结合区域和产生 tasiRNA 相位区的序列比较保守。

将克隆得到的菊芋 *TAS3* 基因与之前构建的 sRNA 文库比对，共发现 5 条 tasiRNA，这些 tasiRNA 都被定位到 *TAS3* 基因的正义链上。比较 4 个小 RNA 中这些 tasiRNA 的表达情况，发现在不同组织中表达差异较大，如 htuTAS3-5′ D7（+）在两个处理中，根中的 tasiRNA 的表达丰度仅有叶中的 1/6，这说明在不同组织中，tasiRNA 对植物生长发育调控程度的不同。通过降解组文库分析 tasiRNA 对靶基因 *ARF* 的切割情况，发现表达丰度最高的三个 tasiRNA 能鉴定到对 *ARF* 基因的切割。尤其是 htuTAS3-5′ D6（+）和 htuTAS3-5′ D7（+）在预测的切割位点丰度远高于该片段其他位置的降解丰度，充分说明这两个 tasiRNA 能调控 ARF 基因的表达。

3.4.1.8　大田盐胁迫下南菊芋 1 号块茎转录组

作为新一代高通量测序技术，Illumina 测序具有测序速度快、信息量大、冗余度低等特点，可用于检测未知基因和低丰度基因。南京农业大学海洋科学及其能源生物资源研究所菊芋研究小组首次采用 Illumina 技术对低盐（盐浓度为 4.32 g/kg）和高盐（盐浓度为 16.63 g/kg）处理的菊芋块茎进行转录组测序、组装、拼接和分析，检测到 607327896 个 reads，这些数据不仅可以检测盐胁迫下菊芋块茎基因转录水平的变化，而且为进一步探索菊芋抗盐胁迫的分子调控机制提供了参考。

对高盐组和低盐组样品进行转录组测序以及数据的比较分析，表达模式有显著差异的基因是菊芋对盐胁迫起重要响应功能的基因。因此，筛选差异表达基因是了解菊芋块茎在盐胁迫下分子调控机制的起点和关键。结果表明，盐胁迫可诱导或抑制大量转录因子的表达。由表 3-72 可以看出，不同盐浓度下菊芋的转录因子在其转录水平具有一定的品种特异性。由于有大量的转录因子，其调控模式也表现出丰富的多样性，测序数据结果表明：在盐胁迫下，菊芋块茎有的转录因子家族中有上调表达的，也有下调表达的。这种表达的差异可能是植物重组和调节生理与生化活性，以改善或提高某些代谢途径以适应盐胁迫和减少盐胁迫所带来的伤害。

表 3-72　测序数据统计

样品名称	原始数据	过滤后的数据	过滤后数据量	错误率/%	Q20/%	Q30/%	GC 含量/%
LST1_1_1	25169065	23984619	3.6G	0.01	99.12	97.37	44.84
LST1_1_2	25169065	23984619	3.6G	0.02	96.90	92.79	44.96
LST1_2_1	24838102	23967962	3.6G	0.01	99.12	97.37	44.29
LST1_2_2	24838102	23967962	3.6G	0.02	96.62	92.20	44.40
LST1_3_1	24888295	23967105	3.6G	0.01	99.12	97.35	44.93
LST1_3_2	24888295	23967105	3.6G	0.02	96.75	92.40	45.06
HST1_1_1	25048703	24014666	3.6G	0.01	99.14	97.42	44.56
HST1_1_2	25048703	24014666	3.6G	0.02	96.79	92.51	44.67
HST1_2_1	25070470	24051754	3.61G	0.01	99.11	97.32	45.42
HST1_2_2	25070470	24051754	3.61G	0.02	96.82	92.56	45.58
HST1_3_1	26755545	25517446	3.83G	0.01	99.15	97.43	44.76
HST1_3_2	26755545	25517446	3.83G	0.02	96.80	92.55	44.89
LST2_1_1	25242603	24008161	3.6G	0.01	99.17	97.47	44.77
LST2_1_2	25242603	24008161	3.6G	0.01	96.98	92.90	44.89
LST2_2_1	25084020	23988750	3.6G	0.01	99.14	97.40	44.35
LST2_2_2	25084020	23988750	3.6G	0.02	96.86	92.62	44.47
LST2_3_1	25821797	23979521	3.6G	0.01	99.16	97.44	44.84

续表

样品名称	原始数据	过滤后的数据	过滤后数据量	错误率/%	Q20/%	Q30/%	GC 含量/%
LST2_3_2	25821797	23979521	3.6G	0.01	97.27	93.51	44.95
HST2_1_1	25718864	24632156	3.69G	0.01	98.82	96.57	45.18
HST2_1_2	25718864	24632156	3.69G	0.02	96.49	91.60	45.30
HST2_2_1	25075066	23994745	3.6G	0.01	99.12	97.33	45.16
HST2_2_2	25075066	23994745	3.6G	0.01	97.44	93.85	45.28
HST2_3_1	24951418	24023835	3.6G	0.01	99.12	97.35	44.46
HST2_3_2	24951418	24023835	3.6G	0.01	97.04	92.99	44.59
LST3_1_1	23095262	22234985	3.34G	0.01	97.86	94.34	44.89
LST3_1_2	23095262	22234985	3.34G	0.04	91.73	82.30	45.31
LST3_2_1	23285789	21215555	3.18G	0.01	98.39	95.64	44.80
LST3_2_2	23285789	21215555	3.18G	0.03	94.45	87.10	44.98
LST3_3_1	23297412	22407607	3.36G	0.01	97.92	94.49	44.54
LST3_3_2	23297412	22407607	3.36G	0.03	92.07	82.93	44.90
HST3_1_1	23347801	22557262	3.38G	0.01	97.91	94.45	45.06
HST3_1_2	23347801	22557262	3.38G	0.03	91.92	82.66	45.44
HST3_2_1	23344567	22600063	3.39G	0.01	97.93	94.49	44.99
HST3_2_2	23344567	22600063	3.39G	0.03	92.17	83.12	45.36
HST3_3_1	22867534	22085684	3.31G	0.01	97.69	93.90	44.87
HST3_3_2	22867534	22085684	3.31G	0.05	90.94	80.10	45.04

注：过滤后数据量是指测序序列的个数乘以测序序列的长度，并转化为以 G 为单位；Q20、Q30 分别指 Phred 数值大于 20、30 的碱基占总体碱基的百分比；GC 表示 G 和 C 碱基数量在总的碱基数量中所占的百分比。

1. 南菊芋 1 号块茎 Illumina 测序结果

为了获得盐胁迫下菊芋 3 个不同生理期的转录组情况，将低盐处理和高盐处理的菊芋块茎的 cDNA 文库样本用 Illumina HiSeq 2500/4000 基因组分析仪进行分析。为了更精确地确定菊芋块茎低盐组和高盐组差异基因的表达情况，对低盐组和高盐组的菊芋块茎 18 个样本分别进行了精确的 Illumina HiSeq 2500/4000 测序，并对结果进行了统计学分析（表 3-72）。在 18 个样品中，每一组原始读长中高质量读长的含量均在 94%以上，共 132.74G 数据量的高质量读长，且每个样品中 GC 含量均超过 44%。这说明在 Illumina HiSeq 2500/4000 测序后得到了质量较高的读长。然后在 6 组样品中选择高质量的读长（Q20 百分比较高）作为接下来的实验数据。

使用 Trinity 对过滤后的 reads 进行重新组合拼接，获得了菊芋块茎的 193581 个功能基因。其中，长度＜300 bp 的有 73799 条，占总体的 38.12%；长度在 300～1000 bp 的有 92091 条，占总体的 47.57%；长度在 1000～2000 bp 的有 19425 条，占总体的 10.03%；长度＞2000 bp 的有 8266 条，占总体的 4.28%；且超过 60%（168115 条）的功能基因长度在 200～1000 bp（图 3-160）。

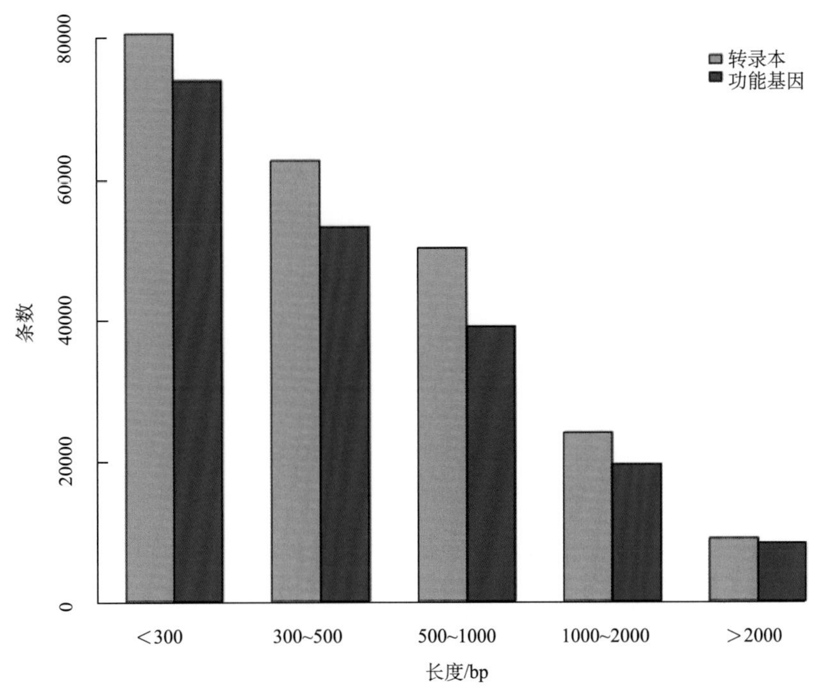

图 3-160　功能基因与转录本长度分布图

2. 南菊芋 1 号块茎的功能基因功能注释

BLAST（basic local alignment search tool）算法用于比较已经被重新组装过的数据库。在南菊芋 1 号块茎得到的 193581 条功能基因中，NR 注释成功的功能基因数目为 47100，其占总功能基因数的比例为 43.4%；与 NT 数据库成功注释的功能基因数目为 20538，占总功能基因数的 18.92%；与 KO 数据库成功注释的功能基因数目为 15213，占总功能基因数的 14.01%；与 GO 数据库成功注释的功能基因数目为 36875，占总功能基因数的 33.98%；与 KOG 数据库成功注释的功能基因数目为 15898，占总功能基因数的 14.65%；总共有 77669 个功能基因在这些数据库中被匹配到。但是，有 115912 条功能基因没有被注释得到，表明功能基因的分布和重叠的结果来自不同的数据库。

为了获得菊芋块茎基因序列与相关种基因序列的相似性和物种基因的功能信息，我们将该序列与 NR 数据库进行了比较，发现有 32555 条功能基因和洋蓟（*Cynara cardunculus* var. *scolymus*）中的基因具有同源性，约占总数据的 16.82%；1808 条功能基因与葡萄（*Vitis vinifera*）中的基因具有同源性，约占总数据的 0.93%；1764 条功能基因与胡萝卜（*Daucus carota* subsp. *sativus*）中的基因具有同源性，约占总数据的 0.91%（图 3-161）。

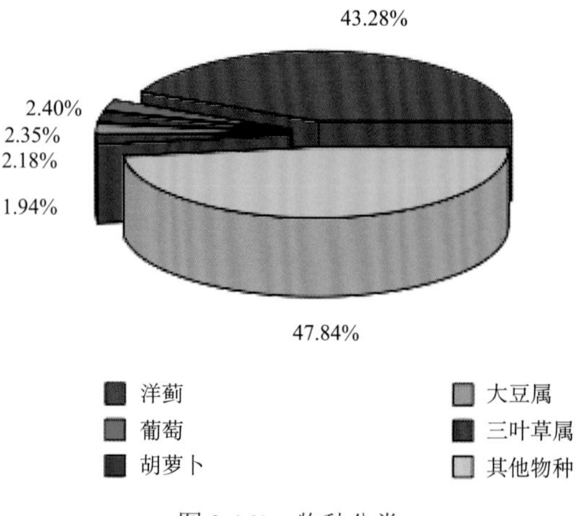

图 3-161　物种分类

3. 南菊芋 1 号块茎的 Unigenes GO 富集分析

将 GO 数据库中成功注释的 36875 个功能基因和按 GO 数据库的三大类（生物过程、细胞组分、分子功能）进行分类。结果如图 3-162 所示。GO 基因功能分类系统可以分别描述基因的分子功能（molecular function）、细胞组分（cellular component）、参与的生物过程（biological process）。根据序列的同源性，利用 GO 数据库对菊芋块茎的所有基因功能进行分类，将 71444796 个功能划分为 41 个功能组，在图 3-162 中已知有 19 个功能组参与菊芋块茎生物过程，包括生物调控、细胞过程、新陈代谢过程、刺激响应等，有 12 个种类构成菊芋块茎细胞组分，10 个分子功能参与了菊芋块茎相关生物过程。

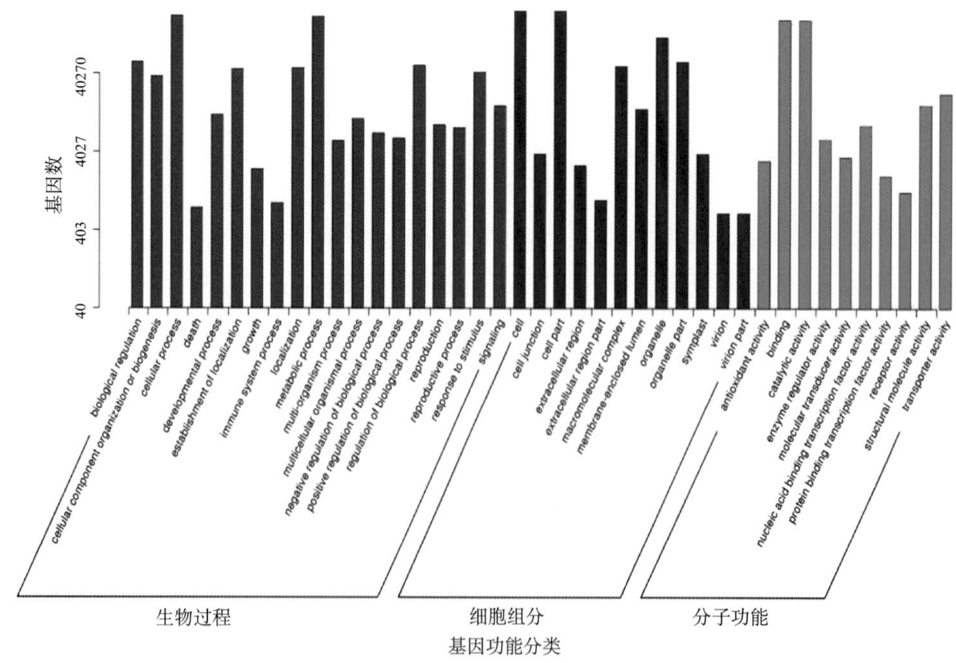

图 3-162　菊芋块茎功能基因 GO 功能注释

4. 南菊芋 1 号块茎的功能基因 KOG 功能分类

蛋白质数据库（COG：蛋白质直系同源簇数据库）用于注释由 BLAST 比较（$e<1\times10^{-10}$）编码的转录本，并通过转录本所编码的蛋白进行功能注释。其中有 37697（19.47%）个转录本被注释并分为 26 个组，它涵盖了植物生命的所有生物过程，包括蛋白质的翻译和修饰、蛋白质的折叠和转运、碳水化合物和氨基酸的转运与代谢、能量的产生和转换，以及信号转导。碳水化合物的转运与代谢，蛋白质的翻译、修饰和折叠在蛋白质功能分类中占据第二类和第三类，表明了这些生物过程对菊芋块茎活动的重要性，特别是耐盐性。同时，在分类中还发现了一些功能未知的新蛋白质（图 3-163），表明菊芋作为一种新品种，有其独特的特性，需要进一步的理解和研究。

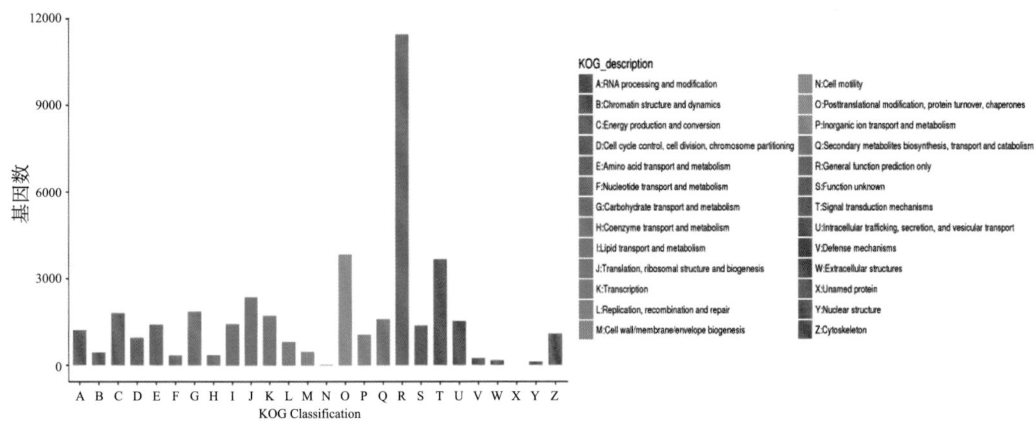

图 3-163　南菊芋 1 号块茎的功能基因 KOG 功能分类

5. 南菊芋 1 号块茎的功能基因 KEGG pathway 功能分类

在用 KEGG pathway 数据库对功能基因进行注释时，共注释得到 21213 条功能基因，分别对应到 KEGG pathway 数据库中的细胞过程（cellular processes）、环境信息处理（environmental information processing）、遗传信息处理（genetic information processing）、代谢（metabolism）、有机体系统（organismal system）五大类中的 33 小类中。其中，遗传信息处理（genetic information processing）组分中的翻译（translation）组分注释得到的功能基因最多，代谢（metabolism）组分中的碳水化合物代谢（carbohydrate metabolism）中注释得到的功能基因为 781 条。有机体系统中的感官系统（sensory system）组分注释得到的功能基因最少，有 2 条（图 3-164）。

6. 南菊芋 1 号块茎中差异表达基因分析

为了进一步分析菊芋盐胁迫信息，采用 DEWSeq R 对差异表达基因进行分析，DEWSeq 利用 $\log_2$FoldChange 和 padj 算法进行差异表达基因的表达量的计算和筛选工作，并且默认的筛选条件为 padj<0.05。在菊芋块茎盐胁迫低盐组与高盐组的基因中，当最高基因表达量是最低基因表达量的两倍时认为是差异显著性表达。

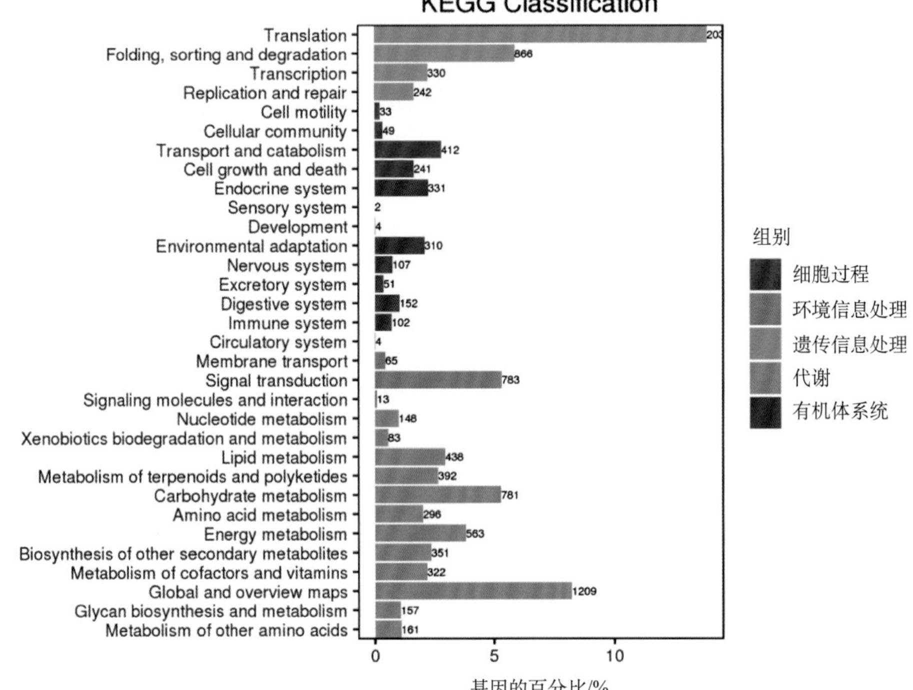

图 3-164　南菊芋 1 号块茎的 Unigenes KEGG pathway 富集分类统计图

纵坐标为 KEGG 代谢通路的名称，横坐标为注释到该通路下的基因个数及其个数占被注释上的基因总数的比例

为了进一步探索差异表达基因，在所有上调基因和下调基因中筛选并生成了南菊芋 1 号块茎的低盐组和高盐组的差异表达基因表达水平的火山图（图 3-165）。从火山图中可以发现，低盐组与高盐组上调基因和下调基因有了明显的变化，即在高盐组中表达下调或不表达的基因，在低盐组中上调表达，低盐组表达上调基因在高盐组中表达下调或不表达。

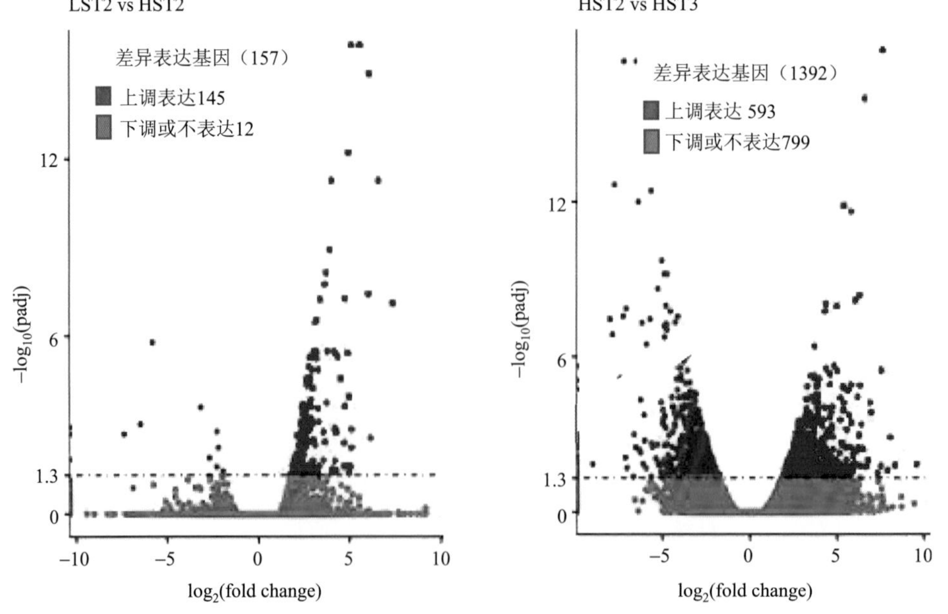

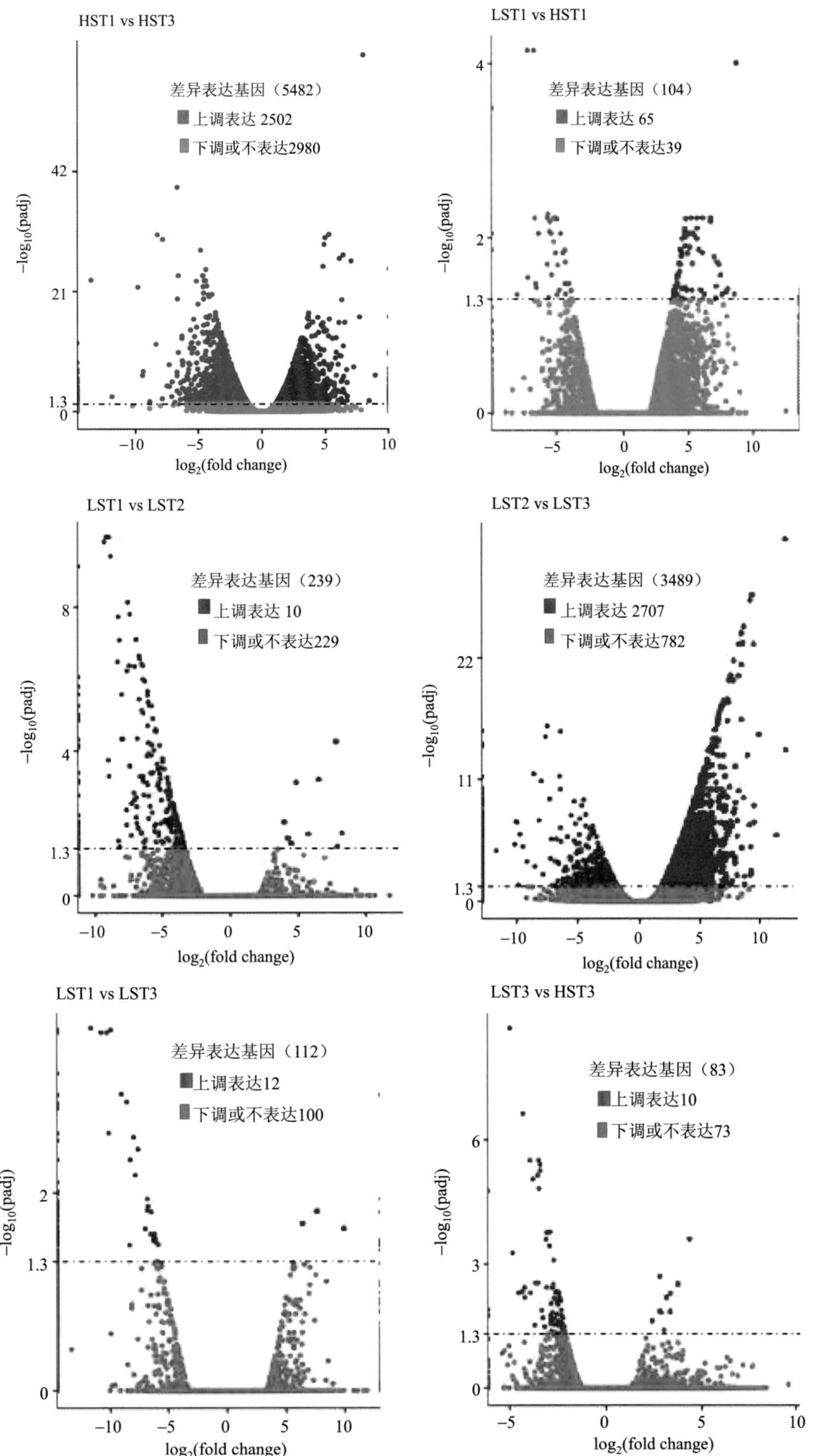
HST1 vs HST3
差异表达基因（5482）
上调表达 2502
下调或不表达2980
$-\log_{10}(padj)$
$\log_2(fold\ change)$
LST1 vs HST1
差异表达基因（104）
上调表达 65
下调或不表达39
LST1 vs LST2
差异表达基因（239）
上调表达 10
下调或不表达229
LST2 vs LST3
差异表达基因（3489）
上调表达 2707
下调或不表达782
LST1 vs LST3
差异表达基因（112）
上调表达12
下调或不表达100
LST3 vs HST3
差异表达基因（83）
上调表达10
下调或不表达73

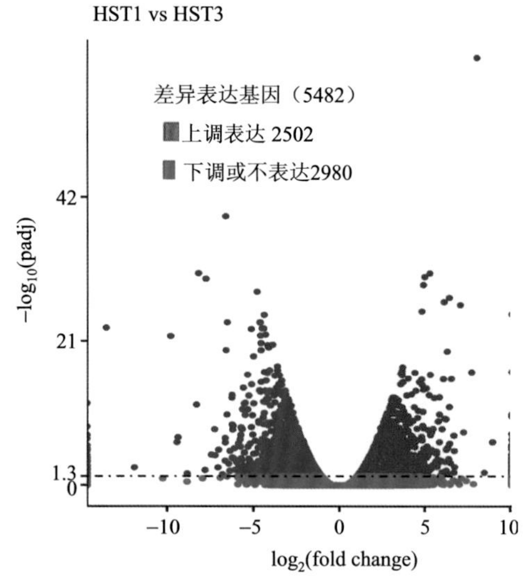

图 3-165　差异基因火山图

横坐标代表基因在不同样本中表达倍数变化，纵坐标代表基因表达量变化差异的统计学显著性；差异表达显著的基因用红点（上调）和绿点（下调）表示，差异表达不显著的基因用蓝点表示

7. 菊芋块茎的差异表达基因 GO 富集分析

图 3-166 显示了对菊芋块茎差异表达基因的 GO 富集分类，其中蓝色柱子代表表达上调的转录因子，红色柱子代表表达下调的转录因子。转录因子分为三类：细胞定位、分子功能和生物过程。通过注释和分类比较，发现盐胁迫对这三种功能蛋白有明显的影响，对不同生理过程的影响也不同。通过对 LST1 vs HST1 比较后发现：盐胁迫下生物过程中与植物体生长发育相关的转录因子上调的数量多于下调，推测是因为盐胁迫促进了相关基因（生长发育过程）的表达。因此，植物生长的表型体现在盐胁迫下植株生长速率的缓慢上升。转录调控因子的活性也有很大的上调现象，表明盐胁迫诱导了植株内基因表达的变化（图 3-166A）。

通过对 LST2 vs HST2 的比较，发现盐胁迫后植物生长发育相关转录本表达上调的数量显著高于生物过程中的下调转录本。结果表明，盐胁迫促进了南菊芋 1 号块茎生长发育相关基因的表达。因此，在盐胁迫下，菊芋的块茎生长速率有明显的提高。转录调节因子的活性也被上调，说明盐胁迫引起了植物基因表达的变化（图 3-166B）。

通过对 LST3 vs HST3 的比较，发现盐胁迫下与植物生长发育相关的转录因子的下调量显著高于上调的调控量。结果表明，盐胁迫抑制了菊芋块茎生长发育相关基因的表达。因此，在盐胁迫下，南菊芋 1 号块茎生长速率下降，根状茎形成延迟。转录调节因子的活性也大大降低，表明盐胁迫后植株中活跃基因的表达发生了变化（图 3-166C）。

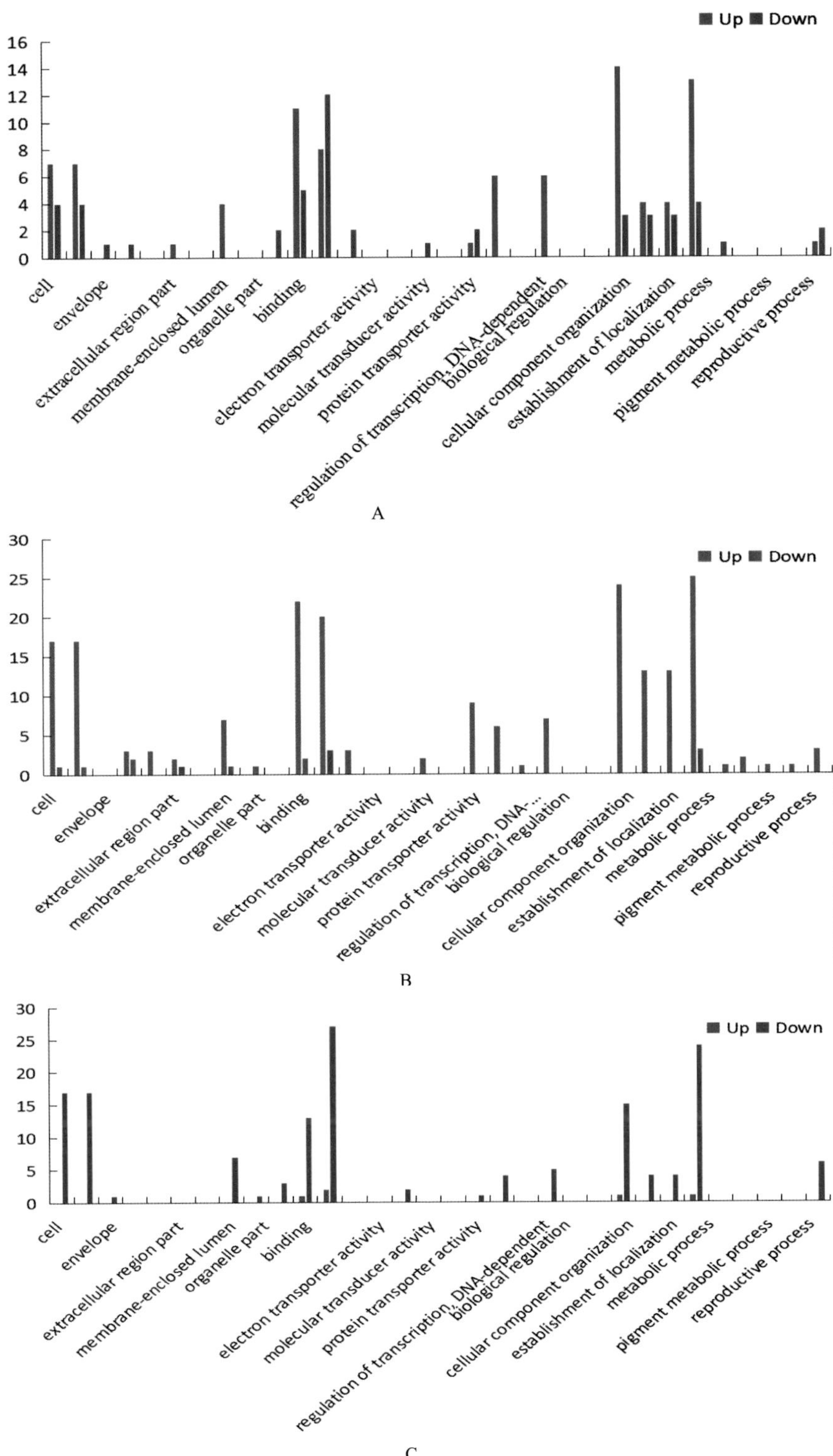

图 3-166　南菊芋 1 号块茎的差异表达基因 GO 富集分类

A. 菊芋块茎 LST1 vs HST1 的差异表达基因 GO 富集分类；B.菊芋块茎 LST2 vs HST2 的上调表达基因和下调表达基因 GO 富集分类；C. 菊芋块茎 LST3 vs HST3 的差异表达基因 GO 富集分类

8. 南菊芋 1 号块茎的差异表达基因 KEGG pathway 功能分类

表 3-73 总结了在盐胁迫下南菊芋 1 号块茎转录组与 KEGG 数据库对比分析中转录因子的表达变化情况，这些转录因子都参与了菊芋块茎的基本代谢过程。发生明显变化的代谢途径也是典型盐胁迫下参与植物体内物质代谢和信号转导的基本途径。高浓度的盐离子对植物产生渗透胁迫，因此，当植物存在于盐胁迫环境下时，植株会在体内细胞中积累更多的可溶性物质。结果显示，盐胁迫下菊芋块茎内的糖、脂肪和氨基酸的代谢发生了变化。

表 3-73 南菊芋 1 号块茎 KEGG 途径中相关转录本的表达变化情况

KEGG 途径	背景基因	下调基因	上调基因
精氨酸和脯氨酸代谢	68	16	12
脂肪酸代谢	154	30	13
类胡萝卜素合成	62	7	4
内质网蛋白加工	346	71	86
运输	82	15	1
MAPK 信号途径	51	13	10
植物信号转导	441	50	45
氧化磷酸化	103	77	36
光合作用	319	5	34
碳水化合物代谢	782	68	9
磷酸戊糖途径	1	12	5
戊糖和葡糖醛酸互变	48	15	0
果糖和甘露糖代谢	35	11	7
半乳糖代谢	16	14	4
淀粉和蔗糖代谢	249	47	45
氨基糖和核苷酸糖的代谢	287	25	23
丙酮酸的代谢	9	11	4
乙醛酸和二羧酸代谢	21	19	17
丙酸乙酯代谢	15	7	3
肌醇磷酸代谢	19	10	21
糖酵解/糖异生	31	26	6
TCA 循环	21	12	1

9. 南菊芋 1 号块茎糖代谢基因的鉴定

1）南菊芋 1 号块茎蔗糖磷酸合成酶

蔗糖磷酸合成酶（sucrose phosphate synthase，SPS）是植物体内控制蔗糖合成的关键酶。植物体内蔗糖的积累与蔗糖磷酸合成酶活性呈正相关，蔗糖磷酸合成酶还参与植物的生长和产量形成，并在植物的抗逆过程中起重要作用。高等植物中至少存在 A、B、C 三个家族的蔗糖磷酸合成酶，而禾本科植物至少存在 A、B、C、DIII和 DIV五个家族的蔗糖磷酸合成酶。不同植物体内不同家族的蔗糖磷酸合成酶基因的表达特性不同，它们所发挥的功能也存在差异。蔗糖磷酸合成酶的活性在基因表达调控和蔗糖磷酸合成酶蛋白磷酸化共价修饰作用两个层面受到植物生长发育、光照、代谢产物、外源物质如激素和糖类等多种因素的复杂调控。在 LST1 vs HST1 注释蔗糖磷酸合成酶的功能基因为 11 个，其中 7 个功能基因下调，4 个功能基因上调，且在不同盐度下被注释的 11 个功能基因无差异表达。在被注释的 11 个功能基因中，*c155493_g2* 和 *c155493_g1* 表达量最高，且在高盐胁迫下该功能基因出现下调。LST2 vs HST2 注释 SPS 的功能基因为 11 个，其中 9 个功能基因下调，2 个功能基因上调，且在不同盐度下被注释的 11 个功能基因无差异表达。在 LST3 vs HST3 被注释的 11 个功能基因中，*c155493_g2* 和 *c155493_g1* 表达量最高，且在高盐胁迫下该功能基因出现下调。

2）南菊芋 1 号块茎蔗糖合成酶

蔗糖合成酶（sucrose synthase，Susy）是促进生物体内的蔗糖进入各种代谢途径的关键酶。何美敬等通过干旱处理花生幼苗，分析胁迫后蔗糖合成酶的转录水平，同时测定蔗糖合成酶活性和蔗糖含量，实验结果显示花生中蔗糖含量与蔗糖合成酶活性的相关系数达 0.993，推测该基因响应干旱调控，在花生抗旱胁迫中可能起着一定的作用。推测菊芋通过诱导蔗糖合成酶基因的表达进而调控菊芋块茎体内蔗糖的合成，使之作为典型的渗透保护剂，起到稳定细胞膜结构和保持细胞膨压的作用。同时 KEGG pathway 分析表明，低盐组的上调差异基因在淀粉和蔗糖的代谢途径中富集，这也可以进一步解释盐胁迫下低盐组的形态指标较高盐组的好。LST1 vs HST1 注释编码蔗糖合成酶的功能基因为 9 个，其中 6 个功能基因下调，3 个功能基因上调，且在不同盐度下被注释的 9 个功能基因无差异表达。在被注释的 9 个功能基因中，*c152058_g1* 和 *c156353_g2* 表达量最高，且在高盐胁迫下该功能基因出现下调。LST2 vs HST2 注释蔗糖合成酶的功能基因为 9 个，其中 3 个功能基因下调，6 个功能基因上调，且在不同盐度下被注释的 9 个功能基因无差异表达。在被注释的 LST3 vs HST3 9 个功能基因中，*c156353_g2* 和 *c156353_g3* 表达量最高。LST3 vs HST3 注释 Susy 的功能基因为 9 个，其中 5 个功能基因下调，4 个功能基因上调，且在不同盐度下被注释的 9 个功能基因中，只有 *c156353_g3* 有差异表达，且在高盐胁迫下该功能基因出现上调（表 3-74）。

表 3-74　盐胁迫诱导的南菊芋 1 号糖代谢途径相关的特异性基因

	差异表达基因	LST1	HST1	*P*	LST2	HST2	*P*	LST3	HST3	*P*
蔗糖磷酸合成酶	*c146038_g1*	13.51	↓1.92	0.28	4.09	↓0.70	0.18	4.09	↓0.70	0.18
	c138009_g1	21.48	↑22.97	0.98	62.00	↓55.37	0.89	62.00	↓55.37	0.89
	c141026_g2	7.62	↑10.42	0.73	10.31	↑12.60	0.74	10.31	↑12.60	0.74
	c138009_g2	10.41	↓7.29	0.69	16.02	↓14.78	0.95	16.02	↓14.78	0.95
	c145475_g2	3.84	↓2.22	0.78	1.26	↓0.67	0.89	1.26	↓0.67	0.89
	c155493_g2	1798.47	↓1710.74	0.94	2605.34	↓1774.59	0.34	2605.34	↓1774.59	0.34
	c145475_g1	6.87	↑11.58	0.55	20.82	↑27.14	0.58	20.82	↑27.14	0.58
	c125606_g2	9.22	↑13.37	0.80	11.01	↓8.40	0.77	11.01	↓8.40	0.77
	c119733_g1	1.90	↓1.69	1.00	1.58	↓0.00	0.34	1.58	↓0.00	0.34
	c155493_g1	1051.40	↓928.83	0.84	2251.50	↓2014.79	0.75	2251.50	↓2014.79	0.75
	c140751_g2	20.94	↓13.83	0.61	6.84	↓5.75	0.87	6.84	↓5.75	0.87
蔗糖合成酶	*c145823_g1*	1464.14	↓516.43	0.10	581.08	↓487.45	0.54	2.21	↓0.00	0.40
	c127071_g1	9.79	↑10.27	0.98	10.47	↑15.97	0.68	434.58	↓193.34	0.15
	c157105_g2	129.12	↓126.77	0.99	145.98	↑183.05	0.72	2.45	↓1.76	0.85
	c152058_g1	6322.12	↓4299.02	0.51	0.37	↑0.52	1.00	80.58	↑113.36	0.36
	c156353_g2	92359.77	↓16155.97	0.18	1105.21	2644.92	0.18	14317.18	↓10711.88	0.40
	c156353_g3	401.05	↓92.95	0.29	12097.82	↓9737.99	0.51	4676.56	↑9344.38	0.05
	c156353_g4	206.15	↓66.73	0.07	56.60	↑67.16	0.61	9.15	↑9.48	0.97
	c55169_g1	0.00	↑1.12	0.61	86.17	↓61.96	0.40	2.52	↓0.00	0.37
	c48708_g1	0.00	↑0.28	1.00	1.11	↑2.89	0.59	27.53	↑28.49	0.95

注：L 表示低盐处理，H 表示高盐处理，高盐处理减去低盐处理为正值，即为上调，负值即为下调，表达量变化倍数以 $\log_2$ 为单位。

10. 南菊芋 1 号块茎的差异表达基因的实时定量 PCR 验证

为了验证转录组数据的可靠性，随机选择南菊芋 1 号块茎的 12 个差异表达基因，并用实时定量 PCR（qRt-PCR）测定这些候选基因。这些候选基因分配在淀粉和蔗糖代谢、糖酵解/糖异生和激素等介导的信号通路中。

这些基因的 ID 以及主要功能如下：与蔗糖磷酸合成酶有关的基因有 *c149415_g1* 和 *c155036_g1*；与蔗糖合成酶有关的基因有 *c156353_g4* 和 *c152058_g1*；与转化酶有关的基因有 *c157105_g2* 和 *c138009_g1*；与热激蛋白相关的基因有 *c141026_g2*、*c145475_g2* 和 *c137818_g1*；与植物生长抑制相关的基因有 *c89253_g2*；与植物激素相关的基因有 *c148056_g1*。实时定量 PCR 的基因表达趋势与转录组序列分析，即转录数据中表达上调的基因和实时定量 PCR 结果中表达上调的基因相一致，其具体表达量如图 3-167 所示。这些结果表明，转录组数据分析能够较准确地反映菊芋块茎对于盐胁迫的反应。

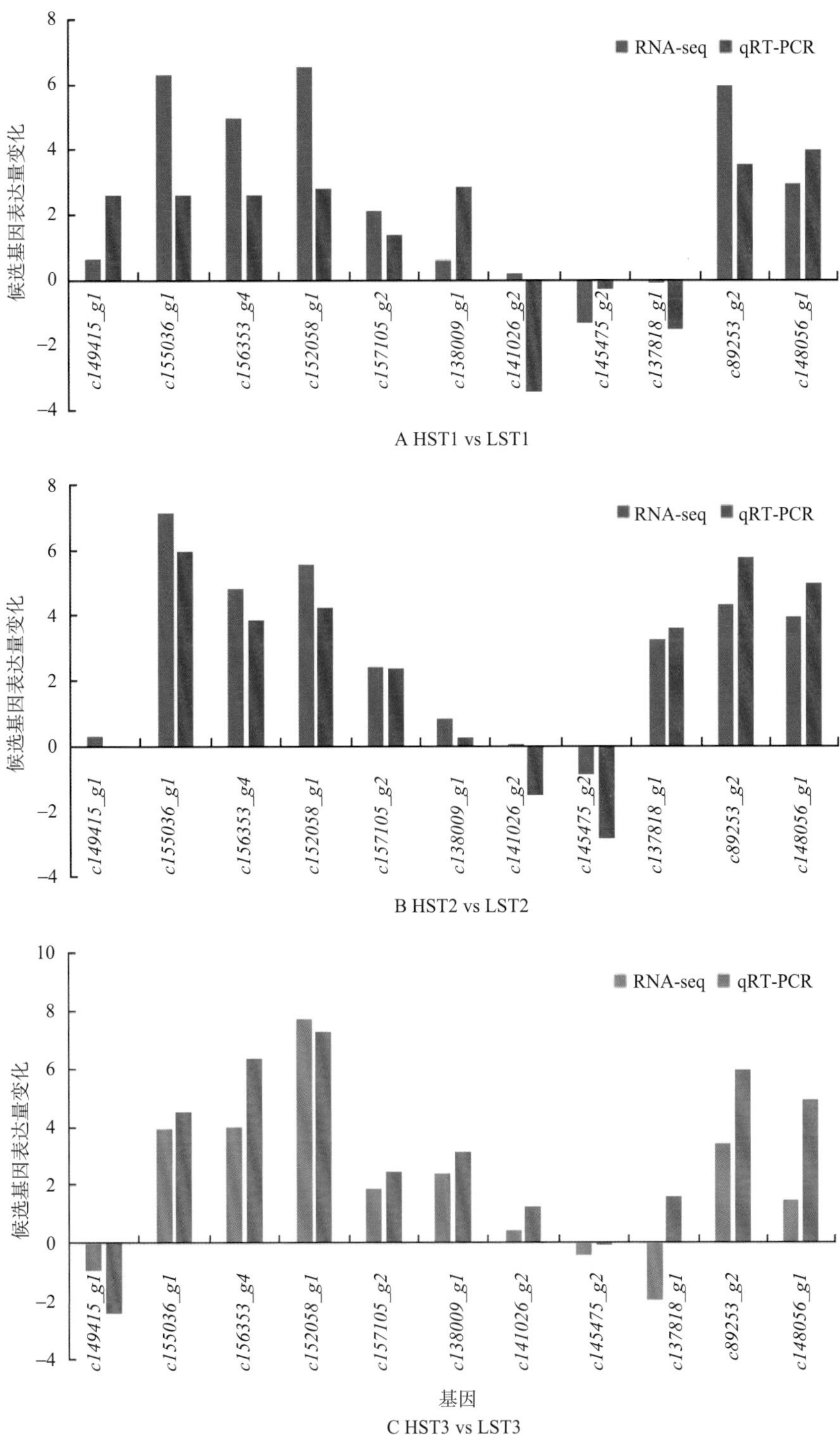

图 3-167　实时定量 PCR 对 RNA-seq 结果的验证

3.4.1.9　大田盐胁迫对南菊芋 1 号与碳相关基因表达量的影响

实验区域位于江苏盐城沿海三个实验地块，分别为顺泰农场（33.70°N,120.39°E）、大丰地块（33.70°N,120.39°E）和新洋农场（33.53°N,120.43°E）（表 3-75），该区东距黄海约 4 km，气候属于典型的海洋和季风性气候，太阳照射充足，春、夏、秋、冬分明，年平均气温是 14.0℃，年平均降水量约 1000 mm，年降水主要集中在 6～8 月。

表 3-75　南菊芋 1 号种植田块土壤含盐量动态变化（0～10 cm）

土壤组别	8 月	9 月	11 月	12 月
新洋根际土壤	0.7±0.1g	0.5±0.1e	0.5±0.2e	0.9±0.2c
新洋非根际土壤	2.3±0.1e	0.4±0.1e	0.6±0.1e	0.9±0.1c
新洋 CK 土壤	1.2±0.1f	0.4±0.1e	1.1±0.2d	1.0±0.2c
大丰根际土壤	3.8±0.1c	1.4±0.1d	1.3±0.1cd	1.1±0.2c
大丰非根际土壤	3.8±0.1c	1.4±0.1d	1.3±0.1cd	1.1±0.1c
大丰 CK 土壤	3.1±0.1d	1.5±0.2d	1.6±0.2c	1.2±0.1c
顺泰根际土壤	6.5±0.1a	9.3±0.1a	2.1±0.1b	1.9±0.1b
顺泰非根际土壤	6.5±0.1a	5.6±0.1c	2.5±0.2ab	2.2±0.1b
顺泰 CK 土壤	6.5±0.1b	6.7±0.1b	2.7±0.1a	2.8±0.3a

1. 大田盐胁迫对南菊芋 1 号各器官 *1-FFT* 基因表达量的影响

从图 3-168 可以看出，南菊芋 1 号不同组分的 *1-FFT* 基因相对表达量不同。大丰地块的菊芋各组分 *1-FFT* 基因相对表达量显著低于新洋地块，顺泰地块的菊芋各组分 *1-FFT* 基因相对表达量高于大丰地块。在各地块中，南菊芋 1 号块茎部分的 *1-FFT* 基因相对表达量高于其茎叶。这表明在菊芋中，果聚糖：果聚糖 1-果糖基转移酶（FFT）催化从蔗糖合成菊粉在块茎部分更明显。

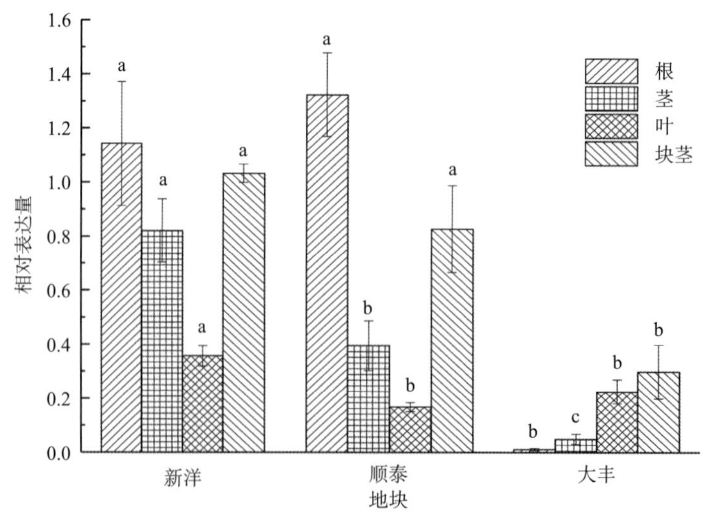

图 3-168　大田盐胁迫下南菊芋 1 号 *1-FFT* 基因相对表达量

2. 大田盐胁迫对南菊芋 1 号各器官 *6G-FFT* 基因表达量的影响

从图 3-169 可以看出，南菊芋 1 号不同组分的 *6G-FFT* 基因相对表达量不同。新洋地块的菊芋根中 *6G-FFT* 基因相对表达量显著高于大丰地块和顺泰地块。大丰地块南菊芋 1 号块茎部分的 *6G-FFT* 基因相对表达量显著高于顺泰地块，而与新洋地块差异不显著；新洋地块南菊芋 1 号根部分的 *6G-FFT* 相对表达量最高。这表明在菊芋中，果聚糖: 果聚糖 6G-果糖基转移酶（fructan: fructan 6G- fructosyltransferase, 6G-FFT）在低盐条件下促进果聚糖的合成。

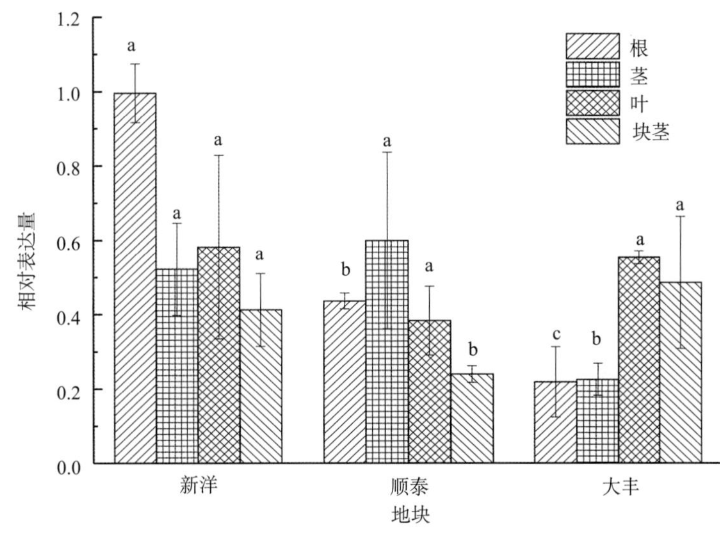

图 3-169　大田盐胁迫下南菊芋 1 号 *6G-FFT* 基因相对表达量

在菊芋的生长过程中，果聚糖: 果聚糖 1-果糖基转移酶（1-FFT）的催化作用使菊芋体内的蔗糖转化为菊粉。为了合成比其他物种其他植物中发现的更复杂、更高级的果聚糖，需要一些特殊的酶，果聚糖: 果聚糖 6G-果糖基转移酶（6G-FFT）就是其中一种。因此盐分胁迫对菊芋不同器官与组织中 *1-FFT*、*6G-FFT* 基因相对表达量的动态变化是南菊芋 1 号十分重要的分子生物学特征之一。含盐量 4 g/kg 的大丰地块的菊芋块茎中 *1-FFT* 的相对表达量要低于含盐量 2 g/kg 左右的新洋与含盐量 6 g/kg 左右的顺泰，而菊芋块茎中的 *6G-FFT* 基因相对表达量，含盐量较低的新洋与大丰地块又极显著地高于含盐量高的顺泰田块。在各地块中，菊芋根部的 *1-FFT*、*6G-FFT* 相对表达量最高。这表明在菊芋中，果聚糖: 果聚糖果糖基转移酶（FFT）催化从蔗糖合成菊粉在根部更积极、在块茎部分较弱，这些结果对揭示菊芋逆境分子生物学的奥秘十分重要。

3.4.2　菊芋应对盐逆境的形态学变化特征

南京农业大学海洋科学及其能源生物资源研究所菊芋研究小组的研究表明，菊芋除了通过生理生化及分子途径应对环境胁迫外，还可通过形态变化缓解环境胁迫对其造成的伤害。

1. 盐胁迫下的超微结构特征及能谱分析比较

在不同浓度海水胁迫条件下，不同品种菊芋叶肉细胞内相继出现了不同程度的分离现象。在对照处理下，不同品种菊芋叶肉细胞内细胞器丰富，结构正常，叶绿体结构也表现正常。

在对照条件下，南菊芋 1 号、南菊芋 7 号、南菊芋 3 号叶绿体紧贴细胞边缘，呈半椭球状，结构规则，叶绿体片层平行，片层排列紧密，基质中嗜锇颗粒丰富，叶绿体亚微结构规则，细胞器如淀粉粒、线粒体等含量丰富，细胞质浓厚（图 3-170）。

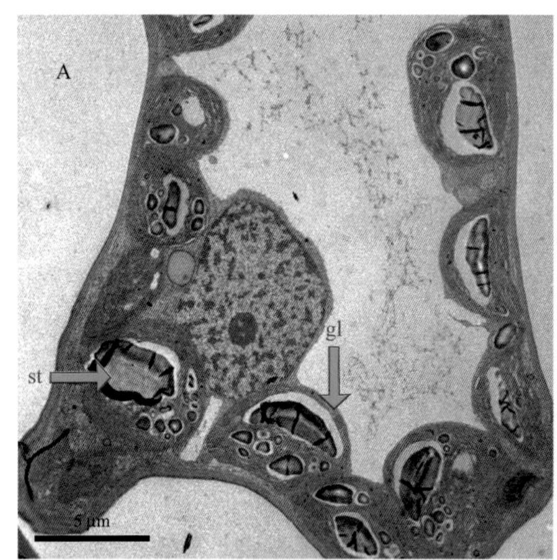

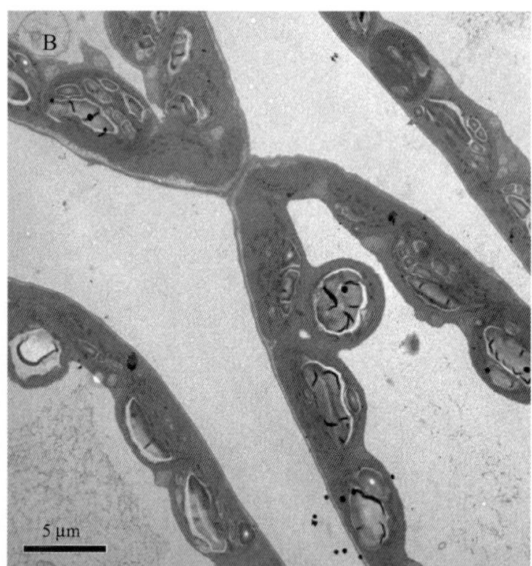

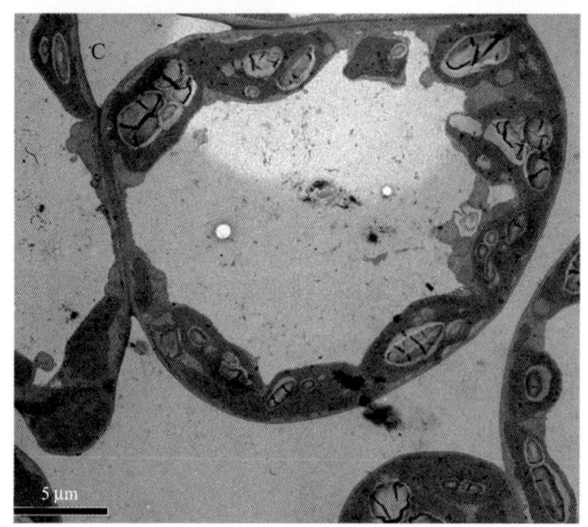

图 3-170　南菊芋 1 号（A）、南菊芋 7 号（B）、南菊芋 3 号（C）淡水处理的细胞结构

St.淀粉粒；gl.基粒片层

15%海水处理下，南菊芋 1 号、南菊芋 7 号、南菊芋 3 号 3 个品种的结构变化发生明显的差异。南菊芋 1 号叶绿体呈现球形，但叶绿体片层仍平行，叶绿体亚微结构规则，细胞器如淀粉粒、线粒体等含量丰富，细胞质浓厚（图 3-171A）。而南菊芋 7 号叶绿体

出现空化现象，细胞质中细胞器数量减少，细胞器嗜锇程度增强，表明其内部结构已被破坏（图 3-171B）。南菊芋 3 号叶绿体边缘膜模糊，内部片层分辨不清，说明叶绿体中类囊体已开始降解，线粒体膨大（图 3-171C）。

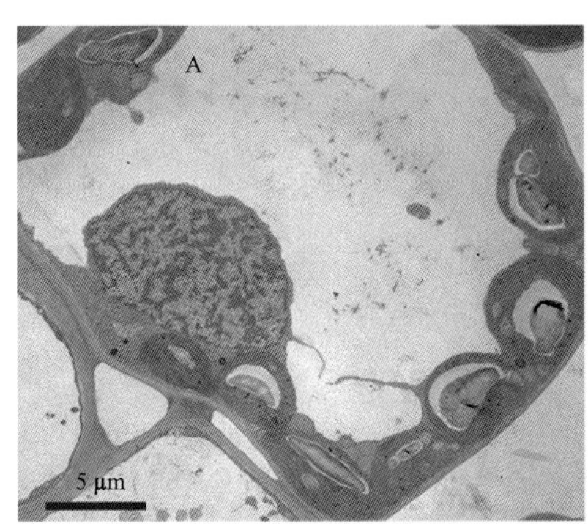

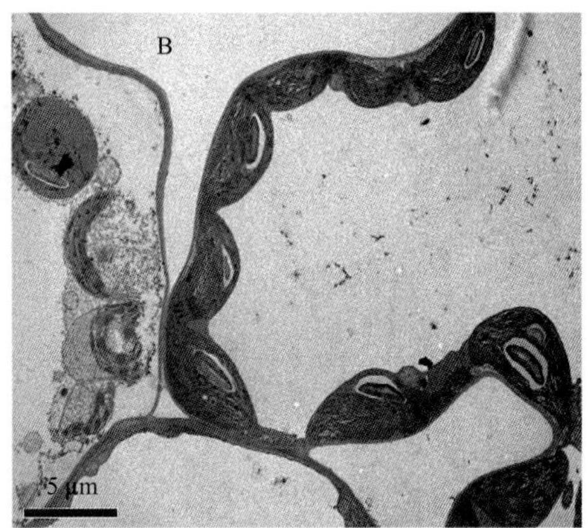

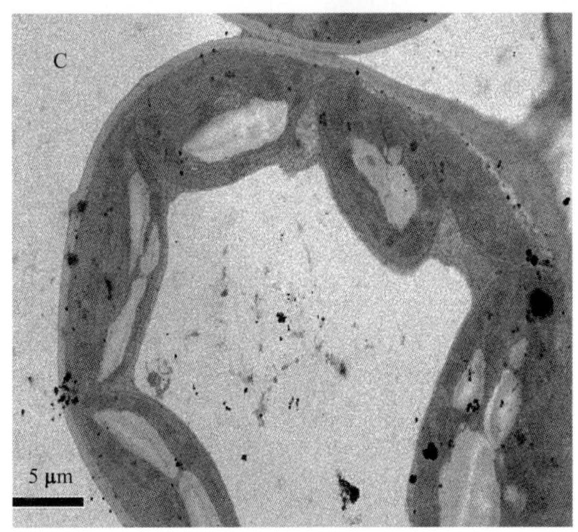

图 3-171　南菊芋 1 号（A）、南菊芋 7 号（B）、南菊芋 3 号（C）15%海水处理的细胞结构

30%海水处理下，南菊芋 1 号、南菊芋 7 号、南菊芋 3 号 3 个品种的结构变化发生了明显的差异。南菊芋 1 号叶肉细胞亚显微结构受到破坏，叶绿体收缩，形态不规则，边缘不平滑，并且被膜已降解，嗜锇颗粒增多，叶绿体开始远离质膜，叶肉细胞质变得稀薄，细胞器含量减少，片层排列松散，细胞器结构破坏严重，数目众多的线粒体空化，并有叶绿体粘连或线粒体之间发生粘连的现象（图 3-172A）。而南菊芋 7 号、南菊芋 3 号的细胞亚显微结构受到破坏的程度更为严重，叶绿体远离质膜，分离情况严重，细胞器结构破坏更严重，叶肉细胞质变得更稀薄，细胞器含量基本看不见，表明结构已被破坏（图 3-172B、C）。

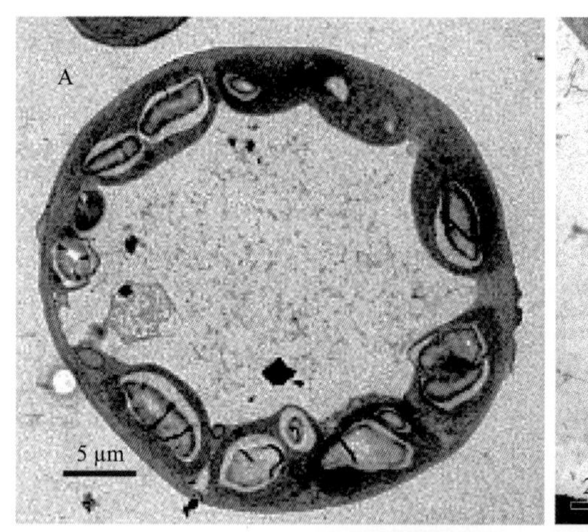

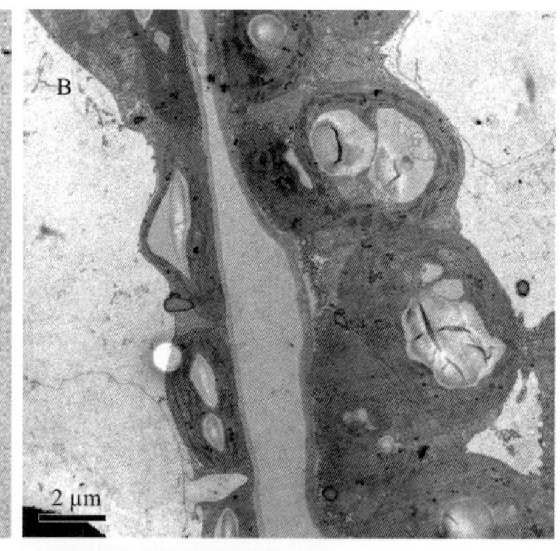

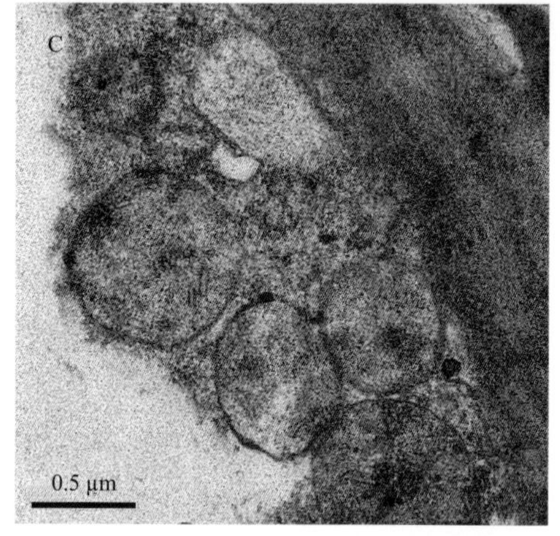

图 3-172　南菊芋 1 号（A）、南菊芋 7 号（B）、南菊芋 3 号（C）30%海水处理的细胞结构

细胞内质体是一类合成、积累和同化产物的细胞器，其中叶绿体因能进行光合作用，为最重要的质体细胞器。南京农业大学海洋科学及其能源生物资源研究所菊芋研究小组研究发现，在对照处理下，3 个品种叶肉细胞内叶绿体结构正常，长椭圆形，外由双层单位膜包围，叶绿体基质片层和基粒片层与叶绿体长轴近似平行排列，有淀粉粒，叶绿体内部结构清晰，基粒类囊体排列整齐紧密，与基质类囊体形成连续的内膜系统，叶绿体的双层膜清楚，显示其良好功能的结构状态（图 3-173）。

15%海水处理下，南菊芋 1 号、南菊芋 7 号、南菊芋 3 号 3 个品种的叶绿体超微结构变化发生一定的差异。南菊芋 1 号叶绿体明显可见，淀粉粒和类囊体清晰可见（图 3-174A）。而南菊芋 7 号、南菊芋 3 号叶绿体轮廓尚可见，但数目减少，叶绿体的双层膜模糊，叶绿体基质片层和基粒片层开始消融（图 3-174B、C）。

30%海水处理下，南菊芋 1 号、南菊芋 7 号、南菊芋 3 号 3 个品种的叶绿体超微结构差异更显著。南菊芋 1 号叶绿体轮廓尚可见，但数目减少，叶绿体的双层膜排列呈绳索状，叶绿体基质片层和基粒片层开始消融（图 3-175A）。南菊芋 7 号、南菊芋 3 号叶绿体膨胀呈圆球形状，基粒弯曲、模糊、稀疏，部分类囊体肿胀，淀粉粒被破坏，内含物部分浑浊（图 3-175B、C）。

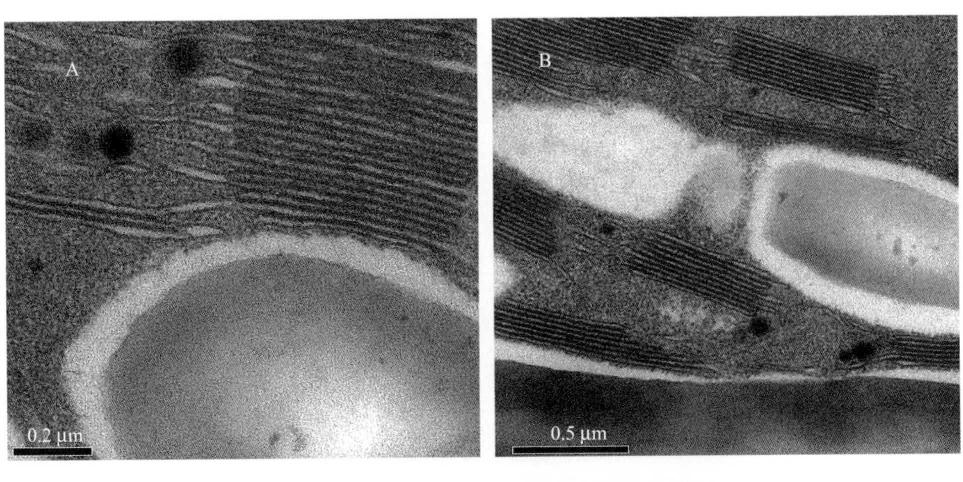

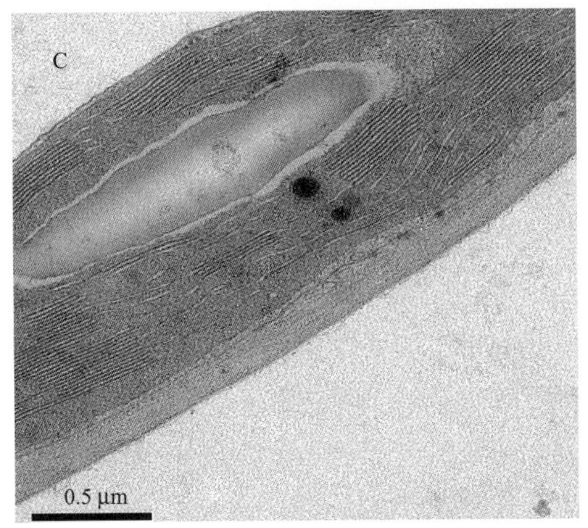

图 3-173　南菊芋 1 号（A）、南菊芋 7 号（B）、南菊芋 3 号（C）淡水处理的叶绿体正常超微结构

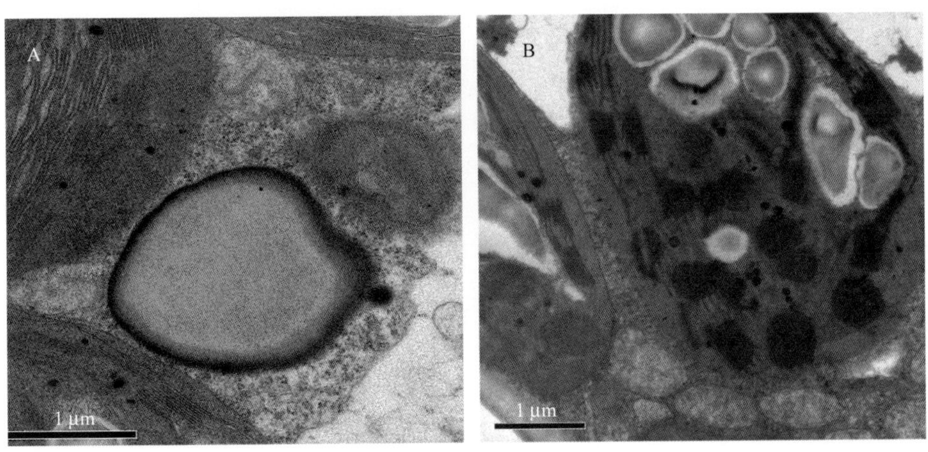

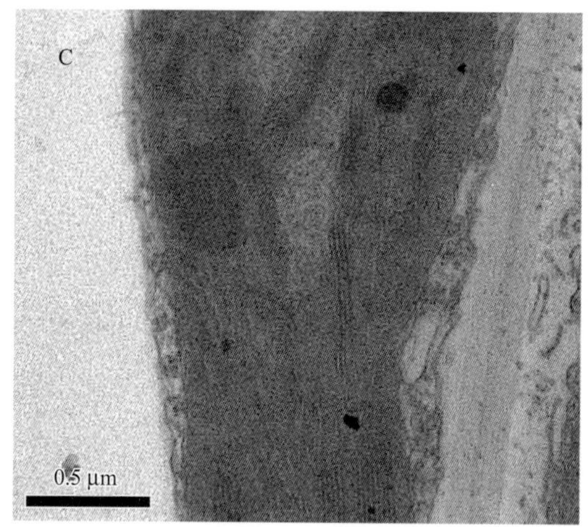

图 3-174　南菊芋 1 号（A）、南菊芋 7 号（B）、南菊芋 3 号（C）15%海水处理的叶绿体超微结构

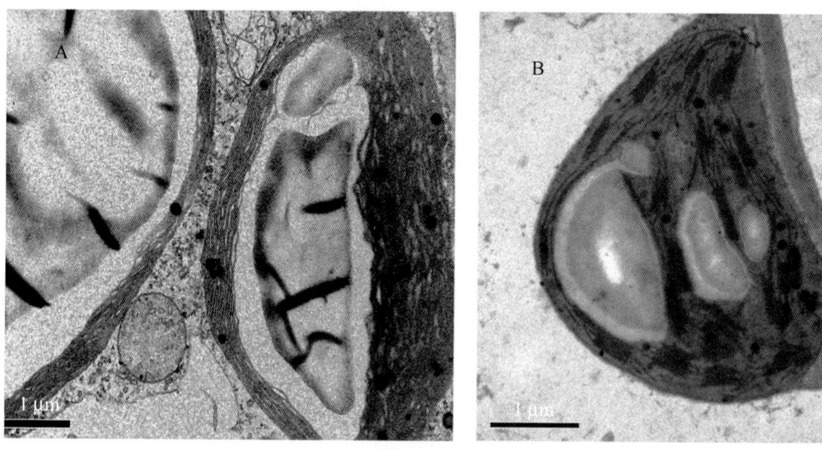

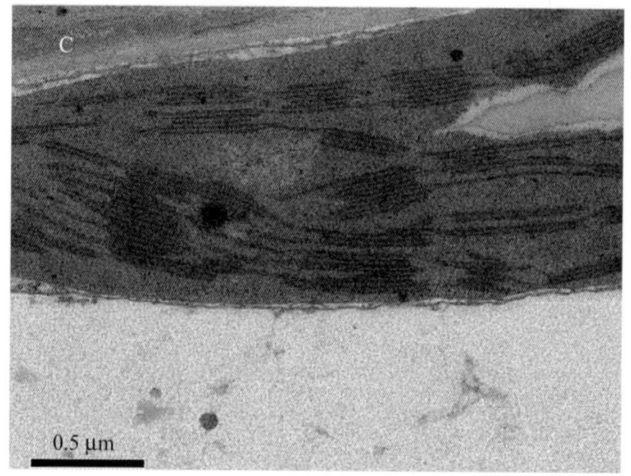

图 3-175　南菊芋 1 号（A）、南菊芋 7 号（B）、南菊芋 3 号（C）30%海水处理的叶绿体超微结构

线粒体是保证细胞内新陈代谢活动正常进行的能量供给者，线粒体结构的异常是叶绿体结构和功能受到损伤的细胞学原因之一。但盐分对线粒体超微结构的影响，通常会因植物耐盐性的不同而有所差别。南京农业大学海洋科学及其能源生物资源研究所菊芋研究小组研究发现，在对照处理下，3 个品种线粒体丰富，为圆球形，嵴呈管状，结构清晰可见，线粒体数目多，结构良好（图 3-176）。

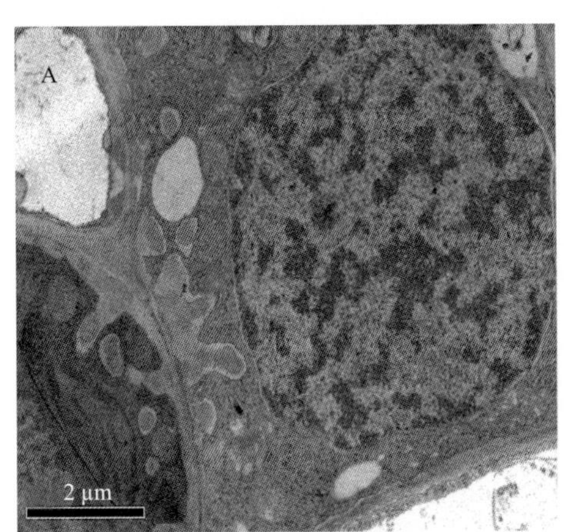

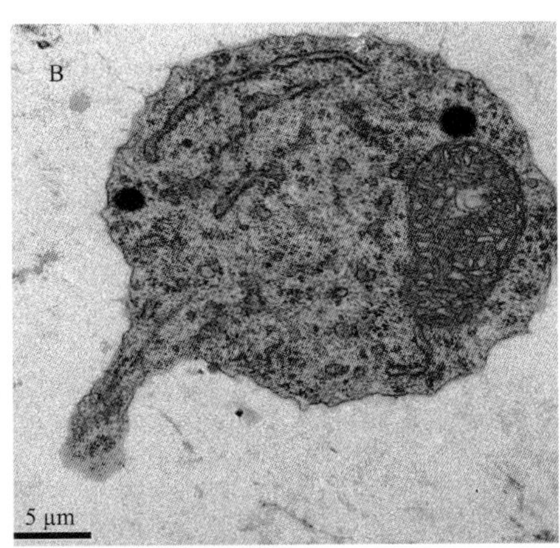

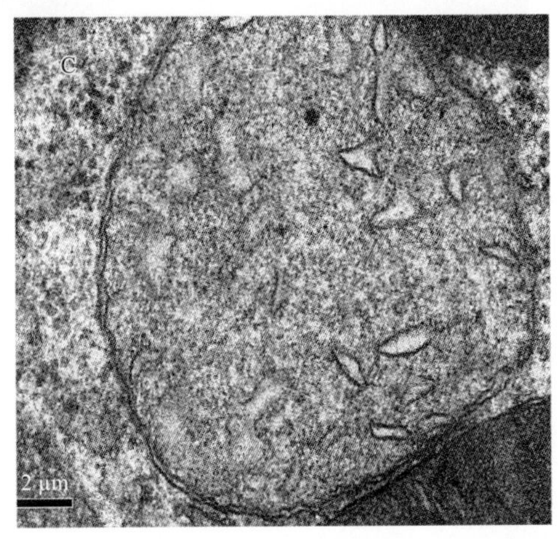

图 3-176　南菊芋 1 号（A）、南菊芋 7 号（B）、南菊芋 3 号（C）淡水处理的线粒体超微结构

在 15%海水胁迫下，南菊芋 1 号线粒体形态呈圆形，嵴结构清晰可见，线粒体结构良好（图 3-177A），南菊芋 7 号线粒体叶绿体结构开始出现异常，嵴结构不十分清晰，并逐步降解（图 3-177B），而南菊芋 3 号线粒体的膜模糊，嵴结构消失（图 3-177C）。

在 30%海水胁迫下，南菊芋 1 号线粒体呈椭圆形，嵴管状结构模糊（图 3-178A），南菊芋 7 号线粒体膜模糊，嵴结构消失（图 3-178B），而南菊芋 3 号线粒体膜消失，线粒体降解消融（图 3-178C）。

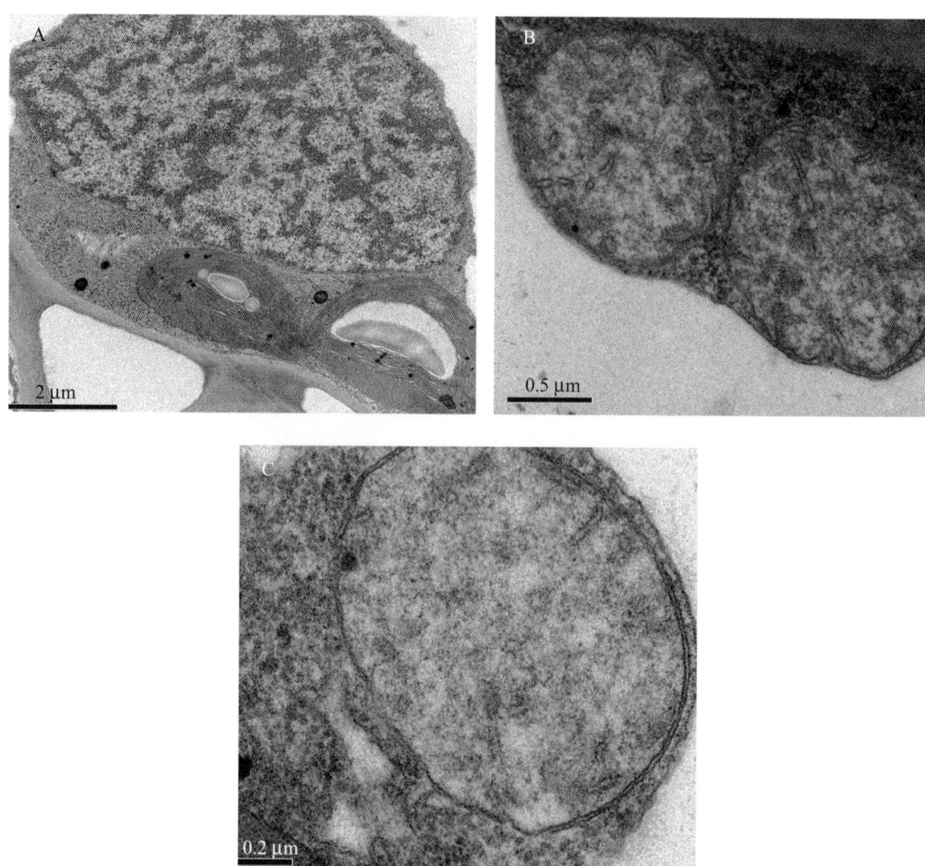

图 3-177　南菊芋 1 号（A）、南菊芋 7 号（B）、南菊芋 3 号（C）15%处理的线粒体超微结构

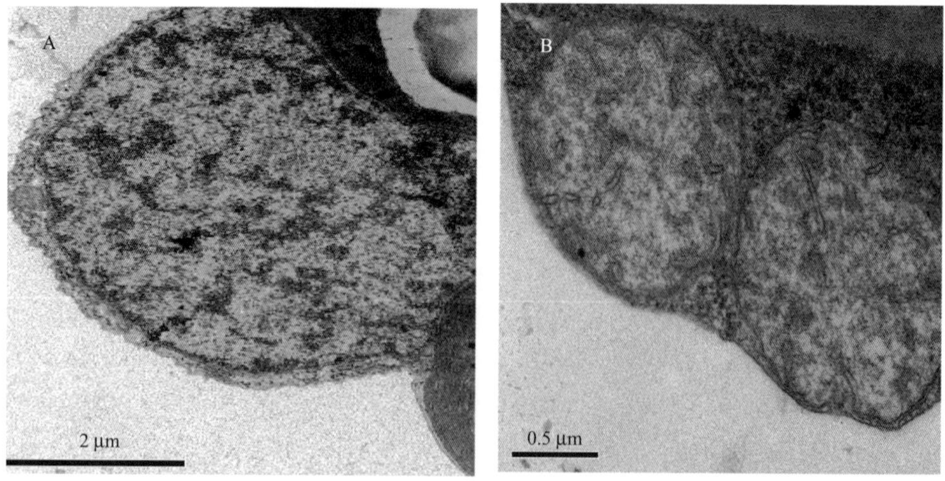

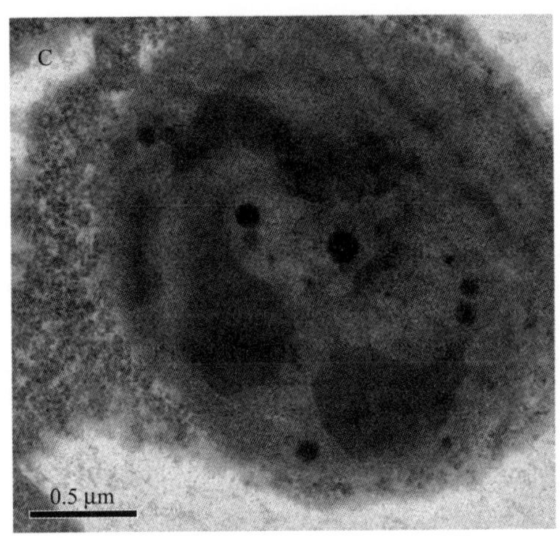

图 3-178　南菊芋 1 号（A）、南菊芋 7 号（B）、南菊芋 3 号（C）30%处理的线粒体超微结构

2. 根系分布格局应对盐胁迫的响应

南京农业大学海洋科学及其能源生物资源研究所菊芋研究小组发现，菊芋应对盐胁迫的策略不仅表现在其生理生化及分子机制方面，而且能巧妙地调整根系分布格局应对盐胁迫的影响，为此，研究小组于 2014 年进行了大田小区试验研究。试验安排在南京农业大学 863 中试基地江苏省大丰市金海农场（32°59′N，120°49′E）。该地区地处亚热带季风气候区，年降水量约 1000 mm，主要集中在 6～8 月的雨季。为尽量贴合野外环境的实际情况，供试相近地块四组土壤含盐量的范围值（各处理组土样 0～20 cm 土层内所测得的不同时间最小盐度至最大盐度）为：S1 = 1.2～1.9 g/kg；S2 = 1.6～1.8 g/kg；S3 = 2.1～2.6 g/kg；S4 = 2.6～3.0 g/kg。2014 年 3 月种植南菊芋 1 号，其生长期约 230 d，植株行间间距是 60 cm，不同行植株之间的距离是 50 cm。在当年度的 8 月 10 日采集土样及根样。同年 12 月 3 日采集土样、根样及块茎。

田间试验发现，从总体来看，在 4 种含盐量的土壤中，南菊芋 1 号根长密度垂直方向上主要集中在 0～5 cm 与 5~10 cm 的两个土壤层次（图 3-179），在 15～20 cm 土壤层的南菊芋 1 号根长密度仅占总根长密度不到 8.5%。从图 3-179 看出，盐分胁迫是在垂直方向上影响南菊芋 1 号根长密度的主要因子: 当土壤含盐量为 1.2～1.9 g/kg（S1）和 1.6～1.8 g/kg（S2）时, 在 0～5 cm 与 5~10 cm 的两个土壤层次南菊芋 1 号根长密度显著高于 S3(2.1～2.6 g/kg)与 S4(2.6～3.0 g/kg)土壤的南菊芋 1 号根长密度，但在各自两组盐分含量处理中，南菊芋 1 号根长密度无显著差异；至 10 cm 以下土层时，所有盐分处理南菊芋 1 号根长密度无显著差异。

而在水平方向上，以植株为中心，南菊芋 1 号根长可伸长至 30 cm（表 3-76）。盐分胁迫在水平方向上对南菊芋 1 号根长密度影响趋势基本同在垂直方向上对南菊芋 1 号根长密度的影响趋势。

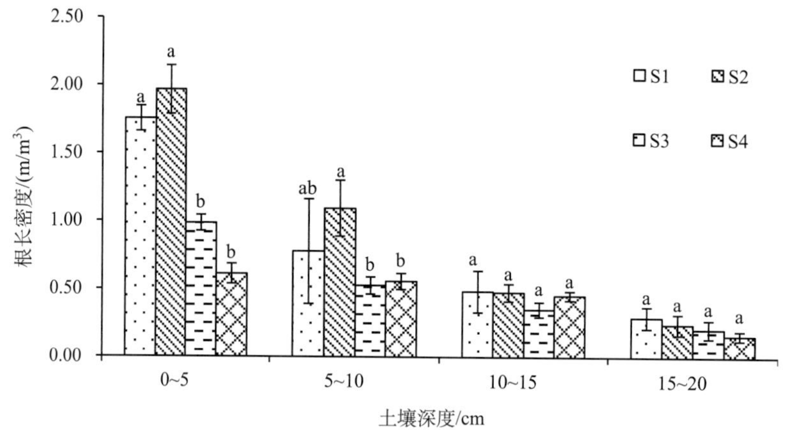

图 3-179　南菊芋 1 号根长密度在垂直方向上的分布

S1 = 1.2～1.9 g/kg；S2 = 1.6～1.8 g/kg；S3 = 2.1～2.6 g/kg；S4 = 2.6～3.0 g/kg

表 3-76　南菊芋 1 号根长密度和根鲜质量在水平方向上的分布

水平距离	S1		S2		S3		S4	
	根长密度/（m/m³）	根鲜质量/（kg/m³）	根长密度/（m/m³）	根鲜质量/（kg/m³）	根长密度/（m/m³）	根鲜质量/（kg/m³）	根长密度/（m/m³）	根鲜质量/（kg/m³）
0～10cm	1.91±0.04a	25.6±2.42ab	2.10±0.14a	27.7±2.53a	1.19±0.21b	20.2±3.50b	0.77±0.06bcd	11.2±4.09c
10～20cm	0.78±0.14bcd	2.4±1.08d	0.94±0.23bc	2.6±0.34d	0.43±0.02d	2.3±0.45d	0.52±0.05cd	1.4±0.16d
20～30cm	0.62±0.20cd	1.0±0.15d	0.74±0.18bcd	1.0±0.09d	0.43±0.11d	2.4±1.02d	0.50±0.13cd	1.3±0.08d

注：数据值为平均值±标准差（n=3）。不同盐胁迫条件下进行单因素的显著性差异（P<0.05），用不同的字母表示。盐胁迫：S1 = 1.2～1.9 g/kg；S2 = 1.6～1.8 g/kg；S3 = 2.1～2.6 g/kg；S4 = 2.6～3.0 g/kg。

不同含盐量土壤中南菊芋 1 号根鲜质量在垂直方向上的分布规律类似于根长密度分布规律(图 3-180)。从图 3-180 看出，盐分胁迫是在垂直方向上影响南菊芋 1 号根鲜质量的主要因子: 当土壤含盐量为 1.2～1.9 g/kg（S1）和 1.6～1.8 g/kg（S2）时，在 0～5 cm 土壤层次土壤含盐量 1.6～1.8 g/kg（S2）的南菊芋 1 号根鲜质量显著高于土壤含盐量为 1.2～1.9 g/kg（S1）的处理，但该两种含盐量土壤 0～5 cm 土壤层次南菊芋 1 号根鲜质量显著高于土壤含盐量为 2.1～2.6 g/kg（S3）与 2.6～3.0 g/kg（S4）的南菊芋 1 号根鲜质量; 而在 5～10 cm 土壤层次土壤含盐量为 1.2～1.9 g/kg（S1）和 1.6～1.8 g/kg（S2）南菊芋 1 号根鲜质量差异不显著，而土壤含盐量 1.6～1.8 g/kg（S2）、2.1～2.6 g/kg（S3）与 2.6～3.0 g/kg（S4）的南菊芋 1 号根鲜质量差异也不显著。至 10 cm 以下土层时，所有盐分处理南菊芋 1 号根鲜质量变化不大。

在水平距离上，从表 3-76 发现，所有含盐量处理下，南菊芋 1 号根鲜质量在距根部 0～10 cm 范围内南菊芋 1 号根鲜质量均显著高于距根部 10～20 cm 与 20～30 cm; 在距根部 0～10 cm 范围内南菊芋 1 号根鲜质量受盐分含量影响明显: 土壤含盐量 2.1～2.6 g/kg（S3）和 2.6～3.0 g/kg（S4）处理南菊芋 1 号根鲜质量急剧下降。

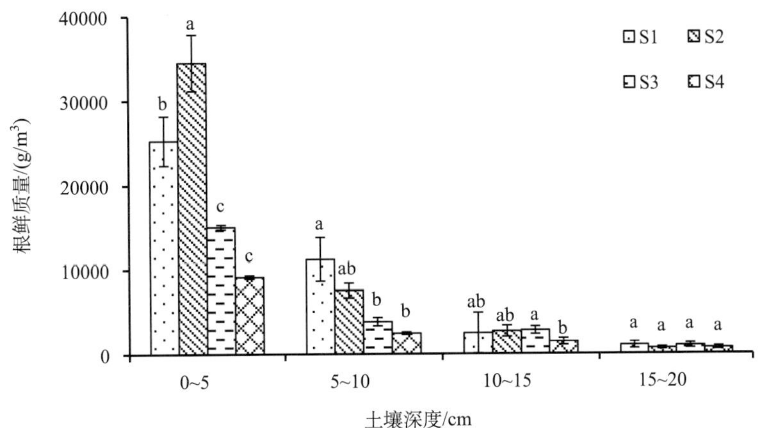

图 3-180 南菊芋 1 号根鲜质量在垂直方向上的分布

S1 = 1.2～1.9 g/kg；S2 = 1.6～1.8 g/kg；S3 = 2.1～2.6 g/kg；S4 = 2.6～3.0 g/kg

由图 3-181 可以看出，所有处理中 0～5 cm 土壤层的南菊芋 1 号根长密度百分比之间均无显著性差异，但是除 1.6～1.8 g/kg（S2）组南菊芋 1 号根长密度百分比有轻微增加外，其他几组均随着盐胁迫程度的加深有一个下降的趋势[土壤含盐量 1.2～1.9 g/kg（S1），1.75%；土壤含盐量 1.6～1.8 g/kg（S2），1.97%；土壤含盐量 2.1～2.6 g/kg（S3），0.98%；土壤含盐量 2.6～3.0 g/kg（S4），0.61%]。在土壤含盐量 1.2～1.9 g/kg（S1）至 2.1～2.6 g/kg（S3）组中，相较于其他土壤层，0～5cm 土壤层的南菊芋 1 号根长密度百分数更高，然而在土壤含盐量 2.6～3.0 g/kg（S4）组中 0～5 cm 和 5～10 cm 土壤层之间的南菊芋 1 号根长密度百分比没有显著性差异。在垂直方向上，4 组中 0～5 cm 土层的南菊芋 1 号根长密度百分比均最高，并随着盐胁迫的加深百分比呈逐渐降低的趋势。

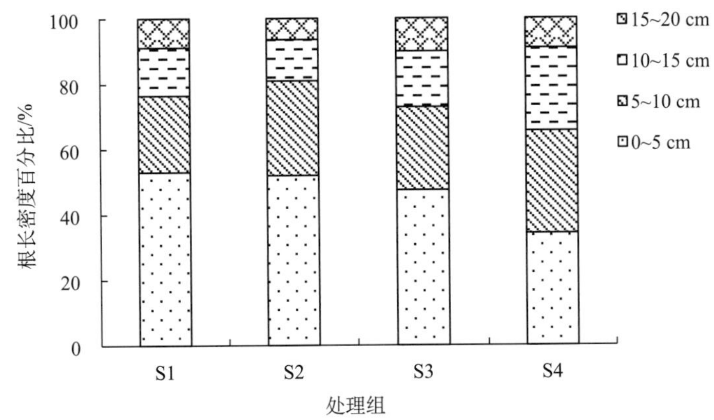

图 3-181 南菊芋 1 号不同土层深度下根长密度百分比

S1 = 1.2～1.9 g/kg；S2 = 1.6～1.8 g/kg；S3 = 2.1～2.6 g/kg；S4 = 2.6～3.0 g/kg

在水平方向上，南菊芋 1 号（NY1）的根系能够伸长到距植物中心 30cm 处，其中 H1、H2、H3 分别代表距植物中心 0～10 cm、10～20 cm、20～30 cm。在土壤含盐量 1.6～1.8 g/kg（S2）组的 0～10cm 内有最大的根长密度（S2H1，2.10±0.14 m/m^3），虽然和 1.2～1.9 g/kg（S1）组的 0～10cm 内的根长密度（S1H1，1.91±0.04 m/m^3）没有显著性差异，

但是显著高于土壤含盐量 2.1～2.6 g/kg（S3）组和 2.6～3.0 g/kg（S4）组 0～10cm 内的根长密度（S3H1，1.19±0.21 m/m^3；S4H1，0.77±0.06 m/m^3）。并且在 10～20cm、20～30cm 内，4 组土壤的根长密度都呈现出相似的现象，说明南菊芋 1 号（NY1）根系生长并没有随着盐胁迫程度的升高（S1 上升到 S2）而受到抑制作用（表 3-77）。

表 3-77　水平方向上不同盐度土壤条件下菊芋（NY1）的根长密度

分组	根长密度/（m/m^3）	$P_{0.05}$
S2H1	2.10±0.14	a
S1H1	1.91±0.04	a
S3H1	1.19±0.21	b
S2H2	0.94±0.23	bc
S1H2	0.78±0.14	cd
S4H1	0.77±0.06	cd
S2H3	0.74±0.18	cd
S1H3	0.62±0.20	de
S4H2	0.52±0.05	de
S4H3	0.50±0.13	de
S3H2	0.43±0.02	e
S3H3	0.43±0.11	e

注：H1、H2、H3 分别表示水平方向上距植物中心 0～10 cm、10～20 cm、20～30 cm。数据值为平均值±标准差（n=3）。不同盐胁迫条件和不同水平距离下进行的双因素的显著性差异（P<0.05）用不同的字母表示。S1 = 1.2～1.9 g/kg；S2 = 1.6～1.8 g/kg；S3 = 2.1～2.6 g/kg；S4 = 2.6～3.0 g/kg。

图 3-182 显示在 0～20 cm 土层内，土壤 pH 随着土层深度的加深而不断上升。由图 3-183 可以看出土壤含水量在 0～10 cm 随着土层深度的加深而增强，在 10～15 cm 土层达到最大值，土壤含盐量 2.6～3.0 g/kg（S4）组 0～15 cm 土层含水量最大可达 22.8%（质量分数），15～20 cm 土层土壤含水量有所下降。在 0～20 cm 土层内，土壤含水量变化不显著。

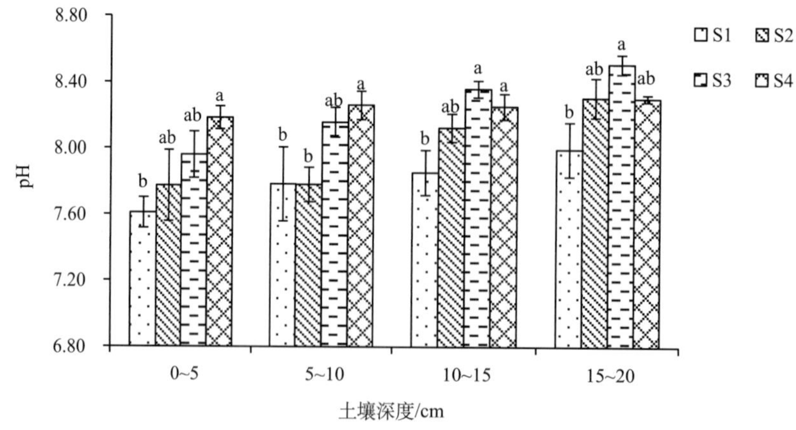

图 3-182　不同土壤深度土壤 pH 的变化

S1 = 1.2～1.9 g/kg；S2 = 1.6～1.8 g/kg；S3 = 2.1～2.6 g/kg；S4 = 2.6～3.0 g/kg

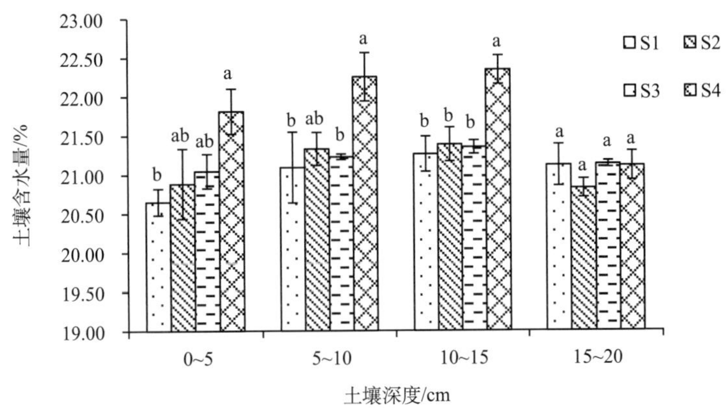

图 3-183　不同深度土壤含水量的变化

S1 = 1.2～1.9 g/kg；S2 = 1.6～1.8 g/kg；S3 = 2.1～2.6 g/kg；S4 = 2.6～3.0 g/kg

相比之下，从图 3-184 可看出在土壤含盐量 1.2 g～1.9 g/kg（S1）时，0～5 cm 土层显著低于以下各上层，而随着土壤含盐量增加，这种上下土层盐分含量变化不大。土壤盐水比变化趋势与土壤可溶性盐含量变化趋势保持一致。在 15～20cm 土层，土壤盐水比达到最大值（图 3-185）。

表 3-78 表明，土壤 pH 与土壤可溶性盐含量、土壤盐水比呈现极显著正相关关系（$P<0.01$），与南菊芋 1 号根长密度、根鲜质量呈现极显著正相关关系（$P<0.01$），与土壤含水量没有显著相关关系。土壤可溶性盐含量与土壤含水量呈现显著正相关关系（$P<0.05$），与土壤盐水比呈现极显著正相关关系（$P<0.01$），与南菊芋 1 号根长密度、根鲜质量均呈现极显著负相关关系（$P<0.01$）。土壤含水量与土壤盐水比没有显著相关关系，与南菊芋 1 号根长密度负相关，但不显著，而与南菊芋 1 号根鲜质量存在极显著负相关

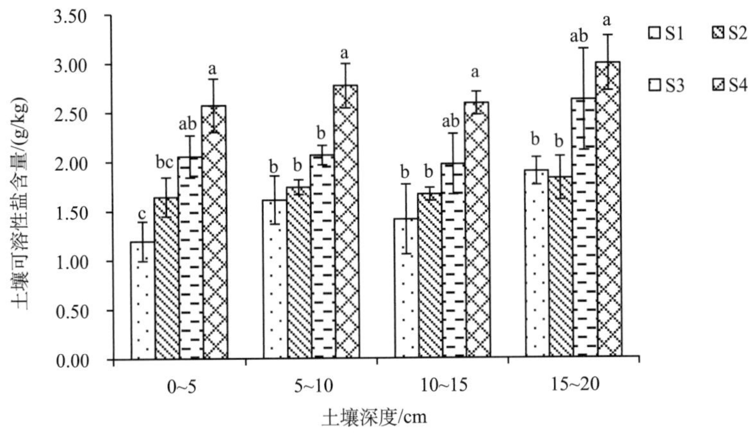

图 3-184　不同土壤深度土壤可溶性盐含量的变化

S1 = 1.2～1.9 g/kg；S2 = 1.6～1.8 g/kg；S3 = 2.1～2.6 g/kg；S4 = 2.6～3.0 g/kg

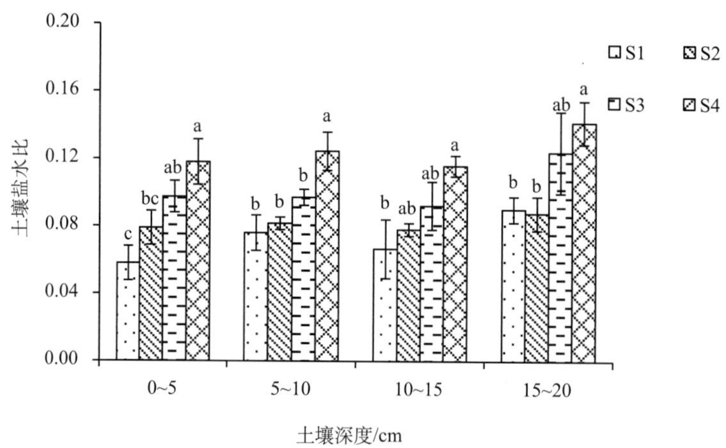

图 3-185　不同深度土壤盐水比的变化

S1 = 1.2～1.9 g/kg；S2 = 1.6～1.8 g/kg；S3 = 2.1～2.6 g/kg；S4 = 2.6～3.0 g/kg

表 3-78　南菊芋 1 号根系分布与土壤理化性质的相关性分析

指标	根鲜质量	土壤 pH	土壤可溶性盐含量	土壤含水量	土壤盐水比
根长密度	0.852**	0.602**	–0.440**	–0.230	–0.435**
根鲜质量		0.543**	–0.378**	–0.384**	–0.359*
土壤 pH			0.571**	0.099	0.579**
土壤可溶性盐含量				0.354*	0.996**
土壤含水量					0.270

*表示显著性水平 P<0.05，**表示显著性水平 P<0.01。

关系（P<0.01）。土壤盐水比与南菊芋 1 号根长密度存在极显著负相关关系（P<0.01），与根鲜质量存在显著负相关关系（P<0.05）。pH 对南菊芋 1 号根长密度和根鲜质量的影响最大，关联系数分别为 0.602 和 0.543。其次是可溶性盐含量对南菊芋 1 号根长密度的影响较大，关联系数为 0.440。而土壤含水量对南菊芋 1 号根鲜质量的影响较大，关联系数为 0.384。

从图 3-186 可以看出，南菊芋 1 号块茎产量在低含盐量土壤中（S1、S2）在水平方向随着盐胁迫的加深呈下降趋势。土壤含盐量 1.2～1.9 g/kg（S1）与土壤含盐量 1.6～1.8 g/kg（S2）组之间，土壤含盐量 2.1～2.6 g/kg（S3）与土壤含盐量 2.6～3.0 g/kg（S4）组之间块茎产量没有显著差异；但在土壤含盐量 1.2～1.9 g/kg（S1）、土壤含盐量 1.6～1.8 g/kg（S2）组与土壤含盐量 2.1～2.6 g/kg（S3）、土壤含盐量 2.6～3.0 g/kg（S4）组之间的在同一水平距离，块茎产量存在显著性差异，土壤含盐量 1.2～1.9 g/kg（S1）组块茎产量最大为 441 g，土壤含盐量 2.6～3.0 g/kg（S4）组产量最小，仅有 24 g。

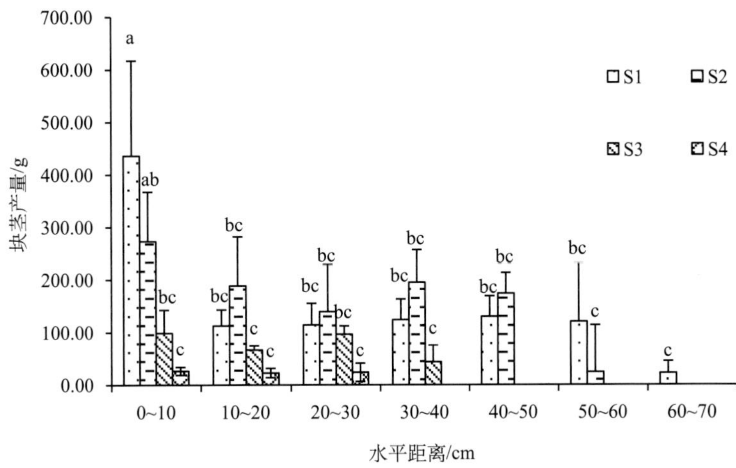

图 3-186　NY1 块茎在 0～5 cm 土层分布格局

S1 = 1.2～1.9 g/kg；S2 = 1.6～1.8 g/kg；S3 = 2.1～2.6 g/kg；S4 = 2.6～3.0 g/kg

3.4.3　菊芋对重金属胁迫的响应机制

南京农业大学海洋科学及其能源生物资源研究所菊芋研究小组经多年的研究，还筛选出了对重金属具有富集作用的品种 NY5。经盆栽试验发现，Cd 对 NY5 与 NY2 种菊芋生长发育有明显的抑制作用，Cd 抑制了叶片、茎和根的生长，影响菊芋对水分的吸收，导致细胞脱水和含水率降低；但 2 种菊芋对 Cd 的耐性存在显著差异，综合各生长指标和容忍指数（TI），NY5 的耐 Cd 性优于 NY2；Cd 胁迫影响 2 种菊芋叶片中各渗透调节物质的含量，导致可溶性糖（SS）含量增加、可溶性蛋白（SP）含量减少以及脯氨酸（Pro）含量的剧增，渗透调节响应机制开始被激活。

1. Cd 对 2 种菊芋幼苗生长及渗透调节物质含量的影响

不同浓度 Cd 对 2 种菊芋长势的影响。Cd 对菊芋幼苗长势具有严重的抑制作用（表 3-79）。在 Cd 的胁迫下，2 种菊芋的叶长都一致表现为下降趋势，不同的是 NY5 的叶长总体下降趋势较 NY2 平缓一些。NY5 叶长在 25 和 50 mg/L 的 Cd 浓度下差异性不大，分别为对照的 65.53%和 68.42%；NY2 的叶长在 100 和 200 mg/L Cd 处理时显著低于对照，仅为对照的 53.85%和 50.30%。叶宽基本与叶长趋势类似。在 Cd 胁迫下，株高和根长显著低于对照，但随浓度增大，NY2 减少量明显大于 NY5。NY5 对照组株径甚至低于 NY2，仅为 NY2 的 80%，但在 5～200 mg/L 的 Cd 浓度内，NY5 株径的减少量为 0.11 cm，NY2 则为 0.22 cm，是 NY5 株径变化量的 2 倍。

表 3-80 显示 2 种菊芋根干重、地上干重以及全株干重保持着高度相似性，但受到 Cd 胁迫以后，NY5 变化量更小一些。在 5 mg/L 时，根冠比均达到最大，较对照分别增大了 33.33%和 65.63%。但随着浓度的增大，根干重的降低幅度大于地上部干重，在最高浓度 200 mg/L 时根冠比较对照分别下降了 13.3%和 31.3%。而 NY5 在 Cd 胁迫下，根冠比相对于 NY2 变化幅度小。

表 3-79　不同浓度 Cd 对 2 种菊芋长势的影响

品种	Cd 浓度 /（mg/L）	叶长 /cm	叶宽 /cm	株高 /cm	根长 /cm	株径 /cm
NY5（南菊芋5号，下同）	0	11.40±0.87a	4.70±0.36a	28.33±2.75a	21.00±0.50a	0.40±0.03a
	5	8.13±0.35bc	3.27±0.35bc	22.27±0.93b	17.93±1.10b	0.36±0.03ab
	25	7.47±0.59cd	3.13±0.25bc	15.90±0.66c	12.37±0.12c	0.32±0.03b
	50	7.80±0.62bc	2.80±0.10cd	15.77±1.12c	11.93±0.51c	0.33±0.03b
	100	6.67±0.21de	2.57±0.25de	14.30±0.17cd	11.17±1.15d	0.30±0.01bc
	200	6.63±0.35e	2.23±0.06e	12.03±2.15d	9.87±0.81cd	0.25±0.05c
NY2（南菊芋2号，下同）	0	11.83±0.81a	4.70±0.44a	29.10±0.46a	21.17±1.15a	0.50±0.05a
	5	10.37±0.81b	3.93±0.21b	18.50±1.70b	18.97±1.44b	0.42±0.03b
	25	8.03±0.35cd	3.00±0.10c	14.60±0.44cd	17.37±1.56b	0.33±0.03c
	50	7.27±0.68de	2.53±0.06d	13.10±0.53de	11.57±2.06c	0.30±0.02c
	100	6.37±0.45e	2.40±0.10d	12.10±0.95e	10.93±1.10c	0.29±0.03c
	200	5.95±0.40e	2.30±0.10d	10.37±0.51f	6.60±0.17d	0.20±0.01d

注：同列不同字母表示在 P<0.05 水平上差异显著。下同。

不同浓度 Cd 对 2 种菊芋各部鲜重及含水率的影响，如表 3-81 所示，Cd 对 2 种菊芋根鲜重与地上鲜重表现出强烈的抑制作用，随着 Cd 浓度的升高，各部鲜重都显著下降。在 5 mg/L Cd 浓度下，NY5 和 NY2 的根鲜重质量相同，分别为对照的 67.27%和 67.80%，随着浓度的升高（25～200 mg/L），NY2 根鲜重的减少趋势明显快于 NY5。地上鲜重较根鲜重变化较小，在 25～100 mg/L 处理下，NY5 地上鲜重分别为对照的 33.31%、30.65%和 25.24%；而 NY2 地上部鲜重分别是对照的 25.86%、19.42%和 17.39%，同样低于 NY5。种内相比，2 种菊芋根含水率均高于地上含水率；种间相比，NY5 根含水率和地上含水率均高于 NY2。

表 3-80　不同浓度 Cd 对 2 种菊芋干重及根冠比的影响

品种	Cd 浓度 /（mg/L）	根干重 /g	地上干重 /g	全株干重 /g	根冠比
NY5	0	0.34±0.03 a	1.25±0.24 a	1.59±0.27 a	0.30±0.04 bc
	5	0.26±0.02 b	0.68±0.07 b	0.94±0.09 b	0.40±0.02 a
	25	0.18±0.02 d	0.51±0.04 bc	0.69±0.06 bc	0.36±0.04 ab
	50	0.22±0.01 c	0.64±0.07 b	0.86±0.08 c	0.35±0.03 abc
	100	0.15±0.02 e	0.53±0.06 bc	0.68±0.04 bc	0.27±0.01 bc
	200	0.10±0.01 f	0.34±0.09 c	0.44±0.03 c	0.26±0.10 c
NY2	0	0.39±0.04 a	1.24±0.22 a	1.63±0.26 a	0.32±0.02 bc
	5	0.32±0.03 b	0.60±0.01 b	0.92±0.04 b	0.53±0.06 a
	25	0.17±0.03 c	0.48±0.04 bc	0.66±0.04 c	0.36±0.02 bc
	50	0.13±0.04 c	0.40±0.07 cd	0.53±0.07 d	0.34±0.17 bc
	100	0.12±0.03 c	0.39±0.02 cd	0.51±0.06 cd	0.32±0.08 bc
	200	0.06±0.01 d	0.28±0.04 d	0.34±0.01 e	0.22±0.02 c

表 3-81　不同浓度 Cd 对 2 种菊芋幼苗鲜重及含水率的影响

品种	Cd 浓度/（mg/L）	根鲜重/g	地上鲜重/g	全株鲜重/g	根含水率/%	地上含水率/%
NY5	0	7.73±1.69a	12.40±1.04a	19.93±2.73a	94.84±1.71a	89.80±2.58a
	5	5.20±0.27b	6.53±0.83b	11.73±1.10b	94.80±0.03a	89.44±1.95a
	25	2.40±0.87c	4.13±0.31c	6.20±1.22d	93.25±0.46b	86.66±0.16ab
	50	1.94±0.23cd	3.80±0.35c	6.80±0.53cd	92.33±1.59b	84.51±1.31bc
	100	1.67±0.22d	3.13±0.61c	5.07±0.61de	91.61±2.58ab	82.79±1.54c
	200	1.26±0.24e	1.67±0.46d	2.93±0.70e	90.41±0.31ab	79.52±0.83d
NY2	0	7.67±0.20a	11.33±0.90a	19.00±0.92a	94.83±0.77a	89.14±1.10a
	5	5.20±0.30b	5.07±0.31b	10.27±0.61b	93.86±0.27a	88.06±0.80b
	25	2.20±0.34d	2.93±0.12c	5.13±0.46d	92.09±0.72ab	83.54±0.82d
	50	1.67±0.07c	2.20±0.35cd	3.87±0.42c	91.43±3.91ab	81.71±0.49e
	100	1.40±0.09e	1.97±0.06de	3.17±0.15e	89.76±0.41b	80.18±0.31f
	200	1.17±0.05f	1.23±0.15e	1.40±0.10f	80.13±2.02c	77.58±0.65c

不同浓度 Cd 对 2 种菊芋幼苗的容忍指数的影响。Cd 胁迫下，两种菊芋幼苗的 TI 差别显著（表 3-82）。在 50 mg/L、100 mg/L 和 200 mg/L Cd 胁迫下，NY5 的各 TI 值[TI（%）= Cd 处理组生长参数×100/对照组生长参数]明显高于 NY2（200 mg/L 时，叶宽 TI 值除外）。株径的 TI 值最高，说明株径对 Cd 的耐性最强，然后依次是根长、株高、叶长和叶宽。

表 3-82　不同浓度 Cd 对 2 种菊芋幼苗容忍指数的影响

品种	Cd 浓度/（mg/L）	容忍指数/%				
		叶长	叶宽	株高	根长	株径
NY5	5	71.34±3.08a	66.67±5.36ab	78.60±3.28a	85.40±5.25a	94.17±1.44a
	25	65.50±5.14ab	54.61±5.35cd	56.12±2.32b	58.89±0.55b	80.83±6.29b
	50	68.42±5.47a	69.50±7.48a	55.65±3.97b	56.82±2.44b	81.67±7.64b
	100	58.48±1.83b	59.57±2.13bc	50.47±0.61b	53.17±5.50bc	75.83±1.44b
	200	51.17±3.08c	47.52±1.23d	42.47±0.59c	46.99±3.88c	62.47±6.29c
NY2	5	81.15±7.22a	83.69±4.43a	68.16±4.10a	91.08±4.58a	84.67±5.03a
	25	65.65±2.12b	63.83±2.13b	50.17±1.50b	58.42±1.43b	66.67±5.03b
	50	55.51±1.76c	53.90±1.23c	45.02±1.81c	55.22±5.57b	59.33±3.06bc
	100	55.51±1.95cd	51.06±2.13c	41.58±3.28c	33.33±0.87c	58.00±5.29c
	200	48.18±0.85d	48.94±2.13c	35.62±1.76d	20.20±1.01d	40.04±1.15d

2. Cd 对 2 种菊芋渗透调节物质含量的影响

不同浓度 Cd 对 2 种菊芋幼苗叶片中 SS、SP 和 Pro 含量的影响，如图 3-187 所示。在 Cd 胁迫下，2 种菊芋幼苗中 SS 含量都显著高于对照（5 mg/L NY2 除外），NY5 的 SS 含量在 50 mg/L Cd 浓度时达到最大值，随后逐渐下降，但仍高于对照；NY2 的 SS 含量随着 Cd 胁迫的加剧持续升高。在 Cd 胁迫下，NY5 的 SP 含量均低于对照，而 NY2 的 SP 含量与对照差异均不显著（5mg/L Cd 时除外），在 5 mg/L Cd 浓度时 NY5 和 NY2 的

SP 含量同时达到最低值。NY5 和 NY2 的 Pro 含量变化趋势极其相似，在 0～100 mg/L Cd 浓度下，Pro 含量与对照无显著差异，但在最高 Cd 浓度（200 mg/L）下，NY5 和 NY2 的 Pro 含量剧增，分别为对照的 17.63 倍和 20.19 倍。

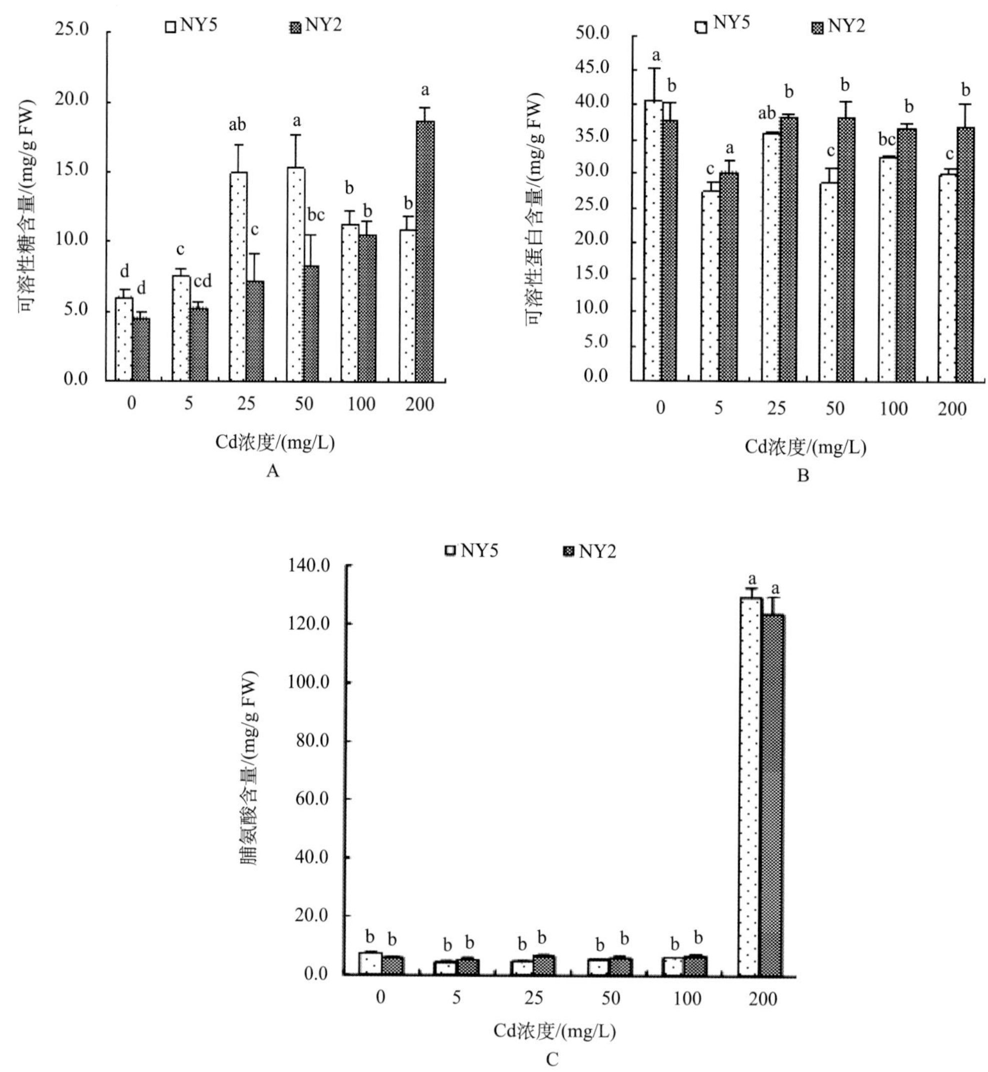

图 3-187　不同浓度 Cd 对 2 种菊芋幼苗叶片中可溶性糖（A）、可溶性蛋白（B）和脯氨酸（C）含量的影响

3.5　外源钙离子对菊芋盐胁迫的缓解效应及机制

近年来的研究表明，Ca^{2+}不仅是植物生长所需的营养元素，也是重要的胞内信使，CaM 在 Ca^{2+}信使系统中扮演着重要角色。而更重要的是其作为偶联胞外信号与胞内生理生化反应的第二信使，参与了植物光合作用、植物在各种逆境下的渗透调节、植物的光周期反应、植物细胞伸长与激素平衡等生理过程。植物的许多生理过程随环境

因素的变更并通过细胞内的 Ca^{2+}浓度改变而使其重现，细胞内的 Ca^{2+}水平的变化会导致细胞生理过程的改变。植物细胞在外界真菌或其他诱发因子或逆境作用下，产生跨细胞膜的 Ca^{2+}流，使细胞内 Ca^{2+}浓度骤升，Ca^{2+}与钙调蛋白结合，激化其他蛋白质如磷酸激酶，由此启动植物体内一系列反应，包括植物的防御反应如植保素的合成等。在非盐胁迫条件下植物体正常生长所需的钙，在盐胁迫条件下变得不足，这可能与盐离子抑制植物体对 Ca^{2+}的吸收和利用有关：盐胁迫对植物的伤害，在很大程度上是通过破坏质膜完整性和钙信号系统的正常发生与传递。因而盐胁迫条件下施加适量的外源钙，一方面可以缓解钙不足造成的矿质营养胁迫，另一方面适量的钙能够增加质膜的稳定性和钙信号系统的正常发生与传递，从而维持细胞内离子平衡。南京农业大学海洋科学及其能源生物资源研究所菊芋研究小组开展了外源钙对菊芋作用及其机制的探索。

3.5.1　钙离子对盐胁迫下菊芋生物量的影响

南京农业大学海洋科学及其能源生物资源研究所菊芋研究小组以菊芋鲜重来表示植物生产能力，试验结果如图 3-188 所示。由图 3-188 看出，在 Na0（1/2 Hoagland 营养液+150 mmol/L NaCl）胁迫下，菊芋的生长受到明显的抑制，其鲜重显著降低，是对照的 73.9%；外施 Ca^{2+}可明显促进菊芋生长，但施入不同浓度的 Ca^{2+}效果不同，Na1（1/2 Hoagland 营养液+150 mmol/L NaCl+5 mmol/L $CaCl_2$）处理的菊芋鲜重是对照的 79.2%，与 Na0 相比其差异不显著；Na2（1/2 Hoagland 营养液+150 mmol/L NaCl+10 mmol/L $CaCl_2$）处理的生物量最高，是对照的 1.00 倍，差异不显著；Na3（1/2 Hoagland 营养液+150 mmol/L NaCl+20 mmol/L $CaCl_2$）处理的菊芋生物量虽然有所增加但与对照相比差异不显著。这表明 Ca^{2+}浓度并

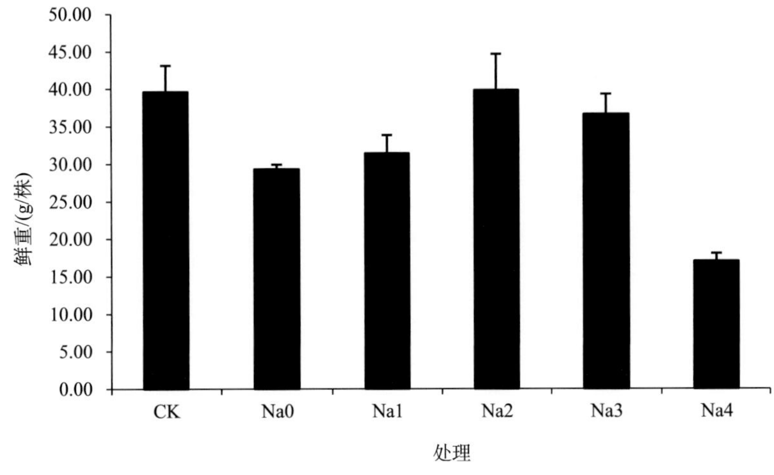

图 3-188　Ca^{2+}对 NaCl 胁迫下菊芋鲜重的影响

CK.对照，即 1/2 Hoagland 营养液的处理；Na0.1/2 Hoagland 营养液+150 mmol/L NaCl；Na1.1/2 Hoagland 营养液+150 mmol/L NaCl +5 mmol/L $CaCl_2$；Na2.1/2 Hoagland 营养液+150 mmol/L NaCl +10 mmol/L $CaCl_2$；Na3.1/2 Hoagland 营养液+150 mmol/L NaCl +20 mmol/L $CaCl_2$；Na4.1/2 Hoagland 营养液+150 mmol/L NaCl +5 mmol/L EGTA。下同

非越高越好，适宜的 Ca^{2+}浓度有利于生物量的积累。而 Na4（1/2 Hoagland 营养液+150 mmol/L NaCl+5 mmol/L EGTA）处理的菊芋生长已经受到强烈抑制，其生物量显著低于其他处理，仅为对照的 42.9%。

3.5.2 钙离子对盐胁迫下离子在菊芋中分布的影响

从表 3-83 看出，菊芋根、茎和叶片中 K^+、Na^+和 Ca^{2+}含量的总体变化趋势相同。在 Na0 处理下，菊芋根、茎和叶片中 K^+和 Ca^{2+}含量显著降低，分别是对照的 56.7%、36.8%，80.3%、73.6%和 84.8%、62.6%，而 Na^+含量则显著增加，分别是对照的 119 倍、6.49 倍和 5.36 倍；外施 Ca^{2+}可明显改善不同器官对不同离子的选择性吸收，但施入不同浓度的 Ca^{2+}效果不尽相同，随着 Ca^{2+}浓度的增加，根、茎和叶中 K^+和 Ca^{2+}的含量逐渐增加，而 Na^+的含量逐渐减少，其中以 Na2 处理最好，此时的菊芋根、茎和叶片中 K^+和 Ca^{2+}含量最高（除了对照 CK），Na^+含量最低（除了对照 CK）；而 Na4 处理的菊芋根、茎和叶中 K^+和 Ca^{2+}的含量与其他处理相比最少，而 Na^+的含量则最多，这从侧面反映了 Ca^{2+}对盐胁迫下菊芋不同器官中离子的积累有一定的促进作用。

表 3-83 钙离子对盐胁迫下菊芋植株不同器官 K^+、Na^+、Ca^{2+}含量及 Na^+/K^+、Na^+/Ca^{2+}的影响

处理	器官	K^+含量（DW）/（mmol/g）	Na^+含量（DW）/（mmol/g）	Ca^{2+}含量（DW）/（mmol/g）	Na^+/K^+	Na^+/Ca^{2+}
CK	根	5.449a	0.042e	1.568a	0.008f	0.027f
	茎	4.600a	0.110e	2.439a	0.024e	0.045f
	叶	4.777a	0.092f	4.375a	0.019e	0.021f
Na0	根	3.089d	4.995b	0.577d	1.617b	8.660b
	茎	3.692d	0.714ab	1.795d	0.193b	0.397b
	叶	4.050d	0.493b	2.740d	0.122b	0.180b
Na1	根	4.483b	4.326c	0.772c	0.965d	5.604d
	茎	3.827c	0.653c	2.112c	0.171c	0.309d
	叶	4.280c	0.335d	3.355c	0.078d	0.100d
Na2	根	4.619b	3.594d	0.954b	0.778e	3.766e
	茎	4.201b	0.448d	2.242b	0.107d	0.200e
	叶	4.400b	0.308e	3.628b	0.070d	0.085e
Na3	根	3.978c	4.385c	0.735c	1.102c	5.966c
	茎	3.744cd	0.708b	2.031c	0.189bc	0.349c
	叶	4.058d	0.416c	2.783d	0.103c	0.149c
Na4	根	2.825e	5.942a	0.501e	2.103a	11.858a
	茎	3.293e	0.719a	1.701e	0.218a	0.423a
	叶	3.963d	0.535a	2.530e	0.135a	0.211a

将根、茎和叶片作为一个整体，从表 3-83 看出，就 K^+而言，大多数情况下，叶片>茎>根；就 Na^+而言，根>茎>叶片；就 Ca^{2+}而言，与 K^+相同。

从表 3-83 看出，Na^+/K^+、Na^+/Ca^{2+}的变化趋势与 Na^+含量变化趋势基本相同，从而进一步说明了 Ca^{2+}对盐胁迫下菊芋不同器官对离子的选择性吸收有一定的促进作用。

3.5.3　钙离子对盐胁迫下菊芋中抗氧化酶活性的影响

1. 钙离子对盐胁迫下菊芋丙二醛含量、膜透性的影响

活性氧的积累导致细胞膜的结构和功能遭到破坏，而丙二醛（MDA）就是膜脂过氧化的产物，它的含量可以在一定程度上反映膜损伤程度的大小。由图 3-189A 可见，在 Na0 处理下，MDA 含量显著增加，是对照的 1.589 倍，差异极显著。当外施 Ca^{2+}后可显

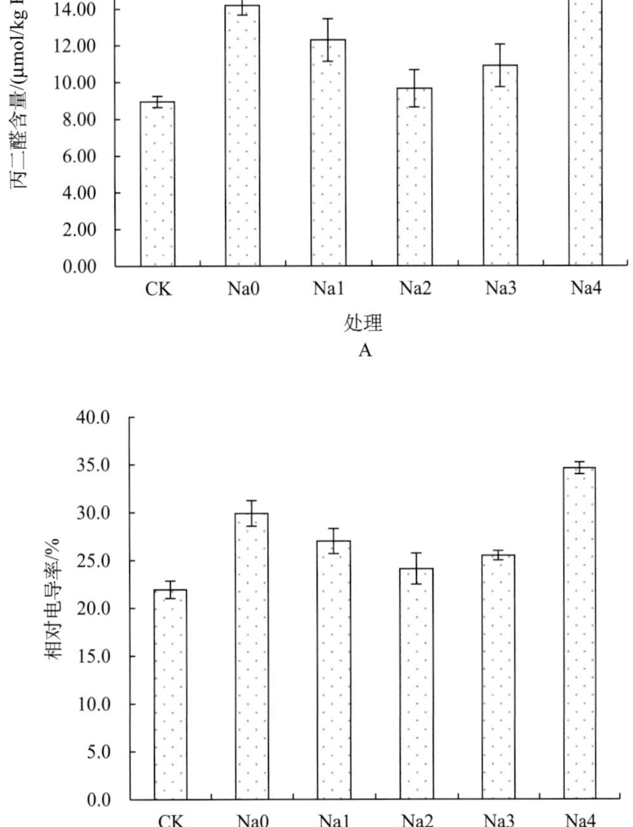

图 3-189　Ca^{2+}对 NaCl 胁迫下菊芋叶片中 MDA 含量（A）和相对电导率（B）的影响

著降低 MDA 含量，Na1 处理的菊芋叶片中 MDA 含量为对照的 1.379 倍，差异显著；以 Na2 处理效果最好，其 MDA 含量最低，与对照差异不显著；Na3 处理中的 MDA 含量又上升，是对照的 1.213 倍。这表明施加适量的 Ca^{2+}可以缓解海水胁迫对菊芋幼苗细胞膜结构的损害，使膜脂过氧化程度减轻，但加入过多 Ca^{2+}又加剧了对质膜的损害。而 Na4 处理的菊芋叶片中 MDA 含量显著高于其他处理。

从图 3-189B 可见，相对电导率的变化趋势与 MDA 含量变化趋势相同，进一步说明了外源 Ca^{2+}对盐胁迫菊芋细胞膜损害有缓解效应。

2. 钙离子对盐胁迫下菊芋抗氧化酶活性的影响

SOD、POD 和 CAT 是植物体内抵御活性氧伤害的重要酶类，由图 3-190 可看出，在 Na0 处理下，SOD、POD 和 CAT 活性均显著降低，分别是对照的 67.7%、73.6%和 73.3%；外施 Ca^{2+}可明显改善这些抗氧化酶的活性，但施入不同浓度的 Ca^{2+}效果不同，Na1 处理的菊芋叶片中 SOD、POD 和 CAT 活性为对照的 79.5%、83.8%和 80.4%，与对照相比差

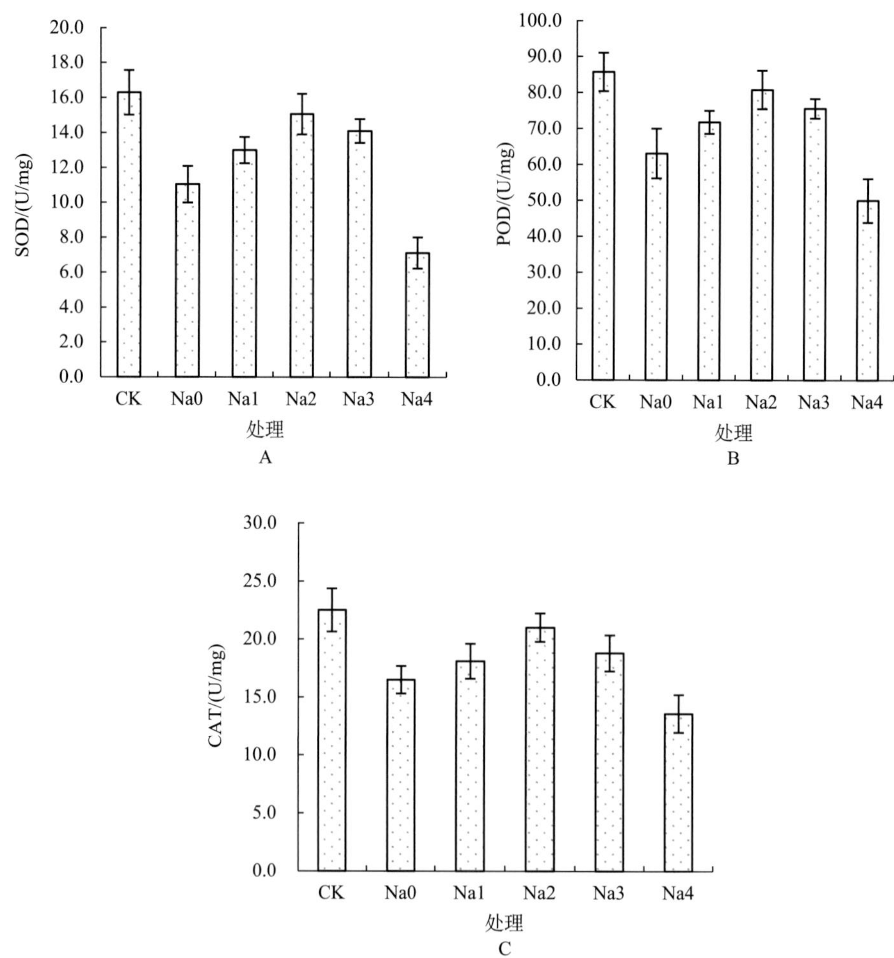

图 3-190　Ca^{2+}对 NaCl 胁迫下菊芋叶片中 SOD（A）、POD（B）和 CAT（C）活性的影响

异显著；Na2 处理的抗氧化酶活性均达最高，分别是对照的 92.5%、94.3%和 93.3%，与对照没有显著差异；Na3 处理的菊芋叶片中抗氧化酶活性分别是对照的 86.6%、88.2%和 83.6%，与对照相比显著降低。这表明并非 Ca^{2+}浓度越高越好，合适的 Ca^{2+}浓度能最大限度地提高抗氧化酶的活性。而 Na4 处理的菊芋叶片中 SOD、POD 和 CAT 活性分别为对照的 43.7%、58.3%和 60.4%，显著低于其他处理，从侧面反映了 Ca^{2+}对盐胁迫下菊芋抗氧化酶活性有一定的促进作用。

3.5.4　钙离子对盐胁迫下菊芋光合速率的影响

南京农业大学海洋科学及其能源生物资源研究所菊芋研究小组在试验中发现，外源钙可以显著缓解盐胁迫对油葵、长春花、库拉索芦荟等植物的伤害，其机制尚不清晰，为此开展了 Ca^{2+}对 NaCl 胁迫下菊芋光合效应的系统研究。

1. 钙离子对盐胁迫下菊芋叶绿素含量的影响

叶绿体是光合作用的主要场所，叶绿素含量的多少首先直接影响光合作用的强弱。由图 3-191 可看出，在 Na0 处理下，叶绿素含量显著降低，是对照的 88.4%；外施 Ca^{2+}可明显增加叶绿素含量，但施入不同浓度的 Ca^{2+}效果不同，虽然 Na1 处理的菊芋叶片中叶绿素含量有所增加，但其与对照没有显著差异；Na2 处理的叶绿素含量最高，但其与对照没有显著差异；Na3 处理的菊芋叶片中叶绿素含量与对照相比差异不显著。这说明外施适量的 Ca^{2+}能提高叶绿素含量，有利于物质的生产和积累。而 Na4 处理的菊芋叶片中叶绿素含量显著降低，仅为对照的 77.0%。

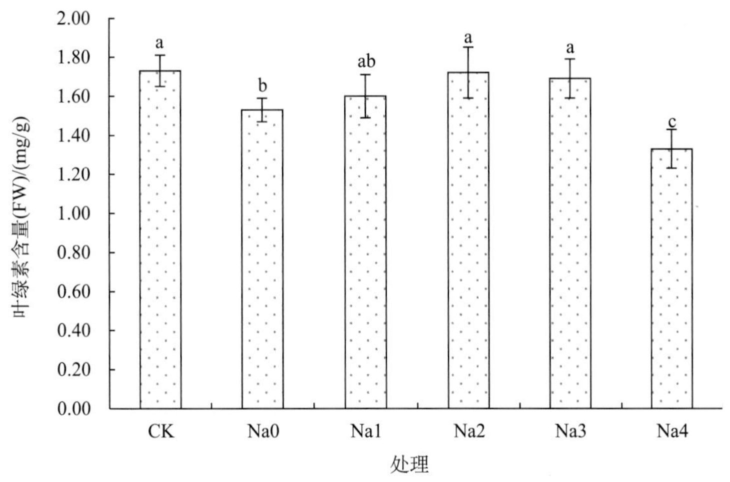

图 3-191　Ca^{2+}对 NaCl 胁迫下菊芋叶片中叶绿素含量的影响

2. 钙离子对盐胁迫下对菊芋光合作用的影响

从图 3-192A、B 可见，Ca^{2+}对 NaCl 胁迫下菊芋净光合速率（Pn）与气孔导度（Gs）变化趋势相同。在 Na0 处理下，Pn 和 Gs 分别是对照的 60.2%和 59.6%，与对照差异显著；当在盐胁迫下同时外施Ca^{2+}时可明显改善菊芋的 Pn 和 Gs，而在 Na1 处理下菊芋的 Pn 和 Gs 是对照的 73.3%和 75.0%，与对照差异显著；Na2 处理的 Pn 和 Gs 均至最高点，与对照差异不显著；Na3 处理的 Pn 和 Gs 分别是对照的 81.9%和 80.8%，与对照差异显著；而 Na4 处理的 Pn 和 Gs 最小，分别是对照的 45.7%和 48.18%，显著低于其他处理。从图 3-192C 可见，菊芋叶片的 Pn 与 Gs 呈显著正相关，r=0.991。

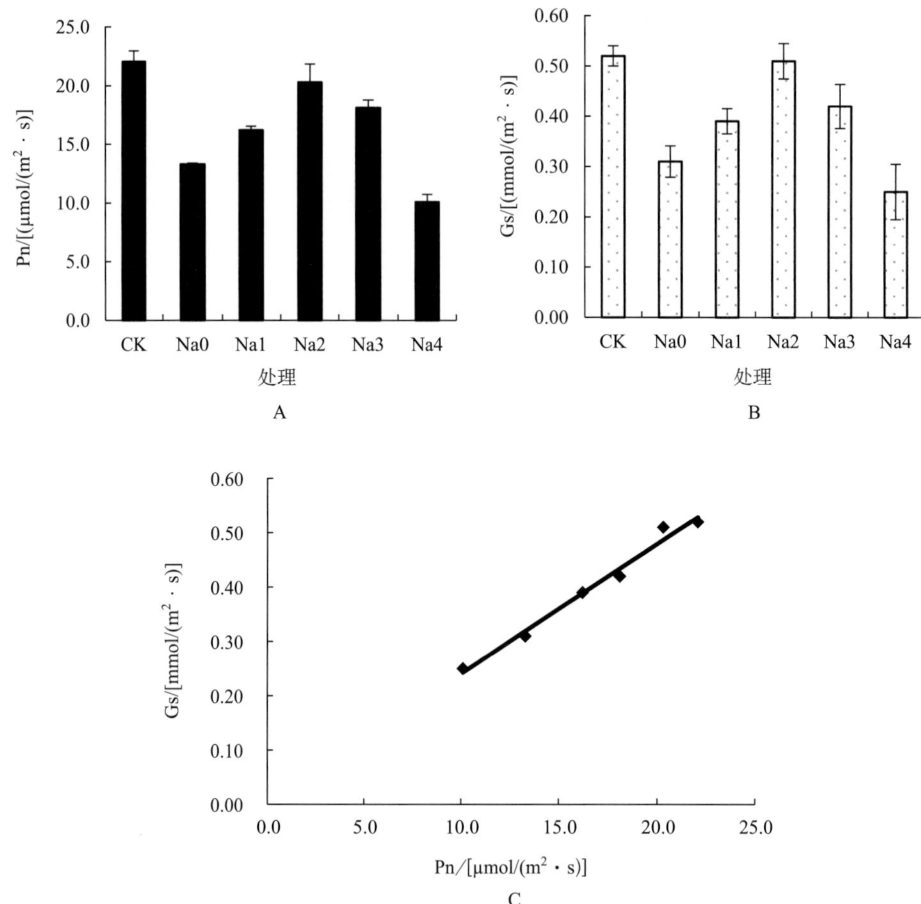

图 3-192　Ca^{2+}对 NaCl 胁迫下菊芋 Pn（A）和 Gs（B）的影响及 Pn 和 Gs（C）的相关性

3. 钙离子对盐胁迫下菊芋叶绿素荧光参数的影响

植物叶绿素荧光参数可系统反映光合作用中光能捕获、同化等一系列光能转化与电子传递的具体过程的特征。从表 3-84 可以看出，Na0 处理下，Fm/Fo、Fv/Fm、ΦPSⅡ、qP 和 qNP 与对照差异极显著，分别是对照的 54.4%、69.7%、52.5%、68.8%、1.28 倍；当施入Ca^{2+}后 Fm/Fo、Fv/Fm、ΦPSⅡ和 qP 随着Ca^{2+}浓度的增加，出现了先增加后降低的趋势，qNP 则以 Na4 处理效果最好；Na2 处理下，Fm/Fo、Fv/Fm、ΦPSⅡ和 qNP 与对照相比差异不显著，分别是 CK 的 91.5%、91.6%、90.8%、90.3%、1.11 倍；而 Na4

处理得到与 Ca^{2+}明显相反的结果，Fm/Fo、Fv/Fm、ΦPSⅡ和 qP 最小，而 qNP 最大，分别是 CK 的 43.3%、62.5%、39.7%、50.3%和 1.40 倍。

表 3-84　Ca^{2+}对 NaCl 胁迫下菊芋叶片荧光参数的影响

处理	Fm/Fo	Fv/Fm	ΦPSⅡ	qP	qNP
CK	3.435a	0.597a	0.141a	0.298a	0.453d
Na0	1.867c	0.416c	0.074c	0.205d	0.582b
Na1	2.321bc	0.451bc	0.092b	0.227c	0.560bc
Na2	3.144a	0.547a	0.128ab	0.269b	0.501d
Na3	2.524b	0.477b	0.111b	0.241bc	0.536c
Na4	1.488d	0.373d	0.056d	0.150e	0.632a

在 NaCl 胁迫条件下，Na^+取代细胞质膜上的 Ca^{2+}，并且引起细胞内 Ca^{2+}的外流，影响细胞中 Ca^{2+}含量，而细胞壁和质膜上的结合钙对于维持质膜稳定性具有重要作用，因此在盐胁迫下膜脂过氧化作用加强，导致活性氧含量增加，质膜透性加大，代谢紊乱。姜义宝等观察到在干旱条件下，施钙可以不同程度降低苜蓿（*Medicago sativa*）叶片膜透性，增加了抗氧化酶活性[173]。南京农业大学海洋科学及其能源生物资源研究所菊芋研究小组的试验表明，在 150 mmol/L NaCl 中施入 Ca^{2+}后，MDA 含量和相对电导率与 Na0 相比均显著降低，说明补充适宜浓度的 Ca^{2+}会在植物对外界调节适应中起积极的作用，维持植物细胞膜的完整性和稳定性[174]，但当其变化超过一定的范围时，就会破坏和扰乱细胞正常的结构与功能，并最终导致细胞内物质代谢的不平衡[175]。而 Na4 处理的 MDA 含量和相对电导率与对照相比显著增加。这与刘峰等和 Hanson 等的研究结果相似，充分说明钙能抑制膜脂过氧化作用，从而减轻膜脂过氧化对细胞的伤害[176,177]。

当植物遭受环境胁迫时，可通过 Mehler 反应大量产生 O_2^-·，O_2^-·又可转化为 H_2O_2、$^1O_2$ 等氧化性较强的多种活性氧。活性氧可使酶失活，膜脂被氧化，核酸缺失，甚至引起突变[178,179]。正常情况下，植物体内 SOD、POD 和 CAT 等清除活性氧的酶类活性较强，可及时清除这些活性氧，从而使活性氧的产生和清除保持一种动态平衡。当在 Na0 胁迫下，抗氧化酶活性显著降低；当外施 Ca^{2+}后抗氧化酶活性得到明显改善，当 Ca^{2+}浓度为 10 mmol/L 时，抗氧化酶活性至最高点，随着 Ca^{2+}浓度的继续增加活性降低，说明合适的钙离子浓度能最大限度地提高抗氧化酶的活性以抵御逆境诱导的氧化胁迫；而 Na4 处理的菊芋叶片中 SOD 活性急剧降低，从侧面表明 Ca^{2+}可有效地增加菊芋幼苗抗氧化酶活性、增强其对逆境的抵御能力。

盐胁迫下，植物体内发生 Ca^{2+}亏缺，植物的光合速率明显下降，其原因可能是气孔导度对其的限制，更可能与叶绿体的活性下降有关。例如，汪洪等观察到缺钙玉米叶片的叶绿素 a、叶绿素 b 及叶绿素总量均下降[180]。而环境因素的变化是通过细胞内的 Ca^{2+}浓度改变而使植株细胞发生改变[181-183]。姜义宝等观察到在干旱条件下，施钙可以不同程度提高苜蓿叶片中叶绿素含量[173]。Monti 等发现菊芋叶片中叶绿素含量与 Pn 呈极显著正相关[184]。本书研究表明，150 mmol/L NaCl 处理菊芋，植株体内叶绿素含量与对照相比显著降低，净光合速率也随之降低，这与 Chen 等与 Rout 和 Shaw 的研究结果相似[185,186]；当在其中施入钙离子后，叶绿素含量显著增加，净光合速率和气孔导度也随之增加，这与 Ye 等的研究结果相似[187]。这表明钙能够稳定叶绿体膜[176]，使叶绿素含量增加[188,189]。对盐胁迫下的植物施一定浓度的钙能够增大气孔对胁迫反应的灵敏性和调节能力，保持叶绿体膜的结构稳定性，增强 RuBP 羧化酶和 PEP 羧化酶的活性而提高 CO_2 羧化效率，从而改善植物的光合活性。

南京农业大学海洋科学及其能源生物资源研究所菊芋研究小组的试验表明，在 Na0 胁迫下，Fm/Fo、Fv/Fm、ΦPSⅡ和 qP 与对照相比显著降低（表 3-84），而 qNP 与对照相比显著增加；当在海水胁迫下同时外施 Ca^{2+}，则 Fm/Fo、Fv/Fm、ΦPSⅡ和 qP 随 Ca^{2+} 浓度的增加而增加，而 qNP 随 Ca^{2+}浓度的增加而降低，其中以 Na2 处理中的 Fm/Fo、Fv/Fm、ΦPSⅡ和 qP 为最大，qNP 最小，除了 qNP，与对照差异均不显著；当浓度大于 10 mmol/L 时，Fm/Fo、Fv/Fm、ΦPSⅡ和 qP 与对照相比显著降低，而 qNP 与对照相比显著增加；当施入 EGTA 后，得到与 Ca^{2+}相反的结果。这说明适宜浓度的 Ca^{2+}使处于还原态的 QA 的量渐增，疏通了 PSⅡ还原侧的电子流动；保护光合机构、增加荧光产量和光化学反应、加强 PSⅡ活性减弱，从而耗散多余的光能；加强了植株同化力（NADPH、ATP）的形成，提高了植物对碳的固定和同化，使光合电子传递的速度加快；有效地避免或减轻因 PSⅡ吸收过多光能而引起的光抑制和光氧化，从而保护了 PSⅡ，使之免受或减轻光抑制和光破坏的作用[190]。

通过关于菊芋遗传背景、菊芋生理生化及其分子生物学的研究与探索，可以发现菊芋不愧为名副其实的抗逆高效植物。菊芋通过对低水势水的吸收与利用、减少水分蒸腾与增强叶片持水等策略大大提高了其对水分的利用效率，使其拥有惊人的抗旱与耐盐能力；利用根部内生固氮菌同化空气中的氮气并降解释放土壤中可以利用的磷素来降低其对外源养分的需求。菊芋还通过酶促保护系统、毒害离子区隔化系统、渗透调节系统及其根部形成的时空变化等策略抗争逆境，使其在其他植物无法生存的逆境下仍生机盎然、茂盛生长。关于菊芋如何耦合这些抗逆系统以及其内在的调控机制等奥秘仍需人们努力去探索与揭示。

参 考 文 献

[1] Rogers C E, Thompson T E, Seiler G J. Sunflower species of the United States[M]. Bismarck: National Sunflower Association, 1982.

[2] Heiser C B. Taxonomy of *Helianthus* and Origin of Domesticated Sunflower[M]. New York: John Wiley & Sons, Ltd, 1978.

[3] Heiser C B, Smith D M. The origin of *Helianthus multiflorus*[J]. Am. J. Bot., 1960, 47: 860-865.

[4] Heiser C B, Martin W C, Clevenger S B, et al. The North American sunflower (*Helianthus*)[J]. Trrey Bot. Club Men, 1969, 22: 218.

[5] Anisimova I N. Nature of the genomes in polyploidy sunflower science[J]. Byulleten, Vsesoyuznogo Ordena Lenina i Ordena Druzhby Narodov Instituta Restenievodstva Imeni N.I. Vavilov, 1982, 118: 27-29.

[6] Kays S J, Nottingham S. Biology and chemistry of Jerusalem artichoke: *Helianthus tuberosus* L.[M]. Boca Raton: CRC Press, 2008.

[7] 张正斌, 山仑. 作物水分利用效率和蒸发蒸腾估算模型的研究进展[J]. 干旱地区农业研究, 1997, 15(1): 73-78.

[8] 刘文兆. 作物生产、水分消耗与水分利用效率间的动态联系[J]. 自然资源学报, 1998, 13(1): 23-27.

[9] 林植芳, 林桂珠, 孔国辉, 等. 生长光强对亚热带自然林两种木本植物稳定碳同位素比、细胞间 CO_2 浓度和水分利用效率的影响[J]. 热带亚热带植物学报, 1995, 3(2): 77-82.

[10] 山仑, 陈国良. 黄土高原旱地农业的理论与实践[M]. 北京：科学出版社, 1983: 220-222.

[11] 张正斌, 山仑. 作物水分利用效率和蒸发蒸腾估算模型的研究进展[J]. 干旱地区农业研究, 1997, 15(1): 73-78.

[12] Farquhar G D, O'Leary M H, Berry J A. On the relationship between carbon isotope discrimination and intercellular carbon dioxide concentration in leaves[J]. Australia Journal of Plant Physiology, 1982, 9: 121-137.

[13] 隆小华，刘兆普，蒋云芳，等.海水处理对不同产地菊芋幼苗光合作用及叶绿素荧光特性的影响[J]. 干旱地区农业研究, 2006,30(5):827-834.

[14] Nazartevsky N I. The Culture of Jerusalem artichoke and Its Fodder Significance[M]. Kirgizizdat, Frunze, 1936.

[15] Mecella G, Scandella P, Neri U, et al. The productive and chemical evolution of the Jerusalem artichoke (*Helianthus tuberosus* L.) under various conditions of irrigation[J]. Agricoltura Mediterranea, 1996, 126: 233-239.

[16] Tóth T, Lazányi J. Soil moisture under different field crops[J]. Nevenytermeles, 1988, 37: 559-569.

[17] 王建绪, 刘兆普, 隆小华, 等. 海水浇灌对菊芋生长、光合及耗水特征的影响[J]. 土壤通报, 2009, 40(3): 606-609.

[18] 雍立华, 许兴, 李树华, 等. 春小麦碳同位素分辨率与水分利用效率的相关性[J]. 干旱地区农业研究, 2007, 9(5): 84.

[19] 陈良, 隆小华, 郑晓涛, 等. 镉胁迫下两种菊芋幼苗的光合作用特征及镉吸收转运差异的研究[J]. 草业学报, 2011, 20(6): 60-67.

[20] 朱新广, 王强, 张其德, 等. 在盐胁迫下光抑制及其恢复进程对冬小麦光合功能的影响[J]. 植物学报, 2001, 43(12): 1250-1254.

[21] 朱新广, 张其德. NaCl 对光合作用影响的研究进展[J]. 植物学通报, 1999, 16(4): 332-338.

[22] Sayed O H. Chlorophyll fluorescence as a tool in cereal crop research[J]. Photosynthetica, 2003, 41: 321-320.

[23] Wellburn A R. The spectral determination of chlorophylls a and b, as well as total carotenoids, using various solvents with spectrophotometers of different resolution[J]. Journal of Plant Physiology, 1994, 144(3): 307-313.

[24] Zhou F, Zeng C L, Wang J B. Influence of calcium on alleviation NaCl-induced injury effects in *Arabidopsis thaliana* seedlings[J]. Journal Wuhan Botanical Research, 2004, 22: 179-182.

[25] 张其德. 盐胁迫对植物及其光合作用的影响(中)[J]. 植物杂志, 2001, 1: 28-29.

[26] Shi Q H, Zhu Z J, Al-Aghabary K, et al. Osmotic $Ca(NO_3)_2$ ves of tomato[J]. Plant Nutrition and Fertilizer Science, 2004, 10: 188-191.

[27] 惠红霞，许兴，李前. NaCl 胁迫对枸杞叶片甜菜碱、叶绿素荧光及叶绿素含量的影响[J].干旱地区农业研究,2004, 22(3): 110-114.

[28] 薛延丰, 刘兆普. 不同浓度 NaCl 和 Na_2CO_3 胁迫对菊芋幼苗光合及叶绿素荧光参数的比较研究[J]. 植物生态学报, 2008, 32(1): 161-167.

[29] Xue Y F, Liu Z P. Antioxidant enzymes and physiological characteristics in two Jerusalem artichoke cultivars under salt stress[J]. Russian Journal of Plant Physiology, 2008, 55(6): 776-781.

[30] Xue Y, Liu L, Liu Z, et al. Protective role of Ca against NaCl toxicity in Jerusalem artichoke by up-regulation of antioxidant enzymes[J]. Pedosphere, 2008, 18(6): 766-774.

[31] McInroy J A, Kloepper J W. Survey of indigenous bacterial endophytes from cotton and sweet corn[J]. Plant and Soil, 1995, 173: 337-342.

[32] 赵秀芳, 杨劲松, 蔡彦明, 等. 苏北滩涂区施肥对菊芋生长和土壤氮素累积的影响[J]. 农业环境科学, 2010, 29(3): 521-526.

[33] Kim D, Fan J P, Chung H C, et al. Changes in extractability and antioxidant activity of Jerusalem artichoke (*Helianthus tuberosus* L.) tubers by various high hydrostatic pressure treatments[J]. Food Sci. Biotechnol.,2010, 19: 1365-1371.

[34] Long X, Chi J, Liu L,et al. Effect of seawater stress on physiological and biochemical responses of five *Helianthus* tuberosus ecotypes[J]. Pedosphere, 2009, 19(2): 208-216.

[35] 刘兆普, 邓力群, 刘玲, 等. 莱州海涂海水灌溉下菊芋生理生态特性研究[J]. 植物生态学报, 2005, 29(3): 474-478.

[36] Tassoni A, Bagni N, Ferri M, et al. *Helianthus tuberosus* and polyamine research: past and recent applications of a classical growth model[J]. Plant Physiol. Bioch., 2010, 48: 496-505.

[37] Long X H, Huang Z R, Huang Y L, et al. Response of two Jerusalem artichoke (*Helianthus tuberosus*) cultivars differing in tolerance to salt treatment[J]. Pedosphere, 2010, 20: 515-524.

[38] Lu Y, Ye H J, Geng S B, et al. Effects of NaCl stress on growth, leaf photosynthetic parameters and ion distribution of *Helianthus tuberosus* seedling[J]. Journal of Plant Resources and Environment, 2010, 19: 86-91.

[39] Sawicka B, Michalek W. Photosynthetic activity of *Helianthus tuberosus* L. depending on a soil and mineral fertilization[J]. Polish Journal of Soil Science, 2008, 41: 209-222.

[40] Long X H, Huang Z Y, Zhang Z H, et al. Seawater stress differentially affects germination, growth, photosynthesis, and ion concentration in genotypes of Jerusalem artichoke (*Helianthus tuberosus* L.)[J]. J Plant Growth Regul, 2010, 29: 223-231.

[41] 夏天翔, 刘兆普, 王景艳. 盐分和水分胁迫对菊芋幼苗离子吸收及叶片酶活性的影响[J].西北植物学报, 2004, 24(7): 1241-1245.

[42] Szabados L, Savouré A. Proline: a multifunctional amino acid[J]. Trends in Plant Science, 2010, 15: 89-97.

[43] Walton E F, Podivinsky E, Wu R M, et al. Regulation of proline biosynthesis in kiwifruit buds with and without hydrogen cyanamide treatment[J]. Physiologia Plantarum, 1998, 102: 171-178.

[44] Roosens N H C J, Thu T T, Iskandar H M, et al. Isolation of the ornithine-δ-aminotransferase cDNA and effect of salt stress on its expression in *Arabidopsis thaliana* L.[J]. Plant Physiology, 1998, 117: 263-271.

[45] Ribarits A, Abdullaev A, Tashpulatov A, et al. Two tobacco proline dehydrogenases are differentially

regulated and play a role in early plant development[J]. Planta, 2007, 225: 1313-1324.

[46] Newton P J, Myers B A, West D W. Reduction in growth and yield of Jerusalem artichoke caused by soil salinity[J]. Irrigation Science, 1991, 12: 213-221.

[47] Saadia M, Jamil A, Akram N A, et al. A study of proline metabolism in Canola (*Brassica napus* L.) seedlings under salt stress[J]. Molecules, 2012, 17: 5803-5815.

[48] Kumar V, Shriram V, Kavi Kishor P B, et al. Enhanced proline accumulation and salt stress tolerance of transgenic indica rice by over-expressing P5CSF129A gene[J]. Plant Biotechnology Reports, 2010, 4: 37-48.

[49] Misra N, Gupta A K. Effect of salt stress on proline metabolism in two high yielding genotypes of green gram[J]. Plant Science, 2005, 169: 331-339.

[50] Surabhi G K, Reddy A M, Kumari G J, et al. Modulations in key enzymes of nitrogen metabolism in two high yielding genotypes of mulberry (*Morus alba* L.) with differential sensitivity to salt stress[J]. Environmental and Experimental Botany, 2008, 64: 171-179.

[51] Xue X, Liu A, Hua X. Proline accumulation and transcriptional regulation of proline biosynthesis and degradation in *Brassica napus*[J]. BMB Reports, 2009, 42: 2-34.

[52] Shahbaz M, Ashraf M, Akram N A, et al. Salt-induced modulation in growth, photosynthetic capacity, proline content and ion accumulation in sunflower (*Helianthus annuus* L.)[J]. Acta Physiologiae Plantarum, 2011, 33: 1113-1122.

[53] Dobrá J, Vanková R, Havlová M, et al. Tobacco leaves and roots differ in the expression of proline metabolism-related genes in the course of drought stress and subsequent recovery[J]. Journal of Plant Physiology, 2011, 168: 1588-1597.

[54] Wang K, Liu Y, Dong K, et al. The effect of NaCl on proline metabolism in *Saussurea amara* seedlings[J]. African Journal of Biotechnology, 2011, 10: 2886-2893.

[55] Delauney A J, Verma D P S. Proline biosynthesis and osmoregulation in plants[J]. The Plant Journal, 2002, 4: 215-223.

[56] Roy D, Bhunia A, Basu N, et al. Effect of NaCl-salinity on metabolism of proline in salt-sensitive and salt-resistant cultivars of rice[J]. Biologia Plantarum, 1992, 34: 159-162.

[57] Livingston D P, Hincha D K, Heyer A G. Fructan and its relationship to abiotic stress tolerance in plants[J]. Cell Mol. Life Sci., 2009, 66: 2007-2023.

[58] van den Ende W, De Coninck B, Van Laere A. Plant fructan exohydrolases: a role in signaling and defense?[J]. Trends in Plant Science, 2004, 9(11): 523-528.

[59] van Der Meer I M, Koops A J, Hakkert J C, et al. Cloning of the fructan biosynthesis pathway of Jerusalem artichoke[J]. The Plant Journal, 1998, 15(4): 489-500.

[60] 成善汉, 谢从华, 柳俊. 高等植物果聚糖研究进展[J]. 植物学通报, 2002, 19(3): 280-289.

[61] Chalmers J, Lidgett A, Cummings N, et al. Molecular genetics of fructan metabolism in perennial ryegrass[J]. Plant Biotechnology Journal, 2005, 3(5): 459-474.

[62] 李合生. 植物生理生化实验原理和技术[M]. 北京: 高等教育出版社, 2000.

[63] Kusch U, Greiner S, Steininger H, et al. Dissecting the regulation of fructan metabolism in chicory (*Cichorium intybus*) hairy roots[J]. New Phytol., 2009, 184: 127-140.

[64] Zou H X, Zhao D S, Wen H H. Salt stress induced differential metabolic responses in the sprouting tubers

of Jerusalem artichoke (*Helianthus tuberosus* L.) [J]. PLoSONE,2020, 15(6):e0235415.

[65] Valluru R, Lammens W, Claupein W, et al. Freezing tolerance by vesicle-mediated fructan transport[J]. Trends Plant Sci., 2008, 13: 409-414.

[66] Sevenier R, Hall R D, van der Meer I M, et al. High level fructan accumulation in a transgenic sugar beet[J]. Nat. Biotech., 1998, 16: 843-846.

[67] van den Ende W, Lammens W, Van Laere A, et al. Donor and acceptor substrate selectivity among plant glycoside hydrolase family 32 enzymes[J]. Febs Journal, 2009, 276(20): 5788-5798.

[68] Zhang J, Huang S, Fosu-Nyarko J, et al. The genome structure of the 1-FEH genes in wheat (*Triticum aestivum* L.): new markers to track stem carbohydrates and grain filling QTLs in breeding[J]. Molecular Breeding, 2008, 22(3): 339-351.

[69] Garcia P, Asega A F, Silva E A, et al. Effect of drought and re-watering on fructan metabolism in *Vernonia herbacea*(Vell.) Rusby[J]. Plant Physiology and Biochemistry, 2011, 49(6): 664-670.

[70] El-Shabrawi H M , Bakry B A , Ahmed M A ,et al. Humic and oxalic acid stimulates grain yield and induces accumulation of plastidial carbohydrate metabolism enzymes in wheat grown under sandy soil conditions [J]. Science, 2015, 6(1):175-185.

[71] Lammens W, Le Roy K, Schroeven L, et al. Structural insights into glycoside hydrolase family 32 and 68 enzymes: Functional implications[J]. Journal of Experimental Botany, 2009, 60(3): 727-740.

[72] Mellado-Mojica E, López M G. Fructan metabolism in *A. tequilana* Weber blue variety along its developmental cycle in the field[J]. Journal of Agricultural and Food Chemistry, 2012, 60(47): 11704-11713.

[73] 朱玉贤, 李毅, 郑晓峰. 现代分子生物学[M]. 3 版. 北京: 高等教育出版社, 2007.

[74] Ueno K, Ishiguro Y, Yoshida M, et al. Cloning and functional characterization of a fructan 1-exohydrolase (1-FEH) in edible burdock (*Arctium lappa* L.)[J]. Chemistry Central Journal, 2011, 5(1): 1-9.

[75] Marx S P, Nösberger J, Frehner M. Seasonal variation of fructan - β - fructosidase (FEH) activity and characterization of a β - (2 - 1) - linkage specific FEH from tubers of Jerusalem artichoke (*Helianthus tuberosus*)[J]. New Phytologist, 1997, 135(2): 267-277.

[76] 王志敏. 高等植物的果聚糖代谢[J]. 植物生理学通讯, 2000, 36(1): 71-75.

[77] 杨晓红, 陈晓阳. 果聚糖对植物抗逆性的影响及相应基因工程研究进展[J]. 华北农学报, 2006, 21: 6-11.

[78] Shi Y, Si D, Zhang X F, et al. Plant fructans: recent advances in metabolism, evolution aspects and applications for human health [J]. Current Research in Food Science, 2023, 7: 100595.

[79] Marx S P, Nösberger J, Frehner M. Seasonal variation of fructan - β - fructosidase (FEH) activity and characterization of a β - (2 - 1) - linkage specific FEH from tubers of Jerusalem artichoke (*Helianthus tuberosus*)[J]. New Phytologist, 1997, 135(2): 267-277.

[80] Cimini S, Locato V, Locato V. Fructan biosynthesis and degradation as part of plant metabolism controlling sugar fluxes during durum wheat kernel maturation[J]. Frontiers in Plant Science,2015,6:89.

[81] Denoroy P. The crop physiology of *Helianthus tuberosus* L: a model orientated view[J]. Biomass and Bioenergy, 1996, 11(1): 11-32.

[82] Soja G, Haunold E, Praznik W. Translocation of ^{14}C-assimilates in Jerusalem artichoke (*Helianthus*

tuberosus L.)[J]. Journal of Plant Physiology, 1989, 134(2): 218-223.

[83] Denoroy P. The crop physiology of *Helianthus tuberosus* L.: a model oriented view[J]. Biomass and Bioenergy, 1996, 11(1): 11-32.

[84] Saengthongpinit W, Sajjaanantakul T. Influence of harvest time and storage temperature on characteristics of inulin from Jerusalem artichoke (*Helianthus tuberosus* L.) tubers[J]. Postharvest Biology and Technology, 2005, 37(1): 93-100.

[85] 王琳, 高阳, 朱铁霞, 等. 科尔沁沙地菊芋物质积累速率及分配规律的研究[J]. 中国农业科技导报, 2016, 18(6): 119-128.

[86] Gao K, Zhu T X, Wang L, et al. Effects of root pruning radius and time on yield of tuberous roots and resource allocation in a crop of *Helianthus tuberosus* L.[J]. Scientific Reports, 2018, 8: 4392.

[87] Wang Y, Zhao Y G, Xue F G, et al. Nutritional value, bioactivity, and application potential of Jerusalem artichoke (*Helianthus tuberosus* L.) as a neotype feed resource[J]. Animal Nutrition, 2020, 6(4): 429-437.

[88] 胡继超, 姜东, 曹卫星, 等. 短期干旱对水稻叶水势、光合作用及干物质分配的影响[J]. 应用生态学报, 2004, 15(1): 63-67.

[89] 谷艳芳, 丁圣彦, 李婷婷, 等. 盐胁迫对冬小麦幼苗干物质分配和生理生态特性的影响[J]. 生态学报, 2009, 29(2): 840-845.

[90] 高小锋, 王进鑫, 张波, 等. 不同生长期干旱胁迫对刺槐幼树干物质分配的影响[J]. 生态学杂志, 2010, 29(6): 1103-1108.

[91] Newton P J, Myers B A, West D W. Reduction in growth and yield of Jerusalem artichoke caused by soil salinity[J]. Irrigation Science, 1991, 12(4): 213-221.

[92] 陈俊伟, 张上隆, 张良诚. 糖对源库关系的调控与植物糖信号转导途径[J]. 细胞生物学杂志, 2002, 24(5): 266-270.

[93] 潘庆民, 韩兴国, 白永飞, 等. 植物非结构性储藏碳水化合物的生理生态学研究进展[J]. 植物学通报, 2002, 19(1): 30-38.

[94] Incoll L D, Neales T F. The stem as a temporary sink before tuberization in *Helianthus tuberosus* L.[J]. Journal of Experimental Botany, 1970, 21(2): 469-476.

[95] Abeynayake S W, Etzerodt T P, Jonavičienė K, et al. Fructan metabolism and changes in fructan composition during cold acclimation in perennial ryegrass [J]. Frontiers in Plant Science, 2015, 6: 00329.

[96] 詹文悦, 李辉, 康健, 等. 盐胁迫对菊芋糖组分含量和分配的影响[J]. 草业学报. 2017, 26(5): 127-34.

[97] Kays S J, Nottingham S F. Biology and Chemistry of Jerusalem Artichoke[M]. Boca Raton: CRC press, 2007.

[98] Turgeon R. The sink-source transition in leaves[J]. Annual Review of Plant Physiology and Plant Molecular Biology, 1989, 40(1), 119-138.

[99] Valluru R, van den Ende W. Plant fructans in stress environments: emerging concepts and future prospects [J]. Journal of Experimental Botany, 2008, 59(11): 2905-2916.

[100] Edelman J, Jefford T G. The mechanisim of fructosan metabolism in higher plants as exemplified in *Helianthus tuberosus*[J]. New Phytologist, 1968, 67: 517-531.

[101] 李玲玲. 菊芋块茎形成及其与内源激素的关系初步研究[D]. 南京: 南京农业大学，2015.

[102] García-Pérez M C, López M G. Factors affecting fructosyltransferases and fructan exohydrolase

activities in *Agave tequilana* Weber var. azul [J]. Journal of Plant Biochemistry and Biotechnology, 2015, 25, 147-154.

[103] Márquez-López R E, Loyola-Vargas V M, Santiago-García P A. Interaction between fructan metabolism and plant growth regulators[J]. Planta, 2022, 255,49.

[104] Crafts-Brandner S J. Fructans and freezing tolerance[J]. New Phytologist, 2005, 166(3):708-709.

[105] 许欢欢, 康健, 梁明祥. 植物果聚糖的代谢途径及其在植物抗逆中的功能研究进展[J]. 植物学报, 2014, 49(2): 209.

[106] 袁晓艳, 高明哲, 王锴, 等. 高效液相色谱-质谱法分析菊芋叶中的绿原酸类化合物[J]. 色谱, 2008, 26(3): 335-338.

[107] Wen A, Delaquis P, Stanich K, et al. Antilisterial activity of selected phenolic acids[J]. Food Microbiology, 2003, 20(3): 305-311.

[108] Sinden S L, Sanford L L, Cantelo W W, et al. Bioassays of segregating plants[J]. Journal of Chemical Ecology, 1988, 14(10): 1941-1950.

[109] Friedman M. Chemistry, biochemistry, and dietary role of potato polyphenols: a review[J]. Journal of Agricultural and Food Chemistry, 1997, 45(5) : 1523-1540.

[110] Tesio F, Weston L A, Ferrero A. Allelochemicals identified from Jerusalem artichoke (*Helianthus tuberosus* L.) residues and their potential inhibitory activity in the field and laboratory[J]. Scientia Horticulturae, 2011, 129: 361-368.

[111] Maddox C E, Laur L M, Tian L. Antibacterial activity of phenolic compounds against the phytopathogen *Xylella fastidiosa*[J]. Current Microb., 2010, 60(1): 53-58.

[112] Prats E, Galindo J C, Bazzalo M E, et al. Antifungal activity of a new phenolic compound from capitulum of a head rot-resistant sunflower genotype[J]. Journal of Chemical Ecology, 2007, 33(12): 2245-2253.

[113] Takó M, Kerekes E B, Zambrano C, et al. Plant phenolics and phenolic-enriched extracts as antimicrobial agents against food-contaminating microorganisms[J]. Antioxidants (Basel), 2020, 9(2): 165.

[114] Kumaraswamy G K, Bollina V, Kushalappa A C. Metabolomics technology to phenotype resistance in barley against *Gibberella zeae*[J]. European Journal of Plant Pathology, 2011, 130(1): 29-43.

[115] Duke S O, Baerson S R, Dayan F E, et al. United states department of agriculture–agricultural research service research on natural products for pest management[J]. Pest Management Science, 2003, 59: 708-717.

[116] Martínez J A. Natural fungicides obtained from plants[J]. Fungicides for Plant and Animal Diseases, 2012, 13(1): 12.

[117] Stange R R, Midland S L, Holmes G J, et al. Constituents from the periderm and outer cortex of *Ipomoea batatas* with antifungal activity against *Rhizopus stolonifer*[J]. Postharvest Biology and Technology, 2001, 23(2): 85-92.

[118] Duke S O, Baerson S R, Dayan F E, et al. United States Department of agriculture-agricultural research service research on natural products for pest management[J]. Pest Management Science, 2003, 59: 708-717.

[119] Schrader K, Kiehne A, Engelhardt U H, et al. Determination of chlorogenic acids with lactones in

roasted coffee[J]. Journal of Science Food Agriclutre, 1996, 71: 392-398.

[120] Mattila P, Hellstrom J. Phenolic acids in potatoes, vegetables, and some of their products[J]. Journal of Food Composition and Analysis, 2007, 20: 152-160.

[121] Jaiswal R, Deshpande S, Kuhnert N. Profiling the chlorogenic acids of *Rudbeckia hirta*, *Helianthus tuberosus*, *Carlina acaulis* and *Symphyotrichum novae-angliae* leaves by LC-MSn[J]. Phytochemical Analaysis, 2011, 22: 432-441.

[122] Yuan X, Gao M, Xiao H, et al. Free radical scavenging activities and bioactive substances of Jerusalem artichoke (*Helianthus tuberosus* L.) leaves[J]. Food Chemistry, 2012, 133: 10-14.

[123] Manach C, Scalbert A, Morand C, et al. Polyphenols: food sources and bioavailability[J]. The American Journal of Clinical Nutrition, 2004, 79(5): 727-747.

[124] Duan X, Wu G, Jiang Y. Evaluation of the antioxidant properties of litchi fruit phenolics in relation to pericarp browning prevention[J]. Molecules, 2007, 12(4): 759-771.

[125] 郑晓涛, 隆小华, 刘玲, 等. 菊芋叶总黄酮提取工艺优化及含量动态变化[J]. 天然产物研究与开发, 2012, 24: 1642-1645, 1689.

[126] 李铁柱, 杜红岩, 朱高浦. 杜仲绿原酸生物合成途径相关基因的差异表达[J]. 经济林研究, 2013, 31(4): 32-38.

[127] 王德龙, 王俊娟, 阴祖军, 等. 陆地棉高温胁迫下叶片转录组测序分析[C]. 中国棉花学会 2014 年年会论文汇编, 2014.

[128] Zhang Y, Mian M R, Chekhovskiy K, et al. Differential gene expression in *Festuca* under heat stress conditions[J]. Journal Experimental Botany, 2005, 56: 897-907.

[129] Collins G G, Nie X L, Saltveit M E. Heat shock proteins and chilling sensitivity of mung bean hypocotyls[J]. Journal of Experimental Botany, 1995, 46(7): 795-802.

[130] Lindemose S, O'Shea C, Jensen M K, et al. Structure, function and networks of transcription factors involved in abiotic stress responses[J]. International Journal Molecular Sciences, 2013, 14: 5842-5878.

[131] Barger T W. Metabolic Responses of Plants Subjected to Abiotic Stress[M]. Alabama: Auburn University, 2000.

[132] Chaitanya K V, Sundar D, Masilamani S, et al. Variation in heat stress-induced antioxidant enzyme activities among three mulberry cultivars[J]. Plant Growth Regulation, 2002, 36(2): 175-180.

[133] 智彬, 徐新文, 杨兰英. 三种固沙植物对高温胁迫的生理响应及其抗热性研究[J]. 干旱区地理, 2005, 25(6): 824-830.

[134] Qin D, Wu H, Peng H, et al. Heat stress-responsive transcriptome analysis in heat susceptible and tolerant wheat (*Triticum aestivum* L.) by using wheat genome array[J]. BMC Genomics, 2008, 9(1): 432.

[135] Finka A, Mattoo R U, Goloubinoff P. Meta-analysis of heat and chemically upregulated chaperone genes in plant and human cells[J]. Cell Stress Chaperones, 2011, 16: 15-31.

[136] Bokszczanin K L, Fragkostefanakis S. Perspectives on deciphering mechanisms underlying plant heat stress response and thermotolerance[J]. Frontiers in Plant Science, 2013, 4: 315.

[137] Mittler R, Finka A, Goloubinoff P. How do plants feel the heat[J]. Trends in Biochemistry Sciences, 2012, 37(3): 118.

[138] 罗海波, 马苓, 段伟. 高温胁迫对‘赤霞珠’葡萄光合作用的影响[J]. 中国农业科学, 2010, 43(13):

2744-2750.

[139] 杜磊, 赵尊练, 巩振辉. 水分胁迫对线辣椒叶片渗透调节作用的影响[J]. 干旱地区农业究, 2010, 28(3): 188-189.

[140] He L, Xu X L, Li Y, et al. Transcriptome analysis of buds and leaves using 454 pyrosequencing to discover genes associated with the biosynthesis of active ingredients in *Lonicera japonica* Thunb[J]. PLoS One, 2013, 8(4): e62922.

[141] Chen J Y, He L H, Jiang Y M, et al. Role of phenylalanine ammonia-lyase in heat pretreatment-induced chilling tolerance in banana fruit[J]. Physiologia Plantarum, 2008, 132(3): 318-328.

[142] Larkindale J, Vierling E. Core genome responses involved in acclimation to high temperature[J]. Plant Physiology, 2008, 146: 748-761.

[143] Liang M, Hole D, Wu J, et al. Expression and functional analysis of NUCLEAR FACTOR-Y, subunit B genes in barley[J]. Planta, 2012, 235: 779-791.

[144] 殷祥贞. 甘蓝型油菜 NF-YB 转录因子的分离和表达分析及 BnNF-YB2/3/4/5/6 的启动子分析和基因转化[D]. 南京: 南京农业大学, 2014.

[145] 郭慧, 金司阳, 刘寒, 等. 甘蓝 AP2/ERF 转录因子的克隆和生物信息学分析[J]. 中国药师, 2017, 20(1): 6-10.

[146] 宋西红, 郝磊, 吕晓玲, 等. 紫苏肉桂酸 4-羟基化酶基因的克隆与表达[J]. 广东农业科学, 2015, 42(11): 124-129.

[147] 冯春燕. 植物 4-香豆酸:辅酶 A 连接酶(4CL)研究进展[J]. 现代农业科技, 2010, (8): 39-40.

[148] 王斌, 韩立敏, 化文平, 等. 丹参香豆酸-3-羟化酶基因(*SmC3H*)的生物信息学及其组织表达模式分析[J]. 基因组学与应用生物学, 2015, 34(4): 813-820.

[149] 刘颖, 彭小小, 朱莎莎, 等. *HQT* 基因在忍冬不同器官中的相对表达量研究[J]. 中药材, 2012, 35(7): 1032-1036.

[150] Wang L, Zhang X, Liu Y, et al. The effect of fruit bagging on the color, phenolic compounds and expression of the anthocyanin biosynthetic and regulatory genes on the Granny Smith apples[J]. European Food Research Technology, 2013, 237(6): 875-885.

[151] 胡庆辉, 王程栋, 王树声, 等. NaCl 胁迫下鲜烟叶中多酚物质含量及 PAL 和 PPO 活性变化[J]. 中国烟草科学, 2013, 34(1): 51-55.

[152] 刘丽萍, 臧小云, 袁巧云, 等. 外源蔗糖对盐胁迫荞麦幼苗根系生长的缓解效应[J]. 植物生理学通讯, 2006, 42(5): 847-850.

[153] Yan K, Cui M X, Zhao S J, et al. Salinity stress is beneficial to the accumulation of chlorogenic acids in honeysuckle (*Lonicera japonica* Thunb.)[J]. Front Plant Science, 2016, 7(e18949): 1563.

[154] 张慧荣. 长叶红砂黄酮类化合物合成相关基因功能分析及其对逆境胁迫的响应[D]. 呼和浩特: 内蒙古大学, 2016.

[155] Hoffmann L, Besseau S, Geoffroy P, et al. Silencing of hydroxycinnamoyl-coenzyme A shikimate / quinate hydroxy - cinnamoyltransferase affects phenylpropanoid biosynthesis[J]. Plant Cell, 2004, 16(6): 1446-1465.

[156] Rommens C M, Richael C M, Yan H, et al. Engineered native pathways for high kaempferol and caffeoylquinate production in potato[J]. Plant Biotechnology Journal, 2008, 6: 870-886.

[157] Guo D J, Chen F, Inoue K, et al. Downregulation of caffic acid 3-*O*-methyltransferase and caffeic CoA

3-*O*-methyltransferase in transgenic alfalfa: Impacts on lignin structure and implications for the biosynthesis of G and S lignin[J]. Plant Cell, 2001, 13: 73-88.

[158] Zhang G J, Guo G W, Hu X D, et al. Deep RNA sequencing at single base-pair resolution reveals high complexity of the rice transcriptome[J]. Genome Research, 2010, 20(5) : 646-654.

[159] Khraiwesh B, Zhu J K, Zhu J. 2012. Role of miRNAs and siRNAs in biotic and abiotic stress responses of plants[J]. Biochim Biophys Acta., 1819, (2): 137-148.

[160] Fahlgren N, Howell M D, Kasschau K D, et al. High-throughput sequencing of *Arabidopsis* microRNAs, evidence for frequent birth and death of MIRNA genes[J]. PLoS One, 2007,2: e219.

[161] Pantaleo V, Szittya G, Moxon S. Identification of grapevine microRNAs and their targets using high-throughput sequencing and degradome analysis[J]. The Plant Journal, 2010, 62: 960-976.

[162] Addo-Quaye C, Eshoo T W, Bartel D P, et al. Endogenous siRNA and miRNA targets identified by sequencing of the *Arabidopsis* degradome[J]. Current Biology, 2008, 18: 758-762.

[163] Zhou M, Gu L F, Li P C, et al. Degradome sequencing reveals endogenous small RNA targets in rice (*Oryza sativ*a L. ssp. *indica*)[J]. Frontiers in Biology, 2010, 5(1): 67-90.

[164] Addo-Quaye C, Miller W, Axtell M J. CleaveLand, a pipeline for using degradome data to find cleaved small RNA targets[J]. Bioinformatics, 2009, 25: 130-131.

[165] Baumberger N, Baulcombe D C. *Arabidopsis* ARGONAUTE1 is an RNA slicer that selectively recruits microRNAs and short interfering RNAs[J]. Proc. Natl. Acad. Sci. USA, 2005,102: 11928-11933.

[166] Guo H S, Xie Q, Fei J F, et al. microRNA directs mRNA cleavage of the transcription factor NAC1 to downregulate auxin signals for *Arabidopsis* lateral root development[J]. The Plant Cell, 2005, 17: 1376-1386.

[167] Aukerman M J, Sakai H. Regulation of flowering time and floral organ identity by a microRNA and its APETALA2 -like target genes[J]. The Plant Cell, 2003, 15: 2730-2741.

[168] Chen X M. A microRNA as a translational repressor of APETALA2 in *Arabidopsis* flower development[J]. Science, 2004, 303: 2022-2025.

[169] Dai X, Zhao P X. psRNATarget: a plant small RNA target analysis server[J]. Nucleic. Acids. Res., 2011, 39(Web Serverissue): W155-W159.

[170] Zhang Z, Yu J, Li D, et al. PMRD: plant microRNA database[J]. Nucleic. Acids. Res., 2010, 38(Database issue): D806-D813.

[171] Allen E, Xie Z, Gustafson AM, et al. microRNA-directed phasing during trans-acting siRNA biogenesis in plants[J]. Cell, 2005,121: 207-221.

[172] Howell M D, Fahlgren N, Chapman E J, et al. Genome-wide analysis of the RNA-DEPENDENT RNA POLYMERASE6/DICER-LIKE4 pathway in *Arabidopsis* reveals dependency on miRNA- and tasiRNA-directed targeting[J]. The Plant Cell, 2007, 19(3): 926-942.

[173] 姜义宝, 崔国文, 李红. 干旱胁迫下外源钙对苜蓿抗旱相关生理指标的影响[J]. 草业学报, 2005, 14(5): 32-36.

[174] 丁印龙, 廖启炓, 谢潮添, 等. 低温胁迫下夏威夷椰子幼苗叶肉细胞 Ca^{2+}水平及细胞超微结构变化的研究[J]. 厦门大学学报(自然科学版), 2002, 41(5): 679-682.

[175] 张宗申, 利荣千, 王建波. Ca^{2+}预处理对热胁迫下辣椒叶肉细胞中 Ca^{2+}-ATPase 活性的影响[J]. 植物生理学报, 2001, 27(6): 451-454.

[176] 刘峰, 张军, 张文吉. 氧化钙对水稻的生理作用研究[J]. 植物学通报, 2001, 18 (4): 490-495.

[177] Hanson A D, Nelsen C E, Everson E H. Evalution of free proline accumulation as an index of drought resistance using two contrasting barly cultivars[J]. Crop Sci., 1977, 17: 720.

[178] 郭书奎, 赵可夫. NaCl 胁迫抑制玉米幼苗光合作用的可能机理[J]. 植物生理学报, 2001, 27(6): 461-466.

[179] 王丽燕, 赵可夫. 玉米幼苗对盐胁迫的生理响应[J]. 作物学报, 2005, 31(2): 264-266.

[180] 汪洪, 周卫, 林葆. 钙对镉胁迫下玉米生长及生理特性的影响[J]. 植物营养与肥料学报, 2001, 7(1): 78-87.

[181] Francois L E, Donovan T J, Maas E V. Calcium deficiency of artichoke buds in relation to salinity[J]. Hort Science, 1991, 26: 549-553.

[182] 梁慧敏, 夏阳, 王太明. 植物抗寒冻、耐旱、耐盐基因工程研究进展[J]. 草业学报, 2003, 12(3): 1-7.

[183] 徐秋曼, 陈宏, 程景胜. 外源 Ca^{2+}对水稻幼苗生长的影响[J]. 天津师大学报(自然科学版), 1999, 19(4): 49-58.

[184] Monti A, Amaducci M T, Venturi G. Growth response, leaf gas exchange and fructans accumulation of Jerusalem artichoke (*Helianthus tuberosus* L.) as affected by different water regimes[J]. Europ. J. Agronomy, 2005, 23: 136-145.

[185] Chen L Z, Wang W Q, Lin P. Photosynthetic and physiological responses of *Kandelia candel* L. Durce seedlings to duration of tidal immersion in artificial seawater[J]. Enviro. and Experi. Botany, 2005, 54(3): 256-266.

[186] Rout N P, Shaw B P. Salt tolerance in aquatic macrophytes: ionic relation and interaction[J]. Bio. Planta., 2001, 44(1): 95-99.

[187] Ye Y, Tam N F Y, Wong Y S, et al. Growth and physiological responses of two mangrove species (*Bruguiera gymnorrhiza* and *Kandelia candel*) to waterlogging[J]. Environ. Exp. Bot., 2003, 49: 209-221.

[188] 吴以平, 董树刚. 钙对高盐胁迫下缘管浒苔和孔石莼生理生化过程的影响[J]. 海洋科学, 2000, 24(8): 11-14.

[189] 段咏新, 宋松泉, 傅家瑞. 钙对杂交水稻叶片中活性氧防御酶的影响[J]. 生物学杂志, 1999, 16(1): 18-19.

[190] Maxwell K, Johnson G N. Chlorophyll fluorescence-a practical guide[J]. Journal of Experimental Botany, 2000, 51: 659-668.

第 4 章　菊芋代谢生态学

第 3 章通过对菊芋遗传背景、菊芋生理生化及其分子生物学的研究初步揭示了菊芋抗逆高效的特征，第 4 章将以植物代谢生态学的视野去进一步揭示菊芋这一神奇植物的生存机制。

所谓植物代谢生态学，是人们根据植物的代谢过程与特征，以生态学的理念去揭示这一过程的特征。人们为了研究生物的生命活动过程，将生物的代谢过程划分为初生代谢与次生代谢。初生代谢（primary metabolism）是指所有生物的共同的代谢途径。初生代谢的产物归纳为糖类、氨基酸类、普通的脂肪酸类、核酸类以及由它们形成的聚合物（如多糖类、蛋白质类、RNA、DNA 等）。动物一般只具有初生代谢，而植物同时具有初生代谢与次生代谢这两个过程，这是植物为适应环境而长期进化逐步形成的另一条代谢途径，是植物应对非生物胁迫如干旱、盐碱等，以及生物胁迫如昆虫的危害、草食性动物的采食及病原微生物的侵袭等过程的被、主动防御。植物的初生代谢与次生代谢是互为关联交叉的不可分割的整体，植物初生代谢通过光合作用、柠檬酸循环等途径，为进行次生代谢提供能量和一些小分子化合物原料。次生代谢也会对初生代谢产生影响。但是初生代谢与次生代谢也有区别，前者在植物生命过程中始终都在发生，而后者往往发生在生命过程中的某一阶段。植物的初生代谢和次生代谢之间并没有清晰的界限，初生代谢与次生代谢的关系如图 4-1 所示[1]。

第 3 章中已阐述了菊芋极强的抗逆性，由于菊芋介于栽培与野生植物过渡阶段，既具有对干旱、寒热及盐碱等环境因子独特的适应能力，又能通过调节代谢过程应对虫害、病害等生物胁迫，因此研究生物和非生物的各种生态因子与菊芋初生代谢和次生代谢之间的响应关系，即研究菊芋代谢生态学不仅具有重要的理论价值，同时对指导菊芋种植也极具针对性。南京农业大学菊芋研究小组从 1999 年开始，进行了以盐碱胁迫下菊芋代谢过程特征、初生代谢与次生代谢相互调节的研究，取得了一些进展。

4.1　菊芋初生代谢生态学

初生代谢与植物的生长发育和繁衍直接相关，为植物的生存、生长、发育、繁殖提供能源和中间产物。绿色植物通过光合作用将二氧化碳和水合成碳水化合物，进一步通过不同的途径，产生三磷酸腺苷（ATP）、辅酶（NADH）、丙酮酸、磷酸烯醇式丙酮酸、4-磷酸赤藓糖、核糖等维持植物机体生命活动不可缺少的能量与物质。为了维持初生代谢的正常进行，菊芋形成了独特的代谢生态学特征。

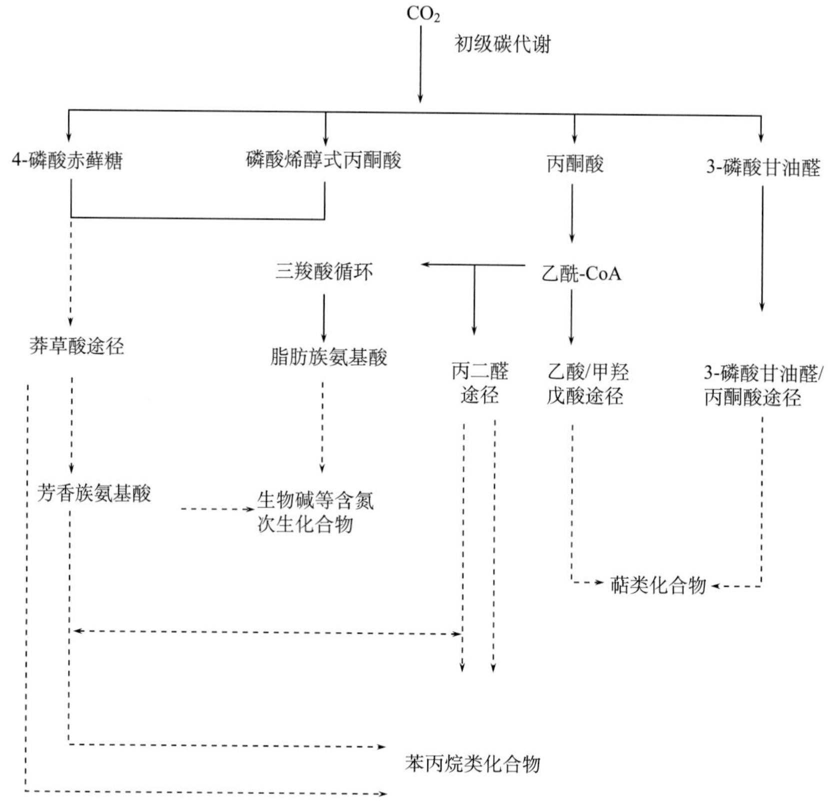

图 4-1　植物初生和次生代谢示意图

4.1.1　菊芋植株内盐基离子分布特征

菊芋是以多聚果糖为主要的最终初生代谢产物的植物。根据研究小组长期的试验结果，一些菊芋品种的抗盐力很强，其也是菊芋主要优良农艺性状之一。根据作者多年研究发现，菊芋适应盐胁迫策略之一就是将对植物生命活动有害的 Na^+、Cl^-进行部位、组织、细胞等不同层面的区域化，以缓解这些离子对生命活动的侵害。因此，本节首先介绍盐胁迫下不同品种菊芋主要盐基离子的积累与分布特征，以揭示菊芋适应盐胁迫的代谢机制。

1. 盐胁迫对南菊芋 1 号盐基离子分布的效应

植物主要由根、茎、叶三大部分组成。双子叶植物根的成熟区可分为表皮、皮层、维管柱三部分。其中皮层分为外皮层、皮层薄壁细胞和内皮层，内皮层具有凯氏带。维管柱又称中柱，包括维管柱鞘和维管组织，维管组织由初生木质部、初生韧皮部和薄壁细胞构成。初生木质部和初生韧皮部的发育分化方式都是外始式。维管形成层位于初生木质部与初生韧皮部之间，由未分化的薄壁细胞和维管柱鞘一定部位细胞组成。

茎是植物进化过程中次于叶发展起来的营养器官，具有支持作用、输导作用与储藏、繁殖和光合作用等生理功能。双子叶植物茎的初生结构分表皮、皮层和维管柱三部分，与根相似。但是茎的维管柱由维管束、髓和髓射线组成。幼茎最外面的一层细胞就是表皮，来源于初生分生组织的原表皮。表皮细胞的壁一般比较薄，外壁常有角质层，防止病菌的侵入。表皮之内是皮层，由多层排列疏松的薄壁细胞组成。皮层的外围常分化出厚角组织，近表皮处的厚角组织和薄壁组织细胞中常含有叶绿体，使幼茎呈绿色。茎中皮层以内是维管柱。

叶是由叶原基分化而来的，具有光合作用、蒸腾作用和储藏、繁殖等功能。双子叶植物的叶一般由叶片、叶柄和托叶组成。双子叶植物的叶片分为表皮、叶肉和叶脉三部分。表皮由初生分生组织的原表皮发育而来，是位于叶片上、下表层的初生保护组织，构成表皮的细胞或组织有表皮细胞、气孔器和表皮附属物等。表皮不含叶绿体。叶肉由大量含有叶绿体的薄壁细胞组成，是叶进行光合作用的主要部位，根据细胞形态可分为栅栏组织、海绵组织。

盐分是植物最广泛的非生物胁迫，而盐分胁迫中关键的是 Na^+与 K^+。菊芋如何根据不同器官的生理功能特点，扬长避短，避害趋利，成为菊芋代谢生态学的研究热点。因此，南京农业大学海洋科学及其能源生物资源研究所菊芋研究小组以南菊芋 1 号为材料，首先研究单盐胁迫对幼苗叶片中无机离子总含量的影响，结果如图 4-2 所示。从图 4-2 中发现，NaCl 浓度在 0～200 mmol/L 时，菊芋植株内有害离子 Na^+、Cl^-的含量随着盐浓度的升高而显著增加，NaCl 浓度在 200 mmol/L 以上时，Na^+、Cl^-的含量分别是对照的 80 倍和 17 倍。NaCl 浓度超过 200 mmol/L，增加至 300 mmol/L 时，Na^+、Cl^-的含量也不再显著增加。而相对对植物有益的 K^+、Ca^{2+}、Mg^{2+}三大离子中，NaCl 浓度在 0～200 mmol/L 时，K^+含量的变化趋势同 Na^+，随着盐浓度的升高而显著增加，但在 300 mmol/L NaCl 处理下 K^+含量与对照持平。Ca^{2+}、Mg^{2+}含量，除在 100 mmol/L NaCl 处理处略有上升外，其余处理低于对照。值得注意的是，所有盐处理下，NO_3^- 含量均明显低于对照，这与研究小组对盐胁迫库拉索芦荟的研究结果一致[2]，植物体内滞留过多的 NO_3^--N，往往影响蔬菜类植物的品质。PEG 处理（干旱胁迫）中无机离子总含量与对照没有差异，但与等渗的 NaCl 处理的差异显著，Na^+、Cl^-含量低于等渗 NaCl 处理，表明菊芋植株内

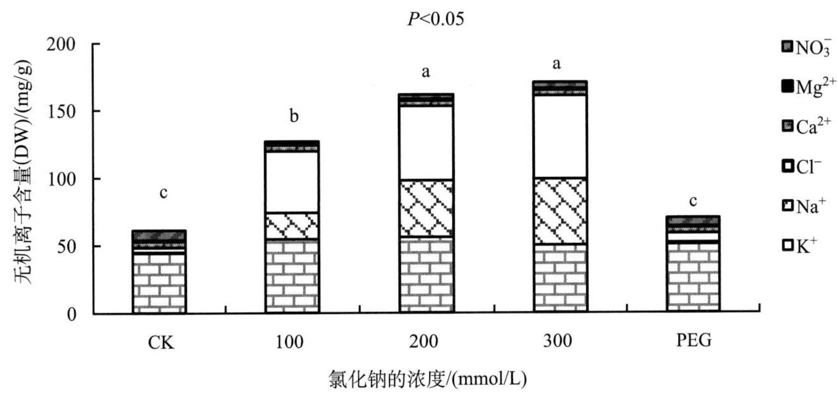

图 4-2　NaCl 和 PEG 对菊芋幼苗叶片无机离子积累的影响

柱状从下往上离子顺序为 K^+、Na^+、Cl^-、Ca^{2+}、Mg^{2+}、NO_3^-

Na^+、Cl^-含量的变化主要受外源 NaCl 的影响，从另一个侧面也反映菊芋利用盐基离子缓解水分胁迫的代谢生态功能。而 Ca^{2+}、Mg^{2+}含量均略低于对照和等渗 NaCl 处理，NO_3^-含量在盐胁迫下大大降低，可能是菊芋植株内过多的 Cl^-与 NO_3^-在细胞液泡中互相竞争所致。

在研究了单盐 NaCl 对南菊芋 1 号幼苗叶片中无机离子总含量的影响的基础上，为使研究成果在我国海涂盐渍土上推广应用，鉴于海水对滨海盐渍土的重要影响这一实际情况，南京农业大学海洋科学及其能源生物资源研究所菊芋研究小组开展了海水胁迫对南菊芋 1 号植株中无机离子动态分布的研究。不同浓度海水、不同胁迫时间处理对菊芋幼苗不同部位离子吸收分布的影响见表 4-1。从表 4-1 可看出，不同浓度海水处理对菊芋幼苗地上部与根中 Na^+和 Cl^-含量的影响差异显著。随海水浓度增加，地上部与根中 Na^+和 Cl^-含量显著增加，在第 6 天时，15%及 30%海水处理下的地上部与根中 Na^+和 Cl^-含量分别是对照处理的 6.82 倍、6.28 倍、5.73 倍、6.27 倍、8.35 倍、7.78 倍、8.93 倍和 7.32 倍。对照处理菊芋幼苗地上部与根中 Na^+和 Cl^-含量变化不大，而在 15%和 30%海水处理下菊芋幼苗地上部与根中 Na^+和 Cl^-含量随时间延长显著增加，尤其是在 30%海水处理下。不同浓度海水处理对菊芋幼苗地上部和根中 K^+含量的影响差异不明显，但在 15%和 30%海水处理下，其含量均高于对照处理。

表 4-1　不同浓度海水、不同胁迫时间处理对菊芋幼苗地上部和根 Na^+、K^+和 Cl^-含量（DW）的影响

处理天数	处理	Na^+/（mmol/g）		K^+/（mmol/g）		Cl^-/（mmol/g）	
		地上部	根	地上部	根	地上部	根
2d	0%	0.30±0.12c	0.36±0.16b	1.20±0.40b	1.68±0.42b	0.17±0.10c	0.25±0.08b
	15%	0.42±0.15b	1.16±0.40a	1.27±0.42ab	1.71±0.43b	0.50±0.15b	0.95±0.26a
	30%	0.65±0.20a	1.35±0.47a	1.36±0.43a	1.83±0.45a	0.86±0.25a	1.11±0.31a
4d	0%	0.32±0.16c	0.43±0.18b	1.19±0.37b	1.54±0.38b	0.16±0.09c	0.24±0.08b
	15%	1.31±0.48b	1.72±0.64a	1.36±0.43a	1.72±0.43a	0.72±0.21b	1.24±0.41a
	30%	1.60±0. 51a	2.40±0.68a	1.30±0.41a	1.66±0.42ab	1.23±0.33a	1.44±0.45a
6d	0%	0.34±017a	0.46±0.23c	1.18±0.32b	1.48±0.33b	0.15±0.12c	0.22±0.12c
	15%	2.32±0.71b	2.89±0.73b	1.21±0.33ab	1.59±0.42a	0.86±0.26b	1.38±0.32b
	30%	2.84±0.75a	3.58±0.78a	1.27±0.35a	1.61±0.43a	1.34±0.48a	1.61±0.52a

注：表中数据为 8 个品种的平均值，表中同项同列数据后相同字母表示在 $P<0.05$ 水平上无显著差异

表 4-2 为海水浓度及胁迫时间对南菊芋 1 号幼苗中各部位 Na^+分布的影响。在南菊芋 1 号的茎叶中，对照处理中从 2 d 到 6 d，Na^+的含量没有显著差异，但海水处理，无论胁迫时间长短，随着海水比例的增加，茎叶中的 Na^+的含量均显著增加；在根部，对照处理中从 2 d 到 6 d，Na^+的含量没有显著差异，而海水胁迫下，Na^+的含量变化趋势与茎叶中 Na^+含量的变化趋势一致，即无论胁迫时间长短，随着海水比例的增加，茎叶中的 Na^+含量也显著增加；海水处理初期，对茎叶中 Na^+含量的影响远远小于对根的影响。

表 4-2　海水浓度及胁迫时间对南菊芋 1 号幼苗中各部位 Na^+分布的影响

部位	海水浓度	2 d	根/茎叶	4 d	根/茎叶	6 d	根/茎叶
茎叶	CK	0.30±0.12	1.20	0.32±0.16	1.34	0.34±0.17	1.35
根		0.36±0.16		0.43±0.18		0.46±0.23	
茎叶	15%海水	0.42±0.15	2.76	1.31±0.48	1.31	2.32±0.71	1.25
根		1.16±0.40		1.72±0.64		2.89±0.73	
茎叶	30%海水	0.65±0.20	2.08	1.60±0.51	1.50	2.84±0.75	1.26
根		1.35±0.47		2.40±0.68		3.58±0.78	

15%海水处理下，在胁迫的第二天，茎叶 Na^+的含量是对照处理茎叶 Na^+含量的 1.40 倍，而根中 Na^+的含量却是对照处理根中的 3.22 倍；在胁迫的第四天，15%海水处理茎叶 Na^+的含量是对照处理茎叶 Na^+含量的 4.09 倍，根中 Na^+的含量是对照处理根中的 4.00 倍，茎叶与根中 Na^+的含量比对照的增幅基本相同；在胁迫的第六天，15%海水处理茎叶 Na^+的含量是对照处理茎叶 Na^+含量的 6.82 倍，根中 Na^+的含量是对照处理根中的 6.28 倍，茎叶与根中 Na^+的含量比对照的增幅基本相同。

30%海水处理下，在胁迫的第二天，茎叶 Na^+的含量是对照处理茎叶 Na^+含量的 2.17 倍，而根中 Na^+的含量却是对照处理根中的 3.75 倍；在胁迫的第四天，30%海水处理茎叶 Na^+的含量是对照处理茎叶 Na^+含量的 5.00 倍，根中 Na^+的含量是对照处理根中的 5.58 倍，茎叶与根中 Na^+的含量比对照的差异不大；在胁迫的第六天，30%海水处理茎叶 Na^+的含量是对照处理茎叶 Na^+含量的 8.35 倍，根中 Na^+的含量是对照处理根中的 7.78 倍，茎叶与根中 Na^+的含量比对照的增幅变化不大。

但从南菊芋 1 号根中 Na^+的含量与茎叶中 Na^+的含量比值来看，无论是 15%海水还是 30%海水胁迫处理，均是在胁迫的第二天，根与茎叶中的 Na^+比值达最大，而且显著高于对照处理，随着胁迫时间的延长，根与茎叶中的 Na^+含量的比值显著下降，与对照处理的差异逐渐消失。

无论是从海水胁迫对南菊芋 1 号茎叶与根中 Na^+含量的增幅，还是南菊芋 1 号根中 Na^+的含量与茎叶中 Na^+的含量比值来分析，均表明海水胁迫至一定的时间，南菊芋 1 号具有平衡根与茎叶中的 Na^+分配的能力。

表 4-3 为海水浓度及胁迫时间对南菊芋 1 号幼苗中各部位 Cl^-分布的影响。总体来讲，对照处理中从 2 d 到 6 d，无论在南菊芋 1 号的茎叶中，还是根中 Cl^-的含量没有显著差异；但海水处理，无论胁迫时间的长短，随着海水比例的增加，茎叶中与根中的 Cl^-含量均显著增加。

15%海水处理下，在胁迫的第二天，茎叶 Cl^-的含量是对照处理茎叶 Cl^-含量的 2.94 倍，而根中 Cl^-的含量却是对照处理根中的 3.80 倍；在胁迫的第四天，15%海水处理茎叶 Cl^-的含量是对照处理茎叶 Cl^-含量的 4.50 倍，根中 Cl^-的含量是对照处理根中的 5.17 倍，根中 Cl^-的含量比对照的增幅显著高于茎叶中 Cl^-的含量比对照的增幅；在胁迫的第六天，15%海水处理茎叶 Cl^-的含量是对照处理茎叶 Cl^-含量的 5.73 倍，根中 Cl^-的含量是对照处理根中的 6.27 倍，茎叶与根中 Cl^-的含量比对照的增幅变化不大。

表 4-3　海水浓度及胁迫时间对南菊芋 1 号幼苗中各部位 Cl^-分布的影响

部位	海水浓度	2 d	根/茎叶	4 d	根/茎叶	6 d	根/茎叶
茎叶	CK	0.17±0.10	1.47	0.16±0.09	1.50	0.15±0.12	1.47
根		0.25±0.08		0.24±0.08		0.22±0.12	
茎叶	15%海水	0.50±0.15	1.90	0.72±0.21	2.64	0.86±0.26	1.60
根		0.90±0.265		1.24±0.41		1.38±0.32	
茎叶	30%海水	0.86±0.25	1.29	1.23±0.33	1.17	1.34±0.32	1.20
根		1.11±0.31		1.44±0.45		1.61±0.52	

30%海水处理下，在胁迫的第二天，茎叶 Cl^-的含量是对照处理茎叶 Cl^-含量的 5.06 倍，而根中 Cl^-的含量却是对照处理根中的 4.44 倍；在胁迫的第四天，30%海水处理茎叶 Cl^-的含量是对照处理茎叶 Cl^-含量的 7.69 倍，根中 Cl^-的含量是对照处理根中的 5.00 倍，茎叶 Cl^-的含量比对照增幅显著大于根中 Cl^-的含量比对照的增幅；在胁迫的第六天，30%海水处理茎叶 Cl^-的含量是对照处理茎叶 Cl^-含量的 8.93 倍，根中 Cl^-的含量是对照处理根中的 7.32 倍，茎叶 Cl^-的含量比对照增幅显著大于根中 Cl^-的含量比对照的增幅。

但从南菊芋 1 号根中 Cl^-的含量与茎叶中 Cl^-含量的比值来看，15%海水胁迫处理，在胁迫的第四天，根与茎叶中的 Cl^-比值达最大，而且显著高于对照处理，随着胁迫时间的延长，根与茎叶中的 Cl^-比值显著下降，与对照处理的差异逐渐消失。

由海水胁迫对南菊芋 1 号茎叶与根中 Cl^-含量的增幅可以看出，海水胁迫对南菊芋 1 号茎叶中 Cl^-含量的影响大于根中 Cl^-含量的影响。

从表 4-4 可看出，南菊芋 1 号菊芋幼苗地上部和根鲜重、干重与根部 Na^+含量呈极显著负相关，地上部和根鲜重与地上部和根部 Cl^-含量呈显著负相关，地上部和根 Na^+含量与地上部和根部 Cl^-含量呈显著正相关，地上部含水率与地上部 Na^+及 Cl^-含量和根

表 4-4　南菊芋 1 号菊芋的生长与地上部和根中 Na^+、K^+、Cl^-含量的相关关系

	鲜重（FW）		干重（DW）		含水率（WC）		Na^+		K^+		Cl^-	
	地上部（S）	根（R）	地上部（S）	根（R）	地上部（S）	根（R）	地上部（S）	根（R）	地上部（S）	根（R）	地上部（S）	根（R）
R FW	0.993**											
S DW	0.975**	0.972**										
R DW	0.947**	0.949**	0.986**									
S WC	−0.056	−0.070	−0.273	−0.343								
R WC	0.150	0.210	−0.010	−0.059	0.710*							
S Na^+	−0.475*	−0.484*	−0.491*	−0.602*	−0.864**	−0.654*						
R Na^+	−0.829**	−0.831**	−0.850**	−0.909**	−0.907**	−0.670*	0.983**					
S K^+	0.415*	0.435*	0.595*	0.660*	0.196	0.145	−0.516*	−0.368*				
R K^+	0.337	0.339	0.532*	0.589*	0.297	0.069	−0.581*	−0.463*	0.811**			
S Cl^-	−0.470*	−0.458*	−0.264	−0.206	−0.842**	−0.701*	0.533*	0.631*	0.186	0.244		
R Cl^-	−0.444*	−0.431*	−0.254	−0.227	−0.740*	−0.558*	0.425*	0.568*	0.401	0.374	0.941**	

*和**分别为 5%和 1%显著水平

Na^+含量呈极显著负相关，根部含水率与地上部和根 Na^+及 Cl^-含量呈显著负相关，说明海水中 Na^+及 Cl^-对菊芋幼苗生长发育有显著的抑制作用，Na^+及 Cl^-吸收和积累的增加影响了细胞分裂和细胞延伸速率。另外，地上部和根干重与地上部和根部 K^+含量呈显著正相关，说明 K^+吸收和积累的增加能促进菊芋幼苗生长发育。地上部和根 Na^+含量与地上部和根部 K^+含量呈显著负相关，与地上部和根部 Cl^-含量呈显著正相关，说明 Na^+的吸收和积累与 K^+的吸收和积累有竞争抑制作用，同时 Na^+的吸收和积累伴随着 Cl^-的吸收和积累。

2. 海水胁迫对不同品种菊芋植株盐基离子分布特征影响的比较

在探索了盐胁迫浓度与胁迫时间以及海水胁迫对南菊芋 1 号盐基离子分布特征的基础上，南京农业大学海洋科学及其能源生物资源研究所菊芋研究小组对筛选的农艺性状较好的其他 7 个菊芋品种与南菊芋 1 号一起进行比较试验，Na^+的分布见表 4-5。从表 4-5 可看出，随海水浓度的增加，海水处理对各品种菊芋幼苗根和地上部 Na^+含量变化一致，在 30%海水处理下 Na^+含量较 0%和 15%海水处理下大，且随时间的延长，在 15%和 30%海水处理下，各品种菊芋幼苗根和地上部 Na^+含量基本显著增加。但各品种菊芋幼苗根和地上部 Na^+含量有差异，在第 6 天时，15%和 30%海水处理下，南菊芋 1 号和 8 号幼苗根和地上部 Na^+含量较其他品种菊芋幼苗根和地上部 Na^+含量高，而南菊芋 4 号和 7 号幼苗根和地上部 Na^+含量较其他品种菊芋幼苗低。

表 4-5 海水处理对各品种菊芋幼苗根和地上部 Na^+含量（DW）的影响 （单位：mmol/g）

处理天数	海水比例	部位	菊芋品种							
			1 号	2 号	3 号	4 号	5 号	6 号	7 号	8 号
2d	0%	根	0.42b	0.21c	0.31c	0.22b	0.28c	0.12c	0.11c	0.54b[a)]
		茎	0.39c	0.14b	0.14c	0.36c	0.12c	0.07c	0.08c	0.27c
	15%	根	1.32a	0.88b	0.78b	0.72a	0.58b	0.96b	0.76b	1.43a
		茎	0.57b	0.16b	0.36b	0.52b	0.26b	0.21b	0.20b	0.51b
	30%	根	1.41a	1.18a	1.07a	1.23a	1.01a	1.17a	1.07a	1.50a
		茎	0.67a	0.23a	0.60a	0.64a	0.40a	0.47a	0.37a	1.04a
4d	0%	根	0.49c	0.29c	0.85c	0.42c	0.82c	0.23b	0.21b	0.60b
		茎	0.36b	0.15c	0.39c	0.31b	0.32c	0.14c	0.12c	0.30b
	15%	根	1.75b	1.66b	1.56b	1.43b	1.36b	2.15a	1.55a	1.95a
		茎	1.52a	1.23a	1.16b	1.01b	1.06b	0.96b	0.76b	1.36a
	30%	根	2.58a	2.37a	1.96a	2.31a	2.29a	2.18a	1.88a	2.59a
		茎	1.80a	1.56a	1.30a	1.54a	1.54a	1.57a	1.27a	1.74a
6d	0%	根	0.48c	0.27c	0.70c	0.44c	0.66c	0.19b	0.17b	0.55c
		茎	0.36b	0.18c	0.38c	0.31b	0.36c	0.11c	0.10c	0.31c
	15%	根	3.51a	2.54b	2.93b	2.15b	2.56b	2.74b	2.31a	2.99b
		茎	2.59b	2.23a	2.42b	1.61b	2.12b	2.33a	2.19b	2.72b
	30%	根	3.93a	3.69a	3.56a	3.05a	3.66a	3.37a	3.16a	3.82a
		茎	3.13a	2.73a	2.82a	2.51a	2.92a	2.74a	2.43a	3.28a

注：表中同项同列数据后相同字母表示在 $P<0.05$ 水平上无显著差异，茎含叶片

Cl^-的分布如表 4-6 所示，随海水浓度的增加，海水处理对各品种菊芋幼苗根和地上部 Cl^-含量变化一致，在 30%海水处理下 Cl^-含量较 0%和 15%海水处理下大，且随时间的延长，在 15%和 30%海水处理下，各品种菊芋幼苗根和地上部 Cl^-含量均显著增加。各品种菊芋幼苗根和地上部 Cl^-含量有差异，在第 6 天时，30%海水处理下，南菊芋 1 号与 8 号幼苗根和地上部 Cl^-含量较其他品种菊芋幼苗根和地上部 Cl^-含量高，而南菊芋 4 号幼苗根和地上部 Cl^-含量较其他品种菊芋幼苗低。

表 4-6　海水处理对菊芋幼苗根和地上部 Cl^-含量（DW）的影响　　（单位：mmol/g）

处理天数	海水比例	部位	菊芋品种							
			1 号	2 号	3 号	4 号	5 号	6 号	7 号	8 号
2d	0%	根	0.23c	0.11c	0.24c	0.10c	0.23c	0.17c	0.11c	0.40b
		茎	0.18c	0.08c	0.18c	0.07c	0.14c	0.18c	0.14c	0.19c
	15%	根	0.97b	0.70b	0.53b	0.61b	0.55b	1.07b	0.87b	1.33a
		茎	0.52b	0.49b	0.31b	0.44b	0.36b	0.56b	0.54b	0.57b
	30%	根	1.30a	0.99a	0.92a	0.79a	0.97a	1.34a	0.94a	1.38a
		茎	0.81a	0.79a	0.84a	0.59a	0.80a	0.87a	0.73a	1.21a
4d	0%	根	0.24b	0.14b	0.22c	0.13b	0.22c	0.12c	0.10c	0.35c
		茎	0.13c	0.12c	0.16c	0.11c	0.13c	0.16c	0.15c	0.21c
	15%	根	1.40a	1.18a	0.56b	0.78a	0.66b	1.33b	1.03b	1.66b
		茎	0.72b	0.71b	0.38b	0.51b	0.48b	0.80b	0.67b	0.97b
	30%	根	1.45a	1.27a	1.35a	0.87a	1.15a	1.58a	1.25a	1.90a
		茎	1.09a	1.15a	1.15a	0.75a	0.97a	1.51a	1.14a	1.20a
6d	0%	根	0.21b	0.13b	0.21c	0.12b	0.21c	0.14b	0.09b	0.38b
		茎	0.10c	0.06c	0.17c	0.06c	0.16c	0.17c	0.16c	0.22b
	15%	根	1.69a	1.20a	0.77b	0.97a	0.85b	1.56a	1.26a	1.72a
		茎	1.01b	0.89b	0.57b	0.79b	0.61b	1.25b	1.05b	1.11a
	30%	根	1.86a	1.25a	1.54a	1.21a	1.44a	1.77a	1.50a	1.94a
		茎	1.77a	1.22a	1.41a	0.98a	1.21a	1.23a	1.28a	1.58a

注：表中同项同列数据后相同字母表示在 P<0.05 水平上无显著差异

3. 不同品种菊芋植株不同部位盐基离子分布特征的比较

海水是多种盐分溶液的混合体，与单盐对菊芋的效应有相似之处，但也有明显的差别，因此研究复盐对菊芋代谢生态学的效应具有重要意义。

1）海淡水比例对菊芋根中盐基离子分布的影响

从表 4-7 中同行显著性检验结果来看，南菊芋 1 号根中的 Na^+含量在 30%海水灌溉处理与淡水灌溉处理差异不显著，随海水浓度增加到 50%时，其根中的 Na^+含量显著高于淡水灌溉处理与 30%海水灌溉处理，而其他各菊芋品种根中 Na^+含量均随海水浓度的增加而显著提高；除南菊芋 7 号外，其他各菊芋品种根的 Cl^-含量均随海水浓度的增加而显著提高。

从表 4-7 中同列显著性检验结果来看，不同品种菊芋根中 Cl^-和 Na^+含量差异显著：同样在 30%海水灌溉处理下，南菊芋 1 号、南菊芋 5 号与南菊芋 8 号根中 Na^+含量均显著低于其他菊芋根中的 Na^+含量，当海水浓度增加到 50%时，只有南菊芋 1 号、南菊芋 8 号根中 Na^+含量显著低于其他菊芋根中的 Na^+含量；菊芋根中 Cl^-含量变化趋势基本上同菊芋根中 Na^+含量变化趋势一致。

表 4-7　不同浓度海水处理对不同品种菊芋根 Cl^-和 Na^+含量的影响

品种	海水浓度					
	0%		30%		50%	
	Cl^-	Na^+	Cl^-	Na^+	Cl^-	Na^+
南菊芋 1 号	0.17c c’	0.35b c’	0.22b b’	0.37b c’	0.30a c’	0.51a c’
南菊芋 2 号	0.26c a’	0.45c b’	0.38b a’b’	0.64b b’	0.43a b’	0.70a b’
南菊芋 3 号	0.31c a’	0.48c a’b’	0.41b a’	0.88b a’	0.54a a’	1.10a a’
南菊芋 5 号	0.20c b’c’	0.29c c’	0.26b b’	0.36b c’	0.45a a’	0.76a b’
南菊芋 6 号	0.27c a’	0.57c a’	0.32b a’b’	0.65b b’	0.43a b’	0.75a b’
南菊芋 7 号	0.35b a’	0.46c b’	0.4a a’	0.66b b’	0.44a a’b’	0.82a a’
南菊芋 8 号	0.23c b’	0.30c c’	0.32b a’b’	0.36b c’	0.39a b’	0.56a c’

注：表中同行数据后 a、b、c、d、…表示同一菊芋品种不同海水处理间差异显著性。同列中的 a’、b’、c’、d’、…表示同一海水浓度处理下不同菊芋品种间差异显著性（$P<0.05$）

众所周知，植物根承担着吸收水分与选择性吸收其生长必需的矿质元素的生理功能，而 Na^+含量过高，将对植物产生毒害。在生产实践中被证实了具有很强耐盐能力的南菊芋 1 号首先采用根部拒盐的策略，来缓解盐分对其生长发育的危害。

2）海淡水比例对菊芋茎中盐基离子分布的影响

从表 4-8 中同行显著性检验结果来看，所有菊芋品种茎中的 Na^+含量与 Cl^-含量均随海水浓度增加而显著提高。

表 4-8　不同浓度海水处理对不同品种菊芋茎 Cl^-和 Na^+含量的影响

品种	海水浓度					
	0%		30%		50%	
	Cl^-	Na^+	Cl^-	Na^+	Cl^-	Na^+
南菊芋 1 号	0.43c a’	0.14c b’	0.57b a’	0.42b a’	0.63a b’	0.51a a’ b’
南菊芋 2 号	0.39c a’	0.15c a’b’	0.62b a’	0.28b b’	0.87a a’	0.44a b’
南菊芋 3 号	0.36c a’	0.16c a’	0.49b a’ b’	0.27b b’c’	0.55a c’	0.37a c’
南菊芋 5 号	0.25c c’	0.11c b’	0.43b b’	0.32b b’	0.57a b’c’	0.45a b’
南菊芋 6 号	0.38c a’	0.10c b’	0.50b a’b’	0.40b a’	0.79a a’b’	0.51a b’
南菊芋 7 号	0.33c b’	0.17c a’	0.41b b’c’	0.34b a’b’	0.88a a’	0.47a b’
南菊芋 8 号	0.30c b’	0.19c a’	0.49b a’b’	0.43b a’	0.57a b’	0.56a a’

注：表中同行数据后 a、b、c、d、…表示同一菊芋品种不同海水处理间差异显著性。同列中的 a’、b’、c’、d’、…表示同一海水浓度处理下不同菊芋品种间差异显著性（$P<0.05$）

从表 4-8 中同列显著性检验结果来看，不同品种菊芋茎中 Cl^-和 Na^+含量差异显著。十分有趣的是，无论是 30%海水灌溉处理还是 50%海水灌溉处理，南菊芋 1 号与南菊芋 8 号茎中的 Na^+含量均显著高于其他大多数菊芋品种同浓度海水处理茎中的 Na^+含量。

植物茎主要承担着植物体内物质的运输功能，对 Na^+危害不十分敏感，使 Na^+对植物产生的毒害较轻微。南菊芋 1 号在首先采用根部拒盐策略的前提下，又将 Na^+ “禁闭”在无关紧要的器官中，来缓解盐分对其生长发育的危害。

3）海淡水比例对菊芋叶片中盐基离子分布的影响

植物叶片是植物生命代谢活动的中枢场所，植物光合整个过程基本都在叶片中进行，对离子毒害等逆境十分敏感。因此菊芋采用将毒害离子拒之于生命活动至关重要场所之外的途径，以保障其生命代谢的正常进行。从表 4-9 中同行显著性检验结果来看，南菊芋 1 号、南菊芋 2 号与南菊芋 8 号叶片中的 Na^+含量在 30%海水灌溉处理与淡水灌溉处理差异不显著，随海水浓度增加到 50%时，其叶片中的 Na^+含量显著高于淡水灌溉处理与 30%海水灌溉处理，而其他各菊芋品种叶片中 Na^+含量均随海水浓度增加到 50%而显著提高；菊芋各品种叶片的 Cl^-含量趋势基本上同 Na^+含量变化趋势。

表 4-9　不同浓度海水处理对不同品系菊芋叶片 Cl^-和 Na^+含量的影响

品系	海水浓度					
	0%		30%		50%	
	Cl^-	Na^+	Cl^-	Na^+	Cl^-	Na^+
南菊芋 1 号	0.39b c’	0.05b b’	0.55a b c’	0.06b c’	0.58a b’	0.10a b’c’
南菊芋 2 号	0.71b a’	0.12b a’	0.83a a’	0.15ab a’	0.87a a’	0.17a a’
南菊芋 3 号	0.19c d’	0.08b a’	0.36b d’	0.11ab a’b’	0.51a b’	0.15a a’
南菊芋 5 号	0.07b e’	0.04b b’	0.10ab e’	0.05b c’	0.14a c’	0.09a c’
南菊芋 6 号	0.35c c’	0.08b a’	0.44b c’	0.09ab b’c’	0.56a b’	0.12a b’c’
南菊芋 7 号	0.48b b’	0.09b a’	0.51ab b’c’	0.11b a’b’	0.56a b’	0.15a a’
南菊芋 8 号	0.37b c’	0.11b a’	0.42b c’d’	0.15ab a’	0.70a a’	0.18a a’

注：表中同行数据后 a、b、c、d、…表示同一菊芋品种不同海水处理间差异显著性。同列中的 a’、b’、c’、d’、…表示同一海水浓度处理下不同菊芋品种间差异显著性（$P<0.05$）

从表 4-9 中同列显著性检验结果来看，不同品种菊芋叶片 Cl^-和 Na^+含量差异显著：同样在 30%海水灌溉处理下，南菊芋 1 号、南菊芋 5 号叶片 Na^+含量均显著低于其他菊芋叶片的 Na^+含量，到海水浓度增加到 50%时，也只有南菊芋 1 号、南菊芋 5 号叶片 Na^+含量低于其他菊芋叶片的 Na^+含量；菊芋叶片 Cl^-含量变化趋势基本上同菊芋叶片 Na^+含量变化趋势一致。

8 个不同菊芋品种在各浓度海水处理下也表现出相同的趋势，高浓度海水胁迫对菊芋幼苗形态发育具有显著影响，整体表现为抑制植株苗期组织和器官生长，叶面积缩小，茎干和根系伸长、植株对水分的吸收受到抑制，导致菊芋幼苗含水率降低。但从不同品种菊芋的生长情况来看，各品种菊芋幼苗对不同浓度海水的反应不尽相同，高度耐海水的菊芋在 15%和 30%海水处理下地上部和根鲜重、干重及含水率的下降幅度较中度和低度耐海水型低，这表明 15%和 30%海水对高耐海水型菊芋的抑制作用较小。

进入植物组织的无机离子也就是通常所说的盐分离子，是参与植物渗透调节的重要物质，盐分离子在盐生植物中是主要的细胞渗透调节溶质[3]。随着海水浓度增加，菊芋幼苗地上部和根中 Na^+与 Cl^-含量显著增加，且随着时间延长，15%和 30%海水处理下地上部和根部 Na^+与 Cl^-含量均增大，不同浓度海水处理下地上部和根部 K^+含量均降低，且海水浓度越高，降低幅度越大。但不同品种菊芋幼苗地上部和根 Na^+、K^+与 Cl^-含量对不同浓度海水的反应也不尽相同，高度耐海水的菊芋在 15%和 30%海水处理下地上部和根 Na^+、K^+与 Cl^-含量的下降幅度较中度和低度耐海水型低，这表明菊芋抗盐能力大小与体内含有大量的 Na^+有关，同时其体内积累较多的 K^+，抗盐能力也能提高。

Cl^-作为无机渗透剂，对提高植物细胞渗透势、缓解盐渍环境产生的渗透胁迫具有积极作用，在一定范围内还可增加植物干物质积累，激发根系质膜和液泡膜 H^+-ATPase 活性，从而降低膜伤害[4]。Cl^-含量增加可能是作为平衡 Na^+或 K^+电荷的物质被动进入细胞内，对植物的渗透调节的作用不大，也可能促进渗透调节，只是 Cl^-进行渗透调节要依靠 Na^+或 K^+。一般认为，盐生植物可将 Cl^-离子区隔化在液泡内，以减少单盐毒害，并且从能耗观点考虑，真盐生植物采用无机离子作为渗透调节剂，其能量消耗远低于以有机溶质作为渗透调节剂的能量消耗，试验结果也表明高度耐海水的菊芋积累的 Cl^-较中度和低度耐海水型高，这与其高耐海水型也有密切关系。

因此，在评价各品种菊芋对不同浓度海水的响应时，地上部和根鲜重、干重下降幅度及 Na^+、K^+和 Cl^-含量可作为主要的指标（表 4-10）。

表 4-10 不同海水处理对不同耐海水型菊芋幼苗地上部和根 Na^+、K^+和 Cl^-含量的影响

菊芋类型	处理	Na^+/（mmol/g DW）		K^+/（mmol/g DW）		Cl^-/（mmol/g DW）	
		地上部	根	地上部	根	地上部	根
高度耐海水	0%	0.33±0.18c	0.52±0.24c	1.31±0.32a	1.85±0.50a	0.15±0.14c	0.29±0.25c
	15%	2.62±0.49b	3.35±0.40a	1.18±0.31b	1.79±0.47ab	1.02±0.19b	1.65±0.36b
	30%	3.20±0.57a	3.85±0.66a	1.38±0.39a	1.73±0.45b	1.69±0.51a	1.89±0.58a
中度耐海水	0%	0.28±0.17c	0.39±0.22b	1.17±0.27b	1.75±0.44a	0.12±0.15c	0.18±0.15c
	15%	2.26±0.46b	2.72±0.54b	1.33±0.34a	1.58±0.41b	0.91±0.24b	1.14±0.33b
	30%	2.83±0.49a	3.44±0.57a	1.22±0.29ab	1.35±0.34c	1.28±0.49a	1.52±0.57a
低度耐海水	0%	0.25±0.16c	0.34±0.25c	1.07±0.21a	1.49±0.37a	0.08±0.03c	0.13±0.05c
	15%	1.89±0.35b	2.25±0.54b	1.14±0.26a	1.35±0.33b	0.91±0.20b	1.12±0.29b
	30%	2.43±0.44a	3.11±0.67a	1.10±0.26a	1.31±0.29b	1.10±0.44a	1.35±0.46a

注：表中同项同列数据后相同字母表示在 $P<0.05$ 水平上无显著差异

综上所述，菊芋幼苗地上部和根鲜重、干重与根部 Na^+含量呈极显著负相关，地上部和根鲜重与地上部和根部 Cl^-含量呈显著负相关，地上部和根 Na^+含量与地上部和根部 Cl^-含量呈显著正相关，地上部含水率与地上部 Na^+、Cl^-含量和根 Na^+含量呈极显著负相关，根部含水率与地上部和根 Na^+、Cl^-含量呈显著负相关，说明海水中 Na^+及 Cl^-对菊芋幼苗生长发育有显著的抑制作用，Na^+及 Cl^-吸收和积累的增加影响了细胞分裂和细胞延伸速率。另外，地上部和根干重与地上部和根部 K^+含量呈显著正相关，说明 K^+吸收和积累的增加能促进菊芋幼苗生长发育。地上部和根 Na^+含量与地上部和根部 K^+含量呈显著负相关，与地上部和根部 Cl^-含量呈显著正相关，说明 Na^+的吸收和积累与 K^+吸收和积累的增加有竞争抑制作用，同时 Na^+的吸收和积累伴随着 Cl^-的吸收和积累。

高等植物的根茎叶具有各自独特而又相互耦合的生理功能。根主要有吸收、输导、合成、储藏及支持的功能。茎主要负责物质输导与植株支持，有时也具有储藏和繁殖的功能。菊芋就是利用地下块茎储藏多聚果糖等碳水化合物，并利用地下块茎进行无性繁殖。叶是高等植物最重要的生命物质加工厂，把光能转化成化学能、把无机态碳转化为碳水化合物的关键过程均在叶内进行。从盐分（含海水）胁迫下菊芋根茎叶的盐基离子分布的生态特征发现，菊芋利用代谢生态功能进行趋利避害效果极其显著：随着海水浓度的增加，各菊芋品种根、茎和叶的 Cl^-和 Na^+含量均增加，但品种间差异较显著，这是由于各品种菊芋的离子吸收积累转运存在差异，这也与其抗盐、耐盐性有关。叶片的 Na^+含量显著低于根和茎的 Na^+含量，说明根吸收的 Na^+向地上部，特别是叶片运输选择性降低。但品种间也存在差异，无论在 30%还是 50%海水胁迫下，南菊芋 1 号和 8 号幼苗根 Na^+和 Cl^-含量均显著低于其他菊芋品种，而在茎中，各品种菊芋 Na^+和 Cl^-含量差异不及根中那样显著，南菊芋 1 号与 8 号叶中的 Na^+和 Cl^-含量在海水胁迫条件下又显著低于其他菊芋品种，表明耐盐的菊芋品种首先在根部尽量减少有害盐基离子的进入，即使这些盐基离子进入菊芋植株，也可采用区隔化策略，阻止这些有害离子进入叶片这个生命活动中心，尽量维持正常的光合与同化过程。

4. 不同品种菊芋不同器官不同部位细胞中无机离子分布特征

菊芋一个重要的代谢生态学特征就是调控盐基离子的吸收与分布以适应环境的胁迫，上文讨论了盐胁迫下菊芋各器官中盐基离子的分布特征，本部分从细胞水平上讨论盐胁迫下菊芋表皮细胞、皮层细胞及中柱薄壁（维管束）细胞中盐基离子的分布特征，以进一步揭示植株内的调控过程及其响应机制。

1）海水胁迫南菊芋 1 号和 7 号根部细胞中盐基离子的效应

在植物器官水平研究盐基离子分布特征的基础上，南京农业大学海洋科学及其能源生物资源研究所菊芋研究小组又从细胞水平进行了有益的探索。通过对南菊芋 1 号和 7 号幼苗根横切面 X 射线能谱微区分析的扫描电镜观察（图 4-3、图 4-4），并将不同组织中无机离子峰换算成不同离子占离子总量的百分率（表 4-11），结果表明，15%和 30%海水处理后，Na^+和 Cl^-峰值显著上升，尤其是 Cl^-增加明显，根细胞 Na^+和 Cl^-百分率含量较 0%海水处理高，且除表皮细胞外南菊芋 1 号较南菊芋 7 号高；尽管 K^+峰值变化不明显，但细胞 K^+百分率含量较 0%海水处理低，南菊芋 1 号与南菊芋 7 号间差异不明显；同 K^+类似，Ca^{2+}和 Mg^{2+}峰值在 15%和 30%海水处理下变化也不明显，两品种根细胞 Ca^{2+}百分率含量随海水浓度的增加而降低，而两品种根细胞 Mg^{2+}百分率含量随海水浓度的增加变化不明显。

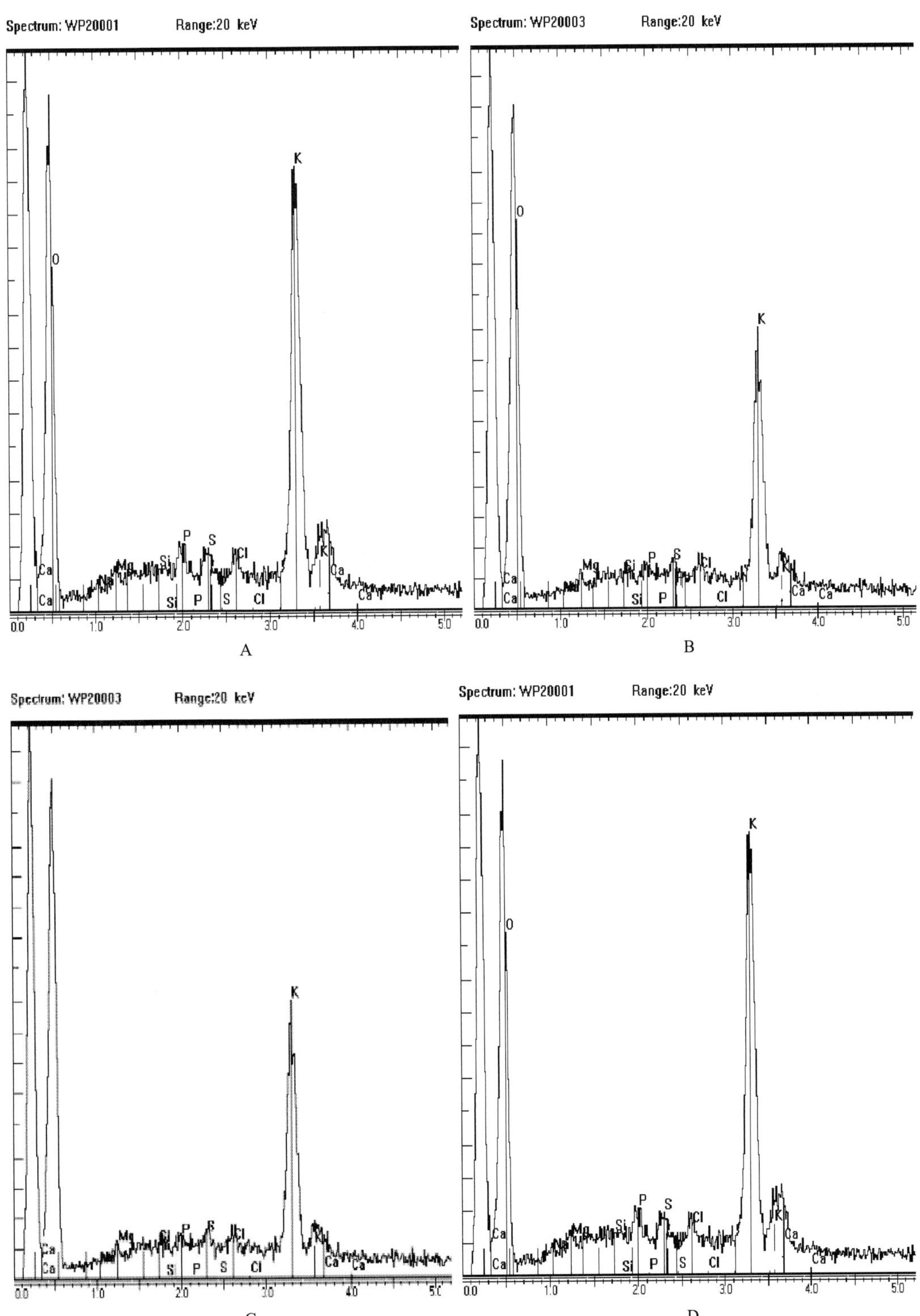
Spectrum: WP20001　Range:20 keV
Spectrum: WP20003　Range:20 keV
Spectrum: WP20003　Range:20 keV
Spectrum: WP20001　Range:20 keV
O
K
Mg
Si
P
S
Cl
Ca
0.0
1.0
2.0
3.0
4.0
5.0

A　B

C　D

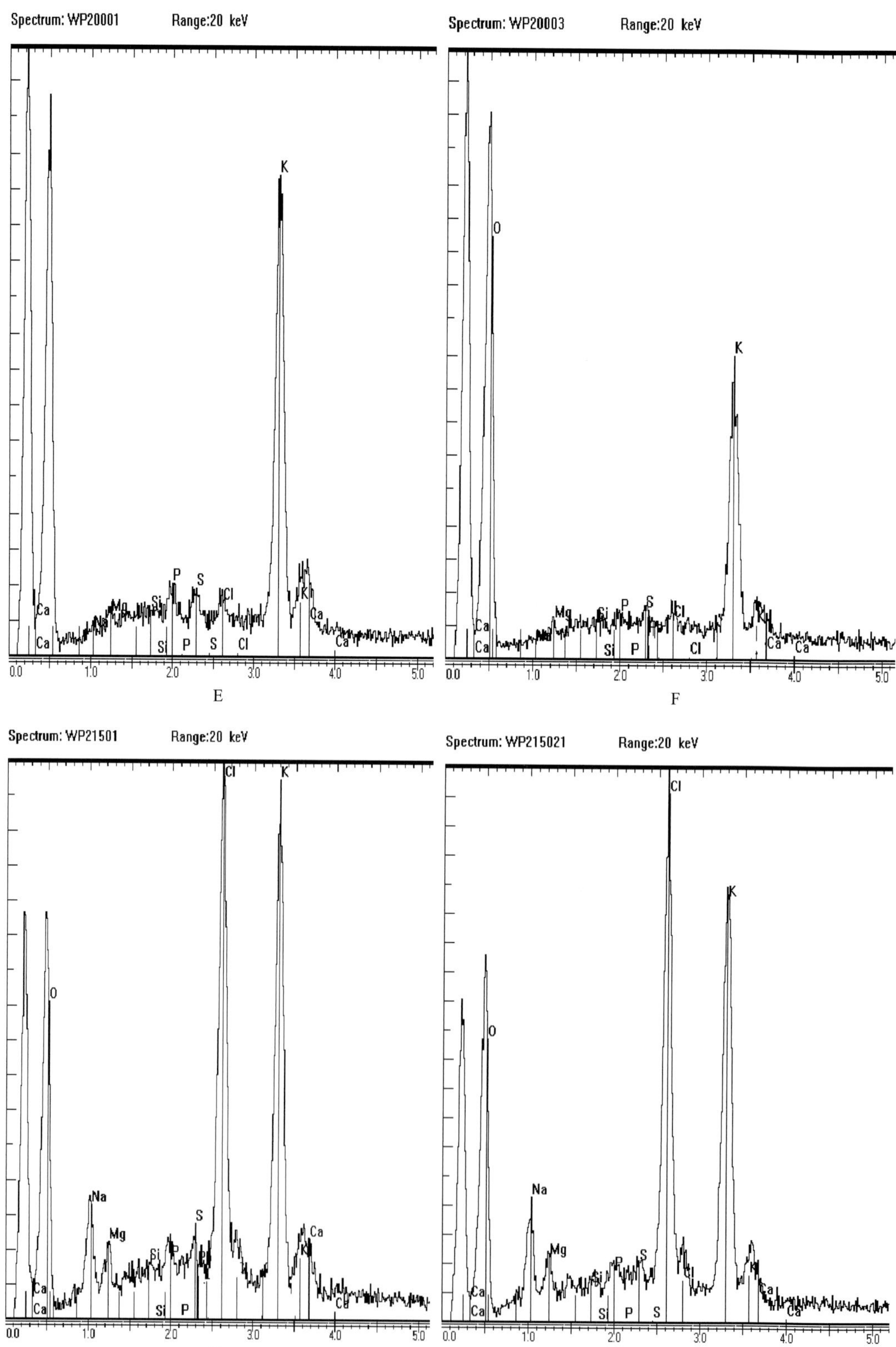

Spectrum: WP20001　Range:20 keV
Ca
Ca
Na
Mg
Si
Si
P
P
S
S
Cl
Cl
K
K
Ca
Ca
0.0
1.0
2.0
3.0
4.0
5.0
E
Spectrum: WP20003　Range:20 keV
O
Ca
Ca
Mg
Si
Si
P
P
S
Cl
Cl
K
K
Ca
Ca
0.0
1.0
2.0
3.0
4.0
5.0
F
Spectrum: WP21501　Range:20 keV
O
Ca
Ca
Na
Mg
Si
Si
P
P
S
Cl
K
K
Ca
Ca
0.0
1.0
2.0
3.0
4.0
5.0
G
Spectrum: WP215021　Range:20 keV
O
Ca
Ca
Na
Mg
Si
Si
P
P
S
S
Cl
Cl
K
K
Ca
Ca
0.0
1.0
2.0
3.0
4.0
5.0
H

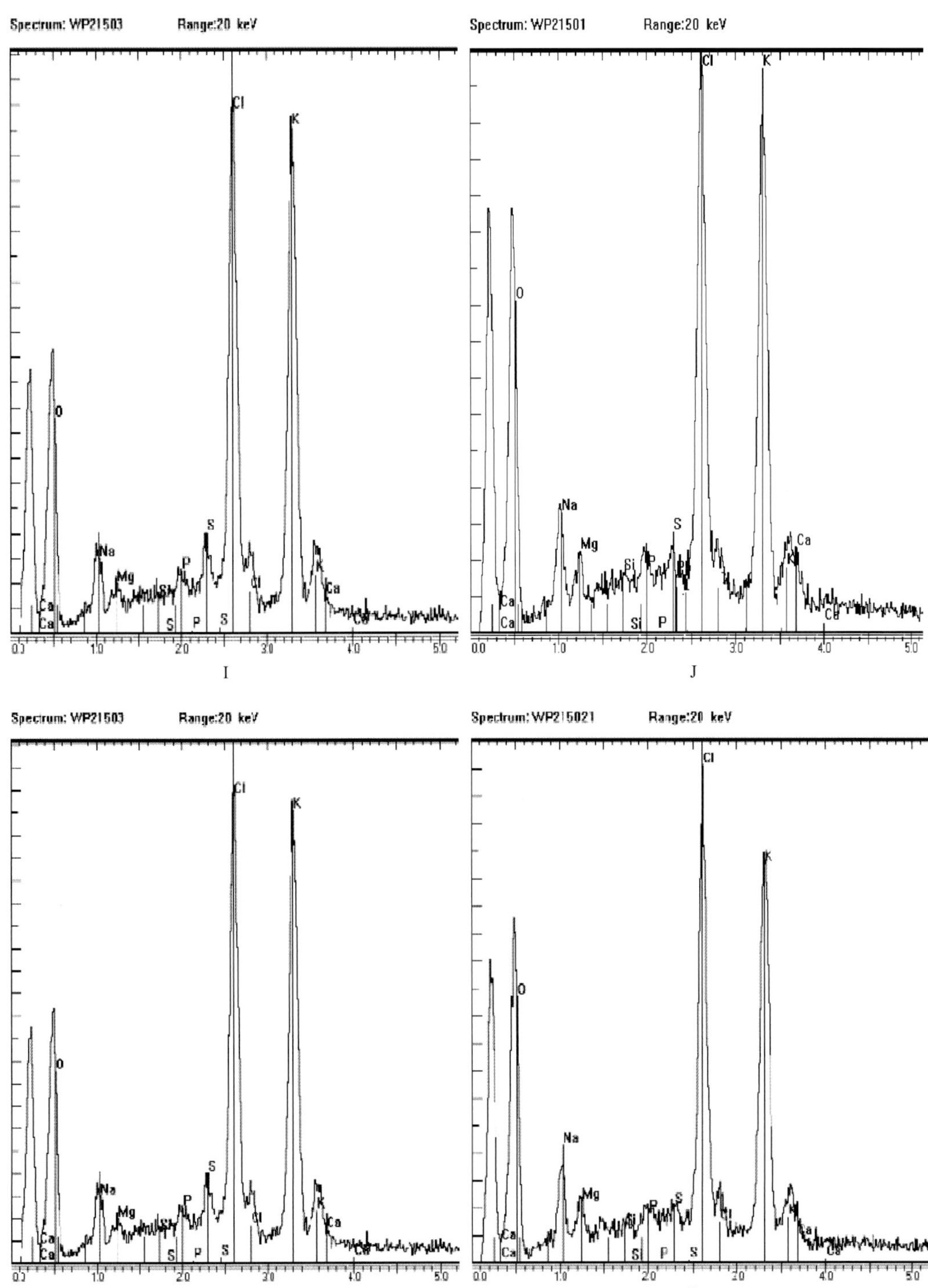

图 4-3　0%和 15%海水处理对菊芋幼苗根系细胞的无机离子含量的影响

A, G: 南菊芋 1 号 0%和 15%海水处理表皮细胞; B, H: 南菊芋 1 号 0%和 15%海水处理皮层细胞; C, I : 南菊芋 1 号 0%和 15%海水处理中柱薄壁细胞; D, J: 南菊芋 7 号 0%和 15%海水处理表皮细胞; E, K: 南菊芋 7 号 0%和 15%海水处理皮层细胞; F, L: 南菊芋 7 号 0%和 15%海水处理中柱薄壁细胞

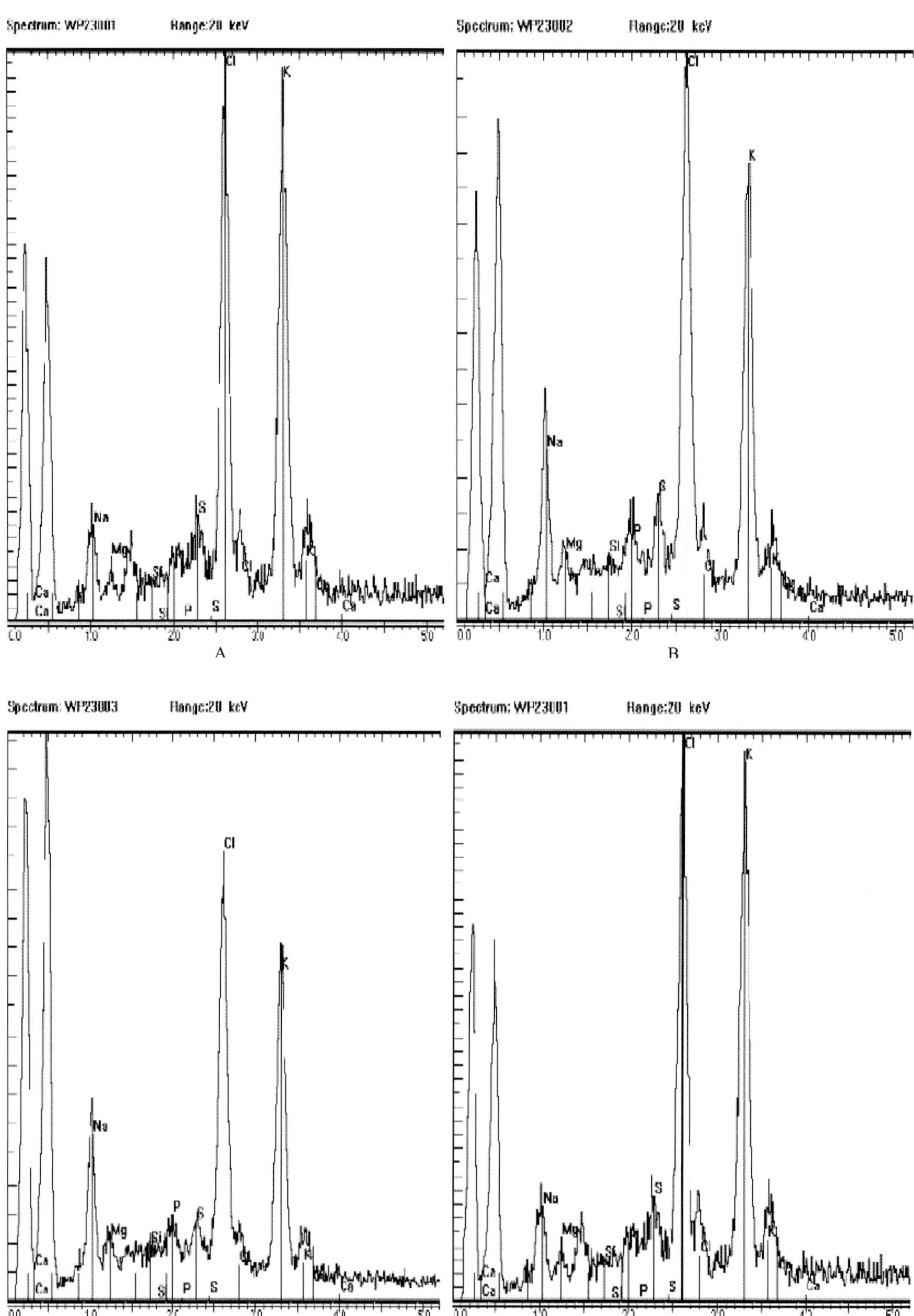
Spectrum: WP23001　Range:20 keV
Cl
K
Na
Mg
S
Ca
Si
P
0.0 1.0 2.0 3.0 4.0 5.0
A
Spectrum: WP23002　Range:20 keV
Cl
K
Na
Mg
Si
P
S
Ca
B
Spectrum: WP23003　Range:20 keV
Cl
K
Na
Mg
Si
P
S
Ca
C
Spectrum: WP23001　Range:20 keV
Cl
K
Na
Mg
S
Si
P
Ca
D

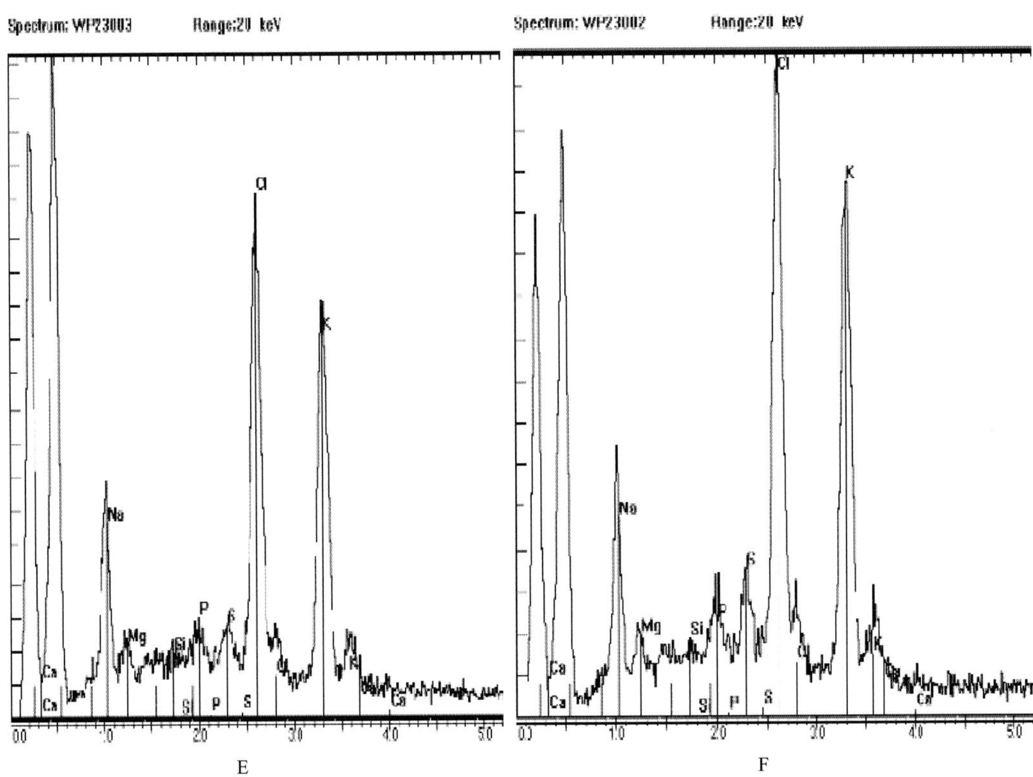

图 4-4　30%海水处理对菊芋幼苗根系细胞的无机离子含量的影响

A：南菊芋 1 号 30%海水处理表皮细胞；B：南菊芋 1 号 30%海水处理皮层细胞；C：南菊芋 1 号 30%海水处理中柱薄壁细胞；D：南菊芋 7 号 30%海水处理表皮细胞；E：南菊芋 7 号 30%海水处理皮层细胞；F：南菊芋 7 号 30%海水处理中柱薄壁细胞

表 4-11　不同浓度海水处理对菊芋幼苗根细胞 Na^+、K^+、Ca^{2+}、Mg^{2+}和 Cl^-含量占盐基离子总量百分率（%）的影响

器官	细胞部位	离子	南菊芋 1 号			南菊芋 7 号		
			淡水	15%海水	30%海水	淡水	15%海水	30%海水
根	表皮细胞	Na^+	2.50	11.16	13.57	1.15	10.11	11.29
		K^+	78.46	35.12	36.12	79.55	35.54	37.07
		Ca^{2+}	10.79	6.06	3.33	10.94	6.13	3.42
		Mg^{2+}	3.64	3.63	2.23	3.69	3.68	2.29
		Cl^-	4.60	44.02	44.76	4.66	44.54	45.94
	皮层细胞	Na^+	0.38	1.57	21.83	0.26	1.31	19.68
		K^+	74.55	33.47	35.57	74.36	37.37	36.55
		Ca^{2+}	13.03	13.63	2.39	12.99	13.45	2.45
		Mg^{2+}	4.25	4.13	3.81	4.24	4.07	3.91
		Cl^-	8.17	48.77	36.40	8.15	43.79	37.40
	中柱薄壁细胞	Na^+	2.16	8.37	20.55	2.03	8.07	19.64
		K^+	75.16	37.66	35.10	75.25	37.78	35.50
		Ca^{2+}	11.66	3.35	1.66	11.68	3.36	1.68
		Mg^{2+}	4.45	2.52	3.65	4.46	2.53	3.69
		Cl^-	6.57	48.10	39.04	6.58	48.26	39.48

2）海水胁迫南菊芋 1 号和 7 号茎细胞的盐基离子的效应

对南菊芋 1 号和 7 号幼苗茎横切面 X 射线能谱微区分析的扫描电镜观察（图 4-5～图 4-7），并将不同组织中盐基离子峰换算成不同离子占离子总量的百分率（表 4-12），

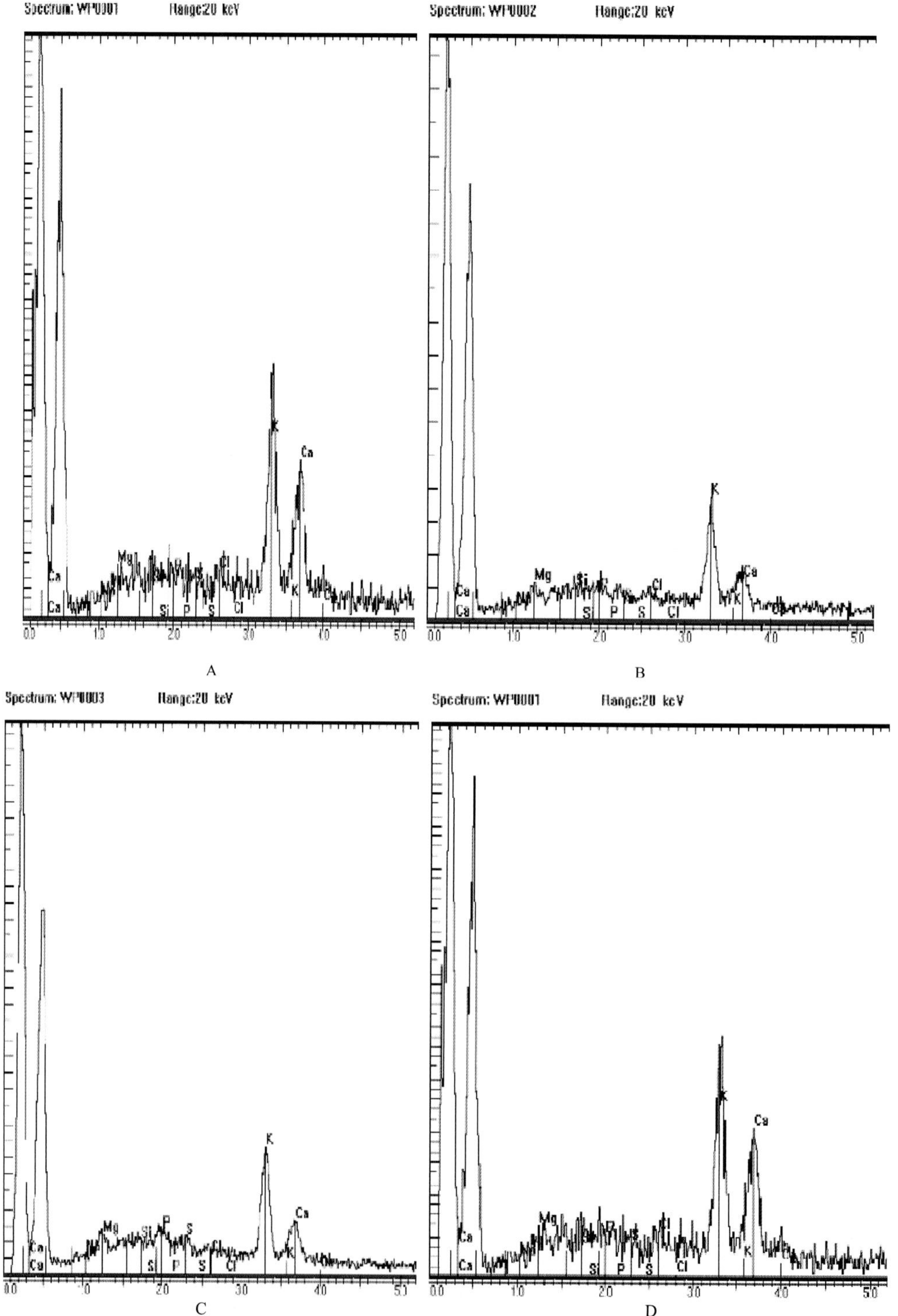

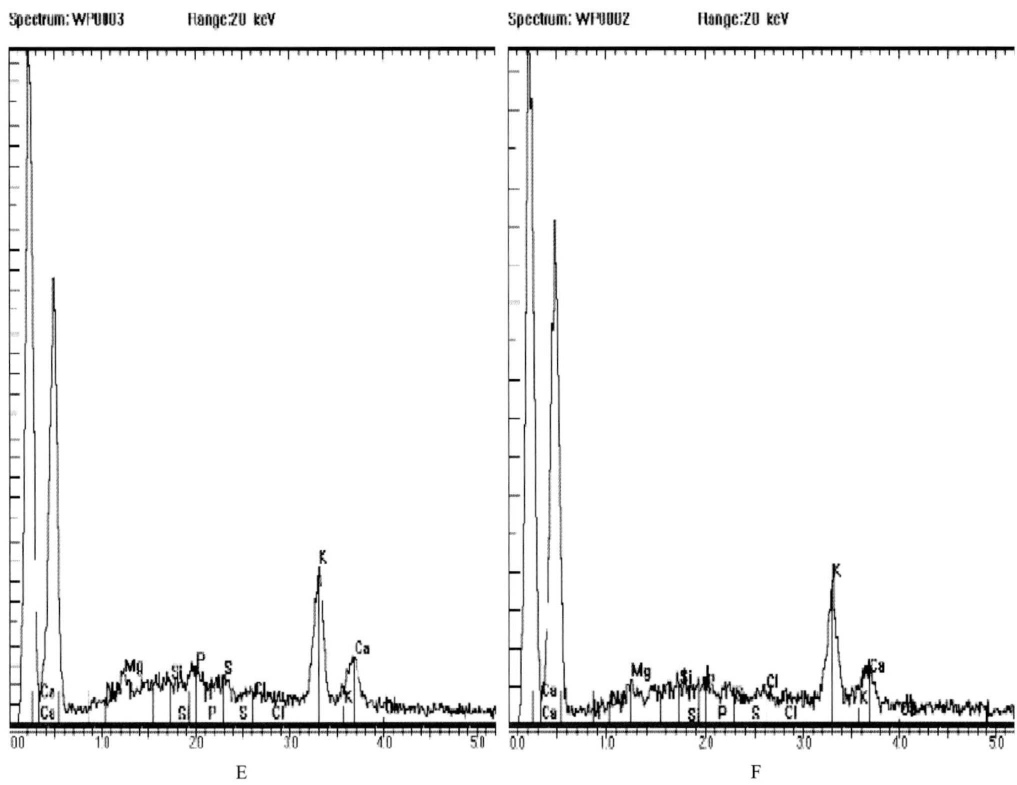

图 4-5　淡水处理对菊芋幼苗茎细胞的无机离子含量的影响

A: 南菊芋 1 号表皮细胞; B: 南菊芋 1 号皮层细胞; C: 南菊芋 1 号中柱薄壁细胞; D: 南菊芋 7 号表皮细胞; E: 南菊芋 7 号皮层细胞; F: 南菊芋 7 号中柱薄壁细胞

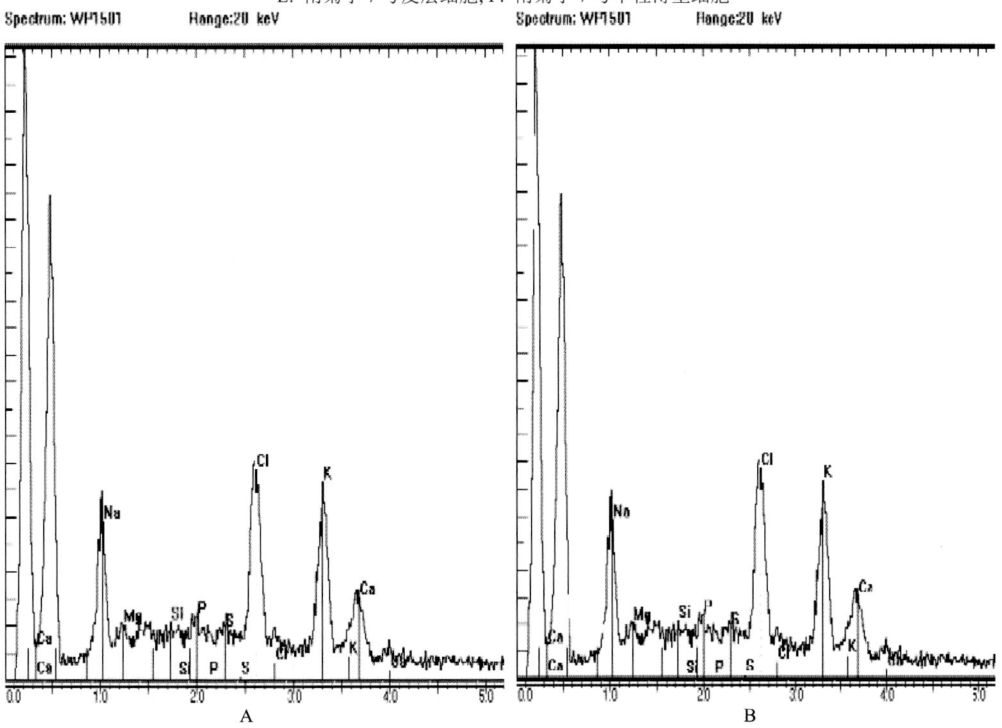

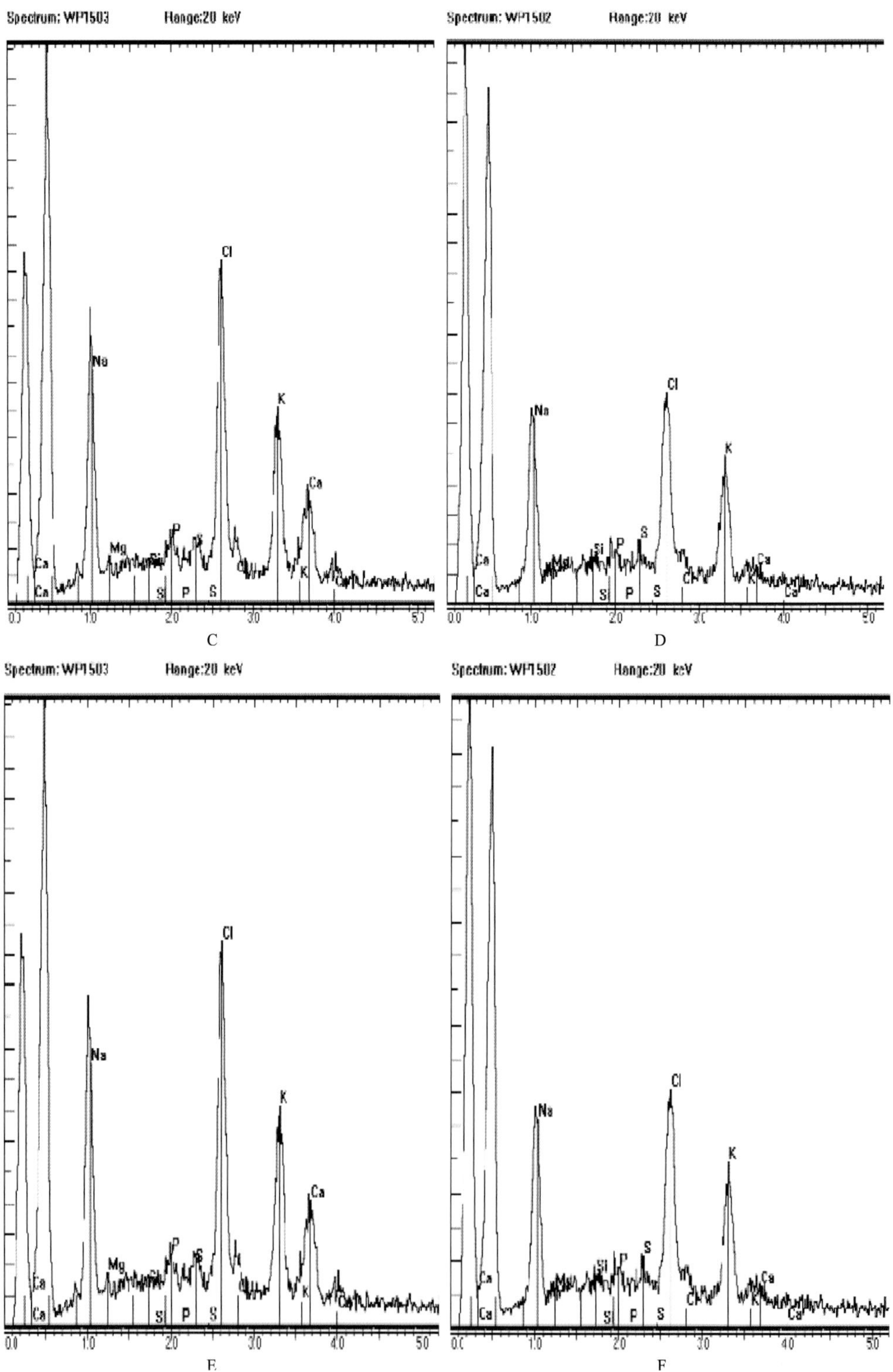

图 4-6　15%海水处理对菊芋幼苗茎细胞的无机离子含量的南菊芋影响

A：南菊芋 1 号表皮细胞；B：南菊芋 1 号皮层细胞；C：南菊芋 1 号中柱薄壁细胞；D：7 号表皮细胞；E：南菊芋 7 号皮层细胞；F：南菊芋 7 号中柱薄壁细胞

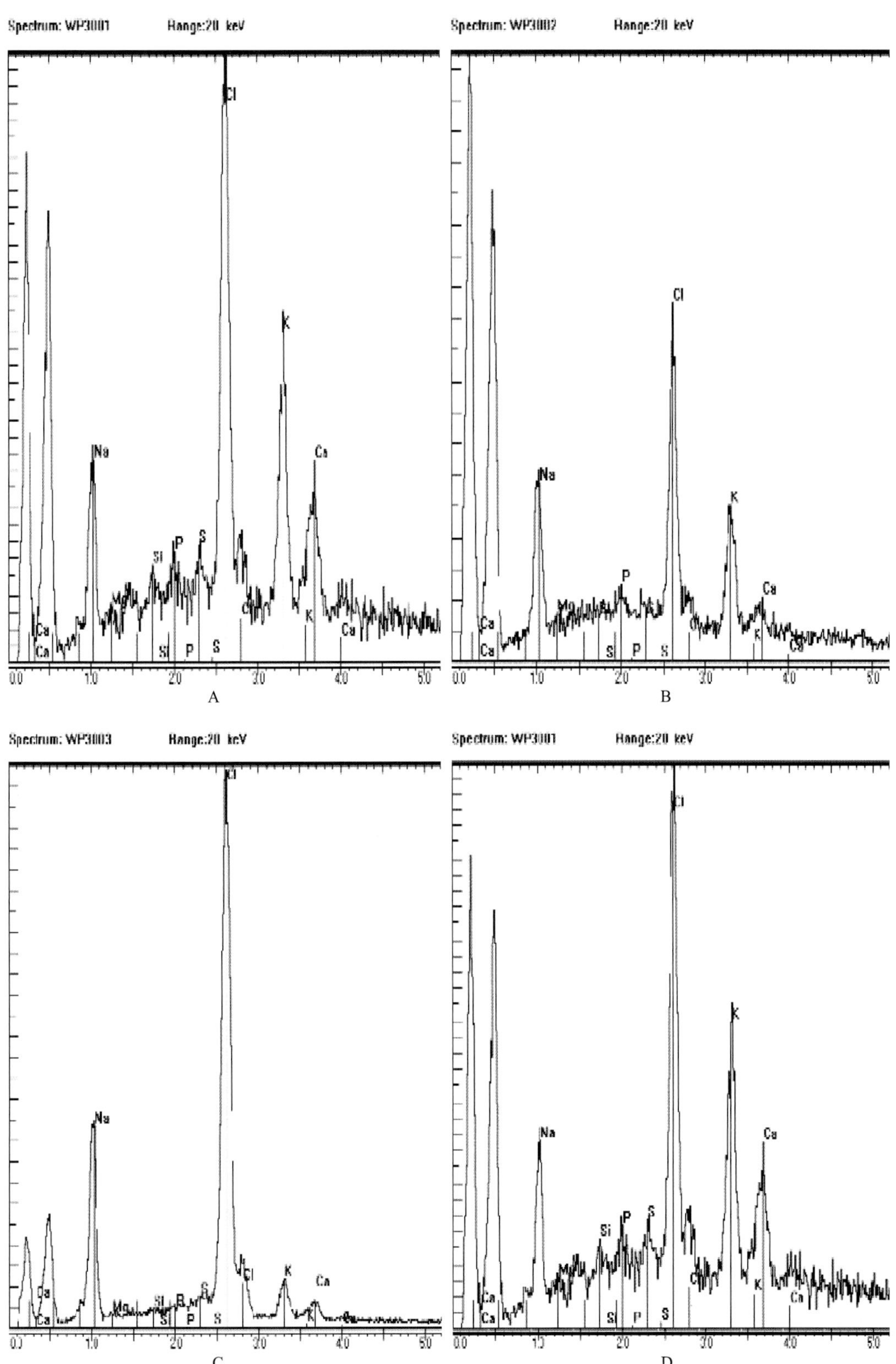
Spectrum: WP3001 Range:20 keV
Cl
K
Na
Ca
Si
P
S
0.0 1.0 2.0 3.0 4.0 5.0
A
Spectrum: WP3002 Range:20 keV
Cl
Na
K
P
Ca
0.0 1.0 2.0 3.0 4.0 5.0
B
Spectrum: WP3003 Range:20 keV
Cl
Na
K
Ca
Mg
0.0 1.0 2.0 3.0 4.0 5.0
C
Spectrum: WP3001 Range:20 keV
Cl
K
Na
Ca
Si
P
S
0.0 1.0 2.0 3.0 4.0 5.0
D

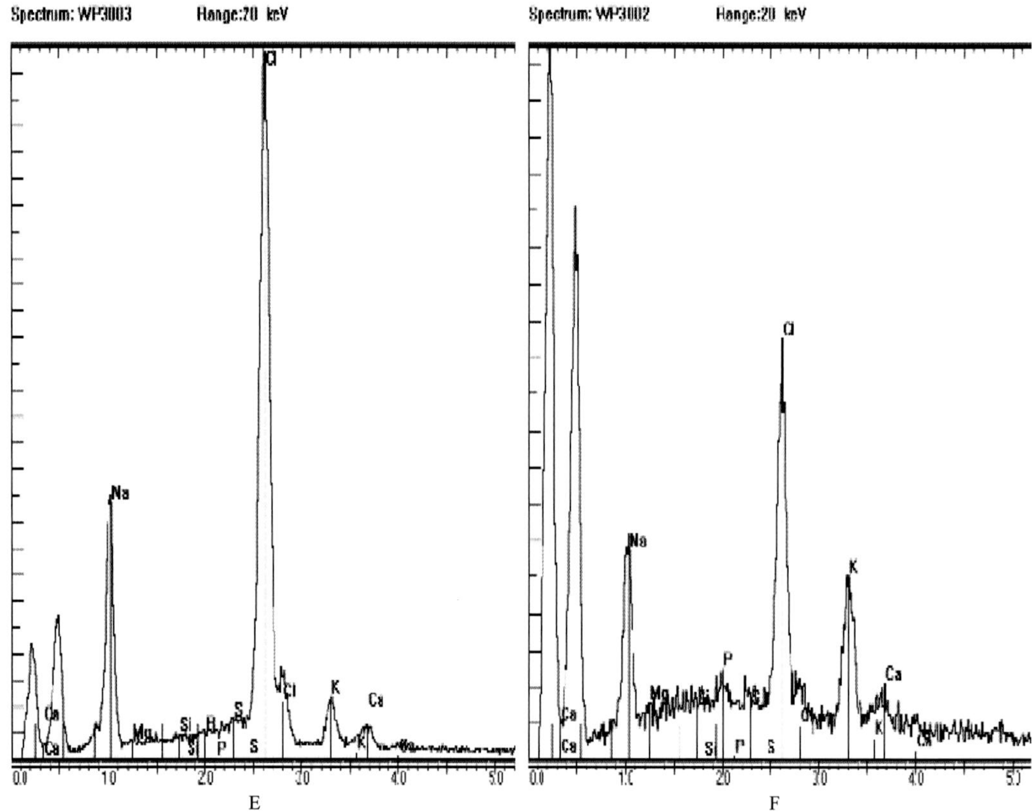

图 4-7 30%海水处理对菊芋幼苗茎细胞的无机离子含量的影响

A: 南菊芋 1 号表皮细胞; B: 南菊芋 1 号皮层细胞; C: 南菊芋 1 号中柱薄壁细胞; D: 南菊芋 7 号表皮细胞; E: 南菊芋 7 号皮层细胞; F: 南菊芋 7 号中柱薄壁细胞

结果表明，15%和 30%海水处理后，Na^+和 Cl^-峰值显著上升，尤其是 Cl^-增加明显，细胞中 Na^+和 Cl^-百分率含量较 0%海水处理高；尽管 K^+峰值变化不明显，但 15%和 30%海水处理下菊芋茎细胞 K^+百分率含量较 0%海水处理低，南菊芋 1 号与南菊芋 7 号间差异不明显；同 K^+类似，Ca^{2+}和 Mg^{2+}峰值在 15%和 30%海水处理下变化也不明显。

表 4-12 不同浓度海水处理对菊芋幼苗茎细胞 Na^+、K^+、Ca^{2+}、Mg^{2+}和 Cl^-含量占盐基离子总量百分率（%）的影响

茎	离子	南菊芋 1 号			南菊芋 7 号		
		0%	15%	30%	0%	15%	30%
表皮细胞	Na^+	6.03	23.38	23.04	5.51	22.65	11.97
	K^+	46.53	25.14	21.58	46.78	21.69	27.28
	Ca^{2+}	33.82	10.94	14.40	34.01	14.47	19.01
	Mg^{2+}	6.95	7.00	2.82	6.99	2.84	7.05
	Cl^-	6.68	29.53	38.16	6.71	38.35	34.69
皮层细胞	Na^+	6.26	33.50	38.41	5.63	29.46	34.78
	K^+	52.05	39.34	17.68	52.41	21.95	18.95

续表

茎	离子	南菊芋 1 号			南菊芋 7 号		
		0%	15%	30%	0%	15%	30%
皮层细胞	Ca^{2+}	22.09	2.65	5.15	22.24	5.22	2.74
	Mg^{2+}	13.00	3.84	4.15	13.08	4.21	3.97
	Cl^-	6.60	40.67	34.62	6.64	35.16	39.56
中柱薄壁细胞	Na^+	2.50	30.08	33.56	3.13	29.45	32.41
	K^+	55.36	23.96	15.07	55.01	19.08	17.45
	Ca^{2+}	22.54	11.35	2.61	22.40	2.61	11.68
	Mg^{2+}	14.90	2.38	0.78	14.81	0.79	2.45
	Cl^-	4.69	32.22	47.98	4.66	48.08	36.01

3）海水胁迫南菊芋 1 号和 7 号叶片细胞中盐基离子的效应

对南菊芋 1 号和 7 号幼苗叶片 X 射线能谱微区分析的扫描电镜观察（图 4-8～图 4-10），并将不同组织中无机离子峰换算成不同离子占离子总量的百分率（表 4-13），结果表明，15%和 30%海水处理后，Na^+和 Cl^-峰值显著上升，尤其是 Cl^-增加明显，细胞中 Na^+和 Cl^-百分率含量较 0%海水处理高；K^+峰值变化不明显，南菊芋 1 号与南菊芋 7 号间差异不明显；同 K^+类似，Ca^{2+}和 Mg^{2+}峰值在 15%和 30%海水处理下变化也不明显，但两品种叶片细胞 Ca^{2+} 和 Mg^{2+}百分率含量大多在 0%海水处理下最高。

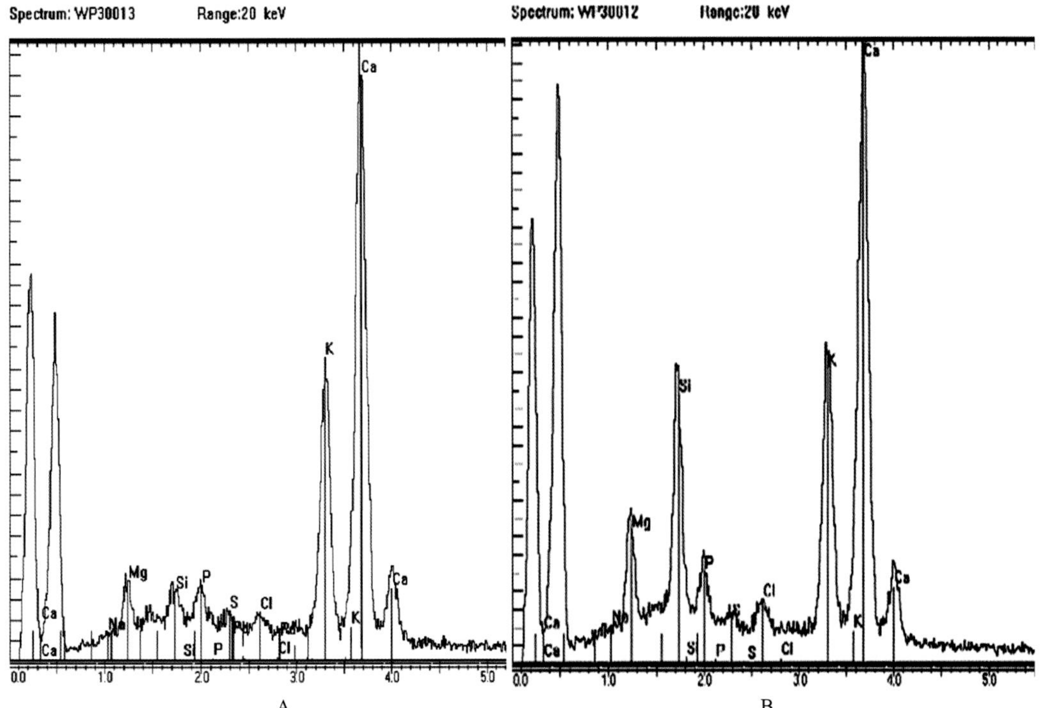

A　　B

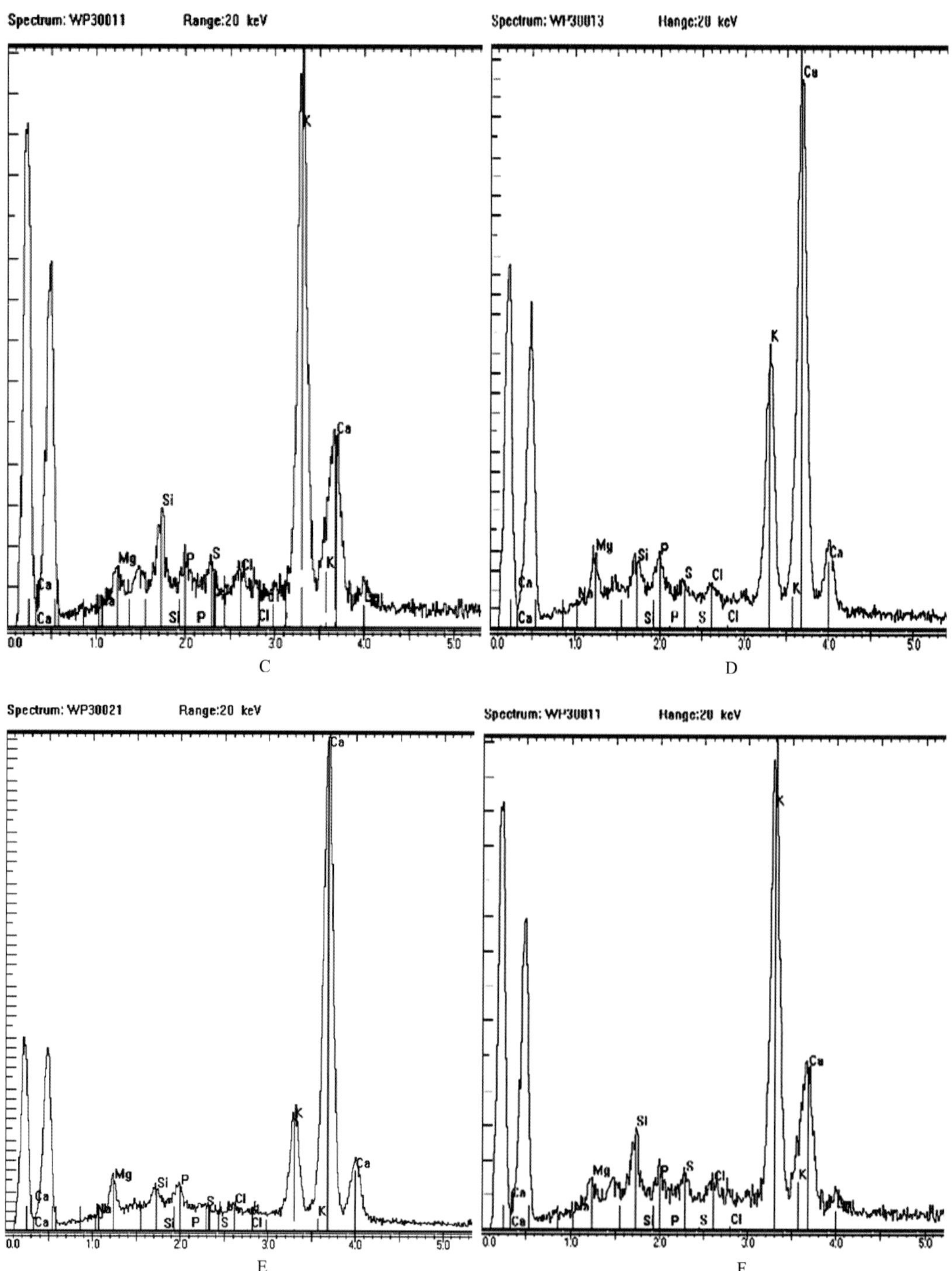

图 4-8　淡水处理对菊芋幼苗叶片细胞的盐基离子含量的影响

A：南菊芋 1 号表皮细胞；B：南菊芋 1 号皮层细胞；C：南菊芋 1 号维管束细胞；D：南菊芋 7 号表皮细胞；E：南菊芋 7 号皮层细胞；F：南菊芋 7 号维管束细胞

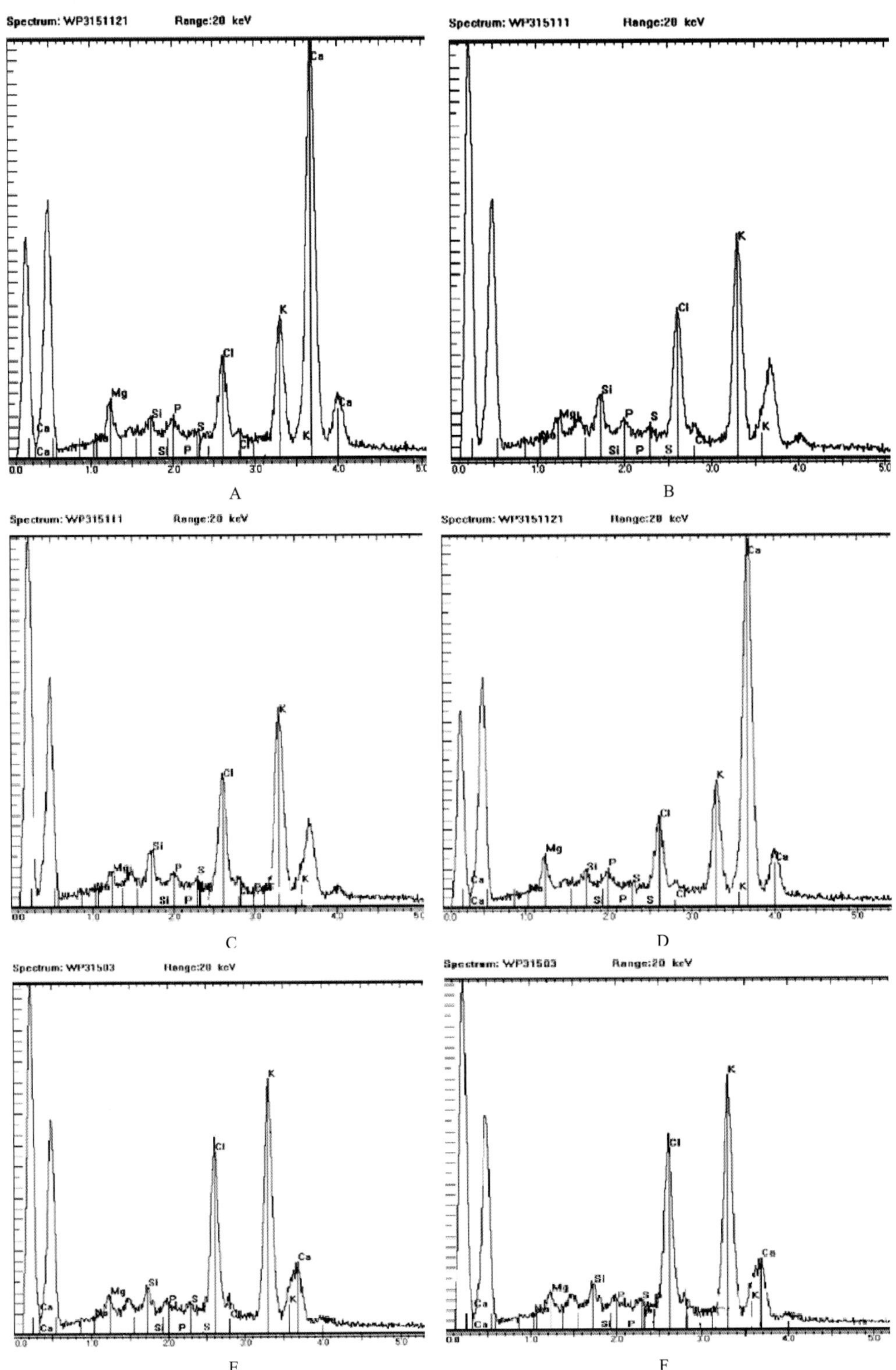

图 4-9　15%海水处理对菊芋幼苗叶片细胞的盐基离子含量的影响

A：南菊芋 1 号表皮细胞；B：南菊芋 1 号皮层细胞；C：南菊芋 1 号维管束细胞；D：南菊芋 7 号表皮细胞；E：南菊芋 7 号皮层细胞；F：南菊芋 7 号维管束细胞

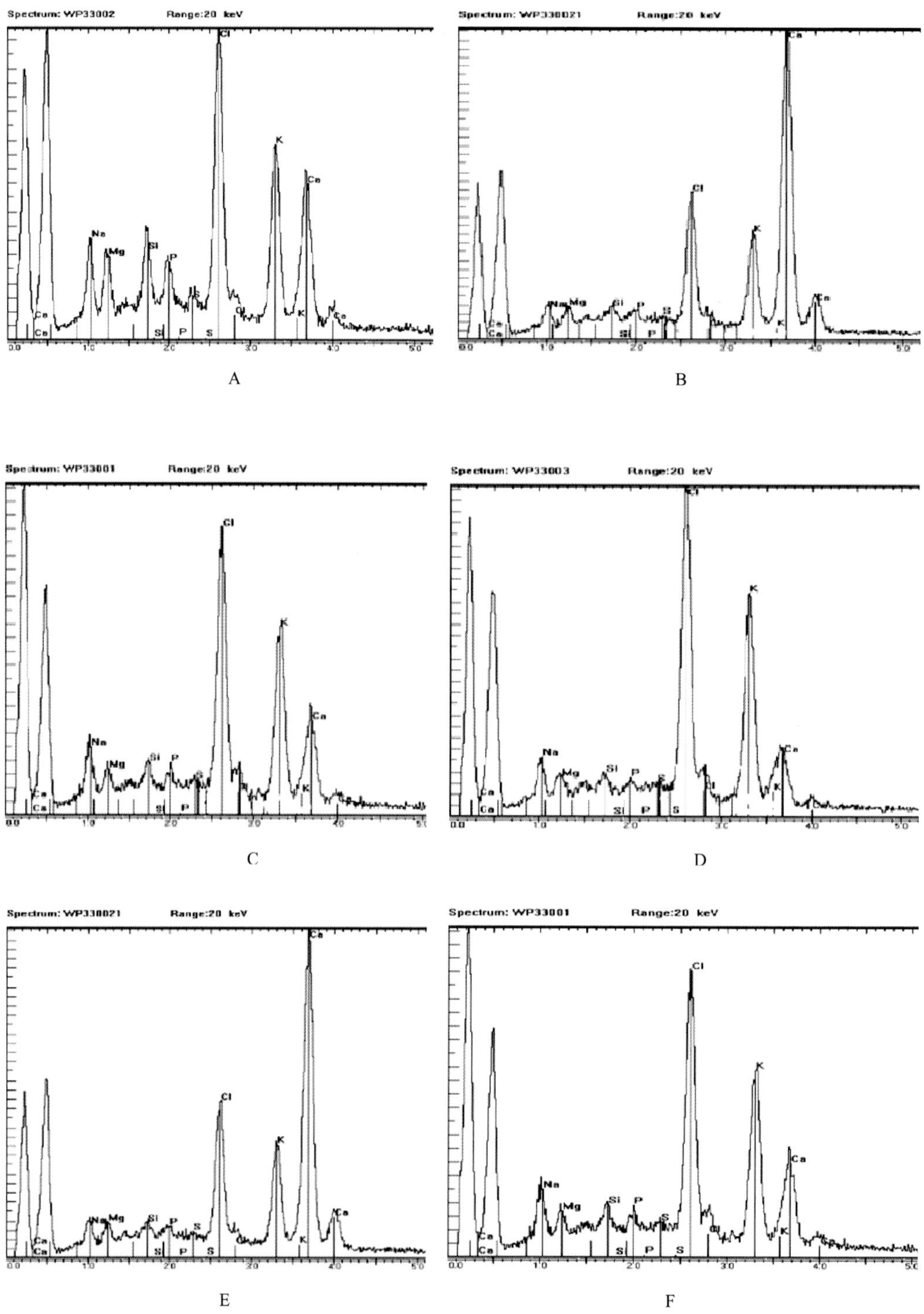

图 4-10　30%海水处理对菊芋幼苗叶片细胞的盐基离子含量的影响

A：南菊芋 1 号表皮细胞；B：南菊芋 1 号皮层细胞；C：南菊芋 1 号维管束细胞；D：南菊芋 7 号表皮细胞；E：南菊芋 7 号皮层细胞；F：南菊芋 7 号维管束细胞

表 4-13　不同浓度海水处理对菊芋幼苗叶细胞 Na^{+}、K^{+}、Ca^{2+}、Mg^{2+}和 Cl^{-}含量占盐基离子总量百分率（%）的影响

叶	离子	南菊芋 1 号			南菊芋 7 号		
		0%	15%	30%	0%	15%	30%
表皮细胞	Na^{+}	0.70	11.59	12.79	0.59	11.48	12.99
	K^{+}	21.39	31.08	26.49	21.40	31.11	26.43
	Ca^{2+}	55.72	34.36	19.29	55.77	34.40	18.25
	Mg^{2+}	4.12	4.29	2.78	4.12	4.29	2.77
	Cl^{-}	18.08	18.69	38.66	18.11	18.71	38.56
皮层细胞	Na^{+}	0.88	10.89	13.20	0.77	10.52	12.82
	K^{+}	20.89	31.87	17.61	20.91	32.00	17.72
	Ca^{2+}	56.01	24.30	35.08	56.07	24.41	35.11
	Mg^{2+}	4.03	7.41	4.10	4.04	7.44	4.12
	Cl^{-}	18.19	25.53	30.02	18.22	25.63	30.23
维管束细胞	Na^{+}	2.50	7.67	9.21	2.45	6.68	8.85
	K^{+}	49.77	40.46	16.11	49.79	39.11	16.14
	Ca^{2+}	28.88	12.37	13.04	28.89	12.50	13.05
	Mg^{2+}	5.98	3.81	0.80	5.98	3.85	0.80
	Cl^{-}	12.87	35.69	60.84	12.89	37.86	61.15

前面已研究了五大离子在菊芋不同器官不同细胞中的分布特征。众所周知，钠、钾与钙三大元素是菊芋调节盐分逆境胁迫的重要机制元素，为此南京农业大学海洋科学及其能源生物资源研究所菊芋研究小组对菊芋不同器官不同部位细胞中三大离子的消长进行了分析，以揭示菊芋细胞代谢生态机制。

钠离子是植物渗透调节的重要物质之一，然而过多的钠离子又会对植物造成严重的危害。植物中不同器官不同部位的细胞具有各自独特的生理功能，菊芋利用区隔化机制将钠离子输入相应器官相应部位的细胞中，以尽量缓解其对自身生命过程的危害。图 4-11 与图 4-12 比较了南菊芋 1 号与南菊芋 7 号根、茎、叶中表皮细胞、皮层细胞与中柱薄壁（维管束）细胞中钠离子占总离子百分比的动态变化。吸收水分与养分是植物根的主要生理功能之一，尤其是在 15%海水处理下，菊芋根中皮层细胞中钠离子比例远远低于表皮细胞，似乎表明低浓度海水胁迫下菊芋根皮层的凯氏带阻挡钠离子进入其内部，以缓解其毒害，当海水浓度为 30%时，凯氏带阻止钠离子的效果下降。有机无机养分的上下运输为植物茎秆的主要生理功能，因此菊芋“理智”地将过多的钠离子“关闭”在其茎中，并比较均衡地分布于菊芋茎中的表皮细胞、皮层细胞与中柱薄壁细胞中，以缓解钠离子毒害对其生命代谢的干扰。植物叶片是植物光合作用的核心场所，是植物重要代谢的中枢，在高浓度海水胁迫下，在菊芋叶片中无论是表皮细胞，还是皮层细胞与维管束细胞中的钠离子占总离子的百分比均远低于菊芋根部与茎部的各部位细胞中钠离子占的百分比。

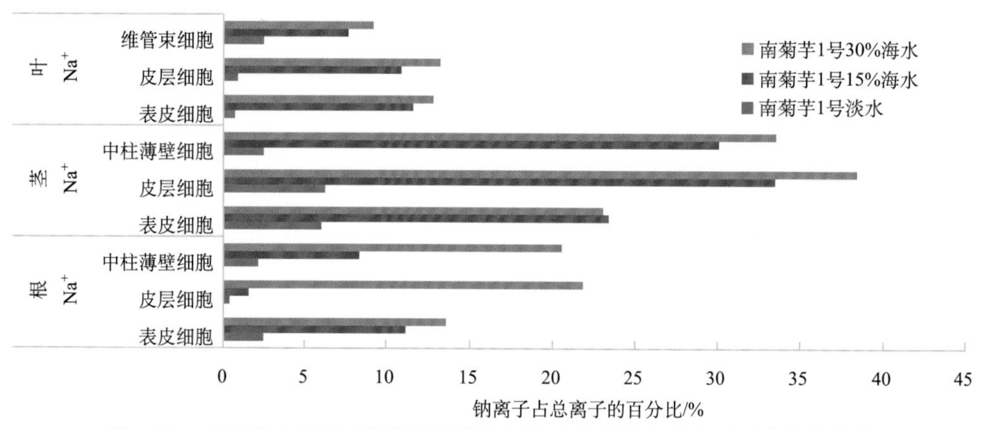

图 4-11　南菊芋 1 号不同器官不同部位细胞中钠离子占总离子百分比的变化

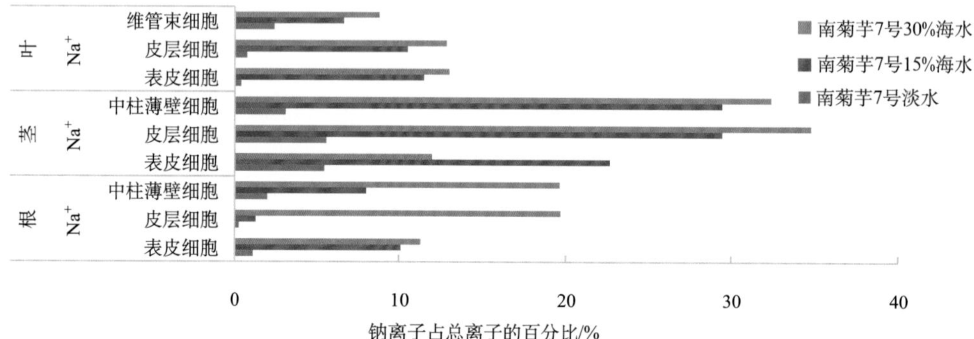

图 4-12　南菊芋 7 号不同器官不同部位细胞中钠离子占总离子百分比的变化

比较图 4-11 与图 4-12 还发现，南菊芋 1 号茎中储钠能力强于南菊芋 7 号，这是南菊芋 1 号耐盐能力高于南菊芋 7 号的重要原因之一。

钾有助于作物的抗逆性。钾的重要生理作用之一是增强细胞对环境条件的调节作用，增强植物对各种不良状况的忍受能力。图 4-13 和图 4-14 分析了南菊芋 1 号与南菊芋 7 号在不同浓度胁迫下，其根、茎、叶中的表皮细胞、皮层细胞与中柱薄壁（维管束）细胞中钾离子占总离子百分比的变化。

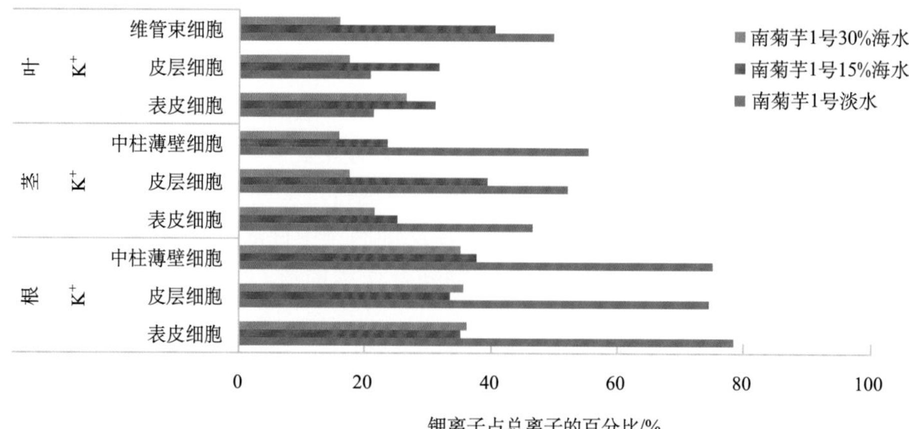

图 4-13　南菊芋 1 号不同器官不同部位细胞中钾离子占总离子百分比的变化

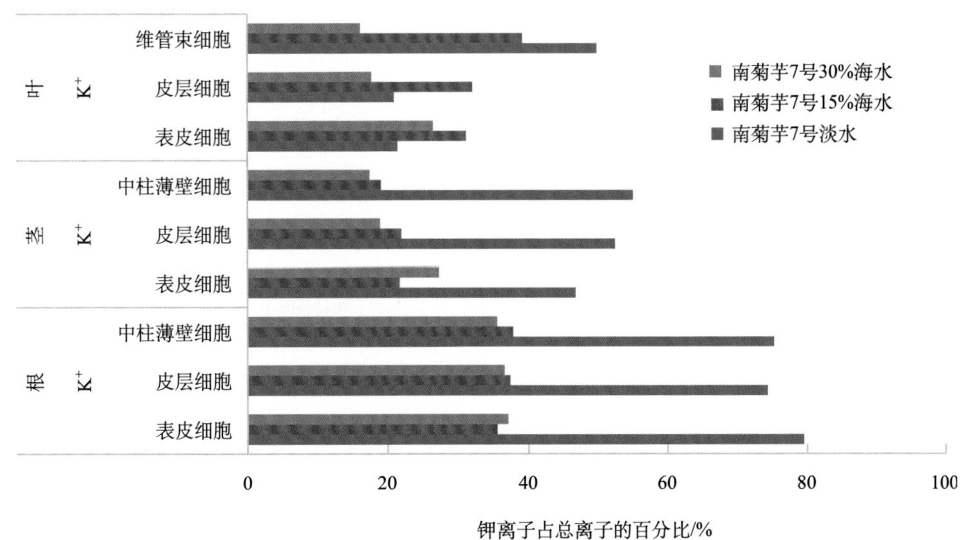

图 4-14　南菊芋 7 号不同器官不同部位细胞中钾离子占总离子百分比的变化

由 15%海水上升到 30%海水处理，南菊芋 1 号根的表皮与皮层细胞中钾离子占总离子百分比呈升高的趋势，表明随着海水胁迫的加剧，南菊芋 1 号根对钾的吸收能力重新加强；而在其茎中，钾离子占总离子的百分比随海水胁迫的加剧而呈梯度下降趋势；南菊芋 1 号从淡水到 15%海水处理，其叶表皮与皮层细胞中钾离子占总离子的百分比显著增加，反映菊芋选择性地把调节盐胁迫的钾离子优先集中到其生长相关的关键器官的关键部位细胞，以保护其生长代谢的正常进行，这也是菊芋在适当盐分胁迫下反而生长更好的最好诠释原因之一。

南菊芋 7 号在不同盐浓度胁迫下，其根、茎、叶中的表皮细胞、皮层细胞与中柱薄壁（维管束）细胞中钾离子占总离子百分比也呈同样的变化趋势，不过这种变化趋势较南菊芋 1 号稍平缓一些，从侧面反映，南菊芋 1 号具有更强的耐盐能力。

植物中的钾离子除了具有渗透调节物质的功能外，其另一抗逆生理功能就是通过调节细胞中的钾钠比来缓解钠离子对植物的毒害作用。图 4-15 显示两个菊芋品种在 15%海水胁迫下，根、叶中不同部位细胞中的钾钠比均显著地高于茎中相应不同部位细胞中的钾钠比，而在 30%海水胁迫下，这种差异降低。

钙是植物必需的营养元素，同时也是植物体内转导多种生理过程的胞内胞外信号物质之一。胞外 Ca^{2+}通过 Ca^{2+}通道内流进入胞质，并通过 Ca^{2+}-ATPase 和 Ca^{2+}/H^{+}反向转运蛋白外流，以保持胞质内低 Ca^{2+}浓度。同时为了应对植物发育和环境胁迫信号，Ca^{2+}由质膜、液泡膜和内质网膜的 Ca^{2+}通道内流进入胞质，导致胞质 Ca^{2+}浓度迅速增加，产生钙瞬变和钙振荡，传递到钙信号靶蛋白（如钙调素、钙依赖型蛋白激酶及钙调磷酸酶 B 类蛋白），引起特异的生理生化反应，这一系列钙信号调节、应答机制构成了植物的钙信号系统。本书 3.5 节从菊芋细胞膜的稳定性、抗氧化酶活性、光合速率等方面详细地阐述了钙离子对菊芋盐胁迫的缓解效应及机制。这一节从菊芋不同器官不同部位细胞中钙离子占总离子百分比的变化特征来探索菊芋细胞代谢生态水平钙离子缓解盐害的潜在能力。

图 4-16 为菊芋根中不同部位细胞中钙离子占总离子的百分比，在 15%海水胁迫下，两种菊芋根的皮层细胞中钙离子占的百分比最高，占 60%左右，表皮细胞占 25%左右，中柱薄壁细胞占 15%左右；而在高浓度海水胁迫下，菊芋根表皮细胞中钙离子上升到 45%左右，表层与中柱薄壁细胞钙离子比例下降。

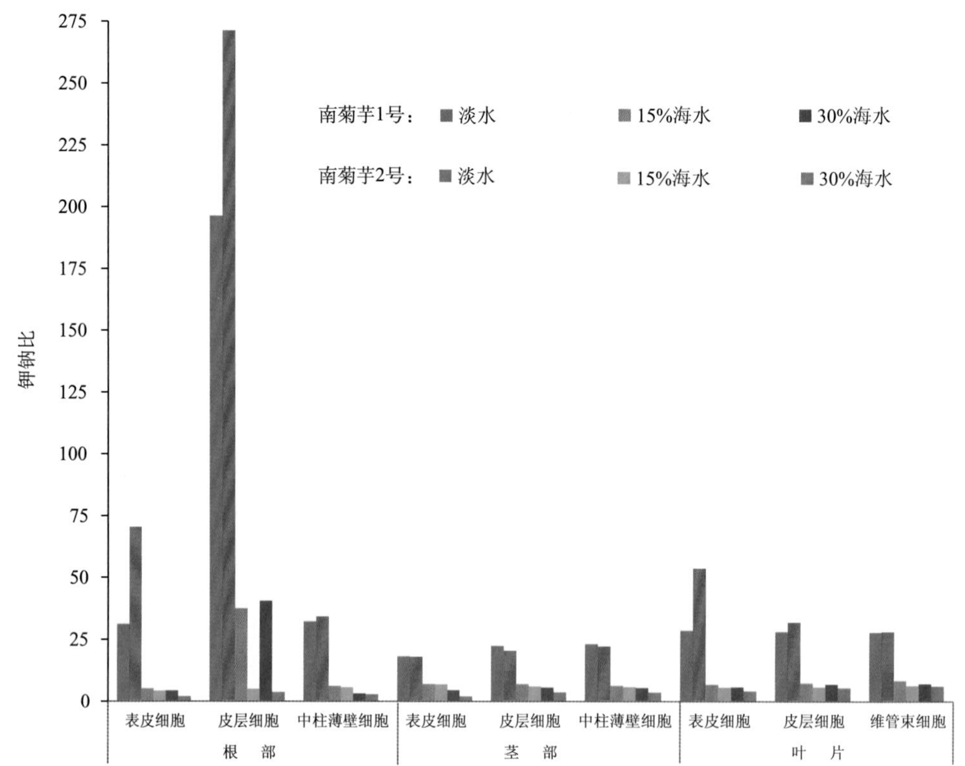

图 4-15　海水处理下两种菊芋不同器官不同部位细胞中钾钠比变化

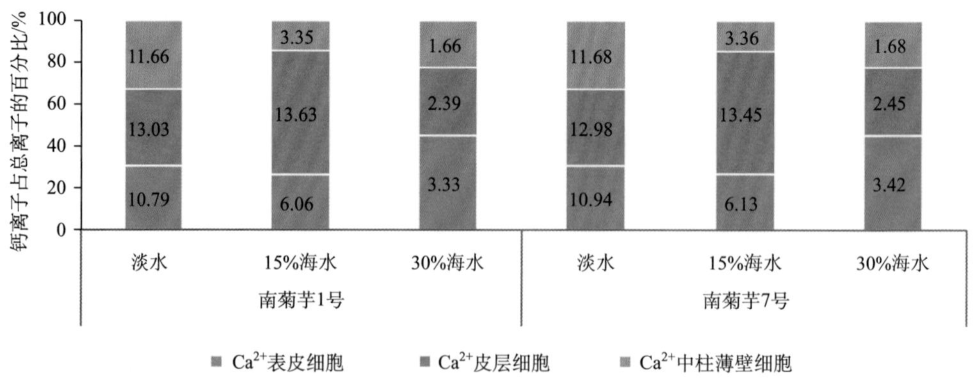

图 4-16　菊芋根中不同部位细胞中钙离子占总离子的百分比

钙离子在茎中各部位细胞中占的比例与根的钙离子分布明显不同，钙离子在表皮细胞中占 42%～65%，在皮层细胞中占 8%～25%（图 4-17）。

菊芋叶片中不同部位细胞中钙离子分布特征与根的钙离子分布特征有些相似之处，

即菊芋叶片皮层细胞中钙离子所占比例较大，表皮细胞中钙离子所占比例次之，而维管束细胞中钙离子所占比例均在 20%左右，几无变化（图 4-18）。

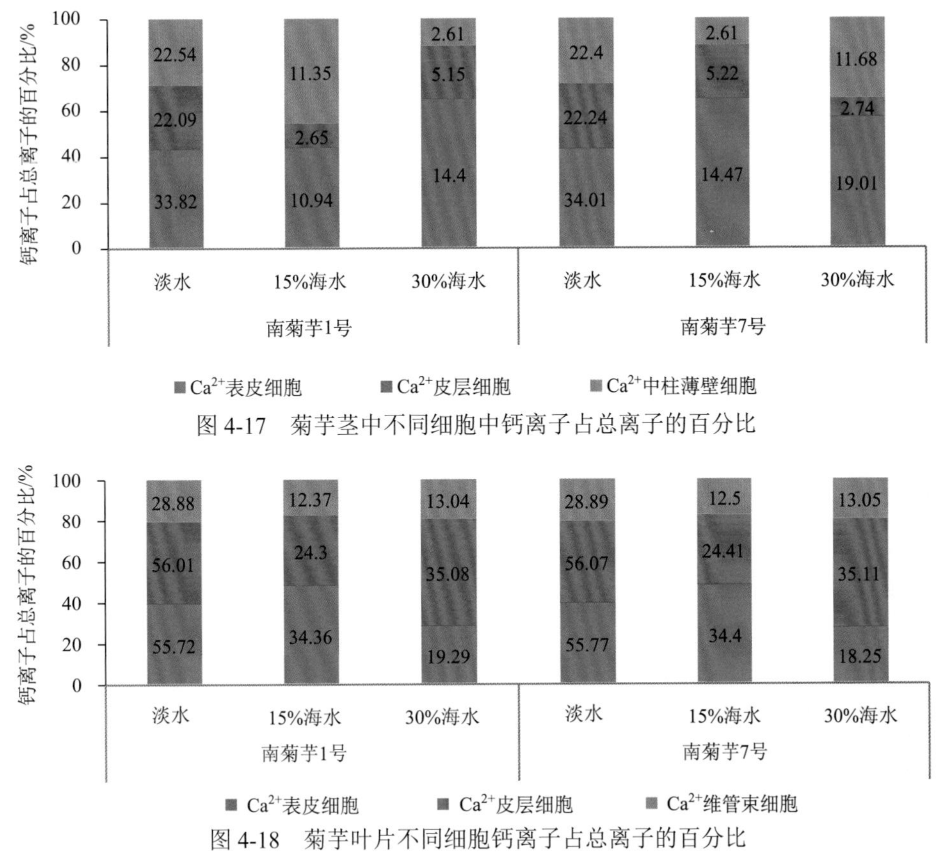

图 4-17　菊芋茎中不同细胞中钙离子占总离子的百分比

图 4-18　菊芋叶片不同细胞钙离子占总离子的百分比

通过对盐胁迫下有害的钠离子与缓解盐害的钾离子和钙离子在不同器官不同部位细胞中的消长关系变化综合分析，发现菊芋将有害的钠离子尽量区隔于与物质生产和生命代谢不直接相关的器官的相关细胞中，以降低其对植物的毒害，而对盐害有缓解作用的钙离子与钾离子，菊芋将其选择性地配置到与物质生产和生命代谢直接相关的器官的相关细胞中。这种细胞代谢生态水平上趋利避害的区隔策略，也是菊芋细胞水平上的耐盐机制之一。

4.1.2　菊芋糖代谢特征

菊芋糖代谢是其重要的代谢过程，菊芋对环境变化的适应有一个重要的途径就是通过糖代谢的调控来实现。本部分通过南京农业大学海洋科学及其能源生物资源研究所菊芋研究小组的品种比较试验，阐述菊芋糖代谢生态特征。

1. 盐渍土栽培菊芋干物质积累与分配特征

干物质是植物代谢总的产物，不同生态因子对不同品种菊芋干物质形成、分配的影响差异很大，表 4-14 统计了在江苏大丰含盐量 0.4%的盐渍土上种植的南菊芋 1 号和青芋 2 号

表 4-14　南菊芋 1 号和青芋 2 号干物质积累与分配比例

品种	部位	指标	7 月 30 日	8 月 14 日	9 月 2 日	9 月 17 日	10 月 8 日	10 月 28 日	11 月 15 日	11 月 28 日
南菊芋 1 号 NY-1	叶	干重/（g/株）	139ab±9.91	168a±14.57	172a±11.06	125b±14.68	63c±6.35	23d±4.63	—	—
		日增长量/[g/（株·d）]	—	1.93	0.21	−2.22	−4.16	−1.98	—	—
		分配比例/%	35.1	36.8	35.9	25.6	13.1	5.2	—	—
	茎	干重/（g/株）	214cd±16.38	242bc±6.49	255b±13.58	314a±11.15	337a±9.35	251b±13.42	182c±7.94	75d±4.36
		日增长量/[g/（株·d）]	—	1.87	0.68	2.81	1.53	−4.3	−3.83	−8.23
		分配比例/%	54.0	53.0	53.2	64	70.2	55.7	36.7	16.8
	根	干重/（g/株）	43a±4.37	47a±4.10	46a±6.06	43a±3.21	46a±7.21	41a±3.53	43a±4.10	37a±3.06
		日增长量/[g/（株·d）]	—	0.27	−0.05	−0.14	0.2	−0.25	0.11	−0.46
		分配比例/%	10.9	10.3	9.6	8.8	9.6	9.1	8.6	8.3
	块茎	干重/（g/株）	—	*	6**d±0.33	8**d±0.88	34d±4.41	135c±16.09	271b±25.31	335a±10.84
		日增长量/[g/（株·d）]	—	—	—	0.1	1.73	5.05	7.55	4.92
		分配比例/%	—	—	1.3	1.6	7.1	30.0	54.6	74.9
青芋 2 号 QY-2	叶	干重/（g/株）	98b±8.33	155a±10.41	79b±6.39	24c±3.76	—	—	—	—
		日增长量/[g/（株·d）]	—	3.8	−4	−2.62	—	—	—	—
		分配比例/%	37.8	41.8	22.6	7.7	—	—	—	—
	茎	干重/（g/株）	128f±15.01	182cd±10.97	232ab±7.84	250a±4.26	211bc±11.70	166de±9.61	141ef±11.89	77f±9.21
		日增长量/[g/（株·d）]	—	3.6	2.63	0.86	−2.6	−2.25	−1.39	−4.92
		分配比例/%	49.4	49.1	66.3	79.9	83.7	79.4	71.2	59.7
	根	干重/（g/株）	33ab±2.89	34ab±4.33	39a±4.33	38ab±4.91	37ab±9.24	29ab±1.20	30ab±4.93	21b±4.91
		日增长量/[g/（株·d）]	—	0.07	0.26	−0.05	−0.07	−0.4	0.06	−0.69
		分配比例/%	12.7	9.2	11.1	12.1	14.7	13.9	15.2	16.3
	块茎	干重/（g/株）	—	—	*	1c**±0.44	4c±0.58	14b±3.18	27a±2.03	31a±2.60
		日增长量/[g/（株·d）]	—	—	—	—	0.2	0.5	0.72	0.31
		分配比例/%	—	—	—	0.3	1.6	6.7	13.6	24.0

注：相同品种菊芋不同采样日期间的显著性差异（$P\leqslant0.05$）用不同的字母表示。*，少量匍匐茎；**，匍匐茎和部分块茎形成；—，叶片枯萎落光或未出现匍匐茎。干重数据为三个独立试验的平均值±标准差

块茎发育前及块茎发育期间干物质积累及其在各器官间的分配比例。由表 4-14 可见，在连续的 4 个月中（7 月 30 日至 11 月 28 日），南菊芋 1 号和青芋 2 号地上部干物质积累与分配比例都呈先上升后下降的趋势。在南菊芋 1 号中，叶干重在匍匐茎生长期达到峰值，叶干物质分配比例在块茎发育前为 36%左右，块茎发育期间，叶片逐渐枯萎，干重及干物质分配比例显著下降，到 11 月中旬已经全部枯萎落光。茎部干重及干物质分配比例在块茎形成初期达到峰值，分别为 337 g/株和 70.2%。同时，地上部干物质积累在块茎形成期前（9 月 17 日）达到最大值，地上部干重为 439 g/株，地上部干物质分配比例达 89.6%。在青芋 2 号中，叶干重及干物质分配比例均在匍匐茎生长期前（8 月 14 日）达到峰值，分别为 155 g/株和 41.8%，叶枯萎早于南菊芋 1 号一个月，至 10 月上旬全部枯萎落光。茎部干重在匍匐茎生长期前（9 月 17 日）达到峰值，为 250 g/株，茎部干物质分配比例在块茎形成期前（10 月 8 日）达到峰值，为 83.7%。而地上部干物质积累在匍匐茎生长期前（8 月 14 日）达到最大值，地上部干重为 337 g/株，地上部干物质分配比例达 90.9%。

南菊芋 1 号和青芋 2 号地下部干物质积累与分配比例变化规律基本相同。在连续的 4 个月中，根部干重和干物质比例没有明显的变化。块茎发育期间，随着块茎中干物质的不断积累，地下部干重和干物质分配比例不断上升，块茎成熟时（11 月 28 日）达到峰值。块茎成熟时，南菊芋 1 号块茎干重达 335 g/株，干物质分配比例达 74.9%，地上部干物质分配比例下降了 72.8%；青芋 2 号块茎仅为 31 g/株，干物质分配比例仅 24.0%，同时地上部干物质分配比例仅下降了 31.2%。

由表 4-14 还可知，在块茎发育各个阶段，南菊芋 1 号各部位干物质量大多高于青芋 2 号；南菊芋 1 号块茎干物质积累速率明显高于青芋 2 号，日增长量最高为 7.55 g/株，是同时期青芋 2 号块茎干物质日增长量的 10.5 倍。

菊芋块茎起始形成后地上部干物质积累动态表明，地上部干物质积累呈单峰曲线变化（图 4-19A、B），两个菊芋品种出现干物质峰值的时间都从 130 d 开始，块茎起始形成后，地上部干物质积累量呈增加趋势，随着块茎的逐渐膨大，地上部干物质开始向地下转运。土壤盐处理没有改变两个菊芋品种地上部干物质积累达到高峰的时间，但却显著降低了两个品种地上部干物质的积累量，NY-1 和 QY-2 地上部最大干物质积累量降低

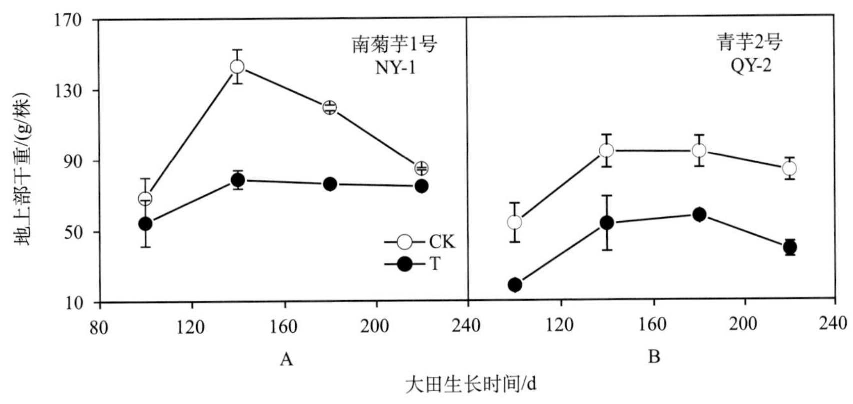

图 4-19　盐胁迫对地上部干物质积累动态的影响

幅度分别为 44.85%和 43.45%。盐胁迫下，NY-1 在 90～130 d 地上部干物质积累速率低于对照，于 130～210 d 地上部干物质转运速率也明显低于对照；QY-2 地上部干物质积累动态与对照差异不明显。以上结果表明，盐胁迫显著降低了两菊芋品种地上部干物质的积累量。

由图 4-20 可知，NY-1 块茎干物质积累量呈持续增加趋势；QY-2 块茎干物质在 90～180 d 积累甚少，其后才有显著上升，说明不同品种块茎干物质积累动态存在明显差异。而土壤含盐量升高至 0.4%，块茎干物质积累量明显减少，块茎成熟期（210 d）时，NY-1 块茎干物质积累量降幅（57.78%）低于 QY-2（85.61%）。以上结果表明，盐胁迫显著降低了块茎干物质的积累量，而且使块茎干物质含量的峰值提前，限制了块茎中储藏物质的持续有效积累。

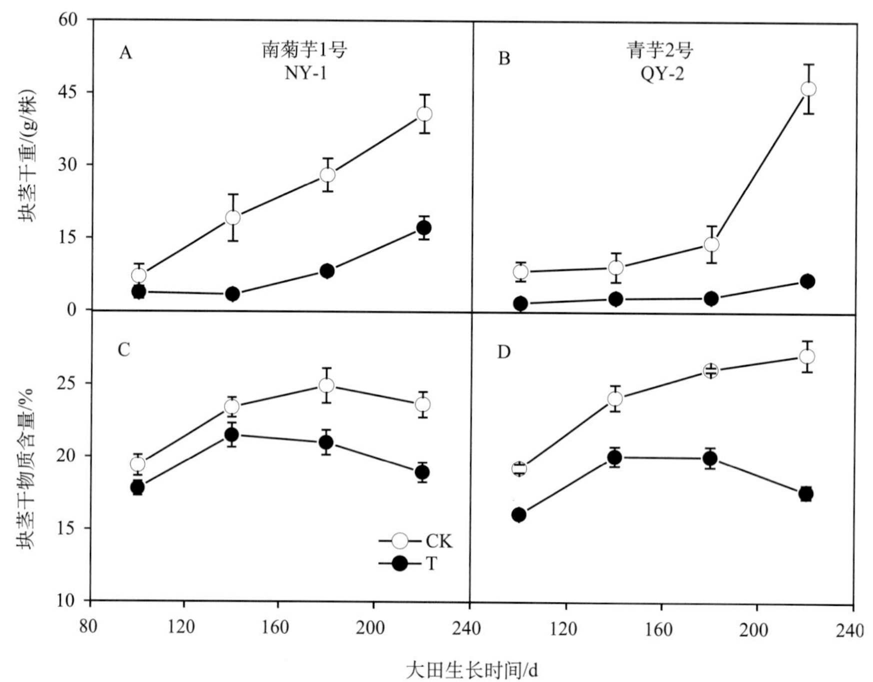

图 4-20　盐胁迫对块茎干重（A、B）和干物质含量（C、D）积累动态的影响

2. 盐渍土栽培菊芋糖代谢变化特征

菊芋主要的储存物为果聚糖，因此菊芋初生代谢生态学首先要探索菊芋全生育期糖代谢特征及诸生态因子对糖代谢的效应。图 4-21 为江苏大丰含盐量 0.4%的盐渍土上种植的南菊芋 1 号和青芋 2 号叶片中总可溶性糖含量的变化。由图 4-21 可见，南菊芋 1 号和青芋 2 号叶片中总可溶性糖含量变化均呈先上升后下降的趋势。南菊芋 1 号叶片中总可溶性糖含量在块茎形成期之前显著上升，在块茎形成初期达到峰值后显著下降；青芋 2 号叶片中总可溶性糖含量在匍匐茎产生之前呈上升趋势，早于南菊芋 1 号一个月出现峰值，随后呈显著下降趋势。南菊芋 1 号叶片中总可溶性糖含量始终高于青芋 2 号，其最大值是青芋 2 号峰值的 1.5 倍。

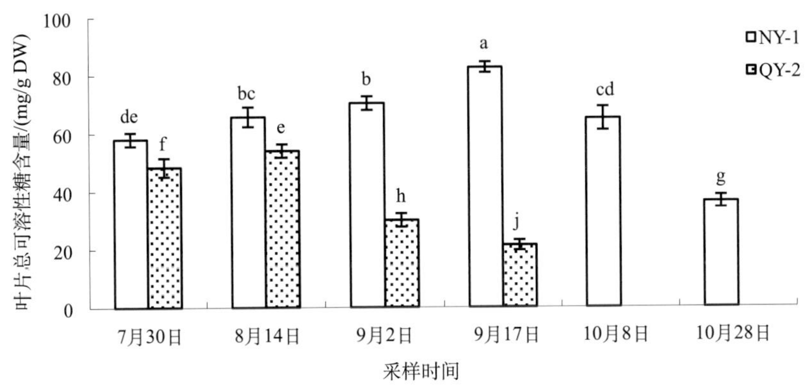

图 4-21　两菊芋品种叶片中总可溶性糖含量的变化

图 4-22 为江苏大丰盐渍土种植的两菊芋品种叶片中果糖、葡萄糖、蔗糖、蔗果三糖、蔗果四糖和蔗果五糖含量的变化，在江苏大丰青芋 2 号叶片至 9 月下旬已全部枯死脱落，故叶片样品采至 9 月 17 日止。由图 4-22 可见，南菊芋 1 号和青芋 2 号叶片中果糖含量均

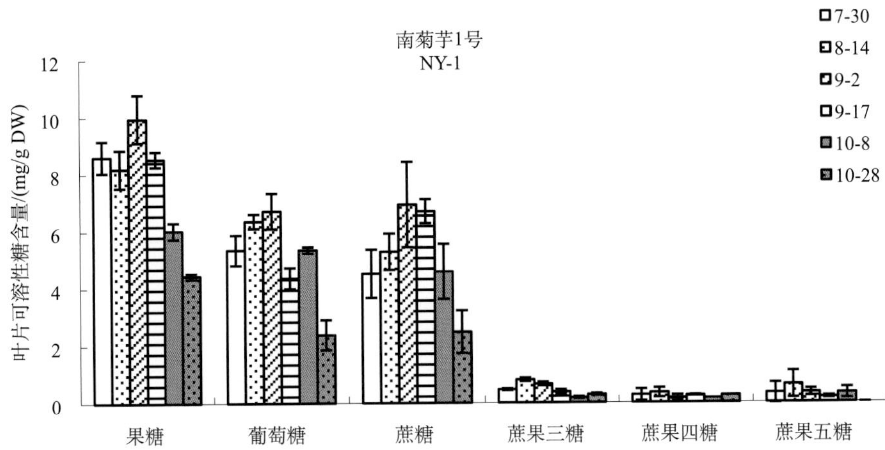

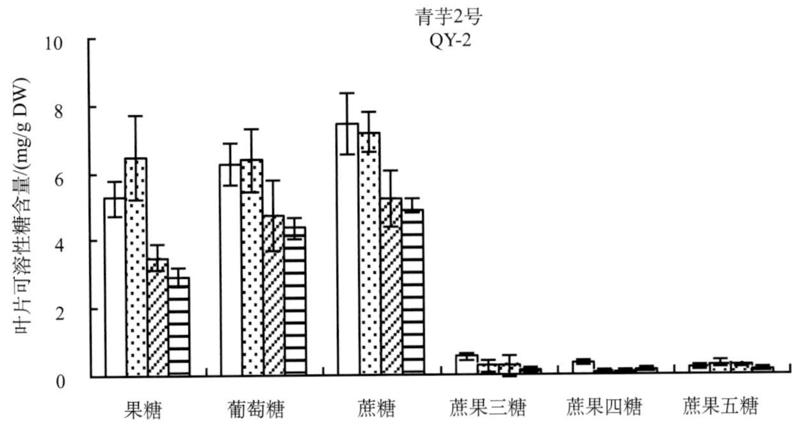

图 4-22　两菊芋品种叶片中果糖、葡萄糖、蔗糖、蔗果三糖、蔗果四糖和蔗果五糖含量的变化

呈先上升后下降的趋势；南菊芋 1 号叶片中葡萄糖也呈先上升后下降的趋势，而青芋 2 号叶片中葡萄糖含量在半个月内相对稳定，1 个月后葡萄糖含量迅速下降；南菊芋 1 号叶片中蔗糖含量先上升后下降，而青芋 2 号叶片中蔗糖含量也是呈先平稳而后下降趋势；从上述数据可看出，无论是南菊芋 1 号还是青芋 2 号，叶片中葡萄糖含量变化与蔗糖含量变化具有高度的一致性，蔗果三糖、蔗果四糖和蔗果五糖的含量均较低，尤其在青芋 2 号叶片中几乎检测不到。与总可溶性糖相似，青芋 2 号叶片中果糖、葡萄糖和蔗糖含量均早于南菊芋 1 号半个月至一个月出现峰值，主要原因是青芋 2 号在江苏大丰生育期较短。而青芋 2 号叶片中果糖含量始终低于南菊芋 1 号，由于菊芋块茎中干物质主要来源于果糖聚合而形成的果聚糖，这就导致江苏大丰青芋 2 号块茎的产量远远低于南菊芋 1 号。葡萄糖和蔗糖含量与南菊芋 1 号相差不明显。

由图 4-23 可见，南菊芋 1 号和青芋 2 号茎部总可溶性糖含量变化均呈先上升后下降的趋势。南菊芋 1 号茎部总可溶性糖含量在匍匐茎生长期达到峰值后在块茎膨大期显著下降，青芋 2 号茎部总可溶性糖含量在匍匐茎产生前出现峰值。与叶片不同的是南菊芋 1 号和青芋 2 号茎部总可溶性糖含量高峰在同一采样时间。南菊芋 1 号茎部总可溶性糖含量始终高于青芋 2 号，并且其最大值也是青芋 2 号的 1.5 倍。

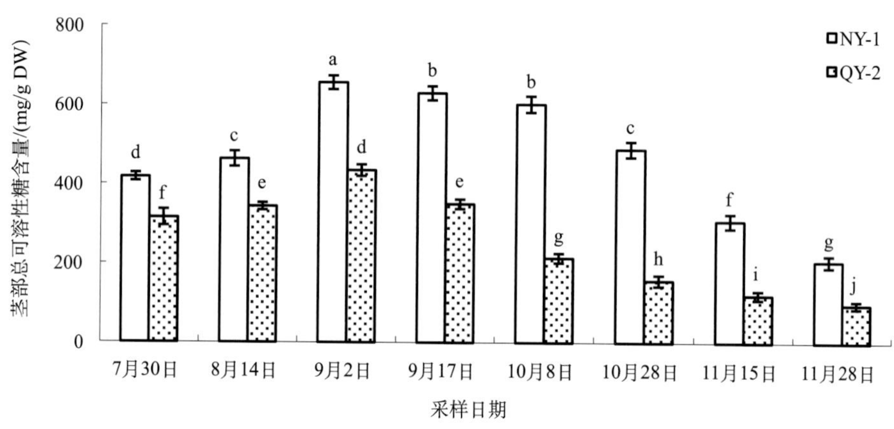

图 4-23　两菊芋品种茎部总可溶性糖含量的变化

由图 4-24 可见，南菊芋 1 号和青芋 2 号茎部葡萄糖、蔗糖、蔗果三糖、蔗果四糖和蔗果五糖含量均呈先上升后下降的趋势；南菊芋 1 号茎部果糖含量先上升后下降，而青芋 2 号茎部果糖含量呈下降趋势。每个糖组分峰值均出现在块茎发育前。在茎部果糖含量最高，蔗糖次之，葡萄糖、蔗果三糖、蔗果四糖和蔗果五糖含量稍低。南菊芋 1 号茎部糖组分含量均高于青芋 2 号，其中果糖和蔗糖较明显。

由图 4-25 可见，块茎发育期间，南菊芋 1 号和青芋 2 号块茎总可溶性糖含量变化均呈不断上升的趋势，在收获时（11 月 28 日）达到高峰。南菊芋 1 号块茎总可溶性糖含量始终高于青芋 2 号，最终总可溶性糖含量是青芋 2 号的 1.1 倍。

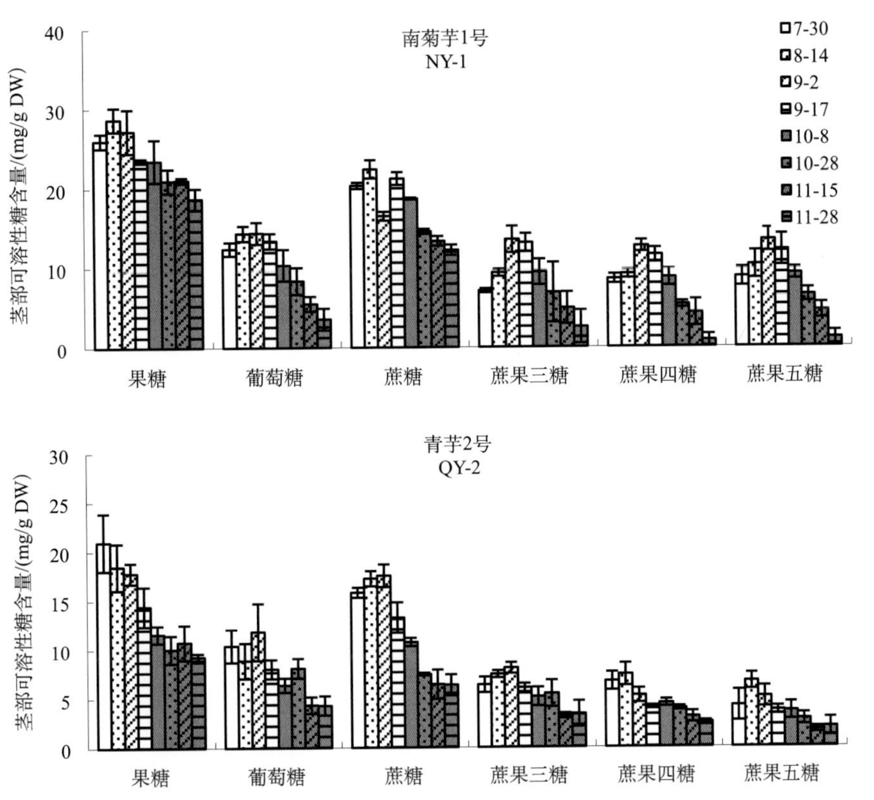

图 4-24　两菊芋品种茎部果糖、葡萄糖、蔗糖、蔗果三糖、蔗果四糖和蔗果五糖含量的变化

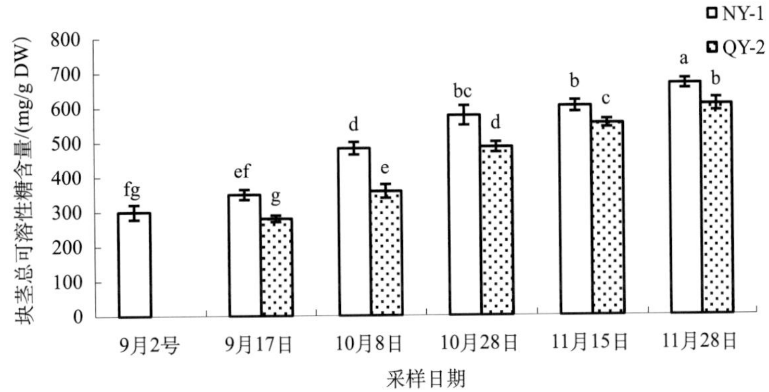

图 4-25　两菊芋品种块茎总可溶性糖含量的变化

由图 4-26 可见，南菊芋 1 号和青芋 2 号块茎中蔗糖、蔗果三糖、蔗果四糖和蔗果五糖含量均呈上升趋势，葡萄糖含量不断下降，果糖含量在匍匐茎生长期上升后随块茎形成及膨大不断下降。与茎部完全不同的是，块茎中蔗糖、蔗果三糖、蔗果四糖和蔗果五糖含量均明显高于果糖和葡萄糖含量。此外，南菊芋 1 号块茎中蔗糖、蔗果三糖、蔗果四糖和蔗果五糖含量均高于青芋 2 号，果糖和葡萄糖含量没有明显差异。

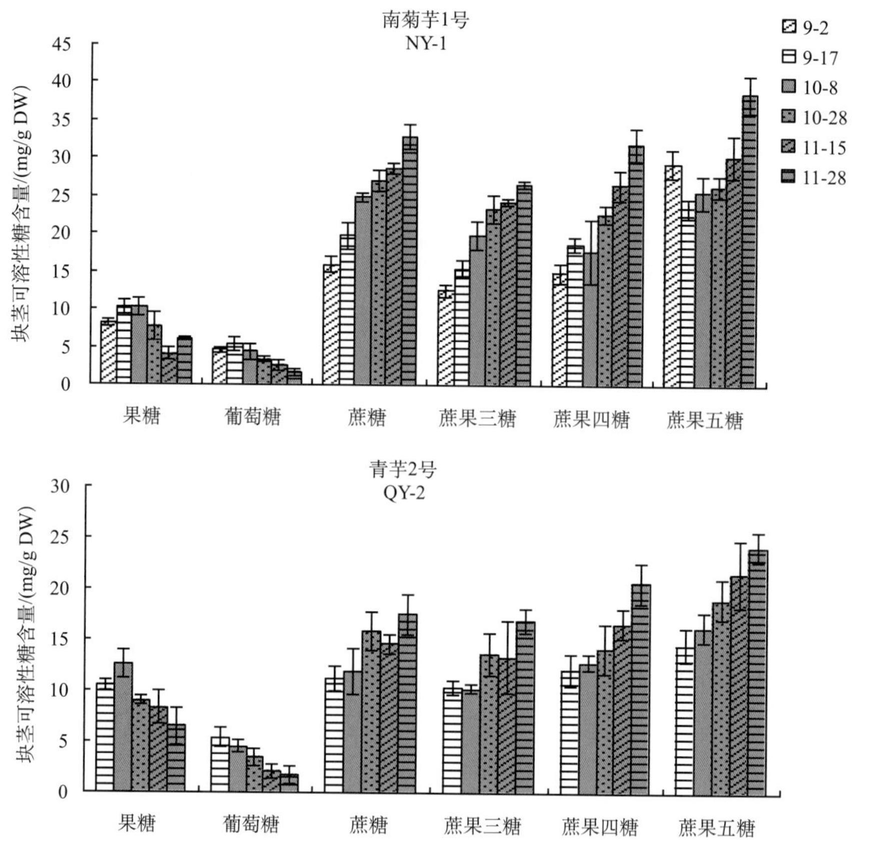

图 4-26 两菊芋品种块茎果糖、葡萄糖、蔗糖、蔗果三糖、蔗果四糖和蔗果五糖含量的变化

3. 盐胁迫对菊芋干物质的影响

盐分是菊芋物质代谢极其重要的生态因子，南京农业大学海洋科学及其能源生物资源研究所菊芋研究小组首先利用温室盆栽试验研究单盐——NaCl 对菊芋干物质的影响（表 4-15）。由表 4-15 可知，南菊芋 1 号在 50 mmol/L NaCl 为期 10 d 的胁迫下，单株干重与淡水处理没有显著差异，而南菊芋 2 号在 50 mmol/L NaCl 为期 10 d 的胁迫下，单株干重比淡水处理显著下降；50、100、150 mmol/L NaCl 胁迫下，南菊芋 1 号单株干重降幅分别为–2.4%（增加）、21.6%、30.1%，而南菊芋 2 号单株干重降幅分别为 20.0%、31.0%、43.4%，两个菊芋品种对 NaCl 胁迫表现出显著的差异。

表 4-15 单盐胁迫对不同品种菊芋干物质的影响

氯化钠浓度/（mmol/L）	南菊芋 1 号/（g/株）	南菊芋 2 号/（g/株）
0	3.372a	3.615a
50	3.454a	2.891b
100	2.642b	2.495c
150	2.356c	2.047d

注：表中同项同行数据后相同字母表示在 $P \leqslant 0.05$ 水平上无显著差异

为研究菊芋在海涂上的物质代谢特征，南京农业大学海洋科学及其能源生物资源研究所菊芋研究小组又进行了海水胁迫温室试验，当菊芋幼苗长至 3 叶期时，进行疏苗，每盆保留 1 株，至 6 叶完全展开时进行处理，各品种菊芋每个处理重复 16 次，在处理后第 2、4、6 天进行各指标的测定，测定时各品种菊芋每个处理重复 4 次。结果如表 4-16 所示，南菊芋 1 号在 15%海水胁迫下，其根无论鲜重还是干重，与淡水处理没有显著差异，而地上部鲜重与干重却显著下降，这一结果有利于其后期的生长，而其他品种随海水浓度的增加，菊芋的根和地上部鲜重及干重的增长速率大多降低。在 30%海水处理下南菊芋 1 号的根和地上部鲜重及干重的增长速率下降幅度较其他品种菊芋小，只有 17.9%、30.7%、11.1%和 21.2%，其次为南菊芋 8 号，而南菊芋 7 号的下降幅度最大，达 84.3%、76.5%、70.0%和 62.2%，其次是南菊芋 5 号（表 4-16）。

表 4-16　海水处理对不同品种菊芋幼苗鲜重及干重增长速率的影响　（单位：10^{-1} g/d）

品种	处理											
	0%				15%				30%			
	鲜重（FW）		干重（DW）		鲜重（FW）		干重（DW）		鲜重（FW）		干重（DW）	
	根	地上部	根	地上部	根	地上部	根	地上部	根	地上部	根	地上部
南菊芋 1 号	6.37a	7.78a	0.45a	1.04a	6.18a	6.01b	0.44a	0.90b	5.23b	5.39c	0.40b	0.82b
南菊芋 2 号	7.66a	9.57a	0.91a	1.73a	4.63b	3.91b	0.65b	1.15b	4.28b	3.09b	0.35b	0.82b
南菊芋 3 号	8.85a	8.14a	0.71a	1.25a	4.42b	5.25b	0.32b	1.03a	4.30b	2.75c	0.28b	0.53b
南菊芋 4 号	7.36a	9.00a	0.81a	1.53a	4.12b	3.43b	0.41b	0.92b	3.74b	2.89b	0.30b	0.71b
南菊芋 5 号	8.25a	7.84a	0.64a	1.07a	4.35b	5.05b	0.28b	0.94a	3.84b	2.01c	0.21b	0.41b
南菊芋 6 号	8.45a	7.89a	0.38a	0.98a	7.09b	4.06b	0.31b	0.58b	6.71b	4.59b	0.22b	0.44b
南菊芋 7 号	12.71a	11.83a	1.00a	1.88a	8.02b	8.26b	0.72b	1.43b	2.00c	2.78c	0.30c	0.71c
南菊芋 8 号	8.01a	7.47a	0.31a	0.87a	7.00b	3.84b	0.26b	0.41b	6.14b	4.32b	0.19b	0.48b

注：表中同项同行数据后相同字母表示在 $P \leq 0.05$ 水平上无显著差异

4. 盐胁迫对菊芋糖代谢变化的影响

菊芋糖代谢是主要代谢，块茎中的多聚果糖是菊芋主要最终目标产物，而在诸多生态因子中，盐分是菊芋糖代谢极其重要的生态因子，尤其盐分对菊芋块茎中最终目标产物——多聚果糖的影响较大，为此南京农业大学海洋科学及其能源生物资源研究所菊芋研究小组采用盆栽试验与大田试验相结合的方法探索了盐分对菊芋糖代谢的效应。

1）NaCl 胁迫对南菊芋 1 号苗期糖代谢的影响

菊芋生长前期通过光合作用形成可溶性糖存储于其茎叶中，从菊芋匍匐茎形成开始，存储于茎叶中的糖向匍匐茎转运、聚合，并不断促进匍匐茎膨大而逐步形成块茎，因此菊芋茎叶中存储的糖是菊芋后期块茎膨大的物质基础。为方便研究起见，南京农业大学海洋科学及其能源生物资源研究所菊芋研究小组首先以选育的南菊芋 1 号为材料，进行了 NaCl 单盐的处理下菊芋苗期糖的变化研究，表 4-17 为不同浓度 NaCl 处理南菊芋 1 号幼苗总糖和还原糖含量的影响。由表 4-17 可知：不同浓度 NaCl 胁迫下南菊芋 1 号幼苗总糖和还原糖含量在叶片、茎部及根部均有显著性差异。NaCl 胁迫下，各部位总糖含量随 NaCl 浓度增加先升高后下降。在叶片中，NaCl 浓度达 4‰～8‰时总糖含量显著高于对照，在 6‰浓度 NaCl 处理下总糖含量最高；在茎部，4‰浓度 NaCl 下总糖含量最高，4‰以上浓度下出现下降，并显著低于对照；在根部，同样在 4‰浓度 NaCl 下总糖含量最高，8‰浓度胁迫下总糖降到对照水平，10‰浓度 NaCl 胁迫下总糖含量显著低于对照。NaCl 胁迫下还原糖含量变化趋势和总糖相似，随盐度升高先上升后下降。在叶片中，2‰～8‰浓度 NaCl 条件下还原糖含量显著高于对照，在 6‰浓度 NaCl 处理下含量最高，而 10‰浓度下显著降低到对照水平以下；在茎部，2‰和 4‰浓度 NaCl 胁迫下还原糖含量和对照没有明显差别，6‰及以上浓度 NaCl 胁迫下还原糖含量随盐度升高先上升后下降且含量均显著高于对照；在根部，NaCl 胁迫下还原糖含量显著高于对照，8‰浓度 NaCl 胁迫下还原糖含量最高。

表 4-17　不同浓度 NaCl 处理对南菊芋 1 号幼苗总糖和还原糖含量（DW）的影响

NaCl 浓度	总糖/（mg/g）			还原糖/（mg/g）		
/‰	叶	茎	根	叶	茎	根
0	24.71±5.66d	176.33±2.36b	105.33±1.95c	17.03±0.31d	15.42±0.46d	7.82±0.19e
2	26.09±3.79d	174.14±7.08b	109.39±3.38c	18.58±0.50c	15.60±0.44d	9.66±0.20c
4	36.64±4.97c	206.06±5.50a	145.99±4.30a	18.92±0.35c	16.06±0.61d	9.84±0.35c
6	55.16±3.02a	135.03±10.34c	123.47±7.33b	36.89±0.43a	31.88±0.45b	13.33±0.29b
8	44.38±9.26b	110.96±5.17d	100.63±5.50cd	27.66±0.23b	35.32±0.28a	14.40±0.26a
10	18.50±6.15e	91.25±4.43e	92.81±4.82d	13.63±0.28e	21.02±0.62c	8.87±0.21d

注：表中同项同行数据后相同字母表示在 $P \leqslant 0.05$ 水平上无显著差异

2）含盐量对南菊芋 1 号全生育期糖代谢的影响

在 NaCl 单盐的盆栽试验基础上，2014 年南京农业大学海洋科学及其能源生物资源研究所菊芋研究小组在江苏大丰海涂含盐量分别为 1.53‰、1.73‰、2.18‰、2.73‰的盐渍土壤进行南菊芋 1 号的田间试验，小区面积 20 m^2，重复 8 次，于 7 月 30 日、8 月 30 日、9 月 30 日、10 月 30 日毁灭性采样，以分析菊芋不同盐分胁迫下整个块茎膨大期不同部位糖分的动态变化。

菊芋叶片是将 CO_2 同化为有机物的主要场所，菊芋叶片中糖分的动态变化结果见图 4-27。轻度和中度盐胁迫下南菊芋 1 号叶片中总可溶性糖和还原糖含量变化总趋势大致相同。

中度盐胁迫相对轻度盐胁迫并没有改变叶片总可溶性糖含量变化趋势，均呈单峰曲线变化趋势，但降低了总糖含量。在 7 月 30 日，轻度盐胁迫下叶片总糖含量随盐度升高而上升，且均低于中度盐胁迫下叶片总糖含量。随后叶片中总糖含量不断上升，至块茎膨大初期，除 2.18‰盐度外均达到峰值，且随盐度升高叶片总糖含量下降，最低盐度下峰值为 44.41 mg/g DW，中度盐胁迫下峰值下降了 21.55%，中度盐胁迫明显抑制块茎发育前叶片中总糖积累。块茎膨大期间，1.73‰盐度胁迫下总糖输出效率最高，中度盐胁迫下叶片总糖输出效率最低。中度盐胁迫也没有改变叶片还原糖含量变化总趋势，但抑制了还原糖的积累和输出。块茎膨大前期，轻度盐胁迫下，叶片还原糖含量随盐度上升而增高，中度盐胁迫下还原糖含量也高于最低盐度。与总糖相似，在块茎膨大初期还原糖含量最高，但随盐度增加而下降，匍匐茎生长期，盐度越低叶片还原糖积累效率越高。块茎膨大期间，中度盐胁迫下还原糖输出量低于轻度盐胁迫。

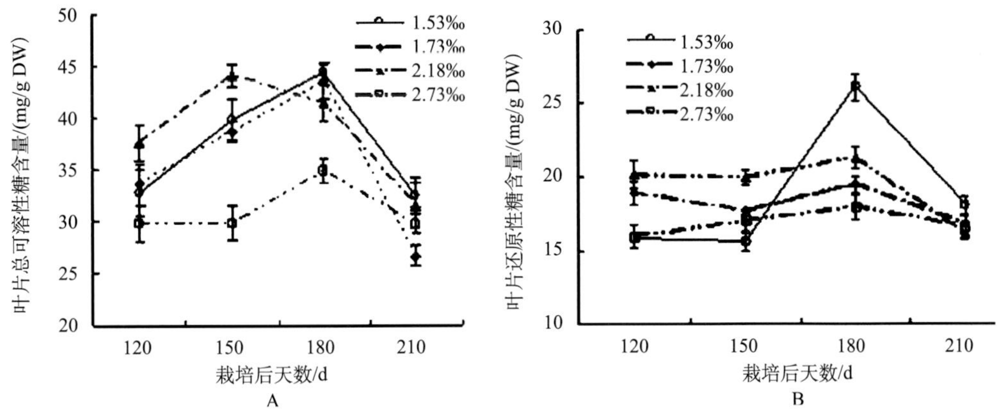

图 4-27　土壤盐分胁迫南菊芋 1 号叶片总可溶性糖（A）和还原性糖（B）含量的影响

菊芋茎秆是菊芋叶片合成可溶性糖的临时存储场所，又是将叶片合成的糖向块茎运输的通道。菊芋茎秆中糖分的动态变化结果见图 4-28。由图 4-28 可知，轻度和中度盐胁迫下南菊芋 1 号茎部总可溶性糖和还原糖含量变化也均呈先上升后下降的总趋势。块茎发育前，中度盐胁迫下茎部总糖含量高于轻度盐胁迫。匍匐茎期中度盐胁迫下茎部总糖积累效率受抑制，轻度盐胁迫下总糖积累量也随盐度升高而降低。最低盐胁迫下，茎部总糖最大积累量（DW）为 493.66 mg/g，中度盐胁迫下降幅为 16.22%。块茎膨大期间，茎部总糖含量大幅下降，块茎膨大后期输出速率明显降低，块茎收获期含量都较低且没有明显的差异。中度盐胁迫下茎部总糖输出效率最高。

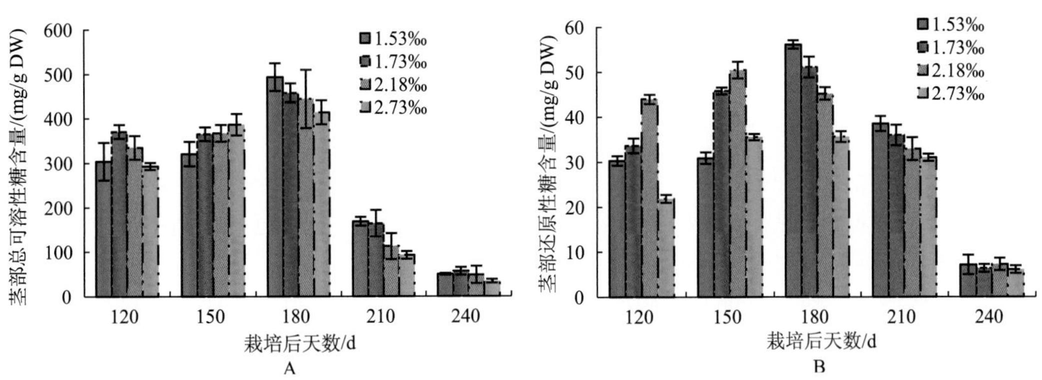

图 4-28　土壤盐胁迫对南菊芋 1 号茎部总可溶性糖（A）和还原性糖（B）含量的影响

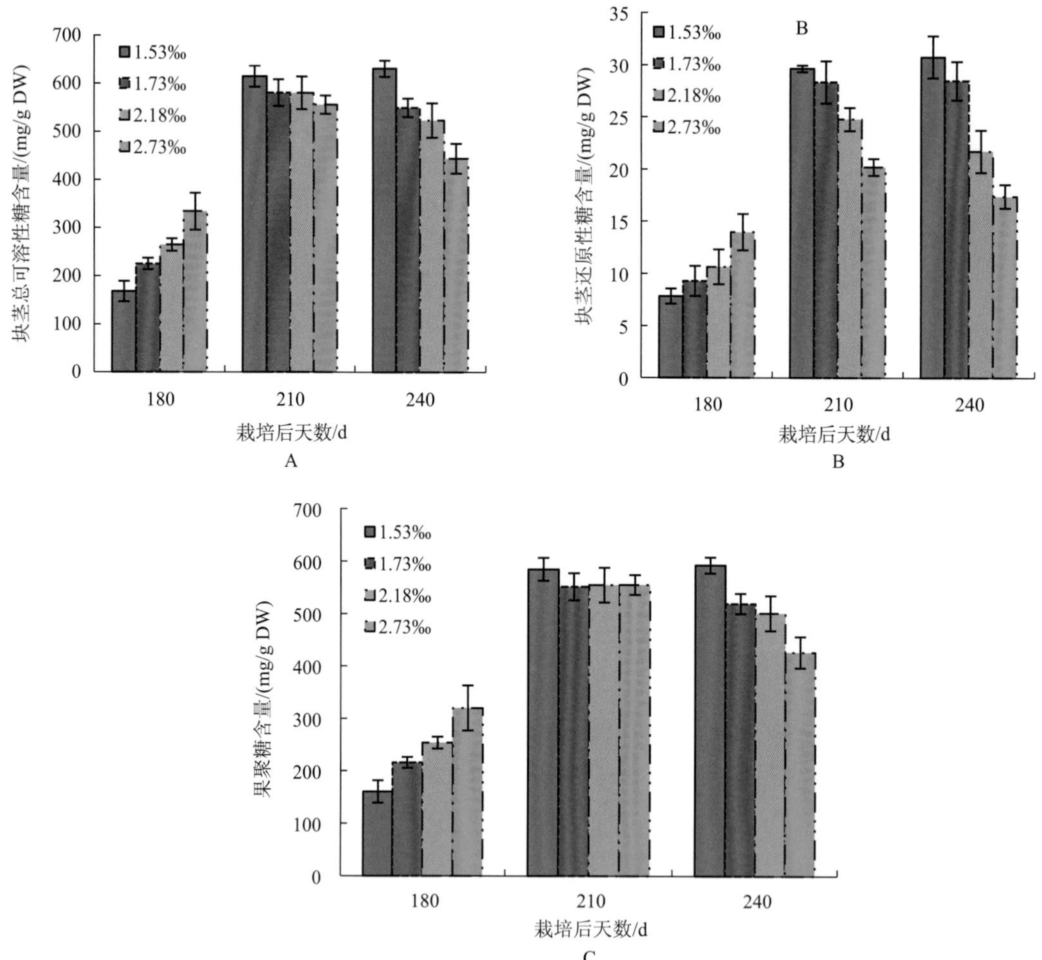

图 4-29　土壤盐胁迫对南菊芋 1 号块茎总可溶性糖（A）、还原性糖（B）及果聚糖（C）含量的影响

中度盐胁迫下，茎部还原糖含量始终低于轻度盐胁迫。块茎发育前，轻度盐胁迫下随盐度升高，还原糖含量上升，达到中度盐胁迫含量降低。块茎膨大期间，随盐度升高还原糖含量降低，至块茎收获时降至较低水平。盐胁迫抑制茎部还原糖输出的效率；而中度盐胁迫还明显降低了还原糖有效积累时间。

菊芋块茎是目标产物——多聚果糖的存储场所，体现菊芋的经济产量。菊芋块茎中糖分的动态变化结果见图 4-29。图 4-29 显示土壤轻度和中度盐胁迫下南菊芋 1 号块茎总可溶性糖、还原糖及果聚糖含量变化总趋势也基本相似。

盐渍环境下，块茎总糖有效积累时期缩短，在最低盐度胁迫下，块茎总可溶性糖含量在块茎膨大前期至中期显著上升，随后在膨大后期维持稳定；而 1.73‰及更高盐度胁迫下，块茎总可溶性糖含量先上升后出现小幅度下降。块茎膨大初期，块茎中总糖含量随盐度升高而增高，含量最低为 168.15 mg/g（1.53‰），最高为中度盐胁迫下，达 334.11 mg/g；块茎膨大中期达到最高并且此后含量随盐度增加而下降，中度盐胁迫显著降低了块茎中总糖积累效率，相比起始含量仅上升了 66.35%，而最低盐度下上升百分比达 275.32%；块茎膨大后期，最低盐度胁迫下块茎总糖含量仅升高 2.66%，轻度盐胁迫下随盐度升高，总糖含量分别下降了 5.29%和 9.76%，中度盐胁迫下总糖含量下降率达 20.09%。

1.53‰和 1.73‰轻度盐胁迫下，块茎中还原糖含量先上升后维持较高含量，块茎膨大后期较高土壤盐度下块茎还原糖含量出现下降。块茎膨大初期，块茎中还原糖含量随盐度增加而上升，中度盐胁迫下含量最高。块茎膨大中期和后期，还原糖含量随盐度增加而下降。

块茎果聚糖含量变化趋势与总可溶性糖含量变化趋势一致。同样在块茎膨大初期，块茎果聚糖含量与盐度成正比，中度盐胁迫下果聚糖含量较最低盐胁迫下的高，中度盐胁迫抑制果聚糖在块茎中形成。至块茎膨大中期，各盐度胁迫下果聚糖含量相似。块茎膨大后期，中度盐胁迫下块茎果聚糖含量下降，显著低于轻度盐胁迫。块茎收获时果聚糖含量随盐度升高由高到低分别是总可溶性糖含量的 94.02%、94.72%、97.46%和 96.08%。

土壤盐胁迫下南菊芋 1 号块茎膨大过程中果聚糖积累量及积累速率见表 4-18。由表 4-18 可知：块茎膨大中期，块茎果聚糖积累量随土壤盐度增加而下降，块茎膨大后期，仅最低盐度下果聚糖积累量继续增加，另两组盐度较高的轻度盐胁迫下后期果聚糖积累量没有显著增加，中度盐胁迫下出现小幅减少。最低盐度胁迫下，块茎中果聚糖最终积累量达 112.02 g/株，是中度盐胁迫下的 9.87 倍。果聚糖积累速率在块茎膨大中期较高而在膨大后期速率相对较低。果聚糖积累速率随盐度增加而下降，中度盐胁迫下果聚糖积累速率很低。

表 4-18　盐渍土壤中南菊芋 1 号块茎果聚糖积累量及积累速率

采样日期	土壤盐度							
	积累量/（g/株）				积累速率/[g/（株·d）]			
	1.53‰	1.73‰	2.18‰	2.73‰	1.53‰	1.73‰	2.18‰	2.73‰
9 月 30 日	1.24	1.54	1.01	0.78	—	—	—	—
10 月 30 日	82.24	56.72	36.39	15.49	2.70	1.84	1.18	0.49
11 月 30 日	112.02	67.70	41.63	11.35	0.99	0.37	0.17	–0.14

如表 4-19 所示，各菊芋品种块茎总糖和菊粉含量差异较显著，在 0%、30%和 50%海水灌溉下，南菊芋 8 号块茎总糖和菊粉含量最高，其次为南菊芋 2 号，南菊芋 5 号块茎总糖和菊粉含量最低，除南菊芋 7 号和南菊芋 8 号在 30%海水灌溉下块茎总糖和菊粉含量较 0%海水灌溉高外，其他品种菊芋块茎总糖和菊粉含量随海水浓度的增加而降低，在 50%海水灌溉下，南菊芋 3 号和 4 号降低幅度较大，而南菊芋 1 号降低幅度较小。

表 4-19　不同浓度海水处理对不同品种菊芋块茎总糖和菊粉的影响

品系	海水浓度					
	0%		30%		50%	
	总糖	菊粉	总糖	菊粉	总糖	菊粉
南菊芋 1 号	54.59a	49.41a	52.77ab	46.45b	50.51b	44.15b
南菊芋 2 号	67.26a	68.18a	64.54a	59.53a	56.74b	52.69b
南菊芋 3 号	59.95a	54.83a	58.49a	53.00a	44.54b	36.39b
南菊芋 5 号	35.15a	31.17a	29.44b	26.19b	26.69c	22.38c
南菊芋 6 号	68.79a	63.71b	63.71b	58.41b	59.48c	52.09
南菊芋 7 号	35.78b	30.83b	39.04a	33.46a	33.74b	26.11c
南菊芋 8 号	69.37b	65.50b	74.70b	69.64a	62.72c	54.29c

4.2　菊芋次生代谢生态学

植物的次生代谢是植物在长期进化中与环境（生物的和非生物的）相互作用的结果，次生代谢产物在植物提高自身保护和生存竞争能力、协调与环境关系上充当着重要的角色，其产生和变化比初生代谢产物与环境有着更强的相关性和对应性[5-8]。因此，植物次生代谢生态学应该是研究植物的次生代谢过程及其产物与环境关系的科学，并且由于次生代谢过程与环境的特殊相关性和对应性，这门科学还担负着从次生代谢这个新的角度揭示植物与环境深刻关系的任务。

植物初生代谢与次生代谢互相联系而又相互影响，从磷酸烯醇式丙酮酸与 4-磷酸赤藓糖合成莽草酸，而丙酮酸经过氢化、脱羧后生成乙酰辅酶 A，再进入柠檬酸循环中，生成一系列的有机酸及丙二酸单酰辅酶 A 等次生代谢产物，再经氮同化反应得到一系列的氨基酸，这是合成重要次生代谢产物含氮化合物的基础底物，上述这些过程为初生代谢过程。在特定的条件下，一些重要的初生代谢产物，如乙酰辅酶 A、丙二酰辅酶 A、莽草酸及一些氨基酸等作为次生代谢的原料或前体（底物），进入不同的次生代谢过程，产生酚类化合物（如黄酮类化合物）、异戊二烯类化合物（如萜类化合物）和含氮化合物（如生物碱）及植物内源激素等。

植物次生代谢产物的种类繁多，从化学结构上通常归为萜类化合物、酚类化合物和含氮化合物（以生物碱为主）3 个主要类群，每一类的已知化合物都有数千种甚至数万种以上。也可根据结构特征和生理作用将次生代谢产物分为抗生素（植保素）、生长刺激素、维生素、色素、生物碱与毒素等不同类型[9,10]。从生物合成途径看，次生代谢是从几个主要分支点与初生代谢相连接，初生代谢的一些关键产物是次生代谢的起始物。例如，乙酰辅酶 A 是初生代谢的一个重要“代谢纽”，在柠檬酸循环（TCA）、脂肪代谢和能量代谢上占有重要地位，它又是次生代谢产物黄酮类化合物、萜类化合物和生物碱等的起始物。很显然，乙酰辅酶 A 会在一定程度上相互独立地调节次生代谢和初生代谢，同时又将整合了的糖代谢和 TCA 途径结合起来。

从生源发生的角度看，次生代谢产物可大致归并为异戊二烯类、芳香族化合物、生物碱和其他化合物几大类（图 4-30）。异戊二烯类化合物的合成有两条重要途径，其一是经由柠檬酸循环和脂肪酸代谢的重要产物乙酰 CoA 出发，经甲羟戊酸产生异戊二烯类化合物合成的重要底物异戊烯基焦磷酸（IPP）和其异构体二甲基丙烯基焦磷酸（DMAPP）。其二是由戊糖磷酸途径产生的 3-磷酸甘油醛经过 3-磷酸甘油醛 / NN 酸途径（去氧木酮糖磷酸还原途径）产生 IPP 和 DMAPP，然后由 IPP 和 DMAPP 生成各类产物，包括萜类化合物、甾类化合物、赤霉素、脱落酸、类固醇、胡萝卜素、鲨烯、叶绿素等。芳香族化合物是由戊糖磷酸循环途径生成的 4-磷酸赤藓糖与糖酵解产生的磷酸烯醇式丙酮酸缩合形成 7-磷酸庚酮糖，经过一系列转化进入莽草酸和分支酸途径合成酪氨酸、苯丙氨酸、色氨酸等，最后生成芳香族代谢物如黄酮类化合物、香豆素、肉桂酸、松柏醇、木脂素、木质素、芥子油苷等。生物碱类化合物的合成也有两条重要途径，其一是由柠檬

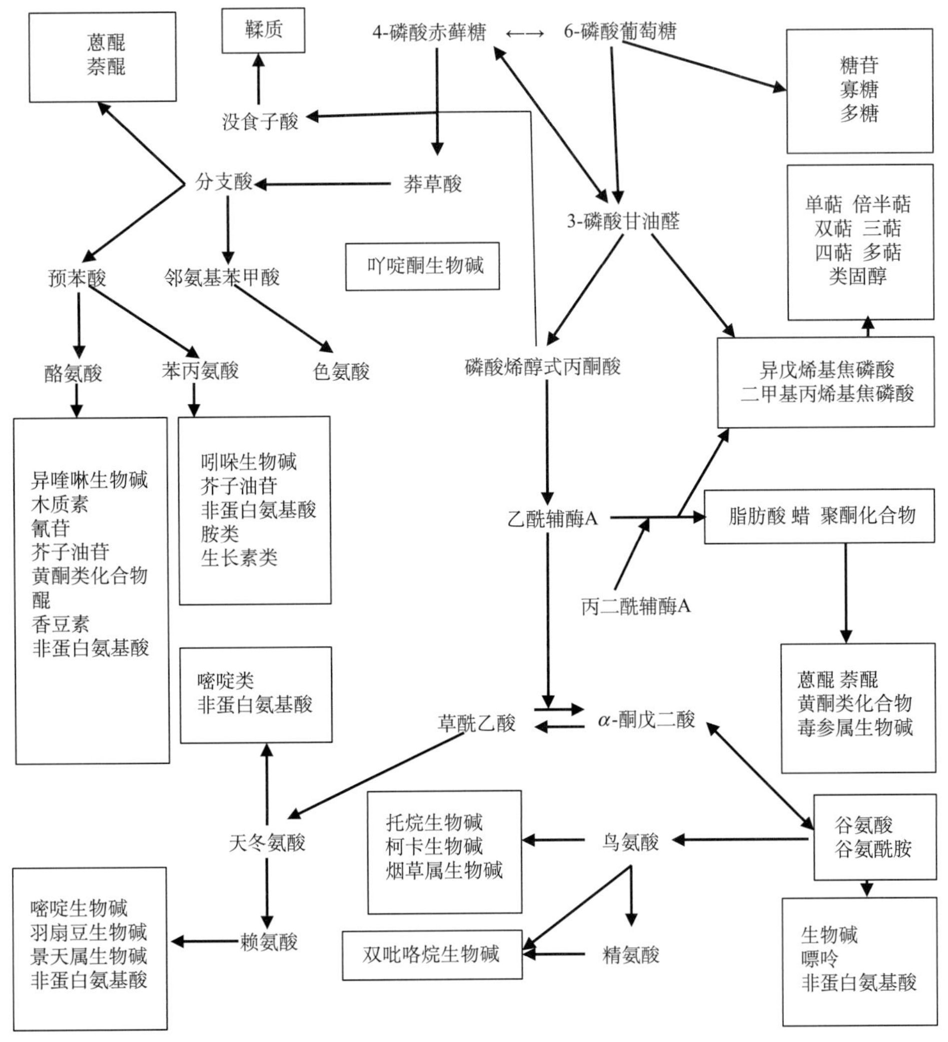

图 4-30　植物初生代谢与次生代谢的联系[1]

酸循环途径合成氨基酸后再转化成托品烷、吡咯烷和哌啶类生物碱。其二是由莽草酸途径经由分支酸→预苯酸和邻氨基苯甲酸→酪氨酸、苯丙氨酸和色氨酸→异喹啉类和吲哚类生物碱。其他类主要是由糖和糖的衍生物衍生而来的代谢物，通过磷酸己糖衍生的有糖苷、寡糖和多糖等，一些含氮的β-内酰胺类抗生素、杆菌肽和毒素等也是通过氨基酸合成的[11]。

菊芋叶片水浸液、石油醚提取液、乙酸乙酯提取液通过试管法和滤纸法化学预试验证明，菊芋叶片可能含有生物酸、酚类和鞣质、黄酮类、内酯及香豆素、强心苷等（表 4-20）。

表 4-20　菊芋叶片的主要成分预试验结果

试样	试验名称	方法	现象	检测目标成分	结果
A	加热或酸化沉淀试验	试管法	混浊	蛋白质	+
A	缩二脲反应	试管法	紫红色	蛋白质或氨基酸	+
A	茚三酮反应	试管法	蓝紫色	蛋白质或氨基酸	+
A	茚三酮反应	滤纸法	蓝紫色斑点	蛋白质或氨基酸	+
A	费林试剂	试管法	砖红色沉淀	单糖	+
A	碱性酒石酸酮	试管法	红色沉淀	单糖	+
A	多糖水解试验	试管法	沉淀无差异	多糖	−
A	pH 试纸	—	5～6	有机酸	+
A	溴酚蓝试剂	试管法	蓝	有机酸	+
A	泡沫试验	试管法	无泡沫	皂苷	−
A	氯仿-浓硫酸试验	试管法	氯仿层红环，硫酸层绿色荧光	皂苷	−
A	三氯化铁试验	试管法	蓝黑色	酚类	+
A	三氯化铁试验	滤纸法	蓝色斑点	酚类	+
B	挥发油试验	滤纸法	油斑不消失	挥发油	−
B	油脂和类脂体试验	滤纸法	浅黄色油斑	油脂和类脂体	+
C	碳酸钠碱性反应	滤纸法	橙黄色	黄酮类	+
C	氢氧化钠碱性反应	试管法	无红色	蒽醌类	−
C	硼酸试剂	滤纸法	无	蒽醌类	−
C	内酯开闭环试验	试管法	加碱混浊，加热清澈，加酸后又混浊	内酯和香豆素	+
C	三氯化铁-冰醋酸	试管法	上层绿色，下层棕色环	强心苷	+
C	三氯乙酸试验	滤纸法	浅黄斑点	强心苷	+

注：表中结果“+”表示阳性反应，“−”表示阴性反应

4.2.1　盐胁迫对菊芋渗透调节物质的影响

第 3 章介绍了菊芋高耐盐的特性，其重要策略之一就是通过增加渗透调节物质以防止盐土上的植物失水，因此在研究菊芋次生代谢生态学特征时，首先探索一些重要的作为次生代谢的原料或前体（底物）的初生代谢产物，如一些氨基酸（AA）、可溶性糖（SS）、

有机酸（OA）等与一些生态因子如盐分胁迫之间的关系。

菊芋幼苗叶片中有机渗透调节物质[氨基酸（AA）、可溶性糖（SS）、有机酸（OA）、脯氨酸（Pro）]的总量随盐浓度的增加稍有下降（图 4-31）。除 300 mmol/L NaCl 处理下有显著变化外，其余处理间无显著差异性。氨基酸和脯氨酸含量依次增加，300 mmol/L NaCl 处理处均为对照的 2 倍左右，其中脯氨酸占氨基酸的比例在各处理中无明显变化，为 16%～18%。除 100 mmol/L NaCl 处理的有机酸含量略高于对照外，其余处理无显著变化。可溶性糖含量略呈下降趋势，300 mmol/L NaCl 处理的下降较为明显。PEG 处理的有机溶质总含量低于对照和等渗 NaCl 处理的，差异达到显著水平。其中，除了氨基酸含量明显大于对照和等渗 NaCl 处理外，其余均小于对照和等渗 NaCl 处理。

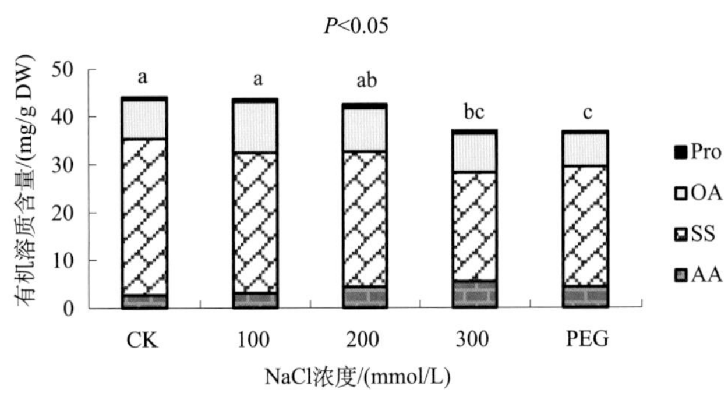

图 4-31　NaCl 和 PEG 对菊芋幼苗叶片有机溶质含量的影响

菊芋幼苗叶片的计算渗透势（COP）如表 4-21 所示，随着 NaCl 浓度的递增，COP 值依次降低。PEG 处理下，COP 值低于对照但高于等渗 NaCl 处理。无机物质（K^+、Na^+、Ca^{2+}、Mg^{2+}、Cl^-、NO_3^-）总体占 COP 的百分比随着盐浓度的增加而增加，在对照菊芋幼苗叶片中 Na^+、Cl^-约占 COP 的 7%，而在盐处理下，二者占 COP 的 52%～68%。K^+、Ca^{2+}、Mg^{2+}对 COP 的贡献随盐浓度的增加越来越小，NO_3^-在不同盐浓度下对 COP 的贡献均小于对照，但随着盐浓度的增加，却有所上升。不同盐处理下，总有机物质（AA、SS、OA、Pro）对 COP 的贡献很小（小于 5%），并且小于对照（约 10%）。总有机物质占 COP 的比例随盐浓度的增加而减小。其中，可溶性糖和有机酸随着盐浓度的增加逐渐减

表 4-21　盐分和水分胁迫下菊芋幼苗叶片的各种渗透调节物质的渗透势占计算渗透势的百分比

处理		COP /MPa	占计算渗透势的百分比/%											
			IS	OS	K^+	Na^+	Cl^-	Ca^{2+}	Mg^{2+}	NO_3^-	AA	OA	SS	Pro
CK		−0.23	90.36	9.64	60.36	1.44	5.37	11.54	5.47	6.16	1.19	3.56	5.56	0.22
NaCl /（mmol/L）	100	−0.51	95.27	4.73	34.14	20.72	31.49	5.51	2.83	0.56	0.60	2.02	2.18	0.12
	200	−0.67	96.45	3.55	26.68	34.15	28.87	3.67	2.13	0.95	0.63	1.31	1.59	0.12
	300	−0.71	96.90	3.10	22.40	37.40	30.35	3.50	1.99	1.26	0.75	1.08	1.20	0.16
PEG		−0.26	92.34	7.66	61.48	2.79	8.98	10.00	4.37	4.71	1.68	2.64	3.77	0.15

小，而氨基酸和脯氨酸都是先减小，在 200 mmol/L NaCl 处理处又略有增加。PEG 处理中，无机离子对 COP 的贡献大于对照。除了 Ca^{2+}、Mg^{2+}和 NO_3^- 低于对照外，其余均高于对照。有机溶质中除了氨基酸对 COP 的贡献大于对照外，其余均小于对照。脯氨酸仅占 0.2%左右，可见脯氨酸在菊芋幼苗叶片渗透调节中作用不大。

可溶性糖（SS）是菊芋盐胁迫下重要的有机渗透调节物质之一，也是菊芋耐盐的重要策略。在块茎发育期间，南京农业大学海洋科学及其能源生物资源研究所菊芋研究小组 2014 年在江苏大丰含盐量 0.4%的盐渍土进行高耐盐的南菊芋 1 号和盐敏感的青芋 2 号块茎可溶性糖积累量及积累速率的比较试验，结果见表 4-22。在南菊芋 1 号中，匍匐茎生长期和块茎形成期可溶性糖积累速率较低，可溶性糖积累量增加缓慢；块茎膨大期积累速率显著升高。在青芋 2 号中，可溶性糖积累速率较低，在块茎膨大期有小幅度提高。块茎成熟时（11 月 28 日）， 南菊芋 1 号块茎可溶性糖积累量达到 464.74 g/株，是青芋 2 号成熟块茎可溶性糖积累量的 13.76 倍；可溶性糖积累速率最高达 8.79 g/（株·d），是青芋 2 号块茎可溶性糖最高积累速率的 10.10 倍。

表 4-22　两菊芋品种块茎可溶性糖积累量及积累速率

采样日期	南菊芋 1 号		青芋 2 号	
	积累量 /（g/株）	积累速率 /[g/(株·d)]	积累量 /（g/株）	积累速率 /[g/(株·d)]
10 月 8 日	1.80	—	0.28	—
10 月 28 日	2.80	0.07	1.43	0.05
11 月 15 日	16.42	0.65	6.80	0.27
11 月 28 日	464.74	8.79	33.78	0.87

不同浓度 NaCl 处理对南菊芋 1 号幼苗总糖和还原糖含量的影响分析见 4.1.2 节。

4.2.2　菊芋的内源激素代谢特征

植物激素的调控发生在植物的各个发育阶段，包括起始胚胎的发生、种子的萌发、植物的生长发育、营养物质的运输、果实的成熟、植物的衰老等过程[12]。现在已知的几种植物激素有生长素（auxin）、细胞分裂素（cytokinin）、赤霉素（GA）、脱落酸（ABA）和乙烯（ethylene），最为常见，另外还有近年来研究发现的油菜素内酯（BR）、茉莉酸（JA）和水杨酸（SA）。除了以上的植物激素，植物体内的次生代谢产物也能发挥跟激素一样的功效来调节植物的生长发育[13]。植物激素在调控植物生长发育过程中发挥的作用比较复杂，一种激素可以调控多个过程，一个过程可以由多个激素共同调控。目前块茎类植物内源激素的研究相对较少。

赤霉素具有抑制块茎的形成和延迟块茎发育的作用[14,15]。已发现赤霉素类物质有 120 多种，生产中使用的为 GA_3。马铃薯块茎生长过程中，外源施加赤霉素，可以使单株结薯数量降低，块茎的重量也有所减轻[16]。有报道指出，外界环境对块茎发育的影响主要是通过影响 GA 的合成和分解来实现的，长时间光照以及高温都可以明显增加 GA

的合成量，因此能够抑制块茎的生成。氮素能够提高 GA 的活性，同样也能起到抑制块茎形成的作用。赤霉素经过与 6-BA 混合后施加到植物上可以显著增加块茎的产量，由此可见赤霉素可能通过调节植物体内的 6-BA 的平衡来提高块茎产量[17]。

在响应盐胁迫调控方面，赤霉素发挥着举足轻重的作用。赤霉素可以缓解由盐胁迫引起的对种子的萌发以及植物生长的抑制作用，在盐胁迫环境下，GA 可以提高植物种子的发芽势。研究者发现，多种植物的种子萌发在盐胁迫环境下受到显著抑制，外源施加 GA 后种子的发芽势得到了提高，种苗的芽和根受到的抑制作用也有所减轻、缓解[18]。赤霉素也已被利用在棉花上，有人将棉花种子用微量元素和赤霉素浸泡，而后经过盐处理，试验结果表明种子的吸水量有所增加，萌动率、发芽势、发芽率均有所提升，棉花幼苗的鲜重呈上升趋势，可见赤霉素可以提高棉花的耐盐特性[19]。在众多研究结果中，GA 并没有被认为是植物响应盐胁迫的激素信号的一种，但是植物在适应盐胁迫的过程中 GA 水平确实处于一个显著的变化过程中。据 Maggio 等研究发现，在低浓度盐环境中生长的植株，经过 GA_3 处理，植物的气孔阻力降低，蒸腾作用加快，有利于植物对水的利用以及植物自身的生长发育，但并没有缓解盐胁迫带来的对植物生长的抑制性[20]。

脱落酸（ABA）作为一种调节植物生长的重要激素成分，一直是植物生理研究的重点，也是在植物中研究得比较透彻的一种激素。在盐渍环境中 ABA 处理可以促进玉米幼苗的生长，通过提高盐渍土壤中玉米幼苗细胞的渗透调节能力，使玉米能耐受高盐度的胁迫[21]。经过 ABA 处理的烟草离体细胞，其蛋白质的合成速度明显提高，有利于细胞耐盐[22]，其他研究也表明对于短时间盐处理下的植物，ABA 可以调节植物叶片的生长。长时间处理及多种耐盐性不一的植株的实验结果也均显示，ABA 确实可以提高许多植物在盐渍环境下的生存能力。

ABA 可以通过促进新陈代谢来打破种子的休眠，提高种子萌发率。红花菜豆酸（phaseic acid，PA）是 ABA 的中间代谢产物，萌发的种子中 PA 和 DPA 的含量均有上升趋势，ABA 的含量经测定呈下降趋势；未萌发的种子中 ABA 的含量高于萌发的种子[20]，盐处理抑制了种子中 ABA 的代谢，ABA 累积致使盐对种子萌发的抑制作用不能解除[23,24]。

有关脱落酸在块茎植物发育过程中的研究结论不一，促进生长和抑制生长皆被报道过。有报道块茎的成熟度越高，内源 ABA 的水平越高[25]，外源施加的 ABA 明显可以促进块茎的膨大[16]。然而，离体条件下 ABA 并不能使匍匐茎顺利变态发育成块茎[26]。相关研究证实，ABA 本身不参与块茎的诱导变态过程，但是它的存在抵消了其他类激素各自的生理活性。

1. 菊芋内源激素的比较

以耐盐性高的南菊芋 1 号和盐敏感的青芋 2 号两个品种为材料，研究了两菊芋品种从匍匐茎生长期到块茎形成期和块茎膨大期菊芋内源激素的动态变化（图 4-32），发现两菊芋品种块茎形成期间匍匐茎或块茎中内源 GA_3 水平变化有明显的较相似的规律。在南菊芋 1 号块茎中，在匍匐茎生长期 GA_3 水平较高并上升至 6.87 nmol/g（FW），块茎形成期以及块茎膨大前期 GA_3 水平不断下降。块茎膨大中后期降幅减小直至块茎成熟时降低到较低水平，仅 1.70 nmol/g（FW）。在青芋 2 号块茎中，匍匐茎生长期 GA_3 水平也相对较高，但此发育期间其上升幅度小于南菊芋 1 号，同样在块茎形成期前达到高峰，峰值是南菊芋 1 号的 80.34%。随后在块茎形成期和块茎膨大前期出现明显降幅，块茎膨大后期降幅趋缓，同样在块茎成熟时下降到较低水平，但成熟块茎中 GA_3 水平明显高于南菊芋 1 号，是南菊芋 1 号的 151.18%。在整个块茎发育过程中，匍匐茎生长期和块茎形成期的南菊芋 1 号 GA_3 水平高于同生长期的青芋 2 号，但块茎膨大期的青芋 2 号 GA_3 水平高于同生长期的南菊芋 1 号。

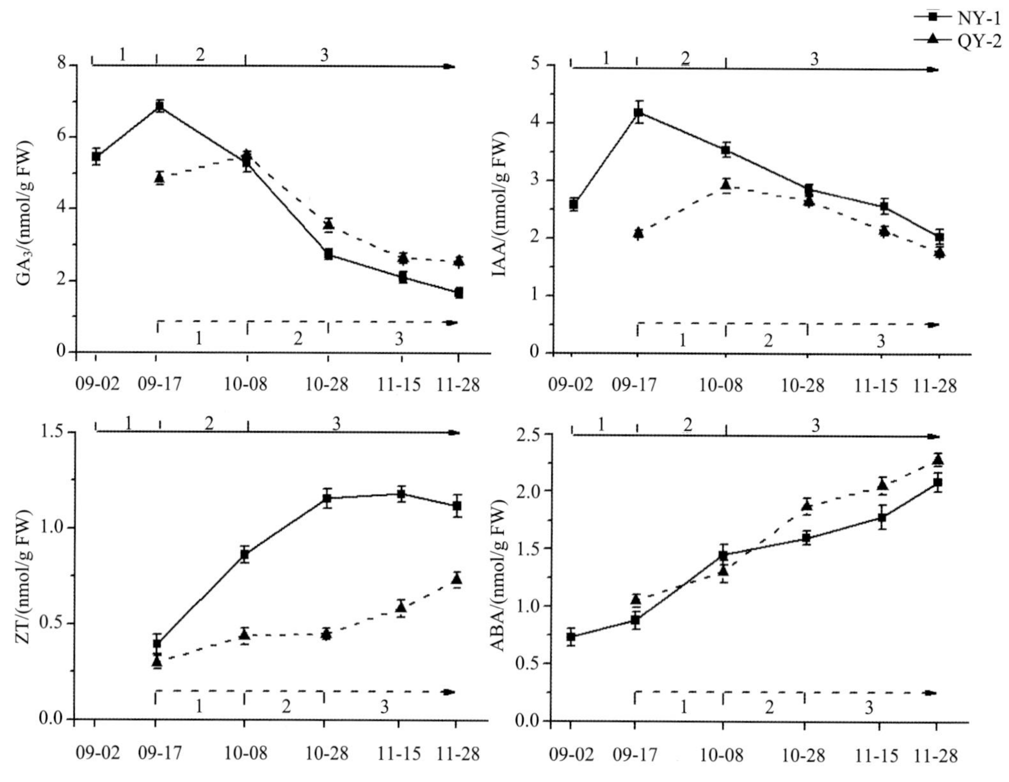

图 4-32　两菊芋品种块茎发育期间匍匐茎或块茎中 GA_3、IAA、ZT 和 ABA 含量（FW）的变化

两菊芋品种块茎发育期间匍匐茎或块茎中内源 IAA 水平变化趋势一致，匍匐茎生长期 IAA 水平上升，块茎形成初期不断下降，块茎膨大期继续下降到较低的水平。在南菊芋 1 号中，在匍匐茎生长期前含量较低，为 2.58 nmol/g（FW），随后大幅上升，至块茎形成期前达到峰值，为 4.19 nmol/g（FW）。块茎形成期和块茎膨大前期持续下降至匍匐茎生长期前的水平，随后继续下降，到块茎成熟时 IAA 水平下降到很低水平，仅为 2.04 nmol/g（FW）。在青芋 2 号块茎中，匍匐茎生长期前含量为同时期南菊芋 1 号 IAA 水平的 81.01%，随后上升至块茎形成期前达到峰值，此阶段上升幅度小于南菊芋 1 号，IAA 水平最高时为南菊芋 1 号峰值的 69.69%。此后逐渐降低，同时降幅也小于南菊芋 1 号，块茎成熟时，其 IAA 水平是南菊芋 1 号块茎成熟时的 87.25%。整个块茎发育过程中南菊芋 1 号匍匐茎或块茎中 IAA 水平始终高于青芋 2 号。

玉米素（zeatin，ZT）是一种促进细胞分裂的物质。两菊芋品种块茎发育期间匍匐茎或块茎中内源 ZT 水平变化趋势大致相似，但也出现明显的不同。在南菊芋 1 号块茎中，匍匐茎生长期并没有检测到 ZT，块茎形成期前 ZT 水平极低，块茎形成期和块茎膨大初期显著上升至 1.16 nmol/g（FW），而在块茎膨大中期 ZT 水平仅上升了 0.02 nmol/g（FW），但块茎膨大后期有小幅下降，至块茎成熟时 ZT 水平为 1.12 nmol/g（FW）。在青芋 2 号块茎中，匍匐茎生长期 ZT 水平较低并缓慢上升，块茎形成期基本维持不变，块茎膨大期又出现上升趋势。整个块茎发育期间，两个品种中 ZT 水平都在较低水平，但除南菊芋 1 号在匍匐茎生长期没有检测到 ZT 外，其余块茎形成阶段，其 ZT 水平始终高于青芋 2 号，南菊芋 1 号 ZT 水平最高时仅为 1.18 nmol/g（FW），但依然是青芋 2 号峰值的 1.62 倍。

要使菊芋形成较高的块茎产量，首先要尽早促进大量匍匐茎的形成，由于菊芋匍匐茎生长膨大是一个可逆的过程，因此又要利用匍匐茎的顶端优势促进其膨大以形成块茎。这个过程中菊芋的内源激素含量的消长及合适比例至关重要。南京农业大学海洋科学及其能源生物资源研究所菊芋研究小组通过试验发现，随着匍匐茎膨大，菊芋中内源 ABA 水平也呈不断上升的趋势，但在块茎膨大期，青芋 2 号块茎中 GA_3 和 ABA 水平均高于南菊芋 1 号，说明块茎形成后，较低的 GA_3 水平可能更适合块茎的生长。此外，内源 GA_3 和 ABA 水平呈显著负相关性，匍匐茎生长期 GA_3/ABA 值较高，随着匍匐茎生长停止诱导块茎形成，GA_3/ABA 值显著减小。在块茎形成前，南菊芋 1 号匍匐茎中 GA_3/ABA 值高于青芋 2 号，而随着块茎形成和膨大，青芋 2 号块茎中 GA_3/ABA 值反超南菊芋 1 号。这些结果暗示较高的 GA_3/ABA 值有利于匍匐茎生长，比值显著下降促进块茎形成，相对较大降幅和维持较低比值有利于块茎膨大。

在块茎发育期间，南菊芋 1 号块茎中内源 ZT 水平高于青芋 2 号。在前期匍匐茎中没有检测到 ZT，说明匍匐茎中 ZT 含量极低，且 ZT 在匍匐茎形成和生长的作用鲜有报道。本研究结果显示，在块茎形成期和块茎膨大初期 ZT 水平均有小幅度上升，类似结果也出现在马铃薯块茎发育过程中[27]。由于细胞分裂素有促进细胞增殖的作用，故认为 ZT 可能是块茎形成及膨大的早期促进因子。此外，整个块茎形成期间 ZT/ABA 值并没有明显的变化，说明其可能对块茎发育没有明显的作用。

众所周知，内源 IAA 直接参与调控植物生长及形态发生，但 IAA 对块茎发育的作用机理尚不清楚。研究者发现，内源 IAA 水平与 GA_3 水平呈正相关性且块茎发育各时期内 GA_3 水平相对高于 IAA，而南菊芋 1 号匍匐茎生长期 IAA 水平高于青芋 2 号，对马铃薯的研究报道表明 GA_3 介导匍匐茎伸长而 IAA 可以维持匍匐茎顶端优势[28]。

此外，块茎形成期南菊芋 1 号块茎中 IAA 水平和 IAA/ABA 值均高于青芋 2 号，且块茎发育期间 IAA/ABA 值变化趋势与 GA_3/ABA 相似，以上结果说明 IAA 与 GA_3 相似，可能是匍匐茎生长的促进因子同时又是块茎膨大的抑制因子；同样较高 IAA/ABA 值有利于匍匐茎生长，比值显著下降促进块茎形成，维持较低比值有利于块茎膨大。有研究表明添加外源 IAA 可介导马铃薯大颗粒淀粉的形成和更高淀粉含量从而形成更大的马铃薯块茎[29]，据此可以提出一个假设：南菊芋 1 号块茎中相对较高的 IAA 水平可能有利于高聚合度果聚糖在块茎中的形成和更高果聚糖含量的积累从而形成更大的菊芋块茎。

植物各种内源激素的比值对代谢调控也有显著的影响。在南菊芋 1 号和青芋 2 号块茎发育期间，IAA/ABA 值呈先上升后下降的趋势。南菊芋 1 号中，IAA/ABA 值在匍匐茎生长期显著上升，块茎形成期显著下降，随后在块茎膨大期逐渐下降至最低水平。在青芋 2 号中，IAA/ABA 值在匍匐茎生长期上升不显著，块茎形成期显著下降，块茎膨大期继续下降至最低水平。在整个块茎发育过程中，南菊芋 1 号 IAA/ABA 值始终高于青芋 2 号，在块茎形成期前南菊芋 1 号峰值是青芋 2 号峰值的 2.13 倍，而块茎成熟时南菊芋 1 号 IAA/ABA 值是青芋 2 号峰值的 1.25 倍。

在南菊芋 1 号块茎发育期间，GA_3/ABA 值变化趋势与 IAA/ABA 较相似（表 4-23），匍匐茎生长期比值较高且上升不显著，块茎形成期至块茎膨大前期显著降低，块茎膨大中后期继续下降但没有显著差异。青芋 2 号 GA_3/ABA 值变化趋势与南菊芋 1 号在匍匐茎生长期有所不同，青芋 2 号匍匐茎生长期 GA_3/ABA 值虽然也相对较高但出现不显著下降，块茎形成期显著下降，块茎膨大期间继续缓慢下降且此阶段比值也没有显著差异。此外，在匍匐茎生长期和块茎形成期，南菊芋 1 号 GA_3/ABA 值高于青芋 2 号，而块茎膨大期青芋 2 号略高于南菊芋 1 号。

表 4-23　南菊芋 1 号和青芋 2 号块茎内 IAA/ABA、GA3/ABA 和 ZT/ABA 值的变化

采样日期	NY-1			QY-2		
	IAA/ABA	GA_3/ABA	ZT/ABA	IAA/ABA	GA_3/ABA	ZT/ABA
Sep. 02	3.6b±0.23	7.5a±0.48	—	—	—	—
Sep. 17	4.9a±0.64	7.9a±0.61	0.5b±0.09	2.0a±0.17	4.7a±0.43	0.3a±0.05
Oct. 08	2.5c±0.08	3.7b±0.24	0.6ab±0.06	2.3a±0.41	3.3a±0.40	0.3a±0.01
Oct. 28	1.8cd±0.07	1.7c±0.04	0.7a±0.06	1.4b±0.06	1.9b±0.15	0.2a±0.02
Nov. 15	1.4d±0.01	1.2c±0.11	0.7a±0.06	1.0bc±0.10	1.3b±0.03	0.3a±0.03
Nov. 28	1.0d±0.10	0.8c±0.04	0.5ab±0.02	0.8c±0.03	1.1b±0.07	0.3a±0.01

注：a、b、c、d 表示同列显著性检验结果，$P<0.05$

与 IAA/ABA 和 GA_3/ABA 值变化趋势不同的是，ZT/ABA 值在整个块茎发育期间比较稳定，没有明显的变化趋势，尤其是青芋 2 号。此外，除南菊芋 1 号匍匐茎期没有检测到 ZT 外，南菊芋 1 号 ZT/ABA 值始终高于青芋 2 号。

通过表 4-23 还发现，在匍匐茎生长期间比值间关系为 GA_3/ABA＞IAA/ABA＞ZT/ABA，块茎形成期和块茎膨大期 GA_3/ABA 值和 IAA/ABA 值较接近且均明显大于 ZT/ABA。

南菊芋 1 号和青芋 2 号块茎发育期匍匐茎或块茎中内源 GA_3、IAA、ZT 和 ABA 水平间的相关性分析见表 4-24。南菊芋 1 号和青芋 2 号匍匐茎或块茎中 GA_3、IAA、ZT 和 ABA 水平相互之间具有一定的相关性。在南菊芋 1 号中，IAA 与 GA_3 水平呈显著正相关，与 ZT 水平呈负相关且相关性显著；GA_3 与 ZT 和 ABA 水平皆呈显著负相关；ZT 与 ABA 水平呈显著正相关。在青芋 2 号中，IAA 与 GA_3 水平呈正相关，与 ZT 和 ABA 水平呈负相关，相关性较弱；GA_3 与 ABA 水平呈显著负相关；ZT 与 ABA 水平呈显著正相关。

表 4-24　南菊芋 1 号和青芋 2 号块茎内源激素含量间的相关性

	NY-1			QY-2		
	IAA	GA_3	ZT	IAA	GA_3	ZT
GA_3	0.82*			0.64		
ZT	– 0.90*	–0.94*		–0.49	–0.80	
ABA	– 0.57	–0.89*	0.90*	–0.42	–0.93*	0.92*

*显著性水平 P<0.05，**显著性水平 P<0.01

南菊芋 1 号和青芋 2 号块茎中干物质及总可溶性糖含量积累与内源激素的相关性分析见表 4-25。在南菊芋 1 号块茎中，干物质积累与总可溶性糖积累和内源 ABA 水平呈显著正相关，与 IAA/ABA 及 GA_3/ABA 值呈显著负相关，与内源 GA_3 水平呈极显著负相关。总可溶性糖积累与内源 GA_3 水平、IAA/ABA 及 GA_3/ABA 值皆呈极显著负相关，与内源 ZT 水平呈显著正相关，与内源 ABA 水平呈极显著正相关。在青芋 2 号块茎中，干物质积累和总可溶性糖积累与内源 ABA 水平都呈极显著正相关，与内源 ZT 水平呈显著正相关，与 IAA/ABA 值呈极显著负相关，与内源 GA_3 水平及 GA_3/ABA 值均呈显著负相关，与内源 IAA 水平有较明显的负相关性，同时与 ZT/ABA 值呈较弱的正相关关系。总可溶性糖的积累与内源 ABA 水平呈极显著正相关并与 GA_3/ABA 值呈极显著负相关，与内源 ZT 水平呈显著正相关，与内源 GA_3 水平及 IAA/ABA 值皆呈显著负相关。

表 4-25　两菊芋品种块茎干物质及总可溶性糖（TSS）含量积累与内源激素的相关性

	NY-1		QY-2	
	干物质积累	TSS 积累	干物质积累	TSS 积累
TSS	0.91*		0.98**	
IAA	–0.74	–0.57	–0.58	–0.42
GA_3	–0.93**	–0.91**	–0.95*	–0.92*
ZT	0.76	0.94*	0.94*	0.93*
ABA	0.91*	0.99**	0.97**	0.99**
IAA/ABA	–0.85*	–0.92**	–0.96**	–0.94*
GA_3/ABA	–0.85*	–0.98**	–0.95*	–0.98**
ZT/ABA	0.23	0.53	0.02	–0.06

*显著性水平 P<0.05，**显著性水平 P<0.01

NaCl 胁迫下南菊芋 1 号叶片和根部内源 IAA、GA_3 水平随盐度先升高后显著下降（图 4-33A、B）。叶片和根部 GA_3 水平均在 4‰浓度 NaCl 胁迫下最高，相比对照分别高出 7.49%和 15.44%。随着 NaCl 浓度再升高而不断下降，在 8‰浓度 NaCl 条件下叶片和根部 GA_3 水平接近或低于对照。最高浓度 NaCl 胁迫下叶片和根部 GA_3 水平最低，分别为对照的 85.78%和 79.16%。

NaCl 胁迫下南菊芋 1 号叶片和根部内源 ABA 水平与 IAA 和 GA_3 不同。6‰及以上浓度 NaCl 胁迫下，叶片和根部 ABA 水平均随盐度增加而显著上升，10‰浓度 NaCl 处理下，叶片和根部 ABA 水平分别是对照的 1.81 倍和 4.11 倍。2‰和 4‰浓度 NaCl 条件下，叶片中 ABA 水平低于对照，根部 ABA 水平和对照没有显著差异（图 4-33C）。

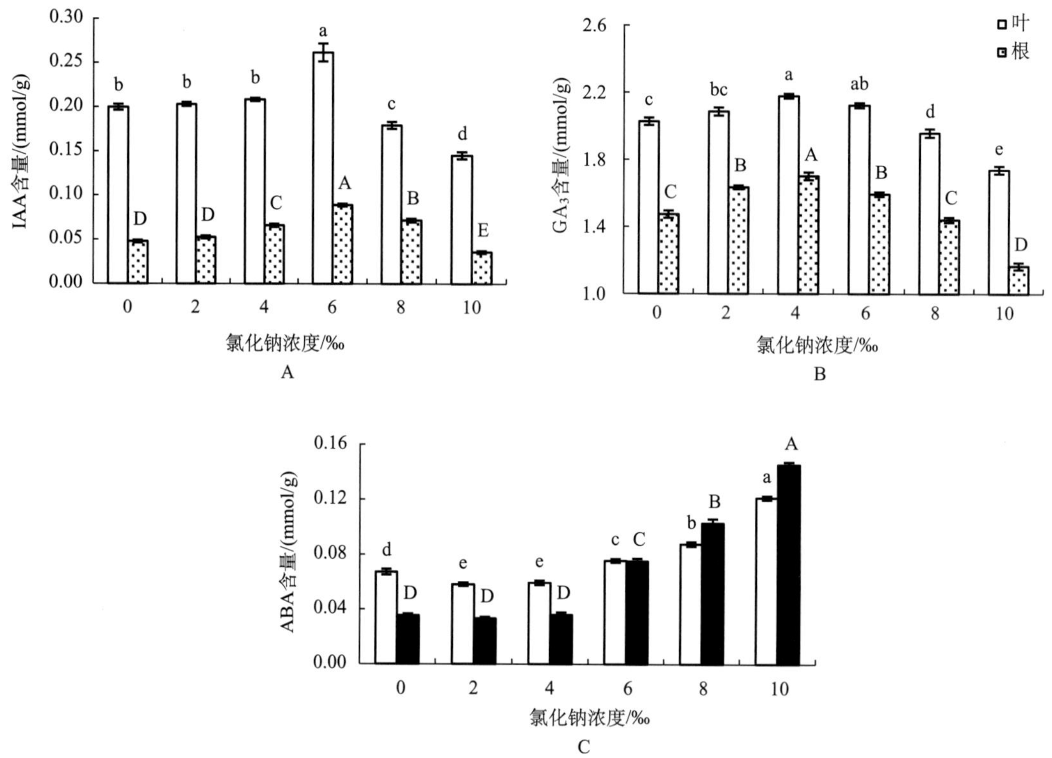

图 4-33　不同浓度 NaCl 处理对南菊芋 1 号幼苗 IAA（A）、GA_3（B）和 ABA（C）含量（FW）的影响

表 4-26 显示了不同浓度 NaCl 处理对南菊芋 1 号幼苗 IAA/ABA 和 GA_3/ABA 值的影响。由 4-26 表可知：南菊芋 1 号叶片和根部 IAA/ABA 和 GA_3/ABA 值基本随 NaCl 浓度升高先增大后减小。在 2‰和 6‰浓度 NaCl 胁迫下叶片中 IAA/ABA 值显著高于对照，其余浓度 NaCl 胁迫下 IAA/ABA 值显著低于对照，10‰浓度下比值最小。根部 IAA/ABA 值在 4‰浓度 NaCl 条件下最大，6‰及以上浓度 NaCl 条件下皆低于对照水平并随 NaCl 浓度增加显著下降。同时，叶片中 IAA/ABA 值及变化幅度始终高于根部。在 2‰和 4‰浓度 NaCl 胁迫下，叶片和根部 GA_3/ABA 值上升并显著高于对照，6‰浓度 NaCl 条件下叶片中降至对照水平，8‰和 10‰浓度 NaCl 条件下不断减小到对照水平以下，而根部 GA_3/ABA 值在 6‰及以上浓度 NaCl 条件均显著低于对照水平。在 4‰及以下浓度 NaCl 条件下，根部 GA_3/ABA 值高于叶片，而更高 NaCl 浓度下叶片中 GA_3/ABA 值较高。

表 4-26　不同浓度 NaCl 处理对南菊芋 1 号幼苗 IAA/ABA 和 GA_3/ABA 值的影响

NaCl 浓度/‰	IAA/ABA		GA_3/ABA	
	叶	根	叶	根
0	2.97±0.05b	1.35±0.02c	30.21±1.18b	41.63±1.44b
2	3.51±0.12a	1.58±0.02b	35.98±0.50a	49.23±1.75a
4	2.45±0.04c	1.84±0.06a	36.78±1.11a	47.61±2.83a
6	3.46±0.14a	1.18±0.04d	28.11±0.72b	21.21±0.73c
8	2.38±0.07c	0.70±0.04e	22.34±0.41c	14.01±0.31d
10	1.48±0.01d	0.25±0.01f	14.31±0.17d	8.01±0.05e

注：a、b、c、d 等不同字母表示同列显著性检验结果 $P<0.05$

2. 土壤含盐量对南菊芋 1 号块茎形成期内源激素的影响

研究显示南菊芋 1 号在土壤中度盐胁迫下块茎产量和果聚糖含量均高于其他菊芋品种[30]，可作为一种非粮能源植物改良利用滩涂盐碱地[31]。目前对盐生环境下菊芋块茎发育生理过程没有系统的描述，同时对菊芋耐盐性缺乏比较清晰的评价。第 3 章研究表明，可溶性糖作为渗透调节物质对菊芋抵抗盐胁迫有重要作用，菊芋幼苗生物量与内源激素水平有关。菊芋块茎产量与果聚糖代谢密切相关[32]，同时植物体内可溶性糖合成的关键酶受盐和 ABA 的诱导[33]。研究结果显示内源激素水平与菊芋块茎形成及糖分积累显著相关。因而推测盐胁迫下菊芋体内内源激素参与调节块茎发育。

实验选取大丰金海农场自然存在的 4 个不同盐度盐土中生长的南菊芋 1 号。土壤全盐含量分别为 1.53 g/kg（1.53‰）、1.73 g/kg（1.73‰）、2.18 g/kg（2.18‰）和 2.73 g/kg（2.73‰），前三组属于轻度盐土（1‰～2.5‰），最后一组为中度盐土（2.5‰～4‰）。于 2014 年下半年块茎发育期间分 5 次采样，分别为 7 月 30 日、8 月 30 日、9 月 30 日、10 月 30 日和 11 月 30 日。根据第 2 章菊芋块茎形成阶段划分方法按采样时块茎生长状态将各采样日期对应至块茎发育各阶段：匍匐茎生长期，8 月 30 日；块茎膨大前期，9 月 30 日；块茎膨大中期，10 月 30 日；块茎膨大后期，11 月 30 日。

如图 4-34 所示：三组轻度盐胁迫下，南菊芋 1 号叶片内源 IAA 水平均呈先上升而后在块茎膨大期不断下降趋势，中度盐胁迫下叶片 IAA 水平较低且没有明显变化趋势。在营养生长期（9 月 30 日之前），1.53‰和 1.73‰盐度胁迫下叶片 IAA 水平没有明显差异。匍匐茎生长期（9 月 30 日至 10 月 30 日），轻度盐胁迫下叶片中 IAA 水平达到最大值，而在含盐量为 2.18‰时，IAA 水平显著高于其他盐处理；至块茎膨大中后期（10 月 30 日至 11 月 30 日），随着盐分的增加，IAA 显著下降。

从图 4-34B 看出，在整个生长期（8 月 30 日至 11 月 30 日），1.5‰同 1.73‰盐分处理 GA_3 含量没有显著差异，而高盐处理 GA_3 显著下降；而在块茎膨大期，高盐显著抑制 GA_3。

南菊芋 1 号叶片中 ABA 水平不断上升，但相对 IAA 和 GA_3 水平较低（图 4-34C）。块茎膨大前期及之前叶片 ABA 水平随盐度升高而上升，中度盐胁迫下 ABA 水平显著高于轻度盐胁迫。块茎膨大中期，2.18‰盐胁迫下 ABA 水平最高，比起始 ABA 水平分别上升了 51.72%、42.42%、48.15%和 28.23%，中度盐胁迫抑制了叶片中 ABA 水平上升，这与菊芋在盐土上的长势一致。

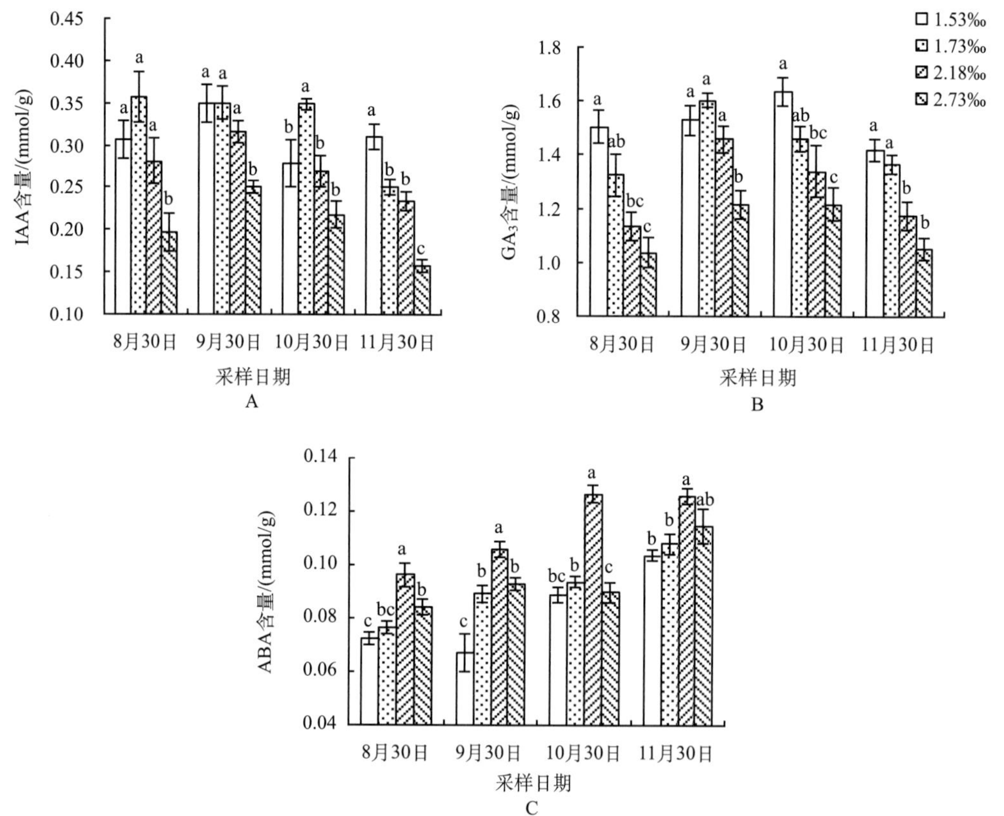

图 4-34　土壤盐胁迫对菊芋叶片 IAA（A）、GA_3（B）及 ABA（C）含量（FW）的影响

如图 4-35 所示：南菊芋 1 号块茎中内源激素水平变化总趋势大致与叶片相似。块茎中内源 IAA 水平始终低于叶片，随块茎发育各盐度胁迫下 IAA 水平变化基本呈先上升后下降趋势。匍匐茎生长期，轻度盐胁迫下块茎中 IAA 水平显著高于中度盐胁迫下 IAA 水平。块茎膨大期间，IAA 水平下降至膨大后期最低，且随盐度上升而下降。

块茎发育期间，各盐度胁迫下块茎内源 GA_3 水平先上升后下降。匍匐茎生长期，GA_3 水平随盐度升高而显著下降。块茎膨大期间，GA_3 水平最高，且轻度盐胁迫间没有明显差异，但均显著高于中度盐胁迫下 GA_3 水平。块茎膨大后期，GA_3 水平降至最低同时随盐度升高而降低。

块茎发育期间，各盐度胁迫下块茎内源 ABA 水平呈不断上升趋势。在块茎膨大生长前期，轻度盐胁迫下块茎 ABA 水平随盐度升高而有所增加，整个块茎膨大期，高盐胁迫下 ABA 水平显著低于 2.18‰盐度胁迫但高于 1.73‰和 1.53‰盐度胁迫下 ABA 水平。

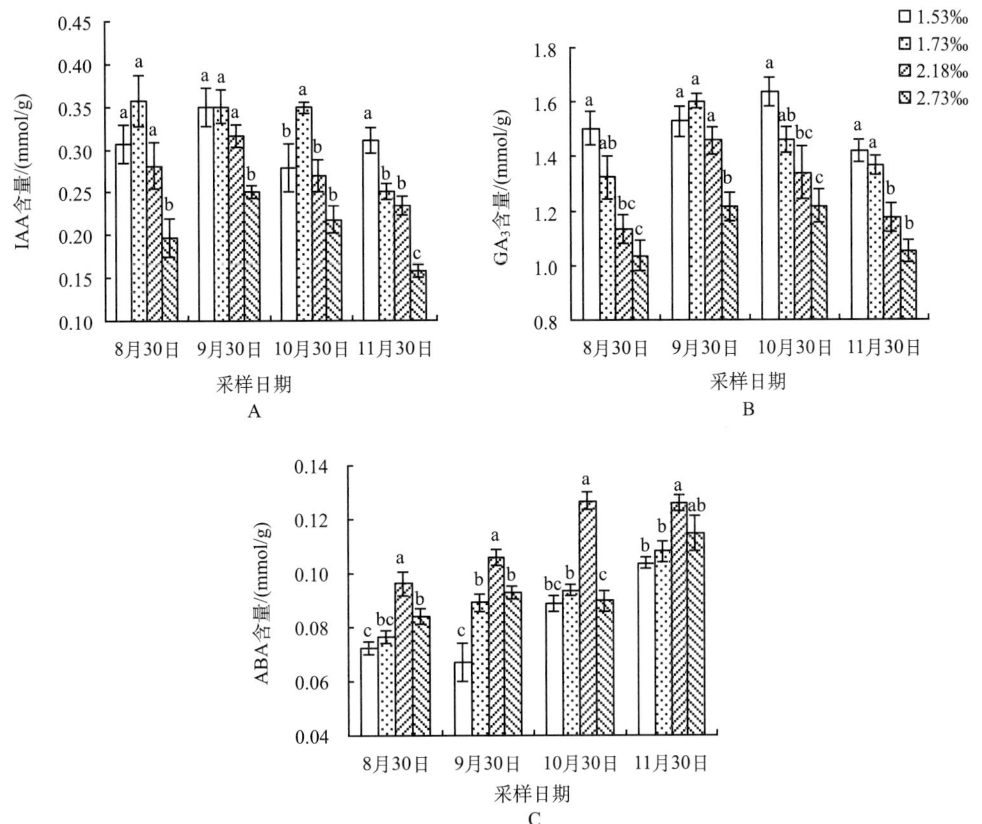

图 4-35　土壤盐胁迫对菊块茎 IAA（A）、GA_3（B）及 ABA（C）含量（FW）的影响

由表 4-27 可知，南菊芋 1 号叶片中 IAA/ABA 值基本呈先增大后减小的变化趋势。匍匐茎生长期前叶片 IAA/ABA 值增大，块茎发育后不断减小，至块茎膨大后期降低至最低水平。在同一生长时期，各盐度胁迫下叶片 IAA/ABA 值随盐度升高而减小，2.00‰以下的两组轻度盐胁迫下叶片 IAA/ABA 值没有显著差异，2.00‰以上的两组盐度之间差异基本也不显著，但 2.00‰以下和 2.00‰以上盐度胁迫下 IAA/ABA 值差异显著。

表 4-27　土壤盐胁迫对南菊芋 1 号 IAA/ABA 值的影响

部位	土壤盐度/‰	采样日期				
		7 月 30 日	8 月 30 日	9 月 30 日	10 月 30 日	11 月 30 日
叶片	1.53	18.51±2.28a	18.28±0.52a	14.79±0.68a	11.47±0.58a	—
	1.73	16.69±1.95a	17.82±1.69a	14.27±1.61a	10.68±1.18a	—
	2.18	11.83±0.08b	15.19±1.55b	11.75±0.23b	7.93±0.47b	—
	2.73	11.21±1.06b	15.05±0.18c	9.85±1.52b	7.79±0.34b	—
块茎（匍匐茎）	1.53	—	4.27±0.77A	4.35±1.28A	2.96±0.43B	2.79±0.14A
	1.73	—	4.72±0.96A	3.93±0.32A	3.33±0.21A	2.21±0.12B
	2.18	—	2.63±0.25B	2.99±0.27B	2.05±0.17C	1.86±0.18C
	2.73	—	2.34±0.42B	2.71±0.20B	2.65±0.49BC	1.49±0.22D

注：a、b 表示同列显著性差异，$P<0.05$；A、B、C、D 表示同列极显著性差异，$P<0.01$

匍匐茎生长期和块茎膨大前期 IAA/ABA 值变化不明显，块茎膨大期间显著减小。在同一块茎生长时期，IAA/ABA 值基本随盐度升高而下降，两组较低盐度的轻度盐胁迫下 IAA/ABA 值基本显著高于中度盐胁迫。块茎膨大后期时，随盐度增加，IAA/ABA 值显著降低。块茎中 IAA/ABA 值始终小于叶片中 IAA/ABA 值。

由表 4-28 可知，南菊芋 1 号叶片中 GA_3/ABA 值变化规律与 IAA/ABA 值变化规律相似。匍匐茎生长期前叶片 IAA/ABA 值小幅增大，块茎发育后不断减小，至块茎膨大后期降低到最低水平。在同一生长时期，随盐度上升，GA_3/ABA 值基本呈减小趋势，2.00‰以下的两组轻度盐胁迫下 GA_3/ABA 值差异基本不显著，2.00‰以上的两组盐度之间比值也基本没有显著差异，2.00‰以下和 2.00‰以上盐度下比值差异显著。

表 4-28　土壤盐胁迫对南菊芋 1 号 GA_3/ABA 值的影响

部位	土壤盐度/‰	采样日期				
		7 月 30 日	8 月 30 日	9 月 30 日	10 月 30 日	11 月 30 日
叶片	1.53	29.36±3.28a	30.54±1.32a	24.45±1.97a	18.22±1.71a	—
	1.73	23.59±2.98b	31.40±3.11a	21.38±2.17a	15.63±1.01b	—
	2.18	18.98±1.95bc	22.47±3.13b	17.26±0.61b	11.90±0.79c	—
	2.73	15.85±2.66c	18.47±1.30b	14.84±1.34b	11.95±1.14c	—
块茎（匍匐茎）	1.53	—	20.86±2.43A	23.39±4.62A	16.47±0.82A	13.70±0.77A
	1.73	—	17.43±2.65A	18.02±0.93B	15.49±1.92BC	12.67±1.00A
	2.18	—	10.67±0.88B	13.81±1.46BC	10.16±1.00C	9.33±0.43B
	2.73	—	12.40±1.89B	13.08±0.72C	14.73±1.36D	9.26±1.35B

注：a、b、c 表示同列显著性差异，$P<0.05$；A、B、C、D 表示同列极显著性差异，$P<0.01$

块茎发育期间，块茎中 GA_3/ABA 值变化与 IAA/ABA 变化趋势一致。匍匐茎生长期及块茎膨大初期 GA_3/ABA 值较高且随盐度上升而减小。块茎膨大后期 GA_3/ABA 值降至最低水平。块茎中 GA_3/ABA 值大多小于叶片中 GA_3/ABA 值。

上述的研究结果显示，不同盐度胁迫下南菊芋 1 号叶片中内源 IAA 和 GA_3 变化趋势与地上生物量变化趋势一致，且 IAA 和 GA_3 峰值均在地上部干物质积累量最大的时期，说明叶片中 IAA 和 GA_3 水平升高显著促进地上部生物量的增长，而且在菊芋块茎形成前期IAA和GA_3水平升高也同时促进菊芋块茎膨大前期匍匐茎生长，但到菊芋块茎膨大期，则 IAA 和 GA_3 含量下降、ABA 含量上升有利于块茎膨大；同时轻度盐胁迫下菊芋块茎形成前期叶片和块茎中 IAA 和 GA_3 水平均显著高于中度盐胁迫下 IAA 和 GA_3 水平，表明中度盐胁迫下促生长类激素合成受到抑制，菊芋生长受到盐分抑制，菊芋的前期生物量显著降低。

研究表明，适度盐胁迫下南菊芋 1 号生长后期叶片和块茎中内源 ABA 水平均呈不断上升的趋势， 而 ABA 可能参与菊芋生长后期抑制地上部生长而促进地下块茎生长发育，这可能是适度的盐胁迫下南菊芋 1 号菊芋块茎产量增加的原因。但当土壤盐度持续升高时，菊芋叶片和块茎中 ABA 的峰值提前， ABA 作为抑制生长类激素，其水平过早升高使菊芋前期生长速率下降，这也是过量的盐分胁迫菊芋致使其地上部和地下块茎生物量下降的原因之一。

南菊芋 1 号幼苗生长及块茎发育与 IAA/ABA 和 GA_3/ABA 平衡水平变化直接相关。不同盐度胁迫下，南菊芋 1 号叶片中 IAA/ABA 及 GA_3/ABA 值变化趋势与地上部生物量及糖分积累趋势一致，峰值同样出现在地上部生物量最大的时期，说明叶片内源激素与地上部生长相关。随盐度升高，南菊芋 1 号幼苗叶片茎 IAA/ABA 及 GA_3/ABA 值逐渐下降，间接验证了高 IAA/ABA 及 GA_3/ABA 值有利于生物量积累的结论。块茎形成前期，较高的 IAA/ABA 和 GA_3/ABA 值有助于块茎膨大前匍匐茎生长，而在菊芋块茎膨大期，IAA/ABA 和 GA_3/ABA 值下降促进块茎膨大，而块茎膨大期间随着盐度持续升高，IAA/ABA 和 GA_3/ABA 两值降幅减小，块茎膨大效率受到抑制，尤其是青芋 2 号菊芋块茎膨大期间盐分胁迫下 IAA/ABA 和 GA_3/ABA 两值基本没有降低，而导致青芋 2 号在盐土上块茎产量急剧下降。

菊芋内源激素这一次生代谢的生态学特征反映了生态因子通过影响次生代谢过程进而调控初生代谢，进而影响菊芋的经济产量，即块茎的产量，因此掌握菊芋关于内源激素次生代谢生态学特征对菊芋盐土高效栽培不仅具有理论意义，同时也具有实践指导作用。

4.3 菊芋酮类物质代谢的效应

黄酮类化合物（flavonoids）是植物中一类重要的次生代谢产物，其主要代谢过程为磷酸烯醇式丙酮酸→乙酰辅酶 A→脂肪酸→黄酮类化合物。前面已介绍，菊芋叶片中富含黄酮类化合物，但环境对黄酮类化合物的影响尚不清楚，为此，南京农业大学海洋科学及其能源生物资源研究所菊芋研究小组 2009 年分别在江苏的大丰地区与黑龙江的大庆地区选取含盐量为 0.5%的土壤进行不同品种的菊芋大田栽培试验，江苏大丰地区 4 个菊芋品种分别为南菊芋 1 号、青芋 2 号、俄罗斯引进品种与野生型品种，大庆地区 3 个菊芋品种分别为南菊芋 1 号、青芋 2 号、俄罗斯引进品种，因为青芋 2 号在大庆生育期太短，提前至 8 月初采样测定菊芋叶片中黄酮类化合物的含量，以分析江苏大丰地区以及黑龙江大庆地区南菊芋 1 号、青芋 2 号叶片中黄酮类化合物含量的差异，结果见表 4-29。

表 4-29 不同产地不同品种不同部位菊芋黄酮类化合物含量

产地	品种	黄酮类化合物含量/（mg/g DW）			
		叶	花	茎	块茎
大丰	南菊芋 1 号	52.59±2.32a	45.92±1.16b	18.67±0.84c	25.83±1.26b
	青芋 2 号	35.47±1.79c	51.75±0.73a	29.94±1.16a	28.97±1.05a
	野生型	41.52±1.68b	44.95±0.84bc	21.20±1.68b	10.97±0.95cd
	引进品种	24.04±0.84d	40.02±2.32d	15.45±1.16d	12.69±1.90c
大庆	南菊芋 1 号	65.32±2.15a	48.25±2.71b	20.54±2.48bc	30.47±0.94b
	青芋 2 号	57.19±1.84b	60.64±0.87a	31.61±1.97a	33.16±1.25a
	引进品种	53.48±1.28c	46.87±1.78bc	22.64±2.24b	25.34±2.33c

注：a、b、c、d 表示同列显著性差异，$P<0.05$

从表 4-29 中可以看出，不同产地、不同品种、不同部位的黄酮类化合物含量具有显著差异。首先，黄酮类化合物在菊芋各组织中的含量有显著差异：无论是在江苏的大丰地区，还是在黑龙江大庆地区，所有供试菊芋品种中，叶和花中的黄酮类化合物含量显著高于茎和块茎部位中黄酮类化合物含量。其次，不同地区菊芋中黄酮类化合物含量差异显著：大庆地区的各品种的菊芋组织中黄酮类化合物含量高于大丰地区同一品种的同一组织中黄酮类化合物含量。最后，无论是在江苏的大丰地区，还是在黑龙江大庆地区，南菊芋 1 号叶中黄酮类化合物含量显著高于其他品种叶中黄酮类化合物含量，青芋 2 号花中、叶中黄酮类化合物含量大多高于其他品种花中、叶中黄酮类化合物含量。这表明气候、光照、水分等因素对菊芋中黄酮类化合物的形成有重要影响。

不同生长期的菊芋叶片中总黄酮的含量不尽相同。精确称量大丰地区南菊芋 1 号不同采收期菊芋叶干粉 1.00 g，测定含量，每份样品平行测定 3 次。结果（图 4-36）表明，5～9 月菊芋叶总黄酮含量呈上升趋势，9 月达到最高，11 月含量下降。由于目前对菊芋块茎的利用较多，11 月时块茎也已成熟，此时叶片中总黄酮含量也较高，因此为了充分利用菊芋资源，进一步生产加工时选择菊芋 11 月的叶片提取总黄酮物质。

不同盐分土壤上的菊芋中总黄酮的含量不尽相同。精确称量大丰地区 4 个不同盐分土壤上南菊芋 1 号叶、花托、花各 1.00 g，制备供试液，测定含量，每份样品平行测定 3 次。从图 4-37 可以看出，不同盐分土壤上菊芋的总黄酮含量会有不同。盐分对菊芋总黄

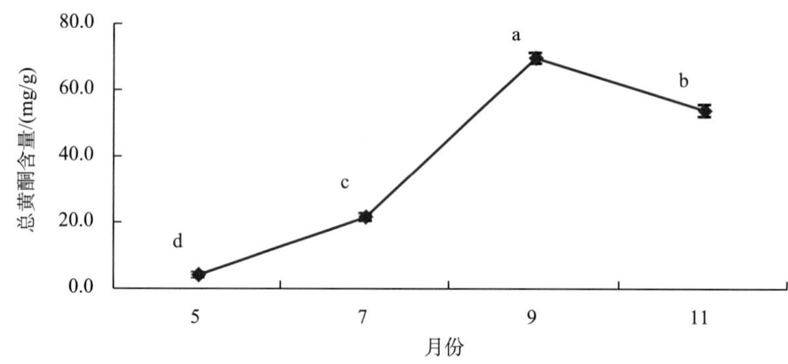

图 4-36　大丰地区不同生长期菊芋叶片总黄酮含量

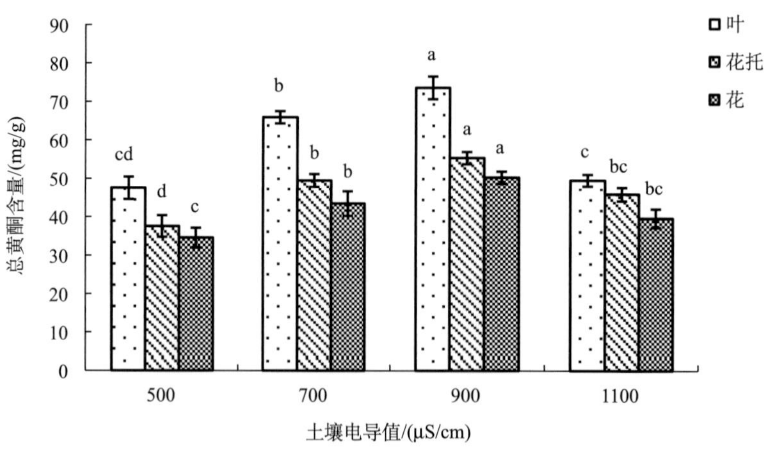

图 4-37　不同盐分土壤上的菊芋中总黄酮的含量

酮的积累有促进作用，随着土壤电导率的增高，总黄酮含量逐渐增高，当土壤电导率为 900 μS/cm 时达到最高，但当电导率达到 1100 μS/cm 时，总黄酮含量反而会下降，说明盐分太高反而会对总黄酮积累产生一定的抑制作用。

参 考 文 献

[1] 阎秀峰, 王洋, 李一蒙. 植物次生代谢及其与环境的关系[J]. 生态学报, 2007, 27(6): 410-418.

[2] Liu Z P, Zhao G M, Liu L, et al. Nitrogen metabolism of Aloe vera under long-term diluted seawater-irrigation[J]. Journal of Applied Horticulture, 2006, 8(1): 33-36.

[3] 曾玲玲, 季生栋, 王俊强, 等. 植物耐盐机理的研究进展[J]. 黑龙江农业科学, 2009, (5): 156-159.

[4] 李品芳, 白文波, 杨志成. NaCl 胁迫对苇状羊茅离子吸收与运输及其生长的影响[J]. 中国农业科学, 2005, 38(7): 1458-1465.

[5] Gershenzon J. Changes in the levels of plant secondary metabolites under water and nutrient stress[M]//Timmermann B N, Steelink C, Loewus F A. Phytochemical Adaptations to Stress. Boston, MA: Springer, 1984: 273-320.

[6] Peñuelas J, Llusià J. Effects of carbon dioxide, water supply, and seasonality on terpene content and emission by Rosmarinus officinalis[J]. Journal of Chemical Ecology, 1997, 23(4): 979-993.

[7] Robbins M P. Functions of plant secondary metabolites and their exploitation in biotechnology[J]. European Journal of Plant Pathology, 2000, 106(5): 488.

[8] Shelton A L. Variable chemical defences in plants and their effects on herbivore behaviour[J]. Evolutionary Ecology Research , 2000, 2: 231-249.

[9] Chen X Y, Ye H C. Plant secondary metabolism and its regulation// Li C S. Advances in Plant Sciences (Vol. 1)[M]. Beijing: Higher Education Press, 1998: 293-304.

[10] Wang W, Zhong Y C. A review on taxol biosynthesis[J]. Chinese Bulletin of Botany, 1999, 16: 138-149.

[11] 张康健, 白明生, 张檀, 等. 杜仲叶次生代谢物与个体生长发育特性的研究[J]. 林业科学, 2001, 37(6): 45-51.

[12] Wolters H, Jürgens G. Survival of the flexible: Hormonal growth control and adaptation in plant development[J]. Nature Reviews Genetics, 2009, 10(5): 305-317.

[13] Santner A, Calderon-Villalobos L I A, Estelle M. Plant hormones are versatile chemical regulators of plant growth[J]. Nature Chemical Biology, 2009, 5(5): 301-307.

[14] Vreugdenhil D, Struik P C. An integrated view of the hormonal regulation of tuber formation in potato (*Solanum tuberosum*)[J]. Physiologia Plantarum, 1989, 75(4): 525-531.

[15] Hammes P S, Nel P C. Control mechanisms in the tuberization process[J]. Potato Research, 1975, 18(2): 262-272.

[16] 刘梦芸, 蒙美莲, 门福义, 等. GA3.IAA.CTK 和 ABA 对马铃薯块茎形成调控作用的研究[J]. 内蒙古农牧学院学报, 1997, 18(2): 16-20.

[17] 郭予榕. 生长调节剂对马铃薯某些生理特性的协同效应[J]. 河南科学, 1996, 14(S1): 36-38.

[18] Wen F P, Zhang T, Zhang Z H, et al. Proteome analysis of relieving effect of gibberellin on the inhibition of rice seed germination by salt stress[J]. Acta Agronomica Sinica, 2009, 35(3): 483-489.

[19] 辛承松, 呼孟银, 唐薇, 等. 盐胁迫下微量元素和激素对棉苗素质调节效应的研究[J]. 山东农业科

学, 2001, 33(4): 20-22.

[20] Maggio A, Barbieri G, Raimondi G, et al. Contrasting effects of GA3 treatments on tomato plants exposed to increasing salinity[J]. Journal of Plant Growth Regulation, 2010, 29(1): 63-72.

[21] 高永生, 王锁民, 张承烈. 植物盐适应性调节机制的研究进展[J]. 草业学报, 2003, 12(2): 3-8.

[22] 侯振安, 李品芳, 龚元石. 激素对植物耐盐性影响的研究现状与展望[J]. 石河子大学学报(自然科学版), 2000, 18(3): 239-245.

[23] Nambara E, Marion-Poll A. ABA action and interactions in seeds[J]. Trends in Plant Science, 2003, 8(5): 213-217.

[24] Kucera B, Cohn M A, Leubner-Metzger G. Plant hormone interactions during seed dormancy release and germination[J]. Seed Science Research, 2005, 15(4): 281-307.

[25] Quarrie S A. Droopy: a wilty mutant of potato deficient in abscisic acid[J]. Plant Cell and Environment, 1982, 5(1): 23-26.

[26] 李灿辉, 王军, 管朝旭, 等. 离体培养条件下植物生长物质对马铃薯块茎形成的影响[J]. 中国马铃薯, 1998, 12(2): 67-74.

[27] Ewing E E. The role of hormones in potato (*Solanum tuberosum* L.) tuberization// Davies P J. Plant Hormones and Their Role in Plant Growth and Development[M]. Netherlands: Springer, 1987: 515-538.

[28] Roumeliotis E, Visser R G F, Bachem C W B. A crosstalk of auxin and GA during tuber development[J]. Plant Signaling & Behavior, 2012, 7(10): 1360-1363.

[29] Dubois M, Gilles K A, Hamilton J K, et al. Colorimetric method for determination of sugars and related substances[J]. Analytical Chemistry, 1956, 28(3): 350-356.

[30] 冯大伟, 张洪霞, 刘广洋, 等. 黄河三角洲盐胁迫对不同品种菊芋幼苗生长及生理特性的影响[J]. 中国农学通报, 2013, 29(36): 155-159.

[31] 刘兆普, 隆小华, 刘玲, 等. 海岸带滨海盐土资源发展能源植物资源的研究[J]. 自然资源学报, 2008, 23(1): 9-14.

[32] 李辉, 康健, 赵耕毛, 等. 盐胁迫对菊芋干物质和糖分积累分配的影响[J]. 草业学报, 2014, 23(2): 160-170.

[33] Jiménez-Bremont J F, Ruiz O A, Rodríguez-Kessler M. Modulation of spermidine and spermine levels in maize seedlings subjected to long-term salt stress[J]. Plant Physiology and Biochemistry (Paris), 2007, 45(10/11): 812-821.

第 5 章　菊芋育种与改良

从总体来讲，菊芋的品种改良与选育才刚刚开始，尤其是在国内。由于菊芋的遗传背景复杂，加之有性繁殖退化，给传统育种与现代育种均带来极大的困难，因此，菊芋的育种与改良是一项重要而艰巨的工作，面临着比其他农作物更严峻的挑战，而适于栽培的菊芋新品种十分匮乏，故而菊芋育种与改良是一项具有战略意义的工作。

5.1　菊芋品种选育的主要参考性状

多年来菊芋处于野生或半栽培状态，对其主要性状了解得不是很深刻。1988 年以来南京农业大学菊芋课题组开始收集菊芋的品种资源，从 1999 年开始，由于菊芋新品种选育工作的迫切需要，南京农业大学海洋科学及其能源生物资源研究所菊芋研究小组开始进行菊芋性状的一些观察与研究，取得了一些比较肤浅的认识。为推动我国菊芋品种选育工作，根据南京农业大学海洋科学及其能源生物资源研究所菊芋研究小组切身体会，介绍菊芋品种选育时应考虑的一些主要性状，以飨读者。

5.1.1　菊芋根状茎及块茎

菊芋是为数不多的具有地下根系与块茎共生的植物，强壮的根系有利于植物从土壤中吸收养分与水分，供地上部生长，而菊芋地下块茎是目前我们主要追求的经济产量。因此在实际选育中，要根据选育的具体目标，确定不同的参考标准。

1. 菊芋根系性状的选择标准

菊芋有纤维性的根系。Swanton 在 1986 年的一项研究表明，培育用于栽培的菊芋品种的根系干重达 15 g，野生种根系干重为 12.7 g，菊芋栽培品种根系的干重比野生种根系干重要大，而且菊芋根系干重在不同类型的菊芋品种中并不相同[1]。1999 年的一项研究中，McLaurin 等发现，在菊芋刚刚种植后的 24 周中，其根系迅速生长，在根鲜重达到 25g 后，其生长速度开始下降[2]。南京农业大学海洋科学及其能源生物资源研究所菊芋研究小组在实践中发现，菊芋的根系与地下块茎之间具有一定的关系，根系过于庞大旺长，似乎影响菊芋地下块茎的生长，而块茎发达、产量高的菊芋，其根系比较“适中”，因此在菊芋品种选育中，育种目的不同对菊芋根系有不同的标准：如果选育用于固沙、脱盐等生态修复用品种，就要选择根系十分发达的菊芋品种，其根系密度大，根须长而粗，而匍匐茎少导致块茎不发达（图 5-1A）；而选育用于农业栽培的品种，要求根系适中，这样有利于匍匐茎的形成（图 5-1B），最终增加块茎产量（图 5-1C）。但值得注意的是，即使同一品种的菊芋，在不同的环境中，其根系也会发生巨大的变化，这就是菊芋主动适应环境的生存策略，这也是菊芋成为少数历史最悠久的植物的主要原因之一。

图 5-1　菊芋根系生长情况

2. 菊芋根状茎性状

菊芋根状茎又称匍匐茎，大多为绳索状，长短、粗细与数量变化很大，位于地下茎的下方，一般为白色，一般情况下在根状茎顶端形成块茎（图 5-2）。根状茎一般在地下再进行两三次分枝，并形成块茎[3]。这使得菊芋块茎的数量大大多于根状茎的数量。由于前期根状茎与块茎形成是可逆的，特殊的环境也会造成菊芋块茎的产量急剧下降。例如，在较为结实的黏土中，生成的根状茎数量较少，也就不能沿着地上茎的基部形成较多的块茎；在黑龙江大庆地区，每年 10 月初土壤开始封冻，生长期较长的南菊芋 1 号，即使生长出大量的根状茎，也来不及膨大为块茎，导致菊芋块茎产量降低（图 5-3）。

不同菊芋品种之间，根状茎的差别很大。根状茎的长度（从植株基部到块茎的长度，基于每个植株最长的 6 根根状茎长度的平均数）可以分为 4 个等级：短（5～15 cm）、中等（16～25 cm）、长（26～40 cm）、极长（>40 cm）[4]。根状茎的直径为 2～6 mm。Pas'ko 在 1973 年根据菊芋根状茎数量的多少将其分为 4 个等级：少（26 个以下）、中等（30 个左右）、多（37～69 个）、极多（69 个以上）。但是菊芋根状茎的多少除受菊芋品种遗传基础影响之外，栽培环境因素的影响极大。

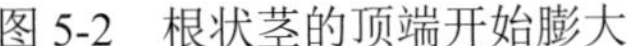

图 5-2 根状茎的顶端开始膨大

图 5-3 封冻导致的块茎膨大过程缩短

不同的育种目的对菊芋根状茎有不同的标准，如果选育用于固沙等生态修复用的菊芋品种，就要选择根状茎较长的品种（图 5-4A），以利于根状茎深扎于流沙之中；而选育用于农业栽培的品种，就要选择根状茎粗短而紧凑的菊芋品种（图 5-4B），以便获得较高的块茎产量，且菊芋块茎紧凑宜于收获，太长根茎的菊芋品种块茎因为离根部太远或在土壤中太深，很难被全部收获，仍有较大比例的块茎留在田地里，显著地影响块茎的收获率。如果菊芋根茎太短，菊芋块茎生长于菊芋根的基部，因其过于紧密而抑制块茎生长膨大，同时在菊芋收获时难以把块茎从其根中剥离开。总之，根状茎过长或过短都不利于菊芋的机械化收获。除了基因型之间的差异，菊芋根状茎的长度也受环境条件的调控，特别是土壤质地属性对其影响极大。对于大多数菊芋品种来说，土壤疏松会增加根茎长度。

图 5-4 不同品种菊芋根状茎（匍匐茎）生长情况

3. 菊芋块茎的选择标准

菊芋的块茎是一种变态茎，它是菊芋繁殖最主要的方式，当前也是人类收获的主要部分，是菊芋最重要的收获指标，故南京农业大学海洋科学及其能源生物资源研究所菊芋研究小组将其作为菊芋新品种选育主要考虑性状之一。菊芋块茎上一般有疏密差异很大的鳞节，菊芋培育中受到挤压时，有明显的二次增厚。有时菊芋块茎分枝较多，这是不太好的性状，块茎分枝较多导致其表面凹凸不平，难以加工。块茎分枝多少受到品种基因型和栽培等多种因素的影响，我们发现，即使同一品种在同一地块中种植，植株间块茎的性状与产量也有巨大的差异，这是十分复杂的过程，至今我们还没有弄清楚产生如此巨大差异的原因，南京农业大学海洋科学及其能源生物资源研究所菊芋研究小组试图研究其遗传基础到代谢生态特征来探索这一不解之谜。菊芋块茎有明显的顶端优势，并调控菊芋块茎生成的数量、形状与产量。不同菊芋品种顶端优势的程度也各不相同；顶端优势较弱或者分枝较多的植株则产生较多的块茎。因此南京农业大学海洋科学及其能源生物资源研究所菊芋研究小组把块茎的性状（大小）与产量作为主要考虑的因素，同时也兼顾菊芋块茎的各种性状。

1）菊芋块茎表面颜色的选择

不同品种菊芋块茎表面的颜色各不相同，在南京农业大学海洋科学及其能源生物资源研究所菊芋研究小组收集的菊芋品种资源中，地下块茎表面的颜色有白色、淡姜黄色、姜黄色、淡褐色、褐色、淡红色、红色、淡紫罗兰色、紫罗兰色；即使同一菊芋品种的同一地下块茎表面有的颜色单一，有的则有多种颜色。我们发现，好多品种菊芋在块茎的鳞节处集中有许多颜色迥异的条纹（图 5-5）：图 5-5A 中菊芋块茎鳞节稀少且较平滑，故只有少量的不规则的淡粉红色条纹，其他表面均为白色；图 5-5B 中在鳞节处有大量的环状紫罗兰色条纹，其他表面也为白色；而图 5-5C 中则在鳞节处分布有规秩的深紫色的线状条纹，其他表面为淡紫褐色。更为有趣的是，我们还发现有的菊芋品种在地上茎节处生有地上瘤状块茎，其颜色大多数为深紫色。Tsvetoukhine 在 1960 年的著作中将表面花青素的一致程度分为：①一致，②中等，③不协调，④仅节处有特殊颜色[5]。

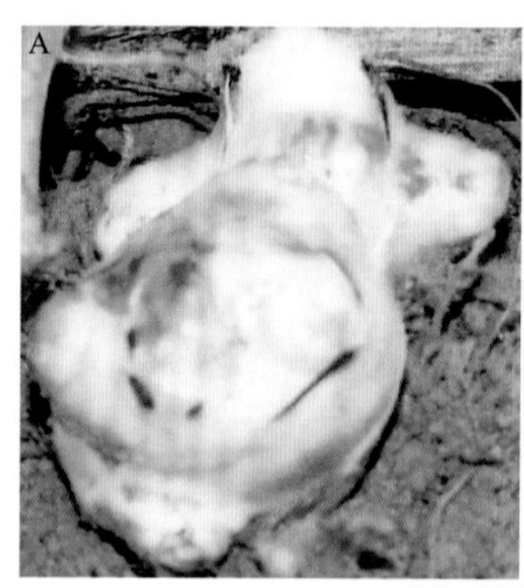

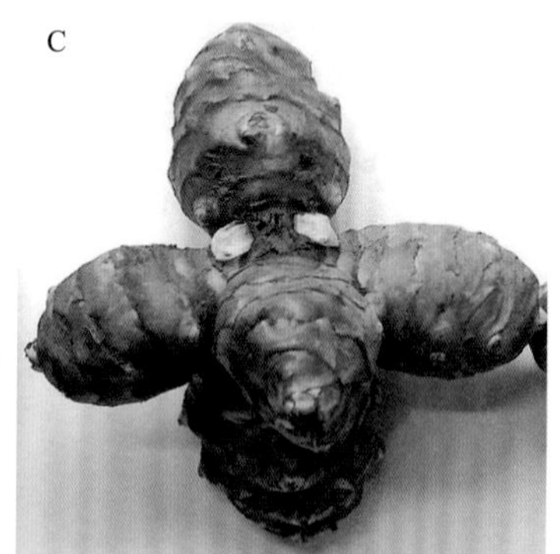

图 5-5　菊芋块茎鳞节处着生与表皮不一样的颜色

前面已详细描述菊芋块茎表面多样颜色，归纳起来主色调有白色、红色、紫罗兰色和姜黄色等（图 5-6）。表面没有花青素的菊芋品种，其表面不是白色就是青铜色。白色块茎在收获之后暴露于光下就会变成棕色。即使同一株菊芋，在收获之前也会出现块茎表面颜色不完全一致的情况，有的块茎靠近地表，因光照的影响会产生不同色素而形成不同的表面颜色。块茎表面颜色多样性可以适合鲜货市场的需求，使其看起来让消费者有认同感。

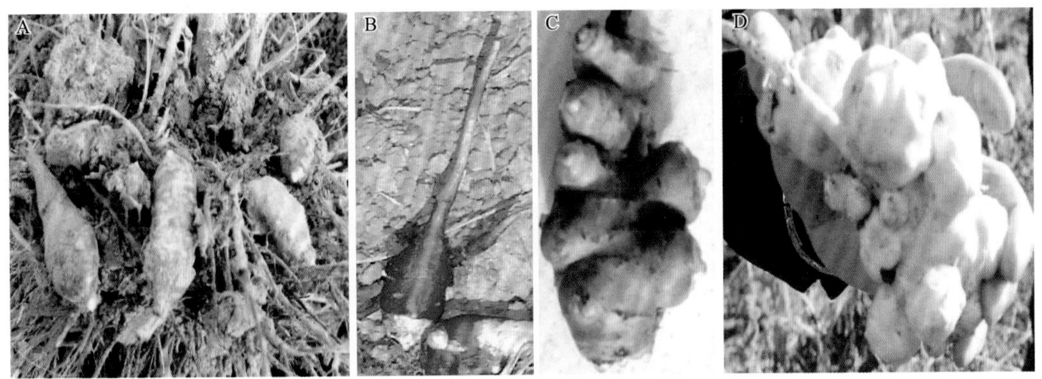

图 5-6　菊芋块茎表面的颜色

A.紫罗兰色；B.红色；C.姜黄色；D.白色

在品种选育中，利用方向不同，要求也不尽相同，加工菊粉类用的菊芋块茎表面颜色不宜过深，以利于简化脱色工艺，降低脱色成本；用于鲜食的，表面颜色以鲜艳为宜。

2）菊芋块茎形状的选择

菊芋块茎的形状更是千变万化，从圆形、纺锤形、棒状形到不规则瘤形，有的甚至是多鳞节的叉枝状[6]。由于品种不同，发育时期不同，种植状况不同，块茎长度和直径的比也不相同。Swanton 发现优良的菊芋栽培品种块茎的平均直径为 8.7 cm，平均长度为 11.5 cm，比较粗大；而野生种的平均直径为 1.4 cm，长度为 16.8 cm，比较细长，形似匍匐茎。不同的生长期，同一品种菊芋块茎的形状也有很大不同，比如早期的块茎较长，而且有长长的绳索状或棒状的根状茎，在其顶端或中部逐渐膨大，最后变为圆形。幼嫩的块茎形状比较一致，但成熟的块茎由于形成分枝，生成鳞节，形状会发生较大变化[4]。我们发现即使同一菊芋植株，其块茎的形状也是千变万化的，主要原因可能是同一株菊芋的根状茎形成时间参差不齐，收获时其块茎有的尚处于幼嫩期，有的块茎已进入成熟期。Swanton 将块茎形状分为 4 个种类：梨形、短梨形、椭圆形（长为宽的 2.2～2.5 倍）、纺锤形（长宽比≥3）[7]。研究小组根据掌握的菊芋品种资源块茎的形状，增加了瘤状、棒状两个类型（图 5-7）。为满足菊芋块茎清洗方便的需求，最好选择块茎形状平整的类型。

3）菊芋块茎大小的选择

菊芋块茎的大小也是菊芋新品种选育的另一项主要性状。Pas'ko 于 1973 年将块茎的大小分为三个等级：大（>50 g）、中（20～50 g）、小（<20 g）[4]。但在选育栽培菊芋品种时，这个指标并不适用，故我们在实践中将平均单个块茎鲜重小于 50 g 的分为块茎小的菊芋品种，平均单个块茎鲜重 100 g 左右的分为块茎中等的菊芋品种，平均单个块茎鲜重大于 150 g 的分为块茎大的菊芋品种，但这类大块茎的菊芋品种较稀少。要指出的是，影响菊芋块茎大小的因素很多，影响机制尚不清楚，不同品种、同一植株内以及不同种植状况下的块茎的大小均有很大差异。块茎过小，在收割机收割时容易落在土壤

中，从而极大地影响收获率。同样，对于收获后要进行水洗或去皮用来烹饪/加工用途的块茎，较大的块茎能大大提高工作效率。较大的块茎比起小的块茎在储藏期间也不太容易萎缩干瘪。因此在菊芋品种选育时应尽量选择块茎较大的品种，图 5-8A 为菊芋块茎大小明显迥异的 3 个菊芋品种，图 5-8B 为南菊芋 2 号的一个块茎，具有众多叉枝，单个块茎重达 1.5 kg。

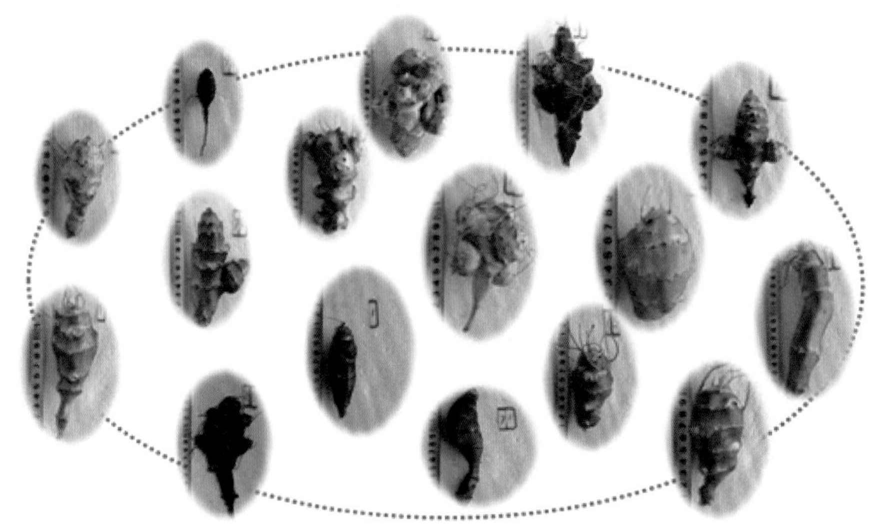

图 5-7　菊芋块茎的形状[7]

图 5-8　菊芋块茎的大小

4）菊芋块茎鳞节数量及鳞节深度的选择

菊芋块茎呈纺锤形的鳞节似乎要比其他种类的块茎密，且鳞节多呈环状（图 5-5C），而棒状及圆形的菊芋块茎上鳞节较为稀疏（图 5-5A、B）；菊芋块茎上鳞节的深度有深有浅，如图 5-5A 和 B 中的菊芋块茎鳞节几乎是平整的，仅在颜色上显示鳞节的存在，而图 5-5C 中的菊芋块茎鳞节既密又深，既在视觉上不太被人们喜欢，也给块茎的清洗增添了麻烦。因此在菊芋新品种选育时，在其他性状较好的情况下，应选择块茎鳞节稀疏、节间深度较浅的菊芋品种，不仅商品性状好，同时也容易清洗与加工。

5）菊芋块茎表面的选择要求

大多数块茎的表面并不规则。纺锤形、梨形、棒状等形状的菊芋块茎表面最平滑（图 5-9A）。不规则瘤形的菊芋块茎表面是不太好的农艺性状（图 5-9B），因为这给块茎的清洗、去皮等加工或烹饪带来一些麻烦。表面形态也影响了菊芋块茎作为新鲜蔬菜的使用价值，不规则、不光滑的表面和多分杈的块茎加工起来较为困难：工业提取菊粉时，不规则表面使得在磨粉/切片之前的清洗更加困难。有分杈的块茎同样不够理想，它们往往产生不同数目的块茎。尤其是有的菊芋品种块茎表面长有较多的根须（图 5-9C），如青芋 1 号，加工起来十分麻烦，首先要把块茎根须剪掉，以便清洗，这样大大增加了加工成本。菊芋块茎上的芽眼有外凸（图 5-9D）与内凹两种，内凹型芽眼十分有利于运输过程中芽眼免受伤害，但却给块茎清洗增加了难度。综上所述，在菊芋新品种选育时，在其他性状较好的情况下，要选择块茎表面光滑平整的菊芋品种。

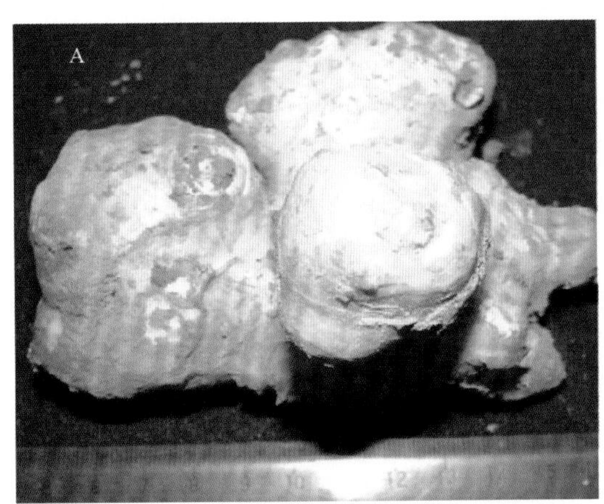

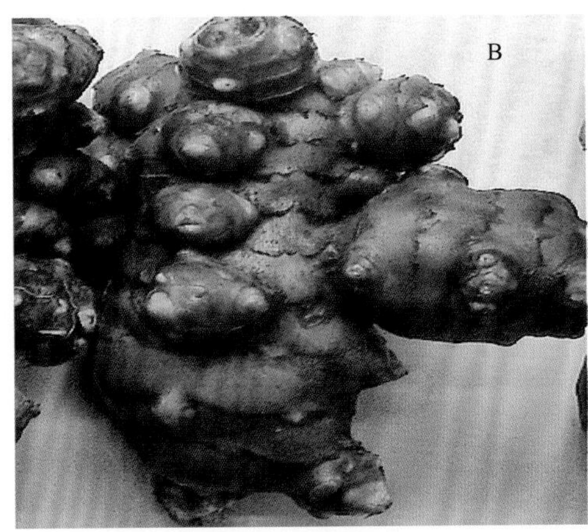

图 5-9　菊芋块茎的表面

5.1.2 菊芋合适的株型

菊芋的株型对其块茎的产量影响很大，因此菊芋的株型是菊芋高产品种选育的重要指标之一。

1. 选择植株高度合适的菊芋品种

菊芋的茎高可以达到 3 m 甚至更高，但是大多数栽培的菊芋品种茎秆都比较矮。我们首先选择较矮的菊芋品系作为育种材料。这些茎在早期粗壮而多毛。生长初期，菊芋茎秆多汁液，但随着生长时间的推移，其茎秆不断木质化，以提高其抗倒伏能力。不同品种菊芋植株主干上分枝的数量和位置有很大不同。菊芋主茎直接从块茎芽眼生长出来，分枝则从茎上的节间部位长出。菊芋基部的分枝还可以在地表下面形成，然后在土壤表面形成茎。因此，每个菊芋植株长出地表的茎秆数目是不一致的。

菊芋茎秆高度的变化非常大。图 5-10 为南京农业大学海洋科学及其能源生物资源研究所菊芋研究小组在山东莱州三山岛基地选育的 8 个品系，在同一地点菊芋茎秆高度从不足 2m 至 4.4 m，南菊芋 5 号茎秆最高，达 4.4 m，南菊芋 7 号茎秆最低，高度不到 2 m。按照 Pas'ko 的方法将菊芋茎高分为三种类别，即高（>3 m）、中等（2～3 m）、低矮（<2 m）[4]。南菊芋 4 号与南菊芋 5 号茎秆高度超过 3 m，为高类别；南菊芋 1 号、南菊芋 2 号、南菊芋 3 号、南菊芋 6 号、南菊芋 8 号茎高均在 2 m 左右，为中等类别；仅南菊芋 7 号茎秆高度稍低于 2 m，为低矮类别（图 5-10）。环境与种植方法对菊芋植株的高度影响很大。例如，菊芋的种植密度会对菊芋植株的高度产生重要影响。在供水充足、土地肥沃和无风的环境下，南菊芋 1 号植株的高度同样可以达到 4 m（图 5-11A），而在年降雨量 123 mm 的吉林洮南“死海”种植的南菊芋 1 号，其植株的高度只有 60 cm 左右（图 5-11B）。但植株过高会影响块茎的生长，进而影响收获指数，故我们应选择菊芋适宜高度的品种，即在正常环境条件下茎秆高度 2 m 左右的菊芋品种。

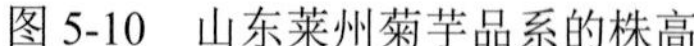
图 5-10　山东莱州菊芋品系的株高

图 5-11　南菊芋 1 号在江苏大丰（A）和吉林洮南（B）的株高变化

2. 选择茎秆直立的菊芋品种

大多数品种菊芋植株是直立的（图 5-12A），只有少数品种在最初时是匍匐的

（图 5-12B）。这些幼苗匍匐的菊芋植株在生出一定数目的茎节后开始直立生长。在不同环境下，菊芋茎秆立地状态也会发生改变，如南菊芋 1 号在江苏大丰种植时，其茎秆都是直立的，但种植在南京农业大学（海南）滩涂农业研究所（海南乐东尖峰），却出现大量匍匐的茎秆。因此在选育菊芋新品种时，应把其茎秆粗壮直立、抗倒伏作为重要的考察指标之一。

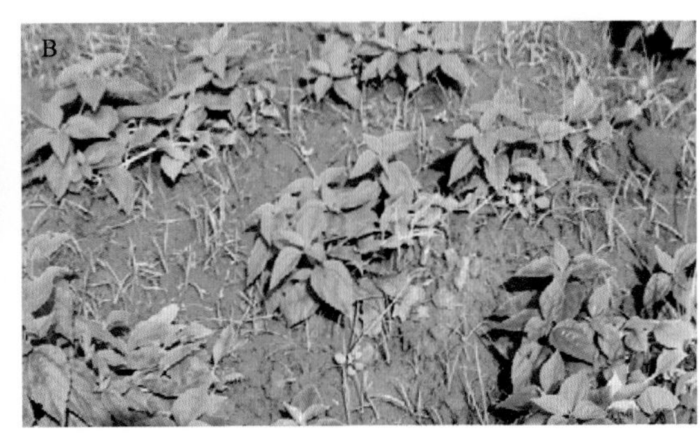

图 5-12　菊芋苗期茎秆

A.茎秆为直立的；B.茎秆起初为匍匐的

3. 选择多茎且茎秆粗壮的菊芋品种

Pas’ko 在 1973 年根据从块茎中长出地表的主茎的数量将菊芋的品种分为 3 个等级：>3 根主茎的为强壮，2～3 根主茎的为中等，只有 1 根主茎的为较弱[4]。在菊芋植株发育早期，从块茎中长出的茎秆越多，叶也就越多。种植密度和块茎的大小也会影响主茎的数量，较大的种子块茎长出的主茎数量较多， 种植密度较小的情况下菊芋的主茎数量较多。一些菊芋品种的主茎的数量变化很大，而有些菊芋品种主茎数量的变化不大。菊芋基部茎的直径会随菊芋茎的数量和生长状况的变化而变化。随着植株的生长，茎粗也不断增加，一般情况下可达到 1.6～2.4 cm。菊芋苗期每株拥有较多的茎数与较粗壮的茎基部是其品种选择的重要性状之一。

4. 选择茎基部分枝多且分枝间距小的菊芋品种

菊芋主茎上的分枝跟菊芋品种和种植的密度有关。分枝的数目和发生位置的可变性很大，每根主茎上分枝数达 30～53 个。与叶子生长一样，分枝在生长季节长出。一般茎秆下部分枝并不旺盛，因为底部和中部的分枝由于遮蔽无法接收到足够的光照。菊芋一般有 4 种分枝的位置变化：整个主茎都有分枝，仅发生在中部的主茎上，仅发生在顶部的主茎上，发生在底部和底部的主茎上。

一般晚熟与早熟的菊芋品种的分枝方式非常不同，南京农业大学海洋科学及其能源生物资源研究所菊芋研究小组选育的南菊芋 1 号主茎的分枝呈宝塔形（图 5-11A），从茎秆基部就开始出现大量粗壮的分枝，到茎秆上部分枝较少（图 5-13A），而有的品种茎秆基部几乎没有分枝，只有在茎秆的中上部有稀疏纤细的分枝（图 5-13B），有的菊芋品种整个茎秆都没有分枝（图 5-13C）。茎的数目随植株密度的变化而变化，茎数多少又会改变每根茎上分枝的数目[5]。根据南京农业大学海洋科学及其能源生物资源研究所菊芋研究小组多年研究的体会，应选择茎秆基部有较多粗壮分枝的菊芋品种。

图 5-13　菊芋茎秆分枝状况

5.1.3　菊芋块茎的产量及菊粉的含量和质量

从国内外菊芋的利用现状来看，菊芋的块茎是其重要的经济产量，而菊粉的含量及质量又是加工企业最关注的首要指标，因此作为菊芋品种选育的科技工作者，必须重视这些参数指标。

1. 菊芋块茎产量是菊芋品种选育的首要性状

不管菊芋作为食用还是饲用植物，其块茎都是人们利用的主要部分，菊芋块茎产量也就是重要的经济产量。由于菊芋的种植成本变化不大，土地纯收益主要受菊芋块茎产量的强烈影响。菊芋块茎产量受其品种遗传特性的影响，一般情况下，通过选育的菊芋品种，其块茎产量较高。图 5-14A 为南菊芋 1 号、图 5-14B 为青芋 2 号品种块茎生长情况，这些选育的菊芋新品种均可获得比较满意的块茎产量，而图 5-14C 为菊芋的一个野生种，其块茎产量则很低。

图 5-14　不同品种的菊芋块茎产量

同时菊芋块茎的产量又受环境、气候和地理等环境因素的影响。抗逆性强的南菊芋 1 号，在江苏大丰海涂盐土上单株块茎产量最高达 12 kg（图 5-15A），而在吉林洮南的“死海”地区，其单株产量最高达 1.5 kg，这主要是两地光照、温度、土壤水分等条件的巨大差异，尤其是降雨量的巨大差异造成的：江苏大丰海涂当年降雨量为 1000 mm 左右，吉林洮南的“死海”当年降雨量只有 123 mm，而且蒸发量巨大，严重的干旱导致土壤紧实，菊芋块茎膨大受到土壤巨大的机械压力（图 5-15B）。南菊芋 1 号与青芋 2 号在青海大通的高寒地区，亩产块茎鲜重基本上均在 3 t 以上，在江苏大丰含盐量 0.5%的盐土，南菊芋 1 号块茎亩产鲜重仍达 2 t 以上，而青芋 2 号块茎鲜重产量亩产降到 1 t 以下。我们在菊芋品种选育中，发现南菊芋 1 号品种在良田上块茎产量虽不及南菊芋 2 号，但南菊芋 2 号对盐分十分敏感，故还是在盐碱土区域大面积推广南菊芋 1 号。为了获得较多的菊粉和果糖，首先就需要选育较高块茎产量的菊芋品种。

图 5-15　南菊芋 1 号在江苏大丰（A）与吉林洮南（B）的块茎产量

2. 菊芋块茎中菊粉含量的选择

菊芋块茎中菊粉的含量不仅反映菊芋的经济产量，同时对于菊粉加工成本来说也是至关重要的因素之一。菊芋块茎菊粉含量同样受菊芋品种遗传特性的影响。在南京农业大学海洋科学及其能源生物资源研究所菊芋研究小组筛选的 8 个菊芋品种中，块茎总糖含量变化非常之大：总糖含量最高的达 80.29%（干重，下同），最低的为 35.15%；菊粉含量南菊芋 9 号达 70.71%，而南菊芋 7 号却低至 30.83%（表 5-1）。可见菊芋块茎含糖量及糖组分方面品种间差异很大。至于各品种菊芋块茎菊粉的质量主要反映在菊粉链长（聚合度）方面，菊粉链长（聚合度）对潜在的菊粉质量和终端的产品的使用方向有重大影响。一些加工需要长链的菊粉，如聚合度越高的菊粉通过菊粉外切酶发酵生产的果糖浆的纯度越高（果糖与葡萄糖的比例越大），因为菊粉聚合度越高，其外切酶降解后的葡萄糖含量越低。高聚合度的菊粉用途广泛，如聚合度高的菊粉还可取代加工食品中的脂肪。而聚合度低的菊粉也有一些特殊用途。例如，3～5 个单糖组合的果寡糖生物活性极高，应用前景十分广阔。聚合度低的菊粉可以通过菊粉内切酶的酶解获得，而迄今为止关于延伸菊粉链长的研究一直收效甚微，鉴于此，在选育菊芋新品种时，应适当考察菊芋块茎中菊粉的聚合度这一性状。至于菊芋品种间菊粉品质差异，我们将在今后的工作中加以研究。

表 5-1　菊芋不同品种糖含量　（单位：%干重）

菊芋品种	总糖	菊粉
南菊芋 1 号	54.59c	49.41c
南菊芋 2 号	67.26b	61.18b
南菊芋 3 号	59.95c	54.83c
南菊芋 5 号	35.15d	31.17d
南菊芋 6 号	68.79b	63.71b
南菊芋 7 号	35.78d	30.83d
南菊芋 8 号	69.37b	65.50b
南菊芋 9 号	80.29a	70.71a

注：表中同行同项数据后相同字母表示在 $P<0.05$ 水平上无显著差异

同时菊芋块茎的糖含量又受环境、气候和地理等环境因素的影响，尤其土壤中的盐分含量显著地影响菊芋块茎中糖与菊粉的含量，在南京农业大学海洋科学及其能源生物资源研究所菊芋研究小组筛选的 8 个菊芋品种中，南菊芋 1 号无论是总糖含量还是菊粉含量，从 30%海水到 50%海水胁迫处理都没有显著变化，而其他 7 个品系菊芋从 30%海水到 50%海水胁迫处理，无论菊芋块茎总糖含量还是菊粉含量均显著下降（表 5-2）。

表 5-2　盐分胁迫下菊芋不同品种糖含量的变化　（单位：%干重）

菊芋品种	30%海水		50%海水	
	总糖	菊粉	总糖	菊粉
南菊芋 1 号	52.77a	46.45a	50.51a	44.15a
南菊芋 2 号	64.54a	59.93a	56.74b	52.69b
南菊芋 3 号	58.49a	53.00a	44.54b	36.39b
南菊芋 5 号	29.44a	26.19a	26.69b	22.38b
南菊芋 6 号	63.71a	58.41a	59.48b	52.09b
南菊芋 7 号	39.04a	33.46a	33.74b	26.11c
南菊芋 8 号	74.70a	69.64a	62.72b	54.29b

注：表中同行同项数据后相同字母表示在 $P<0.05$ 水平上无显著差异

综上所述，在菊芋新品种选育上，在菊粉的含量方面，既要考虑所选择正常环境下糖含量（包括菊粉含量）高的品种，又要顾及逆境下糖含量（包括菊粉含量）下降幅度较小的品种，即在逆境条件下菊芋块茎仍能保持较高的糖含量。

5.1.4　菊芋地上部合适的群体结构

菊芋地上部合适的群体结构与菊芋的产量关系极大，菊芋地上部过于高大郁闭，一方面大大影响菊芋的光合效率进而影响光合产物形成，另一方面因地上部生长过于旺盛影响光合产物向地下部输送以促进菊芋块茎的膨大。如何建立菊芋地上部合适的群体结构是今后重点研究方向之一。

5.1.5　营养成分及次生代谢产物含量

南京农业大学海洋科学及其能源生物资源研究所菊芋研究小组对不同菊芋品种叶片中总酚、总黄酮、总糖、总蛋白含量的比较分析（图 5-16）可以看出，菊芋叶片中总糖和总蛋白含量比总酚和总黄酮要高得多，这说明菊芋叶片中糖类和蛋白质是主要成分。南菊芋 1 号叶片中各成分含量均高于其他两个品种，尤其总糖含量明显高于其他两个品种；南菊芋叶片中总酚含量也明显高于野生型和青芋；三种菊芋品种叶片的总黄酮含量无显著差异；南菊芋 1 号叶片中总蛋白含量高于其他两个品种，而青芋和野生型中总蛋白含量无明显差异。因此在注重菊芋块茎产量与质量及其抗逆性等主要性状指标的前提下，兼顾菊芋茎叶中蛋白质及活性物质含量等各项指标。

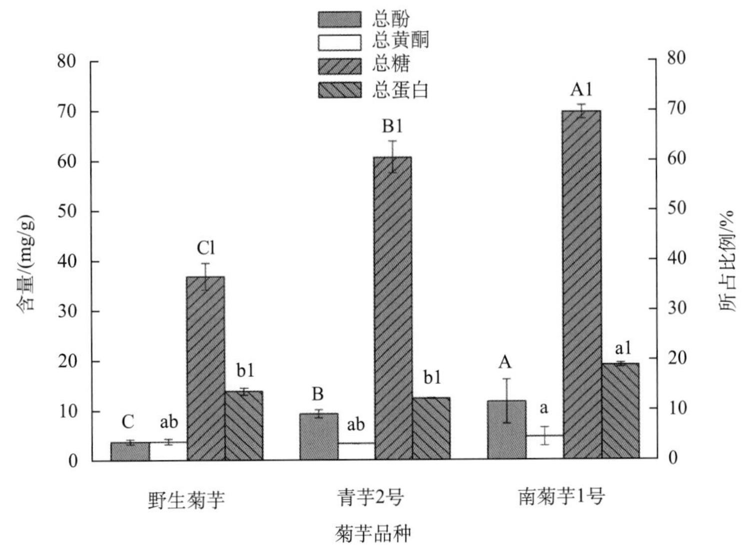

图 5-16　不同菊芋品种花期（9 月）叶片化学成分的比较

含量以叶片干重计，图中数值均为三次测定的平均值±标准误，数字后不同字母表示在方差分析中差异显著（$P \leqslant 0.05$）

5.1.6　菊芋合适的成熟期

菊芋品种合适的成熟期在各个地区要求不同，一般早熟品种菊芋块茎产量不高，但过于晚熟的品种往往刚进入菊芋块茎膨大期，北部寒冷地区就开始封冻，无法实现菊芋块茎高产的目的。根据南京农业大学海洋科学及其能源生物资源研究所菊芋研究小组多年田间试验结果，在我国大部分地区生长期 220 d 左右的菊芋品种是适宜的，仅在过于寒冷的黑龙江大庆地区应选择生长期不超过 150 d 的菊芋品种。

5.1.7　菊芋抗逆性状的选择

菊芋的抗逆性状主要包括菊芋的耐盐耐瘠能力、抗旱耐涝能力、抗倒伏能力、抗寒耐热性及抗病性。根据我国耕地紧缺的现状，菊芋只能在盐碱地、干旱荒漠地、撂荒地、高寒地等非耕地种植，因此菊芋的耐盐耐瘠能力、抗旱耐涝能力、抗倒伏能力、抗寒耐热性及抗病性等抗逆性是菊芋品种选育的重要指标。

由于菊芋大多种植在人烟稀少的荒漠地区，栽培管理十分粗放，因此必须选育抗病抗虫能力强的品种，抗病抗虫性状的选择也是菊芋选育的困难之一。影响菊芋生产的主要疾病为菌核病枯萎/腐病、锈病、南部枯萎/白叶枯病/领腐病和白粉病。每个疾病的重要性取决于生产基地。举例来说，在欧洲，菌核病是至关重要的疾病，而在北美洲，锈病和南部枯萎病是重要的疾病。白粉病往往不那么重要，因为菊芋似乎有一定的抗性。目前，由于菊芋仍未作为主要作物栽培，菊芋的病害尚不严重，在菊芋的苗期发现有一些虫害，但随着菊芋的不断生长，这些害虫又不明原因地消失。南京农业大学海洋科学及其能源生物资源研究所菊芋研究小组根据其对菊芋叶片粗提物影响一些害虫生活史完成的结果推论，害虫对幼苗期菊芋的啃食诱发菊芋产生抑制害虫的次生代谢产物，致使害虫在菊芋生长期间不能正常生长发育。

5.1.8 菊芋品种选育选择程序确定的原则

在传统的菊芋育种计划中，审慎选择具有某些优良性状的品种作为杂交亲本，其后代首先要选择具有某些优良性状的株系，如较高的菊芋块茎产量；较强的抗病性；合适的菊芋块茎颜色，提高商品价值；适宜的块茎大小和形状，使其易于收获和清洗；菊芋块茎适合的光周期反应，使之与当地的光照条件相适应；菊芋块茎菊粉的含量与质量（聚合度）；菊芋块茎的含水量等。在获得具有上述优良性状的株系之后，接着要进行工作量巨大的遗传稳定性试验，加之一些性状遗传性低，或难以准确确定标准，有的分化变异时间长，因此菊芋育种工作任务非常繁重，进展往往非常缓慢，菊芋育种者一般通过一个预定的程序来选择性状，不符合可接受的最低要求的菊芋株系将被舍弃，但这一决定要十分慎重，稍不注意，具有某一特殊优良性状的材料往往会被舍弃而造成损失。因此要在某一性状的改善和选择的方便性上建立一个合适的平衡点。在选择序列中，菊芋第一优良性状往往确定为菊芋块茎产量，将具有菊芋块茎产量优势的株系保留下来，致使拥有菊芋块茎产量优势的株系后代的数目最大；而不具有菊芋块茎产量优势的大量株系被丢弃，致使可供排在后面的一些性状的选择株系数目迅速减少，也可能具有排在后面一些性状的株系在第一轮选育中就已被丢弃。例如，当菊粉的聚合度被视为最关键的优良性状时，由于这一性状衡量的巨大难度，在选择过程中这一性状的选择序列更加靠后，以至于在菊粉化学结构评估之前 99%的株系已经被丢弃，因此，如果你开始时有 1000 个后代，到评估菊粉含量时大概只有 10 个了，评估菊粉聚合度时只有一两个材料了，菊粉聚合度性状较好的株系可能在此前的筛选中早已被舍弃；但如在筛选前期保留大量的株系而不丢弃，又增加了繁重而浩瀚的工作量，导致选择好的聚合度的概率非常小。因此，在成功的菊芋品种选育中，选择序列的确定对菊芋品种选育会有显著的影响。菊芋新品种选育的艰难可以从 van Soest 选育高菊粉含量品种的过程中看出，他们成功授粉的 8000 株菊芋株系，到第三个年头剩下的株系减少到 80 株，而这些株系中只有 4 个能超过“哥伦比亚”显著改善菊粉产量的无性系（即只有原来数目的 0.05%），菊芋育种在相当大程度上是数字游戏。当对 N 个亲本做杂交，所形成的杂交数目迅速增加而难以操作，在所有可能的组合株系为 120 时，其杂交（n（n–1）/2）的子代数目超过 7000[8]。因此，当与另一亲本杂交时以确定哪些性状是非常可取的，最有可能产生出优越的后代。这是通过与普通的亲本杂交完成的，通过评价产生出杂交种的性状特点。

根据南京农业大学海洋科学及其能源生物资源研究所菊芋研究小组多年的试验实践，如果机遇好的话，选择一个较好的菊芋新品种，得花费 10 年以上的时间，有时甚至花上十多年时间连一个较好的菊芋新品种都没有选育成功。

综上所述，在菊芋优良品种选育方面，首先要考虑其利用方向，如用于生态修复的，主要选择挖掘其抗逆与生存能力，而用于农业栽培的，既要充分挖掘其抗逆性状，如耐盐碱、耐贫瘠、抗旱耐涝、抗病虫等特性，又要选择其优良的农艺性状，如较高的经济产量、合适的收获指数、较好的商品特征与加工利用特性等。

5.2　菊芋育种技术

本章第一节概括地介绍了菊芋品种选育应遵循的一些程序与选择的一些标准，菊芋育种的最大困难是它基本上以无性繁殖为主，很多菊芋品种只开花不结籽，有的干脆不开花，即使开花结籽，其种子发芽率也极低，这就为菊芋的杂交育种增加了难以逾越的困难；同时菊芋的组织培养过程中玻璃化现象特别严重，这又为菊芋的分子育种增添了一道难过的坎。国内有关菊芋的育种研究起步较晚，但近几年随着国家对生物燃料发展的支持，菊芋作为一种优质的生物乙醇生产原料，受到越来越多的关注，随着对这一作物研究的深入，菊芋的育种工作也已经逐渐开展起来，近几年通过育种工作者的努力，已经陆续培育筛选出多个性状比较优良的菊芋新品种。例如，青海省农林科学院园艺研究所和青海威德生物技术有限公司于 2000～2003 年，通过对青海地方品种进行分类、筛选、系统选育，最终获得一个菊芋品种——青芋 1 号[9,10]，此后又陆续选育了青芋 2 号、青芋 3 号[11,12]，并采用 ISSR 分子标记技术对这 3 个菊芋品种进行分子水平的鉴别，确定了它们之间的亲缘关系和遗传差异[13]。南京农业大学海洋科学及其能源生物资源研究所菊芋研究小组从 90 多种菊芋品种资源材料中，通过海水胁迫系统选育出南菊芋 1 号与南菊芋 9 号两个性状优良的菊芋新品种，它们可以在沿海地区盐分含量 5‰左右的滩涂地上种植而获得比较满意的菊芋块茎产量，且总糖与菊粉含量都比较高，已被迅速推广种植。甘肃省定西市菊芋工程技术研究中心采用单株系统选择的方法从当地种植的菊芋野生资源中筛选出一个菊芋新品种，定名为定芋 1 号[14]。吉林省农业科学院农村能源与生态研究所以吉林省农家品种为基础材料，以高产为主攻方向，采用改良系谱法，经 3 年定向选择，以 H3 株系为主混合育成吉菊芋 1 号，之后又以紫色品种为基础材料，以 J6 株系扩繁育成吉菊芋 2 号[15,16]。李世煜等将不同菊芋品种种植在次生盐渍化土壤上，比较筛选出三个适宜在西北干旱盐碱地区生长的菊芋新品种，在盐碱地具有较高的经济产量和生物产量，综合效益较高[17]。兰州大学的寇一翾分析了亚洲的 39 个品种、欧洲的 17 个品种，4 份杂交后代的 AFLP 多态性以及它们的 10 个形态农艺性状和 7 个块茎品质指标，研究了菊芋种质资源多样性和遗传分化，分析了表型性状遗传改良的可行性，并培育出一组高产新品系[18]。

目前国内有关菊芋的育种主要的方法是引进、筛选，而杂交育种的工作相对滞后，相关报道较少。兰州大学刘建全等发明了一种培育菊芋杂交种子获得杂交植株和块茎的方法，可以降低菊芋杂交实验中的一些难度，该方法的应用将加速杂交育种的进程[19]。此外，诱变育种和多倍体育种技术也应用到了菊芋育种工作中，获得了新的变异植株，华中农业大学的陈军对 7 个菊芋品种的块茎进行 γ 射线辐射处理，并评估了其在田间生长状况，发现辐射过的块茎植株根茎叶都出现畸形，长势和块茎产量也明显低于对照[20]。西南大学的闫海霞将菊芋组培苗的茎尖用 0.2%秋水仙素处理 72 h，获得了十二倍体菊芋植株，与六倍体菊芋品系比较发现，十二倍体的菊芋株系更加耐寒、耐旱和耐热[21]。多年来南京农业大学海洋科学及其能源生物资源研究所菊芋研究小组致力于菊芋育种技术的攻关研究，在菊芋品种选育的株型模型、菊芋快繁与组培技术、菊芋新品种系统选育方面取得了一些重要进展。

5.2.1　建立高产块茎的菊芋株型模型

第一节已讨论了菊芋合适的地上群体结构可以促进菊芋块茎产量大幅提高，因此南京农业大学海洋科学及其能源生物资源研究所菊芋研究小组认真研究了菊芋块茎高产的植株模型，首先发现菊芋的茎数与其块茎产量有关，由于菊芋茎数受到播种块茎大小的影响，故将这一问题放在下面章节阐述，本部分主要介绍我们关于菊芋主茎分枝数与块茎产量关系的研究成果。

南京农业大学海洋科学及其能源生物资源研究所菊芋研究小组选择了 3 个菊芋主栽品种，在江苏海涂 4 个典型地段进行连续两年的田间试验。其结果表明，菊芋主茎分枝数多，有利于着生更多叶子，增大叶面积及光合产物的积累。菊芋的主茎分枝数与地上部生物产量（两年平均数）的相关性分析相关系数 R^2 为 0.974，达极显著水平，回归方程式为 y=157.47x+1565.1（图 5-17），地上部合适的生物产量有利于菊芋块茎的生长。

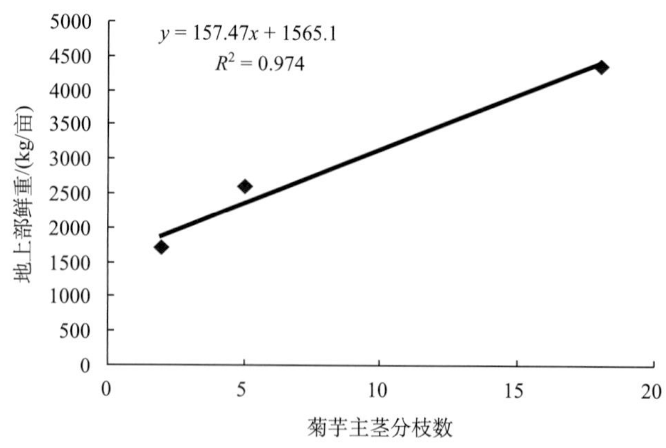

图 5-17　分枝数与地上部生物量的回归分析

菊芋块茎是菊芋的主要经济产量。根据大田试验发现，菊芋的主茎分枝数与其块茎的鲜重产量第 1 年（2007 年）相关系数 R^2 达 0.9809，回归方程式为 y=115.03x+891.98，块茎干重产量第 1 年相关系数 R^2 为 0.9514，回归方程式为 y=23x+241。第 2 年（2008 年）菊芋的主茎分枝数与其块茎的鲜重产量相关系数 R^2 为 0.9719，回归方程式为 y=116.12x+952.96；菊芋的主茎分枝数与其块茎干重产量相关系数 R^2 为 0.9504，y=25.06x+250.83。两年的大田试验表明，无论是菊芋块茎的鲜重产量，还是菊芋块茎的干重产量，与菊芋的主茎分枝数的相关性均达到极显著水平（图 5-18）。菊芋育种应注重选育分枝多的株型，在此基础上初步建立了选育耐盐菊芋高产新品种的株型模型[22]。

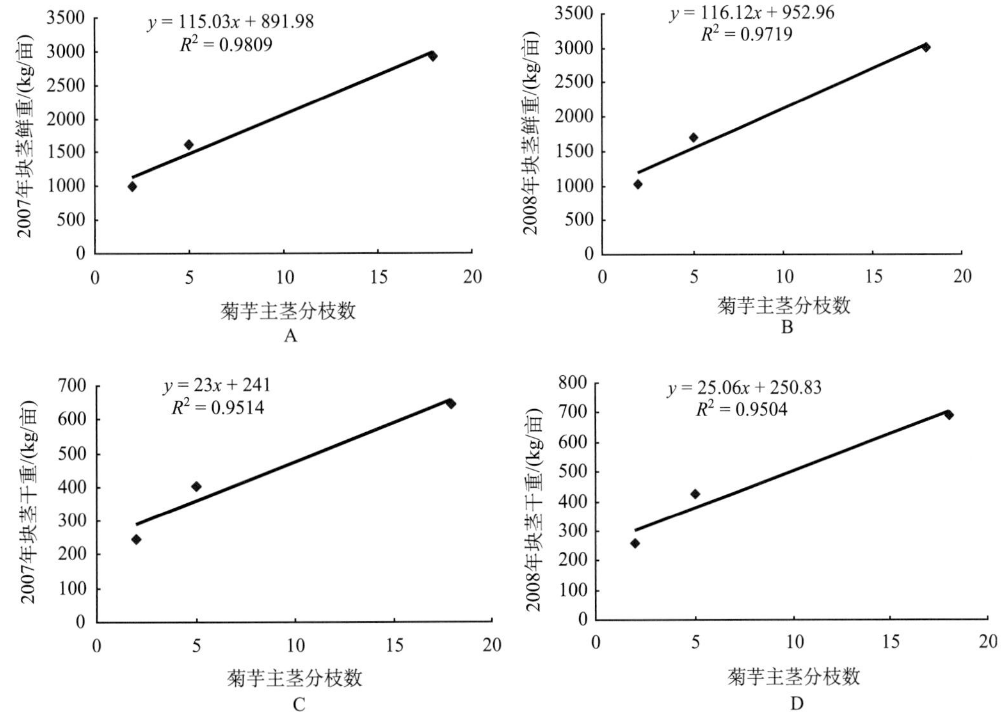

图 5-18　菊芋的主茎分枝数与菊芋块茎产量的相关性分析

5.2.2　菊芋的组织培养技术

南京农业大学海洋科学及其能源生物资源研究所菊芋研究小组首先选择青芋 2 号、南菊芋 1 号两个品种通过菊芋块茎培育的无菌苗进行组培试验，并利用南菊芋 9 号这个能结少量种子的菊芋品种，以菊芋块茎培育的无菌苗与菊芋种子发芽的实生苗为材料，选取其不同部位、配制不同的培养基、设计不同的环境参数对两种途径获得的无菌苗进行组培的平行比较试验，以期取得可靠而稳定的试验结果，为菊芋的分子育种提供技术支撑（图 5-19）。

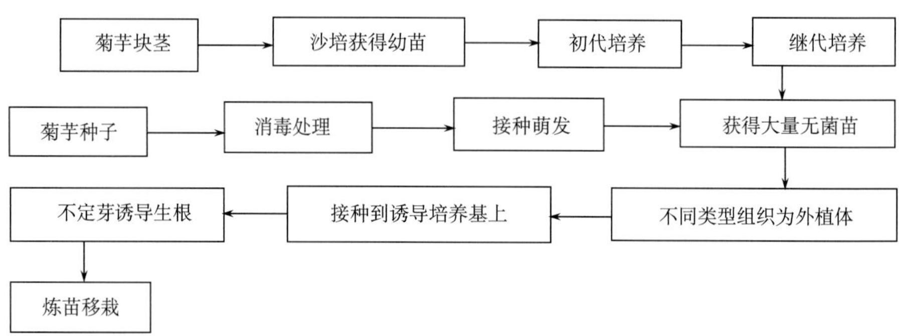

图 5-19　菊芋组织培养技术路线图

5.2.2.1　建立菊芋无菌培养体系

以菊芋块茎萌发的幼苗作为材料，选取带腋芽的茎段和茎尖为外植体，研究初代培养、继代培养、生根培养以及炼苗移栽过程中存在的一些问题，并建立了一套有效的菊芋无菌快繁体系，不仅可以为后期的愈伤组织诱导不定芽再生的实验提供无菌的外植体材料，而且在菊芋种质保存、脱毒以及特殊株系扩繁等方面也具有一定的应用价值。

南京农业大学海洋科学及其能源生物资源研究所菊芋研究小组参照向日葵组织培养的相关资料，配制了 9 种初代培养基（表 5-3），进行菊芋块茎发育幼苗为材料的组培初代培养探索性试验，并根据初代培养结果以及前期预实验，配制 C1、C9、C10 三种培养基（表 5-4）用于继代培养的研究。菊芋叶片绿原酸粗提物：采用减压回流法，参见 Chen 等的方法[23]，具体操作如下。取 20 g 菊芋叶片干样粉，加 250 mL 乙醇作为溶剂，在减压回流提取装置中加热提取，温度为 50℃，减压范围为– 0.08～– 0.09 MPa，提取时间为 4～8 h，过滤获得菊芋叶片提取液，经过减压浓缩后，成为黏稠膏状粗提物，置于干燥器内干燥后，于 4℃冰箱保存备用。配制 C10 培养基：将菊芋叶片绿原酸粗提物溶于水，配制成 10 mg/mL 母液，过滤除菌备用，配制 MS 培养基，高温高压灭菌后，待温度冷却至 60～70℃时，加入绿原酸粗提物母液，使其最终浓度为 1 g/L, 摇匀后倒入组织培养容器。

表 5-3　菊芋块茎萌发的幼苗外植体初代培养基

初代培养基	基本培养基	NAA/（mg/L）	6-BA/（mg/L）
C1	MS	0	0
C2	MS	0	0.25
C3	MS	0	0.5
C4	MS	0.05	0
C5	MS	0.05	0.25
C6	MS	0.05	0.5
C7	MS	0.1	0
C8	MS	0.1	0.25
C9	MS	0.1	0.5

注：NAA 为萘乙酸；6-BA 为 6-苄基腺嘌呤。

表 5-4 菊芋块茎萌发的幼苗外植体继代培养基

继代培养基	基本培养基	NAA/（mg/L）	6-BA/（mg/L）
C1	MS	0.0	0.0
C9	MS	0.1	0.5
C10	MS+1 g/L 菊芋叶片绿原酸粗提物	0.1	0.5

首先以青芋 2 号和南菊芋 1 号块茎发育无菌幼苗作为实验材料，取其腋芽和茎尖接种于 C1 培养基，比较分析初代培养和继代培养的差异；之后以青芋 2 号块茎发育无菌幼苗为实验材料，接种到 C9、C10 培养基上，研究菊芋叶片绿原酸粗提物、植物激素对菊芋继代培养中的试管苗生长的影响。

1. 菊芋块茎萌发的幼苗外植体的初代培养研究

将青芋 2 号（Q2）、南菊芋 1 号（N1）和南菊芋 9 号（N9）3 个菊芋品种的沙培幼苗经消毒处理后，取其带腋芽的茎段和茎尖接种于 C1～C9 共 9 种初代培养基上，培养 4 周后对外植体的发芽率、玻璃化苗的比例以及最终的正常苗的获得率进行统计分析。从实验结果可以看出，3 个菊芋品种在 9 种培养基上都获得了较高的发芽率，最高的都在 80%以上，其中 N9 菊芋块茎萌发的幼苗外植体在 C1 培养基上初代培养发芽率达 95.81%±1.07%（表 5-5），Q2 菊芋块茎萌发的幼苗外植体在 C2 培养基上初代培养发芽率达 93.84%±0.09%（表 5-6），N1 菊芋块茎萌发的幼苗外植体在 C2 培养基上初代培养发芽率达 84.85%±4.76%，为 3 品种中初代培养发芽率最低的（表 5-7）；3 品种菊芋块茎萌发的幼苗外植体初代培养中，N1 菊芋发芽的试管苗玻璃化现象最为严重，最高玻璃化苗比例达 100%，同时发芽的试管苗均存在较为严重的玻璃化现象（图 5-20），且在出苗玻璃化的同时，其基部伴随有大块的愈伤组织生成，其质地松软，颜色为透明或半透明，含水量高，水渍化严重，这些愈伤组织无再分化能力，不能生成不定器官或体细胞胚。高度的玻璃化最终导致了能够成活的正常苗的比率很低。3 种菊芋的初代培养结果最好的培养基都为 C1，即不添加任何激素的 MS 基本培养基，其发芽率分别为青芋 2 号 88.05%、南菊芋 1 号 81.49%、南菊芋 9 号 95.81%，玻璃化苗的比例分别为青芋 2 号 35.71%、南菊芋 1 号 67.38%、南菊芋 9 号 68.32%，正常苗的获得率分别为青芋 2 号 57.36%、南菊芋 1 号 25.96%、南菊芋 9 号 30.18%（表 5-5～表 5-7）。由图 5-20 可以看出，3 个基因型的菊芋发芽率并无明显区别，但青芋 2 号的玻璃化程度要低于其他 2 个品种，说明基因型对组织培养过程中的玻璃化程度具有一定的影响。

表 5-5 不同激素浓度对 N9 菊芋块茎萌发的幼苗外植体初代培养的影响 （单位：%）

培养基	发芽率	玻璃化苗比例	正常苗得率
C1	95.81±1.07a	68.32±15.55a	30.18±14.56a
C2	83.65±6.98a	80.88±15.67a	14.90±11.77ab
C3	80.31±9.34a	84.44±11.71a	11.40±7.95ab

续表

培养基	发芽率	玻璃化苗比例	正常苗得率
C4	77.20±11.69a	92.11±7.89a	5.17±5.17b
C5	81.72±15.05a	95.45±4.55a	3.03±3.03b
C6	72.14±7.86a	97.22±2.78a	1.79±1.79b
C7	61.57±13.43a	95.83±4.17a	3.13±3.13b
C8	68.60±15.27a	98.08±1.92a	1.61±1.61b
C9	68.23±7.63a	97.73±2.27a	1.72±1.72b

注：不同字母代表在 0.05 水平差异显著。下同

表 5-6　不同激素浓度对 Q2 菊芋块茎萌发的幼苗外植体初代培养的影响　（单位：%）

培养基	发芽率	玻璃化苗比例	正常苗得率
C1	88.05±5.29a	35.71±14.29b	57.36±15.98a
C2	93.84±0.09a	73.55±13.55ab	24.81±12.69b
C3	93.55±6.45a	70.20±14.65ab	26.93±11.78b
C4	84.31±0.98a	83.10±3.10a	14.22±2.45b
C5	71.21±1.21a	85.71±14.29a	10.00±10.00b
C6	82.59±11.16a	90.83±5.83a	6.92±3.79b
C7	63.47±22.73a	75.82±12.18ab	12.58±2.23b
C8	66.94±13.61a	85.78±10.78a	8.06±5.28b
C9	65.43±10.43a	81.82±18.18a	10.00±10.00b

表 5-7　不同激素浓度对 N1 菊芋块茎萌发的幼苗外植体初代培养的影响　（单位：%）

培养基	发芽率	玻璃化苗比例	正常苗得率
C1	81.49±8.63a	67.38±9.37b	25.96±7.38a
C2	84.85±4.76a	81.10±9.55ab	15.27±7.82ab
C3	78.69±3.27a	83.52±10.05ab	12.49±7.21abc
C4	68.93±11.52a	90.50±5.25a	5.39±1.99bc
C5	74.40±3.43	93.94±4.01a	3.23±1.86bc
C6	74.55±8.73a	95.16±2.75a	3.31±2.00bc
C7	60.26±16.62a	93.82±1.25a	3.31±0.14bc
C8	71.27±13.38a	100±0a	0±0c
C9	71.41±9.96a	96.91±1.63a	2.06±1.03bc

1）NAA 对菊芋块茎萌发的幼苗外植体初代培养的影响

通过比较分析 C1（NAA: 0.00 mg/L，6-BA: 0.00 mg/L）、C4（NAA: 0.05 mg/L，6-BA: 0.00 mg/L）、C7（NAA: 0.10 mg/L，6-BA: 0.00 mg/L）培养基的培养结果（图 5-21~图 5-24），可以看出，在不添加 6-BA 的情况下，随着 NAA 浓度的增加，3 种菊芋块茎萌发的幼苗外植体发芽率均有一定程度的下降，但 N1、Q2 两品种差异并不显著，而 N9 随着 NAA 浓度的增加，块茎萌发的幼苗外植体发芽率显著下降（图 5-22）；块茎萌发的幼苗外植

体初代培养试管苗玻璃化程度随 NAA 浓度的增加而明显加重，在添加 0.05 mg/L 浓度的 NAA 后，玻璃化苗的比例与对照相比显著增加，分别为青芋 2 号增加了 47.39%，南菊芋 1 号增加了 23.12%，南菊芋 9 号增加了 23.79%，之后 NAA 浓度再提高，则玻璃化程度变化不显著，说明 NAA 的存在显著加重了菊芋组织培养过程中的玻璃化程度，从而导致了正常试管苗得率的降低。

图 5-20　菊芋块茎萌发的幼苗外植体初代培养过程中的玻璃化现象

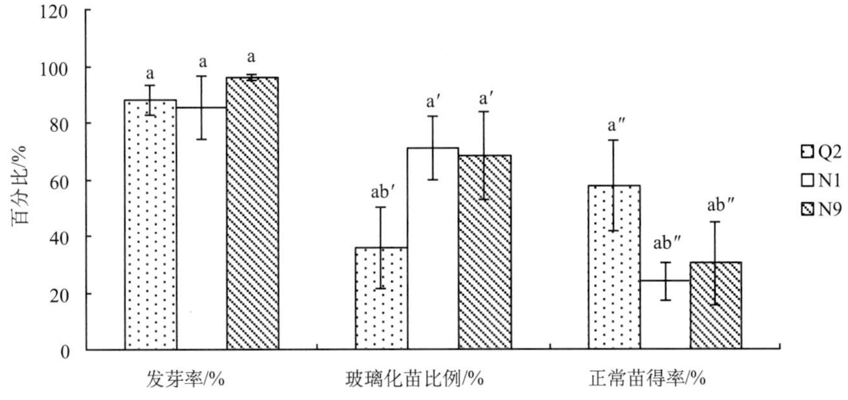

图 5-21　3 种菊芋块茎萌发的幼苗外植体在 C1 培养基上的初代培养结果

不同字母代表在 0.05 水平，发芽率（a 表示）、玻璃化苗比例（a′表示）、正常苗得率（a″表示）的初代培养的差异显著

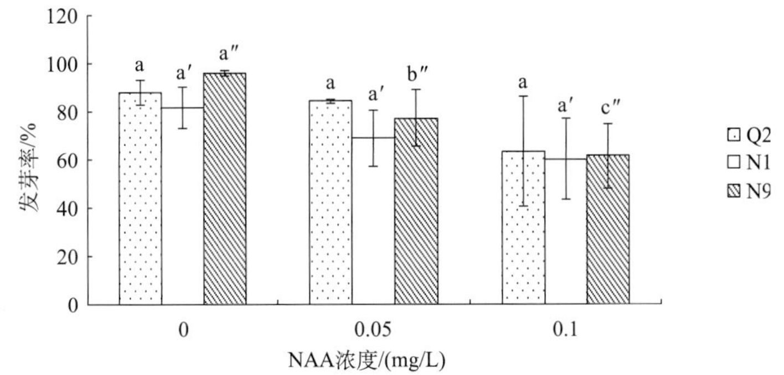

图 5-22　NAA 浓度对初代培养发芽率的影响

不同字母代表在 0.05 水平上，Q2（a 表示）、N1（a′表示）、N9（a″表示）在不同浓度的 NAA 下发芽率的差异显著

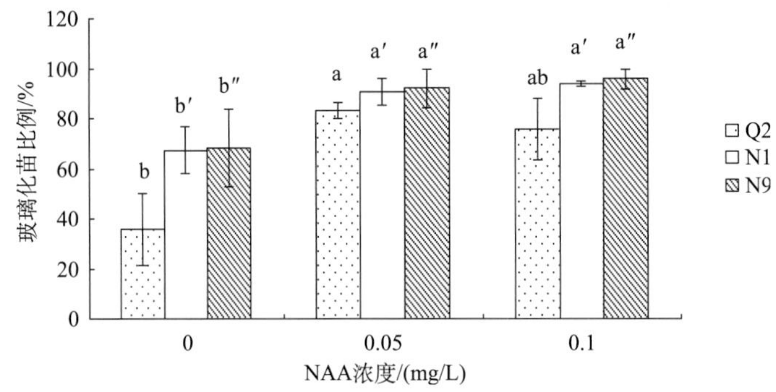

图 5-23　NAA 浓度对初代培养玻璃化程度的影响

不同字母代表在 0.05 水平上，Q2（a 表示）、N1（a′ 表示）、N9（a″表示）在不同浓度的 NAA 下的玻璃化比例的差异显著

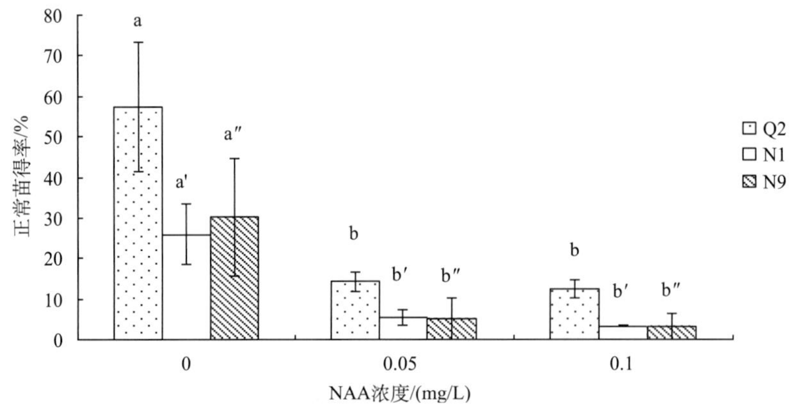

图 5-24　NAA 浓度对菊芋块茎萌发的幼苗外植体初代培养正常苗得率的影响

不同字母代表在 0.05 水平上，Q2（a 表示）、N1（a′ 表示）、N9（a″表示）在不同浓度的 NAA 下的正常苗得率的差异显著

2）6-BA 对菊芋块茎萌发的幼苗外植体初代培养的影响

通过比较分析 C1（NAA: 0.00 mg/L，6-BA: 0.00 mg/L）、C2（NAA: 0.00 mg/L，6-BA: 0.25 mg/L）、C3（NAA: 0.00 mg/L，6-BA: 0.50 mg/L）三种培养基的培养结果（图 5-25～图 5-27），从图中可以看出，6-BA 对菊芋块茎萌发的幼苗外植体初代培养的发芽率没有明显影响，但加重了玻璃化现象并导致正常苗得率下降，在 0.25 mg/L 的 6-BA 处理下，玻璃化苗比例与对照相比有所增加，但与 NAA 的作用相比，6-BA 的影响相对较小，差异较为显著，青芋 2 号增加了 37.84%，南菊芋 1 号增加了 13.72%，南菊芋 9 号增加了 12.56%，之后浓度提高到 0.5 mg/L 时，玻璃化苗比例基本不再增加，说明培养基中 6-BA 的存在会增加玻璃化程度，但 6-BA 对幼苗玻璃化的影响要小于 NAA。

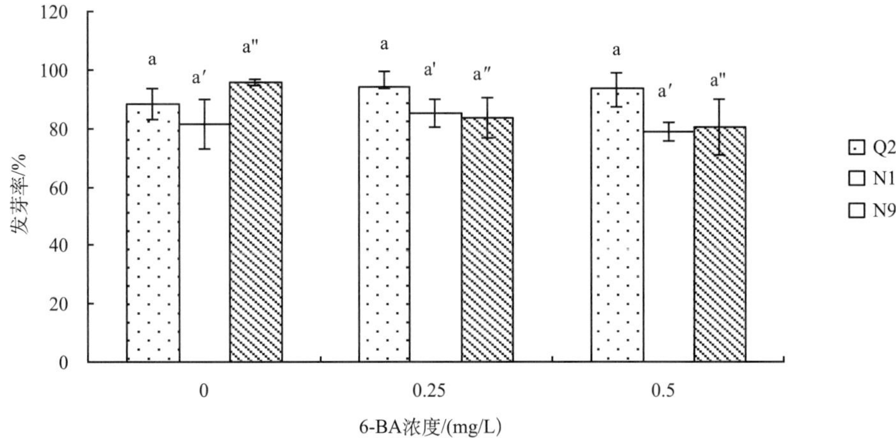

图 5-25 6-BA 浓度对菊芋块茎萌发的幼苗外植体初代培养发芽率的影响

不同字母代表在 0.05 水平上，Q2（a 表示）、N1（a′ 表示）、N9（a″表示）在不同浓度的 6-BA 下发芽率的差异显著

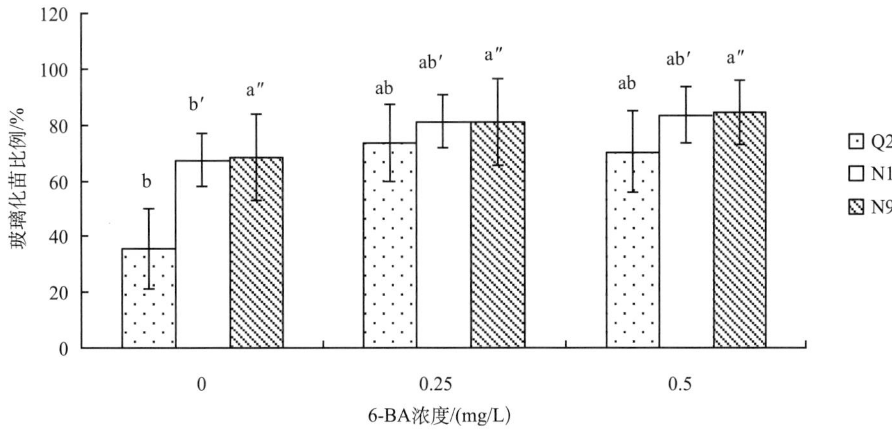

图 5-26 6-BA 浓度对菊芋块茎萌发的幼苗外植体初代培养玻璃化程度的影响

不同字母代表在 0.05 水平上，Q2（a 表示）、N1（a′ 表示）、N9（a″表示）在不同浓度的 6-BA 下玻璃化苗比例的差异显著

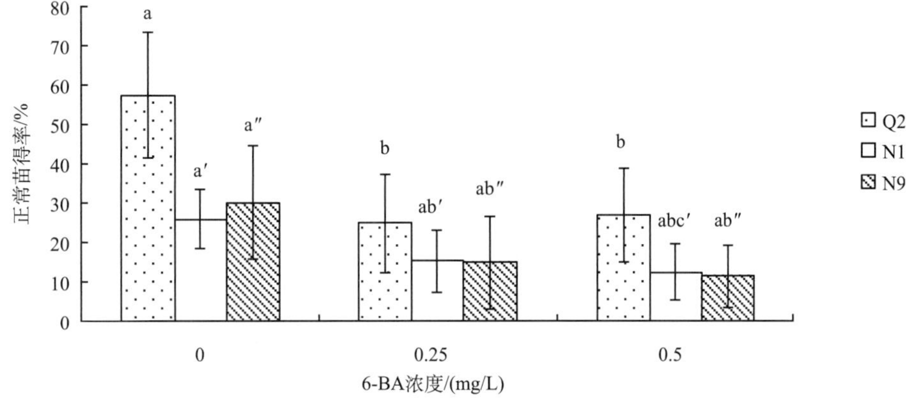

图 5-27 6-BA 浓度对菊芋块茎萌发的幼苗外植体初代培养正常苗得率的影响

不同字母代表在 0.05 水平上，Q2（a 表示）、N1（a′ 表示）、N9（a″表示）在不同浓度的 6-BA 下正常苗得率的差异显著

2. 菊芋块茎萌发的幼苗外植体的继代培养研究

1）菊芋块茎萌发的幼苗外植体继代培养与初代培养之间的差异比较

由图 5-28 可知，在 C1 培养基上，继代培养与初代培养相比，发芽率并没有明显变化，青芋 2 号与南菊芋 1 号的继代培养发芽率分别为 92.51%和 89.64%，但继代培养的玻璃化苗比例明显降低，分别为 12.15%和 30.68%，与初代培养相比，差异较为显著，而正常苗得率也随玻璃化苗比例的降低而提高，分别为 81.27%和 62.39%。青芋 2 号与南菊芋 1 号相比，在继代培养过程中，二者的发芽率差异不大，但青芋 2 号的玻璃化程度要低于南菊芋 1 号，仅有 12.15%，而南菊芋 1 号的玻璃化比例虽然较初代培养有所降低，但依然有 30.68%，因此青芋 2 号继代培养获得的正常苗得率也要高于南菊芋 1 号，可以达到 80%以上。这一探索试验结果表明，通过加代组培，可明显抑制菊芋块茎萌发的幼苗外植体组培苗的玻璃化现象，进而提高菊芋块茎萌发的幼苗外植体组培的正常苗得率。

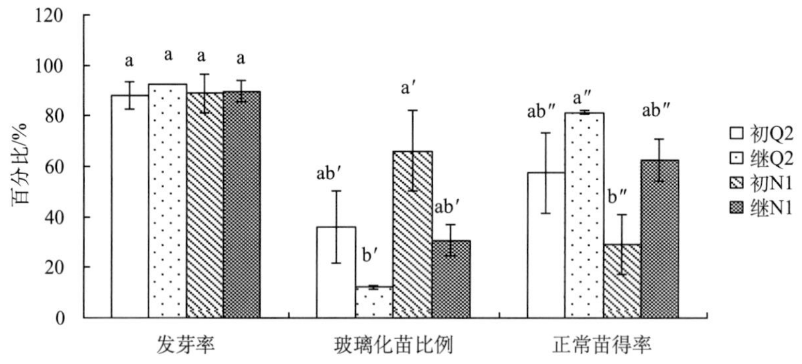

图 5-28　Q2 和 N1 在 C1 培养基上初代和继代培养的差异

不同字母代表在 0.05 水平，发芽率（a 表示）、玻璃化苗比例（a′ 表示）、正常苗得率（a″表示）的初代培养和继代培养的差异显著

2）菊芋叶片粗提物对菊芋块茎萌发的幼苗外植体继代培养的影响

以青芋 2 号菊芋块茎萌发无菌试管苗的腋芽和茎尖为外植体，接种到含有 0.1 mg/L NAA 和 0.5 mg/L 6-BA 的培养基 C9 上作为对照，处理组在 C9 的基础上添加 1 g/L 的菊芋叶片粗提物，培养 4 周后，统计发芽率、玻璃化苗比例以及再生苗的平均株高和单重，结果见表 5-8。从表 5-8 中可以看出，添加了叶片粗提物的培养基 C10 与对照 C9 相比，其发芽率有所降低，为 82.86%，但没有玻璃化现象，且没有大块愈伤组织生成，生成的愈伤组织多为白色，且质地紧密坚硬，体积较小（图 5-29A），再生苗长势健壮、生根较多、叶片颜色较绿（图 5-29C）；而 C9 中的发芽率虽然较高，为 94.29%，但其中有 21.21%的再生芽存在不同程度的玻璃化现象（图 5-29B），且再生苗长势较弱（图 5-29D），其平均株高和单重分别为 1.57 cm 和 0.11 g，而添加了叶片粗提物的培养基 C10 的再生苗长势更好，平均株高和单重分别为 4.30 cm 和 0.36 g，约为 C9 培养基再生苗的 3 倍。

表 5-8　培养基 C9 和 C10 的菊芋块茎萌发的幼苗外植体继代培养结果

培养基	外植体数/个	发芽外植体数/个	玻璃化外植体数/个	正常的再生苗数/个	再生苗平均株高/cm	再生苗平均单重/g
C9	35	33	7	30	1.57	0.11
C10	35	29	0	30	4.30	0.36

图 5-29　菊芋叶片绿原酸粗提物对菊芋块茎萌发的幼苗外植体继代培养的影响

A、C 为 C10 培养基幼苗外植体的分化再生情况；B、D 为 C9 培养基幼苗外植体的分化再生情况

从上述的研究发现，无论什么品种，总体来讲，菊芋块茎萌发的幼苗外植体组培的瓶颈是玻璃化率高，正常再生苗率很低。攻克这一难题有两条途径，一条是通过菊芋块茎萌发的幼苗外植体继代培养以提高正常苗率，另一条是在培养基中添加菊芋叶片绿原酸粗提物，也就是说，在菊芋块茎萌发的幼苗外植体继代培养中添加菊芋叶片绿原酸粗提物，可获得较为理想的菊芋再生苗（图 5-29C）。

玻璃化（vitrification）是植物组织培养中特有的一种生理病变，在培养环境中由于某些物理、化学因素以及生化因子等的共同作用，植物组织的新陈代谢紊乱，而导致试管苗生长异常，形状畸形，呈半透明玻璃状，其叶片、嫩梢多为透明或半透明的水浸状，生成的芽苗矮小、肿胀、失绿，叶片皱缩成纵向卷伸、脆弱易碎，这种现象又称为“过度含水态”（hyperhydricity）[24,25]。长期以来，玻璃化问题与外植体污染以及褐化现象是植物组织培养中亟待解决的三大难题。目前在已经组培成功的 250 多种草本和木本植物中，已报道的出现严重玻璃化现象的植物就多达 80 多种[26]，玻璃化苗恢复正常的比例很低，且很难生根，移栽不易存活，严重阻碍了植物组培快繁的发展和应用。

关于引起玻璃化的原因，目前还尚未有定论，因为从培养植物的品种、外植体材料状态到培养基的组成以及培养条件等各种内外因素都有可能影响玻璃化的发生。但当前研究较多的几个方面包括外植体材料（如不同种类、植物体的不同生理状态、不同取材部位、不同类型等），培养基的水势及培养容器内的湿度影响，培养基内的不同碳源的影响，培养基内的无机盐离子的影响（如氨氮比等），以及外源植物激素、培养条件等，这些都是组织培养中引起玻璃化的常见因素，但不同植物的玻璃化情况往往比较复杂，引发的主导因素也各不相同。本次实验在对青芋 2 号、南菊芋 1 号、南菊芋 9 号进行组培快繁研究时发现，3 个品种在初代培养和继代增殖培养中都出现了不同程度的玻璃化现象，但在其他有关菊芋组培快繁的报道中，并未出现严重的玻璃化问题[26,27]，这有可能是品种不同所造成的。因为从 Q2、N1、N9 这 3 个菊芋品种的培养结果来看，基因型不同，其玻璃化程度也各有差异，其中青芋 2 号的玻璃化程度最轻，初代培养最低，约有 35%，在继代培养时，玻璃化比例更是降低到 12%左右，远远低于其他 2 个品种，说明菊芋的基因型差异对组织培养中的玻璃化具有显著性影响。

众多关于玻璃化苗的研究表明，玻璃化苗在生理生化方面与正常苗相比存在巨大差异，如含水量明显较高[27,28]，可溶性糖含量较高而蔗糖含量相对较低[29,30]，叶绿素、RNA、蛋白质含量明显降低，但 DNA 含量不变[31,32]。Olmos 等研究发现康乃馨的玻璃化苗的过氧化物酶活性和丙二醛（MDA）的含量高于正常苗，认为玻璃化组织内存在氧化胁迫反应，并因此造成玻璃化的发生[33]。Wu 等研究大蒜的玻璃化现象时，也认为玻璃化的形成与活性氧类（ROS）有密切关系，可能是氧化胁迫反应的一种结果[34]。南京农业大学海洋科学及其能源生物资源研究所菊芋研究小组试验中，采用菊芋幼苗为材料，经过切割以及乙醇和次氯酸钠的消毒处理，这些对植物体的伤害都有可能造成组织内的氧化胁迫反应，进而引起玻璃化。此外，还有研究表明，在发生玻璃化的同时，植物体内的内源激素也发生了显著的变化。例如，牛自勉等对苹果砧木玻璃化苗的叶片和茎尖中内源激素进行测定，发现组织内的 IAA、ABA、GA_3 含量极显著上升，CTK 显著上升，而当极度玻璃化时，CTK 的含量又显著降低[35]。有关石竹组培过程中的玻璃化的研究表明，在玻璃化诱导过程中，组织会产生大量乙烯[36]，此外玻璃化苗对赤霉素的敏感性也要高于正常苗[37]。从菊芋的初代培养结果来看，外植体即使在不含任何激素的 MS 培养基上，其发芽率都在 80%以上，其中大部分出现了不同程度的玻璃化现象，且外植体基部愈伤组织疯长，生成的愈伤组织多为透明或半透明，质地松软，水渍化严重，这些现象说明其内部可能含有较高水平的内源激素，因此，当外源再添加激素时，不仅没有起到促进试管苗生长的作用，反而加重了玻璃化程度。此外，培养容器内的湿度等环境因素也可能是加重玻璃化的因素之一，在实验中发现，将培养容器内壁的冷凝水在超净台内吹干后，再接种外植体，可以在一定程度上减轻玻璃化现象。

在菊芋的继代增殖培养实验中，将初代培养中长势健壮、无玻璃化的试管苗的茎尖和带腋芽茎段接种到不含激素的 MS 培养基上，其后代试管苗的玻璃化比例大大降低，一方面可能是因为外植体没有经过消毒剂处理，组织细胞受到的伤害较小，氧化胁迫反应与初代培养的外植体相比较轻；另一方面通过初代培养，应激反应强烈的外植体因发生玻璃化而被去除，而能够再生且发育正常的植物体说明已经逐渐适应了培养基的养分组成以及培养容器内的环境，因此外植体对培养环境适应性也要好于自然环境下的植物体。

尽管在没有添加激素的 MS 培养基上，玻璃化现象在一定程度上得到缓解，但试管苗的生长较慢，而添加激素又会加重玻璃化。通过实验研究发现，在培养基中添加一定浓度的菊芋叶片的绿原酸粗提物，培养中的玻璃化明显减轻，虽然在接种培养初期，与对照相比，试管苗在开始阶段生长受到了一定的抑制作用，但 4 周后，试管苗的平均株高和重量都明显大于对照组，且植株健壮，长势旺盛，生根较多。叶片粗提物中的主要成分包括绿原酸、咖啡酸等多种酚类物质，关于酚类物质对植物生长发育的作用以及在植物组织培养中的应用之前也有不少报道。例如，Floh 和 Handro 研究了光周期和绿原酸对高贵捩花苣苔叶盘的组织培养时形态发生的作用，发现绿原酸可以促进生根，但对开花没有明显作用[38]。Reis 等分析了酚类物质对费约果体胚诱导的作用，结果表明，一定浓度的咖啡酸可以显著促进体胚的发生，而在萌发培养基中添加一定浓度的间苯三酚可以提高发芽率[39]。许多研究表明，一些酚类物质在植物的形态发生过程中具有明显的调节作用，在植物组织培养时，培养基中添加酚类物质，可以促进愈伤组织生长、不定芽形成以及重建苗生根[40]。Gasper 等认为，酚类物质的效应物和过氧化物酶之间积极或消极的相互作用与植物体的生长素代谢、乙烯合成以及细胞壁木质化等多个方面都密切相关[41]。

除了酚类物质自身可能存在的积极作用外，实验中还发现添加了叶片粗提物的培养基的一些物理性质也发生了改变，与 C9 相比，C10 培养基凝固后更加结实，持水性更好，这可能在一定程度上抑制了玻璃化的发生，培养基的颜色为深棕色，可能更有利于诱导生根。由于粗提物中含有多种酚类物质，而不同的酚类化合物对不同的植物在不同的生长发育过程中的影响也各不相同，因此有关叶片粗提物对菊芋继代增殖培养的具体作用还有待进一步的详细研究。

综上所述，试验对青芋 2 号、南菊芋 1 号、南菊芋 9 号 3 个菊芋品种的无菌快繁体系进行研究，发现初代培养和继代培养均存在不同程度的玻璃化问题，确定在初代培养时使用不含任何激素的 MS 培养基，可以获得较好的培养结果，继代培养时，发现添加一定浓度的菊芋叶片的绿原酸粗提物可以抑制玻璃化的发生并促进试管苗生长，但具体的作用还有待进一步研究。菊芋试管苗的生根较为容易，在添加了 0.05 mg/L NAA 的 1/2MS 培养基上诱导生根率较高，且生根健壮。

5.2.2.2　南菊芋 9 号不定芽诱导再生

前面已对菊芋的有性繁殖进行了研究，发现南京农业大学海洋科学及其能源生物资源研究所菊芋研究小组现有的菊芋种质资源中，南菊芋 9 号可以稳定地获得一些种子。故以南菊芋 9 号为材料，经消毒后接种到培养基上萌发，将其幼苗的子叶作为外植体，参考向日葵的不定芽诱导培养基成分以及前期大量探索性预实验的结果，配制 Z1、Z2、Z3 共三种诱导培养基，将其块茎切片、块茎萌发的幼苗叶片、茎段及其实生苗的子叶 4 份材料分别接种到 Z1、Z2、Z3 三种不定芽诱导培养基上。结果表明，所有 4 种类型的外植体在诱导培养基上均可以形成愈伤组织，发现在 3 种培养基上诱导形成的愈伤组织都有不定芽生成，并有不定根生成，但愈伤组织状态和不定芽诱导率有所差异，只有实生苗子叶的愈伤组织有不定芽形成，其在 Z1、Z2、Z3 培养基上的不定芽分化率分别为 3.3%、14.3%、16.7%，在 NAA 和 6-BA 浓度较高的培养基（Z1）中，愈伤组织存在明显的疯长，并且水渍化、玻璃化严重（图 5-30B），不定芽分化率最低，而在较低浓度激素的培养基（Z2、Z3）中则不定芽诱导率较高，且再生苗长势良好（图 5-30A、C），Z2、Z3 培养基上的不定芽分化率为 Z1 培养基上不定芽分化率的 5 倍左右；同时南菊芋 9 号实生苗子叶在 3 种诱导培养基中的愈伤组织的状态也有所差异，Z1 培养基上外植体诱导的愈伤组织生长旺盛，体积较大，松软，含水多，透明或半透明，在后期呈现水渍化，诱导的不定芽大多呈现畸形，长势较弱，并有明显的玻璃化现象（图 5-31A），而在 Z2、

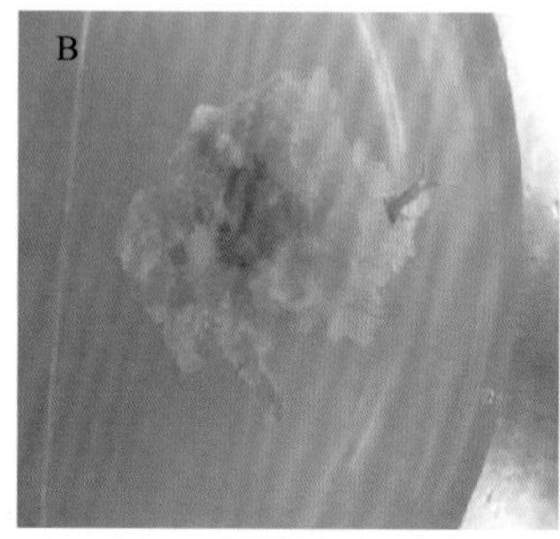

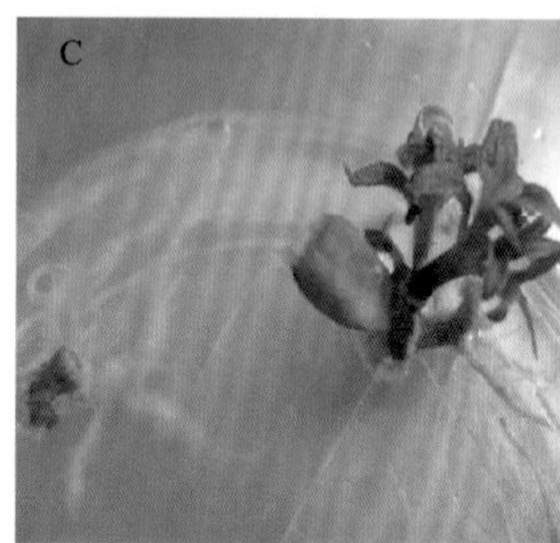

图 5-30 南菊芋 9 号实生苗子叶在 3 种培养基上诱导的不定芽

图 5-31 子叶愈伤组织诱导生成不定芽或体胚

Z3 培养基上南菊芋 9 号实生苗子叶的愈伤组织表观较为类似，即培养 1 周后在切口处均开始形成白色或淡黄色的半透明或不透明的愈伤组织，并有较多的不定根生成，培养 3～4 周后，有不定芽开始形成（图 5-31B），在 Z2 中有少数愈伤组织形成乳白色体胚（图 5-31C），转到光照条件下变绿并继续生长（图 5-31D）。

上述实验表明，尽管不定芽诱导率不同，但南菊芋 9 号实生苗子叶作为外植体在 3 种培养基上均可诱导获得不定芽或体胚，而南菊芋 9 号块茎切片及块茎萌发幼苗的叶片、茎段都不能形成不定芽，说明外植体类型的愈伤组织的再生能力各不相同，是影响菊芋组织培养再生的重要因素，其中菊芋实生苗子叶是进行愈伤组织诱导不定芽发生的最佳外植体类型，可以较为稳定地诱导不定芽再生。

5.3 菊芋品种系统选育技术

为了解决菊芋推广中的品种紧缺问题，从 1988 年开始，南京农业大学海洋科学及其能源生物资源研究所菊芋研究小组注意收集菊芋的相关种质资源与相关资料，自 1999 年开始，分别利用山东莱州、江苏大丰、海南乐东 3 个 863 中试基地进行以耐盐优质为主要特征的菊芋新品种选育研究，取得一些成果。

目前，我国菊芋主要在广袤的盐碱荒漠地区种植，因此选育高耐盐、高品质的菊芋新品种是科技工作者的重要任务之一，鉴于菊芋有性繁殖的诸多科学问题尚未解决、技术手段不成熟，多年来南京农业大学海洋科学及其能源生物资源研究所菊芋研究小组创建了高盐胁迫组培与大田栽培相结合的轮回系统选育方法，进行菊芋新品种的选育，考虑到海涂盐分组成与海水化学组成的一致性，故首先用海水胁迫选育菊芋新品种的方法，且取得了一些进展。

1. 海水处理对各品系菊芋根及地上部生物量、株高和茎粗的影响

在大量温室试验的基础上，南京农业大学海洋科学及其能源生物资源研究所菊芋研究小组分别在山东莱州与江苏大丰进行海水灌溉胁迫田间小区与微区试验，分别设定淡水灌溉、30%海水灌溉、50%海水灌溉 3 个处理，结果如表 5-9 所示。南菊芋 1 号根和地上部生物量在 30%海水灌溉处理下较淡水灌溉和 50%海水灌溉处理高，表明 30%海水灌溉显著地促进了南菊芋 1 号的生长，其原因可能是南菊芋 1 号对 Na^+、Cl^-具有较高的耐受能力，而 30%海水灌溉下土壤水吸力在 20～30 kPa 的时间超过 1 个月，等量淡水灌溉土壤水吸力 20～30 kPa 的时间只有 1 个星期，而南菊芋 1 号可以吸收利用土壤中−30～−20 kPa 水势的水，导致 30%海水灌溉下菊芋受到的水分胁迫远远低于淡水灌溉处理，因而 30%海水灌溉下菊芋的产量高于淡水灌溉处理。其他各品系菊芋的根和地上部生物量随着海水浓度的增加均降低，尤其南菊芋 6 号，在 50%海水处理下，下降幅度分别达 53.1%和 37.5%。各灌溉处理下，南菊芋 2 号根和地上部生物量基本较其他品系高，南菊芋 7 号地上部生物量最低，在 50%海水灌溉下，南菊芋 6 号根生物量下降幅度最大[42]。

表 5-9　不同浓度海水处理对不同品系菊芋单株地上部和根生物量（干）的影响　（单位：g/株）

品系	海水浓度					
	0%		30%		50%	
	根	地上部	根	地上部	根	地上部
南菊芋 1 号	106.2b	1567.3b	120.3a	1705.2a	100.0bbc	1310.5c
南菊芋 2 号	186.0a	2076.5a	155.0b	1864.0b	138.3b	1516.5c
南菊芋 3 号	181.0a	1354.7a	151.2b	1297.2ab	125.0c	1140.8b
南菊芋 5 号	180.5a	1573.7a	156.7b	1308.2b	103.0c	1235.5b
南菊芋 6 号	108.8a	1320.8a	100.0a	1267.5a	51.0b	825.3b
南菊芋 7 号	103.5a	937.3a	90.2a	909.7a	61.0b	607.3b
南菊芋 8 号	169.3a	1401.7a	134.0b	1029.0b	109.0c	982.7b

注：表中同行同项数据后相同字母表示在 P<0.05 水平上无显著差异

南菊芋 5 号和 3 号株高在各浓度海水灌溉下均显著高于其他菊芋品系，各菊芋品系的株高在 30%海水灌溉处理下均高于淡水和 50%海水灌溉处理，除南菊芋 2 号，在 50%海水灌溉下株高较淡水灌溉处理均显著下降。随着海水浓度的增加，各菊芋品系的茎粗变化不一致，南菊芋 1 号、3 号和 8 号在 30%海水灌溉下较淡水灌溉和 50%海水灌溉处理下茎秆粗，其他菊芋品系均在淡水灌溉下茎秆最粗，除南菊芋 8 号，其他菊芋品系茎粗在 50%海水灌溉下较对照均显著降低（表 5-10）。

表 5-10　不同浓度海水处理对不同品系菊芋株高和茎粗的影响　（单位：cm）

品系	海水浓度					
	0%		30%		50%	
	株高	茎粗	株高	茎粗	株高	茎粗
南菊芋 1 号	225.0a	2.32b	232.3a	2.43a	209.3b	2.06c
南菊芋 2 号	210.1b	2.29a	223.0a	2.13b	201.0b	2.07b
南菊芋 3 号	250.0a	2.40b	262.0a	2.51a	232.7b	2.21c
南菊芋 5 号	280.3a	2.48a	287.0a	2.17b	257.7b	2.04c
南菊芋 6 号	218.3a	2.22a	225.7a	2.19a	194.0b	2.03b
南菊芋 7 号	211.7b	1.93a	225.7a	1.90a	191.7c	1.75b
南菊芋 8 号	229.3b	2.00b	242.7a	2.17a	211.0c	2.05b

注：表中同行同项数据后相同字母表示在 P<0.05 水平上无显著差异

2. 海水灌溉处理对各品系菊芋块茎产量、单重、总糖和菊粉的影响

不同浓度海水灌溉处理对各菊芋品系块茎产量（鲜重，下同）差异较显著：在淡水灌溉和 30%海水灌溉下，南菊芋 2 号块茎产量显著高于其他品系，该品系丰产性最好；而在 50%海水灌溉下，南菊芋 1 号和南菊芋 2 号块茎产量差异不显著；随海水浓度的增加，各菊芋品系块茎产量均降低，南菊芋 3 号块茎产量在 30%和 50%海水灌溉下较淡水灌溉处理下降幅度最大。各菊芋品系块茎单重差异也较显著，南菊芋 1 号和 2 号块茎单重最大，南菊芋 5 号块茎单重最小，随海水浓度的增加各菊芋品系块茎单重均降低，在 50%海水灌溉下，南菊芋 1 号块茎单重降低幅度最低，表明南菊芋 1 号耐盐能力最强（表 5-11）[43]。

表 5-11　不同浓度海水处理对不同品系菊芋块茎产量和块茎单重（鲜重）的影响

品系	海水浓度					
	0%		30%		50%	
	块茎产量/（$kg/10m^2$）	块茎单重/（g/株）	块茎产量/（$kg/10m^2$）	块茎单重/（g/株）	块茎产量/（$kg/10m^2$）	块茎单重/（g/株）
南菊芋 1 号	62.6a	43.5a	57.7ab	35.3b	48.0b	31.3c
南菊芋 2 号	79.1a	42.3a	65.6b	38.7b	51.1c	30.2c
南菊芋 3 号	33.5a	27.1a	22.0b	22.7b	13.5c	19.8c
南菊芋 5 号	38.0a	12.9a	30.3b	11.4a	23.9c	9.3b
南菊芋 6 号	43.8a	36.5a	29.5b	29.8b	23.4c	22.3c
南菊芋 7 号	35.3a	25.4a	23.3b	23.4a	18.0c	14.7b
南菊芋 8 号	51.5a	19.2a	36.4b	17.5a	25.6c	14.5b

注：表中同行同项数据后相同字母表示在 $P<0.05$ 水平上无显著差异

不同浓度海水灌溉处理对各菊芋品系块茎总糖和菊粉含量的影响差异较显著（表 5-12），在淡水、30%和 50%海水灌溉下，南菊芋 8 号块茎总糖和菊粉含量最高，其次为南菊芋 2 号，而南菊芋 5 号块茎总糖和菊粉含量最低，除南菊芋 7 号和南菊芋 8 号在 30%海水灌溉下块茎总糖和菊粉含量较淡水灌溉高，其他品系菊芋块茎总糖和菊粉含量随海水浓度的增加而降低，在 50%海水灌溉下，南菊芋 3 号和 5 号降低幅度较大，而南菊芋 1 号总糖和菊粉含量降低幅度较低[44]。

表 5-12　不同浓度海水处理对不同品系菊芋块茎总糖和菊粉含量的影响　（单位：%）

品系	海水浓度					
	0%		30%		50%	
	总糖	菊粉	总糖	菊粉	总糖	菊粉
南菊芋 1 号	54.59a	49.41a	52.77ab	46.45b	50.51b	44.15b
南菊芋 2 号	67.26a	61.18a	64.54a	59.93a	56.74b	52.69b
南菊芋 3 号	59.95a	54.83a	58.49a	53.00a	44.54b	36.39b
南菊芋 5 号	35.15a	31.17a	29.44b	26.19b	26.69c	22.38c
南菊芋 6 号	68.79a	63.71a	63.71b	58.41b	59.48c	52.09c
南菊芋 7 号	35.78b	30.83b	39.04a	33.46a	33.74b	26.11c
南菊芋 8 号	69.37b	65.50b	74.70a	69.64a	62.72c	54.29c

注：表中同行同项数据后相同字母表示在 $P<0.05$ 水平上无显著差异

3. 海水处理对菊芋器官中离子分布的影响

如表 5-13 所示，在 15%和 30%海水处理下，各品种菊芋幼苗根和地上部 Na^+含量均显著增加。各品种菊芋幼苗根和茎叶 Na^+含量有差异；15%和 30%海水处理下，南菊芋 1

号和 8 号幼苗根和茎叶 Na^+含量较其他品种菊芋幼苗根和茎叶 Na^+含量高，而南菊芋 4 号和 7 号幼苗根和茎叶 Na^+含量较其他品种菊芋幼苗低。

表 5-13　海水处理对菊芋幼苗根和茎叶 Na^+与 Cl^-含量的影响　（单位：mmol/g DW）

离子	处理		1 号	2 号	3 号	4 号	5 号	6 号	7 号	8 号
Na^+	0%	根部	0.48c	0.27c	0.70c	0.44c	0.66c	0.19b	0.17b	0.55c
		茎叶	0.36b	0.18c	0.38c	0.31b	0.36c	0.11c	0.10c	0.31c
	15%	根部	3.51a	2.54b	2.93b	2.15b	2.56b	2.74b	2.31a	2.99b
		茎叶	2.59b	2.23a	2.42b	1.61b	2.12b	2.33a	2.19b	2.72b
	30%	根部	3.93a	3.69a	3.56a	3.05a	3.66a	3.37a	3.16a	3.82a
		茎叶	3.13a	2.73a	2.82a	2.51a	2.92a	2.74a	2.43a	3.28a
Cl^-	0%	根部	0.21b	0.13b	0.21c	0.12b	0.21c	0.14b	0.09b	0.38b
		茎叶	0.10c	0.06c	0.17c	0.06c	0.16c	0.17c	0.16c	0.22b
	15%	根部	1.69a	1.20a	0.77b	0.97a	0.85b	1.56a	1.26a	1.72a
		茎叶	1.01b	0.89b	0.57b	0.79b	0.61b	1.25b	1.05b	1.11a
	30%	根部	1.86a	1.25a	1.54a	1.21a	1.44a	1.77a	1.50a	1.94a
		茎叶	1.77a	1.22a	1.41a	0.98a	1.21a	1.23a	1.28a	1.58a

注：表中同项同行数据后相同字母表示在 P=0.05 水平上无显著差异,1 号为南菊芋 1 号，类推

随海水浓度的增加，海水处理对各品种菊芋幼苗根和茎叶 Cl^-含量变化一致，在 30%海水处理下 Cl^-含量较 0%和 15%海水处理下大，30%海水处理下，南菊芋 1 号和 8 号幼苗根和地上部 Cl^-含量较其他品种菊芋幼苗根和地上部 Cl^-含量高，而南菊芋 4 号幼苗根和地上部 Cl^-含量较其他品种菊芋幼苗低。

20 多年来，南京农业大学海洋科学及其能源生物资源研究所菊芋研究小组通过海水循环胁迫栽培的方法，系统选育了耐盐高产的一些菊芋新品系。

5.4　菊芋杂交育种技术研究进展

由于菊芋的自花授粉很少成功，Marčenko 等在 1028 个自花授粉中，只形成了 3 个能够繁育的卵细胞（0.29%）[46-48]。菊芋很强的自交不亲和性意味着很难用菊芋作为母本进行杂交，除非选择别的物种作为母本进行杂交，杂交中常用的去雄等常规方法是没有必要的。在常规情况下，菊芋花的顶端是张开的，在花药张开之前使用镊子仔细地剥离花粉囊。粘着的花粉粒可使用清洁的水喷雾轻轻地分开。4 d 后再同样操作一次，花药沾上新鲜花粉粒，成功的授粉率可达 22%～90%，形成菊芋的种子。

花粉的收集和应用方法与向日葵是一样的。一般来说，鲜花的花粉已套袋，以防止污染，用布或棉花塞子收集。收集最好在早上，以免过强的阳光照射，因为阳光的直接照射会降低花粉活力[49]。新鲜花粉能获得最高百分比的种子数。不过有时要将花粉保存待用，因此花粉在不同时期的成功储存十分重要，在室温下在有塞的小瓶里可存放 2 周[50]；在 4～6℃和湿度小于 40%条件下可保存 4 周[51,52]；在–76℃下可保存 4 年[51]；在液态氮中可保

存 6 年[53]。

菊芋很容易以倍数成长。单株菊芋最多可以有 50 个左右的块茎，而块茎切片可用于种植。不过，虽然块茎种植成功了，但用块茎切片作为繁殖方式也导致这些无性系不大可能改善菊芋关键性状的多样性。为了改进菊芋的农艺性状，有必要通过菊芋有性繁殖来扩繁，即通过杂交产生种子。在杂交中有许多困难要克服，包括自交不亲和性和在长光周期下很少开花，这就是说在北部的高纬度地区，菊芋很难通过杂交产生种子，而那些地区又是菊芋的主产区。

菊芋杂交育种一般采用以下方法：①在温室条件下控制菊芋杂交的条件，以促进杂交成功；②利用大田多向杂交体，使之自然开花授粉杂交。每个方法都有其优点和缺点。

5.4.1　温室中菊芋的控制杂交

在大田开花授粉的菊芋有一个主要问题：花期的显著不同使得遗传变异菊芋品种间难以授粉，致使大田授粉杂交受到很大的限制。在另一品种花期开始前早期开花的品种花已凋谢，无法进行授粉杂交。为此，某些特定性状的品种杂交育种一般需要在能控制条件的温室中杂交。菊芋杂交亲本花粉在 14 h/d 的人工光照条件下的生长室中形成。Schittenhelm 于 1987 年发现，10 m^2 面积的空间足以产生 600～700 杂交体的花粉。此外，对每朵花授粉在温室控制杂交下能生产出更多的种子，获得的种子率为 0～5.7%，平均结实率为 2.68%[54]。而自然开花授粉植物的种子数极低，部分原因是大田地里难以控制花期相遇而成功授粉的环境条件，导致大部分植株不结种子。不过，大田开花授粉可以得到的种子总数一般多很多，而且每粒种子的花费更低。

5.4.2　使用多向杂交进行自然开花授粉

多向杂交是将选定的双亲的株系放在一个孤立的区域，而将植物株系定位于有利于所有可能的组合的位置。杂交是通过自然授粉媒介进行的。该技术的主要优点是以最少的时间和劳力，可以生产大量的种子，故每粒种子的成本是很低的。

开花授粉能产生大量的遗传变异的后代。在荷兰的一项研究中，考察大约 8000 株菊芋苗，大约开花授粉获得的 14000 粒种子，均是从 4 个早期和中期开花的菊芋品种获得的（Columbia, Bianka, Précoce 和 Yellow Perfect）[55]。选择进入筛选第 3 年的 80 个株系，从块茎产量和块茎组成的这些性状上，对这 4 个优良株系进行深入的试验研究。这些品系的菊芋的块茎产量和菊粉的含量优于商业品种 Columbia，反映了菊芋通过授粉杂交改良遗传性状的潜力。但成功率极低（0.02%左右），这是个大概率事件，有时花了大量的人力与时间，却得不到一粒杂交种子。

在荷兰另一项的研究中，从几个株系开放式授粉顶部收获种子。从培养的早期开花的菊芋品种（Columbia, Topinsol, Bianka, Topianka, Yellow Perfect, Rozo, Cabo Hoog, Précoce, Sükössdi/Nosszu 和 D-2120）收获到了种子，得到了丰富的收益率（总量超过 2.0 万粒的种子），所以尽管有潜在的减数分裂的干扰问题、部分雄性不育和不相容性等技术难题，但开放授粉仍可以生产较多的种子[56]。开放授粉获得的种子在 2℃条件下存储约 4 周，菊芋种子休眠能被打破，再在 10℃下用 0.2%的 KNO_3 处理一周。然后在白天 28℃、晚上 18℃条件下播入土壤砂混合物的盒中，发现开放授粉的种子发芽率为 60%，而在控制温室杂交条件下的种子发芽率为 70%[56]。

5.4.3 隔离的配对杂交

无性系之间通过隔离的配对杂交，往往在南部无霜期比较长的菊芋生产基地进行（如西班牙），这些区域处于自然的短日照条件，有利于菊芋开花及自然授粉[57]。菊芋隔离的配对杂交的隔离距离与向日葵相同，为 800m[58]。Cochec 和 de Barreda 于 1990 年在 4 个既定的无性系的杂交实验中（K8, Nahodka, Fuseau 60 和 Violet de Rennes），成功地获得了随后实验计划所需的种子。在三个地点超过三年时间一共有 13663 株菊芋进行隔离的配对杂交，共产生 5372 粒菊芋瘦果种子。每粒种子有其独特的基因组合，而不像经无性繁殖产生的块茎那样，完全是其祖先的基因组合，隔离配对杂交的种子是一个新的、独特的菊芋株系[59]。在德国、法国和西班牙，这些隔离的配对杂交材料已在育种程序中经过试验测试，表明通过这种育种途径可以提高菊芋块茎菊粉含量和菊芋植株的抗病性。

5.4.4 菊芋育种的操作技术

菊芋特殊的遗传背景与独特的生物习性，给育种带来很大困难，这里介绍一些成功的杂交育种的操作技术。

1. 菊芋开花时间的调控

植物授粉杂交的一大难题是花期不遇，即雄、雌开花时间不同时，使之无法授粉杂交。尤其菊芋本身开花较少，这就更加要求解决其花期不遇问题。为了无性系之间的杂交授粉，控制其同时开花是必不可少的措施。Kays 和 Kultur 于 2005 年估计了遗传性状差异大的 190 株菊芋无性系开花的日期和持续时间，开始开花时间为种植后 69～174 d，开花持续时间为 21～126 d。控制菊芋开花的试验结果表明，在低纬度地区通过调整种植日期可以在一定程度上控制菊芋开花。而在高纬度地区，调控菊芋的生长条件（如肥水调控）可能会使得同步开花[60]。

纬度对菊芋开花的时间尤其是菊芋不同品种的开花时间具有相当的影响。以 Violet de Rennes 为例，在特内里费岛（28°N）、瓦伦西亚（39°N）和雷恩（48°N），开花日期分别为 6 月 20 日、9 月 5 日和 9 月 30 日，而在雷恩的该品种菊芋未能生产出种子[57]。瓦伦西亚与北美地区作物的起源中心在同一纬度。事实上，在北欧国家大多数品种（除了非常早熟的）不开花、不结种子。因此，在北欧国家使用这些品种必须通过人为诱导杂交使之开花，国内进行如此比较系统的研究案例不多。

在荷兰的研究内容已涉及不同光周期和温度条件对揭露许多菊芋无性系开花的影响，并通过人为地缩短日照时间可诱导菊芋开花和种子生产。Mesken 报道在大多数基因型的测试中，光照 11 h/d 的短期处理能诱导开花：

- 对于一些早熟菊芋品系进行为期 2 周的光照 11 h/d 的处理是最有效的；而有的菊芋品种需要 4 周光照 11 h/d 的处理。
- 对晚开花的菊芋基因型品种给予短期日照处理和温室控温，可促使菊芋开花提前

3 周。

最终的结论是，晚成熟的菊芋品系可给予为期 4 周的 11 h/d 的短期日照处理。这一诱导处理几乎适合所有的菊芋品系，以使得杂交的父本能在需要的时间内产生充足的花粉。为了杂交，父本花粉是收集在一纸袋中，而授粉通过使用小刷子进行的[56]。我国对通过调控菊芋开花时间、解决菊芋杂交育种中的花期不遇的研究鲜有报道。

2. 菊芋辐射诱变育种技术

辐射用在植物育种程序中可促使突变，即增加遗传变异。这种技术主要的缺点是不能定向选育新品种，辐射可使植物发生巨大的遗传变异，但有的遗传变异向不利方向转化，而有益的突变的百分比普遍偏低。

在 20 世纪 50 年代首次利用辐射对菊芋诱变育种，以评估其对块茎组成的影响[61]。在 20 世纪 80 年代，辐射被用作育种技术之一。对菊芋块茎照射 3 krad 的 γ 射线，产生的后代的叶片形状和大小发生了巨大的变异，如亲本品种（Violet de Rennes）红色表面的块茎，其辐射获得的后代为白皮的块茎。通过辐射使得一些菊芋株系拥有有性繁殖的能力，而不像未经辐射处理的对照组，有性繁殖概率极低[62]。

总之，菊芋的杂交育种技术相对于大宗农作物来讲还很不成熟。菊芋是植物中为数不多的兼有无性与有性两种繁殖方式的高等植物，有性繁殖的严重蜕化给授粉杂交增加了很大的困难，同时对菊芋杂交育种的投入无论从人力还是物力，实属杯水车薪，因此，开展菊芋的杂交育种技术研究要引起我国各界的高度重视，更需要农业科技工作者的默默耕耘。

5.5 我国菊芋新品种

前面已经介绍， 我国在菊芋新品种选育方面已取得一些成果，在青海、内蒙古、吉林等地区已选育了一些很有开发前景的菊芋新品种，由于工作的局限性，本著作仅对南京农业大学海洋科学及其能源生物资源研究所菊芋研究小组选育的菊芋新品种作介绍。

根据菊芋种质资源的基本生物学特征、块茎产量和块茎糖含量差异显著，进行菊芋新品系选育的研究，取得了一些重要成果，育成了海涂适生、高产、优质、低肥水需求、盐土生物修复功能显著的菊芋新品种 2 个：南菊芋 1 号与南菊芋 9 号（图 5-32），现分别作以下介绍。

5.5.1 南菊芋 1 号新品种

南菊芋 1 号新品种耐盐能力、经济产量与品质较野生型均有大幅提升：南菊芋 1 号在 3‰左右含盐量的海涂上种植，亩施纯氮 8 kg 左右，菊芋新品种块茎鲜重达 3 吨/亩，比传统品种增产 20%以上。南菊芋 1 号为作者于 1999～2006 年以全国野生菊芋材料采用无性繁殖选择育种方法育成，1999 年对 30 多个野生菊芋材料在江苏大丰与山东莱州采用田间轮回海水胁迫栽培，以筛选一些优良的株系，经 2000 年连续筛选后，在 2001～

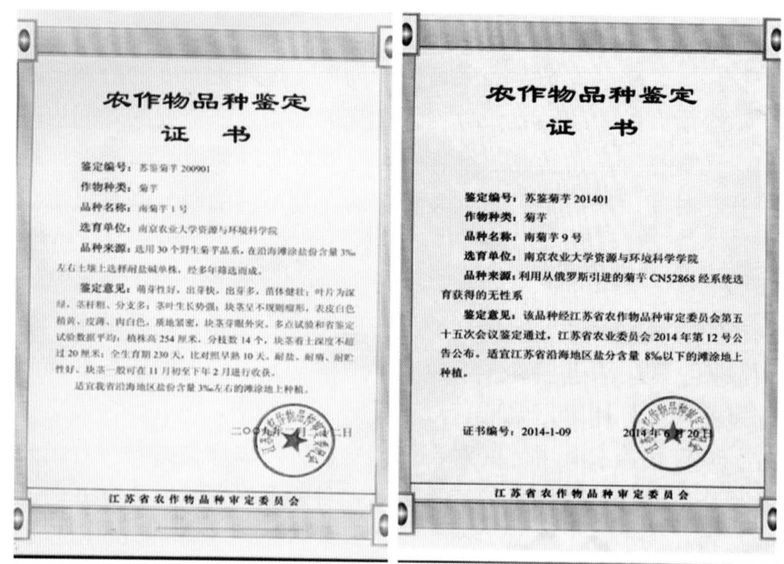

农作物品种鉴定

证　书

鉴定编号：苏鉴菊芋 200901

作物种类：菊芋

品种名称：南菊芋 1 号

选育单位：南京农业大学资源与环境科学院

品种来源：选用 30 个野生菊芋品系，在沿海滩涂盐份含量 3‰左右土壤上选择耐盐碱单株，经多年筛选而成。

鉴定意见：萌芽性好，出芽快，出芽多，苗体健壮；叶片为深绿，茎秆粗、分支多；茎叶生长势强；块茎呈不规则瘤形，表皮白色稍黄，皮薄，肉白色，质地紧密，块茎芽眼外突。多点试验和省鉴定试验数据平均：植株高 254 厘米，分枝数 14 个，块茎着土深度不超过 20 厘米；全生育期 230 天，比对照早熟 10 天。耐盐、耐瘠、耐贮性好。块茎一般可在 11 月初至下年 2 月进行收获。

适宜我省沿海地区盐份含量 3‰左右的滩涂地上种植。

江苏省农作物品种审定委员会

农作物品种鉴定

证　书

鉴定编号：苏鉴菊芋 201401

作物种类：菊芋

品种名称：南菊芋 9 号

选育单位：南京农业大学资源与环境科学学院

品种来源：利用从俄罗斯引进的菊芋 CN52868 经系统选育获得的无性系

鉴定意见：该品种经江苏省农作物品种审定委员会第五十五次会议鉴定通过，江苏省农业委员会 2014 年第 12 号公告公布。适宜江苏省沿海地区盐分含量 8‰以下的滩涂地上种植。

证书编号：2014-1-09　　2014 年 6 月 20 日

江苏省农作物品种审定委员会

图 5-32　南菊芋 1 号与南菊芋 9 号新品种证书

2002 年将所有筛选获得的优良单株在递增海水浓度的条件下进行 2 年的混选，获得 6 株农艺性状优良的株系，2003～2004 年再进行 2 年海水与干旱胁迫下的单株选择，选育了南菊芋 1 号株系，2005～2006 年分别对以南菊芋 1 号株系培育的南菊芋 1 号品系在江苏大丰、山东莱州进行一致性与稳定性试验。2007～2008 年在江苏大丰金海农场、东台三仓农场、滨海扁担港、东海李埝乡进行了南菊芋 1 号品种区试，并在黑龙江大庆、吉林洮南、宁夏盐池与隆德、青海大通与海西、新疆石河子 149 团、山东莱州与东营、海南乐东等地进行了试验与推广，深受农户青睐，社会影响很大。

1. 南菊芋 1 号新品种具体育种程序

2000 年	海水田间轮回胁迫栽培系统选育
2001～2002 年	递增海水浓度进行混选（获得农艺性状优良株系）
2003～2004 年	海水与干旱胁迫下的单株选择
2005～2006 年	一致性与稳定性试验
2007～2008 年	品种区试
2008 年	生产试验（在沿海滩涂盐分含量 3‰左右土壤上生长并能达到亩产 3000 kg 左右，专业组会议推荐审定）

南菊芋 1 号新品种由南京农业大学海洋科学及其能源生物资源研究所菊芋研究小组以 30 个野生菊芋品系为混合材料，采用海水胁迫选择，在滩涂盐分含量 3‰左右土壤上选择耐盐碱单株，经多年筛选而成。

2. 南菊芋 1 号新品种农艺性状

南菊芋 1 号新品种适宜在江苏省沿海及内陆地区盐分含量 3‰左右的滩涂地上种植，在干旱半干旱的荒漠及盐碱地均可获得满意的块茎产量。

南菊芋 1 号新品种 2007 年参加南京农业大学组织的江苏沿海多点鉴定，鲜菊芋块茎平均亩产量为 2934.8 kg，比青芋 2 号增产 193%，比野生种增产 60%；菊芋块茎干亩产量 645.5 kg，比青芋 2 号增产 160%，比野生种增产 60%。2008 年参加江苏省菊芋区域试验，鲜菊芋平均亩产为 3008.5 kg，比青芋 2 号增产 190.2%，比野生种增产 75.3%；菊芋干平均亩产量 692 kg，比青芋 2 号增产 168.4%，比野生种增产 61.3%。2008 年参加南京农业大学组织的菊芋生产性试验，鲜菊芋块茎平均亩产为 3249 kg，比青芋 2 号增产 207.2%，比野生种增产 77.3%；菊芋块茎干平均亩产量 747.3 kg，比青芋 2 号增产 182.7%，比野生种增产 74.7%。

南菊芋 1 号新品种萌芽性好，出芽快，出芽多，苗体健壮；功能叶长约 15 cm，宽约 10 cm，叶毛数多，叶尖端形状为尖形，叶片深绿，生长势强，茎矮壮，高 230～270 cm，主茎粗 1.7～2.4 cm，分枝多，一般分枝数 14 个；地下块茎表皮白色稍黄，皮薄，基本呈不规则瘤形，肉白色，质紧密，块茎芽眼外突，块茎单重平均约 50 g，单株约 20 个。南菊芋 1 号新品种耐盐、耐瘠、耐储性好，抗病毒病、少病虫害。南菊芋 1 号新品种块茎着土深度不超过 20 cm，属紧凑型品种，易于机械收获；块茎干重占鲜重的 23%～29%，块茎总可溶性物占鲜重的 22%～24%，糖类占鲜重的 18%～20%，块茎糖类占块茎干重的 72%～85%，块茎菊粉占块茎干重的 61%～72%，纤维素占干重的 13%～17%，含氮量为 1%～2%干重，灰分占干重 4%～6%。总糖、菊粉含量均高于对照青芋 2 号和野生种。适宜生长期 210 d 左右，块茎一般可在 11 月初至下年 2 月进行收获。

3. 南菊芋 1 号新品种栽培技术要点

（1）适期播种，培育壮苗。江苏播种适期为 3 月中旬至 4 月上旬。

（2）起垄栽培。抗涝性一般，起垄栽培，有利于排水降湿，有利于块茎的膨大；每亩种植密度控制在 3000 株左右。

（3）肥水管理。定植前施足基肥，增施磷钾肥。

（4）收获期。块茎可在 11 月初至下年 2 月进行收获。

江苏省新品种审定委员会组织区域试验的资料如表 5-14～表 5-16 所示。

表 5-14　南菊芋 1 号新品种区域试验产量结果

参加中间试验起止时间　2007～2008 年				
区域试验产量结果	试验结果	第一年	第二年	平均
	产量变幅/（kg/亩）	3809～2491	3706～2691	3765～2532
	平均产量/（kg/亩）	3035	3024	3030
	对照产量/（kg/亩）	986	1037	1012
	较对照增减产/%	207	192	200
	增减产点数（增产点/减产点）	4	4	
	显著性测定	极显著	极显著	
	产量位次	1	1	

表 5-15　南菊芋 1 号新品种区域试验主要农艺性状及特征特性

主要农艺性状						
填报项目	区试第一年		区试第二年		两年结果平均	
	本品种	对照	本品种	对照	本品种	对照
全生育期/d	210	210	230	210		
株高（蔓长）/cm	250	185	258	193		
分枝数	13	0	15	0		
花朵数	24	43	27	49		
块茎皮色	白	紫红	白	紫红		
茎叶生长势	强	弱	强	弱		

备注：在不同作物主要农艺性状填报项目栏中按作物要求填写，稻：每亩有效穗、每穗实粒数、结实率、千粒重；麦：每亩穗数、每穗粒数、千粒重；棉花：每亩株数、果枝数、单株结铃数、铃重、大样衣分、小样衣分、籽指、衣指；玉米：每亩株数、主茎叶片数、穗长、穗粗、每穗行数、行粒数、千粒重；油菜、大豆：每亩株数、每株结荚数、每荚粒数、百（千）粒重；甘薯：每亩株数、单株结薯数、干率；西瓜、辣椒：每亩株数，单株结瓜（果）数，平均单瓜（果）重。

主要特征特性	
幼苗形态（习性）	萌芽性好、出芽快、出芽多
成株形态	健壮、叶尖端形状为尖形、叶片深绿、茎秆粗、分枝多
收获物特征	呈不规则瘤形、表皮白色稍黄、皮薄、肉白色、质紧密、块茎芽眼外突
抗倒性	抗
耐寒性	耐
耐旱性	耐
耐湿性	不耐
耐瘠性	耐
田间抗病性	极抗
适应种植区域分析：适宜在江苏省沿海滩涂盐分含量 3‰左右土壤上生长	

表 5-16　南菊芋 1 号新品种区域试验品质检测及抗性鉴定结果

品质检测单位、时间：2007 年 12 月，2008 年 12 月							
品质检测结果	检测项目	第一年结果		第二年结果		两年结果平均	
		本品种	对照	本品种	对照	本品种	对照
	总糖	65	56	68	59	67	58
	菊粉	60	52	58	51	59	52
	干率	25	24	26	24	26	24
抗性鉴定单位、时间：2007 年 12 月，2008 年 12 月							
菊芋品种的抗性	检测项目	第一年结果		第二年结果		两年结果平均	
		本品种	对照	本品种	对照	本品种	对照
	病毒病	高抗	抗	高抗	抗	高抗	抗
	菌核病	高抗	抗	高抗	抗	高抗	抗

5.5.2　南菊芋 9 号新品种

南菊芋 9 号为作者于 2004～2014 年以课题组承担的 948 项目引入的 25 份菊芋品种资源为材料，通过田间轮回海水胁迫栽培、采用无性繁殖系统选择育种方法育成。2004 年对引入的 25 份菊芋品种资源在江苏大丰采用田间轮回海水胁迫栽培，以筛选一些优良的株系，经 2005 年连续筛选后，在 2006～2007 年将所有筛选获得的优良单株在递增海水浓度的条件下进行 2 年的混选，获得 5 株农艺性状比较优良的株系，2008～2009 年再进行 2 年海水与水涝胁迫下的单株选择，选育了南菊芋 9 号株系，2010～2011 年分别对以南菊芋 9 号株系培育的南菊芋 9 号品系在江苏大丰进行 2 年的一致性与稳定性试验，2012～2013 年由江苏省新品种审定委员会组织在江苏沿海滩涂进行区域试验，2014 年通过江苏省新品种审定委员会鉴定，2015 年品种使用权转让给北京碧青园园林绿化工程有限公司。

南菊芋 9 号是适宜在江苏省沿海地区盐分含量 8‰以下的滩涂地上种植的菊芋新品种，该品种萌芽性好，出芽快，苗体健壮；叶片早期绿色，后期深绿色；茎秆粗、分枝较多；生长势强，整齐度好；块茎呈不规则瘤形或纺锤形，表皮淡紫罗兰色，皮薄，有规则整齐的环型鳞状茎节，茎节密度较大且呈深紫红色，肉白色，质地紧密，芽眼外突。耐盐、耐瘠、耐储性好，高抗病毒病，抗虫、抗倒性好，耐湿性较强。南菊芋 9 号菊芋块茎干中总糖含量 65.5%左右，菊粉含量 57.5%左右。2012 年参加江苏省菊芋大田区域鉴定试验，在盐含量 6‰左右的土壤上，鲜菊芋块茎平均亩产 2242.1 kg，比对照南菊芋 1 号增产 79.0%；干菊芋块茎平均亩产 504.2 kg，比南菊芋 1 号增产 83.3%。2013 年参加江苏省菊芋大区区域鉴定试验，在盐含量 6‰左右的土壤上，鲜菊芋块茎平均亩产 2084.6 kg，比南菊芋 1 号增产 77.5%；干菊芋块茎平均亩产 468.3 kg，比南菊芋 1 号增产 81.4%。

1. 南菊芋 9 号新品种生产力试验

2010～2011 年南京农业大学海洋科学及其能源生物资源研究所菊芋研究小组在对以南菊芋 9 号株系培育的南菊芋 9 号品系在江苏大丰进行 2 年的一致性与稳定性试验的同时，对其生产力进行比较试验。2010 年的试验结果如下。

（1）南菊芋 9 号鲜块茎产量：在 2010 年，南菊芋 9 号鲜块茎产量比对照南菊芋 1 号和青芋 2 号显著提高，三个试验区南菊芋 9 号鲜块茎平均亩产为 3616.9 kg，而南菊芋 1 号三个试验区鲜块茎平均亩产 3132.3 kg，青芋 2 号三个试验区平均亩产鲜块茎 1041.1 kg，南菊芋 9 号鲜块茎比南菊芋 1 号增产 15.5%，比青芋 2 号增产 247.4%（表 5-17、表 5-18）。

表 5-17　2010 年各试验点小区试验鲜菊芋块茎每小区产量　（单位：kg）

试点	南菊芋 9 号			南菊芋 1 号（CK1）			青芋 2 号（CK2）		
	I	II	III	I	II	III	I	II	III
金海农场	312.7	332.2	340.4	255.9	294.0	277.2	81.0	103.8	90.6
大丰港区	300.1	308.5	285.5	246.0	252.9	234.0	70.8	93.3	82.5
竹港闸	330.8	368.2	349.8	307.8	342.6	325.5	99.6	112.7	108.6

表 5-18　2010 年各试验点小区试验鲜菊芋块茎每亩产量

试点	南菊芋 9 号		南菊芋 1 号（CK1）		青芋 2 号（CK2）	
	kg	位	kg	位	kg	位
金海农场	3651.1	1	3064.9	2	1020.5	3
大丰港区	3313.1	1	2715.8	2	913.8	3
竹港闸	3886.4	1	3616.3	2	1188.9	3
平均	3616.9	1	3132.3	2	1041.1	3

（2）南菊芋 9 号块茎产量干重：在 2010 年，南菊芋 9 号块茎产量干重比对照南菊芋 1 号和青芋 2 号也显著提高，2010 年三个试验区南菊芋 9 号块茎干重平均亩产达 813.3 kg，三个试验区南菊芋 1 号块茎干重平均亩产达 687.8 kg，三个试验区青芋 2 号块茎干重平均亩产达 247.9 kg，三个试验区南菊芋 9 号块茎干重平均亩产比南菊芋 1 号增产 18.2%，比青芋 2 号增产 228.1%（表 5-19、表 5-20）。

表 5-19　2010 年各试验点小区试验菊芋块茎每小区干重　　（单位：kg）

试点	南菊芋 9 号			南菊芋 1 号（CK1）			青芋 2 号（CK2）		
	I	II	III	I	II	III	I	II	III
金海农场	65.7	76.4	68.1	64.0	61.7	58.2	20.3	23.9	24.5
大丰港区	69.0	74.0	60.0	51.7	60.7	49.1	19.1	19.6	20.6
竹港闸	72.8	92.1	80.5	64.6	71.9	74.9	22.9	27.0	22.8

表 5-20　2010 年各试验点小区试验菊芋块茎每亩干重

试点	南菊芋 9 号		南菊芋 1 号（CK1）		青芋 2 号（CK2）	
	kg	位	kg	位	kg	位
金海农场	778.7	1	681.6	2	254.1	3
三仓农场	752.3	1	598.4	2	219.9	3
扁担港	908.9	1	783.5	2	269.6	3
平均	813.3	1	687.8	2	247.9	3

（3）品种间差异：从方差分析来看，试验结果表明无论菊芋块茎鲜重还是干重，南菊芋 9 号、南菊芋 1 号和青芋 2 号种间均呈极显著关系，南菊芋 9 号产量远远高于其他两品种（表 5-21～表 5-24）。

表 5-21　2010 年鲜菊芋块茎产量方差分析表

变异来源	DF	SS	MS	F	$F_{0.05}$	$F_{0.01}$
试点间	2	12412.09	6206.05	83.71	3.63	6.23
品种间	2	272912.00	13656.00	1840.66	3.63	6.23
品种×试点	4	2561.91	640.48	8.64	3.01	4.77
误差	16	1186.15	74.13			
总变异	26	291384.20				

表 5-22 2010 年鲜菊芋块茎产量品种间差异显著性检测

品种（系）	鲜菊芋产量/（kg/60m^2）	差异性	
		0.05	0.01
南菊芋 9 号	325.36	a	A
南菊芋 1 号	281.77	b	B
青芋 2 号	93.66	c	C

表 5-23 2010 年菊芋块茎产量干重方差分析表

变异来源	DF	SS	MS	F	$F_{0.05}$	$F_{0.01}$
试点间	2	634.90	317.45	16.31	3.63	6.23
品种间	2	12846.03	6423.02	330.06	3.30	6.23
品种×试点	4	156.27	39.07	2.01	3.01	4.77
误差	16	311.36	19.46			
总变异	26	14159.97				

表 5-24 2010 年菊芋块茎产量干重品种间差异显著性检测

品种（系）	干菊芋产量/（kg/60m^2）	差异性	
		0.05	0.01
南菊芋 9 号	73.18	a	A
南菊芋 1 号	61.87	b	B
青芋 2 号	22.30	c	C

2. 南菊芋 9 号品质及抗病性鉴定

1）南菊芋 9 号烘干率

参试品种中，南菊芋 9 号、南菊芋 1 号及青芋 2 号烘干率差异不显著。

2）南菊芋 9 号块茎特性

南菊芋 9 号及南菊芋 1 号形状为不规则状，青芋 2 号为纺锤形。南菊芋 9 号块茎皮色淡紫红色，南菊芋 1 号为白色，而青芋 2 号为紫红色，块茎肉色均为白色，质地均紧。南菊芋 9 号的有效芽数显著多于青芋 2 号，但较南菊芋 1 号少。南菊芋 9 号块茎总糖含量为 67%，菊粉含量为 61%，而南菊芋 1 号及青芋 2 号块茎总糖及菊粉含量均低于南菊芋 9 号。

3）南菊芋 9 号抗病性

参试品种均表现为抗病毒病和菌核病。

3. 菊芋品种评述

1）南菊芋 9 号品种评述

2010 年三个试验点菊芋鲜亩产为 3616.9 kg，比南菊芋 1 号增产 15.5%，比青芋 2 号增产 247.4%，干亩产达 813.3 kg，比南菊芋 1 号增产 18.2%，比青芋 2 号增产 228.1%。

本品种是以野生菊芋材料选出一变异单株，以植株生长势强、抗盐性强、产量高、适应性好为育种目标，采用轮回海水胁迫栽培，反复筛选，经系统选育而成。其地下块茎基本呈不规则瘤形，表皮淡紫红色，皮薄，肉白色，质紧密，块茎芽眼外突，耐盐性强，少病虫害。在 4‰左右的盐土上植株生长势强，耐盐性强，耐涝，茎秆粗，矮壮，功能叶长约 20 cm，宽约 12 cm，叶毛数多，叶尖端形状为尖形，叶片深绿，高 245～274 cm，主茎粗 2.6～4.4 cm，一次分枝 3～5 个，地下块茎表皮淡紫红色，皮薄，不规则瘤形或纺锤形，肉白色，质紧密，块茎芽眼外突，块茎单重平均约 52 g，单株约 23 个，少病虫害，适合在江苏省沿海滩涂盐分含量 4‰左右土壤上生长并能达到亩产 3000 kg 左右。

2）南菊芋 1 号品种评述

2010 年三个试验点菊芋鲜亩产为 3132.3 kg，干亩产达 687.8 kg。本品种是南京农业大学以野生菊芋材料选出一变异单株，以植株生长势强、抗盐性强、产量高、适应性好为育种目标，采用轮回海水胁迫栽培，反复筛选，经系统选育而成。南菊芋 1 号茎秆粗，分枝多，开花少，地下块茎基本呈不规则瘤形，表皮白色稍黄，皮薄，肉白色，质紧密，块茎芽眼外突，耐盐性强，少病虫害。在 3‰左右的盐土上植株生长势强，耐盐性强，茎秆粗，分枝 10 个左右，功能叶长约 23 cm，宽约 13 cm，叶毛数多，叶尖端形状为尖形，叶片深绿，高 254 cm，主茎粗约 2.5 cm，块茎单重平均约 34 g，单株约 20 个，少病虫害，适合在江苏省沿海滩涂盐分含量 3‰左右土壤上生长并能达到亩产 3000 kg 左右。

3）青芋 2 号品种评述

2010 年在三个试验点青芋 2 号平均鲜亩产为 1041.1 kg，干亩产为 247.9 kg。本品种为青海省农林科学院园艺研究所和青海威德生物技术有限公司以青海地方品种作亲本经过系统选育而成，在青海一般每亩产量 2000～2500 kg，最高可达 5000 kg。但在江苏省沿海滩涂种植表现为产量不高，亩产仅 1000 kg 左右，有效分枝基本没有，茎秆细，开花多，表皮紫红，地下块茎基本呈纺锤形，肉白色，质紧密，块茎芽眼外突，耐盐性较差，少病虫害。在 3‰左右的盐土上植株生长势弱，耐盐性差，功能叶长约 20cm，宽约 12 cm，叶毛数多，叶尖端形状为尖形，叶片绿，高 234 cm，主茎粗 1.6 cm，块茎单重平均约 11 g，产量较低，不适合在江苏省沿海滩涂盐分含量 3‰左右土壤上生长。

江苏省新品种审定委员会组织区域试验的资料见表 5-25～表 5-28。

表 5-25　菊芋主要生育期生物学特性

品种（或编号）	播种期	出苗始期	齐苗期	主茎分枝		块茎第一次膨大始期	块茎膨大盛期	始花期	齐花期		收获期
				株高/cm	茎粗/mm				株高/cm	茎粗/mm	
南菊芋9号	3/25	4/15	4/26	25	4.9	6/29	9/31	9/13	260	26.00	11/18
南菊芋1号	3/25	4/16	4/25	23	4.8	6/25	9/22	9/18	254	24.80	11/16
青芋2号	3/25	4/17	4/25	—	—	7/4	9/10	8/24	234	15.50	11/5

表 5-26　菊芋品种形态学特性

品种（或编码）	始花期						齐花期			
	叶色	叶宽/cm	叶长/cm	叶毛刺	叶缘	茎色	叶色	叶宽/cm	叶长/cm	叶缘
南菊芋 9 号	绿	12.1	19.8	有	锯齿	绿紫	深绿	12.3	19.9	锯齿
南菊芋 1 号	绿	12.5	22.1	有	锯齿	绿紫	深绿	12.6	22.4	锯齿
青芋 2 号	绿	11.3	19.6	有	锯齿	绿紫	绿	11.5	19.6	锯齿

表 5-27　菊芋的其他性状

品种（或编号）	叶形	茎色	抗病性	生长整齐性	成熟一致性	抗倒伏	抗病毒病	有效分枝数	花朵数
南菊芋 9 号	心形	绿紫	抗	齐	齐	抗	高抗	7	13
南菊芋 1 号	心形	绿紫	抗	齐	齐	抗	高抗	13	8
青芋 2 号	心形	绿	抗	齐	齐	抗	抗	0	42

表 5-28　菊芋块茎采收调查表

品种	单株茎叶重/g	茎叶亩产/kg	单株分枝数	块茎色	块茎形状	块茎皮色	块茎肉色	块茎有效芽数	块茎大小/g	块茎质地	块茎特性		
											总糖/%	菊粉/%	储藏性
南菊芋 9 号	1528	4155	8	淡紫红色	不规则	淡紫红色	白	9	52.1	紧	64	58	好
南菊芋 1 号	1627	3855	13	白	不规则	白	白	18	33.5	紧	63	57	好
青芋 2 号	627	1687	0	紫红	纺锤	紫红	白	4	11.4	紧	56	52	好

参 考 文 献

[1] Swanton C J. Ecological aspects of growth and development of Jerusalem artichoke(*Helianthus tuberosus* L.)[D]. London, Ontario: Univ. Western Ontario, 1986: 181.

[2] McLaurin W J, Somda Z C, Kays S J. Jerusalem artichoke growth, development, and field storage. I. numerical assessment of plant part development and dry matter acquisition and allocation[J]. Journal of Plant Nutrition, 1999, 22(8): 1303-1313.

[3] Dambroth M，Höppner F，Bramm A. Untersuchungen zum Knollenansatz und Knollenwachstum bei topinambur(*Helianthus tuberosus* L.)[J]. Landbauforschung Völkenrode, 1992, 42(4): 207-215.

[4] Pas’ko N M. Basic morphological features for distinguishing varieties of Jerusalem artichoke. Trudypo Prikladnoy Botanike, Genetiki Selektsii, 1973, 50(2): 91-101.

[5] Tsvetoukhine V. Contribution a l’étude des variété de topinambour (*Helianthus tuberosus* L.)[J]. Annal. Amelior. Plant, 1960, 10: 275-308.

[6] Alex J F, Switzer C M. Ontario weeds[J]. Ontario Ministry of Agriculture Food, 1976,505: 200.

[7] Long X H, Shao H B, Liu L, et al. Jerusalem artichoke: A sustainable biomass feedstock for biorefinery[J]. Renewable and Sustainable Energy Reviews, 2016, 54: 1382-1388.

[8] van Soest L J M, Mastebroek H D, de Meijer E P M. Genetic resources and breeding: A necessity for the success of industrial crops[J]. Indust Crops Prod., 1992, 1: 283-288.

[9] 李莉, 马本元, 侯全刚. 青芋 1 号菊芋[J]. 中国蔬菜, 2004, (4): 59.
[10] 王建平. 菊芋新品种青芋 1 号[J]. 甘肃农业科技, 2006, (12): 34-35.
[11] 何永梅, 夏鹤高. 菊芋优良品种[J]. 农家参谋, 2010, 5: 7.
[12] 李屹, 孙雪梅, 钟启文, 等. 加工型菊芋新品种青芋 3 号的选育[J]. 中国蔬菜, 2011, (10): 100-102.
[13] 韩睿, 赵孟良, 李莉. 3 个菊芋品种的 ISSR 引物筛选及分子鉴别[J]. 西南农业学报, 2013, 26(1): 290-293.
[14] 曹力强, 王廷禧. 菊芋新品种定芋 1 号[J]. 中国蔬菜, 2012, (3): 32-33.
[15] 刘鹏, 王秀飞, 张维东, 等. 菊芋新品种吉菊芋 1 号选育报告[J]. 园艺与种苗, 2012, 32(10): 30-32.
[16] 刘鹏, 王秀飞, 张维东, 等. 菊芋新品种吉菊芋 2 号选育及栽培技术探讨[J]. 园艺与种苗, 2013, 33(7): 40-42.
[17] 李世煜, 晋小军, 席旭东, 等. 内陆干旱灌区次生盐渍化土壤适宜种植菊芋品种筛选[J]. 中国农学通报, 2010, 26(15): 199-202.
[18] 寇一翾. 菊芋种质资源多样性及高产量形成机理研究[D]. 兰州: 兰州大学, 2013.
[19] 刘建全, 曾军, 寇一翾. 一种培育菊芋杂交种子获得菊芋杂交种植株和块茎的方法: CN 101803572A[P]. 2010-08-18.
[20] 陈军. 体外诱变与组织培养在菊芋种质创新中的应用研究[D]. 武汉: 华中农业大学, 2009.
[21] 闫海霞. 菊芋(*Helianthus tuberosus* Linn)的离体培养与十二倍体新种质选育[D]. 重庆: 西南大学, 2009.
[22] 隆小华, 刘兆普. 菊芋株型在高产育种中的作用[J]. 中国农学通报, 2010, 26(9): 263-266.
[23] Chen F J, Long X H, Yu M N, et al. Phenolics and antifungal activities analysis in industrial crop Jerusalem artichoke (*Helianthus tuberosus* L.) leaves[J]. Industrial Crops and Products, 2013, (47): 339-345.
[24] Fiore M C, Trabace T, Sunseri F. High frequency of plant regeneration in sunflower from cotyledons via somatic embryogenesis[J]. Plant Cell Reports, 1997, 16(5): 295-298.
[25] 陈兵先, 黄宝灵, 吕成群, 等. 植物组织培养试管苗玻璃化现象研究进展[J]. 林业科技开发, 2011, 25 (1): 1-5.
[26] 蔡祖国, 徐小彪, 周会萍. 植物组织培养中的玻璃化现象及其预防[J]. 生物技术通讯, 2005, 16(3): 353-355.
[27] 陶铭. 组织培养中畸形胚状体及超度含水态苗的研究[J]. 西北植物学报, 2001, 21(5): 1048-1058.
[28] 师校欣, 陈四维. 苹果砧木离体培养中玻璃化问题的研究[J]. 河北农业大学学报, (3): 12-16.
[29] 周菊华, 陈秀玲, 钟华鑫, 等. 麝香石竹玻璃苗与正常苗的生理特性差异[J]. 广西植物, 1993, 13(2): 164-169.
[30] 孙庆春, 郑成淑, 丰震. 菊花玻璃化苗与正常苗的生理特性比较[J]. 山东农业科学, 2009, 41(5): 45-47.
[31] 杨俊英, 罗庆熙, 宋明, 等. 大蒜试管苗玻璃化机理的研究[J]. 西南农业学报, 2005, 18(6): 801-805.
[32] 吕亚凤. 厚荚相思(*Acacia crassicarpa*)试管苗玻璃化现象研究[D]. 福州: 福建农林大学, 2007.
[33] Olmos E, Piqueras A, Ramón Martinez-Solano J, et al. The subcellular localization of peroxidase and the implication of oxidative stress in hyperhydrated leaves of regenerated carnation plants[J]. Plant Science, 1997, 130(1): 97-105.
[34] Wu Z, Chen L J, Long Y J. Analysis of ultrastructure and reactive oxygen species of hyperhydric garlic (*Allium sativum* L.) shoots[J]. In Vitro Cellular & Developmental Biology-Plant, 2009, 45(4): 483-490.

[35] 牛自勉, 王贤萍, 戴桂林, 等. 苹果砧木玻璃化过程中内源激素的含量变化[J]. 华北农学报, 1995, 10(3): 15-19.

[36] Kevers C. Soluble, membrane and wall peroxidases, phenylalanine ammonia-lyase, and lignin changes in relation to vitrification of carnation tissues cultured *in vitro*[J]. Journal of Plant Physiology, 1985, 118(1): 41-48.

[37] Bötcher I, Zoglauer K, Goering H. Induction and reversion of vitrification of plants cultured *in vitro*[J]. Physiologia Plantarum (Denmark), 1988, 72: 560-564.

[38] Floh E I S, Handro W. Effect of photoperiod and chlorogenic acid on morphogenesis in leaf discs of *Streptocarpus nobilis*[J]. Biologia Plantarum, 2001, 44(4): 615-618.

[39] Reis E, Batista M T, Canhoto J M. Effect and analysis of phenolic compounds during somatic embryogenesis induction in *Feijoa sellowiana* Berg[J]. Protoplasma, 2008, 232(3/4): 193-202.

[40] George E F, Sherrington P D. Plant Propagation by Tissue Culture[M]. Eversley: Exegetics Ltd., 1984.

[41] Gasper T H, Penel C, Hagega D, et al. Peroxidases in plant growth, differentiation and development processes[A]//Lobarzewski J, Greppin H, Penel C. Biochemical, Molecular and Physiological Aspects of Plant Peroxidases[A]. Geneva: 1991: 249-280.

[42] 隆小华, 刘兆普, 王琳, 等. 半干旱地区海涂海水灌溉对不同品系菊芋产量构成及离子分布的影响[J]. 土壤学报, 2007, 44(2): 300-306.

[43] Long X H, Chi J H, Liu L,et al. Effect of seawater stress on physiological and biochemical responses of five Jerusalem artichoke ecotypes[J]. Pedosphere, 2009, 19(2): 208-216.

[44] 隆小华, 刘兆普. 不同品种菊芋对海水处理响应的生理指标筛选[J]. 水土保持学报, 2006, 20(6): 179-182.

[45] 隆小华，刘兆普，郑青松，等. 不同浓度海水对菊芋幼苗生长及生理生化特征的影响[J]. 生态学报，2005，25(8): 1881-1889.

[46] Marčenko I I. Ways of producing perennial and tuberous sunflowers[J]. Selekeija i Somonovodstvo, 1939, 7: 37-39.

[47] Sčibrja N A. Zűchyung des topinambur[J]. Theor. Bases Plant Breeding, 1937, 5: 483-500.

[48] Wagner S. Ein Beitrag zur Zűchtung der Topinambur und zur Kastration bei *Helianthus*[J]. Z. Pflanzenzűchtung, 1932, 17: 563-582.

[49] Gundaev A I. Basic principles of sunflower selection[M]// Genetic Principles of Plant Selection. Nauka, Moscow, 1971: 417-465.

[50] Putt E D. Investigations of breeding technique for the sunflower(*Helianthus annuus* L.)[J]. Sci. Agric., 1941, 21: 689-702.

[51] Frank J, Barnabas B, Gal E, et al. Storage of sunflower pollen *Helianthus annuus*, testing the fertilization ability after storage[J]. Z. Pflanzenzűchtung, 1982, 89: 341-343.

[52] Miller J F. Sunflower//Fehr W F. Principles of Cultivar Development[M]. 2nd ed. New York: Macmillan, 1987: 626-668.

[53] Teutsch H G, Hasenfratz M P, Lesot A, et al. Isolation and sequence of a cDNA encoding the Jerusalem artichoke cinnamate 4-hydroxylase, a major plant cytochrome P450 involved in the general phenylpropanoid pathway[J]. Proc. Natl. Acad. Sci. U.S.A.,1993, 90: 4102-4106.

[54] Schittenhelm S. Preliminary analysis of a breeding program with Jerusalem artichoke[C]. Braunschweig:

Proceedings of the Worshop on Evaluation of Genetic Resources for Industrial Crops, EUCARPIA, FAL, 1987: 209-220.

[55] van Soest L J M. New crop development in Europe//Janick J, Simon J E. New Crops[M]. New York: Wikey, 1993: 30-38.

[56] Mesken M. Introduction of flowering, seed production, and evaluation of seedling and clones of Jerusalem artichoke (*Helianthus tuberosus* L.)//Grassi G, Gosse G. Topinamboer (Jerusalem Artichoke), Commission of the European Communities (CEC), Luxembourg, Report EUR 11855, 1988: 137-144.

[57] Le Cochec F. La selection du topinamboer//Grassi G, Gosse G. Topinamboer (Jerusalem Artichoke), Commission of the European Communities (CEC), Luxembourg, Report EUR 11855, 1988: 120-124.

[58] FAO. Agricultural and Horticultural Seeds[M]. 1961.

[59] Cochec F, de Barreda D G. Hybridation et production de semences a partir de clones de topinambour (*Helianthus tuberosus* L.)[R]. Commission des Communities CECA-Bruxelles, Rapport EN3B-0044F, 1990.

[60] Kays S J, Kultur F. Genetic variation in Jerusalem artichoke (*Helianthus tuberosus* L.) flowering date and duration[J]. Hort. Science, 2005, 40: 1675-1678.

[61] Pätzold C, Kolb W. Beeinflussung der Kartoffel(*Solanum tuberosum* L.) und der topinambour (*Helianthus tuberosus* L.) durch Rőntgenstrahlen[J]. Beiträge zur Biologie der Pflanzen, 1957, 33: 437-458.

[62] Kűppers-Sonnenberg G A. Recent experiments on the influence of time of cutting, manuring, and variety on yield and feeding value of Jerusalem artichoke (a collective review)[J]. Z. Pflbau, 1955, 6: 115-124.

第 6 章　菊芋非耕地栽培与轻简栽培

菊芋作为一种新资源植物，又是主要利用非耕地栽培，研发成果积累较少。开展菊芋生态适应性、抗逆性、生长发育规律、水肥需求规律、水分科学管理和植保工程技术研究，建立菊芋种植生产和经济动力学模型，结合地区特点研究因地制宜的以机械化为主体的收获储运模式，筛选并建立各地最优化收获储运和相对应的合理市场供应模式；研制全程机械化装备技术，坚持农机与农艺融合的原则，重点发展节能环保、多功能、智能化的菊芋大田生产、收获、收集、运输和储藏全程机械化装备技术，包括专用种子分级和加工机械，多功能联合整地播种机械，保护性耕作联合播种机械，中耕施肥机械，动力喷药机械，水肥药一体化的滴灌和喷灌机械，收割去叶打捆联合机械，装载运输机械，堆垛、粉碎、上料和粗处理机械，以及仓储监测设备等，这既是重大的技术体系集成，又是生产过程整合的系统工程。为此，南京农业大学海洋科学及其能源生物资源研究所菊芋研究小组通过近 30 年的努力，分别在沿海暖温性湿润气候带（江苏大丰）与半湿润半干旱气候带（山东莱州）及热带季节性干旱（海南乐东）的海涂、东北盐碱地（吉林洮南）、新疆盐渍荒漠地、高寒荒漠化土（青海大通）等不同区域进行菊芋的双减、低耗、高产的栽培研究，以菊芋为主攻作物，采用轮作、间/套作种植方式提高复种指数，从而提高试验作物的整体光能利用率；后期配合秸秆还田等少免耕农机化作业技术，达到节本增效、固碳减排的科研目的，并进行了规模化生产、收获、收集和物流机械化示范，取得了一些阶段性成果。

6.1　菊芋的连作效应

菊芋要作为非耕地大面积推广种植的新资源植物，首先要搞清长期连茬种植的效应，为此南京农业大学海洋科学及其能源生物资源研究所菊芋研究小组从 1999 年起，在山东莱州海涂开展菊芋的连作效应的大田试验研究，为菊芋非耕地种植科学决策提供理论依据与生产实践指导。众所周知，植物的连作效应分为狭义的连作效应与广义的连作效应，狭义的连作效应是指在同一块地里连续种植同一种作物（或同一科作物）；广义的连作效应是指同一种作物或容易感染同一种病原菌或线虫的寄主作物连续种植[1]。同一种作物或近缘作物连作后，即使用正常的栽培管理措施也会发生产量下降、品质变劣、生长状况变差的现象，这一现象即植物连作障碍[2,3]。张重义与林文雄[4]则认为在同一块土壤中连续栽培同种或同科作物时，即使在正常的栽培管理状况下，也会出现生长势变弱、产量降低、品质下降、病虫害严重的现象，即植物连作障碍（continuous cropping obstacle）。许多园艺作物（包括果树、西瓜及观赏花卉）、大田经济作物和一些中草药等都不同程度地出现了连作障碍现象。尽管人们很早就认识到了植物连作障碍在农业生产中的危害，并进行了一些有效的措施进行减缓、防治植物连作障碍的发生，然而，受耕地面积有限、经济利益驱使以及多年的生产栽培条件的限制，一些作物的连作仍旧难以避免，并且随着植物连作年限的延长，连作障碍有加剧的趋势。

植物连作障碍是农业生产中普遍存在的现象，已对作物的生长及产量造成严重阻碍。目前，国内外研究者对不同作物连作障碍的危害及形成机理展开了一系列的研究，由于连作障碍的复杂性，各国研究者对不同作物、相同作物不同的连作方式及不同地理条件下的植物连作得出不尽相同的结果，并且对其防治也做出了一定的研究，已取得了较为显著的成效。而中国作为一个以农业为主的发展中国家，研究植物连作障碍对作物的危害程度及连作机理显得尤为重要。

植物连作障碍的原因较为复杂，一直到现在也没有一个比较完善和清楚的解释[5]，一般研究者认为这是生物和非生物因素共同作用的结果，又常常因为作物种类与栽培措施的不同，连作障碍的原因也有所不同。

多年的研究也普遍表明产生植物连作障碍的原因经总结归纳后有以下 5 个方面：①土传真菌病害加重；②线虫增多；③植物化感作用；④作物对营养元素的片面吸收；⑤土壤理化性状恶化[4]。

陈慧等[6]认为造成连作障碍的原因主要有三个方面：①土壤肥力下降。影响下茬作物正常生长，抗逆能力下降，病虫害发生严重，从而导致产量和品质下降。②作物根系分泌的自毒物质。作物根系向根际土壤中分泌的一些有机物在土壤中积累，对作物自身具有毒害作用。③病原微生物数量增加。长期连作造成土壤微生物区系变化，使微生物多样性水平降低，病原拮抗菌减少。

农业生产中人们在过度追求物质收获的同时，常常存在着作物重茬、连作现象，如果不及时采取措施将会对农业生产造成不可估量的损失。种植能源植物的过程中，我们也应当在关注能源植物改良土壤、恢复生态环境的同时，重视长期连作对环境造成的影响。因此，研究能源植物——菊芋连作对环境的影响显得尤为重要。

6.1.1　菊芋的 4 年连作效应比较研究

目前在我国已选育了不少菊芋新品种、新品系，其生物学特性差异很大，不同品种的菊芋在其连作效应上表现如何，这是菊芋推广种植遇到的首要问题，为此南京农业大学海洋科学及其能源生物资源研究所菊芋研究小组在山东莱州基地对已有一定种植面积的 8 个菊芋品种进行连续种植 4 年比较试验研究，取得了一些阶段性成果。

1. 连作 4 年对菊芋生长及产量的效应

山东莱州朱由镇海涂 8 个菊芋品种连续种植 4 年（4Y）连茬种植的试验表明，不同菊芋品种的连作效应存在显著的差异。从图 6-1 看出，连作 4 年时南菊芋 1 号、6 号和 8 号 3 个菊芋品种在生物量方面差异达到显著水平。南菊芋 1 号生物量连作 4 年比种植 1 年（1Y）下降 5%，南菊芋 8 号连作 4 年比种植 1 年下降 15%，而南菊芋 2 号、南菊芋 3 号、南菊芋 4 号、南菊芋 5 号、南菊芋 7 号连作 4 年与种植 1 年相比差异不显著（图

6-1)。这表明从生物量来看，南菊芋 2 号、南菊芋 3 号、南菊芋 4 号、南菊芋 5 号、南菊芋 7 号连作效应不显著。在此基础上南京农业大学海洋科学及其能源生物资源研究所菊芋研究小组从其农艺性状、品质及对土壤理化性质的影响等方面进行了系统的考察。

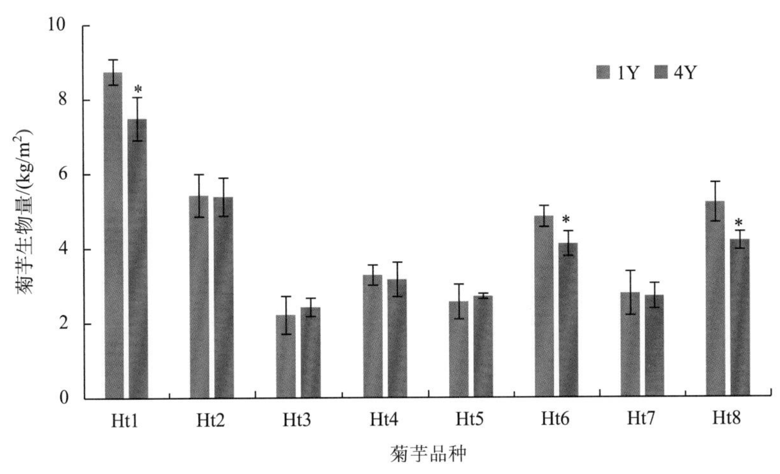

图 6-1　山东莱州基地连作对不同菊芋品种生物量的影响

Ht1 为南菊芋 1 号；Ht2 为南菊芋 2 号；以此类推，下同，*表示同一品种 1 年与 4 年之间的显著性检测

2. 连作 4 年对菊芋农艺性状的影响

菊芋的农艺性状也是考察菊芋连作效应的重要指标之一。山东莱州基地菊芋开花期农艺性状的变化主要表现在南菊芋 1 号、南菊芋 6 号与南菊芋 8 号茎粗、侧枝数、侧枝长度的变化上，而不同菊芋品种株高、顶花数、叶面积连作 4 年与种植 1 年相比差异不显著（图 6-2）。而南菊芋 1 号、南菊芋 6 号、南菊芋 8 号茎粗连作 4 年与种植 1 年相比均显著下降，差异均达显著水平；南菊芋 1 号与南菊芋 8 号侧枝数连作 4 年与种植 1 年相比差异极显著，而南菊芋 6 号侧枝数连作 4 年与种植 1 年相比差异显著；南菊芋 1 号与南菊芋 8 号侧枝长度连作 4 年与种植 1 年相比差异显著，南菊芋 6 号连作 4 年与种植 1 年相比差异极显著。

由于菊芋连作的影响，山东莱州基地南菊芋 1 号、南菊芋 6 号、南菊芋 8 号连作 4 年与种植 1 年相比，植株茎秆茎粗有所下降、侧枝减少、侧枝长度变短，直接影响菊芋的生长（图 6-2），导致其连作生物量显著降低。山东莱州基地南菊芋 1 号、南菊芋 6 号与南菊芋 8 号收获期生物量、开花期茎粗、侧枝数、侧枝长度连作 4 年与种植 1 年相比差异显著或极显著；而南菊芋 2 号、南菊芋 3 号、南菊芋 4 号、南菊芋 5 号、南菊芋 7 号连作 4 年与种植 1 年相比差异不显著。

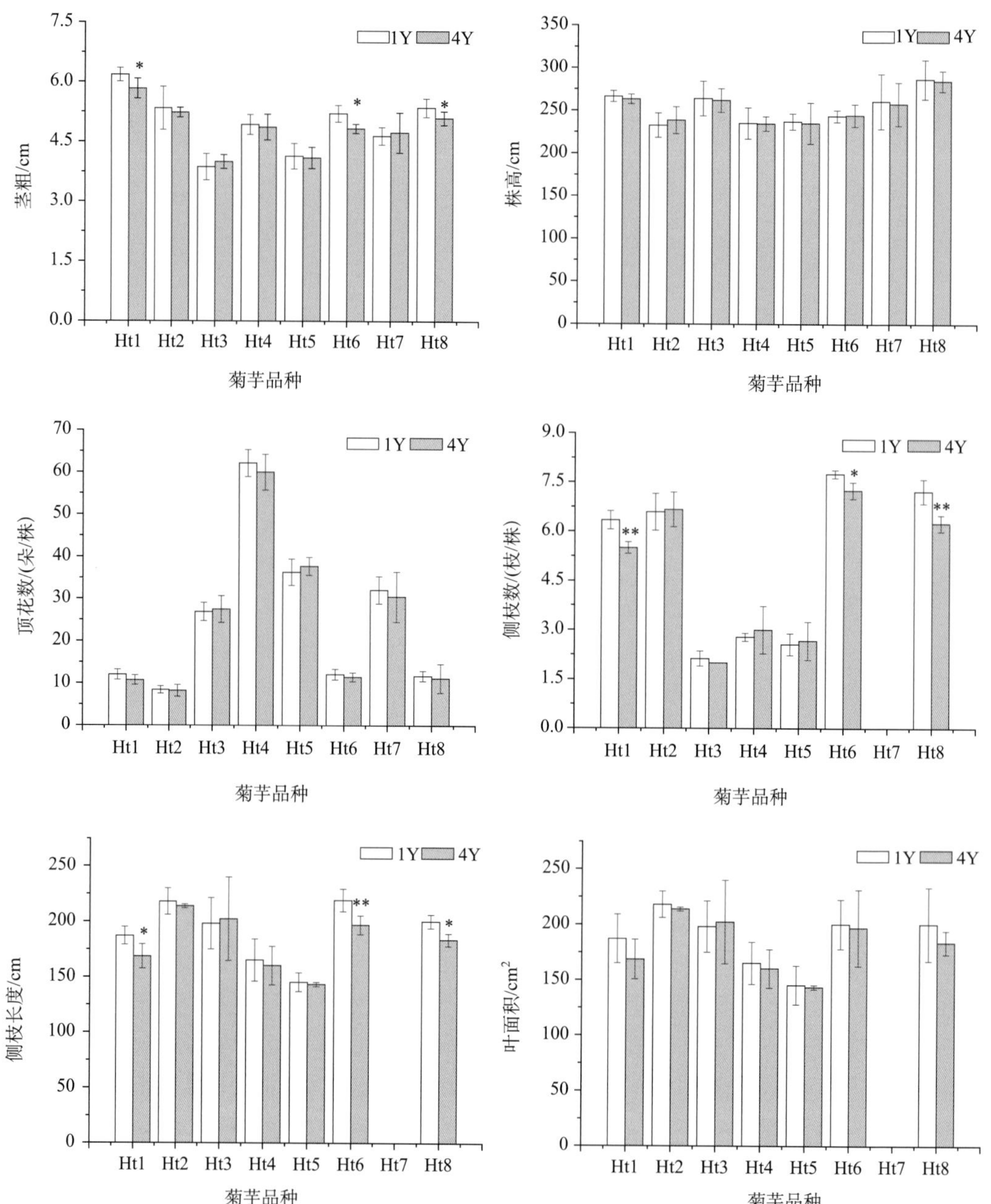

图 6-2　山东莱州基地连作对不同菊芋品种农艺性状的影响

*表示与种植 1 年相比在 $P<0.05$ 水平差异显著；**表示与种植 1 年相比在 $P<0.01$ 水平差异极显著

3. 连作 4 年对菊芋品质的影响

菊芋的品质是菊芋极其重要的经济性状。山东莱州基地连作 4 年对不同菊芋品种总糖、纤维素、菊粉及干物质含量的影响不显著，而对蛋白质与还原糖含量存在差异：南菊芋 1 号与南菊芋 8 号蛋白质含量连作 4 年与种植 1 年相比显著上升，其他菊芋品种间差异不显著；南菊芋 1 号与南菊芋 6 号还原糖含量连作 4 年与种植 1 年相比极显著地上升，而其他菊芋品种间差异不显著。尽管不同菊芋品种总糖含量连作 4 年与种植 1 年差异不显著，但品种间差异较大，南菊芋 1 号、南菊芋 8 号与南菊芋 6 号总糖含量显著高于其他菊芋品种，而南菊芋 2 号、南菊芋 3 号、南菊芋 4 号、南菊芋 5 号与南菊芋 7 号间差异不显著。不同菊芋品种间菊粉含量的差异性与总糖含量的变化趋势相同。不同菊芋品种间蛋白质含量方面，南菊芋 3 号、南菊芋 4 号、南菊芋 5 号、南菊芋 6 号、南菊芋 7 号与南菊芋 8 号显著高于南菊芋 1 号与南菊芋 2 号（图 6-3）。不同菊芋品种间纤维

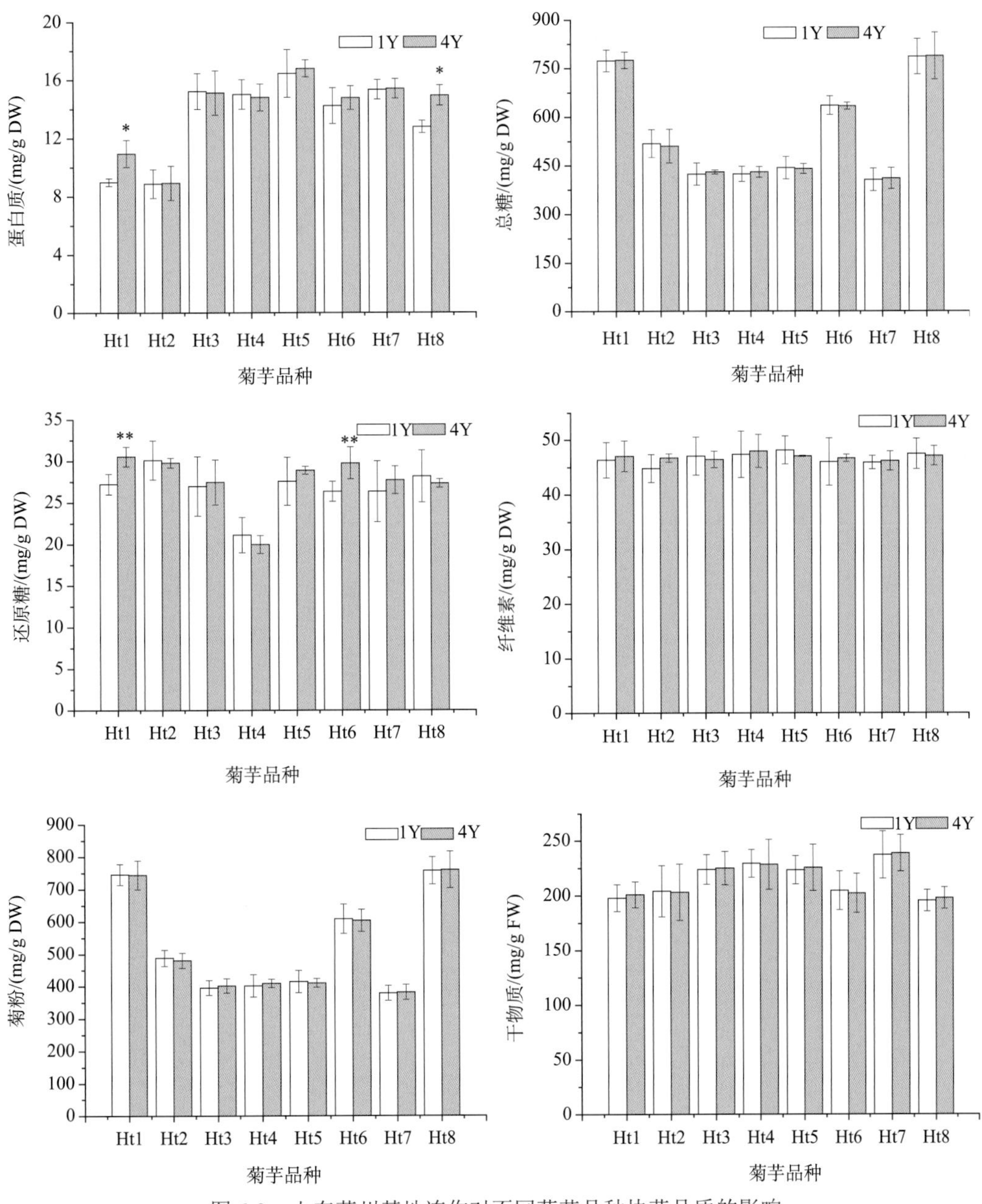

图 6-3　山东莱州基地连作对不同菊芋品种块茎品质的影响

素含量连作 4 年与种植 1 年相比差异不显著，均在 45～49 mg/g DW，较为稳定。不同菊芋品种间还原糖含量表现为：南菊芋 1 号、南菊芋 2 号、南菊芋 3 号、南菊芋 5 号、南菊芋 6 号、南菊芋 7 号、南菊芋 8 号间差异不显著，而显著高于南菊芋 4 号。不同菊芋品种间干物质含量差异不显著，均在 195～238 mg/g FW，变化趋于稳定。

4. 菊芋连作 4 年对土壤理化性质的影响

菊芋连作对土壤尤其是非耕地土壤理化性质的影响是南京农业大学海洋科学及其能源生物资源研究所菊芋研究小组考察的重要内容。图 6-4 直观地反映了不同菊芋品种连作对土壤理化性质的影响：菊芋连作 4 年与种植 1 年相比，耕层土壤全氮含量、碱解氮含量、NH_4^+-N 含量、NO_3^--N 含量、速效磷含量、速效钾含量差异不显著；而不同菊芋品种连作 4 年与种植 1 年相比土壤有机质含量、土壤全盐含量存在较大的差异。不同菊芋品种连作 4 年与种植 1 年相比，土壤全氮含量为 1.00～1.50 g/kg，碱解氮含量为 39.00～45.00 mg/kg，NH_4^+-N 含量为 2.00～2.60 g/kg，NO_3^--N 含量为 22.00～25.00 mg/kg，速效磷含量为 40～45 mg/kg，速效钾含量为 69.00～73.00 mg/kg，波动较小，较为稳定。南菊芋 1 号、南菊芋 2 号与南菊芋 6 号连作 4 年与种植 1 年相比，土壤有机质含量差异达到极显著水平，南菊芋 1 号连作 4 年比种植 1 年土壤有机质含量增加 16%，南菊芋 2 号连作 4 年比种植 1 年土壤有机质含量增加 21%，南菊芋 6 号连作 4 年比种植 1 年土壤

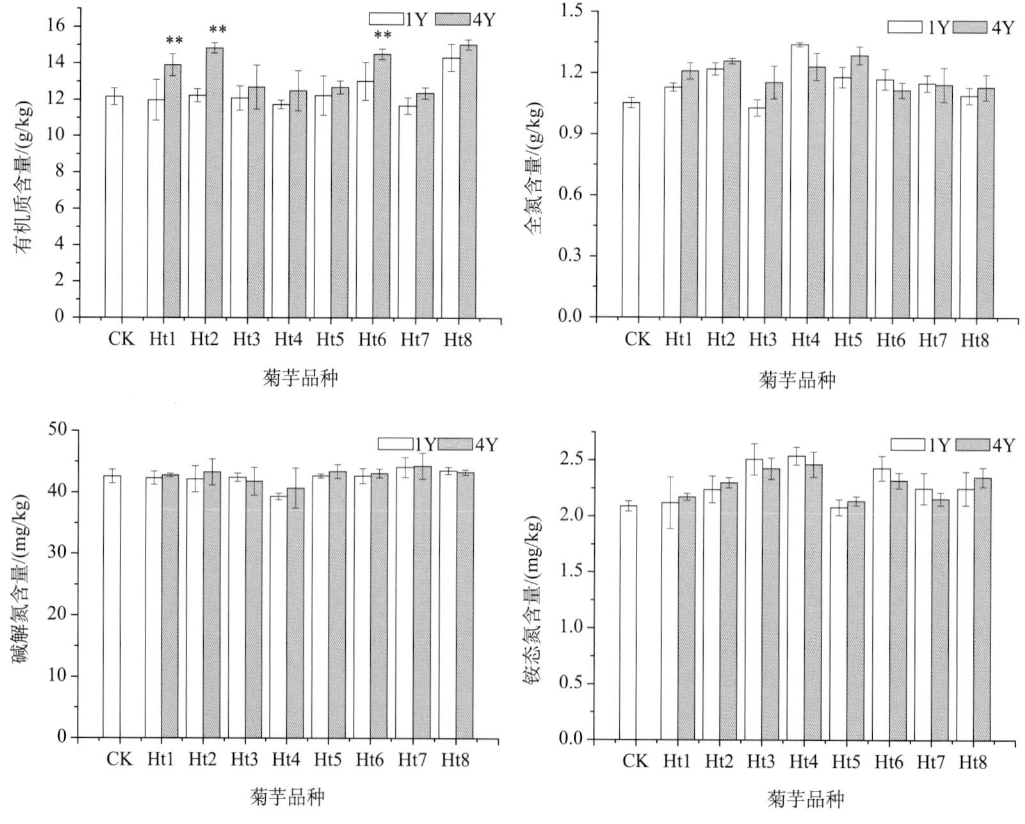

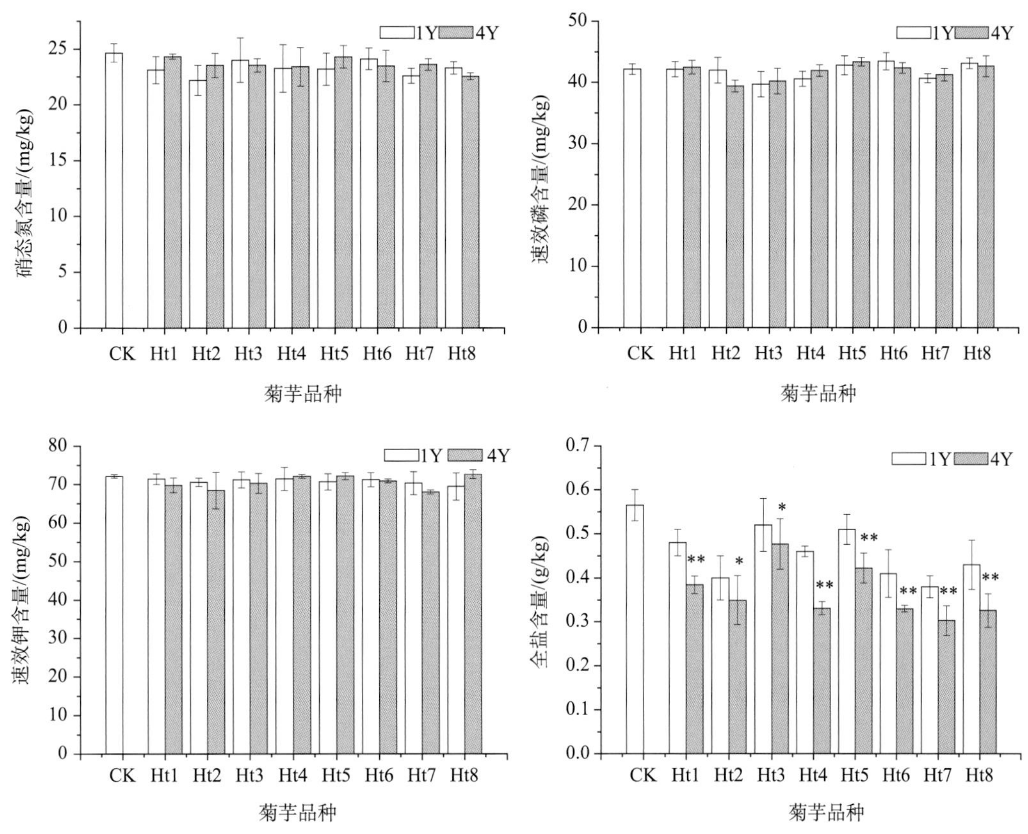

图 6-4　山东莱州基地不同菊芋品种连作对土壤理化性质的影响

有机质含量增加 11%，而其他菊芋品种连作 4 年与种植 1 年相比差异不显著，这可能与其生物量较大，每年菊芋茎秆残渣归还土壤中的量比较多有很大关系。菊芋种植对土壤全盐含量的影响较为显著，南菊芋 1 号、南菊芋 4 号、南菊芋 5 号、南菊芋 6 号、南菊芋 7 号、南菊芋 8 号连作 4 年与种植 1 年相比差异达极显著水平（P<0.01），南菊芋 3 号、南菊芋 2 号连作 4 年与种植 1 年相比差异达显著水平（P<0.05）。种植不同品种菊芋后全盐量的下降可能是与菊芋每年收获从土壤中带走一定的盐基离子有很大的关系，但品种间也存在一定的差别。

山东莱州基地 4 年菊芋连作试验对土壤全氮含量、碱解氮含量、NH_4^+-N 含量、NO_3^--N 含量、速效磷含量、速效钾含量受不同菊芋品种连作的影响较小，连作 4 年与种植 1 年相比差异不显著。而土壤有机质含量南菊芋 1 号、南菊芋 2 号、南菊芋 6 号连作 4 年与种植 1 年相比差异显著，其他菊芋品种连作对土壤有机质含量的影响不显著；不同菊芋品种连作 4 年后土壤全盐含量显著或极显著降低。

5. 菊芋连作 4 年对土壤微生物主要类群的影响

土壤微生物主要类群是反映土壤连作效应的重要指标。由图 6-5 可见，不同菊芋品种连作对土壤微生物细菌、放线菌与真菌含量的影响存在显著差异。南菊芋 1 号、南菊芋 2 号、南菊芋 6 号与南菊芋 8 号连作 4 年细菌含量显著或极显著降低，南菊芋 1 号、南菊芋 6 号连作 4 年与种植 1 年相比差异达极显著水平，南菊芋 2 号、南菊芋 8 号连作 4 年土壤细菌含量与种植 1 年相比差异达显著水平，而其他菊芋品种连作 4 年与种植 1 年相比土壤细菌含量差异不显著。南菊芋 1 号、南菊芋 2 号、南菊芋 6 号与南菊芋 8 号种植地土壤放线菌含量的变化与细菌含量变化趋势正好相反，南菊芋 1 号、南菊芋 2 号与南菊芋 8 号连作 4 年与种植 1 年相比土壤放线菌含量达极显著水平，南菊芋 6 号连作 4 年土壤放线菌含量与种植 1 年相比差异达显著水平，其他菊芋品种连作 4 年与种植 1 年相比土壤放线菌含量差异不显著。与种植 1 年相比，南菊芋 1 号、南菊芋 2 号、南菊芋 8 号连作 4 年与种植 1 年相比差异达极显著水平，而其他菊芋品种土壤真菌含量受连作的影响不显著。尽管不同菊芋品种连作 4 年与种植 1 年相比细菌、放线菌与真菌含量变化存在差异，但几乎都显著高于对照地。

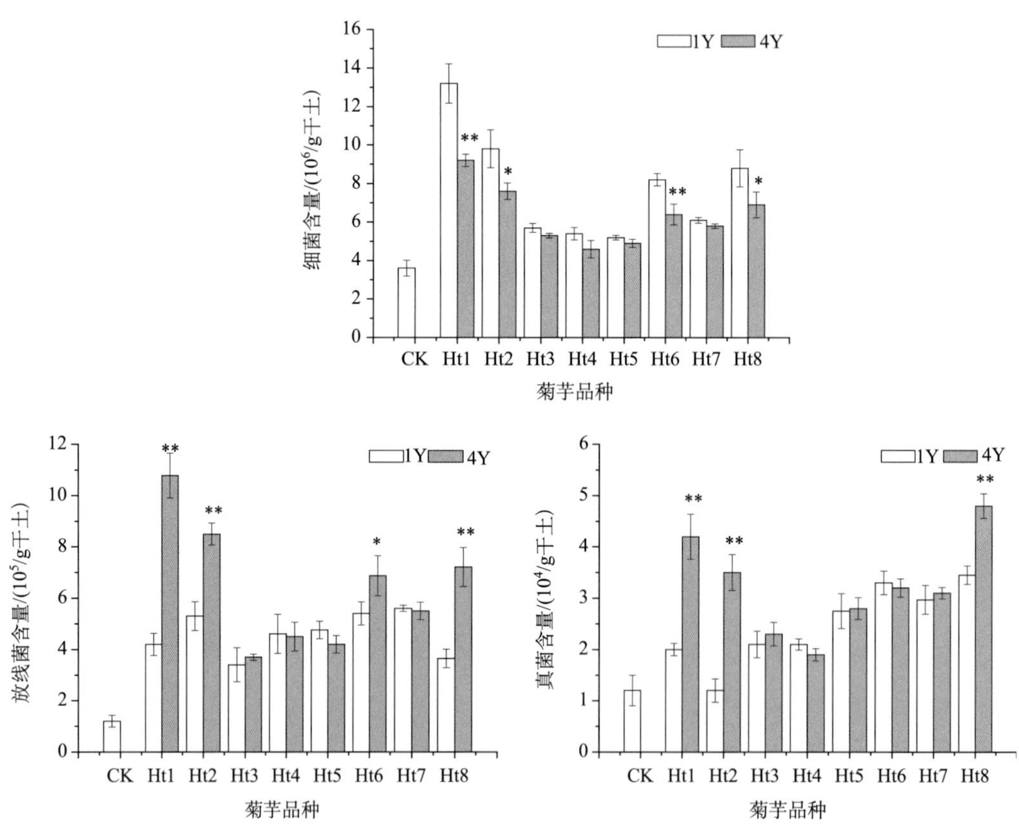

图 6-5　山东莱州基地不同菊芋品种连作对土壤微生物含量的影响

6. 菊芋连作 4 年对土壤酶活性的影响

不同菊芋品种连作 4 年土壤酶活性均显著或极显著高于种植 1 年土壤酶活性。从图 6-6 可见，不同菊芋品种连作 4 年对土壤脲酶、脱氢酶、淀粉酶活性的影响显著高于其他酶活性。不同菊芋品种连作 4 年土壤脲酶活性与种植 1 年相比差异均达极显著水平，连作 4 年与种植 1 年相比土壤脲酶活性增幅达 49%以上，脱氢酶活性增加幅度在 30%以上，酸性磷酸酶活性增幅在 5%以上，碱性磷酸酶活性增幅在 8%以上，淀粉酶活性增幅在 15%以上，蛋白酶活性增幅在 10%以上，过氧化氢酶活性增幅在 9%以上。不同菊芋品种之间尤以南菊芋 1 号、南菊芋 2 号、南菊芋 6 号、南菊芋 8 号对脲酶活性、酸性和碱性磷酸酶活性、过氧化氢酶活性的影响较为显著；南菊芋 5 号对土壤脱氢酶活性的影响较为显著。

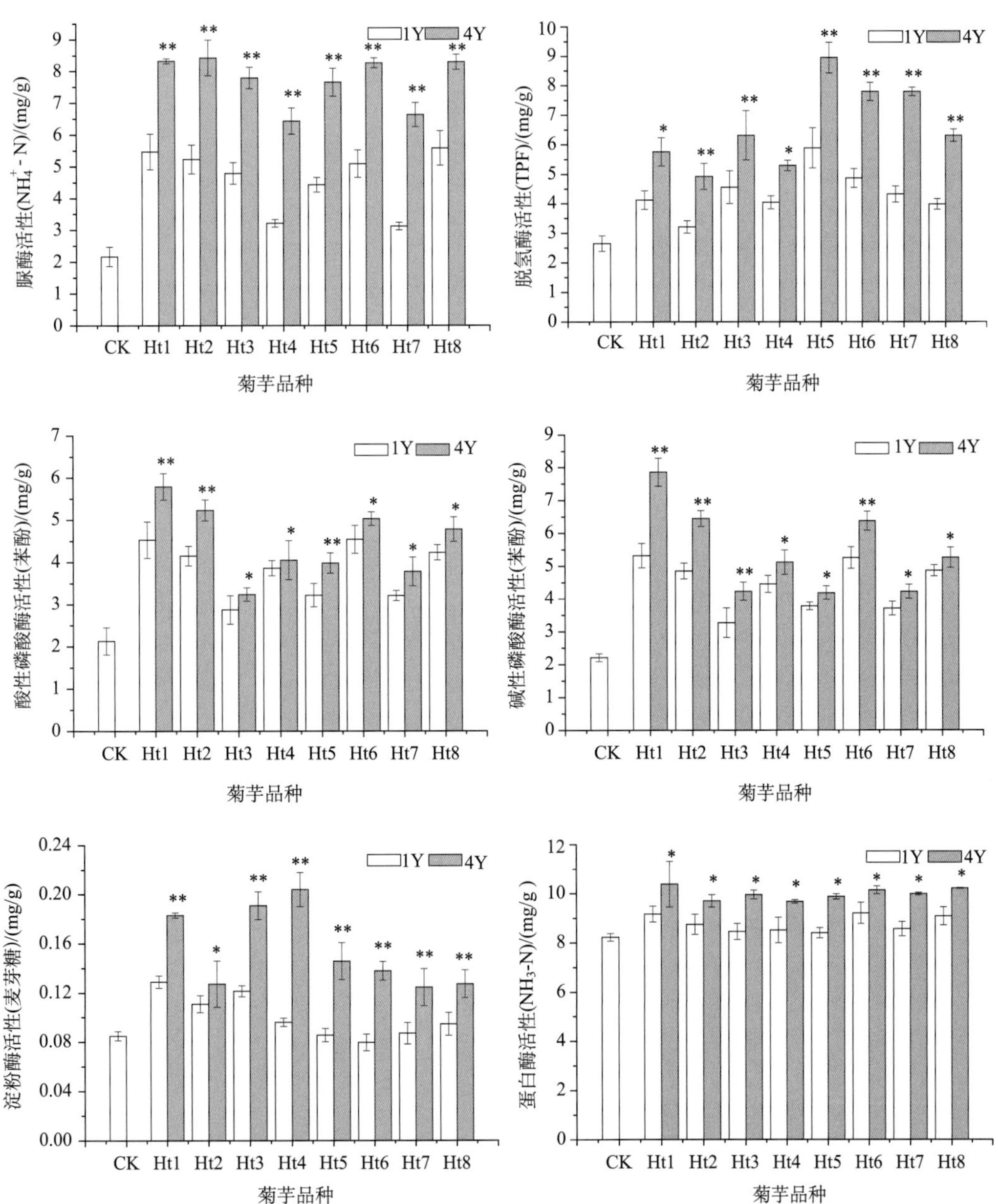

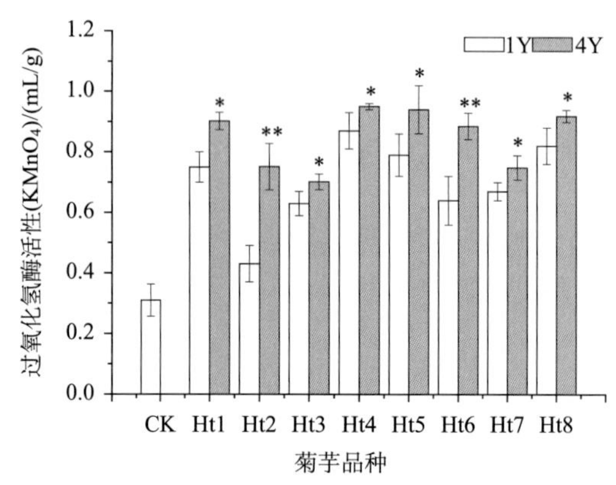

图 6-6　山东莱州基地不同菊芋品种连作对土壤酶活性的影响

7. 菊芋连作对土壤微生物量碳氮的影响

土壤微生物量碳氮是土壤肥力的重要因子。山东莱州基地不同菊芋品种连作后土壤微生物量碳氮显著或极显著增加，尤以南菊芋 1 号、南菊芋 2 号、南菊芋 6 号、南菊芋 8 号增加幅度较为显著。南菊芋 1 号、南菊芋 2 号、南菊芋 3 号、南菊芋 5 号、南菊芋 6 号、南菊芋 7 号、南菊芋 8 号连作 4 年与种植 1 年相比土壤微生物量碳差异达到极显著水平，南菊芋 4 号连作 4 年与种植 1 年相比差异达到显著水平。南菊芋 1 号、南菊芋 2 号、南菊芋 5 号、南菊芋 6 号、南菊芋 7 号、南菊芋 8 号连作 4 年土壤中的微生物量氮与种植 1 年相比差异达到极显著水平，南菊芋 3 号、南菊芋 4 号连作 4 年土壤中的微生物量氮与种植 1 年相比差异达到显著水平（图 6-7）。

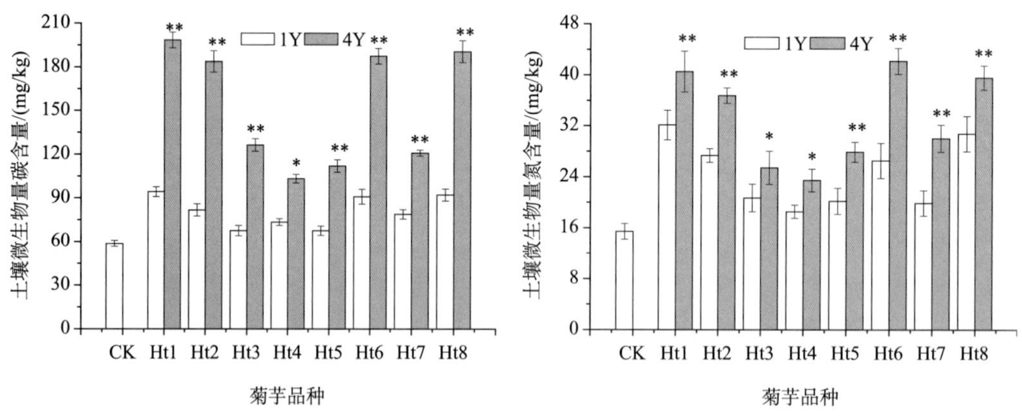

图 6-7　山东莱州基地不同菊芋品种连作对土壤微生物量碳氮的影响

综上所述，不同菊芋品种连作 4 年后土壤微生物活性均显著增强，但不同菊芋品种种植处理间土壤微生物活性存在显著差异：与种植 1 年相比，南菊芋 1 号、南菊芋 2 号、南菊芋 6 号、南菊芋 8 号细菌含量连作 4 年后显著下降，而放线菌含量与真菌含量显著增加；不同菊芋品种连作 4 年与种植 1 年相比土壤酶活性显著增加，南菊芋 1 号、南菊芋 2 号、南菊芋 6 号、南菊芋 8 号连作 4 年对土壤脲酶、酸性和碱性磷酸酶、过氧化氢酶活性的影响显著高于对其他酶活性的影响；不同菊芋品种连作 4 年比种植 1 年土壤微生物量碳氮显著增加，南菊芋 1 号、南菊芋 2 号、南菊芋 6 号、南菊芋 8 号增加幅度显著高于其他菊芋品种。

尽管不同的菊芋品种对土壤微生物活性的影响存在差异，但与对照相比，土壤微生物数量、土壤酶活性、土壤微生物量碳氮都显著增加，这些试验结果表明，菊芋连作尚未发现明显的负面效应。

6.1.2 南菊芋 1 号长期连作效应研究

为了进一步研究菊芋在不同连作年限下对其生长及土壤环境的影响，南京农业大学海洋科学及其能源生物资源研究所菊芋研究小组以耐盐性强并广泛推广种植的南菊芋 1 号新品种为研究对象在山东莱州基地进行 7 年的连作试验。

1. 连作 7 年对南菊芋 1 号生长的影响

在菊芋连作 4 年的研究基础上，又在山东莱州基地进行了南菊芋 1 号连作 7 年对其生长发育及农艺性状影响的研究。

1）连作 7 年对南菊芋 1 号生物量的影响

图 6-8 为南菊芋 1 号开花期的生物量动态变化特征。南菊芋 1 号生物量连作 4～5 年后普遍出现下降趋势。随着南菊芋 1 号种植地连作年限的延长，开花期块茎干重产量（ST）连作 1～5 年差异不显著，而连作 6 年、7 年与 1～5 年南菊芋 1 号块茎干重产量（ST）差异显著，连作 6 年比 1 年生南菊芋 1 号块茎干重产量下降 14%，比连作 5 年生南菊芋 1 号下降 12%。连作 7 年南菊芋 1 号块茎干重产量比 1 年生、连作 5 年南菊芋 1 号块茎干重产量分别下降 23%与 21%。开花期南菊芋 1 号块茎干重产量均值为 0.98 kg/m^2。

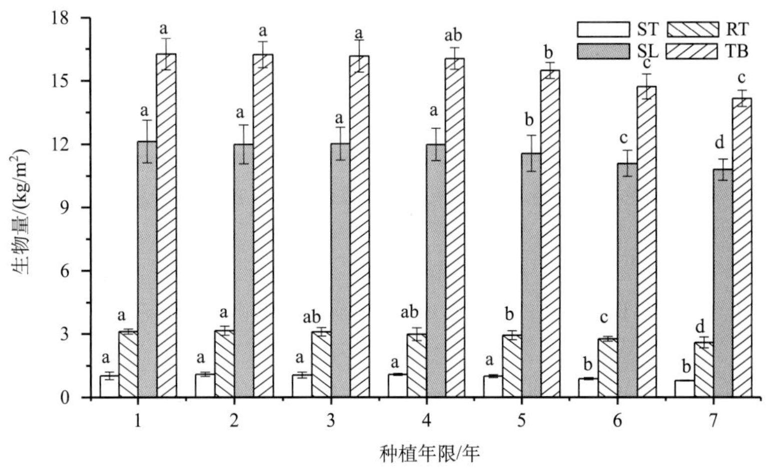

图 6-8 山东莱州基地开花期不同连作年限南菊芋 1 号生物量变化

ST.块茎产量（干重）；RT.根系产量（干重）；SL.茎秆+叶产量（干重）；TB.总生物量（干重）

菊芋根系干重产量（RT）与块茎干重产量（ST）的变化趋势相同，而南菊芋 1 号根系干重产量（RT）的下降趋势显著大于南菊芋 1 号块茎干重产量（ST）。连作 5Y 南菊芋 1 号根系干重产量（RT）与 1 年生、连作 2 年南菊芋 1 号根系干重产量（RT）差异显著，连作 6 年、7 年南菊芋 1 号根系干重产量（RT）与连作 1～5 年南菊芋 1 号根系干重产量（RT）差异均达显著水平。开花期南菊芋 1 号根系干重产量（RT）均值为 2.94 kg/m^2。南菊芋 1 号茎秆+叶干重产量（SL）、总生物量（干重）（TB）连作 5 年后与种植 1 年差异显著，均下降 5.0%。开花期菊芋 SL、TB 均值分别为 11.65 kg/m^2 与 15.58 kg/m^2。

菊芋收获期不同连作年限南菊芋 1 号生物量变化趋势（图 6-9）与其开花期生物量变化趋势相同，总生物量（干重）随着连作年限的延长出现显著下降。连作 5 年南菊芋 1 号总生物量（干重）与 1 年生南菊芋 1 号总生物量（干重）差异显著，连作 6～7 年南菊芋 1 号总生物量（干重）与连作 2～5 年南菊芋 1 号总生物量（干重）差异显著，连作 5 年南菊芋 1 号总生物量（干重）比种植 1 年下降 4.8%。收获期南菊芋 1 号块茎产量（干重）均值为 2.42 kg/m^2，是开花期的 2.5 倍；根系产量（干重）均值为 0.80 kg/m^2，仅为开花期的 27%；茎秆+叶产量（干重）均值为 3.53 kg/m^2，仅为开花期的 30%；总生物量（干重）均值为 6.75 kg/m^2，仅为开花期的 43%。

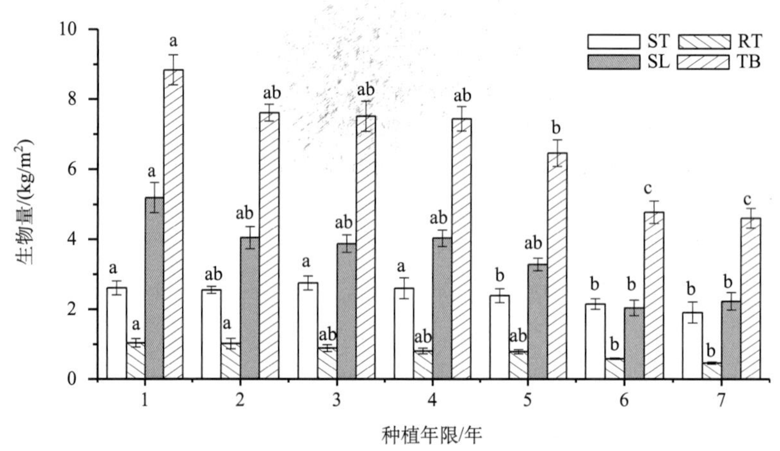

图 6-9　山东莱州基地收获期不同连作年限南菊芋 1 号生物量变化

ST.块茎产量（干重）；RT.根系产量（干重）；SL.茎秆+叶产量（干重）；TB.总生物量（干重）

2）连作 7 年对南菊芋 1 号主要农艺性状的影响

南菊芋 1 号生长受连作的影响主要表现在茎粗、株高、侧枝数、侧枝长度的变化上（表 6-1）。随着连作年限的延长，南菊芋 1 号茎粗出现下降趋势。根部茎粗连作 1～6 年差异不显著，而连作 7 年与种植 1 年差异显著，连作 7 年比种植 1 年减少 22%；距地面 1 m 南菊芋 1 号茎粗的变化规律与根部茎粗的变化规律相同，连作 1～6 年差异不显著，而连作 7 年与种植 1 年差异显著，连作 7 年茎粗平均下降 32%。株高连作 6 年后出现下降趋势，连作 6～7 年与种植 1 年差异达显著水平，连作 6 年比种植 1 年下降 15%，连作 7 年比种植 1 年下降 19%。南菊芋 1 号侧枝数受连作的影响程度显著高于其他指标的影响程度，连作 6 年菊芋分枝数比种植 1 年下降 37%，连作 7 年比种植 1 年下降 79%。侧枝长度随着连作年限的延长，其下降幅度也较为明显，连作 5～7 年的侧枝长度与种植 1 年的侧枝长度差异显著，连作 5 年侧枝长度比种植 1 年下降 29%，连作 7 年侧枝长度比种植 1 年侧枝长度下降 41%。

表 6-1　山东莱州基地不同连作年限对南菊芋 1 号生长发育的影响

年限	茎粗		株高/cm	顶花数/株	侧枝数/株
	根部	地面 1 m			
1	6.56±0.15a	5.97±0.21a	255.00±19.46abc	8.25±3.10a	6.33±2.08b
2	6.00±0.88ab	5.13±0.34ab	238.67±28.57cde	14.00±1.16a	6.33±1.15b
3	6.70±0.75a	5.17±0.55ab	240.67±12.50bcd	9.75±2.63a	9.00±2.65a
4	6.56±0.66a	5.80±0.35ab	273.33±6.80ab	11.00±2.94a	5.33±1.53bc
5	5.60±1.03ab	5.47±0.40ab	283.67±15.17a	10.75±4.35a	9.33±0.58a
6	5.66±0.73ab	4.43±0.67ab	217.33±21.57de	10.00±3.94a	4.00±1.73c
7	5.13±2.73b	4.07±0.30b	206.67±11.71e	7.00±2.37a	1.33±0.58d

年限	侧枝长度/cm	叶长/cm	叶宽/cm	叶面积/cm^2	块茎数/（个/株）
1	212.33±46.57a	16.62±1.10b	8.88±1.16ab	91.60±17.55a	17.00±1.25b
2	158.00±23.64bc	17.96±1.72ab	9.93±1.76ab	109.80±26.22a	16.00±2.23b
3	203.33±16.16ab	18.13±2.13ab	9.73±1.61ab	102.80±30.27a	12.00±3.04c
4	178.33±2.88abc	16.56±1.11b	9.98±0.96ab	104.00±16.35a	11.00±2.67c
5	151.00±32.96c	17.28±1.59ab	8.40±1.01b	85.00±14.53a	20.00±3.45a
6	161.33±19.29bc	17.04±1.40ab	8.40±0.78b	89.00±15.97a	11.00±1.98c
7	126.00±33.95bc	19.07±1.54a	10.50±0.70a	112.60±10.18a	17.00±2.27b

注：表中同列同项数据后相同字母表示在 $P<0.05$ 水平上无显著差异

随着连作年限的延长，菊芋顶花数、叶长、叶宽、叶面积受连作的影响较小，种植 1～7 年顶花数在 7～14/株，差异不显著，叶面积在 85.00～112.60 cm^2，差异不显著。而块茎数随连作年限延长规律性不显著（表 6-1），这可能是受到菊芋实际种植过程中疏密程度的影响所致。

南菊芋 1 号连作 4～5 年后影响到开花期与收获期生物量，随着连作年限的延长，抑制效应也显著增强。南菊芋 1 号连作 4～5 年后开花期与收获期菊芋生物量均出现下降的趋势，开花期南菊芋 1 号总生物量连作 5 年产量比种植 1 年下降 5.0%，收获期南菊芋 1 号总生物量产量同比下降 4.8%。菊芋连作条件下环境的变化，可能影响根系对养分的正常吸收，从而导致作物的正常生长受到抑制，这可能是作物生物量下降的主要原因之一；其次，土壤微生态环境（病原细菌特别是产 HCN 细菌、真菌、线虫等）的变化也可能间接地影响了菊芋植株的生长。菊芋开花期根生物量、茎叶生物量、总生物量产量显著高于收获期，而收获期菊芋块茎产量显著高于开花期，这主要是因为开花期菊芋处于叶、茎秆及根系旺盛生长期，向地下部块茎转运的光合产物糖类较少，而收获期则茎秆等各器官中的糖类基本转运完毕、接近枯萎，因此会出现收获期块茎产量高于开花期，而其他产量低于开花期的现象。经过连续 7 年的南菊芋 1 号田间试验，结果表明，连作对南菊芋 1 号块茎的产量影响较小。

2. 连作 7 年对南菊芋 1 号品质的影响

本节主要研究连作 7 年南菊芋 1 号在开花期与收获期主要品质性状的动态变化，分析长期连作对南菊芋 1 号糖代谢的影响。

1）连作年限对南菊芋 1 号开花期品质的影响

南京农业大学海洋科学及其能源生物资源研究所菊芋研究小组在山东莱州基地的田间试验表明，连作年限对南菊芋 1 号开花期块茎蛋白质、总糖、还原糖、菊粉与纤维素含量的影响不显著，而对干物质含量的影响较为显著。开花期南菊芋 1 号块茎蛋白质含量在 3.47～3.65 mg/g DW，均值为 3.55 mg/g DW；总糖含量在 211.36～215.11 mg/g DW，均值为 213.39 mg/g DW；还原糖含量在 10.67～11.23 mg/g DW，均值为 10.93 mg/g DW；菊粉含量在 200.58～204.22 mg/g DW，均值为 202.46 mg/g DW；纤维素含量在 8.67～9.23 mg/g DW，均值为 8.93 mg/g DW。干物质含量随连作年限的变化出现波动，但规律性不明显，均值为 21.34 mg/g FW（图 6-10）。

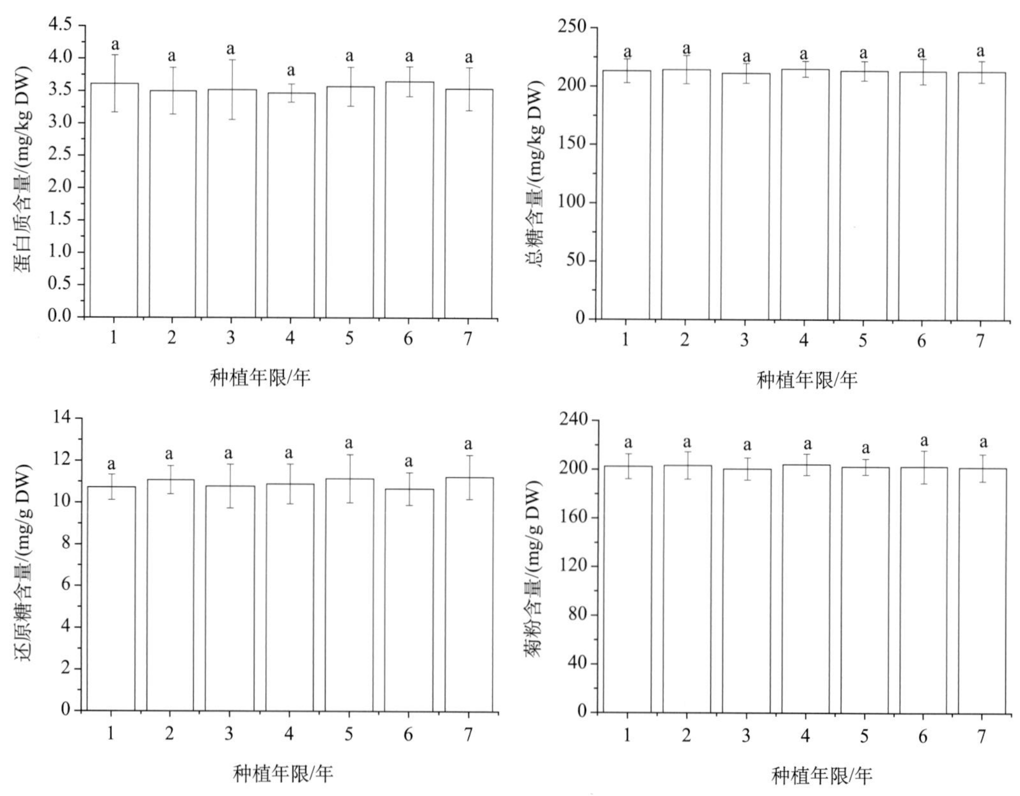

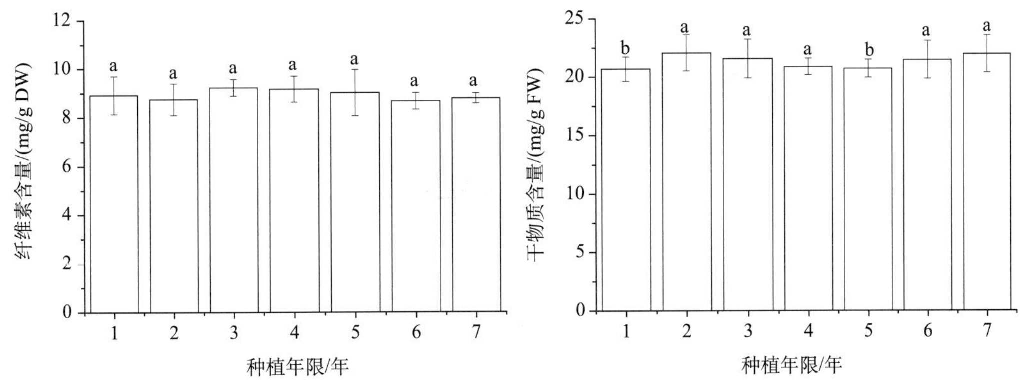

图 6-10　山东莱州基地南菊芋 1 号不同连作年限开花期品质变化特征

2）连作年限对南菊芋 1 号收获期品质的影响

南菊芋 1 号收获期蛋白质含量随着连作年限的延长呈增加趋势，而还原糖含量与纤维素含量出现先增加而后降低的趋势。蛋白质含量连作 7 年出现最大值 17.15 mg/g DW ，是种植 1 年的 2 倍，比连作 2 年增加 45%；均值为 13.43 mg/g DW，是开花期的 3.8 倍。还原糖含量连作 5 年后出现最大值 35.59 mg/g DW，比种植 1 年增加 28%；连作 7 年出现最小值 23.34 mg/g DW，比连作 5 年降低 34%；收获期不同连作年限还原糖含量均值为 29.59 mg/g DW，是开花期还原糖含量的 2.7 倍。纤维素含量均值为 48.43 mg/g DW，是开花期块茎纤维素的 5.4 倍。总糖与菊粉含量连作年限内变化不明显，均值分别为 712.30 mg/g DW 与 682.71 mg/g DW，显著高于开花期南菊芋 1 号总糖与菊粉含量，分别是开花期的 3.3 倍与 3.4 倍。在收获期南菊芋 1 号块茎干物质含量波动性也较大，但规律性不明显，均值为 207.10 mg/g DW，显著高于开花期，为开花期的 9.7 倍（图 6-11）。

南京农业大学海洋科学及其能源生物资源研究所菊芋研究小组发现，连作对南菊芋 1 号开花期蛋白质、总糖、还原糖、菊粉、纤维素含量的影响不显著，这是因为开花期菊芋处于块茎数量增长期，植株生长较为旺盛，不同连作年限菊芋地上部植株大部分光合产物转移到块茎中的比例相对较少，块茎中干物质积累尚处于初期阶段（图 6-10）。开花期干物质含量随连作年限的变化规律性不显著。

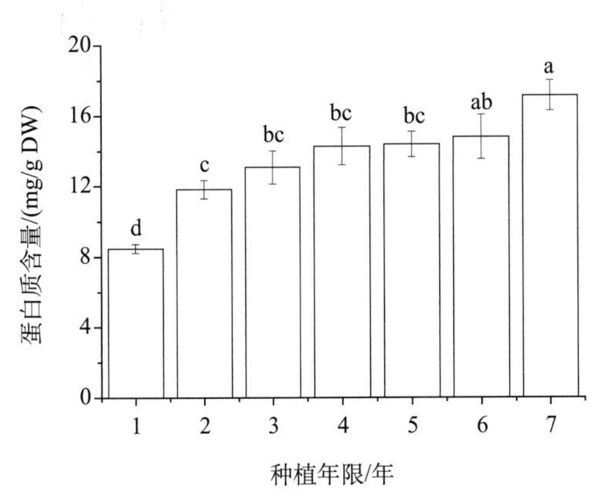

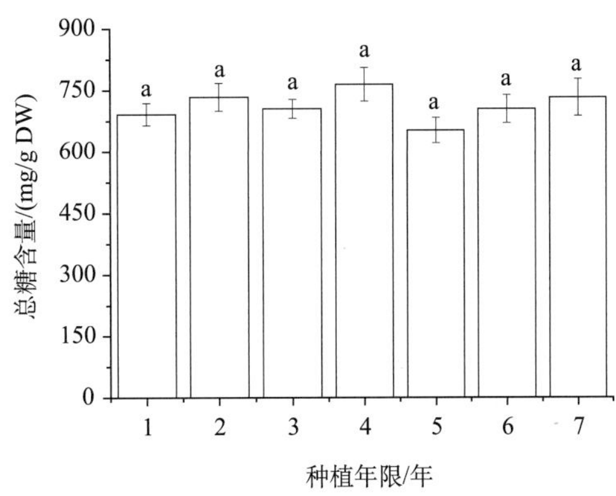

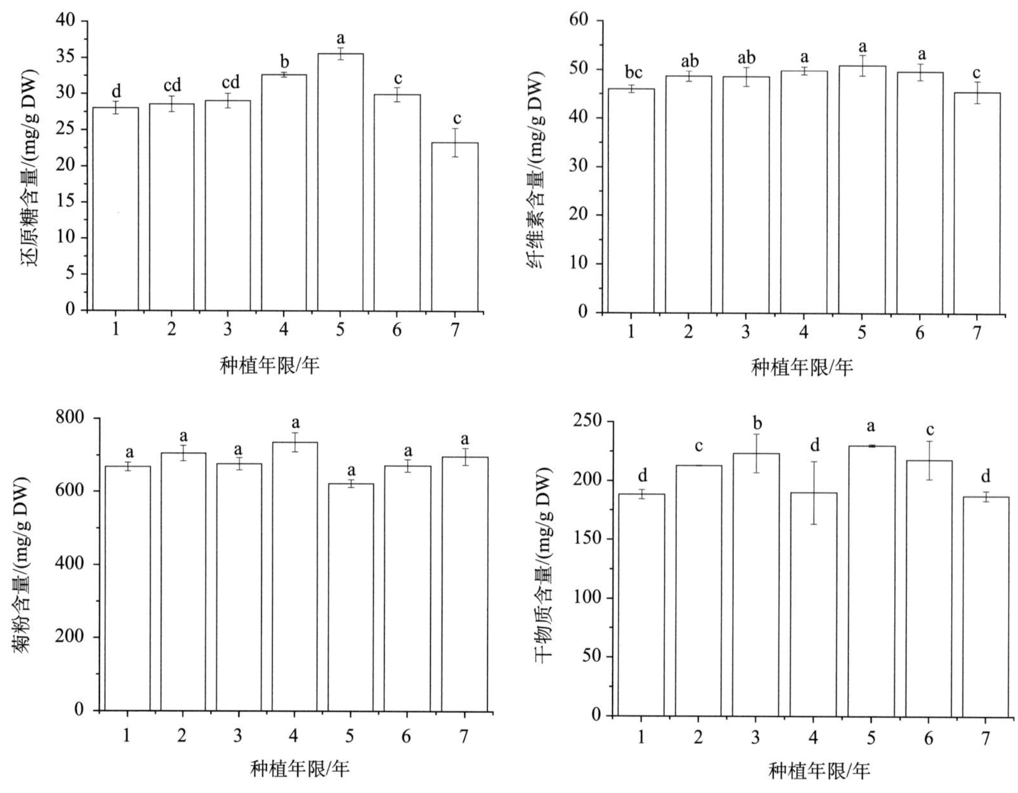

图 6-11　山东莱州基地菊芋不同连作年限收获期品质变化特征

在山东莱州基地，南菊芋 1 号收获期块茎蛋白质含量呈逐年上升趋势，还原糖与纤维素含量连作 6 年与 7 年后分别出现下降趋势。这种受连作的影响而使蛋白质含量的增加、还原糖与纤维素含量连作 6 年、7 年后的下降可能是作物对连作的一种生理反应。开花期南菊芋 1 号块茎蛋白质、总糖、还原糖、纤维素、菊粉含量显著低于收获期，而含水量显著高于收获期，这是因为开花期菊芋地上部处于旺长期，光合产物运向地下块茎的比例较少；而收获期是经过了块茎的膨大，茎秆及根系中的糖类等经过了较为完全的转运，所以收获期块茎各品质指标都显著高于开花期。开花期不同连作年限块茎蛋白质、还原糖、纤维素含量变化不显著，而收获期变化较为显著，推测连作也可能影响了光合产物向块茎中的运输及其在块茎中的转化，但缺乏充足的证据，有待于进一步的研究[7]。

土壤生物活性包括土壤微生物种群结构及土壤酶活性，是土壤微生态环境中生理活性最强的部分，对土壤生产性能和土地经营产生很大影响，其作为评价土壤生态环境质量的重要指标，越来越受到人们的重视[8-11]。山东莱州基地连作 7 年南菊芋 1 号的土壤种植试验结果表明，随着连作年限的延长，土壤细菌含量 3 年后开始下降，放线菌含量 4 年后开始下降，而真菌含量在连作年限内呈现增加态势，微生物种群结构发生较大变化。

土壤微生物生物量碳氮比反映了土壤中真菌和细菌的比例，比值越高，真菌的数量就越多[12]。而微生物商（qMB）可以指示土壤进化和土壤健康的变化，它可以充分反映土壤中活性有机碳所占的比例，从微生物的角度揭示土壤肥力的差异[13]。随着连作年限的增加，土壤微生物量碳氮比呈增加态势，连作 7 年比种植 1 年增加 1.7 倍。进一步证实了土壤微生物种群结构由“细菌型”向“真菌型”转化的趋势。土壤真菌在土壤微生物中的比例很少，但真菌是许多作物病害的病原菌，与作物土传病害发生直接相关[11]。由此可见，连作年限的延长可能导致菊芋种植地土壤病原菌的增加，有益细菌的减少。微生物量碳氮比随着连作年限的延长呈现出的先增加是由于菊芋种植后的每年施肥为微生物提供较为丰富的营养，在菊芋根系的激活下，微生物具有较高的活性；而连作 7 年后，土壤有害真菌的增加可能使细菌的活性受到抑制，从而使微生物量碳氮比出现下降。微生物商的变化趋势与之相同，可以看出它们在反映土壤质量的变化上是一致的。目前我们只是对微生物主要类群做了数量上的研究，而对有害真菌的鉴别及障碍机制将是今后有待研究的重点。

土壤酶直接参与土壤中物质的转化及养分的释放和固定化过程，与土壤肥力状况密切相关[14]。随着菊芋种植地连作年限的延长，土壤脲酶、脱氢酶、（酸、碱）磷酸酶、淀粉酶与蛋白酶活性出现先增加而后降低的趋势，表明随着连作年限的延长，土壤生物活性与肥力水平变差，这可能是因为，一方面，菊芋连作过程中某些自毒物质的产生抑制了土壤生物化学过程；另一方面，菊芋块茎、根系产量的降低也是分泌酶的能力下降而影响酶活性的主要原因之一。本试验结果与贺丽娜等[15]对黄瓜连作土壤酶活性的研究结果相一致。顾美英等[16]对新疆绿洲棉田连作下土壤微生物数量及酶活性的研究也表明，随着连作年限的延长，细菌数量呈先增加后减少的趋势，真菌数量则一直在增加，出现“细菌型”向“真菌型”的转化；脲酶和蛋白酶活性随连作年限的增加出现先增加而后降低的趋势，与本书的结果相一致。过氧化氢酶活性的先降低而后上升的变化，可能一方面与酶的稳定性及作物对特定酶的分泌参与能力存在差异有很大的关系；另一方面，过氧化氢酶随着连作年限的延长，酶活性有逐渐升高的趋势，表明土壤氧化过程增强，加速有毒过氧化氢的分解和土壤有机质的转化速度，在一定程度上缓解了菊芋连作带来的负效应。

6.2　菊芋盐碱地种植的边际效应

菊芋是植株较大的植物，又是以块茎作为收获的主要部分，如何获得较高的块茎产量，是菊芋种植的关键研究内容之一。南京农业大学海洋科学及其能源生物资源研究所菊芋研究小组经过多年的栽培实践，认为很有必要对菊芋种植的边际效应（E）展开探索，为非耕地菊芋高产栽培提供理论支持。植物的边际效应是指植物群体边际部分植株各种指标与中间部分植株相应指标的差值。在有利的生态位下，边际效应为正，在不利的生态位下，边际效应则为负[17]。为了充分发挥植物边际效应在生产上的正面良好作用，克服或减轻边际效应在生产上的负面影响，应加强利用有利的边际生态因子，如利用水利设施、合理密植、优化种植行方向和种植行距等空间布局，适当施肥和喷激素等，强化所处的有利生态位。

目前，有关植物边际效应的研究，往往只阐述生物多样性改变的外在的、短期的原因，而缺乏对植物边际效应的内在的、长期的因素加以解释和论证。已有的研究显示，研究较多、较成熟的是森林生态系统和农田生态系统的边际效应。就农田而言，边际效应的研究多见于大豆[18]、马铃薯[19]、玉米[20]、高粱[21]等作物，用来指导农作物的高产优质种植。就森林而言，植物边际效应的存在，严重影响了森林所塑造的物理环境与生物进程[22]，使森林从内向外产生生境梯度，原有生境质量下降，导致生物多样性明显降低。

菊芋种植的边际效应系统研究鲜有报道。为此，作者同时在江苏大丰与山东泰安进行南菊芋 1 号的种植边际效应研究，以膨大期菊芋的形态学性状和不同土层的盐度作为研究对象，采用地统计学方法分析这些属性的空间变异规律，分别绘制各形态学性状和土壤盐度的空间分布图，研究菊芋种植地土壤与菊芋形态学性状空间变异规律，为确定菊芋生长的盐度范围及菊芋种植的空间布局提供理论依据。

南京农业大学海洋科学及其能源生物资源研究所菊芋研究小组在满足一定精度的前提下，通过科学合理的采样布点方法，尽量减少采样个数，节省野外采样和室内分析成本，这点十分重要。基于菊芋的形态学性状和不同土层盐度的样点观测值，结合地统计学软件，粗略分析菊芋的形态学性状和不同土层盐度的空间分布格局。

6.2.1　大丰基地南菊芋 1 号边际效应的研究

1. 江苏大丰试验区概况

江苏大丰试验区地理位置介于 32°59′30″～33°00′31″N、120°49′40″～120°51′04″E，属于淤积平原。该研究区北窄南宽，呈现不规则的三角形，南北长 63 km，东西宽 44 km，总面积 2367 km^2。东距黄海约 4 km，西邻大丰麋鹿国家级自然保护区。该研究区地处亚热带和暖温带的过渡地带，四季分明，气温适中，雨量充沛，适宜喜湿作物的生长。年平均气温 14.1℃，日照 2238.9 h，无霜期 213 d，年均降水量 1058 mm，主要集中在 6～8 月的雨季。菊芋品种为自选品种南菊芋 1 号，其生育期为 230 d。

2. 江苏大丰试验区设置

南京农业大学海洋科学及其能源生物资源研究所菊芋研究小组根据大田菊芋种植生产的实际情况，进行试验样点的布置，尽量与田间生产实际相结合。

1）江苏大丰试验区空间异质性分析样点设置

在江苏大丰试验基地菊芋研究区内划出南北方向 670 m、东西方向 70 m 的采样区，按照 23 m×23 m 划分网格，于 2012 年 10 月在每个网格的中心处 1.5 m 范围内随机采集 3 株菊芋的形态学性状数据（包括株高、茎粗、块茎个数、根重、块茎鲜重等），共设取样点 78 个（图 6-12）。

菊芋株高用卷尺测量，从菊芋根和菊芋茎的交接处开始，至叶片自然伸展的最高处止，其间测量数值作为菊芋的株高（单位：m）；茎粗测量用游标卡尺，茎秆中下部读数最大处所测数据作为茎粗（单位：cm）；块茎个数，即每株菊芋块茎个数总数（单位：个）；菊芋的根重和块茎鲜重是在将其用自来水洗净泥土杂质后，晾干冲洗水，用百分天平称重（单位：g）。同时采集 78 个采样点土壤样品，按 0～5 cm、5～10 cm、10～20 cm 三个土层深度采集，每个土壤样品 1 kg，风干后测量土壤盐分含量。在菊芋采样前，发生多次降雨过程。

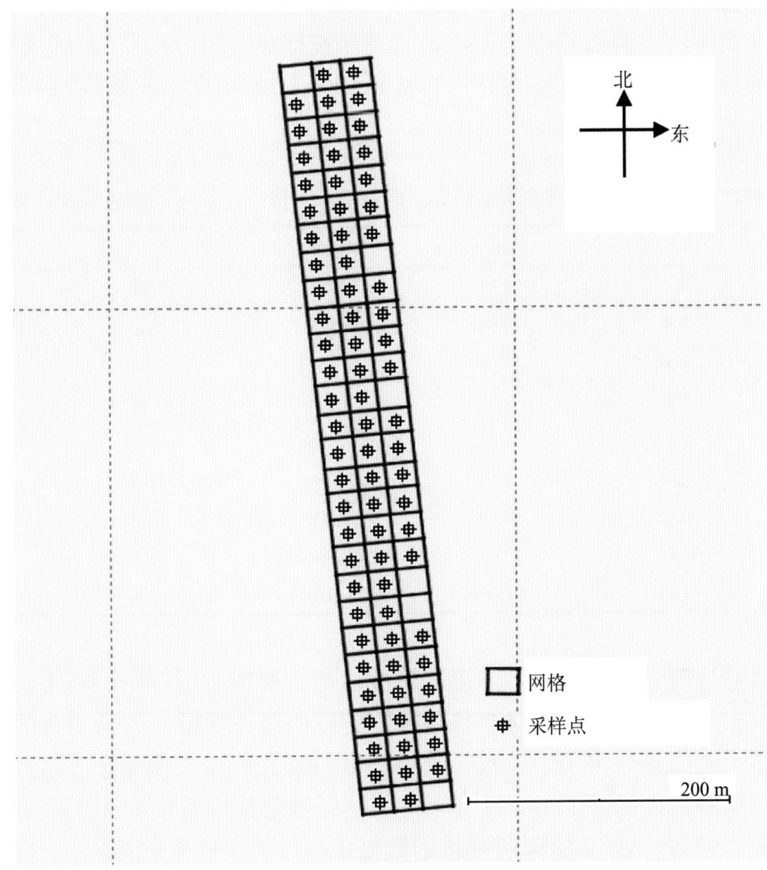

图 6-12　江苏大丰菊芋试验基地空间异质性分析样点设置图

2）江苏大丰试验区的边际效应样点设置

在江苏大丰菊芋试验基地菊芋研究区内划出南北方向 670 m、东西方向 70 m 的采样区，由采样地的东边际线向中间每隔 5 m 划分一个采样带宽，直到采样地的中线（在 35 m 处），共计 7 个带宽（0～5 m、5～10 m、10～15 m、15～20 m、20～25 m、25～30 m、30～35 m），于 2012 年 10 月在此 7 个带宽中均匀测得 12 株菊芋形态学性状的数据，包括株高、茎粗、块茎个数、根重、块茎鲜重等。测量方式如前所述。

3. 江苏大丰试验区南菊芋 1 号菊芋形态学性状统计分析

南京农业大学海洋科学及其能源生物资源研究所菊芋研究小组首先对江苏大丰试验基地菊芋研究区南菊芋 1 号形态学性状统计分析。

1）江苏大丰试验基地菊芋研究区南菊芋 1 号形态学性状描述性统计分析

表 6-2 列出了江苏大丰试验基地南菊芋 1 号各形态学数据的描述性统计参数数值，

包括平均值、中位数、最大值、最小值、标准差、方差、极差、偏斜度和峰度。其中平均值、中位数、最大值、最小值、标准差、方差和极差都是比较常用的统计学参数。标准差、方差和极差共同反映同一组数据的离散程度，对于平均数相同的两组数据，标准差、方差和极差越大，表明该组数据的离散程度越高，数据波动越大。有研究表明不同种类的菊芋株高不同，离散程度不同，故将菊芋按株高分组分别研究其离散程度，其株高分组标准为 1.02～1.86 m[23]、1.19～1.64 m[24]和 1.15～2.75 m[25]，我们供试的菊芋株高为 2.45～3.38 m。

表 6-2　江苏大丰试验基地菊芋研究区南菊芋 1 号形态学数据的描述性统计参数

统计参数	株高/m	茎粗/cm	块茎鲜重/g	块茎个数	根鲜重/g
平均值	2.85	2.91	722	31	92
中位数	2.84	2.93	691	31	90
最大值	3.38	3.36	1457	49	138
最小值	2.45	2.38	356	16	49
标准差	0.17	0.22	205	7.79	21.56
方差	0.03	0.04	41920	60.81	464.84
极差	0.92	0.98	1102	32.33	88.78
偏斜度	0.24	– 0.17	0.78	0.28	0.20
峰度	3.18	2.60	4.26	2.41	2.29

在上述描述性统计参数中，偏斜度和峰度这两个参数运用较少。其中，偏斜度是用来描述数据分布的对称性或正态分布性的偏离程度的统计参数，若偏斜度的值小于 0，就意味着超过一半的数据小于中位数；若偏斜度的值大于 0，就意味着超过一半的数据大于中位数。以茎粗为例，表 6-2 中显示茎粗这组数据的偏斜度为–0.17，小于 0，而茎粗的中位数为 2.93 cm，那么实际所测量的数据中超过一半的数据都比 2.93 cm 小，所以最终求得的茎粗的平均值为 2.91 cm，小于中位数 2.93 cm；相反的，若以株高为例，表 6-2 中显示株高这组数据的偏斜度为 0.24，大于 0，株高的中位数是 2.84 m，那么实际所测得的数据中超过一半的数据都比 2.84 m 大，所以最终求得的株高的平均值为 2.85 m，大于中位数 2.84 m。同样的理论也可用来解释块茎鲜重、块茎个数和根鲜重的平均数和中位数的大小关系。对于一个标准的正态分布，其偏斜度为 0[26,27]。在江苏大丰试验中，菊芋各形态学性状的偏斜度都在 0 附近（表 6-2），其中株高的偏斜度为 0.24；茎粗的偏斜度为–0.17；块茎鲜重的偏斜度为 0.78；块茎个数的偏斜度为 0.28；根鲜重的偏斜度为 0.20，表明这些数值接近于正态分布。峰度则可用来描述数据分布的形状[26]，一个标准正态分布的峰度为 3。在江苏大丰试验中，菊芋各形态学性状的峰度都靠近 3，其中株高的峰度为 3.18；茎粗的峰度为 2.60；块茎鲜重的峰度为 4.26；块茎个数的峰度为 2.41；根鲜重的峰度为 2.29。从上述两个参数（偏斜度和峰度）分析中可看出，江苏大丰试验各组数据基本符合正态分布，可对江苏大丰试验各组数据进行下一步数据处理。

2）江苏大丰试验区南菊芋 1 号箱盒图和参数估计

箱盒图是一种探索性数据分析的简单直观的图像工具[28]。箱盒图由 5 个节点构成（图 6-13），分别是最大值（maximum）、75%分位数（75th percentile）、中位数（median）、25%分位数（25th percentile）和最小值（minimum）[29]，其中 75%分位数至 25%分位数

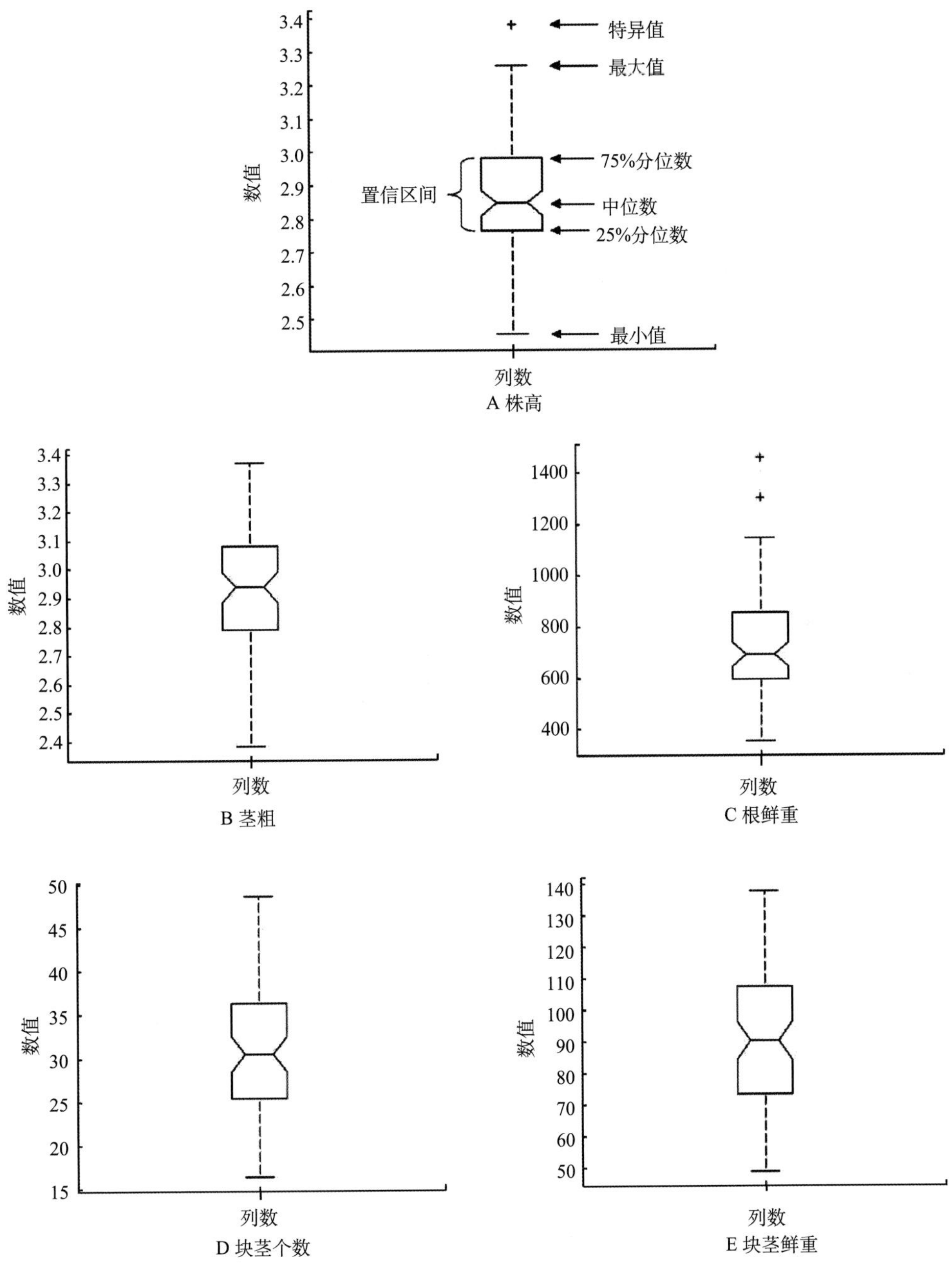

图 6-13　箱盒图

所组成的区间就称作置信区间（confidence interval）[29]。箱盒图最主要的作用是找出一组数据中的特异值。图 6-13 显示的是株高、茎粗、根鲜重、块茎个数和块茎鲜重这 5 个菊芋形态学性状的箱盒图，图中“+”表示特异值，图 6-13A 中显示有 1 个特异值，图 6-13C 中显示有 2 个特异值，为保证数据后续处理的科学性，在后期处理中将采用正常数据的上下限代替这些特异值进行后续处理。

参数估计是根据样本数据选择统计量去推断总体的分布或数字特征，是统计推断的一种基本形式，主要包括点估计和区间估计两部分。南京农业大学海洋科学及其能源生物资源研究所菊芋研究小组在实际工作过程中，尤其是实验对象的数据无法全部获得时，通常先采集部分数据，在一定的可信范围内，运用参数估计推断总体的数据特征。图 6-13A 中显示的置信区间见表 6-3，其置信水平达到 0.95。由表 6-3 可知，参数估计推断出的总体菊芋株高的平均值为 2.82～2.89 m；总体菊芋茎粗的平均值为 2.87～2.95 cm；总体菊芋块茎鲜重的平均值为 683～760 g；总体菊芋块茎个数的平均值为 29～32 个；总体菊芋根鲜重的平均值为 88～96 g；总体菊芋株高标准差为 0.15～0.20；总体菊芋茎粗标准差为 0.19～0.25；总体菊芋块茎鲜重标准差为 181～236；总体菊芋块茎个数标准差为 7～9；总体菊芋根鲜重标准差为 19～25。

表 6-3　江苏大丰试验基地菊芋研究区南菊芋 1 号形态学性状的参数估计

项目	株高/m	茎粗/cm	块茎鲜重/g	块茎个数	根鲜重/g
标准差的置信区间	0.15～0.20	0.19～0.25	181～236	7～9	19～25
平均值的置信区间	2.82～2.89	2.87～2.95	683～760	29～32	88～96

3）江苏大丰试验区南菊芋 1 号正态分布检验

在进行空间异质性分析前，需要对菊芋的各形态学性状以及土壤含盐量数据进行检测，检测江苏大丰试验基地菊芋研究区采集的数据是否符合正态分布，只有符合正态分布规律才能将采集的数据导入地统计学软件进行空间异质性的相关分析。在 MATLAB 中，正态概率图可用于检测样本数据是否服从正态分布，若采集的数据服从正态分布，则图形呈直线，否则会出现不同程度的弯曲。故我们对江苏大丰试验基地菊芋研究区南菊芋 1 号试验采集的数据利用正态概率图进行正态分布检验，结果如图 6-14 所示。

从图 6-14 可以看出，试验区菊芋的株高、茎粗的正态概率图呈现直线（图 6-14A、B），根鲜重、块茎鲜重的正态概率图也基本呈现一条直线（图 6-14C、E），块茎个数正态概率图除在起点与末端偏移较大外，基本也呈一条直线，故江苏大丰试验基地菊芋研究区采集的数据基本上符合正态分布规律，按地统计学的要求，可直接利用江苏大丰试验基地菊芋研究区采集的原始数据进行空间异质性分析。

4）江苏大丰试验区南菊芋 1 号空间分布

南京农业大学海洋科学及其能源生物资源研究所菊芋研究小组运用地统计学软件 GS+对菊芋形态学性状的测量值进行了协同克里金插值，并绘制出了菊芋形态学性状（株高、茎粗、根鲜重、块茎个数和块茎鲜重）的空间分布图（图 6-15）：比较江苏大丰试验基地南菊芋 1 号的 5 个形态学性状空间分布图发现，每个形态学性状的空间异质性都

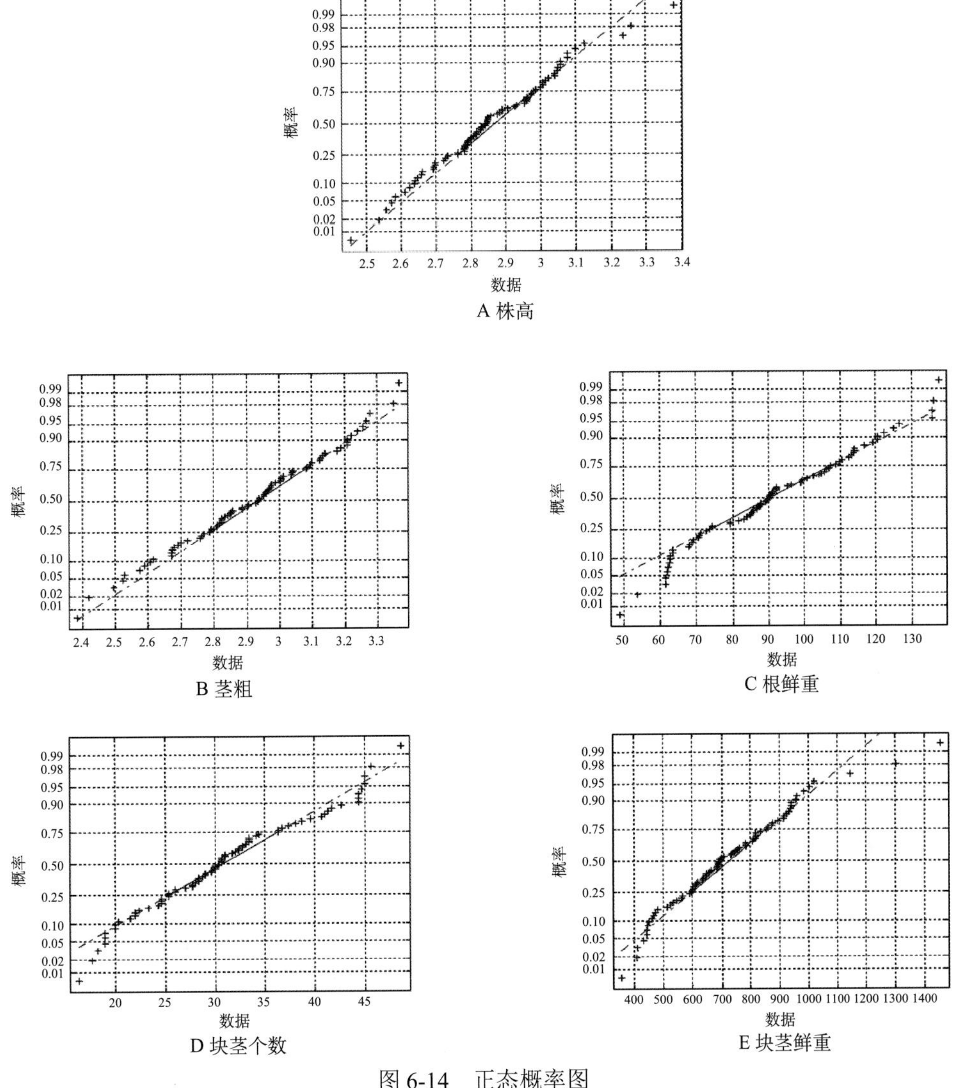

图 6-14　正态概率图

非常大。根鲜重（图 6-15E）和块茎个数（图 6-15D）在南北方向，北半部的值比南半部大；茎粗（图 6-15B）不论在南北方向还是东西方向，都没有明显的变化趋势，但北半部的菊芋茎粗仍然稍大于南半部；块茎鲜重（图 6-15C）不论在南北方向还是东西方向都无明显的变化趋势；株高在南北方向，北半部明显高于南半部（图 6-15A）。块茎鲜重和块茎个数的空间分布情况较为相似，但与根鲜重没有明显关联。

4. 江苏大丰试验区土壤盐度

土壤盐度是菊芋种植边际效应的一个重要参数。因此南京农业大学海洋科学及其能源生物资源研究所菊芋研究小组对菊芋研究区土壤盐度进行正态分布检验，以揭示菊芋研究区土壤盐度空间分布特征。

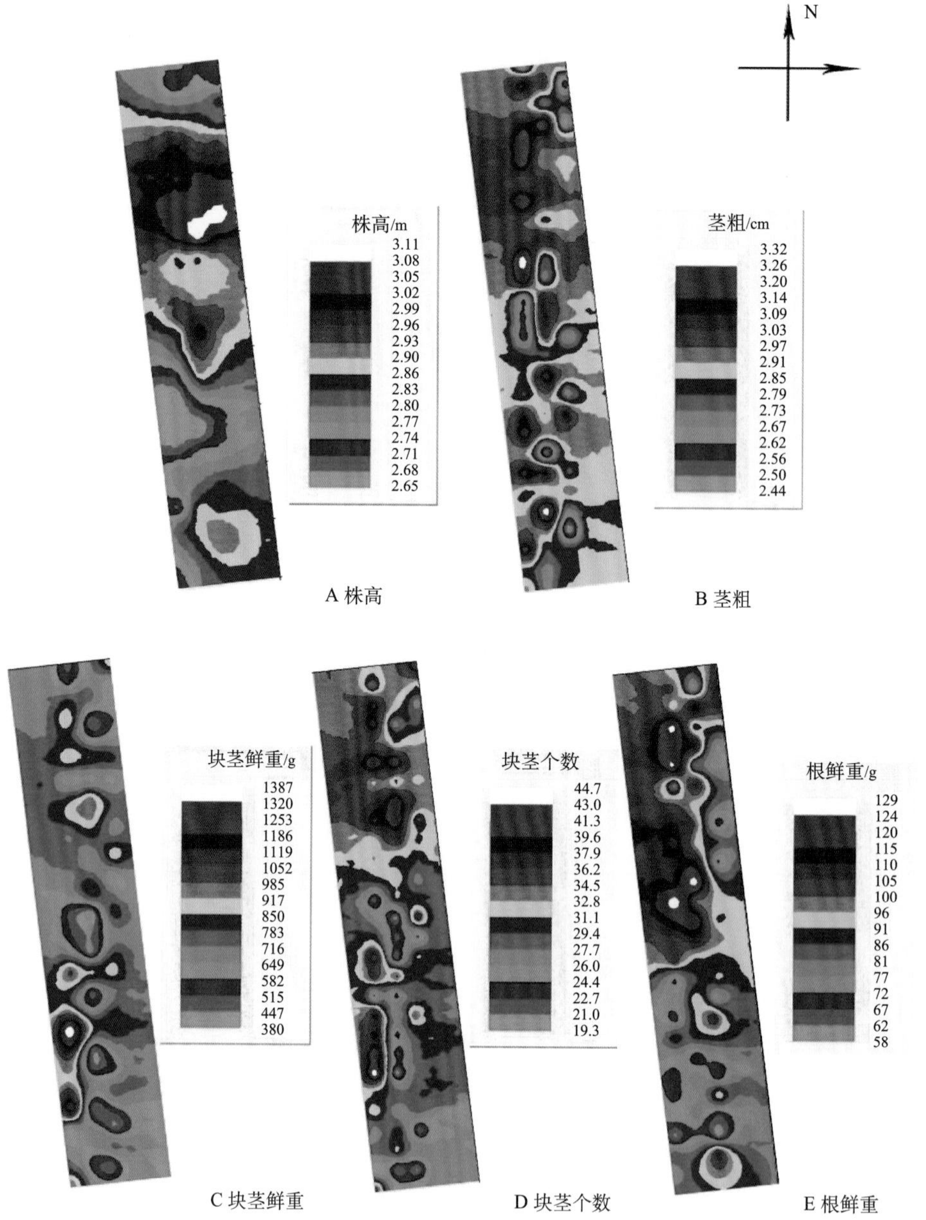

图 6-15　南菊芋 1 号形态学性状的空间分布

1）江苏大丰试验区土壤盐度正态分布检验

由表 6-4 可以看出，江苏大丰试验基地菊芋研究区南菊芋 1 号土壤不同土层盐度的峰度值在对数变换前，虽然 5～10 cm 土层和 10～20 cm 土层盐度的峰度值在 3.0 附近，但是 0～5 cm 土层盐度的峰度值远大于 3.0，远离于正态分布要求的峰度值；而峰度值在经过对数变换后，三个土层盐度数据的峰度值都离 3.0 较近，达到正态分布要求的峰度值，因此，江苏大丰试验基地菊芋研究区南菊芋 1 号土壤不同土层盐度的原始数据要经对数变换后才能用于下一步对不同土层盐度空间分布情况的统计处理。

表 6-4　江苏大丰试验基地菊芋研究区南菊芋 1 号土壤不同土层盐度的峰度值

项目	0～5 cm 土层	5～10 cm 土层	10～20 cm 土层
峰度值（对数变换前）	8.7	3.8	3.0
峰度值（对数变换后）	3.1	2.1	2.9

2）江苏大丰试验区土壤盐度空间分布特征

由图 6-16 可知，三个土层（0～5 cm、5～10 cm 和 10～20 cm）的土壤盐度空间异质性都非常高。随着土层深度的加深，土壤盐度的值呈明显增大趋势；同一土层盐度的空间分布方面，在南北方向，北半部较南半部盐度大；东西方向，虽由于位置的差异，土壤盐度存在差异，但无明显趋势。

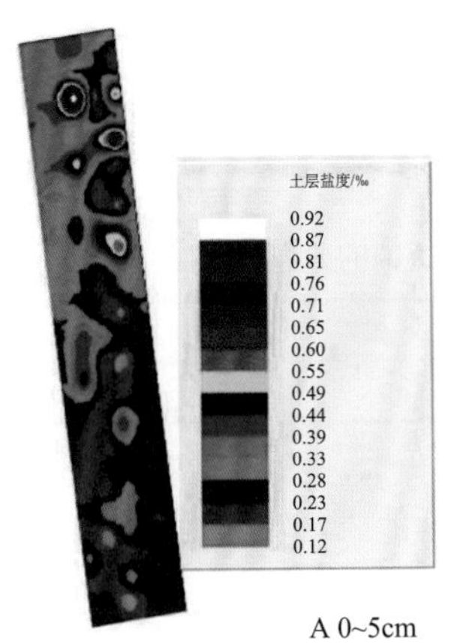

A 0~5cm

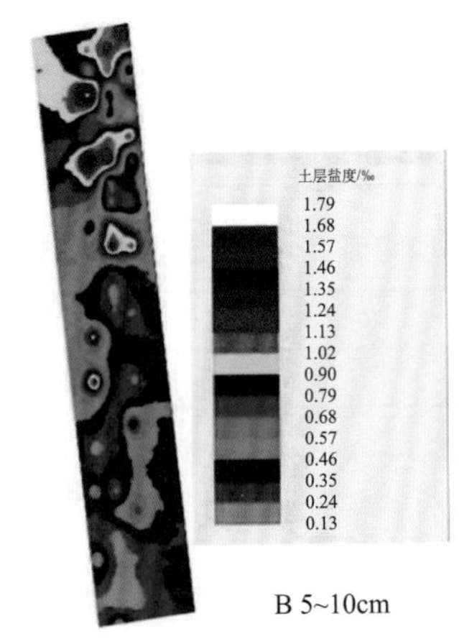

B 5~10cm

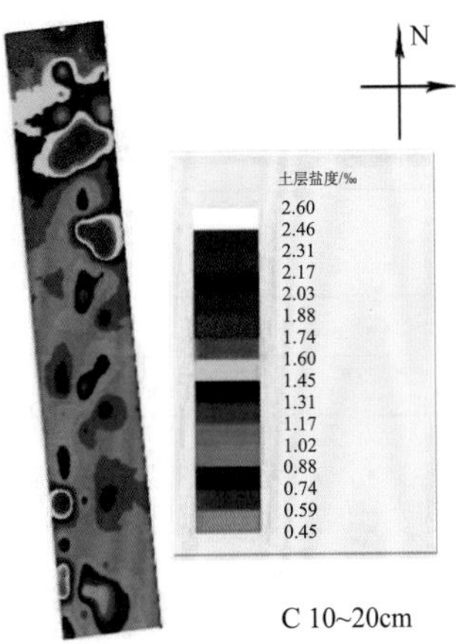

C 10~20cm

图 6-16　不同土层盐度的空间分布

5. 南菊芋 1 号形态学性状与土层盐度的空间相关性分析

南京农业大学海洋科学及其能源生物资源研究所菊芋研究小组利用 Pearson 相关系数（r 值）探索江苏大丰试验基地南菊芋 1 号形态学性状和不同土层之间[30]的相互关系（表 6-5）。其中有 6 个 r 值是负数，其余 22 个都是正数，Pearson 相关系数（r 值）的分布情况见表 6-6。极强相关的值是 0.8～1.0；强相关的值是 0.6～0.8；中等相关的值是 0.4～0.6；弱相关的值是 0.2～0.4；极弱相关的值是 0.0～0.2；负相关则小于 0.0。Pearson 相关系数（r 值）的绝对值越接近 0，表明两参数的相关性越小；Pearson 相关系数（r 值）的绝对值越接近 1，表明两参数的相关性越大。负数意味着负相关，而正数意味着正相关。

表 6-5　江苏大丰试验基地南菊芋 1 号形态学性状和不同土层之间的 Pearson 相关系数

Pearson 相关系数	0～5 cm 土层盐度	5～10 cm 土层盐度	10～20 cm 土层盐度	茎粗	块茎鲜重	块茎个数	根鲜重	株高
0～5 cm 土层盐度	1.000	0.784	0.445	0.022	0.059	0.204	0.109	–0.003
5～10 cm 土层盐度	0.784	1.000	0.612	0.059	0.065	0.278	0.131	–0.069
10～20 cm 土层盐度	0.445	0.612	1.000	0.001	–0.091	0.180	–0.062	0.073
茎粗	0.022	0.059	0.001	1.000	0.282	0.317	0.128	0.157
块茎鲜重	0.059	0.065	–0.091	0.282	1.000	0.696	–0.040	–0.235
块茎个数	0.204	0.278	0.180	0.317	0.696	1.000	0.058	0.008
根鲜重	0.109	0.131	–0.062	0.128	–0.040	0.058	1.000	0.180
株高	–0.003	–0.069	0.073	0.157	–0.235	0.008	0.180	1.000

表 6-6　江苏大丰试验基地南菊芋 1 号形态学性状和不同土层 r 值的分布情况

Pearson 相关系数范围	0.8～1.0	0.6～0.8	0.4～0.6	0.2～0.4	0.0～0.2	<0.0
r 值的个数	0	3	1	4	14	6

由表 6-5 和表 6-6 可知，没有 r 值在极强相关范围内；3 个 r 值表现出强相关性，分别是 5～10 cm 土层盐度和 0～5 cm 土层盐度的 0.784，5～10 cm 土层盐度和 10～20 cm 土层盐度的 0.612 以及块茎个数和块茎鲜重的 0.696，此数据表明，在表层土中，相邻的土层间会相互影响。块茎鲜重在很大程度上受块茎个数的影响，即在 69.6%的情况下，块茎鲜重会随块茎个数的增加而变重。1 个 r 值是中等相关，即 0～5 cm 土层盐度和 10～20 cm 土层盐度的 0.445。4 个 r 值是弱相关，分别是块茎个数和 0～5 cm 土层盐度的 0.204，块茎个数和 5～10 cm 土层盐度的 0.278，块茎鲜重和茎粗的 0.282 以及块茎个数和茎粗的 0.317。6 个 r 值是负相关，分别是株高和 0～5 cm 土层盐度的– 0.003，株高和 5～10 cm 土层盐度的– 0.069，块茎鲜重和 10～20 cm 土层盐度的– 0.091，块茎鲜重和根鲜重的 –0.040，块茎鲜重和株高的– 0.235 以及根鲜重和 10～20 cm 土层盐度的– 0.062，这意味着当其中一个参数变大时，另一个参数会随之变小。剩余的 14 个 r 值则都为极弱相关。

6. 江苏大丰试验区南菊芋 1 号的边际效应

表 6-7 列出了从江苏大丰试验基地菊芋研究区获取的不同带宽区间下南菊芋 1 号形态学性状的特征值。该组实验划分了宽为 5 m 的边际带，株高、茎粗、块茎个数、根鲜重、块茎鲜重等菊芋农艺性状的边际效应表现不一致，总体上，边际效应的大小依次为块茎个数>块茎鲜重>株高>茎粗>根鲜重。其中，块茎个数的边际效应为 31.03%；块茎

鲜重的边际效应为 18.82%；株高的边际效应为–1.39%；茎粗的边际效应为–2.04%；根鲜重的边际效应为–15.97%。由此推断菊芋的块茎鲜重和块茎个数这两个形态学性状表现为正向边际效应；茎粗、株高和根鲜重则表现为负向边际效应。菊芋块茎产量边际带较非边际带产量高出 18.82%，这充分说明在 670 m×70 m 的农田中，南菊芋 1 号菊芋的主要经济产量——块茎存在显著的边际效应，从表 6-7 块茎鲜重特征值还表现出，在边际带 0～5 m 与 5～10 m 两条带中南菊芋 1 号块茎鲜重下降幅度不大，是否把江苏大丰南菊芋 1 号经济性状的边际效应宽度定为 0～10 m，将在以后的试验中探讨。江苏大丰南菊芋 1 号经济性状的边际效应试验结果，为江苏沿海建立南菊芋 1 号科学种植制度提供了强有力的理论支持。

表 6-7　不同带宽区间下南菊芋 1 号形态学性状的特征值

带宽区间/m	株高/m	茎粗/cm	块茎个数	根鲜重/g	块茎鲜重/g
0～5（边际带）	2.83	2.88	38	100	827
5～10	2.96	3.04	36	100	806
10～15	2.81	2.81	24	123	672
15～20	2.93	3.05	25	120	640
20～25	2.82	2.97	30	121	801
25～30	2.88	3.00	31	132	688
30～35	2.78	2.76	26	116	574
平均值（非边际带）	2.87	2.94	29	119	696
边际效应/%	–1.39	–2.04	31.03	–15.97	18.82

6.2.2　山东泰安试验区南菊芋 1 号边际效应的研究

同样，南京农业大学海洋科学及其能源生物资源研究所菊芋研究小组在山东泰安试验基地菊芋试验区进行了系统的空间异质性及南菊芋 1 号边际效应的研究，以期在不同地域进行菊芋边际效应的比较。

1. 山东泰安试验区概况

在江苏大丰湿润海洋性气候地区南菊芋 1 号边际效应研究的同时，在山东泰安温带大陆性半湿润季风气候区也进行了南菊芋 1 号边际效应研究，以验证南菊芋 1 号边际效应的普遍性。山东泰安试验基地菊芋试验区地理位置介于 35°55.5′～35°56.0′N、116°58.5′～116°58.7′E。北距山东省省会济南市 66.8 km，南至三孔圣地曲阜市 74.6 km。泰安市土地总面积 77.62 万 hm^2，其中可利用土地 67.2 万 hm^2，占总面积的 86.6%。该研究区四季分明，年平均气温 13℃，年平均降水量 697 mm。菊芋品种为自育的南菊芋 1 号，其生育期为 230 d。

2. 山东泰安试验区样点设置

参照江苏大丰的样点设置，南京农业大学海洋科学及其能源生物资源研究所同样在山东泰安菊芋研究区进行样点设置。

1）山东泰安试验基地菊芋研究区空间异质性分析样点设置

在山东泰安试验基地菊芋研究区内划出南北方向 216 m、东西方向 168 m 的采样区，按 25 m×25 m 划分网格（图 6-17），于 2013 年 10 月在每个网格的中心处 1.5 m 范围内随机采集 3 株菊芋的形态学性状数据（包括株高、茎粗、块茎个数、根鲜重、块茎鲜重、地上部鲜重、分枝数等），共设取样点 41 个（图 6-17）。其中株高用卷尺测量，从南菊芋 1 号根和茎的连接处始至叶片自然伸展的最高处止（单位：m）；茎粗测量用游标卡尺，读数最大处即茎粗（单位：cm）；块茎测个数（单位：个）；根鲜重和块茎鲜重测量在洗净、晾干后用天平称重，地上部鲜重用天平直接称量（单位：g）；分枝数，从地面始至约 60 cm 处的主茎上的分枝个数即本研究的分枝数（单位：枝）。

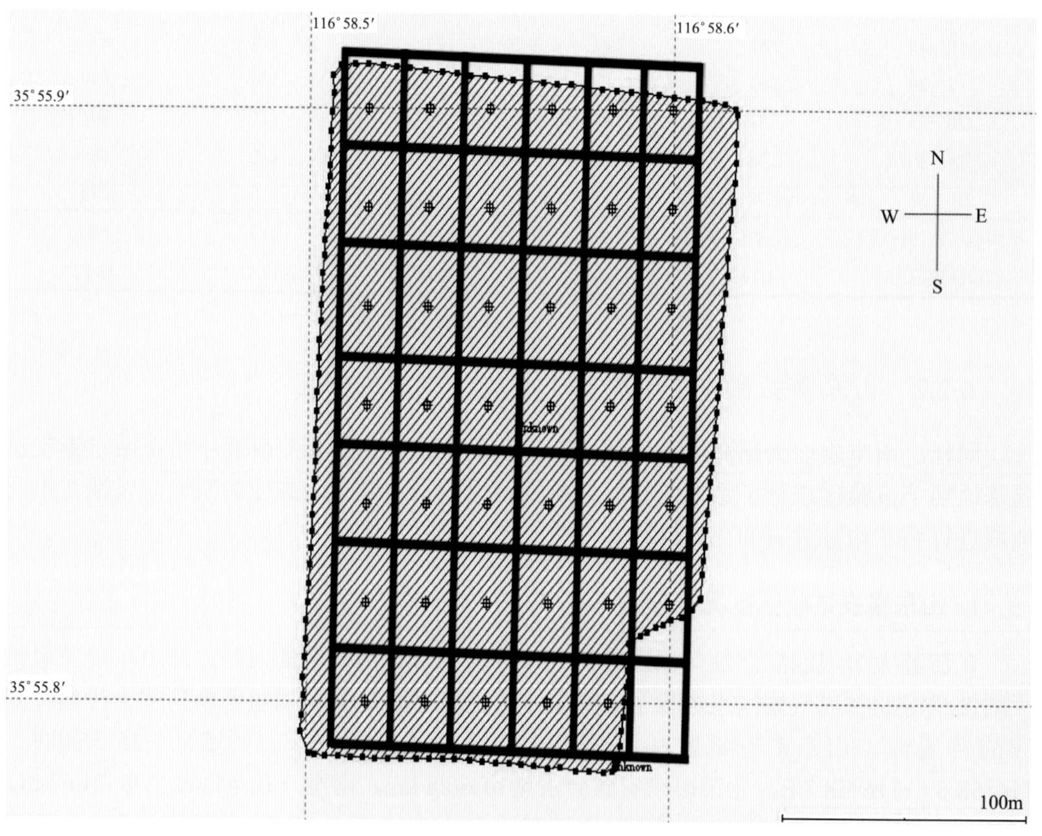

图 6-17　山东泰安试验基地菊芋研究区空间异质性分析样点设置

2）山东泰安试验基地菊芋研究区描述性统计分析

表 6-8 列出了泰安试验基地南菊芋 1 号各形态学数据的描述性统计参数数值。南菊

芋 1 号株高为 2.38～4.30 m，茎粗为 2.11～3.36 cm，块茎鲜重为 369～2676 g，分枝数为 12～26 枝，根鲜重为 147～1661 g，块茎个数为 7～40 个，地上部鲜重为 495～6279 g。中位数与平均值的大小关系以茎粗为例，表 6-8 中显示茎粗这组数据的偏斜度为–0.29，小于 0，茎粗的中位数为 2.88 cm，那么实际所测量的数据中超过一半的数据都比 2.88 cm 小，所以最终求得的茎粗的平均值为 2.87 cm，小于中位数 2.88 cm；相反的，若以块茎鲜重为例，表 6-8 中显示这组数据的偏斜度为 0.74，大于 0，块茎鲜重的中位数为 1191 g，那么实际测得的数据中超过一半的数据都比 1191 g 大，所以最终求得的块茎鲜重的平均值为 1209 g，大于中位数 1191 g。同样的理论可用来解释分枝数、块茎个数、地上部鲜重和根鲜重的平均值和中位数的大小关系。除了菊芋根鲜重以外，菊芋各形态学性状的偏斜度都在 0 附近（表 6-8），其中茎粗的偏斜度为–0.29，块茎鲜重的偏斜度为 0.74，分枝数的偏斜度为–0.22，块茎个数的偏斜度为 0.24，地上部鲜重的偏斜度为 0.29，株高的偏斜度为–0.50，而根鲜重的偏斜度达 1.89，显然，该组数据在进行地统计学分析时需要经过对数处理。除了菊芋根鲜重外，菊芋各形态学性状的峰度都靠近 3（表 6-8），其中茎粗的峰度为 3.24，块茎鲜重的峰度为 3.32，分枝数的峰度为 2.56，根鲜重的峰度为 9.46，块茎个数的峰度为 2.33，地上部鲜重的峰度为 2.13，株高的峰度为 5.18。

表 6-8　山东泰安试验基地菊芋研究区南菊芋 1 号形态学数据的描述性统计参数

项目	茎粗/cm	块茎鲜重/g	分枝数/枝	根鲜重/g	块茎个数/个	地上部鲜重/g	株高/m
平均值	2.87	1209	20	534	23	3135	3.38
中位数	2.88	1191	20	493	22	3139	3.39
最大值	3.36	2676	26	1661	40	6279	4.30
最小值	2.11	369	12	147	7	495	2.38
标准差	0.27	520.82	3.44	260.82	8.14	1575.20	33.11
方差	0.07	271250	11.83	68028	66.20	2481200	1096.20
极差	1.25	2307.6	14	1514.1	33	5784.4	192
偏斜度	–0.29	0.74	–0.22	1.89	0.24	0.29	–0.50
峰度	3.24	3.32	2.56	9.46	2.33	2.13	5.18

3. 山东泰安试验区箱盒图和参数估计

箱盒图最主要的作用是找出一组数据中的特异值。图 6-18 显示的是分枝数、株高、茎粗、块茎鲜重、地上部鲜重、块茎个数和根鲜重的箱盒图，图中红色“+”表示特异值，图 6-18 中块茎鲜重、根鲜重和茎粗各有 1 个特异值，株高有 3 个特异值，在后期处理中将采用正常数据的上下限代替这些特异值进行后续处理。

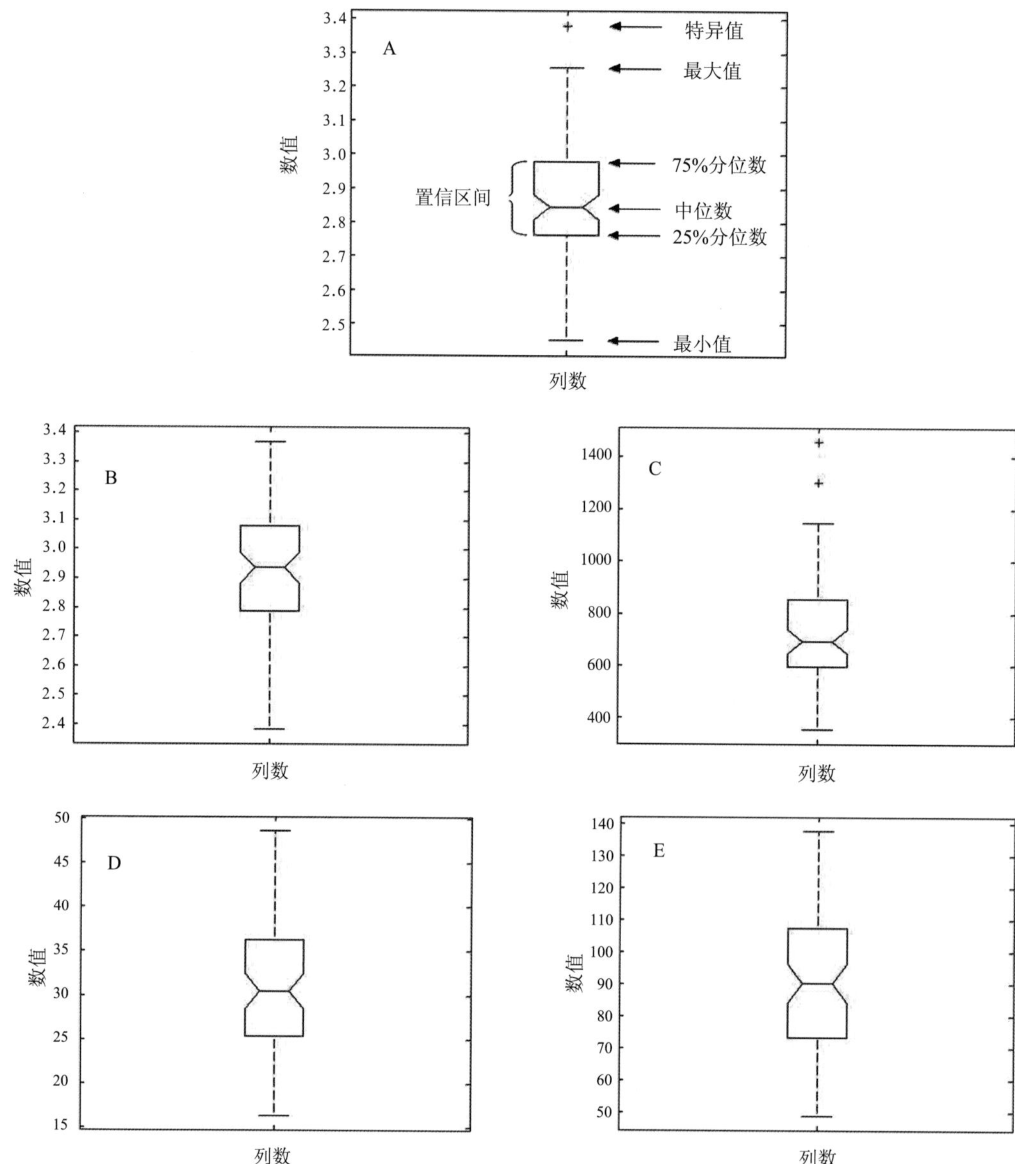

图 6-18　山东泰安试验基地菊芋试验区南菊芋 1 号形态学性状箱盒图

A：株高；B：茎粗；C：根鲜重；D：块茎个数；E：块茎鲜重

表 6-9 中参数估计的置信水平为 0.95。由参数估计推断出的总体茎粗的平均值为 2.79～2.95 cm；总体块茎鲜重的平均值为 1040～1370 g；总体分枝数的平均值为 19～21 枝；总体根鲜重的平均值为 452～615 g；总体块茎个数的平均值为 20～25 个；总体地上部鲜重的平均值为 2640～3630 g；总体株高的平均值为 3.28～3.49 m。总体茎粗的标准差为 0.22～0.34 cm；总体块茎鲜重的标准差为 427.60～666.39 g；总体分枝数的标准差为 2.82～4.40 枝；总体根鲜重的标准差为 215～333 g；总体块茎个数的标准差为 6.68～10.41 个；总体地上部鲜重的标准差为 1300～2010 g；总体株高的标准差为 0.27～0.42 m。

表 6-9　山东泰安试验基地南菊芋 1 号形态学性状的参数估计

项目	茎粗/cm	块茎鲜重/g	分枝数/枝	根鲜重/ g	块茎个数/个	地上部鲜重/g	株高/m
平均值的置信区间	2.79～2.95	1040～1370	19～21	452～615	20～25	2640～3630	3.28～3.49
标准差的置信区间	0.22～0.34	427.60～666.39	2.82～4.40	215～333	6.68～10.41	1300～2010	0.27～0.42

4. 山东泰安试验区南菊芋 1 号形态学正态分布检验

南京农业大学海洋科学及其能源生物资源研究所菊芋研究小组利用 MATLAB 检测山东泰安试验基地菊芋研究区获取的南菊芋 1 号各形态学性状数据是否服从正态分布。从图 6-19 可以看出，菊芋的各形态学性状的正态概率图基本呈现一条直线，基本符合正态分布规律。

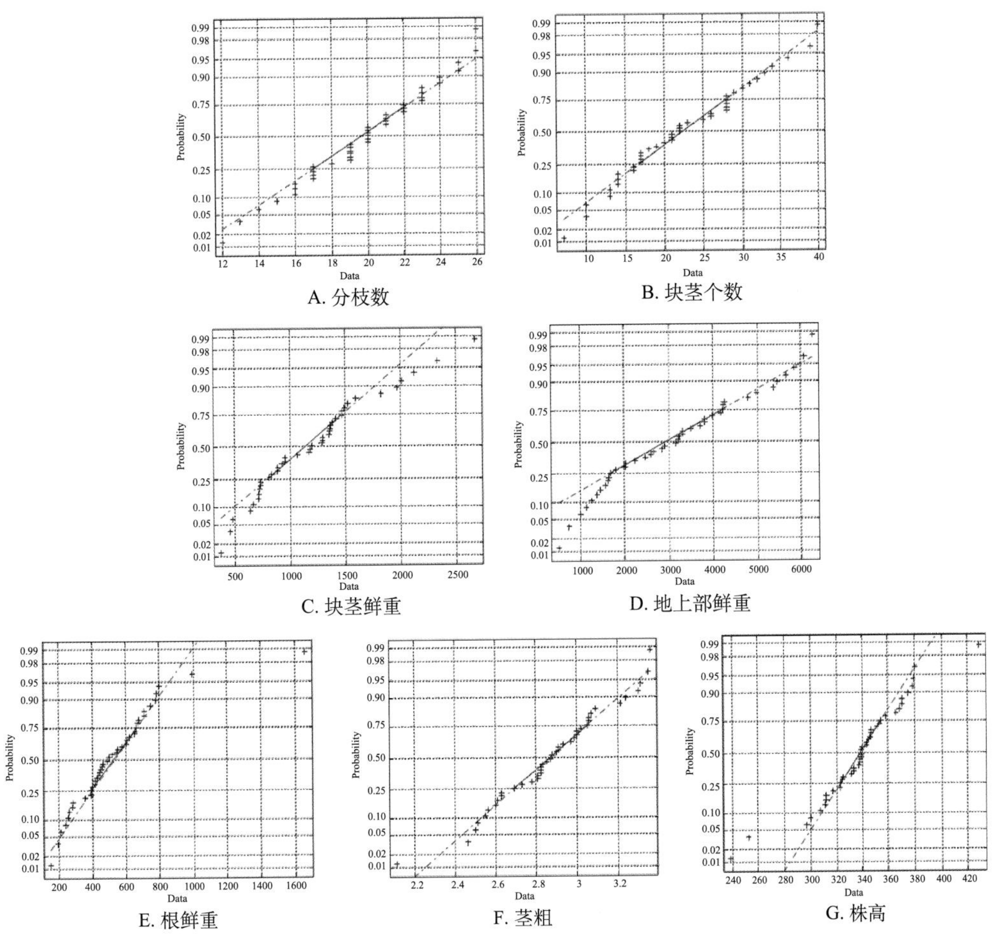

图 6-19　山东泰安试验基地菊芋研究区南菊芋 1 号形态学正态概率图

5. 山东泰安试验区南菊芋 1 号形态学性状空间分布

运用地统计学软件 ARCMAP 对山东泰安试验基地菊芋研究区获取的南菊芋 1 号各形态学性状数据进行了协同克里金插值，并绘制出了菊芋形态学性状的空间分布图（图 6-20），比较南菊芋 1 号的 7 种主要形态学性状发现，块茎个数和块茎鲜重在南北方向中间部分局部数据高于四周；分枝数、茎粗与株高的空间分布上，西半部高于东半部；地上部鲜重南半部重于北半部；根鲜重空间异质性很大，但无大范围趋势。

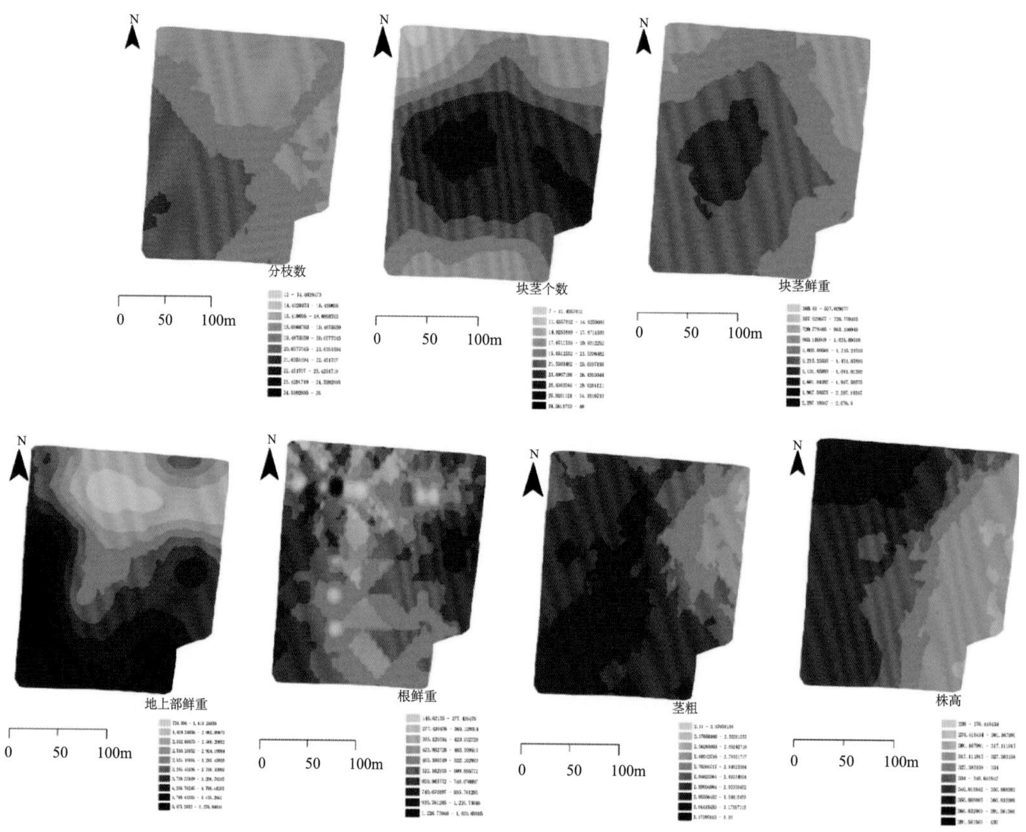

图 6-20　山东泰安试验基地菊芋研究区南菊芋 1 号形态学性状空间分布

6. 山东泰安试验区南菊芋 1 号形态学性状统计分析

南京农业大学海洋科学及其能源生物资源研究所菊芋研究小组利用 Pearson 相关系数探索菊芋各形态学性状的相互关系（表 6-10）。其中有 9 个 r 值是负数，其余 12 个都是正数，Pearson 相关系数的分布情况见表 6-11。由表 6-10 和表 6-11 可知，没有 r 值在极强相关范围内（0.8～1.0）；1 个 r 值在强相关范围内（0.6～0.8），即块茎个数和块茎鲜重的 0.763，该数据表明，在 76.3%的情况下，块茎鲜重会随块茎个数的增加而变重。1 个 r 值是中等相关（0.4～0.6），即地上部鲜重和根鲜重的 0.459。4 个 r 值是弱相关（0.2～0.4），分别是分枝数和块茎鲜重的 0.237，分枝数和地上部鲜重的 0.203，分枝数和茎粗的 0.398

以及分枝数和株高的 0.255。6 个 r 值是极弱相关（0.0～0.2），分别是块茎个数和地上部鲜重的 0.042，块茎鲜重和茎粗的 0.032，块茎鲜重和株高的 0.154，地上部鲜重和茎粗的 0.073，地上部鲜重和株高的 0.051 以及分枝数和块茎个数的 0.061。剩余的 9 个 r 值则都为负相关（<0.0），这意味着当其中一个参数变大时，另一个参数会随之变小。

表 6-10　山东泰安试验基地菊芋研究区南菊芋 1 号形态学性状之间的 Pearson 相关系数

项目	分枝数	块茎个数	块茎鲜重	地上部鲜重	根鲜重	茎粗	株高
分枝数	1.000	0.061	0.237	0.203	–0.072	0.398	0.255
块茎个数	0.061	1.000	0.763	0.042	–0.099	–0.173	–0.228
块茎鲜重	0.237	0.763	1.000	–0.006	–0.288	0.032	0.154
地上部鲜重	0.203	0.042	–0.006	1.000	0.459	0.073	0.051
根鲜重	–0.072	–0.099	–0.288	0.459	1.000	–0.580	–0.132
茎粗	0.398	–0.173	0.032	0.073	–0.580	1.000	–0.003
株高	0.255	–0.228	0.154	0.051	–0.132	–0.003	1.000

表 6-11　山东泰安试验基地南菊芋 1 号形态学性状 r 值的分布情况

Pearson 相关系数范围	0.8～1.0	0.6～0.8	0.4～0.6	0.2～0.4	0.0～0.2	<0.0
r 值的个数	0	1	1	4	6	9

由表 6-12 可知，在菊芋的各形态学性状中，单株菊芋的株高、茎粗、块茎个数、根鲜重、块茎鲜重、分枝数、地上部鲜重的边际效应表现不一致，总体上，边际效应大小依次为块茎鲜重>地上部鲜重>茎粗>块茎个数>分枝数>株高>根鲜重。其中，块茎鲜重的边际效应为 52.40%；地上部鲜重的边际效应为 21.39%；茎粗的边际效应为–1.03%；块茎个数的边际效应为–3.70%；分枝数的边际效应为–5.56%；株高的边际效应为–6.12%；根鲜重的边际效应为–10.17%。由此推断菊芋的块茎鲜重和地上部鲜重这两个形态学性状表现为正向边际效应；茎粗、块茎个数、分枝数、株高和根鲜重则表现为负向边际效应。表 6-12 中数据还表明，菊芋单株的边行块茎产量高于内行块茎产量，增产高达 52.40%，这说明在 216 m×168 m 的采样区中，菊芋存在边际效应。

表 6-12　山东泰安试验基地南菊芋 1 号不同行形态学性状的特征值

项目	第一行（边行）	内行平均值	边际效应/%	第二行	第三行	第四行	第五行	第六行	中间部分
分枝数（60 cm 处）	18	19	–5.56	17	19	22	19	21	17
块茎个数	26	27	–3.70	17	18	30	32	29	34
块茎鲜重	2385	1565	52.40	1500	1542	1809	1511	1482	1566
地上部鲜重	6668	5493	21.39	6229	5195	5339	5480	5063	5651
根鲜重	839	934	–10.17	985	1070	680	939	842	1087
茎粗	2.88	2.91	–1.03	3.03	2.77	3.02	2.94	2.82	2.87
株高	3.07	3.27	–6.12	3.37	3.30	3.26	3.23	3.32	3.15

6.2.3　山东泰安与江苏大丰南菊芋 1 号的边际效应比较

从泰安试验基地的南菊芋 1 号的形态学性状发现，南菊芋 1 号块茎个数和块茎鲜重在南北方向中间部分局部数据高于四周；分枝数、茎粗与株高的空间分布上，西半部高于东半部；地上部鲜重南半部重于北半部；根鲜重空间异质性很大，但无大范围趋势。对山东泰安试验基地边际效应的分析后发现，在南菊芋 1 号的各形态学性状中，边际效应大小依次为块茎鲜重>地上部鲜重>茎粗>块茎个数>分枝数>株高>根鲜重。菊芋单株的边行块茎产量高于内行块茎产量，增产达 52.40%。而对江苏大丰试验基地边际效应分析后发现，根鲜重和块茎个数在南北方向，北半部的值比南半部偏大；在菊芋茎粗方面，不论在南北方向还是东西方向，变化都较小，但北边的菊芋茎粗仍然稍大于南边；块茎鲜重不论在南北方向还是东西方向基本变化不大；株高在南北方向，北边明显高于南边。块茎鲜重和块茎个数的空间分布情况较为相似，但与根鲜重没有明显关联。不同土层盐度的空间分布情况表明，随着土层深度的加深，盐度的数值明显增大，同一土层盐度，南北方向，北边较南边盐度偏大；东西方向，虽土壤盐度存在差异，但趋势不明显。5 m 宽的边际带仍表现出边际效应，边际效应的大小依次为块茎个数>块茎鲜重>株高>茎粗>根鲜重。菊芋块茎产量边际带较非边际带产量高出 18.82%。江苏大丰和山东泰安的边际效应分析同时表明，试验田菊芋种植密度偏大（4000 株/亩），可适当减少种植密度，在增产的同时，减少其他资源的损耗[31]。

江苏大丰和山东泰安试验基地数据的 Pearson 相关系数同时表明，块茎个数和块茎鲜重之间呈现极强相关，其中泰安试验样地为 0.763，大丰试验样地为 0.696，即块茎鲜重会随块茎个数的增加而变重。

6.3　菊芋非耕地栽培原理与轻简栽培技术

菊芋（*Helianthus tuberosus* L.），俗称洋姜，是菊科 （Compositae）向日葵属能形成地下块茎的能源植物，因其优异的经济、环保、能源开发价值以及不断拓展的适种范围，有望弥补传统能源作物“与人争粮、与粮争地”的致命缺陷，而成为优先选择的新型重要能源作物。相对于玉米、甘蔗等传统能源作物，菊芋的优势比较明显：一方面，其扎根于地下的块茎富含菊粉，糖的含量比甘蔗高出 30%，甜度更是蔗糖的两倍；另一方面，其地上部生物量巨大，具有作为纤维素乙醇生产原料的潜在价值[32]。更有意义的是，耐寒、耐旱、耐盐碱的菊芋无须精耕细作，一次种植，多年收获，贫瘠土地上亩产可达上万斤，适合在荒漠、滩涂、盐碱草地等非耕地上推广耕种，不与粮争地[33]。除了巨大的能源潜力与经济性，菊芋的生态效益同样不可小觑。沙漠中，它被喻为“地上一把伞”——植株高大抗风沙，“地下一张网”——发达的根系可有效保持水土，改良土壤，而每年 20 倍以上的繁殖扩张速度，更让菊芋成为“一劳永逸”的治沙先锋[34]。尽管如此，一直以来，菊芋在我国仅有零星栽培，尚未得到有效推广。在我们这样的农业大国，若能大力推广菊芋等优良能源作物品种并加以有效利用，则有望形成国家生物质能源战略优势。

6.3.1　滨海盐渍土菊芋栽培原理及轻简栽培技术

不同的物候条件形成不同的盐渍土水盐运动特征，不同类型水盐运动特征的盐渍土上势必需求不同的菊芋种植方法、水肥管理等栽培技术。针对这一特点，南京农业大学海洋科学及其能源生物资源研究所菊芋研究小组从 1999 年开始，分别在江苏、山东、海南、河北、吉林、黑龙江、青海、新疆、河南等地区盐碱荒漠土壤进行了菊芋栽培技术研究、集成与示范。本节主要对沿海海涂半湿润温暖带、湿润暖温带与季节性干旱热带的滨海盐渍土地区，高寒荒漠地区，以及内陆干旱盐渍土地区的菊芋双减栽培技术，如播种密度、微地貌利用、覆盖、水肥管理、防灾减灾等各个方面研究成果，做比较系统的介绍。

6.3.1.1　滨海盐渍土菊芋栽培原理

海涂为海陆过渡地带，是对陆和对海最为敏感的环境地带。我国海涂总面积约 3500 多万亩，相对于内陆盐土地区，沿海地区有较大的开发利用潜力与旺盛的市场需求，具有创建生态高值农业最佳的自然条件与广阔的空间。

1. 遵循菊芋产品形成理论

该理论包括菊芋生育进程中各器官建成和产量与品质形成规律及相应的形态、生理指标的调控。例如，菊芋地上部与地下部器官之间的同伸关系，菊芋根系与块茎的同伸关系，充分利用菊芋内源激素的调控机制，协调好菊芋不同生长时期的源、流、库三者之间的关系，以便最终获得较高的经济产量与较上乘的品质。

2. 科学运用菊芋的代谢与生理生态相关理论

该理论包括菊芋与外界环境（温、光、水、肥、盐、气）之间的关系，充分利用盐土肥、盐、水耦合的研究成果，以实现滨海盐渍土菊芋的高产优质生产；利用菊芋种植边际效应研究成果，确定菊芋种植密度、畦宽的田间安排，以及菊芋的间作与套作的时空组合，合理利用群体与个体之间的关系。例如，利用菊芋的边际效应范围确定畦宽，菊芋与油菜套作以缓解菊芋的边际效应带来的负面影响，利用菊芋与马铃薯间作以建立合理群体结构，提高植物的光合作用效率与挖掘物质生产潜力。

3. 建立滨海盐渍土菊芋标准化栽培理论

充分利用菊芋各种栽培措施和调控技术的作用原理，遵循其在不同群体生态条件下的正负效应和应用原则，并向科学定时、定量方向发展，逐步形成滨海盐渍土菊芋简约化栽培调控技术的模式化、规范化、指标化。在上述三部分基本原理中，菊芋的水肥盐调控技术措施是手段，协调菊芋与盐渍环境及菊芋群体内部的关系是途径，培育滨海盐渍土菊芋高产、优质、高效的群体与提高滨海盐渍土肥力是目标。

在盐渍土的水肥盐定向调控方面，由于我国盐渍土盐分动态变化基本上为三大类型，即脱盐类型、脱盐与积盐相间类型和积盐类型，在我国东南部沿海盐渍土地区，整体上处于脱盐阶段，因此在这些地区宜实施菊芋覆垄高产栽培技术等；而在黄河三角洲季节性脱盐与季节性积盐相交替，菊芋的播种期应尽量错开土壤积盐期；新疆盐渍土基本上处于积盐状态，因此菊芋宜种植在垄沟下。

6.3.1.2 滨海盐渍土南菊芋 1 号轻简栽培技术

滨海盐渍土种植抗逆高效新资源植物——菊芋，大大加快了海涂盐渍土的脱盐培肥过程。南京农业大学海洋科学及其能源生物资源研究所菊芋研究小组从 1988 年开始，就在海涂开始菊芋、刺梨、无花果、罗布麻等耐盐植物的筛选与栽培研究，从 1999 年开始，目标相对集中在菊芋、油菜、籽粒苋、库拉索芦荟、长春花等具有开发前景的药食同源耐盐新资源植物上，2000 年，专门成立了菊芋攻关小组，首先对不同气候带海涂菊芋种植进行长期试验研究，积累了一定的经验，集成了完整的滨海盐渍土菊芋栽培技术规程。

品种选择：选用优质丰产、抗病抗逆性强、适应性广、商品性好、适宜加工的品种，根据种植实际，做到品种区域化种植。

播前准备：菊芋喜欢疏松、肥沃的砂壤土或壤土。前茬作物收获后，对土壤进行深翻 30 cm 以上，要求翻匀、翻松，翻之前施优质农家肥 3000～4000 kg/亩、磷酸二铵 20 kg，基肥用量占总用肥量的 90%，播前进行施肥、灭虫等工作，然后进行深翻，耙磨平后播种。

播种：播前选大于 30 g、无病、无伤的块茎作种，可整薯播种，也可切块播种。切块要用草木灰拌种。根据各地不同的立地条件，一般株距为 40 cm、行距为 60 cm；或宽窄行种植，行株距为 80 cm×40 cm×40 cm。播种时将种薯芽向上，播种深度以 10 cm 为好。

田间管理：播种出苗后，即行中耕、除草，中耕松土层达 5 cm 以上，防止伤根伤苗。秋季随时摘除花蕾，节省养分，以利块茎膨大和充实。

肥水管理：菊芋苗期必须灌水促进幼苗生长。菊芋在现蕾开花期，地下部发生大量地下茎，地上部同化产物向地下累积，此时也不能缺水，菊芋虽耐旱但不耐渍，应及时排涝。除基肥外，在 6 月中、下旬，每亩追施尿素 10 kg 左右。现蕾前叶面喷施 0.3%～0.5%磷酸二氢钾 2～3 次，每次间隔 15 d 左右。

收获与储藏：于 11 月在田间植株茎叶干枯时收获，防止机械损伤，块茎在通风透光处放置 1～2 d 后在背阴处进行埋藏，埋藏沟规格一般宽为 1.0～1.50 m，深 0.5～1.0 m，长不定，一层菊芋一层土，随放随埋，埋至与地面相平。

下面分别系统介绍南京农业大学海洋科学及其能源生物资源研究所菊芋研究小组在半干旱半湿润的山东莱州与湿润的江苏大丰滨海盐渍土菊芋双减栽培技术成果。

1. 山东莱州滨海盐渍土南菊芋 1 号轻简栽培技术

南京农业大学海洋科学及其能源生物资源研究所菊芋研究小组在科技部 863 专项（819-08-06）资助下于 1999 年 3 月在山东莱州朱由镇建立莱州耐盐植物研究所，形成菊芋研发团队，对菊芋海涂栽培进行长期大田试验研究。本部分主要介绍山东莱州半干旱半湿润带滨海盐渍土南菊芋 1 号栽培技术成果。

1）山东莱州盐渍土南菊芋 1 号海水安全灌溉技术

我国淡水资源严重紧缺，权威部门提供的资料表明，2010 年，中国缺水达 318 亿 m^3，2030 年缺水将上升为 500 亿 m^3。据测算，2010 年我国工业、农业、生活及生态环境总需水量在中等干旱年为 6988 亿 m^3，而供水能力只有 6670 亿 m^3，如遇干旱年份，缺水矛盾将更加突出，到 2030 年，中国将进入缺水高峰期。美国《财富》双周刊评论认为，21 世纪水对人类的重要性将同石油在 20 世纪对人类的重要性一样：它将成为一种决定国家富裕程度的珍贵商品。可见，水资源显得比能源资源更加重要，将成为世界性的战略资源。

我国拥有大量闲置海涂，更应特别重视海水灌溉农业的研究。所谓海水灌溉农业，是以沿海滩涂非耕地盐渍土资源、盐生植物资源和海水资源为对象的新型农业，是现代农业中具有活力与生命力的新的分支。海水灌溉农业这种资源的多元化，决定着海水灌溉农业不可替代的特殊优势：海水灌溉农业高效利用了海涂的非耕地盐渍土资源，促进了海涂盐渍土肥力提高，把风沙肆虐的不毛海滩变成绿洲，同时利用闲置的巨量海水替代宝贵的淡水，尤其是海水灌溉农业为人类提供了独特的产品，促进我国农产品消费结构的变革，产生巨大的社会效益、生态效益与经济效益。因此，中国沿海滩涂海水灌溉农业研究及其配套技术体系推广应用就是集理论研究、技术研究及其配套组装的研究于一体，探讨我国海涂海水灌溉农业的理论与实践，并通过海水灌溉，把海涂土地资源、盐生植物资源、海水资源及光能资源最大程度、较高效益地利用起来。由于海岸带海水灌溉农业是海岸带海水养殖业与海洋增养殖业相连接的关键环节，海涂海水灌溉农业的研究必将推动整个海洋经济的发展。为此，作者从 1999 年起就开始海涂海水灌溉耐盐特质植物的研究[35-37]，对菊芋海水灌溉的研究更为系统与深入[38-41]。

南京农业大学海洋科学及其能源生物资源研究所菊芋研究小组于南京农业大学山东莱州 863 示范基地进行海水灌溉菊芋的田间长期定位试验，选取土壤肥力相对一致的田块按随机区组排列，所有海水灌溉处理均设 3 个重复。小区面积 10 m^2（2.5 m×4 m），小区之间用 0.12 mm 聚乙烯薄膜埋深 1.0m 以防土壤中水盐互渗，地面筑埂 20 cm 高，以防灌溉时互溢。种植密度为每小区 4 行，每行 10 株。种前按 2000 kg/hm^2 标准施腐熟牛粪。试验灌溉用水由当地海水和淡水按设计方案混合而成，共有 6 个处理，分别为：0%、10%、30%、50%、75%、100%（海水占灌溉水体积比）。2001～2003 年于相同小区连续进行相同处理水平的海水灌溉，一年灌溉两次，年灌溉总定额为 1500 m^3/hm^2。灌溉时间：2001 年为 5 月上旬（苗期）和 8 月下旬（块茎膨大盛期）；2002 年为 6 月上旬（块茎膨大初期）和 9 月上旬（块茎膨大盛期）；2003 年为 5 月上旬和 8 月中旬。于每年的 10 月底菊芋收获季节，采样分析。菊芋生育期内各月份降雨情况如下（表 6-13）。

2）2002 年山东莱州南菊芋 1 号大田海水灌溉下离子在土壤 0～40 cm 内的分布

从图 6-21 看出，海水灌溉下大量的 Na^+和 Cl^-以及 Ca^{2+}、Mg^{2+}、K^+随灌溉水进入农田土壤。从离子累积的相对量来看，收获时 75%海水灌溉处理，0～5 cm 土壤 Cl^-含量是播种前的 16.59 倍，5～20 cm 土壤 Na^+、K^+为播种前的 4.39 倍和 1.40 倍，20～40 cm 土壤 Ca^{2+}、Mg^{2+}含量为播种前的 4.44 倍和 4.00 倍。而从各离子累积的绝对量来看，Na^+、Cl^-在 5～20 cm 土层残留较多；而 Ca^{2+}、Mg^{2+}则主要在 20～40 cm 土层积累，这是由于

表 6-13　2001～2003 年山东莱州南菊芋 1 号生育期内各月份降雨总量

月份	降雨量/mm		
	2001 年	2002 年	2003 年
4	43.0	23.7	43.6
5	8.9	64.0	26.8
6	147.6	41.2	81.1
7	335.7	105.1	192.3
8	113.2	64.5	198.2
9	35.5	27.0	147.2
10	21.0	39.1	40.9
降雨总量	704.9	364.6	730.1

注：试验用海水基本性状为：pH 为 8.30，矿化度为 33.326 g/L，HCO_3^- 为 0.216 cmol/kg，SO_4^{2-} 为 8.057 cmol/kg，Cl^- 为 49.337 cmol/kg, Ca^{2+}为 3.925 cmol/kg，Mg^{2+}为 8.418 cmol/kg，K^+为 1.524 cmol/kg，Na^+为 41.217 cmol/kg。

Ca^{2+}、Mg^{2+}易被 Na^+从土壤胶体中交换下来，进入土壤溶液，此外，海水灌溉会使土壤产生盐效应，提高土壤难溶性钙镁盐类的溶解度，这都使得它们更易被淋洗到 20 cm 以下土层，有利于植物的生长；K^+是最易被淋洗的离子，虽然海水带入了大量的 K^+，但除了在 5～20 cm 土层稍高外，其他两个层次都比较低，在 20～40 cm 土层上 25%海水处理以上浓度，K^+含量均小于不灌溉和对照处理，说明 K^+易于被淋洗到 40 cm 以下土层。

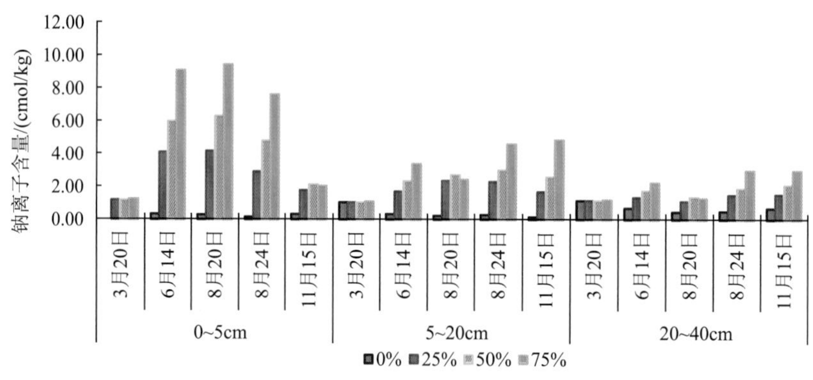

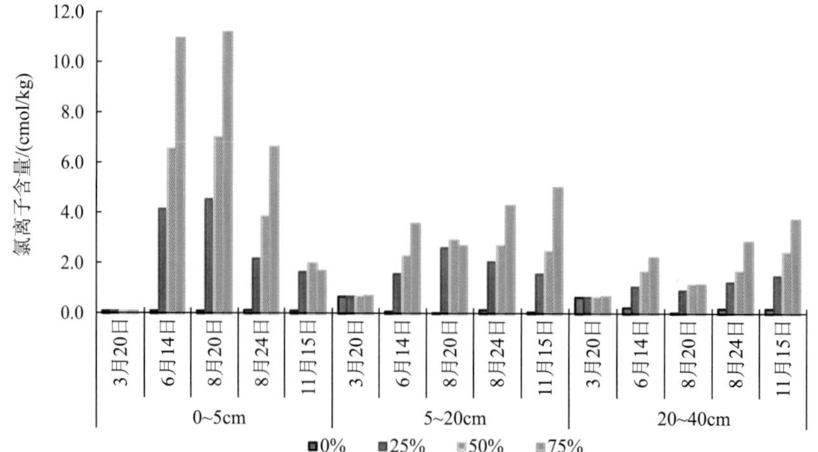

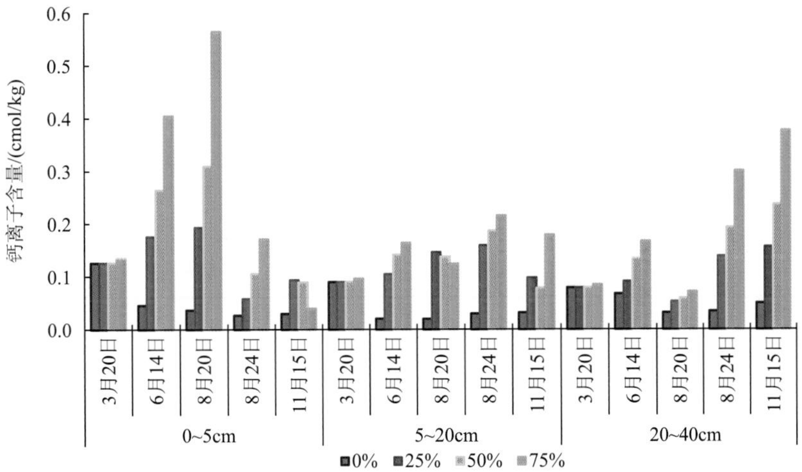

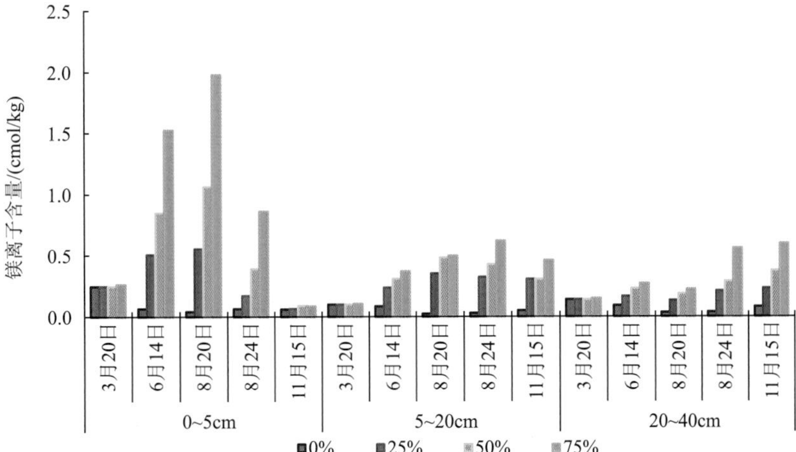

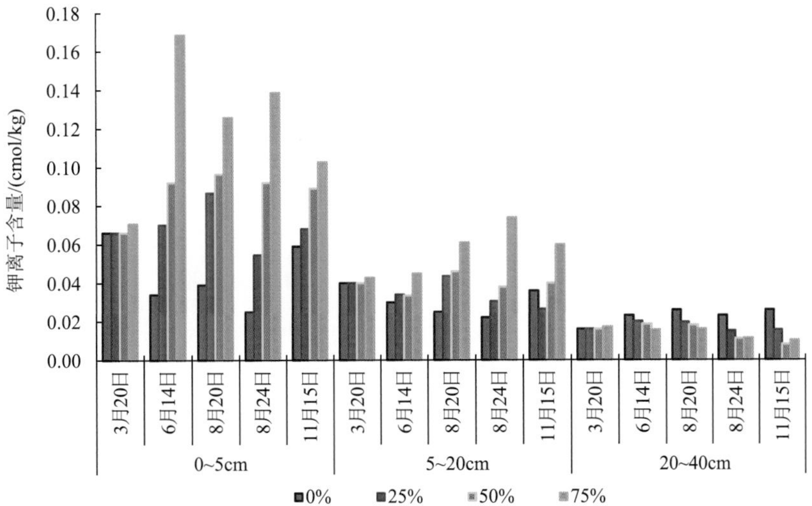

图 6-21　山东莱州海水灌溉土壤 0～40 cm 中离子分布

由表 6-14，通过计算[参照公式土壤全盐量（%）=EC×0.064（EC 单位：dS/m）][42]可知，0～60 cm 土体内 Cl^-、Na^+含量占土壤水溶性总盐含量的比例随灌溉水中海水比例的增加而递增，在对照中占 57.9%，50%处理下达到最大，为 79%，之后保持稳定。可见，Cl^-、Na^+是滨海盐渍土中最主要的离子，海水灌溉后其含量不断增加，但在 50%海水灌溉下 0～60 cm 土层内达到平衡。

表 6-14　各处理下不同层次土壤电导率变化（2002 年）　　（单位：μS/cm）

剖面深度/cm	处理					
	0%	10%	30%	50%	75%	100%
0～5	60	79	190	505	302	257
5～20	159	259	375	489	484	528
20～40	295	335	382	474	520	676
40～60	437	423	410	417	470	700

（1）山东莱州 2002 年大田海水灌溉下离子在南菊芋 1 号不同部位的分布

如图 6-22 所示，随着灌溉水中海水比例的升高，菊芋根和茎中的 Cl^-、Na^+含量呈上升趋势，但叶片中 Cl^-、Na^+含量保持稳定。在高海水比例灌溉水灌溉下，菊芋各器官中 Cl^-、Na^+含量：茎>根>叶。菊芋整个植株中 K^+含量在 50%～100%处理下明显高于 0%～30%处理下，但在不同器官中含量无明显差异。菊芋叶片中 Ca^{2+}含量明显大于根和茎，在不同处理下含量变化不大。菊芋茎中 Mg^{2+}含量在 50%～100%处理下含量下降，而在叶片和根部无此变化。

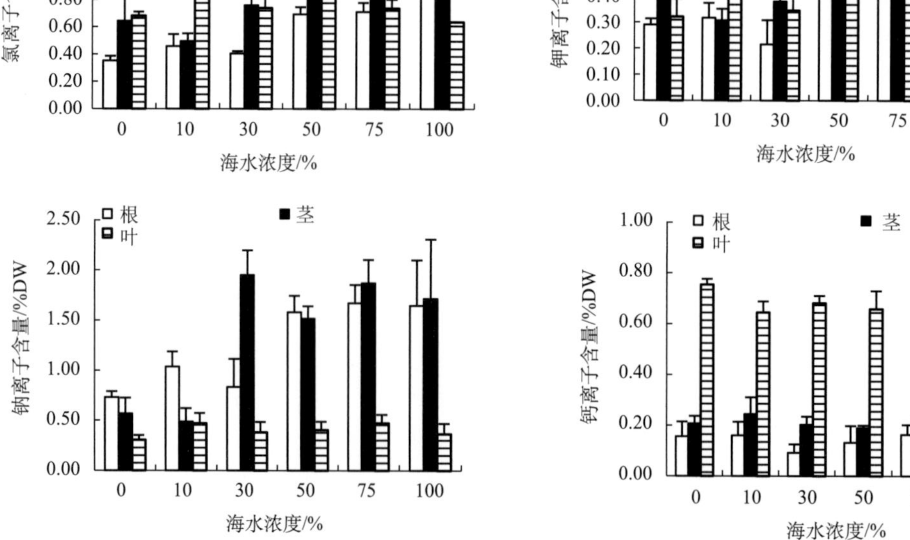

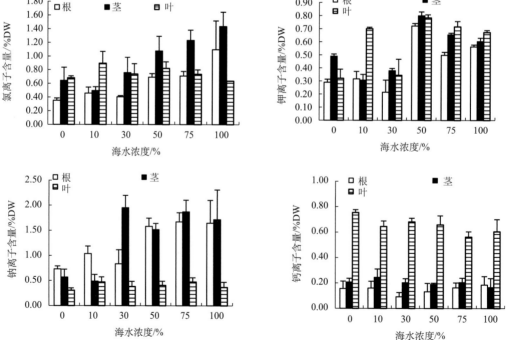

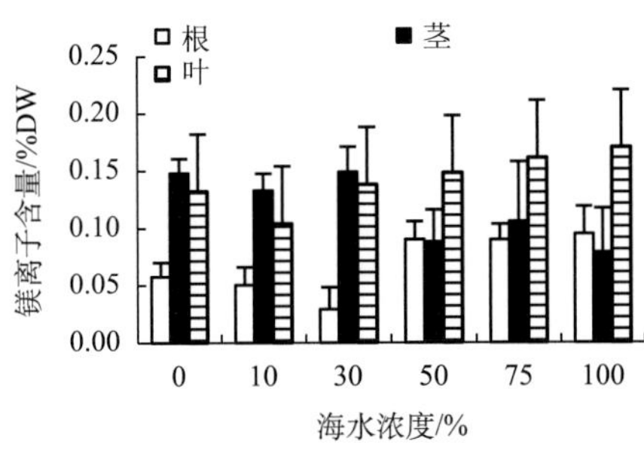

图 6-22　山东莱州基地海水灌溉下主要离子在南菊芋 1 号根、茎、叶中的含量

（2）山东莱州 2002 年大田海水灌溉对南菊芋 1 号株高及生长速率的影响

如表 6-15 所示，第一次海水灌溉后（6 月上旬），其植株的生长明显受灌溉水中海水浓度的影响，随着海水浓度的增加，块茎膨大初期的菊芋植株高度在 75%处理下开始下降，在 100%处理下下降幅度达到 22.4%；而收获期菊芋植株高度在 50%处理下明显下降，在 100%处理下下降幅度达到 28.7%。同时菊芋植株高度的生长速率只有在 100%处理下才明显大幅度下降，从正常的 1.1 cm/d 左右到 0.8 cm/d 左右。

表 6-15　海水灌溉对南菊芋 1 号株高及生长速率的影响（2002 年）

处理	株高/cm		生长速率/（cm/d）
	7 月 15 日	11 月 7 日	
0%	91.6	219.2	1.16
10%	109.7	241.1	1.19
30%	103.5	243.1	1.26
50%	97.3	214.5	1.06
75%	88.2	213.5	1.13
100%	71.1	156.3	0.77

（3）山东莱州 2002 年菊芋大田海水灌溉对南菊芋 1 号地上部及块茎产量的影响

如表 6-16 所示，海水灌溉后，菊芋地上部及块茎产量只有在 50%处理下与对照相比才有显著差异，分别减产 37%和 32%，但仍未达到极显著水平。100%海水浇灌下，菊芋

表 6-16　山东莱州海水灌溉处理对南菊芋 1 号地上部及块茎产量的影响（2002 年）

处理	地上部产量（干重）/（kg/10 m^2）	差异显著性		块茎产量（鲜重）（kg/10 m^2）	差异显著性	
		0.05	0.01		0.05	0.01
0%	18.7	a	A	68.7	a	A
10%	18.3	a	A	65.3	a	A
30%	16.8	a	AB	63.0	a	A
50%	11.7	b	ABC	47.0	b	AB
75%	10.2	b	BC	35.0	b	B
100%	5.1	c	C	11.3	c	C

注：小写字母和大写字母分别表示差异水平在 95%和 99%，同一列标相同字母的为不存在差异。

不管地上部还是块茎产量与对照相比都极显著下降。可见选用适度比例的海水对菊芋进行灌溉是安全可行的，在一定范围内不会影响其产量。

（4）山东莱州 2002 年菊芋大田海水灌溉对南菊芋 1 号块茎菊粉含量的影响

菊芋块茎中富含菊粉，近年来欧美和亚洲一些经济发达的国家正在研究从菊芋等植物的块茎制备菊粉、经酶水解直接生产高果糖浆的方法，此法具有工艺简单、转化率高、产物纯等优点[43]。因此，海水灌溉对菊芋块茎菊粉含量是否有影响具有深远意义。如表 6-17 所示，在不同处理海水灌溉下，菊芋块茎的菊粉含量从 39.79%到 65.90%，各处理间无显著差异[F（=0.98）<$F_{0.05}$（=3.33）]，可见利用海水资源对菊芋进行灌溉不会影响其菊粉含量。资料表明，菊芋块茎中菊粉含量与收获季节和储存温度变化有关[43]。

表 6-17　山东莱州海水灌溉对南菊芋 1 号块茎菊粉含量的影响（2002 年）

重复	处理					
	0%	10%	30%	50%	100%	75%
I	63.66	46.28	49.56	40.14	44.77	42.65
II	39.79	44.74	45.86	47.59	44.27	48.45
III	52.84	57.03	56.58	59.02	58.91	65.90

离子区隔化是随着电子探针技术和生理学研究的发展，近年被确认为植物耐盐的重要机理之一。它是指植物将过量的有毒离子阻隔于对其生命活动影响最小的器官（如老叶）或细胞内某些部位（如液泡）的现象。离子区隔化取决于植物对盐分的吸收、运输和分配，且具有一定的选择性。离子从根部向地上部的运输主要受控于木质部薄壁细胞向导管中转移。K^+在植物地上部的转移和分配，取决于细胞中液泡的 Na^+/K^+交换。大量研究结果表明，植物的离子区隔化与其耐盐性有着密切的关系。例如，抗盐大豆品种“Lee”的质膜对 Cl^-透性小，进入细胞的 Cl^-在液泡中积累，向地上部运输的 Cl^-大为减少；不抗盐品种“Jackson”的液泡不会积累 Cl^-，因而 Cl^-大量向木质部转移。不抗盐大麦的 Cl^-向地上部运输的量比抗盐品种高 1.7～2.0 倍。一般来说，非盐生植物的叶片 $S_{K,Na}$ 显著大于根部，而盐生植物则往往相反。在大田条件下对植物离子区隔化的研究较少。作者的研究表明，在半干旱地区利用海水资源对菊芋进行灌溉，土壤盐分在 0～60 cm 土体内有一定的积累，其中 Na^+、Cl^-表现得最为明显，可见滨海盐土的盐渍化主要是由这两种离子引起的。同时 Na^+、Cl^-在土壤中有着很明显的向下迁移趋势，随着降雨的淋洗，这两种离子在耕层土壤中很容易保持低水平含量，从而降低对植物生长产生的影响。在高浓度海水灌溉下，菊芋的茎秆具有较强的截 Na^+、Cl^-能力，从而使得叶片中 Na^+、Cl^-含量一直保持低水平。在 50%～100%海水灌溉下，菊芋整个植株的含 K^+量明显上升，表明菊芋对 K^+具有较高的选择吸收能力，而 Mg^{2+}含量的下降很可能与 K^+、Na^+和 Mg^{2+}之间的拮抗作用有关。

利用海水资源进行灌溉对菊芋产量的影响是在半干旱地区对其推广的关键所在，本研究表明控制适度比例的海水进行灌溉，对具有一定耐盐耐旱能力的菊芋是安全可行的。其地上部和块茎的产量在 50%比例海水灌溉下才明显下降，但仍未达到极显著水平。而且，对于菊芋块茎中菊粉含量没有影响。因此，充分利用海水资源在半干旱地区对具有一定耐盐耐旱能力的经济植物进行灌溉，既可以大大缓解该地区农业用水的巨大压力，同时又可以获得满意的经济效益。

（5）山东莱州 2002 年与 2003 年不同降雨条件下南菊芋 1 号大田海水灌溉研究

山东莱州沿海年度降雨量差异很大，2002 年菊芋整个生育期内降雨量为 364.6 mm，而 2003 年为 730.1 mm，同时降雨时间又集中在灌溉期的 6～9 月，这对土壤中水盐运动及菊芋生长会产生重大影响。

①山东莱州不同降雨条件下海水灌溉对耕层土壤内盐分积累的影响：大多数作物根系分布在 0～40 cm 土层中，同时滨海盐渍土 0～40 cm 土层通常被认为是盐分运动和再分布比较活跃的层次[44]。由图 6-23 所示，2002 年耕层土壤中的盐分含量在 50%处理范围内随灌溉水中海水比例的增加而递增，而在 75%处理下耕层土壤盐分不再增加，这时耕层土壤盐分含量最高，约在 1.5 g/kg。而在 2003 年，随着灌溉水中海水比例的增加，耕层土壤盐分含量基本保持相同水平，在 50%处理下盐分含量稍高，达到 0.44 g/kg。由此可见，2003 年各处理下，耕层土壤盐分含量明显低于 2002 年。由表 6-13 可知，2002 年菊芋整个生育期内降雨量为 364.6 mm，而 2003 年为 730.1 mm，同时降雨时间又集中在灌溉期的 6～9 月。由此可见，在 730.1 mm 的降雨条件下，耕层土壤中的盐分能够得到充分淋洗，盐分含量最高仅为 0.44 g/kg。而在 364.6 mm 的降雨条件下，耕层土壤中的盐分积累明显，但在 50%达到饱和，盐分含量约在 1.5 g/kg。

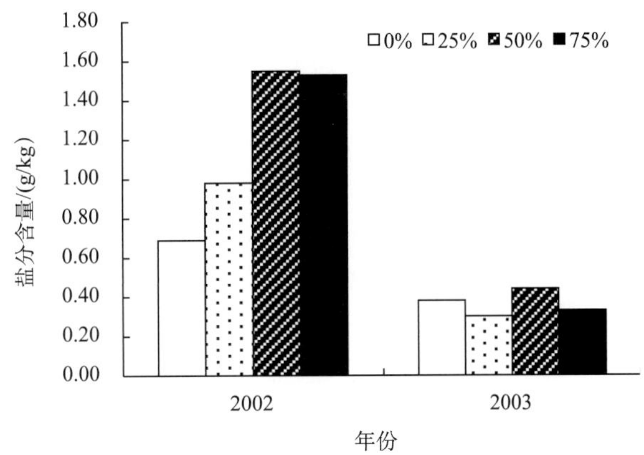

图 6-23　山东莱州海水灌溉对耕层土壤盐分累积的影响

②山东莱州不同降雨条件下海水灌溉对耕层土壤内钠吸附比（SAR 值）的影响：由图 6-24 可知，山东莱州耕层土壤 SAR 值的变化情况和盐分含量变化情况基本一致，可见 Na^+在土壤盐分中占据重要地位，盐分含量升高，主要是由 Na^+（此外还有 Cl^-）引起的。但这两种离子在土壤中的迁移性非常强，故一般来说不会长期积累。2002 年试验条件下，在 50%处理范围内，随着灌溉水中海水比例的增加，SAR 值逐渐递增，而在 75%处理下有所下降。2003 年，不同处理下，耕层土壤的 SAR 值除了在 50%处理下有所降低外，均维持在相同水平且大大低于 2002 年各处理。可见，滨海盐渍土壤 SAR 值的高

低，主要和 Na^+含量变化有关，同时在灌溉水中海水比例较高（大于 50%）时，由于 Ca^{2+}和 Mg^{2+}的大量加入，SAR 值也会有所降低。

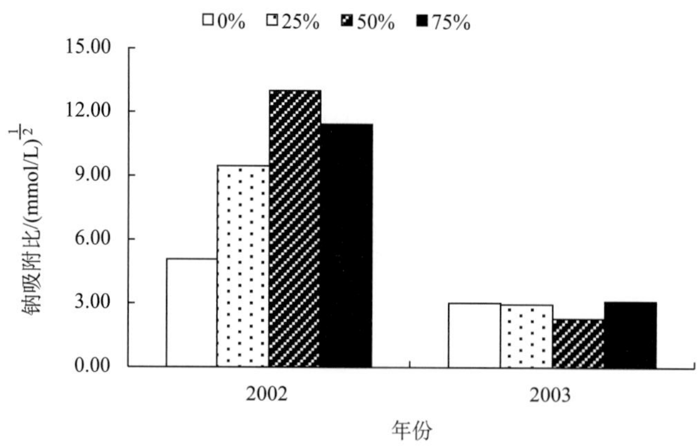

图 6-24　山东莱州海水灌溉对耕层土壤钠吸附比的影响

③山东莱州不同降雨条件下海水灌溉对耕层土壤各盐分离子累积的影响：如表 6-18 所示，山东莱州耕层土壤中主要盐分离子为 Cl^-和 Na^+，而 Ca^{2+}、Mg^{2+} 、K^+含量较低。在淋洗程度较低的 2002 年，各盐分离子含量随着灌溉水中海水比例的增加而递增，而在淋洗程度很高的 2003 年，仅 K^+表现出上升趋势，且含量大于 2002 年，这一结果可能与其在土壤中的吸附解吸机制有关。其余盐分离子含量 2003 年与 2002 年相比，Ca^{2+}、Mg^{2+}基本与 2002 年相似，Cl^-和 Na^+含量在各处理下明显小于 2002 年各处理。

表 6-18　山东莱州海水连续灌溉对耕层土壤盐分离子累积的影响

离子含量	2002 年				2003 年			
/（g/kg）	0%	25%	50%	75%	0%	25%	50%	75%
K^+	0.013	0.018	0.023	0.023	0.016	0.023	0.055	0.082
Cl^-	0.210	0.510	0.700	0.710	0.170	0.098	0.071	0.110
Na^+	0.180	0.360	0.520	0.530	0.160	0.100	0.110	0.150
$Ca^{2+}+Mg^{2+}$	0.038	0.037	0.043	0.070	0.071	0.031	0.048	0.054

④山东莱州不同降雨条件下海水灌溉对土壤盐分纵向分布的影响：如图 6-25 所示，山东莱州不同年份间降雨量的显著差别，使得其 0～60 cm 层次土壤盐分的纵向分布很不一致。2002 年，由于山东莱州降雨量较小，盐分淋洗不够。0%处理下，盐分含量随着土壤深度的加深而增加。但随着灌溉水中海水比例的升高，这种增加趋势趋于缓和，而盐分含量却明显高于 0%处理。2003 年降雨量大，土壤中的盐分淋洗充分，0%和 75%处理下，0～60 cm 层次土壤中的盐分保持较低水平。这一结果是由灌溉水带入的总盐量和地面覆盖程度共同作用所产生的。0%处理下，灌溉水带入的总盐量较低，使得 0～60 cm 内盐分含量几乎没有太大变化；而 75%处理下虽然灌溉水带入的总盐量很高，但由于覆盖程度很差（生物量减产幅度最大），故降雨能够充分淋洗 0～60 cm 层次土壤内的盐分。

而 25%和 50%处理下，灌溉水带入的总盐量较高而地面覆盖程度又较大，故盐分能够在 40 cm 后有所积累，导致盐分含量升高。

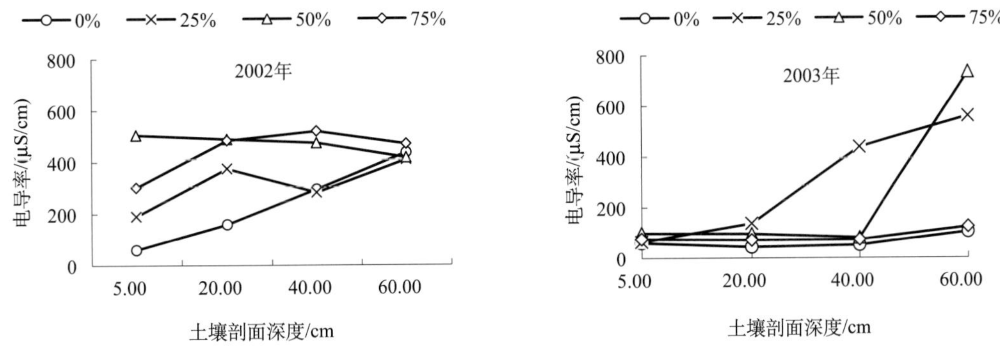

图 6-25　不同年份海水灌溉对 0～60 cm 层次土壤电导率的影响

⑤山东莱州不同降雨条件下海水灌溉对南菊芋 1 号产量的影响：如表 6-19 所示，山东莱州海水连续灌溉三年，各处理下菊芋产量 2001 年和 2002 年无明显差别，仅在 2003 年减产幅度较大，减产原因主要是灌溉时期过早（5 月上旬）以及自然灾害（生长期内遇大风，菊芋倒伏严重），可见不同降雨条件对菊芋产量的影响与灌溉时期有关，第一次海水灌溉时间对菊芋的生长发育有直接影响（表 6-20）。6 月上旬开始灌溉降雨量的大小对产量几乎没有影响，而 5 月上旬开始第一次灌溉将直接导致减产显著。在不同浓度海水灌溉下，菊芋产量逐渐减低，2001 年和 2002 年仅在 50%处理下才开始有显著下降，分别减产 23.9%和 26.2%；75%处理下减产幅度分别为 49.2%和 49.6%。2003 年在 25%处理下减产就达到显著水平，减产幅度为 47.8%，75%处理下减产 81.5%。

表 6-19　2001～2003 年山东莱州连续 3 年海水灌溉对南菊芋 1 号产量的影响

处理	菊芋块茎产量/（kg/10 m^2）		
	2001 年	2002 年	2003 年
0%	33.00±1.25a	31.50±3.74a	27.63±5.09a
25%	32.20±2.46a	27.22±1.38ab	14.42±2.26b
50%	25.10±1.86b	23.25±3.00b	10.17±2.98bc
75%	16.75±2.40c	15.87±1.62c	5.10±4.40c

表 6-20　2001～2003 年山东莱州第一次灌溉时期对南菊芋 1 号存活率的影响

处理	第二次海水灌溉前各处理小区内菊芋存活率/%		
	7 月上旬（2001 年）	6 月上旬（2002 年）	5 月上旬（2003 年）
0%	100a	100a	100a
25%	87.5ab	82.5ab	70b
50%	62.5bc	60bc	47.5c
75%	47.5c	45c	7.5d

海水灌溉下，土壤内盐分升高，盐分含量的多少一般用 EC 来表示。高盐分含量使得作物很难从土壤中吸取足够的水分，这一过程即生理干旱，作物吸收水分的多少与其产量直接相关，因此耕层土壤盐分含量过高成为作物减产最主要的原因。莱州地区连续 3 年进行的海水灌溉试验表明，不同盐度的灌溉水灌溉下，耕层土壤盐分积累受降雨量影响很大。730.1 mm 的降雨量能够使耕层土壤盐分保持在 0.8 g/kg 以下，且随着海水浓度的升高，耕层土壤总盐分含量并不升高，这一结果主要是由降雨的充分淋洗引起的。而 364.6 mm 的降雨强度使得耕层土壤内盐分积累明显，即使是 60 cm 深度依然积累明显。但这种积累在灌溉水中海水浓度达到 50%时趋于饱和，这一结果与赵耕毛等的盆栽试验研究结果相一致[45]。因此，可以认为即使在降雨量较低的情况下，60 cm 内的土壤总盐分含量并不完全随着海水浓度的增加而增加，在一定海水浓度下，该层次土壤盐分收支达到平衡。

虽然耕层土壤盐分含量的高低是影响作物产量的最主要因素，但土壤 SAR 值的大小对土壤物理特征有着决定性作用。Na^+含量过高，使得土壤黏粒分散，阻碍气孔，土壤渗透能力变差，而 Ca^{2+}、Mg^{2+}含量高则可以导致土壤聚合，渗透能力增强。低盐度灌溉水的灌溉使得土壤中 Ca^{2+}、Mg^{2+}含量因淋洗而减少，使得 SAR 值变高，这与高盐度灌溉水导致的 SAR 值升高虽然过程不同，但会产生相似的结果，均会使得土壤的渗透性变差。本试验表明，足够的降雨强度下，耕层土壤 SAR 值大大低于降雨不够充分的土壤，保持在较低水平，从而不会影响土壤的渗透性。同时，即使在降雨强度不够的年份，SAR 值也不会随灌溉水中海水比例的增加而一直递增。在灌溉水中海水比例特别高的情况下，由于 Ca^{2+}、Mg^{2+}大量加入，其值也会有所下降。

海水灌溉后，土壤中主要盐分离子为 Cl^-和 Na^+，而 Ca^{2+}、Mg^{2+}、K^+含量较低，可见滨海盐土的盐渍化主要是由这两种离子引起的。同时，Cl^-和 Na^+在土壤中移动能力要明显高于其他离子，所以它们在土壤中的含量受降雨的影响非常大，在降雨充分的条件下很容易在土壤中保持低含量（2003 年试验结果），从而降低对植物的离子伤害。而 K^+、Ca^{2+}、Mg^{2+}在降雨量较低的条件下，不同海水浓度灌溉下有所积累，但在降雨量大的条件下，不同海水浓度灌溉下不会积累，且其含量与降雨量较低的条件下相比无太大的变化。可见这三种离子在土壤中具有一定的移动能力，但明显低于 Cl^-和 Na^+。

海水灌溉除了引起生理干旱导致作物减产外，耕层土壤中累积的 Na^+、Cl^-等离子也会导致作物受到伤害，从而引起减产。试验表明海水灌溉后，土壤盐分离子中，Na^+、Cl^-占有较大比例，Ca^{2+}、Mg^{2+}、K^+在全盐中所占的比例不大，不会导致作物减产。因此，耕层土壤中 Na^+、Cl^-含量增加同样是减产的主要原因之一。利用海水资源进行灌溉对菊芋产量的影响是在半干旱地区对其推广的关键所在，本研究表明控制适度比例的海水进行灌溉，对具有一定耐盐耐旱能力的菊芋是安全可行的。正常自然条件下海水连续灌溉，对产量的影响主要和灌溉时期以及灌溉水的浓度有关。灌溉时期不宜过早，5 月上旬苗期菊芋对盐分过于敏感，使得与前 2 年相比减产显著。海水灌溉后，短期内耕层土壤中的盐分无法得到淋洗，从而导致胁迫的发生。试验表明，其地上部和块茎的产量在 50%比例海水灌溉下才明显下降，但仍未达到极显著水平。因此，50%处理是海水灌溉的阈值浓度。同时海水灌溉对于菊芋块茎中菊粉含量没有影响。因此，充分利用海水资源在半干旱地区对具有一定耐盐耐旱能力的经济植物进行灌溉，既可以大大缓解该地区农业用水的巨大压力，同时又可以获得满意的经济效益。

海水灌溉对植物而言，无疑将涉及两个基本问题：首先，水分问题；其次，盐分问题。只有充分地解决这两个问题，植物才能在海水灌溉条件下，得到最大的产量，海水资源才能够被充分利用。

就水分问题而言，有两个方面的问题必须极其重视：①必须提供植物足够的水分满足其生长的需要。水分的需要量可以通过多年来在气候相对较稳定的情况下，植物需要水分的最大量和最小量来进行估计。植物对水分的有效利用由蒸发量和降雨量来决定。因此，对蒸发量的研究和测量就显得尤为重要。对植物水分需求的确定是解决水分问题的基础所在。②必须依据植物对水分的利用情况对灌溉定额和灌溉时间进行确定，以使得植物不受水分胁迫。不同发育时期的植物，其根系的范围不同，吸收水分的能力也有所不同。因此，应该根据不同时期根际土壤有效水分含量来进行灌溉定额和灌溉时间的确定。只有这样，才能够消除植物水分胁迫。

就盐分问题而言，两个措施尤为关键：①通过淋洗避免盐分在土壤中的积累。充分的淋洗一来可以减少植物生理干旱问题；二来可以避免有毒离子对植物的伤害。充分的淋洗必须有有效的地下排水系统与之相配合，否则底层土壤中的盐分依然会随水分向上移动，对植物构成伤害。②防止土壤碱化。土壤碱化使得表层土壤透水性下降，通过增施 $CaSO_4$ 可以有效抵制土壤碱化的趋势。

3）山东莱州南菊芋 1 号种植肥水调控技术

有关菊芋对营养元素的吸收、分配特征主要集中于营养元素在某一生育时期的积累量和分配关系[46-49]。还有人针对菊芋全生育期的氮、磷、钾吸收与分配特征做了相关研究。目前，关于施肥对菊芋的研究主要是集中于施肥对菊芋产量和品质的影响[50-52]，而水肥盐多因子对菊芋生长及糖代谢影响的研究还未见报道，本部分旨在通过半干旱半湿润带滨海盐渍土水肥盐 3 因子对菊芋整个生育期内各器官营养元素含量的动态变化和糖含量消长的影响进行研究，为半干旱半湿润带滨海盐渍土菊芋种植肥水调控提供理论基础。

（1）氮肥对山东莱州滨海盐渍土南菊芋 1 号生长的影响。

试验地点位于南京农业大学山东莱州 863 中试基地，距海约 3 km，该地区属暖温带东亚季风气候（半干旱、半湿润），年平均降雨量 600 mm，且降雨多集中在 6～9 月。供试土壤为砂壤土，土壤主要农化性状：容重 1.27 g/cm^3，有机质 10.52 g/kg，全氮 0.79 g/kg，碱解氮 89.94 mg/kg，速效磷 5.90 mg/kg，速效钾 81.70 mg/kg，pH 7.55。以南菊芋 1 号为试验材料，试验施肥水平及方案如表 6-21 所示。试验包括 2 个因素：因素 1 为氮肥（尿素，含 N：46%），设 3 个纯 N 水平 120、180、240 kg/hm^2，分别以 N1、N2、N3 表示；因素 2 为磷肥（磷酸二氢铵，含 N：18%，P：46%），设 3 个 P_2O_5 水平 90、135、180 kg/hm^2，分别以 P1、P2、P3 表示（表 6-21）。采用正交实验设计，共 9 个处理，重复 3 次，共 27 个小区，随机区组排列。小区长 4.0 m，宽 3.0 m，各小区之间覆垄 0.15 m。平整小区，起垄栽培，菊芋块茎于 2011 年 4 月 26 日播种，第二年重复试验于 2012 年 4 月 23 日播种，均于 12 月中旬收获。播种密度为株距 30 cm，行距 60 cm。播种完浇灌 1

次，开花初期浇灌 2 次，灌溉总定额为 1600 m^3/hm^2，其他管理措施均按常规大田管理方法进行[47]。

表 6-21　山东莱州半干旱半湿润带滨海盐渍土南菊芋 1 号 N 肥试验方案

处理	N 肥/（kg/hm^2）	P 肥/（kg/hm^2）
N0P0（CK）	0	0
N1P1	120	90
N1P2	120	135
N1P3	120	180
N2P1	180	90
N2P2	180	135
N2P3	180	180
N3P1	240	90
N3P2	240	135
N3P3	240	180

每年在菊芋整个生理时期，总共取样 6 次：7 月 10 日、8 月 4 日、9 月 9 日、10 月 10 日、11 月 10 日、12 月 14 日。

主茎统一测离地面 5 cm 处的粗度。定期观测菊芋的生长指标，记录其生长期间病虫害等发生情况[48,49]。

每小区每次取样 3 株，3 次重复，带回室内洗净晾干，将每株分叶、茎和块茎 3 部分，样品切碎后于烘箱中 105℃下杀青，在 80℃下烘干至恒重后，称量出茎、叶和块茎的干重。其中：茎叶最终转移量=最大茎叶干重–成熟期茎叶干重，茎叶最终转移率（%）=（最大茎叶干重–成熟期茎叶干重）/此期块茎重×100%。

其中叶样品取植株主茎叶，茎样品取植株主茎基部。块茎样品取中等大小，然后磨粉过 60 目筛后备用，用于测定块茎中的总糖、还原糖和菊粉含量[51]。

①氮肥对山东莱州滨海盐渍土南菊芋 1 号各生育期株高和茎粗的影响。如图 6-26 所示，不同施氮处理及对照的南菊芋 1 号株高和茎粗，在整个生理期内均呈现相同的动态变化趋势，即 7～9 月迅速升高，9～10 月份平缓升高，10 月达到最高值后维持稳定。7 月苗期时，不同施氮处理之间的株高和茎粗无明显差异，随着生育进程，植株生长日渐旺盛，株高和茎粗差距逐渐拉开，10 月时达最大。不同施氮处理及对照的南菊芋 1 号株高和茎粗表现为施 N 量 180 kg/hm^2＞施 N 量 240 kg/hm^2＞施 N 量 120 kg/hm^2＞施 N 量 0 kg/hm^2（CK）。块茎膨大初期（10 月），南菊芋 1 号株高在施 N 量 120 kg/hm^2、施 N 量 180 kg/hm^2、施 N 量 240 kg/hm^2 和施 N 量 0 kg/hm^2（CK）处理下分别为 262.97 cm、281.18 cm、268.47 cm、197.61 cm，各施氮处理分别比对照（不施氮）增加了 33.08%、42.29%、35.86%。施 N 量 120 kg/hm^2、施 N 量 180 kg/hm^2、施 N 量 240 kg/hm^2 和施 N 量 0 kg/hm^2（CK）茎粗分别为 2.10 cm、2.37 cm、2.16 cm、1.71 cm，各施氮处理分别比对照增加了 22.81%、38.60%、26.32%。由此可知，适当施加氮肥能促进南菊芋 1 号生

长，促进株高和茎粗增加，而氮肥超过一定量时，则反而不会继续促进株高和茎粗的增加，相比于施 N 量 180 kg/hm^2 水平，施 N 量 240 kg/hm^2 水平出现降低趋势。

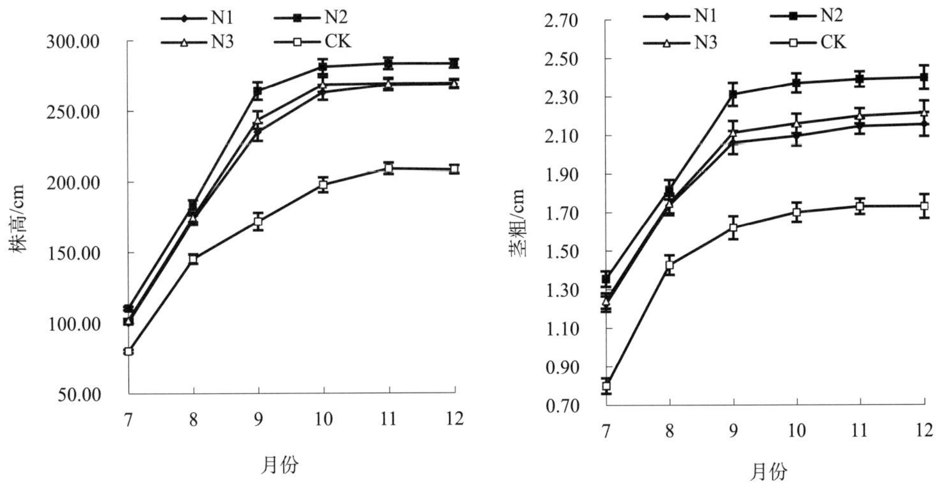

图 6-26　山东莱州不同施氮水平对 2 年南菊芋 1 号各生育期平均株高和茎粗的影响

CK，0 kg/hm^2；N1，120 kg/hm^2；N2，180 kg/hm^2；N3, 240 kg/hm^2

由图 6-27 可知，氮各处理及不施氮（CK）的南菊芋 1 号茎叶干重随着时间动态变化的规律相似，都是呈现单峰曲线的变化趋势，即 7～9 月，先平缓升高后急速升高，在 9 月达到最高峰，之后持续下降，其中在南菊芋 1 号块茎膨大期时下降幅度最大。但是，不同取样时期各个处理的茎叶干重的含量与 CK 之间存在一定的差异。而整个生育期，茎叶干重的高低顺序为施 N 量 180 kg/hm^2＞施 N 量 120 kg/hm^2 与施 N 量 240 kg/hm^2＞不施 N（CK）。施 N 量 120 kg/hm^2、施 N 量 180 kg/hm^2、施 N 量 240 kg/hm^2 及不施氮的茎叶最终转移量[转移量=最大茎叶干重–成熟期茎叶干重]分别为 94.11 g、125.47 g、100.59 g、36.52 g。施氮各处理对茎叶干重的最终转移量影响的高低顺序为：施 N 量 180 kg/hm^2＞施 N 量 120 kg/hm^2 与施 N 量 240 kg/hm^2＞不施 N（CK）。施 N 量 180 kg/hm^2 比不施 N（CK）的茎叶最终转移量高 88.95 g。这说明山东莱州半干旱半湿润带滨海盐渍土适当地施加氮肥能促进南菊芋 1 号茎叶干物质的积累，同时也能促进茎叶干物质向块茎的转运，而过度施加氮肥反而起到反作用，不利于茎叶干物质的转运和积累。

从图 6-27 看出，氮各处理及 CK 的南菊芋 1 号块茎干重都呈现持续升高的动态变化规律，即平缓升高—急速升高的趋势。而整个南菊芋 1 号块茎膨大时期，其块茎干重的高低顺序为施 N 量 180 kg/hm^2＞施 N 量 120 kg/hm^2 与施 N 量 240 kg/hm^2＞施 N 量 0 kg/hm^2（CK）。施氮与不施氮各处理的南菊芋 1 号茎叶最终转移率分别为 66.87%、80.64%、68.93%、43.41%。施氮与不施氮各处理对菊芋茎叶最终转移率影响的高低顺序为施 N 量 180 kg/hm^2＞施 N 量 120 kg/hm^2 与施 N 量 240 kg/hm^2＞施 N 量 0 kg/hm^2（CK），其趋势同块茎干重的高低顺序一致。其中施 N 量 180 kg/hm^2 比施 N 量 0 kg/hm^2（CK）的最终转移率高 37.23%。由此可知，适当地施用氮肥能显著促进南菊芋 1 号茎叶干物质向块茎转运，从而提高了茎叶干物质尽可能多地分配于块茎，提高了块茎干物质的分配与积累，而过量施加氮肥导致菊芋地上部“恋青”疯长，抑制了光合产物向地下部输送，从而降低了南菊芋 1 号块茎干物质的积累，不利于其茎叶干物质向块茎的转运和分配。

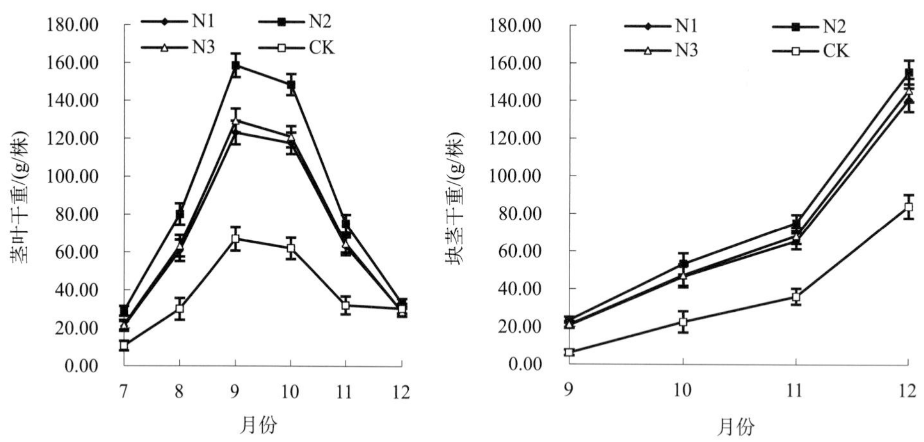

图 6-27 山东莱州不同施氮水平对 2 年南菊芋 1 号各生育期平均茎叶和块茎干物质的影响

CK，0 kg/hm²；N1，120 kg/hm²；N2，180 kg/hm²；N3，240 kg/hm²

②氮肥对山东莱州滨海盐渍土南菊芋 1 号各生育期氮、磷的动态变化的影响。本部分主要详尽介绍研究小组施用氮肥后，山东莱州半干旱半湿润带滨海盐渍土南菊芋 1 号各生育期氮、磷的动态变化，为合理施用氮肥提供依据。

a）氮肥对山东莱州滨海盐渍土南菊芋 1 号各生育期茎中氮、磷含量的影响。

由图 6-28 可知，山东莱州半干旱半湿润带滨海盐渍土施氮各处理的南菊芋 1 号茎的氮和磷含量随着时间动态变化的规律与 CK 相同，都是呈现双峰曲线的变化趋势。其中南菊芋 1 号生长阶段需要大量的氮、磷营养，生长中心集中在地上部，因此茎中积累并分配了大量的氮、磷营养，氮和磷含量最高值分别出现在 9 月和 8 月。随着 9 月块茎的出现，生长中心开始转移至地下，氮、磷营养也开始向地下转运，茎中的氮、磷含量出现下降趋势。在 10 月开始，南菊芋 1 号块茎快速膨大，急需大量的氮、磷营养，此时出现了对营养元素的再次吸收，因此在 10 月开始南菊芋 1 号茎中的氮、磷含量又略微升高，并在 11 月出现了一个峰值。

施加氮肥并未改变南菊芋 1 号茎中氮、磷积累分配规律的动态平衡，但是，不同取样时期各个氮肥处理的氮、磷含量与 CK 之间存在一定的差异。山东莱州半干旱半湿润带滨海盐渍土南菊芋 1 号整个生育期，氮、磷含量的高低顺序为施 N 量 180 kg/hm^2＞施 N 量 120 kg/hm^2 与施 N 量 240 kg/hm^2＞施 N 量 0 kg/hm^2（CK），施氮对南菊芋 1 号中磷含量的影响趋势同其对茎与块茎干重的影响趋势一致。在 9 月时，南菊芋 1 号茎中氮含量出现最高值，施 N 量 120 kg/hm^2、180 kg/hm^2、240 kg/hm^2、0 kg/hm^2（CK）处理中南菊芋 1 号的氮含量分别为 44.84 mg/g、51.89 mg/g、46.76 mg/g、30.28 mg/g。南菊芋 1 号各施氮处理分别比不施氮处理菊芋的含氮量提高了 48.08%、71.37%、54.43%。在 8 月时，磷含量出现最高值，施 N 量 120 kg/hm^2、180 kg/hm^2、240 kg/hm^2、0 kg/hm^2（CK）处理中南菊芋 1 号的磷含量分别为 18.11 mg/g、23.50 mg/g、19.84 mg/g、7.45 mg/g。南菊芋 1 号各施氮处理分别比不施氮处理其含磷量提高了 143.09%、215.44%、166.31%。由此可知，在山东莱州半干旱半湿润带滨海盐渍土上，施氮可以显著提高南菊芋 1 号茎中氮、磷的积累，随着施氮水平的增加，南菊芋 1 号茎中氮、磷含量也增加，而氮高于一定水平时，反而不利于茎中氮、磷的积累。

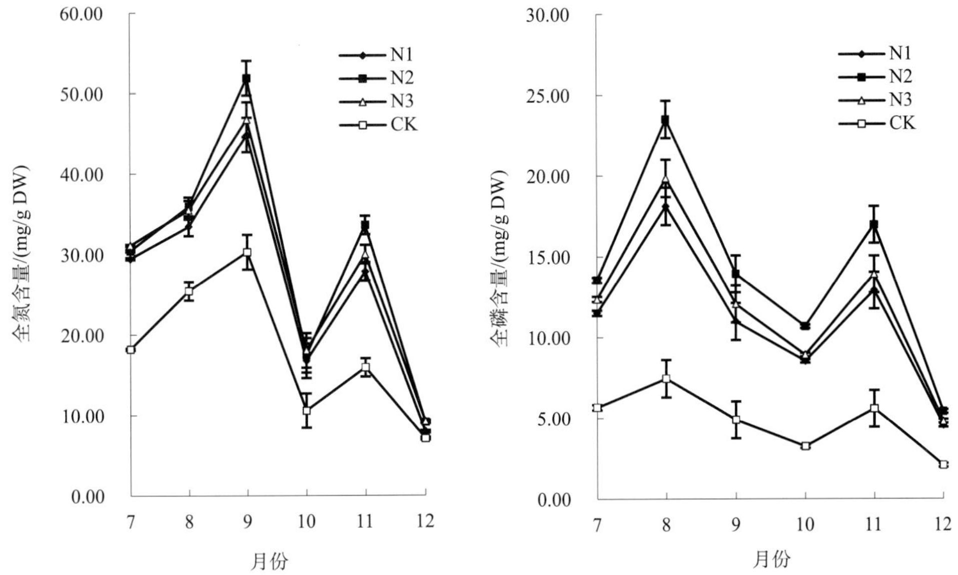

图 6-28　施氮对山东莱州滨海盐渍土南菊芋 1 号 2 年各生育期茎中平均氮、磷含量的影响

CK，0 kg/hm^2；N1，120 kg/hm^2；N2，180 kg/hm^2；N3，240 kg/hm^2

b）氮肥对山东莱州滨海盐渍土南菊芋 1 号各生育期叶中氮、磷含量的影响。

由图 6-29 可知，在山东莱州半干旱半湿润带滨海盐渍土上，施加氮肥并未改变南菊芋 1 号叶中氮、磷的积累分配规律的动态平衡，氮各处理的菊芋叶的氮和磷含量随着时间动态变化的规律与 CK 一致，都是呈现单峰曲线的变化趋势，并且都在 9 月达到最高值。南菊芋 1 号生长阶段需要大量的氮、磷营养，生长中心集中在地上部，因此从 7 月开始随着菊芋叶的生长，南菊芋 1 号叶中氮、磷含量持续增加，在 9 月达到峰值。随着 9 月块茎的出现，生长中心开始转移至地下，氮、磷营养也开始向地下转运，南菊芋 1 号叶中的氮、磷含量出现下降趋势。

不同取样时期各个氮肥处理的氮、磷含量与不施氮之间存在一定的差异。在山东莱州半干旱半湿润带滨海盐渍土上，施用氮肥对南菊芋 1 号整个生育期氮、磷含量的影响高低顺序为施 N 量 180 kg/hm^2＞施 N 量 120 kg/hm^2 与施 N 量 240 kg/hm^2＞施 N 量 0 kg/hm^2（CK）。在 9 月时，南菊芋 1 号菊芋叶片的氮和磷含量出现最高值，施 N 量 120 kg/hm^2、180 kg/hm^2、240 kg/hm^2、0 kg/hm^2 南菊芋 1 号植株的氮含量分别为 61.14 mg/g、68.30 mg/g、62.45 mg/g、44.76 mg/g。各施氮处理分别比不施氮处理提高了 36.60%、52.59%、39.52%。施 N 量 120 kg/hm、180 kg/hm、240 kg/hm、0 kg/hm 南菊芋 1 号植株的磷含量分别为 28.08 mg/g、36.06 mg/g、30.12 mg/g、11.78 mg/g。各施氮处理分别比不施氮处理提高了 138.37%、206.11%、155.69%。由此可知，在山东莱州半干旱半湿润带滨海盐渍土上，施氮可以显著提高南菊芋 1 号叶片中氮、磷的积累，促进南菊芋 1 号叶片的生长，从而增强叶片的光合功能，光合能力的提高有利于菊芋同化物的大量合成。随着施氮水平的增加，南菊芋 1 号叶片中氮、磷含量也增加，而氮高于一定水平时，反而抑制了南菊芋 1 号叶片中氮、磷的积累。

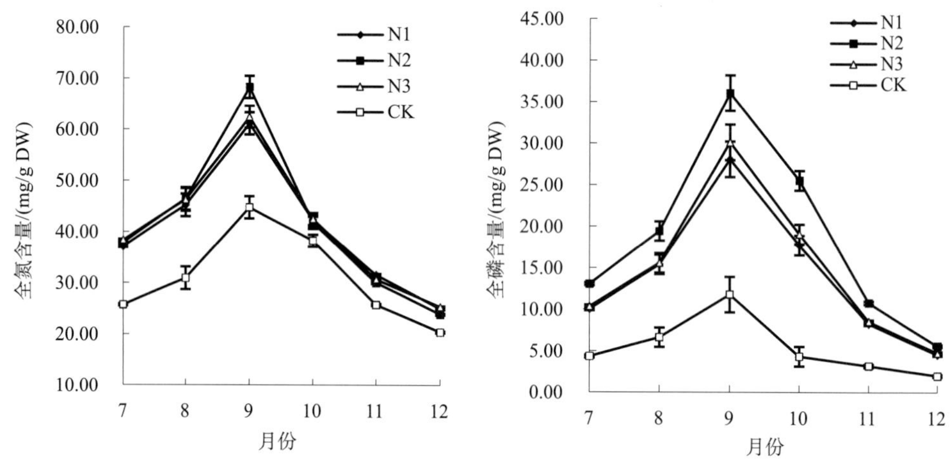

图 6-29 施氮对山东莱州滨海盐渍土南菊芋 1 号 2 年各生育期叶中平均氮、磷含量的影响

CK，0 kg/hm^2；N1，120 kg/hm^2；N2，180 kg/hm^2；N3，240 kg/hm^2

c）氮肥对山东莱州滨海盐渍土南菊芋 1 号各生育期块茎中氮、磷含量的影响。

由图 6-30 可知，在山东莱州半干旱半湿润带滨海盐渍土上，施氮各处理的南菊芋 1 号块茎的氮和磷含量随着时间动态变化的规律与 CK 相同。从 9 月块茎形成开始，生长中心开始转移至地下部，同时转运至块茎的氮、磷营养开始参与菊芋块茎的膨大，此时氮、磷含量都是呈现持续下降的趋势。而在 10 月进入块茎快速膨大期时，南菊芋 1 号块茎中的氮、磷含量略微升高，说明在此时出现了营养元素的再吸收。

在山东莱州半干旱半湿润带滨海盐渍土上，施加氮肥并未改变南菊芋 1 号块茎中氮、磷的积累分配规律的动态平衡，但是不同取样时期各个氮肥处理的氮、磷含量与 CK 之间存在一定的差异。在山东莱州半干旱半湿润带滨海盐渍土上，施用氮肥对南菊芋 1 号整个生育期氮、磷含量的影响高低顺序为施 N 量 180 kg/hm^2＞施 N 量 120 kg/hm^2 与施 N 量 240 kg/hm^2＞施 N 量 0 kg/hm^2（CK）。在 9 月时，转运至块茎的氮和磷含量最高，施 N 量 120 kg/hm^2、180 kg/hm^2、240 kg/hm^2、0 kg/hm^2 南菊芋 1 号植株的氮含量分别为 43.18 mg/g、50.51 mg/g、45.18 mg/g、28.54 mg/g。南菊芋 1 号各施氮处理比不施氮处理南菊芋 1 号植株氮含量提高了 51.30%、76.98%、58.30%。施 N 量 120 kg/hm^2、180 kg/hm^2、240 kg/hm^2、0 kg/hm^2 南菊芋 1 号植株的磷含量分别为 24.10 mg/g、32.48 mg/g、26.14 mg/g、9.15 mg/g。南菊芋 1 号各施氮处理比不施氮处理南菊芋 1 号植株磷含量分别提高了 163.39%、254.97%、185.68%。由此可知，在山东莱州半干旱半湿润带滨海盐渍土上，施氮可以显著促进南菊芋 1 号地上部向块茎中转运氮、磷营养，从而促进南菊芋 1 号块茎中氮、磷营养的分配与积累，随着施氮水平的增加，菊芋块茎中积累的氮、磷含量也增加，而氮高于一定水平时，反而不利于南菊芋 1 号块茎中氮、磷的分配与积累。

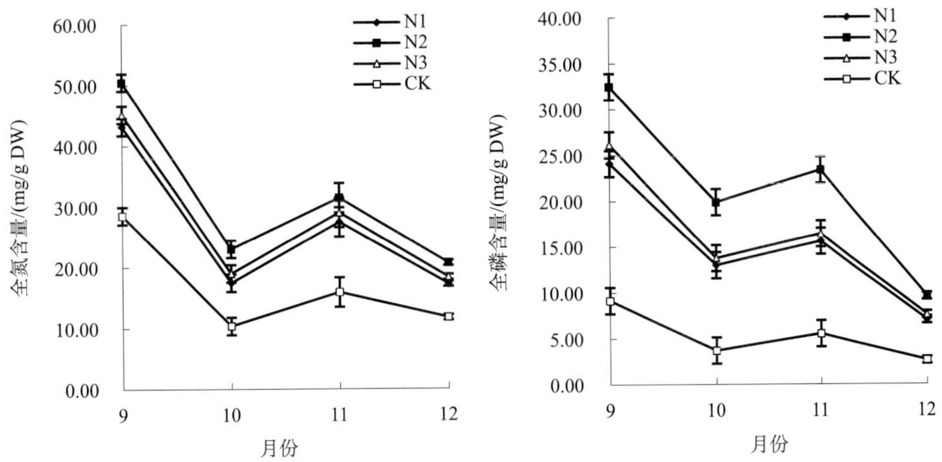

图 6-30　施氮对山东莱州滨海盐渍土南菊芋 1 号 2 年各生育期块茎中平均氮、磷含量的影响

CK，0 kg/hm^2；N1，120 kg/hm^2；N2，180 kg/hm^2；N3，240 kg/hm^2

③氮肥对山东莱州滨海盐渍土南菊芋 1 号各生育期糖类动态变化的影响。本部分对氮肥与南菊芋 1 号各生育期的糖分动态变化作详细介绍，获得更多的糖分积累是栽培技术调控的关键目标。

a）氮肥对山东莱州滨海盐渍土南菊芋 1 号各生育期叶中糖类含量的影响。

由图 6-31 可知，在山东莱州半干旱半湿润带滨海盐渍土上，施氮各处理的南菊芋 1 号叶片的总糖和还原糖含量随着时间动态变化的规律与不施氮处理（CK，下同）的动态变化规律相同，都是呈现单峰曲线的变化趋势，即从 7 月开始糖含量平缓升高，在 10 月达到最高值，10 月后开始迅速下降，11 月之后平缓下降，成熟期南菊芋 1 号叶中总糖和还原糖含量各处理之间无显著差异。但是，不同取样时期南菊芋 1 号叶中各个处理的总糖、还原糖含量与 CK 之间存在一定的差异。施用氮肥对南菊芋 1 号叶中整个生育期总糖、还原糖含量的影响高低顺序为施 N 量 180 kg/hm^2＞施 N 量 120 kg/hm^2 与施 N 量 240 kg/hm^2＞施 N 量 0 kg/hm^2（CK）。在 10 月时，施 N 量 120 kg/hm^2、180 kg/hm^2、240 kg/hm^2、0 kg/hm^2 南菊芋 1 号叶中总糖含量分别为 32.76 mg/g、41.18 mg/g、33.81 mg/g、16.05 mg/g，南菊芋 1 号叶中施氮各处理分别比不施氮处理南菊芋 1 号叶中总糖提高了 104.11%、156.57%、110.65%。施 N 量 120 kg/hm^2、180 kg/hm^2、240 kg/hm^2、0 kg/hm^2 南菊芋 1 号叶中还原糖含量分别为 27.98 mg/g、32.45 mg/g、29.06 mg/g、14.28 mg/g，施氮各处理分别比不施氮处理南菊芋 1 号叶中还原糖含量提高了 95.94%、127.24%、103.50%。由此可知，在山东莱州半干旱半湿润带滨海盐渍土上，施氮可以显著提高南菊芋 1 号叶中总糖和还原糖的含量，随着施氮水平的增加，南菊芋 1 号叶中总糖、还原糖含量也增加，为南菊芋 1 号生长后期块茎聚合果糖提供了丰富的糖源，但当施氮高于一定水平时，反而会相对降低糖的含量。

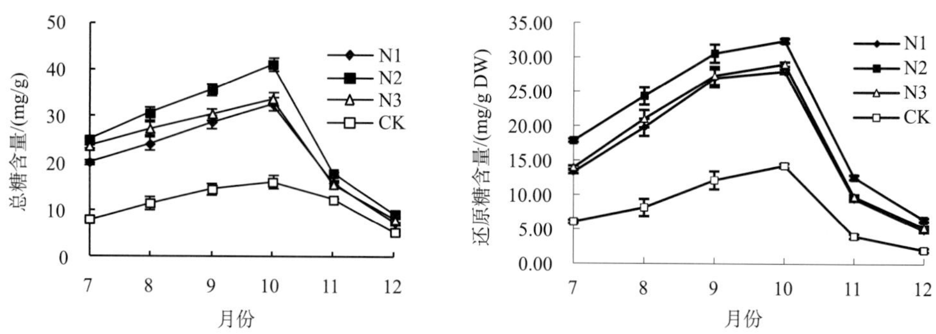

图 6-31　施氮对山东莱州滨海盐渍土南菊芋 1 号各生育期叶中糖类含量的影响（2 年平均）

CK，0 kg/hm^2；N1，120 kg/hm^2；N2，180 kg/hm^2；N3，240 kg/hm^2

b）氮肥对山东莱州滨海盐渍土南菊芋 1 号各生育期茎中糖类含量的影响。

在山东莱州半干旱半湿润带滨海盐渍土上，施氮与不施氮各处理的南菊芋 1 号茎中的总糖、还原糖和非还原糖含量随着时间动态变化的趋势比较一致，都是呈现单峰曲线的变化趋势，即从 7 月到 9 月，先平缓升高后急速升高，在 9 月达到最高峰，9 月之后持续下降，其中在南菊芋 1 号块茎快速膨大期时下降幅度最大。南菊芋 1 号成熟时施氮及不施氮各处理之间茎中的三种糖含量无显著差异，表明菊芋在成熟期茎中糖分基本上均向块茎中转移（图 6-32），这与氮对南菊芋 1 号各时期叶中糖类的效应比较一致。而在南菊芋 1 号生长不同时期施氮与不施氮各处理之间三种糖的含量存在一定的差异。在山东莱州半干旱半湿润带滨海盐渍土上，施用氮肥对南菊芋 1 号整个生育期三种糖含量的影响高低顺序为施 N 量 180 kg/hm^2＞施 N 量 120 kg/hm^2 与施 N 量 240 kg/hm^2＞施 N 量 0 kg/hm^2（CK）。在 9 月时，施 N 量 120 kg/hm^2、180 kg/hm^2、240 kg/hm^2、0 kg/hm^2 南菊芋 1 号茎中总糖含量分别为 401.57 mg/g DW、480.00 mg/g DW、420.00 mg/g DW、352.00 mg/g DW，施氮各处理分别比不施氮菊芋茎中总糖含量提高了 14.08%、36.36%、19.32%。施 N 量 120 kg/hm^2、180 kg/hm^2、240 kg/hm^2、0 kg/hm^2 菊芋茎中还原糖含量分别为 163.07 mg/g DW、199.00 mg/g DW、173.22 mg/g DW、132.14 mg/g DW，施氮各处理分别比不施氮菊芋茎中还原糖含量提高了 23.41%、50.60%、31.09%。施 N 量 120 kg/hm^2、180 kg/hm^2、240 kg/hm^2、0 kg/hm^2 菊芋茎中非还原糖含量分别为 241.99 mg/g DW、275.00 mg/g DW、241.19 mg/g DW、197.00 mg/g DW，施氮各处理分别比不施氮处理南菊芋 1 号茎中非还原糖含量提高了 22.84%、39.59%、22.43%。由此可知，在山东莱州半干旱半湿润带滨海盐渍土上，适当地施加氮肥，在菊芋块茎形成之前，既能促进南菊芋 1 号叶片同化速率、增加糖的合成，又能加快其叶片中合成的糖分向茎中转运和积累，而过量施加氮肥反而起到负作用，致使叶片疯长，叶片同化产物用于叶片的扩增，不利于叶片中糖向茎中的转运和积累，以致菊芋生长后期块茎膨大因缺乏糖源而受到影响。

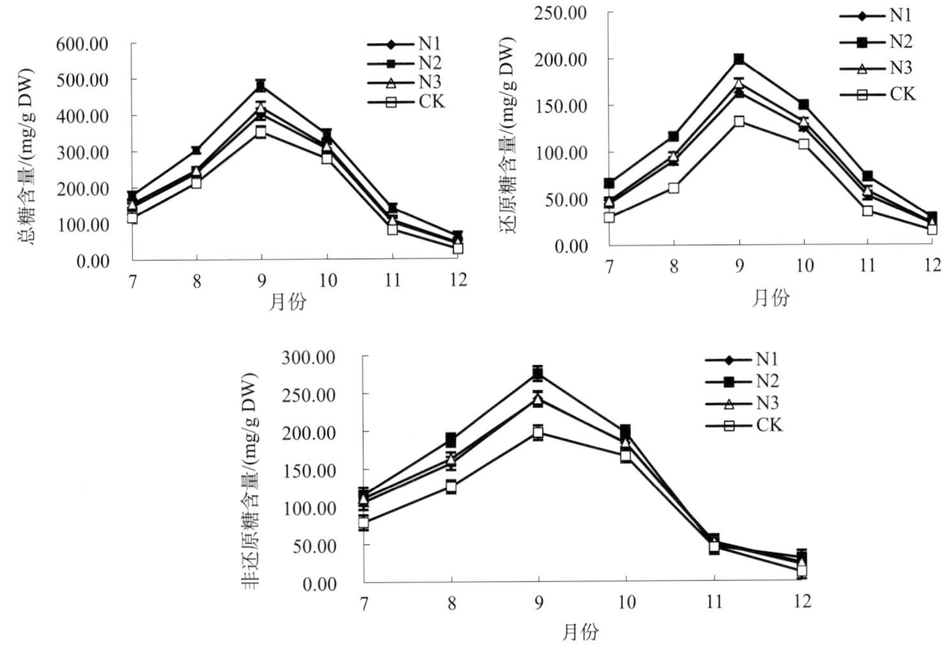

图 6-32　施氮对山东莱州滨海盐渍土南菊芋 1 号各生育期茎中糖类含量的影响（2 年平均）

CK，0 kg/hm^2；N1，120 kg/hm^2；N2，180 kg/hm^2；N3，240 kg/hm^2

c）氮肥对山东莱州滨海盐渍土南菊芋 1 号各生育期块茎中糖类含量的影响。

从当前菊芋生产的现状来讲，菊芋块茎仍是人们追求的主要经济产量之一。由图 6-33 可知，在山东莱州半干旱半湿润带滨海盐渍土上，随着南菊芋 1 号的生长发育，施氮与不施氮处理的南菊芋 1 号块茎中的总糖含量都呈现持续升高的动态变化规律，9～10 月南菊芋 1 号块茎中的总糖含量以较大斜率升高，10～11 月南菊芋 1 号块茎中的总糖含量以更大的斜率在增加，11～12 月，其总糖又以较小的斜率在增加，也就是说 10～11 月是南菊芋 1 号块茎总糖合成的关键阶段；南菊芋 1 号块茎中的菊粉含量随其生长发育阶段动态变化趋势与南菊芋 1 号块茎总糖动态变化趋势完全一致。菊芋块茎中积累的糖分主要形式是菊粉，在块茎迅速膨大期，能够把输入的还原糖迅速而又大量地转化合成菊粉；南菊芋 1 号块茎还原糖含量仅在其生长前期由茎不断向块茎输送而增加，而随着叶片同化速率降低，由叶片经茎向块茎输送的还原糖减少，而块茎中还原糖又不断转化聚合成菊粉，故在南菊芋 1 号生长后期块茎还原糖含量一直处于下降的趋势。而在南菊芋 1 号整个块茎膨大时期，施氮处理对块茎中总糖、还原糖和菊粉含量影响的高低顺序为施 N 量 180 kg/hm^2＞施 N 量 120 kg/hm^2 与施 N 量 240 kg/hm^2＞施 N 量 0 kg/hm^2（CK）。在 10～11 月，施 N 量 180 kg/hm^2 处理与其他处理相比，显著提高了南菊芋 1 号块茎中的总糖与菊粉含量上升的斜率，即含量增幅，在 12 月时，施 N 量 120 kg/hm^2、180 kg/hm^2、240 kg/hm^2、0 kg/hm^2 菊芋的块茎菊粉含量分别为 603.10 mg/g DW、662.03 mg/g DW、613.92 mg/g DW、511.82 mg/g DW，施氮各处理分别比不施氮处理菊芋的块茎菊粉含量提高了 17.83%、29.35%、19.95%，致使 12 月施 N 量 180 kg/hm^2 处理南菊芋 1 号的块茎菊粉含量最高，增幅最大。由此可知，在山东莱州半干旱半湿润带滨海盐渍土上，适当地施用氮肥能显著提高南菊芋 1 号块茎中菊粉的含量，而过量施加氮肥反而降低了菊粉含量，不利于促进菊粉的合成。

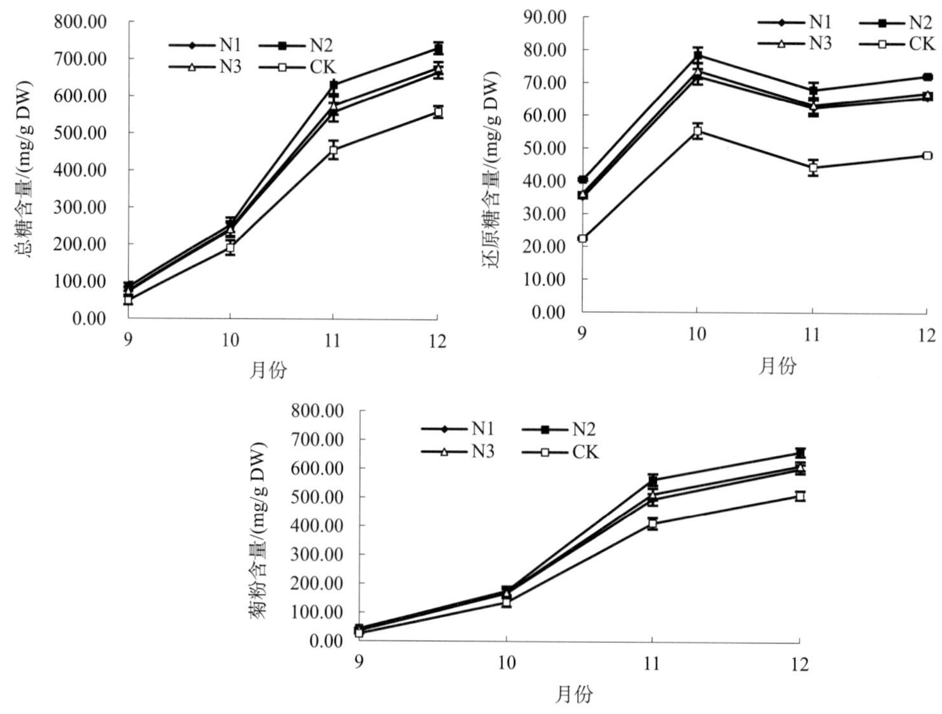

图 6-33 施氮对山东莱州滨海盐渍土南菊芋 1 号各生育期块茎中糖类含量的影响（2 年平均）

CK，0 kg/hm^2；N1，120 kg/hm^2；N2，180 kg/hm^2；N3，240 kg/hm^2

综上所述，在对山东莱州滨海盐渍土上，适当施用氮肥（施 N 量 180 kg/hm^2），显著提高南菊芋 1 号前期叶片的同化速率与向茎输送的能力，增强其生长前期茎中糖分的积累，尤其在 10～11 月，合理的氮肥用量又促使其生长前期茎中积累的糖分向块茎输送并转化聚合成菊粉。

d）氮肥对山东莱州滨海盐渍土南菊芋 1 号各生育期糖类生产总量的影响。

菊芋单位面积生产糖的总量是极其重要的经济指标。由表 6-22、表 6-23 看出，在山东莱州半干旱半湿润带滨海盐渍土上，随着南菊芋 1 号的生长发育，施氮与不施氮处理的菊芋总糖和菊粉总产量都呈现持续升高的动态变化规律，即平缓增加—急速增加—平缓增加的趋势。然而在山东莱州半干旱半湿润带滨海盐渍土上，随着菊芋的生长发育，施氮与不施氮处理的菊芋单位面积生产的还原糖总量却呈现单峰曲线的变化趋势，即先逐渐增加，在 10 月时出现一个最高峰，然后开始降低，最后保持平稳。在菊芋块茎形成初期，菊芋单位面积还原糖总产量出现迅速升高的趋势，而在块茎迅速膨大期，其总量反而下降。而整个块茎膨大时期，施氮与不施氮各处理对南菊芋 1 号菊芋块茎中总糖、还原糖和菊粉单位面积生产总量影响的高低顺序为施 N 量 180 kg/hm^2＞施 N 量 120 kg/hm^2 与施 N 量 240 kg/hm^2＞施 N 量 0 kg/hm^2（CK）。在 12 月收获时，施 N 量 120 kg/hm^2、180 kg/hm^2、240 kg/hm^2 的菊芋菊粉总量分别为 4983 kg/hm^2、6059 kg/hm^2、5261 kg/hm^2，而不施氮的菊芋菊粉总量仅为 2518 kg/hm^2，施氮各处理比不施氮的菊粉总量分别提高了 97.90%、140.63%、108.94%。在山东莱州半干旱半湿润带滨海盐渍土上，适当地施用氮肥能显著提高菊芋菊粉总量，而过量施加氮肥反而降低了菊粉总量。所以生产中应适当施加氮肥，以达到节本增效的目的。

表 6-22　施氮对山东莱州南菊芋 1 号 7～9 月糖类总量的影响（2 年平均）（单位：kg/hm^2）

部位	处理	7 月			8 月			9 月		
		总糖	还原糖	菊粉	总糖	还原糖	菊粉	总糖	还原糖	菊粉
叶	CK	2	1	—	7	5	—	44	37	—
	N1	8	5	—	29	23	—	138	129	—
	N2	14	10	—	48	38	—	221	189	—
	N3	10	6	—	34	26	—	154	138	—
茎	CK	48	12	33	249	72	147	534	200	299
	N1	120	37	86	568	213	371	961	390	579
	N2	202	75	130	943	363	585	1480	614	848
	N3	130	40	93	609	235	401	1057	436	607
块茎	CK	—	—	—	—	—	—	17	8	9
	N1	—	—	—	—	—	—	87	42	44
	N2	—	—	—	—	—	—	115	55	59
	N3	—	—	—	—	—	—	91	44	46
总量	CK	50	14	33	256	76	147	595	245	308
	N1	128	42	86	597	237	371	1186	562	623
	N2	216	85	130	991	401	585	1816	857	907
	N3	140	46	93	643	261	401	1302	618	653

注：CK，0 kg/hm^2；N1，120 kg/hm^2；N2，180 kg/hm^2；N3，240 kg/hm^2。

表 6-23　施氮对山东莱州南菊芋 1 号 10～12 月糖类总量的影响（2 年平均）（单位：kg/hm^2）

部位	处理	月份								
		10 月			11 月			12 月		
		总糖	还原糖	菊粉	总糖	还原糖	菊粉	总糖	还原糖	菊粉
叶	CK	39	34	—	5	2	—	0	0	—
	N1	150	128	—	12	7	—	2	1	—
	N2	238	187	—	16	11	—	3	2	—
	N3	159	137	—	12	7	—	2	1	—
茎	CK	335	130	200	120	53	67	14	8	6
	N1	698	287	417	298	156	147	60	32	32
	N2	996	432	569	491	257	161	103	48	50
	N3	735	310	431	321	174	154	64	33	35

续表

部位	处理	月份								
		10月			11月			12月		
		总糖	还原糖	菊粉	总糖	还原糖	菊粉	总糖	还原糖	菊粉
块茎	CK	251	73	178	961	93	868	2749	237	2512
	N1	650	195	454	2132	239	1896	5474	540	4951
	N2	787	244	544	2773	298	2477	6647	656	6009
	N3	669	203	466	2297	252	2052	5783	571	5226
总量	CK	625	237	378	1086	148	935	2763	245	2518
	N1	1498	610	872	2442	401	2043	5536	573	4983
	N2	2020	863	1113	3280	566	2638	6752	706	6059
	N3	1563	650	897	2630	434	2206	5849	605	5261

注：CK，0 kg/hm^2；N1，120 kg/hm^2；N2，180 kg/hm^2；N3，240 kg/hm^2。

植物生长环境中氮素供应情况直接影响细胞的分裂、生长及整体的生长发育[53]。缺氮使新细胞合成受阻，导致植物生长发育僵缓，甚至生长停滞[54]。如果氮肥不足，就会使马铃薯棵长得矮，长势弱，叶片小，叶色淡绿发灰，分枝少，开花早，下部叶片提早枯萎和凋落，降低产量。氮肥施用过量则导致中期长势强劲，后期易引起植株徒长，不结薯块[55]。氮是影响生苗出苗的最重要因子[56]，同时块茎的形成也会受到氮素供应的影响[57]。

在山东莱州半干旱半湿润带滨海盐渍土上，适当施加氮肥能促进南菊芋 1 号生长，促进其株高和茎粗增加，而氮肥超过一定量时，则不会继续促进株高和茎粗的增加，相比于最适施 N 量 180 kg/hm^2 处理反而出现降低趋势。

氮素的吸收与干物质的积累有明显的联系[58]。块茎形成前期，较多的干物质向叶、根、茎分配有利于构建强大的营养体，制造更多的光合产物，为块茎膨大期光合产物向块茎转运提供物质基础和保证，而块茎膨大期及成熟期则需要大量的物质向经济器官块茎有效分配，才能最终达到高产目的[59]。氮肥用量和施氮方式不但影响干物质的积累，也影响干物质的有效分配[60]。山东莱州半干旱半湿润带滨海盐渍土南菊芋 1 号氮肥效应研究表明，适当地施加氮肥能促进南菊芋 1 号茎叶干物质的积累，同时也能促进茎叶干物质向块茎的转运，而过度施加氮肥反而起到负作用，不利于茎叶干物质的转运和积累。

有研究表明，在不同施肥与密度处理下，马铃薯对氮素的吸收速率在整个生育期间呈单峰曲线变化，峰值出现在块根快速增长期。马铃薯出苗后，各器官建成及生长发育对氮的需求量不断增加，氮的吸收速率逐渐加快，特别是块根形成和块根增长期间，由于旺盛的细胞分裂和块茎的迅速建成，氮的吸收速率增加，并达到峰值，此后由于块根增长趋慢，转入淀粉积累期，对氮的需求量逐渐减少，氮的吸收速率随之逐渐下降[61,62]。施氮不仅影响了植株对氮素营养的吸收利用，还明显影响到了植株对磷、钾营养的吸收利用行为，氮肥水平对整个生育期的氮、磷含量影响显著[63]。在山东莱州半干旱半湿润带滨海盐渍土上，施加氮肥并未改变南菊芋 1 号氮素、磷素的动态变化规律。块茎形成之前，氮素、磷素主要分配在茎叶中，此后随着生育过程的推移，块茎形成之后，生长中心开始由茎叶向地下转移，氮素、磷素也随之大量转移到块茎中，在块茎迅速膨大期时氮素、磷素积累出现最高峰。此时块茎迅速膨大需要大量的营养元素，菊芋出现了短暂高吸收的现象，因此茎的氮素、磷素积累在块茎迅速膨大期出现第二个高峰。

在山东莱州半干旱半湿润带滨海盐渍土上，施氮与不施氮各处理的菊芋各器官中的糖含量随着时间动态变化的规律相似，表明施氮肥没有破坏菊芋体内碳代谢的平衡。适量施氮肥可以提高各器官中糖量，但是过量施氮肥则会抑制糖的合成。氮肥水平没有改变甜高粱茎秆糖分的积累规律；但是氮素水平在一定程度上影响了甜高粱茎秆的糖分含量[64]。可以认为是氮肥对碳水化合物具有间接调控的效果。氮肥对光合作用具有明显的调节作用，能增强叶的光合功能，从而能明显提高烟叶内总可溶性糖、蔗糖和果糖的含量，但是过高的氮量不利于糖分的积累[65]。在其他作物如玉米，当施氮量过高时观察到叶片和茎秆等组织中的碳水化合物含量也会降低[66, 67]。这些结论都与我们对南菊芋 1 号氮肥试验研究得出的结论一致。

叶片通过光合作用同化 CO_2 是糖分的主要来源，蔗糖是光合同化产物的主要运输形式，果聚糖则主要在块茎合成并储藏，蔗糖是果聚糖合成的原料，菊芋叶片和茎中的蔗糖主要向块茎中转运[68-70]。在山东莱州半干旱半湿润带滨海盐渍土上，南菊芋 1 号叶片中的总糖和还原糖含量均呈现单峰曲线的变化趋势，在 10 月达到最高值，其间一直通过光合作用合成大量的糖，并源源不断地运往茎中。10 月开始进入块茎迅速膨大期，块茎开始大量合成菊粉，叶中的糖急速地通过茎向块茎中转运，此时叶中糖含量下降幅度最大。菊芋茎中的总糖、还原糖和非还原糖含量都是呈现单峰曲线的变化趋势，在 9 月达到最高峰，之后块茎形成以后持续下降，其中在块茎迅速膨大期时下降幅度最大。块茎形成之前，茎作为糖分的短期储存位点，储存了一定的果聚糖，而当块茎形成后茎中的糖分开始迅速地向块茎中转移，为块茎大量合成菊粉提供原料。这与前人对小麦的研究结果一致[71]。

在山东莱州半干旱半湿润带滨海盐渍土上，南菊芋 1 号块茎中总糖和菊粉含量都呈现持续升高的动态变化规律，块茎迅速膨大期增加幅度最大。而还原糖含量则呈现单峰曲线的变化趋势，即先增加后降低，最后保持平稳，在 10 月出现一个最高峰。同时，不同施氮肥水平下菊芋糖类总量的动态变化规律与菊芋块茎中糖类含量的动态变化规律相同。大量研究表明，适量施用氮肥可提高马铃薯块茎的淀粉、可溶性糖和还原糖的含量，过量施氮则不利于马铃薯淀粉的积累[72,73]。氮代谢在一定程度上能促进碳代谢，从而促进了还原糖和可溶性糖合成淀粉[74]。以上结论都与本研究结论一致，适当施氮可以提高南菊芋 1 号块茎中糖的含量，块茎形成以后，可溶性糖和还原糖开始合成菊粉，在 10 月进入块茎迅速膨大期后，快速地合成菊粉，需大量消耗还原糖和可溶性糖，因而导致了还原糖在 10 月以后略有降低，成熟期则保持低水平的平稳。

综上所述，在山东莱州半干旱半湿润带滨海盐渍土上，南菊芋 1 号菊芋适宜施氮量为 180 kg/hm^2 左右，氮肥用量比其他农作物大大降低。

（2）山东莱州半干旱半湿润带滨海盐渍土南菊芋 1 号的磷肥效应

在山东莱州半干旱半湿润带滨海盐渍土南菊芋 1 号氮肥田间试验的同时，进行南菊芋 1 号的磷肥田间试验（表 6-24）。供试验用地土壤为砂壤土，土壤主要农化性状为土壤容重 1.27 g/cm^3，土壤有机质 10.52 g/kg，全氮 0.79 g/kg，碱解氮 89.94 mg/kg，速效磷 5.90 mg/kg，速效钾 81.70 mg/kg，pH 7.55。磷肥试验设计如表 6-24 所示。磷肥用量（磷酸二氢铵含 N：18%，P：46%）设 3 个处理：分别为 90 kg/hm^2、135 kg/hm^2、180 kg/hm^2，以 P1、P2、P3 表示；氮肥用量设 3 个纯 N 处理，分别为 120 kg/hm^2、180 kg/hm^2、240 kg/hm^2（施用尿素 N + 磷肥试验中磷酸二氢铵的氮，尿素含氮量 46%），分别以 N1、N2、N3 表示；采用正交实验设计，共 9 个处理，重复 3 次，共 27 个小区，随机区组排列。小区长 4.0 m，宽 3.0 m，各小区之间覆垄 0.15 m。平整小区，起垄栽培，菊芋块茎于 2011 年 4 月 26 日播种，第二年重复试验于 2012 年 4 月 23 日播种，均于 12 月中旬收获。播种密度为株距 30 cm，行距 60 cm。播种完浇灌 1 次，开花初期浇灌 2 次，灌溉总定额为 1600 m^3/hm^2，其他管理措施均按常规大田管理方法进行[39]。

表 6-24　山东莱州半干旱半湿润带滨海盐渍土南菊芋 1 号 P 肥试验方案

处理	P 肥（P_2O_5）/（kg/hm^2）	N 肥/（kg/hm^2）
P1N1	90	120
P1N2	90	180
P1N3	90	240
P2N1	135	120
P2N2	135	180
P2N3	135	240
P3N1	180	120
P3N2	180	180
P3N3	180	240

①山东莱州半干旱半湿润带滨海盐渍土磷肥对南菊芋 1 号生长的影响。山东莱州半干旱半湿润带滨海盐渍土磷肥试验从南菊芋 1 号生长与品质两个方面进行探讨，为菊芋的“双减”种植生产提供依据。

a）山东莱州滨海盐渍土磷肥对南菊芋 1 号各生育期株高和茎粗的影响。

如图 6-34 所示，在山东莱州半干旱半湿润带滨海盐渍土上，施磷及不施磷各处理对南菊芋 1 号菊芋株高和茎粗的影响，同氮肥试验结果趋势一致，在整个生理期内的动态变化趋势一致，即 7～9 月南菊芋 1 号菊芋株高和茎粗迅速升高，9～10 月平缓升高，10 月南菊芋 1 号菊芋株高和茎粗达到最高值后维持稳定。7 月苗期时，不同施磷处理之间的南菊芋 1 号菊芋株高和茎粗无明显差异，随着南菊芋 1 号菊芋的植株生长日渐旺盛，其株高和茎粗差距逐渐拉开，10 月时施磷各处理间株高和茎粗差异达到最大值，在南菊芋 1 号菊芋整个生理期内，施磷量 180 kg/hm^2（P_2O_5，下同）与施磷量 90 kg/hm^2 的菊芋株高和茎粗动态变化曲线几乎重叠，无显著差异。不同施磷处理对南菊芋 1 号菊芋的株高和茎粗的影响表现为施磷量 135 kg/hm^2＞施磷量 180 kg/hm^2 与 90 kg/hm^2＞不施磷。南菊芋 1 号菊芋块茎膨大初期（10 月），施磷量 90 kg/hm^2、135 kg/hm^2、180 kg/hm^2 和不施磷处理的株高分别为 267.65 cm、279.47 cm、265.51 cm、197.61 cm，各施磷处理菊芋株高分别比不施磷处理增加了 35.44%、41.43%、34.36%。施磷量 90 kg/hm²、135 kg/hm²、180 kg/hm² 和不施磷处理的茎粗分别为 2.16 cm、2.35 cm、2.11 cm、1.71 cm，各施磷处理菊芋茎粗分别比不施磷处理增加了 26.32%、37.43%、23.39%。由此可知，在山东莱州半干旱半湿润带滨海盐渍土上，适量施用磷肥能促进南菊芋 1 号生长，促进其株高和茎粗增加，而磷肥用量过大时，反而不会继续促进株高和茎粗的增加，施磷量 180 kg/hm² 时，菊芋无论株高还是茎粗，比施磷量 135 kg/hm² 处理均明显下降。

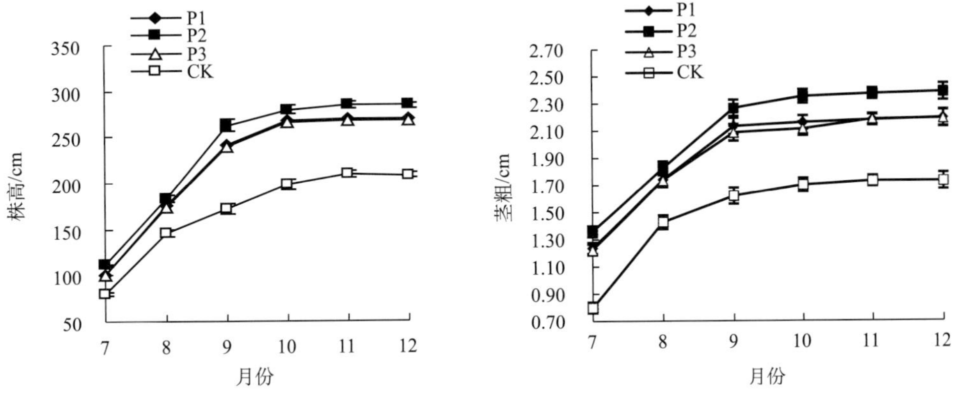

图 6-34　山东莱州滨海盐渍土磷肥对南菊芋 1 号各生育期株高和茎粗的影响

CK，0 kg/hm²；P1，90 kg/hm²；P2，135 kg/hm²；P3，180 kg/hm²

b）山东莱州滨海盐渍土磷肥对南菊芋 1 号各生育期茎叶和块茎干物质含量的影响。

图 6-35 为施磷与不施磷各处理菊芋茎叶干重和块茎干重随着时间动态变化，各处理菊芋茎叶干重随时间变化都呈单峰曲线，即 7～9 月南菊芋 1 号茎叶干重先平缓升高后急速升高，在 9 月茎叶干重达到最高峰，之后茎叶干重持续下降，其中在块茎膨大期时茎

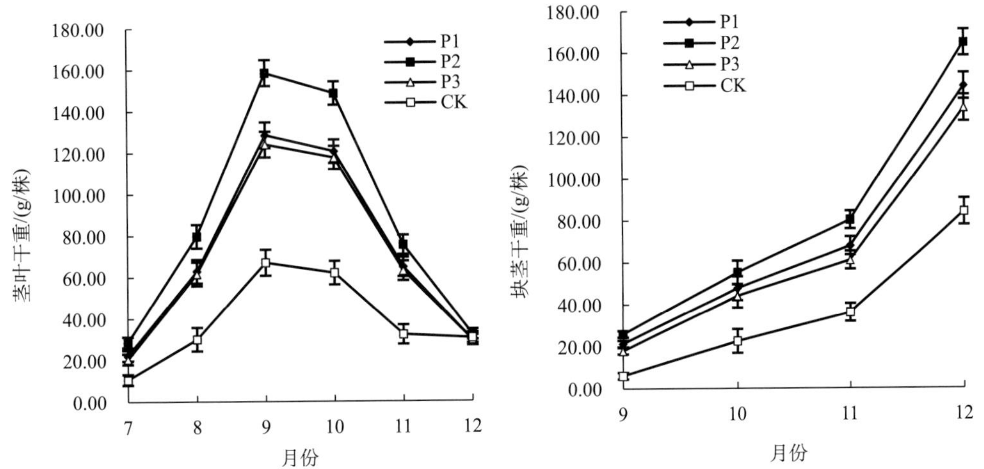

图 6-35　山东莱州滨海盐渍土磷肥对南菊芋 1 号各生育期茎叶和块茎干重的影响

CK，0 kg/hm²；P1，90 kg/hm²；P2，135 kg/hm²；P3，180 kg/hm²

叶干重下降幅度最大。南菊芋 1 号菊芋不同生长时期施磷与不施磷各个处理间茎叶干重存在一定的差异。南菊芋 1 号菊芋整个生育期，施磷处理对茎叶干重的影响顺序为施磷量 135 kg/hm^2＞180 kg/hm^2 与 90 kg/hm^2＞不施磷。施磷量 90 kg/hm^2、135 kg/hm^2、180 kg/hm^2 和不施磷处理菊芋的茎叶最终转移量分别为 99.18 g、126.32 g、94.67 g、36.52 g。施磷处理对南菊芋 1 号茎叶干重的最终转移量影响顺序为施磷量 135 kg/hm^2＞180 kg/hm^2 与 90 kg/hm^2＞不施磷，与对菊芋茎叶干重的影响一致。施磷量 135 kg/hm^2 处理比不施磷处理菊芋茎叶最终转移量高 89.80 g。这表明在山东莱州半干旱半湿润带滨海盐渍土上，适量地施加磷肥能促进南菊芋 1 号茎叶干物质的积累，同时也能促进南菊芋 1 号茎叶干物质向其块茎的转运，而过量施加磷肥反而起到负作用，不利于茎叶干物质的转运和积累。

②山东莱州滨海盐渍土磷肥对南菊芋 1 号氮、磷的动态变化的影响。

a）山东莱州滨海盐渍土磷肥对南菊芋 1 号各生育期茎中氮、磷含量的影响。

由图 6-36 可知，山东莱州半干旱半湿润带滨海盐渍土上，施磷各处理的菊芋茎中的氮和磷含量随着时间动态变化的规律与不施磷处理相同，都是呈现双峰曲线的变化趋势。其中菊芋生长前期阶段需要大量的氮、磷营养，生长中心集中在地上部，因此茎中积累并分配了大量的氮、磷营养，南菊芋 1 号菊芋茎中氮和磷含量最高值分别出现在 9 月和 8 月。9 月后随着南菊芋 1 号菊芋块茎的出现，其生长中心开始转移至地下，氮、磷营养也开始向地下转运，南菊芋 1 号菊芋茎中的氮、磷含量出现下降趋势。在 10 月开始，菊芋块茎快速膨大，急需大量的氮、磷营养，此时出现了对营养元素的再次吸收，因此在 10 月开始茎中的氮、磷含量又略微升高，并在 11 月又出现一个峰值。

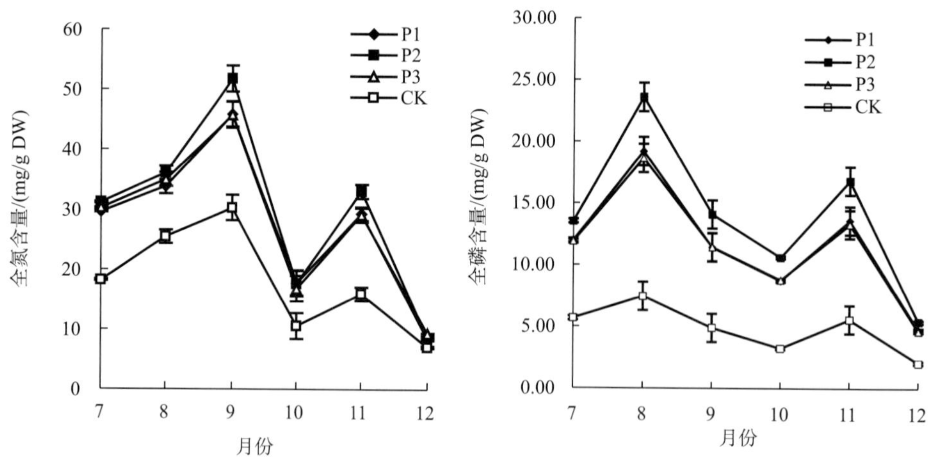

图 6-36　山东莱州滨海盐渍土磷肥对南菊芋 1 号各生育期茎中氮、磷含量的影响

CK，0 kg/hm^2；P1，90 kg/hm^2；P2，135 kg/hm^2；P3，180 kg/hm^2

山东莱州半干旱半湿润带滨海盐渍土上南菊芋 1 号菊芋整个生育期，施磷处理对茎中氮、磷含量影响的高低顺序为施磷量 135 kg/hm^2＞180 kg/hm^2 与 90 kg/hm^2＞不施磷。在 9 月时，菊芋茎中氮含量出现最高值，施磷量 90 kg/hm^2、135 kg/hm^2、180 kg/hm^2 和

不施磷处理菊芋茎中的氮含量分别为 45.91 mg/g DW、51.81 mg/g DW、45.77 mg/g DW、30.28 mg/g DW。各施磷处理南菊芋 1 号茎中氮含量分别比 CK 提高了 51.62%、71.10%、51.16%。在 8 月时，菊芋茎中磷含量出现最高值，施磷量 90 kg/hm^2、135 kg/hm^2、180 kg/hm^2 和不施磷处理菊芋茎中的磷含量分别为 19.21 mg/g DW、23.60 mg/g DW、18.65 mg/g DW、7.45 mg/g DW。各施磷处理分别比不施磷菊芋茎中磷含量提高了 157.85%、216.78%、150.34%。由此可知，施磷可以显著提高菊芋茎中氮、磷的积累，随着施磷水平的增加，菊芋茎中氮、磷含量也增加，而施磷高于一定水平时，反而不利于茎中氮、磷的积累。

b）山东莱州滨海盐渍土磷肥对南菊芋 1 号各生育期叶中氮、磷含量的影响。

由图 6-37 可知，山东莱州半干旱半湿润带滨海盐渍土上，施磷各处理并未改变南菊芋 1 号菊芋叶中氮、磷的积累分配规律的动态平衡，施磷各处理的南菊芋 1 号叶中的氮和磷含量随着时间动态变化的规律与不施磷处理一致，都是呈现单峰曲线的变化趋势，并且都在 9 月达到最高值。其中南菊芋 1 号生长前期阶段需要大量的氮、磷营养，生长中心集中在地上部，因此从 7 月开始随着南菊芋 1 号叶片的生长，叶片中氮、磷含量持续增加，在 9 月达到峰值。9 月后随着菊芋块茎的出现，生长中心开始转移至地下，氮、磷营养也开始向地下转运，南菊芋 1 号菊芋叶中的氮、磷含量出现下降趋势。

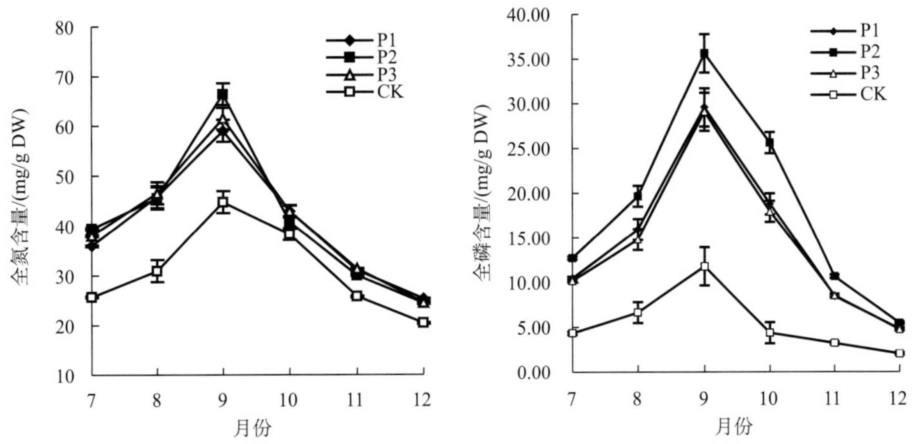

图 6-37　山东莱州滨海盐渍土磷肥对南菊芋 1 号各生育期叶中氮、磷含量的影响

CK，0 kg/hm^2；P1，90 kg/hm^2；P2，135 kg/hm^2；P3，180 kg/hm^2

山东莱州半干旱半湿润带滨海盐渍土上，不同取样时期南菊芋 1 号菊芋叶中各施磷处理的氮、磷含量与不施磷处理之间存在一定的差异。南菊芋 1 号菊芋整个生育期，施磷处理对叶中氮、磷含量影响的高低顺序为施磷量 135 kg/hm^2＞180 kg/hm^2 与 90 kg/hm^2＞不施磷。在 9 月时，菊芋叶中的氮和磷含量出现最高值，施磷量 90 kg/hm^2、135 kg/hm^2、180 kg/hm^2 和不施磷处理菊芋叶中的氮含量分别为 59.07 mg/g DW、66.43 mg/g DW、61.52 mg/g DW、44.76 mg/g DW。各施磷处理分别比不施磷处理菊芋叶中的氮含量提高了 31.97%、48.41%、37.44%。施磷量 90 kg/hm^2、135 kg/hm^2、180 kg/hm^2 和不施磷处理南菊芋 1 号叶中的磷含量分别为 29.57 mg/g DW、35.62 mg/g DW、29.07 mg/g DW、

11.78 mg/g DW。各施磷处理分别比不施磷处理叶中的磷含量提高了 151.02%、202.38%、146.77%。由此可知，山东莱州半干旱半湿润带滨海盐渍土施磷可以显著提高南菊芋 1 号叶中氮、磷的积累，促进菊芋叶的生长从而增强叶的光合功能，光合能力的提高有利于菊芋同化物的大量合成。随着施磷水平的增加，菊芋叶中氮、磷含量也增加，而施磷高于一定水平时，反而抑制了南菊芋 1 号叶中氮、磷的积累。

c）山东莱州滨海盐渍土磷肥对南菊芋 1 号各生育期块茎中氮、磷含量的影响。

山东莱州半干旱半湿润带滨海盐渍土上，施磷各处理并未改变南菊芋 1 号块茎中氮、磷的积累分配规律的动态平衡，施磷各处理的菊芋块茎中的氮和磷含量随着时间动态变化的规律与不施磷处理一致，都是呈现单峰曲线的变化趋势，并且都在 9 月达到最高值。从 9 月菊芋块茎形成开始，生长中心开始转移至地下部，同时转运至菊芋块茎的氮、磷营养开始参与菊芋块茎的膨大，此时块茎氮、磷含量都是呈现持续下降的趋势。而在 10 月进入块茎快速膨大期时，块茎中的氮、磷含量略微升高，说明在此时出现了菊芋对营养元素的再吸收（图 6-38）。

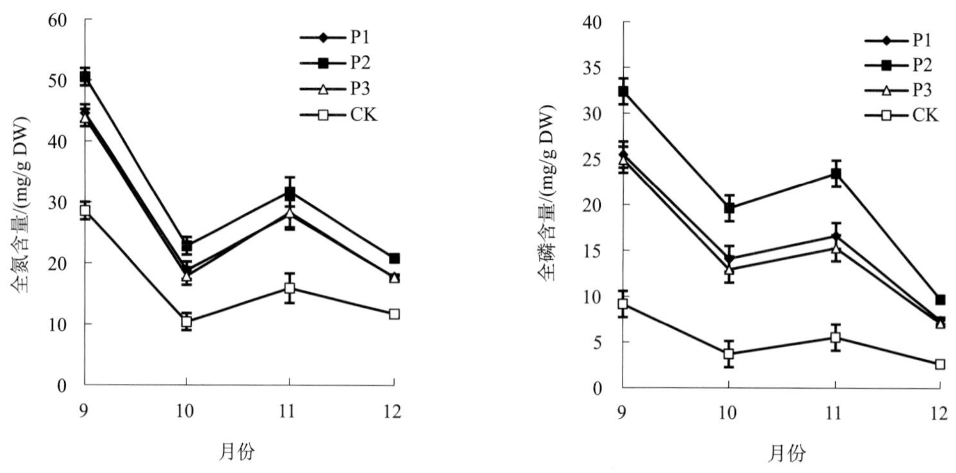

图 6-38　山东莱州半干旱半湿润带滨海盐渍土磷肥对南菊芋 1 号各生育期块茎中氮、磷含量的影响

CK，0 kg/hm^2；P1，90 kg/hm^2；P2，135 kg/hm^2；P3，180 kg/hm^2

山东莱州半干旱半湿润带滨海盐渍土上，施加磷肥并未改变菊芋块茎中氮、磷的积累分配规律的动态平衡，但是不同取样时期各个磷肥处理的菊芋块茎中氮、磷含量与不施磷处理之间存在一定的差异。南菊芋 1 号菊芋整个生育期，施磷处理对南菊芋 1 号块茎中氮、磷含量影响的高低顺序为施磷量 135 kg/hm^2＞180 kg/hm^2 与 90 kg/hm^2＞不施磷。在 9 月时，菊芋块茎中的氮和磷含量出现最高值，施磷量 90 kg/hm^2、135 kg/hm^2、180 kg/hm^2 和不施磷处理菊芋块茎中的氮含量分别为 44.56 mg/g DW、50.50 mg/g DW、43.81 mg/g DW、28.54 mg/g DW。各磷处理分别比 CK 提高了 56.13%、76.94%、53.50%。施磷量 90 kg/hm^2、135 kg/hm^2、180 kg/hm^2 和不施磷处理菊芋块茎中的磷含量分别为 25.46 mg/g DW、32.37 mg/g DW、24.90 mg/g DW、9.15 mg/g DW。各磷处理分别比不施磷处理菊芋块茎中的磷含量提高了 178.25%、253.77%、172.13%。由此可知，山东莱州

半干旱半湿润带滨海盐渍土施磷可以显著促进菊芋地上部向块茎中转运氮、磷营养，从而促进块茎中氮、磷营养的分配与积累，随着施磷水平的增加，菊芋块茎中积累的氮、磷含量也增加，而施磷高于一定水平时，反而不利于南菊芋 1 号块茎中氮、磷的分配与积累。

③山东莱州滨海盐渍土磷肥对南菊芋 1 号糖类动态变化的影响。

a）山东莱州滨海盐渍土磷肥对南菊芋 1 号叶中糖类动态变化的影响。

从图 6-39 发现，山东莱州半干旱半湿润带滨海盐渍土上，施磷各处理的南菊芋 1 号叶的总糖和还原糖含量随着时间动态变化的规律与不施磷（CK）相同，都是呈现单峰曲线的变化趋势，即从 7 月开始糖含量平缓升高，在 10 月达到最高值后开始迅速下降，11 月之后平缓下降，12 月时施磷与不施磷处理的南菊芋 1 号叶总糖和还原糖含量无显著差异，这时叶片中大部分糖均输送到块茎中。南菊芋 1 号整个生育前期，其叶中总糖、还原糖含量的高低顺序为施磷量 135 kg/hm^2＞180 kg/hm^2 与 90 kg/hm^2＞不施磷。其中，在 10 月时，施磷量 90 kg/hm^2、135 kg/hm^2、180 kg/hm^2 和不施磷处理的菊芋叶总糖含量分别为 33.84 mg/g DW、40.91 mg/g DW、33.00 mg/g DW、16.05 mg/g DW，施磷各处理比不施磷菊芋叶片总糖含量提高了 110.84%、154.89%、105.61%。施磷量 90 kg/hm^2、135 kg/hm^2、180 kg/hm^2 和不施磷处理的菊芋叶片还原糖含量分别为 28.82 mg/g DW、32.46 mg/g DW、28.21 mg/g DW、14.28 mg/g DW，施磷各处理分别比不施磷菊芋叶提高了 101.82%、127.31%、97.55%。由此可知，适量施磷可以显著提高南菊芋 1 号叶中总糖和还原糖的含量，在一定范围内，随着施磷水平的增加，南菊芋 1 号叶中总糖、还原糖含量也增加，为后期菊芋块茎膨大提供了充足的糖源。

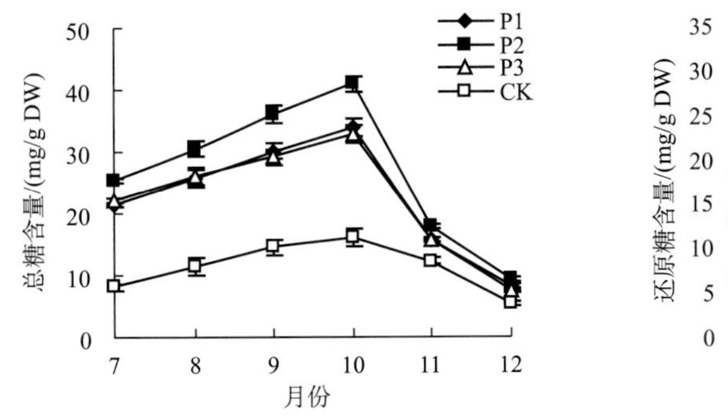

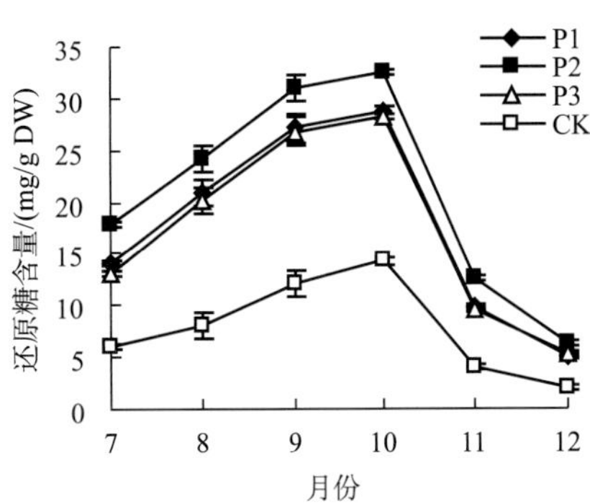

图 6-39　山东莱州滨海盐渍土磷肥对南菊芋 1 号各生育期叶中总糖、还原糖含量的影响

CK，0 kg/hm^2；P1，90 kg/hm^2；P2，135 kg/hm^2；P3，180 kg/hm^2

b）山东莱州滨海盐渍土磷肥对南菊芋 1 号茎中糖类动态变化的影响。

山东莱州半干旱半湿润带滨海盐渍土施磷对南菊芋 1 号茎中糖含量影响的趋势同其叶基本一致（图 6-40），施磷与不施磷各处理的南菊芋 1 号茎中的总糖、还原糖和非还原糖含量随着时间动态变化的规律相似，都是呈现单峰曲线的变化趋势，即 7～9 月逐渐升高，在 9 月达到最高峰，之后持续下降，其中在块茎快速膨大期时下降幅度最大，12 月时施磷与不施磷各处理的南菊芋 1 号茎中三种糖含量无显著差异。南菊芋 1 号整个生育前期，其茎中三种糖含量的高低顺序为施磷量 135 kg/hm^2＞180 kg/hm^2 与 90 kg/hm^2＞不施磷。在 9 月时，施磷量 90 kg/hm^2、135 kg/hm^2、180 kg/hm^2 和不施磷处理的菊芋茎总糖含量分别为 408.04 mg/g DW、460.00 mg/g DW、405.78 mg/g DW、360 mg/g DW，施磷各处理分别比不施磷处理提高了 13.34%、27.78%、12.72%。P1、P2、P3 及 CK 的茎还原糖含量分别为 167.49 mg/g DW、193.00 mg/g DW、169.12 mg/g DW、132.14 mg/g DW，施磷各处理分别比不施磷处理提高了 26.75%、46.06%、27.99%。施磷量 90 kg/hm^2、135 kg/hm^2、180 kg/hm^2 和不施磷处理的南菊芋 1 号茎中非还原糖含量分别为 223.00 mg/g DW、257.00 mg/g DW、221.00 mg/g DW、197.00 mg/g DW，施磷各处理分别比不施磷处理南菊芋 1 号茎中非还原糖含量提高了 13.20%、30.46%、12.18%。由此可知，适当地施加磷肥，能在块茎形成之前，促进糖向茎中转运和积累。

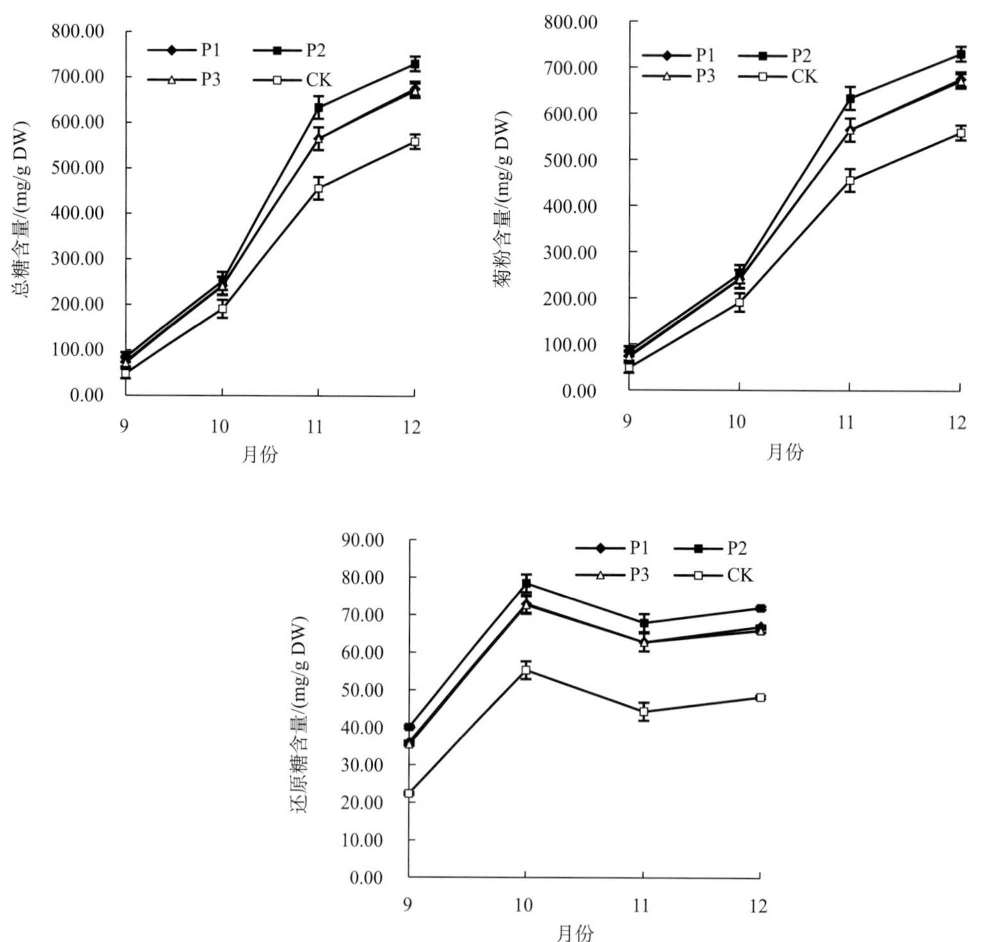

图 6-40　山东莱州滨海盐渍土磷肥对南菊芋 1 号各生育期茎中糖类含量的影响

CK，0 kg/hm^2；P1，90 kg/hm^2；P2，135 kg/hm^2；P3，180 kg/hm^2

c）山东莱州滨海盐渍土磷肥对南菊芋 1 号块茎中糖类动态变化的影响。

山东莱州半干旱半湿润带滨海盐渍土施磷与不施磷各处理的南菊芋 1 号块茎中的总糖和菊粉含量都呈现持续升高的动态变化规律，即平缓升高—急速升高—平缓升高的趋势（图 6-41），而还原糖含量很低，在 9～10 月，南菊芋 1 号块茎中的还原糖含量有上升的趋势，10 月后施磷与不施磷各处理的南菊芋 1 号块茎中还原糖含量又趋于下降，表明菊芋块茎中积累的糖分主要是菊粉，且在块茎迅速膨大期，能够迅速而又大量地合成菊粉，而南菊芋 1 号菊芋块茎中还原糖含量占的比例极小。而施磷与不施磷各处理的南菊芋 1 号块茎中的还原糖含量呈现单峰曲线的变化趋势，即先增加后降低，最后保持平稳，在 10 月时出现一个最高峰。在南菊芋 1 号块茎形成初期，还原糖含量出现迅速升高的趋势，而在块茎迅速膨大期，反而下降。整个块茎膨大时期，块茎中总糖、还原糖和菊粉含量的高低顺序为施磷量 135 kg/hm^2＞施磷量 180 kg/hm^2 与 90 kg/hm^2＞不施磷。在 12 月时，施磷量 90 kg/hm^2、135 kg/hm^2、180 kg/hm^2 和不施磷处理的南菊芋 1 号块茎菊粉含量分别为 610.94 mg/g DW、660.11 mg/g DW、608.00 mg/g DW、511.82 mg/g DW，施磷各处理分别比不施磷处理南菊芋 1 号块茎菊粉含量提高了 19.37%、28.97%、18.79%。由此可知，适当地施用磷肥能显著提高南菊芋 1 号块茎中菊粉的含量。

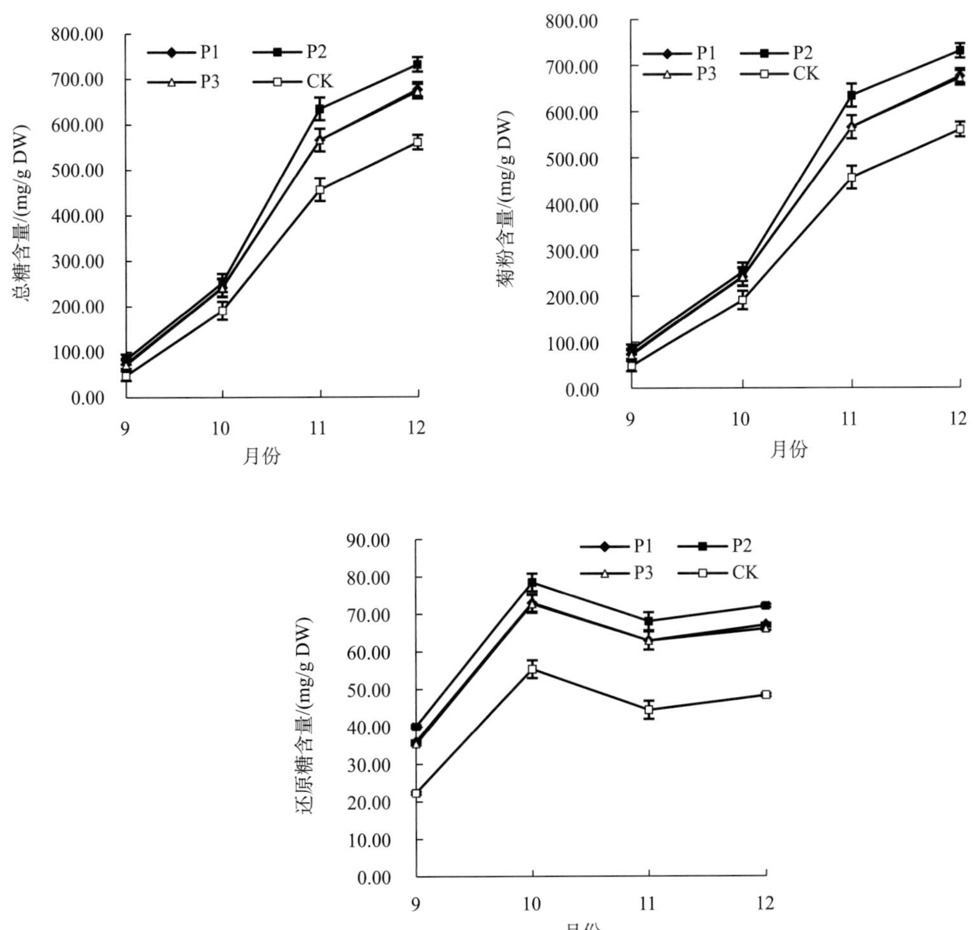

图 6-41　山东莱州滨海盐渍土磷肥对南菊芋 1 号各生育期块茎中糖类含量的影响

CK，0 kg /hm^2；P1，90 kg/hm^2；P2，135 kg/hm^2；P3，180 kg/hm^2

d）山东莱州滨海盐渍土磷肥对南菊芋 1 号糖类总量动态变化的影响。

山东莱州半干旱半湿润带滨海盐渍土施磷与不施磷各处理，7～9 月南菊芋 1 号总糖和菊粉总量都呈现持续升高的动态变化规律，即平缓增加—急速增加—平缓增加的趋势（表 6-25）。然而施磷与不施磷各处理的南菊芋 1 号还原糖总量呈现单峰曲线的变化趋势，即先逐渐增加，在 10 月时出现一个最高峰，然后开始降低，最后保持平稳（表 6-26）。在南菊芋 1 号块茎形成初期，还原糖总量出现迅速升高的趋势，而在块茎迅速膨大期，还原糖总量反而下降。整个块茎膨大时期，各处理对南菊芋 1 号块茎中总糖、还原糖和菊粉总量的高低影响的顺序为施磷量 135 kg/hm^2＞施磷量 180 kg/hm^2 与 90 kg/hm^2＞不施磷。在 12 月收获时，施磷量 90 kg/hm^2、135 kg/hm^2、180 kg/hm^2 和不施磷处理的南菊芋 1 号菊粉总量分别为 5167 kg/hm^2、6389 kg/hm^2、4771 kg/hm^2、2530 kg/hm^2，施磷各处理分别比不施磷的菊粉总量提高了 104.23%、152.53%、88.58%。山东莱州半干旱半湿润带滨海盐渍土适当地施用磷肥能显著提高南菊芋 1 号菊粉总量，而过量施加磷肥反而降低了菊粉总量。所以山东莱州半干旱半湿润带滨海盐渍土生产中应适当施加磷肥，以达到节本增效的目的。

表 6-25　不同施磷水平对山东莱州南菊芋 1 号 7～9 月糖类总量的影响（2 年平均）

（单位：kg/hm^2）

部位	处理	月份								
		7 月			8 月			9 月		
		总糖	还原糖	菊粉	总糖	还原糖	菊粉	总糖	还原糖	菊粉
叶	CK	2	1	—	7	5	—	38	32	—
	P1	9	6	—	31	26	—	150	135	—
	P2	14	10	—	47	38	—	222	191	—
	P3	9	5	—	31	24	—	141	129	—
茎	CK	48	12	33	249	72	147	469	172	257
	P1	132	42	92	597	232	359	1020	419	557
	P2	200	74	130	921	358	558	1417	595	792
	P3	121	35	87	586	220	366	979	408	533
块茎	CK	—	—	—	—	—	—	17	8	9
	P1	—	—	—	—	—	—	92	45	48
	P2	—	—	—	—	—	—	127	61	66
	P3	—	—	—	—	—	—	75	37	38
总量	CK	50	14	33	256	76	147	524	212	266
	P1	141	48	92	629	258	359	1262	599	605
	P2	214	84	130	968	395	558	1766	846	858
	P3	130	41	87	617	244	366	1195	574	571

注：CK，0 kg/hm^2；P1，90 kg/hm^2；P2，135 kg/hm^2；P3，180 kg/hm^2。

表 6-26　不同施磷水平对山东莱州南菊芋 1 号 10～12 月糖类总量的影响（2 年平均）

（单位：kg/hm²）

部位	处理	月份								
		10 月			11 月			12 月		
		总糖	还原糖	菊粉	总糖	还原糖	菊粉	总糖	还原糖	菊粉
叶	CK	39	34	—	5	2	—	1	1	—
	P1	159	135	—	12	7	—	2	1	—
	P2	236	188	—	16	11	—	3	2	—
	P3	151	129	—	12	7	—	2	1	—
茎	CK	335	130	200	120	53	67	41	23	18
	P1	726	304	429	317	168	157	65	34	36
	P2	1006	435	561	472	260	156	88	47	46
	P3	705	291	416	300	159	149	62	31	34
块茎	CK	251	73	178	961	93	868	2749	237	2512
	P1	674	203	470	2240	249	1994	5677	563	5131
	P2	813	253	561	2968	318	2654	7020	692	6343
	P3	620	187	433	2014	224	1795	5235	514	4737
总量	CK	625	237	378	1086	148	935	2791	260	2530
	P1	1559	642	899	2569	425	2151	5743	599	5167
	P2	2055	875	1121	3455	589	2811	7111	741	6389
	P3	1476	607	849	2326	389	1944	5299	547	4771

注：CK，0 kg/hm²；P1，90 kg/hm²；P2，135 kg/hm²；P3，180 kg/hm²。

众所周知，磷是植物重要的营养元素。磷是核酸、核蛋白和磷脂的主要成分，它与蛋白质合成、细胞分裂、细胞生长有密切关系[75]。磷素对马铃薯正常生长发育及产量形成起重要作用，磷肥可促进马铃薯根系生长发育，提高植株抗旱能力[76]。缺磷时，马铃薯植株生长缓慢，茎秆矮小，叶片变小，光合作用能力差[77]。缺磷对地上部有强烈的抑制作用[78]，供试大豆的地上部生物学产量较低，长势较弱，茎秆纤细[79]。南京农业大学海洋科学及其能源生物资源研究所菊芋研究小组的研究表明，随着磷肥的增施，菊芋的株高和茎粗呈增加趋势，而磷肥超过一定量时，反而会相对抑制株高和茎粗的增加，不利于菊芋的生长。

有文献报道，施磷对甜菜植株干物质积累有较大影响，干物质积累量与施磷量呈正相关[80]。磷能显著地提高甜菜叶片和叶柄的干物质积累量，施磷能促进块根增长，随施磷量增加块根生长速度加快，但施磷超过一定范围时，再增磷时块根增长量减小[81]。适当施加氮肥有利于块茎出现之前，植株旺盛生长，促进地上部干物质的积累，并能促进地上部干物质向块茎中的转运与分配，从而提高块茎产量[82]。山东莱州南菊芋 1 号的磷肥试验结果表明，随着磷肥增施，南菊芋 1 号茎叶干物质的积累呈递增趋势，适当施加磷肥能促进茎叶干物质向块茎的转运，而过度施加磷肥反而会抑制茎叶干物质的转运和积累，不利于块茎实现高产。

充足的磷肥供应可以促进马铃薯的根系发育，提高其抗逆性，同时促进其对氮肥的利用效率[83]。由于磷元素在植株体内极易流动，在整个生育期间，磷元素是随着生长中心的转移而变化的[84]。一般在幼嫩的器官中分布较多，随着生长中心逐渐由茎叶向块茎转移，磷向块茎中的转移量也增加，到淀粉积累期，磷元素大量向块茎中转移[85]。

山东莱州半干旱半湿润带滨海盐渍土施加磷肥并未改变南菊芋 1 号氮素、磷素的动态变化规律。南菊芋 1 号块茎形成之前，氮素、磷素主要分配在叶片中，用于光合系统的迅速构建，此后随着生育过程的推移，氮素、磷素在叶片中的分配不断地下降。块茎形成之后，生长中心开始向地下转移，氮素、磷素也随之大量转移到块茎中，在块茎迅速膨大期时氮素、磷素积累出现最高峰。此时块茎迅速膨大需要大量的营养元素，菊芋出现了短暂快速吸收的现象，因此南菊芋 1 号茎的氮、磷素积累在块茎迅速膨大期出现第二个高峰。

施加与不施磷肥处理的南菊芋 1 号各器官中的糖含量随着时间动态变化的规律相似，表明施磷肥并未破坏南菊芋 1 号体内碳代谢的平衡。全生育期中，施加磷肥对菊芋糖含量高低的影响顺序为施磷量 135 kg/hm^2＞施磷量 180 kg/hm^2 与 90 kg/hm^2＞不施磷。适量施加磷肥可增加马铃薯茎叶中磷含量、增加块茎中淀粉含量，马铃薯茎叶中磷含量与块茎中淀粉含量呈正相关[86]。在适宜范围内，不同类型专用小麦在增加施磷肥量时，直链淀粉、支链淀粉、总淀粉含量有所上升[87]。山东莱州半干旱半湿润带滨海盐渍土增施磷肥使南菊芋 1 号各器官中糖含量增加，但是过量施磷肥则会抑制糖的合成，使糖含量相对减少。

叶片光合作用产物是糖分的主要来源，蔗糖是光合同化产物的主要运输形式，果聚糖则主要在块茎中聚合并储藏，蔗糖是果聚糖合成的原料，菊芋叶片和茎中的蔗糖主要向菊芋块茎中转运[68-70]。山东莱州半干旱半湿润带滨海盐渍土菊芋叶中的总糖和还原糖含量均呈现单峰曲线的变化趋势，在 10 月达到最高值，其间一直通过光合作用合成大量的糖，并源源不断地运往茎中。10 月菊芋开始进入块茎迅速膨大期，块茎开始大量合成菊粉，叶中的糖（主要是还原糖）急速地通过茎向块茎中转运，此时叶中糖含量下降幅度最大。菊芋茎中的总糖、还原糖和非还原糖含量都是呈现单峰曲线的变化趋势，在 9 月达到最高峰，菊芋块茎形成以后持续下降，其中在块茎迅速膨大时（块茎第二膨大期）下降幅度最大。块茎形成之前，茎作为糖分的短期储存位点，储存了一定的聚合度较低的果聚糖，而当块茎形成后茎中的糖分开始迅速地向块茎中转移，为块茎大量合成菊粉提供原料。

山东莱州半干旱半湿润带滨海盐渍土南菊芋 1 号块茎中总糖和菊粉含量都呈现持续升高的动态变化规律，块茎迅速膨大期增加幅度最大。而还原糖含量则呈现单峰曲线的变化趋势，即先增加后降低，最后保持平稳，在 10 月出现一个最高峰。

（3）山东莱州滨海盐渍土南菊芋 1 号的氮肥、磷肥交互效应

氮肥、磷肥是决定作物产量高低和品质优劣的重要因素，也是农业生产中用量最大的化学肥料。已有的研究结果表明，氮、磷的合理施用有利于马铃薯产量和品质的提高[88]。菊芋生长也需要一定量和比例的氮、磷肥，生产过程中肥料施入不合理，会导致菊芋产量和品质下降[89]。目前，施肥对菊芋的产量效应多集中在单施氮、磷肥[90,91]，而较少涉

及氮、磷肥配施效应。

由表 6-27 可知，氮、磷对南菊芋 1 号块茎的产量、干物质含量、总糖含量及菊粉含量均有极显著的影响(P<0.01)。磷肥对南菊芋 1 号块茎还原糖含量的相伴概率小于 0.05，表明磷对南菊芋 1 号块茎还原糖含量有显著影响。然而，氮肥对南菊芋 1 号块茎还原糖含量具有极显著影响（P<0.01）。同时，氮磷交互效应对南菊芋 1 号块茎产量、干物质含量和还原糖含量的相伴概率均小于 0.05，对总糖和菊粉含量的相伴概率均小于 0.01。由此可知，氮磷交互效应对南菊芋 1 号块茎产量、干物质含量和还原糖含量有显著影响，而对总糖和菊粉含量的影响极其显著。

表 6-27　山东莱州各因素独立作用及两两交互效应

因素	因变量	III型离差平方和	自由度	均方	F 值	相伴概率
氮肥	产量	1.812×10^{8}	2	9.062×10^{7}	24.999	2.115×10^{-4}
	干物质含量	2039.211	2	1019.606	41.632	2.828×10^{-5}
	总糖含量	14631.568	2	7315.784	147.823	1.309×10^{-7}
	还原糖含量	223.149	2	111.574	22.169	3.330×10^{-4}
	菊粉含量	11781.299	2	5890.650	317.050	4.538×10^{-9}
磷肥	产量	1.382×10^{8}	2	6.908×10^{7}	19.057	5.820×10^{-4}
	干物质含量	1786.206	2	893.103	36.467	4.825×10^{-5}
	总糖含量	12889.702	2	6444.851	130.225	2.275×10^{-7}
	还原糖含量	146.571	2	73.286	14.561	1.509×10^{-2}
	菊粉含量	10656.091	2	5328.045	286.769	7.082×10^{-9}
氮肥×磷肥	产量	5.648×10^{7}	4	1.412×10^{7}	3.895	4.190×10^{-2}
	干物质含量	460.505	4	115.126	4.701	2.526×10^{-2}
	总糖含量	2272.546	4	568.137	11.480	1.391×10^{-3}
	还原糖含量	77.528	4	19.382	3.851	4.314×10^{-2}
	菊粉含量	1852.146	4	463.036	24.922	6.937×10^{-5}
误差	产量	3.263×10^{7}	9	3.625×10^{6}	—	—
	干物质含量	220.418	9	24.491	—	—
	总糖含量	445.411	9	49.490	—	—
	还原糖含量	45.296	9	5.033	—	—
	菊粉含量	167.216	9	18.580	—	—

①山东莱州滨海盐渍土南菊芋 1 号的氮肥、磷肥交互对其块茎产量的影响。山东莱州半干旱半湿润带滨海盐渍土氮磷对南菊芋 1 号块茎产量的交互效应见图 6-42，从图中看出，磷用量与氮用量组合南菊芋 1 号块茎产量估算边际均值的 3 条折线都互不平行且都存在交叉点，表明氮磷之间存在交互效应。其中，施磷量 90 kg/hm^2、135 kg/hm^2 对应的两条折线交叉度较小，可视为接近于平行关系，而施磷量 135 kg/hm^2 水平对应的折线与施磷量 180 kg/hm^2 对应的折线交叉度较大，说明磷肥水平处于 135 kg/hm^2 时氮磷交互效应最为显著。从施磷量 135 kg/hm^2 对应折线的变化趋势看，南菊芋 1 号块茎产量的估

算边际均值先逐渐增加，在施氮量 180 kg/hm^2 时出现最大值，然后逐渐减少，说明氮肥水平处于 180 kg/hm^2 时，氮磷交互效应最为显著。当氮肥水平低于 180 kg/hm^2 时，氮磷交互为正交互效应，氮磷之间表现为协同促进作用；而当氮肥水平高于 180 kg/hm^2 时，氮磷交互为负交互效应，氮磷之间表现为拮抗作用。当氮肥 180 kg/hm^2、磷肥 135 kg/hm^2 时，南菊芋 1 号块茎产量最高。

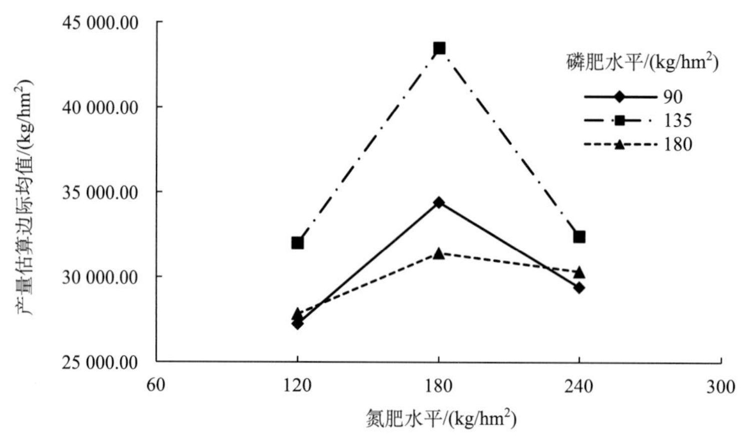

图 6-42　山东莱州滨海盐渍土氮磷交互效应对南菊芋 1 号块茎产量的影响

②山东莱州滨海盐渍土南菊芋 1 号氮肥、磷肥交互对其块茎品质的影响。图 6-43 为山东莱州半干旱半湿润带滨海盐渍土氮磷交互效应对南菊芋 1 号块茎品质的影响，氮磷交互作用对菊芋块茎干物质、还原糖、总糖、菊粉含量影响的图中，3 条折线都不互相平行，且都存在交叉点，表明对南菊芋 1 号块茎中干物质、还原糖、总糖、菊粉含量等品质性状方面，氮磷之间存在交互效应。4 个图中的三条折线的变化趋势基本一致，且施磷 90 kg/hm^2 和 135 kg/hm^2 对应的两条折线交叉度较小，可视为接近于平行的关系，而施磷 135 kg/hm^2（P2）水平对应的折线与 180 kg/hm^2 对应的折线交叉度较大，表明施磷 135 kg/hm^2 水平时氮磷交互效应最为显著。从施磷 135 kg/hm^2 对应折线的变化趋势来看，南菊芋 1 号块茎品质的 4 种性状的估算边际均值基本都在施氮量为 180 kg/hm^2 时出现最大值，然后逐渐减小。氮肥水平处于 180 kg/hm^2 时，氮磷交互作用最为显著，表现为正交互作用，起到协同促进作用；而随着氮肥水平的提高，氮磷交互效应表现为负交互效应。山东莱州半干旱半湿润带滨海盐渍土地上，当氮肥用量为 180 kg/hm^2、磷肥用量为 135 kg/hm^2 时，南菊芋 1 号菊芋块茎的干物质、总糖、还原糖和菊粉含量等质量指标均达到最高值[92]。

综上所述，在山东莱州半干旱半湿润带滨海盐渍土上，南菊芋 1 号合适施肥组合为氮肥用量为 180 kg/hm^2、磷肥用量为 135 kg/hm^2，氮肥用量仅为大田农作物氮肥用量的 1/2 左右。

③山东莱州滨海盐渍土南菊芋 1 号种植氮肥、磷肥与海水灌溉的交互作用。海涂相对来说，淡水资源缺乏，而海水及其养殖废水丰富，因此研究小组从 2000 年起开始在海涂进行海水安全灌溉的研究。在国家 863 计划节水重大专项的支持下，于 2003 年在南京

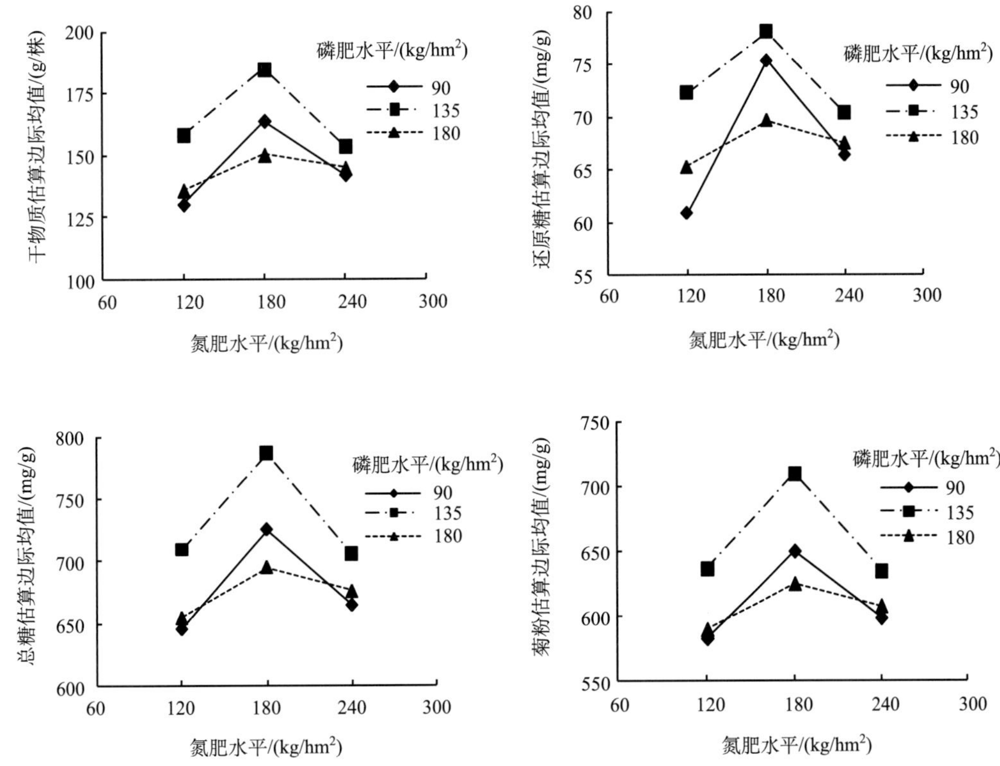

图 6-43　山东莱州滨海盐渍土氮磷交互效应对南菊芋 1 号块茎品质的影响

农业大学山东莱州 863 中试基地采用田间小区试验的方法，研究在海涂不同浓度海水灌溉下氮（N）磷（P）肥对菊芋产量的影响及盐肥耦合效应，揭示菊芋在一定浓度海水灌溉下的需肥规律，为在海涂大面积推广种植菊芋提供技术指导，并为海水灌溉农业提供科学理论依据。南京农业大学山东莱州 863 中试基地土壤性质见表 6-28。

表 6-28　山东莱州试验基地土壤性质

剖面深度/cm	pH	含盐量/（g/kg）	有机质/（g/kg）	砂粒/（g/kg）	粉粒/（g/kg）	黏粒/（g/kg）	容重/（g/cm^3）
0～20	7.55	0.379	10.52	817.0	98.4	84.6	1.27
20～40	7.50	0.401	4.42	826.3	80.7	93.0	1.58
40～60	8.17	0.480	2.84	826.1	80.5	93.4	1.50
60～80	7.71	0.647	—	859.9	69.1	71.0	1.48
80～100	7.94	0.731	—	855.6	70.3	74.1	1.50

试验共三个因素：因素 1 为不同海淡水配比，设 CK（淡水）、25%、50%和 75%四个水平，分别以 W1、W2、W3 和 W4 表示（莱州湾海水基本理化性质同前）；因素 2 为氮肥（尿素，含 N 46%），设 N 为 0 kg/hm²、75 kg/hm²、150 kg/hm² 和 225 kg/hm² 四个水平，分别以 N1、N2、N3 和 N4 表示；因素 3 为磷肥（过磷酸钙，含 P_2O_5 12%），设

P_2O_5为 0 kg/hm²、30 kg/hm²、60 kg/hm² 和 90 kg/hm² 四个水平，分别以 P1、P2、P3 和 P4 表示。选用 L_{32}（4）^{9} 正交设计，共计 32 个处理（$W_iN_iP_i$ ，见表 6-29），重复 3 次，共 96 个小区，随机区组排列（表 6-29）。

表 6-29　山东莱州试验处理

处理编号	处理代号	灌溉	N /（kg/hm²）	P /（kg/hm²）	处理编号	处理代号	灌溉	N /（kg/hm²）	P /（kg/hm²）
1	W1N2P2	CK	75	30	17	W2N4P3	25%	225	60
2	W1N3P4	CK	150	90	18	W2N1P1	25%	0	0
3	W1N1P3	CK	0	60	19	W2N3P2	25%	150	30
4	W1N4P1	CK	225	0	20	W2N2P4	25%	75	90
5	W1N2P4	CK	75	90	21	W2N4P1	25%	225	0
6	W1N3P2	CK	150	30	22	W2N1P3	25%	0	60
7	W1N1P1	CK	0	0	23	W2N3P4	25%	150	90
8	W1N4P3	CK	225	60	24	W2N2P2	25%	75	30
9	W3N4P2	50%	225	30	25	W4N2P3	75%	75	60
10	W3N1P4	50%	0	90	26	W4N3P1	75%	150	0
11	W3N3P3	50%	150	60	27	W4N1P2	75%	0	30
12	W3N2P1	50%	75	0	28	W4N4P4	75%	225	90
13	W3N4P4	50%	225	90	29	W4N2P1	75%	75	0
14	W3N1P2	50%	0	30	30	W4N3P3	75%	150	60
15	W3N3P1	50%	150	0	31	W4N1P4	75%	0	90
16	W3N2P3	50%	75	60	32	W4N4P2	75%	225	30

小区长 4.0 m、宽 2.5 m，各小区之间用宽 0.5 m、 厚 0.12 mm 的塑料膜隔开，下埋 0.4 m，地表以上 0.1 m，小区间覆垄 0.15 m，以防侧渗和互溢。平整小区，起垄栽培，菊芋块茎膨大前期根部培土，播种密度 30 cm×60 cm。N 肥和 P 肥均在 6 月上旬块茎膨大初期以深 3～6 cm 条施。分别在块茎膨大初期 6 月 10 日和开花期初期 8 月 20 日灌溉两次，灌溉总定额为 1000 m³/hm²。于 2003 年 3 月下旬播种，10 月下旬收获，定期观测菊芋的生长指标，记录其生长期间病虫害等发生情况，用 SM1 雨量器准确量得菊芋整个生育期的降雨量为 515 mm。收获时按小区单刨、单收、称鲜重，将已采植株样及占用面积扣除后计算单位面积产量。统一测离地面 5 cm 处主茎的粗度计为茎粗。试验结束后，进行带重复试验的方差分析，并对结果进行综合评价。

a）山东莱州滨海盐渍土盐肥对南菊芋 1 号产量及其结构的影响。

从图 6-44 和图 6-45 可以看出，25%海水灌溉南菊芋 1 号块茎产量高于淡水处理，增幅为 4.0%，地上部生物量没有差异。但是随着海水浓度增加，在 50%和 75%海水灌溉下南菊芋 1 号块茎和地上部生物产量均显著下降，与淡水比较，不同部位不同海水比例灌溉处理下降幅度分别达 32%、76%和 25%、60%。这表明低浓度海水胁迫对南菊芋 1 号生长发育甚至有一定的促进作用；而在 N、P 综合水平条件下高浓度海水灌溉对菊芋生长发育具有明显影响，表现在茎秆伸长、增粗受到抑制，这可能是由高浓度盐分胁迫引起的。

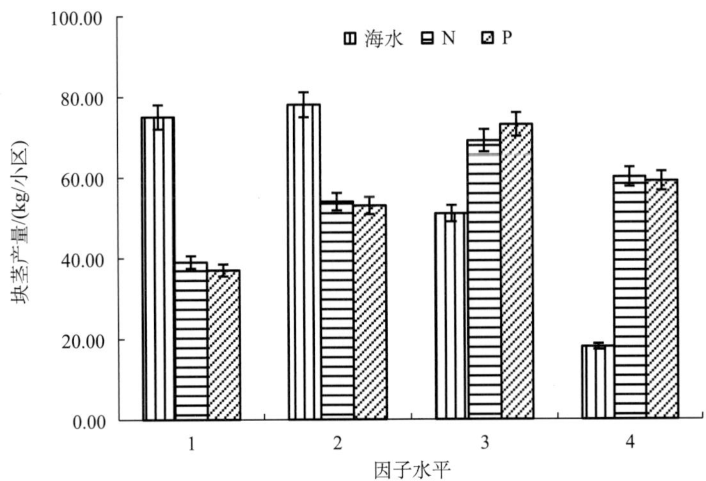

图 6-44　山东莱州滨海盐渍土不同因子对南菊芋 1 号块茎产量的影响

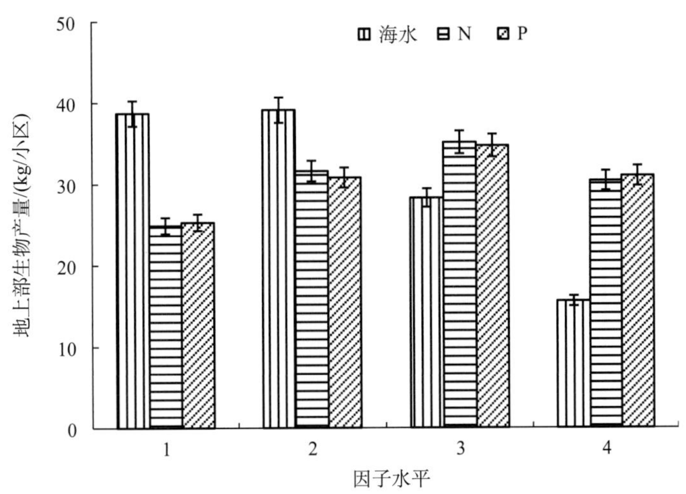

图 6-45　山东莱州滨海盐渍土不同因子对南菊芋 1 号地上部生物产量的影响

如图 6-44 和图 6-45 所示，施用 N 肥可显著提高南菊芋 1 号产量。施 N 量 150 kg/hm^2（N3）水平与施 N 量 75 kg/hm^2（N2）水平相比，南菊芋 1 号块茎产量可以显著提高 77%，同样地上部生物产量也提高了 40%。而随着 N 肥用量增加，块茎和地上部生物产量不再增加，施 N 量 225 kg/hm^2（N4）处理块茎和地上部生物产量比施 N 量 150 kg/hm^2（N3）降低，但块茎产量仍高于施 N 量 75 kg/hm^2（N2）处理。这表明在海涂盐土上，适当施氮肥可明显缓解海水灌溉的盐害，提高南菊芋 1 号的块茎产量。

如图 6-44 和图 6-45 所示，施 P 量 60 kg/hm^2（P_2O_5）（P3）与施 P 量 30 kg/hm^2（P_2O_5）（P1）水平相比，南菊芋 1 号块茎产量可以显著提高 97%，同样地上部生物产量也提高了 37%，表明在海水灌溉条件下施用 P 肥对提高南菊芋 1 号产量的作用也是非常明显的。而随着 P 肥用量的增加，块茎和地上部生物产量不再增加，施 P 量 90 kg/hm^2（P_2O_5）（P4）时，南菊芋 1 号块茎和地上部生物产量分别比施 P 量 60 kg/hm^2（P_2O_5）（P3）降低 19% 和 11%。

b）山东莱州滨海盐渍土海水与氮肥及磷肥的交互效应对南菊芋 1 号主茎的影响。

如表 6-30 所示，随着施氮、磷量的增加，在各浓度海水浇灌下南菊芋 1 号主茎普遍长高。然而，在施氮量 150 kg/hm^2、施磷量（P_2O_5）60 kg/hm^2（N3、P3）组合上继续增加 N、P 肥用量，其主茎都出现了不同程度的缩短。50%海水灌溉、施氮量 150 kg/hm^2（W3N3）组合处理菊芋主茎比淡水灌溉、不施氮组合处理和 25%海水灌溉、不施氮组合（W1N1 和 W2N1）菊芋主茎高，表明在 50%海水灌溉下适当施 N 肥能够缓解高浓度海水的抑制作用。同样，50%海水灌溉、施磷量（P_2O_5）30 kg/hm^2（W3P2）组合南菊芋 1 号主茎比淡水灌溉、不施磷组合处理和 25%海水灌溉、不施磷组合（W1P1 和 W2P1）南菊芋 1 号主茎高，表明在 50%（W3）海水灌溉下适当施 P 肥能够缓解高浓度海水对其主茎生长的抑制作用。但在 75%海水灌溉下（W4），南菊芋 1 号主茎长均低于淡水灌溉（W1）和 25%海水灌溉（W2）处理，说明在较高海水处理下，施肥虽能缓解一定的抑制作用，但盐胁迫仍占主导地位。

表 6-30　山东莱州滨海盐渍土海水与氮肥、磷肥的交互作用对南菊芋 1 号主茎生长的影响

代号	茎长/cm	茎粗/cm	代号	茎长/cm	茎粗/cm	代号	茎长/cm	茎粗/cm	代号	茎长/cm	茎粗/cm
W1N1	215	2.06	W2N1	220	2.08	W3N1	192	2.04	W4N1	173	1.92
W1N2	236	2.10	W2N2	228	2.19	W3N2	202	2.11	W4N2	181	2.16
W1N3	239	2.23	W2N3	243	2.25	W3N3	221	2.21	W4N3	198	2.38
W1N4	231	2.36	W2N4	232	2.39	W3N4	206	2.31	W4N4	192	2.53
W1P1	219	2.06	W2P1	223	2.10	W3P1	196	2.03	W4P1	171	2.01
W1P2	234	2.12	W2P2	229	2.17	W3P2	225	2.14	W4P2	184	2.19
W1P3	241	2.25	W2P3	238	2.30	W3P3	209	2.22	W4P3	194	2.32
W1P4	224	2.31	W2P4	234	2.41	W3P4	210	2.28	W4P4	192	2.47

从表 6-30 还可以看出，随着施氮、磷量的增加，在各浓度海水浇灌下南菊芋 1 号主茎普遍增粗。在 75%海水灌溉下（W4），随着 N 肥和 P 肥用量增加，其缓解盐害作用明显：75%海水灌溉、施氮量 225 kg/hm^2 和 75%海水灌溉、施磷量（P_2O_5）90 kg/hm^2 组合处理（W4N4 和 W4P4），其主茎粗分别比 75%海水灌溉、不施氮组合及 75%海水灌溉、不施磷组合处理（W4N1 及 W4P1）南菊芋 1 号主茎增粗 32%和 23%，而淡水灌溉、施氮量 225 kg/hm^2 和淡水灌溉、施磷量（P_2O_5）90 kg/hm^2 组合处理（W1N4 和 W1P4）菊芋（南菊芋 1 号，下同）主茎粗分别比 W1N1 及 W1P1 增粗 15%和 12%，淡水灌溉下氮、磷对菊芋主茎增高增粗的效果不及高浓度海水灌溉下菊芋主茎增高增粗的效果。

（4）山东莱州半湿润半干旱带滨海盐渍土各处理因子的优化调控组合

山东莱州半湿润半干旱带滨海盐渍土肥盐交互作用试验结果表明，各处理措施均能影响菊芋块茎产量，经方差分析（表 6-31），除海水灌溉和 N 肥的交互作用、N 肥和 P 肥的交互作用以及海水灌溉和 P 肥的交互作用呈显著相关外，其他均呈极显著相关关系（$p<0.01$）。经过对海水与 N 肥及 P 肥的交互作用分析可以看出，25%海水灌溉、施氮量 150 kg/hm^2 和 25%海水灌溉、施磷量（P_2O_5）60 kg/hm^2 组合处理（W2N3 和 W2P3）是优化的组合（表 6-32）。如图 6-46 所示，对菊芋块茎产量最佳处理组合是 5 号（W1N2P4），即淡水灌溉、施氮量为 75 kg/hm^2、施磷量（P_2O_5）为 90 kg/hm^2。第 8 号处理所获得的菊芋块茎产量也较高，随着海水浓度增高，从 9 号到 16 号块茎产量均下降，直到第 17 号组合 W2N4P3，即 25%海水灌溉、施氮量为 225 kg/hm^2、施磷量（P_2O_5）为 60 kg/hm^2。W2N3P4（23）组合可以达到最大的块茎产量，即 25%海水灌溉、施氮量为 150 kg/hm^2、施磷量（P_2O_5）为 90 kg/hm^2，其比 17 号组合处理增加了 2.5%。在 75%海水处理下，菊芋块茎产量基本达不到淡水处理的 25%。从处理间差异来看，影响菊芋块茎产量的主要因素是不同浓度海水灌溉，N 肥和 P 肥次之，这一点在方差表中也可以看出，结合海水与 N 肥及 P 肥的交互作用分析，山东莱州半湿润半干旱带滨海盐渍土优化组合为 25%海水灌溉、施氮量为 150 kg/hm^2、施磷量（P_2O_5）为 90 kg/hm^2（W2N3P4）。

同样从表 6-31、表 6-32 可以看出，海水、N 肥、P 肥及其交互作用均对菊芋地上部生物产量有显著的影响，经 *F* 检验，呈极显著相关。通过进一步分析可知，海水与 N 肥对菊芋地上部生长的最优组合为 25%海水灌溉、施氮量为 150 kg/hm^2（W2N3），海水与 P 肥对菊芋地上部生长的最优组合为 25%海水灌溉、施磷量（P_2O_5）为 60 kg/hm^2（W2P3）。此外，N 肥与 P 肥的交互作用也是显著的。如图 6-47 所示，不同水平处理组合对菊芋地上部生物产量的影响也很不相同。其中，图 6-47 中所示的第一峰值为 2 号处理，此处理的各项因素的水平是 W1N3P4，即淡水灌溉、施氮量为 150 kg/hm^2、施磷量（P_2O_5）为 90 kg/hm^2。第 8 号处理所获得的菊芋地上部生物产量也较高，随着海水浓度增高，从 9 号到 16 号处理菊芋地上部生物产量均下降，直到第 17 号组合 W2N4P3，即 25%海水灌溉、施氮量为 225 kg/hm^2、施磷量（P_2O_5）为 60 kg/hm^2，此处理与 2 号处理相比，

表 6-31　山东莱州半湿润半干旱带滨海盐渍土处理措施对南菊芋 1 号产量影响的方差分析

方差来源	平方和		自由度		均方		*F* 值	
	块茎	地上部	块茎	地上部	块茎	地上部	块茎	地上部
海水	14210	21340	3	3	4737	7113	69.7**	1616.6**
氮肥	4197	2228	3	3	1399	743	20.6**	168.9**
磷肥	3019	3500	3	3	1006	1167	14.8**	265.2**
海水×氮	1817	1440	9	9	202	160	3.0*	36.4**
海水×磷	2325	1698	9	9	192	189	3.79*	43.0**
氮×磷	1708	1152	9	9	190	128	2.79*	29.1**
误差	4041	261	59	59	68	4.4		

* $P<0.05$，** $P<0.01$。

表 6-32　山东莱州滨海盐渍土海水与 N 肥、P 肥的交互作用对南菊芋 1 号块茎和地上部生物产量的影响

代号	块茎	茎叶	代号	块茎	茎叶	代号	块茎	茎叶	代号	块茎	茎叶
W1N1	70.6	31.7	W2N1	75.9	32.6	W3N1	32.6	21.9	W4N1	13.8	13.4
W1N2	79.8	39.3	W2N2	82.2	41.8	W3N2	43.1	29.7	W4N2	17.6	15.5
W1N3	86.1	43.6	W2N3	88.8	44.4	W3N3	49.6	32.5	W4N3	23.0	19.9
W1N4	81.7	40.2	W2N4	84.8	37.3	W3N4	36.7	29.0	W4N4	17.9	14.9
W1P1	72.1	32.1	W2P1	73.4	33.4	W3P1	31.9	21.3	W4P1	14.1	14.2
W1P2	78.6	37.1	W2P2	83.4	40.4	W3P2	42.4	31.0	W4P2	18.1	15.1
W1P3	87.2	42.7	W2P3	89.3	43.6	W3P3	52.5	31.9	W4P3	22.5	20.5
W1P4	80.3	42.9	W2P4	85.6	38.7	W3P4	35.2	28.9	W4P4	17.6	13.2

注：块茎鲜重，单位为 kg/小区；茎叶干重，单位为 kg/小区；小区面积 20 m^2。下同。

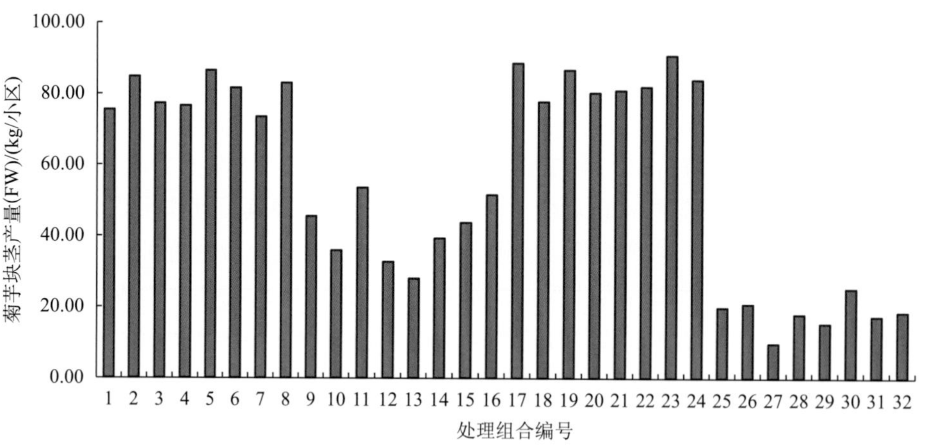

图 6-46　山东莱州半湿润半干旱带海涂不同处理组合对南菊芋 1 号块茎产量的影响

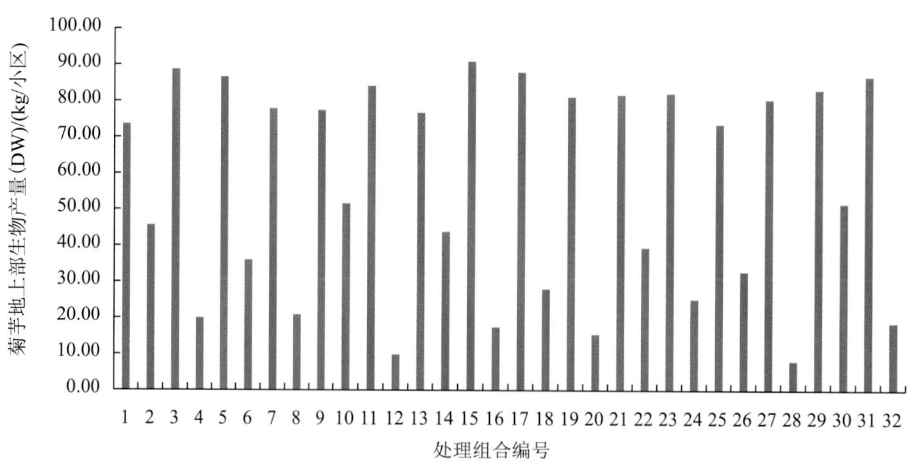

图 6-47　山东莱州半湿润半干旱带海涂不同处理组合对南菊芋 1 号茎叶产量的影响

略有增加。在 23 号组合 W2N3P4，即 25%海水灌溉、施氮量为 150 kg/hm^2、施磷量（P_2O_5）为 90 kg/hm^2 可以达到最大的菊芋地上部生物产量，23 号处理效果比 17 号处理增加了 5.0%。在 75%海水处理下，菊芋地上部生物产量基本达不到淡水处理的 30%。从处理间的差异看，影响菊芋地上部生物产量的主要因素是不同浓度海水灌溉，N 肥和 P 肥次之，这一点在方差表中也可以看出，结合它们的交互作用分析，对菊芋地上部生长优化组合为 25%海水灌溉、施氮量为 150 kg/hm^2、施磷量（P_2O_5）为 60 kg/hm^2（W2N3P3）。

南京农业大学海洋科学及其能源生物资源研究所菊芋研究小组试验结果表明山东莱州半湿润半干旱带滨海盐渍土 25%海水灌溉未对菊芋生长发育产生抑制作用，所以在海涂用适当浓度海水对特殊经济作物进行灌溉是安全有效的，而 50%及 75%海水处理对菊芋生长发育产生不同程度的抑制作用。海涂土壤一般含养分较少，尤其 N、P 元素缺乏，在海水灌溉下，施 N 肥和 P 肥均能增加块茎和地上部生物产量，达到“以肥阻盐”“以肥增水”的效果。因为施氮能明显提高植株体内离子向上运输的 K^+、Na^+选择性比率 SRK，降低盐分尤其是钠离子对功能器官的伤害，而施过磷酸钙既为植物生长提供磷素营养，还可通过 Ca^{2+}的施入缓解植株菊芋的盐分胁迫，阻止细胞内 K^+的外流和 Na^+的大量进入[93]，增强植株的耐盐性。但随着 N、P 肥用量增加，其报酬递减率越来越严重。海水与 N 肥及 P 肥的交互效应对菊芋主茎的影响说明在高浓度海水处理下，一方面海水胁迫阻碍了菊芋的生长发育，另一方面由于海水胁迫进而影响了养分离子向菊芋地上部的运输，整体表现为地上部生物产量的降低。同时，在海水灌溉下，通过施 N 肥及 P 肥均能缓解海水对菊芋的抑制作用，在 50%海水灌溉下，施一定量的 N、P 肥，块茎和地上部的产量均与淡水不施肥处理的产量无显著差异。由于盐分、水分和肥料之间存在着协同、顺序加和及表观拮抗作用等，通过海水及 N、P 肥优化调控组合分析表明，在山东莱州半湿润半干旱带滨海盐渍土 25%海水灌溉、施氮量为 150 kg/hm^2、施磷量（P_2O_5）为 60 kg/hm^2 组合（W2N3P3）菊芋块茎和地上部的产量能达到最大。

2. 江苏大丰滨海盐渍土南菊芋 1 号轻简栽培技术

为迅速推广菊芋“双减”栽培技术，南京农业大学海洋科学及其能源生物资源研究所菊芋研究小组同时在江苏大丰湿润带淤进型滨海盐渍土建立菊芋栽培大田长期定点试验。试验区地理位置介于 32°59′30″～33°0′31″N、120°49′40″～120°51′4″E，东距黄海海边约 4 km，西邻大丰麋鹿国家级自然保护区，该区地处北亚热带季风气候区，具有明显的过渡性、海洋性和季风性，四季分明，年均降水量 1058.4 mm，主要集中在 6～8 月的雨季。耕层（0～10 cm）采用每小区多点采样分析的方法，选择 3 种不同土壤含盐量 0.9～1.5 g/kg（S1）、2.6～3.4 g/kg（S2）、6.1～7.3 g/kg（S3）的盐土为供试用地，然后在 3 种含盐量的土壤按小区多点分层采样，混匀后分析，其基本性状见表 6-33。菊芋品种为自育品种南菊芋 1 号，其生育期为 230 d 左右。施 N 量设 0 kg/hm^2（N1）、60 kg/hm^2（N2）和 120 kg/hm^2（N3）三个处理，施 P 量（P_2O_5）设 0 kg/hm^2（P1）、30 kg/hm^2（P2）和 60 kg/hm^2（P3）三个处理，裂区区组随机排列，计 27 个处理，各重复 3 次，共计 81 个小区。小区长 5.0 m、宽 3.0 m，按随机区组试验进行田间小区安排，播种时施 90 kg/hm^2 复合肥（氮、磷、钾含量分别为 15-15-15）作基肥。

表 6-33　江苏大丰湿润带淤进型滨海盐渍土供试土壤基本性状

	剖面深度/cm	pH	含盐量/(g/kg)	阳离子				阴离子		
				Ca^{2+} /(cmol/kg)	Mg^{2+} /(cmol/kg)	K^{+} /(cmol/kg)	Na^{+} /(cmol/kg)	HCO_3^- /(cmol/kg)	SO_4^{2-} /(cmol/kg)	Cl^- /(cmol/kg)
S1	0～10	8.02	1.6	0.24	0.25	0.19	2.63	0.55	0.84	1.76
	10～20	8.08	1.3	0.21	0.18	0.18	2.34	0.54	0.72	1.79
	20～40	8.06	1.4	o.28	0.24	0.15	2.26	0.50	0.72	1.66
S2	0～10	8.07	3.7	0.53	0.48	0.17	4.79	0.79	0.74	4.98
	10～20	8.01	3.0	0.37	0.37	0.14	4.58	0.75	0.69	4.21
	20～40	8.33	3.2	0.23	0.35	0.15	4.75	0.47	0.71	2.65
S3	0～10	8.07	7.1	1.45	1.60	0.27	9.94	0.38	2.43	8.58
	10～20	8.28	6.5	0.61	0.67	0.14	4.67	0.47	1.46	4.56
	20～40	8.24	6.4	0.29	0.24	0.13	2.78	0.59	0.82	2.47

注：S1，土壤含盐量 0.9～1.5 g/kg；S2，土壤含盐量 2.6～3.4 g/kg；S3，土壤含盐量 6.1～7.3 g/kg。下同。

1）江苏大丰滨海盐渍土南菊芋 1 号盐分、氮肥与磷肥的效应

从图 6-48 中可以看出，随着土壤盐分含量的增加，菊芋株高显著下降，土壤含盐量 2.6～3.4 g/kg（S2）和 6.1～7.3 g/kg（S3）较土壤含盐量 0.9～1.5 g/kg（S1）菊芋株高分别降低 5.6%和 17.8%。菊芋茎粗、块茎产量和地上部生物产量随土壤盐分的增加变化趋势与菊芋株高相似，土壤含盐量 6.1～7.3 g/kg（S3）时较土壤含盐量 0.9～1.5 g/kg（S1）菊芋茎粗、块茎产量和地上部生物产量分别下降了 11.1%、31.0%和 34.9%，表明盐分含量高的土壤对菊芋生长发育的影响较大。

从图 6-48 中可以看出，随着 N 肥使用量的增加，菊芋株高显著增加，施 N 量 60 kg/hm^2（N2）和 120 kg/hm^2（N3）较不施 N（N1）菊芋株高分别增加 11.2%和 16.5%。菊芋茎粗随 N 肥使用量增加变化不明显，而块茎产量和地上部生物产量随肥料用量的增加变化趋势与菊芋株高相似，施 N 量 60 kg/hm^2（N2）和 120 kg/hm^2（N3）较不施 N（N1）菊芋地上部生物产量增加了 2.7%和 6.7%，尤其施 N 量 60 kg/hm^2（N2）和 120 kg/hm^2（N3）较不施 N（N1）菊芋块茎产量增加了 19.9%和 27.2%。

随着 P 肥使用量的增加，菊芋株高显著增加，施 P 量（P_2O_5）30 kg/hm^2（P2）和施 P 量（P_2O_5）60 kg/hm^2（P3）较不施 P（P1）分别增加 8.1%和 11.9%。菊芋茎粗不施 P（P1）较施 P 量（P_2O_5）30 kg/hm^2（P2）变化差异不显著，施 P 量（P_2O_5）30 kg/hm^2（P2）和施 P 量（P_2O_5）60 kg/hm^2（P3）菊芋茎粗变化差异不显著，但施 P 量（P_2O_5）60 kg/hm^2（P3）菊芋茎粗较不施 P（P1）增加了 7.4%。菊芋块茎产量和地上部生物产量随 P 肥用量的增加变化趋势与菊芋株高相似，施 P 量（P_2O_5）30 kg/hm^2（P2）和施 P 量（P_2O_5）60 kg/hm^2（P3）较不施 P（P1）菊芋块茎产量分别增加了 7.7%、17.9%，施 P 量（P_2O_5）30 kg/hm^2（P2）和施 P 量（P_2O_5）60 kg/hm^2（P3）较不施 P（P1）菊芋地上部生物产量分别增加了 6.0%和 13.1%（图 6-48）。

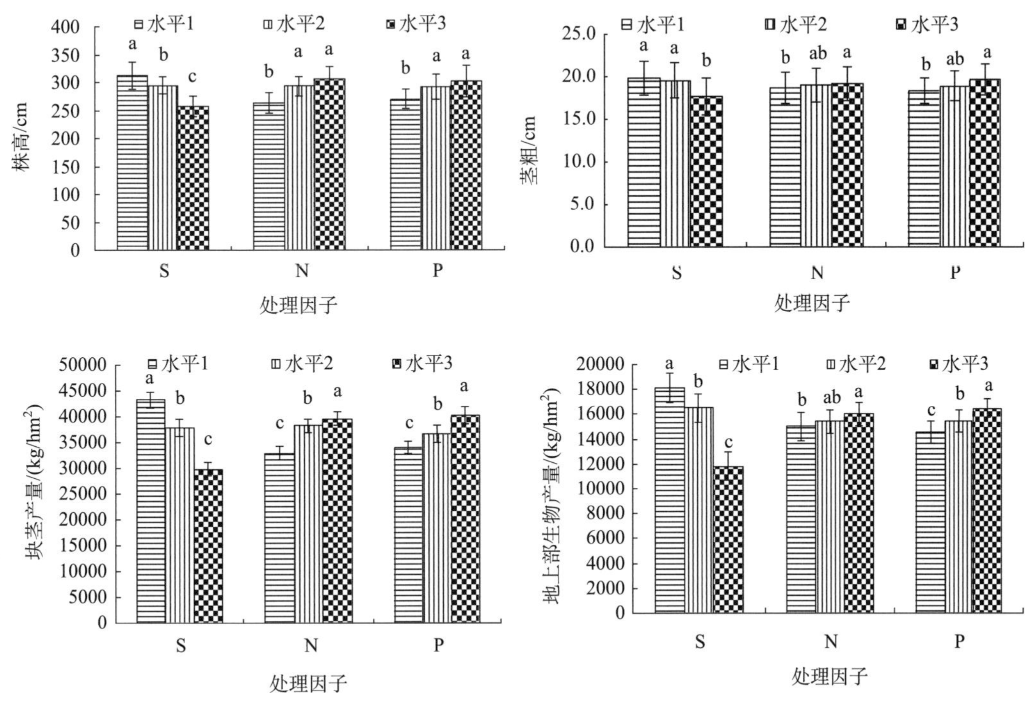

图 6-48　不同处理对南菊芋 1 号株高、茎粗、块茎产量、地上部生物产量的影响

2）江苏大丰滨海盐渍土南菊芋 1 号氮肥、磷肥及土壤含盐量的交互影响

如表 6-34 所示，随着施氮、磷量的增加，在各土壤盐分含量下菊芋主茎普遍长高。随着土壤盐分含量的增加，N 和 P 效应越明显：在土壤含盐量 0.9～1.5 g/kg（S1）时，施 N 量 120 kg/hm^2（N3）较不施 N（N1）菊芋株高增加 12.2%，施 P 量（P_2O_5）60 kg/hm^2（P3）较不施 P（P1）菊芋株高增加 9.4%；在土壤含盐量 2.6～3.4 g/kg（S2）时，施 N 量 120 kg/hm^2（N3）较不施 N（N1）菊芋株高增加 14.9%，施 P 量（P_2O_5）60 kg/hm^2（P3）较不施 P（P1）菊芋株高增加 10.4%；而在土壤含盐量 6.1～7.3 g/kg（S3）时，施 N 量 120 kg/hm^2（N3）较不施 N（N1）菊芋株高增加 20.7%，施 P 量（P_2O_5）60 kg/hm^2（P3）较不施 P（P1）菊芋株高增加 13.6%。菊芋茎粗、块茎产量和地上部生物产量在不同土壤盐分含量下，随着施氮、磷量的增加，其变化趋势与菊芋株高的变化趋势相似。菊芋块茎产量随着施氮、磷量的增加，在各土壤盐分含量下普遍增加：在土壤含盐量 0.9～1.5 g/kg（S1）时，施 N 量 120 kg/hm^2（N3）较不施 N（N1）菊芋块茎产量增加 7.0%，施 P 量（P_2O_5）60 kg/hm^2（P3）较不施 P（P1）菊芋块茎产量增加 18.2%；在土壤含盐量 2.6～3.4 g/kg（S2）时，施 N 量 120 kg/hm^2（N3）较不施 N（N1）菊芋块茎产量增加 34.2%，施 P 量（P_2O_5）60 kg/hm^2（P3）较不施 P（P1）菊芋块茎产量增加 23.2%；而在土壤含盐量 6.1～7.3 g/kg（S3）时，施 N 量 120 kg/hm^2（N3）较不施 N（N1）菊芋块茎产量增加 49.3%，施 P 量（P_2O_5）60 kg/hm^2（P3）较不施 P（P1）菊芋块茎产量增加 33.9%（表 6-34）。这些试验结果表明，对于江苏大丰湿润带淤进型滨海盐渍土，氮肥与磷肥在高盐土上施用对菊芋块茎的增产幅度远远高于轻盐土的增产幅度。

表 6-34　盐、肥的交互作用对南菊芋 1 号生长和生物产量的影响

处理	株高/cm	茎粗/cm	根鲜重 /（g/株）	地上部干重 /（kg/hm^2）	块茎产量（鲜重） /（kg/hm^2）
S1N1	294	19.2	115	15207	41403
S1N2	313	19.8	123	15920	43956
S1N3	330	20.4	134	18426	44289
S2N1	275	19.3	88	17094	31524
S2N2	300	19.6	96	17427	40626
S2N3	316	20.3	114	19869	42292
S3N1	232	16.3	78	10434	22977
S3N2	257	17.5	8	12132	31190
S3N3	280	17.9	98	12543	34299
S1P1	299	19.1	110	15818	41520
S1P2	315	19.7	125	16761	45066
S1P3	327	21.0	132	16983	49062
S2P1	278	18.6	85	16761	33076
S2P2	299	19.5	96	17760	37629
S2P3	307	20.3	112	19869	40737
S3P1	235	16.2	76	11100	25863
S3P2	253	17.2	82	11544	28791
S3P3	267	18.3	95	12765	34632

注：S1，土壤含盐量 0.9～1.5 g/kg；S2，土壤含盐量 2.6～3.4 g/kg；S3，土壤含盐量 6.1～7.3 g/kg。下同。

南京农业大学海洋科学及其能源生物资源研究所菊芋研究小组试验结果表明，对于江苏大丰湿润带淤进型滨海盐渍土，增施氮、磷肥措施均能影响菊芋块茎产量，经方差分析（表 6-35），土壤含盐量、N 肥施用量、P 肥施用量、盐肥交互作用、NP 肥交互作用均呈极显著关系。经过对土壤盐分含量与 N 肥及 P 肥的交互作用分析（表 6-35），可以看出 S1N3 和 S2P3 是两组优化组合。如表 6-36 所示，不同水平处理组合对菊芋块茎产量的影响很不相同：土壤含盐量 0.9～1.5 g/kg、N 肥施用量 60 kg/hm^2、P 肥施用量 30 kg/hm^2（$S_1N_2P_3$）所获得的菊芋块茎产量最高，土壤含盐量 0.9～1.5 g/kg、N 肥施用量 120 kg/hm^2、P 肥施用量 30 kg/hm^2（S1N3P2）所获得的菊芋块茎产量较高，但块茎产量较 $S_1N_2P_3$ 处理低 3.2%，可能是施氮过多导致地上部生长过于茂盛而降低了块茎的产量；在土壤含盐量 0.9～1.5 g/kg，不施氮、磷（S1N1P1）情况下，菊芋块茎产量较土壤含盐量 0.9～1.5 g/kg、N 肥施用量 120 kg/hm^2、P 肥施用量 30 kg/hm^2（S1N3P2）组合显著降低 36.0%，表明在盐土上进行施肥能够显著缓解土壤盐分对菊芋生长的影响；在土壤含盐量 2.6～3.4 g/kg（S2）时，N 肥施用量 120 kg/hm^2、P 肥施用量 30 kg/hm^2（S2N3P2）组合处理所获得的产量最高，不施氮、磷（S2N1P1）组合处理菊芋块茎产量只有 S2N3P2 组合处理菊芋块茎产量的 59.9%；在土壤含盐量 6.1～7.3 g/kg（S3）时，施 N 量 120 kg/hm^2、施 P 量（P_2O_5）60 kg/hm^2（S3N3P3）组合处理所获得的菊芋块茎产量最高，不施氮、磷

（S3N1P1）时菊芋块茎产量最低，只有 S3N3P3 组合处理菊芋块茎产量的 46.7%。从处理间区别看，影响菊芋块茎产量的主要因素为土壤含盐量，N 肥和 P 肥次之。

表 6-35　不同处理措施对南菊芋 1 号块茎产量影响的方差分析

方差来源	平方和	自由度	均方	F 值	$F_{0.05}$	$F_{0.01}$
盐分	2452076000	2	1226038000	40185	**	**
氮	678665300	2	339332700	11122	**	**
磷	506417800	2	253208900	8299	**	**
盐×氮	554863700	4	138715900	4547	**	**
盐×磷	865500800	4	216375200	7092	**	**
氮×磷	89795360	4	22448840	736	**	**
氮×磷×盐	809071600	8	101134000	3315	**	**
误差	1586494	52	30510			

表 6-36　不同处理南菊芋 1 号块茎产量新复极差分析

处理	产量/(kg/hm^2)	$P_{0.05}$	$P_{0.01}$	处理	产量/（kg/hm^2）	$P_{0.05}$	$P_{0.01}$
S1N2P3	52614	a	A	S2N1P3	35964	m	L
S1N3P2	50951	b	B	S3N3P1	34632	n	M
S2N3P2	48951	c	C	S1N2P1	33966	o	M
S1N1P2	47619	d	D	S1N1P1	32634	p	N
S1N1P3	45621	e	E	S2N2P1	31968	q	NO
S1N2P2	44622	F	F	S3N2P2	31635	q	O
S2N2P3	43956	G	FG	S2N1P2	29304	r	P
S1N3P2	43212	h	GH	S2N1P1	29304	r	P
S1N3P1	42957	h	H	S3N2P3	27306	s	Q
S2N3P3	42624	h	H	S3N2P1	26307	t	R
S2N3P1	40959	j	I	S3N1P3	25974	t	R
S3N3P3	39960	j	J	S3N1P2	24309	u	S
S2N2P2	37296	k	K	S3N1P1	18648	v	T
S3N3P2	36630	l	KL				

众所周知，中性盐（NaCl）胁迫的伤害作用主要是通过离子本身的毒性效应及盐离子所致的渗透效应和营养效应来完成的。盐胁迫对植物所致伤害的大致过程是，盐胁迫引起植物生理干旱、离子毒害和营养失调，影响植物生理生化代谢，影响菊芋生长发育，降低菊芋植株的生物产量和经济产量。土壤中积盐过多，会阻止菊芋对一些必需营养元素的吸收，导致营养亏缺，造成代谢失调。提高植物的矿质营养是农作物高产和高抗逆性的重要前提和生理基础。盐分与养分的交互作用对盐生植物生长的影响是非常复杂的，不仅因不同的植物种类、不同的植物生长阶段而不同，而且对于不同的盐分与养分形式，其影响也不同。试验结果表明，在高盐条件下随着土壤含盐量的增加，菊芋生长发育受到抑制，茎秆和根系伸长受到抑制，块茎产量降低，而在较低盐分浓度下，没有这一胁

迫减产现象，这可能是菊芋具有较强的耐盐能力，但由于高浓度盐分影响了细胞分裂和细胞延伸速率，菊芋整体表现为生物产量的降低。施 N 肥和 P 肥能缓解土壤盐分对菊芋的抑制作用，增加菊芋的生物产量，在土壤含盐量高达 6.1～7.3 g/kg（S3）情况下，施一定量的 N、P 肥，仍可获得较为满意的菊芋块茎产量，土壤含盐量 6.1～7.3 g/kg、施 N 量 120 kg/hm^2、施 P 量（P_2O_5）60 kg/hm^2（S3N3P3）组合处理显著较土壤含盐量 0.9～1.5 g/kg 下的仅施氮 60 kg/hm^2 而不施磷和不施氮、磷（S1N2P1 和 S1N1P1）组合的菊芋块茎产量高，也较土壤含盐量 2.6～3.4 g/kg 下施用氮、磷肥较低的各组合处理（S2N2P2、S2N1P3、S2N2P1、S2N1P2 和 S2N1P1）的菊芋块茎产量高。这是因为施 N 肥能够降低盐分尤其是钠离子对功能器官的伤害，而施过磷酸钙既为植物生长提供磷素营养[94]，也能阻止细胞内 K^+的外流和 Na^+的大量进入[95]，能够增强活性氧清除系统的活性，减少具毒性和高活性的•OH 的形成，有效阻止 O^{2-}和 H_2O_2 的积累，缓解植物生理代谢紊乱[96]，同时磷可以调节盐胁迫下菊芋根系等细胞质膜 H^+-ATPase、液泡膜 H^+-ATPase 和 H^+-PPase 活性，促进光合作用中的光合磷酸化过程，产生大量的 ATP，激活质膜和液泡膜上 Na^+/H^+ 逆向运输蛋白，加速 K^+的吸收、Na^+的排放及 Na^+在液泡中的积累，提高了 K^+的选择性吸收和运输，促使盐分区域化分配，进而增强植物细胞的抗盐性[97-99]。

滨海盐土生态系统是一个复杂的生态体系，由于盐分、水分和肥料之间存在着协同、顺序加和与表观拮抗作用等，通过海水及 N、P 肥优化调控组合分析发现，在土壤含盐量 0.9～1.5 g/kg、施 N 量 60 kg/hm^2、施 P 量（P_2O_5）60 kg/hm^2（S1N2P3）处理菊芋块茎产量可以达到最大，在土壤含盐量高达 6.1～7.3 g/kg 情况下，施 N 量 120 kg/hm^2、施 P 量 60 kg/hm^2（S3N3P3）组合处理菊芋块茎产量还是比较理想的。这表明要提高江苏北部滨海盐渍土菊芋产量和效益，必须降低盐碱危害，培肥地力以增强土壤养分的平衡供给能力，充分发挥肥料的激励机制和协同效应，提高资源的利用效率，机理尚需进一步深入研究。

3）江苏大丰滨海盐渍土南菊芋 9 号立体种植技术

滨海盐渍土立体种植技术一方面可以实现盐渍土全年的生物覆盖，防止返盐季节盐分表聚；同时通过立体种植的不同组合，统筹时空安排，大大提高海涂的光能利用效率；立体种植可提高海涂盐土的复种指数，增加产出。南京农业大学海洋科学及其能源生物资源研究所菊芋研究小组以菊芋为主栽植物，进行间作套立体种植模式研究与创建。

（1）江苏大丰滨海盐渍土油菜-南菊芋 9 号套种技术

由于菊芋一般在 3～4 月播种，在此期间田间作物（如冬小麦、油菜等）尚未收获，如果冬季土地闲置，资源又浪费严重，且初春裸地导致地表返盐现象严重。如果在冬小麦、油菜等收获后播种，播种期间的气候条件严重制约着播种质量，导致菊芋生长不平衡，减产严重。因此，利用适宜的土壤墒情、种间互利和油菜抗寒增温的田间小气候，南京农业大学海洋科学及其能源生物资源研究所菊芋研究小组创建了一种盐碱地油菜套播菊芋的栽培技术，有效减轻劳动强度，节省时间，提高工效，稳产、增效[99,100]。

菊芋选用南菊芋 9 号（苏鉴菊芋 201401），其特征为耐盐、耐瘠，高抗病毒病，抗虫、抗倒性好，耐湿性较强，块茎呈不规则瘤形或纺锤形，表皮淡紫红色，皮薄，肉白色，质地紧密，芽眼外突；油菜品种选用南盐油 1 号，其特征为耐盐、籽粒大、含油量高（品种权申请号：20090315.7）。

在江苏大丰湿润带淤进型滨海盐渍土耕作层（0～20 cm）含盐量3‰～8‰土壤上，在菊芋块茎收获后，利用大苗移栽的方式于12月按双行间距40 cm、双行与双行之间间距60 cm的布局栽好油菜，并用菊芋秸秆进行覆盖以防冻害和初春返盐。于3月底4月初将菊芋块茎播于油菜大间隔行中间，5月底收获油菜后对菊芋进行施肥中耕覆垄，亩施复合肥（氮、磷、钾含量分别为15-18-12）32～40 kg，并全面开挖清理内外三沟，菊芋的行距为90 cm，株距50 cm，每亩菊芋种植密度控制在1500株左右。7月中旬至8月上旬菊芋块茎膨大时再进行根部覆垄，以满足块茎生长环境需求。12月再收获菊芋。套种菊芋块茎大小50 g左右。

盐碱地油菜套播菊芋的栽培技术依据的理论是：①充分利用土地、水、温、气、热资源，菊芋一般在3～4月播种，在此期间田间作物（如冬小麦、油菜等）尚未收获，若冬季土地闲置，资源又浪费严重，若在冬小麦、油菜等收获后播种，播种期间的气候条件严重制约着播种质量，导致菊芋减产严重；②油菜收割前40～60 d，地表水、温、气、热等条件有利于菊芋早出苗、快发棵；③免耕土壤有利于盐碱土壤维持团粒结构，通透性好，保水保肥性好，有利于菊芋根系生长；④土层一直覆盖植被，一方面防止春季少雨导致返盐的现象，另一方面高覆盖度的植被又抑制杂草生长，抑盐、抑草效果好。

采用了上述技术方案，利用适宜的水、肥、气、热条件，将菊芋直播于油菜田里，菊芋-油菜套种共生，有效地缓解劳力、季节、茬口等矛盾。具体地说，其优点是：①提早播种，争取了菊芋播种的时间，缓解了劳力、季节矛盾；②促进了菊芋早发快长，抗倒能力强，群个体协调性好，稳产高产性好；③防治杂草效果好；④免耕栽培，有助于改善盐碱地土壤理化性状，提高土壤肥力。

2011～2012年，在江苏大丰盐土大地农业科技有限公司试验基地进行了油菜套种南菊芋9号的试验（图6-49）。盐碱地耕作层（0～20 cm）含盐量3‰～9‰，在油菜收割（6月3日）前50天（4月15日）套播菊芋种块，套播后第50天收获油菜，套播后第74天进行施肥和用除草剂除草，套播后第80天，全面开挖清理内外三沟。菊芋种块按85 kg/亩进行套种，种块平均50 g。每亩菊芋种植密度控制在1500株左右，定植前亩施复合肥（氮、磷、钾含量分别为15-18-12）40 kg，块茎膨大时（7月15日～7月25日）进行根部覆垄，垄高10～15 cm。套播后第230天（11月30日）收获菊芋，菊芋块茎平均亩产量3680 kg，油菜籽亩产量180 kg，亩综合经济产出达5280元（菊芋块茎价格1.2元/kg，油菜籽价格4.8元/kg）。

2012～2013年，同样在江苏大丰盐土大地农业科技有限公司试验基地进行了油菜套种南菊芋9号的试验。盐碱地耕作层（0～20 cm）含盐量4‰～8‰，在油菜收割（6月8日）前60天（4月10日）套播菊芋种块，套播后第60天收获油菜，套播后第80天进行施肥和用除草剂除草，套播后第85天，全面开挖清理内外三沟。菊芋种块按88 kg/亩进行套种，种块平均大小41 g。每亩菊芋种植密度控制在2150株，定植前亩施复合肥（氮、磷、钾含量分别为15-18-12）38 kg，块茎膨大时（7月20日～8月5日）进行根部覆垄，垄高10～15 cm。套播后第240天（12月5日）收获菊芋，菊芋块茎平均亩产量3450 kg，油菜籽亩产量171 kg，亩综合经济产出达4960元（菊芋块茎价格1.2元/kg，油菜籽价格 4.8 元/kg）。

图 6-49　江苏海涂大面积南盐油 1 号油菜与南菊芋 9 号套种（2012 年 5 月 10 日）

（2）江苏大丰湿润带淤进型滨海盐渍土油菜-玉米（马铃薯）与南菊芋 9 号间套作技术

南京农业大学海洋科学及其能源生物资源研究所菊芋研究小组的研究表明，菊芋具有一定的边际效应，为此根据种间互利原理，筛选了在江苏海涂作物间作与套作的模式，充分利用时空的巧妙组合，为菊芋边际效应的发挥创造条件。

南京农业大学海洋科学及其能源生物资源研究所菊芋研究小组设计并实施了江苏海涂甜玉米与菊芋间作模式：双行菊芋一行甜玉米或一行菊芋一行甜玉米（图 6-50），因菊芋生长后期块茎膨大时的边际效应十分明显，采用甜玉米与菊芋间作就是为了给菊芋的后期生长提供足够的空间：双行菊芋一行玉米的布局为双行菊芋间距 30 cm，株距 40 cm，玉米行宽 1.5 m，株距 10 cm，每亩菊芋为 1850 株；一行菊芋一行甜玉米的布局行距均为

图 6-50　江苏大丰盐渍土玉米与菊芋间作（2015 年 5 月 5 日）

50 cm，株距 40 cm，每亩菊芋为 1650 株。播种用菊芋块茎宜 50 g 左右，于 3 月菊芋与甜玉米同时播种，6 月采摘甜玉米后亩施复合肥（氮、磷、钾含量分别为 15-18-12）40 kg，进行中耕除草覆垄，将甜玉米秸秆覆在垄上，防止雨水冲刷覆垄。

根据时空结构特点，建立了江苏海涂马铃薯与南菊芋 9 号套作模式，马铃薯与南菊芋 9 号套作布局为双行马铃薯的行距 20 cm，马铃薯与南菊芋 9 号的行距为 90 cm，菊芋株距 40 cm，每亩菊芋为 1650 株。播种用菊芋块茎宜 50 g 左右，马铃薯于 2 月播种，南菊芋 9 号于 3 月底播种，6 月收获马铃薯后再亩施复合肥（氮、磷、钾含量分别为 15-18-12）40 kg，进行中耕除草覆垄，将马铃薯的秸秆覆在垄上，防止雨水冲刷覆垄（图 6-51）。

图 6-51　江苏大丰盐渍土马铃薯与菊芋套作（2016 年 6 月 20 日）

江苏海涂实施这些新型的种植模式与种植制度，巧用时空与食物链综合型生态原理，创建了海涂自然资源相生互利、多级循环利用生态高值农业模式，其生态效应十分显著，经济效益成倍增长。

3. 海南乐东滨海盐渍土菊芋轻简栽培技术

热带种植菊芋的报道甚少，为探索菊芋在热带推广种植的可行性，南京农业大学海南滩涂农业研究所在海南省乐东县尖峰镇进行菊芋多品种栽培试验，并与同时在大丰的田间试验进行平行的比较，取得了一些重要的成果。

1）海南乐东滨海盐渍土菊芋轻简栽培试验

菊芋在我国北方盐渍荒地种植的研究已有比较坚实的基础，但在我国热带海涂种植菊芋鲜有报道，研究小组于 2015 年在海南乐东尖峰岭南京农业大学海南滩涂农业研究所（18°40′N，108°46′E）内进行田间试验，以筛选适于我国热带海涂种植的菊芋品种。该地区属于典型的热带季风气候，年均温 24℃，年均降雨量 1600 mm，光照充足，热量丰富，轻风无霜，土壤类型为砂砾土，耕层有机质含量 27.31 g/kg、全氮 12.34 g/kg、全磷 0.17 g/kg、全钾 3.87 g/kg、速效磷 1.53 mg/kg、速效钾 116.47 mg/kg，pH 4.37，含盐量 2.3～4.5 g/kg。

参试品种：南菊芋 1 号（N1），南菊芋 9 号（N9），泰菊芋 1 号（T1），泰菊芋 2 号（T2），泰菊芋 3 号（T3），青芋 2 号（Q2）。

试验以每一个品种为一个处理。小区面积 12 m^2（3 m×4m），4 次重复（其中一个重复为毁灭性采样用），随机区组排列。播种密度每小区 4 行×8 株/行=32 株。收获时按小区计算地上部、地下部（根系及块茎）的鲜重并及时按小区分别测得菊芋各部分的含水量。亩施复合肥（氮、磷、钾含量分别为 15-18-12）35 kg，每小区 0.63 kg。

土壤采样：每一处理的用地采用对角线法用采土器采取 20 cm 混后土样，根据分析项目需求预处理土样备用；试验结束时分别采集根际与非根际土样，可根据一些项目需求，在菊芋生长期间采集根际与非根际土样。

分析项目：

土壤物理性状——机械组成、容重、孔隙度、热容量、持水性能等；

土壤化学性状——N、P、K（各种形态）含量，pH，有机质含量等；

土壤生物学性状——土壤主要微生物数量测定采用徐光辉与郑洪元的方法，细菌、放线菌与真菌分别采用牛肉膏蛋白胨培养基、改良高 1 号培养基与马丁氏培养基，用稀释平板法测定土壤微生物数量，结果以每克干土所含数量表示，微生物种类与丰度利用 16S rDNA 方法测序，土壤微生物量碳氮参照 Brookes 等的方法测定；根系分泌物按照张福锁和刘芷宇等的方法测定。土壤酶活性（脲酶、酸性磷酸酶、淀粉酶、蛋白酶、脱氢酶和过氧化氢酶等）测定参照关松荫的方法；土壤总有机碳采用高温外加热重铬酸钾氧化-容量法测定，土壤易氧化有机碳采用袁可能等的方法，难氧化有机碳=总有机碳–易氧化有机碳。

植株采样：在毁灭性采样小区定期（幼苗期、生长旺期、块茎膨大初期、块茎快速膨大期、收获期等）按好、中、差标准采集 3 株植株样品，分别按根状茎、根系、茎和叶称鲜重并烘干称重后磨细过 30 目筛以备测定用。

2）海南乐东滨海盐渍土菊芋块茎膨大期长势及糖分分配

菊芋块茎膨大初期是其营养生长向生殖生长转化的时期，它一方面仍保持其营养生长期那样不断地同化 CO_2，通过光合作用合成碳水化合物，作为其生长发育的“源”，同时其又要开始为其储存物建“库”，还要适时把加工厂“叶片”中的光合产物输向中转站“茎”，再将最终产物定型入“库”，这是植物生产完整的系统工程，要求每一植物品种必须能动地合理调配这三者之间的关系，以获得最佳的运筹效果，而这种效应首先表现在不同品种菊芋的长势长相上。

表 6-37 列出海南不同品种菊芋块茎膨大初期长势长相的相关数据。南菊芋 1 号（N1）的株高显著地高于泰菊芋 1 号（T1）菊芋，而与南菊芋 9 号（N9）、泰菊芋 2 号（T2）、泰菊芋 3 号（T3）、青芋 2 号（Q2）菊芋的株高没有显著差异，泰菊芋 1 号（T1）、南菊芋 9 号（N9）、泰菊芋 2 号（T2）、泰菊芋 3 号（T3）、青芋 2 号（Q2）菊芋品种之间的株高没有显著差异，由于南菊芋 1 号（N1）的株高过高，导致其生长后倒伏或干脆匍匐生长，一定程度上影响了其块茎的产量；茎粗方面，泰菊芋 2（T2）、泰菊芋 3（T3）两菊芋品种茎粗显著细于其他各菊芋品种，而其他菊芋各品种之间茎粗没有明显差异；海南不同品种菊芋块茎膨大初期的根长与整株鲜重的差异不显著；南菊芋 1 号（N1）的地上鲜重显著地高于泰菊芋 3（T3）、青芋 2 号（Q2）两品种，而与南菊芋 9 号（N9）、泰菊芋 1 号（T1）、泰菊芋 2 号（T2）的地上鲜重没有显著差异，而南菊芋 9 号（N9）、泰菊芋 2 号（T2）、泰菊芋 3（T3）、青芋 2 号（Q2）的地上鲜重没有显著差异；青芋 2 号

（Q2）的根系鲜重显著高于南菊芋 9 号（N9）、泰菊芋 1 号（T1）、泰菊芋 3（T3），而与南菊芋 1 号（N1）、泰菊芋 2 号（T2）没有显著差异，除青芋 2 号（Q2）的根系鲜重之外，其他品种之间根系鲜重没有显著差异；南菊芋 1 号（N1）的茎鲜重显著地高于南菊芋 9 号（N9）、泰菊芋 3 号（T3）、青芋 2 号（Q2），除南菊芋 1 号（N1）的茎鲜重之外，其他品种之间茎鲜重没有显著差异；菊芋叶鲜重的变化趋势基本同菊芋茎鲜重的变化趋势；泰菊芋 3 号（T3）块茎鲜重显著地高于南菊芋 1 号（N1）、泰菊芋 1 号（T1）、泰菊芋 2 号（T2）块茎鲜重，南菊芋 1 号（N1）、南菊芋 9 号（N9）、泰菊芋 2 号（T2）、青芋 2 号（Q2）块茎鲜重没有显著差异，泰菊芋 1 号（T1）块茎鲜重显著地低于其他各品种。综上所述，从生长发育特性来看，泰菊芋 3 号（T3）、南菊芋 9 号（N9）最适宜在海南热带季节性干旱地区滨海盐渍土地区推广种植，泰菊芋 1 号（T1）不适宜在海南热带季节性干旱地区滨海盐渍土地区推广种植。

表 6-37　海南不同品种菊芋块茎膨大初期生长情况统计与分析（2015 年 6 月 3 日采样）

品种	株高/cm	茎粗/cm	根长/cm	整株鲜重/g	地上鲜重/g	根系鲜重/g	茎鲜重/g	叶鲜重/g	块茎鲜重/g
N9	91.00±6.16ab	1.27±0.04a	16.00±0.82a	422.44±48.57a	316.13±60.26ab	40.00±8.68b	106.77±29.18b	209.36±32.41ab	47.67±21.95ab
N1	117.67±3.09a	1.13±0.08a	19.67±3.09a	624.97±59.17a	525.46±68.99a	56.75±8.58ab	221.34±46.15a	295.16±52.72a	9.95±7.15bc
T1	83.67±9.10b	0.88±0.13ab	16.00±1.63a	392.15±60.55a	342.37±55.74ab	37.18±8.12b	160.94±19.23ab	181.44±36.82ab	0.49±0.69d
T2	109.00±7.79ab	0.77±0.04b	15.00±2.45a	510.25±83.68a	380.16±43.59ab	49.41±1.66ab	175.38±14.45ab	165.18±28.02ab	4.81±6.80bc
T3	102.67±14.34ab	0.77±0.27b	17.67±7.59a	406.16±96.64a	267.71±80.14b	31.08±6.31b	94.12±36.06b	143.34±35.59b	65.06±17.64a
Q2	101.67±9.46ab	0.81±0.05ab	15.00±0.82a	375.77±146.55a	264.25±106.30b	103.20±42.77a	103.20±42.77b	140.44±52.16b	23.05±9.90ab

注: N1，南菊芋 1 号；N9，南菊芋 9 号；T1，泰菊芋 1 号；T2，泰菊芋 2 号；T3，泰菊芋 3 号；Q2，青芋 2 号。

除了菊芋的长势长相外，菊芋块茎膨大初期是其营养生长向生殖生长转化的时期，菊芋各器官的糖分组成与分配也是一个十分重要的性状。

菊芋叶片在这个生长期内，主要是大量同化 CO_2 合成碳水化合物，并把这些化合物向“库”输送，而不是像营养生长期那样一大部分用于扩建本身。在海南热带季节性干旱地区滨海盐渍土地区，不同菊芋品种叶片的各种糖分含量存在一定的差异（图 6-52）。泰菊芋 3 号（T3）菊芋叶片中的果糖含量显著地高于南菊芋 1 号（N1）、泰菊芋 1 号（T1）、泰菊芋 2 号（T2）、青芋 2 号（Q2）菊芋叶片中的果糖含量，泰菊芋 3 号（T3）菊芋叶片中的果糖含量与南菊芋 9 号（N9）叶片中的果糖含量没有显著差异，南菊芋 9 号（N9）、南菊芋 1 号（N1）、泰菊芋 1 号（T1）、泰菊芋 2 号（T2）、青芋 2 号（Q2）品种之间叶片中的果糖含量没有显著差异；而叶片中的葡萄糖含量，南菊芋 9 号（N9）显著高于南菊芋 1 号（N1）、泰菊芋 1 号（T1）、泰菊芋 2 号（T2），而同泰菊芋 3 号（T3）、青芋 2 号（Q2）没有显著差异，除南菊芋 9 号（N9）外，其他菊芋品种之间葡萄糖含量没有显著差异；菊芋叶片中蔗糖含量各品种之间均没有显著差异。

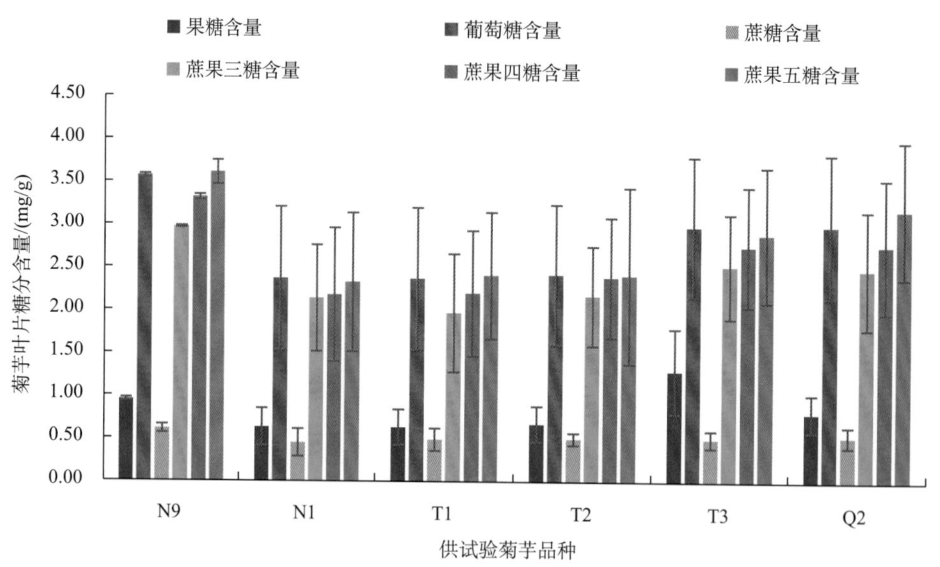

图 6-52　海南不同品种菊芋块茎膨大初期叶片糖分含量统计与分析（2015 年 6 月 3 日采样）

N1，南菊芋 1 号；N9，南菊芋 9 号；T1，泰菊芋 1 号；T2，泰菊芋 2 号；T3，泰菊芋 3 号；Q2，青芋 2 号

蔗果三糖、蔗果四糖、蔗果五糖是菊芋中极其重要的低聚果糖，又称为蔗果低聚糖，其价值不菲。在海南热带季节性干旱滨海盐渍土地区，菊芋叶片低聚果糖含量不同品种之间差异较大。如图 6-52 所示，南菊芋 9 号（N9）叶片中蔗果三糖含量显著高于南菊芋 1 号（N1）、泰菊芋 1 号（T1）、泰菊芋 2 号（T2），而同泰菊芋 3 号（T3）、青芋 2 号（Q2）品种之间叶片中蔗果三糖含量没有显著差异，除南菊芋 9 号（N9）外，其他菊芋品种之间叶片中蔗果三糖含量没有显著差异；菊芋叶片中蔗果四糖、蔗果五糖含量各品种之间差异变化同菊芋品种之间叶片中蔗果三糖含量差异变化完全一致。令人感兴趣的是，在海南热带季节性干旱滨海盐渍土地区南菊芋 9 号（N9）这一生长期叶片中低聚果糖总量达到 10 mg/g 以上，增加了菊芋叶片开发利用的空间。

在海南热带季节性干旱滨海盐渍土地区菊芋块茎膨大初期，茎中糖分含量变化如图 6-53 所示。南菊芋 9 号（N9）、南菊芋 1 号（N1）、泰菊芋 1 号（T1）、青芋 2 号（Q2）茎中果糖含量显著地高于泰菊芋 3 号（T3）品种，而前 4 个菊芋品种之间茎中果糖含量没有显著差异；这一生长时期，菊芋茎中的葡萄糖、蔗果三糖、蔗果四糖、蔗果五糖的含量各品种之间没有显著差异；南菊芋 9 号（N9）、南菊芋 1 号（N1）、泰菊芋 1 号（T1）、泰菊芋 2 号（T2）茎中蔗糖含量显著高于泰菊芋 3 号（T3）、青芋 2 号（Q2）两品种，前 4 个菊芋品种之间蔗糖含量没有显著差异，泰菊芋 3 号（T3）、青芋 2 号（Q2）两品种之间也没有显著差异。

在海南热带季节性干旱滨海盐渍土地区菊芋块茎膨大初期，南菊芋 9 号（N9）块茎中的果糖含量显著高于南菊芋 1 号（N1）、青芋 2 号（Q2）、泰菊芋 2 号（T2）块茎中的果糖含量，其葡萄糖含量显著高于青芋 2 号（Q2）、泰菊芋 2 号（T2）块茎中的葡萄糖含量，块茎中蔗糖含量各菊芋品种之间没有显著差异，南菊芋 1 号（N1）块茎中蔗果三糖含量显著高于青芋 2 号（Q2）、泰菊芋 2 号（T2）块茎中的蔗果三糖含量，青芋 2

号（Q2）块茎中的蔗果四糖含量显著高于南菊芋 9 号（N9）块茎中的蔗果四糖含量，其块茎中的蔗果五糖含量显著高于南菊芋 1 号（N1）、泰菊芋 2 号（T2）块茎中的蔗果五糖含量（图 6-54）。

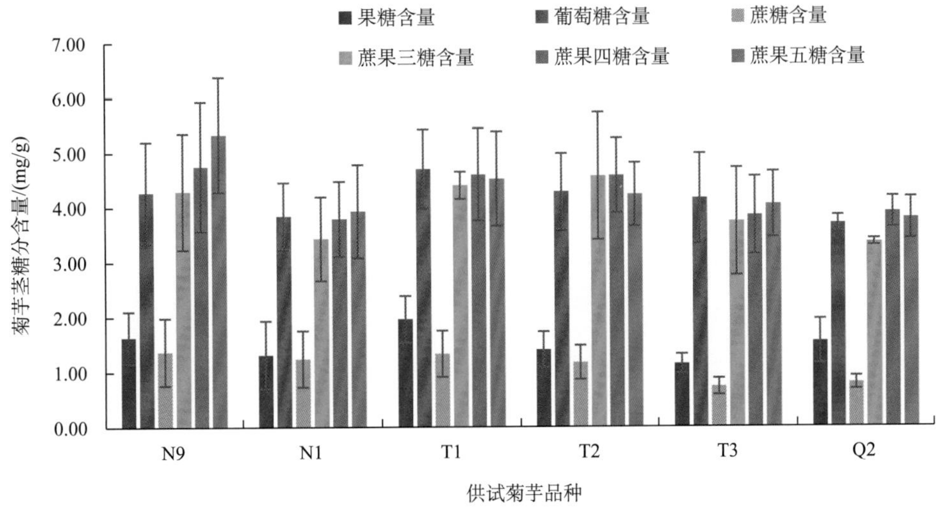

图 6-53　海南不同品种菊芋块茎膨大初期茎糖分含量统计与分析（2015 年 6 月 3 日采样）

N1，南菊芋 1 号；N9，南菊芋 9 号；T1，泰菊芋 1 号；T2，泰菊芋 2 号；T3，泰菊芋 3 号；Q2，青芋 2 号

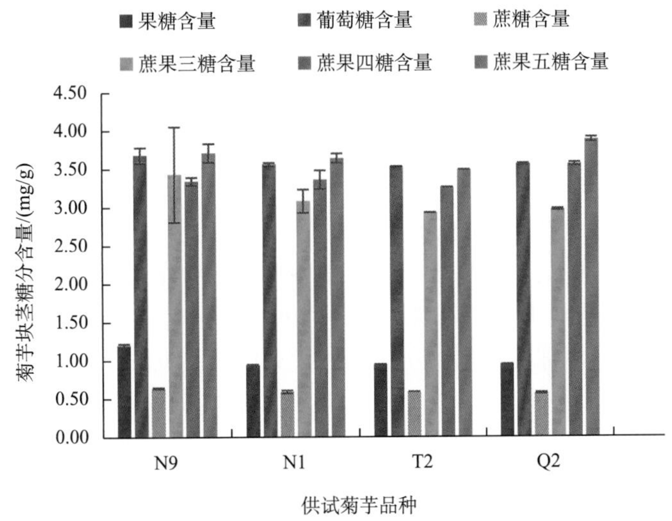

图 6-54　海南不同品种菊芋块茎膨大初期块茎糖分含量统计与分析（2015 年 6 月 3 日采样）

N1，南菊芋 1 号；N9，南菊芋 9 号；T2，泰菊芋 2 号；Q2，青芋 2 号

在海南热带季节性干旱滨海盐渍土地区菊芋块茎膨大初期，不同菊芋品种总糖在各器官的分配趋势基本一致：叶片中糖分含量最低，根次之，而茎与块茎中含糖量最高，反映了菊芋营养生长向生殖生长转化的物质分配特征（图 6-55）。泰菊芋 3 号（T3）根中总糖含量显著高于其他品种菊芋根中总糖含量，而青芋 2 号（Q2）茎中总糖含量显著

高于南菊芋 9 号（N9）、泰菊芋 2 号（T2）、泰菊芋 3 号（T3）菊芋茎中总糖含量，而与泰菊芋 1 号（T1）、南菊芋 1 号（N1）之间茎中总糖含量没有显著差异，青芋 2 号（Q2）叶片中总糖含量显著高于特 1 号（T1）、特 2 号（T2）、特 3 号（T3）叶片中总糖含量，而与南菊芋 1 号（N1）、南菊芋 9 号（N9）之间叶片中总糖含量没有显著差异。

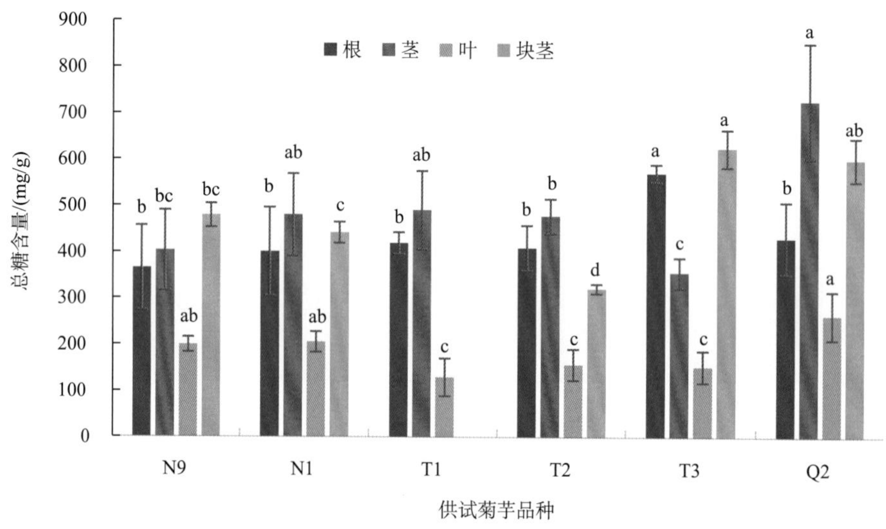

图 6-55　海南不同品种菊芋块茎膨大初期各器官总糖含量统计与分析（2015 年 6 月 3 日采样）

N1，南菊芋 1 号；N9，南菊芋 9 号；T1，泰菊芋 1 号；T2，泰菊芋 2 号；T3，泰菊芋 3 号；Q2，青芋 2 号

a,b,c,d 表示不同菊芋品种同一组织中总糖含量的显著性检测（$P<0.05$）

在海南热带季节性干旱滨海盐渍土地区，综观不同品种菊芋块茎膨大初期各器官糖分组成及总糖含量的趋势，不难发现，菊芋叶片中具有一定含量的单糖与双糖，有些菊芋品种叶片果寡糖含量也达 10 mg/g 以上；这一阶段，菊芋茎中无论是单糖、双糖还是果寡糖含量都是其叶片中的 2 倍以上，其块茎各种糖分含量也远比叶片高得多。

3）海南乐东滨海盐渍土菊芋收获期块茎产量及其构成

南京农业大学海南滩涂农业研究所试验区于 2015 年 10 月 26 日收获菊芋后考种，结果列于表 6-38。海南乐东热带季节性干旱滨海盐渍土地区，南菊芋 9 号的块茎产量（鲜重）显著高于青芋 2 号（Q2）与泰菊芋 2 号（T2）的块茎产量（鲜重），而同其他品种的菊芋块茎产量没有显著差异。因此在海南乐东热带季节性干旱滨海盐渍土地区，从产量角度来看，南菊芋 9 号、南菊芋 1 号、泰菊芋 2 号与泰菊芋 3 号这 4 个品种拟可推广种植。

再从菊芋块茎的质量来分析，南菊芋 1 号、南菊芋 9 号、泰菊芋 1 号与泰菊芋 2 号几个菊芋品种块茎总糖与菊粉含量均显著高于青芋 2 号与泰菊芋 3 号（表 6-39），泰菊芋 1 号菊芋块茎总糖含量与菊粉含量约是泰菊芋 3 号的三倍。

表 6-38　海南热带地区不同品种菊芋收获期块茎产量及其构成（2015 年 10 月 26 日采样）

品种	单株块茎个数	块茎产量	产量位次	块茎鲜质量/(g/株)	块茎干重/(g/株)	块茎含水率/%
N1	35.0±3.00b	28424.39±10015.13ab	3	983.92±346.68a	120.54±59.44b	84.2
N9	38.0±5.50ab	47606.38±28628.86a	1	1198.48±720.73a	151.55±118.20ab	81.7
Q2	45.3±2.00a	25228.46±6351.24b	5	693.30±174.54a	192.37±28.62a	79.4
T1	33.6±5.20b	31873.88±13682.08ab	2	997.79±428.31a	120.40±73.41b	82.6
T2	29.0±2.15b	17229.48±7941.63b	6	639.44±294.74a	114.56±59.65b	79.6
T3	25.5±1.00b	28119.27±7290.22ab	4	772.74±200.34a	156.67±32.86ab	80.6

注：不同的小写字母表示品系间在 $P<0.05$ 水平上差异显著。

表 6-39　海南不同品种菊芋收获期块茎糖含量统计与分析

品种	总糖含量/（mg/g）	还原糖含量/（mg/g）	菊粉含量/（mg/g）
N1	712.48±16.78a	24.87±0.3bc	687.61±16.48a
N9	734.83±69.4a	24.33±0.39bc	710.50±69.06a
Q2	394.93±69.06b	26.30±0.28a	368.63±68.85b
T1	786.44±68.39a	24.57±0.35b	761.87±68.74a
T2	742.78±19.18a	27.04±0.37a	715.74±19.51a
T3	250.66±32.92c	27.10±1.03a	223.56±33.03c

6.3.2　内陆高寒荒漠及盐碱地栽培原理与轻简栽培技术

1. 内陆高寒荒漠及盐碱地菊芋栽培原理

我国目前拥有盐碱土地资源总量约 9913 万 hm^2（约 15 亿亩），近期具备农业改良利用潜力的盐碱地面积超过 1 亿亩，主要集中分布在东北、中北部、西北和华北四大区域。菊芋作为耐盐高效植物，在盐碱地种植它，是我国盐碱地高效利用最具前景的途径之一。

内陆高寒荒漠及盐碱地整体上处于积盐阶段，且盐分无法外排出区域，因此在内陆高寒荒漠及盐碱地菊芋的栽培原理是利用一切栽培技术，利于土壤调盐与控盐。

2. 内陆高寒荒漠及盐碱地菊芋轻简栽培技术

南京农业大学海洋科学及其能源生物资源研究所菊芋研究小组于 2008 年分别在新疆 149 团林业站和青海大通内陆高寒荒漠及盐碱地进行菊芋品种比较与优化栽培技术试验，分别集成了内陆高寒地区与内陆荒漠地区菊芋栽培技术规程。

内陆高寒旱区菊芋栽培技术规程如下。

（1）品种选择：选择适宜高寒地区生长、产量高、品质优的菊芋品种进行栽培。

（2）整地施肥：菊芋对土壤要求不严，能在瘠薄地、荒地上生长，但在良好的土壤环境下生长发育更好，产量更高，最适宜的土壤为肥沃的砂壤土。秋季前作物收获后应及时整地，施有机肥 6 t/hm^2、尿素 150 kg/hm^2。深耕 30 cm，耕后整平做畦以备播种。

播种时沟施磷酸二铵 150～300 kg/hm^2、草木灰 375～450 kg /hm^2。

（3）适期播种：春季 3 月上旬土壤解冻后，选择重 25～30 g、留有 1～2 个芽眼的块茎播种，播量为 1 500 kg/hm^2，株行距 50 cm×40 cm，播种深度 10～15 cm，播后 30 d 左右出苗。如上年残存于土中的块茎较多，翌年可不再播种，但为了植株分布均匀，过密的地方要疏苗，缺株的地方要补栽。

（4）田间管理：①中耕培土，出苗后或雨后要及时中耕除草，并结合中耕进行培土，最后一次培土在 8 月下旬。②追肥，菊芋生长期需追肥 2 次，5 月下旬前后追施拔节肥，一般施尿素 75 kg/hm^2，促幼苗健壮多发新枝；8 月中旬追施现蕾肥，施硫酸钾 150 kg/hm^2。③摘心摘蕾，菊芋植株生长过旺时应在株高 100 cm 左右摘心，以防徒长；8 月下旬，在块茎膨大期可及时摘除花蕾，以减少养分消耗，促进块茎膨大。

（5）病虫害防治：菊芋的抗病能力较强，病虫害发生程度轻。病害主要有菌核病、灰腐病、赤腐病等；害虫以地下害虫为主，主要有蝼蛄、蛴螬、金针虫、地老虎。当病害发生时，可用 58%甲霜灵锰锌可湿性粉剂 600 倍液，或 50%多菌灵可湿性粉剂 800 倍液喷雾，每隔 10 d 喷 1 次，连喷 2 次。用 40%毒死蜱乳油 500 g 加水 200 g 稀释，然后拌入 50 kg 细沙制成毒沙，在播种时施入穴内，对蝼蛄、蛴螬、金针虫、地老虎等地下害虫有一定的防治作用。

（6）适时收获：为了使地上部茎叶制造的光合产物更好地向地下块茎转化、储存，提高菊芋的品质和产量，应尽量延迟收获期。菊芋生长后期昼夜温差大，积累养分快，块茎膨大迅速，至霜后茎叶枯萎期仍能积累养分和增加产量，所以适当晚收有利高产。在渭源县的高海拔寒旱区，菊芋的收获期应在 11 月上旬，待其叶、茎完全被霜杀死时即可收获。由于难以将块茎一次性收获干净，往往部分块茎仍残留在土壤中，翌年春季当地气温达到 10℃时冬眠块茎开始萌芽，应结合春季耕地将留在土壤中的块茎清理干净。

内陆干旱荒漠区菊芋优化栽培技术规程如下。

（1）品种选择：因新疆干旱区土壤盐分含量较高，故选择耐盐的菊芋品种——南菊芋 1 号。

（2）播种：春季播种在 4 月下旬至 5 月上旬为宜。每年将秋霜后收获的菊芋块茎进行地窖沙藏，待春季解冻后，选择 30～50 g 大小均匀的块茎进行栽种。较大块茎可先带芽眼切分，再混拌草木灰，以利伤口愈合、杀菌防腐，然后挖穴或开沟种植，株、行距一般为 40 cm×60 cm。栽种前先于穴内或沟内施以腐熟的厩肥作基肥，但基肥不宜过多。播种深度宜浅，为 5～8 cm；沙土宜深，8～10 cm，栽后用土填平即可。平栽较垄栽产量高，裸地较覆膜产量高，高肥比低肥产量高。

（3）田间管理：新疆干旱，应适时进行灌溉，出苗后，要及时补苗并及时进行追肥浇水 1 次。中耕锄草 2～3 次，最后一次中耕结合培土，以形成低垄。菊芋极少有病虫为害，极度干旱时易发生蚜虫。蚜虫少量发生时，可喷水除去；量多时，可喷一次一遍净防治。在多年连作的情况下，易发生菊芋叶部红斑病、斑枯病、锈病、白粉病等病害，必须采取措施加强田间管理，合理轮作，及时喷药防治。

（4）适期采收：每年秋季霜冻后，当地上茎叶枯萎时即可采收。应根据市场需求尽量延迟收获，以延长块茎膨大时间，提高产量。产品采收后应及时出售，留种的块茎要精选后进行埋藏。

本节后面主要介绍在上述两区域的研究成果。试验选用了全国有一定种植规模的 4 个品种（南菊芋 1 号、青芋 2 号、青芋 1 号、能芋 1 号）进行品种比较试验，均以高肥、覆膜为前提条件，重复 3 次，共 12 个小区，小区面积 6 m×10 m，种植密度为 40 cm×60 cm，基肥用复合肥（N∶P∶K 为 15-18-12）每小区 2.5 kg。用南菊芋 1 号和青芋 2 号为材料进行栽培技术试验，设 3 个处理，每个处理设 2 个水平，即覆盖处理设覆膜与不覆盖 2 个水平，耕作处理设起垄与不起垄 2 个水平，施肥处理设低肥与高肥 2 个水平。重复 3 次，按正交完全随机区组设计，设 48 个小区，小区面积同样为 6 m×10 m，小区间周围相互间隔 1 m，种植密度均为 40 cm×60 cm。处理组合：A.平栽、裸地、低肥（磷酸二铵 225 kg/ hm^2）；B.垄作（起垄 15 cm 栽种）、裸地、低肥（磷酸二铵 225 kg/hm^2）；C.覆膜（栽种后覆膜）、平栽、低肥（磷酸二铵 225 kg/ hm^2）；D.垄作（起垄 15 cm 栽种）、覆膜（栽种后覆膜）、低肥（磷酸二铵 225 kg/hm^2）；E. 高肥（磷酸二铵 450 kg/hm^2）、平栽、裸地；F.垄作（起垄 15 cm 栽种）、高肥（磷酸二铵 450 kg/hm^2）、裸地；G.平栽、覆膜（栽种后覆膜）、高肥（磷酸二铵 450 kg/hm^2）；H.垄作（起垄 15 cm 栽种）、覆膜（栽种后覆膜）、高肥（磷酸二铵 450 kg/hm^2）。按小区对角线采混合原始耕层土样，剖面深度为 0～10 cm、10～20 cm 和 20～40 cm 3 个层次，每个土样测定盐分、pH、土壤有机质、土壤全氮、速效钾、速效磷等，用电导仪测定土壤含盐量（1∶5，土水比），火焰光度法测定 K^+、Na^+，用常规化学方法测定土壤中的 Ca^{2+}、Mg^{2+}、Cl^-、HCO_3^-等。青海耕层土壤 pH 为 7.69、含盐量为 1.17 g/kg、有机质含量为 2.31%、速效磷含量为 207 mg/kg、Ca^{2+}含量为 185 μg/g、Mg^{2+}含量为 159 μg/g、K^+含量为 94 μg/ g、Na^+含量为 37 μg/g、Cl^-含量为 106 μg/g，新疆耕层土壤 pH 为 7.85、含盐量为 2.23 g/kg、有机质含量为 0.87%、速效磷含量为 103 mg/kg、Ca^{2+}含量为 165 μg/g、Mg^{2+}含量为 26 μg/g、K^+含量为 80 μg/g、Na^+含量为 327 μg/g、Cl^-含量为 491 μg/g。在苗期、块茎膨大初期、块茎膨大盛期和成熟期分别采植株样品进行考苗，每小区中间一行为采样区，菊芋成熟时，按小区单打单收，计算产量，数据用 SPSS 与 EXCEL 系统处理。

1）青海和新疆的菊芋生物学特征

如表 6-40 所示，南菊芋 1 号、青芋 2 号、青芋 1 号和能芋 1 号在青海大通表现为颜色不同，分别为黄白色、粉红色、紫红色和棕红色，植株主茎高度也不一致，青芋 2 号最高，能芋 1 号最矮，分布宽度为南菊芋 1 号最宽，青芋 1 号的分布深度最深，青芋 2 号单个块茎最重，是青芋 1 号的 4.7 倍，而南菊芋 1 号的单株块茎数最多，地上部和根的生物量均是青芋 2 号最大，而青芋 1 号最小，从块茎亩产量看，青芋 2 号产量最高，南菊芋 1 号次之，均显著高于青芋 1 号。

南菊芋 1 号、青芋 2 号、青芋 1 号和能芋 1 号在新疆的表现与在青海大通的表现完全不同（表 6-41）。南菊芋 1 号块茎及生物产量远远超过其他 3 个品种，青芋 1 号和能芋 1 号块茎基本没有长出，南菊芋 1 号块茎个数也较青芋 2 号多，块茎大小较青芋 2 号大，分布宽度较青芋 2 号宽，主茎高度与青芋 2 号基本一致，主茎粗较青芋 2 号粗。

表 6-40　菊芋不同品种在青海的生物学特征

品种	块茎颜色	块茎大小/（g/个）	分布宽度/cm	分布深度/cm	主茎高度/cm	块茎个数	主茎粗/mm	地上部生物量/g	根重/g	单株块茎重/g	亩产量/（kg/亩）
南菊芋1号	黄白	35.5	35.7	13.5	178	44	23.6	931	373	1562	4374
青芋 2 号	粉红	93.4	27.6	14.6	212	19	22.8	956	396	1775	4970
青芋 1 号	紫红	19.8	21.3	46.7	187	35	21.7	696	288	693	1940
能芋 1 号	棕红	49.9	34.0	28.5	166	26	20.9	877	341	1297	3632

表 6-41　菊芋不同品种在新疆的生物学特征

品种	块茎颜色	块茎大小/（g/个）	分布宽度/cm	分布深度/cm	主茎高度/cm	块茎个数	主茎粗/mm	地上部生物量/g	根重/g	单株块茎重/g
南菊芋 1 号	黄白	55.6	43.8	17.3	183	52	22.80	1433	254	2891
青芋 2 号	粉红	40.4	34.0	16.3	185	26	19.82	724	226	1051
青芋 1 号	紫红	—	—	—	165	—	17.64	644	163	—
能芋 1 号	棕红	—	—	—	150	—	10.29	222	135	—

2）内陆高寒荒漠及盐碱地菊芋栽培技术研究

在青海高寒地区，土壤盐分很低，对菊芋生长影响不大，从图 6-56 中看出，在高肥（磷酸二铵 450 kg/hm^2）、平栽、裸地（E）栽培措施下，南菊芋 1 号块茎产量（鲜重）显著高于平栽、裸地、低肥（磷酸二铵 225 kg/ hm^2）（A），垄作（起垄 15 cm 栽种）、裸地、低肥（磷酸二铵 225 kg/hm^2）（B），覆膜（栽种后覆膜）、平栽、低肥（磷酸二铵 225 kg /hm^2）（C），垄作（起垄 15 cm 栽种）、高肥（磷酸二铵 450 kg/hm^2）、裸地（F）5 种栽培措施下的块茎产量（鲜重），达 64200 kg/hm^2；而与平栽、覆膜（栽种后覆膜）、高肥（磷酸二铵 450 kg/hm^2）（G）和垄作（起垄 15 cm 栽种）、覆膜（栽种后覆膜）、高肥（磷酸二铵 450 kg/hm^2）（H）两种栽培措施处理下的块茎产量（55875 kg/hm^2、54860 kg/hm^2）没有显著差异，而在平栽、裸地、低肥（磷酸二铵 225 kg/hm^2）（A）和垄作（起垄 15 cm 栽种）、高肥（磷酸二铵 450 kg/hm^2）、裸地（F）和垄作、覆膜高肥（磷酸二铵 450 kg/hm^2）（H）栽培措施下的块茎个数最多，但表现为单个块茎小。根据在青海大通的农田试验结果，南菊芋 1 号适宜推荐下述两种栽培措施，即高肥（磷酸二铵 450 kg/hm^2）、平栽、裸地（E）和平栽、覆膜（栽种后覆膜）、高肥（磷酸二铵 450 kg/hm^2）（G）。

青芋 2 号这一当地选筛的菊芋品种很适合青海高寒地区栽培，在中等肥水条件下，其块茎产量比南菊芋 1 号高（图 6-56），在垄作（起垄 15 cm 栽种）、裸地、低肥（磷酸二铵 225 kg/hm^2）（B）栽培措施下，其块茎产量（鲜重）（82845 kg/hm^2），除与平栽、裸地、低肥（磷酸二铵 225 kg/ hm^2）（A）块茎产量（鲜重）（78585 kg/hm^2）没有显著差异外，与其他栽培措施相比，块茎产量均有显著增加，表明在青海高寒地区青芋 2 号对养分需求比南菊芋 1 号低，而在高肥（磷酸二铵 450 kg/hm^2）、平栽、裸地（E）措施下，其块茎产量下降至 62775 kg/hm^2 左右。不同处理下单株块茎个数也不同，平栽、覆膜（栽种后覆膜）、高肥（磷酸二铵 450 kg/hm^2）（G）处理块茎个数最多， 垄作（起垄 15 cm 栽种）、覆膜（栽种后覆膜）、低肥（磷酸二铵 225 kg/hm^2）（D）和高肥（磷酸二铵 450 kg/hm^2）、平栽、裸地（E）处理块茎个数最少（图 6-56）。

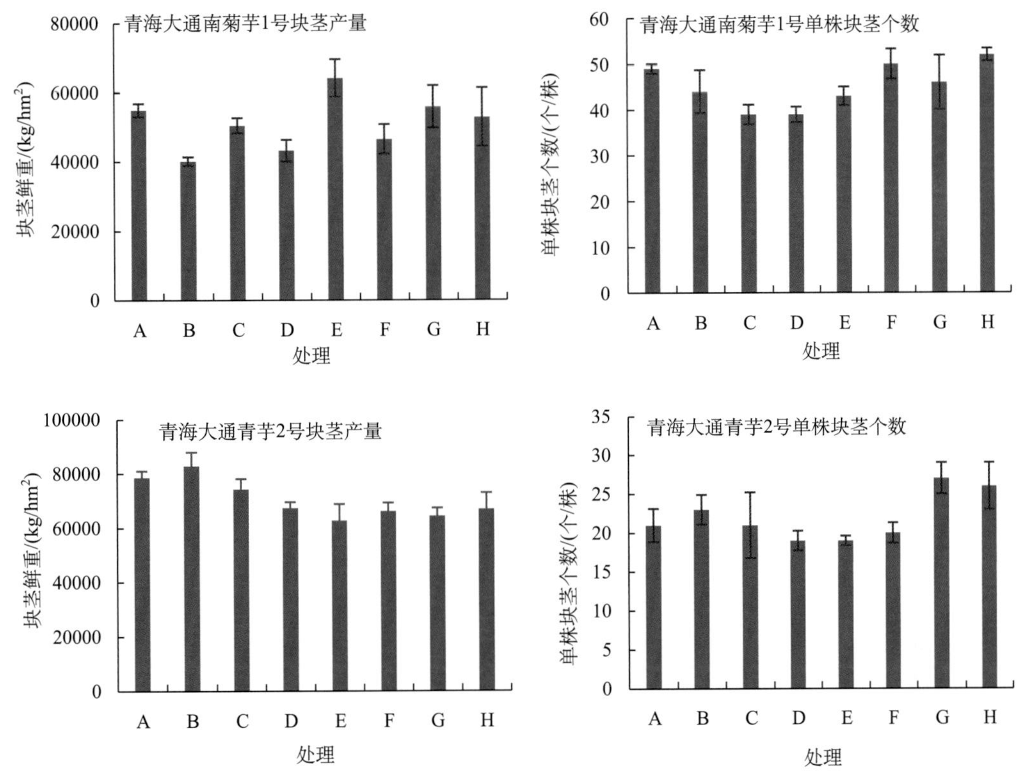

图 6-56　青海大通不同处理对不同品种块茎的影响

A：平栽、裸地、低肥（磷酸二铵 225 kg/hm^2）；B：垄作（起垄 15 cm 栽种）、裸地、低肥（磷酸二铵 225 kg/hm^2）；C：覆膜（栽种后覆膜）、平栽、低肥（磷酸二铵 225 kg/hm^2）；D：垄作（起垄 15 cm 栽种）、覆膜（栽种后覆膜）、低肥（磷酸二铵 225 kg/hm^2）；E：高肥（磷酸二铵 450 kg/hm^2）、平栽、裸地；F：垄作（起垄 15 cm 栽种）、高肥（磷酸二铵 450 kg/hm^2）、裸地；G：平栽、覆膜（栽种后覆膜）、高肥（磷酸二铵 450 kg/hm^2）；H：垄作（起垄 15 cm 栽种）、覆膜（栽种后覆膜）、高肥（磷酸二铵 450 kg/hm^2）

从 3 组栽培措施对 2 种菊芋块茎产量（鲜重）的效应来看，在高寒地区，这些栽培措施对菊芋块茎产量有一些影响（表 6-42），南菊芋 1 号相对来讲，对高肥耐性强些，高肥组菊芋块茎产量是低肥组块茎产量的 116%，而青芋 2 号高肥处理下块茎产量显著下降，而起垄与覆膜的栽培方法似乎对菊芋块茎的增产效应不大。

表 6-42　青海栽培措施对两种菊芋块茎产量及单株块茎的效应

品种	高肥/低肥		起垄/平栽		覆膜/裸地	
	块茎产量	块茎个数	块茎产量	块茎个数	块茎产量	块茎个数
南菊芋 1 号	1.1623	1.1169	0.8100	1.0621	0.9374	0.9462
青芋 2 号	0.8588	1.0952	1.0119	1.0000	0.9404	1.1205

如图 6-57 所示，在新疆，南菊芋 1 号在高肥（磷酸二铵 450 kg/hm^2）、平栽、裸地（E）处理下产量最高，达近 160 t/hm^2，在垄作（起垄 15 cm 栽种）、高肥（磷酸二铵 450 kg/hm^2）、裸地（F）处理下达近 140 t/hm^2，而在覆膜（栽种后覆膜）、平栽、低肥（磷酸二铵 225 kg/hm^2）（C）处理下仅 50 t/hm^2 左右，说明不同试验处理对南菊芋 1 号块茎产量影响显著。不同处理下单株块茎个数也不同，垄栽（起垄 15 cm 栽种）、裸地、低肥（磷酸二铵 225 kg/hm^2）（B）和覆膜（栽种后覆膜）、平栽、低肥（磷酸二铵 225 kg/hm^2）（C）处理的单株块茎个数是垄作（起垄 15 cm 栽种）、覆膜（栽种后覆膜）、低肥（磷酸二铵 225 kg/hm^2）（D）处理的近 3 倍，主要表现为单个块茎非常小，可能是外源因素限制了块茎膨大。青芋 2 号产量较南菊芋 1 号低，在高肥（磷酸二铵 450 kg/hm^2）、平栽、裸地（E）处理下产量最高，达近 63 300 kg/hm^2，在垄作（起垄 15 cm 栽种）、高肥（磷酸二铵 450 kg/hm^2）、裸地（F）处理下，达近 58 500 kg/hm^2，而在覆膜（栽种后覆膜）、平栽、低肥（磷酸二铵 225 kg/hm^2）（C）处理下仅 21 750 kg/hm^2 左右，说明不同试验处理对青芋 2 号块茎产量影响也显著。不同处理下单株块茎个数也不同，在垄作（平栽）、高肥（磷酸二铵 450 kg/hm^2）、裸地（E）处理块茎个数最多，是垄作（起垄 15 cm 栽种）、覆膜（栽种后覆膜）、低肥（磷酸二铵 225 kg/hm^2）（D）处理的 2.8 倍（图 6-57）。

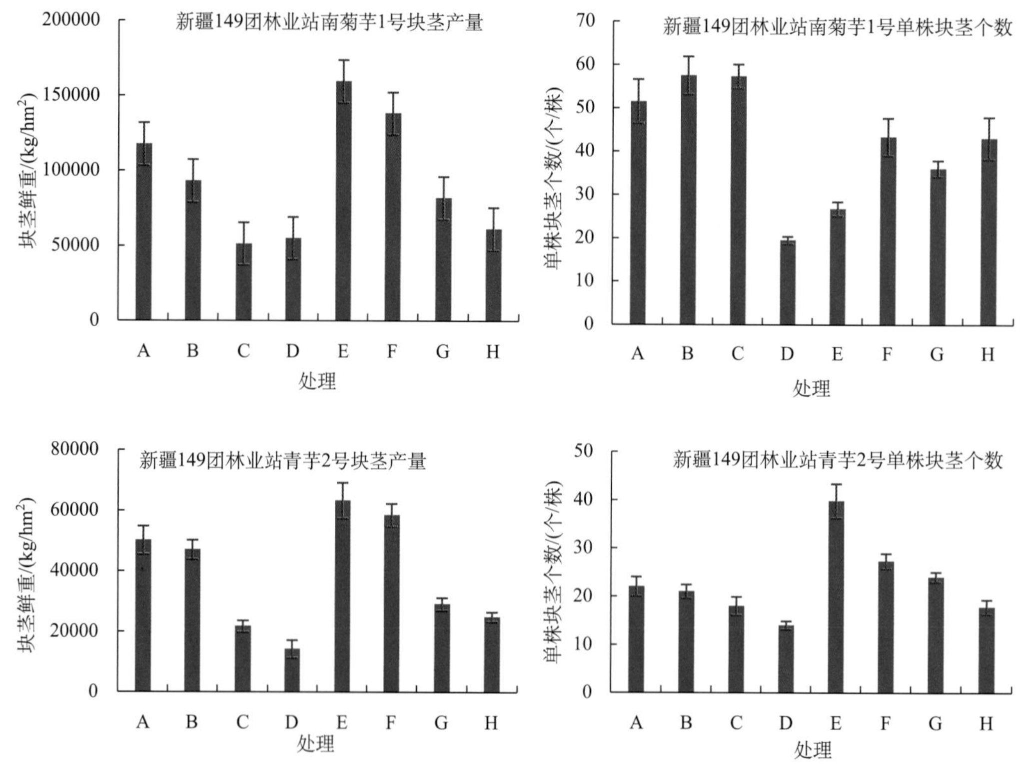

图 6-57　新疆 149 团林业站不同处理对不同品种块茎的影响

A：平栽、裸地、低肥（磷酸二铵 225 kg/hm^2）；B：垄栽（起垄 15 cm 栽种）、裸地、低肥（磷酸二铵 225 kg/hm^2）；C：覆膜（栽种后覆膜）、平栽、低肥（磷酸二铵 225 kg/hm^2）；D：垄作（起垄 15 cm 栽种）、覆膜（栽种后覆膜）、低肥（磷酸二铵 225 kg/hm^2）；E：高肥（磷酸二铵 450 kg/hm^2）、平栽、裸地；F：垄作（起垄 15 cm 栽种）、高肥（磷酸二铵 450 kg/hm^2）、裸地；G：平栽、覆膜（栽种后覆膜）、高肥（磷酸二铵 450 kg/hm^2；H：垄作（起垄 15 cm 栽种）、覆膜（栽种后覆膜）、高肥（磷酸二铵 450 kg/hm^2）

在新疆荒漠及盐碱土地区，土壤从整体上处于积盐趋势，对盐分只能采取可行的调控措施，而沿海地区采用的盐土栽培技术在内陆封闭的盐碱地不一定适用。通过对南菊芋 1 号与青芋 2 号在新疆进行不同耕作措施对菊芋块茎影响的研究，以期集成内陆盐渍土菊芋轻简栽培技术体系。从田间试验结果来看，沿海盐土的垄作栽培并不适宜新疆的菊芋盐土栽培，南菊芋 1 号和青芋 2 号垄作，其块茎产量比常规的平地种植显著下降，而且这两个品种的菊芋块茎产量下降的幅度存在显著差异：南菊芋 1 号起垄/平栽块茎产量比值为 0.9837，青芋 2 号起垄/平栽块茎产量比值为 0.7717（表 6-43）。新疆荒漠及盐碱土地区菊芋的裸地栽培，其块茎产量也显著高于覆膜栽培菊芋的块茎产量，而两种菊芋之间块茎产量覆膜栽培比裸地栽培减产幅度差异显著：南菊芋 1 号覆膜栽培/裸地栽培块茎产量之比为 0.8946，而青芋 2 号覆膜栽培/裸地栽培块茎产量之比为 0.6073；新疆荒漠及盐碱土地区南菊芋 1 号与青芋 2 号的高肥栽培处理均比低肥栽培处理的块茎产量高，而两种菊芋之间块茎产量高肥处理均比低肥处理的菊芋块茎产量增产幅度差异显著：南菊芋 1 号的高肥栽培处理比低肥栽培处理菊芋块茎产量增加了 39.15%，而青芋 2 号高肥栽培比低肥栽培菊芋块茎产量增加了 32.13%。

表 6-43　新疆栽培措施对两种菊芋块茎产量及单株块茎的效应

品种	高肥/低肥		起垄/平栽		覆膜/裸地	
	块茎产量	块茎个数	块茎产量	块茎个数	块茎产量	块茎个数
南菊芋 1 号	1.3915	0.8919	0.9837	0.9470	0.8946	0.4903
青芋 2 号	1.3213	1.4520	0.7717	0.9904	0.6073	0.4112

在青海高寒地区南菊芋 1 号与青芋 2 号的平栽与垄栽处理之间及裸地与覆膜处理之间菊芋块茎产量的差异变幅均较新疆减小，南菊芋 1 号覆膜栽培/裸地栽培块茎产量之比为 0.8100，起垄/平栽块茎产量比值为 1.0621，高肥栽培/低肥栽培块茎产量比值为 1.1169（表 6-44）；青芋 2 号覆膜栽培/裸地栽培块茎产量之比为 1.1204，起垄/平栽块茎产量比值为 1.0000，高肥栽培/低肥栽培块茎产量比值为 1.0952（表 6-44、表 6-45）。

表 6-44　南菊芋 1 号不同区域不同栽培措施的效应

区域	高肥/低肥		起垄/平栽		覆膜/裸地	
	块茎产量	块茎个数	块茎产量	块茎个数	块茎产量	块茎个数
新疆 149 团	1.3914	0.8019	0.9469	0.9837	0.8946	0.4902
青海大通	1.1169	1.1622	1.0621	0.9462	0.8100	0.93743

表 6-45　青芋 2 号不同区域不同栽培措施的效应

区域	高肥/低肥		起垄/平栽		覆膜/裸地	
	块茎产量	块茎个数	块茎产量	块茎个数	块茎产量	块茎个数
新疆 149 团	1.3213	1.4520	0.7717	0.9904	0.6703	0.4112
青海大通	1.0952	0.8587	1.0000	1.0118	1.1204	0.9403

在新疆，南菊芋 1 号在裸地下单株块茎个数较覆膜下显著增加，高出 107.7%，而在高肥下较低肥下单株块茎数显著降低，只有低肥下的 45.2%，青芋 2 号单株块茎个数表现与南菊芋 1 号不同，垄栽单株块茎个数较平栽多，覆膜单株块茎个数较裸地多，高肥单株块茎个数比低肥多，分别多 29.6%、49.2%和 45.2%。而在青海，南菊芋 1 号和青芋 2 号单株块茎个数在平栽与垄栽、裸地与覆膜和低肥与高肥处理下差异较小。

菊芋分布广泛，适于非耕地粗放种植，南菊芋 1 号、青芋 2 号、青芋 1 号和能芋 1 号在青海大通和新疆 149 团表现不一样，在新疆，南菊芋 1 号优势明显，在青海，青芋 2 号优势明显，南菊芋 1 号稍弱。这与品种耐盐性关系较大：因新疆试验地土壤盐分较多，南菊芋 1 号耐盐性较其他品种强，产量表现高；在青海，土壤盐分含量很低，青芋 2 号和南菊芋 1 号产量表现均较好，而青芋 1 号和能芋 1 号生态适应性不强，表现不如青芋 2 号和南菊芋 1 号。各种栽培措施对菊芋块茎的影响也较显著，尤其在新疆更为突出，南菊芋 1 号和青芋 2 号在新疆平栽较垄栽块茎产量高，裸地块茎产量较覆膜产量高，高肥块茎产量比低肥产量高，且南菊芋 1 号在裸地下单株块茎个数较覆膜下显著增加，而在高肥下较低肥下单株块茎数显著降低，块茎单重增加。可能是此范围内的土壤盐分对于南菊芋 1 号来讲，不是主要限制因子，而覆膜、垄栽和低肥条件可能成为重要限制因子了，抑制了南菊芋 1 号块茎膨大而向个数多的方向发育。青芋 2 号单株块茎个数表现与南菊芋 1 号不同，垄栽较平栽多，覆膜较裸地多，高肥比低肥多，说明青芋 2 号较南菊芋 1 号耐盐性差而向适宜其生存有利方向发育。而在青海，南菊芋 1 号和青芋 2 号在平栽与垄栽及裸地与覆膜情况下差异较小，说明从节约生产成本来说，平栽和裸地优势明显，从肥料投入来看，高肥较低肥产量优势明显，说明增加肥料投入是可行的。

6.3.3 菊芋病虫害与杂草防治

相对于其他作物，菊芋的病虫害较少，对菊芋栽培危害较轻；菊芋生长势强，枝叶茂盛，一般情况下杂草对其影响不大。

6.3.3.1 菊芋病虫害

菊芋病虫害缺乏系统的研究与报道，本书介绍主要是来自 *Helianthus annuus* 和其他物种的害虫的交叉传播。

以下是对几个较重要的昆虫的生物学特征的简要概述，收集到的数据主要来自被感染的 *H. annuus*，这些昆虫已经被报道过以 *H. tuberosus* 为食。

向日葵甲虫（sunflower beetle）是一种食叶的昆虫，被看作是在北美地区栽培的向日葵的一种重要害虫，用化学药物控制定期的害虫暴发证明了这些[101]。这些昆虫同样食用菊芋，但是科萨里奇等曾报道说，即使向日葵甲虫发生数量很高时，菊芋都能避免被食用，没有发生严重的虫灾[102]。

向日葵蚜虫或芽蛾（*Suleima helianthana*）被认为是菊芋轻微的虫害，对向日葵的损害是零星的，也会以菊芋为食[103,104]。

作者在长期的大田栽培中，发现菊芋对一些害虫具有明显的抗性：在苗期，有些害虫啃食菊芋的叶片，但随着菊芋的生长，这些啃食菊芋叶片的害虫又自然地“消失”了，形成菊芋植株下部叶片有少许“虫洞”，而植株上部叶片很少显有“虫洞”的怪现象。菊芋是否具有应对虫害的“应激”机制，这将在今后的试验中探讨。由于目前的生产中菊芋虫害十分轻微，故在菊芋栽培中很少采用农药喷洒防治虫害的措施。

6.3.3.2　菊芋杂草控制

杂草控制在菊芋生产中可分为两种情况：一种把菊芋作为一个主要栽作物时进行杂草防治，另一种是在种植了其他作物后把菊芋作为杂草控制，因为菊芋相对于大多数农作物来说是具有高度竞争力的杂草。即使人工收获比较彻底，也还会有足够数目的小块茎和根茎（匍匐茎）留在土壤中，下一年将发芽生长。此外，很少的块茎/根茎可以在随后的种植季节在土壤中继续休眠，而不是直接萌芽，直到下一年又可发芽生长，这取决于环境和菊芋的品种。因此使用除草剂除灭地面上的菊芋，以便种植大豆，但菊芋仍可在第三季度萌芽生长。因此，控制杂草菊芋是一个比控制菊芋作物中的杂草更艰巨的任务。

1. 菊芋栽培中的杂草防治

多年生的杂草生长可能对菊芋的早期生长产生一定的不利影响，所以必须在菊芋苗期生产中控制杂草。成熟的菊芋植株可以达到 2～3 m 的高度，高大的菊芋植株遮蔽空间后，所有的杂草植物全部丧失竞争力。短梗菊芋品种可能更容易受到杂草的竞争，因为形成作物遮蔽需要更长的时间。高度对于竞争的植物来说很重要，可以看出，玉米、大豆和菊芋有不同的竞争能力。大豆具有生长较慢的生长习性，比玉米更易受杂草抑制[105,106]。杂草一旦成片生长，尤其是攀缘植物就会很快生长，进而影响栽培作物生长。因此用机械或化学方法早期控制菊芋中的杂草十分必要。

机械控制杂草的方法包括锄、耙和在植物周围培土。人工锄地可能对种植有利，但是在广大的土地上是不切实际的。按照栽培的植物，直至达到约 0.5 m 的高度才能（如两个不同的栽培）控制杂草，此时叶伞可盖住杂草[107]。

不过，犁地时应小心，以免损害生长的根茎（匍匐茎）和浅层根系统，通常建议不超过 4～5 cm 深度[108]。

目前在美国还没有使用除草剂来控制菊芋中的杂草。几种除草剂的初步测试已被记录（表 6-46）。如扑草灭（EPTC）、氟乐灵（trifluralin），显示出令人满意的耐受性，然而草克净（tacrolimus）造成了相当大的损害，表现为黄叶病和坏死的叶片边缘，并减小植物高度。

表 6-46　菊芋的除草剂对杂草的防治效果

除草剂名称	应用方式	耐受性
豆科威	种植田间试验	优良
扑草灭	种植田间试验	优良
丁氟消草（乙丁烯氟灵）	种植田间试验	优良

续表

除草剂名称	应用方式	耐受性
草克净	种植田间试验	差
硝草胺（施得圃）	种植田间试验	优良
氟乐灵（毒杀酚）	种植田间试验	优良

资料来源: Adapted from Wall, D.A. et al., Can. J. Plant Sci., 67, 835–837, 1987.

化学防治能减少杂草数量，但不一定会增加菊芋的块茎产量。在一项研究中，氟乐灵（每公顷 0.8 kg）控制杂草并增加了块茎产量[109]，而一些除草剂常常没有影响菊芋块茎产量，有时还会造成菊芋块茎产量下降[108]。当选择除草剂扑灭司林（permethrin）喷施一种矮秆的菊芋新品种和两个常规的菊芋品种时，发现扑灭司林尽管能有效地控制杂草，但比机械除草控制方法处理的菊芋的块茎产量降低 5%[110]。有报道称氟乐灵也抑制块茎产量，在波兰，用除草剂进行杂草控制比机械耕作没有增加块茎质量，而在未使用除草剂的地里发现块茎干物质、果糖、蛋白质和灰分含量很高[111]。

菊芋具有较高的耐杂草性，尤其是当杂草种群生长慢和相对较矮，或在早春杂草不生长的这些条件下，一般无须使用化学除草剂。

2. 在作物生产中控制菊芋

从另一角度来讲，菊芋是具有高度竞争力的杂草，有能力维护其在一个地区的生长优势，菊芋一旦种植就会通过块茎、根茎、在适当的生态条件下形成的少量种子，迅速蔓延到新的区域[112,113]。不过由于高水平的自交不亲和性，种子生长通常是有限的。已被证实每次开花有 3 至多达 50 粒种子[114,115]，斯万顿于 1986 年发现两个菊芋品种每 100 个花序生产 8～66 粒种子，两种野生菊芋每 100 个花序生产 126～197 粒种子，还有的品种每 100 个花序竟能结出 493～536 粒种子[23]。当种子成熟后，它们可能蔓延到新领地上发挥关键作用。一旦建立，由于块茎和根茎的再生能力强，植物的数目迅速增加，抑制其他植物生长。

菊芋作为杂草，往往会产生很大的问题，因为菊芋根茎可以长达 100 cm[116]，所以有利于分散，根茎长度与基因型、土壤类型和生产条件有关。在根茎的顶端产生块茎，一株菊芋可以产生多达 75 个或更多的块茎。一些块茎和根茎留在 10～15 cm 的土壤中，在下个季节产生新的芽[117]。不过，块茎深度越深，发芽率越低，例如 25 cm 深时，在 58 天内只有 25%的块茎产生芽。由于地下块茎和根茎的存在，使用耕种的手段或除草剂都很难消除菊芋，且这两种类型的繁殖体都可以越冬，加拿大南北部的三分之一的土地都会在第二年产生新的菊芋植株。

菊芋生长势强，如果数量相当多时，它会形成一个密集的冠层以抑制作物生长，特别是相对较矮的作物品种如黄豆。菊芋在这些作物田中作为杂草，会严重影响作物产量。举例来说，每平方米生长 4 株菊芋，可以减少 71%的大豆和 25%玉米的经济产量[115,117]。菊芋即使密度降低对大豆产量也有重大影响（即每平方米 1～2 株菊芋，大豆产量减少 31%～59%）[118]。每平方米 2～4 株菊芋时，大豆叶面积和相对生长速率都会受到抑制，每平方米 4 株时大豆的同化率显著受到抑制。同样，菊芋的竞争会降低大豆高度、分枝数目、总种子重量[118]。

有 3 个普通的办法控制作为杂草的菊芋：化学法、机械法、作物轮作。选择的方法取决于多项因素，如轮作的必要性、合适的轮作作物、成本、地理区域、设备供货、杂草密度以及其他因素。

1）化学品控制其他作物中的杂草——菊芋

菊芋为单子叶作物，大大拓宽了除草剂的品种数量，以及可能的种植选择。双子叶植物如玉米、大麦、燕麦或小麦生长田块中，菊芋容易得到控制，因为一些单子叶植物除草剂可以比较好地控制菊芋而不影响双子叶作物生长。将这些作物生长田块中可用于控制菊芋的除草剂列于表 6-47 中。一批在出苗后到成熟前使用的除草剂，有利于控制从好到差的范围。出土前使用的草甘膦或百草枯最初能减少杂草；然而，除非是作物种植较晚，足以让所有的菊芋出芽，否则控制通常是不够的。

表 6-47　栽培作物中可用于控制菊芋的除草剂

作物	除草剂	应用	防治	来源
大麦	氯磺隆 chlorsulfuron	Post①	Poor	i
大麦	二氯吡啶酸 clopyralid	Post	Very good	bi
大麦	二氯吡啶酸 clopyralid + 2,4-D	Post	Good	hi
大麦	麦草畏 dicamba + 2,4-D	Post	Good	hi
大麦	麦草畏 dicamba + 2-甲-4-氯丙酸 mecoprop + 2,4-D	Post	Good to very good	gk
大麦	草甘膦 glyphosate	Pre②	Poor to good	hi
大麦	草甘膦 glyphosate +麦草畏 dicamba + 2,4-D	Pre/post	Good	i
大麦	草甘膦 glyphosate +百草枯 paraquat	Pre	Poor	g
大麦	2-甲-4-苯氧基乙酸 MCPA	Post	Poor	gi
大麦	百草枯 paraquat	Pre	Poor	gh
大麦	毒莠定 picloram + 2,4-D	Post	Poor	i
大麦	2,4-D	Post	Good	efghik
玉米	莠去津 atrazine	Pre/post	Good	k
玉米	二氯吡啶酸 clopyralid	Post	Good	j
玉米	麦草畏 dicamba	Post	Fair to good	j
玉米	麦草畏 dicamba + 2,4-D	Post	Fair to good	j
玉米	草甘膦 glyphosate	Pre	?	c
玉米	Hornet	Post	Good	j
玉米	2,4-D	Post	Fair	cj
玉米	磺酰脲类 sulfonylurea	Post	Fair to good	j
燕麦	麦草畏 dicamba	Post	Good	k
燕麦	麦草畏 dicamba + 2-甲-4-氯丙酸 mecoprop + 2,4-D	Post	Good	g
燕麦	2,4-D	Post	Good	k
小麦	麦草畏 dicamba	Post	Good	k
小麦	麦草畏 dicamba + 2-甲-4-氯丙酸 mecoprop + 2,4-D	Post	Good	g

续表

作物	除草剂	应用	防治	来源
小麦	2,4-D	Post	Good	k
大豆	氟锁草醚 acifluorfen	Pre	Poor	k
大豆	噻草平 bentazon	Pre	Poor	k
大豆	氯嘧磺隆-乙基 chlorimuron-ethyl	Post	Good	j
大豆	氯嘧磺隆-乙基 chlorimuron-ethyl +噻吩磺隆-甲基 thifensulfuron-methyl	Post	Good	j
大豆	草甘膦 glyphosate	Pre	—	a
大豆	草甘膦 glyphosate	Post rope-wick	—	j
大豆	imazethmpyr	Post	Good	j
各种	atrizine	Pre/post	—	c
各种	草甘膦 glyphosate	Spot treatment at bud stage	Poor to very good	ajk
各种	草甘膦 glyphosate	Bud to bloom	Fair to good	j
各种	麦草畏 dicamba	Bud to bloom	Fair to good	j
各种	2,4-D	Bud to bloom	Poor to good	aj

数据来源：a = Coultas and Wyse, 1981; b = Hamill, 1981; c = Russell and Stroube, 1979; d = Swanton, 1986; e = Swanton and Brown, 1980, f = Swanton and Brown, 1981; g = Vanstone and Chubey, 1978; h = Wall and Friesen, 1989; i = Wall et al., 1986; j = Salzman et al., 1997; k = Wyse and Wilfahrt, 1982.

① 出苗后应用除草剂。

② 幼苗出苗之前应用除草剂。

不过当作物是双子叶植物时，选择除草剂有更多的限制。作物幼苗出土前如使用草甘膦或百草枯等除草剂，对于大豆的效果很差，对菊芋的控制取决于菊芋出芽的数量，菊芋块茎或根茎发芽的时间受其在土壤中的深度和菊芋的基因型影响[119,120]，菊芋的块茎在土壤中越深所需的出芽时间越长[117,120]，因此这些除草剂仅能部分控制菊芋生长。除草剂不能控制在植物生长之后还有菊芋块茎在土壤深处发芽的情况。菊芋出芽的时间还受其他如块茎/匍匐茎的大小、土壤类型、从母体植物分离的材料成熟程度、土壤温度、种植时间等诸多影响因素影响。块茎、匍匐茎在土壤中发芽生长的时间跨度太长，致使在作物出苗前施用探率剜这一杂草控制的传统方法受到很大挑战。几种适合作物苗期使用的除草剂（如氯嘧磺隆-乙基，氯嘧磺隆-乙基+噻吩磺隆-甲基，imazethmpyr）可以较好地控制菊芋的生长[121]。

选用耐除草剂作物品种已被广泛使用，如种植耐受草甘膦的转基因大豆品种，在出苗后施用两种草甘膦完全可以控制菊芋的块茎与匍匐茎发芽，但没法控制冬眠的块茎，如在我国北方地区，菊芋的块茎与匍匐茎会在第二年发芽。因此多年的作物轮作可以控制菊芋生长[120]。在我国中部与南部地区，块茎与匍匐茎碎片因为在本季结束时已腐烂，所以不会在第二年发芽。菊芋的块茎与匍匐茎在土壤中的寿命依赖于基因型、大小、气候条件。

另一个在大豆中控制菊芋的方法是通过使用滚子、油绳，或含草甘膦或 2,4-D 的喷药器[122]，而前者更有效。两个方法至少相隔 2 周，建议杂草应比大豆至少高 15 cm 时防治。结果因为菊芋缺乏统一的高度而不确定。在这个时候，选择该应用技术还没有有效的证明。

2）机械控制菊芋生长

可以在下一季种植前清除土壤中的菊芋块茎与匍匐茎，通过收割或栽培消除植物来控制菊芋。这两种方法需要进行多次防控。机械控制消耗菊芋地下块茎与匍匐茎的碳储存量，而不让菊芋生长成新的块茎。因此，重要的是收割或耕作要配合菊芋出芽时间，在土壤表面上收割是可取的。第一次收割（或耕作）应该在菊芋产生匍匐茎之前进行[115]，特别是快速萌芽和较早开花的基因型菊芋品种，该品种开花先于块茎的形成[121]。

机械控制一般需要两至三次及时刈割或在休耕季节期间耕作以控制菊芋。在冬天温和的地区休眠块茎可能生存下去，在下一年额外控制可能是至关重要的。

3）作物轮作控制菊芋生长

轮作饲料或小颗粒作物可以帮助抑制菊芋生长。在明尼苏达州的硬红春小麦地里菊芋块茎数目（即 1 或 2 块茎/株）比大豆或玉米地（即 50～60 块茎/株）大大受到抑制。菊芋出芽普遍比小麦晚，因此，在最初的竞争中处于劣势。此外，小麦的收获在块茎形成之前的仲夏，能够抑制菊芋的生殖发育。其他可能的轮作作物是牧草，它被收割后会快速再生，特别是那些需要在夏天多次收割的牧草种类。同时，作物轮作一般不会完全消除杂草菊芋，如果用除草剂一起处理，就可以有效地消除菊芋了。

20 世纪 20 年代在法国创立了 4 年轮作法，第一年种菊芋，第二年种燕麦，第三年种苜蓿，第四年种小麦。通过这种轮作方法，有效地抑制了菊芋苗的蔓延[123]。

4）新型控制菊芋生长技术

由于菊芋生长势过强，收获后一些漏收的小块茎下年仍发芽生长，因此如何控制其不需要的生长，成为必须解决的问题。细菌假单胞菌 *Pseudomonas syringae* pv. *tagetis* 是菊芋的致病菌[124]，可以用来抑制菊芋数量。应用菌液的喷雾（每毫升 5×10^{8} 细胞），即在水溶液中与非离子型有机硅表面活性剂缓冲（如 silwet L- 77 或 silwet 408）[125]。

6.3.4　菊芋块茎收获期及其机械化收获

适宜的菊芋块茎收获期对菊芋块茎与品质至关重要，人工收获菊芋块茎费工费时，机械化收获菊芋越来越普遍。

6.3.4.1　菊芋块茎采收和处理

收获的方法取决于菊芋块茎或菊芋的地上部是否成熟，采收之前菊芋块茎是否停止膨大[126]。最高收益率通常体现在菊芋块茎产量及其品质。但是有时也以收获菊芋的地上部作为生产目的，举例来说，当在土壤中高机械阻抗或其他因素抑制块茎的形成时，菊芋也可作为牧草种植，也可作为荒漠化生物改良植物种植，地上部收获也可能是对营养不足土地作物连续生产的一种可行选择。

1. 菊芋块茎的收获

菊芋块茎收获涉及 5 个基本操作：

- 刈割菊芋的秸秆；
- 从土壤中刨出菊芋的块茎，并清除掉石块、茎和其他碎片；
- 清选分级；
- 放入批量运输的容器中；
- 运输到厂房或储存。

菊芋块茎的收获方法将取决于菊芋种植规模、现有收获设备、原料产品的价值、土壤条件、个人喜好，以及其他考虑。收获技术的水平因位置而不同，范围从用手收获小块，到使用改装的马铃薯收割机。

第一步是刈割菊芋秸秆，需要等到其茎叶完全干枯才行，因为菊芋茎与叶片霜冻后一般会继续输送其储存的碳水化合物和矿物质进入块茎。机械大范围收获时，枯干的地上部刈割切碎后撒在尚未收获的地表，以便收获菊芋块茎时将其拌和在表层土壤中，用以改善土壤肥力，或将刈割的菊芋秸秆打捆运出，作为动物越冬饲草。地上部刈割尽量贴近土表，减少秸秆残留在块茎中，降低块茎采收的工作量。笔者课题组研发的组合机械收割机是可行的。机械手铲出带土块茎，直接运送到振动筛上筛除松散土壤，而块茎留在筛内经去杂后装包入库。但在实践中发现质地较黏重的土壤难以筛除，故菊芋种植往往选择土壤质地较轻的砂壤土，同时选育大块茎的菊芋品种也是十分重要的，笔者把菊芋块茎的大小作为菊芋新品种选育的重要指标之一，就是考虑到其块茎的收获及其后续加工。

国外用马铃薯收割机改装，通常使用较大直径棒或橡胶套筒对现有棒改造以减少宽度，以保证体积较小的菊芋块茎不被筛去。筛后的菊芋块茎还要用手捡是不可避免的。最简单的收割是从土壤中用刨土工具直接将块茎从土中刨出，拣出块茎，由于有的菊芋品种块茎体积小，收获块茎是非常耗体力的。因此，改良马铃薯收割机（1～6 列）是大面积收获菊芋块茎首选方法，机械收获并批量处理可以大大减少采收成本。收获的效率取决于土壤条件、运行速度和块茎的大小。块茎形状和大小因品种有所不同[127]，品种统一的大块茎可采用机械收获。

块茎净选后存放在有加料斗的卡车或在收割机后面移动的拖拉机上。为减小块茎受到的伤害，从收获机械到装运机械上下距离不大于 10～15 cm。收获的产品应尽快堆放在没有阳光直接照射、阴凉通风的地方，并及时运去储存或处理厂。

2. 以菊芋地上部为主要产物的收获

随着对菊芋高值化利用研究的不断深入，对菊芋地上部的综合利用越来越受到重视。根据菊芋地上部不同的利用目的，菊芋地上部收获将采用不同的方法。

作者在首先发现菊芋的茎叶中含有含量很高的活性物质后，系统研究了我国目前主要推广的菊芋品种的原初代谢和次生代谢的过程与特征，即菊芋的糖代谢及次生产物代谢过程与特征，发现菊芋的营养生长与生殖生长交叉过渡时间较长，其过旺的营养生长会延缓或抑制向生殖生长的转换，导致菊芋块茎产量下降，尤其是菊芋块茎第二次膨大期内，如果不调控菊芋的营养生长，其块茎产量很不理想；同时作者对不同菊芋品种不同区域全生育期茎叶次生代谢产物动态变化规律进行系统探索，发现菊芋块茎第二次膨大始期，菊芋茎叶中的活性物质急剧升至最高，达到具有经济开发价值的基本指标。基于这种节点时间上的完全耦合，研究小组首创了在菊芋块茎第二次膨大期刈割菊芋部分主茎以控制营养生长、促进生殖生长的生产措施，而刈割的菊芋茎叶作为中药或药食同源产品开发的原料，根据菊芋品种与田间群体情况，刈割时间为 9 月前后，刈割菊芋主茎 1/3 左右。

把菊芋茎叶作为饲草来利用，地上部刈割时间也很重要，既要考虑具有较高的鲜草量，又要保证菊芋较高的质量。根据我们的试验结果，菊芋茎叶作为饲草来利用最佳的刈割时机是菊芋块茎第一次膨大期内。这个时段内刈割菊芋茎叶，菊芋叶蛋白质含量可占其干重的百分之三上下，尤其值得关注的是该时段菊芋茎叶还具有含量不菲的蔗果三糖、蔗果四糖与蔗果五糖，这些果寡糖具有生物活性功能；同时这个时段内刈割菊芋茎叶，可确保有足够的繁殖材料留在地里以便其持续生长，而鲜草量也十分可观。因品种和生产条件不同，刈割茎叶的时间差别很大。

菊芋茎叶收获常用贴近土壤的镰刀割草机或类似的刀具刈割。如果收获和加工有一定的时间间隔，干燥是有必要的。干燥的必要条件是有适宜的气候条件使菊芋的茎叶达到理想的水分含量。当充分干燥后，菊芋茎叶一般都压缩到大容量圆形或矩形包。使用自动堆码和装卸的机械可减少工作量。该菊芋茎叶产品应及时转移到加工地点（例如，提取或发酵）或置于住所，以防止因大雨被弄湿和腐病的形成。

6.3.4.2　菊芋块茎的储存

储存可以延长产品在市场推出之前的时间间隔，是大部分农产品生产-市场营销-利用连锁的重要组成部分[128]，尤其是生产的原料大大超过可利用能力的时期。通过储存保护一时无法全部转化而过剩的产品，从而使消费者在一段较长的时间内获取产品。同样地，储存给生产者生产额外产品增加货币回报的机会。因此，无论是从新鲜产品直接上市，还是作为繁殖种质，或工业加工来说，储存都是菊芋生产不可分割的一部分。

菊芋块茎大多用来加工功能食品，这就要求能够保证菊芋块茎周年均衡供给以实现工厂的连续生产，但菊芋块茎收获在一个相对短的时间内完成，给生产企业周年均衡供给块茎带来严峻的挑战。作者经过多年的实践，提出延长菊芋块茎田间寄存时间、按需收获块茎，收获块茎保鲜储存，以及块茎切片晾干后干品储存三种互相衔接的保存方法，既节约了储存成本又能保障菊芋块茎及时供给。具体操作流程：从 11 月 20 日开始至次年的 4 月中旬，按加工进度需求定额收获块茎，现收获现加工；5～8 月，利用冷藏保鲜的方式储存菊芋块茎，以保障这一时段的加工需求；8～11 月，利用菊芋块茎切片晾干的干藏块茎供加工企业生产，该方式在经济上大大节约了块茎储存的成本，又能保证在企业加工需要的时间内可以及时供货。菊芋块茎田间寄存对其糖分含量稍有影响，故要严格控制大田寄存的时间；切片晾干在北方干旱的秋季操作也没有太大的难度，作者利用鲜块茎与块茎干片进行了加工试验研究，也没有发现什么太大的问题，因此下面主要介绍菊芋块茎冷藏保鲜的相关技术。

1. 菊芋块茎储存方式的选择

菊芋块茎三个主要保鲜防腐的储存方式为冷藏、常温储存（置于自然低温的室外空气或埋入土壤中；普通储存的例子就是地窖存储、矿坑[123]），以及在大田原位储存[129]。在前两个方式中（冷藏和普通储存），薯类将在秋季收获并在仓库放置。原位储存就是将菊芋块茎寄存于大田，按加工需要及时收获。

菊芋新鲜块茎地窖储存技术：将菊芋收获后相对集中，选择地势较高处，挖 4 m×5 m×2 m 的储存室，放 50 cm 厚菊芋块茎后铺 20 cm 泥土，用芦苇扎成腕粗的 5 个草把按对角线法垂直插入块茎层中，以便空气流通。每个储存室可以放 30 t 左右菊芋块茎，可以储存 3 个月左右。

法国巴莱里尼等也曾介绍菊芋新鲜块茎地窖储存的方法，储存块茎 4～5 t，用土覆盖块茎，定期洒水或盖塑料。块茎可以在 2～5 月此环境下保存 120～150 d。100 d 以后干物质含量从 22%下降至 17%，并大约每周损失 2%的糖。地上储存未能减少损失[129]。

选择原位存储需取决于几个因素。地点是原位储存首要的潜在成功决定因素。在北半球野地储存是可行的选择，充分的高纬度地区可以确保在整个冬季土壤温度较冷。土壤沙质良好也是至关重要的，允许在整个冬季使用机械收获。不符合这些标准的地方，一般要求使用冷藏或某种形式的普通储存。

冷库冷藏是非常有效的，不过大大增加了原料产品的成本。不过当在地里储存无法满足加工需要时，会用冷藏方式，如经常用于种子及新鲜块茎的储藏。

2. 菊芋块茎储存条件

南京农业大学海洋科学及其能源生物资源研究所菊芋研究小组对新收获的菊芋块茎进行了室温（15～21℃）存储试验，结果见图 6-58。由图 6-58 看出，总糖与还原糖都在缓慢下降而菊粉却缓慢上升，这可能是菊芋块茎耐储的原因之一。

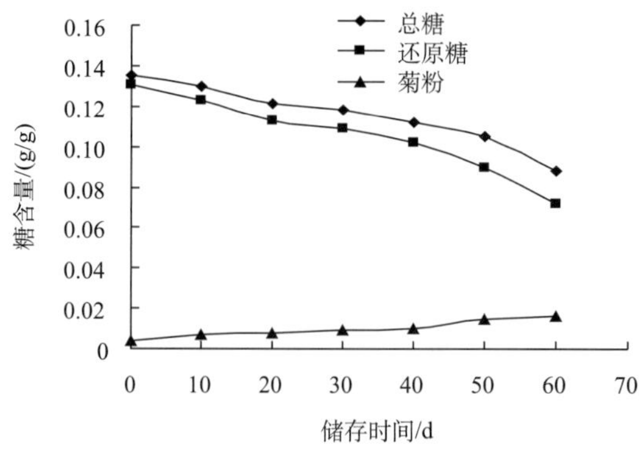

图 6-58　储存时间对菊芋块茎糖含量的影响

由表 6-48 可知，温度在 0～5℃时总糖的损失与还原糖的变化都较小，相应的菊芋的损失要少。温度低于 0℃或超过 5℃时，菊芋组织细胞呼吸作用增强，细胞内的酶系将菊粉水解为还原糖，菊芋变软，此时易发霉变质。在 10℃左右时，总糖显著下降，还原糖明显增加，菊粉也显著下降，故适宜的菊芋块茎储存温度为 0～5℃。

表 6-48　菊芋在不同储存温度下的糖含量

储存时间/d	储存温度/℃	总糖/（g/g）	还原糖/（g/g）	菊粉/（g/g）
30	–5	0.1056	0.0128	0.0928
30	0	0.1222	0.0105	0.1117
30	5	0.1325	0.0084	0.1241
30	10	0.0857	0.0157	0.0700

有报道称，在 0～2℃并且相对湿度较高时，菊芋块茎可以成功地储存长达 6～12 个月。菊芋的品种耐储性差异很大，有些品种的菊芋不耐储存，在储存时水分容易损失[130]。存放在温度较低且比较潮湿的环境下，有些菊芋品种块茎易变皱和变软。耐储存的菊芋块茎在低温下储存时块茎呼吸速率相对较低（表 6-49）[131]，干物质因缓慢呼吸而逐步损失（例如，在 0℃时每天每 100 kg 损失 16.2 g）。同样，块茎缓慢呼吸产生的热量（生命维持或呼吸系统热，例如，在 0℃时每小时每千克块茎呼吸产生热量 111 J）必须随时弥散出去，否则将因呼吸热积累而导致储存温度升高，难以保证产品储存温度维持在所需要的低温水平。

表 6-49　菊芋块茎在不同温度储存时呼吸速率、呼吸热和干物质损失

储存温度/℃	0	5	10	20
呼吸速率/[mg/(kg·h)]	10.2	12.3	19.4	49.5
呼吸热/[J/(kg·h)]	111	134	211	537
干物质损失/[g/(100 kg·d)]	16.2	20.1	31.7	80.1

3. 菊芋块茎储存损失

菊芋块茎储存的损失主要是由块茎脱水、腐烂、发芽等因素造成的。虽然脱水的损失可以在适当的储藏条件下比较容易避免，但块茎脱水仍是菊芋块茎储存的一个重大问题。菊芋块茎缺乏像土豆一样阻止水分消耗的表层细胞[132]。同时菊芋块茎的表面细胞很容易受伤，致使菊芋块茎表层细胞阻止水分消耗的能力下降，块茎容易失水[133]。块茎及其周围之间存在的水势差距越大，块茎越容易失去水分，因此，储存在相对湿度较高的环境下（如 90%～95%相对湿度）将明显降低菊芋块茎脱水的强度，减少菊芋块茎的储存损失[123,130,133-135]。

腐烂也是菊芋块茎储存中一个严重的问题[136-138]，在大多数情况下致腐微生物适宜在较高温度下滋生（即较高的储藏温度，较大的腐烂损失）。国外在菊芋块茎中已分离出大约 20 种菊芋块茎致腐微生物。最常见的菊芋块茎致腐微生物为灰霉病属、根霉和菌核病，而黑根霉是造成菊芋块茎低温储藏腐烂最严重的微生物[134]。控制块茎采收后致腐的病菌是块茎低温下储存（即 0～2℃）的重要措施之一，即在菊芋块茎储存之前清除耐低温的致腐微生物，尽量减少菊芋块茎的机械损伤，以及适当地控制湿度。

菊芋块茎储藏的时间在相当大的程度上取决于其休眠期的长短。一旦菊芋块茎开始发芽、呼吸，干物质和水分损失明显增加，导致菊芋块茎质量下降而销路迅速减少。菊芋块茎具有休眠的机制，为防止菊芋块茎采收后很快发芽，利用低温延长其休眠时间是可行的[139]。低温储存（即 0～2℃时）降低呼吸强度，抑制发芽，防止生长，最终降低菊芋块茎储存损失。因此，菊芋块茎最适的冷储温度为 0～2℃。

过低的温度会造成菊芋块茎致命性冻结，细胞质膜发生显著的化学和物理变化，甾醇及磷脂酰乙醇胺损失显著，细胞膜的生理功能丧失。有些菊芋品种在温度低于–2.2℃时块茎就开始冻结，在约–10℃时，块茎物理与化学性状迅速恶化，生命活动出现不可逆的丧失。不过非致命冻结温度（≥–5℃）会造成较小的损害。与大多数植物一样，在哪个温度发生冻害及损害的程度与品种、季节、预处理、冻结率以及其他因素有关[140]。

4. 菊芋块茎成分在储藏过程中的变化

储藏期间菊芋块茎在碳水化合物方面发生重大改变，是否有明显的质量影响，这取决于使用目的。重要的是认识到一个事实，即菊粉不是一个化合物，而具有一系列不同长度的分子链，菊芋块茎不论是收获还是留在原位[141]，在储藏期间都会进行聚合[142-151]。该聚合度有很重要的用途，如替换脂肪或高果糖浆。菊粉链长度过于短小，就不适宜用其替代脂质。同样地，由于不断的解聚，果糖和葡萄糖比例降低，纯果葡糖浆产量逐步减少。举例来说，在冬季，储存的果糖与葡萄糖的比例略微下降[152-156]。有时因储存时间较长，菊芋块茎中的果糖与葡萄糖比值由 11～12 下降至 3[157,158]，成分因储存而变异取决于不同的菊芋品种与储存环境；因此，来自储存块茎的糖浆将包含更多的葡萄糖，不过会减少聚合度，在没有补充水解步骤时提高了其转换为乙醇的概率[157]。

实际上菊芋块茎是其主要的物种繁殖体，在春天发芽时解聚反应为呼吸和碳的快速回收储存阶段提供低分子量碳化合物[159]。解聚反应发生需要两种酶，即果糖水解酶（FEH）和果糖聚合酶（FFT），这两种酶在块茎中很活跃[159,160]。果糖水解酶依次降解 1 个顶端果糖分子[161]，非竞争性地抑制蔗糖[160]。它与液泡膜相连，协助释放果糖进入细胞质中，在细胞质中由蔗糖合酶将果糖转换为蔗糖运输出细胞。相比之下，果糖聚合酶催化甲苯磺酰基从菊粉转移到蔗糖，使链长均衡，这有利于随后在萌芽时转移储存的碳[144,161]。这两种酶在低温下存活，即使在冷库下也有相对较少的酶[162]。

多种因素影响解聚反应的速率。举例来说，水解的速率随聚合度衬底分子变化，当增加到聚合度为 8 时速率增加。但水解的速率似乎并不直接控制果糖浓度[161]。储藏温度也调节解聚反应速率，2℃储存相对 5℃储存，2℃储存阻碍水解反应[163-165]。在加拿大原位储存（7 月）相比冷藏（1℃），总还原糖含量显著降低[166]，但果糖浓度无显著差异。相比之下，在华盛顿中部的原位储存造成了干物质微小的损失[166]。

5. 菊芋块茎控制气体储藏

已经有研究表明，气体储藏显然是通过影响酶活性来阻碍解聚反应的。菊芋块茎在含 22.5%的 CO_2（20%的 O_2）的空气组分下储存能显著阻碍菊粉降解[167]。同样，菊芋品种本身生物学特性也影响储藏过程中解聚反应的程度。在“哥伦比亚”菊芋块茎中的菊粉比在“fusil”“sunroot”或“挑战者”菊芋块茎中的菊粉降解要快[146,164]，表明通过植物育种选择品种来减少解聚反应成为可能。

6. 菊芋块茎辐射储藏

辐射已被用来储存数目相对较少的肉质水果和蔬菜，它有利于减少昆虫、病原菌及发芽损失[140,168]。储藏期间暴露在 8000 lx 或 16000 lx 的 X 射线下会抑制发芽[169]；不过，在 4000 lx 下没有影响。相比之下，菊芋块茎受 γ 射线辐射后会软化、解体和变色，并大大加速解聚反应[170]。

6.3.4.3　菊芋块茎田间储存技术

菊芋块茎大田原位储存技术是缓解大量块茎储存压力的有效途径。总体来讲，从当年的 11 月底到次年的 4 月在我国北方大部分地区都可以不收获而暂存田间，这可是不小的贡献。由于菊芋块茎加工的目标产品不同，也会有不同的田间原位储存的方法，如果利用菊芋块茎加工乙醇，完全可以从 11 月初开始收获块茎供加工使用，因为发酵乙醇不强调多糖的聚合度，如果以菊芋块茎加工脂肪仿制品，那就要认真考虑不同区域不同的收获时间的影响，这就涉及菊芋块茎大田原位储存的时段。

6.3.4.4　菊芋鲜块茎生物防腐技术

菊芋鲜块茎防腐是菊芋块茎鲜存的重要技术手段之一，本节重点介绍南京农业大学海洋科学及其能源生物资源研究所菊芋研究小组在菊芋鲜块茎防腐方面的研究进展。

1. 菊芋块茎致腐微生物

要进行菊芋鲜块茎防腐技术研究，首先要了解菊芋块茎的致腐微生物。

1）国外的致菊芋块茎腐烂的微生物研究进展

由于微生物的入侵，收获的植物会遭受重大损失。而病原体广泛集中后，50%或 50%以上农业植物产品，收获后最终零售价产生了变化[171]。因此储存和销售的损失在质量和数量上都是非常重要的。由于储存的病原体数量变化，菊芋块茎会造成损失，这是很重要的[136-138,172-176]。

国外的研究表明，有 20 多种生物体会造成块茎腐烂（表 6-50），但是很多损失都可以通过适当的储藏方式避免。

表 6-50　菊芋致病微生物

微生物	俗名	块茎	顶部
Botrytis cinerea Pers.	灰霉病	+	
Coleosporium helianthi（Schwein） Arth.	条锈病		+
Erwinia carotovora subsp. *carotovora*（Jones）Bergey et al.	细菌性软腐病	+	
Erysiphe cichoracearum DC.	白粉病		+
Fusarium acuminatum Ell. & Everh.		+	
Fusarium oxysporum Schlecht.	萎凋病	+	+
Fusarium pallidoroseum（Cooke）Sacc.	镰刀菌腐病	+	
Fusarium roseum（Lk.）Snyd. & Hans.	镰刀菌腐病	+	
Fusarium roseum var. *arthrosporioides*（Sherb.）Messiaen, Cassini	镰刀菌腐病	+	
Fusarium solani var. *coeraleum*（Sacc.）Booth		+	
Fusarium roseum var. *culmorum*（Swabe）S. N. & M.	镰刀菌腐病	+	
Penicillium cyclopium Westl.	青霉病	+	
Penicillium palitans Westl.	青霉病	+	
Phoma exigua Desm. var. *exigua* Prill. & Delacre		+	
Plasmopara helianthi Novot.	霜霉病		+
Pseudomonas fluorescens Migula		+	
Pseudomonas marginalis（Brown）Stevens		+	
Pseudomonas syringae pv. *tagetis*（Hellmers）Young, Dye and Wilkie	萎黄病		+
Puccinia helianthi Schwein	锈病		+
Rhizoctonia solani Kühn	立枯病	+	
Rhizopus stolonifer（Ehrenb.）Vuill.	根霉腐病	+	
Rhizopus tritici Saito		+	
Sclerotinia minor Jagger	向日葵立枯病	+	
	水软腐病	+	
Sclerotinia sclerotiorum（Lib.）de Bary	向日葵立枯病		+
	水软腐病	+	
Sclerotium rolfsii Sacc.	腐烂	+	+

细菌性软腐病，由 *Erwinia carotovora* ssp. Carotovora 引起，造成块茎柔软并且表面有黏液[177]，*Bacillus carotovorus* 和芽孢杆菌通过植物表面的伤口进入，继发性感染菌，如荧光假单胞杆菌及假单胞菌随真菌入侵[134,175,177]，并在温度 5～25℃时造成植物腐烂。细菌性腐烂通过在低温下储存（如 0～2℃）可大大减少。

蓝色霉菌腐病，由青霉菌所造成，只有在相对较高的温度下（如 20℃）造成腐病。生物体是弱毒性的，通过其他真菌造成的伤口或病变进入植物。

镰刀菌腐病是由镰刀菌的几个物种引起的，通常与患病块茎有区别[175]。在 25～30℃时腐烂最严重的，可以在低于 5℃温度下防止。

灰霉腐病是由灰霉菌造成的，在块茎表面造成淡褐色污点和凹陷。在高湿度下，表面被白色菌丝体所涵盖，随后产生灰棕孢子[134]。内部块茎会脱色和软化。即使在低温条件下，生物体也会导致严重的储存损失。

丝核菌腐病由 *Rhizoctonia solani* 引起，在块茎上造成棕色污点。虽然偶尔可以识别出病块茎，但它不是菊芋收割后的严重病原。

根霉腐病是由 *Rhizopus stolonifer* 和 *R. tritici* 所造成的，造成暗棕色污点和块茎软化。在高湿度下，霉菌可广泛生长。*R. stolonifer* 会造成严重的储存问题，它活跃在 6～20℃。制冷可防治 *R. tritici*，它在温度高于 20℃时活跃。而在 2℃储存可以抑制这两种生物的发展，*R. stolonifer* 是菊芋最关键的低温病原菌[134]。

菌核腐病是一种在野地和储存中严重的块茎腐病[175]，是由 *S. rolfsii* 所造成的。块茎上有白色浅棕色菌丝体和众多的球形菌核。采后损失可以在很大程度上通过低温存储避免[134,178]。

水软腐病是由 *S. sclerotiorum* 和 *S. minor* 所造成的，造成收获的块茎良好但后来在储存中死亡[179]。块茎布满了白色菌丝体和不规则的菌核，并从白色变到黑褐色或黑色。虽然 *S. sclerotiorum* 在低温下会受到抑制，但仍会造成严重的损失[134]。

2）菊芋鲜块茎致腐微生物的研究

南京农业大学海洋科学及其能源生物资源研究所菊芋研究小组从 2013 年开始，开展了菊芋鲜块茎致腐微生物筛选工作。

（1）菊芋块茎致腐微生物的分离及验证

南京农业大学海洋科学及其能源生物资源研究所菊芋研究小组以在自然条件下储藏的南菊芋 1 号和青芋 2 号腐烂菊芋为研究对象，分离鉴定出病原微生物和回接证明了致病菌类型；从腐烂的菊芋块茎组织中分离出了 14 株病原菌株，其中 10 株属于真菌，4 株属于细菌。通过对它们的形态学观察、生理生化特征分析和分子学鉴定（ITS 序列/16S rRNA 序列），并与 NCBI 序列比对获得最大相似性序列菌株和系统发育树的构建综合分析可知，这 10 株病原真菌分别是极细链格孢菌属 *Alternaria tenuissima*（M1、M3、M4 和 M5），溜曲霉属 *Aspergillus tamarii*（M2、M10），芽枝孢属 *Cladosporium tenuissimum*（M6），烟曲霉属 *Aspergillus fumigatus*（M7），米曲霉属 *Aspergillus oryzae*（M8），镰刀菌属 *Fusarium oxysporum*（M9）；分离到的病原细菌分别是沙雷氏菌属 *Serratia plymuthica*（B1），假单胞菌属 *Pseudomonas* sp.（B2），芽孢杆菌属 *Bacillus methylotrophicus*（B3）和芽孢杆菌属 *Bacillus* sp.（B4）。根据科赫原理，通过对菊芋块茎组织的回接试验发现病原真菌对菊芋块茎的致病率多数在 50%以上，而病原细菌未能导致菊芋块茎明显的腐烂迹象，证明导致菊芋腐烂发生的主要致病菌是真菌类病原微生物。通过 LB 培养基培养，从菊芋腐烂块茎组织共分离到 4 株菌；分离的 4 株菌中只有 2 株（B3、B4）为革兰氏阳性细菌，其余均为革兰氏阴性细菌。16S rDNA 序列同源性显示，菌株 B1 与沙雷氏菌属 *Serratia plymuthica*，B2 与假单胞菌属 *Pseudomonas* sp.，B3 和 B4 与芽孢杆菌属

Bacillus 等 3 个属已知的标准菌株 16S rDNA 序列的同源性均高于 99%以上。基于 16S rDNA 序列同源性构建的系统进化树也支持以上结果。根据此结果，初步鉴定细菌菌株极可能是以上 3 个属已知菌种的变种（表 6-51）。

表 6-51 病原细菌与 NCBI 最大相似性序列比较

细菌编号	菌落形态	与 NCBI 上相似性最高的菌株	片段大小/bp	同源性/%
B1	菌落不透明，白色；菌体直杆状，端圆，周生鞭毛运动	*Serratia plymuthica*（AB681876.1）	1443	99
B2	微弯杆菌，不产芽孢，数根极毛运动	*Pseudomonas* sp. 3-14 （HM057103.1）	1426	99
B3	细胞呈直杆状，革兰氏阳性，周生鞭毛运动	*Bacillus methylotrophicus* strain Hk9-21（JF899261.1）	1455	99
B4	细胞呈直杆状，革兰氏阳性，周生鞭毛运动	*Bacillus* sp. PSM 9（JF738148.1）	1450	99

在 PDA 培养基上共分离到 10 株真菌（表 6-52）。从形态特性和 ITS1/ITS4 序列同源性比较，表明菌株 M1、M3、M4 和 M5 与极细链格孢菌属 *Alternaria tenuissima*，M2、M10 与溜曲霉属 *Aspergillus tamarii*，菌株 M6 与芽枝孢属 *Cladosporium tenuissimum*，M7 与烟曲霉属 *Aspergillus fumigatus*，M8 与米曲霉属 *Aspergillus oryzae*，M9 与镰刀菌属 *Fusarium oxysporum* 等 6 个属种之间的亲缘关系很近。根据序列同源性构建的系统发育进化树支持此结果。因此分离的这些真菌初步鉴定为极细链格孢菌属 *Alternaria tenuissima*（M1、M3、M4 和 M5），溜曲霉属 *Aspergillus tamarii*（M2、M10），芽枝孢属 *Cladosporium tenuissimum*（M6），烟曲霉属 *Aspergillus fumigatus*（M7），米曲霉属 *Aspergillus oryzae*（M8），镰刀菌属 *Fusarium oxysporum*（M9）。

表 6-52 病原真菌形态特征与 NCBI 最大相似性序列比较

真菌编号	菌落、菌丝和孢子形态	与 NCBI 上相似性最高的菌株	片段大小/bp	同源性/%
M1	干燥，菌落中间深绿色，边缘白色绒毛状，正反面颜色有差异，丝状交叉，有霉味	*Alternaria tenuissima*（FJ949081.1）	544	99
M2	菌落中间灰绿色，边缘白色绒毛状，反面土黄色，有霉味	*Aspergillus tamarii*（FR851849.1）	570	99
M3	菌落边缘白色，中间土黄色，反面黄褐色，有霉味	*Alternaria tenuissima*（FJ949080.1）	543	99
M4	几乎同 M1。菌落正反面颜色无差异	*Alternaria tenuissima*（AY751455.1）	547	99
M5	边缘白色，中间黄灰色，菌落正反面颜色有差异	*Alternaria tenuissima*（AB369494.1）	543	99
M6	几乎同 M1	*Cladosporium tenuissimum*（HM776419.1）	515	99
M7	菌落中间深绿色，边缘白色绒毛状，反面黄褐色	*Aspergillus fumigatus*（HQ026746.1）	1203	100

续表

真菌编号	菌落、菌丝和孢子形态	与 NCBI 上相似性最高的菌株	片段大小/bp	同源性/%
M8	质地疏松，初白色、黄色，后变为褐色至淡绿褐色。背面无色。分生孢子头放射状，壁薄，粗糙。顶囊近球形或烧瓶形	*Aspergillus oryzae*（HM145964.1）	572	99
M9	菌丝有隔，分枝。分生孢子梗分枝或不分枝。分生孢子有两种形态，小型分生孢子卵圆形至柱形，有 1～2 个隔膜；大型分生孢子镰刀形或长柱形，有较多的横隔	*Fusarium oxysporum*（JF807397.1）	532	99
M10	质地丝绒状，中央部分稍现絮状，分生孢子结构多，初为暗黄绿色，近于老金色，菌落反面无色至微褐色，分生孢子头球形至疏松辐射形	*Aspergillus tamarii*（FR851849.1）	573	99

通过对菊芋病原真菌 M1～M10 菌株 ITS 序列的测定，并与 NCBI 上相似序列的比对，选择同源性最高的 3～5 个序列。利用 MEGA 5 软件进行遗传距离计算，构建病原真菌群的系统发育树，如图 6-59 所示。由图 6-59 可知，病原真菌 M1、M3、M4 和 M5 聚集成族与极细链格孢菌属 *Alternaria* 亲缘关系最近；菌株 M8 和 M10 与溜曲霉属 *Aspergillus tamarii* 进化关系较近；病原真菌菌株 M6、M7 和 M9 分别与芽枝孢属 *Cladosporium tenuissimum*、烟曲霉属 Aspergillus fumigatus 和镰刀菌属 *Fusarium oxysporum* 有最近的亲缘关系；而 M2 则与青霉属 Penicillium simplicissimum 有较近的进化关系，与单独序列发育树出现差异，可能与选取的比对序列有关系。

由表 6-53 可知，病原霉菌均可以引起菊芋块茎腐烂，接种 20 d 后的发病率大部分在 50%以上。但 4 种病原细菌对菊芋块茎的腐烂作用不明显。试验中还观察到在菊芋块茎打孔处有结晶状分泌物，推测其对外源病菌侵入有一定的防御作用。同时，从对腐烂菊芋块茎病原菌的扫描电镜观察（图 6-60）可知，其表面定植菌主要是丝状真菌和孢子，由此可确定菊芋块茎储藏面临的最主要的致病菌为真菌类微生物。

（2）菊芋块茎致腐微生物的生理生化特征

南京农业大学海洋科学及其能源生物资源研究所菊芋研究小组分离到的菊芋病原菌理化性状见表 6-54，而筛选的整个菊芋致病微生物又不同于报道[180]～[182]从菊芋中分离的病原真菌，即白绢病菌株（*Sclerotium rolfsii*）。然而，相似的植物疾病却从一些水果[183]、某些本地植物[184]、草莓、葡萄和柑橘类水果[185]，以及梨上等均有发现[186]。从菊芋块茎腐烂组织分离到的病原菌有真菌和细菌，回接试验证明病原真菌是菊芋储藏腐烂的主要致病菌，病原细菌不能直接引起菊芋块茎腐烂，但会和真菌联合作用加剧菊芋腐烂的进程。推测细菌可能不是菊芋腐烂的病原菌，但也不是病原真菌的拮抗菌（体外试验无抑制活性），仅是一种常规微生物。因此筛选致病菌的拮抗菌株时，主要以菊芋块茎腐烂病原真菌为抑菌对象。

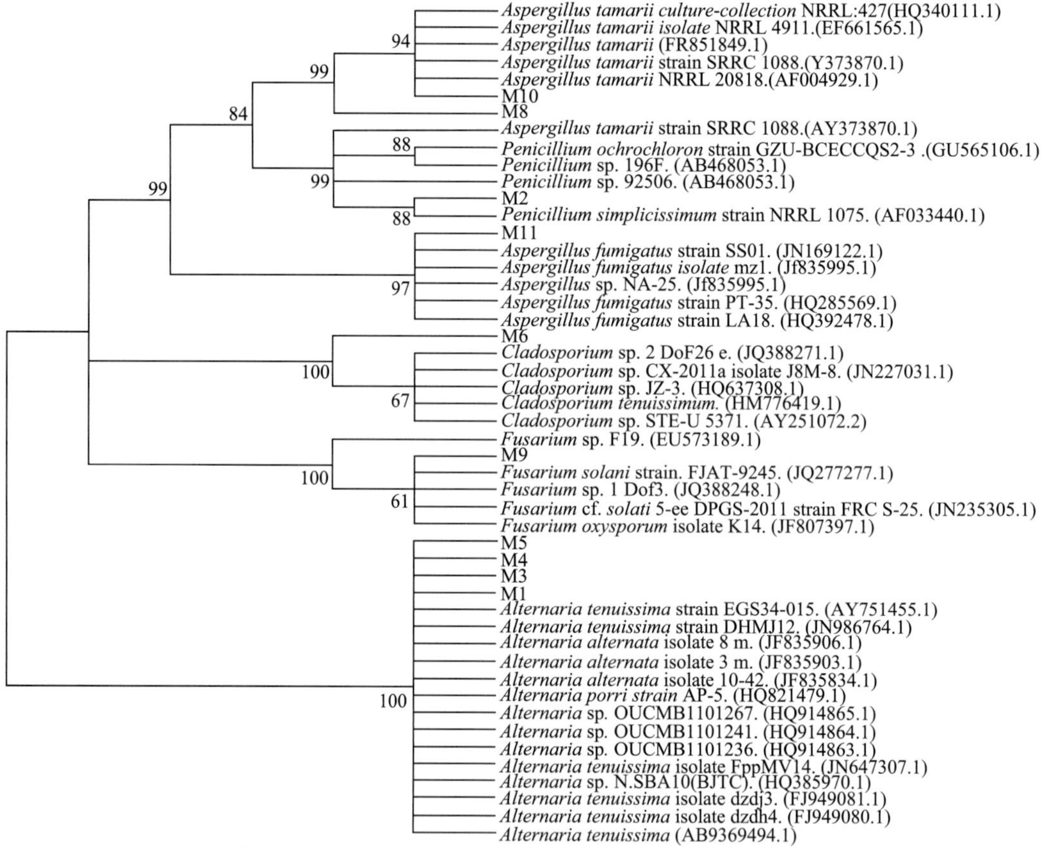

图 6-59　基于 N-J 法 ITS 序列的病原真菌群系统发育树

表 6-53　病原菌回接菊芋块茎发病率

接种	发病率/%
M1	30.00
M2	90.00
M3	83.33
M4	66.67
M5	50.00
M6	90.00
M7	56.67
M8	36.67
M9	83.33
M10	86.67
B1	3.00
B2	0
B3	3.00
B4	10.00
CK	0

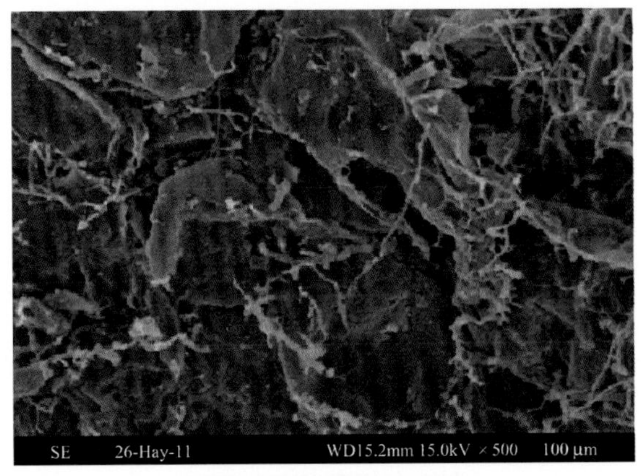

图 6-60　菊芋块茎表面腐烂菌扫描电镜图

表 6-54　5 株病原细菌的生理生化试验

试验	菌株				
	B1	B2	B3	B4	B5
乙酰甲基醇试验（V.P.）	–	–	–	–	–
甲基红试验（M.R.）	–	–	–	–	–
吲哚试验（indole test）	+	+	+	+	+
葡萄糖发酵（glucose fermentation）	+↓	–↓	+↓	+↓	–↓
果糖发酵（fructose fermentation）	–↓	–↓	+↓	–↓	(+) ↓
蔗糖发酵（sucrose fermentation）	+↓	+↓	(+) ↓	(+) ↓	–↓
菊粉发酵（Inulin fermentation）	+↓	+↓	+↓	–↓	+↓

注：+，阳性反应；–，阴性反应；（+），半阳性；↑，产气；↓，不产气。

3）菊芋块茎的生物防腐技术研究

南京农业大学海洋科学及其能源生物资源研究所菊芋研究小组以上述筛选的菊芋块茎主要致病菌为研究对象分离海洋源拮抗微生物，选择拮抗效果明显的 JK2 菌株进行了比较系统的研究，鉴定了其所属菌种；对 JK2 抗菌代谢产物和菊芋切片防治病原菌的效果做了探究与分析。

（1）菊芋块茎致腐微生物拮抗菌种的筛选与鉴定

①南京农业大学海洋科学及其能源生物资源研究所菊芋研究小组经研究发现具有抑菌活性的菌株比例与样品来源密切相关。从海水和海泥中分离到了 331 株菌株，以致病真菌为抑菌对象，利用平板对峙方法经过初筛和复筛获得 29 株分别对 M1～M10 中一个或者多个菊芋腐烂菌有拮抗效果的菌株（表 6-55）。其中从海泥（含海沙、海地底泥和红树林底泥）中共分离出 227 株，占总菌株数量的 68.58%，拮抗活性菌 21 株，占总活性菌株数量的 72.41%；从海水样中分离菌株数量不到海泥中的一半，筛选到的有抑菌活性的菌株仅有 8 株，占其分离比的 7.69%。表明分离菌株数量和具活性的菌株数量与样品来源密切相关。从海泥中分离的拮抗菌数目要大于海水，Austin 和 Okami 的研究很早就证实了这一点[180,187]，说明海泥中的生物多样性大于海水。

表 6-55　分离拮抗菌株的来源与分布

样品	数目	块茎致腐微生物										总计
		M1	M2	M3	M4	M5	M6	M7	M8	M9	M10	
海水	104	1	6	0	1	1	1	0	2	2	2	8
海泥	227	5	8	1	6	6	6	1	4	5	6	21
总数	331	6	3	1	7	6	7	1	6	7	8	29

鉴于 JK2 菌株对致病霉菌 M2、M9 和 M10 都表现出较好的抑菌特性（图 6-61），所以选择其作为进一步研究的对象。

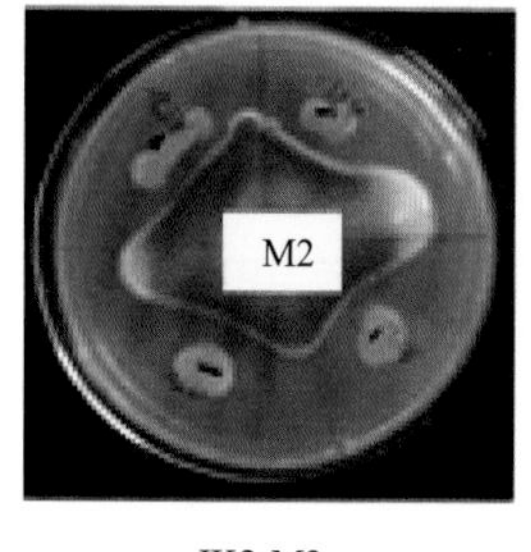

JK2-M2

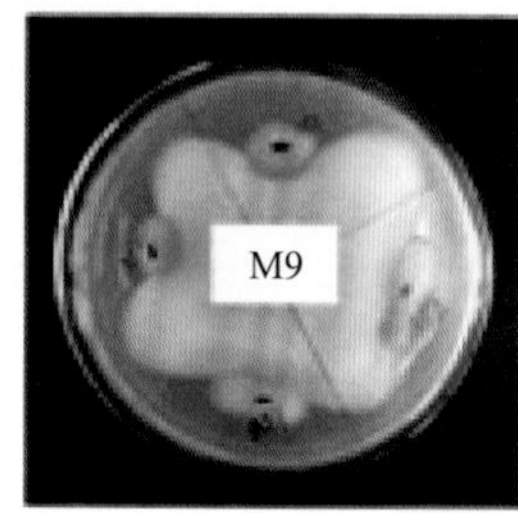

JK2-M9

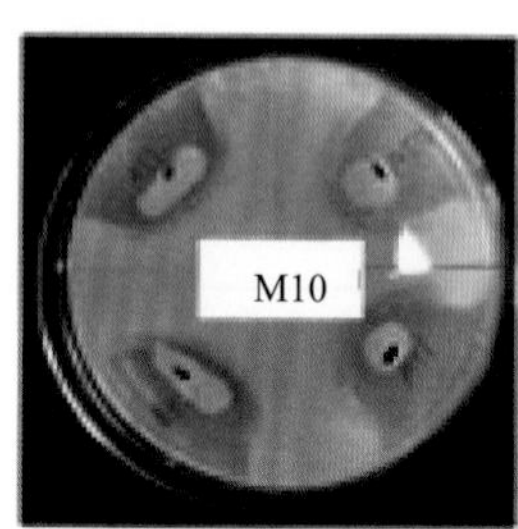

JK2-M10

图 6-61　JK2 对致病霉菌 M2、M9、M10 的抑菌效果

②JK2 菌株 16S rRNA 的基因鉴定。以 JK2 菌株的总 DNA 为模板，利用细菌 16S rRNA 基因通用引物扩增，获得片段在 1.5 kb 左右（图 6-62）的扩增产物。PCR 回收产物经 T/A 克隆至 pMD19-T 并转化到大肠杆菌 *E. coli* 中，验证成功插入目的片段后，送测序公司测序。

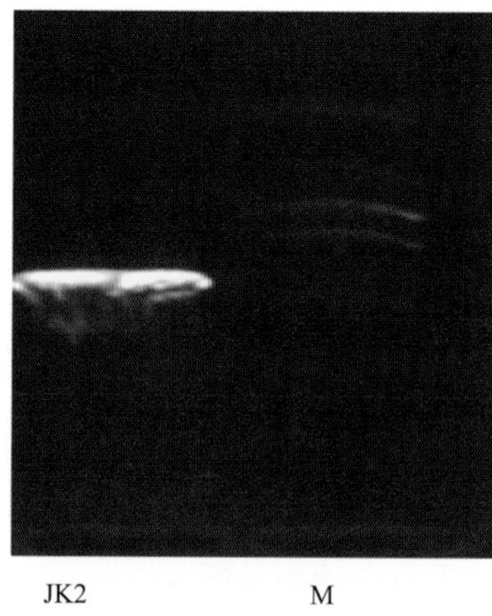

图 6-62　JK2 菌 16S rRNA 基因 PCR 电泳图

利用 MEGA 5 软件，将 JK2 与 RDP 中相似性最大的代表性菌株 16S rRNA 序列进行遗传距离计算，并根据遗传距离计算结果构建系统发育树（图 6-63）。在与 JK2 菌株具

最高同源性（99%）的 *Pseudomonas*（假单胞菌属）细菌中，一株基因注册号为 AF064457 的假单胞菌处于最近的进化分支。因此，可以进一步确认 JK2 是假单胞菌属（*Pseudomonas*）。由生理生化特征分析和分子学鉴定确定 JK2 菌株属于假单胞菌属 *Pseudomonas veronii*。

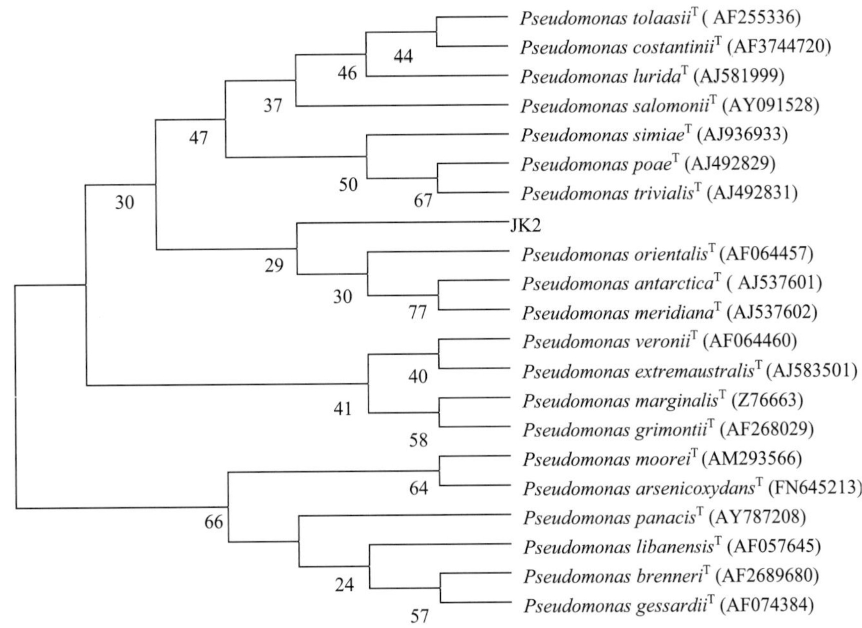

图 6-63　基于 N-J 法的菌株 JK2 的系统发育树

括号中的数字代表 NCBI 中的登录号

通过对 JK2 菌株 16S rRNA 分子序列的测定，与 NCBI 上相似序列的比对，同源性最高的（99%）20 个菌株均为假单胞菌属细菌。其中一般认为序列相似性大于或者等于 98%属于同一个种，由此可初步判定 JK2 属于假单胞菌属。

（2）培养条件对拮抗菌 JK2 生长的影响

这一部分主要介绍菊芋块茎致腐微生物拮抗菌种 JK2 生长的适宜条件。

①盐度对菌株 JK2 生长的影响。从图 6-64 发现，当培养基盐度低于 2%时，JK2 菌的生长较快，最大 OD 值普遍较高。而在培养基盐度大于或者等于 2.50%时，JK2 菌株生长缓慢。其中在培养基盐度为 0.50%时，其最大 OD 生长值达到最小，即 0.3412。表明该菌株非嗜盐菌，对高盐无依赖性，最佳的盐度是 0.50%～1.50%。同时，JK2 菌在盐度为 0 时生长良好，表明其并非严格意义上的海洋微生物。

②温度对菌株 JK2 生长的影响。南京农业大学海洋科学及其能源生物资源研究所菊芋研究小组的培养试验发现，JK2 菌随着培养温度的升高，其生长量增加，其生长适宜的温度是 20～35℃，最适温度为 30℃，该温度下其生长量达到最大 OD_{600}=0.5706。当温度高于 35℃以后，JK2 菌株生长变得极其缓慢（图 6-65）。

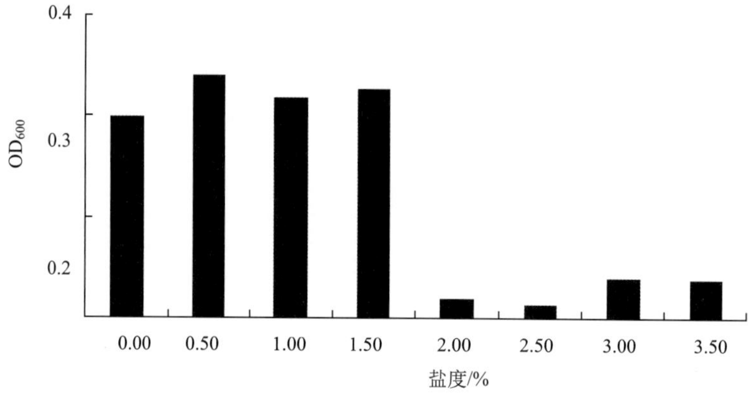

图 6-64　不同盐度对菌株 JK2 生长的影响

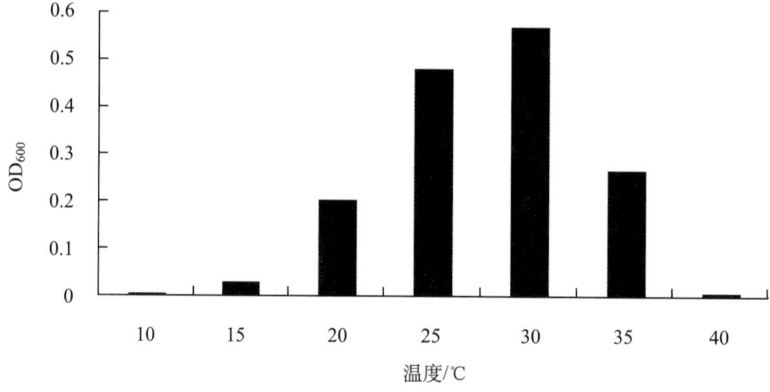

图 6-65　不同温度对菌株 JK2 生长的影响

③pH 对菌株 JK2 生长的影响。JK2 菌株对 pH 适应的幅度较窄，在 pH 4.0～10.0 内，当 pH=8.0 时，JK2 菌株生长量达到最大值，为 OD_{600}=0.4098。pH 6.0～9.0 适宜 JK2 菌株生长，但是 pH 6.0 以下和 pH 9.0 以上菌株几乎很难生长，表明该菌不耐酸性和碱性环境（图 6-66）。

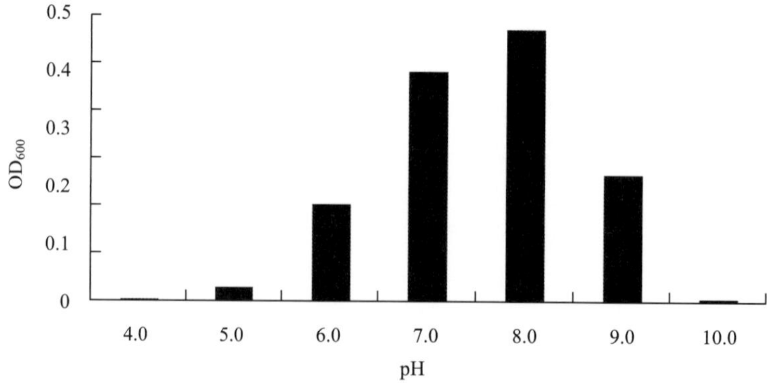

图 6-66　不同 pH 对菌株 JK2 生长的影响

目前众多研究报道分离出许多假单胞菌属的菌株，表现出对土传植物病原真菌有拮抗活性[188-190]。我们的研究表明，环境因素（盐度、温度和 pH）对 JK2 菌株生长的影响很大，其适宜在温和的环境中生长。这表明 JK2 菌株为非严格意义上的海洋微生物，不耐受高温，对酸性和碱性环境敏感。

（3）JK2 菌株抗菌谱及其代谢产物研究

南京农业大学海洋科学及其能源生物资源研究所菊芋研究小组的 JK2 菌株抑菌谱实验表明，该菌株对多种农作物植物病原菌有显著的抑制效果，尤其是对玉米大斑病菌、稻瘟菌的拮抗效果明显，同时对辣椒疫霉菌和油菜菌核病菌也有一定的拮抗效果（表 6-56）。

表 6-56　菌株 JK2 的抑菌谱

编号	病源真菌	抑制效果
JSLY	辣椒疫霉菌（江苏）	+
XCW	小麦赤霉菌	−
HLY	辣椒疫霉菌（河南）	+
YJH	油菜菌核病菌	+
YD	玉米大斑病菌	++
DW	稻瘟菌	++

注：“−”表示无抑菌圈，“+”表示抑菌圈 2～5 mm，“++”表示抑菌圈＞5 mm。

①JK2 菌株体外代谢产物检测。通过南京农业大学海洋科学及其能源生物资源研究所菊芋研究小组对 JK2 菌株代谢产物的试验，噬铁素检测发现接种培养基周围有透明圈产生、但无黄色晕圈（图 6-67A），表明 JK2 菌株不产噬铁素。体外蛋白检测观察不到明显的透明圈，仅在其菌落周围有狭小的透明圈（图 6-67B），表明其水解蛋白能力较弱，即可能不产体外蛋白酶类物质。同样的，在解磷能力检测培养基上培养 2 d 之后，在菌落周围透明圈较窄（图 6-67C），说明其磷溶能力弱。在 HCN 检测培养基上接种 JK2 菌株 2 d 之后，滤纸颜色出现黄色到深黄的变化（图 6-67D），表明 JK2 菌株有 HCN 产生。离心管中出现紫色环痕表明 JK2 菌株具有生物膜形成能力。另外，茚三酮反应不显色，初步推断该菌株胞外代谢产物不属于生物碱或者肽类物质。

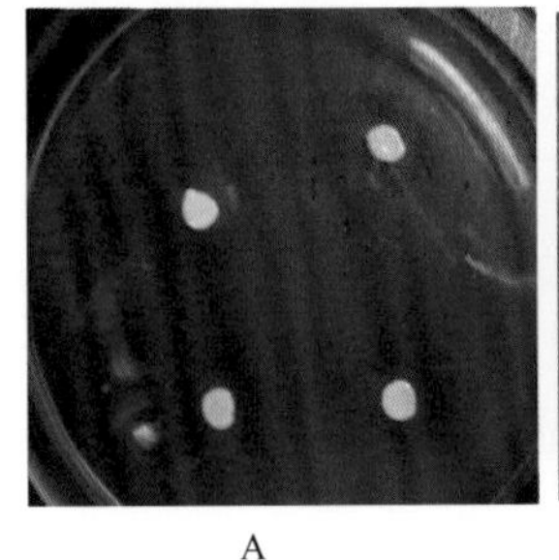
A

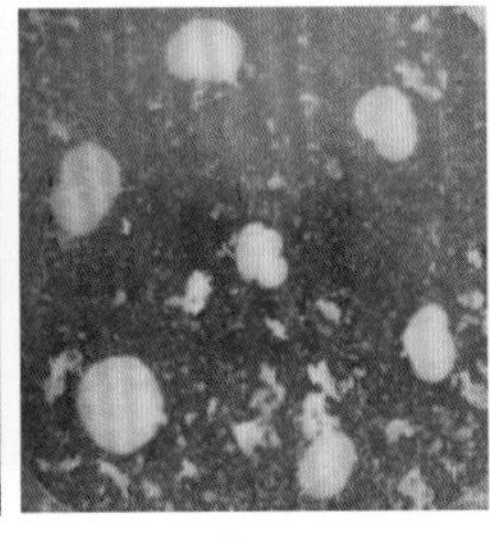
B

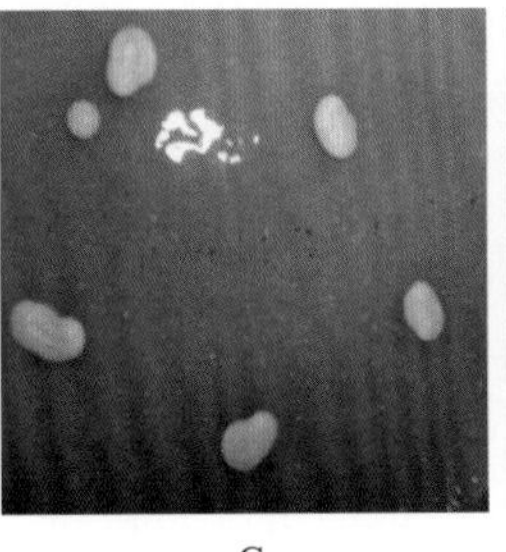
C

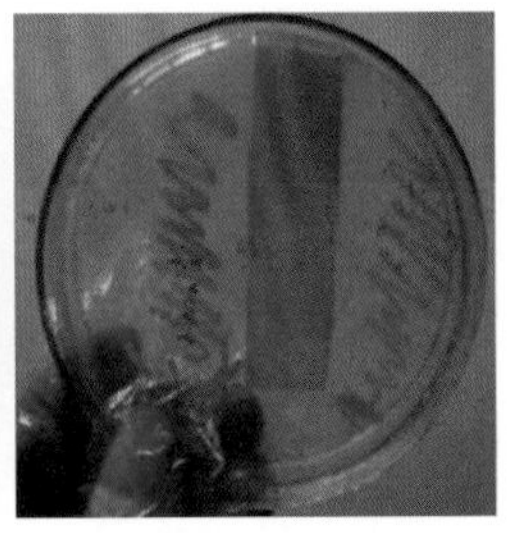
D

图 6-67　JK2 菌株体外代谢产物检测

南京农业大学海洋科学及其能源生物资源研究所菊芋研究小组通过平板对峙实验的透射显微电镜观察发现，JK2 菌株与病原真菌平板对峙培养处理较对照处理发生明显的形态变化。处理组病原真菌菌丝细胞壁增厚或者不规则形变（图 6-68A、B），而细胞器解体甚至消失，细胞壁鞘变形。而对照组的病原菌菌丝原生质分布均匀，形态正常，细胞器和内含物无损伤泄漏。荆二勇通过透射电镜观察到 BIT 作用后破坏灰霉菌细胞壁及细胞膜的完整，菌体出现质壁分离的现象，细胞膜破裂，凝集成块，细胞质固缩，解体出现空腔[191]。经 BIT 处理后，菌体细胞膜的通透性改变，导致内含物的渗漏[192]。

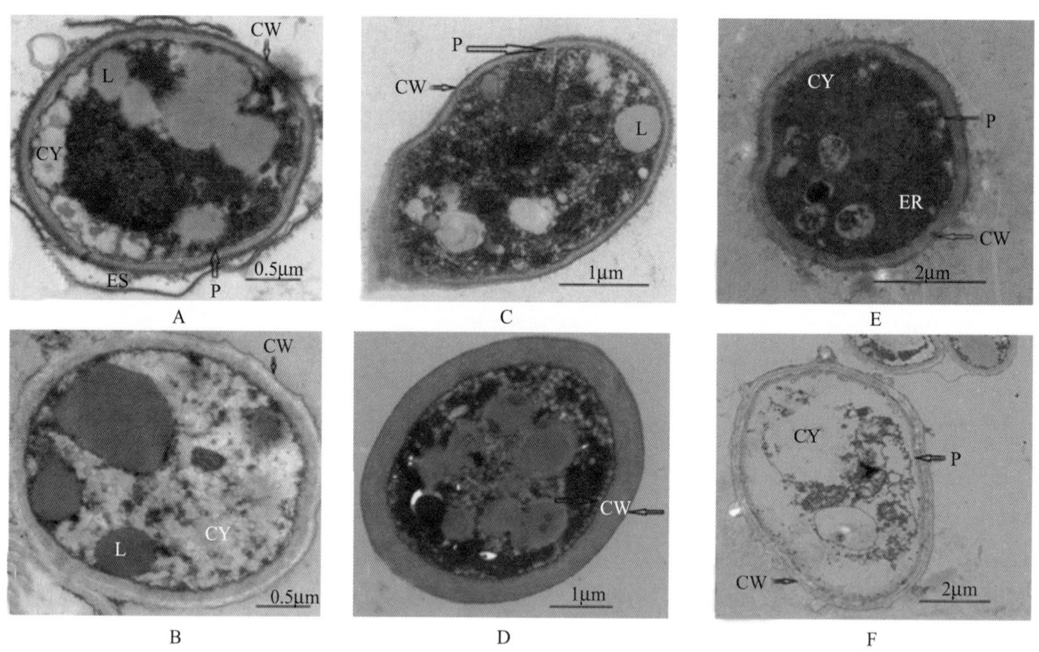

图 6-68　拮抗菌 JK2 十字交叉法对病原真菌 M2、M9、M10 菌丝作用的透射电镜观察

对照组，A（M2）、C（M9）、E（M10）；处理组，B（M2）、D（M9）、F（M10）；CY，细胞质；CW，细胞壁；ER，内质网；ES，胞外间鞘；L，脂类；P，细胞膜

为探索 JK2 菌株发酵液的生物拮抗活性，研究小组对 JK2 菌株菌液浓缩后进行拮抗活性检测，经培养 7 d 后观察发现，处理组和对照组对菊芋致病真菌 M10 生长效果相同，致病真菌 M10 菌落直径无显著差异，前者为 67.6 mm，后者为 65.0 mm。这表明 JK2 菌株发酵浓缩液和粗提物对病原菌无明显抑菌活性，推测可能 JK2 菌在液体培养基中不能产生活性物质。

②JK2 菌株胞内拮抗活性物质检测。经培养 7 d 后，JK2 菌株处理和对照处理下致病真菌 M10 菌丝生长正常，无明显抑菌圈出现。这表明该菌株可能不产生拮抗致病真菌 M10 的胞内活性物质。或者乙酸乙酯作为溶剂未能提取到活性物质，推断其活性物质极有可能为小分子类，因此提取方法有待进一步研究。

③菌株产生挥发性抑菌物质。南京农业大学海洋科学及其能源生物资源研究所菊芋研究小组在研究中发现，JK2 菌株与菊芋致病菌 M2 共同在封闭的小空间内培养时菊芋

致病菌 M2 菌落生长缓慢，菌落直径为 25.5 mm，菌落中心颜色和外围一致。而没有放置 JK2 菌株的对照处理菊芋致病菌 M2 菌落生长旺盛，中间颜色正常，菌落直径为 45.0 mm。处理与对照之间存在显著差异。由此可见，JK2 菌株能产生挥发性的抗菌物质，其抑菌率为 48.75%。

（4）JK2 对菊芋块茎防腐效果研究

首先对菊芋块茎经无菌处理后，设置 3 个处理，即不接种任何菌株的对照处理，接种菊芋致病菌 M10，接种菊芋致病菌 M10 +接种 JK2 菌株。在 30℃条件下培养 5 d 后，对照组处理菊芋块茎没有腐斑出现，表面光亮；接种菊芋致病菌 M10 处理的菊芋块茎菊芋致病菌 M10 迅速生长，其菌落直径达 1.0～1.5 cm，块茎表面开始出现腐斑；而接种菊芋致病菌 M10 +接种 JK2 菌株处理菊芋块茎上菊芋致病菌 M10 孢子无明显生长迹象，菊芋块茎没有腐斑出现。这证明拮抗菌 JK2 在菊芋块茎上对 M10 有直接的抑制作用，可以起到一定的防治效果。

众所周知，拮抗微生物的防病防腐机制归纳为以下几种：营养或空间竞争、直接寄生作用、诱导寄主抗病性和产生抗生素或抗菌活性物质等[193]。近几年，假单胞菌在控制土传病害和植物病原真菌方面的研究引起了人们越来越大的兴趣[194,195]。

JK2 菌培养液代谢产物检测显示不产噬铁素，产体外水解蛋白酶能力较弱，磷溶能力差，但可产 HCN。具有生物膜形成能力，但茚三酮反应不显色。这表明其特征性不是很显著。真菌细胞壁的主要组分为β-葡聚糖、几丁质和甘露糖蛋白，通过抑制或干扰这些成分的合成便能有效地抑制和杀灭真菌[196]。几丁质是昆虫表皮和真菌细胞壁的特征成分，由于存在的特殊性而成为农药和医药研发的独特靶标[197]。β-葡聚糖原纤维构成决定了细胞壁强度和形状的支架，而甘露糖蛋白是空隙间成分，使细胞壁具有多孔性、抗原性。细胞壁代谢与真菌生长和分裂密切相关，其作用是控制细胞内膨胀压力以维持菌体的完整性[198]。对峙培养的透射电子显微镜检发现处理组菌丝细胞壁增厚或者不规则形变，而细胞器解体甚至消失，细胞壁鞘变形。而对照组的病原菌菌丝原生质分布均匀，形态正常，细胞器和内含物无损伤泄露。田黎等发现海洋细菌 B-9987 菌株产生的抑菌物质对几种植物病原真菌的孢子萌发有抑制作用，主要是通过其对芽管的破坏作用而不是通过抑制孢子的萌发率进行的[199]。而海洋细菌 L1- 9 的无菌发酵液既可直接抑制孢子的萌发，也可通过芽管畸形和断裂起到抑制孢子萌发[200]。林建朋等对 19 株假单胞菌拮抗油菜菌核病的海洋细菌进行产活性物质合成基因的分子检测，克隆出有调控合成相关抗生素的基因[201]。因此，对 JK2 的活性物质分离鉴定可从分子角度进行基因分析检测。

对 JK2 菌培养浓缩液和乙酸乙酯提取胞内代谢物的活性检测表明其并没有明显的抑菌特性，推测可能在液体培养基中不能产生抗菌类物质，在固体培养基上的拮抗效果要比液体培养基中的好[202-204]，或者其胞内的活性物质可能是小分子类[205]。JK2 菌株产挥发性的抗菌物质检测发现，处理组菌落生长缓慢，菌丝颜色变淡，抑菌率达到 48.75%，表明其能产生一定的挥发性抗菌物质。拮抗细菌产抑制病菌生长的挥发性代谢产物，能使病原菌菌落变小，边缘不规则和外围菌丝生长稀疏[206]。这种挥发性物质包括氨气、乙烯、三甲胺和烯丙醇等，由于其极强的挥发性和极低的浓度很难被检测[207]。另外，国内在细菌产挥发性抑菌物质方面的研究较少见诸报端[208]。近年来，还发现其他抗菌机制如有些拮抗菌会沿着寄主细胞壁产生大量的细胞外黏液，而这些细胞外黏液被认为与细胞外附有关且可能包含了提供识别和后续反应信号的化学启动子[209]。同时，JK2 菌在菊芋块茎切片上有抑制病原真菌孢子生长的现象，初步推测 JK2 通过分泌挥发性代谢产物或者小分子信号类物质抑制病原菌的生长起到生防作用。

菊芋块茎防腐保鲜主要是为了延长储存时间，是一项系统工程，必须将生物、化学与物理相关领域的先进技术高度整合，形成完整的菊芋块茎保鲜防腐技术体系与工艺流程，这一工程任重道远。

参 考 文 献

[1] 吴凤芝, 赵凤艳, 刘元英. 设施蔬菜连作障碍原因综合分析与防治措施[J]. 东北农业大学学报, 2000, 31(3): 241-247.

[2] 陈晓红, 邹志荣. 温室蔬菜连作障碍研究现状及防治措施[J]. 陕西农业科学, 2002, 48(12): 16-17, 20.

[3] 陈一定. 大棚蔬菜土壤障碍分析及其合理施肥技术[J]. http://www.zjagri.gov.cn/html/main/observeView/2006012535303. html[2002-10-23].

[4] 张重义, 林文雄. 药用植物的化感自毒作用与连作障碍[J]. 中国生态农业学报, 2009, 17(1): 189-196.

[5] Schoor L V, Denman S, Cook N C. Characterisation of apple replant disease under South African conditions and potential biological management strategies[J]. Scientia Horticulturae, 2009, 119(2): 153-162.

[6] 陈慧, 郝慧荣, 熊君, 等. 地黄连作对根际微生物区系及土壤酶活性的影响[J]. 应用生态学报, 2007, 18(12): 2755-2759.

[7] 迟金和, 郑青松, 隆小华, 等. 莱州湾菊芋(*Helianthus tuberosus* L.)连作对其生长及种植地土壤生物活性影响的研究[J]. 自然资源学报, 2009, 24(6): 1014-1021.

[8] 迟金和, 隆小华, 刘兆普. 连作对菊芋生物量、品质及土壤酶活性的影响[J]. 江苏农业学报, 2009, 25(4): 775-780.

[9] Lovell R D, Jarvis S C, Bardgett R D. Soil microbial biomass and activity in long-term grassland: Effects of management changes[J]. Soil Biology and Biochemistry, 1995, 27(7): 969-975.

[10] Sparling G P. Ratio of microbial biomass carbon to soil organic carbon as a sensitive indicator of changes in soil organic matter[J]. Soil Research, 1992, 30(2): 195-207.

[11] 刘建国, 卞新民, 李彦斌, 等. 长期连作和秸秆还田对棉田土壤生物活性的影响[J]. 应用生态学报, 2008, 19(5): 1027-1032.

[12] Fauci M F, Dick R P. Soil microbial dynamics: Short- and long-term effects of inorganic and organic nitrogen[J]. Soil Science Society of America Journal, 1994, 58(3): 801-806.

[13] 任天志. 持续农业中的土壤生物指标研究[J]. 中国农业科学, 2000, (1): 71-78.

[14] 张宪武. 土壤微生物研究[M]. 沈阳: 沈阳出版社, 1993.

[15] 贺丽娜, 梁银丽, 高静, 等. 连作对设施黄瓜产量和品质及土壤酶活性的影响[J]. 西北农林科技大学学报(自然科学版), 2008, 36(5): 155-159.

[16] 顾美英, 徐万里, 茆军, 等. 连作对新疆绿洲棉田土壤微生物数量及酶活性的影响[J]. 干旱地区农

业研究, 2009, 27(1): 1-5.

[17] 杜心田, 王同朝. 植物边缘效应规律及其在植物生产系统工程中的应用[C]// 中国系统工程学会. 系统工程与市场经济: 中国系统工程学会第九届年会论文集. 北京: 中国科学技术出版社, 1996: 769-802.

[18] 张富厚, 郑跃进, 申林江. 大豆品种田间边际效应初探[J]. 河南农业科学, 2001, 30(4): 12-14.

[19] 滕伟丽. 马铃薯产量性状边际效应指数的相关分析[J]. 中国马铃薯, 1999, 13(1): 7-9.

[20] 张树光, 宁毅, 马伟, 等. 玉米各主要性状的边际效应[J]. 黑龙江八一农垦大学学报, 1998, (4): 4-10.

[21] 张桂华, 白乙拉图, 李彤. 边际效应指数在高粱育种中应用初探[J]. 国外农学-杂粮作物, 1996, 16(3): 52-53.

[22] Chen J, Q, Franklin J F, Spies T A. Contrasting microclimates among clearcut, edge, and interior of old-growth Douglas-fir forest[J]. Agricultural and Forest Meteorology, 1993, 63(3): 219-237.

[23] Swanton C J. Ecological aspects of growth and development of Jerusalem artichoke (*Helianthus tuberosus* L.)[D]. London, Ontario: University of Western Ontario, 1986.

[24] Hay R K M, Offer N W. *Helianthus tuberosus* as an alternative forage crop for cool maritime regions: A preliminary study of the yield and nutritional quality of shoot tissues from perennial stands[J]. Journal of the Science of Food & Agriculture, 1992, 60(2): 213-221.

[25] Kiehn F A, Chubey B B. Variability in agronomic and compositional characteristics of Jerusalem artichoke[J]. Studies in Plant Science, 1993, 3: 1-9.

[26] Galvao A F, Montes-Rojas G, Sosa-Escudero W, et al. Tests for skewness and kurtosis in the one-way error component model[J]. Journal of Multivariate Analysis, 2013, 122(6): 35-52.

[27] Brovelli A, Carranza-Diaz O, Rossi L, et al. Design methodology accounting for the effects of porous medium heterogeneity on hydraulic residence time and biodegradation in horizontal subsurface flow constructed wetlands[J]. Ecological Engineering, 2011, 37(5): 758-770.

[28] Friedman J H, Tukey J W. A projection pursuit algorithm for exploratory data analysis[J]. IEEE Transactions on Computers, 1974, C-23(9): 881-890.

[29] Abuzaid A H, Mohamed I B, Hussin A G. Boxplot for circular variables[J]. Computational Statistics, 2012, 27(3): 381-392.

[30] Liu F, Xiao R L, Wang Y, et al. Effect of a novel constructed drainage ditch on the phosphorus sorption capacity of ditch soils in an agricultural headwater catchment in subtropical central China[J]. Ecological Engineering, 2013, 58: 69-76.

[31] Long X H, Zhao J, Liu Z P, et al. Applying geostatistics to determine the soil quality improvement by Jerusalem artichoke in coastal saline zone[J]. Ecological Engineering, 2014, 70: 319-326.

[32] 刘兆普, 隆小华, 刘玲, 等. 海岸带滨海盐土资源发展能源植物资源的研究[J]. 自然资源学报, 2008, 23(1): 9-14.

[33] 刘兆普, 刘玲, 陈铭达, 等. 利用海水资源直接农业灌溉的研究[J]. 自然资源学报, 2003, 8(4): 423-429.

[34] 钟启文, 刘素英, 王丽慧, 等. 菊芋氮、磷、钾吸收积累与分配特征研究[J]. 植物营养与肥料学报, 2009, 15(4): 948-952.

[35] 刘兆普, 邓力群, 沈其荣, 等. 海涂海水灌溉对鲁梅克斯植物生长的影响[J]. 土壤学报, 2003, 40(5):

791-794.

[36] 刘联, 刘玲, 刘兆普, 等. 南方海涂海水灌溉库拉索芦荟的试验研究[J]. 自然资源学报, 2003, 18(5): 423-429.

[37] 刘兆普, 赵耕毛, 刘玲, 等. 不同气候带海水灌溉下滨海盐土水盐运动特征[J]. 水土保持学报, 2004, 18(1): 43-46.

[38] 夏天翔, 刘兆普, 綦长海, 等. 莱州湾利用海水资源灌溉菊芋研究[J]. 干旱地区农业研究, 2004, 22(3): 60-63.

[39] 隆小华, 刘兆普, 陈铭达, 等. 半干旱地区海涂海水灌溉菊芋盐肥耦合效应的研究[J]. 土壤学报, 2005, 42(1): 91-97.

[40] 刘兆普, 邓力群, 刘玲, 等. 莱州海涂海水灌溉下菊芋生理生态特性研究[J]. 植物生态学报, 2005, 29(3): 374-378.

[41] 赵耕毛, 刘兆普, 陈铭达, 等. 半干旱地区海水养殖废水灌溉菊芋效应初探[J]. 干旱地区农业研究, 2005, 23(5): 159-163.

[42] 刘兆普. 滨海盐土农业[M]. 北京: 中国农业科技出版社, 1998.

[43] Vandamme E J, Derycke D G. Microbial inulinases: fermentation process, properties, and applications[J]. Advances in Applied Microbiology, 1983, 29(4): 139-176.

[44] 赵耕毛, 刘兆普, 陈铭达, 等. 海水灌溉滨海盐渍土的水盐运动模拟研究[J]. 中国农业科学, 2003, 36(6): 676-680.

[45] 赵耕毛, 刘兆普, 陈铭达, 等. 不同降雨强度下滨海盐渍土水盐运动规律模拟实验研究[J]. 南京农业大学学报, 2003, 26(2): 51-54.

[46] 隆小华, 刘兆普, 刘玲, 等. 不同浓度海水胁迫对菊芋幼苗生长发育及磷吸收的影响[J]. 植物研究, 2004, 24(3): 331-334.

[47] 隆小华, 刘兆普, 陈铭达, 等. 半干旱地区海涂海水灌溉菊芋盐肥耦合效应的研究[J]. 土壤学报, 2005, 42(1): 91-97.

[48] 杨洪泽, 王长海, 袁文杰. 不同海水浓度灌溉菊芋的营养元素测定[J]. 光谱学与光谱分析, 2006, 26(11): 2140-2142.

[49] 隆小华, 刘兆普, 徐文君. 海水处理下菊芋幼苗生理生化特性及磷效应的研究[J]. 植物生态学报, 2006, 30(2): 307-313.

[50] Fernandes A A, Martinez H E P, de Oliveira L R, et al. Effect of nutrient sources on yield, fruit quality and nutritional status of cucumber plants, cultivated in hydroponics[J]. Horticultural Brasileira, 2002, 20(4): 571-575.

[51] 苏小娟, 王平, 刘淑英, 等. 施肥对定西地区马铃薯养分吸收动态、产量和品质的影响[J]. 西北农业学报, 2010, 19(1): 86-91.

[52] Pan C, Xiao Y, Nii N, et al. Effects of different nitrogen fertilizer rates on soluble sugar, starch and root tissue structure of the peach trees[J]. Agricultural Science & Technology-Hunan, 2011,12(12):1861-1863.

[53] 张新永, 郭华春. 马铃薯淀粉含量与生长特性相关性的研究进展[J]. 作物杂志, 2004, (1): 48-50.

[54] Millard P, Robinson D, Mackie-Dawson L A. Nitrogen partitioning within the potato (*Solarium tuberosum* L.) plant in relation to nitrogen supply[J]. Annals of Botany, 1989, 63(2): 289-296.

[55] 大崎满, 李琦. 施氮对马铃薯各器官生长的影响[J]. 杂粮作物, 1993, 13(6): 28-31.

[56] Jackson S D. Multiple signaling pathways control tuber induction in potato[J]. Plant Physiology, 1999, 119(1): 1-8.

[57] Zebarth B J, Rosen C J. Research perspective on nitrogen BMP development for potato[J]. American Journal of Potato Research, 2007, 84: 3-18.

[58] Vos J. Nitrogen and the growth of potato crops//Haverkort A J, Mackerron D K I. Potato Ecology and Modelling of Crops Under Conditions of Limiting Growth[M]. Dordrecht: Kluwer Academic Publishers, 1995, 59-70.

[59] Biemond H, Vos J. Effects of nitrogen on the development and growth of the potato plant 2. the partitioning of dry matter, nitrogen and nitrate[J]. Annals of Botany, 1992, 70: 37-45.

[60] 张朝春, 江荣风, 张福锁, 等. 氮磷钾肥对马铃薯营养状况及块茎产量的影响[J]. 中国农学通报, 2005, 21(9): 279-283.

[61] 刘克礼, 高聚林, 任珂, 等. 旱作马铃薯氮素的吸收、积累和分配规律[J]. 中国马铃薯, 2003, 17(6): 321-325.

[62] 张宝林, 高聚林, 刘克礼, 等. 马铃薯氮素的吸收、积累和分配规律[J]. 中国马铃薯, 2003, 17(4): 193-198.

[63] 段玉, 妥德宝, 赵沛义, 等. 马铃薯施肥肥效及养分利用率的研究[J]. 中国马铃薯, 2008, 22(4): 197-200.

[64] 林长松, 吴娜, 李峻成, 等. 施氮量对甜高粱光合特性·糖分积累及产量的影响[J]. 安徽农业科学, 2008, 36(17): 7086-7088.

[65] 杨宇虹, 赵正雄, 李春俭, 等. 不同氮形态和氮水平对水田与旱地烤烟烟叶糖含量及相关酶活性的影响[J]. 植物营养与肥料学报, 2009, 15(6): 1386-1394.

[66] Stitt M, Müller C, Matt P, et al. Steps towards an integrated view of nitrogen metabolism[J]. Journal of Experimental Botany, 2002, 53(370): 959-970.

[67] 申丽霞, 王璞, 兰林旺, 等. 施氮对夏玉米碳氮代谢及穗粒形成的影响[J]. 植物营养与肥料学报, 2007, 13(6): 1074-1079.

[68] Incoll L D, Neales T F. The stem as a temporary sink before tuberization in *Helianthus tuberosus* L. [J]. Journal of Experimental Botany, 1970, 21(2): 469-476.

[69] Denoroy P. The crop physiology of *Helianthus tuberosus* L. : a model oriented view[J]. Biomass and Bioenergy, 1996, 11(1): 11-32.

[70] Soja G, Haunold E, Praznik W. Translocation of ^{14}C-assimilates in Jerusalem Artichoke (*Helianthus tuberosus* L.) [J]. Journal of Plant Physiology, 1989, 134(2): 218-223.

[71] 姜东, 于振文, 李永庚, 等. 施氮水平对高产小麦蔗糖含量和光合产物分配及籽粒淀粉积累的影响[J]. 中国农业科学, 2002, 35(2): 157-162.

[72] 王彦平, 蒙美莲, 门福义. 氮肥对马铃薯块茎收后储藏期间淀粉、还原糖含量的影响[J]. 现代农业, 2004, 12(3): 21-23.

[73] 孔令郁, 彭启双, 熊艳, 等. 平衡施肥对马铃薯产量及品质的影响[J]. 土壤肥料, 2004, (3): 17-19.

[74] 董茜, 郑顺林, 李国培, 等. 施氮量及追肥比例对冬马铃薯块茎品质形成的影响[J]. 西南农业学报, 2010, 23(5): 1571-1574.

[75] 陈永兴. 马铃薯缺素症状诊断和防治方法[J]. 中国蔬菜, 2006, (8): 53-55.

[76] Gahoonia T S, Nielsen N E. Barley genotypes with long root hairs sustain high grain yields in low-P

field[J]. Plant and Soil, 2004, 262(1/2): 55-62.

[77] 李成军. 不同肥料的组配施用对马铃薯产量的影响试验[J]. 中国马铃薯, 2002, 16(5): 294-296.

[78] 李海波, 夏铭, 吴平. 低磷胁迫对水稻苗期侧根生长及养分吸收的影响[J]. 植物学报, 2001, 43(11): 1154-1160.

[79] 徐青萍, 罗超云, 廖红, 等. 大豆不同品种对磷胁迫反应的研究[J]. 大豆科学, 2003, 22(2): 108-114.

[80] 曲扬, 高妙真, 耿立清. 磷素水平对甜菜干物质积累与分配的影响[J]. 中国甜菜糖业, 2002, (1): 11-13.

[81] 曲文章, 耿立清, 王红钢, 等. 磷素水平对甜菜生育及产质量的影响[J]. 中国甜菜糖业, 2002, 9(3): 7-9.

[82] Allison M F, Fowler J H, Allen E J. Responses of potato (*Solanum tuberosum*) to potassium fertilizers[J]. The Journal of Agricultural Science, 2001, 136(4): 407-426.

[83] 张永成, 张凤军. 马铃薯产量与栽培密度及氮磷钾施肥用量的关系研究[J]. 中国种业, 2010, (9): 68-70.

[84] 郑若良. 氮钾肥比例对马铃薯生长发育、产量及品质的影响[J]. 江西农业学报, 2004, 16(4): 39-42.

[85] Ciećko Z, Żołnowski A, Wyszkowski M. The effect of NPK fertilization on tuber yield and starch content in potato tubers[J]. Annales Universitatis Mariae Curie-Skłodowska. Sectio E. Agricultura, 2004, 59(1): 399-406.

[86] 郭淑敏, 门福义, 刘梦芸, 等. 马铃薯高淀粉生理基础的研究——块茎含量与氮、磷、钾代谢的关系[J]. 马铃薯杂志, 1993, 7(2): 65-70.

[87] 姜宗庆, 封超年, 黄联联, 等. 施磷量对不同类型专用小麦籽粒蛋白质及其组分含量的影响[J]. 扬州大学学报(农业与生命科学版), 2006, 27(2): 26-30.

[88] 杨瑞平, 张胜, 王珊珊. 氮磷钾配施对马铃薯干物质积累及产量的影响[J]. 安徽农业科学, 2011, 39(7): 3871-3874.

[89] 赵秀芳, 杨劲松, 蔡彦明, 等. 苏北滩涂区施肥对菊芋生长和土壤氮素累积的影响[J]. 农业环境科学学报, 2010, 29(3): 521-526.

[90] 隆小华, 刘兆普, 陈铭达, 等. 半干旱区海涂海水灌溉菊芋氮肥效应的研究[J]. 水土保持学报, 2005, 19(2): 114-118.

[91] 隆小华, 刘兆普, 刘玲, 等. 莱州湾海涂海水灌溉菊芋的磷肥效应的研究[J]. 植物营养与肥料学报, 2005, 11(2): 224-229.

[92] 孙晓娥, 孟宪法, 刘兆普, 等. 氮磷互作对菊芋块茎产量和品质的影响[J]. 生态学杂志, 2013, 32(2): 363-367.

[93] 邓力群, 刘兆普, 沈其荣, 等. 不同施氮水平对滨海盐土上油葵产量与品质的影响[J]. 土壤肥料, 2002, (6): 24-28.

[94] Kelley W P, Brown S M. Principles governing the reclamation of alkali soils[J]. Hilgardia, 1934, 8(5): 149-177.

[95] Kemper W D. Estimation of osmotic stress in soil water from the electrical resistance of finely porous ceramic units[J]. Soil Science, 1959, 87(6): 345-349.

[96] Long X H, Zhao J, Liu Z P, et al. Applying geostatistics to determine the soil quality improvement by Jerusalem artichoke in coastal saline zone[J]. Ecological Engineering, 2014, 70: 319-326.

[97] Lovell R D, Jarvis S C. Effect of cattle dung on soil microbial biomass C and N in a permanent pasture

soil[J]. Soil Biology and Biochemistry, 1996, 28(3): 291-299.

[98] Nayak A K, Mishra V K, Sharma D K, et al. Efficiency of phosphogypsum and mined gypsum in reclamation and productivity of rice－wheat cropping system in sodic soil[J]. Communications in Soil Science and Plant Analysis, 2013, 44(5): 909-921.

[99] 隆小华，刘莉萍，叶更新，等．一种盐碱地改良剂及其制备方法及其应用：201310386417.1[P]. 2013-08-29.

[100] 隆小华，刘兆普．一种盐碱地油菜套播菊芋的栽培方法: 201410787168.1[P]. 2014-12-17.

[101] Westdal P H, Barrett C F. Insect pests of sunflowers in Manitoba[R]. Ottawa: Canada Dept. of Agriculture, 1955.

[102] Kosaric N, Cosentino G P, Wieczorek A, et al. The Jerusalem artichoke as an agricultural crop[J]. Biomass, 1984, 5(1): 1-36.

[103] Pedraza-Martinez F A. Seasonal incidence of *Suleima helianthana* (Riley) infestations in sunflower in central Tamaulipas, Mexico[J]. Southwestern Entomologist, 1990, 15(4): 453-457.

[104] Rogers C E. Sunflower bud moth: behavior and impact of the larva on sunflower seed production in the southern plains[J]. Environmental Entomology, 1979, 8(1): 113-116.

[105] Wyse D L, Young F L, Jones R J. Influence of Jerusalem artichoke (*Helianthus tuberosus*) density and duration of interference on soybean (*Glycine max*) growth and yield[J]. Weed Science, 1986, 34(2): 243-247.

[106] Wyse D L, Young F L. Jerusalem artichoke interference in corn[=maize] and soybeans[C]. Proc. North Central Weed Control Conf. , 1979.

[107] Stauffer M D. Jerusalem artichoke: what is its potential[C]// Symposium on inter-energy '79, Winnipeg, Manitoba, Canada, 1979.

[108] Manokhina A A, Dorokhov A S, Kobozeva T P. Jerusalem artichoke as a strategic crop for solving food problems [J]. Agronomy, 2022, 12, 465.

[109] Stauffer M D. The potential of Jerusalem artichoke in Manitoba[C]. Annual Conference of Manitoba Agronomists, December 16, 1975.

[110] Pilnik W, Vervelde G J. Jerusalem artichoke (*Helianthus tuberosus* L.) as a source of fructose, a natural alternative sweetener[J]. Zeitschrift für Acker- und Pflanzenbau, 1976, 142: 153-162.

[111] Sawicka B, Roslin L K S U. Quality of *Helianthus tuberosus* L. tubers in conditions of using herbicides[J]. Annales Universitatis Mariae Curie-Sklodowska. Sectio E Agricultura (Poland), 2004, 59(3): 1245-1257.

[112] Alex J F, Switzer C M. Ontario Weeds[R]. Ontario Ministry of Agriculture and Food Publication 505, Ontario, Canada, 1975.

[113] Konvalinková P. Generative and vegetative reproduction of Helianthus tuberosus, an invasive plant in central Europe[J]. Plant invasions: Ecological threats and management solutions, 2003: 289-299.

[114] Russell W E, Stroube E W. Herbicidal control of Jerusalem artichoke[C]. North Central Weed Control Conference, 1979: 48-49.

[115] Wyse D L, Wilfahrt L. Today’s weed: Jerusalem artichoke[J]. Weeds Today, 1982, 13: 14-16.

[116] Wall D A, Friesen G H. Volunteer Jerusalem artichoke (*Helianthus tuberosus*) interference and control in Barley (*Hordeum vulgare*)[J]. Weed Technology, 1989, 3(1): 170-172.

[117] Russell W E. The Growth and Reproductive Characteristics and Herbicidal Control of Jerusalem

Artichoke (*Helianthus tuberosus*)[D]. Columbus: Ohio State University, 1979.

[118] Wyse D L, Spitzmueller J M, Lueschen W E. Influence of tillage on Jerusalem artichoke (*Helianthus tuberosus*) development in a corn and soybean rotation[C]. Proceedings North Central Week Control Conference, 1986: 46-47.

[119] Swanton C J, Hamill A S. Factsheet[R]. Ontario Ministry of Agriculture and Food, Ontario, 1983, 83-111.

[120] Swanton C J, Cavers P B. Regenerative capacity of rhizomes and tubers from two populations of *Helianthus tuberosus* L. (Jerusalem artichoke)[J]. Weed Research, 1988, 28(5): 339-345.

[121] Salzman F, Renner K, Kells J. Controlling Jerusalem artichoke[J]. Mich. State Univ. Ext. Bull, 1992, 2: 2249.

[122] Coultas J S, Wyse D L. Jerusalem artichoke (*Helianthus tuberosus*) control in soybeans (*Glycine max*) with selective application equipment[J]. Procedings North Central Weed Control Conference, 1981, 36: 12-13.

[123] Shoemaker D N. The Jerusalem Artichoke as a Crop Plant[R]. United States Department of Agriculture Washington, D. C. , 1927, No. 33.

[124] Shane W W. Apical chlorosis and leaf spot of Jerusalem artichoke incited by *Pseudomonas syringae* pv. *tagetis*[J]. Plant Disease, 1984, 68(1): 257-260.

[125] Johnson D R, Wyse D L, Jones K J. Controlling weeds with phytopathogenic bacteria[J]. Weed Technology, 1996, 10(3): 621-624.

[126] Baldini M, Danuso F, Turi M, et al. Evaluation of new clones of Jerusalem artichoke (*Helianthus tuberosus* L.) for inulin and sugar yield from stalks and tubers[J]. Industrial Crops and Products, 2004, 19(1): 25-40.

[127] Gutmanski I, Pikulik R. Comparison of the utilization value of some Jerusalem artichoke (*Helianthus tuberosus* L.) biotypes[J]. Biuletyn Instytutu Hodowli i Aklimatyzacji Roslin, 1994, 189: 91-100.

[128] Kays S J, Kultur F. Genetic variation in Jerusalem artichoke (*Helianthus tuberosus* L.) flowering date and duration[J]. Hortscience, 2005, 40(6): 1675-1678.

[129] Barloy J. Techniques of cultivation and production of the Jerusalem artichoke[R]// Grassi G, Gosse G. Topinambour (Jerusalem Artichoke). Commission of the European Communities (CEC), Luxembourg, 1988, Report EUR 11855: 45-57.

[130] Steinbauer C E. Effects of temperature and humidity upon length of rest period of tubers of Jerusalem artichoke (*Helianthus tuberosus*)[J]. Proc. Am. Soc. Hort. Sci. , 1932, 29: 403-408.

[131] Peiris K H S, Mallon J L, Kays S J. Respiratory rate and vital heat of some speciality vegetables at various storage temperatures[J]. Hort Technology, 1997, 7: 46-48.

[132] Decaisne J. *Helianthus tuberosus* (Topinambour, Poire de terre)[J]. Flore des Serres, 1880, 23: 112-119.

[133] Traub H P, Thor C J, Willaman J J, et al. Storage of truck crops: the girasole, *Helianthus tuberosus*[J]. Plant Physiol, 1929, 4(1): 123-134.

[134] Johnson H W. Storage rots of the Jerusalem artichoke[J]. Journal of Agricultural Research, 1931, 43(4): 337-352.

[135] Rossini F, Provenzano M E, Kuzmanović L. Jerusalem artichoke (*Helianthus tuberosus* L.): a versatile and sustainable crop for renewable energy production in Europe[J]. Agronomy, 2019, 9: 528.

[136] Barloy J. Jerusalem artichoke tuber diseases during storage, in topinambour (Jerusalem artichoke)[R]//

Grassi G, Gosse G. Commission of the European Communities, Luxembourg, 1988, Report EUR 11855: 145-149.

[137] Cassells A C, Deadman M L, Kearney N M. Tuber diseases of Jerusalem artichoke (*Helianthus tuberosus* L.): production of bacterial-free material via meristem culture[C]. EEC Workshop on Jerusalem artichoke, Rennes: INRA, 1988: 1-8.

[138] McCarter S M. Diseases limiting production of Jerusalem artichokes in Georgia[J]. Plant Disease, 1984, 68(4): 299-302.

[139] Steinbauer C E. Physiological studies of Jerusalem artichoke tubers, with special reference to the rest period[R]. Washington, D.C.: United States Dept. of Agriculture Technical Bulletin 659, 1939: 11.

[140] Kays S J, Paull R E. Postharvest Biology[M]. Athens, GA: Exon Press, 2004.

[141] Tanret C. Sur les hydrates de carbone du topinambour[J]. Bull. Soc. Chim. biol. Paris, 1893, 9: 622.

[142] Bacon J S D, Loxley R. Seasonal changes in the carbohydrates of the Jerusalem artichoke tuber[J]. Biochemical Journal, 1952, 51(2): 208-213.

[143] Ben Chekroun M, Amzile J, El Yachioui M, et al. Qualitative and quantitative development of carbohydrate reserves during the biological cycle of Jerusalem artichoke (*Helianthus tuberosus* L.) tubers[J]. New Zealand Journal of Crop and Horticultural Science, 1994, 22(1): 31-37.

[144] Jefford T G, Edelman J. Changes in content and composition of the fructose polymers in tubers of *Helianthus tuberosus* L. during growth of daughter plants[J]. Journal of Experimental Botany, 1961, 12(2): 177-187.

[145] Jefford T G, Edelman J. The metabolism of fructose polymers in plants. Ⅱ. Effect of temperature on the carbohydrate changes and morphology of stored tubers of *Helianthus tuberosu* L. [J]. Journal of Experimental Botany, 1963, 14(1): 56-62.

[146] Modler H W, Jones J D, Mazza G. Observations on long-term storage and processing of Jerusalem artichoke tubers (*Helianthus tuberosus*)[J]. Food Chemistry, 1993, 48(3): 279-284.

[147] Modler H W, Jones J D, Mazza G. Effect of long-term storage on the fructo-oligosaccharide profile of Jerusalem artichoke tubers and some observations on processing[J]. Studies in Plant Science, 1993, 3: 57-64.

[148] Rutherford P P, Weston E W. Carbohydrate changes during cold storage of some inulin-containing roots and tubers[J]. Phytochemistry, 1968, 7(2): 175-180.

[149] Schorr-Galindo S, Guiraud J P. Sugar potential of different Jerusalem artichoke cultivars according to harvest[J]. Bioresource Technology, 1997, 60(1): 15-20.

[150] Thaysen A C, Bakes W E, Green B M. On the nature of the carbohydrates found in the Jerusalem artichoke[J]. Biochemical Journal, 1929, 23(3): 444-455.

[151] Traub H P, Thor C J, Zeleny L, et al. The chemical composition of girasole and chicory grown in Minnesota[J]. Journal of Agricultural Research, 1929, 39: 551-555.

[152] Cabezas M J, Rabert C, Bravo S, et al. Inulin and sugar contents in *Helianthus tuberosus* and *Cichorium intybus* tubers: effect of postharvest storage temperature[J]. Journal of Food Science, 2002, 67(8): 2860-2865.

[153] Dorrell D G, Chubey B B. Irrigation, fertilizer, harvest dates and storage effects on the reducing sugar and fructose concentrations of Jerusalem artichoke tubers[J]. Canadian Journal of Plant Science, 1977,

57(2): 591-596.

[154] Kakhana B M, Arasimovich V V. Transformations of fructosans in Jerusalem artichoke tubers as a function of the storage temperature[J]. Izv. Aked. Nauk Moldavskov SSR Biologicheskiei Khimicheskie Nauki, 1973, 3: 24-29.

[155] Soja G, Dersch G, Praznik W. Harvest dates, fertilizer and varietal effects on yield, concentration and molecular distribution of fructan in Jerusalem artichoke (*Helianthus tuberosus* L.)[J]. Journal of Agronomy and Crop Science, 1990, 165: 181-189.

[156] Stauffer M D, Chubey B B, Dorrell D G. Growth, yield and compositional characteristics of Jerusalem artichoke as they relate to biomass production[J]. Am. Chem. Soc. , Div. Fuel Chem. , 1981, 25.

[157] Chabbert N, Guiraud J P, Arnoux M, et al. Productivity and fermentability of different Jerusalem artichoke (*Helianthus tuberosus*) cultivars[J]. Biomass, 1985, 6(4): 271-284.

[158] Schorr-Galindo S, Guiraud J P. Sugar potential of different Jerusalem artichoke cultivars according to harvest[J]. Bioresource Technology, 1997, 60(1): 15-20.

[159] Edelman J, Jefford T G. The mechanisim of fructosan metabolism in higher plants as exemplified in *Helianthus tuberosus*[J]. New Phytologist, 1968, 67(3): 517-531.

[160] Wiemken A, Frehner M, Keller F, et al. Fructan metabolism enzymology and compartmentation[J]. Curr. Topics Plant Biochem. Physiol. , 1986, 5: 17-37.

[161] Edelman J, Jefford T G. The metabolism of fructose polymers in plants. 4. Beta-fructofuranosidases of tubers of *Helianthus tuberosus* L. [J]. Biochem. J, 1964, 93: 148-161.

[162] Pollock C J. Fructans and the metabolism of sucrose in vascular plants[J]. New Phytol, 1986, 104: 1-24.

[163] Kang S I, Han J I, Kim K Y, et al. Changes in soluble neutral carbohydrates composition of Jerusalem artichoke (*Helianthus tuberosus* L.) tubers according to harvest date and storage temperature[J]. J. Kor. Agric. Chem. Soc. , 1993, 36(4): 304-309.

[164] Elmurodov A A, Jamalidinnova V J. Storage, drying and processing of Jerusalem artichoke tubers in the conditions of Zarafshan valley[J]. International Journal of Innovations in Engineering Research and Technology , 2020, 7(6): 127-133.

[165] Saengthongpinit W, Sajjaanantakul T. Influence of harvest time and storage temperature on characteristics of inulin from Jerusalem artichoke (*Helianthus tuberosus* L.) tubers[J]. Postharvest Biology and Technology, 2005, 37(1): 93-100.

[166] Kiehn F A, Chubey B B. Agronomics of Jerusalem artichoke[J]. Proc. Manitoba Agronomists, 1982, 124-127.

[167] Denny F E, Thornton N C, Schroeder E M. The effect of carbon dioxide upon the changes in the sugar content of certain vegetables in cold storage[J]. Contributions. Boyce Thompson Institute for Plant Research, 1944, 13: 295-311.

[168] Zeng F F , Luo Z S , Xie J W, et al. Gamma radiation control quality and lignification of bamboo shoots (Phyllostachys praecox f. prevernalis.)stored at low temperature[J]. Postharvest Biology and Technology, 2015, 102: 17-24.

[169] Pätzold C, Kolb W. Beeinflussung der Kartoffel (*Solanum tuberosum* L.) und der Topinambour (*Helianthus tuberosus* L.) durch Röntgenstrahlen[J]. Beitrage zur Biol. der Pflanzen, 1957, 33: 437-457.

[170] Salunkhe D K. Physiological and biochemical effects of gamma radiation on tubers of Jerusalem artichoke[J]. Botanical Gazette, 1959, 120(3): 180-183.

[171] Kays S J. Postharvest Physiology of Perishable Plant Products[M]. New York: Van Nostrand Reinhold, 1991.

[172] Du G L, Sun Z, Bao S H, et al.Diversity of bacterial community in Jerusalem artichoke (*Helianthus tuberosus* L.) during storage is associated with the genotype and carbohydrates[J]. Frontiers in Microbiology, 2022, 13: 986659.

[173] Ezzat A S, Ghoneem K M, Saber W I A, et al. Control of wilt, stalk and tuber rots diseases using Arbuscular mycorrhizal fungi, Trichoderma species and hydroquinone enhances yield quality and storability of Jerusalem artichoke (*Helianthus tuberosus* L.)[J]. Egyptian Journal of Biological Pest Control, 2015, 25(1), 11-22.

[174] Dounine M S, Zayantchkovskaya M S, Soboleva V P. Diseases of the Jerusalem artichoke and their control[J]. Bull. Pan-Soviet Sci. Res. Inst. Leguminous Crops, 1935, 6(7/13): 16-150.

[175] Junsopa C, Saksirirat W, Saepaisan S, et al. Bio-control of stem rot in Jerusalem artichoke (*Helianthus tuberosus* L.) in field conditions[J].The Plant Pathology Journal, 2021, 37(5) : 428-436.

[176] Snowdon A L. A Colour Atlas of Post-Harvest Diseases and Disorders of Fruits and Vegetables. 2. Vegetables[M]. Aylesbury, UK: Wolfe Scientific Ltd, 1991.

[177] 张宇，门果桃，马郁瑾,等.不同储藏方式对菊芋块茎品质的影响[J].内蒙古农业科技, 2022, (1):50.

[178] Thompson A. Notes on *Sclerotium rolfsii* Sacc. in Malaya[J]. Malayan Agric. J. , 1928, 16: 48-58.

[179] Gaudineau M, Lafon R. Sur la maladies à sclérotes du topinambour[J]. C. R. Acad. Agric, 1958, 13: 177-178.

[180] Austin B. Novel pharmaceutical compounds from marine bacteria[J]. The Journal of Applied Bacteriology, 1989, 67(5): 461-470.

[181] Koike S T. Southern blight of Jerusalem artichoke caused by *Sclerotium rolfsii* in California[J]. Plant Disease, 2004, 88(7): 769-769.

[182] Rafferty S, Murphy J, Cassells A. Biofunctional composts and biotization[J]. Acta Horticulturae, 2004, (631): 243-251.

[183] Imazaki A, Tanaka A, Harimoto Y, et al. *Alternaria alternata*[J]. Eukaryotic Cell, 2010, 9: 682-694.

[184] Wang Y F, Tang F, Xia J D, et al. A combination of marine yeast and food additive enhances preventive effects on postharvest decay of jujubes (*Zizyphus jujuba*)[J]. Food Chemistry, 2011, 125(3): 835-840.

[185] Tournas V H, Katsoudas E. Mould and yeast flora in fresh berries, grapes and citrus fruits[J]. International Journal of Food Microbiology, 2005, 105(1): 11-17.

[186] Pose G N, Ludemann V, Fernandez D, et al. Alternaria species associated with “moldy heart” on peaches in Argentina[J]. Tropical Plant Pathology, 2010, 35(3): 174-177.

[187] Okami Y. Marine microorganisms as a source of bioactive agents[J]. Microbial Ecology, 1986, 12(1): 65-78.

[188] Hartung F, Werner R, Mühlbach H P, et al. Highly specific PCR-diagnosis to determine *Pseudomonas solanacearum* strains of different geographical origins[J]. Theoretical and Applied Genetics, 1998, 96(6/7): 797-802.

[189] Weller D M. Biological control of soilborne plant pathogens in the rhizosphere with bacteria[J]. Annual Review of Phytopathology, 1988, 26(1): 379-407.

[190] Weller D M. *Pseudomonas* biocontrol agents of soilborne pathogens: looking back over 30 years[J]. Phytopathology, 2007, 97(2): 250-256.

[191] 荆二勇. BIT 对灰霉菌抑菌活性及抑菌机制的初步研究[D]. 西安: 西北大学, 2008.

[192] 宋磊. BIT 对灰霉菌的抑制作用及机理[D]. 西安: 西北大学, 2010.

[193] 郭娟华, 涂起红, 陈楚英, 等. 拮抗微生物防治柑橘采后病害研究进展[J]. 食品科学, 2013, 34(23): 351-356.

[194] Chapon A, Guillerm A Y, Delalande L, et al. Dominant colonisation of wheat roots by *Pseudomonas fluorescens* Pf29A and selection of the indigenous microflora in the presence of the take-all fungus[J]. European Journal of Plant Pathology, 2002, 108(5): 449-459.

[195] Nielsen M N, Sørensen J, Fels J, et al. Secondary metabolite-and endochitinase-dependent antagonism toward plant-pathogenic microfungi of *Pseudomonas fluorescens* isolates from, sugar beet rhizosphere[J]. Applied and Environmental Microbiology, 1998, 64(10): 3563-3569.

[196] 蒋庆锋, 周有骏, 盛春泉, 等. 作用于真菌细胞壁的抗真菌药物的研究进展[J]. 中国药学杂志, 2003, 38(6): 10-13.

[197] 李映, 崔紫宁, 胡君, 等. 几丁质合成酶抑制剂[J]. 化学进展, 2007, 19(4): 535-543.

[198] 方建茹, 谢小梅, 章洪华. 作用于真菌细胞壁的抗真菌药物研究进展[J]. 现代诊断与治疗, 2004, 15(6): 364-366.

[199] 田黎, 林学政, 李光友. 海洋微藻对蔬菜生长及病原真菌的活性初探[J]. 中国海洋药物, 1999, 18(4): 40-43.

[200] 马桂珍, 孔德平, 王增池, 等. 抗植物病原真菌海洋细菌的抗菌作用研究[J]. 吉林农业大学学报, 2009, 31(1): 8-12.

[201] 林建朋, 邵宗泽, 陈莉, 等. 拮抗油菜菌核病的海洋细菌筛选及其活性物质的分子检测[J]. 化学与生物工程, 2011, 28(7): 21-25.

[202] Gauthier M J, Flatau G N. Antibacterial activity of marine violet pigmented *Alteromonas* with special reference to the production of brominated compounds[J]. Canadian Journal of Microbiology, 1976, 22(11): 1612-1619.

[203] Dopazo C P, Lemos M L, Lodeiros C, et al. Inhibitory activity of antibiotic - producing marine bacteria against fish pathogens[J]. Journal of Applied Microbiology, 1988, 65(2): 97-101.

[204] Tanasomwang V, Nakai T, Nishimura Y, et al. *Vibrio*-inhibiting marine bacteria isolated from black tiger shrimp hatchery[J]. Fish Pathology, 1998, 33: 459-466.

[205] Wratten S J, Wolfe M S, Andersen R J, et al. Antibiotic metabolites from a marine pseudomonad [J]. Antimicrobial Agents and Chemotherapy, 1977, 11: 411-414.

[206] 马红娟, 杨秀娟, 阮宏椿, 等. 拮抗细菌对香蕉枯萎病菌的离体抑菌活性研究[J]. 福建农业学报, 2008, 23(3): 251-254.

[207] 许传坤, 莫明合, 张克勤. 固相微萃取-气质法测定土壤挥发性抑菌物质[J]. 微生物学通报, 2004, 31(5): 14-18.

[208] 陈华, 郑之明, 余增亮. 枯草芽孢杆菌 JA 脂肽类及挥发性物质抑菌效应的研究[J]. 微生物学通报, 2008, 35(1): 1-4.

[209] Sharma R R, Singh D, Singh R. Biological control of postharvest diseases of fruits and vegetables by microbial antagonists: a review[J]. Biological Control, 2009, 50(3): 205-221.

第 7 章　菊芋非耕地生态修复及海水养殖废水净化效应

环境生物技术（environmental biotechnology, EBT），主要由生物技术、工程学、环境学和生态学组成。目前可以将环境生物技术的概念完整地定义为：直接或间接利用生物体或生物体的某些组成部分或某些机能，建立降低或消除污染物产生的生产工艺，或者能够高效净化环境污染及同时生产有用物质的人工技术系统。因此，它涉及基因工程、酶工程、发酵工程、细胞工程、水处理工程、生态工程等各层次的工程与技术，并成为众多学科基础理论的奠基石。

我国海陆过渡带为生态异质性强、系统比较脆弱且对海陆两大生态系统均产生重要影响的地带。淤进型滩涂障碍因子严重影响其利用及效益。我国大陆海陆线全长约 18400 km，岛屿海岸线长 14127.8 km，海岸带面积 34 万 km^2，土地面积 1129.8 万 hm^2，其中滩涂面积为 200 万～300 万 hm^2，滩涂母质大都来自河流泥沙，营养元素相对丰富，且我国滩涂河口地区每年以 2 万～3 万 hm^2 的速度在淤长，滩涂面积总体来讲还在增加[1]。由于沿海滩涂的特殊成因，其盐分含量过高，限制了农业开发利用，仅以江苏大丰为例，已围滩涂尚有近 50 万亩因盐分过重而未能开发种植。

同时陆源污染对近海环境也产生严重威胁，污染范围不断扩大，大部分河口、海湾以及大中城市邻近海域污染严重。1998 年，我国近海海域水质劣于国家一类海水水质标准的面积已达约 20 万 km^2，比 1992 年扩大 1 倍。其中约 4 万 km^2 海域水质劣于四类海水水质标准，已不能满足水产养殖、海水浴场、海上运动娱乐及海港、海洋开发作业区的水质要求，大部分滨海地区水质劣于一类海水水质标准的区域扩展至 10～30 km 处，在江苏、上海、浙江及辽东湾沿岸，已扩展至距岸 20～200 km。近海海域海水无机氮含量超过一类海水水质标准的区域面积一度达 11.5 万 km^2。其中二类水质区 3.7 万 km^2，三类水质区 2.7 万 km^2，四类水质区 1.4 万 km^2，劣四类水质区 3.5 万 km^2。海水磷酸盐含量超过一类海水水质标准的区域面积更大，约 18 万 km^2。其中二、三类水质区 6.5 万 km^2，劣四类水质区 4.5 万 km^2。近海海域中总有机碳（TOC，海水有机污染的综合指标）平均含量超出 2.0 mg/L。其中辽宁、河北、上海、广东近海以及 1/2 重点海域的 TOC 超过 3.0 mg/L。

因此，环境生物技术在海陆过渡带的应用与实践具有重要的战略意义，南京农业大学海洋科学及其能源生物资源研究所菊芋研究小组从 1999 年开始，在海南、江苏、山东及河北等省的海陆过渡带开展以耐盐高效植物修复环境的试验与研究。本章仅介绍菊芋对海陆带生态的修复作用及利用菊芋为材料进行海水养殖废水净化的效应。

7.1　菊芋种植对山东莱州盐渍土的修复效应

黄河三角洲是我国重要的海涂资源之一，南京农业大学海洋科学及其能源生物资源研究所菊芋研究小组从 2001 年开始在该地区开展南菊芋 1 号(本章中所用菊芋品种除标名以外，均为南菊芋 1 号，以下简称菊芋）的小区种植试验，以探索菊芋长期种植对滨海盐渍土的修复作用。试验地点位于山东省莱州市西由镇后邓村南京农业大学 863 中试基地，海拔 28 m，该地区属暖温带东亚季风大陆性气候，年平均降雨量 550 mm，年平均蒸发量 2116. 2 mm。单个供试小区面积 4.0 m×2.5 m，设立同样小区面积的抛荒试验(空白)，均重复 3 次；2002 年试验，在 2001 年菊芋种植小区继续种植菊芋，再增设 3 个菊芋种植小区；依次类推，至 2007 年 11 月止，种植年限为 1 年（1Y)、2 年（2Y)、3 年（3Y)、4 年（4Y)、5 年（5Y)、6 年（6Y）与 7 年（7Y)，每个种植年限作为一个处理，共有 8 个处理（包括对照 CK)。

为防止小区间肥水的侧渗与互溢，每个小区地下用厚 0.12 mm 的聚乙烯塑料薄膜隔开，下埋 0.4 m。施肥量：氮肥（硝酸铵-N）60 kg/hm^2，磷肥（过磷酸钙）40 kg/hm^2，钾肥（硫酸钾）40 kg/hm^2 作底肥。种植后整个生长季节不做任何农事操作。种植菊芋前土壤基本理化性质如表 7-1 所示。

表 7-1　山东莱州试验基地土壤基本理化性质

土层/cm	pH	碱解氮/（mg/kg）	有效磷/（mg/kg）	速效钾/（mg/kg）	全氮/（g/kg）	有机质/（g/kg）	全盐量/（g/kg）	砂粒/（g/kg）	粉粒/（g/kg）	黏粒/（g/kg）
0～20	7.15	48.42	37.37	84.77	1.82	12.05	0.379	817	98.4	84.6
20～40	7.33	32.18	32.58	63.78	0.88	5.27	0.401	826.3	80.7	93.0

7.1.1　对山东莱州盐渍土土壤理化性质的影响

山东莱州盐渍土菊芋种植 1～7 年，对种植土壤理化性质如 pH、碱解氮、铵态氮、硝态氮、速效钾的影响不显著，而对土壤有机质、速效磷、全盐含量的影响显著。在 1～7 年连作年限内，土壤 pH 在 7.21～7.32 内，可见差异不显著；全氮在 0.99～1.34 g/kg 波动；NH_4^+-N 与 NO_3^--N 含量分别为 23.06～24.20 mg/kg 与 23.06～24.26 mg/kg，可见种植南菊芋 1 号 1～7 年，其含量差异不显著；速效钾的变化趋势与上述相同，含量为 69.67～72.26 mg/kg。

山东莱州盐渍土有机质、速效磷与全盐含量因菊芋种植的影响波动性较为明显。如表 7-2 所示，随着菊芋种植年限的延长，其土壤有机质含量呈增加趋势，菊芋种植 6 年与对照（CK，抛荒地)、种植 1 年、种植 2～4 年差异显著，种植菊芋 6 年山东莱州盐渍土土壤有机质含量比对照增加 33%，比种植 1 年增加 41%；种植菊芋 7 年土壤有机质含量比对照增加 38%，比种植 1 年增加 47%。从种植菊芋第 5 年起，土壤速效磷含量比前一年显著下降。全盐含量随着菊芋种植年限的延长呈逐年递减趋势，种植菊芋 1 年与对照差异不显著，从种植菊芋 2 年起土壤盐分显著下降，至种植菊芋第 5 年比对照土壤含盐量下降了 62%，而从种植菊芋第 5 年起，其土壤盐分变化不显著，土壤全盐含量趋于稳定。

表 7-2　山东莱州菊芋种植对土壤理化性质的影响

处理	pH	有机质含量 /（g/kg）	全氮含量 /（g/kg）	碱解氮含量 /（mg/kg）	NH_4^+-N 含量 /（mg/kg）	NO_3^--N 含量 /（mg/kg）	速效磷含量 /（mg/kg）	速效钾含量 /（mg/kg）	全盐含量 /（g/kg）
CK	7.21±0.03a	12.16±0.46bc	1.05±0.05a	42.72±2.71a	2.11±0.12a	23.60±1.40a	42.32±1.11a	72.12±1.90a	0.93±0.07a
1Y	7.23±0.04a	11.48±1.42c	0.99±0.07a	42.90±6.93a	2.32±0.13a	23.46±0.83a	42.71±0.72a	73.48±7.05a	0.85±0.03ab
2Y	7.27±0.06a	12.59±1.06bc	1.06±0.05a	42.70±5.71a	2.43±0.14a	23.06±0.75a	41.74±4.28a	69.67±6.37a	0.64±0.01b
3Y	7.24±0.03a	12.31±1.53bc	1.09±0.01a	43.80±1.56a	2.39±0.11a	24.26±1.17a	44.19±1.22a	71.82±9.41a	0.50±0.03bc
4Y	7.30±0.12a	13.34±1.63bc	1.17±0.04a	41.70±1.58a	2.12±0.16a	23.40±1.38a	41.59±1.92a	71.94±2.59a	0.38±0.09c
5Y	7.32±0.11a	14.50±0.56ab	1.31±0.03a	40.60±6.98a	2.56±0.09a	23.46±0.80a	40.99±1.95ab	72.26±1.71a	0.35±0.03cd
6Y	7.28±0.09a	16.21±0.28a	1.25±0.09a	41.30±1.63a	2.33±0.06a	24.20±0.69a	40.99±2.77bc	72.62±1.19a	0.33±0.08d
7Y	7.27±0.15a	16.84±1.10a	1.34±0.12a	43.04±0.71a	2.25±0.07a	24.66±0.83a	38.89±0.59c	70.10±2.35a	0.30±0.07d

7.1.2　山东莱州菊芋种植地生物活性效应

土壤生物活性是反映土壤生物的种类、群落及数量变化的重要指标，也是土壤肥力的重要特征。土壤微生物包括细菌、放线菌、真菌、藻类和原生动物五大类群。大部分微生物在土壤中营腐生生活，靠现成的有机物取得能量和营养成分。土壤微生物对土壤的形成发育、物质循环和肥力演变等均有重大影响，主要功能表现在：参与土壤有机物的矿化和腐殖化，以及各种物质的氧化-还原反应；参与土壤营养元素的循环，促进植物营养元素的有效性；根际微生物以及与植物共生的微生物，能为植物直接提供氮、磷和其他矿质元素及各种有机营养；能为工农业生产和医药卫生提供有效菌种；某些抗生性微生物能防治土传病原菌对作物的危害；降解土壤中残留有机农药、城市污物和工厂废弃物等，降低残毒危害等。而一般情况下海涂土壤生物活性低下，严重影响海涂的农业利用。为此作者首先在山东莱州开展海涂种植菊芋提高盐渍土土壤生物活性的试验与研究，以期利用种植菊芋这一高效植物迅速提高滨海盐渍土的生物活性。

1. 对山东莱州滨海盐渍土微生物种群结构的影响

在山东省莱州市西由镇后邓村南京农业大学 863 中试基地种植菊芋 7 年，土壤微生物种群结构发生了较大变化，如图 7-1 所示。土壤中的细菌与放线菌在菊芋种植年限范围内出现先增加后降低的趋势，而土壤中的真菌呈现持续增加的态势。种植菊芋前 3 年土壤中细菌含量急剧上升，到种植菊芋 3 年时达到最大值，为没有种植菊芋土壤细菌含量的 6 倍，比种植菊芋 1 年土壤细菌含量增加 111%，种植至第 4 年后，细菌含量又急剧下降，但仍比未种植菊芋的土壤细菌含量高 1 倍以上，种植菊芋 5 年比种植菊芋 3 年土壤细菌含量降低 74%。种植菊芋 4 年土壤放线菌含量达到最大值，比 CK 增加 794%，比种植菊芋 1 年增加 403%，而种植菊芋 6 年、7 年分别比种植菊芋 4 年土壤中放线菌含量降低 51%与 59%。种植菊芋土壤中真菌含量呈现持续增加的态势，种植 7 年菊芋土壤真菌含量为未种植菊芋土壤的 6 倍以上。在所测定的土壤微生物种群结构数量组成中，虽然菊芋种植地细菌、放线菌与真菌的变化态势不尽相同，但土壤细菌、放线菌与真菌含量大多显著高于未种植菊芋的土壤，这主要是因为菊芋根系生长过程中分泌数十种代谢产物，这些菊芋根系分泌物能够促进土壤微生物的增殖，并大大提高土壤微生物的活性，本书将在后面的章节针对这一点做详细的介绍。

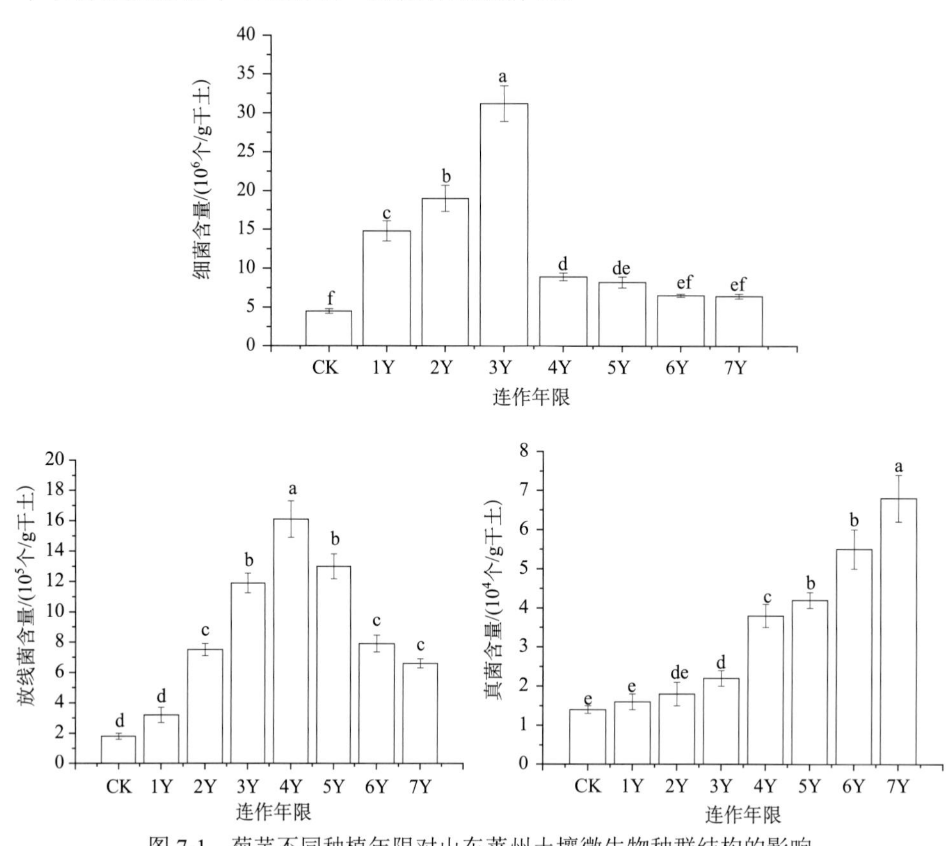

图 7-1　菊芋不同种植年限对山东莱州土壤微生物种群结构的影响

2. 对山东莱州滨海盐渍土酶活性的影响

如图 7-2 所示，在山东莱州菊芋不同种植年限土壤中，土壤酶活性受菊芋种植的影响程度不同。土壤蛋白酶活性、脱氢酶活性、酸性磷酸酶活性、碱性磷酸酶活性、淀粉酶活性与蛋白酶活性随着菊芋种植年限的延长呈先增加而后降低的趋势，而过氧化氢酶活性则表现为先升高后降低而后升高的态势。种植菊芋 4 年的土壤，表现出了较高的（酸、碱）磷酸酶与蛋白酶活性，分别达到 6.57 mg/g（苯酚）、8.44 mg/g（苯酚）和 10.37 mg/kg（NH_4^+-N），而种植菊芋达到 7 年时，其活性分别下降到 4.57 mg/g（苯酚）、5.36 mg/g（苯酚）和 9.58 mg/kg（NH_4^+-N），与种植菊芋 4 年的酶活性相比分别下降了 30%、36%与 8%。连作 5 年的土壤，表现出较高的脲酶、脱氢酶与淀粉酶活性，在种植菊芋 7 年时下降到 9.50 mg/kg（NH_4^+-N），5.20 mg/kg（三苯甲臜）与 0.120 mg/g（麦芽糖），与种植菊芋 5 年的菊芋种植地土壤酶活性相比分别下降了 8%、22%与 38%。过氧化氢酶活性在种植菊芋 6 年时达到最高，为 0.85 mL/g（0.1 mol/L $KMnO_4$），种植菊芋 4 年时最低，为 0.61 mL/g（0.1 mol/L $KMnO_4$）。

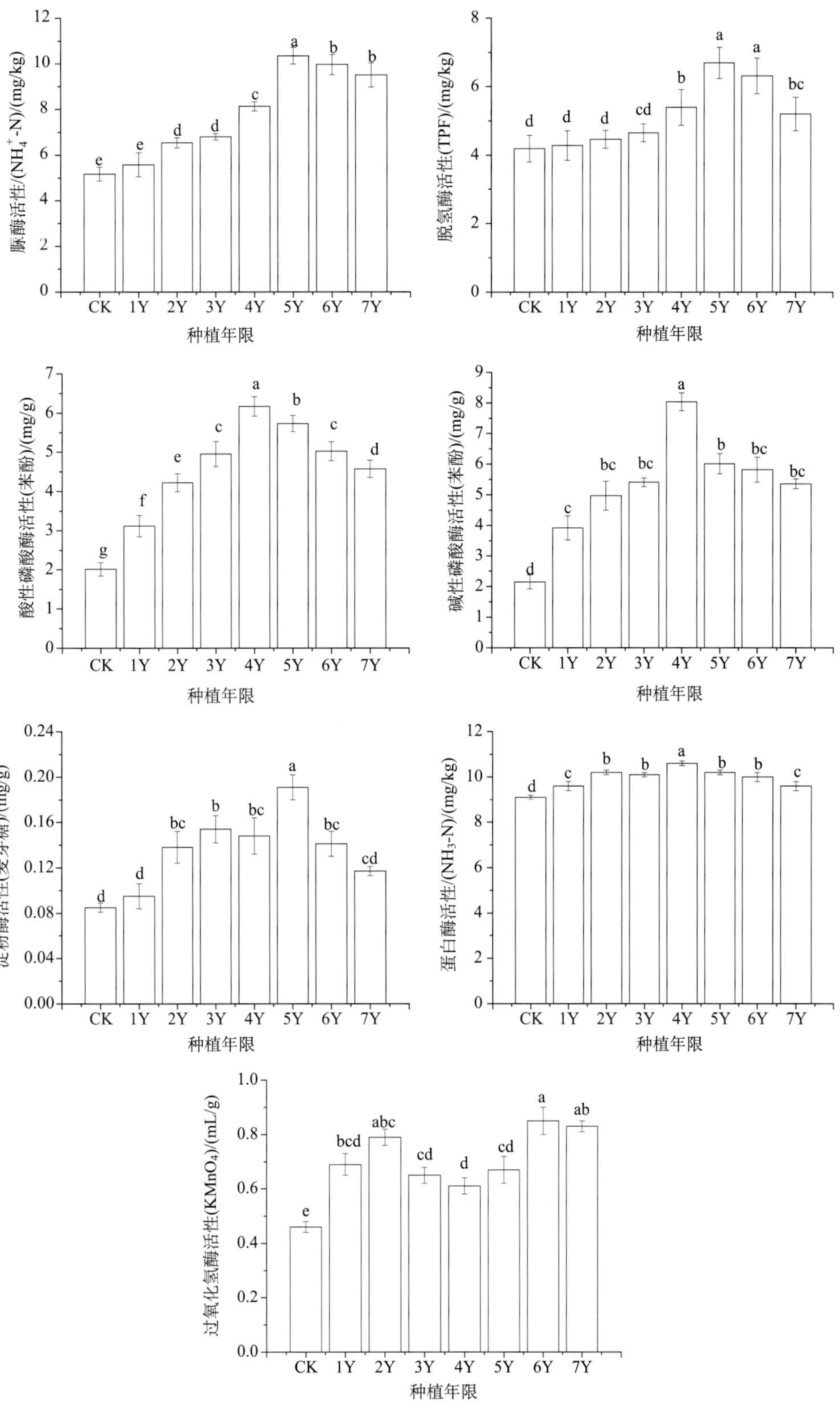

图 7-2　菊芋种植对山东莱州土壤酶活性的影响

3. 对山东莱州滨海盐渍土微生物生物量碳（Cmic）、氮（Nmic）的影响

土壤微生物生物量碳（Cmic）与生物量氮（Nmic）是反映土壤肥力的重要指标之一，对土壤生产能力的影响最为显著。菊芋种植对山东莱州土壤微生物生物量碳（Cmic）与生物量氮（Nmic）的影响较为显著（图 7-3）。土壤微生物生物量碳（Cmic）与生物量氮（Nmic）均随菊芋种植年限的延长呈先增加后降低的趋势，种植菊芋 5 年出现最大值，种植菊芋 6 年比种植菊芋 5 年的 Cmic 与 Nmic 小幅下降，从种植的第 6 年开始，土壤 Cmic 含量处于高水平的平稳状态。种植菊芋 1 年 Cmic 比没有种植菊芋的土壤（CK）增加了 62%，种植菊芋 5 年 Cmic 比没有种植菊芋的土壤增加了 3.1 倍，比种植菊芋 1 年土壤增加了 1.5 倍，种植菊芋 7 年 Cmic 比没有种植菊芋的土壤增加了 2.6 倍，比种植菊芋 1 年土壤增加了 1.2 倍；种植菊芋 1 年 Nmic 比没有种植菊芋的土壤增加了 51%，种植菊芋 5 年 Nmic 比没有种植菊芋的土壤增加了 91%，种植菊芋 7 年 Nmic 仍比没有种植菊芋的 Nmic 增加 23%，但比种植菊芋 1 年的土壤略有下降。

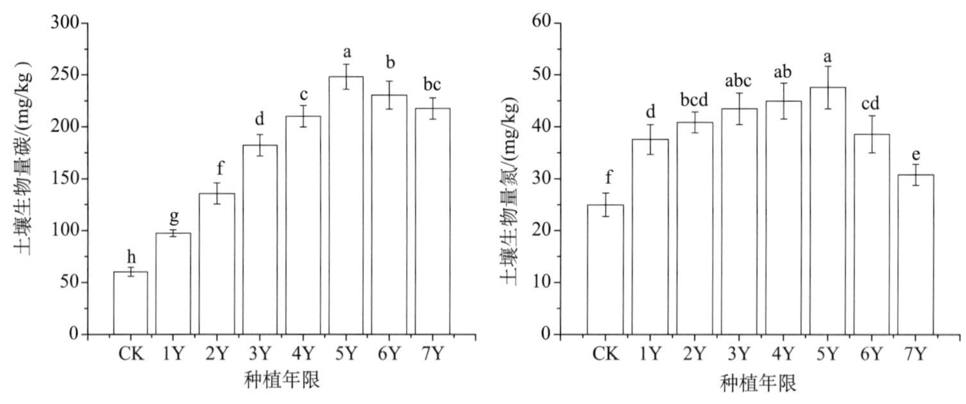

图 7-3　菊芋种植对山东莱州土壤微生物生物量碳、氮的影响

土壤微生物生物量碳氮比可反映微生物群落结构信息，其显著的变化预示着微生物群落结构变化可能是微生物量较高的首要原因。如表 7-3 所示，随着菊芋种植年限的延长，土壤微生物生物量碳氮比呈显著增加态势，种植菊芋 7 年达到最大值。微生物生物量碳氮比在种植菊芋 5 年与 7 年时分别比没有种植菊芋、种植菊芋 1 年增加 1.2 倍、1.0 倍与 1.9 倍、1.7 倍。由此可见，在菊芋种植过程中土壤微生物群落结构发生了较大的变化。

微生物商是指土壤微生物生物量碳与土壤有机碳总量的比值，即

微生物商（q^{MB}）=土壤微生物生物量碳（Cmic）含量/土壤有机碳（SOC）含量　　(7-1)

有研究表明，土壤微生物商比单独应用生物量碳或有机碳更能反映土壤过程或土壤质量变化[2]。通过滨海盐渍化土壤菊芋连作 7 年试验发现，种植菊芋 1～7 年土壤 q^{MB} 显著高于没有种植菊芋土壤（CK），而种植菊芋 7 年土壤 q^{MB} 显著低于种植菊芋 3 年、4 年与 5 年土壤，表明种植菊芋 7 年后土壤质量比 3 年、4 年、5 年有一定的下降。土壤 Nmic/TN 的变化趋势与土壤微生物生物量氮的变化趋势相同。

表 7-3　山东莱州不同菊芋种植年限微生物生物量碳氮比（Cmic/Nmic）、微生物商（q^{MB}）和微生物生物量氮与全氮比（Nmic/TN）变化

处理	Cmic/Nmic	q^{MB}/%	Nmic/TN/%
CK	2.41f	0.85e	2.38cd
1Y	2.59ef	1.46d	3.80ab
2Y	3.32e	1.85cd	3.85ab
3Y	4.19d	2.55ab	3.99bc
4Y	4.67cd	2.71ab	3.84ab
5Y	5.21bc	2.95a	3.64ab
6Y	5.97b	2.45ab	3.09bc
7Y	7.06a	2.23c	2.30d

7.2　菊芋种植对江苏大丰盐渍土的修复效应

江苏大丰地处长江三角洲的北边缘，为我国苏北海涂的腹部，为中国难得的土地后备资源。南京农业大学海洋科学及其能源生物资源研究所菊芋研究小组在对山东莱州菊芋种植的盐渍土修复效应进行试验与研究的基础上，利用新一代测序技术 Illumina MiSeq 等现代技术手段对江苏大丰种植菊芋对盐渍土的生物学效应与土壤固碳增汇等重要土壤肥力演变过程进行了长期的大田试验与研究。

7.2.1　种植南菊芋 1 号对江苏大丰盐渍土理化性质的影响

江苏滩涂面积约 66 万 hm^2，海涂潮上带 400 多万亩，围垦 300 万亩左右，其中已利用的海、淡水养殖 70 余万亩，林带 20 余万亩，已建耕地 80 余万亩，盐田 50 余万亩，尚有 80 余万亩已围未垦或处于初垦阶段。苏北滩涂河口地区每年以 2 万～3 万 hm^2 的速度在淤长，滩涂面积总体来讲还在增加，这对地少人多但经济发展迅猛的江苏来说，是极其珍贵的土地后备资源；滩涂母质大都来自河流泥沙，营养元素相对丰富，但多年来因养殖效益较高，农渔比例失调，生产结构单一，产生了一系列的生态问题。如何利用好这块土地后备资源，并将其建设成高产稳产农田，这将关系到江苏沿海的发展，为此南京农业大学海洋科学及其能源生物资源研究所菊芋研究小组进行了种植菊芋修复海涂的试验研究与示范推广，创建了以菊芋为节点的海涂生态高值农业新型清洁生产模式。

1. 对江苏大丰滨海盐渍土物理性质的影响

试验利用 X 射线计算机断层扫描仪（X-CT 或 CT）的断层摄影技术，得到江苏大丰海涂原状土柱的 CT 扫描系列图片如图 7-4 所示。

图 7-5 所示为江苏大丰海涂不同土壤中孔隙的面积随土层深度变化而变化的趋势图。从图 7-5 中可以直观地观察到，每一种土壤类型，其表层土壤（0～25 mm）的孔隙面积均显著高于下面的土体，而深度在 225 mm 以下的土体的孔隙面积呈现一种

相对平稳却数值很低的趋势，且各种不同土壤类型的孔隙面积相差不大，没有统计学意义的差异。

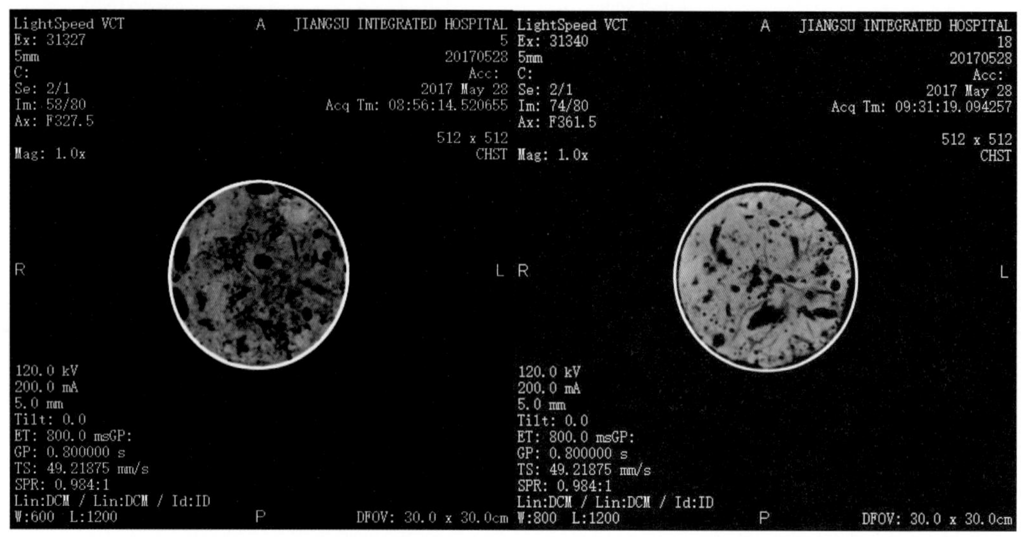

图 7-4　江苏大丰海涂原状土柱（横截面）的 CT 扫描系列图片

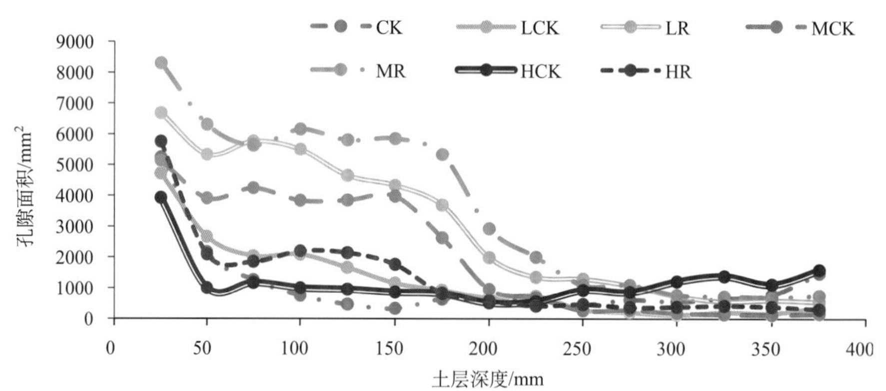

图 7-5　江苏大丰海涂不同土壤中孔隙的面积随土层深度变化的变化趋势

H，重盐；M，中盐；L，轻盐；R，根际土壤；CK，重盐空白对照土壤；HCK，非根际重盐土壤；MCK，非根际中盐土壤；LCK，非根际轻盐土壤

无论是表层土壤（0～25 mm）还是耕层土壤（25～200 mm），根际土壤的孔隙面积均大于非根际土壤和空白对照土壤的孔隙面积。在表层土壤中，不同土壤中孔隙的面积随土层深度变化的变化程度为中盐根土＞轻盐根土＞重盐根土＞中盐对照≈CK＞轻盐对照＞重盐对照；在耕层土壤中，不同土壤中孔隙的面积随土层深度变化的变化程度为中盐根土> 轻盐根土＞中盐对照＞重盐根土≈轻盐对照＞重盐对照≈CK。

江苏大丰海涂不同土壤中孔隙的面积随土层深度变化的差异性分析如图 7-6（同一土壤样品不同土层深度的显著性差异）和图 7-7（不同土壤样品相同土层深度的显著性

差异）所示。

从图 7-6 中可以直观地观察到，每一种土壤类型，其表层土壤土层深度为（0～25 mm）的孔隙面积均显著高于下面的土体，整体趋势为表层土壤（0～25 mm）＞耕层土壤（25～200 mm）＞犁底层土壤（200～375 mm），都是具有统计学意义的显著性差异。

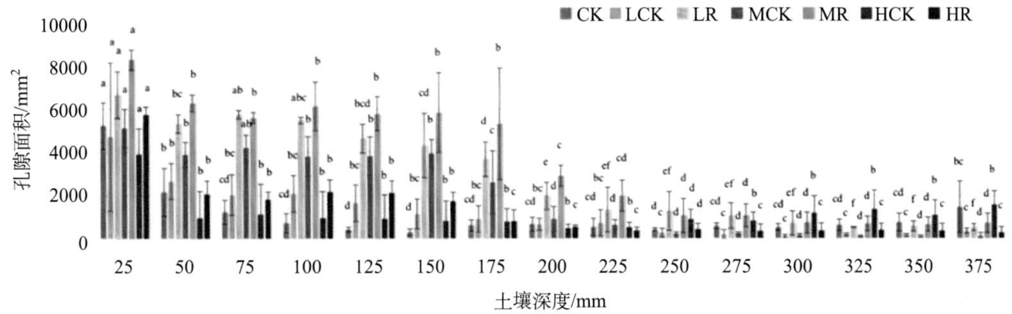

图 7-6　江苏大丰海涂土壤中孔隙的面积随土层深度变化的差异性分析图（不同土层深度）

H，重盐；M，中盐；L，轻盐；R，根际土壤；CK，重盐空白对照土壤；HCK，非根际重盐土壤；MCK，非根际中盐土壤；LCK，非根际轻盐土壤；不同的小写字母表示三种不同的盐度水平和三种土壤样本类型之间的显著性差异

如图 7-7 所示的柱状图，在江苏大丰海涂不同土壤类型中，相同土层间也存在显著的差异。在表层土壤中，孔隙面积按从大到小的顺序为中盐根土、轻盐根土、重盐根土＞中盐对照、轻盐对照、重盐对照、CK；在耕层土壤中，孔隙面积从大到小的顺序为中盐根土、轻盐根土＞中盐对照＞重盐根土、轻盐对照、重盐对照、CK。

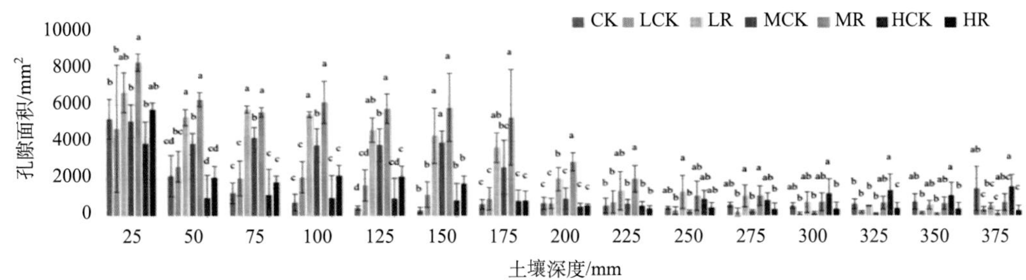

图 7-7　江苏大丰海涂土壤中孔隙的面积随土层深度变化的差异性分析图（不同土壤样品）

H，重盐；M，中盐；L，轻盐；R，根际土壤；CK，重盐空白对照土壤；HCK，非根际重盐土壤；MCK，非根际中盐土壤；LCK，非根际轻盐土壤；不同的小写字母表示三种不同的盐度水平和三种土壤样本类型之间的显著性差异

江苏大丰海涂各土壤类型中不同土层孔隙的总面积如图 7-8 所示，其顺序为中盐根土＞轻盐根土＞中盐对照＞重盐根土＞轻盐对照＞重盐对照＞CK，且 0～200 mm 的孔隙面积远远大于 200～400 mm 的孔隙面积，即孔隙面积最大的两种土壤类型是中盐根际土壤和轻盐根际土壤。

如图 7-9 所示，柱状图展示的是江苏大丰海涂不同类型的土壤分别在 0～200 mm 和 200～400 mm 中孔隙总面积的差异情况。总体趋势与之前所述相近，只是从此图中可以看出，在重盐的空白对照土壤和重盐的非根际土壤中 0～200 mm 和 200～400 mm 中的孔隙总面积相较于其他组的孔隙面积更为相近。除重盐非根际土壤外，其余 6 组的 0～200 mm 土层中的孔隙面积占总孔隙面积的比例均大于 70%，重盐非根际土壤中的孔隙面积占比也大于 50%，即除重盐非根际土壤在 200～400 mm 土层中的孔隙面积占总孔隙面积的比例较大但也小于 50%外，其余 6 组在 200～400 mm 中的孔隙面积占总孔隙面积的比例均小于 30%。表明种植菊芋无论是土壤表层孔隙面积还是土壤空隙总面积都是显著增加的，这将大大加快土壤的脱盐过程。

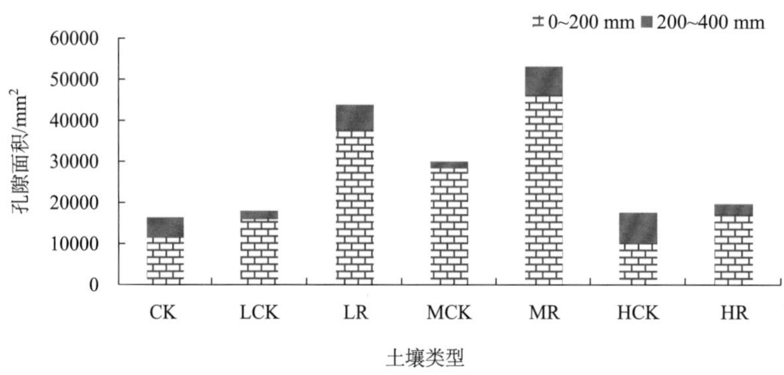

图 7-8　江苏大丰海涂各土壤类型在不同土层中的孔隙面积的相对情况

H，重盐；M，中盐；L，轻盐；R，根际土壤；CK，重盐空白对照土壤；HCK，非根际重盐土壤；MCK，非根际中盐土壤；LCK，非根际轻盐土壤

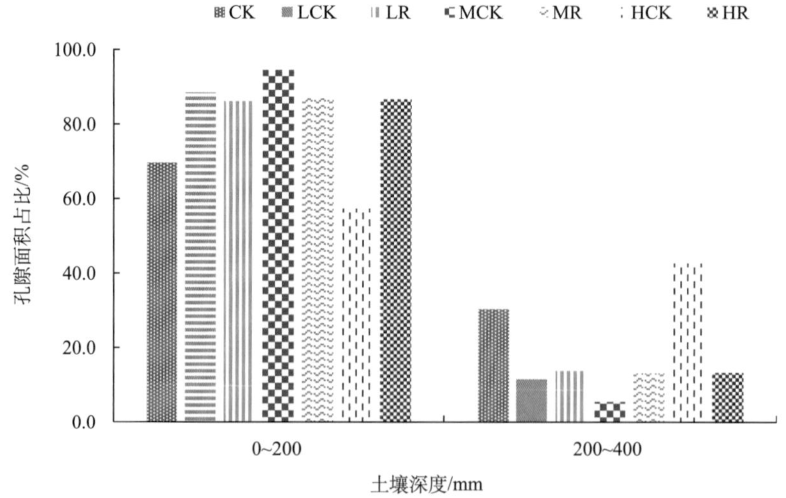

图 7-9　江苏大丰海涂各土壤类型的不同土层中的孔隙面积占比情况

H，重盐；M，中盐；L，轻盐；R，根际土壤；CK，重盐空白对照土壤；HCK，非根际重盐土壤；MCK，非根际中盐土壤；LCK，非根际轻盐土壤；不同小写字母表示三种不同的盐度水平和三种土壤样本类型之间的显著性差异

2. 对江苏大丰滨海盐渍土土壤质地与土壤矿物质的影响

试验的土壤样品应该属于石灰性土壤。在加入 H_2O_2 和 10%的盐酸时均有许多气泡产生，说明土壤中碳酸盐含量较多。对 10 g 土壤样品，通过离心、烘干、称重所得到的黏粒、粉砂粒和细砂粒的重量分别为 0.078 g、6.526 g 和 1.820 g，提取率达到了 84.18%，因而各粒级占总提取量的百分含量分别为 0.93%、77.47%和 21.60%。因为 45%＜77.47%＜85%和 15%＜21.60%＜25%，根据国际制土壤质地分级标准可知土壤质地为粉砂质黏壤土。

如图 7-10 所示，粉砂粒的 XRD 图谱中主要有 d 值为 0.32711 nm 的峰，说明粉砂粒的主要成分是石英。

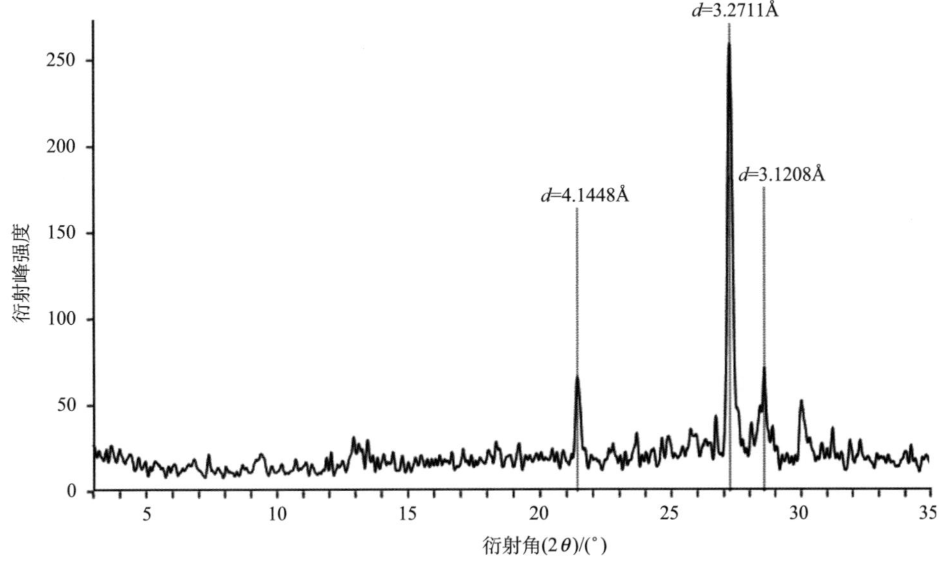

图 7-10　江苏大丰海涂土壤样品中粉砂粒涂片的 X 射线衍射图（XRD）

如图 7-11 所示，江苏大丰海涂盐渍土壤样品在不同盐度环境下的 X 射线衍射图谱中主要的 7 种矿物分别是：石英（2θ=26.64°，20.86°）、方解石（2θ=29.42°）、钠长石（2θ=28.00°，22.06°）、白云母（2θ=35.24°，8.89°）、绿泥石（2θ=12.35°，24.86°）、白云石（2θ=30.95°，50.53°）以及针磷铁矿（2θ=10.48°，23.82°）。SiO_2 含量介于 45%～52%。

土壤中盐分含量和土壤类型的不同都是土壤中矿物质组成存在差异性的原因。如图 7-12 所示，在江苏大丰海涂空白对照土壤和重盐根际土壤中，绿泥石、白云母和针磷铁矿的含量显著高于其他土壤样品中的含量；而石英和方解石却表现出完全相反的规律，其他土壤样品中的含量要显著高于这两种矿物质在空白对照土壤和重盐根际土壤中的含量。在不同的土壤样品中，钠长石的含量没有很显著的差异性，但在根际土壤中的含量略高于其他土壤类型中的含量。

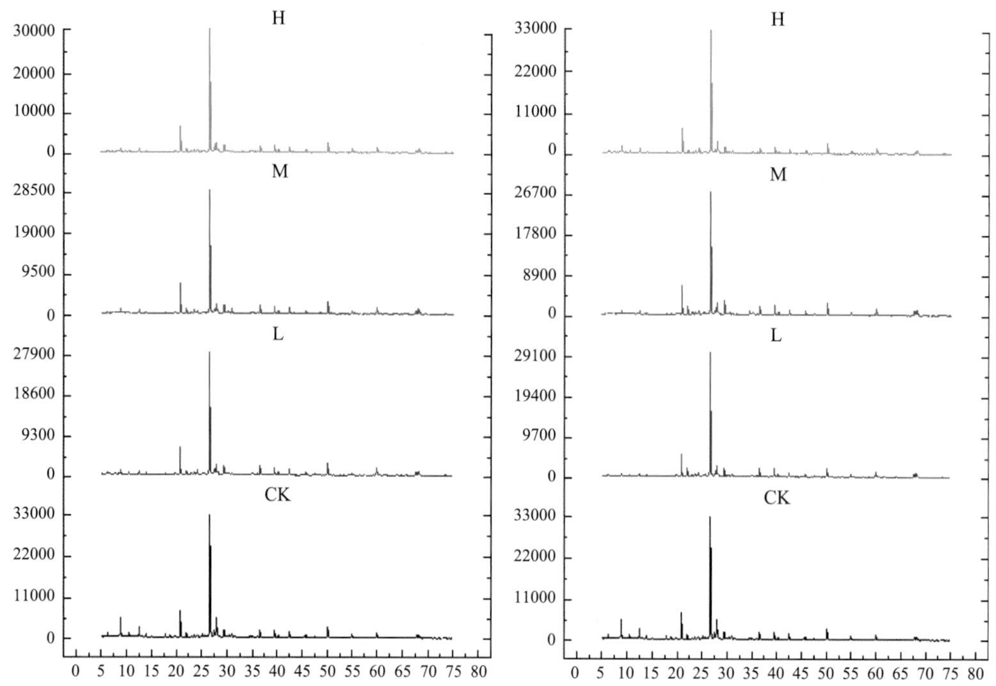

图 7-11　江苏大丰海涂盐渍土壤样品在不同盐度环境下的 X 射线衍射图（XRD）

左图是非根际土壤；右图是根际土壤；CK，重盐空白对照土壤；H，重盐；M，中盐；L，轻盐

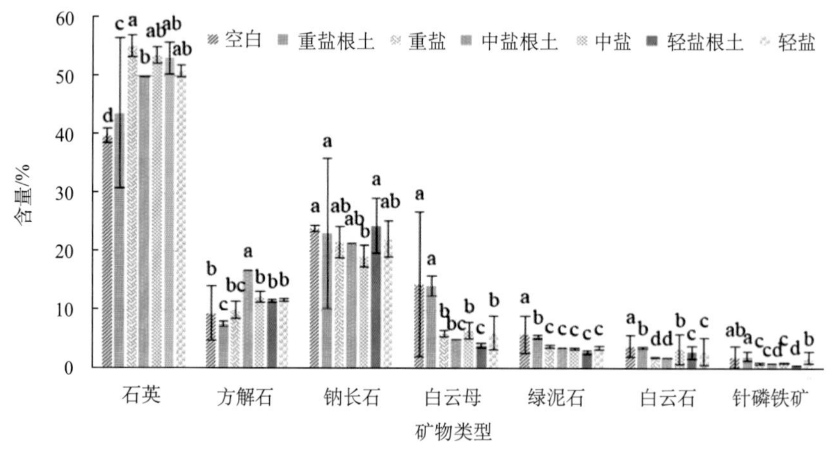

图 7-12　江苏大丰海涂不同土壤环境样品中 7 种矿物质的百分含量

不同的小写字母表示三种不同的盐度水平和三种土壤样本类型之间的显著性差异；由于不同盐度下的值相似，因此柱状图中数据取值为平均值

在江苏大丰海涂不同盐度的土壤样品中，重盐根际土壤中的白云石、绿泥石、白云母和针磷铁矿的含量显著高于非根际土壤，而在中度和轻度含盐的土壤中却表现出相反的规律，即非根际土壤中的含量高于根际土壤中的含量。此外，石英、方解石和钠长石的含量与土壤含盐量有关且呈现负相关关系，而与根际土壤和非根际土壤无关。石英含量的最小值出现在空白对照土壤中，显著低于其他土壤类型（图 7-12）。

7.2.2　种植南菊芋 1 号对江苏大丰盐渍土的生物学效应

了解土壤微生物群落结构和多样性，以及可能具有的功能性，能够在恢复和重建土地生态系统的结构性和功能性方面提供帮助。

新一代测序技术 Illumina MiSeq 很大程度上改善了通量低、步骤烦琐及准确率低等不足，与 Roche454 焦磷酸测序技术相比，具有操作快捷、成本低的优点，同时利用边合成边测序的机理，测序结果有较大的可信任度。Illumina MiSeq 高通量测序平台汇集了 Roche454 焦磷酸测序技术和 Illumina HiSeq2500 的长处，不仅实现了对多个样品的多个可变区同时进行测序，也进一步实现了通量高和速度快。当今 Illumina MiSeq 平台在探究微生物多样性群落结构方面已然有了一定程度的成就。Schmidt 等利用 Illumina MiSeq 测序技术检测出了土壤中真菌微生物的多样性，同时也获得了相对满意的结构。赵爽等利用 Illumina MiSeq 高通量技术详细地对喷施氯苯嘧啶醇后的草坪根际土壤中真菌群落的多样性进行了探究分析。

1. 土壤生物学效应研究方法

南京农业大学海洋科学及其能源生物资源研究所菊芋研究小组利用 Illumina MiSeq 第二代测序技术测定来自江苏省大丰市金海农场同一地区不同盐胁迫程度下的菊芋根际土壤，对其中微生物的组成进行了详尽的分析。

试验样品均采自南京农业大学 863 中试基地江苏省大丰市金海农场（32°59′N，120°49′E）。选择同一地段 4 个不同盐胁迫程度（S1 = 1.2～1.9 g/kg，S2=1.6～1.8 g/kg，S3 = 2.1～2.6 g/kg，S4 = 2.6～3.0 g/kg），4 组的范围值为各处理组土样 0～20 cm 土层内所测得的最小盐度至最大盐度，每个梯度重复三次。于 2014 年 3 月种植南菊芋 1 号，其生长期约 230 d，植株行间距是 60 cm，不同行植株之间的距离是 50 cm。当年 8 月 10 日采集了根际土样。

根据 Riley 和 Barber 的方法[3,4]，每组各随机选取 3～5 株生长状况良好且相似的菊芋，将植株整根拔出，收集轻轻抖落根系而落下的土壤作为非根际土；仔细收集附着在根系上的土壤作为根际土。其中根际土壤样品来自两个盐度组样地（S1=1.2～1.9 g/kg，S4=2.6～3.0 g/kg），收集 0～5 cm 和 5～10 cm 两个剖面深度的土壤。将根际土壤样品保存在无 DNA 自封袋中，用干冰运输到实验室，然后被存储在–20℃冰箱中用于生化分析。其余非根际土则保存在自封袋中，带回实验室，室温风干一个星期后测其理化性质[5]。

江苏大丰盐渍土种植菊芋的土壤脲酶活性的测定：称量过 60 目筛土样 5 g 于 50 mL 锥形瓶中，注入 1 mL 甲苯，放置 15 min。注入 20 mL 柠檬酸盐缓冲液（pH=6.7）和 10 mL 10%尿素并混匀。在恒温箱（37°C）中培养 1 d，取过滤液 3 mL 于 50 mL 容量瓶，加蒸馏水至 20 mL，注入苯酚钠溶液 4 mL 和次氯酸钠溶液 3 mL，静置 20 min 后显色定容。于 578 nm 波长处在分光光度计比色。通过硫酸铵溶液制备含氨标准液，按照上述方法显色定容后比色，绘制标准曲线。土壤脲酶活性通过 37°C 条件下 24 h 单位土壤中氨氮毫克数表示[mg/(g·d)]。

江苏大丰盐渍土种植菊芋的土壤 H_2O_2 酶（catalase）活性的测定：称量过 60 目筛土

样 1～3 g，并放置于 150 mL 的锥形瓶内，将 40 mL 超纯水和 5 mL 的过氧化氢溶液（0.3%）加入锥形瓶中，并摇晃均匀。在 120 r/min 摇床上振荡 30 min 后，立即加入 10 mL 1.5 mol/L H_2SO_4 至反应结束。用中速定性滤纸将瓶中的物质过滤出去，用 25 mL 移液管吸取滤液 25 mL，最后用 0.002 mol/L $KMnO_4$ 溶液滴定至微红色，反应结束。每批试验均设置无土和无基质试验进行对照。土壤过氧化氢酶活性用 30 min 内单位土重消耗 0.002 mol/L 高锰酸钾毫升数表示[mL/(g·30 min)]。

江苏大丰盐渍土种植菊芋的土壤蔗糖酶（invertase）活性的测定：称量过 60 目筛土样 10 g 于 100 mL 容量瓶中，并加入 1.5 mL 甲苯，室温下静置 15 min。注入基质（20%的蔗糖溶液）和磷酸盐缓冲液（pH=5.5）各 10 mL，混匀后在恒温箱（37°C）中培养 1 d，用 38°C 的水稀释瓶中混合物至刻度，继续在恒温箱中培养 1 h。用中速定性滤纸过滤，用 20 mL 移液管吸取滤液 20 mL，并置于 100 mL 锥形瓶内，加入 10 mL 费林试剂和 20 mL 蒸馏水后，100°C 水浴 10 min 后马上用自来水流冷却至 25°C，注入 3 mL KI 溶液（33%）和 4 mL 稀 H_2SO_4 溶液（1∶3）后，配制 0.1 mol/L 的硫代硫酸钠对其进行滴定。在到达终点前加入 0.5 mL 淀粉指示剂，滴定至蓝色刚刚消退为反应结束。每批试验设置无土对照和无基质对照。土壤蔗糖酶活性用 24 h 后单位土重消耗 0.1 mol/L 硫代硫酸钠的毫升数表示[mL/(g·d)]。

江苏大丰盐渍土种植菊芋的土壤 DNA 的提取和纯化：主要是用 PowerSoil DNA Isolation Kit 试剂盒（MO BIO Laboratories Inc.，Carlsbad，CA）提取和纯化，其基本原理是将土壤样品加入离心管中并稍微涡旋混匀后，微生物细胞在机械运动和裂解缓冲液两者作用下产生裂解，释放出核酸、蛋白质等物质，利用除杂性化学试剂的作用来去除掉那些会干扰 DNA 纯度和下游实验的非 DNA 物质，包括一些有机和无机物质，如腐殖质、蛋白质和其余碎片等，等到离心后，特殊的离心柱硅胶滤膜将总基因组 DNA 吸附固定，利用 TE Buffer 将其冲洗后，从滤膜上洗脱下来，最终 DNA 可直接用于扩增、纯化和测序。主要流程如下：

（1）称取 0.30 g 土壤样品到硬质离心管（PowerBead Tubes）中，并轻轻上下混匀，通过其中含有的磷酸盐缓冲液来散开土壤、初步溶解腐殖质和保护核酸避免降解；

（2）加入 60 μL Solution C1（裂解缓冲液），稍涡旋混匀，把硬质离心管固定在涡旋仪上，以最大转速（2800 r/min）连续涡旋振荡 10 min；

（3）在室温条件下 10000 *g* 离心半分钟；

（4）转移上清液（约 450 μL）至一个灭菌过的 2 mL 离心管中，加入 250 μL Solution C2（抑制杂质剂），稍微涡旋混匀，4°C 冰箱静置 5 min 后室温条件下 10000 *g* 离心 1 min；

（5）转移上清液（约 600 μL）至一个灭菌过的 2 mL 离心管中，加入 250 μL Solution C3（另一种抑制杂质剂），稍微涡旋混匀，4°C 冰箱静置 5 min 后在室温条件下 10000 *g* 离心 1 min；

（6）转移上清液（约 700 μL）至一个灭菌过的 2 mL 离心管中，加入 1200 μL Solution C4（高盐溶液），涡旋混匀，4°C 冰箱静置 5 min；

（7）加载约 670 μL 上清液到离心柱硅胶滤膜中，室温 10000 *g* 离心 1 min，舍弃滤液，重复操作到所有上清液被过滤结束；

（8）加入 500 μL Solution C5（乙醇缓冲液）到 Spin Filter 中，室温 10000 *g* 离心半分钟，弃去上清液继续离心；

（9）小心转移离心柱硅胶滤膜到 2 mL 收集试管中，加入 100 μL 无菌 TE Buffer 到离心柱硅胶滤膜中心洗脱 DNA，10000 *g* 离心半分钟，弃去离心柱硅胶滤膜，收集管中 DNA 即可以直接进行后续操作。

DNA 浓度的测定：通过 Nano Drop（ND 1000，Nano Drop，威明顿，美国）分光光度计来测量。

江苏大丰盐渍土种植菊芋的土壤 PCR 扩增：试验中 16S rDNA 测序以 V3+V4 为目标区域来设计引物，V3+V4 区总计约 470 bp，物种不同，该区域长度上也会有所不同。引物设计通过围绕 V3+V4 区域两端的保守区来进行。在每一轮扩增反应结束后，在正反向引物两端分别加上不同的 adapters 和 barcodes，再继续下一步扩增。扩增完成的 PCR 产物纯化之后进行上机测序。PCR 过程中选择的是 50 ng 和 25 μL 体系，并通过 Phusion 酶扩增 30 个循环。引物如下。

319F：5′-ACTCCTACGGAGGCAGCAG-3′；

806R：5′-GGACTACHVGGGTWTCTAAT-3′。

江苏大丰盐渍土种植菊芋的土壤 PCR 扩增后产物的 Illumina 高通量测序：上一步进行 PCR 扩增后的产物通过纯化试剂盒(Takara)进行切胶纯化后，使用一定的 TE Buffer 将产物溶解，然后上机进行 Illumina Miseq 高通量测序，随后对测序数据进行处理和分析。

2. 土壤微生物群落多样性指数计算

群落多样性指数通过以下公式来计算。

1）Shannon 指数

$$H' = -\sum P_i \ln P_i \tag{7-2}$$

式中，H'代表 Shannon 指数；$P_i=n_i/N$，n_i表示第 i 种的个体数目，N 是其所在群落的所有物种个体数目的总和。

2）Chao1 指数

$$C = S_{\text{obs}} + \frac{F_1^2}{2F_2^2} \tag{7-3}$$

式中，C 代表 Chao1 指数；S_{obs}是实际测到的可操作分类单元（OTU）数目；F_1代表只含有一条序列的 OTU 数目；F_2代表只含有两条序列的 OTU 数目。

3）Simpson 指数

$$S = 1 - \sum (n_i / N)^2 \tag{7-4}$$

式中，S 代表 Simpson 指数；n_i是第 i 种的个体数目；N 是其所在群落的所有物种个体数目的总和。

3. 土壤生物学效应数据统计分析

试验中，主要使用 Microsoft Excel 2010 和 SPSS 19.0（IBM，Armonk，New York，USA）、QIIME（quantitative insights into microbial ecology，版本 1.7，http://qiime.org）、Mega（molecular evolutionary genetics analysis，版本 4.0）和 RDP（ribosomal database project，版本 11.3，http://rdp.cme.msu.edu）等统计分析软件。描述性的统计值使用平均值±标准误差（mean ± SE）表示；采用 Duncan 新复极差法来进行显著性检验，在 $P\leqslant0.05$ 时差异显著，在 $P<0.01$ 时差异极显著；采用皮尔逊相关系数（Pearson correlation coefficient）来表征不同数据间相关性大小。

4. 南菊芋 1 号种植对土壤的生物学效应

微生物作为土壤环境中活动最积极的组成部分，也有着最丰富的结构和功能。它在土壤形成、发展、发育和退化的过程中起到了重要的作用，也加入了土壤生化地质循环与能量流动中来维持着系统的健康运转，其中主要有土壤养分元素循环、空气中氮素固定、污染材质的净化和其他物质的转化等[6,7]。土壤微生物维护着土壤酶活性，并能储存生物体中的物质和能量，主要包括营养元素[8]。土壤微生物群落受到土壤肥力、酸碱性、土壤质地、含水率和孔隙度等条件的制约和影响，同时人类活动包括土壤的利用与破坏也会使微生物群落产生变化。

1）南菊芋 1 号种植对江苏大丰盐渍土酶活性的影响

植物根系生长状态直接影响土壤酶活性的动态变化，如图 7-13 所示，江苏大丰盐渍土菊芋种植土壤脲酶活性具有随着土层深度的增加而逐渐降低的趋势，但是过氧化氢酶和蔗糖酶活性的变化不同。土壤脲酶含量在含盐量为 1.2～1.9 g/kg（S1）的 0～5 cm 土壤层中最高，土壤脲酶含量高达 1.25 mg/(g • d)，在含盐量为 2.6～3.0 g/kg（S4）的 15～20 cm 土壤层中土壤脲酶含量最低，仅有 0.40 mg/(g • d)。土壤过氧化氢酶含量变化并不大，平均含量约为 11.07 mL/(g • 30 min)。土壤蔗糖酶含量在含盐量为 1.2～1.9 g/kg（S1）的 0～5 cm 土壤层最高，为 50.99 mL/(g • d)，含盐量为 2.1～2.6 g/kg（S3）的 15～20 cm 土壤层中土壤蔗糖酶含量最低，仅有 19.96 mL/(g • d)。

从表 7-4 可以看出，江苏大丰菊芋种植土壤脲酶活性与菊芋根长密度呈极显著正相关关系（$P<0.01$），与菊芋根鲜质量呈显著正相关关系（$P<0.05$），与土壤 pH 呈显著负相关关系（$P<0.05$），而与土壤可溶性盐含量、土壤含水量及土壤盐水比之间没有显著相关关系。土壤过氧化氢酶与菊芋根长密度呈极显著正相关关系（$P<0.01$），与菊芋根鲜质量呈显著正相关关系（$P<0.05$），与土壤 pH 呈显著负相关关系（$P<0.05$），与土壤可溶性盐和土壤盐水比呈极显著负相关关系（$P<0.01$），而与土壤含水量没有显著相关关系。土壤蔗糖酶与菊芋根长密度、根鲜质量和土壤含水量均没有显著相关关系，但是与土壤 pH 呈显著负相关关系（$P<0.05$），与土壤可溶性盐含量和土壤盐水比呈极显著负相关关系（$P<0.01$）。

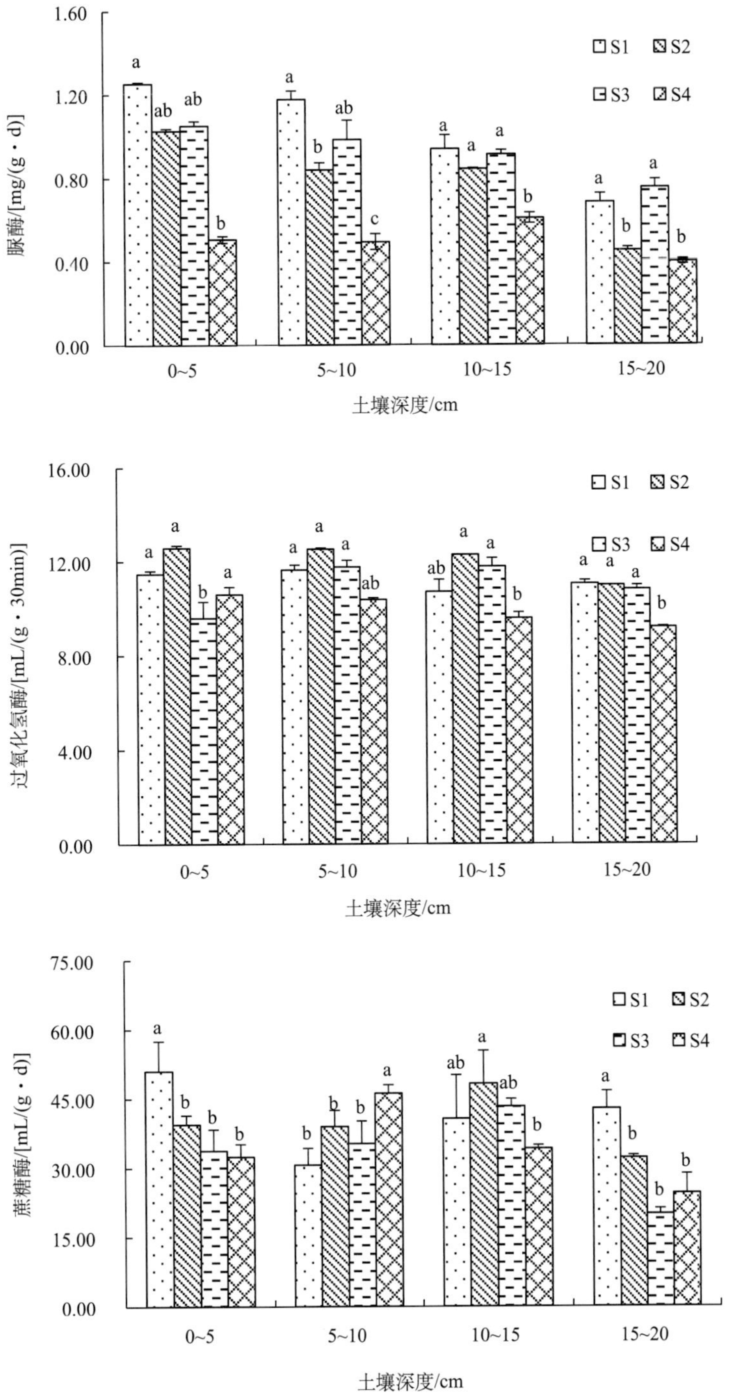

图 7-13　江苏大丰菊芋种植不同土壤深度脲酶、过氧化氢酶和蔗糖酶活性的变化

从江苏大丰滨海盐渍土中主要酶活性与菊芋生长及土壤障碍因子相关性分析结果来看，影响土壤酶活性的主要因子是菊芋的根长密度与菊芋根鲜质量，土壤含盐量在 1.2～3.0 g/kg 时含盐量对土壤主要酶活性基本没有影响，而土壤 pH 与土壤主要酶活性呈负相

关，根据作者对南菊芋 1 号生物学特性的研究成果，在土壤含盐量 3 g/kg 左右时，其生长没有受显著影响，而对土壤 pH 比较敏感，似乎验证了菊芋生长状况是影响江苏大丰滨海盐渍土主要酶活性的首要因子。

表 7-4 江苏大丰脲酶、过氧化氢酶、蔗糖酶与菊芋根系分布及土壤理化性质的相关性

项目	脲酶	过氧化氢酶	蔗糖酶
根长密度	0.406**	0.424**	0.281
根鲜质量	0.363*	0.295*	0.206
pH	–0.285*	–0.287*	–0.319*
土壤可溶性盐含量	–0.208	–0.475**	–0.424**
土壤含水量	0.196	–0.265	0.065
土壤盐水比	–0.241	–0.461**	–0.445**

*显著性水平 $P<0.05$，**显著性水平 $P<0.01$。

2）南菊芋 1 号种植对江苏大丰盐渍土微生物多样性的影响

土壤是植物根系的直接接触者，土壤微生物的多样性及其对植物生长的影响是很多学者尤为关心的话题。据研究，有数万个物种、数百亿单位微生物存在于单位质量的土壤中[9]，南京农业大学海洋科学及其能源生物资源研究所菊芋研究小组探索了在低盐胁迫和高盐胁迫下，根际土壤微生物多样性和丰度的变化规律，探究分析微生物群落的结构组成、相关的功能、土壤理化性质与各细菌门、纲、属和相关微生物多样性指数的相互关系，以揭示菊芋、微生物、土壤的相互关系、作用过程与特征，旨在阐明菊芋在这一体系中的生态功能。

（1）江苏大丰南菊芋 1 号根际土壤微生物丰富度分析

在江苏大丰不同含盐量土壤菊芋种植试验的基础上，南京农业大学海洋科学及其能源生物资源研究所菊芋研究小组对所采集的大量信息与数据，通过一系列的优化过程，每个重复获得超过 15500 个有效读取；经质量过滤后，平均每个读取的序列长度为 100 bp。如图 7-14 所示，土壤含盐量 2.6～3.0 g/kg（S4）处理组的 0～5 cm 和 5～10 cm 土层与土壤含盐量 1.2～1.9 g/kg（S1）处理组相同土层比较，OTU 数目要多 1600 个。

生物多样性测定主要有三个空间尺度，从小到大分别为 α 多样性、β 多样性和 γ 多样性。α 多样性主要关注局域均匀生境下的物种数目，β 多样性是指沿着环境梯度不同生境群落之间物种组成的相异性或物种沿着环境梯度的更替速率，γ 多样性描述区域或大陆尺度的多样性，是指区域或大陆尺度的物种数量，也被称为区域多样性。为探索江苏大丰不同程度盐渍土菊芋种植下不同空间尺度的土壤生物多样性特征，分别利用信息熵原理，对土壤微生物种类丰富度与种类个体的均匀性进行分析，以香农指数表征不同生境群落之间物种组成的相异性或物种沿着环境梯度的更替速率；基于对 OTU 的分析，用 Chao1 指数表征不同盐分含量土壤微生物多样性和不同微生物的丰度；用辛普森指数表征同一盐分含量土壤均匀生境下的物种数目，辛普森指数越大，表示同一均匀生境内的微生物多样性越高。并将 OTU 数目、香农指数、Chao1 指数、辛普森指数（10^{-2}）分别列于表 7-5。

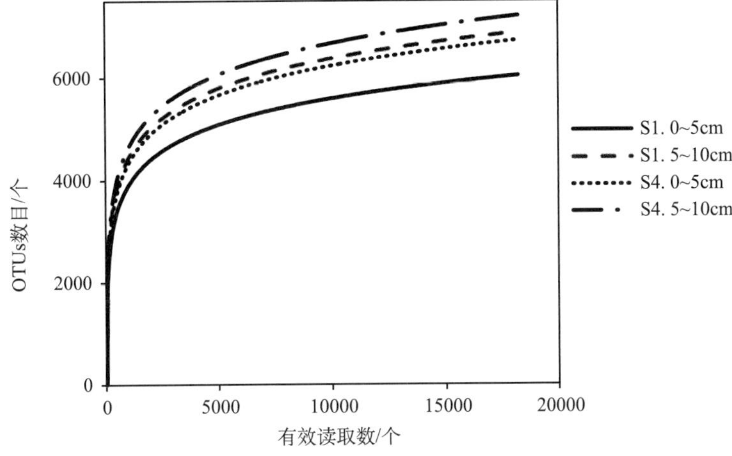

图 7-14　不同样地土壤微生物群落的稀释曲线

数据来自于平均值（n=3）表示两个不同盐胁迫水平（S1 和 S4）以及两个土壤深度（0～5 cm 和 5～10 cm）；未知的门序列被分类到其他

表 7-5　江苏大丰不同盐胁迫土壤微生物群落 OTUs 数目及多样性指数

处理组	土层深度/cm	OTU 数目	香农指数	Chao1 指数	辛普森指数（10^{-2}）
S1	0～5	4349b	12.09c	9462196c	0.023a
	5～10	5106b	12.32b	13085704bc	0.020b
S4	0～5	5993a	12.55a	18007051b	0.017c
	5～10	6833a	12.73a	23645582a	0.015c

注：数据表示为平均值（n=3）；不同土壤样品中相关指数的显著性差异用不同字母表示（P≤0.05）。

如表 7-5 所示，土壤含盐量 2.6～3.0 g/kg（S4）处理组土壤中 5～10 cm 土层 OTUs 达 5993 种，5～10 cm 土层 OTUs 达 6833 种，下层土壤中的 OTUs 明显高于表层土壤；土壤含盐量 1.2～1.9 g/kg（S1）处理组 0～5 cm 土层 OTUs 达 4349 种，5～10 cm 土层为 5106 种。不管是高含盐量还是低含盐量土壤，5～10 cm 土层的微生物种群数量总是高于 0～5 cm 土层微生物种群数，而高含盐量土壤的微生物种群数量总是高于低含盐量土壤的微生物种群数。香农指数、Chao1 指数也反映出高含盐量土壤微生物多样性高于低含盐量土壤微生物多样性，下层土壤微生物多样性高于上层土壤微生物多样性，造成这一变化规律的原因主要是下层土壤、高含盐量土壤中微生物均匀性高于表层土壤与低含盐量土壤。香农指数、Chao1 指数包含种类数目即丰富度，种类中个体分配上的平均性（equitability）或均匀性（evenness）两个因素。辛普森指数表征局域均匀生境下的物种数目，不存在种类中个体分配上的平均性（equitability）或均匀性（evenness）差异，导致物种数目变化即丰富度与生物多样性呈现出一致性，即表层土壤与低含盐量土壤微生物的丰富度与多样性同时高于下层土壤、高含盐量土壤微生物的丰富度与多样性。

（2）江苏大丰南菊芋 1 号根际土壤微生物分类范围

南京农业大学海洋科学及其能源生物资源研究所菊芋研究小组经研究发现，江苏大丰不同含盐量土壤菊芋种植土壤微生物在门水平上有 9 个群落，分别为变形菌门、酸杆菌门、拟杆菌门、放线菌门、厚壁菌门、绿弯菌门、芽单胞菌门、疣微菌门、浮霉菌门，还有其他门。

在江苏大丰海涂，除了土壤含盐量 1.2～1.9 g/kg（S1）处理组的 0～5 cm 土层中的变形菌门、酸杆菌门两个门群落所占百分数显著高于土壤含盐量 2.6～3.0 g/kg（S4）处理组的 0～5 cm 土层外，其他门菌落百分比变化不大，但每个处理组中每个门的分布变化是多样的。在所有的样本中，变形菌门（Proteobacteria）、酸杆菌门（Acidobacteria）、拟杆菌门（Bacteroidetes）和放线菌门（Actinobacteria）是最主要的四大门类，占了所有读取的 80%以上。与高盐胁迫的土壤含盐量 2.6～3.0 g/kg（S4）组相比，低盐胁迫的土壤含盐量 1.2～1.9 g/kg（S1）组中的变形菌门（1.3 倍）、酸杆菌门（1.4 倍）、绿弯菌门（Chloroflexi）（1.4 倍）和芽单胞菌门（Gemmatimonadetes）（1.9 倍）有较高的百分比，而厚壁菌门（Firmicutes）（1.1 倍）和疣微菌门（Verrucomicrobia）（1.2 倍）的百分比较低。拟杆菌门、放线菌门和浮霉菌门（Planctomycetes）三个门类的百分比在土壤含盐量 1.2～1.9 g/kg（S1）和土壤含盐量 2.6～3.0 g/kg （S4）两个处理组中相似（图 7-15）。

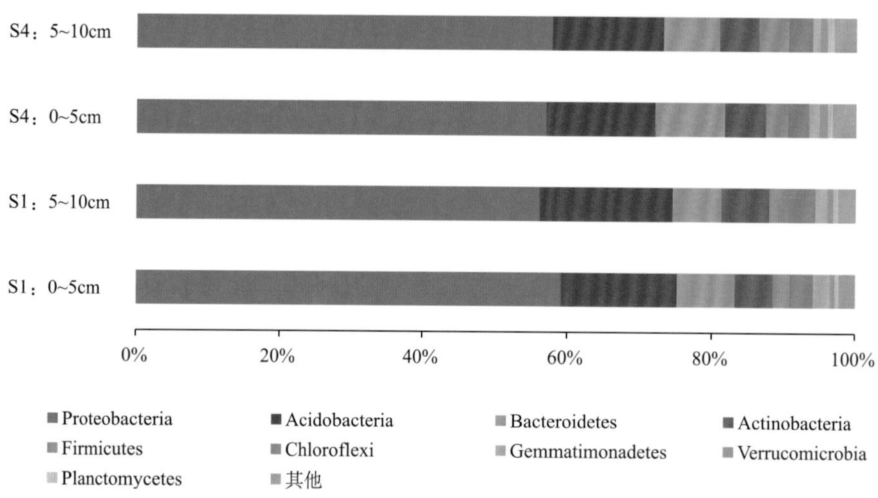

图 7-15　江苏大丰不同样地土壤微生物门水平上的群落组成

江苏大丰海涂盐渍土，土壤微生物在属水平上，除了 *Loktanella*、*Salinimicrobium*、*Kordiimonas* 和 *Muricauda* 没有在土壤含盐量 1.2～1.9 g/kg（S1）组样品中发现，*Aquabacterium*，Gp13 和 *Klebsiella* 没有在土壤含盐量 2.6～3.0 g/kg（S4）组中发现外，在所有的样品中均发现 643 个属。

江苏大丰海涂盐渍土所有样品中，低盐胁迫的 1.2～1.9 g/kg（S1）组中的 *Steroidobacter*、*Sphingomonas*、*Kofleria*、*Pseudolabrys*、*Desertibacter*、*Gaiella*、*Dongia*、*Iamia*、*Flavobacterium*、*Tistlia*、*Janthinobacterium*、*Blastobacter*、*Aminobacter* 和 *Pseudoxanthomonas* 14 个属占的百分比明显高于高盐胁迫的土壤含盐量 2.6～3.0 g/kg（S4）组。而 *Pelagibius*、*Rhodoligotrophos*、*Thiohalomonas*、*Limimonas*、*Thermoleophilum*、

Roseicyclus、*Azoarcus*、*Euzebya*、*Fulvivirga*、*Haliea*、*Rubribacterium* 和 *Thioalkalispira* 12 个属在土壤含盐量 2.6～3.0 g/kg（S4）组占的百分比高于土壤含盐量 1.2～1.9 g/kg（S1）组（表 7-6）。

表 7-6　不同土壤样品中微生物属的分布特征

属	S1		S4	
	0～5 cm 土层/%	5～10 cm 土层/%	0～5 cm 土层/%	5～10 cm 土层/%
Steroidobacter	2.63±0.11ab	2.93±0.22a	1.88±0.52bc	1.54±0.12c
Sphingomonas	2 .51±0.61ab	3.29±0.38a	1.26±0.20bc	1.06±0.14c
Thioprofundum	1.10±0.28b	1.28±0.09ab	1.57±0.18ab	1.98±0.24a
Pelagibius	0.93±0.26b	0.91±0.05b	1.73±0.37ab	2.14±0.27a
Blastocatella	1.54±0.12ab	1.04±0.01b	2.28±0.58a	2.00±0.26ab
Rhodoligotrophos	0.86±0.14b	0.93±0.08b	1.13±0.23ab	1.56±0.10a
Nitrosospira	1.11±0.11ab	1.14±0.11a	0.67±0.33ab	0.49±0.06b
Nitriliruptor	0.57±0.13bc	0.40±0.02c	0.83±0.21b	1.30±0.04a
Albidovulum	0.59±0.12b	0.65±0.07ab	0.91±0.15ab	1.00±0.04a
Gp3	0.77±0.10b	1.03±0.04a	0.66±0.09b	0.60±0.06b
Nitrospira	0.67±0.04ab	0.88±0.04a	0.61±0.10b	0.78±0.09ab
Aciditer	0.72±0.01a	0.75±0.05a	0.58±0.03b	0.60±0.02b
Kofleria	0.88±0.09a	0.85±0.03a	0.60±0.05b	0.61±0.08b
Thiohalomonas	0.39±0.15b	0.32±0.06b	0.70±0.14ab	0.93±0.14a
Limimonas	0.39±0.12c	0.31±0.01bc	0.82±0.23ab	0.98±0.08a
Dongia	0.65±0.09b	0.92±0.04a	0.35±0.09c	0.31±0.05c
Lewinella	0.49±0.11b	0.57±0.04b	0.58±0.09b	0.91±0.05a
Salisaeta	0.44±0.06b	0.46±0.03b	0.60±0.08b	0.91±0.05a
Pseudolabrys	0.54±0.01ab	0.66±0.09a	0.39±0.03b	0.43±0.03b
Desulfovermiculus	0.50±0.02ab	0.53±0.06a	0.34±0.08b	0.39±0.04ab
Thermoleophilum	0.31±0.06b	0.29±0.01b	0.45±0.04a	0.44±0.02a
Desertibacter	0.54±0.07a	0.54±0.02a	0.35±0.04b	0.29±0.05b
Roseicyclus	0.30±0.06b	0.25±0.03b	0.65±0.09a	0.50±0.04a
Litorilinea	0.38±0.03ab	0.32±0.07b	0.45±0.02ab	0.47±0.04a
Azoarcus	0.29±0.07b	0.26±0.03b	0.57±0.12a	0.65±0.04a
Euzebya	0.26±0.06b	0.21±0.01b	0.40±0.09ab	0.51±0.04a
Gaiella	0.42±0.08a	0.42±0.02a	0.24±0.03b	0.22±0.04b
Fulvivirga	0.24±0.06bc	0.14±0.01c	0.50±0.18ab	0.73±0.01a
Iamia	0.32±0.01ab	0.39±0.03a	0.25±0.04b	0.24±0.02b
Haliea	0.23±0.05bc	0.18±0.01c	0.37±0.08ab	0.52±0.03a
Flavobacterium	0.44±0.06a	0.32±0.03ab	0.13±0.02c	0.23±0.04bc

续表

属	S1		S4	
	0～5cm 土层/%	5～10cm 土层/%	0～5cm 土层/%	5～10cm 土层/%
Pseudofulvimonas	0.34±0.03ab	0.21±0.03b	0.44±0.05a	0.32±0.03ab
Rhodoplanes	0.26±0.02ab	0.32±0.04a	0.21±0.01b	0.23±0.04ab
Rubribacterium	0.21±0.07b	0.19±0.04b	0.45±0.16a	0.37±0.05ab
Tistlia	0.28±0.01ab	0.33±0.05a	0.18±0.05b	0.16±0.03b
Janthinobacterium	0.38±0.08a	0.66±0.15a	0.06±0.03b	0.09±0.01b
Blastobacter	0.34±0.09a	0.31±0.24a	0.12±0.02b	0.13±0.09b
Pseudoxanthomonas	0.43±0.11a	0.34±0.05a	0.06±0.02b	0.11±0.00b
Porticoccus	0.14±0.03b	0.10±0.02b	0.21±0.02b	0.35±0.07a
Oceanibaculum	0.13±0.04b	0.21±0.03ab	0.2±0.04ab	0.31±0.04a
Skermanella	0.22±0.02b	0.32±0.03a	0.06±0.01c	0.06±0.01c
Levilinea	0.16±0.01ab	0.11±0.02b	0.17±0.02ab	0.21±0.04a
Filomicrobium	0.16±0.01ab	0.13±0.03b	0.14±0.01ab	0.19±0.01a
Shinella	0.22±0.07ab	0.29±0.02a	0.08±0.01c	0.10±0.03bc
Brevundimonas	0.26±0.06a	0.21±0.02ab	0.12±0.06ab	0.08±0.05b
Pimelobacter	0.19±0.05a	0.17±0.01ab	0.12±0.03ab	0.07±0.02b
Terrimonas	0.26±0.06a	0.37±0.04a	0.08±0.03b	0.07±0.02b
Gp26	0.12±0.01b	0.16±0.02ab	0.14±0.03b	0.22±0.03a
Elioraea	0.14±0.01ab	0.18±0.01a	0.11±0.02bc	0.07±0.01c
Hoeflea	0.10±0.02ab	0.06±0.01b	0.13±0.03ab	0.18±0.05a
Sphingopyxis	0.20±0.04ab	0.21±0.04a	0.09±0.03b	0.10±0.02b
Limnobacter	0.19±0.03a	0.14±0.02ab	0.07±0.04bc	0.04±0.00c
Thioclava	0.10±0.02ab	0.06±0.00b	0.18±0.04a	0.17±0.04a
Pannonibacter	0.09±0.01bc	0.07±0.01c	0.17±0.04a	0.16±0.01ab
Labrenzia	0.05±0.03b	0.02±0.00b	0.15±0.03a	0.21±0.03a
Azohydromonas	0.21±0.04a	0.15±0.02ab	0.10±0.02b	0.08±0.01b
Microbulbifer	0.07±0.02b	0.08±0.02b	0.12±0.01b	0.19±0.03a
Parasegetibacter	0.14±0.01ab	0.16±0.02a	0.10±0.01ab	0.08±0.03b
Piscinibacter	0.14±0.02a	0.15±0.02a	0.08±0.00b	0.08±0.02b
Hyphomicrobium	0.06±0.03b	0.13±0.01a	0.08±0.01ab	0.10±0.02ab
Caldilinea	0.14±0.03a	0.14±0.01a	0.08±0.01b	0.08±0.03b
Luteolibacter	0.08±0.01b	0.07±0.02b	0.24±0.05a	0.25±0.04a
Sediminibacter	0.06±0.02b	0.02±0.01b	0.13±0.02a	0.15±0.01a
Sphingobium	0.20±0.07a	0.18±0.03ab	0.06±0.02ab	0.05±0.02b
Nocardioides	0.12±0.02ab	0.15±0.04a	0.06±0.02b	0.05±0.01b
Rhodovulum	0.05±0.02b	0.06±0.02b	0.13±0.04ab	0.17±0.00a
Massilia	0.17±0.05a	0.30±0.07a	0.03±0.01b	0.01±0.00b

续表

属	S1		S4	
	0～5cm 土层/%	5～10cm 土层/%	0～5cm 土层/%	5～10cm 土层/%
Thauera	0.10±0.02b	0.15±0.00a	0.06±0.02b	0.06±0.01b
Georgfuchsia	0.13±0.02a	0.11±0.02a	0.06±0.01b	0.06±0.01b
Aminobacter	0.24±0.03a	0.26±0.07a	0.12±0.04b	0.16±0.05b
Thioalkalispira	0.13±0.04b	0.14±0.01b	0.25±0.04ab	0.31±0.04a

注：数据为平均值±标准误（n=3）；不同土壤样品中相关指数的显著性差异用不同字母表示（P≤0.05）。

① 江苏大丰南菊芋 1 号根际土壤理化性质对各细菌门的影响。南京农业大学海洋科学及其能源生物资源研究所菊芋研究小组通过对江苏大丰土壤含盐量 1.2～1.9 g/kg（S1）组、土壤含盐量 2.6～3.0 g/kg（S4）组土壤理化性质与各细菌门的关联系数及相关性分析发现，土壤 pH 对江苏大丰盐渍土中厚壁菌门和芽单胞菌门在土壤微生物中的相对丰富度的影响最大，关联系数分别为 0.658 和–0.840。土壤可溶性盐含量对芽单胞菌门、土壤含水量对芽单胞菌门在土壤微生物中的相对丰富度的影响最大，关联系数分别为 0.844 和–0.733。脲酶对芽单胞菌门在土壤微生物中的相对丰富度的影响最大，关联系数为–0.585。过氧化氢酶对厚壁菌门和浮霉菌门在土壤微生物中的相对丰富度的影响较大，关联系数分别为 0.662 和–0.707。蔗糖酶对芽单胞菌门和放线菌门在土壤微生物中的相对丰富度的影响较大，关联系数分别为 0.285 和–0.509。

如表 7-7 所示，土壤中各理化性质与变形菌门、酸杆菌门、拟杆菌门、放线菌门和绿弯菌门均无显著相关关系。而厚壁菌门与土壤 pH、土壤可溶性盐含量、土壤含水量、土壤盐水比、过氧化氢酶均呈现显著相关关系。芽单胞菌门除了蔗糖酶外，与其他土壤理化性质均呈现显著或极显著相关关系。疣微菌门与土壤 pH、土壤含水量以及脲酶呈现显著相关关系。

表 7-7　江苏大丰土壤理化性质和变形菌门等细菌门的相关系数

项目	变形菌门	酸杆菌门	拟杆菌门	放线菌门	厚壁菌门
pH	–0.003	–0.422	0.291	0.099	0.658*
土壤可溶性盐含量	0.014	–0.384	0.293	0.054	0.622*
土壤含水量	–0.284	–0.109	0.198	0.004	0.587*
土壤盐水比	0.045	–0.403	0.297	0.067	0.601*
脲酶	–0.015	–0.341	0.516	–0.266	0.413
过氧化氢酶	0.151	0.263	–0.490	0.502	–0.662*
蔗糖酶	0.269	–0.086	–0.116	–0.509	0.181

项目	绿弯菌门	芽单胞菌门	疣微菌门	浮霉菌门
pH	–0.329	–0.840**	0.635*	0.548
土壤可溶性盐含量	–0.232	–0.844**	0.531	0.487
土壤含水量	0.061	–0.733**	0.677*	0.589*
土壤盐水比	–0.259	–0.826**	0.500	0.450
脲酶	–0.294	–0.585*	0.578*	0.282
过氧化氢酶	0.176	0.592*	–0.571	–0.707
蔗糖酶	–0.016	0.285	–0.236	0.020

*显著性水平 P<0.05，**显著性水平 P<0.01。

②江苏大丰南菊芋 1 号根际土壤理化性质对各细菌纲的影响。表 7-8 为江苏大丰盐渍土几种土壤因素对各细菌纲的关联系数及相关性，由表可知，pH 对 β-变形菌纲在土壤微生物中的相对丰富度影响最大，关联系数为–0.829。土壤可溶性盐含量对酸杆菌-Gp10 在土壤微生物中的相对丰富度影响最大，关联系数为–0.548。土壤盐水比对 β-变形菌纲在土壤微生物中的相对丰富度影响最大，关联系数为–0.845。脲酶对 β-变形菌纲在土壤微生物中的相对丰富度影响最大，关联系数为–0.774。过氧化氢酶对 β-变形菌纲在土壤微生物中的相对丰富度影响最大，关联系数为 0.779。蔗糖酶对放线菌纲在土壤微生物中的相对丰富度影响最大，关联系数为–0.475。

表 7-8　江苏大丰土壤因素和 α-变形菌纲等细菌纲的相关系数

项目	α-变形菌纲	γ-变形菌纲	Δ-变形菌纲	放线菌纲	β-变形菌纲
pH	0.220	0.719**	–0.109	0.053	–0.829**
土壤可溶性盐含量	0.447	0.418	0.010	–0.016	–0.867**
土壤含水量	0.083	0.333	0.115	–0.039	–0.781**
土壤盐水比	0.474	0.413	–0.008	–0.003	–0.845**
脲酶	0.506	0.516	–0.403	–0.338	–0.774**
过氧化氢酶	–0.281	–0.293	–0.046	0.536	0.779**
蔗糖酶	–0.361	0.336	0.327	–0.475	0.191

项目	酸杆菌-Gp6	鞘氨醇杆菌纲	酸杆菌-Gp4	酸杆菌-Gp10
pH	–0.517	0.066	0.032	0.243
土壤可溶性盐含量	–0.548	0.063	–0.049	0.414
土壤含水量	–0.232	–0.043	0.009	0.341
土壤盐水比	–0.565	0.077	–0.048	0.399
脲酶	–0.441	0.068	0.289	0.135
过氧化氢酶	0.330	–0.189	–0.046	–0.297
蔗糖酶	0.001	–0.291	–0.428	0.043

*显著性水平 P<0.05，**显著性水平 P<0.01。

土壤中各理化性质与 α-变形菌纲、Δ-变形菌纲、放线菌纲、酸杆菌-Gp6、鞘氨醇杆菌纲、酸杆菌-Gp4 和酸杆菌-Gp10 均无显著相关关系。γ-变形菌纲仅与土壤 pH 呈现极显著相关关系。而 β-变形菌纲除了蔗糖酶外，与其他土壤理化性质均呈现极显著相关关系。

③江苏大丰南菊芋 1 号根际土壤理化性质对各细菌属的影响。江苏大丰土壤因素和各细菌属的相关系数分析如表 7-9 所示。由表 7-9 可知，土壤可溶性盐含量对 Gp6、*Geminicoccus*、Gp10、*Steroidobacter*、Gp4、*Gemmatimonas*、*Sphingomonas* 和 *Thioprofundum* 等 8 个细菌属在土壤微生物中的相对丰富度影响最大，关联系数分别为–0.497、0.604、0.494、0.784、–0.531、–0.837、–0.756、0.738。土壤含水量对 *Sphingomonas* 在土壤微生物中的相对丰富度影响最大，关联系数为 0.828。脲酶与过氧化氢酶对 *Steroidobacter* 在土壤微生物中的相对丰富度影响最大，关联系数分别为 0.851 和 0.815。蔗糖酶对溶杆菌属

在土壤微生物中的相对丰富度影响最大，关联系数为 0.715。

表 7-9　江苏大丰土壤理化性质对各细菌属的相关系数

项目	Gp6	*Geminicoccus*	溶杆菌属	Gp10	*Steroidobacter*
pH	−0.468	0.468	0.109	0.338	−0.768**
土壤可溶性盐含量	−0.497	0.604*	0.199	0.494	−0.784**
土壤含水量	−0.172	0.432	−0.024	0.410	−0.716**
土壤盐水比	−0.517	0.597*	0.225	0.477	−0.763**
脲酶	−0.402	0.183	0.347	0.213	−0.851**
过氧化氢酶	0.261	−0.201	0.057	−0.402	0.815**
蔗糖酶	0.032	−0.478	−0.715**	0.097	0.066

项目	Gp4	芽单胞菌属	鞘氨醇单胞菌属	*Thioprofundum*
pH	−0.480	−0.835**	−0.768**	0.514
土壤可溶性盐含量	−0.531	−0.837**	−0.756**	0.738**
土壤含水量	−0.387	−0.720**	−0.828**	0.683**
土壤盐水比	−0.522	−0.820**	−0.722**	0.711**
脲酶	−0.395	−0.570	−0.670*	0.389
过氧化氢酶	0.475	0.560	0.669*	−0.718**
蔗糖酶	−0.477	0.326	−0.041	−0.078

*显著性水平 $P<0.05$，**显著性水平 $P<0.01$。

江苏大丰各土壤因素与 Gp6、Gp10、Gp4 均无显著相关关系。*Geminicoccus* 与土壤可溶性含盐量及土壤盐水比呈现显著相关关系。溶杆菌属仅与蔗糖酶呈现极显著相关关系，而 *Steroidobacter* 和 *Sphingomonas* 与除蔗糖酶外的其他土壤理化性质均呈现极显著或显著相关关系。*Gemmatimonas* 与土壤 pH、土壤可溶性盐含量、土壤含水量及土壤盐水比均呈现极显著相关关系。*Thioprofundum* 与土壤可溶性盐含量、土壤含水量、土壤盐水比及过氧化氢酶呈现极显著相关关系。

3）江苏大丰土壤酶活性及其与菊芋根际微生物的关系

土壤酶活性是土壤养分循环和土壤肥力的重要参数，所以是一个重要的土壤生物化学指标[10]。土壤过氧化氢酶几乎存在于所有的土壤需氧型微生物中[11]，随着江苏大丰土壤可溶性盐含量的增加，土壤蔗糖酶和过氧化氢酶的活性显著降低，表明了江苏大丰土壤需氧型微生物受到抑制，土壤生态系统功能因盐胁迫而受损害。脲酶和过氧化氢酶是菊芋的根长密度和根鲜质量的重要影响因素，土壤 pH、土壤可溶性盐含量及其盐水比共同影响土壤过氧化氢酶和蔗糖酶的活性大小。在高盐胁迫下，某些微生物种群的大量减少，可能导致土壤过氧化氢酶的活性有所下降。例如，*Sphingomonas* 属于专业需氧型微生物，并能够产生氧化还原介质[12]。此外，*Steroidobacter* 中的某些属种严格好氧，与土壤过氧化氢酶活性有积极的关系[13]。因此，江苏大丰土壤中过氧化氢酶活性降低，可能是 *Sphingomonas* 和 *Steroidobacter* 等微生物在高含盐量土壤中减少的原因之一。

通过对测序所得的 OTU 聚类分析得到的代表序列是进行物种分类的基本依据，然后再通过对 OTU 聚类分析获得的物种分类进行相关分析，能够较准确地反映一个或多个样品在不同分类水平上的物种组成比例状况，从而表征在不同分类水平上的样本微生物群落结构，这是当代土壤微生物研究的重要手段。

通过对江苏大丰种植菊芋的土壤样品测序所得的 OTU 聚类分析，所有样品总计获得了 32 个土壤细菌门，虽然各个样地土壤的细菌组成总体上表现出很高的相似性，但是具体到每个门组成的比例又表现出一定的差异性。在江苏大丰种植菊芋的所有土壤样品中，变形菌门（Proteobacteria）、酸杆菌门（Acidobacteria）、拟杆菌门（Bacteroidetes）和放线菌门（Actinobacteria）是土壤中的优势菌种，占所有微生物的 80%以上。其中变形菌门是土壤中存在最广泛的细菌种群之一，作为一种革兰氏阴性菌，其外细胞膜主要是多糖类物质，大部分都是厌氧异养型，主要利用鞭毛或者滑行来运动，它包括很多和固氮作用相关的菌属，比如根瘤菌等；酸杆菌门作为一种新近被鉴定出的门类，虽然目前很多关于其分类和功能性特征还不太清楚，但是已发现其有部分菌属能够生长在贫瘠的环境中，一定程度上可以看作贫瘠环境的标志。

16S rRNA 基因测序结果表明土壤盐度增加与微生物多样性之间呈现出积极的关系，这可能要归因于土壤中嗜盐细菌随着盐度升高的不断增殖。与高含盐量土壤相比，低含盐量土壤具有更高比例的变形菌门、酸杆菌门、绿弯菌门和芽单胞菌门，以及低比例的厚壁菌门和疣微菌门。疣微菌门（Verrucomicrobia）是一门被划出不久的细菌，包括少数几个被识别的种类，疣微菌门没有特定的栖息地而广泛存在于自然环境中，包括土壤、水生系统、海洋沉积物和温泉，一些甚至能与人共生[14]。江苏大丰种植菊芋的土壤中，疣微菌门的百分比随着盐胁迫的增加从 1.11%降到 0.64%。这就需要更加深入地研究，以探明疣微菌门在菊芋根际土壤中是否扮演着特定的角色及共作用机制。

江苏大丰种植菊芋的土壤中，仅在高盐胁迫的土壤中发现 *Loktanella* 和 *Kordiimonas*。*Loktanella* 是来源于红杆菌科的一个种属，已经被报道有嗜盐特性而且在海水中被发现[15]。*Kordiimonas* 是从海洋环境中分离发现的，并且能够在贫瘠的环境中生存[16]。

溶杆菌属（*Lysobacter*）是一类广泛分布在各种植物根际土壤和水体中的细菌，具有较高的 GC 含量和溶菌特性。溶杆菌属细菌不仅能够在多种植物根际定殖，还能分泌多种抗生素、胞外水解酶和生物表面活性物质来抑制病菌生长，从而起到控制植物病害的效果[17-22]。对与江苏大丰盐渍土菊芋的根系生长有相关性的溶杆菌属种群的探索还处在初步时期。目前一些研究者发现抗生素溶杆菌存在于玉米根系环境中，并且在其他一些作物的根际环境中同样也有溶杆菌属菌株占据主导地位。与此同时，也要考虑植株种类、自然生境等因素的干扰，以及分别运用室内培养和非培养方法，探索溶杆菌属在其他植物根际环境中是否占据主导地位。江苏大丰种植菊芋的试验研究，首次通过非培养方法发现，溶杆菌属在盐渍土菊芋根际土壤微生物种群中占据主导地位，即优势种群，为菊芋在盐渍土修复方面拓展了一个崭新的领域。

鞘氨醇单胞菌（*Sphingomonas*）是一种异养型革兰氏阴性菌，呈杆状，严格好氧，广泛分布于自然环境中，据报道已经从许多不同的土壤环境、水环境、植物根系、临床标本和其他来源中被分离出来。它能够在低营养浓度和缺乏碳来源的环境中存活[23]。鞘氨醇单胞菌是一种有效的清理土壤中毒性物质的微生物类群[24]，另外它可以促进植物吸收，许多研究者在不断的试验探索中发现由土壤中作物的根际中分离得到的鞘氨醇单胞菌与作物的关系尤为重要，它能够在作物根际分泌某些糖类营养物质。一些鞘氨醇单胞菌菌株还表现出了一些固氮和反硝化作用的特征，它们在自然界中的广泛存在预示着该属菌株在维持自然界的氮平衡方面起着重要作用[23]。作者在江苏大丰种植菊芋的试验研究中发现，在低含盐量的土壤中存在鞘氨醇单胞菌，表明了它们潜在的耐低盐能力。

南京农业大学海洋科学及其能源生物资源研究所菊芋研究小组研究了菊芋种植、土壤含盐量和细菌多样性之间的关系，统计分析表明，高盐胁迫明显地增加了细菌群落的多样性。如前所述，在盐生植物中，人们对根和细菌之间的相互作用知之甚少。菊芋具有广泛的生态适应性，可以生长在沿海盐碱地区，因此它为盐胁迫下根系生长和微生物群落多样性的研究提供了一个合适的条件。在作者先前的报道中有提到在菊芋根系内有内生菌的存在[25]，这可能与细菌多样性随着盐度增加而增加有关，但还需要进一步研究。

4）江苏大丰种植南菊芋 1 号的土壤 *pufM* 基因表达量差异

植物通过利用太阳的光能、吸收大气中的二氧化碳，将光合作用固定的能量和碳输送到植物体的根、茎、叶和块茎中，并通过地下部的根和块茎转移到土壤中，再经土壤微生物的活动与作用以二氧化碳或甲烷等气体的形式释放到空气环境中，或以有机质形式固定在土壤中。南京农业大学海洋科学及其能源生物资源研究所菊芋研究小组于 2015 年在江苏盐城海涂进行菊芋对碳的同化过程与特征的研究。研究样地设在江苏盐城沿海的滩涂，选取能够代表盐度梯度的三个典型样地，分别为新洋地块（Xinyang，XY）、大丰地块（Dafeng，DF）和顺泰地块（Shuntai，ST）。三个不同的地块在菊芋种植期间均未施肥和灌溉。各个典型样地分别设置 3 块 5 m×5 m 样方。各样地具体情况如表 7-10 所示。

表 7-10 新洋、大丰、顺泰地块的状况

样地	总盐量/（g/kg）	经纬度
新洋地块	0.9～1.9	33°53′78″N，120°45′80″E
大丰地块	2.5～3.9	32°59′11″N，120°50′27″E
顺泰地块	4.3～5.5	33°71′35″N，120°39′21″E

南京农业大学海洋科学及其能源生物资源研究所菊芋研究小组分析了盐城沿海盐碱地菊芋的生长状况、干物质指标、菊芋碳储量、地上净初级生产力、地下净初级生产力、光能利用率等的变化，探究在不同的地块，菊芋各个组织与器官的碳分配。以 ^{13}C 为标记原材料，用脉冲标记法研究苗期菊芋光合碳分配，确定苗期菊芋的示踪期和分配规律。研究三个地块菊芋各个组织与器官的 *1-FFT*、*6G-FFT* 的表达量，以及土壤中不同部位的 *pufM* 表达量，以期从分子角度研究菊芋固碳能力。整个试验技术路线如图 7-16 所示。

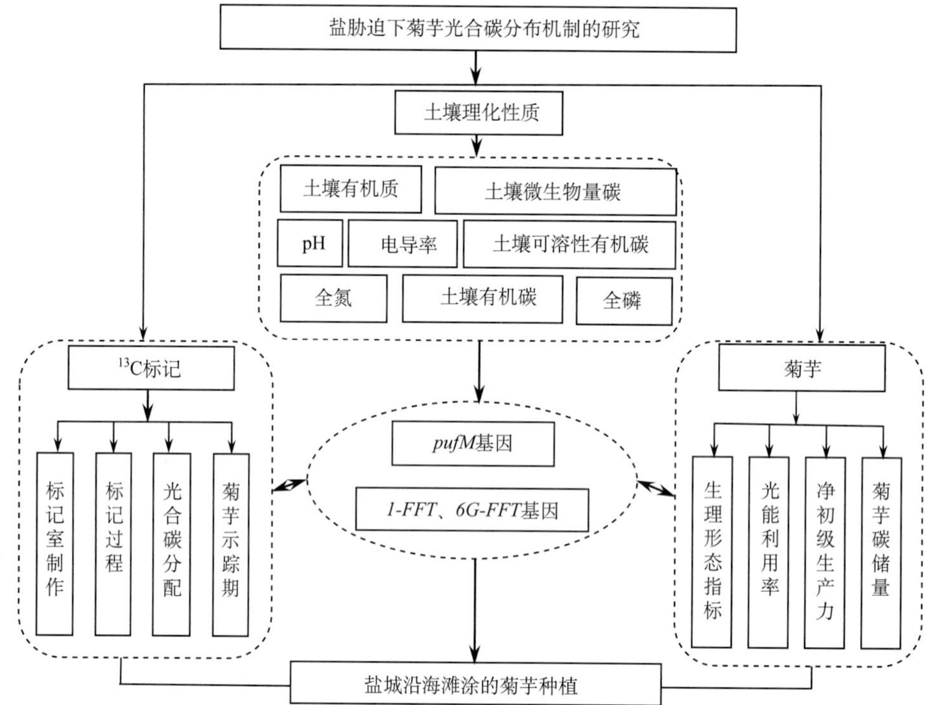

图 7-16　盐胁迫下菊芋光合碳分布机制试验技术路线图

菊芋碳储量、地上净初级生产力、地下净初级生产力、光能利用率等的变化，在不同的地块菊芋各个组织与器官的碳分配等研究结果，已在第 3 章等有关章节中阐明，这里仅介绍标志土壤固碳相关基因的表达特征。

好氧却不产氧的光合异养细菌（aerobic anoxy-genic phototrophic bacteria，AAPB）是一个重要的功能类细菌，利用细菌叶绿素（bchla）的中间作用，承担着好氧却不产氧的光合机制。它广泛地分布在海洋及土壤中，其独有的物理化学功能特性在土壤碳合成与固定中发挥着关键的作用。20 世纪末期研究开始进入鼎盛期，越来越多的 AAPB 在不同的生态环境中被发现，从海洋到湖泊，从地下金属矿到地表土壤，从草原到森林。这个数量成倍增加的细菌类群具有许多特殊的特征。大多数的 AAPB 都无一例外是著名的好氧菌，它们在以有机物质作为碳源和能量的主要来源与基础时才能得到最优的生长和发育。

AAPB 的已知基因序列是 *pufM*。从图 7-17 可以看出，江苏盐城海涂三个种植南菊芋 1 号地块的 *pufM* 基因的绝对定量拷贝数不同。大丰地块的菊芋根际土、非根际土的 *pufM* 基因的绝对定量拷贝数显著高于新洋地块与顺泰地块，而新洋地块菊芋的根际土、非根际土的 *pufM* 基因的绝对定量拷贝数显著高于顺泰地块。在各供试地块中，菊芋根际土的 *pufM* 绝对定量拷贝数均高于非根际土。作者以近年来被广泛应用于环境 AAPB 多样性分析的基因 *pufM* 为目标构建文库。该基因编码光反应中心的小亚基蛋白，数据库庞大，便于系统比较分析各环境中 AAPB 多样性的差异。

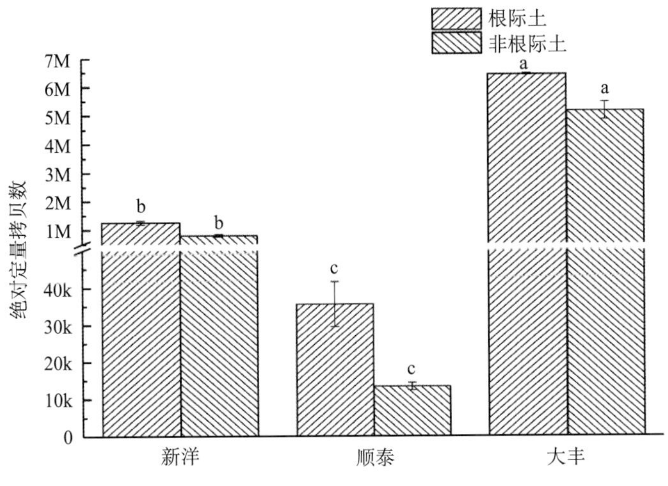

图 7-17　*pufM* 基因绝对表达量

目前全球的重要碳循环推动组成部分公认是有氧无氧光养菌（AANPB），AANPB 不论生长在根际还是非根际土壤中都具有相似的群落结构，但是从种群数量而言，前者数量远远高于后者。土壤及沉积物中微生物具有高度的形态特征和功能多样性，可通过改变细菌群落结构及自身代谢途径影响生态系统中物质循环和能量流动。其多样性分布特征是“微型生物地理分布”这一国际热点问题争论的焦点。但是限于技术手段及现有研究力量，有关土壤和沉积物中微生物的研究仍然较少，其多样性、分布状况及与自然环境关系仍不清楚。由于土壤的理化和生物特性的极大影响，许多微生物如真菌等不仅会出现多样性，还会有特殊的分布，其种类类型和组成结构都可体现出土壤的生态状况，从而属于生态系统中各个层次的重要组成部分。随着时间的推移，对盐碱地中的土壤微生物的多样性进行深入研究，不仅可以认识到微生物的生态意义，还能为预防和救治土传性病害做出重要贡献。所以，对于土壤微生物的研究工作是必不可少的基础工作。

基于检测技术相对落后，根际与非根际的范围划定一直是科研界的难题，经过不懈的实践探索，目前可采用 Riley 和 Barber 研发的抖落法将其区分开。但是，仍有相关人员对此保有不同看法，在他们看来，根际无非就是与根部相差几毫米范围内的微区土壤。也有人提出，根际是根面附近 1～2 mm 厚且能够被根系的分泌物所影响的少量土壤。当然还有一部分人认为根际即离根部 1～4 mm 的土壤。相比较普通作物，林木的根系相对复杂，占地面积随之增大。因此，研究林木时，一般是在其根际附近较大的范围展开的。同理，在生产生活中，植物的种类不同，采用的方法也不同，需要因地制宜，根据实际情况合理决策，只有足够精密的手段才能准确获得足够可靠的数据。

7.2.3　南菊芋 1 号种植对江苏大丰盐渍土碳汇的影响

土壤碳循环在陆地生态系统中作用显著。自工业革命初始到 20 世纪末，大气温室气体浓度猛烈上涨。19 世纪 50 年代大气中 CO_2 浓度为 280 μL/L，到 2004 年后，CO_2 浓度增加到了 380 μL/L，其上升幅度达到了 36%，自 19 世纪末以来，全球的平均温度大约增长了 0.6℃，并且目前仍然在以 0.017℃/a 的速率持续增长着，以致全球气候发生改变，严重影响了全球碳平衡。在陆地生态系统碳库中，存在多种功能不同的碳库，但是土壤碳库相对于其他碳库系统来说，所占比例最大。土壤有机碳库较小的变动，就会对全球气候变暖产生重大的影响，而滨海盐渍土，相对于耕地来讲，有机碳含量极其低下，土壤活性有机碳更微乎其微，因此，滨海盐渍土的固碳增汇在陆地系统中最具潜力。

土壤是植被生长的主要环境因子，土壤对植物群落发生作用的同时，其自身的发育过程也受到群落的影响[26]。植被群落的演替过程是植被与土壤相互影响和作用的过程。植被对土壤的影响主要表现在植被通过光合作用向土壤传送有机质，并且从土壤中吸收养分，从而对有机质的积累和周转产生深刻的影响。同时，土壤条件反过来又会促进或限制植物的生长发育。

有机碳作为评价土壤质量的重要因素，在研究植被演替与土壤关系、揭示植被和土壤相互作用机理方面具有重要的作用。土壤碳库作为地球表层最大的有机碳库，在全球碳循环中起着重要作用。土壤活性有机质是指易被土壤微生物分解利用，对植物养分供应有直接作用，具有较高活性的有机质[27,28]。土壤微生物生物量碳（microbial biomass carbon，MBC）和可溶性有机碳（dissolved organic carbon，DOC）作为土壤活性有机碳库的 2 个重要表征指标[29,30]，能够反映土壤有机碳库的周转和动态变化过程，并能反映土地利用方式与管理措施等对土壤质量的影响，对于正确评价土壤的固碳效应和保证农业的可持续生产具有重要意义[31]。

目前，国内外有关陆地生态系统碳循环的研究多集中于森林、草地、稻田生态系统，而在滨海盐碱地固碳增汇方面的研究报道还很少见[32,33]。江苏大丰土壤碳汇研究旨在通过对滨海盐碱地不同植被类型土壤基本理化性质、SOC、MBC 和 DOC 分析，探索滨海盐碱地植被群落演替过程中土壤碳组分的变化及其影响因子，重点揭示种植菊芋的人工植被对滨海盐渍土固碳增汇的作用特征与过程。

江苏大丰属北亚热带向暖温带的过渡带，受海洋性、大陆性双重气候影响，冬季温暖，雨水少，夏季湿热，以季风气候为特征，夏季多东南风，冬季多西北风，台风季节是 7～9 月。年平均气温 14.4～15.5℃，1 月最冷，平均气温是 0.8℃，7 月较热，平均气温是 26.8℃。年平均降水量 785～1310 mm，主要集中在 6～8 月。无霜期 230 d 左右。

研究样地设在未被开发的新海堤之外的滩涂，选取能够代表植被群落原生演替过程中的典型植被样地——菊芋地（Jerusalem artichoke field，JF）、茅草地（*Imperata cylindrica* grassland，IG）、蒿子地（*Sargassum confusum* C. Agardh land，SL）和光板地（bare saline alkali soil，BS）。光板地、蒿子地和茅草地未受人为干扰。菊芋在盐碱地上种植了 8 年，其间没有施肥和灌溉，尽量减少人为因素。各个典型样地分别设置 3 块 5 m×5 m 样方。各样地具体情况如表 7-11 所示。

2014 年 4 月，南京农业大学海洋科学及其能源生物资源研究所菊芋研究小组在植物群落的每个典型样地采用 S 形采样法，在每块样地内布设 5 个采样点，每个样点均按照 0～10 cm 和 10～20 cm 深度分层采取土样，每块样地分层混合各个点土样。同时每层取 3 个 100 cm^3 环刀测土壤容重。另一部分土样风干后，磨细，分别过 2 mm 和 0.25 mm 筛后储存备用，用于分析土壤有机碳（SOC）、土壤 pH、土壤电导率（EC）、全氮（TN）、全磷（TP）等指标。

表 7-11　江苏大丰盐渍土碳汇研究样地具体情况

样地	总盐量/(g/kg)	经纬度	土壤类型	利用状况
光板地	15.45	33°00.688′N, 120°50.755′E	潮滩盐渍土	—
蒿子地	4.69	33°00.655′N, 120°50.782′E	滨海草甸盐渍土	—
茅草地	2.31	33°00.778′N, 120°50.684′E	滨海草甸盐渍土	—
菊芋地	1.51	32°59.688′N, 120°50.755′E	滨海草甸盐渍土	菊芋连作 8 年

2014 年 7 月采样，采用同样的方法采集土壤样品，一部分新鲜土样过 2 mm 筛后于 4℃保存，立即测定微生物生物量碳（MBC）和可溶性有机碳（DOC）；一部分存储于 –20℃冰箱用于土壤 DNA 提取；剩下的土样风干过 2 mm 筛，用于土壤有机碳（SOC）、土壤酶活性、全氮（TN）、全磷（TP）等分析。

1. 江苏大丰不同植被土壤理化性质比较

如表 7-12 所示，不同土壤层 pH 从光板地到蒿子地再到菊芋地表现为逐渐下降的趋势，从土壤层次来看，不同植被类型下 0～10 cm 的土壤 pH 高于 10～20 cm。0～10 cm 和 10～20 cm 土壤电导率表现为光板地（BS）>蒿子地（SL）>茅草地（IG）>菊芋地（JF），光板地（BS）显著高于蒿子地（SL）、茅草地（IG）和菊芋地（JF），菊芋地（JF）显著低于光板地（BS）、蒿子地（SL）的样地（$p \leqslant 0.05$），且不同植被类型下土壤电导率在土壤层表现为 0～10 cm 表层高于 10～20 cm。0～10 cm 和 10～20 cm 土壤有机碳均表现为光板地（BS）<蒿子地（SL）<茅草地（IG）<菊芋地（JF）。菊芋地（JF）两层土壤有机碳含量均高于其他样地（$P \leqslant 0.05$），0～10 cm 菊芋地（JF）土壤有机碳含量与光板地（BS）差异显著，但与茅草地（IG）、蒿子地（SL）之间无显著差异。而 10～20 cm

表 7-12　江苏大丰滨海盐碱地不同植被类型土壤理化性质分析

样地	土层/cm	pH	电导率/（μS/cm）	全氮含量/（g/kg）	土壤有机碳含量/（g/kg）	土壤容重/（g/cm^3）
BS	0～10	8.53± 0.85a	632±28a	0.43±0.01d	6.4±0.27b	1.63±0.01a
	10～20	8.35±0.19ab	329±20a	0.37±0.04c	4.8±0.06c	1.97±0.02a
SL	0～10	8.19± 0.40b	270±12b	0.81±0.04c	12.0±0.55a	1.39±0.02b
	10～20	8.17± 0.40b	232±8b	0.52±0.02b	7.9±0.41b	1.59±0.02ab
IG	0～10	8.78± 0.15a	116±8c	1.00±0.02b	12.3±0.31a	1.32±0.04bc
	10～20	8.74± 0.15a	79±6c	0.76±0.02a	10.1±0.42ab	1.56±0.02ab
JF	0～10	7.74± 0.48c	79±5c	1.15±0.05a	13.1±0.56a	1.29±0.03c
	10～20	7.41± 0.03c	60±5c	0.77±0.01a	12.1±1.42a	1.34±0.01b

注：不同样地间同一土层显著性差异（$P \leqslant 0.05$）由不同字母表示。数据值为平均值±标准误（mean±SE, n=3）。

土层，光板地（BS）与其样地间差异显著（$P \leqslant 0.05$）。土壤有机质在土层上表现为表层高于深层。不同植被类型下土壤全氮含量变化趋势与土壤有机质变化规律相似。0～10 cm土层和 10～20 cm 土层全氮含量均表现为光板地（BS）<蒿子地（SL）<茅草地（IG）<菊芋地（JF）。0～10 cm 土层，菊芋地（JF）全氮含量与光板地（BS）和蒿子地（SL）之间差异显著，菊芋地（JF）10～20 cm 土层全氮含量与除茅草地（IG）外的其他样地差异显著（$P \leqslant 0.05$）。不同植被类型土壤容重在 0～10 cm 和 10～20 cm 均是光板地（BS）最高，其次分别是蒿子地（SL）、茅草地（IG）和菊芋地（JF）。不同植被类型间 0～10 cm土层土壤容重小于 10～20 cm 土层。

2. 不同植被土壤有机碳（SOC）、微生物生物量碳（MBC）、可溶性有机碳（DOC）的比较

如表 7-13 所示，江苏大丰菊芋植被（JF）0～10 cm 土层的土壤有机碳（SOC）含量显著（$P \leqslant 0.05$）高于其他植被样地，蒿子地植被（SL）与茅草地植被（IG）之间土壤有机碳含量（SOC）差异不显著。而 10～20 cm 土层各植被样地间的土壤有机碳含量存在显著性差异（$P \leqslant 0.05$），10～20 cm 土层不同植被类型的土壤有机碳含量表现为光板地植被（BS）<蒿子地植被（SL）<茅草地植被（IG）<菊芋地植被（JF）。菊芋地植被（JF）土壤有机碳含量最高，达 11.0 g/kg，分别是茅草地（IG）、蒿子地（SL）和光板地（BS）的 1.2 倍、1.5 倍和 2.6 倍。而所有植被样地 0～10 cm 土层的土壤有机碳含量均显著高于 10～20 cm 土层的土壤有机碳含量，其中光板地植被（BS）、蒿子地植被（SL）、茅草地植被（IG）和菊芋地植被（JF）0～10 cm 土层的土壤有机碳含量分别比 10～20 cm土层增加了 1.0 g/kg、3.6 g/kg、2.6 g/kg 和 1.3 g/kg。

表 7-13　江苏大丰 7 月不同植被土壤有机碳、微生物生物量碳、可溶性有机碳含量

不同植被类型	土壤有机碳/（g/kg）		土壤微生物生物量碳/（mg/kg）		土壤可溶性有机碳/（mg/kg）	
	0～10 cm	10～20 cm	0～10 cm	10～20 cm	0～10 cm	10～20 cm
BS	5.3±0.3c	4.3±0.2d	25.1±1.2d	24.4±1.9c	13.1±1.9d	11.2±2.0d
SL	11.0±0.2b	7.4±0.1c	45.1±1.9c	25.2±2.1c	23.3±1.7c	19.6±2.6c
IG	11.5±0.7b	8.9± 0.3b	130.3±2.8b	37.1±1.7b	43.3±2.8b	27.3±1.2b
JF	12.3±0.8a	11.0±0.3a	431.1±9.2a	179.1±1.1a	51.2±2.6a	38.4±0.9a

注：不同样地间显著性差异（$P \leqslant 0.05$）由不同字母表示。数据值为平均值±标准误（mean±SE，n=3）。

江苏大丰不同植被类型 0～10 cm 和 10～20 cm 土层土壤微生物生物量碳（MBC）含量从光板地植被（BS）、蒿子地植被（SL）、茅草地植被（IG）到菊芋地植被（JF）呈现递增趋势。0～10 cm 土层，4 种植被样地间存在显著差异；10～20 cm 土层，除光板地和茅草地间差异不显著外，其余两两植被类型样地间土壤微生物生物量碳含量差异显著（$P \leqslant 0.05$）。植被群落演替过程中 0～10 cm 土层土壤微生物生物量碳含量高于 10～20 cm 土层。不同植被类型（除菊芋地外）土壤微生物生物量碳含量（MBC）0～10 cm较 10～20 cm 土层变化幅度大。植被群落演替过程中 0～10 cm 和 10～20 cm 土层蒿子地

较光板地土壤微生物生物量碳含量分别提高了 0.80 倍和 0.03 倍，茅草地较蒿子地土壤微生物生物量碳含量分别提高了 1.89 倍和 0.47 倍。

江苏大丰滨海盐渍土 10～20 cm 土层土壤可溶性有机碳（DOC）含量随着植被群落的演替呈现升高的趋势，菊芋地植被（JF）、茅草地植被（IG）、蒿子地植被（SL）和光板地植被（BS）之间土壤可溶性有机碳含量差异显著（$P \leqslant 0.05$）。0～10 cm 土层土壤可溶性有机碳含量菊芋地植被显著高于茅草地植被，茅草地植被显著高于蒿子地植被，蒿子地植被显著高于光板地植被。所有植被样地 0～10 cm 土层土壤可溶性有机碳含量均高于 10～20 cm 土层土壤可溶性有机碳含量。

3. 不同植被类型间土壤 MBC/SOC 与土壤 DOC/SOC 的变化

土壤有机碳（SOC）由土壤生物有效性不同的各组分组成，对改善土壤物理性质、提高土壤肥力、降低土壤养分流失、增加土壤有效养分含量具有重要作用。土壤活性有机碳指土壤中有效性较高、易被土壤微生物分解利用、对植物养分供应具有最直接作用的那部分土壤有机碳，它主要包括土壤水溶性有机碳（DOC）与土壤微生物生物量碳（MBC）两大部分。因此土壤有机碳（SOC）应包含固相与液相两部分，水溶性的有机碳为液相，土壤微生物比较容易同化利用，而固相中的有机碳较难分解。一般认为，有机碳的解聚和溶解是其矿化的先决条件，有机碳在转化为 CO_2、CH_4 前必须先进入溶液中。故土壤可溶性有机碳的含量动态和周转与土壤有机碳的矿化有密切关系。因此土壤中的碳素状态从本质上反映了土壤生态功能特征。

一般而言，土壤有机碳（SOC）越多，能够提供给异养微生物的碳源就越多，故微生物数量就越大，土壤微生物生物量碳（MBC）越多；微生物数量越大，其分解矿化土壤有机碳的效率越高，导致土壤可溶性有机碳（DOC）越多，所以，土壤有机碳（SOC）、土壤微生物生物量碳（MBC）、土壤可溶性有机碳三者呈正相关趋势。

江苏大丰不同植被类型间土壤碳素状态如表 7-14 所示，不同植被类型土壤微生物生物量碳（MBC）与土壤有机碳（SOC）的比例是 0.41%～4.67%。0～10 cm 表层土壤微生物生物量碳（MBC）与土壤有机碳（SOC）的比例随着植被群落的演替呈现逐渐升高的趋势，在 10～20 cm 土层菊芋地的微生物生物量碳（MBC）与土壤有机碳（SOC）的

表 7-14　江苏大丰滨海盐碱地不同植被土壤微生物生物量碳（MBC）和土壤可溶性有机碳（DOC）占土壤有机碳（SOC）的比例

不同植被类型	土壤微生物生物量碳与土壤有机碳之比/%		土壤可溶性有机碳与土壤有机碳之比/%	
	0～10 cm	10～20 cm	0～10 cm	10～20 cm
BS	0.41±0.05c	0.58±0.07b	0.21±0.02b	0.26±0.02b
SL	0.47±0.01c	0.23±0.04c	0.24±0.01b	0.20±0.02b
IG	1.09±0.08b	0.47±0.03bc	0.26±0.02b	0.34±0.03a
JF	4.67±0.21a	2.00±0.18a	0.45±0.03a	0.42±0.03a

注：不同样地间显著性差异（$P \leqslant 0.05$）由不同字母表示。数据值为平均值±标准误（mean±SE，n=3）。

比例最大，其次是光板地、茅草地和蒿子地。土壤可溶性有机碳（DOC）与土壤有机碳（SOC）的比例是 0.21%～0.45%。在 0～10 cm 土层，随着植被群落演替，土壤可溶性有机碳（DOC）与土壤有机碳（SOC）的比例逐渐升高，在 10～20 cm 土层除光板地外，与表层土壤具有相似的变化趋势。

南京农业大学海洋科学及其能源生物资源研究所菊芋研究小组试验结果表明，菊芋植被处理不仅显著提高滨海盐渍土有机碳的含量，还促进了滨海盐渍土碳素形态结构的优化，无论是 0~10 cm 土层，还是 10~20 cm 土层，种植菊芋对滨海强度盐渍化以上土壤的生态修复效应十分显著。这对快速提高滨海盐渍土生产能力具有重要意义。

4. 不同植被土壤 SOC、MBC 和 DOC 与土壤理化性质相关性分析

土壤中碳素状态的动态平衡体现了土壤生态功能特征， 反之土壤、植被及气候等环境因子又强烈地作用于土壤碳库及其内部的碳素状态的平衡，在滨海盐渍土，土壤水盐状况影响植被状况，而其两者又共同作用于滨海盐渍土的碳库。江苏大丰不同植被土壤 SOC、MBC 和 DOC 与土壤理化性质相关性分析表明，土壤有机碳含量与土壤容重和电导率呈极显著负相关（$P < 0.01$），与土壤微生物生物量碳、可溶性有机碳、土壤含水率、全磷含量呈极显著正相关（$P < 0.01$）；土壤微生物生物量碳和可溶性有机碳分别与土壤容重和电导率呈极显著负相关（$P < 0.01$）；土壤微生物生物量碳与可溶性有机碳和含水率呈极显著正相关（$P<0.01$），与全磷含量呈显著正相关（$P < 0.05$）；土壤可溶性有机碳与土壤含水率和全磷含量呈极显著正相关（$P<0.01$）（表 7-15）。也就是说滨海盐渍土中的盐分、水分及土壤 pH 制约着江苏滨海盐渍土碳库容量的扩大及其内部碳素形态平衡的稳定，而土壤容重、土壤中的全氮、全磷等因子大大扩充了滨海盐渍土碳库容量，并优化了滨海盐渍土碳库内部碳素的动态平衡。从菊芋植被对土壤的修复功能来看，它正是弱化了盐土的限制因子，改善了土壤物理性质与养分状况，进而对滨海盐渍土碳库产生极其重要的积极作用，形成土壤-植被相互协调、互相促进的良性循环。

表 7-15　江苏大丰不同植被土壤有机碳、可溶性有机碳和土壤理化性质之间相关性分析

项目	土壤有机碳	生物量碳	可溶性有机碳	土壤含水率	土壤容重	电导率	pH	全氮	全磷
土壤有机碳		0.79**	0.90**	0.96**	–0.89**	0.91**	–0.56	0.28	0.80**
生物量碳			0.90**	0.82**	–0.60*	–0.67*	–0.38	–0.06	0.92*
可溶性有机碳				0.90**	–0.83**	0.91**	–0.35	0.29	0.88**
土壤含水率					–0.89**	0.86**	–0.59*	0.19	0.86**
土壤容重						0.93**	0.43	–0.55	–0.68*
电导率							0.33	–0.57	–0.70*
pH								0.33	–0.40
全氮									0.22
全磷									

**表示极显著相关（$P < 0.01$），*表示显著相关（$P < 0.05$）。

7.2.4　江苏大丰滨海盐渍土菊芋根系分泌物特征

植物根系分泌物的组成比较复杂，包括①可溶性蛋白：根系分泌物中的可溶性蛋白主要指酶类，如蛋白酶、磷酸酶等。②糖类：不同的植物以及不同的植物生长期，植物分泌的糖类种类和含量会有差别。③氨基酸类：氨基酸类化合物约占根系分泌物总量的2%，但是其种类多，如谷氨酸、丝氨酸、甘氨酸、甲硫氨酸、赖氨酸以及精氨酸等。④有机酸类和酚类化合物：根系分泌物中常见的有机酸包括甲酸、草酸、柠檬酸、顺丁烯二酸、苹果酸、马来酸等。⑤黏胶质和边缘细胞：植物在生长的过程中除了释放小分子化合物外，还会释放一些较大分子量的物质，如黏胶质、边缘细胞以及细胞内含物等。

根系分泌物中某些有机酸如柠檬酸、酒石酸等是良好的金属活化剂，它们在根际难溶性养分的活化和吸收等方面具有积极作用。根系分泌物通过酸化、螯合、离子交换或还原等途径将难溶性物质转化为可被植物吸收利用的有效养分，促进植物的生长发育。根系分泌物以吸附或螯合重金属等方式来缓解植物所受重金属毒害。根系分泌物对邻近植物具有化感作用，能抑制其他植物的生长。在土壤理化性质方面，根系分泌物能够影响土壤中养分的有效性、重金属的吸收与转运。根系分泌物中丰富的糖类、氨基酸及维生素等为植物根际微生物的生长和繁殖提供了充足的营养，同时也影响着土壤微生物的种类、数量及其在植物根际的分布。

植被的种类和基因型决定了根系分泌物的分泌。根系分泌物不仅在不同种属植物间存在显著差异，即使同种植物，在不同的生长发育时期或生长环境下，根系分泌物的组成和含量也会发生改变。植物根系分泌物的种类和数量在很大程度上受光照、温度、营养状况及根际微生物组成等外界因素影响。根际微生物是影响根系分泌物的重要因素。根系分泌物是根际微生物营养物质的主要来源，外界环境因素改变导致根系分泌物组成的变化，最终影响根际微生物类群的结构。反过来，根际微生物类群的变化又对植物根系分泌物的组成和分泌物含量产生重大影响。因此研究滨海盐渍土不同植被尤其是菊芋植被根系分泌物具有重大的理论价值与实践指导意义。

1. 南菊芋 9 号根系分泌物组成鉴定

南京农业大学海洋科学及其能源生物资源研究所菊芋研究小组利用新育成的南菊芋 9 号新品种，首次对江苏大丰南菊芋 9 号根系分泌物组成进行鉴定，并测定了其相对含量。江苏大丰滨海盐渍土菊芋根系分泌物中，烃类相对丰度达 37.75%，其中十七烷与十九烷相对丰度最高，分别达到 6.66%和 6.75%，2,6,10-三甲基十四烷达 5.73%；酯类相对丰度达 27.36%，其中邻苯二甲酸二（2-乙基）己酯相对丰度最高，达到 18.17%，反-油酸乙酯相对丰度为 4.15%；醛类相对丰度为 11.81%；醇类相对丰度为 4.49%；胺类相对丰度为 5.34%；烯类相对丰度为 7.87%。

江苏大丰滨海盐碱地南菊芋 9 号菊芋根系分泌物含量大于 3%的共有 16 种，分别是十二甲基环六硅氧烷（3.03%）、十五烷（3.54%）、十六烷（4.17%）、十七烷（6.66%）、十九烷（6.75%）、2,6,10-三甲基十四烷（5.73%）、3,5,24-三甲基四十烷（3.20%）、十八烷（4.71%）、反-油酸乙酯（4.15%）、邻苯二甲酸二（2-乙基）己酯（18.17+3.37=21.54%）、正十五碳醛（4.44%）、（*Z*）-十八碳-9-烯醛（4.93%）、2-己基-1-癸醇（4.49%）、油酸酰胺（5.34%）、L-石竹烯（7.87%）和 6,10,14-三甲基-2-十五烷酮（5.35%），这些物质占根系分泌物总量的 95.90%，可认为是菊芋的主要根系分泌物（表 7-16）。

表 7-16 江苏大丰南菊芋 9 号菊芋根系分泌物组成及含量

项目	菊芋根系分泌物		
	保留时间/min	化合物	相对丰度/%
烃类	9.92	十二甲基环六硅氧烷	3.03
	13.80	十五烷	3.54
	16.05	十六烷	4.17
	18.08	十七烷	6.66
	19.03	十九烷	6.75
	19.40	2,6,10-三甲基十四烷	5.73
	19.68	3,5,24-三甲基四十烷	3.20
	20.81	十八烷	4.71
	合计		37.79
酯类	17.89	反-油酸乙酯（*E*）-9-Octadecenoic acid ethyl ester	4.15
	22.34	邻苯二甲酸二（2-乙基）己酯	18.17
	22.20	邻苯二甲酸二（2-乙基）己酯	3.37
	22.81	邻苯二甲酸二正辛酯	0.84
	22.85	二（6-甲基庚基）邻苯二甲酸酯	0.84
	合计		27.37
醛类	18.29	硬脂醛	2.44
	21.89	正十五碳醛	4.44
	22.40	（*Z*）-十八碳-9-烯醛	4.93
	合计		11.81
醇类	18.78	2-己基-1-癸醇	4.49
	合计		4.49
胺类	18.85	油酸酰胺	5.34
	合计		5.34
烯类	11.71	L-石竹烯	7.87
	合计		7.87
酮类	16.48	6,10,14-三甲基-2-十五烷酮	5.35
	合计		5.35

2. 南菊芋 9 号根系分泌物与其他样地根系分泌物组分比较分析

植物的种类和基因型的不同，会影响和制约根系环境和生物等一些因素，导致根系分泌物的不同[34]。江苏大丰滨海盐渍土不同样地间植被根系分泌物种类和数量存在较大的差异。首先是根系分泌物种类上的差异，光板地植被、蒿子地植被、茅草地植被和菊芋地植被根系分泌物的种类分别是 51 种、37 种、50 种和 19 种，主要是因为根系分泌物受环境因素和逆境胁迫的影响，在植被群落演替初期，光板地植被（BS）土壤盐分最高，土壤非常紧实，土壤孔隙度受盐碱土壤质地的影响变小，土壤水分通透性降低，根系分泌物的量增加[35]，菊芋地植被（JF）土壤理化性质与生物性状明显改善，故菊芋根系分泌物种类最少。酚类和酚酸类是具有化感作用的物质，在光板地植被（BS）和蒿子地植被（SL）中分别发现 2,4-二叔丁基苯酚和 2,3,5,6-四甲基苯酚，它们是重要的水溶性化感物质[36]，能够抑制其他种子萌发和植被的生长。相关的研究证明亚麻酸、反式-13-二十二碳烯酸和亚麻酸等是芦苇中重要的化感物质[37]。在江苏大丰植被根系分泌物研究中发现亚麻酸、反式-13-二十二碳烯酸和亚麻酸只存在于茅草地植被（IG）中，其相对含量是 2.86%。十五烷、十六烷和十七烷等烃类物质广泛存在于光板地植被、蒿子地植被（SL）和菊芋地植被（JF）中，光板地植被（BS）、蒿子地植被（SL）和菊芋地植被（JF）的烃类物质所占比例分别是 3.15%、49.47%和 37.75%，且存在相应的酮、醛、酯类等物质，烃类物质可能是由上述这些物质经过一些反应得到的产物，还需要进一步的研究。

对不同样地间根系分泌物共有组分进行了比较分析。酞酸酯（PAE）又称邻苯二甲酸酯，是多种化合物的总称，主要包括邻苯二甲酸二甲酯（DMP）、邻苯二甲酸二乙酯（DEP）、邻苯二甲酸二正辛酯（DnOP）、邻苯二甲酸二丁酯（DBP）、邻苯二甲酸丁基苄基酯（BBP）和邻苯二甲酸二（2-乙基己基）酯（DEHP）。酞酸酯广泛存在于大气、土壤、水和生物中[38]。研究者发现江苏滨海盐渍土 4 种植被样地都检测出了邻苯二甲酸二正辛酯（这种物质主要是萘及其衍生物的化学氧化和生物氧化产物，微生物也有合成 PAE 的能力[39]），且在光板地植被（BS）、蒿子地植被（SL）、茅草植被地（IG）和菊芋地植被（JF）中的相对含量分别是 89.24%、3.21%、74.76%和 15.84%，光板地植被（BS）和茅草地植被（IG）中的邻苯二甲酸二正辛酯含量较高可能是因为这两块样地中具有与此相关的细菌，但仍需要进一步的研究。油酸酰胺是有机氮化合物，其相对含量在菊芋地植被（JF）中最高，其次是蒿子地植被（SL）、光板地植被（BS）和茅草地植被（IG）。对滨海盐碱地不同植被类型间样地根系分泌物共有组成成分的研究表明，光板地植被（BS）、蒿子地植被（SL）、茅草地植被（IG）和菊芋地植被（JF）的根系分泌物共有成分主要包括邻苯二甲酸二正辛酯和油酸酰胺两种，其相对含量在不同植被中有差异。光板地植被（BS）和茅草地植被（IG）中的邻苯二甲酸二正辛酯相对含量显著高于蒿子地植被（SL）和菊芋地植被，蒿子地植被（SL）最低。油酸酰胺在菊芋地植被中的相对含量最高，其次是蒿子地植被（SL）、光板地植被（BS）和茅草地植被（IG）（$P \leqslant 0.05$）（图 7-18）。

3. 南菊芋 9 号根系分泌物组成

由图 7-19 可以看出，在本次研究中检测出的南菊芋 9 号根系分泌物的种类大致分为烃类、酸/酯类、醇类、胺类、酮类、腈类、铵盐类、芳香烃类、肼类、酰胺类、磺酰类、氧化物类、醚类、醛类和糖类 15 个大类，其中后 7 种只在轻盐根际土壤中检出，在其他土壤中没有检测出。酸/酯类是在全部土壤中皆有，且普遍是含量最高的根系分泌物的种类，除在 LCK 和 HR 土壤中含量分别为 29.74%和 15.97%外，在其余土壤类型中含

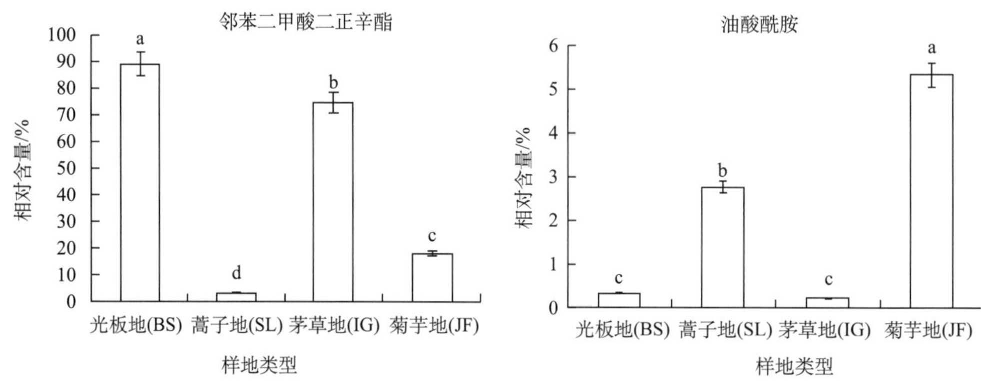

图 7-18　不同植被类型根系分泌物共有组分含量比较

不同样地间显著性差异（$P \leq 0.05$）由不同字母表示

量皆大于 40%，介于 43.26%～82.78%。另外一个存在于所有土壤中的根系分泌物种类是烃类，但是含量不高，介于 1.07%～9.60%，且随着土壤盐分的减少，烃类的含量有上升的趋势，非根际土壤中的含量普遍大于根际土壤中的含量。

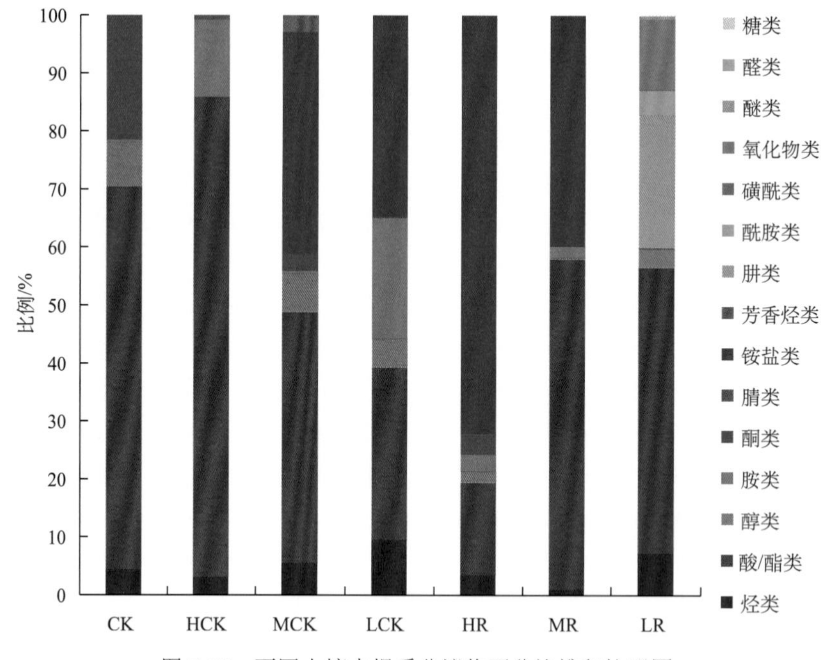

图 7-19　不同土壤中根系分泌物百分比堆积柱形图

CK，空白对照土壤；HCK，重盐非根际土壤；MCK，中盐非根际土壤；LCK，轻盐非根际土壤；HR，重盐根际土壤；MR，中盐根际土壤；LR，轻盐根际土壤；数据取平均值（n=3）

醇类化合物在 HCK 土壤中没有检测出，结果显示非根际土壤中的含量介于 4.90%～7.60%，要高于根际土壤中的含量（0.24%～3.19%）。胺类化合物在 LR 土壤中没有检测出，含量较高的两个组别为 LCK 和 HCK，分别为 20.84%和 13.27%，CK 土壤中的含量最低，为 0.39%。酮类化合物在 CK 土壤中的含量是 21.52%，显著高于其他组别，这类化合物在 MCK、LCK 和 HR 中的比例分别为 2.88%、0.24%和 3.36%，其余土壤中没有检测出。腈类只在重盐土壤中被检测出，HCK 中的含量占比为 0.83%，而 HR 中的比例为 0.19%。芳香烃类化合物则是只存在于 MCK 和 LR 中，含量占比分别为 2.94%和 0.24%。铵盐类化合物在空白对照土壤、重盐非根际土壤和轻盐根际土壤中未检测出，但在 MCK、LCK、HR 和 MR 中的含量占比分别为 38.26%、34.68%、72.18%和 39.84%。

在轻盐根际土壤中，检测出的南菊芋 9 号根系分泌物的种类最为丰富，共检测出 11 种，分别为烃类 7.27%、酸/酯类 49.30%、醇类 3.19%、芳香烃类 0.24%、肼类 22.79%、酰胺类 4.29%、磺酰类 0.24%、氧化物类 12.03%、醚类 0.57%、醛类 0.04%和糖类 0.04%。

在 CK 土壤中，可以看出酸/酯类是最主要的根系分泌物类型，共检测出 6 种，其中最主要的成分为乙酸异丙酯（29.94%）和乙酸丙酯（34.74%）；其次是酮类，检测到的酮类化合物只有一种，即 4-戊烯-2-酮（21.52%）；醇类化合物共检测出 4 种，其中最主要的化合物是 5,9-二甲基-2-（1-甲基亚乙基）-1-环己醇；烃类化合物共检测出 17 种，其中较为主要的化合物是十二烷（0.95%）、（5α）-胆甾烯-14-烯（0.44%）和 2,6-二甲基癸烷（0.43%）；胺类化合物只有 *O*-癸基羟胺，占比为 0.39%。

在 HCK 土壤中，可以看出酸/酯类是占主要优势的根系分泌物类型，共检测出 7 种，其中最主要的成分为乙酸乙酯（73.32%），其次是邻苯二甲酸二丁酯（3.77%）和己-3-基异丁基酯（2.36%）；胺类化合物的占比为 13.27%，检测出的 2 种胺类化合物为 8-甲基-6-壬烯酰胺（11.6%）和月桂酰胺（1.67%）；烃类和腈类各检测出 1 种化合物，分别为 2,3-二甲基十九烷（3.12%）和十六碳烯腈（0.83%）。

在 HR 土壤中，可以看出铵盐类化合物是占绝对优势的根系分泌物类型，只检测出 1 种成分——乙酸铵（72.18%）；其次是 7 种酸/酯类化合物，主要为乙酸正丙酯（12.78%）；烃类化合物共检测出 7 种，其中较为主要的化合物是癸烷（1.51%）和 1-碘-2-甲基十一烷（0.72%）；酮类化合物共检测出 4 种，较为主要的是 3-[3-（3, 4-二甲氧基苯基）-丙烯酰基] -6-甲基吡喃-2, 4-二酮（2.84%）；检测出的胺类化合物为 8-甲基-6-壬烯酰胺（2.89%），醇类化合物为 5, 9-二甲基-2-（1-甲基亚乙基）-1-环十二烷醇（1.89%），腈类化合物是十六碳烯腈（0.19%）。

在 MCK 土壤中，可以看出酸/酯类和铵盐类化合物是最主要的两种根系分泌物类型，分别占比 43.26%和 38.26%，在 7 种酸/酯类化合物中最主要的两种为邻苯二甲酸二丁酯（16.19%）和乙酸正丙酯（13.64%），而铵盐类的化合物只有乙酸铵一种；两种醇类化合物为 1-甲基-1-茚满醇（0.08%）和 5,9-二甲基-2-（1-甲基亚乙基）-1-环癸醇（6.56%）；在 11 种烃类化合物中，主要的成分是三环[4.4.1.0（2, 5）]十一碳-1（10）（1.51%）、2,2-二甲基己烷（0.96%）和邻伞花烃（0.94%）；芳香烃类化合物 3 种，分别为 1,2,3-三甲基苯（1.51%）、1-甲基萘（0.78%）和 1,7-二甲基萘（0.65%）；酮类化合物 4 种，最主要的一种是 3-[3-（3, 4-二甲氧基苯基）-丙烯酰基] -6-甲基吡喃-2,4-二酮（2.34%）；1 种胺类化合物——8-甲基-6-壬烯酰胺（0.45%）。

在 MR 土壤中，可以看出酸/酯类和铵盐类化合物是最主要的两种根系分泌物类型，分别占比 56.92%和 39.84%，在 8 种酸/酯类化合物中最主要的两种为邻苯二甲酸二丁酯（46.06%）和 9-十八烯酸（4.58%），而铵盐类的化合物只有乙酸铵（39.84%）一种；酮类化合物有 4 种，分别为 6-乙基-3-丙酰基-2, 3-二氢吡喃-2, 4-二酮（0.78%）、3-丁基-2-辛烯-2-酮（0.41%）、十氢-3-（3, 3-二甲基-2-氧代丁烯基）-喹喔啉-2-酮（0.39%）和 5, 6, 6-三甲基未癸-3, 4-二烯-2,10-二酮（0.35%）；2 种烃类化合物，为 5,5,7,7-四乙基十一烷（0.52%）和 5-乙基-5-甲基十九烷（0.55%）；醇类化合物为 1,1'-双环戊基-2,2'-二醇（0.24%）。

在 LCK 土壤中，可以看出铵盐类、酸/酯类和胺类化合物是三个占比最多的根系分泌物类型，分别占 34.68%、29.74%和 20.84%，其中铵盐类化合物只有乙酸铵（34.68%），10 种酸/酯类化合物中最主要的为乙酸正丙酯（34.68%）和乙酸乙酯（8.97%），2 种胺类化合物分别是芥酸酰胺（20.6%）和 4-异丙基环己胺（0.24%）；28 种烃类化合物中，主要的成分是十二烷（2.07%）和 3-甲基-5-丙基壬烷（1.4%）；5,9-二甲基-2-（1-甲基亚乙基）-1-环癸醇（3.87%）是 4 种醇类中最为主要的化合物；3-庚基癸酮（0.05%）和 4-甲基环戊基癸酮（0.19%）是检测出的两种酮类化合物。

如图 7-20 所示，在 LR 土壤中，可以看出酸/酯类和肼类化合物是占比最大的两种根系分泌物，分别占比 49.30%和 22.79%，在酸/酯类化合物中有绝对优势的是乙酸异丙酯（21.95%）和乙酸正丙酯（10.25%），乙基肼（22.79%）是唯一检测出的肼类化合物；在 23 种烃类化合物中占比最高的化合物为十二烷（1.24%）、螺[4, 5]癸烷（0.92%）和 10-二十一碳烯（c,t）（0.87%）；醇类化合物共检测出 5 种，其中正十三烷-1-醇（1.52%）和 6,10,14-三甲基十五烷-2-醇（1.24%）含量最高；二叔丁基过氧化物（12.03%）、芥酸酰胺（顺-13-二十二烯酰胺）（4.29%）、异丁醚（0.57%）、1-甲基萘（0.24%）、1-十八烷磺酰氯（0.24%）、甲基乙二醛（0.04%）、2-*O*-甲磺酰阿拉伯糖（0.04%）分别是根系分泌物中氧化物类、酰胺类、醚类、芳香类、磺酰类、醛类和糖类化合物唯一检测出的化合物种类。

4. 不同理化性状盐渍土南菊芋 9 号根系分泌物组分比较分析

由图 7-21 可以看出，所有在研究中检测出的根系分泌物，酸或酯类化合物的含量最高。酸或酯类化合物分布在所有的土壤样品中，其中在 HCK、MR 和 CK 中的含量显著高于其他 4 个土壤类型，且在非根际土壤中表现出的规律为酸或酯类化合物的含量与土壤含盐量成正比，而在根际土壤中的规律则与之相反。虽然铵盐类化合物并不像酸或酯类化合物一样分布在全部土壤类型中，但只要在检测出这类化合物的土壤中，铵盐类化合物的占比皆高于 30%，表现出的规律为 HR > MR > MCK > LCK，且这种差异是显著的。酮类化合物在 CK 土壤中的含量是 21.52%，远远高于其在其他土壤类型中的含量，约是 MCK 和 HR 中含量的 7 倍。胺类化合物在 LCK 和 HCK 中的含量分别为 20.84%和 13.27%，远远高于其他土壤类型中的含量，其中 LCK 土壤中的含量约是 HR 和 MR 土壤中的 7～10 倍，是 CK 和 MCK 土壤中的近 50 倍。

醇类化合物在各土壤类型中的规律表现为空白对照土壤中的含量显著高于非根际土壤，而非根际土壤中的含量又显著高于根际土壤中的含量，在非根际土壤中呈现的规律是随着土壤中盐含量的增加，醇类化合物的含量也随之升高；但在根际土壤中则呈现出了一种与非根际土壤相反的规律，LR 中的含量显著高于 HR 中的含量。烃类化合物与酸或酯类化合物一样，都是分布在所有的土壤样品中的化合物，但含量比例却相差甚远。

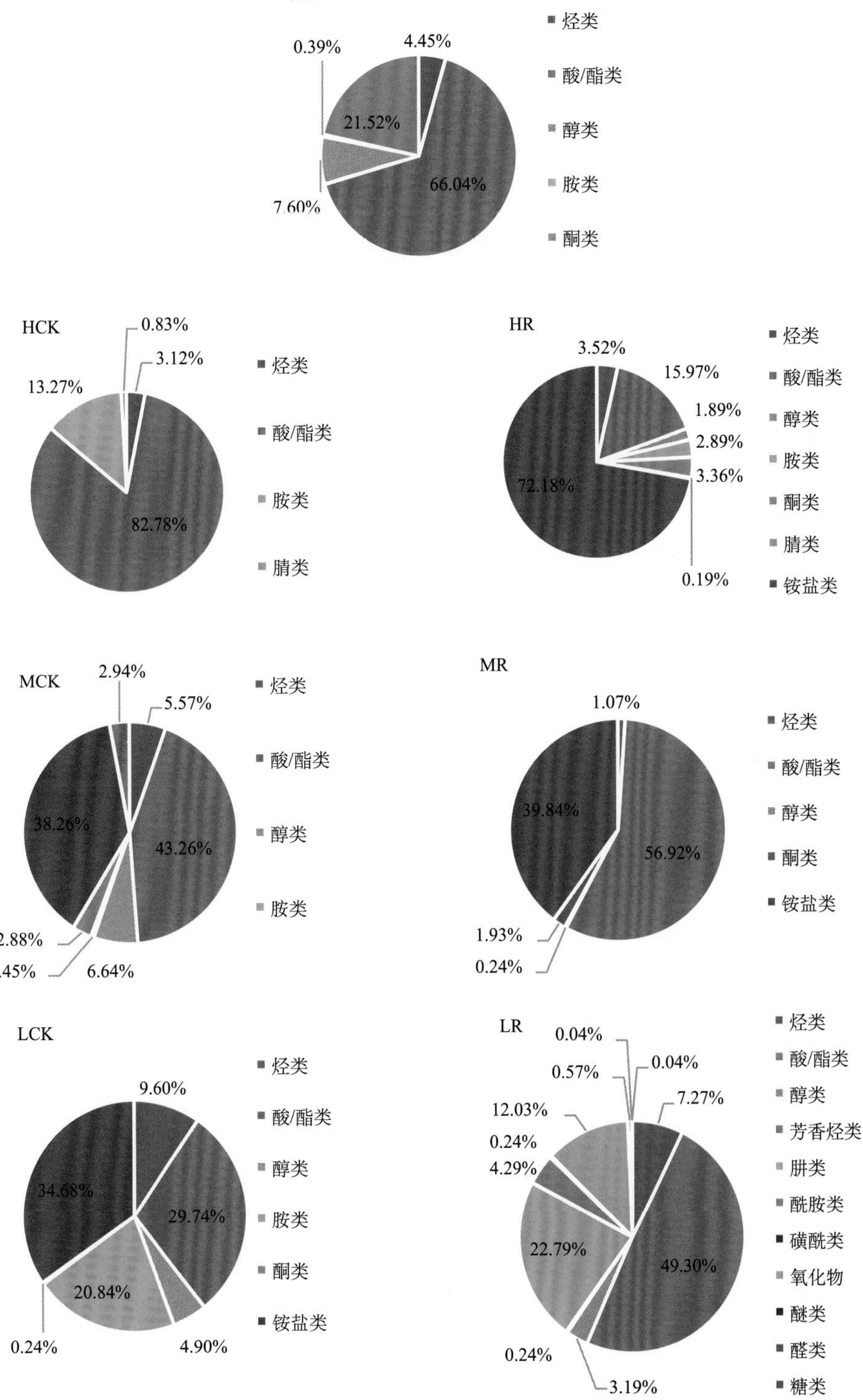

图 7-20　南菊芋 9 号根系分泌物在江苏大丰海涂不同土壤中的含量占比饼状图

CK，空白对照土壤；HCK，重盐非根际土壤；MCK，中盐非根际土壤；LCK，轻盐非根际土壤；HR，重盐根际土；MR，中盐根际土壤；LR，轻盐根际土壤；数据取平均值（n=3）

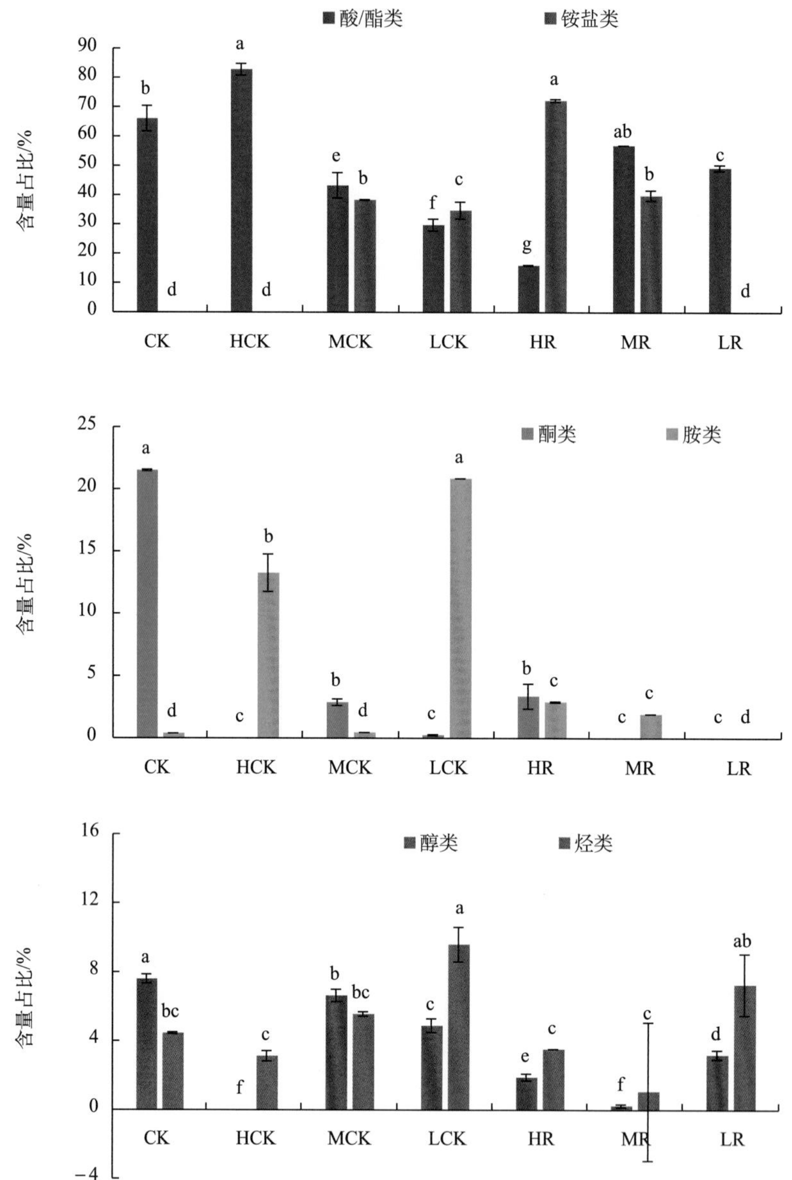

图 7-21　南菊芋 9 号根系分泌物在江苏大丰海涂不同土壤中的含量柱状图

CK，空白对照土壤；HCK，重盐非根际土壤；MCK，中盐非根际土壤；LCK，轻盐非根际土壤；HR，重盐根际土壤；MR，中盐根际土壤；LR，轻盐根际土壤；数据取平均值（n=3）

烃类化合物在非根际土壤中的含量显著高于根际土壤中的含量，且在非根际土壤和根际土壤中表现出的规律近乎一致，都是随着土壤盐含量的增加，化合物的含量逐渐降低，含量最高的为 LCK（9.60%）和 LR（7.27%）。

表 7-17 描述的是检测出的根系分泌物与土壤理化性质及土壤酶活性之间的相关关系。根据数据显示，烃类化合物与土壤含盐量、土壤 pH 及过氧化氢酶呈现极显著的负相关关系，与土壤中性磷酸酶和蔗糖酶活性呈极显著的正相关关系；胺类与土壤 pH 负

表 7-17　南菊芋 9 号根系分泌物与土壤理化性质及土壤酶活性之间的相关关系

项目	土壤含盐量	土壤酸碱度	过氧化氢酶	中性磷酸酶	蔗糖酶	烃类	酸/酯类	醇类	胺类	酮类	腈类	铵盐类	芳香烃类	肼类	酰胺类	磺酰类	氧化物类	醚类	醛类
土壤酸碱度	0.694**																		
过氧化氢酶	0.803**	0.910**																	
中性磷酸酶	–0.890**	–0.896**	–0.947**																
蔗糖酶	–0.791**	–0.912**	–0.944**	0.912**															
烃类	–0.764**	–0.564**	–0.684**	0.780**	0.764**														
酸/酯类	0.271	0.148	0.235	–0.238	–0.39	–0.386													
醇类	–0.091	–0.242	–0.414	0.368	0.394	0.530*	–0.164												
胺类	–0.394	–0.547*	–0.383	0.368	0.562**	0.444*	–0.032	–0.170											
酮类	0.592**	0.459*	0.339	–0.429	–0.341	–0.093	0.219	0.652**	–0.351										
腈类	0.320	0.054	0.375	–0.295	–0.347	–0.339	0.521*	–0.573**	0.381	–0.235									
铵盐类	0.090	–0.076	–0.026	–0.062	0.157	–0.152	–0.806**	–0.153	–0.019	–0.291	–0.258								
芳香烃类	–0.190	–0.571**	–0.547*	0.541*	0.401	0.129	–0.117	0.463*	–0.312	–0.082	–0.227	0.156							
肼类	–0.493*	0.169	–0.026	0.238	–0.080	0.362	0.003	–0.045	–0.308	–0.224	–0.207	–0.422	–0.086						
酰胺类	–0.493*	0.169	–0.026	0.238	–0.080	0.362	0.003	–0.045	–0.308	–0.224	–0.207	–0.422	–0.086	1.000**					
磺酰类	–0.493*	0.169	–0.026	0.238	–0.080	0.362	0.003	–0.045	–0.308	–0.224	–0.207	–0.422	–0.086	1.000**	1.000**				
氧化物类	–0.493*	0.169	–0.026	0.238	–0.080	0.362	0.003	–0.045	–0.308	–0.224	–0.207	–0.422	–0.086	1.000**	1.000**	1.000**			
醚类	–0.493*	0.169	–0.026	0.238	–0.080	0.362	0.003	–0.045	–0.308	–0.224	–0.207	–0.422	–0.086	1.000**	1.000**	1.000**	1.000**		
醛类	–0.493*	0.169	–0.026	0.238	–0.080	0.362	0.003	–0.045	–0.308	–0.224	–0.207	–0.422	–0.086	1.000**	1.000**	1.000**	1.000**	1.000**	
糖类	–0.493*	0.169	–0.026	0.238	–0.080	0.362	0.003	–0.045	–0.308	–0.224	–0.207	–0.422	–0.086	1.000**	1.000**	1.000**	1.000**	1.000**	1.000**

相关显著，与蔗糖酶呈极显著正相关，而肼类、酰胺类、磺酰类、氧化物类、醚类、醛类和糖类也均与土壤含盐量及过氧化氢酶呈现显著负相关关系，酮类化合物与土壤含盐量、土壤 pH 及过氧化氢酶呈现显著的正相关关系；酸/酯类和腈类化合物与土壤含盐量、土壤 pH 及过氧化氢酶呈现不显著的正相关关系。

表 7-18 描述的是检测出的根系分泌物与土壤微生物的物种多样性之间的相关关系。根据数据显示，16S rDNA（细菌）的物种丰富度与 ITS（真菌）的物种丰富度呈显著的负相关关系，与根系分泌物中烃类化合物和胺类化合物也呈现显著的负相关关系，但与酮类化合物和铵盐类化合物却呈现显著的正相关关系；ITS（真菌）的物种丰富度与根系分泌物中的醇类化合物和胺类化合物之间呈现显著或极显著的正相关关系，但与肼类、酰胺类、磺酰类、氧化物类、醚类、醛类和糖类化合物皆呈现显著的负相关关系。

根系分泌物之间也表现出了相关性。烃类化合物与醇类、胺类化合物就表现出显著的正相关性；酸/酯类化合物与腈类化合物之间是显著的正相关关系，而与酮类和铵盐类则是表现出极显著的负相关性；醇类化合物与酮类、芳香烃类化合物之间呈显著或极显著的正相关关系，但与腈类化合物之间却是显著的负相关关系；酮类化合物与铵盐类和芳香烃类化合物呈现的相关关系均是极显著或显著的正相关；铵盐类化合物与肼类、酰胺类、磺酰类、氧化物类、醚类、醛类和糖类化合物之间均呈现出显著的负相关关系；肼类、酰胺类、磺酰类、氧化物类、醚类、醛类和糖类化合物之间均呈现出极显著的正相关关系。

5. 菊芋根系分泌物与土壤环境的相关性

根系分泌物是植物在生长过程中由根系不同部位分泌产生的无机离子或小分子有机物，是植物与环境进行物质循环和能量流动的重要介质，是构建植物与土壤交流沟通的桥梁。植物根系分泌物的种类和多少是植物本身对环境的一种反应，根系分泌物不仅与环境条件有关，植物也会通过向环境释放根系分泌物来适应其生存环境。

试验中，共检测出根系分泌物 15 类，分别为烃类、酸/酯类、醇类、胺类、酮类、腈类、铵盐类、芳香烃类、肼类、酰胺类、磺酰类、氧化物类、醚类、醛类和糖类。不同的土壤含盐量、根际土壤与非根际土壤之间，都存在着一定的差异性，CK 土壤中共检测出 5 类 28 种根系分泌物，HCK 土壤中检测出 4 类 11 种根系分泌物，HR 土壤中检测出 7 类 22 种根系分泌物，MCK 土壤中检测出 6 类 29 种根系分泌物，MR 土壤中检测出 5 类 16 种根系分泌物，LCK 土壤中检测出 6 类 45 种根系分泌物，LR 土壤中检测出 11 类 51 种根系分泌物。从数据可以看出，根系分泌物的种类随着土壤含盐量的降低而增加，且基本表现出的规律是根际土壤中的根系分泌物种类多于非根际土壤。

有研究表明，酸碱性不同的根系分泌物会对植物造成不同的影响，且根系分泌物可以促使植物的根际土壤中形成一个比较特殊的菌群，这些微生物有些可以通过产生次级代谢产物来促进植株生长，有些可以让植株加强对病原体的防除功能，进而对植物的生长和发育起到促进与提升的作用。有人认为植物根系分泌物中的高分子黏质多糖对土壤颗粒有很强的黏着力，这种黏着力与土壤颗粒相互作用，进而促进了土壤团聚体的形成，改变土壤结构，改善土壤的理化性质。

表 7-18　根系分泌物与土壤微生物的物种多样性之间的相关关系

项目	16S rDNA	ITS	烃类	酸/酯类	醇类	胺类	酮类	腈类	铵盐类	芳香烃类	肼类	酰胺类	磺酰类	氧化物类	醚类	醛类
ITS	−0.517*															
烃类	−0.520*	0.285														
酸/酯类	−0.184	0.004	−0.312													
醇类	−0.082	0.524*	0.576*	−0.486*												
胺类	−0.870**	0.660**	0.362*	0.068	0.012											
酮类	0.562*	0.167	−0.197**	−0.606**	0.383*	−0.379										
腈类	−0.31	0.271	−0.441	0.644**	−0.571*	0.346	−0.173									
铵盐类	0.525*	−0.037	−0.151**	−0.774**	0.139	−0.161	0.719**	−0.397								
芳香烃类	0.372	0.383	0.053	−0.039	0.674**	−0.369	0.510*	−0.26	0.085							
肼类	−0.108	−0.511*	0.293	0.063	0.067	−0.376	−0.323	−0.248	−0.549*	−0.114						
酰胺类	−0.109	−0.512*	0.293	0.063	0.069	−0.376	−0.324	−0.248	−0.550*	−0.115	0.999**					
磺酰类	−0.109	−0.512*	0.294	0.063	0.068	−0.376	−0.324	−0.248	−0.550*	−0.115	0.999**	1.000**				
氧化物类	−0.108	−0.511*	0.289	0.062	0.07	−0.375	−0.323	−0.248	−0.549*	−0.115	0.995**	0.999**	0.998**			
醚类	−0.108	−0.507*	0.319	0.064	0.064	−0.373	−0.321	−0.246	−0.545*	−0.110	0.991**	0.990**	0.991**	0.985**		
醛类	−0.093	−0.440	0.351	0.062	0.044	−0.324	−0.279	−0.213	−0.473*	−0.086	0.867**	0.856**	0.861**	0.839**	0.920**	
糖类	−0.109	−0.512*	0.294	0.063	0.068	−0.376	−0.324	−0.248	−0.550*	−0.115	0.999**	1.000**	1.000**	0.998**	0.991**	0.861**

有研究表明，缺 Zn 植物的体内超氧化物歧化酶和过氧化氢酶活性会降低，从而使根细胞中非饱和脂肪酸大幅度下降，根细胞膜结构破坏、通透性增加，所分泌的物质的量就大大增加，导致根系分泌氨基酸、糖类化合物和酚类化合物的量明显增加。植物根系分泌酸性磷酸酶也是植物缺 P 胁迫的一种适应性机制，植物缺磷时会显著加大分泌酸性磷酸酶的量并提高酶活性。有些根系分泌物还可以对土壤的物质循环造成影响，有研究表明棉花根系分泌物的增加，会在促进速效 P 和 K 的同时促进土壤蔗糖酶活性的提高，且有些根系分泌物会活化土壤中的某些惰性离子，让植物有更高的吸收利用率，如活性较低的 Fe、Al 结合态的 P 元素、Mn 元素等。也有人认为黄瓜的根系分泌物可以显著提高土壤中 N、P、K 这三大营养元素的利用效率和速效比率。

在试验中，烃类化合物与土壤含盐量、土壤 pH 及过氧化氢酶呈现极显著的负相关关系，胺类与土壤 pH 负相关显著，与蔗糖酶呈极显著正相关，而肼类、酰胺类、磺酰类、氧化物类、醚类、醛类和糖类也均与土壤含盐量及过氧化氢酶呈现显著负相关关系，与土壤中性磷酸酶和蔗糖酶活性呈极显著的正相关关系；酸/酯类和腈类化合物与土壤含盐量、土壤 pH 及过氧化氢酶呈现正相关关系，虽然这种关系是不显著的，但也可以在一定程度上表明这两类化合物就是菊芋释放出来，用于自身适应盐碱土壤的生境并提高自身抗逆性的物质。王平、周犟君等的研究也表明，有机酸类化合物能够活化与稳固植株根际的潜在养分，一方面可以降低根际土壤 pH 以提高磷化合物的溶解度，另一方面可以通过与金属元素如 Fe、Al、Ca 等络合成盐的方式使土壤释放 P 等难溶物质，同时调低土壤 pH，从而达到提高根际土壤养分 P 的有效浓度。

在检测出的根系分泌物中，酸/酯类的化合物主要是邻苯二甲酸二丁酯（DBP）、乙酸正丙酯、乙酸异丙酯和乙酸乙酯。DBP 是一种邻苯二甲酸酯类（PAEs）化合物，属于脂肪酸酯类物质，这是一类潜在的化感物质，一般要达到一定的浓度才会起到化感作用，而 DBP 对植株最直接的影响是对其萌发及幼苗生长的作用，有实验结果表明，随着 DBP 浓度的升高，茄子种子的发芽率及活力指数等一些指标呈现先促进后抑制的作用，低浓度的 DBP 可以增加叶片中叶绿素的含量和土壤中脲酶及过氧化氢酶的活性，增强植株抗逆胁迫能力，高浓度则有反作用。在检测出的铵盐类根系分泌物中，仅检测到了乙酸铵。由于 1 mol/L 的中性乙酸铵提取的速效钾与钾肥肥效相关性良好，特别是旱地土壤，因此乙酸铵一般在实验中被用来提取土壤中的速效钾。在根系分泌物中检测出这种化合物，说明植物通过向土壤中释放乙酸铵的方式来吸收和利用土壤中的钾元素。

6. 菊芋根系分泌物与土壤微生物的相关性

土壤中集聚着很多微生物，包括真菌、细菌、放线菌、藻类、病毒等，这些微生物对于土壤肥力的形成和植物营养的转化起着至关重要的作用。根系分泌物不仅为根际微生物提供生长所需的元素，而且不同的根际分泌物直接影响着微生物的数量和群落结构。Darrah 的研究表明根际微生物的分布与根际的可溶性碳的分布距离有关，微生物的积累依赖于根系分泌物的释放，两者间的关系呈正相关，即分泌物种类越多，微生物生长越旺盛。根系分泌物不仅对微生物的数量和种类产生影响，还对微生物的生长及代谢有一定程度的影响，有的起促进作用，有的起抑制作用。

根系分泌物可以成为土壤微生物的碳源和能源，影响着微生物的种类和数量，类似于微生物的选择性培养基。由于根系分泌物对根际土壤环境的影响，根际土壤微生物的数量显著高于非根际土壤中的微生物数量，尤其是细菌菌群。有相关的研究表明，根系分泌物中的糖类和氨基酸类为土壤微生物提供了有效的碳源和氮源，且会对土壤微生物群落的分布有直接的影响。Norby 等的研究表明在高浓度的 CO_2 下萌芽松的根系会分泌更多的可溶性碳水化合物，刺激了菌根菌的发育。

研究中，16S rDNA（细菌）的物种丰富度与烃类化合物和胺类化合物呈现显著的负相关关系，但与酮类化合物和铵盐类化合物却呈现显著的正相关关系。这种结果说明了在盐分和菊芋的根系分泌物的双重胁迫下，细菌的群落结构发生了变化，且细菌的物种多样性表现出根际土壤>非根际土壤，但也造成在重盐和中盐土壤中没有明显的优势菌种，这刚好契合了根系分泌物为微生物生长带来能源与营养这一说法。ITS（真菌）的物种丰富度与根系分泌物中的醇类化合物和胺类化合物之间呈现显著的正相关性，但与肼类、酰胺类、磺酰类、氧化物类、醚类、醛类和糖类化合物皆呈现显著的负相关性，且真菌的物种多样性表现出非根际土壤 > 根际土壤，（根际土壤）重盐土壤 > 轻盐土壤 > 中盐土壤，（非根际土壤）轻盐土壤 > 中盐土壤 > 重盐土壤。这说明菊芋的种植虽然在一定程度上为真菌的生长提供了有利条件，但菊芋的某些根系分泌物会阻碍土壤中真菌的生长，尤其是肼类、酰胺类、磺酰类、氧化物类、醚类、醛类和糖类化合物，因此会造成根际土壤的微生物多样性不如非根际土壤中的大。

唐敏、李传涵等在 1991 年的研究结果表明，刺槐和国槐的根系分泌物在根面、根际土壤、非根际土壤中形成了递减的浓度梯度，而这些分泌物也为好氮、固氮菌提供了碳源和能源；毛白松和刺槐混交林的根系分泌物中氨基酸的种类和数量皆多于纯木林，这样的结果使得包括真菌、细菌、放线菌在内的根际微生物的数量和活性显著提高。根际微生物对根系周围环境产生根际效应的同时，也在植物根系趋向性聚集并通过各自的代谢活动，分解转化根系分泌物和脱落物，对根系分泌物起到重要的修饰和限制作用。根系分泌物是保持根际微生物生态系统活力的关键因素，也是根际微生物系统中物质迁移和调节的重要组成部分，根系分泌物通过改变根际土壤的物理、化学或生物学性质来提高土壤养分的有效性，改善作物生长。还有相关研究表明，低分子量的根系分泌物在短期内都会显著增强土壤微生物的活性，并且对土壤团聚体的稳定性起到了很好的作用。

Landi 和 Renella 等通过模拟根系分泌物添加到土壤中来探究它们对微生物的影响，研究结果表明不同的根系分泌物对土壤微生物的菌群均有不同程度的刺激作用，葡萄糖会促进微生物有机体的合成，而草酸则被土壤中的专一微生物分解，因此添加草酸对土壤细菌群落的影响要高于添加葡萄糖。此外，一些植物根系产生的分泌物可以抑制一些病菌的生长，从而促进其他植物的生长。另外有研究表明，在非盐胁迫下，小麦（*Triticum aestivum*）根系分泌物可导致固氮螺旋菌（*Azospirillum brasilense*）表多糖（exopolysaccharide，EPS）中阿拉伯糖和木糖含量的上升，而在盐胁迫下，根系分泌物对 EPS 组分没有影响。吴玉香等经研究发现，抗病品种陆地棉（*Gossypium* spp.）根系分泌物可有效地抑制黄萎病菌孢子的萌发和菌丝的生长，而感病品种根系的分泌物则促进了黄萎病菌的生长。

7.2.5　江苏大丰不同植被滨海盐渍土矿物组成

江苏大丰光板地（BS）、蒿子地（SL）、茅草地（IG）和菊芋地（JF）的土壤矿物衍射图谱见图 7-22，根据和一些典型的 X 射线衍射特征峰进行对比，可以判断所测样品的矿物类型。通过 JADE 软件对峰图进行分析，可以对峰面积进行测定，从而得到某种矿物在土样中的质量分数。南京农业大学海洋科学及其能源生物资源研究所菊芋研究小组通过对 4 组土壤样品的出峰位置和强度进行分析，对比数据库，能够判断出光板地、蒿子地、茅草地和菊芋地中主要矿物为石英、钠长石、伊利石、方解石、蛭石和白云石。

如图 7-23 所示，不同植被类型群落演替过程中，具有相似的土壤矿物种类，主要矿物为石英、钠长石、伊利石、方解石、蛭石和白云石，而且相同母质不同样品中同一矿物含量变化也较小。不同植被类型下土壤原生矿物以石英为主，质量分数为 29.06%～36.32%，其次是钠长石和伊利石。钠长石和白云母等硅酸盐类矿物在风化作用下形成伊利石，土壤黏土类矿物以伊利石为主，含量为 19.61%～22.55%，伊利石在一定的作用下易风化成蛭石。

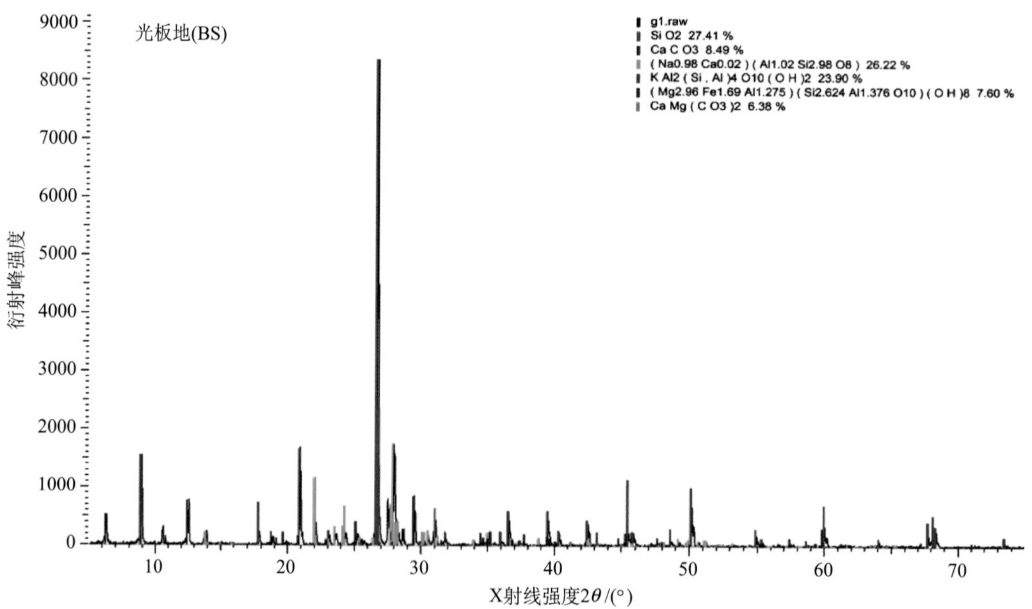

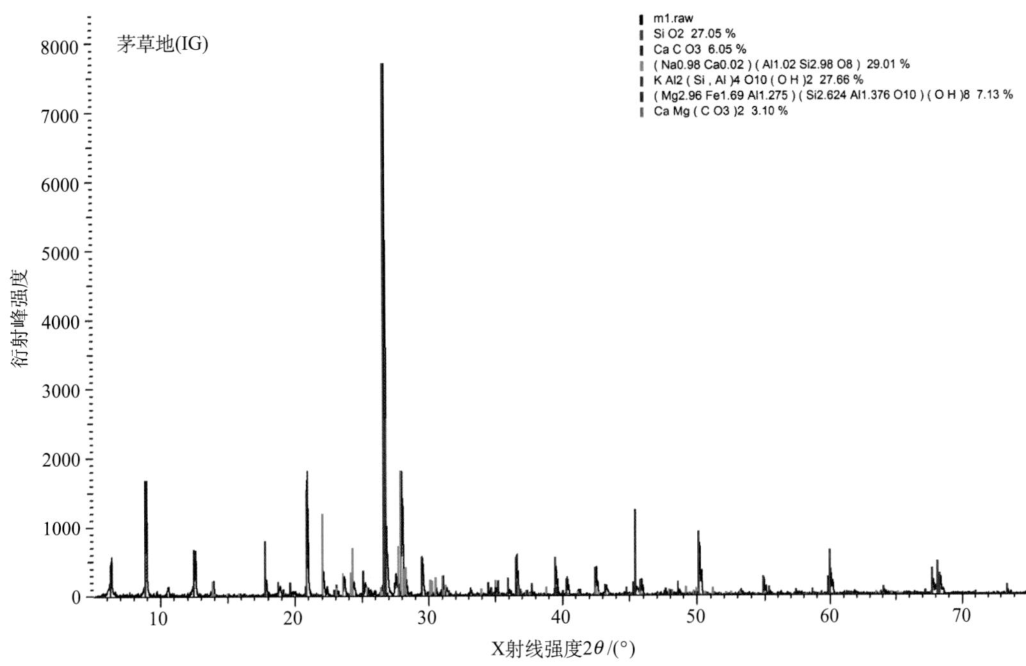
茅草地(IG)
m1.raw
Si O2 27.05 %
Ca C O3 6.05 %
(Na0.98 Ca0.02) (Al1.02 Si2.98 O8) 29.01 %
K Al2 (Si , Al)4 O10 (O H)2 27.66 %
(Mg2.96 Fe1.69 Al1.275) (Si2.624 Al1.376 O10) (O H)8 7.13 %
Ca Mg (C O3)2 3.10 %
衍射峰强度
X射线强度2θ/(°)

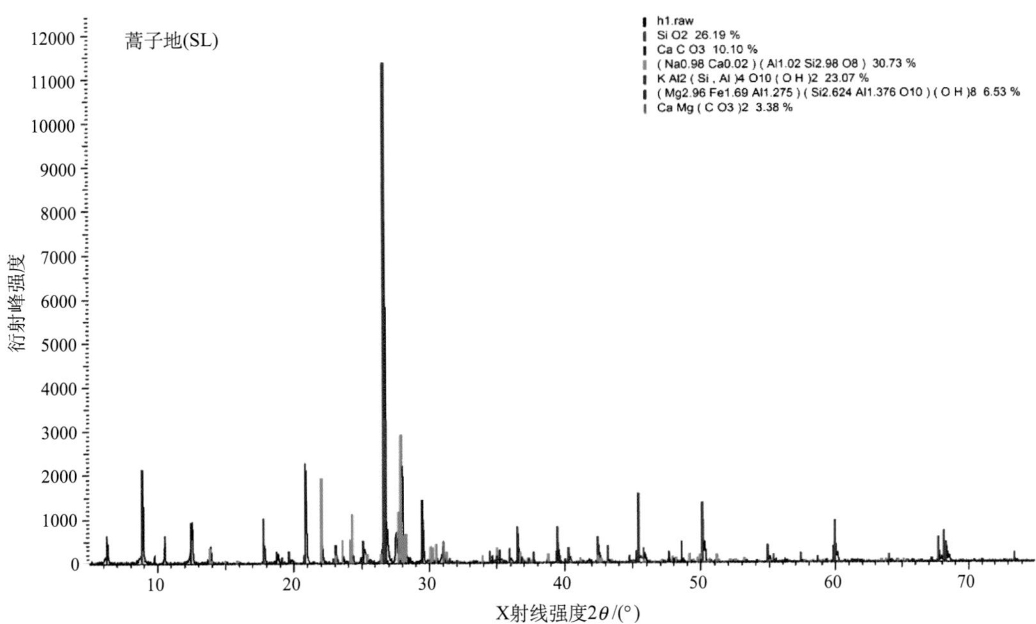
蒿子地(SL)
h1.raw
Si O2 26.19 %
Ca C O3 10.10 %
(Na0.98 Ca0.02) (Al1.02 Si2.98 O8) 30.73 %
K Al2 (Si , Al)4 O10 (O H)2 23.07 %
(Mg2.96 Fe1.69 Al1.275) (Si2.624 Al1.376 O10) (O H)8 6.53 %
Ca Mg (C O3)2 3.38 %
衍射峰强度
X射线强度2θ/(°)

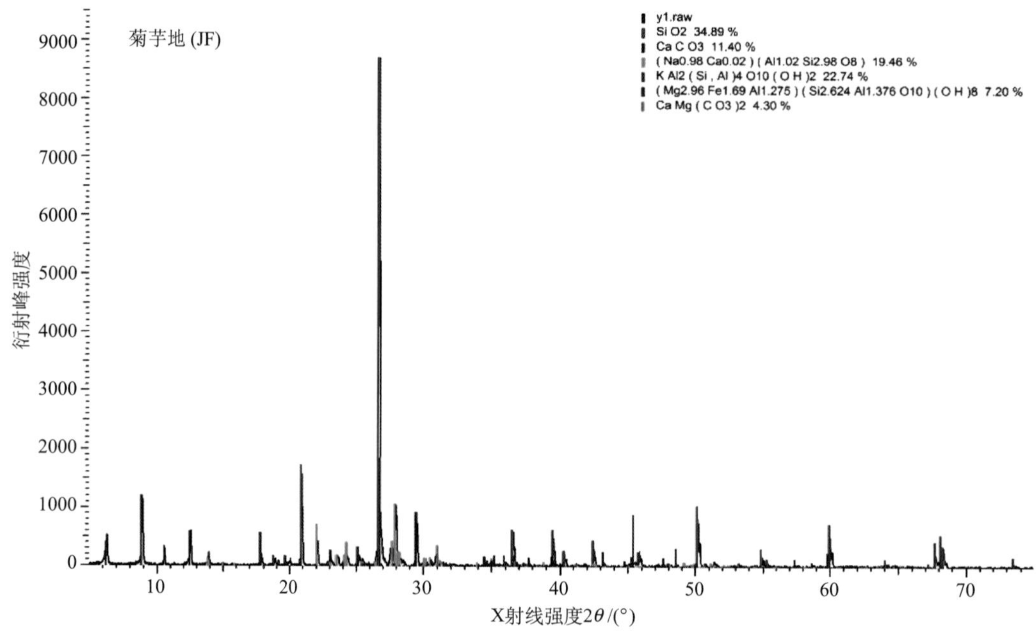

图 7-22　江苏大丰海涂不同样地土壤矿物 X 射线衍射图谱(WL=1.54060)

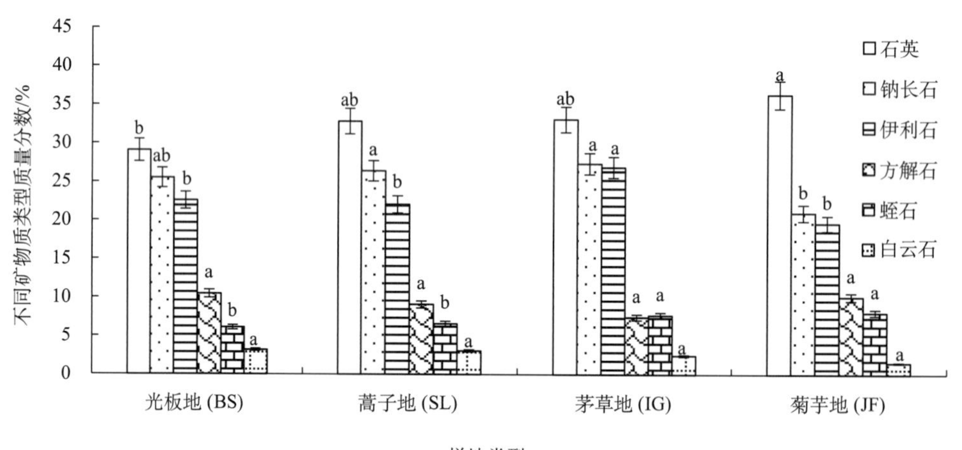

图 7-23　不同样地土壤的矿物组成质量分数

石英是地球上分布十分广泛的一种矿物，是半透明或不透明的晶体，质地坚硬，有着非常稳定的物化性质和自然结构。钠长石为常见的长石矿物，为钠的铝硅酸盐，一般为玻璃状晶体。本实验的地点位于江苏盐城大丰麋鹿自然保护区中未被开发的新海堤之外的滩涂，以石英、钠长石为主的原生矿物组成与典型的粉砂淤泥质母质有关。在母岩搬运、风化成土过程中，母岩中的石英和钠长石风化，白云石脱钾转化为蛭石。方解石是一类具有多类型晶体结构的天然矿物，其主要成分是碳酸钙，多为白色，在地球地质层中分布广泛。本研究中土壤黏土类矿物主要是伊利石，相关的研究表明伊利石是在弱碱性和低温条件下由长石等硅酸盐矿物风化脱钾而来，伊利石在气候干冷和淋滤作用下又可向蒙脱石、高岭石和绿泥石等转变，滨海盐碱地土壤矿物组成中并没有蒙脱石、高岭石和绿泥石等矿物，说明盐碱地的淋滤作用较弱。

7.3 江苏大丰菊芋种植对滨海盐渍土碳储量的效应

土壤是陆地生态系统的核心，是连接大气圈、水圈、生物圈以及岩石圈的纽带。土壤碳库是陆地生态系统碳库中最大的储库，而且是其中非常活跃的部分。全球有 1.4×10^{18}～1.5×10^{18} g 碳以有机质形态储存于地球土壤中，是陆地植被碳库（0.5×10^{18}～0.6×10^{18} g）的 2～3 倍，是大气碳（0.75×10^{18} g）的 2 倍。可见土壤碳储量在陆地生态系统中占有重要位置。菊芋作为抗逆高效植物，其对土壤碳储量的贡献意义重大。自 2014 年起，南京农业大学海洋科学及其能源生物资源研究所菊芋研究小组开展了菊芋对盐渍土碳储量效应的研究。

7.3.1 盐渍土菊芋生物固碳试验研究方法

江苏大丰菊芋种植对滨海盐渍土碳储量实验区域位于江苏省大丰市南京农业大学 863 试验基地（32.59°N，120.50°E），该区东距黄海约 4 km，气候属于典型的海洋和季风性气候，太阳照射充足，春、夏、秋、冬分明，年平均气温是 14.0℃，年平均降水量是 1068.0 mm，年降水量主要集中在 6～8 月，土壤基本的农化性状如表 7-19 所示。

表 7-19 江苏大丰菊芋生物固碳试验区土壤基本性状

有机质/（g/kg）	全氮/（g/kg）	碱解氮/（mg/kg）	速效磷/（mg/kg）	速效钾/（mg/kg）	pH
14.90	1.08	53.92	18.75	211.59	7.47

试验设有 5 个处理：氮用量分别为 0 g/m^2（CK）、4 g/m^2（N1）、8 g/m^2（N2）、12 g/m^2（N3）和 16 g/m^2（N4）（以尿素含氮量是 46%折算成尿素用量）。小区面积 5 m×5 m，每个处理重复 3 次。土壤在冬季用犁翻过，然后在播种块茎之前再翻两次。苗期施氮肥。播种时间分别是 2014 年 3 月 27 日和 2015 年 3 月 20 日。挑选无病伤的南菊芋 1 号块茎，切成若干块，播种行间距和植株间距分别是 60 cm 和 50 cm。收获季节分别是 2014 年 11 月 15 日和 2015 年 11 月 10 日。

植被生物量及碳储量测定分别在菊芋的根状茎形成期（7 月）、块茎形成期（9 月）和衰老期（11 月）采集植被，每个小区随机选取 9 株，用铁锹整株挖取带回实验室，株高用量尺测得，然后进行根、茎、叶以及块茎的分离，先用自来水冲洗各个部位，然后冲洗干净各个部位后，测量鲜重。烘干后测量干重。各器官碳含量测定采用重铬酸钾氧化-外加热法。

土壤碳储量采样及测定：土壤样品采集厚度分为 0～10 cm 和 10～20 cm。采集到的样品（1～2 kg）装于自封袋中运回实验室，风干磨细过 0.25 mm 筛子用以测量土壤有机碳（SOC）和全氮含量。环刀法测量土壤容重。

7.3.2　氮肥对菊芋生物碳固定的效应

沿海滩涂成陆时间短，相对来讲，土壤有机碳（SOC）和全氮含量低，利用耐盐高效植物增施氮，将光能转化为生物质能，利用空气中的 CO_2 合成更多的碳水化合物，一方面满足人们生活需求，另一方面提高盐渍土固碳增汇能力，这是海涂盐渍土固碳增汇的重要途径，相对于其他耕地来讲，海涂盐渍土的固碳增汇潜力更大。

1. 氮肥对菊芋各器官干物质积累的影响

江苏大丰不同氮肥水平下菊芋不同的生长期各器官干物质积累量具有升高的趋势（图 7-24）。施氮处理在菊芋不同的生长期根中干物质含量高于不施氮处理（对照 CK），7～9 月，所有处理菊芋根中干物质积累量均迅速增加，11 月菊芋根中干物质积累量达到最大，这时施氮量 4 g/m^2（N1）、8 g/m^2（N2）、12 g/m^2（N3）菊芋根中干物质积累量均显著高于施氮量 0 g/m^2（CK）与施氮量 16 g/m^2（N4）处理菊芋根中干物质积累量，而施氮量 4 g/m^2（N1）、8 g/m^2（N2）、12 g/m^2（N3）三处理之间菊芋根中干物质积累量没有显著差异，施氮量达 16 g/m^2（N4）时菊芋根中干物质积累量又显著下降，同不施氮（CK）处理菊芋根中干物质积累量没有显著差异，表明适量的氮有利于菊芋根中碳的积累，而过多地施用氮素不利于菊芋根中干物质积累。

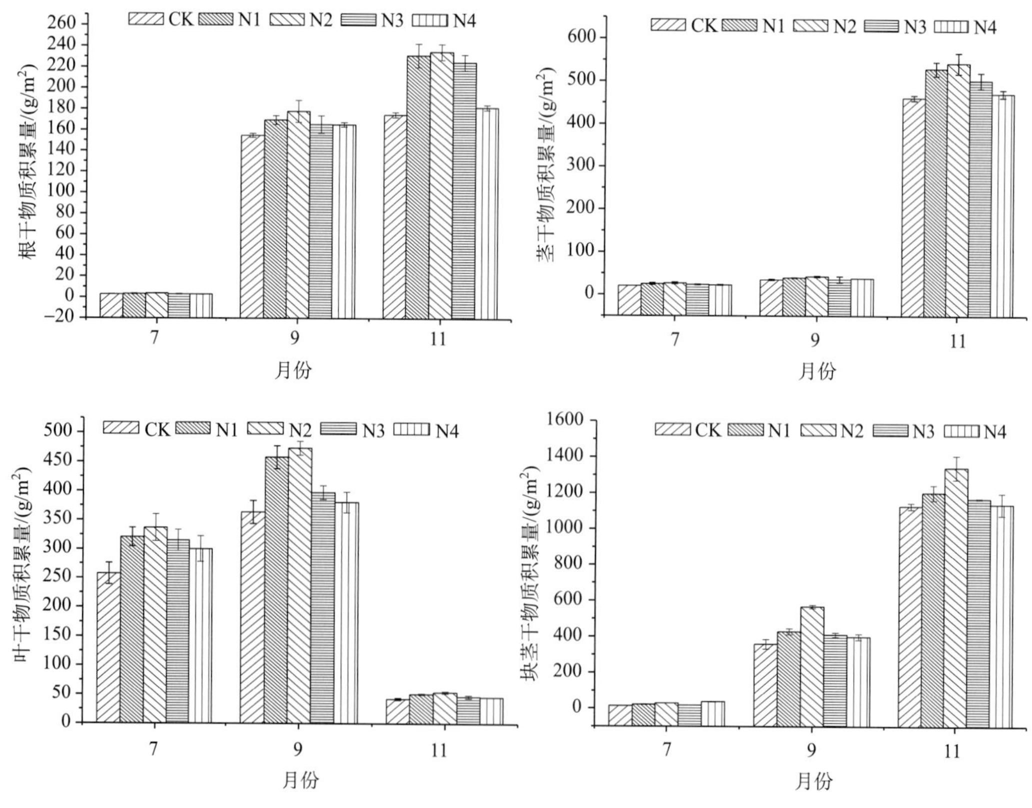

图 7-24　氮肥对菊芋各器官干物质积累的影响

江苏大丰 7～9 月所有氮处理菊芋茎部干物质缓慢增长，10 月菊芋茎部干物质开始快速增加，11 月菊芋茎部干物质达到最大值，这时施氮处理对菊芋茎部干物质的影响基本同对菊芋根中干物质积累的影响一致，即施氮量 4 g/m^2（N1）、8 g/m^2（N2）、12 g/m^2（N3）菊芋茎部干物质积累量均显著高于施氮量 0 g/m^2（CK）与施氮量 16 g/m^2（N4）处理菊芋茎部干物质积累量，而施氮量 4 g/m^2（N1）、8 g/m^2（N2）、12 g/m^2（N3）三处理之间菊芋茎部干物质积累量没有显著差异，施氮量达 16 g/m^2（N4）时菊芋茎部干物质积累量又显著下降，同不施氮（CK）处理菊芋茎部干物质积累量没有显著差异，表明适量的氮有利于菊芋茎部碳的积累，而过多地施用氮素不利于菊芋茎部干物质积累。

江苏大丰菊芋叶部干物质积累在 7～9 月迅速增长，9 月菊芋叶部干物质积累量达到最大值，而至 11 月又急速下降。9 月施氮量 4 g/m^2（N1）、8 g/m^2（N2）菊芋叶部干物质积累量均显著高于施氮量 0 g/m^2（CK）、12 g/m^2（N3）、16 g/m^2（N4）菊芋叶部干物质积累量，施氮量 4 g/m^2（N1）、8 g/m^2（N2）处理之间菊芋叶部干物质积累量没有显著差异，同样施氮量 0 g/m^2（CK）、12 g/m^2（N3）、16 g/m^2（N4）3 个处理之间菊芋叶部干物质积累量也没有显著差异。

江苏大丰菊芋块茎干物质积累在 7～9 月缓慢增加，从 10 月开始，菊芋块茎干物质积累迅速增加，至 11 月菊芋块茎干物质积累量是 9 月的 2.2 倍左右。11 月时施氮对菊芋块茎干物质积累量的效应为：施氮量 4 g/m^2（N1）、8 g/m^2（N2）菊芋块茎干物质积累量显著高于其他施氮量处理，施氮量 8 g/m^2（N2） 菊芋块茎干物质积累量显著高于施氮量 4 g/m^2（N1）的菊芋块茎干物质积累量，而施氮量 0 g/m^2（CK）、12 g/m^2（N3）、16 g/m^2（N4）之间菊芋块茎干物质积累量没有显著差异。

综合考虑江苏大丰海涂氮素对菊芋干物质累积总量及对经济干物质积累量的效应，以施氮量 8 g/m^2（N2）即亩施 5.34 kg 纯氮时，菊芋干物质累积总量及经济干物质积累量最佳。

2. 氮肥对菊芋各器官碳密度的影响

菊芋干物质积累量对碳的同化是一个重要指标，而植物碳的密度是其又一个重要指标，两者综合考虑才能真正表达植物的碳储量。江苏大丰滨海盐渍土施氮肥十分有利于菊芋各器官的碳密度的提高（表 7-20）。

对于菊芋根部碳密度，施氮大大提高菊芋根部的碳密度，菊芋根部碳密度大小的顺序为：8 g/m^2（N2）> 4 g/m^2（N1）> 12 g/m^2（N3）> 16 g/m^2（N4）>0 g/m^2（CK），在施氮量为 4 g/m^2（N1）、8 g/m^2（N2）、12 g/m^2（N3）和 16 g/m^2（N4）处理下分别比对照 0 g/m^2（CK）处理菊芋根部碳密度提高了 5.3%、8.1%、2.9%和 1.3%。施氮量 8 g/m^2 菊芋根部碳密度最高。

施氮对菊芋茎秆、叶片及块茎碳密度的效应基本同对菊芋根部的效应一致：施氮量 8 g/m^2 菊芋茎秆、叶片及块茎碳密度达到最大值。超过这个施氮量，菊芋这些器官的碳密度又开始下降。

表 7-20　不同氮肥水平对菊芋不同器官碳密度的影响（单位：g/g）

处理	不同器官碳密度			
	根	茎	叶	块茎
CK	0.3358（3.88）	0.3934（3.75）	0.3227（1.28）	0.3534（1.79）
N1	0.3537（2.34）	0.4070（2.50）	0.3233（0.95）	0.3614（1.59）
N2	0.3631（3.48）	0.4189（2.39）	0.3320（2.09）	0.3856（2.29）
N3	0.3457（3.70）	0.4183（1.90）	0.3290（1.92）	0.3540（3.02）
N4	0.3401（4.92）	0.4152（2.16）	0.3240（3.63）	0.3544（1.01）

注：括号内的数据为变异系数（%）。

3. 氮肥对菊芋各器官的生物量和碳储量的影响

根据以上江苏大丰不同施氮水平菊芋各器官及总植株的碳储量分析发现（表 7-21），施氮量 0 g/m^2（CK）处理下菊芋各器官的生物量最低。随着施氮水平的增加，菊芋各器官生物量先升高后下降。与对照施氮量 0 g/m^2（CK）相比，在 4 g/m^2（N1）处理下，根、茎、叶和块茎的生物量分别增加了 0.57 t/hm^2、0.86 t/hm^2、0.10 t/hm^2 和 0.64 t/hm^2。叶中的生物量在施氮量为 8 g/m^2（N2）时达到最大。

表 7-21　不同氮肥水平对菊芋各器官生物量和碳储量的影响　（单位：t/hm^2）

处理	不同器官生物量和碳储量									
	根		茎		叶		块茎		合计	
	生物量	碳储量	生物量	碳储量	生物量	碳储量	生物量	碳储量	生物量	碳储量
CK	1.74±0.29b	0.63±0.06c	4.61±0.68b	1.75±0.22b	0.43±0.11c	0.15±0.03b	10.33±1.00b	4.19±0.54b	18.06±1.94c	6.72±0.49b
N1	2.31±0.24a	0.76±0.10bc	5.47±0.40a	1.96±0.18b	0.53±0.08b	0.15±0.03b	10.97±1.16b	4.65±0.73b	20.13±2.01b	7.53±0.37b
N2	2.37±0.46a	0.81±0.06a	5.57±0.28a	2.21±0.35a	0.62±0.07a	0.18±0.02a	12.86±0.84a	5.70±0.72a	21.72±1.84a	8.89±0.47a
N3	1.95±0.30b	0.75±0.01b	5.29±0.18a	1.81±0.37b	0.51±0.05b	0.17±0.02ab	10.82±1.26b	4.42±0.47b	19.41±2.33b	7.16±0.49b
N4	1.82±0.15b	0.78±0.04c	4.65±0.67b	1.77±0.18b	0.45±0.03c	0.17±0.01ab	10.37±1.85b	4.60±0.62b	18.36±2.02c	7.32±0.38b

在江苏大丰滨海盐渍土上，施氮量为 8 g/m^2（N2）时菊芋根部、茎秆、叶片、块茎及全株碳储量均达到最大值，施氮比不施氮菊芋各器官及全株碳储量基本都大大提高。施氮量为 8 g/m^2（N2）时菊芋碳储量高达（8.89±0.47）t/hm^2。在江苏大丰海涂，菊芋碳储量是 6.72～8.89 t/hm^2。

7.3.3　氮肥对江苏大丰海涂土壤碳库的影响

如表 7-22 所示，江苏大丰海涂菊芋在不同施氮水平，其表层土壤（0～10 cm）有机碳（SOC）含量均显著高于下层土壤。表层土壤（0～10 cm）在施氮量 0 g/m^2（CK）、4 g/m^2（N1）、8 g/m^2（N2）、12 g/m^2（N3）和 16 g/m^2（N4）处理下，土壤有机碳（SOC）含量分别比深层土壤（10～20 cm）高出 9.3%、5.8%、0.6%、3.3% 和 4.4%。土壤表层（0～10 cm）中土壤有机碳（SOC）含量在不同处理下大小顺序为：8 g/m^2（N2）>4 g/m^2

（N1）>0 g/m^2（CK）>12 g/m^2（N3）≈16 g/m^2（N4），施氮量 8 g/m^2（N2）土壤有机碳（SOC）含量高达（9.07±0.14）g/kg。

表 7-22　江苏大丰氮肥用量对土壤有机 C、全 N 含量以及 C/N 的影响

分析	土层/cm	处理				
		CK	N1	N2	N3	N4
土壤有机碳含量/（g/kg）	0～10	7.75±0.07c	8.62±0.12b	9.07±0.14a	7.19±0.05d	7.05±0.04d
	10～20	7.03±0.43c	8.12±0.06b	9.02±0.02a	6.95±0.04c	6.74±0.14c
全氮含量/（g/kg）	0～10	1.09±0.01a	1.10±0.05a	1.24±0.04a	1.11±0.12a	1.12±0.03a
	10～20	1.15±0.01ab	1.01±0.06b	1.19±0.02a	1.02±0.11b	1.07±0.03ab
C/N	0～10	6.82±0.12b	8.09±0.39a	6.12±0.30b	6.64±0.69b	6.29±0.17b
	10～20	7.12±0.39b	8.13±0.39a	6.28±0.13b	6.87±0.74b	6.30±0.09b

注：数据表示为平均值±标准误（n=9）；同一栏中不同氮肥处理间的差异性用不同字母表示（P≤0.05）。

全氮含量大多随着土层深度的增加而下降，江苏大丰滨海盐渍土菊芋不同施氮试验其表层土壤全氮含量大多显著高于深层，全氮含量是 1.01～1.24 g/kg。表层土各施氮量处理间没有明显的差异。

土壤 C/N 为反映土壤肥力的重要指标之一，当土壤 C/N 大于 25∶1 时，微生物不能大量繁殖，而且从有机物中释放的氮素全部为微生物自身生长所利用，与生长的植物争夺氮源。当 C/N 小于 25∶1 时，微生物繁殖快，有机质分解也快，而且有多余的氮素释放以供作物利用，也有利于腐殖质形成。C/N 大于 30 改土效果明显，C/N 小于 30 利于供应植物养分。江苏大丰滨海盐渍土菊芋不同施氮水平，深层土壤（10～20 cm）的 C/N 显著高于表层土壤（0～10 cm），利于菊芋吸收养分。菊芋施氮量 0 g/m^2（CK）、4 g/m^2（N1）、8 g/m^2（N2）、12 g/m^2（N3）和 16 g/m^2（N4）处理下，表层土壤（0～10 cm）比深层土壤（10～20 cm）的土壤 C/N 分别下降了 4.21%、0.49%、2.55%、3.35%和 0.16%，且不同施氮处理间土壤 C/N 存在明显的差异。

7.3.4　氮肥用量对菊芋土壤单位面积有机碳储量的影响

由图 7-25 可以看出，在江苏大丰滨海盐渍土上，随着施氮量的增加，0～10 cm 土壤层碳储量呈现先增加后降低的趋势，在施氮量 8 g/m^2（N2）处理下土壤碳储量达到最大，为 1.10 t/hm^2。与对照相比，施氮量 4 g/m^2（N1）和 8 g/m^2（N2）分别比对照 0 g/m^2（CK）土壤碳储量增加了 0.10 t/hm^2 和 0.16 t/hm^2。12 g/m^2（N3）和 16 g/m^2（N4）处理下土壤碳储量则小于对照 0 g/m^2(CK)，分别下降了 0.07 t/hm^2 和 0.09 t/hm^2。0 g/m^2(CK)、4 g/m^2（N1）和 8 g/m^2（N2）处理间土壤碳储量具有显著的差异，而 12 g/m^2（N3）和 16 g/m^2（N4）处理间无显著差异。深层土壤碳储量的变化趋势与表层相似。

施氮肥是当代农业措施中提高植被产量和质量最为重要的举措[40]。在当前的研究中，施氮肥可以促进菊芋的生长和干物质积累的增加，且提高菊芋的产量[41]。但是，过量的施肥也能导致土壤质量的下降[42]，江苏大丰滨海盐渍土菊芋氮肥用量研究显示过量施肥导致菊芋干物质积累下降。

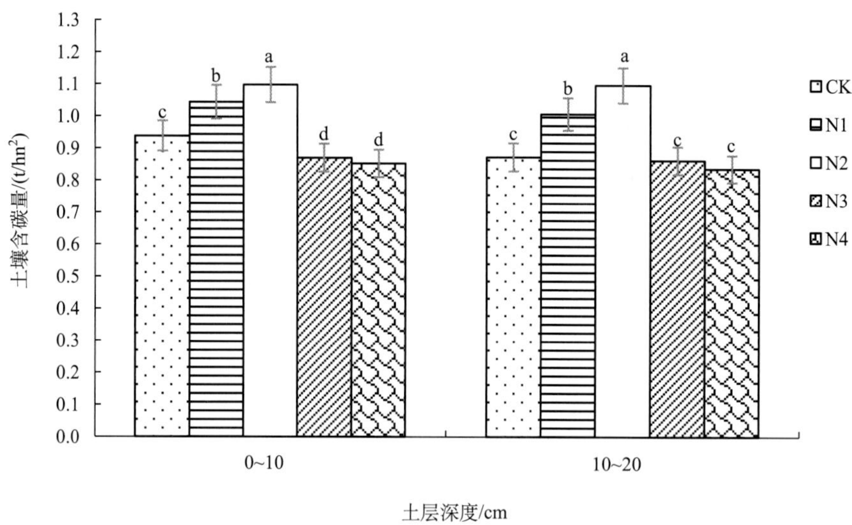

图 7-25　不同氮肥水平对土壤碳储量的影响

同一土层不同氮肥处理间差异用不同字母表示（$P \leqslant 0.05$）

植被中的碳密度显著影响碳储量。适当施氮量处理能够提高菊芋各器官的碳密度，但是当施氮量超过 8 g/m^2 时，各器官碳密度下降，对其他类型植被进行施肥，植被中碳密度具有相似的变化[40]。

土壤有机碳是碳库重要组成部分，农田中土壤有机碳的积累可以通过一些措施来实现[43]。施氮肥时，土壤有机碳和全氮含量增加[44]，当施氮量不超过 8 g/m^2 时，与对照相比，土壤碳储量显著增加[45,46]。

施肥用量和种类、残留物的数量以及分解速度等都会影响土壤 C/N，因此适当的农作物措施对 C/N 非常重要。江苏大丰滨海盐渍土菊芋氮肥用量研究中表层土壤 C/N 低于深层。也有研究表明土壤 C/N 随土层深度而下降[47]。

土壤有机碳库在土壤碳库中所占的比例超过 50%，其中有超过一半的土壤有机碳为不断地与大气圈交换的土壤活性成分，因此土壤有机碳库的微小波动与改变都会影响大气中的二氧化碳，从而波及整个生态系统，包括对土壤碳库的影响[48,49]。施氮肥可以提高土壤固碳[50]，江苏大丰滨海盐渍土菊芋氮肥用量研究表明，滨海盐碱地不同施氮水平下，土壤碳储量增加[46]。有研究表明，过量施氮影响土壤固碳[51]，江苏大丰滨海盐渍土菊芋氮肥用量研究表明当施肥量超过 8 g/m^2 时，土壤碳储量下降。

综上所述，在滨海盐渍土种植菊芋并施用 8 g/m^2 N 即 5.34 kg N/亩或 80 kg N/hm^2 时，无论是菊芋植物碳储量还是菊芋种植地土壤碳储量均达到最大值。

7.4　微生物-菊芋体系对海水养殖废水养分的净化效应

据统计，截至 2006 年，我国海水养殖面积已达 1.24×10^6 hm^2，海水养殖总产量已达 1.06×10^7 t，养殖总产量跃居世界首位。海水养殖在保障我国粮食安全的同时，极大地满足了人们的营养需求，改善了人们的膳食结构，提高了人们的生活水平。然而，近些年沿海地区海水养殖带来的负面影响也日益加重。富含氮、磷等污染物的海水养殖废水直接向近海排放，致使局部海域严重富营养化，从而导致赤潮的频繁发生，并且直接影响到浅海养殖以及海洋捕捞业的发展。养殖水体污染是导致养殖及其周围环境恶化，养殖效益下降的根本原因。如何对养殖水体进行治理，成为众多学者研究的热点问题。海水养殖废水的处理方法有物理、化学、生物以及综合处理方法等。生物处理方法是目前研究海水养殖废水处理和养殖污染控制的一个重要趋势。这种方法对环境友好，费用低，适用于各种易变化的水域条件，其最大优点是使用可再生材料和能源，并且不会对环境造成二次污染。南京农业大学海洋科学及其能源生物资源研究所菊芋研究小组将海水养殖废水作为一种农业灌溉水资源，通过构建海涂种植、养殖复合生态系统，探索系统内耐盐植物（菊芋）对氮、磷养分的吸收、利用规律，以达到海水养殖废水污染治理和农业、渔业可持续发展的目的。

7.4.1　海水养殖废水灌溉菊芋净化水体氮磷的效应

农业-渔业复合系统（integrated agri-aquaculture system）是指在资源紧缺的条件下，农户水平上利用有限的资源生产出更多食物的一个体系。在这个体系中，废物和副产品得以有效利用，养分只在这个相对封闭的系统内循环。近几年，这一定义被普遍认同，且定义的范围也被明显拓展，从农户水平拓展到产业水平。相反，传统的农业体系越来越依靠外部的养分供给，而且养分循环也变得越来越开放，因此引发了对环境的负面影响。为了控制污染和水体富营养化，更好地利用自然资源（水、养分），国内外许多学者对农业-渔业复合系统展开了广泛而深入的研究工作，取得了不少研究成果。中国、美国、澳大利亚、以色列等均是农业-渔业复合产业较为发达的国家之一，近年来，农业-渔业复合系统的内涵又有了新的拓展：由传统淡土农业向海水农业扩展，传统的淡水渔业向内陆咸水渔业、沿海海水渔业扩展。针对海水农业-渔业复合系统，目前为止尚没有明确的定义，但顾名思义就是指海水或咸水渔业与海水农业相复合的系统。20 世纪 80 年代开始，亚利桑那州农民就尝试着用中度盐化的对虾养殖废水灌溉棉花、小麦、高粱等作物。对虾养殖废水灌溉条件下，小麦最佳施肥量为 168～258 kg N/hm^2，生育期内需水量为 144 hm^2·cm；橄榄树最佳施肥量为 0.45～0.9 kg N/（株·a），需水量为 320 hm^2·cm。亚利桑那大学的 Jed Brown 等学者利用蒸渗仪对海水农业-渔业复合系统做了探索性研究。结果初步表明，利用盐生植物净化养殖废水是可行的。盐生植物作为生物滤膜，可以有效去除养殖废水中的 N、P 无机污染物，同时有机污染物可以通过土壤介质的吸附、矿化等物理、化学作用被土壤和植物系统完全净化。McIntosh 和 Fitzsimmons 对位于亚利桑那州 Gila Bend 地区的 Wood 兄弟的对虾养殖池情况做了调查，同时利用养殖后产生的废水灌溉小麦。结果表明：在小麦生育期内，对虾养殖废水可以提供小麦生育期需肥量的 20%～31%。目前海水农业-渔业复合系统的研究非常薄弱，国内外可检索到的文献十分稀少。刘兆普等从 1988 年开始，进行麦-鱼套作养、田菁-鱼混作养等农渔原位与异位复合模式的创建与实践，取得一些成果[52,53]。在此基础上，开始利用耐盐植物净化海水养殖废水的研究。由于该方法对环境友好，费用低，适用于各种易变化的水域条件，是一项有发展前途的“绿色”海水养殖的污染控制技术。将海水养殖废水直接灌溉耐盐植物，建立起海水农业-渔业新型复合生态体系，通过其系统内部净化机制，实现海水农业、渔业及海洋环境互赢，是既具有科学理论意义又有重要应用价值的切实可行的举措。

1. 山东莱州海水养殖废水灌溉蒸渗试验菊芋的净化效应

按照科学研究的客观规律，南京农业大学海洋科学及其能源生物资源研究所菊芋研究小组首先研制了小型蒸渗装置以较为精确地探索菊芋对海水养殖废水的净化效应。

1）山东莱州海水养殖废水灌溉菊芋的净化效应试验研究方法

试验地点位于山东莱州市西由镇南京农业大学“863”中试基地，距海岸线约 3 km。该地区属暖温带东亚季风大陆性气候，年平均降雨量 550 mm，最少年份 334.5 mm，且降雨多集中在 6～9 月；年平均蒸发量 2116.2 mm。2004 年和 2005 年菊芋和油葵生育期降雨量与蒸发量如图 7-26 所示。

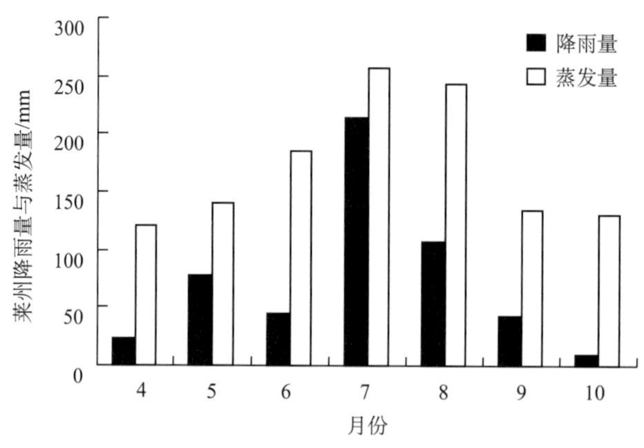

图 7-26　山东莱州试验期间降雨量与蒸发量

小型蒸渗装置主体部分柱体和水箱构成见图 7-27。柱体为内径 30 cm、外径 32 cm、高 45 cm 的 PVC 管。柱体下端以雕有小孔（垫入玻璃丝）的塑料盖封口。内装未扰动的原状山东滨海轻盐土。柱体下方为盛接渗滤液的水箱，边长为 40 cm、高 10 cm。在水箱侧面上下方各雕有一孔，上孔用于通气，下孔用于渗滤液流入渗滤瓶中。土面距柱体上缘 5 cm。在距土面 20 cm 处埋入时域反射仪，以监测土壤水分状况。

海水养殖废水灌溉或降雨后，用塑料瓶收集渗滤液，加入 1 mL 三氯甲烷，至–20℃的冰箱中冷冻保存。电导率用 SY-2 型电导仪测定。总盐（TDS）通过联合国粮食及农业组织（FAO）推荐的方法换算。水样中的硝态氮、氨态氮以及活性磷酸盐按常规农化方法分析。

供试作物为菊芋，为南京农业大学海洋科学及其能源生物资源研究所菊芋研究小组选育的高耐盐品种——南菊芋 1 号，全生育期为 200～230 d，其主要生物学特性是耐盐碱、耐贫瘠、耐旱、抗病虫，是一种有栽培前途的生物质能源作物，也是一种适宜性广的特质作物。供试土壤属滨海脱盐砂壤土，基本理化性质如表 7-23 所示。

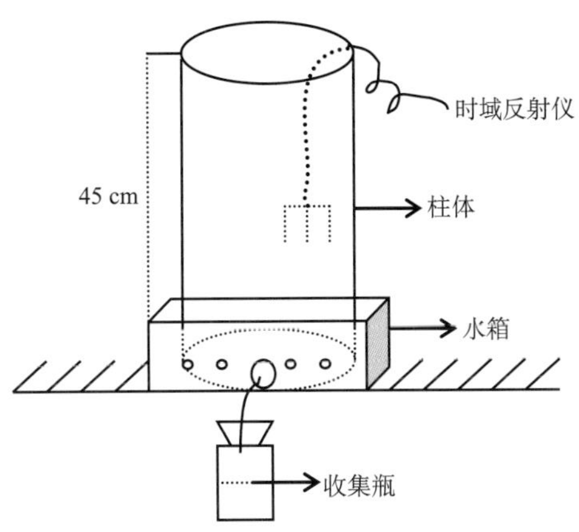

图 7-27 小型蒸渗装置示意图

表 7-23 山东莱州供试土壤基本理化性质

土壤层次/cm	pH	TDS/（g/kg）	容重/（mg/m^3）	颗粒组成/%		
				砂粒 2～0.02 mm	粉粒 0.02～0.002 mm	黏粒 <0.002 mm
0～20	7.58	0.21	1.27	82.6	8.9	8.8
20～40	8.26	0.31	1.58	82.6	8.1	9.3
40～60	8.08	0.66	1.48	82.7	8.0	9.3

试验设 5 个处理，即 CK（种作物，不灌溉）和 LF（淋洗分数）= 0.1、0.2、0.3、0.4 的海水养殖废水灌溉处理。每个处理重复 3 次，按照随机区组排列设计。2004 年 3 月底，浅翻表层土壤（20 cm），每钵施猪粪 0.2 kg。每钵播种带 1 个芽眼的菊芋块茎 3 颗，浇少量水（500 mL），2 周后定苗为 1 株。在菊芋块茎初始膨大期（6 月 21 日）和块茎膨大后期（9 月 11 日），用海水养殖废水灌溉 2 次。滤液接于蒸渗装置底部的收集瓶中。海水养殖废水基本理化性质如表 7-24 所示。试验前，采集原始土样，分析土样中的 pH、TDS 及颗粒组成。土样经风干，过 20 目筛，用 5∶1 水土比浸提，振荡并离心，取其上清液，用德国产 Cyberscan 510 型仪器测定 pH，用中国科学院南京土壤研究所产 SY2 型电导仪测得 EC 实测值，经公式 TDS（%）≈3.90×EC（dS/m）+0.0015 转换得 TDS 值。用吸管法进行粒级分析。海水养殖废水灌溉前，采集供试水样 500 mL，过 0.45 μm 滤膜后，分析 TDS、SAR、NH_4^+-N、NO_3^--N、PO_4^{3-}-P 等基本理化指标。海水养殖废水灌溉或降雨后，收集渗漏液，分析项目同上。由公式 TDS（mg/L）≈EC（dS/m）×640 计算 TDS 值。

表 7-24 供试海水养殖废水的基本理化性质

作物	pH	TDS/（g/L）	SAR/（mmol/1/2L）	NH_4^+-N/（mg/L）	NO_3^--N/（mg/L）	PO_4^{3-}-P/（mg/L）
菊芋	7.5	6.4	6.1	0.58	0.14	0.26

2）山东莱州海水养殖废水直接灌溉菊芋的效应

南京农业大学海洋科学及其能源生物资源研究所菊芋研究小组首先利用小型蒸渗装置研究了山东莱州海水养殖废水直接灌溉菊芋的土壤耕层土壤水分通量、盐分通量和养分通量。

（1）山东莱州海水养殖废水灌溉下菊芋耕层土壤水分通量

通常条件下，水量平衡公式可以用来计算 SPAC（土壤-作物-大气连续体）中的水分通量（Bassil, 2002; Alves and Cameira, 2002）。水量平衡公式表述如下。

$$I + P + G = \mathrm{ETC} + R + \Delta W \tag{7-5}$$

式中，I、P、G 分别为灌溉水量、有效降水量和上升到耕层的毛管水量（mm）；ETC、R、ΔW 分别为实际作物蒸散量、深层渗漏量和土壤耕层水分变化量（mm）。

分别于 2004 年和 2005 年，通过蒸渗试验研究了菊芋和油葵的水分通量。菊芋的结果表明：在菊芋的关键生育期（水分临界期和最大效率期），利用适当矿化度（10.0 dS/m）的海水养殖废水补充灌溉 2 次，对有效缓解旱情起到关键性作用。

如表 7-25 所示，部分海水养殖废水直接用于菊芋蒸散。对于淋洗分数（LF）分别为 0.1、0.2、0.3、0.4 的海水养殖废水灌溉处理，用于蒸散的海水养殖废水量分别占菊芋生育期总蒸散量的 36.5%、36.2%、37.0%和 37.3%。同时，随着灌溉水量的增加，菊芋的总蒸散量也明显增加（$P<0.05$），且灌溉水量与菊芋总蒸散量之间存在显著的正相关关系（$\mathrm{ETC}=0.8573\,I+343.65$，$R^2=0.9986^{**}$）。

表 7-25　山东莱州海水养殖废水灌溉下菊芋耕层土壤水分通量

处理	收入/mm		支出/mm		盈亏/mm
LF	I	P	ETC	R	ΔW
0.1	240.1	289.4	550.2	38.4	–59.1
0.2	270.1		573.2	62.7	–76.4
0.3	308.6		610.0	83.2	–95.2
0.4	359.5		651.3	116.5	–118.9

自然降水在水量平衡中也起着关键性作用。对于淋洗分数分别为 0.1、0.2、0.3、0.4 的海水养殖废水灌溉处理，用于蒸散的有效降水量分别占总有效降水量的 94.1%、91.8%、88.4%和 87.1%，分别占总蒸散量的 49.5%、46.3%、41.9%和 38.7%。试验结束时，土壤耕层的水分发生了不同程度的亏缺（水分通量出现负值），但土壤含水量仍高于凋萎系数。统计结果表明：随着菊芋蒸散量的增加，水分亏缺的量也明显增加（$P<0.05$），且菊芋蒸散量与耕层土壤水分亏缺量之间存在显著的负相关关系（$\Delta W=-0.5787\,\mathrm{ETC}+257.64$，$R^2=0.9958$）。

（2）山东莱州海水养殖废水灌溉下菊芋耕层土壤盐分通量

一定时间间隔内的土壤耕层盐分平衡方程可表达为

$$I \cdot \mathrm{ci} + G \cdot \mathrm{cg} = R \cdot \mathrm{cr} + \Delta z \tag{7-6}$$

式中，I、G、R 分别为灌溉水量、上升到耕层的毛管水量和深层渗漏量（L）；ci、cg 分别为灌溉水的盐分浓度和上升毛管水的盐分浓度（mg/L）；cr、Δz 分别为深层渗漏液的盐分浓度和土壤耕层盐分变化。

结果表明：在菊芋的关键生育期，海水养殖废水灌溉对土壤耕层盐分的平衡产生重要影响。

如表 7-26 所示，对于淋洗分数分别为 0.1、0.2、0.3 和 0.4 的处理，因灌溉进入土体的总盐分分别达 108.5 g、122.1 g、139.5 g 和 162.8 g，而深层渗漏的盐分分别为 17.5 g、28.1 g、40.8 g 和 55.7 g，土壤盐分的净积累量分别达 91.0 g、94.0 g、98.7 g 和 107.1 g。这表明，海水养殖废水灌溉后，土壤耕层的盐分发生了明显积累。然而，从两次灌溉后的耕层土壤渗漏液的浓度来看（$cr_2>cr_1$），第一次灌溉所积累的盐分明显高于第二次灌溉所积累的盐分，表明耕层土壤中盐分的积累有明显减小的趋势。

表 7-26　山东莱州海水养殖废水灌溉下菊芋耕层土壤盐分通量

处理	收入/g		支出/g				盈亏/g
LF	I	ci	R_1	cr_1	R_2	cr_2	Δz
0.1	16.96	6.40	1.33	3.68	1.38	9.13	91.0
0.2	19.08		2.02	3.58	2.41	8.67	94.0
0.3	21.80		2.39	3.99	3.49	8.97	98.7
0.4	25.44		4.24	4.26	3.99	9.43	107.1

海水养殖废水灌溉后，盐分收入与支出直接影响着耕层土壤盐分平衡。随着灌溉水量的增大，携入耕层土壤的盐分也明显增加，但深层渗漏淋洗出耕层土壤的盐分也随之增加。本试验中，耕层土壤盐分收入与支出有明显的正相关关系（$Y_{支出}$=0.7022×收入–58.027，R^2=0.9979**）。若连续灌溉，土壤盐分会趋于平衡，净累积量为零。此时满足方程（7-7）和方程（7-8）：

$$C_0 V_0=C_1 V_1 \quad (7\text{-}7)$$

$$\mathrm{LF}=V_1/V_0=C_1/C_0 \quad (7\text{-}8)$$

式中，C_0 为海水养殖废水的盐分浓度（g/L）；V_0 为海水养殖废水的灌溉体积（L）；C_1 为根区渗滤液的盐分浓度（g/L）；V_1 为根区渗滤液的体积（L）。

降水可影响到土壤耕层盐分的平衡，尤其大强度的降水可直接导致深层渗漏（表 7-27）。在半干旱的山东莱州地区，大强度的降水（暴雨）多集中在 7～8 月，其对土壤水盐运移以及再分布起着重要作用；而中小强度的降水一般对土壤水盐运移影响不甚明显。2004 年 7 月 1 日，莱州地区降水 55 mm，野外小型蒸渗装置中接到了渗滤液。如表 7-27 所示，不同处理耕层土壤中的盐分均受到了淋洗。但不同处理土体中盐分淋洗的绝对量不尽相同，其中淋洗分数为 0.4 的处理盐分淋洗最多；0.2 和 0.3 的处理次之；淋洗分数为 0.1 的处理盐分淋洗最少。

表 7-27　山东莱州降水对菊芋耕层土壤盐分平衡的影响

处理 LF	渗漏液电导率/（dS/m）	渗漏液体积/L	土体盐分平衡/g
0.1	10.70	1.20	−8.22
0.2	11.98	1.68	−12.88
0.3	9.52	2.37	−14.44
0.4	11.54	2.63	−19.42

（3）山东莱州海水养殖废水灌溉下菊芋耕层土壤养分通量（小型蒸渗装置）

一定时间间隔内的土壤耕层养分平衡方程可表达为

$$I \cdot \mathrm{ni} = R \cdot \mathrm{nr} + \Delta u \tag{7-9}$$

式中，I、R 分别为灌溉水量、深层渗漏量（L）；ni、nr 分别为灌溉水的养分浓度和深层渗漏液养分浓度（mg/L）；Δu 为土壤耕层养分变化。

菊芋耕层土壤养分通量见表 7-28。对于淋洗分数分别为 0.1、0.2、0.3 和 0.4 的海水养殖废水处理，因灌溉携入耕层土壤的铵态氮（NH_4^+-N）分别为 2.37 mg、2.67 mg、3.05 mg 和 3.56 mg，随着深层渗漏淋洗出耕层土壤的铵态氮分别为 0.37 mg、0.38 mg、0.79 mg 和 0.75 mg，耕层土壤铵态氮的净积累量分别达到了 2.00 mg、2.29 mg、2.26 mg 和 2.81 mg。

表 7-28　山东莱州海水养殖废水灌溉下菊芋耕层土壤养分通量

项目	处理 LF	收入		支出				盈亏/mg
		I	ni	R_1	n1	R_2	n2	Δu
NH_4^+-N	0.1	16.96	0.14	1.33	0.25	1.38	0.03	+2.00
	0.2	19.08		2.02	0.14	2.41	0.04	+2.29
	0.3	21.80		2.39	0.30	3.49	0.02	+2.26
	0.4	25.44		4.24	0.11	3.99	0.07	+2.81
NO_3^--N	0.1	16.96	0.58	1.33	3.59	1.38	2.36	+1.81
	0.2	19.08		2.02	2.72	2.41	1.73	+1.40
	0.3	21.80		2.39	2.50	3.49	1.54	+1.29
	0.4	25.44		4.24	1.89	3.99	1.46	+0.92
PO_4^{3-}-P	0.1	16.96	0.26	1.33	0.74	1.38	0.29	+3.03
	0.2	19.08		2.02	0.46	2.41	0.56	+2.68
	0.3	21.80		2.39	0.71	3.49	0.44	+2.44
	0.4	25.44		4.24	0.63	3.99	0.57	+1.66

对于淋洗分数分别为 0.1、0.2、0.3 和 0.4 的海水养殖废水处理，因灌溉携入耕层土壤的硝态氮（NO_3^--N）分别为 9.84 mg、11.07 mg、12.64 mg 和 14.76 mg，随着深层渗漏淋洗出耕层土壤的硝态氮分别为 8.03 mg、9.66 mg、11.35 mg 和 13.84 mg，耕层土壤硝态氮的净积累量分别为 1.81 mg、1.40 mg、1.29 mg 和 0.92 mg。

对于淋洗分数分别为 0.1、0.2、0.3 和 0.4 的海水养殖废水处理，因灌溉携入耕层土壤的活性磷酸盐（PO_4^{3-}-P）分别为 4.41 mg、4.96 mg、5.67 mg 和 6.61 mg，随着深层渗漏淋洗出耕层土壤的活性磷酸盐分别为 1.38 mg、2.28 mg、3.23 mg 和 4.95 mg，耕层土壤活性磷酸盐的净积累量分别达到了 3.03 mg、2.68 mg、2.44 mg 和 1.66 mg。

以上结果表明：海水养殖废水处理，菊芋耕层土壤的铵态氮、硝态氮、活性磷酸盐均有不同程度的积累。从积累特征来看，铵态氮的积累能力强于活性磷酸盐，而硝态氮最弱。铵态氮在耕层土壤中积累较多，占灌溉输入量的 79.2%～84.2%。活性磷酸盐易与土壤中的钙、镁等离子形成不溶物，难以被淋洗出土体，因此土壤中有较多积累，净积累量占灌溉输入量的 25.2%～68.7%。硝态氮由于带负电荷的缘故，与土壤胶体有排斥作用，易于迁移出土体，因此耕层土壤积累较少，仅占灌溉输入量的 6.2%～18.45%。

海水养殖废水中富含氮、磷等养分，这些养分有可能随着灌溉被淋出土体，也可能被土壤颗粒吸附或根系截获而成为可被植物高效吸收利用的营养源。海水养殖废水灌溉下，土体养分平衡情况如表 7-29 所示。从表中可以看出，第一次海水养殖废水灌溉后，土体中的硝态氮（除 LF=0.4）、氨态氮以及活性磷酸盐，均有不同程度的增加。第二次海水养殖废水灌溉同样增加了土体中的养分。对于淋洗分数分别为 0.1、0.2、0.3 和 0.4 的处理，经两次灌溉，土层中硝态氮的净增加量分别达到 2.99 mg、3.38 mg、1.28 mg 和 0.92 mg，占海水养殖废水硝态氮输入量的 30.40%、30.54%、10.10%和 6.24%。而土体中氨态氮的绝对增加量也分别达到了 2.03 mg、2.31 mg、2.29 mg 和 2.87 mg，占海水养殖废水氨态氮输入量的 85.50%、86.48%、75.03%和 80.58%。土体中活性磷酸盐绝对增加量分别达到了 2.99 mg、2.65 mg、2.37 mg 和 1.60 mg，占海水养殖废水活性磷酸盐输入量的 67.81%、53.42%、41.80%和 24.19%。因此我们认为：海水养殖废水灌溉能够增加根区土壤中的养分含量，对土壤养分的保持和持续利用有着积极意义。但大的淋洗分数（0.3 和 0.4）加剧了养分淋失，在实践中应予以重视。

表 7-29　山东莱州海水养殖废水灌溉下养分迁移及其平衡特征

项目	处理 LF	养殖废水		第一次灌溉渗滤液			第二次灌溉渗滤液		
		浓度 /（mg/L）	体积 /L	浓度 /（mg/L）	体积 /L	土体养分平衡 /mg	浓度 /（mg/L）	体积 /L	土体养分平衡 /mg
硝态氮	0.1	0.58	8.48	3.59	1.33	+0.14	2.36	1.38	+1.66
	0.2		9.54	2.72	2.02	+0.06	1.73	2.41	+1.36
	0.3		10.90	2.50	2.39	+0.34	1.54	3.49	+0.94
	0.4		12.72	1.89	4.24	–0.63	1.46	3.99	+1.55
氨态氮	0.1	0.14	8.48	0.25	1.33	+0.87	0.03	1.38	+1.16
	0.2		9.54	0.14	2.02	+1.06	0.04	2.41	+1.25
	0.3		10.90	0.30	2.39	+0.82	0.02	3.49	+1.47
	0.4		12.72	0.11	4.24	+1.35	0.07	3.99	+1.52
活性磷酸盐	0.1	0.26	8.48	0.74	1.33	+1.20	0.29	1.38	+1.79
	0.2		9.54	0.46	2.02	+1.54	0.56	2.41	+1.11
	0.3		10.90	0.71	2.39	+1.10	0.44	3.49	+1.27
	0.4		12.72	0.63	4.24	+0.60	0.57	3.99	+1.00

在半干旱的山东莱州地区，大强度的降水（暴雨）多集中在7～8月，其对土壤水分和溶质迁移以及再分布有重大影响。而中小强度的降水一般对水分以及溶质的迁移影响不甚明显。2004年7月1日，莱州地区降水55 mm，野外小型蒸渗装置中接到了渗滤液，其基本理化性质见表7-30。从表中看出，对于不同处理0～40 cm土层中的溶质均受到了淋失。不同处理土体中盐分淋失的绝对量也不同，其中淋洗分数为0.4的处理，盐分淋失最多，达到19.42 g；0.2和0.3的处理次之；淋洗分数为0.1的处理，盐分淋失最少，仅8.22 g。

表7-30　山东莱州降水对土壤溶质迁移及其平衡的影响

处理 LF	盐分			硝态氮		氨态氮		活性磷酸盐	
	电导率/（dS/m）	体积/L	土体盐分平衡/g	浓度/（mg/L）	土体养分平衡/mg	浓度/（mg/L）	土体养分平衡/mg	浓度/（mg/L）	土体养分平衡/mg
0.1	10.70	1.20	−8.22	1.41	−1.69	0.09	−0.11	0.41	−0.48
0.2	11.98	1.68	−12.88	1.05	−1.77	0.08	−0.13	0.50	−0.84
0.3	9.52	2.37	−14.44	0.97	−2.29	0.06	−0.15	0.48	−1.13
0.4	11.54	2.63	−19.42	1.19	−3.14	0.06	−0.16	0.35	−0.93

硝态氮因其本身的电化学特性，在土壤中易于随水迁移。大强度降水后，土壤中的硝态氮严重淋失。淋洗分数为0.4的处理，硝态氮损失最多，达到3.14 g；0.2和0.3的处理次之；淋洗分数为0.1的处理，盐分淋失最少，仅为1.69 g。氨态氮和活性磷酸盐均属于速效性养分，由于被土壤颗粒吸附或形成沉淀而不易淋失，且氨态氮在旱地土壤中较少，因此大强度降水后，其淋失的量与硝态氮相比相对较少。总之，大强度的降水对根区土壤中盐分的脱除起到了积极作用，但也存在养分淋失的风险。

借助小型蒸渗装置，研究了不同淋洗分数下的海水养殖废水灌溉和大强度降雨对山东滨海盐渍土溶质迁移及其平衡的影响。结果表明，高盐度的海水养殖废水灌溉菊芋后，根区土壤盐分有所积累。这是由于山东滨海盐渍土本身盐分较轻，海水养殖废水灌溉后，土壤中的盐分必然会有增加的趋势。如果连续的海水养殖废水灌溉，会使得土壤中的盐分进一步积累，直至土壤中的盐分达到动态平衡为止。然而这种现象一般不会发生，因为海水养殖废水补充灌溉次数较少，仅限耐盐作物的关键生育期以及土壤水分胁迫最为严重的时期。而且期间大强度的降雨又会对土壤中的盐分有强烈淋洗作用，因此土壤中的盐分保持相对较低水平。山东莱州地区多年大田试验结果表明，在关键时期用25%的海水（10～11 dS/m）灌溉能够确保菊芋取得高产并使土壤盐分达到多年收支平衡。因此我们认为，适当盐度海水养殖废水灌溉耐盐作物菊芋，能够确保作物高产高效和土壤安全。

通过养分平衡计算，结果表明：海水养殖废水灌溉下，山东滨海盐渍土中的硝态氮、氨态氮和活性磷酸盐有不同程度增加，说明海水养殖废水灌溉对土壤中养分的保持以及土壤培肥有积极作用。McIntosh等利用海水养殖废水灌溉小麦结果表明，生育期内至少可以节约20%～31%的氮肥施用量[54]。Brown等利用养虾池废水灌溉盐生植物（*Suaeda esteroa*），结果表明盐生植物对养殖池废水有很强的净化作用[55]。因此我们认为海水养殖废水灌溉耐盐作物菊芋既培肥了土壤，又使自身的营养物质得以去除，是兼顾区域农业经济发展和生态环境保护的良好举措。

2. 微区海水养殖废水灌溉试验菊芋的净化效应

为进一步研究大田中海水养殖废水灌溉菊芋的环境效应，研究小组在山东莱州利用小型蒸渗装置研究海水养殖废水灌溉菊芋环境效应的基础上，又布置了相应的野外微区试验。

1）山东莱州海涂微区海水养殖废水灌溉菊芋的净化效应研究方法

为保持环境条件的一致性，将微区试验同蒸渗试验位于一个试验区，微区于 2003 年 3 月正式建成并投入使用。微区由 16 个水泥池构成，每个水泥池仅四周用水泥砂浆灌注隔离，而不扰动微区内土壤以维持原状，微区长、宽、高分别为 1.5 m、1.5 m、1 m，壁厚 20 cm。每个微区内每隔 20 cm 埋设盐分传感器和水分传感器，以及陶土管。同时建成的还有微区地下观察室，观察室内有 1 口井和 1 套抽滤系统，用于地下水水样、土壤溶液样品的采集。微区平面图如图 7-28 和图 7-29 所示。

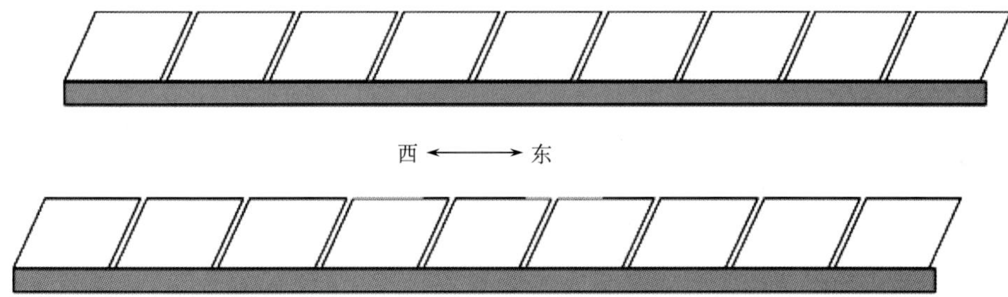

图 7-28　山东莱州微区试验示意图

图 7-29　山东莱州微区试验实景图

供试土壤为滨海脱盐土。微区试验设 6 个处理，即 CK1（不灌溉）、CK2（淡水灌溉）和海水养殖废水与地下微咸水体积比分别为 1∶1、1∶2、1∶3、1∶4 的海水养殖废水灌溉处理。每处理 3 个重复，按照随机区组排列设计。2004 年 3 月底，浅翻表层土壤（20 cm），每个微区施猪粪 6.75 kg（按 3×10^4 kg/hm^2 计算）。每个微区播种 15 颗各带 1 个健壮芽眼的菊芋块茎，行间距为 40 cm×25 cm。播种后浇少量水。在菊芋块茎初始膨大期（6 月 21 日）和块茎膨大后期（9 月 11 日），用海水养殖废水灌溉 2 次。灌溉定额为 1350 m^3/hm^2。供试水样的基本性质见表 7-31。

表 7-31　山东莱州供试水样基本理化性质

年份	水样名称	TDS/（g/L）	NH_4^+-N/（mg/L）	NO_3^--N/（mg/L）	PO_4^{3-}-P/（mg/L）
2004	海水养殖废水	21.25	0.86	2.53	1.12
	微咸水	2.05	0.26	0.61	0.34

2004 年 6 月中旬，采集海水养殖废水和微咸水样品，分析其基本理化性质。海水养殖废水灌溉前（6 月 19 日和 9 月 20 日），分层次采集土壤样品（0～5 cm、5～20 cm、20～40 cm、40～60 cm 和 60～100 cm），同时测定菊芋基本形态学指标，包括株高、茎粗、叶片数等。收获前测定其生物量，同时采集土样、植株样品，带回南京农业大学近海资源与生态实验室分析，分析项目有全氮、全磷、TDS 等。在微区试验区内，建有小型气象观测场，主要仪器有 SDM6 型雨量器、E601B 型水面蒸发器、气温和地温计等。土壤体积含水量用中子水分仪测定，每 5 天测定 1 次，生物产量用 AWH-30 kg 型电子秤测定。分析方法同蒸渗试验。

2）山东莱州海涂海水养殖废水灌溉微区试验菊芋的效应

南京农业大学海洋科学及其能源生物资源研究所菊芋研究小组利用微区试验探索了山东莱州海水养殖废水直接灌溉菊芋耕层土壤的水分通量、蒸散特征，阐明了山东莱州海水养殖废水直接灌溉菊芋耕层土壤的盐分通量与土壤养分通量。

（1）山东莱州海涂微区试验海水养殖废水灌溉下菊芋耕层土壤水分通量、蒸散特征

2004 年，南京农业大学海洋科学及其能源生物资源研究所菊芋研究小组通过微区试验研究了海水养殖废水灌溉下菊芋耕层土壤水分通量。试验设计 6 个处理，即 CK1（不灌溉）、CK2（淡水灌溉）和海水养殖废水与地下微咸水体积比分别为 1∶1、1∶2、1∶3 和 1∶4 的海水养殖废水灌溉处理。淋洗分数均为 0.2。

在菊芋的整个生育期，淡水处理（CK2）的蒸散量最高，达到 747.6 mm；未灌溉处理（CK1）的蒸散量最低，仅为淡水处理的 61.0%（表 7-32）。海水养殖废水各处理，菊芋的蒸散量明显高于不灌溉处理，但低于淡水处理。其中 1∶1 的海水养殖废水处理，蒸散量最低，其次分别为 1∶2、1∶3、1∶4 处理，其值分别为 673.9 mm、684.8 mm 、720.8 mm 和 722.0 mm。各灌溉水处理土壤渗漏液体积为 110.2～122.4 mm，经统计分析各处理在 P=0.05 水平上无明显差异。试验中，由于下层土壤（40～100 cm）含水量较高，由下至上的毛管水对于补充菊芋的正常蒸散起到了至关重要的作用：淡水灌溉处理最高，海水养殖废水灌溉处理介于其中，而不灌溉处理毛管水作用最弱。

表 7-32　山东莱州海水养殖废水灌溉下菊芋耕层土壤水分通量

处理	收入/mm			支出/mm		ΔW/mm
	I	P	G	ETC	R	
CK1	—	289.4	165.0	456.0	—	–1.6
CK2	270.0		268.6	747.6	122.4	–42.0
1∶1			215.0	673.9	119.0	–18.5
1∶2			216.1	684.8	112.8	–22.1
1∶3			248.0	720.8	110.2	–23.6
1∶4			257.8	722.0	118.0	–22.8

在不同的生育阶段，菊芋的蒸散特征也不同。如图 7-30 所示，可以将菊芋整个生育期蒸散过程分成三个阶段，即蒸散速率增加阶段（0～60 d）、蒸散速率稳定阶段（60～180 d）和蒸散速率下降阶段。其中蒸散速率增加阶段和蒸散速率下降阶段的蒸散量与该阶段日平均气温、土壤墒情以及作物蒸腾能力有关。播种（3 月 28 日）后 60 d 之内，试验区日平均气温从 14.8℃增加到 23.5℃，1 m 土体的土壤含水量由 19.7%下降至 12.2%，而菊芋的蒸腾能力明显加强。播种后 60～180 d 正值菊芋生长旺盛时期，此时补充灌溉淡水或海水养殖废水对菊芋的正常腾发起到关键性作用。6 月上中旬补充灌溉后，雨季随之而来，此后 9 月上中旬又补充灌溉一次。此阶段土壤水分充足，确保了菊芋稳定且最大程度的蒸散。此阶段积累蒸散量随时间呈显著的正相关关系（CK2，Y=5.2943X–223.02，R^2=0.9977**；1∶1，Y=4.8257X–199.16，R^2=0.9966**；1∶2，Y=4.6903X–167.36，R^2=0.9981**；1∶3，Y=4.9680X–177.72，R^2=0.9901**；1∶4，Y=4.9243X–171.24，R^2=0.9985**）。而 180～210 d，日平均气温、土壤含水量和作物蒸腾能力显著下降，致使菊芋蒸散速率明显下降。不灌溉处理，除 120～150 d（8 月）之外，土壤蒸发与作物蒸腾受到了不同程度的抑制，菊芋整个生育期积累蒸散量仅为 456.0 mm。油葵的蒸散特征类似于菊芋，此处不详细论述。

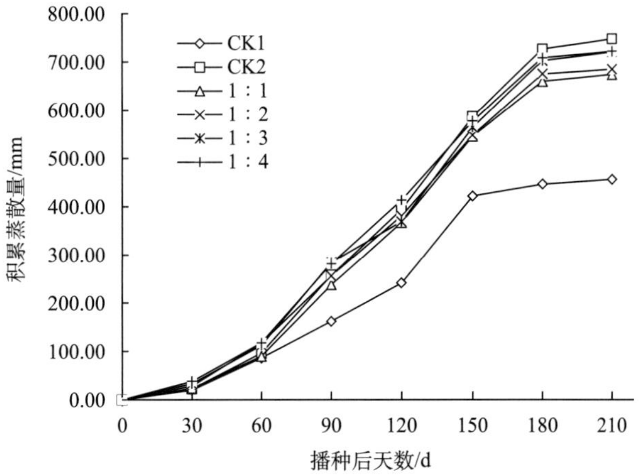

图 7-30　山东莱州不同处理菊芋生育期积累蒸散量

（2）山东莱州海涂微区试验海水养殖废水灌溉下菊芋耕层土壤盐分通量

2004 年 3～11 月，研究了相同淋洗分数（LF=0.2）、不同矿化度的海水养殖废水灌溉条件下，菊芋耕层（0～40 cm）土壤盐分通量。根据 Beltran 于 1999 年报道的盐分平衡方程计算耕层土壤盐分通量。如表 7-33 所示，I、ci、R_1、cr_1、R_2、cr_2 分别代表灌溉水体积、灌溉水矿化度、第 1 次灌溉后土壤耕层的渗漏液矿化度和体积、第 2 次灌溉后土壤耕层的渗漏液矿化度和体积。

表 7-33　山东莱州海水养殖废水灌溉下菊芋耕层土壤盐分通量

处理	收入/g		支出/g				Δz/g
	I/L	ci	R_1/L①	$cr_1$②	$R_2$①	$cr_2$②	
CK1		—	—	—	—	—	—
CK2		0.08		0.54		1.00	–44.4
1∶1		11.65		9.12		12.59	+5687.4
1∶2	600	8.45	60	9.98	60	8.92	+3936.0
1∶3		6.85		7.30		6.24	+3297.6
1∶4		5.89		4.81		7.04	+2823.0

①$R_1 + R_2 = I \times LF$；②$S.E_{min} = 0.279$, $S.E_{max} = 3.792$。

山东莱州微区海水养殖废水灌溉菊芋试验结果表明：对于不同矿化度处理（CK2、1∶1、1∶2、1∶3 和 1∶4），每个微区因灌溉进入土体的总盐分分别为 48.0 g、6960.0 g、5070.0 g、4110.0 g 和 3534.0 g；深层渗漏的盐分分别为 92.4 g、1302.6 g、1134.0 g、812.4 g 和 711.0 g；除淡水处理土壤耕层盐分有所淋失外，各海水养殖废水灌溉处理，土壤盐分的净积累量分别达到了 5687.4 g、3936.0 g、3297.6 g 和 2823.0 g。

山东莱州微区海水养殖废水灌溉菊芋试验盐分通量的数据表明：随着灌溉水矿化度的增加，携入耕层土壤的盐分也明显增加，同时深层渗漏淋洗出耕层的盐分也随之增加。经相关统计分析，耕层土壤盐分收入与支出同样也存在明显的正相关关系（图 7-31），这表明土壤耕层盐分尚未达到平衡。

2004 年 7 月 1 日，莱州地区降了一场暴雨，微区地下室距地表 40 cm 处的陶土管中接到了渗滤液。如表 7-34 所示，2 个对照处理（CK1、CK2）和 2 个低矿化度的海水养殖废水处理（1∶3 和 1∶4）均未接到渗漏液。而较高矿化度的海水养殖废水处理（1∶1 和 1∶2）在耕层均有渗漏现象发生，且 1∶1 处理的渗漏液电导率及渗漏液体积均高于 1∶2 处理。从耕层土壤盐分平衡计算可知，微区内 1∶1 和 1∶2 处理土壤耕层的盐分遭到了不同程度的淋失，其值分别达到了 102.4 g 和 40.0 g。通过耕层土壤盐分通量计算可知：在菊芋的整个生育期，除对照处理（CK1 和 CK2）外，各海水养殖废水处理耕层土壤盐分有了不同程度的积累。

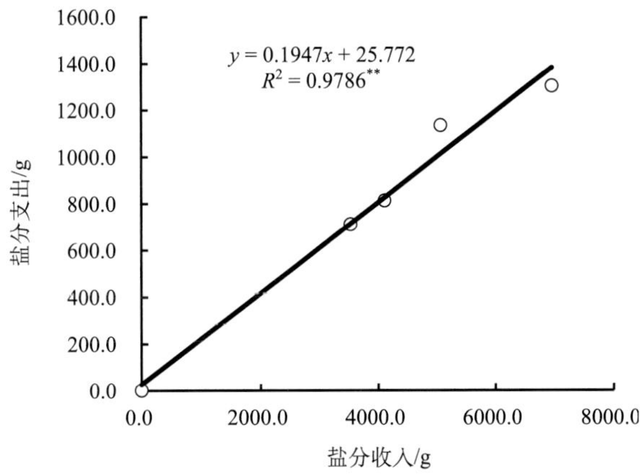

图 7-31　山东莱州海水养殖废水灌溉下菊芋微区盐分收入与支出之间的关系

表 7-34　降水对山东莱州微区海水养殖废水灌溉菊芋试验耕层盐分平衡的影响

处理	渗漏液电导率/（dS/m）	渗漏液体积/L	土体盐分平衡/g
CK1	—	—	—
CK2	—	—	—
1∶1	6.2	25.8	–102.4
1∶2	5.5	8.8	–40.0
1∶3	—	—	—
1∶4	—	—	—

对于 1∶1、1∶2、1∶3 和 1∶4 的海水养殖废水处理，微区耕层土壤盐分的净积累量分别达到了 5585.0 g、3896.0 g、3297.6 g 和 2823.0 g，若按照耕层土壤 3×10^5 kg 计算，土壤耕层盐分的净积累量分别达到了 0.55%、0.38%、0.33%和 0.28%。以上结果表明，微区试验盐分的计算结果与蒸渗试验盐分的计算结果基本一致（蒸渗试验土壤耕层盐分净积累量为 0.3%）。此外，1 次降水从土壤耕层带走的盐分仅占总盐分积累量的 2.2%和 1.0%（表 7-34），说明此次降水对土壤耕层盐分的淋洗作用并不十分明显。

（3）山东莱州海涂微区试验海水养殖废水灌溉下菊芋耕层土壤养分通量

海水养殖废水灌溉下，山东莱州微区海水养殖废水灌溉菊芋试验土壤耕层养分的收入与支出见表 7-35。不灌溉处理土壤耕层 NH_4^+-N、NO_3^--N 和 PO_4^{3-}-P 含量保持不变。淡水处理，土壤耕层 NH_4^+-N、NO_3^--N 和 PO_4^{3-}-P 均有所淋失，淋失的量分别为 12.6 mg、84.8 mg 和 244.8 mg。对于 1∶1、1∶2、1∶3 和 1∶4 的海水养殖废水处理，因灌溉而携入耕层土壤的铵态氮（NH_4^+-N）分别为 336.0 mg、276.0 mg、246.0 mg 和 228.0 mg，随着深层渗漏淋洗出耕层土壤的铵态氮分别为 123.0 mg、154.8 mg、141.6 mg 和 84.0 mg，耕层土壤铵态氮的净积累量分别达到了 213.0 mg、121.2 mg、104.4 mg 和 144.0 mg。

携入耕层土壤的硝态氮（NO_3^--N）分别为 942.0 mg、750.0 mg、648.0 mg 和 594.0 mg，

随着深层渗漏淋洗出耕层土壤的硝态氮分别为531.0 mg、300.6 mg、334.2 mg和333.0 mg，耕层土壤硝态氮的净积累量分别达到了 411.0 mg、449.4 mg、313.8 mg 和 261.0 mg。

携入耕层土壤的活性磷酸盐（PO_4^{3-}-P）分别为 438.0 mg、360.0 mg、318.0 mg 和 294.0 mg，随着深层渗漏淋洗出耕层土壤的活性磷酸盐分别为 244.8 mg、174.6 mg、277.8 mg 和 227.4 mg，耕层土壤活性磷酸盐的净积累量分别达到了 193.2 mg、185.4 mg、42.2 mg 和 66.6 mg。

表 7-35　山东莱州海水养殖废水灌溉下菊芋耕层土壤养分通量

处理	Δu/mg		
	NH_4^+-N	NO_3^--N	PO_4^{3-}-P
CK1	—	—	—
CK2	–12.6	–84.8	–244.8
1∶1	+213.0	+411.0	+193.2
1∶2	+121.2	+449.4	+185.4
1∶3	+104.4	+313.8	+42.2
1∶4	+144.0	+261.0	+66.6

菊芋生育期降水对养分的淋洗也有一定作用（表 7-36）。1∶1 处理的 NH_4^+-N、NO_3^--N 和 PO_4^{3-}-P 分别有 21.67 mg、57.02 mg 和 26.32 mg 被淋洗出土体；而 1∶2 处理分别有 10.56 mg、15.67 mg 和 13.64 mg 被淋洗出土体。

表 7-36　山东莱州降水对菊芋耕层养分平衡的影响

处理	渗漏液中的养分/（mg/L）			渗漏液体积/L	土体养分平衡/（mg/L）		
	NH_4^+-N	NO_3^--N	PO_4^{3-}-P		NH_4^+-N	NO_3^--N	PO_4^{3-}-P
CK1	—	—	—	—	—	—	—
CK2	—	—	—	—	—	—	—
1∶1	0.84	2.21	1.02	25.8	–21.67	–57.02	–26.32
1∶2	1.20	1.78	1.55	8.8	–10.56	–15.67	–13.64
1∶3	—	—	—	—	—	—	—
1∶4	—	—	—	—	—	—	—

3. 同位素示踪海水养殖废水灌溉试验菊芋的净化效应

试验采用 18 根原位土柱。土柱由 PVC 管制成，内、外径及高度分别为 30 cm、32 cm 和 105 cm。将土柱一头打磨锋利，在另一头均衡施压，压入供试土壤（高出土面 5 cm），以保持土壤的原状性。同位素示踪试验如图 7-32 所示。

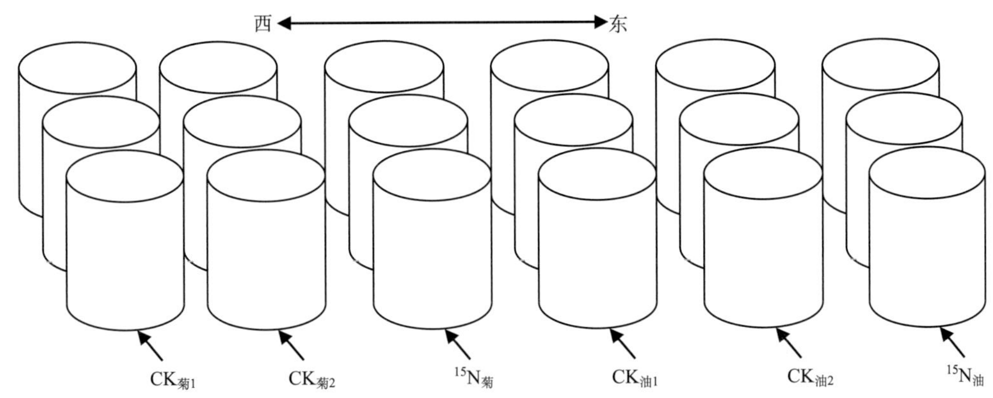

图 7-32　山东莱州同位素示踪试验示意图

1）山东莱州海涂海水养殖废水灌溉菊芋同位素示踪试验研究方法

供试土壤基本理化性质同蒸渗试验。如图 7-32 所示，菊芋设 3 个处理，每处理 3 个重复。$CK_{菊1}$、$CK_{菊2}$、$^{15}N_{菊}$分别代表不种作物且不灌溉对照、种作物且不灌溉对照和 ^{15}N 标记处理。2005 年 3 月底，浅翻表层土壤，每钵施猪粪 0.2 kg。除 $CK_{菊1}$外，每钵种 3 颗各带 1 个芽眼的菊芋块茎，浇少量水（500 mL），2 周后定苗为 1 株。分别于 6 月 21 日和 9 月 11 日，用 ^{15}N 标记的海水养殖废水灌溉 2 次。海水养殖废水用自来水稀释至电导率为 10 dS/m，然后用丰度为 10.38%的 ^{15}N（尿素）进行标记，N 素标记浓度为 5.0 ppm。标记后的水样放置 2 周，使水样中的 N 素转化相对稳定后备用。

样品的采集与分析方法：2005 年 10 月底，分别采集菊芋土壤和植株样品。土壤样品分成 5 个层次（0～5 cm、5～20 cm、20～40 cm、40～60 cm 和 60～100 cm）分别采集，迅速风干、磨细、过 80 目筛后，用于测定土壤全氮；植株小心冲洗后分成地上部和根系两部分，分别烘干、称重、记录生物量、测定含 N 量。土壤、植株全 N 采用凯氏定氮法，将滴定液酸化、浓缩，测定 ^{15}N 丰度。 基本计算方法如下：

土壤全 N% Ndff=土壤中全 N 的 ^{15}N 原子百分超/海水养殖废水中标记的 ^{15}N 原子百分超×100　（7-10）

土壤全 N 来自 ^{15}N 尿素含量（mg/kg）=土壤全 N 含量（mg/kg）×% Ndff　（7-11）

N 素残留率（%）=土壤全 N% Ndff/标记的 N 素含量（mg/kg）×100　（7-12）

植株% Ndff= 植株中全 N 的 ^{15}N 原子百分超/海水养殖废水中标记的 ^{15}N 原子百分超×100　（7-13）

植株 Ndff（mg/kg）=植株% Ndff ×植株吸 N 量（mg/kg）　（7-14）

植株 Ndfd（mg/kg）=植株总 N 量（mg/kg）–植株 Ndff（mg/kg）　（7-15）

N 素利用率（%）=植株 Ndff（mg/kg）/标记的 N 素含量（mg/kg）×100　（7-16）

2）山东莱州同位素示踪试验海水养殖废水灌溉下的养分通量

海水养殖废水灌溉下，菊芋与油葵对海水养殖废水 N 和土壤 N 的吸收和利用情况见表 7-37、表 7-38。结果表明：菊芋所吸收的 N 素养分中，99.8%来自土壤，仅 0.2%来自海水养殖废水。这是由于海水养殖废水中的 N 素养分浓度很低（4 mg/L），远不能满足作物需求。但是，菊芋对海水养殖废水中 N 素养分的利用率较高，达到了 26.1%。油葵所吸收的 N 素绝大部分也来自土壤（98.6%），来自海水养殖废水的 N 素养分占油葵总吸收 N 的 1.4%。油葵对海水养殖废水中 N 素利用率达到了 27.6%。

表 7-37　山东莱州同位素示踪试验菊芋对海水养殖废水 N 和土壤 N 的吸收

作物种类	总吸氮量 /（mg/kg）	来自海水养殖废水的 N /（mg/kg）	利用率 /%	来自土壤的 N /（mg/kg）	来自海水养殖废水 N 占总吸收 N 的百分数/%	来自土壤 N 占总吸收 N 的百分数 /%
菊芋	9880.8	22.7	26.1	9858.1	0.2	99.8

表 7-38　山东莱州同位素示踪试验海水养殖废水中 N 的去向

作物种类	作物吸收海水养殖废水的 N 量		海水养殖废水 N 残留量		海水养殖废水 N 的损失	
	吸收量 /（mg/kg）	利用率 /%	残留量 /（mg/kg）	残留率 /%	损失量 /（mg/kg）	损失率 /%
菊芋	22.7	26.1	0.4	0.51	0.33	28.9
油葵	161.8	27.6	1.8	0.31	1.48	32.1

海水养殖废水灌溉下，菊芋对海水养殖废水中 N 的去向如表 7-38 所示。结果表明：菊芋整个生育期，养殖废水中的 N 素残留在土壤中仅为 0.4 mg/kg，残留率为 0.51%，28.9% 的 N 素挥发或淋洗损失。而油葵，养殖废水中的 N 素残留在土壤中为 1.8 mg/kg，残留率为 0.31%，32.1%的 N 素挥发或淋洗损失。

综上所述，山东莱州同位素示踪海水养殖废水灌溉菊芋试验结果表明，海水养殖废水中的 N 素，26.1%被菊芋吸收利用，45.0%被耕层土壤截留，28.9%挥发或淋洗损失。这说明利用耐盐作物菊芋净化海水养殖废水中的氮、磷养分，的确取得了良好效果。采取合理灌溉措施可以减少 N、P 养分向下淋洗，从而促进植物对养分的吸收和利用，这一结果已被许多学者所证实[56-66]，同样也适用于海水养殖废水灌溉领域。

4. 田间海水养殖废水灌溉试验菊芋的净化效应

为使研究获得的参数能够在生产实践中应用，南京农业大学海洋科学及其能源生物资源研究所菊芋研究小组在渗蒸装置、微区及同位素示踪研究的基础上，又安排了大田小区海水养殖废水灌溉菊芋试验，从农田尺度上验证海水养殖废水灌溉菊芋的净化效应。

1）山东莱州海涂海水养殖废水灌溉菊芋田间试验研究方法

供试土壤为滨海脱盐土，基本理化性质见表 7-23。田间试验共有 6 个处理，即 CK1（未灌溉）、CK2（淡水灌溉）、CK3（井水灌溉）和 1∶1、1∶2、1∶4 的海水养殖废水与微咸水混合灌溉处理，每处理 3 个重复，按照随机区组排列设计。每个小区面积 15 m^2（5 m×3 m），小区四周用 2 mm 厚的塑料膜隔开，以防灌溉水在各小区间互相渗透。2004 年 3 月底，深翻土壤（40 cm），每小区施入 50.5 kg 猪粪（按 3×10^4 kg/hm^2 计算）和复合肥作为底肥，然后平整土地，准备播种。每个微区播种 15 颗各带 1 个健壮芽眼的菊芋块茎，行间距为 40 cm×25 cm。播种后灌适量水至田间持水量的 80%，以保证 1 周后正常出苗。在菊芋生长的关键生育期（6 月 21 日和 9 月 11 日），海水养殖废水灌溉 2 次，灌溉定额为 1350 m^3/hm^2。供试水样的基本性质同表 7-31。

样品的采集与分析方法，海水养殖废水灌溉前（6 月 19 日和 9 月 20 日），分层次采集土壤样品（0～5 cm、5～20 cm、20～40 cm、40～60 cm、60～100 cm），同时测定菊芋基本形态学指标，包括株高、茎粗等。收获前测定其生物量，同时采集土样、植株样品，带回南京农业大学实验室分析，分析项目有全氮、全磷、TDS 等。建有小型气象观测场，主要仪器有 SDM6 型雨量器、E601B 型水面蒸发器、气温和地温计等。土壤体积含水量用中子水分仪测定，每 5 天测定 1 次，生物产量用 AWH-30 kg 型电子秤测定。分析方法同蒸渗试验。

土壤部分：采用饱和土浆法（美国盐渍土实验室，1954）测定 ECe；在饱和土壤溶液基础上，用 Syberscan 510 pH 计测定 pH；土壤溶液浓度=土壤盐分（5∶1 水土比浸提）/土壤含水量；土壤入渗速率用双圈法测定；土壤中 Na^+用 6400 型火焰光度计测定；$AgNO_3$ 滴定法测定土壤中 Cl^-；土壤全氮采用半微量凯氏定氮法；有效磷用 0.5 mol/L $NaHCO_3$ 提取，钼锑抗比色法测定。

植株部分：植株干重的测定，将植株分根、茎、叶剪开装进小信封，经 110 ℃杀青 10 min 后于 60 ℃烘干至恒重称量，即根、茎、叶干重。植株干重及钠、氯离子的测定，将菊芋分根、茎、叶、块茎在 105℃杀青 5 min 后于 70～80℃烘干至恒重称量，即得干重。将植株干样磨碎过 30 目筛，参照于丙军等于 2001 年报道的方法，精确称取 100 mg 左右干样放入 25 mL 刻度带塞大试管中，加入 20 mL 去离子水，摇匀后置沸水浴中 1.5 h，冷却后过滤定容至 50 mL 容量瓶中备用。每个样品三个重复。其中 Na^+用 6400 型火焰光度计测定，Cl^-含量采用 $AgNO_3$ 滴定法。植株中全氮的测定，浓硫酸加双氧水再加混合催化剂消煮样品后，半微量凯氏定氮法测定；全磷采用硫酸加双氧水消煮，钒钼黄比色法测定。

2）山东莱州海涂菊芋海水养殖废水灌溉下农田土壤中氮、磷迁移特征

如图 7-33 所示，山东莱州海水养殖废水灌溉下菊芋收获时各处理土壤中全氮含量有着一致的规律，即各处理 0～20 cm 土层中的全氮含量均高于 20～60 cm 土层，而且随着土层深度的增加，土壤中全氮含量逐渐降低。此外，统计结果表明，不同处理同一土层中的全氮含量均无明显差异（$P<0.05$）。

土壤中有效磷的含量是指能为当季作物吸收的磷量。山东莱州菊芋生育期大田海水养殖废水灌溉，土壤中有效磷含量如图 7-34 所示。随着土层深度的增加，各处理土壤中有效磷含量均逐渐降低。2004 年的结果表明：1∶4 处理 0～5 cm 和 5～20 cm 土层中有效磷含量均高于其他处理的相应土层。

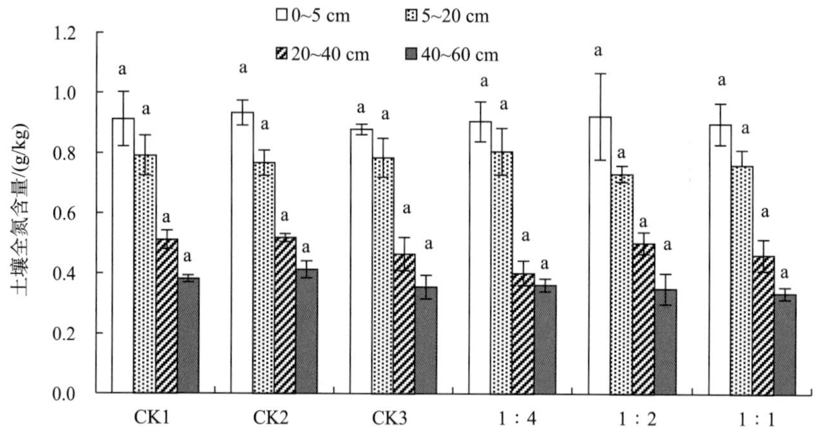

图 7-33　山东莱州菊芋生育期大田海水养殖废水灌溉对土壤全氮的影响

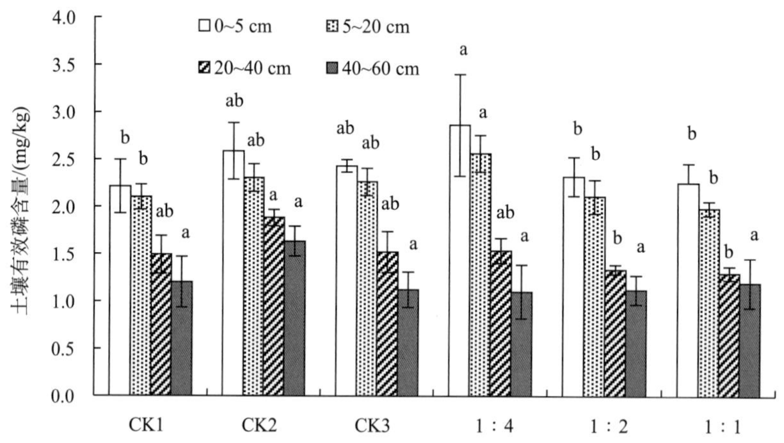

图 7-34　山东莱州菊芋生育期大田海水养殖废水灌溉对土壤有效磷的影响

在各种氮素形态中，氨态氮和硝态氮是较易迁移的两种氮素形态。山东莱州菊芋生育期大田海水养殖废水灌溉试验结果表明：海水养殖废水灌溉下，土体水盐逐渐趋于平衡，有 89.0%～97.7%氨态氮被根层（0～40 cm）截留；活性磷酸盐有 73.0%～97.2%被根层（0～40 cm）截留；而硝态氮则相反，仅有 19.1%～33.8%的硝态氮被根层（0～40 cm）截留，绝大部分的硝态氮向 40～100 cm 的土层迁移（图 7-35）。

7.4.2　山东莱州海涂海水养殖废水灌溉菊芋的环境效应评估

山东莱州海水养殖废水灌溉菊芋可行性包括对菊芋生长发育、对土壤盐分与养分及对地下水三大主要因子的影响，作者在相关章节中已将海水养殖废水灌溉对菊芋生长发育的影响专门做了阐述，本节主要从农田尺度上讨论这一措施对滨海盐渍土及地下水的效应。

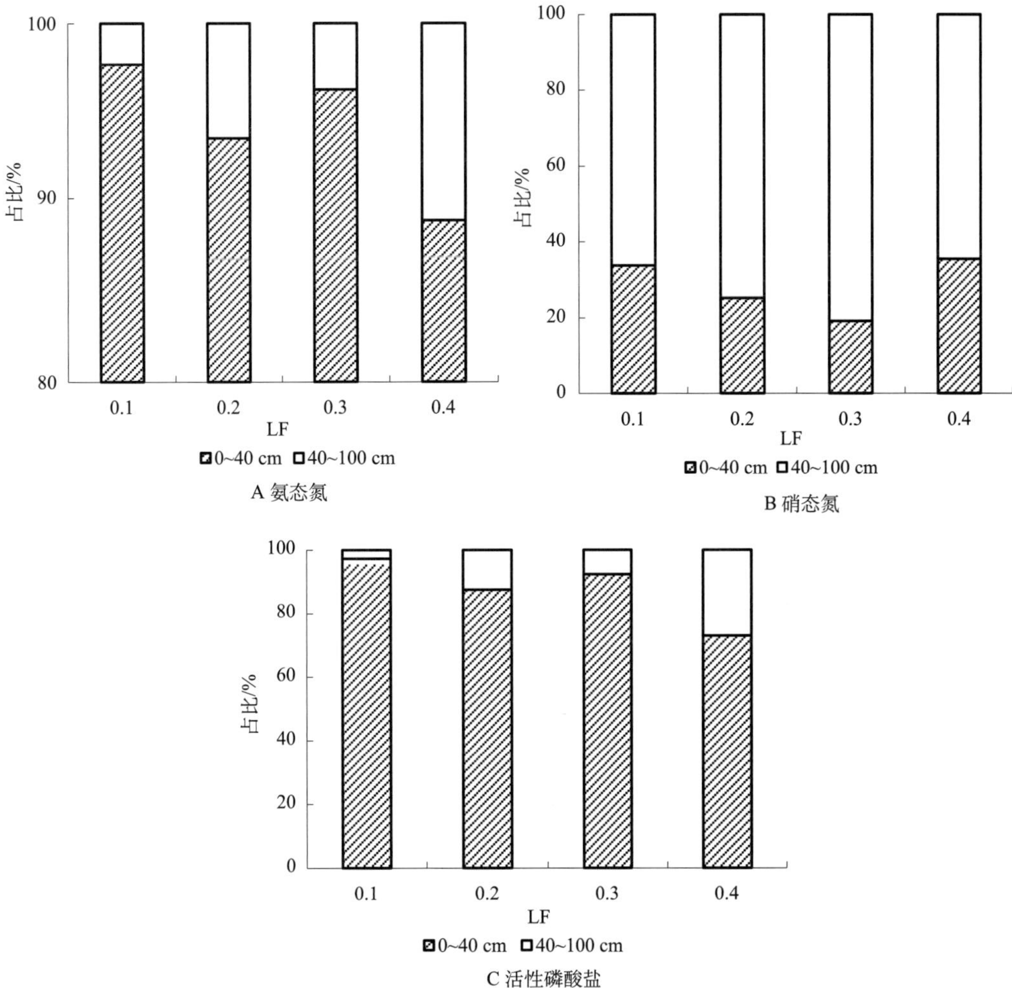

图 7-35　海水养殖废水灌溉下 1 m 土体中氮、磷的迁移及分配

1．对土壤盐分的效应

山东莱州海水养殖废水灌溉下，土壤电导率明显增加，但仍在菊芋的耐盐临界值以内（图 7-36）。Newton 等通过温室及田间试验证实：菊芋的临界灌溉水电导值为 9.6 dS/m。山东莱州海水养殖废水灌溉菊芋试验中 1∶4 和 1∶3 的海水养殖废水与地下微咸水配比取得了较高产量（高于非灌溉及淡水灌溉对照），初步证明在适当的条件下菊芋的临界灌溉水电导率略高于 Newton 等测定的值。

2．对地下水中盐分的效应

山东莱州海水养殖废水灌溉菊芋条件下地下水电导率动态变化如图 7-37 所示。监测结果表明：地下水电导率有缓慢增加的趋势，但没有达到显著水平（相伴概率 P=0.37）。

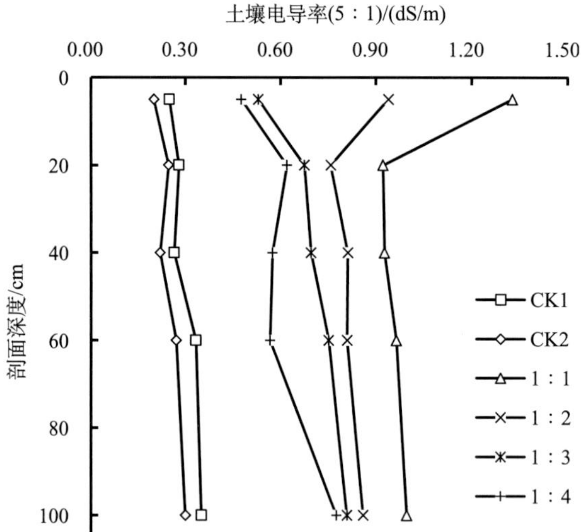

图 7-36　山东莱州海水养殖废水灌溉下 1 m 土层中土壤电导率的变化

CK1、CK2、1∶1、1∶2、1∶3、1∶4 分别表示不灌溉对照、淡水灌溉对照及不同配比的海水养殖废水与地下微咸水灌溉对照

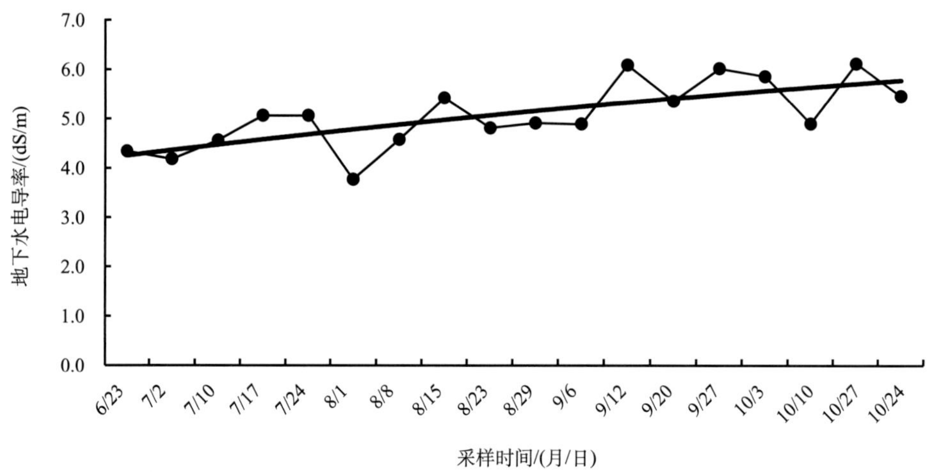

图 7-37　山东莱州海水养殖废水灌溉菊芋条件下地下水电导率动态变化

由于海水养殖废水计划灌溉深度为 0.4 m，淋洗分数为 0.2，理论计算而得的有效湿润层小于 0.6 m，因此海水养殖废水灌溉不会对地下水的电导率产生直接影响。随着夏季雨季的来临，土壤中积累的盐分淋洗至地下水，使地下水电导率有所增加，但 7～8 月地下水电导率基本保持稳定。这是由于部分雨水补充了地下水，使地下水中的盐分得到了有效稀释。

海水养殖废水灌溉区地下水电导率监测结果表明，地下水中的电导率有所上升，但未达到显著水平，表明山东莱州海水养殖废水灌溉菊芋从盐分变化角度来讲对地下水是安全的。

3．对地下水中养分的效应

山东莱州海水养殖废水灌溉菊芋对地下水的污染除了盐分之外，养分也是另一重要因子，而从菊芋对海水养殖废水的净化效应来看，对养殖废水的硝态氮净化效果不十分理想，因此有必要对硝态氮的去向进行评估。

1）山东莱州海涂海水养殖废水灌溉菊芋地下水中硝酸盐的变化

硝酸盐是公认的环境污染物，它广泛存在于自然界中，尤其是在气态水、地表水和地下水中以及动植物体与食品内。硝酸盐在人体内可被还原成亚硝酸盐，而大量亚硝酸盐可使人直接中毒。亚硝酸盐与人体血液作用，形成高铁血红蛋白，从而使血液失去携氧功能，使人缺氧中毒，轻者头昏、心悸、呕吐、口唇青紫，重者神志不清、抽搐、呼吸急促，抢救不及时可危及生命。不仅如此，亚硝酸盐在人体内外与仲胺类作用形成亚硝胺类，它在人体内达到一定剂量时是致癌、致畸、致突变的物质，可严重危害人体健康。我国地下水水质标准（GB/T 14848—2017）规定，集中式生活用水及工、农业用水中的硝酸盐含量应小于 20 mg/L。

2004～2005 年菊芋和油葵生育期间，地下水中硝酸盐的动态变化如图 7-38 所示。由图可知，菊芋生育期地下水硝酸盐的含量为 4.18～4.48 g/L。2004 年 4～5 月，地下水中硝酸盐呈逐渐上升趋势。6 月初开始，随着雨季的到来，地下水硝酸盐又表现出下降趋势，至 9 月初达到最低点（4.31 g/L）。9～10 月，地下水硝酸盐又略有上升。油葵生育期地下水硝酸盐的含量为 4.09～4.44 g/L。油葵生育期地下水硝酸盐在 4～5 月呈上升趋势，随后又呈下降趋势，至 8 月 5 日达到最小值 4.29 g/L（图 7-38）。

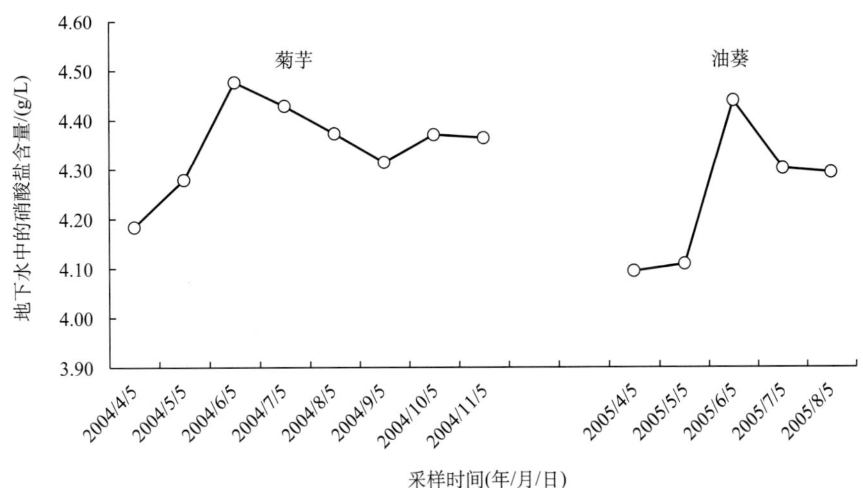

图 7-38　山东莱州菊芋和油葵生育期间地下水中硝酸盐的动态变化

从2004年6月开始，分别对菊芋和油葵生育期间地下水中硝酸盐含量做了动态监测。结果表明：在菊芋的关键生育期用海水养殖废水补充灌溉 2 次，地下水中硝酸盐含量变幅很小（P=0.068），其浓度为 4.11～4.46 mg/L（图 7-39）。参照我国饮用水标准，海水养殖废水灌溉条件下，地下水中的硝酸盐含量<5 mg/L，属于Ⅱ类水质标准（反映地下水化学组分的天然背景含量适用于各种用途）。

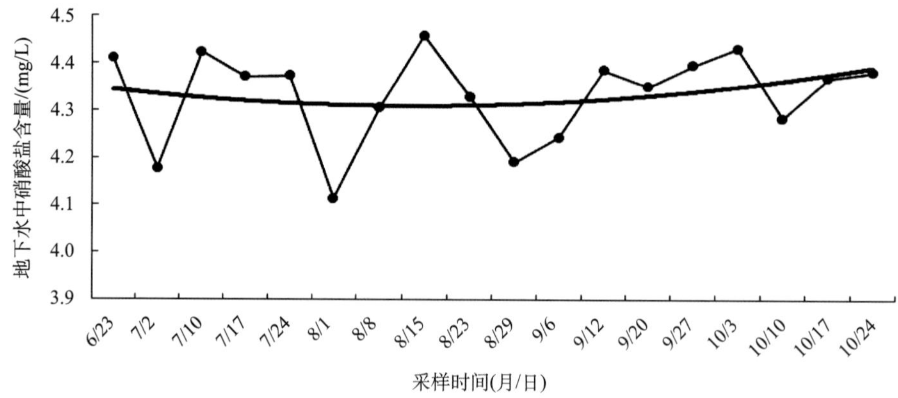

图 7-39　海水养殖废水灌溉下地下水中硝酸盐的动态变化

在淋洗分数为 0.2 时，在菊芋的关键生育期用海水养殖废水补充灌溉 2 次，地下水中硝酸盐含量基本保持稳定，浓度为 4.1～4.5 mg/L（图 7-40）。参照我国饮用水标准，硝态氮的浓度<10 mg/L，因此海水养殖废水灌溉不会污染地下水质。

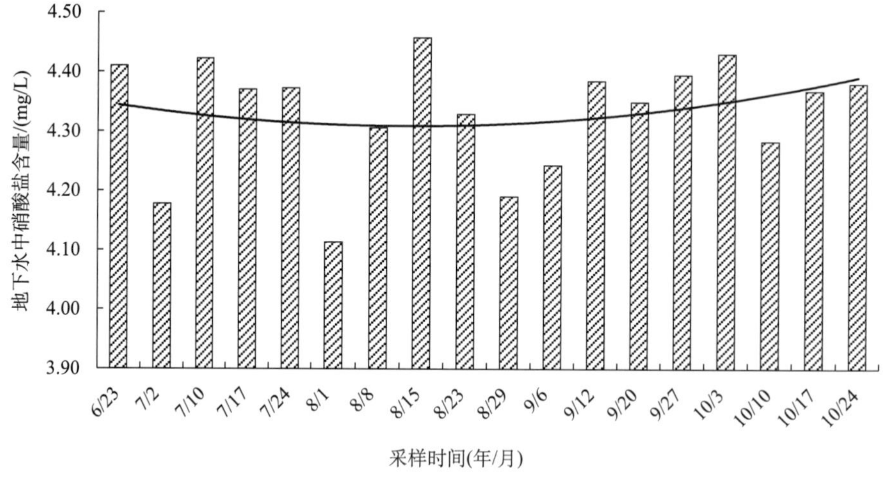

图 7-40　海水养殖废水灌溉区地下水中硝酸盐的动态变化

2）山东莱州海涂海水养殖废水灌溉菊芋地下水中铵盐的变化

通常清洁的水不含氨氮或含量甚微（图 7-41）。水中氨氮主要来自有机物的分解。除此之外，工农业废水污染也可使地下水中的氨氮增加。

水中氨氮的升高还可能具有其他原因，如深层地下水中含有硫化氢或亚铁盐可将水中的硝酸盐还原为氨，接近地面土壤中的亚硝酸盐和硝酸盐在微生物作用下也可还原成氨，使浅层地下水中含有氨。

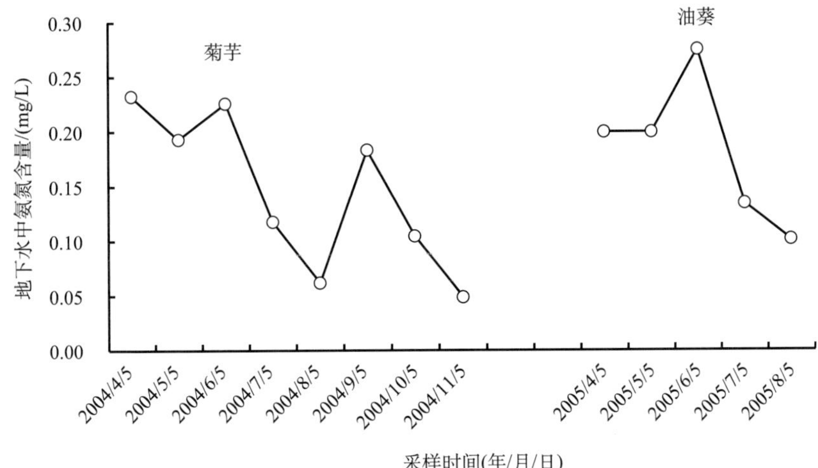

图 7-41　山东莱州菊芋和油葵生育期间地下水中氨氮的动态变化

3）山东莱州海涂海水养殖废水灌溉菊芋地下水中活性磷酸盐的变化

活性磷酸盐是引起水体富营养化的主要营养物质之一。在淡水系统（包括地表水、地下水）中，活性磷酸盐通常是藻类生长的限制因素。在海水系统中，硝酸盐和氨氮往往是藻类生长以及总生物量形成的限制因素。海岸带地区，化肥的施用、生活污水的排放以及农业再生水的灌排都会引起天然水体中活性磷酸盐含量的改变。

菊芋生育期间地下水中活性磷酸盐的动态变化见图 7-42。由图 7-42 可知，菊芋生育期地下水中活性磷酸盐的含量为 0.24～0.61 mg/L，最小值和最大值分别出现在 7 月 17 日和 8 月 8 日。4 月 5 日开始，地下水中活性磷酸盐呈现先下降后上升的趋势，到 8 月 8 日达到较大值（0.72 mg/L），随后又呈现出下降趋势；从 7 月 11 日起，地下水的活性磷酸盐呈剧烈上升趋势，直至试验结束，达到最大值。油葵生育期地下水中活性磷酸盐的含量为 0.10～0.72 mg/L。

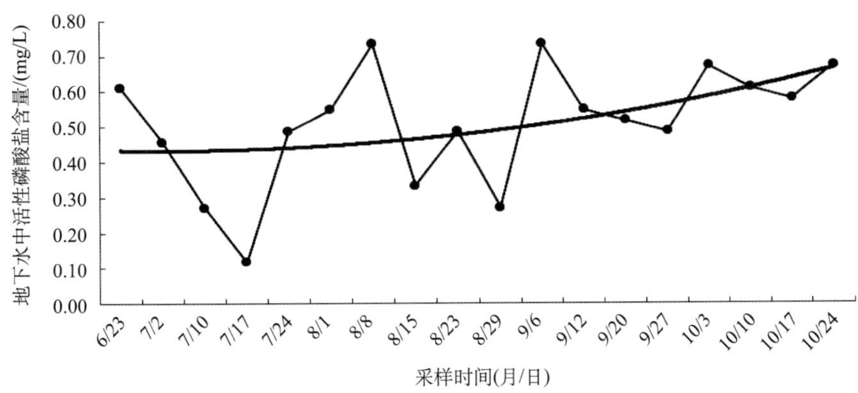

图 7-42　山东莱州海水养殖废水灌溉菊芋条件下地下水中活性磷酸盐的动态变化

海水养殖废水灌溉下，山东滨海盐渍土中的硝态氮、铵态氮和活性磷酸盐有不同程度增加，说明海水养殖废水灌溉对土壤中养分的保持以及土壤培肥有积极作用。试验结果表明，海水养殖废水中的 N 素，26.1%被菊芋吸收利用，45.0%和 40.3%被耕层土壤截留，28.9%和 32.1%的 N 素挥发或淋洗损失。这说明利用耐盐作物菊芋净化海水养殖废水中的氮、磷养分的确取得了良好效果。

7.4.3　微生物-菊芋体系净化海水养殖废水的效应

海水养殖废水直接灌溉菊芋对废水中磷酸盐、铵盐的净化效果十分显著，而对硝酸盐的净化效果不十分令人满意，而硝酸盐在养殖废水中占有不小的份额，为此，南京农业大学海洋科学及其能源生物资源研究所菊芋研究小组创制了微生物-菊芋净化海水养殖废水体系。

1. 净化海水养殖废水的微生物体系的创建及其效应

在江苏大丰滨海盐渍土修建野外模拟水泥池，长、宽均为 0.5 m，高 0.8 m，按水样成分配制试验用水，其中配制水体 pH 为 7，盐度为 6.86，模拟野外吸附条件进行试验。

以氨态氮、硝态氮、亚硝态氮 3 种形态的氮，各配制 1 mg/L（低）、5 mg/L（中）、10 mg/L（高）浓度的水体，以不同形态氮作为因素，浓度作为水平，设计三因素三水平正交实验（表 7-39）。

表 7-39　微生物体系净化海水养殖废水的试验设计

编号	体系总体积/L	葡萄糖/g	亚硝酸钠/g	氯化铵/g	硝酸钾/g
1	150	15	0.225	0.573	1.083
2	150	15	0.225	2.864	5.414
3	150	15	0.225	5.73	10.83
4	150	15	1.125	0.573	5.414
5	150	15	1.125	2.864	10.83
6	150	15	1.125	5.730	1.083
7	150	15	2.25	0.573	10.83
8	150	15	2.25	2.864	1.083
9	150	15	2.25	5.730	5.414

以组合式填料为载体（广州市绿烨环保设备有限公司），向每个试验用水池各加入 1%体积的菌株 DF-1、DFA-1 和 DFY-1。菌株 DFA-1 是异养微生物，向每个试验用水池各加入 15 g 葡萄糖，盐度为 3.68，每个试验体系为 150L。南京农业大学海洋科学及其能源生物资源研究所菊芋研究小组自行筛选适于高盐、高肥水体生长、净化能力强的菌株，经培养 2 d、4 d、6 d 后取样测各形态氮浓度，计算去除率。

微生物体系为 150L，加入 15 g 葡萄糖，葡萄糖浓度为 100 mg/L。使用亚硝酸钠、氯化铵、硝酸钾作为亚硝态氮、氨态氮和硝态氮，9 组试验所加的各物质质量具体见表 7-39，使亚硝态氮、氨态氮和硝态氮的低、中、高浓度分别为 1 mg/L、5 mg/L 和 10 mg/L。

表 7-40 表明水体中不同形态氮在分别处理 2 d、4 d、6 d 后的去除率。随着处理时

间的延长，各形态氮的去除率整体趋势是逐渐增大的。对于各个形态氮，不同试验组的氮去除率存在较大差异。表 7-40 中数据表明，硝态氮去除速率最快，最终去除率最大，去除效果最好，然后依次是氨态氮和亚硝态氮。

表 7-40　微生物体系培养 2 d、4 d、6 d 后各形态氮去除率

组	亚硝态氮去除率/%			氨氮去除率/%			硝态氮去除率/%		
	第 2 天	第 4 天	第 6 天	第 2 天	第 4 天	第 6 天	第 2 天	第 4 天	第 6 天
1	55.7	73.4	92.3	71.4	86.4	93.7	86.3	100.0	100.0
2	18.3	27.5	50.5	74.5	89.0	95.2	76.4	90.3	100.0
3	3.8	6.3	18.4	80.6	91.4	98.6	75.7	90.2	100.0
4	25.6	30.4	48.7	14.7	23.4	48.3	42.6	63.8	83.6
5	60.0	65.7	80.2	48.8	64.4	78.9	45.1	68.3	89.5
6	44.8	53.3	69.7	40.8	51.4	74.2	84.0	100.0	100.0
7	79.3	90.3	95.2	28.1	43.4	70.7	53.7	74.3	95.7
8	70.2	85.8	90.6	53.3	76.0	88.6	87.7	100.0	100.0
9	40.3	57.7	64.5	49.5	69.2	84.2	10.3	18.4	40.2

由表 7-41 可知，微生物处理 6 d 后，对于亚硝态氮去除率，亚硝态氮、氨态氮、硝态氮对应的极差值分别为 29.70、27.88 和 29.63，可知在模拟养殖废水微生物处理体系，各形态氮对亚硝态氮去除率影响大小依次为亚硝态氮>硝态氮>氨态氮；对于氨态氮去除率，亚硝态氮、氨态氮、硝态氮对应的极差值分别为 28.70、16.67 和 9.60，可知在模拟养殖废水微生物处理体系，各形态氮对氨态氮去除率影响大小依次为亚硝态氮>氨态氮>硝态氮；对于硝态氮去除率，亚硝态氮、氨态氮、硝态氮对应的极差值分别为 21.37、16.43 和 25.40，可知在模拟养殖废水微生物处理体系，各形态氮对硝态氮去除率影响大小依次为硝态氮>亚硝态氮>氨态氮。对于不同形态氮浓度对各形态氮去除率的影响，由均值大小可以直观表现，影响大小与均值大小成正比。如表 7-41 所示，三种亚硝态氮浓度对亚硝态氮去除率影响对应的均值（均值 1、均值 2、均值 3）分别为 53.73、66.20 和 83.43，可知高浓度亚硝态氮时亚硝态氮去除率高于低浓度亚硝态氮。

表 7-41　微生物体系正交实验结果分析

组	亚硝态氮浓度/（mg/L）	氨态氮浓度/（mg/L）	硝态氮浓度/（mg/L）	6 d 后亚硝态氮去除率/%	6 d 后氨态氮去除率/%	6 d 后硝态氮去除率/%
1	1	1	1	92.3	93.7	100.0
2	1	5	5	50.5	95.2	100.0
3	1	10	10	18.4	98.6	100.0
4	5	1	10	48.7	48.3	83.6
5	5	5	1	80.2	78.9	89.5

续表

组	亚硝态氮浓度 /（mg/L）	氨态氮浓度 /（mg/L）	硝态氮浓度 /（mg/L）	6 d 后亚硝态氮去除率/%	6 d 后氨态氮去除率/%	6 d 后硝态氮去除率/%
6	5	10	5	69.7	74.2	100.0
7	10	1	5	95.2	70.7	95.7
8	10	5	10	90.6	88.6	100.0
9	10	10	1	64.5	84.2	40.2
各形态氮含量对亚硝态氮去除率的影响分析						
均值 1	53.73	78.73	84.20			
均值 2	66.20	73.77	54.57			
均值 3	83.43	50.87	64.60			
极差	29.70	27.88	29.63			
各形态氮含量对氨态氮去除率的影响分析						
均值 1	95.83	70.90	85.50			
均值 2	67.13	87.57	75.90			
均值 3	81.17	85.67	82.73			
极差	28.70	16.67	9.60			
各形态氮含量对硝态氮去除率的影响分析						
均值 1	100.00	93.10	100.00			
均值 2	91.03	96.50	74.60			
均值 3	78.63	80.07	95.07			
极差	21.37	16.43	25.40			

研究小组建立的这一净化海水养殖废水的微生物体系对硝酸盐高强度净化能力，正好弥补了菊芋净化养殖废水的不足之处，为微生物-菊芋净化海水养殖废水体系的构建奠定了基础。

2. 净化海水养殖废水的陆生耐盐植物体系创建及其效应

试验用菊芋块茎选用南菊芋 1 号（NY-1），块茎采自江苏大丰海涂试验田，于当地种植，不施任何肥料，平均株高 60～75 cm，菊芋用土在种植之前用背景水 2 d 浇灌一次，浇灌三次计 6 d，去除其中氮元素及其他有可能影响试验的杂质。

试验开始后第 4 天和第 6 天用净化微生物处理后的模拟养殖废水浇灌菊芋，每株浇灌 4 L，对照组浇灌自来水；浇灌用净化微生物处理后的模拟养殖废水之前，实验组和对照组均浇灌自来水。实验结束后，取菊芋的根、茎、叶和土壤样品，编号带回实验室后烘干、晾干，磨碎过筛后消解，用流动分析仪测消解液中氮元素含量。

在试验开始第 4 天和第 6 天，分别在各试验组中取 4 L 用净化微生物处理后的水浇灌种植的菊芋。水体中各形态氮元素含量和总氮含量会因处理时间的不同而不同，两次浇灌所添加的氮元素含量具体见表 7-42。

表 7-42　向植物体系中加入的氮元素量

第 4 天浇灌水体含有的 N/mg			第 6 天浇灌水体含有的 N/mg			TN/mg
亚硝态氮	硝态氮	氨氮	亚硝态氮	硝态氮	氨氮	
1.064	0.000	0.546	0.308	0.000	0.252	2.170
2.899	1.938	2.193	1.980	0.000	0.961	9.970
3.746	3.906	3.440	3.264	0.000	0.562	14.916
13.911	7.237	3.064	10.26	3.281	2.065	39.817
6.852	12.687	7.111	3.960	4.203	3.421	38.230
9.346	0.000	19.440	5.060	0.000	8.440	42.286
3.887	10.265	2.264	1.920	1.720	1.172	21.228
5.675	0.000	4.801	3.760	0.000	2.280	16.516
16.922	16.321	12.311	14.200	11.962	6.320	78.034

如表 7-43 所示，向植物种植体系添加的氮元素基本上被植物吸收和土壤残留，经检测两次浇灌菊芋经土体渗漏回接的水，其总氮含量绝大部分试验组为 0 或接近 0，只有第 9 组残余总氮为 0.7 g，原因是第 9 组试验组内添加的氮元素是最多的，植物和土壤不能将所有氮元素吸收固持。加入到植物体系中的氮元素，一部分被菊芋吸收，另一部分残留在土壤中。二者之间吸收的氮元素比例随添加到体系中的氮元素总量变化而变化，随着添加的氮元素总量增大，比例减小。

表 7-43　菊芋各部分和土壤吸收氮元素量

试验组	菊芋系统各部分氮元素变化量/mg				
	根	茎	叶	土	回接水 N 含量/mg
1	0.427	0.148	0.903	0.671	0
2	3.116	0.441	1.844	4.561	0
3	2.177	0.872	2.254	9.603	0
4	5.815	1.446	7.609	24.918	0.006
5	6.927	1.349	7.187	22.657	0
6	5.257	2.668	7.218	27.138	0
7	1.956	0.610	3.822	14.841	0
8	3.531	1.065	4.783	7.131	0.002
9	7.151	2.804	8.202	60.074	0.700

3. 海涂微生物-菊芋体系净化海水养殖废水的效应

南京农业大学海洋科学及其能源生物资源研究所菊芋研究小组设计了微生物-菊芋体系净化装置（图 7-43），模拟野外海水养殖废水，经过微生物处理 6 d 后，对各形态氮去除有比较好的效果。通过设计不同形态氮为因素，各形态氮浓度为水平的三因素三水平试验，发现不同形态氮对各形态氮的去除率有不同程度的影响。对于亚硝态氮去除率，对其影响的效果依次是亚硝态氮＞硝态氮＞氨态氮；对于氨态氮去除率，对其影响的效果依次是亚硝态氮＞氨态氮＞硝态氮；对于硝态氮去除率，对其影响的效果依次是硝态氮＞亚硝态氮＞氨态氮。另外，不同形态氮浓度对各形态氮去除的影响也不同。亚硝态氮去除率随亚硝态氮浓度升高而变大，呈正相关性；亚硝态氮去除率随氨态氮浓度升高而减小，呈负相关性；亚硝态氮去除率随硝态氮浓度升高呈先减小后增大趋势，且在低浓度硝态氮时亚硝态氮去除率高于高浓度硝态氮时亚硝态氮去除率；氨态氮去除率随亚硝态氮浓度升高呈先减小后增大趋势，在低浓度亚硝态氮时氨态氮去除率高于高浓度亚硝态氮时氨态氮去除率；氨态氮去除率随氨态氮浓度升高呈先增大后减小趋势，氨态氮去除率在氨态氮为中等浓度时最大；氨态氮去除率随硝态氮浓度升高呈先减小后增大趋势，且在低浓度硝态氮时氨态氮去除率高于高浓度硝态氮时氨态氮去除率；硝态氮去除率随亚硝态氮浓度升高而减小，呈负相关性；亚硝态氮去除率随氨态氮浓度升高呈先增大后减小趋势，硝态氮去除率在氨态氮为中等浓度时最大；硝态氮去除率随硝态氮浓度升高呈先减小后增大趋势，且在低浓度硝态氮时硝态氮去除率高于高浓度硝态氮时硝态氮去除率。

将处理后的模拟海水养殖废水灌溉菊芋，发现土壤中和菊芋植株各部分器官的氮含量均有一定程度的增加，说明模拟海水养殖废水灌溉对菊芋植株内氮元素积累和对土壤中养分保持与土壤培肥有积极作用。两者协同作用脱氮后，使得模拟海水养殖废水中几乎 90%以上氮元素得到有效净化。

图 7-43　微生物–菊芋体系净化装置

参 考 文 献

[1] 刘兆普, 沈其荣, 尹金来, 等. 滨海盐土农业[M]. 北京: 中国农业科技出版社, 1998.

[2] Sparling G P. Ratio of microbial biomass carbon to soil organic carbon as a sensitive indicator of changes in soil organic matter[J]. Australian Journal of Soil Research, 1992, 30(2): 195-207.

[3] Riley D, Barber S A. Bicarbonate accumulation and pH changes at the soybean (*Glycine max* (L.) Merr.) root-soil interface[J]. Soil Science Society of America Journal, 1969, 33(6): 905-908.

[4] Riley D, Barber S A. Salt accumulation at the soybean (*Glycine max* (L.) Merr.) root-soil interface[J]. Soil Science Society of America Journal, 1970, 34(1): 154-155.

[5] Zhang H S, Wu X H, Li G, et al. Interactions between arbuscular mycorrhizal fungi and phosphate-solubilizing fungus (*Mortierella* sp.) and their effects on *Kosteletzkya virginica* growth and enzyme activities of rhizosphere and bulk soils at different salinities[J]. Biology and Fertility of Soils, 2011, 47(5): 543-554.

[6] Vitousek P M, Matson P A. Mechanism of nitrogen retention in forest ecosystem: a field experiment[J]. Science, 1984, 225: 51-52.

[7] Kennedy A C, Smith K L. Soil microbial diversity and the sustainability of agricultural soils[J]. Plant and Soil, 1995, 170(1): 75-86.

[8] Joergensen R G, Emmerling C. Methods for evaluating human impact on soil microorganisms based on their activity, biomass, and diversity in agricultural soils[J]. Journal of Plant Nutrition and Soil Science, 2006, 169(3): 295-309.

[9] Gans J, Wolinsky M, Dunbar J. Computational improvements reveal great bacterial diversity and high metal toxicity in soil[J]. Science, 2005, 309(5739): 1387-1390.

[10] Alkorta I, Aizpurua A, Riga P, et al. Soil enzyme activities as biological indicators of soil health[J]. Reviews on Environmental Health, 2003, 18(1): 65-73.

[11] Cowell D C, Dowman A A, Lewis R J, et al. The rapid potentiometric detection of catalase positive microorganisms[J]. Biosensors and Bioelectronics, 1994, 9(2): 131-138.

[12] Keck A, Rau J, Reemtsma T, et al. Identification of quinoide redox mediators that are formed during the degradation of naphthalene-2-sulfonate by *Sphingomonas xenophaga* BN6[J]. Applied and Environmental Microbiology, 2002, 68(9): 4341-4349.

[13] Sakai M S, Hosoda A, Ogura K, et al. The growth of *Steroidobacter agariperforans* sp. nov., a novel agar-degrading bacterium isolated from soil, is enhanced by the diffusible metabolites produced by bacteria belonging to Rhizobiales[J]. Microbes and Environments, 2014, 29(1): 89-95.

[14] Wagner M, Horn M. The *Planctomycetes*, *Verrucomicrobia*, *Chlamydiae* and sister phyla comprise a superphylum with biotechnological and medical relevance[J]. Current Opinion in Biotechnology, 2006, 17(3): 241-249.

[15] Yoon J H, Kang S J, Lee S Y, et al. *Loktanella maricola* sp. nov., isolated from seawater of the East Sea in Korea[J]. International Journal of Systematic and Evolutionary Microbiology, 2007, 57(8): 1799-1802.

[16] Kwon K K, Lee H S, Yang S H, et al. *Kordiimonas gwangyangensis* gen. Nov., sp. nov., a marine bacterium isolated from marine sediments that forms a distinct phyletic lineage (Kordiimonadales ord. nov.) in the 'Alphaproteobacteria'[J]. International Journal of Systematic and Evolutionary Microbiology, 2005, 55(5): 2033-2037.

[17] Jiang Y H, Hu B S, Liu F Q. Selection and identification of antagonistic bacteria against soil-borne plant pathogens[J]. Chinese Journal of Biological Control, 2005, 21(4): 260-264.

[18] Blackburn R K, van Breemen R B. Application of an immobilized digestive enzyme assay to measure chemical and enzymatic hydrolysis of the cyclic peptide antibiotic lysobactin[J]. Drug Metabolism and Disposition, 1993, 21(4): 573-579.

[19] Kobayashi D Y, Yuen G Y. The role of clp-regulated factors in antagonism against *Magnaporthe poae*

and biological control of summer patch disease of *Kentucky bluegrass* by *lysobacter enzymogenes* C3[J]. Canadian Journal of Microbiology, 2005, 51(8): 719-723.

[20] Zhang Z, Yuen G Y. Effects of culture fluids and preinduction of chitinase production on biocontrol of *Bipolaris* leaf spot by *Stenotrophomonas maltophilia* C3[J]. Biological Control, 2000, 18(3): 277-286.

[21] Kilic-Ekici O, Yuen G Y. Comparison of strains of *Lysobacter enzymogenes* and PGPR for induction of resistance against *Bipolaris sorokiniana* in tall fescue[J]. Biological Control, 2004, 30(2): 446-455.

[22] Islam M T, Hashidoko Y, Deora A, et al. Suppression of damping-off disease in host plants by the rhizoplane bacterium *Lysobacter* sp. strain SB-K88 is linked to plant colonization and antibiosis against soilborne Peronosporomycetes[J]. Applied and Environmental Microbiology, 2005, 71: 3786-3796.

[23] 胡杰, 何晓红, 李大平, 等. 鞘氨醇单胞菌研究进展[J]. 应用与环境生物学报, 2007, 13(3): 431-437.

[24] Takeuchi M, Sakane T, Yanagi M, et al. Taxonomic study of bacteria isolated from plants: Proposal of *Sphingomonas rosa* sp. nov., *Sphingomonas pruni* sp. nov., *Sphingomonas asaccharolytica* sp. nov., and *Sphingomonas mali* sp. nov.[J]. International Journal of Systematic Bacteriology, 1995, 45(2): 334-341.

[25] 孟宪法, 隆小华, 康健, 等. 菊芋内生固氮菌分离、鉴定及特性研究[J]. 草业学报, 2011, 20(6): 157-163.

[26] 马少杰, 李正才, 周本智, 等. 北亚热带天然次生林群落演替对土壤有机碳的影响[J]. 林业科学研究, 2010, 23(6): 845-849.

[27] Blair G J, Lefroy R D B, Lisle L. Soil carbon fractions based on their degree of oxidation, and the development of a carbon management index for agricultural systems[J]. Crop and Pasture Science, 1995, 46(7): 1459-1466.

[28] 邱莉萍, 张兴昌, 程积民. 土地利用方式对土壤有机质及其碳库管理指数的影响[J]. 中国环境科学, 2009, 29(1): 84-89.

[29] Anderson T H, Domsch K H. Ratios of microbial biomass carbon to total organic carbon in arable soils[J]. Soil Biology and Biochemistry, 1989, 21(4): 471-479.

[30] 倪进治, 徐建民, 谢正苗. 土壤生物活性有机碳库及其表征指标的研究[J]. 植物营养与肥料学报, 2001, 7(1): 56-63.

[31] 彭新华, 张斌, 赵其国. 土壤有机碳库与土壤结构稳定性关系的研究进展[J]. 土壤学报, 2004, 41(4): 618-623.

[32] Xie J X, Li Y, Zhai C X, et al. CO_2 absorption by alkaline soils and its implication to the global carbon cycle[J]. Environmental Geology, 2009, 56(5): 953-961.

[33] Li X G, Rengel Z, Mapfumo E. Increase in pH stimulates mineralization of native organic carbon and nitrogen in naturally salt-affected sandy soils[J]. Plant and Soil, 2007, 290(1/2): 269-282.

[34] 吴彩霞, 傅华. 根系分泌物的作用及影响因素[J]. 草业科学, 2009, 26(9): 24-29.

[35] 刘洪升, 宋秋华, 李凤民. 根分泌物对根际矿物营养及根际微生物的效应[J]. 西北植物学报, 2002, 22(3): 693-702.

[36] 王晓英. 白三叶根系分泌物的化感作用及其 GC-MS 分析[J]. 河南农业科学, 2016, 45(5): 96-100.

[37] 刘成. 芦苇化感作用及其化感物质分离与鉴定[D]. 重庆: 西南大学, 2014.

[38] Liu H, Liang Y, Zhang D, et al. Impact of MSW landfill on the environmental contamination of phthalate esters[J]. Waste Management, 2010, 30(8): 1569-1576.

[39] Schnitzer M, de Serra M I O. The chemical degradation of a humic acid[J]. Canadian Journal of

Chemistry, 1973, 51(10): 1554-1566.

[40] Gao W, Yang J, Ren S R, et al. The trend of soil organic carbon, total nitrogen, and wheat and maize productivity under different long-term fertilizations in the upland fluvo-aquic soil of North China[J]. Nutrient Cycling in Agroecosystems, 2015, 103(1): 61-73.

[41] Fontes P C R, Braun H, Busato C, et al. Economic optimum nitrogen fertilization rates and nitrogen fertilization rate effects on tuber characteristics of potato cultivars[J]. Potato Research, 2010, 53(3): 167-179.

[42] Bhattacharyya R, Prakash V, Kundu S, et al. Long term effects of fertilization on carbon and nitrogen sequestration and aggregate associated carbon and nitrogen in the Indian sub-Himalayas[J]. Nutrient Cycling in Agroecosystems, 2010, 86(1): 1-16.

[43] Haynes R J, Naidu R. Influence of lime, fertilizer and manure applications on soil organic matter content and soil physical conditions: a review[J]. Nutrient Cycling in Agroecosystems, 1998, 51(2): 123-137.

[44] Wilson G W T, Rice C W, Rillig M C, et al. Soil aggregation and carbon sequestration are tightly correlated with the abundance of arbuscular mycorrhizal fungi: Results from long-term field experiments[J]. Ecology Letters, 2009, 12(5): 452-461.

[45] Li C H, Li Y, Tang L S. The effects of long-term fertilization on the accumulation of organic carbon in the deep soil profile of an oasis farmland[J]. Plant and Soil, 2013, 369(1/2): 645-656.

[46] Wang S X, Liang X Q, Luo Q X, et al. Fertilization increases paddy soil organic carbon density[J]. Journal of Zhejiang University Science, 2012, 13(4): 274-282.

[47] Zhang P, Wei T, Li Y L, et al. Effects of straw incorporation on the stratification of the soil organic C, total N and C：N ratio in a semiarid region of China[J]. Soil and Tillage Research, 2015, 153: 28-35.

[48] Murty D, Kirschbaum M U F, Mcmurtrie R E, et al. Does conversion of forest to agricultural land change soil carbon and nitrogen? A review of the literature[J]. Global Change Biology, 2002, 8(2): 105-123.

[49] 沈芳芳, 袁颖红, 樊后保, 等. 氮沉降对杉木人工林土壤有机碳矿化和土壤酶活性的影响[J]. 生态学报, 2012, 32(2): 517-527.

[50] Zhong Y M, Wang X P, Yang J P, et al. Exploring a suitable nitrogen fertilizer rate to reduce greenhouse gas emissions and ensure rice yields in paddy fields[J]. Science of the Total Environment, 2016, 565: 420-426.

[51] Liu K, Crowley D. Nitrogen deposition effects on carbon storage and fungal: Bacterial ratios in coastal sage scrub soils of Southern California[J]. Journal of Environmental Quality, 2009, 38(6): 2267-2272.

[52] 刘兆普, 沈其荣, 邓力群, 等. 麦鱼套作改良滨海盐土的研究[J]. 土壤学报, 1997, 34(3): 315-322.

[53] 刘兆普, 沈其荣, 邓力群, 等. 滨海盐土水、旱生境下田菁生长及其对盐土肥力的影响[J]. 土壤学报, 1999, 36(2): 267-275.

[54] McIntosh D, Fitzsimmons K. Characterization of effluent from an inland, low-salinity shrimp farm: what contribution could this water make if used for irrigation[J]. Aquacultural Engineering, 2003, 27(2): 147-156.

[55] Brown J J, Glenn E P. Reuse of highly saline aquaculture effluent to irrigate a potential forage halophyte, *Suaeda esteroa*[J]. Aquacultural Engineering, 1999, 20(2): 91-111.

[56] Costa J L, Massone H, Martínez D, et al. Nitrate contamination of a rural aquifer and accumulation in the unsaturated zone[J]. Agricultural Water Management, 2002, 57(1): 33-47.

[57] Chen Y X, Zhu G W, Tian G M, et al. Phosphorus and copper leaching from dredged sediment applied on a sandy loam soil: column study[J]. Chemosphere, 2003, 53: 1179-1187.

[58] Home P G, Panda P K, Kar S. Effect of method and scheduling of irrigation on water and nitrogen use efficiencies of Okra (*Abelmoschus esculentus*)[J]. Agricultural Water Management, 2002, 55(2): 159-170.

[59] Ng Kee Kwong K F, Bholah A, Volcy L, et al. Nitrogen and phosphorus transport by surface runoff from a silty clay loam soil under sugarcane in the humid tropical environment of Mauritius[J]. Agriculture, Ecosystems and Environment, 2002, 91(1/3):147-157.

[60] Knipp G T, Audus K L, Soares M J. Nutrient transport across the placenta[J]. Advanced Drug Delivery Reviews, 1999, 38: 41-58.

[61] Ogoke I J, Carsky R J, Togun A O, et al. Effect of P fertilizer application on N balance of soybean crop in the guinea savanna of Nigeria[J]. Agriculture, Ecosystems and Environment, 2003, 100: 153-159.

[62] Raisin G, Bartley J, Croome R. Groundwater influence on the water balance and nutrient budget of a small natural wetland in Northeastern Victoria[J]. Australia Ecological Engineering, 1999, 12: 133-147.

[63] Rimski-Korsakov H, Rubio G, Lavado R S. Potential nitrate losses under different agricultural practices in the pampas region, Argentina[J]. Agricultural Water Management, 2004, 65(2): 83-94.

[64] Smith K A, Jackson D R, Withers P J. Nutrient losses by surface run-off following the application of organic manures to arable land. 2. phosphorus[J]. Environmental Pollution, 2001, 112: 53-60.

[65] Smith K A, Charles D R, Moorhouse D. Nitrogen excretion by farm livestock with respect to land spreading requirements and controlling nitrogen losses to ground and surface waters. Part 2: pigs and poultry[J]. Bioresource Technology, 2000, 71: 183-194.

[66] van Hoorn J W, Katerji N, Hamdy A, et al. Effect of salinity on yield and nitrogen uptake of four grain legumes and on biological nitrogen contribution from the soil[J]. Agricultural Water Management, 2001, 51: 87-98.

第 8 章　菊芋块茎的化学成分与菊粉化学特征

8.1　菊芋块茎的化学成分

菊芋的块茎通常包含 70%～80%的水分、18%左右的碳水化合物和 1%～2%的蛋白质。但菊芋品种间组成的差异很大，例如南京农业大学海洋科学及其能源生物资源研究所菊芋研究小组筛选的南菊芋 1 号与南菊芋 9 号碳水化合物可达块茎鲜重的 20%，即便同一品种，其块茎的组成与含量受栽培措施、环境条件等的影响也很大。南京农业大学海洋科学及其能源生物资源研究所菊芋研究小组在第 4 章“菊芋代谢生物学”中对南菊芋 1 号的研究发现，在耕作土壤中栽培的菊芋收获期块茎干物质达到块茎鲜重的 23.9%，而在盐土种植，其块茎干物质占块茎鲜重的 17.6%，变幅很大；南菊芋 2 号块茎中菊粉的含量用淡水灌溉时达到块茎干重的 61.18%，而在 50%海水灌溉下菊粉占干重的比例为 52.69%，这就是关于菊芋块茎组分及其含量众说纷纭的主要原因。

8.1.1　菊芋块茎的碳水化合物

菊芋的块茎含有很少的淀粉或不含淀粉，几乎不含脂肪，且热值相对较低。微量的单不饱和、多不饱和脂肪酸早有报道[1]。据报道，原料块茎中多不饱和脂肪酸亚油酸（18:2，n-6）和 α-亚油酸（18:3，n-3）的含量分别是 24 mg/100 g 和 36 mg/100 g[2]。

菊芋中储存碳水化合物的主要形式是菊粉，因此块茎中碳达 93.26 mg/g[3]。块茎中菊粉的含量是鲜重的 7%～30%，南京农业大学海洋科学及其能源生物资源研究所菊芋研究小组选育的南菊芋 1 号和南菊芋 9 号菊粉的含量占鲜重的 20%（大约是干重的 70%），国外的研究中菊粉含量是鲜重的 8%～21%[4]。

南京农业大学海洋科学及其能源生物资源研究所菊芋研究小组对南菊芋 9 号（N9）、南菊芋 1 号（N1）、泰芋 2 号（T2）和青芋 2 号（Q2）4 个菊芋品种的块茎糖组分进行分析，发现在海南乐东海涂种植的菊芋块茎糖分有些差异，南菊芋 9 号（N9）果糖含量显著高于南菊芋 1 号（N1），而与其他品种没有显著差异，南菊芋 1 号（N1）、泰芋 2 号（T2）和青芋 2 号（Q2）3 个菊芋品种之间块茎果糖含量也没有显著差异；南菊芋 9 号（N9）和南菊芋 1 号（N1）块茎葡萄糖含量没有显著差异，而显著高于泰芋 2 号（T2）和青芋 2 号（Q2）块茎的葡萄糖含量，南菊芋 1 号（N1）、泰芋 2 号（T2）和青芋 2 号（Q2）3 个菊芋品种之间块茎的葡萄糖含量没有显著差异；4 个菊芋品种之间块茎蔗糖含量没有显著差异；南菊芋 9 号（N9）和南菊芋 1 号（N1）块茎蔗果三糖含量没有显著差异，而显著高于泰芋 2 号（T2）和青芋 2 号（Q2）块茎的蔗果三糖含量，南菊芋 1 号（N1）和泰芋 2 号（T2）块茎的蔗果三糖含量没有显著差异，泰芋 2 号（T2）和青芋 2 号（Q2）块茎的蔗果三糖含量也没有显著差异；青芋 2 号（Q2）和南菊芋 1 号（N1）块茎的蔗果四糖含量没有显著差异，但青芋 2 号(Q2)块茎的蔗果四糖含量显著高于南菊芋 9 号(N9)

和泰芋 2 号（T2），南菊芋 9 号（N9）、泰芋 2 号（T2）块茎的蔗果四糖含量也没有显著差异；青芋 2 号（Q2）和南菊芋 9 号（N9）块茎的蔗果五糖含量没有显著差异，但显著高于南菊芋 1 号（N1）和泰芋 2 号（T2）块茎的蔗果五糖含量，南菊芋 9 号（N9）和南菊芋 1 号（N1）之间蔗果五糖含量没有显著差异，南菊芋 1 号（N1）和泰芋 2 号（T2）之间蔗果五糖含量也没有显著差异（表 8-1）。

表 8-1　南京农业大学（海南）滩涂农业研究所不同品种菊芋块茎糖组分　（单位：mg/g）

品种	果糖	葡萄糖	蔗糖	蔗果三糖	蔗果四糖	蔗果五糖
N9	1.2±0.02a	3.68±0.1a	0.64±0.01a	3.43±0.62a	3.34±0.05bc	3.71±0.12ab
N1	0.94±0.01b	3.56±0.02ab	0.59±0.02a	3.08±0.15ab	3.36±0.12ab	3.64±0.06b
T2	0.95±0ab	3.53±0bc	0.59±0a	2.93±0bc	3.26±0c	3.49±0bc
Q2	0.95±0ab	3.56±0.01bc	0.57±0.01a	2.97±0.01cd	3.56±0.02a	3.88±0.03a

注：2015.06.03 采样。

图 8-1 反映了山东莱州南菊芋 1 号在不同海水灌溉下块茎菊粉含量的动态变化，表明菊芋块茎菊粉含量随其生长时间的变化而急剧变化，在山东莱州，9 月菊芋块茎菊粉含量达最大值，占块茎干重的 50%以上，之后菊芋块茎菊粉含量基本稳定在这一水平。同时也体现出盐分胁迫对南菊芋 1 号菊芋块茎菊粉含量的影响很大。如图 8-1 所示，海淡水比 10%、30%和 50%的混合水灌溉下 9 月菊芋块茎菊粉含量均显著高于淡水、75%和 100%海淡混合水灌溉下的菊芋块茎菊粉含量，表明适当的盐胁迫有利于增加菊芋块茎菊粉的含量。

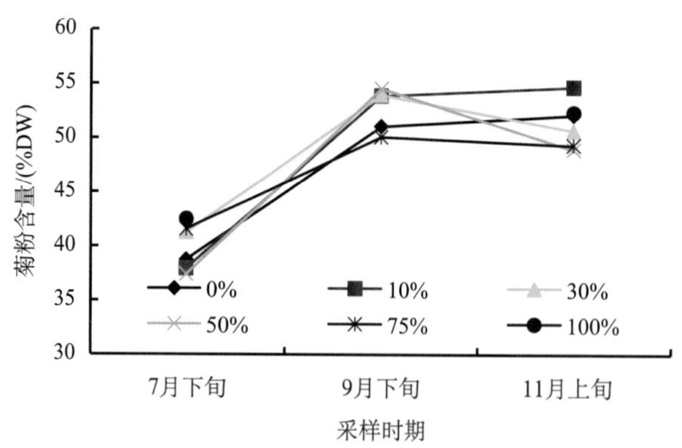

图 8-1　2002 年山东莱州南菊芋 1 号块茎菊粉含量的动态变化

菊芋的种植年限似乎对其块茎糖分组成及其含量的影响不大，从表 8-2 可看出，无论是菊芋块茎的总糖还是菊粉，种植 1 年和种植 4 年相比，其含量基本没有差异。

南京农业大学海洋科学及其能源生物资源研究所菊芋研究小组在江苏大丰的试验表明，南菊芋 1 号（Ht1）块茎总糖含量为 734.06 mg/g DW，还原糖含量为 73.52 mg/g DW，菊粉含量为 661.04 mg/g DW，比山东莱州菊芋块茎糖的含量有所下降。

表 8-2　山东莱州不同品种菊芋不同种植年限块茎成分变化（单位：%DW）

菊芋品种	总糖含量		还原糖含量		菊粉含量		纤维素含量		干物质*	
	1 年	4 年	1 年	4 年	1 年	4 年	1 年	4 年	1 年	4 年
Ht1	77.32	77.51	2.72	3.05	73.60	73.46	4.63	4.71	19.79	20.91
Ht2	51.81	50.01	3.01	2.98	48.81	48.03	4.47	4.67	20.41	20.72
Ht3	42.29	42.94	2.69	2.75	39.59	40.19	4.71	4.64	22.34	22.49
Ht4	42.33	42.95	2.12	2.01	40.22	40.95	4.73	4.79	22.93	22.84
Ht5	44.24	43.94	2.76	2.89	41.48	41.05	4.81	4.72	22.33	22.55
Ht6	63.52	63.37	2.63	2.97	60.89	60.39	4.61	4.61	20.46	20.22
Ht7	40.55	40.98	2.63	2.77	37.91	38.21	4.59	4.62	23.71	23.86
Ht8	78.55	78.73	2.82	2.73	75.73	74.60	4.75	4.71	19.57	19.77

*指干物质占块茎鲜重的百分比。

注：Ht1、Ht2、Ht3、Ht4、Ht5、Ht6、Ht7、Ht8 为南京农业大学海洋科学及其能源生物资源研究所菊芋研究小组筛选的菊芋品系，即南菊芋 1～8 号。

加拿大的一份研究表明，两个收获菊芋块茎的碳水化合物含量是收获时总鲜重的 13.8%～20.7%，随着收获日期延迟，菊芋块茎果糖含量下降、葡萄糖含量上升[5]。11 个菊芋品种中，块茎中聚合度（dp）超过 4 的菊粉占总块茎碳水化合物的 55.8%～77.3%（平均 65.8%），含三糖（dp3）的菊粉占 9.7%～16.5%（平均 13.2%），含二糖（dp2）的菊粉占 8.2%～18.3%（平均 13.8%）。Reka 是含聚合度超过 4 的菊粉最多的品种，D19 是含量最低的[6]。菊芋块茎中菊粉的聚合度可以超过 40[7]。

菊芋块茎中的蛋白质含量多在 1.6～2.4 g/100 g 鲜重（表 8-3）。块茎中的蛋白质和氮含量在生长过程中仍然保持相对稳定。块茎蛋白质含有所有必需的氨基酸，且比例良好，与其他的根状和块茎作物相比，它含有丰富的赖氨酸和甲硫氨酸，且被认为具有很高的食物和其他应用价值[5,8,9]。

表 8-3　每百克鲜重菊芋块茎的成分

指标	A	B	C	D	E	F	G	H
水分/%	—	82.1	80.1	78.0	80.2	—	79.0	78.9
热值/cal	38	65	70	76	41	—	—	—
蛋白质/g	0.5	2.1	2.1	2.0	1.6	—	2.4	—
碳水化合物/g	15.9[a]	14.1[a]	16.7[a]	17.3	10.6	—	15.0	15.8
膳食纤维/g	4.0	2.6	0.6	1.3	3.5[b]	—	—	—
总糖/g	1.0	—	—	—	1.6	—	—	—
蔗糖/g	0.6	—	—	—	—	—	—	—
乳糖/g	0.0	—	—	—	—	—	—	—
总淀粉/g	7.2	—	—	—	痕迹	—	—	—
总脂肪/g	0.2	0.6	0.1	<1	0.1	—	—	—
总脂肪酸/g	<0.1	0.48	—	<1	—	—	—	—
饱和脂肪酸/g	<0.1	0.17	—	0.0	—	—	—	—

续表

指标	A	B	C	D	E	F	G	H
单一不饱和脂肪酸/g	<0.1	0.01	—	<1	—	—	—	—
多不饱和脂肪酸/g	<0.1	0.3	—	<1	—	—	—	—
胆固醇/mg	0.3	0.0	—	0.0	—	—	—	—
总固醇类/mg	5.2	—	—	—	—	—	—	—
维生素 A/mg	0.6	1.0	—	1.0	—	—	—	—
类胡萝卜素/mg	28.9	9.0	—	—	20.0	—	—	—
维生素 B_1/mg	0.2	0.07	—	0.2	0.1	—	—	—
维生素 B_2/mg	0.05	0.06	—	0.06	痕迹	—	—	0.16
烟酸/mg	0.5	1.3	—	1.3	—	—	—	1.3
维生素 B_6/mg	—	0.09	—	—	—	—	—	—
泛酸/mg	—	0.38	—	—	—	—	—	—
维生素 H/mg	—	0.50	—	—	—	—	—	—
叶酸/mg	13.0	22.0	—	13.3	—	—	—	—
维生素 B_{12}/mg	0.0	—	—	—	—	—	—	—
维生素 C/mg	5.0	6.0	—	4.0	2.0	—	—	4.0
维生素 D/mg	0.0	—	—	—	—	—	—	—
维生素 E/mg	<0.1	0.15	—	—	0.2	—	—	—
维生素 K/mg	1.44	—	—	—	—	—	—	—
色氨酸/mg	—	0.23	—	—	—	—	—	—
灰分/g	—	1.2	1.2	—	—	—	—	—
氮/g	—	—	—	—	0.23	0.38	—	—
钙/mg	25	28	37	14	30	—	29.4	—
铁/mg	3.4	0.6	—	3.4	0.4	1.5	2.1	3.7
镁/mg	16	16	—	17	—	17	14.4	—
钾/mg	560	561	—	429	420	603	657	478
钠/mg	3.0	3.0	—	4.0	3.0	1.8	—	—
磷/mg	78	72	63	—	—	73	—	78
铜/mg	—	0.12	—	—	—	0.10	0.12	—
硼/mg	—	—	—	—	—	0.24	0.21	—
锰/mg	—	—	—	—	未检出	0.30	0.26	—
硫/mg	—	—	—	—	22	27	—	—
氯/mg	—	—	—	—	未检出	—	—	—
锌/mg	0.0	0.10	—	12.0	—	0.32	—	—
铝/mg	—	—	—	—	—	4.0	—	—
钡/mg	—	—	—	—	—	0.33	—	—
硅/mg	—	—	—	—	—	4.4	—	—
镍/mg	—	15.0	—	—	—	nd	16.0	—
碘/mg	0.0	0.10	—	—	未检出	—	—	—

续表

指标	A	B	C	D	E	F	G	H
铬/mg	—	6.4	—	—	—	未检出	84.0	—
硒/mg	0.2	0.1	—	—	未检出	—	0.25	—
铅/mg	—	—	—	—	—	—	6.3	—
镉/mg	—	—	—	—	—	—	1.1	—

a 含非淀粉性多糖的碳水化合物（去除蛋白质、脂肪、水分和灰分）。

b 非淀粉性多糖。

菊芋块茎的平均总粗蛋白含量是块茎干物质的 5.9%，主要的成分中氨基酸含量为：天冬氨酸 14.6 g/100 g 粗蛋白，谷氨酸 14.0 g/100 g 粗蛋白，精氨酸 11.1 g/100 g 粗蛋白，赖氨酸 5.2 g/100 g 粗蛋白，苏氨酸 3.4 g/100 g 粗蛋白，苯丙氨酸 3.9 g/100 g 粗蛋白，半胱氨酸 14.6 g/100 g 粗蛋白和甲硫氨酸 1.0 g/100 g 粗蛋白[10]。所有氨基酸所占总块茎干重的相应百分数见表 8-4。萃取菊粉后的块茎果肉含有 16.2%的蛋白质，其中氨基酸含量为：赖氨酸 49 g/100 g 样品 N，组氨酸 13 g/100 g 样品 N，精氨酸 32 g/100 g 样品 N，天冬氨酸 60 g/100 g 样品 N，苏氨酸 33 g/100 g 样品 N，丝氨酸 30 g/100 g 样品 N，谷氨酸 71 g/100 g 样品 N，脯氨酸 22 g/100 g 样品 N，甘氨酸 32 g/100 g 样品 N，丙氨酸 35 g/100 g 样品 N，甲硫氨酸 12 g/100 g 样品 N，异亮氨酸 31 g/100 g 样品 N，亮氨酸 46 g/100 g 样品 N，酪氨酸 22 g/100 g 样品 N，苯丙氨酸 28 g/100 g 样品 N，缬氨酸 38 g/100 g 样品 N[5]。研究表明，不同品种菊芋块茎粗蛋白的含量不同，在 26 个品种菊芋的块茎中粗蛋白的平均含量为 5.9%，如 2071-63 品种含有 8%的粗蛋白，而 Monteo、Rico、Boynard 和 Lola 品种大约含有 5%的粗蛋白[10]。灰分含量大约是块茎干重的 1.2%，但一些研究给出的灰分含量高达 4.7%[11,12]。

表 8-4　菊芋块茎的粗蛋白中氨基酸的含量（占干物质的百分数，%）

氨基酸	A	B	氨基酸	A	B
天冬氨酸	0.86	—	甲硫氨酸	0.06	—
苏氨酸	0.20	0.30	异亮氨酸	0.19	—
丝氨酸	0.19	—	亮氨酸	0.27	0.85
谷氨酸	0.83	—	酪氨酸	0.12	0.12
甘氨酸	0.21	—	苯丙氨酸	0.23	—
丙氨酸	0.23	—	组氨酸	0.17	0.23
半胱氨酸	0.06	—	赖氨酸	0.30	0.33
缬氨酸	0.22	1.33	精氨酸	0.65	0.46
脯氨酸	0.30	—			

8.1.2　菊芋块茎的矿物质

菊芋块茎的矿物质含量很高。块茎含有非常丰富的铁（0.4～3.7 mg/100 g 鲜重）、钙（14～37 mg/100 g 鲜重）和钾（420～657 mg/100 g 鲜重），含有相对少的钠（1.8～4.0 mg/100 g 鲜重）（表 8-3）。菊芋块茎铁浓度大约比马铃薯高三倍[13]。也发现了相对高水平的硒，高达 50 μg/100 g 鲜重[14,15]，尽管报道硒的水平通常较低（表 8-3）。还有研究表明，菊芋块茎含有高浓度的铅和其他重金属（如镉）[16,17]。菊芋块茎重金属含量随土壤中重金属含量水平的增加而增加，对于污染土壤的生物修复来说，菊芋是很有前途的作物[18-20]。Somda 等研究品种 Sunchoke 的营养元素从种植到储存过程中的分配，他们发现在快速生长阶段，块茎中碳和韧皮部可移动营养元素的含量显著增加。在最后收获时，发现在成熟的块茎中有高含量的钾、磷、钙[3]。

8.1.3　菊芋块茎的维生素

菊芋块茎是很好的维生素来源，尤其是维生素 B 复合物、维生素 C（抗坏血酸）和 β-胡萝卜素[4]。菊芋块茎含有高水平的叶酸或维生素 B（13～22 μg/100 g），而在维生素 B 复合物中也存在其他维生素，如维生素 B_1、维生素 B_2、烟酸、维生素 B_6、泛酸、维生素 H、维生素 B_{12} 等（表 8-3）。菊芋块茎维生素 C 的含量为 2.0～6.0 mg/100 g，低于菊芋地上部维生素 C 的含量，但显著高于其他根状和块茎状作物，如菊芋块茎维生素 C 的含量大约比土豆维生素 C 的含量高 4 倍[11]。也有研究表明菊芋块茎类胡萝卜素的含量高达 9.0～29 μg/100 g，β-胡萝卜素含量为 0.6～1.0 g/100 mg，β-胡萝卜素是维生素 A 的前体。人们已注意到菊芋块茎中维生素 C 和硝酸盐水平的相互关系[21]。事实上，不同文献中报道的维生素含量存在非常大的差异，因为维生素的含量与菊芋生长发育阶段、气候条件、农艺措施和土壤环境因素相关。

8.1.4　菊芋块茎的植物活性物质

菊芋块茎中存在显著的植物化学活性物质，包括龙胆酸（抗菌和抗病毒活性）、heliangin（植物生长调节活性）和精胺（植物中普遍存在并参与蛋白质合成）[22]。

未经煮过的菊芋块茎的香味似乎主要由倍半萜与少量的长链饱和烃组成[23]。在煮沸的过程中，菊粉部分降解并发生化学成分的改变。在大约 150℃条件下，菊粉降解为果糖和短链聚合物。在美拉德反应中菊粉没有直接和含氮化合物反应，而来自菊粉的果糖能潜在地形成吡嗪衍生物。就像在原料块茎中一样，菊粉和其他果聚糖基本代表了煮过的块茎中的所有碳水化合物[21,24]。

菊芋地下块茎的组分丰富，以 10 g 新鲜的菊芋块茎作为计算依据，含水分 7.98 g、碳水化合物 1.66 g、灰分 0.28 g、粗纤维 0.06 g、蛋白质 0.01 g、脂肪 0.01 g、钙 4.9 mg、铁 0.84 mg、磷 11.9 mg、维生素 A 1.013 mg、维生素 B 2.006 mg、烟酸 0.06 mg 和维生素 C 0.6 mg；并且菊芋块茎中富含多聚戊糖、菊粉等物质，而菊粉是其中最为丰富的糖，新鲜菊芋块茎中菊粉含量可达 15%～20%[25]。

南京农业大学海洋科学及其能源生物资源研究所菊芋研究小组最近的研究表明，菊芋块茎中含有十分丰富的植物凝集素。根据植物凝集素亚基的结构特征，植物凝集素可分成 4 种类型：部分凝集素、全凝集素、嵌合凝集素和超凝集素。根据氨基酸序列的同源性及其在进化上的相互关系，植物凝集素分为 7 个家族：豆科凝集素、几丁质结合凝集素、单子叶甘露糖结合凝集素、2 型核糖体失活蛋白、木菠萝素家族、葫芦科韧皮部凝集素和苋科凝集素。植物凝集素可识别并结合入侵者的糖结构域，从而干扰该入侵者对植物产生的可能影响；植物凝集素的糖结合活性针对外源寡糖，参与植物的防御反应。许多植物凝集素可结合到诸如 Glc、Man 或 Gal 的单糖上，尤其对植物中不常见外来的寡糖具有更高的亲和性。例如，几丁质结合凝集素识别真菌细胞壁及无脊椎动物的外骨骼成分中的碳水化合物。另外，许多凝集素在较高 pH 范围内稳定、抗热、抗动物及昆虫蛋白酶等。有些凝集素甚至是完全稳定的蛋白质，如从刺荨麻茎中分离出的凝集素在三氯乙酸中保持稳定，沸煮也不会失活。Peumans 等于 1998 年报道大多数植物凝集素存在于储藏器官中，它们既可能作为一种氮源，也可以在植物受到危害时作为一种防御蛋白发挥功能。因此植物凝集素是植物防御系统重要的组成部分，在植物保护上起着重要作用，为此南京农业大学海洋科学及其能源生物资源研究所菊芋研究小组进行了南菊芋 1 号菊芋块茎植物凝集素代谢及分子调控的研究，取得了一些进展，克隆并鉴定了 12 个凝集素基因。并利用生物信息学分析这些基因编码蛋白的性质，结果表明：等电点为 4.96～5.23，偏酸性；依据其特异性糖基结合域归为三类：8 个属于木菠萝家族（JRL），2 个属于雪花莲家族（GNA），2 个属于卫欧矛家族（EUL）；其二级结构主要为无规则卷曲，三级结构主要构象成分为 β 片层。基于转录组数据分析表明，根中 HtJRL4/HtGNA2、茎中 HtJRL3、叶中 HtJRL1、初始块茎中 HtEUL1/HtEUL2/HtGNA2 和成熟块茎中 HtJRL6 的表达更为丰富。RT-qPCR 分析显示，多数菊芋凝集素基因在块茎发育的中期和/或后期表达丰度显著高于前期，但各自又呈现较大的变化差异，推测其可能作为块茎的储藏蛋白或参与信号转导和胁迫感知。研究结果将为后续深入研究凝集素功能和选育优良菊芋品种提供科学基础。

8.2　菊粉的种类及结构特征

本节简要介绍菊粉的种类及结构特征。

8.2.1　菊芋菊粉的种类与大小

许多食用植物含有比较丰富的多聚果糖，菊芋块茎的多聚果糖含量占其干重的 70%左右，为植物中多聚果糖含量最高的植物之一。

菊粉分子远小于淀粉分子，聚合度（即单糖亚基的个数）为 2～70。果糖亚基的平均数目随品种、生产条件和时间的变化而变化[26]。聚合度低于 10 的分子称为果糖低聚物（FOS）或低聚果糖。短链的低聚果糖有 2～4 个亚基。有几个具有重要商业价值的短链低聚果糖，包括 Neosugar®，Nutraflora™、Meioligo®、Beneo™和 Actilight®[27]。

菊粉主要是由 β-(1-2)键连接的混合线型果糖链，在果糖链末尾有一个末端葡萄糖苷单体（Fm）。很小比例的菊粉存在一个非常有限的分支[28]，分支以 β-(2-6)键连接（图 8-2），在物种内和物种间分支程度不同（例如，大丽花有 1%～2%，菊苣有 4%～5%）。另外，很小比例的菊粉不含有末端葡萄糖苷单体。这些有末端果糖单体的分子在水溶液中主要以吡喃糖形式存在[28]。

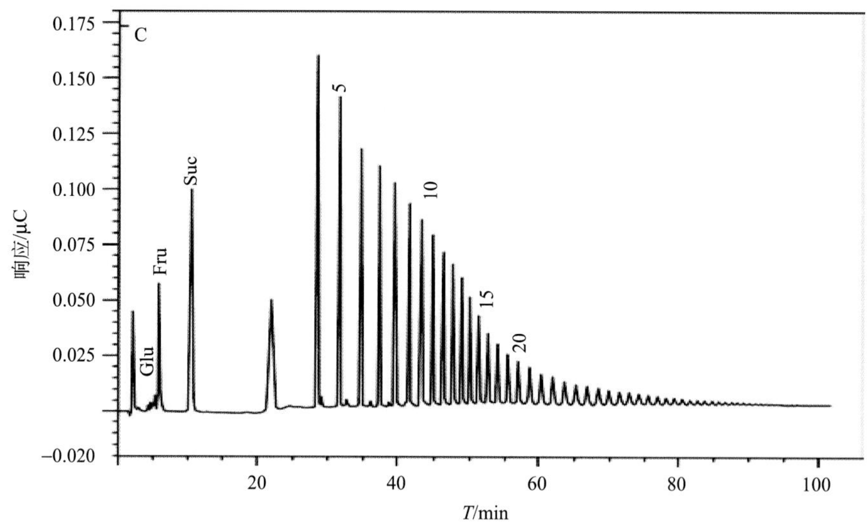

图 8-2　菊芋块茎菊粉离子交换色谱图[55]

菊粉这个词最早出现在 1818 年的文献中[29]，比果糖的发现早大约 30 年。它是 1804 年首先在土木香（*Inula helenium* L.）中被分离出来的一种物质[30]。在 1870 年，菊芋作为菊粉的来源被首次记载。分子的实际线型结构直到 19 世纪 50 年代才被阐明，小程度的分支到 19 世纪 90 年代中期才被发现[28]。作为果糖的聚合体，菊粉被归为果聚糖，它有几种类型（菊粉、果聚糖和分支果聚糖）。果聚糖主要由 β-（2-6）键连接组成，但它们也可能有分支。在科的交叉部分（龙舌兰科、菊科、紫草科、风铃草科、草海桐科、禾本科、血皮草科、鸢尾科、百合科、睡菜科、水晶兰科、鹿蹄草科、花柱草科）和物种的广泛范围内发现了果聚糖[31]。菊（菊科）的许多成员在地下储藏器官积累果聚糖，包括 elecampagne、蒲公英（*Taraxacum officinale* Weber）、婆罗门参（*Tragopogon porrifolius* L.）和菊薯（*Smallanthus sonchifolius*，又名 *Polymnia sonchifolia* Poeppig & Endlicher）[32]。然而，根据数量，菊芋和菊苣（*Cichorium intybus* L.）是最主要的菊粉储藏的植物物种。有些微生物也能合成果聚糖[33,34]。

植物果聚糖主要是由多个果糖基通过糖苷键连接而成的碳水化合物。虽然 15%的被子植物中均能发现果聚糖，但植物体中果聚糖的含量一般较低，只有在菊芋（*Helianthus tuberosus*）的块茎，菊苣（*Cichorium intybus*）、牛蒡（*Arctium lappal*）和鸡脚草（*Dactylis glomeratus*）的根，百合（*Lilium brownii*）和洋葱（*Allium cepa*）的球茎，黑麦草（*Lolium perenne*）、大麦（*Hordeum vulgare*）和小麦（*Triticum aestivum*）的茎叶等少数几种植物的组织中含量相对较高。

自然界中的果聚糖可以分为 5 类：线型菊粉型果聚糖（inulin）、菊粉型果聚糖新生系列（inulin neoseries）、混合型果聚糖（branched）、梯牧草糖型果聚糖（levan）和梯牧草糖型果聚糖新生系列（levan neoseries）。这 5 种不同类型果聚糖可以概括为线型、分支类型以及上述两种类型的新生系列三大类，其糖苷键类型、起始三糖类型如表 8-5 和图 8-3 所示。

表 8-5　7 种不同类型果聚糖的代表植物[32]

植物种类	食用部分	果聚糖含量/%干重	果聚糖储藏的组织
洋葱头	鳞茎	高（>20）	鳞茎
叶用葱	叶	中（5～20）	叶片基部
西班牙大葱	茎	高（>20）	鳞茎
芦笋	茎	低（<5）	根
莴苣	叶	低（<5）	根
食用牛蒡	根	高（>20）	根
菊薯	块茎	高（>20）	块茎

线型果聚糖基本是由呋喃果糖基仅仅通过 β-（2-1）或者 β-（2-6）糖苷键连接而成的。从菊芋块茎中提取的菊粉（inulin）就是线型果聚糖的一种，基本由果糖基通过 β-（2-1）键连接，末端存在一个葡萄糖基，菊粉最大可以占到菊芋块茎鲜重的 20%或者干重的 90%[35]（图 8-3 A）。菊芋中菊粉的聚合度为 3～50，其聚合度就是果糖基的数目[36]。而鸡脚草中以 β-（2-6）糖苷键连接而成的梯牧草糖型果聚糖（levan）是线型果聚糖的另一种[37]（图 8-3 D）。分支类型的果聚糖是指果糖基同时以 β-（2-1）和 β-（2-6）糖苷键连接而成的果聚糖类型，小麦和大麦等植物中的果聚糖主要就是这种类型（图 8-3 C）。新生系列的果聚糖就是在葡萄糖残基的两侧均连接果糖基的一种果聚糖类型，此类果聚糖在洋葱和黑麦草等植物中存在[38]（图 8-3 B、E）。

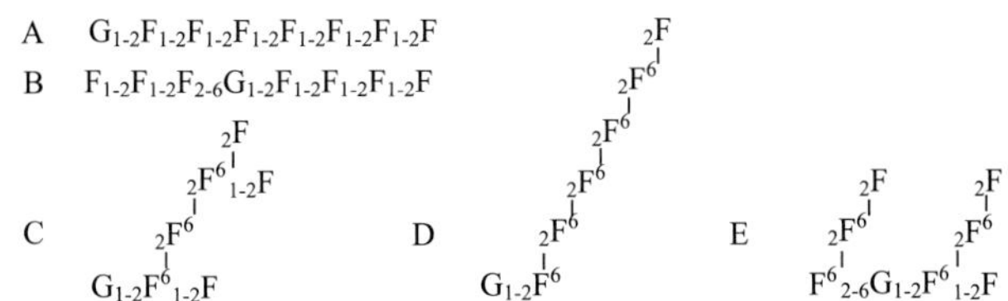

图 8-3　5 种不同类型果聚糖示意图[37]

线型果聚糖（A、D），分支类型（C），分支类型的新生系列（B、E），G 代表葡萄糖，F 代表果糖

在过去的 20 年中，欧洲人对菊粉和含菊粉作物的兴趣大幅度增加，这是由于它们往往具有独特和多样化的潜在应用价值。尽管菊粉已在相对广泛的物种中被发现，但是仅在菊芋、菊苣和大丽花中出现了足够数量的积累而被认为是碳的主要储存形式。而且，目前仅菊芋和菊苣每公顷的干物质产量足以作为菊粉可行的农业来源。两个看似奇特的性质（即菊粉的形成和累积）和菊粉具有的一些独特的化学性能，使得菊芋不再仅仅是多彩的北美杂草。

除了作为碳的储存形式这个有限的作用，菊粉被认为更广泛地参与许多物种脱水时的薄膜保护过程[39]。在一个模型系统中发现，菊粉与膜脂的相互作用具有链长依赖性。菊粉型果聚糖与膜脂的相互作用比果聚糖型的更加突出。

各种植物来源的菊粉不论是数量还是质量都被认为具有非常重要的应用价值。菊芋和菊苣的菊粉含量均大于鲜重的 15%，大于干重的 75%。菊粉的聚合度是一个关键性的品质形状，平均聚合度取决于品种、生产条件、生理年龄以及其他因素[40]。洋葱果聚糖非常短（<5 dp）；从菊芋到菊苣到朝鲜蓟聚合度增加（表 8-6）。

表 8-6　各种植物果聚糖含量及不同聚合度果聚糖所占百分比[7]

植物	果聚糖含量	不同聚合度果聚糖所占的百分比/%			
	/（%FW）	≤9	10～20	20～40	>40
菊芋	16～20	52	22	20	6
菊苣	15～20	29	24	45	2
朝鲜蓟	2～9	0	0	13	87

聚合度对菊芋和低聚果糖的潜在用途有很明显的影响。短链低聚果糖[即≤蔗果五糖（GF5）]是有意义的，因为它们对健康有贡献，味甜（相当于 30%的果糖），能作为合成某些化学药品（如发酵产品）的基质。高聚合度的菊粉可用于脂肪替代或制作高果糖浆（较长的链可降低糖浆中葡萄糖的比例）。同样的，较长链多聚果糖能通过内切菊粉酶的部分水解而随机地降解为短链的低聚果糖，而由短链的低聚果糖加长为长链的多聚果糖在商业上是不可行的。

8.2.2　菊芋菊粉结构特征

本小节主要介绍一些对菊芋菊粉作为食品添加剂的研究成果。

1. 菊粉低聚物的晶体结构

菊粉部分的单晶体电子衍射评估表明菊粉低聚物的晶体结构为两个反平行的六折叠螺旋[41]，也有人认为是一个五折叠模型[42]。半水合分子为每两个果糖基单元包含一个水分子，而单水合分子每一个果糖基单元包含一个水分子。分子间存在氢键，然而目前并无证据显示晶体中存在分子内氢键。已有研究表明菊芋块茎菊粉部分含有 1-蔗果三糖（GF2）[43]、蔗果四糖（GF3）[44]和环果聚糖 6（CF6）[45]等的晶体结构。

2. 菊粉在水溶液中的结构

可用核磁共振（NMR）光谱来研究菊粉在水溶液中的结构。应用低角度激光散射、动态光散射和小角 X 射线散射以及体积排阻色谱法可取得菊粉分子量分布、水力半径和几何学的资料[46]。研究表明，菊粉呈杆状，最大尺寸为 5.1 nm×1.6 nm（长度×平均直径）。测量结果表明，呋喃果糖苷单位没有参与多糖骨干的形成，因此，其结构像一个带有呋喃糖苷的聚乙二醇聚合体，这大大增加了链的弹性[47]。

从 GF3 到 GF6 的低聚物和平均聚合度为 17～31 的菊粉的 ^{13}C NMR 评估表明，简单的螺旋结构不是溶液中的主要构象[48]，相反地，菊粉由随机排列的糖链组成。结晶时，分子形成螺旋，通过分子间氢键保持稳定。形成凝胶时，氢键数目增加，形成螺旋域，增加结晶[49]。螺旋域没有可以包含线状分子的核[50]。

解析菊粉低聚糖如 1-蔗果三糖（GF2）和蔗果四糖（GF3）的 ^{13}C NMR 谱时，因为

1-蔗果三糖[51]、蔗果四糖[52,53]和蔗果五糖（GF4）[54]有 ^{1}H 和 ^{13}C 化学转换键，所以使用了两维同核和异核核磁共振波谱方法。

3. 菊粉的组成分析

菊粉是高度异质性的物质，它由聚合度跨度大约可达 70 的不同分子组成。另外，一些分子没有末端吡喃糖单元，其他的只有非常有限的分支。菊粉的性质和组成不同，因此能够分馏和量化个别低聚物，这种方法是可取的。对菊粉来说这一点非常重要，这是因为物种、储存器官的成熟程度、栽培条件、储藏时间和其他因素不同，聚合度也不同。菊芋菊粉和其他寡糖的常规分析用的是高性能阴离子交换色谱和脉冲安培检测（HPAE-PAD）[55]。Kuwamura 等首次应用 HPAE-PAD 来分析植物来源、不同聚合度的碳水化合物聚合体[56]。在菊芋块茎储存期间，菊粉继续分解，形成一些没有葡萄糖末端的果聚糖，它也可以用 HPAE-PAD 进行分离[55]。人们已开发了一个代替 HPAE-PAD 的方法，即采用梯度洗脱，再结合一个折射率探测[57,58]。这个样本可分为应用四极质谱仪的部分，接着将多聚果糖鉴定到分子，大约 7000 g/mol[59]。应用 HPAE-PAD 已测定了超过 80 种水果、蔬菜和谷物的低聚果糖的含量[60]。

食物中低聚果糖的积聚是有益的，因为它们为总膳食纤维的组成部分。国际分析化学家协会对膳食纤维的标准分析方法不包括短链果糖低聚物，因为它们有乙醇溶解性；目前，已开发了几种替代分析方法[61-65]。

8.3　菊芋菊粉的功能

20 世纪 90 年代，人们对菊粉的利用有限，因此对其的兴趣主要集中在作为低热量食物的填充剂的研究上。填充剂能在不改变食物的功能和效用的前提下增加其重量或体积。如果用人造糖代替蛋糕混合配料中的糖，甜度的不同会导致潜在的体积的重大损失。加入可接受的，尤其是低热量的添加剂能替代必要加入糖的部分和功能特性。

8.3.1　菊芋菊粉作为食品添加剂

菊粉作为食品添加剂越来越受到重视。

1. 绿色的面包类和奶类产品填充剂

加入菊粉或菊芋粉通常能极大改善面包的一些重要属性，如改善面包及其碎屑的柔软度，延长面包保存时间和保持面包新鲜度[66,67]。小麦/黑麦面包可以加入菊芋粉或菊粉；随着菊粉含量的增加，面包及其碎屑的硬度下降[68]。通常情况下，菊粉的加入量的上限是 8%[69]。在小麦/黑麦面包中，加入一定比例的菊芋全粉的面包质量最高。菊粉在烘焙的过程中水解为果糖的量取决于它的聚合度，菊芋收获时间显著影响菊芋块茎中菊粉的聚合度，秋天和春天收获菊芋块茎中菊粉的聚合度不同。在面包中加入低聚果糖可以降低面包的热值而增加膳食纤维的含量，使其成为更有利于人类健康的食物。菊粉也可用作冰淇淋、夹心饼干、蛋黄酱、巧克力等休闲食品中的增稠剂，以便生产绿色休闲食品，减少对人们健康的负面作用[70,71]。

2. 健康的食品甜味剂

菊粉典型的生物化学特征使它成为丰富而廉价的果糖来源。在甜味剂中，果糖是最甜的天然糖，它的甜度大约比蔗糖高 16%[72]。果糖浆因其具有独特的性状而被广泛地应用于健康食品工业。果糖的水溶性很高，热值远远低于蔗糖，黏稠性较低。由于这些特性，果糖被用作食品加工工业中的甜味剂，越来越引起人们的重视，在欧美发达国家，在饮料及甜品生产中，开始强制用果糖替代蔗糖。果糖是理想的低热量食物，它不依赖胰岛素而可被人体吸收转化，因此它是糖尿病患者食物和人们减肥产品的最佳用糖。从菊芋块茎中通过菊粉外切酶可获得一系列含果糖的产品，包括糖溶液、纯果糖浆和结晶果糖。

菊粉、低聚果糖、果糖和其他有用的化合物都能通过纯化、转化菊芋块茎的提取液而获得。南京农业大学海洋科学及其能源生物资源研究所菊芋研究小组采用 85℃热水浸提两次，总浸提时长 60 min，总糖提取率共计 71.76%，还原糖提取率共计 4.92%，总菊粉提取率为 66.84%[73]。采用料液比 1∶25，90℃热水浸提一次，提取时间 30 min，菊粉提取率可达 69.49%。通过菊粉酶一步水解、脱色、离子交换树脂精制，得到的高果糖浆经成分分析，果糖含量可达 93.8%[74]。菊芋的果糖生产率比糖用甜菜或玉米高。菊芋中的果糖来源于菊粉，但是糖用甜菜中的果糖来源于蔗糖，玉米中的果糖来源于淀粉。Barta 报道了菊芋、糖用甜菜和玉米中的总果糖产量分别为 4.5 t/hm^2、2.9 t/hm^2 和 2.1 t/hm^2[75]。选择含菊粉较高的菊芋品种生产果糖是一条切实可行的途径。

3. 保健食品添加剂

保健食品是一种具有保健功能的食物。保健食品产品也被认为是功能性食物。长期以来，含菊粉的食物被认为是有益健康的食物。菊粉在结肠发酵，选择性地改变微生物的群落与结构[76]。研究表明，菊粉在肠道促进双歧杆菌生长而抑制有害微生物，而双歧杆菌属有促进健康的作用，有研究者认为，含有嗜酸乳杆菌和菊粉的酸奶有降低胆固醇的作用，故菊粉是很多益生菌食物添加剂的成分。

自 1983 年以来，在日本低聚果糖一直被用作食品添加剂。更广泛的含菊粉功能食物已有销售，它们有益于改善胃部及肠道状况，能促进矿物质吸收[77]。在欧洲，到 2000 年已有超过 700 种产品含有可作为保健食品成分的菊粉，包括酸奶。这些酸奶中的一员曾成为第一个因为其促进健康的主张在法庭上受到质疑的功能性食物，公司（Mona，荷兰）以不可辩驳的科学数据，坚持自己的主张，最终赢得了官司[78]。

8.3.2 菊芋医学应用前景

纯菊粉可为营养和医疗之用。作营养之用时，它是足够的，因为有毒成分和致病生物体已被从菊粉中去除。然而用作医疗和诊断时，菊粉必须非常纯净，并要具有高聚合度（>20）。菊芋块茎中聚合度高于 10 的菊粉通常只有一半，聚合度 12 是在原料块茎中最常发生的链长。因此，来自菊芋的菊粉不太适合医疗应用，除非经过发酵。许多方法可获取作为医疗用途的纯菊粉，包括微波干燥和超滤[79]。

菊粉被用在一个重要的肾功能衰竭检测中，称为菊粉清除方法[80,81]。菊粉在肾中既不会被分泌也不会被重吸收，可通过注射管理来衡量肾小球滤过率，菊粉在血浆和尿液中的相对量可以表征肾的功能。

菊芋块茎中的菊粉对糖尿病和风湿病具有一定的治疗功效，并且菊粉还具有健脾、利胆、利尿和通便等功能。

1. 菊芋菊粉对动物高血脂的缓解效应

高脂血症是由脂肪代谢异常引发的血浆中血脂水平高于正常值的一类全身性的疾病。在医学上，高脂血症的评定标准有以下两种：其一，在生理生化指标上，表现为三升一降，即甘油三酯、总胆固醇和低密度脂蛋白胆固醇上升，而高密度脂蛋白胆固醇下降；其二，在分子生物学方面，主要表现的是机体内的与血脂代谢相关的基因表现出异常性的表达[82-85]。现今，随着生活水平和生活质量日益提高，高脂血症的发病率也随之逐渐上升，而由高脂血症诱发的一系列相关疾病，如冠心病、动脉粥样硬化、心肌梗死等心血管疾病已经成为危害人类身体健康的宿敌[86,87]。甘油三酯、总胆固醇等过高，都会造成血脂代谢出现异常并引发机体患高血脂疾病[88,89]。

菊芋是自然界含有菊粉量最多的植物之一，菊粉为一种可溶性膳食纤维。已有研究表明，长期适量食用菊粉可以调节血清血脂水平，减少机体内的血脂，从而降低患心血管疾病的危险[90-92]。此外，菊粉能够选择性地促进肠道中有益菌的生长与繁殖，如双歧杆菌、乳酸菌和丁酸结肠菌，减少产气荚膜梭菌组有害菌种群[93-95]。

南京农业大学海洋科学及其能源生物资源研究所菊芋研究小组通过对 BALB/c 小鼠长期饲喂高脂饲料，诱导小鼠患高脂血症，再灌喂不同剂量提取自研究小组选育的菊芋菊粉，以目前治疗高脂血症常见的降血脂药物辛伐他汀片作为对照，研究菊芋菊粉对高脂血症小鼠的降血脂作用，揭示菊芋菊粉降低并控制血脂的相关机制。

（1）菊芋菊粉对动物高血脂的缓解效应实验动物

供试实验动物为扬州大学比较医学中心的 6 周龄 SPF 级健康 BALB/c 雄性小鼠 60 只，动物合格许可证编号：201502865，实验动物生产许可证编号：SCXK（苏）2012-0004。

（2）菊芋菊粉对动物高血脂的缓解效应试验药品、试剂及试验方法

菊粉为南京农业大学海洋科学及其能源生物资源研究所菊芋研究小组选育并栽培的菊芋块茎中提取获得。辛伐他汀药片购买于山东鲁抗医药集团赛特有限责任公司，批准文号：H20083840。普通基础饲料由南京农业大学动物实验中心提供，其配方按照《实验动物配合饲料营养成分》（GB 14924.3—2010）配制。MD12032（45% fat kcal%）高脂饲料购买于江苏美迪森生物医药有限公司。饲料配方如表 8-7 所示。

表 8-7　高脂饲料的组分含量

组分名称	总计百分比/%
酪蛋白	23.31
L-胱氨酸	0.35

续表

组分名称	总计百分比/%
玉米淀粉	8.48
麦芽糊精	11.65
蔗糖	20.14
纤维素	5.83
植物油	2.91
猪油	20.68
复合矿物质	1.16
磷酸二钙	1.51
碳酸钙	0.64
一水合柠檬酸钾	1.92
复合维生素	1.16
酒石酸氢胆碱	0.23
色素	0.005

肝素钠、甘油三酯（TG）测试盒、总胆固醇（T-CHO）测试盒、蛋白定量测试盒、超氧化物歧化酶（T-SOD）测定试盒和丙二醛（MDA）测试盒购买于南京建成生物工程研究所，PowerFecal^{TM} DNA Isolation kit 试剂盒购买于深圳市安必胜科技有限公司，其他所用试剂均为分析纯试剂。

菊芋菊粉对动物高血脂的缓解效应试验中所有动物试验均在南京农业大学实验动物中心[许可证编号：SYXK（苏）2011-0036]进行。所有小鼠分笼饲养，每笼 5 只，自然光照，自由饮食，自由饮水；饲养室内温度控制在 20～26℃，相对湿度为 40%～70%，室内光照昼夜明暗交替时间为 12 h/12 h，参照《实验动物环境及设施》（GB 14925—2010）。

菊芋菊粉对动物高血脂的缓解效应试验小鼠模型的构建过程如下。南京农业大学海洋科学及其能源生物资源研究所菊芋研究小组利用高脂饲料长期饲喂 BALB/c 小鼠，复制以高总胆固醇（T-CHO）血症为主要特点的高脂血症模型[96]。将购回的 60 只试验小鼠以普通基础饲料适应性饲喂 1 周后，空腹称重，根据体重将其随机分为 6 组（1 组正常组小鼠，其余 5 组为造模组小鼠），每组 10 只，正常组小鼠给予普通饲料，造模组小鼠则给予高脂饲料。造模时间为 3 个月。

南京农业大学海洋科学及其能源生物资源研究所菊芋研究小组菊芋菊粉对高脂血症小鼠干预试验设计。利用已经构建成功的模型小鼠进行后期的菊粉干预作用试验。干预时间为 4 周，干预手段为对小鼠进行灌胃处理，灌胃在每天上午进行。空白对照组、高血脂对照组灌胃的为生理盐水（质量浓度为 9.0‰，4℃），阳性药物组则灌胃市面上常用来治疗高脂血症的药物辛伐他汀片，按每只 0.065 g/（kg·d）剂量对高脂血症模型小鼠进行灌胃，而菊芋菊粉处理组则按照人体推荐量[97]的 5 倍、10 倍、20 倍设计菊芋菊粉低、中、高 3 个剂量组对高脂血症模型小鼠进行灌胃。具体分组见表 8-8。

表 8-8　菊芋菊粉对动物高血脂的缓解效应试验小鼠分组

组别	代号	饲料类型	灌胃试剂	灌胃剂量/[g/（kg·d）]
空白对照组	CK 组	普通饲料	生理盐水	5
高血脂对照组	HF 组	高脂饲料	生理盐水	5
阳性药物组	CP 组	高脂饲料	辛伐他汀片	0.065
低剂量菊粉组	HF•L 组	高脂饲料	菊粉	5
中剂量菊粉组	HF•M 组	高脂饲料	菊粉	10
高剂量菊粉组	HF•H 组	高脂饲料	菊粉	20

注：小鼠的灌胃剂量以小鼠体质量计。

菊芋菊粉对动物高血脂的缓解效应试验中检验的指标以及处理。在 4 周干预过程中，每周记录每组小鼠的体重以及每日的饲料食用量。干预试验结束时对小鼠进行过夜禁食处理，摘取眼球取血，肝素钠抗凝，分离血清（3500 r/m，4℃，离心 15 min），测定干预作用完成时各组小鼠的甘油三酯（TG）、总胆固醇（T-CHO）、高密度脂蛋白胆固醇（HDL-C）和低密度脂蛋白胆固醇（LDL-C）指标，此 4 项血液指标的测定在江苏省中西医结合医院完成，血液检测仪器为 Cobas 8000[罗氏诊断产品（上海）有限公司，德国]。然后将小鼠断颈处死，迅速取出小鼠的肝脏，用生理盐水（质量浓度为 9.0‰）将其表面的血渍洗干净，用滤纸拭干，称重，放置于液氮中速冻，–80℃超低温冰箱中保存备用；将小鼠的腹膜后脂肪取出并称重；将小鼠肠道取出，小心剥离肠道周围的脂肪等物质，将所有的肠道捋直取出后三分之一，并放置于液氮中速冻，–70℃超低温冰箱中保存备用。

肝脏组织匀浆液的制备。取新鲜的肝脏组织，并在已经预冷的生理盐水（9.0‰）中漂洗，用滤纸拭干，取相同部位的肝脏组织精准称重 0.1 g（精准到 0.0001 g），然后加入预冷并灭菌处理过的生理盐水（9.0‰）0.9 mL，冰浴条件下制得 10%的组织匀浆液，将已制备成功的组织匀浆液以 2500 r/m、4℃离心 10 min，取上清液分装，置于–20℃冰箱中保存备用。

菊芋菊粉对动物高血脂的缓解效应试验小鼠肝脏甘油三酯（TG）的测定。利用已经制备完成的肝脏组织匀浆测定肝脏中甘油三酯（TG）的含量，测定原理为 GPO-PAP 酶法[98]。匀浆液蛋白含量的测定采用 Bradford 的方法[99]。

菊芋菊粉对动物高血脂的缓解效应试验小鼠肝脏总胆固醇（T-CHO）的测定。利用已经制备完成的肝脏组织匀浆测定肝脏中总胆固醇的含量，测定原理为 COD-PAP 酶法[100]。匀浆液蛋白含量的测定采用 Bradford 的方法[99]。

菊芋菊粉对动物高血脂的缓解效应试验小鼠肝脏超氧化物歧化酶（T-SOD）的测定。T-SOD 活力定义为：每 mg 组织蛋白在 1 mL 反应液中 SOD 抑制率达 50%时所对应的 SOD 量为 1 个酶活力单位（U），单位为 U/mg 蛋白质。利用已经制备完成的肝脏组织匀浆测定肝脏中超氧化物歧化酶的含量，测定原理为 WST-1 法，指标测定中使用南京建成生物工程研究所试剂盒，具体的操作步骤见试剂盒说明书[101]。匀浆液蛋白含量的测定采用 Bradford 的方法[99]。

菊芋菊粉对动物高血脂的缓解效应试验小鼠肝脏丙二醛（MDA）的测定。MDA 单位定义为：每 mg 组织蛋白中含 MDA 的纳摩尔数（nmol/mg 蛋白质）。利用已经制备完成的肝脏组织匀浆测定肝脏中 MDA 的含量，测定原理为 TBA 法，指标测定中使用南京建成生物工程研究所试剂盒，具体的操作步骤见试剂盒说明书。匀浆液蛋白含量的测定采用 Bradford 的方法。

菊芋菊粉对动物高血脂的缓解效应试验小鼠相对肝重、相对腹膜后脂肪组织重、动脉粥样硬化指数（AI）、冠心病指数（CRI）以及血清极低密度脂蛋白（VLDL-C）水平的测定。

相对肝重=末次取样小鼠肝重（g）/末次取样小鼠体重（g）×100%

相对腹膜后脂肪组织重=末次取样小鼠腹膜后脂肪组织重（g）/末次取样小鼠体重（g）×100%

动脉粥样硬化指数（AI）=［LDL-C（mg/dL）］/［HDL-C（mg/dL）］

冠心病指数（CRI）=TG（mg/dL）/［HDL-C（mg/dL）］

血清极低密度脂蛋白（VLDL-C）=TG/5

菊芋菊粉对动物高血脂的缓解效应试验小鼠肝脏油红 O 染色切片。正常情况下，除脂肪细胞外其余细胞内不见或仅可见到少量脂滴。在病理状态下假如这些细胞中出现脂滴或者脂滴明显增加，当肝脏、心脏、肾脏等实质性器官发生脂肪病变时，胞质内会出现大小不一的空泡，此时可以利用脂肪染色来鉴别空泡的性质，进而区分是脂肪变性还是水样变性或者是糖原储留。用于油红 O 染色切片的肝脏组织取自各组小鼠相同肝脏部位。油红 O 是一种偶氮染料，具有很强的脂溶性和染脂性，染色结束后，在电镜中可以看到被染成鲜红色的脂肪，深蓝色则是细胞核，其他组织则被染成淡蓝色。肝脏组织的油红 O 染色切片送至南京建成生物工程研究所进行制作。

（3）菊粉对高脂血症小鼠肠道微生物群落结构以及多样性影响

南京农业大学海洋科学及其能源生物资源研究所菊芋研究小组对菊粉对高脂血症小鼠肠道微生物群落结构以及多样性影响进行了探索。

①小鼠肠道内容物 DNA 的提取与纯化。高脂血症小鼠肠道微生物 DNA 提取和纯化的方法主要是使用 PowerFecal™ DNA Isolation kit 试剂盒进行，其基本原理为将小鼠肠道内容物样品装入含有石榴子石研磨珠的独立 2 mL Bead Beating Tube 中，研磨珠机械碰撞及化学试剂对细胞膜破解作用能够使得宿主、微生物细胞在这两种作用力下发生裂解，该方法效率高效且能够应付最难处理的微生物类型。粪便样品中常见的 PCR 抑制物在专利的抑制因子去除技术（inhibitor removal technology®）下得以去除，硅胶滤膜上吸附着总基因组 DNA，经过冲洗和洗脱，最终所获的纯净的 DNA 可直接用于扩增、纯化以及测序。使用 Nano Drop 分光光度计来测定所得 DNA 的浓度。

②高脂血症小鼠肠道内容物 16S rDNA 测序实验流程。16S rDNA 测序使用的是高可变区的 PCR 扩增产物建库，文库构建步骤遵循 Illumina 测序仪文库构建方法。从基因组 DNA 样品开始，试验中 16S rDNA 测序以 V3 和 V4 为目标区域进行引物设计，V3 和 V4 大约共有 469 bp，不同的物种长度上会有略微的差异。引物是围绕着 V3 和 V4 周围的保守区域来设计的，引物序列分别为 319F: 5′-ACTCCTACGGGAGGCAGCAG-3′;

805R: 5′-GGACTACHVGGGTWTCTAAT-3′。使用 DNA 模板 50 ng，25 μL 的 PCR 体系，使用 Phusion 酶扩增 25～35 个循环。

由于一次上机的样本数较多，一轮 PCR 扩增反应之后，需要在正反向引物的链段分别加上不同的 barcode 以区分不同的样本。扩增完成后的 PCR 产物使用 beads 纯化之后进行上机测序，将 PCR 产物用 AxyPrep^{TM} Mag PCR Normalizer 做归一化处理，构建好的文库上样到 cBot 或簇生成系统，用于簇生成及 MiSeq 测序。

③高脂血症小鼠肠道内容物分析流程。南京农业大学海洋科学及其能源生物资源研究所菊芋研究小组针对 Illumina MiSeq 2 x 300 bp paired-end 测序数据进行分析。MiSeq 测序获得双端数据，首先根据 barcode 信息对样品进行分区，随后根据 overlap 关系对其进行 merge 以及拼接 tag，接着过滤拼接完成的数据，最后对其进行质控分析。对最终获得的 clean 数据进行 OTU 聚类分析和物种分类学分析。

（4）群落多样性指数计算

群落多样性指数利用以下公式来计算。

①Shannon 指数：

$$H' = -\sum_{r=1}^{S} p_i \ln p_i \tag{8-1}$$

式中，H' 代表 Shannon 指数；S 代表总 OTU 数目；p_i 代表样品中属于第 i 个 OTU 的序列比例，比如样品总序列数为 N，属于第 i 个 OTU 的序列数为 n_i，则 p_i=n_i/N。

②Simpson 指数：

$$\text{Simpson 指数}=1-\sum_{i=1}^{S} p_i^2 \tag{8-2}$$

式中，S 代表总 OTU 数目；p_i 代表样品中属于第 i 个 OTU 的序列比例。

③Chao1 指数：

$$S_1=S_{\text{obs}}+F_1^2/2F_2^2 \tag{8-3}$$

式中，S_1 代表估计的总 OTU 数目；S_{obs} 代表实际测得的 OTU 数目；F_1 代表只含有一条序列的 OTU 数目；F_2 代表只含有两条序列的 OTU 数目。

（5）数据统计分析软件

南京农业大学海洋科学及其能源生物资源研究所菊芋研究小组试验中，数据分析利用 Microsoft Excel 2010 和 SPSS 19.0 统计软件进行分析，试验结果表示为平均值±标准误（mean ±SEM），当数据差异显著时，采用单因素方差分析（one-way ANOVA）、Tukeys 检验进行多重比较，差异水平定为 P≤0.05。其他分析软件包括 QIIME（版本 1.7.0-dev，http://qiiem.org）、CD-HIT（版本 4.6.1）、R（版本 3.1.0）、RDP classier（版本 2.10.1）。

（6）菊芋菊粉对高脂血症小鼠生理生化指标的效应分析

南京农业大学海洋科学及其能源生物资源研究所菊芋研究小组分析了菊芋菊粉对高脂血症小鼠生理生化指标的效应。

①高脂饲料成功诱导高脂血症小鼠模型。如表 8-9 所示，在使用高脂饲料诱导之前各组小鼠的血清甘油三酯（TG）、总胆固醇（T-CHO）、高密度脂蛋白胆固醇（HDL-C）

和低密度脂蛋白胆固醇（LDL-C）浓度无差异，并且这 4 项血清血脂浓度均在正常范围内。5 组正常小鼠经过饲喂高脂饲料诱导形成高脂血症后，经不同处理的高血脂对照组（HF 组）、阳性药物组（CP 组）、低剂量菊芋菊粉组（HF •L 组）、中剂量菊芋菊粉组（HF •M 组）和高剂量菊芋菊粉组（HF • H 组），与饲喂普通饲料的正常组小鼠（CK 组小鼠）相比，该 5 组小鼠的血清总胆固醇（T-CHO）、高密度脂蛋白胆固醇（HDL-C）和低密度脂蛋白胆固醇（LDL-C）均显著升高（$P \leqslant 0.05$），而甘油三酯虽出现增加趋势，但无显著差异。表明建模组小鼠在长期食用高脂饲料后其血脂水平较正常小鼠出现改变，即成功诱导形成以高总胆固醇（T-CHO）血症为主要特点的高脂血症模型小鼠。

表 8-9　食用高脂饲料诱导高脂血症前后小鼠的血清血脂浓度

组别	总胆固醇（T-CHO）浓度/（mmol/L）		甘油三酯（TG）浓度/（mmol/L）		高密度脂蛋白胆固醇（HDL-C）浓度/（mmol/L）		低密度脂蛋白胆固醇（LDL-C）浓度/（mmol/L）	
	诱导前	诱导后	诱导前	诱导后	诱导前	诱导后	诱导前	诱导后
CK	2.38±0.09a	1.91±0.10b	1.10±0.15a	0.97±0.08a	2.04±0.12a	1.65±0.03b	0.16±0.02a	0.15±0.03b
HF	2.08±0.03a	3.29±0.09a	0.76±0.04a	1.16±0.16a	1.88±0.05a	2.87±0.07a	0.13±0.01a	0.31±0.05a
CP	2.13±0.16a	3.12±0.06a	0.73±0.06a	1.26±0.05a	1.95±0.21a	2.64±0.25a	0.17±0.02a	0.30±0.02a
HF•L	2.23±0.49a	3.14±0.03a	0.96±0.25a	1.02±0.03a	1.94±0.43a	2.67±0.06a	0.14±0.03a	0.32±0.04a
HF•M	2.18±0.17a	2.99±0.01a	1.07±0.06a	1.23±0.16a	1.62±0.03a	2.72±0.06a	0.16±0.02a	0.28±0.01a
HF•H	2.14±0.17a	3.02±0.04a	1.01±0.07a	1.04±0.04a	1.94±0.17a	2.57±0.06a	0.14±0.02a	0.29±0.00a

注：平均值±标准误（10 个重复），表中同列字母不同表示差异显著（$P \leqslant 0.05$）。CK 组：正常饲料；HF、CP、HF • L、HF • M、HF • H 组：高脂饲料。

②菊芋菊粉对高脂血症小鼠体重、日均饲料食用量、相对肝重和相对腹膜后脂肪重的影响。空白对照组（CK 组）小鼠和高血脂对照组（HF 组）小鼠每日灌胃 5 g/kg 生理盐水，阳性药物组（CP 组）、低剂量菊芋菊粉组（HF •L 组）、中剂量菊芋菊粉组（HF •M 组）和高剂量菊芋菊粉组（HF • H 组）小鼠每日分别经过辛伐他汀片 0.065 g/kg、菊芋菊粉 2.5 g/kg、5 g/kg 和 10 g/kg 灌胃处理 4 周。所得结果如表 8-10 所示。

表 8-10　试验高脂血症小鼠灌胃辛伐他汀片和三种不同浓度的菊粉 4 周后对血清血脂水平、动脉粥样硬化指数和冠心病指数的影响

组别	浓度/（mmol/L）					动脉粥样硬化指数	冠心病指数
	总胆固醇	甘油三酯	高密度脂蛋白胆固醇	低密度脂蛋白胆固醇	极低密度脂蛋白胆固醇		
CK	4.62±0.32a	1.28±0.07a	4.39±0.24a	0.49±0.08a	0.26±0.01a	0.11±0.01ab	1.05±0.02a
HF	4.54±0.23a	1.18±0.03ab	4.33±0.26a	0.47±0.05a	0.24±0.01ab	0.11±0.01ab	1.05±0.02a
CP	2.66±0.10b	1.11±0.05ab	2.42±0.14b	0.18±0.03b	0.22±0.01ab	0.07±0.02b	1.10±0.02a
HF • L	2.60±0.28b	1.05±0.08bc	2.34±0.33b	0.36±0.05a	0.21±0.02bc	0.16±0.04a	1.12±0.04a
HF • M	2.53±0.32b	0.89±0.07c	2.42±0.33b	0.34±0.05ab	0.18±0.01c	0.14±0.03ab	1.05±0.03a
HF • H	2.19±0.25b	0.89±0.07c	2.11±0.23b	0.19±0.04b	0.18±0.01c	0.09±0.01b	1.04±0.00a

注：平均值±标准误（10 个重复），表中同列字母不同表示差异显著（$P \leqslant 0.05$）。CK 组：普通饲料；HF、CP、HF•L、HF•M、HF•H 组：高脂饲料。

与高血脂对照组（HF 组）相比，阳性药物组（CP 组）、低剂量菊芋菊粉组（HF·L 组）、中剂量菊芋菊粉组（HF·M 组）和高剂量菊芋菊粉组（HF·H 组）小鼠体重呈现下降趋势，并且菊粉处理组的下降趋势呈现出菊粉剂量依赖性。与高血脂对照组（HF 组）相比，阳性药物组（CP 组）、低剂量菊芋菊粉组（HF·L 组）、中剂量菊芋菊粉组（HF·M 组）和高剂量菊芋菊粉组（HF·H 组）小鼠相对肝重和相对腹膜脂肪重显著减少（$P \leqslant 0.05$）。菊芋菊粉处理后小鼠尽管出现上述生理生化指标的变化，但是在日均饲料食用量上所有组别之间无差异，这表明菊芋菊粉对小鼠的日均饲料食用量不会产生影响，并且表明高脂血症小鼠在菊芋菊粉处理后所引起的体重变化不是由食物摄取量导致的。

③菊芋菊粉对高脂血症小鼠血清血脂水平的影响。如表 8-10 所示，与高血脂对照组（HF 组）相比，阳性药物组（CP 组）、低剂量菊芋菊粉组（HF·L 组）、中剂量菊芋菊粉组（HF·M 组）和高剂量菊芋菊粉组（HF·H 组）的小鼠血清 TC 和 HDL-C 浓度降低程度相似，为 41%～52%。相比较之下，高血脂对照组（HF 组）和阳性药物组（CP 组）的小鼠血清 TG 和 VLDL-C 浓度相似，并且高血脂对照组（HF 组）记录的数值均高于中剂量菊芋菊粉组（HF·M 组）和高剂量菊芋菊粉组 25%。小鼠血清中 LDL-C 浓度是变化的，高血脂对照组（HF 组）、低剂量菊芋菊粉组（HF·L 组）和中剂量菊芋菊粉组（HF·M 组）的 LDL-C 无变化，而与高血脂对照组（HF 组）相比，阳性药物组（CP 组）和高剂量菊芋菊粉组（HF·H 组）小鼠血清中 LDL-C 浓度显著降低（$P \leqslant 0.05$）。

高血脂对照组（HF 组）和治疗组阳性药物组（CP 组）、低剂量菊芋菊粉组（HF·L 组）、中剂量菊芋菊粉组（HF·M 组）、高剂量菊芋菊粉组（HF·H 组）的小鼠动脉粥样硬化指数（AI）和冠心病指数（CRI）无显著差异，然而低剂量菊芋菊粉组（HF·L 组）的 AI 高于阳性药物组（CP 组）和高剂量菊芋菊粉组（HF·H 组）。

④ 菊芋菊粉对高脂血症小鼠肝脏甘油三酯、总胆固醇及抗氧化能力的影响。与高血脂对照组（HF 组）小鼠相比，低剂量菊芋菊粉组（HF·L 组）、中剂量菊芋菊粉组（HF·M 组）、高剂量菊芋菊粉组（HF·H 组）的高脂血症小鼠肝脏 T-SOD 活性（双氧化物歧化酶活性）明显增加（$P \leqslant 0.05$）并且呈剂量依赖性（图 8-4A）。与高血脂对照组（HF 组）小鼠相比，中剂量菊芋菊粉组（HF·M 组）、高剂量菊芋菊粉组（HF·H 组）的小鼠肝脏的 MDA（丙二醛含量）（图 8-4B）和 TG（甘油三酯）（图 8-4C）明显下降（$P \leqslant 0.05$）。

与高血脂对照组（HF 组）小鼠相比，中剂量菊芋菊粉组（HF·M 组）、高剂量菊芋菊粉组（HF·H 组）小鼠肝脏的 TG 和 TC 明显下降（$P \leqslant 0.05$）（图 8-4 C、D）。经辛伐他汀处理的阳性药物组（CP 组）高脂血症小鼠的肝脏 MDA、TG 和 TC 表现相似，均显著低于高血脂对照组（HF 组）（$P \leqslant 0.05$）（图 8-4 B～D），而空白对照组（CK 组）小鼠肝脏 T-SOD（总胆固醇含量）显著低于其他处理组小鼠肝脏 T-SOD。

⑤ 菊芋菊粉饲喂高脂血症小鼠肝脏组织学分析。在空白对照组（CK 组）中，肝脏组织显示出清晰的细胞核并且组织及细胞中的脂肪含量较少。而高脂血症对照组（HF 组）中，肝小叶中心细胞质中出现许多脂滴且有空泡伴随着出现。相比之下，在经过辛伐他汀处理后，阳性药物组（CP 组）小鼠肝脏细胞中脂滴减少，细胞核明显。低剂量菊芋菊粉组（HF·L 组）和高剂量菊芋菊粉组（HF·H 组）小鼠肝脏细胞中脂滴分布也有所减少，结果表明，菊粉能减轻高脂饮食诱导的高脂血症小鼠的肝细胞变性（图 8-5）。

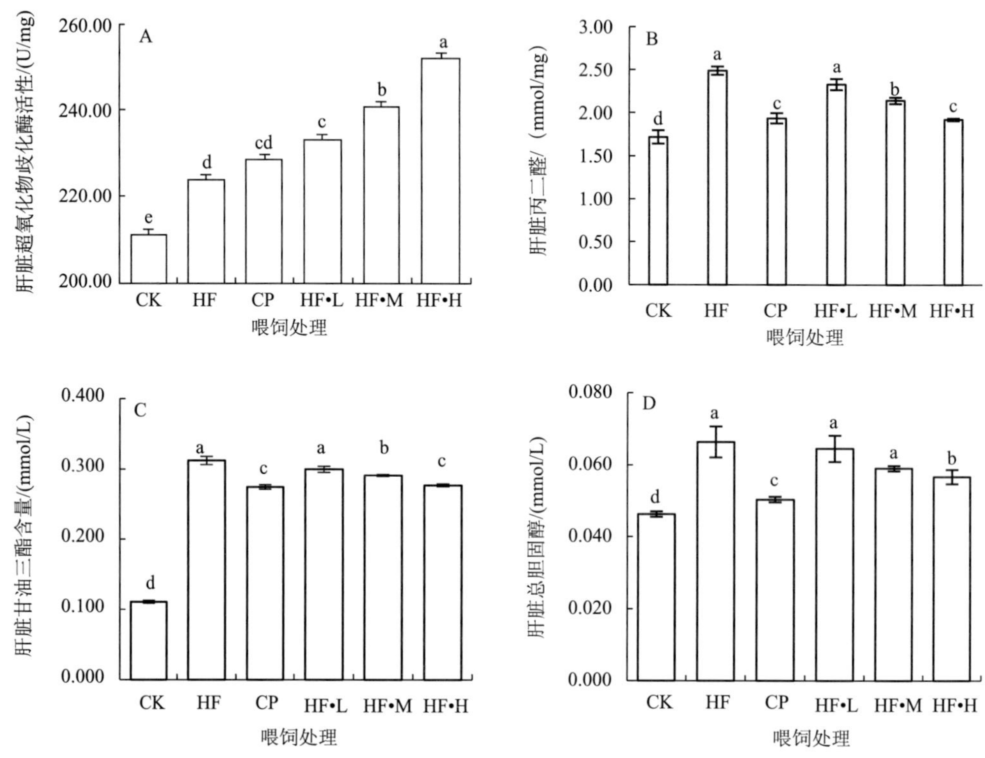

图 8-4　添加菊粉喂饲对高脂血症小鼠肝脏超氧化物歧化酶（A）、丙二醛（B）、甘油三酯（C）和总胆固醇（D）的影响

CK：普通饲料喂饲处理；HF：高血脂对照处理；CP：阳性药物处理；HF·L：低剂量菊粉喂饲处理；HF·M：中剂量菊粉喂饲处理；HF·H：高剂量菊粉喂饲处理

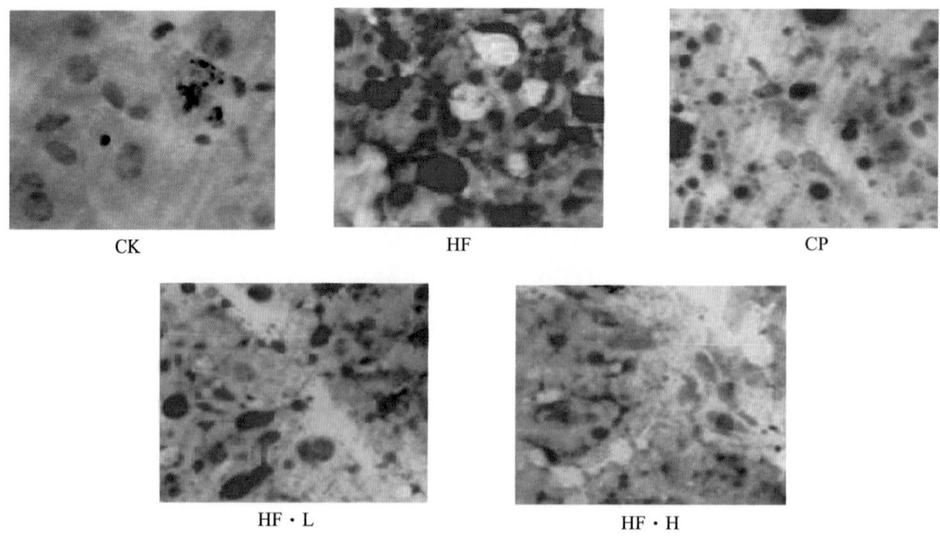

图 8-5　辛伐他汀片和不同浓度菊粉灌胃处理的高脂血症小鼠肝脏组织学分析

红色代表细胞内的脂滴，细胞核呈蓝色。所有图像放大了 400 倍

⑥ 菊芋菊粉饲喂高脂血症小鼠对小鼠肠道微生物群落结构以及多样性的影响。南京农业大学海洋科学及其能源生物资源研究所菊芋研究小组揭示了菊芋菊粉饲喂高脂血症小鼠对小鼠肠道微生物群落结构以及多样性的影响。

（a）菊芋菊粉饲喂高脂血症小鼠肠道微生物 OTU 聚类分析。

可操作分类单元（operational taxonomic units，OTU）是可以用于物种分类及物种相对丰度分析的基本单元。菊芋菊粉饲喂高脂血症小鼠肠道微生物 OTU 聚类分析采用 CD-HIT 将序列相似性大于 97%的 Tags 定义为一个 OTU，选择其中序列最长的 Tags 作为该 OTU 的代表序列，用于该物种的分类注释。

Venn 图可用于统计多组样品中共有和独有的 OTU 数目，可以比较直观地表现小鼠肠道样品的 OTU 数目在组成上的相似性和特异性。如图 8-6 所示，比较了 5 组试验小鼠肠道样品的 OTU 数目，各组小鼠肠道样品 OTU 总数分别为：空白对照组（CK 组）3156 个、高血脂对照组（HF 组）2844 个、阳性药物组（CP 组）2342 个、低剂量菊芋菊粉组（HF · L 组）3004 个、高剂量菊芋菊粉组（HF · H 组）2931 个，同时比较发现 5 组小鼠肠道样品所共有的 OTU 数目有 857 个，空白对照组（CK 组）所特有的 OTU 数目有 887 个，高血脂对照组（HF 组）所特有的 OTU 数目有 35 个，阳性药物组（CP 组）所特有的 OTU 数目有 9 个，低剂量菊芋菊粉组（HF · L 组）所特有的 OTU 数目有 21 个，高剂量菊芋菊粉组（HF · H 组）所特有的 OTU 数目有 107 个，显然菊粉处理后小鼠肠道样品中 OTU 总数和特有的 OTU 数目均发生了改变，且特有的 OTU 数目改变较明显。

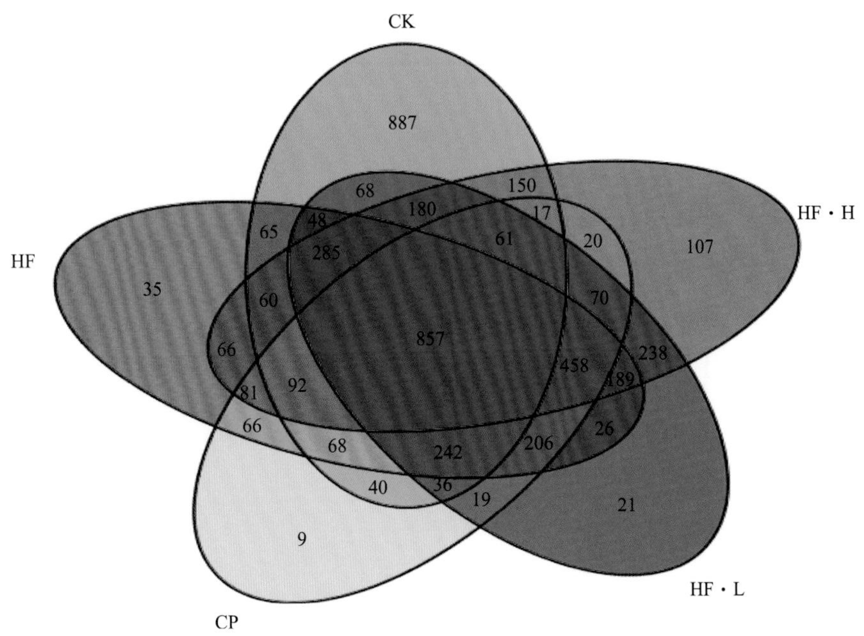

图 8-6　Venn 图描绘细菌 OTU 检测处理对小鼠肠道内容物的影响

（b）菊芋菊粉饲喂高脂血症小鼠肠道微生物丰度和多样性。

稀释曲线（rarefaction curve）是根据 Observed_species 结果得到的，通过模拟重新取样过程，观察其中物种变化趋势，从而来估计环境中的物种丰度，当曲线趋向于平坦时，说明测序深度达到要求，测序数据量合理；反之则表明样品中物种多样性较高，但其测序深度不够，仍存在数目较多的未被测序检测到的物种。如图 8-7A 所示，显示的为 5 组小鼠肠道样品高通量测序的稀释曲线，可以明显看出，随着序列取样的增加，OTU 数不断增加并且趋于平稳，说明测序深度已基本覆盖样品中所有微生物，即测序深度已经满足实验要求。

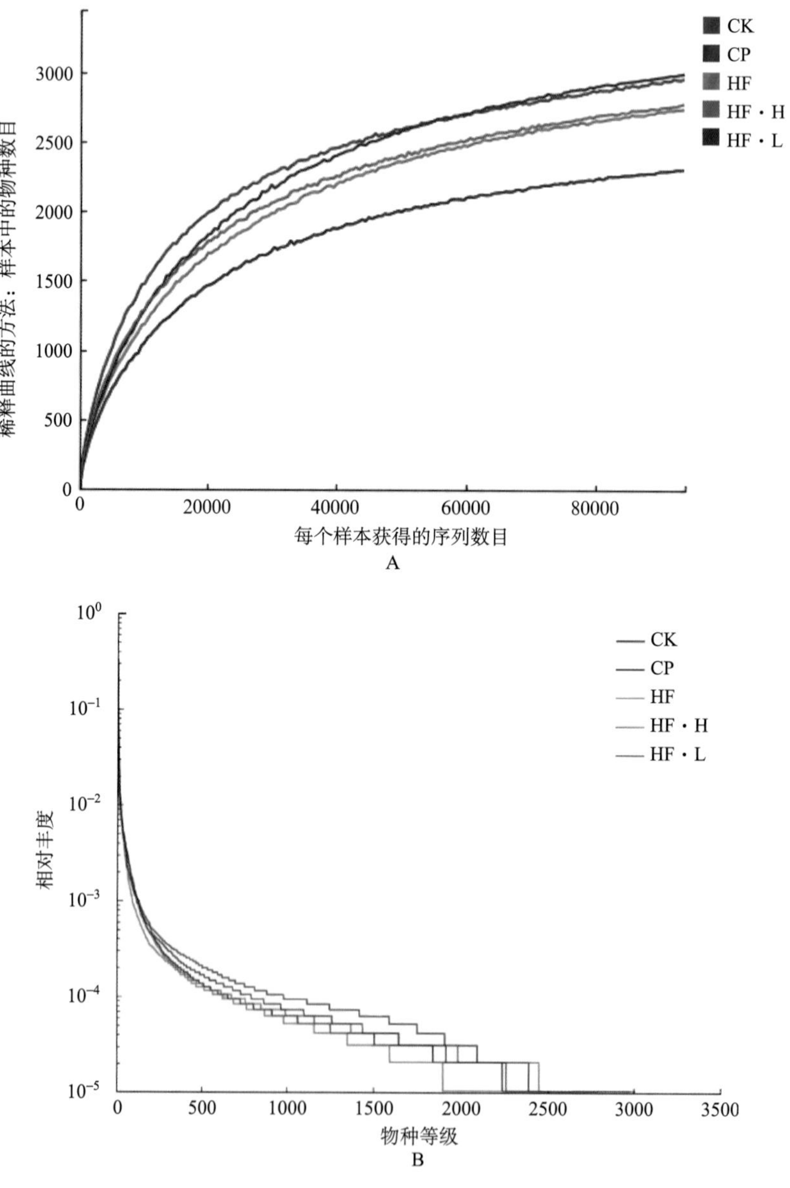

图 8-7　小鼠肠道样品的稀释曲线（A）和等级丰度曲线（B）

等级丰度曲线（rank abundance curve）又可以称为物种相对丰度图，可用来解释物种丰度和物种均匀度两个方面的多样性。如图 8-7B 所示，在水平方向上，各组物种的丰度可以从曲线的宽度看出来，物种丰度越高，曲线在数轴上的范围就越大，即 CP 组物种丰度最低；曲线的形状即曲线的平滑程度，其表现的是样品中物种的均匀度，曲线越平缓，则表明其物种分布越均匀，即 5 组样品中空白对照组（CK 组）曲线较其他组平缓，故物种分布较其他 4 组均匀。

表 8-11 为 5 组小鼠肠道样品中的 α 多样性指数，其中 Observed_species 表示样品中 OTU 的数目，即样品中所含有的物种数目；而 Shannon 指数、Simpson 指数和 Chao1 指数代表的指数值越大则表明样品中物种的复杂程度就越大，样品中微生物菌群的多样性也就越丰富。其中高剂量菊芋菊粉组（HF·H 组）的 Observed_species 指数和 Chao 1 指数均显著低于其他 4 组（$P \leqslant 0.05$）。空白对照组（CK 组）、高血脂对照组（HF 组）、阳性药物组（CP 组）、低剂量菊芋菊粉组（HF·L 组）小鼠肠道样品的微生物群落 OTU 数目和多样性指数无显著差异，但与高血脂对照组（HF 组）相比，阳性药物组（CP 组）和低剂量菊芋菊粉组（HF·L 组）的 Observed_species 指数和 Chao1 指数均表现出减少的趋势。其中高血脂对照组（HF 组）的 Observed_species 指数、Shannon 指数和 Chao1 指数均为 5 组中最高。

表 8-11　不同小鼠肠道样品微生物群落 α 多样性指数

项目	Observed_species 指数	Shannon 指数	Simpson 指数	Chao1 指数
CK	356a	5.85a	0.94a	408a
HF	403a	6.14a	0.95a	427a
CP	369a	5.81a	0.92a	396a
HF·L	385a	5.90a	0.92a	408a
HF·H	291b	5.99a	0.96a	319b

注：数据表示为平均值（3 个重复）；不同小鼠肠道样品中相关指标的显著性差异用不同字母表示（$P \leqslant 0.05$）。

（c）菊芋菊粉饲喂高脂血症小鼠肠道微生物物种注释、分类和群落结构分析。

OTU 聚类分析所获得的 OTU 以及其所代表的序列是进行后期物种分类和多样性分析的原始数据，为了更加准确地分析物种的组成，分别采用了 RDP、Greengenes 和 NCBI 的数据库资源做物种分类以及后续分析。

根据上述物种注释的结果，选取在细菌“门”水平上的 9 个菌“门”做成柱状图进行分析比较。如图 8-8 所示，不同样品总的微生物组成相似，但每个试验组中每个门所占的比例存在较大差异。其中，小鼠肠道样品 Firmicutes、Bacteroidetes 和 Proteobacteria 3 者为主要的优势门种，与高血脂对照组（HF 组）相比，低剂量菊芋菊粉组（HF·L 组）和高剂量菊芋菊粉组（HF·H 组）小鼠肠道样品 Bacteroidetes 显著增加。

在属水平上，总共有 53 种不同的属在所有小鼠肠道样品中被发现，绝大部分属在每组样品中均有分布。如表 8-12 所示，罗列出各组小鼠肠道微生物在属分类水平上的差异性，其中除去未分类（unclassified），还有 41 个具有差异性的属。

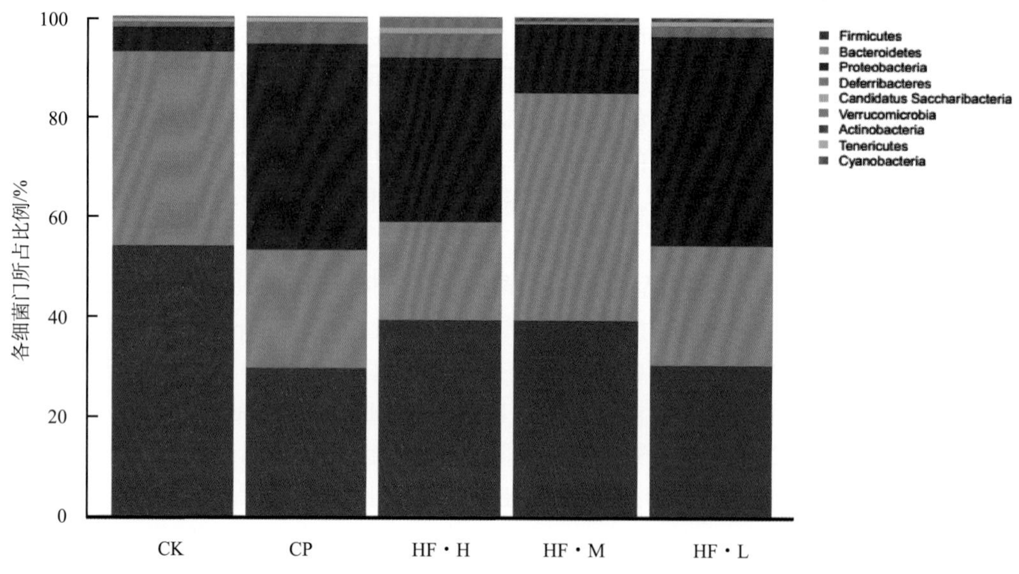

图 8-8　小鼠肠道样品门水平上的群落组成

CK：空白对照组，普通饲料+生理盐水 5 g/（kg·d）；HF：高血酯对照组，高脂饲料+生理盐水 5 g/（kg·d）；CP：阳性药物组，高脂饲料+盐酸二甲双胍片 0.125 g/（kg·d）；HF·L：低剂量菊粉组，高脂饲料+菊粉 5 g/（kg·d）；HF·H：高剂量菊粉组，高脂饲料+菊粉 20 g/（kg·d）

表 8-12　不同小鼠肠道样品中微生物属的分布特征　　（单位：%）

分类	CK	HF	CP	HF・L	HF・H
Bifidobacterium	0.00±0.00b	0.03±0.03b	0.00±0.00b	0.47±0.07a	0.60±0.20a
Olsenella	0.00±0.00a	0.07±0.07a	0.00±0.00a	0.23±0.03a	0.27±0.22a
Bacteroides	4.27±3.82a	3.83±0.59a	3.80±1.29a	3.23±1.71a	6.77±0.80a
Barnesiella	1.33±0.83a	0.13±0.03a	0.17±0.03a	0.53±0.20a	1.03±0.35a
Odoribacter	3.57±1.23a	1.13±0.19a	1.87±0.61a	2.17±0.77a	3.70±1.63a
Parabacteroides	0.53±0.28b	0.63±0.24b	0.50±0.15b	1.93±0.43b	9.20±3.94a
Alloprevotella	1.80±1.50ab	1.87±0.69ab	0.00±0.00b	3.10±1.69ab	8.03±3.45a
AF12	0.80±0.40ab	1.63±0.47ab	3.27±1.73a	1.23±0.99ab	0.00±0.00b
Alistipes	3.33±1.79a	1.93±0.44a	2.77±0.47a	2.93±0.20a	3.27±1.62a
*Saccharibacteria*_genera_incertae_sedis	1.03±0.56ab	1.50±0.20a	0.77±0.43ab	1.00±0.38ab	0.13±0.09b
Mucispirillum	0.87±0.43b	3.87±0.72a	3.70±1.05a	1.70±0.40b	0.00±0.00b
Staphylococcus	0.80±0.51a	0.00±0.00b	0.00 ±0.00b	0.00±0.00b	0.00±0.00b
Lactobacillus	0.13±0.09a	0.00±0.00a	0.03±0.03a	0.07±0.03a	0.00±0.00a
Clostridium sensu stricto	0.00±0.00b	0.23±0.09a	0.00±0.00b	0.00±0.00b	0.00±0.00b
Dehalobacterium	0.33±0.12b	0.43±0.03b	0.27±0.09b	0.40±0.06b	0.87±0.12a
Eubacterium	0.00±0.00a	0.00±0.00a	0.00±0.00a	0.13±0.09a	0.10±0.06a
Clostridium XlVa	0.30±0.12a	4.00±0.55a	1.70±0.55a	3.67±2.72a	1.50±0.90a
Clostridium XlVb	0.07±0.03bc	0.20±0.00ab	0.00±0.00c	0.13±0.03bc	0.33±0.09a
Coprococcus	0.07±0.03a	0.07±0.03a	0.07±0.03a	0.00±0.00a	0.10±0.06a
Dorea	0.03±0.03a	5.67±3.77a	0.73±0.32a	1.00±0.51a	1.43±0.20a

续表

分类	CK	HF	CP	HF·L	HF·H
*Lachnospiracea*_incertae_sedis	0.00±0.00a	0.03±0.03a	0.00±0.00a	0.03±0.03a	0.03±0.03a
Roseburia	0.00±0.00a	0.40±0.21a	0.53±0.27a	2.37±2.17a	1.27±0.72a
Ruminococcus	0.43±0.15c	0.87±0.07abc	2.23±0.48a	0.70±0.23bc	2.13±0.81ab
Clostridium XI	0.00±0.00b	0.23±0.09a	0.03±0.03b	0.00±0.00b	0.00±0.00b
Anaerotruncus	0.83±0.37a	0.97±0.97a	1.70±1.15a	1.30±0.74a	0.53±0.39a
Butyricicoccus	0.00±0.00a	0.07±0.07a	0.03±0.03a	0.00±0.00a	0.03±0.03a
Clostridium IV	0.03±0.03b	0.43±0.15a	0.33±0.07a	0.33±0.09a	0.20±0.06ab
Flavonifractor	0.03±0.03a	0.07±0.07a	0.10±0.06a	0.03±0.03a	0.10±0.10a
Gemmiger	0.00±0.00a	0.03±0.03a	0.07±0.07a	0.00±0.00a	0.07±0.03a
Oscillibacter	0.50±0.17a	1.13±0.42a	1.53±0.55a	1.77±0.78a	1.00±0.36a
Oscillospira	1.30±0.46b	4.13±1.19a	4.23±0.57a	3.70±0.57a	2.10±0.32ab
Pseudoflavonifractor	0.00±0.00a	0.27±0.09a	0.37±0.13a	0.30±0.10a	0.27±0.17a
Ruminococcus	0.33±0.19a	0.73±0.03a	0.47±0.13a	0.40±0.26a	1.30±0.53a
Allobaculum	0.07±0.07b	0.60±0.00ab	0.30±0.10b	3.03±0.55ab	3.87±2.22a
Clostridium XVIII	0.00±0.00a	0.17±0.17a	0.00±0.00a	0.40±0.25a	0.77±0.57a
*Erysipelotrichaceae*_incertae_sedis	0.00±0.00a	0.00±0.00a	0.00±0.00a	0.00±0.00a	0.17±0.17a
Parasutterella	0.00±0.00b	0.00±0.00b	0.00 ±0.00b	0.10±0.06a	0.00±0.00b
Bilophila	0.17±0.07a	1.17±0.77a	0.90±0.38a	0.23±0.03a	0.60±0.30a
Desulfovibrio	0.80±0.45a	1.67±0.20a	2.57±0.92a	2.23±0.26a	3.20±1.40a
Helicobacter	1.63±0.71ab	7.80±4.25a	0.03±0.03b	0.07±0.03b	3.20±1.67ab
Akkermansia	0.13±0.13a	1.93±1.73a	0.00±0.00a	0.00±0.00a	0.27±0.13a
unclassified	74.33±9.33a	49.83±2.72bc	64.70±1.82ab	59.00±1.54b	41.60±2.00c

注：数据表示为平均值（3 个重复）；不同小鼠肠道样品中相关指标的显著性差异用不同字母表示（$P \leqslant 0.05$）。

Clostridium sensu stricto 属仅仅存在于高血脂对照组（HF 组），*Clostridium* XI 属则在高血脂对照组（HF 组）和阳性药物组（CP 组）中存在，*Parasutterella* 属为低剂量菊芋菊粉组（HF·L 组）的特异性属。低剂量菊芋菊粉组（HF·L 组）和高剂量菊芋菊粉组（HF·H 组）所含有的 *Bifidobacterium* 属显著高于空白对照组（CK 组）、高血脂对照组(HF 组)、阳性药物组(CP 组)；高剂量菊芋菊粉组(HF·H 组)所含有的 *Parabacteroides* 属、*Dehalobacterium* 属和 *Clostridium* XIVb 属比例显著高于空白对照组（CK 组）、高血脂对照组（HF 组）、阳性药物组（CP 组）、低剂量菊芋菊粉组（HF·L 组）；与高剂量菊芋菊粉组（HF·H 组）相比，空白对照组（CK 组）、高血脂对照组（HF 组）、阳性药物组（CP 组）、低剂量菊芋菊粉组（HF·L 组）的 AF12 属和 *Saccharibacteria*_genera_incertae_sedis 属比例更高且呈现出显著性差异；高血脂对照组（HF 组）和阳性药物组（CP 组）*Mucispirillum* 属显著高于空白对照组（CK 组）、低剂量菊芋菊粉组（HF·L 组）和高剂量菊芋菊粉组（HF·H 组）；空白对照组（CK 组）的 *Staphylococcus* 属显著高于阳性药物组（CP 组）、高血脂对照组（HF 组）、低剂量菊芋菊粉组（HF·L 组）和高剂量菊芋菊粉组（HF·H 组）；与空白对照组（CK 组）和低剂量菊芋菊粉组（HF·L

组）相比，高血脂对照组（HF 组）、阳性药物组（CP 组）和高剂量菊芋菊粉组（HF・H 组）的 *Ruminococcus* 属显著偏高；高血脂对照组（HF 组）、阳性药物组（CP 组）、低剂量菊芋菊粉组（HF・L 组）和高剂量菊芋菊粉组（HF・H 组）的 *Clostridium* IV 属、*Oscillospira* 属和 *Allobaculum* 属显著高于空白对照组（CK 组）；空白对照组（CK 组）、高血脂对照组（HF 组）和高剂量菊芋菊粉组（HF・H 组）的 *Helicobacter* 属显著高于阳性药物组（CP 组）和低剂量菊芋菊粉组（HF・L 组）。*Olsenella* 属、*Bacteroides* 属、*Barnesiella* 属、*Odoribacter* 属、*Alistipes* 属、*Lactobacillus* 属、*Eubacterium* 属、*Clostridium* XlVa 属、*Coprococcus* 属、*Dorea* 属、*Lachnospiracea*_incertae_sedis 属、*Roseburia* 属、*Anaerotruncus* 属、*Butyricicoccus* 属、*Flavonifractor* 属、*Gemmiger* 属、*Oscillibacter* 属、*Pseudoflavonifractor* 属、*Ruminococcus* 属、*Clostridium* XVIII 属、*Erysipelotrichaceae*_incertae_sedis 属、*Bilophila* 属、*Desulfovibrio* 属和 *Akkermansia* 属在 5 组小鼠肠道样品中所占比例无显著差异。

（d）菊芋菊粉饲喂高脂血症小鼠肠道微生物群落结构分析。

LEfSe 分析（linear discriminant analysis effect size，LDA effect size 分析）是一种线性判别分析方法，即一种使用默认参数从宏基因组数据中找到生物标志物的统计工具，该方法首先通过应用非参数秩和检验识别丰度高的生物标记物，随后利用配对亚组 Wilcoxon 秩和检验评估生物的一致性，最后利用 LDA 评估生物标记物的统计效能。此方法可以实现组间以及多个分组之间的比较，从而找到在组间丰度上有显著差异的物种。

为具体分析菊芋菊粉喂饲高脂血症小鼠肠道微生物相关的菌群，用 LEf Se 分析对空白对照组（CK 组）、高血脂对照组（HF 组）、低剂量菊芋菊粉组（HF・L 组）和高剂量菊芋菊粉组（HF・H 组）4 组菌群的相对丰度进行比较分析，以找出显著性变化的菌群。如图 8-9 所示，经过 LEfSe 分析，发现在“科”水平上，在空白对照组（CK 组）小

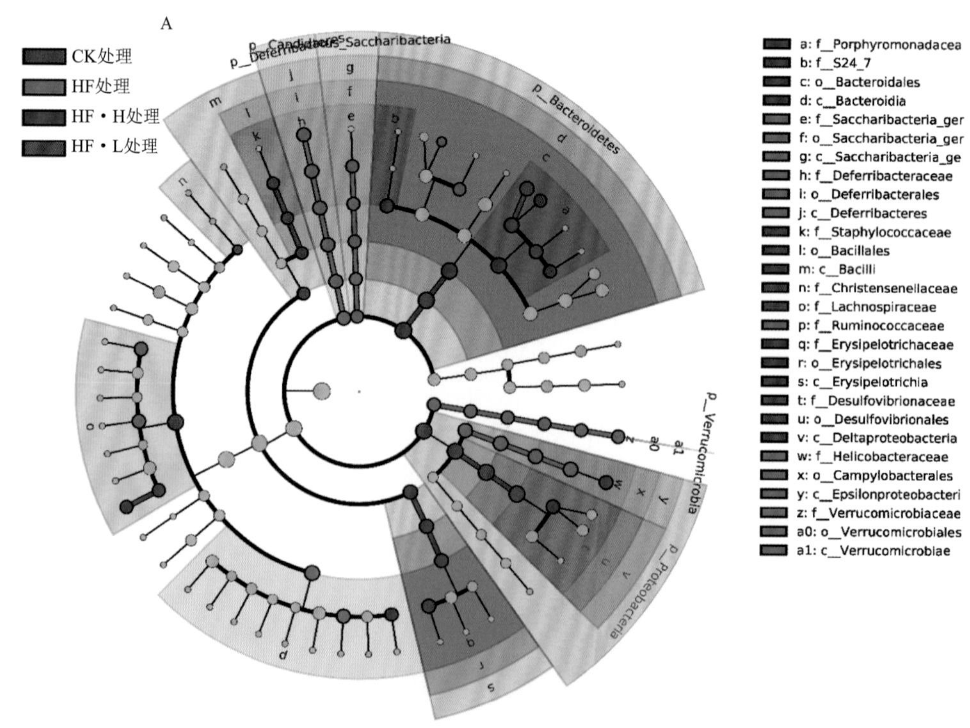

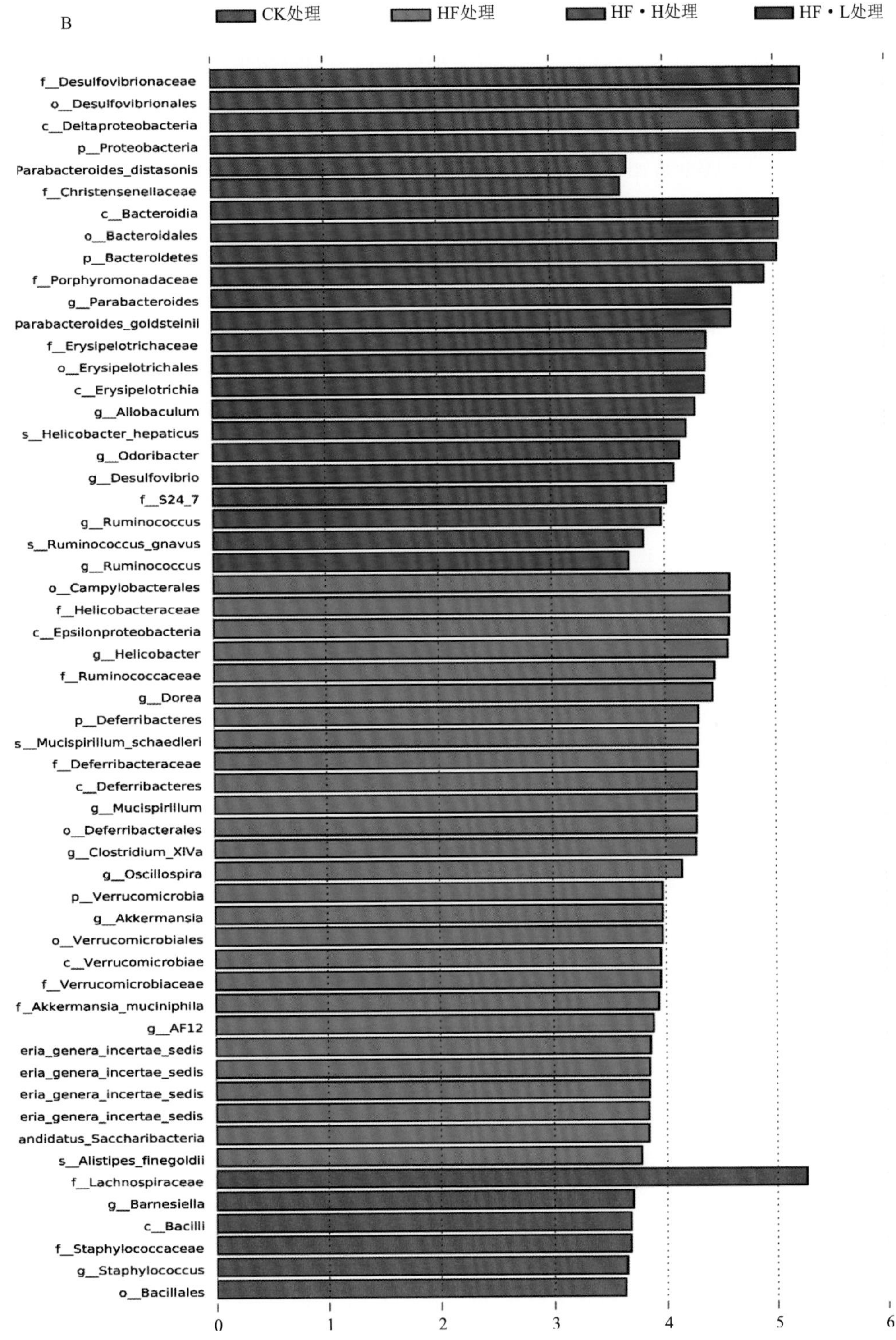

图 8-9　统计学(A)和生物学(B)一致性差异分类表示的 LEfSe 统计结果

鼠肠道内容物微生物菌群中有 2 种菌群丰度出现显著性增加，包括 Staphylococcaceae 和 Lachnospiraceae；在高血脂对照组（HF 组）小鼠肠道内容物微生物菌群中有 5 种菌群丰度出现显著性增加，包括 Saccharibacteria_genera_incertae_sedis、Verrucomicrobiaceae、Deferribacteraceae、Ruminococcaceae 和 Helicobacteraceae；在低菊粉组（HF • L 组）小鼠肠道内容物微生物菌群中有 2 种菌群丰度出现显著性增加，包括 Christensenellaceae 和 Desulfovibrionaceae；在高菊粉组（HF • H 组）小鼠肠道内容物微生物菌群中出现 3 种菌群丰度显著性增加，包括 S24_7、Erysipelotrichaceae 和 Porphyromonadaceae。

⑦ 菊芋菊粉缓解了高脂血症小鼠的症状。高脂血症是由脂肪代谢异常引发的血浆中血脂水平高于正常值的一类全身性的疾病。饮食中过多的脂肪摄入和较少的体力活动等不良行为，改变了人们血浆和组织中的总胆固醇与甘油三酯的含量[102]，从而导致脂肪代谢或运转出现异常，形成高脂血症，血脂水平的异常变化可导致动脉粥样硬化和冠心病[103-106]，也是导致脂肪肝形成的重要因素，肝脏的脂肪变性会影响肝脏的基本功能，导致肝脏的代谢能力不足，并产生一系列不良症状[107]。

南京农业大学海洋科学及其能源生物资源研究所菊芋研究小组在菊芋菊粉饲喂高脂血症小鼠试验中，通过对正常 BALB/c 小鼠长期饲喂高脂饲料，诱导高脂血症小鼠模型，以不同剂量的菊芋菊粉对高脂血症小鼠进行处理，经过为期 4 周的处理，对比发现各组之间的日均饲料食用量在统计学上无显著差异，但是与高血脂组（HF 组）小鼠相比，菊芋菊粉处理小鼠的体重表现出下降的趋势，这一结果表明，体重的变化不是由食欲的抑制而造成的，相反，可能是动物的能量消耗增加导致体重下降。与高血脂组（HF 组）小鼠相比，在经过菊芋菊粉处理后，相对肝重和相对腹膜脂肪重显著降低；相对肝重值越高，表示饲料中的脂肪成分利用率越高，或者脂肪成分功能越多，此表明脂肪在肝脏、胰腺的沉积量越多。

南京农业大学海洋科学及其能源生物资源研究所菊芋研究小组菊芋菊粉饲喂高脂血症小鼠血清血脂水平的测定结果表明，菊芋菊粉能够显著降低高脂血症小鼠血清中的总胆固醇、甘油三酯、低密度脂蛋白胆固醇水平以及动脉粥样硬化指数，作用效果呈现出剂量依赖性；同样，在对高脂血症小鼠肝脏中总胆固醇和甘油三酯的测定结果也表现出菊芋菊粉可以显著降低两者的含量。这表明菊芋菊粉能够降低高脂血症小鼠的血清以及组织中的血脂指标。

丙二醛（MDA）含量可反映一定程度的脂质过氧化，从而间接地反映肝细胞的损伤程度，而总超氧化物歧化酶（T-SOD）活性可表征机体解毒氧自由基的能力。与高血脂组（HF 组）小鼠相比，在经过菊芋菊粉处理后小鼠肝脏中的总超氧化物歧化酶显著增加，而丙二醛的含量显著降低，表明菊芋菊粉能够有效提高抗氧化能力。在对高脂血症小鼠的油红 O 染色切片观测中，高脂血症小鼠的肝脏中脂肪沉积量明显高于正常小鼠，并且出现了一定程度的空泡变性现象；而在经过菊芋菊粉处理之后，肝脏中的脂滴分布有所减少，空泡变性也得到一定的改善，此现象与处理之后肝脏中甘油三酯和总胆固醇的变化相一致。

菊芋菊粉饲喂高脂血症小鼠研究中的血清血脂指标和肝脏相关指标结果表明，菊芋菊粉能够有效减轻小鼠的高脂血症并提高肝脏抗氧化能力，缓解肝脏脂肪变性。关于对高脂血症小鼠的肝脏中甘油三酯含量、总胆固醇含量、抗氧化能力、肝脏相对重量以及肝脏染色切片的相关分析也从另一方面表明，菊芋菊粉不会造成小鼠肝中毒。这对以后菊芋菊粉作为功能性食品具有非常重要的意义。菊芋菊粉饲喂高脂血症小鼠研究中菊芋菊粉可以降低血清以及组织中总胆固醇和甘油三酯水平等，与以往研究结果相一致[108,109]。

研究表明，在心血管疾病中肠道微生物发挥着重要作用[110,111]。因此测定菊芋菊粉对肠道菌群结构的影响非常重要。菊芋菊粉饲喂高脂血症小鼠研究中，16S rDNA 测序分析的结果表明，长期饲喂高脂饲料可以改变小鼠的肠道菌群的组成，而在对高脂血症小鼠灌胃菊芋菊粉后，也会改变肠道菌群的产生。在门水平上虽然各组小鼠肠道内容物的菌群组成总体上表现出很高的相似性，即具有相似的结构组成，但是具体到每个门组成的比例上又表现出很高的差异性。在所有样品中，一共有 9 个门，分别是 Firmicutes（厚壁菌门）、Bacteroidetes（拟杆菌门）、Proteobacteria（变形菌门）、Deferribacteres（脱铁杆菌门）、Candidatus-Saccharibacteria、Verrucomicrobia（疣微菌门）、Actinobacteria（放线菌门）、Tenericutes（软壁菌门）和 Cyanobacteria（蓝藻菌门），其中厚壁菌门（Firmicutes）、拟杆菌门（Bacteroidetes）和变形菌门（Proteobacteria）是肠道中的优势菌群，占所有微生物的 80%以上，各组之间厚壁菌门/拟杆菌门的比例也不同。研究表明，长期摄入大量的脂肪或者长期摄入膳食纤维会导致肠道中厚壁菌门/拟杆菌门比例发生改变[112]，其中拟杆菌门普氏菌是以多糖为主食的菌群[113]。

双歧杆菌由于末端常分叉而得名，是一种革兰氏阳性杆菌，属于放线菌门双歧杆菌科双歧杆菌属的一类专性厌氧、不形成芽孢、无运动性、G+C 碱基对含量很高的菌[114]。在胃肠道共生菌中双歧杆菌所占的比例虽然不足 10%，但是对宿主的健康有非常重要的意义。双歧杆菌通过营养代谢方式来对宿主的健康起到一定的促进作用，研究显示双歧杆菌具有降脂、抗动脉粥样硬化、抗肿瘤等生物效应[115]。双歧杆菌通过降低环境中的 pH、减少病原菌和腐败菌的生长而增加对疾病的抵抗力，直接竞争底物或附着位点上皮黏液层，产生抑制性分子刺激肠道免疫系统[116-119]。在肠道所有菌群中，拟杆菌是数量最多的菌群之一，占总菌群的 20%～40%，拟杆菌属占拟杆菌门的 30%，是革兰氏阴性菌的一类专性厌氧的、不形成孢子的、耐胆汁、糖发酵的菌，包含有 10 个种[120]。拟杆菌对机体的健康有着十分重要的作用，研究表明，拟杆菌能够发酵碳水化合物，给宿主提供能量[121]，促进肠道黏膜相关淋巴组织发育，有助于宿主防御病原菌在胃肠道的定植[122]。经过菊芋菊粉处理之后，小鼠肠道中双歧杆菌属（*Bifidobacterium*）占总菌群的比例显著增加，这与之前的研究中所显示的菊粉能够增加肠道双歧杆菌数量相一致[123, 124]，并且与菊粉增加人肠道双歧杆菌数量的试验结果也是相一致的[125-127]。虽然试验中经过菊芋菊粉处理之后拟杆菌属（*Bacteroides*）在总菌群中所占比例没有表现出显著性差异，但可以看到的是拟杆菌有增加的趋势；而其他有益菌群，例如促进菌群中产丁酸的菌 *Eubacterium*、*Roseburia*、*Anaerotruncus* 的增殖和降解黏蛋白产生有益代谢产物如丙酸的菌 *Akkermansia* 的增殖，经过菊芋菊粉处理之后所占比例均表现出一定的变化。通过南京农业大学海洋科学及其能源生物资源研究所菊芋研究小组对正常以及高脂血症小鼠肠道菌群的分析，可以看出菊芋菊粉能够改善肠道菌群的丰度和多样性，增加肠道中有益菌群的数量，从而对机体产生有益影响。

2. 菊芋菊粉对动物高血糖及糖尿病的缓解效应及机制

在内分泌代谢性疾病中，糖尿病属于常见的一种类型，该类患者血清中的胰岛素含量出现绝对或相对不足，而导致血糖过高并伴随出现尿糖现象，大多数情况下，该病症会导致机体出现蛋白质、脂肪、电解质和水等代谢紊乱。在临床上，糖尿病最主要的特点是高血糖，其中典型病例会呈现出“三多一少”的病理症状，即多尿、多饮、多食、消瘦，严重的患病人群通常会有血管、神经等慢性并发症或酮症酸中毒等急性并发症发生[128,129]。临床上有 I 型糖尿病、II 型糖尿病、妊娠糖尿病和特殊类型糖尿病 4 种不同发病原因的糖尿病类型，其中最为多见的是 I 型、II 型糖尿病。

由于经济水平的不断发展，人民的生活水平和质量日渐提高，糖尿病的发病趋势越来越年轻化与扩大化，世界各国尤其是发展中国家，其人群中糖尿病比例逐年增加，糖尿病成为仅次于心血管疾病和肿瘤的第三大疾病[130, 131]。2012 年中国的相关调查数据显示，年龄在 18 岁左右的居民的糖尿病患病率达到 2.6%，而年纪在 60 岁以上的老年人糖尿病患病率则高达 19.6%[132]。糖尿病日渐成为影响人类健康的潜在杀手，因此预防和治疗糖尿病已经成为全球性关注的保健问题之一。

人们的生活水平逐渐提高，饮食习惯与饮食结构开始改变，我国人群患糖尿病的比例逐年升高，据统计，在老年人中大约有 10%的人患有非胰岛素依赖型糖尿病（NIDDM），该类型的患者不需要频繁地注射胰岛素，只需要改变饮食结构便可以有效地控制病症[133]。由于菊粉在胃中不会被水解，而只会在结肠中才能够被微生物发酵，水解为单糖，因此并不会对血糖的升高和体内胰岛素含量造成影响[134]，因而在 NIDDM 患者的饮食中添加一定含量的菊粉，是控制其病症的有效方法之一。

饲喂菊芋菊粉对动物高血糖及糖尿病的缓解效应试验：对 C57BL/6J 小鼠饲喂高脂饲料联合多次腹腔注射小剂量链脲佐菌素（streptozotocin，STZ）诱导小鼠II型糖尿病，通过灌胃不同剂量的菊芋菊粉，以目前市面上常见的降血糖药物盐酸二甲双胍片作为对照，来研究菊芋菊粉对高血糖小鼠的降血糖作用和相关机制。

（1）饲喂菊芋菊粉对动物高血糖及糖尿病的缓解效应实验材料

6 周龄 SPF 级健康 C57BL/6J 雄性小鼠 60 只，体重在 20 g 左右，购买于扬州大学比较医学中心，动物合格许可证编号：201605253，实验动物生产许可证编号：SCXK（苏）2012-0004。

试验药品以及试剂、菊粉、普通基础饲料、MD12032（45% fat kcal%）高脂饲料同前。盐酸二甲双胍片购买于中美上海施贵宝制药有限公司，批准文号：国药准字 H20023370。链脲佐菌素（STZ）购买于合肥 Biosharp 生物科技有限公司。无水柠檬酸、柠檬酸钠购买于上海源叶生物科技有限公司。PowerFecal^{TM} DNA Isolation kit 试剂盒购买于深圳市安必胜科技有限公司。肝素钠购买于南京建成生物工程研究所。其他所用试剂均为分析纯试剂。

饲喂菊芋菊粉对动物高血糖及糖尿病的缓解效应试验中相关的所有动物试验均在南京农业大学实验动物中心[许可证编号：SYXK（苏）2011-0036]进行。所有小鼠分笼饲养，每笼 5 只，自然光照，自由饮食，自由饮水；饲养室内温度控制在 20～26℃，相对湿度为 40%～70%，室内光照昼夜明暗交替时间为 12 h/12 h，参照《实验动物环境及设施》（GB 14925—2010）。

（2）高血糖及糖尿病试验小鼠模型的构建

对于一般动物而言，单纯地利用食物来诱导糖尿病往往会耗费大量的时间，不易作为研究对象，为了缩短成功建模时间，如今多采用复合的方式来构建模型。因而，试验过程中利用高脂饲料联合多次腹腔注射小剂量链脲佐菌素（STZ）的方法诱导小鼠Ⅱ型糖尿病，构建高血糖模型[135]。60 只试验小鼠购回后以普通基础饲料适应性饲喂 1 周后，空腹 12 h，称重并采用尾静脉取血测定各组小鼠的空腹血糖（fasting blood glucose，FBG），根据体重将其随机分为 6 组（1 组正常组小鼠，其余 5 组为造模组小鼠），每组 10 只，正常组小鼠给予普通饲料，造模组小鼠给予高脂饲料，喂养 4 周，然后给造模组小鼠腹腔注射 STZ 溶液 50 mg/kg，每日 1 次，连续注射 1 周，正常组小鼠只注射等体积的柠檬酸缓冲液（0.1 mol/L 柠檬酸钠∶0.1 mol/L 柠檬酸为 1∶1.32，pH 4.5），用高脂饲料继续喂养 2 周后，空腹 12 h，尾静脉取血测定各组小鼠的 FBG，把血糖浓度≥11.1 mmol/L 的小鼠视为造模成功[136,137]。取血肝素钠抗凝，分离血清（3500 r/min，4℃，离心 15 min），测定建模完成时各组小鼠的血清血脂指标，此 4 项血液指标的测定在江苏省中西医结合医院完成，血液检测仪器为 Cobas 8000[罗氏诊断产品（上海）有限公司，德国]。

（3）饲喂菊芋菊粉对动物高血糖及糖尿病的缓解效应试验小鼠干预试验设计

南京农业大学海洋科学及其能源生物资源研究所菊芋研究小组利用已经构建成功的模型小鼠进行后期的菊粉干预作用试验。干预时间为 4 周，干预手段为对小鼠进行灌胃处理，灌胃在每天上午进行。空白对照组、高血糖对照组灌胃的为生理盐水（质量浓度为 9.0‰，4℃），阳性药物组灌胃的则为市面上治疗高血糖的常用药盐酸二甲双胍片，按每只 0.125 g/（kg·d）剂量对高血糖模型小鼠进行灌胃，而菊粉处理组则按照人体推荐量的 5 倍、10 倍、20 倍设计菊粉低、中、高 3 个剂量组对高血糖模型小鼠进行灌胃。具体分组如表 8-13 所示。

表 8-13　饲喂菊芋菊粉对动物高血糖及糖尿病的缓解效应试验小鼠分组

组别	代号	饲料类型	灌胃试剂	灌胃剂量/[g/（kg·d）]
空白对照组	CK 组	普通饲料	生理盐水	5
高血糖对照组	H 组	普通饲料	生理盐水	5
阳性药物组	CP 组	普通饲料	盐酸二甲双胍片	0.125
低剂量菊粉组	LJ 组	普通饲料	菊粉	5
中剂量菊粉组	MJ 组	普通饲料	菊粉	10
高剂量菊粉组	HJ 组	普通饲料	菊粉	20

注：小鼠的灌胃剂量以体质量计。

（4）饲喂菊芋菊粉对动物高血糖及糖尿病的缓解效应试验小鼠检验的指标以及处理

在 4 周干预过程中，每周记录每组小鼠的体重、每日的饮水量以及每日的饲料食用量。干预试验结束时对小鼠进行过夜禁食处理，尾静脉取血测定小鼠的空腹血糖，随后摘取眼球取血，肝素钠抗凝，分离血清（3500 r/min，4℃，离心 15 min），测定干预作用完成时各组小鼠血清血脂 4 项指标[甘油三酯（TG）、总胆固醇（T-CHO）和高、低密度脂蛋白胆固醇（HDL-C、LDL-C）]，此 4 项血液指标的测定在江苏省中西医结合医院完成，血液检测仪器为 Cobas 8000[罗氏诊断产品（上海）有限公司，德国]。然后将小鼠断颈处死，迅速取出小鼠的肝脏，用生理盐水（9.0‰）将其表面的血渍洗干净，用滤纸拭干，称重，放置于液氮中速冻，–80℃超低温冰箱中保存备用；将小鼠肠道取出，小心剥离肠道周围的脂肪等物质，将所有的肠道捋直取出后三分之一，并放置于液氮中速冻，–70℃超低温冰箱中保存备用。相对肝重用前文“菊芋菊粉对动物高血脂的缓解效应”中的公式计算。

（5）饲喂菊芋菊粉对动物高血糖及糖尿病的缓解效应试验小鼠肝脏相关基因表达差异

肝脏组织的总 RNA 用 TRIzol 法提取，详细的操作步骤参照说明书。RNA 的质量和浓度通过 Nanodrop 2000 c 来鉴定。cDNA 的逆转录合成使用反转录试剂盒，具体操作按照说明书进行，将逆转录成功的 cDNA 置于–80℃冰箱保存待用。相关基因测定由上海启因生物科技有限公司完成。

（6）饲喂菊芋菊粉对动物高血糖及糖尿病小鼠肠道微生物群落结构以及多样性试验

南京农业大学海洋科学及其能源生物资源研究所菊芋研究小组对小鼠肠道微生物群落结构以及多样性试验方法如下。

①饲喂菊芋菊粉对动物高血糖及糖尿病小鼠肠道内容物 DNA 的提取与纯化：方法同前文“菊芋菊粉对动物高血脂的缓解效应”。

②饲喂菊芋菊粉对动物高血糖及糖尿病小鼠肠道内容物 16S rDNA 测序试验流程：方法同前文“菊芋菊粉对动物高血脂的缓解效应”。

③菊芋菊粉对高血糖及糖尿病试验高血糖及糖尿病小鼠肠道内容物分析流程：方法同前文“菊芋菊粉对动物高血脂的缓解效应”。

16S rDNA 测序使用的是高可变区的 PCR 扩增产物建库，文库构建步骤遵循 Illumina 测序仪文库构建方法。从基因组 DNA 样品开始，在完成基因组 DNA 抽提后，利用 1%琼脂糖凝胶电泳检测抽提的基因组 DNA。本试验中 16S rDNA 测序以 V3 和 V4 为目标区域进行引物设计，V3 和 V4 大约共有 469 bp，不同的物种长度上会有略微的差异。引物是围绕着 V3 和 V4 周围的保守区域来设计的，引物序列分别如下。

338F: 5′-ACTCCTACGGGAGGCAGCAG-3′；

806R: 5′-GGACTACHVGGGTWTCTAAT-3′。

PCR 扩增体系：

体系组分	体积
DNA 样品	*X*（30 ng）
Forward Primer（10 μmol/L）	2 μL
Reverse Primer（10 μmol/L）	2 μL
dNTPs（2.5 mmol/L）	4 μL
10×Pyrobest Buffer	5 μL

Pyrobest DNA Polymerase （2.5 U/μL, TaKaRa Code: DR005A） 0.3 μL

ddH_2O 36.7–X μL

PCR 仪循环程序：

95℃，5 min

95℃，30 s

56℃，30 s　25 个循环

72℃，40 s

72℃，10 min

4℃，结束

④菊芋菊粉对高血糖及糖尿病小鼠肠道微生物群落多样性指数计算。

群落多样性指数利用式（8-1）～式（8-3）计算。

⑤菊芋菊粉对高血糖及糖尿病试验高血糖及糖尿病小鼠肠道微生物群落数据统计分析软件：方法同前文“菊芋菊粉对动物高血脂的缓解效应”。

（7）饲喂菊芋菊粉对高血糖及糖尿病小鼠生理生化指标的效应分析

南京农业大学海洋科学及其能源生物资源研究所菊芋研究小组使用高脂饲料联合 STZ 诱导培养成供试小白鼠，以目前市场上调控高血糖药剂盐酸二甲双胍片作为阳性药物对照组，进行菊粉控制高血糖的效应试验，取得了令人满意的结果。

①高脂饲料联合多次腹腔注射小剂量链脲佐菌素（STZ）成功诱导高血糖小鼠模型。南京农业大学海洋科学及其能源生物资源研究所菊芋研究小组首先培育出供试小白鼠，结果如表 8-14 所示。在使用高脂饲料联合 STZ 诱导之前各组小鼠的空腹血糖浓度无显著差异，并且均在正常范围内。5 组正常小鼠经过高脂饲料联合 STZ 诱导后（H 组、CP 组、LJ 组、MJ 组和 HJ 组），与饲喂普通饲料的正常组小鼠（CK 组小鼠）相比，该 5 组小鼠的空腹血糖浓度均升高，并出现显著差异（$P≤0.05$），并且空腹血糖值均≥11.1 mmol/L。结果表明，建模组小鼠在经过高脂饲料联合多次腹腔注射小剂量 STZ 诱导后其空腹血糖

表 8-14　高脂饲料联合 STZ 诱导Ⅱ型糖尿病前后小鼠空腹血糖浓度

组别	空腹血糖浓度/（mmol/L）	
	诱导前	诱导后
CK	8.05±0.30a	6.40±0.18b
H	8.04±0.36a	14.98±1.00a
CP	8.48±0.26a	14.30±0.33a
LJ	8.56±0.27a	13.70±0.71a
MJ	8.79±0.32a	14.85±0.88a
HJ	7.93±0.32a	14.83±0.68a

注：平均值±标准误（10 个重复），表中同列字母不同表示差异显著（$P≤0.05$）。CK：空白对照组，普通饲料+生理盐水 5g/（kg·d）；H：高血糖对照组，普通饲料+生理盐水 5 g/（kg·d）；CP：阳性药物组，普通饲料+盐酸二甲双胍片 0.125g/（kg·d）；LJ：低剂量菊粉组，普通饲料+菊粉 5g/（kg·d）；MJ：中剂量菊粉组，普通饲料+菊粉 10g/（kg·d）；HJ：高剂量菊粉组，普通饲料+菊粉 20g/（kg·d）。

浓度较正常小鼠出现改变，即成功诱导形成Ⅱ型糖尿病高血糖模型小鼠。在这个基础上，南京农业大学海洋科学及其能源生物资源研究所菊芋研究小组将建模的小白鼠分成 6 组，按试验设计进行分组饲喂，定期测定相关生理生化指标，试验结束时进行解剖分析。

②饲喂菊芋菊粉对高血糖小鼠体重、日均饲料食用量、日均饮水用量和相对肝重的影响。空白对照组（CK 组）小鼠和高血糖对照组（H 组）小鼠每日灌胃 5 g/kg 生理盐水，阳性药物组（CP 组）、低剂量菊粉组（LJ 组）、中剂量菊粉组（MJ 组）和高剂量菊粉组（HJ 组）为高脂饲料联合 STZ 诱导所形成的高血糖小鼠，每日分别经过 0.125 g/kg 盐酸二甲双胍片、2.5 g/kg 菊粉、5 g/kg 菊粉和 10 g/kg 菊粉灌胃处理 4 周。从表 8-15 可以看出，与高血糖对照组（H 组）相比，高剂量菊粉组（HJ 组）小鼠体重显著降低（$P\leqslant0.05$），低剂量菊粉组（LJ 组）、中剂量菊粉组（MJ 组）和高剂量菊粉组（HJ 组）小鼠体重表现出显著降低趋势，并且呈现出剂量依赖性；与高血糖对照组（H 组）相比，阳性药物组（CP 组）、低剂量菊粉组（LJ 组）、中剂量菊粉组（MJ 组）和高剂量菊粉组（HJ 组）小鼠的日均饲料食用量显著增加（$P\leqslant0.05$）；而与高血糖对照组（H 组）相比，高剂量菊粉组（HJ 组）小鼠的相对肝重显著减少（$P\leqslant0.05$）。

表 8-15 盐酸二甲双胍片和三种不同浓度菊粉喂饲处理 4 周对高血糖小鼠的日均饲料食用量、体重获取、日均饮水用量和相对肝重的影响

组别	日均饲料食用量/（g/d）	四周处理后体重/g	日均饮水用量/（mL/d）	相对肝重/%
CK	3.15±0.12c	25.20±0.24a	3.57±0.23c	4.64±0.11d
H	3.15±0.06c	23.49±0.23c	14.13±0.57a	7.35±0.36a
CP	4.52±0.14a	24.41±0.18b	13.78±0.42a	6.11±0.11b
LJ	4.68±0.13a	24.08±0.21b	15.30±0.79a	5.58±0.14bc
MJ	4.47±0.11a	23.37±0.17c	14.31±0.38a	5.43±0.23c
HJ	3.89±0.15b	22.70±0.17d	10.58±0.43b	5.48±0.14c

注：平均值±标准误（10 个重复），表中同列字母不同表示差异显著（$P\leqslant0.05$）。CK：空白对照组，普通饲料+生理盐水 5g/（kg·d）；H：高血糖对照组，普通饲料+生理盐水 5g/（kg·d）；CP：阳性药物组，普通饲料+盐酸二甲双胍片 0.125 g/（kg·d）；LJ：低剂量菊粉组，普通饲料+菊粉 5g/（kg·d）；MJ：中剂量菊粉组，普通饲料+菊粉 10g/（kg·d）；HJ：高剂量菊粉组，普通饲料+菊粉 20g/（kg·d）。

③菊粉对高血糖小鼠空腹血糖和血清血脂水平的影响。从表 8-16 可以看出，与高血糖对照组（H 组）相比，阳性药物组（CP 组）、低剂量菊粉组（LJ 组）、中剂量菊粉组（MJ 组）和高剂量菊粉组（HJ 组）小鼠的血清 T-CHO、TG、HDL-C 和空腹血糖浓度均显著降低（$P\leqslant0.05$），并且降低程度相似，在 18.86%～69.98%。阳性药物组（CP 组）、低剂量菊粉组（LJ 组）、中剂量菊粉组（MJ 组）和高剂量菊粉组（HJ 组）小鼠的血清 T-CHO、TG、HDL-C 和空腹血糖浓度的变化趋势呈现出剂量依赖性。相比较之下，高血糖对照组（H 组）、阳性药物组（CP 组）、低剂量菊粉组（LJ 组）、中剂量菊粉组（MJ 组）和高剂量菊粉组（HJ 组）小鼠的血清 LDL-C 无显著差异。

表 8-16　灌胃盐酸二甲双胍片和三种不同浓度的菊粉 4 周后对高血糖小鼠空腹血糖和血清血脂水平的影响

组别	浓度/（mmol/L）				
	总胆固醇	甘油三酯	高密度脂蛋白胆固醇	低密度脂蛋白胆固醇	空腹血糖
CK	2.03±0.08c	1.01±0.05b	1.89±0.05c	0.32±0.03c	7.09±0.19cd
H	4.40±0.28a	2.69±0.21a	2.81±0.18a	0.99±0.11a	17.62±1.09a
CP	3.12±0.13b	1.15±0.07b	2.28±0.12b	0.91±0.04a	10.19±0.96b
LJ	2.99±0.10b	1.23±0.09b	2.26±0.04b	0.80±0.04ab	11.39±1.31b
MJ	2.86±0.18b	1.21±0.06b	2.12±0.12bc	0.69±0.07b	9.55±1.06bc
HJ	2.78±0.07b	1.01±0.05b	1.95±0.03c	0.93±0.07a	5.29±0.38d

注：平均值±标准误（10 个重复），表中同列字母不同表示差异显著（$P\leqslant 0.05$）。CK：空白对照组，普通饲料+生理盐水 5 g/（kg·d）；H：高血糖对照组，普通饲料+生理盐水 5 g/（kg·d）；CP：阳性药物组，普通饲料+盐酸二甲双胍片 0.125 g/（kg·d）；LJ：低剂量菊粉组，普通饲料+菊粉 5 g/（kg·d）；MJ：中剂量菊粉组，普通饲料+菊粉 10 g/（kg·d）；HJ：高剂量菊粉组，普通饲料+菊粉 20 g/（kg·d）。

④菊粉对高血糖小鼠肝脏相关基因表达的影响。利用 qPCR 检测高脂饲料联合多次腹腔注射小剂量链脲佐菌素诱导下的高血糖小鼠肝脏中相关基因的表达情况，检测到的基因总数为 84 个，其中上调的基因有 49 个，而下调基因有 35 个，并且发现在上调与下调基因中 *ACAA2*、*ANKRA2*、*APOA4*、*CNBP*、*COLCE12*、*CRP*、*CYP39A1*、*CYP7B1*、*LCAT*、*LDLR*、*LDLRAP1*、*LIPE*、*LRP6*、*NR0B2*、*NR1H4*、*NSDHL*、*OSBPL1A*、*OSBPL5*、*SNX17*、*SOAT2*、*STAB2* 和 *TM7SF2* 22 个基因的表达量存在差异，而这些基因中涉及的功能有：*LDLR*、*LDLRAP1*、*LRP6*、*STAB2* 和 *ANKRA2* 编码的蛋白为低密度脂蛋白受体，*APOA4* 编码的蛋白为低密度脂蛋白相关蛋白并且与胆固醇流出、胆固醇逆向转运及胆固醇平衡相关，*CYP39A1* 编码的蛋白参与胆固醇分解代谢，*TM7SF2*、*NSDHL* 和 *ACAA2* 编码的蛋白参与胆固醇生物合成，*CYP7B1* 编码的蛋白与胆固醇代谢相关，*LCAT* 编码的蛋白参与 HDL 的代谢，其余基因无显著差异（图 8-10、图 8-11）。

⑤菊粉饲喂高血糖小鼠肠道微生物群落结构以及多样性的变化。南京农业大学海洋科学及其能源生物资源研究所菊芋研究小组首先探索了菊粉饲喂高血糖小鼠肠道微生物群落结构以及多样性的变化。

（a）菊粉饲喂高血糖小鼠肠道微生物 OTU 聚类分析。

在系统发生学或群体遗传学研究中，人为地给某一个分类单元（品系、属、种分组等）设置的同一标志即 OTU（operational taxonomic unit），其目的是便于进行分析。通过对序列进行归类操作（cluster），从而了解一个样品测序结果中的菌种、菌属等数目信息。通过归类操作，将序列按照彼此的相似性分归为许多小组，一个小组就是一个 OTU。根据不同的相似度水平，对所有序列进行 OTU 划分，通常对 97%的相似水平下的 OTU 进行生物信息统计分析。

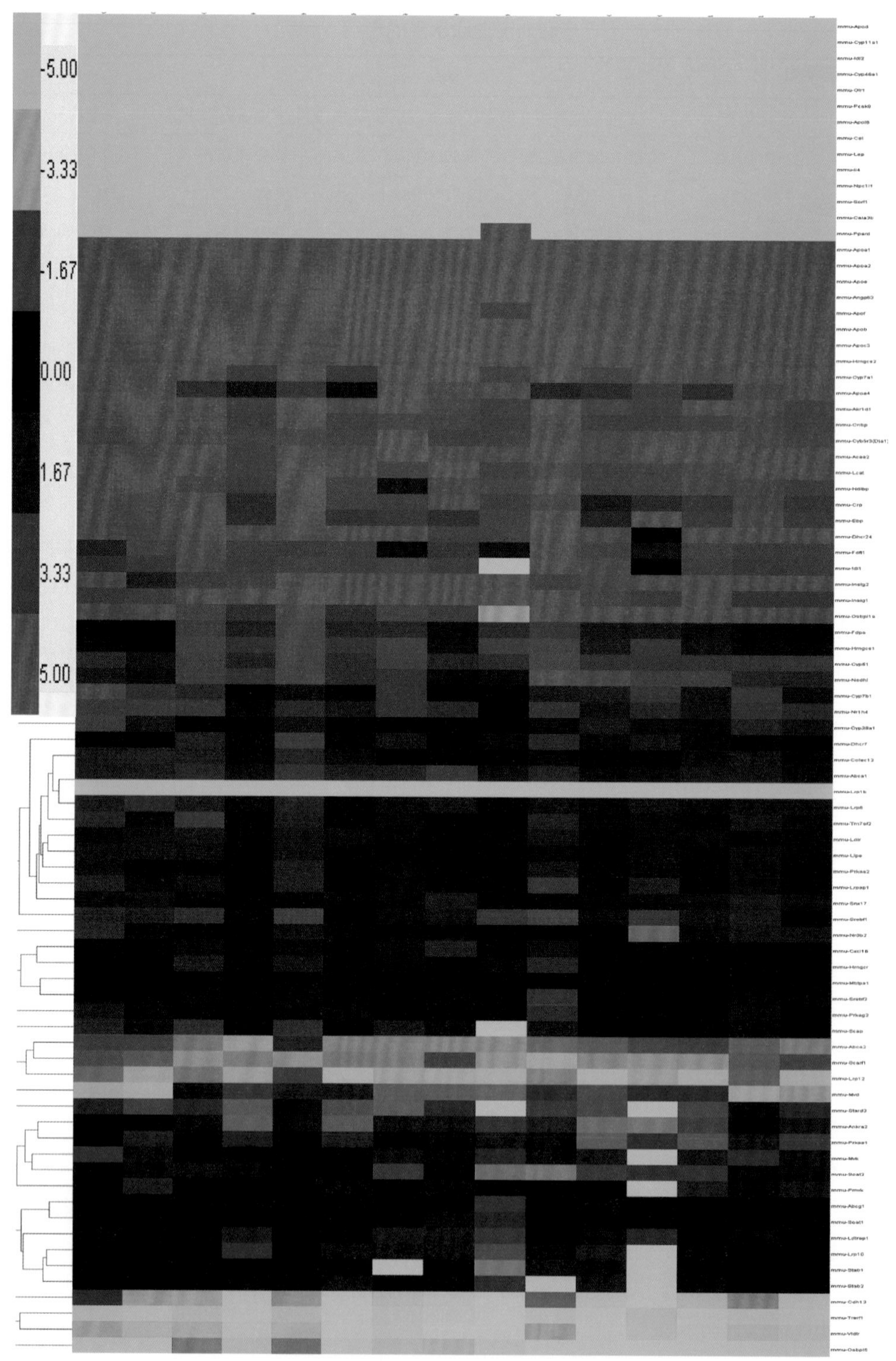

图 8-10　高血糖小鼠肝脏相关基因表达水平热图

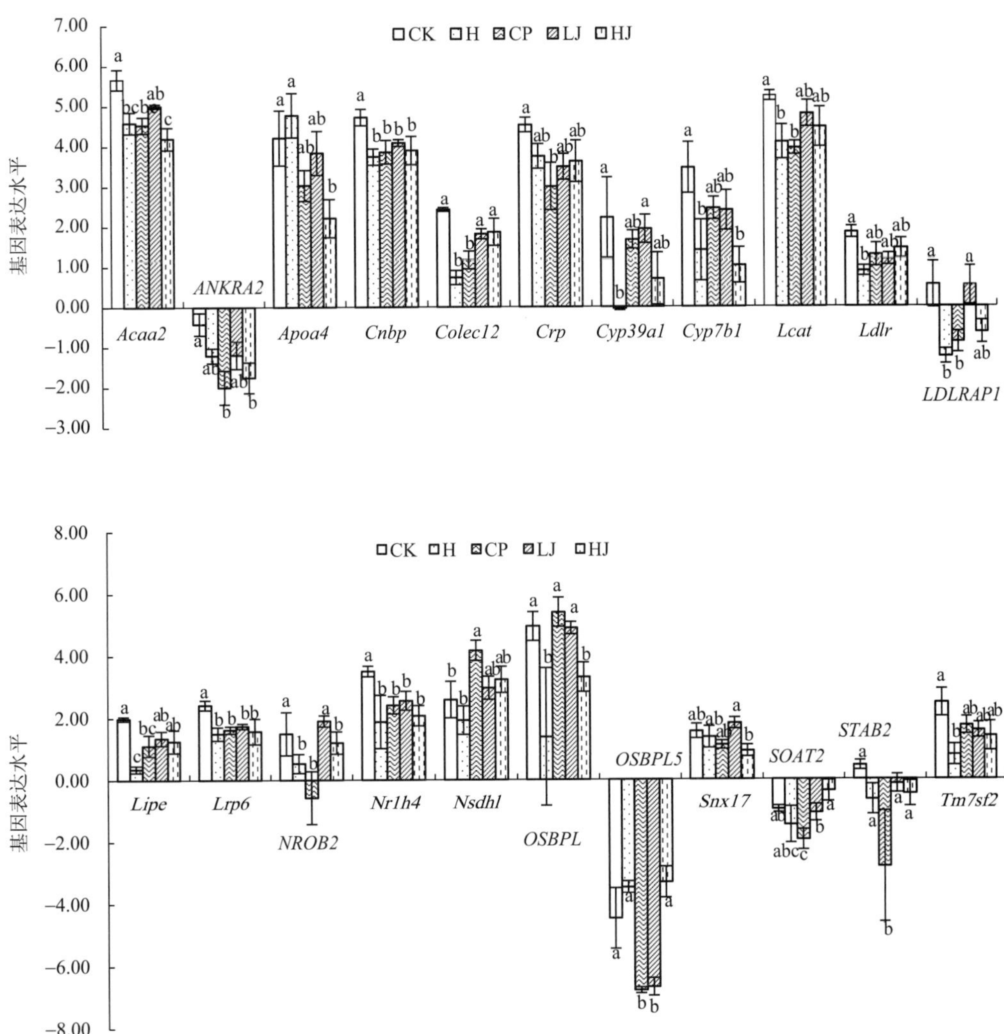

图 8-11 不同喂饲处理高血糖小鼠肝脏相关基因表达水平

CK：空白对照，普通饲料+生理盐水 5 g/（kg·d）；H：高血脂对照，普通饲料+生理盐水 5 g/（kg·d）；CP：阳性药物处理，普通饲料+盐酸二甲双胍片 0.125g/（kg·d）；LJ：低剂量菊粉，普通饲料+菊粉 5 g/（kg·d）；HJ：高剂量菊粉，普通饲料+菊粉 20 g/（kg·d）

Venn 图[138]可用于统计多组样品中共有和独有的 OTU 数目，可以比较直观地表现小鼠肠道样品的 OTU 数目在组成上的相似性和特异性。如图 8-12 所示，Venn 图比较了 5 组试验小鼠肠道样品的 OTU 数目，各组小鼠肠道样品 OTU 总数分别为：空白对照组（CK 组）359 个、高血糖对照组（H 组）313 个、阳性药物组（CP 组）262 个、低剂量菊粉组（LJ 组）359 个、高剂量菊粉组（HJ 组）322 个，同时比较发现 5 组小鼠肠道样品所共有的 OTU 数目有 159 个，空白对照组（CK 组）所特有的 OTU 数目有 20 个，高血糖对照组（H 组）所特有的 OTU 数目有 14 个，阳性药物组（CP 组）所特有的 OTU 数目有 1 个，低剂量菊粉组（LJ 组）所特有的 OTU 数目有 7 个，高剂量菊粉组（HJ 组）所特有的 OTU 数目有 3 个。显然，菊粉饲喂高血糖小鼠后，其肠道样品中 OTU 总数和特有 OTU 均发生了改变，且特有 OTU 改变较明显（图 8-12）。

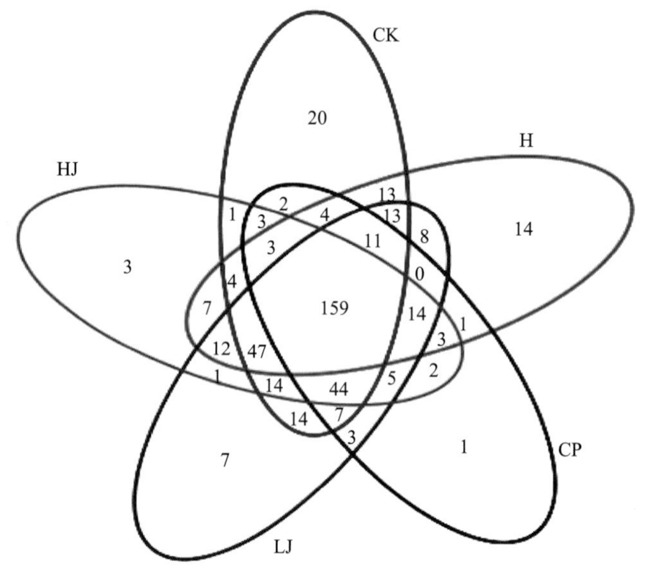

图 8-12　Venn 图描绘细菌操作分类单元（OTU）检测处理对小鼠肠道内容物的影响

CK：空白对照组，普通饲料+生理盐水 5 g/（kg·d）；H：高血糖对照组，普通饲料+生理盐水 5 g/（kg·d）；CP：阳性药物组，普通饲料+盐酸二甲双胍片 0.125 g/（kg·d）；LJ：低剂量菊粉组，普通饲料+菊粉 5 g/（kg·d）；HJ：高剂量菊粉组，普通饲料+菊粉 20 g/（kg·d）

（b）菊粉饲喂高血糖小鼠肠道微生物的丰度和多样性。

稀释曲线（rarefaction curve）[139]是根据 Observed_species 结果得到的，通过模拟重新取样过程，观察其中物种变化趋势，从而来估计环境中的物种丰度，当曲线趋向于平坦时，则说明测序深度达到要求，测序数据量合理；反之则表明样品中物种多样性较高，但其测序深度不够，仍存在数目较多的未被测序检测到的物种。如图 8-13A 5 组小鼠肠道样品高通量测序的稀释曲线，可以明显看出，随着序列取样的增加，OTU 数不断增加并且趋于平稳，说明测序深度已基本覆盖样品中所有微生物，即测序深度已经满足实验要求。

等级丰度曲线（rank abundance curve）[140]又可以称为物种相对丰度图，可用来解释物种丰度和物种均匀度两个方面的多样性。在水平方向上，各组物种的丰度可以从曲线的宽度看出来，物种丰度越高，曲线在数轴上的范围就越大；曲线的形状即曲线的平滑程度表现的是样品中物种的均匀度，曲线越平缓，则表明其物种分布越均匀。实验小鼠肠道样品微生物等级丰度曲线如图 8-13B 所示。

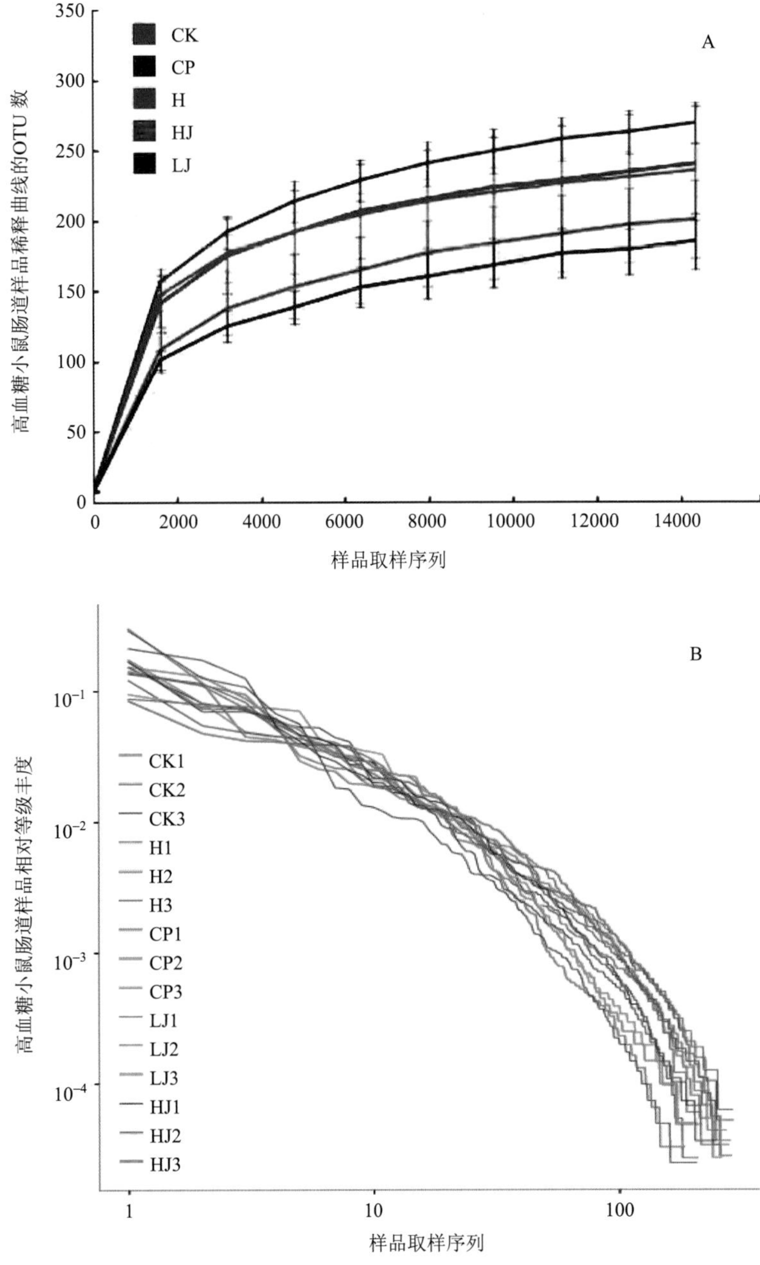

图 8-13　小鼠肠道样品的稀释曲线（A）和等级丰度曲线（B）

CK：空白对照组，普通饲料+生理盐水 5 g/（kg·d）；H：高血糖对照组，普通饲料+生理盐水 5 g/（kg·d）；CP：阳性药物组，普通饲料+盐酸二甲双胍片 0.125 g/（kg·d）；LJ：低剂量菊粉组，普通饲料+菊粉 5 g/（kg·d）；HJ：高剂量菊粉组，普通饲料+菊粉 20 g/（kg·d）

5 组小鼠肠道样品中的 α 多样性指数如表 8-17 所示，其中 Observed_species 表示的为样品中 OTU 的数目即样品中所含有的物种数目；而 Shannon 指数、Simpson 指数和 Chao1 指数值越大则表明样品中物种的复杂程度越大，样品中微生物菌群的多样性也就越丰富。其中高剂量菊粉组（HJ 组）小鼠的肠道样品中 Shannon 指数均显著低于高血糖对照组（H 组）和低剂量菊粉组（LJ 组）（$P \leqslant 0.05$）。空白对照组（CK 组）、高血糖对照组（H 组）、阳性药物组（CP 组）、低剂量菊粉组（LJ 组）和高剂量菊粉组（HJ 组）小鼠肠道样品的微生物群落 Chao1 指数、Observed_species 指数和 PD_whole_tree 指数无显著差异。图 8-14 是 α 多样性指数箱线图。

表 8-17　不同小鼠肠道样品微生物群落 α 多样性指数

项目	Chao1 指数	Observed_species 指数	PD_whole_tree 指数	Shannon 指数
CK	268.32ab	239.67ab	18.75ab	5.53ab
H	255.53ab	234.00ab	19.44ab	5.78a
CP	226.08b	188.33b	16.60b	4.87bc
LJ	299.53a	267.33a	21.09a	5.67a
HJ	238.26ab	201.00b	17.34b	4.73c

注：CK：空白对照组，普通饲料+生理盐水 5 g/（kg·d）；H：高血糖对照组，普通饲料+生理盐水 5 g/（kg·d）；CP：阳性药物组，普通饲料+盐酸二甲双胍片 0.125 g/（kg·d）；LJ：低剂量菊粉组，普通饲料+菊粉 5 g/（kg·d）；HJ：高剂量菊粉组，普通饲料+菊粉 20 g/（kg·d）

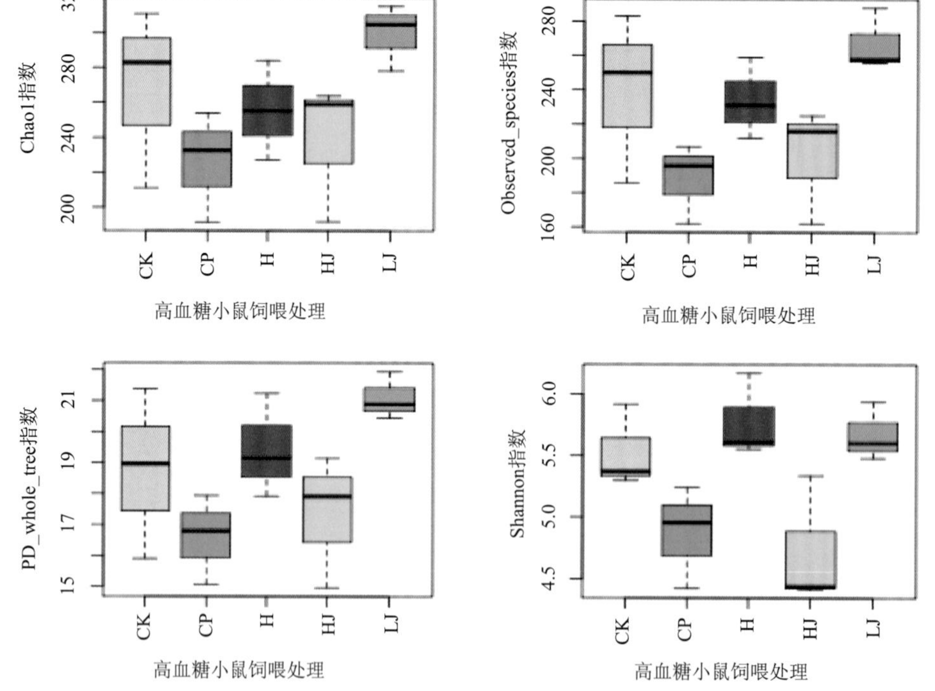

图 8-14　不同处理高血糖小鼠肠道样品微生物群落多样性指数箱线图

CK：空白对照组，普通饲料+生理盐水 5 g/（kg·d）；H：高血糖对照组，普通饲料+生理盐水 5 g/（kg·d）；CP：阳性药物组，普通饲料+盐酸二甲双胍片 0.125 g/（kg·d）；LJ：低剂量菊粉组，普通饲料+菊粉 5 g/（kg·d）；HJ：高剂量菊粉组，普通饲料+菊粉 20 g/（kg·d）

（c）菊粉饲喂高血糖小鼠肠道微生物物种注释、分类和群落结构分析。

采用 RDP Classifier 算法（默认）或 BLAST、uclust consensus taxonomy assigner 等方法对 OTU 代表序列进行比对分析，并在各个水平（界、门、纲、目、科、属、种）注释其群落的物种信息。

根据上述物种注释的结果，选取在细菌“门”水平上的 8 个菌“门”做成柱状图进行分析比较。如图 8-15 所示，不同样品的总的微生物组成相似，但每个试验组中每个门所占的比例存在较大差异。其中，Bactcroidetes（拟杆菌门）、Firmicutes（厚壁菌门）、Proteobacteria（变形菌门）3 者为主要的优势门种，与高血糖对照组（H 组）相比，低剂量菊粉组（LJ 组）和高剂量菊粉组（HJ 组）小鼠肠道微生物 Bacteroidetes 显著增加，而 Firmicutes 显著减少。

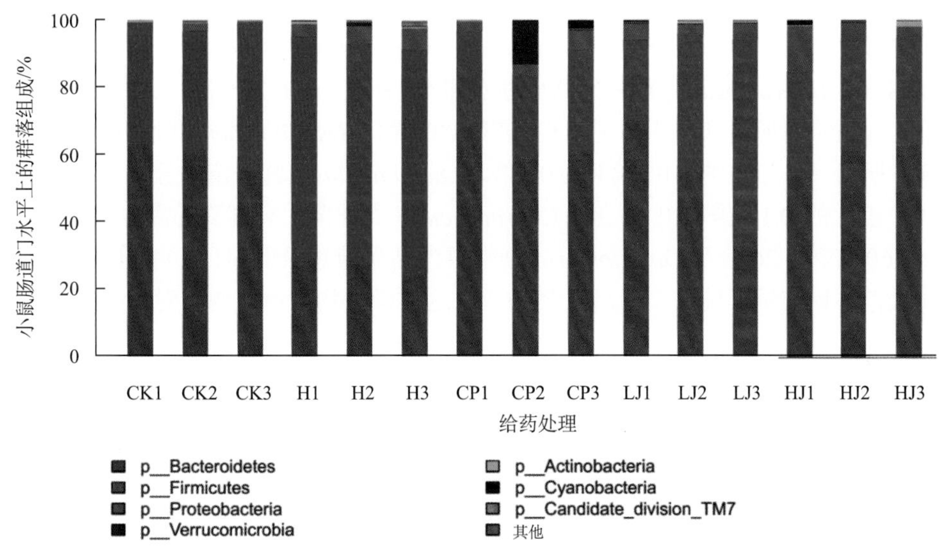

图 8-15　小鼠肠道样品门水平上的群落组成

CK：空白对照组，普通饲料+生理盐水 5 g/（kg·d）；H：高血糖对照组，普通饲料+生理盐水 5 g/（kg·d）；CP：阳性药物组，普通饲料+盐酸二甲双胍片 0.125 g/（kg·d）；LJ：低剂量菊粉组，普通饲料+菊粉 5 g/（kg·d）；HJ：高剂量菊粉组，普通饲料+菊粉 20 g/（kg·d）

测序序列通过 RDP 软件总共被分成 61 种不同的属类别。如图 8-16 所示，各组样品的细菌组成总体上表现出很高的相似性，具有相似的结构组成，但具体到每个属在总体中所占比例又表现出一定的差异性。在所有组中，未分类（unidentified）属和其他（other）属占了 41.43%以上。与空白对照组（CK 组）相比，高血糖对照组（H 组）小鼠肠道的 *Incertae_Sedis*、*Allobaculum*、*Helicobacter*（幽门螺杆菌属）、*Dorea*、*Intestinimonas*、*Bilophila*（嗜胆菌属）、*RC9_gut_group*、*Anaerotruncus*、*Akkermansia*、*Roseburia*、*Oscillibacter*（颤杆菌属）、*Lactobacillus*（乳酸杆菌属）和 *Desulfovibrio*（脱硫弧菌属）所占比例相对增加，分别是空白对照组（CK 组）小鼠肠道相同菌的 1.53 倍、3.47 倍、2.68 倍、21.93 倍、2.77 倍、23.67 倍、3.15 倍、7.16 倍、12 倍、6.23 倍、4.31 倍、1.87 倍和 113.7 倍，而 *Bacteroides*（拟杆菌属）、 *Blautia*、*Alistipes*、*Odoribacter*、*Parabacteroides* 和 *Coprococcus*

（粪球菌属）所占比例相对减少，分别只为空白对照组（CK 组）小鼠肠道相同菌的 0.49 倍、0.85 倍、0.90 倍、0.60 倍、0.32 倍和 0.48 倍。高血糖小鼠在饲喂菊芋菊粉之后，低剂量菊粉组（LJ 组）和高剂量菊粉组（HJ 组）小鼠肠道的 *Bacteroides*（拟杆菌属）分别是高血糖对照组（H 组）小鼠肠道 *Bacteroides*（拟杆菌属）的 2.40 倍和 9.14 倍，*Blautia* 分别是高血糖对照组（H 组）的 1.96 倍和 1.70 倍，*Incertae_Sedis* 分别是高血糖对照组（H 组）的 2.08 倍和 3.32 倍，*Alistipes* 分别是高血糖对照组的 1.02 倍和 1.09 倍，*Parabacteroides* 分别是高血糖对照组（H 组）的 3.27 倍和 4.41 倍及 *RC9_gut_group* 分别是高血糖对照组（H 组）的 1.65 倍和 1.93 倍，高血糖小鼠在饲喂菊芋菊粉后，其肠道内上述微生物所占比例相对增加。而 *Allobaculum* 分别只为高血糖对照组（H 组）的 0.02 倍和 0.02 倍，*Dorea* 分别只为高血糖对照组（H 组）的 0.03 倍和 0.08 倍，*Odoribacter* 分别只为高血糖对照组（H 组）的 0.49 倍和 0.59 倍，*Intestinimonas* 分别只为高血糖对照组（H 组）的 0.11 倍和 0.08 倍，*Anaerotruncus* 分别只为高血糖对照组（H 组）的 0.12 倍和 0.08 倍，*Akkermansia* 分别只为高血糖对照组（H 组）的 0.29 倍和 0.19 倍，*Roseburia* 分别只为高血糖对照组（H 组）的 0.03 倍和 0.01 倍，*Oscillibacter*（颤杆菌）分别只为高血糖对照组（H 组）的 0.05 倍和 0.02 倍，*Lactobacillus*（乳杆菌）分别只为高血糖对照组（H 组）的 0.12 倍和 0.32 倍，*Coprococcus*（粪球菌）分别只为高血糖对照组（H 组）的 0.60 倍和 0.26 倍及 *Desulfovibrio* 分别只为高血糖对照组（H 组）的 0.01 倍和 0.02 倍，高血糖小鼠在饲喂菊芋菊粉后，其肠道内这类微生物所占比例相对减少。

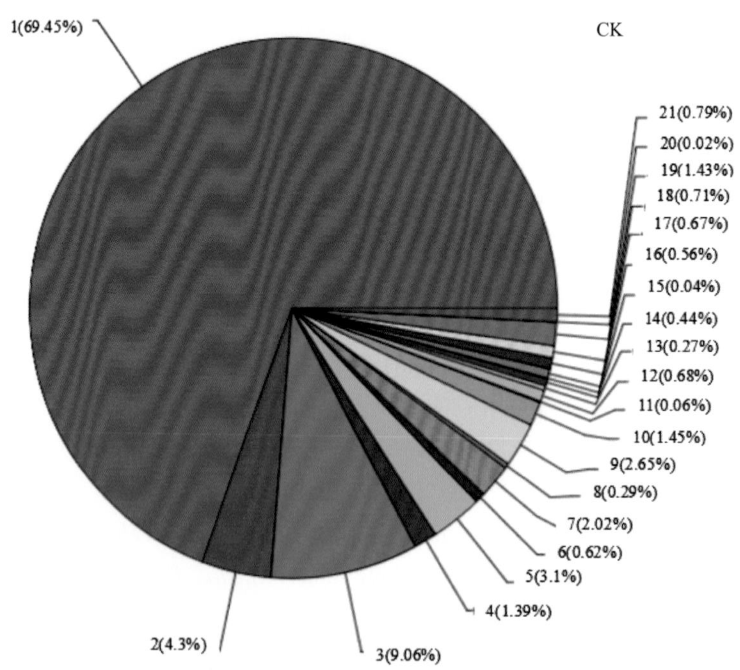

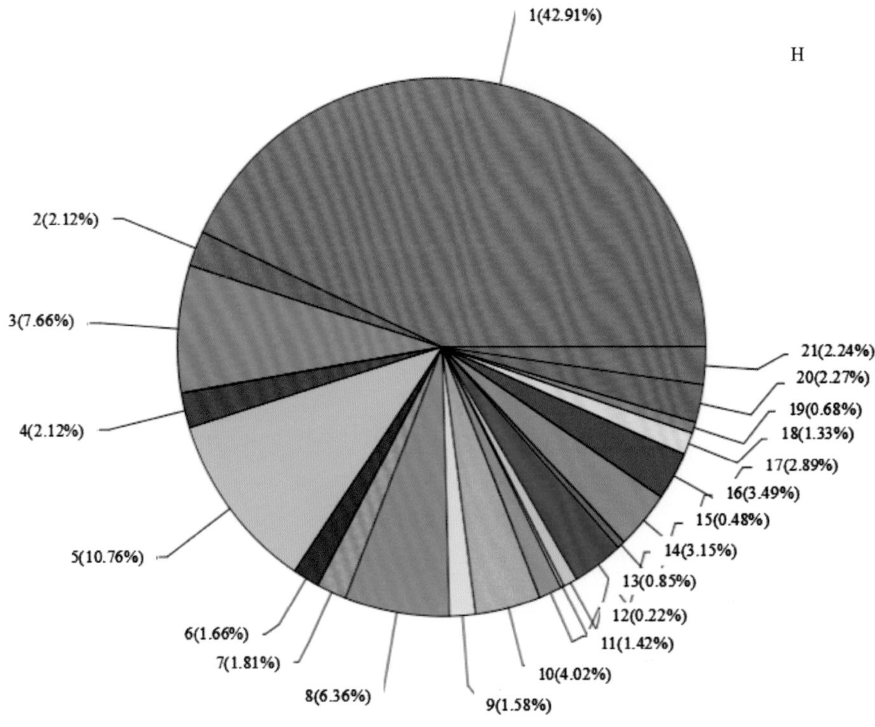
H
1(42.91%)
2(2.12%)
3(7.66%)
4(2.12%)
5(10.76%)
6(1.66%)
7(1.81%)
8(6.36%)
9(1.58%)
10(4.02%)
11(1.42%)
12(0.22%)
13(0.85%)
14(3.15%)
15(0.48%)
16(3.49%)
17(2.89%)
18(1.33%)
19(0.68%)
20(2.27%)
21(2.24%)

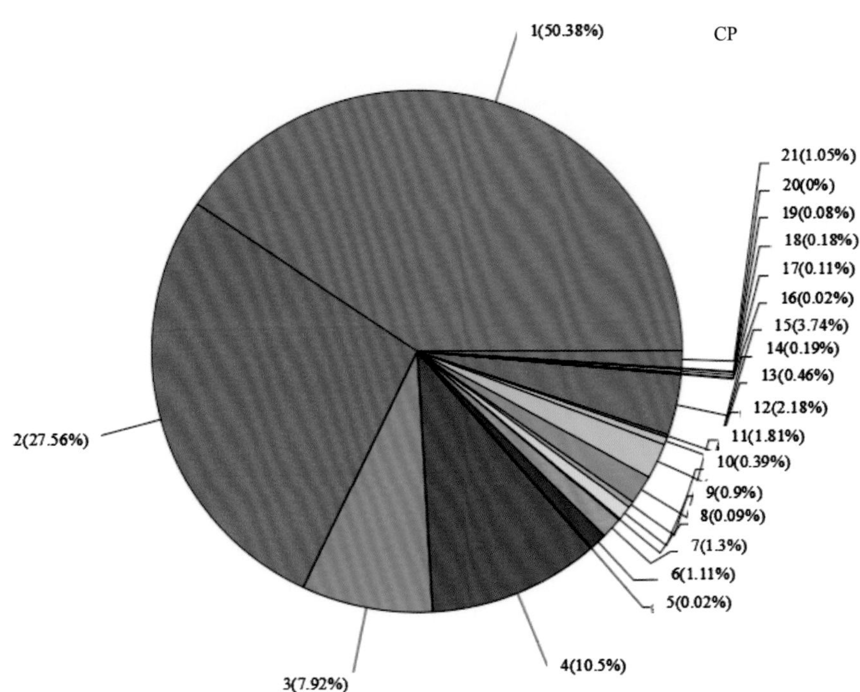
CP
1(50.38%)
2(27.56%)
3(7.92%)
4(10.5%)
5(0.02%)
6(1.11%)
7(1.3%)
8(0.09%)
9(0.9%)
10(0.39%)
11(1.81%)
12(2.18%)
13(0.46%)
14(0.19%)
15(3.74%)
16(0.02%)
17(0.11%)
18(0.18%)
19(0.08%)
20(0%)
21(1.05%)

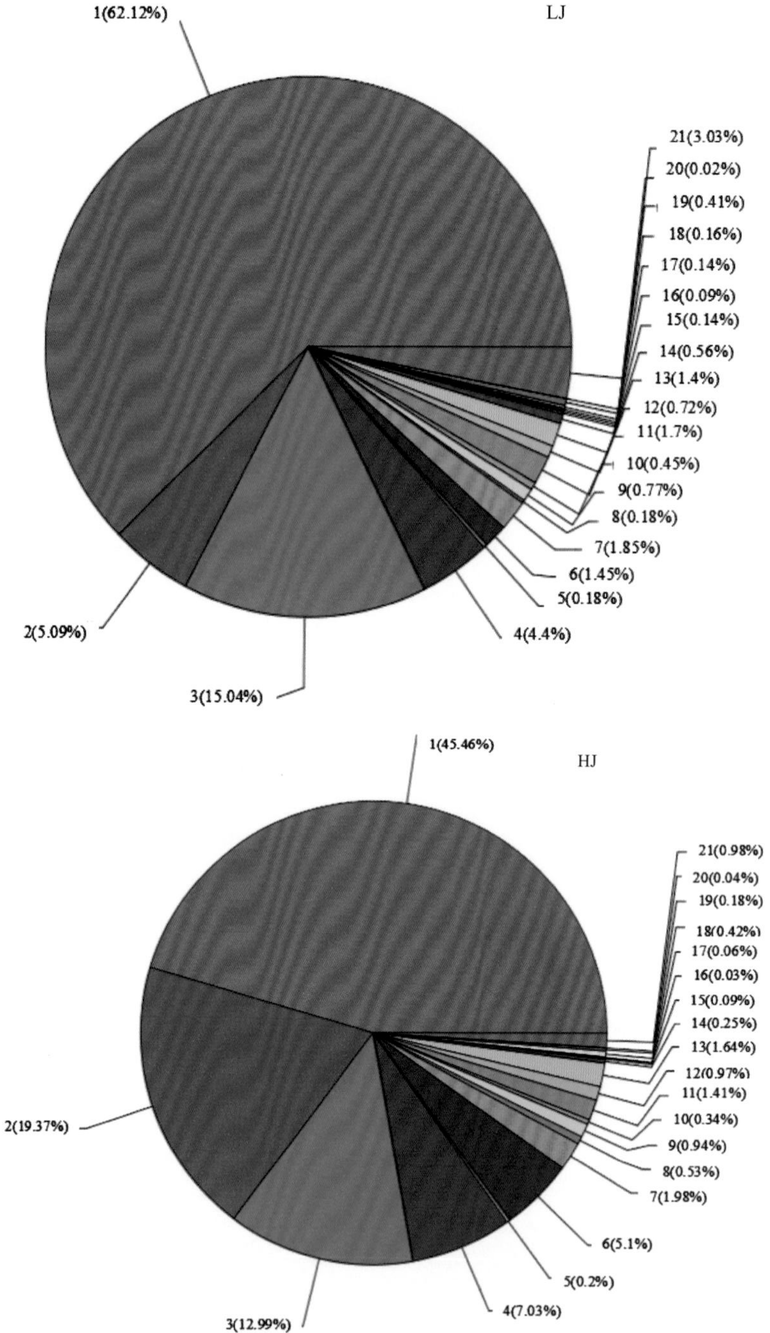

图 8-16　高血糖小鼠不同喂饲处理肠道中各细菌属所占百分比变化

1：g_Unidentified; 2：g_Bacteroides;3：g_Blautia;4：g_Incertae_Sedis;5：g_Allobaculum;6：g_Helicobacter;7：g_Alistipes; 8：g_Dorea;9：g_Odoribacter;10：g_Intestinimonas;11：g_Bilophila;12：g_Parabacteroides;13：g_RC9_gut_group; 14：g_Anaerotruncus;15：g_Akkermansia16：g_Roseburia17：g_Oscillibacter;18：g_Lactobacillus;19：g_Coprococcus; 20：g_Desulfovibrio;21：其他.

CK；空白对照组，普通饲料+生理盐水 5 g/（kg·d）；H：高血糖对照组，普通饲料+生理盐水 5 g/（kg·d）；CP：阳性药物组，普通饲料+盐酸二甲双胍 0.125 g/（kg·d）；LJ：低剂量菊粉组，普通饲料+菊粉 5 g/（kg·d）；HJ：高剂量菊粉组，普通饲料+菊粉 20 g/（kg·d）

（d）菊粉饲喂高血糖小鼠肠道微生物群落结构分析。

为具体分析菊粉处理后相关的菌群，用 LEfSe 分析[141]对空白对照组（CK 组）、高血糖对照组（H 组）、阳性药物组（CP 组）、低剂量菊粉组（LJ 组）和高剂量菊粉组（HJ 组）5 组的小鼠肠道内菌群相对丰度进行比较分析，以找出具有显著性变化的菌群。如图 8-17 所示，经过 LEfSe 分析，发现在“属”水平上，在空白对照组（CK 组）小鼠肠道内容物微生物菌群中有 1 种菌群丰度出现显著性增加，包括 *Incertae_Sedis*；在高血糖对照组（H 组）小鼠肠道内容物微生物菌群中有 16 种菌群丰度出现显著性增加，包括 *Firmicutes*、*Allobaculum*、*Dorea*、*Roseburia*、*Anaerotruncus*、*Oscillibacter*、*Candidate_ Division_ Tm7*、*Streptococcus*、*Candidatus-Saccharimonas*、*Acetatifactor*、*Mucispirillum*、*Deferribacteres*、*Peptococcus*、*Anaerovorax*、*Turicibacter* 和 *Clostridiaceae_ Sensu_Stricto_1*；在阳性药物组（CP 组）小鼠肠道内容物微生物菌群中有 5 种菌群丰度出现显著性增加，包括 *Bacreroides*、*Cyanobacteria*、*Morganella* 和 *Anaerostipes*；在低剂量菊粉组（LJ 组）小鼠肠道内容物微生物菌群中有 5 种菌群丰度出现显著性增加，包括 *Alcaligenes*、*Rumincoccus*、*Paenalcaligenes*、*Facklamia* 和 *Wautersiella*；在高剂量菊粉组（HJ 组）小鼠肠道内容物微生物菌群中出现有 2 种菌群丰度显著性增加，包括 *Incertae_Sedis* 和 *Subdoligranulum*。

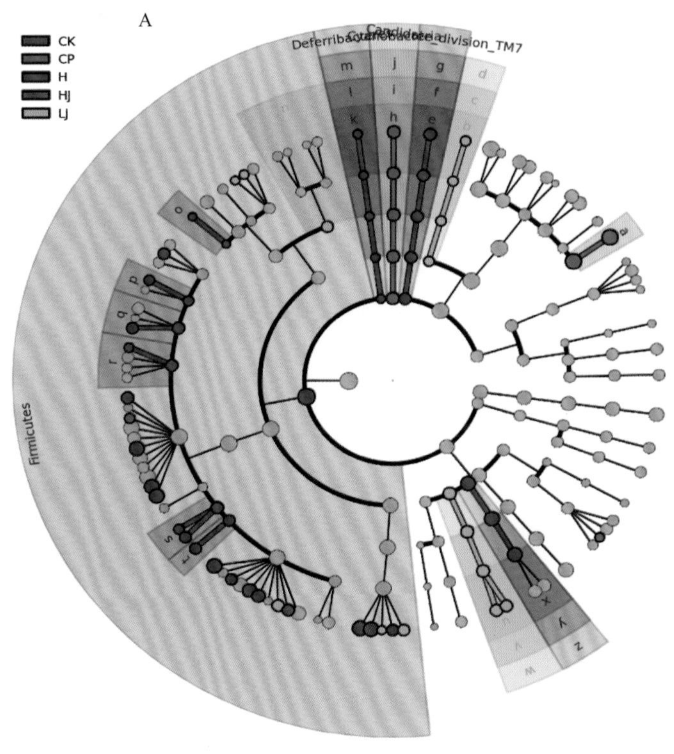

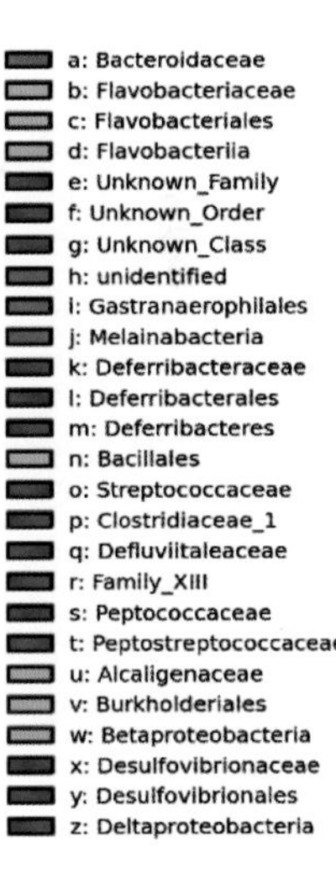

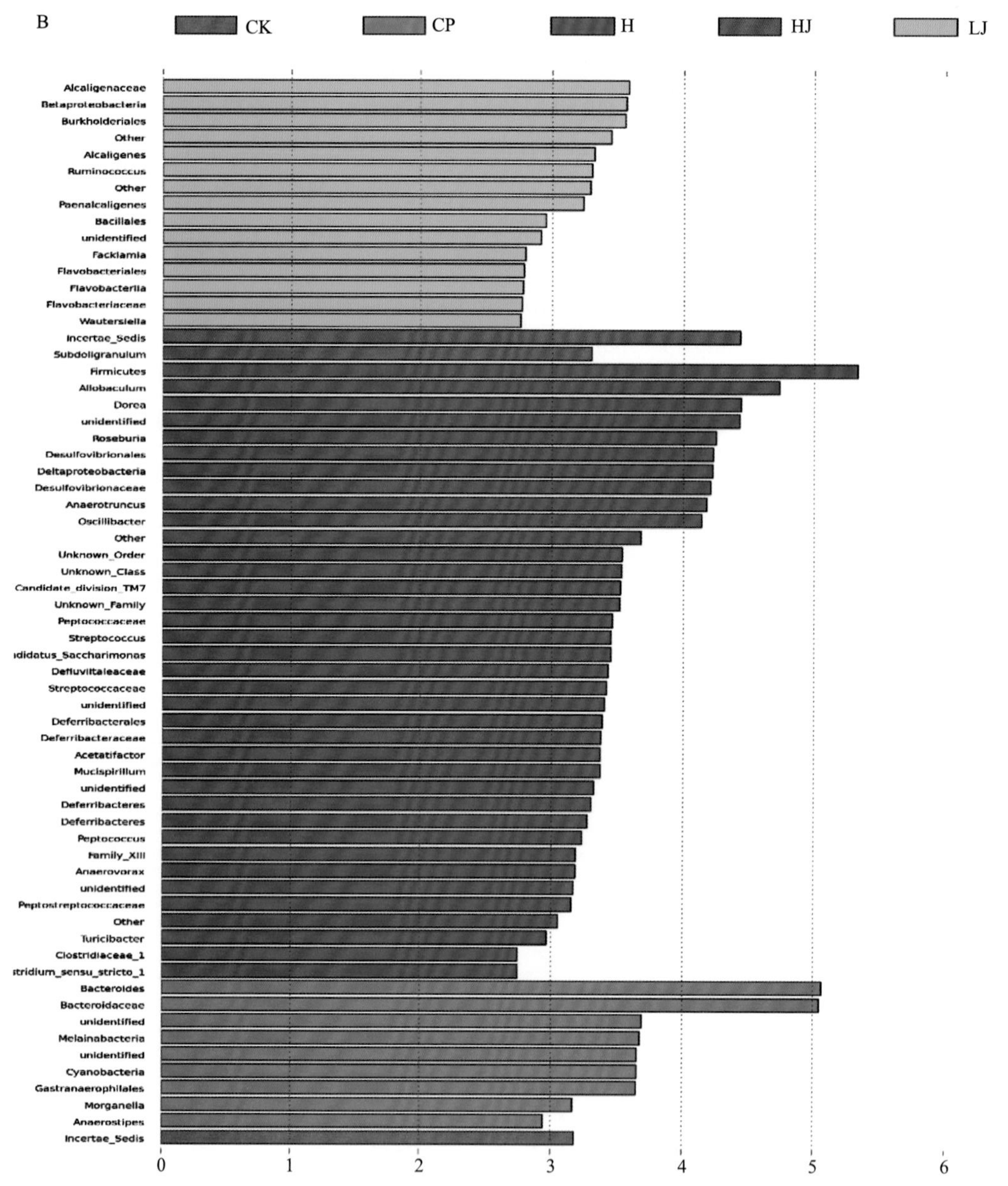

图 8-17　统计学（A）和生物学一致性差异分类（B）表示的 LEfSe 统计结果

CK：空白对照组，普通饲料+生理盐水 5 g/（kg·d）；H：高血糖对照组，普通饲料+生理盐水 5 g/（kg·d）；CP：阳性药物组，普通饲料+盐酸二甲双胍片 0.125 g/（kg·d）；LJ：低剂量菊粉组，普通饲料+菊粉 5 g/（kg·d）；HJ：高剂量菊粉组，普通饲料+菊粉 20 g/（kg·d）

（8）饲喂菊芋菊粉缓解了高血糖及糖尿病小鼠的症状

链脲佐菌素（STZ）是一个广谱抗生素，从无色的链霉素中分离得到，其为无色固体，易溶于水，其水溶液在室温下极不稳定，可在数分钟内分解成气体，因此其水溶液必须在低温和 pH 4 条件下保存[142]。胰岛素分泌减少和胰岛素抵抗是 II 型糖尿病的基本病变特点。STZ 能够选择性破坏特定的胰岛 β 细胞，且对组织毒性小，动物存活率高，因而对实验动物给予少量的 STZ，同时饲喂高脂饲料造成外周组织对胰岛素不敏感，STZ 和高脂饲料的联合使用诱导出最接近人类Ⅱ型糖尿病的动物模型。

饲喂菊芋菊粉缓解小鼠高血糖及糖尿病试验中，南京农业大学海洋科学及其能源生物资源研究所菊芋研究小组通过对正常 C57BL/6J 小鼠饲喂高脂饲料联合多次腹腔注射小剂量 STZ，诱导高血糖小鼠模型。以不同剂量的菊芋菊粉对高血糖小鼠进行处理，经过为期 4 周的处理，与高血糖对照组（H 组）相比，高剂量菊粉组（HJ 组）小鼠体重显著降低（$P \leqslant 0.05$），低剂量菊粉组（LJ 组）、中剂量菊粉组（MJ 组）和高剂量菊粉组（HJ 组）小鼠体重表现出显著降低趋势，并且呈现出剂量依赖性，但是与高血糖对照组（H 组）相比，阳性药物组（CP 组）、低剂量菊粉组（LJ 组）、中剂量菊粉组（MJ 组）和高剂量菊粉组（HJ 组）小鼠的日均饲料食用量显著增加（$P \leqslant 0.05$），表明饲喂菊芋菊粉小鼠虽然饲料的日食用量增加但是并没有转化为脂肪增加体重。而与高血糖对照组（H 组）相比，阳性药物组（CP 组）、低剂量菊粉组（LJ 组）、中剂量菊粉组（MJ 组）和高剂量菊粉组（HJ 组）小鼠的相对肝重显著减少（$P \leqslant 0.05$）。相对肝重越高，表示饲料中的脂肪成分利用率越高，或者脂肪成分功能越多，表明脂肪在肝脏、胰腺的沉积量更多。

由高血糖小鼠空腹血糖和血清血脂水平的测定结果可以看出，与高血糖组（H 组）小鼠相比，低剂量菊粉组（LJ 组）、中剂量菊粉组（MJ 组）和高剂量菊粉组（HJ 组）小鼠空腹血糖值显著降低，并且菊粉的作用效果呈现出剂量依赖性；同样低剂量菊粉组（LJ 组）、中剂量菊粉组（MJ 组）和高剂量菊粉组（HJ 组）小鼠血清中的总胆固醇、甘油三酯和高密度脂蛋白胆固醇水平显著降低并呈现出剂量依赖性，表明菊芋菊粉能够降低高血糖小鼠的空腹血糖值并缓解由糖尿病造成的异常的血脂指标。

LDLR 即通常所说的低密度脂蛋白受体，是一类单链糖蛋白膜受体，血浆中富含胆固醇酯的低密度脂蛋白（LDL）在其介导作用下进入胞内代谢分解，从而清除血管中的多余脂质，其功能异常将导致体内脂代谢紊乱[143]。肝细胞基底外侧的网格蛋白小窝由 LDL 受体串联形成，LDLRAP1 影响着 LDL 受体介导的胞吐，倘若 LDLRAP1 钝化突变则会严重降低机体中 LDL 的摄入[144]。低密度脂蛋白受体相关蛋白 LRP6 是一种单跨膜受体，于 1998 年被克隆出来[145]。ANKRA2 中文名称为锚蛋白副本家族 A 蛋白，属于低密度脂蛋白受体超家族，是一种新型蛋白，有研究表明它是能够与 mgeialn 抗体相互作用的一种蛋白[146]，而在最新研究中发现，它能够与 BKCa 通道相互作用[147]。载脂蛋白 A4（APOA4）能够促进胆固醇从细胞和肝外组织向肝内转运[148,149]，从而达到加速胆固醇代谢的功能，*APOA4* 是影响冠心病的重要功能基因，其作用原理是通过胆固醇代谢影响血脂代谢。*CYP39A1* 基因编码 7α 甾类羟化酶，该酶参与 24-羟化胆固醇的代谢[150]。TM7SF2 参与固醇代谢，其表达上调促进固醇合成[151]。固醇脱氢酶（NSDHL）位于内质网膜上，与脂滴向高尔基体转运相关，是调节脂滴转运和胆固醇靶点，参与了胆固醇合成[152, 153]。ACAA2（乙酰辅酶 A 酰基转移酶 2）是主要的酰基转移酶并广泛分布于线粒体中，参与了胆固醇的生物合成和脂肪酸 β 氧化等过程，是极其重要的脂类代谢基因[154, 155]。CYP7B1 是生物体内胆酸合成的主要途径之一，其作用原理是催化 7α-位的胆固醇及其衍生物，从而参与胆酸的合成过程[156]。LCAT（卵磷脂胆固醇酰基转移酶）是人体血浆蛋白代谢的关键酶，当 LCAT 功能受损时，HDL 成熟代谢受阻，因而对 HDL 的代谢有重要的作用[157]。这些基因与机体的脂质代谢存在着重要的关系，而高血糖往往易诱发糖尿病患者出现血脂异常[158]，这些试验结果进一步表明菊芋菊粉对肝脏相关脂质基因的表达起着调节作用，从而缓解糖尿病以及减小由糖尿病诱发的心脑血管疾病发生概率。

研究表明，II 型糖尿病发病的一个重要机制是胰岛素抵抗，而产生胰岛素抵抗的一个重要因素为肥胖，肠道菌群结构和功能的改变与肥胖症以及 II 型糖尿病的发生有着很大的关系[159,160]。因此测定菊芋菊粉对肠道菌群结构的影响非常重要。

南京农业大学海洋科学及其能源生物资源研究所菊芋研究小组饲喂菊芋菊粉缓解小鼠高血糖及糖尿病研究中，16S rDNA 测序分析的结果表明，饲喂高脂饲料联合多次腹腔注射小剂量 STZ 可以改变小鼠肠道菌群的组成，而在对高血糖小鼠灌胃菊芋菊粉后，也会改变肠道菌群的产生。研究中，在门水平上虽然各组小鼠肠道内容物的菌群组成总体上表现出很高的相似性，即具有相似的结构组成，但是具体到每个门组成的比例上又表现出很高的差异性。在所有样品中，一共有 8 个门，分别是 Bacteroidetes（拟杆菌门）、Firmicutes（厚壁菌门）、Proteobacteria（变形菌门）、Verrucomicrobia（疣微菌门）、Actinobacteria（放线菌门）、Cyanobacteria（蓝藻菌门）、Candidate_division_TM7 和其他，其中 Bacteroidetes（拟杆菌门）、Firmicutes（厚壁菌门）和 Proteobacteria（变形菌门）是肠道中的优势菌群，占所有微生物的 90%以上，各组之间厚壁菌门与拟杆菌门的比例也不同，可以明显看出，与其余几组小鼠相比，高血糖症组（H 组）小鼠肠道中的 Firmicutes（厚壁菌门）所占的比例显著增加，Bacteroidetes（拟杆菌门）所占的比例显著减少。研究表明，肥胖人群体内的厚壁菌门的数量有增多的现象而拟杆菌门则与之相反，同时实验者也发现，厚壁菌门相比于拟杆菌门能够更加有效地提取碳水化合物的热量[161]。

在饲喂菊芋菊粉高血糖及糖尿病小鼠的肠道所有菌群中，拟杆菌是数量最多的菌群之一，占总菌群的 20%～40%，拟杆菌属占拟杆菌门的 30%，是革兰氏阴性菌的一类专性厌氧的、不形成孢子的、耐胆汁、糖发酵的菌，包含有 10 个种。拟杆菌对机体的健康有着十分重要的作用，研究表明，拟杆菌能够发酵碳水化合物，给宿主提供能量，促进肠道黏膜相关淋巴组织发育[162]，有助于宿主防御病原菌在胃肠道的定植。饲喂菊芋菊粉缓解小鼠高血糖及糖尿病研究中，高血糖组（H 组）小鼠的 *Bacteroides*（拟杆菌属）只有空白对照组（CK 组）小鼠的 0.49 倍，但是高血糖组（H 组）小鼠肠道 *Lactobacillus*（乳酸杆菌属）却是空白对照组（CK 组）小鼠的 1.87 倍。有实验表明，II 型糖尿病患者存在肠道乳酸杆菌增多的现象[163]。在经过饲喂菊芋菊粉后，与高血糖症组（H 组）相比，低剂量菊粉组（LJ 组）和高剂量菊粉组（HJ 组）的小鼠肠道 *Bacteroides*（拟杆菌属）显著增加（分别是高血糖症组的 2.40 倍和 9.14 倍），这与 Larsen 等的研究结果相一致[164]，而 *Lactobacillus*（乳酸杆菌属）减少到高血糖症组（H 组）小鼠肠道 *Lactobacillus*（乳酸杆菌属）的 0.12 倍和 0.32 倍。这些试验结果进一步表明 II 型糖尿病的发生和发展与肠道菌群的失调存在着密切的联系，而从对正常以及高血糖小鼠肠道菌群的分析，可以看出菊芋菊粉能够改善肠道菌群的丰度和多样性，增加肠道中有益菌群的数量，从而缓解糖尿病症状，对机体产生有益影响。

南京农业大学海洋科学及其能源生物资源研究所菊芋研究小组从饲喂菊芋菊粉缓解小鼠高血糖及糖尿病研究中获得了如下重要结论。

①高血糖小鼠在经过饲喂菊芋菊粉之后，空腹血糖值显著降低，表明菊芋菊粉能够改善高血糖小鼠的空腹血糖。

②高血糖小鼠在经过饲喂菊芋菊粉之后，血清血脂指标显著降低，表明菊芋菊粉能够缓解高血糖而引起的血清血脂指标的异常升高，防止由糖尿病引起的心脑血管疾病的发生。

③饲喂菊芋菊粉，高血糖小鼠肝脏相关脂质基因的表达量发生改变，表明菊芋菊粉对肝脏相关脂质基因的表达起着调节作用，从而缓解糖尿病以及减小由糖尿病诱发的心脑血管疾病发生概率。

④饲喂菊芋菊粉，高血糖小鼠的肠道菌群的丰度和多样性出现显著性差异，处理之后肠道中拟杆菌属所占的比例显著增加，表明菊芋菊粉能够增加肠道中有益菌群的数量。

3. 菊芋菊粉对动物肥胖症的缓解效应及过程

肥胖是一种慢性疾病，由营养代谢障碍引起，当机体能量的摄入量超过消耗量时，多余的能量则会以脂肪的形式储存在体内，堆积的脂肪超过一定量或者分布异常就会导致体重增加，最终引起肥胖[165]。长期肥胖会给机体带来严重影响，会导致机体出现一系列的病理变化，例如糖、脂质代谢和内分泌紊乱，增加糖尿病、高血脂等一系列疾病的发生概率[166]。

为进行菊芋菊粉对动物肥胖症的缓解效应试验，南京农业大学海洋科学及其能源生物资源研究所菊芋研究小组通过采用高脂饲料诱导建立小鼠肥胖模型，对模型小鼠分别采用 9.0‰生理盐水、低剂量菊粉、高剂量菊粉进行处理，通过测定小鼠体重、肝体比和血清学指标（总胆固醇、甘油三酯、高密度脂蛋白胆固醇和低密度脂蛋白胆固醇），并观察肝脏油红 O 染色切片，以期为菊粉利用于减肥领域提供理论依据。同时使用奥利司他处理作为对照组，奥利司他是目前全球唯一的 OTC 减肥药[167]，是一种胃肠道脂肪酶抑制剂，它通过抑制胃中的胃脂肪酶和小肠腔内的胰脂肪酶来减少食物中的脂肪（主要是甘油三酯）的水解。

（1）菊芋菊粉对动物肥胖症的缓解效应实验动物

6 周龄 SPF 级健康 BALB/c 雄性小鼠 50 只，购买于扬州大学比较医学中心，动物合格许可证编号：201502865，实验动物生产许可证编号：SCXK（苏）2012-0004。

菊芋菊粉对动物肥胖症的缓解效应试验中相关的所有动物试验均在南京农业大学实验动物中心[许可证编号：SYXK（苏）2011-0036]进行。所有小鼠分笼饲养，每笼 5 只，自然光照，自由饮食，自由饮水；饲养室内温度控制在 20～26℃，相对湿度为 40%～70%，室内光照昼夜明暗交替时间为 12 h/12 h，参照《实验动物环境及设施》（GB 14925—2010）。

（2）肥胖症试验小鼠模型的构建

菊芋菊粉对动物肥胖症的缓解效应试验：南京农业大学海洋科学及其能源生物资源研究所菊芋研究小组利用高脂饲料长期饲喂 BALB/c 小鼠进行造模。将 50 只小鼠适应性喂养一周后，随机分成普通组 10 只和造模组 40 只（4 组）。分别给予普通饲料和 45%高脂饲料喂养，每天给足量饲料，小鼠均自由饮水，自由采食。连续喂养 12 周后称体重，造模组小鼠体重为（40.28±1.50）g，普通组小鼠体重为（33.81±0.50）g，造模组的体重超过普通组体重的 20%，表明造模成功[168]。

（3）菊芋菊粉对肥胖症试验小鼠的干预试验设计

将造模组 40 只小鼠，随机分为模型对照组（M 组）、低剂量菊粉组（L 组）、高剂量菊粉组（H 组）和奥利司他组（O 组），每组 10 只，同时将普通组的 10 只小鼠当作空白对照组（CK 组），分组及饲养方法见表 8-18。4 周后，采集数据。试验过程中小鼠自由饮水摄食，每日上午 9 点灌胃。

表 8-18　菊芋菊粉对动物肥胖症的缓解效应试验设计

组别	代号	饲料类型	灌胃试剂	灌胃剂量/[g/（kg·d）]
空白对照组	CK 组	普通饲料	生理盐水	5
模型对照组	M 组	高脂饲料		5
低剂量菊粉组	L 组	高脂饲料	菊粉	2.5
高剂量菊粉组	H 组	高脂饲料		10
奥利司他组	O 组	高脂饲料	奥利司他	9.6×10^{-3}

注：小鼠的灌胃剂量以体质量计。

（4）菊芋菊粉对肥胖症试验小鼠检验的指标以及处理

南京农业大学海洋科学及其能源生物资源研究所菊芋研究小组在试验小鼠灌胃处理的 4 周内，每隔一周对小鼠进行一次称重，记录每组小鼠的整体情况并观察变化趋势。

建模成功后，禁食 24 h，小鼠剪尾取血，离心取上清液，测血清中总胆固醇、甘油三酯和高、低密度脂蛋白胆固醇的含量。灌胃结束后，同样禁食 24 h，眼眶取血，重复上述步骤测指标。然后测定比较各组血清学指标以及高、低密度脂蛋白胆固醇含量的比值。此血液指标的测定在江苏省中西医结合医院完成，血液检测仪器为 Cobas 8000[罗氏诊断产品（上海）有限公司，德国]。

对小鼠进行解剖，迅速取出小鼠的肝脏，用生理盐水（9.0‰）将其表面的血渍洗干净，用滤纸拭干，称重用于计算脏器指数（肝体比=肝重/体重×100%）。肝脏油红 O 染色切片同前。

菊芋菊粉对动物肥胖症的缓解效应试验中，南京农业大学海洋科学及其能源生物资源研究所菊芋研究小组利用 Microsoft Excel 2010 和 SPSS 19.0 统计软件进行数据分析，试验结果表示为平均值±标准误（mean ± SEM），当数据差异显著时，采用单因素方差分析（one-way ANOVA）、Tukeys 检验进行多重比较，差异水平定为 $P\leqslant0.05$。

（5）菊芋菊粉对肥胖症试验小鼠体重、生理生化指标的效应分析

南京农业大学海洋科学及其能源生物资源研究所菊芋研究小组分析了菊芋菊粉对肥胖症试验小鼠体重、生理生化指标的效应。

①菊芋菊粉对肥胖症试验小鼠体重的影响。从图 8-18 中可以看出，空白对照组（CK 组）小鼠体重在处理两周时无显著性差异，处理 4 周后小鼠体重总共下降了 9.32%。模型对照组（M 组）在处理的前 3 周内小鼠体重有明显波动，到了第 4 周小鼠体重显著下降，总共下降了 10.56%。在处理 4 周后，低剂量菊粉组小鼠体重下降明显，但中间小鼠体重有升降波动；高剂量菊粉组中间过程小鼠体重升降波动剧烈，但有下降趋势。奥利

司他组在处理第 1 周小鼠体重明显增加，后 3 周小鼠体重明显降低。

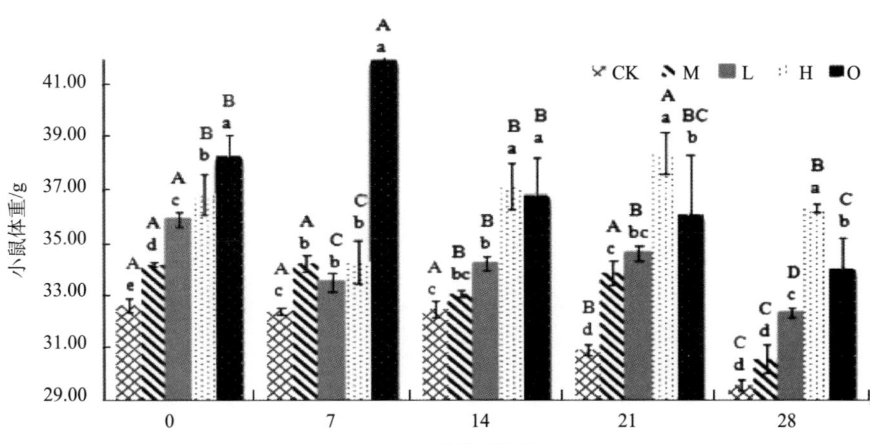

图 8-18　小鼠体重动态变化情况

a, b, c, d, e 表示同一处理时期不同组之间的差异性（$P≤0.05$）。A,B,C,D 表示同一组不同处理时期的差异性（$P≤0.05$）。CK：空白对照组，普通饲料+生理盐水 5 g/（kg·d）；M：模型对照组，高脂饲料+生理盐水 5 g/（kg·d）；L：低剂量菊粉组，高脂饲料+菊粉 2.5 g/（kg·d）；H：高剂量菊粉组，高脂饲料+菊粉 10 g/（kg·d）；O：奥利司他组，高脂饲料+奥利司他 9.6×10^{-3} g/（kg·d）

②饲喂菊芋菊粉对肥胖症试验小鼠血清学指标的影响。南京农业大学海洋科学及其能源生物资源研究所菊芋研究小组对饲喂菊芋菊粉肥胖症试验小鼠血清学指标变化进行了研究。

a）饲喂菊芋菊粉肥胖症试验小鼠总胆固醇和甘油三酯变化。

如图 8-19 所示，空白对照组（CK 组）、模型对照组（M 组）以及奥利司他组（O 组）在处理 4 周后，肥胖症试验小鼠血清总胆固醇的含量都有所上升，上升后三组的血清总胆固醇含量无显著性差异（$P≤0.05$）。而处理后的高、低剂量菊粉组（H 组、L 组）的总胆固醇含量都有所下降，下降后与其他 3 组的总胆固醇含量有较大差异。

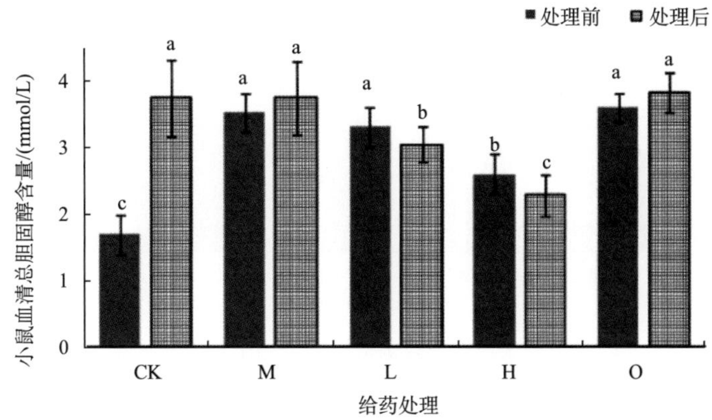

图 8-19　小鼠血清总胆固醇含量变化

a, b, c 表示同一处理时期不同组之间的差异性（$P≤0.05$）；CK：空白对照组，普通饲料+生理盐水 5 g/（kg·d），M：模型对照组，高脂饲料+生理盐水 5 g/（kg·d）；L：低剂量菊粉组，高脂饲料+菊粉 2.5 g/（kg·d）；H：高剂量菊粉组，高脂饲料+菊粉 10 g/（kg·d）；O：奥利司他组，高脂饲料+奥利司他 9.6×10^{-3} g/（kg·d）

如图 8-20 所示，4 周处理后模型对照组的甘油三酯含量降低，空白对照组的甘油三酯含量升高较多，高、低剂量菊粉组的甘油三酯含量上升较少，奥利司他组的甘油三酯含量无升降变化。在处理结束后空白对照组、模型对照组、低剂量菊粉组、高剂量菊粉组、奥利司他组这 5 组的甘油三酯含量无显著性差异（$P \leqslant 0.05$）。

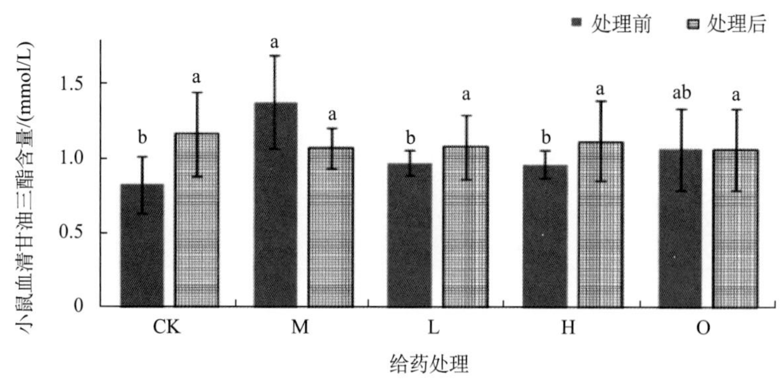

图 8-20　小鼠血清甘油三酯含量变化

a, b 表示同一处理时期不同组之间的差异性（$P \leqslant 0.05$）；CK：空白对照组，普通饲料+生理盐水 5 g/（kg·d）；M：模型对照组，高脂饲料+生理盐水 5 g/（kg·d）；L：低剂量菊粉组，高脂饲料+菊粉 2.5 g/（kg·d）；H：高剂量菊粉组，高脂饲料+菊粉 10 g/（kg·d）；O：奥利司他组，高脂饲料+奥利司他 9.6×10^{-3} g/（kg·d）

b）饲喂菊芋菊粉肥胖症试验小鼠高、低密度脂蛋白胆固醇变化。

如图 8-21 和图 8-22 所示，4 周处理后，空白对照组和模型对照组的高、低密度脂蛋白胆固醇含量上升，高剂量菊粉组的高、低密度脂蛋白胆固醇含量下降，低剂量菊粉组的高密度脂蛋白胆固醇含量轻微上升，低密度脂蛋白胆固醇含量下降，奥利司他组的高密度脂蛋白胆固醇含量轻微上升，低密度脂蛋白胆固醇无变化。

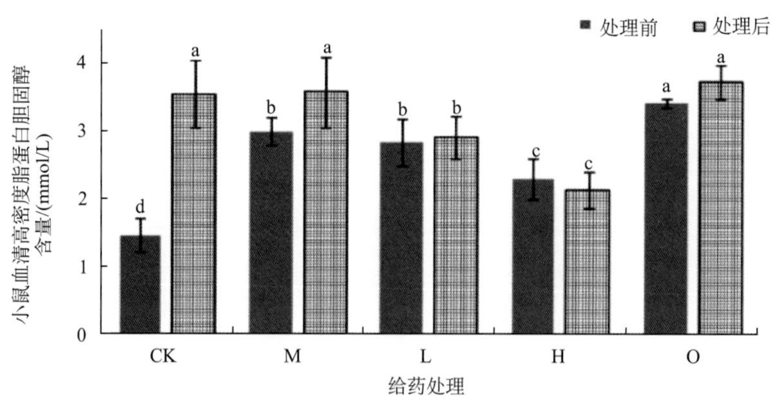

图 8-21　小鼠血清高密度脂蛋白胆固醇含量变化

a, b, c 表示同一处理时期不同组之间的差异性（$P \leqslant 0.05$）；CK：空白对照组，普通饲料+生理盐水 5 g/（kg·d）；M：模型对照组，高脂饲料+生理盐水 5 g/（kg·d）；L：低剂量菊粉组，高脂饲料+菊粉 2.5 g/（kg·d）；H：高剂量菊粉组，高脂饲料+菊粉 10 g/（kg·d）；O：奥利司他组，高脂饲料+奥利司他 9.6×10^{-3} g/（kg·d）

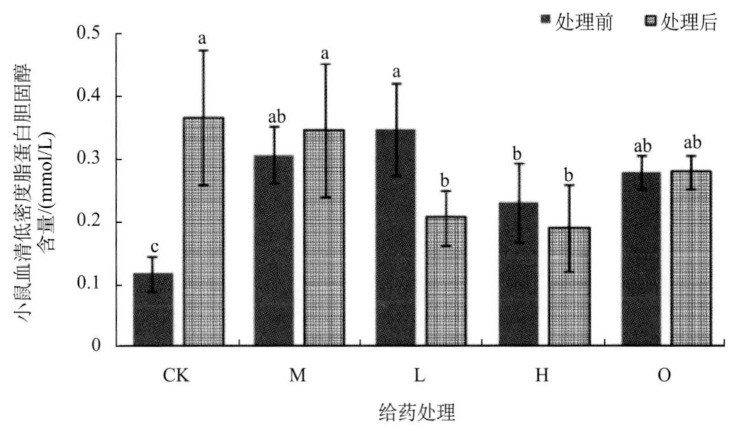

图 8-22　小鼠血清低密度脂蛋白胆固醇含量变化

a, b, c 表示同一处理时期不同组之间的差异性（$P≤0.05$）；CK：空白对照组，普通饲料+生理盐水 5 g/（kg·d）；M：模型对照组，高脂饲料+生理盐水 5 g/（kg·d）；L：低剂量菊粉组，高脂饲料+菊粉 2.5 g/（kg·d）；H：高剂量菊粉组，高脂饲料+菊粉 10 g/（kg·d）；O：奥利司他组，高脂饲料+奥利司他 $9.6×10^{-3}$ g/（kg·d）

如图 8-23 所示，4 周处理后，空白对照组的比值下降，模型对照组，高、低剂量菊粉组，奥利司他组的比值有所上升，模型对照组和奥利司他处理组的比值上升较少，低剂量菊粉组的比值上升较多。

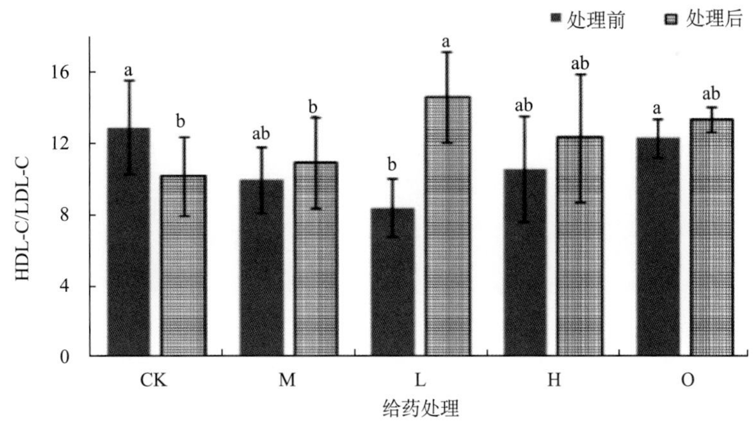

图 8-23　小鼠血清高、低密度脂蛋白胆固醇比值变化

a, b 表示同一处理时期不同组之间的差异性（$P≤0.05$）；CK：空白对照组，普通饲料+生理盐水 5 g/（kg·d）；M：模型对照组，高脂饲料+生理盐水 5 g/（kg·d）；L：低剂量菊粉组，高脂饲料+菊粉 2.5 g/（kg·d）；H：高剂量菊粉组，高脂饲料+菊粉 10 g/（kg·d）；O：奥利司他组，高脂饲料+奥利司他 $9.6×10^{-3}$ g/（kg·d）

c）饲喂菊芋菊粉肥胖症试验小鼠肝脏指标变化。南京农业大学海洋科学及其能源生物资源研究所菊芋研究小组研究了饲喂菊芋菊粉肥胖症试验小鼠的肝脏指标变化。

（a）饲喂菊芋菊粉肥胖症试验小鼠肝体比。如表 8-19 所示，高剂量菊粉组的肝体比显著低于模型对照组，模型对照组的肝体比高达 5.43%，而低剂量菊粉组的肝体比为 4.68%，高剂量菊粉组的肝体比为 3.03%。这说明菊粉对于肝体比有一定的降低作用，而奥利司他组与模型对照组无显著性差异，说明奥利司他对此并没有显著降低作用。

表 8-19　小鼠肝体比　　（单位：%）

组别	肝体比
空白对照组	5.74±0.00a
模型对照组	5.43±0.00ab
低剂量菊粉组	4.68±0.00b
高剂量菊粉组	3.03±0.01c
奥利司他组	5.34±0.01ab

（b）饲喂菊芋菊粉肥胖症试验小鼠肝组织油红 O 染色切片。如图 8-24 所示，A 中脂肪滴（橘红色圆点）少于 B、C、D、E，说明高脂饲料喂养的小鼠的肝脏中脂肪堆积远多于普通饲料喂养的小鼠。对 B、C、D、E 进行比较可知，模型对照组的脂肪滴远多于低剂量菊粉组、高剂量菊粉组和奥利司他组这 3 组，说明模型对照组小鼠的肝脏中脂肪堆积的数量高于其他 3 组，另外高、低剂量菊粉组之间区别较小。

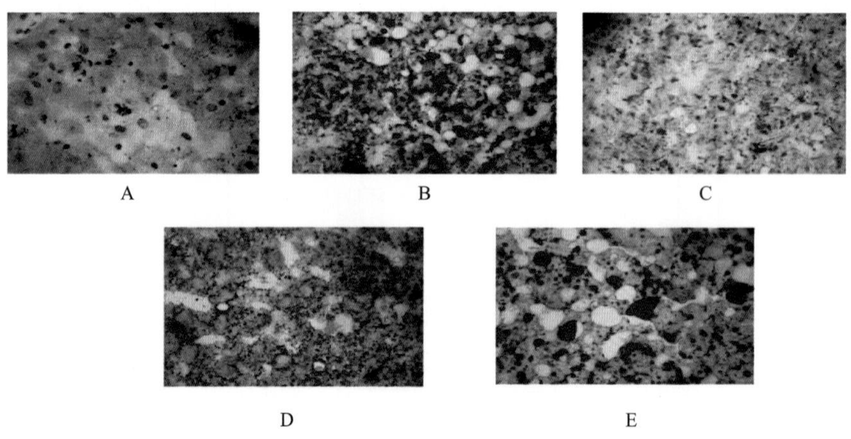

图 8-24　小鼠肝脏组织油红 O 染色切片

A.空白对照组；B.模型对照组；C.低剂量菊粉组；D.高剂量菊粉组；E.奥利司他组；400 倍放大率

（6）饲喂菊芋菊粉缓解了肥胖症试验小鼠的症状

关于菊粉对于肥胖方面的影响，目前大多数的研究都是在小鼠未达到肥胖标准以前就进行菊粉干预，且多数研究证明菊粉对体重的增长有抑制作用[169]。菊粉对小鼠体重的增长具有一定的缓解作用，但其作用没有阳性药物奥利司他这么剧烈。5 组小鼠体重在处理期间不管是否经过菊粉处理，体重都在逐渐下降，空白对照组有一个持续下降的趋势，模型对照组的小鼠在第 2 周和第 4 周时体重有一个下降趋势，高、低剂量菊粉组总体呈下降趋势但在第 2 周和第 3 周时体重有回升。这可能是由于建模后，小鼠进入处理阶段时，肥胖造成的代谢紊乱导致体重降低，特别是模型对照组的小鼠，由于身体状况得不到缓解，最后 1 周模型对照组的小鼠体重出现了严重的下滑，体重下降速率甚至大于高、低剂量菊粉组和奥利司他组。相比之下，高、低剂量菊粉组由于代谢紊乱得到了缓解，小鼠渐渐变得安静，体重快速下降现象在后期消失。另外由于试验处理过程中，小鼠一直食用高脂饲料而且没有控制食量，因此在第 2 和第 3 周时，高、低剂量菊粉组的小鼠因身体对菊粉有所适应而产生了体重回升现象，不过最终高、低剂量菊粉组的小鼠体重都具有下降的趋势，这可以说明菊粉对小鼠体重的增加具有缓解作用。

血清总胆固醇含量的多少与心脑血管疾病的发病率关系密切，而血清甘油三酯是重要的临床血脂常规测定指标，目前作为冠心病的一项独立危险因素。血清中这两者的长期增高，以及长期肥胖会导致动脉粥样硬化，诱发冠心病等疾病[170]，高甘油三酯血症等与肥胖病症密切相关。本次试验由于前期建模时间过长，从空白对照组和建模对照组的小鼠的血清生化指标中可以看出，使用普通饲料和使用高脂饲料对小鼠最终的总胆固醇含量并没有特别大的影响。高、低剂量菊粉组在经菊粉处理后，其总胆固醇含量不仅没有上升至空白对照、模型对照组的水平，反而都有明显的降低，这说明菊粉对小鼠血清中总胆固醇含量的降低有一定作用。模型对照组的甘油三酯含量低于其他任意一组，这可能和肝功能的异常有关[171]。

磷脂、载脂蛋白、胆固醇和少量脂肪酸组成高密度脂蛋白胆固醇（HDL-C），其合成部位为肝脏。其被称为脂质的“清道夫”，主要原因是其能将血液中多余的胆固醇转运到肝脏，再通过胆道排泄出去。所以血清中 HDL-C 值偏高是好事。但血清中的 LDL-C 值偏高即低密度脂蛋白胆固醇含量偏高则会引发多种疾病如冠心病，还会诱发脂肪肝。研究表明 H/L 比值可以间接反映动脉粥样硬化的情况，对冠脉疾病的诊断有一定指示作用[172, 173]。本书中普通饲料和高脂饲料喂养的小鼠在生理盐水的处理下，高、低密度脂蛋白胆固醇含量都会升高至一定水平，且相互之间无显著性差异，但用高、低剂量菊粉处理后，两组的数值都无法达到空白对照和模型对照组的水平，说明菊粉对小鼠血清中高、低密度脂蛋白胆固醇含量都有降低作用，且对低密度脂蛋白胆固醇含量的降低作用更加明显。由于菊粉明显降低了低密度脂蛋白胆固醇含量，高、低剂量菊粉组的 H/L 比值明显提高，这说明菊粉通过降低血清中的总胆固醇、甘油三酯和低密度脂蛋白胆固醇的含量，增加 H/L 的比值，可以缓解小鼠由肥胖引起的血脂异常情况，从而能够降低心脑血管等疾病的发病率，缓解肥胖对身体带来的危害。

饲喂菊芋菊粉缓解小鼠肥胖症研究中模型对照组的脂肪滴数量显著高于其他各组，说明 4 周的菊粉处理和药物奥利司他处理可以减少肝脏脂肪的堆积，但无法恢复到空白对照组的水平，而高剂量菊粉组与低剂量菊粉组的作用效果差别较小，且从肝体比的数据也可以很好地印证菊粉对肝脏脂肪堆积的缓解作用。

南京农业大学海洋科学及其能源生物资源研究所菊芋研究小组通过近 6 年对小白鼠血脂、血糖及其肥胖症的调控研究，取得了令人关注的结论：

①肥胖小鼠在经过菊芋菊粉处理 4 周之后，低剂量菊粉组体重下降明显，但中间有体重升降波动；高剂量菊粉组中间过程体重升降波动剧烈，但有下降趋势，这说明菊粉对小鼠体重的增加具有缓解作用。

②肥胖小鼠在经过菊芋菊粉处理之后，高、低剂量菊粉组的总胆固醇含量都有所下降，下降后与其他 3 组的总胆固醇含量有较大差异，高剂量菊粉组的高、低密度脂蛋白

胆固醇含量下降，低剂量菊粉组的高密度脂蛋白胆固醇含量轻微上升，低密度脂蛋白胆固醇含量下降，这说明菊粉对小鼠血清中总胆固醇和高、低密度脂蛋白胆固醇含量的降低有一定作用，且对低密度脂蛋白胆固醇含量的降低作用更加明显。

③经过对菊芋菊粉处理后肥胖小鼠肝脏油红 O 染色切片分析，模型对照组的脂肪滴数量显著高于其他各组，说明 4 周的菊粉处理可以减少肝脏脂肪的堆积，但无法恢复到空白对照组的水平，而高剂量菊粉组与低剂量菊粉组的作用效果差别较小，表明菊粉可以较好地缓解肝脂肪堆积。

8.3.3　菊芋菊粉作为脂肪替代品

在食物中应用低能量的脂肪替代品有利于减少饮食中的能量密度。然而，由于脂肪的一些重要的质量属性，这些食物高度适口，这是很重要的。当脂肪被全部或部分替代时，食物必须有和最初的高脂肪食物相当的流变性与感官品质。质地性能尤其重要，因为脂肪对质地、口感、食物的质量有很明显的影响。因此，除了降低能量密度，一个可以接受的脂肪替代品必须有适当的功能特性，如热稳定性、乳化性、通风性、润滑性、伸展性、质感和口感[174, 175]。

菊粉可用来代替某些肉类[176]和传统的可挤压与可伸展的食物产品中脂肪的重要部分。随着脂肪的降低，水量会增加到损害产品结构的程度。然而，这些产品中的水合能力和菊粉的熔化与流变能力允许将脂肪含量从大约 80%降至 20%～40%。

与较低聚合度的部分相比，菊粉较高分子量部分的功能更像脂肪。因此，当菊粉被用作脂肪替代品时，低分子量部分通常被去除，留下的产品的平均聚合度为 25 或更高。较高分子量的菊粉可形成一个具有良好伸展性的凝胶[177]。除非使用非常高水平（25%）的菊粉，否则需要加入凝胶形成蛋白和亲水胶来改变产品的结构特性。

低脂肪可挤压范围和软产品（例如，软奶酪，可伸展人造黄油）要求一定比例的塑胶应力，最大应力为 0.95～1[177]。通常，大约 15%的高聚合度部分（约 25 dp）可用于这种产品。

菊粉易溶于水，但其溶解度易受温度的影响，水合能力约 2∶1，在溶液中能降低水的凝固点。它能分散在水中，但由于其吸湿性而趋向于成团，这个问题能通过它与糖或淀粉的混合而部分地解决。商业用菊粉由于存在葡萄糖、果糖和蔗糖而稍有甜味，气味中性。

由于与水的作用，菊粉具有了作为脂肪替代品的功能[175]。随菊粉在溶液中的浓度增加，溶液的黏稠度增加。最初在 1%～10%时，黏稠度小但逐渐增加；在 11%～30%时，有更明显的增加，但是不形成凝胶。水中菊粉在 30%以上时，分散粒子形成，冷却 30～60 min 即可形成凝胶。菊粉浓度增加时，凝胶形成得更快，而且在很高的水平（即 45%～45%），凝胶的形成非常快。这种凝胶很像奶油和脂肪，它们的强度是菊粉浓度的函数（虽然其他因素也可影响凝胶的强度）。菊粉的进一步增加引起凝胶的坚硬度增加，当菊粉水平接近 50%时，凝胶变得非常坚硬但是仍保持它们的脂肪感。

凝胶的形成抑制了菊粉的水解[175]。在低浓度（即低于凝胶形成浓度）时，菊粉可在 pH 低于 3 和非常高的温度条件下水解，因为这种条件下存在“自由水”。在凝胶形成过程中，菊粉在酸性和高温条件下保持稳定，这是因为缺乏可用水。

8.4 菊芋菊粉的修饰

菊芋菊粉的修饰越来越引起人们的关注，据报道英国研发机构通过菊粉的分子修饰，成功研制了“氨基菊芋糖酸”（aminolaevulinic acid），它是一种新的感光药物，用于辅助治疗皮肤癌，比传统的治疗方式节省时间，治疗起来也相当方便。预计未来这种发光药膏将投入临床应用，专家希望它能够在英国医学领域推广。克雷梅特指出，这种发光药膏最吸引人的方面就是使患者在治疗期间能够自由活动。作用原理是氨基菊芋糖酸的感光药物可被皮肤吸收，附在癌细胞上，引导其他药物在 30 min 内杀死癌细胞。这些通过菊粉修饰而研制的新产品越来越广泛，反过来促进人们对菊粉修饰的研发越来越深入。

8.4.1 菊粉生物水解

本小节主要介绍通过生物酶降解菊芋菊粉的进展。

1. 菊粉完全水解：果糖浆

果糖浆被广泛应用于食品工业，因为它们比蔗糖更甜，因此，用更少的糖就可实现给定水平的甜度（即在同一重量基础上，果糖比蔗糖甜 1.2 倍）。另外，果糖在人体中的新陈代谢不是胰岛素依赖型的，它比其他糖更不易引起蛀牙[178]。目前，大部分用于食品工业的果糖是利用玉米淀粉——一种葡萄糖聚合体通过水解和异构化生产的。果糖的浓度大约为 42%，但可通过色谱法分离剩余葡萄糖和进一步异构化使其增加到 95%。相反的，作为果糖聚合体，菊粉是很好的生产高果糖浆的候选者。它很容易用酶法或化学法水解[179]。例如，化学水解可通过利用强酸性阳离子交换，酸化到 pH 为 2～3 和加热到 70～100℃来实现[180]。然而产生的不良污染物必须清除。

酶水解要求单一的酶——菊粉酶，这种方法可产生高纯度的产品[180]。果糖的百分比因菊粉的聚合度不同而不同，聚合度状况受物种、品种[181]、收获时间[182]和其他因素的影响[183]。早收获的菊芋菊粉的平均聚合度是 10～15，而晚收获的仅有 3～5。更短链长菊粉产生的糖浆中，葡萄糖浓度逐渐升高，果糖浓度逐渐降低（即早收获的含 96%的果糖，晚收获的只有 65%）。因此，用菊粉生产高果糖浆包括两个过程：水解和必要时浓缩果糖。

几类酶能水解菊粉中果糖基的连接键。内切菊粉酶可切断链中的连接键，产生聚合度减少的果聚糖[即 β-D-低聚果糖（EC3.2.26）]。相反，外切菊粉酶[2,1-β-D-果聚糖水解酶（EC3.2.1.7）]可切断末端的单个 D-果糖分子。外切菊粉酶更受欢迎，它可由许多微生物产生，包括真菌、酵母菌和细菌[184,185]；通常情况下，这种酶可从微生物中分离出来使用。分离的菊粉酶或者用于批量水解菊粉或者用于固定 flowthrough 柱状水解系统。例如，从 *K. fragilis* 中纯化的菊粉酶已被固定于 2-氨乙基纤维素中[186]。

要获得高纯度的果糖浆，有必要在水解前移除低聚合度的菊粉或在水解后移除葡萄糖。移除短链长菊粉可通过色谱法、酶移除法、用乙醇或低温[187]或超滤沉淀更高分子量部分的方法来实现[188]。酶移除法通常利用酵母菌株，其对菊粉的发酵仅限于低分子量部分（即酿酒酵母）[189]。最初发酵原料菊粉可从低分子量部分生产乙醇，然后用外菊粉酶水解剩余的高聚合度菊粉。利用这个技术，早收获和晚收获的菊芋菊粉可分别生产果糖含量高达 95%和 90%的糖浆。

2. 菊粉部分水解：菊粉低聚物

菊粉低聚物通常被视为聚合度<9 的低聚果糖。这个基团中有聚合度为 2～4 的短链低聚果糖。菊粉低聚物有多项用途。例如，短链部分可用于保健食品的益生元成分，也可作为甜味剂，因为它的甜度大约是蔗糖的 45%。

低聚菊粉可通过合成或部分水解高分子量部分（即聚合度为 20～25）来生产。低聚物部分的准备方法取决于最终产物和最初原料中的聚合度范围。菊芋菊粉的聚合度比菊苣的低，当收获延迟时，聚合度逐渐降低。因此，有必要用超滤、色谱法或其他方法分离较低分子量部分，而不用水解法。

然而，通常情况下，菊粉可在低聚合度范围中分次移除单糖、二糖和低聚物。这可通过利用外切菊粉酶，接着利用阳离子交换柱（Ca^{2+}形式）或其他方法（即色谱法、超滤和结晶化）从较高分子量聚合物中分离出单糖和二糖来实现。然后用内切菊粉酶水解较长链长部分[190]，产生一个相对高水平低聚果糖（聚合度 1～7）的混合物，低聚果糖有减少的末端和一个终止在葡萄糖的部分。这可以在带 Ca^{2+}的低交联强酸性阳离子交换树脂中用色谱法分离，得到聚合度在 2～7 的 90%果寡糖的部分。这个部分可以被镍和氢在压力下氢化，产生果糖基甘露醇和果糖基山梨醇[191]。

8.4.2 菊粉化学水解

菊粉还可以化学水解随后干燥以生产羟甲基糠醛，这是一个重要的工业化学药品[192-195]。同样，对 D-果糖催化加氢可生成 D -甘露醇和 D -山梨醇混合物，其中甘露醇可以通过结晶分离[192]。

1. 羟甲基糠醛

羟甲基糠醛是一个重要的工业化学药品，有广泛的用途。它是合成药品、抗热聚合物和复杂大环的前体物质（即 2,5-furandicarbaldehyde, 2,5-furandicarboxylic acid）的初始原料。它可通过在酸性介质中加热菊粉来合成，在酸性介质中，菊粉首先水解为果糖，然后脱水形成羟甲基糠醛，有可能获得 80%的产量[196]。损失可能发生在副反应过程，如给乙酰丙酸补液，尤其是在蒸馏过程中。

2. 甘露醇

甘露醇有多种多样的工业应用。它是食品工业中使用的非吸湿性、低热量、非生龋齿的甜味剂，也是合成其他化合物的原料。例如，甘露醇可在 3 或 4 个位置被氧化形成两分子的甘油或甘氨酸，它们可用于合成其他化合物[197,198]。菊粉通过水解和催化加氢可形成甘露醇。这可产生甘露醇和山梨醇，由山梨醇得到的甘露醇很容易结晶。目前，甘露醇主要是用淀粉合成的。

8.5 菊粉发酵

菊粉发酵成其他衍生产品是菊粉极其重要的应用方向之一，南京农业大学海洋科学及其能源生物资源研究所菊芋研究小组、大连理工大学、中国科学院大连化学物理研究所等单位在菊粉（块茎）发酵方面做了一些试验研究，取得了一些有价值的技术参数。

8.5.1 乙醇

菊芋块茎糊、果肉和汁液、茎提取物已被用于生产乙醇。这个过程包括糖化的菊粉通过酸化或酶水解，然后发酵[199,200]或利用有水解和发酵功能的微生物直接转化为乙醇[201-204]。最初，酸水解适用于在用酵母菌如 *Schizosaccharomyces pombe*，或细菌 *Zymomonas mobilis* 发酵前进行水解，因细菌 *Zymomonas mobilis* 是没有直接转化能力的菌群；然而在酸水解过程中产生了不良的副产品，而且这个过程增加了生产的成本。作为一种替代方法，水解和发酵步骤已经结合了固定的无花果曲霉衍生菊粉酶和酵母有机体[205]；然而，最大产量比直接发酵低。

几种可水解菊粉并把单糖转化为乙醇的酵母（如 *Kluyveromyces marxianus*）随后的分离允许不用单独的水解步骤。转化效率是一些过程参数（如温度、pH、营养补充、菊粉的聚合度、糖浓度和发酵方法）的函数。举例来说，较高分子量的菊粉可被生成的乙醇沉淀，大大降低转化率[206]。同样，酵母菌株对乙醇的忍耐力也会影响转化率，这可通过通风或向环境中加入麦角固醇和不饱和脂肪酸来调节[207]。

发酵可以通过分批或连续发酵系统来实现[208-210]。其他选择包括自由与固定细胞和利用细胞循环[211]。例如，与自由细胞系统相比，固定细胞的乙醇生产率增加了 10 倍[202,203]，连续发酵的乙醇合成超出分批发酵的 3.8 倍。然而，最高乙醇产率通常是分批发酵而不是连续培养系统，产率达到 98%～99%。细胞固定允许在相对恒定的产率（95%）下重复利用，一些情况下可高达 11 次（如酿酒酵母）。利用 *K. marxianus* 和典型的菊芋干物质发酵，估计每公顷可得到 7500～8500 L 乙醇[212]。

8.5.2 菊粉转化为正丁醇和丙酮

几株梭菌的分离菌株在厌氧条件下生产正丁醇和丙酮的潜力已被评估。*C. acetobutylicum* 和 *C. pasteurianum* 是可以用菊粉生产正丁醇和丙酮的革兰氏阳性厌氧菌。生物体几乎可以用所有的常见植物糖作为培养基，因此，把菊粉酸水解或酶水解为果糖和葡萄糖是非常重要的第一步。具有菊粉酶[2,1-D-果糖水解酶（EC 3.2.1.7）]活性的菌株能直接水解菊粉。然而，活性水平变化很大，甚至有相对高水解潜力的菌株都能从补充酶中获益。举例来说，利用 *C. acetobutylicum* 和菊芋菊粉反应时，在加入菊粉酶后可在 35℃厌氧条件下进行发酵 24 h。然后加入额外的菊粉酶（375 U/L），发酵可继续 40 h，产生 13.5 g/L 的正丁醇，6.3 g/L 的丙醇和 0.1 g/L 的乙醇[213]。鉴别梭菌菌株的研究会继续进行，现已给出了较好的正丁醇：丙醇：乙醇的产率和总溶液产量。

8.5.3　菊粉转化为其他发酵产品

琥珀酸在农业、食品、医药、纺织、电镀和废物气体洗涤的专业化学合成中有各种各样的应用[214]。目前，通过顺酐对琥珀酸酐的氢化作用和对琥珀酸的水合作用来生产琥珀酸[214,215]。Thermophylic 的厌氧菌 *Clostridium thermosuccinogenes* 可以将菊粉转化为以琥珀酸和乙酸为主的产品[216]。菌株 DSM 5809 用分批发酵（pH 6.75，58℃）生产的琥珀酸最多。在 275 mV 条件下，保持溶液的氧化还原潜能获得的产量与更高潜能和更低潜能的相比是最高的。

2,3-丁二醇有一系列的用途，如燃油添加剂，夹在塑料和油漆中间，可被转化为 1,3-丁二烯，methylethylketone 和几种其他的化学品[217]。细菌 *Bacillus polymyxa* 可将菊芋汁转化为 2,3-丁二醇[218]，最高产量为 44 g/L。

乳酸在食品工业中与在非食品工业中一样有许多用途。细菌 *Pediococcus pentosaceus* 能通过外菊粉酶水解菊粉并将其转化为乳酸[219]。同样，一些 *Lactobacillus* sp.菌株和 *Streptococcus bovis* 可利用菊粉产生乳酸[220]。

8.6　菊 粉 环 化

8.6.1　菊粉转化为环状低聚菊粉

菊粉被用来生产环状低聚菊粉，其中果糖链终止于自身，减少了末端的存在。这些化合物被认为在食物、药物、化妆品、表面活性剂、催化剂、纯化及分离中有潜在的用处。环状化合物包含 6 个、7 个或 8 个果糖亚基[即 cycloinulohexaose（图 8-25 中 1），cycloinuloheptaose，cycloinulooctaose]，六亚基形式最常见（分别为 1.23 g、0.44 g 和 0.09 g）[221]。这些化合物的主要属性是在中央存在一个被相对疏水表面围绕的凹洞。这允许某些疏水分子进入并形成一个稳定的包含物集合体。例如，环状低聚菊粉可与疏水性药物、香料或以油为基础的香料形成水溶性集合体[222]。它们也可潜在地应用于除臭剂中，可以和臭气结合从而将其去除。

环己糖是用环状芽孢杆菌或相似的含果糖转移酶的微生物来合成的，将它们放在含菊粉、酵母提取物和盐的环境中，在 30℃下振荡培养 30 h，然后加热至 100℃使其失活或者直接用环状低聚菊粉果糖转移酶[223]。Cycloinulohexaose 有一个典型的 18-冠-6 框架（图 8-25），可以和金属离子如 Ba^{2+}形成 1∶1 的复合体[224]。已经合成了 cycloinulohexaose 的 permethylated 衍生物，它的金属约束性结合在确定的丙酮中持续存在（$Li^+ < Na^+ < Cs^+ < K^+ < Ba^{2+}$）[225]。有趣的是，在中央的洞中没有发现金属离子，相反，在上部边缘却发现了。

环状低聚菊粉的其他用途包括移除乙醇、烈酒中的涩味环己糖和捕获金属离子如 Ba^{2+}、K^+、Rb^+、Cs^+、Ag^+和 Pb^{2+}。

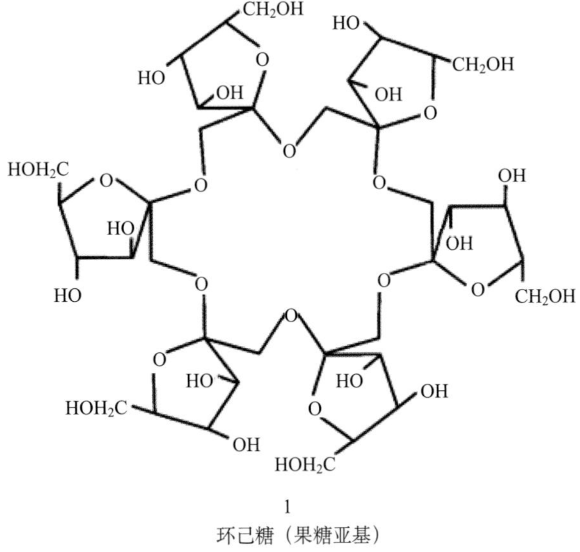

1
环己糖（果糖亚基）

HO
O
O
OH
OH
HO
O
O
OH
HO

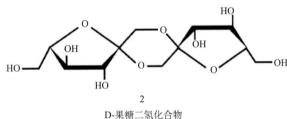

2
D-果糖二氢化合物

图 8-25　环己糖和 D-果糖二氢化合物的结构

8.6.2　菊粉转化为二果糖酐

二果糖酐是果糖的二聚体，可用作低热量食品甜味剂。它们似乎也能起到益生元的作用，可引起大肠中有益微生物的选择性提高并有健康益处[226]。它们在酸水解菊粉过程中有相对少量的生成。用无水氟化氢[227]或柠檬酸[228]处理菊粉大大增加了产量，获得了来自它们的二酐（主要包括两个果糖基）和低聚物的交叉部分[229]。二果糖酐III（α-D-呋喃果糖-D-呋喃果糖-2′,1:2,3′-二酐）是最常见的形式之一，可利用外菊粉 D-果糖转移酶（EC 2.4.1.93；菊粉酶 II）[230]或微生物具有的酶来生产。二果糖酐III的甜度大约是蔗糖的一半，且似乎不被消化[231]。微生物的交叉部分可产生二果糖酐 I 、III和 V（即 *Arthrobacter* sp. H65-7，*Arthrobacter ureafaciens*，*Arthrobacter globiformis* C11-1，*Arthrobacter ilicis* OKU17B, *Pseudomonas fluorescens* no. 949 和 *Bacillus* sp. snu-7 形式二果糖酐III；*A. globiformis* S14-3，*Arthrobacter* sp. MCI-2493 和 *Streptomyces* sp. MCI-2524 形式二果糖酐 I ；*Aspergillus fumigatus* 形式二果糖酐 V ）。*Arthrobacter* sp. H65-7 用菊粉大量生产二果糖酐III的技术已被描述[231]。用面包酵母相继移出低水平果糖和线状寡糖。在低菊粉浓度时，产量为 93%。

摄入二果糖酐III能改善肠道中微生物的数量和性能[231]。同样，它可以通过一个似乎不同于其他已知刺激物的机制改善小肠中的钙吸收。

8.7　菊粉氢化

菊粉在催化剂作用下与氢气反应可引起裂解，其作用类似于水解过程中的水，并形成多元醇，如甘油、1,2 -丙二醇和乙二醇。已经得到收益率高达 60%的甘油。

8.7.1　菊粉酯化作用

酯多糖，如菊粉有多种多样的用途，这取决于碳水化合物部分的链长和酯的成分。菊粉酯可通过与酸氯化物或某些羧酸的酸酐反应来合成，引入的烷基链通常从 12 碳到 22 碳（图 7-26 中 3），可改变化合物的表面张力。这些产品可通过烷基链的长度或取代程度的改变而改变，从而获得不同的属性。这些短链长和低聚合度的产品可降低表面张力，可被用作非离子表面活性剂、油漆中的黏合剂和柔软剂。具有高取代度的产品可以用作增塑剂。具较长烷基链的菊粉酯可用于纺织型浸润剂、薄膜和纤维增稠剂以及洗涤剂中的高分子表面活性剂或化妆品中的乳化剂[232]。共聚表面活性剂由 A 链和 B 链组成，A 链（即烷基链）随机嫁接到 B 链（即菊粉或其他多糖）上。

二甲基甲酰胺中的琥珀酸酐与 4-dimethylaminopyridine 的酯化反应可形成 succinoylated 菊粉[233]，它可被用作药物载体。二甲基甲酰胺中链长为 8～20 碳的烯基琥珀酸酐的酯化反应，使用或不使用催化剂，产生洗涤剂中使用的潜在的抗絮凝剂。当 50%的羟基团与无分支的不饱和脂肪酸（8～24 碳）发生酯化反应，其余的与 1～7 碳的酸氯化物（如乙酰氯）发生酯化反应时，形成的产物可用作甘油三酯分馏中的结晶改性剂。菊粉也可以用脂肪酸甲酯进行酯化。

8.7.2　菊粉转化为甲基化菊粉

菊粉的完全甲基化可通过与氢氧化钾溶液的反应和硫酸二甲酯的加入来实现。另外，完全的甲基化可用甲基碘和氧化银来完成。菊三糖可水解为 3,4,5-三甲基色氨酸呋喃果糖[234]。

8.7.3　菊粉转化为菊粉碳酸盐

二甲基亚砜中的氯甲酸乙酯在三乙胺作为催化剂的情况下可以合成菊粉碳酸盐。这产生了两种产品的混合物：一种有邻乙氧羰基基团（图 8-26 中 5），另一种在菊粉链呋喃果糖基团上有一个跨-4,6-碳酸盐（图 8-26 中 6）且在终端葡萄糖上有一个跨-2,3-环状碳酸酯（图 8-26 中 7）。菊粉碳酸盐在生物活性分子如酶或免疫球蛋白的非溶液中有效用。

8.7.4　菊粉转化为 O 型（羧甲基）菊粉

羧甲基菊粉是由菊粉分子上的伯醇或仲醇基团被羧甲基取代而成，在保持菊粉的可生物降解、可再生、无毒等特性的基础上增加了新的功能。羧甲基菊粉广泛应用于各种领域，如用作阻垢剂及金属螯合剂，在制糖工业中抑制碳酸钙结晶，在印染过程中作洗除污染物的添加剂等。菊粉可在碱性水溶液中与氯乙酸（图 8-26）发生羧甲基化反应形成 O 型（羧甲基）菊粉（图 8-26 中 8）[235]。

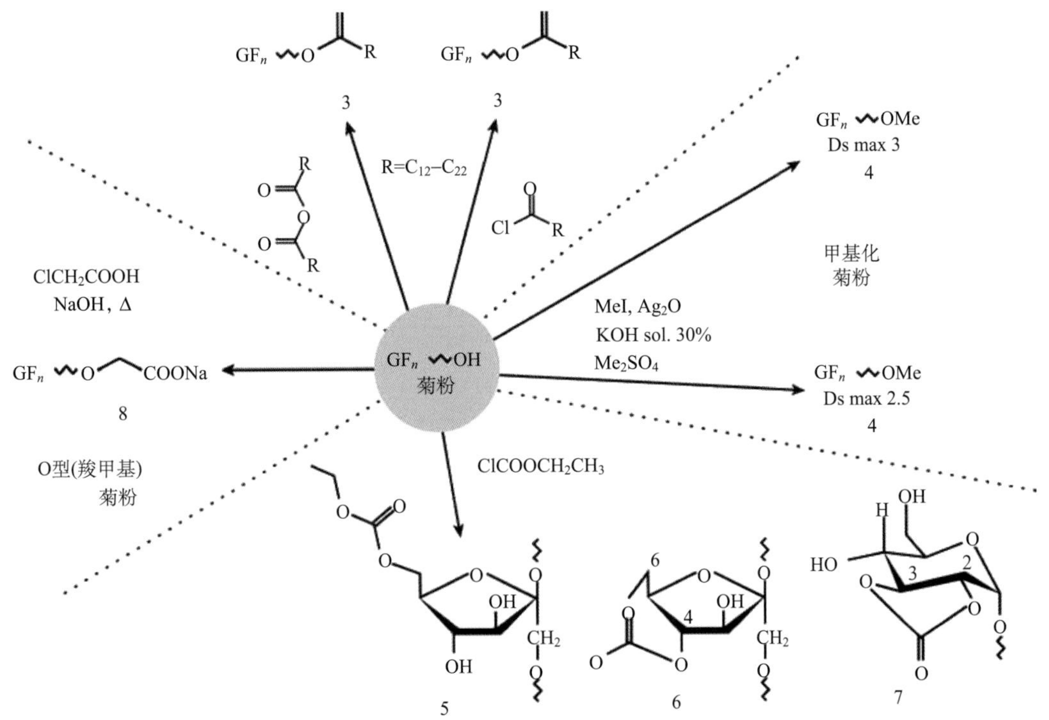

图 8-26　菊粉与氯乙酸发生羧甲基化反应形成菊粉碳酸盐和 O 型（羧甲基）菊粉[235]

取代度受菊粉与氯乙酸的比例和反应温度影响。随取代度（即 DS>1.0）和聚合度的增加（平均 30 或以上），其抑制沉淀碳酸钙的成效增加。O 型（羧甲基）菊粉在水溶液中显示一个非常低的黏度，而在某些应用中，这是一个明显的超过 O 型（羧甲基）纤维素的优势。

第一步，由原料菊芋通过搅拌浸提得到菊粉，此时需控制合适的物水比、浸提温度和浸提时间等参数；第二步，对菊粉进行羧甲基化，得到羧甲基菊粉。目前制备羧甲基菊粉的方法主要有水媒法、干法和微波法，基本原理即以异丙醇为溶剂，在碱性条件下，以最优的醚化温度、碱化时间和溶剂用量等条件，得到高取代度的羧甲基菊粉。水媒法和干法都有一定的缺陷。

当微波作用于反应物时，可加剧分子运动，提高分子的能量，降低反应的活化能，提高反应速度，且其具有内部加热的特性，可使菊粉膨化，有利于试剂分子的渗透，且加热快速、均匀、充分。与传统的方法相比，微波法制备羧甲基菊粉反应时间短、受热体系均匀、反应条件温和、操作简单、能耗低，且菊粉不会发生化学结构、微颗粒结构和结晶结构的改变，产品的取代度与反应效率均较高。

如表 8-20 所示，在碱化时间为 2.5 min 时，羧甲基菊粉的取代度达到 0.41，之后随着碱化时间的延长，取代度降低。这是因为菊粉与碱作用生成菊粉钠活性中心的反应是一个放热反应，且反应过程可逆，碱化时间过长，反应体系吸收微波能量过多，温度过高，不利于反应平衡向生成菊粉钠方向移动，导致产品取代度下降。

表 8-20　碱化反应时间对 DS 的影响

碱化时间/min	2	2.5	3	3.5	4
DS	0.37	0.41	0.33	0.225	0.225

如图 8-27 所示，随着醚化反应时间的延长，反应逐渐进行，取代度逐渐增大，在 30 min 时达到 0.37，之后随着醚化时间的继续增加，取代度变小，这可能是在碱性环境和加热作用下醚键发生断裂造成的，根据实验结果，取醚化反应时间为 30 min 较为合适。

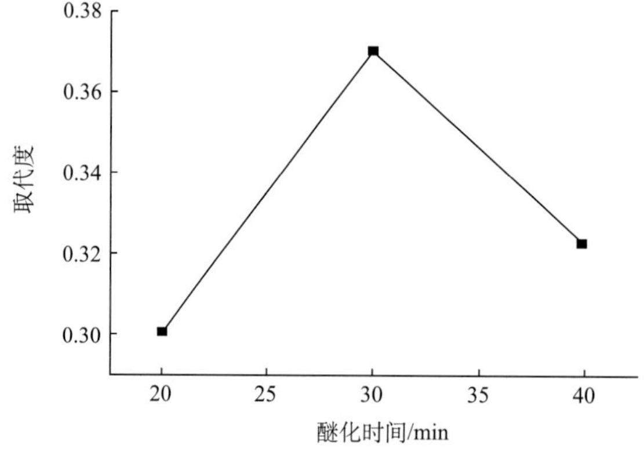

图 8-27　醚化反应时间对取代度的影响

当水的含量过高时，会使吸入微波量增加，反应体系温度升高，产品糊化，取代度减小；但如果水量过小，水溶性试剂无法充分渗透到菊粉中，也会影响取代度（图 8-28）。

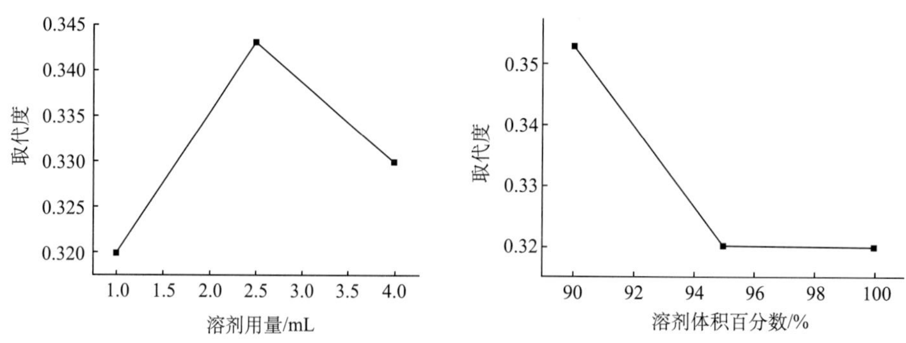

图 8-28　溶剂用量对取代度的影响

菊粉醚化时间、碱化时间、料液比对羧甲基菊粉取代度的交互影响如表 8-21 所示。

表 8-21 醚化时间、碱化时间、料液比对羧甲基菊粉取代度的交互影响

序号	醚化时间/min	碱化时间/min	溶剂用量/mL	溶剂体积分数/%	DS
1	20	0.5	1	90	0.28
2	20	1.5	2.5	95	0.30
3	20	2.5	4	100	0.32
4	30	0.5	2.5	100	0.34
5	30	1.5	4	90	0.39
6	30	2.5	1	95	0.38
7	40	0.5	4	95	0.28
8	40	1.5	1	100	0.30
9	40	2.5	2.5	90	0.39
D1	0.90	0.90	0.96	1.06	
D2	1.11	0.99	1.03	0.96	
D3	0.97	1.09	0.99	0.96	
d1	0.300	0.300	0.320	0.353	
d2	0.370	0.330	0.343	0.320	
d3	0.323	0.363	0.330	0.320	
极差	0.070	0.063	0.023	0.033	

抑制碳酸钙沉淀是 O 型（羧甲基）菊粉的一个潜在的商业应用。碳酸钙晶体的形成在锅炉、换热器、海水脱盐、天然气和石油的生产、洗衣房和其他领域是一个重大的问题。随着水温的降低，碳酸钙的溶解度减小，导致结晶、形成水垢、结硬壳，降低经营效率和提高成本。研究表明，羧甲基菊粉对碳酸钙具有抑制作用，其对碳酸钙的阻垢率与羧甲基菊粉的羧甲基的取代度、主链长度（即分子量）和投加浓度等有关（表 8-22）。研究证明，当羧甲基菊粉的取代度大于 1，且平均聚合度大约为 30 时，其阻垢效果最好。

表 8-22 不同取代度的羧甲基菊粉对碳酸钙诱导期的影响

阻垢剂	10×10^{-6} 阻垢剂		200×10^{-6} 阻垢剂	
	诱导期/s	游离 Ca^{2+} 浓度/（mol/L）	诱导期/s	游离 Ca^{2+} 浓度/（mol/L）
CMI（DS=2.00）	0	4.93×10^{-4}	30	4.90×10^{-4}
CMI（DS=1.23）	0	4.90×10^{-4}	0	4.93×10^{-4}
CMI（DS=1.05）	270	9.55×10^{-4}	525	10.30×10^{-4}
CMI（DS=0.81）	240	10.00×10^{-4}	510	10.63×10^{-4}
CMI（DS=0.68）	150	9.33×10^{-4}	285	10.00×10^{-4}
CMI（DS=0.57）	—	—	30	11.30×10^{-4}
CMI（DS=0.36）	10	9.33×10^{-4}	50	9.40×10^{-4}
AA/AM	760	11.53×10^{-4}	—	—

注：CMI（DS=1.05）>CMI（DS=0.81）>CMI（DS=0.68）>CMI（DS=0.36）。

研究表明，当水质条件为 pH=6.5～6.8，Ca^{2+}浓度=7.0×10^{-4} mmol/L，温度为 37℃，羧甲基菊粉和 PAA（MW=5000）的投加量均为 1 mg/L 时，碳酸钙结晶的诱导期均为 300 min，说明羧甲基菊粉与 PAA 对碳酸钙的阻垢性能是相当的。

某些化合物能通过几种途径抑制碳酸钙晶体的增加，如吸收到晶体表面抑制随后的增补，分散溶液中的碳酸钙和螯合钙离子[236]。目前，抑制剂往往能进行非生物降解，因此更环保的抑制结晶的完全化学品是更好的。通过羧甲基化将羧酸基团引入菊粉，形成 O 型（羧甲基）菊粉，可有效地抑制碳酸钙沉淀。羧甲基菊粉成本低廉，原材料来源广泛，可克服目前市场上传统阻垢剂易造成水体污染、不易自然降解的缺点，成为可生物降解、环境友好型阻垢分散剂，适用于工业冷却循环水、油田注水等阻垢处理。

O 型（羧甲基）菊粉作为金属离子螯合剂，可以被用来作为分散剂或金属离子载体；可在制糖工业中抑制碳酸钙结晶；可在洗涤剂、石油、造纸、纺织和采矿业中作为抗再沉淀剂，也可在食品和药物配制中作为增稠剂，后者每年要用成百上千吨。

O 型（羧甲基）菊粉还具有作为洗涤剂助剂的潜力。洗涤剂是用于清洁的物质，可帮助去除污垢，主要是对包裹污垢粒子的油层起作用。除了洗衣服和餐具的用途，洗涤剂也可用在牙膏、洗发水、干洗液、防腐剂和其他应用领域中。将 O 型（羧甲基）菊粉加入洗涤剂中可提高它们的清洁功能。菊粉的某些衍生物通过几个机制（如加强去污，作为螯合剂或增稠剂，改变表面张力）改善洗涤剂的功能。举例来说，加入 2%的羧甲基菊粉可增加洗涤剂的去污（茶和酒）能力[237]，而果糖聚酸可作为螯合剂[238]。丙氧基菊粉和季铵盐菊粉在餐具洗涤剂和洗发水中担任增稠剂[239]，印染过程中作洗除污染物的添加剂。

8.7.5　菊粉醚

带 O-羧基的醚菊粉可形成一个聚羧酸[240]，它可以进一步被修改，以便在免疫检测中与红细胞结合。甚至带有过量的单氯代乙酸盐，也可获得取代度只有大约 0.1 的产物。

醚与环氧化合物，如环氧乙烷或环氧丙烷，可在水介质中在基本催化剂作用下产生邻羟基衍生物（图 8-29 中 11，12）。取代度随环氧丙烷的数量而变化，范围在 0.1～2。环氧丙烷的链长增加，在水中的溶解度下降；不过，少量的 2 -丙醇可增加溶解度。

为了提高菊粉的药物载体性能，可使其与环氧氯丙烷反应，令产品具有高活性且易于与含有氨基酸基团的物质结合[241]。菊粉的 3-氯-2-羟丙基衍生物（图 8-29 中 9）是与环氧氯丙烷反应时产生的。同样，烯丙基溴衍生物（图 8-29 中 10）可以使用氢氧化钠作为催化剂合成。

菊粉醚产品可用作化妆品、药品中水不溶性物质的载体或用于稳定水溶液中低水溶性的化合物。它们也可被用作乳化剂或纺织品及纸张中的添加剂和热塑性聚合物中的柔软剂。

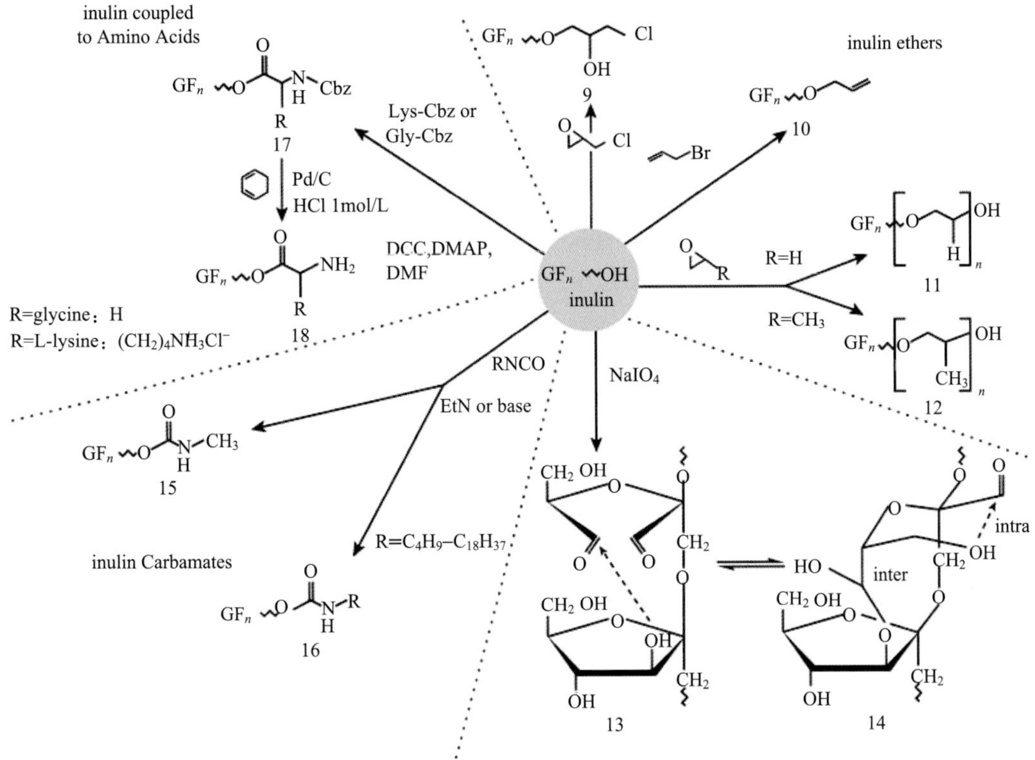

图 8-29　菊酯醚的合成、二酸盐的合成、氨基甲酸盐的合成和氨基酸的结合[242]

8.7.6　菊粉醛

菊粉醛是通过氧化邻近的羟基团而形成的，它具有醛的功能（图 8-29）。这是用高碘作为氧化剂而完成的。六元半缩醛环是由菊粉链内氧化果糖残基的醛基和相邻非氧化果糖残基中最近的羟基进行分子内反应形成的。一般认为，在自由醛（图 8-29 中 13）和半缩醛（图 8-29 中 14）之间建立了平衡。然而，半缩醛功能减少了可达到的醛功能，降低了随后的反应能力[242]。

8.7.7　菊粉转化为氨基甲酸酯

菊粉可使用甲基异氰酸酯在基本催化剂作用下进行修饰形成氨基甲酸酯。菊粉氨基甲酸酯可作为填料柱、毛细管柱中的涂料或纤维柱而应用于色谱应用中。具有一系列烷基异氰酸酯的甲基酰化引起了菊粉氨基甲酸酯的不同（图 8-29 中 15，16），菊粉氨基甲酸酯具有在悬浮液（固/液）和乳状液方面的工业用途（液/液）。菊粉氨基甲酸酯类是菊粉与随机分布于果多糖骨干的烷基基团（C_4H_9～$C_{18}H_{37}$）形成的嫁接共聚物。烷基基团代表 B 链，在疏水性表面如油滴，变得非常容易被吸收。这种以菊粉为基础的表面活性剂乳状液往往有大的液滴，可通过使用表面活性助剂来减少。菊粉氨基甲酸酯乳剂在温度上升到 50℃和高电解质浓度时，是非常稳定的（即大于一年）。各种菊粉氨基甲酸酯适合作为家庭用和工业用的表面活性剂，如洗涤剂、乳化剂、乳化稳定剂、泡沫稳定剂和润湿剂。

为了可能的医疗使用用途、多肽合成或金属离子螯合剂的生产，氨基酸和菊粉的共价键允许聚合物进行进一步的化学修饰。末端主要氨基酸对酰化剂的活性更强，且可能允许附加一个兴趣分子的交叉部分。这种化合物具有吸引力，因为据估计，氨基酸和菊粉无毒，具有生物相容性和生物降解性。使用各自的 N-端保护氨基酸（*N*，*N*-二苯甲基 ocarbanyl-L-赖氨酸；*N*-苯甲基 ocarbonyl-甘氨酸）（图 8-29 中 17）和一个存在催化剂（二甲氨基）吡啶与冷凝剂（双环己基碳化）的两步过程，然后氨基酸基团（图 8-29 中 18）以钯和活性炭作为催化剂，用环己二烯加氢去保护。

8.7.8　菊粉转化为 O 型（氰）菊粉

在淀粉和纤维素中，多糖的氰化已被广泛研究。分子上的羟基基团（通常是 C-4）在碱存在下，与丙烯腈反应形成氰酯。O 型氰乙基纤维素被用于造纸工业，以提高纸张的机械强度、耐热性及抗微生物性。氰乙基淀粉被用于纺织业。

菊粉加上氰基团可形成一个复合物，它可经修饰变为一些具有活性腈基团且容易转变为其他官能基团的产品。这些化合物与那些来自纤维素和淀粉的同类化合物相比，其优势在于黏度和溶解度普遍较低。例如，可以生产胺[即 O 型（氨丙基）菊粉]、O 型（羧甲基）菊粉和胺肟。O 型（氰）菊粉（图 8-30 中 19）是由反应菊粉（菊粉/水/氢氧化钠）与丙烯腈在 45℃时形成的。随着取代度的增加，O 型（氰）菊粉的溶解度下降（即取代度>1.5 时是不溶的）。

8.7.9　菊粉转化为 O 型（3-氨基-3-丙酰）菊粉

如图 8-30 所示，通过水化将丁腈转化为酰胺需要强酸性或基本催化剂；然而，有邻（氰）菊粉（图 8-30 中 19）存在时，将导致糖苷键断裂且产生脱氰乙基。邻（氰）菊粉的腈可通过使用金属离子催化剂，或过氧化氢转换为酰胺。后者是一个强亲核试剂，可水解丁腈基团，形成一个中间体羟基酰亚胺，它可被分解成酰胺——O 型（3-氨基酸-3-oxopropyl）菊粉（图 8-30 中 20）。这是通过 O 型（氰）菊粉与 2 mol/L 过氧化氢在 pH 9.5 和 60℃时反应 1 h 完成的。取代度为 0.66～0.68，脱氰乙基数量低（5%～6%）。O 型（3-氨基-3-oxopropyl）菊粉还可通过丙烯酰胺与菊粉反应来合成，取代度为 1。该化合物可被用作乳化剂或表面活性剂。

8.7.10　菊粉转化为 O 型（羧）菊粉

用过氧化氢钠溶液对 O 型（3-氨基-3-丙酰）菊粉（图 8-30 中 20）的酰胺团进行水解，可产生 O 型（羧）菊粉（图 8-30 中 21）。当利用过氧化氢钠进行水解时，一些链长度退化，具较高取代度的部分退化更大。O 型（羧）菊粉可用于抑制碳酸钙的沉淀，特别是当它具有较低的取代度（0.65）时。

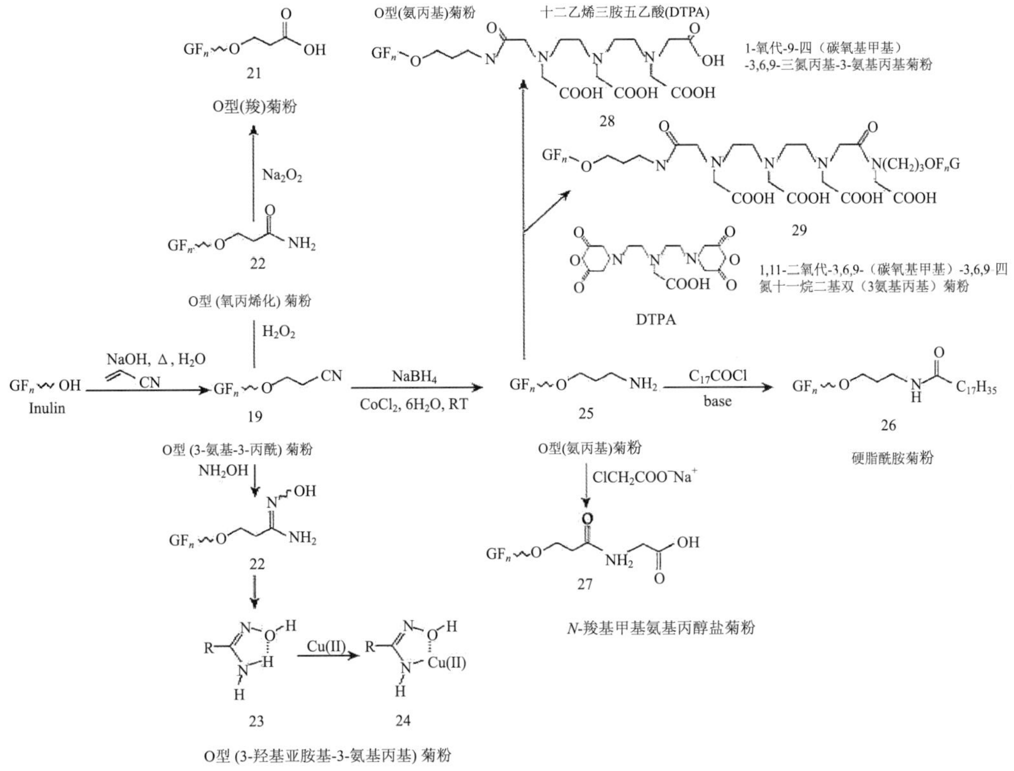

图 8-30　O 型（丙氨基）菊粉与二乙烯三胺五乙酸（DTPA）的反应

8.7.11　菊粉转化为 O 型（3-羟基亚胺基-3-氨基丙基）菊粉

O 型（3-羟基亚胺基-3-氨基丙基）菊粉可以用邻（氰）菊粉（图 8-30 中 19）和羟胺在中性介质中的反应来合成，大约有 80%发生转换。可以发现氨基肟有两种形式（图 8-30 中 22 和 23），同步羟基亚胺基是最稳定的。氨基肟是反应活性特别强的化合物，且能有效地螯合过渡金属离子，如铜离子（图 8-30 中 24）。

8.7.12　硬脂酰胺和 *N*-羧基甲基氨基丙醇盐菊粉

O 型（氨丙基）菊粉（图 8-30 中 25）可以使用硬脂酰氯转变为硬脂酰胺菊粉（图 8-30 中 26）。硬脂酰胺菊粉已用作表面活性剂或乳化剂。O 型（氨丙基）菊粉也可以通过与氯乙酸钠反应转变为 *N*-羧基甲基氨基丙醇盐菊粉（图 8-30 中 27）。它被用作洗涤剂的螯合剂、碳酸钙的结晶抑制剂和分散剂。

8.7.13　菊粉转化为 O 型（氨丙基）菊粉的衍生物

O 型（氨丙基）菊粉与二乙烯三胺五乙酸（DTPA）的反应（图 8-30）可产生 1-氧代-9-四（碳氧基甲基）-3,6,9-三氮丙基-3-氨基丙基菊粉（图 8-30 中 28）和 1,11-二氧代-3,6,9-（碳氧基甲基）-3,6,9-四氮十一烷二基双（3-氨基丙基）菊粉（图 8-30 中 29）。它们与 Gd 或 Dy 结合时，均被认为是很好的对比剂，且有可能在从医疗诊断到基础研究中有各种各样的应用。举例来说，Gd^{3+}与二乙烯三胺五乙酸（GdDTPA）的结合可增强磁共振图像的对比。药物的高分子载体用来提高器官的选择性和延长血管系统中药物的寿命。菊粉的共轭物和 GdDTPA 是由菊粉与 DTPA bisanhydride 在干燥的有机溶剂中反应和 Gd^{3+}的复合物加入 $GdCl_3$ 的六水合物形成的。这个变化（即磷酸功能基团取代中央吊臂）得到了平均分子量为 23110 的分子，平均钆离子数目为每摩尔 24。

8.7.14　菊粉转化为环己糖衍生物

环己糖（cycloinulohexaose）可以衍生为感兴趣的附加结构（图 8-31），如有果糖基分支的环状低聚菊粉，或交联为固体电解质。当脂肪、苯甲酸或其他有机酸酯化时，cycloinulohexaose 可能会被用作含油基质、含油凝胶剂和化妆品的薄层形成剂。通过带

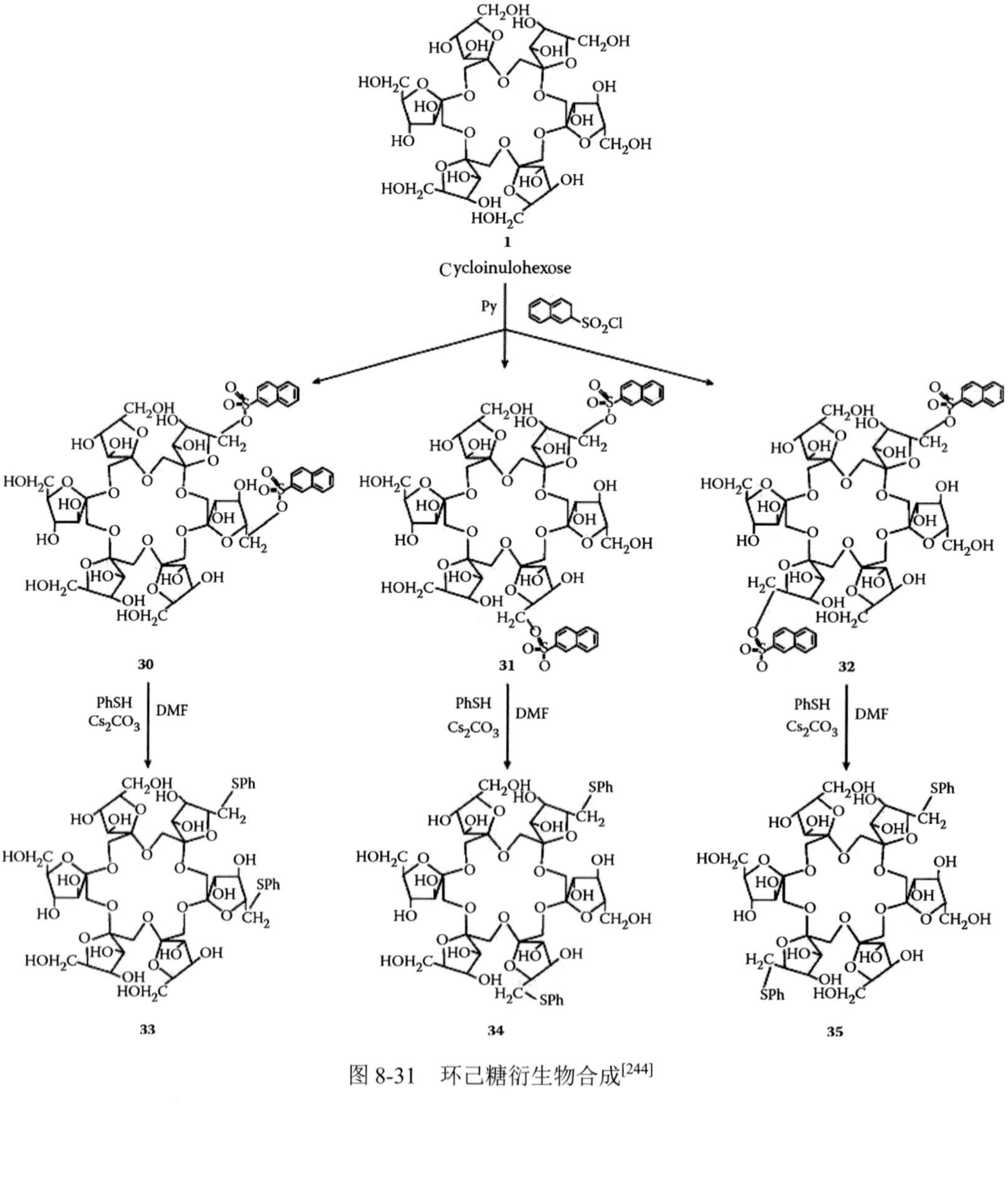

图 8-31　环己糖衍生物合成[244]

2-萘硫酰氯的主要羟基的磺酰化使 cycloinulohexaose 改性可产生 3 种可能的同分异构体（图 8-31 中 30～32）。随后用苯硫粉/Cs_2CO_3 处理，可产生每个同分异构体的亚硫酸盐（图 8-31 中 33～35）。cycloinulohexaose 也可能加甲基、乙酰基或苯基[243]。

8.8 菊 粉 氧 化

通过改变氧化程度，可使菊粉形成各种各样的潜在产品。举例来说，选择性氧化产生的聚羧酸酯有一些可能的应用。限制氧化呋喃果糖苷亚基上的主要羟基基团，产生聚糖醛酸，这被认为是具有类似自然聚糖醛酸，如工业胶海藻酸钠和果胶的性能。相反的，更广泛的乙醇酸氧化，导致开环和形成聚羧酸酯，它们有可能作为钙结合剂。这种化合物可能是目前用于洗涤剂配方的非生物降解合成的聚羧酸酯（聚丙烯酸酯类）的商业替代品[244]。

8.8.1 菊粉转化中主要羟基基团的选择性氧化

直接氧化菊粉羟基，潜在地引入了羰基和羧基基团，改变了多糖的性质，开辟了额外的商业应用。在呋喃果糖苷亚基 C-6 位置上的主要羟基可以用 2,2,6,6-四甲基-1-piperidinyloxy（TEMPO）选择性氧化。这形成了一个稳定的自由基，可以被次溴酸盐或类似的试剂氧化，得到亚硝基络合阳离子。首选的反应 pH 是 9.5；不过，在 pH 为 10.5 时，产生的 6-羧基菊粉有良好的收率（82%）。这个方法中的变化是以过氧乙酸或单过氧酸硫酸盐作为氧化剂，利用 4-乙酰氨基-2,2,6,6-四甲基哌啶-1-氧基（4-acNH-TEMPO），前者具有更好的转换效率。

铂（催化剂）和分子氧（氧化剂）已被用来选择性氧化碳水化合物。在氢氧化钠存在时，菊粉容易被 O_2 和铂氧化。氧化选择性发生在 C-6 位置，有相对较高的收率（79%）。菊粉的分子量影响反应速率和氧化程度。蔗果四糖（GF3）的氧化度为 40%。随链长增加，氧化程度降低。平均聚合度为 10 的菊粉氧化度为 28%，而当平均聚合度为 30 时，下降到只有 20%。此外，副产品的量随着链长和氧化程度的增加而增加。

8.8.2 菊粉转化中乙醇酸的氧化

乙醇酸氧化涉及开环，可通过几种方法完成。在两步氧化过程中，高碘酸钠用来将乙醇酸亚基转变为醛的形式，接着亚氯酸钠和过氧化氢反应形成二羧基菊粉。不过，以这种方式得到的菊粉，与钙的结合能力差，可能是由于在第一步中形成了相对稳定的半乙缩醛。如果 pH 降低（即 pH 为 2.5～3.0），可形成高产（99%）二羧基菊粉，且具有良好的钙螯合能力（2.58 mmol/g）。经席夫（Schiff）碱的形成和之后的减少，醛菊粉也可能与携带胺的分子如药物连接在一起。

菊粉氧化也可以通过单一的步骤完成，方法是在溴化钠存在的情况下，通过直接氧化带次氯酸钠的乙醇酸单位的裂缝，这可增加产量和反应速率。与商业洗涤剂助剂相比，二羧基-菊粉具有高产量（80%～95%）和对碳酸钙的约束能力（2.0～2.5 mmol/g）。

这些产品因为它们的钙结合能力而特别有趣。菊粉分子中每个氧化呋喃果糖苷亚基提供一个可以结合钙的氧双乙酸盐单位。分子氧化程度和其钙螯合能力有线性关系。相反地，α-1,4-葡聚糖需要两个邻近的葡萄糖苷亚基被氧化为螯合钙，使它们的效率大大低于对二羧基-菊粉的效率，尤其是在低氧化度时。甚至部分氧化的菊粉都可用在洗涤剂配方中，它们显示出了比完全氧化更大的生物降解性。源于菊粉的钙结合剂，比现有的非生物降解合成的聚丙烯酸酯型多聚羧酸酯的效用更大。

8.8.3 菊粉转化为烷氧基化菊粉

据报道，菊粉烷氧基有表面活性和稳定性能。它们也可以通过与其他环氧化合物的反应而进一步改变。最初的合成方法是以氢氧化钠为催化剂利用水溶液合成；但收率一般只有约 80%并形成了大量的丙二醇。在自由水系统（即以 *N*-甲基 pyrrolidinone 为溶剂）中的烷氧基、乙烯氧化物或环氧丙烷和三乙胺作为基本催化剂的情况下，生产烷氧基化菊粉而不形成亚烃基丙二醇。利用超临界二氧化碳萃取来纯化菊粉醚，其方法随衍生物的化学性质不同而变化。如果理论摩尔取代小于 2，就用液-固萃取；若大于 2，液-液萃取是必要的。化合物可增加水溶性，温和表面活力，且在电解质中有非常高的暗点。当被用作水发泡聚氨酯泡沫塑料中的添加剂时，理论取代度为 0.5 的菊粉聚氧乙烯醚具有有利作用。

参 考 文 献

[1] Whitney E N, Rolfes S R. Understanding Nutrition[M]. 8 th ed. Belmont, CA: West/Wadsworth, 1999.

[2] Fineli. Food Composition Database[R]. Helsinki: National Public Health Institute of Finland, 2004.

[3] Somda Z C, McLaurin W J, Kays S J. Jerusalem artichoke growth, development, and field storage. Ⅱ. Carbon and nutrient element allocation and redistribution[J]. Journal of Plant Nutrition, 1999, 22(8): 1315-1334.

[4] van Loo J, Coussement P, de Leenheer L, et al. On the presence of inulin and oligofructose as natural ingredients in the western diet[J]. Critical Reviews in Food Science and Nutrition, 1995, 35(6): 525-552.

[5] Stauffer M D, Chubey B B, Dorrell D G. Growth, yield and compositional characteristics of Jerusalem artichoke as it relates to biomass production[C]//Klass D L, Emert G H. Fuels from Biomass and Wastes, Ann. Arbor. Science, Ann Arbor, MI, 1981: 79-97.

[6] Zubr J, Pedersen H S. Characteristics of growth and development of different Jerusalem artichoke cultivars[M]//Fuchs A. Inulin and Inulin-containing Crops. Amsterdam: Elsevier, 1993: 11-19

[7] Bornet F R J. Fructo-oligosaccharides and other fructans: chemistry, structure and nutritional effects[M]//McCleary B V, Prosky L. Advanced Dietary Fibre Technology. Oxford: Blackwell Science, 2001: 480-493.

[8] Cieslik E. Amino acid content of Jerusalem artichoke (*Helianthus tuberosus* L.) tubers before and after storage[C]. Proceedings of the 7 th Seminar on Inulin, Leuven, Belgium, 1998: 86-87.

[9] Rakhimov D A, Zhauynbaeva K S, Mezhlumyan L G, et al. Carbohydrates and proteins from *Helianthus tuberosus*[J]. Chemistry of Natural Compounds, 2014, 50(2): 344-345.

[10] Stolzenburg K. Rohproteingehalt und Aminosäuremuster von Topinambur[M]. Germany: LAP Forehheim, 2004.

[11] Eihe E P. Problems of the chemistry and biochemistry of the Jerusalem artichoke[J]. Lativijas PSR Zinatmi Akademijas Vestis, 1976, 344: 77.

[12] Conti F W. Versuche zur gewinnung von sirup aus topinambur (*Helianthus tuberosus* L.)[J]. Die Starke, 1953, 5: 310.

[13] Cieslik E. Mineral content of Jerusalem artichoke new tubers[J]. Zesk. Nauk. AR Krak., 1998, 342(10): 23-30.

[14] Antanaitis A, Lubytė J, Antanaitis Š, et al. Selenium in some kinds of Lithuanian agricultural crops and medicinal herbs[J]. Sodininkystė ir Daržininkystė, 2004, 23(4): 37-45.

[15] Bärwald G. Gesund Abnehmen Mit Topinambur[M]. Stuttgart: TRIAS Verlag, 1999.

[16] Cieslik E, Barananowski M. Minerals and lead content of Jerusalem artichoke new tubers[J]. Brom. Chem. Toksykol., 1997, 30: 66-67.

[17] Stolzenburg K. Topinambur-Bislang Wenig Beachtete Nischenkultur Mit Grossem Potenzial Für Den Ernährungsbereich[M]. Germany: LAP Forchheim, 2003.

[18] Antonkiewicz J, Jasiewicz C. Assessment of Jerusalem artichoke usability for phytoremediation of soils contaminated with Cd, Pb, Ni, Cu, and Zn[J]. Pol. Archiwum Ochrony Srodowiska, 2003, 29: 81-87.

[19] Jasiewicz C, Antonkiewicz J. Heavy metal extraction by Jerusalem artichoke (*Helianthus tuberosus* L.) from soils contaminated with heavy metals[J]. Pol. Chemia i Inzynieria Ekologiczna, 2002, 9: 379-386.

[20] Cieslik E, Praznik W, Filipiak-Florkiewicz A. Correlation between the levels of nitrites and vitamin C in Jerusalem artichoke tubers[J]. Scandinavian Journal of Nutrition,1999, 49S.

[21] 何新华, 刘玲, 张静, 等. 菊芋中总糖和菊粉提取及纯化工艺条件优化[J]. 食品研究与开发, 2009, 30(8): 76-79.

[22] Harborne J B, Baxter H, Moss G P. Phytochemical Dictionary: A Handbook of Bioactive Compounds from Plants[M]. 2nd ed. London: CRC, 1999.

[23] MacLeod A J, Pieris N M, de Troconis N G. Aroma volatiles of *Cynara scolymus* and *Helianthus tuberosus*[J]. Phytochemistry, 1982, 21(7): 1647-1651.

[24] Vaughan J G, Geissler C A. The New Oxford Book of Food Plants[M]. Oxford: Oxford University Press, 1997.

[25] 魏凌云. 菊粉的分离纯化过程和功能性新产品研究[D]. 杭州: 浙江大学, 2006.

[26] de Leenheer L. Production and use of inulin: Industrial reality with a promising future[M]// van Bekkum, Roper H, Voragen F. Carbohydrates as Organic Raw Materials Ⅲ. Weinheim, Cambridge, U.K.: Wiley, 1996: 67-92.

[27] Roberfroid M B. Inulin-Type Fructans: Functional Food Ingredients[M]. Boca Raton, FL: CRC Press, 2005.

[28] de Nooy A E J, Besemer A C, van Bekkum H. Highly selective temperature mediated oxidation of primary alcohol groups in polysaccharides[J]. Recueil des Travaux Chimiques des Pays-Bas, 1994, 113(3): 165-166.

[29] Thomson T, Cooper T. A System of Chemistry[M]. 4 th ed. Philadelphia: Abraham Small, 1818.

[30] Rose V. Über eine eigentümliche vegetabilische substanz[J]. Neues Allg. Jahrb. Chem., 1804, 3: 217-219.

[31] Incoll L N, Bonnett G D. The occurrence of fructan in food plants[J]. Studies in Plant Science, 1993,

309-322.

[32] Hendry G A F, Wallace R K. The origin, distribution and evolution of fructans[M]//Suzuki M, Chatterton N J. Science and Technology of Fructans. Boca Raton, FL: CRC Press, 1993: 119-139.

[33] Hendry G. The ecological significance of fructan in a contemporary flora[J]. New Phytologist, 1987, 106: 201-216.

[34] Yun J W, Choi Y J, Song C H, et al. Microbial production of inulo-oligosaccharides by an endoinulinase from *Pseudomonas* sp. expressed in *Escherichia coli*[J]. Journal of Bioscience & Bioengineering, 1999, 87: 291-295.

[35] van den Ende W, de Coninck B, van Laere A. Plant fructan exohydrolases: a role in signaling and defense[J]. Trends in Plant Science, 2004, 9(11): 523-528.

[36] van der Meer I M, Koops A J, Hakkert J C, et al. Cloning of the fructan biosynthesis pathway of Jerusalem artichoke[J]. The Plant Journal, 1998, 15(4): 489-500.

[37] 成善汉, 谢从华, 柳俊. 高等植物果聚糖研究进展[J]. 植物学通报, 2002, 19(3): 280-289.

[38] Chalmers J, Lidgett A, Cummings N, et al. Molecular genetics of fructan metabolism in perennial ryegrass[J]. Plant Biotechnology Journal, 2005, 3(5): 459-474.

[39] Vereyken I J, van Kuik J A, Evers T H, et al. Structural requirements of the fructan-lipid interaction[J]. Biophysical Journal, 2003, 84(5): 3147-3154.

[40] de Leenheer L, Hoebregs H. Progress in the elucidation of the composition of chicory inulin[J]. Starch/Stärke, 1994, 46: 193-196.

[41] Andre I, Mazeau K, Tvaroska I, et al. Molecular and crystal structures of inulin from electron diffraction data[J]. Macromolecules, 1996, 29: 4626-4635.

[42] Marchessault R H, Bleha T, Deslandes Y, et al. Conformation and crystalline structure of (2→1)-β-D-fructofuranan (inulin)[J]. Canadian Journal of Chemistry, 1980, 58(23): 2415-2422.

[43] Jeffrey G, Park Y. The crystal and molecular structure of 1-kestose[J]. Acta Crystallographica Section B, Structural Science, 1972, 28(1): 257-267.

[43] Jeffrey G A，Park Y J. The crystal and molecular structure of 1-ketose[J]. Molecular Crystals and Liquid Crystals, 1972, B28: 257-267.

[44] Jeffrey G A, Huang D B. The tetrasaccharide nystose trihydrate: crystal structure analysis and hydrogen bonding[J]. Carbohydrate Research, 1993, 247: 37-50.

[45] Sawada M, Tanaka T, Takai Y, et al. The crystal structure of cycloinulohexaose produced from inulin by cycloinulo-oligosaccharide fructanotransferase[J]. Carbohydrate Research, 1990, 217: 7-17.

[46] Eigner W D, Abuja P, Beck R H F, et al. Physicochemical characterization of inulin and sinistrin[J]. Carbohydrate Research, 1988, 180: 87-95.

[47] Tylianakis E, Dais P, Andre L, et al. Rotational dynamics of linear polysaccharides in solution. 13C relaxation study on amylose and inulin[J]. Macromolecules, 1995, 28: 7962-7966.

[48] Liu J, Waterhouse A L, Chatterton N J. Do inulin oligomers adopt a regular helical form in solution[J]. Journal of Carbohydrate Chemistry, 1994, 13: 859-872.

[49] Haverkamp J. Inuline onder de loep[J]. Chemistry Magazine, 1996, 11: 23.

[50] Dvonch W, Yearian H J, Whistler R L. Behavior of low molecular weight amylose with complexing agents[J]. Journal of the American Chemical Society, 1950, 72: 1748-1750.

[51] Calub T M, Waterhouse A L, Chatterton N J. Proton and carbon chemical-shift assignments for 1-kestose, from two-dimensional NMR-spectral measurements[J]. Carbohydrate Research, 1990, 199(1): 11-17.

[52] Liu J, Waterhouse A L, Chatterton N J. Proton and carbon NMR chemical-shift assignments for [β-D-Fru*f*-(2→1)]$_3$-(2↔1)-α-D-Glc*p*(nystose) and [β-D-Fru*f*-(2→1)]$_4$-(2↔1)-α-D-Glc*p* (1,1,1-kestopentaose) from two-dimensional NMR spectral measurements[J]. Carbohydrate Research, 1993, 245(1): 11-19.

[53] Timmermans J W, de Waard P, Tournois H, et al. NMR spectroscopy of nystose[J]. Carbohydrate Research, 1993, 243: 379-384.

[54] Timmermans J W, de Wit D, Toumois H, et al. MD calculations on nystose combined with NMR spectroscopy on inulin related oligosaccharides[J]. Journal of Carbohydrate Chemistry, 1993, 12: 969-979.

[55] Saengthongpinit W, Sajjaanantakul T. Influence of harvest time and storage temperature on characteristics of inulin from Jerusalem artichoke (*Helianthus tuberosus* L.) tubers[J]. Postharvest Biology and Technology, 2005, 37: 93-100.

[56] Kawamura M, Uchiyama T, Kuramoto T, et al. Formation of a cycloinulo-oligosaccharide from inulin by an extracellular enzyme of *Bacillus circulans* OKUMZ 31B[J]. Carbohydrate Research, 1989, 192: 83-90.

[57] Timmermans J W, Bitter M G J W, de Wit D, et al. The interaction of inulin oligosaccharides with Ba^{2+} studied by H-1 NMR spectroscopy[J]. Journal of Carbohydrate Chemistry, 1997, 16: 213-230.

[58] Timmermans J W, Bogaert P M P, Dewit D, et al. The preparation and the assignment of H-1 and C-13 NMR spectra of methylated derivatives of inulin oligosaccharides[J]. Journal of Carbohydrate Chemistry, 1997, 16(7): 1145-1158.

[59] Bruggink C, Maurer R, Herrmann H, et al. Analysis of carbohydrates by anion exchange chromatography and mass spectrometry[J]. Journal of Chromatography, 2005, 1085: 104-109.

[60] Campbell J M, Bauer L L, Fahey G C, et al. Selected fructooligosaccharide (1-kestose, nystose, and 1^F-β-fructofuranosylnystose) composition of foods and feeds[J]. Journal of Agricultural & Food Chemistry, 1997, 45: 3076-3082.

[61] Hoebregs H. Fructans in foods and food products, ion-exchange chromatographic method: collaborative study[J]. Journal of AOAC International, 1997, 80: 1029-1039.

[62] McCleary B V, Murphy A, Mugford D C. Measurement of total fructan in foods by enzymatic/spectrophotometric method: collaborative study[J]. Journal of AOAC International, 2000, 83: 356-364.

[63] Ouarne R, Guibert A, Brown D, et al. A sensitive and reproducible analytical method to measure fructo-oligosaccharides in food products[M]//Cho L, Prosky L, Dreher M. Complex Carbohydrates in Foods. New York: Marcel Dekker, 1999: 191-201.

[64] Simonovska B. Determination of inulin in foods[J]. Journal of AOAC International, 2000, 83: 675-678.

[65] Zuleta A, Sambucetti M E. Inulin determination for food labeling[J]. Journal of Agricultural & Food Chemistry, 2001, 49: 4570-4572.

[66] de Man M, Weegels P L. High-Fiber Bread and Bread Improver Compositions: WO 2005023007[P].

[67] Miura Y, Juki A. Manufacture of Bread Dough with Fructan[R]. Japanese Patent 07046956, 1995.

[68] Filipiak-Florkiewicz A. Effect of fructans on hardness of wheat/rye bread crumbs[J]. Zywienie

Czlowieka i Metabolism, 2003, 30: 978-982.

[69] Meyer D. Frutafit inulin applications in bread[J]. Innovative Food Science & Emerging Technologies, 2003, 18: 38-40.

[70] Berghofer E, Cramer A, Schmidt U, et al. Pilot-scale production of inulin from chicory roots and its use in foodstuffs[M]// Fuchs A. Inulin and Inulin-containing Crops. Amersterdam: Elsevier, 1993: 77-84.

[71] Frippiat A, Smits G S. Fructan-Containing Fat Substitutes and Their Use in Food and Feed: US 5527556[P], 1993.

[72] Shallenberger R S. Taste Chemistry[M]. London: Blackie Academic, 1993.

[73] 包婉君. “南菊芋 1 号”菊粉提取纯化生产工艺的优化[D]. 南京: 南京农业大学, 2015.

[74] 俞梦妮. 南菊芋 1 号高果糖浆和叶蛋白的制备技术研究[D]. 南京: 南京农业大学, 2014.

[75] Barta J. Jerusalem artichoke as a multipurpose raw material for food products of high fructose or inulin content[J]. Studies in Plant Science, 1993, 3: 323-339.

[76] Gibson G R, Roberfroid M B. Dietary modulation of the human colonic microbiota: introducing the concept of prebiotics[J]. The Journal of Nutrition, 1995, 125(6): 1401-1412.

[77] Hidaka H, Adachi T, Hirayama M. Development and beneficial effects of fructo-oligosaccharides (Neosugar®)[M]//McCleary B V, Prosky L. Advanced Dietary Fibre Technology. Oxford: Blackwell Science, 2001: 471-479.

[78] Heasman M, Mellentin J. The Functional Foods Revolution: Healthy People, Healthy Profits[M]. London: Earthscan Publications Ltd., 2001.

[79] Vukov K, Erdélyi M, Pichler-Magyar E. Preparation of pure inulin and various inulin-containing products from Jerusalem artichoke for human consumption and for diagnostic use[J]// Fuchs A. Inulin and Inulin-containing Crops. Amersterdam: Elsevier, 1993: 341-345.

[80] Gretz N, Kirschfink M, Strauch M. The use of inulin for the determination of renal function: applicability and problems[M]// Fuchs A. Inulin and Inulin-containing Crops. Amsterdam: Elsevier, 1993: 391-396.

[81] Chiu P J S. Models used to assess renal function[J]. Drug Development Research, 1994, 32: 247-255.

[82] 尤超, 赵大球, 梁乘榜, 等. PCR 引物设计方法综述[J]. 现代农业科技, 2011, 17: 48-51.

[83] 肖兰青, 熊小虎. 半枝莲中的黄酮抗幽门螺杆菌作用研究[J]. 第三军医大学学报, 2011, 33(15): 1643-1644.

[84] 龚金炎, 吴晓琴, 毛建卫, 等. 黄酮类化合物抗抑郁作用的研究进展[J]. 中草药, 2011, 42(1): 195-200.

[85] Shang Q, Liu W, Xu W R, et al. Virtual evaluation on activities of flavonoids from *Scutellaria baicalensis*[J]. Chinese Herbal Medicines, 2010, 2(2): 136-140.

[86] 陈士票, 费晓伟, 周新妹, 等. 菊米提取物总黄酮对自发性高血压大鼠的降血压效果观察[J]. 嘉兴学院学报, 2011, 23(3): 56-59.

[87] 李淑珍, 李进. 黑果枸杞叶黄酮降血脂及抗氧化活性的研究[J]. 北方药学, 2011, 8(11): 23-24.

[88] 蔡辉, 赵凌杰, 袁爱红. 淫羊藿总黄酮对高脂血症大鼠 SOD 活性的影响[J]. 广东医学, 2011, 32(4): 419-422.

[89] 陈丛瑾, 王琪, 李欣. 黄酮类化合物抗氧化和抑菌生物活性研究进展[J]. 中国药房, 2011, 22(35): 3346-3348.

[90] Jackson K G, Taylor G R, Clohessy A M, et al. The effect of the daily intake of inulin on fasting lipid,

insulin and glucose concentrations in middle-aged men and women[J]. British Journal of Nutrition, 1999, 82(1): 23-30.

[91] Pederson A, Sandstrom B, van Amelsvoort J M, et al. The effect of ingestion of inulin on blood lipids and gastrointestinal symptoms in healthy females[J]. British Journal of Nutrition, 1997, 78(2): 215-222.

[92] Brighenti F, Casiraghi M C, Canzi E, et al. Effect of consumption of a ready-to-eat breakfast cereal containing inulin on the intestinal milieu and blood lipids in healthy male volunteers[J]. European Journal of Clinical Nutrition, 1999, 53(9): 726-733.

[93] 饶志娟, 郑建仙, 贾呈祥. 功能性食品基料——菊粉的研究进展[J]. 中国甜菜糖业, 2002, (4): 26-30.

[94] Gibson G R, Beatty E R, Wang X, et al. Selective stimulation of bifidobacteria in the human colon by oligofructose and inulin[J]. Gastroenterology, 1995, 108(4): 975-982.

[95] Hold G L, Schwiertz A, Aminov R I, et al. Oligonucleotide probes that detect quantitatively significant groups of butyrate-producing bacteria in human feces[J]. Applied & Environmental Microbiology, 2003, 69(7): 4320-4324.

[96] 周云枫, 李沙, 苏文, 等. 不同脂肪含量的高脂纯化配方饲料对大、小鼠代谢综合征发生的影响[J]. 基础医学与临床, 2012, 32(3): 273-277.

[97] World Health Organization. Diet, nutrition and the prevention of chronic disease[R]. Technical Report Series - World Health Organization, 1990, 797: 201-226.

[98] 叶应妩, 王毓三. 全国临床检验操作规程[M]. 3 版. 南京: 东南大学出版社, 2006: 479.

[99] Bradford M. A rapid and sensitive method for the quantitation of microgram quantities of protein utilizing the principle of protein-dye binding[J]. Analytical Biochemistry, 1976, 72: 248-254.

[100] 李健斋. 血清(浆)胆固醇测定方法的现状[J]. 中华医学会杂志, 1982, 1: 36.

[101] 吕富, 黄金田, 於叶兵, 等. 盐度对三疣梭子蟹生长、肌肉组成及蛋白酶活性的影响[J]. 海洋湖沼通报, 2010, 4: 137-142.

[102] Lee K Y, Yoo S H, Lee H G. The effect of chemically-modified resistant starch, RS type-4, on body weight and blood lipid profiles of high fat diet-induced obese mice[J]. Starch-Starke, 2012, 64(1): 78-85.

[103] 李克明. 流行病学进展[M]. 第 10 卷. 北京: 北京医科大学出版社, 2002: 43-60.

[104] Chisolm G M, Steinberg D. The oxidative modification hypothesis of atherogenesis: an overview[J]. Free Radical Biology & Medicine, 2000, 28(12): 1815-1826.

[105] Fki I, Bouaziz M, Sahnoun Z, et al. Hypocholesterolemic effects of phenolic-rich extracts of chemlali olive cultivar in rats fed a cholesterol-rich diet[J]. Bioorganic & Medicinal Chemistry, 2005, 13(18): 5362-5370.

[106] Hokanson J E, Austin M A. Plasma triglyceride level is a risk factor for cardiovascular disease independent of high-density lipoprotein cholesterol level: a meta-analysis of population-based prospective studies[J]. Journal of Cardiovascular Risk, 1996, 3(2): 213-219.

[107] 童红莉, 田亚平, 汪德清, 等. 苦荞壳提取物对高脂饲料诱导的大鼠脂肪肝的预防作用[J]. 第四军医大学学报, 2006, 27: 883-885.

[108] Yuan X, Gao M, Xiao H, et al. Free radical scavenging activities and bioactive substances of Jerusalem artichoke (*Helianthus tuberosus* L.) leaves[J]. Food Chemistry, 2012, 133(1): 10-14.

[109] Kim H S, Han G D. Hypoglycemic and hepatoprotective effects of Jerusalem artichoke extracts on

streptozotocin-induced diabetic rats[J]. Food Science and Biotechnology, 2013, 22(4): 1121-1124.

[110] Wang Z N, Klipfell E, Bennett B J, et al. Gut flora metabolism of phosphatidylcholine promotes cardiovascular disease[J]. Nature, 2011, 472(7341): 57-63.

[111] Kaddurah-Daouk R, Baillie R A, Zhu H, et al. Enteric microbiome metabolites correlate with response to simvastatin treatment[J]. PLoS One, 2011, 6(10): e25482.

[112] 谷莉. 不同鼠种的肠道菌群在不同饮食结构干预中的组成改变[D]. 长沙: 中南大学, 2014.

[113] Ou J, Carbonero F, Zoetendal E G, et al. Diet, microbiota, and microbial metablites in colon cancer risk in rural Africans and African Americans[J]. American Journal of Clinical Nutrition, 2013, 98(1): 111-120.

[114] Ventura M, Canchaya C, Tauch A, et al. Genomics of actinobacteria: tracing the evolutionary history of an ancient phylum[J]. Microbiology & Molecular Biology Reviews, 2007, 71(3): 495-548.

[115] Belury M A. Dietary conjugated linoleic acid in health: physiological effects and mechanisms of action[J]. Annual Review of Nutrition, 2002, 22(22): 505-531.

[116] Tuohy K, Rouzaud G C, Brück W M, et al. Modulation of the human gut microflora towards improved health using prebiotics-assessment of efficacy[J]. Current Pharmaceutical Design, 2005, 11(1): 75-90.

[117] Ueda K. Immunity provided by colonized enteric bacteria[J]. Bifidobacteria Microflora, 1986, 5(1): 67-72.

[118] Gibson G R, Wang X. Regulatory effects of bifidobacteria on the growth of other colonic bacteria[J]. Journal of Applied Bacteriology, 1994, 77(4): 412-420.

[119] Picard C, Fioramonti J, Francois A, et al. Review article: bifidobacteria as probiotic agents-physiological effects and clinical benefits[J]. Alimentary Pharmacology & Therapeutics, 2005, 22(6): 495-512.

[120] Salyers A A. Bacteroides of the human lower intestinal tract[J]. Annual Review of Microbiology, 1984, 38(1): 293-313.

[121] Hooper L V, Midtvedt T, Gordon J I. How host-microbial interactions shape the nutrient environment of the mammalian intestine[J]. Annual Review of Nutrition, 2002, 22(1): 283-307.

[122] Hooper L V, Stappenbeck T S, Hong C V, et al. Angiogenins: a new class of microbicidal proteins involved in innate immunity[J]. Nature Immunology, 2003, 4(3): 269-273.

[123] Böhm A, Kleessen B, Henle T. Effect of dry heated inulin on selected intestinal bacteria[J]. European Food Research and Technology, 2006, 222(5): 737-740.

[124] Kleessen B, Schwarz S, Boehm A, et al. Jerusalem artichoke and chicory inulin in bakery products affect faecal microbiota of healthy volunteers[J]. British Journal of Nutrition, 2007, 98(3): 540-549.

[125] Bouhnik Y, Vahedi K, Achour L, et al. Short-chain fructo-oligosaccharide administration dose-dependently increases fecal bifidobacteria in healthy humans[J]. Journal of Nutrition, 1999, 129(1): 113-116.

[126] Bouhnik Y, Raskine L, Simoneau G, et al. The capacity of non-digestible carbohydrates to stimulate fecal bifidobacteria in healthy humans: a double-blind, randomized, placebo-controlled, parallel-group, dose-response relation study[J]. American Journal of Clinical Nutrition, 2004, 80(6): 1658-1664.

[127] Rao V A. The prebiotic properties of oligofructose at low intake levels[J]. Nutrition Research, 2001, 21(6): 843-848.

[128] Juntti-Berggren L, Pigon J, Hellström P, et al. Influence of acarbose on post-prandial insulin requirements in patients with type 1 diabetes[J]. Diabetes, Nutrition & Metabolism, 2000, 13(1): 7-12.

[129] Chakrabarti R, Rajagopalan R. Diabetes and insulin resistance associated disorders: disease and the therapy[J]. Current Science, 2002, 83(12): 1533-1538.

[130] Ma D Q, Jiang Z J, Xu S Q, et al. Effecs of flavonoids in *Morus indica* on blood lipids and glucose in hyperlipidemia-diabetic rats[J]. Chinese Herbal Medicines, 2012, 4(4): 314-318.

[131] 李聪然, 游雪甫, 蒋建东. 糖尿病动物模型及研究进展[J]. 中国比较医学杂志, 2005, 15(1): 60-61.

[132] 孟艳秋, 刘文虎, 刘凤鑫, 等. 抗 II 型糖尿病药物研究进展[J]. 现代药物与临床, 2013, 28(3): 461-463.

[133] 陈哲超, 林宇野, 谢必峰, 等. 复合酶解法提取香菇多糖蛋白的研究[J]. 生物工程进展, 1995, 15(l): 47-50.

[134] Niness K R. Inulin and oligofructose: what are they[J]. Journal of Nutrition, 1999, 129(7): 1402S-1406S.

[135] Zhang M, Lv X Y, Li J, et al. The characterization of high-fat diet and multiple low-dose streptozotocin induced type 2 diabetes rat model[J]. Experimental Diabetes Research, 2008, (6): 704045.

[136] 于淑池, 苏涛, 杨建民, 等. 安吉白茶多糖对实验性糖尿病小鼠的降血糖作用研究[J]. 茶叶科学, 2010, 30(3): 223-228.

[137] 张玉勤. 糖尿病诊断的新标准[J]. 国外医学情报, 1998, 19(2): 38.

[138] Fouts D E, Szpakowski S, Purushe J, et al. Next generation sequencing to define prokaryotic and fungal diversity in the bovine rumen[J]. PLoS One, 2012, 7(11): e48289.

[139] Amato K R, Yeoman C J, Kent A, et al. Habitat degradation impacts black howler monkey (*Alouatta pigra*) gastrointestinal microbiomes[J]. The ISME Journal, 2013, 7(7): 1344-1353.

[140] Bates S T, Clemente J C, Flores G E, et al. Global biogeography of highly diverse protistan communities in soil[J]. The ISME Journal, 2013, 7(3): 652-659.

[141] Wilcoxon F. Individual comparisons of grouped data by ranking methods[J]. Journal of Economic Entomology, 1946, 39(2): 269-270.

[142] 苗明三. 实验动物和动物的实验技术[M]. 北京: 中国中医药出版社, 1997: 240-241.

[143] 欧海龙, 严忠海, 雷霆雯. LDLR~(-/-)小鼠中脂代谢相关基因的表达[J]. 中国动脉硬化杂志, 2012, 20(12): 1088-1092.

[144] Garg A, Simha V. Update on dyslipidemia[J]. The Journal of Clinical Endocrinology and Metabolism, 2007, 92(5): 1581-1589.

[145] Brown S D, Twells R C, Hey P J, et al. Isolation and characterization of LRP6, a novel member of the low density lipoprotein receptor gene family[J]. Biochemical & Biophysical Research Communications, 1998, 248(3): 879-888.

[146] Rader K, Orlando R A, Lou X, et al. Characterization of ANKRA, a novel ankyrin repeat protein that interacts with the cytoplasmic domain of megalin[J]. Journal of the American Society of Nephrology, 2000, 11(11): 2167-2178.

[147] Lim H H, Park C S. Identification and functional characterization of ankyrin-repeat family protein ANKRA as a protein interacting with BKCa channel[J]. Molecular Biology of the Cell, 2005, 16(3): 1013-1025.

[148] Steinmetz A, Barbaras R, Ghalim N, et al. Human apolipoprotein A-Ⅳ binds to apolipoprotein A-Ⅰ/A-Ⅱ receptor sites and promotes cholesterol efflux from adipose cells[J]. Journal of Biological Chemistry, 1990, 265(14): 7859-7863.

[149] Dvorin E, Gorder N L, Benson D M, et al. Apolipoprotein A-Ⅳ: a determinant for binding and uptake of high density lipoproteins by rat hepatocytes[J]. Journal of Biological Chemistry, 1986, 261(33): 15714-15718.

[150] Li-Hawkins J, Lund E G, Bronson A D, et al. Expression cloning of an oxysterol 7 alpha-hydroxylase selective for 24-hydroxycholesterol[J]. Journal of Biological Chemistry, 2000, 275(22): 16543-16549.

[151] 王玉杰, 谢鸣. 肝郁脾虚证大鼠模型肝脏的差异基因表达[J]. 中华中医药杂志, 2011, 26(11): 2660-2663.

[152] Ekinci D. Biochemistry[M]. Rijeka, Croatia: Intech, 2012: 419-442.

[153] Caldas H, Herman G E. NSDHL, an enzyme involved in cholesterol biosynthesis, traffics through the Golgi and accumulates on ER membranes and on the surface of lipid droplets[J]. Human Molecular Genetics, 2003, 12(22): 2981-2991.

[154] Wanders R J, Vreken P, Ferdinandusse S, et al. Peroxisomal fatty acid alpha-and beta-oxidation in humans: Enzymology, peroxisomal metabolite transporters and peroxisomal diseases[J]. Biochemical Society Transactions, 2001, 29(2): 250.

[155] Eaton S, Bartlett K, Pourfarzam M. Mammalian mitochondrial β-oxidation[J]. Biochemical Journal, 1996, 320(2): 345.

[156] Chiang J Y. Regulation of bile acid synthesis: Pathways, nuclear receptors, and mechanisms[J]. Journal of Hepatology, 2004, 40(3): 539-551.

[157] Rousset X, Shamburek R, Vaisman B, et al. Lecithin cholesterol acyltransferase: an anti-or pro-atherogenic factor[J]. Current Atherosclerosis Reports, 2011, 13(3): 249-256.

[158] Haffner S M. Dyslipidemia management in adults with diabetes[J]. Diabetes Care, 1998, 21(1): 160-178.

[159] Cani P D, Delzenne N M. The role of the gut microbiota in energy metabolism and metabolic disease[J]. Current Pharmaceutical Design, 2009, 15(13): 1546-1558.

[160] Musso G, Gambino R, Cassader M. Interactions between gut microbiota and host metabolism predisposing to obesity and diabetes[J]. Annual Review of Medicine, 2011, 62(1): 361-380.

[161] Jumpertz R, Le D S, Turnbaugh P J, et al. Energy-balance studies reveal associations between gut microbes, caloric load, and nutrient absorption in humans[J]. American Journal of Clinical Nutrition, 2011, 94(1): 58-65.

[162] Rhee K J, Sethupathi P, Driks A, et al. Role of commensal bacteria in development of gut-associated lymphoid tissues and preimmune antibody repertoire[J]. Journal of Immunology, 2004, 172(2): 1118-1124.

[163] Xu X, Hui H, Cai D. Differences in fecal bifidobacterium species between patients with type 2 diabetes and healthy individuals[J]. Journal of Southern Medical University, 2012, 32(4): 531-533.

[164] Larsen N, Vogensen F K, van der Berg F W J, et al. Gut microbiota in human adults with type 2 diabetes differs from non-diabetic adults[J]. PLoS One, 2010, 5(2): e9085.

[165] 刘桂, 殷亮, 王晓慧, 等. 高脂饮食诱导的肥胖与肥胖抵抗大鼠肝 FAS 和 ACAT-2 的蛋白表达差异

[J]. 上海体育学院学报, 2014, 38(6): 105-109.

[166] 刘芳, 高南南, 杨润梅, 等. 不同品系小鼠肥胖模型比较及 C57BL/6J 小鼠肥胖机制研究[J]. 中国药理学通报, 2013, 29(3): 360-365.

[167] 张婷婷, 马辰. 奥利司他中有关物质的 UPLC-MS/MS 研究[J]. 药学学报, 2014, (3): 380-384.

[168] 唐红珍. 中医综合减肥法对肥胖症大鼠血清总胆固醇和甘油三酯的影响[J]. 时珍国医国药, 2010, (7): 1587-1588.

[169] 段怡譞. 菊粉影响肥胖发生发展的代谢组学研究[D]. 武汉: 华中科技大学, 2013.

[170] 相蕾, 黄慧, 吕泽平. 高血压、肥胖、血脂紊乱和糖耐量异常在不同年龄段人群中分布的基线调查[J]. 中国老年保健医学, 2009, 7(1): 22.

[171] Roberfroid M B, Cumps J, Devogelaer J P. Dietary chicory inulin increases whole-body bone mineral density in growing male rats[J]. Journal of Nutrition, 2002, 132(12): 3599-3602.

[172] Verghese M, Rao D R, Chawan C B, et al. Dietary inulin suppresses azoxymethane-induced aberrant crypt foci and colon tumors at the promotion stage in young Fisher 344 rats[J]. Journal of Nutrition, 2002, 132(9): 2809-2813.

[173] Fujihara K, Suzuki H, Sato A, et al. Carotid artery plaque and LDL-to-HDL cholesterol ratio predict atherosclerotic status in coronary arteries in asymptomatic patients with Type 2 diabetes mellitus[J]. Journal of Atherosclerosis & Thrombosis, 2013, 20(5): 452-464.

[174] Lukacova D, Karovicova J. Inulin and oligofructose as a functional ingredients of food products[J]. Bulletin Potravinarskeho Vyskumu, 2003, 42: 27-41.

[175] Silva R F. Use of inulin as a natural texture modifier[J]. Cereal Foods World, 1996, 41: 792-794.

[176] Archer B J, Johnson S K, Devereux H M, et al. Effect of fat replacement by inulin or lupin-kernel fibre on sausage patty acceptability, post-meal perceptions of satiety and food intake in men[J]. British Journal of Nutrition, 2004, 91: 591-599.

[177] Kasapis S. Novel uses of biopolymers in the development of low fat spreads and soft cheeses[J]. Developments in Food Science, 2000, 41: 397-418.

[178] Roch-Norlund A E, Hultman E, Nilsson L H. Metabolism of fructose in diabetes[J]. Journal of Internal Medicine, 1972, 542: 181-186.

[179] Grootwassink J W D, Fleming S E. Non-specificβ-fructofuranosidase (inulase) from *Kluyveromyces fragilis*: Batch and continous fermentation, simple recovery method and some industrial properties[J]. Enzyme and Microbial Technology, 1980, 2(1): 45-53.

[180] Yamazaki H, Matsumoto K. Production of Fructose Syrup: U.S. 4613377[P], 1986.

[181] Chabbert N, Guiraud J P, Arnoux M, et al. The advantageous use of an early Jerusalem artichoke cultivar for the production of ethanol[J]. Biomass, 1985, 8: 233-240.

[182] Chabbert N, Braun P, Guiraud J P, et al. Productivity and fermentability of Jerusalem artichoke according to harvesting date[J]. Biomass, 1983, 3: 209-224.

[183] Modler H W, Jones J D, Mazza G. Observations on long-term storage and processing of Jerusalem artichoke tubers (*Helianthus tuberosus*)[J]. Food Chemistry, 1993, 48: 279-284.

[184] Mukherjee K, Sengupta S. Microbial inulinases and their potential in the saccharification of inulin to fructose[J]. Journal of Science Industry Research, 1989, 48: 145-152.

[185] Pandey A, Soccol C R, Selvakumar P, et al. Recent developments in microbial inulinases: Its

production, properties, and industrial applications[J]. Applied Biochemistry Biotechnology, 1999, 81: 35-52.

[186] Kim W Y, Byun S M, Uhm T B. Hydrolysis of inulin from Jerusalem artichoke by inulinase immobilized on aminoethylcellulose[J]. Enzyme and Microbial Technology, 1982, 4: 239-244.

[187] Chabbert N, Guiraud J P, Galzy P. Protein production potential in the ethanol production process from Jerusalem artichoke[J]. Biotechnology Letters, 1985, 7: 443-446.

[188] Kamada T, Nakajima M, Nabetani H, et al. Availability of membrane technology for purifying and concentrating oligosaccharides[J]. European Food Research & Technology, 2002, 214: 435-440.

[189] Schorr-Galindo S, Fontana A, Guiraud J P. Fructose syrups and ethanol production by selective fermentation of inulin[J]. Current Microbiology, 1995, 30: 325-330.

[190] Vogel M. Preparation of hydrogenated fructooligosaccharides from long-chain plant inulin[C]//Fuchs A, Schittenhelm S, Frese L. Proceedings of the 6 th Seminar on Inulin. Carbohydrate Research Foundation, The Hague: 1996: 81-84.

[191] Vogel M, Pantke A. Stability of hydrogenated and non-hydrogenated homooligomeric fructooligosaccharides[C]//Fuchs A, Schittenhelm S, Frese L. Proceedings of the 6 th Seminar on Inulin. Carbohydrate Research Foundation, The Hague, 1996: 85-86.

[192] Fuchs A. Potentials for non-food utilization of fructose and inulin[J]. Starch/Stärke, 1987, 39: 335-343.

[193] Kunz M. Hydroxymethylfurfural, a possible basic chemical for industrial intermediates[J]. Studies in Plant Science, 1993, 3: 149-160.

[194] Makkee M, Kieboom A P G, van Bekkum H. Production methods of D-mannitol[J]. Starch/Stärke, 1985, 37: 136-141.

[195] van Dam H E, Kieboom A P G, van Bekkum H. The conversion of fructose and glucose in acidic media: formation of hydroxymethylfurfural[J]. Starch/Stärke, 1986, 38: 95-101.

[196] Kuster B F M, van der Wiele K. Bereiding van glycerol en 5-hydroxymethylfurfural (HMF) uit inuline, in verslagen van de themadag inuline[J]. NRLO Report W203, The Hague, 1985: 57-69.

[197] Heinen A W, Peters J A, van Bekkum H. The combined hydrolysis and hydrogenation of inulin catalyzed by bifunctional Ru/C[J]. Carbohydrate Research, 2001, 330: 381-390.

[198] van Bekkum H, Verraest D L. Perspektiven Nachwachsender Rohstoffe in der Chemie[M]. Berlin: VCH Weinheim, 1996: 191-203.

[199] Lampe B. The use of topinambur Jerusalem artichoke (*Helianthus tuberosus*) for alcohol[J]. Zeitschrift fuer Spiritusindustrie, 1932, 55: 121-122.

[200] Vadas R. The preparation of ethyl alcohol from the inulin-containing Jerusalem artichoke[J]. Chemrik Zert, 1934, 58: 249.

[201] Guiraud J P, Daurelles J, Galzy P. Alcohol production from Jerusalem artichoke using yeasts with inulinase activity[J]. Biotechnology & Bioengineering, 1981, 23: 1461-1465.

[202] Margaritis A, Bajpai P. Ethanol production from Jerusalem artichoke tubers (*Helianthus tuberosus*) using *Kluyveromyces marxianus* and *Saccharomyces rosei*[J]. Biotechnology & Bioengineering, 1982, 24: 941-953.

[203] Margaritis A, Bajpai P. Continuous ethanol production from Jerusalem artichoke tubers. Ⅰ. Use of free cells of *Kluyveromyces marxianus*[J]. Biotechnology & Bioengineering, 1982, 24: 1473-1482.

[204] Margaritis A, Bajpai P. Continuous ethanol production from Jerusalem artichoke tubers. Ⅱ. Use of immobilized cells of *Kluyveromyces marxianus*[J]. Biotechnology & Bioengineering, 1982, 24: 1483-1493.

[205] Kim C H, Rhee S K. Ethanol production from Jerusalem artichoke by inulinase and *Zymomonas mobilis*[J]. Applied Biochemistry Biotechnology, 1990, 23: 171-180.

[206] Guiraud J P, Bourgi J, Galzy P, et al. Fermentation of early-harvest Jerusalem artichoke extracts by *Kluyveromyces fragilis*[J]. The Journal of General and Applied Microbiology, 1986, 32: 371-381.

[207] Janssens J H, Burris N, Woodward A, et al. Lipid-enhanced ethanol production by *Kluyveromyces fragilis*[J]. Applied & Environmental Microbiology, 1983, 45: 598-602.

[208] Bajpai P K, Bajpai P. Cultivation and utilization of Jerusalem artichoke for ethanol, single cell protein, and high-fructose syrup production[J]. Enzyme and Microbial Technology, 1991, 13: 359-362.

[209] Guiraud J P, Galzy P. Inulin conversion by yeasts[J]. Bioprocess Technology, 1990, 5: 255-296.

[210] Margaritis A, Merchant F J A, Abbott B J. Advances in ethanol production using immobilized cell systems[J]. Critical Reviews in Biotechnology, 1983, 1: 339-393.

[211] Cysewski G R, Wilke C R. Rapid ethanol fermentations using vacuum and cell recycle[J]. Biotechnology and Bioengineering, 1977, 19: 1125-1143.

[212] Bajpai P K, Bajpai P. Utilization of Jerusalem artichoke for fuel ethanol production using free and immobilized cells[J]. Biotechnology and Applied Biochemistry, 1989, 11: 155-168.

[213] Blanchet D, Marchal R, Vandecasteele J P. Acetone and Butanol by Fermentation of Inulin: French 2559160[P], 1985.

[214] Winstrom L O. Succinic acid and succinic anhydride[M]//Mark H F, Othmer D F, Overberger C G, et al. Kirk-Othmer Encyclopedia of Chemical Technology. New York: Wiley, 1978: 848-864.

[215] Zeikus J G, Elankovan P, Grethlein A. Utilizing fermentation as a processing alternative: succinic acid from renewable resources[J]. Chemical Processing, 1995, 58: 71-73.

[216] Sridhar J, Eiteman M A. Influence of redox potential on product distribution in *Clostridium thermosuccinogenes*[J]. Applied Biochemistry and Biotechnology, 1999, 82: 91-101.

[217] Fuchs A. Production and utilization of inulin: Part Ⅱ. Utilization of inulin[M]//Suzuki M, Chatterton N J. Science and Technology of Fructans. Boca Raton, FL: CRC Press, 1993: 319-351.

[218] Fages J, Mulard D, Rouquet J J, et al. 2,3-butanediol production from Jerusalem artichoke, *Helianthus tuberosus*, by *Bacillus polymyxa* ATCC 12321. Optimization of kLa profile[J]. Applied Microbiology & Biotechnology, 1986, 25: 197-202.

[219] Middelhoven W J, van Adrichsem P P L, Reij M W, et al. Inulin degradation by *Pediococcus pentosaceus*[J]. Studies in Plant Science, 1993, 3: 273-280.

[220] Shamtsyan M M, Solodovnik K A, Yakovlev V I. Lactic acid biosynthesis from starch- or inulin containing raw material by the *Streptococcus bovis* culture[J]. Biotekhnologiya, 2002, 4: 61-69.

[221] Oba S, Sashita R, Ogishi H. Manufacture of Cycloinulo-oligosaccharides with Fructanotransferase: Japanese 04237496[P], 1992.

[222] Okamura M, Kaniwa T, Kamata A. Recyclable Thermoplastic Resin Compositions Containing Cyclic Inulooligosaccharides with Good Mechanical Properties and Chemical and Heat-Resistance: Japanese 09048876[P], 1997.

[223] Nanjo F. Enzymic Manufacture, Isolation, and Purification of Cyclic Inulooligosaccharides: Japanese 2004329092[P], 2004.

[224] Uchiyama T, Kawamura M, Uragami T, et al. Complexing of cycloinulo-oligosaccharides with metal ions[J]. Carbohydrate Research, 1993, 241: 245-248.

[225] Takai Y, Okumura Y, Tanaka T, et al. Binding characteristics of a new host family of cyclic oligosaccharides from inulin: Permethylated cycloinulohexoase and cycloinuloheptaose[J]. Journal of Organic Chemistry, 1994, 59: 2967-2975.

[226] Gibson G R, Beatty E R, Wang X, et al. Selective stimulation of bifidobacteria in the human colon by oligofructose and inulin[J]. Gastroenterology, 1995, 108(4): 975-982.

[227] Defaye J, Gadelle A, Pedersen C. The behaviour of D-fructose and inulin towards anhydrous hydrogen fluoride[J]. Carbohydrate Research, 1985, 136: 53-65.

[228] Christian T J, Manley-Harris M, Field R J, et al. Kinetics of formation of di-d-fructose dianhydrides during thermal treatment of inulin[J]. Journal of Agricultural and Food Chemistry, 2000, 48: 1823-1837.

[229] Manley-Harris M, Richards G N. Di-D-fructose dianhydrides and related oligomers from thermal treatments of inulin and sucrose[J]. Carbohydrate Research, 1996, 287: 183-202.

[230] Taniguchi T, Uchiyama T. The crystal structure of di-D-fructose anhydride Ⅲ, produced by inulin D-fructotransferase[J]. Carbohydrate Research, 1982, 107: 255-262.

[231] Saito K, Tomita F. Difructose anhydrides: their mass-production and physiological functions[J]. Bioscience Biotechnology and Biochemistry, 2000, 64: 1321-1327.

[232] Ehrhardt S, Begli A H, Kunz M, et al. Manufacture of Aliphatic Carboxylic Acid Esters of Longer-Chain Inulin as Surfactants: EU Patent 792888[P], 1997.

[233] Vermeersch J, Schacht E. Synthesis of succinoylated inulin and application as carrier for procainamide[J]. Bulletin Des Societes Chimiques Belges, 1985, 94: 287-291.

[234] Smeekens J. Transgenic fructan-accumulating tobacco and potato plants[C]//Fuchs A. Proceedings of the 5 th Seminar on Inulin. The Hague: Carbohydrate Research Foundation, 1996: 53-58.

[235] Verraest D L, Peters J A, van Bekkum H. Inulin Derivatives Prepared with Use of Acrylic Compounds and Their Uses: WO 9634017[P], 1996.

[236] Hudson A P, Woodward F E, McGrew G T. Polycarboxylates in soda ash detergents[J]. Journal of the American Oil Chemists Society, 1988, 65: 1353-1356.

[237] Feyt L E. Phosphonate and Inulin Derivative-Containing Detergents Exhibiting Enhanced Stain Removal: EU 1408103[P], 2004.

[238] Kuzee H C, Raaijmakers H W C. Sequestration of Metal Ions by Fructan Polycarboxylic Acids and Their Use in Detergents and Cleaners: WO 2001079122[P], 2001.

[239] Rathjens A, Nieendick C. Use of Inulin Derivatives as Thickeners in Surfactant-Containing Cosmetic Solutions: Danish 10004644[P], 2001.

[240] Chien C C, Lieberman R, Inman J K. Preparation of functionalized derivatives of inulin: Conjugation of erythrocytes for hemagglutination and plaque-forming cell assays[J]. Journal of Immunological Methods, 1979, 26: 39-46.

[241] Schacht E, Buys L, Vermeersch J, et al. Polymer-drug combinations: Synthesis and characterization of modified polysaccharides containing procainamide moieties[J]. Journal of Controlled Release, 1984, 1:

33-46.

[242] Stevens C V, Meriggi A, Booten K. Chemical modification of inulin, a valuable renewable resource, and its industrial applications[J]. Biomacromolecules, 2001, 2:1-16.

[243] Verraest D L. Modification of Inulin for Non-Food Applications[M]. Delft, The Netherlands: Delft University Press, 1997.

[244] Kushibe S Morimoto H. Fructosylated Branched Cycloinulooligosaccharides Preparation: Japanese Patent 06263802[P], 1994.

第 9 章　菊芋地上部化学成分

当前人们把主要精力放在菊芋块茎的开发利用上，对菊芋地上部的开发利用研究不如对其块茎那样深入，实际上菊芋地上部更值得引起人们的重视。首先，其地上部生物量很大，即使在盐渍土上，干重每亩也会超过 1.5 t；其次，地上部富含各种利用潜力巨大的化合物。国际上一些学者已开始展开了对菊芋地上部具有商用价值化合物的探索，表 9-1 列出了国外一些菊芋品种地上部一些化合物及其含量，以供国内学者参考。本章主要介绍南京农业大学海洋科学及其能源生物资源研究所菊芋研究小组取得的试验成果，即菊芋叶片与茎秆有开发前景的化合物组成、含量及时空异质性，并对一些化合物的生物活性及利用潜力进行科学与经济等方面的评估。

表 9-1　6 种菊芋茎秆、叶及全株的化学成分　　（单位：%干重）

指标	“1926”叶片	“1926”茎秆	“1927”叶片	“1927”茎秆	Topinaca地上部	“1168”地上部
蛋白质	26.9*	8.8*	29.4*	11.9*	7	9
糖	2.4	6.0	0.8	5.0	—	—
果糖	—	—	—	—	1.8	2.2
葡萄糖	—	—	—	—	1.2	2.1
蔗糖	—	—	—	—	2.1	1.2
果聚糖	—	5.4	—	3.2	4.5	2.0
纤维素	6.6	14.2	7.3	13.1	20	17
半纤维素	4.5**	9.3**	4.3**	9.6**	21***	21***
木质素	17.9	10.8	21.7	14.1	14	12
葡糖醛酸苷	15.8	9.2	13.2	10.9	—	—
灰分	13.4	6.8	14.9	9.4	8	10

*：粗蛋白。

**：中性组分。

***：半纤维素+果胶。

9.1　菊芋叶片的化学成分

菊芋叶片除了其产量的巨大优势外，对人类健康也有独到的功能，对治疗骨折、皮肤创伤、肿胀和疼痛等症状有一定作用，可作为解热、镇痛、抗炎和抗痉挛的药物[1,2]；菊芋叶片中的一些初生与次生代谢产物如蛋白质、维生素、酚酸类、黄酮类等化合物含量远远高于茎与块茎的。菊芋地上部的灰分含量比地下部高 2～3 倍，叶片的灰分矿物质含量尤其丰富（12%～16%）。

国内外对菊科向日葵属植物茎叶中丰富的倍半萜内酯、香豆素和黄酮类成分及其生物活性早有报道[3]，Watanabe 等指出内酯类化合物泽兰内酯是很多向日葵属植物能抵御虫害的原因所在[4]。

南京农业大学海洋科学及其能源生物资源研究所菊芋研究小组首先利用化学预试、试管法、滤纸法等方法对南菊芋 1 号菊芋叶片成分进行预试，为更好地研究菊芋叶片化合物提供信息。试验表明，菊芋叶片 60℃水浸液中可能含有生物酸、蛋白质、还原糖、酚类和鞣质，菊芋叶片石油醚提取液试验表明菊芋叶片可能含有油脂或类脂体，菊芋叶片乙酸乙酯提取液试验表明菊芋叶片可能含有黄酮类、内酯及香豆素和强心苷。综合以上实验结果推测，菊芋叶片中含有蛋白质、氨基酸、还原糖类、生物酸、酚类和鞣质、黄酮类、内酯类、强心苷以及油脂等化学成分，菊芋叶片中活性成分可能是黄酮类、内酯和强心苷中的一种或几种（表 9-2）。

表 9-2　菊芋叶片化学成分初步定性检验结果

试样	试验名称	方法	现象	检测目标成分	结果
A	加热或酸化沉淀试验	试管法	混浊	蛋白质	＋
A	缩二脲反应	试管法	紫红色	蛋白质或氨基酸	＋
A	茚三酮反应	试管法	蓝紫色	蛋白质或氨基酸	＋
A	茚三酮反应	滤纸法	蓝紫色斑点	蛋白质或氨基酸	＋
A	费林试剂	试管法	砖红色沉淀	单糖	＋
A	碱性酒石酸酮	试管法	红色沉淀	单糖	＋
A	多糖水解试验	试管法	沉淀无差异	多糖	－
A	pH 试纸	－	5～6	有机酸	＋
A	溴酚蓝试剂	试管法	蓝	有机酸	＋
A	泡沫试验	试管法	无泡沫	皂苷	－
A	氯仿-浓硫酸试验	试管法	氯仿层红环，硫酸层绿色荧光	皂苷	－
A	三氯化铁试验	试管法	蓝黑色	酚类	＋
A	三氯化铁试验	滤纸法	蓝色斑点	酚类	＋
B	挥发油试验	滤纸法	油斑不消失	挥发油	－
B	油脂和类脂体试验	滤纸法	浅黄色油斑	油脂和类脂体	＋
C	碳酸钠碱性反应	滤纸法	橙黄色	黄酮类	＋
C	氢氧化钠碱性反应	试管法	无红色	蒽醌类	－
C	硼酸试剂	滤纸法	无	蒽醌类	－
C	内酯开闭环试验	试管法	加碱混浊，加热清澈，加酸后又混浊	内酯和香豆素	＋
C	三氯化铁-冰醋酸试验	试管法	上层绿色，下层棕色环	强心苷	＋
C	三氯乙酸试验	滤纸法	浅黄斑点	强心苷	＋

注：表中结果“＋”表示阳性反应，“－”表示阴性反应。

南京农业大学海洋科学及其能源生物资源研究所菊芋研究小组对菊芋叶片化学成分经初步检验推测，将一些菊芋品种及不同生长期叶片中主要成分总酚、总黄酮、总糖、总蛋白含量进行比较分析，结果如图 9-1 所示。菊芋叶片中初生代谢产物总糖和总蛋白含量比次生代谢产物总酚和总黄酮含量要高得多，这说明菊芋叶片中初生代谢产物糖类和蛋白质是主要成分。不同菊芋品种这些化合物含量差异很大，南京农业大学海洋科学及其能源生物资源研究所菊芋研究小组发现，南菊芋 1 号叶片中各成分含量均高于其他两个品种，尤其总糖含量明显高于其他两个品种；南菊芋 1 号叶片中总酚含量也明显高于野生型和青芋 1 号；而三种菊芋品种间的总黄酮含量无显著差异；南菊芋 1 号叶片中总蛋白含量高于其他两个品种，而青芋 1 号和野生型中总蛋白含量无明显差异。这就是不同资料中报道的菊芋叶片化合物含量差异很大的主要原因。

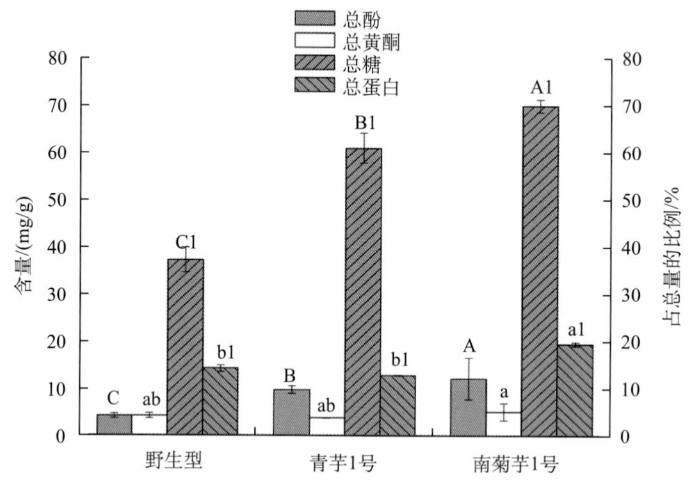

图 9-1　不同菊芋品种叶片中各化学成分比较

含量以叶片干重计，图中数值均为三次测定的平均值±标准误，不同字母表示在方差分析中差异显著（$P \leqslant 0.05$）

即使是同一品种的菊芋，其叶片化合物含量也具有不同生长期的动态变化，图 9-2 给出了南京农业大学海洋科学及其能源生物资源研究所菊芋研究小组对南菊芋 1 号不同生长发育期叶片几种主要化合物含量动态变化的研究结果，南菊芋 1 号叶片的总酚、总黄酮、总糖和总蛋白含量均以 9 月花期为最高，南菊芋 1 号各时期叶片总蛋白含量分别为 18.35%（8 月）、19.45%（9 月）和 18.04%（10 月），整个生长期南菊芋 1 号叶片总蛋白含量无显著差异；南菊芋 1 号花期和块茎膨大期叶片的总糖含量分别为 62.94 mg/g 和 64.15 mg/g，显著高于现蕾期的含量（46.56 mg/g），而花期和块茎膨大期南菊芋 1 号叶片的总糖含量没有显著差异；花期（9 月）南菊芋 1 号叶片的总酚和总黄酮含量显著高于现蕾期（8 月）和块茎膨大期（10 月）；由此推测，南菊芋 1 号叶片在花期完成各营养成分在“源”的积累，并达到最大值，以保障向“库”输送的物质基础。而南菊芋 1 号叶片中一些次生代谢产物如总酚等含量可能还受到菊芋植株生长发育进度及相关环境因子的影响[5]。

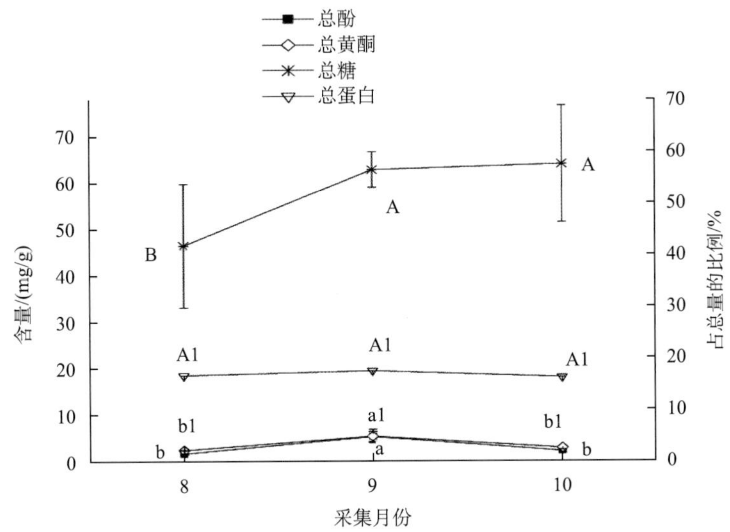

图 9-2　南菊芋 1 号叶片不同生长期各主要成分含量比较

现蕾期 8 月、花期 9 月和块茎膨大期 10 月；含量以叶片干重计，图中数值均为三次测定的平均值±标准误，不同字母表示在方差分析中差异显著（$P \leqslant 0.05$）

在上述探索性研究的基础上，南京农业大学海洋科学及其能源生物资源研究所菊芋研究小组对菊芋叶片中初生与次生代谢产物的动态变化进行了比较系统的研究。

9.1.1　菊芋叶片的糖分组成及其动态变化

菊芋叶片首先通过光合作用同化 CO_2 形成葡萄糖，不久后便转化为果糖和蔗糖。叶片中的果糖首先在叶柄和叶脉中积累，之后便在薄壁细胞中积累[6, 7]。葡萄糖在菊芋叶片中的含量在 1%～4%（干物质）变动，而在夏季菊芋叶片果糖含量上升到 7%以上[8]。碳水化合物以菊粉的形式暂时储存，但也以更少量的淀粉形式储存[9, 10]。在叶片中储存的碳水化合物在夜间转化为可溶性糖，以便植物迁移运输。作者选育的南菊芋 1 号叶片中总糖含量为 70.04 mg/g，明显高于野生型和青芋叶片中总糖含量。

南京农业大学海洋科学及其能源生物资源研究所菊芋研究小组发现，不同品种、不同栽培地点、不同生长发育时间，菊芋叶片的糖分组成与含量等均呈动态变化。菊芋苗期叶片中主要以可溶性糖为主，通过其叶片的光合作用，同化 CO_2，并转化为蛋白质与可溶性糖，除供菊芋叶片自身生长外，大部分将通过菊芋茎秆向其地下部输送。研究小组以盆钵试验研究南菊芋 1 号幼苗叶片中可溶性糖含量动态变化发现，随着菊芋幼苗的生长，其叶片中可溶性糖含量明显增加。培养 4 d，其叶片可溶性糖含量为其鲜重的 0.55%，培养 8 d，其含量增加到 0.87%，培养 22 d，其含量为 0.90%，南菊芋 1 号（N1）幼苗叶片可溶性糖含量急剧增加以满足其“库”对“源”的需求。

不同品种菊芋叶片的糖分含量差异也十分明显。2015 年 6 月 3 日对南京农业大学(海南）滩涂农业研究所种植的菊芋进行采样分析，6 个品种菊芋叶片中的糖组分及其含量如表 9-3 所示。在海南南部海涂，6 月上旬菊芋块茎刚开始膨大，菊芋叶片中可溶性糖含量是菊芋后期块茎膨大的主要因子之一，从表 9-3 中看出，在热带，南菊芋 9 号（N9）

新品种除果糖含量外，葡萄糖、蔗糖、蔗果三糖、蔗果四糖和蔗果五糖的含量大多显著高于 T1、T2 和南菊芋 1 号（N1）这三个菊芋品种（品系）。

表 9-3　不同品种菊芋叶片中的糖组分及其含量　（单位：mg/g DW）

品种	果糖含量	葡萄糖含量	蔗糖含量	蔗果三糖含量	蔗果四糖含量	蔗果五糖含量
T1 叶	0.63±0.21d	2.37±0.83c	0.49±0.13cd	1.97±0.69d	2.20±0.73bc	2.41±0.74c
N1 叶	0.63±0.22d	2.37±0.84c	0.45±0.16d	2.14±0.62cd	2.18±0.78c	2.33±0.81cd
T2 叶	0.67±0.21cd	2.42±0.82bc	0.50±0.07b	2.17±0.58bc	2.39±0.70b	3.41±1.23ab
N9 叶	0.95±0.02b	3.57±0.02a	0.61±0.05a	2.97±0.01a	3.32±0.03a	3.61±0.14a
Q2 叶	0.80±0.22bc	2.99±0.84ab	0.53±0.12ab	2.48±0.69b	2.76±0.78ab	3.18±0.80b
T3 叶	1.29±0.50ab	2.98±0.82ab	0.50±0.10bc	2.52±0.61ab	2.75±0.70ab	2.89±0.79bc

在探索了不同品种、不同生长时间菊芋叶片糖组分及其含量的基础上，2015 年南京农业大学海洋科学及其能源生物资源研究所菊芋研究小组又同时在江苏大丰（暖温带湿润气候）与海南乐东（热带季节性干旱气候）安排菊芋田间试验，于不同生长时间采集两地两个典型菊芋品种南菊芋 1 号（N1）和青芋 2 号（Q2）的叶片，对其主要糖分组成与含量进行比较，以探索气候环境对不同品种、不同生长时间菊芋叶片糖组分及其含量的效应。

可溶性糖是植物光合作用的主要产物，根据植物生长发育的规律，植物器官中糖的含量在植物生长发育的不同阶段会有规律地发生变化，也会受到不同环境因子的影响。在菊芋生长中，叶片是菊芋体内糖分的主要来源，蔗糖是主要运输产物，果聚糖则主要在块茎中合成，蔗糖是合成果聚糖的原料，菊芋叶片和茎中的蔗糖主要转移到菊芋块茎中。温度、降水和光照，作为重要的环境因素，通过影响菊芋的光合作用，进而对菊芋的生长、糖分的运输分配产生影响。在大丰种植的南菊芋 1 号叶片的可溶性总糖含量随时间推移呈先下降后缓慢上升的趋势（图 9-3），5 月 6 日（幼苗期）的可溶性总糖含量高于青芋 2 号品种，达到（203.27±30.55）mg/g，7 月 21 日（块茎形成期）及其后期南菊芋 1 号叶片可溶性总糖含量降低至（117.42±15.03）mg/g 左右，而青芋 2 号叶片中可溶性总糖含量处于上升趋势，在 10 月 26 日（成熟期）达到最大值，为（199.20±8.03）mg/g，而 7 月份可溶性总糖含量只有（134.85±7.38）mg/g。从图 9-3 可以看出，大丰南菊芋 1 号和青芋 2 号叶片的可溶性总糖含量在 5 月 6 日（幼苗期）已经较高，然后降低，7 月 21 日（块茎形成期）最低，到 10 月 26 日（成熟期）有一个缓慢的回升。在 5 月 6 日（幼苗期），菊芋叶片的光合作用良好，叶片中可溶性糖含量有一定的积累，6 月、7 月菊芋的光合作用增强，与此同时，块茎渐渐膨大，叶片部的糖开始转运，因此叶片部可溶性总糖含量降低，到 10 月份逐渐达到一个平衡。这种糖分含量变化趋势，致使两个品种菊芋在大丰海涂生物产量不同，即地上部分两品种差异不大，而南菊芋 1 号块茎产量极显著高于青芋 2 号；在海南种植的南菊芋 1 号与青芋 2 号叶片的可溶性总糖含量先下降后上升，6 月 3 日南菊芋 1 号（开花期）可溶性总糖含量最低，为（119.11±1.53）mg/g，青芋 2 号叶片的可溶性总糖含量先减小后增大，在 5 月 6 日（幼苗期）可溶性总糖含量达到（156.82±16.72）mg/g。可以看出在海南，叶片部糖分开始转运的时间要晚于大丰，表明大丰的气候更适合块茎的生长和糖分的转运。

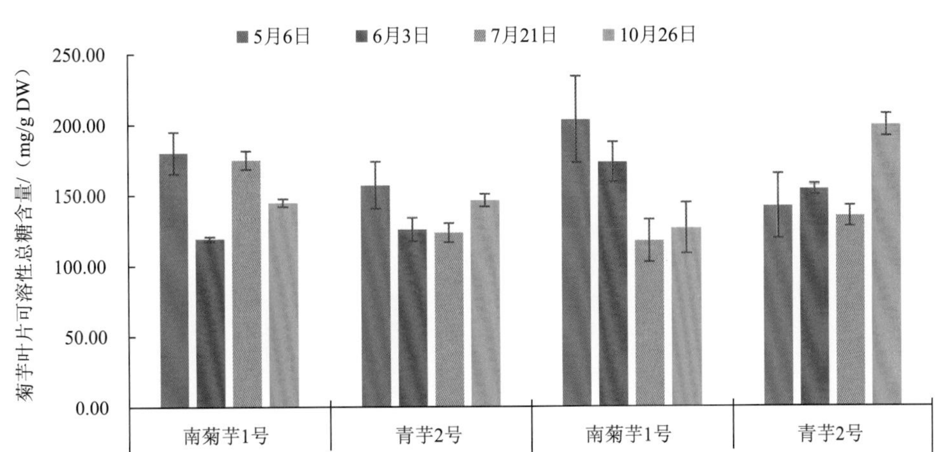

图 9-3　不同气候带两品种菊芋不同生长期叶片可溶性总糖含量变化

光合作用最主要的产物是碳水化合物，一般认为最初的产物为磷酸丙糖，该糖可在植物体内转变为果糖和葡萄糖，蔗糖就是在 6-磷酸果糖和 6-磷酸葡萄糖的基础上聚合而成的。通过对菊芋可溶性总糖和可溶性还原糖的测定，还可获知可溶性还原糖的构成、类别和不同品种间动态变化的差异，因此菊芋研究小组采用高效液相色谱法分别测定了菊芋不同时期叶片中葡萄糖（glucose）、蔗糖（sucrose）、果糖（fructose）、蔗果三糖（1-kestose）、蔗果四糖（nistose）、蔗果五糖（1F-fructofuranosystose）含量。

由图 9-4 可以看出：无论是在江苏大丰，还是在海南乐东，在同一生长时期南菊芋 1 号与青芋 2 号叶片中的果糖含量没有显著性差异。在江苏大丰，南菊芋 1 号与青芋 2 号叶片中果糖含量在全生育期相对稳定；而在海南乐东，两种菊芋叶片中果糖含量在生长后期均极显著地增加，对菊芋块茎的膨大产生一定的影响。

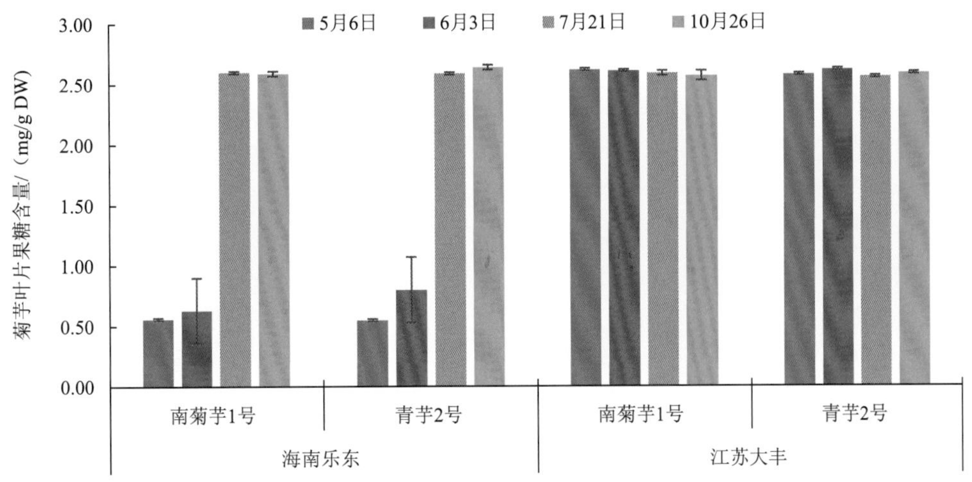

图 9-4　不同气候带两品种菊芋不同生长期叶片果糖含量变化

在上述两地区，两个品种菊芋叶片中的葡萄糖含量动态变化趋势基本上与果糖的变化趋势一致：无论是在江苏大丰，还是在海南乐东，在前期同一生长时期南菊芋 1 号与青芋 2 号叶片中的葡萄糖含量没有显著性差异；在江苏大丰，青芋 2 号叶片中葡萄糖含量在其块茎膨大期显著高于其他生长期（图 9-5），导致青芋 2 号块茎的产量显著低于南菊芋 1 号；在海南乐东，两种菊芋叶片中葡萄糖含量在生长后期均极显著地增加，这可能是南菊芋 1 号与青芋 2 号在海南乐东块茎的产量显著低于江苏大丰的主要原因之一。

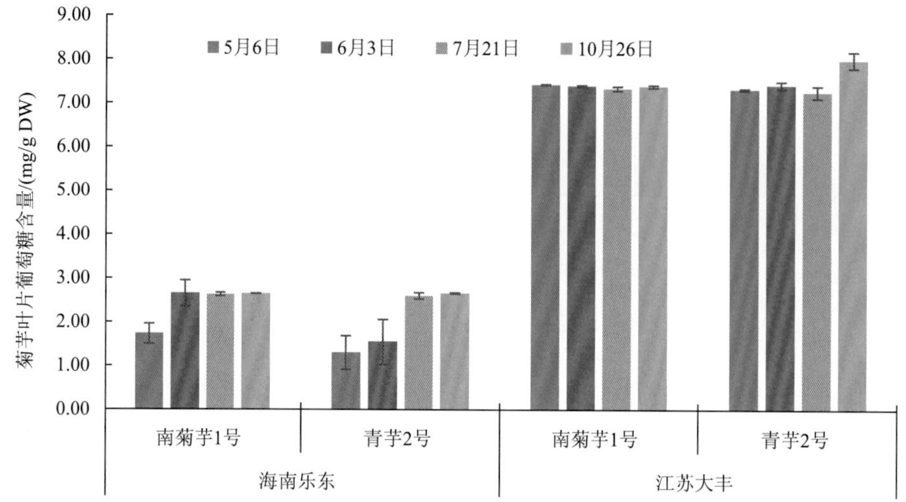

图 9-5　不同气候带两品种菊芋不同生长期叶片葡萄糖含量变化

菊芋叶片中的蔗糖含量处在一个平衡的状态，与果糖的变化趋势完全一致：无论是在江苏大丰，还是在海南乐东，在同一生长时期南菊芋 1 号与青芋 2 号叶片中的蔗糖含量没有显著性差异；在江苏大丰，南菊芋 1 号与青芋 2 号叶片中蔗糖含量在全生育期相对稳定；在海南乐东，两种菊芋叶片中蔗糖含量在生长后期均极显著地增加（图 9-6），对菊芋块茎的膨大产生一定的影响。

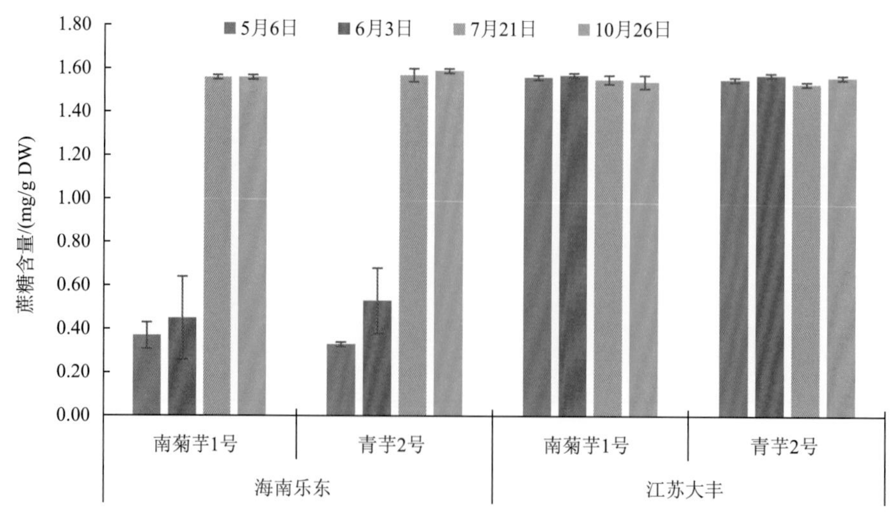

图 9-6　不同气候带两品种菊芋不同生长期叶片蔗糖含量变化

由图 9-7～图 9-9 可以看出，在大丰种植的南菊芋 1 号与青芋 2 号叶片蔗果三糖、蔗果四糖、蔗果五糖含量在全生育期均保持相对稳定的状态；而在海南种植的南菊芋 1 号与青芋 2 号叶片中蔗果三糖的含量基本呈先上升后下降的趋势，在 6 月 3 日（开花期）达到最大值；海南南菊芋 1 号与青芋 2 号叶片中蔗果四糖和蔗果五糖等低聚果糖的含量则基本呈一个上升的趋势。

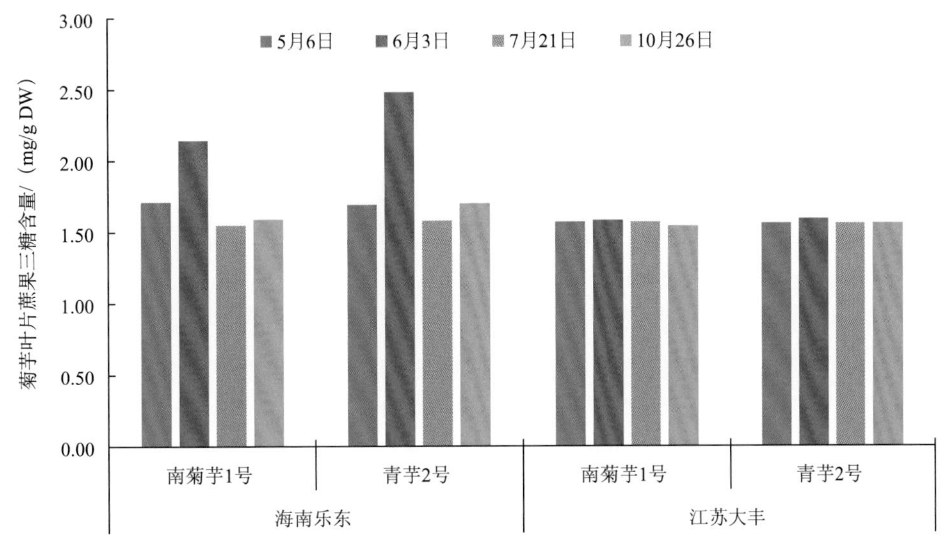

图 9-7　不同气候带两品种菊芋不同生长期叶片蔗果三糖含量变化

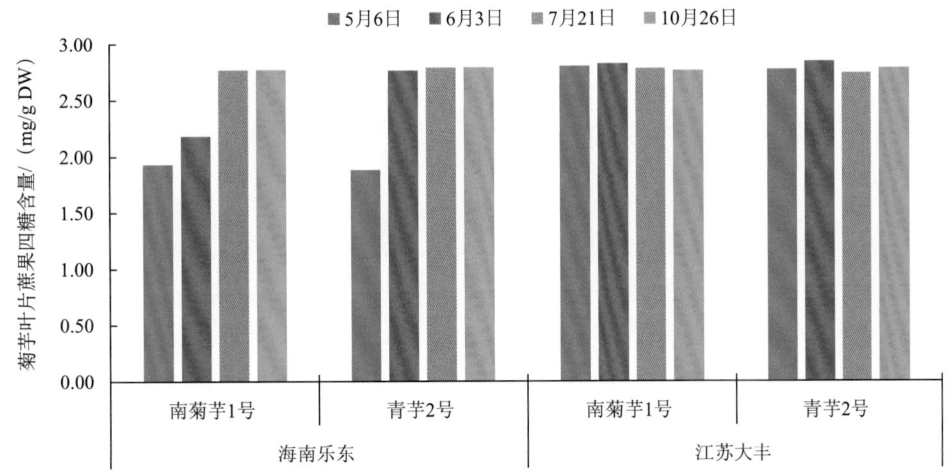

图 9-8　不同气候带两品种菊芋不同生长期叶片蔗果四糖含量变化

可溶性还原糖包括葡萄糖和果糖。如图 9-10 所示，江苏大丰南菊芋 1 号与青芋 2 号叶片的可溶性还原糖的含量先上升后下降，6 月份达到最大，表明江苏大丰两个品种在 5、6 月份可溶性还原糖处于一个转运的过程，在 6 月份达到一个平衡。海南乐东南菊芋 1 号叶片的可溶性还原糖的含量先降低，后平缓上升，青芋 2 号生长前期叶片的可溶性还原糖的含量较高，后期降低至平稳状态。

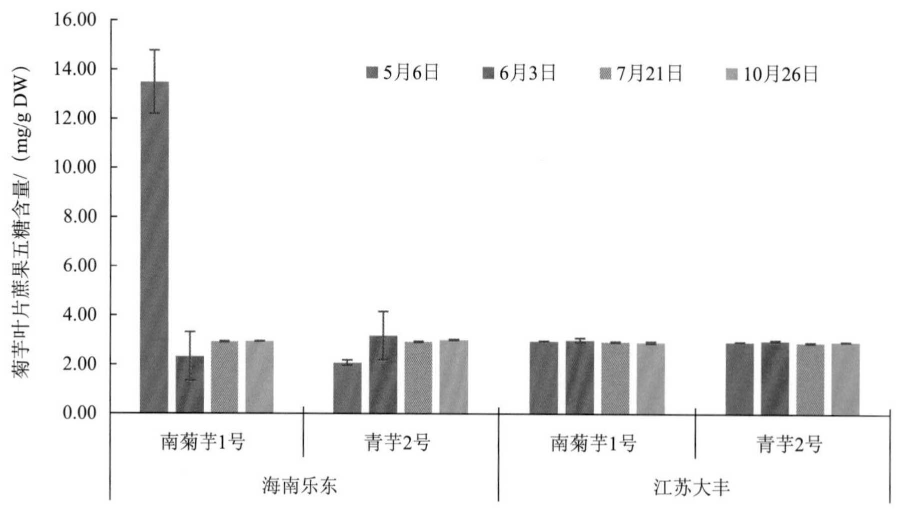

图 9-9　不同气候带两品种菊芋不同生长期叶片蔗果五糖含量变化

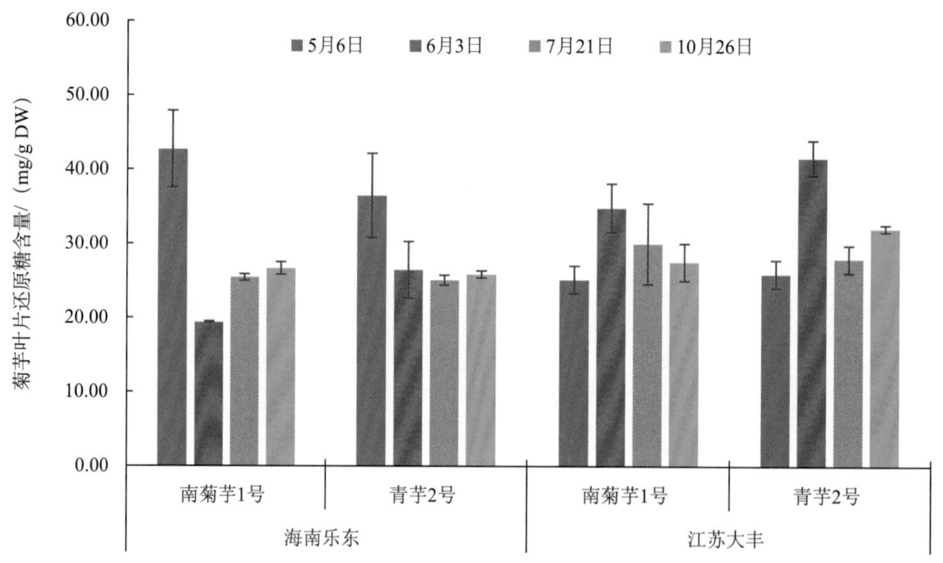

图 9-10　不同气候带两品种菊芋不同生长期叶片还原糖含量变化

9.1.2　菊芋叶片中的蛋白质

国外的研究表明，菊芋叶片中粗蛋白含量较高，为 26%～29%（干重），菊芋叶片中粗蛋白含量大约比其块茎中粗蛋白含量高 4 倍[11]，比其茎中粗蛋白含量高 3 倍[12]。尤其是菊芋叶蛋白含有丰富的赖氨酸和甲硫氨酸[12]。叶片中的氮含量随着菊芋生长发育过程逐步降低，从菊芋幼叶的 30%到菊芋衰老前老叶的 16%。此外，菊芋叶片中粗蛋白的含量从菊芋生长时期的 181 g/kg 降到开花时期的 122 g/kg[13]。

南京农业大学海洋科学及其能源生物资源研究所菊芋研究小组在收获期测得南菊芋1号叶片的平均总蛋白含量为22.78%～28.6%（干重），较国外报道的偏低，这可能是菊芋叶片样品收获时间的差异造成的；鲜叶的平均水分含量为67.94%。

对由最佳提取工艺条件提取所得的叶蛋白进行氨基酸分析的结果表明，南菊芋1号叶蛋白的氨基酸组成较齐全，含有包括7种人体必需氨基酸在内的17种常见氨基酸（表9-4）。最令人关注的是7种人体必需氨基酸占总氨基酸的比例较高：亮氨酸（Leu）8.84%，赖氨酸（Lys）7.11%，缬氨酸（Val）7.00%，苏氨酸（Thr）5.61%，苯丙氨酸（Phe）5.51%，异亮氨酸（Ile）4.71%，甲硫氨酸（Met）1.78%；人体必需氨基酸占总氨基酸的比值（E/T）为40.55%，人体必需氨基酸与非必需氨基酸的比值（E/N）为0.68，超过了世界粮食及农业组织和世界卫生组织（FAO/WHO）提出的E/T为40%、E/N为0.6的最佳参考蛋白模式[14]。

表 9-4　南菊芋 1 号叶片蛋白质的氨基酸含量

序号	氨基酸名称	含量/% DW	序号	氨基酸名称	含量/%DW
1	天冬氨酸（Asp）	4.39	10	异亮氨酸*（Ile）	1.98
2	苏氨酸*（Thr）	2.36	11	亮氨酸*（Leu）	3.72
3	丝氨酸（Ser）	2.00	12	酪氨酸（Tyr）	1.70
4	谷氨酸（Glu）	4.98	13	苯丙氨酸*（Phe）	2.32
5	甘氨酸（Gly）	2.21	14	赖氨酸*（Lys）	2.99
6	丙氨酸（Ala）	2.84	15	组氨酸（His）	0.88
7	半胱氨酸（Cys）	0.18	16	精氨酸（Arg）	2.75
8	缬氨酸*（Val）	2.94	17	脯氨酸（Pro）	3.08
9	甲硫氨酸*（Met）	0.75			
	总氨基酸含量				42.07

注：*为人体必需氨基酸；色氨酸未检出，可能蛋白质水解后色氨酸被破坏了。

南菊芋1号叶片蛋白质含量丰富，且菊芋作为食物资源，其茎叶具有原料来源广、产量高等特点，是极具开发价值的蛋白质资源。以粗蛋白提取率为衡量指标，比较采用不同的提取剂对蛋白质的提取效果，选出最佳的提取剂，是菊芋叶蛋白质提取的首要步骤。

目前，普遍以叶蛋白质获得率为衡量指标来选取适合的蛋白质提取方法。然而，叶蛋白质获得率不能准确地反映菊芋叶片中蛋白质的提取情况，这是因为随着实验参数的不同，叶蛋白质中粗蛋白的含量存在明显差异。粗蛋白提取率包含了叶蛋白质获得率和叶蛋白质中粗蛋白含量，故选取粗蛋白提取率能更准确地反映蛋白质的提取效果。

南菊芋1号叶蛋白质的提取效果受料液比、加盐量、絮凝温度、pH等多种因素影响，以单因素实验为基础的正交实验结果表明，影响叶蛋白质提取最主要的因素为料液比，过低的料液比会导致浸提不充分，从而影响蛋白质的提取效果；但料液比过高，会造成提取液浓度很小，蛋白质的凝集性差，也会影响蛋白质提取。选择适宜的料液比能以最少的提取剂获得最多的蛋白质，这在叶蛋白质提取中至关重要。

菊芋叶片蛋白质氨基酸成分测定的研究中，人体必需氨基酸之一的色氨酸，在盐酸水解的条件下，由于脱去 NH_4^+后几乎完全被破坏[15]，无法与其他氨基酸一起测定含量，因此未对叶蛋白质中色氨酸的含量进行测定。

菊芋叶片蛋白质中谷氨酸、天冬氨酸和亮氨酸含量较高，半胱氨酸的含量最低。这与苜蓿[16]、紫云英[17]、繁缕[18]叶蛋白质的氨基酸分析结果一致，这可能与植物叶片蛋白质的氨基酸组成特点有关。含量较高的三种氨基酸对新陈代谢起着重要作用，谷氨酸在生物系统的氮代谢过程中扮演着重要的角色，其被人体吸收后形成的谷酰胺能够清除新陈代谢过程中产生的氨；同时谷氨酸也是神经递质之一，可以作为中枢神经系统的补剂[19]。天冬氨酸参与调节人体某些部位的代谢功能，能补充心肌缺氧缺血引起的底物耗损，参与心肌无氧代谢，促进糖酵解，可应用于心肌保护尤其是未成熟心肌的保护[20]。亮氨酸可调节蛋白质与氨基酸的代谢，能促进骨骼肌蛋白的合成，在骨骼肌和心肌蛋白质周转中扮演着重要角色[21]。

菊芋叶片是动物饲料一个很好的蛋白质来源，特别是与其他饲料相比，含有丰富的赖氨酸和甲硫氨酸等[22]。有报道称，叶片的蛋白质干物质含量可高达总地上部的20%，其中 5%～6%是必需的赖氨酸[23]。8 个加拿大菊芋品种叶片粗蛋白含量为 9.5%～17.3%[22]。优质牧草蛋白质的氨基酸组成为（%干重）：赖氨酸 5.4%、组氨酸 1.8%、精氨酸 5.2%、天冬氨酸 9.1%、苏氨酸 4.4%、丝氨酸 4.0%、谷氨酸 10.5%、脯氨酸 4.1%、甘氨酸 5.1%、丙氨酸 6.3%、甲硫氨酸 1.4%、异亮氨酸 4.6%、亮氨酸 8.3%、酪氨酸 2.8%和苯丙氨酸 5.0%[23]。

为更好地了解菊芋叶片的动物营养功能，南京农业大学海洋科学及其能源生物资源研究所菊芋研究小组对南菊芋 1 号叶片中存在的氨基酸形态即游离和水解氨基酸组分含量进行分析，用日立 L-8900 全自动氨基酸分析仪，对南菊芋 1 号叶片中游离（图 9-11A）和水解（图 9-11B）氨基酸组分、含量进行分析，结果如表 9-5 所示，由于该方法检测不出色氨酸，故不代表南菊芋 1 号叶片样品中不含色氨酸。

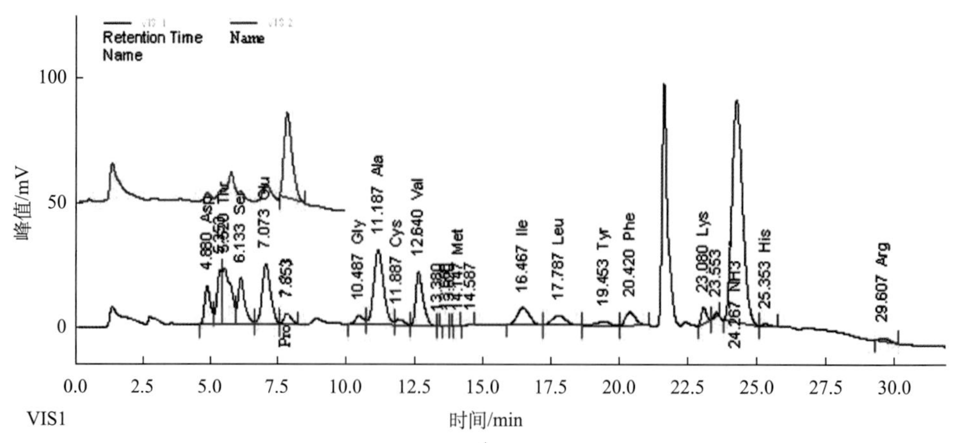

A

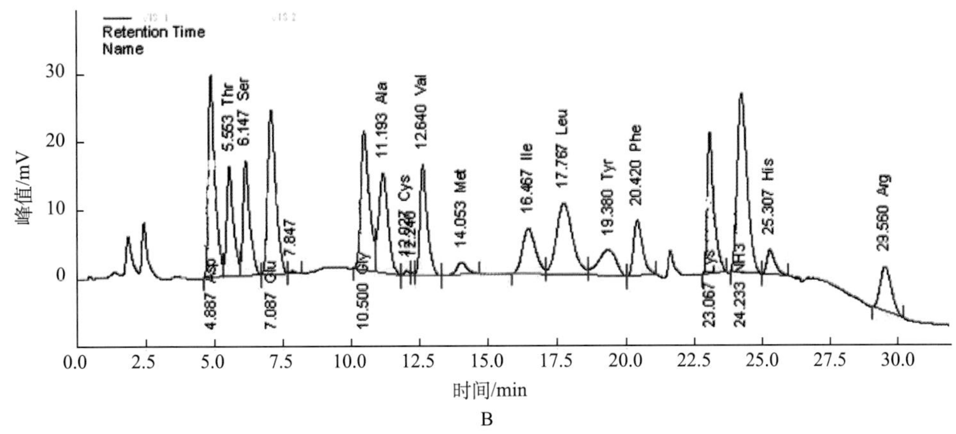

图 9-11　南菊芋 1 号叶片中氨基酸分析图谱

表 9-5　南菊芋 1 号叶片中的氨基酸组成

氨基酸	简称	含量/（g/100 g）	
		游离氨基酸	水解氨基酸
天冬氨酸	Asp	0.020	1.333
苏氨酸	Thr	0.039	0.658
丝氨酸	Ser	0.022	0.596
谷氨酸	Glu	0.050	1.523
甘氨酸	Gly	0.003	0.692
丙氨酸	Ala	0.049	0.738
半胱氨酸	Cys	0.008	0.054
缬氨酸	Val	0.031	0.719
甲硫氨酸	Met	0.000	0.159
异亮氨酸	Ile	0.017	0.571
亮氨酸	Leu	0.011	1.075
酪氨酸	Tyr	0.007	0.623
苯丙氨酸	Phe	0.016	0.668
赖氨酸	Lys	0.006	0.885
组氨酸	His	0.002	0.241
精氨酸	Arg	0.005	0.805
脯氨酸	Pro	0.217	1.105
合计		0.503	12.445

南菊芋 1 号叶片中水解氨基酸的总含量，可达叶片干重的 12.445%，其中脯氨酸、天冬氨酸、谷氨酸和亮氨酸为南菊芋 1 号叶片中氨基酸的主要组成成分。南菊芋 1 号叶片蛋白质水解氨基酸中各必需氨基酸组分占总氨基酸含量的比例分别为：苏氨酸 5.29%、缬氨酸 5.78%、甲硫氨酸 1.28%、异亮氨酸 4.59%、亮氨酸 8.64%、苯丙氨酸 5.37%、赖氨酸 6.87%，南菊芋 1 号叶片中上述这些必需氨基酸水解组分占水解氨基酸总量的

37.82%（不包括色氨酸）。而游离氨基酸属于非蛋白态的可溶性氨基酸（AAA），通过对南菊芋 1 号叶片中游离氨基酸进行分析，发现南菊芋 1 号叶片中脯氨酸含量最高。

9.1.3　菊芋叶片中的维生素

菊芋叶片含有相对高水平的 β-胡萝卜素和维生素 C，高于块茎和其他植物部分。Underkofler 等记录了一片叶子的维生素 C 含量，为 151 mg/kg 干物质，大约是茎中含量的 10 倍。通常，叶中的维生素浓度比茎中高 3～10 倍[24]。Rashchenko 发现 β-胡萝卜素和维生素 C 在成熟叶片中的含量分别为 12～15 mg/kg 和 100～160 mg/kg[25]。然而，菊芋中这些维生素的最高浓度已于 7 月在叶片中获得，β-胡萝卜素和维生素 C 的浓度分别为 371 mg/kg 和 1662 mg/kg[24]。

9.1.4　菊芋叶片中的黄酮类化合物

菊芋叶片中含有丰富的次生代谢产物，不同的菊芋品种，不同的栽培条件，次生代谢产物的类型与含量均有很大的变化。本小节主要介绍菊芋叶片中的黄酮类化合物，并对菊芋叶片黄酮类化合物抗氧化能力包括清除超氧阴离子自由基（O_2^-）能力、清除羟自由基（·OH）能力、清除 DPPH 自由基能力及菊芋叶总黄酮的还原力等生理生化活性进行了探索，为菊芋叶片的利用提供理论基础。

1. 南菊芋 1 号叶片总黄酮含量

黄酮类化合物 $AlCl_3$ 比色法的显色原理为铝离子与 3-或 5-羟基、4-羰基，或 B 环的 3′,4′-邻二酚羟基络合显色[25]。南京农业大学海洋科学及其能源生物资源研究所菊芋研究小组以芦丁为标准品，绘制的标准曲线为 y=0.0013x+0.0023，R^2=0.9995，表明芦丁的浓度为 5.363～346 μg/mL 时与其吸光度呈现出良好的线性关系。

考虑到菊芋目前以块茎为主要经济产品，故以菊芋成熟收获期的南菊芋 1 号叶片为材料，南京农业大学海洋科学及其能源生物资源研究所菊芋研究小组进行总黄酮提取方法的筛选，如表 9-6 所示，减压回流法提取南菊芋 1 号叶片的总黄酮含量明显高于其他两种方法，而回流法所得提取物的黄酮含量最低，这可能是提取温度过高导致部分黄酮类化合物的结构被破坏。乙酸乙酯层中黄酮含量最高，可达 97.33 mg/g DW，其次为氯仿层，含量也可达 72.15 mg/g DW，而石油醚层与正丁醇层中黄酮含量较少，这说明南菊芋 1 号叶片中的黄酮类物质多属于中等极性的化合物。

表 9-6　不同提取方法提取南菊芋 1 号叶片中粗提物及各萃取层中总黄酮的含量

测定样本	不同提取方法的混合物			各萃取层部分			
	CEA	CEB	CEC	PE	Chl	EA	NB
含量 /（mg/g DW）	16.55±0.27c	51.87±0.12b	75.69±0.48a	47.60±0.72c	72.15±2.31b	97.33±2.54a	18.01±0.07d

注：表中数值均为 3 次测定的平均值±标准误，数字后不同字母表示在方差分析中差异显著（P≤0.05）；CE，粗提物；A，回流法；B，室温浸提法；C，减压回流法；PE，石油醚层；Chl，氯仿层；EA，乙酸乙酯层；NB，正丁醇层。

2. 菊芋叶片中的黄酮类物质含量的动态变化

菊芋叶片中含有大量的化学成分，总黄酮类物质是该植物重要的生理活性成分。近年来，国内外对总黄酮类物质提取的研究主要集中于银杏叶、花生壳以及多种中药材植物，而对于菊科向日葵属植物，从 20 世纪六七十年代开始，国内外就有科研人员开展了对向日葵属植物化学成分的研究，已从该属的 *Helianthus microcephalus*、*Helianthus angustifolius*、*Helianthus corona-solis*、*Helianthus grosseserratus*、*Helianthus annuus* 等中分离出丰富的黄酮类化合物[26-31]。菊芋中也含有黄酮类化合物[32]，但目前国内关于菊芋的研究，主要集中在菊粉的提取与纯化上[33-35]，对菊芋叶片总黄酮的含量测定还少有报道，为此南京农业大学海洋科学及其能源生物资源研究所菊芋研究小组对菊芋叶片中黄酮类物质及其含量的动态变化进行了研究。

1）不同产地、不同品种、不同部位菊芋总黄酮含量动态变化

不同产地、不同品种、不同部位菊芋总黄酮含量不尽相同。南京农业大学海洋科学及其能源生物资源研究所菊芋研究小组同时分别测定江苏大丰地区 4 个菊芋品种、大庆地区 3 个菊芋品种叶、花、茎、块茎总黄酮的含量，结果如表 9-7 所示。从表 9-7 中可以看出，不同产地、不同品种、不同部位菊芋总黄酮含量具有差异。所有菊芋品种，无论在江苏大丰，还是在黑龙江大庆，菊芋叶片和花序中的总黄酮含量均显著高于其茎秆和块茎部位中总黄酮含量；无论在江苏大丰，还是在黑龙江大庆，南菊芋 1 号叶片中总黄酮含量均高于其他品种叶片中总黄酮含量，而青芋 2 号花中总黄酮含量在两地区均高于其他品种花中总黄酮含量；黑龙江大庆基地的所有菊芋品种各个部位的总黄酮含量明显高于江苏大丰地区相同品种菊芋相同部位的总黄酮含量，可能与当地气候、光照、水分等因素有关。

表 9-7 不同产地不同品种不同部位菊芋总黄酮含量 （单位：mg/g DW）

产地	品种	部位			
		叶	花	茎	块茎
大丰	南菊芋 1 号	52.59±2.32	45.92±1.16	18.67±0.84	25.83±1.26
	青芋 2 号	35.47±1.79	51.75±0.73	29.94±1.16	28.97±1.05
	野生型	41.52±1.68	44.95±0.84	21.20±1.68	10.97±0.95
	俄罗斯	24.04±0.84	40.02±2.32	15.45±1.16	12.69±1.90
大庆	南菊芋 1 号	65.32±2.15	48.25±2.71	20.54±2.48	30.47±0.94
	青芋 2 号	57.19±1.84	60.64±0.87	31.61±1.97	33.16±1.25
	俄罗斯	53.48±1.28	46.87±1.78	22.64±2.24	25.34±2.33

2）不同生长期的南菊芋 1 号叶片总黄酮含量的动态变化

不同生长期的南菊芋 1 号叶片中总黄酮的含量不尽相同。精确称量江苏大丰地区南菊芋 1 号不同采收期菊芋叶干粉 1.00 g，按正交实验确定的最佳工艺条件制备供试样品溶液，每份样品平行测定 3 次，结果如图 9-12 所示。5～9 月菊芋叶片总黄酮含量呈显

著上升趋势，9 月叶片总黄酮含量达到最高，11 月含量下降。由于目前对菊芋块茎的使用较多，11 月时块茎也已成熟，此时采摘叶片对菊芋块茎产量基本没有负面影响，而叶片中总黄酮含量也较高，因此为了充分地利用菊芋资源，进一步生产加工菊芋叶片时宜选择菊芋 11 月的叶片提取总黄酮物质。

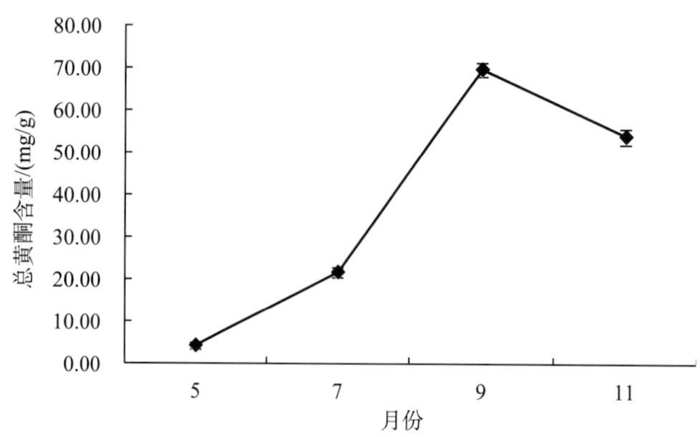

图 9-12　大丰地区不同品种不同生长期菊芋叶片总黄酮含量

3）不同盐分土壤上的南菊芋 1 号叶片总黄酮含量的变化

不同盐分土壤上的菊芋中总黄酮的含量不尽相同。精确称量大丰地区 4 个不同盐分土壤上南菊芋 1 号叶片、花瓣、花托各 1.00 g，按正交实验确定的最佳工艺条件制备供试样品溶液，每份样品平行测定 3 次总黄酮的含量，测定的结果如图 9-13 所示。从图 9-13 可以看出，不同盐分土壤上菊芋体内的总黄酮含量略有不同。盐分对菊芋总黄酮的积累有促进作用，随着土壤电导率的增高，总黄酮含量逐渐增高，当土壤电导率为 900 μS/cm 时达到最高，但当电导率达到 1100 μS/cm 时，总黄酮含量反而会下降，说明盐分太高反而对总黄酮积累产生一定的抑制作用。

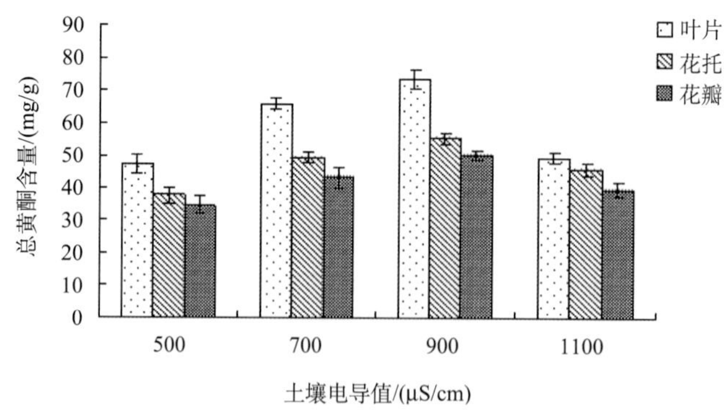

图 9-13　大丰地区不同盐分土壤上菊芋总黄酮含量

为了充分利用菊芋资源，可以以 11 月（成熟期）菊芋叶片为材料进行进一步研究，用生物化学方法分析菊芋叶片中总黄酮及其衍生物的化学结构、生物活性、理化性质等。

菊芋的主要活性成分总黄酮含量在不同产地、不同品种、不同部位以及不同生长期的分布范围为 4.11～65.32 mg/g，差异较大。

田间试验表明，菊芋叶片中总黄酮含量在不同品种、不同生态区域间有差异，可能是南北地区的生态环境差异造成的，与史云东等在灯盏花中对总黄酮的研究结论一致[36]，因此可根据菊芋的不同用途选择不同菊芋品种在不同区域进行种植。黑龙江大庆地区各品种菊芋中总黄酮含量明显高于江苏大丰地区菊芋中总黄酮含量，这可能与南北地区温度、光照差异[37]和土壤环境等因素有关。黑龙江大庆基地地处我国东北地区，日照时间较长，年平均气温较低，而江苏大丰基地年平均气温相对高于东北地区。据报道，低温有利于总黄酮的生物合成[38]，因此，这种南北的生态环境差异可能是造成菊芋叶片中总黄酮含量不同的重要原因之一。

对不同植物的研究表明，不少植物体内次生代谢产物的含量有明显的季节差异[39,40]。影响菊芋体内总黄酮含量月变化的因素有很多。植物光生物学的研究证实，植物体内黄酮类物质的代谢是受光照条件控制的[41]，许多直接参与黄酮类物质代谢的关键酶的形成及其活性可以受到光线的调节[42]。作者经研究发现，菊芋叶片的总黄酮含量大致在夏季较高，而春、秋季较低，这可能与这两个季节光辐射强度的变化有一定关系。

就土壤类型而言，黑龙江大庆地区土壤是以碳酸氢钠为主的碱性土壤，而江苏大丰地区的沿海滩涂土壤类型为以氯化钠为主的盐渍化土壤，土壤的性质极可能影响作物在逆境下次生代谢产物的合成[43]，包括次生代谢产物的类型以及合成总量等。除此之外，两地年降雨量差异也可能是导致总黄酮产生极其显著差异的重要原因之一[44]。因此，来自生物与非生物的胁迫效应影响次生代谢产物合成的机理需要通过进一步的研究来阐明。

4）菊芋叶片黄酮类化合物的抗氧化能力

菊芋植株内黄酮类化合物等次生代谢产物是其应对环境胁迫的重要途径。活性氧自由基是生物体在新陈代谢过程中的氧化-还原反应形成的代谢产物，太多或太少对机体都是不利的。在正常生理情况下，其产生和清除都可以维持在一个动态平衡状态；植物受到环境胁迫时，往往会产生大量的活性氧自由基，造成活性氧自由基失去正常的平衡状态，从而危及植物。在某些病理的不正常状态下，如果自由基的产生和清除失去平衡，会对机体造成较大损伤，导致衰老或多种不确定疾病的发生。近年来，伴随回归自然呼声的高涨，人们更关心从天然产物中提取和开发天然抗氧化剂，以使细胞及组织免受损伤，从而能够起到保护心脑血管、抗癌和抗衰老的作用，这方面研究比较多的有多糖、黄酮、类胡萝卜素、硒及含硒化合物等。

黄酮类化合物（flavonoids）在植物界中分布广泛，主要存在于植物的叶和果实中，大部分是与糖结合形成苷类以配基的形式存在，少部分以游离态形式存在，是具有抗氧化、抗肿瘤、抗过敏、抗炎症等多种生物活性的多酚类化合物。因此，研究黄酮类化合物清除自由基的机理，对其应用具有重要意义。国内外文献研究了许多测定自由基的方法，主要有电子自旋共振法、高效液相色谱法、比色法和化学发光法等。我们利用比色法对菊芋叶总黄酮清除 O_2^-· 自由基、·OH 自由基、DPPH 和还原能力进行了检测。

（1）菊芋叶片总黄酮清除超氧阴离子自由基（O_2^-·）的能力

IC_{50} 即半抑制浓度（或称半抑制率），一般 IC_{50} 的数值越小，说明其抗体特异性能越强。IC_{50} 与清除率是反映黄酮抗氧化能力的两个重要指标。

南京农业大学海洋科学及其能源生物资源研究所菊芋研究小组用不同品种菊芋叶片的总黄酮进行了清除超氧阴离子自由基（O_2^-·）的试验，结果发现无论哪个菊芋品种，叶片中总黄酮质量浓度越大，其对超氧阴离子自由基的清除能力越强；4 个品种的菊芋叶总黄酮对 O_2^-·清除能力强弱依次为南菊芋 1 号>俄罗斯品种>野生型>青芋 2 号；菊芋叶总黄酮对 O_2^-·清除能力均远远低于菊芋叶片维生素 C，叶总黄酮对 O_2^-·清除能力最强的南菊芋 1 号的半抑制率（IC_{50}）为 146.7 μg/mL，而维生素 C 对 O_2^-·的半抑制率（IC_{50}）只有 4.4 μg/mL（表 9-8）。

表 9-8　不同品种菊芋叶对超氧阴离子自由基清除率和半抑制率的比较

菊芋叶	质量浓度/（μg/mL）	V_{max}	自氧化 V_{max}	清除率/%	IC_{50}/（μg/mL）
青芋 2 号叶总黄酮	33.23	33.171	35.7	7.1	221.5
	66.46	31.429		12.0	
	132.92	26.921		24.6	
	199.38	18.829		47.3	
俄罗斯叶总黄酮	24.04	32.364	35.7	9.3	169.6
	48.08	27.743		22.3	
	96.16	24.771		30.6	
	144.24	19.971		44.1	
野生型叶总黄酮	41.52	34.907	35.7	5.4	195.4
	83.04	29.550		20.3	
	166.08	19.143		47.8	
	249.12	12.957		65.5	
南菊芋 1 号叶总黄酮	36.07	33.510	43.5	23.0	146.7
	63.33	29.510		32.2	
	90.87	26.004		40.2	
	117.54	24.270		44.2	
菊芋叶维生素 C	1.0	28.863	40.8	29.3	4.4
	2.0	25.717		37.0	
	4.0	20.697		49.3	
	12.0	2.050		95.0	

（2）菊芋叶总黄酮清除羟自由基（·OH）的能力

表 9-9 为南京农业大学海洋科学及其能源生物资源研究所菊芋研究小组用不同品种菊芋叶片总黄酮清除羟自由基试验结果，发现所有菊芋品种叶片总黄酮均具有清除羟自由基的作用，羟自由基的清除率随着黄酮质量浓度增加而提高。南菊芋 1 号叶片总黄酮对清除羟自由基的半抑制率（IC_{50}）为 132.3 μg/mL，俄罗斯品种菊芋叶总黄酮的 IC_{50} 为 204.8 μg/mL，野生型叶总黄酮的 IC_{50} 为 210.4 μg/mL，青芋 2 号叶总黄酮的 IC_{50} 为 247.0 μg/mL，从半抑制率（IC_{50}）来看，南菊芋 1 号>俄罗斯品种>野生型>青芋 2 号；

而 BHT 对清除羟自由基的半抑制率（IC_{50}）为 373.1 μg/mL，比所有品种的菊芋叶片总黄酮清除羟自由基的半抑制率（IC_{50}）都大，说明不同品种菊芋叶总黄酮对羟自由基的清除作用都优于 BHT，其中南菊芋叶总黄酮的清除羟自由基能力最高。

表 9-9　不同品种菊芋叶对羟自由基清除率和半抑制率的比较

菊芋叶	质量浓度/（μg/mL）	清除率/%	IC_{50}/（μg/mL）
南菊芋 1 号叶总黄酮	18.4	10.79	132.3
	36.8	16.42	
	55.2	19.99	
	73.6	29.43	
	92.0	36.84	
青芋 2 号叶总黄酮	20.8	6.33	247.0
	41.6	8.44	
	62.4	13.17	
	83.2	15.83	
	104.0	23.24	
野生型叶总黄酮	19.2	12.95	210.4
	40.5	15.71	
	58.9	19.22	
	79.3	23.27	
	98.6	29.08	
俄罗斯叶总黄酮	21.2	16.77	204.8
	42.3	19.87	
	63.1	22.61	
	84.8	25.59	
	105.8	32.26	
菊芋叶 BHT	40	–4.37	373.1
	80	1.52	
	120	7.50	
	160	15.97	
	200	21.28	

（3）菊芋叶总黄酮清除 DPPH 自由基的能力

如图 9-14 和图 9-15 所示，菊芋叶总黄酮对 DPPH 自由基的清除率随着质量浓度增加而增强，且具有明显的量效关系，维生素 C 也是。菊芋叶总黄酮对 DPPH 自由基的 IC_{50} 为 76.1 μg/mL，维生素 C 的 IC_{50} 为 3.9 μg/mL，表明菊芋叶总黄酮对 DPPH 自由基的清除能力远远差于维生素 C。

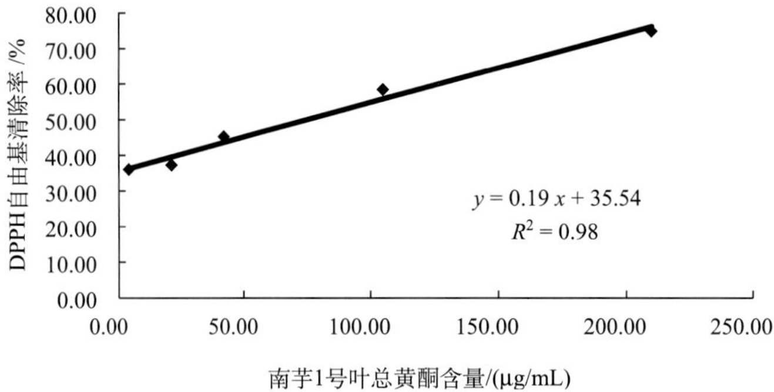

图 9-14　菊芋叶总黄酮对 DPPH 自由基的清除能力

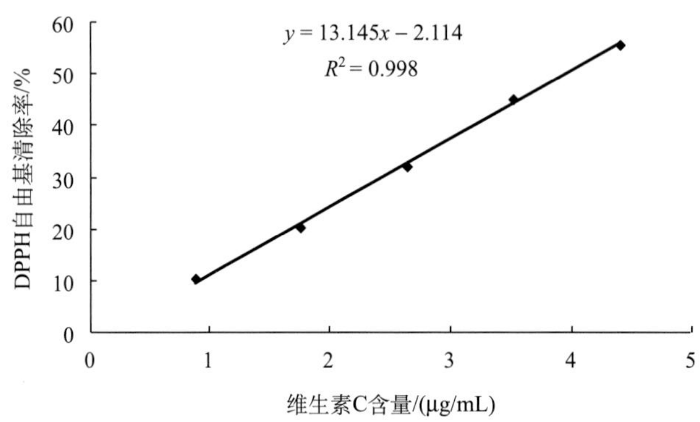

图 9-15　维生素 C 对 DPPH 自由基的清除能力

（4）菊芋叶总黄酮的还原力

一般情况下，样品的还原力与抗氧化活性有明显的相关性[45]。如图 9-16 所示，在一定质量浓度范围内，菊芋叶总黄酮的还原力随着质量浓度增大而增强。菊芋叶总黄酮质量浓度为 200 μg/mL 时，吸光度为 0.586，而维生素 C 质量浓度为 200 μg/mL 时，吸光度为 0.801，表明菊芋叶片总黄酮具有较强的还原力，但低于同质量浓度维生素 C 的还原力。维生素 C 的还原力大约是菊芋叶总黄酮还原力的 1.36 倍，说明菊芋叶总黄酮对 Fe^{3+} 具有较好的还原作用，但稍差于维生素 C。

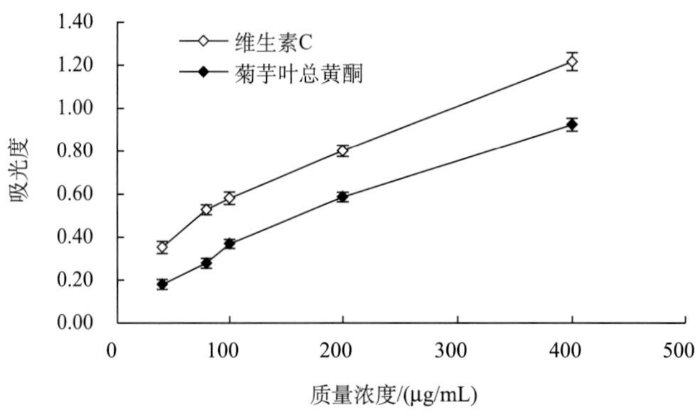

图 9-16　菊芋叶总黄酮和维生素 C 的还原力

在黄酮类作为抗氧化剂的作用中，通过酚羟基与自由基反应生成较稳定的半酮式自由基，从而终止自由基链式反应是最主要的机制。抗氧化能力与其结构，特别是芳香环上核失电子有关。当这些物质与自由基反应失电子或供氢时，它们产生一种新的基团，此基团通过芳香核的自旋作用被稳定下来，因此氧化链式反应的传导过程被中断，物质氧化被延缓，因此黄酮类化合物抗氧化能力的强弱与它们形成基团的稳定性呈正相关。越来越多的试验表明，黄酮作为天然抗氧化剂的广泛使用正在成为一种趋势。

我国拥有大量的菊芋叶片资源，若对这些菊芋资源加以开发和利用，将对天然抗氧化剂的研究与开发起到一定的积极作用。通过对菊芋叶黄酮类提取物清除自由基能力的测定，证明其对超氧阴离子、羟基自由基、DPPH 自由基均有良好的清除能力，且清除效果随着提取液浓度的增大而增加。

与传统中药牛蒡、小根蒜的抗氧化性[46]相比，比较半抑制率（IC_{50}），牛蒡提取液对一定浓度的 DPPH 和邻苯三酚自氧化产生的超氧自由基的 IC_{50} 值分别为 1757.7 μg/mL 和 2930 μg/mL，小根蒜提取液的分别为 11810 μg/mL 和 14130 μg/mL，而菊芋叶（南菊芋 1 号）的总黄酮的 IC_{50} 分别为 76.1 μg/mL 和 146.7 μg/mL，远远高于牛蒡和小根蒜的抗氧化性。

综上所述，菊芋叶不仅黄酮类化合物含量高，而且具有良好的抗氧化能力。因此，菊芋叶片黄酮作为抗氧化剂应用到食品和药品中的前景广阔可行。

9.1.5　南菊芋 1 号叶片中的酚酸类化合物

菊芋叶片中除含有丰富的黄酮类化合物之外，还含有可观的酚酸类化合物，其生物活性功能也十分显著。南京农业大学海洋科学及其能源生物资源研究所菊芋研究小组拟定了清晰的研究思路（图 9-17），花了很大的精力，通过对抑菌活性和酚类、黄酮类等抑菌活性物质的相关性分析，不同时期不同品种中菊芋叶片活性物质含量的分析，进一步揭示了化合物、植物以及病原真菌的互作关系，取得了一些令人关注的研究成果。

1. 杀虫类活性物质

遵循生物活性功效研究的原则，南京农业大学海洋科学及其能源生物资源研究所菊芋研究小组首先从生物活性功能化合物筛选着手，探索菊芋叶片生物活性化合物不同溶剂的提取率。

由表 9-10 可以看出，各溶剂对菊芋叶片的提取率总体上说差异明显。水提取率最高，达到 16.69%，且与其他溶剂提取率相比差异显著；石油醚提取率最低，为 1.56%，与乙醚提取率 2.06%差异不显著，但两者与乙酸乙酯和水的提取率相比都差异显著；乙酸乙酯提取率为 3.46%，与其他溶剂提取率相比差异也显著。石油醚、乙醚、乙酸乙酯和水的提取率依次增加，由于以上溶剂的极性也是依次增加的，根据相似相溶的原理可以推断，南菊芋 1 号菊芋叶片中化学物质亲水性者较多，而亲脂性者较少。

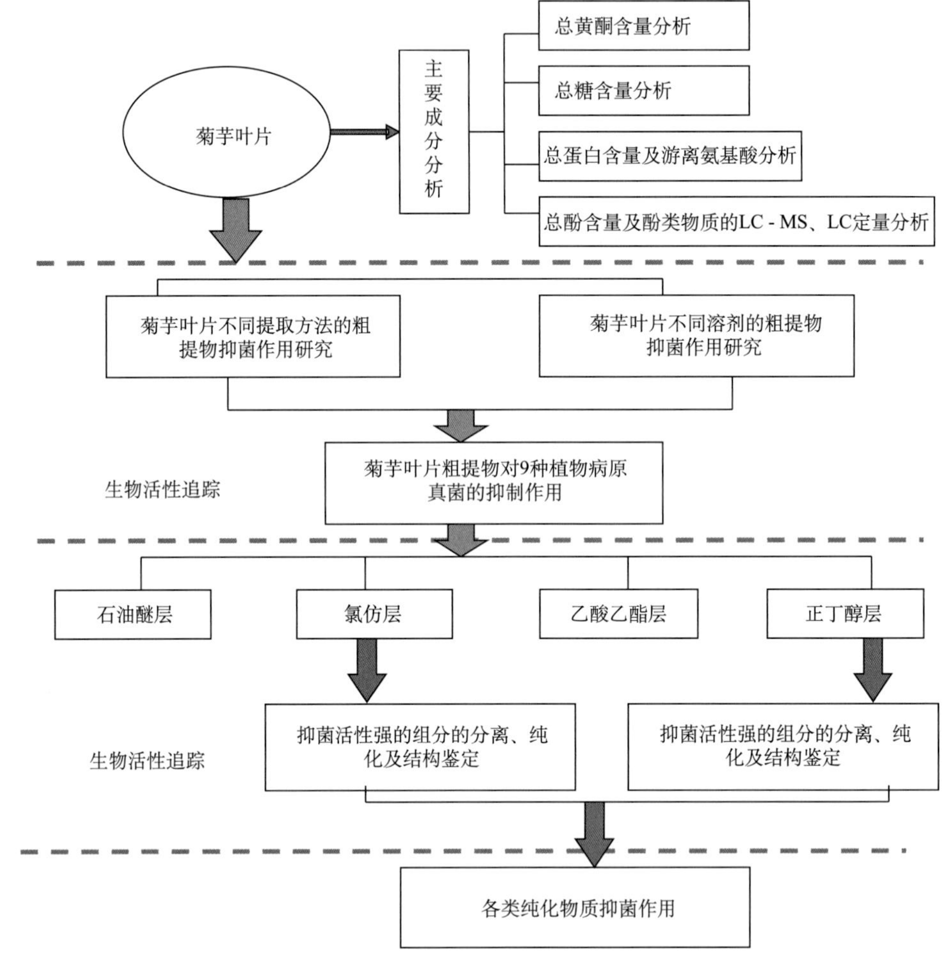

图 9-17　对菊芋叶片中含有的丰富的黄酮类、酚酸类化合物的研究思路

表 9-10　各溶剂对南菊芋 1 号叶片的提取率

提取溶剂	石油醚	乙醚	乙酸乙酯	水
提取率/%	1.56c	2.06c	3.46b	16.69a

注：表内数列后相同字母者表示在方差分析中无显著性差异（P>0.05），以下表格同。

1）提取物对棉铃虫生长发育的影响

南菊芋 1 号叶片各溶剂处理提取物对供试棉铃虫幼虫体重均有抑制作用，并且各溶剂提取物间抑制作用有显著差异。由表 9-11 可知，在处理第 3 天，水提取物处理与对照处理相比，棉铃虫幼虫虫重差异不显著，分别为 99.87 mg 和 105.37 mg；各有机溶剂提取物处理与对照和水提取物处理幼虫单只重差异显著，而各有机溶剂提取物处理间虫重差异不显著；乙酸乙酯溶剂提取物处理幼虫体重最低，为 20.81 mg，约为对照棉铃虫虫重的 1/5。在处理第 5 天，棉铃虫虫重变化趋势同第 3 天一样，水提取物处理与对照幼虫虫重差异还是不显著，分别为 268.34 mg 和 298.74 mg；各有机溶剂提取物处理与对照和水提取物处理虫重差异显著，而各有机溶剂提取物处理间差异不显著；乙醚提取物处理棉铃虫幼虫体重最低，为 43.07 mg；在处理第 7 天，水提取物处理与对照差异不显著，棉铃虫单只重分别为 353.36 mg 和 379.32 mg；各有机溶剂提取物处理与对照和水提取物处理差异显著；乙醚提取物处理与石油醚和乙酸乙酯提取物处理差异不显著；石油醚和乙酸乙酯提取物处理间差异显著；乙酸乙酯提取物处理棉铃虫幼虫体重最低，为 73.83 mg。而在处理第 9 天，仅乙酸乙酯提取物处理棉铃虫体重显著低于对照试虫体重，而其他溶剂提取物处理棉铃虫体重与对照处理已无显著差异。菊芋叶片的水、石油醚及乙醚浸提物对棉铃虫抑制生长的时间较短，一旦更换正常饲料解除其作用后，棉铃虫又恢复有关生长发育，而菊芋叶片乙酸乙酯提取物即使停饲后，其抑制效果也会显现一段时间。综上，在各菊芋叶片提取物处理第 3～9 天，供试棉铃虫体重抑制影响大小的提取物溶剂基本顺序是：乙酸乙酯>乙醚>石油醚>水。由于各处理对试虫体重均有一定程度的影响，从而影响到供试棉铃虫的生长发育，故提取物处理的供试棉铃虫的平均历期比对照都有所延长，其中有机溶剂提取物处理差异更为显著，乙酸乙酯、乙醚和石油醚处理的平均历期分别比对照延长了 5.1 d、4.6 d 和 3.7 d。

表 9-11　南菊芋 1 号叶片各溶剂提取物对棉铃虫幼虫生长发育的影响

处理	幼虫体重/mg				幼虫历期/d
	第 3 天	第 5 天	第 7 天	第 9 天	
石油醚	35.26b	68.38b	165.21b	321.92a	14.4
乙醚	24.21b	43.07b	108.91bc	316.52a	15.3
乙酸乙酯	20.81b	45.63b	73.83c	241.28b	15.8
水	99.87a	268.34a	353.36a	338.60a	11.5
CK	105.37a	298.74a	379.32a	344.13a	10.7

注：幼虫历期是指从实验开始到处理幼虫化蛹时间的平均值。

图 9-18 也证实了同样的结论。南菊芋 1 号叶片水提取物处理对供试棉铃虫幼虫的发育抑制率一直显著低于其余 3 种有机溶剂提取物对供试棉铃虫幼虫的发育抑制率，水提取物对供试棉铃虫幼虫的抑制率最高只有 12.88%（第 5 天），而其他各有机溶剂提取物对供试棉铃虫幼虫的最高抑制率都在 80%以上。南菊芋 1 号叶片各有机溶剂提取物处理在第 5 天对供试棉铃虫幼虫的抑制率差异不显著，都在 80%以上；在南菊芋 1 号叶片提取物处理第 3 天和 7 天，各有机溶剂提取物对供试棉铃虫幼虫的发育抑制率差异显著，对供试棉铃虫幼虫发育抑制率高低顺序和对体重影响的大小顺序完全一致，都是乙酸乙酯>乙醚>石油醚。除菊芋叶片乙酸乙酯提取物外，菊芋叶片其他各溶剂提取物对供试棉铃虫幼虫发育抑制率随时间变化趋势基本相同，处理第 5 天对供试棉铃虫幼虫发育抑制率最高，处理第 3 天次之，处理第 7 天对供试棉铃虫幼虫发育抑制率最低，这可能是由于前 5 d 都是由菊芋叶片提取物处理饲料喂养，抑制作用较强，且处理第 5 天是正常棉铃虫体重增加量较大的时期，故菊芋叶片提取物对供试棉铃虫幼虫发育抑制率比处理第 3 天高；而第 5 天后更换正常饲料喂养，处理供试棉铃虫幼虫逐渐恢复正常，所以第 7 天菊芋叶片提取物对供试棉铃虫幼虫的发育抑制率明显降低。对菊芋叶片各溶剂提取物

处理在 3 个时间的发育抑制率进行比较，石油醚提取物和乙醚提取物对供试棉铃虫幼虫发育抑制率随时间变化较大，在第 7 天对供试棉铃虫幼虫已经基本没有抑制作用；且石油醚提取物处理的供试棉铃虫幼虫体重增加量反而高于正常试虫，可能由于其提取物抑制作用持续性不强，更换正常饲料后，供试棉铃虫幼虫生长发育快速恢复，相当于其发育稍微延迟，如表 9-11 所示中幼虫历期的数据也证明了这一点。乙酸乙酯和水随时间变化相对较小，南菊芋 1 号叶片水提取物发育抑制率一直较低，变化因而不大；南菊芋 1 号叶片乙酸乙酯提取物发育抑制率一直较高，菊芋叶片提取物处理第 3 天、第 5 天和第 7 天对供试棉铃虫幼虫的发育抑制率均大于 60%，且抑制作用持续时间也较长，供试棉铃虫幼虫生长恢复缓慢，因而发育延迟期也较长。

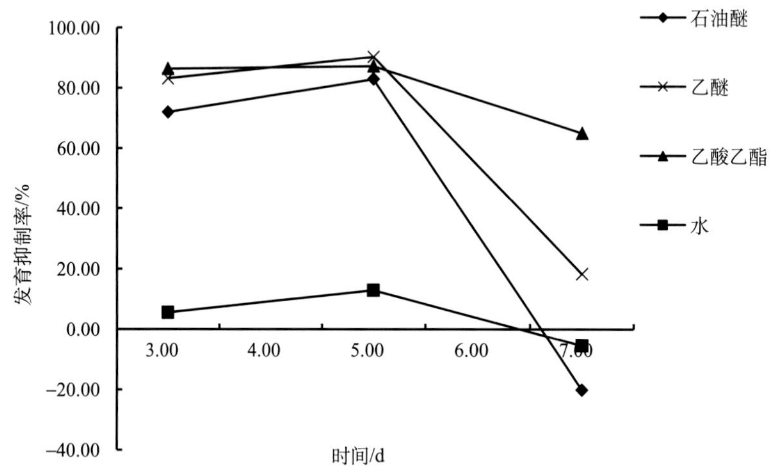

图 9-18　南菊芋 1 号叶片不同溶剂提取物处理对棉铃虫幼虫的发育抑制率

2）南菊芋 1 号叶片提取物对棉铃虫蛹及存活的影响

南菊芋 1 号叶片提取物处理不仅显著降低了供试棉铃虫幼虫期的体重，而且对棉铃虫成蛹后的虫体也同样有影响，包括蛹重、成蛹率和死亡率（表 9-12）。可以看出，南菊芋 1 号叶片水提取物处理的蛹重与对照差异不显著，分别为 303.93 mg 和 309.42 mg；南菊芋 1 号叶片各有机溶剂提取物处理与对照和水提取物处理差异显著，但各有机溶剂提取物处理间差异不显著。试虫的化蛹率也受到一定程度的影响，其中乙酸乙酯提取物

表 9-12　南菊芋 1 号叶片各溶剂提取物对棉铃虫蛹及存活的影响

处理	蛹重/mg	成蛹率/%[1]	校正死亡率/%[2]
石油醚	278.57b	70.67	3.62
乙酸乙酯	280.48b	36.67	45.83
乙醚	291.86b	63.33	12.50
水	303.93a	68.33	6.80
CK	309.42a	73.33	

注：1.化蛹数占参试幼虫总数的百分率；2.实验开始到幼虫化蛹时死亡率的校正值。

处理的作用较为明显，其化蛹率仅为 36.67%，比对照化蛹率 73.33%低 50%。各处理对试虫的存活也有不同程度的影响，南菊芋 1 号叶片乙酸乙酯提取物处理影响最大，校正死亡率为 45.83%。这可能都是提取物延迟试虫生长发育的持续影响。

从南京农业大学海洋科学及其能源生物资源研究所菊芋研究小组整个试验情况看，对供试棉铃虫饲喂处理饲料后，不仅对供试棉铃虫幼虫期的生长产生显著的影响，而且对供试棉铃虫整个生长发育均产生不同程度的影响，直至影响到供试棉铃虫蛹重、成蛹率和存活等，这对持续防治棉铃虫具有积极意义。形成这种情况的主要原因，与南菊芋 1 号叶片提取物处理饲料中所含的有毒物质及棉铃虫在不同发育时期的代谢能力有关[47]，食物中有害物质的存在可能会影响害虫的生命周期[48]，还会依靠植物体内的不同次生化学物质或改变昆虫营养成分来诱导（或激发）昆虫体内的生理生化机制来调节其生长发育过程[49]，因此，菊芋叶片提取物对棉铃虫的致毒机理将在后面的章节中进一步探讨。

综上所述，南京农业大学海洋科学及其能源生物资源研究所菊芋研究小组在试验中发现，4 种溶剂用索氏提取法对菊芋叶片提取率差异显著，高低顺序依次为水＞乙酸乙酯＞乙醚和石油醚；南菊芋 1 号叶片水提取物处理的供试棉铃虫幼虫体重与对照差异不显著，3 种有机溶剂提取物处理与对照和水处理差异显著，但 3 种有机溶剂提取物处理之间差异不显著。菊芋叶片提取物降低幼虫体重影响的大小顺序依次为乙酸乙酯提取物＞乙醚提取物＞石油醚提取物和水提取物；菊芋叶片提取物对供试棉铃虫幼虫历期延迟影响大小的基本顺序依次为：乙酸乙酯提取物＞乙醚提取物＞石油醚和水提取物，有机溶剂提取物处理对供试棉铃虫幼虫历期的延迟影响更为显著；菊芋叶片各溶剂提取物处理供试棉铃虫幼虫基本在 5 d 后发育抑制率达到最大，更换不加提取物的饲料后发育抑制率显著下降；菊芋叶片水提取物处理的供试棉铃虫蛹重与对照差异不显著，3 种有机溶剂提取物处理与对照和水处理差异显著，但 3 种有机溶剂提取物之间差异不显著，菊芋叶片提取物降低蛹重影响的顺序依次为石油醚提取物，乙酸乙酯提取物，乙醚提取物和水提取物；菊芋叶片乙酸乙酯提取物处理降低供试棉铃虫成蛹率的作用较为明显，其余 3 种溶剂提取物处理作用不明显；菊芋叶片乙酸乙酯提取物处理提高供试棉铃虫死亡率的作用较为明显，其余 3 种溶剂提取物处理作用不明显；菊芋叶片乙酸乙酯提取物对棉铃虫幼虫生长发育各方面的影响最大，因此乙酸乙酯是菊芋叶片中杀虫活性物质的最佳提取溶剂，这些结果不仅为作者对菊芋叶片生物活性物质深入研究提供了明确的线路图，而且奠定了坚实的科学与技术基础。

2. 杀（抑）菌活性物质的研究

在介绍菊芋叶片提取物对植物害虫抑制效应的基础上，本部分主要阐述这些提取物对一些引起植物病害的主要微生物的杀（抑）作用。

1）南菊芋 1 号叶片杀（抑）菌活性物质对水稻纹枯菌的抑制作用

如图 9-19 所示，在一定的浓度范围内，菊芋叶片乙酸乙酯提取物随浓度增加对水稻纹枯菌的抑制率也相应增加，当浓度低于 0.04 mg/mL 时对水稻纹枯菌基本没有抑制作用，当浓度为 20 mg/mL 时各时间段对水稻纹枯菌的抑菌率已达到 80%以上，当浓度为

40 mg/mL 时在各时间段已经完全抑制了水稻纹枯菌的生长。南京农业大学海洋科学及其能源生物资源所菊芋研究小组室内实验照片如图 9-20 所示。

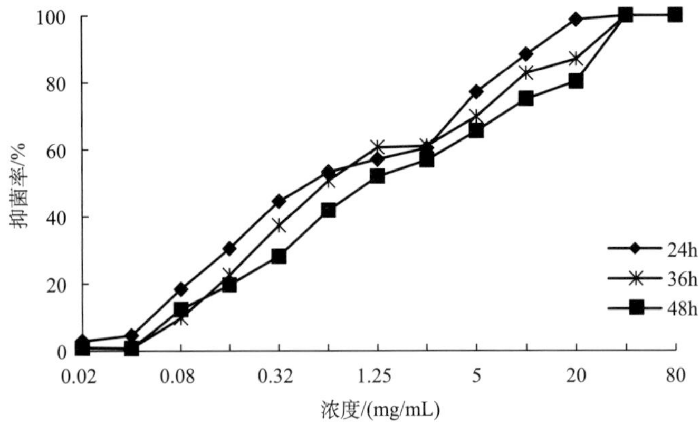

图 9-19　不同浓度菊芋叶片乙酸乙酯提取物对水稻纹枯菌生长的抑制作用

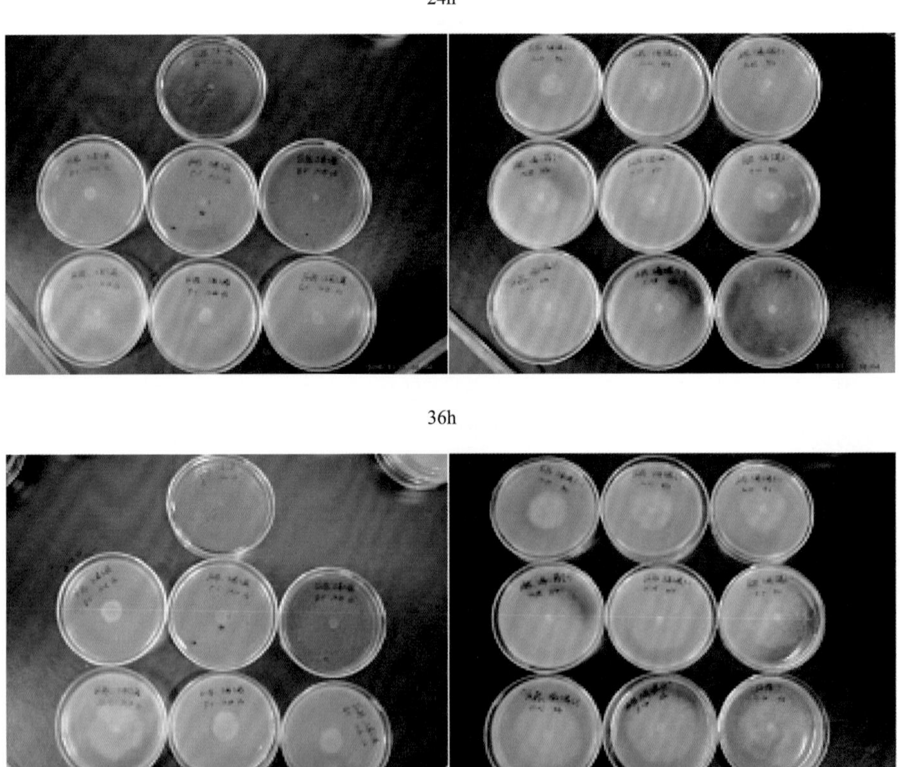

48h

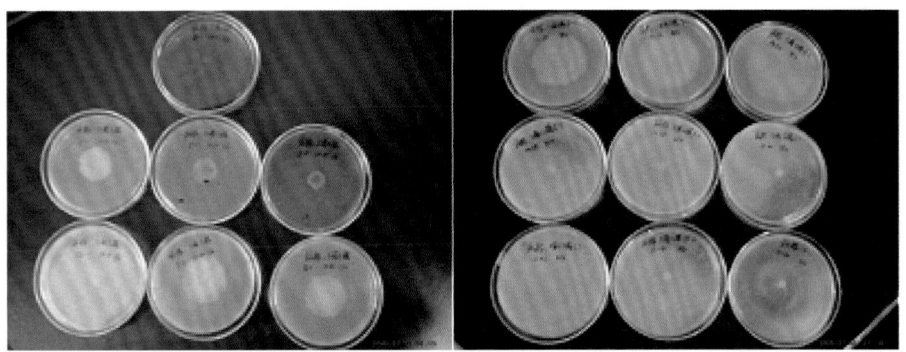

图例[浓度/(mg/mL)]

	40	
5	10	20
CK	1.25	2.5

1.25	0.63	0.32
0.16	0.08	0.04
0.02	CK	菌种

图 9-20　菊芋叶片乙酸乙酯不同浓度提取物对水稻纹枯菌处理效果

2）南菊芋 1 号叶片杀（抑）菌活性物质对小麦赤霉菌的抑制作用

南京农业大学海洋科学及其能源生物资源研究所菊芋研究小组经研究发现，对小麦赤霉菌，在一定的浓度范围内，南菊芋 1 号叶片乙酸乙酯提取物的抑制率随浓度增加也相应增加。如图 9-21 所示，当浓度低于 1.25 mg/mL 时几乎没有抑制作用，当浓度为 20 mg/mL 时，处理 84 h 对小麦赤霉菌抑菌率最高，为 31.54%，而当浓度为 40 mg/mL 时，处理的各个时间段小麦赤霉菌已被完全抑制。

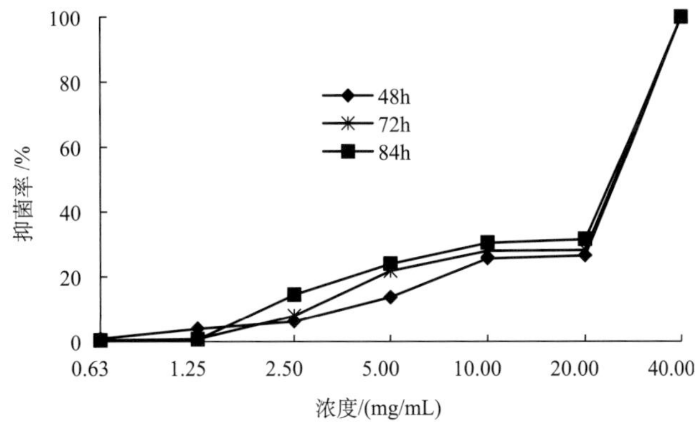

图 9-21　不同浓度南菊芋 1 号叶片乙酸乙酯提取物对小麦赤霉菌生长的抑制作用

3）南菊芋 1 号叶片杀（抑）菌活性物质对番茄早疫菌的抑制作用

由图 9-22 可知，在一定的浓度范围内，南菊芋 1 号叶片乙酸乙酯提取物随浓度增加对番茄早疫菌的抑制率也相应增加，当浓度低于 1.25 mg/mL 时处理各时段对番茄早疫菌基本没有抑制作用，当南菊芋 1 号叶片乙酸乙酯提取物浓度为 15 mg/mL 时，各时段对番茄早疫菌的抑菌率在 70%左右，当浓度为 20 mg/mL 时各时段已经完全抑制了番茄早疫菌的生长。

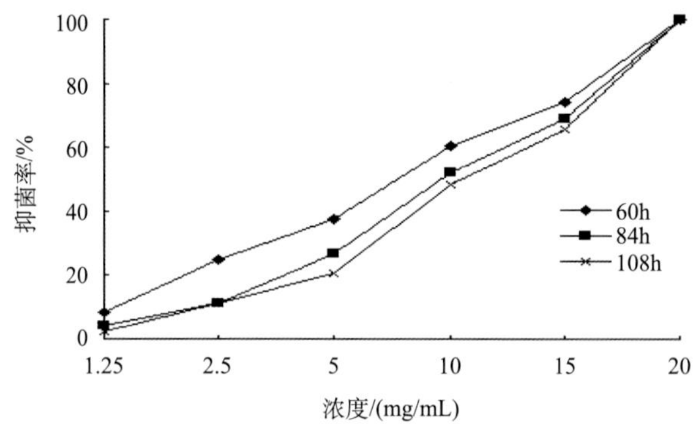

图 9-22　不同浓度南菊芋 1 号叶片乙酸乙酯提取物对番茄早疫菌生长的抑制作用

4）南菊芋 1 号叶片杀（抑）菌活性物质对番茄灰霉菌的抑制作用

对番茄灰霉菌，在一定的浓度范围内，南菊芋 1 号叶片乙酸乙酯提取物的抑制率随浓度增加也相应增加。如图 9-23 所示，当南菊芋 1 号叶片乙酸乙酯提取物浓度低于 0.32 mg/mL 时，对番茄灰霉菌几乎没有抑制作用，当南菊芋 1 号叶片乙酸乙酯提取物浓度为 10 mg/mL 时，处理 84 h 对番茄灰霉菌抑菌率最高，为 53.85%，而当南菊芋 1 号叶片乙酸乙酯提取物浓度为 20 mg/mL 时，处理各个时段已经完全抑制了番茄灰霉菌的生长。

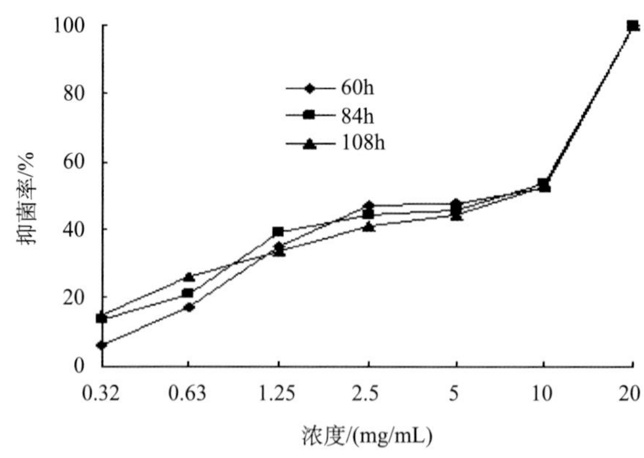

图 9-23　不同浓度南菊芋 1 号叶片乙酸乙酯提取物对番茄灰霉菌生长的抑制作用

南菊芋 1 号叶片乙酸乙酯提取物杀（抑）菌研究表明，南菊芋 1 号叶片乙酸乙酯提取物随浓度增加对 4 种病原真菌的抑制率也相应增加；南菊芋 1 号叶片乙酸乙酯提取物浓度过低时，对水稻纹枯菌、小麦赤霉菌、番茄早疫菌和番茄灰霉菌几乎没有抑制作用；南菊芋 1 号叶片乙酸乙酯提取物对水稻纹枯菌、小麦赤霉菌、番茄早疫菌和番茄灰霉菌完全抑制的浓度分别为 40 mg/mL、40 mg/mL、20 mg/mL 和 20 mg/mL。

3. 提取物对植物病原真菌生长的抑制活性

为了培育更适于综合利用的菊芋品种，南京农业大学海洋科学及其能源生物资源研究所菊芋研究小组对初筛的 8 个南菊芋品系的叶片提取物进行抑（杀）植物致病真菌效应的试验，发现不同品种（品系）叶片最佳提取物对植物病原真菌生长的抑制（灭杀）活性存在显著差异。

1）不同品种菊芋叶片最佳提取物对水稻纹枯菌的抑制活性

同样在 11 月（菊芋成熟期）采集菊芋叶片，干燥后以乙酸乙酯浸提的菊芋叶片最佳提取物对水稻纹枯菌的抑制活性进行试验。结果表明，在 24 h、36 h 和 48 h 3 个时段，提取物浓度为 5 mg/mL 时，各品种菊芋叶片乙酸乙酯提取物处理的水稻纹枯菌菌落直径均与对照产生了显著差异，而且各菊芋品种叶片提取物之间对水稻纹枯菌的抑制也有一定的差异。乙酸乙酯浸提的菊芋叶片最佳提取物如处理 24 h，南菊芋 5 号、南菊芋 8 号和南菊芋 4 号 3 品种叶片提取物对水稻纹枯菌的抑制活性差异不显著，而与其他菊芋品种叶片提取物对水稻纹枯菌的抑制活性差异显著，南菊芋 5 号、南菊芋 8 号和南菊芋 4 号 3 品种叶片提取物对水稻纹枯菌校正直径最小，分别为 0.43 cm、0.57 cm 和 0.58 cm；南菊芋 1 号、南菊芋 2 号和南菊芋 3 号处理间差异也不显著，三者与南菊芋 6 号差异不显著，与其他处理差异显著；南菊芋 7 号和南菊芋 6 号处理间差异不显著，且其菌株的校正直径数值较大。36 h 时，南菊芋 5 号处理与其他处理差异显著，且其菌株的校正直径数值最小；南菊芋 8 号和南菊芋 4 号处理间差异不显著，两者与 2 号处理差异不显著，与其他处理差异显著，其菌株的校正直径数值较小；南菊芋 1 号、2 号和 3 号处理间差异也不显著，其中南菊芋 1 号和南菊芋 3 号处理与南菊芋 6 号处理差异也不显著；南菊芋 7 号和南菊芋 6 号处理间差异也不显著，且其菌株的校正直径数值较大。48 h 时，南菊芋 5 号处理与其他处理差异显著，且其菌株的校正直径数值最小；南菊芋 8 号和南菊芋 4 号处理间差异不显著，与其他处理差异显著，其菌株的校正直径数值较小；南菊芋 1 号、南菊芋 2 号和南菊芋 3 号处理间差异也不显著，三者与南菊芋 6 号差异不显著，与其他处理差异显著；南菊芋 7 号和南菊芋 6 号处理间差异不显著，且其菌株的校正直径数值较大。由于菌落直径小的处理对菌株生长抑制作用大，菌落直径大的处理对菌株生长抑制作用小，所以 5 mg/mL 菊芋叶片乙酸乙酯提取物处理对水稻纹枯菌抑制作用较大的品种是南菊芋 5 号、南菊芋 8 号和南菊芋 4 号，较小的是南菊芋 7 号和南菊芋 6 号，南菊芋 1 号、南菊芋 2 号和南菊芋 3 号居中。如图 9-24、图 9-25 所示，5 mg/mL 各品种菊芋叶片乙酸乙酯提取物对水稻纹枯菌的抑菌作用也能证实上述结论。南菊芋 5 号处理抑菌率最低为 73.75%，南菊芋 8 号和南菊芋 4 号的抑菌率为 63.8%～68.6%，而南菊芋 7 号和南菊芋 6 号抑菌率最大为 55.31%。

在 24 h、36 h 和 48 h 3 个时段，菊芋叶片提取物浓度为 10 mg/mL 时，各品种菊芋叶片乙酸乙酯提取物处理的水稻纹枯菌菌落直径均与对照相比差异显著，而各品种处理间也有一定的差异（表 9-13）。

24h

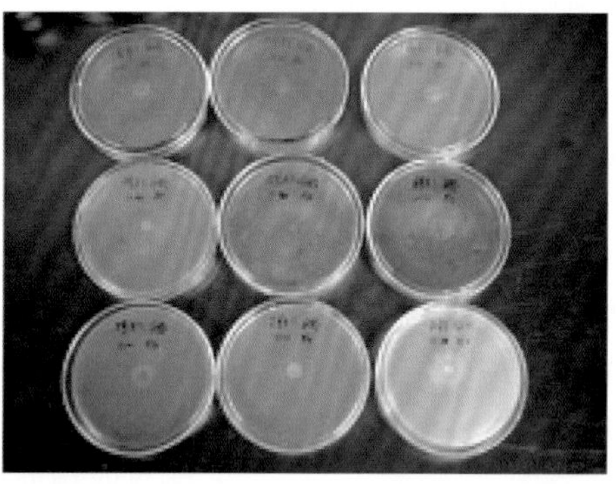

36h

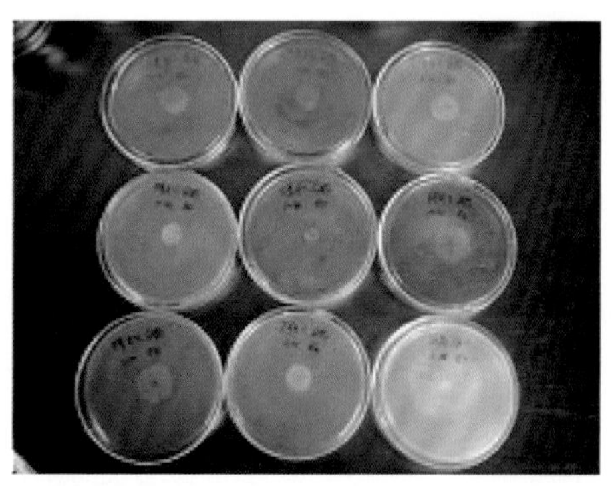

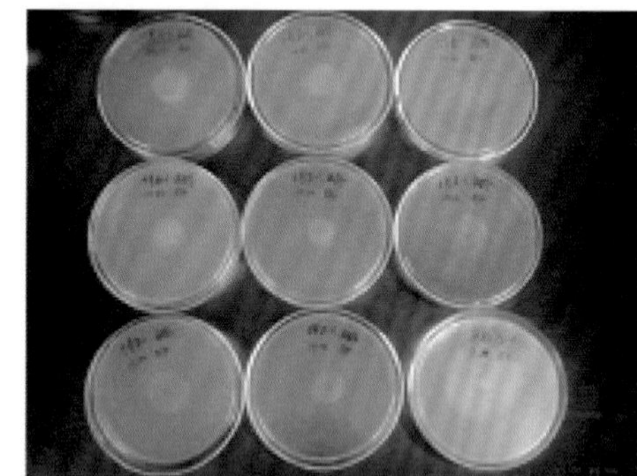

48h

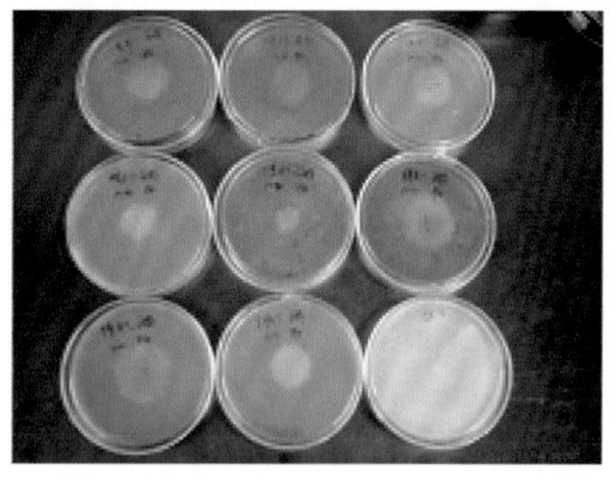

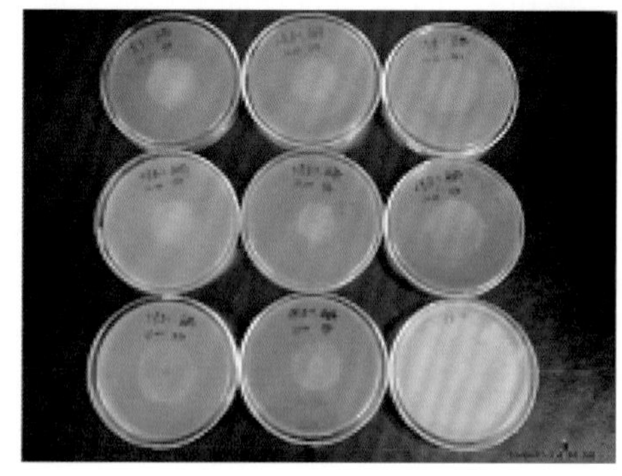

图例（南菊芋）

1 号	2 号	3 号
4 号	5 号	6 号
7 号	8 号	CK

图 9-24　5 mg/mL（右）和 10 mg/mL（左）不同品种菊芋叶片乙酸乙酯提取物对水稻纹枯菌处理的效果

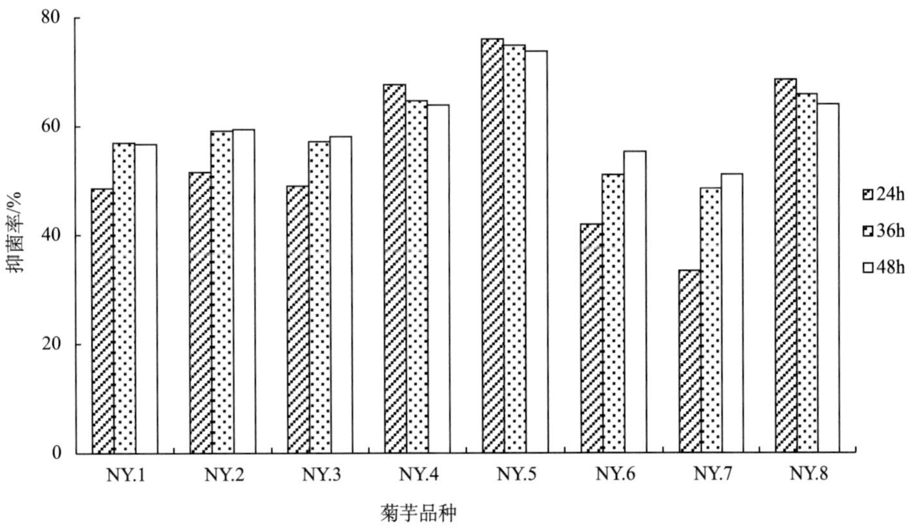

图 9-25　5 mg/mL 不同品种菊芋叶片提取物对水稻纹枯菌的抑菌率

表 9-13　5 mg/mL 和 10 mg/mL 不同品种菊芋叶片乙酸乙酯提取物对水稻纹枯菌校正直径（cm）的影响

品种	5 mg/mL			10 mg/mL		
	24 h	36 h	48 h	24 h	36 h	48 h
CK	1.80a	4.24a	7.14a	1.80a	4.24a	7.14a
南菊芋 1 号（NY.1）	0.93c	1.83cd	3.09c	0.71c	1.45d	2.47c
南菊芋 2 号（NY.2）	0.87c	1.73de	2.90c	0.74c	1.49d	2.47c
南菊芋 3 号（NY.3）	0.92c	1.82cd	2.99c	0.83c	1.60cd	2.53c
南菊芋 4 号（NY.4）	0.58d	1.50e	2.58d	0.35d	0.99e	1.93d
南菊芋 5 号（NY.5）	0.43d	1.07f	1.88e	0.24d	0.75e	1.45e
南菊芋 6 号（NY.6）	1.05bc	2.08bc	3.19bc	1.09b	2.06b	3.03b
南菊芋 7 号（NY.7）	1.20b	2.18b	3.49b	1.07b	1.84bc	2.90b
南菊芋 8 号（NY.8）	0.57d	1.45e	2.58d	0.26d	1.00e	1.98d

菊芋叶片提取物浓度 10 mg/mL 处理 24 h，按菌落校正直径数据方差分析可以分为 3 组，各组组内水稻纹枯菌菌落直径差异不显著，各组间水稻纹枯菌菌落直径差异显著；南菊芋 5 号、南菊芋 4 号和南菊芋 8 号 3 个品种为一组，其叶片提取物处理水稻纹枯菌菌落的校正直径数值较小；南菊芋 6 号和南菊芋 7 号为一组，其叶片提取物处理水稻纹枯菌菌落的校正直径数值较大；南菊芋 1 号、南菊芋 2 号和南菊芋 3 号为一组，其叶片提取物对水稻纹枯菌菌落的校正直径数值居中。

菊芋叶片提取物浓度 10 mg/mL 处理 36 h，南菊芋 5 号、南菊芋 4 号和南菊芋 8 号 3 个菊芋品种叶片提取物处理水稻纹枯菌菌落直径差异不显著，而与其他菊芋品种叶片提取物处理水稻纹枯菌菌落直径差异显著，且其处理菌落的校正直径数值较小；南菊芋 6 号与南菊芋 7 号叶片提取物处理水稻纹枯菌菌落直径差异不显著，与其他处理差异显著，且其叶片提取物处理水稻纹枯菌菌落的校正直径数值最大；南菊芋 1 号和南菊芋 2 号叶片提取物处理水稻纹枯菌菌落直径差异不显著，两者与南菊芋 3 号叶片提取物处理水稻纹枯菌菌落直径差异不显著，而与其他处理差异显著，且其处理菌落的校正直径数值居中；南菊芋 3 号和 7 号处理间差异也不显著。

菊芋叶片提取物浓度 10 mg/mL 处理 48 h，南菊芋 5 号叶片提取物处理水稻纹枯菌菌落直径与其他菊芋品种叶片提取物处理水稻纹枯菌菌落直径差异显著，且其菌落的校正直径数值最小；南菊芋 4 号和南菊芋 8 号叶片提取物处理水稻纹枯菌菌落直径间差异不显著，与其他处理差异显著，其菌落的校正直径数值较小；南菊芋 6 号和南菊芋 7 号处理差异不显著，与其他处理差异显著，且其处理菌落的校正直径数值最大；南菊芋 1 号、2 号和 3 号处理差异也不显著，与其他处理差异显著，其菌落的校正直径数值居中。由于菌落直径小的处理对菌株生长抑制作用大，菌落直径大的处理对菌株生长抑制作用小，所以 10 mg/mL 菊芋叶片乙酸乙酯提取物处理对水稻纹枯菌抑制作用较大的品种是南菊芋 5 号、南菊芋 4 号和南菊芋 8 号，抑制效果较小的是南菊芋 6 号和南菊芋 7 号，南菊芋 1 号、南菊芋 2 号和南菊芋 3 号居中。如图 9-26 所示，10 mg/mL 各品种菊芋叶片提取物对水稻纹枯菌的抑菌率也证实以上结论。南菊芋 5 号、南菊芋 4 号和南菊芋 8 号叶片提取物的抑菌率最低为 72.35%，而南菊芋 6 号和南菊芋 7 号的抑菌率最高仅为 59.39%。

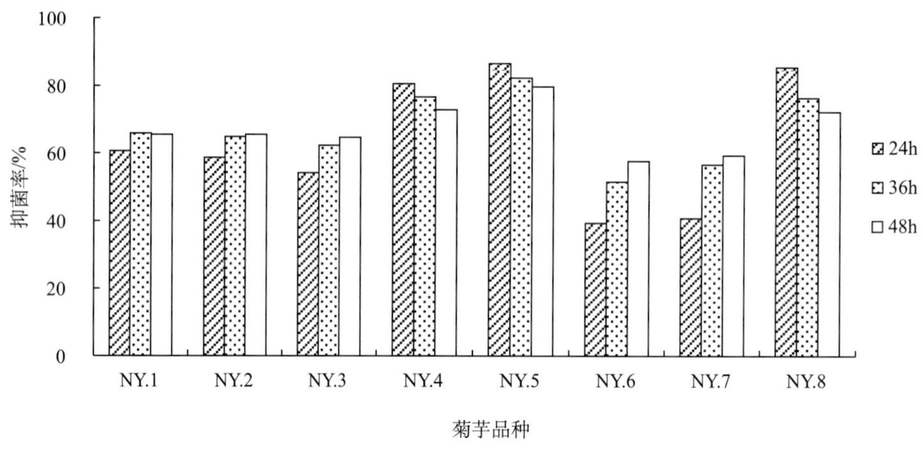

图 9-26　10 mg/mL 不同品种菊芋叶片乙酸乙酯提取物对水稻纹枯菌的抑菌率

2）不同品种菊芋叶片最佳提取物对番茄早疫菌的抑制活性

菊芋叶片最佳提取物浓度为 5 mg/mL 时，各时段不同品种菊芋叶片乙酸乙酯提取物处理的番茄早疫菌菌落直径均与对照处理差异显著，各菊芋品种叶片乙酸乙酯提取物处理的番茄早疫菌菌落直径也有一定的差异（表 9-14）。

菊芋叶片最佳提取物浓度为 5 mg/mL 处理 60 h，南菊芋 5 号与南菊芋 4 号、南菊芋 8 号和南菊芋 3 号叶片乙酸乙酯提取物处理的番茄早疫菌菌落直径差异不显著，与其他处理差异显著，且其菌落校正直径数值最小；南菊芋 4 号、南菊芋 8 号、南菊芋 3 号和南菊芋 2 号叶片乙酸乙酯提取物处理的番茄早疫菌菌落直径差异不显著；南菊芋 3 号、南菊芋 2 号、南菊芋 6 号和南菊芋 7 号叶片乙酸乙酯提取物处理的番茄早疫菌菌落直径差异不显著；南菊芋 1 号与南菊芋 7 号叶片乙酸乙酯提取物处理的番茄早疫菌菌落直径差异不显著，与其他处理差异显著，且其菌落的校正直径数值较大。

表 9-14　5 mg/mL 和 10 mg/mL 不同品种菊芋叶片乙酸乙酯提取物对番茄早疫菌的校正直径（cm）的影响

品种	5 mg/mL			10 mg/mL		
	60 h	84 h	108 h	60 h	84 h	108 h
CK	1.75a	2.78a	3.79a	1.75a	2.78a	3.79a
南菊芋 1 号	1.09b	2.04b	3.00b	0.69bc	1.33b	1.96b
南菊芋 2 号	0.90cd	1.25d	2.33de	0.73b	1.31bc	1.87bc
南菊芋 3 号	0.87cde	1.38d	2.28e	0.54cd	1.08de	1.75bcd
南菊芋 4 号	0.77de	1.23d	1.83f	0.48d	0.87fg	1.14e
南菊芋 5 号	0.71e	1.18d	1.87f	0.46d	0.77g	1.13e
南菊芋 6 号	0.91cd	1.68c	2.60cd	0.58bcd	1.08de	1.70bcd
南菊芋 7 号	1.00bc	1.78c	2.72bc	0.68bc	1.16cd	1.61cd
南菊芋 8 号	0.79de	1.63c	2.80bc	0.46d	0.97ef	1.48d

菊芋叶片最佳提取物浓度为 5 mg/mL 处理 84 h，南菊芋 5 号、南菊芋 4 号、南菊芋 2 号和南菊芋 3 号叶片乙酸乙酯提取物处理的番茄早疫菌菌落直径差异不显著，这 4 个品种与其他品种叶片乙酸乙酯提取物处理的番茄早疫菌菌落直径差异显著；南菊芋 8 号、南菊芋 6 号和南菊芋 7 号叶片乙酸乙酯提取物处理的番茄早疫菌菌落直径差异不显著，三者与其他品种叶片乙酸乙酯提取物处理的番茄早疫菌菌落直径差异显著；南菊芋 1 号与其他品种叶片乙酸乙酯提取物处理的番茄早疫菌菌落直径差异都显著，且数值最大；南菊芋 5 号叶片乙酸乙酯提取物处理的番茄早疫菌菌落的校正直径数值最小。

菊芋叶片最佳提取物浓度为 5 mg/mL 处理 108 h，南菊芋 5 号和南菊芋 4 号叶片乙酸乙酯提取物处理的番茄早疫菌菌落直径差异不显著，这两个品种与其他品种叶片乙酸乙酯提取物处理的番茄早疫菌菌落直径差异显著；南菊芋 2 号与南菊芋 3 号、南菊芋 6 号叶片乙酸乙酯提取物处理的番茄早疫菌菌落直径差异均不显著，而与其他品种叶片乙酸乙酯提取物处理的番茄早疫菌菌落直径差异显著；南菊芋 6 号、南菊芋 7 号和南菊芋 8 号叶片乙酸乙酯提取物处理的番茄早疫菌菌落直径差异不显著；南菊芋 7 号、南菊芋 8 号和南菊芋 1 号叶片乙酸乙酯提取物处理的番茄早疫菌菌落直径差异不显著；南菊芋 1 号叶片乙酸乙酯提取物处理的番茄早疫菌菌落的校正直径数值最大。菌落校正直径小，表明提取物对菌株生长的抑制作用大，菌落校正直径大表明提取物对菌株生长的抑制作用小，所以浓度为 5 mg/mL 菊芋叶片乙酸乙酯提取物处理对番茄早疫菌抑制作用较大的品种是南菊芋 5 号和南菊芋 4 号，较小的是南菊芋 1 号和南菊芋 7 号。如图 9-27 所示，5 mg/mL 各品种菊芋叶片提取物对番茄早疫菌的抑菌率也证实了以上结论。南菊芋 5 号和南菊芋 4 号叶片提取物抑菌率最低分别为 50.77%和 51.65%，而南菊芋 1 号和南菊芋 7 号抑菌率最高仅分别为 37.62%和 42.86%。

如表 9-14 所示，菊芋叶片最佳提取物浓度为 10 mg/mL 时，各时段不同品种菊芋叶片乙酸乙酯提取物处理的番茄早疫菌菌落直径均与对照处理差异显著，各菊芋品种叶片乙酸乙酯提取物处理的番茄早疫菌菌落直径也有一定的差异。

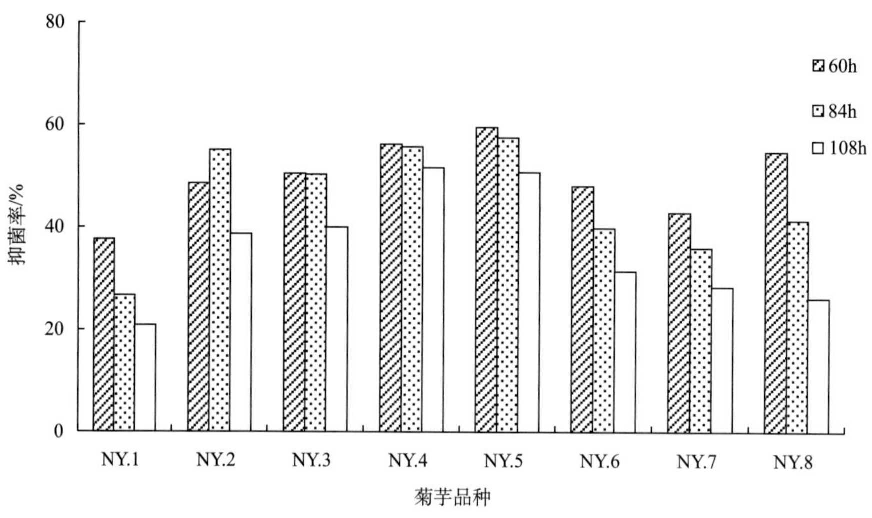

图 9-27　5 mg/mL 不同品种菊芋叶片提取物对番茄早疫菌的抑菌率

菊芋叶片最佳提取物浓度为 10 mg/mL 处理 60 h，南菊芋 5 号、南菊芋 8 号、南菊芋 4 号、南菊芋 3 号和南菊芋 6 号叶片乙酸乙酯提取物处理的番茄早疫菌菌落直径差异不显著；南菊芋 3 号、南菊芋 6 号、南菊芋 7 号和南菊芋 1 号叶片乙酸乙酯提取物处理的番茄早疫菌菌落直径差异不显著；南菊芋 6 号、南菊芋 7 号、南菊芋 1 号和南菊芋 2 号叶片乙酸乙酯提取物处理的番茄早疫菌菌落直径差异不显著；南菊芋 5 号、南菊芋 8 号和南菊芋 4 号叶片乙酸乙酯提取物处理的番茄早疫菌菌落的校正直径数值较小，南菊芋 2 号叶片乙酸乙酯提取物处理的番茄早疫菌菌落的校正直径数值较大。

菊芋叶片最佳提取物浓度为 10 mg/mL 处理 84 h，南菊芋 5 号与南菊芋 4 号叶片乙酸乙酯提取物处理的番茄早疫菌菌落直径差异不显著，与其他品种叶片乙酸乙酯提取物处理的番茄早疫菌菌落直径差异显著，南菊芋 5 号与南菊芋 4 号叶片乙酸乙酯提取物处理的番茄早疫菌菌落的校正直径数值较小；南菊芋 8 号分别与南菊芋 4 号、南菊芋 3 号和南菊芋 6 号叶片乙酸乙酯提取物处理的番茄早疫菌菌落直径差异不显著，与其他品种叶片乙酸乙酯提取物处理的番茄早疫菌菌落直径差异显著；南菊芋 7 号分别与南菊芋 3 号、南菊芋 6 号和南菊芋 2 号叶片乙酸乙酯提取物处理的番茄早疫菌菌落直径差异不显著，与其他品种叶片乙酸乙酯提取物处理的番茄早疫菌菌落直径差异显著；南菊芋 1 号叶片乙酸乙酯提取物处理的番茄早疫菌菌落直径仅与南菊芋 2 号差异不显著，与其他品种差异均显著，且其菌株的校正直径数值较大。

菊芋叶片最佳提取物浓度为 10 mg/mL 处理 108 h，南菊芋 5 号和南菊芋 4 号叶片乙酸乙酯提取物处理的番茄早疫菌菌落直径差异不显著，两品种与其他品种叶片乙酸乙酯提取物处理的番茄早疫菌菌落直径差异显著，且其菌株的校正直径数值较小；南菊芋 8 号、南菊芋 7 号、南菊芋 6 号和南菊芋 3 号叶片乙酸乙酯提取物处理的番茄早疫菌菌落直径差异不显著；南菊芋 7 号、南菊芋 6 号、南菊芋 3 号和南菊芋 2 号叶片乙酸乙酯提取物处理的番茄早疫菌菌落直径差异不显著；南菊芋 1 号与南菊芋 6 号、南菊芋 3 号、南菊芋 2 号叶片乙酸乙酯提取物处理的番茄早疫菌菌落直径差异不显著，与其他品种叶片乙酸乙酯提取物处理的番茄早疫菌菌落直径差异显著，且其菌株的校正直径数值较大。菌落校正直径小表明提取物对番茄早疫菌菌株生长的抑制作用大，菌落校正直径大表明提取物对番茄早疫菌菌株生长的抑制作用小，所以 10 mg/mL 菊芋叶片乙酸乙酯提取物处理对番茄早疫菌抑制作用较大的品种是南菊芋 5 号和南菊芋 4 号，较小的是南菊芋 1 号、南菊芋 2 号和南菊芋 7 号。如图 9-28 所示，10 mg/mL 各品种菊芋叶片提取物对番茄早疫菌的抑菌率也证实了以上结论。南菊芋 5 号和南菊芋 4 号叶片提取物对番茄早疫菌抑菌率最低分别为 69.27%和 68.86%，而南菊芋 1 号、南菊芋 2 号和南菊芋 7 号对番茄早疫菌抑菌率最高分别为 60.48%、58.1%和 61.43 %。

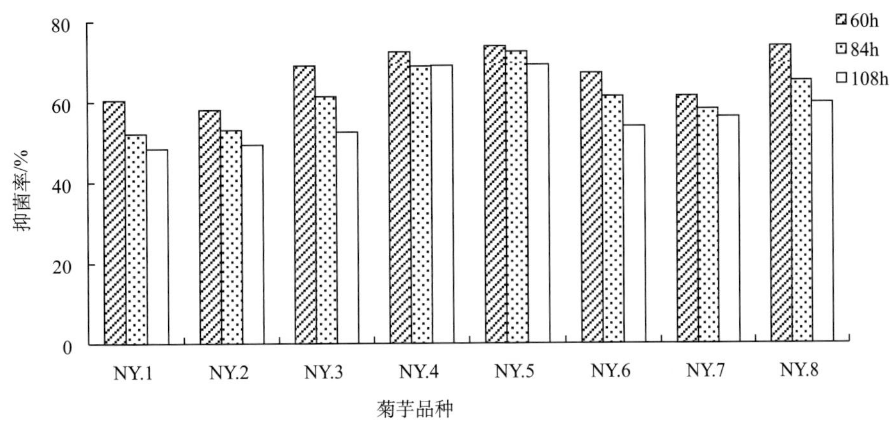

图 9-28　10 mg/mL 不同品种菊芋叶片提取物对番茄早疫菌的抑菌率

3）不同品种菊芋叶片最佳提取物对番茄灰霉菌的抑制活性

菊芋叶片最佳提取物浓度为 5 mg/mL 时，各时段不同品种菊芋叶片乙酸乙酯提取物处理的番茄灰霉菌菌落直径均与对照处理差异显著，各菊芋品种叶片乙酸乙酯提取物处理的番茄灰霉菌菌落直径也有一定的差异（表 9-15）。

表 9-15　5 mg/mL 和 10 mg/mL 不同品种菊芋叶片乙酸乙酯提取物对番茄灰霉菌的校正直径（cm）的影响

品种	5 mg/mL			10 mg/mL		
	60 h	84 h	108 h	60 h	84 h	108 h
CK	3.58a	5.63a	7.28a	3.58a	5.63a	7.28a
南菊芋 1 号	2.05cd	3.05de	4.05c	1.70c	2.60bc	3.45b
南菊芋 2 号	2.45b	4.00b	4.90b	1.55c	2.45c	3.30b
南菊芋 3 号	2.35bc	3.70bc	4.50bc	1.65c	2.55bc	3.40b
南菊芋 4 号	1.45ef	2.10g	2.75ef	1.25d	1.85de	2.35de
南菊芋 5 号	1.25f	1.95g	2.55f	0.95e	1.65e	2.25e
南菊芋 6 号	2.35bc	3.35cd	4.40bc	1.95b	2.75b	3.60b
南菊芋 7 号	2.15bc	2.95e	3.15de	1.65c	2.55bc	2.85c
南菊芋 8 号	1.75de	2.55f	3.45d	1.55c	1.95d	2.65cd

菊芋叶片最佳提取物浓度为 5 mg/mL 处理 60 h，南菊芋 5 号与南菊芋 4 号叶片乙酸乙酯提取物处理的番茄灰霉菌菌落直径差异不显著，与其他品种叶片乙酸乙酯提取物处理的番茄灰霉菌菌落直径差异显著，且其菌落的校正直径数值较小；南菊芋 8 号分别与南菊芋 4 号、南菊芋 1 号处理差异不显著，与其他品种叶片乙酸乙酯提取物处理的番茄灰霉菌菌落直径差异显著；南菊芋 1 号、南菊芋 7 号、南菊芋 3 号和南菊芋 6 号叶片乙酸乙酯提取物处理的番茄灰霉菌菌落直径差异不显著；南菊芋 2 号与南菊芋 7 号、南菊芋 3 号、南菊芋 6 号叶片乙酸乙酯提取物处理的番茄灰霉菌菌落直径差异不显著，与其他品种叶片乙酸乙酯提取物处理的番茄灰霉菌菌落直径差异显著，且其菌落的校正直径数值较大。

菊芋叶片最佳提取物浓度为 5 mg/mL 处理 84 h，南菊芋 5 号和南菊芋 4 号叶片乙酸乙酯提取物处理的番茄灰霉菌菌落直径差异不显著，且两品种与其他品种叶片乙酸乙酯提取物处理的番茄灰霉菌菌落直径差异显著，菌株的校正直径数值较小；南菊芋 8 号与其他品种叶片乙酸乙酯提取物处理的番茄灰霉菌菌落直径差异都显著；南菊芋 7 号与南菊芋 1 号叶片乙酸乙酯提取物处理的番茄灰霉菌菌落直径差异不显著，与其他品种叶片乙酸乙酯提取物处理的番茄灰霉菌菌落直径差异显著；南菊芋 6 号分别与南菊芋 1 号、南菊芋 3 号叶片乙酸乙酯提取物处理的番茄灰霉菌菌落直径差异不显著，与其他品种叶片乙酸乙酯提取物处理的番茄灰霉菌菌落直径差异显著；南菊芋 2 号与南菊芋 3 号叶片乙酸乙酯提取物处理的番茄灰霉菌菌落直径差异不显著，与其他品种叶片乙酸乙酯提取物处理的番茄灰霉菌菌落直径差异显著，且其菌落的校正直径数值较大。

菊芋叶片最佳提取物浓度为 5 mg/mL 处理 108 h，南菊芋 5 号与南菊芋 4 号叶片乙酸乙酯提取物处理的番茄灰霉菌菌落直径差异不显著，与其他品种叶片乙酸乙酯提取物处理的番茄灰霉菌菌落直径差异显著，且其菌落的校正直径数值较小；南菊芋 4 号与南菊芋 7 号叶片乙酸乙酯提取物处理的番茄灰霉菌菌落直径差异也不显著；南菊芋 8 号与南菊芋 7 号叶片乙酸乙酯提取物处理的番茄灰霉菌菌落直径差异不显著，与其他品种叶片乙酸乙酯提取物处理的番茄灰霉菌菌落直径差异显著；南菊芋 1 号与南菊芋 3 号、南菊芋 6 号叶片乙酸乙酯提取物处理的番茄灰霉菌菌落直径差异不显著，与其他品种叶片乙酸乙酯提取物处理的番茄灰霉菌菌落直径差异显著；南菊芋 2 号与南菊芋 3 号、南菊芋 6 号叶片乙酸乙酯提取物处理的番茄灰霉菌菌落直径差异不显著，与其他品种叶片乙酸乙酯提取物处理的番茄灰霉菌菌落直径差异显著，且其菌落的校正直径数值较大。

综上所述，浓度为 5 mg/mL 菊芋叶片乙酸乙酯提取物处理对番茄灰霉菌抑制作用较大的品种是南菊芋 5 号和南菊芋 4 号，较小的是南菊芋 2 号、南菊芋 3 号和南菊芋 6 号。如图 9-29 所示，浓度为 5 mg/mL 各品种菊芋叶片提取物对番茄灰霉菌的抑菌率也证实了以上结论。南菊芋 5 号和南菊芋 4 号叶片提取物抑菌率最低分别为 64.99%和 59.53%，而南菊芋 2 号、南菊芋 3 号和南菊芋 6 号抑菌率最高分别为 32.72%、38.22%和 40.53%。

菊芋叶片最佳提取物浓度为 10 mg/mL 时，各时段不同品种菊芋叶片乙酸乙酯提取物处理的番茄灰霉菌菌落直径均与对照处理差异显著，各菊芋品种叶片乙酸乙酯提取物处理的番茄灰霉菌菌落直径也有一定的差异（表 9-15）。

菊芋叶片最佳提取物浓度为 10 mg/mL 处理 60 h，南菊芋 5 号与其他品种叶片乙酸乙酯提取物处理的番茄灰霉菌菌落直径差异都显著，且其菌株的校正直径数值最小；南菊芋 4 号与其他品种叶片乙酸乙酯提取物处理的番茄灰霉菌菌落直径差异也都显著，且其菌株的校正直径数值较小；南菊芋 1 号、南菊芋 2 号、南菊芋 3 号、南菊芋 7 号和南菊芋 8 号叶片乙酸乙酯提取物处理的番茄灰霉菌菌落直径差异不显著；南菊芋 6 号与其他品种叶片乙酸乙酯提取物处理的番茄灰霉菌菌落直径差异都显著，且其菌株的校正直径数值最大。

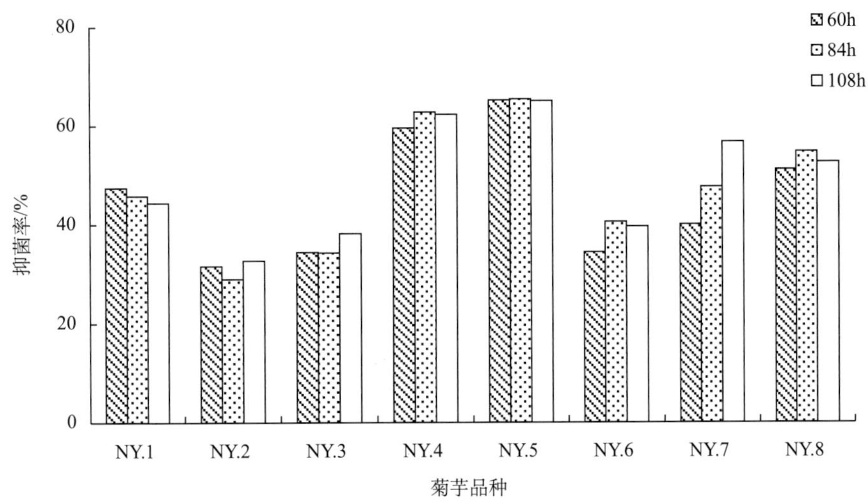

图 9-29　5 mg/mL 不同品种菊芋叶片提取物对番茄灰霉菌的抑菌率

菊芋叶片最佳提取物浓度为 10 mg/mL 处理 84 h，南菊芋 5 号与南菊芋 4 号叶片乙酸乙酯提取物处理的番茄灰霉菌菌落直径差异不显著，与其他品种叶片乙酸乙酯提取物处理的番茄灰霉菌菌落直径差异显著，且其菌株的校正直径数值较小；南菊芋 8 号与南菊芋 4 号叶片乙酸乙酯提取物处理的番茄灰霉菌菌落直径差异不显著，与其他品种叶片乙酸乙酯提取物处理的番茄灰霉菌菌落直径差异显著；南菊芋 1 号、南菊芋 2 号、南菊芋 3 号和南菊芋 7 号叶片乙酸乙酯提取物处理的番茄灰霉菌菌落直径差异不显著；南菊芋 6 号与南菊芋 1 号、南菊芋 3 号和南菊芋 7 号叶片乙酸乙酯提取物处理的番茄灰霉菌菌落直径差异不显著，与其他品种叶片乙酸乙酯提取物处理的番茄灰霉菌菌落直径差异显著，且其菌落的校正直径数值较大。

菊芋叶片最佳提取物浓度为 10 mg/mL 处理 108 h，南菊芋 5 号与南菊芋 4 号叶片乙酸乙酯提取物处理的番茄灰霉菌菌落直径差异不显著，与其他品种叶片乙酸乙酯提取物处理的番茄灰霉菌菌落直径差异显著，且其菌落的校正直径数值较小；南菊芋 4 号与南菊芋 8 号叶片乙酸乙酯提取物处理的番茄灰霉菌菌落直径差异也不显著；南菊芋 7 号与南菊芋 8 号叶片乙酸乙酯提取物处理的番茄灰霉菌菌落直径差异不显著，与其他品种叶片乙酸乙酯提取物处理的番茄灰霉菌菌落直径差异显著；南菊芋 6 号、南菊芋 1 号、南菊芋 2 号和南菊芋 3 号叶片乙酸乙酯提取物处理的番茄灰霉菌菌落直径差异不显著，且其菌落的校正直径数值较大。

综上所述，浓度为 10 mg/mL 菊芋叶片乙酸乙酯提取物处理对番茄灰霉菌抑制作用较大的品种是南菊芋 5 号和南菊芋 4 号，较小的是南菊芋 6 号、南菊芋 1 号、南菊芋 2 号和南菊芋 3 号。如图 9-30 所示，10 mg/mL 各品种菊芋叶片提取物对番茄灰霉菌的抑菌率也证实了以上结论。南菊芋 5 号和南菊芋 4 号叶片提取物抑菌率最低分别为 69.11% 和 65.12%，而南菊芋 6 号、南菊芋 1 号、南菊芋 2 号和南菊芋 3 号抑菌率最高分别为 51.18%、53.85%、56.74%和 54.73%。

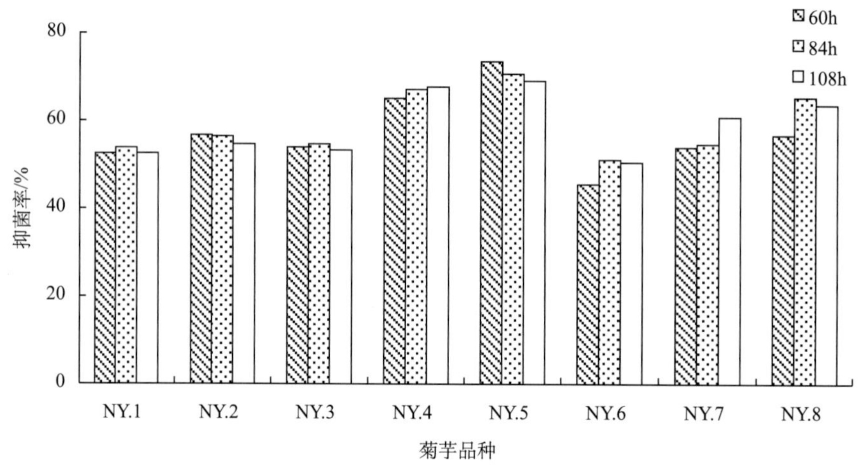

图 9-30　10 mg/mL 不同品种菊芋叶片提取物对番茄灰霉菌的抑菌率

南京农业大学海洋科学及其能源生物资源研究所菊芋研究小组不同品种菊芋叶片最佳提取物对植物病原真菌的抑菌效应研究表明：

浓度为 5 mg/mL 菊芋叶片乙酸乙酯提取物处理对水稻纹枯菌抑制作用较大的品种是南菊芋 5 号、南菊芋 8 号和南菊芋 4 号，较小的是南菊芋 7 号和南菊芋 6 号；浓度为 10 mg/mL 菊芋叶片乙酸乙酯提取物处理对水稻纹枯菌抑制作用较大的品种是南菊芋 5 号、南菊芋 4 号和南菊芋 8 号，较小的是南菊芋 6 号和南菊芋 7 号。

浓度为 5 mg/mL 菊芋叶片乙酸乙酯提取物处理对番茄早疫菌抑制作用较大的品种是南菊芋 5 号和南菊芋 4 号，较小的是南菊芋 1 号和南菊芋 7 号；浓度为 10 mg/mL 菊芋叶片乙酸乙酯提取物处理对番茄早疫菌抑制作用较大的品种是南菊芋 5 号和南菊芋 4 号，较小的是南菊芋 1 号、南菊芋 2 号和南菊芋 7 号。

浓度为 5 mg/mL 菊芋叶片乙酸乙酯提取物处理对番茄灰霉菌抑制作用较大的品种是南菊芋 5 号和南菊芋 4 号，较小的是南菊芋 2 号、南菊芋 3 号和南菊芋 6 号；浓度为 10 mg/mL 菊芋叶片乙酸乙酯提取物处理对番茄灰霉菌抑制作用较大的品种是南菊芋 5 号和南菊芋 4 号，较小的是南菊芋 6 号、南菊芋 1 号、南菊芋 2 号和南菊芋 3 号。

菊芋叶片乙酸乙酯提取物处理对 3 种病原真菌抑制作用均较大的品种是南菊芋 5 号和南菊芋 4 号；南菊芋 5 号和南菊芋 4 号菊芋品种是提取杀菌物质的最佳品种。

4. 海水灌溉下菊芋的叶片提取物对植物病原真菌生长的抑制活性

为探索不同浓度海水灌溉对菊芋叶片中抑菌活性成分影响的程度，南京农业大学海洋科学及其能源生物资源研究所菊芋研究小组根据海涂菊芋栽培的实践，进行了不同浓度海水灌溉下南菊芋 1 号的叶片提取物对病原真菌的抑制活性影响的研究。

试验安排在盛行海水养殖的南京农业大学山东莱州 863 基地，菊芋灌溉用海水的化学性质如表 9-16 所示。

表 9-16　山东莱州海域海水主要成分及离子含量　（单位：g/L）

样品	阴离子				阳离子			
	HCO_3^-	Cl^-	CO_3^{2-}	SO_4^{2-}	K^+	Na^+	Ca^{2+}	Mg^{2+}
海水	0.13	17.51	—	3.82	0.59	9.48	0.78	1.02

南京农业大学海洋科学及其能源生物资源研究所菊芋研究小组实验结果表明，海水灌溉对菊芋叶片乙酸乙酯提取物抑制水稻纹枯菌的效应基本上没有产生显著的影响（表 9-17）。浓度为 5 mg/mL 菊芋叶片乙酸乙酯提取物各处理在各时期抑制水稻纹枯菌的效应均与对照差异显著，但各处理间差异不显著；10 mg/mL 时虽然在 36 h 和 48 h 个别处理间差异显著（10%海水与 50%海水灌溉处理），总体上差异还是不显著。这个结论同样可以由图 9-31 和图 9-32 来证实，海水灌溉菊芋叶片乙酸乙酯提取物的两种浓度下各时期提取物对水稻纹枯菌抑菌率差异不大。

表 9-17　5 mg/mL 和 10 mg/mL 不同浓度海水灌溉菊芋的叶片乙酸乙酯提取物对水稻纹枯菌校正直径（cm）的影响

海水浓度/%	5 mg/mL			10 mg/mL		
	24 h	36 h	48 h	24 h	36 h	48 h
CK	1.60a	3.67a	6.26a	1.60a	3.67a	6.26a
0	0.78b	1.61b	2.77b	0.39b	1.13bc	2.21bc
10	0.65b	1.58b	2.93b	0.65b	1.55b	2.73b
25	0.76b	1.76b	2.98b	0.46b	1.35bc	2.53bc
50	0.62b	1.47b	2.67b	0.35b	0.88c	2.03c
75	0.41b	1.28b	2.54b	0.54b	1.50b	2.58bc
100	0.66b	1.39b	2.78b	0.45b	1.10bc	2.18bc

刘兆普等[50,51]和赵耕毛等[52]对山东莱州海涂海水灌溉下生长的菊芋做了深入的研究，并在当地海涂大面积推广种植，取得了较好的社会效益和经济效益。实验结果显示，海水灌溉和淡水灌溉生长的菊芋的叶片提取物对水稻纹枯菌的抑菌活性基本无显著差异，表明海水灌溉对菊芋叶片提取物的抑菌活性没有负面效应，因此，可以利用海涂种植、海水灌溉的南菊芋 1 号进行进一步生物活性的研究和植物源农药的开发。

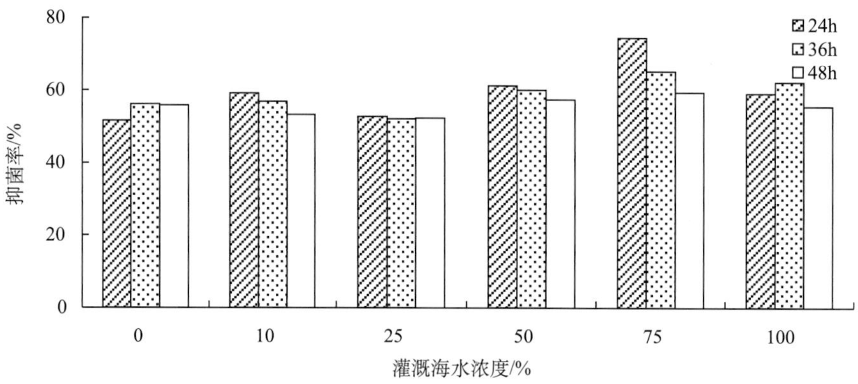

图 9-31 5 mg/mL 不同浓度海水灌溉菊芋的叶片乙酸乙酯提取物对水稻纹枯菌生长的抑制作用

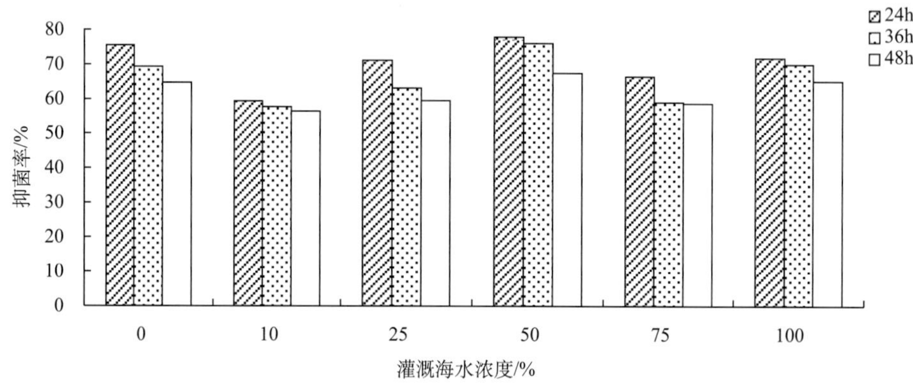

图 9-32 10 mg/mL 不同浓度海水灌溉菊芋的叶片乙酸乙酯提取物对水稻纹枯菌生长的抑制作用

南京农业大学海洋科学及其能源生物资源研究所菊芋研究小组在对菊芋叶片生物活性物质筛选的基础上，进行了活性物质的鉴定、分离与纯化，在排除菊芋叶片菊酯类物质抑菌的前提下，把注意力集中在菊芋叶片酚酸类物质方面，取得了一些进展。

5. 绿原酸的含量变化的时空差异

南京农业大学海洋科学及其能源生物资源研究所菊芋研究小组运用高效液相色谱对江苏大丰南菊芋 1 号不同组织绿原酸含量进行检测与分析，由表 9-18 可知，江苏大丰南菊芋 1 号不同组织绿原酸含量存在一定差异。研究表明，在南菊芋 1 号不同组织中，其叶片中绿原酸含量最高，为 6.40 mg/g DW，而根、茎、花、块茎的绿原酸含量无显著差异。菊芋叶片的绿原酸含量分别约是根、茎、花和块茎的 13 倍、9 倍、12 倍和 24 倍。

表 9-18 南菊芋 1 号菊芋不同组织绿原酸含量 （单位：mg/g DW）

指标	根	茎	叶	花	块茎
绿原酸含量	0.51±0.01b	0.71±0.11b	6.40±0.32a	0.54±0.04b	0.27±0.03b

注：图中数据为 3 个重复的平均值±SD；同一指标不同小写字母表示 $P \leqslant 0.05$ 差异水平。

南京农业大学海洋科学及其能源生物资源研究所菊芋研究小组对江苏大丰不同品种不同生长时间菊芋叶片绿原酸含量进行比较，由图 9-33 可知，不同品种不同生长时间菊芋叶片绿原酸含量差异显著。除青芋 2 号（Q2）外，其他菊芋品种叶片绿原酸含量均随着生长时间的延长而增加，9 月增加趋势比较明显；10 月，南菊芋 1 号（N1）叶片绿原酸含量高于其他 5 个菊芋品种。南菊芋 1 号叶片 10 月的绿原酸含量是 7.69 mg/g DW，约是 6 月的 10 倍；南菊芋 9 号（N9）叶片 10 月的绿原酸含量是 7.28 mg/g DW，约是 6 月的 14 倍；青芋 2 号叶片绿原酸含量最大值出现在 9 月，含量为 3.96 mg/g DW，10 月出现减少的现象，可能是因为青芋 2 号叶片部分出现干枯；泰芋 1、2 号（T1、T2）叶片 10 月绿原酸含量分别是 3.49 mg/g DW、5.17 mg/g DW；泰芋 3 号（T3）菊芋叶片绿原酸含量最大值出现在 9 月，含量为 4.03 mg/g DW，而 10 月泰芋 3 号菊芋叶片都已干枯，因此没有检测。

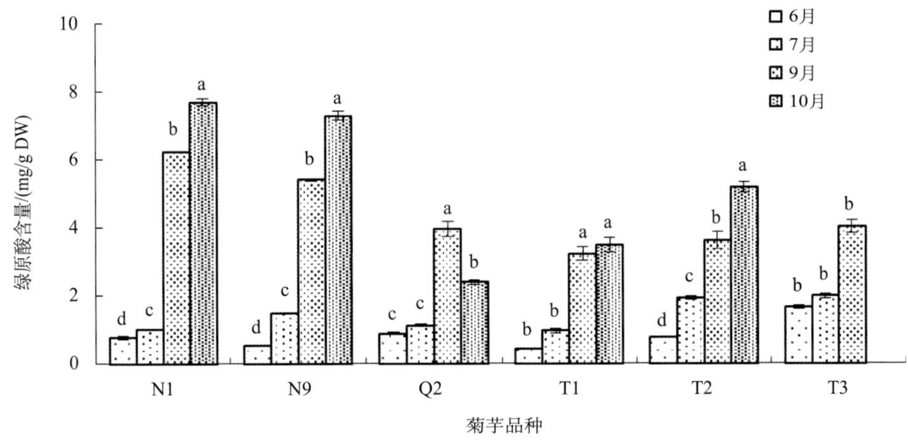

图 9-33　江苏大丰不同品种不同生长时间菊芋叶片绿原酸含量

南京农业大学海洋科学及其能源生物资源研究所菊芋研究小组对海南三亚不同品种不同生长时间菊芋叶片绿原酸含量进行比较，由图 9-34 可知，不同品种不同生长时间菊

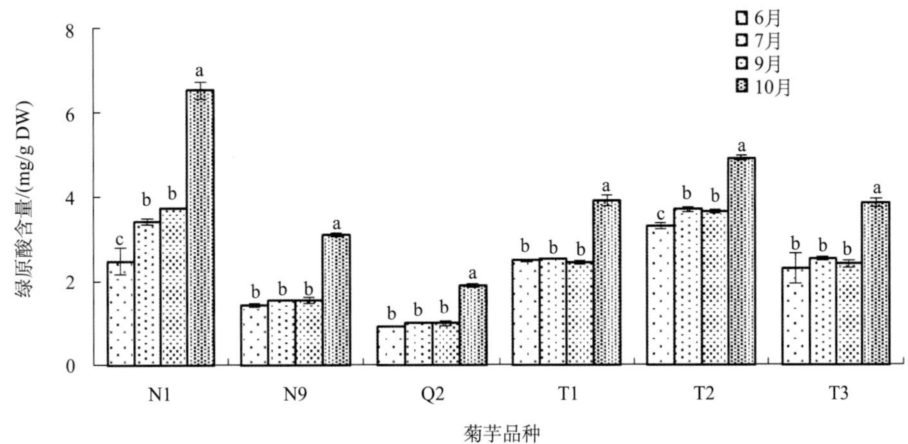

图 9-34　海南三亚不同品种不同生长时间菊芋叶片绿原酸含量

芋叶片绿原酸含量差异显著。各菊芋品种叶片绿原酸含量随着生长时间的延长而增加；10 月，南菊芋 1 号叶片绿原酸含量高于其他 5 个菊芋品种。南菊芋 1 号叶片 10 月的绿原酸含量是 6.52 mg/g（DW，下同），约是 6 月的 3 倍；南菊芋 9 号叶片 10 月的绿原酸含量是 3.09 mg/g，约是 6 月的 2 倍，且 5～7 月绿原酸含量差异不显著；青芋 2 号叶片 10 月的绿原酸含量是 1.88 mg/g，约是 6 月的 2 倍，且 5～7 月绿原酸含量差异不显著；泰芋 1、3 号叶片 10 月绿原酸含量分别是 3.89 mg/g、3.84 mg/g，且 5～7 月绿原酸含量差异均不显著；泰芋 2 号叶片 10 月绿原酸含量是 4.90 mg/g，约是 6 月的 1.5 倍。

通过对江苏大丰与海南三亚不同品种菊芋叶片绿原酸含量进行比较，由图 9-35 可知，在菊芋生长前期（6～7 月），海南三亚不同品种菊芋叶片绿原酸含量大于江苏大丰，但海南三亚青芋 2 号在 7 月叶片绿原酸含量略小于江苏大丰，且无显著差异；而在菊芋成熟期（10 月）时，海南三亚不同品种菊芋绿原酸含量略小于江苏大丰，但青芋 2 号、泰芋 1 号、泰芋 2 号无显著差异。通过 6 月、7 月、10 月绿原酸含量的比较，南菊芋 1 号绿原酸含量高于其他 5 个品种，作者推测温度可能是影响江苏大丰和海南三亚菊芋叶片绿原酸含量的主要因素。

南京农业大学海洋科学及其能源生物资源研究所菊芋研究小组接着选取南菊芋 1 号为实验材料，在实验室模拟外界温度观察不同温度下绿原酸含量的变化。由图 9-36 可知，与 25℃相比，30℃处理 10 d、15 d 后绿原酸含量略微增加，但无显著性差异；30℃处理 20 d 后绿原酸含量显著增加，为 25℃处理菊芋叶片绿原酸含量的 3 倍以上，表明高温胁迫到一定的时间，南菊芋 1 号叶片中的绿原酸含量将大幅提高。

不同土壤含盐量对不同生长时间的南菊芋 1 号叶片绿原酸含量有显著的影响。图 9-37 表明，不同的土壤盐分、不同生长时间的南菊芋 1 号叶片绿原酸含量有显著差异。随着生长时间的延长，轻度、中度、重度盐渍化土壤生长的南菊芋 1 号叶片中绿原酸含量总体呈现增加的趋势，10 月出现最大值，轻度、中度、重度盐渍化土壤生长的南菊芋 1 号叶片中绿原酸含量分别是 4.623 mg/g、7.482 mg/g、5.870 mg/g。在 5～6 月，不同的土壤盐分南菊芋 1 号叶片中绿原酸含量从大到小顺序为：重度盐渍化土>中度盐渍化土>轻度盐渍化土。5 月时，中度盐和重度盐地区南菊芋 1 号叶片绿原酸含量分别是轻度盐渍化土壤的 5.661 倍和 7.347 倍；6 月时，中度盐渍化土壤和重度盐渍化土壤的南菊芋 1 号叶片绿原酸含量分别是轻度盐渍化土壤的 2.102 倍和 3.360 倍。在 7～8 月，各含盐量土壤生长的南菊芋 1 号叶片绿原酸含量无明显差异。在 9～10 月，各个盐分含量土壤生长的南菊芋 1 号叶片绿原酸含量发生明显变化，不同的土壤盐分南菊芋 1 号叶片绿原酸含量从大到小的顺序为：中度盐渍化土>重度盐渍化土>轻度盐渍化土。9 月时，中度盐渍化土和重度盐渍化土生长的南菊芋 1 号叶片的绿原酸含量分别是轻度盐渍化土的 2.065 倍和 1.542 倍；10 月时，中度盐渍化土和重度盐渍化土生长的南菊芋 1 号叶片的绿原酸含量分别是轻度盐渍化土的 1.618 倍和 1.270 倍。

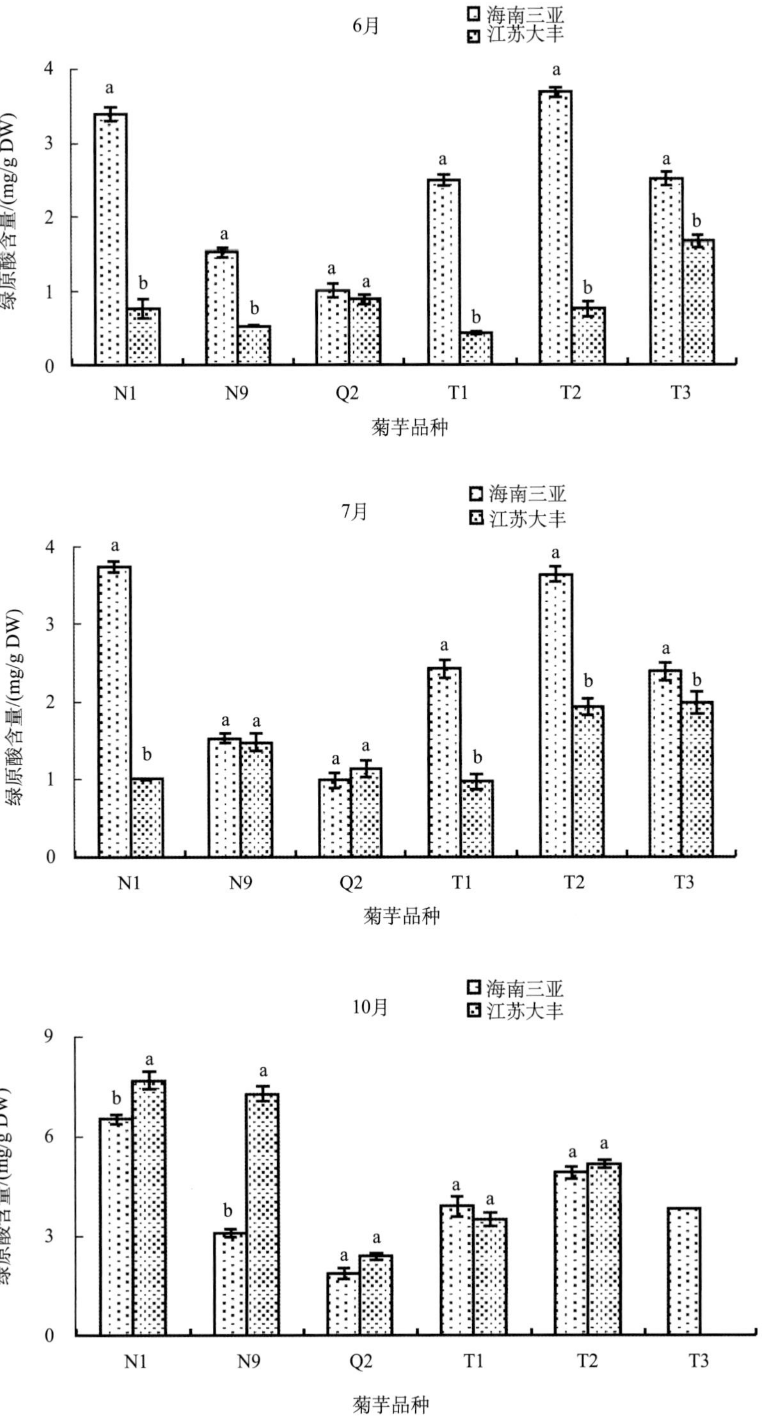

图 9-35　江苏大丰与海南三亚不同品种菊芋不同生长时间叶片绿原酸含量

图中数据为 3 个重复的平均值±SD；同一指标不同小写字母表示 $P\leqslant0.05$ 差异水平

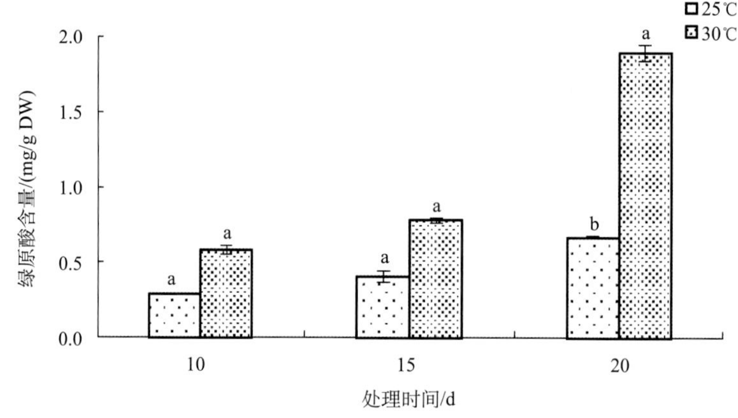

图 9-36　高温胁迫下南菊芋 1 号幼苗叶片绿原酸含量

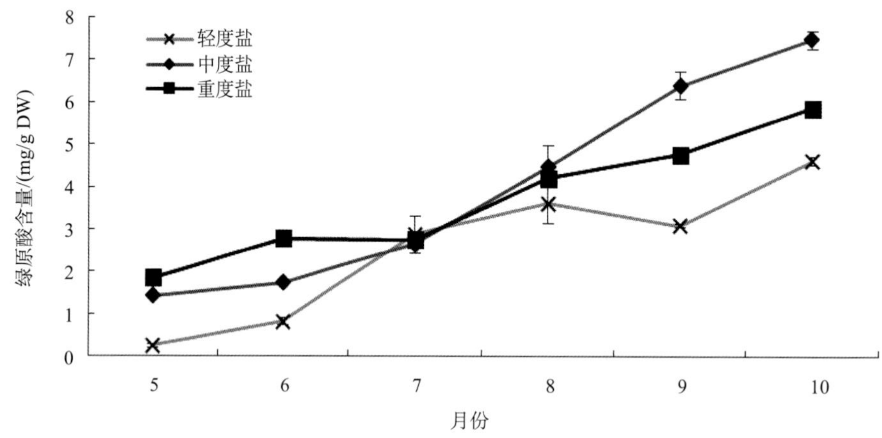

图 9-37　盐胁迫下南菊芋 1 号不同生长期叶片绿原酸含量

轻度盐渍化土，江苏盐城新洋试验站；中度盐渍化土，江苏大丰试验基地；重度盐渍化土，江苏盐城顺泰试验基地

为进一步探索单盐对菊芋叶片绿原酸含量的效应，南京农业大学海洋科学及其能源生物资源研究所菊芋研究小组在室内进行不同浓度 NaCl 处理的菊芋盆栽试验，对不同 NaCl 浓度处理不同时间南菊芋 1 号幼苗叶片绿原酸含量进行比较，结果如图 9-38 所示，不同 NaCl 浓度处理不同时间绿原酸含量差异显著。南菊芋 1 号幼苗叶片绿原酸含量随着 NaCl 浓度的增加而增加。在不同 NaCl 浓度处理 10 d 后，随着 NaCl 浓度的增加，绿原酸含量缓慢增加，200 mmol/L NaCl 浓度处理的南菊芋 1 号幼苗叶片绿原酸含量是 0.6483 mg/g，是对照处理的 1.67 倍。在 100 mmol/L NaCl 浓度时，处理 15 d 与处理 20 d 后南菊芋 1 号幼苗叶片绿原酸含量明显增加，200 mmol/L NaCl 浓度处理 15 d 和 20 d 后的南菊芋 1 号幼苗叶片绿原酸含量分别是 1.1887 mg/g 和 1.2832 mg/g，是对照的 2.78 倍。

绿原酸是植物有氧呼吸过程中产生的次生代谢产物之一，也是菊芋叶片的主要化学活性成分之一[53]。通过对绿原酸标准品和菊芋叶片进行 HPLC 检测，得到 HPLC 图谱，这与张海娟等所检测的图谱一致[54]，因此采用此检测方法可靠性很高。研究者还发现，江苏大丰南菊芋 1 号不同组织绿原酸含量存在一定差异，叶片绿原酸含量最高，根、茎、花、块茎之间绿原酸含量无显著差异。孙鹏程以山东烟台种植的菊芋为材料，测定菊芋不同组织的绿原酸含量，结果发现绿原酸含量叶片＞茎＞花＞块茎[55]，与我们的菊芋叶片绿原酸含量最高的结果相符合，因此南京农业大学海洋科学及其能源生物资源研究所菊芋研究小组选择菊芋叶片为研究的实验材料。

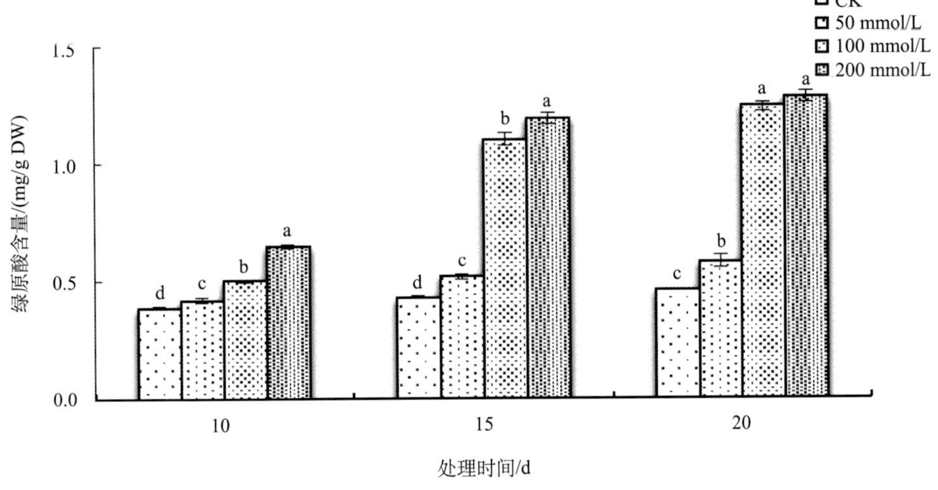

图 9-38 盐胁迫下南菊芋 1 号幼苗叶片绿原酸含量

江苏大丰和海南三亚不同菊芋品种在不同生长时间叶片绿原酸含量随着生长时间的延长而增加，且南菊芋 1 号叶片绿原酸的含量显著高于其他 5 个品种，因此选取南菊芋 1 号为实验对象；青菊芋 2 号在 10 月叶片绿原酸含量降低，原因可能是青菊芋 2 号在 10 月叶片部分出现枯萎；同时分析海南三亚不同菊芋品种在不同生长时间的绿原酸含量变化，结果与江苏大丰试验基本一致。张海娟通过检测江苏大丰和黑龙江大庆不同菊芋品种叶片绿原酸含量发现，江苏大丰地区南菊芋 10 号叶片绿原酸含量最高（0.933%），南菊芋 1 号次之（0.431%），青菊芋 2 号最少（0.040%）；大庆地区南菊芋 9 号叶片绿原酸含量高于南菊芋 1 号[56]。另外，岳会兰等在研究柴达木盆地不同生长时间菊芋叶片绿原酸含量变化时发现，菊芋叶片在不同生长时间绿原酸含量差异显著，且在 10 月含量最高，随后出现降低的现象[57]。以上这些研究与我们的实验结果一致。因此，建议菊芋叶片采摘期应该在 10 月，可以充分利用菊芋叶片生产绿原酸。

通过比较江苏大丰与海南三亚相同生长时间不同菊芋品种之间叶片绿原酸含量发现，菊芋生长前期叶片绿原酸含量海南三亚地区高于江苏大丰地区，在菊芋成熟期时江苏大丰地区略高于海南三亚地区。李昌爱等经研究发现，不同产地金银花中的绿原酸含量存在一定差异，且他们认为不同地方平均日照时数不同会对金银花绿原酸含量产生影响[58]。牛俊萍在研究高温对“红美丽”李果实花色苷代谢的影响时发现，处理 9 d，35℃条件下花色苷及黄酮醇的含量显著低于 20℃，但绿原酸的含量却显著高于 20℃[59]。但张萍等经研究发现，温度是影响金银花绿原酸含量的主要因素，高温胁迫对绿原酸含量的影响最为显著，日照时数和降雨量影响较小[60]。因此，我们推测温度可能是影响江苏大丰和海南三亚绿原酸含量存在差异的主要原因。

菊芋因其具有的形态学和生物学特征而表现出一定的耐盐碱性。隆小华等研究了不同基因型菊芋的耐海水机制，提出盐肥耦合对盐境下菊芋的促生效应[61]。研究小组发现，次生代谢物质响应盐胁迫，如辣椒愈伤组织是通过维生素 C、脯氨酸、苯丙氨酸和辣椒素的积累抵抗过多盐分的伤害[62]。研究小组对盐胁迫下大田中不同生长期南菊芋 1 号叶片绿原酸含量进行了分析，在南菊芋 1 号生长前期，盐分含量对南菊芋 1 号叶片绿原酸含量影响从高到低的顺序为：重度盐渍化土>中度盐渍化土>轻度盐渍化土；随着生长时间的延长，在南菊芋 1 号成熟期时，土壤含盐量致使南菊芋 1 号叶片绿原酸含量发生明显变化，从高到低的顺序为：中度盐渍化土>重度盐渍化土>轻度盐渍化土。Yan 等发现，金银花叶片在盐胁迫下能促进绿原酸的积累[63]。Esam A H 和 Esam M A 经研究发现较低浓度的 NaCl 溶液抑制葫芦巴愈伤组织生长的同时增加总酚、总黄酮和总鞣质的含量，而较高浓度的 NaCl 溶液不仅抑制葫芦巴愈伤组织的生长，也抑制次生代谢产物的积累[64]。继而，研究模拟外界环境检测不同浓度 NaCl 溶液处理南菊芋 1 号幼苗叶片绿原酸含量的变化，发现 NaCl 胁迫下南菊芋 1 号叶片绿原酸含量增加，且随着处理时间的延长，南菊芋 1 号叶片绿原酸含量也增加。这与大田中不同盐分能促进绿原酸含量的积累结果一致，然而南菊芋 1 号叶片绿原酸含量在大田与温室中存在一定差异，可能与温度、光照、土壤环境等因素有关。

综上所述，南京农业大学海洋科学及其能源生物资源研究所菊芋研究小组发现南菊芋 1 号叶片绿原酸含量最高，为其他组织的 9 倍以上；在江苏大丰和海南三亚种植的不同品种菊芋叶片绿原酸含量都随生长时间的延长而增加。如 7 月（此时海南三亚平均温度为 27～34℃，江苏大丰平均温度为 22～26℃），种植在海南三亚的叶片绿原酸含量高于种植在江苏大丰的菊芋叶片绿原酸含量，到菊芋成熟期（10 月，此时海南三亚平均温度为 25～32℃，江苏大丰平均温度为 18～23℃），则稍低于种植在江苏大丰的。我们在实验室培养箱培养菊芋幼苗，设置 25℃和 30℃分别处理 10 d、15 d、20 d 后进一步发现，30℃条件下叶片中绿原酸含量始终高于 25℃条件下的，因此推测适当的高温可能促进菊芋叶片绿原酸的合成。种植在江苏盐城新洋（含盐量 2.9‰～4.3‰，轻度盐渍化土）、江苏盐城大丰（含盐量 4‰～6.2‰，中度盐渍化土）和江苏盐城顺泰（含盐量 7.5‰～9.7‰，重度盐渍化土）三个区域的南菊芋 1 号随着生长时间的延长，其叶片绿原酸含量皆呈现明显上升的趋势，10 月出现最大值；在实验室条件下，分别用 0 mmol/L、50 mmol/L（3‰）、100 mmol/L（6‰）和 200 mmol/L（12‰）NaCl 溶液处理南菊芋 1 号幼苗 10 d、15 d、20 d 后发现，叶片绿原酸含量随着处理时间和浓度的增加而增加，推测盐胁迫能促进绿原酸合成。

6. 绿原酸的纯化及组分与结构分析

菊芋叶片活性物质研究主要在倍半萜类如 17,18-dihydrobudlein A，具有抑制由生长素诱导的植物生长、抑菌活性；倍半萜内酯如 3-hydroxy-8β-tigloyl-oxy-1, 10-dehydroariglovin，具有细胞毒性（MCF-7、A549 和 HeLa 癌细胞）；酚酸类如 3, 5-二咖啡酰奎宁酸等，具有抗氧化活性、抑制植物病原真菌的活性。本部分主要对菊芋叶片酚酸类化合物的提取、纯化的方法进行筛选优化，在此基础上，将纯化获得的化合物进行结构分析与鉴定，对其生物活性进行了验证。

1）南菊芋 1 号叶片酚酸类化合物定性分析

南京农业大学海洋科学及其能源生物资源研究所菊芋研究小组通过反相 C-18 柱共鉴定了南菊芋 1 号叶片乙醇提取物中的 15 种酚酸类化合物，分别对应如图 9-39 所示的 NO.1～NO.15 色谱峰。

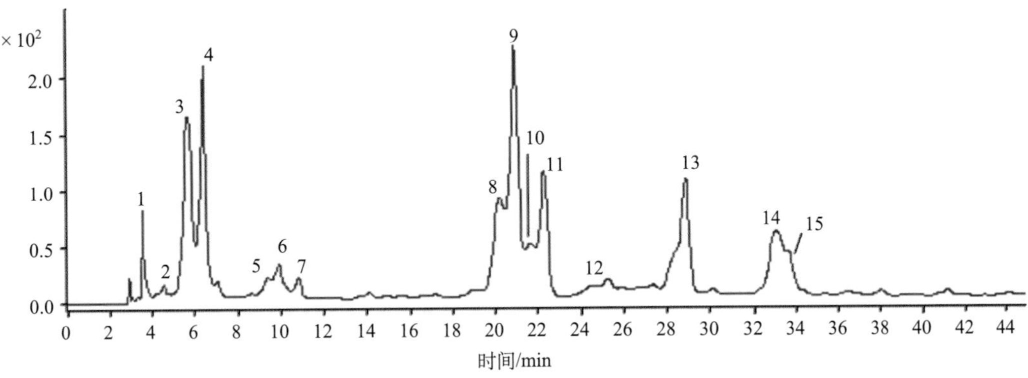

图 9-39　菊芋叶片中酚酸类化合物的高效液相-二极管阵列色谱图

NO.1 未知化合物 MS/MS 图谱如图 9-40 所示，其分子量为 360

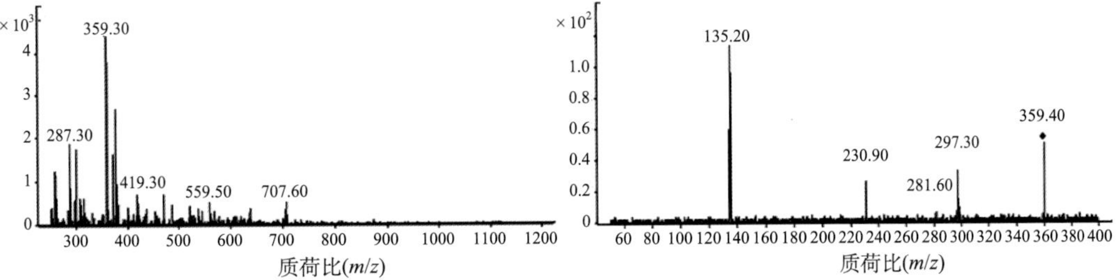

图 9-40　分子量为 360 的未知化合物的 MS 和 MS/MS 图谱

在如图 9-39 所示的所有色谱峰中，NO.9 峰含量相当多，是菊芋叶片中主要的酚酸类物质。此化合物具有二咖啡酰奎宁酸的光谱特征[65]，如紫外光谱在 242.6 nm 和 327.0 nm 下有最大吸收，保留时间为 20.93 min。ESI-MS/MS 二级质谱图的准分子离子峰$[M-H]^-$的 m/z 为 515.5，离子碎片$[M-C_9H_6O_3]^-$（$[M\text{-}香豆酸-2H]^-$或$[M-H-162$（咖啡酰基）$]^-$）的 m/z 为 354.1（咖啡酰奎宁酸），离子碎片$[M-H-2C_9H_6O_3]^-$的 m/z 为 191.2，对照标准品的相关信息，确定该化合物为 3,5-二咖啡酰奎宁酸。NO.8、NO.11 和 NO.13 色谱峰跟 NO.9 峰质谱和二级质谱信息相似，紫外最大吸收波长略有不同，NO.8 的 UV λ_{max} = 243.8，327.0；NO.11 的 UV λ_{max} = 243.0，329.4；NO.13 的 UV λ_{max} = 327.0。根据 MS/MS 分析，m/z 为 354.1 的咖啡酰奎宁酸离子碎片经能量更高的碰撞进一步形成 m/z 为 173.1、135.0 和 179.0 的特征离子碎片，分别是$[M-H-2C_9H_6O_3-H_2O]^-$（$[奎宁酸-H_2O-H]^-$）、$[M-C_7H_{10}O_5-C_9H_6O_3-]$。对照标准品和相关参考文献可知[66]，NO.8、NO.11 和 NO.13 色谱峰分别对应 3,4-二咖啡酰奎宁酸、1,5-二咖啡酰奎宁酸和 4,5-二咖啡酰奎宁酸。

南京农业大学海洋科学及其能源生物资源研究所菊芋研究小组通过详细的碎片信息、紫外吸收等对照以往的文献[67]，NO.2、NO.3、NO.4 峰被鉴定为咖啡酰奎宁酸即绿原酸的同分异构体。在电喷雾负离子模式监测下，准分子离子峰$[M-H]^-$ m/z 为 353，该母离子二级质谱的特征离子碎片$[M-H-C_9H_6O_3]^-$ m/z 为 191，即[奎宁酸-H]$^-$，如图 9-41 所示。离子碎片 m/z 85 和 m/z 93，是单酰基和双酰基绿原酸类物质的共同特征[68]。不同碰撞能量下不同的离子碎片如 m/z 179（[咖啡酸-H]$^-$）和 m/z 161（[咖啡酸-H_2O-H]$^-$）可辨别绿原酸的 3 种同分异构体[69]。对照标准品，确定 NO.3 峰对应化合物为 3-*O*-咖啡酰奎宁酸。

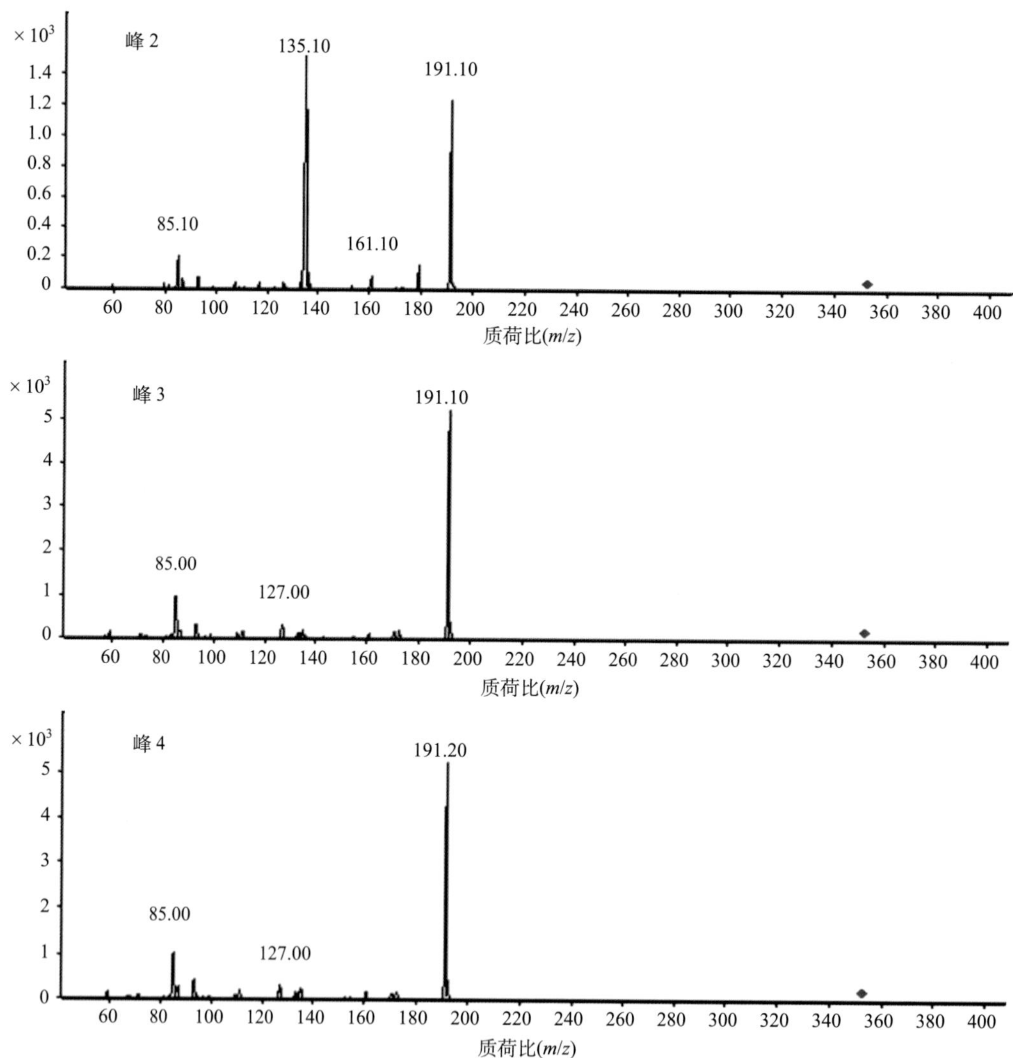

图 9-41　绿原酸的三种同分异构体的 MS/MS 图谱比较分析

NO.5 峰的准分子离子峰$[M-H]^-$ m/z 为 179.1，其特征离子碎片$[M-COO]^-$和$[M-COO-CO]^-$的 m/z 分别为 136.0 和 107.9。这是负离子模式下咖啡酸典型的质谱特征[70]。离子碎片 m/z 191 和 179 表明 NO.6、NO.7 和 NO.10 峰为奎宁酸或咖啡酸的衍生物。NO.6

化合物在 9.93 min 出峰(图 9-42)。$[M-H]^-$分子离子峰 m/z 为 337.3，其主要的离子碎片[奎宁酸-H]$^-$$m/z$ 为 191.1（图 9-42），UV λ_{max} = 239.1 nm；离子碎片[奎宁酸-H-H_2O]$^-$$m/z$ 为 173.0，UV λ_{max} = 311.5 nm。故可确定该峰为 *p*-香豆酰奎宁酸[68, 71,72]。

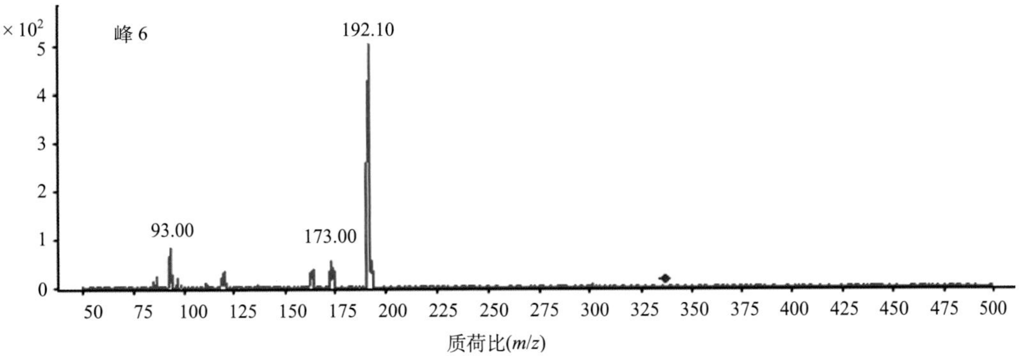

图 9-42　*p*-香豆酰奎宁酸的 MS/MS 图谱分析

根据 $[M-H]^-$ m/z 为 367 的分子离子峰，UV λ_{max} = 241.4 nm，325.8 nm，确定 NO.7 峰为阿魏酰奎宁酸[73]（图 9-43）。

NO.10 峰的二级质谱中分子离子峰为 m/z 341.5，失去一分子的脱水葡萄糖（Glc）生成的离子碎片 m/z 为 179.8（$[M-H-(Glc-H_2O)]^-$）和 164.3（$[Glc-O]^-$）[74, 75]（图 9-44），说明该化合物为咖啡酰葡萄糖，这是本研究小组首次发现并报道菊芋叶片中的咖啡酰葡萄糖化合物。

南京农业大学海洋科学及其能源生物资源研究所菊芋研究小组通过对 NO.12、NO.14 和 NO.15 峰的二级质谱分析，主要有 m/z 315、301 和 285 三种离子碎片，分别对应甲基槲皮素或甲基山柰酚、槲皮素苷元和山柰酚基团，这说明此三种化合物为山柰酚和槲皮素苷衍生物[75]。NO.12 峰的分子离子峰 m/z 为 477，特征离子峰$[M-H-(Glc-H_2O)]^-$的 m/z 为 315，离子碎片$[M-H-(Glc-H_2O)-CH_3]^-$的 m/z 为 300.1，离子碎片$[M-H-(Glc-H_2O)-CH_3-CO]^-$的 m/z 为 270.9，确定该化合物为甲氧基取代的槲皮素-7-*O*-葡萄糖苷[75,76]（图 9-45）。

NO.14、NO.15 具有不同母离子$[M-H]^-$，m/z 分别为 461 和 447[75~79]，相同的特征离子碎片[山柰酚-H]$^-$，m/z 为 285。最终确定 NO.14、NO.15 为甲氧基取代的山柰酚-3-*O*-葡萄糖苷（图 9-46）和山柰酚-3-*O*-葡萄糖苷（图 9-47）。

通过对比各化合物保留时间（t_R）、紫外吸收光谱（UV λ_{max}）、质谱和二级质谱等信息，结合已知化合物信息或标准品信息，对这些酚酸类化合物进行定性分析，发现南菊芋 1 号叶片中含未知化合物 1 个，绿原酸及其异构体 9 种，咖啡酸 1 种，葡萄糖及其糖苷 4 种（表 9-19），并首次在菊芋叶片中发现咖啡酰葡萄糖、山柰酚和槲皮素苷衍生物这些化合物。

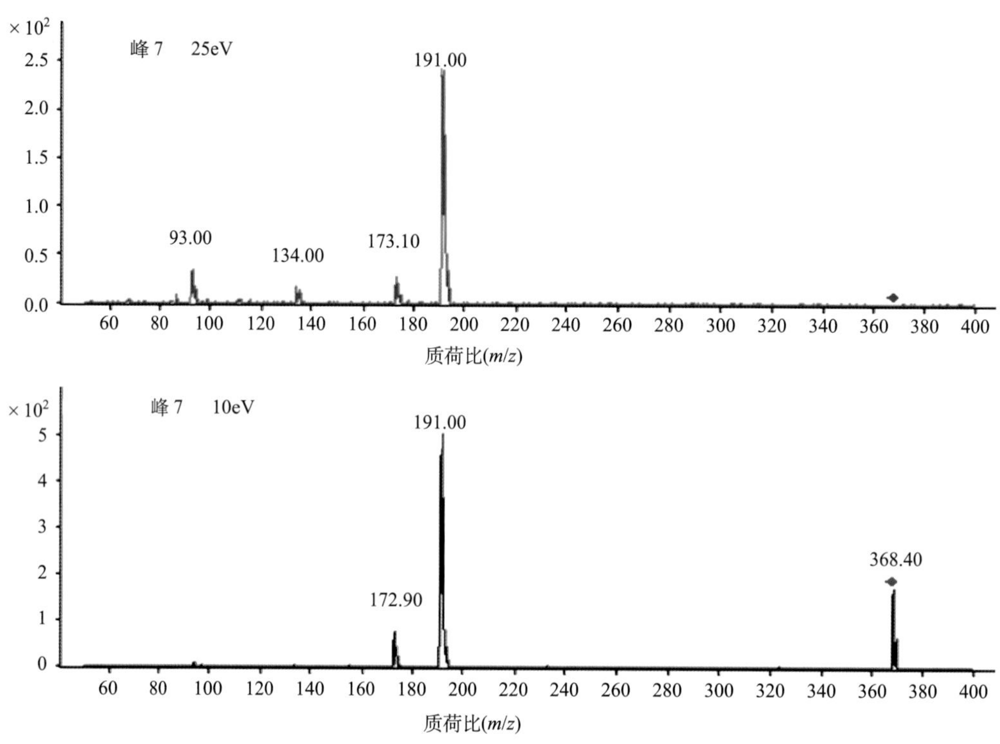

图 9-43　阿魏酰奎宁酸的 MS/MS 图谱分析

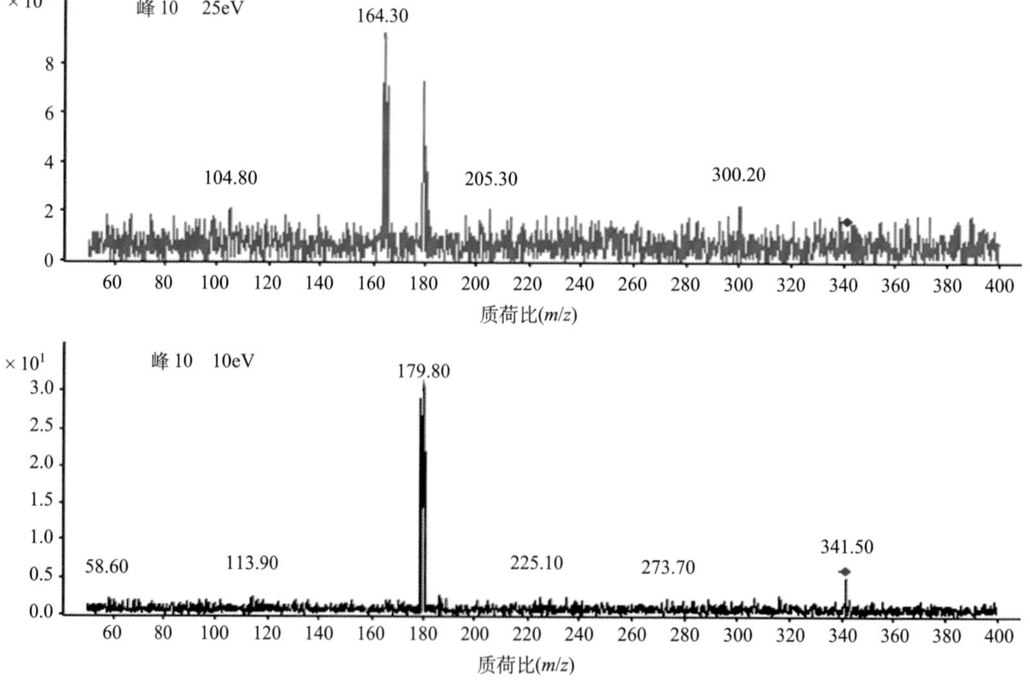

图 9-44　咖啡酰葡萄糖的 MS/MS 图谱分析

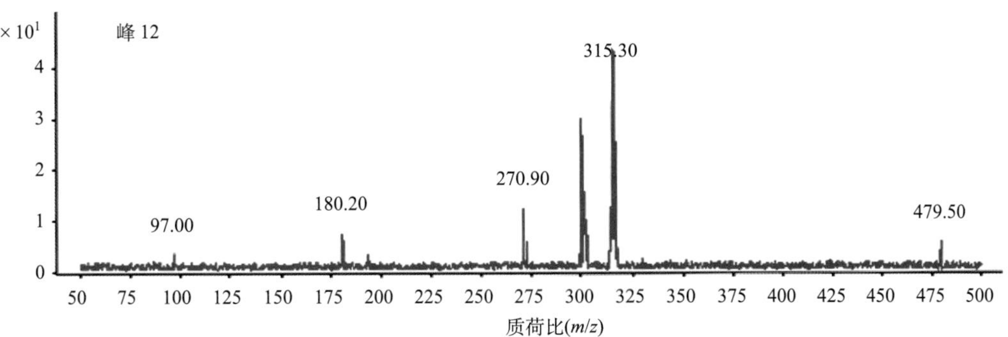

图9-45　甲氧基取代的槲皮素-7-*O*-葡萄糖苷的MS/MS图谱分析

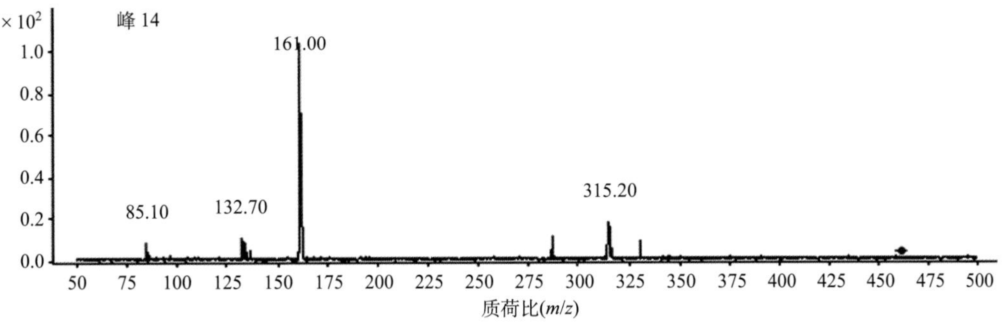

图9-46　甲氧基取代的山柰酚-3-*O*-葡萄糖苷的MS/MS图谱分析

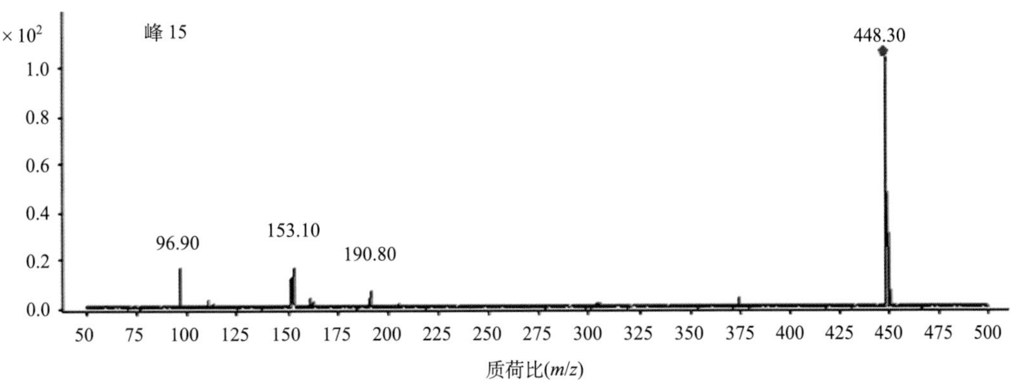

图9-47　山柰酚-3-*O*-葡萄糖苷的MS/MS图谱分析

表9-19　菊芋叶片粗提物图谱中酚类化合物鉴定

峰号	t_R/min	MW	MS^-（MS/ MS）	UVλ_{max}	鉴定
1	3.56	360	359.4（297.3，281.6，230.9，135.2）	246.0，263.0	未知化合物（图9-40）
2	4.54	354	353.4（191.1，179.1，161.1，135.1，85.1）	214.3，323.4	绿原酸异构体（咖啡酰奎宁酸）
3	5.68	354	353.4（191.1，127.0，85.0）	214.4，327.0	绿原酸（3-*O*-咖啡酰奎宁酸）
4	6.43	354	353.4（191.2，127.0，93.1，85.0）	237.9，324.4	绿原酸异构体（咖啡酰奎宁酸）

续表

峰号	t_R/min	MW	MS^-（MS/ MS）	UVλ_{max}	鉴定
5	9.38	180	179.1（136.0，107.9）	323.0	咖啡酸
6	9.93	338	337.3（192.1，173.0，93.0）	239.1，311.5	*p*-香豆酰奎宁酸
7	10.83	368	367.3（191.0，173.1，134.0，93.0）	241.4，325.8	阿魏酰奎宁酸
8	20.19	516	515.5（354.3，191.1，179.1，135.0）	243.8，327.0	二咖啡酰奎宁酸
9	20.93	516	515.5（354.1，191.2）	242.6，327.0	二咖啡酰奎宁酸
10	22.01	342	341.5（179.8，164.9）	327	咖啡酰葡萄糖
11	22.29	516	515.5（354.1，191.1，179.1，173.1，135.1）	243，329.4	二咖啡酰奎宁酸
12	24.42	478	477.4（315.3， 300.1，270.9，180.2）	253.3，349.7	甲氧基取代的槲皮素-7-*O*-葡萄糖苷
13	28.87	516	515.5（191.1，179.1，173.1，135.0）	327.0	二咖啡酰奎宁酸
14	33.05	462	461.4（315.2，161.0，132.7，85.1）	263.9，341.3	甲氧基取代的山柰酚-3-*O*-葡萄糖苷
15	33.57	448	447.4（190.8，153.1，96.9）	263.0，333.0	山柰酚-3-*O*-葡萄糖苷

同样南京农业大学海洋科学及其能源生物资源研究所菊芋研究小组首次鉴定了菊芋叶片中这些山柰酚和槲皮素苷衍生物（NO.12、NO.14 和 NO.15 峰）。这些化合物的确切结构需要进一步用 NMR C 谱和 H 谱来解析。

2）南菊芋 1 号叶片中主要酚酸类物质的含量分析

根据对南菊芋 1 号叶片 15 种酚酸类物质分析鉴定，发现菊芋叶片中的酚酸类成分中绿原酸类物质含量极其丰富，为满足菊芋叶片中酚酸类物质研究需求，首先优化菊芋叶片酚酸类物质的定量分析方法与条件，以满足菊芋叶片中酚酸类物质的定量分析要求。

南京农业大学海洋科学及其能源生物资源研究所菊芋研究小组经对绿原酸、咖啡酸等 6 种酚酸标准品与菊芋叶片粗提物及各萃取层物质进行紫外全波段扫描，获得了菊芋叶片粗提物中主要酚酸类物质的最佳 HPLC 分析条件（图 9-48）。

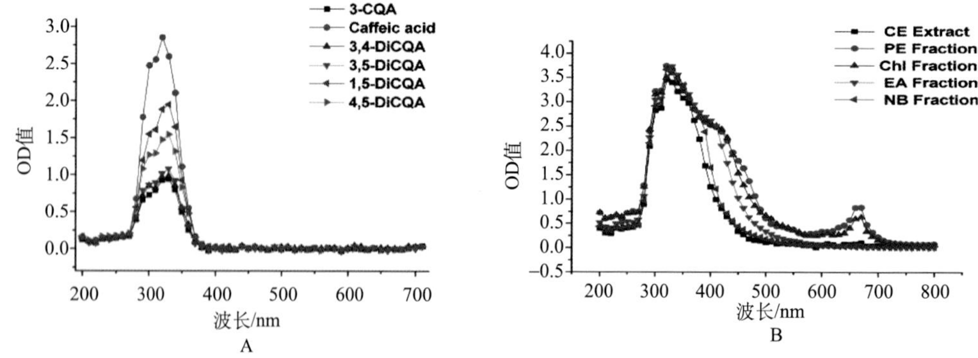

图 9-48　6 种酚酸类标准品（A）与粗提物各萃取层（B）紫外全波段扫描结果

3-CQA，绿原酸；Caffeic acid，咖啡酸；3,4-DiCQA，3,4-二咖啡酰奎宁酸；3,5-DiCQA，3,5-二咖啡酰奎宁酸；1,5-DiCQA，1,5-二咖啡酰奎宁酸；4,5-DiCQA，4,5-二咖啡酰奎宁酸；PE Fraction, petroleum ether，石油醚馏分；Chl Fraction，chloroform，氯仿馏分；EA Fraction，ethyl acetate，乙酸乙酯馏分；NB Fraction，正丁醇馏分

紫外全波段扫描结果表明，它们均在 330 nm 有最大吸收（图 9-49）。对粗提物及各萃取层扫描发现粗提物与各萃取层最大吸收峰均位于 320 nm 左右，300 nm 左右出现肩峰。推测这可能是由于菊芋叶片中绿原酸类物质含量较高，该类物质在中性溶剂中，最大吸收峰一般在 240～245 nm 和 328～332 nm 处，在 290～300 nm 处会出现肩峰[80]。

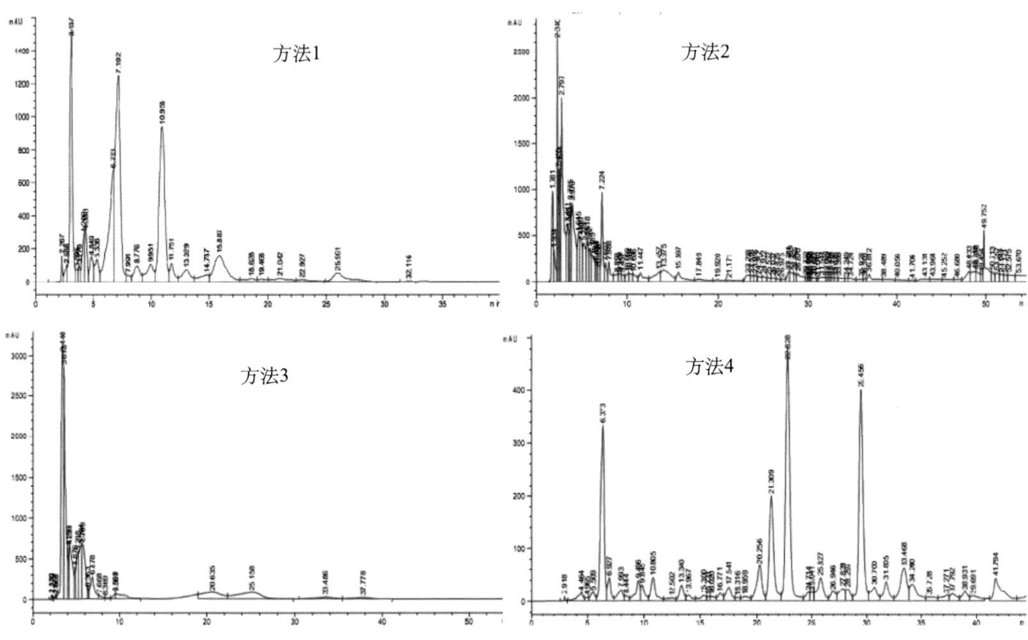

图 9-49　不同 HPLC 分析方法比较

方法 1，甲醇-1%甲酸-水等度洗脱，330 nm；方法 2，乙腈-水梯度洗脱，205 nm；方法 3，甲醇-1%甲酸-水等度洗脱，315 nm；方法 4，甲醇-1%甲酸-水线性洗脱，330 nm

通过比较不同洗脱系统、检测波长和洗脱方式的分析方法（图 9-49），发现甲醇-水的洗脱体系（方法 1）比乙腈-水（方法 2）洗脱效果好，能够较好地分离菊芋叶片中的各酚酸类物质。3 种不同波长下（205 nm、315 nm 和 330 nm），对于同一样品，出现不同的色谱峰，虽然 205 nm 下出峰较多，但是酚酸类物质出峰时间较晚，而 315 nm 波长检测下分离度不好，故选择 330 nm 为菊芋叶片中活性物质如酚酸类物质的检测波长。

南京农业大学海洋科学及其能源生物资源研究所菊芋研究小组采用线性洗脱的方式优化色谱分析条件后（方法 4），虽然各酚酸类物质出峰时间有所延迟，但是分离度更好，各酚酸物质在此色谱条件下，均能达到基线分离，可以满足菊芋叶片中酚酸类物质的定量分析要求。

通过 HPLC 分析测定菊芋叶片不同提取方法及萃取层中主要酚酸类物质的含量（图 9-50、表 9-20），发现菊芋叶片绿原酸中的 3-*O*-咖啡酰奎宁酸（峰 1）、3,5-二咖啡酰奎宁酸（峰 4）和 4,5-二咖啡酰奎宁酸（峰 6）的含量较高。

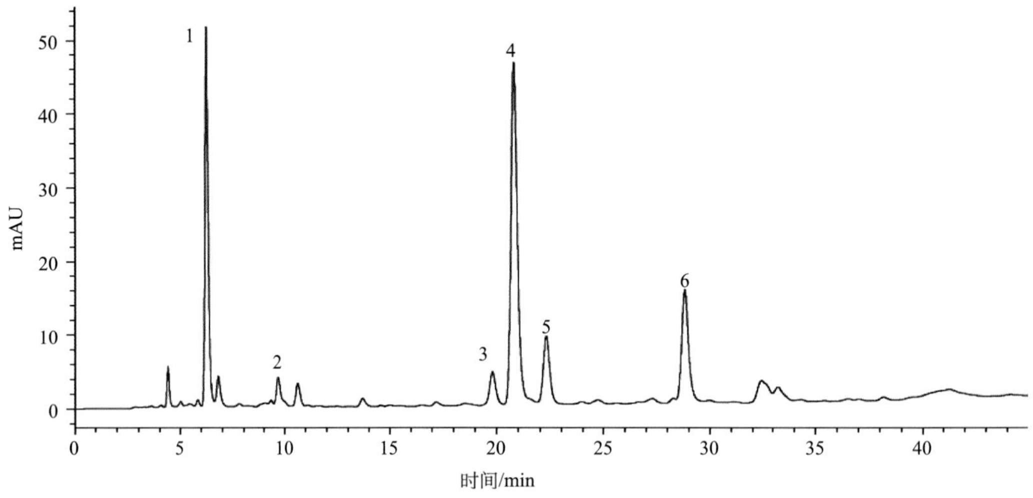

图 9-50　菊芋叶片粗提物的液相色谱图

1. 3-*O*-咖啡酰奎宁酸, 3-*O*-caffeoylquinic acid, 3-CQA；2. 咖啡酸, caffeic acid；3. 3,4-二咖啡酰奎宁酸, 3,4-dicaffeoylquinic acid；4. 3,5-二咖啡酰奎宁酸, 3,5-dicaffeoylquinic acid；5. 1,5-二咖啡酰奎宁酸, 1,5-dicaffeoylquinic acid；6. 4 ,5-二咖啡酰奎宁酸, 4,5-dicaffeoylquinic acid

表 9-20　菊芋叶片中不同提取方法、不同萃取层 6 种酚酸的含量比较分析　（单位：mg/g）

样品	3-CQA	咖啡酸	3,4-DiCQA	3,5-DiCQA	1,5-DiCQA	4,5-DiCQA
CEA	5.97±0.04f	0.38±0.37d	1.15±0.05d	5.56±0.19c	0.71±0.12f	12.82±0.01d
CEB	6.45±0.38ef	0.13±0.15f	0.35±0.06f	1.09±0.07e	1.72±0.08d	4.34±0.16e
CEC	8.03±1.43d	0.39±0.18d	1.26±0.17d	2.66±0.56d	2.11±0.15cd	11.34±1.99d
PE	5.60±1.16f	0.23±0.24e	0.61±0.14e	1.31±0.32e	1.30±0.33de	2.79±0.62f
Chl	18.67±0.77c	0.78±0.74c	4.66±0.27bc	10.41±0.19b	11.18±1.96b	45.23±0.32b
EA	46.51±0.19b	5.92±1.26a	12.63±0.44a	22.46±1.34a	55.73±1.08a	123.87±0.96a
NB	76.09±0.37a	3.77±0.53b	5.53±0.78b	5.85±0.47c	10.14±1.74b	35.23±0.24c

注：表中数值均为三次测定的平均值±标准误，表内数字后不同字母表示在方差分析中差异显著（$P \leq 0.05$）；CE，粗提物；A，回流法；B，室温浸提法；C，减压回流法；PE，石油醚层；Chl，氯仿层；EA，乙酸乙酯层；NB，正丁醇层。

菊芋叶片活性物质的提取方法对菊芋叶片各酚酸含量测定的影响较大，南京农业大学海洋科学及其能源生物资源研究所菊芋研究小组通过对比试验发现，对于同一菊芋叶片样品，回流法、室温浸提法和减压回流法 3 种提取方法制备的粗提物各酚酸含量均不相同，减压回流法提取的粗提物中 3-*O*-咖啡酰奎宁酸（即绿原酸）含量显著高于其他两种方法。减压回流粗提物以 3-*O*-咖啡酰奎宁酸和 4,5-二咖啡酰奎宁酸含量为最高。

菊芋叶片各萃取层中，正丁醇的 3-*O*-咖啡酰奎宁酸（即绿原酸）含量明显高于其他各萃取层，可达 76.09 mg/g，占 6 种酚酸总含量的 55.70%。乙酸乙酯层中除绿原酸外的其他酚酸含量均为最高，这说明酚酸类物质主要集中在极性较大的萃取层中，这与 Yuan 等于 2012 年报道的研究结果一致，但各酚酸含量稍有差别，这可能是与菊芋品种、采摘时间和产地（即生态区域）的差异性有关。

精准吸取配制的各标准品溶液 0.1 μL、0.5 μL、1.0 μL、5.0 μL、10.0 μL、15.0 μL、

20 μL、25 μL 进样，各体积进样 3 次，根据峰面积 V（y 轴）和进样量（μg）（x 轴）绘制标准曲线，得到各标准品回归方程。结果表明：各化合物在其浓度范围内呈现良好的线性关系。标准品的回归方程、相关系数、线性范围及检出限（即信噪比 S/N=3）如表 9-21 所示。

表 9-21　标准品的回归方程、相关系数、线性范围和检出限

标准品	标准曲线	相关系数 R^2	线性范围/μg	检出限/μg
绿原酸	y=2958.8x+19.389	1.0000	0.043～4.3	0.019
咖啡酸	y=8523.8x+219.17	0.9999	0.012～5.8	0.010
3,4-二咖啡酰奎宁酸	y=3324.2x–3.8796	1.0000	0.024～2.4	0.015
3,5-二咖啡酰奎宁酸	y=4536.2x–0.7385	0.9999	0.016～1.6	0.012
1,5-二咖啡酰奎宁酸	y=6444.1x+47.599	1.0000	0.008～4.2	0.001
4,5-二咖啡酰奎宁酸	y=1442.9x+315.04	0.9995	0.036～18.0	0.016

在上述色谱条件下，分别测试日内和日间精密度：重复测定同一标准品溶液 6 次，进样量每次均为 10 μL，测得各峰面积 RSD 值分别为 3-咖啡酰奎宁酸 0.27%、咖啡酸 0.24%、3,4-二咖啡酰奎宁酸 1.09%、3,5-二咖啡酰奎宁酸 0.69%、1,5-二咖啡酰奎宁酸 0.51%、4,5-二咖啡酰奎宁酸 0.45%，表明仪器精密度和方法重现性良好；将各标准品重复连续测定 3 d，发现各种异绿原酸化合物均不稳定，因此试验中应避光、低温放置或现配现用。

将 6 种标准品分别加入已知含量或浓度的菊芋叶片提取物中，在上述色谱条件下测定其含量，并分别计算 6 种酚酸化合物的加标回收率，结果如表 9-22 所示。

表 9-22　6 种酚酸化合物的加标回收率

标准品	原测值/mg	加入量/mg	测得量/mg	加标回收率/%	平均值/%	RSD/%
3-CQA	0.95	0.43	1.37	99.28	99.61	0.37
		0.86	1.81	100.00		
		1.29	2.23	99.55		
咖啡酸	0.08	0.58	0.65	98.48	98.77	0.60
		1.16	1.22	98.39		
		1.74	1.81	99.45		
3,4-DiCQA	0.14	0.16	0.29	96.67	98.35	1.69
		0.32	0.46	100.00		
		0.48	0.61	98.39		
3,5-DiCQA	1.06	0.24	1.29	99.23	99.12	0.38
		0.48	1.52	98.70		
		0.72	1.77	99.44		

续表

标准品	原测值/mg	加入量/mg	测得量/mg	加标回收率/%	平均值/%	RSD/%
1,5-DiCQA	0.14	0.42	0.55	98.21	98.94	0.72
		0.84	0.97	98.98		
		1.26	1.395	99.64		
4,5-DiCQA	0.51	0.36	0.86	98.85	98.86	0.50
		0.72	1.21	98.37		
		1.08	1.58	99.37		

各测定化合物回收率平均值在 98.35%～99.61%，RSD 值在 0.37%～1.69%，表明方法准确性良好。

在对不同品种与不同时期菊芋叶片中化学成分的研究基础上，进一步对菊芋叶片中含量较高的 6 种酚酸类物质进行 HPLC 精确定量分析，以期进一步揭示植物与化合物以及病原真菌等外界环境的互作关系。

如图 9-51 所示，在所有菊芋品种叶片中咖啡酸的含量最低，绿原酸（3-CQA）与 4,5-二咖啡酰奎宁酸（4,5-DiCQA）的含量最高。南菊芋 1 号叶片各酚酸类物质的含量显著高于野生型菊芋叶片和青芋叶片各酚酸类物质的含量，尤其是其叶片中绿原酸、4,5-二咖啡酰奎宁酸和 3,5-二咖啡酰奎宁酸（3,5-DiCQA）的含量远高于野生型和青芋，因

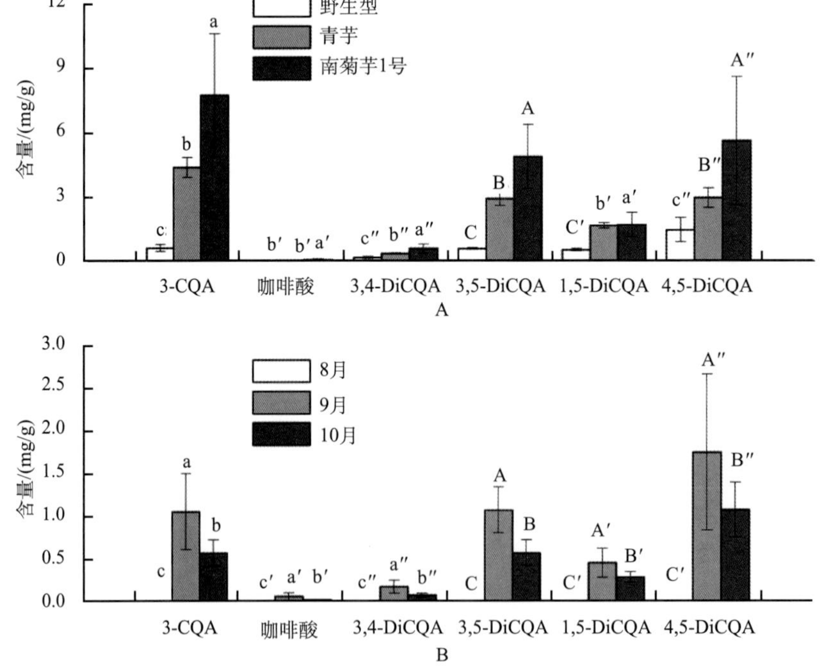

图 9-51　不同品种与不同时期菊芋叶片中各酚酸物质含量的比较

A，野生型、青芋和南菊芋 1 号；B，8 月现蕾期、9 月花期和 10 月块茎膨大期；含量以 mg/g 叶片干重计，数值以三次平均数±标准误表示，图中不同字母代表 Duncan 多重比较差异显著（$P \leqslant 0.05$）

此南菊芋 1 号可作为酚酸类物质开发和利用的重要资源。通过对不同生长时期（花期、现蕾期和块茎膨大期）南菊芋 1 号叶片中各酚酸类物质含量的比较，发现其花期叶片的 4,5-二咖啡酰奎宁酸和绿原酸含量最高，而且花期叶片的各种酚酸含量普遍高于现蕾期和块茎膨大期菊芋叶片各种酚酸含量，且差异极显著。

南京农业大学海洋科学及其能源生物资源研究所菊芋研究小组采用 HPLC-ESI-MS 以电喷雾离子源分析菊芋叶片中酚酸类物质，结果发现代表各酚酸类化合物的色谱峰在负离子模式下响应良好，这可能是酚酸类化合物在电喷雾离子化条件下易失去质子，生成负离子的原因[81-83]。

据以往的报道，绿原酸类物质（CGAs）是一类酯化的奎宁酸、咖啡酸或反式肉桂酸及其衍生物，如常见的 *p*-香豆酸和阿魏酸[71]。二级质谱 *m/z* 191、*m/z* 179 的离子碎片是该类奎宁酸或咖啡酸衍生物的特征离子碎片，分别对应去质子化的奎宁酸（[奎宁酸-H]$^-$）和咖啡酸（[咖啡酸-H]$^-$）片段[73]。根据这一信息，人们证实了其顺式异构体及其衍生物广泛存在于咖啡的叶片、黑心金光菊（*Rudbeckia hirta*）、无茎刺苞木（*Carlina acaulis*）、卷舌菊（*Symphyotrichum novae-angliae*）、马黛茶（*Ilex paraguariensis*）、菊芋和其他菊科植物的叶片中[84]。

关于菊芋叶片中主要酚酸类物质的 HPLC 定量分析，南京农业大学海洋科学及其能源生物资源研究所菊芋研究小组选择甲醇-1%甲酸-水溶剂洗脱体系，这与袁晓艳等[53]的研究结果一致。虽然选择 205 nm 为检测波长时，灵敏度更高，但是基线漂移严重，这可能跟梯度洗脱、溶剂背景值变化有关[85]。205 nm 是 C═C—C═C 共轭二烯烃结构的最大吸收波长[86]，利用大多数物质在此处有末端吸收的原理，可以检测如倍半萜等活性物质[87]。对不同的洗脱方式进行筛选比较，发现等度洗脱虽然准确，且基线平稳，但是可能存在分离度差和分离时间较长等缺点，线性或梯度洗脱广泛应用在 HPLC 色谱分析领域，不仅可以缩短分析时间，而且可以达到较好的分离效果[88]。

在对不同品种与不同时期菊芋叶片中化学成分的研究基础上，进一步对菊芋叶片中含量较高的 6 种酚酸类物质进行 HPLC 精确定量分析，为研究化合物在不同品种的植株体内以及不同时期的变化规律，进一步揭示植物与化合物以及病原真菌等外界环境的互作关系奠定了基础。

南菊芋 1 号叶片中酚酸类物质含量显著高于青芋和野生型菊芋叶片中的含量，具有重要的开发前景。酚酸类物质因其多重功效，目前已被广泛开发应用于包括医药等各个领域，另外该类物质在植物和生态系统中的交流与互作中起到至关重要的作用[89]。它们是植物次生代谢产物，遍布植物体各个部位，能有效地预防植物病害[90]、昆虫入侵[91-93]以及杂草滋生[89]。其抗逆、抗病虫害原理可能是酚酸类化合物作为关键信号分子激活植物自我保护机制，以响应外界环境的变化[94]。这些酚酸类物质含量的差异可能与绿原酸类物质的同分异构现象有关[95]，也可能是由于试验取材于菊芋不同的形态学部位（块茎、叶片或整株），导致其各类酚酸含量的测定结果有所差别[96]。然而，植株中各酚酸类物质含量可能受土壤类型、日照和降雨量等外界因素影响，以及各种栽培条件的制约[97]。南菊芋 1 号叶片中花期的各种酚酸含量远高于现蕾期和块茎膨大期，这可能跟植株的成熟度有关。

南京农业大学海洋科学及其能源生物资源研究所菊芋研究小组采用 HPLC-ESI-MS 在负离子全扫模式下对菊芋叶片粗提物进行 LC-MS 分析。分析了 15 种酚类化合物，通过对比各化合物保留时间（t_R）、紫外吸收光谱（UV λ_{max}）、质谱和二级质谱等信息，结合已知化合物信息或标准品信息，鉴定了其中 14 种，有 10 种属于绿原酸类（CGAs）化合物，包括 3 种绿原酸异构体、4 种二咖啡酰奎宁酸异构体、咖啡酸、*p*-香豆酰奎宁酸、阿魏酰奎宁酸，还有 4 种其他酚酸类化合物，分别是甲氧基取代的槲皮素-7-*O*-葡萄糖苷、咖啡酰葡萄糖、甲氧基取代的山柰酚-3-*O*-葡萄糖苷和山柰酚-3-*O*-葡萄糖苷，这 4 种化合物在菊芋叶片中是首次发现。

3）南菊芋 1 号叶片中主要单体化合物的结构鉴定

由于纯化得到的部分单体含量较少，南京农业大学海洋科学及其能源生物资源研究所菊芋研究小组主要对含量较多的几种 N03-1、N03-2、N08-1、N08-2、N08-3 等进行了结构鉴定。

N03-1 的结构鉴定，纯化后的 N03-1 纯度很高（图 9-52），其为白色粉末（溶于甲醇），熔点为 207～209℃；在 365 nm 紫外线灯下呈蓝色荧光，与三氯化铁-铁氰化钾反应显墨绿色，与溴甲酚绿反应呈黄色，表明该化合物是酚酸类物质。

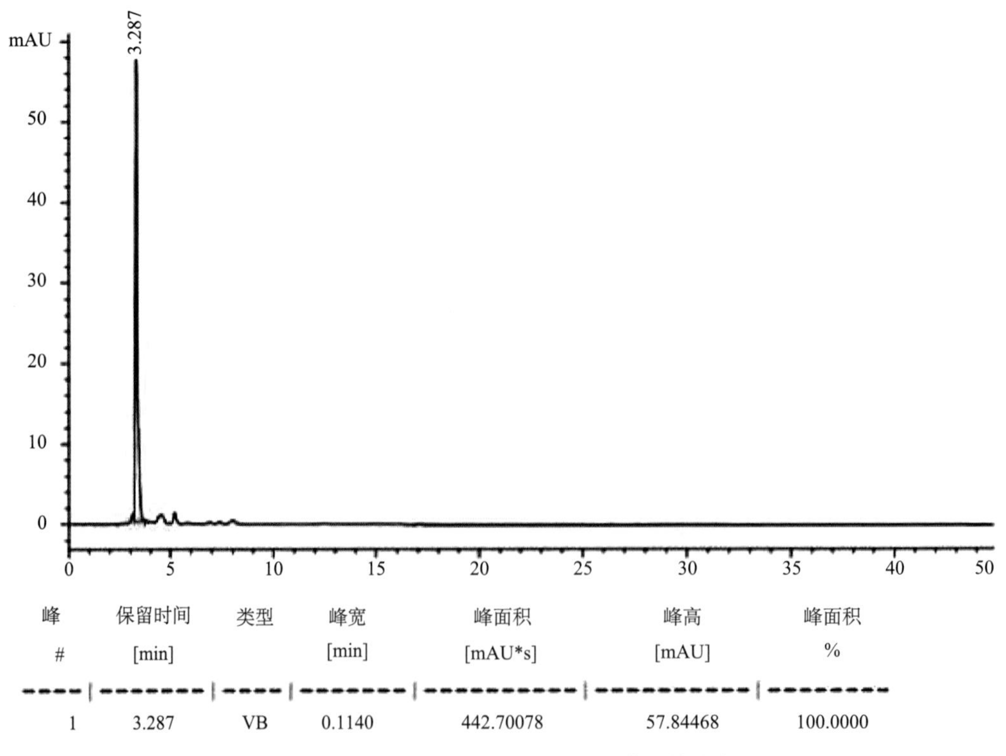

峰 #	保留时间 [min]	类型	峰宽 [min]	峰面积 [mAU*s]	峰高 [mAU]	峰面积 %
1	3.287	VB	0.1140	442.70078	57.84468	100.0000

图 9-52　纯化后的 N03-1 HPLC 图谱及其纯度

对其进行质谱分析如图 9-53 所示，ESI/MS *m*/*z*: 377.1$[M+Na]^+$，355.1$[M+H]^+$，163.1$[M+H-192]^+$，353.3$[M-H]^-$，191.1$[M-H-C_9H_6O_3]^-$，179$[M-H-C_7H_{10}O_5]^-$，161.2$[M-H-192]^-$，135.3$[M-H-C_7H_{10}O_5-CO_2]^-$，其分子量为 354，推测该化合物应由奎宁酸和咖啡酸基团组成。

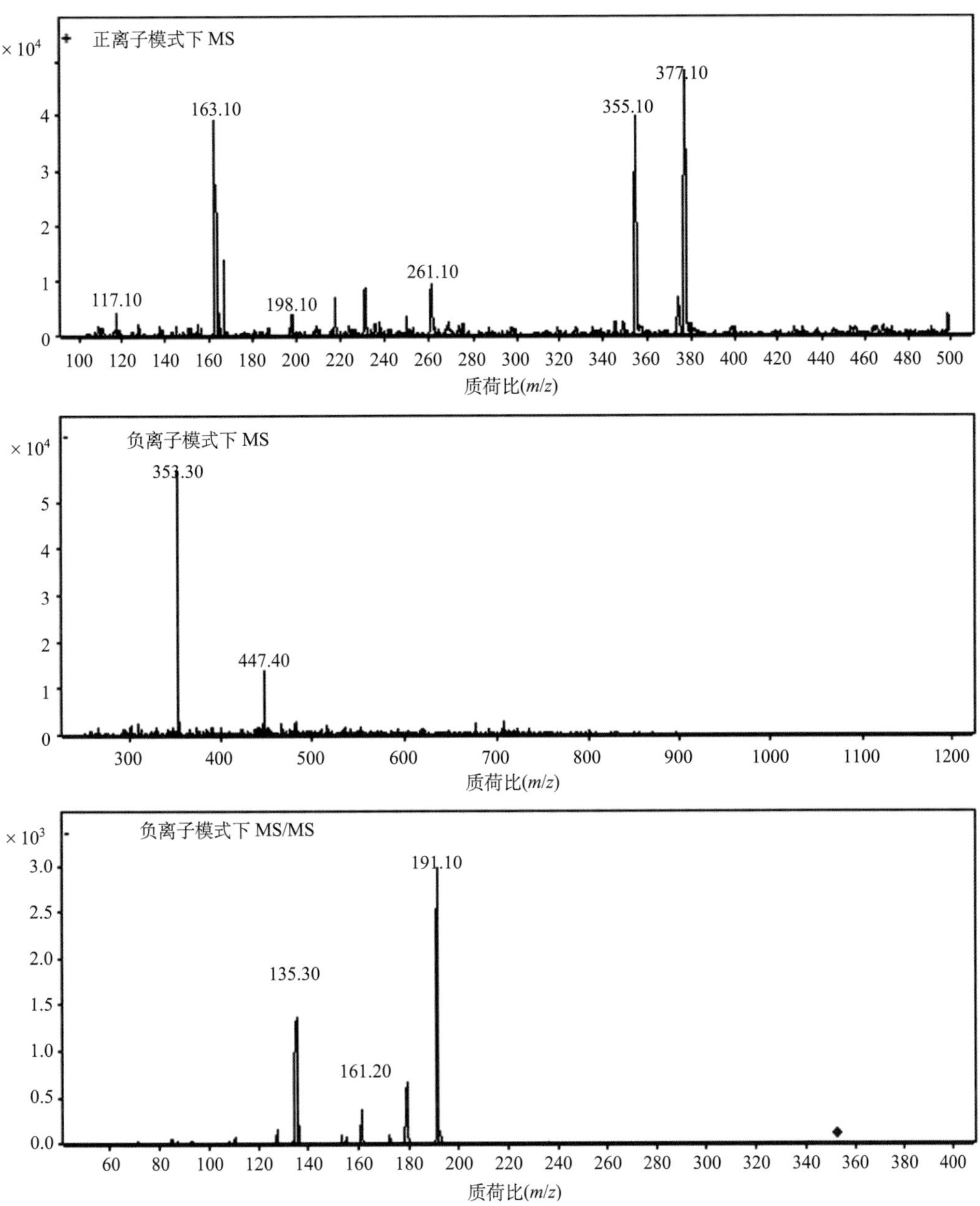

图 9-53　纯化后的 N03-1 正负离子模式下的 MS 图以及负离子模式下的 MS/MS 图谱

N03-1 氢谱信息如图 9-54 所示，^{1}H NMR（CD3OD，400 MHz）：δ 2.00～2.24（4H，m，H-2，6），3.73（1H，dd，J = 3.2，8.4 Hz，H-4），4.17（1H，dt，J = 2.0，4.8 Hz，H-3），5.35（1H，ddd，J=4.4，8.8，9.2Hz，H-5），6.27（1H，d，J = 16.0 Hz，H-8′），6.78（1H，d，J = 8.4 Hz，H-5′），6.96（1H，dd，J = 2.0，8.4 Hz，H-6′），7.04（1H，d，J = 2.0 Hz，H-2′），7.57（1H，d，J = 16.0 Hz，H-7′）。该化合物的理化性质与波谱数据同参考文献[67]中的绿原酸一致，且与绿原酸标准品比对，HPLC 情况一致，在 3 种溶剂

系统中的薄层色谱情况也一致，混合后熔点不下降，鉴定该 N03-1 化合物为绿原酸。

N03-2 的结构鉴定结果如图 9-55 所示，其纯度很高，为淡黄色粉末，易溶于甲醇和丙酮。与三氯化铁溶液反应呈灰绿色，与溴甲酚绿反应呈黄色，表明该物质可能为酚酸类化合物。

对 N03-2 进行质谱分析，如图 9-56 所示，ESI/MS *m/z*: 179.1 $[M-H]^-$、136.0 $[M-COO]^-$、107.9 $[M-COO-CO]^-$。其相对分子量为 180。

N03-2 氢谱信息如图 9-57 所示，^{1}H NMR（CD3OD，400 MHz）：δ6.78（1H，d，J = 8.4 Hz，H-5），6.94（1H，dd，J = 1.6，8.4 Hz，H-6），7.03（1H，d，J = 1.6 Hz，H-2），质子基本都出现在不饱和低场区，在苯环区有个 ABX 系统偶合的信号：提示苯环为 l,3,4 位-三取代。δ6.23（1H，d，J = 15.6 Hz，H-8），7.55（1H，d，J = 15.6 Hz，H-7），据有关文献报道，该信号表明化合物中可能存在一对反式偶合的烯氢，可能是 α，β 位与羰基共轭不饱和的烯氢质子。且与咖啡酸标准品比对，HPLC 情况一致，在 3 种溶剂系统中的薄层色谱情况 R_f 值也一致，且混合后熔点不下降，故鉴定该 N03-2 化合物为咖啡酸。

N08-1 的结构鉴定结果如图 9-58 所示，为白色晶体，易溶于甲醇，熔点为 236～237℃。在紫外线灯 365 nm 下呈现蓝色荧光，与三氯化铁甲醇溶液反应呈黄绿色，说明该化合物存在酚羟基。由图 9-58 可知，纯化后的 N08-1 纯度很高。

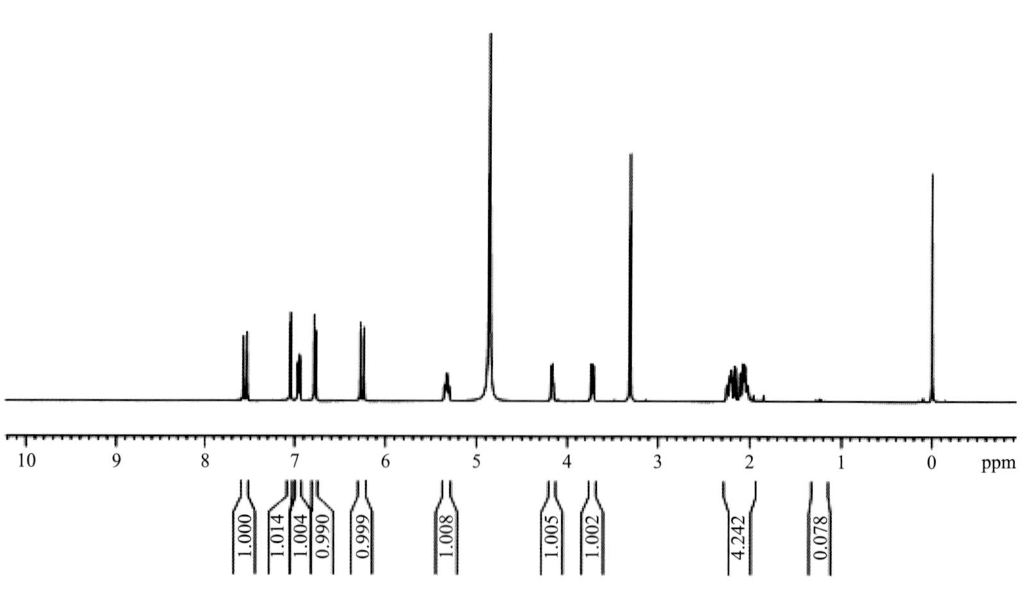

图 9-54　纯化后的 N03-1 氢谱图

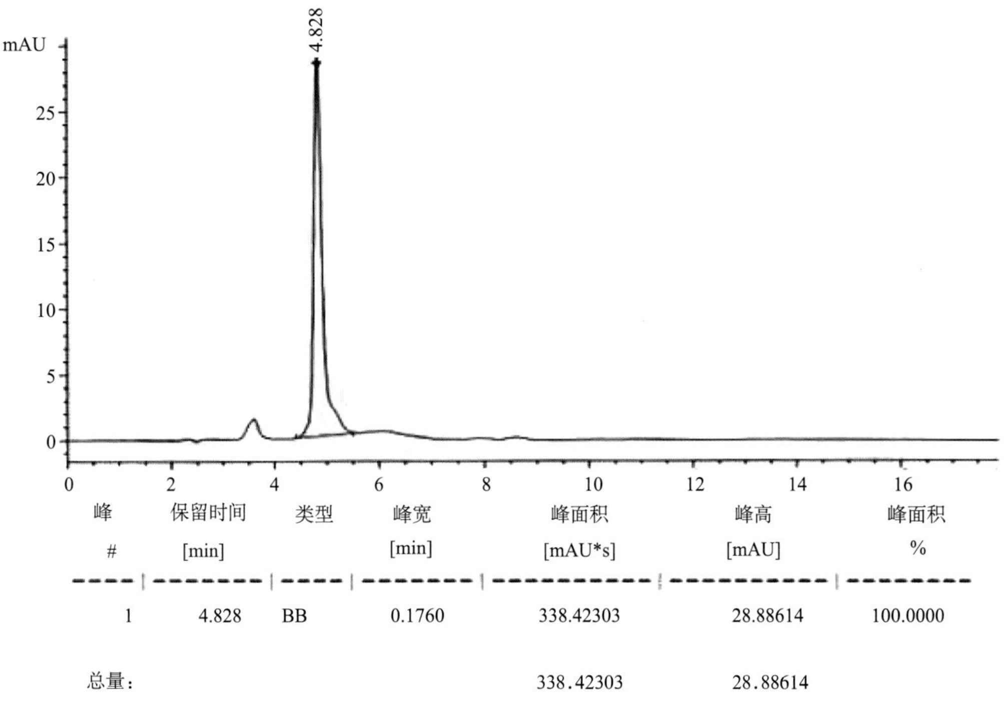

峰 #	保留时间 [min]	类型	峰宽 [min]	峰面积 [mAU*s]	峰高 [mAU]	峰面积 %
1	4.828	BB	0.1760	338.42303	28.88614	100.0000
总量：				338.42303	28.88614	

图 9-55　纯化后的 N03-2 HPLC 图谱及其纯度

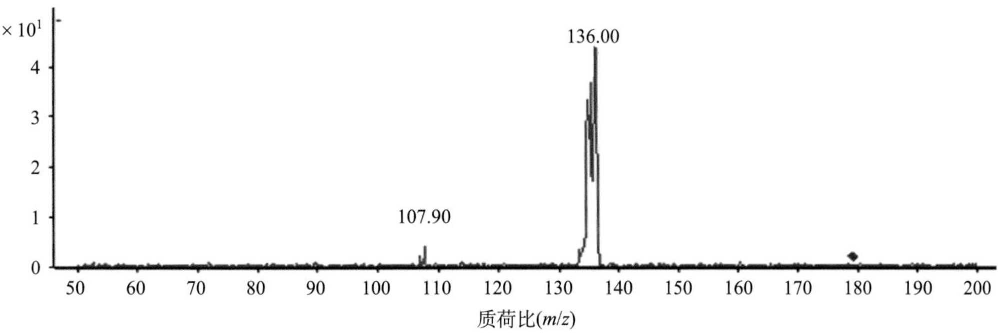

图 9-56　纯化后的 N03-2 的 MS/MS 图谱（负离子模式）

ESI/MS *m/z*: 515[M-H]$^-$、354.3[M-$C_9H_6O_3$]$^-$（[M-H-咖啡酰基]$^-$）、191.1 [M-H-2$C_9H_6O_3$]$^-$（[M-H-2 咖啡酰基]$^-$）、173.1[M-H-2$C_9H_6O_3$-H_2O]$^-$、135.0 [M-$C_7H_{10}O_5$-$C_9H_6O_3$-COOH]$^-$、179.0 [M-H-$C_9H_6O_3$-$C_7H_{10}O_5$]$^-$（图 9-59），推测 N08-1 化合物分子量为 516，属于咖啡酰奎宁酸的衍生物。

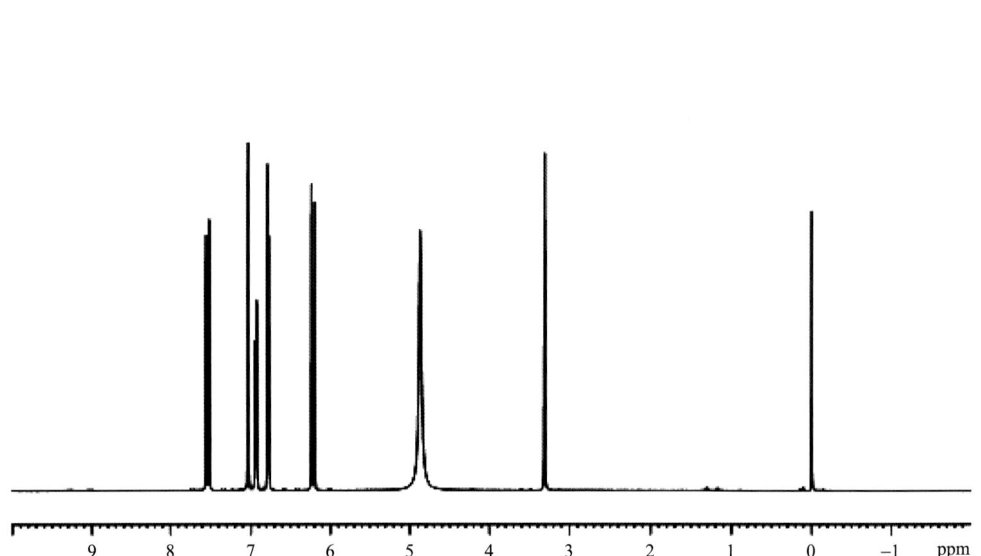

图 9-57　纯化后的 N03-2 氢谱图

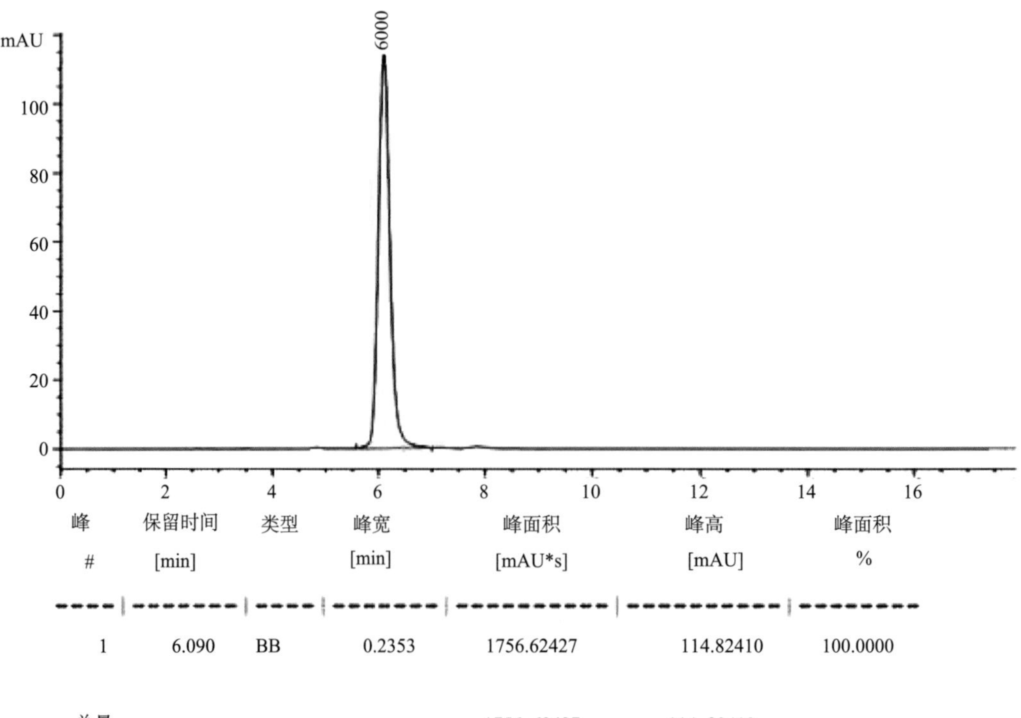

峰 #	保留时间 [min]	类型	峰宽 [min]	峰面积 [mAU*s]	峰高 [mAU]	峰面积 %
1	6.090	BB	0.2353	1756.62427	114.82410	100.0000

总量：　1756.62427　114.82410

图 9-58　纯化后的 N08-1 HPLC 图谱及其纯度

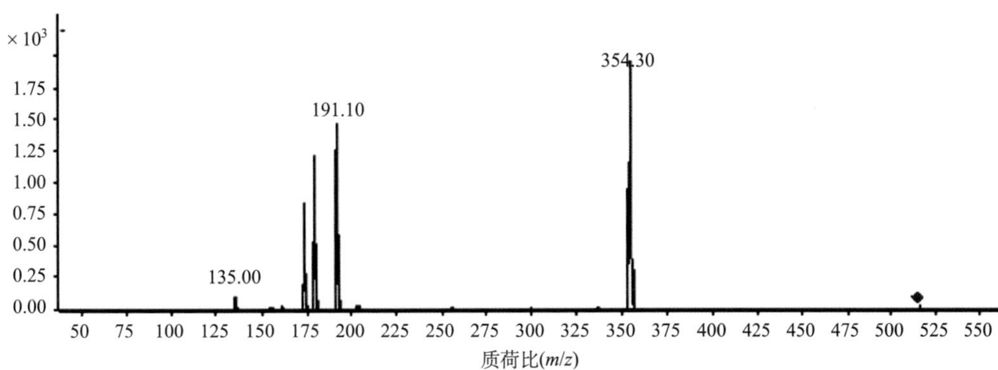

图 9-59　纯化后的 N08-1 的 MS/MS 图谱（负离子模式）

N08-1 氢谱信息如图 9-60 所示，^{1}H NMR（400 MHz，CD_3OD）：δ7.59，7.55（each lH，d，J=12.8 Hz，H-7′，H-7″），7.04，7.01（each 1H，d，J=1.6 Hz，H-2′，H-2″），6.93，6.88（each 1H，dd，J= 1.6，8.4 Hz，H-6′，H-6″），6.78，6.73（each 1H，d，J=8.4 Hz，H-5′，H-5″），6.30，6.26（each 1H，d，J= 12.8 Hz，H-8′，H-8″），表示 N08-1 分子结构中有两个咖啡酰基的质子信号，5.64（1H，m，H-3），4.38（1H，m，H-5），2.34（1H，m，H_{eq}-6），2.21（2H，m，H-2），2.12（1H，m，H_{ax}-6）。另外对照 3,4-二咖啡酰奎宁酸进行 HPLC 和 TLC 检测，t_R 和 R_f 值均一致，且混合后熔点不下降，故鉴定该 N08-1 化合物为 3,4-二咖啡酰奎宁酸。

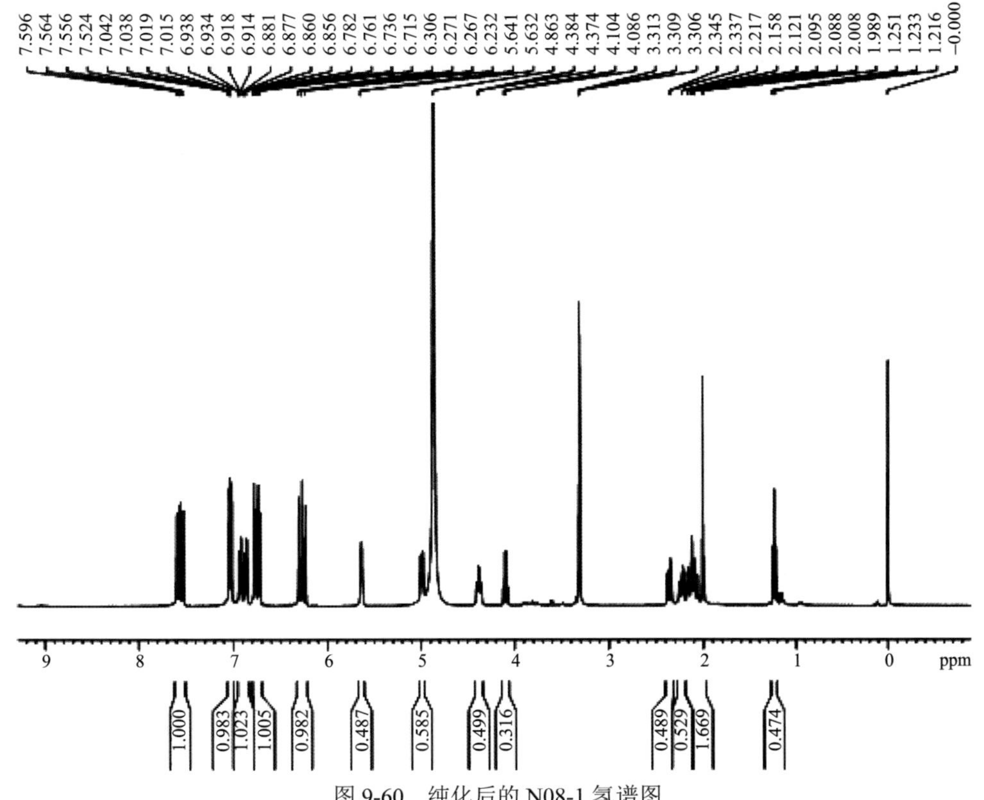

图 9-60　纯化后的 N08-1 氢谱图

N08-2 的结构鉴定结果如图 9-61 所示，为白色粉末，易溶于甲醇，熔点为 138～140.5℃。在紫外灯 365 nm 下呈现蓝色荧光，与三氯化铁甲醇溶液反应呈黄绿色，说明该化合物存在酚羟基。由图 9-61 可知，纯化后的 N08-2 纯度很高。

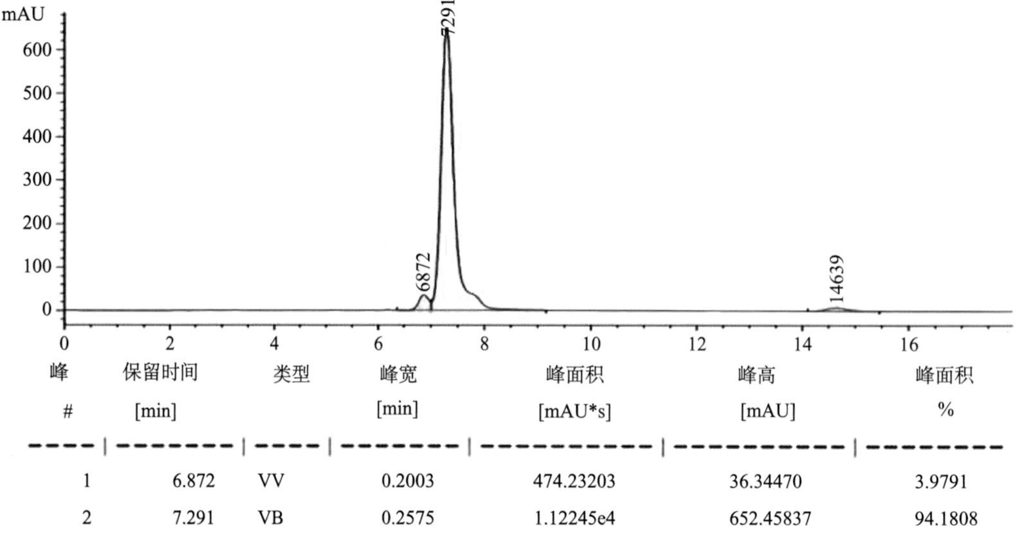

峰 #	保留时间 [min]	类型	峰宽 [min]	峰面积 [mAU*s]	峰高 [mAU]	峰面积 %
1	6.872	VV	0.2003	474.23203	36.34470	3.9791
2	7.291	VB	0.2575	1.12245e4	652.45837	94.1808

图 9-61　纯化后的 N08-2 HPLC 图谱及其纯度

ESI/MS *m/z*: 515 [M-H]$^-$、354.1 [M-$C_9H_6O_3$]$^-$（[M-H-咖啡酰基]$^-$）、191.2 [M-H-2$C_9H_6O_3$]$^-$（[M-H-2 咖啡酰基]$^-$）（图 9-62），推测该化合物分子量为 516，属于咖啡酰奎宁酸的衍生物。

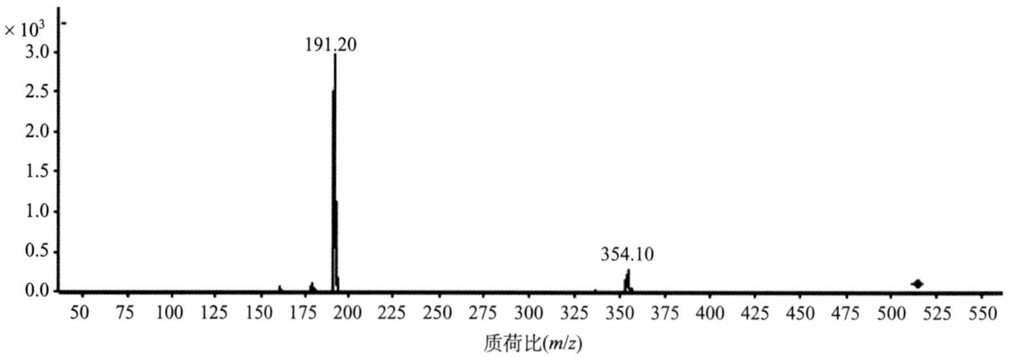

图 9-62　纯化后的 N08-2 的 MS/MS 图谱（负离子模式）

N08-2 氢谱信息如图 9-63 所示，^{1}H NMR（CD_3OD，400 MHz）：δ 2.11～2.34（4H，m，H-2，6），3.99（1H，dd，J = 3.2，7.2 Hz，H-4），5.38～5.45（2H，m，H-3，5），6.79（2H，d，J = 8 Hz，H-5′，5″），6.98（2H，d，J = 2.1，8 Hz，H-6′，6″），7.05，7.06（1H each，d，J = 2.1 Hz，H-2′，2″），表明 N08-2 分子结构中有两个咖啡酰基的质子信号，7.55，7.61（1H each，d，J = 16 Hz，H-7′，7″），6.28，6.37（1H each，J = 16 Hz，

H-8′, 8″）表明可能存在 2 组 AB 型反式烯质子。另外，对照 3,5-二咖啡酰奎宁酸进行 HPLC 和 TLC 检测，t_R 和 R_f 值均一致，且混合后熔点不下降，故鉴定该 N08-2 化合物为 3,5-二咖啡酰奎宁酸。

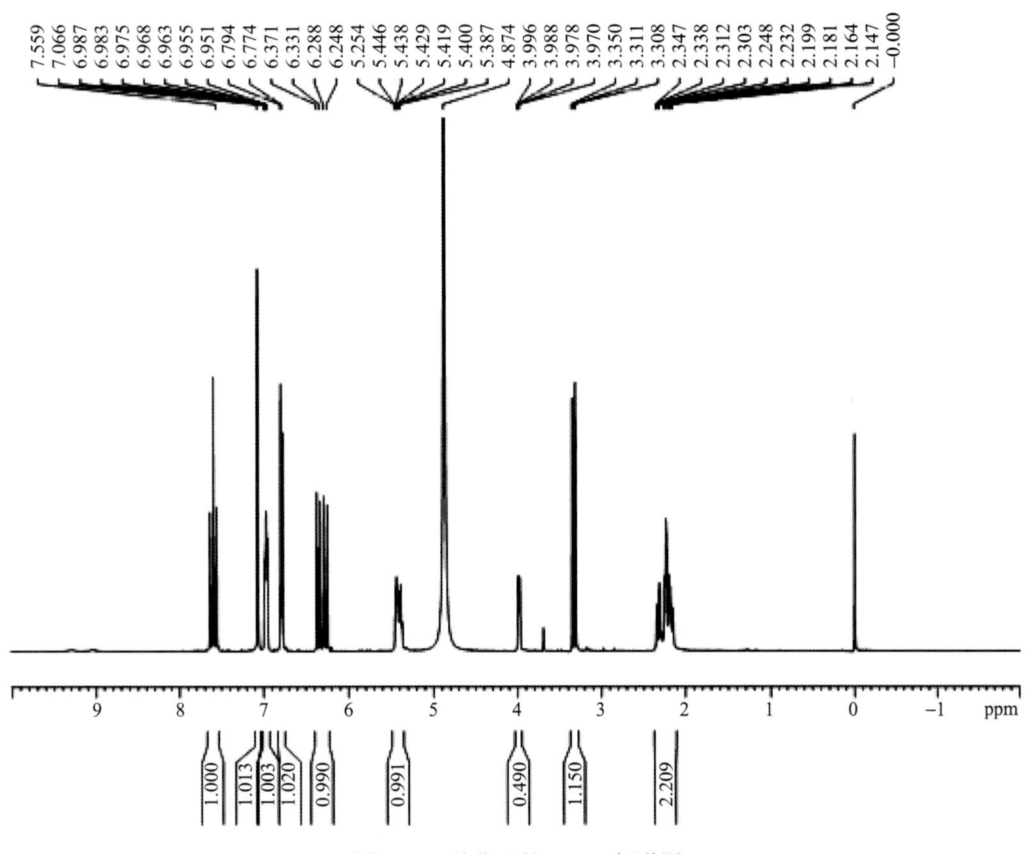

图 9-63　纯化后的 N08-2 氢谱图

N08-3 的结构鉴定如图 9-64 所示，为白色晶体，能溶于甲醇和丙酮。在紫外线灯 365 nm 下呈现蓝色荧光，与三氯化铁甲醇溶液反应呈黄绿色，说明该化合物存在酚羟基。纯化后的 N08-3 纯度很高。

南菊芋 1 号叶片其他化合物的波谱解析、结构解析和抑菌活性正在进一步研究中。C01-1 为黄色油状物，易溶于氯仿或丙酮，难溶于水和甲醇，属于极性小的化合物，对辣椒疫霉病菌的 EC_{50} 约为 0.18 g/L。根据质谱图推测 C06-1 的分子量为 245，C05-1 的分子量为 380，N07-1 的分子量为 263。N03-4 和 N03-5 为白色粉末，易溶于甲醇，在紫外线灯下呈现蓝色荧光，与三氯化铁甲醇溶液反应呈黄绿色，说明这两种化合物存在酚羟基，N03-4 的分子量为 338，N03-5 的分子量为 348。N03-3 为白色片状晶体，易溶于水和甲醇，在紫外线灯下呈蓝色荧光，与三氯化铁甲醇溶液反应呈黄绿色。

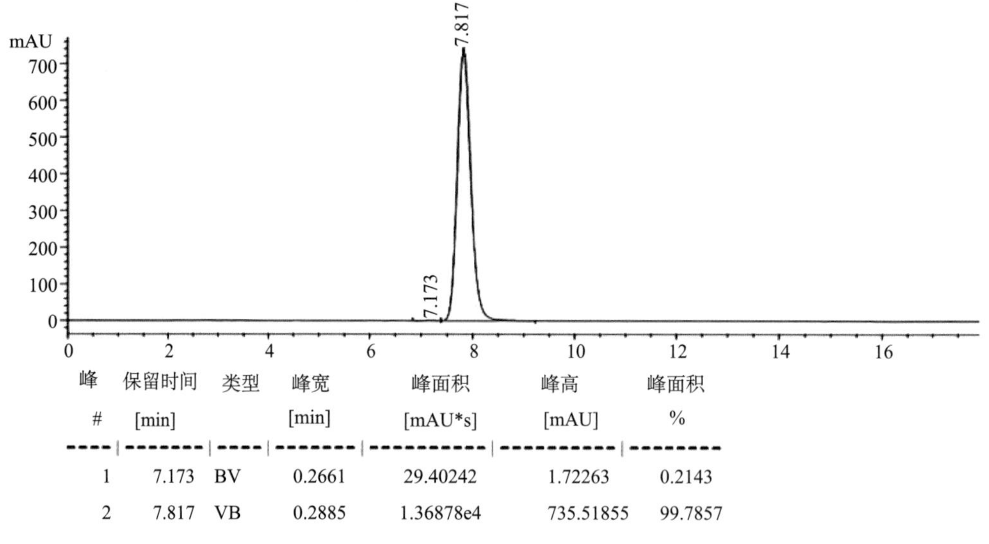

峰 #	保留时间 [min]	类型	峰宽 [min]	峰面积 [mAU*s]	峰高 [mAU]	峰面积 %
1	7.173	BV	0.2661	29.40242	1.72263	0.2143
2	7.817	VB	0.2885	1.36878e4	735.51855	99.7857

图 9-64　纯化后的 N08-3 HPLC 图谱及其纯度

在对菊芋叶片粗提物抑菌活性研究的基础上[98, 99]，南京农业大学海洋科学及其能源生物资源研究所菊芋研究小组首次采用生物活性追踪的方法，从菊芋叶片粗提物中筛选具有抑菌活性的单体化合物。生物活性筛选方法是指导活性物质分离纯化的关键环节，目前被广泛应用在如杀菌剂[100]、抗氧化[101]和抗肿瘤物质[102]的筛选中。传统的抑菌活性筛选方法如生长速率法、孢子萌发法等，已经不能满足抑菌活性物质快速、微量开发的要求，一些快速筛选方法，如近年来的生物自显影技术、高通量筛选技术等被广泛应用于植物抑菌活性物质的筛选中，Ackermann 等甚至建立了一种能够实现在线定性、组分收集和生物活性评价的方法，将高效液相色谱、质谱、自动馏分收集器串联起来，以达到快速筛选活性物质的目的[103]。Tabanca 等从土耳其茴芹中采用生物自显影法筛选出了一种新的苯丙素类化合物和一种新的倍半萜烯化合物可抑制多种植物病原真菌[104]。Emile 等采用生物自显影技术从飞机草中可以快速分离到抑制新型隐球菌和酿酒酵母的生物碱[105]。Soković 等采用高通量生物活性筛选法研究了百里香和薄荷挥发油对 17 种病原菌的抑制活性[106]。南京农业大学海洋科学及其能源生物资源研究所菊芋研究小组采用生物自显影法筛选正丁醇层中抑菌活性高的活性物质，具有快速、简便、样品用量少的特点。

南京农业大学海洋科学及其能源生物资源研究所菊芋研究小组发现，菊芋叶片正丁醇浸提液中酚酸类物质含量很高，而根据生物活性追踪试验，推测这些酚酸类物质可能是菊芋叶片中抑菌的主要成分，但具体是哪一种活性成分起主要作用，还是某些酚酸类物质协同作用的结果？是单体抑菌活性好，还是粗提物效果更好呢？天然产物分离过程经常会出现样品纯度越高，活性反而越低的问题，这可能是由于分离手段的限制，一些微量的活性成分被漏筛，还可能是因为这些活性物质之间存在拮抗、相加或增效的作用，如 pipercide、guineensine 和 dihydropipercide 3 种胡椒酰胺对绿豆象的毒力，3 者按 1∶1∶1 配比最佳[107]。为解决上述问题，南京农业大学海洋科学及其能源生物资源研究所菊芋研究小组将在第 10 章中阐述南菊芋 1 号叶片中分离获得的各单体化合物的抑菌活性，以及抑菌活性与各化合物单体、各类活性成分的相关性。

结合生物活性追踪试验，包括生长速率法和生物自显影法，筛选菊芋叶片中抑菌活性较好的正丁醇层中活性物质，通过柱层析（AB-8 柱、聚酰胺柱、ODS 柱、Toyopearl HW-40 凝胶柱）和制备液相色谱分离得到 10 种化合物，通过 HPLC-ESI-MS、^{1}H-NMR 结合化学性质和标准品对照，鉴定了 6 种化合物为已知酚酸类物质，分别是绿原酸、咖啡酸和 4 种二咖啡酰奎宁酸的同分异构体，另外还有 4 种需要进一步进行结构解析。

采用硅胶柱层析、Sephadex LH-20 凝胶柱层析等手段对氯仿层活性物质进行分离纯化，得到了 4 种活性成分，其抑菌活性和结构解析尚需进一步研究。

9.2　菊芋秸秆的化学成分

菊芋的秸秆是其重要的生物产量，其利用程度直接关系到菊芋产业链的构建，国外研究的关于菊芋秸秆的化学成分列于表 9-23，主要为一些矿物元素与纤维物质。

表 9-23　菊芋叶、秆的化学成分[110]

植物部分	叶片	秸秆
干物质/（g/kg DM）	210	333
粗蛋白/（g/kg DM）	128	14
中性纤维/（g/kg DM）	238	292
酸性纤维/（g/kg DM）	218	261
木质素/（g/kg DM）	33	65
钙/（g/kg DM）	24.8	3.2
磷/（g/kg DM）	3.4	0.7
镁/（g/kg DM）	6.9	0.6
钾/（g/kg DM）	36	7
钠/（mg/kg DM）	70	40
铜/（mg/kg DM）	12.9	2.3
锌/（mg/kg DM）	69	44
铁/（mg/kg DM）	80	<10
锰/（mg/kg DM）	58	11

9.2.1　菊芋秸秆的糖分

菊芋地上茎或秸秆含有菊粉、低聚果糖和其他糖（主要是果糖）。茎比叶含有更多的结构性碳水化合物（纤维素和半纤维素）、果聚糖和其他低分子量的糖，除了果糖，在叶和茎中发现的糖主要是葡萄糖和一些蔗糖、木糖、半乳糖、甘露糖、阿拉伯糖和鼠李糖[108]。茎中的菊粉从顶部到底部逐渐增加。在含木质素的组织中，茎的中部更容易发现高聚合度的菊粉，而在茎的基部低聚合度的分子更普遍。Strepkov 在秋季成熟茎中分离到含 4、

6、8 或 12 个亚基的菊粉[109]。Rashchenko 也指出花芽中存在菊粉[8]。

南京农业大学海洋科学及其能源生物资源研究所菊芋研究小组对不同菊芋品种、不同种植地区与不同生长阶段菊芋茎秆中糖的组分、含量等进行比较，发现茎秆中各组分糖的含量变幅较大，茎秆作为菊芋叶片光合产物向地下块茎运输的通道，研究菊芋茎秆糖分的时空异质性对调控菊芋植株中碳的分配很有意义。2015 年同时在江苏大丰南京农业大学 863 中试基地与海南乐东南京农业大学（海南）滩涂农业研究所进行菊芋比较栽培试验，揭示了菊芋茎秆糖组分动态变化规律。如图 9-65A 所示，江苏大丰南菊芋 1 号（N1）茎秆的总糖含量呈先下降后上升的趋势，6 月的总糖含量最低，而至 10 月总糖含量达最高值，为 6 月茎秆中总糖量的 2 倍以上；而在海南，南菊芋 1 号茎秆中在 6 月总糖含量达到最高。故在江苏大丰南菊芋 1 号收获过早糖分有很大部分在茎秆中而影响块茎产量；而在海南，7 月之后即可收获。青芋 2 号茎秆中总糖含量在大丰变化不大，在海南同南菊芋 1 号的变化趋势相似（图 9-65B）。

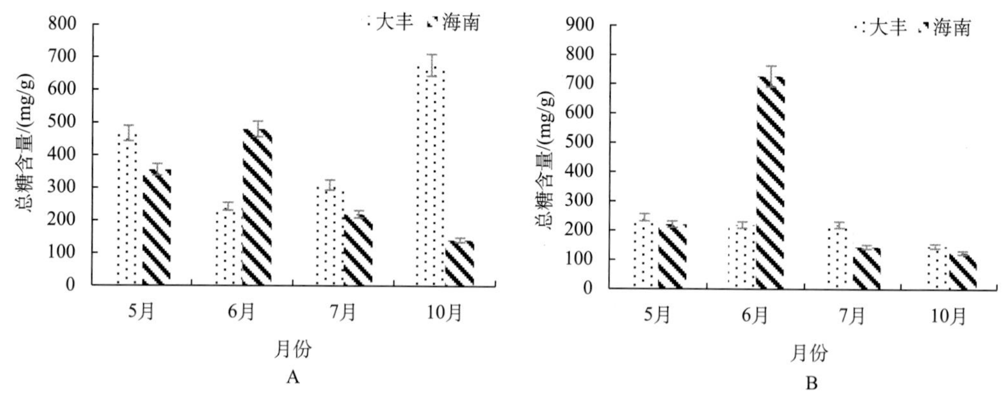

图 9-65　不同气候带下不同时期的南菊芋 1 号（A）和青芋 2 号（B）茎的总糖含量

如图 9-66A 所示，江苏大丰南菊芋 1 号（N1）茎秆的还原糖含量呈先上升后缓慢下降的趋势，7 月的还原糖含量最高，为 77.59 mg/g；海南乐东南菊芋 1 号（N1）茎秆的还原糖含量没有明显的上升下降趋势，趋于平缓。如图 9-66B 所示，江苏大丰青芋 2 号（Q2）茎秆的还原糖含量先上升后下降，7 月最高，为 44.69 mg/g；海南乐东青芋 2 号（Q2）茎秆的还原糖含量呈很缓慢的下降趋势，10 月最低，为 24.26 mg/g。

如图 9-67A 所示，江苏大丰南菊芋 1 号（N1）茎秆的果糖含量无明显的上升下降趋势；海南乐东南菊芋 1 号（N1）茎秆的果糖含量先上升后趋于平缓，6 月达到最高，为 2.66 mg/g。如图 9-67B 所示，江苏大丰青芋 2 号（Q2）茎秆的果糖含量也无明显的上升下降趋势；海南乐东青芋 2 号（Q2）茎秆的果糖含量先上升后趋于平缓，10 月达到最高，为 2.66 mg/g。

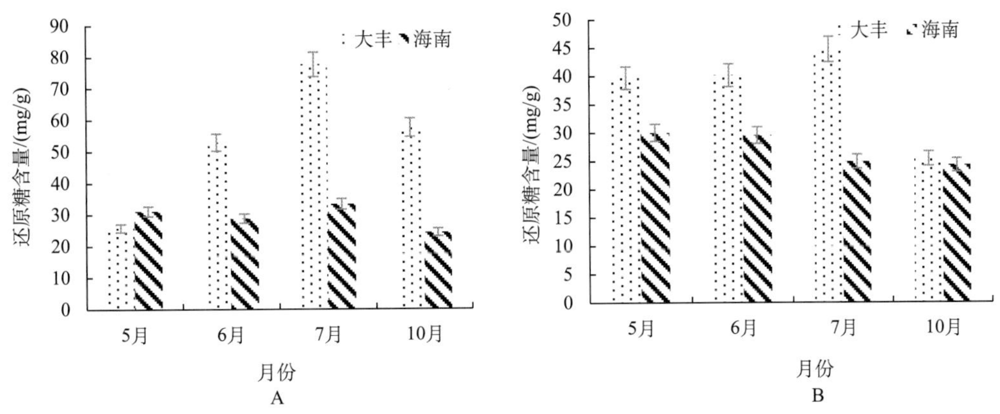

图 9-66　不同气候带下不同时期的南菊芋 1 号（A）和青芋 2 号（B）茎的还原糖含量

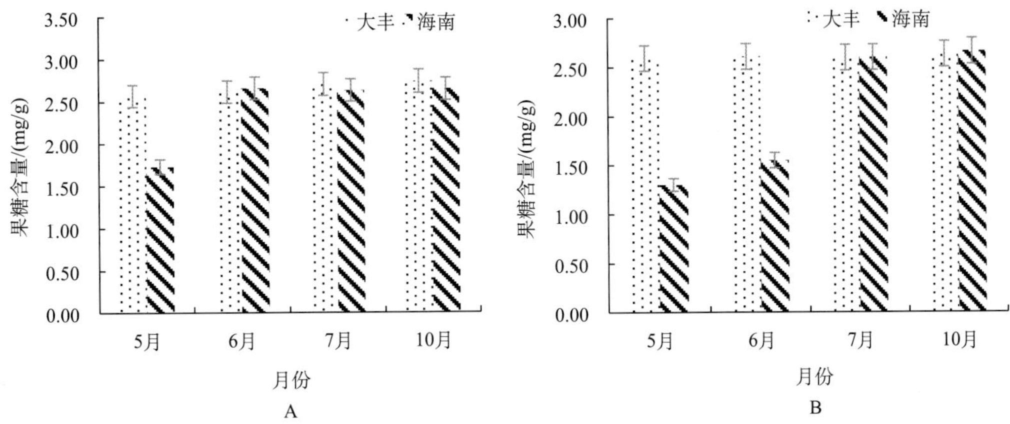

图 9-67　不同气候带下不同时期的南菊芋 1 号（A）和青芋 2 号（B）茎的果糖含量

如图 9-68A 所示，江苏大丰南菊芋 1 号（N1）茎秆的葡萄糖含量无明显的上升下降趋势；海南乐东南菊芋 1 号（N1）茎秆的葡萄糖含量先降低后升高后趋于平缓，6 月最

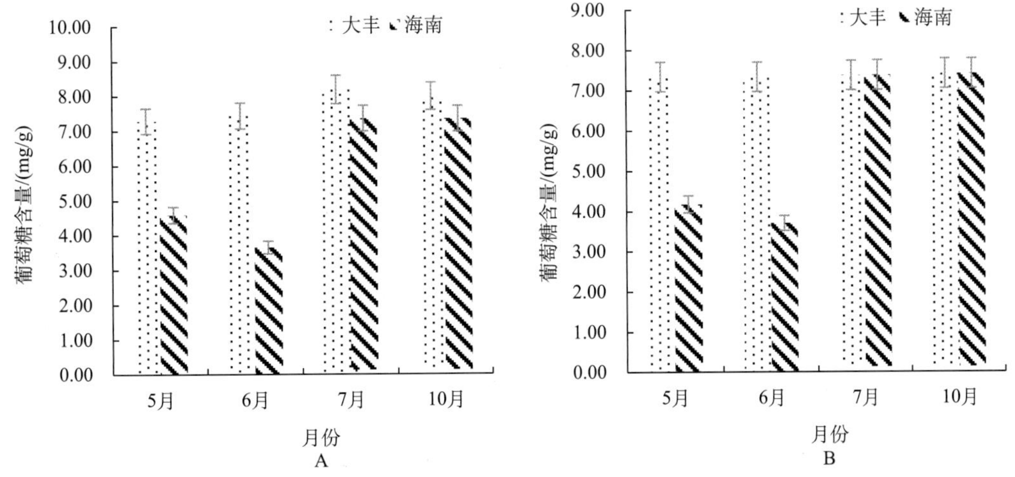

图 9-68　不同气候带下不同时期的南菊芋 1 号（A）和青芋 2 号（B）茎的葡萄糖含量

低，为 3.65 mg/g，7 月最高，为 7.36 mg/g。如图 9-68B 所示，江苏大丰青芋 2 号（Q2）茎秆的葡萄糖含量也无明显的上升下降趋势；海南乐东青芋 2 号（Q2）茎秆的葡萄糖含量先上升后趋于平缓，10 月达到最高，为 7.39 mg/g。

如图 9-69A 所示，江苏大丰南菊芋 1 号（N1）茎秆的蔗糖含量无明显的上升下降趋势；海南乐东南菊芋 1 号(N1)茎秆的蔗糖含量先升高后趋于平缓，6 月最高，为 1.78 mg/g。如图 9-69B 所示，江苏大丰青芋 2 号（Q2）茎秆的蔗糖含量也无明显的上升下降趋势；海南乐东青芋 2 号(Q2)茎秆的蔗糖含量先上升后趋于平缓，10 月达到最高，为 1.59 mg/g。

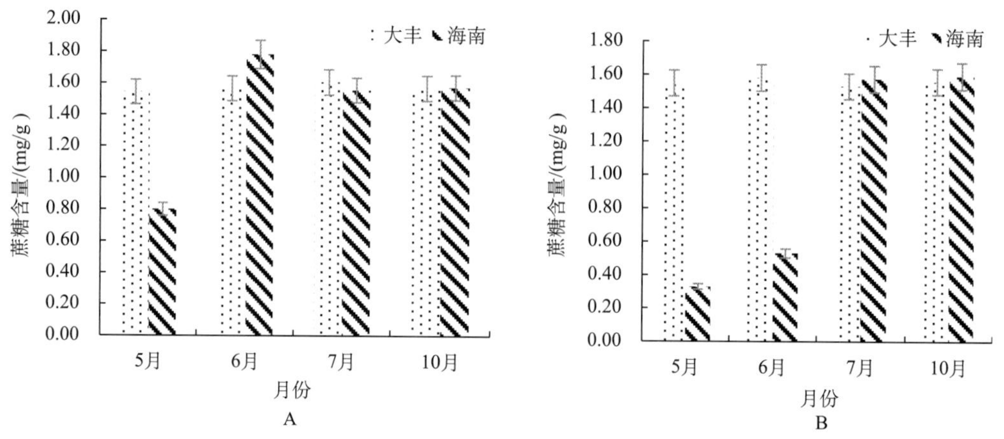

图 9-69　不同气候带下不同时期的南菊芋 1 号（A）和青芋 2 号（B）茎的蔗糖含量

如图 9-70A 所示，江苏大丰南菊芋 1 号（N1）茎秆的蔗果三糖含量无明显的上升下降趋势；海南乐东南菊芋 1 号（N1）茎秆的蔗果三糖含量先趋于平缓后明显下降，5 月最高，为 3.96 mg/g。如图 9-70B 所示，江苏大丰青芋 2 号（Q2）茎秆的蔗果三糖含量也无明显的上升下降趋势；海南乐东青芋 2 号（Q2）茎秆的蔗果三糖含量呈下降趋势，5 月最高，为 3.99 mg/g。

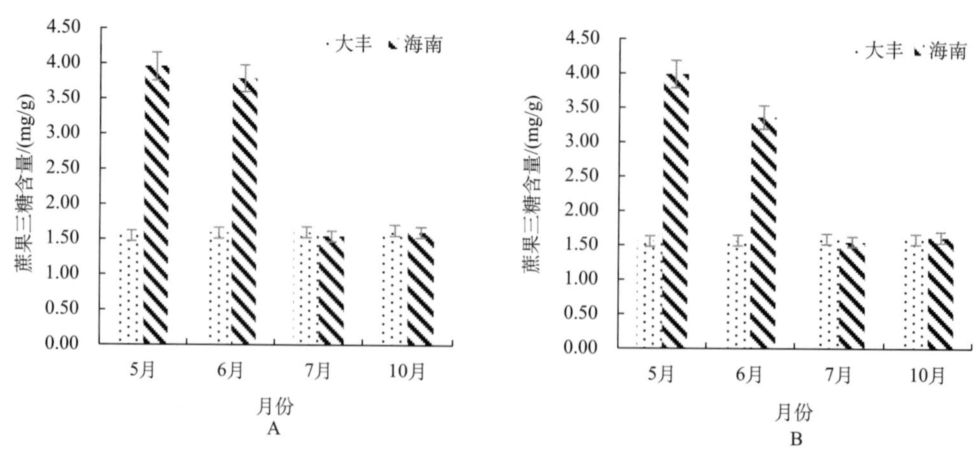

图 9-70　不同气候带下不同时期的南菊芋 1 号（A）和青芋 2 号（B）茎的蔗果三糖含量

如图 9-71A 所示，江苏大丰南菊芋 1 号（N1）茎秆的蔗果四糖含量无明显的上升下降趋势；海南乐东南菊芋 1 号（N1）茎秆的蔗果四糖含量先下降后趋于平缓，7 月最低，为 2.76 mg/g。如图 9-71B 所示，江苏大丰青芋 2 号（Q2）茎秆的蔗果四糖含量无明显的上升下降趋势；海南乐东青芋 2 号（Q2）茎秆的蔗果四糖含量呈下降趋势，7 月达到最低，为 2.77 mg/g。

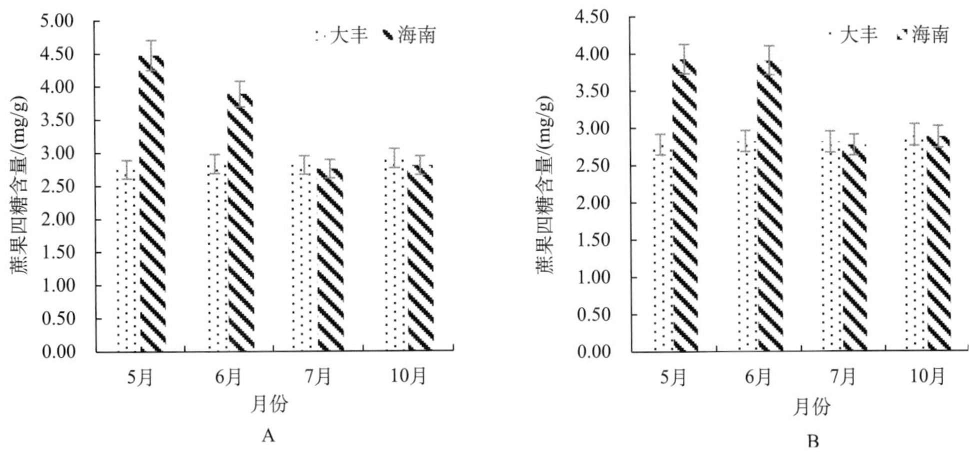

图 9-71　不同气候带下不同时期的南菊芋 1 号（A）和青芋 2 号（B）茎的蔗果四糖含量

如图 9-72A 所示，江苏大丰南菊芋 1 号（N1）茎秆的蔗果五糖含量无明显的上升下降趋势；海南乐东南菊芋 1 号（N1）茎秆的蔗果五糖含量呈下降趋势。如图 9-72B 所示，江苏大丰青芋 2 号（Q2）茎秆的蔗果五糖含量无明显的上升下降趋势；海南乐东青芋 2 号（Q2）茎秆的蔗果五糖含量先下降后趋于平缓，7 月最低，为 2.93 mg/g。

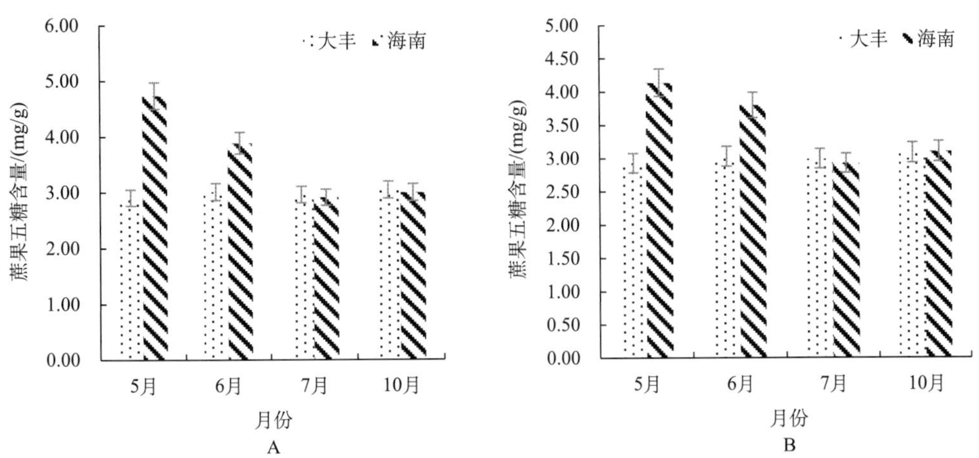

图 9-72　不同气候带下不同时期的南菊芋 1 号（A）和青芋 2 号（B）茎的蔗果五糖含量

9.2.2　菊芋秸秆的纤维素与木质素

菊芋茎秆中的木质素普遍比叶中的高，但 Malmberg 和 Theander 发现可能发生扭转，纤维馏分趋向在茎中较高[108]。为了探索菊芋秸秆的综合利用方向，对菊芋秸秆的形态特征进行了观察（图 9-73，图 9-74）。

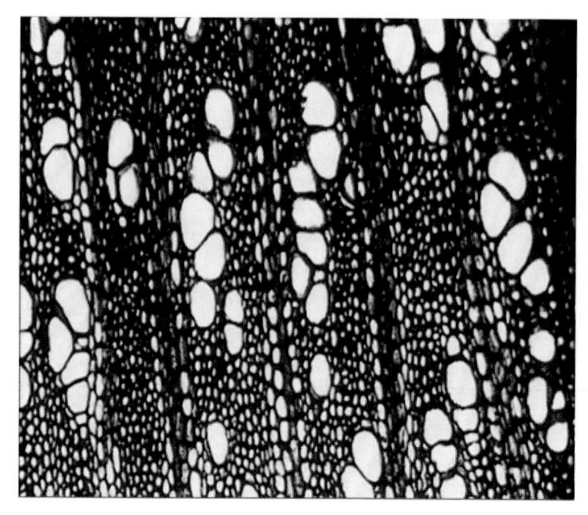

图 9-73　菊芋秸秆横切面图

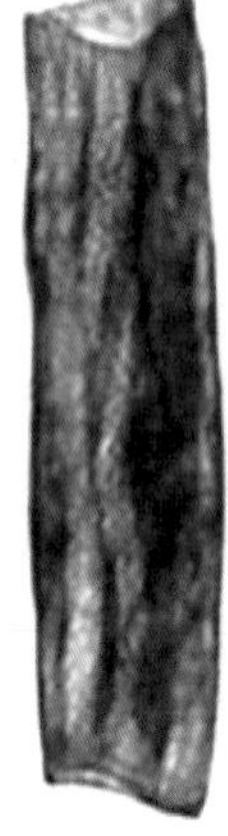

图 9-74　菊芋秸秆纤维形态特征图

将菊芋秸秆的木质部的构成与阔叶树构树的木质部进行了比较，发现菊芋秸秆具有同构树木质部相似的组分（表 9-24）。

表 9-24　菊芋秸秆与阔叶树构树木质部构成的比较（%）

组分	菊芋秸秆	构树
水分	8.69	5.40
灰分	3.33	1.32
冷水抽出物	19.30	8.63
热水抽出物	20.52	10.35
1.0% NaOH 抽出物	39.10	26.50
苯醇抽出物	2.75	1.31
聚戊糖	16.08	21.64
Klason 木质素	18.44	18.07
总纤维素	62.39	73.09

同时比较了菊芋秸秆的纤维素与构树的纤维素特征，发现其纤维完全可与构树的纤维媲美（表 9-25）。

表 9-25　菊芋秸秆与构树纤维素的比较

测定项目		菊芋秸秆	人工构树木质部
纤维长度/mm	平均值	0.72	0.58
	最大值	2.21	0.98
	最小值	0.22	0.29
	一般范围	0.35～0.95	0.42～0.75
纤维宽度/μm	平均值	22.56	26.19
	最大值	43.86	48.20
	最小值	14.93	8.26
	一般范围	18.83～28.20	15.89～30.21
长宽比		32	22

南京农业大学海洋科学及其能源生物资源研究所菊芋研究小组对菊芋秸秆固体成型燃料成品与其他植物秸秆相比较，发现其优势十分明显（表 9-26）。菊芋秸秆固体成型燃料成品燃点远低于玉米秸秆与大豆秸秆固体成型燃料成品的燃点，而其放热量又大大高于其他两产品。

表 9-26　菊芋秸秆固体成型燃料成品与其他植物秸秆性质的比较

秸秆类型	燃点（n=6）/℃	放热量/（J/g）
菊芋秸秆	238.2±4.7c	18460.0±816.8a
玉米秸秆	254.8±9.3b	15686.3±668.0b
大豆秸秆	283.3±3.2a	15866.0±974.0b

9.2.3　菊芋秸秆的其他营养物质

菊芋秸秆的其他营养物质主要是矿物质钾、钠、钙、镁、氮和磷。这些营养元素在菊芋茎中含量变化较大，南京农业大学海洋科学及其能源生物资源研究所菊芋研究小组在对南菊芋 1 号多年的大田栽培样株检测时发现，在江苏与山东沿海地区，其茎秆中相关营养物质含量如下：

全氮含量约为 0.31 mg/g DW，为菊芋叶与块茎全氮含量的 1/2 左右；

全磷含量为 5.72～6.93 mg/g DW，同样为菊芋叶与块茎全氮含量的 1/2 左右；

Cl 含量为 1.56%DW～8.18%DW，氯在菊芋茎中的含量远远高于其在菊芋叶片与块茎中的含量；

Na 含量为 0.65%DW～3.82%DW，钠在菊芋茎中的含量也远远高于其在菊芋叶片与块茎中的含量；

K 含量为 0.58%DW～2.26%DW，钾在菊芋茎中的含量也远远高于其在菊芋叶片与块茎中的含量；

Ca 含量为 0.24%DW～0.28%DW，钙在菊芋茎中的含量大于其在菊芋块茎及根中钙的含量，而低于其在菊芋叶片中的含量；

Mg 含量为 0.06%DW～0.16%DW，镁同样在菊芋茎中的含量大于其在菊芋块茎及根中镁的含量，而低于其在菊芋叶片中的含量。

总之，氯、钠两大元素大多集中在菊芋的茎秆中，而这些氯与钠均从盐渍土壤中吸收存储在菊茎中，收获菊芋时这部分氯与钠将随着菊芋秸秆的刈割而带出土体，这也是菊芋种植加速盐渍化土壤快速脱盐的原因之一。

9.3 菊芋地上部——动物饲料

菊芋地上部不作为人类食物，但是地上部茎叶可用作动物饲料，无论是新鲜的或是青贮均可作为动物饲料。通常，菊芋的地上部生物产量每公顷达 500～700 t。作为饲料作物，它可以作为常规植物种植，每年从留在地里的块茎再生长出菊芋的茎叶[111]。尽管在前面章节中已发现菊芋叶片和茎在营养与矿物质含量上不同，但菊芋所有地上部都可作为动物饲料。叶片比茎含有更多的蛋白质，而茎比叶片包含了更多的碳水化合物[112]。一般认为，菊芋叶片比茎更适合作饲料。

菊芋叶片是动物饲料一个很好的蛋白质来源，特别是与其他饲料植物相比，它含有丰富的氨基酸、赖氨酸和甲硫氨酸。国外报道一些菊芋叶片的蛋白质干物质含量可高达总地上部的 20%，其中 5%～6%是必需氨基酸——赖氨酸[113]。加拿大一些研究者报道 8 个菊芋品种粗蛋白含量在 9.5%～17.3%[114]。一些资料介绍了菊芋叶片蛋白质的氨基酸含量（%干重）：赖氨酸（5.4%）、组氨酸（1.8%）、精氨酸（5.2%）、天冬氨酸（9.1%）、苏氨酸（4.4%）、丝氨酸（4.0%）、谷氨酸（10.5 %）、脯氨酸（4.1%）、甘氨酸（5.1%）、丙氨酸（6.3%）、甲硫氨酸（1.4%）、异亮氨酸（4.6%）、亮氨酸（8.3%）、酪氨酸（2.8%）和苯丙氨酸（5.0%）[113]。叶片与茎相比，含有较高的灰分和微量元素，在生长季节的最后，叶蛋白的含量降低，因此，如果收获延迟，饲料中可获得的粗蛋白含量可能会减少。

南京农业大学海洋科学及其能源生物资源研究所菊芋研究小组在收获期测得南菊芋 1 号叶片的平均总蛋白含量为 22.78%（干重）；鲜叶的平均水分含量为 67.94%，作为动物饲料，明显优于国外的一些菊芋品种。

对由最佳提取工艺条件提取所得的叶蛋白进行氨基酸分析的结果表明，南京农业大学海洋科学及其能源生物资源研究所菊芋研究小组选育的南菊芋 1 号与南菊芋 9 号叶蛋白不仅含量高，而且它的氨基酸总量占叶片粗蛋白的 42.07%，且氨基酸组成较齐全，含有包括 7 种人体必需氨基酸在内的 17 种常见氨基酸。其中谷氨酸含量占氨基酸总量最高，为 11.84%，其次是天冬氨酸和亮氨酸，分别占氨基酸总量的 10.43%和 8.84%；半胱氨酸和甲硫氨酸的含量最低（表 9-24）。人体必需氨基酸占总氨基酸的比值（E/T）为 40.55%，人体必需氨基酸与非必需氨基酸的比值（E/N）为 0.68，达到了世界粮食及农业组织和世界卫生组织（FAO/WHO）提出的 E/T 为 40%，E/N 为 0.6 的参考蛋白模式。

一些研究表明，10 个野生与栽培品种的菊芋，在植物生长发育的营养和开花阶段的平均牧草产量分别为 1.99 Mg/hm^2 和 4.24 Mg/hm^2。在开花阶段，与普通牧草相比，品种 sunchoke 具有最高牧草产量，为 6.3 Mg/hm^2[115]。在营养结构中的营养元素水平随菊芋块茎迅速膨大而减少，氮、磷和钾通过韧皮部向繁殖器官移动，而大部分矿物质元素如钙、锰仍留在叶片和茎中。在营养生长期间，叶片有最高的营养水平。

一些学者对生长在得克萨斯州的 19 个野生与栽培菊芋品种（品系）的氮和矿物质含量分析显示，整个植物粗蛋白含量为 60～90 g/kg，这被认为足以维持反刍动物生长[116,117]；这些菊芋品种（品系）中的 11 个在营养阶段的叶片粗蛋白含量为 140 g/kg，而在其成熟期，茎、叶和顶部的粗蛋白分配比例分别为 68%、23%和 9%。充足数量的钙、钠、镁和钾存在于植物成熟的所有阶段，但磷的水平被认为是不够的。Seiler 和 Campbell 报道了在菊芋饲料的矿物质含量上的遗传变异，并提出可能通过杂交和选择改善氮、钙和钾含量。但是，磷和镁的数量差异低，暗示将难以通过筛选提高这些矿物质的水平[118]。因此，举例来说，菊芋与草混合时，可为反刍动物提供一个令人满意的营养水平，否则仅喂养磷补充剂也是可取的。

17 世纪中期以来，菊芋已被用作饲料和饲养牲畜，特别是在欧洲[119]。20 世纪 20 年代，在法国，所有的菊芋作物（275 万 t）都被用来喂牛、羊、猪和马，基于这个目的，在法国几个地区都存在重要的家禽养殖基地。收获后毛条用作牧草或其他用途，块茎可以作为动物精饲料或留在地面。例如，猪可直接散养于地上部已被收割的菊芋种植田块，让猪自身拱挖并吃食仍留在土壤中地里的菊芋块茎[120]。菊芋块茎是一个公认的马铃薯短缺时猪的替代饲料[121]。

当将饲用作物直接用于动物饲料时，地上部高产绿色材料的菊芋品种就特别引人关注。例如，菊芋新品种 fuseau 已被推荐为高牧草产量的优良品种，它适合多次刈割[120]。当菊芋茎秆幼嫩时，叶子可被最大程度地刈割用作饲料。因此统筹兼顾菊芋茎叶与块茎两个部分的收益率成为菊芋生产中的难题。当茎叶过了作为牧草的高峰期，通常是收获菊芋块茎的时候，菊芋茎叶不科学的刈割可能减少块茎的产量。研究小组分别在江苏与山东沿海地区对不同品种菊芋全生育期 C、N 代谢过程特征及其调控进行系统研究，发现了菊芋在 C、N 的“库”与“源”方面竞争与协同的双重关系，也就是说，前期适当地扩“源”，为后期建“库”提供充足而可调用的物质基础。以南菊芋 1 号在江苏、山东沿海地区的生产来说，在菊芋开花期也就是菊芋块茎快速膨大期（第二膨大期，9 月），此时菊芋地上部群体大，幼嫩茎叶中营养成分及生物活性物质含量均达最大期，这个时间适当控制菊芋地上部群体过旺，是提高菊芋块茎产量重要措施之一，因此在此期间刈割菊芋地上部 1/3 的幼嫩茎叶是一举多得的生产措施，既可获得相当数量的优质牧草，又可获得令人满意的菊芋块茎产量。当然这需要根据不同的菊芋品种，不同的土壤肥力状况，尤其是菊芋田间长势长相，经过周密的田间试验来制订详细的操作方案，研究小组在江苏大丰与连云港、山东莱州与泰安等地区均进行了尝试，证明这种措施是可行的。而在中国的北方如黑龙江大庆地区，10 月中下旬就开始有雪上冻，生长期长的菊芋品种地上部不是自然成熟衰死，而是冰冻致其“青枯”，茎叶中营养十分丰富，刈割调控措施就没有什么意义了。国外也有同样的报道，在明尼苏达州，就蛋白质水平而言，收获菊芋顶端的最佳时间为 9 月[122]。过早刈割菊芋幼嫩茎叶，会影响菊芋块茎产量。顶端收获的最佳时间，只是在开花前，块茎通常只达到了其最终产量的 20%～30%。如果顶端和块茎结合在动物饲料中，建议在菊芋生长的后期刈割菊芋顶端部分茎叶，控制菊芋地上部“疯长”，促进菊芋块茎膨大[123]。开花后，饲料中蛋白质的百分比下降，而木质素含量增加[114]。

在美国一项与其他饲料作物相比的菊芋饲用价值的调查中，得出的结论是菊芋是一个合适的优良的禽畜饲料，虽然它比其他饲料作物具有的营养优势不十分明显。菊芋顶部与紫花苜蓿（*Medicago sativa* L.）、玉米（*Zea mays* L.）和甜菜（*Beta vulgaris* L.）相比，可消化总养分更高。不过，作为饲料的菊芋能在其他饲料作物很难生长的土壤和地区具有优势。

匈牙利的一个研究表明，与油菜（甘蓝型油菜）和紫花苜蓿相比，菊芋叶作为动物饲料的营养价值比青贮向日葵更高。在这种情况下，叶持续生长超过 4 或 5 年的菊芋最大的优势是总种植成本低[124]。菊芋作为储存饲料，其价值比饲料甜菜、胡萝卜或萝卜高[125]。在俄罗斯中部，菊芋-向日葵杂交种“novost”在饲料测试中的绿色物质产量较高（FW 80.5 t/hm^2 和 DW 23.2 t/hm^2）。施肥和较高的种植密度可产生最高产量。不过，品种 skorospelka 产生的地上可消化蛋白量最高（DW 2.03 t/hm^2）[126]。就饲用价值和可消化蛋白而言，品种 nahodka 是在哈萨克斯坦评估的 5 个品种中最好的[127]。

在北欧阴凉、湿润的地区，菊芋地上部顶部有适合作为一种替代饲料作物的潜力。菊芋作为多年生植物，与一年生作物相比具有明显优势，其生产可以不受每年春季的不利条件影响。在苏格兰，菊芋连作 3 年以上产量不断增长的基础是其无害虫、疾病和杂草问题。根据低投入的管理条件，它们的产量超过 30 t/hm^2（DW），媲美于英国的谷物或草料。但是，在北欧条件下，要想让其多年不断增产将需要追施肥料。最佳产量发生在 8 月下旬菊芋块茎的最高速生长后不久，表明在苏格兰 8 月下旬是菊芋一个最优的牧草收获期，这一方面可获得令人满意的饲草产量，同时可以确保土壤中有足够的块茎产量，以便在下一季节恢复菊芋再生。消化率的研究表明，收获时节菊芋茎叶对反刍动物具有类似干牧草的营养价值，但蛋白质水平较低。因此，如果用收获时节菊芋茎叶作为唯一的饲料，需要补充廉价的瘤胃降解蛋白质。

在捷克进行的一项研究中发现，与其他根状作物相比，菊芋（kulista czerwona 品种）块根喂养波兰美利奴羊具有更良好的消化率和饲用价值。1 kg 菊芋饲料提供 3.26 MJ 的能量和 12.5 g 可消化蛋白质。作者得出结论，菊芋块茎是一个合适的羊饲料，虽然对于反刍动物来说，需辅以高蛋白质含量的饲料[128]。在一个相关的研究中发现，来自菊芋的绿色饲料在块茎收获前的茎叶每公斤含有 1.72 MJ 的能源和 13.6 g 可消化蛋白质。在羊的饲料研究中，相比于其他绿色饲料，菊芋成熟时茎叶的高木质素含量降低了其营养价值及消化率，因此它仅具有作为动物饲料的潜力。不过，可以作为一个喂养反刍动物的饲料添加剂[129]。由于其含有高菊粉，菊芋喂养对动物可以有一些生理效应。举例来说，与用以草为基础的饲料喂马相比，用块茎喂马使氢和甲烷增加了 4.9 倍[130]，而与其他饲料相比，用块茎喂牛增加了甲烷的排放量[131]。

最近人们对菊芋作为饲料的兴趣只集中在菊芋茎叶上。作物的大多数食品和非食品应用涉及与一年生植物一样的栽培管理，菊芋茎秆顶部作为牧草的产品开发了其作为一个常年生植物的潜力，而块茎留在地面以恢复菊芋再生。不过，把菊芋作为多年生作物看待的研究相对较少。顶部可收获得到最佳产量并获得高水平的蛋白质，包括随后不会转移到块茎中的蛋白质。果聚糖在地上部的数量随着收获时间延后而增加，直到开花。

因此，由于地上部中的果聚糖的暂时储存，绿色植物部分的果聚糖的高产量是有可能的，即使块茎已经开始成熟，干物质已经开始减少。

下面介绍菊芋作为常规饲料与功能性饲料的一些成果。

9.3.1 菊芋制作青贮饲料和颗粒饲料

菊芋青贮饲料是通过发酵过程的饲料，以便能够在较长时期内利用。青贮饲料生产的影响因素包括作物收获时的成熟阶段和在发酵窖中的发酵类型。发酵过程中，发酵细菌将纤维素、半纤维素、糖和其他化合物分解为简单的糖、乙酸、乳酸和丁酸。优质青贮饲料是把乳酸作为主要生产酸来完成的。乳酸发酵是最有效的发酵类型且是青贮饲料中 pH 下降最快的；发酵速度越快，保留在青贮饲料中的营养素越多[132]。青贮饲料可接种乳酸菌，在发酵窖条件下选择性地快速增长来开始发酵过程。

青贮是保留地上菊芋部分冬季喂养牲畜的首选方法，比干饲料更适口，而块茎也可以在地窖里储存。来自菊芋块茎的青贮饲料通常含有丰富的糖，乳酸含量高但丁酸含量低[133]。菊芋茎秆顶部的青贮取得了 pH 为 4.0 的保存完好的乳酸菌青贮饲料，其消化能为 11 MJ/kg（DM）。菊芋青贮饲料的组成如表 9-27 所示。

表 9-27 菊芋幼嫩茎叶青贮饲料（长度为 1～3 cm）组分[110]

组分	含量
干物质（DM）/（g/kg）	273
粗蛋白/（g/kg DM）	75
钙/（g/kg DM）	13.2
磷/（g/kg DM）	2.2
镁/（g/kg DM）	2.9
钠/（g/kg DM）	0.9
总能量/（MJ/kg DM）	17.0
乙醇/（g/kg FW）	1.0
乙酸/（g/kg FW）	3.0
丙酸类/（g/kg FW）	0.1
酪酸类/（g/kg FW）	<0.1
乳酸/（g/kg FW）	20.3

菊芋青贮饲料以菊芋茎叶为原料，含有占总干重 31.9%的粗纤维、42.0%的碳、2.5%的氮和 0.13%的硫。在另一项研究中，菊芋青贮饲料整体组成是 65%～68%的水、3.2%的蛋白质、21.2%的 N-自由提取物、0.7%的脂肪和 2.8%的灰分。

菊芋茎中的菊粉和低聚果糖是一个很好的乳酸菌培养基，但整体作物不如常见的利用青贮饲料作物表现得好。保持 pH 4.2～3.9，足以生产乳酸并有效率地生产青贮饲料的最小糖量，即食糖最低值。它由具有缓冲能力的干物质量糖，以及其他因素来确定。食糖最低值越低，制作青贮饲料的作物越好。青稞（属大麦）、玉米和甜菜顶部的糖最低值分别为 1.42、2.86 和 4.75。菊芋糖最低量为 8.13，低于野豌豆（野豌豆属紫花苜蓿）以及其他一些测试作物。

牧草对高品质分离蛋白的制备来说，是一个很好的来源。菊芋总地上部干物质可超过 25 t/hm^2，粗蛋白物质产量约 5.0 t/hm^2，但是由于制备过程中的损失，纯化蛋白的产量较低[134]。分离蛋白质含量为 67%～76%，可与传统的如鱼粉和大豆相媲美。菊芋茎叶的三次刈割部分得到的浓缩分离蛋白产量约为 800 kg/hm^2。总氨基酸组成比得上主要谷物蛋白质，赖氨酸含量比在玉米和小麦蛋白质中的高数倍，并可与大豆蛋白相媲美。从分离蛋白中取得的赖氨酸产量为 48 kg/hm^2。浓缩蛋白粉在室温下可以很好储存，可以压缩成颗粒的形式，并有各种应用的潜能，包括在饮食中应用。这个过程中的一个副产品——压缩饼，可能是一个可以接受的青贮一样的动物原料。

在意大利的一项研究中，种植菊芋以从块茎中获得与牧草和乙醇分离的蛋白质。种植了 8 个品种，饲料干物质产量在最有生产力的品种（Topino 和 Fuseau 60）中高达 24 t/hm^2。研究进行了 2 年多，虽然来自块茎的产量通常比地上和地下生物量都低，但是地上生物量的产量在第二年接近 15 t/hm^2。从菊芋叶片提取汁中获得的总蛋白质含量在栽培的第一年为 0.7 t/hm^2，在第二年为 0.4 t/hm^2[134]。

Zitmane 研制了一个动物性饲料产品，它是从菊芋的叶片和水解茎中产生的，加上了燕麦面粉和盐[135]。为了饲养农场动物，含有菊芋的饲料添加剂作为其主要组成部分被加入饲料以丰富其混合物。

9.3.2　菊芋制作功能性饲料——益生菌饲料补充剂

抗生素是从微生物（如真菌）中所得的物质，可抑制或破坏其他微生物，特别是致病菌的生长。20 世纪 50 年代以来，抗生素被广泛用于动物饲料中。它们常被用来减少发病率，以及在动物和家禽中作为促生长因子。然而，过度使用抗生素会导致肠道致病细菌耐药性不断增加。此外，对动物使用抗生素对人类抵抗病原菌有潜在的影响。

因此，已有远离抗生素的提议。动物饲料抗生素的禁令和限制在许多国家已付诸实行，而消费者对肉类生产不使用促生长因子的需求有所增加。不过，有一个问题，抗生素有效替代品的市场进入一直很缓慢。益生菌食品补充剂被看作是解决这个问题的一个方法[136]。

益生菌补充剂含有可行的细菌（如双歧杆菌和乳酸杆菌），目的是改变大肠中菌群的平衡，从而对有害细菌造成损害。益生菌可以包含作为培养基（合生元）的益生元，而益生元可单独管理以促进内源性双歧杆菌或乳酸菌的数量。人们对动物饲料中的益生菌补充剂的作用已得出许多结论，包括改善增长率，可能是由于益生菌补充剂可抑制隐性感染，提高饲料转化率，增加奶牛的产奶量，增加家禽的产蛋量，且对动物健康有普遍的好处。然而，证据常常易变而不一致，许多科学的研究已经开始核实一些对动物饲料中的益生菌和益生元补充剂得出的结论[137]。涉及的机制与在人类中的一样，益生元促进有益细菌的活动，与其他细菌竞争营养资源和肠道壁上的黏附点，产生抗菌物质影响有害细菌，并更改宿主的免疫反应[138]。

因为它们的双歧杆菌效应，菊芋块茎的提取物作为动物饲料添加剂有很大的潜力。菊粉和低聚果糖，目前主要是从菊芋中提取，被添加到驯化动物的饲料中，它们在动物中的健康好处比在人类中的少[136]。不同的动物有不同的消化道形貌，所以饮食补充剂中同样的低聚果糖可能并不是在所有情况下都理想。根据物种，补充剂可能有优良的影响，或导致消化道问题，如松散的粪便或过度胀气[136]。因此，对特别的及不同年龄的动物量身定做生产果寡糖混合物有个范围。

动物饲料中菊粉和低聚果糖的加入带来了肠道菌群组成的变化。这可能导致牲畜、家禽和伴侣动物在代谢和生理上的变化。举例来说，饮食中菊芋块茎提取物的加入可能会改善饲料效率，改善消化并减少腹泻。

1. 对猪的效应

猪有很好的人体肠道生理模式，因此，很多益生菌的研究可以在猪中完成，结果也适用于动物饲料补充剂的制定。含有低聚果糖的合生元补充剂已显示可增加仔猪体重和食物转换效率[139]，虽然不是在所有情况下[136]。不过，在断奶猪中，饮食中的低聚果糖不断增加双歧杆菌在大肠的增殖[136, 140, 141]。商用猪饲料中的低聚果糖可以影响粪便质量[142]和粪便体积[140,143]，并减少猪粪的恶臭[136]。在生长猪中，大肠是一个重要的发酵地点，它有一个复杂的细菌微生物群。短链不饱和脂肪酸的发酵可以为生长猪提供高达 30%的持续能量[136,144]。

猪营养的一个关键时期发生在刚断奶时，这时乳酸杆菌的数量下降，大肠杆菌的数量增加，增加了消化道干扰的风险[145]。这是添加益生元和合生元补充剂的最佳时机。菊粉补充剂可减少猪结肠中致病菌的数量，包括大肠杆菌和梭菌[136,146]，以保障动物更健康。举例来说，含有低聚果糖和乳酸杆菌的合生元增加了粪便中乳酸杆菌和双歧杆菌的数量，降低了梭菌属细菌、肠杆菌和肠球菌的数量[147]。在另一项果寡糖补充剂的研究中，诱导腹泻的猪与对照组的猪相比，在小肠和大肠中有较多的乳酸杆菌和较少的肠杆菌[148]。

在一个断奶幼猪的膳食研究中，以熟食和喷雾干燥菊芋块茎粉为原料进行试验。块茎粉中有 77.5%的可溶性碳水化合物（总干重），并含有特别丰富的低聚果糖，它们有着很广的聚合度范围。猪试验设常规喂食、添加纯化商业低聚果糖、添加菊芋全粉等喂饲处理。不同处理间在进食量、体重增加或饲料效率上没有差异，但粪便的颜色和气味有明显差异。对照饲料组猪的粪便恶臭气味比用添加低聚果糖和添加菊芋全粉喂养的猪的强烈得多。因此，在猪饲料中加入低聚果糖和菊芋粉的主要好处是改进猪场环境和通过抑制疾病得到普遍健康[136,149]。

2. 对反刍动物的效应

在牛和羊中，虽然菊粉和低聚糖的大部分发酵发生在大小肠或结肠，但也可发生在大肠之前的瘤胃中。虽然益生元与合生元在牛中的测试产生了不同的结果，但它们普遍被证明是有益的[150-152]。有人认为，观察到的结论之所以不同，可能是因为合生元添加剂在一种动物体内一段时间后效果变弱，因为一般的微生物已适应了它们[150]。

含低聚果糖的合生元可增加双歧杆菌在结肠中的数量并可能防止致病性大肠杆菌[153,136]。它们也被证明可减少消化道干扰、增加体重并提高奶牛的牛奶产量[150]。作为饲料抗生素的一种廉价替代物，畜牧生产系统中益生元与合生元的使用有所增加。

3. 对家禽的效应

由沙门氏杆菌、弯曲杆菌和大肠杆菌引起的细菌性感染，是家禽饲养中遇到的最严重的问题[145]。减少在家禽饲料中使用抗生素的方法是寻找替代品。含有低聚果糖的合生元是控制鸡肠中微生物以防治疾病和促进增长的一个有前途的方法。研究表明，膳食低聚果糖可增加有益细菌的数量并减少粪便和鸡尸体中沙门氏菌的发生[154-156]。还有研究表明，在饮食中补充少量低聚果糖可以提高肉鸡生长和饲料效率，其方式与抗生素类似[136, 157]。

在一项研究中，菊芋全粉被用来喂养鸡苗，其中还包括纯化低聚果糖和常规饲料对照。饮食中含有低聚果糖或菊芋全粉的苗鸡增加了食量和体重。因此，就生产效率而言，使用菊芋全粉可能有好处。

在对 35 d 龄的肉鸡试验中发现，水中的菊芋糖浆（0.5%浓度）可有效地抑制选定的盲肠细菌。所有鸡都是不含促生长的抗生素的标准饮食。与没有进食菊芋糖浆的对照幼鸡相比，进食菊芋糖浆的鸡的总好氧细菌数已经大大减少，包括肠杆菌和 *C. perfingens*，且细菌内毒素水平也减少了。此外发现，进食菊芋糖浆的鸡比没有进食菊芋糖浆的鸡体重增加。因此，在肉鸡饮水中加少量糖浆能对其生长产生一个有利影响，且能抑制在肉鸡个体中的潜在病原体。结论表明，菊芋糖浆可以作为抗生素代替品或预防性饲料添加剂[158]。

4. 对宠物的效应

宠物食品中菊粉和低聚果糖益生元的加入，代表了一个利润丰厚的市场才刚刚开始加以利用[136,159]。狗和猫有复杂和多样的结肠细菌种群，可受益生元影响。例如，在一项研究中，低聚果糖补充剂增加了双歧杆菌在狗粪便中的数量，同时减小了氨水和胺的浓度[160]。菊粉和低聚果糖补充剂可以减少猫与狗的粪便的恶臭，并可能有助于预防疾病，如大肠癌。Gritsienko 等提出了含有菊芋绿色部分的狗的预防性饲料，许多含有菊粉和低聚果糖的宠物食品可能不久就会上市[161]。

参 考 文 献

[1] Ji M, Wang Q, Ji L. Method for Production of Inulin from Jerusalem Artichoke by Double Carbonic Acid Purification Process: 1359957[P], 2002.

[2] Yuan X, Gao M, Xiao H, et al. Free radical scavenging activities and bioactive substances of Jerusalem artichoke (*Helianthus tuberosus* L.) leaves[J]. Food Chemistry, 2012, 133(1): 10-14.

[3] Macías F A, Torres A, Galindo J L G, et al. Bioactive terpenoids from sunflower leaves cv. Peredovick®[J]. Phytochemistry, 2002, 61(6): 687-692.

[4] Watanabe K, Ohno N, Mabry T J. Three sesquiterpene lactones from *Helianthus niveus* subsp. *canescens* and *H. argophyllus*[J]. Phytochemistry, 1985, 25(1): 141-143.

[5] Duan X, Wu G, Jiang Y. Evaluation of the antioxidant properties of litchi fruit phenolics in relation to

pericarp browning prevention[J]. Molecules, 2007, 12(4): 759-771.

[6] Strepkov S M. Carbohydrate formation in the vegetative parts of *Helianthus tuberosus*[J]. Biokhimiya, 1960, 25: 219-226.

[7] Strepkov S M. Synthesis of fructosans in the vegetative organs of *Helianthus tuberosus*[J]. Doklady Akademii Nauk SSSR, 1960, 131: 1183-1186.

[8] Rashchenko I N. Biochemical investigations of the aerial parts of Jerusalem artichoke, Trudy Kazakh[J]. Sel'skokhoz. Inst., 1959, 6: 40-52.

[9] Ernst M. Histochemische untersuchungen auf inulin, stärke und kallose bei *Helianthus tuberosus* L (*Topinambur*)[J]. Angewandte Botanik, 1991, 65: 319-330.

[10] Schubert S, Feuerle R. Fructan storage in tubers of Jerusalem artichoke: characterization of sink strength[J]. New Phytologist, 1997, 136: 115-122.

[11] Schweiger P, Stolzenburg K. Mineral stoffgehalte und Mineralstoffentzüge verschiedener Topinambursorten[M]. Germany: LAP Forchheim, 2003.

[12] Malmberg A, Theander O. Differences in chemical composition of leaves and stem in Jerusalem artichoke and changes in low-molecular sugar and fructan content with time of harvest[J]. Swedish Journal of Agricultural Research, 1986, 16: 7-12.

[13] Seiler G J. Nitrogen and mineral content of selected wild and cultivated genotypes of Jerusalem artichoke[J]. Agronomy Journal, 1988, 80: 681-687.

[14] Food and Agriculture Organization of the United Nations/World Health Organization. Energy and protein requirement report of joint FAO/WHO[R]. Gneve: WHO, 1973: 52-63.

[15] Chen F J, Long X H, Yu M N, et al. Phenolics and antifungal activities analysis in industrial crop Jerusalem artichoke (*Helianthus tuberosus* L.) leaves[J]. Industrial Crops and Products, 2013, 47: 339-345.

[16] 阎娥, 范月君, 谢春花. 苜蓿叶蛋白提取效果及叶蛋白氨基酸组成的研究[J]. 青海师范大学学报, 2006, (1): 66-68.

[17] 刘青广, 田丽萍, 姜红, 等. 苜蓿叶蛋白中氨基酸的含量及营养分析[J]. 河南工业大学学报, 2005, 26(2): 36-39.

[18] 单宇, 周建建, 郑玉红, 等. 繁缕叶蛋白中氨基酸组成研究[J]. 食品研究与开发, 2010, 31(11): 181-183.

[19] Taday P F, Bradley I V, Arnone D D. Terahertz pulse spectroscopy of biological materials: L-glutamic acid[J]. Journal of Biological Physics, 2003, 29: 109-115.

[20] 祝忠群. 谷氨酸、天门冬氨酸与心肌保护[J]. 心血管病学进展, 1997, 18(1): 47-50.

[21] 刘建军, 赵祥颖, 田延军, 等. L-亮氨酸的性质、生产及应用[J]. 山东食品发酵, 2005, (1): 3-6.

[22] Stauffer M D, Chubey B B, Dorrell D G. Growth, yield and compositional characteristics of Jerusalem artichoke as they relate to biomass production[C]//Klass D L, Emert G H. Fuels from Biomass and Wastes. Ann Arbor, MI: Ann. Arbor. Science, 1981: 79-97.

[23] Rawate P D, Hill R M. Extraction of a high-protein isolate from Jerusalem artichoke (*Helianthus tuberosus*) tops and evaluation of its nutrition potential[J]. Journal of Agricultural & Food Chemistry, 1985, 33: 29-31.

[24] Kosaric N, Cosentino G P, Wieczorek A. The Jerusalem artichoke as an agricultural crop[J]. Biomass,

1984, 5: 1-36.

[25] 吴婧. 菊芋叶黄酮类化合物的提取及其抗氧化性、抗肿瘤和抑菌性的研究[D]. 兰州: 兰州理工大学, 2010.

[26] Schilling E E. Flavonoids of *Helianthus* series *Angustifolii*[J]. Biochemical Systematics and Ecology, 1983, 11(4): 341-344.

[27] Schilling E E, Panero J L, Storbeck T A. Flavonoids of *Helianthus* series *Microcephali*[J]. Biochemical Systematics and Ecology, 1987, 15(6): 671-672.

[28] Schilling E E, Mabry T J. Flavonoids of *Helianthus* series *Corona-solis*[J]. Biochemical Systematics and Ecology, 1981, 9(2/3): 161-163.

[29] Herz W, Kumar N. Sesquiterpene lactones from *Helianthus grosseserratus*[J]. Phytochemistry, 1981, 20: 99-104.

[30] Ohno S, Tomita-Yokotani K, Kosemura S. A species-selective allelopathic substance from germinating sunflower(*Helianthus annuus* L.) seeds[J]. Phytochemistry, 2001, 56(6): 577-581.

[31] Macias F A, Molinillo J, Torres A, et al. Bioactive flavonoids from *Helianthus annuus* cultivars[J]. Phytochemistry, 1997, 45(4): 683-687.

[32] 刘海伟, 刘兆普, 刘玲, 等. 菊芋叶片提取物抑菌活性与化学成分的研究[J]. 天然产物研究与开发, 2007, 19(3): 405-409.

[33] 胡娟, 金征宇, 王静. 菊芋菊粉的提取与纯化[J]. 食品科技, 2007, (4): 62-65.

[34] 苗晓洁, 董文宾, 代春吉, 等. 菊粉的性质、功能及其在食品工业中的应用[J]. 食品科技, 2006, (4): 9-11.

[35] 陆慧玲, 胡飞. 酶法提取菊粉工艺的研究[J]. 食品工业科技, 2006, (10): 158-160.

[36] 史云东, 贾琳, 张霁, 等. 不同地区灯盏花总黄酮与野黄芩苷含量比较[J]. 安徽农业科学, 2011, 39(4): 2102, 2112.

[37] 彭新辉, 易建华, 周清明, 等. 烟草绿原酸的研究进展[J]. 中国烟草学报, 2006, 12(4): 52-57.

[38] 曲仲湘, 吴玉树. 植物生态学[M]. 北京: 高等教育出版社, 1983: 25-33.

[39] 张康健, 马希汉, 马梅, 等. 杜仲叶次生代谢物生长积累动态的研究[J]. 林业科学, 1999, 35(2): 15-20.

[40] 张英, 吴晓琴, 俞卓裕. 竹叶黄酮和内酯的季节性变化规律研究[J]. 林产化学与工业, 2002, 22(2): 65-69.

[41] Graham T L. Flavonoid and isoflavonoid distribution in developing soybean seedling tissues and in seed and root exudates[J]. Plant Physiology, 1991, 95(2): 594-603.

[42] Coward L, Barnes N C, Setchell K D, et al. Genistein, daidzein, and their β-glycoside conjugates: antitumor isoflavones in soybean foods from American and Asian diets[J]. Journal of Agricultural and Food Chemistry, 1993, 41(11): 1961-1967.

[43] 李力, 杨涓, 戴亚, 等. 烤烟中绿原酸、莨菪亭和芸香苷的分布研究[J]. 中国烟草学报, 2008, 14(4): 13-17.

[44] 司晓萍, 宋辉. 浅析金银花质量的影响因素[J]. 时珍国医国药, 2005, 16(8): 785-786.

[45] 丁晓雯. 柑桔皮提取液抗氧化及其他保健功能研究[D]. 重庆: 西南农业大学, 2004.

[46] 金春英, 张小勇, 崔胜云. DPPH 及邻苯三酚法对牛蒡和小根蒜提取液及其他抗氧剂的清除自由基能力的比较研究[J]. 延边大学学报, 2008, 34(1): 43-46.

[47] 刘建宏, 段立超, 张兴, 等. 砂地柏提取物对棉铃虫生长发育的影响初探[J]. 吉林农业大学学报, 2000, 22(2): 34-37.

[48] 付昌斌, 张兴. 砂地柏果实提取物对棉铃虫生长发育的影响[J]. 西北农业大学学报, 1998, 26(1): 9-12.

[49] 禹惠明, 袁开米, 曹日强. 棉酚对棉铃虫生长发育的影响[J]. 植物保护学报, 1993, 20(1): 18-30.

[50] 刘兆普, 刘玲, 陈铭达, 等. 利用海水资源直接农业灌溉的研究[J]. 自然资源学报, 2003, 18(4): 423-429.

[51] 刘兆普, 邓力群, 刘玲, 等. 莱州海涂海水灌溉下菊芋生理生态特性研究[J]. 植物生态学报, 2005, 29(3): 374-378.

[52] 赵耕毛, 刘兆普, 陈铭达, 等. 半干旱地区海水养殖废水灌溉菊芋效应初探[J]. 干旱地区农业研究, 2005, 23(5): 159-163.

[53] 袁晓艳, 高明哲, 王锴, 等. 高效液相色谱-质谱法分析菊芋叶中的绿原酸类化合物[J]. 色谱, 2008, 26(3): 335-338.

[54] 张海娟, 黄增荣, 隆小华, 等. HPLC 法测定不同品种不同产地菊芋叶片中绿原酸的含量[J]. 天然产物研究与开发, 2011, 23: 1107-1109.

[55] 孙鹏程. 菊芋叶片中高纯度绿原酸的规模化制备工艺研究[D]. 沈阳: 辽宁大学, 2014.

[56] 张海娟. 不同产地菊芋叶片中绿原酸含量变化及其提取、分离技术研究[D]. 南京: 南京农业大学, 2010.

[57] 岳会兰, 毕宏涛, 于瑞涛, 等. 柴达木盆地不同生长期菊芋叶片绿原酸含量变化规律研究[J]. 食品工业科技, 2014, 35(1): 283-285.

[58] 李昌爱, 姚满生, 郭宏滨. 金银花产地和类型对其质量的影响[J]. 中药材, 1993, 16(5): 5-6.

[59] 牛俊萍. 高温对“红美丽”李果实花色苷代谢的影响[D]. 杨凌: 西北农林科技大学, 2015.

[60] 张萍, 蒲高斌. 气候因子对金银花绿原酸含量影响的研究[J]. 山东农业科学, 2015, 47(9): 77-79.

[61] 隆小华, 刘兆普, 陈铭达, 等. 半干旱地区海涂海水灌溉菊芋盐肥耦合效应的研究[J]. 土壤学报, 2005, 42: 91-97.

[62] Al Hattab Z N, Al-Ajeel S A, El Kaaby E A. Effect of salinity stress on capsicum annuum callus growth, regeneration and callus content of capsaicin, phenylalanine, proline and ascorbic acid[J]. Journal of Life Sciences, 2015, 9: 304-310.

[63] Yan K, Cui M X, Zhao S J, et al. Salinity stress is beneficial to the accumulation of chlorogenic acids in Honeysuckle (*Lonicera japonica* Thunb.)[J]. Front Plant Science, 2016, 7(e18949): 1563.

[64] Hussein E A, Aqlan E M. Effect of mannitol and sodium chloride on some total secondary metabolites of fenugreek calli cultured *in vitro*[J]. Plant Tissue Culture and Biotechnology, 2012, 21(1): 35-43.

[65] Yuan X, Cheng M, Gao M, et al. Cytotoxic constituents from the leaves of Jerusalem artichoke (*Helianthus tuberosus* L.) and their structure-activity relationships[J]. Phytochemistry Letters, 2013, (6): 21-25.

[66] Križman M, Baričevič D, Prošek M. Determination of phenolic compounds in fennel by HPLC and HPLC-MS using a monolithic reversed-phase column[J]. Journal of Pharmaceutical and Biomedical Analysis, 2007, 43: 481-485.

[67] Tolonen A, Joutsamo T, Mattlla S, et al. Identification of isomeric dicaffeoylquinic acids from *Eleutherococcus senticosus* using HPLC-ESI/TOF/MS and 1H-NMR methods[J]. Phytochemical

Analysis, 2002, 13(6): 316-328.

[68] Clifford M N, Zheng W, Kuhnert N. Profiling the chlorogenic acids of aster by HPLC-MSn[J]. Phytochemical Analysis, 2006, 17: 384-393.

[69] Jaiswal R, Kiprotich J, Kuhnert N. Determination of the hydroxycinnamate profile of 12 members of the Asteraceae family[J]. Phytochemistry, 2011, 72: 781-790.

[70] Pan J Y, Cheng Y Y. Identification and analysis of absorbed and metabolic components in rat plasma after oral administration of ‘Shuangdan’ granule by HPLC-DAD-ESI-MS/MS[J]. Journal of Pharmaceutical and Biomedical Analysis, 2006: 42, 565-572.

[71] Jaiswal R, Deshpande S, Kuhnert N. Profiling the chlorogenic acids of *Rudbeckia hirta*, *Helianthus tuberosus*, *Carlina acaulis* and *Symphyotrichum novae-angliae* leaves by LC-MSn[J]. Phytochemical Analaysis, 2011, 22(5): 432- 441.

[72] Tian C, Xu X, Liao L, et al. Separation and identification of chlorogenic acid and related impurities by high performance liquid chromatography-tandem mass spectrometry[J]. Chinese Journal of Chromatography, 2007, 25(4): 496-500.

[73] Bravo L, Goya L, Lecumberri E. LC/MS characterization of phenolic constituents of mate (*Ilex paraguariensis*, St. Hil.) and its antioxidant activity compared to commonly consumed beverages[J]. Food Research International, 2007, 40(3): 393-405.

[74] Zhang L, Fan C, Zhang X, et al. A new steroidal glycoside from *Lygodium japonicum*[J]. Journal of China Pharmaceutical University, 2006, 37(6): 491-493.

[75] Wang X, Sun W, Sun H, et al. Analysis of the constituents in the rat plasma after oral administration of Yin Chen Hao Tang by UPLC/Q-TOF-MS/MS[J]. Journal of Pharmaceutical and Biomedical Analysis, 2008, 46: 477-490.

[76] Seeram N P, Lee R, Scheuller H S, et al. Identification of phenolic compounds in strawberries by liquid chromatography electrospray ionization mass spectroscopy[J]. Food Chemistry, 2006, 97: 1-11.

[77] Ablajan K, Abliz Z, Shang X, et al. Structural characterization of flavonol 3,7-di-*O*-glycosides and determination of the glycosylation position by using negative ion electrospray ionization tandem mass spectrometry[J]. Journal of Mass Spectrometry, 2006, 41: 352-360.

[78] Kachlicki P, Einhorn J, Muth D, et al. Evaluation of glycosylation and malonylation patterns in flavonoid glycosides during LC/MS/MS metabolite profiling[J]. Journal of Mass Spectrometry, 2008, 43: 572-586.

[79] Sánchez-Rabaneda F, Jáuregui O, Casals I, et al. Liquid chromatographic/electrospray ionization tandem mass spectrometric study of the phenolic composition of cocoa (*Theobroma cacao*)[J]. Journal of Mass Spectrometry, 2003, 38: 35-42.

[80] 张东明. 酚酸化学[M]. 北京: 化学工业出版社, 2008: 211-222.

[81] 李忠红, 倪坤仪, 杜冠华. 高效液相色谱-质谱法鉴定中药复方小续命汤有效成分组中醇溶性成分[J]. 分析化学, 2007, 35(2): 233-239.

[82] 田晨煦, 徐小平, 廖丽云, 等. 高效液相色谱-串联质谱法分离鉴定绿原酸及其相关杂质[J]. 色谱, 2007, 25(4): 496-500.

[83] 常军民, 向阳, 王岩, 等. 蒜酶催化蒜氨酸反应产物的 HPLC-MS 分析[J]. 食品科学, 2008, 29(9): 485-486.

[84] Clifford M N, Kirkpatrick J, Kuhnert N, et al. LC-MS^n analysis of the *cis* isomers of chlorogenic acids[J].

Food Chemistry, 2008, 106(1): 379-385.

[85] 李洋. HPLC 法同时对大黄 3 类药理活性物质质量控制及指纹图谱初步研究[D]. 成都: 西南交通大学, 2010.

[86] 师彦平. 单萜和倍半萜化学[M]. 北京: 化学工业出版社, 2008: 10.

[87] 杨茜, 刘慧, 何雅君, 等. HPLC 法同时测定旋覆花属植物中 5 种倍半萜内酯成分的含量[J]. 沈阳药科大学学报, 2012, 29(2): 116-120.

[88] Martín M J, Pablos F, Gonzalez A G. Simultaneous determination of caffeine and non-steroidal anti-inflammatory drugs in pharmaceutical formulations and blood plasma by reversed-phase HPLC from linear gradient elution[J]. Talanta, 1999, 49(2): 453-459.

[89] Tesio F, Weston L A, Ferrero A. Allelochemicals identified from Jerusalem artichoke (*Helianthus tuberosus* L.) residues and their potential inhibitory activity in the field and laboratory[J]. Scientia Horticulturae, 2011, 129: 361-368.

[90] Wen A, Delaquis P, Stanich K, et al. Antilisterial activity of selected phenolic acids[J]. Food Microbiology, 2003, 20(3): 305-311.

[91] Sinden S L, Sanford L L, Cantelo W W, et al. Bioassays of segregating plants[J]. Journal of Chemical Ecology, 1988, 14(10): 1941-1950.

[92] Friedman M. Chemistry, biochemistry, and dietary role of potato polyphenols[J]. Journal of Agricultural & Food Chemistry, 1997, 45(5): 1523-1540.

[93] Percival G C, Karim M S, Dixon G R. Pathogen resistance in aerial tubers of potato cultivars[J]. Plant Pathology, 1999, 48(6): 768-776.

[94] Ferreres F, Figueiredo R, Bettencourt S, et al. Identification of phenolic compounds in isolated vacuoles of the medicinal plant *Catharanthus roseus* and their interaction with vacuolar class III peroxidase: an H_2O_2 affair?[J]. Journal of Experimental Botany, 2011, 62(8): 2841-2854.

[95] Schrader K, Kiehne A, Engelhardt U H, et al. Determination of chlorogenic acids with lactones in roasted coffee[J]. Journal of the Science of Food and Agriculture, 1996, 71(3): 392-398.

[96] Mattila P, Hellstrom J. Phenolic acids in potatoes, vegetables, and some of their products[J]. Journal of Food Composition and Analysis, 2007, 20: 152-160.

[97] Manach C, Scalbert A, Morand C, et al. Polyphenols: Food sources and bioavailability[J]. The American Journal of Clinical Nutrition, 2004, 79(5): 727-747.

[98] 刘海伟, 刘兆普, 刘玲, 等. 菊芋叶片提取物抑菌活性与化学成分的研究[J]. 天然产物研究与开发, 2007, 19(3): 405-409.

[99] 韩睿, 王丽慧, 钟启文, 等. 菊芋叶片提取物抑菌活性研究[J]. 现代农业科技, 2010, (5): 120-123.

[100] Cheng S S, Chung M J, Lin C Y, et al. Phytochemicals from *Cunninghamia konishii* Hayata act as antifungal agents[J]. Journal of Agricultural and Food Chemistry, 2012, 60(1): 124-128.

[101] Kumaran A, Karunakaran R J. Activity-guided isolation and identification of free radical-scavenging components from an aqueous extract of *Coleus aromaticus*[J]. Food Chemistry, 2007, 100(1): 356-361.

[102] Pan L, Sinden M R, Kennedy A H, et al. Bioactive constituents of *Helianthus tuberosus* (Jerusalem artichoke) [J]. Phytochemistry Letters, 2009, 2(1): 15-18.

[103] Ackermann B L, Regg B T, Colombo L, et al. Rapid analysis of antibiotic-containing mixtures from fermentation broths by using liquid chromatography-electrospray ionization-mass spectrometry and

matrix-assisted laser desorption ionization-time-of-flight-mass spectrometry[J]. Journal of the American Society for Mass Spectrometry, 1996, 7(12): 1227-1237.

[104] Tabanca N, Bedir E, Ferreira D, et al. Bioactive constituents from Turkish *Pimpinella* species[J]. Chemistry & Biodiversity, 2005, 2(2): 221-232.

[105] Emile A, Waikedre J, Herrenknecht C, et al. Bioassay-guided isolation of antifungal alkaloids from *Melochia odorata*[J]. Phytotherapy Research, 2007, 21(4): 398-400.

[106] Soković M D, Vukojević J, Marin P D, et al. Chemical composition of essential oils of *Thymus* and *Mentha* species and their antifungal activities[J]. Molecules, 2009, 14(1): 238-249.

[107] 吴文君. 从天然产物到新农药创制——原理方法[M]. 北京: 化学工业出版社, 2006, 3: 29-89.

[108] Malmberg A, Theander O. Differences in chemical composition of leaves and stem in Jerusalem artichoke and changes in low-molecular sugar and fructan content with time of harvest[J]. Swedish Journal of Agricultural Research, 1986, 16: 7-12.

[109] Strepkov S M. Glucofructans of the stems of *Helianthus tuberosus*[J]. Doklady Akademii Nauk SSSR, 1959, 125: 216-218.

[110] Hay R K M, Offer N W. *Helianthus tuberosus* as an alternative forage crop for cool maritime regions: A preliminary study of the yield and nutritional quality of shoot tissues from perennial stands[J]. Journal of Science of Food Agriculture, 1992, 60: 213-221.

[111] Gunnarson S, Malmberg A, Mathisen B, et al. Jerusalem artichoke (*Helianthus tuberosus* L.) for biogas production[J]. Biomass, 1985, 7: 85-97.

[112] Luske B. Peeding value of artichoke stems, leaves and whole tops[J]. Biedermanns Zentralblatt. B. Tierernahrung, 1934, 6: 227-234.

[113] Rawate P D, Hill R M. Extraction of a high-protein isolate from Jerusalem artichoke (*Helianthus tuberosus*) tops and evaluation of its nutrition potential[J]. Journal of Agricultural & Food Chemistry, 1985, 33: 29-31.

[114] Stauffer M D, Chubey B B, Dorrell D G. Growth, yield and compositional characteristics of Jerusalem artichoke as they relate to biomass production[C]//Klass D L, Emert G H. Fuels from Biomass and Wastes, Ann. Arbor. Science, Ann Arbor, MI, 1981: 79-97.

[115] Seiler G J. Forage and tuber yields and digestibility of selected wild and cultivated genotypes of Jerusalem artichoke[J]. Agronomy Journal, 1993, 85: 29-33.

[116] National Academy of Sciences. Nutrient Requirements of Beef Cattle[M]. 6th ed. Washington, DC: National Academy of Sciences, 1984.

[117] Seiler G J. Nitrogen and mineral content of selected wild and cultivated genotypes of Jerusalem artichoke[J]. Agronomy Journal, 1988, 80: 681-687.

[118] Seiler G J, Campbell L G. Genetic variability for mineral element concentration of wild Jerusalem artichoke forage[J]. Crop Science, 2004, 44: 289-292.

[119] Kosaric N, Cosentino G P, Wieczorek A. The Jerusalem artichoke as an agricultural crop[J]. Biomass, 1984, 5: 1-36.

[120] Shoemaker D N. The Jerusalem artichoke as a crop plant[R]. Washington, DC: U.S. Department of Agriculture, 1927, USDA Technical Bulletin 33.

[121] Scharrer K, Schreiber R. The digestibility of fresh and silaged tubers of *Helianthus tuberosus* by pigs[J].

Landw. Forsch., 1950, 2: 156-161.

[122] Cosgrove D R, Oelke E A, Doll D J, et al. Jerusalem artichoke[J]. Alternative Field Crops Manual, 2000.

[123] Boswell V R, Steinbauer C E, Babb M F, et al. Studies of the culture and certain varieties of the Jerusalem artichoke[R]. Washington, DC: U.S. Department of Agriculture, 1936, USDA Technical Bulletin 415.

[124] Barta J, Pátkai G. Complex utilisation of Jerusalem artichoke plant in animal feeding and human nutrition[R], 2000.

[125] Davidson M H, Maki K C, Synecki C, et al. Effects of dietary inulin on serum lipids in men and women with hypercholesterolemia[J]. Nutrition Research, 1998, 18(3): 503-517.

[126] Kshnikatkina A N, Varlamov V A. Yield formation in Jerusalem artichoke-sunflower hybrid[J]. Kormoproizvodstvo, 2001, 5: 19-23.

[127] Martovitskaya A M, Sveshnikov A M. Chemical composition and productivity of *Helianthus tuberosus*[J]. Vestnik Sel' skokhozyaistvennoi Nauki Kazakhstana, 1974, 17: 37-42.

[128] Petkov K, Lukaszewski Z, Kotlarz A, et al. The feeding value of tubers from the Jerusalem artichoke[J]. Acta Universitatis Agriculturae Et Silviculturae Mendelianae Brunensis, 1997, 45: 7-12.

[129] Petkov K, Lukaszewski Z, Kotlarz A, et al. The feeding value of green fodder from the Jerusalem artichoke[J]. Acta Universitatis Agriculturae Et Silviculturae Mendelianae Brunensis, 1997, 45: 37-42.

[130] Mosseler A, Vervuert I, Coenen M. Hydrogen and methane exhalation after ingestion of different carbohydrates (starch, inulin, pectin and cellulose) in healthy horses[J]. Pferdeheilkunde, 2005, 21: 73-74.

[131] Hindrichsen I K, Wettstein H R, Machmuller A, et al. Effect of the carbohydrate composition of feed concentrates on methane emissions from dairy cows and their slurry[J]. Environmental Monitoring and Assessment, 2005, 107: 329-350.

[132] Schroeder J W. Silage Fermentation and Preservation[R]. NDSU Extension Service, AS-1254, 2004.

[133] Bondi A, Meyer H, Volkani R. The feeding value of ensiled Jerusalem artichoke tubers[J]. Empire Journal of Experimental Agriculture, 1941, 9: 73-76.

[134] Ercoli L, Mariotti M, Masoni A. Protein concentrate and ethanol production from Jerusalem artichoke (*Helianthus tuberosus* L.)[J]. Agricoltura Mediterranea, 1992, 122: 340-351.

[135] Zitmane I. Data on biochemical investigation of protein-vitamin compound derived from topinambour Ⅱ[J]. Latvijas PSR Zinatnu Akademijas Vestis, 1958, 10: 83-87.

[136] Flickinger E A, Van Loo J, Fahey G C. Nutritional responses to the presence of inulin and oligofructose in the diets of domesticated animals: A review[J]. Critical Reviews in Food Science & Nutrition, 2003, 43: 19-60.

[137] Fuller R. Introduction[M]//Probiotics 2: Applications and Practical Aspects. London: Chapman & Hall, 1997: 1-9.

[138] Lee Y K, Nomoto K, Salminen S, et al. Handbook of Probiotics[M]. New York: John Wiley & Sons, 1999.

[139] Fukuyasa T, Oshida T, Ashida K. Effects of oligosaccharides on growth of piglets and bacterial flora, putrefactive substances and volatile fatty acids in the feces[J]. Bull. Anim. Hyg, 1987, 24: 15-22.

[140] Houdijk J G M, Hartemink R, van Laere K M J, et al. Fructooligosaccharides and transgalactooligosaccharides in weaner pigs' diets[C]// Proceedings of the International Symposium on Non-digestible Oligosaccharides: Healthy Food for the Colon? Wageningen, The Netherlands, 1997: 69-78.

[141] Howard M D, Gordon D T, Pace L W, et al. Effects of dietary supplementation with fructooligosaccharides on colonic microbiota populations and epithelial cell proliferation in neonatal pigs[J]. Journal of Pediatric Gastroenterology & Nutrition, 1995, 21(3): 297-303.

[142] Houdijk J G M, Bosch M W, Verstegen M W A, et al. Effects of dietary oligosaccharides on the growth performance and faecal characteristics of young growing pigs[J]. Animal Feed Science & Technology, 1998, 71: 35-48.

[143] Houdijk J G M, Bosch M W, Tamminga S, et al. Apparent ileal and total-tract nutrient digestion by pigs as affected by dietary nondigestible oligosaccharides[J]. Journal of Animal Science, 1999, 77: 148-158.

[144] Varel V H, Yen J T. Microbial perspective on fiber utilization by swine[J]. Journal of Animal Science, 1997, 75: 2715-2722.

[145] Mulder R W A W, Havenaar R, Huis in't Veld J H J. Intervention Strategies: the use of Probiotics and Competitive Exclusion Microfloras against Contamination with Pathogens in Pigs and Poultry[M]//Fuller R. Probiotics 2. Dordrecht: Springer, 1997: 187-207.

[146] Nemcová R, Bomba A, Gancarciková S, et al. Study of the effect of *Lactobacillus paracasei* and fructooligosaccharides on the faecal microflora in weanling piglets[J]. Berliner Und Munchener Tierarztliche Wochenschrift, 1999, 112(6/7): 225-228.

[147] Bomba A, Nemcovά R, Gancarcikovά S, et al. Improvement of the probiotic effect of microorganisms by their combination with maltodextrins, fructo-oligosaccharides and polyunsaturated fatty acids[J]. British Journal of Nutrition, 2002, 88: S95-S99.

[148] Oli M W, Petschow B W, Buddington R K. Evaluation of fructo-oligosaccharide supplementation of oral electrolyte solutions for treatment of diarrhea (recovery of the intestinal bacteria)[J]. Digestive Diseases & Science, 1998, 43: 139-147.

[149] Farnworth E R, Jones J D, Modler H W, et al. The use of Jerusalem artichoke flour in pig and chicken diets[J]. Studies in Plant Science, 1993, 3: 385-390.

[150] Huber J T. Probiotics in cattle[M]//Fuller R. Probiotics 2. Dordrecht: Springer, 1997: 162-186.

[151] Kaufhold J, Hammon H M, Blum J W. Fructo-oligosaccharide supplementation: Effects on metabolic, endocrine and hematological traits in veal calves[J]. Journal of Veterinary Medicine Series A, 2000, 47: 17-29.

[152] Wallace R J, Newbold C J. Probiotics for ruminants[M]//Fuller R. Probiotics: The Scientific Basis. London: Chapman & Hall, 1992: 317-353.

[153] Bunce T J, Howard M D, Kerley M S, et al. Feeding fructooligosaccharide to calves increased bifidobacteria and decreased *Escherichia coli*[J]. Journal of Animal Science, 1995, 73 (Suppl. 1): 281.

[154] Bailey J S, Blankenship L C, Cox N A. Effect of fructooligosaccharide on *Salmonella* colonization of the chicken intestine[J]. Poultry Science, 1991, 70: 2433-2438.

[155] Fukata T, Sasai K, Miyamoto T, et al. Inhibitory effects of competitive exclusion and fructo-oligosaccharide, singly and in combination, on *Salmonella* colonization of chicks[J]. Journal of Food

Protection, 1999, 62(3): 229-233.

[156] Waldroup A L, Skinner J T, Hierholzer R E, et al. An evaluation of fructooligosaccharide in diets for broiler chickens and effects on salmonellae contamination of carcasses[J]. Poultry Science, 1993, 72(4): 2715-2722.

[157] Ammerman E, Quarles C, Twining P V. Evaluation of fructooligosaccharides on performance and carcass yield of male broilers[J]. Poultry Science, 1989, 68: 167.

[158] Kleessen B, Elsayed N A, Loehren U, et al. Jerusalem artichokes stimulate growth of broiler chickens and protect them against endotoxins and potential cecal pathogens[J]. Journal of Food Protection, 2003, 66: 2171-2175.

[159] Flickinger E A. Pet food and feed applications of inulin, oligofructose and other oligosaccharides[J]. British Journal of Nutrition, 2002, 87: S297-S300.

[160] Hussein S, Flickinger E A, Fahey G C, et al. Petfood applications of inulin and oligofructose[J]. Journal of Nutrition, 1999, 129: 1454S-1456S.

[161] Gritsienko E G, Dolganova N V, Alyanskii R I. Prophylactic Feed for Dogs and Method for Producing the Same: RU 2264125[P], 2005.

第 10 章　菊芋代谢产物的提取、分离、纯化

菊芋作为一种抗逆高效植物，代谢产物十分丰富，无论是原生代谢产物，还是次生代谢产物，均具有巨大的开发潜力与市场价值。本章主要介绍南京农业大学海洋科学及其能源生物资源研究所菊芋研究小组在具有巨大市场空间的菊芋代谢产物系列产品研发方面取得的进展与成果。

10.1　原生代谢产物的提取、分离、纯化

目前，菊芋的经济产量主要是其块茎，而块茎中存储的原生代谢产物为菊粉（inulin），是聚合度大小不等的多聚果糖混合物。南京农业大学海洋科学及其能源生物资源研究所菊芋研究小组已系统地研究了菊粉的结构及功能（详见第 8 章），本节主要介绍在菊粉的生产与加工上的研究成果，为菊粉系列产品开发提供技术保障。

10.1.1　菊粉的提取、分离、纯化

南京农业大学海洋科学及其能源生物资源研究所菊芋研究小组以海涂抗逆高效作物菊芋的廉价优质生物质资源获得、转化为目标，选育高产、优质菊芋新品种，攻克海涂菊芋双减种植核心技术，保障极具竞争力生物材料生产的原料供给；在此基础上，重点研发以菊芋块茎生产菊粉大宗基础生物材料的节点关键技术，形成一定规模的生产能力。菊粉可通过菊粉外切酶转化为果糖，可通过菊粉内切酶转化为果寡糖，还可通过微生物转化为甘露醇。而甘露醇是一种生物活性功能强大的生物材料，是对人畜健康均具促进作用的新糖源、新材料，又可作为中间体进一步转化为一系列的生物衍生产品，为我国新食品资源、新医药材料、特殊材料及生物质能源等提供基础材料或终端新产品。因此海涂菊芋生物产物的研发与产业化是事关我国国土、粮食、环境安全的战略性与前瞻性的举措，是石油化工产业向生物质产业转型的重大实践，可催生一批“接地顶天”的崭新的产业群。

菊粉具有调节肠胃功能、提高免疫力及促进矿物质吸收等多种保健功能，已有 40 多个国家将其批准为功能食品，并被广泛应用到医药、保健品、食品工业等领域。在我国，菊粉生产及其相关行业迅速发展，2009 年 3 月，卫生部批准菊粉为新资源食品，为我国菊粉产业的发展提供了契机。

在菊粉生产方面，国外主要有三家公司生产菊粉，分别是比利时的 Orafti 和 Warcoing 公司及荷兰 Sensus 集团公司的 CO-SUN 子公司，其菊粉产量占世界产量的 98%以上。2000 年以后，在我国已经有企业利用沙化土地种植菊芋，生产菊粉，先后建成一定规模的生产线，但因技术落后，与欧美同类产品相比，缺少竞争力。尽管国内外市场需求旺盛，但我国年产菊粉不到 1 万 t，目前食品行业使用的高纯度菊粉大部分依靠进口。

国外生产菊粉的原料主要是菊苣，利用菊苣提取制备高品质菊粉的技术在国外已经成熟，而在我国生产菊粉的原料主要是菊芋。菊芋与菊苣这两种原料有着很大不同，主要表现在块茎形状和大小、菊粉含量、菊粉中果糖的聚合度以及蛋白质果胶等含量组成方面，这种原料的明显差异决定了我们不能照搬国外先进的菊粉提取工艺。为此，南京农业大学海洋科学及其能源生物资源研究所菊芋研究小组多年来对菊粉的生产进行相关核心技术与主要技术参数的筛选，在此基础上，进行了菊粉生产工艺的优化。

1. 菊芋菊粉浸提关键技术及其技术参数优化

最初的菊粉提取方法主要为干法，其加工工艺一般为：菊芋块茎→清洗→切片→烘干→打碎→过筛→菊粉，实际上应该称之为菊芋块茎全粉，与今天的菊粉概念大不相同。该原始方法获得的菊粉为粗菊粉，纯度较低，品质较差。而后出现的湿法提取工艺为：菊芋块茎→破碎→添加柠檬酸或维生素 C 并与水混合→加热至 85℃并保持 15～25 min→均质→添加马铃薯淀粉→于 148℃下滚筒干燥→粉碎→菊粉。湿法提取工艺中，酸化和添加淀粉两个步骤有助于改善菊粉产品的品质[1]。

近年来，随着对菊粉研究的深入，又相继出现了以热水浸提法为主导的其他提取方式。而超声波提取法、微波浸出法、酶法等新技术虽有效地提高了菊粉提取率，却仅限于实验室研究。

热水浸提法（也称热回流法）是以水为溶剂，在一定温度下，对预处理过的菊芋加热浸泡一定的时间以提取菊粉的方法，其原理是菊粉易溶于热水。热水浸提法分为浸煮法、浸捣法和浸压法[2]。浸煮法是将菊芋于常温下在蒸馏水中浸泡 1 h，再用沸水进行水浴加热，冷却后离心，收集滤液。浸捣法是将菊芋于常温下加蒸馏水浸泡 1 h，用组织捣碎机捣成浆状后，再按照浸煮法于沸水水浴中进行抽提。浸压法是将菊芋加蒸馏水于常温下浸泡 1 h，再经高压处理 1 h，冷却后浸煮并收集滤液。

超声波提取法主要是通过高频、高密度的声波空化作用促使细胞膜破裂，从而促进细胞中有效成分的溶出与释放。超声破碎提取是一个物理过程，有耗时短、产物收率高、操作简单、无污染等优点。赵琳静和宋小平经试验筛选出的最佳超声提取条件为料水比 1∶25（pH=7），以超声处理 20 min[3]。超声波提取法的提取率比传统的水热法提高了 20%，但在一定条件下超声波会打断多糖分子，造成被提取物质物化性质的改变[4]。利用高效阴离子交换色谱（high performance anion exchange chromatography，HPAEC）进行定量分析，直接超声波处理会导致低聚果糖的得率明显增加，相应减少了长链果聚糖的得率。魏凌云分别采用直接和间接超声波法提取菊芋菊粉，并对比这两种提取方法与热水提取法的差异，也发现使用超声波提取会使菊粉的浸出效率显著提高，而间接超声波提取的浸出效率与热水提取基本相同，且间接超声波提取对菊粉物化性质的影响较小[5]。随着研究的深入，超声波提取法逐渐被应用于菊粉的提取，但是超声波提取法是否适用于工业大规模生产及其工艺参数还需进一步研究探索[6]。

传统的加热浸出法的原理是通过热交换的手段加热溶液，使菊芋中的菊粉分子受热浸出并扩散进入溶液。而微波浸出法则是利用微波所产生的电磁场加速菊芋中的菊粉向水溶液中扩散，同时由于微波辐射是高频电磁波，可以穿透菊芋块茎或粗菊粉到达其内部纤维管束和腺胞系统，即通过分子极化、摩擦、碰撞来使菊芋块茎或粗菊粉升温。微波浸出法比加热浸出法更直接有效，不仅使被提取物料受热均匀、加快升温的速度，还能在短时间内灭酶、杀菌，并且有利于菊粉的溶出，能够明显提高菊粉的提取效率。根据王启为等的实验结果，当料水比为 1∶1 时，微波浸出法的最佳提取参数为 700 W、2450 MHz，提取时间 140 s[7]。在单一变量的情况下，加热时间与被加热体系的温度成正比关系，即在一定的温度范围内，菊粉提取率与加热时间呈正相关关系。微波浸出法具有提取品质好、提取率高、省时、省溶剂、低耗能、无污染、生产线组成简单等优点。

通过单因素-正交实验可以发现，采用酶法提取菊粉时，提取的料液比、温度、时间、酶作用浓度等实验因素对菊粉提取率和氨基态氮含量都具有明显影响，一般随着各因素的提高而提高，在达到一定程度后保持稳定或略有下降；而实验的结果受酶作用时间、酶作用温度的影响不显著。陆慧玲和胡飞以菊粉提取率和氨基态氮含量为指标，确定的最佳酶提取条件为料液比 1∶15、酶浓度 0.10%，在 70℃的温度下提取 40 min[8]。

南京农业大学海洋科学及其能源生物资源研究所菊芋研究小组对菊芋块茎菊粉不同浸提方法对其浸提得率的影响进行了研究，分别用常规水浸提法、直接超声波法和间接超声波法对菊粉浸提得率的影响进行了比较，结果见图 10-1。从图 10-1 中看出，直接超声波法在处理前 30 min 菊粉得率高于间接超声波法与常规水浸提法，处理时间超过 30 min 后，三种处理方法菊粉得率几乎没有差异。

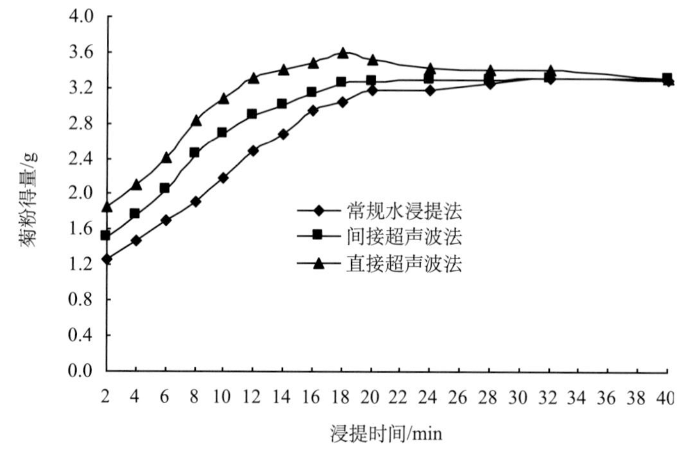

图 10-1　三种菊粉浸提技术的菊粉提取得量

从不同处理方法获得的菊粉浸提液的薄层色谱图中可以发现，直接超声波法处理浸提液菊粉的组分与间接超声波法和常规水浸提法有一些显著的变化（图 10-2）。

由于直接超声波菊粉提取方法和间接超声波菊粉提取方法目前尚难以适应大规模的工业化生产，因此，南京农业大学海洋科学及其能源生物资源研究所菊芋研究小组选择用常规水浸提方法开展实验研究，率定相关工艺参数，为工业化生产摸索提供理论支撑。

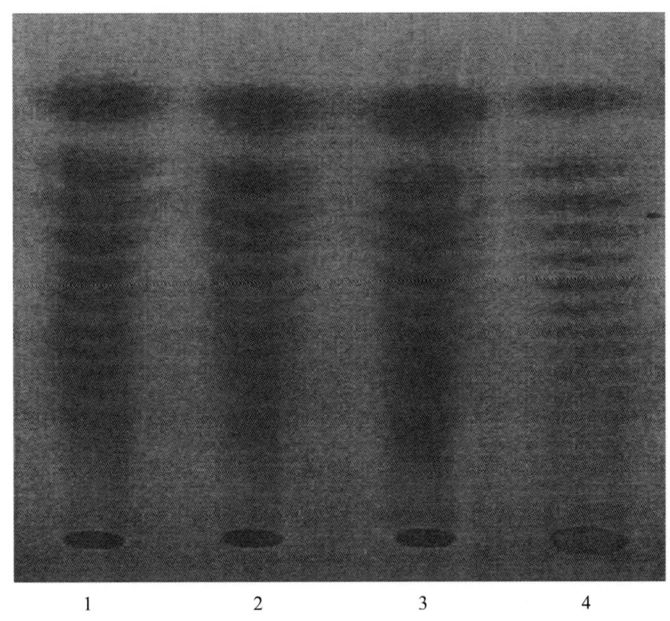

图 10-2　菊粉浸提液的薄层层析

样品 1，直接超声波浸提液；样品 2，间接超声波浸提液；样品 3，常规水浸提液；样品 4，纯化菊粉稀释液

1）菊芋块茎菊粉热水浸提法最佳工艺参数的筛选

南京农业大学海洋科学及其能源生物资源研究所菊芋研究小组在以单因素实验和正交实验为手段对菊芋菊粉热水浸提的料水比、浸提温度和浸提时间等参数大量研究的基础上，选择已得出的最佳参数进行筛选，以选出最适合南菊芋 1 号菊粉提取的工艺参数。共选出 6 组浸提工艺[9-14]，并以料水比从小到大为主要排列顺序绘制表 10-1。实验方法为：取 5.0 g 过 40 目筛的粗菊粉于 250 mL 高型烧杯，按比例加入纯水（RO = 0.1 μS/cm），并将烧杯置于恒温水浴锅中加热。每 10 min 搅拌一次。用保鲜膜封口以防止水分蒸发。

表 10-1　菊粉浸提实验条件

实验条件	料水比	浸提温度/℃	浸提时间/min
1	1∶15	85	60
2	1∶15	70	90
3	1∶18	90	40
4	1∶25	90	30
5	1∶30	70	70
6	1∶30	80	30

按照表 10-1 中的浸提参数进行实验，以提取液中的总糖和还原糖百分含量为纵坐标绘制带有趋势线的散点图（图 10-3）。由图 10-3 可以看出，总糖和菊粉含量最高的为实验组 1，即在浸提温度 85℃的条件下，以料水比 1∶15 浸提 60 min，此时总糖得率为 70.22%，还原糖得率为 5.60%，菊粉得率为 64.62%。研究小组在 2009 年的 $L_9(3^4)$正交实

验结果表明对菊芋菊粉热水浸提法提取率影响程度的大小依次为浸提温度＞料水比＞浸提时间。

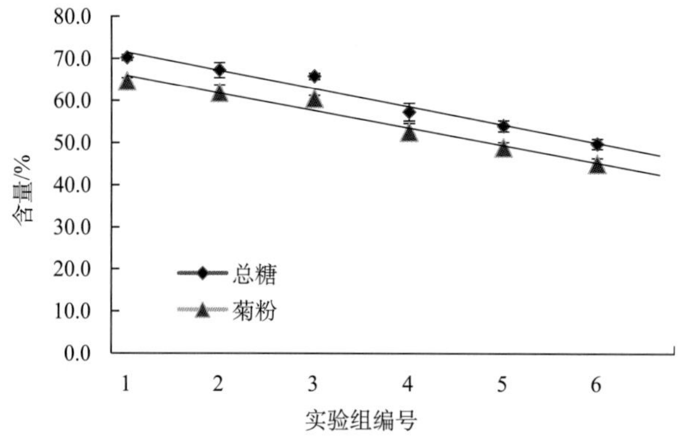

图 10-3　单因素浸提最佳工艺参数筛选

1.料水比 1∶15，浸提温度 85℃，浸提时间 60 min；2. 料水比 1∶15，浸提温度 70℃，浸提时间 90 min；3.料水比 1∶18，浸提温度 90℃，浸提时间 40 min；4.料水比 1∶25，浸提温度 90℃，浸提时间 30 min；5.料水比 1∶30，浸提温度 70℃，浸提时间 70 min；6. 料水比 1∶30，浸提温度 80℃，浸提时间 30 min。下同

2）菊芋块茎菊粉热水浸提次数实验

在已筛选出的单次浸提最佳实验条件为料水比 1∶15、在 85℃条件下浸提 60 min 的基础上，设计多次浸提实验以分析提取次数对总糖、还原糖和菊粉提取率的影响。

称取 2.0 g 粗菊粉，在 85℃条件下分别按照表 10-2 加入去离子水，并浸提相应时间。实验组设计原则为：粗菊粉与总加水量比例始终为 1∶15，3、6、9、11 号实验组的单次浸提时间均为 60 min，其他组总浸提时间为 60 min。多次浸提实验参数设计见表 10-2。

表 10-2　多次浸提实验参数设计

序号	浸提次数		
	1	2	3
1	30 mL 水，60 min	—	—
2	15 mL 水，30 min	15 mL 水，30 min	—
3	15 mL 水，60 min	15 mL 水，60 min	—
4	10 mL 水，20 min	20 mL 水，40 min	—
5	10 mL 水，30 min	20 mL 水，30 min	—
6	10 mL 水，60 min	20 mL 水，60 min	—
7	20 mL 水，40 min	10 mL 水，20 min	—
8	20 mL 水，30 min	10 mL 水，30 min	—
9	20 mL 水，60 min	10 mL 水，60 min	—
10	10 mL 水，20 min	10 mL 水，20 min	10 mL 水，20 min
11	10 mL 水，60 min	10 mL 水，60 min	10 mL 水，60 min

以单次浸提实验筛选出的最佳工艺参数为基础，设计多次浸提实验，并分别将每一浸提环节提取液中的总糖、还原糖和菊粉的提取率制成表格，见表 10-3～表 10-5。

表 10-3　菊芋块茎热水多次浸提实验——总糖提取率　　（单位：%）

序号	浸提次数			总提取率
	1	2	3	
1	68.55	—	—	68.55
2	63.06	7.16	—	70.22
3	64.56	7.55	—	72.11
4	57.07	12.23	—	69.30
5	57.88	11.73	—	69.61
6	57.52	11.67	—	69.19
7	65.03	6.73	—	71.76
8	65.29	6.09	—	71.38
9	66.70	6.63	—	73.33
10	57.83	11.63	0.02	69.48
11	57.85	11.81	0.04	69.70

表 10-4　菊芋块茎热水多次浸提实验——还原糖提取率　　（单位：%）

序号	浸提次数			总提取率
	1	2	3	
1	4.95	—	—	4.95
2	3.79	1.24	—	5.03
3	3.67	1.22	—	4.89
4	3.29	1.22	—	4.51
5	3.68	1.22	—	4.90
6	3.62	1.24	—	4.86
7	4.11	0.81	—	4.92
8	4.14	0.89	—	5.03
9	4.28	0.95	—	5.23
10	3.25	1.23	0.00	4.48
11	3.21	1.26	0.01	4.48

表 10-5　菊芋块茎热水多次浸提实验——菊粉提取率　　（单位：%）

序号	浸提次数			总提取率
	1	2	3	
1	63.60	—	—	63.60
2	59.27	5.92	—	65.19
3	60.89	6.33	—	67.22
4	53.78	11.01	—	64.79

续表

序号	浸提次数			总提取率
	1	2	3	
5	54.20	10.51	—	64.71
6	53.90	10.43	—	64.33
7	60.92	5.92	—	66.84
8	61.15	5.20	—	66.35
9	62.42	5.68	—	68.10
10	54.58	10.40	0.02	65.00
11	54.64	10.55	0.03	65.22

由表 10-3～表 10-5 可知，总糖、还原糖和菊粉的提取率基本遵循浸提次数越多提取率越高的规律，第一次浸提能提取出大部分的糖，浸提两次后基本可以提取出来全部可得。在一定范围内，料水比越大提取效率越高，因此，与实验组 4、5、6 相比，实验组 7、8、9 第二次浸提的料水比大于第一次，故第一次浸提更彻底，总提取率也更高。而实验组 10 和 11，虽然浸提了三次，但因为料水比较小，故浸提不彻底，总提取率虽大于实验组 1，但并非最高。此外，总糖、还原糖、菊粉还遵循浸提时间越长提取率越高的规律。

由表 10-5 可知，菊粉提取率最高的三个实验组依次为：实验组 9，第一次浸提料水比 1∶10，浸提 60 min，第二次浸提料水比 1∶5，浸提 60 min，即总浸提时间 120 min，提取率 68.10%；实验组 3，第一次浸提料水比 1∶7.5，浸提 60 min，第一次浸提料水比 1∶7.5，浸提 60 min，即总浸提时间 120 min，提取率 67.22%；实验组 7，第一次浸提料水比 1∶10，浸提 40 min，第二次浸提料水比 1∶5，浸提 20 min，即总浸提时间 60 min，提取率 66.84%。

由菊芋块茎一次性浸提实验的实验结果可知，在不考虑反复浸提的情况下，最佳浸提参数为：在 85℃的条件下，以料水比 1∶15 浸提 60 min，此时总糖得率为 70.22%，还原糖得率为 5.60%，菊粉得率为 64.62%。三个实验因素对菊芋菊粉热水浸提法提取率影响程度的大小依次为浸提温度＞料水比＞浸提时间。

据分析，热水浸提主要是利用热烫使细胞变形，再利用细胞膜内外的浓度差使有效成分由高浓度向低浓度扩散，当提取的有效成分在细胞膜内外的浓度相等时扩散停止，提取溶剂中有效成分的含量不再升高，浸提即可结束[15]。在菊芋菊粉浸提过程中，增大提取时单位质量粗菊粉对应的水的添加量（即减小料水比）是为了降低扩散平衡时物料中的菊粉含量，提高水中的菊粉总含量来增大提取率；提高提取温度一方面是为了加快菊粉分子的扩散速度，缩短提取时间，同时水温升高，大大提高了菊粉的溶解度，利于菊粉扩散到浸提液中；延长浸提时间是为了保证菊粉分子在料、水中的浓度已达到平衡。在单次提取时，菊芋粗粉中的菊粉可能由于浓度已达到平衡而不再随提取时间的延长而浸出，而增加水量则会导致提取液中平均菊粉含量较低，增大后续工艺的处理难度，故在料水比不变的情况下设计了多次浸提实验，以探究提高菊粉提取率的方法。

由菊芋块茎热水多次浸提实验的实验结果可知，总糖、还原糖和菊粉的提取率基本遵循浸提次数越多提取率越高的规律，且在第一次浸提能提取出大部分的糖，浸提两次后基本可以提取出来。以菊粉为例，在第一次提取时菊粉得率维持在 83.00%～92.16%；第二次浸提得率受第一次提取效率的影响，提取率在 7.84%～16.99%；而第三次提取的菊粉得率则不超过 0.05%。在一定范围内，料水比越大，三种糖的提取效率越高。此外，多次浸提还遵循浸提时间越长提取率越高的规律。

根据表 10-5 所示的菊粉提取率，结合工业生产节约时间、降低能耗的考虑，以实验组 7 的浸提工艺为最佳，即第一次浸提料水比 1∶10，浸提 40 min，第二次浸提料水比 1∶5，浸提 20 min，即总浸提时间 60 min，总糖提取率为 71.76%，总还原糖提取率为 4.92%，总菊粉提取率为 66.84%。

2. 浸提液脱色去杂关键技术研发及优化

菊芋菊粉粗提液中除菊粉外，还含有一定数量的蛋白质、多糖、有机酸、纤维素及其他成分。提取液中的多糖（如细胞壁多糖和果胶等）会明显提高溶液黏度，这是因为多糖的分子量很大，且含有大量亲水性的羟基，具有很强的亲水性，故溶于水会变成胶体物质，是典型的亲水胶体。由于其还含有一些含氮物质，如蛋白质、氨基酸、酰胺、胨、多肽和微量的硝酸盐等，在浸提的过程中高温还会使蛋白质变性。这些杂质不但会影响菊粉的品质，还会增加过滤负担、降低提取效率。因此，在制取菊粉的过程中必须对菊芋提取液进行除杂处理，除杂原则是既最大限度地去除提取液中的杂质，又尽量避免除杂过程对溶液中菊粉含量的影响，同时避免除杂试剂中的化学成分进入提取液中变成新杂质[14]。

溶剂分离法、两相溶剂萃取法、沉淀法、盐析沉淀法、透析法、结晶法和色谱法等为几种经典的除杂方法。近年来又出现了膜分离技术和大孔吸附树脂技术等新的分离纯化技术。

三氯乙酸法、盐酸法和 Sevag 法等为常见的几种植物多糖提取液脱蛋白的方法[16]。操作简单、结果稳定是三氯乙酸法和盐酸法的共同优点。三氯乙酸法的蛋白去除效率虽不是很高，但是它在脱蛋白的过程中基本不影响多糖的活性；盐酸法虽有很高的脱蛋白率，但也会造成较大的多糖损失率。手动操作时，Sevag 法脱蛋白效果较差，但若采用自动化手段则脱蛋白效果可以得到进一步改善。此外，脱蛋白率会随着 Sevag 法操作次数的增加而增加。

王启为等对盐析沉淀法、酶解法和加灰充碳过滤法进行了研究比较，除杂（以菊芋提取液中的蛋白质、果胶、有机酸、固形物和灰分为指标）效果为：盐析沉淀法具有设备简单、操作简便、成本较低的优点，但此法操作周期长，不能彻底去除溶液中的各种杂质，难以达到生产所需的除杂指标；酶解法除杂效果优良，但蛋白酶和果胶酶的使用增加了生产成本，且具有操作复杂、不易控制的缺陷；加灰充碳过滤法操作迅速，能彻底去除溶液中的各种杂质，且几乎没有引入不易去除的新杂质，保障了菊粉产品的纯度要求，且该方法具有操作简单、效果易控、成本低廉等优点[17]。

食品工业一般采用添加氢氧化钙和形成磷酸钙沉淀的固液界面吸附方法来进行汁液

的澄清与脱色[18]。具体操作过程为先添加氢氧化钙来吸附使汁液澄清，再添加磷酸与过量的氢氧化钙反应，产生磷酸钙沉淀来进一步吸附澄清汁液，操作过程中氢氧化钙和磷酸的添加量以汁液的 pH 计[19]。

菊芋菊粉粗提液脱色：在提取和纯化菊芋菊粉的过程中，提取液变黏稠，颜色加深，若不进行脱色处理，会使提取的菊粉呈棕黄色，不仅影响了菊粉的纯度和色泽，影响产品品质，也不利于对菊粉结构与生物活性的检测和研究，更加大了菊粉应用的难度[20]。因而，有效脱除菊芋菊粉中的色素物质是提取与纯化工艺中的关键环节。

菊芋菊粉提取液中有色物质的种类非常多，色素来源主要为菊芋中原本无色或浅色的物质（如糖和氨基酸等）受热发生美拉德反应而形成的深色物质，以及菊芋块茎自身包含的无机盐、有机酸、生物碱、脂质、蛋白质、氨基酸和焦糖化色素等。

目前，较为成熟的脱色工艺有活性炭脱色、双氧水氧化脱色、碱式 $AlCl_3$ 脱色和树脂脱色等。4 种方法的脱色原理及效果如下。

最常用的脱色方法为活性炭脱色法，此方法具有无毒、脱色效果好、性质稳定等优点，成本低，可反复使用，能满足工业化生产的需要。其原理为范德瓦耳斯力将色素吸附到活性炭表面。在同一温度下和一定时间范围内，活性炭脱色的脱色率与脱色时间呈正相关，处理后菊芋提取液的透光率高达 92%。但由于活性炭吸附的特异性较差，在脱去色素的同时会吸附一定的菊粉，故工业生产中采用此法脱色时有活性炭用量不多于 3%的原则[21]。

双氧水氧化脱色法是利用 H_2O_2 的强氧化作用使色素脱色，此方法需要在酸性或碱性环境下进行，故被脱色物质需在此条件下稳定存在，且不易被氧化。然而菊粉遇酸易降解，损失率较大。根据胡蝶等的研究结果，使用双氧水氧化脱色法对菊芋菊粉提取液进行脱色的最佳工艺参数为：调整溶液 pH 至 8.5，用 3%的 H_2O_2 于 80℃条件下处理 30 min[22]。但此法的缺陷是不能最终去除有色物质，且易造成多糖降解，降低菊粉得率[23]。

碱式 $AlCl_3$、硅藻土和聚乙烯亚胺是 3 种常见的脱色剂。根据易华西等的研究结果，脱色剂种类对提取液的脱色率和菊粉提取率的影响极显著，处理温度对菊粉提取率的影响显著，而脱色时间和脱色剂用量对脱色率与菊粉提取率的影响则不明显[24]。在上述 3 种脱色剂中，采用 1%聚乙烯亚胺脱色时菊粉提取率最高，而采用碱式 $AlCl_3$ 对提取液进行脱色处理的脱色率最高。使用脱色剂进行脱色的最佳脱色条件为：每 100 mL 提取液中加入 3 mL 1%聚乙烯亚胺，于 90℃条件下处理 10 min。

树脂应用于制糖工业已有 50 多年的历史，主要用于糖液的脱色、脱盐和软化，副产物的回收、分离，异构体的拆分和糖的转化等环节[25]。大孔吸附树脂是一类不含交换基团、具有大孔结构的高分子吸附剂，近年来已被广泛应用于天然物质的分离与纯化[26-28]。树脂的理化性质稳定，不溶于酸、碱和有机溶剂，不受无机盐类的影响，是具有较强吸附性和筛选性的分离材料。大孔吸附树脂所具有的吸附性是由于范德瓦耳斯力或产生氢键吸附的结果，而筛选性分离则是由其多孔性网状结构所决定的。离子交换树脂则主要依靠吸附作用和对带电色素分子的交换作用来实现脱色。一方面，树脂与色素之间的阴离子可以离子键形式相互交换；另一方面，色素的非极性部分通过疏水力与树脂基团结合。提取液中的色素多带负电，故可利用阴离子交换树脂进行脱色处理。同时，提取液中的其他阴离子（如 Cl^-、SO_4^{2-}、HCO_3^- 等）也可与树脂中的可交换离子（OH^-）进行交换。为降低菊粉损失率，可选择特异性强的离子交换树脂进行脱色处理[29]。胡娟等利用静态法，采用 16 种大孔吸附树脂和离子交换树脂对菊芋菊粉提取液进行脱色处理，再进行动态跑柱实验，发现使用 D218 脱色的脱色率可达 76.06%，总糖保留率为 83.38%。离子树脂交换法最大的缺陷是对色素中呈中性和带相反电荷的分子无脱色效果。

菊芋菊粉粗提液脱灰：菊芋块茎中钙、镁、钠等盐类的含量较高，当采用热水浸提法提取菊粉时，这些盐便会进入菊粉提取液中。此外，在采用石灰乳-磷酸法对提取液进行絮凝除杂处理时，也会将钙离子引入提取液中[30]。如果不进行脱灰（又称脱盐）处理，菊粉成品的灰分含量会超标而使产品不符合食品安全国家标准中对于灰分含量的规定[31]。

常见的脱盐方式有离子交换树脂法、离子交换膜法和电渗析法等。离子交换树脂的脱盐原理为：待处理菊芋菊粉提取液通过装有阳离子交换树脂的交换器时，水中的阳离子（如 Ca^{2+}、Mg^{2+}、K^+、Na^+等）便与树脂中的可交换离子（H^+）进行交换。赵国群等对 D001-F、001×7、LX-710、JK008、HD-8 等 16 种树脂进行筛选，并按照阴→阳→阴的串联方式进行了不同组合离子交换柱对于提取液的脱盐实验，以脱盐前后提取液的电导率作为衡量脱盐效果的指标，最终确定 D202→D001-F→D315 为最佳树脂组合，可将提取液的电导率由 5050 μS/cm 降至 240 μS/cm。

离子交换膜是一种含离子基团的对溶液离子有选择透过功能的高分子膜，其本质是一种膜状的离子交换树脂[32]。其基本组成部分即高分子骨架、固定基团和基团上的可交换离子。因其力学性能较差但具有优良的电化学性能，通常被用于电渗析脱盐工艺。其现已被广泛应用于海水淡化[33,34]、食品生产[35,36]和有机酸生产[37]等领域。

电渗析法的原理是在直流电场作用下，电解质溶液中的离子选择性地通过离子交换膜，从而得到分离。由于电渗析在分离和膜清洗的时候不需要添加化学试剂，不像离子交换那样需要定期地再生，能很好地与上、下游操作衔接，便于大规模连续化的操作，故电渗析已被广泛地用于脱盐[38,39]、脱酸[40]和一些氨基酸分离纯化的过程[41]。杨炼等研究了不同操作电压下，菊粉提取液的电导率、pH、灰分、粗蛋白的含量和糖分组成的变化，研究表明电渗析 1 h 后，提取液中灰分的去除率达到 70%，粗蛋白去除率达 47%，总糖损失率仅为 4%，同时电渗析不会引起糖分组成的明显变化[42]。

南京农业大学海洋科学及其能源生物资源研究所菊芋研究小组根据前面的菊芋块茎菊粉浸提工艺设计，进行了前后相互衔接的菊芋块茎浸提液脱色去杂关键技术研发及优化。首先要获得菊粉粗提液：将新鲜的南菊芋 1 号块茎洗净，切片，放入烘箱 105℃杀青 15 min，而后于 70℃条件下烘至恒重，粉碎，过 40 目筛制得菊芋块茎粗粉（以下简称粗菊粉）。将粗菊粉按料水比 1∶15 于 85℃水浴锅中浸提 60 min，浸提过程中每 10 min 搅拌一次。待提取液冷却后过滤。滤液采用石灰乳-磷酸法除去蛋白质和果胶等杂质，即加石灰乳调节滤液 pH 至 12，于 60℃水浴锅中澄清 20 min，再用磷酸调节 pH 至 7.5[12]。将杂质滤去，即得菊粉粗提液。然后利用树脂对菊粉粗提液进行脱色脱盐。

菊芋提取液中的色素包括焦糖化色素、糖液中还原糖与氨基酸发生美拉德反应产生的类黑色素以及糖降解色素等。这些色素含有不饱和键的基团如—N═N—、—HC═

CH—、—CH═N—等。在溶液中，色素分子呈电离状态，带负电荷，可与阴离子发生交换作用，因此可以用活性炭或阴离子交换树脂将色素吸附、交换除去[43]。

1）菊粉粗提液活性炭脱色工艺参数筛选

活性炭是工业生产中最常用的脱色剂，使用其脱色具有效果显著且成本低廉等优点。活性炭用量、脱色温度、脱色时间是影响活性炭脱色效果的三个主要因素。实验先以这三个因素对菊粉粗提液脱色率的影响为基础进行单因素实验，再以单因素实验的结果为基础设计正交实验，以脱色率、菊粉保留率和脱色效果[计算方法见式（10-1）～式（10-3）]为指标，筛选出最佳活性炭脱色生产工艺参数。

脱色率（%）=［（脱色前吸光度－脱色后吸光度）/脱色前吸光度］×100%　（10-1）

菊粉保留率（%）=［（脱色前菊粉含量－脱色后菊粉含量）/脱色前菊粉含量］×100%　（10-2）

菊粉脱色效果=（菊粉脱色率＋菊粉保留率）/2　（10-3）

首先探索活性炭用量对菊粉粗提液脱色率的影响，分别称取 2.0 g、4.0 g、6.0 g、8.0 g、10.0 g 活性炭粉末于 250 mL 锥形瓶中，加入 100 mL 菊粉粗提液，置于 20℃卧式恒温摇床以 150 r/min 的速度进行振荡。以活性炭与菊粉粗提液接触时为 0 时刻，采用静态吸附法吸附 20 min。吸附结束后用 0.45 μm 水系滤膜进行真空抽滤，使活性炭与菊粉粗提液分离。再用分光光度计测定脱色后的菊粉粗提液在 460 nm 处的吸光度，以未进行活性炭脱色处理的菊粉粗提液的吸光度为对照计算脱色率。

活性炭用量对菊粉粗提液脱色率的影响如图 10-4 所示。由图 10-4 可知，随着活性炭用量的增加，脱色率呈上升趋势，但当活性炭用量大于 6.0 g/100 mL 时，脱色率变化不大，基本稳定在 90.80%以上。考虑成本因素，在后续实验和中试生产中控制活性炭添加量为 6.0 g/100 mL。

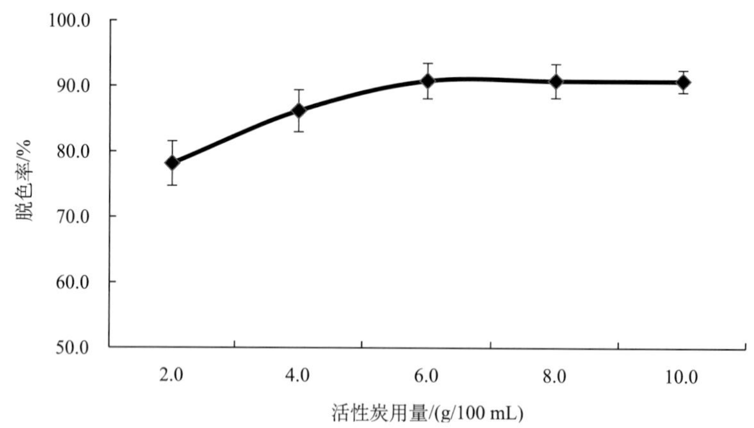

图 10-4　活性炭用量对菊粉粗提液脱色率的影响

接着研究活性炭脱色时间对菊粉粗提液脱色率的影响，称取 6.0 g 活性炭粉末于 250 mL 锥形瓶中，加入 100 mL 菊粉粗提液，置于 20℃卧式恒温摇床以 150 r/min 的速度进行振荡。以活性炭与菊粉粗提液接触时为 0 时刻，采用静态吸附法分别处理 5 min、

10 min、20 min、30 min、40 min、50 min、60 min。吸附结束后用 0.45 μm 水系滤膜进行真空抽滤，使活性炭与菊粉粗提液分离。再用分光光度计测定脱色后的菊粉粗提液在 460 nm 处的吸光度，以未进行活性炭脱色处理的菊粉粗提液的吸光度为对照计算脱色率。使用活性炭对菊芋菊粉提取液进行脱色，脱色率随脱色时间的变化如图 10-5 所示。由图 10-5 可知，随着脱色时间的延长，提取液的脱色率呈略微上升趋势，但上升范围不大，基本稳定在 80%～90%。脱色 30 min 时，脱色率为 86.24%，而脱色 60 min 时，脱色率仅仅增加了 0.92%。根据吴洪新等的研究结果，随脱色时间的延长，提取液中菊粉含量下降，菊粉损失率增大。故考虑脱色时间对菊粉含量的影响，后续实验活性炭脱色时间控制为 30 min。

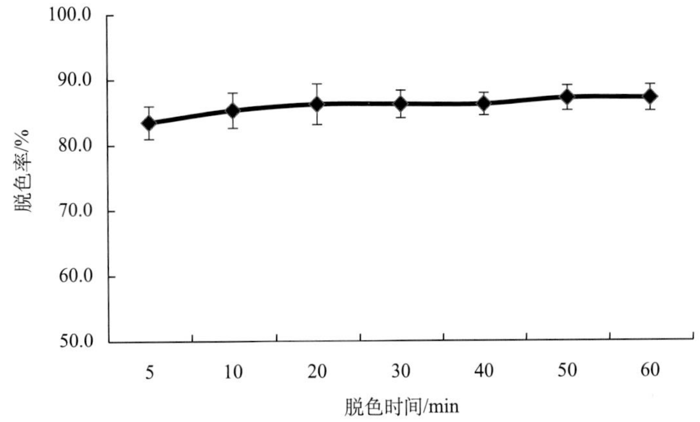

图 10-5　活性炭脱色时间对菊粉粗提液脱色率的影响

再考虑活性炭脱色温度对菊粉粗提液脱色率的影响，称取 6.0 g 活性炭粉末于 250 mL 锥形瓶中，加入 100 mL 菊粉粗提液，置于卧式恒温摇床中以 150 r/min 的速度进行振荡。摇床温度分别设置 10℃、15℃、20℃、25℃、30℃、35℃、40℃、45℃、50℃。以活性炭与菊粉粗提液接触时为 0 时刻，采用静态吸附法吸附 20 min。吸附结束后用 0.45 μm 水系滤膜进行真空抽滤，使活性炭与菊粉粗提液分离。再用分光光度计测定脱色后的菊粉粗提液在 460 nm 处的吸光度，以未进行活性炭脱色处理的菊粉粗提液的吸光度为对照计算脱色率。脱色温度对菊粉提取液活性炭脱色率的影响如图 10-6 所示。由图 10-6 可知，脱色率随脱色温度的升高而呈上升趋势，当脱色温度高于 30℃时，脱色率变化不大，基本稳定在 86%以上。因提高温度会增大能耗，故考虑成本因素，在中试生产中控制脱色温度在 30℃左右。

在单因素实验结果的基础上，进行活性炭脱色多因素正交实验，以揭示活性炭脱色三个不同因素对菊粉粗提液脱色效果的相互影响，寻求较优的活性炭脱色工艺。故通过静态吸附法，采用恒温摇床（速度 150 r/min）振荡装有加入了活性炭粉末的菊粉粗提液（100 mL）以增大接触面积，以活性炭与菊粉粗提液接触时为 0 时刻，选取活性炭用量（A）、脱色时间（B）、脱色温度（C）为因子，进行三因素三水平 $L_9(3^4)$正交实验，因素及其水平见表 10-6。正交实验结果见表 10-7，正交实验结果分析见表 10-8，脱色率、菊

粉保留率、脱色效果的方差分析结果见表 10-9～表 10-11。

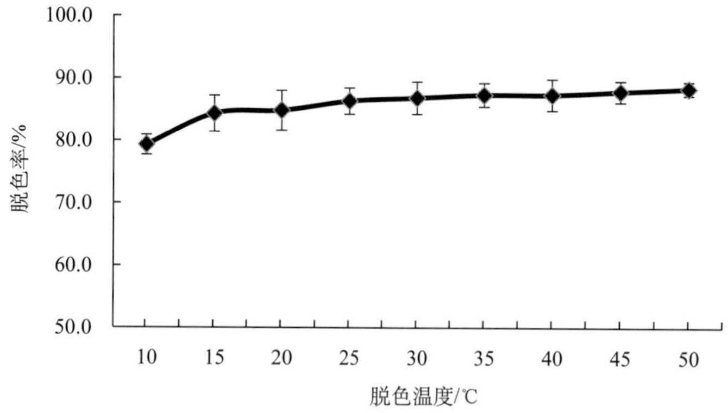

图 10-6　活性炭脱色温度对菊粉粗提液脱色率的影响

表 10-6　菊粉粗提液活性炭脱色正交实验因素及其水平

水平	因素		
	A 活性炭用量/（g/100 mL）	B 脱色时间/min	C 脱色温度/℃
1	5.0	20	25
2	6.0	30	30
3	7.0	40	35

表 10-7　活性炭脱色正交实验结果

实验号	因素			实验结果		
	A 活性炭用量/g	B 脱色时间/min	C 脱色温度/℃	脱色率/%	菊粉保留率/%	脱色效果
1	1（5.0）	1（20）	1（25）	79.00	87.52	83.26
2	1	2（30）	2（30）	79.31	88.32	83.81
3	1	3（40）	3（35）	80.25	92.39	86.32
4	2（6.0）	1	2	80.25	92.01	86.13
5	2	2	325	80.56	82.48	81.52
6	2	3	1	80.25	77.57	78.91
7	3（7.0）	1	3	80.56	85.50	83.03
8	3	2	1	80.88	88.62	84.75
9	3	3	2	80.56	85.65	83.11

表 10-8　活性炭脱色正交实验结果分析

水平	脱色率/%			菊粉保留率/%			脱色效果		
	A	B	C	A	B	C	A	B	C
K_1	238.56	239.81	240.13	268.23	265.03	253.71	253.39	252.42	246.92
K_2	241.06	240.75	240.12	252.06	259.41	265.98	246.56	250.08	253.05
K_3	242.00	241.06	241.37	259.77	255.61	260.36	250.88	248.34	250.87

续表

水平	脱色率/%			菊粉保留率/%			脱色效果		
	A	B	C	A	B	C	A	B	C
k_1	79.52	79.94	80.04	89.41	88.34	84.57	84.46	84.14	82.31
k_2	80.35	80.25	80.04	84.02	86.47	88.66	82.19	83.36	84.35
k_3	80.67	80.35	80.46	86.59	85.20	86.79	83.63	82.78	83.62
R	1.15	0.42	0.41	5.39	3.14	4.09	2.27	1.36	2.04

表 10-9　活性炭脱色正交实验——脱色率的方差分析

误差来源	方差	自由度	均方	*F* 值	*P* 值
活性炭用量	2.11	2	1.05	5.97	0.14
脱色时间	0.28	2	0.14	0.80	0.56
脱色温度	0.34	2	0.17	0.98	0.51
误差	0.35	2	0.18		

表 10-10　活性炭脱色正交实验——菊粉保留率的方差分析

误差来源	方差	自由度	均方	*F* 值	*P* 值
活性炭用量	43.63	2	21.81	0.50	0.67
脱色时间	14..97	2	7.48	0.17	0.85
脱色温度	25.19	2	12.59	0.29	0.78
误差	87.55	2	43.78		

表 10-11　活性炭脱色正交实验——脱色效果的方差分析

误差来源	方差	自由度	均方	*F* 值	*P* 值
活性炭用量	7.97	2	3.99	0.32	0.76
脱色时间	2.80	2	1.40	0.11	0.90
脱色温度	6.44	2	3.22	0.26	0.79
误差	24.71	2	12.35		

根据表 10-8 所示极值 *R* 的大小，三个实验因素对活性炭脱色效果影响的主次顺序为：活性炭用量＞脱色时间＞脱色温度；影响脱色过程中菊粉保留率的因素主次顺序为：活性炭用量＞脱色温度＞脱色时间。由表 10-7 可知，使用活性炭脱色法脱色率最高的实验方案为活性炭用量 7.0 g/100 mL、脱色时间 30 min、脱色温度 25℃（A3B2C1），菊粉保留率最高的实验方案为活性炭用量 5.0 g/100 mL、脱色时间 40 min、脱色温度 35℃（A1B3C3）。以脱色率和菊粉保留率各占 50%权重计算脱色效果最佳的实验方案为 A1B3C3，即活性炭用量 5.0 g/100 mL、脱色 40 min、脱色温度 35℃，此时脱色率为 80.25%，菊粉保留率为 92.39%。

由表 10-9～表 10-11 可知，三个不同因素的 *P* 值均大于 0.05，此时不能断定 3 个因素都不显著，而需剔除一个最不显著的因素再进行分析。但经过修正后的方差分析 *P* 值仍大于 0.05，即均没有显著性，则可以断定活性炭用量、脱色时间和脱色温度 3 个因素均不是影响实验结果的重要因素。

2）菊粉粗提液树脂脱色脱盐工艺优化

阳离子树脂：D001-SS（北京绿百草科技发展有限公司），D113（上海汇珠树脂有限公司），PK228（北京绿百草科技发展有限公司）。阴离子树脂：D201（北京绿百草科技发展有限公司），D301（北京绿百草科技发展有限公司），PA312（北京绿百草科技发展有限公司）（表 10-12）。

表 10-12　几种离子交换树脂的基本性质

牌号	树脂结构	产品名称	外观	功能基	用途
D001-SS	苯乙烯二乙烯基苯	大孔型强酸性苯乙烯系阳离子交换树脂	灰褐色不透明球状颗粒	$—SO_3^-$	制糖工业专用糖汁脱钙
D113	丙烯酸系	大孔型弱酸性丙烯酸系阳离子交换树脂	乳白色至淡黄色不透明球状颗粒	—COOH	工业水处理，生化药物的分离提纯等
PK228	苯乙烯	高大孔型强酸性阳离子树脂	棕褐色不透明球状颗粒	$—SO_3^-Na^+$	有机工业除灰、脱色催化剂等
D201	苯乙烯二乙烯基苯	大孔型强碱性季铵 I 型阴离子交换树脂	乳白色不透明球状颗粒	$—N^+(CH_3)_3$	废水处理，生化药物分离和糖类提纯
D301	苯乙烯二乙烯基苯	大孔型弱碱性苯乙烯系阴离子交换树脂	乳黄色不透明球状颗粒	$—N(CH_3)_2$	淀粉糖脱盐脱色，水处理
PA312	苯乙烯	高大孔型强碱性阴离子树脂	乳白色不透明球状颗粒	$—CH_2N+(CH_3)_3Cl^-$	糖液的脱色、脱离子，或当作碱性催化剂回收

经活性炭处理后的浸提液，再用树脂进一步脱色和脱盐，研究小组接着进行了阳离子树脂脱盐最佳工艺参数的筛选。离子交换树脂的工业产品中，常含有少量低聚合物和未参加反应的单体，还含有铁、铅、铜等无机杂质，当树脂与水、酸、碱或其他溶液接触时，上述物质就会转入溶液中，影响出水质量。因此，新树脂在使用前必须进行预处理，一般先用水反洗树脂使之充分膨胀，然后，对其中的无机杂质（主要是铁的化合物）可用盐酸标准溶液除去，有机杂质可用氢氧化钠标准溶液除去，洗到近中性即可。

对树脂进行预处理除了能洗去杂质外，还能将树脂转为活化状态，即具有下列离子形式的试样：强酸性阳离子交换树脂为钠型，弱酸性阳离子交换树脂为氢型，强碱性阴离子交换树脂为氯型，弱碱性阴离子交换树脂为游离胺型（参照 GB/T 5476—2013《离子交换树脂预处理方法》）。

预处理操作步骤如下。

（1）反洗：量取约 70 mL 树脂置于交换柱中，用纯水进行反洗，直到树脂中无可见机械杂质，出水澄清为止。

（2）预处理：在交换柱中使液面高出树脂层约 10 mm，保证树脂层中无气泡。根据树脂种类按表 10-13 中的第一步操作所需的试剂量和流量通过树脂层，直到液面高出树脂层表面 10 mm 为止。然后用纯水按表 10-13 规定的水洗流量和时间进行水洗。再按照第二步操作所需的试剂量和流量通过树脂层，直到液面高出树脂层表面 10 mm 为止。最后用纯水按表 10-13 中规定的流量进行水洗，直至用指示剂检验流出液呈表 10-13 中规定的颜色为止。

表 10-13　离子交换树脂预处理条件

树脂种类		强酸	弱酸	强碱	弱碱
第一步操作	试剂	HCl	NaOH	NaOH	HCl
	浓度/（mol/L）			1	
	体积数/mL			800	
	流量/（mL/min）	13～14	6～7	13～14	6～7
	水洗流量/（mL/min）			25～30	
	水洗时间/min			25～30	
第二步操作	试剂	NaOH	HCl	HCl	NaOH
	浓度/（mol/L）			1	
	体积数/mL			800	
	流量/（mL/min）	13～14	6～7	13～14	6～7
	水洗流量/（mL/min）			25～30	
	指示剂	酚酞	甲基橙	甲基橙	酚酞
	终点颜色	无色	黄色	黄色	无色

（3）离子交换树脂的再生：离子交换树脂使用一段时间后，吸附的杂质接近饱和状态，故须进行再生处理，即用化学药剂将树脂所吸附的离子和其他杂质洗脱除去，使之恢复原来的组成和性能，通常控制性能恢复程度为 70%～80%。工业生产中，树脂再生在降低成本、节能减排等方面具有重要意义。

树脂再生时的化学反应是树脂交换吸附的逆反应。按化学反应平衡原理，提高化学反应某一方物质的浓度，可促进反应向另一方进行，故提高再生液浓度可加速再生反应，并达到较高的再生水平。为加速再生化学反应，通常先将再生液加热至 70～80℃。它通过树脂的流速一般为 1～2 BV/h。也可采用先快后慢的方法，以充分发挥再生剂的效能。再生时间约为 1 h。随后用纯水顺流冲洗树脂约 1 h（水量约 4BV），待洗水排清之后，再用水反洗，直至洗出液无色、无浑浊为止。

一些树脂在再生和反洗之后，要调校 pH。因为再生液常含有碱，树脂再生后即使经水洗，也常带碱性。而一些脱色树脂（特别是弱碱性树脂）宜在微酸性下工作。此时可通入稀盐酸，使树脂 pH 下降至 6 左右，再用水正洗、反洗各一次。

树脂在使用较长时间后，由于所吸附的一部分杂质（特别是大分子有机胶体物质）不易被常规的再生处理所洗脱，逐渐积累而将树脂污染，使树脂效能降低。此时要用特殊的方法处理。

污染较严重的树脂，可用酸或碱性食盐溶液反复处理。如果上述处理的效果未达要求，可用氧化法处理。即用水洗涤树脂后，通入浓度为 0.5% 的次氯酸钠溶液，控制流速 2～4 BV/h，通过量 10～20 BV，随即用水洗涤，再用盐水处理。应当注意，氧化处理可能将树脂结构中的大分子的连接键氧化，造成树脂的降解，膨胀度增大，容易碎裂，故不宜常用。通常使用 50 周期后才进行一次氧化处理。

（1）菊粉阳离子树脂脱盐最佳工艺参数的筛选

阳离子树脂脱盐实验：分别称取 10.0 g D001、D113 和 PK228 三种阳离子树脂于 250 mL 锥形瓶中，加入 100 mL 菊粉粗提液，置于 20℃卧式恒温摇床以 150 r/min 的速度进行振荡。以树脂与菊粉粗提液接触时为 0 时刻，采用静态吸附法吸附 30 min。吸附结束后过滤，使树脂颗粒与菊粉粗提液分离。然后在室温（20℃）下用电导率仪测定脱盐后的菊粉粗提液的电导率，以未进行脱盐处理的菊粉粗提液的电导率为对照计算脱盐率。同时测定 pH。

再将实验所用的树脂回收、再生，重复上述脱盐操作，以筛选出最适用于工业脱盐的树脂类型。脱盐率计算方法见式（10-4）。

脱盐率（%）＝［（脱盐前电导率－脱盐后电导率）/脱盐前电导率］×100%　（10-4）

由表 10-14 可知，三种树脂对菊粉粗提液的脱盐率由大到小依次为：PK228＞D001＞D113，但使用 PK228 脱盐会对菊粉粗提液 pH 造成较大影响，使原本呈中性的溶液略偏酸，从而对菊粉产品品质造成影响。其原因可能是在预处理过程中，PK228 会与盐酸中的氢离子结合，且不易被氢氧化钠溶液洗脱，在脱盐过程中，氢离子与溶液中的盐离子发生交换，故使溶液 pH 降低。

表 10-14　阳离子树脂脱盐实验结果

试验组		CK	D001	D113	PK228
脱盐前	pH	7.50	7.43	7.37	7.34
	电导率/（μS/cm）	317	0.370	0.293	0.152
脱盐后	pH	—	7.36	7.47	5.15
	电导率/（μS/cm）	—	75.4	103.9	68.2
脱盐率/%		—	76.21	67.22	78.49

由表 10-15 可知，再生的阳离子树脂对菊粉粗提液的脱盐率由大到小依次为：D001＞ D113＞ PK228，其中 PK228 虽不再对溶液 pH 造成影响，但其脱盐率却明显降低。其原因可能是在初次脱盐处理中，PK228 与溶液中的盐离子发生的吸附作用较强，且与 D001 和 D113 相比不易被解吸，或需要更大量的再生液。

表 10-15　再生阳离子树脂脱盐实验结果

试验组		CK	D001	D113	PK228
脱盐前	pH	7.52	7.22	7.61	7.13
	电导率/（μS/cm）	342	0.370	0.293	0.152
脱盐后	pH	—	7.46	7.37	7.02
	电导率/（μS/cm）	—	86.9	139.4	182.6
脱盐率/%		—	74.59	59.24	46.61

综上，考虑 PK228 价格较高、初次吸附时易对菊粉提取液 pH 造成影响且再生成本较高，故选择脱盐率紧随其后的 D001。D001 成本较低，脱盐率较高，不会对溶液 pH

造成影响，且再生后脱盐效果稳定，十分适合工业菊粉生产脱盐。

（2）阴离子树脂脱色最佳工艺参数的筛选

由于菊粉颜色对产品品质有重要影响，故采用阴离子交换树脂对菊粉粗提液进行二次脱色。离子交换树脂是工业中常用的脱色剂，已广泛应用于糖液脱色和精制等方面。树脂类型、树脂用量、脱色温度和脱色时间是影响阴离子树脂脱色效果的几个重要因素。实验先从 D201、D301、PA312 三种树脂中筛选出最适合菊粉粗提液脱色的树脂类型，再通过动、静态吸附实验对脱色率影响的对比选出后续实验采取的吸附手段，然后以树脂用量、脱色时间和脱色温度对菊粉粗提液脱色率的影响为基础进行单因素实验，最终以单因素实验的结果为基础设计正交实验，以脱色率、菊粉保留率和脱色效果为指标，筛选出最佳活性炭脱色生产工艺参数。

① 阴离子树脂类型筛选。先称取阴离子树脂 D201、D301 和 PA312 各 6.0 g 并进行预处理，再将处理后的树脂置于 250 mL 锥形瓶中，加入 50 mL 菊粉粗提液，置于 20℃卧式恒温摇床以 150 r/min 的速度振荡，以活性炭与菊粉粗提液接触时为 0 时刻，采用静态吸附法吸附 60 min。再用分光光度计测定脱色后的菊粉粗提液在 460 nm 处的吸光度，以未进行树脂脱色处理的菊粉粗提液的吸光度为对照计算脱色率。由表 10-16 可以看出三种树脂对菊粉粗提液的 pH 影响都不大，脱色效果最好的树脂为 PA312，D201 的脱色效果略逊一筹。但 PA312 为日本三菱公司的新产品，价格昂贵，而脱色率较成本低廉的 D201 而言没有显著提升。故在后续实验及中试生产中均选用 D201 进行二次脱色。

表 10-16　阴离子树脂脱色实验——树脂类型筛选

树脂类型	吸光度（A_{460}）	pH	脱色率/%
CK	0.896	7.35	—
D201	0.174	7.49	80.69
D301	0.255	7.33	71.54
PA312	0.169	7.14	81.14

动、静态吸附实验脱色率对比。取 20.0 g D201 与 100 mL 菊粉粗提液分别进行动、静态吸附脱色实验。动态吸附脱色：将 D201 置于交换柱中，通过恒流泵调节菊粉粗提液流速至 1～2 BV/h 流过柱体。静态吸附脱色：将装有 D201 树脂、菊粉粗提液的 250 mL 锥形瓶置于 20℃卧式恒温摇床中，以 150 r/min 的速度振荡 60 min。以未进行树脂脱色处理的菊粉粗提液的吸光度为对照分别计算两种脱色方法的脱色率。动态吸附实验脱色率（80.69%）与静态吸附实验脱色率（80.67%）相差不大，因此在小试实验阶段可采用静态吸附脱色法进行实验。

② 阴离子树脂用量对菊粉粗提液脱色率的影响。分别称取 2.0 g、4.0 g、6.0 g、8.0 g、10.0 g、12.0 g、14.0 g、16.0 g、18.0 g、20.0 g D201 于 250 mL 锥形瓶中，加入 50 mL 菊粉粗提液，置于 20℃卧式恒温摇床以 150 r/min 的速度进行振荡。以树脂与菊粉粗提液接触时为 0 时刻，采用静态吸附法吸附 60 min。再用分光光度计测定脱色后的菊粉粗提液在 460 nm 处的吸光度，以未进行树脂脱色处理的菊粉粗提液的吸光度为对照计算脱

色率。阴离子树脂 D201 添加量对菊芋菊粉提取液脱色率的影响如图 10-7 所示。由图 10-7 可知，脱色率随着 D201 添加量的增大呈上升趋势，但当 D201 添加量大于 8.0 g/50 mL 时，脱色率变化不大，基本稳定在 80%以上，因而在后续实验中将 D201 的添加量控制为 16.0 g/100 mL。

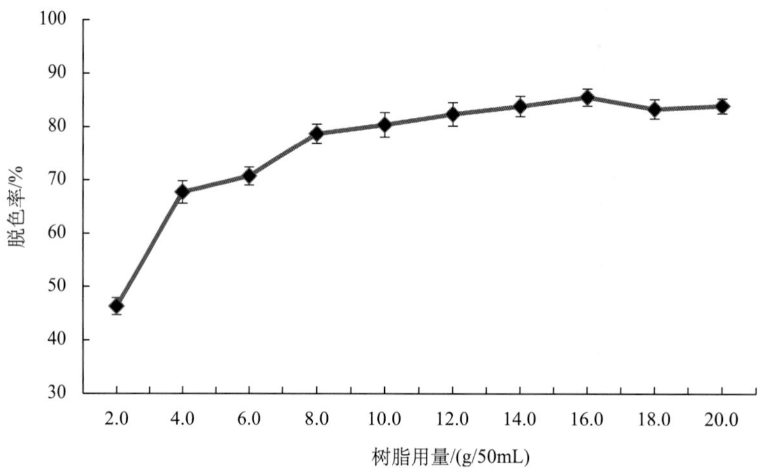

图 10-7　阴离子树脂用量对菊粉粗提液脱色率的影响

与活性炭相比，阴离子树脂 D201 的脱色率较低，然而考虑到菊粉产品颜色对产品品质影响较大，且活性炭脱色不能去除提取液中的全部色素，故在中试实验中采用活性炭进行一次脱色，阴离子树脂进行二次脱色，以增强脱色效果。

③ 阴离子树脂脱色时间对菊粉粗提液脱色率的影响。称取 6.0 g D201 于 250 mL 锥形瓶中，加入 50 mL 菊粉粗提液，置于 20℃卧式恒温摇床以 150 r/min 的速度进行振荡。以树脂与菊粉粗提液接触时为 0 时刻，采用静态吸附法分别处理 5 min、10 min、20 min、30 min、40 min、50 min、60 min。再用分光光度计测定脱色后的菊粉粗提液在 460 nm 处的吸光度，以未进行阴离子树脂脱色处理的菊粉粗提液的吸光度为对照计算脱色率。阴离子树脂 D201 对菊芋菊粉粗提液的脱色率随时间变化的曲线如图 10-8 所示。由图 10-8

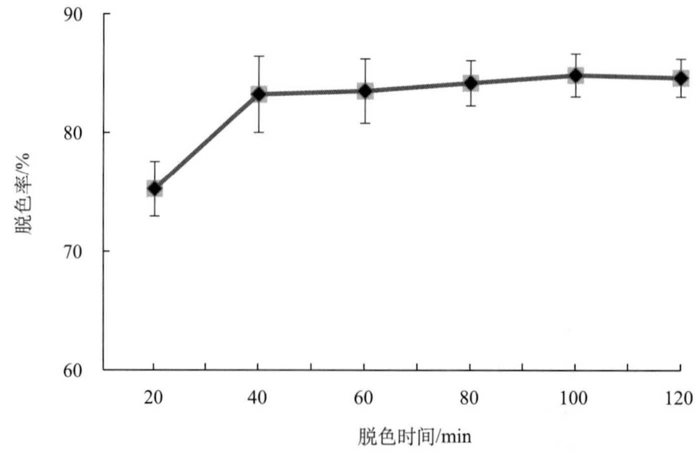

图 10-8　阴离子树脂脱色时间对菊粉粗提液脱色率的影响

可知，随着脱色时间的延长，脱色率逐渐上升。但当脱色时间大于 40 min 时，脱色率基本稳定在 80%～85%。考虑生产效率和能源消耗等因素，在后续实验中将阴离子树脂 D201 的脱色时间控制在 30 min 左右。

④ 阴离子树脂脱色温度对菊粉粗提液脱色率的影响。称取 6.0 g D201 于 250 mL 锥形瓶中，加入 50 mL 菊粉粗提液，置于卧式恒温摇床中以 150 r/min 的速度进行振荡。摇床温度分别设置为 10℃、15℃、20℃、25℃、30℃、35℃、40℃、45℃、50℃。以树脂与菊粉粗提液接触时为 0 时刻，采用静态吸附法吸附 20 min。再用分光光度计测定脱色后的菊粉粗提液在 460 nm 处的吸光度，以未进行 D201 脱色处理的菊粉粗提液的吸光度为对照计算脱色率。脱色温度对菊粉粗提液脱色率的影响曲线如图 10-9 所示。由图 10-9 可知，脱色率随脱色温度的升高呈上升趋势。其原因是温度升高会加快分子热运动，从而提高分子扩散速度。但当脱色温度高于 30℃时，脱色率变化不大，基本稳定在 86%以上。因提高温度会增大能耗，考虑成本因素，在中试生产中控制脱色温度在 30℃左右。

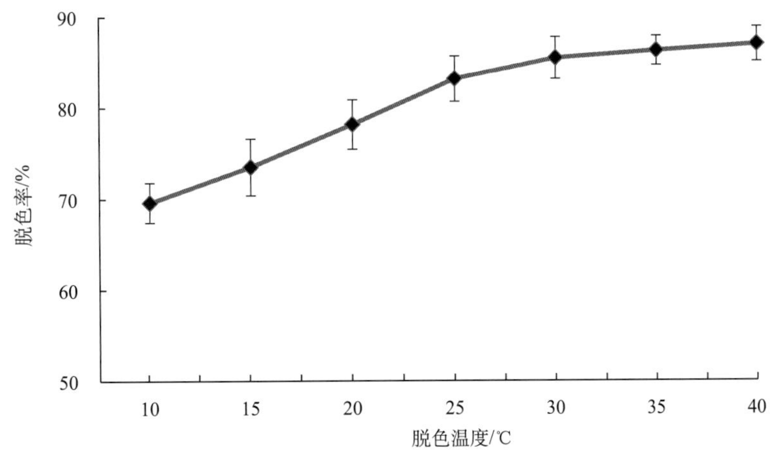

图 10-9　阴离子树脂脱色温度对菊粉粗提液脱色率的影响

⑤ 阴离子树脂脱色多因素正交实验。在单因子实验结果的基础上，进行阴离子树脂脱色正交实验，以阐明阴离子树脂 D201 脱色三个不同因素对菊粉粗提液脱色效果的相互影响，筛选出更优的 D201 树脂二次脱色工艺。故通过静态吸附脱色法，采用恒温摇床（速度 150 r/min）振荡装有加入了 D201 的菊粉粗提液（50 mL）以增大接触面积，以 D201 与菊粉粗提液接触时为 0 时刻，选取 D201 添加量（A）、脱色时间（B）、脱色温度（C）为因子，进行三因素三水平 $L_9(3^4)$正交实验，因素及其水平见表 10-17，正交实验结果见表 10-18，正交结果分析见表 10-19，脱色率、菊粉保留率、脱色效果的方差分析结果见表 10-20～表 10-22。由表 10-18 可知，使用阴离子树脂 D201 脱色率最高的实验方案为 A D201 添加量 9.0 g/50 mL、B 脱色时间 30 min、C 脱色温度 25℃（A3B2C1），菊粉保留率最高的实验方案为 A D201 添加量 7.0 g/50 mL、B 脱色时间 20 min、C 脱色温度 25℃（A1B1C1）。以脱色率和菊粉保留率各占 50%权重计算脱色效果最佳的实验方案为 A D201 添加量 9.0 g/50 mL、B 脱色时间 30 min、C 脱色温度 25℃（A3B2C1），此

时脱色率为 87.29%，菊粉保留率为 88.36%。

表 10-17　菊粉粗提液 D201 脱色正交实验因素及其水平

水平	因素		
	A D201 添加量/（g/50 mL）	B 脱色时间/min	C 脱色温度/℃
1	7.0	20	25
2	8.0	30	30
3	9.0	40	35

表 10-18　D201 脱色正交实验结果

实验号	因素			实验结果		
	A D201 添加量/（g/50 mL）	B 脱色时间/min	C 脱色温度/℃	脱色率/%	菊粉保留率/%	脱色效果
1	1（7.0）	1（20）	1（25）	80.38	91.27	85.83
2	1	2（30）	2（30）	82.11	89.12	85.62
3	1	3（40）	3（35）	82.75	87.64	85.20
4	2（8.0）	1	2	83.17	89.33	86.25
5	2	2	3	83.79	89.17	86.48
6	2	3	1	84.76	87.57	86.17
7	3（9.0）	1	3	86.21	88.52	87.37
8	3	2	1	87.29	88.36	87.83
9	3	3	2	86.37	86.43	86.40

根据表 10-19 所示极值 *R* 的大小，影响阴离子树脂 D201 脱色效果的因素主次顺序为：D201 添加量＞脱色时间＞脱色温度；影响脱色过程中菊粉保留率的因素主次顺序为：脱色时间＞D201 添加量＞脱色温度。

表 10-19　D201 脱色正交实验结果分析

水平	脱色率/%			菊粉保留率/%			脱色效果		
	A	B	C	A	B	C	A	B	C
K1	245.24	249.76	252.43	268.03	269.12	267.20	256.64	259.44	259.82
K2	251.72	253.19	251.65	266.07	266.65	264.88	258.90	259.92	258.27
K3	259.87	253.88	252.75	263.31	261.64	265.33	261.59	257.76	259.04
k1	81.75	83.25	84.14	89.34	89.71	89.07	85.55	86.48	86.61
k2	83.91	84.40	83.88	88.69	88.88	88.29	86.30	86.64	86.09
k3	86.62	84.63	84.25	87.77	87.21	88.44	87.20	85.92	86.35
R	4.87	1.38	0.37	1.57	2.50	0.78	1.65	0.72	0.52

表 10-20 中 3 个因素的 P 值均大于 0.05，剔除最不显著的因素（脱色时间）后，P 值仍大于 0.05，说明 3 个因素均不是影响脱色率的重要因素。

表 10-20　D201 脱色正交实验——脱色率的方差分析

误差来源	方差	自由度	均方	F 值	P 值
D201 添加量	2.11	2	1.05	5.97	0.14
脱色时间	0.28	2	0.14	0.80	0.56
脱色温度	0.34	2	0.17	0.98	0.51
误差	0.35	2	0.18		

由表 10-21 可知，D201 添加量是影响菊粉保留率的重要因素，而脱色时间、脱色温度为影响实验结果的次要因素。

表 10-21　D201 脱色正交实验——菊粉保留率的方差分析

误差来源	方差	自由度	均方	F 值	P 值
D201 添加量	35.83	2	17.91	23.71	0.04
脱色时间	3.25	2	1.62	2.15	0.32
脱色温度	0.21	2	0.11	0.14	0.88
误差	1.51	2	0.76		

由表 10-22 可以看出，D201 添加量是影响脱色效果的重要因素，而脱色时间、脱色温度为影响实验结果的次要因素。

表 10-22　D201 脱色正交实验——脱色效果的方差分析

误差来源	方差	自由度	均方	F 值	P 值
D201 添加量	4.10	2	2.05	69.87	0.01
脱色时间	0.86	2	0.43	14.61	0.06
脱色温度	0.40	2	0.20	6.82	0.13
误差	0.06	2	0.03		

3. 菊粉纯化核心技术及其优化

菊芋菊粉粗提液经脱色、脱盐、去杂后，可以满足常规需求，但一些特殊用途的菊粉，还需要进一步纯化，研究小组开始利用纳滤分离技术对菊粉进一步纯化，其流程如图 10-10 所示。

菊芋菊粉的纳滤分离过程及参数的优化。将经过脱蛋白、脱色、脱盐处理的菊粉粗提液用 0.45 μm 水系滤膜过滤，取 2 L 过滤后的菊粉提取液于储罐中，设定工作压力 2.0～2.5 MPa，入膜流量约为 300 L/h。采用恒容加水的方式反复过滤，每透析出 500 mL 溶液就向储罐里加 500 mL 纯水，分 4 次加入 2 L。纳滤过程未采取降温措施，温度从 20℃自然上升至 50℃。

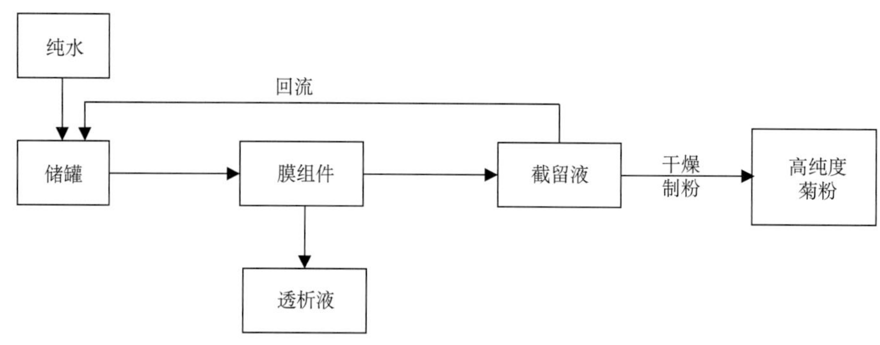

图 10-10　菊芋菊粉粗提液纳滤分离示意图

菊粉组分及含量测定方法。果糖、葡萄糖、蔗糖和部分低聚菊粉（蔗果三糖、蔗果四糖、蔗果五糖）采用 HPLC-ELSD 检测。取实验组（经过纳滤处理的菊粉提取液）和对照组（未经过纳滤处理的菊粉粗提液）过 0.45 μm 水系滤膜过滤，获得上样液。取 0.5 mL 上样液于上样瓶中，上机测定，样品进样量为 10 μL，梯度洗脱条件为：流速为 1 mL/min，每次样品的运行时间为 55 min。流动相 B 为水，C 为乙腈。0～15 min 流动相：25%B，75%C；15～30 min 流动相：35%B，65%C；30～40 min 流动相：50%B，50%C；40～42 min 流动相：50%B，50%C；42～55 min 流动相：25%B，75%C（“%”表示体积百分含量）。

取终点截留液分别测定总糖和还原糖含量。菊粉含量测定采用总糖含量减去还原糖含量的方法。其中，总糖含量的测定采用苯酚-硫酸比色法，还原糖含量的测定采用 DNS 比色法。

菊粉聚合度为 2～60，一般平均为 10。但由于缺乏单糖纯品，故采用 HPLC-ELSD 以果糖（F）、葡萄糖（G）、蔗糖（GF）、蔗果三糖（GF2）、蔗果四糖（GF3）、蔗果五糖（GF4）的含量为指标来检测两种类型的纳滤膜对果糖、葡萄糖和蔗糖等非菊粉成分的去除效果。表 10-23 和表 10-24 中纯化倍数表示总溶液体积与原菊粉提取液体积之比，表 10-24 中 FOS 为蔗果三糖、蔗果四糖和蔗果五糖之和。纳滤膜有浓缩和分离的作用。由表 10-23 可以看出，随着纯化倍数的提高，截留液中的 GF2、GF3 和 GF4 浓度都逐渐增大，说明 1000 型和 2500 型纳滤膜对蔗果多糖均有拦截作用。此外，随着纯化倍数的增加，2500 型纳滤膜对蔗糖的分离作用较明显，而 1000 型纳滤膜则对蔗糖无明显分离作用。

表 10-23　菊芋菊粉粗提液纳滤分离截留液中各组分的含量　（单位：mg/mL）

实验组	纯化倍数	果糖	葡萄糖	蔗糖	蔗果三糖	蔗果四糖	蔗果五糖
CK		1.55	0.21	1.30	2.27	2.11	1.78
1000 型纳滤膜	1	2.40	0.76	3.82	7.84	7.43	6.42
MWCO1000	2	1.68	0.75	5.92	13.20	13.16	11.64
2500 型纳滤膜	1	1.84	0.75	0.74	3.10	3.35	2.79
MWCO2500	2	2.58	0.87	2.02	12.70	13.67	11.46

由表 10-24 可以看出，由于截留分子量的不同，1000 型纳滤膜在 1 倍纯化时的浓缩效果更明显，还原糖含量达 24.35%，而在 2 倍纯化时，由于 1000 型纳滤膜对蔗糖的拦截作用不明显，所以截留液中的总糖含量仅由 28.67 mg/mL 上升到 46.35 mg/mL，故还原糖的百分含量仅下降到 18.02%；而 2500 型纳滤膜对蔗糖的拦截作用明显，截留液中总糖含量由 1 倍纯化处理时的 12.57 mg/mL 急剧增加到 2 倍纯化处理时的 43.30 mg/mL，而使膜中还原糖的百分含量降低得十分明显：由 1 倍纯化处理时的 26.49%急剧下降到 2 倍纯化处理时的 12.63%。

表 10-24 菊芋菊粉粗提液纳滤分离截留液中组分分析

实验组	纯化倍数	还原糖含量/（mg/mL）	FOS 含量/（mg/mL）	总糖含量/（mg/mL）	还原糖百分含量/%
CK		3.06	6.16	9.22	33.19
1000 型纳滤膜	1	6.98	21.69	28.67	24.35
MWCO1000	2	8.35	38.00	46.35	18.02
2500 型纳滤膜	1	3.33	9.24	12.57	26.49
MWCO2500	2	5.47	37.83	43.30	12.63

注：表中 FOS=GF2+GF3+GF4；总糖=F+G+GF+GF2+GF3+GF4。

由表 10-25 可以看出，两种不同分子截留量的纳滤膜对菊粉都有一定的浓缩作用，但由于 1000 型纳滤膜对蔗糖的分离几乎不起作用，故在分离纯化菊粉时可以采用 2500 型纳滤膜对菊粉提取液进行浓缩精制，并可通过反复过膜来提高截留液中菊粉的纯度。但需要注意的是，纯化倍数越高，透析液中还原糖的浓度越低，不利于透析液中糖分的回收利用。

表 10-25 菊芋菊粉粗提液纳滤分离截留液中菊粉含量分析

实验组	总糖含量/（mg/mL）	还原糖含量/（mg/mL）	菊粉含量/（mg/mL）	还原糖百分含量/%
CK	42.40±1.18	3.27±0.04	41.13±1.14	7.71
1000 型终点截留液 MWCO1000	61.40±0.46	7.45±0.04	53.95±0.42	12.13
2500 型终点截留液 MWCO2500	64.73±0.30	4.30±0.04	60.43±0.26	6.64

4. 浸提液的浓缩及脱水关键技术体系优化与集成

考虑到储藏和运输等环节的成本，菊粉产品一般都是粉末状的。而制粉的常用方法是喷雾干燥，但如将提取液直接进行喷雾干燥处理则能耗较大、成本较高。为减少成本、降低能耗，通常在喷雾干燥前对提取液进行浓缩精制。据研究，在菊粉生产过程中，菊粉损失率最高的两个环节为提取和浓缩[44]。蒸发浓缩法、冷冻浓缩法、膜浓缩法和吸附树脂分离浓缩法是浓缩工艺中常用的 4 种方法。

在蒸发浓缩的过程中蒸发温度和浓缩时间是影响浓缩液质量的两个关键因素。魏文铃和谢忠等在 60～65℃条件下对菊芋菊粉提取液进行减压浓缩，浓缩后总糖回收率可达 99%[45]。

冷冻浓缩是利用冰与水溶液之间的固液相平衡原理而实现分离和浓缩的方法，属于低温常压加工工艺，适用于浓缩热敏性液态食品、生物制药、高档饮品和中药汤剂等。在我国其已被广泛应用于果汁[46, 47]、茶饮料[48]和中药[49]等的工业制取。

膜浓缩工艺包括超滤、微滤、纳滤、反渗透等，是一种发展前景广阔的非热浓缩工艺，具有常温操作、无相变、设备规模小、能耗低等优点，其工艺如图 10-11 所示。

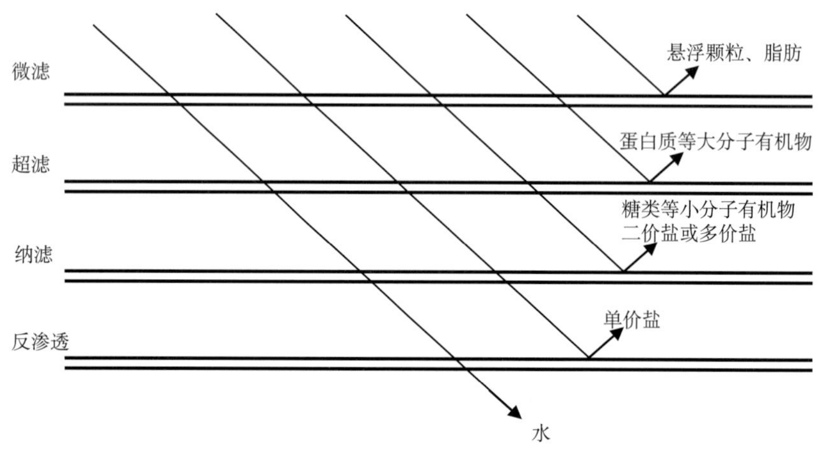

图 10-11　膜浓缩工艺示意图

经过除蛋白质、脂类、色素和灰分等杂质处理的菊芋浸提液最后成为澄清透明的溶液，用旋转蒸发器将提纯的菊粉液真空浓缩到 70%（干物质）左右，浓缩过程中菊粉液沸点控制在 80℃左右。浓缩液透明偏灰，在 4℃冰箱保存 12 h 后，有大量白色粉末析出。将浓缩液中的上部分液体倒掉，剩余物 85℃干燥即得目标产物菊粉；或者将浓缩液进行喷雾干燥也能得到目标产物菊粉，设置喷雾干燥机参数为进风处温度（INLET）125℃，抽气机风量（ASPIRATOR）100%，并通过调整蠕动泵转速（PUMP，%）使出风处温度（OUTLET）控制在 75～85℃。将纯化过的提取液用多功能提取浓缩回收机组进行浓缩，浓缩温度为 60～65℃，当浓缩至菊粉浓度为 15%～20%时，用高速管式分离机对浓缩液进行离心除杂处理。最后将经过浓缩精制后的提取液用高速离心喷雾干燥机进行喷干制粉，得到白色的菊粉粉末。

5. 菊芋菊粉绿色生产工艺、生产线配置及质量标准制定

目前由菊芋生产的最具经济价值的产品是菊粉，它对于人畜健康具有无法替代的重大意义，菊粉的绿色、高效及低成本生产是当前我国亟须解决的关键科学技术，本部分主要介绍南京农业大学海洋科学及其能源生物资源研究所菊芋研究小组建立的酶标仪微量法测定菊芋菊粉的方法，菊芋菊粉绿色生产工艺研制、经济高效菊粉生产线配置及质量标准制定。

1）酶标仪微量法测定菊芋菊粉方法的建立

菊粉是一种天然的功能性食品多糖，可以作为脂肪及糖的替代品应用于多种食品中。菊粉是由不同分子组成的寡聚糖和高聚糖构成的生物多糖分散性物质，菊粉分子是由葡萄糖分子和果糖分子构成的线形结构，其聚合度（DP）为 2～60[50]。虽然菊粉中果聚糖的聚合度大小不一，但均呈非还原性。而菊芋块茎中所含的其他碳水化合物，如果糖和葡萄糖等单糖均为还原糖。故在实践中在测定菊芋块茎中菊粉含量时采用了总糖含量减去还原糖含量的方法。

多糖是一类具有许多生物活性的高分子化合物，结构较复杂，且不同种类多糖的分子组成和分子量各不相同，故目前国内还没有统一的标准来规范多糖含量的测定方法[51]。苯酚-硫酸比色法（以下简称苯酚-硫酸法）是一种测定多糖时较为常用的方法，该测定方法是利用浓硫酸将多糖水解为单糖，并迅速脱水成糠醛衍生物，糠醛衍生物在强酸环境下与苯酚起显色反应，生成的产物呈橙红色，在波长 λ=490 nm 附近和一定糖浓度范围内，反应溶液的吸光度与多糖浓度呈线性关系[52]。由于菊粉中的果聚糖分子主要由 D-果糖聚合而成，故使用果糖为标准物来绘制总糖浓度-吸光度标准曲线。

（1）酶标仪微量法测定菊芋菊粉含量

为研究酶标仪是否适用于菊芋中总糖与还原糖测定，分别取 1.00 g、2.00 g 和 5.00 g 粗菊粉各 2 组，置于 250 mL 锥形瓶中，依次标号。并按料液比 1∶15 加入去离子水，于 100℃水浴锅中浸提 60 min，浸提过程中每 10 min 振荡试管一次以使料液充分混合，浸提更加充分。浸提完毕后过滤，各取 1.0 mL 菊粉粗提液，稀释至一定倍数，分别使用紫外分光光度计和酶标仪两种机器测定浸提液中的总糖含量和还原糖含量。再计算出单位质量（1.0 g）粗菊粉中的菊粉含量。最终以菊粉含量为纵坐标绘制簇状柱形图以比较使用两种仪器测定菊粉含量的差异。

菊芋菊粉酶标仪微量法测定验证实验。精确称取 5 份 2.00 g 粗菊粉，对其进行浸提与稀释处理，再制作经苯酚-硫酸法和 3,5-二硝基水杨酸比色法（DNS 法）处理的显色反应液。分别吸取 200 μL 反应后的溶液于 96 孔板中，用酶标仪分别相应测定 A_{490} 和 A_{540}。随行测定并绘制出标准曲线。总糖与还原糖反应液分别相应测定 5 次，并对应计算出 1.00 g 样品中总糖与还原糖的百分含量。

菊芋菊粉酶标仪微量法稳定性实验。取菊粉提取液、果糖标准液 1 和果糖标准液 2 各 1.0 mL，分别用苯酚-硫酸法和 DNS 法处理获得相应的显色液。再分别吸取 3 份 200 μL 反应后的溶液于 96 孔板中，用酶标仪测定 120 min 内溶液的吸光度（每隔 10 min 测定一次），取平均值。

菊芋菊粉酶标仪微量法重复性、精密度实验。精确称取 5 份质量为 5.00 g 的粗菊粉，对其进行浸提与稀释处理，再制取经苯酚-硫酸法和 DNS 法处理的显色反应液。分别吸取 200 μL 反应后的溶液于 96 孔板中，用酶标仪分别相应测定 A_{490} 和 A_{540}。随行测定并绘制出标准曲线。总糖与还原糖反应液分别相应测定 5 次，并对应计算出 1.00 g 样品中总糖与还原糖的百分含量。

3,5-二硝基水杨酸比色法是一种经典的还原糖测定方法，其基本原理是 3,5-二硝基水杨酸试剂（即 DNS 试剂）与还原糖共同加热后被还原为棕红色的氨基化合物，且在波长 λ=540 nm 附近和一定糖浓度范围内，反应溶液的颜色强度与还原糖的含量呈线性关系[53]。

菊芋块茎中的单糖主要为果糖和葡萄糖，故使用果糖为标准物来制作还原糖浓度–吸光度标准曲线。

目前菊芋块茎中总糖和还原糖的测定均采用比色法结合紫外分光光度计，而采用紫外分光光度计进行操作，存在试剂用量大、消耗时间长、准确性低、误差较大等诸多缺点。有大量研究采用多功能读板机（即酶标仪）测定虫草[54, 55]、紫花地丁[56]和食用菌[57]等中的总糖和还原糖。研究表明，采用酶标仪测定的微量化法与采用紫外分光光度计测定的半微量化法相比，具有准确度和精密度高、重复性好、操作简便快速、样品用量少等诸多优点[58]。但尚无采用酶标仪测定菊芋块茎中总糖和还原糖含量的报道。为此，研究小组先分别用紫外分光光度计和酶标仪测定样品吸光度，并绘制出相应的标准曲线，对使用酶标仪测定菊芋中的总糖与还原糖含量进行了研究。

紫外分光光度计法标准曲线绘制。采用紫外分光光度计半微量法，以果糖为标准物，按照苯酚–硫酸法绘制总糖浓度–吸光度标准曲线（图 10-12），按照 DNS 法绘制还原糖浓度–吸光度标准曲线（图 10-13）。

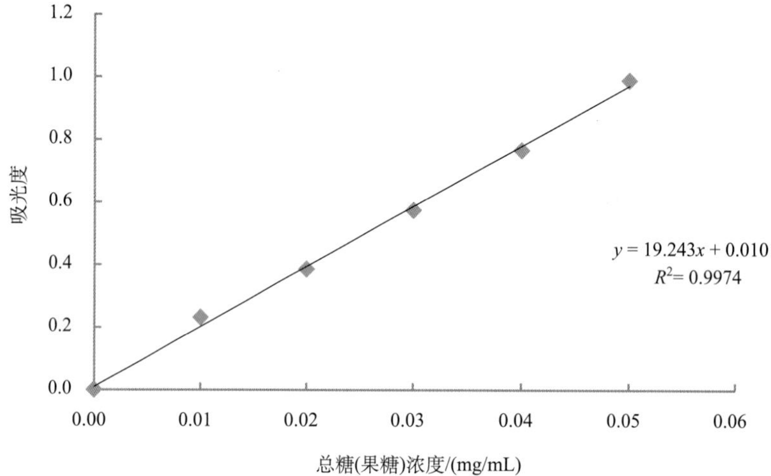

图 10-12　总糖浓度–吸光度标准曲线

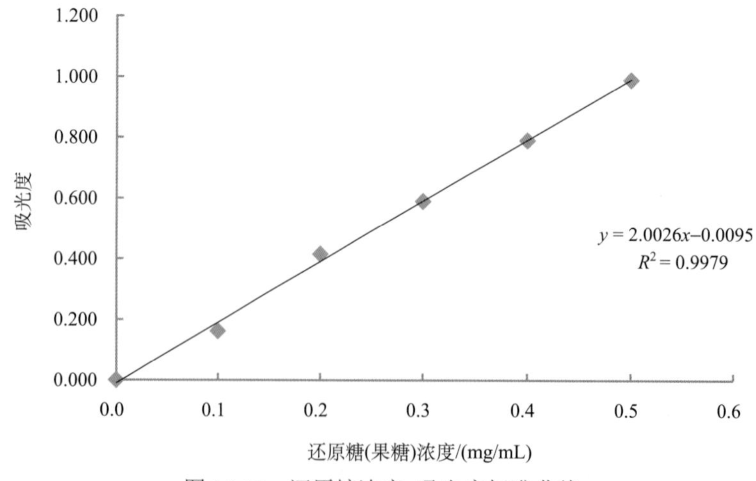

图 10-13　还原糖浓度–吸光度标准曲线

分别采用酶标仪微量法和紫外分光光度计半微量法测定粗菊粉中的总糖与还原糖含量，再根据 1.00 g 粗菊粉中的菊粉含量绘制簇状柱形图（图 10-14）。由图 10-14 可以看出，采用酶标仪微量法测定与传统的紫外分光光度计半微量法相比，测定出的菊粉含量数值基本相同。但使用酶标仪测定的稳定性、重复性与精密度仍需进一步验证。

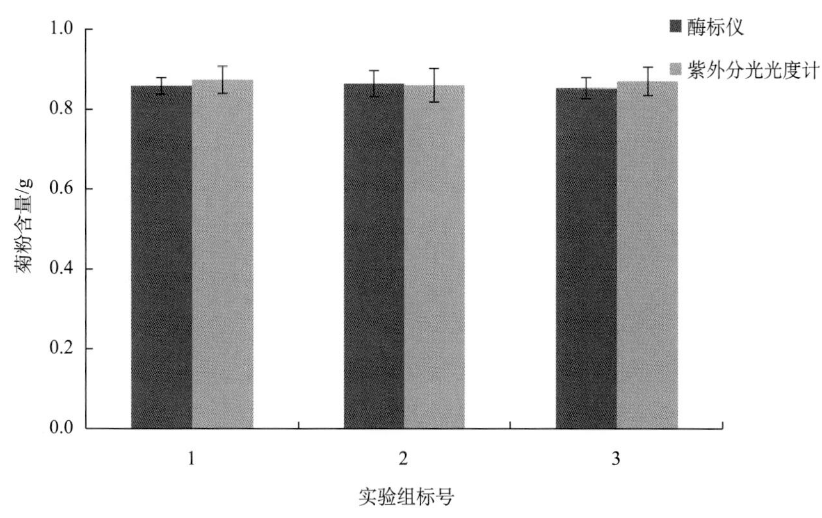

图 10-14　酶标仪、紫外分光光度计对菊芋中菊粉含量测定的比较

（2）酶标仪微量法测定粗菊粉中的糖含量验证

南京农业大学海洋科学及其能源生物资源研究所菊芋研究小组实验表明，酶标仪微量法验证实验所得的总糖浓度-吸光度标准曲线为 y=8.719x–0.010，R^2=0.999，在果糖浓度 0～0.10 mg/L 内，线性关系良好；还原糖浓度-吸光度标准曲线为 y=0.606x+0.001，R^2=0.999，在果糖浓度 0～1.00 mg/mL 内，线性关系良好。以上述两个标准曲线方程分别计算样品中的总糖和还原糖百分含量，再计算其平均值与相对标准偏差（RSD）值。总糖平均值为 70.02%，RSD 为 0.30%；还原糖平均值为 4.01%，RSD 为 1.21%。这表明酶标仪微量法符合糖测定方法要求（表 10-26）。

表 10-26　酶标仪微量法验证实验结果　（单位：%）

指标	样品中的糖百分含量					平均值	RSD
总糖	70.34	69.87	70.11	69.91	69.85	70.02	0.30
还原糖	4.05	4.07	3.97	3.96	4.00	4.01	1.21

（3）酶标仪微量法测定粗菊粉中的糖含量稳定性实验

稳定性实验结果显示，菊芋菊粉提取液和果糖标准液 1 的总糖吸光度在 10～40 min 较为稳定，平均吸光度分别为 0.641 与 0.876，40 min 之后开始出现递减趋势，每 10 min 吸光度降低 0.007～0.030，120 min 时的吸光度比 10～40 min 时平均吸光度分别降低 0.143 与 0.137。菊芋菊粉提取液和果糖标准液 2 的还原糖吸光度在 10～30 min 较为稳定，平均吸光度分别在 0.451 与 0.599，30 min 之后开始出现递减趋势，每 10 min 吸光度降低 0.005～0.032，120 min 时的吸光度比 10～40 min 平均吸光度分别降低 0.156 与 0.176（表 10-27）。因此，为减小误差，使用酶标仪微量法测定提取液中的总糖应在显色后 10～40 min 内测定吸光度，测定还原糖应在显色后 10～30 min 内测定吸光度。

表 10-27　酶标仪微量法稳定性实验结果

指标		时间/min							
		10	20	30	40	50	60	70～90	100～120
A_{490}	总糖	0.642	0.643	0.641	0.639	0.631	0.601	0.554～0.583	0.498～0.538
	标准液 1	0.878	0.877	0.875	0.872	0.865	0.851	0.807～0.837	0.739～0.783
A_{540}	还原糖	0.452	0.451	0.450	0.445	0.431	0.413	0.356～0.387	0.295～0.332
	标准液 2	0.601	0.599	0.597	0.584	0.574	0.565	0.501～0.548	0.423～0.479

（4）酶标仪微量法测定粗菊粉中的糖含量重复性、精密度实验

酶标仪微量法验证实验所得的总糖浓度-吸光度标准曲线为 $y=8.901x-0.004$，$R^2=0.999$，在果糖浓度 0～0.10 mg/L 内，线性关系良好；还原糖浓度-吸光度标准曲线为 $y=0.597x-0.014$，$R^2=0.997$，在果糖浓度 0～1.00 mg/mL 内，线性关系良好。以上述两个标准曲线方程分别计算样品中的总糖和还原糖百分含量，再计算其平均值与 RSD 值（表 10-28）。由表 10-28 可知，总糖百分含量平均值为 68.79%，RSD 为 1.18%；还原糖百分含量平均值为 4.01%，RSD 为 0.80%。结果表明使用酶标仪测定菊芋中总糖与还原糖重复性良好，精密度良好。

表 10-28　酶标仪微量法重复性、精密度实验结果　　（单位：%）

指标	样品中的糖百分含量					平均值	RSD
总糖	67.72	68.53	69.27	68.57	69.85	68.79	1.18
还原糖	4.01	4.02	4.05	3.97	3.98	4.01	0.80

菊芋菊粉含量的测定采用总糖含量减去还原糖含量的方法，其中总糖含量的测定采用苯酚-硫酸比色法，还原糖含量的测定采用 DNS 法。以酶标仪微量法和紫外分光光度计半微量法分别测定并绘制总糖浓度-吸光度标准曲线和还原糖浓度-吸光度标准曲线，并通过验证实验、稳定性实验、重复性实验和精密度实验证明酶标仪是否适用于测定菊芋中的总糖与还原糖含量。实验结论与其他人的研究结论基本一致，即采用酶标仪微量法测定具有重复性好、精密度高、操作简便快速、样品用量少等诸多优点。故在后续实验中均采用酶标仪测定菊芋菊粉的含量，并以 $y=8.869x-0.002$（$R^2=0.998$）为总糖含量测定的标准曲线，以 $y=0.604x-0.004$（$R^2=0.998$）为还原糖含量测定的标准曲线。

2）菊芋菊粉生产实验

推广、转化科研成果是社会主义市场经济发展的需求，是科技成果管理的重要组成部分。以推广、转化科研成果为目的的中试生产是科技成果转化的重要环节。菊芋菊粉

中试生产是连接科研成果与工业化生产的重要桥梁，对科研成果转化、菊芋块茎深加工工业化、盐碱地菊芋种植农户增收具有重要意义。

本部分主要对菊芋菊粉提取和纯化过程进行了小试验证，并对位于江苏大丰盐土大地农业科技有限公司的菊芋高值化利用中试生产车间的构建进行了简要介绍，对菊芋菊粉中试生产线试运行的工艺参数和菊粉产品进行了探索和检验。

（1）配置了菊芋菊粉生产的主要流程

新鲜菊芋块茎制取精制菊粉的一般生产流程如图 10-15 所示。经过预处理的菊粉浸提前一般处理为三种形态：①直接破碎。使用直接破碎的菊芋块茎进行浸提获得的浸提液颜色较浅，降低了脱色处理的要求，但较难控制浸提过程的料水比。若破碎得不充分，则会导致菊粉提取率降低。②切片、烘干、粉碎。经过处理的粗菊粉便于储存，且在

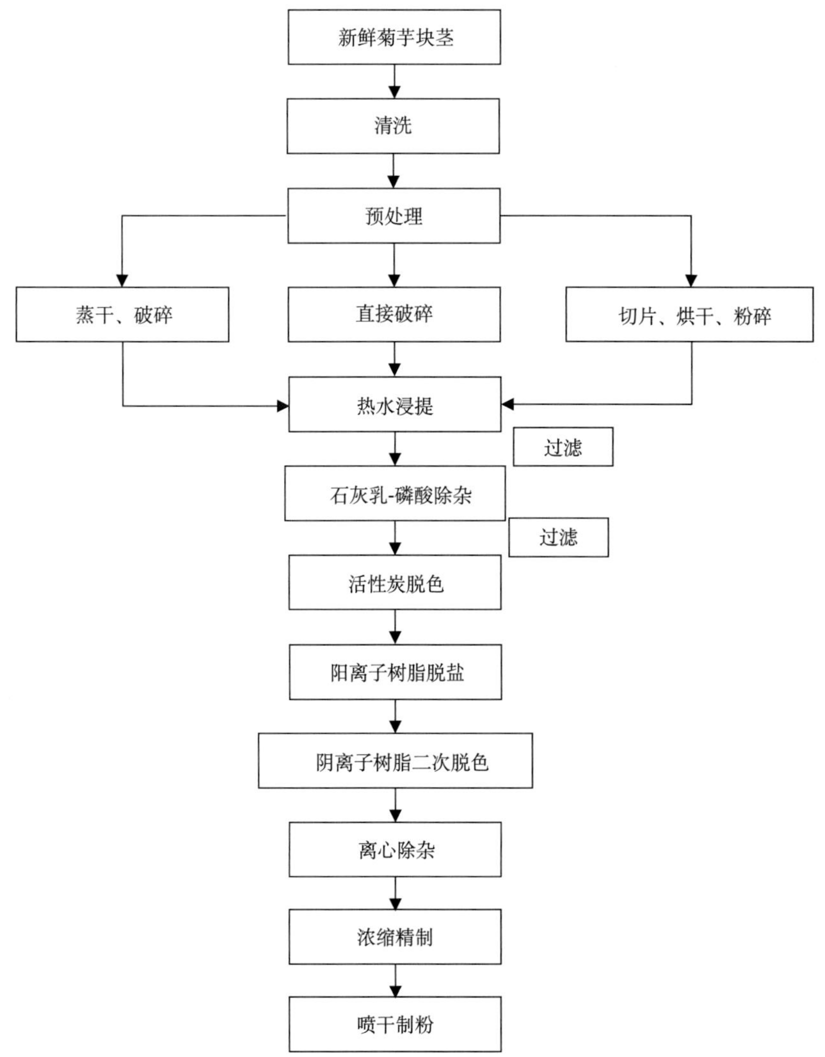

图 10-15　菊芋菊粉中试生产主要流程

浸提过程中更容易使菊粉溶入水中，但获得的提取液颜色较深，对脱色过程造成了一定压力。③蒸干、破碎。将经过预处理的菊芋块茎在 80℃条件下蒸去一定量的水分，再破碎进行浸提。此法与①相比菊粉更易溶出，与②相比提取液颜色较浅，其缺点是经过处理的脱水菊芋较难保存，需尽快浸提。在中试试运行中采用蒸干、破碎的菊芋块茎进行后续实验。

（2）菊芋菊粉小试生产工艺检验

取 20.0 g 粗菊粉于 1000 mL 锥形瓶中，采用热水浸提法反复提取两次。第一次加入 200 mL 纯水，于 85℃水浴锅中浸提 40 min，结束后采用真空抽滤法使料液分离，将滤渣与 100 mL 纯水混合，于 85℃水浴锅中进行二次浸提，浸提时间 20 min。浸提过程中每 10 min 搅拌一次，使料液充分接触，浸提更加充分。两次提取结束后合并滤液（共 300 mL）。

滤液采用石灰乳-磷酸法除去蛋白质和果胶等杂质。加石灰乳调节滤液 pH 至 12，于 60℃水浴锅中澄清 20 min，再用磷酸调节 pH 至 7.5。将杂质滤去，即得菊粉粗提液（约 300 mL）。

采用活性炭脱色法对菊粉粗提液进行一次脱色。向菊粉粗提液中加入 15.0 g 活性炭（即活性炭用量 5.0 g/100 mL），采用静态吸附法于 35℃恒温摇床中振荡 40 min。脱色结束后用 0.45 μm 水系滤膜真空过滤，除去提取液中的活性炭。

对已经过一次脱色处理的菊粉粗提液采用动态吸附法进行脱盐和二次脱色。通过恒流泵调整流速，使提取液以 1BV/h 的流速通过装有已活化过树脂的离子交换系统。其中阳床装有 D001，其作用是脱盐；阴床装有 D201，其作用是二次脱色。

使用喷雾干燥机对精制后的菊粉提取液进行最后一步喷干制粉处理，设置喷雾干燥机参数为进风处温度（INLET）125℃，抽气机风量（ASPIRATOR）100%，并通过调整蠕动泵转速（PUMP，%）使出风处温度（OUTLET）控制在 75～85℃。

小试过程中分别测定经过浸提、除杂、活性炭脱色和离子交换后菊芋菊粉提取液的电导率、pH、吸光度和菊粉含量。三个不同实验批次的实验结果见表 10-29～表 10-31。

表 10-29　菊芋菊粉小试第一批次实验结果

操作环节	电导率/（μS/cm）	pH	吸光度（A_{490}）	菊粉含量/（mg/mL）
浸提	436	6.75	1.147	43.58
除杂	483	7.53	0.259	40.46
脱色	479	7.44	0.064	38.38
离子交换	105	7.34	0.000	34.40

表 10-30　菊芋菊粉小试第二批次实验结果

操作环节	电导率/（μS/cm）	pH	吸光度（A_{490}）	菊粉含量/（mg/mL）
浸提	387	6.87	1.007	42.32
除杂	409	7.49	0.239	40.11
脱色	407	7.45	0.053	37.66
离子交换	86	7.44	0.001	34.02

表 10-31 菊芋菊粉小试第三批次实验结果

操作环节	电导率/（μS/cm）	pH	吸光度（A_{490}）	菊粉含量/（mg/mL）
浸提	412	7.31	1.128	44.12
除杂	444	7.49	0.224	41.07
脱色	432	7.47	0.056	37.74
离子交换	98	7.43	0.000	35.03

由表 10-29～表 10-31 可以看出，经过除杂处理后，提取液的电导率略有升高，这可能是由于除杂过程中提取液引入了少量石灰乳中的钙离子。而每一步处理过后溶液中的菊粉含量均有减少，这说明纯化处理除了能除去提取液中的杂质外，还会减少溶液中糖分的含量。

综合三个批次实验的结果，离子交换树脂的脱盐率基本稳定在 77%～79%，活性炭脱色率维持在 74%～78%，而二次脱色后基本可以去除溶液中的色素。纯化过程中每一个步骤对菊粉含量的影响不超过 12%，菊粉总损失率为 20.42%±0.43%。

此外，喷雾干燥后的菊粉产品为纯白色，但受潮易结块。取 2.0 g 粉末完全溶于 30 mL 水中，溶液呈无色透明。测定产品中的糖含量，可知 1.0 g 产品中总糖含量为 0.9080 g，菊粉含量为 0.8064 g，即菊粉纯度约为 88.81%。

（3）菊芋菊粉中试生产工艺

新鲜菊芋块茎用毛刷清洗机洗去泥沙并去皮后蒸去约 70%的水分，再用破碎榨汁机组将脱水后的块茎打碎，以总料水比 1∶15～1∶10 的比例将打碎后的块茎及汁进行 2 次热水浸提，浸提温度控制在 80～100℃，总浸提时间 60～90 min。

浸提结束后用板框压滤机对提取混合液进行过滤去渣，过滤后采用石灰乳-磷酸法对滤液进行除杂。向滤液中加入 $Ca(OH)_2$ 固体，搅拌，使溶液 pH 保持在 12.0 左右，澄清 20 min 后再加入磷酸调节 pH 至 7.5 左右。

除杂结束后再次用板框压滤机进行过滤。过滤结束后将提取液通过装有颗粒状活性炭的过滤器进行一次脱色，再通过阳床为 D001、阴床为 D201 的离子交换系统进行脱盐和二次脱色处理。

将纯化过的提取液用多功能提取浓缩回收机组进行浓缩，浓缩温度为 60～65℃，当浓缩至菊粉浓度为 15%～20%时，用高速管式分离机对浓缩液进行离心除杂处理。最后将经过浓缩精制后的提取液用高速离心喷雾干燥机进行喷干制粉，得到白色的菊粉粉末。

中试生产所得的菊粉产品呈乳白色，取 5.0 g 粉末完全溶于 100 mL 水中，溶液呈浅黄色，于 460 nm 的波长下测定吸光度，为 0.006。测定产品中的糖含量，可知 1.0 g 中试产品中总糖含量为 0.8031 g，菊粉含量为 0.6649 g，即中试产品菊粉纯度为 82.79%。

综上所述，本工艺小试产品的颜色为纯白色，单位质量小试产品中总糖含量为 0.9080 g，菊粉含量为 0.8064 g，即小试菊粉纯度约为 88.81%。中试产品颜色为乳白色，单位质量中试产品中总糖含量为 0.8031 g，菊粉含量为 0.6649 g，即中试产品菊粉纯度为 82.79%。

但小试和中试生产的菊粉均有受潮易结块的缺点，罗登林等也发现菊粉易吸湿变为无定形态结构。由于中试生产操作较小试而言较为粗放，故生产的菊粉产品在色泽和纯度等方面均不如小试产品。

6. 微波技术辅助提取菊粉的工艺及其优势

微波技术辅助提取菊粉的工艺以菊芋为原材料，将新鲜的菊芋经预处理制成菊芋干片，然后粉碎、用水浸泡溶解，再进行微波处理，随后在热水浴中浸提，得到粗提取液，然后经过碱处理、阴阳离子交换树脂处理后得到精制提取液，再经过减压浓缩、干燥处理后得到高纯度菊粉。与传统的工艺相比，该工艺采用微波技术和膜分离技术相结合的提取方法，清洁高效、节能环保、无二次污染、容易操作控制，缩短了水浴浸提时间，菊粉提取率高，并且菊粉的生物活性无降低、溶解性好。得到的产品性质稳定，纯度高，聚合度高，并可根据需要生产不同聚合度的菊粉产品。具体流程如下：

新鲜菊芋块茎→烘、晒后粉碎→菊芋全粉→加水溶解后微波处理→按比例加水后在水浴上浸提获菊粉粗提液→碱、酸处理去蛋白→活性炭脱色→阴阳离子交换树脂脱盐脱灰获菊粉精制提取液→超滤膜处理获透过液→标准菊粉溶液→减压浓缩后干燥制得标准菊粉

↓

超滤膜处理→截留液浓缩干燥制得高纯度高聚合度菊粉

↓

透过液浓缩干燥制得高纯度低聚合度菊粉

1）菊芋的预处理

将新鲜的菊芋清洗，进行热水漂烫处理，钝化菊芋中的多酚氧化酶，以达到减少褐变的目的。然后干燥，制成菊芋干片。热水漂烫的温度为 80～100℃，时间为 5～10 min。制成菊芋干片时的干燥温度为 40～60℃，时间为 5～7 h。切片的厚度为 0.2～1.5 cm。得到的干片含水量 7%～13%，具体过程为：

新鲜菊芋块茎→清洗去杂→去皮切片→热水漂烫→烘、晒制成菊芋干片

2）生产菊粉粗提液

将菊芋干片粉碎成菊芋干粉，粉碎目数为 60～200 目。菊芋干粉用一定量水浸泡溶解，所用浸泡水的量需完全溶解菊芋干粉。然后进行微波处理，微波处理后的溶液再在热水浴中进行浸提，得到菊粉的粗提液。菊芋干粉溶解所用的浸泡水的量为菊芋干粉的 8～12 倍。微波处理的功率为 300～600 W，时间为 120～300 s。微波处理后的菊粉溶液按照 1∶22～1∶14 的料液质量比例加水后浸提。所用水温为 20～100℃，时间为 20～60 min，具体过程为：

菊芋干片→粉碎制成菊芋干粉→加水溶解后微波处理→加一定比例水后在水浴上浸提制得菊粉粗提液

3）菊芋粗提液的碱处理

石灰乳-磷酸法可以有效地去除菊芋粗提液中的蛋白质、果胶、色素等各种杂质，滤泥含丰富的钙。在菊芋提取液中添加一定量的石灰乳，调节 pH 至 11，80℃搅拌保温

20 min，然后用磷酸将提取液的 pH 回调至 10.4，同样 80℃搅拌保温 20 min，静置过夜，然后用磷酸将提取液 pH 调至中性。最后过滤，除去杂质。

4）菊芋粗提液的脱色和脱盐

阴离子树脂静态脱色过程中，阴离子树脂用量为 2%（质量浓度），作用时间为 3 h，作用温度为 50℃，脱色率为 66.47%，总糖损失率仅为 3.2%；在温度为 50℃时，经过 2%（质量浓度）阳离子树脂进行离子交换作用 2 h，灰分含量降低到 3.1%，最后得到精制菊粉溶液。该菊粉溶液先通过标称分子质量为 10000 Da 的超滤膜，以彻底去除蛋白质、果胶等大分子物质。透过液再通过标称分子质量为 1000 Da 的纳滤膜，以彻底去除包括葡萄糖、果糖在内的小分子物质，所得到的截留液为标准菊粉溶液。然后减压浓缩，喷雾干燥或冷冻干燥，得到标准菊粉，具体过程为：

菊粉粗提液→碱、酸处理脱蛋白等杂物得到提取液→树脂处理阴、阳离子交换脱盐、脱灰等得菊粉精制提取液→10000 Da 超滤膜处理获滤过液→1000 Da 超滤膜处理获截留液→减压浓缩冷冻干燥制得标准菊粉

5）不同聚合度的高纯度菊粉的生产

将生产的标准菊粉进行溶解，通过 2000 Da 或以上的超滤膜，截留液为聚合度 20～60 的纯度接近 100%的高纯度菊粉溶液，经过减压浓缩、冷冻干燥或喷雾干燥得到高纯度高聚合度的菊粉。透过液为聚合度低于 20 的高纯度低聚合度菊粉溶液，浓缩干燥得到高纯度低聚合度菊粉。以下为生产高纯度高聚合度菊粉、高纯度低聚合度菊粉的工艺流程图。

标准菊粉溶液→2000 Da 或以上超滤膜处理获截留液→浓缩干燥获高纯度高聚合度菊粉

透过液经浓缩干燥制得高纯度低聚合度菊粉

与传统工艺相比，该工艺具有以下优势：

一是该工艺采用微波技术辅助提取的方法，缩短了水浴浸提时间，大大提高了菊粉的提取率，并且菊粉的生物活性无损失、溶解性好。

二是采用膜分离技术，节能环保、高效、无二次污染、容易操控，得到的产品性质稳定、纯度高、聚合度高，并且可以根据需要生产不同聚合度的产品。

三是在膜处理前，对菊粉的粗提液依次进行碱处理、阴阳离子交换树脂处理，大大减轻了膜分离负担。

7. 短链菊粉的生产工艺

短链菊粉，是以聚合度（DP）为 2～60 的粗菊粉为原料，经溶解、酶法降解、过滤、脱色、喷雾干燥等过程而制得的短链低聚果糖（GF_n，n=2,3,4）含量不低于 25%的菊粉，其工艺流程见图 10-16。

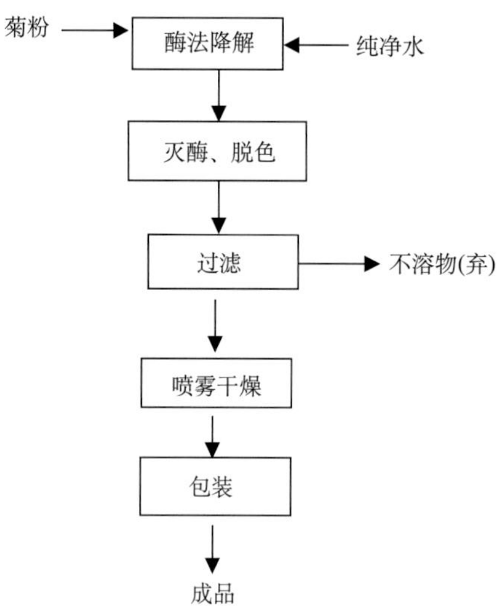

图 10-16　短链菊粉的生产工艺

各过程操作方法如下。

1）标准菊粉的溶解

将 2400 kg 菊粉在搅拌下溶于 3600 kg 纯净水中，配成干物质浓度为 40%的混合物，调节 pH 至 6.0±0.2，并用蒸汽加热，控制温度为(50±2)℃。

2）标准菊粉的酶解

向反应罐中加入适量的菊粉酶，控温(50±2)℃，酶解 24 h 起，每隔 2 h 取样送化验室测定酶解程度，当短链低聚果糖占固形物的比例达到 25%时进行灭酶和脱色。

3）标准菊粉酶解液的灭酶、脱色

向反应罐中加入脱色剂 A 2 kg，搅拌均匀，升温并维持 85℃，20 min 起每隔 10 min 取样送化验室测色度，当色度小于 0.2 时进行过滤。

4）酶解液过滤

按照压滤操作规程操作，用板框压滤机将上述混合物过滤，初滤液应回流，当滤液澄清透明时，将滤液输送至喷雾干燥储罐。

5）过滤液喷雾干燥

按照喷雾干燥操作规程操作，控制进风温度 150～180℃，出风温度（88±2）℃，通过调节进料量来调节出风温度。

8. 菊粉的行业标准

菊粉的行业标准见表 10-32。

表 10-32　菊粉的行业标准

指标	标准菊粉	长链菊粉
平均聚合度	12	25
干重/%	95	95

续表

指标	标准菊粉	长链菊粉
菊粉含量/%干物质	92	99.5
糖含量/%干物质	8	0.5
pH（10%质量分数）	5～7	5～7
硫酸化灰分/%干物质	小于 0.2	小于 0.2
重金属含量/ppm 十物质	小于 0.2	小于 0.2
外观	白色粉末	白色粉末
味道	中性	中性
甜度（蔗糖甜度为 100）	10	无
25℃ 水溶性/（g/L）	120	10
黏度（10℃，5%）/（mPa・s）	1.6	2.4
热稳定性	良好	良好
酸稳定性	一般	良好

10.1.2　菊芋叶蛋白的制备

菊芋叶片作为叶蛋白生产的原料，具有明显的优势：在盐碱等荒漠化非耕地上，其生物量大，亩产干叶达 400 kg 以上；同时蛋白质含量高，具备工业生产蛋白质的可行条件。因此南京农业大学海洋科学及其能源生物资源研究所菊芋研究小组从大生产的目标着手，进行菊芋叶蛋白生产工艺的优化与集成，取得了明显的进展。

1. 菊芋叶蛋白的提取

将新鲜菊芋叶片剪切至 1～2 cm 小段，称取 10 g 按一定的料液比加入提取剂中。榨汁机榨汁 2 min，200 目滤布过滤得墨绿色提取液。用 1 mol/L 盐酸调 pH，在设定温度下恒温水浴中絮凝 20 min。冷水冷却至室温，10000 r/min 离心 5 min，得到叶蛋白沉淀物，于 60℃烘箱中烘干，得叶蛋白成品，称重、测定叶蛋白中粗蛋白的含量及叶蛋白得率[59,60]，计算粗蛋白提取率。

（1）提取剂的选择。固定其他提取条件不变，比较水、氯化钠溶液、氢氧化钠溶液和焦亚硫酸钠溶液 4 种提取剂对菊芋叶蛋白提取率的影响，选择提取效果最好的一种溶剂提取叶蛋白。

（2）料液比对提取的影响。加盐量为 0.3%、絮凝温度 70℃、pH 3.0，比较料液比（质量浓度）为 1∶2、1∶3、1∶5、1∶7、1∶9、1∶11 时叶蛋白得率及叶蛋白中粗蛋白的含量，计算粗蛋白提取率，比较粗蛋白的提取效果。

（3）加盐量对提取的影响。料液比为 1∶5、絮凝温度 70℃、pH 3.0，加盐量分别为 0.1%、0.2%、0.3%、0.4%、0.5%、0.8%（质量浓度）时比较粗蛋白的提取效果。

（4）絮凝温度对提取的影响。料液比为 1∶5、加盐量 0.3%、pH 3.0，絮凝温度分别在 50℃、60℃、70℃、80℃、90℃的条件下比较粗蛋白的提取效果。

（5）pH 对提取的影响。料液比为 1∶5、加盐量 0.3%、絮凝温度 70℃，分别调节

pH 至 2.0、3.0、4.0、5.0、6.0，比较粗蛋白的提取效果。

为了研究不同因素对菊芋叶蛋白絮凝的相互影响，寻求较优提取工艺，以单因素实验为基础，在榨汁时间为 2 min，絮凝时间为 20 min 的条件下选取料液比（A）、加盐量（B）、絮凝温度（C）、pH（D），进行四因素三水平 $L_9(3^4)$ 正交实验，因素及其水平见表 10-33。

表 10-33　菊芋叶蛋白提取正交实验因素及其水平

水平	因素			
	A 料液比	B 加盐量/%	C 絮凝温度/℃	D pH
1	1∶5	0.3	70	2.0
2	1∶7	0.4	80	3.0
3	1∶9	0.5	90	4.0

菊芋叶片氨基酸组成分析，按照 GB/T 1826—2000 方法，样品在 110℃、6 mol/L 盐酸作用下水解 24 h，用氨基酸自动分析仪测定除色氨酸外的 17 种氨基酸。

按照 GB/T 5009.5—2010，采用凯氏定氮法测定菊芋叶片中粗蛋白的含量。

按照 GB/T 5528—2008，在（103±2）℃恒温干燥，样品干燥前后质量差即样品的水分含量。

计算公式：

$$菊芋叶蛋白得率（\%）＝菊芋叶蛋白量÷菊芋原叶干质量×100\% \quad (10\text{-}5)$$

$$菊芋叶粗蛋白得率（\%）＝菊芋叶粗蛋白量÷菊芋原叶干质量×100\% \quad (10\text{-}6)$$

测得菊芋叶片的平均总蛋白含量为 22.78%（g/g 干重），鲜叶的平均水分含量为 67.94%。

1）菊芋叶片蛋白提取剂的筛选

由图 10-17 可见，在料液比 1∶5、加盐量 0.3%、pH 3.0、絮凝温度 70℃的条件下，不同提取剂对菊芋叶蛋白的提取效果差异显著。以 NaOH 溶液为提取剂所得的叶蛋白得率明显高于其他三种提取剂（图 10-17A）；对所提叶蛋白进行粗蛋白含量测定，结果表明以 $Na_2S_2O_5$ 溶液提取的叶蛋白粗蛋白含量最高，其次是 NaCl 溶液和 H_2O，而 NaOH 溶液提得的叶蛋白粗蛋白含量最低（图 10-17B）；粗蛋白提取率的结果表明，4 种提取剂对粗蛋白的提取效果最佳的为 $Na_2S_2O_5$ 溶液，粗蛋白提取率可达 26.43%（图 10-17C）。

综上，用 NaOH 溶液提取菊芋叶蛋白虽然得到沉淀量多，但沉淀中大部分不是蛋白质，NaOH 不适宜作为菊芋叶蛋白提取剂。$Na_2S_2O_5$ 溶液对粗蛋白的提取效果优于其他三种提取剂，故选取 $Na_2S_2O_5$ 为菊芋叶蛋白的提取剂，进行后续实验。

2）菊芋叶蛋白提取条件的比较与筛选

（1）料液比对菊芋叶粗蛋白提取的影响

由图 10-18 可见，料液比对菊芋叶蛋白的粗蛋白提取率影响很大，料液比为 1∶7 时粗蛋白提取率最高，为 20.81%。在料液比为 1∶7～1∶2 的区间内，粗蛋白提取率随料液比的增大而增大，但当料液比继续升高时，粗蛋白提取率逐渐下降。可能原因是当料液比过低时，蛋白质溶解不充分；而加水量过大会造成提取液浓度过稀，蛋白质沉淀效果差、损失大，同时也增加了提取过程的能耗。

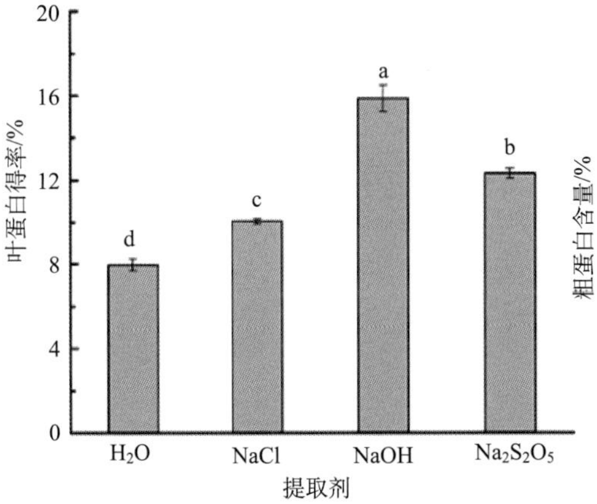

A 叶蛋白得率

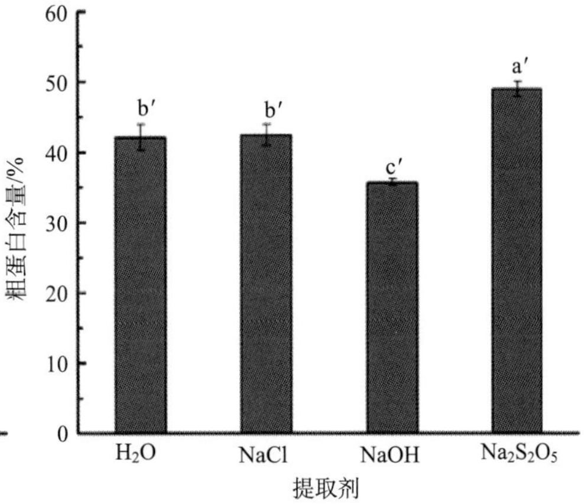

B 粗蛋白含量

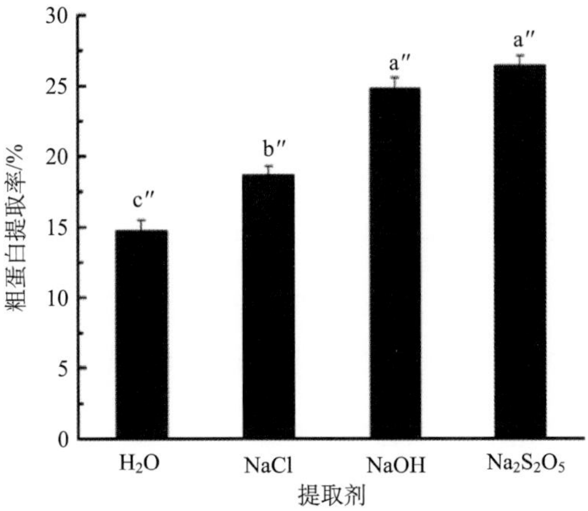

C 粗蛋白提取率

图 10-17　不同提取剂对叶蛋白得率、粗蛋白含量和粗蛋白提取率的影响

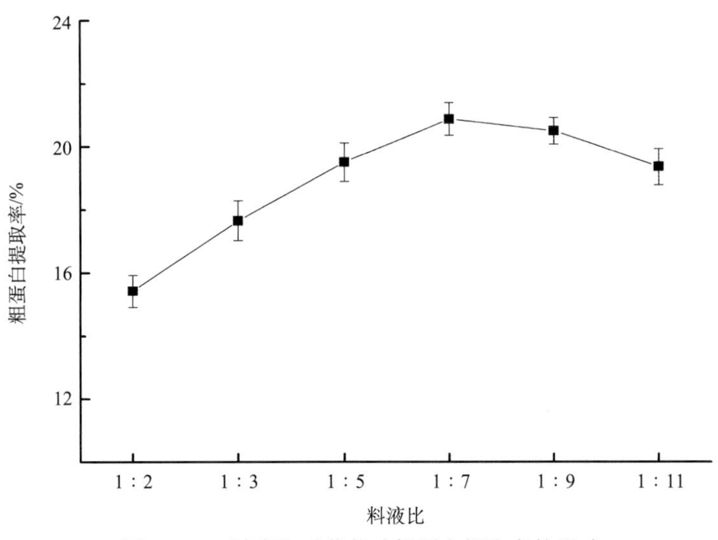

图 10-18　料液比对菊芋叶粗蛋白提取率的影响

（2）加盐量对菊芋叶粗蛋白提取的影响

由图 10-19 可见，加盐量为 0.4%时粗蛋白提取率最高，大于或小于此浓度，粗蛋白提取率均呈下降趋势。这可能是因为一些带正电荷的蛋白质基团易与提取液中的 $S_2O_5^{2-}$ 结合，增加了蛋白质之间的静电排斥力，从而提高了蛋白质的溶解性，在一定的低盐浓度范围内，随浓度的增加而增大，当超过这个范围，蛋白质的溶解性又开始下降[61]。

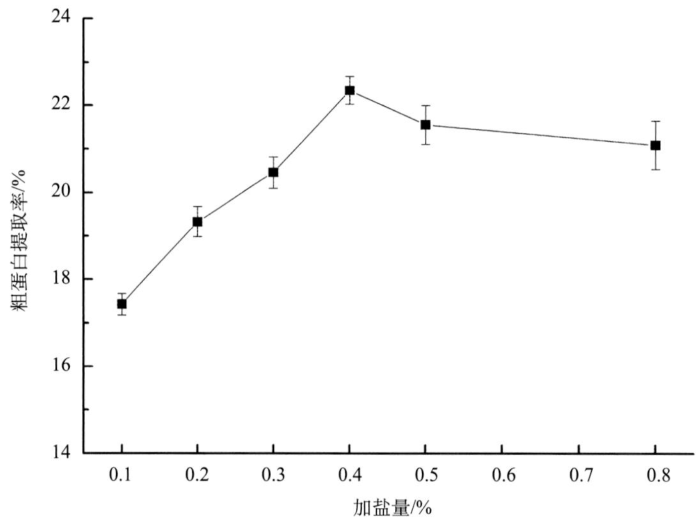

图 10-19　加盐量对菊芋叶粗蛋白提取率的影响

（3）絮凝温度对菊芋叶粗蛋白提取的影响

由图 10-20 可知，菊芋叶蛋白中粗蛋白的提取率随温度的升高而提高，产生的沉淀量增加。这是因为加热会使大多数蛋白质形成不溶解的凝固体，随着温度的升高，蛋白

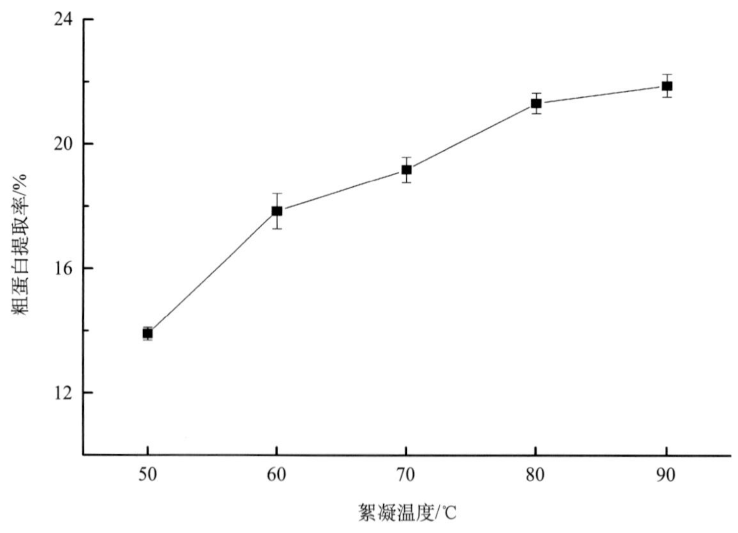

图 10-20　絮凝温度对菊芋叶粗蛋白提取率的影响

酶变性，酶反应速率减小，蛋白质絮凝增加。絮凝温度从 70℃上升至 80℃时，粗蛋白提取率增加 2.13%；而从 80℃上升至 90℃时，粗蛋白提取率只增加了 0.55%。这说明 80℃后，随着温度的升高，粗蛋白提取率的增加趋于平缓。

（4）pH 对菊芋叶粗蛋白提取的影响

根据文献报道，叶蛋白的最佳沉淀 pH 为 3～4[62,63]，因此选取酸性 pH 范围研究其对粗蛋白提取效果的影响。由图 10-21 可知，pH 由 2 升至 3 时，粗蛋白提取率随之升高，当 pH 为 3 时粗蛋白提取率最大，为 22.34%，当 pH 大于 3 时，粗蛋白提取率呈下降趋势。这是因为蛋白质为两性电解质，是带有正负电荷的胶体大分子物质，其分子的解离状态和解离程度受溶液 pH 的影响，当溶液 pH 达到一定数值时，蛋白质颗粒上正负电荷相等，蛋白质呈现电中性，既不向阳极移动，也不向阴极移动，此时蛋白质胶体溶液的稳定性最差，蛋白质的沉淀量最大[64]。

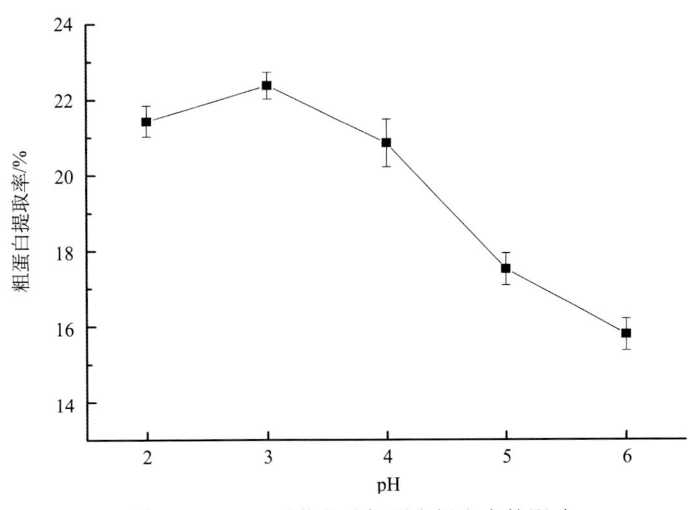

图 10-21　pH 对菊芋叶粗蛋白提取率的影响

2. 菊芋叶蛋白提取条件优化组合

南京农业大学海洋科学及其能源生物资源研究所菊芋研究小组菊芋叶蛋白提取因子的交互实验结果表明（表 10-34），料液比 1∶7、加盐量 0.4%与 0.5%、絮凝温度 90℃与 70℃、pH 2.0 与 3.0 的处理组合（实验号 5 和 6）无论是叶蛋白得率还是粗蛋白提取率都显著高于其他处理组合，叶蛋白得率达 12.77%～13.89%，粗蛋白提取率为 25.86%～26.82%。

表 10-34　菊芋叶蛋白提取正交实验结果

实验号	A 料液比	B 加盐量/%	C 絮凝温度/℃	D pH	叶蛋白得率/%	粗蛋白含量/%	粗蛋白提取率/%
1	1（1∶5）	1（0.3）	1（70）	1（2.0）	10.05	52.97	23.36
2	1（1∶5）	2（0.4）	2（80）	2（3.0）	10.31	50.35	22.79
3	1（1∶5）	3（0.5）	3（90）	3（4.0）	12.72	43.98	24.55

续表

实验号	A 料液比	B 加盐量/%	C 絮凝温度/℃	D pH	叶蛋白得率/%	粗蛋白含量/%	粗蛋白提取率/%
4	2（1∶7）	1（0.3）	2（80）	3（4.0）	11.53	45.11	22.83
5	2（1∶7）	2（0.4）	3（90）	1（2.0）	12.77	47.84	26.82
6	2（1∶7）	3（0.5）	1（70）	2（3.0）	13.89	42.43	25.86
7	3（1∶9）	1（0.3）	3（90）	2（3.0）	9.50	45.43	18.94
8	3（1∶9）	2（0.4）	1（70）	3（4.0）	9.31	42.58	17.41
9	3（1∶9）	3（0.5）	2（80）	1（2.0）	10.75	43.99	20.77

由表 10-35 可知，根据极差 R 的大小，影响叶蛋白得率的因素主次顺序为 A>B>C>D，即料液比>加盐量>絮凝温度>pH，最佳提取条件为料液比 1∶7、加盐量 0.5%、絮凝温度 90℃、pH 3.0（A2B3C3D2）组合；影响粗蛋白含量的因素主次顺序为 A>D>B>C，最佳提取条件为料液比 1∶5、加盐量 0.3%、絮凝温度 80℃、pH 2.0（A1B1C2D1）组合；对粗蛋白提取率的影响顺序与对粗蛋白含量的相同，最佳提取条件为料液比 1∶7、加盐量 0.5%、絮凝温度 90℃、pH 2.0（A2B3C3D1）组合。从各因素对 3 个指标的影响主次顺序看，因素 A 即料液比影响最大，因素 C 即絮凝温度的影响最小。综合考虑叶蛋白得率、粗蛋白含量和粗蛋白提取率，经各因素水平间的分析比较，确定叶蛋白最佳提取条件组合为 A2B3C3D1，即料液比 1∶7、加盐量 0.5%、温度 90℃、pH 2.0。

表 10-35　菊芋叶蛋白提取正交实验结果分析

水平	叶蛋白得率/%				粗蛋白含量/%				粗蛋白提取率/%			
	A	B	C	D	A	B	C	D	A	B	C	D
K1	11.03	10.36	11.08	11.19	49.10	47.84	45.99	48.27	23.57	21.71	22.21	23.65
K2	12.73	10.80	10.86	11.23	45.13	46.92	46.48	46.07	25.17	22.34	22.13	22.53
K3	9.85	12.45	11.66	11.19	44.00	44.15	46.75	44.89	19.04	23.73	23.44	21.60
R	2.88	2.09	0.80	0.05	5.10	3.70	0.73	4.38	6.13	2.02	1.31	2.05

按上述确定的优化提取条件，南京农业大学海洋科学及其能源生物资源研究所菊芋研究小组进行菊芋叶蛋白提取最佳条件验证实验，平行实验 3 次，得到优化条件的平均叶蛋白得率为 12.77%，平均粗蛋白含量为 48.96%，平均粗蛋白提取率为 27.36%，重复实验相对偏差 RSD 分别为 0.97%、2.73%、2.03%，该工艺条件下重现性良好，且粗蛋白的提取效果高于表 10-34 中正交实验结果。

10.2　菊芋叶片次生代谢产物

菊芋茎叶中次生代谢产物丰富，有些化合物具有明显的生物活性，加之菊芋茎叶产量高，可为稀缺的次生代谢产物的产品开发提供充足而廉价的原料。

10.2.1　菊芋叶片总黄酮快速检测方法

菊芋叶片黄酮类化合物含量较高，具有广阔的开发前景。而黄酮类化合物分析方法通常有下列几种。

（1）紫外分光光度法（ultraviolet spectrophotometry）是应用黄酮类化合物含有 α-苯基色原酮基结构，以及羟基与 2 个芳香环形成的 2 个共轭系统，对紫外线有 2 个相应区域特征吸收，利用最大吸收波长进行样品测定，具有准确、简便、易掌握、所需试剂便宜易得的优点，因此该方法已广泛应用于植物中黄酮含量测定。紫外分光光度法有以下 5 种类型。

直接测定法（direct determination）是依据黄酮自身结构的特点，不使用显色剂，直接在其特征吸收峰处对供试样进行测定。黄酮类化合物在紫外线 200～400 nm 的区域内有 2 个相应区域特征吸收，即峰带Ⅰ（300～400 nm）和峰带Ⅱ（220～280 nm）[65]。峰带Ⅱ的吸收峰较强，是直接用紫外分光光度计进行黄酮测定的重要依据[66]。该方法对单一成分的样品测定简便、快速、准确，具有良好的重现性，但对植物提取液来说，杂质干扰大，易出现误差。

比色法（colorimetry）是利用黄酮类化合物结构上的酚羟基及其还原性特征进行显色，在特定波长下测定黄酮类化合物。常用的显色试剂有 $Al(NO_3)_3$、$AlCl_3$ 等金属盐，Al^{3+}可与黄酮类化合物分子中的羟基反应生成有色金属络合物。刘世民和刘岩采用 $Al(NO_3)_3$ 比色法测得银杏叶中总黄酮含量为 2.804%，茶叶中总黄酮含量为 9.732%，芹菜中总黄酮含量为 0.278%[67]。刘璐等用 1% $AlCl_3$ 显色，于 274 nm 处测定吸光度，测得急弯棘豆中总黄酮含量。该法设备简单，操作简便[68]。

差示分光光度法（difference spectrophotometry）使用稍高于样品或稍低于样品的标准作参比，测量样品和参比间的相对吸光度。根据吸光度差值与黄酮含量的线性关系计算样品含量。桂劲松等采用差示分光光度法对白背叶中总黄酮含量进行测定，以芦丁为指标，在 425 nm 处测定吸光度，测得白背叶中总黄酮含量为 0.024%[69]。池玉梅等采用差示分光光度法测定 6 种猫爪草中总黄酮的含量，在 510 nm 处测定吸光度，测得不同产地猫爪草总黄酮含量分别为 0.275%、0.132%、0.282%、0.178%、0.265%及 0.228%[70]。

双波长法（dual wavelength method）与传统分光光度法的不同之处在于它采用两个不同的波长即测量波长和参比波长同时测定一个样品溶液，以克服单波长测定的缺点，提高了测定结果的精密度和准确度，可最大限度地消除黄酮提取液中其他杂质的干扰。

导数分光光度法（derivative spectrophotometry）是继双波长法之后发展起来的较精尖的分析技术，利用吸光度对波长的导数曲线来确定和分析吸收峰的位置与强度，得到样品导数吸光度对波长的变化率曲线，测出各组分的含量。孙丽萍等应用导数分光光度法测得蜂花粉总黄酮含量为 3.19%，低于比色法测得的 4.43%，表明双波长法灵敏度更高[71]。栾江等用二阶导数光谱法测定羚羊清肺散中黄芩苷的含量，可有效消除背景的干扰[72]。

（2）高效液相色谱（high performance liquid chromatography，HPLC）是采用高压输液泵、高灵敏度检测器和高效微粒固定相，以液体为流动相，高压输出进行测定的方法。

熊冬梅等采用 RP-HPLC 法测得银杏提取物胶囊、银杏西洋参含片、银杏叶茶总黄酮含量分别为 0.051 mg/g、1.01 mg/g、0.037 mg/g，相对标准差都小于 2% [73]。谢娟平和孙文基采用 RP-HPLC 法测定了 5 种淫羊藿异戊烯基黄酮的量分别为：根 1.090%～3.661%，茎 0.001%～0.033%，叶 0.095%～0.217% [74]。HPLC 在黄酮类化合物的定量分析中得到广泛应用，如荷叶中总黄酮、葛根中葛根素、银杏中银杏黄酮等的测定。此法具有测定样品范围广、成本低、效率高、灵敏度高及结果准确等特点，但设备贵，检测时间较长，消耗流动相较多。

（3）荧光分光光度法（fluorospectro photometry）利用紫外线扫描黄酮类化合物与金属离子络合物可产生荧光，荧光强度与该物质的浓度成正比。黄酮类化合物测定的标准常为桑色素[75]。张敏等应用该法建立了一种测定银杏叶总黄酮的方法，平均回收率为 99.8%～104.2%，RSD 为 1.94%[76]。廖声华等利用桑色素和 Al^{3+}形成二元荧光络合物，在激发波长 365 nm、发射波长 499 nm 时测定银杏叶中总黄酮的含量，得出线性方程，测得回收率为 108.24% [77]。

（4）毛细管电泳（capillary electrophoresis，CE）以高压产生的强电场为驱动力，以小内径的石英毛细管为分离通道，依据各组分之间分配系数的差异实现分离。它具有高效、快速、进样体积小、溶剂消耗少和污染小等特点。该法设备较昂贵，组分标样较难寻找，适用于具体黄酮类化合物的测定。吴同和梁明运用毛细管电泳法成功地同时分离大豆异黄酮中的 4 种成分，选用硼砂缓冲液，大大降低了生产成本[78]。王淼用毛细管电泳法建立了桑叶中芦丁、槲皮素、绿原酸的分离及定量分析方法[79]。

（5）薄层扫描色谱法（TLC scanning method）是将光密度计、薄层色谱技术和计算机结合起来的一种新型分析方法。该法是薄层色谱分离样品后，用一定波长和强度的光扫描薄层上整个斑点，测量斑点反射的光束强度的变化以达到定量的目的。薄层扫描色谱法可对各种复杂的样品进行分离和测定，是分析中草药复杂成分的首选方法。李吉来等用薄层扫描色谱法进行定量测定银杏黄酮苷元，回收率为 96.0%～99.6%，RSD 为 1.03%～2.08%[80]。王朝周和程秀民用薄层扫描色谱法测定了槐米中芦丁的含量[81]。景仁志等采用薄层扫描色谱法测得九江苦荞叶中芦丁的含量为 2.81% [82]。

由于天然植物的组成非常复杂，分光光度法在实测过程中会受到各种干扰，影响结果的准确性。因此本书首先研究菊芋叶片总黄酮快速检测方法，目前，黄酮类化合物的定量方法有很多，常用的有 HPLC 和分光光度法[83-85]，在实际生产和科研过程中，对于黄酮单体的定量常采用 HPLC，而对总黄酮的测定，考虑到方法的简便、快捷以及可行性，多采用在碱性介质中加铝盐显色的分光光度法。我们通过测定菊芋叶提取物中总黄酮的含量，对分光光度法各个实验环节进行了详细研究，发现稀释定容用甲醇的浓度、试剂加入时间、显色时间等因素都会对吸光度产生较大的影响。由此总结出一种快速准确的定量分析实验步骤，取得了满意的实验结果。

1. 显色剂用量对总黄酮含量吸光度的影响

$NaNO_2$、$Al(NO_3)_3$ 用量的确定。吸取样品液 2.0 mL，分别加入 0.5 mL、1.0 mL、1.5 mL、2.0 mL、3.0 mL 5% $NaNO_2$ 溶液，按 1∶1 比例分别加入 0.5 mL、1.0 mL、1.5 mL、2.0 mL、

3.0 mL 10% $Al(NO_3)_3$ 溶液，分别测定其吸光度。结果见表 10-36。结果表明，$NaNO_2$、$Al(NO_3)_3$ 溶液的用量在 2.0 mL 以上时，显色效果达到稳定。

表 10-36　$NaNO_2$、$Al(NO_3)_3$ 用量对显色结果的影响

5% $NaNO_2$+10% $Al(NO_3)_3$ 体积/mL	吸光度	*N*	标准差	RSD/%
0.5+0.5	0.298	3	0.002	0.12
1.0+1.0	0.302	3	0.001	0.08
1.5+1.5	0.354	3	0.002	0.14
2.0+2.0	0.375	3	0.002	0.12
3.0+3.0	0.374	3	0.001	0.08

NaOH 用量的确定。吸取样品液 2.0 mL，加入 2.0 mL 5% $NaNO_2$ 溶液、2.0 mL 10% $Al(NO_3)_3$ 溶液，静置 10 min 后，分别加入 5.0 mL、10.0 mL、15.0 mL、20.0 mL 4% NaOH，测定其吸光度。结果见表 10-37。结果表明，NaOH 用量在 10 mL 以上时，显色效果达到稳定。

表 10-37　NaOH 用量对显色结果的影响

NaOH 体积/mL	吸光度	*N*	标准差
2.0	0.048	3	0.002
5.0	0.247	3	0.002
10.0	0.370	3	0.001
15.0	0.371	3	0.002
20.0	0.370	3	0.001

2. 加入显色剂后放置时间对总黄酮含量的影响

准确吸取一定量的各样品溶液，按照设计，用 60%的乙醇稀释定容，每次只改变一个时间因素，测定吸光度，结果见表 10-38。由表 10-38 可知，加入 $NaNO_2$ 溶液后，放置时间对实验结果无影响，所以可以在加入 $NaNO_2$ 溶液摇匀后立刻加入 $Al(NO_3)_3$ 溶液，不必再放置 10 min。加入 $Al(NO_3)_3$ 溶液后，放置时间对实验结果有较大影响，可能是 Al^{3+} 和黄酮类化合物形成配合物需要一定的时间才能达到稳定。实验结果表明，放置 4 min 后，已基本稳定，放置 6 min 和放置 8 min 的实验结果基本一致，所以选择加入 $Al(NO_3)_3$ 溶液后放置 6 min 再加入 NaOH 溶液显色。

表 10-38　样品加入不同试剂放置不同时间后的吸光值

加入试剂	放置时间/min	吸光值
$NaNO_2$	0	0.372
	2	0.374
	4	0.371
	6	0.370
	8	0.372

续表

加入试剂	放置时间/min	吸光值
$Al(NO_3)_3$	0	0.297
	2	0.344
	4	0.367
	6	0.373
	8	0.371
NaOH	0	0.373
	2	0.368
	4	0.363
	6	0.357
	8	0.351

加入 NaOH 溶液后，随着放置时间的延长，吸光度不断地下降，影响实验结果。故选择加入 NaOH 后立刻测其吸光度，以减小误差。

绘制标准曲线，分别吸取已制备好的对照品溶液 0 mL、2.0 mL、4.0 mL、6.0 mL、8.0 mL、10.0 mL 于 50 mL 容量瓶中，各加水至 25 mL；加入 5% $NaNO_2$ 溶液 2 mL，摇匀；加入 10% $Al(NO_3)_3$ 溶液 2 mL，摇匀，放置 6 min；加入 4% NaOH 溶液 10 mL，用 70%甲醇定容，摇匀。以第一管为空白，于 510 nm 下检测吸光度。以吸光度为纵坐标，浓度为横坐标，绘制标准曲线。芦丁的标准曲线见图 10-22，结果表明芦丁在 0.0099～0.0494 mg/mL 内呈良好的线性关系，其回归方程为：$y=8.369x+0.008$（$R^2=0.9972$）。

3. 分光光度法测定总黄酮含量的精密度实验

精密吸取样品溶液 2.0 mL，按照前面的方法步骤操作，在 510 nm 下测得吸光度，连续测定 5 次。结果见表 10-39，RSD 为 0.356%，精密度良好。

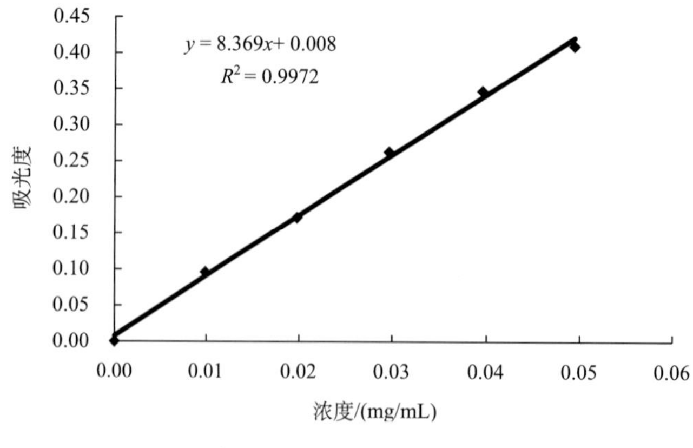

图 10-22　芦丁的标准曲线

表 10-39　精密度实验结果

测定次数	吸光度	平均值	RSD/%
1	0.367		
2	0.368		
3	0.368	0.367	0.356
4	0.366		
5	0.365		

4. 分光光度法测定总黄酮含量的重复性实验

取同一批菊芋叶，依前述方法制备 6 份供试样品溶液，精密测定其吸光度。结果见表 10-40，表明本方法重复性良好。

表 10-40　重复性实验结果

样品	吸光度	c/（mg/mL）	样品含量/%	平均值/%	RSD/%
1	0.367	1.0724	5.3486		
2	0.372	1.0873	5.4112		
3	0.374	1.0933	5.4183	5.3886	0.61
4	0.369	1.0783	5.3725		
5	0.368	1.0753	5.3582		
6	0.374	1.0933	5.4226		

5. 分光光度法测定总黄酮含量的稳定性实验

分别取供试样品溶液 2.0 mL，按前述方法，于室温分别放置 0 min、15 min、30 min、45 min、60 min 后加入显色剂，测定其吸光度，其 RSD 为 1.45%，见表 10-41。结果表明，供试溶液在 60 min 内稳定。

表 10-41　稳定性实验结果

放置时间/min	吸光度	平均值	RSD/%
0	0.372		
15	0.368		
30	0.379	0.371	1.45
45	0.371		
60	0.364		

6. 分光光度法测定总黄酮含量的加样回收率实验

准确移取已知总黄酮含量（1.0933 mg/mL）的样品供试液 1 mL，分别加入不同浓度的芦丁对照品，按前面方法测定其吸光度，得出黄酮的含量，根据回收率公式计算出回收率，重复 9 次，结果表明：平均回收率为 99.45%，RSD 为 0.91%。采用本方法对菊芋叶中总黄酮进行定量分析是可行的，结果稳定可靠，见表 10-42。

表 10-42　加样回收率实验结果

序号	样品中总黄酮含量/mg	芦丁加入量/mg	测得量/mg	回收率/%	平均回收率/%	RSD/%
1	1.0933	0.247	1.3409	100.2429	99.45418	0.91
2	1.0933	0.247	1.3341	97.48988		
3	1.0933	0.247	1.3397	99.75709		
4	1.0933	0.494	1.5815	98.82591		
5	1.0933	0.494	1.5876	100.0607		
6	1.0933	0.494	1.5888	100.3036		
7	1.0933	0.741	1.8264	98.93387		
8	1.0933	0.741	1.8335	99.89204		
9	1.0933	0.741	1.8312	99.58165		

回收率（%）=（混合后实际测得量–样品中总黄酮含量）/芦丁标准品加入量×100

南京农业大学海洋科学及其能源生物资源研究所菊芋研究小组改进了传统的 $NaNO_2$-$Al(NO_3)_3$-NaOH 分光光度法测定总黄酮含量的方法。优化后的总黄酮含量测定实验步骤为：取一定量的样品置于 50 mL 容量瓶中，用水稀释至 25 mL；加入 2 mL 5% $NaNO_2$ 溶液，摇匀，立刻加入 2 mL 10% $Al(NO_3)_3$ 溶液，摇匀后放置 6 min；加入 NaOH 溶液，用水定容，混匀后立即于 510 nm 下以芦丁为对照品测定其吸光度。该方法耗时 6 min，比传统的测定时间减少了一半，精密度、稳定性、重复性良好，加样回收率合格，为菊芋叶总黄酮的含量测定提供了一种简便可行的方法，为菊芋的质量控制提供了评价手段。

10.2.2　菊芋叶片总黄酮类的提取与测定

总黄酮是菊芋叶片中重要的生理活性成分，具有杀菌消炎、清除自由基、抗肿瘤、抗氧化、抗衰老等多种药理功能，因此，研究如何从菊芋叶片中提取出高含量的总黄酮类化合物，并对其进行分离，对开发利用菊芋叶片中该类成分有重要的现实意义。

目前，从植物原材料中提取黄酮类化合物的传统方法有醇提法、热水提取法、碱液提取法、其他有机溶剂提取法，各种方法都有利有弊，在国内仍然广泛使用。总的来说，在实验室提取的时候一般都是使用醇提法与加热回流提取等几种方法结合起来使用，而在工业上提取，多采用醇提法与碱性水或稀醇提取。近年来，随着科技水平的提高，许多高新技术被应用到植物黄酮的提取上来，如超声波提取、超临界流体萃取、微波辅助萃取等。

醇提法是提取总黄酮最常用的方法，包括冷浸法、渗漉法和回流法。这些方法各有优缺点。冷浸法虽不需加热，但提取时间长、效率低。渗漉法提取效率高、浸液杂质少，但费时，溶剂用量大，操作麻烦。回流法效率最高，但受热易破坏成分的药材不宜用此法。

黄酮易溶于水，可以采取热水浸提、煮提，提取次数一般为 2～3 次。刘峥对银杏叶总黄酮水浸提法做了研究，确定了最佳水浸提条件[86]。但是由于水的极性大，能溶解无机盐、生物碱盐、糖类、氨基酸、蛋白质、有机酸盐、酸类及色素等，提取的成分范围广，提取液中杂质较多，黏度大，过滤困难。而且水提物不稳定，易染菌。其优点是消耗溶剂的成本低，设备简单，仍为一种可取的提取方法。

黄酮类含有酚羟基，呈弱酸性，不溶于酸性水而易溶于碱性水（石灰水、氢氧化钠），故可采用碱性水或碱性稀醇浸出，再对碱性提取液进行酸化，黄酮苷类即可沉淀析出。碱液提取法又可分为碱提酸沉法和碱提酸沉加醇法，碱提酸沉法中淀粉在碱的作用下容易呈黏稠糊状，给过滤和干燥带来较大困难；碱提酸沉加醇法过滤、干燥更为容易，5%氢氧化钠甲醇液浸出效果好，但浸出液酸化后，析出的黄酮类化合物在稀醇中有一定的溶解度，降低了产品得率[87]。

其他有机溶剂提取法。常楚瑞用乙酸乙酯回流提取木瓜总黄酮。这种方法设备简单，产品得率高，但产品中杂质含量较高，有机溶剂成本也较高[88]。

超声波提取法是采用超声波辅助溶剂进行提取，超声波产生高速、强烈的空化效应和搅拌作用，破坏植物药材的细胞，使溶剂渗透到药材细胞中，缩短提取时间，提高提取率[89,90]。许钢等利用超声提取植物黄酮，通过正交设计实验进行工艺优化，实验确定影响因素依次为浸提剂种类>浸提剂浓度>超声时间>液固比，得出用 20 倍原料重的 700 g/L 丙酮在 57℃水介质条件下超声浸提 30 min，提取率最高[91]。郭孝武用不同频率的超声装置从槐米中提取芸香苷，只需用频率为 20 kHz 的超声波处理 30 min，提取率高，速度快[92]。史振民等利用正交设计芦丁提取方案，在超声频率 21.5 kHz、超声时间 10 min、静置时间 12 h 时芦丁提取率最高[93]。

微波辅助萃取方法是通过微波辐射使样品超微结构特性遭到破坏，微波可自由通过提取剂，使化合物自由流入未被加热的提取剂。此外，微波对黄酮类化合物可产生热效应，使温度迅速升高，扩散系数增大，并在天然产物固体表面的液膜产生一定的微观扰动，降低传质阻力，有效提高黄酮类化合物的得率和含量，取得辅助提取的效果。范志刚等用微波辅助萃取法提取雪莲黄酮类物质，提高了雪莲的利用率[94]。微波辅助萃取法具有成本低、萃取效率高、选择性高、提取时间短、溶剂用量少等优点，但目前所进行的一些研究仅停留在对某些具体提取对象进行简单的工艺条件试验。

酶浸渍萃取法（enzyme extraction，EE）是指在黄酮提取过程中，加入适当的酶发生转糖反应和酶解反应，可以将脂溶性的类黄酮转化为水溶性的糖苷类而利于提取，而且可通过酶反应将植物组织分解，易去除杂质，有利于黄酮类活性保护。王晓等用复合酶提取山楂叶中的黄酮，提取率比常用的方法提高 2%～3%[95]。邢秀芳等将纤维素酶用于葛根总黄酮的提取，提取得率提高了 13%[96]。酶浸渍萃取法成本低、安全，但由于酶的选择还存在一定的局限性，需要更加深入地研究最佳工艺条件和作用机理。

超临界流体萃取技术是通过控制临界温度和压力达到选择性提取和分离纯化的目的，利用的是某种液体在临界点附近一定区域内具有溶解能力强、流动性好、传递性能高等特点[97]。超临界流体萃取技术有许多传统分离技术不可比拟的优点：过程容易控制、达到平衡的时间短、萃取效率高、无有机溶剂残留、不易破坏热敏性物质等[98]。但它所需要的设备规模较大，技术要求高，投资大，安全操作要求高，难以用于较大规模的生产。

靳学远和安广杰利用超临界 CO_2 萃取金银花中的黄酮类化合物，提取率最高可达10.24%，与热醇浸泡提取法、微波辅助萃取法和超声波提取法相比，这种方法具有时间短、提取率高、后续分离易于进行的特点[99]。李志平等对利用超临界 CO_2 萃取技术从茵陈蒿中提取黄酮类化合物进行了研究，研究表明，与溶剂提取法相比，这种方法具有操作简单、提取率高、后续分离易于进行的特点，茵陈蒿总黄酮的提取率最高可达3.875%[100]。

超微粉碎技术是利用超声粉碎和超低温粉碎，使生药中心粒径为 5～10 nm，细胞破壁率达 95%。刘产明经研究发现一部分天然产物有效成分的溶出速度与药物粉碎度有关，对不同粉碎度的三七进行了体外溶出度试验，结果表明三七 45 min 溶出物含量和三七总皂苷溶出量大小顺序为：微粉>细粉>粗粉>颗粒。天然产物有效成分易于提取，也容易被人体直接吸收，这种新技术使天然产物的有效成分的溶出和起效更加迅速。现在这种技术主要用于一些名贵天然产物，如西洋参、珍珠等的粉碎提取[101]。

半仿生提取法是将整体药物研究法与分子药物研究法相结合，从生物药剂学角度，模拟口服及药物经胃肠道的环境转运，为经消化道给药的中药制剂设计的一种新的植物药提取工艺。半仿生提取在一定程度上可以促进有效成分的溶出，能缩短生产周期、降低成本，还有利于制剂和使用，但对于单一组分不一定最佳[102]。王蕙等采用添加纤维素酶提取银杏叶总黄酮，提取量为 6.3676 mg/g[103]；又以甲醇-水为提取液采用半仿生法提取，最终总黄酮提取量为 6.4598 mg/g。显然，半仿生提取法要优于酶浸渍萃取法。

热压流体萃取法是一种快速、环保、便宜、有效的萃取生物活性物质的方法。Chen等采用热压流体萃取法从巴西蜂胶中提取了 7 种黄酮类化合物，结果表明，通过热压水萃取的样品中当存在表面活性剂时萃取物的固体含量更高，当使用热压脂溶萃取时，7种黄酮类化合物的含量在脂溶萃取中超过了水溶萃取[104]。Kair Hartonen 等用热压水萃取法从白杨中萃取了黄酮类化合物，考察了萃取时间、温度和压力等因素的影响，并与超声波提取、高速逆流色谱做了比较，结果表明用热压水萃取法在 150℃萃取 35 min 效果最好。

高压液相萃取法。Zhang 等通过高压液相萃取法从鱼腥草中萃取了黄酮类化合物，研究了甲醇浓度、流速、温度和压强等因素的影响，并与热浸法和超声波辅助萃取法进行对比，发现高压液相萃取法提取效果较好，当使用 50%甲醇，溶剂流速为 1.8 mL/min，温度为 70℃，压强为 8MPa 时，黄酮类化合物的得率和浓度可以达到 3.152%和23.962%[105]。

黄酮类化合物的分离方法。粗提物中一般含有多种黄酮类化合物（它们之间或是异构体，或是生物合成过程中不同的中间产物），总黄酮的纯度比较低，常需提纯精制，甚至分离得到单体化合物。

溶剂萃取法是目前比较简单常见的一种方法[106]。它是利用黄酮类化合物极性不同，选用不同溶剂相继萃取来达到纯化的目的。例如，将黄酮苷溶于热水中，用活性炭或硅胶脱色，趁热过滤，冷却，使黄酮苷析出，如此反复几次可得到较纯的苷；一般游离的黄酮类可在有机溶剂中重结晶，可加入适量的乙醚，促使黄酮类化合物从有机溶剂中析出。但是这种方法使总黄酮损失比较多，且需要化学试剂，会造成环境的污染。

pH 梯度萃取。此法适合于酸度不同的游离黄酮类物质的分离。黄酮类物质酚羟基的数目及位置不同，各自所呈酸性强弱也不同，可以将其混合物溶于有机溶剂后，依次用 5% $NaHCO_3$ 溶液（萃取 7,4′-羟基黄酮）、5%的 Na_2CO_3 溶液（萃取 7-黄酮或 4′-羟基黄酮）、0.2% NaOH 溶液（萃取一般酚羟基黄酮）、4% NaOH 溶液（萃取 5-羟基黄酮）萃取，来达到分离的目的。

膜分离法主要有超滤、微滤、纳滤和反渗透等，其中超滤法是膜分离的代表，它是唯一能用于分子分离的过滤方法，是以多孔性半透膜为分离介质，依靠薄膜两侧压力差作为推动力来分离溶液中不同分子量的物质。由于大多数黄酮类化合物的分子量在 1000 以下，而非有效成分如大多数的多糖、蛋白质等分子量多在 50000 以上，因而使用超滤法能有效去除蛋白质、多肽、大分子色素、淀粉等，达到除菌、除热原、提高药液澄明度以及提高有效成分含量等目的。这种方法操作简便、不需要加热、不破坏黄酮类化合物、提取效果好、超滤装置可反复使用。于涛和钱和研究了银杏叶中黄酮类化合物的提取过程及工艺，使用超滤技术对粗提的产品进行精制，对影响超滤的工艺条件进行了考察，超滤后产品中黄酮质量分数达到 33.99%[107]。

柱色谱法是一种常用的有效方法。其关键是吸附剂的选择。常用的吸附剂有聚酰胺、硅胶、吸附树脂（如大孔吸附树脂）、葡聚糖凝胶、活性炭和硅藻土等。

硅胶柱色谱。硅胶主要适用于分离异黄酮、二氢黄酮、二氢黄酮醇及高度甲基化（或乙酰化）的黄酮及黄酮醇类。有时加水活化后也可用于分离极性较大的化合物，如多羟基黄酮醇及其苷类等。硅胶吸附作用的强弱与硅醇基的含量有关。硅醇基能够通过氢键吸附水分，硅胶的吸附力随吸附水分的增加而降低。洗脱时，常使用混合溶液可由极性较大和极性较小的两种溶剂组成，极性较大的化合物一般用反相硅胶[108]。

聚酰胺柱色谱。聚酰胺吸附属于氢键吸附，可分离极性物质与非极性物质，对黄酮类化合物的分离有很好的效果，是目前分离黄酮类化合物简便而有效的方法。杨武英等进行了聚酰胺树脂精制青钱柳黄酮的研究，结果发现，青钱柳黄酮粗提物经过聚酰胺树脂的三次吸附和解吸后，黄酮含量由粗品的 11.40%升高到了 81.34%，纯度提高了 6.14 倍[109]。

大孔吸附树脂是近年来发展起来的一类有机高分子聚合物吸附剂，是吸附和筛选原理相结合的分离材料。其吸附性是范德瓦耳斯力或形成氢键的结果，筛选原理是由树脂本身的多孔性结构决定的。它具有物化稳定性高，不溶于酸、碱及有机溶剂，吸附选择性好，不受无机盐类等低分子化合物存在的影响，再生简便，使用周期长，解吸条件温和，易于构成闭路循环，节省费用等优点，被广泛用于物质的分离纯化。近年来常常被应用于黄酮类物质的分离。翟梅枝等研究发现 D101 型大孔树脂对核桃青皮总黄酮具有良好的吸附和解吸性能，回收率为 60%，纯度可达 80%以上[110]；陈最鹏等采用 AB-8 大孔吸附树脂分离纯化葛根总黄酮，确定了最佳工艺条件，在该条件下总黄酮纯度可达

65%[111]。

双水相萃取技术是 20 世纪 60 年代提出的，90 年代用于天然产物的分离纯化。此法属于液-液萃取，依据待分离物质在两相间的选择性分配，而使它们得以分离。其特点是双水相体系分相快、使用温度低、容易操作、无污染、提取率高、价格低廉，因此成为黄酮化合物富集分离的一种有效方法。张春秀等将一定量的银杏叶浸提液，加入 PEG1500/磷酸盐体系双水相系统中，则黄酮类化合物进入上相 PEG，从而将黄酮类化合物分离，提取率可达 98.2%[112]。石慧和陈媛梅利用双水相体系萃取分离加杨叶总黄酮，结果表明采用 25% PEG400 和 12% $(NH_4)_2SO_4$ 双水相体系，添加 3%的 NaCl，萃取率大都能达到 95%以上[113]。

对总黄酮的提取方法较多，如水提法、超声波提取法[114]、超临界流体萃取法、酶浸渍萃取法等。工业上一般采用水提醇沉法，即用热水提取后，将水提液进行减压浓缩后，加入适量乙醇，可使溶液中的蛋白质、氨基酸、多糖等杂质沉淀析出，过滤，而总黄酮仍留在滤液中。

1. 总黄酮类物质的提取

近年来，国内外对总黄酮物质提取的研究主要集中于银杏叶、花生壳以及多种中药材植物[115]，而对于菊科向日葵属植物，从 20 世纪 60～70 年代开始，国内外就有科研人员开展了对向日葵属植物化学成分的研究，已从该属的 *Helianthus microcephali*、*Helianthus angustifolii*、*Helianthus corona-solis*、*Helianthus grosseserrats*、*Helianthus annuus* 等中分离出丰富的黄酮类化合物。但对于菊芋叶片总黄酮的提取还少有报道。南京农业大学海洋科学及其能源生物资源研究所菊芋研究小组根据实验条件从菊芋叶总黄酮提取方法、提取试剂的选择，探讨提取时间、温度、固液比对提取效果的影响，在单因素实验的基础上，采用正交实验法优化了菊芋叶片总黄酮的提取工艺，率定了最佳的提取工艺参数，为菊芋资源的综合开发利用提供了科学依据。

吸取 2 mL 提取液置于 50 mL 容量瓶中，按上述芦丁标准曲线绘制方法配制溶液，并以试剂空白为参比液调零，在 510 nm 测定其吸光度。通过标准曲线计算提取液中的总黄酮含量，总黄酮含量为

$$Y（\%）=C\times V\times D\times 10^{-3}\div m\times 100 \tag{10-7}$$

式中，Y 为总黄酮含量；C 为由标准曲线计算得出的待测试液的总黄酮质量浓度（mg/mL）；V 为待测试液的体积（mL）；D 为待测试液的稀释倍数；m 为菊芋叶粉末质量（g）。

1）菊芋叶片总黄酮的提取方法筛选

精密称取粉碎的菊芋叶片 1 g，加入 30 mL 70%甲醇，用不同的方法提取，将提取液过滤，滤液定容至 50 mL，计算总黄酮的含量。选用 4 种不同的提取方式：室温浸提法、45℃水浴法、超声波提取法、回流提取法，考察其对提取效果的影响，结果如图 10-23 所示。回流提取法测得的总黄酮含量为 63.88 mg/g DW，高于室温浸提法（35.00 mg/g DW）、45℃水浴法（34.30 mg/g DW）和超声波提取法（41.12 mg/g DW）。由此可知，回流提取法的提取效果最好，选择回流提取法作为菊芋叶片总黄酮的提取方法，进一步

考察提取试剂、提取温度、提取时间以及固液比等对提取效果的影响。

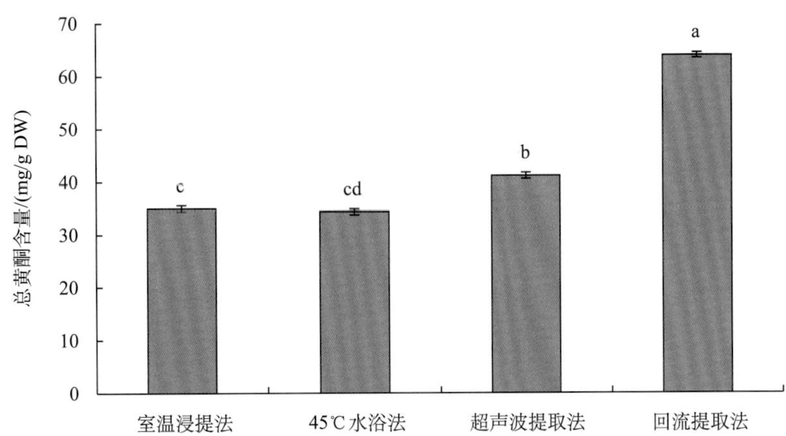

图 10-23　不同提取方法对菊芋叶片总黄酮提取的影响

2）菊芋叶片总黄酮提取试剂筛选

精密称取粉碎的菊芋叶片 1.00 g，加入 30 mL 不同的提取试剂，回流提取，将提取液过滤，滤液定容至 50 mL，计算总黄酮的含量。考察不同提取试剂对提取效果的影响，用 70%甲醇、70%乙醇、水、乙酸乙酯、丙酮 5 种提取试剂对菊芋叶片总黄酮进行提取，分别测定所提取的总黄酮含量，结果如表 10-43 所示。70%甲醇和 70%乙醇提取菊芋叶片测得的总黄酮含量显著高于乙酸乙酯、丙酮和水。水提测得的含量为 30.36 mg/g DW，据报道，用水作为溶剂来提取总黄酮时，提取液中可能含有大量的鞣质和糖分等大分子物质，因而不利于后续工艺的过滤和大孔树脂的分离，并且水提液中的总黄酮物质容易受到酶的催化而水解，很不稳定。70%甲醇和 70%乙醇提取的总黄酮含量相差不多，但是由 70%乙醇提取的溶液中叶绿素等杂质的量高于 70%甲醇提取的溶液，因此选择甲醇作为提取试剂进行进一步实验的研究。

表 10-43　不同提取试剂对总黄酮含量的影响

编号	提取试剂	总黄酮含量/（mg/g DW）
1	70%甲醇	63.93±0.38
2	70%乙醇	59.14±0.39
3	水	30.36±0.41
4	乙酸乙酯	9.25±0.47
5	丙酮	0

3）甲醇溶液体积分数的选择

称取 1.00 g 菊芋叶，以不同的体积分数（10%、30%、50%、70%、90%）的甲醇溶液为溶剂，料液比为 1∶30，提取温度为 70℃，提取时间 1 h，结果如图 10-24 所示。由图 10-24 可知，随着甲醇溶液体积分数的增大，其提取率先增大，在 70%时达到最大，其后随着甲醇体积分数的增大，其提取率反而降低。这种现象可能是由于甲醇体积分数过高时，水溶性黄酮的溶出减少而脂溶性杂质如色素、鞣质等溶出增多，由于杂质与脂溶性黄酮竞争溶剂，从而使黄酮提取量下降[116]。因此，甲醇体积分数以 70%为宜。

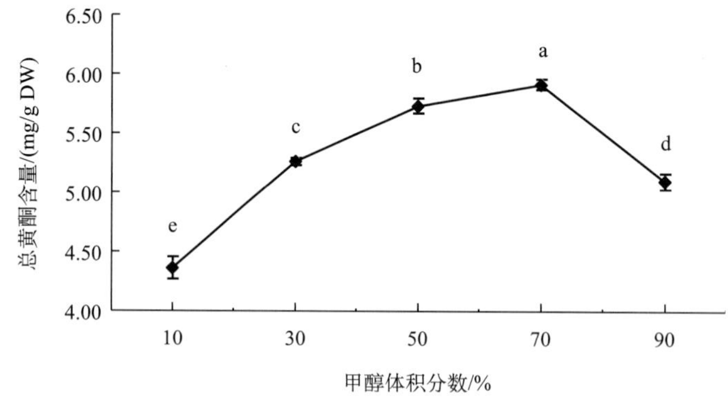

图 10-24　甲醇体积分数对菊芋叶片中提取的总黄酮含量的影响

4）总黄酮提取时间的选择

称取 1.00 g 菊芋叶，以体积分数为 70%的甲醇溶液，料液比为 1∶30，温度 70℃，回流提取 0.5 h、1 h、2 h、3 h、4 h，其结果见图 10-25。由图 10-25 可以看出，提取时间在 0.5～3 h 内菊芋叶总黄酮的得率增加，而 3 h 过后随着时间的延长，菊芋叶总黄酮的得率有所下降。这表明不同提取时间对总黄酮得率的影响很大，时间过短，目标成分不能充分溶出，时间太长，则可能造成部分对热不稳定的黄酮分解损失，使得总黄酮得率下降[117]。因此，提取时间以 3 h 为宜。

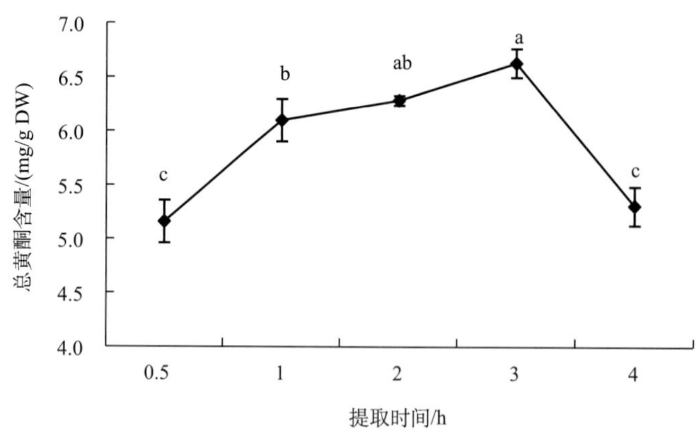

图 10-25　提取时间对菊芋叶片总黄酮含量的影响

5）选择菊芋叶片总黄酮提取合适的固液比

称取 1.00 g 菊芋叶，用 70%的甲醇溶液，温度 70℃，按不同固液比（1∶5、1∶10、1∶20、1∶30、1∶40），回流提取 1 h，其结果见图 10-26。从图 10-26 实验结果可以看出，在固液比为 1∶20 时，提取就可以达到比较好的效果。再增加提取溶剂的量对总黄酮得率增加效果不大，考虑到生产成本，固液比以 1∶20 为宜。

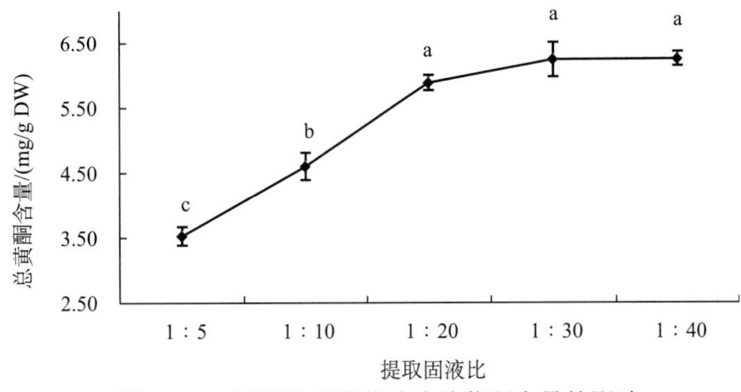

图 10-26　固液比对菊芋叶片总黄酮含量的影响

6）提取菊芋叶片总黄酮的合适温度

称取 1.00 g 菊芋叶，分别用不同的温度（40℃、50℃、60℃、70℃、80℃），以 70%甲醇为提取剂，回流提取时间为 1 h，固液比为 1∶30，结果见图 10-27。从图 10-27 中可以看出，随着提取温度的升高，菊芋叶总黄酮的得率也逐渐升高，这是因为随着提取温度的升高，分子的运动速度增加，渗透和扩散作用增强，使得菊芋叶片中的黄酮类化合物更容易溶出。同时考虑到能耗，选择 70℃为宜。

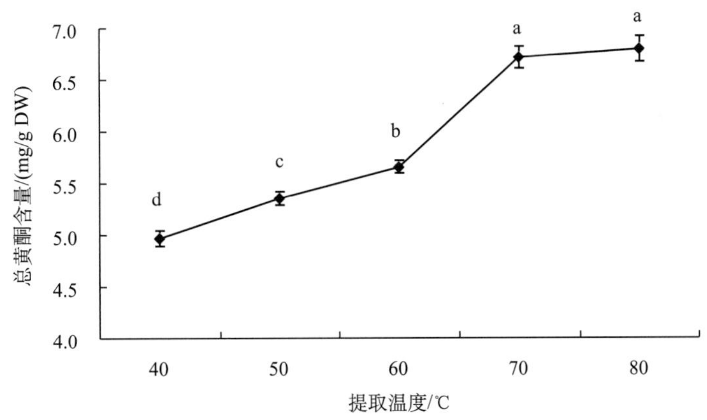

图 10-27　提取温度对菊芋叶片总黄酮含量的影响

7）提取菊芋叶片总黄酮的工艺优化

根据单因素实验结果，确定以固液比（A）、提取时间（B）、甲醇体积分数（C）、提取温度（D）4 个因素及其对应的 3 个较优水平，选用 $L_9(3^4)$正交设计表进行实验（表 10-44），优化菊芋叶总黄酮的提取工艺。

表 10-44　$L_9(3^4)$因素水平表

水平	因素			
	A 固液比/（g/mL）	B 提取时间/h	C 甲醇体积分数/%	D 提取温度/℃
1	1∶10	1	30	60
2	1∶20	2	50	70
3	1∶30	3	70	80

精确称量干燥的菊芋叶每份 1.00 g，按表 10-44 的因素水平，每个处理 3 次重复，用 $L_9(3^4)$正交实验方法优化菊芋叶总黄酮提取工艺（表 10-45），并对实验结果进行方差分析（表 10-46）。结果表明：4 个因素都对总黄酮含量有极显著影响。其中甲醇体积分数（C）对总黄酮含量的影响最大，提取温度（D）、固液比（A）次之，提取时间（B）的影响最小。经极差分析和方差分析确定最佳工艺组合为 A3B2C3D3，即用 70%甲醇以 1∶30 的固液比在 80℃条件下提取 2 h。

表 10-45　L_9（3^4）正交实验结果

实验号	因素				总黄酮含量/%		
	A	B	C	D			
1	1	1	1	1	3.66	3.82	3.90
2	1	2	2	2	6.14	6.12	5.97
3	1	3	3	3	6.92	7.02	6.99
4	2	1	2	3	6.54	6.62	6.44
5	2	2	3	1	6.42	6.24	6.35
6	2	3	1	2	5.65	5.50	5.33
7	3	1	3	2	6.48	6.35	6.60
8	3	2	1	3	6.26	6.23	6.26
9	3	3	2	1	6.21	6.20	6.02
k1	5.617	5.600	5.177	5.423			
k2	6.120	6.223	6.250	6.017			
k3	6.290	6.203	6.600	6.587			
R	0.673	0.623	1.423	1.164			

表 10-46　不同提取条件下的总黄酮含量方差分析

方差来源	III型平方和	自由度	均方	F 值
A	2.217	2	1.108	104.391**
B	9.837	2	4.919	463.223**
C	2.246	2	1.123	105.762**
D	6.079	2	3.040	286.246**
Error	0.191	18	0.011	

注：** 表示在 99%的置信区间进行比较，差异极显著（P<0.01）。

由极差及方差分析得到的最佳提取工艺条件并不在正交实验表安排的实验中，需做验证性实验。用上述确定的最佳提取工艺条件进行 3 次平行实验，总黄酮含量为 7.03%，RSD 为 0.3%，比 3 号实验的提取率稍高，说明所选取的工艺确为最佳工艺。

南京农业大学海洋科学及其能源生物资源研究所菊芋研究小组的研究表明，室温浸提法、45℃水浴法、超声波提取法、回流提取法 4 种提取方法提取菊芋叶片中的总黄酮所得到的主要成分是相同的。回流提取法是利用甲醇或乙醇等易挥发的有机溶剂提取植物原料成分，将浸出液加热蒸馏，由于接通了冷凝水，其中的挥发性溶剂馏出后又被冷却，不断地重复流回浸出容器中进行浸提原料，这样周而复始，直到有效成分回流提取完全的方法。回流提取法简单易行、价格低廉，不易对提取物造成污染。回流提取法相对于其他提取法能更多、更充分地提取菊芋叶片中的总黄酮物质，经济可行。

提取溶剂对总黄酮的提取效果影响较大，总黄酮易溶于甲醇、丙醇、乙醇等有机溶剂[118]，研究表明，甲醇和乙醇都是极性较强的有机溶剂，它们对总黄酮的提取效果优于其他试剂。而相同浓度的甲醇比相同浓度的乙醇对菊芋叶片中的总黄酮提取效果更好。甲醇价格较为低廉，来源较为广泛，比较适合工业化生产。

甲醇体积分数、提取温度、提取时间、固液比的单因素实验表明，随着甲醇溶液体积分数的增大，其提取率先增大，在 70%时达到最大，其后随着甲醇体积分数的增大，其提取率反而降低。这种现象可能是由于甲醇体积分数过高时，水溶性黄酮的溶出减少而脂溶性杂质如色素、鞣质等溶出增多，杂质与脂溶性黄酮竞争溶剂，从而使黄酮提取量下降。随着提取温度的升高，菊芋叶片总黄酮的提取效果也提高，但有效成分可能会发生分解或者分子结构发生转变[119]，因此要求在温度不太高的情况下进行；延长提取时间，提取效果也随之提高，这是因为提取时间的延长有利于叶片中有效成分的浸出，但是如果提取时间过长，一些多糖和蛋白质类物质也会浸出，导致有效成分的含量相对降低，且耗时；而增加提取试剂的用量，提取效果也会相应地提高，这是因为随着提取试剂的用量增加，体系的渗透压差也增加，总黄酮物质更容易渗透出来，但是提取试剂的用量过大，也会相应地增加提取液中杂质成分的浸出[120]，使得有效成分随之降低，同时也造成了溶剂的浪费。

综上所述，影响菊芋叶片总黄酮提取率的各因素为甲醇体积分数＞提取温度＞固液比＞提取时间，最佳提取工艺为回流提取法，提取溶剂为 70％甲醇，提取温度为 80℃，提取时间为 2 h，固液比为 1∶30。

2. 提取液中总黄酮的纯化与分离

菊芋叶片提取液中总黄酮的浓度很低，且含有大量的杂质，为了除去杂质、提高总黄酮的纯度，必须对提取液进行进一步的分离。

柱色谱，是一种常用的现代物理化学分离方法，广泛应用于化学、化工、生化、环保、农药、医药等领域，是目前进行分离纯化的重要方法之一。实验室常用硅胶或氧化铝作固定相，通过改变洗脱剂和提高柱效等手段，柱色谱技术几乎可以将一切化合物分离开，对植物中常常含有的结构及理化性质均很相似的系列化合物的分离提纯更具有相当大的优越性，是植物有效成分进行分离提纯的最佳方法。但通常柱色谱分离方法的成本较高，周期较长，且技术要求较高，使其在工业生产中规模化的应用受到了严重限制。

大孔吸附树脂是一类不含交换基团并且具有大孔结构的高分子吸附树脂，孔径和比表面积都比较大。与凝胶树脂及天然吸附剂相比，大孔吸附树脂具有吸附容量大、吸附速度快、选择性好、易于解吸附、机械强度高、再生处理简便等优点，尤其适合于从水溶液中分离低极性或非极性的化合物[121]，近年来广泛应用于中草药有效成分的提取、分离纯化工作。

1）南菊芋 1 号叶片总黄酮类物质提取大孔吸附树脂的筛选

菊芋叶片提取液经浓缩后，总黄酮物质主要存在于浓缩液中，经由大孔吸附树脂吸附，除去杂质，分离出总黄酮物质。近年来，国内外对于总黄酮物质分离工艺的研究主要集中于银杏叶、花生壳以及传统中药材植物，对菊芋叶片总黄酮分离技术还少有报道。

南京农业大学海洋科学及其能源生物资源研究所菊芋研究小组根据实验条件比较几种大孔吸附树脂对菊芋叶片总黄酮的吸附及解吸性能，筛选出适合进行分离的树脂，并考察树脂的最佳吸附与解吸工艺参数。大孔吸附树脂的结构参数见表 10-47。

表 10-47　几种大孔吸附树脂的结构参数

树脂	极性	粒径范围/mm	比表面积/（m^2/g）	平均孔径/Å
D101	非极性	0.3～1.25	480～520	100～110
HPD100	非极性	0.3～1.2	650～700	85～90
HPD600	极性	0.3～1.2	550～600	80～90
HPD750	中极性	0.3～1.2	650～700	85～90
X-5	非极性	0.3～1.25	500～600	290～300
S-8	极性	0.3～1.25	100～120	280～300

南菊芋 1 号叶片 2009 年 9 月采于大丰试验基地，洗净后低温烘干、粉碎，过 40 目筛。将菊芋叶片粉末用 70%甲醇，在固液比为 1∶30 条件下，80℃回流提取 2 h，冷却，将提取液过滤，真空浓缩至无醇味，浓缩液根据需要用适量的去离子水稀释，备用。

大孔吸附树脂在生产过程中一般采用工业级原料，产品没有经过进一步的净化处理，因此在使用之前，必须要进行预处理以便除去残留的化合物及防腐剂等杂质：大孔吸附树脂经甲醇浸泡 24 h，充分溶胀以除去杂质；再将浸泡后的大孔吸附树脂装柱，用 95%乙醇冲洗直至流出液中加适量水无白色浑浊为止，改用去离子水冲洗树脂直至无乙醇残留；然后对树脂进行酸碱处理：先用 5% HCl 水溶液浸泡树脂约 3 h，用去离子水冲洗树脂直至流出液 pH 为中性，再用 2% NaOH 水溶液浸泡树脂约 3 h，最后用去离子水冲洗树脂直至流出液 pH 为中性。待用。

称取一定量经去杂预处理、抽干水分的大孔吸附树脂，置于 80℃的真空干燥箱中干燥至恒重，根据树脂的湿重和干重，计算树脂的含水率。

$$W（\%）=（1-M_1 \div M_2）\times 100\% \qquad (10\text{-}8)$$

式中，W 为树脂的含水率（%）；M_1 为干树脂的质量（g）；M_2 为湿树脂的质量（g）。

所选树脂的含水率测定结果如表 10-48 所示。树脂的含水率在运送、储存等过程中会发生较大的变化。因此，有必要在使用前重新测定其含水率，以获得可靠的实验结果。

表 10-48　大孔吸附树脂含水率测定结果

树脂	湿树脂重/g	干树脂重/g	含水率/%
HPD100	1.3896	0.4427	68.1
HPD600	1.2629	0.3647	71.1

续表

树脂	湿树脂重/g	干树脂重/g	含水率/%
HPD750	1.9549	0.7704	60.6
D101	1.3334	0.3903	70.7
X-5	1.5363	0.4255	72.3
S-8	1.2834	0.3651	71.6

大孔吸附树脂静态吸附量的测定。准确称取一定质量的大孔吸附树脂，置于 100 mL 锥形瓶中，加入配制好的菊芋总黄酮水溶液 30 mL，在 25℃下以 150 r/min 的转速在恒温摇床中振荡 24 h，使其充分吸附，然后按上述方法测定吸附平衡的溶液浓度，用以下公式可以计算树脂的平衡吸附量。

$$Q_e = [(C_o - C_e) \times V] / [M(1-W)] \qquad (10\text{-}9)$$

式中，Q_e 为吸附量（mg/g 干树脂）；C_o 为吸附前溶液的浓度（mg/mL）；C_e 为吸附后溶液中剩余的浓度（mg/mL）；V 为溶液的体积（mL）；M 为湿树脂质量（g）；W 为树脂的含水率（%）。

吸附率的计算公式如下：

$$A(\%) = (1 - C_e/C_o) \times 100\% \qquad (10\text{-}10)$$

式中，A 为树脂的吸附率（%）；C_o 为吸附前溶液的浓度（mg/mL）；C_e 为吸附后溶液中剩余的浓度（mg/mL）。

大孔吸附树脂静态解吸量的测定。取一定量的吸附饱和的大孔吸附树脂，置于 100 mL 锥形瓶中，加入一定量的体积分数为 70%的乙醇溶液，在 25℃下以 150 r/min 的转速在恒温摇床中振荡 24 h，使其充分解吸，然后再按上述同样方法测定溶液的总黄酮浓度，用以下公式可以计算树脂的解吸率。

$$D(\%) = C_d \times V_d / Q_e \qquad (10\text{-}11)$$

式中，D 为解吸率（%）；C_d 为解吸液浓度（mg/mL）；V_d 为解吸液的体积（mL）；Q_e 为吸附量（mg/g 干树脂）。

根据实验方法，分别用 6 种大孔吸附树脂对菊芋总黄酮溶液进行静态吸附和解吸，得到的吸附量和解吸率见表 10-49。由表 10-49 可知，6 种型号大孔吸附树脂中 S-8 的吸附量最高，为 151.2 mg/g，但其解吸率却最低，说明 S-8 对总黄酮具有非常高的吸附力，以至于难以解吸。其他几种大孔吸附树脂吸附量相差不大，HPD600 的吸附量为 135.5 mg/g，X-5 的吸附量为 130.8 mg/g，D101 的吸附量为 129.9 mg/g，HPD100 的吸附量为 128.0 mg/g，HPD750 的吸附效果最差，吸附量为 95.4 mg/g。同时，由表可知，D101 的解吸率最高，为 83.68%。考虑到实验目的为得到纯化的黄酮，因此在吸附量差别不大的情况下，解吸率高的树脂更为合适。因此综合吸附量和解吸率指标，确定 D101 型大孔吸附树脂最合适。

表 10-49　大孔吸附树脂对菊芋总黄酮溶液静态吸附量和解吸率

树脂型号	吸附量/（mg/g 干树脂）	解吸率/%
HPD100	128.0	69.26
HPD600	135.5	74.99
HPD750	95.4	78.37
D101	129.9	83.68
X-5	130.8	73.58
S-8	151.2	11.95

树脂静态吸附的动力学研究。根据吸附率和解吸率的测定比较，选择一种较好的树脂，将预处理好的树脂用滤纸吸干，称取 1 g 置于锥形瓶中，吸取经浓缩离心的提取液 50 mL，加入锥形瓶中，封口后置于 25℃的摇床不停地振荡，转速 150 r/min，并在 24 h 内每隔 1 h 测定溶液中总黄酮的浓度，计算总黄酮的平衡吸附量并绘制树脂的静态吸附动力学曲线。

在充分时间内用 D101 树脂吸附菊芋叶总黄酮溶液至饱和，吸附时每隔 1 h 取样测定总黄酮的质量浓度，以时间为横坐标，质量浓度为纵坐标，绘制静态吸附动力学曲线（图 10-28）。从图 10-28 可以看出，静态吸附起始阶段菊芋叶总黄酮质量浓度下降得比较快，说明 D101 型树脂对总黄酮的吸附率变化比较大，随着时间的延长曲线变得平缓，吸附率变化缓慢。吸附 3 h 后基本达到吸附饱和，属于快速平衡型。

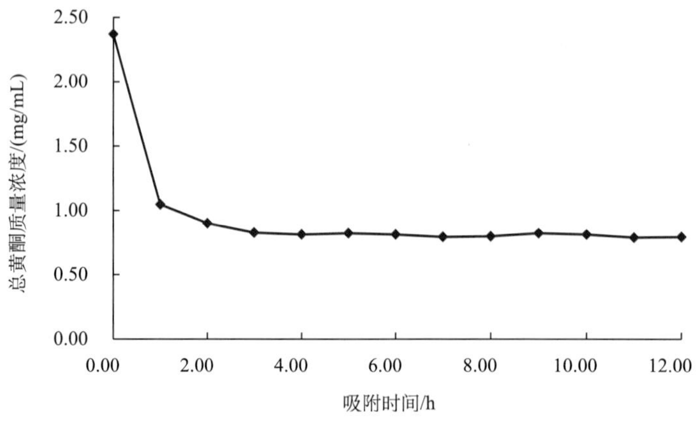

图 10-28　D101 树脂对总黄酮的静态吸附动力学曲线

2）南菊芋 1 号叶片总黄酮大孔径树脂吸附-解吸工艺条件筛选

精密称取预处理好的相当于 1 g 干重的湿树脂，湿法装层析柱。保持玻璃层析柱垂直，边搅拌边迅速倒入树脂，待树脂沉淀完全后，以蒸馏水不断冲洗平衡，保持柱面平整，待用。将一定浓度的菊芋叶片提取液以一定的流速通入树脂，考察不同的上样液流速、总黄酮浓度、pH 对树脂吸附性能的影响，确定最佳的吸附工艺条件。对吸附固定量的树脂进行洗脱实验，考察不同洗脱剂及洗脱液流速对大孔吸附树脂洗脱性能的影响，确定洗脱工艺条件。

（1）上样液流速对菊芋叶片总黄酮吸附效果的影响

初始上样液流速不同，树脂的吸附量也不相同。固定一定的上样量，按 0.5 mL/min、1.0 mL/min、2.0 mL/min、3.0 mL/min 等不同的上样液流速进行动态吸附实验，考察不同的上样液流速对菊芋叶片总黄酮吸附效果的影响，确定最佳的上样液流速。

将菊芋叶片总黄酮提取液以不同的上样液流速进行吸附实验，实验结果如图 10-29 所示。从以上的结果可以看出，D101 树脂的菊芋叶片总黄酮吸附量随着流速的增加而降低。当流速为 0.5 mL/min 时，D101 树脂的菊芋叶片总黄酮吸附量为 61.76 mg/g，当流速提高到 3 mL/min 时，其吸附量降低至 42.12 mg/g。这可能是由于菊芋的一些黄酮成分体积较大，扩散速率较慢，流速过大，使大量总黄酮来不及被树脂吸附即过柱。但是较慢的流速又不利于效率的提高，因此流速应选择在 1 mL/min 较为合适。

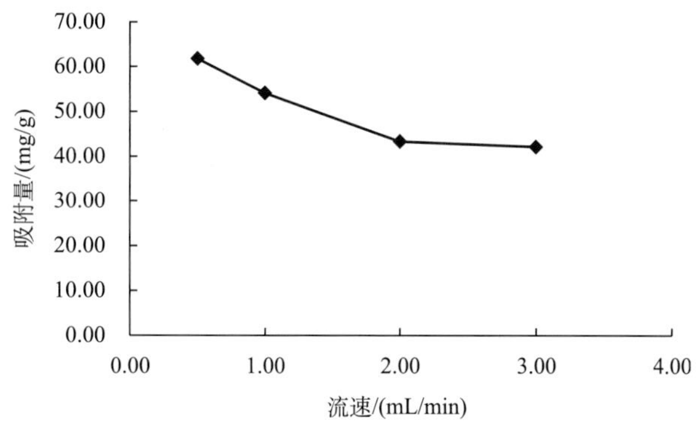

图 10-29　上样液流速对吸附量的影响

（2）上样液浓度对菊芋叶片总黄酮吸附效果的影响

初始上样液浓度不同，树脂的吸附量也不相同。固定一定的上样量，按 0.9 mg/mL、1.8 mg/mL、3.6 mg/mL、7.2 mg/mL 等不同的初始浓度进行动态吸附实验，考察上样液浓度对吸附效果的影响，确定最佳的上样液浓度。

将菊芋叶片总黄酮提取液配制成不同浓度的上样液，按不同体积进行上样，使上样黄酮总量相等，以流速 1 mL/min 进行吸附实验，实验结果如图 10-30 所示。可见上样液浓度对树脂吸附量的影响不大，在低浓度区的吸附量略大于高浓度区的吸附量，这是由

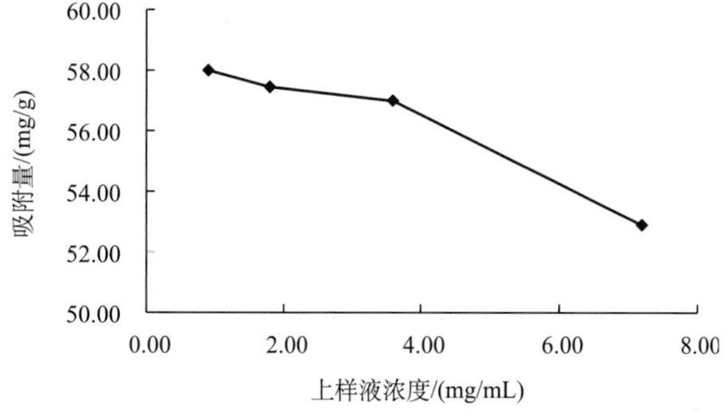

图 10-30　上样液浓度对菊芋叶片总黄酮吸附量的影响

于高浓度时，部分黄酮来不及吸附就流出了。结果表明，D101 树脂在上样液浓度为 0.9～3.6 mg/mL 时，有较好的吸附量，同时考虑到生产周期，故选择 3.6 mg/mL 为最适宜的上样液浓度。

（3）上样液 pH 对菊芋叶片总黄酮吸附效果的影响

初始上样液 pH 不同，树脂的吸附量也不相同。固定一定的上样量，按 pH 为 1～2、3～4、5～6、7～8、8～9 等不同的上样液 pH 进行动态吸附实验，考察上样液 pH 对吸附效果的影响，确定最佳的上样液 pH。

黄酮类化合物含有多个酚羟基，具有弱酸性，在酸性吸附液中溶解性减小，从而被树脂吸附增大，达到充分吸附分离的目的，黄酮与树脂以氢键的形式结合，如果 pH 低于 5，黄酮会沉淀析出较多，使总收率降低；碱性增大，酚羟基上的氢解离而形成酸根离子，与树脂的结合就减弱了。

将菊芋叶片总黄酮提取液配制成不同 pH 的上样液进行吸附实验，实验结果如图 10-31 所示。由图 10-31 可知，当上样液的 pH 为 5～6 时，D101 型大孔吸附树脂有最佳的吸附效果。

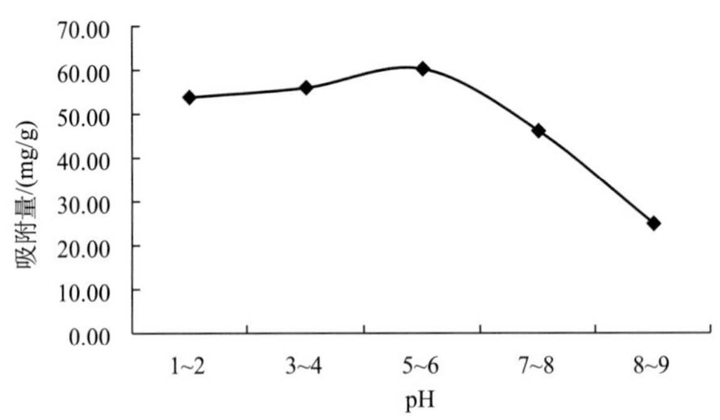

图 10-31　上样液 pH 对菊芋叶片总黄酮吸附量的影响

（4）洗脱液乙醇浓度对菊芋叶片总黄酮解吸效果的影响

将菊芋叶片总黄酮提取液上柱，吸附饱和后，分别用 30%、50%、70%、90%的乙醇进行洗脱，收集洗脱液并检测，考察洗脱液浓度对解吸效果的影响，确定最佳的乙醇洗脱液浓度。总黄酮呈弱酸性，可以选择乙醇进行梯度洗脱。将吸附好的大孔树脂用不同体积分数的乙醇进行洗脱考察解吸效果，实验结果如图 10-32 所示。

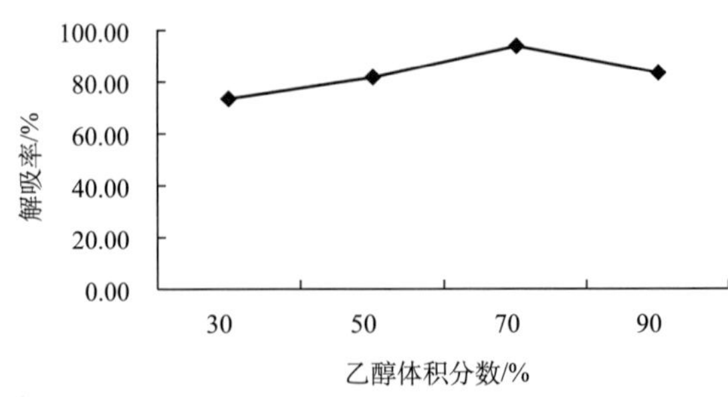

图 10-32　乙醇体积分数对菊芋叶片总黄酮解吸效果的影响

由图 10-32 可知，当乙醇浓度为 30% 时，树脂的解吸率为 73.4%；随着洗脱液乙醇体积分数的增加，树脂的解吸率也逐渐增加，当乙醇体积分数由 30%增加到 70%时，树脂的解吸率增加到 93.8%；当洗脱液体积分数为 70%时，有较高的解吸率；而随着乙醇体积分数的继续增加，树脂的解吸率逐渐降低，当乙醇体积分数由 70%增加到 90%时，树脂的解吸率由 93.8%降低至 83.4%。由此可知，乙醇体积分数为 70%时，D101 型大孔吸附树脂有最佳的解吸效果。

（5）洗脱液流速对菊芋叶片总黄酮解吸效果的影响

乙醇洗脱液流速不同，树脂的解吸率也不相同。将吸附好的层析柱按 0.5 mL/min、1.0 mL/min、2.0 mL/min、3.0 mL/min 等不同的流速进行洗脱，收集流出液并检测，考察不同的洗脱液流速对解吸效果的影响，确定最佳的乙醇洗脱液流速。

将吸附好的大孔树脂用不同流速的 70%乙醇洗脱液洗脱考察解吸效果，实验结果如图 10-33 所示。流速对菊芋叶片总黄酮洗脱效果有明显影响，两者呈反比例关系。流速为 0.5 mL/min 时，菊芋叶片总黄酮解吸率可达 95.63%；而流速为 3 mL/min 时，菊芋叶片总黄酮解吸率下降到 90.04%。随着洗脱流速的加快，树脂对总黄酮的解吸率呈下降趋势。结果表明，在进行菊芋叶片总黄酮解吸实验时，速度越慢解吸效果越好，这可能是因为流速太快，洗脱剂未能与被吸附的黄酮进行充分作用而将其从大孔树脂的吸附位点上置换出。但流速过低，洗脱时间较长，不利于工业化生产，因此可以在不显著影响总黄酮的纯度和解吸率的条件下，选择 2 mL/min 作为洗脱流速，此时菊芋叶片总黄酮解吸率为 93.08%。

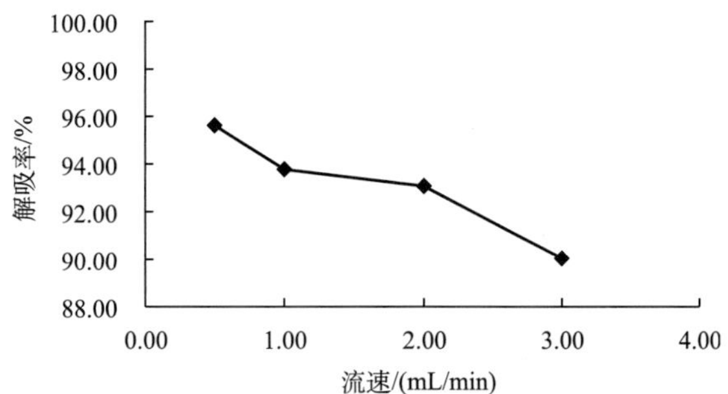

图 10-33　洗脱液流速对菊芋叶片总黄酮解吸效果的影响

3）菊芋叶片总黄酮洗脱曲线的绘制

将吸附好的树脂，用 70%乙醇在流速为 2 mL/min 时进行菊芋叶片总黄酮洗脱，收集流出液，每管收集 5 mL，检测总黄酮的含量，计算解吸率，并绘制总黄酮的洗脱曲线。

取一定量的 pH 为 5～6、浓度为 3.6 mg/mL 的总黄酮浓缩提取液，以 1 mL/min 的速度上柱吸附，依次用去离子水及 70%乙醇以 2 mL/min 的流速洗脱，收集流出液，按前述方法测定流出液中总黄酮的含量，并计算树脂的解吸率，绘制的洗脱曲线如图 10-34 所示。由图 10-34 可知，用 5 BV 的洗脱液基本可以将总黄酮洗脱下来，而且洗脱峰比较集中。

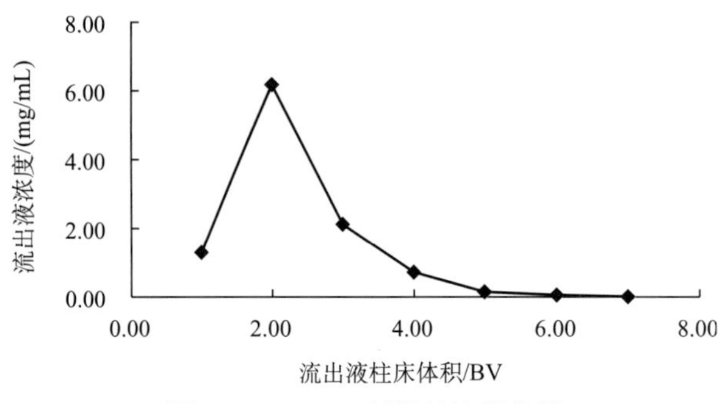

图 10-34　D101 树脂的洗脱曲线

4）菊芋叶片总黄酮提取工艺验证

取 1 g（换算干重）预处理过的 D101 大孔树脂，用 pH 调节至 5～6 的 3.6 mg/mL 的菊芋叶黄酮浓缩液以流速 1.0 mL/min 上样 20 mL，然后用 5 BV 水冲洗除杂，接着用 5 BV 70%乙醇洗脱，洗脱流速为 2 mL/min，收集乙醇洗脱液。干燥，即得总黄酮。其纯度为 80.7%，是未纯化前纯度的 4 倍。

根据工业化需求，好的树脂不仅应具有较高的吸附率，同时也应该有较大的解吸率。由于大孔吸附树脂的极性、平均孔径、比表面积不同，对总黄酮物质的吸附能力强弱也不相同，解吸程度也不相同。而树脂的极性是影响树脂吸附性能的重要因素之一。非极性树脂在水中可以吸附非极性化合物，而极性化合物在水中则容易被极性树脂吸附[122]。由于菊芋叶片中的总黄酮物质具有多个酚羟基结构，有一定的极性和亲水性，因此生成氢键的能力较强，较容易与弱极性和极性树脂发生吸附[123]。

通过对菊芋叶片总黄酮的静态吸附及解吸实验，结果表明 D101 树脂对菊芋叶片总黄酮具有较大的吸附容量，并且易被解吸附，因此选择 D101 树脂作为菊芋叶片总黄酮提取液的分离树脂。在室温条件下，初始 2 h 内 D101 树脂吸附速度较快，2 h 以后吸附缓慢，3 h 后树脂基本达到吸附平衡。

上样液浓度在一定程度上决定了树脂的吸附效果，如果上样液的浓度过高，在一定的流速下会因为溶质分子过量不能全部被吸附而流失，使得树脂的吸附量降低。而如果浓度过低，会造成树脂材料的浪费且耗时。实验结果表明，上样液浓度为 3.6 mg/mL 左右较为合适。

上样液流速的快慢也在一定程度上决定了树脂的吸附效果，这主要是影响溶质向树脂的扩散。如果上样液的流速过快，溶质分子还来不及扩散到树脂表面就已经发生泄漏，相应地会造成样品溶液的流失[124]。而如果上样液的流速过慢，树脂的吸附量将有所增加，但实验周期过长，造成时间的浪费。实验结果表明，上样液流速为 1 mL/min 时较为合适。

上样液的 pH 会影响化合物的吸附、分离效果。一般来说，可以根据化合物的结构特点来调整上样液的 pH，以期得到较好的吸附效果。黄酮类物质为多羟基酚类化合物，具有一定的酸性，所以微酸性条件正好能使黄酮类化合物在溶液中保持分子形式，容易被树脂吸附，而在碱性条件下吸附量则降低[125]。因此，必须在弱酸性条件下吸附，才能达到较好的吸附效果。实验结果表明，D101 型大孔吸附树脂在 pH 为 5～6 时，对总黄酮有较大的吸附量。

在不同的洗脱条件下，大孔吸附树脂的菊芋叶片总黄酮解吸率是不同的。洗脱液的选择要根据树脂对被分离成分的吸附能力来定，一般对于弱极性和非极性大孔吸附树脂，洗脱液的极性越小，相应的洗脱能力反而越强；而对于极性树脂，洗脱剂的极性越大，洗脱能力越强。实验结果表明，随着洗脱液乙醇浓度的增加，树脂的菊芋叶片总黄酮解吸量也逐渐增加，当洗脱液浓度为 70%时，有较高的菊芋叶片总黄酮解吸量；而随着乙醇浓度的继续增加，树脂的解吸量逐渐降低，因此当洗脱液乙醇浓度为 70%时，有较好的洗脱效果。

洗脱液流速的快慢在一定程度上也会影响大孔吸附树脂的菊芋叶片总黄酮解吸率。洗脱液的流速越快，树脂对总黄酮的解吸率越低，这是由于流速过快，洗脱液和树脂不能充分地接触和洗脱，使得单位体积流出液中的有效成分的质量减小，洗脱效率降低。实验结果表明，当洗脱液流速为 0.5 mL/min 时，有较高的洗脱效率。但在实际应用中，应该从节省洗脱溶剂和节约时间的角度出发，适当地调快洗脱流速。

综上，南京农业大学海洋科学及其能源生物资源研究所菊芋研究小组优化了菊芋叶片总黄酮的分离工艺：上样液流速为 1 mL/min、提取液浓度为 3.6 mg/mL、pH 为 5～6 时，D101 型大孔吸附树脂有最佳的菊芋叶片总黄酮吸附效果；当洗脱液为 70%乙醇、洗脱液流速为 2 mL/min、洗脱液用量为 5 BV 时，D101 型大孔吸附树脂有最佳的菊芋叶片总黄酮解吸效果，得到的菊芋叶总黄酮纯度为 80.7%。

3. 总黄酮含量的测定

菊芋叶片中含有大量的化学成分，总黄酮类物质是该植物重要的生理活性成分。南京农业大学海洋科学及其能源生物资源研究所菊芋研究小组根据前述的最佳提取工艺，检测了菊芋叶片中总黄酮的含量，为该植物的充分利用奠定了实验基础。

芦丁标准溶液制备及标准曲线绘制。称取芦丁对照品 12.35 mg，用 70%（体积分数）甲醇溶解，转入 50 mL 容量瓶中，用 70%甲醇定容，配成 0.247 mg/mL 的芦丁对照品溶液。分别吸取对照品溶液 0 mL、2.0 mL、4.0 mL、6.0 mL、8.0 mL、10.0 mL 于 50 mL 容量瓶中，各加水至 25 mL；加入 5% $NaNO_2$ 溶液 2 mL，摇匀；加入 10% $Al(NO_3)_3$ 溶液 2 mL，摇匀，放置 6 min；加入 4% NaOH 溶液 10 mL，用 70%甲醇定容，摇匀。以第一管为空白，于 510 nm 下检测吸光度。以吸光度为纵坐标，浓度为横坐标，绘制标准曲线。用最小二乘法作线性回归，其回归方程为：A=8.369C+0.008（R^2=0.9972）。

总黄酮含量的测定。吸取 2 mL 提取液置于 50 mL 容量瓶中，按上述芦丁标准曲线绘制方法配制溶液，并以试剂空白为参比液调零，于 510 nm 测取其吸光度。通过标准曲线计算提取液中的总黄酮含量，总黄酮含量为

$$Y（\%）=C\times V\times D/m\times 10^{-1} \tag{10-12}$$

式中，Y 为总黄酮含量；C 为由标准曲线计算得出的待测试液的总黄酮质量浓度（mg/mL）；V 为待测试液的体积（mL）；D 为待测试液的稀释倍数；m 为菊芋叶粉末质量（g）。

样品测定溶液的制备。分别取各菊芋材料烘干、粉碎，过 40 目筛。精密称取各粉碎样品 1 g（3 份），加入 70%甲醇 25 mL，80℃回流提取 2 h，过滤，滤液定容至 50 mL，

作为样品溶液。

1）不同产地、不同品种、不同部位总黄酮含量的比较

不同产地、不同品种、不同部位菊芋总黄酮含量也不尽相同。详见前述 4.3 节。

2）不同生长期的菊芋叶片总黄酮含量的测定

不同生长期的菊芋叶片中总黄酮的含量不尽相同。精确称量大丰地区南菊芋 1 号不同采收期菊芋叶干粉 1.00 g，按正交实验确定的最佳工艺条件制备供试样品溶液，按上述方法测定，每份样品平行测定 3 次。结果（图 10-35）表明，5～9 月菊芋叶总黄酮含量呈上升趋势，9 月达到最高，11 月含量下降。由于目前对菊芋块茎的使用较多，11 月时块茎也已成熟，此时叶片中总黄酮含量也较高，因此为了充分地利用菊芋资源，进一步生产加工时选择菊芋 11 月的叶片提取总黄酮物质。

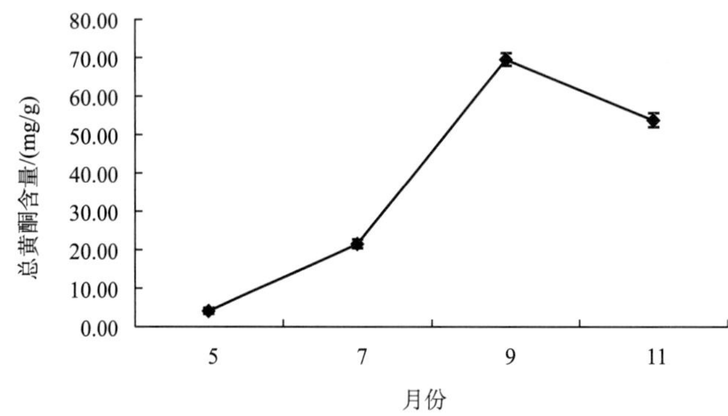

图 10-35　大丰地区不同生长期菊芋叶片总黄酮含量

3）不同盐分土壤上菊芋总黄酮含量的变化

不同盐分土壤上的菊芋中总黄酮的含量不尽相同。精确称量大丰地区 4 个不同盐分土壤上南菊芋 1 号叶、花、花托各 1.00 g，按正交实验确定的最佳工艺条件制备供试样品溶液，按上述方法测定，每份样品平行测定 3 次。从图 10-36 可以看出，不同盐分土壤上菊芋体内的总黄酮含量会有不同。盐分对菊芋总黄酮的积累有促进作用，随着土壤电

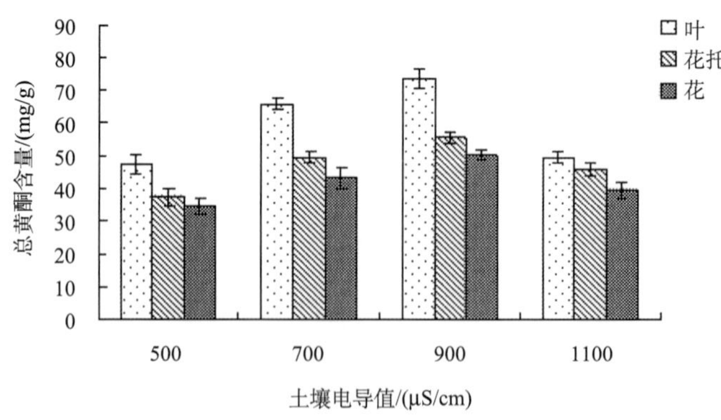

图 10-36　大丰地区不同盐分土壤上菊芋总黄酮含量

导率的增高，总黄酮含量逐渐增高，当土壤电导率为 900 μS/cm 时达到最高，但当电导率达到 1100 μS/cm 时，总黄酮含量反而会下降，说明当盐分太高时反而对总黄酮积累产生一定的抑制作用。

10.2.3 菊芋叶片杀虫灭菌植物源农药制剂的研发

农药加工是农药工业体系中不可缺少的重要环节，也是农药商品化的最后关键一步，必须通过规定的农药加工环节形成一定形态的制剂，才能进行应用[126]。农药的药效及应用完全受剂型质量好坏的影响，好的剂型可以直接提高农药的使用效果，坏的剂型不但不能提高农药的药效，而且会给农作物带来一定的危害。因此，必须将原药转换成可以使用的、没有或较小副作用的各种产品，而这一过程，我们便称为农药加工，经过加工而得到的农药，经过进一步的精化和细分，便形成农药剂型，加工的各种农药产品统称为制剂[127]。

在农药发展方面，国内相当迅速，用时不长，我国的科学家便已完成了一代、二代、三代农药的跨越，形成了高毒、低毒高效、超高效农药并存发展的形式[128]，但高速发展所带来的弊端和不足也日益显著，农药架构方面严重不合理，而传统型药剂的转型也日趋紧迫。随着时间的推移和科学技术的不断更新，水基化、颗粒化的低毒高效型农药试剂的研究也显得尤为重要，从而满足农业发展的进一步需求[129]。

直到目前，全球范围内可加入实用的农药剂型有 90 多种，而用量比较普遍的也不过 10 多种[130]。而我国登记生产的农药制剂产品，归属 50 多种剂型，从型态上可分固体剂型和液体剂型。

液体剂型主要有 20 多种，分别为水乳剂、油悬浮剂、乳油、水剂、悬浮剂、悬乳剂、微乳剂、母液、热雾剂、膏剂（含糊剂）、静电喷雾油剂、油脂缓释剂、涂抹剂（含涂布剂）、展膜油剂、水面扩散剂、水性撒滴剂、可溶性液剂、油性撒滴剂、超低容量喷雾剂、气雾剂等；固体剂型也主要有 20 多种，分别为可湿性粉剂、细粒剂、粒剂、粉粒剂、水分散粒剂、泡腾粒剂、微粒剂、母粉、可溶性粉剂、片剂等[131]。

农药剂型的作用为：①赋形，赋予农药原药以特定的稳定形态，便于运输和使用；②稀释作用，通过高浓度向低浓度原药的稀释，对靶标生物进行免疫或者抑制，而对非靶标生物的动植物等无任何威胁，对环境也不产生任何污染；③优化农药的生物活性，针对不同的靶标生物，让农药产生特定的物理特性，从而达到特定的效果；④让原药的性能更加稳定，且持久耐用。

而农药剂型的发展方向有如下几个方面。

首先是农药剂型安全化。从植物源农药发展过程的角度出发，基于生物进化论理论，形成于生物多样性的外界环境中，植物源农药在使用过程中，一旦进入自然环境，经过长期的化合作用，该农药在外界环境中便可自然分解和消失，整个过程绿色而环保。基于植物源农药绿色无公害、可天然分解的特征，人们对低毒高效及低毒超高效的农药剂型的发展日益重视，而对靶标生物特定作用、对非靶标生物无威胁更符合现在全球日益严峻的环境问题下所需的发展理念，绿色环保、不易造成污染。随着农药产业的发展，农业经济蒸蒸日上，但由于对农药的过度依赖所带来的环境污染也日益严重。现阶段，更多国家都在不断追求对环保农药的推陈出新，从而大大降低因环境污染而给人们生存所带来的威胁，因此，农药剂型的发展，在现在乃至以后都将是全球范围内农药产业化中的重中之重。此外，基于副作用的研究，对现有的农药剂型的品种进行低毒化新品的研究也成为当今时代的重要课题[132]。过去农药发展历程中，有很多农药剂型毒性高、污染大、对人畜有害，这些农药剂型将面临着被取代淘汰和改进升级的局面。从生产农药的原材料、储存和运输及检验等方面，美国环境保护署（EPA）对每一个环节都有着严格的规范，而对污染物的处理更是有着严格的约束，严格杜绝不合格农药的生产和出现。上述指定的这些对农药剂型的技术要求并不是针对某一种农药剂型，它单纯表明的是农药剂型应该遵循这些规范来生产和使用，不能盲目地加以利用，其对农药剂型的影响是不容忽视的。

其次是产业化。随着世界范围内产业化结构的不断调整，农业发展市场的不断细分，人们对农药的发展也不断提出新的要求，进而满足日益发展的农业生产的需求。农业种植的专业化和方向化，紧推农药市场的专业化和方向化，从而加大对靶标生物的免疫和对非靶标生物的促进作用，促使农业经济不断向上发展。与此同时，全世界范围内的非农用农药市场份额在逐年提升，占据整个行业的 20%以上，其中包括公园苗圃、城市基本设施场所除草用农药及林业环保等[133]。

最后是集约化。伴随农业经济发展的，便是对农药效率的提升，省时省力成为当前农药发展的另一个主题，尤其是在除虫杀菌等方面。

由此可以看出，当今农药剂型发展的主要特点便是逐步驱使水基化、流体和低浓度水可分散的固体剂型代替当今使用较多的有机溶剂，从而达到农药使用过程中省时省力的效果，与此同时，一些新型的悬浮及微乳、颗粒药剂也在不断兴起，进一步满足人们发展生态农业的要求。

在植物体中研究、发现并提取对病菌有抑制作用的活性物已经是全球发展农药试剂的主题，研究具有特定作用的靶标药理功能、绿色环保的农药剂型具有重要意义。随着研究的不断深入，利用植物本身的活性物对瓜果蔬菜进行保鲜处理也具有相当好的发展前景，近年来天然植物源果蔬保鲜剂的研发不仅是国内外研究的热点，也将是果蔬储藏技术的发展趋势。菊科向日葵属植物抗菌活性早在 20 世纪 80 年代初就有报道，有人从向日葵地上部分离出一个有抗细菌活性的倍半萜类化合物，随后又从菊芋地上部分离出对真菌有一定抑制作用的活性物质，证实了菊芋叶片中含有抑制真菌的活性物质。

随着社会的发展和科学技术水平的提高，绿色农药乳剂已出现在人们的视线中，但我国对菊芋叶片乳剂方面的研究是一个空白，因此菊芋叶片农药剂型有较大的研究空间待于挖掘。

利用海涂非耕地种植的南菊芋 1 号废弃的叶片制备浸膏，充分达到了废弃物的有效利用；利用其浸膏制备乳化物，设置多个步骤筛选出最适宜乳化物的条件，具体从品种选择、试剂用量筛选、乳化剂系统的选择、助溶剂或助表面活性剂的筛选、透明温度范围、菊芋叶片提取物乳化物质量检测方面来完成；南菊芋 1 号叶片提取物乳化物对植物病原真菌生长的抑制活性，通过设置不同的时间、浓度、次数来观察其对病原真菌生长的影响；通过扫描电镜图比较对照菌丝生长图与处理菌丝生长图之间的差异，了解菊芋叶片提取物乳化物对植物病原真菌菌丝生长的影响。

菊芋（*Helianthus tuberosus*）为菊科向日葵属植物，其叶片具有清热解毒、治疗外部创伤及消除肿胀等功效，另外，在抗氧化和真菌等方面，该植物的茎叶也起着相当大的作用[134-136]。根据研究小组前期研究结果，选用乙醇作为菊芋叶片提取的最佳溶剂，主要原因是乙醇低毒且价格便宜，另外，乙醇能够充分从菊芋叶片中提取抑菌活性成分，易于分离提取过程中的副产物。

南京农业大学海洋科学及其能源生物资源研究所菊芋研究小组在前期研究基础上，综合比较了两种菊芋叶片提取物浸膏的作用，发现菊芋叶片提取物浸膏对多种病害及虫害都有显著的抑制作用，尤其是二氯甲烷浸膏和水饱和正丁醇浸膏对多种病害及虫害的防治相当有效[137,138]。因此，南京农业大学海洋科学及其能源生物资源研究所菊芋研究小组最终选用二氯甲烷浸膏和水饱和正丁醇浸膏来做下一步的实验研究。

1. 菊芋叶片样品的采集与前处理

供试菊芋种植于南京农业大学江苏大丰试验基地，在每年的 9～11 月收集菊芋叶片废弃物，叶片放烘箱中先杀青，杀青温度为 105℃ 15 min，杀青得到的叶片继续放烘箱中 1～2 d，温度 75℃，烘干后的叶片储藏备用。

菊芋叶片放于塑料桶里然后倒入 70%的乙醇（质量浓度），每天用木棒搅拌 3～5 次，每次 2～5 min，每隔一个月把乙醇提取液用真空抽气装置过滤，滤出液用旋转蒸发仪（旋蒸瓶里吸入的滤出液每次不得超过旋蒸瓶体积的 2/3）旋蒸去乙醇，旋蒸得出的提取液再经萃取得到石油醚萃取液、二氯甲烷萃取液、水饱和正丁醇萃取液（a.石油醚+提取液=1∶1；b.剩余萃取液+二氯甲烷=1∶1；c.剩余萃取液+水饱和正丁醇=1∶1），采用乙醇减压回流法，提取 3 次[139]，二氯甲烷萃取液、水饱和正丁醇萃取液旋蒸去水，最后得到二氯甲烷浸膏、水饱和正丁醇浸膏，用于制备乳化物。

2. 农药制剂的研制

萃取液旋蒸去水过程中最佳温度为 40～45℃，这样可以最大效率地制得二氯甲烷浸膏；两两萃取时停留的观察时间为 15～20 min，保证整个制备过程中的准确性。

1）提取物二氯甲烷浸膏溶剂的筛选及其乳化物的研制

菊芋叶片提取物浸膏溶剂的筛选及其乳化物的研制是菊芋叶片研制植物源农药的重要环节，是农药制剂定型的不可缺少过程。为此本书首先对提取物浸膏溶剂及乳化物进行了筛选与优化。

（1）菊芋叶片提取物二氯甲烷浸膏溶剂品种及其用量的选择

菊芋叶片二氯甲烷浸膏溶剂品种的筛选。称取 0.5 g 菊芋叶片提取物浸膏，并将之加入具塞试管中，向其中注入 1.5 mL 备选溶剂（A.甲醇，B. 无水甲醇，C. 无水乙醇，D. 乙酸乙酯，E. *N*,*N*-二甲基甲酰胺，F. 二甲基亚砜，G. 二甲苯，H. 苯），观察实验中的溶解性，然后分别选择溶解性能最好和较好的溶剂作为主溶剂和辅助溶剂。

研究小组观察了提取物浸膏在不同溶剂中的溶解情况，结果表明（图 10-37），在无水乙醇（C）中，菊芋叶片提取物浸膏的溶解性能最佳。

图 10-37　菊芋叶片提取物浸膏在不同溶剂中的溶解情况

A.甲醇；B.无水甲醇；C.无水乙醇；D.乙酸乙酯；E. *N*,*N*-二甲基甲酰胺；F.二甲基亚砜；G. 二甲苯；H. 苯

菊芋叶片提取物浸膏溶剂用量的率定。称取 0.5 g 菊芋叶片提取物浸膏，并将之加入具塞试管中，分别向其中注入 0.5 mL、1 mL、1.5 mL、2 mL 的甲醇、无水甲醇、无水乙醇、乙酸乙酯、*N*, *N*-二甲基甲酰胺（DMF）、二甲基亚砜、二甲苯、苯共 8 种溶剂，观察经过充分振荡后，在常温状态下、冷藏及热储后的溶解现象，如有无沉淀及浑浊现象等，从而确定溶剂的最佳使用量，结果如图 10-38 所示，菊芋叶片提取物浸膏在乙醇中溶解性最好，2 mL 时无沉淀和浑浊现象，最佳用量为 2 mL。

A 甲醇

B 无水甲醇

C 无水乙醇

D 乙酸乙酯

E *N*,*N*-二甲基甲酰胺

F 二甲基亚砜

G 二甲苯

H 苯

图 10-38　菊芋叶片提取物浸膏在不同溶剂中最佳用量的选择

（2）菊芋叶片提取物二氯甲烷浸膏乳化剂系统的选择

取出 0.5 g 菊芋叶片提取物二氯甲烷浸膏，并将之加入具塞试管中，然后分别取 0.4 g、0.25 g 和 0.1 g 的 DBS-Na 依次加入具塞试管中，接着分别取 0.5 g、075 g 的非离子表面活性剂，依次加入各个试管中，将 3 支试管同时放入 70℃的水浴锅中，混合均匀，然后依次向试管中注入去离子水，使每个试管中的液体都达到 10 mL，随后再次混合均匀。最后将水浴锅的温度设置在 0～60℃内依次增温，并把准备好的样品放在其中，观察其随温度上升而发生的变化，当在温度上升过程中样品出现透明、半透明的现象时，选择进入下一轮研究，其他的样品不再选用。

乳化剂的筛选情况见表 10-50。由表 10-50 总结出 DBS-Na 用量必须大于 1%，低于此标准的均不符合要求；同样，非离子表面活性剂的使用量必须大于 5%，低于此标准则不符合要求。由实验数据可以看出，当乳化剂的组合有壳聚糖/DBS-Na、OP-10/DBS-Na、NP-10/DBS-Na 时，样品能够出现透明现象，我们将这三种乳化剂组合选入下一轮实验进行进一步测试。

（3）菊芋叶片提取物二氯甲烷浸膏助溶剂或助表面活性剂的筛选

取出 0.5 g 菊芋叶片提取物浸膏，并将之加入具塞试管中，用上述筛选的溶剂，溶解后依次注入已筛选出的乳化剂，随后将样品放在 70℃的水浴中混合均匀，接着分别取出 0.5 g、0.75 g 的助溶剂，依次加入各个试管中，混合均匀，然后依次向试管中注入去

表 10-50 乳化剂的预选结果

非离子表面活性剂	用量/g	DBS-Na 用量/g		
		0.4	0.25	0.1
壳聚糖	0.50	浑浊	浑浊	浑浊
	0.75	浑浊	透明	浑浊
吐温-20	0.50	浑浊	浑浊	浑浊
	0.75	浑浊	结块	结块
吐温-80	0.50	浑浊	浑浊	浑浊
	0.75	浑浊	浑浊	浑浊
NP-10	0.50	结块	浑浊	浑浊
	0.75	结块	透明	浑浊
OP-10	0.50	浑浊	浑浊	浑浊
	0.75	透明	透明	浑浊
OP-15	0.50	结块	浑浊	浑浊
	0.75	浑浊	浑浊	浑浊
农乳 100	0.50	结块	浑浊	浑浊
	0.75	浑浊	浑浊	浑浊

离子水，使每个试管中的液体都达到 10 mL，随后再次混合均匀。最后将水浴锅的温度设置在–10～70℃内依次增温，并把准备好的样品放在其中，观察其随温度增加而发生的变化，分别记录各样品在不同温度范围时的透明情况。

由表 10-51 可知，当 OP-10/DBS-Na 在各个样品中用量为 5%时，甲醇、环己酮、正丁醇、乙二醇、异丙醇在实验中的透明温度范围最宽，且分别为 0～35℃、5～45℃、20～40℃、10～15℃、20～30℃。由此看出，甲醇和环己酮在实验中与所在实验样品组合具有相当好的温度稳定性，而其他三种对于温度的适应性能较弱，予以淘汰。

表 10-51 几种溶剂在不同乳化剂体系中对透明温度范围的影响

溶剂	加入量/%	壳聚糖/DBS-Na（7.5/2.5）	OP-10/DBS-Na（7.5/2.5）	NP-10/DBS-Na（7.5/2.5）
甲醇	5.0	浑浊	0～35℃	10～25℃
	7.5	浑浊	10～30℃	20～30℃
环己酮	5.0	30～45℃	5～45℃	10～20℃
	7.5	20～30℃	10～25℃	20～30℃
正丁醇	5.0	5～20℃	20～40℃	浑浊
	7.5	20～30℃	15～30℃	15～20℃
乙二醇	5.0	浑浊	10～15℃	浑浊
	7.5	浑浊	浑浊	浑浊
异丙醇	5.0	15～25℃	浑浊	浑浊
	7.5	浑浊	20～30℃	15～30℃

（4）菊芋叶片提取物二氯甲烷浸膏宽幅透明温度范围的溶剂与乳化剂组合优化

根据上述各个实验样品的实验现象，对其温度变化、透明度不符合实验要求的样品再次进行试剂处理调整，增加助溶剂的亲油性或者其亲水性以分别解决低温及高温时样品不稳定性的问题。

从前面实验可以看出，甲醇/OP-10/DBS-Na 体系和环己酮/OP-10/DBS-Na 体系具有较好的温度适应性，但经过比较发现甲醇/OP-10/DBS-Na 体系的低温适应性比较好，而环己酮/OP-10/DBS-Na 体系的高温适应性比较好。如果把低温适应性好的甲醇和高温适应性好的环己酮的二元混合溶剂加入 OP-10/DBS-Na 体系中，则有可能获得较宽的透明温度范围，根据这一设想，南京农业大学海洋科学及其能源生物资源研究所菊芋研究小组布置了相关组合实验，表 10-52 列出了在 OP-10/DBS-Na 体系中加入不同量的甲醇和环己酮后体系的透明温度范围。从表 10-52 可以看出，当甲醇和环己酮加入量为 0.4 g 和 0.6 g 时，可获得 0～50℃的透明温度范围，基本能达到农药制剂对温度适应范围的要求。

表 10-52　加入不同量的甲醇和环己酮对 OP-10/DBS-Na 体系透明温度范围的影响

甲醇/环己酮/（g/g）	0.1/0.9	0.2/0.8	0.3/0.7	0.4/0.6	0.5/0.5	0.6/0.4	0.7/0.3	0.8/0.2	0.9/0.1
透明温度范围/℃	15～35	10～40	5～45	0～50	4～46	0～50	10～45	3～45	3～46

经过以上实验，结合微乳剂技术所要求的透明度、温度范围，得到一种较为适合的试剂配方组成：菊芋叶片提取物浸膏 5%，DBS-Na 2.5%～4%，OP-10 7.5%，乙醇 10%～20%，甲醇 4%～5%，环己酮 6%，余量为水，配方中所有物质的百分含量之和为 100%。

2）菊芋叶片提取物二氯甲烷浸膏乳化物质量检测

根据农药试剂乳化物的质量要求，南京农业大学海洋科学及其能源生物资源研究所菊芋研究小组对试剂的水质、乳液稳定性、热储稳定性、pH 范围等因子进行质量检测，以期达到农药制剂的质量要求。

（1）菊芋叶片农药试剂乳化物水质选择

在各个方案中，为了测试不同水质的水对各个样品状态的影响，分别选择去离子水、自来水、171 mg/L、342 mg/L 以及 684 mg/L（以碳酸钙浓度计）硬水配制成实验所需的试剂。

从表 10-53 可以看出，水质选择在 684 mg/L 时，乳液不稳定。选用去离子水、自来水、171 mg/L、342 mg/L 硬度的水质时乳液比较稳定，符合农药乳化物质量对水的要求。

（2）菊芋叶片提取物二氯甲烷浸膏乳液稳定性

按上述方案选配实验样品，并以 342 mg/L 标准硬水进行稀释，接着将样品同时放在 30℃的条件下，观察透明状态下的样品 30 min，当样品能与任何比例的水混合均匀，并保持透明状态时，则对所选乳液稳定性较高的进行留用，否则予以舍弃。

表 10-53　不同水质选择对乳液稳定性的影响

编号	品种	外观（20℃）	透明温度范围/℃	乳液稳定性
1	去离子水	透明	5～40	稳定
2	自来水	透明	5～40	稳定
3	171 mg/L	透明	5～40	稳定
4	342 mg/L	透明	5～40	稳定
5	684 mg/L	透明	—	不稳定

用 342 mg/L 硬水将二氯甲烷乳剂稀释 200 倍，该样品初始现象呈现透明乳状，且没有油状物及沉淀（图 10-39A），静置数小时后，该样品透明度降低，24 h 后呈现粗乳状（图 10-39B）。

A 放置前

B 放置后

图 10-39　二氯甲烷乳剂用 342 mg/L 硬水稀释放置前后的稳定性

（3）菊芋叶片提取物二氯甲烷浸膏乳化物热储稳定性

将配制的溶液注入安瓿瓶进行密封，接着把恒温箱的温度调至（54±2）℃，将溶液放入箱中保存 14 d，如若溶液保持透明抑或出现分层现象后，在室温条件下振荡便可恢复原状，则样品合格。将二氯甲烷乳剂在（54±2）℃的条件下储存 2 周，对 5 组中二氯甲烷浸膏的热储分解率进行测定，其分解率分别为 6.6%、5.7%、6.2%、5.2%、5.0%，平均为 5.7%，表明样品具有很好的热储稳定性。

（4）菊芋叶片提取物二氯甲烷浸膏乳化物适宜的 pH 范围

为了使微乳剂有非常好的稳定性，需要进行实验来确定最为合适的 pH，从而保证微乳剂在该状态下性能最佳。在实验中我们分别用乙酸和氨水调整微乳剂的酸碱性，使其 pH 保持在 5～8，最后将其置于（54±2）℃的恒温箱中保存 2 周，分别对比不同 pH 条件下样品的分解率情况。由表 10-54 可知，当 pH 在 5～8 时，样品中的有效成分热储分解率在 8%以下，制剂过酸或者过碱都不利于制剂的保存。所以，规定制剂的 pH 为 5～8。

表 10-54　不同 pH 条件下有效成分的热储分解率

pH	4	5	6	7	8	9
分解率/%	15.7	6.9	5.1	6.5	7.7	11.0

3）菊芋叶片提取物水饱和正丁醇浸膏乳化物制剂的制备

（1）菊芋叶片提取物水饱和正丁醇浸膏在不同溶剂中的溶解情况

根据上述的实验，南京农业大学海洋科学及其能源生物资源研究所菊芋研究小组观察了提取物浸膏在不同试剂中的实验现象，结果如图 10-40 所示，在乙醇中，菊芋叶片提取物水饱和正丁醇浸膏的溶解性能最佳。

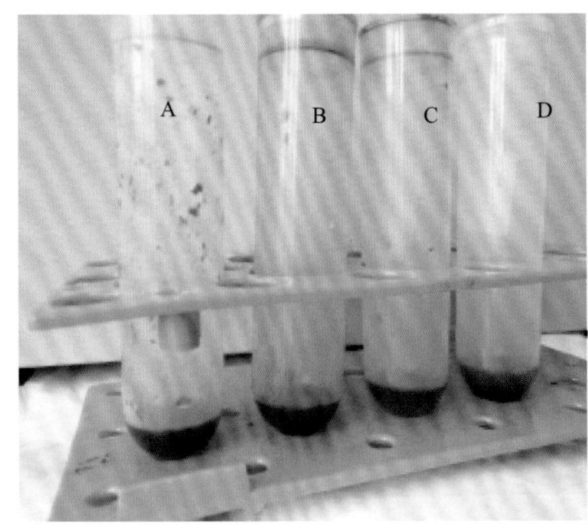

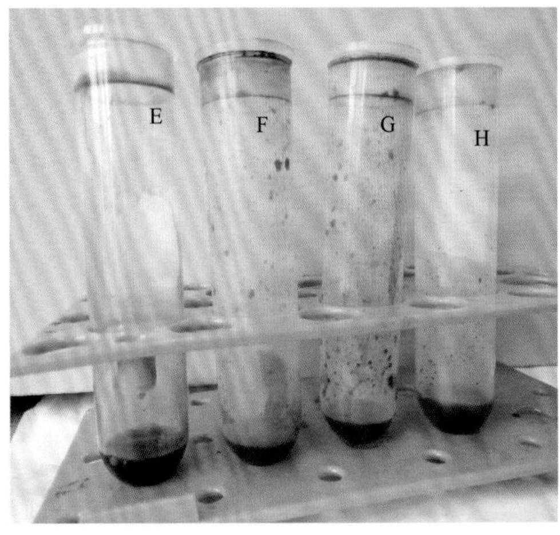

图 10-40　菊芋叶片提取物水饱和正丁醇浸膏在不同溶剂中的溶解情况

A.甲醇；B. 无水甲醇；C. 无水乙醇；D. 乙酸乙酯；E. *N*,*N*-二甲基甲酰胺；F. 二甲基亚砜；G. 二甲苯；H. 苯

（2）菊芋叶片提取物水饱和正丁醇浸膏在不同溶剂中最佳用量的选择

以上述方法测试了菊芋叶片提取物浸膏在不同溶剂中最佳用量的选择，结果如图 10-41 所示，菊芋叶片提取物浸膏在乙醇中溶解性最好，2 mL 时无沉淀和浑浊现象，最佳用量为 2 mL。

A 甲醇

B 无水甲醇

C 无水乙醇

D 乙酸乙酯

E *N,N*-二甲基甲酰胺

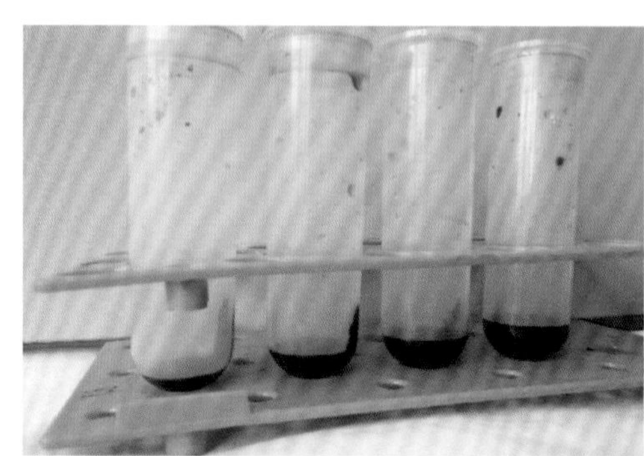
F 二甲基亚砜

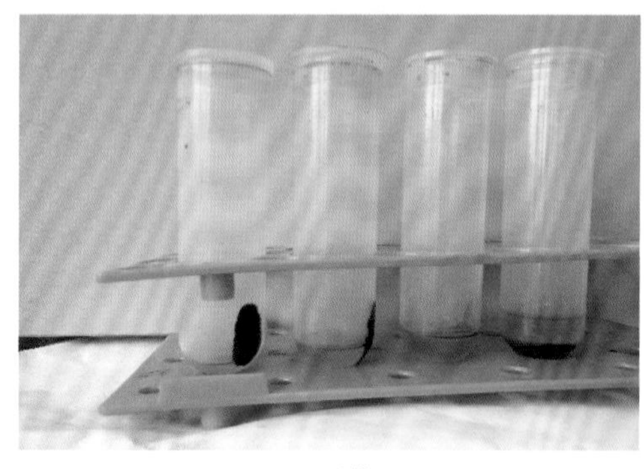
G 二甲苯

H 苯

图 10-41　菊芋叶片提取物水饱和正丁醇浸膏在不同溶剂中最佳用量的选择

（3）菊芋叶片提取物水饱和正丁醇浸膏乳化剂预选结果

菊芋叶片水饱和正丁醇乳化剂的筛选情况见表 10-55。由表 10-55 总结出 DBS-Na 用量必须大于 1%，低于此标准的均不符合要求；同样，非离子表面活性剂的使用量必须大于 5%，低于此标准则不符合要求。由实验数据可以看出，当乳化剂的组合有吐温-80/DBS-Na、NP-10/DBS-Na、OP-15/DBS-Na 时，样品能够出现透明现象，南京农业大学海洋科学及其能源生物资源研究所菊芋研究小组将这三种乳化剂组合选入下一轮实验进行进一步测试。

表 10-55　菊芋叶片提取物水饱和正丁醇浸膏乳化剂的预选结果

非离子表面活性剂	用量/g	DBS-Na 用量/g		
		0.4	0.25	0.1
壳聚糖	0.5	结块	结块	浑浊
	0.75	浑浊	浑浊	浑浊
吐温-20	0.5	浑浊	浑浊	结块
	0.75	浑浊	浑浊	浑浊
吐温-80	0.5	浑浊	浑浊	浑浊
	0.75	浑浊	透明	浑浊
NP-10	0.5	浑浊	浑浊	结块
	0.75	透明	透明	浑浊
OP-10	0.5	浑浊	浑浊	结块
	0.75	浑浊	浑浊	浑浊
OP-15	0.5	浑浊	浑浊	浑浊
	0.75	浑浊	透明	浑浊
农乳 100	0.5	浑浊	浑浊	结块
	0.75	浑浊	浑浊	浑浊

（4）菊芋叶片提取物水饱和正丁醇浸膏助溶剂或助表面活性剂的筛选

由表 10-56 可以看出，当吐温-80/DBS-Na 在各个样品中用量为 5%时，甲醇、环己酮、正丁醇、乙二醇、异丙醇在实验中的透明温度范围最宽，分别为 0～25℃、10～40℃、5～20℃、5～15℃、5～20℃。综上，甲醇和环己酮在实验中与所在实验样品组合具有相当好的温度稳定性，而其他三种对于温度的适应性能较弱，予以淘汰。

表 10-56　溶剂在菊芋叶片提取物水饱和正丁醇浸膏不同乳化剂体系中对透明温度范围的影响

溶剂	加入量/%	吐温-80/DBS-Na（7.5/2.5）	OP-15/DBS-Na（7.5/2.5）	NP-10/DBS-Na（7.5/2.5）
甲醇	5	0～25℃	5～25℃	5～15℃
	7.5	5～20℃	浑浊	10～25℃
环己酮	5	10～40℃	0～15℃	浑浊
	7.5	浑浊	10～20℃	浑浊
正丁醇	5	5～20℃	15～20℃	浑浊
	7.5	5～10℃	浑浊	浑浊
乙二醇	5	5～15℃	浑浊	浑浊
	7.5	浑浊	浑浊	浑浊
异丙醇	5	5～20℃	10～15℃	浑浊
	7.5	1～10℃	浑浊	浑浊

（5）菊芋叶片提取物水饱和正丁醇浸膏乳化物透明温度范围的调节

从上述可以看出，甲醇/吐温-80/DBS-Na 体系和环己酮/吐温-80/DBS-Na 体系具有较好的温度适应性，但经过比较发现甲醇/吐温-80/DBS-Na 体系的低温适应性比较好，而环己酮/吐温-80/DBS-Na 体系的高温适应性比较好。如果把低温适应性好的甲醇和高温适应性好的环己酮的二元混合溶剂加入吐温-80/DBS-Na 体系中，则有可能获得较宽的透明温度范围。因此南京农业大学海洋科学及其能源生物资源研究所菊芋研究小组进行了甲醇与环己酮混合溶剂的实验，表 10-57 列出了在吐温-80/DBS-Na 体系中加入不同量的甲醇和环己酮后体系的透明温度范围。从表 10-57 可以看出，当甲醇和环己酮加入量为 0.4 g 和 0.6 g 时，可获得 5～50℃的透明温度范围。

表 10-57　加入不同量的甲醇和环己酮对吐温-80/DBS-Na 体系透明温度范围的影响

甲醇/环己酮/（g/g）	0.1/0.9	0.2/0.8	0.3/0.7	0.4/0.6	0.5/0.5	0.7/0.3	0.8/0.2	0.9/0.1
透明温度范围/℃	20～35	15～40	10～45	5～50	10～46	15～45	5～40	5～45

经过以上实验，结合微乳剂技术所要求的透明度、温度范围，我们得到一种较为适合的试剂配方组成：菊芋叶片提取物浸膏 5%，DBS-Na 2.5%～4%，吐温-80 7.5%，乙醇 10%～20%，甲醇 4%～5%，环己酮 6%，余量为水，配方中所有物质的百分含量之和为 100%。

4）菊芋叶片提取物水饱和正丁醇浸膏乳化物质量检测结果

菊芋叶片提取物水饱和正丁醇浸膏乳化物不仅要能适应低温与高温，在农药制剂的要求中，还应具有较好的乳液稳定性、热储稳定性、pH 适应范围。根据这些相关标准，我们对上述制剂进行了逐项的质量检测，以期达到国家规定的相应质量标准。

（1）水质对菊芋叶片提取物水饱和正丁醇浸膏乳液稳定性的影响

首先检测了水质对菊芋叶片提取物水饱和正丁醇浸膏乳液稳定性的影响。从表 10-58 可以看出，水质选择在 684 mg/L（以碳酸钙浓度计）时，乳液不稳定。选用去离子水、自来水、171 mg/L、342 mg/L 硬度的水质时乳液比较稳定，符合乳化物质量要求。

表 10-58　不同水质选择对乳液稳定性的影响

编号	品种	外观（20℃）	透明温度范围/℃	乳液稳定性
1	去离子水	透明	5～40	稳定
2	自来水	透明	5～40	稳定
3	171 mg/L	透明	5～40	稳定
4	342 mg/L	透明	5～40	稳定
5	684 mg/L	透明	—	不稳定

（2）菊芋叶片提取物水饱和正丁醇浸膏乳液稳定性

接着进行菊芋叶片提取物水饱和正丁醇浸膏乳液稳定性的检测。用 342 mg/L 硬水将水饱和正丁醇乳剂稀释 200 倍，该样品初始现象呈现透明乳状，且没有油状物及沉淀（图 10-42A），静置数小时后，该样品透明度降低，24 h 后变成粗乳状（图 10-42B）。

A 放置前

B 放置后

图 10-42　水饱和正丁醇乳剂用 342 mg/L 硬水稀释放置前后的稳定性

（3）菊芋叶片提取物水饱和正丁醇浸膏乳剂热储稳定性

菊芋叶片提取物水饱和正丁醇浸膏乳剂热储稳定性是又一重要质量指标，将水饱和正丁醇乳化物在（54±2）℃的条件下储存 2 周，对 5 组中水饱和正丁醇浸膏的热储分解率进行测定，其分解率分别为 7.4%、6.9%、6.3%、6.1%、6.7%，平均为 6.7%，表明样品具有很好的热储稳定性。

（4）菊芋叶片提取物水饱和正丁醇浸膏乳剂 pH 适应范围

按照相关规定，菊芋叶片提取物水饱和正丁醇浸膏乳剂 pH 适应范围应较宽。由表 10-59 可知，当 pH 在 5～8 时，样品中的有效成分热储分解率在 10%以下，制剂过酸或者过碱都不利于制剂的保存。所以，规定制剂的 pH 为 5～8。

表 10-59　不同 pH 条件下菊芋叶片提取物水饱和正丁醇浸膏有效成分的热储分解率

pH	4	5	6	7	8	9
分解率/%	15.9	7.1	9.2	6.9	5.4	16.9

综上所述，南京农业大学海洋科学及其能源生物资源研究所菊芋研究小组将菊芋叶片提取物乳剂的制剂归纳如下。

菊芋叶片提取物乳化物的制备。菊芋叶片提取物乳化物配方为菊芋叶片提取物浸膏 5%，溶剂 8%～20%，乳化剂组合 9%～12%，助溶剂或助表面活性剂 9%～11%，余量为水，配方中所有物质的百分含量之和为 100%；其中所述的溶剂选无水乙醇。

二氯甲烷提取物乳化剂组合选自壳聚糖/DBS-Na、OP-10/DBS-Na、NP-10/DBS-Na 中的一种。其中乳化剂组合选壳聚糖/DBS-Na 时，壳聚糖与 DBS-Na 的质量比优选为

3∶1；乳化剂组合选 OP-10/DBS-Na 时，OP-10 与 DBS-Na 的质量比优选为 3∶1.25～3∶1；乳化剂组合选 NP-10/DBS-Na 时，NP-10 与 DBS-Na 的质量比优选为 3∶1。

水饱和正丁醇提取物乳化剂组合选自吐温-80/DBS-Na、OP-15/DBS-Na、NP-10/DBS-Na 中的一种。其中乳化剂组合选吐温-80/DBS-Na 时，吐温-80 与 DBS-Na 的质量比优选为 3∶1.25～3∶1；乳化剂组合选 OP-15/DBS-Na 时，OP-15 与 DBS-Na 的质量比优选为 3∶1；乳化剂组合选 NP-10/DBS-Na 时，NP-10 与 DBS-Na 的质量比优选为 3∶1.25～3∶1。

所述的助溶剂或助表面活性剂选自甲醇和环己酮，质量比为 0.8∶1～1∶1。

菊芋叶片二氯甲烷提取物乳化物配方进一步优选为菊芋叶片二氯甲烷提取物浸膏 5%，DBS-Na 2.5%～4%，OP-10 7.5%，乙醇 10%～20%，甲醇 4%～5%，环己酮 6%，余量为水，配方中所有物质的百分含量之和为 100%；水饱和正丁醇提取物乳化物配方进一步优选为菊芋叶片提取物水饱和正丁醇浸膏 5%，DBS-Na 2.5%～4%，吐温-80 7.5%，乙醇 10%～20%，甲醇 4%～5%，环己酮 6%，余量为水，配方中所有物质的百分含量之和为 100%。

上述制剂对水的硬度要求，以碳酸钙浓度计优选≤342 mg/L，符合制剂对水质要求的质量标准。

微乳剂质量检测显示乳液稳定性符合实验要求、水质的硬度在 0～342 mg/L（以碳酸钙浓度计）、热[(54±2)℃]储平均分解率仅为 6.7%，表明乳剂热储性稳定，规定制剂的 pH 为 5～8，符合农药制剂相关质量标准。

3. 提取物乳化物制剂对植物病原真菌生长的抑制作用

菊科向日葵属植物抗菌活性早在 20 世纪 80 年代初就有报道，菊芋叶片中含有抑制真菌的活性物质。刘海伟也证实了菊芋叶片提取物中的确含具有杀虫杀菌作用的活性物质。在前人研究的基础上，综合比较对 2 个亚门的 3 种病原真菌的抑制作用，发现菊芋叶片提取物对多种病原真菌均有一定的抑制作用，尤其对子囊菌亚门的小麦赤霉病菌、板栗炭疽病菌以及半知菌亚门的水稻稻瘟病菌的抑制效果最为显著。

因此，南京农业大学海洋科学及其能源生物资源研究所菊芋研究小组选取这 3 种常见的植物病原真菌作为供试真菌，测定菊芋叶片粗提物各萃取层的抑菌活性，并选取活性较高的两种萃取层进行下一步的实验研究。供试菌种如下。

板栗炭疽病菌[*Glomerella cingulata*（Stoneman）Spauld & H. Schrenk]，子囊菌亚门子囊菌纲球壳菌目小丛壳属的围小丛壳菌[*Glomerel ciagulata*（Ston）Spauld et Schrenk]。

水稻稻瘟病菌[*Thanatephorus cucumeris*（A. B. Frank）Donk]，真菌门半知菌亚门，立枯丝核菌。

小麦赤霉病菌[*Gibberella zeae*（Schwein.）Petch]，真菌门子囊菌亚门，禾谷镰刀菌。

以上菌种均购买自中国林业科学研究院森林生态环境与保护研究所。

培养基的制备。马铃薯葡萄糖琼胶培养基，又称 PDA 培养基，成分如下：马铃薯 200 g、葡萄糖 10～20 g、琼胶 17～20 g、水 1000 mL。将洗净刮皮后的马铃薯切小块，加水 1000 mL 煮沸 30 min。然后用纱布滤去马铃薯块，加水补足 1000 mL，再加入糖和琼胶，加热使琼胶完全融化后，趁热用纱布和脱脂棉过滤。分装于锥形瓶中，加盖 8 层纱布和 2 层报纸，加压蒸汽 121℃灭菌 20 min，4℃保存备用。

室内抑菌试验方法。测定不同浓度菊芋叶片提取物乳剂对植物病原真菌菌丝生长的抑制作用，采用生长速率法进行。在无菌条件下，取适量浸膏溶于相应溶剂，加入筛选出的各种活性剂，分别制备出含药 0.25 mg/mL、0.5 mg/mL、0.75 mg/mL、1.0 mg/mL 药液。把制备好的培养基倒入已灭过菌的培养皿中，设 3 个重复。把植物病原真菌培养到长满培养皿后，用打孔器（直径为 0.5 cm）从其菌落边缘取菌饼接入倒好培养基的培养皿中，然后接入上述浓度的药液，放入 25～27℃的培养箱中，每隔 24 h 观察测量一次，记录菌丝生长的长度。每个菌落按交叉法测量直径两次，以其平均值代表菌落的大小。抑菌率的计算公式如下。

校正直径（纯生长量，cm）=菌落平均直径（cm）–菌饼直径（0.5 cm）　(10-13)

抑菌率（%）=（对照校正直径-处理校正直径）/对照校正直径×100　(10-14)

1）菊芋叶片提取物各种浸膏不同浓度乳剂对板栗炭疽病菌生长的抑制作用

在上节中，南京农业大学海洋科学及其能源生物资源研究所菊芋研究小组对菊芋叶片提取物各种浸膏乳剂的质量要求进行了相应的检测，发现这些制剂达到了相关质量要求，本部分主要讨论这些制剂对主要病害的防治效果。

（1）菊芋叶片不同浓度提取物二氯甲烷浸膏乳剂对板栗炭疽病菌生长的抑制作用

南京农业大学海洋科学及其能源生物资源研究所菊芋研究小组的实验表明，菊芋叶片提取物由不同浓度二氯甲烷浸膏乳剂处理后，板栗炭疽病菌的菌丝生长受到显著抑制（表 10-60）。24 h 时，各处理的菌丝直径显著小于对照；水处理的菌丝直径显著大于 2 种不同浓度提取物二氯甲烷浸膏乳剂处理；水处理与 0.25 mg/mL、0.50 mg/mL 提取物二氯甲烷浸膏乳剂处理差异不显著；0.50 mg/mL 与 0.75 mg/mL 提取物二氯甲烷浸膏乳剂处理差异显著，而 0.75 mg/mL 与 1.0 mg/mL 提取物二氯甲烷浸膏乳剂处理差异不显著。48 h 时，各处理的菌丝直径除 0.25 mg/mL 二氯甲烷浸膏乳剂浓度处理与水处理不显著外，其他浓度均显著小于水处理；水处理的菌丝直径显著大于后三种不同浓度提取物二氯甲烷浸膏乳剂处理；水处理与 0.25 mg/mL 提取物二氯甲烷浸膏乳剂处理差异不

表 10-60　菊芋叶片提取物不同浓度二氯甲烷浸膏乳剂对板栗炭疽病菌校正直径的影响

处理	板栗炭疽病菌校正直径/cm			
	24 h	48 h	72 h	96 h
CK	0.87±0.09a	1.93±0.09a	2.80±0.15a	3.33±0.09a
水	0.47±0.03b	1.83±0.15ab	2.03±0.09b	2.83±0.09b
0.25 mg/mL	0.40±0.06b	1.53±0.12bc	1.87±0.19bc	2.30±0.20c
0.50 mg/mL	0.33±0.03b	1.33±0.07cd	1.60±0.06cd	1.87±0.09d
0.75 mg/mL	0.17±0.03c	1.13±0.07e	1.43±0.12d	1.67±0.09d
1.0 mg/mL	0.13±0.03c	0.63±0.09f	0.80±0.10e	1.00±0.12e

注：表内数列后相同字母者表示在方差分析中无显著性差异（$P \leqslant 0.05$），CK 表示对照处理，即培养皿内接种好的板栗炭疽病菌上不喷洒任何外加抑制剂，后表同此。

显著；0.25 mg/mL 与 0.50 mg/mL 提取物二氯甲烷浸膏乳剂处理差异不显著；0.5 mg/mL 与 0.75 mg/mL、1.0 mg/mL 提取物二氯甲烷浸膏乳剂处理差异较显著，而 0.75 mg/mL 与 1.0 mg/mL 提取物二氯甲烷浸膏乳剂处理间的差异性显著大于其与 0.50 mg/mL 提取物二氯甲烷浸膏乳剂处理间的差异性。72 h 时，3 种处理的菌丝直径显著小于水处理；水处理的菌丝直径与 0.25 mg/mL 提取物二氯甲烷浸膏乳剂处理差异不显著；0.25 mg/mL 与 0.50 mg/mL 提取物二氯甲烷浸膏乳剂处理差异不显著；0.50 mg/mL 与 0.75 mg/mL 提取物二氯甲烷浸膏乳剂处理差异不显著，而与 1.0 mg/mL 提取物二氯甲烷浸膏乳剂处理差异较显著。96 h 时，水处理的菌丝直径显著大于 4 种不同浓度提取物二氯甲烷浸膏乳剂处理，水处理的抑制率最低；水处理与 0.25 mg/mL 提取物二氯甲烷浸膏乳剂处理差异显著；0.25 mg/mL 与 0.50 mg/mL 提取物二氯甲烷浸膏乳剂处理差异显著；0.50 mg/mL 与 0.75 mg/mL 提取物二氯甲烷浸膏乳剂处理差异不显著，而与 1.0 mg/mL 提取物二氯甲烷浸膏乳剂处理差异显著；1.0 mg/mL 提取物二氯甲烷浸膏乳剂处理的菌丝直径最小。由以上分析可以得出菊芋叶片提取物不同浓度二氯甲烷浸膏乳剂对板栗炭疽病菌菌丝生长抑制作用的大小顺序基本如下：1.0 mg/mL>0.75 mg/mL>0.50 mg/mL>0.25 mg/mL>水>CK，其中，菊芋叶片提取物二氯甲烷浸膏 1.0 mg/mL 乳剂处理抑制效果最好。

图 10-43 中菊芋叶片提取物不同浓度二氯甲烷浸膏乳剂对板栗炭疽病菌的抑菌率数据也证明了上述结论。菊芋叶片水处理对板栗炭疽病菌的抑菌率显著比菊芋叶片提取物二氯甲烷浸膏乳剂处理低，水处理抑菌率最低为 5.18%、最高为 45.98%，而菊芋叶片提取物二氯甲烷浸膏乳剂处理抑菌率最低为 20.73%、最高为 85.06%；如 24 h 时，1.0 mg/mL 二氯甲烷浸膏乳剂抑制率为 85.06%，0.75 mg/mL 二氯甲烷浸膏乳剂抑制率为 80.46%，0.5 mg/mL 二氯甲烷浸膏乳剂抑制率为 60.07%，0.25 mg/mL 二氯甲烷浸膏乳剂抑制率为 50.02%，水处理抑菌率为 45.98%。而 48 h、72 h、96 h 各时期的抑菌率除了 0.25 mg/mL 二氯甲烷浸膏乳剂浓度，其他浓度的抑菌率均显著低于 24 h 各浓度的抑菌率。

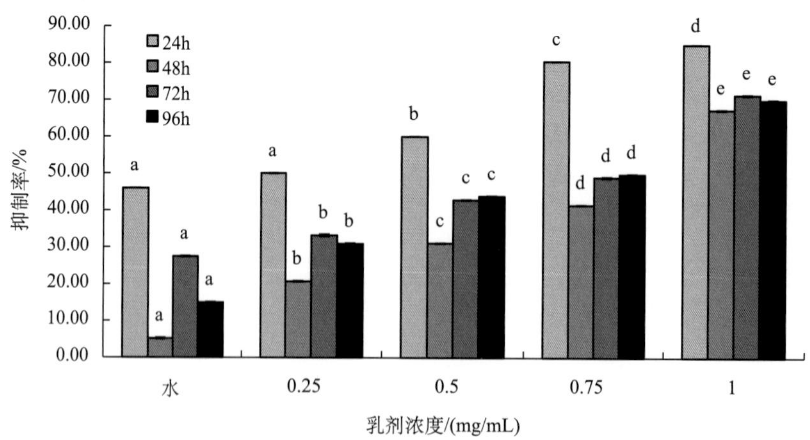

图 10-43 菊芋叶片提取物不同浓度二氯甲烷浸膏乳剂对板栗炭疽病菌生长的抑制作用

a,b,c,d,e 表示同一处理时间内不同乳剂浓度的差异显著性(P<0.05)

（2）菊芋叶片不同浓度水饱和正丁醇浸膏乳剂对板栗炭疽病菌生长的抑制作用

菊芋叶片提取物不同浓度水饱和正丁醇浸膏乳剂处理后，板栗炭疽病菌的菌丝生长受到显著抑制（表 10-61）。24 h 时，各不同浓度水饱和正丁醇浸膏乳剂处理的菌丝直径小于水处理的菌丝直径；0.25 mg/mL 水饱和正丁醇浸膏乳剂处理的菌丝直径与 0.5 mg/mL、0.75 mg/mL、1.0 mg/mL 处理的菌丝直径差异显著，0.50 mg/mL 水饱和正丁醇浸膏乳剂处理的菌丝直径与 0.75 mg/mL 水饱和正丁醇浸膏乳剂处理的菌丝直径差异不显著，但与 1.0 mg/mL 水饱和正丁醇浸膏乳剂处理的差异显著；而 0.75 mg/mL 与 1.0 mg/mL 水饱和正丁醇浸膏乳剂处理的菌丝直径差异不显著。48 h 时，水处理的菌丝直径显著大于各不同浓度水饱和正丁醇浸膏乳剂处理的菌丝直径；0.25 mg/mL 水饱和正丁醇浸膏乳剂处理的菌丝直径与 0.50 mg/mL 水饱和正丁醇浸膏乳剂处理的菌丝直径之间差异不显著，两者与 0.75 mg/mL 和 1.0 mg/mL 水饱和正丁醇浸膏乳剂处理的菌丝直径差异都显著，而 0.75 mg/mL 水饱和正丁醇浸膏乳剂处理的菌丝直径与 1.0 mg/mL 水饱和正丁醇浸膏乳剂处理的菌丝直径差异不显著。72 h 时，水处理的菌丝直径显著大于各不同浓度水饱和正丁醇浸膏乳剂处理的菌丝直径；0.25 mg/mL 水饱和正丁醇浸膏乳剂处理的菌丝直径分别与 0.5 mg/mL、0.75 mg/mL、1.0 mg/mL 水饱和正丁醇浸膏乳剂处理的菌丝直径差异显著；0.5 mg/mL 水饱和正丁醇浸膏乳剂处理的菌丝直径与 0.75 mg/mL 和 1.0 mg/mL 水饱和正丁醇浸膏乳剂处理的菌丝直径差异显著；0.75 mg/mL 水饱和正丁醇浸膏乳剂处理的菌丝直径与 1.0 mg/mL 水饱和正丁醇浸膏乳剂处理的菌丝直径差异显著。96 h 时，水处理的菌丝直径显著大于各不同浓度水饱和正丁醇浸膏乳剂处理的菌丝直径；0.25 mg/mL 水饱和正丁醇浸膏乳剂处理的菌丝直径分别与 0.5 mg/mL、0.75 mg/mL、1.0 mg/mL 水饱和正丁醇浸膏乳剂处理的菌丝直径差异显著；0.5 mg/mL 水饱和正丁醇浸膏乳剂处理的菌丝直径与 0.75 mg/mL 和 1.0 mg/mL 水饱和正丁醇浸膏乳剂处理的菌丝直径差异显著；0.75 mg/mL 水饱和正丁醇浸膏乳剂处理的菌丝直径与 1.0 mg/mL 水饱和正丁醇浸膏乳剂处理的菌丝直径差异显著。由以上分析可以得出菊芋叶片提取物不同浓度水饱和正丁醇浸膏乳剂对板栗炭疽病菌菌丝生长抑制作用的大小顺序基本如下：1.0 mg/mL>0.75 mg/mL>0.50 mg/mL>0.25 mg/mL>水>CK，其中，菊芋叶片提取物水饱和正丁醇浸膏 1.0 mg/mL 乳剂处理抑制效果最好。

表 10-61　菊芋叶片提取物不同浓度水饱和正丁醇浸膏乳剂对板栗炭疽病菌校正直径的影响

处理	板栗炭疽病菌校正直径/cm			
	24 h	48 h	72 h	96 h
CK	0.93±0.07a	1.60±0.10a	2.47±0.03a	3.37±0.12a
水	0.67±0.02b	1.13±0.03b	2.03±0.09b	2.90±0.12b
0.25 mg/mL	0.47±0.03c	0.77±0.07c	1.57±0.07c	2.00±0.06c
0.50 mg/mL	0.33±0.02d	0.67±0.07c	1.10±0.10d	1.57±0.12d
0.75 mg/mL	0.23±0.02de	0.47±0.03d	0.83±0.03e	1.20±0.06e
1.00 mg/mL	0.13±0.02e	0.33±0.03d	0.57±0.07f	0.77±0.07f

图 10-44 中菊芋叶片提取物不同浓度水饱和正丁醇浸膏乳剂对板栗炭疽病菌的抑菌率数据也证明了上述结论。菊芋叶片水处理对板栗炭疽病菌的抑菌率显著比菊芋叶片提取物不同浓度水饱和正丁醇浸膏乳剂处理低，水处理抑菌率最高为 27.96%，而菊芋叶片提取物不同浓度水饱和正丁醇浸膏乳剂处理抑菌率最低为 36.44%，且菊芋叶片其他提取物不同浓度乳剂处理抑菌率均显著比此最低值高。菊芋叶片提取物 1.0 mg/mL 水饱和正丁醇浸膏乳剂处理抑菌效果最为显著，对板栗炭疽病菌同时期均显著比其他提取物乳剂处理抑菌率高，如 48 h 时 1.0 mg/mL 提取物水饱和正丁醇浸膏乳剂处理对板栗炭疽病菌抑菌率为 79.38%，0.75 mg/mL 提取物水饱和正丁醇浸膏乳剂处理抑菌率为 70.63%，0.5 mg/mL 提取物水饱和正丁醇浸膏乳剂处理抑菌率为 58.13%，0.25 mg/mL 提取物水饱和正丁醇浸膏乳剂处理抑菌率为 51.88%。菊芋叶片提取物 1.0 mg/mL 水饱和正丁醇浸膏乳剂对板栗炭疽病菌的抑制率最低也达到了 76.92%，可见，菊芋叶片提取物 1.0 mg/mL 水饱和正丁醇浸膏乳剂对板栗炭疽病菌的抑制效果最好。

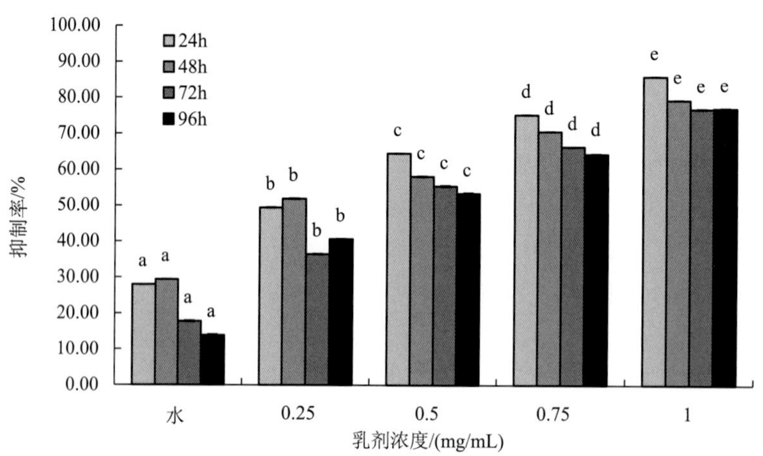

图 10-44 菊芋叶片提取物不同浓度水饱和正丁醇浸膏乳剂对板栗炭疽病菌生长的抑制作用

a,b,c,d,e 表示同一处理时间内不同乳剂浓度的差异显著性（$P<0.05$）

2）菊芋叶片不同浸膏不同浓度乳剂对水稻稻瘟病菌生长的抑制作用

上部分讨论了菊芋叶片不同浸膏乳剂对板栗炭疽病菌生长的抑制作用，本部分介绍菊芋叶片不同浸膏乳剂对水稻稻瘟病菌生长抑制的研究成果。

（1）菊芋叶片不同浓度二氯甲烷浸膏乳剂对水稻稻瘟病菌生长的抑制作用

菊芋叶片提取物不同浓度二氯甲烷浸膏乳剂处理后，水稻稻瘟病菌的菌丝生长受到显著抑制（表 10-62）。24 h 时，0.75 mg/mL、1.0 mg/mL 二氯甲烷浸膏乳剂处理的菌丝直径显著小于对照；对照处理、0.25 mg/mL 与 0.50 mg/mL 二氯甲烷浸膏乳剂处理的菌丝直径显著大于 0.75 mg/mL、1.0 mg/mL 二氯甲烷浸膏乳剂处理的菌丝直径；水处理与 0.25 mg/mL、0.50 mg/mL 菊芋叶片提取物二氯甲烷浸膏乳剂处理差异不显著；0.50 mg/mL 与 0.75 mg/mL 提取物二氯甲烷浸膏乳剂处理差异显著，而 0.75 mg/mL 与 1.0 mg/mL 提取物二氯甲烷浸膏乳剂处理差异不显著。48 h 时，提取物不同浓度二氯甲烷浸膏乳剂处理的菌丝直径显著小于对照处理的菌丝直径；对照处理的菌丝直径与 0.25 mg/mL、0.5 mg/mL、0.75 mg/mL、1.0 mg/mL 二氯甲烷浸膏乳剂各处理差异较显著；0.25 mg/mL 与 0.5 mg/mL 二氯甲烷浸膏乳剂处理差异显著；0.5 mg/mL 与 0.75 mg/mL 二氯甲烷浸膏乳剂处理差异显著；0.75 mg/mL 与 1.0 mg/mL 二氯甲烷浸膏乳剂处理差异显著；可以看出，在 48 h 时各个浓度处理间的差异都比较显著。72 h 时，对照处理的菌丝直径显著大于各不同浓度二氯甲烷浸膏乳剂处理的菌丝直径；对照处理的菌丝直径与 0.25 mg/mL、0.5 mg/mL、0.75 mg/mL、1.0 mg/mL 二氯甲烷浸膏乳剂处理差异较显著；0.25 mg/mL 二氯甲烷浸膏乳剂处理与 0.5 mg/mL、0.75 mg/mL、1.0 mg/mL 二氯甲烷浸膏乳剂各处理间差异显著；0.5 mg/mL 与 0.75 mg/mL 二氯甲烷浸膏乳剂处理差异不显著而与 1.0 mg/mL 二氯甲烷浸膏乳剂处理差异显著。96 h 时，提取物不同浓度二氯甲烷浸膏乳剂处理的菌丝直径显著小于对照处理的菌丝直径；对照处理的菌丝直径与 0.25 mg/mL、0.5 mg/mL、0.75 mg/mL、1.0 mg/mL 二氯甲烷浸膏乳剂各处理差异较显著；0.25 mg/mL 与 0.5 mg/mL 二氯甲烷浸膏乳剂处理差异显著；0.5 mg/mL 与 0.75 mg/mL 二氯甲烷浸膏乳剂处理差异显著；0.75 mg/mL 与 1.0 mg/mL 二氯甲烷浸膏乳剂处理差异显著；可以看出，在 96 h 时各个浓度处理间的差异都比较显著。

表 10-62　菊芋叶片提取物不同浓度二氯甲烷浸膏乳剂对水稻稻瘟病菌校正直径的影响

处理	水稻稻瘟病菌校正直径/cm			
	24 h	48 h	72 h	96 h
CK	3.70±0.15a	7.83±0.20a	8.53±0.20a	9.17±0.27a
水	2.50±0.58b	6.73±0.12b	7.30±0.12b	7.77±0.12b
0.25 mg/mL	1.83±0.44b	5.00±0.12c	5.70±0.12c	6.23±0.12c
0.50 mg/mL	1.70±0.15b	3.73±0.41d	3.93±0.44d	4.47±0.29d
0.75 mg/mL	0.67±0.17c	2.67±0.09e	3.27±0.15d	3.57±0.12e
1.0 mg/mL	0.20±0.10c	1.17±0.23f	1.77±0.15e	2.33±0.20f

由以上分析可以得出菊芋叶片提取物不同浓度二氯甲烷浸膏乳剂对水稻稻瘟病菌菌丝生长抑制作用的大小顺序基本如下：1.0 mg/mL>0.75 mg/mL>0.5 mg/mL>0.25 mg/mL>水>CK，其中，菊芋叶片提取物 1.0 mg/mL 乳剂处理抑制效果最好。

图 10-45 中菊芋叶片提取物不同浓度二氯甲烷浸膏乳剂对水稻稻瘟病菌的抑菌率数据也证明了上述结论。水处理抑菌率显著小于菊芋叶片提取物乳剂处理的抑菌率。24 h 时，水处理抑菌率为 32.43%，不同浓度提取物二氯甲烷浸膏乳剂处理抑菌率最低为 50.54%；48 h 时，水处理抑菌率为 14.05%，不同浓度提取物二氯甲烷浸膏乳剂处理抑菌率最低为 36.14%；72 h 时，水处理抑菌率为 14.42%，提取物不同浓度二氯甲烷浸膏乳剂处理抑菌率最低为 33.18%；96 h 时，水处理抑菌率为 15.27%，提取物不同浓度二氯甲烷浸膏乳剂处理抑菌率最低为 32.06%。

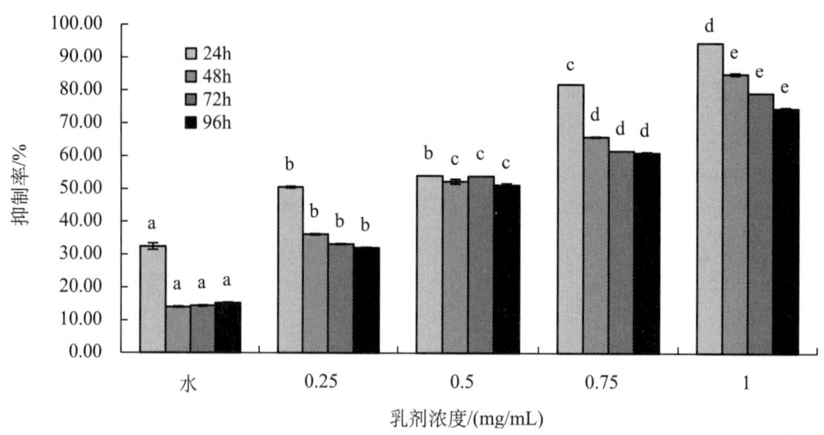

图 10-45　菊芋叶片提取物不同浓度二氯甲烷浸膏乳剂对水稻稻瘟病菌生长的抑制作用

a,b,c,d,e 表示同一处理时间内不同乳剂浓度的差异显著性（$P<0.05$）

（2）菊芋叶片不同浓度水饱和正丁醇浸膏乳剂对水稻稻瘟病菌生长的抑制作用

菊芋叶片提取物不同浓度水饱和正丁醇浸膏乳剂处理后，水稻稻瘟病菌的菌丝生长受到显著抑制（表 10-63）。24 h 时，水处理的菌丝直径与 0.25 mg/mL、0.5 mg/mL 水饱和正丁醇浸膏乳剂处理的菌丝直径之间差异不显著，而与 0.75 mg/mL、1.0 mg/mL 水饱和正丁醇浸膏乳剂处理的菌丝直径差异显著；0.75 mg/mL 水饱和正丁醇浸膏乳剂处理的菌丝直径与 1.0 mg/mL 水饱和正丁醇浸膏乳剂处理的菌丝直径差异不显著。48 h 时，水处理的菌丝直径与 0.25 mg/mL 水饱和正丁醇浸膏乳剂处理的菌丝直径差异不太显著，而与 0.5 mg/mL、0.75 mg/mL、1.0 mg/mL 水饱和正丁醇浸膏乳剂处理的菌丝直径差异显著；0.25 mg/mL 水饱和正丁醇浸膏乳剂处理的菌丝直径与 0.5 mg/mL 水饱和正丁醇浸膏乳剂处理的菌丝直径差异不显著，与 0.75 mg/mL、1.0 mg/mL 水饱和正丁醇浸膏乳剂处理的菌丝直径差异显著；0.5 mg/mL 水饱和正丁醇浸膏乳剂处理的菌丝直径与 0.75 mg/mL 水饱和正丁醇浸膏乳剂处理的菌丝直径差异不显著，而与 1.0 mg/mL 水饱和正丁醇浸膏乳剂处理的菌丝直径差异显著；0.75 mg/mL 水饱和正丁醇浸膏乳剂处理的菌丝直径与 1.0 mg/mL 水饱和正丁醇浸膏乳剂处理的菌丝直径差异显著。72 h 时，水处理

表 10-63　菊芋叶片提取物不同浓度水饱和正丁醇浸膏乳剂对水稻稻瘟病菌校正直径的影响

处理	水稻稻瘟病菌校正直径/cm			
	24 h	48 h	72 h	96 h
CK	0.87±0.09a	1.93±0.15a	2.80±0.10a	3.10±0.01a
水	0.47±0.03b	1.83±0.15b	2.03±0.09b	2.70±0.15b
0.25 mg/mL	0.40±0.06b	1.53±0.12bc	1.87±0.19bc	2.33±0.17c
0.50 mg/mL	0.33±0.03b	1.33±0.07cd	1.60±0.06cd	1.87±0.09d
0.75 mg/mL	0.17±0.03c	1.13±0.07d	1.43±0.12d	1.67±0.09d
1.0 mg/mL	0.13±0.03c	0.63±0.09e	0.80±0.10e	1.10±0.06e

的菌丝直径与 0.25 mg/mL 水饱和正丁醇浸膏乳剂处理的菌丝直径差异不太显著，而与 0.5 mg/mL、0.75 mg/mL、1.0 mg/mL 水饱和正丁醇浸膏乳剂处理的菌丝直径差异显著；0.25 mg/mL 水饱和正丁醇浸膏乳剂处理的菌丝直径与 0.5 mg/mL 水饱和正丁醇浸膏乳剂处理的菌丝直径差异不显著，与 0.75 mg/mL、1.0 mg/mL 水饱和正丁醇浸膏乳剂处理的菌丝直径差异显著；0.5 mg/mL 水饱和正丁醇浸膏乳剂处理的菌丝直径与 0.75 mg/mL 水饱和正丁醇浸膏乳剂处理的菌丝直径差异不显著，而与 1.0 mg/mL 水饱和正丁醇浸膏乳剂处理的菌丝直径差异显著；0.75 mg/mL 水饱和正丁醇浸膏乳剂处理的菌丝直径与 1.0 mg/mL 水饱和正丁醇浸膏乳剂处理的菌丝直径差异显著。96 h 时，水处理的菌丝直径与各不同浓度水饱和正丁醇浸膏乳剂处理的菌丝直径差异显著；0.25 mg/mL 水饱和正丁醇浸膏乳剂处理的菌丝直径与 0.5 mg/mL、0.75 mg/mL、1.0 mg/mL 水饱和正丁醇浸膏乳剂处理的菌丝直径差异显著；0.5 mg/mL 水饱和正丁醇浸膏乳剂处理的菌丝直径与 0.75 mg/mL 水饱和正丁醇浸膏乳剂处理的菌丝直径差异不显著，而与 1.0 mg/mL 水饱和正丁醇浸膏乳剂处理的菌丝直径差异显著；0.75 mg/mL 水饱和正丁醇浸膏乳剂处理的菌丝直径与 1.0 mg/mL 水饱和正丁醇浸膏乳剂处理的菌丝直径差异显著。

由以上分析可以得出菊芋叶片提取物不同浓度水饱和正丁醇浸膏乳剂对水稻稻瘟病菌菌丝生长抑制作用的大小顺序基本如下：1.0 mg/mL>0.75 mg/mL>0.50 mg/mL>0.25 mg/mL>水>CK，其中，菊芋叶片提取物 1.0 mg/mL 水饱和正丁醇浸膏乳剂处理抑制效果最好。

图 10-46 中菊芋叶片提取物不同浓度水饱和正丁醇浸膏乳剂对水稻稻瘟病菌的抑菌率数据也证明了上述结论。菊芋叶片水处理对水稻稻瘟病菌的抑菌率显著比菊芋叶片提取物水饱和正丁醇浸膏乳剂处理低，水处理对水稻稻瘟病菌抑菌率在 48 h 时最低为 5.18%、24 h 时最高为 45.98%，而菊芋叶片提取物水饱和正丁醇浸膏乳剂处理抑菌率在 48 h 时最低为 20.73%、24 h 时最高为 85.06%；如 24 h 时，1.0 mg/mL 水饱和正丁醇浸膏乳剂抑制率为 85.06%，0.75 mg/mL 水饱和正丁醇浸膏乳剂抑制率为 80.46%，0.5 mg/mL 水饱和正丁醇浸膏乳剂抑制率为 62.07%，0.25 mg/mL 水饱和正丁醇浸膏乳剂抑制率为

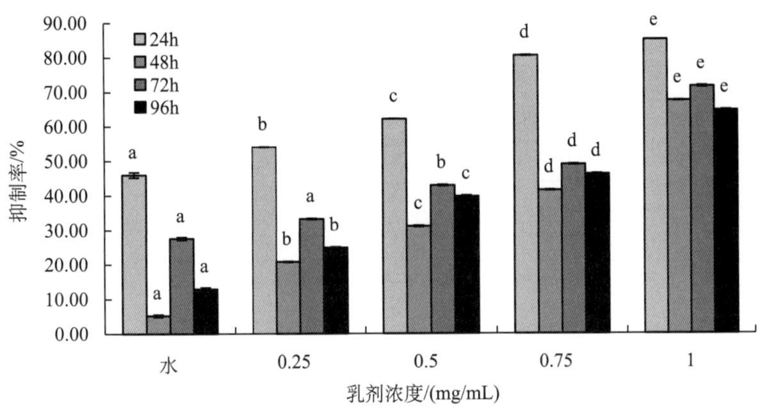

图 10-46　菊芋叶片提取物不同浓度水饱和正丁醇浸膏乳剂对水稻稻瘟病菌生长的抑制作用

a,b,c,d,e 表示同一处理时间内不同乳剂浓度的差异显著性（$P<0.05$）

54.02%，水处理抑菌率为45.98%。而48 h、72 h、96 h各时期的抑菌率除了0.25 mg/mL水饱和正丁醇浸膏乳剂浓度，其他浓度的抑菌率均显著低于24 h各浓度的抑菌率。1.0 mg/mL提取物水饱和正丁醇浸膏乳剂处理的各时间段与其他各浓度处理差异显著，抑菌率高。

3）菊芋叶片不同浓度浸膏乳剂对小麦赤霉病菌生长的抑制作用

本部分详细介绍南京农业大学海洋科学及其能源生物资源研究所菊芋研究小组菊芋叶片不同浓度浸膏乳剂对小麦赤霉病菌生长抑制的研究成果。

（1）菊芋叶片不同浓度二氯甲烷浸膏乳剂对小麦赤霉病菌生长的抑制作用

菊芋叶片提取物不同浓度二氯甲烷浸膏乳剂处理后，小麦赤霉病菌的菌丝生长受到显著抑制（表10-64）。24 h时，各处理的菌丝直径显著小于对照；水处理的菌丝直径与0.25 mg/mL提取物二氯甲烷浸膏乳剂处理差异不显著，而与0.5 mg/mL、0.75 mg/mL、1.0 mg/mL二氯甲烷浸膏乳剂处理差异显著；0.25 mg/mL与0.5 mg/mL、0.75 mg/mL二氯甲烷浸膏乳剂处理差异不显著，而与1.0 mg/mL二氯甲烷浸膏乳剂处理差异较显著。48 h时，各处理的菌丝直径显著小于对照；0.25 mg/mL与0.5 mg/mL二氯甲烷浸膏乳剂处理间差异不显著，而与0.75 mg/mL、1.0 mg/mL二氯甲烷浸膏乳剂处理差异显著；0.5 mg/mL与0.75 mg/mL二氯甲烷浸膏乳剂处理差异不显著，而与1.0 mg/mL二氯甲烷浸膏乳剂处理差异显著；0.75 mg/mL与1.0 mg/mL二氯甲烷浸膏乳剂处理差异显著。72 h时，对照处理的菌丝直径与菊芋叶片提取物各不同浓度二氯甲烷浸膏乳剂处理间差异显著；0.25 mg/mL二氯甲烷浸膏乳剂处理与0.5 mg/mL、0.75 mg/mL、1.0 mg/mL二氯甲烷浸膏乳剂处理差异显著；0.5 mg/mL与0.75 mg/mL二氯甲烷浸膏乳剂处理差异不显著，而与1.0 mg/mL二氯甲烷浸膏乳剂处理差异显著；0.75 mg/mL二氯甲烷浸膏乳剂处理与1.0 mg/mL二氯甲烷浸膏乳剂处理差异显著。96 h时，对照处理的菌丝直径与菊芋叶片提取物各不同浓度二氯甲烷浸膏乳剂处理间差异显著；0.25 mg/mL二氯甲烷浸膏乳剂处理与0.5 mg/mL、0.75 mg/mL、1.0 mg/mL二氯甲烷浸膏乳剂处理差异显著；0.5 mg/mL与0.75 mg/mL二氯甲烷浸膏乳剂处理差异不显著，而与1.0 mg/mL二氯甲烷浸膏乳剂处理差异显著；0.75 mg/mL与1.0 mg/mL二氯甲烷浸膏乳剂处理差异显著。由以上分析可以得出菊芋叶片提取物不同浓度二氯甲烷浸膏乳剂对小麦赤霉病菌菌丝生长抑制作用的大小顺序基本如下：1.0 mg/mL>0.75 mg/mL>0.50 mg/mL>0.25 mg/mL>水>CK，其中，菊芋叶片提取物1.0 mg/mL浸膏乳剂处理抑制效果最好。

表10-64　菊芋叶片提取物不同浓度二氯甲烷浸膏乳剂对小麦赤霉病菌校正直径的影响

处理	小麦赤霉病菌校正直径/cm			
	24 h	48 h	72 h	96 h
CK	1.10±0.10a	2.00±0.10a	2.60±0.15a	3.43±0.07a
水	0.67±0.09b	1.47±0.15b	2.07±0.09b	2.90±0.10b
0.25 mg/mL	0.50±0.06bc	0.97±0.03c	1.53±0.03c	2.03±0.03c
0.50 mg/mL	0.40±0.06c	0.80±0.10cd	1.20±0.06d	1.50±0.06d
0.75 mg/mL	0.37±0.03cd	0.63±0.07d	1.03±0.07d	1.30±0.06d
1.0 mg/mL	0.17±0.03e	0.33±0.03e	0.73±0.09e	1.00±0.06e

图 10-47 中菊芋叶片提取物不同浓度二氯甲烷浸膏乳剂对小麦赤霉病菌的抑菌率数据也证明了上述结论。由图 10-47 可以看出，抑菌效果好的提取物乳剂两浓度间的差异较小，而抑菌效果相对差的提取物乳剂两浓度间的差异较大。如 1.0 mg/mL 提取物二氯甲烷浸膏乳剂抑菌率最高为 84.55%、最低为 70.85%，而 0.75 mg/mL 提取物二氯甲烷浸膏乳剂抑菌率最高为 66.36%、最低为 60.38%，0.5 mg/mL 提取物二氯甲烷浸膏乳剂抑菌率最高为 63.64%、最低为 53.85%，0.25 mg/mL 提取物二氯甲烷浸膏乳剂抑菌率最高为 54.55%、最低为 40.82%，水处理抑菌率最高为 39.09%、最低为 15.45%。可见 1.0 mg/mL 提取物二氯甲烷浸膏乳剂对小麦赤霉病菌抑菌效果最好。

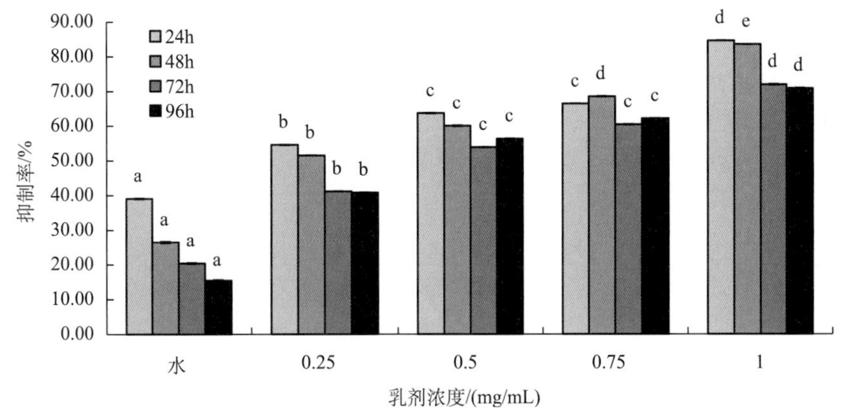

图 10-47　菊芋叶片提取物不同浓度二氯甲烷浸膏乳剂对小麦赤霉病菌生长的抑制作用

a,b,c,d,e 表示同一处理时间内不同乳剂浓度的差异显著性（$P<0.05$）

（2）菊芋叶片不同浓度水饱和正丁醇浸膏乳剂对小麦赤霉病菌生长的抑制作用

菊芋叶片提取物不同浓度水饱和正丁醇浸膏乳剂处理后，小麦赤霉病菌的菌丝生长受到显著抑制（表 10-65）。24 h 时，0.5 mg/mL、0.75 mg/mL、1.0 mg/mL 水饱和正丁醇浸膏乳剂处理的菌丝直径差异显著；0.25 mg/mL 水饱和正丁醇浸膏乳剂处理的菌丝直径与 0.5 mg/mL、0.75 mg/mL、1.0 mg/mL 水饱和正丁醇浸膏乳剂处理的菌丝直径差异显著；0.5 mg/mL 水饱和正丁醇浸膏乳剂处理的菌丝直径与 0.75 mg/mL 水饱和正丁醇浸膏乳剂处理的菌丝直径差异不显著，而与 1.0 mg/mL 水饱和正丁醇浸膏乳剂处理的菌丝直径差异显著；0.75 mg/mL 水饱和正丁醇浸膏乳剂处理的菌丝直径与 1.0 mg/mL 水饱和正丁醇浸膏乳剂处理的菌丝直径差异不显著。48 h 时，水处理的菌丝直径与各不同浓度提取物水饱和正丁醇浸膏乳剂处理的菌丝直径有明显的差异；0.25 mg/mL 水饱和正丁醇浸膏乳剂处理的菌丝直径与 0.5 mg/mL 水饱和正丁醇浸膏乳剂处理的菌丝直径差异不显著，而与 0.75 mg/mL、1.0 mg/mL 水饱和正丁醇浸膏乳剂处理的菌丝直径差异显著；0.5 mg/mL 水饱和正丁醇浸膏乳剂处理的菌丝直径与 0.75 mg/mL 水饱和正丁醇浸膏乳剂处理的菌丝直径差异不显著，而与 1.0 mg/mL 水饱和正丁醇浸膏乳剂处理的菌丝直径差异显著；0.75 mg/mL 水饱和正丁醇浸膏乳剂处理的菌丝直径与 1.0 mg/mL 水饱和正丁醇浸膏乳剂处理的菌丝直径差异不显著。72 h 时，水处理的菌丝直径与各不同浓度提取物浸膏乳剂处理的菌丝直径有明显的差异；0.25 mg/mL 水饱和正丁醇浸膏乳剂处理的菌丝直径与 0.5 mg/mL、0.75 mg/mL、1.0 mg/mL 水饱和正丁醇浸膏乳剂处理的菌丝直径差异显著；0.5 mg/mL 水饱和正丁醇浸膏乳剂处理的菌丝直径与 0.75 mg/mL、1.0 mg/mL 水饱和正丁醇浸膏乳剂处理的菌丝直径差异显著；0.75 mg/mL 水饱和正丁醇浸膏乳剂处理的菌丝直径与 1.0 mg/mL 水饱和正丁醇浸膏乳剂处理的菌丝直径差异不显著。96 h 时，水处理的菌丝直径与 0.25 mg/mL、0.5 mg/mL、0.75 mg/mL、1.0 mg/mL 水饱和正丁醇浸膏乳剂处理的菌丝直径差异显著；0.25 mg/mL 水饱和正丁醇浸膏乳剂处理的菌丝直径与 0.5 mg/mL、0.75 mg/mL、1.0 mg/mL 水饱和正丁醇浸膏乳剂处理的菌丝直径差异显著；0.5 mg/mL 水饱和正丁醇浸膏乳剂处理的菌丝直径与 0.75 mg/mL、1.0 mg/mL 水饱和正丁醇浸膏乳剂处理的菌丝直径差异显著；0.75 mg/mL 水饱和正丁醇浸膏乳剂处理的菌丝直径与 1.0 mg/mL 水饱和正丁醇浸膏乳剂处理的菌丝直径差异不显著。

表 10-65　菊芋叶片提取物不同浓度水饱和正丁醇浸膏乳剂对小麦赤霉病菌校正直径的影响

处理	小麦赤霉病菌校正直径/cm			
	24 h	48 h	72 h	96 h
CK	1.17±0.09a	2.07±0.15a	2.70±0.15a	3.53±0.18a
水	1.00±0.06a	1.57±0.23b	2.30±0.15b	3.23±0.12a
0.25 mg/mL	0.60±0.06b	1.10±0.10c	1.70±0.10c	2.30±0.15b
0.50 mg/mL	0.40±0.06c	0.80±0.10cd	1.13±0.13d	1.57±0.12c
0.75 mg/mL	0.23±0.03cd	0.47±0.03de	0.77±0.07e	1.03±0.09d
1.0 mg/mL	0.13±0.03d	0.27±0.03e	0.57±0.07e	0.83±0.09d

由以上分析可以得出菊芋叶片提取物不同浓度水饱和正丁醇浸膏乳剂对小麦赤霉病菌菌丝生长抑制作用的大小顺序基本如下：1.0 mg/mL、0.75 mg/mL>0.50 mg/mL>0.25 mg/mL>水> CK，其中，菊芋叶片提取物 1.0 mg/mL 水饱和正丁醇浸膏乳剂处理抑制效果最好。

图 10-48 中菊芋叶片提取物不同浓度水饱和正丁醇浸膏乳剂对小麦赤霉病菌的抑菌率数据也证明了上述结论。从图 10-48 中可以看出，水处理对小麦赤霉病菌的抑制率显著比菊芋叶片提取物不同浓度水饱和正丁醇浸膏乳剂处理抑制率低。如水处理在 48 h 时抑菌率达到最高，为 24.15%，在 96 h 时达到最低，为 8.5%。各提取物不同浓度水饱和正丁醇浸膏乳剂的抑菌率均随时间的延长而降低，如在 24 h 时 0.25 mg/mL、0.5 mg/mL、0.75 mg/mL、1.0 mg/mL 水饱和正丁醇浸膏乳剂浓度的抑菌率分别为 48.72%、65.81%、80.34%、88.89%；48 h 时，不同水饱和正丁醇浸膏乳剂浓度抑菌率分别为 46.86%、61.35%、77.29%、86.96%；72 h 时，不同水饱和正丁醇浸膏乳剂浓度抑菌率分别为 37.04%、58.15%、71.48%、78.89%；96 h 时，不同水饱和正丁醇浸膏乳剂浓度抑菌率分别为 34.84%、55.52%、70.82%、76.49%。从上文可知，菊芋叶片水处理抑菌率最高为 24.15%，不同浓度水饱和正丁醇浸膏乳剂处理抑菌率最低为 34.84%，且 1.0 mg/mL 提取物水饱和正丁醇浸膏乳剂对小麦赤霉病菌抑菌率最高。

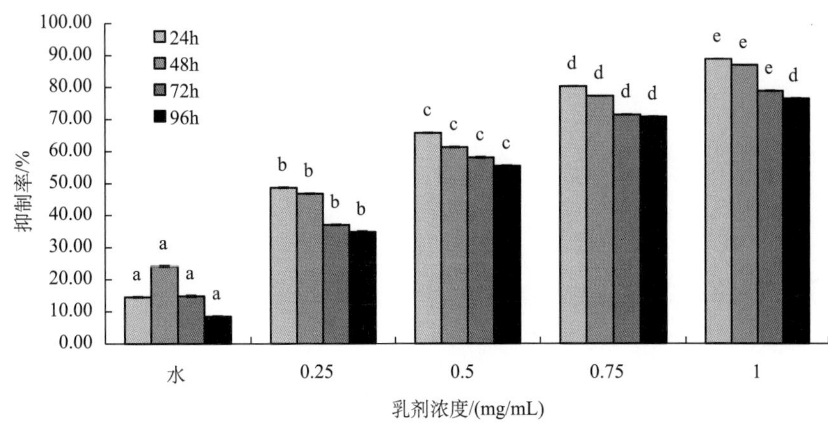

图 10-48　菊芋叶片提取物不同浓度水饱和正丁醇浸膏乳剂对小麦赤霉病菌生长的抑制作用

a,b,c,d,e 表示同一处理时间内不同乳剂浓度的差异显著性（$P<0.05$）

综上所述，菊芋叶片两种提取物浸膏（二氯甲烷浸膏、水饱和正丁醇浸膏）对三种植物病原真菌都有显著的抑制作用，各不同浓度提取物乳剂的抑菌作用也有明显的差异：对板栗炭疽病菌、水稻稻瘟病菌和小麦赤霉病菌菌丝生长抑制作用大小的乳剂浓度顺序基本为：1.0 mg/mL>0.75 mg/mL>0.50 mg/mL>0.25 mg/mL>水> CK。菊芋叶片 1.0 mg/mL 提取物乳剂浓度对三种病原真菌抑制效果最好，因此 1.0 mg/mL 提取物乳剂浓度是菊芋叶片中抑菌活性物质的最佳乳剂浓度。

4. 提取物不同浸膏乳化物对植物病原真菌菌丝形态的影响

在研究菊芋叶片两种提取物浸膏（二氯甲烷浸膏、水饱和正丁醇浸膏）对三种植物病原真菌显著的抑制作用基础上，本部分进一步介绍菊芋叶片提取物二氯甲烷浸膏乳化物与水饱和正丁醇浸膏乳化物对板栗炭疽病菌菌丝形态的影响，以揭示其相关机制。

电镜观察菌丝体形态：采用扫描电镜（SEM）对菊芋叶片提取物二氯甲烷浸膏乳化剂处理的植物病原真菌进行菌丝体形态[140]的观察。扫描电镜样品的制备方法：采用生长速率法（同制备病原真菌），培养数天后，于室温下取长势一致的边缘菌块，加入体积含量为 2.5% 的戊二酸固定过夜，用磷酸缓冲液冲洗 6 次（20 min/次）。然后经体积含量为 30%、50%、70%、80%、90%和 100%的丙酮脱水（30 min/次），其中采用 100%的丙酮脱水 3 次。以纯醋酸异戊酯进行 2 次置换（30 min/次），将样品超临界干燥后，粘样、镀膜、观察[141]。

1）菊芋叶片提取物不同浸膏乳化物对板栗炭疽病菌菌丝形态的影响

本部分主要研究菊芋叶片两种提取物浸膏（二氯甲烷浸膏、水饱和正丁醇浸膏）对板栗炭疽病菌菌丝形态的影响。

（1）菊芋叶片提取物二氯甲烷浸膏乳化物对板栗炭疽病菌菌丝形态的影响

用二氯甲烷浸膏乳化物处理板栗炭疽病菌后，用扫描电镜观察乳剂对板栗炭疽病菌菌丝形态的影响（图 10-49）。结果表明，对照组处理（图 10-49 A、B）的板栗炭疽病菌菌丝均匀饱满，表面光滑；二氯甲烷浸膏乳化物处理（图 10-49 C、D）的板栗炭疽病菌菌丝大小不一，菌丝凹陷，干瘪现象严重。

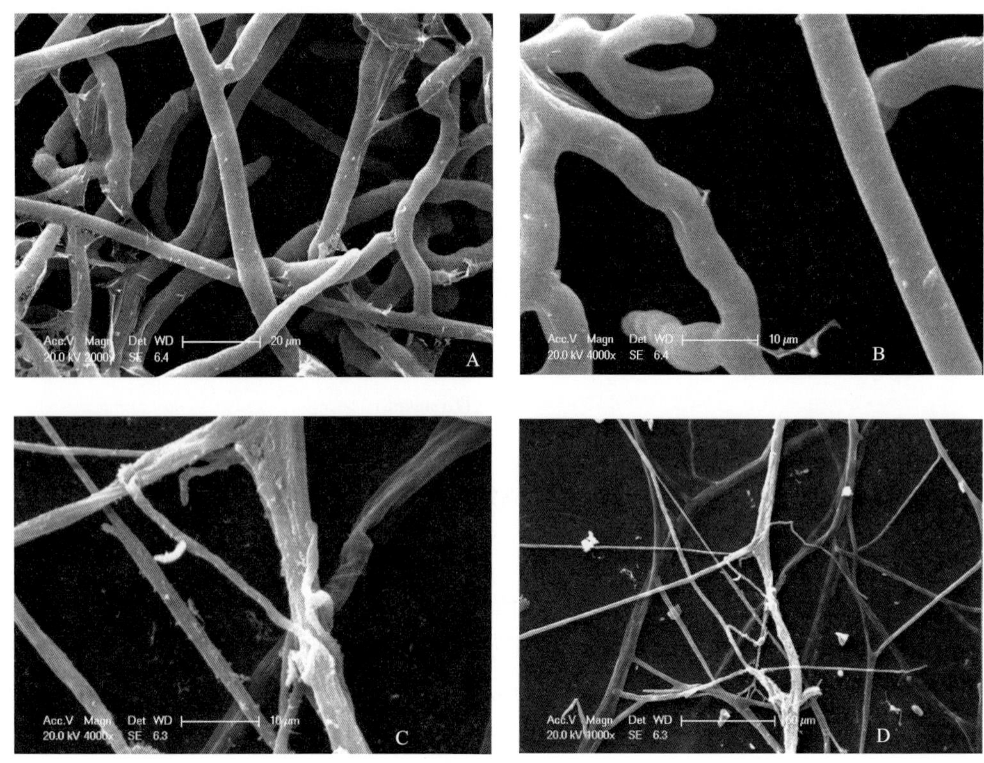

图 10-49　菊芋叶片提取物二氯甲烷浸膏乳化物对板栗炭疽病菌的抑制作用扫描电镜图

图 A、B 为溶剂对照；图 C、D 为二氯甲烷浸膏乳剂处理的菌丝

（2）菊芋叶片提取物水饱和正丁醇浸膏乳化物对板栗炭疽病菌菌丝形态的影响

用菊芋叶片提取物水饱和正丁醇浸膏乳化物处理板栗炭疽病菌后，用扫描电镜观察乳剂对板栗炭疽病菌菌丝形态的影响（图 10-50）。结果表明，对照组处理（图 10-50A、B）的板栗炭疽病菌菌丝均匀饱满，表面光滑；乳化物处理（图 10-50C、D）的板栗炭疽病菌菌丝大小不一，菌丝凹陷，干瘪及裂纹现象严重。

2）菊芋叶片提取物乳化物对水稻稻瘟病菌菌丝形态的影响

本部分主要介绍菊芋叶片提取物两种乳化物对水稻稻瘟病菌菌丝形态的影响。

（1）菊芋叶片提取物二氯甲烷浸膏乳化物对水稻稻瘟病菌菌丝形态的影响

用菊芋叶片提取物二氯甲烷浸膏乳化物处理水稻稻瘟病菌后，用扫描电镜观察乳剂对水稻稻瘟病菌菌丝形态的影响（图 10-51）。结果表明，对照组处理（图 10-51A、B）的水稻稻瘟病菌菌丝粗细、长短均匀，表面光滑饱满，生长无异常；乳化物处理（图 10-51C、D）的水稻稻瘟病菌菌丝形态发生明显的变化，菌丝粗细、长短不一，生长点脱落严重，出现严重的干瘪及老化现象。

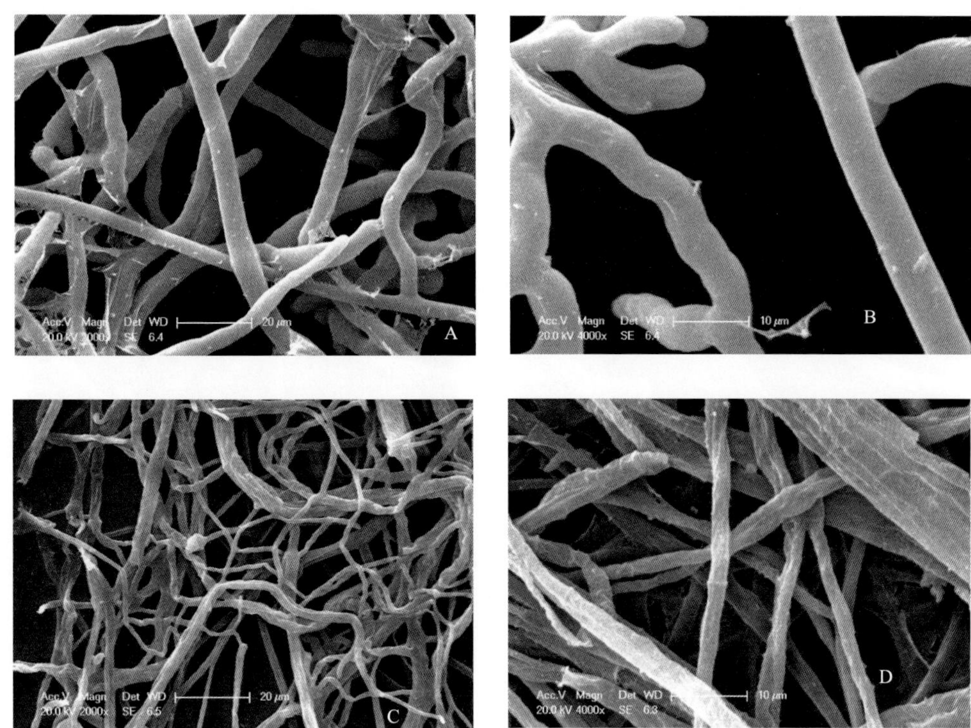

图 10-50　菊芋叶片提取物水饱和正丁醇浸膏乳化物对板栗炭疽病菌的抑制作用扫描电镜图

图 A、B 为溶剂对照；图 C、D 为水饱和正丁醇浸膏乳剂处理的菌丝

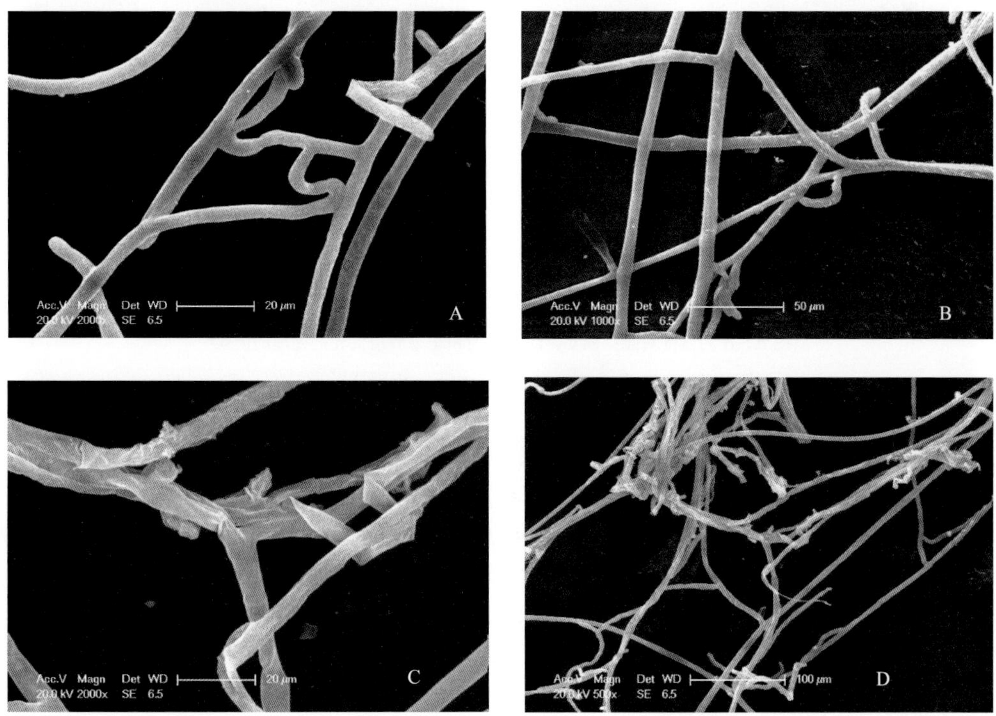

图 10-51　菊芋叶片提取物二氯甲烷浸膏乳化物对水稻稻瘟病菌的抑制作用扫描电镜图

图 A、B 为溶剂对照；图 C、D 为二氯甲烷浸膏乳剂处理的菌丝

（2）菊芋叶片提取物水饱和正丁醇浸膏乳化物对水稻稻瘟病菌菌丝形态的影响

用菊芋叶片提取物水饱和正丁醇浸膏乳化物处理水稻稻瘟病菌后，用扫描电镜观察乳剂对水稻稻瘟病菌菌丝形态的影响（图 10-52）。结果表明，对照组处理（图 10-52A、B）的水稻稻瘟病菌菌丝粗细、长短均匀，表面光滑饱满，生长无异常；乳化物处理（图 10-52C、D）的水稻稻瘟病菌菌丝形态发生明显的变化，菌丝粗细、长短不一，生长点脱落严重，出现严重的干瘪及老化现象。

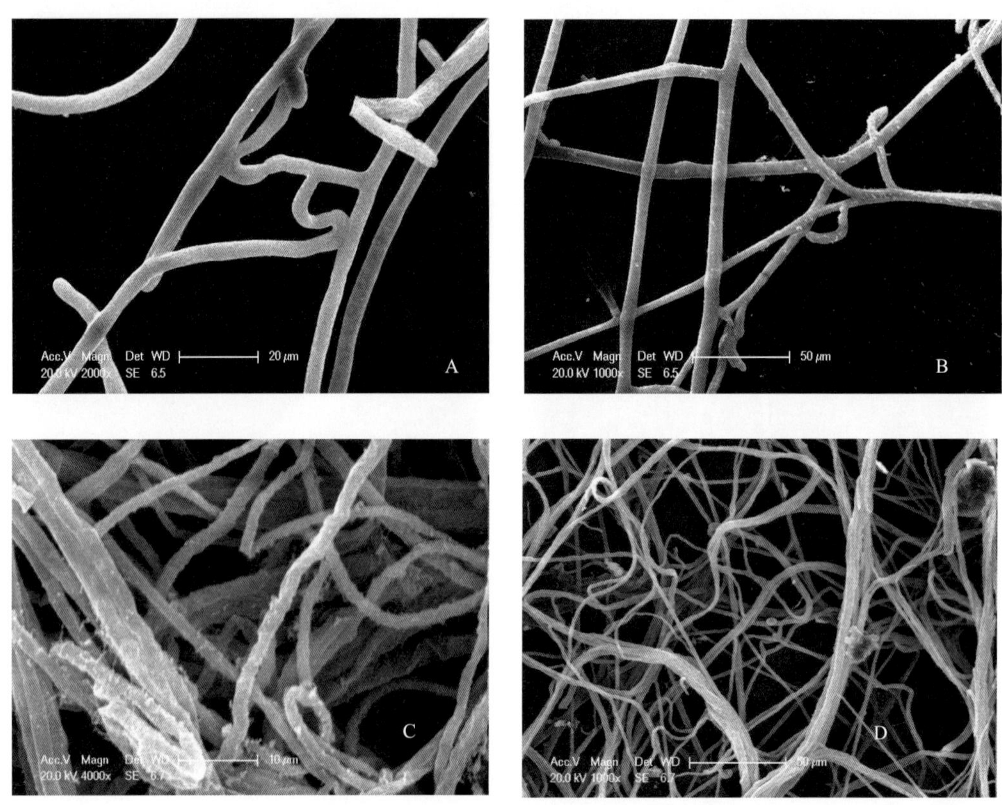

图 10-52　菊芋叶片提取物水饱和正丁醇浸膏乳化物对水稻稻瘟病菌的抑制作用扫描电镜图

图 A、B 为溶剂对照；图 C、D 为水饱和正丁醇浸膏乳剂处理的菌丝

3）菊芋叶片提取物乳化物对小麦赤霉病菌菌丝形态的影响

本部分主要讨论菊芋叶片提取物两种乳化物对小麦赤霉病菌菌丝形态的影响。

（1）菊芋叶片提取物二氯甲烷浸膏乳化物对小麦赤霉病菌菌丝形态的影响

用菊芋叶片提取物二氯甲烷浸膏乳化物处理小麦赤霉病菌后，用扫描电镜观察乳剂对小麦赤霉病菌菌丝形态的影响（图 10-53）。结果表明，对照组处理（图 10-53A、B）的小麦赤霉病菌菌丝粗细均匀细长，圆润饱满，生长点表面光滑无异常；乳化物处理（图 10-53C、D）的小麦赤霉病菌菌丝形态发生明显的变化，菌丝断裂、老化、生长点脱落，局部凹陷并出现干瘪现象。

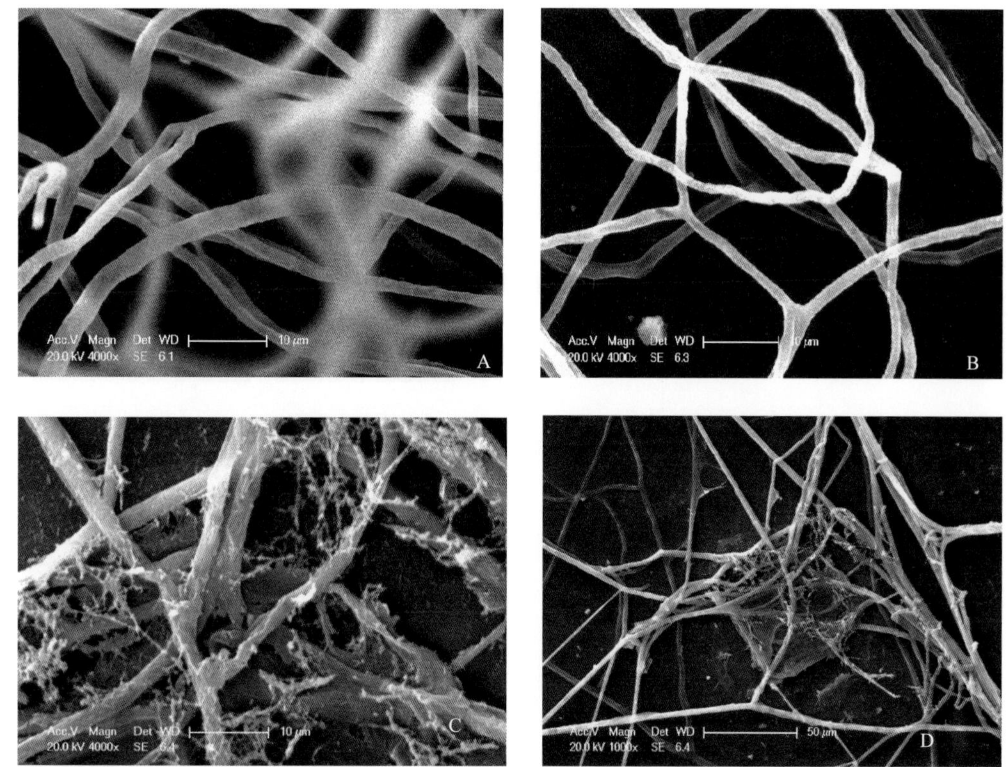

图 10-53 菊芋叶片提取物二氯甲烷浸膏乳化物对小麦赤霉病菌的抑制作用扫描电镜图

图 A、B 为溶剂对照；图 C、D 为二氯甲烷浸膏乳剂处理的菌丝

（2）菊芋叶片提取物水饱和正丁醇浸膏乳化物对小麦赤霉病菌菌丝形态的影响

用菊芋叶片提取物水饱和正丁醇浸膏乳化物处理小麦赤霉病菌后，用扫描电镜观察乳剂对小麦赤霉病菌菌丝形态的影响（图 10-54）。结果表明，对照组处理（图 10-54A、B）的小麦赤霉病菌菌丝粗细均匀细长，圆润饱满，生长点表面光滑无异常；乳化物处理（图 10-54 C、D）的小麦赤霉病菌菌丝形态发生明显的变化，菌丝断裂、老化、生长点脱落，局部凹陷并出现干瘪现象。

在上述对植物病原真菌菌丝形态的影响中，菊芋叶片提取物乳化物对病原真菌形态的影响，可以直观地表征抑菌活性作用，这与抑菌活性实验的结果一致。通过扫描电镜的观察，发现二氯甲烷乳化物对植物病原真菌菌丝的形态影响主要是在生长点骤增，菌丝局部凹陷，甚至出现空腔和断裂，这可能是因为抑菌活性物质作用位点在菌丝外层细胞壁上，破坏了细胞完整性，进而作用于细胞膜，使细胞内容物降解或泄漏，干扰菌丝正常生理代谢；而水饱和正丁醇浸膏乳化物对植物病原真菌菌丝的形态影响主要是菌丝出现严重凹陷和裂纹、生长点退化的现象，也对细胞壁产生了一定的破坏作用。

从得到的抑菌活性成分到植物源杀菌剂的商品化，还有很长的路要走，包括抑菌活性物质的构效关系解析、活性基团的改造、田间试验效果以及安全性评价等步骤。近年来，越来越多的植物源杀菌剂品种应用于生产实践，这是植物源农药开发的现状。研究对菊芋叶片的综合开发与利用，筛选其抑菌活性成分在生产实践上的应用具有重大意义。

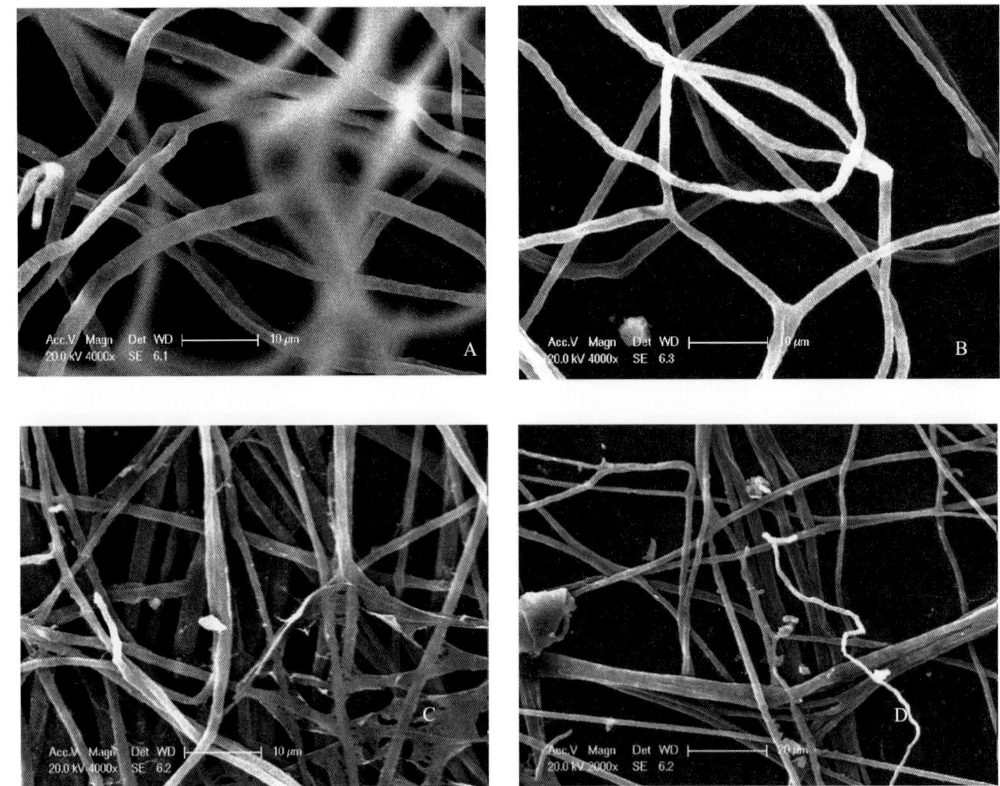

图 10-54　菊芋叶片提取物水饱和正丁醇浸膏乳化物对小麦赤霉病菌的抑制作用扫描电镜图

图 A、B 为溶剂对照；图 C、D 为水饱和正丁醇浸膏乳剂处理的菌丝

综上所述，菊芋叶片提取物不同浸膏乳化物下述组合对板栗炭疽病菌、水稻稻瘟病菌、小麦赤霉病菌的防治效果最佳。

二氯甲烷浸膏提取溶剂为乙醇，溶剂用量为 1∶6～1∶4，浸膏的乳化剂组合为 OP-10/DBS-Na，助溶剂或助表面活性剂为甲醇和环己酮，二氯甲烷浸膏乳剂的配方组成：菊芋叶片提取物浸膏 5%，DBS-Na 2.5%，OP-10 7.5%，乙醇 10%～20%，甲醇 4%，环己酮 6%，余量为水。

筛选出 342 mg/L（0～342 mg/L，以碳酸钙浓度计）以下不同硬度的水质，二氯甲烷浸膏外观状态及乳液稳定性无差异，pH 为 5～8。

二氯甲烷浸膏不同浓度乳剂对板栗炭疽病菌、水稻稻瘟病菌、小麦赤霉病菌的最佳抑制浓度是 1.0 mg/mL。

二氯甲烷浸膏乳剂对板栗炭疽病菌、水稻稻瘟病菌、小麦赤霉病菌的抑制效果显著，分别显示在对照组菌丝生长均匀有致，表面光滑饱满，生长无异常；而处理组菌丝生长长短大小不一，生长点脱离，表面出现干瘪甚至空腔，菌丝断裂、老化。

水饱和正丁醇浸膏提取溶剂为乙醇，溶剂用量为 1∶6～1∶4，浸膏的乳化剂组合为提取物浸膏 5%，DBS-Na 2.5%，吐温-80 7.5%，乙醇 10%～20%，甲醇 4%，环己酮 6%，余量为水。

筛选出 342 mg/L（0～342 mg/L，以碳酸钙浓度计）以下不同硬度的水质，水饱和正丁醇浸膏外观状态及乳液稳定性无差异，pH 为 5～8。

水饱和正丁醇浸膏不同浓度乳剂对板栗炭疽病菌、水稻稻瘟病菌、小麦赤霉病菌最佳抑制浓度是 1.0 mg/mL。

水饱和正丁醇浸膏乳剂对板栗炭疽病菌、水稻稻瘟病菌、小麦赤霉病菌的抑制效果显著，分别显示在对照组菌丝生长均匀饱满，表面光滑，菌丝生长粗细、长短均匀，生长无异常；而处理组菌丝大小不一，菌丝凹陷，裂纹现象严重，菌丝形态发生明显的变化，生长点脱落严重，出现严重的老化现象，局部凹陷并出现干瘪现象。

10.2.4　果蔬绿色防腐保鲜剂的研发

果蔬防腐保鲜是一项综合技术体系，而防腐保鲜剂是其主要的核心技术之一。目前多采用化学保鲜剂。随着人们健康意识的不断增强，对植物源绿色防腐保鲜剂的开发越来越重视。多年来南京农业大学海洋科学及其能源生物资源研究所菊芋研究小组利用废弃的菊芋叶片为原料，进行果蔬绿色防腐保鲜剂的研发，取得了一些重要进展。

1. 单体化合物抑菌作用及相关性分析

植物体内存在许多次生代谢物质，包括各种生物碱、黄酮和酚类物质等，它们的共同特点就是可能作为植物体内的关键信号分子，调节植物体的抗逆、抗病虫害等作用。据相关研究报道，菊芋叶片中主要的活性物质为绿原酸和异绿原酸类化合物，此类化合物广泛存在于各种植物中，具有较强的抑菌活性。

南京农业大学海洋科学及其能源生物资源研究所菊芋研究小组对从菊芋叶片中分离得到的 6 种已知酚酸类物质，进行抑菌效果测试，对各单体、各类物质与抑菌活性的相关性进行了分析研究，从而揭示各类物质、各单体对抑菌活性的贡献，为进行下一步构效关系的研究打下基础。

利用南菊芋 1 号叶片粉末进行提取、分离及纯化；以辣椒疫霉病菌（*Phytophthora capsici*）、苹果炭疽病菌（*Colletotrichum gloeosporioides*）、番茄灰霉病菌（*Botrytis cinerea*）、小麦纹枯病菌（*Rhizoctonia cerealis*）、玉米大斑病菌（*Exserohilum turcicum*）和小麦赤霉病菌（*Gibberella zeae*）为供试菌种。

主要采用马铃薯葡萄糖琼胶（PDA）和马铃薯葡萄糖（PD）液体培养基。

采用生物活性测定方法——微量稀释法：以 96 孔板法测定药剂的抑菌活性，用 0.85%（质量浓度）含 0.1%（体积分数）吐温-80 的生理盐水从培养 7～10 d 的琼脂平板中洗下孢子，调整孢子悬浮液浓度约为 1.0×10^5/100 μL 置于每孔中，以倍比稀释法，将药剂配制成一系列不同的浓度，以玉米大斑病菌（*E. turcicum*）和小麦赤霉病菌（*G. zeae*）为供试菌种，置于 23～25℃条件下在 96 孔板中培养 7～10 d。最小抑菌浓度（MIC）是以肉眼观察完全抑制真菌生长的最低药剂浓度。

应用 Excel 软件进行实验数据的统计和分析，用 ChemDraw Ultra 7.0 绘制分子结构图，采用 SPSS 13.0.0 for Windows 软件进行线性方程拟合，并进行方差分析。

对分离并鉴定的 6 种酚酸类物质进行单体化合物活性测定，结果如表 10-66 所示，数据表明单一的咖啡酸、3,4-二咖啡酰奎宁酸和 1,5-二咖啡酰奎宁酸均能有效地抑制小麦赤霉病菌的生长，MIC 值分别可达 108 μg/mL、60 μg/mL 和 4.2 μg/mL。不同结构的酚酸类物质，抑菌活性是有差别的，从图 10-55～图 10-57 中看出咖啡酰基团可能是抑菌活性基团。

表 10-66　菊芋叶片中分离的酚酸类单体抑菌作用（以最小抑菌浓度衡量抑菌效果）

	MIC/（μg/mL）					
	3-CQA	咖啡酸	3,4-DiCQA	3,5-DiCQA	1,5-DiCQA	4,5-DiCQA
玉米大斑病菌	> 290	> 215	> 120	> 80	> 210	> 180
小麦赤霉病菌	> 290	108	60	> 80	4.2	> 180

注：3-CQA，绿原酸；3,4-DiCQA，3,4-二咖啡酰奎宁酸；3,5-DiCQA，3,5-二咖啡酰奎宁酸；1,5-DiCQA，1,5-二咖啡酰奎宁酸；4,5-DiCQA，4,5-二咖啡酰奎宁酸。

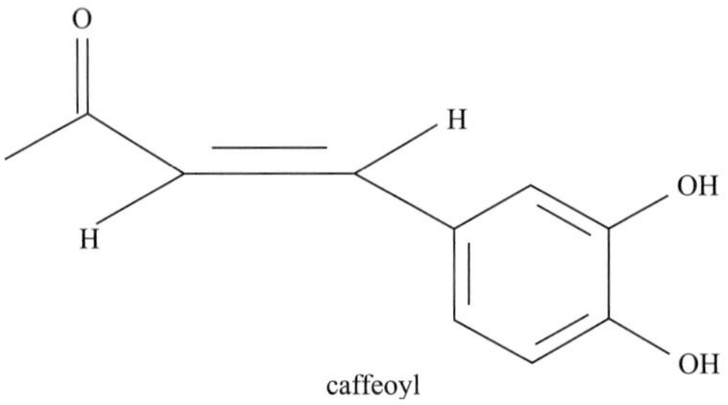

caffeoyl

图 10-55　咖啡酰基的化学结构

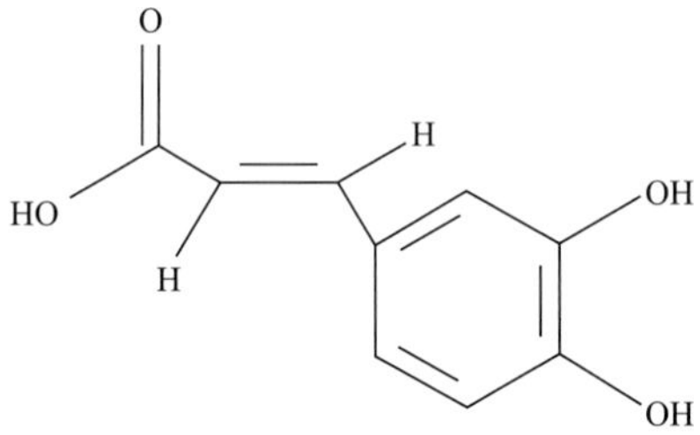

图 10-56　咖啡酸的化学结构

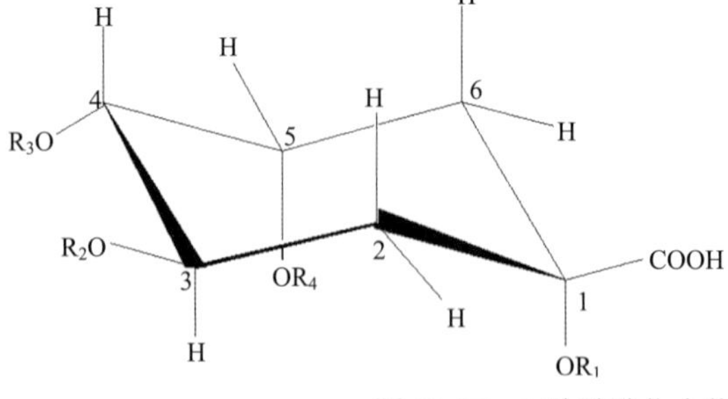

	R_1	R_2	R_3	R_4
1	H	caffeoyl	H	H
3	H	caffeoyl	caffeoyl	H
4	H	caffeoyl	H	caffeoyl
5	caffeoyl	H	H	caffeoyl
6	H	H	caffeoyl	caffeoyl

图 10-57　5 种酚酸化合物的化学结构

南京农业大学海洋科学及其能源生物资源研究所菊芋研究小组通过各类物质与抑菌效果相关性分析，建立各类物质包括 6 种酚酸类单体、总酚酸类、总黄酮类含量与抑菌效果的相关性，从而揭示各类物质对抑菌效果的贡献，为进一步研究构效关系和抑菌机理奠定基础。以各提取方法、各萃取层、各时期等的粗提物中各类物质含量与抑菌活性（抑制中浓度 EC_{50}）之间建立线性关系，进行相关性分析[142]，结果如表 10-67 所示。

表 10-67　各类物质与抑菌活性（抑制中浓度）相关性分析

化合物	回归方程 R^2 值			
	Botrytis cinerea	*Colletotrichum gloeosporioides*	*Phytophthora capsici*	*Rhizoctonia cerealis*
总酚类	$y=-0.0044x+2.8053$, 0.3852 $F=1.253$, $P=0.379$	$y=-0.0004x+2.1379$, 0.1859 $F=0.457$, $P=0.569$	$y=-0.0161x+3.2254$,0.9400 $F=31.345$,$P=\mathbf{0.030}$	$y=-0.0523x+3.0128$, 0.9489 $F=37.168$, $P=\mathbf{0.026}$
总黄酮类	$y=0.0593x+0.4508$, 0.3322 $F=0.995$, $P=0.424$	$y=0.0155x+1.57$, 0.4104 $F=1.392$, $P=0.359$	$y=0.0079x+0.8317$,0.1102 $F=0.248$, $P=0.668$	$y=-0.0882x+9.4986$,0.6438 $F=3.828$, $P=0.190$
3-CQA	$y=-1.3278x+9.2586$,0.4996 $F=1.997$, $P=0.293$	$y=-221.65x+494.6$,0.7575 $F=6.248$, $P=0.130$	$y=-31.453x+103.33$,0.7395 $F=5.679$, $P=0.140$	$y=-13.804x+59.153$,0.7007 $F=4.683$, $P=0.163$
咖啡酸	$y=-0.2303x+2.7959$, 0.4764 $F=1.820$, $P=0.310$	$y=-0.1463x+2.7861$, 0.3491 $F=1.073$, $P=0.409$	$y=-0.4336x+3.0825$,0.9825 $F=112.178$, $P=\mathbf{0.009}$	$y=-32.717x+94.421$,0.9358 $F=29.151$, $P=\mathbf{0.033}$
3,4-DiCQA	$y=-0.0951x+2.6782$, 0.3253 $F=0.964$, $P=0.430$	$y=-0.0087x+2.1214$,0.1327 $F=0.306$, $P=0.636$	$y=-0.3225x+2.6763$, 0.7990 $F=7.949$, $P=0.106$	$y=-0.9248x+5.0353$, 0.8576 $F=12.043$, $P=\mathbf{0.074}$
3,5- DiCQA	$y=0.4663x+1.2553$,0.4726 $F=1.792$, $P=0.313$	$y=0.126x+1.7575$,0.627 $F=3.363$, $P=0.208$	$y=-0.2327x+2.9521$,0.7760 $F=6.927$, $P=0.119$	$y=-0.1353x+2.9101$,0.4193 $F=1.444$, $P=0.353$
1,5-DiCQA	$y=-0.0647x+4.1822$,0.5569 $F=2.513$, $P=0.254$	$y=-0.0252x+2.9091$,0.4668 $F=1.751$, $P=0.317$	$y=-0.2042x+3.038$,0.9875 $F=158.381$, $P=\mathbf{0.006}$	$y=-0.0126x+3.5351$,0.6348 $F=3.477$,$P=0.203$
4,5-DiCQA	$y=-0.0078x+2.5391$,0.2188 $F=0.560$, $P=0.532$	$y=-0.0005x+2.1007$,0.0494 $F=0.104$, $P=0.778$	$y=-0.0039x+2.3925$,0.0231 $F=0.071$, $P=0.807$	$y=-0.0134x+2.434$,0.1415 $F=0.330$, $P=0.624$

由表 10-67 所知，总酚含量与各粗提物与辣椒疫霉病菌和小麦纹枯病菌的 EC_{50} 呈现负相关性，显著性分析达到极显著水平，即含量越高，EC_{50} 越低，说明抑菌效果越好，这表明酚类物质可能是菊芋叶片中的主要抑菌活性物质，但是由于植物病原真菌种类的多样性，这些酚类物质可能只对部分真菌有特效。咖啡酸和 1,5-二咖啡酰奎宁酸的含量也同各粗提物对辣椒疫霉病菌的 EC_{50} 之间呈现显著的负相关性，这说明这两种酚酸类物质对辣椒疫霉病菌有效，但也许是两者的协同作用，共同起到抑菌效果。而咖啡酸含量同各粗提物对小麦纹枯病菌的 EC_{50} 之间呈现显著的负相关性，表明咖啡酸对抑制小麦纹枯病菌的贡献也比较大。

南京农业大学海洋科学及其能源生物资源研究所菊芋研究小组用微量稀释法测定从菊芋叶片中分离得到的 6 种酚酸类物质的单体抑菌活性，发现咖啡酸、3,4-二咖啡酰奎宁酸和 1,5-二咖啡酰奎宁酸对小麦赤霉病菌有特效，这与 Kumaraswamy 等对小麦赤霉病菌的研究结果一致[143]。另有研究表明，3,5-二咖啡酰奎宁酸这种异绿原酸化合物对匍枝根霉（*Rhizopus stolonifer*）有特效[144]。据报道酚酸类物质的生物活性可能跟其结构有很大的关系，即不同异绿原酸类的同分异构体，其构效关系差别较大。根据作者研究，3,4-

二咖啡酰奎宁酸和 1,5-二咖啡酰奎宁酸的抑菌活性高于其他两种异绿原酸类化合物，这可能与异绿原酸分子结构中咖啡酰和奎宁酸的位置及空间构型有关。

目前人们广泛研究的是酚酸类物质的抗氧化和清除自由基活性，还有抗炎、镇痉和治疗的作用，甚至还可作为抑制剂有效地控制人类免疫缺陷病毒的复制。近年来已经报道过一些酚酸类物质的抑菌活性，如咖啡酸、绿原酸、阿魏酸和 *p*-香豆酸。Čižmárik 和 Matel 报道咖啡酸可以抑制多种病原菌如金黄色葡萄球菌（*Staphylococcus aureus*）、白喉棒状杆菌（*Corynebacterium diphtheriae*）等的生长[145]。Furuhata 等报道咖啡酸和绿原酸也能抑制李斯特菌（*Listeria monocytogenes*）和嗜肺军团菌（*Legionella pneumophila*）[146]。咖啡酸、绿原酸、异绿原酸和 *p*-香豆酸均能体外抑制根腐菌的生长。咖啡酸、阿魏酸和 3,5-二咖啡酰奎宁酸（3,5-DiCQA）分别可以抑制小麦赤霉病菌（*G. zeae*）、油菜菌核病菌（*Sclerotinia sclerotiorum*）和匍枝根霉菌（*Rhizopus stolonifer*）。作者的研究中 6 种酚酸对玉米大斑病菌（*Exserohilum turcicum*）的抑制效果显著，咖啡酸、3,4-二咖啡酰奎宁酸和 1,5-二咖啡酰奎宁酸对小麦赤霉病菌的抑制效果较好，这说明不同酚酸类物质的抑菌谱差别较大。影响这些酚酸类化合物抑菌效果的重要原因，可能是这些酚酸类物质选择性抑菌谱的差异[147]。例如，绿原酸可以有效抑制青霉（*Penicillium expansum*）、尖孢镰刀菌（*Fusarium oxysporum*）和梨形毛霉菌（*Mucor piriformis*），而对番茄灰霉病菌的生长稍有促进作用[148]。另外，不同酚酸类化合物还常常受到实验方法不同、培养基成分差异和酚酸化合物的溶解性等因素的影响，而表现出不同的抑菌活性。

由于各种抑菌活性筛选方法均存在一定的局限性，生长速率法准确，但是需要的药剂量多，生物自显影法不适合极性太大或太小的化合物的筛选[149]，微量稀释法虽然操作简单、成本低，但是其灵敏度和专属性不高，容易出现假阳性试验结果，因此对抑菌活性物质的最终评价，还是归结到生产实践的应用效果上。一方面，对抑菌活性好的化合物进行分子改造，合成新的活性更高、更有应用价值的抑菌活性物质；另一方面，将活性物质应用于生产实践，开发具有实际生产价值的新型植物源杀菌剂，这些已经成为目前植物源杀菌剂研究的热点。

2.果蔬防腐保鲜效应的研究

菊芋能够抗虫抗病的特点，引起人们对菊芋叶片中抑菌活性物质的研究。刘海伟等、韩睿等也分别证实了菊芋叶片中的确含有抑制真菌的活性物质，作者的前期研究已经证明菊芋叶片中的确含有丰富的酚酸和黄酮类物质，在这些工作的基础上，选取 9 种常见的植物病原真菌作为供试菌种，测定菊芋叶片粗提物及其各萃取层的抑菌活性，并选取活性较高的萃取层，用于开发新型植物源杀菌剂品种，这对于充分利用菊芋叶片这一自然资源以及开发其作为杀菌剂与果蔬保鲜剂的新用途，具有重要的实践意义。

供试菌种均为 ACCC 标准菌株，由江苏省农业科学院提供（表 10-68）。

采用回流法比较不同极性溶剂的提取率，以不同极性的溶剂石油醚、乙醚、丙酮、乙酸乙酯、乙醇、甲醇和水进行回流提取，制得浸膏。

表 10-68　供试植物病原菌

分类	供试病原菌	拉丁学名
鞭毛菌亚门	辣椒疫霉病菌	*Phytophthora capsici*
子囊菌亚门	小麦赤霉病菌	*Gibberella zeae*
	小麦全蚀病菌	*Gaeumannomyces graminis*
	油菜菌核病菌	*Sclerotinia sclerotiorum*
半知菌亚门	玉米大斑病菌	*Exserohilum turcicum*
	苹果炭疽病菌	*Colletotrichum gloeosporioides*
	水稻稻瘟病菌	*Pyricularia grisea*
	番茄灰霉病菌	*Botrytis cinerea*
	小麦纹枯病菌	*Rhizoctonia cerealis*

比较不同提取方法的提取率，回流法制得浸膏。减压回流：以不同极性的溶剂（石油醚、氯仿、乙醇和水），进行减压回流提取制得浸膏。室温浸提法：以不同极性的溶剂（石油醚、氯仿、乙醇和水），进行室温浸提制得浸膏。

$$提取率（\%）=提取干物质重量（g）/ 样品重量（g）\times 100 \qquad (10\text{-}15)$$

菊芋叶片溶剂分步提取物的制备。将菊芋叶片乙醇提取物悬浮于去离子水中，置于4℃冰箱中冷藏过夜，然后向分液漏斗中加入等体积的石油醚，充分搅拌后静置，待混合液澄清分层后，取出石油醚层，减压浓缩，得石油醚提取物，低温储存备用；石油醚提取后的剩余部分，加入等体积的氯仿，充分搅拌后静置，待混合液澄清分层后，取出氯仿层，减压浓缩，得氯仿提取物，低温储存备用；氯仿提取后的剩余部分，加入等体积的乙酸乙酯，充分搅拌后静置，待混合液澄清分层后，取出乙酸乙酯层，减压浓缩，得乙酸乙酯提取物，低温储存备用；乙酸乙酯提取后的剩余部分，加入等体积的水饱和正丁醇，充分搅拌后静置，待混合液澄清分层后，取出正丁醇层，减压浓缩，得正丁醇提取物，低温储存备用。

1）菊芋叶片活性物质提取方法的研究

对菊芋叶片的粗提物采用回流法、减压回流法与室温浸提法三种提取方法进行比较，从而选择最佳的提取方法，为分离打下基础，结果见表 10-69。

表 10-69　不同溶剂对菊芋叶片中活性物质的提取率（回流法）　（单位：%）

溶剂	石油醚	乙醚	丙酮	乙酸乙酯	乙醇	甲醇	水
提取率	1.60±0.08g	2.02±0.19f	2.32±0.07e	3.24±0.09d	10.65±0.28c	11.99±0.02b	17.68±0.12a

注：表内数字后不同字母表示在方差分析中差异显著（$P \leqslant 0.05$）。

由表 10-69 可以得出，不同提取溶剂对菊芋叶片的提取率均存在差异。石油醚、乙醚、丙酮、乙酸乙酯、乙醇、甲醇、水（极性由小到大）的提取率依次增加，且各提取溶剂之间均存在显著差异，水提取率最高，达到 17.68%，石油醚的提取率仅为 1.60%。

依据相似相溶原理判断，菊芋叶片中的化学成分主要是亲水性的物质，因此水的提取率最大，但是由于水提取物中多含糖类、蛋白质等物质，易腐坏，本实验采用乙醇作为提取溶剂。

通过比较不同提取方法及不同提取溶剂的对比实验可以看出（表 10-70），各提取溶剂三种提取方法的抑菌率差异显著，以乙醇为例，采用回流法制备的乙醇提取物抑菌效果较好，抑制率为 78.15%，但是同减压回流法的抑制率 74.62%相比较，差异不显著。回流法的提取率为 14.95%，与减压回流法的提取率 14.69%无显著性差异，两者远比室温浸提法（4.90%）的提取率高。

表 10-70　不同提取方法的提取率以及不同提取溶剂对小麦纹枯病菌菌丝生长的抑制效果（单位：%）

提取溶剂		提取方法		
		回流法	减压回流法	室温浸提法
乙醇	提取率	14.95±0.12a	14.69±0.07ab	4.90±0.05c
	抑菌率	78.15±0.68a	74.62±0.33ab	64.32±0.20c
石油醚		31.24±1.63c	41.75±0.72b	53.18±0.29a
氯仿		87.29±1.14a	69.01±0.31c	72.41±0.14b
水		5.21±0.59c	50.15±1.52b	63.73±0.90a

注：供试提取物浓度为 10 g/L，表内数字后不同字母表示在方差分析中差异显著（$P \leqslant 0.05$）。

综合表 10-69 和表 10-70，选择乙醇作为溶剂并采取减压回流法，能够有效地保留抑菌活性物质，而且溶剂乙醇无毒副作用，对环境友好。

2）菊芋叶片提取物对植物病原真菌的抑制活性

在离体条件下，用菌丝生长速率法测定了菊芋叶片的乙醇粗提物和石油醚、氯仿、乙酸乙酯以及正丁醇分步提取物对部分植物病原真菌的抑制活性。由表 10-71 可以看出，以小麦纹枯病菌为例，乙醇粗提物采用减压回流法的抑菌活性比回流法效果好（图 10-58），抑制中浓度（EC_{50}）可达 2.166 g/L。

表 10-71　乙醇提取物回流法与减压回流法对小麦纹枯病菌毒力的比较

提取方法	抑制毒力回归曲线方程	相关系数	抑制中浓度/（g/L）
回流法	y=2.0744x+3.7100	0.9881	4.187
减压回流法	y=1.1281x+4.6214	0.9236	2.166

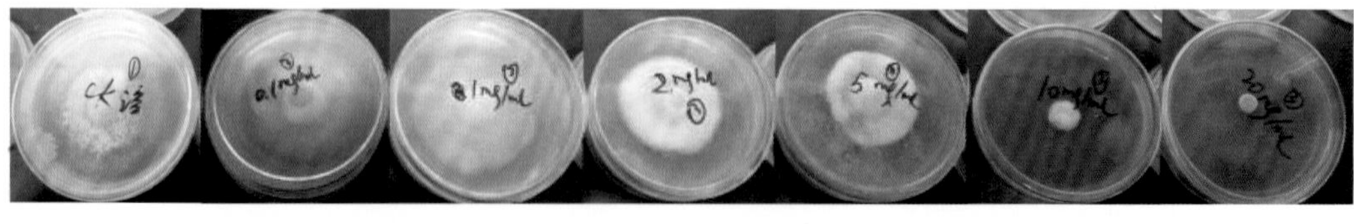

图 10-58　乙醇提取物回流法与减压回流法对小麦纹枯病菌的抑制效果

减压回流法是一种提取率高、对活性物质损失少的提取方法，采用人工减压阀，操作简单，适合大规模生产。

菊芋叶片乙醇粗提物（减压回流法）对小麦纹枯病菌、油菜菌核病菌、小麦全蚀病菌、番茄灰霉病菌、辣椒疫霉病菌和苹果炭疽病菌等植物病原真菌均有一定的抑制效果（表 10-72），说明菊芋叶片的乙醇提取物作为新型植物源杀菌剂，具有广泛的抑菌谱，可以用于多种植物病害的防治（图 10-59）；尤其对半知菌亚门的番茄灰霉病菌、苹果炭疽病菌、小麦纹枯病菌和鞭毛菌亚门的辣椒疫霉病菌的抑制效果显著，抑制率分别可达 98.22%、89.77%、74.62%和 87.85%，而对子囊菌亚门的小麦赤霉病菌、小麦全蚀病菌、油菜菌核病菌等抑制效果稍差，抑制率分别为 37.37%、62.58%、44.97%，对半知菌亚门的水稻稻瘟病菌和玉米大斑病菌的抑制效果最差，分别为 16.94%和 22.16%。

表 10-72　乙醇提取物（减压回流法）对植物病原真菌菌丝生长的抑制效果　（单位：%）

菌种	抑制率
小麦赤霉病菌 *G. zeae*	37.37±0.14f
小麦全蚀病菌 *G. graminis*	62.58±4.32cd
油菜菌核病菌 *S. sclerotiorum*	44.97±0.40e
水稻稻瘟病菌 *P. grisea*	16.94±1.23h
玉米大斑病菌 *E. turcicum*	22.16±2.47g
番茄灰霉病菌 *B. cinerea*	98.22±0.35a
苹果炭疽病菌 *C. gloeosporioides*	89.77±0.30b
辣椒疫霉病菌 *P. capsici*	87.85±0.13b
小麦纹枯病菌 *R. cerealis*	74.62±0.33c

注：供试提取物浓度为 10 g/L，表内数字后不同字母表示在方差分析中差异显著（$P\leqslant0.05$）。

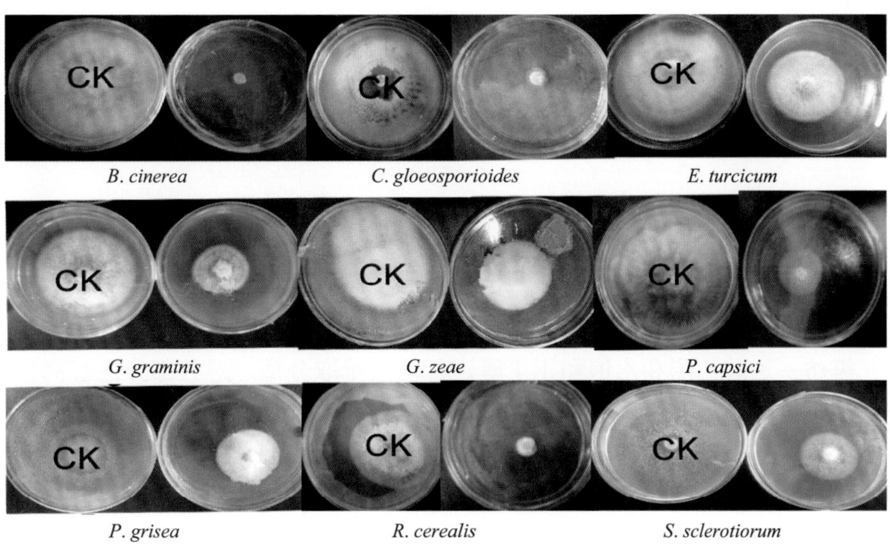

图 10-59　减压回流法的乙醇提取物对 9 种植物病原真菌的抑制效果（供试浓度为 10 g/L）

由表 10-73 和图 10-60 的结果可知，乙醇减压回流提取物对小麦纹枯病菌的抑菌作用最强，EC_{50} 可达 2.166 g/L，对苹果炭疽病菌、番茄灰霉病菌和辣椒疫霉病菌的抑制效果也十分明显，EC_{50} 分别为 2.234 g/L、2.241 g/L 和 2.534 g/L。

表 10-73　乙醇减压回流提取物对植物病原真菌菌丝生长的毒力

供试菌种	抑制毒力回归曲线方程	相关系数 R^2	抑制中浓度/（g/L）
番茄灰霉病菌	y=3.9169+3.0913x	0.9449	2.241
苹果炭疽病菌	y=4.2301+2.2054x	0.9760	2.234
辣椒疫霉病菌	y=4.2628+1.8256x	0.9804	2.534
小麦纹枯病菌	y=4.6214+1.1281x	0.9236	2.166

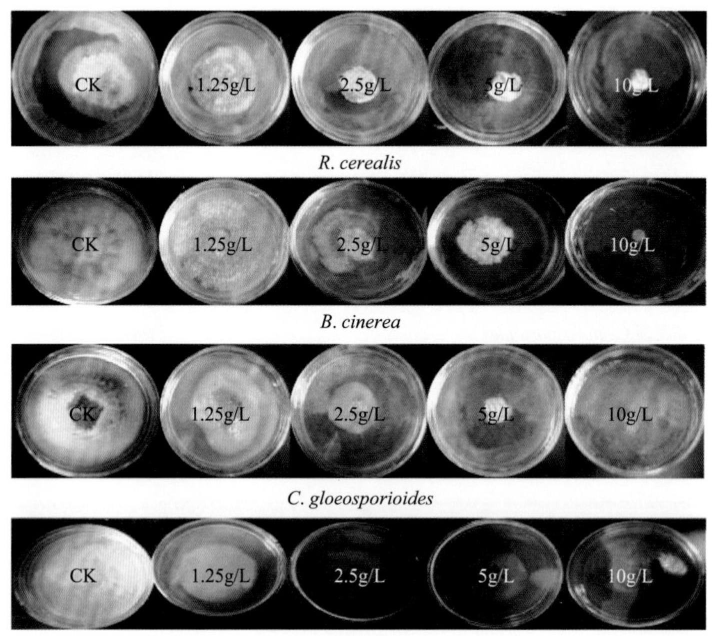

图 10-60　乙醇减压回流法提取物对小麦纹枯病菌、番茄灰霉病菌、苹果炭疽病菌以及辣椒疫霉病菌的抑制效果

南京农业大学海洋科学及其能源生物资源研究所菊芋研究小组对乙醇粗提物依次用石油醚、氯仿、乙酸乙酯和水饱和正丁醇进行液液萃取分离，对各部分进行离体抑菌活性测定，结果见表 10-74～表 10-77 和图 10-61。

表 10-74　石油醚萃取物对植物病原真菌菌丝生长的毒力

供试菌种	抑制毒力回归曲线方程	相关系数 R^2	抑制中浓度/（g/L）
番茄灰霉病菌	y=2.4916+4.6681x	0.9980	3.446
苹果炭疽病菌	y=4.1637+2.6033x	0.9815	2.095
辣椒疫霉病菌	y=3.5904+3.0965x	0.9633	2.853
小麦纹枯病菌	y=2.6045+3.6278x	0.9732	4.574

表 10-75　氯仿萃取物对植物病原真菌菌丝生长的毒力

供试菌种	抑制毒力回归曲线方程	相关系数 R^2	抑制中浓度/（g/L）
番茄灰霉病菌	y=4.6260+0.4273x	0.9605	7.504
苹果炭疽病菌	y=4.4985+0.9574x	0.9932	3.340
辣椒疫霉病菌	y=5.1637+2.8329x	0.9367	0.875
小麦纹枯病菌	y=3.5867+1.9878x	0.9389	5.140

表 10-76　乙酸乙酯萃取物对植物病原真菌菌丝生长的毒力

供试菌种	抑制毒力回归曲线方程	相关系数 R^2	抑制中浓度/（g/L）
番茄灰霉病菌	y=4.1315+3.2260x	0.9985	1.859
苹果炭疽病菌	y=3.8459+3.6501x	0.9810	2.071
辣椒疫霉病菌	y=4.7927+3.3296x	0.9837	1.154
小麦纹枯病菌	y=5.8072+1.5429x	0.9389	0.300

表 10-77　水饱和正丁醇萃取物对植物病原真菌菌丝生长的毒力

供试菌种	抑制毒力回归曲线方程	相关系数 R^2	抑制中浓度/（g/L）
番茄灰霉病菌	y=4.7523+2.4435x	0.9496	1.263
苹果炭疽病菌	y=3.7826+4.3293x	0.9858	1.911
辣椒疫霉病菌	y=5.2237+2.9430x	0.9858	0.839
小麦纹枯病菌	y=6.0028+1.5789x	0.9956	0.232

从表 10-74～表 10-77 的结果可以看出，石油醚、氯仿、乙酸乙酯以及水饱和正丁醇萃取物对 4 种植物病原真菌均有一定的抑制效果。不同萃取层包括氯仿、乙酸乙酯及正丁醇层均有较好的抑制效果，氯仿层对辣椒疫霉病菌的抑制效果最好，EC_{50} 值仅为 0.875 g/L；乙酸乙酯层对小麦纹枯病菌的抑制效果最好，EC_{50} 值仅为 0.300 g/L；正丁醇层对小麦纹枯病菌的抑制效果最好，EC_{50} 值仅为 0.232 g/L，对辣椒疫霉病菌的抑制效果次之，EC_{50} 值为 0.839 g/L。

氯仿层和正丁醇层对辣椒疫霉病菌的抑制效果相当，说明菊芋叶片中对鞭毛菌亚门卵菌纲疫霉属真菌有效的活性成分位于氯仿层和正丁醇层；乙酸乙酯层和正丁醇层对小麦纹枯病菌的抑制效果最佳，说明菊芋叶片中对小麦纹枯病菌有效的活性物质位于极性稍大的乙酸乙酯层和正丁醇层。

通过活体组织法，将菊芋叶片作为果实保鲜剂，进一步研究菊芋叶片提取物对番茄灰霉病、辣椒疫霉病和苹果炭疽病的防治实验，发现乙醇粗提物等与商品化的杀菌剂相比，防治效果更好。

（1）菊芋叶片提取物对番茄灰霉病的防治效果

将经挑选大小一致的番茄先用次氯酸钠洗果表面消毒，然后用去离子水冲洗、晾干，分别用不同浓度的乙醇提取物溶液（1 g/L、2 g/L）、乙酸乙酯提取物溶液（1 g/L、2 g/L）和正丁醇提取物溶液（1 g/L、2 g/L）浸果 2 min，晾干后在番茄表面接种灰霉菌，用保

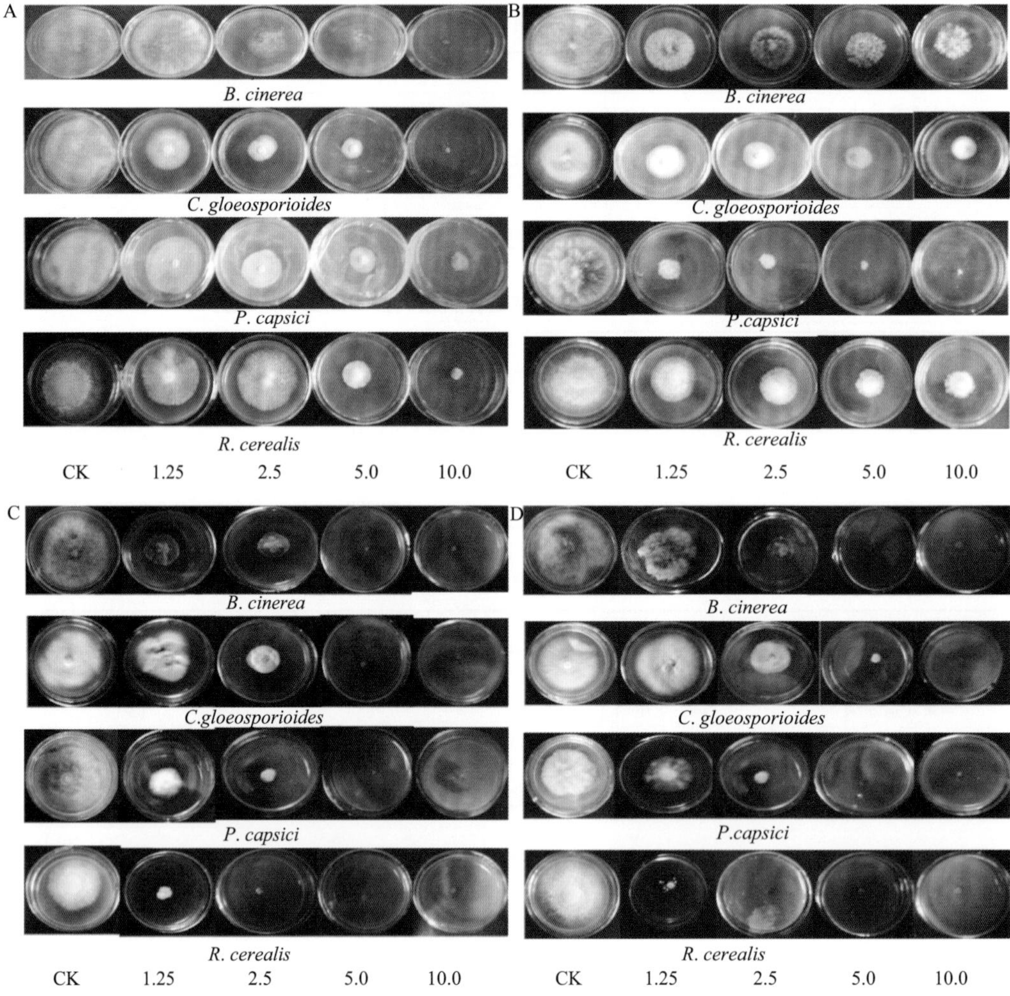

图 10-61　石油醚、氯仿、乙酸乙酯和水饱和正丁醇萃取物对 4 种植物病原真菌的抑制效果

鲜膜包装单果，置于 98% RH、 23～25℃条件下培养 4 d，统计病情指数、计算防治效果。实验设空白（CK）对照，以对灰霉有防治效果的杀菌剂多菌灵为商品杀菌剂对照，多菌灵浓度设为 1 g/L、2 g/L[150-152]。

病果分级标准依据病果病斑直径确定，具体划分为：0 级，无病斑；1 级，0～1 cm；3 级，1～2 cm；5 级，2～3 cm；7 级，3～4 cm；9 级，4 cm 以上。

$$病情指数(\%)=\sum(各级病果数\times相应级数值)/(调查总果数\times最高级数值)\tag{10-16}$$

$$防治效果(\%)=(对照病情指数-防治处理病情指数)/对照病情指数\tag{10-17}$$

乙醇粗提物、乙酸乙酯层萃取物以及正丁醇层萃取物对番茄灰霉病的防治效果显著优于商品化的杀菌剂多菌灵，高浓度 2 g/L 的各提取物及多菌灵防治效果也明显优于低浓度 1 g/L 的各提取物及多菌灵，这可能是因为各提取物对番茄灰霉病的防治具有剂量效应，浓度越大，防治效果越好。

正丁醇层萃取物对番茄灰霉病的防治效果明显优于乙醇粗提物和乙酸乙酯层萃取物，防效可达 71.3%（1 g/L）和 77.8%（2 g/L）,结果见表 10-78 和图 10-62A。

表 10-78　菊芋叶片提取物对番茄灰霉病的防治实验

供试浓度	空白对照	多菌灵对照		乙醇提取物		乙酸乙酯层萃取物		正丁醇层萃取物	
/（g/L）	病指/%	病指/%	防效/%	病指/%	防效/%	病指/%	防效/%	病指/%	防效/%
1	56.8a	29.1b	48.8	21.7d	61.8	17.4e	69.4	16.3f	71.3
2		24.6c	56.7	15.8f	72.2	13.5g	76.2	12.6h	77.8

注：病情指数（病指）数值后不同字母者表示在方差分析（Duncan 法）中差异显著（$P \leq 0.05$），表 10-79、表 10-80 同。

（2）菊芋叶片提取物对辣椒疫霉病的防治效果

以辣椒为实验材料，以防治疫霉的杀菌剂代森锰锌、唑醚 • 代森联作为商品杀菌剂对照。

病果分级标准：0 级，果实健硕；1 级，果实外表健康，蒂部存在轻微病斑，却无水渍状腐烂；3 级，果实不健康，蒂部出现病斑和轻微的水渍状腐烂；5 级，果实萎蔫且蒂部存在较大病斑，出现明显的水渍状腐烂；7 级，果实枯萎，蒂部存在大部分腐烂现象；9 级，果实全腐烂。

乙醇提取物对辣椒疫霉病的防治效果显著优于商品化的杀菌剂代森锰锌和唑醚 • 代森联，防效可达 50.1%（1 g/L）和 64.8%（2 g/L）；高浓度（2 g/L）的各杀菌剂对辣椒疫霉病的防治效果也显著优于低浓度（1 g/L）的各杀菌剂，结果见表 10-79 和图 10-62B。

表 10-79　菊芋叶片提取物对辣椒疫霉病的防治实验

供试浓度	空白对照	代森锰锌对照		唑醚 • 代森联对照		乙醇提取物	
/（g/L）	病指/%	病指/%	防效/%	病指/%	防效/%	病指/%	防效/%
1	69.7a	53.3b	23.5	51.9b	25.5	34.8d	50.1
2		46.8c	32.9	44.0c	36.9	24.5e	64.8

（3）菊芋叶片提取物对苹果炭疽病的防治效果

以苹果为实验材料，以防治炭疽病的杀菌剂唑醚 • 代森联作为商品杀菌剂对照。

乙醇提取物对苹果炭疽病的防治效果显著优于商品化的杀菌剂唑醚 •代森联，防效可达 47.4%（1 g/L）和 54.1%（2 g/L）；高浓度（2 g/L）的各杀菌剂对苹果炭疽病的防治效果也显著优于低浓度（1 g/L）的各杀菌剂品种，结果见表 10-80 和图 10-62C。

表 10-80　菊芋叶片提取物对苹果炭疽病的防治实验

供试浓度	空白对照	唑醚 • 代森联对照		乙醇提取物	
/（g/L）	病指/%	病指/%	防效/%	病指/%	防效/%
1	70.4a	48.1b	31.6	37.0d	47.4
2		41.8c	40.6	32.3e	54.1

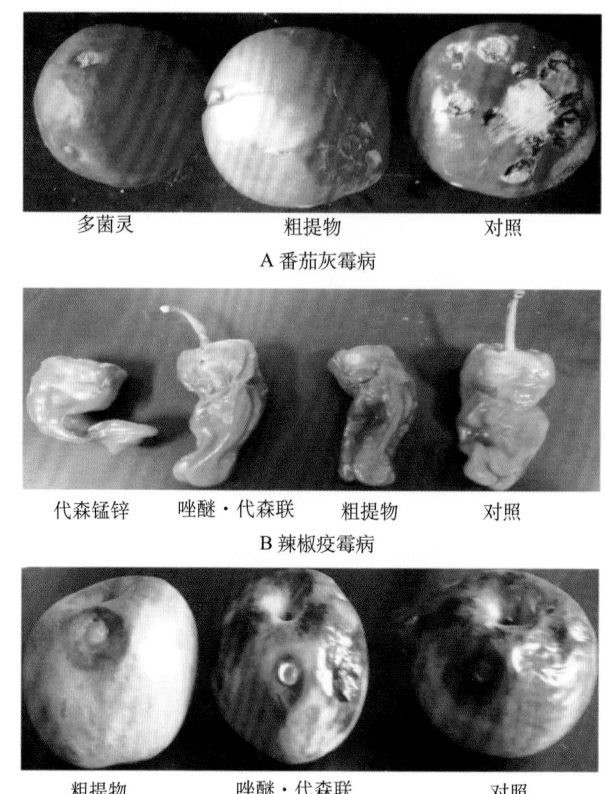

图 10-62　菊芋叶片提取物对番茄灰霉病、辣椒疫霉病以及苹果炭疽病的防治效果

南京农业大学海洋科学及其能源生物资源研究所菊芋研究小组以菊芋叶片为材料，采用平行提取的实验方法结合生物活性测定，筛选对菊芋叶片中抑菌活性物质提取的最佳溶剂和方法。一般活性物质系统溶剂的提取方式有两种：溶剂的连续提取和平行提取，前者可以防止活性成分的漏筛，但是过程烦琐，而本书采取后者能够确定最佳提取溶剂，选择效率较高、活性较好的溶剂来进行下一步分离实验。

最佳的提取溶剂应不仅能最大限度提取出抑菌活性成分，而且提出的杂质（非活性成分）最少。但提取时由于不清楚活性物质的性质和分子构型，因此选择任何的溶剂提取都会有一定的片面和盲目性，其实主要考虑的问题是怎样最大限度提取出其有效成分，且防止活性物质的漏提。目前从事植化及植物源农药相关的工作时常常选择乙醇，其主要原因是乙醇低毒且价格便宜，但其极性较强，可能会导致非极性抑菌成分的漏提，通过不同溶剂的提取率以及对小麦纹枯病菌抑菌率的综合比较，发现使用乙醇提取可以尽可能保证抑菌有效成分的完全提出以及杂质的剔除。

对于不同提取方法的提取率及抑菌率的综合比较，发现减压回流法不仅可以满足大量活性物质提取的要求，有效地保存抑菌活性物质，与回流法、室温浸提法的抑菌率相当，这与刘海伟等、韩睿等报道的索氏提取法、冷浸法均有抑菌作用的结果一致；而且减压回流法与回流法的提取率远比室温浸提法高，但减压回流法与回流法之间却无明显差异。常规提取方法如回流法耗时较长，而本书采用的减压回流法既能使提取物中热敏性成分避免高温煎煮的破坏，还能降低某些大分子如鞣酸、淀粉、黏液质等杂质的含量，有利于制剂的稳定和成型，这对改进植物有效成分提取工艺现状有十分重要的意义[153]。例如，减压回流提取栀子苷[154]、紫杉醇[155]、淫羊藿总黄酮包括淫羊藿苷[156]等的效果显著优于常压提取。

南京农业大学海洋科学及其能源生物资源研究所菊芋研究小组采用离体生长速率法初步测定粗提物和各萃取层对 9 种常见的植物病原真菌的抑制效果。在前人研究的基础上，综合比较包括土传和气传病害在内的 3 个亚门 9 种病原真菌的抑制作用，发现菊芋叶片提取物对多种病原真菌均有一定的抑制作用，尤其对土传病害半知菌亚门的小麦纹枯病菌、鞭毛菌亚门的辣椒疫霉病菌，以及气传病害半知菌亚门的番茄灰霉病菌和苹果炭疽病菌的抑制效果最为显著。这与以往的研究相比，更进一步地确定了抑菌活性物质集中的萃取层，如氯仿层和正丁醇层对辣椒疫霉病菌有特效，乙酸乙酯层和正丁醇层对小麦纹枯病菌的防治效果最佳。这说明菊芋叶片中的主要抑菌活性成分集中在中等极性至较大极性部分，这与乙酸乙酯、丙酮等中等极性的提取物抑菌活性较好的研究结果一致。根据南京农业大学海洋科学及其能源生物资源研究所菊芋研究小组前几章的研究结果，证明菊芋中抑菌活性成分可能是酚类活性物质，并证实了分离得的酚酸单体确实有一定的抑菌效果，但是单体化合物的应用成本较高，菊芋叶片粗提物更具有实际生产应用价值。将菊芋叶片的提取物用作果蔬保鲜剂，防治番茄灰霉病、辣椒疫霉病以及苹果炭疽病的实际效果与市售的杀菌剂商品相比并不差，甚至更好。这说明从菊芋叶片中提取活性物质作为抑菌物质在防治病虫害、果蔬保鲜上具有重要的研究价值。从本身能够抗病虫害的植物中提取抑菌活性物质，是防治植物病害的重要途径。如 Angioni 等从品种 Star Ruby 的柑橘皮中提出的物质可有效抑制指状青霉及意大利青霉的生长，蒋继志等发现较高浓度的韭菜和大蒜的水提取物以及大黄和丁香的水煎剂对胶胞炭疽菌（*Colletotrichum gloeosporioides* Penz.）和立枯丝核菌（*Rhizoctonia solani* Kuhn）均有较强的抑制效果。果蔬储运中的病害主要是真菌和部分细菌，而水果储运过程中的传染性病害也基本上全部由真菌引起[157-161]。这些病害是造成果蔬大量减值的重要原因，而高效、低毒、低残留的植物源杀菌剂逐步取代高毒化学农药，是今后农药发展的必然趋势，这也是解决国家食品安全与农产品农药残留超标等问题的可行性途径[162,163]，这对于我国农业生产的发展有着相当重大的意义。随着绿色农业、环保农业的发展，从各种植物中提取的抑菌活性物质将会在防治植物病原真菌、果蔬保鲜方面发挥更大的作用。

总之，开发一个成功的植物源杀菌剂或杀菌活性物质，受多种因素影响。例如，提取溶剂极性大小、提取温度和提取方法，加工剂型的选择，以及正规有效的活体和离体试验，活体试验预示实际生产中是否对目标生物有活性，而通过离体试验可以探讨潜在的作用方式。选择合适的筛选应用标准是开发试验成功与否的关键[164]。

南京农业大学海洋科学及其能源生物资源研究所菊芋研究小组菊芋叶片提取物制作果蔬保鲜防腐剂的研发取得了如下一些重要进展：

通过对不同提取溶剂、不同提取方法结合抑菌效果综合筛选菊芋叶片中抑菌活性物质提取方法，结果表明，采取的乙醇减压回流法具有提取效率高、抑菌效果好以及对环境友好等特点，能满足大规模生产的需要。

菊芋叶片乙醇粗提物（减压回流法）对小麦纹枯病菌、油菜菌核病菌、小麦全蚀病菌、番茄灰霉病菌、辣椒疫霉病菌和苹果炭疽病菌等植物病原真菌均有一定的抑制效果，说明菊芋叶片的乙醇提取物作为新型植物源杀菌剂，具有广泛的抑菌谱，可以用于多种植物病害的防治。尤其对半知菌亚门的番茄灰霉病菌、苹果炭疽病菌、小麦纹枯病菌和鞭毛菌亚门的辣椒疫霉病菌的抑制效果显著，抑制率分别可达 98.22%、89.77%、74.62% 和 87.85%。

石油醚、氯仿、乙酸乙酯以及正丁醇萃取物对 4 种植物病原真菌均有一定的抑制效果。氯仿层对辣椒疫霉病菌的抑制效果最好，EC_{50} 值仅为 0.875 g/L；乙酸乙酯层对小麦纹枯病菌的抑制效果最好，EC_{50} 值仅为 0.300 g/L；正丁醇层对小麦纹枯病菌的抑制效果最好，EC_{50} 值仅为 0.232 g/L，对辣椒疫霉病菌的抑制效果次之，EC_{50} 值为 0.839 g/L。

南京农业大学海洋科学及其能源生物资源研究所菊芋研究小组将菊芋叶片作为果实保鲜剂，进一步研究菊芋叶片提取物对番茄灰霉病、辣椒疫霉病和苹果炭疽病的防治效果，发现菊芋叶片粗提物与商品化的杀菌剂相比，防治效果更好。正丁醇层萃取物对番茄灰霉病的抑制效果明显优于多菌灵，防效可达 71.3%（1 g/L）。乙醇提取物对辣椒疫霉病的防治效果显著优于商品化的杀菌剂代森锰锌和唑醚 • 代森联，防效可达 50.1%（1 g/L）；乙醇提取物对苹果炭疽病的防治效果显著优于商品化的杀菌剂唑醚 • 代森联，防效可达 47.4%（1 g/L）。

综上所述，南京农业大学海洋科学及其能源生物资源研究所菊芋研究小组在菊芋中的菊粉、蛋白质及黄酮类物质的测定方法、提取、分离及纯化等方面均作了一些较为系统的关键技术攻关、技术体系集成与工艺优化，尤其在菊芋茎叶提取物乳化剂研制方面取得的成果，为新型可产业化的生物源农药与果蔬保鲜剂产品开发提供了厚实的技术支撑。

参 考 文 献

[1] Pitarresi G, Tripodo G, Calabrese R, et al. Hydrogels for potential colon drug release by thiol-ene conjugate addition of a new inulin derivative[J]. Macromolecular Bioscience, 2008, 8(10): 891-902.

[2] 郑文竹, 姚炳新, 魏文铃, 等. 从菊芋制备菊粉精液的方法和菊芋干片成分分析[J]. 厦门大学学报(自然科学版), 1996, 35(1): 112-116.

[3] 赵琳静, 宋小平. 菊芋菊糖的提取与纯化研究[J]. 上海工程技术大学学报, 2007, 4: 331-333.

[4] Mason T J, Lorimer J P. Applied Sonochemistry—the Uses of Power Ultrasound in Chemistry and Processing[M]. Weinheim: Wiley-VCH, 2002.

[5] 魏凌云. 菊粉的分离纯化过程和功能性产品研究[D]. 杭州: 浙江大学, 2006.

[6] 赵志福, 朱宏吉, 于津津, 等. 菊粉生产新技术研究进展[J]. 化工进展, 2008, 27(10): 1522-1525, 1532.

[7] 王启为, 张境, 张霞, 等. 用微波法提取菊芋中的菊糖[J]. 宁夏大学学报(自然科学版), 2002, 23(4): 350-351.

[8] 陆慧玲, 胡飞. 酶法提取菊糖工艺的研究[J]. 食品工业科技, 2006, 27(10): 158-160.

[9] 何新华. 菊芋菊粉分离纯化过程和果糖生产的工艺研究[D]. 南京: 南京农业大学, 2009.
[10] 胡娟, 金征宇, 王静. 菊芋菊糖的提取与纯化[J]. 食品科技, 2007, 32(4): 62-65.
[11] 严慧如, 黄绍华, 余迎利. 菊糖的提取及纯化[J]. 天然产物研究与开发, 2002, 14(1): 65-69.
[12] 俞梦妮. 南菊芋 1 号高果糖浆和叶蛋白的制备技术研究[D]. 南京: 南京农业大学, 2014.
[13] 张建平. 菊芋菊糖的提取纯化及其生物活性研究[D]. 天津: 天津科技大学, 2009.
[14] 胡嘉琦. 菊芋中菊糖和果胶的提取和分离纯化[D]. 长沙: 中南大学, 2007.
[15] Laurenzo K S, Navia J L, Neiditch D S. Preparation of inulin products: US 5968365[P]. 1999-10-19.
[16] 李知敏, 王伯初, 周菁, 等. 植物多糖提取液的几种脱蛋白方法的比较分析[J]. 重庆大学学报(自然科学版), 2004, 27(8): 57-59.
[17] 王启为, 胡奇林, 季陵. 离子交换法脱除菊芋提取液中的色素[J]. 宁夏工程技术, 2003, 2(1): 45-46, 49.
[18] 张雁, 李琳, 蔡妙颜, 等. 磷酸钙沉淀在蔗糖溶液中吸附脱色规律的研究[J]. 郑州工程学院学报, 2001, 22(1): 73-77.
[19] 鲁海波. 菊芋的贮藏与果聚糖提取研究[J]. 食品与机械, 2005, 21(2): 34-36, 50.
[20] 张超, 栾兴社, 钟传青, 等. 菊芋菊糖脱色工艺的优化[J]. 湖北农业科学, 2013, 52(5): 1137-1140.
[21] 吴洪新, 阿拉木斯, 张存莉, 等. 活性炭法用于菊苣菊粉脱色的研究[J]. 安徽农业科学, 2008, 36(7): 2626-2628.
[22] 胡蝶, 邓钢桥, 彭伟正, 等. 菊糖提取工艺的研究[J]. 湖南农业科学, 2006, 1: 71-72.
[23] 尚红梅, 呼天明, 张存莉, 等. 大孔树脂用于菊苣菊粉的脱色研究[J]. 西北植物学报, 2006, 26(9): 1916-1920.
[24] 易华西, 熊善柏, 杜明, 等. 脱色处理对菊芋中菊糖提取精制的影响[J]. 食品科技, 2008, 33(11): 209-211.
[25] 李超. 菊粉精制工艺研究[D]. 天津: 天津大学, 2008.
[26] 李晨, 姜子涛, 李荣. 大孔吸附树脂纯化樱桃叶中总黄酮的研究[J]. 食品科技, 2012, 37(9): 212-217.
[27] 陈佳亮. 大孔吸附树脂在中药分离纯化应用中影响因素研究[D]. 北京: 北京工业大学, 2012.
[28] 李果, 王静, 李祖伦. 大孔吸附树脂纯化酸枣仁总皂苷工艺研究[J]. 中国药房, 2006, 17(15): 1191-1193.
[29] 仝瑛. 菊芋菊糖的提取纯化、抗氧化活性及菊糖复合饮料工艺研究[D]. 西安: 西北大学, 2010.
[30] 赵国群, 张静, 胡弢, 等. 菊粉提取液的离子交换脱盐研究[J]. 食品研究与开发, 2012, 33(5): 34-37.
[31] 中华人民共和国国家质量监督检验检疫总局, 中国国家标准化管理委员会. 离子交换树脂预处理方法: GB/T 5476—2013[S]. 北京: 中国标准出版社, 2014.
[32] 葛亮. 单价阳离子选择性分离膜的制备与表征[D]. 合肥: 中国科学技术大学, 2014.
[33] Tanaka Y, Ehara R, Itoi S, et al. Ion-exchange membrane electrodialytic salt production using brine discharged from a reverse osmosis seawater desalination plant[J]. Journal of Membrane Science, 2003, 222(1/2): 71-86.
[34] Sadrzadeh M, Mohammadi T. Sea water desalination using electrodialysis[J]. Desalination, 2008, 221(1/3): 440-447.
[35] Andrés L J, Riera F A, Alvarez R. Skimmed milk demineralization by electrodialysis: Conventional versus selective membranes[J]. Journal of Food Engineering, 1995, 26(1): 57-66.
[36] Jiao B, Cassano A, Drioli E. Recent advances on membrane processes for the concentration of fruit

juices: A review[J]. Journal of Food Engineering, 2004, 63(3): 303-324.
[37] Huang C, Xu T, Zhang Y, et al. Application of electrodialysis to the production of organic acids: state-of-the-art and recent developments[J]. Journal of Membrane Science, 2007, 288(1/2): 1-12.
[38] 冯红伟. 甘蔗糖蜜电渗析法脱盐研究[D]. 广州: 华南理工大学, 2010.
[39] 武睿, 于秋生, 陈正行, 等. 电渗析在葡萄糖浆脱盐中的应用[J]. 食品与发酵工业, 2012, 38(7): 137-140.
[40] 张圩玲, 王倩, 杨鹏波, 等. 双极膜电渗析脱除苏氨酸母液中硫酸盐[J]. 过程工程学报, 2012, 12(4): 654-659.
[41] 范爱勇. 氨基酸发酵液电渗析脱盐的研究[D]. 青岛: 中国海洋大学, 2013.
[42] 杨炼, 江波, 冯骉, 等. 电渗析在粗菊糖纯化过程中的应用[J]. 食品科学, 2006, 27(7): 119-123.
[43] 郑建仙. 功能性低聚糖[M]. 北京: 化学工业出版社, 2004: 75-77.
[44] 魏凌云, 王建华, 郑晓冬, 等. 菊粉研究的回顾与展望[J]. 食品与发酵工业, 2005, 31(7): 81-85.
[45] 魏文铃, 郑志成, 郑忠辉, 等. 菊芋块茎制高果糖浆的研究[J]. 食品科学, 1997, 18(12): 35-38.
[46] 陈国辉. 杏汁冷冻浓缩技术的研究[D]. 乌鲁木齐: 新疆农业大学, 2013.
[47] 曾杨, 曾新安. 冷冻浓缩处理对荔枝汁品质的影响[J]. 食品科学, 2010, 31(3): 91-93.
[48] 冯毅, 唐伟强, 宁方芹. 冷冻浓缩提取新鲜茶浓缩液工艺的研究[J]. 农业机械学报, 2006, 37(8): 66-67, 72.
[49] 冯毅, 宁方芹. 冷冻浓缩分离技术在中药口服液制造过程中的应用研究[J]. 低温工程, 2002, 4: 43-46.
[50] De Leenheer L, Hoebregs H. Progress in the elucidation of the composition of chicory inulin[J]. Starch, 1994, 46(5): 193-196.
[51] 姜琼, 谢妤. 苯酚-硫酸法测定多糖方法的改进[J]. 江苏农业科学, 2013, 41(12): 316-318.
[52] Dubois M, Gilles K A, Hamilton J K, et al. A colorimetric method for the determination of sugars[J]. Nature, 1951, 28(7): 167-168.
[53] Miller G L. Use of dinitrosalicylic acid reagent for determination of reducing sugar[J]. Analytical Chemistry, 1959, 31(3): 426-428.
[54] 肖建辉. 江西虫草多糖含量的快速检测方法研究[J]. 中药材, 2008, 31(5): 689-692.
[55] 苏颖, 周选围. 改进苯酚-硫酸法快速测定虫草多糖含量[J]. 食品研究与开发, 2008, 29(3): 118-121.
[56] 何芳, 王钦, 张春. 酶标仪测定不同产地、不同组织部位紫花地丁总糖和还原糖[J]. 中成药, 2013, 35(11): 2480-2483.
[57] 赵艳, 毕荣宇, 牟德华. 利用酶标仪测定 6 种食用菌中多糖含量[J]. 食用菌, 2013, 35(1): 59-61.
[58] 邵锦挺, 应国清, 王琦, 等. 微型化 DNS 法测定多糖水解液中还原糖的质量浓度[J]. 浙江工业大学学报, 2012, 40(3): 250-252.
[59] 周建建, 单宇, 郑玉红, 等. 繁缕叶蛋白提取工艺研究[J]. 食品科学, 2009, 30(6): 109-112.
[60] 朱宇旌, 张勇, 李玉杰, 等. 苜蓿干草中提取叶蛋白最佳工艺的研究[J]. 食品工业科技, 2006, (1): 142-145.
[61] 李道娥, 刘向阳, 韩鲁佳, 等. 加热法提取叶蛋白的工艺研究[J]. 农业工程学报, 1998, 14(1): 238-242.
[62] 柳斌, 席亚丽, 穆峰海, 等. 不同处理条件对苜蓿叶蛋白凝聚效果的研究[J]. 草业科学, 2010, 27(1): 114-118.

[63] 牛锋. 营养酸模蛋白质等电点测定[J]. 西北民族学院学报(自然科学版), 2000, 21(4): 38-41.
[64] 曾凡枝. 发酵法制取苜蓿叶蛋白工艺研究[D]. 石河子: 石河子大学, 2008.
[65] 严赞开. 紫外分光光度法测定植物黄酮含量的方法[J]. 食品研究与开发, 2007, 28(9): 164-165.
[66] 田燕. 紫外-可见光谱在黄酮类鉴定中的应用[J]. 大连医科大学学报, 2002, 24(3): 20-22.
[67] 刘世民, 刘岩. 水溶性黄酮类物质比色测定的研究[J]. 粮食加工, 2004, (5): 58-59.
[68] 刘璐, 付明哲, 赵宝玉, 等. 急弯棘豆总黄酮含量的紫外分光光度法测定[J]. 动物医学进展, 2010, 31(11): 59-62.
[69] 桂劲松, 韦汉燕, 戴平, 等. 差示分光光度法测定白背叶中总黄酮含量[J]. 长江大学学报(自然科学版), 2009, 6(1): 64-66.
[70] 池玉梅, 于生, 郭戎, 等. 差示分光光度法测定猫爪草中总黄酮的含量[J]. 江苏中医药, 2007, 39(12): 56-58.
[71] 孙丽萍, 田文礼, 朱晓丽, 等. 蜂花粉总黄酮检测方法的研究[J]. 食品科学, 2007, 28(1): 263-264.
[72] 栾江, 江万村, 孔德华. 二阶导数光谱法测定羚羊清肺散中黄芩甙含量[J]. 黑龙江医药, 2000, 13(4): 208-209.
[73] 熊冬梅, 邓泽元, 刘蓉, 等. 高效液相色谱法测定银杏保健品中总黄酮[J]. 食品科学, 2009, 30(22): 256-259.
[74] 谢娟平, 孙文基. 生长期巫山淫羊藿不同部位 5 种黄酮类成分的动态积累研究[J]. 中草药, 2009, 40(9): 1480-1483.
[75] 马陶陶, 张群林, 李俊. 中药总黄酮的含量测定方法[J]. 安徽医药, 2007, 11(11): 1030-1032.
[76] 张敏, 邱朝晖, 曹庸, 等. 荧光光度法测定银杏叶总黄酮含量的研究[J]. 时珍国医国药, 2005, 16(3): 238-239.
[77] 廖声华, 田秋霖, 路平. Al-桑色素二元络合物的荧光光度法测定银杏叶中的黄酮含量[J]. 数理医药学杂志, 2004, 17(1): 58-60.
[78] 吴同, 梁明. 毛细管电泳分离四种大豆异黄酮类化合物[J]. 宜宾学院学报, 2003, 3: 82-84.
[79] 王淼. 药物毛细管电泳分离研究[D]. 杭州: 浙江大学, 2003.
[80] 李吉来, 于留荣, 曾宇珠. 薄层扫描法测定银杏叶中总黄酮醇甙的含量[J]. 中国中药杂志, 1996, 21(2): 106-108.
[81] 王朝周, 程秀民. 薄层扫描法测定槐米中芦丁含量[J]. 中国实验方剂学杂志, 2004, 10(4): 21-22.
[82] 景仁志, 陈波, 葛绍荣. 薄层扫描法测定苦荞叶中芦丁的含量[J]. 四川大学学报(自然科学版), 1997, 34(6): 877-879.
[83] 丁明玉, 赵纪萍, 李擎阳. 贯叶金丝桃提取物中总黄酮的测定方法[J]. 分析试验室, 2001, 20(6): 45-47.
[84] 周兰香, 黄阿根, 谢凯舟, 等. 分光光度与 HPLC 法测定荷叶总黄酮的研究[J]. 中草药, 2002, 33(1): 35-37.
[85] 丁利君, 吴振辉, 蔡创海, 等. 金银花中黄酮类物质最佳提取工艺的研究[J]. 食品科学, 2002, 23(2): 62-65.
[86] 刘峥, 陈永燊. 银杏叶总黄酮水浸提方法研究[J]. 化学世界, 1996, 37(7): 355-358.
[87] 贾凌云, 孙毅, 王春阳, 等. 菊花总黄酮提取工艺研究[J]. 中药材, 2003, 26(1): 35-37.
[88] 常楚瑞. 乙酸乙酯回流法提取木瓜总黄酮及含量测定[J]. 贵阳医学院学报, 2001, 26(4): 326-327.
[89] 史礼貌, 解成喜. 新疆大蓟总黄酮的超声提取及抗氧化性研究[J]. 食品科学, 2011, 32(6): 120-123.

[90] 黄秀兰, 王伟, 周亚伟. 淫羊藿总黄酮注射液对大鼠实验性心肌缺血的保护作用[J]. 中国中西医结合杂志, 2006, 26(1): 68-71.

[91] 许钢, 张虹, 胡剑. 竹叶黄酮的提取方法[J]. 分析化学, 2000, 28(8): 857-859.

[92] 郭孝武. 超声和热碱提取对芦丁成分影响的比较[J]. 中草药, 1997, 28(2): 88-89.

[93] 史振民, 张祝莲, 杨文选, 等. 超声法提取芦丁操作条件的最佳选择[J]. 延安大学学报(自然科学版), 1999, 18(3): 46-49.

[94] 范志刚, 麦军利, 杨莉, 等. 微波技术对雪莲中黄酮浸出量影响的研究[J]. 中国民族医药杂志, 2000, 6(1): 43-44.

[95] 王晓, 李林波, 马小来, 等. 酶法提取山楂叶中总黄酮的研究[J]. 食品工业科技, 2002, 23(3): 37-39.

[96] 邢秀芳, 马桔云, 于宏芬, 等. 纤维素酶在葛根总黄酮提取中的应用[J]. 中草药, 2001, 32(1): 37-38.

[97] Cavero S, Monica R, Garcia R, et al. Supercritical fluid extraction of antioxidant compounds from oregano: Chemical and functional characterization via LC-MS and in vitro assays[J]. The Journal of Supercritical Fluids, 2006, 38(1): 62-69.

[98] 王晓玲, 杨伯伦, 张尊听, 等. 新型分离技术在天然有机物提取及纯化中的应用[J]. 化工进展, 2002, 21(2): 131-135.

[99] 靳学远, 安广杰. 超临界流体提取金银花中总黄酮研究初报[J]. 中国农学通报, 2007, 23(9): 156-158.

[100] 李志平, 尹笃林, 胡江宇, 等. 超临界二氧化碳萃取茵陈蒿黄酮类化合物的研究[J]. 林产化学与工业, 2006, 26 (3): 66-68.

[101] 刘产明. 不同粉碎度三七体外溶出试验[J]. 中成药, 1998, 20(2): 17 -18.

[102] 孙秀梅, 张兆旺. 建立中药用“半仿生提取”研究的技术平台[J]. 中成药, 2006, 28(4): 614-616.

[103] 王蕙, 付燕, 郎久义, 等. 酶法及半仿生法提取银杏黄酮的工艺研究[J]. 辽宁中医药大学学报, 2009, 11(2): 146-148.

[104] Chen C R, Lee Y N, Chang C M, et al. Hot-pressurized fluid extraction of flavonoids and phenolicacids from Brazilian propolis and their cytotoxic assay *in vitro*[J]. Journal of the Chinese Institute of Chemical Engineers, 2007, 38(3/4): 191-196.

[105] Zhang Y, Li S F, Wu X W. Pressurized liquid extraction of flavonoids from *Houttuynia cordata* Thunb[J]. Separation and Purification Technology, 2008, 58(3): 305-310.

[106] 宋晓凯. 天然药物化学[M]. 北京: 化学工业出版社, 2004.

[107] 于涛, 钱和. 膜分离技术在提取银杏叶黄酮类化合物中的应用[J]. 无锡轻工大学学报, 2004, 23(6): 55-58.

[108] 赖毅勤, 周宏兵. 近年来黄酮类化合物提取和分离方法研究进展[J]. 食品与药品, 2007, 9(4): 54-58.

[109] 杨武英, 上官新晨, 徐明生, 等. 聚酰胺树脂精制青钱柳黄酮的研究[J]. 天然产物研究与开发, 2008, 20(2): 320-324.

[110] 翟梅枝, 郭琪, 贾彩霞, 等. 大孔树脂分离纯化核桃青皮总黄酮的研究[J]. 生物质化学工程, 2008, 42(3): 21-25.

[111] 陈最鹏, 刘志辉, 钱芳. AB-8 大孔吸附树脂纯化葛根总黄酮[J]. 医药导报, 2008, 27(5): 585-587.

[112] 张春秀, 胡小玲, 卢锦花, 等. 双水相萃取法富集分离银杏叶浸取液的探讨[J]. 化学研究与应用, 2001, 13(6): 686-688.

[113] 石慧, 陈媛梅. PEG/$(NH_4)_2SO_4$ 双水相体系在加杨叶总黄酮萃取分离中的应用[J]. 现代生物医学进展, 2008, 8(5): 854-857.

[114] 李稳宏, 王锋, 李多伟, 等. 超声提取银杏外种皮中黄酮类物质工艺条件[J]. 西北大学学报(自然科学版), 2005, 35(4): 416-418.

[115] 唐栩, 许东晖, 梅雪婷, 等. 26 种黄酮类天然活性成分的药理研究进展[J]. 中药材, 2003, 26(1): 46-54.

[116] 陈乃东, 周守标, 王春景, 等. 春花胡枝子黄酮类化合物的提取及清除羟基自由基作用的研究[J]. 食品科学, 2007, 28(1): 86-91.

[117] 李瑞丽, 乔五忠, 王艳辉, 等. 葡萄籽原花青素的超声提取工艺研究[J]. 食品研究与开发, 2006, 27(2): 64-66.

[118] 龚受基, 黄耀锋, 滕翠琴, 等. 大田基黄中槲皮素含量分析和总黄酮的提取工艺优化[J]. 食品科技, 2010, 35(5): 199-203.

[119] 宋应华, 陶冶, 罗小武. 红松树皮中原花青素提取工艺研究[J]. 天然产物研究与开发, 2010, 22(4): 339-342, 325.

[120] 田呈瑞, 李昀. 银杏叶黄酮的乙醇提取方法研究[J]. 西北植物学报,2001, 21(3): 556-561.

[121] 李光锋. 杜仲叶中绿原酸的提取、纯化研究[D]. 长沙: 湖南农业大学, 2006.

[122] 马希汉, 王冬梅, 苏印泉. 大孔吸附树脂对杜仲叶中绿原酸、总黄酮的分离研究[J]. 林产化学与工业, 2004, 24(3): 47-51.

[123] 李跃中, 纵伟. 大孔吸附树脂纯化葵花籽粕中绿原酸的研究[J]. 食品科学, 2008, 29(8): 191-193.

[124] 熊伟, 胡居吾, 李雄辉, 等. 大孔树脂分离纯化杜仲叶中绿原酸的研究[J]. 江西科学, 2010, 28(2): 178-181.

[125] 徐怀德, 陈佳, 包蓉, 等. 大孔吸附树脂分离纯化洋葱皮黄酮的研究[J]. 食品科学, 2011, 32(12): 133-138.

[126] 王李节. 农药微乳剂的制备和药效试验[D]. 合肥: 安徽大学, 2007.

[127] 赵军. 廉价环保型农药微乳剂技术的研究[D]. 济南: 山东大学, 2007.

[128] 艾晓凯, 朱中峰. 我国农药剂型的现状与发展趋势[J]. 河南化工, 2007, 24(8): 7-9.

[129] 张淼珍, 周会明, 李晓君, 等. 我国农药剂型的发展趋势及展望[J]. 农业科技通讯, 2013: 25-27, 32.

[130] 明亮, 陈志谊, 储西平, 等. 生物农药剂型研究进展[J]. 江苏农业科学, 2012, 40(9): 125-128.

[131] 凌世海. 农药剂型加工技术的发展评述[J]. 农药市场信息, 2015, 29: 6-10.

[132] 凌世海. 农药剂型进展评述[J]. 安徽化工, 1998, 1: 8-10.

[133] 郭文明. 黄花蒿提取物微乳剂的研制及其杀螨活性评价[D]. 重庆: 西南大学, 2009.

[134] Ahmed M S, EI-Sakhawy F S, Soliman S N, et al. Phytochemical and biological study of *Helianthus tuberosus* L[J]. Egypt Journal of Biomedicine Science, 2005, 18: 134-147.

[135] Pan L, Sinden M R, Kennedy A H, et al. Bioactive constituents of *Helianthus tuberosus* (Jerusalem artichoke)[J]. Phytochemistry Letter, 2009, 2(1): 15-18.

[136] Yuan X, Gao M, Xiao H, et al. Free radical scavenging activities and bioactive substances of Jerusalem artichoke (*Helianthus tuberosu*s L.) leaves[J]. Food Chemistry, 2012, 133: 10-14.

[137] 刘海伟. 菊芋叶片提取物杀虫抑菌活性的研究[D]. 南京: 南京农业大学, 2007.

[138] 谌馥佳. 菊芋叶片化学成分分析及抑菌活性成分研究[D]. 南京: 南京农业大学, 2013.

[139] Chen F J, Long X H, Yu M N, et al. Phenolic and antifungal activities analysis in industrial crop Jerusalem artichoke (*Helianthus tuberosus* L.) leaves[J]. Industrial Crops and Products, 2013, 47: 339-345.

[140] Yamaguchi M U, Garcia F P, Cortez D A, et al. Antifungal effects ellagitannin isolated from leaves of *Ocotea odorifera* (Lauraceae)[J]. Antonie van Leeuwenhoek, 2011, 99: 507-514.

[141] 张伟, 艾启俊, 吴小虎. 鹿蹄草素对两种果品致腐真菌的抑菌作用及其扫描电镜观察[J]. 食品科技, 2008, 33(1): 182-185.

[142] Rodrigues S, Calhelha R C, Barreira J, et al. *Crataegus monogyna* buds and fruits phenolic extracts: Growth inhibitory activity on human tumour cell lines and chemical characterization by HPLC-DAD-ESI/MS[J]. Food Research International, 2012,49(1): 516-523.

[143] Kumaraswamy G K, Bollina V, Kushalappa A C. Metabolomics technology to phenotype resistance in barley against *Gibberella zeae*[J]. European Journal of Plant Pathology, 2011, 130(1): 29-43.

[144] Stange R R, Midland S L, Holmes G J, et al. Constituents from the periderm and outer cortex of *Ipomoea batatas* with antifungal activity against *Rhizopus stolonifer*[J]. Postharvest Biology of Technology, 2001, 23(2): 85-92.

[145] Čižmárik J, Matel I. Examination of the chemical composition of propolis Ⅰ: isolation and identification of 3,4-dihydroxycinnamic acid (caffeic acid) from propolis[J]. Experientia, 1970, 26(4): 713.

[146] Furuhata K, Dogasaki C, Hara M, et al. Inactivation of Legionella pneumophila by phenol compounds contained in coffee[J]. Journal of Antibacterial and Antifungal Agents, 2002, 30(5): 291-297.

[147] Boonyakiat D. Endogenous factors influencing decay susceptibility and quality of ‘d'Anjou’ pear (*Pyrus communis* L.) fruit during maturation and storage[J]. Theses of Oregon State University, 1983, 9: 4.

[148] Widmer T L, Laurent N. Plant extracts containing caffeic acid and rosmarinic acid inhibit zoospore germination of *Phytophthora* spp. pathogenic to *Theobroma cacao*[J]. European Journal of Plant Pathology, 2006, 115(4): 377-388.

[149] Wedge D E, Nagle D G. A new 2D-TLC bioautography method for the discovery of novel antifungal agents to control plant pathogens[J]. Journal of Natural Products, 2000, 63(8): 1050-1054.

[150] Fallik E, Klein J. Effect of postharvest heat treatment of tomatoes on fruit ripening and decay caused by *Botrytis cinerea*[J]. Plant Disease, 1993, 77(10): 985-988.

[151] Oladiran A O, Iwu L N. Studies on the fungi associated with tomato fruit rots and effects of environment on storage[J]. Mycopathologia, 1993, 121(3): 157-161.

[152] Soylu E M, Kurt S, Soylu S. *In vitro* and *in vivo* antifungal activities of the essential oils of various plants against tomato grey mould disease agent *Botrytis cinerea*[J]. International Journal of Food Microbiology, 2010, 143(3): 183-189.

[153] 陈晓东. 中药减压提取法原理及突破点[J]. 机电信息, 2008, (23): 31-34.

[154] 韩丽, 韦娟, 周子渝, 等. 栀子减压提取工艺实验研究[J]. 中成药, 2011, 33(1) : 160-162.

[155] 祝顺琴, 胡凯, 谈锋. 曼地亚红豆杉枝叶制备紫杉醇浸膏的优化工艺及中试条件的选择[J]. 西南师范大学学报(自然科学版), 2005, 30(2): 321-324.

[156] 黄元红, 李容, 陈虹静, 等. 淫羊藿减压提取与常规提取工艺比较[J]. 中国实验方剂学杂志, 2013, 19(5): 56-59.

[157] 陈虹静, 黄元红, 李容, 等. 淫羊藿总黄酮的 3 种减压回流提取工艺优选[J]. 中国实验方剂学杂志, 2013, 19(11): 47-50.
[158] 戚佩坤. 果蔬储运病害[M]. 北京: 中国农业出版社, 1994.
[159] 王璧生, 刘朝祯, 戚佩坤. 芒果蒂腐病病原菌的鉴定及采后药剂试验[J]. 华南农业大学学报, 1994, 15(3): 55-60.
[160] 林河通, 席玙芳, 陈绍军, 等. 中国南方梨果采后生理和病理及保鲜技术研究[J]. 农业工程学报, 2002, 18 (3): 185-188.
[161] 吴光旭, 刘爱媛, 陈维信. 开口箭提取物对荔枝霜疫霉菌的抑制作用及其对荔枝果实的储藏效果[J]. 中国农业科学, 2006, 39 (8): 1703-1708.
[162] 吴光旭, 杨小玲, 刘爱媛, 等. 开口箭提取物对采后香蕉抗炭疽病菌活性的研究[J]. 农业工程学报, 2007, 23(7): 235-240.
[163] 申晓慧, 姜成, 张敬涛, 等. 两种有毒植物提取物的抑菌活性研究[J]. 作物杂志, 2009, (4): 35-37.
[164] 李玉平. 菊科植物杀菌活性系统筛选的初步研究[D]. 杨凌: 西北农林科技大学, 2001.

第 11 章　菊芋高值化利用关键技术

为加快我国菊芋的产业化与产业链的构建，挖掘其经济价值与潜力，增加农民的收入，南京农业大学海洋科学及其能源生物资源研究所菊芋研究小组组织力量进行以菊芋为原料，开发生物质能源、新资源食品、功能性食品、动物功能性饲料及植物源农药与珍稀果蔬保鲜剂的研究，经过长期的实验研究与集成相关技术，取得了一些重要突破。

11.1　菊芋块茎生产乙醇的关键技术研究

2007 年，国务院转发了国家发展和改革委员会编制的《生物产业发展“十一五”规划》（国办发〔2007〕23 号），明确提出“充分利用荒草地、盐碱地等，以提高单产和淀粉含量、降低原料成本为目标，培育木薯、甘薯、甜高粱、菊芋等能源专用作物新品种”，“支持以甜高粱、木薯和菊芋等非粮原料生产燃料乙醇，加快以农作物秸秆和木质素为原料生产乙醇技术研发和产业化示范，实现原料供应的多元化”。因此，南京农业大学海洋科学及其能源生物资源研究所菊芋研究小组把菊芋块茎转化燃料乙醇作为首要攻关任务，开始了从发酵菌株筛选与工程菌株构建、发酵工艺优化到小试与中试的科学研究与技术集成，攻克了一些核心的关键技术，形成了较为系统的菊芋块茎发酵乙醇的 3 套工艺方案。

11.1.1　菊粉外切酶高产菌株筛选及优良工程菌株构建

菊芋块茎发酵生产乙醇关键一步就是首先将其多聚果糖降解成单糖——果糖，这就要筛选高产菊粉降解酶的菌株，并通过基因工程手段构建优良工程菌株，用于菊芋发酵乙醇的工业化生产。本小节主要介绍南京农业大学海洋科学及其能源生物资源研究所菊芋研究小组这个方面的研究成果，包括产菊粉外切酶菌株的筛选及酶学特征、菊粉外切酶调控基因的挖掘与功能分析验证、菊粉外切酶调控基因的克隆与转化，到菊芋块茎发酵乙醇的工程菌株的构建、工程菌株的发酵工艺优化及生产验证等一系列相互衔接的研发工作。

1. 青霉 B01 的产菊粉外切酶功能、酶学特性及其基因克隆

近年来，菊粉外切酶的研究越来越受到人们的广泛重视。目前，国内外报道的菊粉外切酶酶活，相对来说比较低，达不到工业化生产要求，因此进一步筛选性能优良的菊粉外切酶高产菌株仍是十分必要的。产菊粉外切酶的菌种的筛选，一般采用“透明圈”法。筛选菌种的样品一般从腐烂的菊芋或者菊芋根际土壤中采取，在菊粉作为唯一碳源的琼脂平板上，利用菊粉不溶于冷水、易溶于热水的特性，培养基冷却后平板不透明，若样品中有产菊粉外切酶的微生物时，就可以利用菌落附近的菊粉，这样在其菌落周围

即可形成透明圈。经过透明圈法初筛出菊粉外切酶活力较高的菌株，然后对这些菌株进行摇瓶发酵，测定产菊粉外切酶活力，通过复筛筛选出产菊粉外切酶酶活力高的菌株。

在对菊粉外切酶产生菌进行筛选、培育的研究基础上，为了提高菊粉外切酶菌株的产酶能力，南京农业大学海洋科学及其能源生物资源研究所菊芋研究小组对菌株产酶条件的优化进行了大量的研究工作。通过对培养条件中各种碳源、氮源、温度、pH 以及金属离子、微量元素的最佳种类与配比的研究，得出产菊粉外切酶最佳条件，生产出高活力的菊粉外切酶。据报道，通过对碳源的研究表明，菊粉外切酶的产生在一定程度上与提供的碳源有关，在比较碳源对产酶的影响时，发现这些菌株对淀粉、葡萄糖等无诱导作用，而一定浓度的菊粉的存在，对一些菌株菊粉酶的合成有显著诱导作用，低浓度的果糖代替菊粉也有一定的效果。许多实验表明，采用菊芋、菊芋提取液作为发酵培养基的碳源，比以高聚合度的纯菊粉为碳源，其产酶活性更高[1]。因此有人认为低聚合度的果聚糖和低浓度果糖可能是菊粉酶的生理诱导物，而单糖像葡萄糖、果糖则表现出明显的阻遏作用[2]。也就是说，菊粉酶的产生是受诱导与阻遏作用的双重调控。厦门大学魏文铃等的研究结果表明：菊粉酶的合成受菊粉的诱导和菊粉降解物阻遏调控，且降解物的阻遏发生在转录水平，阻遏条件下菌体 ATP 水平比诱导条件下高 10^3 倍[3]。

在不同的培养条件下，对于不同菌株，氮源的影响也不同。多数研究者认为无机氮以$(NH_4)_2HPO_4$较好，有机氮以酵母汁和玉米浆较好[4]。

温度也是影响菌体繁殖和酶产量的重要因素。不同菌体生长的最适温度和产酶的最适温度有所差异，在最适温度条件下，才表现出最好的效果。同时，同一菌体的生长和产酶的最适温度也并非完全一致，如脆壁克鲁维氏酵母在 28～30℃时生长较好，但在 34℃时产酶最多。所以，针对同一菌株在进行发酵生产时，要在不同阶段控制温度条件，在生长繁殖阶段内控制在生长最适范围内，以利于细胞生长繁殖，而在产酶阶段，则需控制在产酶最适温度[5]。

培养基的酸碱度与细胞的生长繁殖及发酵产酶密切相关。一般来说，细胞发酵产酶的最适 pH 通常接近该酶反应的最适 pH。但是，由于在菊粉酶酶反应的最适 pH 条件下，细胞受到影响，故细胞的产酶最适 pH 与酶作用的最适 pH 有明显差异，如黑曲霉的产酶最适 pH 为 7.0，而菊粉酶反应的最适 pH 为 4.5。同时，不同种类菌体对 pH 要求也不会完全相同，并且培养基的 pH 在细胞生长繁殖和代谢物产生过程中往往会发生变化，故必须进行必要的调节和控制。

金属离子对菊粉酶活性的影响因研究条件不同而有不同。比较一致的结论是：Zn^{2+}、Mg^{2+}、Mo^{2+}、Fe^{2+}对酶的合成均无明显影响，Ca^{2+}有一定的激活作用，而 Cu^{2+}、Ag^{+}、Hg^{2+}对酶活性有明显的抑制作用。Ettalibi 和 Baratti[6]与 Mukherjee 和 Sengupta[7]经研究发现，Hg^{2+}（0.02～2 mmol/L）、Ag^{+}（0.3～2 mmol/ L）对 *Aspergillus ficuum* 和 *Panaeolus papillonaceus* 菊粉酶活性均有明显抑制作用。

从自然界中筛选到的菌株，菊粉酶活性普遍不高，可对其进行诱变，以获得稳定遗传的高产菌株。顾天成等通过对 *Aspergillus niger* 进行紫外诱变，诱变株的酶活力提高了 2 倍。王静和金征宇[4]对 *A. niger* 进行 ^{60}Co 诱变，诱变株的酶活力提高了 30%。

近几十年，随着酶提纯方法的不断改进，多数微生物菊粉酶已被分离纯化，这使得人们对菊粉酶的组成、结构以及性质有了更深入的了解。菊粉酶的分离纯化一般采用传统的蛋白分离方法，如 Mg_2SO_4 沉淀、离子交换色谱及凝胶过滤色谱等。据报道[8]，采用离子交换色谱可以选择性分离外切型菊粉酶和内切型菊粉酶。通常用 NaCl 进行线性梯度洗脱，随着 NaCl 浓度的增加，内切菊粉酶先洗出，外切菊粉酶后洗出。研究证明，不同的菌株之间，甚至是同一菌株的不同菊粉酶组分间的酶学性质、分子特性和催化特性也各不相同。首先，不同的研究者对不同的菊粉酶进行制备分离，所提取到的酶组分各异；其次，有关酶分子量测定的报道差别很大，这除了与菊粉酶产生菌菌种不同、酶提纯方法上的差异有关外，还与菊粉分子量不确定有关[9]。绝大多数报道中，菊粉酶的最适温度为 52～64℃，55～58℃最适宜。最适 pH 为弱酸性，这一性质不仅使操作安全，而且使用过程中可以防止微生物污染，也是果糖最稳定的 pH。相对于其他微生物来源的菊粉酶而言，黑曲霉菊粉酶的最适反应温度和热稳定性较高，而最适反应 pH 和酸碱稳定性 pH 较低而宽，这有利于生产。因此黑曲霉菊粉酶具有优良的工业应用性能。

随着生物技术的飞速发展，20 世纪 90 年代以来，人们开始了对菊粉酶分子生物学方面的研究。以期通过 DNA 重组技术提高酶的表达水平及活性，通过构建工程菌株使菊粉酶在受体细胞中得到大量表达，从而大幅度提高酶的产量。一方面，分离提取菊粉酶的 cDNA 片段，分析 cDNA 序列，进而推导出氨基酸顺序；另一方面，克隆并高效表达菊粉酶基因，构建基因工程菌。自 1991 年 Laloux 等首先构建了菊粉酶的基因文库[10]从 *Kluyveromyces marxianu* 中克隆出外切菊粉酶基因 *inu 1* 以来，国内外学者开始了对菊粉酶分子生物学方面的研究，国内张苓花等[11]从 *Aspergillus niger* 中克隆出内切菊粉酶基因 *inuA1*。但至今具有生产意义的工程菌株尚未构建成功。

1）高产菊粉外切酶菌株的筛选及其鉴定

菊粉酶的工业化生产及应用有下述一些途径：一是从自然界中筛选产菊粉酶活性较高的菌株，对筛选到的菌株进行产菊粉酶条件的优化，以提高产酶量；二是对菌株所产菊粉酶进行酶学性质研究，并进一步利用菊粉酶水解菊芋汁生产果糖浆；三是对菊粉酶进行分子生物学探索，筛选、克隆相关基因，并利用重组技术，构建菊芋块茎同步糖化与发酵的高效抗逆的工程菌株，以期为菊芋块茎大规模工业化生产新糖源、新能源提供关键核心技术。经过十多年的探索，取得了一些明显的进展。

南京农业大学海洋科学及其能源生物资源研究所菊芋研究小组首先通过初筛、复筛、菊粉外切酶酶活性的测定、菌种鉴定、插片培养、分生孢子的扫描电镜等途径与手段筛选了菊粉酶酶活性较理想的细菌株——青霉 B01。

产菊粉外切酶菌株的初筛样品经过富集培养后，能在初筛培养基上产生透明水解圈的菌株共 46 株（表 11-1），初筛的 46 株菌株经初步的鉴定，其中真菌 33 株、放线菌 7 株、细菌 6 株。将菌株分别接入发酵培养基，提取粗酶液，分别测定各个菌株所产菊粉酶的酶活性。菊粉酶酶活性的大小见表 11-1。

由表 11-1 可知，真菌降解菊粉的能力较放线菌和细菌强，初筛培养基上水解圈直径大的菌株产生的菊粉酶酶活性相应地也较高，但并不成正比。其中真菌 B01 的菊粉外切酶酶活达到 5.45 U/mL。其他菌株 E06、E08、E10、E11 的酶活也都大于 2.5 U/mL。所以南京农业大学海洋科学及其能源生物资源研究所菊芋研究小组选择真菌 B01 作为进一步的研究对象。

表 11-1　高产菊粉酶初筛菌株的酶活比较

菌株		酶活/（U/mL）	菌株		酶活/（U/mL）	菌株		酶活/（U/mL）
真菌	A01	0.36	真菌	B04	1.11	真菌	E11	3.63
	A02	0.55		B05	1.23	放线菌	D01	1.15
	A03	1.67		B06	1.19		D02	1.25
	A04	0.85		B07	1.28		D03	1.39
	A05	0.44		B08	1.34		D04	1.43
	A06	0.54		C08	0.46		D05	1.19
	A07	0.59		E01	1.19		D06	1.33
	A08	1.37		E02	0.70		D07	4.53
	A09	0.62		E03	1.08	细菌	A14	0.15
	A10	0.59		E04	0.92		A15	0.16
	A11	1.15		E05	0.25		A16	0.10
	A12	0.49		E06	3.10		A17	0.06
	A13	0.63		E07	0.53		A18	1.27
	B01	5.45		E08	2.55		A19	1.15
	B02	1.46		E09	0.51			
	B03	0.96		E10	3.63			

表 11-2 是产生水解圈较大的 6 株菌株。图 11-1 是几株菌株在选择性培养基上形成水解圈的照片。

表 11-2　部分筛选菌株产生的水解圈直径

菌株	B01	E06	E11	E10	E08	A08
水解圈直径/cm	5.9	2.2	5.2	4.8	4.0	4.5

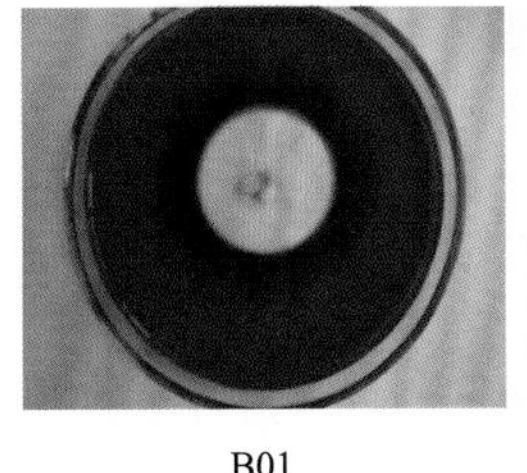
B01

E06

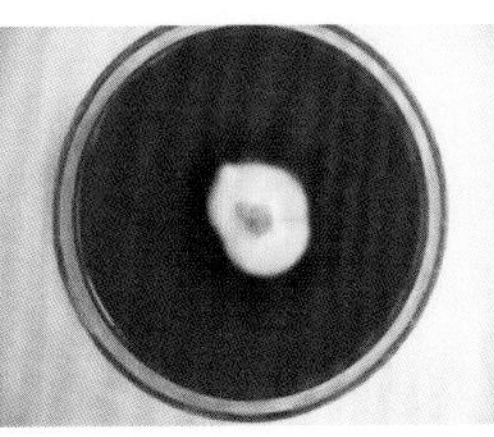
E10

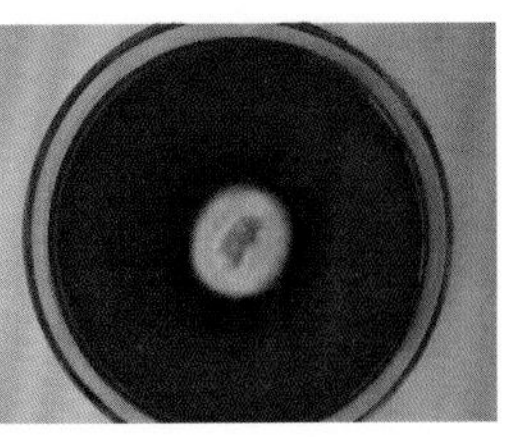
A08

图 11-1　菌株在选择性培养基上形成的透明的水解圈

微生物的生长对于营养条件都有一些特殊的要求，或者说对于某些营养因子有特殊的耐受性，选择性培养基就是利用这个特点来筛选出目标菌株。利用菊粉为唯一碳源的培养基就抑制了一些不能利用菊粉的微生物的生长，加入特殊的染料则可从表观上甄别了产菊粉酶能力的大小。但是透明圈的大小还不能完全代表酶的活力，还需要通过复筛，用具体的化学方法来准确地测量酶活。

接着，南京农业大学海洋科学及其能源生物资源研究所菊芋研究小组对复筛获得的真菌 B01 菌株从个体形态到菌落特征观察对比进行鉴定。菌落特征：菌丝白色，有隔（表 11-3）。个体形态特征：分生孢子梗呈典型的扫帚状，孢子呈卵圆形，淡褐色。其电镜照片如图 11-2 所示。

表 11-3　菌株 B01 的鉴定

指标	菌株特征
生长速度	5 d 后菌落的直径生长速度达到 0.52～0.57 cm/d
菌落的颜色	菌落背面有点浅黄色，表面白色，产生浅褐色的孢子
菌落的质地	厚丝绒状
菌落的高度	呈草帽形，边缘不太整齐
培养基的颜色	不变色
味道	味道淡

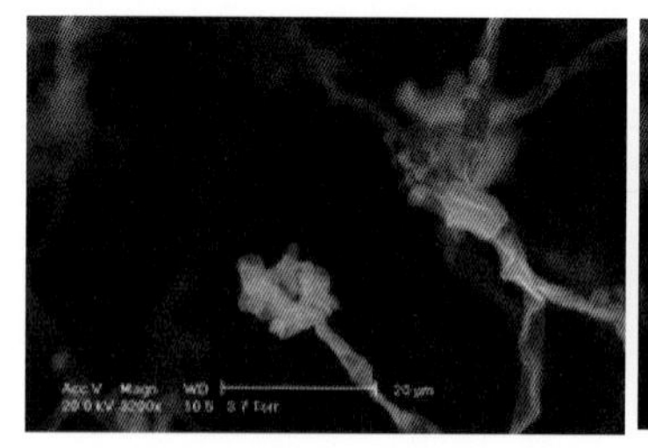

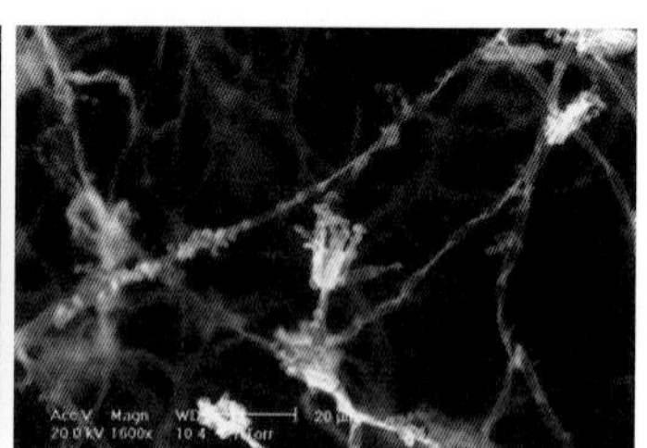

图 11-2　*Penicillium* sp. B01 菌株的分生孢子梗、孢子、菌丝的扫描电镜照片

根据以上结果[12]，参照《真菌鉴定手册》《常见与常用真菌》等可初步确定该菌株为青霉属，定义为 *Penicillium* sp. B01。

2）高产菊粉外切酶菌株产酶条件的优化

南京农业大学海洋科学及其能源生物资源研究所菊芋研究小组对 *Penicillium* sp. B01 产菊粉酶条件进行了优化研究，通过改变物理化学环境或者调节营养条件可以提高菌种在发酵过程中的产量。尽管在大型发酵过程中，利用最优化的营养条件来达到最高产量会导致生产成本的提高，但是在最初的摇瓶发酵过程中，还有必要研究一下青霉 *Penicillium* sp. B01 产菊粉酶最优化的碳源、氮源等营养条件。许多因素如碳源、氮源、温度、转速、pH、接种量等条件都会影响青霉 *Penicillium* sp. B01 的产酶，但是不能确认哪个是关键的影响因素，首先通过单因子实验找出对产酶影响较大的因素，再通过正交实验来研究各因子的协同作用，从而确定菌株最优化的发酵条件。

单因子实验分别为碳源、氮源、无机盐、pH、装液量和转速对 *Penicillium* sp. B01 产酶的影响，研究了 7 种不同的碳源对 *Penicillium* sp. B01 产菊粉酶的影响。分别用 20 g/L 的葡萄糖、菊粉、果糖、蔗糖、淀粉、乳糖、玉米面替代 70 g/L 菊芋提取液（EJA），在

30℃、170 r/min 条件下振荡培养 3 d 后测定酶活，选出最佳碳源，分别用 20 g/L 有机氮源酵母膏（YE）、玉米浆、蛋白胨、牛肉膏和 5 g/L 无机氮源 $NH_4H_2PO_4$、NH_4Cl、$(NH_4)_2SO_4$、NH_4NO_3 作发酵时的氮源，在 30℃、170 r/min 条件下振荡培养 3 d 后测定酶活，选出最佳氮源。分别采用不同的无机盐——5 g/L NaCl、KCl、$CaCl_2$，0.1 g/L $MgSO_4·7H_2O$、$CuSO_4·5H_2O$、$FeSO_4·7H_2O$、$MnSO_4$、$ZnSO_4·7H_2O$，在 30℃、170 r/min 条件下振荡培养 3 d 后测定酶活，选出有利于产酶的无机盐。采用以上的最优条件，使用乙酸缓冲液来调节不同的初始 pH——3.0、4.0、5.0、6.0、7.0、8.0、9.0，发酵培养后测定酶活，确定最佳的初始 pH，同时测定最终的 pH。采用以上的优化条件，更改不同的装液量，每个 250 mL 的锥形瓶中分别装 20 mL、30 mL、40 mL、50 mL、60 mL，其他条件相同，测定酶活。分别采用不同转速——120 r/min、150 r/min、170 r/min、200 r/min、220 r/min，培养后测定酶活，找出最佳的装液量和转速。在此基础上进行正交实验，正交实验设计见表 11-4。

表 11-4 正交实验中的不同因素和水平的设计

水平	因素				
	EJA/（g/L）	YE/（g/L）	$NH_4H_2PO_4$/（g/L）	pH	接种量/%
1	50	10	2.5	5	2.00
2	80	15	5.0	6	3.75
3	100	20	7.5	7	5.00
4	120	25	10.0	8	6.25

（1）不同碳源对 *Penicillium* sp. B01 产菊粉酶的影响

通常认为菊粉酶是一种诱导酶，其合成需要诱导物果糖苷类物质的存在。但也有人认为它是组成型酶，即菌种能够自身合成的酶[13]。

从图 11-3 可以看出，当以菊芋提取液为碳源时，发酵液的酶活高于其他碳源。采用菊芋提取液为发酵培养基的碳源，比以高聚合度的纯菊粉为碳源，其产酶活性更高。利用菊芋提取液作为唯一碳源，*Penicillium* sp. B01 在 3 d 后达到最大的产酶水平（9.48 U/mL）。菊芋提取液是最佳产酶的碳源已经被报道过。而果糖被认为会抑制菊粉酶的产生[14,15]。菊芋提取液中有少量的低聚合度的果聚糖和低浓度果糖，而只有果糖为唯一碳源时菊粉酶的产生却被抑制，因此可以推断菊粉是菊粉酶的生理诱导物。

表 11-5 表明了不同的碳源组合对 *Penicillium* sp. B01 产酶的影响。1%的葡萄糖、果糖、蔗糖与菊芋提取液结合作为碳源，产生的酶活远远小于 0.1%的葡萄糖、果糖、蔗糖作为碳源时产生的酶活。曾有报道菊粉存在的情况下自由的果糖和葡萄糖会抑制菊粉酶的形成。低浓度的果糖和葡萄糖反过来会抑制 *Penicillium* sp. B01 菌株的生长。

菊粉无论是自由存在还是与菊芋提取液结合作为碳源都抑制了菊粉酶的合成。因此可以认为底物越容易被利用，*Penicillium* sp. B01 的产酶越受代谢产物的抑制。

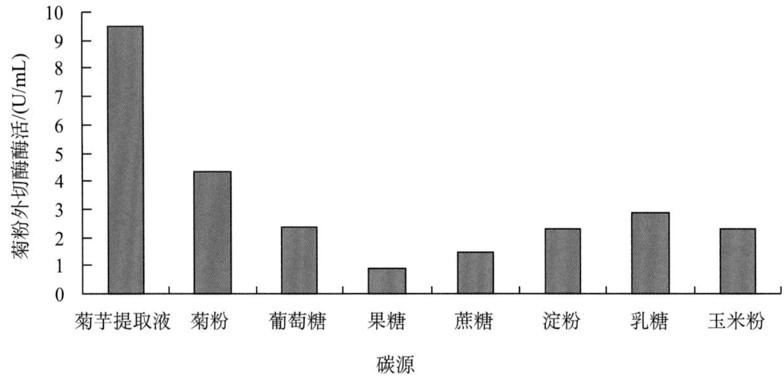

图 11-3　不同碳源对 *Penicillium* sp. B01 产菊粉酶的影响

表 11-5　不同碳源的组合下 *Penicillium* sp. B01 产酶的酶活

碳源	菊粉酶酶活/（U/mL）	蛋白/（mg/mL）	IU
10%菊芋提取液	18.30	1.16	15.79
2%果糖	0.88	1.80	0.49
2%葡萄糖	2.35	2.27	1.04
2%蔗糖	1.49	2.31	0.65
10%菊芋提取液+0.1%葡萄糖	17.92	1.91	9.38
10%菊芋提取液+0.1%果糖	29.52	1.50	19.68
10%菊芋提取液+0.1%蔗糖	30.96	1.14	27.16
5%菊芋提取液+1%葡萄糖	1.49	1.02	1.46
5%菊芋提取液+1%果糖	2.25	1.25	1.80
5%菊芋提取液+1%蔗糖	1.02	1.20	0.85
2%菊粉	13.93	0.92	15.22

$NH_4H_2PO_4$ 可以作为磷源，所以以 $NH_4H_2PO_4$ 为氮源时 *Penicillium* sp. B01 菌株的菊粉酶酶活性要稍高于其他无机氮源（图 11-4）。

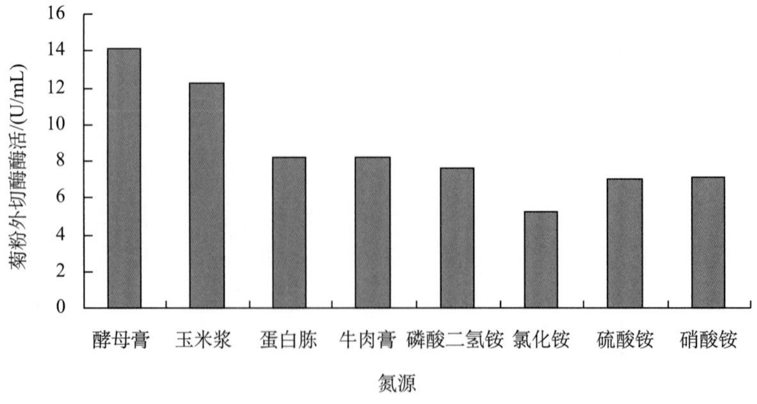

图 11-4　不同氮源对 *Penicillium* sp. B01 产酶的影响

（2）不同无机盐对 *Penicillium* sp. B01 产菊粉酶的影响

金属离子及对应的阴离子，有的是细胞物质的组成部分，有的是酶活性部位的组成部分，或是酶的活化剂，它们是微生物生长必不可少的物质，同时也可促进或阻遏酶的合成。金属离子及对应的阴离子对 *Penicillium* sp. B01 产菊粉酶影响的研究结果如表 11-6 所示。

表 11-6　无机离子对 *Penicillium* sp. B01 产菊粉酶的影响

无机离子	浓度	相对酶活力/%
NaCl		100
KCl	0.50%	37
$CaCl_2$		39
$MgSO_4·7H_2O$		89
$CuSO_4·5H_2O$		88
$FeSO_4·7H_2O$	0.01%	115
$MnSO_4$		72
$ZnSO_4·7H_2O$		120

由表 11-6 可以看出，以 5 g/L 的 KCl、$CaCl_2$ 替代 5 g/L 的 NaCl，酶活力降低 2/3 左右。Mg^{2+}、Cu^{2+}、Mn^{2+} 对 *Penicillium* sp. B01 产菊粉酶产生抑制作用，而 Fe^{2+}、Zn^{2+} 对 *Penicillium* sp. B01 产菊粉酶具有激活的作用。

（3）装液量和转速对 *Penicillium* sp. B01 产菊粉酶的影响

装液量和转速对 *Penicillium* sp. B01 菌株产菊粉酶影响很大，*Penicillium* sp. B01 菌株生长需要一定量的培养基和一定量的氧气，搅拌可以增加酶的产量。当 250 mL 的锥形瓶中只装 20 mL 和 30 mL 发酵液时，发酵液只高出瓶底一点，不利于菌株的生长，菌株自身生长无法满足的情况下，就会抑制代谢产物的分泌，所以产酶能力大大下降。而装 40 mL 发酵液时相对酶活最高，因为瓶中的氧气量大于装有 50 mL 和 60 mL 培养基的锥形瓶中的氧气量，且养分充足（图 11-5）。*Penicillium* sp. B01 是需氧的，氧气充足更有利于菌株的产酶。菌株的生长和产酶不同步，转速在 170 r/min 时产酶能力最强。但 220 r/min 时生物量最大，搅拌速度快，氧气量充足，有利于菌体的生长，但却抑制了产酶（图 11-6）。

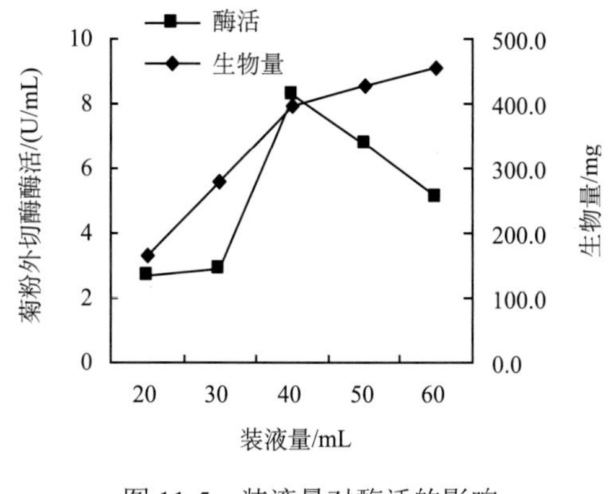

图 11-5　装液量对酶活的影响

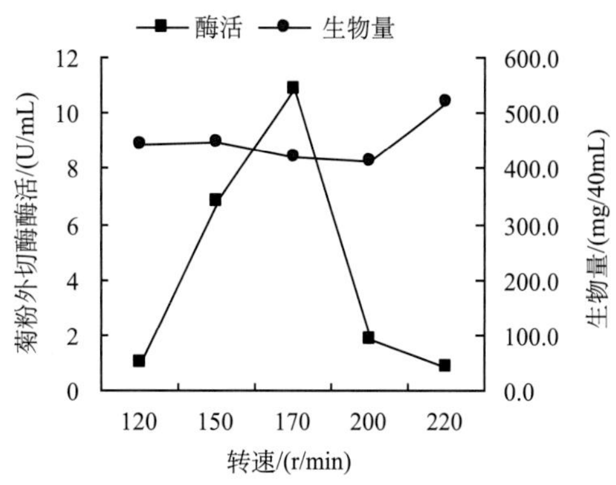

图 11-6　转速对产酶的影响

（4）不同初始 pH 对 *Penicillium* sp. B01 产菊粉酶的影响

不同初始 pH 对 *Penicillium* sp. B01 产菊粉酶的影响见图 11-7。初始 pH 为 3.0 和 4.0 时，*Penicillium* sp. B01 基本上不生长，该菌株适合在偏酸性的环境下生长，但菌株的产酶和生长并不同步，在 pH 为 7.0 时，酶活最大，但生物量较低，这就要求我们认真选择适宜的 pH。

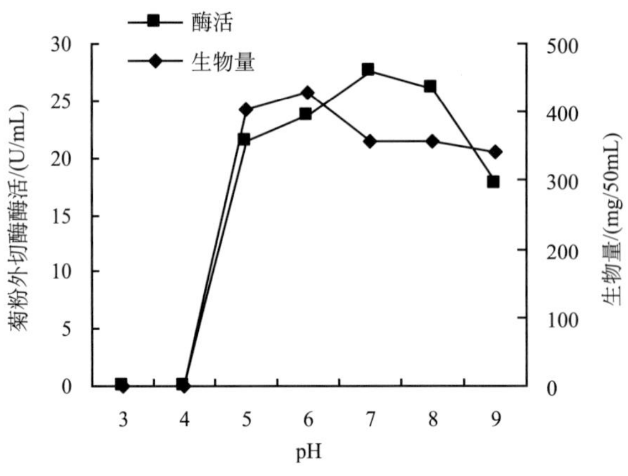

图 11-7 pH 对 *Penicillium* sp. B01 产酶的影响

（5）主要影响因子对 *Penicillium* sp. B01 产酶活性的协同作用

由以上单因子实验可以看出，碳源、氮源对 *Penicillium* sp. B01 产酶的影响较大，南京农业大学海洋科学及其能源生物资源研究所菊芋研究小组采用了 $L_{16}(4^5)$正交表对 EJA、YE、$NH_4H_2PO_4$ 的浓度以及 pH 和接种量进行优化组合实验，以确定适合的培养条件（表 11-7）。由表 11-7 可以得出，EJA 12%、YE 2.5%、$NH_4H_2PO_4$ 0.25%、pH 7、接种量 3.75% 是个较好的组合。由极差可以看出 EJA 浓度的影响很显著。

表 11-7 正交实验结果及直观分析

组别	A 菊芋提取液	B 酵母膏	C 磷酸二氢铵	D pH	E 接种量	酶活/（U/mL）
1	1	1	1	1	1	4.21
2	1	2	2	2	2	7.63
3	1	3	3	3	3	3.26
4	1	4	4	4	4	5.74
5	2	1	2	3	4	10.94
6	2	2	1	4	3	4.72
7	2	3	4	1	2	9.25
8	2	4	3	2	1	10.94
9	3	1	3	4	2	13.46
10	3	2	4	3	1	9.74
11	3	3	1	2	4	10.38
12	3	4	2	1	3	10.21

续表

组别	A 菊芋提取液	B 酵母膏	C 磷酸二氢铵	D pH	E 接种量	酶活/（U/mL）
13	4	1	4	2	3	14.02
14	4	2	3	1	4	13.16
15	4	3	2	4	1	19.01
16	4	4	1	3	2	25.78
K1/4	5.210	9.887	11.273	9.207	10.975	
K2/4	8.963	8.813	11.948	10.742	13.260	
K3/4	10.178	10.475	9.435	12.430	8.053	
K4/4	17.992	13.168	9.688	9.963	10.055	
极差 *R*	12.782	4.355	2.513	3.223	5.207	

注：K1、K2、K3、K4 分别为各因素水平 1、2、3、4 的酶活性总和。

3）*Penicillium* sp. B01 产酶特征分析

为了确定菌种最佳产酶时间和发酵过程中其他因素的变化情况，在确定了培养基的组成后，将菌株在上述条件下培养 192 h，测定发酵液中蛋白质含量、酶活及生长量的变化情况（图 11-8）。

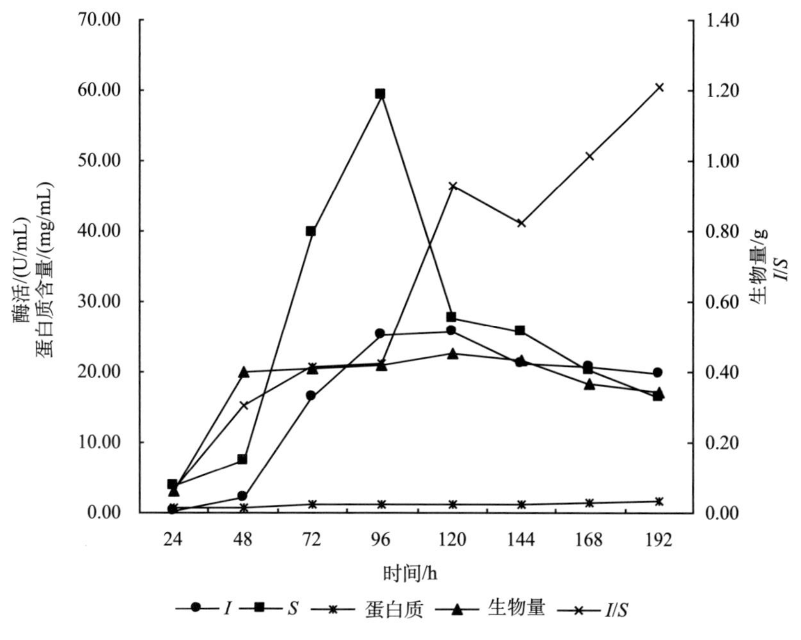

图 11-8　*Penicillium* sp. B01 的生长曲线

一般认为，*I*/*S* 值是区分内切酶和外切酶的重要标准，*I* 指以菊粉为底物测定的酶活，*S* 指以蔗糖为底物测定的酶活。若 *I*/*S*<10，则表现为外切酶活性[16]。*Penicillium* sp. B01 在第 8 天时 *I*/*S* 值达到最大，为 1.21，因此可以认为 *Penicillium* sp. B01 是产菊粉酶的，且主要为外切酶。研究工作的最终目标是转化为高果糖浆，所以外切酶活力越高越好。*I*

值在 120 h 时达到最高。生物量在 48 h 后趋于平稳，144 h 后开始下降（菌体自溶引起）。继续发酵，菊粉外切酶的酶活性呈下降的趋势。

综上所述，南京农业大学海洋科学及其能源生物资源研究所菊芋研究小组在高产菊粉酶菌株筛选中取得重要进展：

经过单因子实验对 *Penicillium* sp. B01 进行产酶条件的优化，得到最适的产酶条件为 EJA 70 g/L，YE 20 g/L，$NH_4H_2PO_4$ 5 g/L，NaCl 5 g/L，$FeSO_4·7H_2O$ 0.1 g/L，$ZnSO_4·7H_2O$ 0.1 g/L，初始 pH 7，装液量为 250 mL 的锥形瓶中装 40 mL 的发酵培养基，在 30℃、170 r/min 振荡培养 3 d，最高的酶活性达到了 18.40 U/mL。

正交实验确定了优化培养基的组成和发酵条件为 EJA 120 g/L，YE 25 g/L，$NH_4H_2PO_4$ 2.5 g/L，NaCl 5 g/L，$FeSO_4·7H_2O$ 0.1 g/L，$ZnSO_4·7H_2O$ 0.1 g/L，pH 7，装液量为 250 mL 的锥形瓶中装 40 mL 的发酵培养基，在 30℃、170 r/min 振荡培养 3 d，优化之后最高酶活性达到 25.78 U/mL，比单因子实验优化后的酶活性提高了 40%。

Penicillium sp. B01 产生的菊粉酶为外切酶，在发酵 120 h 时菊粉酶酶活达到最大，*I/S* 为 1.21。下文对菊粉酶的酶学性质、酶的提纯工艺做进一步的研究。

（1）*Penicillium* sp. B01 菌株菊粉外切酶性质的研究

为了更好地开发利用 *Penicillium* sp. B01 菌株菊粉外切酶，南京农业大学海洋科学及其能源生物资源研究所菊芋研究小组对其菊粉外切酶的性质进行了系统的研究。

① pH 对 *Penicillium* sp. B01 菌株菊粉外切酶活力的影响。

分别用 pH 3.6、4.0、4.4、4.6、4.8、5.0、5.4、5.6 的 0.1 mol/L 乙酸缓冲溶液配制 2%的底物溶液，加入稀释过的 *Penicillium* sp. B01 菌株菊粉外切酶粗液进行反应，20 min 后测定酶活。图 11-9 表明菊粉酶在 pH 3.6～5.4 都能保持最适 pH 下酶活性的 90%以上，酶的活性中心处于与底物有利结合的状态。该菌株 pH 适度范围较广。这个特性有利于提高酶的稳定性和适应性。

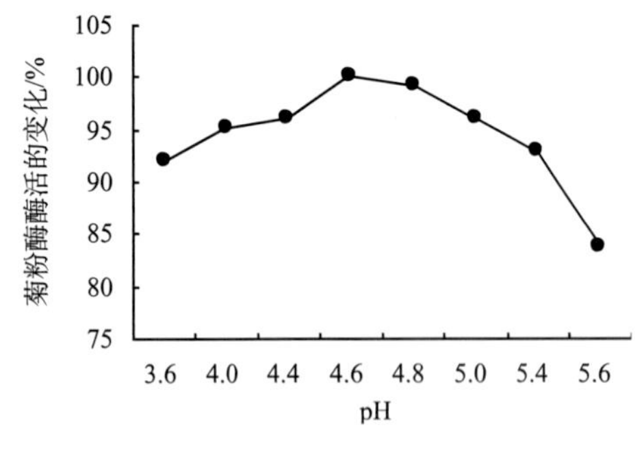

图 11-9　pH 对菊粉酶活力的影响

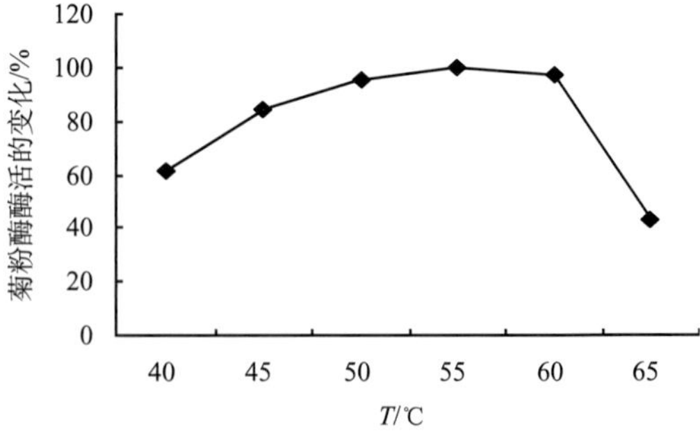

图 11-10　温度对菊粉酶活力的影响

② 温度对 *Penicillium* sp. B01 菌株菊粉外切酶活力的影响。

以 2%的菊粉溶液为底物，加入稀释过的酶液，反应体系的 pH 为 4.6，分别在 40℃、45℃、50℃、55℃、60℃、65℃温度下反应 20 min，测酶活性。由图 11-10 可知，菊粉酶的活力随温度的升高而升高，在 55℃时酶活性最高，在 50～60℃时稳定性比较好，仍能保持较高的活性。65℃时酶活性显著下降。对于菊粉酶来说，温度越高酶蛋白越易变性而导致活力损失越多，但对于菊粉外切酶酶反应速度而言，温度越高，反应速度越快。55℃时酶活力和反应速度处于较好的平衡状态，宜以此作为该酶的最适反应温度。

温度对 *Penicillium* sp. B01 菌株菊粉外切酶稳定性影响显著，将菊粉外切酶酶液分别在 0℃、室温、30℃、40℃、45℃、50℃、55℃、60℃、70℃下放置 1 h，再在 55℃下反应 20 min 测定酶活，以未经处理的菊粉外切酶酶液作为对照。该菊粉酶在室温和 30℃下保存 1 h 比 0℃下处理 1 h 的菊粉酶酶活性要高，是因为温度对菊粉外切酶起了一定的活化作用，到 40℃时随处理温度的升高，*Penicillium* sp. B01 菌株菊粉外切酶的活性降低。*Penicillium* sp. B01 菌株菊粉外切酶在低温下的活性较为稳定（图 11-11）。

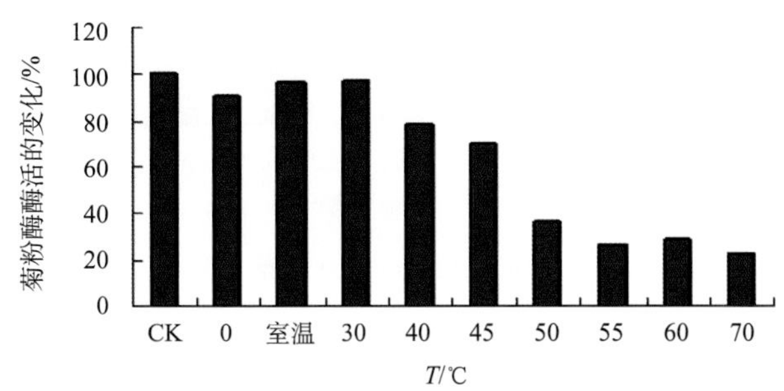

图 11-11　温度对 *Penicillium* sp. B01 菌株菊粉外切酶稳定性的影响

③底物浓度对 *Penicillium* sp. B01 菌株菊粉外切酶活力的影响。

底物浓度对 *Penicillium* sp. B01 菌株菊粉外切酶活力也有一定的影响，用乙酸缓冲液分别配制 2%、5%、8%、10%的菊粉底物溶液，由于菊粉的溶解性不好，到 10%基本处于饱和状态，因此设 10%为最大浓度。分别将酶液与不同浓度的底物在体系反应，测定酶活。由图 11-12 可知，随着底物浓度的增加酶活也增加，因为反应体系中底物浓度的增加使底物和酶分子碰撞的机会增加，酶容易和底物结合。

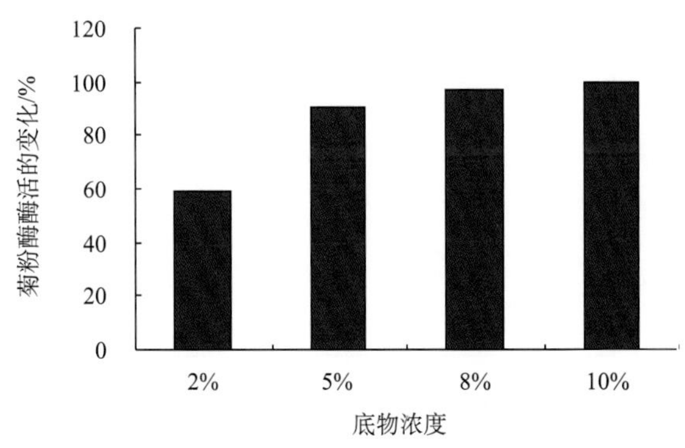

图 11-12　底物浓度对 *Penicillium* sp. B01 菌株菊粉外切酶活力的影响

④金属离子对 *Penicillium* sp. B01 菌株菊粉外切酶活力的影响。

金属离子对 *Penicillium* sp. B01 菌株菊粉外切酶活力的影响见图 11-13，用 pH 为 4.6 的缓冲溶液配制 5 mmol/L 的 Zn^{2+}、Mg^{2+}、Ca^{2+}、Fe^{3+}、Cu^{2+}溶液，再用该溶液配制 2%

的菊粉作为底物，加入稀释的酶液与底物在体系反应 20 min 后测定酶活。以不加离子处理作为对照。由图 11-13 可知，Ca^{2+}对菊粉酶有明显的激活作用，而其他离子都有一定的抑制作用，其中 Cu^{2+}的抑制作用最为明显。

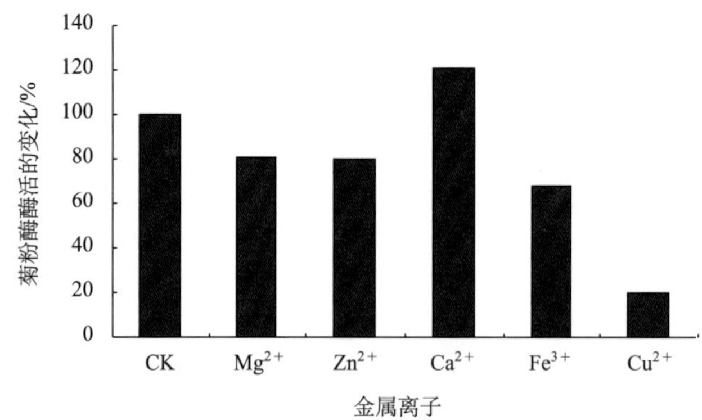

图 11-13　金属离子对 *Penicillium* sp. B01 菌株菊粉外切酶活力的影响

⑤反应时间对 *Penicillium* sp. B01 菌株菊粉外切酶活力的影响。

反应时间对 *Penicillium* sp. B01 菌株菊粉外切酶活力的影响见图 11-14，用 pH 为 4.6 的缓冲溶液配制 5 mmol/L 的 Zn^{2+}、Mg^{2+}、Ca^{2+}、Fe^{3+}、Cu^{2+}溶液，再用该溶液配制 2%的菊粉作为底物，加入稀释的酶液与底物在体系反应 20 min 后测定酶活。以不加离子处理作为对照。从图 11-14 可知，在菊粉酶反应进行的 25 min 内，产物浓度和反应时间呈正比关系，此时酶反应速度是恒定的，因此前 25 min 内所测的反应速度可以认为是酶的初反应速度。所以可以确定测该酶活性的最适反应时间为 20 min。

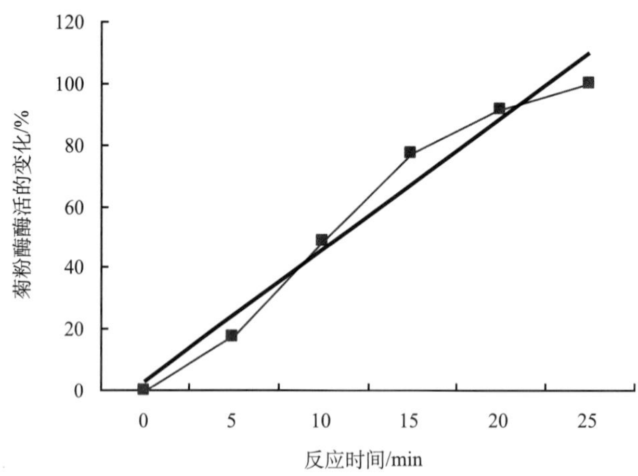

图 11-14　*Penicillium* sp. B01 产菊粉酶反应进程曲线

（2）*Penicillium* sp. B01 菌株菊粉外切酶对菊芋块茎液汁的酶解效应

在研究了 *Penicillium* sp. B01 菌株菊粉外切酶性质的基础上，南京农业大学海洋科学及其能源生物资源研究所菊芋研究小组又重点对该酶菊芋块茎液汁的酶解效应进行了研究。

①菊芋块茎液汁的成分。

菊芋汁中主要固形物成分是菊芋多糖，菊芋汁在未进行酸水解以前，还原糖含量很低，菊芋汁中的蛋白质含量甚微（表 11-8）。

表 11-8　菊芋汁成分分析

还原糖/%	总糖/%	可溶性蛋白/（mg/mL）	pH
1.09±0.03	15.88±0.55	0.6	5.29

②不同浓度菊芋液汁对酶解的影响。

分别用总糖含量为 5%、10%、15%、20%、25%、30%的菊芋汁作为底物，每克糖加 4 U 菊粉外切酶，在 55℃恒温水浴箱内振荡酶解 12 h，菊粉的酶解百分率如表 11-9 所示。

表 11-9　菊芋汁浓度与酶解率的关系

菊芋汁中总糖浓度/%	5	10	15	20	25	30
酶解率/%	74.62	65.17	67.00	57.28	50.43	47.52

底物浓度对酶促反应具有很大的影响，当底物浓度较低时，提高底物的浓度可以提高反应速度，但当底物浓度较高时，底物浓度进一步提高，反应速度的增加变得缓慢甚至不再增加。

从表 11-9 可以看出，底物浓度越大，酶解效率越低。酶解 12 h，菊粉的浓度为 5%时降解百分率最高，为 74.62%，而浓度为 30%的菊粉酶解率是 47.52%。分析其原因，这可能是单位质量的酶的量是相同的（每克糖加酶量为 4 U），但菊粉外切酶的浓度是增加的，所以在这种高浓度的菊粉外切酶的作用下，底物菊粉最初一部分被迅速降解，特别是寡聚糖低分子的底物容易降解，迅速产生的果糖可能反馈抑制了菊粉酶活性，从而使得菊粉外切酶酶解反应减慢，反应速度下降。虽然底物浓度为 5%时，菊粉的酶解率最高，但从生产的角度来考虑，底物浓度高对生产成本的降低有利（可以降低产品浓缩的成本）。因此，采用浓度为 10%～20%的底物浓度对工业化生产较好。

③菊粉外切酶加酶量与菊粉酶解率的关系。

用总糖含量为 5%的菊芋液汁作底物（pH=4.6），每克糖分别加菊粉酶 2 U、4 U、6 U、8 U，在 55℃恒温水浴箱内振荡酶解 12 h，每 2 h 测定菊粉酶解率，结果如表 11-10 所示。

表 11-10　菊粉外切酶加酶量与菊粉酶解率的关系

时间/h	酶解率/%			
	2 U	4 U	6 U	8 U
2	13.64	22.90	33.34	53.63
4	23.66	35.45	56.75	83.02
6	24.17	53.38	76.45	97.84

续表

时间/h	酶解率/%			
	2 U	4 U	6 U	8 U
8	39.99	65.93	86.30	99.78
10	41.76	73.93	86.73	100
12	50.18	78.89	95.65	100

从表 11-10 中可以看出，加酶量越大，酶解速度越快，达到最高酶解率的时间越短；加酶量越小，酶解速度越慢，达到最高酶解率的时间越长。当加酶量为 6 U/g 时，酶解 6 h 酶解率就达到了 76.45%，而菊粉外切酶酶量为 8 U/g 时，酶解 6 h 酶解率能达到 97.84%。

菊芋汁酶解率随时间的延长逐步提高，酶解产物的量随着酶解时间的延长而增多，尤其是酶解 12 h，加酶量为 8 U/g 时，菊芋汁酶解率为 100%，底物基本酶解完全。从经济的角度考虑，选用 6 U/g 的加酶量，水解 8～10 h 为宜。

④ *Penicillium* sp. B01 菌株对菊芋液汁酶解产物的成分分析。

菊粉酶按照作用方式可分为内切菊粉酶和外切菊粉酶，内切菊粉酶随机地断开菊粉链内部的糖苷键，水解产物主要为低聚果糖；外切菊粉酶作用于菊粉链的非还原性末端的糖苷键，逐一水解释放出果糖，主要产物为果糖。通常用 *I/S* 的大小来区分内切菊粉酶和外切菊粉酶。

已测得粗酶液的 *I/S* 为 1.21，与外切菊粉酶相符合，但该值测定的为粗酶混合液，不能确定菊粉酶为外切菊粉酶，因此用薄层色谱法分析酶解产物主要成分，并进一步确定该菊粉酶的主要类型。

以 5%菊粉为底物，8 U/g 菊粉的加酶量，进行酶解。分别取酶解 2 h、4 h、6 h、8 h、10 h 的酶解产物进行薄层色谱分析，结果如图 11-15 所示，从薄层色谱（TLC）图谱结果看出，在不同的酶解时间，菊粉的酶解产物都是以果糖为主，水解 2 h、4 h、6 h 的图谱上显示有少量的寡聚果糖存在。随着水解时间的延长，寡聚糖逐渐减少。

综上所述，*Penicillium* sp. B01 菌株菊粉酶在弱酸性条件下活力较高，最适反应的 pH 为 4.6。菊粉酶的耐热性一般，保存温度越高酶活力损失也越多，最适反应温度为 55℃。发酵底物的浓度越高，所测酶活力也越高。在本实验条件下，金属离子 Ca^{2+}对菊粉酶有激活作用。薄层色谱结果表明，酶解产物主要成分是果糖，还有少量的多聚果糖。表明该粗酶混合液中，*Penicillium* sp. B01 所产菊粉酶以外切菊粉酶为主，还含有少量的内切菊粉酶。采用该菊粉酶酶解菊芋汁实验分析表明最适条件为：温度为 55℃，底物浓度 10%～20%、加酶量 6 U/g 菊芋汁，菊粉酶解时间 8～10 h。

（3）*Penicillium* sp. B01 产菊粉外切酶的分离纯化

为更好地研究 *Penicillium* sp. B01 产菊粉外切酶的酶学特征，本部分系统地介绍了南京农业大学海洋科学及其能源生物资源研究所菊芋研究小组对 *Penicillium* sp. B01 产菊粉外切酶的分离纯化的研究成果。

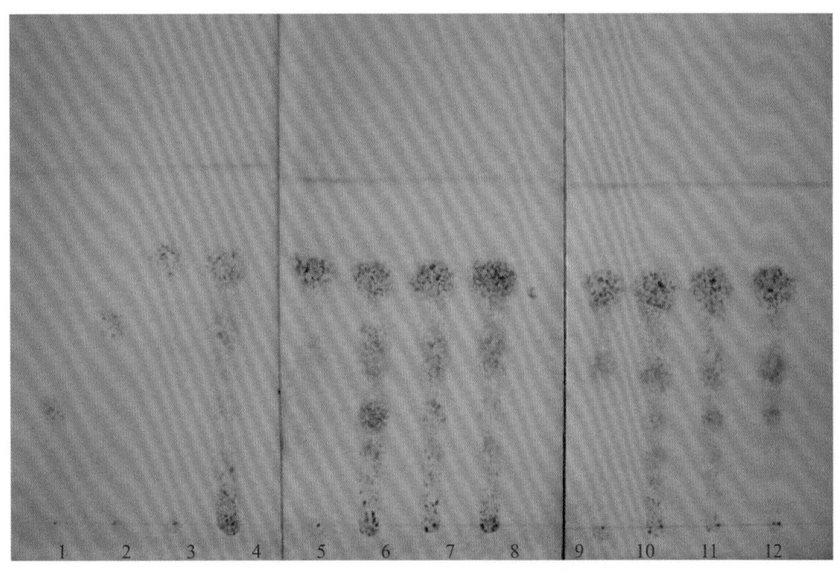

图 11-15　不同时间酶解产物的薄层色谱图谱

1. 棉籽糖；2. 蔗糖；3、5、9. 果糖；4、6. 水解 2 h 产物；7. 水解 4 h 产物；8. 水解 6 h 产物；10. 水解 8 h 产物；11. 水解 10 h 产物；12. 水解 12 h 产物

① *Penicillium* sp. B01 产菊粉外切酶的分离纯化研究方法。

菌种：青霉 *Penicillium* sp. B01 是由南京农业大学海洋科学及其能源生物资源研究所实验室筛选、分离并保存。

菊芋：为南京农业大学海洋科学及其能源生物资源研究所菊芋研究小组选育的南菊芋 1 号，采收于南京农业大学山东莱州三山岛试验基地，于 11 月采收，风干磨粉保存。

电泳：将酶液做聚丙烯酰胺凝胶电泳（PAGE），了解酶液中的蛋白组成，确定起酶作用的蛋白条带。PAGE 采用 15 g/dL 分离胶（pH=8.8）和 4 g/dL 的浓缩胶（pH=6.8）。电极缓冲液采用 Tris 甘氨酸缓冲液（pH 8.3），进样量为 25 μL 粗酶液；稳流电压 10 mA。

染色：将蛋白已经分离电泳胶切成 3 条相同的等份，第一条胶用考马斯亮蓝 R250 染色来显示蛋白的条带。第二条胶用来做活性染色。将胶浸在 100 mL 1%的（pH=4.6 的 0.1 mol/L 的乙酸配制）菊粉溶液中 37℃过夜，然后再将胶浸入 0.1%的 TTC（0.1 mol/L 的氢氧化钠溶液配制）中，黑暗中反应 15 min，然后 100℃ 15 min 活性染色。第三条胶上的酶做进一步利用。

对比第一条胶的染色情况，将第三条胶切成 5 mm 的蛋白条带 6 条，再将条带浸入 4 mL 1%的（pH=4.6 的 0.1 mol/L 的乙酸配制）菊粉溶液，将条带捣碎，37℃过夜。酶解产物用 TLC 和 HPLC 分析。

HPLC：Shimadzu（岛津），LC-3A 高压泵，CTO-2A 柱温箱，RID-2A 示差检测器，Kromasil 250 mm×4.6 mm 氨基键合柱。流动相：体积分数 70%的乙腈，体积流量 1 mL/min；温度：28℃。

TLC：薄板型号为 GF254（60 型）。

展层剂：氯仿∶乙酸∶水（30∶35∶5）。

显色剂：1%的 α-萘酚（含 10%冰磷酸）。

显色温度：85℃。

② *Penicillium* sp. B01 产菊粉外切酶电泳。

通过 PAGE，粗酶液中的蛋白分离，通过考马斯亮蓝 R250 染色一共有 6 条蛋白条带（图 11-16）。但不是每种蛋白都具有菊粉酶活性，有的可能是杂蛋白。通过 TTC 活性染色后如图 11-17 所示，只出现了 3 条具有菊粉酶活性的蛋白条带。

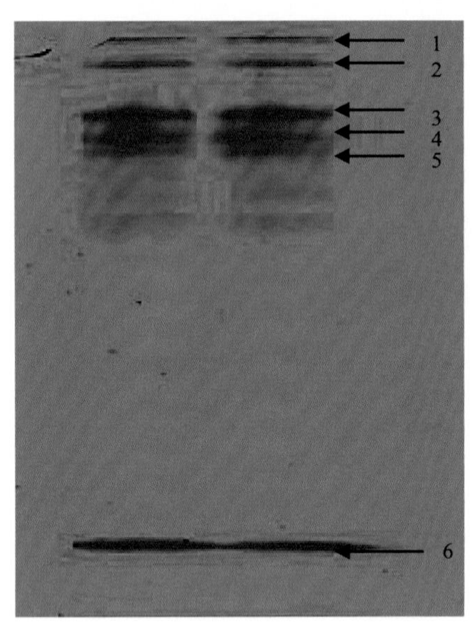

图 11-16　蛋白染色后粗酶液的电泳图谱

图 11-17　TTC 活性染色后粗酶液的电泳图谱

③ *Penicillium* sp. B01 产菊粉外切酶蛋白薄层色谱。

将电泳后的胶板中各条谱带依次切下，放入试管中捣碎，分别以 1 g/dL 菊粉溶液（用 0.1 mol/L，pH=4.60 的乙酸缓冲液配制）为底物进行反应，37℃过夜，取反应液，按上述方法进行薄层色谱，结果如图 11-18 所示。

由图 11-18 可知第三条蛋白条带与底物反应后的产物中主要成分为果糖，并可以断定谱带 3 为外切菊粉酶。第四条有少许果糖，初步断定为外切菊粉酶。而其他谱带的酶解产物中未见明显的果糖，酶解产物主要为一些低聚糖。

④ *Penicillium* sp. B01 产菊粉外切酶蛋白液相色谱测定。

将各谱带依次切下，放入试管中捣碎，加入 1 g/dL 菊粉溶液（用 0.1 mol/L pH 4.6 的乙酸钠缓冲液配制），37℃过夜，用高压液相色谱测定反应产物的组成，由图 11-19 看出果糖峰在 7 min 左右出现。图 11-20 为对照（不加酶），色谱图见图 11-21～图 11-26。从高压液相色谱图中可以看出，与不加酶相比，谱带 1、2、3、4 水解菊粉后的产物中果糖明显增多，并且没有其他聚合度的糖出现。且谱带 3 水解菊粉后产物的 HPLC 图中果糖峰非常明显。谱带 5 和谱带 6 酶解产物的 HPLC 图中基本不存在果糖峰了，说明谱带 5、6 对菊粉没有明显作用。可以确定谱带 1、2、3、4 具有菊粉酶活性，且主要表现为外切菊粉酶。

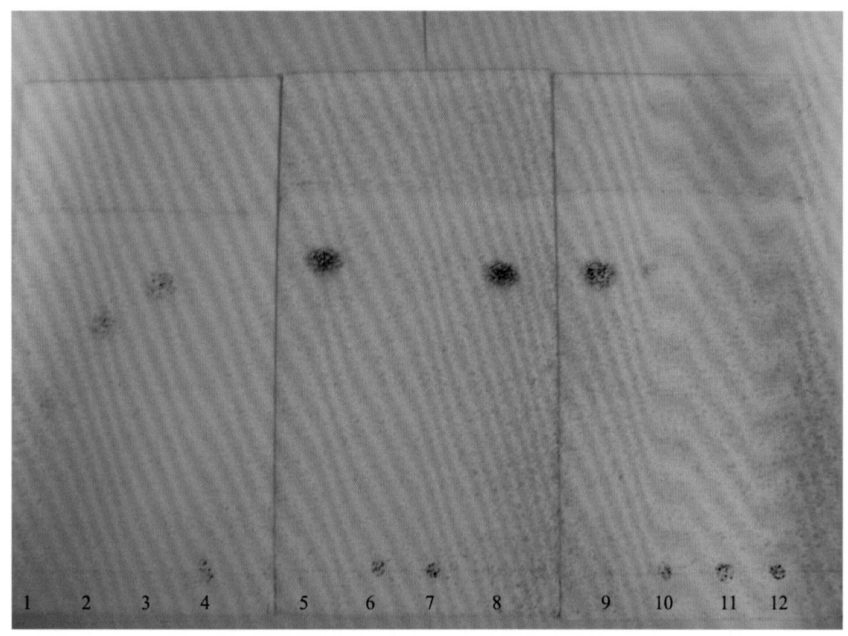

图 11-18 酶解产物的硅胶薄层色谱的图谱

1. 棉籽糖；2. 蔗糖；3、5、9. 果糖；4、6. 谱带 1 的酶解产物；7. 谱带 2 的酶解产物；8. 谱带 3 的酶解产物；10. 谱带 4 的酶解产物；11. 谱带 5 的酶解产物；12. 谱带 6 的酶解产物

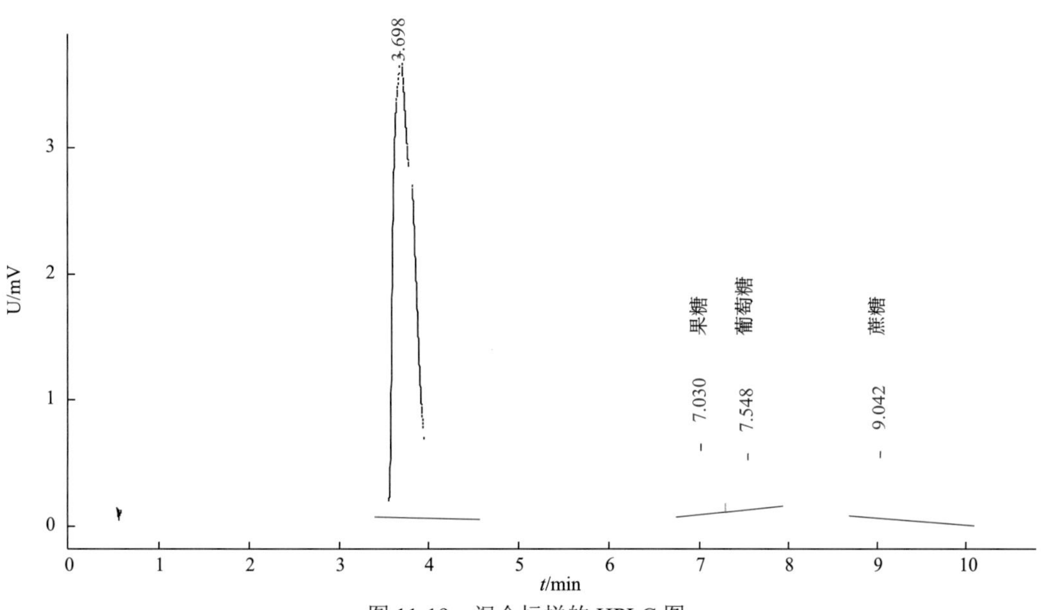

图 11-19 混合标样的 HPLC 图

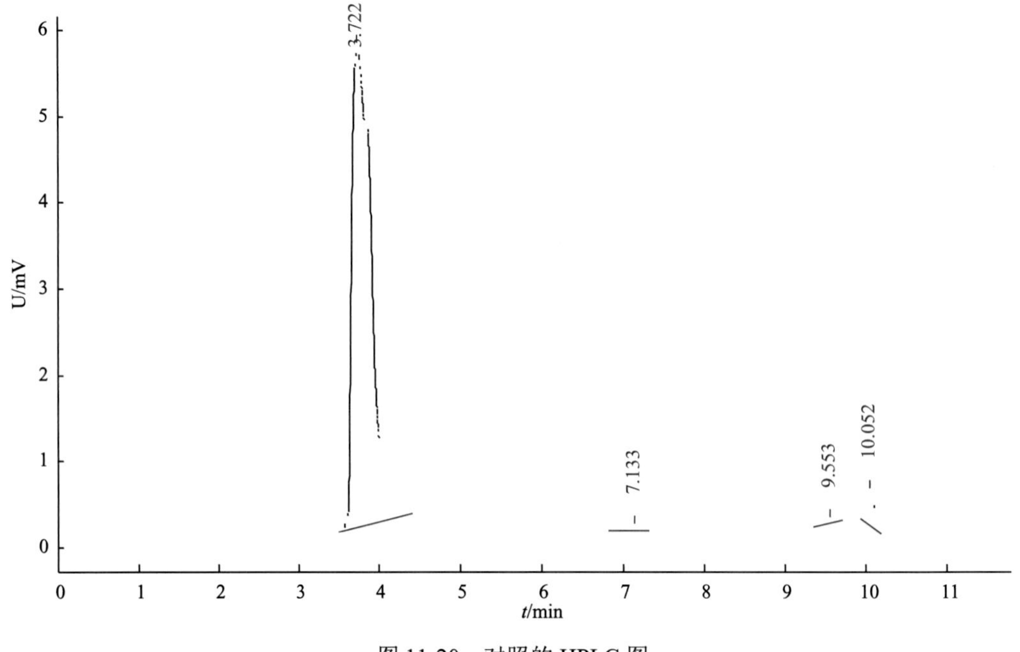

图 11-20　对照的 HPLC 图

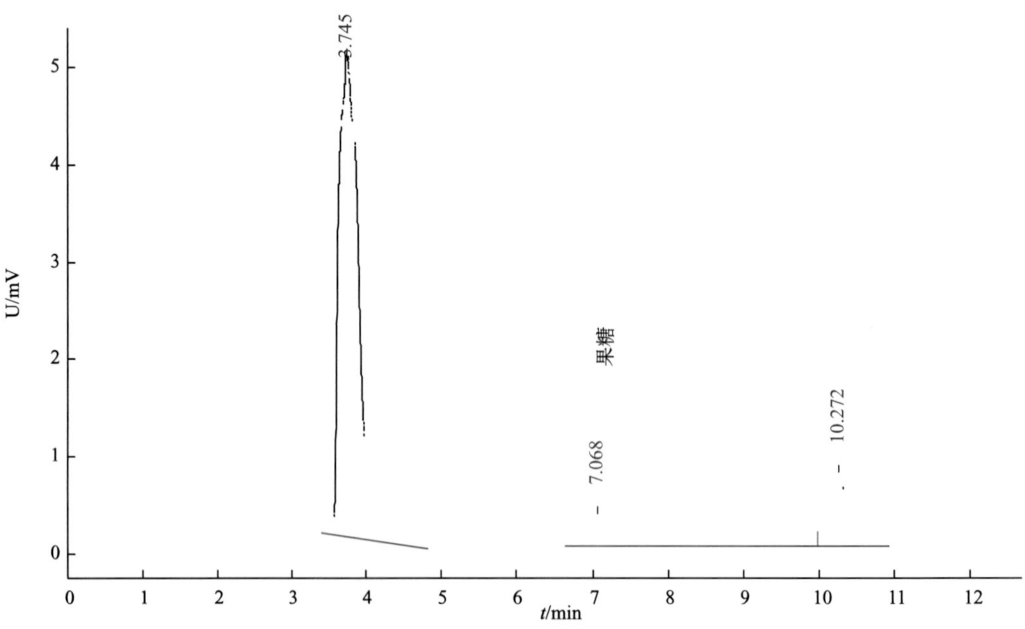

图 11-21　谱带 1 的酶解产物的 HPLC 图

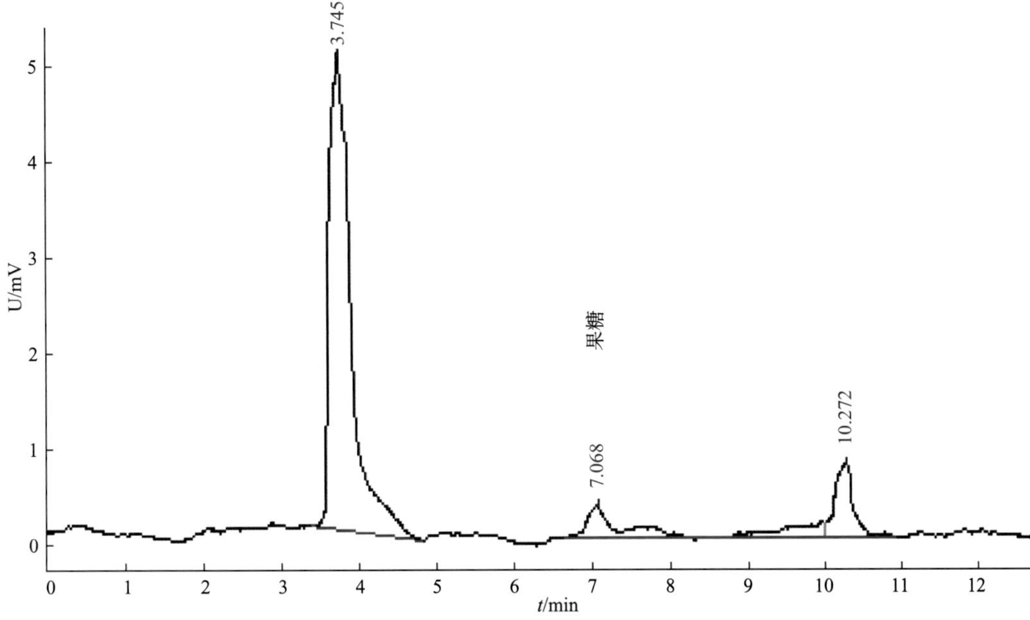

图 11-22　谱带 2 的酶解产物的 HPLC 图

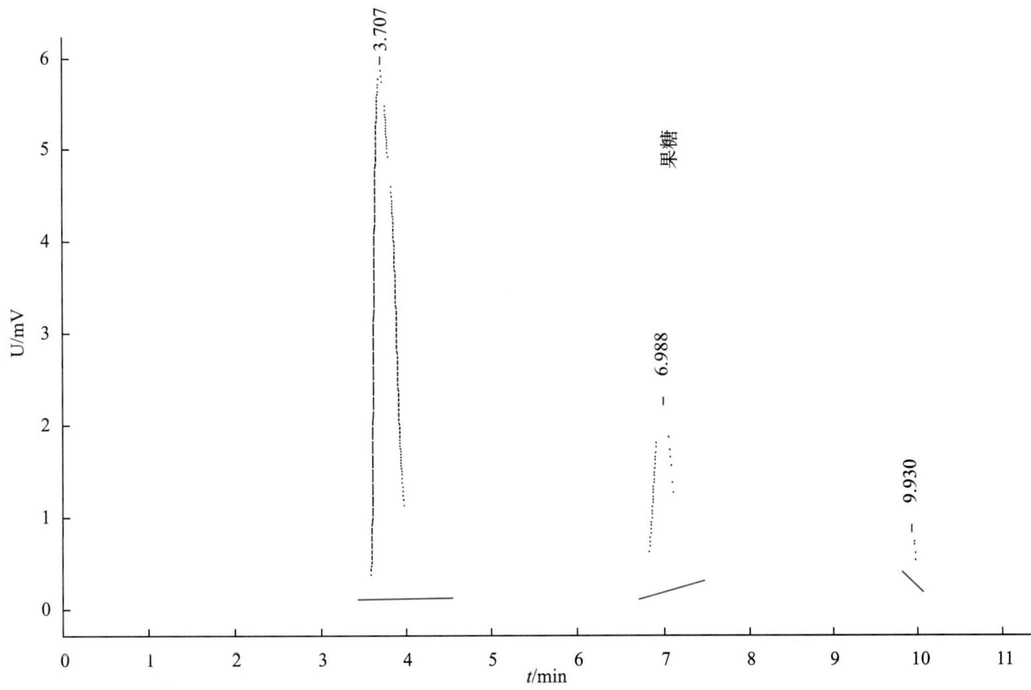

图 11-23　谱带 3 的酶解产物的 HPLC 图

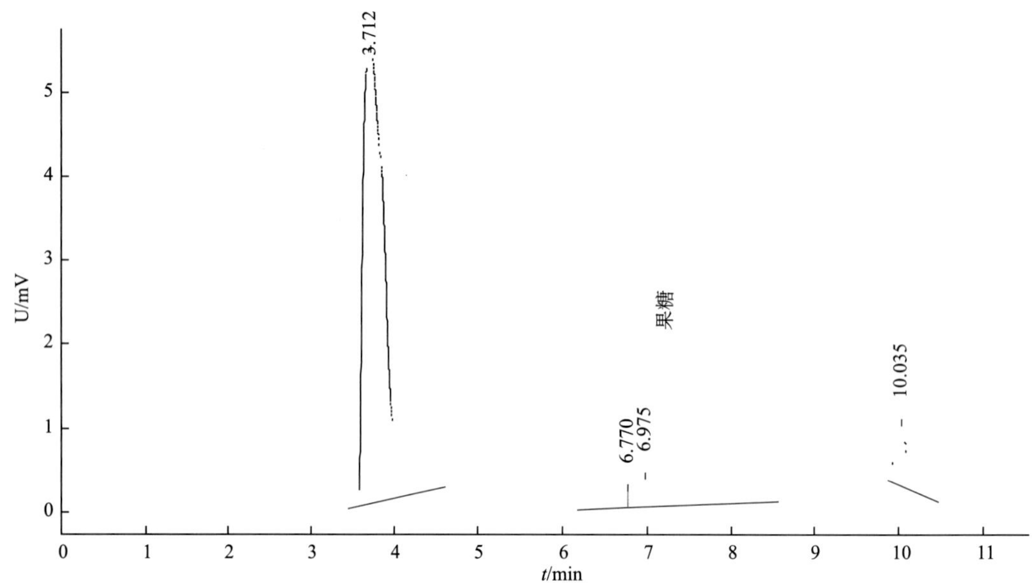

图 11-24　谱带 4 的酶解产物的 HPLC 图

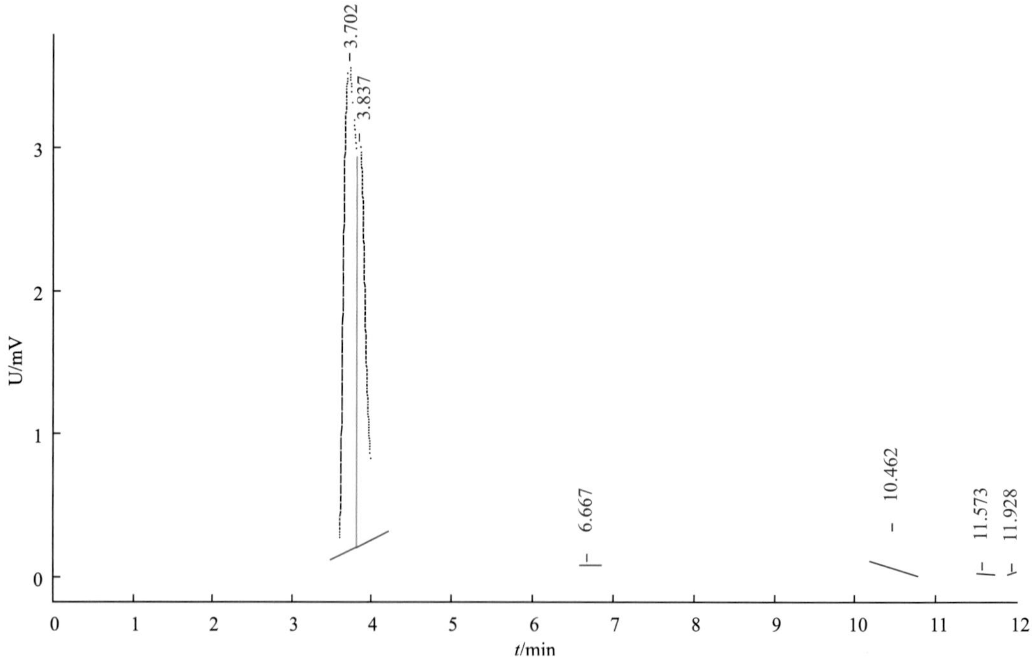

图 11-25　谱带 5 的酶解产物的 HPLC 图

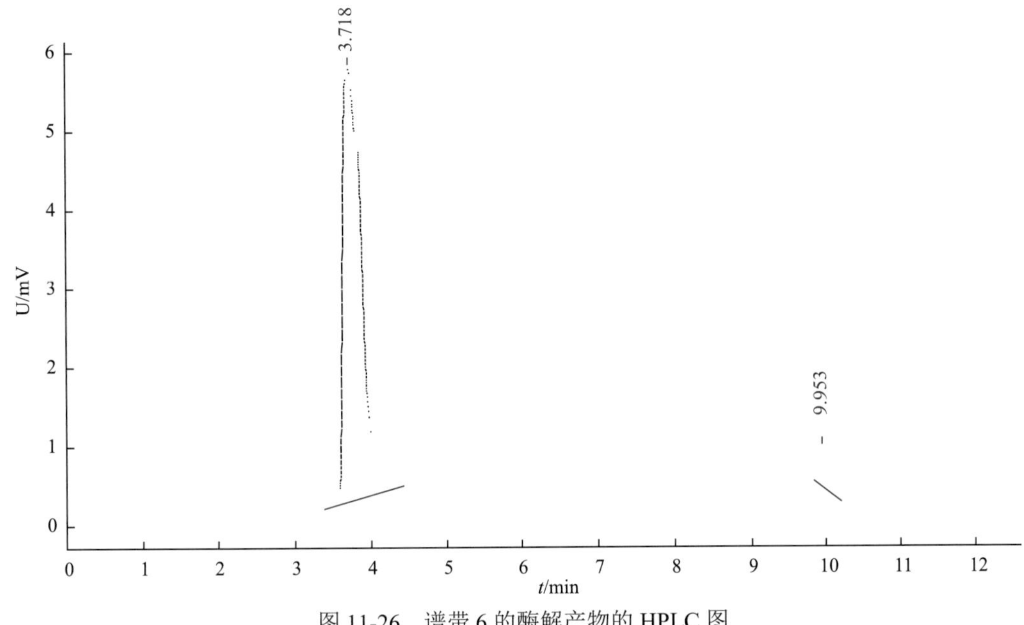

图 11-26 谱带 6 的酶解产物的 HPLC 图

微生物来源的菊粉酶的研究及利用，对全国丰富的菊芋资源的开发利用，具有良好的潜在社会效益和经济价值。本部分介绍的仅是南京农业大学海洋科学及其能源生物资源研究所菊芋研究小组有关菊粉酶的研究中很少的一部分，后面还有很多工作要做，如对现有菌株进行诱变育种，以提高产酶活力，对菊粉酶进行分离纯化以及构建基因工程菌株提高菊粉酶表达量等。我国拥有丰富的微生物菌种资源，南京农业大学海洋科学及其能源生物资源研究所菊芋研究小组在产菊粉酶优良菌种选育、发酵生理、产酶代谢调控等方面组织力量继续进行深入的研究，以尽快取得突破，构建菊粉酶表达量高的基因工程菌株，以期尽快实现工业化生产。

菊粉酶是天然果聚糖的水解酶，可以将菊芋中的果聚糖直接水解为果糖或低聚果糖。菊粉酶是一步法生产高果糖浆的唯一重要酶种。此法是果糖生产的理想途径，具有巨大的工业化生产潜力。利用菊芋生产果糖，具有原料便宜、投资少、效益高、工艺简单、转化快、无污染、果糖含量高等优点。因此，菊粉酶的开发应用对开发新的食品工业原料，利用生物技术解决粮食危机、能源危机等均具有重要意义。自 20 世纪 80 年代以来，对菊粉酶的研究，欧洲、日本等已经做了大量的工作，包括菌株筛选、产酶条件、诱变育种、酶的分离纯化。关于菊粉酶分子生物学方面的研究也有相关报道，但至今应用到工业化生产的却鲜有报道。国内关于菊粉酶的研究始于 20 世纪 90 年代，目前已有一些关于菌株筛选、诱变育种、酶的分离提纯及酶学性质研究、实验室小规模发酵方面的报道，但绝大多数仍停留在实验室研究阶段，并且中试结果的报道也不多。阻碍其工业化生产的主要原因是产酶菌株产酶量低，产酶成本高。将菌株应用于工业化生产最大的要求就是使微生物的产酶量大大提高。进行菌株培育以及构建基因工程菌株是探索提高菊粉酶表达量的重要方法。

综上所述，南京农业大学海洋科学及其能源生物资源研究所菊芋研究小组通过初筛和复筛，从土壤中筛选出产菊粉酶较高的一株真菌，通过鉴定为青霉属，命名为 *Penicillium* sp. B01。通过单因子和正交实验对产酶条件进行优化，得到最适的发酵条件为：EJA 120 g/L，YE 25 g/L，$NH_4H_2PO_4$ 2.5 g/L，NaCl 5 g/L，$FeSO_4·7H_2O$ 0.1 g/L，$ZnSO_4·7H_2O$ 0.1 g/L，pH=7，装液量为 250 mL 的锥形瓶中装 40 mL 的发酵培养基，在 30℃，170 r/min 振荡培养 3 d，优化之后最高酶活达到 25.78 U/mL。在该条件下，*Penicillium* sp. B01 在 48 h 生长进入稳定期，而在第 5 天时达到产菊粉酶高峰。*I/S* 值为 1.21。

Penicillium sp. B01 所产菊粉酶是诱导酶，适当浓度的菊粉、菊芋提取液对菊粉酶的合成有良好的诱导作用，而一定量的葡萄糖、果糖等还原性单糖虽有利于菌体大量生长，但对该酶的合成具有明显的阻遏作用。

Penicillium sp. B01 所产菊粉酶的性质的研究表明：该酶 pH 的适度范围较广，在 3.6～5.4，最适酶反应温度较高，为 55℃，因此该菌株有工业生产潜力。通过薄层色谱对酶解产物的分析可知该粗酶混合液中，*Penicillium* sp. B01 所产菊粉酶应当是外切菊粉酶。

从生产实践出发，进行了菊粉酶酶解菊芋汁的条件研究。实验分析表明最适条件为：55℃，底物浓度 10%～20%、加酶量 6 U/g 菊芋汁，酶解时间 8～10 h，为菊粉酶的工业化生产提供了有价值的技术参数。

通过 PAGE 电泳对 *Penicillium* sp. B01 所产的菊粉酶做了简单纯化。活性聚丙烯酰胺凝胶电泳对 *Penicillium* sp. B01 产菊粉酶体系具有良好的分辨率，共分离出 8 条清晰的蛋白条带，通过 TTC 活性染色得到 3 条具有活性的蛋白条带。将条带切下与 1%的菊粉底物反应，利用 TLC 和 HPLC 来分析酶解产物，证明了谱带 1、2、3、4 具有菊粉酶活性且主要表现为外切菊粉酶活性，TTC 活性染色、TLC、HPLC 三种分析方法同时证明谱带 3 的活性最强。

4）*Penicillium* sp. B01 外切菊粉酶基因的克隆

菊粉酶分子生物学的研究始于 20 世纪 90 年代，从分子水平研究菊粉酶的反应中心、必需基团，从而进一步应用基因工程和蛋白质工程技术来改造菊粉酶，提高酶的活性。Laloux 等[17]首次构建菊粉酶基因文库，从马克斯克鲁维酵母（*Kluyveromyces marxianus*）中克隆出外切菊粉酶基因 *INU1*，ORF 长度 1668 bp，编码 555 个氨基酸，分子质量为 59672 Da, 前 16 个氨基酸为信号肽序列，根据 *INU1* 翻译的氨基酸序列与酿酒酵母（*Saccharomyces cerevisiae*）SUC2 的蔗糖转化酶的氨基酸的同源性为 68%，因此，可以认为二者同属于 *β*-呋喃果糖苷酶家族。目前已从众多的产酶菌株如青霉、黑曲霉、克鲁维酵母等中克隆到菊粉酶的 cDNA 片段，分析 cDNA 顺序，进而推导出氨基酸顺序，发现菌粉酶中均存在一段保守序列 *β*-果糖苷酶基序，同样的序列也存在于酿酒酵母的转化酶以及枯草芽孢杆菌的果聚糖酶中，可见 *β*-果糖苷酶基序是高度保守的。同时也发现在果聚糖酶和菊粉酶中的 *β*-果糖苷酶基序中，有一段基团序列完全一致，因而有人预测此段序列是催化位点。酵母、丝状真菌和细菌的菊粉酶 N 端的第 20～350 个氨基酸也包含糖基水解酶家族 32 的保守区。表 11-11 中列出了部分来源于不同微生物的菊粉酶基因的特性。

表 11-11　不同微生物来源的菊粉酶基因的一些特性

基因	微生物	大小/bp	预测分子质量/kDa	登录号
inuA1	*A. niger*	1551	59.1	XM 001395842
InuA	*A. niger*	1550	55.9	DQ233221
Inu2	*A. ficuum*	1550	55.8	AJ006951
Einu1	*P．purpurogenum*	1547	55.5	D84359
	P．purpurogenum var. *rubrisclerotium*	1470	51.0	E08802
INU1	*C. aureus*	1557	58.2	EU596421
INU1	*Pichia guilliermondii*	1545	57.8	EU195799
INU1	*K. marxianus*	1670	58.8	AY469443
INU1	*K. marxianus* var. *bulgaricus*	1667	58.2	X57202
KcINU1	*K. cicerisporus*	1665	58.0	AF178979
inuA	*G. stearothermophilus*	1482	56.7	AB086444
Inu	*B. polymyxa*	1455	55.5	AY077613
inu2	*Pseudomonas mucidolens*	1506	73.0	AF129819
Inu1	*Arthrobacter* sp.	2439	87.9	AJ131562

从 NCBI 中下载了 18 种不同微生物来源的菊粉酶，比较菊粉酶的氨基酸序列，发现绝大多数的菊粉酶都包含保守序列 F-R-D-P 和 W-M-N-D-P-N-G-L[18-20]。研究人员已经证实菊粉酶的保守区（WMNXPNGL）起到亲核基团的作用，而保守区（RDP）对于催化活性起到至关重要的作用[21]。

在菊粉酶基因表达方面，最早的一篇报道是 1991 年 Wanker 等曾将 *B. subtilis* 的菊粉酶基因转入大肠杆菌和酿酒酵母中进行表达，Kim 等使 *A. ficuum* 内切菊粉酶基因 *INU2* 在 *S. cerevisiae* 中得到表达，得到了 *S. cerevisiae* YSH2164-2C（PR4INU2）基因工程菌[22]；Zang 等将海洋的酵母 *Pichia guilliermondii* 的菊粉酶基因在 *Pichia pastoris* X-33 中进行高效表达，最高酶活达到 58.7 U/mL，通过对重组的巴斯德毕赤酵母的诱导表达进行优化，通过 5L 的发酵罐进行发酵，酶活提高到 286.8 U/mL。该重组菌具有作为工业菌株的潜力。

巴斯德毕赤酵母表达系统。分子技术的发展为研究外源基因在各种细胞中表达提供了广阔的前景。原核系统表达以大肠杆菌表达系统为代表，人类对大肠杆菌经过长期的研究，对其特性和遗传背景了解得非常清楚，大肠杆菌培养操作简单、生长繁殖快、价格低廉，人们用大肠杆菌作外源基因的表达工具已有 20 多年的经验积累，表达的目的蛋白量甚至能超过细菌总蛋白量的 80%。因此大肠杆菌是目前应用最广泛的蛋白质表达系统。

当要将真核基因放入原核细胞中表达产生蛋白质时，原核系统就表现出许多缺陷：①没有真核转录后加工的功能，不能进行 mRNA 的剪接，所以只能表达 cDNA 而不能表达真核的基因组基因；②没有真核翻译后加工的功能，表达产生的蛋白质，不能进行糖基化、磷酸化等修饰，难以形成正确的二硫键配对和空间构象折叠，因而产生的蛋白质常没有足够的生物学活性；③表达的蛋白质经常是不溶的，会在细菌内聚集成包涵体

（inclusion body），尤其当表达目的蛋白量超过细菌体总蛋白量 10%时，就很容易形成包涵体。生成包涵体的原因可能有：蛋白质合成快速太快，多肽链相互缠绕，缺乏使多肽链正确折叠的因素，导致疏水基团外露等。细菌裂解后，离心后可得到包涵体的沉淀，虽然有利于目的蛋白的初步纯化，但无生物活性的不溶性蛋白要经过复性使其重新散开、重新折叠成具有天然蛋白构象和良好生物活性的蛋白质，常常是一件很困难的事情。也可以设计载体使大肠杆菌分泌表达出可溶性目的蛋白，但表达量往往不高。

要表达真核生物的蛋白质，采用真核表达系统自然应比原核系统优越。近年来，以酵母作为工程菌表达外源蛋白日益引起重视，原因是与大肠杆菌相比，酵母是低等真核生物，除了具有细胞生长快、易于培养、遗传操作简单等原核生物的特点外，还具有真核生物对表达的蛋白质进行正确加工、修饰、合理的空间折叠等功能，非常有利于真核基因的表达，能有效克服大肠杆菌系统缺乏蛋白翻译后加工、修饰的不足。因此酵母表达系统受到越来越多的重视和利用。同时与大肠杆菌相比，作为单细胞真核生物的酵母菌具有比较完备的基因表达调控机制和对表达产物的加工修饰能力。酿酒酵母（*S. cerevisiae*）在分子遗传学方面被人们认识得最早，也是最先作为外源基因表达的酵母宿主。自 1981 年 Hitzeman 等[23]首次报道了人重组干扰素基因在酿酒酵母中表达成功后，相继又有多种外源基因在该表达系统中表达成功[24]。随着 DNA 重组技术的发展，酿酒酵母已被广泛地用作外源蛋白表达的宿主，并发展了许多相应的表达系统。但是，以酿酒酵母为主体的表达系统也存在一些明显的局限性，如难以达到很高的发酵密度，只能分泌少量蛋白，其翻译后加工与高等真核生物有所不同等，这对外源基因的表达是很大的障碍[25]。为克服酿酒酵母的局限，1983 年美国 Wegner 等最先发展了以甲基营养型酵母（methylotrophic yeast）为代表的第二代酵母表达系统。

甲醇酵母表达系统是近几十年发展起来的真核表达体系，已基本成为较完善的外源基因表达系统[26-28]。毕赤酵母具备高效、实用、简便并能提高表达量以及保持产物生物学活性等突出特点，非常适宜于大规模工业生产，提供更为广泛的基因工程产品。与哺乳动物细胞相比，毕赤酵母不需要复杂的培养基和苛刻的培养条件，遗传工程相对容易控制，同时还具有真核蛋白的合成途径。比如 G 蛋白偶联受体不能在细菌、酿酒酵母和昆虫细胞中有效表达，却能在毕赤酵母中成功表达且具有完整的功能[29, 30]。巴斯德毕赤酵母作为甲醇酵母的一种，迄今为止，已有 400 多种外源蛋白在此体系中成功表达[31]。毕赤酵母表达系统的主要优势有：①含有特有的强有力的 *AOX*（醇氧化酶基因）启动子，用甲醇可严格地调控外源基因的表达。这种启动子在甲醇培养下可激励很高的细胞转录水平，但在其他的碳源环境里受到强烈的抑制[32, 33]。②表达水平高，既可在胞内表达，又可分泌型表达。绝大多数外源基因比在细菌、酿酒酵母、动物细胞中表达水平高。一般毕赤酵母中外源基因都带有指导分泌的信号肽序列，使表达的外源目的蛋白分泌到发酵液中，有利于分离纯化；具有将大量的重组蛋白分泌到培养液中的特点，有利于目的蛋白的分离纯化。已报道的最高表达量分别为 22 g/L（胞内）[34]和 14. 8 g/L（分泌）[35]。③发酵工艺成熟，易放大。已经有大规模工业化高密度生产的发酵工艺，且细胞干重达 100 g/L 以上，表达重组蛋白时，已成功放大到 10000 L。④培养成本低，产物易分离。毕赤酵母所用发酵培养基十分廉价，一般碳源为甘油或葡萄糖及甲醇，其余为无机盐，培养基中不含蛋白，有利于下游产品分离纯化；而酿酒酵母所用诱导物一般为价格较高的半乳糖。⑤外源蛋白基因遗传稳定。一般外源蛋白基因整合到毕赤酵母染色体上，随染色体复制而复制，不易丢失。⑥作为真核表达系统，毕赤酵母具有真核生物的亚细胞结构，具有糖基化、脂肪酰化、蛋白磷酸化等翻译后修饰加工功能。

Pichia pastoris 属子囊菌类，为单倍体，由于在其细胞的过氧化物酶体中含有甲醇代谢途径所必需的酶，如醇氧化酶（alcohol oxidase，AOX）、过氧化氢酶、二羟丙酮合成酶等[36]，所以可利用甲醇作为唯一碳源和能源。其中醇氧化酶（AOX）是甲醇利用途径中的第一个酶，它催化甲醇被氧化成甲醛和过氧化氢。有 *AOX1* 和 *AOX2* 两个基因编码 AOX。*AOX1* 基因严格受甲醇诱导和调控；*AOX2* 基因与 *AOX1* 基因序列相似，有 92%的同源性，其编码蛋白有 97%的同源性。*AOX1* 启动子是目前应用在毕赤酵母表达中最广泛的诱导性的启动子，*AOX1* 启动子的强诱导性使它下游的外源基因易于调控，并具有很高的表达率。*AOX2* 功能和 *AOX1* 相同，但其启动子的强度大大低于 *AOX1*。

由于毕赤酵母体内没有稳定的附加型载体，所以通常采用整合型载体，将外源基因表达框架整合于染色体中以实现外源基因的表达从而获得遗传稳定的菌株，其表达量高。有许多蛋白的表达水平可达每升数克以上，如破伤风毒素 C 片段表达量高达 12 g/L[37]。表达质粒包括启动子、外源基因克隆位点、终止序列、筛选标记等。表达载体都是穿梭质粒，先在大肠杆菌内复制扩增，然后被导入宿主酵母细胞。毕赤酵母能够在胞内或者胞外表达重组蛋白，胞外蛋白更利于纯化。为使产物分泌到胞外，表达载体还需带有信号肽序列。

分泌信号序列是前体蛋白 N 端的一段 17～30 个氨基酸残基组成的分泌信号肽的编码区。信号肽的作用是引导分泌蛋白在细胞内沿着正确的途径转移到胞外。可供毕赤酵母选择的信号肽有外源蛋白自身的信号肽和酵母本身的信号肽。目前可供选择的酵母信号肽有 α 因子的前导肽序列、酸性磷酸酶信号肽和蔗糖酶信号肽等。其中酿酒酵母 α 因子前导肽序列的使用最为广泛。

南京农业大学海洋科学及其能源生物资源研究所菊芋研究小组使用 pPICZαC 质粒，其信号肽来自酿酒酵母的 α-交配因子（α-factor），并且作为新一代的毕赤酵母分泌表达质粒，它还拥有一个特点是其具有吉欧霉素（zeocin^{TM}）抗性标记基因，给筛选转化子的工作带来很大的便利。pPICZαC 质粒是新一代的毕赤酵母分泌表达质粒，它的主要特点是：①具有强效可调控启动子 *AOX1*。②具有 zeocin 抗性筛选标记基因，重组转化子可直接用 zeocin 进行筛选，即在 YPDZ 平板上生长的转化子中，100%都有外源基因的整合，大大简化了重组转化酵母的筛选过程。③在表达载体 *AOX1* 5′端启动子序列下游，有供外源基因插入的多克隆位点，多克隆位点下游有 *AOX1* 3′端终止序列。④分泌效率强的信号肽 α-交配因子。

目前，用于外源基因表达的 *P. pastoris* 菌株为 Invitrogen 公司构建。根据对甲醇利用能力不同，毕赤酵母可分为三种不同表型：①甲醇利用正表型（Mut$^+$），这种菌株含有 *AOX1* 和 *AOX2* 基因，在含甲醇的培养基内生长正常。例如，X-33、GS115、SMD1168 和 SMD1168H 的表型就是 Mut$^+$。②甲醇利用慢表型（Muts），如 KM71、KM71H 菌株，它们的 *AOX1* 基因被取代，只剩下 *AOX2* 基因，在含甲醇的培养基内生长速度比野生型菌株慢。③甲醇利用负表型（Mut⁻），该型菌株的 *AOX1* 和 *AOX2* 基因完全缺失，不能利用甲醇，如 MCl00-3 菌株就属于 Mut⁻。南京农业大学海洋科学及其能源生物资源研究所菊芋研究小组使用的受体菌株是 X-33。

目前，把载体 DNA 转入宿主菌主要有 4 种方法，即电穿孔法、原生质体法、PEG（聚乙二醇）法和锂盐法。其中原生质体法和电穿孔法的转化效率最高，且有时可得到含多拷贝外源基因的细胞。同时由于电穿孔法简便、快捷、高效，是目前最理想的转化外源基因的方法。毕赤酵母重组可分两种情况：一种是单交换，即在 HIS 或 5AOX 的单酶切位点将质粒载体线性化，通过单交换（插入）整合入染色体，这样由于 *AOX1* 基因仍然保留，所得到的转化子表型为 Mut⁺；另一种为双交换（或替换），即外源基因通过重组替换了染色体上的 *AOX1* 基因，从而造成 *AOX1* 的缺失，得到的转化子为 Muts。

毕赤酵母能对表达的蛋白质进行 *N*-糖基化和 *O*-糖基化，其中由于 *N*-糖基化发生较多且其对许多蛋白质的折叠、药物动力学的稳定性及功能是必需的，故对其研究也相对较为深入。当蛋白质含有一致性序列 Asn-Xaa-Thr /Ser（Xaa 代表任何氨基酸）时，毕赤酵母能对其中天冬酰胺（Asn）残基上的酰胺氮进行糖基化，即产生 *N*-糖基化。若对蛋白质中的苏氨酸（Thr）/丝氨酸（Ser）上的羟基进行糖基化即产生 *O*-糖基化。糖基化对毕赤酵母表达蛋白质产量的影响因蛋白质不同而异，同样，糖基化对毕赤酵母表达蛋白质功能的影响也因蛋白质的不同会造成三种情况，即增强功能、降低功能和对蛋白质功能无明显影响，这可能与蛋白质糖基化位点所处的部位有关[38]。与酿酒酵母相比，毕赤酵母表达蛋白质的糖基化程度虽然有所减轻，但与天然蛋白质相比，仍可能存在过度糖基化的问题。过度糖基化不仅会影响蛋白质的合成和分泌及改变蛋白质的活性，同时也对进一步的蛋白质纯化不利。

经过多年的研究开发，毕赤酵母表达系统已相当成熟，并已成功用于多种外源蛋白质的表达，毕赤酵母表达系统不存在原核表达系统的内毒素难以除去的问题，也不存在哺乳动物表达系统的病毒和支原体污染等问题，临床应用较安全。

菊粉酶（inulinase）是能够水解 β-2,1-D-果聚糖果糖苷键的一类水解酶。根据水解底物的方式不同，菊粉酶可以分为两类：内切菊粉酶和外切菊粉酶[39]。内切菊粉酶水解菊粉后的产物主要为低聚果糖，而外切菊粉酶水解菊粉后的产物主要为果糖。

微生物产酶的发酵过程简单，产量较高，成本低，工业上更倾向于使用微生物酶制剂。然而野生微生物的产酶量普遍较低，目前仍有学者致力于筛选高产的菊粉酶菌株以及对产酶菌株进行改造，以期得到高活力、热稳定性好的产菊粉酶菌株。Nakamura 等[40]通过使用 ^{60}Co 诱变 *A. niger* 12 获得突变体 *A. niger* 817，突变株的发酵液上清的菊粉酶酶活比出发菌株提高了 4 倍。Viswanathan 和 Kulkarni[41]用紫外诱变育种，得到黑曲霉突变株的酶活提高了 3 倍多，达到 374 U/mL。

然而诱变育种的工作量大，收效甚微。随着分子生物学技术的迅速发展，20 世纪 90 年代越来越多的学者开始研究菊粉酶的分子生物学，通过克隆菊粉酶基因，进而高效表达以提高菊粉酶的活力。现已从马克斯克鲁维酵母、假单胞菌、枯草芽孢杆菌、青霉等菌株中克隆得到外切菊粉酶的基因[42-44]，从产紫青霉、黑曲霉、节杆菌、无花果曲霉等中克隆到内切菊粉酶基因[45-48]。也有相关的菊粉酶基因表达的报道。

南京农业大学海洋科学及其能源生物资源研究所菊芋研究小组从上百株土壤微生物中分离出一株产菊粉酶活力较高的丝状真菌青霉 B01，在优化后的培养条件下，发酵液的酶活为 25.5 U/mL，并初步研究了该菊粉酶的水解性质，对该菌的产酶的酶系进行分析发现该菌分泌的酶主要表现为外切菊粉酶的活性[49,50]。但目前还没有关于微紫青霉的菊粉酶基因的报道。这一章节主要介绍南京农业大学海洋科学及其能源生物资源研究所菊芋研究小组从微紫青霉 B01 中克隆外切菊粉酶基因，通过软件对该基因进行生物学性质的分析，为下一步的菊粉酶基因的表达打下基础，并构建能够一步利用菊粉生产乙醇的基因工程菌株，从而能够对菊芋进行深加工，提高菊芋的经济价值，提高农民的收益。主要成果如下。

通过 RACE-PCR 的方法，从青霉 B01 中克隆到外切菊粉酶基因 *inuA1*，并分析了菊粉酶基因序列的特性，比较了不同来源菊粉酶基因的性质；将菊粉酶基因在巴斯德毕赤酵母（*P. pastoris*）X-33 表达系统中高效表达，大大提高了菊粉酶的产量；利用重组菊粉酶的 His 标签，用 Ni 金属离子亲和色谱柱纯化重组菊粉酶，通过免疫印迹（Western blot）和质谱鉴定了菊粉酶蛋白。研究了纯化的重组酶的酶学性质；对高产酿酒酵母（*Saccharomyces* sp.）6525 菌株进行代谢工程改造，表达菊粉酶基因 *inuA1*。同时酿酒酵母 2805 和 BY4741 表达菊粉酶基因 *inuA1*；利用构建的酿酒酵母基因工程菌 BR8 一步发酵菊粉生产乙醇，并比较了重组子酿酒酵母 AR34 和 R5 协同酿酒酵母 6525 发酵菊粉生产乙醇的性能。

（1）*Penicillium* sp. B01 外切菊粉酶基因克隆的研究方法

质粒和菌株。pMD19-T 购于 TaKaRa 公司（大连）。微紫青霉（*Penicillium janthinellum*）strain B01 由南京农业大学海洋科学及其能源生物资源研究所菊芋研究小组从南京农业大学山东莱州 863 基地菊芋根际土壤中筛选获得。大肠杆菌 *E. coli* DH5α 为南京农业大学海洋科学及其能源生物资源研究所菊芋研究小组实验室保存。pEASY-Blunt 质粒购于全式金公司，用于平末端的连接。感受态 Trans-T_1 购于全式金公司。

培养基。PDA 培养基：马铃薯 200 g/L，葡萄糖 20 g/L，马铃薯去皮、切块煮沸 30 min，用纱布过滤；121℃，20 min 灭菌。青霉 B01 菊粉酶发酵培养基：粗菊粉 120 g/L，酵母膏 25 g/L，$NH_4H_2PO_4$ 2.5 g/L，NaCl 5 g/L，$FeSO_4{\cdot}7H_2O$ 0.1 g/L，$ZnSO_4{\cdot}7H_2O$ 0.1 g/L，pH 7，装液量为 250 mL 的锥形瓶中装 40 mL 的发酵培养基。粗菊粉 80℃热浸提后过滤。LB 液体培养基：胰蛋白胨 10.0 g/L，酵母粉 5.0 g/L，氯化钠 10.0 g/L，pH 7.2～7.5；121℃，20 min 灭菌。LB 固体培养基：在 LB 液体培养基中加入琼脂粉，终浓度 2.0%，高压灭菌，倒入平板中，冷却，4℃保存。100 mg/mL 氨苄青霉素（Amp）储存液配制：0.1 g 氨苄青霉素（Genview）溶于 1 mL 双蒸水或去离子水中，0.22 μm 的滤膜过滤除菌，分装后于–20℃保存，使用时每 100 mL 培养基加 100 μL 储存液。LA 液体培养基/ LA 固体培养基：在 LB 液体培养基/LB 固体培养基中加入氨苄青霉素，终浓度 100.0 μg/mL。

试剂。50×TAE 试剂（1000 mL）：Tris 242 g，冰醋酸 57.1 mL，100 mL 0.5 mol/L EDTA（pH 8.0），临用时稀释 50 倍。TE 缓冲液（pH7.4）：10 mmol/L Tris-HCl（pH 7.4），1 mmol/L EDTA（pH 8.0）。琼脂糖凝胶：称取 0.5 g 的琼脂糖，放入锥形瓶中，加入 50 mL 的 1×TAE 缓冲液，置微波炉中加热至完全溶化，待冷却至 60℃时，加入染料 DuRed（北京泛博化

学股份有限公司），根据实验需要倒入制胶器中，待成型后使用。

PCR 凝胶回收试剂盒（AXYGEN）。真菌 DNA 提取试剂盒：E.Z.N.A.™ Fungal DNA Kit（OMEGA）。真菌 RNA 提取试剂盒：E.Z.N.A.™ Fungal RNA Kit（OMEGA），SMARTer™ RACE cDNA Amplification Kit（Clontech），Reverse Transcriptase（TOYOBO）。

DNA marker。DL2000（Tiangen）：自上而下 2000 bp、1000 bp、750 bp、500 bp、250 bp 和 100 bp。

DL5000（TaKaRa）：自上而下 5000 bp、3000 bp、2000 bp、1000 bp、750 bp、500 bp、250 bp 和 100 bp。

*λHin*dIII（Fermentas）：自上而下 23130 bp、9416 bp、6557 bp、4361 bp、2322 bp、2027 bp、564 bp 和 125 bp。

青霉 B01 的分子鉴定。青霉 B01 基因组 DNA 的提取：将青霉 B01 在发酵培养基中振荡培养 3～5 d 后，用灭菌纱布过滤后取菌丝体，用液氮将菌丝磨成粉末。提取方法参照 E.Z.N.A.™ Fungal DNA Kit（OMEGA）的说明书。青霉 B01 ITS 区 PCR 扩增：引物为 ITS1（TCCGTAGGTGAACCTGCGG）和 ITS4（TCCTCCGCTTATTGATATGC），以青霉 B01 基因组 DNA 为模板，ITS1 和 ITS4 为引物扩增，PCR 体系如下。

反应体系（50.0 μL）：

10× buffer	5.0 μL
dNTPs（10 mmol/L）	1 μL
ITS1（10 μmol/L）	1.0 μL
ITS4（10 μmol/L）	1.0 μL
Taq DNA 聚合酶	0.5 μL
Strain1 基因组 DNA	1.0 μL
ddH_2O	40.5 μL

反应条件：预变性 94℃，5 min；变性温度 94℃ 30 s，退火温度 55℃ 30 s，延伸温度 72℃ 1 min，30 个循环；72℃，延伸 10 min。

青霉 B01 的 PCR 结果分析：PCR 结束后，取 5.0 μL PCR 产物在用 1×TAE 配制加有适量溴化乙锭的 1.0%琼脂糖凝胶上电泳，130 V 30 min 后，使用 Bio-Rad 的凝胶成像系统查看。

青霉 B01 的 PCR 产物的回收：将 PCR 所有产物加入琼脂糖凝胶上样孔中，130V 30 min 后，在紫外线灯下切下目标带，用凝胶回收试剂盒回收纯化目标带，回收纯化过程参照试剂盒说明书进行。将 PCR 回收产物送至上海英潍捷基公司测序。

序列比对：在 NCBI 中将 ITS 的测序结果进行 BLAST 分析，与已知的序列结果进行比对分析（http://www.ncbi.nlm.nih.gov/BLAST）。

青霉 B01 外切菊粉酶基因片段的扩增：从 NCBI 中搜索不同真菌来源的菊粉酶基因，用 DANMAN 软件对不同的外切菊粉酶基因进行比对分析，并根据保守区的同源序列和引物设计的原则，设计 5′端和 3′端的引物 P1 和 P2。

微紫青霉 B01 的总 RNA 的提取及 DNA 污染的去除：将青霉 B01 在发酵培养基中振荡培养 3～5 d 后，用灭菌纱布过滤后取菌丝体，用液氮将菌丝磨成粉末。提取方法参照 E.Z.N.A.TM Fungal RNA Kit（OMEGA）的说明书。

去除青霉 B01 总 RNA 中的基因组 DNA：在微量离心管中配制 50 μL 的反应液，具体如下。

总 RNA	20～50 μg
10×DNase buffer	5 μL
DNase I（RNase free 5 U/μL）	2 μL
RNase inhibitor（40 U/μL）	0.5 μL
DEPC H_2O	定容至 50 μL

将反应体系在 37℃下保温 20～30 min。

在体系中加入 50 μL 的 DEPC H_2O。

加入 100 μL 的苯酚/氯仿/异戊醇（25∶24∶1），充分混匀。

12000 *g* 4℃离心 10 min，移取上层至另外一个微量离心管中。

加入 10 μL 的 3 mol/L NaAc（pH5.2）。

加入 250 μL 的冷无水乙醇，–20℃放置 30～60 min。

离心回收沉淀，用 70%的冷乙醇清洗沉淀，真空干燥，用定量的 DEPC H_2O 溶解。

青霉 B01 的 cDNA 第一反应链的合成（RTPCR）。

配制 20 μL 的反应体系：

5×buffer	4 μL
dNTP mixture（10 mmol/L）	10 μL
Reverse Transcriptase	0.1 μL
Total RNA	4 μL
Oligo(dT)$_{20}$	1 μL

反应条件：42℃反应 60 min。

青霉 B01 的 PCR 反应：引物为 P1（CAGCAAGCNCAGTCTATTGC）和 P2（CCNCCGANGAGGAAGTTGAT）。以青霉 B01 第一反应链 cDNA 为模板，P1 和 P2 为引物进行扩增。

反应体系（50.0 μL）：具体参照 *Taq* DNA 聚合酶生产厂家的说明。反应条件：预变性 94℃，5 min；变性温度 94℃ 30 s，退火温度 55℃ 30 s，延伸温度 72℃ 1 min，30 个循环；72℃，延伸 10 min。

青霉 B01 的 PCR 产物与 T 载体连接：PCR 扩增过程中，*Taq* DNA 聚合酶在 PCR 产物 3′ 端有加上一个 A 的特性，使扩增产物具有 A 突出末端。因此可将 PCR 产物与含有 T 端的 pMD19-T（TAKARA，Japan）连接载体连接。连接方法参考试剂说明书。

$CaCl_2$ 制备大肠杆菌感受态的制备：方法参照《分子克隆实验指南》[51]。

大肠杆菌转化：PCR 产物与 T 载体连接后转化到大肠杆菌 DH5α 感受态细胞中，转化步骤参考《分子克隆实验指南》[51]。

阳性克隆的筛选：用无菌牙签挑取单克隆转接于 LB/Amp 液体溶液中，利用质粒小量提取试剂盒（AXYGEN，杭州）提取质粒，提取方法见试剂盒的说明书。利用质粒为模板用 PCR 法进一步验证，得到阳性克隆。将阳性克隆的菌液送至上海英潍捷基公司测序，并将测序结果在 NCBI 中进行 BLAST 分析。

利用 RACE-PCR 扩增青霉 B01 外切菊粉酶全长基因：根据已知的 cDNA 片段和 RACE 的原理设计基因特异引物和重叠引物。基因特异性引物（GSPs）必须符合以下条件：23～28 nt；GC 含量为 50%～70%；T_m 值≥65℃，T_m 值≥70℃可以获得好的结果。根据已有的基因序列设计 5′和 3′ RACE 反应的基因特异性引物（GSP1 和 GSP2）。由于两个引物的存在，PCR 的产物是特异性的。为防止使用 GSP1 和 GSP2 扩增产物的背景值过高，同时设计一对重叠引物 NGSP1 和 NGSP2 用于巢式 PCR。

RACE 第一链 cDNA 的合成：测定微紫青霉 B01 的总 RNA 的 $OD_{260/280}$，估算总 RNA 的浓度。第一链 cDNA 的合成的具体步骤参考 SMARTer^{TM} RACE cDNA Amplification Kit 说明书。

5′和 3′ 端扩增：具体步骤参考 SMARTer^{TM} RACE cDNA Amplification Kit 说明书。在这个过程中，可能不能顺利地扩增到目标产物，需要保证较高的 RNA 质量，PCR 的程序也适当地调整直至目标条带的出现。

青霉 B01 的 PCR 产物测序：使用 PCR 凝胶回收试剂盒将扩增到的条带进行回收，并亚克隆到 pMD T19 载体上，转化至大肠杆菌 DH5α，挑选阳性克隆，将阳性克隆的菌液送至公司测序。

cDNA 的拼接：将 RACE 获得 3′端和 5′端的 cDNA 与中间的 cDNA 片段通过生物软件 DNAStar 进行拼接，寻找可读框（ORF），获得全长的 cDNA。通过生物软件分析基因和推测蛋白的性质。

利用高保真的 *Taq* DNA 聚合酶扩增青霉 B01 菊粉酶基因的全长：因为拼接的全长序列中有错配的碱基序列，所以根据软件拼接的全长基因序列，设计 3′ 端和 5′端的引物 P3（ATGGTGATTCTTCTTAAACCCCT）和 P4（CTAATCATCCCACGTCGAAGAAATCT）。两端的引物分别包括了起始密码子 ATG 和终止密码子 TAG。利用高保真聚合酶（TAKARA），使用 cDNA 作为模板进行 PCR 扩增，PCR 反应体系（50 μL），反应条件参见 TAKARA 说明书。

用凝胶回收试剂盒将扩增到的 PCR 产物进行回收，亚克隆到 pEASY-Blunt 载体上，转化到大肠杆菌 Trans T1 上，挑选阳性克隆，送至公司测序。

青霉 B01 外切菊粉酶基因内含子分析：用引物 P3 和 P4，以青霉 B01 的基因组 DNA 为模板进行 PCR 扩增，PCR 反应体系和条件如 1.3.5。用凝胶回收试剂盒将扩增得到的 PCR 产物进行回收，亚克隆到 pMD19T 载体上，转化到大肠杆菌 DH5α 上，挑选阳性克隆，送至公司测序。

（2）*Penicillium* sp. B01 的分子生物学鉴定

由于南京农业大学海洋科学及其能源生物资源研究所菊芋研究小组实验室对于筛选到的产酶菌株仅鉴定到属于青霉属，因此通过对青霉的 ITS 区的扩增，进一步对青霉 B01 进行鉴定，为后面的基因克隆提供一个依据。利用青霉 B01 的基因组 DNA（图 11-27）为模板，扩增到 588 bp 的保守的 ITS 区（图 11-28），在 NCBI 中的注册序列号为 JF961345。通过 BLAST 比对，发现菌株青霉 strain B01 的 ITS 序列与微紫青霉 *Penicillium janthinellum* strain F425 的 ITS 序列（NCBI Accession number: HQ839782）有 100%的相似性。因此南京农业大学海洋科学及其能源生物资源研究所菊芋研究小组鉴定菌株青霉 strain B01 属于微紫青霉（*Penicillium janthinellum*）。

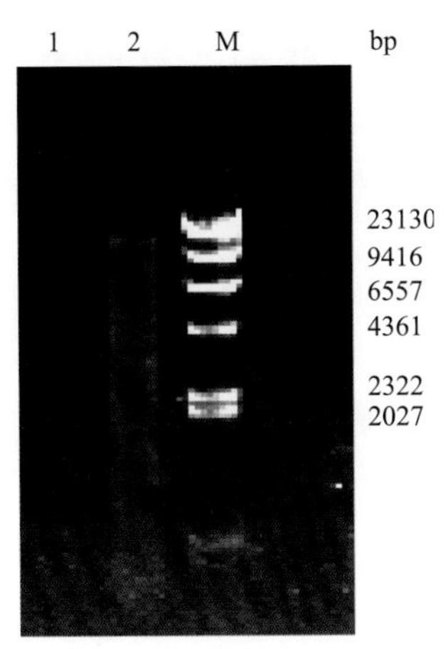

图 11-27　青霉 B01 基因组 DNA

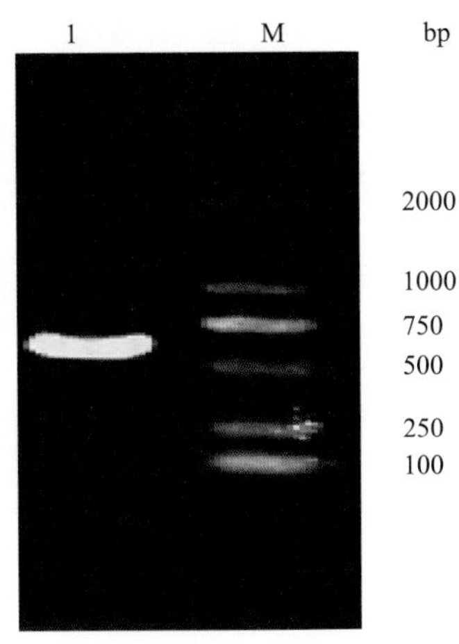

图 11-28　青霉 ITS 保守区扩增

1. ITS 片段；M. DL2000 marker

（3）*Penicillium* sp. B01 中外切菊粉酶基因保守区的扩增

简并引物是由于遗传密码具有简并性，根据氨基酸的保守序列反推到 DNA 水平设计引物，是获得序列未完全清楚的核酸的一种引物设计方案。由于大多数氨基酸的遗传密码不止一种，因此引物的部分碱基不能确定。可以根据各种不同的遗传密码规律设定 DNA 和氨基酸之间的相互转换，这样设计出来的引物是将可能编码一个给定氨基酸序列的核苷酸组合，是多种序列的混合物，序列的大部分是相同的，但在某些位点有所变化，称为简并引物[52]。简并 PCR（degenerate PCR）是 20 世纪 90 年代初建立的用于细胞遗传学中特异扩增 DNA 的技术方法，也称为简并寡核苷酸引物法[53]。它是根据密码子存在的简并性设计寡核苷酸引物，进行聚合酶链式反应。由于此种 PCR 无须知道待扩增 DNA 片段的核苷酸序列，因此备受关注。设计简并 PCR 引物一般需要两个必要条件：一是无间隙的高度保守的氨基酸序列；二是引物的 5′端不能是简并的，这样才能提高 PCR 的特异性。在引物设计中，最重要的是要尽量降低引物库的简并程度[54]。

首先从生物信息网站 GenBank（http://www.ncbi.nlm.nih.gov/）中查找所有关于菊粉酶的基因序列信息，南京农业大学海洋科学及其能源生物资源研究所菊芋研究小组选择了 3 个不同真菌来源的外切菊粉酶基因，分别是来自柄篮状菌（*Talaromyces stipitatus* ATCC 10500，704AA, No：XM_002485645）、烟曲霉（*Aspergillus fumigatus* Af293, 703AA，No：XM_743198）、青霉（*Penicillium* sp. TN-88, 702AA, No：AB041337）。对这三个菌的菊粉酶氨基酸序列进行比对，结果如图 11-29 所示。这 3 种外切菊粉酶具有一定的同源性，相似度较高，其中无间隙的高度保守的氨基酸序列有多处。

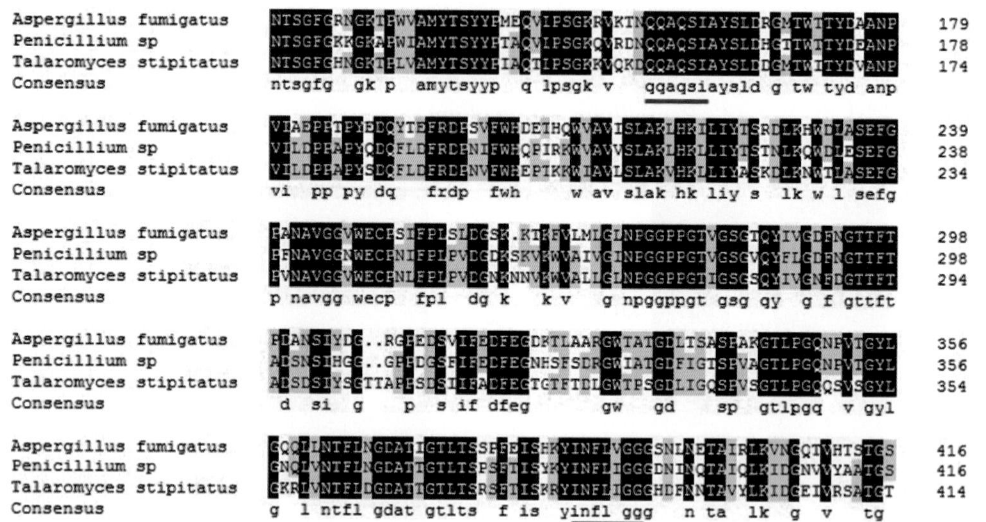

图 11-29　3 种不同来源的菊粉酶氨基酸序列的比对

从 Codon Usage Database 中查得微紫青霉（*P. janthinellum*）密码子的使用频率，以去除使用频率较低的第三位密码子（www.kazusa.or.jp/codon/）。选取图 11-29 中两处下划线的相似程度较高的氨基酸序列，为提高引物的有效浓度，结合微紫青霉（*P. janthinellum*）密码子的使用频率设计一对 21 bp 碱基的简并引物，分别是 P1——CAGCAAGCNCAGTCTATTGCA, P2——TCCNCCGANGAGGAAGTTGAT。预计的 PCR 扩增的产物的长度约为 700 bp。

（4）利用简并引物 PCR 克隆 *Penicillium* sp. B01 菊粉外切酶的部分基因

微紫青霉总 RNA 的提取：将微紫青霉在优化后的发酵培养基中振荡培养 4 d 后，收集微紫青霉的菌丝，提取总 RNA，RNA 的质量会直接影响 PCR 的结果，通过 1%的琼脂糖凝胶电泳可以检测 RNA 的质量。质量上乘的 RNA 应有较亮的 28S、18S rRNA 条带，且前者亮度应为后者的 2 倍，否则意味着样品有降解。图 11-30 为微紫青霉的总 RNA 的电泳图谱，图 11-30A 中发现提出的 RNA 中有 DNA 的污染，所以又通过使用 DNase 去除了 DNA 污染，如图 11-30B 所示。从图 11-30 可以看出 RNA 纯度较高。

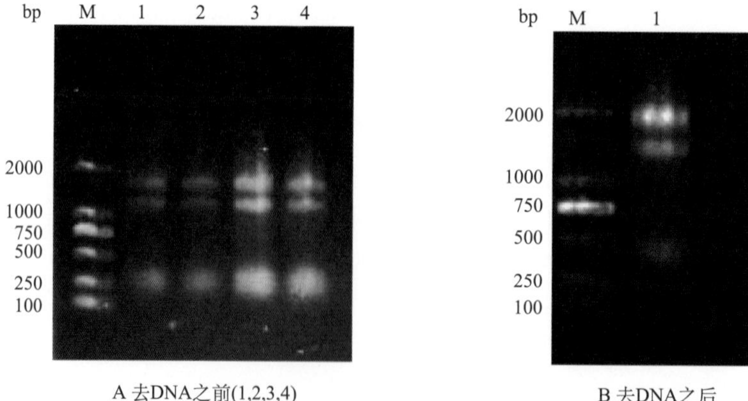

A 去DNA之前(1,2,3,4)　　B 去DNA之后

图 11-30　微紫青霉的总 RNA

（5）RT-PCR 扩增 *Penicillium* sp. B01 中外切菊粉酶的部分基因

先将获得的总 RNA 进行反转录第一链的 cDNA，然后以 cDNA 为模板，使用设计的简并引物进行 PCR 扩增，扩增到了 700 bp 左右的一条特异的条带（图 11-31），将 PCR 产物进行回收，T/A 克隆后，将检测的阳性克隆的菌液送至公司进行测序，测序结果共 720 bp。将测序的结果在 NCBI 中，利用 nucleotide BLAST 功能，与数据库中的已知的碱基序列进行比较。利用生物软件 DNAStar 将碱基翻译成对应的氨基酸，共编码 240 个氨基酸。利用 protein BLAST 功能，将氨基酸与数据库中已知的氨基酸序列做比对。比对的结果如图 11-32 所示，推测的氨基酸的序列与已知的柄篮状菌的外切菊粉酶蛋白有 84%的相似性，与青霉、烟曲霉、黑曲霉的外切菊粉酶都有一定的相似性。所以可以推断扩增到的 720 bp 的片段是菊粉酶基因的一部分，并且推断未知蛋白具有菊粉酶蛋白的功能。

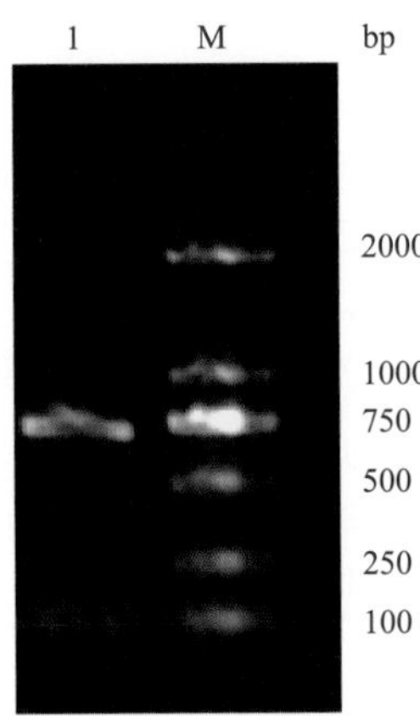

图 11-31　简并引物扩增得到的条带

<table>
<tr><td>XP_002485690.1</td><td>exoinulinase InuD [Talaromyces stipitatus ATCC 10500] >gb</td><td>420</td><td>84%</td></tr>
<tr><td>JC7890</td><td>fructan beta-fructosidase (EC 3.2.1.80) precursor - Penicill</td><td>351</td><td>71%</td></tr>
<tr><td>XP_001266524.1</td><td>glycosyl hydrolase family protein [Neosartorya fischeri NRRL</td><td>344</td><td>69%</td></tr>
<tr><td>EDP50892.1</td><td>exoinulinase InuD [Aspergillus fumigatus A1163]</td><td>340</td><td>68%</td></tr>
<tr><td>XP_748291.1</td><td>exoinulinase InuD [Aspergillus fumigatus Af293] >gb|EAL862</td><td>340</td><td>68%</td></tr>
<tr><td>XP_001266517.1</td><td>glycosyl hydrolase family protein [Neosartorya fischeri NRRL</td><td>296</td><td>60%</td></tr>
<tr><td>XP_002485683.1</td><td>conserved hypothetical protein [Talaromyces stipitatus ATC</td><td>251</td><td>53%</td></tr>
<tr><td>EGU88099.1</td><td>hypothetical protein FOXB_01445 [Fusarium oxysporum Fo5</td><td>249</td><td>51%</td></tr>
<tr><td>YP_001832448.1</td><td>levanase [Beijerinckia indica subsp. indica ATCC 9039] >gb|</td><td>236</td><td>49%</td></tr>
<tr><td>XP_002484319.1</td><td>inulinase precursor, putative [Talaromyces stipitatus ATCC</td><td>228</td><td>67%</td></tr>
<tr><td>XP_002568486.1</td><td>Pc21g14720 [Penicillium chrysogenum Wisconsin 54-1255]</td><td>218</td><td>63%</td></tr>
<tr><td>XP_662616.1</td><td>hypothetical protein AN5012.2 [Aspergillus nidulans FGSC A</td><td>223</td><td>65%</td></tr>
<tr><td>XP_001395879.1</td><td>inulinase [Aspergillus niger CBS 513.88] >emb|CAA04131.1|</td><td>213</td><td>63%</td></tr>
<tr><td>AAR31730.1</td><td>exoinulinase [Aspergillus niger]</td><td>213</td><td>63%</td></tr>
<tr><td>BAD01476.1</td><td>exoinulinase [Aspergillus niger] >gb|ADM21204.1| exo-inulin</td><td>212</td><td>63%</td></tr>
</table>

图 11-32　推测的氨基酸的 BLAST 结果

（6）RACE-PCR 扩增 *Penicillium* sp. B01 中外切菊粉酶基因（*inuA1*）的全长

RACE 引物的设计如图 11-33 所示。

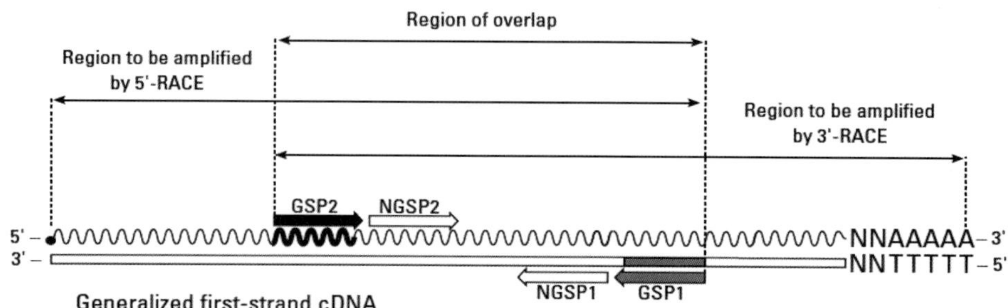

图 11-33　RACE 引物设计原理

根据 RACE 引物的设计要求设计了两对引物：

GSP1，TCGCCGAATCATACGTGACCCAAG；GSP2，GGATGCCACGACTGGAACACTCACC；NGSP1，GTCCAGACTATAGGCAATAGACTGCG；NGSP2，CACCTCTAAGTCCATCCTAATCTCCAAG

5′ 端 RACE PCR 和 3′ 端 RACE PCR 的结果：分别用 5′ -ready cDNA 和 3′ -ready cDNA 为模板，以 GSP1 和 GSP2 与随机引物，向 3′和 5′端扩增，结果如图 11-34 所示，在 5′-RACE PCR 扩增到了 700 bp 左右的片段。然而在 3′-RACE PCR 的结果中却出现了弥散。因此用稀释了的 3′-RACE PCR 产物作为模板，用 NGSP2 和巢式随机引物进行第二轮的巢式 PCR，如图 11-35 所示，扩增到了 1200 bp 左右的片段。把 3′端和 5′端扩增到的片段凝胶回收，T/A 克隆后，筛选阳性克隆，将阳性克隆的菌液送至公司测序分析。5′端扩增的长度为 704 bp，3′端的长度为 1213 bp。利用 DNAStar 软件将 5′端、3′端和之前获得的菊粉酶基因的部分片段进行拼接获得了 2477 bp 长度的碱基，从中寻找到了 2115 bp 的 ORF，编码 704 个氨基酸。将推测的氨基酸序列在 NCBI 中进行 BLAST 分析，发现与 *Talaromyces stipitatus* ATCC 10500（GenBank no: XP_002485690.1）外切菊粉酶蛋白有 79%的同源性。与 *Penicillium* sp.（GenBank no: JC7890）的 β-果聚糖酶有 64%的同源性。初步断定该片段为微紫青霉的外切菊粉酶基因。

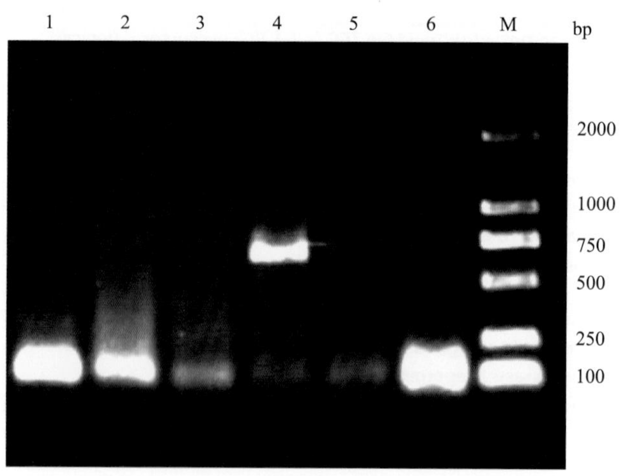

图 11-34　5′ 端和 3′ 端 RACE 结果

1,2,3. 3′ 端 RACE 结果；4,5,6. 5′ 端 RACE 结果；M. DL2000 marker

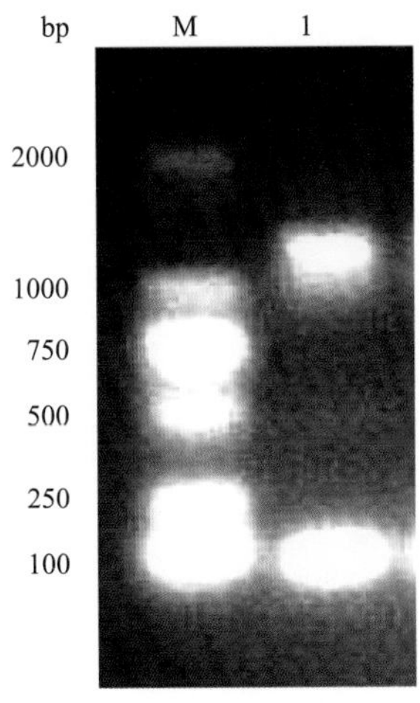

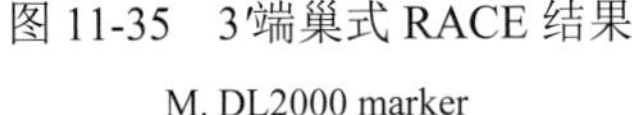
图 11-35　3'端巢式 RACE 结果
M. DL2000 marker

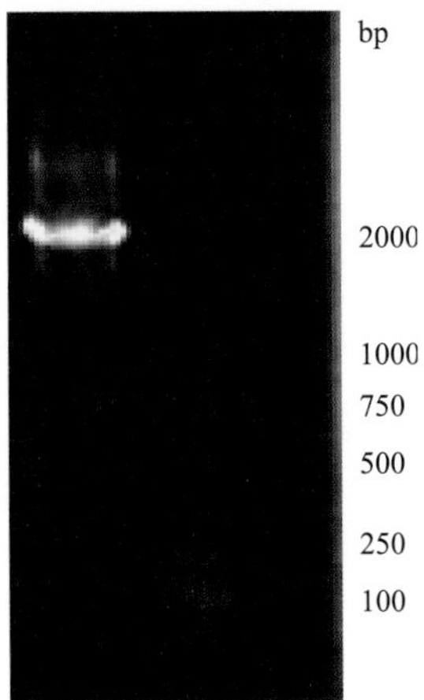

图 11-36　微紫青霉外切菊粉酶基因全长的扩增

（7）*Penicillium* sp. B01 外切菊粉酶基因全长的扩增

根据 ORF 设计的引物，使用高保真的 *Taq* DNA 聚合酶，利用 RT-PCR 进行全长基因的扩增，获得的片段如图 11-36 所示，和目标基因的长度吻合。

（8）*Penicillium* sp. B01 外切菊粉酶基因序列分析

将获得的扩增产物进行测序分析，一共为 2115 bp，编码 704 个氨基酸，测序结果如图 11-37 所示，命名为 *inuA1*，NCBI 的登录号为 JF961344.1。

```
1      ATGGTGATTCTTCTTAAACCCCTTTTTCTAGGCCTCAGTGCATTCCGGGCCGTGTCTGCG
1      M  V  I  L  L  K  P  L  F  L  G  L  S  A  F  R  A  V  S  A
61     GAAAATCCTAGGTACACTGAGCTCTACCGTCCTCAGTATCACTTCACGCCTCCACAAAAC
21     E  N  P  R  Y  T  E  L  Y  R  P  Q  Y  H  F  T  P  P  Q  N
121    TGGATGAATGACCCCAATGGCCTTTTGTATCACAAGGGTATCTACCACCTTTATTATCAG
41     W  M  N  D  P  N  G  L  L  Y  H  K  G  I  Y  H  L  Y  Y  Q
181    TATAACCCCGGGGGCACGACCTGGGGTGCTATGTCATGGGGTCATGCAACCAGTCGAGAC
61     Y  N  P  G  G  T  T  W  G  A  M  S  W  G  H  A  T  S  R  D
241    TTGACTCATTGGGAGCAACAACCTATCGCCCTCCTCGCCCGTGGCTACCCTAACAACATC
81     L  T  H  W  E  Q  Q  P  I  A  L  L  A  R  G  Y  P  N  N  I
301    ACTGAGATGTTTTTCTCAGGATCTGTCGTGGCCGATGTTGACAATACAAGTGGTTTTGGC
101    T  E  M  F  F  S  G  S  V  V  A  D  V  D  N  T  S  G  F  G
361    CATAGTGGCAAAACGCCTTTGGTTGCCATGTATACTTCTTACTATCCTTACGCACAAACC
121    H  S  G  K  T  P  L  V  A  M  Y  T  S  Y  Y  P  Y  A  Q  T
421    CTGCCAAGCGGGAAGACAGTCCAAGCAAACCAGCAAGCCCAGTCCATTGCCTATAGTCTG
141    L  P  S  G  K  T  V  Q  A  N  Q  Q  A  Q  S  I  A  Y  S  L
481    GACGATGGCATGACTTGGGTCACGTATGATTCGGCGAATCCAGTAATTTCGGACCCCCCT
161    D  D  G  M  T  W  V  T  Y  D  S  A  N  P  V  I  S  D  P  P
541    GCCACATATTCAGATCAGTTCCTCAACTTCCGCGATCCCAATATCTTCTGGCACAATCCG
```

181　A T Y S D Q F L N F R D P N I F W H **N** P

601　ACGAAGAAGTGGATTGCTGTCCTCTCTTTGGCAGAGCTCCACAAGCTCCTGATTTACACA

201　T K K W I A V L S L A E L H K L L I Y T

661　TCGAAAGATCTTAAGAGCTGGACACCTGCCAGCGAATTCGGGCCTGTGAATGCTGTTGGT

221　S K D L K S W T P A S E F G P V N A V G

721　GGGGTGTGGGAGTGTCCAAATATCTTCCCAATGTCTGTCGATGACGACGACAACAATGTG

241　G V W E C P N I F P M S V D D D D N N V

781　AAATGGGTCGCGATGATCGGACTCAACCCTGGCGGGCCCCCCGGGACTACCGGCTCGGGC

261　K W V A M I G L N P G G P P G T T G S G

841　ACTCAATATATTGTCGGAAACTTCGACGGAACCACATTCACCGCCGACACCGATAGTATA

281　T Q Y I V G N F D G T T F T A D T D S I

901　TTTTCAGGGACCACCCCTCCGCCAAGGGACAGCATCATTTTTGCAGACTTTGAAGGTACG

301　F S G T T P P P R D S I I F A D F E G T

961　GGAACCTTTGCCGATCTTGGCTGGACCCCTTCTGGAGACTTGATCGGCCAGTCGCCAGCC

321　G T F A D L G W T P S G D L I G Q S P A

1021　AACGGCACTCTGTCCGGACAAAACCCCGTGACTGGCTACTTAGGCAAGCGCCTGGTCAAT

341　**N** G T L S G Q N P V T G Y L G K R L V N

1081　ACATTCCTAAATGGGGATGCCACGACTGGAACACTCACCTCTAAGTCCTTCCTAATCTCC

361　T F L N G D A T T G T L T S K S F L I S

1141　AAGAGATACATCAACTTCCTCATCGGGGGCGGTCATGACATCAATAATACAGCCGTGCAC

381　K R Y I N F L I G G G H D I N N T A V H

1201　TTGAAGGTGGATGGTCAGATATTGCGTTCCGCTACGGGCACGAACAGTGAAAGCCTTTCC

401　L K V D G Q I L R S A T G T N S E S L S

1261　TGGCAGAGTTGGGATGTCGGCTCGCTGCTAAACCAGTCTGCCGTGATTCAGATTGTTGAC

421　W Q S W D V G S L L **N** Q S A V I Q I V D

1321　ACCGTAACCGGCGGTTGGGGCCACATAAATGTCGACGAAATCTCCTTCTCGGACTCCATG

441　T V T G G W G H I N V D E I S F S D S M

1381　GCGCGAAGCCAAGTTGCCAACTGGGTAGACTGGGGCCCAGACTTCTACGCGGCGCAGGGC

461　A R S Q V A N W V D W G P D F Y A A Q G

1441　TATAATGGACTGTCTTCAGACGAGCGCATCGCTATTGGCTGGATGAATAATTGGCAATAC

481　Y N G L S S D E R I A I G W M N N W Q Y

1501　GGTGGACTGATCCCCACCAGCCCGTGGCGCAGTGCAATGTCAATCCCCCGAGAATTCTCA

501　G G L I P T S P W R S A M S I P R E F S

1561　CTGAAGACGATCGATGGAAAGGCTACTCTGGTGCAGGCCCCTACCGAGAAATGGAGCTCC

521　L K T I D G K A T L V Q A P T E K W S S

1621　GTCGTGAGCCACAAGGGTCTGGATCAGTCTTGGTCTTCCGTGGATCAAGGCACAAAGTCA

541　V V S H K G L D Q S W S S V D Q G T K S

1681　CTGGGCTCCGTTGGGAAGGCACTGCAGATTGAATTGAGTTTCTCTGACCGAGAACCAGCC

561　L G S V G K A L Q I E L S F S D R E P A

1741　ATCGCGGAAGCTTCTCAGTTCGGAATCATCGTTCGGGCTACCGCCGACCTCAAACAGCAA

581　　I A E A S Q F G I I V R A T A D L K Q Q
1801　ACACGAGTTGGCTATGACTTCGCAACGAAAGAAATATTCGTTGACCGAAGCCAGTCTGGC
601　　T R V G Y D F A T K E I F V D R S Q S G
1861　AATGTTTCATTTGACAGGACCTTTCCCGCCACGTATTATGCTCCGCTGGCTGCTAACGCC
621　　N V S F D R T F P A T Y Y A P L A A N A
1921　AAAGGTCAAATCGACCTCCGGGTTTATGTGGACTGGTCTAGTGTTGAGGTCTTCGGAGGC
641　　K G Q I D L R V Y V D W S S V E V F G G
1981　CAGGGCGAAAGTACAATTACCACCCAGATATTCCCCAGCGATAGTGCAACCTACGCCCAG
661　　Q G E S T I T T Q I F P S D S A T Y A Q
2041　GTCTTCTCCACGGGAGGAAACACCCGGAATGTGCGAGTTGAAATCAACCAGATTTCTTCG
681　　V F S T G G N T R N V R V E I N Q I S S
2101　ACGTGGGATGATTAG
701　　T W D D *

图 11-37　外切菊粉酶的基因序列及推测的氨基酸序列

方框内为信号肽序列，黑体字体部分是可能的糖基化位点，下划线部分是保守基序

（9）*Penicillium* sp. B01 外切菊粉酶氨基酸的信号肽分析

信号肽是分泌蛋白新生肽链 N 端的一段 20～30 个氨基酸残基组成的肽段。信号肽序列可使正在翻译的核糖体附着到粗面内质网（RER）膜上并合成分泌蛋白，因此带有信号肽的多肽能被转运进靶膜上通过分泌途径分泌到胞外。图 11-38 是网站 http://cbs.

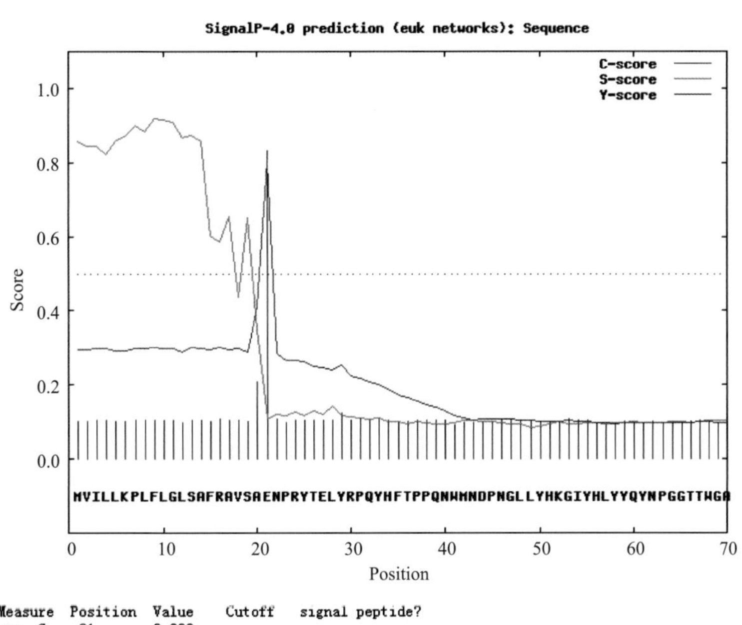

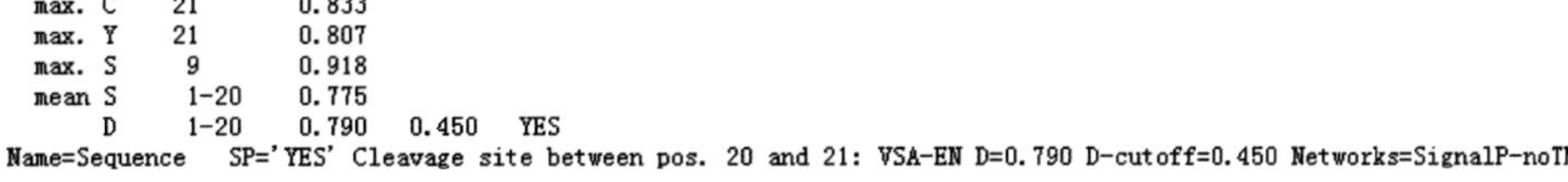

# Measure	Position	Value	Cutoff	signal peptide?
max. C	21	0.833		
max. Y	21	0.807		
max. S	9	0.918		
mean S	1-20	0.775		
D	1-20	0.790	0.450	YES

Name=Sequence　SP='YES' Cleavage site between pos. 20 and 21: VSA-EN D=0.790 D-cutoff=0.450 Networks=SignalP-noTM

图 11-38　外切菊粉酶的信号肽分析

dtu.dk/services/SignalP/中信号肽分析软件对菊粉酶氨基酸序列的分析结果，在第 20 和 21 个氨基酸之间被信号肽酶酶切的可能性最大，因此微紫青霉的外切菊粉酶的信号肽应该是包含 20 个氨基酸残基的 N 端肽链。信号肽的预测为下一步菊粉酶基因表达过程中信号肽的去除提供了依据。

（10）*Penicillium* sp. B01 外切菊粉酶氨基酸序列糖基化位点分析

N-糖基化是真核生物蛋白质翻译后修饰的重要步骤，它影响着蛋白质的折叠、运送、定位、表达、稳定性、活性及其抗原性等，从而影响细胞的生物学行为。将根据基因序列推导的菊粉酶前体肽氨基酸序列在网站 http://cbs.dtu.dk/services/NetNGlyc 上分析预测 N 端糖基化位点，分析结果如图 11-39 所示，预测到的 *N*-糖基化位点共有 7 处，其中氨

```
Name:   Sequence            Length:  704
MVILLKPLFLGLSAFRAVSAENPRYTELYRPQYHFTPPQNWMNDPNGLLYHKGIYHLYYQYNPGGTTWGAMSWGHATSRD      80
LTHWEQQPIALLARGYPNNITEMFFSGSVVADVDNTSGFGHSGKTPLVAMYTSYYPYAQTLPSGKTVQANQQAQSIAYSL     160
DDGMTWVTYDSANPVISDPPATYSDQFLNFRDPNIFWHNPTKKWIAVLSLAELHKLLIYTSKDLKSWTPASEFGPVNAVG     240
GVWECPNIFPMSVDDDDNNVKWVAMIGLNPGGPPGTTGSGTQYIVGNFDGTTFTADTDSIFSGTTPPPRDSIIFADFEGT     320
GTFADLGWTPSGDLIGQSPANGTLSGQNPVTGYLGKRLVNTFLNGDATTGTLTSKSFLISKRYINFLIGGGHDINNTAVH     400
LKVDGQILRSATGTNSESLSWQSWDVGSLLNQSAVIQIVDTVTGGWGHINVDEISFSDSMARSQVANWVDWGPDFYAAQG     480
YNGLSSDERIAIGWMNNWQYGGLIPTSPWRSAMSIPREFSLKTIDGKATLVQAPTEKWSSVVSHKGLDQSWSSVDQGTKS     560
LGSVGKALQIELSFSDREPAIAEASQFGIIVRATADLKQQTRVGYDFATKEIFVDRSQSGNVSFDRTFPATYYAPLAANA     640
KGQIDLRVYVDWSSVEVFGGQGESTITTQIFPSDSATYAQVFSTGGNTRNVRVEINQISSTWDD
................................................................................      80
..................N...............N.............................................     160
......................................N.........................................     240
................................................................................     320
....................N...........................................................     400
..............................N.................................................     480
................................................................................     560
................................................................................     640
................................................................                     720

(Threshold=0.5)
----------------------------------------------------------------------
SeqName      Position  Potential    Jury     N-Glyc
                                 agreement   result
----------------------------------------------------------------------
Sequence       99 NITE   0.7134     (9/9)    ++
Sequence      115 NTSG   0.5399     (5/9)    +
Sequence      199 NPTK   0.6736     (9/9)    ++      WARNING: PRO-X1.
Sequence      341 NGTL   0.6613     (9/9)    ++
Sequence      395 NNTA   0.4532     (6/9)    -
Sequence      431 NQSA   0.5344     (6/9)    +
Sequence      621 NVSF   0.4951     (5/9)    -
----------------------------------------------------------------------
```

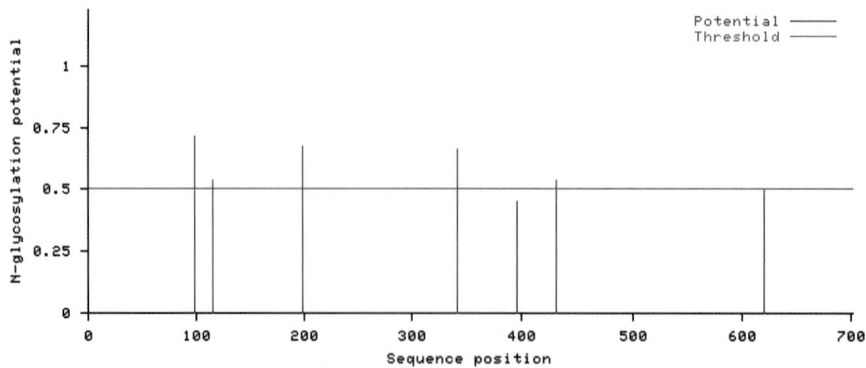

图 11-39　外切菊粉酶的糖基化位点分析

基酸序列 99、341 处 N-I-T-E 和 N-G-T-L 糖基化的可能性较大，概率分别为 0.7134 和 0.6613。糖基化是在肽骨架上加上糖基，是真核生物细胞中最常见的蛋白质后加工修饰。Jenkins 和 Curling[55]指出了重组蛋白糖基化的问题和前景。Guo 等[56] 研究了糖基化对毕赤酵母表达的重组蛋白的影响，指出糖基化后的蛋白能够显著提高酶的 pH 和温度的稳定性，而酶活并没有受到影响。

（11）*Penicillium* sp. B01 外切菊粉酶氨基酸序列的保守性

在 NCBI（http://www.ncbi.nlm.nih.gov/Structure）保守区域数据库 CDD（conserved domain database）中分析菊粉酶氨基酸序列的保守性，结果如图 11-40 所示。从图 11-40 中可看出 40～250 个氨基酸中有 3 处为酶的活性中心，5 处为与底物的结合位点。该外切菊粉酶 N 端 40～350 个氨基酸处具有糖苷酶家族 32 N 端特性，这是一段比较保守的区域，Zhang 等[57]从季也蒙毕赤酵母中克隆的外切菊粉酶基因编码的前体肽的 N 端 20～350 个氨基酸处也同样具有糖苷水解酶家族 32 N 端特性。同时微紫青霉的外切菊粉酶还具有糖苷酶 43、62、68 家族的特性。560～660 个氨基酸处具有糖苷酶家族 32 C 端特性。

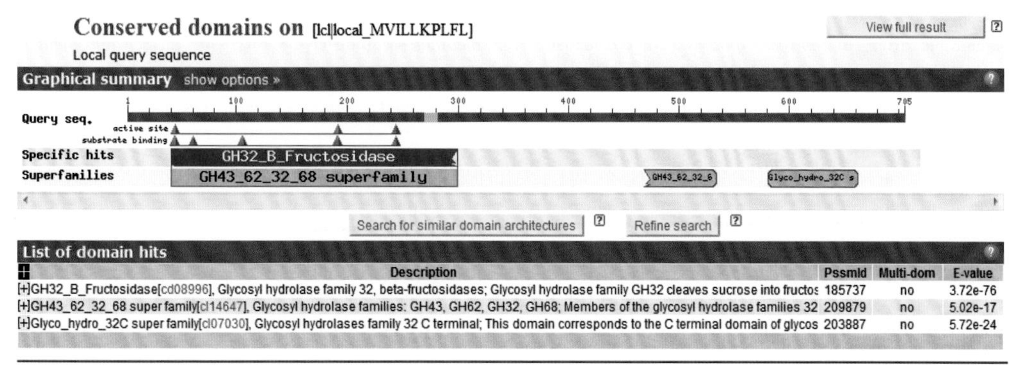

图 11-40　外切菊粉酶的保守区分析

将微紫青霉外切菊粉酶的氨基酸序列在 NCBI 中进行比对，发现该氨基酸序列与柄篮状菌（*Talaromyces stipitatus*，序列号：XP_002485690.1）的外切菊粉酶的同源性最高，为 82%，但与其他来源的外切菊粉酶的同源性都比较低，说明该基因有一定的新颖性。从 NCBI 的基因库中搜索了 7 种其他来源的外切菊粉酶的氨基酸序列，利用生物软件 DNAMAN 对它们进行比对，分析菊粉酶的保守序列。绝大多数的菊粉酶都属于糖苷水解酶 32 家族（GH32），包含保守序列 WMNXPN 模体和 RDPKVF[57-59] 模体。前者主要起着亲核基团的作用，而保守区（RDP）则对果聚糖的糖基转运酶的催化活性起到至关重要的作用[60]。从图 11-41 可以看出，微紫青霉的外切菊粉酶中也含有保守序列 41-WMNDPNG-47 和 191-RDP-193。

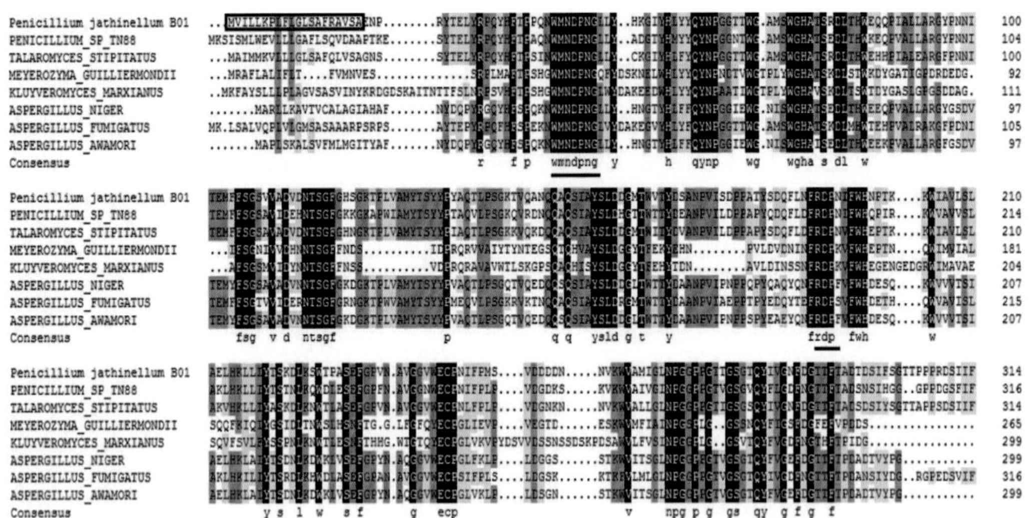

图 11-41　微紫青霉外切菊粉酶和其他真菌来源的菊粉酶的氨基酸序列的比对

Shaded areas indicate regions of more than 50% similarity; Dark areas indicate regions of 100% identity. The putative signal peptide sequence of the recombinant protein is shown in the box. The conserved motif is underlined. The exoinulinases used in the alignment are from *Talaromyces stipitatus*（XP_002485690.1）; *Penicillium* sp. strain TN-88（JC7890）; *Aspergillus fumigatu*（EDP50892.1）; *Aspergillus niger*（XP_001394322.1）; *Aspergillus awamori*（CAC44220.1）; *Meyerozyma guilliermondii*（ABW70125.2）; *Kluyveromyces marxianus*（AAT70412.1）, and *Aspergillus awamori*（CAC44220.1）

为了评估真菌的外切菊粉酶在不同门类的微生物中 *β*-果聚糖水解酶的进化位置，南京农业大学海洋科学及其能源生物资源研究所菊芋研究小组从 NCBI 中搜索了 18 个分别来源于细菌、酵母和丝状真菌的不同的菊粉酶及同源的 *β*-果聚糖水解酶的氨基酸序列，使用 MAGE4 软件建立进化树。图 11-42 中组 1 是来源于丝状真菌的内切菊粉酶，组 2 是来源于丝状真菌的外切菊粉酶，组 3 是来源于细菌的外切菊粉酶，组 4 是来源于酵母的外切菊粉酶，亲缘关系较远的是下面三个来源于细菌的果糖转化酶，我们可以发现丝状真菌的外切菊粉酶的亲缘关系很近，*Microbulbifer* sp.是深海独立筛选出的产内切菊粉酶的细菌[61]，相对陆地微生物的菊粉酶亲缘关系则较远。这个结果证明了丝状真菌的菊粉酶向针对 *β*-1,2-果糖基末端和分子中间果糖苷的水解活性的外切酶和内切酶分别独立进化。

（12）*Penicillium* sp. B01 外切菊粉酶分子质量和等电点的预测

从菊粉酶的基因序列推测的菊粉酶前体肽氨基酸序列共有 704 个氨基酸，分子质量为 77 kDa（http://www.expasy.ch/tools/findmod/），是分泌到胞外有活性的菊粉酶的未经过剪切加工的前体肽，包括信号肽 2.1 kDa（20 个氨基酸残基），去除信号肽的菊粉酶分子质量为 74.9 kDa。预测的菊粉酶前体肽的等电点为 4.77。据报道，大多数真菌菊粉酶蛋白的分子质量都大于 50 kDa[62]。例如，海洋隐球酵母的菊粉酶的分子质量为 60.0 kDa[63]，土曲霉的菊粉酶分子质量为 56 kDa[64]。也有人发现同种微生物的菊粉酶具有同工酶，Chen 等[65]从 *Aspergillus ficuum* JNSP5-06 中纯化出 3 种不同分子质量外切菊粉酶和 2 种内切菊粉酶，分子质量分别为 70 kDa、40 kDa、46 kDa、34 kDa 和 31 kDa。Pessoni

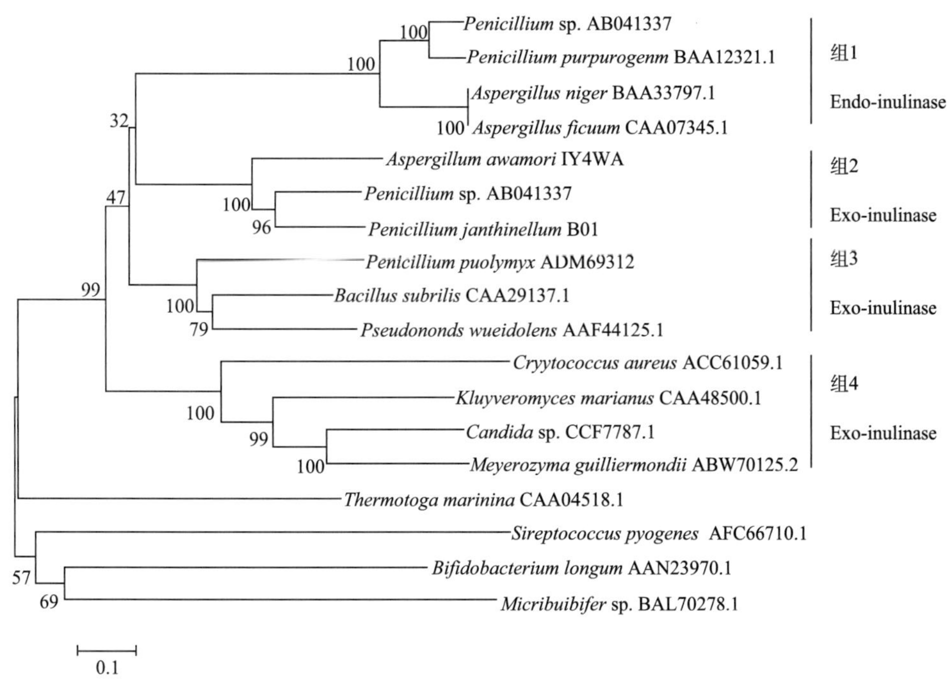

图 11-42　真菌的菊粉酶和其他同源的β-果聚糖水解酶的进化树分析

等[66]从 *Penicillium janczewskii* 中纯化出 2 种外切菊粉酶，分子质量约为 80 kDa。推测南京农业大学海洋科学及其能源生物资源研究所菊芋研究小组使用的微紫青霉的菊粉酶可能也具有不同的同工酶，关于微紫青霉的菊粉酶的纯化有待进一步研究。

（13）*Penicillium* sp. B01 外切菊粉酶的内含子分析

南京农业大学海洋科学及其能源生物资源研究所菊芋研究小组利用微紫青霉 B01 基因组 DNA 作为模板，利用引物 P3 和 P4 进行 PCR 扩增，将扩增的结果测序分析，共扩增到了 2182 bp 的核苷酸序列，和外切菊粉酶的 ORF 进行比对，发现 ORF 在 403～469 bp 有一段缺失，含有 67 bp 的内含子。大多数真核结构基因中有间插序列或不编码序列，它们可以转录，但在基因转录后，由这些间插序列转录的部分（内含子）经加工被从初级转录本中准确除去，才产生有功能的 RNA。内含子在选择性剪接中扮演重要角色，一个基因可以因此而产生多种不同的蛋白质。归根到底，是在剪接过程中同一段 DNA，有时被看作外显子，有时则是内含子。但并不是所有真核微生物来源的菊粉酶基因都有内含子。Moriyama 等从 *Penicillium* sp. Strain TN88 中扩增的外切菊粉酶基因 ORF 全长为 2106 bp，包括 56 bp 的内含子。Moriyama 等从黑曲霉 12 中克隆到外切菊粉酶的基因 ORF 全长 1162 bp，有 60 bp 的内含子，而酵母的菊粉酶基因都没有内含子[67, 68]。

本部分主要讲述的是南京农业大学海洋科学及其能源生物资源研究所菊芋研究小组利用分子鉴定的手段，克隆出青霉 B01 的 ITS 区，共 588 bp 的保守区，通过在数据库中比对进一步鉴定青霉 B01 为微紫青霉。首次从微紫青霉 B01 中利用 RACE 技术克隆出外切菊粉酶基因。用简并引物 PCR 法得到了 720 bp 的片段，然后利用 RACE 向 5′ 和 3′ 端扩增，并拼接获得了菊粉酶基因 *inuA1* 的 ORF 全长（登录号为 JF961344.1），共 2115 bp。

ORF 在 403～469 bp 被 67 bp 的内含子中断。根据菊粉酶基因的核苷酸序列推导出微紫青霉 B01 的外切菊粉酶的前体肽氨基酸序列，共有 704 个氨基酸，去除信号肽的菊粉酶分子质量为 74881.05 Da。预测的菊粉酶前体肽的等电点为 4.77。分析菊粉酶的前体肽氨基酸序列，推测出 N 端有 20 个氨基酸残基的信号肽；含有 7 个可能的 *N*-糖基化位点。分析菊粉酶前体肽氨基酸序列的保守区，推测出在 40～350 个氨基酸处具有糖苷酶家族 32 N 端特性。微紫青霉的外切菊粉酶前体肽中含有糖苷水解酶 32 家族的保守序列 41-WMNDPNG-47 和 191-RDP-193。丝状真菌的菊粉酶向针对 β-1,2-果糖基末端和分子中间果糖苷的水解活性的外切酶和内切酶分别独立进化。

2. 高产菊粉酶菌株的诱变改良

为选育高产菊粉酶菌株，以南京农业大学海洋科学及其能源生物资源研究所菊芋研究小组实验室所保存的 *Penicillium* sp. B01 为出发菌株，分别通过物理诱变、化学诱变和复合诱变的方法达到诱变目的。其中化学诱变通过使用不同浓度的化学剂吖黄素、硫酸二乙酯对原始菌株的孢子悬液进行了不同时间的处理；物理诱变是通过钴射线对孢子悬液进行达到一定累计剂量的电离辐照；复合诱变则是先通过化学诱变再经过物理诱变来完成。γ 射线在水中能产生活性氧自由基，使微生物发生基因重组而产生突变株[69]。利用 ^{60}Co-γ 射线成功改良菌种的报道很多[70-72]，其突变率较高，不易发生回复突变。本试验先以不同浓度的化学诱变剂吖黄素和 DES 对青霉 *Penicillium* sp. B01 的孢子悬液进行诱变，再用 ^{60}Co-γ 射线对其进行辐照诱变。在得到大量的诱变突变体后再经过初筛和复筛，最终在 30 μg/mL 吖黄素诱变 2 h、剂量率为 4.11 Gy/min 的 ^{60}Co- γ 射线辐射使累计剂量为 20.55 Gy 复合诱变的条件下，筛选出一株菊粉酶活性比出发菌株高 32%的突变菌株 B01-A13-Co31。将此菌种连续传代 6 次进行产酶性能的稳定性测定，证明了此菌株具有良好的遗传稳定性。突变菌株 *Penicillium* sp. B01-A13-Co31 所产菊粉酶在 pH 4.5～5.5 酶活变化不明显，最适 pH 为 4.5，最适温度为 55℃。

1）高产菊粉酶菌株的诱变改良的研究方法

出发菌株青霉 *Penicillium* sp. B01 是南京农业大学海洋科学及其能源生物资源研究所菊芋研究小组筛选获得并保存于南京农业大学海洋科学实验室。菊粉（分子量约 5000）来自德国 Fluck 公司。试剂：3,5-二硝基水杨酸（DNS）、NaOH、酒石酸甲钠、结晶酚、亚硫酸钠、吖黄素、乙蒎酚（DES）、考马斯亮蓝 R250（分析纯）、刚果红（中国医药集团上海化学试剂公司），丙烯酰胺、甲叉丙烯酰胺（Sigma 公司）。电泳仪：MV-ⅡA（南京科宝仪器研究所）。

菊芋提取液的制备：鲜菊芋块茎洗净→100℃杀酶 5 min→切片烘干→粉碎过 80 目筛，取菊粉与蒸馏水的比例 1∶4，80℃热浸提 1 h，压滤，总糖的浓度为 10%～15%。于冰箱保存备用。

发酵培养基：EJA 120 g，YE 25 g，$NH_4H_2PO_4$ 2.5 g，NaCl 5 g，$FeSO_4·7H_2O$ 0.1 g，$ZnSO_4·7H_2O$ 0.1 g，调 pH 至 7，在 250 mL 的锥形瓶中装 40 mL 的发酵培养基，在 30℃，170 r/min 振荡培养 5 d。唯一碳源筛选培养基：菊芋提取液（EJA）70 g，K_2HPO_4 1 g，$MgSO_4·7H_2O$ 0.5 g，$NaNO_3$ 1.5 g，$NH_4H_2PO_4$ 2 g，KCl 0.5 g，$FeSO_4·7H_2O$ 0.1 g，刚果红

0. 2 g，琼脂 20 g，调 pH 至 7，115℃湿热灭菌 30 min。斜面保藏培养基：PDA（马铃薯 20 g，葡萄糖 10 g，琼脂 20 g，水 1000 mL）。

孢子悬液的制备：将 *Penicillium* sp. B01 接种到 PDA 培养基的平板上，28℃培养 5～7 d，在平板上倒入 pH 7.0 的 0.05 mol/L 的磷酸缓冲液，用接种环将孢子轻轻刮下，然后用灭过菌的脱脂棉过滤掉菌丝，滤液作适当稀释，制成 2.5×10^6 个/mL 的孢子悬液，4℃保存备用。

菊粉酶粗酶液的制备。菌种活化：将保藏的菌种 *Penicillium* sp. B01 接入培养基，30℃培养 5 d，制作成 2.5×10^6 个/mL 的孢子悬液。液体发酵：将孢子悬液接入 250 mL 锥形瓶（内含 40 mL 发酵培养基），30℃ 170 r/min 摇瓶培养 5 d。粗酶液的制备：液体发酵培养 5 d 后，滤纸过滤，滤液即粗酶液。

酶活的测定方法：取适当稀释的粗酶液 0.5 mL 与 4 mL 的 1.5%菊粉（用 0.1 mol/L、pH=4.6 的乙酸缓冲液配制）在 55℃条件下反应 20 min，再用 100℃ 5 min 终止酶反应，取 1 mL 的反应液用 DNS 显色法测定产物中还原糖的量。在相同的条件下，用 100℃灭活的酶液作为对照。菊粉酶酶活定义为在 pH 4.6、55℃条件下反应 20 min，每分钟转化成 1 μmol 还原糖的酶量为一个酶活单位。酶活力为两次平行实验的平均值。测定其粗酶液的菊粉酶活力。

化学诱变：DES 诱变[73]，分别用 0 .01%、0.02%、0.04% DES 溶液振荡处理 *Penicillium* sp. B01 的孢子悬液，诱变时间分别为 15 min、20 min、30 min、40 min。然后加入 0.3 mL 的 25%硫代硫酸钠终止反应，每个处理设置 2 个重复。以未经 DES 处理的孢子悬液稀释涂布筛选培养基为对照。以 10 倍稀释法作一系列稀释，取 10^{-2}、10^{-3}、10^{-4} 稀释液各 0.1 mL 涂布筛选培养基，每个稀释度中的经过不同诱变时间的孢子悬液各涂 3 个平板。28℃培养 4 d，菌落计数，计算致死率。吖黄素诱变[74]，用浓度为 30 μg/mL、100 μg/mL、300 μg/mL 的吖黄素（pH=7.0 的 0.05 mol/L 的磷酸缓冲液配制）诱变 *Penicillium* sp. B01 孢子悬液，取未经吖黄素处理的菌液稀释涂布筛选培养基为对照。25℃保温 2 h，每一处理设置 2 个重复，然后取诱变后的孢子悬液稀释至 10^{-2} 个/mL、10^{-3} 个/mL、10^{-4} 个/mL 涂布筛选培养基，每个稀释度涂 3 个平板。28℃培养 4 d，菌落计数，计算致死率。

物理诱变：^{60}Co - γ 辐射诱变在江苏省农业科学院原子能研究所进行，原始菌株 *Penicillium* sp. B01 作为出发菌株，活化后制备其孢子悬液，用剂量率为 4.11 Gy/min 的 ^{60}Co - γ 射线辐照 5 min 计算致死率。

单因子诱变后高产菊粉酶酶活菌株初筛和复筛：将经诱变后的孢子悬液以 10 倍稀释法作一系列稀释，取 10^{-2}、10^{-3}、10^{-4} 稀释液各 0.1 mL 涂布唯一碳源筛选培养基，28℃培养 5 d 测量水解圈，选出每种处理后初筛中水解圈最大的菌株进行纯化，然后进行复筛，以所测量的酶活高低作为复筛标准。

复合诱变：在用化学诱变（DES、吖黄素）和物理诱变筛选出水解圈较大的突变株后，对其进行纯化和扩大培养，然后制孢子悬液后再进行 ^{60}Co - γ 辐射诱变, ^{60}Co - γ 辐射诱变在江苏省农业科学院原子能研究所进行，采用剂量率为 4.11 Gy/min 的 ^{60}Co - γ 射线对其诱变 5 min，累计剂量达 20.55 Gy，计算致死率。

复合诱变后高产菊粉酶酶活菌株的筛选：把经过化学诱变和物理诱变后的菌株进行筛选，挑选生长速度快、水解圈较大的单菌落转接培养 7 d，制孢子悬液，进行液体发酵得到粗酶液，测定其酶活。

遗传稳定性实验：将复筛得到的酶活最高的突变菌株进行连续传代，每次传代后测定酶活，测试此突变菌株的遗传稳定性。

突变菌株所产菊粉酶的酶活性质测定如下。

反应最适 pH：将突变株所产粗酶液加入 pH 3.5、4.0、4.5、5.0、5.5、6.0、6.5 的 0.1 mol/L 乙酸缓冲溶液配制 2%的底物溶液中进行反应，20 min 后在不同 pH 条件下测定酶活。

固定化酶反应最适温度：将突变株所产粗酶液加入 pH=4.5 的乙酸缓冲液中分别于 35℃、45℃、50℃、55℃、60℃、65℃、70℃下反应 20 min 测定酶活。

2）物理、化学诱变剂对 *Penicillium* sp. B01 的诱变效果

本部分主要介绍南京农业大学海洋科学及其能源生物资源研究所菊芋研究小组化学诱变与辐射诱变 *Penicillium* sp. B01（下文简称 *P.* sp. B01）选育新菌株的成果。

（1）乙蒎酚、吖黄素对 *P.* sp. B01 的诱变效果

一般认为以致死率 90%～99.9%诱变效果比较好，但也有报道认为较低的致死率有利于正突变菌株的产生，以 70%～80%或更低的致死率为好[75,76]。鉴于此，研究小组首先研究不同浓度的乙蒎酚作用不同时间的致死率。从图 11-43 可知，诱变剂量和诱变时间对致死率都有很大的影响，随着诱变剂量的增加和诱变时间的延长，致死率增大，当用浓度为 0.04%的 DES 处理 40 min 时致死率已达到 90%，这也可说明乙蒎酚是一种强效化学诱变剂。由于正突变产生的随机率很高，为筛选出突变效果更好的菌株，南京农业大学海洋科学及其能源生物资源研究所菊芋研究小组对采用了不同诱变剂浓度和不同诱变时间处理的大量突变株进行了筛选。

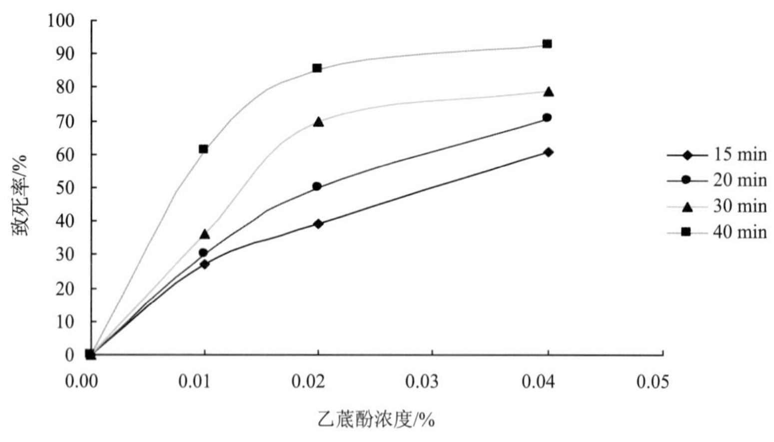

图 11-43　乙蒎酚对 *P.* sp.B01 作用不同时间的致死曲线

当吖黄素与 DNA 接触时，只能逐渐插入 DNA 链的两个碱基，引起移码突变，所以它的诱变概率较小。因吖黄素有一个逐渐插入的过程，所以对其诱变时间也可以有所延

长，不同浓度的吖黄素作用 2 h 的致死率见图 11-44，随着吖黄素浓度的增加致死率也在增大。当吖黄素的浓度大于 100 μg/mL 后，随着浓度的增加，致死率无明显变化。

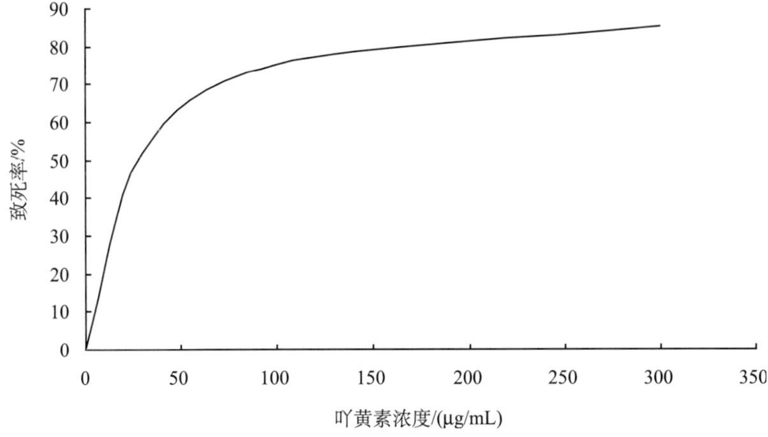

图 11-44　不同浓度吖黄素对 *P*. sp. B01 作用的致死曲线（2 h）

（2）*P.* sp. B01 物理诱变结果

原始菌株 B01 作为 ^{60}Co - γ 辐照诱变中的出发菌株，用剂量率为 4.11 Gy/min 的 ^{60}Co-γ 射线辐照 5 min。通过涂布唯一碳源计算其平均致死率为 40.6%。

（3）化学诱变剂乙蔗酚、吖黄素对 *P.* sp. B01 诱变后的初筛及复筛的结果

在乙蔗酚、吖黄素的诱变处理条件下经过初筛、复筛所筛选出的酶活最高的突变株，见表 11-12。从表 11-12 中可明显看出，在 30 μg/mL 吖黄素处理 2 h，0.02% DES 处理 40 min 的两个条件下筛选出了酶活高于原始菌株的两个突变株 B01-A13、B01-D8，酶活分别为 40.3 U/mL、36.8 U/mL。

表 11-12　高产突变菌株的筛选结果

诱变条件	菌株	菌落特征	水解圈直径/cm	酶活/（U/mL）
0.01% DES 处理 15 min	B01-D1	菌落隆起，中心白色，菌丝丰富	6.5	33.4
0.01% DES 处理 20 min	B01-D2	菌落平整，中心白色，菌丝丰富	6.5	31.6
0.01% DES 处理 30 min	B01-D3	菌落隆起，中心青色，菌丝不丰富	5.6	33.6
0.01% DES 处理 40 min	B01-D4	菌落隆起，中心青色，菌丝丰富	5.3	29.5
0.02% DES 处理 15 min	B01-D5	菌落隆起，中心白色，菌丝不丰富	5.0	27.7
0.02% DES 处理 20 min	B01-D6	菌落平整，中心白色，菌丝丰富	6.8	32.3
0.02% DES 处理 30 min	B01-D7	菌落平整，中心白点大，菌丝丰富	5.0	27.8
0.02% DES 处理 40 min	B01-D8	菌落中心拱起，边缘褶皱，菌丝丰富	6.8	36.8
0.04% DES 处理 15 min	B01-D9	菌落平整，背面黄色色素深，菌丝丰富	4.8	20.4
0.04% DES 处理 20 min	B01-D10	菌落平整，菌落全白色，菌丝不丰富	5.0	23.5

续表

诱变条件	菌株	菌落特征	水解圈直径/cm	酶活/（U/mL）
0.04% DES 处理 30 min	B01-D11	菌落隆起，菌落全白色，菌丝丰富	6.0	24.1
0.04% DES 处理 40 min	B01-D12	菌落平整，中心青色，菌丝丰富	5.6	25.8
30 μg/mL 吖黄素处理 2 h	B01-A13	菌落平整，只有边缘为青色，菌丝丰富	7.2	40.3
100 μg/mL 吖黄素处理 2 h	B01-A14	菌落边缘突起，中心白色，菌丝丰富	6.4	36.4
300 μg/mL 吖黄素处理 2 h	B01-A15	菌落边缘褶皱，边缘白色，菌丝丰富	6.5	35.3
4.11Gy/min ^{60}Co 处理 5 min	B01-Co16	菌落平整，中心青色，菌丝丰富	4.9	22.3
原始菌株	B01	菌落边缘褶皱，中心白色，菌丝丰富	5.6	36.5

（4）化学诱变突变株 B01-A13、B01-D8 辐射诱变的致死率

将初筛中所筛选到水解圈较大的菌株 B01-D8 和 B01-A13 进行辐射诱变，用剂量率为 4.11 Gy/min 的 ^{60}Co-γ 射线诱变 5 min，累计剂量达 20.55 Gy，致死率如表 11-13 所示。由表 11-13 可知，^{60}Co-γ 射线对经化学诱变获得的突变株的致死率大大高于对原始菌株的致死率。

表 11-13　^{60}Co-γ 射线对突变株 B01-D8、B01-A13 的致死率

菌株	*P*. sp. B01-D8	*P*. sp. B01-A13
致死率/%	60.0	65.6

（5）物理、化学复合诱变后高产菊粉酶菌株的筛选结果

与单因子诱变后的筛选同理，通过对大量突变体的初筛、复筛得到一株酶活为 48.3 U/mL 的突变菌株 B01-A13-Co31，此菌株的诱变条件是 30 μg/mL 吖黄素处理 2 h，剂量率为 4.11 Gy/min 的 ^{60}Co-γ 射线辐照 5 min。

① 突变菌株 B01-A13-Co31 遗传稳定性考察。

变异株 *P*. sp. B01-A13-Co31 经过 6 次传代，每传一代在相同的发酵条件下进行摇瓶发酵对其产酶性能进行测定，结果如表 11-14 所示，变异株 *P*. sp. B01-A13-Co31 酶活具有良好的遗传稳定性。

表 11-14　突变株 B01-A13-Co31 的遗传稳定性测定

传代次数	第一代	第二代	第三代	第四代	第五代	第六代
酶活/（U/mL）	48.3	46.9	47.6	47.1	48.0	47.8

② 突变菌株 B01-A13-Co31 所产菊粉酶的酶反应条件研究。

如图 11-45 所示，酶的反应最适 pH 为 4.5，在 4.5～5.5 酶活变化不明显，pH 大于 5.5 后酶活明显降低。

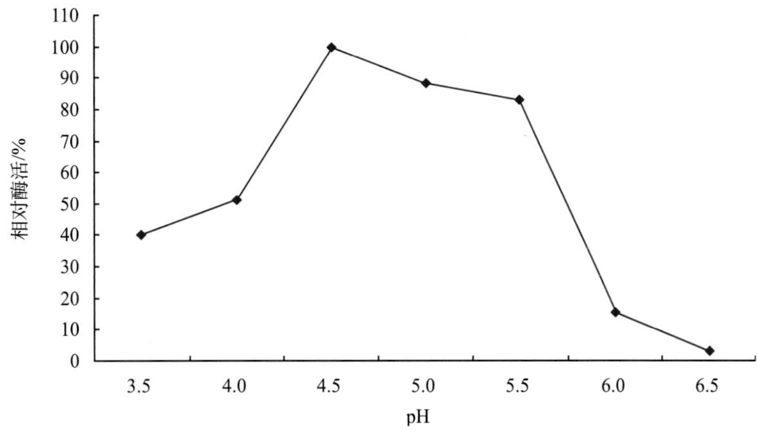

图 11-45　菊粉酶反应最适 pH

由图 11-46 可知，诱变菌株菊粉酶的活力随温度的升高而升高，在 55℃时酶活最高，与出发菌株所产菊粉酶的最适反应温度相同。在温度 50～60℃稳定性比较好，仍能保持较高的活性。65℃时酶活显著下降。对于菊粉酶来说，温度越高，酶蛋白越易变性而导致活力损失越多，但对于酶促反应速度而言，温度越高，反应速度越快。55℃时酶活力和反应速度处于较好的平衡，宜以此作为该酶的最适反应温度。

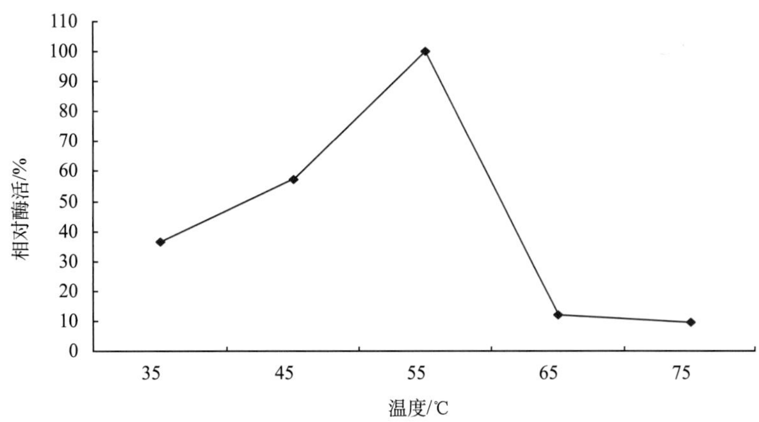

图 11-46　菊粉酶最适反应温度

总体来讲，南京农业大学海洋科学及其能源生物资源研究所菊芋研究小组通过 ^{60}Co-γ 射线和吖黄素复合诱变，以菊芋提取液为唯一碳源平板初筛，摇瓶复筛得到菊粉酶活力较出发菌株显著提高的突变株 *P.* sp. B01-A13-Co31，其菊粉酶酶活较出发菌株 *P.* sp. B01 提高了 32%。并经传代 6 次测定其酶活表明此突变株的遗传特性稳定。下一步将对其所产菊粉酶进行固定化研究，以便更有效地利用 *P.* sp. B01-A13-Co31 菌株生产果糖。*P.* sp. B01-A13-Co31 突变株所产菊粉酶在弱酸性条件下活力较高，最适反应 pH 为 4.5。菊粉酶的耐热性一般，保存温度越高，酶活力损失也越多，最适反应温度为 55℃。

11.1.2　发酵生产乙醇的关键技术及工艺优化

利用菊粉外切酶高产菌株发酵生产乙醇是一项系统工程，本小节主要介绍南京农业大学海洋科学及其能源生物资源研究所菊芋研究小组多年来在这一方面的研究成果。

1. 青霉 *Penicillium* sp. B01 产菊粉外切酶稳定化研究

工业生产中一个不变的原则是酶的效率化利用，许多科研工作者都在寻求酶的高效利用方式。因为大多数酶的本质是蛋白质，具有易失活的特点，所以如何使酶在利用过程中稳定、适应性广，成为当前酶工程领域研究的一个重要课题。将酶束缚在特定区域内的固定化技术和在反应体系添加保护剂使酶的稳定性更强的稳定化技术是解决以上问题的重要手段。

固定化酶技术在 20 世纪 50 年代已经有人进行过较为系统的研究，此技术是使生物酶得到广泛而有效利用的重要手段。酶的固定化是用固体材料将酶束缚或限制于一定区域内进行其特有的催化反应，并可回收及重复利用的技术[77]。固定化技术最早是由日本的千畑一郎等在 1969 年将固定化氨基酰化酶应用于 DL-氨基酸的拆分工作，随后他又用固定化细胞连续生产 L-天冬氨酸，开辟了固定化酶和固定化细胞应用于工业生产的新局面[78]。1976 年，法国首次用固定化细胞生产啤酒和乙醇[79]。我国自 1980 年起，上海市工业微生物研究所也开始了固定化酵母细胞进行乙醇发酵的研究，并取得了较好的效果[80]。

与游离酶相比，固定化酶在保持其高效专一及温和的酶催化反应特性的同时，又克服了游离酶的不足之处，呈现储存稳定性高、分离回收容易、可多次重复使用、操作连续可控、工艺简便等优点。固定化酶的研究不仅在化学生物学、生物工程医学及生命科学等领域异常活跃，而且具有节省能源与资源、减少污染的优点[81]。

固定化酶必须具有两大功能——催化功能和非催化功能。催化功能主要用于在一定时间和空间中催化转化目标物质。非催化功能促进催化剂从应用环境中分离、固定化酶的反复运转与反应过程的调节控制等，对固定化酶的物理性质和化学性质尤其是载体的形状、厚度和长度有精确的要求。对固定化酶的选择标准见表 11-15。

酶的固定化方法是十分重要的关键技术，常用的方法有吸附法、共价键合法、包埋法。吸附法是最早发展起来的固定化方法。早在 1916 年 Nelson 和 Griffin 就采用此法制成了固定化酶[82]。他们发现吸附在木炭上的蔗糖酶仍然保持催化活力。最早应用于工业化过程的固定化酶是将氨基酰化酶吸附在 DEAE-纤维素上制成的[83]。吸附法在过去的几十年内被研究得很多，其主要具有以下优势：①简易性，可以在温和的条件下进行操作。②与共价键合法相比，吸附法避免了化学修饰，更有可能在很高程度上保持酶的活力。③可逆性，这样不仅载体可以重复使用，还可以进行蛋白质的纯化。经过多年的发展，吸附法可进一步细分为以下几种吸附类型：①非特异性物理吸附，即酶经过范德瓦耳斯力、氢键或亲水作用被吸附；②生物特异性吸附，指的是提供吸附酶配基的生物吸附；③亲和吸附，指对染料或固定化金属的离子吸附；④静电作用，即离子结合作用，基于载体和酶之间的电荷和电荷的相互作用；⑤疏水作用，载体和酶之间疏水区域的相互作

表 11-15　高效固定化酶原则

参数	要求	优点
非催化功能	合适的颗粒大小及形状	分离方便，反应易控制
	合适的机械特性	反应器设计灵活
	水重吸量低	易除去水
	有机溶剂中稳定性好	不必改变孔径，扩散限制少
催化功能	高容积活力	高产率，高时空产量
	高选择性	副反应少，下游产品分离容易
	底物专一性广	适应底物结构多样性
	在有机溶剂中稳定	可利用有机溶剂改变平衡常数
	热稳定性	提高温度，缩短反应时间
	操作稳定性	节约成本
	构象稳定性	调节酶特性
固定化酶	可循环应用	催化剂成本降低
	适用性广	适应过程的多样性
	可重复生产	保证产品质量
生态与经济的考虑	体积小	固体废物处理成本低
	易处理	易生物降解，环境污染小
	合理设计	避免烦琐的筛选
	使用安全	满足安全规定
知识产权	创新性	保护知识产权
	有吸引力	可批准工业化生产
	富竞争力	牢固的市场地位

用。酶共价键合法是以共价结合方式将酶固定到一个合适的载体上[84]。对共价键合固定化法的研究始于 20 世纪 50 年代，现已成为酶固定化的一种重要方法。与其他固定化方法相比，共价键合法能提供酶和载体最强的结合力。因为酶与载体的结合是基于化学反应，所以此法是一种激烈的固定化方法，具有不可逆、酶构象的空间变化受到限制及化学性质发生改变等性质。酶的包埋实质是酶分子被限制在某种载体上，然后被分散到流体介质中，再借助物理或化学方法形成含酶的或其他生物催化剂的不溶性载体。早在 20 世纪 50 年代中期，就有报道称酶能被物理包埋于一种无机凝胶载体中，同时保留有生物活力[85]。在后来酶工程技术发展迅速的 20 世纪 70 年代，包埋法受到了重视。在最初的包埋技术中固定化酶的形成是一个以物理包埋为主要方法的凝固过程。如今载体的形成可以通过其他几种方法来实现，如交联、聚合等方法。随着包埋技术研究的深入，近年来出现了各种各样的包埋技术，如共价包埋、双包埋、后装载包埋等，以解决原始包埋技术存在的不足。表 11-16 为近年来包埋法的最新研究进展。

表 11-16　酶的包埋法最新研究进展

方法	步骤	备注	参考文献
模板滤取包埋	使用可溶性添加剂或者表面活性剂	增加载体的多孔性	Singh，1988
双包埋	两种类型的包埋连续结合	为增加载体的有孔性，包埋的第一载体被选择性滤去	Kanda et al.，1998; Shtelzer et al.，1992
物理包埋	酶和载体间形成的非共价结合	酶分子通常不会被损害 避免酶的渗出和加固载体	Khare et al.，1991
原位交联包埋	继通常的物理包埋法之后用交联处理	酶固定化和包埋的共价一步完成	Khare, 1991 Walton et al.，1973
共价包埋	使用带有能和酶形成共价键的活性功能基团的单体		Pollak et al.，1978；Pollak et al.，1980
封包埋	继常规的包埋法之后，在原始载体周围形成一层渗透层	减少酶的渗出和增加载体的机械稳定性	Lee et al.，1980 Degroot et al.，2001

固定化细胞是近年来发展比较快的生物技术，其起源最早可追溯到 1959 年，Hattori 首次将大肠杆菌吸附在树脂上，实现了真菌细胞固定化[86]。国内此方面研究也比较多，林璐等用固定化细胞方法固定大黄欧文氏菌生物催化合成异麦芽酮糖，得到异麦芽酮糖平均转化率在 80% 以上，半衰期为 40 d[87]。张磊等研究了聚乙烯醇固定酵母细胞在液态白酒生产中的应用，在用正交实验优选固定化条件之后，得到的固定化酵母机械强度好，酿酒性能稳定[88]。固定化细胞相比早发展起来的固定化酶有许多优点，它省去了酶分离过程及这部分工作所耗资金，而且固定化后的细胞分泌的酶属于多酶系统，其进行的反应比单一固定化某种酶更稳定。固定化细胞的方法有很多，除了比较传统的包埋法、交联法，还有许多最新发展起来的方法如絮凝法。此种方法是利用某些微生物细胞具有自絮凝形成颗粒的能力而对细胞进行固定化的方法，该方法优点如下：固定方法简单，在摇瓶培养阶段就可以快速形成絮凝颗粒，然后絮凝细胞颗粒可以用生物反应器逐级扩大培养。自絮凝细胞颗粒内部结构松散，传质阻力小，颗粒活性高。因不用强烈的物理化学手段，只是利用其自身条件，小颗粒的絮凝和大颗粒的解离可以呈动态平衡，相比其他固定化方法不存在载体固定化细胞的强度问题。固定化细胞应用很广泛，国外研究较多，技术也比较成熟。Furuya 等报道利用聚氨酯泡沫固定化 *Coffea arabica* 细胞，用来连续生产咖啡因[89]。Iwasaki 等用固定化细胞的方法生产酱油，将细胞截留在膜生化反应器中，通过膜装置来转移发酵产品，进行连续生产，提高了生产能力[90]。Bertkau 等用吸附在碎硅粒上的 *Schizosaccharomyces pombe* 将苹果酸转化成乳酸，结果反应器中的葡萄酒苹果酸 48 h 后消失。Ciani 等证实用固定化细胞的方法固定 *C. stellata* 与酿酒酵母可改善葡萄酒的风味[91]。固定化细胞在环境工程方面也有重要的应用。Geoffrey 等将小球藻固定在藻朊酸盐中来富集 Zn 等重金属，在 5 h 内 54%的 Zn 被吸附，相同条件下悬浮细胞的吸附量要小很多。Shreve 和 Vogel 用固定化细胞的方法固定假单胞菌降解甲苯，此体系比游离细胞体系的半饱和常数增加了 30 倍，细胞的最大生长速率降低了 2/3[92]。固定化的快速发展使得其在抗生素、有机酸、氨基酸、酶制剂及基因工程菌的固定化方

面有着成功的应用。

酶保护剂研究发展迅速，其就是一些酯类、盐类和表面活性剂加入酶反应体系中，可以延缓酶的衰变或提高酶的稳定性的物质。国内外有很多关于这方面的研究。刘朝辉等研究了葡萄糖、甘露糖、果糖、蔗糖、壳聚糖、丙三醇和山梨醇对 β-甘露聚糖酶热稳定性的作用，发现蔗糖、壳聚糖和山梨醇在浓度均为 2 g/L 时能显著提高此酶的热稳定性[93]。郝秋娟等研究了多糖黄原胶、动物蛋白明胶、氯化钠、甘油对淀粉液化芽孢杆菌所产葡聚糖酶的热稳定性，发现将添加甘油 120 g/L、黄原胶 5 g/L 复合稳定剂的葡聚糖酶溶液在 60℃条件下处理 2 h，酶液的残余酶活比未经过处理的酶活提高了 55.3% [94]。贾楠和牟光庆研究了脱脂奶粉、明胶和乳糖对豆豉纤溶酶冻干后残余酶活的影响，发现在一定比例下，残余酶活超过 90% [95]。钟国华等研究了氯化钠、甘氨酸、苯甲酸钠、凯松、甘油对毒死蜱高效降解酶的影响，发现 0.7%氯化钠、0.35%甘氨酸、0.03%苯甲酸钠、0.17%凯松、8.38%甘油所配制的降解酶保护剂在 5 个月内，温度在 20～50℃下对毒死蜱降解效果保持在 80%以上[96]。李隽和黄亚东研究了复合稳定剂对加酶液体洗涤剂中酶活性的影响，发现将亚硫酸氢钠 0.5%、琥珀酸 1.0%、钙离子 0.1% 加入洗涤剂中，脂肪酶活保持在 89.66% 以上[97]。张玉华等研究了海藻糖、乳糖、透明质酸、蔗糖等对长双歧杆菌的保护作用，发现海藻糖和透明质酸组合物的作用最佳[98]。但是系统论述和专门研究酶保护剂的文献还比较少，关于这方面还不是酶工程的研究热点。

酶的非共价修饰指在酶促反应体系中加入表面活性剂等物质，使酶微囊化，可使酶在不利的环境下有效起作用。反相胶团是提供这种微囊化的最好反应体。反相胶团是由两性化合物在占优势的有机相中形成，其不仅可以保护酶，还能提高酶活力，改变酶的专一性[99]，在酶促体系中加入的物质与酶非共价的相互作用可以有效保护酶。一些水溶性聚合物如聚乙二醇既可以通过氢键固定在酶表面，又能通过氢键与外部水相连。在聚丙烯酸凝胶中的胰凝乳蛋白酶，由于聚丙烯酸的羧基与酶分子形成的静电和氢键使得酶的热稳定性增强，凝胶浓度达到 50% 时，稳定化效应增加了 10^5 倍[100]。

蛋白质工程在酶工程中的应用，就是利用基因工程手段，包括基因的定点突变和基因表达对蛋白质进行改造，以期获得性质和功能更加完善的蛋白质分子。蛋白质工程也可以用来有目的地改变酶的催化活力和稳定性。在对酶结构清楚了解的基础上，定点突变有关功能基因，然后通过外源细胞合成新酶。Markus Roth 通过同源性比对，应用定点突变技术对 *Eco*RⅤDNA 甲基化酶进行改造，使此酶增加了对胞嘧啶的亲和性。Burg 利用蛋白同源建模和定点突变技术使从 *Bacillus stearothemophilus* 分离出来的嗜热菌蛋白酶突变，其突变体的稳定性提高了 8 倍。酶的活性中心一般来说只受几个关键的氨基酸残基的空间排列所影响，酶的活性因为这几个关键残基中的一个或几个的改变而发生很大的变化。通过对一些特定氨基酸的突变，改变酶的活性中心的空间结构，可以提高突变体酶的活力。Mandecki 等对大肠杆菌碱性酯酶的活性位点旁边的 D101 进行突变，突变体的比活力上升了 15 倍[101]。在工业用酶方面，利用蛋白质工程改造酶的研究更为广泛。Okkels 等通过定点突变技术使 *Candida antarctica* A 脂肪酶的比活力提高了 4 倍[102]。Yamaguchi 等将 Cys 二硫键引入 *Humicola lanuginsa* 脂肪酶中，突变体的热稳定性提高了 12℃，酶的最适温度提高了 10℃[103]。van Kampen 等研究了 *Staphylococcus hyicus* 脂肪酶突变体对底物专一性的影响，发现如果把 356 位的 Ser 用 Val 替换，此突变体的磷脂酶活性降低为原来的 1/13[104]。

酶工程的主要任务之一是生产稳定的酶制剂，因为在医药和生物工程等领域都需要稳定的生物制品。添加大分子糖类、蛋白质和醇类可以减缓酶的变性，甚至可以提高酶的活力，因此许多科学工作者对酶保护剂展开了多方面的研究。

综上所述，南京农业大学海洋科学及其能源生物资源研究所菊芋研究小组采用山梨酸钾和 $CaCl_2$、大分子多糖海藻糖、高分子化合物聚乙二醇、常见醇类如甘油、山梨醇、乙醇为研究对象，研究其对菊粉酶活性的影响。

1）*Penicillium* sp. B01 产菊粉外切酶稳定化的研究方法

青霉 *Penicillium* sp. B01，由南京农业大学海洋科学及其能源生物资源研究所菊芋研究小组山东莱州 863 中试基地的菊芋根部土壤中分离获得，由南京农业大学海洋科学及其能源生物资源研究所菊芋研究小组实验室保存。

主要培养基配方。发酵培养基：EJA 120 g，YE 25 g，$NH_4H_2PO_4$ 2.5 g，NaCl 5 g，$FeSO_4·7H_2O$ 0.1 g，$ZnSO_4·7H_2O$ 0.1 g，加水定容至 1000 mL，pH 7。斜面保藏培养基：PDA（马铃薯 20 g、葡萄糖 10 g、琼脂 20 g，加水定容至 1000 mL），pH 7。复壮培养基：菊芋提取液 50 g，蛋白胨 10 g，$NH_4H_2PO_4$ 0.5 g，$MgSO_4·7H_2O$ 0.1 g，NaCl 5 g，加水定容至 1000 mL，pH 6。

DNS 试剂的配制：6.3 g DNS 和 2 mol/L NaOH 溶液 262 mL，加入 500 mL 含有 185 g 酒石酸钾钠的热水溶液中，再加入 5 g 结晶酚和 5 g 亚硫酸钠，搅拌溶解。冷却后加蒸馏水定容至 1000 mL，储存于棕色瓶中备用，避光保存。

果糖标准曲线的制备：准确称取 1.000 g 分析纯的还原糖（果糖），用少量蒸馏水溶解后，定量转移至 1000 mL 容量瓶中，再定容至刻度，摇匀，浓度为 1 mg/mL。取 10 支 20 mL 的刻度试管，分别按表 11-17 加入试剂，充分混匀，沸水浴煮沸 15 min 显色，冷却后用蒸馏水稀释至 20 mL。在 520 nm 处测吸光度。以还原糖（果糖）浓度为横坐标，吸光度为纵坐标绘制标准曲线，然后进行线性回归。对比标准曲线和回归方程确定合适的菊粉还原糖（果糖）的计算方法。

表 11-17　3,5-二硝基水杨酸比色法标准曲线的绘制　（单位：mL）

测定序号	0	1	2	3	4	5	6	7	8	9
果糖标液	0	0.2	0.3	0.4	0.5	0.6	0.7	0.8	0.9	1.0
蒸馏水	1	0.8	0.7	0.6	0.5	0.4	0.3	0.2	0.1	0
DNS	3	3	3	3	3	3	3	3	3	3

孢子悬液的制备：将 *Penicillium* sp. B01 接种到 PDA 培养基的平板上，28℃培养 5～7 d，在平板上倒入室温无菌水，用接种环将孢子轻轻刮下，然后用灭过菌的 8 层纱布过滤掉菌丝，滤液作适当稀释，制成 $2.5×10^6$ 个/mL 的孢子悬液，于 4℃保存备用。

菊粉粗酶液的制备：将保藏的菌种 *Penicillium* sp. B01 接入培养基，30℃培养 5 d，按上述方法制作成 $2.5×10^6$ 个/mL 的孢子悬液，接 1.5 mL 制好的悬液接入 250 mL 锥形瓶（内含 40 mL 灭过菌的发酵培养基），30℃ 170 r/min 摇瓶培养 5 d。液体发酵培养 5 d 后，滤纸过滤，滤液即粗酶液。

菊芋提取液的制备：鲜菊芋洗净→100℃杀酶 5 min→切片烘干→粉碎后过 60 目筛，取菊芋粉与蒸馏水的比例 1∶4，80℃热浸提 1 h，压滤，冰箱保存备用。

菊粉酶活力测定方法：取适当稀释的粗酶液 0.5 mL 与 4 mL 的 1.5%菊粉（用 0.1 mol/L、pH 4.6 的乙酸缓冲液配制）55℃条件下反应 20 min，然后 100℃ 5 min 终止反应，取 1 mL 的反应液用 DNS 显色法测定产物中还原糖的量。在相同的条件下，用 100℃灭活的酶液作为对照。菊粉酶酶活定义为 pH 4.6，55℃下反应 20 min，每分钟转化成 1 μmol 还原糖的酶量为一个酶活力单位。酶活力取两次平行实验的平均值。

还原糖含量的测定：采用 DNS 法测还原糖含量，继而推算出酶活大小。取待测液 1 mL，加入 3 mL DNS 试剂，沸水浴煮沸 15 min 显色，冷却后用蒸馏水稀释至 20 mL，在 520 nm 处测吸光度。用预先以果糖制好的标准曲线即可计算出样品中还原糖的含量。

菊粉酶稳定剂储液的配制：选取乙酸-乙酸钠缓冲液来配制保护剂溶液。乙醇和甘油配制体积分数为 5%、10%，山梨醇浓度配制为 0.1 g/L、0.5 g/L、1 g/L，$CaCl_2$ 浓度配制为 1%、5%、10%，山梨酸钾浓度配制为 0.5%、1%，海藻糖浓度配制为 1 mmol/L、2 mmol/L，聚乙二醇浓度配制为 0.1%、0.5%。

加酶保护剂后酶热稳定性的测定：将加酶保护剂的菊粉粗酶液与 5%的用乙酸缓冲液配制的菊粉溶液混合，55℃保温 20 min，然后置于沸水浴 10 min 以终止反应，冷却至室温后用 DNS 法测酶的活力，对照为同样操作的不加保护剂的酶液。相对酶活的公式为 $A_r=A_p-A_0/A_p$，公式中 A_r 为相对酶活，A_p 为加入保护剂的酶活，A_0 为未加保护剂的酶活。实验酶活的测定取三次平行实验的平均值。

正交实验筛选最佳酶保护剂配方：通过单因子实验，得到对酶稳定效果较好的几种保护剂，设计正交实验，筛选最佳酶保护剂配方。正交实验的设计如表 11-18 所示。

表 11-18　正交实验的设计

序号	A	B	C	D
1	2	1	0.1	1
2	4	5	0.5	4
3	6	10	1.0	7
4	8	15	1.5	10

注：A. 聚乙二醇（%）；B. 甘油（%）；C. 山梨醇（g/L）；D. $CaCl_2$（%）。

2）单一保护剂对 *P*. sp. B01 产菊粉外切酶活性的影响

由表 11-19 可知，添加甘油、山梨醇、$CaCl_2$、海藻糖和聚乙二醇对酶的稳定性具有保持作用。添加山梨醇的酶液经反应最高酶活保留率可达 112%。添加甘油和聚乙二醇的酶液经过反应后酶活保留率也都保持在 104%～110%内。海藻糖经过实验测得的相对酶活保留率最高，究其原因是海藻糖在反应过程中受热分解出许多还原基团，因为本实验酶活的测定是以反应后酶分解所得到的还原糖含量来计算的，所以海藻糖的分解对实验有干扰作用。乙醇的添加，不但没有提高酶的稳定性，还使酶活损失较大。山梨酸钾对酶的稳定性的保持效果也不是很好，随着山梨酸钾添加量的增加，酶相对活性减小，说明山梨酸钾对酶有侵害作用。

表 11-19　单因子实验筛选

酶稳定剂	加入量	酶活保留率/%
乙醇	5%	34.3
	10%	28.5
甘油	5%	107.2
	10%	106.9
山梨醇	0.1 g/L	110.4
	0.5 g/L	112.0
	1.0 g/L	111.9
$CaCl_2$	1%	108.2
	5%	105.0
	10%	106.7
山梨酸钾	0.5%	87.5
	1.0%	84.8
海藻糖	1 mmol/L	180.0
	2 mmol/L	245.0
聚乙二醇	5%	105.0
	10%	104.0

3）正交实验筛选最佳 *P*. sp. B01 产菊粉外切酶保护剂配方

选取对保持酶的稳定效果较好的甘油、山梨醇、$CaCl_2$ 和聚乙二醇为实验材料，通过正交实验设计筛选最佳酶保护剂配方。得到的正交实验结果如表 11-20 所示。

表 11-20　正交实验结果

实验号	A	B	C	D	相对酶活/%
1	1	1	1	1	110.4
2	1	2	2	2	121.8
3	1	3	3	3	107.2
4	1	4	4	4	103.7
5	2	1	2	3	100.4
6	2	2	1	4	93.7
7	2	3	4	1	112.8
8	2	4	3	2	108.7
9	3	1	3	4	85.2
10	3	2	4	3	120.1
11	3	3	1	2	108.2

续表

实验号	A	B	C	D	相对酶活/%
12	3	4	2	1	100.7
13	4	1	4	2	94.2
14	4	2	3	1	98.6
15	4	3	2	4	85.8
16	4	4	1	3	96.4
均值 1	110.688	97.545	102.173	106.258	
均值 2	103.892	108.548	102.177	104.050	
均值 3	103.550	103.495	99.912	98.935	
均值 4	93.757	102.300	107.625	102.645	
极差	16.931	11.003	7.713	16.195	

注：A. 聚乙二醇（%）；B. 甘油（%）；C. 山梨醇（g/L）；D. $CaCl_2$（%）。

极差分析的结果显示，影响菊粉酶活力的稳定剂主次顺序依次为 A>D>B>C，即聚乙二醇>$CaCl_2$>甘油>山梨醇。复合稳定剂的最佳组合为 A1B2C3D2，即聚乙二醇 2%、甘油 5%、山梨醇 1 g/L、$CaCl_2$ 4%。

糖类是生物构成机体的成分和提供能量的重要基础。在干燥、低温、反复冻融等环境的胁迫下，糖类物质对有机体内的生物酶、微生物细胞体、疫苗等具有保护作用[105]。

醇类对酶的稳定性起到一定作用，有报道说其稳定机理是因为羟基基团和酶分子相互作用，并且醇类的添加减小了酶反应体系中介质的介电常数，加强了酶分子的疏水作用；醇类与水分子结合，降低了水的活度，减弱了水分子对酶蛋白的影响[106]。

金属离子的激活作用，一般认为是金属离子在酶和底物之间起到了桥梁作用，从而更有利于底物和酶的活性中心必需基团的结合，使得酶活力提高。同时，金属离子还能对酶蛋白表面的多余负电荷起屏蔽作用，从而消除带电基团的不利影响而利于酶的稳定[107]。$CaCl_2$ 是某些胞外酶的稳定剂和蛋白酶的辅助因子[108]。

有研究表明，海藻糖具有稳定生物膜和蛋白质结构的作用[109]。许多对恶劣环境表现出非凡抗逆特性的物种，大多都与其体内存在的海藻糖有直接的关系。这一独特的功能特性使得海藻糖在蛋白质药物、酶、疫苗和其他生物制品中充当了优良的活性保护剂。2007 年 7 月，*Nature* 刊登文章对海藻糖进行专门的评价，指出“对许多生命体而言，海藻糖的有无，意味着生存或者死亡”。

南京农业大学海洋科学及其能源生物资源研究所菊芋研究小组的研究中，添加海藻糖实际测得的剩余酶活远远高于其他保护剂，究其原因认为是海藻糖是由两个葡萄糖分子由 α,α-1,1-糖苷键连接成的二糖，添加后有可能被酶分解成还原糖，由于酶的活力是由反应过后的还原糖含量换算得到的，其效果高有可能不是因为海藻糖的保护作用，而是海藻糖充当了菊粉酶反应的底物。故没有对其进行深入的研究。

醇类对菊粉酶的保护作用如图 11-47 所示。多元醇富含羟基，在酶的表面形成了一层溶剂层，提高了酶的稳定性。在实验中，所有的醇类对酶的稳定性均起到了保护作用，为其成为酶稳定剂提供了有力依据。

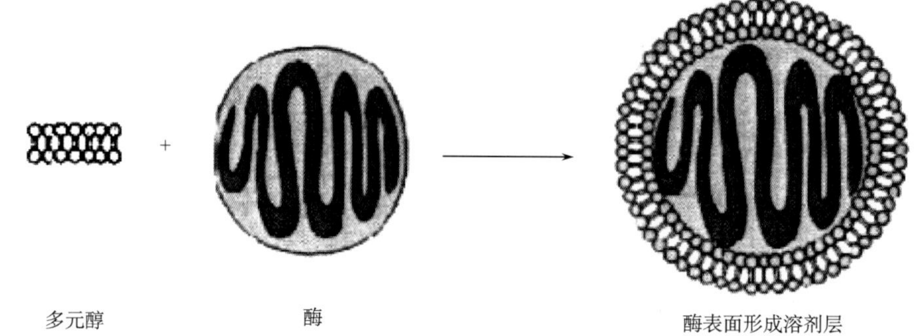

图 11-47　多羟基醇对酶的保护原理

有报道研究山梨酸钾对酶的稳定性的作用[110]。南京农业大学海洋科学及其能源生物资源研究所菊芋研究小组实验结果表明山梨酸钾损失了酶的稳定性。山梨酸钾在食品工业中常用来作防腐剂，对细菌、霉菌、酵母菌都有抑制作用。其原理是山梨酸钾抑制了微生物体内的脱氢酶系统。也就是说，山梨酸钾是酶的抑制剂，故本实验中山梨酸钾在所有单因子实验中效果最不好。

综上，得出了如下结论：聚乙二醇、甘油、山梨醇和 $CaCl_2$ 对菊粉酶的稳定性有较好的保持作用，乙醇和山梨酸钾则使酶的活性丧失。最佳酶保护剂配方，为聚乙二醇 2%、甘油 5%、山梨醇 1 g/L、$CaCl_2$ 4%。

2. 海藻酸钠包埋法固定 *P.* sp. B01 产菊粉外切酶研究

固定化技术是使生物催化剂得到更广泛且有效利用的一个重要手段。此技术可用于反复分批反应和装柱连续反应，易于将固定化酶和底物、产物分离，酶可重复使用，使用效率增加，成本显著降低。

菊粉酶能够将菊粉快速地水解成为果糖或低聚果糖，由于水解产物具有多种生理功能，故近年来对菊粉酶的分离纯化和固定化开展了较为深入的研究[111]。但天然菊粉酶易失活，重复使用效率低，所以提高了生产成本。现将固定化技术与菊粉酶的应用相结合，使菊粉酶能达到反复利用、连续操作的目的，从而提高底物转化率，降低生产成本。南京农业大学海洋科学及其能源生物资源研究所菊芋研究小组利用三种不同的载体对 *Penicillium* sp. B01 所产菊粉酶固定化进行了初步探索，希望能为酶法生产果糖或低聚果糖提供进一步的参考数据。

1）海藻酸钠包埋法固定 *Penicillium* sp. B01 产菊粉外切酶研究方法

青霉 B01（*Penicillium* sp. B01）（南京农业大学海洋科学实验室筛选保存）。保存培养基（g/L）：马铃薯 200，蔗糖 20，琼脂 15，pH 自然。优化发酵培养基（g/L）：菊芋提取液 120，酵母膏 25，$NH_4H_2PO_4$ 2.5，NaCl 5，$FeSO_4·7H_2O$ 0.1，$ZnSO_4·7H_2O$ 0.1，pH 4.5。

酶活测定方法及酶活回收率的计算：酶活回收率（%）=加入酶活（U/mL）/固定后测得酶活（U/mL）×100。

海藻酸钠浓度对固定化酶活力的影响：用无菌水配制 1%、2%、3%、4%、5%、6% 六个浓度的海藻酸钠溶液，加入酶活为 15 U/mL 的酶液振荡混匀，用注射器滴入 $CaCl_2$

溶液中，放入 4℃冰箱硬化后测其固定化酶活力。

$CaCl_2$ 浓度对固定化酶活力的影响：$CaCl_2$ 浓度设 0.5%、1%、2%、3%、4% 五个梯度，加入活力为 15 U/mL 的原酶，制成固定化酶并测其酶活力。

浓度为 4% 海藻酸钠在不同加酶量中的固定化效率：将制成不同梯度的固定化酶颗粒和不同梯度的原酶在 55℃条件下反应 20 min，然后测定酶活，固定化效率为同样梯度的原酶液与固定化酶液的酶活之比。

pH 稳定性与温度稳定性实验：以酶活为 9 U/mL 固定化酶和原酶为样品，菊粉底物设 4、4.5、5、5.5、6 五个不同 pH 梯度，在 55℃下反应 20 min。温度稳定性实验是以 pH 4.5 的菊粉乙酸缓冲液为底物，温度设 35℃、45℃、55℃、65℃、75℃五个不同反应梯度。然后测定不同反应条件下的固定化酶和游离酶的酶活力。

2）海藻酸钠浓度对 *Penicillium* sp. B01 固定化菊粉外切酶活力的影响

如图 11-48 所示，固定化酶活力随海藻酸钠浓度的升高呈现先上升后下降的趋势。在海藻酸钠浓度为 4% 时，固定化酶活力最高，为 13 U/mL。海藻酸钠浓度低，形成的凝胶机械强度弱，酶液易发生泄漏，所以形成的固定化酶活力低，浓度高时形成的凝胶有拖尾现象且质地坚硬，不利于酶与底物的作用，综合考虑海藻酸钠最适浓度为 4%。

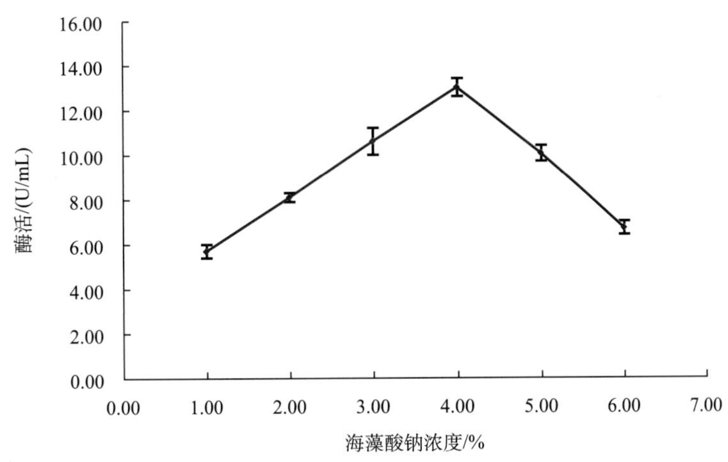

图 11-48　海藻酸钠浓度对固定化酶活力的影响

3）$CaCl_2$ 浓度对 *Penicillium* sp. B01 固定化菊粉外切酶活力的影响

如图 11-49 所示，不同 $CaCl_2$ 浓度对固定化酶活力影响差别不大，$CaCl_2$ 浓度从 0.5% 到 4%的这个梯度之间的固定化酶酶活为 9～13 U/mL，其中以 0.5%的 $CaCl_2$ 浓度中制成的固定化酶活力最高，为 13 U/mL。$CaCl_2$ 主要影响固定化酶的表面强度。浓度过高制成的固定化酶凝胶壁厚，不利于酶的作用。浓度低于 1%时形成的凝胶松散，易破碎。综合考虑采用 $CaCl_2$ 浓度为 1%。

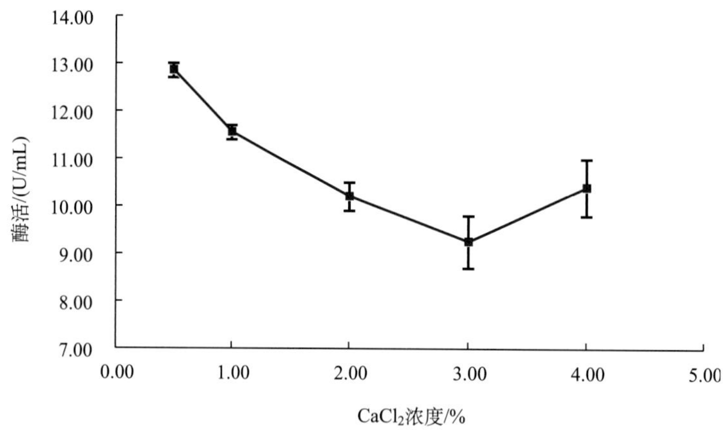

图 11-49　$CaCl_2$ 浓度对固定化酶活力的影响

4）浓度为 4%的海藻酸钠在不同的 *Penicillium* sp. B01 菊粉外切酶加酶量中的固定化效率

固定化效率以酶活回收率表示，酶活回收率为同样酶活的原酶与制成固定化酶的酶活之比。如图 11-50 所示，固定化效率随着加酶量的升高而降低。在加酶量为 3 U 时，固定化效率最高，为 75%。在加酶量为 12 U 时，酶固定化效率最低，仅为 28.3%。这可能是因为加酶量少时，酶和底物有充分的空间接触作用，所以活力较高。加酶量增大产生了空间位阻效应，改变了酶的构象，使得固定化效率降低。

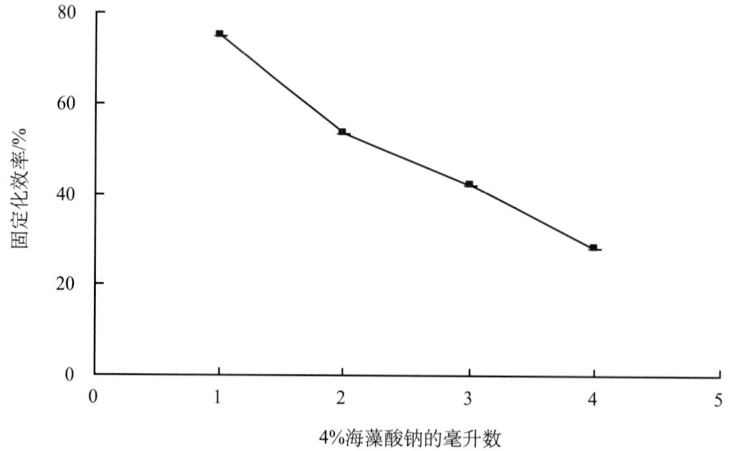

图 11-50　浓度为 4%的海藻酸钠在不同加酶量中的固定化效率

注：每毫升 4%海藻酸钠的酶活为 3U

5）*Penicillium* sp. B01 菊粉外切酶固定化酶与游离酶在不同 pH 下的稳定性

Penicillium sp. B01 菊粉外切酶固定化酶与游离酶在不同 pH 下的稳定性是以标准条件下反应测得的酶活为标准，然后以等量的固定化酶和游离酶在不同 pH 下反应，测得的酶活与标准条件下测得的酶活之比为相对酶活，以相对酶活的大小来衡量固定化酶与

游离酶的稳定性。如图 11-51 所示，固定化酶与游离酶的酶活随着 pH 升高呈现先上升后下降的趋势。固定化酶与游离酶在 pH 4.5 时酶活最高，即固定化酶与游离酶的最适 pH 没有改变，但是从图 11-51 中可以看出，固定化酶的 pH 适应性比游离酶高。在 4～4.5 和 5.5～6.5 固定化酶的相对酶活都比游离酶要好，显示了良好的 pH 适应性。

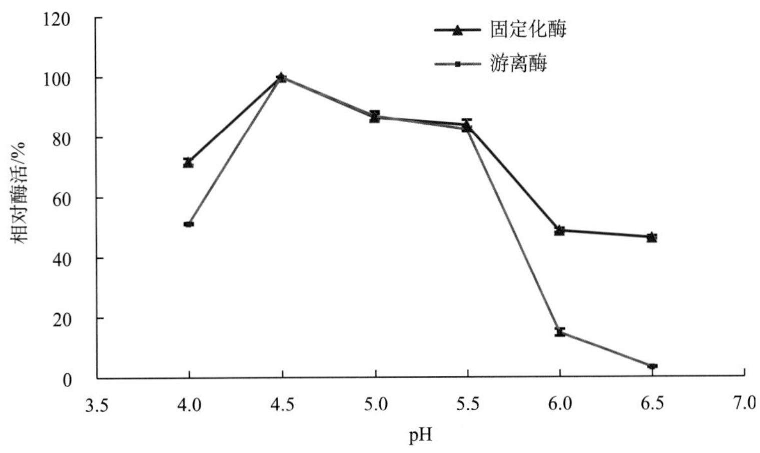

图 11-51　固定化酶与游离酶在不同 pH 下的稳定性

6）*Penicillium* sp. B01 菊粉外切酶固定化酶与游离酶在不同温度下的稳定性

温度是衡量固定化酶能否应用于工业生产的重要因素。由图 11-52 可见，固定化酶和游离酶的最适温度都为 55℃，在 35～55℃游离酶的相对酶活比固定化酶要好，在 55～75℃固定化酶显示了良好的温度稳定性。这可能是因为酶包埋在相对稳定的凝胶环境中，减缓了高温使其变性的速度。在工业生产中反应器的温度都很高，所以在相对高温下固定化酶比游离酶更适合应用于工业生产。

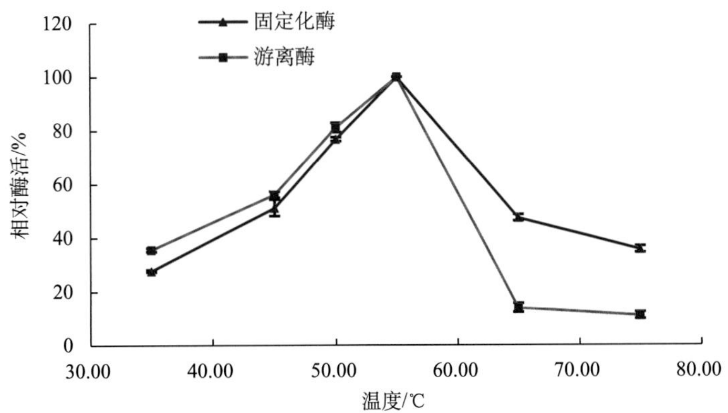

图 11-52　固定化酶与游离酶在不同温度下的稳定性

7）*Penicillium* sp. B01 菊粉外切酶固定化酶的重复利用性

从图 11-53 可以看出，随着固定化酶重复利用次数增加，固定化酶效率缓慢降低。

由于凝胶反复利用机械强度下降，酶液泄漏导致利用率降低，但重复使用 7 次之后固定化酶酶活仍为原酶活的 50.6%。固定化酶的重复利用性是其工业生产中优于游离酶的重要性能。

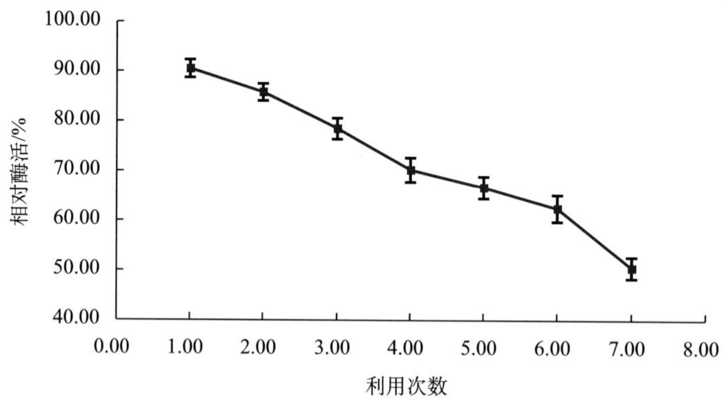

图 11-53　固定化酶的重复利用性

综上所述，海藻酸钠是存在于褐藻类中的天然高分子，由 β-1,4-D 型甘露糖醛酸钠盐和 α-1,4-L 型古洛糖醛酸钠盐共聚而成[112]。其分子链上含有大量的羟基和羧基，内部呈多孔结构，具有良好的生物相容性，温和无毒，化学稳定性好，包埋效率高，是良好的包埋载体[113]。将菌悬液加入海藻酸钠中充分混匀，滴入一定浓度的 $CaCl_2$ 溶液中，就可将菌体包埋于海藻酸钠-$CaCl_2$ 聚合物中。海藻酸钠载体内部是很复杂的网络结构，其水分含量很高，运用原子力显微镜对不同浓度海藻酸钠在 Ca^{2+}作用下进行成像，发现 5 mg/mL 的 Ca^{2+}能很好地诱导海藻酸钠发生成膜反应，这种膜结构呈现出典型的蛋盒结构[114]。

海藻酸钠和 $CaCl_2$ 的浓度对固定化的效果影响很大。过高或过低的二者浓度都会形成不稳定的凝胶，使酶液泄漏或者因凝胶孔径太小致底物渗入率过低。本实验通过对海藻酸钠固定化法的研究得出了海藻酸钠和 $CaCl_2$ 的最佳比例，得出固定化酶在重复利用性和储存稳定性方面要好于游离酶，在温度适应性方面，在 55～75℃固定化酶表现出良好的适应性，因为海藻酸钠的包埋起到了对酶的保护作用，减弱了酶对温度的敏感性。同时海藻糖对生物机体有保护作用，海藻酸钠中的海藻糖改变了酶反应体系的热力学性质，使得此种载体除了作为酶的载体之外，还对酶进行了非共价修饰，进一步改善了酶的稳定性。这也是海藻酸钠包埋法优于其他载体包埋法的原因。

本部分以提高菊粉酶稳定性为着眼点，采用三种方式探讨提高菊粉酶活性的最佳方法。方式一为添加酶保护剂来提高菊粉酶的稳定性，选取海藻糖、甘油、乙醇、山梨醇、山梨酸钾、$CaCl_2$ 进行实验，通过单因子实验和正交实验来筛选最佳保护剂配比。方式二为用海藻酸钠包埋法固定菊粉酶，研究了固定化酶的性质和最佳固定化条件。方式三为固定化细胞，采用 4 种方法固定青霉菌体，得出最佳固定化方法和固定化细胞的性质：通过单因子实验得出聚乙二醇、甘油、山梨醇和 $CaCl_2$ 对菊粉酶的稳定性有较好的保持作用，乙醇和山梨酸钾则使酶的活性丧失。通过正交实验筛选出最佳酶保护剂配方，为聚乙二醇 2%、甘油 5%、山梨醇 1 g/L、$CaCl_2$ 4%；海藻酸钠包埋法制备固定化青霉产菊粉酶的最佳比例为海藻酸钠浓度为 4%、$CaCl_2$ 浓度为 1%。固定化菊粉酶最佳反应条件为 pH 4.5，温度 55℃，与游离酶相比，固定化酶在 pH 和温度适应性方面均有所提高。在固定化酶重复利用性方面，制成的固定化酶在和游离酶同样反应条件下反应 7 次，酶活仍达到原酶活的 50.6%。海藻酸钠包埋法制定的固定化菊粉酶在各个指标上均优于游离酶，有良好的潜在工业应用价值；通过四种固定化细胞方法的比较，得出海藻酸钠-$CaCl_2$ 包埋法是相对较好的方法。海藻酸钠浓度为 2%、菌体量为 5 g/10 g 时，酶活回收率可达到 47.22%。考察用海藻酸钠固定化法的 pH、温度与游离细胞相比的稳定性，发现最适 pH 酸移，为 4.0。研究海藻酸钠包埋法固定青霉的储存稳定性，发现经过固定的青霉在 48 h 后仍具有活力。青霉 *Penicillium* sp. B01 发酵时间短，容易培养，是研究细胞固定化的好材料。

3. 同步糖化发酵核心技术

南京农业大学海洋科学及其能源生物资源研究所菊芋研究小组通过筛选、遗传改良等途径选育了比较理想的菊粉外切酶高产菌株，为菊粉酶解生产果糖提供了技术支撑，在此基础上，研究小组对其相关基因的表达、克隆与转化进行了研究，构建了糖化与发酵乙醇同步进行的工程菌株。

1）外切菊粉酶基因的表达及性质的研究

巴斯德毕赤酵母（*Pichia pastoris*）表达系统是近十年发展起来的真核表达体系，是目前最为成功的外源蛋白表达系统之一。与现有的其他表达系统相比，巴斯德毕赤酵母在表达产物的加工、外分泌、翻译后修饰以及糖基化修饰等方面有明显的优势，现已广泛用于外源蛋白的表达。巴斯德毕赤酵母表达系统已成为实验室研究及商业生产重组蛋白的重要工具之一。

1999 年 Kim 等将无花果曲霉中的内切菊粉酶基因在 *SUC2* 基因缺失酿酒酵母中表达，使用的马克斯克鲁维酵母的菊粉酶启动子，在平板上通过透明圈检测验证有重组菊粉酶的酶活。但由于酿酒酵母的表达量不高，2000 年之后很多学者开始将从微生物中克隆到的菊粉酶基因在巴斯德毕赤酵母中表达，结果使菊粉酶的表达量大大提高[115]。

微生物菊粉酶的酶系比较复杂，大部分微生物菊粉酶的酶系都包含一种以上的菊粉酶，而且同一种酶还含有其同工酶，因此微生物菊粉酶系是一个相当复杂的系统。微生物所产的多种菊粉酶由于性质非常相似，因而很难完全分离，如 Uhm 等[116]在分离纯化 *Aspergillus ficuum* 菊粉酶时采用了三次离子交换色谱依然不能得到纯酶。

由于 pPICZαC 表达载体上带有 6 个组氨酸（6×His）融合标签，因此重组巴斯德毕赤酵母所表达的重组菊粉酶蛋白分子上带有融合的 6×His 标签，组氨酸的咪唑侧链可亲和结合镍、锌和钴等金属离子，在中性和弱碱性条件下带组氨酸标签的目的蛋白与镍离子结合，然后在低 pH 下使用咪唑竞争性洗脱。因此可以使用 Ni 亲和色谱的方法进行纯化，简便快速，收率较高。组氨酸标签有许多优点：首先，由于只有 6 个氨基酸，分子量很小，一般不需要酶切去除；其次，可以在变性条件下纯化蛋白，在高浓度的尿素和胍中仍能保持结合力；另外，6×His 标签无免疫原性，重组蛋白可直接用来注射动物，也不影响免疫学分析。

鉴定通过分离纯化等方法得到的溶液是否是高纯度的目的蛋白质溶液可以采用电泳法、高效液相色谱法等。高效液相色谱法由于其所用设备昂贵而受到限制；聚丙烯酰胺凝胶电泳则因操作简单、费用低且有较高的分辨率而被广泛应用[117]。理论上每个蛋白消化后均有不同的肽段，这些肽段的质量（分子量）就是这个蛋白的肽指纹图谱（peptide mass fingerprinting）。用质谱可以检测出其中所有肽段的质量，然后将这些质量与数据库中所有蛋白指纹进行匹配。

本章节中，南京农业大学海洋科学及其能源生物资源研究所菊芋研究小组将克隆到的微紫青霉 B01 菊粉酶基因 *inuA1* 在巴斯德毕赤酵母（*P. pastoris*）X-33 中进行了异源表达，一方面为了提高菊粉酶基因的表达量；另一方面也为深入研究微紫青霉产菊粉酶的分子机制打下基础。为了研究巴斯德毕赤酵母超表达的重组菊粉酶的特性，使用 Ni 亲和色谱柱来纯化重组菊粉酶。用 SDS-PAGE 分析是否得到纯化的蛋白，用 Western blot 和 PMF 进一步对纯化的蛋白进行鉴定。同时研究了纯化的重组酶的最适 pH 以及 pH 稳定性、最适温度以及温度稳定性、金属离子和酶抑制剂对纯化重组酶的影响、重组酶的动力学特性。还利用 TLC 对重组酶水解菊粉的水解产物进行分析来研究重组菊粉酶的特性。通过上述研究，初步揭示了重组菊粉酶的酶学性质，为重组菊粉酶进一步制备果糖的应用打下基础。

（1）外切菊粉酶基因的表达及性质的研究方法

pEASY-Blunt-inuA1 质粒，pPICZαC 载体（质粒图谱见图 11-54，张瑞福教授提供）。微紫青霉 B01（*P. janthinellum*）strain B01，由南京农业大学海洋科学实验室分离并鉴定保存。大肠杆菌 *E. coli* DH5α（实验室保存）。巴斯德毕赤酵母：*P. pastoris* X-33（张瑞福教授提供）。

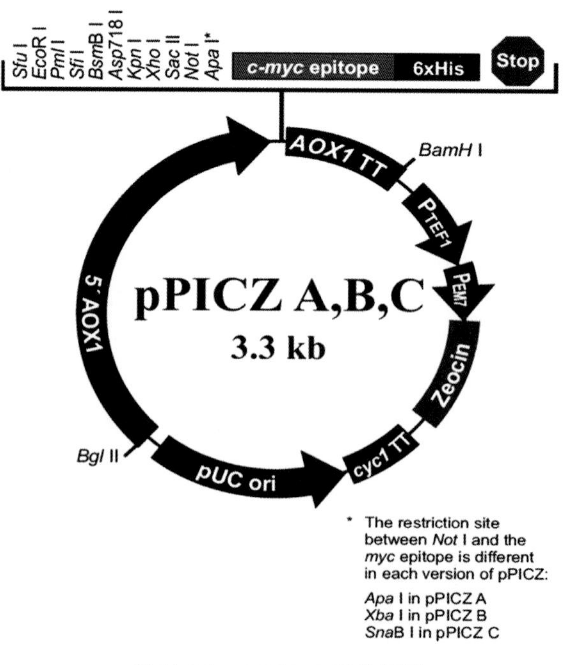

图 11-54　pPICZαC 质粒图谱

YPD 培养基（yeast extract peptone dextrose medium）：酵母粉 1%（质量浓度），蛋白胨 2%（质量浓度），葡萄糖 2%（质量浓度）。葡萄糖配制成 10 倍浓度的，单独灭菌，灭菌后再混合。如需配成固体的，则在 YP 中加入 2%（质量浓度）的琼脂粉。

YPDS 培养基（yeast extract peptone dextrose sorbitol medium）：酵母粉 1%（质量浓度），蛋白胨 2%（质量浓度），葡萄糖 2%（质量浓度），用 1 mol/L 的山梨醇配制。葡萄糖配制成 10 倍浓度的，单独灭菌，灭菌后再混合。如需配成固体的，则在 YP 中加入 2%（质量浓度）的琼脂粉。

低盐 LB 液体培养基（g/L）：胰蛋白胨 10.0，酵母粉 5.0，氯化钠 5.0，pH 7.0，121℃ 20 min 灭菌。

低盐 LB 固体培养基：液体 LB 培养基中加入琼脂粉，终浓度为 2.0%，121℃ 20 min 灭菌。

低盐 LB Zeocin^{TM}液体/固体培养基：在低盐 LB 液体/固体培养基中加入 100 mg/mL Zeocin^{TM}（培养基冷却至低于 60℃时加入），至终浓度为 25 μg /mL。

YPD Zeocin^{TM} 液体/固体培养基：在 YPD 液体/固体培养基中加入 100 mg/mL 的 Zeocin^{TM}（培养基冷却至低于 60℃时加入），至终浓度为 100 μg/mL。

YPDS Zeocin^{TM}固体培养基：在 YPDS 固体培养基中加入 100 mg/mL 的 Zeocin^{TM}（培养基冷却至低于 60℃时加入），至终浓度为 100 μg/mL。

诱导培养基配方。YPG 培养基（yeast extract peptone glycerol medium）：酵母粉 1%（质量浓度），蛋白胨 2%（质量浓度），甘油 1%（质量浓度）。YPM 培养基（yeast extract peptone methanol medium）：酵母粉 1%（质量浓度），蛋白胨 2%（质量浓度），甲醇 1%（质量浓度）。甲醇配成 100 倍的储备液，过滤除菌，临用时加入。

1.2 mol/L 山梨醇缓冲液：用 0.1 mol /L 磷酸钠缓冲液（ pH 7.4）配制 1.2 mol/L 山梨醇。

20 mg/mL 蜗牛酶：0.2 g 固体蜗牛酶（Sigma）溶解于无菌 10 mL 50%的甘油中，分装小份，–20℃冰箱保存。

基因克隆、DNA 电泳检测所用试剂如下。

1×TAE 电泳缓冲液: 40.0 mmol/L Tris-乙酸, 2.0 mmol/L EDTA。

TE（pH 7.4）：10.0 mmol/L Tris-HCl（pH 8.0），1.0 mmol/L EDTA（pH 7.4）。

T_4连接酶（TaKaRa）。

真核表达试剂如下。

限制性内切酶：*Xba* I， *Xho* I，购于 TAKARA 公司。*Pme* I 购于 Fermentas。

Zeocin^{TM}：吉欧霉素（Genview）。

1 mol/L 山梨醇溶液：称取 182.2 g 的山梨醇定容至 1L，121℃ 20 min 灭菌。

2.0%菊粉底物：称取 2.0 g 菊粉，用 0.1 moL pH 4.6 的乙酸缓冲液定容至 100 mL。

SDS-PAGE 电泳试剂如下。

30%分离胶储液：29.2%丙烯酰胺，0.8% *N′,N′*-亚甲基双丙烯酰胺，过滤后棕色瓶 4℃保藏（储存不超过 2 周）。

分离胶缓冲液：1.5 mol/L Tris-HCl（pH 8.8），过滤后 4℃保存。

浓缩胶缓冲液：1.0 mol/L Tris-HCl（pH 6.8），过滤后 4℃保存。

10%（质量浓度）过硫酸铵（APs）（1 mL）：称取 0.1 g 过硫酸铵加入 1 mL 的去离子水，将固体粉末彻底溶解；储存于 4℃。

5×Tris-Glycine 电泳缓冲液（1 L）：称取 Tris 粉末 15.1 g、Glycine（甘氨酸）94 g、SDS 5.0 g 加入约 800 mL 的去离子水，搅拌溶解，加去离子水定容至 1 L，室温保存。

5×SDS-PAGE Loading Buffer 的配制（5 mL）：Tris-HCl（pH 6.8）（250 mmol/L）；SDS（10%）；溴酚蓝（0.5%）；甘油（50%）；β-巯基乙醇（5%）。量取 1 mol/L Tris-HCl（pH 6.8）1.25 mL，甘油 2.5 mL，称取 SDS 固体粉末 0.5 g、溴酚蓝 25 mg，加入去离子水溶解后定容至 5 mL，小份（500 μL）分装后，于室温保存。使用前将 25 μL 的 β-巯基乙醇加入每小份中。加入 β-巯基乙醇的上样缓冲液可以在室温下保存一个月左右。

10% SDS：称取 10 g SDS，用去离子水定容至 100 mL，常温保存。

考马斯亮蓝 R-250 染色液：0.1 g 考马斯亮蓝 R-250，置于 1.0 L 烧杯中，加入 250.0 mL 异丙醇，搅拌溶解，加入 100.0 mL 冰醋酸，搅拌均匀，加入 650.0 mL 去离子水，搅拌均匀，用滤纸过滤除去颗粒物质，室温保存。

考马斯亮蓝染色脱色液：100.0 mL 冰醋酸、50.0 mL 乙醇、850.0 mL 蒸馏水混合均匀后使用。

Western blot 试剂如下。

蛋白转印缓冲液（pH 8.2）：Tris-碱 1.93 g、甘氨酸 9.0 g、甲醇 20%（体积分数），加水定容到 1000 mL。

10×丽春红储存液：丽春红 S 2.0 g、三氯乙酸 30.0 g、磺基水杨酸 30.0 g 加水定容到 100 mL。应用时用蒸馏水作 1∶10 稀释后即可使用，用后应废弃。

PBS 缓冲液：NaCl 9.0 g、$Na_2HPO_4 \cdot 12H_2O$ 7.0 g、$NaH_2PO_4 \cdot 2H_2O$ 0.5 g，37℃加热溶解后，定容到 1000 mL，高压灭菌。

PBST：每 1000 mL PBS 溶液中加入 0.5 mL 吐温-20。

DAB 显色试剂盒（TianGen 公司）。

NC 膜：15 cm×15 cm，PALL 公司生产。

一抗：Rabbit Anti-6x His tag（全式金公司）。

二抗：Anti-RABBIT IgG（H&L）（GOAT）（ROCKLAND, Cat. 611-132-122）。

纯化试剂如下。

透析袋处理液：10 g/L Na_2CO_3，1 mmol/L EDTA。

柱填料：ProteinPure Ni-NTA Resin（TransGen Biotech），层析柱（20 cm×1 cm）（TransGen）。

平衡液：300 mmol/L NaCl, 50 mmol/L 磷酸缓冲液，10 mmol/L 咪唑，0.01 mol/L Tris-HCl，pH 7.4。

洗脱液：300 mmol/L NaCl, 50 mmol/L 磷酸缓冲液，200 mmol/L 咪唑，0.01 mol/L Tris-HCl，pH 7.4。

薄层色谱试剂如下。

薄板型号：GF254（60 型）。

展层剂：氯仿∶甲醇（60∶40）。

显色剂：苯胺-二苯胺-磷酸显色剂，苯胺 1 g、二苯胺 1 mL 和 85%的磷酸 5 mL 溶于 50 mL 的丙酮中。

菊粉：聚合度（DP）＞30，由 Sigma 公司生产。

（2）微紫青霉外切菊粉酶基因表达载体的构建

引物设计，根据已克隆的微紫青霉外切菊粉酶基因 *inuA1* 序列，去除序列本身的信号肽，利用载体中的酵母 α 因子前导肽序列作为信号肽，能将表达的重组外切菊粉酶分泌到毕赤酵母的胞外。终止子也被去除，在表达框后加入蛋白融合 6×His 标签，方便蛋白表达后的纯化和检测。在引物中添加内切酶 *Xho* Ⅰ和 *Xba* Ⅰ酶切位点（下划线所示）设计引物如下：

P5（forward）　5′-CCGCTCGAGAAGAGAGAAAATCCTAGGTACACTGAGCT-3′

P6（reverse）　5′-GCTCTAGATAATCATCCCACGTCGAAG-3′

PCR 扩增，利用质粒 pEASY-Blunt-*inuA1* 为模板，用高保真 DNA 聚合酶进行 PCR 扩增。具体方法参考酶的说明。用高保真酶扩增获得产物末端为平末端，不能进行 T/A 克隆，所以使用平末端连接载体 pEASY-Blunt。将扩增的产物连接到 pEASY-Blunt 上，菊粉酶的表达基因序列命名为 *inuB*，得到克隆载体 pEASY-B-*inuB*，进行测序验证。

（3）微紫青霉外切菊粉酶基因与表达载体的连接

用内切酶 *Xho* Ⅰ和 *Xba* Ⅰ分别双酶切 pEASY-B-*inuB*、pPICZαC，用回收试剂盒分别回收相应的 DNA 片段，再用 T_4 连接酶将载体 pPICZαC 和 *inuB* 进行连接，得到表达载体 pPICZαC-*inuB*。

双酶切的体系如下（50.0 μL）：

pEASY-B-*inuB* / pPICZαC	30 μL
10×M buffer	5 μL
Xho Ⅰ	2.5 μL
Xba Ⅰ	2.5 μL
ddH_2O	10 μL

在 37℃条件下酶切 4～5 h，加入 5 μL 10×loading buffer 终止反应，1.0%琼脂糖凝胶电泳，并回收酶切片段。

连接反应体系（10 μL）：

10×T_4 DNA ligase buffer	1 μL
pPICZαC	1 μL
inuB	4 μL
T_4 DNA ligase	1 μL
ddH_2O	3 μL

在 16℃条件下过夜连接，将构建好的表达载体命名为 pPICZαC-*inuB*。将连接体系转化大肠杆菌 Trans1-T1（转化方法参照全式金的说明书），转化后取适量的菌体涂布在含有 Zeocin^{TM} 的低盐 LB 平板上，过夜培养，挑选阳性克隆，提取质粒，将提取的质粒用 *Xho* Ⅰ和 *Xba* Ⅰ进行双酶切验证。

2）微紫青霉外切菊粉酶基因在毕赤酵母中的转化

（1）表达质粒的线性化

使用内切酶 *Pme* Ⅰ将载体 pPICZαC-*inuB* 线性化，从而使线性化的质粒 DNA 与宿主基因组 DNA 进行同源重组整合。酶切体系（60 μL）如下：

10× buffer B	6 μL
DNA（0.5～1 μg/μL）	30 μL
Pme Ⅰ	9 μL
ddH_2O	15 μL

在 37℃条件下酶切 4～5 h，1.0%琼脂糖凝胶电泳检测线性化程度，使用核酸回收试剂盒（TaKaRa，大连）回收产物。

（2）巴斯德毕赤酵母 X-33 感受态的制备

参考 EasySelect *Pichia* Expression Kit 说明书。

（3）巴斯德毕赤酵母 X-33 的转化

参考 EasySelect *Pichia* Expression Kit 说明书。

（4）转化巴斯德毕赤酵母 X-33 阳性克隆检测

提取纯化的单克隆的基因组 DNA，使用引物 P5 和 P6 进行 PCR 检测，同时送至公司测序检测是否有移码和错配。

①挑重组子的单克隆至装有 100 mL YPG 液体培养基的 1.0 L 摇瓶中，250～300 r/min 30℃培养至 OD 值为 2～6。

②3000 *g* 离心 5 min，弃上清，收集细胞转移到 500 mL 装有 50 mL YPM 的液体培养基中，保证一定的通气量，30℃继续培养。

③每隔 24 h 在培养基中加入 100%甲醇至终浓度为 1%。

④每隔 24 h 取一次样，取 1.0 mL 样品于 1.5 mL 离心管中，用于检测表达水平及选择表达量最高的时间。

以上以转化空质粒 pPICZαC 的重组子 X-33/pPICZαC 作为阳性对照。

（5）菊粉酶酶活的测定

取适当稀释的 0.1 mL 粗酶液，加入 0.9 mL 2.0%的菊粉溶液（用 0.1 mol/L、pH 4.5 乙酸缓冲液配制），55℃保温 20 min，沸水浴 5 min，灭活终止反应，快速冷却后，用 DNS[118] 法测定产物中还原糖的量。在相同的条件下，用 100℃灭活的酶液作为对照。每 1 个单位的菊粉酶酶活定义为 pH 4.6、55℃条件下反应 20 min，每分钟转化成 1 μmol 还原糖的酶量。酶活力取三次平行实验的平均值。

（6）粗酶液中可溶性蛋白的测定

考马斯亮蓝 G-250 比色法[119]。取适当稀释的粗酶液 20 μL，加入 200 μL 的考马斯亮蓝 G-250 溶液，摇匀，放置 5 min 左右，用酶标仪测定 595 nm 的吸光度。从标准曲线中计算粗酶液中可溶性蛋白的含量。

（7）SDS-PAGE 和 Western blot 分析重组菊粉酶蛋白

SDS-PAGE：采用 SDS-PAGE 垂直板电泳法[120]。其中浓缩胶浓度 5%，分离胶浓度 10%，考马斯亮蓝染色。

Western blot：

① 转膜（transfer）：将蛋白从胶上转移至 PVDF 膜上。

② 封闭（blocking）：转膜完毕后，立即把蛋白膜放置到预先准备好的 PBS 中，漂洗 4 次，每次洗 5 min，以洗去膜上的转膜液。转膜完毕后所有的步骤，一定要注意膜的保湿，避免膜的干燥，否则极易产生较高的背景。用微型台式真空泵吸尽洗涤液，加入 5% PBS 配制的脱脂奶粉封闭液，在摇床上缓慢摇动，37℃封闭 60 min。然后用 PBS 洗膜 4 次，每次 5 min。

③ 一抗孵育（primary antibody incubation）：用微型台式真空泵吸尽封闭液，立即加入 1% PBST 稀释的一抗，在侧摆摇床上 37℃缓慢摇动孵育 1 h。回收一抗。加入 Western 洗涤液，在侧摆摇床上缓慢摇动洗涤 5～10 min。吸尽洗涤液后，再加入洗涤液，洗涤 5～10 min。共洗涤 3 次。

④ 二抗孵育（secondary antibody inucubation）：加入稀释好的二抗，室温或 4℃在侧摆摇床上缓慢摇动孵育 1 h。回收二抗。加入 Western 洗涤液，在侧摆摇床上缓慢摇动洗涤 5～10 min。吸尽洗涤液后，再加入洗涤液，洗涤 5～10 min。共洗涤 3 次。

⑤ 蛋白检测（detection of protein）：参考相关说明书，使用 BeyoECL、Western 荧光检测试剂等 ECL 类试剂来检测蛋白。

3）重组菊粉酶的纯化

（1）粗酶液的浓缩

①硫酸铵沉降法：称取 80%的饱和度应加入的硫酸铵量，将酶液倒入烧杯中，再将烧杯置于冰浴中。然后一边搅拌一边缓慢加入固体硫酸铵，待全部加入后，再缓慢搅拌 20 min。

②将溶液倒入离心管，10000 *g* 冷冻离心 20 min，保留沉淀。

③取 20 cm 左右的透析袋（solarbio MWCO：8000～14000），用透析袋处理液煮 30 min。

④将沉淀转移至处理好的透析袋中，以磷酸缓冲液作为透析外液，置于磁力搅拌器上透析（4℃）过夜，其间多次更换透析外液。

⑤第二天取出透析袋中的透析液，量出体积，冰浴中备用。

（2）重组菊粉酶过柱纯化

①装柱：在色谱柱中装入 1～2 cm 高的 ProteinPure Ni-NTA Resin。

②平衡：用 5～10 倍柱体积的平衡缓冲液缓慢地平衡色谱柱。

③上样：每次加入 1 mL 的重组菊粉酶的浓缩液，关闭阀门静置 10 min，让蛋白和色谱介质充分结合。用 5～10 倍柱体积的平衡液洗涤色谱柱，将未结合的杂蛋白洗出。

④洗脱：用 200 mmol 咪唑竞争性地洗脱与 Ni^{2+}结合的含有 His 标签的目的蛋白，用 1.5 mL 的 EP 管收集多管，用 OD_{280} 测定是否有蛋白，将有蛋白的管合并，测量体积和酶活。

4）重组菊粉酶纯化的重组酶蛋白的鉴定

SDS-PAGE、Western blot 操作同上。

PMF 鉴定纯化后蛋白，将 SDS-PAGE 胶上获得的目的蛋白的条带取出，用胰蛋白酶消化后有不同的肽。用质谱 MALDI-TOF（ultraflex Ⅱ; Bruker, Bremen, Germany）检测出其中所有肽段的质量，然后将这些质量与数据库中所有蛋白指纹进行匹配。

5）纯化的重组酶的性质

（1）纯化后菊粉酶的最适反应温度和温度的稳定性

将纯化的重组菊粉酶与底物混合后分别于 30.0℃、35.0℃、40.0℃、45.0℃、50.0℃、55.0℃、60.0℃、65.0℃、70.0℃、75.0℃和 80.0℃水浴中测定酶活，确定纯化菊粉酶的最适反应温度。

将纯化的菊粉酶液置于 40.0℃、50.0℃、60.0℃、70.0℃和 80.0℃水浴中保温 180 min 后，测定剩余菊粉酶活力，以置于 0℃冰浴的纯酶酶活为参照，确定酶的温度稳定性。

（2）纯化后菊粉酶的最适反应 pH 和 pH 的稳定性

分别将纯化的重组菊粉酶与不同 pH 底物混合测定不同 pH 下的酶活力，确定菊粉酶的最适反应 pH。

将纯化的重组菊粉酶分别与不同缓冲液混合，4℃放置过夜，测定剩余酶活力，以置于最适 pH 下的酶活为参照，确定菊粉酶的 pH 稳定性。

（3）金属离子对菊粉酶活性的影响

将纯化后的菊粉酶与不同金属离子混合，离子终浓度为 1.0 mmol/L，0℃放置 60 min，测定菊粉酶活性，金属离子包括 $ZnSO_4$、$CuSO_4·5H_2O$、$MgSO_4·5H_2O$、$FeCl_3$、$CaCl_2$、KCl、$MnCl_2$、$HgCl_2$、LiCl、$FeCl_2$、$AgNO_3$、NaCl 和 $CoCl_2$ 等，对照为加同等体积蒸馏水的菊粉酶的酶活，根据剩余酶活判断金属离子对菊粉酶活性的影响。

（4）各种化合物对菊粉酶活性的影响

将各种化合物（蛋白抑制剂、有机溶剂、表面活性剂等）与纯化的酶液混合，终浓度为 10.0 mmol/L，4℃保温 30 min，测定菊粉酶活性，以加同等体积蒸馏水的混合物酶活作为对照，根据剩余酶活判断化合物对菊粉酶活性的影响。

（5）动力学常数 K_m 和最大反应速度 V_{max} 的测定

为测定纯化重组菊粉酶对底物菊粉的 K_m 和 V_{max}，分别将 0.5 mL 4.0 g/L、8.0 g/L、12.0 g/L、16.0 g/L、20.0 g/L 的菊粉（0.1 mol/L 乙酸缓冲液配制，pH 4.6）与 0.1 mL 纯化的菊粉酶（最终酶浓度 100 U/mL）混合，底物菊粉的最终浓度为 2.0 g/L、4.0 g/L、6.0 g/L、8.0 g/L、10.0 g/L，50℃反应至消耗的底物不超过最大底物量的 10%，100℃煮沸 10 min 终止反应。根据双倒数作图法（Lineweaver-Burk plot），以 $1/[S]$为横坐标，$1/V$ 为纵坐标作图，直线的斜率为 K_m/V_{max}，截距为 $1/V_{max}$，可计算出以菊粉为底物时菊粉酶的动力学常数 K_m 和最大反应速度 V_{max}。

（6）纯化后的菊粉酶对底物水解的薄层色谱

将纯化后的重组酶（100 U/mL）与 2%的菊粉在最适的酶反应 pH 和温度下反应 1 h，以灭活的酶液作为对照，用薄层色谱法（TLC）分析酶反应的产物。

标准糖：果糖、葡萄糖、蔗糖、棉籽糖、菊粉。

色谱方法：取一块硅胶板，用铅笔在底边一侧画一条线，与底边平行。在铅笔线上，等距用铅笔标记几个点，但位置不可太靠近侧边。将菊粉水解产物上清液和标准糖溶液以及灭活酶对照，分别点在铅笔标记的点上。每个样品上样量为 1.0 μL。点样结束后，将硅胶板置于通风处完全晾干，45～60 min 后，将硅胶板放到装有色谱液的色谱缸中。

显色方法：色谱结束后，将硅胶板取出，置于通风处晾干，然后使用吹风机将板完全吹干。再喷显色液，置于通风处晾干显色液，或者放入烘箱中烘干。

4. 表达载体 pPICZαC-*inuB* 的构建

去除菊粉酶基因 *inuA1* 中的信号肽序列，用 DNAMAN 软件分析序列中的酶切位点，对照质粒 pPICZαC 中的多克隆位点（图 11-55），选择位点 *Xho* Ⅰ和 *Xba* Ⅰ。在引物中分别引入这两个酶切位点，以 pEASY-Blunt-*inuA1* 质粒为模板，用高保真酶扩增 *inuB*。

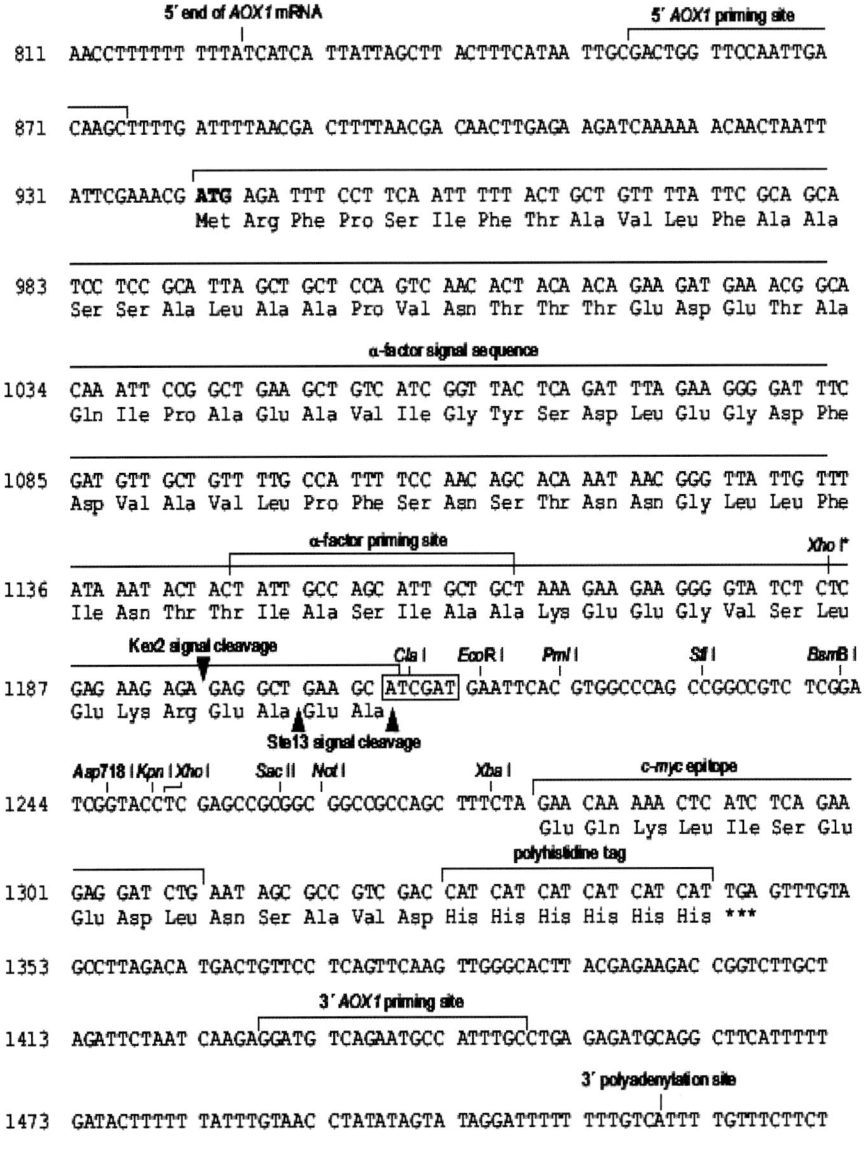

```
     5′ end of AOX1 mRNA                       5′ AOX1 priming site
811  AACCTTTTTT TTTATCATCA TTATTAGCTT ACTTTCATAA TTGCGACTGG TTCCAATTGA

871  CAAGCTTTTG ATTTTAACGA CTTTTAACGA CAACTTGAGA AGATCAAAAA ACAACTAATT

931  ATTCGAAACG ATG AGA TTT CCT TCA ATT TTT ACT GCT GTT TTA TTC GCA GCA
                Met Arg Phe Pro Ser Ile Phe Thr Ala Val Leu Phe Ala Ala

983  TCC TCC GCA TTA GCT GCT CCA GTC AAC ACT ACA ACA GAA GAT GAA ACG GCA
     Ser Ser Ala Leu Ala Ala Pro Val Asn Thr Thr Thr Glu Asp Glu Thr Ala

                             α-factor signal sequence
1034 CAA ATT CCG GCT GAA GCT GTC ATC GGT TAC TCA GAT TTA GAA GGG GAT TTC
     Gln Ile Pro Ala Glu Ala Val Ile Gly Tyr Ser Asp Leu Glu Gly Asp Phe

1085 GAT GTT GCT GTT TTG CCA TTT TCC AAC AGC ACA AAT AAC GGG TTA TTG TTT
     Asp Val Ala Val Leu Pro Phe Ser Asn Ser Thr Asn Asn Gly Leu Leu Phe

                          α-factor priming site                      Xho I*
1136 ATA AAT ACT ACT ATT GCC AGC ATT GCT GCT AAA GAA GAA GGG GTA TCT CTC
     Ile Asn Thr Thr Ile Ala Ser Ile Ala Ala Lys Glu Glu Gly Val Ser Leu

         Kex2 signal cleavage     Cla I    EcoR I    Pml I      Sfi I      BsmB I
1187 GAG AAG AGA GAG GCT GAA GC ATCGAT GAATTCAC GTGGCCCAG CCGGCCGTC TCGGA
     Glu Lys Arg Glu Ala Glu Ala
                 Ste13 signal cleavage

     Asp718 I Kpn I Xho I  Sac II  Not I          Xba I          c-myc epitope
1244 TCGGTACCTC GAGCCGCGGC GGCCGCCAGC TTTCTA GAA CAA AAA CTC ATC TCA GAA
                                                Glu Gln Lys Leu Ile Ser Glu
                                              polyhistidine tag
1301 GAG GAT CTG AAT AGC GCC GTC GAC CAT CAT CAT CAT CAT CAT TGA GTTTGTA
     Glu Asp Leu Asn Ser Ala Val Asp His His His His His His ***

1353 GCCTTAGACA TGACTGTTCC TCAGTTCAAG TTGGGCACTT ACGAGAAGAC CGGTCTTGCT
                       3′ AOX1 priming site
1413 AGATTCTAAT CAAGAGGATG TCAGAATGCC ATTTGCCTGA GAGATGCAGG CTTCATTTTT
                                             3′ polyadenylation site
1473 GATACTTTTT TATTTGTAAC CTATATAGTA TAGGATTTTT TTTGTCATTT TGTTTCTTCT
```

*To express your protein with a native N-terminus, you must clone your gene flush with the Kex2 cleavage site. You will need to use PCR and utilize the *Xho* I site upstream of the Kex2 cleavage site.

图 11-55　pPICZαC 多克隆位点

表达载体 pPICZαC-*inuB* 的构建过程如图 11-56 所示，首先扩增到引入酶切位点的 *inuB*，将 *inuB* 连接到克隆载体 pEASY-Blunt 上，用 *Xho* Ⅰ 和 *Xba* Ⅰ 双酶切 pEASY-B-*inuB* 和 pPICZαC，然后用 T_4 连接酶将 *inuB* 和表达载体 pPICZαC 进行连接，构成重组质粒 pPICZαC-*inuB*。

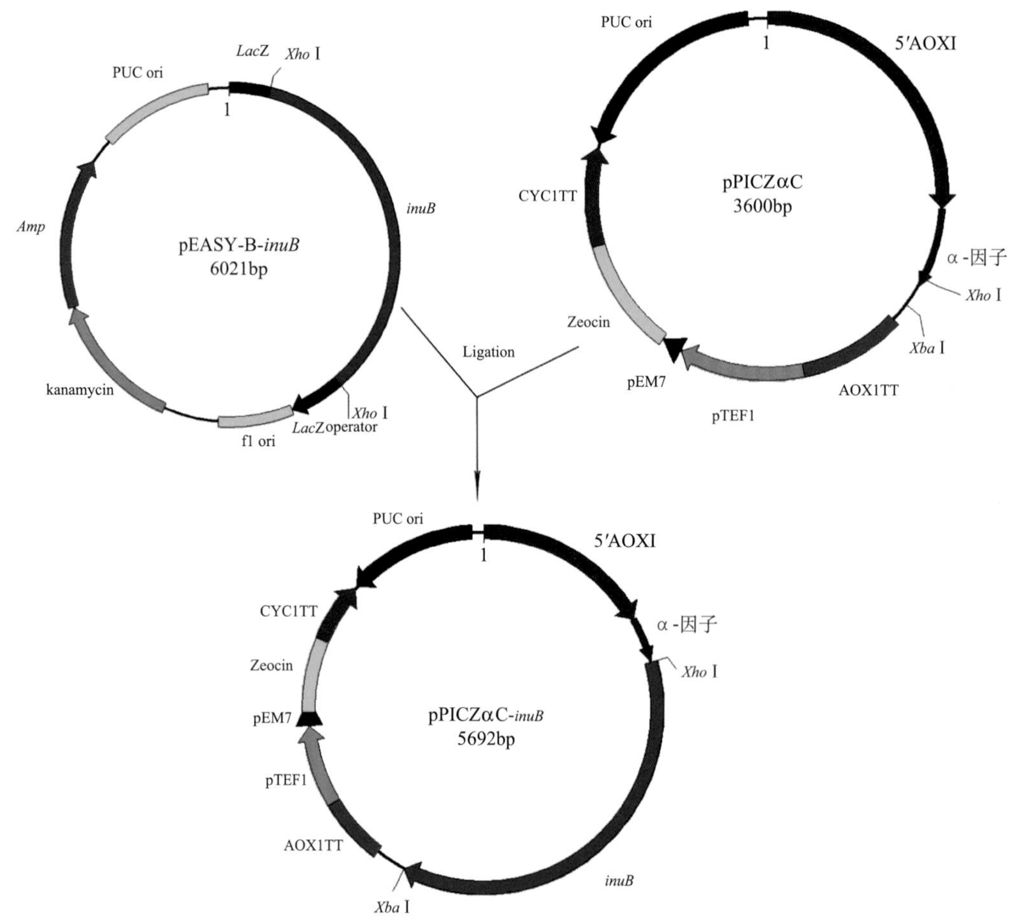

图 11-56　pPICZαC-*inuB* 的构建过程

利用引物 P5 和 P6，以质粒 pEASY-Blunt-*inuA1* 为模板扩增到了 2079 bp 含有酶切位点 *Xho* Ⅰ 和 *Xba* Ⅰ 的用于表达的菊粉酶基因序列。高保真 *Taq* 酶具有 3′到 5′核酸外切酶的活性，PCR 扩增途中如果产生了错配的碱基，它可以将其切掉，从而保证了扩增的准确性；高保真 *Taq* DNA 聚合酶的外切活性会导致 PCR 反应之后不会加尾，所以扩增的产物适用于克隆到平末端载体上。因此本实验选择了 pEASY-Blunt 克隆载体。将 *inuB* 与 pEASY-Blunt 连接之后转化到感受态 Trans-T_1 中，通过 *Amp* 的选择标记选择阳性克隆，单克隆经过 LB 液体培养基过夜培养后，提取质粒如图 11-57 所示。通过 *Xho* Ⅰ 和 *Xba* Ⅰ 的双酶切后，跑胶验证用于表达的菊粉酶基因 *inuB* 正确地连接到了克隆载体 pEASY-Blunt 上。回收结果如图 11-58 所示，左边为双酶切 pEASY-Blunt-*inuB* 后回收的

inuB，片段大小为 2.1 kb，右边为酶切后回收的 pPICZαC，片段大小为 3.6 kb，与预期大小相符。

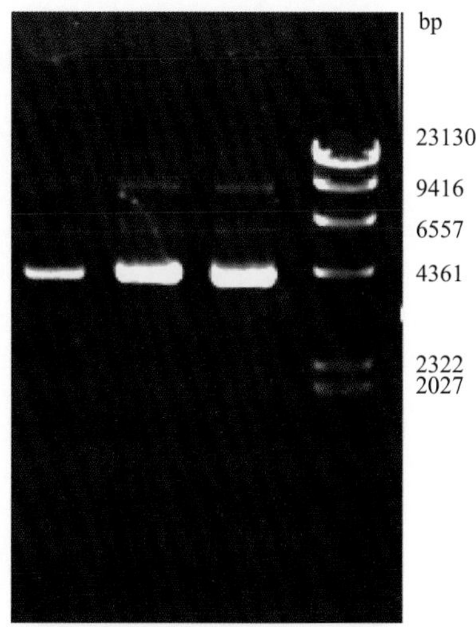

图 11-57　重组质粒 pEASY-Blunt-*inuB* 的提取

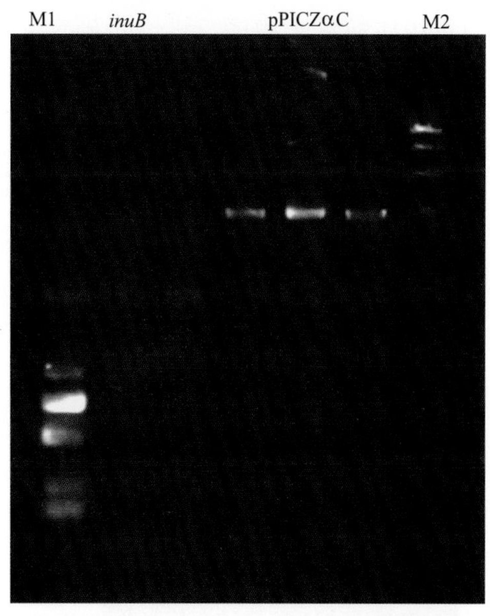

图 11-58　*Xho* Ⅰ 和 *Xba* Ⅰ 酶切产物回收图

用 *Xho* Ⅰ 和 *Xba* Ⅰ 分别双酶切质粒 pEASY-Blunt-*inuB* 和载体 pPICZαC，回收 *inuB* 并将回收的 *inuB* 和 pPICZαC 片段通过 T_4 连接酶进行连接，然后转化到 Trans-T_1 中，通过加入 Zeocin 的低盐 LB 平板进行筛选，将筛选到的阳性克隆用 LB 培养基过夜培养后提取质粒，并用 *Xho* Ⅰ 和 *Xba* Ⅰ 的双酶切验证重组质粒。图 11-59 是重组质粒双酶切后的谱图，酶切得到两个条带，一个 3.6 kb，另一条带为 2.1 kb，与预期的相符，可以推断载体被正确地构建，命名为 pPICZαC-*inuB*。

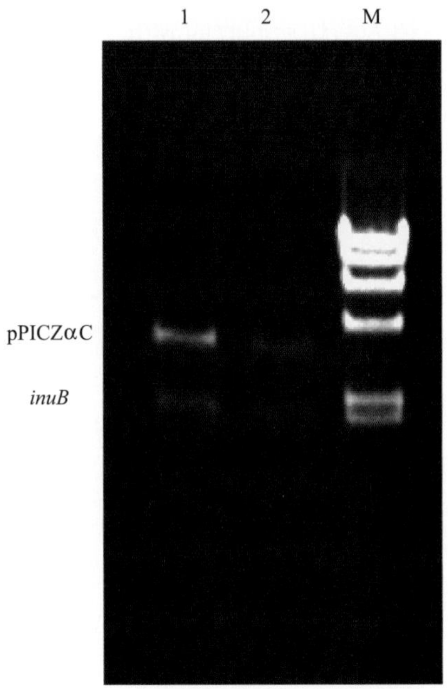

图 11-59　双酶切验证 pPICZαC-*inuB*

将推断的正确构建的重组质粒送去测序，进一步确定菊粉酶基因被成功连接到 pPICZαC 表达载体上。

1）将 DNA 转化至毕赤酵母 X-33

南京农业大学海洋科学及其能源生物资源研究所菊芋研究小组选用内切酶 *Pme* Ⅰ在质粒的 *5AOX1* 中切断，使质粒线性化，通过 *5AOX1* 启动子与毕赤酵母的基因组 DNA 的同源序列进行重组整合，使菊粉酶基因转化到毕赤酵母的基因组 DNA 上。同时线性化空载体，转化到毕赤酵母后作为阳性对照。图 11-60 中 1 和 2 是线性化后的 pPICZαC-*inuB*，为 5.7 kb，3 为线性化的 pPICZαC，为 3.6 kb。纯化回收后通过电转化将线性化的载体转到受体菌中。

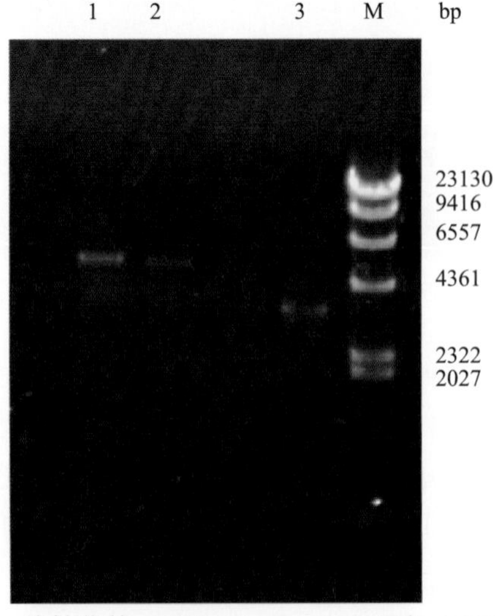

图 11-60　线性化的 pPICZαC-*inuB*（1,2）和 pPICZαC（3）

转化后的菌液，在加入 100 μg/mL Zeocin 抗生素的 YPDS 平板上培养 3～5 d 后出现了单克隆，挑选单克隆，提取重组子的基因组 DNA 作为模板，PCR 验证是否为阳性克隆。由图 11-61 中可见，1，3 的 PCR 产物中有菊粉酶基因，说明为阳性克隆。

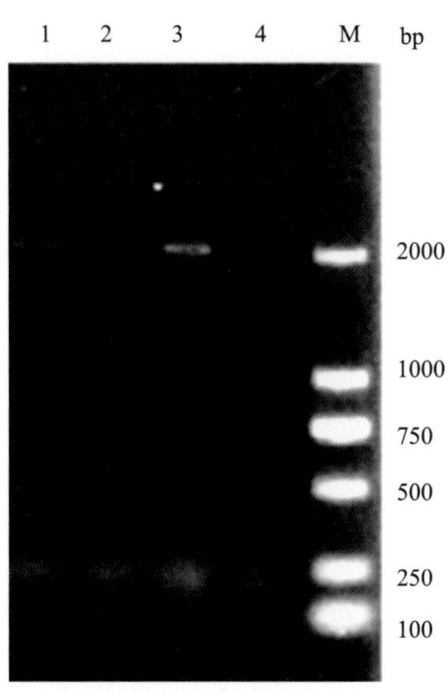

图 11-61　PCR 验证阳性克隆

1,3. 阳性克隆；2,4. 阴性克隆

2）菊粉酶基因在毕赤酵母中的诱导表达

（1）重组子发酵曲线

南京农业大学海洋科学及其能源生物资源研究所菊芋研究小组将筛选到的阳性克隆进行甲醇诱导表达，发酵 5 d 后收集发酵液上清液，测定比较酶活，其中重组子 R32 的酶活最高，选择 R32 研究其发酵曲线以及下一步对重组蛋白的表达。图 11-62 是重组子 R32 发酵 6 d 的重组菊粉酶酶活以及发酵液中可溶性总蛋白的变化情况。重组子在发酵 24 h 后，发酵液上清液中就已经能够测到较高的菊粉酶酶活，每毫升粗酶液的酶活为 22.6 U，且随着发酵时间的延长，酶活在不断增高，在发酵的第 5 天达到了最高，为 272.8 U/mL，是微紫青霉菊粉酶酶活的 11 倍多。而在对照菊粉酶转化了空载体的毕赤酵母发酵液上清液中却没有检测到菊粉酶酶活。Zhang 等[18]将黑曲霉的菊粉酶基因通过巴斯德毕赤酵母 GS115 表达，菊粉酶酶活提高了 11 倍，达到 50.6 U/mL，Moriyama 等[44]将黑曲霉的外切菊粉酶在巴斯德毕赤酵母中表达，重组菊粉酶的酶活为 16 U/mL。Zhang 等[57]从季也蒙毕赤酵母中克隆到菊粉酶基因并在巴斯德毕赤酵母 X-33 中表达，重组子发酵液上清液的酶活为 58.7 U/mL。研究小组获得的重组菊粉酶的酶活高于其他酵母和曲霉的重组菊粉酶酶活，首先是由于菊粉酶基因的来源不一样，南京农业大学海洋科学及其能源生物资源研究所菊芋研究小组选用的质粒为 pPICZαC，其含有 α 因子，能将重组菊粉酶有效地分泌到胞外，另外 AOX1 启动子可用甲醇严格地调控外源基因的表达；其次推测菊粉酶基因在毕赤酵母的基因组上存在多个拷贝。发酵液上清液中的可溶性总蛋白的量也是随着发酵时间的延长而增加，发酵第 5 天达到最大，然后有下降的趋势。通过将菊粉酶基因在毕赤酵母中进行异源表达大大提高了菊粉酶的酶活。

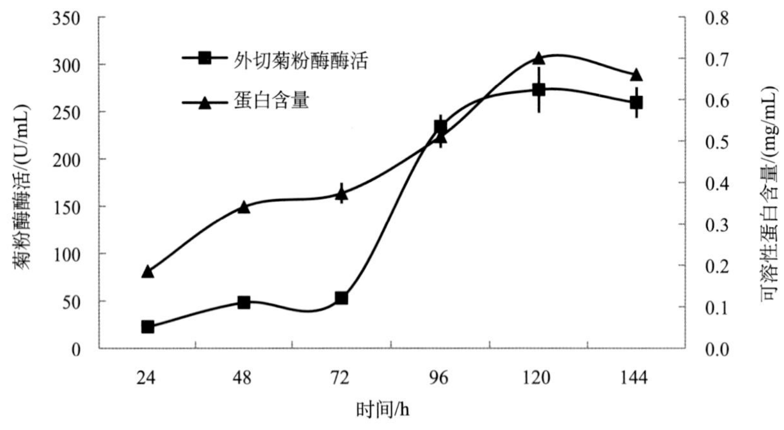

图 11-62　重组子的菊粉酶酶活的发酵曲线

菊粉酶活力的测定方法及酶活力单位的定义目前尚未像淀粉酶或纤维素酶那样，形成统一的方法。目前菊粉酶的酶活一般定义为在一定条件下每分钟产生 1 μmol 还原糖所需酶量。所谓一定条件就是指测定菊粉酶酶活时的 pH 和温度等因素，不同菌株的菊粉酶测定条件也是不同的。

多数对菊粉酶活力的测定是以不同聚合度、纯度和浓度的菊粉作底物，测定反应混合物在一定时间内还原糖的增加情况，但也有以蔗糖为底物的。另外，内切菊粉酶的酶解产物多为低聚果糖和少量果糖，所以按现有的酶活测定法及酶活定义，其酶活水平将普遍比外切菊粉酶低。

菊粉酶活性受到诸多因素的影响，如温度、pH 以及底物，菊粉酶活力的测定方法也各有不同。Uhm 等报道的酶活测定方法是，取 50 μL 适当稀释的酶液，加入 450 μL 5% 的菊粉溶液（0.1 mol/L、pH 4.5 乙酸缓冲液配制），60℃保温 10 min，沸水浴 5 min，灭活终止反应（在完全相同的条件下灭活酶底物作对照），快速冷却后，采用 Nelson-Somogyi 法[121]测定还原糖。郑彦山等[122]将粗酶液稀释 10～40 倍后取 1.0 mL，加 4.0 mL 质量浓度为 20 g/L 的菊粉为底物（用 pH 5.4 的乙酸缓冲液配制），55℃条件下反应 30 min，沸水浴中 5 min 灭活，在相同条件下，以加入失活的酶液作对照。根据果糖标准曲线，取一定量反应液，用 3, 5-二硝基水杨酸法测定还原糖的生成。这种情况使得各文献报道的菌株之间产酶水平的可比性较差，因此测定方法和活力单位定义标准的统一是目前亟须解决的问题。

（2）SDS-PAGE 分析菊粉酶的粗酶液

SDS-PAGE 能根据蛋白质亚基分子量的不同而分开蛋白质。南京农业大学海洋科学及其能源生物资源研究所菊芋研究小组对诱导表达 6 d 的发酵液的上清液进行 SDS-PAGE 分析，结果如图 11-63 所示。可见在 85～100 kDa 处空白对照没有条带，而 3～8 列在 85～100 kDa 处有清晰的条带，且随着时间的延长，条带的颜色越来越深，在第 5 天最浓，第 6 天又开始变浅了，可以推断在 85～100 kDa 处的蛋白为重组的菊粉酶蛋白。

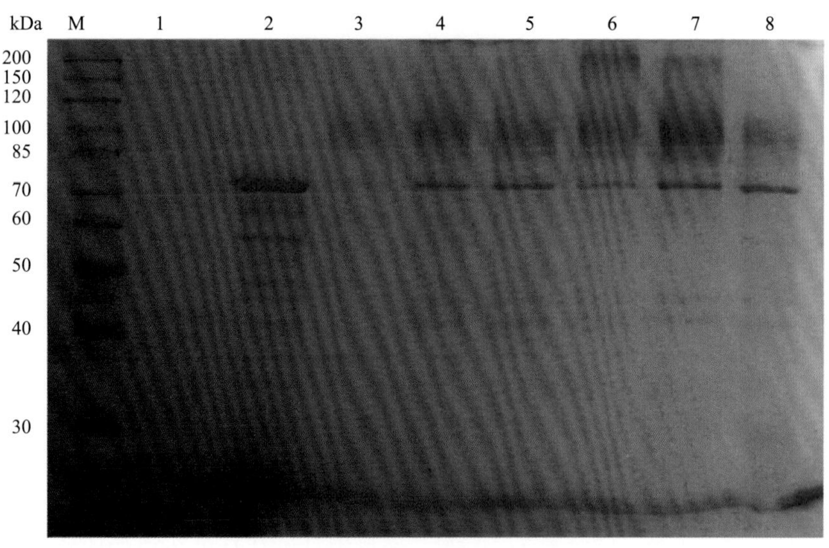

图 11-63　发酵液 SDS-PAGE 分析

1. *P. pastoris* X-33 的发酵液上清液；2. 转入空载体的 *P. pastoris* X-33 的发酵液上清液；3～8. 诱导 6 d，每天取样的重组子发酵液上清液

（3）Western blot 分析菊粉酶的粗酶液

Western blot 采用的是聚丙烯酰胺凝胶电泳，被检测物是蛋白质，"探针"是抗体，"显色"用标记的二抗。将经过 PAGE 分离的蛋白质样品转移到固相载体（如硝酸纤维素薄膜）上，固相载体以非共价键形式吸附蛋白质，且能保持电泳分离的多肽类型及其生物学活性不变。以固相载体上的蛋白质或多肽作为抗原，与对应的抗体起免疫反应，再与酶或同位素标记的第二抗体起反应，经过底物显色或放射自显影以检测电泳分离的特异性目的基因表达的蛋白质成分。该技术广泛应用于检测蛋白质水平的表达。

通过 Western blot 进一步确认 85～100 kDa 处的条带是否为重组的菊粉酶蛋白，图 11-64 中 1 为阳性对照，2 为重组子 R32 的发酵液上清液，可见 2 列只有 85～100 kDa 一条清晰的条带，说明此处的蛋白具有与抗 6×His 抗体反应的抗原性，说明该蛋白确实为 X-33/pPICZαC-*inuB* 表达的重组蛋白。

5. 菊粉酶纯化

ProteinPure Ni-NTA Resin 是螯合金属 Ni^{2+} 而形成的一种亲和色谱介质。NTA 能够通过 4 个位点牢固地螯合 Ni^{2+}，从而避免其纯化过程中泄漏到蛋白中。Ni-NTA 纯化介质对 His 标签蛋白有特异吸附能力，从而能结合 His 标签蛋白，未结合的蛋白被洗涤下去，结合在介质上的蛋白通过一定的咪唑温和地洗脱下来，从而得到高纯度的目的蛋白。

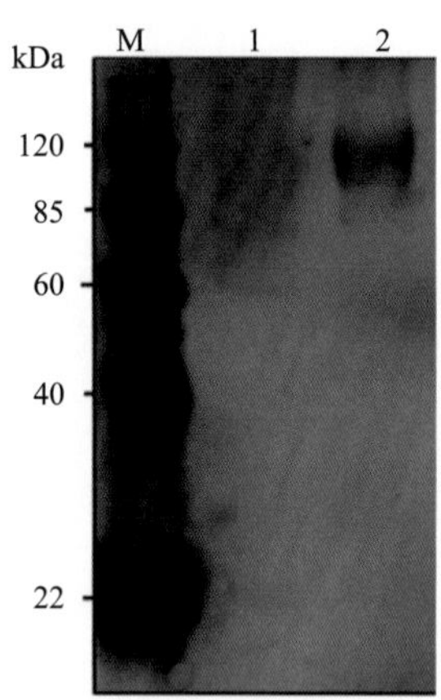

图 11-64　重组子粗酶液的 Western blot 分析

1. 转入空载体的 *P. pastoris* X-33 的发酵液上清液；2.重组子的发酵液上清液

在将重组菊粉酶纯化的过程中，每一步都测定样品的重组酶活力和总蛋白含量，确定纯化过程中菊粉酶回收率和纯化程度，结果如表 11-21 所示。最终纯化后的酶液与粗酶液相比，纯化了 3.1 倍，回收率为 30.5%。经过镍柱纯化后的蛋白的比酶活约提高了 2 倍。

表 11-21　重组菊粉酶纯化步骤中样品纯化程度

纯化步骤中的样品	总蛋白/mg	总酶活/U	比酶活/（U/mg）	纯化倍数	回收率/%
上清液	27.9±0.64	6652.9±269	238.1±14	1.0	100.0
浓缩液	19.0±1.29	4783.9±149	251.8±20	1.1	71.9
纯化的酶	2.7±0.11	2026.5±25	745.5±27	3.1	30.5

6. 纯化蛋白鉴定

1）SDS-PAGE 和 Western blot 分析纯化的重组菊粉酶

南京农业大学海洋科学及其能源生物资源研究所菊芋研究小组将纯化后的重组菊粉酶样品在不连续 SDS-PAGE 凝胶中电泳，确定样品的纯度和重组菊粉酶分子量的大小，结果如图 11-65 所示。

从图 11-65 中可以看出，巴斯德毕赤酵母 R32 表达的重组菊粉酶经过 Ni 亲和色谱柱纯化之后纯度非常高，为单一的菊粉酶溶液。根据 SDS-PAGE 电泳照片推断，重组菊粉酶的分子质量大约为 100 kDa，要远远大于推测的重组菊粉酶的分子质量，这可能是由于 R32 表达的重组菊粉酶蛋白带有 6×His 融合标签，另一个可能的原因是在由菊粉酶基因序列推断的蛋白质结构中存在 7 个 *N*-糖基化位点，巴斯德毕赤酵母对这些位点的糖基化修饰与微紫青霉存在差异，可能存在过糖基化的现象。

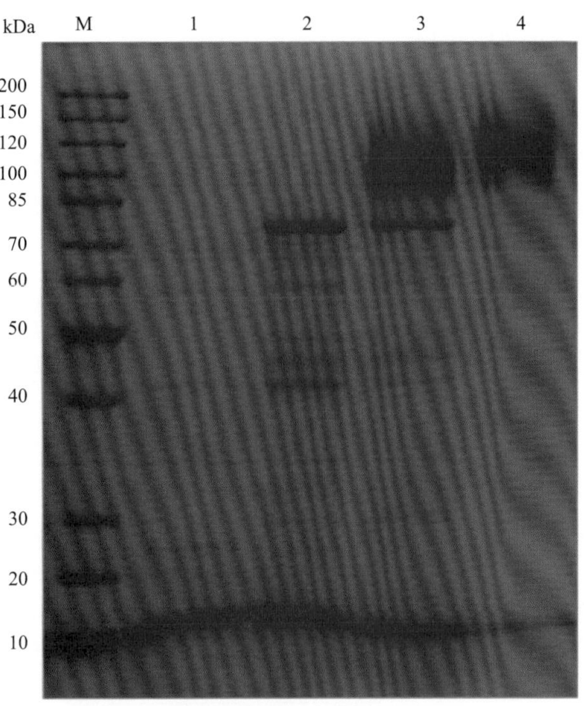

图 11-65　纯化后重组菊粉酶的 SDS-PAGE 分析

图 11-66 则是南京农业大学海洋科学及其能源生物资源研究所菊芋研究小组利用免疫印迹法鉴定重组蛋白的结果，第 3 列为纯化后的重组蛋白，只有一条清晰的条带，说明纯化后的蛋白为融合了 His 标签的重组蛋白。

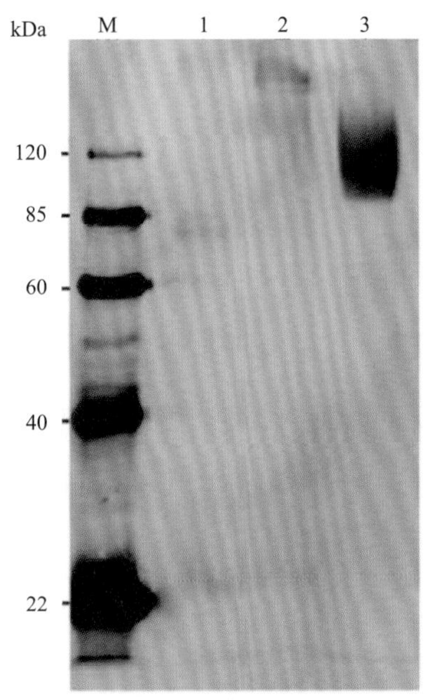

图 11-66　免疫印迹鉴定重组菊粉酶

1. 毕赤酵母 X-33 的发酵液上清液；2. 转入空载体的毕赤酵母的发酵液上清液；3. 纯化后的重组菊粉酶

2）肽指纹图谱鉴定重组蛋白

将图 11-63 中第 4 列中的蛋白条带取出，用胰蛋白酶消解成多条短链的小肽，然后进行质谱分析，图 11-67A 中有 97 条质谱峰，将识别的肽段与数据库（NCBInr 20110602）的蛋白进行比对，但没有匹配到对应的蛋白。而与根据菊粉酶基因 *inuA1* 推测的氨基酸序列进行比对，结果如图 11-67B 所示，匹配值为 56.8%，即大多数的肽段都能够与推测的氨基酸序列相一致，由此可以确定该纯化的蛋白就是重组的菊粉酶蛋白。

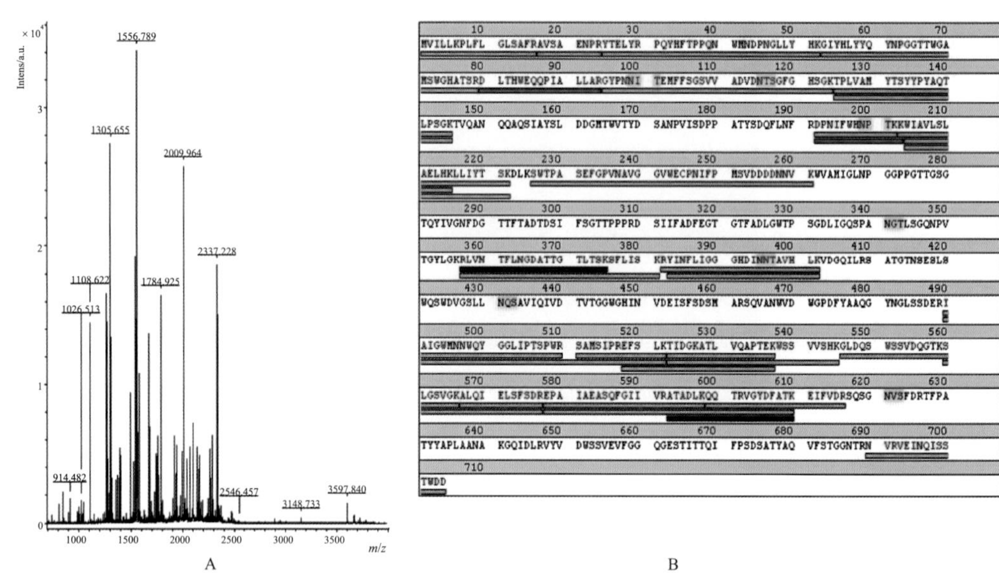

图 11-67　MALDI-TOF 质谱分析纯化的重组菊粉酶蛋白（A）及其与根据菊粉酶基因 *inuA1* 推测的氨基酸序列的比对（B）

7. 纯化的重组菊粉酶的性质

为了加快重组菊粉酶的工业生产应用，南京农业大学海洋科学及其能源生物资源研究所菊芋研究小组对重组菊粉酶最适反应温度和热稳定性、最适反应 pH 和 pH 稳定性进行了实验，探索了金属离子与蛋白抑制剂对重组菊粉酶酶活的影响，给出了重组菊粉酶的动力学常数 K_m 和最大反应速度 V_{max}，阐述了纯化的重组菊粉酶对菊粉的水解作用。

1）菊粉酶的最适反应温度和热稳定性

重组菊粉酶与底物分别在不同的温度下与底物进行酶反应，反应一定时间后测定产物中的还原糖的量，计算酶活。从图 11-68 中可以看出重组菊粉酶的最适反应温度为 50℃，但在 45～55℃，酶活差异并不大，相对酶活都在 90%以上。大体上来说，绝大多数的真菌和酵母中的菊粉酶的最适反应温度为 50～60℃[123-127]。该重组菊粉酶的最适反应温度和野生微紫青霉的菊粉酶的最适反应温度差异也不大。

纯化的重组菊粉酶温度稳定性是通过将重组酶在不同温度下水浴 2 h 后测定剩余菊粉酶活性确定的，结果如图 11-69 所示。纯化的重组酶在 40℃以下保温 2 h 后仍保持了 90%以上的活性，说明其在常温下很稳定，重组菊粉酶的热稳定性对于工业生产具有重要意义。

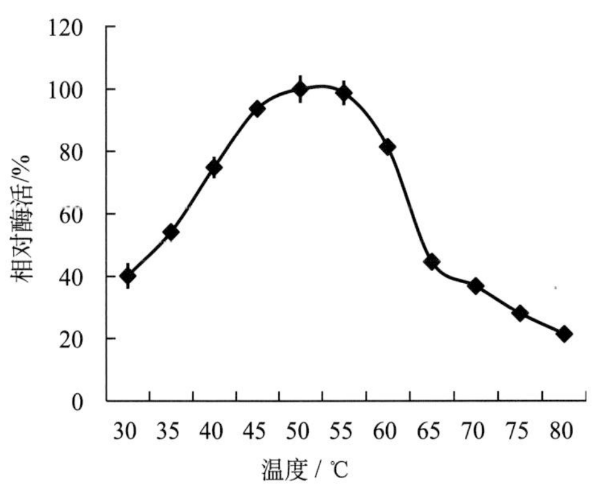

图 11-68 温度对重组菊粉酶活性的影响

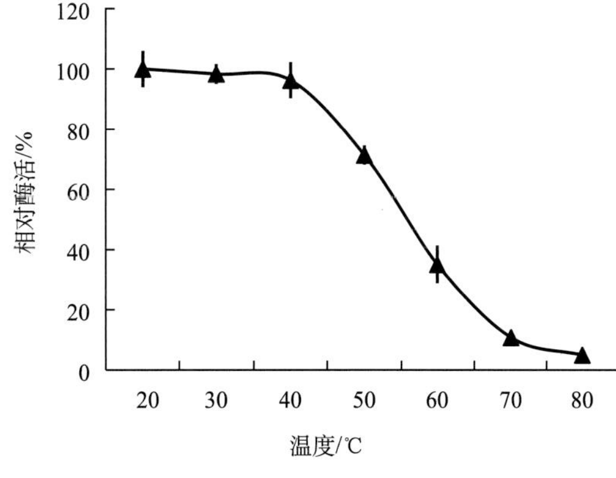

图 11-69 重组菊粉酶的热稳定性

2）菊粉酶的最适反应 pH 和 pH 稳定性

南京农业大学海洋科学及其能源生物资源研究所菊芋研究小组将纯化的重组菊粉酶与底物在不同 pH（4.0～9.0）条件进行酶反应后测定其酶活，结果如图 11-70 所示。从图 11-70 中可以看出此菊粉酶在 pH 为 4.5 时酶活达到最高，pH 为 4～5.5 时，菊粉酶酶活差异不显著，随着 pH 的升高，菊粉酶酶活逐渐降低。将纯化的菊粉酶分别和不同 pH（4.0～9.0）的缓冲液混合，在 0℃下放置 24 h 后测定剩余酶活，来评价重组菊粉酶对 pH 的稳定性。从图 11-71 中可以看出，菊粉酶在 pH 4.0～9.0 时，酶活都较稳定。对于陆地真菌和酵母来说，在 pH 为 4.0～8.0 时较为稳定，最适 pH 一般为 4.5～6.0。龚方等从海洋季也蒙毕赤酵母中提纯的菊粉酶的最适 pH 为 6[128]，海洋隐球酵母的菊粉酶的最适 pH 为 5[129]。

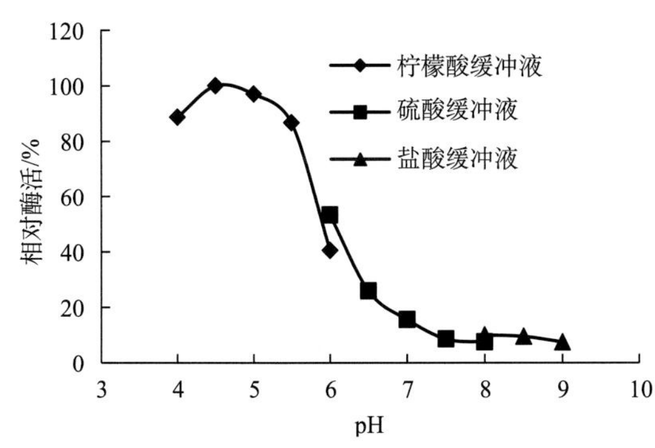

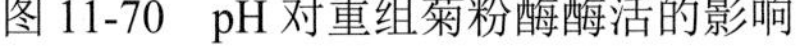

图 11-70 pH 对重组菊粉酶酶活的影响

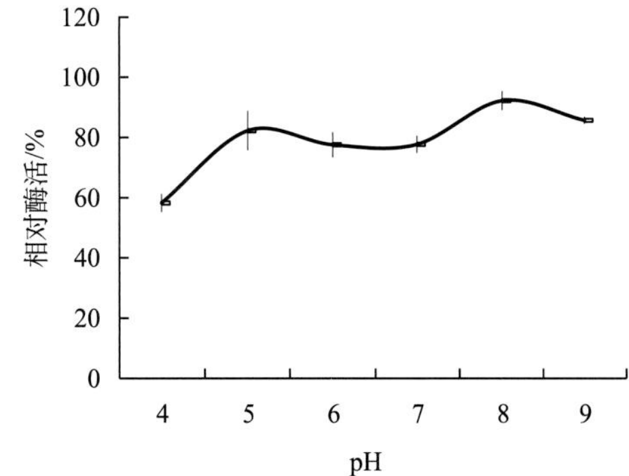

图 11-71 pH 对重组菊粉酶稳定性的影响

3）金属离子对菊粉酶活性的影响

南京农业大学海洋科学及其能源生物资源研究所菊芋研究小组将纯化的重组菊粉酶分别与金属离子混合后在 0℃下放置 30 min，以未添加金属离子的菊粉酶为对照，测定剩余酶活，结果如图 11-72 所示。从图 11-72 可以看出 Ca^{2+}（1.0 mmol/L）对重组酶活性

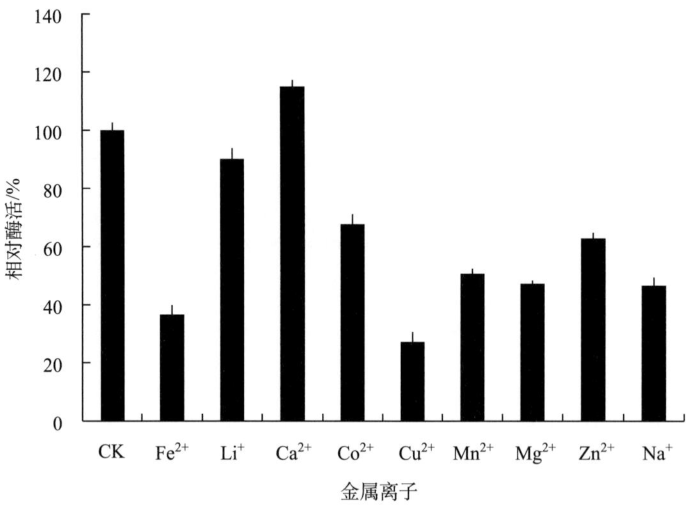

图 11-72　金属离子对菊粉外切酶活性的影响

有一定的激活作用，而 Fe^{2+}、Cu^{2+}、Mn^{2+}、Mg^{2+}、Na^{+}（1.0 mmol/L）则抑制了菊粉酶的活性，说明它们能够改变蛋白的构象。以上结果与野生型微紫青霉分泌的菊粉酶基本一致。Ca^{2+}、K^{+}、Na^{+}、Fe^{2+}和 Cu^{2+}对季也蒙毕赤酵母的菊粉酶活性有促进作用[55]，Mg^{2+}、Hg^{2+}和 Ag^{+}却抑制了该酶活性。青霉的菊粉酶活性被 Cu^{2+}抑制[20]，Mg^{2+}、Cu^{2+} 和 Ca^{2+} 大大抑制了马克斯克鲁维酵母重组菊粉酶的活性。这说明了不同菌株产的菊粉酶的物理和生化特性不同，金属离子改变了蛋白质的构象从而影响了酶的活力。

4）蛋白抑制剂对重组菊粉酶活性的影响

南京农业大学海洋科学及其能源生物资源研究所菊芋研究小组将纯化的重组菊粉酶加入蛋白抑制剂后在 0℃下放置 30 min，测定剩余酶活，结果如图 11-73 所示。从图 11-73 中可以看出，十二烷基磺酸钠（SDS）、金属离子螯合剂乙二胺四乙酸（EDTA）和苯甲基磺酰氟（PMSF）都在一定程度上抑制了重组菊粉酶的活性。苯甲基磺酰氟能专一性作用于丝氨酸[130]，这表明纯化重组菊粉酶的活性中心可能含有丝氨酸残基。

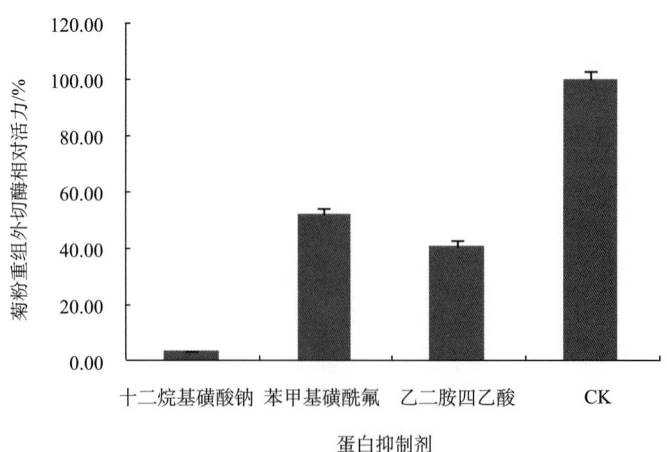

图 11-73　不同蛋白抑制剂对重组酶活性的影响

5）动力学常数 K_m 和最大反应速度 V_{max}

利用双倒数作图法（Lineweaver-Burk 法）测定巴斯德毕赤酵母 R32 表达的重组菊粉酶的米氏常数 K_m 和最大反应速度 V_{max}。南京农业大学海洋科学及其能源生物资源研究所菊芋研究小组通过测定重组菊粉酶在不同浓度菊粉溶液中的反应速度，以 1/[S]为横坐标，$1/V$ 为纵坐标作图，结果如图 11-74 所示。利用图 11-74 计算得到菊粉酶对菊粉的 K_m 值和 V_{max} 分别是 19.4 mg/mL 和 1.17 mg/min。海洋季也蒙毕赤酵母菌株的重组菊粉酶的 K_m 值和 V_{max} 分别是 24.0 mg/mL 和 0.09 mg/min，海洋金色隐球酵母 G7a 分泌的菊粉酶的 K_m 值和 V_{max} 分别是 20.1 mg/mL 和 0.0085 mg/min。从 *Aspergillus ficuum* JNSP5-06 中纯化出 3 种外切菊粉酶（Exo-Ⅰ、Exo-Ⅱ和 Exo-Ⅲ）和两种内切菊粉酶（Endo-Ⅰ 和 Endo-Ⅱ），它们的 K_m 值分别为 43.1 mg/mL、31.5 mg/mL、25.3 mg/mL、14.8 mg/mL 和 25.6 mg/mL。K_m 越小则与底物的亲和力越大，以上结果表明，巴斯德毕赤酵母 R32 表达的重组菊粉酶与菊粉有着很高的亲和力，经过短时间的发酵就能达到相当高的酶活力。

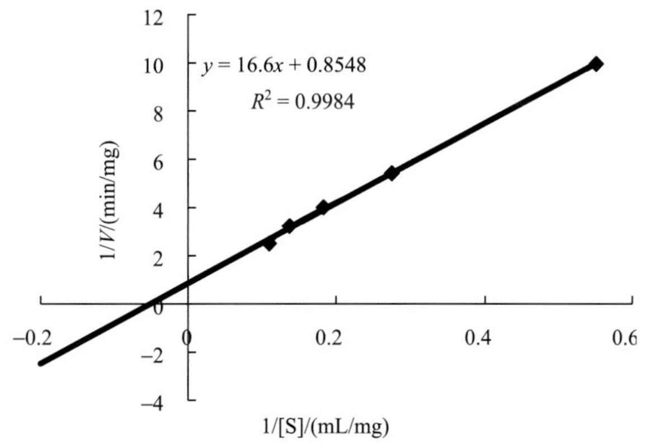

图 11-74　双倒数作图法求 K_m 和 V_{max}

6）纯化的重组菊粉酶对菊粉的水解作用

图 11-75 是纯化的菊粉酶水解菊粉产物的薄层色谱结果。标准果糖色谱后的斑点是棕色的，葡萄糖的颜色为墨绿色，蔗糖斑点位置低于果糖和葡萄糖，棉籽糖斑点的位置低于蔗糖。由图 11-75 可以看出纯化后的菊粉酶对菊粉的水解很彻底，产物主要为果糖，这说明重组酶具有外切菊粉酶活性，与野生型微紫青霉分泌的菊粉酶粗酶是一致的。重组菊粉酶的这一性质使其在工业生产高果糖浆和乙醇方面具有很高的应用潜力。

综上所述，南京农业大学海洋科学及其能源生物资源研究所菊芋研究小组的主要结论为：

构建 pPICZαC-*inuB* 表达载体，将克隆得到的微紫青霉的菊粉酶基因 *inuA1* 在巴斯德毕赤酵母真核表达体系中进行了功能表达。

测定重组菊粉酶粗酶液的菊粉酶活力的时间曲线，随着诱导时间的延长，酶活力也增大，在诱导 120 h 后发酵液上清液的菊粉酶活性达到最高，为 272.8 U/mL，是微紫青霉菊粉酶活性的 11 倍多。

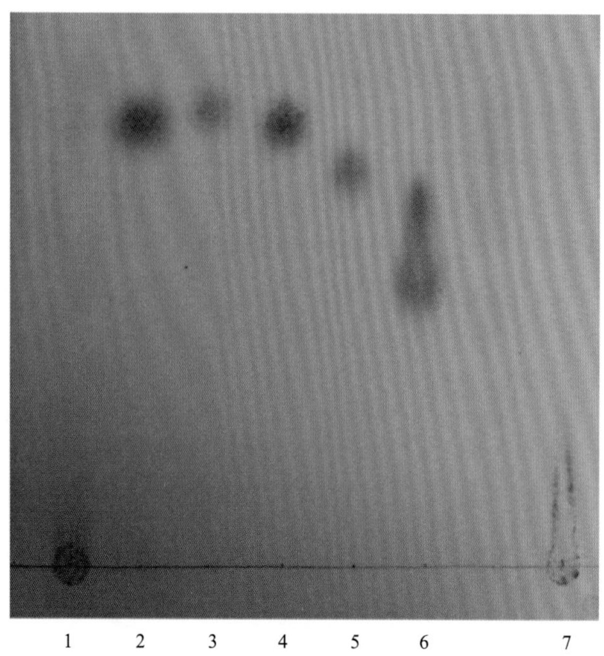

图 11-75　重组菊粉酶对菊粉水解作用的薄层色谱结果

1. 标准的菊粉；2. 菊粉酶水解菊粉 1 h 后的产物；3. 标准的果糖；4. 标准的葡萄糖；5. 标准的蔗糖；6. 标准的棉籽糖；7. 灭活的菊粉酶作为对照

对重组酶进行了 SDS-PAGE 检测和 Western blot 分析，在 85～100 kDa 处获得了重组酶条带，并通过免疫印迹证实了菊粉酶基因在真核表达系统表达。

将带有 6×His 融合标签的巴斯德毕赤酵母 R32 表达的重组菊粉酶使用 Ni 亲和色谱柱进行纯化，纯化倍数和回收率分别为 3.1 倍和 30.5%。

SDS-PAGE 结果显示经过 Ni 柱色谱后得到了纯化的重组酶，免疫印迹实验证明纯化的蛋白即为融合组氨酸标签的重组菊粉酶蛋白。酶的分子质量约为 100 kDa。通过 PMF 进一步鉴定了纯化的蛋白即为重组的菊粉酶。

纯化重组菊粉酶的最适反应 pH 和最适反应温度分别为 4.5 和 50℃，该酶在常温下很稳定，对 pH 不敏感，在 pH 4.0～9.0 活力稳定。Ca^{2+}对纯化后的重组菊粉酶活力有一定程度的激活作用，但很多的金属离子对菊粉酶有抑制作用。纯化重组菊粉酶活性被苯甲基磺酰氟（PMSF）和 SDS 强烈抑制，因此推断分离纯化的重组菊粉酶具有丝氨酸和半胱氨酸活性基团。纯化菊粉酶对底物菊粉的动力学常数K_m值和V_{max}分别是 19.4 mg/mL 和 1.17 mg/min，与菊粉具有很高的亲和力。

通过对纯化的重组菊粉酶水解菊粉产物的薄层色谱分析，证明重组酶具外切菊粉酶活力，与天然菊粉酶一致。

研究了重组酶酶学性质，发现重组菊粉酶和野生型菊粉酶在性质上非常相近，说明毕赤酵母表达系统对表达的外源蛋白的修饰较少，基本能保持原有特性。

11.1.3　分步水解发酵生产乙醇的关键技术及工艺优化

目前，发酵菊芋生产乙醇大部分还是沿用淀粉质原料发酵乙醇的传统方法，即先将菊芋水解或酶解，然后利用具有发酵能力的菌株对水解液或酶解液进行发酵的分步糖化发酵法（separate hydrolysate and fermentation，SHF）。Favelatorres 等用 *Z. mobilis* 发酵经过水解的菊芋水提物，菊粉的利用率达到理论值的 92%[284]。Allais 等用 *Z. mobilis* 连续发酵水解后的菊芋水提物，得到的最大乙醇浓度为 84 g/L，底物转化率达到 96%[15]。黑曲霉产生的菊粉酶，多被用于菊芋发酵前的水解阶段[133,134]。Toyohiko 等将 *Aspergillus niger* 产生的菊粉酶制成冻干粉，用于菊芋发酵前酶解。Kazuyoshi Ohta 在 150 mL 培养基中培养 *Aspergillus niger* 5 d，再加入 45 g 菊粉，发酵 15 h，再加入 20 g 菊粉，糖利用率可达到 99%。Szambelan 等将 *Zymomonas mobilis* 或 *Saccharomyces* 与具有产菊粉酶能力的 *Kluyveromyces fragilis* 混合发酵，发酵效率比单菌株发酵有所提高，Argyrios 等和 Duvnjak 等分别证实 *Kluyveromyces* 和 *Saccharomyces* 的一些菌株同时具备产菊粉酶和乙醇发酵能力[285,286]。

同步糖化发酵法（simultaneous saccharification and fermentation，SSF）是将菊粉的水解糖化过程与乙醇发酵过程相耦合，在同一装置内同步进行。水解产物果糖不断被菌体所利用，它消除了底物反馈的抑制作用，简化了设备，提高了生产效率，但不能协调酶解与发酵的最适条件[140]。

Roukas 对 *Saccharomyces cerevisiae*、*Kluyveromyces marxianus* 和 *Zymomonas mobilis* 游离细胞和固定化细胞分别进行以菊芋为底物的乙醇发酵，结果表明发酵得到的最大乙醇浓度基本相同。Pratima Bajpai 等分别用游离和固定化的 *Kluyveromyces marxianus* 一步法发酵菊芋汁生产乙醇，通过对比发现，固定化的 *Kluyveromyces marxianus* 比游离细胞具有更好的温度和 pH 适应范围，游离 *Kluyveromyces marxianus* UCD55-82 在连续发酵中糖的最大利用率达到 92%，固定化的 *Kluyveromyces marxianus* UCD55-82 半衰期为 72 d。Rosa 等使用捣碎的菊芋汁、菊芋鲜果及菊芋果肉接种酿酒酵母发酵乙醇，所得最大乙醇浓度（体积分数）分别为 12.8%、11.3%和 8.3%，糖利用率分别为 95%、87%和 80%，结果显示，利用菊芋汁发酵效果最好[151]。Bahar 等使用的菌株 *Saccharomyces cerevisiae* 能很好地利用菊芋果汁和果肉发酵，得到的乙醇浓度可达 85～125 g/L，达到理论转化率的 85%～98%[287]。大连理工大学对 *K. marxianus* 和 *S. cerevisiae* 等 5 株酵母菌株进行筛选和发酵条件优化，选择了 *K. marxianus* 作为发酵菌株，并确定了它的最佳发酵条件，发酵终点乙醇浓度为 92.2 g/L，即 11.5%，具有良好的工业前景[139,141,159,160,182]。江南大学采用 *Aspergillus niger* 和 *S. cerevisiae* 混合，一步法混菌发酵菊粉生产乙醇，并采用中途补料的方式，最终得到乙醇的浓度为 19.6%，转化率为理论值的 90%[146-149]。

同步糖化发酵法对比传统的分步糖化发酵法，一边糖化一边发酵，能节约大量能耗和额外添加酶的费用，同时还能减少蒸煮造成的可发酵糖的损失[142]，防止产物积累引起的底物抑制作用，有利于维持较高的乙醇生产强度，从而具有良好的工业化前景[140,150,151]。

这一小节主要介绍南京农业大学海洋科学及其能源生物资源研究所菊芋研究小组在菊芋块茎分步水解发酵法（SHF）生产乙醇方面的研究成果。

1. 菊芋块茎分步水解发酵法生产乙醇的研究

多年来，国内外乙醇工业将原料与水混在一起，在高温高压的条件下进行处理的过程叫作“蒸煮”。蒸煮的主要目的是破坏植物细胞壁，使糖类物质从细胞中游离出来，并转化为溶解状态，为糖化做准备。在淀粉质原料蒸煮过程中，由于淀粉是一种亲水胶体，它遇到水后，水分子会在渗透压的作用下，渗入颗粒内部，从而使淀粉分子的体积和质量增加，这种现象称作膨胀。淀粉在水中加热，即发生膨胀。这时，淀粉颗粒好像是一个渗透系统，其中支链淀粉起着半渗透膜的作用，而渗透压的大小及膨胀程度则随温度的增高而增加。从40℃开始，膨胀速度就明显加快。当温度升高到一定数值（60～80℃），淀粉颗粒的体积膨胀至原体积的50～100倍时，淀粉分子之间的联系被削弱，即引起淀粉颗粒的部分解体，形成了均一的黏稠液体。这种无限膨胀的现象称为淀粉的糊化。与此相应的温度叫作糊化温度。

与淀粉原料一样，菊粉也有糊化的特性，由于菊粉的聚合度（即单糖亚基的个数）只有2～70个，远远小于淀粉分子的聚合度[152]，因此菊粉相比较淀粉更易于溶解在水中，即采用较低的温度即可实现菊粉的糊化。南京农业大学海洋科学及其能源生物资源研究所菊芋研究小组利用快速黏度分析仪研究菊粉的糊化温度和糊化时间，从而为菊粉的无蒸煮工艺奠定了理论基础。

菊芋原料：采自南京农业大学863大丰金海农场中试基地。

不同粉碎度菊芋粉的制备：鲜菊芋洗净→100℃灭酶5 min→切片烘干→粉碎分别过20目、40目、60目筛，存于干燥器内备用。

菊芋粉中水分的测定：鲜菊芋中含有大量的水分，采用烘干测定法，在105℃下烘干。菊芋干粉中含水率较低，采用105℃恒重法测定，其平均含水率为9.56%。

糊化就是在外界热能的作用下，打开菊粉颗粒内部相互作用的氢键，使亲水基团（—OH）外露，并与水分子亲和，吸水膨胀的过程。因此，水分在糊化过程中起重要作用。胡友军等研究了玉米粉糊化度与温度、时间及水分的关系。结果表明水分是影响淀粉糊化的第一限制性因素，水分低，不利于淀粉糊化[153]。French认为，淀粉颗粒在高温低水分中加热，将导致淀粉晶相熔融，熔点温度超100℃。Lineback也认为，淀粉糊化与水分活度相关，水分含量过高，易造成物料在环模内壁和压板之间打滑，导致模孔堵塞，从而影响糊化质量，不利于糖化。参照GB/T 14490—2008，菊芋粉的含水量应控制在14%左右。各类谷物及淀粉应称取含水量为14%（基准水分）试样的质量（±0.1 g）及加水量如表11-22所示。

表11-22 各种谷物的糊化的加水量

试样名称	试样质量（按含水量14%计）/g	加水量/mL
小麦粉（包括全麦粉）	80.0	450
米粉（包括籼米、粳米、糯米）	40.0	360
玉米淀粉	35.0	500
马铃薯等淀粉	25.0	500

如果试样含水量高于或低于 14%，则按下式计算实际称样质量：

$$实际称样质量（g）=A\times 86\div（100-M）\times 100\% \quad (11\text{-}1)$$

式中，A 为含水量 14%时规定称试样质量（g）；M 为 100 g 试样中含水分质量（g）。

试样悬浮液的制备：将称取的试样倒入烧杯中，同时用量筒量取应加入的水量，先倒约 200 mL 水于烧杯中，用搅拌棒将试样搅拌成均匀无结块的悬浮液，然后将其转移至测量钵中。

试样黏度的测定：参照 GB/T 14490—2008，将一定浓度的不同粉碎度菊芋粉的水悬浮液，按一定的升温速率加热，使菊芋粉糊化，开始糊化后，菊芋粉吸水膨胀使悬浮液变成糊化物，黏度不断增加，随着温度的升高菊芋粉充分糊化，产生黏度峰值，随后菊芋粉颗粒破裂，黏度下降。当糊化物按一定的降温速率冷却时，糊化物胶凝，冷却到 50℃时的黏度值即最终黏度值。通过 RVA 快速黏度分析仪（Brookfield）的传感器、传感轴、测力盘簧，将上述整个糊化过程的黏度变化引起的阻力的变化，反映到自动记录器并绘出黏度曲线。用同样的方法测出不同粉碎度的黏度曲线。

2. 不同粉碎度的菊芋粉的糊化

由于国家标准没有关于菊粉糊化的说明，南京农业大学海洋科学及其能源生物资源研究所菊芋研究小组采用多次预实验，结果按米粉（包括籼米、粳米、糯米）的糊化料水比加水调浆，升温，用 RVA 快速黏度分析仪（Brookfield）测不同粉碎度菊芋粉的黏度变化情况（图 11-76～图 11-78）。

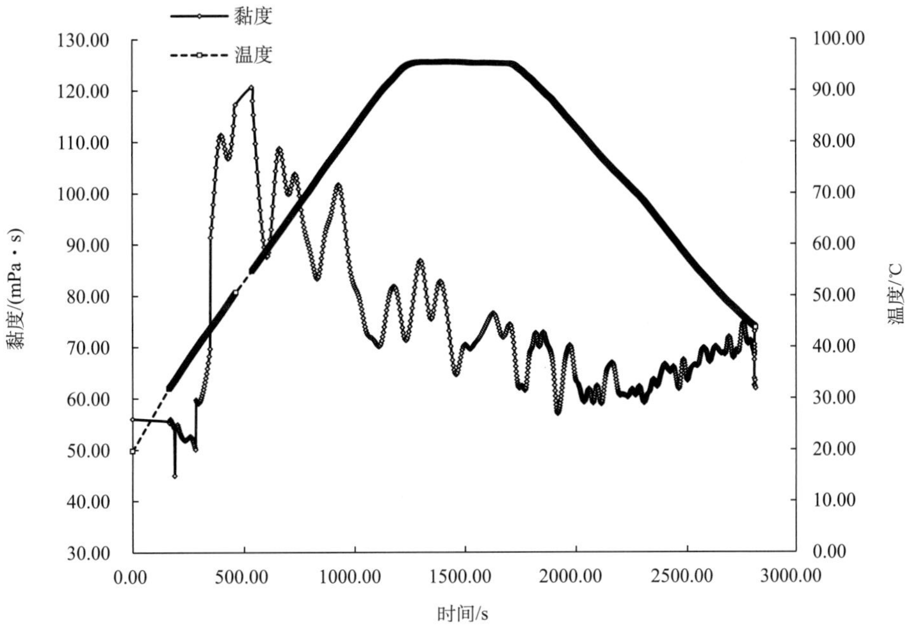

图 11-76 20 目菊芋粉的糊化曲线

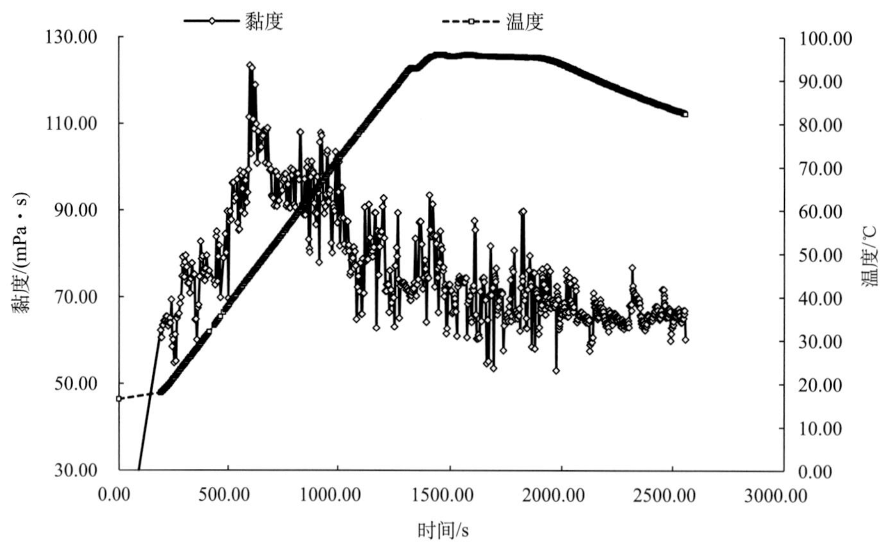

图 11-77　40 目菊芋粉的糊化曲线

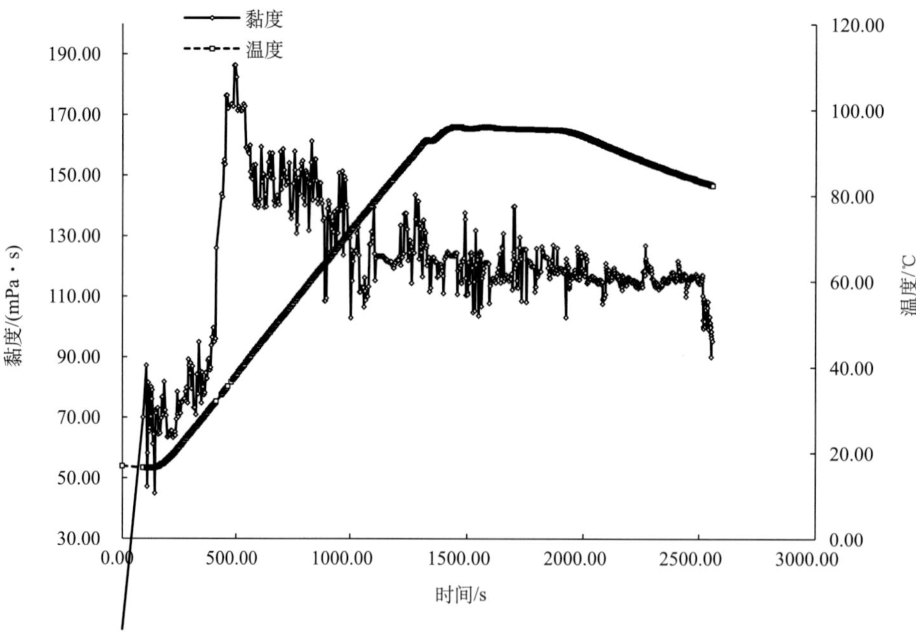

图 11-78　60 目菊芋粉的糊化曲线

与表 11-23 中其他物料相比较，菊芋的糊化温度较低。原因可能是菊芋中菊粉含量较高，其分子远小于淀粉分子，聚合度（即单糖亚基的个数）只有 2～70 个，远远小于淀粉分子的聚合度。随着温度的升高，分子扩散加剧了水分渗入菊粉颗粒内部的速度，使菊粉颗粒迅速解体和膨胀，菊粉分子相对较小的聚合度，使得水分子破坏菊粉分子之间氢键所需的能量较少，因此糊化温度较低。

表 11-23　不同物料的糊化温度

物料名称	糊化温度/℃
玉米	62～72
小麦	58～64
马铃薯	50～68
木薯	52～64

从图 11-76 还可以看出，菊芋糊化可以分为 4 个阶段，第一阶段是稳定阶段，在 0～400 s 内菊芋粉的黏度几乎没有变化；第二个阶段是吸水膨胀和糊化阶段，在 400～500 s，黏度逐渐上升直到出现峰值；第三个阶段是稳定阶段，在 500～2400 s，温度超过糊化点（55℃）以后，菊粉颗粒被破坏，黏度开始下降，然后维持在一定水平；第四个阶段是老化阶段，2400 s 以后随着温度的下降，菊粉分子重新形成聚合，黏度增大。菊芋粉糊化过程为第二、第三阶段，温度为 40～55℃，时间约为 30 min。

从图 11-76～图 11-78 中还可以看出原料的粉碎度不同糊化的温度不同，20 目菊芋粉在 50℃开始糊化（图 11-76），40 目菊芋粉在 45℃（图 11-77），而 60 目菊芋粉则在 40℃开始糊化（图 11-78）。工业化实践证明，原料中的颗粒外泄程度越高，其吸水膨胀的速度越快，粉状原料所需的温度越低，预煮时间也越短。同时，我们知道，原料细胞中淀粉颗粒外泄的程度取决于原料的粉碎细度，所以原料水处理时糊化的情况是与其粉碎细度密切相关的[154]。

南京农业大学海洋科学及其能源生物资源研究所菊芋研究小组的研究结果表明，菊粉原料的糊化温度较淀粉质原料低，菊粉的糊化温度为 40～55℃，在这个温度范围内糊化 30 min，有利于菊芋粉的后续酸解。菊芋的粉碎度对糊化的影响较大，原料中的颗粒外泄程度越高，其吸水膨胀的速度越快，粉状原料糊化所需的温度越低，预煮时间也越短。同时，原料细胞中淀粉颗粒外泄的程度取决于原料的粉碎细度，所以原料水处理时糊化的情况是与其粉碎细度密切相关的。粉碎度越细，糊化开始的时间越短，达到糊化的温度越低。在工业生产中不应片面追求过高的碎粉细度，虽然粉碎度越高（细度越细）糊化温度越低，但是由于粉碎电耗剧增，综合能耗不一定合算。因此，选择 40 目的菊粉原料为宜。菊芋粉较之普通淀粉糊化温度低，相比其他淀粉原料可以节约能耗，利于工业化生产。该研究结果可以为菊芋原料无蒸煮工艺提供理论基础，为菊芋乙醇发酵工艺提供强大的理论支持。菊粉质原料代替淀粉质原料用于乙醇发酵具有良好的前景。

3. 菊芋酸水解工艺条件的研究

国外从 20 世纪 50 年代开始进行发酵菊芋生产乙醇的工艺研究，到 20 世纪 80 年代进行了大量研究探索，先后报道了各种菊芋生产乙醇的工艺技术，包括先酸解或用菊粉酶水解菊粉，再利用高产酿酒酵母发酵生产乙醇，或者将菊粉酶和酵母细胞共同固定化后同步水解发酵生产乙醇，或者进行菊粉酶产生酵母与酿酒酵母的混合培养等。目前，菊芋乙醇发酵最关键、最核心的技术是菊芋中菊粉的糖化，酶法降解菊粉的专一性很强，但是由于产菊粉酶的工程菌研究甚少，目前只是停留在野生产菊粉酶菌株的研究、对酶的固定化研究或者有些研究只是停留在实验室阶段，离大规模工业化生产还有一定的距离。本书采用硫酸降解菊芋粉，能够较大规模地提高菊芋的降解率从而有利于工业化生产。

南京农业大学海洋科学及其能源生物资源研究所菊芋研究小组以干燥的菊芋粉为原料，而不是从菊芋中提取出菊粉然后再进行降解性研究[155]，能够更好地提高菊芋的利用效率，对利用硫酸裂解多聚果糖为还原糖的性质进行研究。研究了物料的温度、粉碎度、调浆浓度等对菊芋粉酸水解的影响，还探讨了酸水解的菊粉的转化率及 DE 值，从而在工业化生产中能够更好地进行控制，节约动力和提高效率。

1）菊芋酸水解工艺条件的研究方法

菊芋：采自南京农业大学 863 大丰金海农场中试基地。

菊芋含有还原糖浓度的测定：采用 3,5-二硝基水杨酸比色法[156]，测得干菊芋粉中还原糖的含量为 5.03%。

菊芋提取液总糖浓度的检测：采用蒽酮比色法[156]，测得总糖含量为 68.31%。

醪液干基质量的含量：用数显糖度计测定。

菊芋粉的转化率：

菊芋粉的转化率（%）=（还原糖的质量/原料质量×0.6831）×100%（11-2）

DE 值：

DE（%）=（还原糖质量/醪液干基质量）×100%　　（11-3）

2）温度对菊芋粉酸水解的影响

称取一定量的菊芋粉，按 1∶8 的料水比加水调浆，温度迅速升高到 55℃糊化 30 min，然后加入体积比为 2% 的浓硫酸，分别保温在 50℃、60℃、70℃、80℃的反应体系中，每 20 min 测一次还原糖含量，结果如图 11-79 所示。

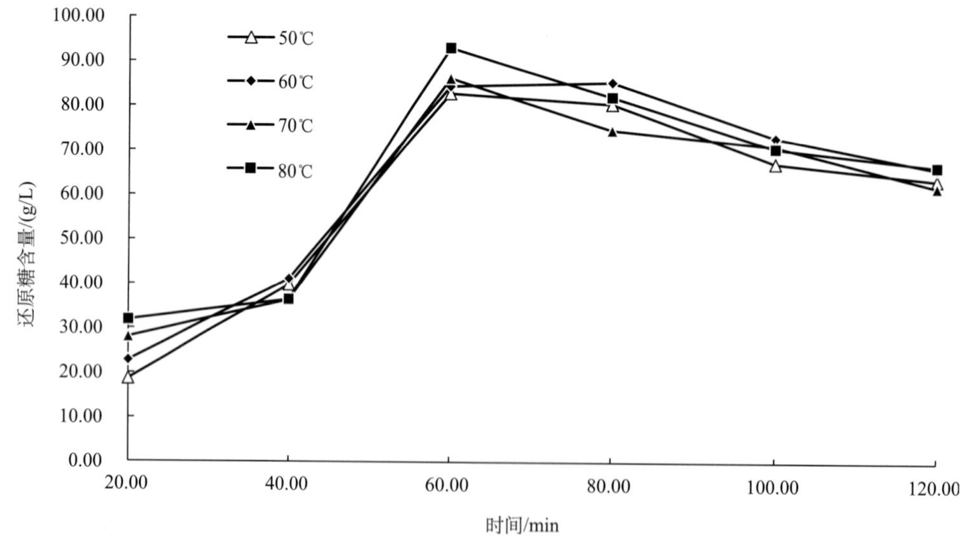

图 11-79　温度对酸水解的影响

从图 11-79 可以看出，还原糖含量随水解时间的增长呈先上升后下降的趋势，当水解时间为 60 min 时，各水解温度下的醪液中还原糖含量均达到最高，水解时间超过 60 min，还原糖含量开始下降，其原因可能是随水解温度的升高及水解时间的延长，水解的果糖又分解为其他物质，使转化率下降[155,157,158]。因此，可以确定最适的水解时间为 60 min。

同时，从图 11-79 还可以看出，当水解时间为 60 min 时，还原糖含量随水解温度的升高而升高，当温度在 50～70℃时，水解 60 min 后的还原糖含量相差不大，而当水解温度为 80℃时，水解 60 min 后的还原糖含量明显高于其他水解温度下的还原糖含量。原因可能为：低温时，单位体积内活化分子数目少，反应速度慢，转化率较低；温度升高时，活化分子数目增多，反应速度加快，转化率升高；但温度过高时，果糖可发生一定的分解反应，导致转化率下降[159, 160]。但温度高必然造成能耗增大，因此，考虑到节约能耗及糊化的最适温度，采用 55℃酸解为宜。

3）硫酸的体积分数对菊芋粉水解的影响

酸催化法是水解淀粉、纤维素等大分子常用的方法，菊芋中所含菊粉的分子结构与这些大分子很相似，采用酸法水解应该能够得到令人满意的还原糖收率。

称取一定量的菊芋粉，按 1∶8 的料水比加水调浆，温度迅速升高到 55℃糊化 30 min，然后保温在 80℃的反应体系中，分别加入不同体积分数的硫酸 60 min 后测还原糖含量，结果如图 11-80 所示。从图 11-80 可以看出，随着硫酸体积分数的增加，还原糖的转化率先增加后减小，当所加酸的体积分数超过 3%时，水解生成的还原糖（包括果糖、葡萄糖及一些二聚糖）含量反而降低。其原因可能是硫酸含量过高会使还原糖分解成其他物质，即体系中存在连串反应：菊粉→还原糖→分解物[157]。因此，确定硫酸的体积分数为 2.5%。

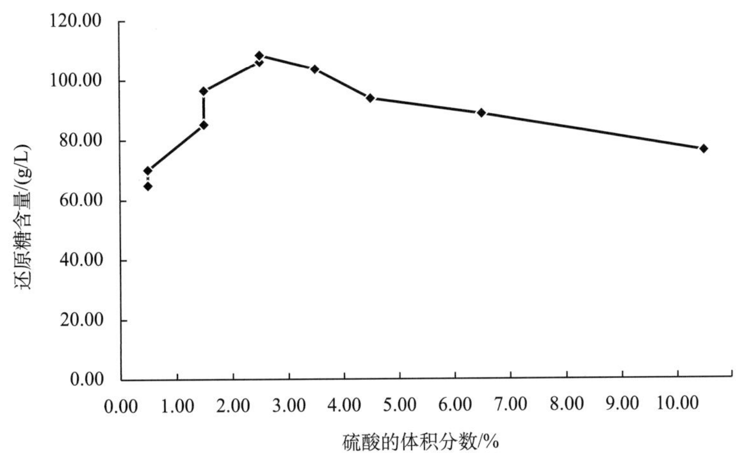

图 11-80　硫酸体积分数对菊芋粉水解的影响

4）粉碎度对菊芋粉酸水解的影响

菊芋粉碎度对酸水解的影响比较显著，在相同的料水比下，粉碎度小的物料的料液很稠、呈浆状，易结块，流动性差。随着粒度目数的增加，料液黏度降低，流动性变好，有利于酸与菊粉的充分接触，同样也有利于后续发酵。本实验分别将粉碎度为 20 目、40 目、60 目的菊芋粉，采用料水比为 1∶8，温度迅速升高到 55℃，糊化 30 min，加浓硫酸的体积分数为 2.5%，于 55℃下进行水解，研究粉碎度对酸水解的影响，实验结果如图 11-81 所示。从图 11-81 可以看出，料液还原糖含量随物料目数的增加而增加，说明增加粉碎度有利于促进菊粉转化为还原糖。同时，从图 11-81 中还可以看出，60 目和 40 目的物料料液还原糖含量显著高于 20 目，60 目物料料液的还原糖略高于 40 目物料但差异不显著。因此，考虑到工艺成本，以采用 40 目物料为宜。

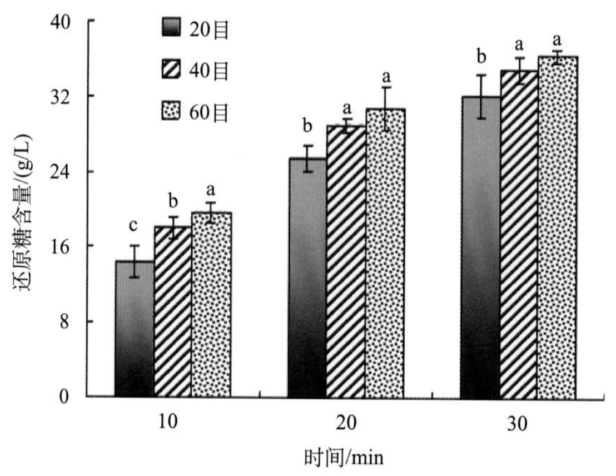

图 11-81　菊芋粉碎度对酸水解液化情况的影响

5）调浆浓度对菊芋粉酸水解的影响

调浆浓度首先会影响到料液的黏度。浓度大则黏度大，酸在料液中渗透能力差，不利于菊粉的酸解。但是料液浓度低，在加酸量不高的情况下，酸解时间会变长，同时对后续酵母的成长不利，乙醇浓度也减小，因此料液浓度不宜过低。称取一定量 60 目的原料分别调成 1∶5、1∶8 和 1∶10 的料液，在加酸 2.5%、温度为 55℃的条件下研究不同调浆浓度对酸水解的影响。实验结果如图 11-82 所示。图 11-82 表明料水比为 1∶8 时还

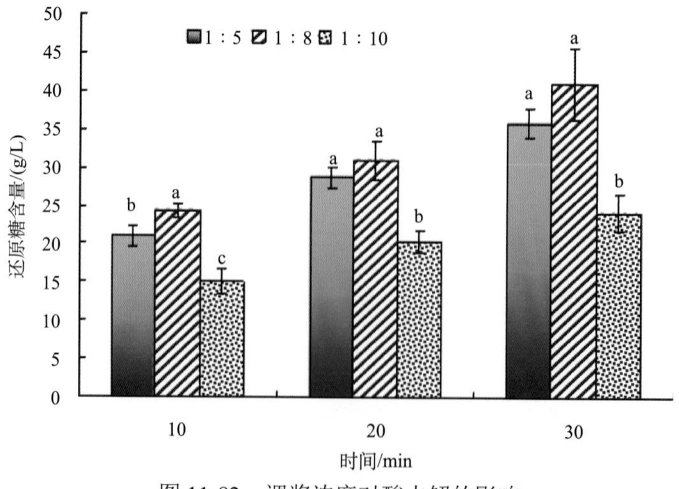

图 11-82　调浆浓度对酸水解的影响

原糖的含量显著高于料水比为 1∶10 的料液，料液浓度过大或过小，酸解的初始反应速度都小。而料水比为 1∶8 时酶解速度比较快，还原糖含量也高。相比料水比为 1∶5 和 1∶10 的料液，30 min 时料水比为 1∶8 的料液比前者高出 14.44%，比后者高出 48.9%。

6）酸水解的菊芋粉转化率及 DE 值

南京农业大学海洋科学及其能源生物资源研究所菊芋研究小组采用 60 目以上的原料，料水比为 1∶8，水解温度为 55℃，加浓硫酸的体积分数为 2.5%的条件，改变酸解时间来研究菊芋粉的转化率及 DE 值。

从图 11-83 可以看出，在酸解 60 min 时，料液的 DE 值达到 65%左右，菊芋粉的转化率为 95%左右，还原糖含量达到 80 g/L。

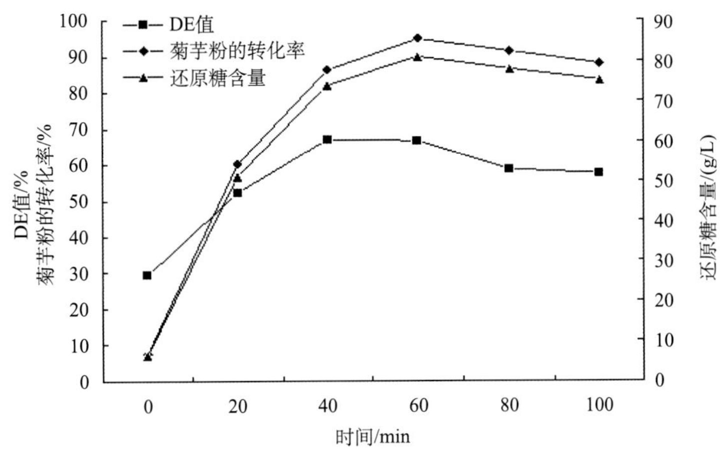

图 11-83　酸解时间对菊芋粉的转化率和 DE 值的影响

菊芋中菊粉含量较高，目前能利用菊粉为原料产乙醇的微生物主要为某些酵母、真菌及其基因工程菌[161]。要充分利用菊芋，首先应将其有效降解，将其中的菊粉分解至单糖，以被微生物利用。通过单因素实验得到如下结论：温度在 80℃下，40 目的菊芋粉按 1∶8（*m*/*m*）调浆，加浓硫酸 2.5%（体积分数）在 60 min 内 DE 值达到 66.66%，菊芋粉的转化率达到 94.86%，基本糖化。

4. 菊芋分步糖化发酵法的乙醇发酵特性研究

自 20 世纪 70 年代初发生石油危机以来，燃料乙醇这种可再生能源得到全世界各国科学家的重视。在传统的乙醇发酵工艺中，大多采用玉米、高粱等陈化粮作为原料，但是传统的燃料乙醇的生产严重影响粮食安全生产，尤其近年来的粮食短缺现象，已严重影响我国的可持续发展战略，国家发改委、财政部也下发了立即暂停核准和备案玉米加工项目通知，并对在建和拟建项目进行全面清理，因此不可能继续采用陈化粮作为原料生产乙醇，利用非粮食作物发酵生产燃料乙醇，是我国燃料乙醇业发展的基本方向。

综合我国国情和生物资源状况分析与考虑，一个可行的方案就是选择一些种植面积广、耐旱、耐寒、耐盐碱、适应性强、对土壤气候条件要求不严的含糖作物作为原料生产燃料乙醇[162]。如在我国绝大部分地区都适宜种植的菊芋就具备这样的特性，如果我国大量的盐碱地、滩涂等不适宜种植粮食作物的地方种植能源植物菊芋，并且利用其来生产乙醇，不仅能解决燃料乙醇原料的问题，还能进一步解决当地农民的就业问题，增加农民的收入。这将成为当地的一个新的经济增长点[163,164]。菊芋含有大量的多聚果糖——菊粉，其主要是由 D-果糖经 β（2→1）糖苷键连接而成的链状多糖。本书采用分步糖化发酵法，研究以菊芋为原料的燃料乙醇的发酵工艺。

1）菊芋分步糖化发酵法的乙醇发酵特性研究方法

菊芋粉：采自南京农业大学 863 大丰金海农场中试基地，洗净烘干、过 40 目筛得到。

酵母：耐高温酿酒干酵母，安琪酵母股份有限公司生产。

菊粉（分子量约 5000）（德国 Fluck 公司）、3, 5-二硝基水杨酸（DNS）、NaOH、酒石酸钾钠、结晶酚、浓硫酸、蒽酮、氢氧化钠、乙酸、乙醇、亚硫酸钠（中国医药集团上海化学试剂公司）。

工艺流程：

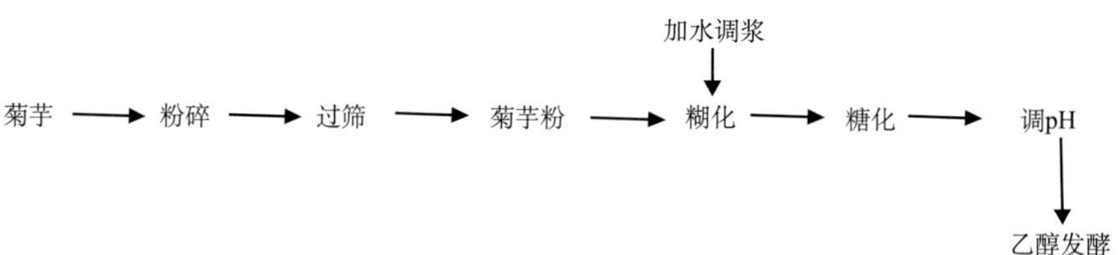

干酵母的活化：称取一定量的干酵母于 40 倍其质量的 35～40℃的 2%葡萄糖水溶液中，先在 37℃恒温箱中培养 15～20 min，然后转移到 30℃恒温箱中培养 60～70 min 即可。

还原糖的测定：取少量的样品并加蒸馏水溶解到 2 mL，加 3,5-二硝基水杨酸（DNS）试剂 1.5 mL，摇匀，在沸水浴中准确加热 5 min 取出，冷却至室温，用蒸馏水定容至 20 mL，加塞后颠倒混匀，在分光光度计上进行比色。调波长至 540 nm，用空白调零，测出其吸光度。依据还原糖的标准曲线，得出还原糖的含量。

残糖的测定：采用蒽酮比色法。

总酸的测定：用滤纸过滤发酵醪液，得到清液。用移液管吸取 1 mL 至锥形瓶，并加入 20 mL 蒸馏水及酚酞指示剂 2 滴，用 0.1 mol/L 的 NaOH 溶液滴定[165]。

乙醇含量的测定：采用酒精比重计法。将发酵液倒入 500 mL 圆底烧瓶中加 100 mL 水混匀后常压蒸馏，用 100 mL 容量瓶收集馏出液至刻度，用酒精比重计测馏出液中的乙醇浓度和温度，最后换算为 20℃酒精度[166]。

$$\text{乙醇产率（\%）}=\text{乙醇产量（g）/原料质量（g）}\times 100\% \qquad (11\text{-}4)$$

菊粉糖化液的灭菌条件：121℃，灭菌 15 min。

2）灭菌与否对酵母发酵的影响

称取一定量的菊芋粉，按 1∶8 的料水比加水调浆，温度迅速升高到 55℃糊化 30 min，然后加入体积比为 2.5%的浓硫酸，在 55℃的反应体系中保温 1 h 充分糖化。在温度为 30℃时调节 pH 为 4.5，将未灭菌的糖化液和灭菌后的糖化液，分别接入酵母菌进行乙醇发酵，接种量为 6%（质量分数），对比实验结果如图 11-84 所示。从图 11-84 可以看出，未灭菌的菊芋粉糖化液中总残糖含量为 6.5%左右，剩余的残还原糖含量为 3.0%左右，均高于灭菌的菊粉糖化液中残糖含量。同时，从图 11-84 还可以看出，未灭菌的菊芋粉糖化液中的乙醇含量明显低于灭菌的菊粉糖化液中的乙醇含量，前者约为 9.0%，后者约为 13.5%。其原因为未灭菌的发酵培养基中杂菌比较多，既抑制了酵母菌的生长，又消耗了培养基中的营养成分，剩余的代谢物不利于酵母菌生长[167]。因此，应对菊粉糖化液进行灭菌后，再接种酵母进行发酵。

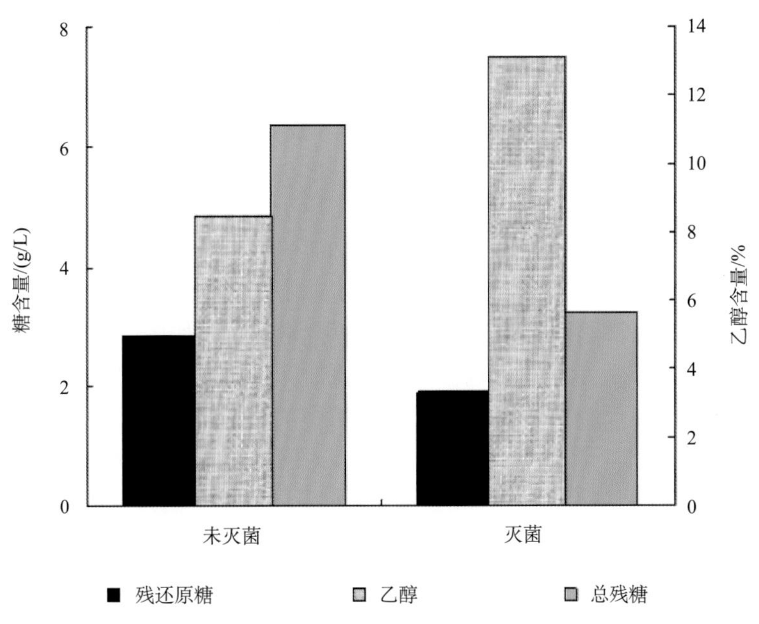

图 11-84　灭菌与未灭菌对菊芋粉发酵产乙醇的影响

3）接种量对菊芋粉发酵产乙醇的影响

称取一定量的菊芋粉，按 1∶8 的料水比加水调浆，温度迅速升高到 55℃糊化 30 min，然后加入体积比为 2.5%的浓硫酸，在 55℃的反应体系中保温 1 h 充分糖化。在温度为 30℃条件下调节 pH 为 5，分别按照 4%、6%、8%、10%、12%（质量分数）的接种量，于 36℃条件下静态厌氧发酵 36 h，取样测残还原糖的含量及乙醇含量，结果如图 11-85 所示。

从图 11-85 可以看出，随着酵母添加量的增加，乙醇含量增加，残还原糖含量减少。当酵母添加量为 8%时，乙醇含量达到最大值。当酵母活化液的添加量超过 8%（*m*/*m*）后，随着酵母添加量的增加，水解产生的可发酵性糖不能满足酵母发酵之用，酵母菌处于饥饿状态，有可能引起酵母早衰或者将发酵产生的乙醇转化为其他物质，因而乙醇含量有所下降。因此，通过此实验，确定酵母活化液的最适添加量为 8%。

4）料水比对菊芋粉发酵产乙醇的影响

料水比对发酵醪中的还原糖含量有重要影响，从而对酵母发酵产生影响。称取一定量的菊芋粉，分别按 1∶4、1∶6、1∶8 、1∶10、1∶12 的料水比加水调浆，温度迅速

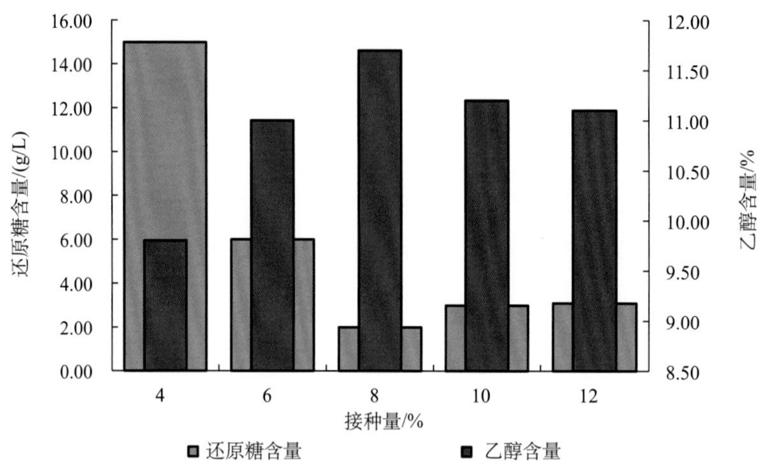

图 11-85　不同的接种量对菊芋粉发酵产乙醇的影响

升高到 55℃糊化 30 min，然后加入体积比为 2.5% 的浓硫酸，在 55℃的反应体系中保温 1 h 充分糖化。在温度为 30℃条件下调节 pH 为 5，酵母菌接种量为 6%，于 36℃条件下静态厌氧发酵 36 h，取样测还原糖的含量及乙醇含量，结果如图 11-86 所示。从图 11-86 可以看出，料水比对酵母发酵的影响很大，料水比太小，酵母很难起酵。增大料水比可以提高原料转化率，从而提高酒精度，降低酒醪中的残糖含量。这是因为糖化后加水可以降低酒醪中还原糖的含量，从而减轻高渗透压对酵母生长及发酵产乙醇的抑制。当料水比增大至 1∶8 时，酒精度最高，继续增加加水量，酒醪中的残糖含量下降不明显，且乙醇下降趋势也变缓。通过此实验，确定 1∶8 为发酵产乙醇的最佳料水比。

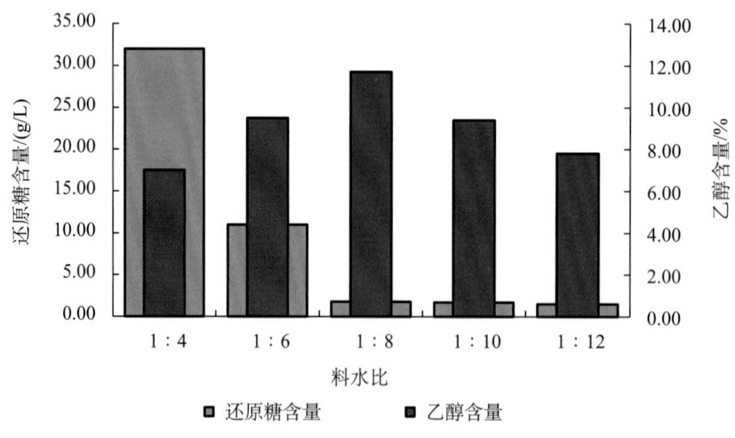

图 11-86　不同的料水比对菊芋粉发酵产乙醇的影响

5）初始 pH 对菊芋粉发酵产乙醇的影响

pH 主要通过影响微生物细胞膜的通透性及发酵醪中离子的解离程度而对微生物的生长产生影响。本实验称取一定量的菊芋粉，按 1∶8 的料水比加水调浆，温度迅速升高到 55℃糊化 30 min，然后加入体积比为 2.5%的浓硫酸，在 55℃的反应体系中保温 1 h

充分糖化。在温度为 30℃时分别调节 pH 为 4.0、4.5、5.0、5.5、6.0，酵母菌接种量为 6%，于 36℃条件下静态厌氧发酵 36 h，取样测还原糖的含量及乙醇含量，结果如图 11-87 所示。从图 11-87 可以看出，随着发酵 pH 的增加，还原糖含量呈先下降后上升的趋势，乙醇含量呈先上升后下降的趋势，当发酵初始 pH 为 5.0 时，乙醇含量达到最大值，此后随发酵 pH 的增加，酒精度下降，而残糖含量也在减少。这是因为发酵 pH 偏酸性可以抑制产酸菌的污染；而 pH 偏中性，易感染产酸菌，产酸菌产酸会损失糖分，降低乙醇产率，导致虽然残还原糖含量低，但酒精度却不高；另外，pH 过高或过低都会降低复合酶中部分酶制剂的活性，甚至使其失活，不利于对菊芋粉的分解作用。因此，通过此实验确定发酵的最适 pH 为 5.0。

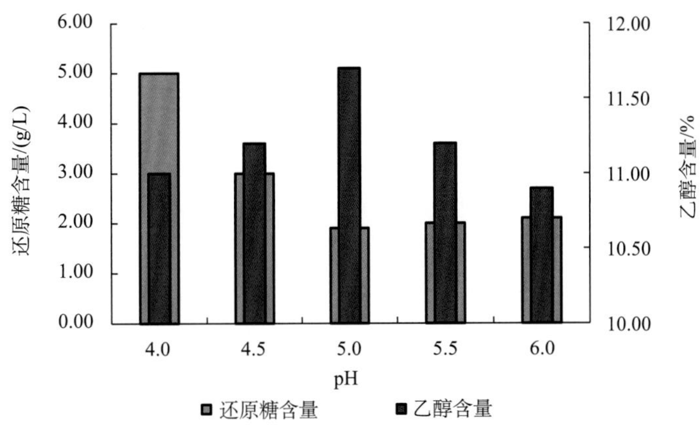

图 11-87　不同的初始 pH 对菊芋粉发酵产乙醇的影响

6）温度对菊芋粉发酵产乙醇的影响

酵母发酵时，能够转化糖分的量和能够达到的乙醇含量是由温度支配的，温度越高，发酵开始得越快，但发酵停止也比较快，因此达到的酒精度比较低。称取一定量的菊芋粉，按 1∶8 的料水比加水调浆，温度迅速升高到 55℃糊化 30 min，然后加入体积比为 2.5%的浓硫酸，在 55℃的反应体系中保温 1 h 充分糖化。在温度为 30℃调节 pH 为 4.5，酵母菌接种量为 6%，分别于 32℃、34℃、36℃、38℃、40℃条件下静态厌氧发酵 36 h，取样测还原糖的含量及乙醇含量，结果如图 11-88 所示。随着发酵温度的增加，乙醇含量呈先上升后下降的趋势。当发酵温度为 36℃时，乙醇含量达到最大值。当发酵温度低于 36℃时，发酵醪中还原糖含量也较高，说明温度低时酵母对原料的转换率也会有所降低，同时降低发酵温度会使酵母很难起酵，从而很有可能使发酵醪感染其他杂菌。当发酵温度超过 36℃后，随温度的继续上升，酵母热耐受性逐渐降低，虽然起始发酵迅速，但随着发酵时间的延长，酵母死亡率增加，导致后发酵几乎停止，水解产生的可发酵性糖利用不完全，使得酒精度和原料利用率下降。因此，通过此实验，确定发酵的最适温度为 36℃。

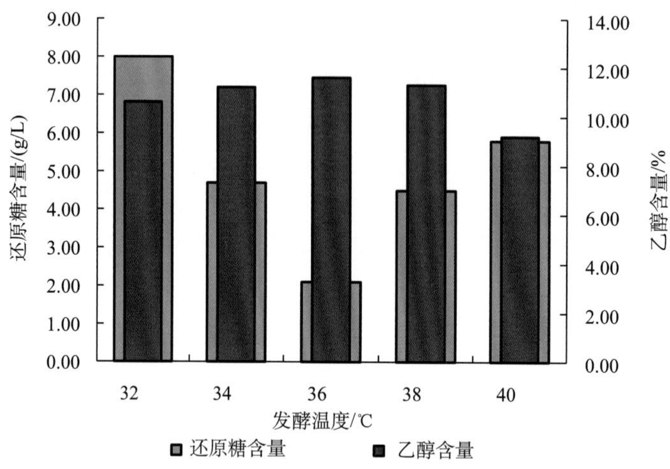

图 11-88　不同的温度对菊芋粉发酵产乙醇的影响

7）发酵时间的确定

随发酵时间的延长，酵母将可发酵性糖逐渐转变为乙醇，使酒精度不断升高，同时由于发酵醪中营养的不断消耗，酵母逐渐自溶，乙醇含量不再变化。称取一定量的菊芋粉，按 1∶8 的料水比加水调浆，温度迅速升高到 55℃糊化 30 min，然后加入体积比为 2.5%的浓硫酸，在 55℃的反应体系中保温 1 h 充分糖化。在温度为 30℃时调节 pH 为 4.5，酵母菌接种量为 6%，静态厌氧发酵，每 6 h 取样测还原糖的含量、总糖含量及乙醇含量，研究结果如图 11-89 所示。

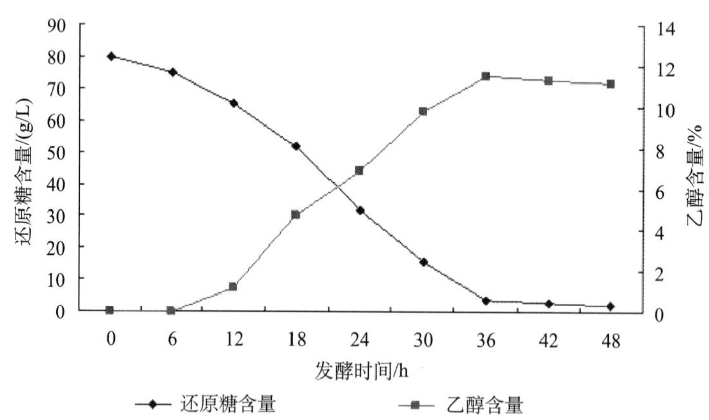

图 11-89　发酵时间对菊芋粉发酵乙醇产量和还原糖含量的影响

随着发酵时间的延长，残还原糖含量减少，乙醇含量增加。当发酵时间为 36 h 时，乙醇含量达到最大值，此后随着发酵时间的延长，乙醇含量和还原糖含量几乎不变，甚至略有下降。这说明随着发酵时间的延长，酵母利用的可发酵性糖越来越少，在极度匮乏的条件下，酵母菌有可能利用已生成的乙醇为原料来维持其生存，将乙醇转化为酸等物质，最终导致酒精度随发酵时间的延长而略有下降。因此，通过此实验，确定发酵的最佳时间为 36 h。

菊芋块茎糊化酸解发酵乙醇时，分三部分对能源菊芋原料生产燃料乙醇的工艺进行了研究，主要工艺是菊粉经过糊化后，采用酸法水解将菊粉转变为可发酵性糖，再添加酵母进行发酵。第一部分为菊粉的糊化性研究，主要研究了菊粉的糊化时间以及不同粉碎度对菊芋粉的糊化影响。第二部分为菊芋粉酸水解工艺条件的研究，重点研究了温度、粉碎度、调浆浓度、硫酸的体积分数对酸水解的影响，进而得到了酸水解的最佳时间，为后续的乙醇发酵提供参数。第三部分是能源菊芋的乙醇发酵性研究，着重研究了接种量、料水比、初始 pH、温度等对菊芋乙醇发酵的影响，通过实验确定了发酵时间以及比较了灭菌和不灭菌对最后产乙醇的影响。

通过以上实验，南京农业大学海洋科学及其能源生物资源研究所菊芋研究小组得出以下结论：

菊粉原料的糊化温度较淀粉质原料低，菊粉的糊化温度为 40～55℃，在这个温度范围内糊化 30 min，有利于菊芋粉的后续酸解。

不同粉碎度的菊芋对糊化的影响较大，原料中的颗粒外泄程度越高，其吸水膨胀的速度越快，粉状原料所需的温度越低，预煮时间也越短。同时，原料细胞中淀粉颗粒外泄的程度取决于原料的粉碎细度。所以原料水处理时糊化的情况是与其粉碎细度密切相关的。粉碎度越细，糊化开始的时间越短，达到糊化的温度越低。在工业生产中不应片面追求过高的碎粉细度，虽然粉碎度越高（细度越细）糊化温度越低，但是由于粉碎电耗剧增，综合能耗不一定合算。因此，选择 40 目的菊粉原料为宜。

菊芋粉比普通淀粉糊化温度低，即菊芋的糊化温度较低，相比其他淀粉原料可以节约能耗，利于工业化生产。该研究为菊芋原料无蒸煮工艺提供理论基础，为菊芋乙醇发酵工艺提供强大的理论支持。菊粉质原料代替淀粉质原料用于乙醇发酵具有良好的前景。

菊芋酸水解最佳条件：温度在 80℃下，40 目的菊芋粉按 1∶8（质量比）调浆，加浓硫酸 2.5%（体积分数）在 60 min 内 DE 值达到 66.66%，菊芋粉的转化率达到 94.86%，基本糖化。

在实验过程中对原材料进行灭菌后的发酵效果要优于没有灭菌的发酵效果。

通过单因素实验对能源菊芋产乙醇的条件进行了优化，结果表明：酵母活化液的接种量为 8%（质量分数），料水比为 1∶8，发酵初始 pH 为 5.0，发酵温度为 36℃，发酵时间为 36 h。在此条件下发酵后的醪液中乙醇含量可达 11.5%（体积分数）以上，残糖含量为 2 g/L。

综上所述，能源菊芋发酵生产乙醇的工艺路线是：菊芋切片粉碎烘干，过 40 目筛然后在常压下 55℃糊化 30 min，按 1∶8（质量比）调浆，加浓硫酸 2.5%（体积分数）在 55℃保温 60 min，然后调 pH 为 5.0，121℃灭菌 15 min，酵母活化液的接种量为 8%（质量分数），发酵温度为 36℃，发酵时间为 36 h。在此条件下发酵后的醪液中乙醇含量可达 11.5%（体积分数）以上，残糖含量为 2 g/L。

11.1.4　菊芋块茎酒曲同步糖化发酵乙醇的研究

用曲酿酒是中国酿酒的特色，在世界酿酒史上独树一帜，是我国的一项伟大发明。我国用曲酿酒已经有几千年的历史，历代劳动人民传承下来的酒曲蕴含着丰富的微生物资源。传统的制曲是多种微生物进入曲料竞争生存，能适应制曲环境的保存下来并生长繁殖，在此过程中积累了丰富的代谢产物和种类繁多的酶系[168]。随着科学技术与酿酒业的发展，对酒曲的研究也如火如荼[169,170]。

19 世纪末，法国人卡尔迈特从我国的酒曲中分离出糖化力强的霉菌，应用在乙醇生产上，号称“阿米诺法”，突破了当地生产乙醇只能用麦芽的状况。目前，我国对酒曲的研究主要集中在地方酒曲中微生物的分离和鉴定方面[169,171]。王丽等从汾酒厂的酒醅、酒糟、曲粉和曲块中，分离纯化出一株高产高温蛋白酶芽孢杆菌菌株，55℃时测得的蛋白酶活力高达 708.33 U/mL[172]。喻凤香等从酒曲中分离纯化得到具有低聚糖酶产生能力且产糖化酶和液化酶活力均高于传统的 Q303 的一株根霉[173]。刘秀等从茅台酒曲中分离到一株红曲霉 M1，该菌株可以产生淀粉酶、蛋白酶、纤维素酶、脂肪酶和酯酶，并且具有生产红曲色素、洛伐他汀（lovastatin）、麦角固醇和乙醇的能力[174]。另外，有些研究通过 16S rDNA 序列分析、诱变等方法选育新菌种，同时也采用了许多技术手段对酒曲微生物进行深化研究，如基因工程、细胞工程、发酵工程、酶工程、代谢工程和蛋白质工程[175]。

由此可以看出，充分利用优良酒曲中的微生物，有利于对新原料进行发酵的研究。目前的酒曲多用于发酵淀粉质原料，鉴于酒曲拥有丰富稳定的发酵菌种与酶系并且菊芋糊化温度较淀粉质原料低的特性[176]，研究小组选取菊芋作为发酵原料、酒曲作为发酵动力进行研究，以期在众多的酒曲资源中，选取一种最适合用于菊芋发酵的酒曲，为整个菊芋乙醇发酵提供理论依据与技术支撑。

1. 菊芋发酵乙醇酒曲的筛选

本部分主要介绍南京农业大学海洋科学及其能源生物资源研究所菊芋研究小组菊芋发酵乙醇酒曲的筛选过程及结果。

1）菊芋发酵乙醇酒曲的筛选研究方法

菊芋：2009 年 10 月采摘于南京农业大学海洋 863 江苏大丰试验基地。

安琪甜酒曲：安琪酵母股份有限公司。

安琪酿酒曲：安琪酵母股份有限公司。

欣马酒曲：山东欣马酒业有限公司。

工艺流程：菊芋→100℃杀酶 5 min→切片烘干→粉碎→菊芋粉→调浆→灭菌→加入酒曲→发酵。

菊芋浆的制取：准确称量 10 g 菊芋粉，加入 80 mL 去离子水，调浆，放入灭菌锅 105℃下灭菌 20 min。

酒曲的活化：取各酒曲，分别准确称量 3 g，加 100 mL 去离子水，装入 150 mL 锥形瓶中，于 37℃下恒温培养 20 min。

乙醇发酵：将灭菌后的菊芋浆冷却，分别取各酒曲活化后的菌悬液 1 mL 加入其中，即酒曲加入量为菊芋干粉的 0.3%。

发酵液还原糖的测定：取 10 mL 发酵液，加入 10 mL 去离子水，12000 r/min 离心 20 min，取 1 mL 上清液，采用 DNS 法测定其中还原糖浓度，将测定出的还原糖浓度放大相应倍数即发酵液还原糖浓度。

酒精度测定：取 10 mL 发酵液，加入 10 mL 去离子水，12000 r/min 离心 20 min，取上清液，过水系 Φ13 mm×0.45 μm 微孔滤膜。以分析纯乙醇为内标物，采用 Agilent 7890A GC 测定其乙醇含量。

气相色谱操作条件如下。

色谱柱：HP-FFAP（30 m×0.320 mm×0.25 μm）。

氢火焰离子检测器（FID）。

载气：氮气，流速为 1.5 mL/min，分流比为 1∶50。

氢气：流速为 30 mL/min。

空气：流速为 300 mL/min。

柱温的设定：起始柱温为 80℃，保持 5 min，后以 5℃/min 程序升温至 200℃。

检测器温度：200℃。

进样口温度：200℃。

压力：2.4 kPa。

进样量：0.2 μL。

发酵力测定：在 250 mL 锥形瓶中装入 150 mL 乙醇发酵培养基，以菊芋粉的 0.5% 接种量接入酒曲，塞入发酵栓，30℃下厌氧发酵。每 24 h 测定发酵瓶质量，以 0 h 发酵瓶质量为对照，计算发酵后 7 d 的质量变化，即发酵过程中 CO_2 的生成量。

菊芋粉的成分分析：由表 11-24 可知，菊芋全粉成分主要包括糖类化合物、粗纤维、全氮、灰分，其中总糖的质量分数为 65.72%，还原糖质量分数为 6.35%。因此，直接利用菊芋粉发酵产乙醇是可行的。此外，菊芋全粉中还含有一定量的蛋白质和灰分，不需添加氮源和无机盐，可以降低乙醇发酵的成本。

表 11-24　菊芋粉的组成成分

组成成分	水分	总糖	还原糖
质量分数/%	4.52	65.72	6.35

2）不同酒曲对菊芋发酵乙醇的效应

如图 11-90 所示，在发酵过程中，欣马酒曲重复间发酵液状态差异显著（图 11-90C），安琪甜酒曲（图 11-90A）和安琪酿酒曲（图 11-90B）重复间发酵液状态差异不显著。并且个别欣马酒曲发酵液在发酵第 3 天出现乙酸的味道，在发酵生产乙醇的过程中出现了副产物乙酸，影响了乙醇的产率与质量。

A 安琪甜酒曲

B 安琪酿酒曲

C 欣马酒曲

图 11-90　不同酒曲发酵液的比较

结合表 11-25 分析得出，欣马酒曲中含有根霉、酵母菌以及多种细菌，微生物比较复杂，发酵过程不易控制。而安琪甜酒曲中只有根霉，安琪酿酒曲中只有根霉和酵母菌，微生物相对单纯，发酵过程易于控制。因此，添加了安琪甜酒曲和安琪酿酒曲的实验组发酵过程平缓、发酵状态正常，而添加了欣马酒曲的实验组出现较大差别。

表 11-25　安琪甜酒曲、安琪酿酒曲、欣马酒曲的组分分析

指标	安琪甜酒曲	安琪酿酒曲	欣马酒曲
微生物种类	根霉	根霉、酵母菌	根霉、酵母菌、多种细菌
酒精度/%	4.3	5.5	4.4

另外，由表 11-25 看出，添加安琪甜酒曲、安琪酿酒曲和欣马酒曲发酵后，发酵液乙醇含量（体积分数）分别达到 4.3%、5.5%和 4.4%，添加安琪酿酒曲的发酵液酒精度高于添加其他两种酒曲的。所以，从发酵结果来看，与其他两种酒曲相比，安琪酿酒曲更适于菊芋发酵。

3）三种酒曲的发酵曲线

如图 11-91 所示，从三条曲线的整体趋势可以看出，发酵过程中，安琪酿酒曲的 CO_2 失重质量始终高于安琪甜酒曲和欣马酒曲。根据反应式 $C_6H_{12}O_6 + H_2O =\!=\!= 2C_2H_5OH + 2CO_2 + H_2O$ 可知，失重质量（CO_2 生成量）越多，则乙醇生成量越多。因此，安琪酿酒曲发酵的乙醇含量始终高于安琪甜酒曲和欣马酒曲，这也正与表 11-25 所得结论相一致。

从三条曲线的变化趋势可以看出，随着时间的推移，安琪酿酒曲在第 1 天 CO_2 失重质量为 6.5 g，发酵第 3 天后，CO_2 失重质量不再发生变化；而安琪甜酒曲和欣马酒曲在发酵第 1 天时 CO_2 失重质量分别为 0.5 g 和 1 g，CO_2 失重质量在 7 d 内都有变化。因此，安琪酿酒曲的发酵活动主要集中在发酵前 3 d，产乙醇的速度和效率均明显高于安琪甜酒曲和欣马酒曲，有利于防止杂菌繁殖和缩短乙醇生产周期，具备优良发酵乙醇曲种的特性。

2. 菊芋安琪酿酒曲发酵乙醇的研究

本部分主要介绍南京农业大学海洋科学及其能源生物资源研究所菊芋研究小组对菊芋安琪酿酒曲发酵乙醇的筛选过程及结果。

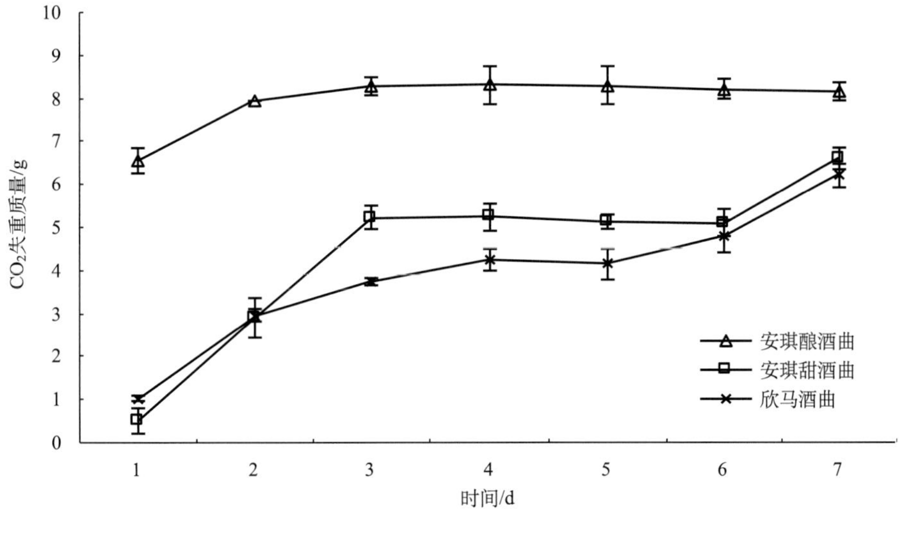

图 11-91　三种酒曲的发酵曲线

1）安琪酿酒曲发酵乙醇含量的变化

从图 11-92 可以看出，使用安琪酿酒曲进行发酵，发酵前 3 d 乙醇含量逐渐升高，在第 3 天时达到最大值，发酵 3 d 以后乙醇含量不再升高，与发酵第 3 天乙醇含量相比较，乙醇含量明显减少，随着发酵时间的推移，乙醇含量变化趋势不再发生明显改变。这表明，安琪酿酒曲的发酵主要在前 3 d，且在条件没有优化的情况下，发酵 3 d 时酒精度超过 5%。

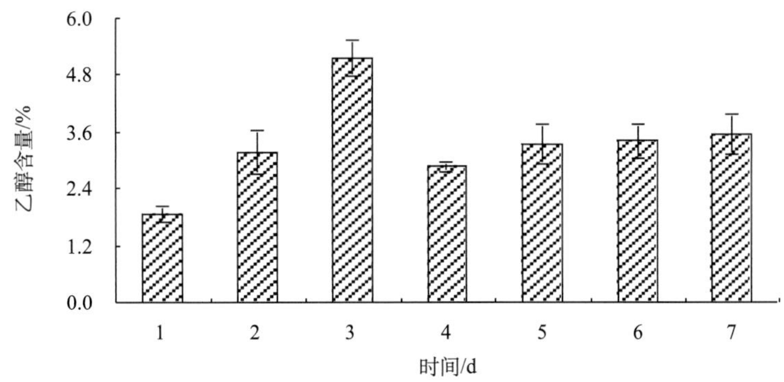

图 11-92　安琪酿酒曲菊芋发酵乙醇过程中乙醇含量的变化

2）安琪酿酒曲菊芋发酵乙醇中还原糖含量的变化

从图 11-93 可以看出，与发酵前相比，使用安琪酿酒曲进行发酵，发酵第 1 天时，还原糖含量显著降低，减幅为 37%。在整个发酵过程中还原糖含量并不是持续下降，而是基本维持在一个相对稳定的范围。这是因为，安琪酿酒曲中根霉和酵母菌协同作用，在发酵过程中糖化作用与发酵同步协调进行，继续将菊芋中大分子糖分解成还原糖以供发酵使用。因此，以菊芋为原料，利用安琪酿酒曲一步法发酵乙醇具有可行性。

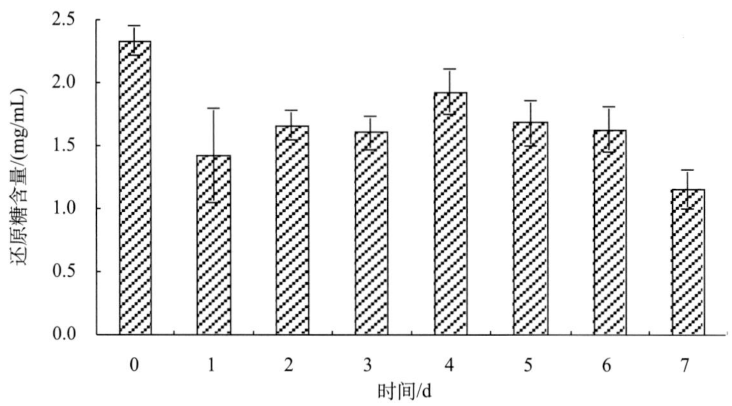

图 11-93　安琪酿酒曲菊芋发酵乙醇过程中还原糖含量的变化

3）安琪酿酒曲菊芋发酵乙醇过程中 pH 的变化

由图 11-94 可知，安琪酿酒曲发酵液初始 pH 为 6.35，发酵 1 d 后 pH 降至 4.82，3 d 后 pH 降至 4.48，随着发酵时间的继续延长，pH 趋于恒定。由于安琪酿酒曲的主要菌种为根霉和酵母菌，发酵过程中 pH 始终维持在这两种菌种的最适 pH 范围内，有利于后期发酵的顺利进行。

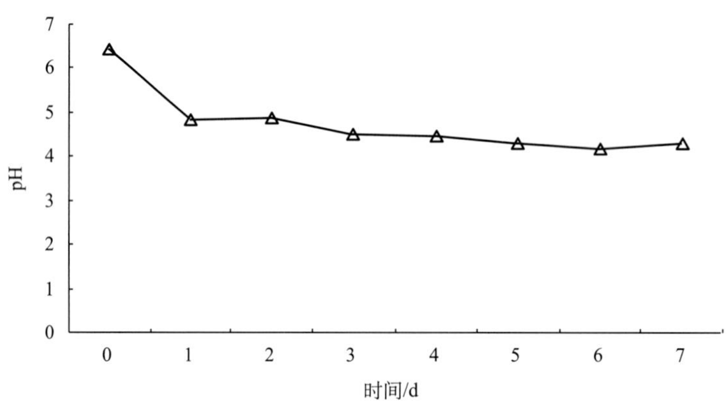

图 11-94　pH 随菊芋发酵乙醇时间的变化曲线

由于实验供试菊芋块茎采挖过早，糖类物质尚未充分在菊芋块茎中累积，最初大量存在于茎叶中的果聚糖会在菊芋生长周期的后期转移到块茎中。对实验原料的分析显示，本批原料菊芋粉总糖的质量分数为 65.72%，还原糖质量分数为 6.35%。在李俊俊的文章中，测定菊粉总糖含量为 77.53%。而本批原料糖量明显低于其中含糖量。但作为择优实验，只将三种酒曲对该原料的发酵效果进行比较。

通过发酵，添加了安琪甜酒曲、安琪酿酒曲和欣马酒曲的发酵液，乙醇含量分别达到 4.3%、5.5%和 4.4%，说明三种酒曲中都有利用菊芋中成分生产乙醇的能力。

通过比较三种酒曲的发酵结果，发现当使用安琪酿酒曲时，发酵状态稳定，发酵结果正常，且发酵液乙醇含量最高，因此，三种酒曲中安琪酿酒曲最适合用于菊芋块茎中糖类物质转化为乙醇的发酵。

结合酒曲分析实验可知，安琪酿酒曲微生物相对单纯，因此发酵过程易于控制。整个发酵过程乙醇的生成量变化，可从 CO_2 失重质量上推算。如图 11-91 所示，CO_2 失重质量的最大值出现在第 3 天，与图 11-92 乙醇含量的最大值相吻合。然而，当第 3 天乙醇含量最大时，发酵中的残还原糖含量并未达到最小，而是在发酵第 1 天时，还原糖含量显著降低，减幅为 37%，在以后的几天中还原糖含量并不是持续下降，而是基本维持在一个相对稳定的范围。这是因为，酒曲中所含的酶制剂可将原料糖化发酵成乙醇[177]。安琪酿酒曲中根霉和酵母菌协同作用，在发酵过程中糖化作用与发酵同步协调进行，继续将菊芋中大分子糖分解成还原糖以供发酵使用。并且由图 11-94 可知，由于发酵过程中 pH 始终维持在 4.5～6.5，在适宜根霉和酵母菌生长的 pH 范围内，有利于发酵的顺利进行。两类微生物协同作用，使糖化与发酵同步进行。

因此，安琪酿酒曲具备发酵菊芋生产乙醇的潜力，且在三种酒曲中最为适用。

3. 安琪酿酒曲菊芋块茎乙醇发酵条件的优化

国内外学者先后报道了各种以菊粉为原料生产乙醇的工艺技术。其中包括先酸解或用黑曲霉等微生物产生的酶水解菊粉中的菊粉，再利用酿酒酵母菌发酵使其生成乙醇，或者进行菊粉酶产生酵母菌与酿酒酵母菌的混合培养，混菌发酵生产乙醇。

与这些工艺相比，利用酒曲发酵菊芋粉生成乙醇，可降低过程成本，而且糖化与发酵同时进行，可以防止因菊粉降解物糖的积累而抑制菊粉酶生成和乙醇发酵的现象[178]，有利于维持较高的乙醇生产强度，因而具有良好的工业化应用前景。

近年来酶法水解菊粉的研究很多[179]，研究结果普遍表明该酶的最适催化 pH 为 3.5～5.5，最适温度为 45～55℃，超过 60℃酶将很快失活。在发酵生产中，虽然菌种的产酶性能是决定产量的重要因素，但其培养条件对产酶的影响也不容忽视。

因此，在选定酒曲的情况下，料液比、发酵时间、发酵温度、酒曲添加量、pH 等对产酶也有影响，进而影响到发酵的效率与生产成本，因而研究小组进行了发酵条件优化的研究。

1）安琪酿酒曲菊芋块茎乙醇发酵条件的优化实验方法

菊芋：2009 年 11 月采收于南京农业大学海洋 863 江苏大丰试验基地。

安琪酿酒曲：安琪酵母股份有限公司。

工艺流程：菊芋→100℃杀酶 5 min→切片烘干→粉碎→菊芋粉→调浆→灭菌→加入酒曲→发酵。

菊芋浆的制取、灭菌以及酒曲的活化等操作同前。

粉碎度对安琪酿酒曲菊芋块茎乙醇发酵的影响：将菊芋粉分别过 20 目、40 目、60 目、80 目筛后，各称取 50 g，加入 200 mL 去离子水，调浆后灭菌，冷却至接近室温后加曲液 3 mL，自然 pH，30℃发酵。第 3 天取样测定乙醇含量。

灭菌与否对安琪酿酒曲菊芋块茎乙醇发酵的影响：称取过 40 目筛的菊粉 50 g，加入 200 mL 去离子水，调浆后，一组直接加曲液 5 mL；另一组灭菌，冷却至室温后加曲液 3 mL，自然 pH，30℃发酵。第 3 天取样测定乙醇含量。

初始 pH 对安琪酿酒曲菊芋块茎乙醇发酵的影响：称取过 40 目筛的菊粉 50 g，加入

200 mL 去离子水，调浆后灭菌，冷却后加曲液 3 mL，初始 pH 分别设定为 4.5、5.0、5.5（自然）、6.0、6.5，30℃发酵。第 3 天取样测定乙醇含量和 pH。

酒曲添加量对安琪酿酒曲菊芋块茎乙醇发酵的影响：准确称取过 40 目筛的菊粉 50 g，加入 200 mL 去离子水，调浆后灭菌，冷却后分别加曲液 2.0 mL（菊芋粉的 0.20%）、2.5 mL（菊芋粉的 0.25%）、3.0 mL（菊芋粉的 0.30%）、3.5 mL（菊芋粉的 0.35%）、4.0 mL（菊芋粉的 0.40%），自然 pH 下 30℃发酵。第 3 天测定乙醇含量和还原糖含量。

料液比对安琪酿酒曲菊芋块茎乙醇发酵的影响：称取过 40 目筛的菊粉 50 g，分别按料液比 1∶4、1∶5、1∶6、1∶7 和 1∶8 调浆后灭菌，冷却后分别加曲液 3 mL，自然 pH 下分别于 30℃下发酵。每 24 h 测定乙醇含量和还原糖含量。

发酵温度对安琪酿酒曲菊芋块茎乙醇发酵的影响：称取过 40 目筛的菊粉 50 g，加入 200 mL 去离子水，调浆后灭菌，冷却后分别加曲液 3 mL，自然 pH 下分别于 28℃、32℃、36℃、40℃下发酵。每 24 h 测定乙醇含量。

发酵时间对安琪酿酒曲菊芋块茎乙醇发酵的影响：称取过 40 目筛的菊粉 50 g，加入 200 mL 去离子水，调浆后灭菌，冷却后分别加曲液 3 mL，自然 pH 于 32℃发酵，分别于 12 h、24 h、36 h、48 h、60 h、72 h、84 h、96 h 和 108 h 取样，测定乙醇含量。

正交实验的设计：通过单因素实验，得到对发酵影响较大的几个因素，设计正交实验，筛选最佳发酵条件（表 11-26）。

表 11-26　正交实验的设计

序号	A	B	C	D
1	1∶4	0.25	30	48
2	1∶5	0.30	32	60
3	1∶6	0.35	34	72

注：A 为料液比；B 为酒曲添加量（g/g）；C 为发酵温度（℃）；D 为发酵时间（h）。

菊芋粉的成分分析：由表 11-27 可知，菊芋全粉的成分主要包括糖类化合物、粗纤维、全氮、灰分，本次原料中总糖的质量分数为 42.25%，还原糖质量分数为 6.11%。结合表 11-24 可知，与前一节酒曲筛选实验中的菊芋相比较，本批原料还原糖含量基本一致，但总糖含量却较前一节酒曲筛选实验中的菊芋原料低 35.71%。由于两次菊芋品种一致，只有收获时间不同，所以推测，10 月第一次采摘时，菊芋块茎虽已成形，但糖分尚在积累中，并未完全成熟。因此，在选择发酵原料时，一定要根据菊芋的品种，确定菊芋成熟的时间进行收获，以确保原料品质，有充足的糖类物质供发酵生成乙醇。为了提高发酵质量，避免杂菌污染，一定要选取成熟、未腐烂的菊芋作为发酵原料。

表 11-27　菊芋粉的组成成分

组成成分	湿度	总糖	还原糖
质量分数/%	5.01	42.25	6.11

2）粉碎度对安琪酿酒曲菊芋块茎乙醇发酵的影响

如表 11-28 所示，过 20 目、40 目、60 目、80 目、100 目筛的菊粉原料，发酵 3 d 后所得酒精度分别为 8.9%、11.2%、11.7%、12.1%、12.2%，乙醇产率分别为 28.1%、35.4%、37.0%、38.2%、38.5%。可以看出，菊粉颗粒越细，作为发酵原料发酵得到的乙醇含量越高。过 20 目筛的菊粉作发酵原料时，发酵所得乙醇含量明显低于其他 4 种，而过 40 目、60 目、80 目和 100 目筛时没有特别大的差异。这是因为菊芋遇水极易吸胀，在相同的料水比下，作为原料的菊芋粉颗粒越细，粉碎度越大，则物料越易流动，黏度越低，越有利于后续反应中与酶充分接触。而过 20 目筛的菊粉颗粒过粗，作为发酵原料时，灭菌阶段极易产生糊底现象，既损耗了原料，又浪费了能源，还容易产生危险。

因此，在理想情况下，粉碎度越高，菊芋粉越细，越利于发酵。但是，粉碎度高，粉碎能耗就大，考虑到节能问题，选用过 40 目筛的菊粉作为发酵原料最为合适。

表 11-28　菊芋粒度对乙醇发酵的影响

粒度	酒精度/%	乙醇产率/%
20 目	8.9	28.1
40 目	11.2	35.4
60 目	11.7	37.0
80 目	12.1	38.2
100 目	12.2	38.5

3）灭菌与否对安琪酿酒曲菊芋块茎乙醇发酵的影响

如表 11-29 所示，灭菌后发酵所得乙醇含量为 10.8%，乙醇产率可达 34.1%；而未作灭菌处理组乙醇含量仅为 6.2%，乙醇产率为 19.6%，可以看出灭菌后发酵效果显著优于未灭菌直接发酵的效果。除此之外，在取样过程中，未灭菌组的发酵液有酸败、腐臭的味道。其原因一方面在于，未灭菌的发酵培养基中含有大量杂菌，既抑制了有用菌种的生长，又消耗了发酵底物，并产生具有抑制作用的代谢产物[180]；另一方面，测定数据显示，糊化而不灭菌的情况下，发酵母液还原糖含量为 2.90%，而经过灭菌省去糊化阶段的发酵母液还原糖含量可达 5.04%。由此可见，高温灭菌过程有利于菊芋粉的进一步水解，可使原料处理和培养基灭菌同时进行，水解液单糖浓度高，利于微生物发酵，菌体生长快，目标产物产量高，有利于后续反应的进行，高效地利用了菊芋原料进行发酵生产乙醇。因此，在添加酒曲之前应先将菊芋浆进行灭菌。

表 11-29　灭菌与未灭菌对安琪酿酒曲菊芋块茎乙醇发酵的影响

灭菌情况	酒精度/%	乙醇产率/%
灭菌	10.8	34.1
未灭菌	6.2	19.6

4）初始 pH 对安琪酿酒曲菊芋块茎乙醇发酵的影响

由表 11-30 可知，当发酵初始 pH 为 5.5（自然）时，酒精度和乙醇产率均达到最大值。初始 pH 过大或过小，酒精度均有所下降。这是因为发酵过程中 pH 偏酸性可以达到“以酸制酸”的目的，抑制产酸菌的污染。pH 偏中性，易感染产酸菌，产酸菌产酸会消耗底物，降低乙醇产率。另外，pH 过小或过大都会降低酒曲中微生物的活性，不利于对菊芋粉的分解作用。从表 11-30 中还可看出，酒精度最大发酵的最终 pH 为 5.55。这是因为，酒曲中对菊芋发酵产生乙醇起主要作用的是酵母菌和根霉菌，而它们的最适 pH 也恰恰为 4.5～6.0。因此，通过此实验确定发酵的最适 pH 为 5.5，即自然 pH。

表 11-30　初始 pH 对安琪酿酒曲菊芋块茎乙醇发酵的影响

初始 pH	终止 pH	酒精度/%	乙醇产率/%
4.5	4.57	9.8	31.0
5.0	4.77	11.2	35.4
5.5	5.55	11.6	36.6
6.0	5.72	10.5	33.1
6.5	5.70	8.6	27.1

5）料液比对安琪酿酒曲菊芋块茎乙醇发酵的影响

结合相关文献及预试验结果，加曲液 3 mL，在自然 pH 下于 30℃发酵 3 d，设定料液比梯度为 1∶4、1∶5、1∶6、1∶7、1∶8。

由表 11-31 可知，随着料液比的增大，发酵液中还原糖含量减少，酒精度明显下降，乙醇产率整体也呈下降趋势。当料水比为 1∶4 时，酒精度和乙醇产率均达到最大值，分别为 10.7%和 33.8%。

表 11-31　料液比对安琪酿酒曲菊芋块茎乙醇发酵的影响

料液比	酒精度/%	还原糖含量/（g/100 mL）	乙醇产率/%
1∶4	10.7	0.477	33.8
1∶5	7.2	0.333	28.4
1∶6	5.9	0.242	27.9
1∶7	5.1	0.201	28.2
1∶8	4.4	0.200	27.8

由图 11-95 可知，当料液比为 1∶4 和 1∶5 时，乙醇含量最高值出现在第 3 天，而随着醪液浓度的降低，当料液比为 1∶6、1∶7 和 1∶8 时，乙醇含量最高值在第 2 天出现。这是因为酒曲中微生物的作用与醪液浓度和其自身浓度有一定关系，在一定范围内，酶反应速度随醪液浓度增加而呈正比例增大。但当醪液浓度增加到一定程度达到一定值时，反应速度便停止增大，超过时，酶活力反而下降。同时，酶自身浓度在一定范围以内时，浓度高，生成物也多，但这并非完全呈正比关系。当酶浓度达到一定限度以上时，反应速度也呈一定值而变化极小。因此在适合的醪液浓度和酶液浓度下，乙醇含量最高，

乙醇产率也最高。结合前面实验结果，确定 1∶4 为发酵产乙醇的最佳料液比。

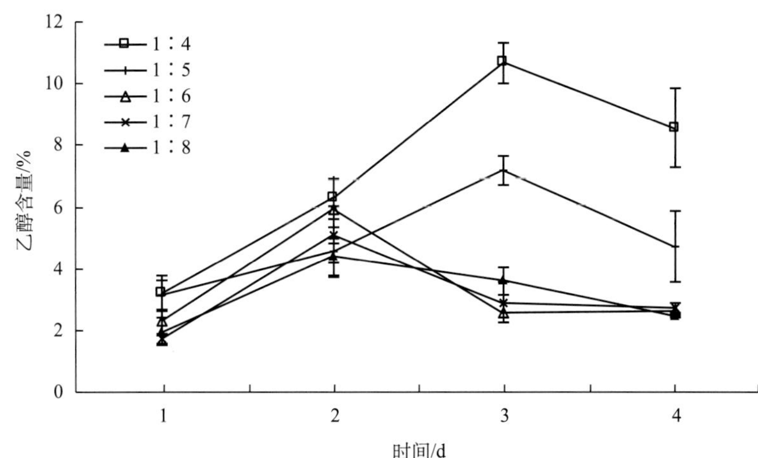

图 11-95　料液比对安琪酿酒曲菊芋块茎乙醇发酵的影响

6）酒曲添加量对安琪酿酒曲菊芋块茎乙醇发酵的影响

设定料液比为 1∶4，在自然 pH 下 30℃发酵 3 d。由表 11-32 可知，随着曲液添加量的增加，乙醇产率先升高，当曲液添加量为 3.0 mL 时（相当于菊芋粉质量的 0.3%），酒精度和乙醇产率均达到最大值，此后随着曲液添加量的增加，酒精度和乙醇产率略有下降。这是因为，曲液添加量过少时，糖化力和发酵力不足，不能充分分解底物；曲液添加量过多时，底物不足，微生物处于饥饿状态，就有可能把发酵产物乙醇作为碳源，使之转化为酸。另外，考虑到减少酒曲的用量可以降低工业成本，在酒精度相近的情况下宜取较少添加量。因此，确定曲液的最适添加量为 3 mL，即酒曲的添加量为发酵用菊芋干粉的 0.3%。

表 11-32　酒曲添加量对安琪酿酒曲菊芋块茎乙醇发酵的影响

曲液体积/mL	酒精度/%	乙醇产率/%
2.0	9.6	30.3
2.5	10.2	32.2
3.0	10.9	34.4
3.5	10.7	33.8
4.0	10.2	32.2

7）发酵温度对安琪酿酒曲菊芋块茎乙醇发酵的影响

发酵温度影响到酒曲中各种微生物的作用效果和繁殖速度。调浆使料液比为 1∶4，摇床培养，设定温度为 28℃、32℃、36℃、40℃。

由图 11-96 可知，当发酵温度为 28℃、32℃和 36℃时，乙醇含量于发酵第 3 天达到最大值，分别为 10.1%、11.4%和 9.8%；而当发酵温度为 40℃时，乙醇含量最高值出现在第 2 天。这是因为随发酵温度的升高，酵母热耐受性降低，虽然起始发酵迅速，较早达到乙醇含量最高值，但随着发酵时间的延长，酵母死亡率增加，导致后发酵几乎停止，水解产生的可发酵性糖利用不完全，使得乙醇含量下降。并且因为发酵迅速，过程不易控制，试验过程中，发酵第 3 天，发酵温度设为 40℃的发酵液出现了乙酸味。因此，通过此实验，确定发酵的最适温度为 32℃。

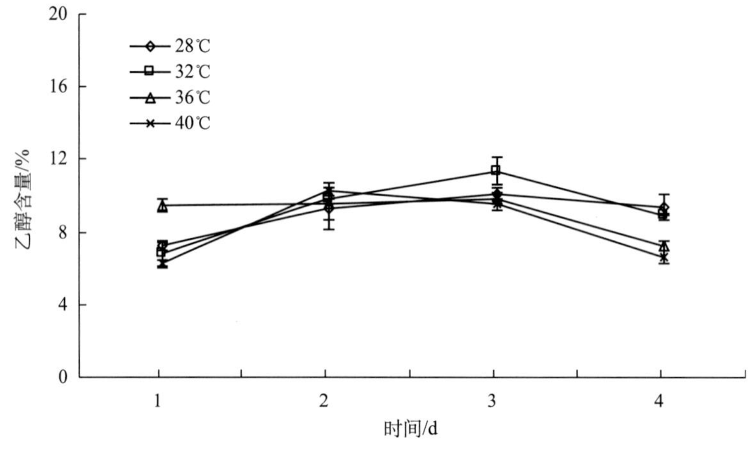

图 11-96　温度对安琪酿酒曲菊芋块茎乙醇发酵的影响

8）发酵时间对安琪酿酒曲菊芋块茎乙醇发酵的影响

发酵时间影响到发酵产物的质量，以及原料和设备的利用率。料液比 1∶4，在 32℃下摇床培养，发酵时间分别设定为 12 h、24 h、36 h、48 h、60 h、72 h、84 h、96 h 和 108 h。

由图 11-97 可知，在上述条件下，随着发酵时间的延长，乙醇含量先增加后减少，并在发酵 60 h 时达到最高值（12.1%）。这说明随着发酵时间的延长，酵母菌利用的可发酵性糖越来越少，在极度匮乏的条件下，酵母菌有可能利用已生成的乙醇为原料来维持其生存，将乙醇转化为酸等物质，最终导致酒精度随发酵时间的延长而下降。因此，通过此实验确定发酵的最佳时间为 60 h。

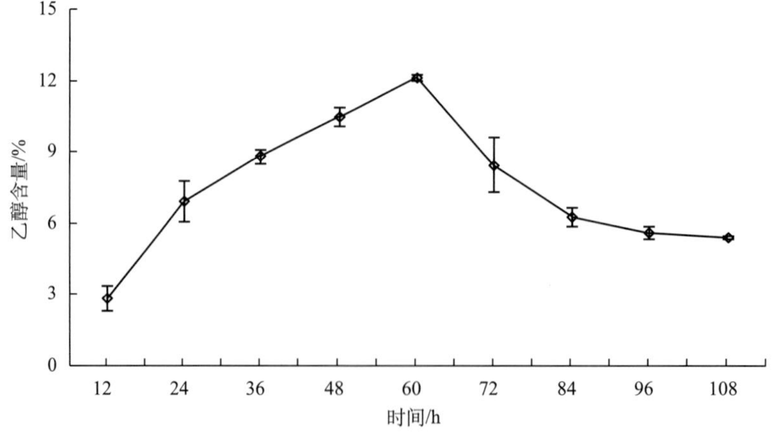

图 11-97　发酵时间对安琪酿酒曲菊芋块茎乙醇发酵的影响

9）正交实验

由以上单因素发酵实验可知，料水比（A）、酒曲添加量（B）、发酵温度（C）、发酵时间（D）对菊芋粉发酵产乙醇影响较大，故使用过 40 目筛的菊芋粉，采用 $L_9(3^4)$ 正交表对料液比、酒曲添加量、发酵温度、发酵时间进行优化实验，以确定最佳的发酵条件。

由表 11-33 可知，料液比、酒曲添加量、发酵温度、发酵时间对酒精度影响的主要顺序为：A>C>D>B，即料液比>发酵温度>发酵时间>酒曲添加量。

表 11-33　正交实验结果

实验号	A	B	C	D	酒精度/%	乙醇产率/%
1	1	1	1	1	11.4	36.0
2	1	2	2	2	12.7	40.1
3	1	3	3	3	10.9	34.4
4	2	1	2	3	8.2	32.4
5	2	2	3	1	7.7	30.4
6	2	3	1	2	8.6	34.0
7	3	1	3	2	5.9	27.9
8	3	2	1	3	6.4	30.3
9	3	3	2	1	6.3	29.8
均值 1	11.67	8.50	8.80	8.47		
均值 2	8.17	8.93	9.07	9.07		
均值 3	6.20	8.60	8.17	8.50		
极差	5.47	0.43	0.90	0.60		

通过方差分析得到 A1B2C2D2 为最佳工艺条件，即自然 pH，料液比 1∶4，酒曲添加量为菊芋干粉的 0.3%，32℃发酵 60 h 时，发酵达到最佳工艺条件，酒精度可达 12.7%，乙醇产率为 40.1%。

同一菊芋品种，不同时期采摘，菊芋块茎总糖含量差异很大，分别为 42.25%和 65.72%，进一步验证了最初大量存在于茎叶中的果聚糖会在菊芋生长周期的后期转移到块茎中。因此，作为发酵原料的菊芋一定要在成熟期采摘以保证发酵底物的充足。

李杰的文章中提到，粉碎度越高，越有利于菊芋粉的水解，利于后期发酵[176]，研究小组在此基础上，对不同粉碎度的菊芋粉进行发酵实验比对，结果显示，粉碎度越高，菊芋粉越细，发酵所得酒精度越高，得出相同结论。但考虑到生产成本，粉碎度越高，耗能越多，生产成本越高。因此结合实际情况确定最利于生产的最佳粉碎度定为过 40 目筛。

李俊俊利用复合酶对菊芋进行发酵，确定最佳工业条件为：料水比为 1∶4.5（m/V），复合酶添加量 0.2%，发酵温度 36℃，酵母液用量为 6 mL，发酵 pH 为 5.0，发酵时间为 24 h。在此工艺条件下乙醇浓度可达 10.8%，乙醇产率达 34.1%[138]。与上述实验结果相比对，该实验利用酒曲对菊芋进行发酵，确定最佳工艺条件为：自然 pH（5.5），料液比

1∶4，酒曲添加量为菊芋干粉的 0.3%，32℃发酵 60 h。发酵达到最佳工艺条件，乙醇浓度可达 12.7%，乙醇产率为 40.1%，达到理论转化率的 85%～91%。由于发酵原料不同，糖化及发酵作用微生物不同，所得结论也不同。但通过对发酵产物乙醇含量和乙醇产率的比较发现，通过优化后的条件利用酒曲对菊芋进行发酵，发酵效果优于大多数其他方法。因此，将酒曲应用于菊芋发酵具备进一步研究的价值。

目前的乙醇生产大多以淀粉质作物为原料。20 世纪 80 年代初，日本国立九州大学 Hayashida 和 Ohta 选育了一株耐高浓度乙醇酵母 W-Y-2，在人工合成培养基中，以蔗糖或淀粉糖化液为底物，在 3 d 内可产生 18.6%以上的乙醇[181]。我国“八五”期间开发的乙醇浓醪发酵技术，产乙醇浓度为 13%，而目前大部分工厂普遍采用的酿酒酵母菌种 1300 等菌株发酵产乙醇仅有 8%～9%。与上述数值相比较，本实验的数值，略低于淀粉质原料的实验室研究结果，但高于目前的工业生产数据。因菊芋具有生产成本优势，而酒曲又较实验室菌株更易管理与保藏，更易投入生产，因此，将酒曲应用于菊芋生产乙醇具有广阔的工业前景。

从南京农业大学海洋科学及其能源生物资源研究所菊芋研究小组整个实验来看，料液比对安琪酿酒曲菊芋块茎乙醇发酵的影响最为重要，其次为发酵温度和发酵时间。通过单因子及正交实验确定了利用酒曲发酵菊芋生产乙醇的最佳工艺条件，即自然 pH，料液比 1∶4，酒曲添加量为菊芋干粉的 0.3%，32℃发酵 60 h。在此条件下，酒精度可达 12.7%，乙醇产率为 40.1%，理论转化率为 85%～91%，该数值略高于大多数利用菊芋发酵乙醇方法的乙醇产率。

从南京农业大学海洋科学及其能源生物资源研究所菊芋研究小组整个发酵过程来看，将酒曲应用于菊芋发酵生产乙醇，整个过程发酵比较平缓，易于调控；从发酵结果看，发酵液的颜色、气味、状态很正常，乙醇含量和乙醇产率均较高。充分说明了酒曲应用于菊芋发酵生产乙醇是可行的，并且充分利用了菊芋这一能源作物。如果该工艺进一步趋于成熟，在乙醇工业化生产中得以应用，将具有极其重要的现实意义。

11.1.5 菊粉乙醇发酵工程菌株的构建、同步糖化与发酵乙醇

能源是经济发展和人们日常生活不可缺少的基础，当代人类文明的发展是建立在以化石燃料利用为核心的工业化基础上的。但化石燃料所造成的环境污染日益严重，其储备量也在逐年锐减，联合国统计数据表明，世界石油储量只能维持到 2035 年，到 2060 年天然气也将消耗殆尽。能源资源问题已成为关系到国家安全和发展的全局性问题。因此，开发新能源成为应对能源危机的不二选择，而能以液态方式替代化石能源的，又非生物质能源莫属。目前，世界各国都在大力发展生物质能源。其中，应用范围最为广泛的就是生物质乙醇。

近年来，木质纤维素作为一种新兴的生物质乙醇生产的原料受到越来越多的关注。由于很多生物质废料如秸秆、玉米芯、工业废渣等的主要成分是木质纤维素，所以这种生产生物质乙醇的原料来源丰富，不与人畜争粮，很适合在中国这样的发展中国家使用。但是目前利用木质纤维素生产生物质乙醇的工艺还很不成熟，存在发酵时间长、乙醇产量低、纤维素原料利用率不高等缺陷。而针对纤维素的利用对酵母菌展开的代

谢工程改造又很困难，需要将多个基因同时转入酿酒酵母细胞中，表达这些基因的工程菌株同样存在纤维素原料利用率低、乙醇产量不高的缺陷。另外，木质纤维素中的木质素结构极其复杂，无法被任何微生物降解利用；而半纤维素水解产物中的五碳糖不能直接被酵母菌所利用，还需要对酵母菌进行复杂的代谢改造。因此，木质纤维素虽然在长期看来是一种适宜的生物质乙醇的原料，但目前来讲它的推广和应用还有很大的难度。

菊芋是很适宜的非粮作物来源的生产生物质乙醇的原料。菊粉作为一种储备碳水化合物存在于菊芋、菊苣、大丽花和菊薯等植物的根与茎中，这些植物的根和块茎的产量很大，干重中含有超过 70%的菊粉。菊粉是由 β-2,1-糖苷键连接的 D-呋喃果糖分子组成的链状大分子，在还原末端有一个葡萄糖残基以蔗糖型糖苷键连接。菊粉作为一种应用于高果糖浆生产、乙醇发酵和寡菊粉生产的可再生原料，近来受到越来越多的关注[19]。

菊粉酶可以水解菊粉为果糖和少量的葡萄糖，菊粉可作为乙醇发酵的原料。而使酿酒酵母获得一步发酵菊粉产乙醇的能力，也仅需将菊粉酶的单个基因在酿酒酵母中表达，通过这种简单的代谢工程改造就能够实现。另外，高浓度菊粉溶液的黏度非常低，适合进行高浓度乙醇发酵。国外从 20 世纪 80 年代开始了利用菊芋发酵生产乙醇的研究。但是发酵过程乙醇产率远远低于淀粉质原料乙醇发酵产率（90%以上）和发酵重点乙醇浓度 10%～12%的技术指标，且发酵速率慢、时间长，导致发酵罐设备生产强度很低。

南京农业大学海洋科学及其能源生物资源研究所菊芋研究小组在之前的研究中，从微紫青霉中克隆到了外切菊粉酶的基因，并在毕赤酵母中得到了高效的表达[52]。酿酒酵母（*Saccharomyces cerevisiae*）以其高效的产乙醇能力和较强的乙醇耐受性成为目前广泛使用的乙醇生产菌株。然而酿酒酵母只能部分利用菊粉，所以必须经过菊粉酶水解菊粉之后，该酵母才能转化菊粉水解液发酵生产高浓度乙醇。为了简化乙醇发酵工艺，如果这些乙醇酵母能直接转化菊粉生产葡萄糖和果糖，接着发酵生产高浓度乙醇，那么这种一步发酵工艺在燃料乙醇生产中具有非常重要的现实意义。所以南京农业大学海洋科学及其能源生物资源研究所菊芋研究小组把上述克隆到的菊粉酶基因转化到高产乙醇酵母菌中，并进行高效表达产生菊粉酶，然后利用这些重组酵母菌一步发酵菊粉生产高浓度乙醇，以便为解决目前能源危机创造关键的技术基础。

1. 发酵工程菌株同步糖化与发酵乙醇研究方法

菌株和质粒：酿酒酵母（*S. cerevisiae*）6525 由大连理工大学提供，具有良好的乙醇生产能力。

酿酒酵母（*S. cerevisiae*）BY4741（*MATa his3Δ1 leu2Δ met15Δ ura3Δ*），南京农业大学海洋科学及其能源生物资源研究所实验室保存。

酿酒酵母（*S. cerevisiae*）2805（*MATa pep4::HIS3 prb-D1.6R can1 his3-20 ura3-52*）由韩国 Eui-Sung Choi 教授惠赠。

pEASY-Blunt 克隆质粒，用于连接平末端的 cDNA，购于全式金公司。

pUG6 表达质粒，质粒图谱见图 11-98，质粒中包含 *Kan4MX* 基因，能够通过 G418 的抗性来筛选阳性克隆。

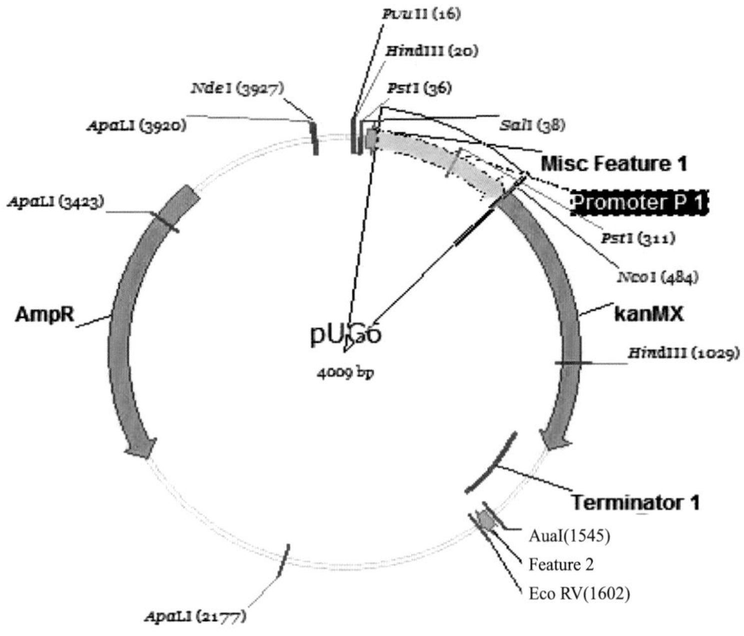

图 11-98　pUG6 质粒图谱

YCPlac33 表达质粒，质粒图谱见图 11-99，含有 *URA3* 基因，可以通过尿嘧啶的基因互补筛选阳性克隆。

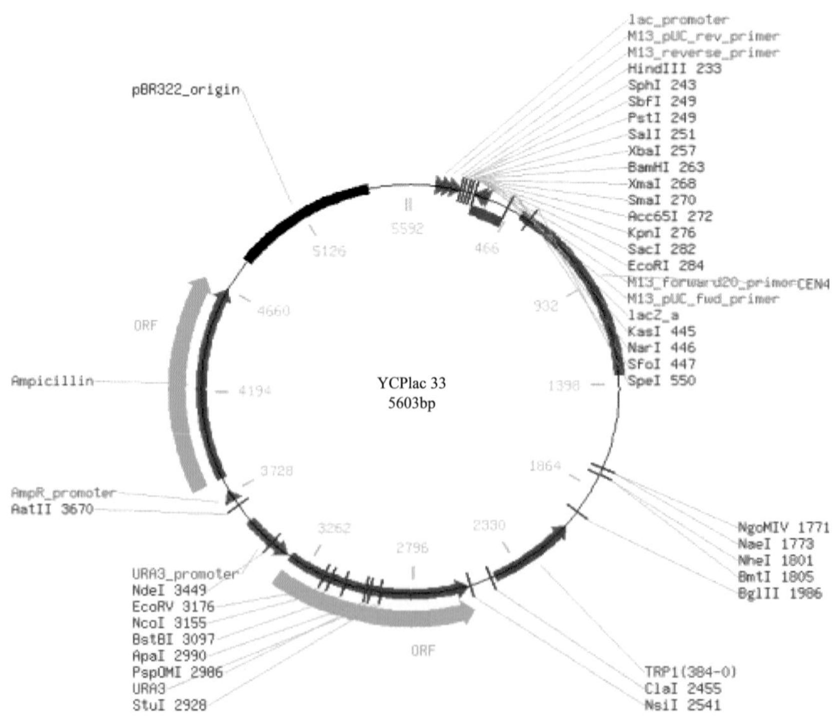

图 11-99　YCPlac33 质粒图谱

产菊粉酶培养基 YPI：菊粉 2.0%（质量浓度），蛋白胨 2.0%（质量浓度），酵母粉 1.0%（质量浓度），115℃高温灭菌 30 min。

乙醇发酵培养基：菊粉 20.0%（质量浓度），硫酸铵 1.0%（质量浓度），pH 5，115℃高温灭菌 30 min。

YPD 液体、固体培养基，YPDS 固体培养基。

YPAD 培养基：酵母粉 1%（质量浓度），蛋白胨 2%（质量浓度），葡萄糖 2%（质量浓度），半胱氨酸 80 mg/L。

2×YPAD 培养基：酵母粉 2%（质量浓度），蛋白胨 4%（质量浓度），葡萄糖 4%（质量浓度），半胱氨酸 80 mg/L。

SC 合成培养基：YNB（yeast nitrogen base，酵母基础氮源培养基）6.7 g/L，葡萄糖 20 g/L，pH 5.6，115℃高温灭菌 30 min。

SC（His /Leu /Met）培养基：在 SC 合成培养基中加入组氨酸、亮氨酸、甲硫氨酸，最终浓度分别为 200 mg/mL、1000 mg/mL、200 mg/mL。

筛选培养基：在 YPD 培养基中加入一定量的 G418 母液，使 G418 的最终浓度为 200 μg/mL。

酵母转化所用试剂：乙酸锂溶液（1.0 mol/L），称量 10.2 g 的乙酸锂溶解于 100 mL 的蒸馏水，高压灭菌 15 min 或过滤除菌。

PEG3350（聚乙二醇）50%（质量浓度）：称取 50 g 的 PEG3350，先用 30 mL 的蒸馏水搅拌至溶解，PEG 一定要充分搅拌才能溶解，否则配制的溶液浓度不准确则会影响转化效率。加入蒸馏水至 100 mL，彻底混合后高压灭菌 15 min，或者过滤除菌。

鲑鱼精 DNA（10 mg/mL）（Solarbio）。

电转化试剂：

100 mmol/L HEPES（pH 7.3）缓冲液（500 mL）：ddH_2O 490 mL，NaCl 4 g，Na_2HPO_4-12H_2O 0.1357 g，KCl 0.185 g，Glu 0.5 g，HEPES 2.5 g，用氢氧化钠调 pH 至 7.3，定容至 500 mL。

抗生素 G418（100 mg/mL）：1 g G418 粉加 1 mL 100 mmol/L HEPES（pH 7.3）溶解，过滤除菌，–20℃保存。

3-磷酸甘油激酶 *PGK1* 启动子的扩增：以酿酒酵母 6525 的基因组 DNA 为模板，用引物 F-PGK1 和 F-PGK2（表 11-34）扩增 3-磷酸甘油激酶 *PGK1* 启动子。

表 11-34　质粒构建过程使用到的引物

引物名称	引物序列	备注
F-PGK1	TCCCCGCGGGACTTCAACTCAAGACGCACAG	*Sac* Ⅱ
F-PGK2	CGGACTAGTTGTTTTATATTTGTTGTA	*Spe* Ⅰ
F-inuA1	GGACTAGTATGGTGATTCTTCTTAAACCCCT	*Spe* Ⅰ
F-inuA2	GTGACATAACTAATTACATGAT*CTAATCATCCCACGTCGAA*	斜体部分为融合位点
F-CYC1	*TTCGACGTGGGATGATTAGA*TCATGTAATTAGTTATGTCAC	斜体部分为融合位点
F-CYC2	CCGGATATCGCAAATTAAAGCCTTCGA	*Eco*RⅤ

续表

引物名称	引物序列	备注
18S rDNA-F	GCTCTAGATGAGACGGCTACCACAT	*Xba* Ⅰ
18S rDNA-R	GGGTCACCTCTGGACCTGGTGAGTTT	*Bst*EⅡ
PGK-YCP-F	ACATGCATGCGACTTCAACTCAAGACGCACAG	*Sph* Ⅰ
CYC-YCP-R	GGGGTACCGCAAATTAAAGCCTTCGA	*Kpn* Ⅰ

反应体系（50.0 μL）：

5× Primer STAR™ Buffer（Mg^{2+} plus）	10 μL
dNTP Mixture（2.5 mmol/L）	4 μL
F-PGK1（10 μmol/L）	1 μL
F-PGK2（10 μmol/L）	1 μL
酵母基因组 DNA	1 μL
Primer STAR™ HS DNA polymerase（2.5 U/μL）	0.5 μL
ddH_2O	32.5 μL

PCR 反应条件如下：

98℃　10 s
55℃　15 s　} 30 个循环
72℃　1 min

以下 PCR 反应条件同，但根据片段的大小、引物的 T_m 值，需将退火温度和延伸温度做适度的调整。

融合 PCR 将菊粉酶基因和终止子融合成一个片段：用引物 F-inuA1 和 F-inuA2 扩增 *inuA1* 片段，用 F-CYC1 和 F-CYC2，以 pPICZαC 质粒为模板扩增终止子 *CYC1*，然后以 1 μL *inuA1* 和 1 μL *CYC1* 的混合物为模板，用引物 F-inuA1 和 F-CYC2 再进行一轮扩增，使菊粉酶的基因片段和终止子融合成一个片段。

18S rDNA 的扩增：用引物 18S rDNA-F 和 18S rDNA-R，以酿酒酵母的基因组 DNA 为模板，扩增 800 bp 左右的 18S rDNA 片段。

将以上获得的基因片段分别亚克隆到载体 pEASY-Blunt，再转化到大肠杆菌 Trans-T_1 中。挑取阳性克隆，并测序分析。

表达质粒 pUG-PICS 的构建：pUG-PIC 的载体构建过程如图 4-100，将 *PGK1*、IC（*inuA1+CYC1*）、18S rDNA 依次和 pUG6 载体连接，最后构建成重组质粒命名为 pUG-PICS。

表达质粒 YCPlac33-PIC 的构建：用引物 PGK-YCP-F 和 CYC-YCP-R 将 PIC 从质粒 pUG-PIC 克隆出来，然后和质粒 YCPlac33 连接，构成表达质粒 YCPlac33-PIC。

重组质粒的验证：分别用 *Sac*Ⅱ和 *Spe*Ⅰ、*Sac*Ⅱ和 *Eco*RⅤ、*Spe*Ⅰ和 *Eco*RⅤ双酶切重组质粒 pUG-PIC，酶切后跑琼脂糖电泳，观察胶上是否有预计长度的条带，从而验证 pUG-PIC 是否正确构建。

用引物 18S rDNA-F 和 18S rDNA-R，以质粒 pUG-PIC 为模板，扩增 18S rDNA，将

PCR 产物跑琼脂糖电泳，如果能扩增到相应的条带，说明 18S rDNA 片段被连接到质粒上了。

用 *Sph* Ⅰ和 *Kpn* Ⅰ双酶切质粒 YCPlac33-PIC，酶切后跑琼脂糖电泳，观察胶上是否有预计长度的条带，从而验证 YCPlac33-PIC 是否正确构建。

双酶切体系如下（10 μL）：

缓冲液	1 μL
质粒	1 μL
100×BSA	0.1 μL
酶 1	0.25 μL
酶 2	0.25 μL
ddH_2O	7.4 μL

反应条件 37℃，酶切 1～2 h。

重组质粒的线性化：用内切酶 *Rsr* Ⅱ酶切质粒 pUG-PIC，使质粒从螺旋状变成线形。

酶切体系如下（100 μL）：

10×NEB 缓冲液 4	10 μL
质粒 DNA	30 μL
Rsr Ⅱ	3 μL
ddH_2O	57 μL

37℃，反应 4～5 h 后，纯化回收 DNA。

酿酒酵母（*S. cerevisiae*）6525 感受态的制备：

① 取 5.0 mL 酿酒酵母 6525 种子液接入 50.0 mL YPD 液体培养基中，30℃过夜培养。

② 取过夜培养的菌体 0.1～0.5 mL 接入 100.0 mL 新的 YPD 液体培养基中，培养至细胞密度约为 1×10^8 个细胞/mL。

③ 将菌液冰浴 15 min 使其停止生长。

④ 3000 *g* 4℃离心 5 min，弃上清液，用 50.0 mL 冰浴的无菌水重悬菌体，再次离心去上清液。

⑤ 重复上步骤，但将使用的无菌水的总量约为 100 mL。

⑥ 3000 *g* 4℃离心 5 min，弃上清液，将菌体悬浮在 20.0 mL 冰浴的 1 mol/L 山梨醇中。

⑦ 3000 *g* 4℃离心 5 min，弃上清液，用 0.5 mL 冰浴的 1 mol/L 山梨醇重悬菌体，最终的细胞密度约为 1×10^{10} 个细胞/mL，将细胞置于冰上，用于当天转化。

酿酒酵母 6525 的转化：

在 1.5 mL 的无菌 EP 管中加入 5 μL 线性化的 pUG-PICS（5～100 ng），加入 40.0 μL 上述感受态酵母细胞，轻轻混匀，在冰上放置 5 min。

将上述溶液转移至预冷的无菌的 0.2 cm 电转杯中。

电穿孔转化电击条件：电压 1500 V，电阻 400 Ω，电容 25 μF，脉冲时间 5 ms。

电击后，立即在电击转化杯中加入 1.0 mL 0℃预冷的 1.0 mol/L 的山梨醇溶液，用微量移液器轻轻吹打均匀，置于冰浴中。

将电转杯中的混合液转移到新的无菌 1.5 mL 的 Eppendorf 管中，于 30℃静置培养 4～5 h。

取 200.0 μL 混合液涂布在含有 200.0 μg/mL G418 的 YPDS 平板上。

平板倒置于 30℃培养箱中培养 3～5 d 后可见单克隆。

菌落 PCR 验证阳性克隆：将 PCR 反应混合溶液除 *Taq* DNA 聚合酶之外依次加入，混合后，用牙签挑取少许单克隆在 PCR 反应混合溶液中稍微蘸一下，混匀。将 PCR 管置于 PCR 仪上，95℃变性 10 min 后取出，加入 *Taq* DNA 聚合酶，再放回 PCR 仪上，设置正常的 PCR 程序反应，将 PCR 反应产物跑琼脂糖电泳，观察胶上是否有目标条带出现。

酿酒酵母 2805 和 BY4741 的转化：参考 R Daniel Gietz[156]使用乙酸锂化学转化的方法，将 YCPlac-PIC 载体转入酿酒酵母 2805 和 BY4741 中，使用没有尿嘧啶的 SC 合成培养基筛选 2805 的阳性克隆，用 SC（His/Leu/Met）合成培养基筛选 BY4741 的阳性克隆。

测定转化子的酶活：在筛选培养基的平板上挑取单克隆，接入 50.0 mL YPI 液体培养基中，于 30℃ 200 r/min 振荡培养 72 h，分别取 0.1 mL 粗酶液，加入 0.9 mL 2.0%的菊粉溶液，50℃保温 20 min，沸水浴 5 min，灭活终止反应（在完全相同条件下灭活酶作底物对照），快速冷却后，用 DNS 法测定还原糖，重复测定三次。

将三株不同酵母的酶活力最高的重组子 AR34、BYR5 和 BR8 在 YPI 培养基中 30℃ 200 r/min 振荡培养，分别在 0 h、24 h、72 h、96 h、120 h 测定粗酶液的菊粉酶活力，以确定酶活力随时间的变化规律。

利用转化子 BR8 直接发酵菊粉生产乙醇：选用转化子 BR8 菌株作为直接发酵菊粉的菌株，并在其酶活力最高的 72 h 接种，以充分水解菊粉产生果糖，进而发酵产生乙醇。先将重组子 BR8 在 YPI 培养基中 30℃ 200 r/min 振荡培养 72 h，再取适量培养液接种到发酵培养基中。

在装有 100 mL 乙醇发酵培养基的 250 mL 锥形瓶中，按接种量 10%接种培养了 3 d 的 BR8。其中，以酿酒酵母野生型菌株 6525 为对照。30℃ 100 r/min 振荡培养。每隔 24 h 取样一次，测定发酵液中的乙醇含量、残留总糖和还原糖的浓度。

利用转化子 AR34、BYR5 和酿酒酵母 SC6525 混合发酵菊粉生产乙醇：先将 AR34、BYR5 在 YPI 的液体培养基中 30℃ 200 r/min 振荡培养 72 h 作为种子液，酿酒酵母 SC6525 在 YPD 中培养 48 h 作为种子液。

在装有 100 mL 乙醇发酵培养基的 250 mL 锥形瓶中，按照表 11-35 依次接入一定量的不同菌株的种子液。30℃ 100 r/min 振荡培养。每隔 24 h 取样一次，测定发酵液中的乙醇含量、残留总糖和还原糖的浓度。

表 11-35　混菌发酵的实验设计

组别	接种的菌株和接种量
1	AR34（10%）
2	AR34（5%）+SC6525（5%）
3	BYR5（10%）
4	BYR5（5%）+SC6525（5%）

乙醇的测定：用气相色谱（Agilent 7890 Hewlett-Packard，USA）进行测定。色谱条件如下。

色谱柱：HP-FFAP 毛细管柱（30 m × 0.25 mm i.d.，0.25 mm 薄膜厚度）。

检测器：FID。

进样口温度：200℃。

柱温：80℃。

检测器温度：250℃。

进样体积：0.2 μL。

分流比：100∶1。

起始总糖测定和残总糖的测定：用苯酚浓硫酸法测定，取 1 mL 适当稀释的发酵液上清液，依次加入 0.5 mL 的 6%苯酚、2.5 mL 的浓硫酸，放置冷却 30 min 后，测定 490 nm 的吸光度。用 0.1%的果糖作为标准糖制作标准曲线。

还原糖的测定：用 3,5-二硝基水杨酸法（DNS）测定，具体步骤参考胡琼英的《生物化学实验》[288]。

5L 发酵罐发酵乙醇：为了对重组子 BR8 一步发酵菊粉产乙醇的工艺进行放大，最终应用于工业化生产，我们采用 5L 发酵罐（镇江），采用 3.3L 发酵体系，进行了重组子 BR8 一步发酵菊粉产乙醇的实验。5L 发酵罐由罐体、搅拌器、碱泵、加热元件、氧传感器和温度传感器组成。发酵培养基配方：菊粉 30.0%，$(NH_4)_2SO_4$ 1.0%。发酵条件：接种量为 300 mL，30℃，通气量为 0，转速为 0，发酵时间 192 h。在发酵过程中，每隔 24 h 取样一次，测定发酵液中的乙醇含量、残留总糖和还原糖的浓度。

2. 表达载体 pUG-PICS 的构建

一般情况下，酿酒酵母转化体系筛选标记多为营养标记，亦即受体菌为营养缺陷型单倍体菌株，通过质粒上的野生型基因的表达来筛选转化子，转化方法已十分成熟。但酿酒酵母同时也是传统的工业生产菌株，广泛用于酒类（乙醇、啤酒等）生产中。对此类传统生产菌株性状改造的代谢途径工程，是对其代谢途径进行理性设计，通过基因工程操作来改变酵母菌代谢流、扩展代谢途径等。这就需要以能适应粗放环境的工业生产酵母菌株作为宿主菌，而这类工业菌株不宜建立营养缺陷型，因此常规的酵母转化体系不再适用对工业菌株的基因工程操作。近年来逐渐有一些酵母显性标记，如氨基糖苷类抗生素 G418 抗性基因。研究小组选择的载体为 pUG6，载体中带有 *KanMX* 基因，因此可以通过 G418 的抗性来筛选阳性克隆。载体构建的过程如图 11-100 所示，但是 pUG 载体中没有真核生物的自我复制元件，因此需要在载体上插入一段酿酒酵母的同源片段，在转化的时候与酿酒酵母的基因组通过同源双交换，将载体整合到基因组 DNA 上。且 pUG6 上在两个 LoxP 位点之间有 KanMX,通过色氨酸 Cre 重组酶介导使两个 LoxP 位点重组实现抗性标记基因的切除，从而可以使重组菌继续进行改造。载体构建过程中，将扩增 *PGK1* 启动子，菊粉酶表达框、终止子和 18S rDNA 分别通过插入 pUG6 的多克隆位点，构成完整的表达载体。

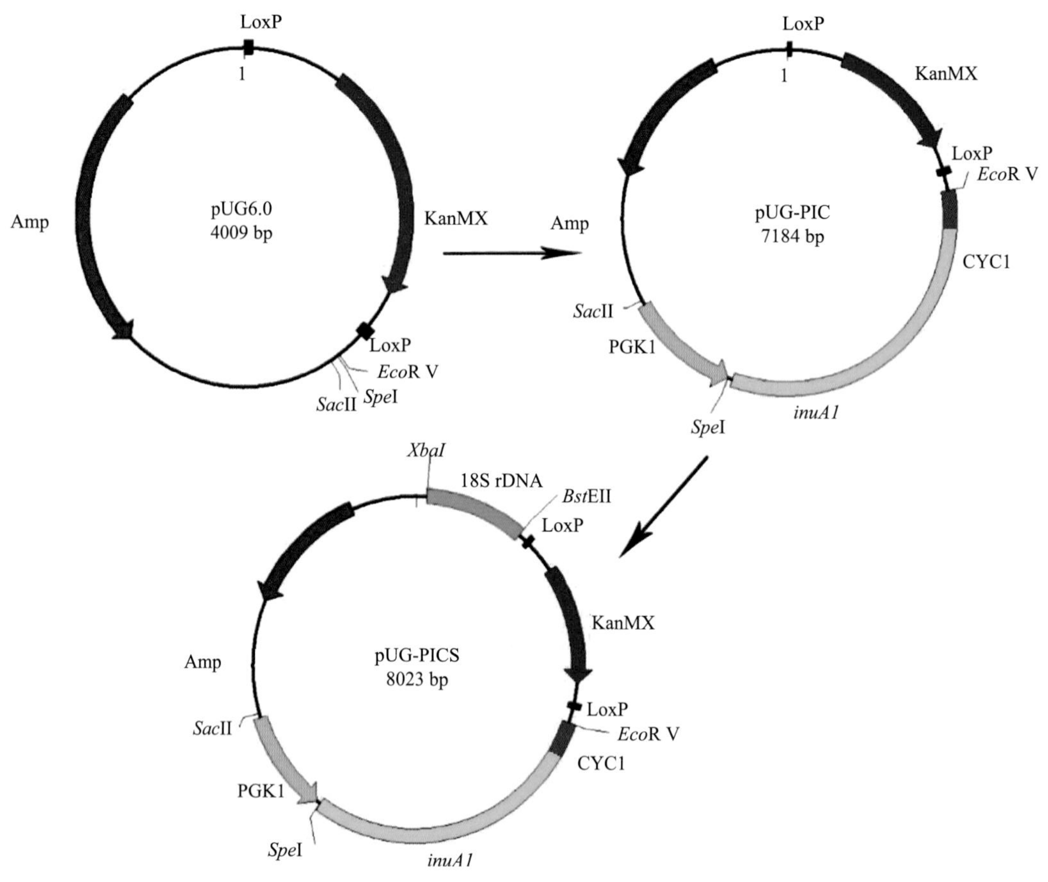

图 11-100　pUG-PICS 重组质粒的构建过程

1）启动子 *PGK1* 的扩增

南京农业大学海洋科学及其能源生物资源研究所菊芋研究小组在做酿酒酵母表达时选择了 *PGK1* 启动子。*PGK1* 启动子是组成型的强启动子，不需要通过诱导就可以在发酵液中大量表达目标基因，不同于毕赤酵母表达系统中使用的 *5AOX* 启动子，需要通过甲醇的诱导才能大量表达目标蛋白，因而其在乙醇发酵中应用性更强。酿酒酵母的全基因组序列已经公布，从 NCBI 中查询酿酒酵母（Genbank 登录号：X59720.2）的 *PGK1* 的启动子序列，设计引物，从 *S. cerevisiae* 6525 的基因组 DNA 中扩增 *PGK1* 启动子。图 11-101 即扩增到的 *PGK1* 启动子，经过测序分析，共有 782 bp。经过 BLAST 分析，该序列与 X59720.2 的 *PGK1* 启动子序列只有 1 个碱基的差异。

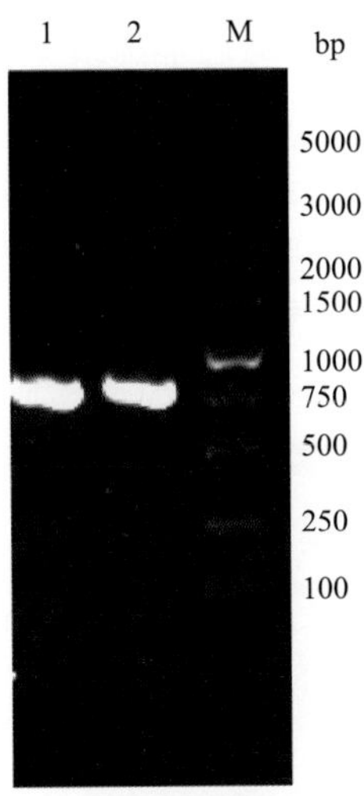

图 11-101　*PGK1* 启动子的扩增

M. 5000DL DNA marker

2）菊粉外切酶基因片段和终止子的融合

以 pPICZαC 质粒为模板，用 F-CYC1 和 F-CYC2 扩增终止子 *CYC1* 共有 249 bp，结果如图 11-102 所示。使用菊粉酶基因自身的信号肽，为了减少将片段插入载体的次数，从而简化操作步骤，通过融合 PCR 将菊粉酶基因和终止子融合成一个片段，命名为 IC。并在 IC 的 5′ 端和 3′ 端引入 *Spe* Ⅰ 和 *Eco*R Ⅴ 酶切位点。

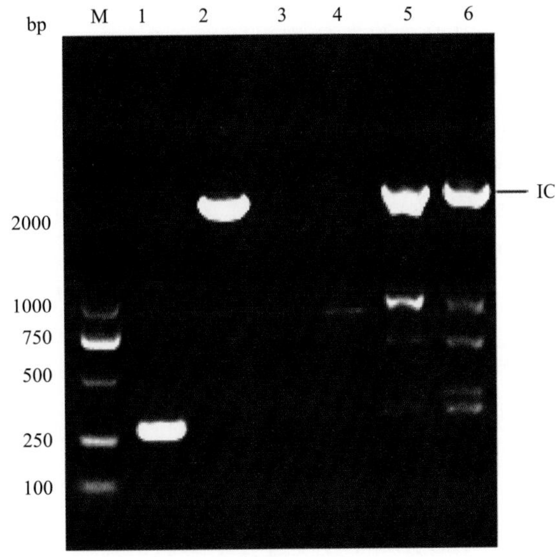

图 11-102　菊粉酶基因和终止子的融合

1. *CYC1* 终止子；2.菊粉酶基因；5、6.菊粉酶基因和终止子的融合片段 IC

3）酿酒酵母 18S rDNA 片段的扩增

南京农业大学海洋科学及其能源生物资源研究所菊芋研究小组选择了 18S rDNA 作

为同源重组的目标位点。18S rDNA 在酵母基因组大约有 200 个顺向串联拷贝，所以就有可能在转化时增加目标基因的拷贝数。载体与基因组 DNA 发生了同源重组，使目标基因整合到了基因组的 DNA，插入的异源基因会随着染色体的复制而复制，易稳定遗传。

用引物 18S rDNA-F 和 18S rDNA-R 扩增到了 839 bp 的片段，如图 11-103 所示，并在片段的两端引入了 *Xba* Ⅰ 和 *Bst*EⅡ酶切位点。

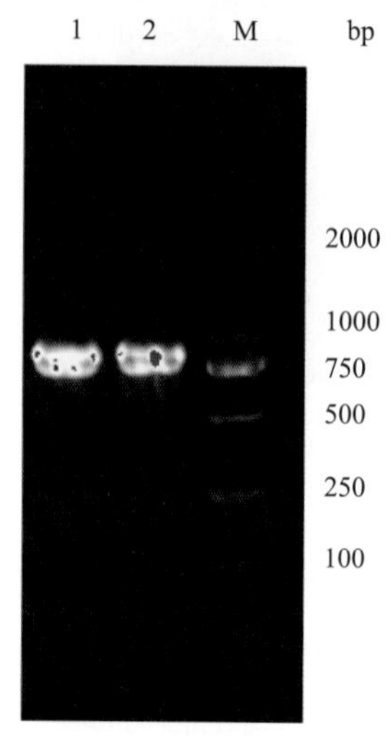

图 11-103　18S rDNA 片段的扩增

M. DL2000 DNA marker

4）表达载体 pUG-PICS 的构建

南京农业大学海洋科学及其能源生物资源研究所菊芋研究小组将获得的 3 个片段 *PGK1* 启动子、IC 和 rDNA 先分别使用相应的内切酶双酶切，纯化回收后，依次连接到 pUG6 载体的多克隆位点上。最后将获得的大小约为 8023 bp 的重组质粒 pUG-PICS 使用不同的内切酶进行双酶切验证，如图 11-104 所示，用 *Eco*RⅤ和 *Sac*Ⅱ双酶切得到了 3175 bp 的 PIC 片段，用 *Spe* Ⅰ 和 *Eco*RⅤ双酶切得到了 2300 bp 左右的 IC，用内切酶 *Sac*Ⅱ和 *Spe* Ⅰ 双酶切获得了 782 bp 的 PGK 条带。因此可以证明质粒被正确地构建。同时研究小组还通过菌落 PCR 验证了 pUG-PICS 已连接上 18S rDNA 的片段。

3．菊粉外切酶基因在 *S. cerevisiae* 6525 中的表达

将克隆的菊粉外切酶基因转入 *S. cerevisiae* 6525 中并表达。

1）表达质粒 pUG-PICS 的线性化

南京农业大学海洋科学及其能源生物资源研究所菊芋研究小组用限制性内切酶 *Rsr* Ⅱ对重组质粒 pUG-PICS 的 18S rDNA 片段进行单酶切（图 11-105）。回收线性化的单酶切片段，结果见图 11-106。线性化之后在琼脂糖胶上只有一个清楚的 8000 bp 左右的条带，说明线性化比较彻底。两端的 18S rDNA 将与酵母基因组 DNA 发生同源交换，使菊粉酶基因整合到基因组 DNA，菊粉酶基因在 *PGK1* 启动子的下游，通过组成型 *PGK1* 启动子的调控使酿酒酵母大量表达菊粉酶基因。

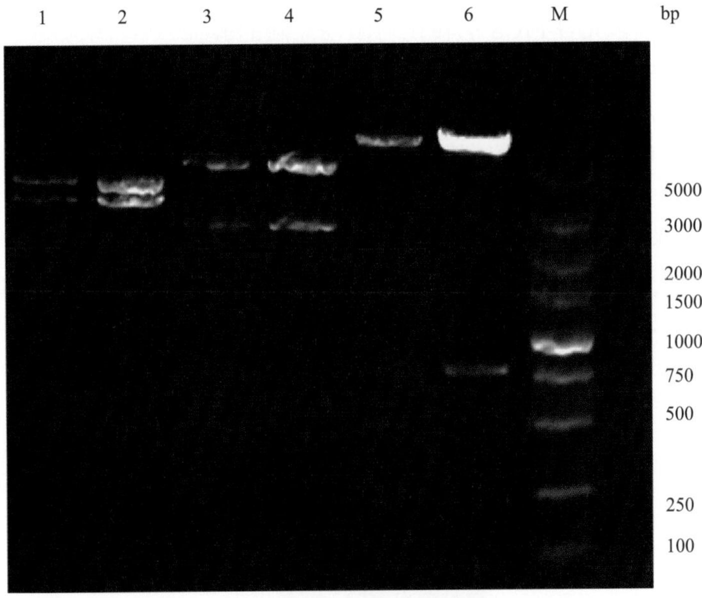

图 11-104　双酶切验证重组质粒 pUG-PICS

1,2. *Eco*RⅤ和 *Sac*Ⅱ双酶切；3,4. *Spe*Ⅰ和 *Eco*RⅤ双酶切；5,6. *Sac*Ⅱ和 *Spe*Ⅰ双酶切；M. λ*Hin*dIII marker

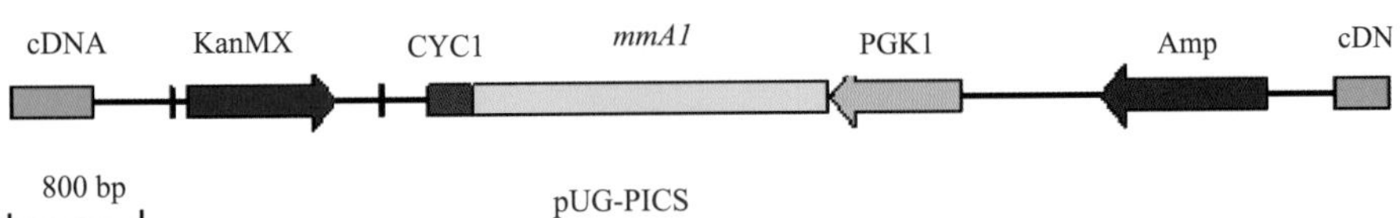

图 11-105　载体 pUG-PICS 的线性化

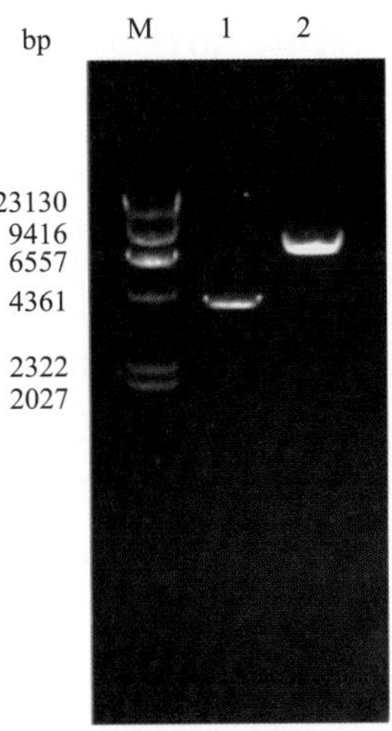

图 11-106　纯化回收的线性化载体 pUG-PICS DNA

M. λ*Hin*dIII marker；1. 线性化 pUG-rDNA；2. 线性化的 pUG-PICS

2）线性化的质粒 pUG-PICS 的转化与阳性克隆的验证

因为质粒是与酵母的基因组 DNA 通过同源重组进行整合，所以转化效率会较低，因此南京农业大学海洋科学及其能源生物资源研究所菊芋研究小组使用电转化的方法来提高转化的效率。电转化后的菌液涂布在 YPDS+200 μg/mL G418 的平板上，2～3 d 之后在平板上长出了 7～8 个单克隆，通过菌落 PCR 来验证阳性克隆，同时转入空载体 pUG-rDNA 作为阳性对照。如图 11-107 所示，转入 pUG-PICS 的转化子 PCR 产物中有 2400 bp 的条带，与理论值 2383 bp 相符，说明菊粉酶基因成功地转入了酿酒酵母 6525 中，而转入空载体的转化子的菌落 PCR 产物没有任何条带。

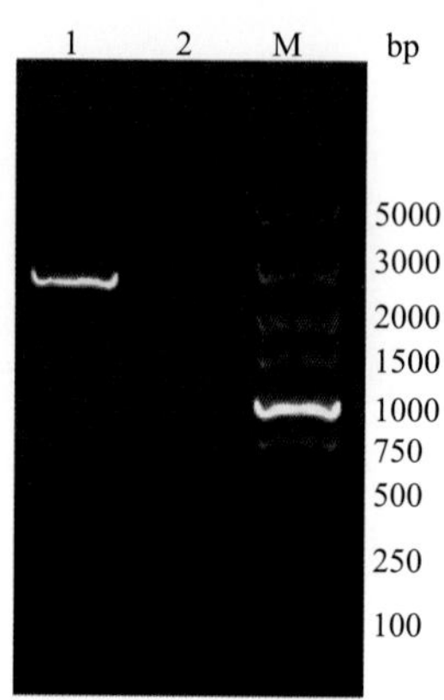

图 11-107　菌落 PCR 验证阳性克隆

1. 转入 pUG-PICS 的转化子；2. 转入空载体的转化子；M. DL5000 DNA marker

3）质粒 pUG-PICS 在 *S. cerevisiae* 6525 中的表达

南京农业大学海洋科学及其能源生物资源研究所菊芋研究小组将挑选到的转化子的单克隆接入 5 mL 的 YPD 液体培养基中，30℃ 200 r/min 过夜培养后，接入 0.5～50 mL 的 YPI 中，72 h 测定发酵液上清液的菊粉酶酶活力，挑选活力较高的菌株。从表 11-36 可以看出，8 个转化子中只有 2 个转化子能够测出具有菊粉酶活力，且普遍活力偏低，由于 *S. cerevisiae* 6525 是野生型的工业菌株，细胞壁较厚，重组菊粉酶不易分泌到胞外，另外和启动子的选择也有关系，李楠楠等[182]利用酿酒酵母表达菊粉酶基因，分别使用菊粉酶自身的启动子和 *PGK1* 启动子，发现利用自身启动子更利于菊粉酶基因的表达，重组酶的酶活 86.0 U/mL 高于使用 *PGK1* 启动子调控菊粉酶基因。菊粉酶基因来源于真菌，酵母本身具有一定的密码子偏好，可以通过优化菊粉酶基因的密码子进一步提高酿酒酵母对菊粉酶的表达量。重组子 BR8 是产重组酶活力最高的菌株，达到 0.8 U/mL。选择 BR8 进行下一步乙醇发酵的实验。

表 11-36　*S. cerevisiae* 6525 转化子菊粉外切酶活力

转化子	重组菊粉酶活力/（U/mL）
BR5	0.4±0.02
BR8	0.8±0.03

4．菊粉酶基因在 *S. cerevisiae* 2805 和 BY4741 中的表达

由于利用 pUG-PICS 构建的质粒在酿酒酵母 6525 中转化的效率较低，只在筛选培养基上获得了 8 个转化子，而且没有筛选到具有较高酶活的 6525 的转化子，因此南京农业大学海洋科学及其能源生物资源研究所菊芋研究小组选择了 YCPlac33 质粒作为载体。该质粒具有 CEN 元件，能够在酵母染色体之外独立复制，且能够在着丝粒分裂的时候保证在每个细胞里保持 1～2 个拷贝。该质粒的选择标记为 URA3，*S. cerevisiae* 2805 和 BY4741 为尿嘧啶缺陷型菌株，且 BY4741 是酿酒酵母表达的模式菌株，因此研究人员选用了这两株酵母菌作为受体，进行转化表达菊粉酶基因。

1）表达质粒 YCPlac-PIC 的构建

YCPlac-PIC 质粒构建过程如图 11-108 所示。以 pUG-PICS 为模板，用引物 PGK-YCP-F 和 CYC-YCP-R 扩增，如图 11-109 所示，扩增到了包含启动子、菊粉酶基因、终止子的 PIC 片段，约为 3165 bp。

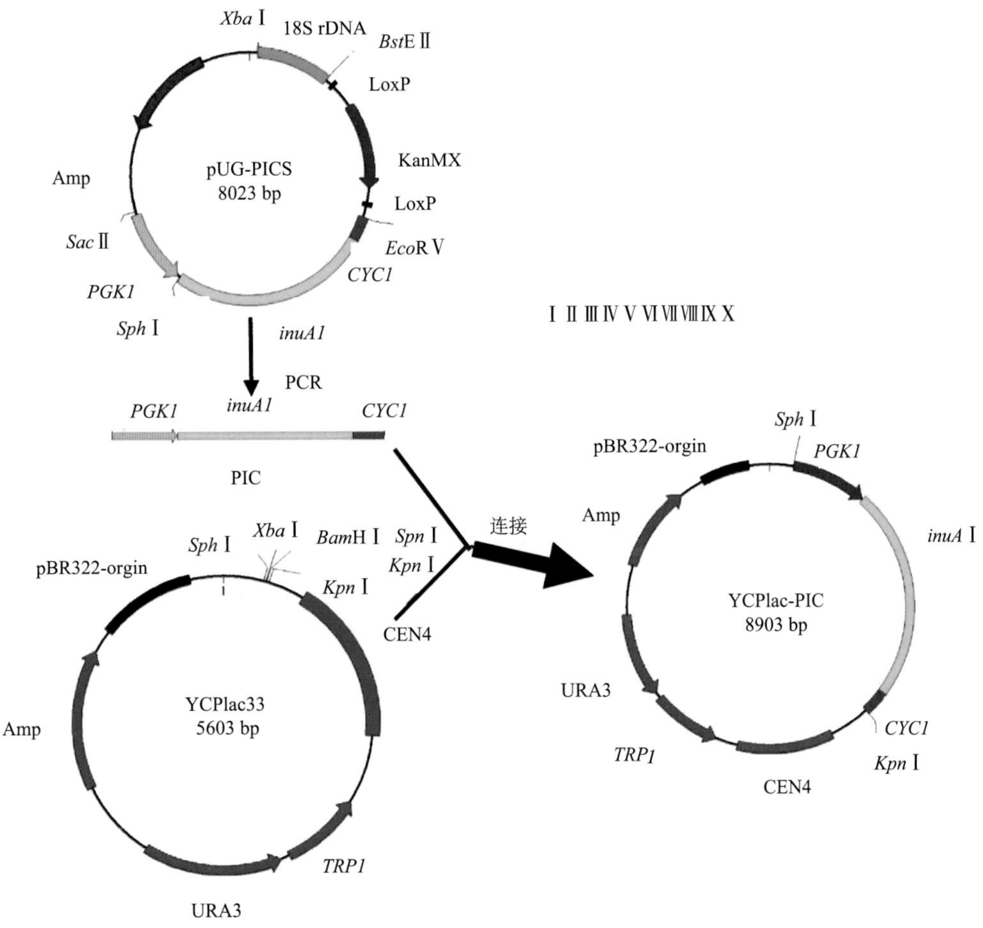

图 11-108　质粒 YCPlac-PIC 的构建过程

将扩增到的PIC基因和质粒YCPlac33用内切酶*Kpn* I和*Sph* I进行双酶切，然后纯化回收，由图11-110可见，得到了图11-109中1、2中酶切后纯化的片段，利用T_4连接酶过夜连接，然后转化到大肠杆菌Trans T_1中。用菌落PCR验证阳性克隆，提取质粒YCPlac-PIC。

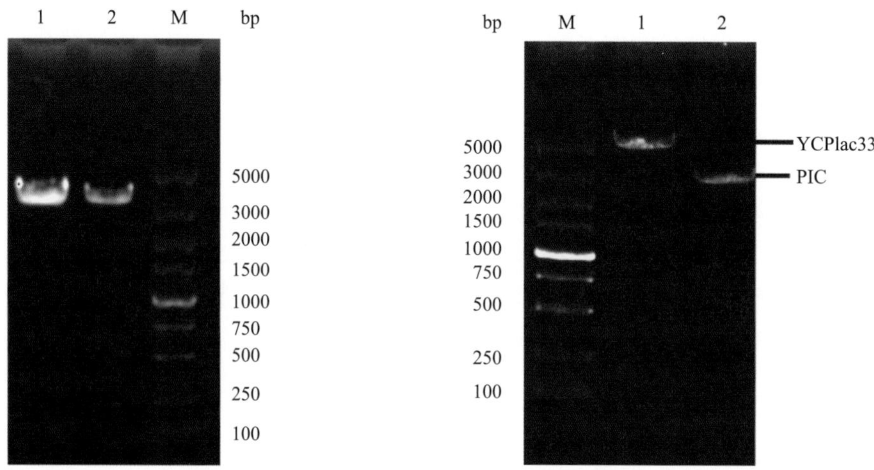

图11-109　PIC的扩增　　　图11-110　双酶切纯化的PIC和质粒YCPlac33

南京农业大学海洋科学及其能源生物资源研究所菊芋研究小组通过乙酸锂转化方法将质粒转化到酿酒酵母2805和BY4741中，在SC平板上长出了很多的单克隆，通过菌落PCR验证阳性克隆。将阳性克隆转到液体的YPD中。

比较不同的转化子的酶活：表11-37列出了部分转化子的菊粉酶酶活，其中酵母2805的转化子中AR34的菊粉酶酶活为4.08 U/mL，高于其他转化子的酶活，而在酿酒酵母BY4741的转化子中，酶活普遍要高于酵母2805的酶活，转化子R2、R5、R6、R7和R12的酶活都大于3 U/mL，其中R5的酶活最高，为5.26 U/mL。而转了空载体的转化子均未测出菊粉外切酶酶活。

表11-37　酿酒酵母2805和BY4741转化子菊粉酶活力

转化子	菊粉酶酶活/（U/mL）	转化子	菊粉酶酶活/（U/mL）
2805-AR7	1.51±0.09	BY4741-R2	3.75 ±0.07
2805-AR18	0.73 ±0.03	BY4741-R5	5.26 ±0.12
2805-AR19	0.53 ±0.02	BY4741-R6	4.27 ±0.14
2805-AR20	0.99 ±0.02	BY4741-R7	4.94 ±0.13
2805-AR21	0.72 ±0.01	BY4741-R8	0.52 ±0.03
2805-AR34	4.08 ±0.09	BY4741-R9	1.64 ±0.09
2805-AR36	0.43 ±0.01	BY4741-R12	3.31 ±0.11
2805-AR38	0.22 ±0.01	BY4741-R28	0.74 ±0.05
2805-BR8	0.25 ±0.01	BY4741-R29	1.07 ±0.09
2805-BR42	0.22 ±0.01	BY4741-R31	0.78 ±0.04

2）重组子产菊粉外切酶与时间的关系

为了最大限度地利用重组子表达的菊粉酶来糖化发酵培养基中的菊粉，需要在重组子产酶活力最高时将其接入发酵培养基中。因此，南京农业大学海洋科学及其能源生物资源研究所菊芋研究小组选择了来源于 3 株不同的酿酒酵母且菊粉酶酶活最高的重组子 BR8、AR34 和 R5 在产菊粉酶过程中酶活力和生物量随着时间的变化进行了研究，结果如图 11-111 所示。BR8 和 R5 表达的菊粉酶活力在 72 h 达到最高点，分别为 1.1 U/mL

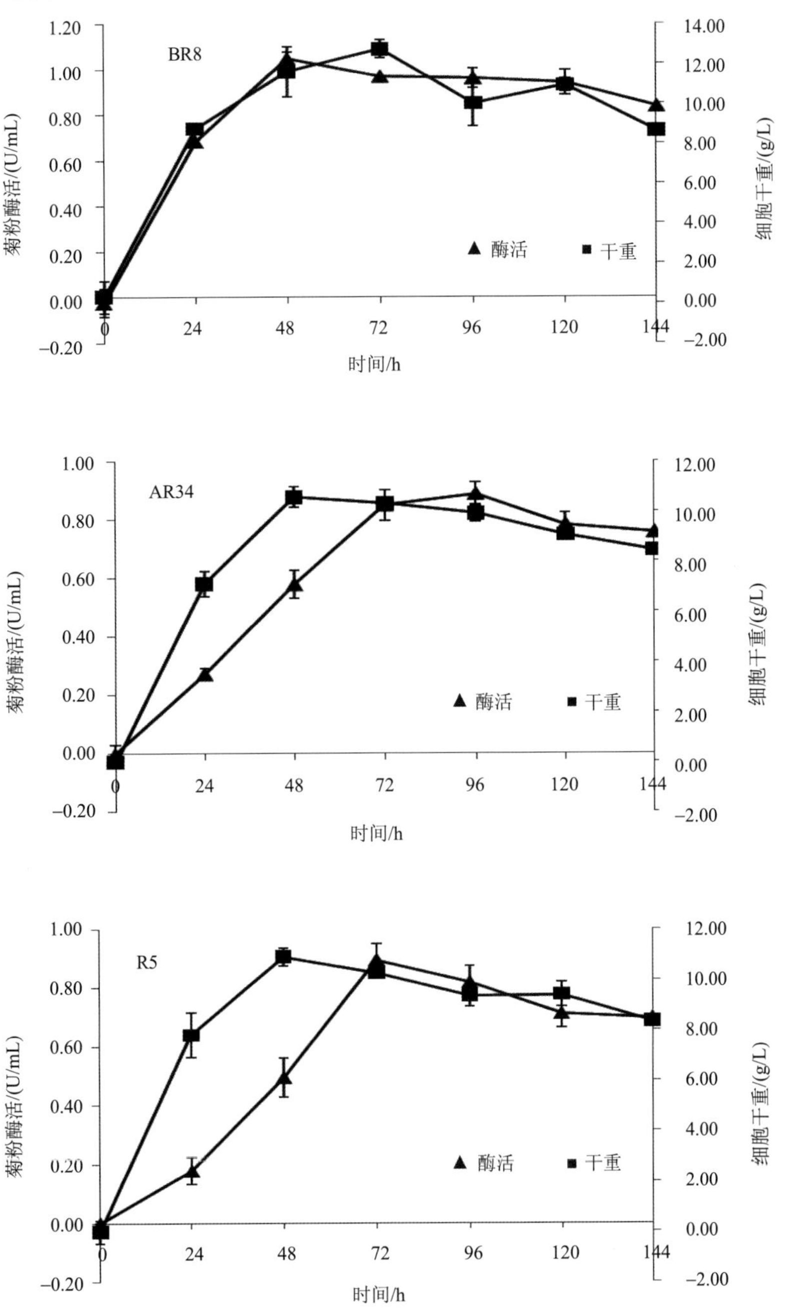

图 11-111　重组子产酶过程中酶活力和生物量与时间的关系

和 4.1 U/mL，随后开始下降，而 AR34 表达的酶活则是在 96 h 达到最高点，为 4.4 U/mL。而细胞干重则都在 48 h 达到顶峰，之后缓慢降低。BR8、AR34 和 R5 的细胞最大干重分别为 12.3 g/L、10.6 g/L 和 10.9 g/L。其中 BR8 的菊粉酶酶活要低于 AR34 和 R5，它们使用的启动子和终止子以及菊粉酶基因都一样，而在菊粉酶的表达上有差异，是因为 BR8 来源于野生的双倍体酿酒酵母，这种酵母的细胞壁比较厚，菊粉酶相对较难被分泌到细胞外面。而 BR8 的生物量大于 AR34 和 R5，是因为 AR34 和 R5 是单倍体的缺陷型菌株，所以在生长上要逊于野生菌株。三株重组子的菊粉酶酶活都是在刚过对数期时就达到最大值。

5. 重组子 BR8 直接利用菊粉生产乙醇

重组子 BR8 在产酶培养基 YPI 中 72 h 达到最高酶活，因此选择这个时候的重组子 BR8 作为种子液接种到乙醇发酵的培养基中，接种量为 10%（体积分数），同时利用野生菌酿酒酵母 6525 作为对照。3 d 后开始每天取样测定发酵液中乙醇、残总糖和还原糖的量。表 11-38 给出了重组子 BR8 和对照菌株酿酒酵母 6525 在相同底物浓度条件下，发酵终点乙醇、残总糖和残还原糖浓度。可见，用南京农业大学海洋科学及其能源生物资源研究所菊芋研究小组改造后的 BR8 发酵菊粉生产乙醇，乙醇最大浓度为 9.5%（体积分数），1 g 菊粉能够转化成 0.385 g 的乙醇。而酿酒酵母在没有改造之前乙醇转化效率很低，发酵液中乙醇浓度只有 3.3%（体积分数），1 g 的菊粉酶只能转化成 0.134 g 乙醇。可见当在菌株中转入了菊粉酶基因时，使酿酒酵母能够生产菊粉酶，将培养基中的菊粉先进行糖化，生产的果糖又被直接利用生产乙醇，达到了一步法生产乙醇的目的，从而省却了原料蒸煮糖化的过程，大大减低了成本，提高了生产乙醇的效率。尽管重组子 BR8 的菊粉酶活力并不是很高，但我们在测定酶活的时候使用的是 DP 大于 30 的高纯度菊粉，底物相对来说比较难以水解，而生产乙醇使用的菊粉是从菊芋块茎中提取的，该菊粉的果糖的聚合度比较低[3,157,158]，大部分为 10～20，相对容易被水解为果糖，因此酿酒酵母的菊粉酶水解菊粉生产的果糖基本能够满足发酵生产乙醇的速度。

表 11-38　重组子发酵性能分析

菌株	乙醇浓度/%	初始菊粉质量浓度/%	残总糖质量浓度/%	残还原糖质量浓度/%
S. cerevisiae 6525	3.3±0.2	19.5	8.0±0.3	1.0±0.01
BR8	9.5±0.4	19.5	2.7±0.2	1.4±0.02

6. 重组子 AR34 和 R5 协同酿酒酵母 6525 利用菊粉生产乙醇

重组子 AR34 和 R5 的重组菊粉酶酶活要高于 BR8，但是这两株酿酒酵母的乙醇发酵性能不如 *S. cerevisiae* 6525（SC6525），因此南京农业大学海洋科学及其能源生物资源研究所菊芋研究小组将重组子 AR34 和 R5 分别协同 SC6525 来共同利用菊粉发酵乙醇，研究菊粉酶活力对乙醇发酵的影响。表 11-39 中列出了混合发酵后的乙醇、残总糖、残还原糖浓度的情况。我们发现由于重组子 AR34 和 R5 表达菊粉酶的水平高于 BR8，因此能够较快地将菊粉水解，供 SC6525 发酵生产乙醇，乙醇的产率也高于只使用 BR8 的乙醇产率。可见利用菊粉酶的关键步骤还是在于菊粉的水解。由于 AR34 和 R5 在乙醇的发酵性能上较弱，单独发酵时，乙醇的浓度（体积分数）分别为 7.0%和 6.2%，培养中的残总糖质量浓度分别为 4.4%和 4.2%。而重组子 AR34 和 R5 分别与 SC 6525 协同发酵乙醇时，发酵终点乙醇的浓度分别为 11.0%和 10.8%，培养中的总糖基本用尽，残总糖分别为 0.8%和 0.6%。因为 *S. cerevisiae* 2805 和 BY4741 是经过基因工程改造过的缺陷型的表达菌株，而 *S. cerevisiae* 6525 是生产乙醇的双倍体工业菌株。利用混合菌株协同发酵，重组子充分发挥发酵水解菊粉的能力，*S. cerevisiae* 6525 能迅速地将水解的菊粉发酵生成乙醇，还原糖的迅速被利用还减缓了过多底物对菊粉酶的抑制作用。而且南京农业大学海洋科学及其能源生物资源研究所菊芋研究小组使用的混合发酵的菌株都是酿酒酵母，其对培养条件的要求相对比较一致，这也提高了发酵的效率。关于利用混菌发酵菊粉的报道不多，Szambelan 等[183]用产菊粉酶的 *K. fagilis* 与乙醇发酵菌株 *Z. moblis* 共发酵菊粉生产乙醇，30℃、72 h 后乙醇浓度达到 9.9%（体积分数），理论转化率为 94%。日本学者 Ohta 等[184]利用产菊粉酶菌株 *A. niger* 817 和耐乙醇毒性的 *S. cerevisiae* 1200 共同发酵菊粉生产乙醇，在 150 mL 的培养了 5 d 的 *A. niger* 817 发酵瓶中加入 45 g 菊粉、0.45 g$(NH_4)_2SO_4$和 0.15 g KH_2PO_4，30℃间隙振荡，每 24 h 补料 20 g 菊粉，15 h 后 *S. cerevisiae* 1200 利用 99%的菊粉，乙醇产率为 20.4%。但是该法也有缺陷，发酵瓶中大量的菌丝体不利于后面乙醇的回收，且操作烦琐。而用酿酒酵母混合发酵，酵母菌体营养丰富，可以回收作为单细胞蛋白利用。

表 11-39　重组子混合 *S. cerevisiae* 6525 发酵性能分析

菌株	乙醇浓度（体积分数）/%	初始菊粉质量浓度/%	残总糖质量浓度/%	残还原糖质量浓度/%
AR34	7.0±0.3	19.5	4.4±0.1	2.6±0.06
R5	6.2±0.2	19.5	4.2±0.1	2.3±0.07
AR34+SC6525	11.0±0.5	19.5	0.8±0.04	0.2±0.01
R5+SC6525	10.8±0.5	19.5	0.6±0.03	0.3±0.01

研究小组在摇瓶的水平上成功地实现了一步发酵菊粉生产乙醇。为了进一步实现工业化生产，南京农业大学海洋科学及其能源生物资源研究所菊芋研究小组用 5 L 的发酵罐体系进行一步法发酵乙醇，初步放大来验证实验结果是否稳定。发酵 24 h 时气泡的释放很剧烈，说明此时 CO_2 释放速度很快，菊粉在迅速地被转化为乙醇和 CO_2。而 120 h 时发酵液中细胞密度明显增加，释放气泡减少，说明发酵已经进入了后期。

每 24 h 测定发酵过程中的乙醇浓度和细胞干重变化，以及还原糖和总糖的变化，结果如图 11-112 所示。发酵培养基的乙醇含量最高可达 14.0%±0.6%（体积分数），而细胞的干重在 144 h 达到最大值 11.9 g/L，随后细胞干重缓慢减小，细胞的生长到达对数期的顶端。重组子的细胞干重较高，有利于发酵结束后酵母的回收利用，生产单细胞蛋白等附加产物。

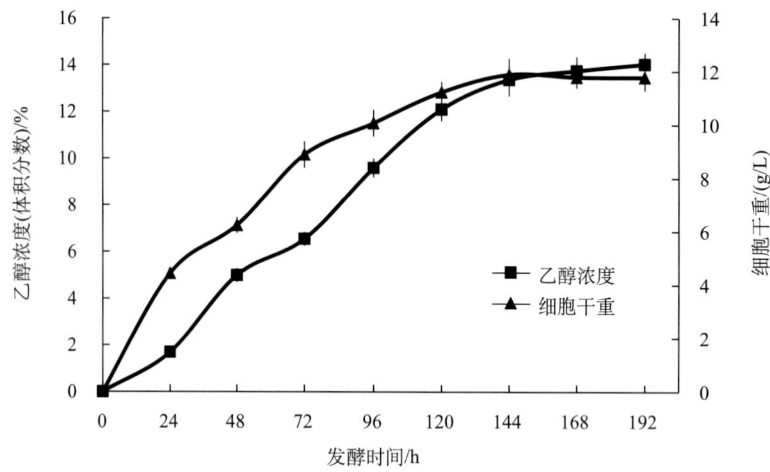

图 11-112　重组子 AR34 和 R5 协同酿酒酵母 6525 发酵过程中的乙醇浓度和细胞干重变化

如图 11-113 所示，在发酵过程中，培养基中的初始总糖为 25.4%（质量浓度），发酵液中残总糖含量逐渐下降，在 192 h 后降为 2.5%。而还原糖含量在 0～24 h 上升，24 h 后达到最高值 6.1%，随后不断下降，到发酵末期降至最低值 1.9%，糖醇转化率达到 94.5%。以上结果说明，在 5 L 发酵罐体系中，菊粉首先被 BR8 分泌的菊粉酶水解为单糖，然后转化为乙醇。张瞳等将用含有菊粉酶基因的工程菌 *S. cerevisiae* W0 发酵菊粉，在 2 L 的发酵罐中，在发酵 120 h 后达到最大乙醇产率 14.9%（体积分数），这个工程菌的细胞干重最大却只有 3.5 g/L，且含有菊粉酶基因的质粒是游离于染色体之外，在 5 代之后，菊粉酶酶活大大降低。总的来说，通过对酿酒酵母的代谢改造，实现了菊粉不需要通过预处理，可以直接被重组的酿酒酵母利用同时糖化并发酵生产乙醇。重组酵母的菊粉酶酶活的提高有利于加快乙醇的发酵进程，提高乙醇的产量。实验中 BR8 产酶活的能力有待提高，因此总糖的利用速率相对缓慢，发酵持续的时间长。可以通过对菊粉酶基因的定点突变优化密码子、更换信号肽促进菊粉酶向胞外分泌、进一步优化载体的结构等手段提高重组酵母的菊粉酶活力，加快乙醇发酵的进程。

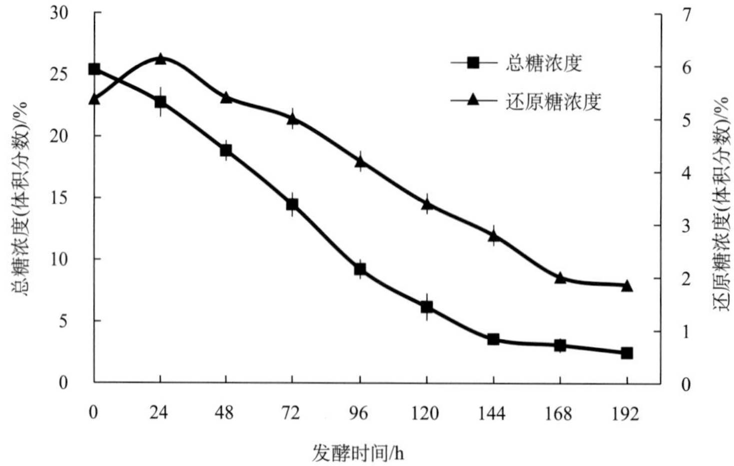

图 11-113　重组子 AR34 和 R5 协同酿酒酵母 6525 在 5L 罐发酵过程中的总糖和还原糖浓度变化

除此以外，酿酒酵母的代谢途径中有一条生成甘油的支路，减少甘油的生成将会提高乙醇的生产效率。可以通过代谢工程的方法阻断副产物生产途径，提高碳流向乙醇方向的通量，从而提高乙醇产量。

综上所述，这一节南京农业大学海洋科学及其能源生物资源研究所菊芋研究小组主要研究了微紫青霉 *P. janthinellum* B01 外切菊粉酶基因的克隆、真核表达、重组菊粉酶的纯化和酶学性质。为了能够利用菊粉一步发酵产乙醇，我们对高产乙醇的酿酒酵母 6525 菌株进行了代谢工程改造，把外切菊粉酶基因通过 18S rDNA 整合到酿酒酵母 6525 菌株基因组 DNA 上，使其具有产菊粉酶的能力，同时又将菊粉酶基因分别在酿酒酵母 2805 和 BY4741 中进行表达。并研究了利用重组子单独发酵和混菌发酵菊粉生产乙醇的能力。

从微紫青霉 B01 中利用 RACE 技术克隆出外切菊粉酶基因，获得菊粉酶基因 *inuA1* 的 ORF 全长，共 2115 bp。ORF 在 403～469 bp 被 67 bp 的内含子中断。根据菊粉酶的基因核苷酸序列推导出微紫青霉 B01 外切菊粉酶前体肽氨基酸序列，共有 704 个氨基酸，去除信号肽的菊粉酶分子量为 74.9 kDa。预测的菊粉酶前体肽的等电点为 4.77，N 段有 20 个氨基酸残基的信号肽；含有 7 个可能的 N 端糖基化位点。经分析发现该菊粉酶氨基酸序列具有保守的糖苷酶家族 N 端和 C 端特性及菊粉酶的保守基序。

将微紫青霉的菊粉酶基因 *inuA1* 在巴斯德毕赤酵母真核表达体系中进行功能表达，得到了重组子 R32。诱导 120 h 的粗酶液菊粉酶酶活达到最高，为 272.8 U/mL，是微紫青霉菊粉酶酶活的 11 倍多。对重组酶进行了 SDS-PAGE 检测和 Western blot 分析，在 85～100 kDa 处获得了重组酶条带，并通过免疫印迹证实了菊粉酶基因在真核表达系统表达。实现了菊粉酶在真核生物细胞中的超表达，通过异源表达大大提高了菊粉酶的产量。因此重组子作为工业生产菊粉酶手段非常具有潜力。

用 Ni 亲和色谱纯化带有 6×His 融合标签的巴斯德毕赤酵母 R32 表达的重组菊粉酶，纯化后重组酶 SDS-PAGE 凝胶电泳显示其分子量约为 100 kDa，大于预测的分子量。通过 Western blot 和质谱分析进一步鉴定纯化后的蛋白即重组菊粉酶。对其酶学性质进行了研究，纯化重组菊粉酶的最适反应温度和 pH 分别为 50℃和 4.5，该酶对温度不敏感，具有一定的热稳定性，在较宽的 pH 范围内保持稳定。Ca^{2+}对重组酶酶活有一定的激活作用，而 Fe^{2+}、Cu^{2+}、Mn^{2+}、Mg^{2+}、Na^{+}则会抑制菊粉酶的活性。同时重组菊粉酶酶活还被蛋白抑制剂所抑制。

对耐受乙醇毒性的工业酵母菌株 6525 进行代谢工程改造，将微紫青霉 *P. janthinellum* B01 的菊粉酶基因 *inuA1* 融合到该酵母基因组 DNA 上，使其具有产菊粉酶的能力，并用该菌株直接发酵菊粉生产乙醇，乙醇的产率是对照菌株的 3 倍。又在 5 L 的发酵罐中考察了该基因工程菌的产乙醇能力，乙醇产量为 14.0%（体积分数），并且具有较高的细胞干重，为 11.9 g/L，残总糖含量为 2.5%（质量浓度），还原糖含量为 1.9%（质量浓度）。

将青霉 *P. janthinellum* B01 的菊粉酶基因 *inuA1* 分别在单倍体的尿嘧啶缺陷型的酿酒酵母 2805 和 BY4741 中表达，得到两株酶活力较高的重组子 AR34 和 R5，酶活分别为 4.4 U/mL 和 4.5 U/mL。将重组子 AR34 和 R5 分别协同酿酒酵母 6525 发酵菊粉生产乙醇，乙醇产量与单株菌种重组子相比有很大的提高，分别为 11.0%（体积分数）和 10.8%（体积分数）。残总糖浓度分别为 0.8%（质量浓度）和 0.6%（质量浓度），还原糖浓度分别为 0.2%（质量浓度）和 0.3%（质量浓度）。

这一研究结果为菊芋的高值化利用提供了理论依据和指导作用，有利于菊芋在滩涂、荒地等边际土壤上推广种植。使用价格低、产量高、耐贫瘠、易种植的菊芋代替粮食作物作为生产生物质乙醇的原料，在能源危机和粮食危机双重威胁下的今天尤其具有现实意义。

11.2　菊芋块茎果糖浆生产的关键技术研究

果糖是自然界中高甜度的天然甜味剂，甜度分别是蔗糖和山梨醇的 1.8 倍和 1.5 倍[185]，且具有溶解度高、防腐性好、渗透压高、生理安全、热值低不易引起肥胖、低温下甜度突出且利于保持食品原有风味等特点，是天然甜味剂中的佼佼者。果糖在人体内代谢不受胰岛素的制约，可供糖尿病患者和低血糖患者食用。果糖在人体内代谢时生成肝糖的量是葡萄糖的 3 倍，可起到稳步释能的作用，同时能抑制体内蛋白质的消耗，对于运动员和体力劳动者等能量消耗大的人群，服用含果糖制品，可增强体能，有助于营养补给和消除疲劳。医学上，果糖可加速乙醇的代谢作用，可用于治疗酒精中毒；果糖注射液已广泛用于糖尿病、心血管病、肝病以及脑颅病等的治疗[186]。

通过酸对菊粉的水解作用制取高果糖浆的方法，因果糖含量低、产生的副产物多、分离精制困难，而逐渐被淘汰。相比之下，用微生物酶水解制取果糖，具有过程简单、反应条件温和、副产物少、果糖纯度高的特点，在高果糖浆的工业化生产上更具潜力。菊粉酶是其生物利用过程中唯一的关键酶，因此筛选高酶活、稳定性好的产酶菌株，对高果糖浆规模化生产的意义巨大。早在 20 世纪 70 年代，国外就开展了利用微生物产生的菊粉酶酶解菊粉制取高果糖浆的研究[187]，已筛选到多种产菊粉酶菌株，并进行了产酶、酶学性质及固定化技术等相关研究[188,189]。国内对菊粉酶的研究起步较晚，始于 20 世纪 90 年代，近年来研究逐渐深入，取得了一定的进展，但对工业产菊粉酶菌株的筛选进展仍比较缓慢。

高果糖浆（high fructose syrup，HFS），也称果葡糖浆，传统上定义为以玉米淀粉为原料，运用一系列生物技术生产出来的，以果糖和葡萄糖为主要成分的健康型糖源[196]。根据国际标准，可将高果糖浆分为三类：42%高果糖浆（HFS42）、55%高果糖浆（HFS55）、90%高果糖浆（HFS90）[190]。三类高果糖浆和中转化、完全转化糖浆及蔗糖糖浆的内含物对比情况见表 11-40。

表 11-40　不同糖浆的化学成分和相对甜度

指标	42%高果糖浆	55%高果糖浆	90%高果糖浆	中转化糖浆	完全转化糖浆	蔗糖糖浆
果糖含量/%	42	55	90	25	45	—
葡萄糖含量/%	52	41	9	27	48	—
多糖含量/%	—	—	—	46	4	—
蔗糖含量/%	6	4	1	2	3	100
固形物含量/%	71	77	80	76	72	—
相对甜度	100	105	150～160	100	105	100

注：相对甜度，指糖浆与砂糖饱和水溶液相比的相对甜度水平。转化糖与高果糖浆的生产原料不同，是由蔗糖溶液经酶或酸水解得到的。

高果糖浆的甜味特性：果糖最显著的特性为甜味性，它是自然界中最甜的天然糖，如果蔗糖的甜度为 1，则果糖的甜度为 1.8，葡萄糖的甜度为 0.74[191]。从表 11-40 列出的各类糖浆与蔗糖溶液相比的相对甜度可知，90%高果糖浆的甜度为蔗糖的 1.5～1.6 倍。温度对果糖甜度的影响极为显著，即果糖具有冷甜性，在 40℃以下时，甜度会随着温度的降低而升高，最高可达蔗糖的 2.3 倍。其原因是果糖的溶解焓大于蔗糖，故吸热值大，入口会产生冰凉的感觉。此外，高果糖浆与其他甜味剂有很好的协同增效作用，与其他甜味剂混合添加使用，在提高甜度的同时又能增加风味[192]。因此，高果糖浆常被作为饮料的首选甜味剂。

高果糖浆的溶解度与结晶：果糖的溶解度高于蔗糖和葡萄糖，温度为 10～50℃时，溶解度是蔗糖的 1.8～3.1 倍，并且随着温度的升高果糖溶解度增加的速度要比蔗糖快。与一般淀粉糖相似，高果糖浆具有抗结晶性好的特性，因此在糕点、软糖、蜜饯等食品加工中使用极为理想。

高果糖浆的风味不掩盖性：人们在感觉食物时，舌部对食品中不同成分风味的感觉时间不同，不同的风味存在的峰值也有所不同，峰值的顺序和重叠性对食品整体风味的体现具有极大的影响。高果糖浆的风味峰值出现在其他甜味剂的峰值之前，其甜味来得快、去得也快，因此不仅不会掩盖其他成分的风味，还能增强其他甜味剂的风味。此外，果糖存在于大多天然水果中，与水果中其他成分的风味亲和性极强，所以在果汁饮品中添加高果糖浆不仅能增加甜度，还能减少香精的使用，保持果汁原有的香味，使口味更加丰满。

高果糖浆的渗透压与吸湿性：物质的渗透压与其分子量相关，分子量越小，渗透压越大；反之，分子量越大，渗透压越小。高果糖浆的组分以果糖为主，果糖为单糖，其分子量较蔗糖小，所以有较高的渗透压。渗透压大，则防腐性和保湿性好。果糖具有良好的吸湿性，其易于吸收空气中水分的能力，对高果糖浆的保鲜是有利的。

高果糖浆的发酵特性：在烘焙食品中，酵母对高果糖浆中果糖和葡萄糖的利用比蔗糖快，且发酵性能好、产气多，缩短了发酵时间，同时制得的产品也更加松软可口。此外，果糖不是口腔内微生物适宜的底物，因而口腔细菌对果糖的发酵性差，故食用果糖不会引起龋齿。

高果糖浆的保健特性：高果糖浆优于其他甜味剂的最主要原因是其中果糖的生理代谢特性。果糖被肠壁直接吸收后，可绕过糖酵解途径的关键酶——磷酸果糖激酶，因此果糖在肝脏中被利用的速度快于葡萄糖[193]；果糖的代谢强度取决于浓度，在高浓度状态下，不需要胰岛素也可转化为糖原释放能量；同时，果糖有助于调节血糖水平，促进脂肪的转化及代谢[194]。

鉴于高果糖浆在代谢和营养方面突出的优点，以及较好的食品加工性能，其是饮料、乳制品、罐头、烘焙制品、保健品等的理想天然甜味剂。

高果糖浆在饮料中的应用：高果糖浆因具有甜味性、冷甜性、风味的不掩盖性及与其他甜味剂的协同性等特点，在饮料行业中应用历史悠久、范围广。自 1978 年可口可乐公司宣布将 55%高果糖浆代替砂糖的比例从 25%升至 75%起，高果糖浆在饮料行业供不应求。1988 年，美国食品药品监督管理局（FDA）批准高果糖浆为公认安全物质，进一步推进了高果糖浆行业的发展。在美国，几个主要的饮料公司都在不断扩大高果糖浆的用量，用量可达到 90%以上。高果糖浆添加于饮料中，除了具有优良的甜味之外，还有纯正爽口的特点，甜味剂刺激味蕾产生甜味感，然后甜味迅速消失，使人感到爽口。果糖的甜味比蔗糖消失得快，因此配制出的可乐、果露、汽水等饮料比用蔗糖配制的更加爽口。另外，果糖不掩盖其他风味的本色，能与不同香味并存，还能增加果香，因此在配制各种果汁饮料和果酒方面的优点突出。

高果糖浆在乳制品中的应用：甜味剂是乳饮料制品中不可或缺的原料之一，用高果糖浆代替蔗糖，与安赛蜜或者阿斯巴甜组合使用，可使乳制品甜味丰满、醇厚，口感突出，同时也能节约生产成本。果糖和葡萄糖作为高果糖浆的主要成分，在酸奶的生产过程中，能直接被乳酸菌利用。此外，高果糖浆在酸性条件下性质稳定，长期存放不会发生风味改变，因此在酸奶制品中使用极为合适。近年来，高果糖浆还常被添加于运动员乳品中。

高果糖浆在烘焙食品中的应用：在烘焙食品中，酵母利用高果糖浆的发酵速度快，发酵性能优于利用麦芽糖和蔗糖。用高果糖浆代替蔗糖，能缩短发酵的时间，提高发酵效率。高果糖浆有利于酵母菌的生长，使其产生大量气体，从而使面包形成细致均匀的蜂窝状结构，具有松软的口感。在烘焙的过程中，高果糖浆的热稳定性较低，易发生焦糖化反应，也易于同氨基酸发生美拉德反应，这些都能使烘烤食品着色美观且风味独特，达到吸引消费者的目的[195]。此外，高果糖浆的保湿性好、渗透压高，应用于面包、饼干、糕点等的制作中，能防止产品在销售过程发干、发硬、霉变，即使储存较长时间也可保持产品的新鲜、松软，这是蔗糖烘焙食品所不能及的。

高果糖浆在冷食中的应用：果糖的冰点低于其他甜味剂，因此有较好的抗冻效果。此外，果糖在低温时甜味显著，因此很适合应用于冰淇淋、雪糕等冷食的加工中。在生产冰淇淋的过程中，温度低于–23℃时，蔗糖生成的含水晶体易聚合成球形的晶粒，使产品口感粗糙，如用高果糖浆代替蔗糖使用，则可对冰淇淋中晶核和晶粒的生长起到一定的改善作用，抑制其结晶，使产品口感柔滑、细腻[196]。高果糖浆被添加于冰淇淋、雪糕中还有增加抗融性的功能，主要原因是高果糖浆能改善蔗糖的结晶作用，形成更多晶核，而晶核的成长能束缚水分子，起到控制冻结水量的作用，从而影响产品软硬程度，提高抗融的性能[197]。

高果糖浆在蜜饯、罐头和调味品中的应用：高果糖浆由于具有较高的渗透压，能防止水果中果汁的渗出，保持了水果原有的风味，因而在水果罐头的加工中被广泛应用。此外，果糖能不受酸碱度的影响，均衡、迅速地透过细胞壁，提高了加工的稳定性。在蜜饯的加工过程中，与蔗糖混合使用，可缩短生产周期，增加产品色泽。糖渍食品的加工中要求采用的糖液具有较高的抗微生物稳定性，高果糖浆在这方面的优势较蔗糖明显，如浓度为 30%的高果糖浆就能抑制金黄色葡萄球菌的生长，而蔗糖溶液则在浓度为 60%时才能达到同样效果[198]。

高果糖浆生产工艺的现状：我国目前主要以玉米淀粉为原料工业化生产高果糖浆。方法是利用 α-淀粉酶先将淀粉液化形成糊精，然后用糖化酶水解得到葡萄糖，再利用葡萄糖异构酶将部分葡萄糖转化为果糖，得到 HFS42。果糖含量较高的 HFS55 或 HFS90，则需 HFS42 经分离纯化后得到[199]。可见，传统工艺制取高果糖浆，果糖纯度低，且步骤烦琐。传统工艺中，以葡萄糖异构化为果糖的步骤最为重要，葡萄糖异构酶（glucose isomerase, GI）为关键酶。虽然目前发现很多微生物具有产 GI 能力，但真正可用作生产工业菌种的并不多，必须通过一定的方法改善其底物特异性，增强热稳定性，降低最适 pH 等才能应用于生产工业。另外，异构化过程中存在着 GI 的活性随反应的进行而降低的现象，这大大降低了生产效率。当异构化效率下降时，一般的解决方法是，适当减慢反应物通过异构酶柱的流速，但此方法会对产量造成影响；此外，也可暂停生产，等换上新酶再开始生产。

通过传统的三步法生产高果糖浆，只能得到果糖浓度较低的 42%果葡糖浆，若要使果糖含量达 90%以上，则必须经过分离纯化技术。自 20 世纪 60 年代起，国内外对该技术进行了大量的研究，出现了反渗透分离、化学分离、液液萃取分离、色谱分离、双酶法、结晶法等技术，目前以色谱分离法和结晶法为主。色谱分离法是利用分离介质对葡萄糖与果糖作用力的不同达到分离的目的，可采用的分离介质有强酸型聚苯乙烯系阳离子交换树脂、硼酸基苯乙烯系树脂以及含硼酸基的酚醛树脂，其特点是损失少、分离效率高，但对操作要求高，且分离组分浓度低，不适宜工业化生产。结晶法是利用葡萄糖比果糖易结晶的性质，创造一定的条件，使 HFS42 中的葡萄糖结晶，从而获得果糖浓度为 55%的糖浆。

以蔗糖为原料生产高果糖浆：因蔗糖是果糖和葡萄糖以糖苷键相连形成的二糖，在适宜条件下经蔗糖转化酶或酸的水解作用，可获得果糖、葡萄糖各占一半的糖浆，成为果葡糖浆生产的新原料。在国外，已有通过转化蔗糖大规模生产果葡糖浆产品的报道[200-202]。国内的学者也在这方面进行了大量的开发研究，其中主要是用酸解法得到果葡糖浆，但该方法存在多种弊端，如反应条件剧烈、精制复杂、产物易发生反应、脱色困难等。而采用酶解法可克服上述弊端，有利于蔗糖工业化生产高果糖浆的实现[203]。吴文剑采用固定化面包酵母酶水解蔗糖得到中转化糖浆，再经化学法分离，制得的高果糖浆果糖含量在 90%以上[204]。周中凯和程党民利用亚硝基胍、紫外诱变处理黑曲霉获得了高产蔗糖酶菌株，经液态发酵，可获得高活力的蔗糖酶[205]。何志敏等提出了一种直接制得富果糖浆的方法，将蔗糖酶促反应与色谱分离联合进行，该方法能有效降低产物的抑制作用，为高果糖浆的生产提供了新思路[206]。

以菊粉为原料生产高果糖浆：工业上，菊粉是除淀粉糖化液葡萄糖异构化外，果糖的另一大来源。以菊粉为原料生产高果糖浆的方法，主要有酸水解和微生物酶解法。国内对于菊粉经酸水解制取高果糖浆的方法已有不少的研究，即在较高的温度下利用浓盐酸对菊粉的水解作用得到果糖。但是菊粉溶液中含有的少量蛋白质在酸性条件下会水解成氨基酸，而氨基酸和果糖受热后易发生美拉德反应，生成难去除的色素，因而酸法水解制得的糖浆具有色素重、无机离子含量高的缺点。一般采用活性炭脱色法除去色素，但效果不佳。李清解等报道利用大孔吸附树脂 AB-8，可完全除去色素及涩味成分，且不影响果糖的得率[207]。与酸解法相比，利用生物酶水解菊粉得到果糖的方法能有效地实现高果糖浆的规模化生产，且操作简单，无副产物产生，产品的果糖纯度高。魏文玲等对克鲁维酵母 Y-85 产生的菊粉酶酶解菊粉的工艺条件进行了研究，所得的工艺具有不需纯酶、酶解转化率高、产物纯的特点[208]。王建华等利用克鲁维酵母菊粉酶酶解菊粉，在制得优质高果糖浆的同时能高值兼用酵母生产，一举两得。酶水解法与目前普遍采用的淀粉转化法生产高果糖浆相比，具有原料来源丰富、生产工艺简单、一步水解、转化率高、产物纯正等特征，是极具前途的生产途径，适宜工业化制取高果糖浆。

高果糖浆的精制工艺研究：采用最佳工艺制得的高果糖浆粗糖液，虽然能尽可能多地获得糖分，并通过除杂工艺除去蛋白质、果胶等杂质，但酶解后的高果糖浆提取液仍包含了大量未知的成分，呈棕褐色。其中的色素来源主要为菊芋自身以及其原本无色或浅色的物质经转变而成的深色物质，包括无机盐、有机酸、生物碱、脂质、蛋白质、氨基酸、焦糖化色素以及糖和氨基酸受热发生美拉德反应产生的色素等。这既不利于进一步的分离纯化与检测，也对高果糖浆的品质及相关产品的开发应用产生了影响。因此，高果糖浆粗提液在浓缩前需进行脱色脱盐的精制处理。怎样才能有效地脱色脱盐，是高果糖浆生产工艺中的重要步骤。

目前，制糖工业中常采用的方法是活性炭法。活性炭具有很大的比表面积，其脱色是利用物理吸附的作用将色素分子等物质吸附在其表面上，再经过滤等手段从糖液中除去。其脱色原理是活性炭表面有大量的孔隙，能够吸收糖液中分子大小与其孔隙孔径相当的物质，能较好地吸附具有芳香环的色素，但同时也会吸附提取液中的糖分造成糖损失。

离子交换树脂和吸附树脂也是工业中常用的脱色剂。从 20 世纪 70 年代开始，树脂已广泛应用于糖液的脱色和精制方面，其在除味、除有机和无机污染物方面的效果很显著[209-211]。树脂能够吸附糖液中的带电色素和其他离子，在去除色素分子的同时也除去了糖液中的盐离子，能同时达到脱色脱盐的目的。

11.2.1　固定化青霉水解菊粉制备果糖的研究

固定化技术自问世以来，因在酶制剂生产上的重要应用而得到空前的发展。由固定化酶技术发展起来的固定化细胞（动物、植物、微生物）、原生质体固定化，在抗生素、有机酸、氨基酸、酶制剂及基因工程菌的固定化方面有着成功的应用。固定化细胞相比固定化酶有许多优点，它省去了酶分离过程及这部分工作所耗资金，而且固定化后的细胞分泌的酶属于多酶系统，其进行的反应比单一固定化某种酶更稳定。南京农业大学海洋科学及其能源生物资源研究所菊芋研究小组采用 4 种方法固定青霉 *Penicillium* sp. B01，旨在找出固定化青霉的最佳方法。

1. 固定化青霉水解菊粉制备果糖的研究方法

供试菌株：*Penicillium* sp. B01。

青霉培养条件：将保藏的菌种 *Penicillium* sp. B01 接入培养基，30℃培养 5 d，制作成 2.5×10^6 个/mL 的孢子悬液，取 1.5 mL 制好的悬液接入 250 mL 锥形瓶（内含 45 mL 发酵培养基），30℃ 170 r/min 摇瓶培养。在开始摇瓶培养的 12 h、24 h、36 h、48 h、60 h、72 h、84 h、96 h、108 h、120 h、132 h 里分别测其酶活和湿菌体重量。

细胞固定化方法如下。

海藻酸钠-戊二醛包埋法：将海藻酸钠 1.5%（质量浓度）加热溶于水，冷却至室温后将青霉孢子与海藻酸钠溶液（10 g/100 mL）混合均匀，然后将混合液用针筒滴入 2.5%的 $CaCl_2$ 溶液中，搅拌 4 h，滤出放入 0.1 mol/L、0.2 mol/L、0.6 mol/L 戊二醛中，缓慢搅拌 1 h，然后用 pH 为 4.5 的乙酸缓冲液洗净备用。

海藻酸钠包埋法：称取一定量的海藻酸钠加热溶解，冷却后加入定量菌体，搅匀，用注射器注入 $CaCl_2$ 溶液中，待 2 h 凝固后用缓冲液洗涤备用。

PVA-H_3BO_3 包埋法：7.5% PVA，1.0% 海藻酸钠包埋 10% 青霉细胞，用针筒滴于 pH 为 6.7 的饱和硼酸中成型，用 pH 4.5 的乙酸缓冲液洗涤后备用。

戊二醛交联法：向离心过后的湿菌体中加入一定量的戊二醛溶液，用磁力搅拌器搅拌均匀后静置 4 h，缓冲液洗涤备用。

游离细胞酶活力计算：取 1 g 离心得到的湿菌体，加入 20 mL 20 g/L 的用 0.2 mol/L 乙酸缓冲液配制的菊粉溶液，50℃摇床 100 r/min 条件下反应 0.5 h，然后离心除去湿菌体，用 DNS 法测定还原糖。酶活力单位定义：在以上条件下，以每克菌体每分钟转化底物产生 1 μmol 还原糖所需要的酶量为一个酶活单位。

固定化细胞酶活的测定：以固定量为 1 g 青霉细胞湿菌体的固定化细胞为基准，加入 20 mL 的上述菊粉乙酸缓冲液，反应条件同上述游离细胞酶活的测定一致，以 1.0 g 游离菌体在相同条件下的反应结果作为参比。

海藻酸钠浓度对固定化细胞活性的影响：设 1%、1.5%、2%、2.5%、3%的海藻酸钠浓度梯度，分别包埋 10 g 湿菌体，测定固定化酶活力。

固定化细胞的 pH 稳定性：以固定 2 g 湿菌体的固定化细胞为实验材料，配制 pH 分别为 3.5、4、4.5、5、5.5、6、6.5、7、8 的 4%菊粉乙酸缓冲液底物，水浴锅中保温 20 min，测其酶活。对照为同样反应条件下的 2 g 的湿菌体。

固定化细胞的温度稳定性：以 pH 为 4.5 的 4%菊粉乙酸缓冲液为底物，加入固定 2 g 湿菌体的固定化细胞，分别在 30℃、45℃、55℃、60℃、65℃、70℃下保温 20 min，测其酶活。

底物浓度对固定化细胞转化率的影响：在 50 mL 锥形瓶中加入不同浓度的底物(4%、5%、6%、7%、8%)，加入 5 g 固定化细胞，分别间隔 2 h、4 h、8 h、12 h，测反应液中果糖含量，计算得率。

2. *Penicillium* sp. B01 细胞生长及产外切菊粉酶曲线

如图 11-114 所示，每隔 12 h 测定菌体酶活和菌体湿重。发现在 12～48 h 内酶的活力达到最高，在开始摇瓶培养的第 12 小时酶的活力达到最高，为 50 U/g，然后其产酶曲线缓慢下降，在 48 h 后急剧下降。而在青霉的生物量产生过程中，从开始培养到第 48 小时呈现缓慢上升趋势，并在第 48 小时达到最高峰，为 17 g/瓶，其后在 48～84 h 内呈平稳状态，在 84 h 时 pH 下降等原因引起菌体自溶，生物量呈下降趋势。因在 12～36 h 内的青霉孢子体产酶稳定，并在最佳生长状态，所以选取 12～36 h 内所产菌体作为固定化对象。

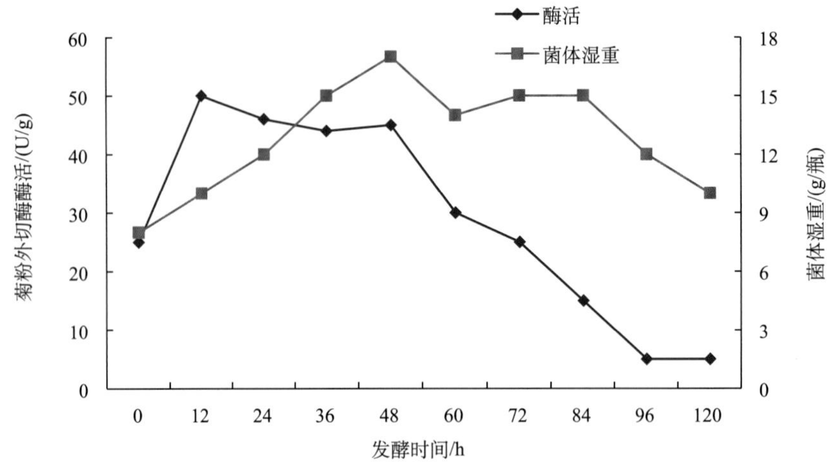

图 11-114　*Penicillium* sp. B01 细胞生长及产外切菊粉酶曲线

3．固定化 *Penicillium* sp. B01 细胞方法的比较

由表 11-41 可知，海藻酸钠包埋后用戊二醛交联固定化青霉细胞和单独用海藻酸钠包埋法的效果好于其他两种方法。虽然戊二醛交联法固定化酶和固定化细胞的报道较多，也有不少取得良好效果，但在本实验中效果要劣于其他方法。戊二醛对有些细胞有毒害作用，青霉对其抵抗力较低，所以实验中交联法酶活损失最大。采用海藻酸钠包埋后戊二醛交联效果要好于单独用戊二醛交联法。用海藻酸钠包埋法的效果最好，酶活回收率可达到 47.22%。所以实验主要对海藻酸钠包埋法的固定条件进行下一步研究。

表 11-41　4 种固定化青霉方法的比较

细胞类型	方法	酶活回收率/%
CK（游离细胞）		100
固定化细胞	海藻酸钠-戊二醛包埋法	39.85
	海藻酸钠包埋法	47.22
	PVA-H_3BO_3 包埋法	24.37
	戊二醛交联法	18.52

4．海藻酸钠对 *Penicillium* sp. B01 固定化细胞产酶活力的影响

固定化细胞活力随海藻酸钠浓度的升高呈现下降的趋势（图 11-115）。在海藻酸钠浓度为 1% 时，固定化酶活力最高，其相对活力可达到 98%。但是海藻酸钠浓度低，形成的凝胶机械强度弱，酶液易发生泄漏，在第一次使用时活力由于酶液的渗出达到最高，但不利于固定化细胞的反复利用；而浓度高时形成的凝胶有拖尾现象且质地坚硬，不利于酶与底物的作用，综合考虑海藻酸钠最适浓度为 2%。

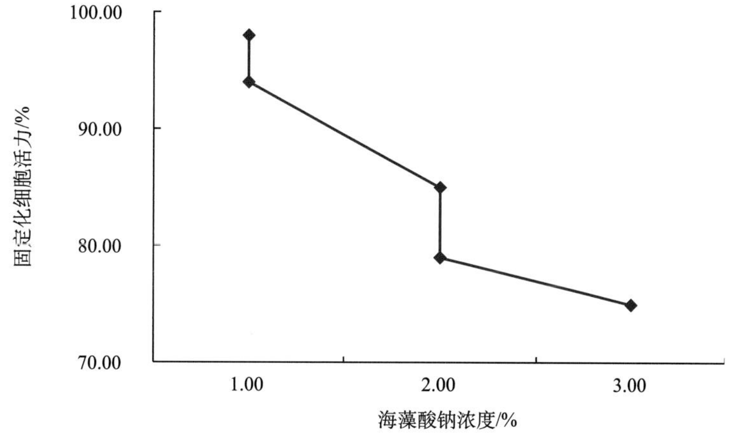

图 11-115　海藻酸钠浓度对 *Penicillium* sp. B01 固定化细胞产酶活力的影响

5．固定化 *Penicillium* sp. B01 细胞在不同 pH 下的稳定性

由图 11-116 可知，固定化细胞在每个 pH 范围内其相对酶活均低于游离细胞。在 pH 适应性方面固定化细胞相比游离细胞发生了酸移，即在 pH 3.5～4.5 没有较大的变化，在 4.5～6.5 变化趋势也很缓慢。这可能是因为海藻酸钠包埋固定化细胞，减少了酸对酶的刺激，使其变性缓慢，从而获得了较高的酶活。

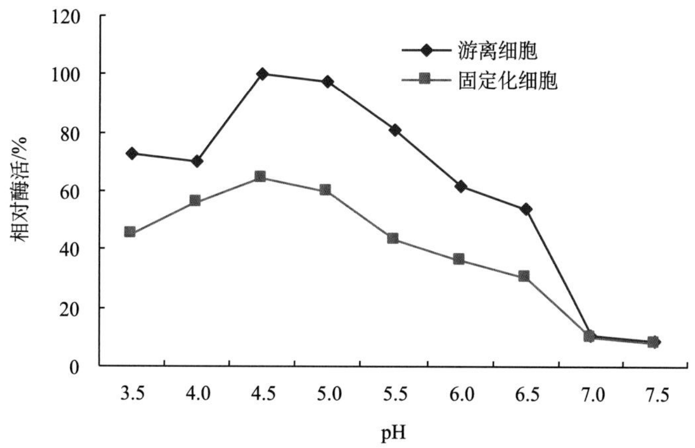

图 11-116　固定化 *Penicillium* sp. B01 细胞与游离 *Penicillium* sp. B01 细胞在不同 pH 下的稳定性

6．固定化 *Penicillium* sp. B01 细胞在不同温度下的稳定性

由图 11-117 可知，在温度适应性方面固定化细胞和游离细胞趋势一致。二者都是在 35～55℃相对酶活逐渐上升，在 55℃达到最高，随后在 55～70℃相对酶活逐渐下降。但是固定化细胞相对游离细胞并没有获得较高的酶活。

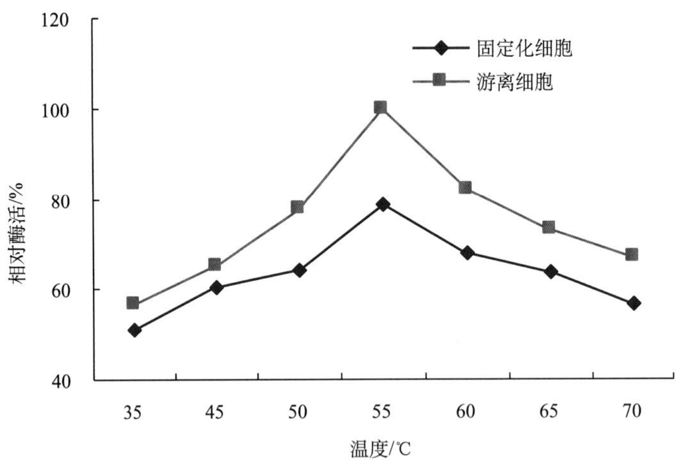

图 11-117 固定化 *Penicillium* sp. B01 细胞与游离 *Penicillium* sp. B01 细胞在不同温度下的稳定性

7. 底物浓度对固定化 *Penicillium* sp. B01 细胞转化率的影响

由表 11-42 可以看出，在同一个底物浓度下，随着转化时间的延长，转化率逐渐增大；在相同转化时间下，转化率随底物浓度增大而先减小后增大。底物浓度为 4%时，转化率最高可达 68.5%。因此本次实验选取底物浓度以 4%为宜。

表 11-42 底物浓度对固定化 *Penicillium* sp. B01 细胞转化率的影响

底物浓度/%	时间/h			
	2	4	8	12
4	34.5	36.7	46.2	68.5
5	23.8	29.6	38.5	58.7
6	26.0	34.5	37.3	62.3
7	27.6	37.4	35.7	62.1
8	29.8	36.9	39.5	58.1

传统的四大类固定化方法各有优劣，利用双官能基团或多官能基团的试剂与酶分子之间进行连接的交联法，因为是共价连接，所以与酶结合的牢固程度最高，但交联剂多数是极性较大的变性剂，较易使酶失活。戊二醛含有两个活泼基团，可以与蛋白质发生交联，在工业上用来做皮革鞣质剂及木材防腐剂，在实验室中常用作杀菌剂，如果前处理不好在固定化过程中就会导致酶变性。本实验中，单独用戊二醛交联法得到的相对酶活最低，原因是在交联过程中蛋白质发生了变性。用戊二醛和海藻酸钠的交联-包埋法效果好于戊二醛交联法，但还是没有海藻酸钠包埋法效果好。如果能找到温和的交联剂，再和其他方法结合共用通过正确的设计实验会收到不错的效果。

PVA 是新兴的有机高分子材料，其因无毒、价廉、机械强度高而成为目前最有效的载体之一。作者采用 PVA 为载体，硼酸为固定剂，其原理是硼酸与 PVA 发生成酯反应，将酶包埋于载体内。实验结果表明 PVA-H_3BO_3 包埋法没有海藻酸钠效果显著，其原因有待进一步研究。

以海藻酸钠为载体的包埋法是最传统、研究最深入的一种包埋方法。在南京农业大学海洋科学及其能源生物资源研究所菊芋研究小组的实验中此法也显示了良好的应用潜力。海藻酸钠不仅可以作为优秀的包埋剂，在酶反应过程中其长链多糖还可以改变酶周围微环境的热力学参数，降低反应活化能，使酶催化反应在更为有利的条件下进行。

综上所述，南京农业大学海洋科学及其能源生物资源研究所菊芋研究小组由以上实验得出如下结论：

通过 4 种固定化细胞方法的比较，得出海藻酸钠包埋法是相对较好的方法。海藻酸钠浓度为 2%、菌体量为 5 g/10 g 时，酶活回收率可达到 47.22%。

考察海藻酸钠固定化细胞的 pH、温度与游离细胞相比的稳定性，发现最适 pH 酸移，为 4.0。在温度适应性方面固定化细胞与游离细胞相比没有显著提高，在 35～70℃变化规律两者基本一致。固定化细胞最适底物浓度为 4%。

研究海藻酸钠包埋法固定青霉的储存稳定性，发现经过固定的青霉在 48 h 后仍具有活力。

青霉 *Penicillium* sp. B01 发酵时间短，容易培养，是研究细胞固定化的好材料。

11.2.2　高果糖浆粗提液的精制工艺

南京农业大学海洋科学及其能源生物资源研究所菊芋研究小组参考制糖工艺，对高果糖浆粗提液进行脱色脱盐精制处理，优选的方法为先用活性炭脱出糖液中的大部分色素，再经过离子交换树脂精制的同时彻底脱除残余。并对最终制得的高果糖浆进行 HPLC-ELSD 成分分析，以确定最佳的精制工艺条件，为工业化生产高品质的高果糖浆提供一定的理论支持。

1. 高果糖浆粗提液的精制工艺研究方法

高果糖浆粗糖液：按上一节最佳工艺对菊粉提取液酶解制得。

果糖（购自美国 Sigma 公司），苯酚、硫酸、酒石酸钾钠、氢氧化钠、无水亚硫酸钠、3,5-二硝基水杨酸、盐酸、氢氧化钙、磷酸、乙醇（均为分析纯，购自南京化学试剂有限公司）；乙腈（色谱纯，购自南京丁贝生物科技有限公司），活性炭（购自南京丁贝生物科技有限公司）。

D113、D001、001×7、D201、D301-G、D204×4、D311、UBK530 型树脂（均购于南京丁贝生物科技有限公司，使用前均严格按照说明进行预处理）。树脂具体的特性见表 11-43。

表 11-43　各树脂的物理性能和其他参数

名称	外观	类型	官能基团	交换容量/（mmol/g）	粒度范围/mm
D113	乳白色不透明球状颗粒	大孔阳离子弱酸型	丙烯酸系	10.8	0.35～0.75
UBK530	棕褐色颗粒	阳离子强酸型	—	—	—

续表

名称	外观	类型	官能基团	交换容量/（mmol/g）	粒度范围/mm
D001	浅棕色或灰褐色不透明球状颗粒	大孔阳离子强酸型	苯乙烯	4.8	0.315～1.25
001×7	棕褐色颗粒	阳离子强酸型	苯乙烯	4.5	0.315～1.25
D201	乳白色不透明球状颗粒	大孔阴离子强碱型	苯乙烯	3.7	0.315～1.25
D301-G	乳白色不透明球状颗粒	大孔阴离子弱碱性	苯乙烯	—	—
D204×4	白色颗粒	大孔阴离子强碱型	苯乙烯	4.5	0.315～1.25
D311	浅黄色不透明球状颗粒	大孔阴离子弱碱型	丙烯酸系	7.0	0.315～1.25

活性炭脱色条件研究：量取 50 mL 高果糖浆粗糖液于 100 mL 锥形瓶中，按实验设计的参数比例加入活性炭粉末，在相应温度下水浴一定时间，冷却至室温后，5000 r/min 离心 15 min 去除活性炭粉末，在 420 nm 处检测吸光度，计算脱色率和总糖损失率。

活性炭添加量对脱色效果的影响：分别称取 0.5 g、1.0 g、2.0 g、3.0 g、4.0 g 活性炭，加入含 100 mL 高果糖浆粗提液的具塞锥形瓶内，于 70℃恒温水浴锅中保温 20 min，以脱色率和总糖损失率为指标，考察不同活性炭添加量对脱色效果及总糖的影响。

活性炭脱色时间对脱色效果的影响：在活性炭用量为 0.03 g/mL 的条件下，将高果糖浆粗糖液于 70℃条件下分别吸附 5 min、10 min、20 min、30 min、40 min、50 min，以脱色率和果糖损失率为指标，考察脱色时间对脱色效果及总糖的影响。

活性炭脱色温度对脱色效果的影响：在活性炭用量为 0.03 g/mL 的条件下，分别将高果糖浆粗糖液于 50℃、60℃、70℃、80℃、90℃条件下吸附 20 min，以脱色率和果糖损失率为指标，考察脱色温度对脱色效果及总糖的影响。

活性炭脱色率（吸附率）的计算：

活性炭脱色率（%）＝（脱色前吸光度–脱色后吸光度）／脱色前吸光度×100 （11-5）

活性炭脱色总糖损失率的计算：

总糖损失率（%）＝（脱色前总糖含量–脱色后总糖含量）／脱色前总糖含量×100 （11-6）

2. 高果糖浆粗提液树脂脱色脱盐条件研究

树脂的类型、用量、吸附时间和吸附温度等都会对糖液的脱色脱盐产生影响。因此，南京农业大学海洋科学及其能源生物资源研究所菊芋研究小组通过对树脂的静态吸附实验，研究各条件对脱色脱盐效果的影响，以得出最佳的精制工艺。

1）高果糖浆粗提液的精制树脂的筛选

为了选出合适的高果糖浆脱色脱盐树脂，南京农业大学海洋科学及其能源生物资源研究所菊芋研究小组采用静态吸附法比较 8 种不同树脂的吸附效果。准确称取各预处理好的湿树脂 5.0 g 和 50 mL 样品溶液于具塞 100 mL 锥形瓶中，置于 30℃、120 r/min 摇床内进行吸附。以树脂与样品溶液接触时为 0 时刻，在 1～12 h 内定时取样。利用分光光度计在 420 nm 处测定吸光度，计算吸附率，比较不同树脂的脱色效果；测定吸附前后钙、镁离子的含量，以钙、镁离子去除率为指标比较不同树脂的脱盐效果；并测定吸附前后总糖含量，计算糖损失率。综合考虑各树脂的脱色效果、脱盐效果以及对糖的吸附这三个因素，选取最佳的树脂。

由图 11-118 可见，吸光度-时间变化曲线（图 11-118A）与吸附率-时间变化曲线（图 11-118B）几乎呈相反趋势。在吸附的前期（0～1 h），各树脂饱和度低，对色素分子的吸附率较大，吸光度降幅明显，吸附率则呈上升趋势。随着树脂逐渐达到吸附饱和，吸附速率减缓，吸光度降幅减缓，吸附率的增加幅度也减小，呈现曲线段（1～3 h）。之后，吸附反应趋向平衡，吸光度保持不变，吸附率也不再增加，出现直线段，此时整个体系达到吸附平衡。

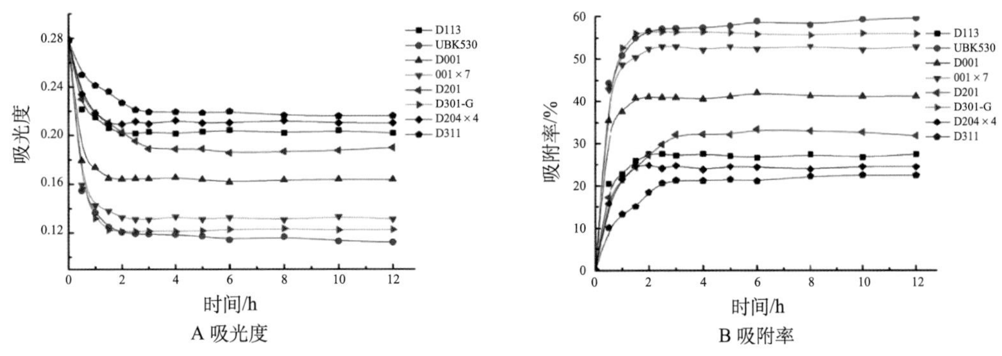

图 11-118　高果糖浆粗提液吸光度和吸附率变化曲线

在反应末期，吸附率较高的树脂是 UBK530、D301-G 和 001×7，其中树脂 UBK530 和 D301-G 达到吸附平衡时吸附率最高且所用时间较少。因此，权衡吸附率和达到平衡所用时间，认为树脂 UBK530 和 D301-G 对高果糖浆中色素吸附效果最好。8 种树脂最终吸附率由大到小顺序为 UBK530>D301-G>001×7>D001>D201>D113>D204×4>D311。

8 种树脂在 30℃条件下静态吸附高果糖浆 12 h 后脱盐效果及总糖损失率，见图 11-119 和图 11-120。由图 11-119 和图 11-120 可知，在相同条件下使用相同添加量的不同离子交换树脂对糖液进行脱盐处理，UBK530 型强酸性阳离子交换树脂和 001×7 型强酸性阳离子交换树脂对钙、镁离子均有较强的去除率，但两者的脱盐效果差异在 0.05 水平上不显著，与其他树脂差异显著。此外，两种树脂在脱盐过程中总糖损失率较小。其次是 D301-G 型弱碱性阴离子交换树脂。D001 型强酸性阳离子交换树脂和 D113 型弱酸性阳离子交换树脂虽然对钙、镁离子的去除效果也较好，但两者的糖损失率均较高且脱色效果不佳，影响其在实际生产中的应用。综合脱盐效果和总糖损失率，认为树脂 UBK530 和 001×7 对糖液的脱盐效果最好。

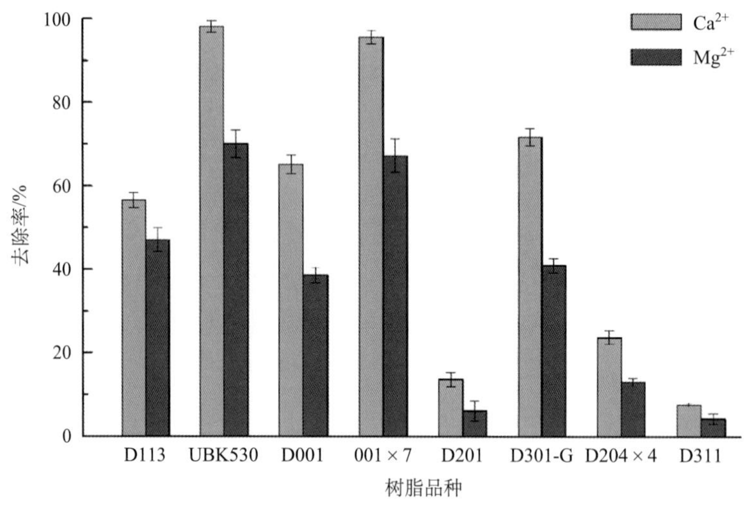

图 11-119　不同树脂吸附后高果糖浆粗提液钙、镁离子去除率

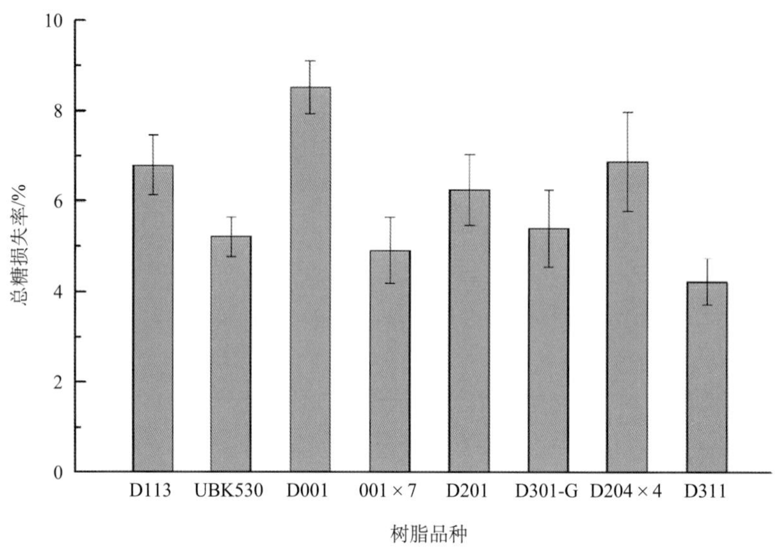

图 11-120　不同树脂吸附后高果糖浆粗提液总糖损失率

2）高果糖浆粗提液的精制树脂添加量对树脂静态吸附的影响

分别称取 1.0 g、2.0 g、3.0 g、4.0 g、5.0 g、6.0 g、8.0 g、10.0 g 经预处理的湿树脂，加入含 50 mL 样品溶液的具塞锥形瓶内，30℃、120 r/min 摇床内进行吸附。以树脂与样品溶液接触时为 0 时刻，吸附 2 h，测定样品在 420 nm 处的吸光度，计算脱色率。

由图 11-121 可知，脱色率随树脂添加量的增加呈上升趋势，当添加量达到某一值时增幅明显减弱。可能原因是，树脂浓度较小时，树脂可吸附色素的表面积有限；随着树脂添加量的增加，加大了树脂可吸附的表面积，因此脱色率增大。树脂 UBK530 和 001×7 添加量超过 0.12 g/mL、D301-G 添加量超过 0.08 g/mL 时，脱色率的增加幅度变小，说明不断增加的树脂在充分吸附高果糖浆中的色素后，逐渐达到吸附饱和状态。不同树脂因性质的不同，达到吸附饱和所需的添加量有所不同。实验表明，树脂 UBK530 和 001×7 的最佳添加量为 0.12 g/mL，树脂 D301-G 的最佳添加量为 0.08 g/mL。

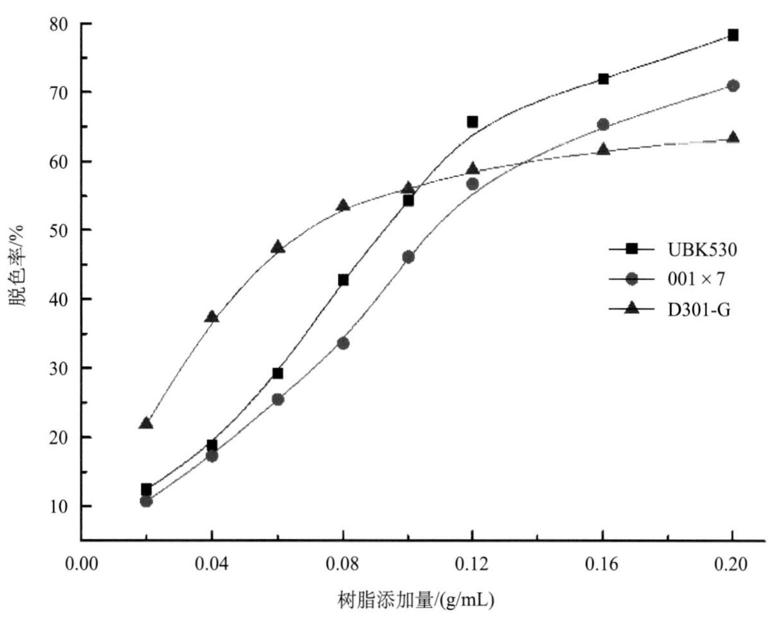

图 11-121　树脂添加量对脱色率的影响

3）温度对高果糖浆粗提液的精制树脂静态吸附的影响

准确称取 5.0 g 湿树脂和 50 mL 样品溶液于 100 mL 具塞锥形瓶中，摇床温度分别控制为 10℃、20℃、30℃、40℃，转速为 120 r/min，以促进糖液中色素的充分扩散。以树脂与样品溶液接触时为 0 时刻，吸附 2 h，测定样品在 420 nm 处的吸光度，计算脱色率。采用原子吸收光谱法测定糖液中钙、镁离子的浓度。

由图 11-122 可以看出，强酸性阳离子交换树脂 UBK530 和 001×7，随着温度的升高脱色率减小；而弱碱性阴离子交换树脂 D301-G，温度较高时脱色率较高。一般而言，高温能加快分子的热运动，从而增加扩散的速度；同时，糖液黏度下降，树脂活性基团的功能加强，使反应朝有利于吸附的反方向进行。因此，一些学者认为树脂的脱色效果随温度的升高而增强。在实验体系下，不同类型的树脂的温度-脱色率变化曲线趋势不同，高温对两种强酸性阳离子交换树脂的吸附有抑制作用，而对弱碱性阴离子交换树脂则为促进作用。原因可能是不同树脂对热效应的敏感程度不同，升高温度有助于吸附快速进行，但吸附和解吸往往同时发生。对于强酸性阳离子交换树脂 UBK530 和 001×7，温度升高使解吸速率加快，吸附平衡向解吸偏离；对于弱碱性阴离子交换树脂 D301-G，升高温度使吸附速率大于解吸速率。综合来看，树脂 001×7 和 UBK530 的脱色率虽然随温度的升高呈下降趋势，但降低不多，分别为 9.78%和 7.88%，考虑经济因素，选择常温下进行吸附最佳；温度对树脂 D301-G 的脱色效果影响显著，故树脂 D301-G 宜选择较高温度（40℃）进行吸附。

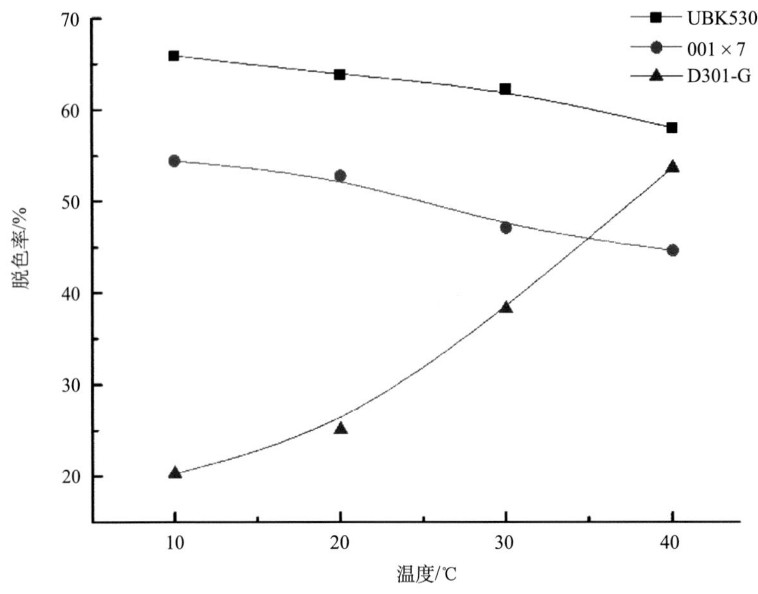

图 11-122　温度对树脂脱色率的影响

3. 高果糖浆活性炭脱色条件研究

南京农业大学海洋科学及其能源生物资源研究所菊芋研究小组研究了菊芋块茎生产的粗高果糖浆活性炭脱色条件。

1）活性炭添加量对高果糖浆脱色效果的影响

图 11-123 显示了高果糖浆粗糖液中活性炭添加量对脱色效果和总糖损失率的影响，由图可知，活性炭的添加量对脱色效果的影响较为显著。在脱色温度为 70℃、时间 20 min

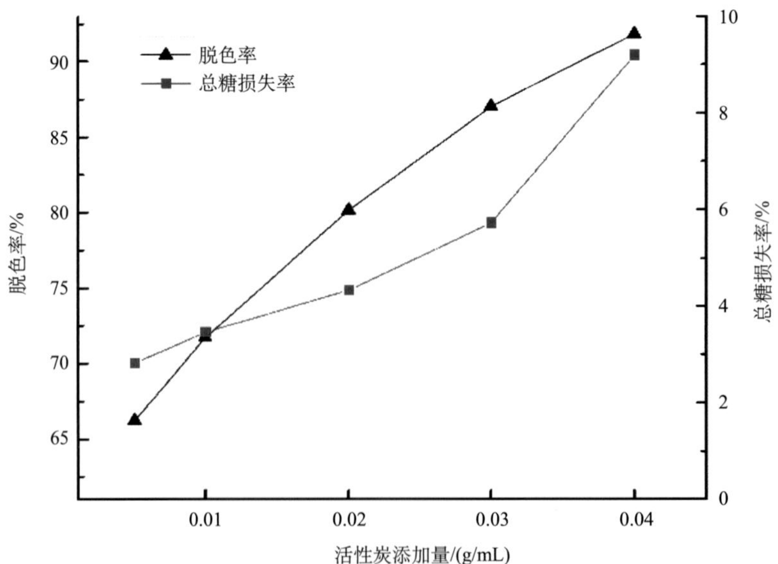

图 11-123　活性炭添加量对高果糖浆脱色效果和总糖损失率的影响

的条件下，随着活性炭用量的增加，脱色率不断增加，但总糖损失也越来越多。活性炭用量从 0.005 g/mL 增加到 0.03 g/mL 的过程中，脱色率从 66.24%提高到 87.02%，总糖损失率从 3.12%增加到 5.72%。若继续增加活性炭的用量，虽然脱色率会有所增加，但糖损失率增加更大，添加量为 0.04 g/mL 时，总糖损失率达到了 9.19%。因此。综合考虑活性炭添加量对脱色率和总糖损失率的影响，选择添加量为 0.03 g/mL 比较合适，在获得较好的脱色效果的同时也保持了较低的糖损失率。

2）活性炭脱色时间对高果糖浆脱色效果的影响

由图 11-124 可知，在活性炭用量 0.03 g/mL、脱色温度 70℃的条件下，脱色效果随时间的延长，呈先增加后下降的趋势。吸附时间在 5～30 min，脱色率呈上升趋势，增幅较为明显，而在 30 min 后脱色率出现缓慢下降。总糖损失率则随吸附时间的延长不断增大。因此，选择脱色时间为 30 min 较为合适，此时脱色率为 88.68%，总糖损失率为 5.27%。

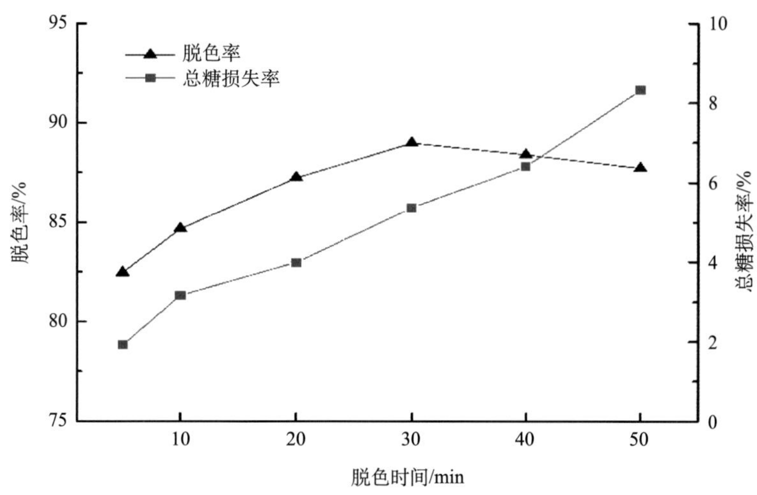

图 11-124　脱色时间对高果糖浆脱色效果和总糖损失率的影响

3）活性炭脱色温度对初步脱色效果的影响

图 11-125 显示了活性炭脱色温度对脱色效果和总糖损失率的影响，从图可知，随着温度的升高脱色率出现明显的拐点，这与很多文献报道的结论相符。吸附温度在 50～80℃内，温度越高，对高果糖浆的脱色效果越好，超过 80℃，脱色率明显降低。可能原因是，温度上升可减小体系的黏度，促进糖液中各分子的扩散，但活性炭的吸附作用是可逆的，温度过高可能使被吸附的色素又解吸出来。总糖损失率则随温度升高不断上升。因此，选择脱色温度为 80℃，既能起到较好的脱色效果，又能保持较低的糖损失率。

4. 精制后的高果糖浆的质量分析

经离子交换树脂精制后的糖浆，于 50～60℃条件下减压真空浓缩至一定浓度，浓缩过程中尽量避免溶液变深。得到淡黄色澄清透明的高果糖浆，对所得糖浆采用 HPLC-ELSD 进行组分测定，计算果糖的含量。

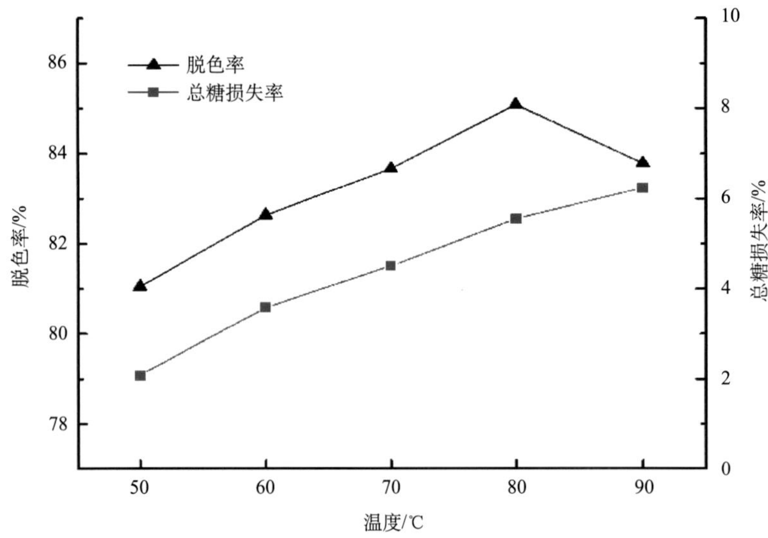

图 11-125　脱色温度对高果糖浆脱色效果和总糖损失率的影响

精制高果糖浆的成分分析色谱条件：样品进样量 10 μL，流速 1 mL/min，每次样品的运行时间为 55 min。梯度洗脱：0～15 min，流动相 25%水（B），75%乙腈（C）；15～30 min，流动相 35%水（B），65%乙腈（C）；30～40 min，流动相 50%水（B），50%乙腈（C）；40～45 min，流动相 50%水（B），50%乙腈（C）；45～55 min，流动相 25%水（B），75%乙腈（C）。

果糖标准曲线绘制：精密称取在（103±2）℃条件下干燥至恒重的果糖标准品 10 mg，用少量蒸馏水溶解后，转移定容至 100 mL 容量瓶中，摇匀，配成浓度为 0.1 mg/mL 的果糖标准溶液。精密吸取 0.0 mL、1.0 mL、2.0 mL、3.0 mL、4.0 mL、5.0 mL 于 50 mL 容量瓶中加水定容，摇匀，取 0.5 mL 过 0.22 μm 滤膜。在以上色谱条件下进样测定，以果糖含量为横坐标，峰面积为纵坐标，进行线性回归，绘制标准曲线。在上述方法下，得到果糖标准曲线为 $y=1.4\times10^6x-1127.3$（$R^2=0.9994$）。以上色谱条件下，果糖标准品的液相色谱图见图 11-126。

高果糖浆样品的测定：取 0.5 mL 高果糖浆溶液过 0.22 μm 滤膜，按制作标准曲线的色谱条件进样，通过 HPLC 测定，根据峰面积计算果糖含量。

按照上述方法，对精制的高果糖浆进行质量分析，结果如图 11-127 所示。由图 11-127 对照果糖标准品可知，在所得最佳工艺条件下制取高果糖浆，菊粉完全被水解，得到的糖浆中绝大部分为果糖，此外还含有少部分的葡萄糖，果糖含量达到 93.8%。

活性炭具有吸附量大、比表面积大、物理和化学性质稳定、价格低廉且易获得等特点，是生产工业中常用的脱色剂。将活性炭用于高果糖浆的脱色，能达到较好的脱色效果，但活性炭易吸附溶液中的糖分，影响总糖的收率。且高果糖浆粗糖液中无机盐离子含量较高，单一使用活性炭，无法达到理想的精制效果。

筛选树脂应遵循以下原则：①对色素、盐类、蛋白质等杂质的吸附尽可能多；②对溶液中的目标成分的吸附尽可能少；③料液处理量大；④抗污染能力强；⑤易再生；

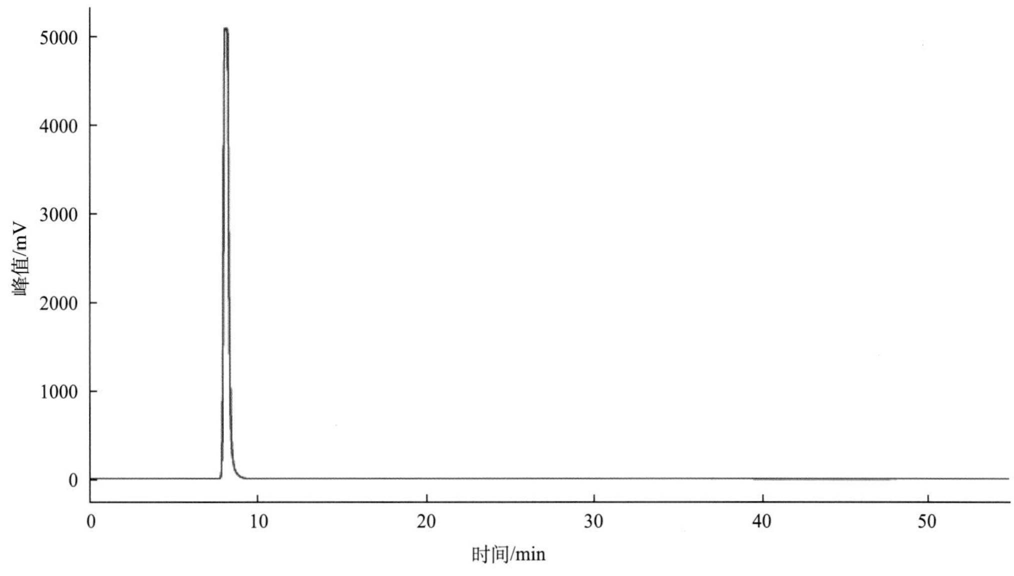

图 11-126　果糖标准品的液相色谱图

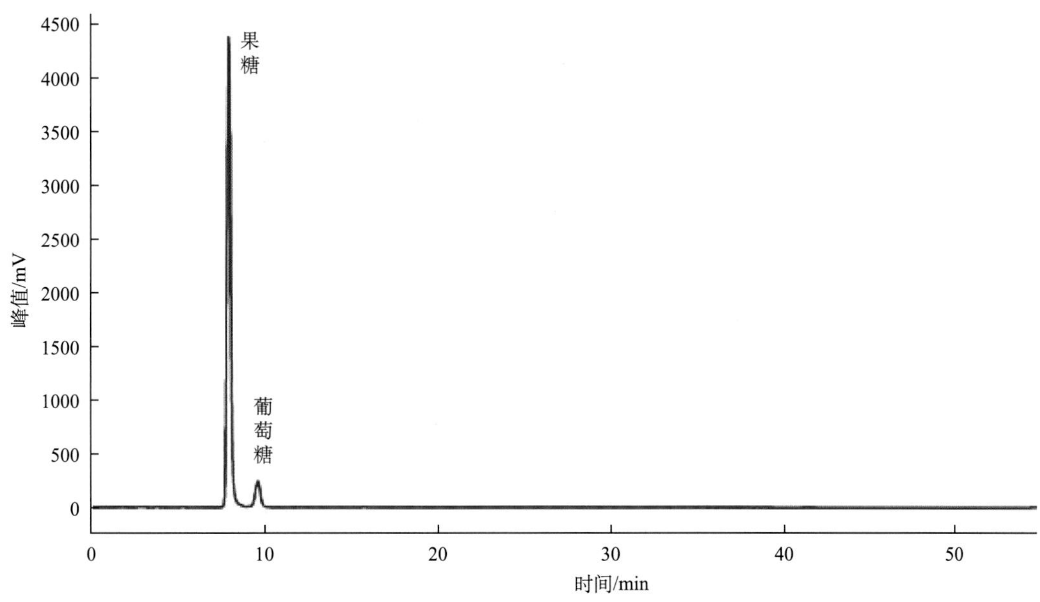

图 11-127　高果糖浆的液相色谱图

⑥价格低廉、易获得。强酸性阳离子交换树脂 001×7 和强酸性阳离子交换树脂 UBK530 对色素、盐都有较强的吸附能力，且对糖的吸附能力较小。但 UBK530 为进口树脂，价格高于 001×7 树脂，仅适合实验室研究。考虑经济因素，选择 001×7 型强酸性阳离子交换树脂作为工业化生产高果糖浆精制所用树脂。

南京农业大学海洋科学及其能源生物资源研究所菊芋研究小组在实验中发现，高果糖浆粗糖液在先后经过 001×7 型强酸性阳离子交换树脂和 D301-G 型弱碱性阴离子交换树脂后，可较好地去除离子和有色物质，所得溶液无色透亮。综合考虑高果糖浆粗糖液的色素大多为阴离子和非极性小分子，同时含有少量阳离子色素，将粗糖液先经阳离子交换树脂再经阴离子交换树脂，不仅起到了脱色的作用，而且达到了糖液脱盐的目的。此外，树脂稳定性好、选择性高、易再生，重复使用可降低生产成本。

南京农业大学海洋科学及其能源生物资源研究所菊芋研究小组采用高效液相色谱-蒸发光散射检测器法对所得高果糖浆成品的成分进行分析，在色谱条件下，果糖和葡萄糖的分离效果良好，保留时间适宜，峰形好。结果表明，该方法精密度高、稳定性好，能够快速、准确地分析出样品中糖的含量。

对菊粉酶解所得的棕褐色高果糖浆粗提液进行进一步的精制纯化研究，采用活性炭脱色和离子交换树脂脱色脱盐并用的方法，综合考虑脱色率、总糖损失率、脱盐率等指标，得出最优的工艺参数。对高果糖浆粗提液进行活性炭脱色实验，研究活性炭添加量、反应时间和温度对脱色率的影响，最后确定脱色的工艺条件为：活性炭添加量 0.03 g/mL，脱色时间 30 min，温度 80℃，脱色率可达 85%以上，且总糖损失不多。通过静态吸附法从 8 种离子交换树脂中筛选对高果糖浆粗提液精制效果较好的树脂，结果表明树脂 UBK530 和 D301-G 对糖液中色素吸附效果最好，而树脂 UBK530 和 001×7 对糖液的脱盐效果优于其他。故选择树脂 UBK530、001×7 和 D301-G，进行后续研究。

树脂添加量对静态吸附的影响的研究表明，树脂 UBK530 和 001×7 的最佳添加量为 0.12 g/mL，树脂 D301-G 的最佳添加量为 0.08 g/mL。温度对树脂静态吸附影响的研究表明，树脂 UBK530 和 001×7 适合在常温下进行吸附；温度对树脂 D301-G 的脱色效果影响显著，故树脂 D301-G 宜选择较高温度（40℃）进行吸附。实验中将高果糖浆粗糖液先经过 001×7 型强酸性阳离子交换树脂再经过 D301-G 型弱碱性阴离子交换树脂，可得到 pH 接近中性、无色透亮的溶液，脱色率和钙、镁离子去除率均可达 95%以上，且糖损失不多。将高果糖浆进行 HPLC-ELSD 成分分析，发现菊粉完全被水解，得到的糖浆中主要成分为果糖，含量达到 93.8%。

11.3 菊芋秸秆生产固体燃料的核心技术研究

菊芋（*Helianthus tuberosus* Linn.）是菊科（Compositae）向日葵属多年生草本植物，中文俗名较多，在一些地方又被称为洋姜、鬼子姜。菊芋的生长能力较强，植株较高，叶片肥厚，主干能够长至 2～3 m，其植株有良好的耐干旱和防风护沙的能力，耐严寒块茎可以在–30℃的冻土层内安全越冬[212]。菊芋的繁殖力强，在高严寒高干旱的情况下依然能够保持较高的出苗率，适应性极强，极易于栽培。菊芋的种植遍布在全球多个温度带，在干旱、贫瘠、高盐碱地区都有较为广泛的分布[213]，在我国各地有较为广泛的种植，但以西北干旱地区和一些滩涂盐碱地为主[214]。

随着经济的高速发展，人们的生产和生活对能源的需求量越来越大，尤其对清洁能源的需求量在急剧增加。菊芋含有大量的菊粉[215]，国内外专家学者探讨了如何利用菊粉发酵制取燃料乙醇的技术，发现发酵法制取乙醇是卓有成效的，很大程度上提高了转化率，降低了单位质量燃料乙醇的成本能耗[216]。由菊芋发酵制取燃料乙醇具有重大意义，菊芋在粮食作物难以生长的干旱、严寒、盐碱地区能够很好地生长，利用菊芋块茎可以很好地体现不与粮食争地、不与人争粮的要求。

南京农业大学海洋科学及其能源生物资源研究所菊芋研究小组的研究表明，菊芋的地上生物量非常大，菊芋产茎叶约 1.2×10^5 kg/hm^2 [217]，菊芋秆中纤维的平均长度约为 0.72 mm，比树木木质部的纤维素长度要短[218]，但是秸秆的生物结构并非均衡的，各部分的化学组成及纤维形态有很大的差别[219]，导致菊芋秸秆不能更好地像菊芋块茎那样直接进行发酵生产燃料乙醇。这对菊芋秸秆生物量的合理利用具有较大影响。国内外关于菊芋秸秆的研究较少，对菊芋茎叶秸秆的开发和利用率较低，所以将菊芋生物质秸秆直接燃烧是一种较为直接和行之有效的方法。

生物质固体燃料的研究进展中生物质固体成型燃料是利用生物质能的一个简易和行之有效的方法，生物质固体燃料的发展经历了一个漫长的摸索过程。近年来，美欧等发达国家主要以木质类的生物质为原料生产固体成型燃料，并且该技术趋于成熟，生产设备的研发也较为合理。欧盟的固体生物质燃料的年生产量在 450 万 t 以上，田宜水等研究表明截至 2009 年底，成规模的生物质固体成型燃料厂在国内有 300 余家，年生产固体燃料约 80 万 t，相当于节约了近 40 万 t 的标准煤，温室气体排放减少 80 多万 t。与煤炭等化石燃料燃烧相比，生物质秸秆的燃烧具有高挥发分、低灰分、几乎不含硫的特点，这在燃烧后烟气排放方面是非常有利于环境的，可以很大程度上降低氮氧化物和硫的氧化物的产生，对于减少酸雨的形成是至关重要的。但生物质秸秆中含有较高的碱金属和氯元素，燃烧过程中的灰熔点低，燃烧过程容易结渣腐蚀炉具。除此之外，生物质秸秆通常情况下密度较低，源头分散，收集期短促。常规情况下生物质含水量较高，不同生物质的特性往往还存有差别。这些不利的条件使得生物质能在收集、运输、储存及预处理等方面成本较高。

将不同的生物质原材料压缩成型，利用颗粒及颗粒内部的黏合力进行相互黏合成为致密的燃料块。这种黏合类型分为以下常见几类：①固体颗粒桥接；②非自由移动黏合剂的黏合力；③自由移动的表面张力和毛细张力；④分子间的范德瓦耳斯力和静电吸引力；⑤分子之间相互产生的嵌合力。

通常情况下对成型生物质原料的外部挤压力越大，所形成的生物质固体成型燃料块的密度也就越大。随着压力的增大，生物质固体粉末颗粒彼此相互挤压，产生摩擦放出热量，外来机械动力促使生物质固体颗粒间隙减小，粉末颗粒之间发生形变。高速转动的机械和生物质固体颗粒之间的摩擦产生的热量导致生物质粉末颗粒的一些化学组成成分如木质素、纤维素等发生流变和塑性变形，从而达到黏结，致密成型。尤其生物质固体原料里的木质素在高温挤压过程会在生物质粉末颗粒间隙发生流动，由于木质素是非晶体，不具备固定的熔点，但是在 80～120℃时木质素的黏合力在挤压过程中表现得非常明显，在冷却后即可较好地固化成型。

水分的含量也是影响生物质固体燃料成型效果的一个重要因素，一般在生物质原料里水分主要是以自由水和结合水两种方式存在。适量的水对于颗粒机高强度的机械挤压生物质粉末原料起到润滑的作用，能够减小摩擦力，增强颗粒之间的流动性，利于挤压成型。过高或过低的水分含量均不利于固体生物质原料的成型，含水率过低会导致生物质原料的摩擦力增大，对机器设备尤其是模具的磨损比较严重，生产效率较低，生产成本增高。含水率过高降低了物料之间的温度传递，并且在高速转动的机器里产生较高的温度，使一些水分产生汽化现象，气体堵塞模具产生“放炮”现象，并且挤压成型后的燃料块容易在出模具瞬间产生膨胀的弹性形变，使燃料块密度降低，产生开花表层，不光洁，且容易松散粉碎。

不同的模具、不同的成型机器、不同的原料等对含水率的要求也不尽相同，所以在国内外的一些文献报道中差异性也较大。在一定范围内，随着水分含量的增加，压缩密度也会增加。O’Dogherty 认为燃料压块的松弛密度会随含水率的升高以指数级下降，如式（11-7）所示：

$$r = a\mathrm{e}^{-cm_\mathrm{w}} \tag{11-7}$$

式中，m_w 为含水率；r 为松弛密度；a、c 为常数。

松弛密度下降对固体生物质成型燃料的黏合度和外表光洁度的提高有利，对于不同生物质原材料测定不同含水率条件下的成型情况，得出合适的水分含量范围是至关重要的，利用压辊颗粒机经过多次测验，发现水分在 8%～13%具有较好的成型密度和光洁外观。生物质粉末是不规则、非均匀、多成分的复杂混合物，对其水分或其他条件要求较为苛刻和复杂，需要综合考虑各方面的条件进行加工和生产。

挤压力对生物质原料的成型也有显著影响，由于生物质秸秆原料的成分较为复杂，其在挤压过程中形变量并非随着压力大小呈线性变化，而压力因素还会和温度、含水率以及原料成分等原因相互关联。例如，O’Dogherty 认为压缩物料可以理解为黏塑体，按照流变学的范畴把形变分为可恢复形变和不可恢复形变两种情况。不可恢复形变不会随时间的变化而变化，而可恢复形变在温度改变情况下会使生物质燃料块的密度发生不连续的变化。压力和密度的关系可以用以下两个方程式来表达：

$$P=c_1r^m\ (r<400\ \mathrm{kg/m^3}) \tag{11-8}$$

$$P=c_2(\ln r)^n\ (r>400\ \mathrm{kg/m^3}) \tag{11-9}$$

式中，P 为压缩力；r 为压缩密度；c_1, c_2, m, n 为经验常数，与物料特性，如生物质原料的成分、含水率、温度有关，需在具体的实验中确定其范围。

一般情况下对于压辊颗粒机，在生物质原料含水率为 8%～13%、压力为 100～150 MPa 下成型效果较好，密度能达到 1.0～1.25 g/cm^3。除此之外，成型还与具体生物质原料成分和模具规格有密切关系。例如模具较大时，在同等情况下生物质秸秆为原料的燃料成型所需要的压力要比禾草类原料的压缩所需要的压力高出很多。模具的长度、直径等针对不同原料所产生的摩擦力不同，由此产生的压力也就不尽相同。

除此之外，在压缩过程中成型效果还与填料量和粉碎程度有关。模具的形状和直径固定后，当填料量在颗粒机的进料仓的 1/4 以下时，燃料块的密度随着填料量的增加逐渐增大；当填料量超过颗粒机进料仓的 1/4 时，填料量对燃料块的密度影响就不再显著。燃料块的密度也受到模具形状和直径的影响，在给定的压力一定时，生物质原料在颗粒机里的压缩密度受模具的直径影响较为明显，如模具直径从 20 mm 减小到 10 mm，在模具里形成的燃料块密度便会减小 7%。原因是模具直径变小，生物质原料和模具的摩擦较大，导致压缩阻力变大，从而进一步降低了成型燃料块的密度。另外，不同形状的模具比较来看，圆柱状的模具有更好的成型效果，原因是在挤压过程中，非圆柱状的模具与圆柱状模具相比，更容易导致生物质粉末原料产生交错和折叠阻力。

添加生物质对混合燃料的燃烧参数也有影响。生物质秸秆中的主要化学成分是复杂的高分子有机物的复合体，如纤维素、半纤维素、木质素等，这些成分在不同的生物质中含量不同，即便是相同的生物质中，不同的部位，其化学成分的含量也是有较大差异的。按照元素来看，生物质秸秆中主要含有碳、氢、氧、氮、磷等元素，一般还有少量的硫元素。其中碳、氮、硫多数在燃烧过程产生极少量的二氧化碳、二氧化氮、二氧化硫等酸性气体。除此以外生物质秸秆相对于煤炭来说含有较高的钠、钾、镁等金属元素，这些元素经过燃烧多数成为灰分或者形成熔融物附在燃炉内壁上，对炉具有较大的腐蚀性。

煤炭是不可再生的化石燃料，主要的化学元素是碳元素，除此之外还有较高的氧、氮、硫元素，在燃烧过程中产生较多的灰分烟尘，以及大量的二氧化氮和二氧化硫，这对环境的污染尤为严重。生物质秸秆和煤炭按照比例进行混合燃烧，是发展循环经济、缓解化石能源危机的有效办法之一[220]。生物质和烟煤进行混合燃烧能很大程度上减少氮氧化物和二氧化硫的生成，使其同时具备生物质秸秆和煤炭的优点，易于燃烧、燃点降低、烟气排放减少、灰分成分降低、灰熔点温度适宜、烟黑情况降低。生物质秸秆和煤炭混合燃烧是简易且行之有效的一种降低能耗、减轻环境污染的方法。并且各种种类的煤炭均能和不同的生物质秸秆进行混合燃烧，这也扩大了化石能源的使用范围，生物质在燃烧过程中也可以减少飞灰。生物质的燃烧过程包括燃料的干燥、挥发分的析出阶段、挥发分的燃烧阶段以及固定碳的燃烧。混燃可以降低煤炭中较高的硫、铝等难熔性的物质不利于燃烧的状况，减少灰分的生成。而且在烟气排放方面，添加生物质的混合燃料在酸性气体的排放量上有较为明显的降低，从而减少了二氧化硫的排放，尤其对于我国煤炭为主要燃料，并且煤炭中含有较大比例的高硫煤，生物质和煤炭的混合燃烧可以扩大对高硫煤的使用范围。但是不同的生物质原料的化学成分差异大，同种生物质秸秆的不同部位的成分差异性也较大，这使混合燃烧的结果较为复杂。世界各国尤其欧盟国家对生物质和煤炭混合燃烧的研究较为深入，我国研究者多是从固硫性、灰熔点、放热量等单一的燃烧特性方面对混合燃烧现象进行分析研究，为此加强生物质和煤炭尤其是劣质煤的研究至关重要[221]。

生物质与煤炭的混合燃料的燃烧首先是经过燃料的升温预热，可燃物进行干燥受热分解，使可燃性的挥发性的物质被释放燃烧，然后气相物进行燃烧，之后固定碳成分进行燃烧，产生大量的热，放出烟气，最终不可燃烧的金属物质和灰分沉积下来形成灰渣。气化过程通常要升温到 800℃以上，温度升高的速率对生物质混合燃料的挥发分的析出也有较为明显的影响，尤其生物质混合燃料在流化床或者煤粉炉中高温灼烧时，快速升温，快速分解挥发分形成火焰燃烧，进而有较快的燃烧速率和较好的燃烧效果[222]。

在放热量方面，生物质秸秆成分复杂，能量释放不均衡。对于生物质秸秆来说原料的热值以及木质素、纤维素的含量由上到下在逐渐增加，但是其半纤维素的含量在逐渐减少。生物质秸秆中的木质素、纤维素、半纤维素的含量会影响到生物质的能量释放，进而影响到混合燃料的放热。研究表明玉米芯和玉米秸秆在添加煤炭的情况下使混合燃料的燃点降低，提高了燃料的燃烧性能。对于混合燃料的燃烧，供氧量对燃烧效果有很大的影响，加大给风量可以导致燃料燃烧时与氧气结合得更充分，使热解出来的挥发成分充分燃烧，从而产生更高的热量。挥发分产生的热量通过辐射传导使下层或者内部的固定碳部分干燥加快分解，从而进一步提高燃料火焰的燃烧效率和温度。但是若是空气供应量较大，则过剩的空气会以对流的方式将热量带走，使着火的锋面温度下降，也会把部分燃料挥发出的可燃性气体带走，从而影响放热量。所以对于生物质和煤炭的混合燃料，在一定的范围内随给风量的增加着火锋面的温度峰值会提升，据统计在给风量为 12 m^3/min 时可以达到最高温度 960℃，但是随着给风量的不断增加，着火锋面温度会受到影响而下降[223]。

生物质煤炭的混合燃料中，绝大多数生物质中的钾、钠、氯等元素的含量都高于煤中的，挥发分的挥发温度要求较低，基本上在 600℃以上就开始挥发。我国国标灰化温度为 815℃，所以对灰分分析研究时，灰化温度控制在稍微低于 600℃是比较适宜的。生物质燃烧的灰渣与煤炭燃烧的灰渣相比，碱性金属氧化物的含量较高，灰熔点的温度较低，单一生物质燃料燃烧结渣性倾向大。目前大量的研究表明，生物质燃料燃烧的灰熔点对燃烧的炉具有较大的损害[224]。一些研究者将煤，以及将小麦秸秆、木材、树皮等生物质与煤掺混燃烧，研究结渣程度与其灰元素组成、特性及灰熔点，通过比较后发现，在生物质燃料所供应的能量占到总燃料燃烧放能的 1/5 时，生物质燃烧和煤炭燃烧的灰渣成分的化学结构基本相近，有较适宜的灰熔点。

生物质燃料中的钾元素经燃烧形成氯化钾和氢氧化钾。生物质中的氮元素挥发分析出速度比煤中的快得多，高温情况下相对较不稳定，易于挥发或与氧发生反应，在热化学转化的较早阶段就会以氮气、氮的氧化物形式进入烟气。氯元素与生物质中的碱金属容易发生反应，形成氯化物，氯元素的含量不仅仅影响到燃料燃烧后碱金属的量，而且会影响到烟气中酸性气体的量。对于硫元素，生物质秸秆中的含量是非常低的，但是煤炭中的含量非常高。研究表明，这些硫元素不仅可以以硫酸盐的形式熔融于灰渣中，更多的随着燃料的燃烧生成二氧化硫或者三氧化硫等酸性有毒气体排入大气造成污染。

生物质和煤炭混合燃烧能很大程度降低烟气排放过程中的污染，有大量研究者分析了不同生物质比例添加的影响，在生物质和煤炭的质量比为 1∶1 燃烧时可以使氮的氧化物转化率降低 2%～30%，因此一些发达国家将生物质与煤炭混合后供应给发电厂或者电气化设备厂作燃料[225]。对于高硫煤来说，添加生物质混合比传统的喷钙脱硫的方法有更为明显的效果，大多数的生物质燃料具有较高的挥发分成分，氮元素含量较低，硫的含量极低，在混合燃料的燃烧过程中，生物质的挥发分会导致燃料燃烧过程中需氧量较大，形成一个低氧区，从而大大减少了氮的氧化物和硫的氧化物的生成，降低了酸性气体 NO_2、NO、SO_2 的释放。研究表明以质量比 1∶1 混合燃烧对 SO_2 的转化率可以降低 10%～17%，由于不同的生物质和煤混合后化学组分还是有所差异的，以至于降低 SO_x、NO_x 的能力有所不同。研究表明，生物质中含氮、硫元素的量越低，挥发分的比例越高，对 SO_x、NO_x 降低的效果越显著[226]。

添加剂对生物质混合燃料优化的研究现状：在生物质固体混合燃料中加入添加剂，

可进一步优化燃料的燃烧状况，以减少生态环境的负担、提升经济效益[227]。国内外学者多数采用煤灰、$MgCO_3$、$CaCO_3$、高岭土、Al_2O_3、消石灰、石膏、$Ca(OH)_2$ 等作为添加剂。赵建海等利用煤飞灰加入 $Ca(OH)_2$ 浆液中形成 $CaSiO_3$，$CaSiO_3$ 具有较大的比表面积，每克 $CaSiO_3$ 的表面积为 100～300 m^2，单位质量的 $CaSiO_3$ 可吸附 SO_2 容量为 32，相比单一 $Ca(OH)_2$ 作吸附剂来说，吸附 SO_2 的能力提高了 5 倍以上[228]。NaOH、$CaSO_4$ 等添加到生物质混合燃料中在较低温的情况下可以对 SO_2 有较明显吸附作用，脱硫的效率可以达到 90%，同时这两种添加剂对于燃烧后的粉尘和烟黑也有较好的吸附作用。Davini 经探究发现，活性炭对生物质混合燃料燃烧后烟气中的 SO_2 有较好的吸附作用，也可以对混合燃料燃烧的硫化氢和氧化硫醇有催化作用，可以减少硫化物的生成[229]。Srinivasan 和 Grutzeck 利用沸石作为吸附剂对混合燃料燃烧的烟气中 SO_2 有明显的吸附效果，不过需要干燥的沸石才有较好的吸附酸性气体的效果[230]。

Robertson 等将锅炉灰渣、碱石灰、煤灰等混合添加到生物质混合燃料中，对二氧化碳的吸收有较好的效果[231]。添加生物质的混合燃料与二氧化碳反应后的酸度值大约为中性，燃烧后的物质适于制备水泥，实现能源的循环利用。Kastner 等经研究发现一些石膏、煤灰类添加剂对于混合燃料中煤炭的重金属有一定的吸附能力，尤其对重金属中的汞有吸附现象，只是原理尚在探究中[232]。赵建海等利用粉煤灰、石头粉末和氧化剂制备活性吸收剂，对二氧化硫、二氧化氮和汞的脱除效率分别为 98%、97%和 40%。

石膏、煤灰对混合燃料燃烧过程中烟气排放的酸性气体也有较好的去除效果。Rothenberg 等对石膏、煤灰等添加剂吸附烟气排放过程产生的苯类、芳香烃类等有机成分动力学进行分析研究，这些有机气化物在高温情况下可以被这些添加剂利用各自疏松多孔的物理结构和化学反应产生吸附，吸附能力随着温度的升高而增强[233]。国内外专家对生物质混合燃料结渣情况的研究也尤为重视。一些学者采用易得、价格低廉的石英砂、石膏、磷酸氢钙、氧化铝、石灰石、高岭土和粉煤灰等作为添加剂降低了结渣比例和速度。

添加剂的利用充分优化了生物质混合燃料燃烧的效果，对于能源的有效利用和环境保护有较为广泛的应用前景。

开发利用生物质能源可以部分有效替代煤炭的燃烧，缓解化石能源燃烧带来的环境压力。生物质固体燃料能源的利用是对可再生的生物质能最有效便捷的使用。菊芋秸秆资源的有效利用一方面减少了化石能源的使用，同时也改善了秸秆焚烧带来的能源浪费和环境污染。南京农业大学海洋科学及其能源生物资源研究所菊芋研究小组对沿海滩涂高能生物质秸秆固体成型燃料的研究，为农业生产、工业应用提供了重要的技术和理论支撑。其技术路线如图 11-128 所示。

菊芋以其优异的经济、环保、能源开发价值越来越受到国内外能源专家的重视[234]。本章节研究以能源植物菊芋、玉米、大豆、棉花等秸秆为原料，采用比较研究的方法，探讨不同农业秸秆固体成型燃料燃烧性能，为研究开发出燃烧性能好、环保标准高的新型生物质固体成型燃料提供理论依据。

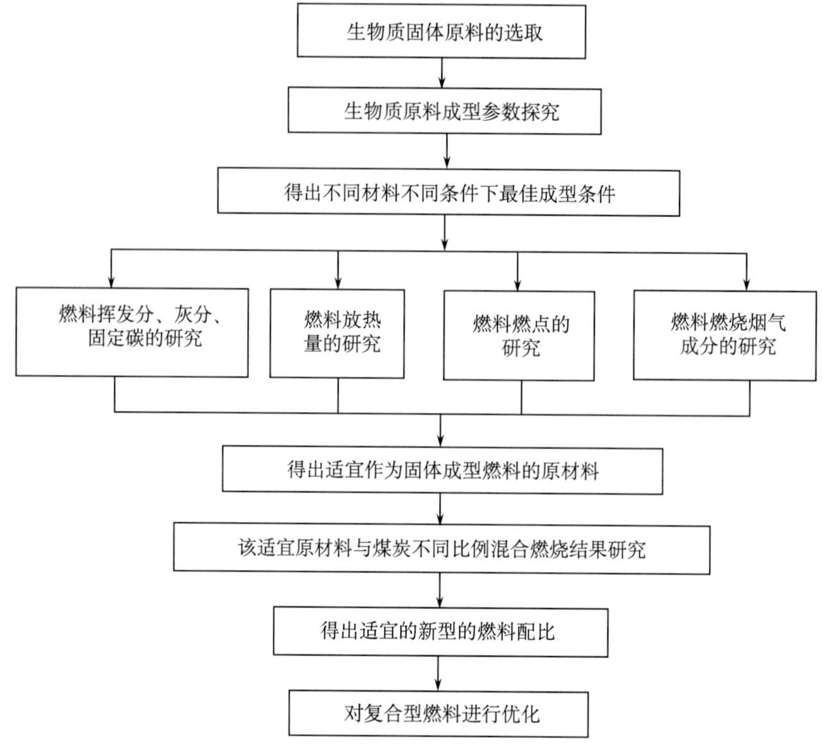

图 11-128　菊芋秸秆制作固体燃料研究技术路线示意图

11.3.1　菊芋秸秆生产固体燃料的核心技术研究方法

实验中所使用的生物质原料有菊芋秸秆、玉米秸秆、玉米芯、棉花秸秆、大豆秸秆，均收集于江苏省大丰市盐土大地工业园区周围的农田（表 11-44）。

表 11-44　实验材料

原料	品种	简称
菊芋秸秆	南菊芋 1 号	JAS
玉米秸秆	良星 4 号	CS
玉米芯*	良星 4 号	CO
棉花秸秆	冀 668	COS
大豆秸秆	吉育 59 号	SS

*玉米芯不属于秸秆，本书为方便表述，以下将其归入生物质秸秆类一同研究。

生物质固体成型燃料的制备：菊芋秸秆、玉米秸秆、玉米芯、棉花秸秆、大豆秸秆首先经过 SG50 型锤式秸秆粉碎机进行粉碎，然后选取颗粒直径为 0.3～0.4 mm（80～100 目）的生物质颗粒，置于向阳通风干燥处干燥 5～8 h 后以备用。

生物质秸秆粉末的湿度调节是在节能的前提下，选择在空旷场地进行晾晒。也可以用气流加热干燥装置进行干燥，气流加热干燥装置可以利用强大的气流对生物质粉末进行分散，调节气流大小和时间将生物质粉末的湿度调至合适的范围，在干燥过程具有干燥面积大、干燥效率较高、干燥效果理想的优点。同时气流干燥设备占地面积小，设备操作简单，便于完成与颗粒机形成联动的生产流水线。调节好湿度的原料经过传送带或者螺旋提升机将原料输送到颗粒机的原料进口。

生物质颗粒压缩成型是生物质固体成型燃料的核心环节，一般常见生物质压缩成型设备有以下三种：螺旋挤压颗粒机、活塞冲压颗粒机、压辊颗粒机。螺旋挤压颗粒机是研发最早的一款生物质压缩成型机，是利用锥形螺旋推进器对原料进行挤压推进成型。其优点是机器运行较为平稳，生产可以持续进行；缺点是配件磨损较为严重，换件成本较高。活塞冲压颗粒机是靠柱状活塞在压缩管往复运动对前面松软的生物质原料进行挤压或者冲压成型。活塞冲压颗粒机的优点是对生物质原料的水分含量要求不是太高，并且挤压出的生物质块状燃料的密度较高；缺点就是机器运行的耗能较高、噪声较大、磨损严重。压辊颗粒机的工作原理是利用压辊对其和模具间隙的生物质粉末原料进行转动挤压，使粉末的原料在模具里挤压成型挤出，在模具下端有切割刀对压缩出来的生物质颗粒燃料进行切割。压辊颗粒机耗能比前两类机器少，可以连续批量生产，噪声较小，是目前较为优良的一款生物质燃料加工装置。

生物质固体燃料生产工艺流程如图 11-129 所示。

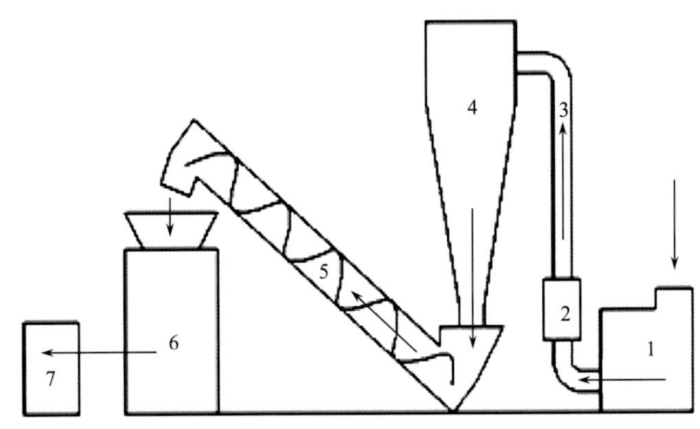

图 11-129 生物质固体燃料生产工艺流程

1. 粉碎机；2. 干燥装置；3. 管道；4. 沙克龙；5. 螺旋提升机；6. 颗粒机；7. 干燥箱

放热量的测定方法：采用 ZDHW-2010B 型微机压缩制冷全自动量热仪对以菊芋、玉米、大豆、棉花等生物质秸秆粉末为原料的固体成型燃料的放热量进行测定和探究。

具体的实验步骤如下：将氧弹芯挂放在氧弹的支架上，把铁坩埚烘干处理；对固体成型燃料试样记下质量[（1±0.01）g]，依次编号放入坩埚中进行测定研究；将点火丝接到坩埚支架（氧弹的电极杆）上并拧紧压轮将点火丝在电极杆上压紧，在压紧的点火丝上系上棉线，把带有试样的坩埚放在氧弹芯的坩埚支架上，并保证棉线与生物质固体燃料的试样接触良好；试样和点火丝装好后把氧弹的上盖平稳旋紧，放置在充氧器定位盘上，打开氧气瓶阀门，将低压表调至 2.8～3.0 MPa，使氧弹头对准充氧仪的气嘴，下压充氧手柄 30～45 s，直至压力为低压表指示，充足氧气后缓慢松开手柄，取出氧弹

（图 11-130）；把 ZDHW-2010B 型微机压缩制冷全自动量热仪通过注水孔向外筒注满水，开启外筒搅拌系统待温度恒定后，进行点火，系统的温度传感器对氧弹内燃料的放热量进行捕捉记录；对氧弹及支架进行清理，并等待到恒温系统的温度稳定后再进行新试样的操作。

图 11-130　氧弹

燃点的测定方法：采用 XTRD-5 型燃点测试仪对以菊芋、玉米、大豆、棉花等秸秆粉末为原料的固体成型燃料的燃点进行测定和探究。具体步骤如下。

（1）原样的处理

将生物质原样粉碎至颗粒度小于 0.2 mm 的分析样。

将分析样置于压力为 53 kPa 的干燥箱中，在 55～60℃条件下干燥 2 h 后，置于干燥器中备用。

（2）氧化试样

试样用双氧水处理：在称量瓶中取出 0.5～1.0 g 试样，用滴管滴入 0.5 mL/g 的双氧水，用玻璃棒搅匀，盖上称量瓶瓶盖，放于暗处 24 h，开盖在日光灯或白炽灯下照射 2 h，再放于压力为 53 kPa 的干燥箱中，在 55～60℃条件下干燥 2 h。

将 $NaNO_2$ 放于称量瓶中，在 105～110℃条件下干燥 1 h，取出冷却，存于干燥器中。

取上述已经干燥的氧化样品（0.1±0.01）g 于研钵中，加入经干燥后的 $NaNO_2$（0.075±0.001）g 轻轻研磨 1～2 min，将试样与 $NaNO_2$ 充分地混合均匀。

将试样放入石英玻璃管中加热，温度升至 200℃时打开电脑进入燃点测定程序，主界面显示蓝线表示炉温线，红线为样品对炉温之差，当试样燃烧后温度传感器自动判断样品着火点的温度，并进行记录。

灰分的测定方法：经过干燥的试样在高温马弗炉里进行灰化，先后分别在温度（550±10）℃和（815±10）℃的条件下灼烧至恒重，冷却至室温后称量，以剩余残留物的量与初始试样的质量比测算灰分含量。具体步骤如下。

对生物质固体成型燃料进行干燥处理，将生物质固体成型燃料放于玻璃培养皿中，在 100～105℃条件下干燥 5～8 h，每隔 30 min 取样称量直至恒重；

称取冷却至室温的干燥的生物质固体成型燃料试样 1.000 g 于灰皿中平铺均匀；

开启马弗炉，开始缓慢升温，将装有试样的灰皿送入温度不超过 100℃的马弗炉中，关上炉门并使炉门留有 15 mm 左右的缝隙；

当温度达到 500℃时恒温 30 min，再由 500℃升温至 815℃并恒温 60 min，然后关闭马弗炉开关，将灰皿及试样冷却至室温后进行称量。

$$A_{ad}=a/b\times 100\% \qquad (11\text{-}10)$$

式中，A_{ad}为生物质固体成型燃料的灰分含量；a 为灼烧后恒重残留物的质量；b 为生物质固体成型燃料的质量。

挥发分的测定方法：挥发分是生物质炭在隔绝空气下进行加热一定时间后，生物质原料中有机质受热分解释放出来的气体和液体蒸汽的总和。其实验原理是取一定质量的干燥试样，放于测定挥发分的坩埚中，在 908℃条件下，隔绝空气加热 7 min，以所失去的质量占原始样的百分数进行定义。

具体步骤如下：

对生物质固体成型燃料进行干燥处理，将生物质固体成型燃料放于玻璃培养皿中，在 100～105℃条件下干燥 5～8 h，每隔 30 min 取样称量直至恒重；

称取冷却至室温的干燥的生物质固体成型燃料试样 1.000 g 于挥发分坩埚中并盖好坩埚盖放于坩埚架上；

开启马弗炉，预先加热至 908℃，迅速将放有挥发分坩埚的坩埚架送入马弗炉中，关上炉门准确加热 7 min；

在炉门关闭 3 min 内恢复到(900±10)℃，并恒温至实验结束，后关闭马弗炉开关，将挥发分坩埚及试样冷却至室温后进行称量。

$$V_{ad}=(m-n)/m\times 100\% \qquad (11\text{-}11)$$

式中，V_{ad}为生物质固体成型燃料的挥发分含量；n 为灼烧后恒重残留物的质量；m 为生物质固体成型燃料的质量。

固定碳的测定方法：固定碳是在高温下有效碳素的百分含量，其测量方法是计算干燥后的固体生物质燃料去除灰分和挥发分后剩余的质量。

$$FC_{ad}=(1-A_{ad}-V_{ad})\times 100\% \qquad (11\text{-}12)$$

式中，FC_{ad}为固定碳的百分含量；A_{ad}为生物质固体成型燃料的灰分含量；V_{ad}为生物质固体成型燃料的挥发分含量。

烟气成分的测定方法：用德国产 J2KN 型烟气分析仪对固体成型燃料烟气成分进行分析测定，主要测定酸性气体如 NO_2、NO、CO、CO_2、SO_2、H_2S 和 C_xH_y。

$$c=(a\times M/22.4)\times[273/(273+t)]\times(P/101325) \qquad (11\text{-}13)$$

式中，c 为气体污染物的质量浓度，单位为 mg/m^3；a 为气体污染物的体积浓度，单位为 ppm；M 为污染物的相对分子质量；P 为大气压力，单位为 Pa；t 为环境温度，单位为℃；22.4 为标况下（0℃，101.325 kPa）的气体体积，单位为 L/mol。

具体步骤如下：

打开烟气分析仪进行预热，选择燃料类型，待 1 min 自校准结束后，仪器切换到测量模式。

在燃烧炉引燃固体生物质燃料，校正烟气分析仪的压力状况，待燃烧稳定后将烟气分析仪采样探管插入烟道中，使热电偶和烟气环境充分接触。确认采样器的探管处于烟道气的中心点（采样器的探管顶端处于烟气最高温度区域），开始测量；

让样气传输和内置传感器之间电化学反应充分进行。等到数值不再变化了才可以记录。如果数值波动范围超过 2 mg/L，则说明烟道中的压力不稳定；

记录结果，打印数据。

11.3.2　不同生物质固体成型燃料燃烧参数的研究

南京农业大学海洋科学及其能源生物资源研究所菊芋研究小组率定了不同生物质固体成型燃料燃烧基本参数。

1. 固体成型燃料燃烧放热量的研究

以菊芋、玉米、大豆、棉花等生物质秸秆粉末为原料的固体成型燃料的放热量测定结果如图 11-131 所示。由图 11-131 可知，以 5 类常规农作物生物质秸秆为原料的固体成型燃料的放热量均比较高，以菊芋秸秆、棉花秸秆、玉米芯、大豆秸秆和玉米秸秆为原料的固体成型燃料的放热量分别为 18460 J/g、17931.5 J/g、16475.1 J/g、15866.1 J/g、15686.3 J/g，放热量由大到小依次为以菊芋秸秆为原料的固体成型燃料>以棉花秸秆为原料的固体成型燃料>以玉米芯为原料的固体成型燃料>以大豆秸秆为原料的固体成型燃料>以玉米秸秆为原料的固体成型燃料。

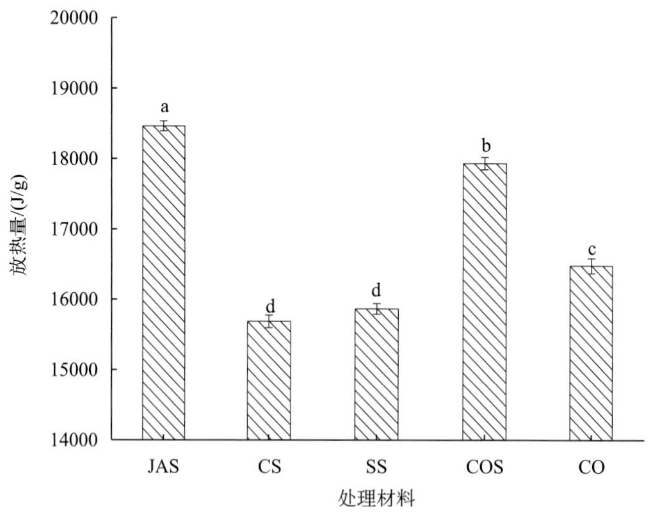

图 11-131　不同生物质固体成型燃料的放热量

JAS. 南菊芋 1 号秸秆；CS. 良星 4 号玉米秸秆；CO. 良星 4 号玉米芯；COS. 冀 668 棉花秸秆；SS. 吉育 59 号大豆秸秆。下同

2. 固体成型燃料燃点的研究

以菊芋、玉米、大豆、棉花等生物质秸秆粉末为原料的固体成型燃料的燃点测定结果如图 11-132 所示。由图 11-132 可知几种生物质固体成型燃料的燃点均较低，以菊芋秸秆为原料的生物质固体成型燃料的燃点最低，为 238.2℃，较高的是以棉花秸秆为原料的生物质固体成型燃料，为 291.1℃，以玉米芯和玉米秸秆为原料的生物质固体成型燃料的燃点几乎相同，约为 259℃，以大豆秸秆为原料的生物质固体成型燃料的燃点为 283.3℃。

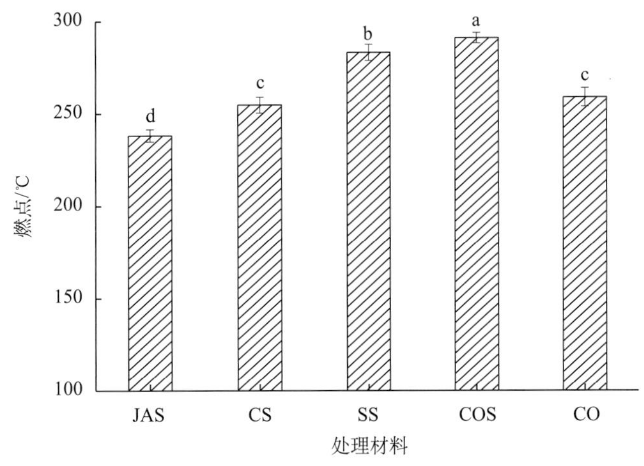

图 11-132　不同生物质固体成型燃料的燃点

3. 固体成型燃料燃烧灰分的研究

以菊芋、玉米、大豆、棉花等生物质秸秆粉末为原料的固体成型燃料的灰分测定结果如图 11-133 所示。对比这 5 类生物质秸秆为原料的生物质固体成型燃料，由图 11-133 可知灰分含量整体较低，以玉米秸秆为原料的生物质固体成型燃料的灰分含量为 3.82%，以菊芋秸秆为原料的生物质固体成型燃料的灰分为 3.97%，灰分含量较高的是以棉花秸秆为原料的生物质固体成型燃料，为 7.42%。

4. 固体成型燃料燃烧挥发分的研究

以菊芋、玉米、大豆、棉花等生物质秸秆粉末为原料的固体成型燃料的挥发分测定结果如图 11-134 所示。由图 11-134 可知挥发分含量较高，都在 60%以上，对比这 5 类生物质秸秆为原料的生物质固体成型燃料，以菊芋秸秆为原料的生物质固体成型燃料的挥发分最高，为 72.23%，以玉米秸秆为原料的生物质固体成型燃料的挥发分含量为总质量的 70.26%，挥发分含量较低的是以大豆秸秆和棉花秸秆为原料的生物质固体成型燃料，分别占总质量的 62.67%和 64.82%。

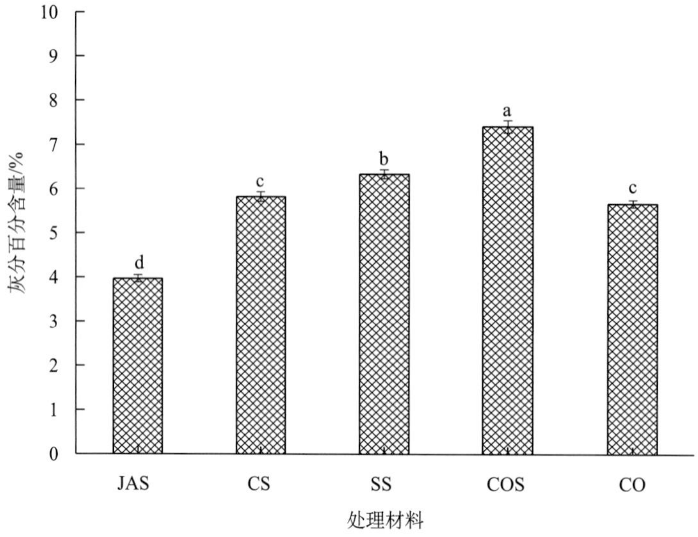

图 11-133　不同生物质固体成型燃料的灰分

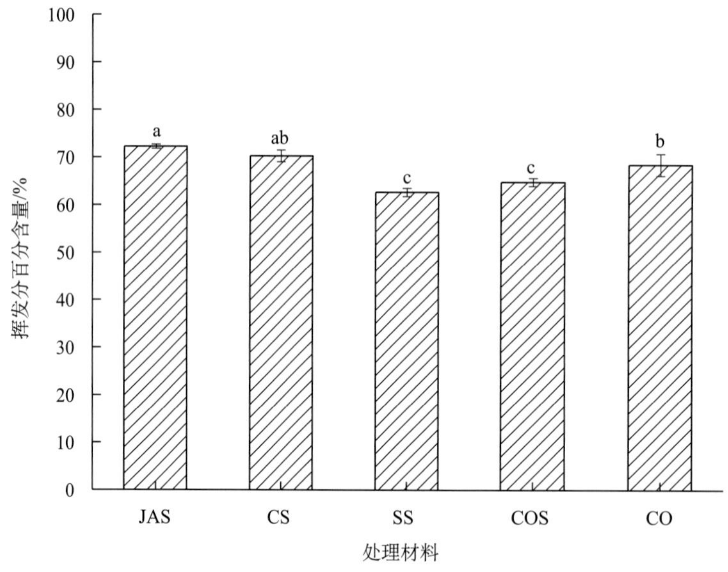

图 11-134　不同生物质固体成型燃料的挥发分

5. 固体成型燃料燃烧固定碳的研究

由图 11-135 可知，这 5 类以生物质秸秆为原料的生物质固体成型燃料的固定碳含量约为 25%，以大豆秸秆和棉花秸秆为原料的生物质固体成型燃料固定碳含量较高，分别为总质量的 29.12%和 27.76%。以玉米秸秆和玉米芯为原料的生物质固体成型燃料的固定碳含量为总质量的 25.63%和 25.76%，以菊芋秸秆为原料的生物质固体成型燃料的固定碳含量为总质量的 23.21%。

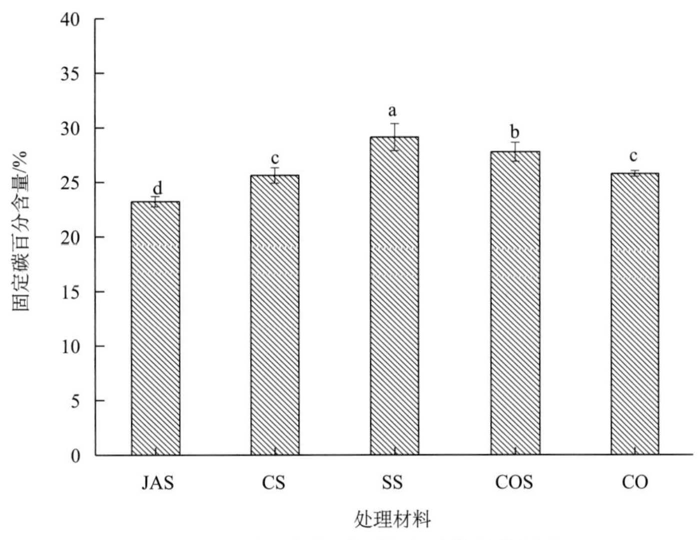

图 11-135　不同生物质固体成型燃料的固定碳

6. 固体成型燃料燃烧烟气成分的研究

将生物质秸秆加工的固体成型燃料于燃烧炉内燃烧，并在燃烧炉排气口接收烟气进行监测，烟气分析仪测定结果如表 11-45 所示。生物质秸秆固体成型燃料经燃烧后的烟气成分中，硫的氧化物、氢化物以及氮氧酸性气体化合物含量极低。由于是在燃烧炉内高温充分燃烧，生物质秸秆中的碳元素充分燃烧生成二氧化碳气体，二氧化碳的体积量大约为 20%，由于燃烧相对充分，生成的一氧化碳和其他碳氢化合物较少。几类燃料燃烧烟气的温度均在 110℃左右，其中烟气中一氧化碳的排放较低的是以菊芋秸秆为原料的生物质固体成型燃料，为 141 mg/m^3；氮的氧化物总量排放最低的也是以菊芋秸秆为原料的生物质固体成型燃料，为 15 mg/m^3，其次是以玉米秸秆为原料的生物质固体成型燃料，排放量为 23 mg/m^3，以棉花秸秆和玉米芯为原料的生物质固体成型燃料氮的氧化物排放总量为 38 mg/m^3 和 31 mg/m^3。几种燃料燃烧烟气中硫的氧化物和硫化氢的含量，以菊芋秸秆为原料的生物质固体成型燃料分别为 11 mg/m^3 和 6 mg/m^3，以玉米秸秆为原料的生物质固体成型燃料分别为 20 mg/m^3 和 11 mg/m^3，含量较高的是以大豆秸秆为原料的生物质固体成型燃料，分别为 17 mg/m^3 和 14 mg/m^3，以玉米芯为原料的生物质固体成型燃料硫的氧化物含量和硫化氢的含量分别为 23 mg/m^3 和 12 mg/m^3。

表 11-45　不同生物质固体成型燃料烟气成分分析

处理材料	室温/℃	烟温/℃	O_2/%	CO/（mg/m^3）	NO/（mg/m^3）	NO_2/（mg/m^3）	SO_2/（mg/m^3）	H_2S/（mg/m^3）	C_xH_y/（mg/m^3）	CO_2/%
JAS	27	111	6.6	141	6	9	11	6	57	20.3
CS	25	111	6.3	166	10	13	20	11	42	21.4
SS	29	122	5.6	189	14	16	17	14	37	20.8
COS	26	118	6.9	163	17	21	16	11	49	24.3
CO	28	107	7.2	154	16	15	23	12	55	24.3

南京农业大学海洋科学及其能源生物资源研究所菊芋研究小组的结果表明，以菊芋秸秆为原料的固体成型燃料的放热量为 18460 J/g，明显高于以玉米芯、大豆秸秆和玉米秸秆为原料的固体成型燃料的放热量，分别高了 1984.9 J/g、2593.9 J/g 和 2773.7 J/g，差异显著（$P<0.05$），说明菊芋秸秆在放热量方面是生产生物质固体成型燃料的一种优质的原料。菊芋、棉花、大豆、玉米秸秆加工的生物质固体成型燃料均已达到了二类烟煤的发热量标准（15490～19080 J/g）[235]。以菊芋秸秆为原料的生物质固体成型燃料的燃点为 238.2℃，明显低于以棉花秸秆和大豆秸秆为原料的生物质固体成型燃料，分别降低了 52.9℃和 45.1℃，差异显著（$P<0.05$），表明以菊芋秸秆为原料的生物质固体成型燃料在相同条件下比以棉花秸秆和大豆秸秆为原料的生物质固体燃料更容易点燃。菊芋固体成型燃料放热量高主要是由于其灰分含量低，挥发分、固定碳类的可燃成分比例高。生物质秸秆的碳元素含量低于煤，碳氢元素高于煤，有高于煤的 H/C、O/C，因此生物质秸秆有更高的挥发分含量，含碳量低导致生物质秸秆的放热量会低于煤炭。生物质秸秆的挥发分含量占到 70%左右，远高于普通褐煤（31%～45%挥发分），也高于普通烟煤（10%～44%挥发分）[236]，生物质固体成型燃料的灰分所占比例较低，低于褐煤（10%～50%灰分）、普通烟煤（9%～15%灰分）[237]。在可燃物系统内，不同组成成分发生化学反应可以自动加速而达到自然着火的最低温度。不同的生物质固体成型燃料之间燃点温度相差明显，单位质量放热量也有明显差别，这可能是由它们之间的碳、氢、氧含量不同造成的。生物质中所含化学元素主要是 C、H、O 和少量的 N、S，在燃烧过程中产生的污染性酸性气体量较小。大豆秸秆、玉米秸秆、棉花秸秆燃烧所产生的二氧化氮、二氧化硫等酸性气体的总和多于以菊芋秸秆为原料的生物质固体成型燃料。就整体气体排放来看，以菊芋秸秆为原料的固体成型燃料释放的烟气更加符合环保要求[238]。

综上所述，经过对几种以不同生物质秸秆为原料的生物质固体成型燃料在放热量、燃点、灰分、烟气排放等方面的比较，得出以菊芋秸秆为原料的生物质固体成型燃料具有放热量较高、燃点和灰分较低的特性。菊芋秸秆是生产加工生物质固体成型燃料的优良原料，加上菊芋的广泛种植，菊芋秸秆用于加工固体成型燃料存在较大的空间和较高的可行性。

11.3.3　菊芋秸秆劣质烟煤复合固体燃料的制备及燃烧性能研究

随着人类生产和生活水平的提高，不可再生的化石能源总量也在急剧减少[239]。同时，化石燃料燃烧带来的环境污染已严重威胁着人类的生存环境，因此，减少化石能源的消耗，开发可替代化石能源的新型能源势在必行。我国有丰富的生物质秸秆资源[240]，但是相当一部分农田秸秆被直接焚烧，产生的大量浓烟，造成严重的空气质量问题和环境污染问题，危及人们身体健康和交通安全。

菊芋（*Helianthus tuberosus*）是一种菊科（Asteraceae）向日葵属宿根性、高产、耐盐、抗旱、耐贫瘠的多年生草本植物，目前已广泛种植于中国山西、黑龙江、山东、江苏以及其他土壤贫瘠地区[241-243]。菊芋作为能源植物具有独特的优势，其优异的经济、环保和能源开发价值越来越受到国内外专家的重视[244]。菊芋地上部的秸秆高达 1～3 m，生物量极大，可作为生物质燃料加以利用。

烟煤是煤化程度较高的一类煤炭。外观呈灰黑色，相对较软，含碳量 70%～90%，不含腐殖酸。其燃烧性能高于褐煤，低于无烟煤。因其含有类似焦油状的沥青等物，燃烧时火焰长、烟气排放量较大[245]。热值较高，但燃烧尾气中酸性气体含量较多，主要用于火力发电、铁合金的冶炼等。

将生物质秸秆与烟煤混合燃烧，是开发利用清洁生物质能源的一种有效途径。文献表明，生物质与煤炭混合燃烧不仅可以减少生物质秸秆就地焚烧带来的资源浪费和环境污染[246]，还可以降低化石燃料的消耗。目前，菊芋秸秆与劣质烟煤混合制备新型燃料的研究鲜有报道。南京农业大学海洋科学及其能源生物资源研究所菊芋研究小组以菊芋秸秆与劣质烟煤为原料生产新型固体成型燃料，并在此基础上研究其燃烧性能，为研制开发燃烧性能好、环保标准高的新型生物质燃料提供理论依据。

1．菊芋秸秆劣质烟煤复合固体成型燃料的制备及燃烧性能研究方法

菊芋秸秆劣质烟煤复合固体成型燃料的制备及燃烧性能研究使用的仪器设备见表 11-46。

表 11-46　菊芋秸秆劣质烟煤复合固体成型燃料的制备及燃烧性能实验仪器

设备名称	型号	生产厂家
秸秆粉碎机	SG50 型	山东宇龙机械有限公司
沙克龙	—	山东宇龙机械有限公司
秸秆颗粒机	SKJ300	山东宇龙机械有限公司
螺旋提升机	LSJ190	山东宇龙机械有限公司
微机压缩制冷全自动量热仪	ZDHW-2010B	鹤壁市鑫泰高科仪器制造有限公司
燃点测试仪	XTRD-5	鹤壁市鑫泰高科仪器制造有限公司
智能马弗炉	JXL-620	鹤壁市华泰仪器仪表有限公司
微机水分测定仪	WBSC-5000F	鹤壁市华泰仪器仪表有限公司
碳氢元素分析仪	TQ-3A	鹤壁市淇天仪器仪表有限公司
烟气分析仪	J2KN	德国 RBR 公司
电子天平	BSSA224S	德国赛多利斯公司

菊芋秸秆劣质烟煤复合固体成型燃料的制备及燃烧性能研究所用材料见表 11-47。

表 11-47　菊芋秸秆劣质烟煤复合固体成型燃料的制备及燃烧性能研究实验材料

原料	品种/产地	简称
菊芋秸秆	南菊芋 1 号	JAS
烟煤	山西大同	BC

实验中所使用的菊芋秸秆收集于江苏省大丰市盐土大地工业园区周围的农田，大同烟煤采购于江苏省大丰市大丰港。

菊芋秸秆烟煤复合固体成型燃料的制备：将菊芋秸秆粉末（JAS）与大同烟煤粉末（BC）按菊芋秸秆粉末质量分数表示为 0%JAS（即 100%BC）、20%JAS、40%JAS、60%JAS、80%JAS、100%JAS 混合。经生物质固体成型燃料生产流程制备混合型固体燃料。生物质固体成型燃料生产流程为，用 SG50 型秸秆粉碎机、沙克龙将菊芋秸秆粉碎至颗粒直径为 0.3～0.4 mm（80～100 目）的生物质粉末，置于向阳通风干燥处自然干燥 5～8 h，将烟煤粉碎成 0.3～0.4 mm 的粉末，把不同比例的菊芋秸秆粉末和烟煤粉末混合搅拌均匀后，经螺旋提升机进料仓送至 SKJ300 秸秆颗粒机，生产出不同比例菊芋秸秆的混合型固体成型燃料。实验在盐城市海洋生物产业园固体成型燃料中试生产车间进行。

固体成型燃料元素测定如下。

含碳、氢元素量的测定：利用 TQ-3A 型碳氢元素分析仪对固体成型燃料原料的碳元素进行测定，步骤是将第一节炉温控制在（850±10）℃，第二节炉温控制在(800±10)℃，并保证第一节与第二节炉紧靠，第三节炉温控制在(600±10)℃。将预先粉碎的燃料试样进行充分干燥，准确称量 0.0002 g，将其平铺在燃烧舟内，在被测燃料上方铺一层三氧化钨。将气体吸收系统连接完好，保证装置气密性良好，以 120 mL/min 的速度通入氧气流，打开橡胶塞，把燃烧舟迅速放入并快速放入铜丝。保证氧气流的速度，第一分钟后开始向净化系统方向移动第一节炉，保证燃烧舟一半进入炉体，第二分钟将燃烧舟全部送入炉体。再过 2 min 后保证燃烧舟全部位于炉体并保温 18 min，把第一节炉复位，然后对吸收二氧化碳和水分的 U 形管进行称重，计算与最初的差值，以及试样中的碳氢元素含量。

$$C=0.2729/N\times100\% \tag{11-14}$$

$$H=0.1119\times(A-B)/D\times100\%-0.1119M_{ab} \tag{11-15}$$

式中，C 为燃料原料中碳元素的含量，单位是%；N 为分析试样的质量，单位是 g；H 为燃料原料中氢元素的含量，单位是%；A 为吸收水分的 U 形管的增重，单位是 g；B 为空白值，单位是 g；M_{ab} 为空气干燥试样的水分（按照 GB/T 212—2008 测定），单位是%；0.2729 为将二氧化碳折算成碳的因数；0.1119 为将水折算成氢的因数。

含氧量测定：氧元素的测定方法是先在氮气流中加热至 105～110℃进行煤和菊芋秸秆试样的干燥，热解管 500℃加热足够的时间使之在纯铜屑的净化系统中去除残留的氧气，然后把试样置于内部装有一段粒状纯碳和氢氧化锂的热解管中进行加热让试样中的有机物分解挥发，直至仅留下不含氧的残渣。挥发产物中含有以有机状态挥发出来的氧，用碳把这些氧转化成一氧化碳，用氢氧化锂对产生的一氧化碳进行净化，再把一氧化碳经氧化汞氧化为二氧化碳，溶有乙醇胺的纯吡啶吸收二氧化碳后，采用百里酚蓝为指示剂，再以甲醇钠的标准溶液进行滴定，以消耗的甲醇钠的量来计算二氧化碳的量进而求出氧气的含量。

含氮量测定：取菊芋秸秆和大同烟煤样品粉碎，装入信封，将样品放于干燥箱内 70℃恒温烘干 72 h，把试样经研钵混匀，经电子天平取样 0.1 g（精确至 0.0001 g），然后置于

100 mL 的消化管中，经 H_2SO_2-H_2O_2 充分消化后用流动分析仪测定菊芋秸秆和烟煤中氮元素的含量。

含硫量测定：采用库仑滴定法对燃料原料中的硫元素进行测定，具体步骤是在空气流中，将试样在 1100～1200℃条件下进行充分燃烧，使试样中的硫元素生成二氧化硫和三氧化硫，用电解 KI 和 KBr 生成的碘和溴滴定二氧化硫，再由法拉第电解定律，计算试样中硫元素的含量。

其化学式示意如下：

$$\text{煤} \longrightarrow SO_2\uparrow + SO_3\uparrow + \cdots\cdots$$

$$I_2 + SO_2 + 2H_2O \longrightarrow 2I^- + H_2SO_4 + 2H^+$$

$$Br_2 + SO_2 + 2H_2O \longrightarrow 2Br^- + H_2SO_4 + 2H^+$$

菊芋秸秆烟煤复合固体成型燃料燃烧放热量测定：采用 ZDHW-2010B 型微机压缩制冷全自动量热仪来测定菊芋秸秆-烟煤混合型固体成型燃料的放热量。

燃点测定：采用 ZDHW-2010B 型微机压缩制冷全自动量热仪对以菊芋、玉米、大豆、棉花等生物质秸秆粉末为原料的固体成型燃料的放热量进行测定和探究。

挥发分测定：挥发分是生物质炭在隔绝空气下进行加热一定时间后，在生物质原料中有机质受热分解释放出来的气体和液体蒸气的总和。其实验原理为取一定质量的干燥试样，放于挥发分测定的坩埚中，在 908℃下，隔绝空气准确加热 7 min，以所失去的质量占原始样的百分数进行定义。

灰分测定：灰分的测定原理为经过干燥的试样在高温马弗炉里进行灰化，先后分别在(550±10)℃和(815±10)℃的条件下灼烧至恒重，冷却至室温后称量，以剩余残留物的量与初始试样的质量比进行测定灰分含量。

固定碳测定：固定碳是在高温下有效的碳素的百分含量，其测量计算方法是把干燥后的固体生物质燃料去除灰分和挥发分的量剩余的质量。

烟气成分测定：用德国产 J2KN 型烟气分析仪对固体成型燃料烟气成分进行分析测定，主要测定酸性气体如 NO_2、NO、CO、CO_2、SO_2、H_2S 和 C_xH_y。

2. 菊芋烟煤复合固体成型燃料及其化学组成

不同比例菊芋秸秆的混合固体成型燃料外观如图 11-136 所示。

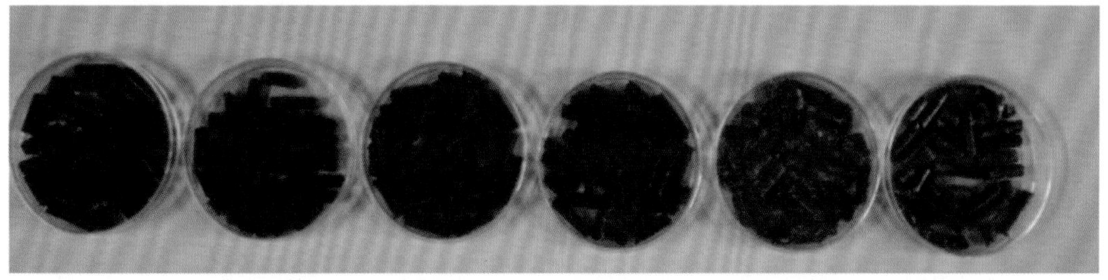

烟煤BC100%　菊芋JAS20% 烟煤BC80%　菊芋JAS40% 烟煤BC60%　菊芋JAS60% 烟煤BC40%　菊芋JAS80% 烟煤BC20%　菊芋JAS100%

图 11-136　不同比例菊芋秸秆的混合固体成型燃料

不同配比菊芋烟煤复合固体成型燃料化学组成分析结果见表 11-48。

表 11-48　菊芋秸秆、烟煤的化学成分分析　（单位：%）

项目	C	H	O	N	S
烟煤（BC）	78.6±4.56a	4.29±0.33b	4.65±0.61b	1.27±0.29a	2.93±0.51a
菊芋秆（JAS）	48.3±1.23b	6.94±1.01a	36.28±1.76a	0.75±0.23b	0.12±4.11b

注：表中数据为 3 个重复的平均值±标准差（SD），a、b 指在 5%显著水平下不同品种间的差异。

3. 菊芋秸秆-劣质烟煤混合型固体成型燃料燃烧性能研究

南京农业大学海洋科学及其能源生物资源研究所菊芋研究小组以菊芋秸秆与劣质烟煤为原料生产新型固体成型燃料，并在此基础上研究其燃烧性能，以期研制开发燃烧性能好、环保标准高的新型生物质燃料。

1）菊芋秸秆-劣质烟煤混合型固体成型燃料放热量的研究

纯菊芋秸秆固体成型燃料的放热量为 18460 J/g（图 11-137），而纯烟煤放热量显著高于纯菊芋秸秆放热量，其值为 23219.5 J/g。混合型固体成型燃料的放热量随秸秆比例的增高而呈下降趋势。40%菊芋混合固体成型燃料的放热量为 20883.5 J/g，而 60%、80%菊芋混合固体成型燃料的放热量仅为 18750.3 J/g 和 18532.3 J/g，大致与纯菊芋秸秆固体燃料的放热量相当（$P>0.05$）。

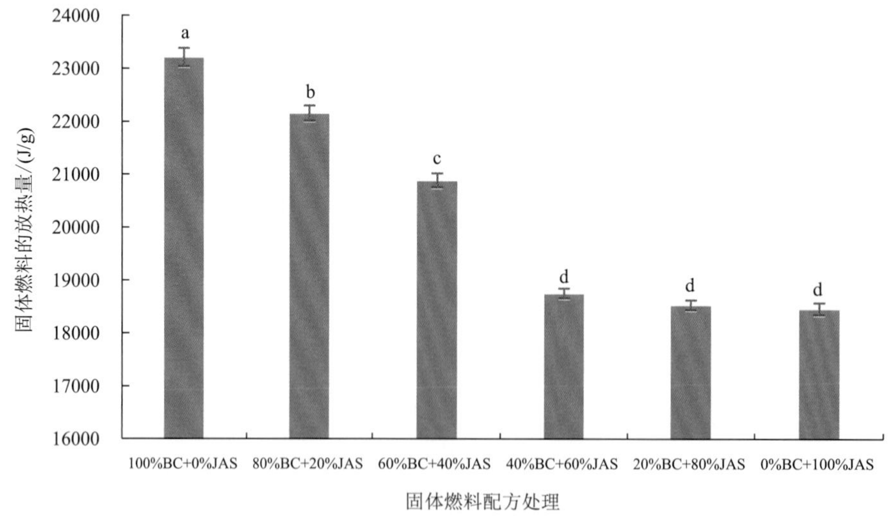

图 11-137　不同比例菊芋秸秆烟煤混合固体成型燃料的放热量

2）菊芋秸秆-劣质烟煤混合固体成型燃料燃点的研究

劣质烟煤的燃点为 317.3℃（图 11-138），而混合固体成型燃料的燃点显著低于纯烟煤，且随秸秆比例的增加而显著降低。20%菊芋混合固体成型燃料的燃点为 275.6℃，比纯烟煤的燃点降低了 41.7℃。40%菊芋混合固体成型燃料的燃点为 243.9℃，不仅大大低于烟煤燃点，而且仅比纯菊芋秸秆固体成型燃料的燃点（228.2℃）升高了 15.7℃。而 60%、80%菊芋混合固体成型燃料的燃点与纯菊芋秸秆固体燃料相当，其值仅相差 8.2℃和 2.3℃（$P>0.05$）。

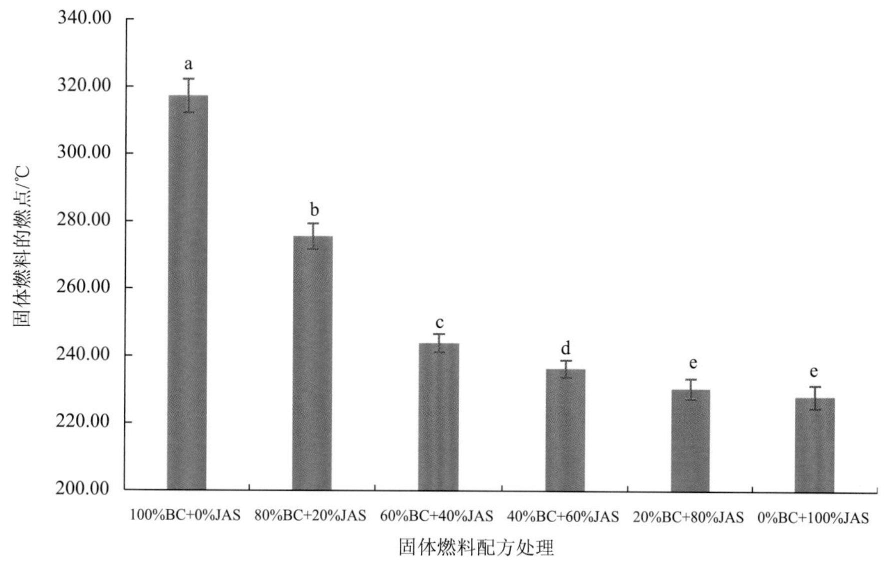

图 11-138　不同比例菊芋秸秆烟煤混合固体成型燃料的燃点比较

3）菊芋秸秆-劣质烟煤混合固体成型燃料挥发分的研究

纯菊芋秸秆固体成型燃料的挥发分含量为 67.11%，而纯烟煤的挥发分含量仅为 13.2%（图 11-139）。菊芋秸秆-劣质烟煤混合固体成型燃料的挥发分随烟煤比例的增高而逐渐降低。20%菊芋秸秆混合固体成型燃料的挥发分为 23.31%。40%菊芋秸秆混合固体成型燃料较纯烟煤的挥发分提高了 53.91%。80%菊芋秸秆混合固体成型燃料的挥发分为 57.49%，显著高于纯烟煤的挥发分（$P<0.05$）。

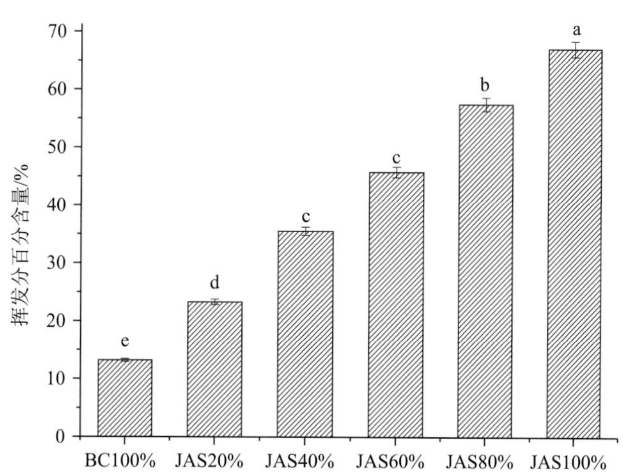

图 11-139　不同比例菊芋秸秆烟煤混合固体成型燃料的挥发分分析

4）菊芋秸秆-劣质烟煤混合固体成型燃料灰分的研究

纯菊芋秸秆固体成型燃料灰分的含量为 5.35%，而纯烟煤的灰分含量为 12.9%（图 11-140）。菊芋秸秆-劣质烟煤混合固体成型燃料的灰分含量随菊芋秸秆含量的增加而降低。20%、40%、60%、80%菊芋秸秆混合固体成型燃料燃烧后，其灰分含量较烟煤分别下降了 3.23%、3.81%、5.22%、6.15%（$P<0.05$）。80%菊芋秸秆混合固体成型燃料灰分含量为 6.75%，与纯菊芋秸秆固体成型燃料无明显差异（$P>0.05$）。

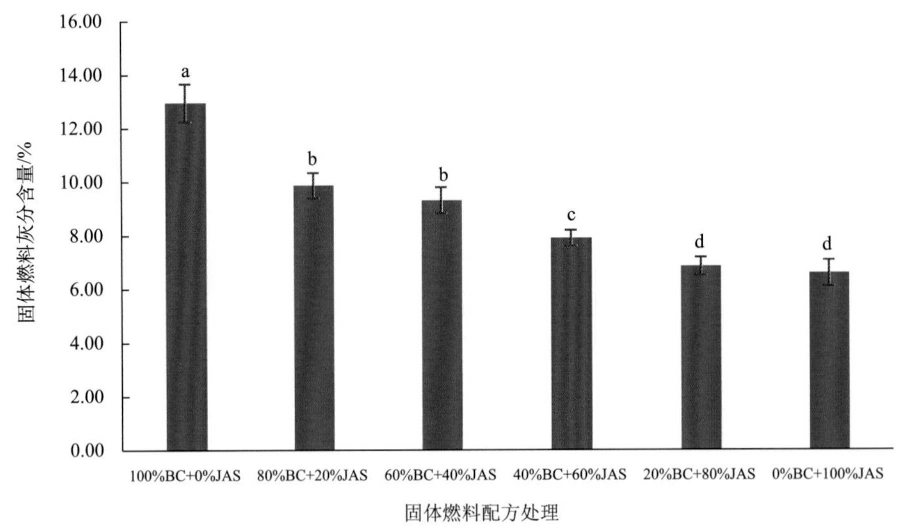

图 11-140　不同比例菊芋秸秆烟煤混合固体成型燃料的灰分比较

5）菊芋秸秆-劣质烟煤混合固体成型燃料固定碳的研究

纯菊芋秸秆固体燃料的固定碳含量为 19.33%，而纯烟煤的固定碳的含量高达 71.85%，菊芋秸秆-劣质烟煤混合固体成型燃料的固定碳含量随烟煤含量的增加而逐渐增加（图 11-141）。20%菊芋混合固体成型燃料的固定碳含量是纯菊芋秸秆固体燃料的 3.52 倍。40%菊芋秸秆混合固体成型燃料固定碳的含量为 51.76%，显著高于纯菊芋秸秆固体成型燃料（$P<0.01$）。80%菊芋秸秆混合固体成型燃料固定碳含量与纯菊芋秸秆固体成型燃料无明显差异（$P>0.05$）。

6）菊芋秸秆-劣质烟煤混合固体成型燃料烟气成分的研究

将不同比例的菊芋秸秆-烟煤混合固体成型燃料分别放入马弗炉内 900℃充分燃烧，并在排气口收集烟气进行检测（表 11-49）。混合固体成型燃料燃烧后，CO_2 的排放量随菊芋秸秆量的增加而递减。三类主要有毒酸性气体排放量方面，纯烟煤燃烧排放的酸性气体量分别为 135.2 mg/m^3(NO_2)、920.7 mg/m^3(SO_2)、766.1 mg/m^3(H_2S)；纯菊芋秸秆固体燃料燃烧时排放的三种酸性气体的含量仅为 39.7 mg/m^3(NO_2)、11.4 mg/m^3(SO_2)、16.9 mg/m^3(H_2S)，远低于烟煤燃烧后三种气体的产生量。20%菊芋混合固体成型燃料燃烧后，三种酸性气体含量与纯烟煤相比较分别下降了 18.34%、19.00%、14.87%（H_2S）。40%菊芋混合固体成型燃料燃烧后 NO_2、SO_2、H_2S 的排放量分别为 78.4 mg/m^3、503.7 mg/m^3、381.7 mg/m^3，较纯烟煤分别下降了 42.01%、45.29%、50.18%（H_2S）。菊芋秸秆添加量超过 40%时，混合固体成型燃料排放的酸性气体总排放量均明显低于纯烟煤燃烧时的烟气排放量（$P<0.01$）。结果表明，40%菊芋秸秆-烟煤混合固体成型燃料具有较环保的烟气排放效果。

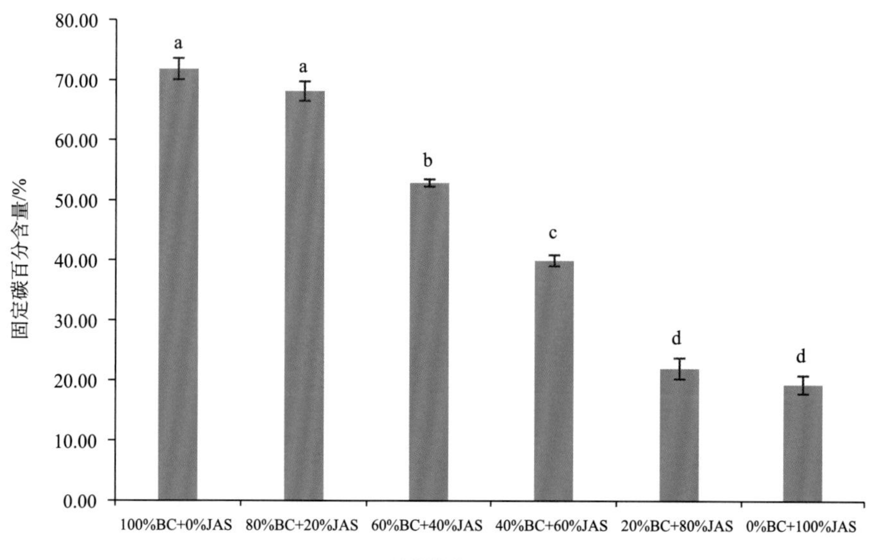

图 11-141　不同比例菊芋秸秆烟煤混合固体成型燃料的固定碳比较

表 11-49　不同比例菊芋秸秆混合固体成型燃料的烟气成分分析

不同比例固体混合燃料	烟温/℃	氧气含量/%	二氧化氮含量/（mg/m^3）	二氧化硫含量/（mg/m^3）	硫化氢含量/（mg/m^3）	二氧化碳含量/%
菊芋 JAS100%	110.9±3.65b	6.64±0.19a	39.7±2.13d	11.4±0.128f	16.9±2.36f	10.3±1.26e
菊芋 JAS80% 烟煤 BC20%	112.5±4.56b	6.34±0.25a	43.8±5.60d	178.9±6.35e	63.4±5.24e	11.4±3.52de
菊芋 JAS60% 烟煤 BC40%	114.2±2.80b	6.29±0.83a	56.4±4.55c	351.5±4.68d	228.4±4.26d	13.7±4.26cd
菊芋 JAS40% 烟煤 BC60%	113.3±0.61b	5.65±0.99b	78.4±3.81b	503.7±5.87c	381.7±5.48c	18.7±2.58b
菊芋 JAS20% 烟煤 BC80%	121.2±3.65a	5.21±0.16c	110.4±1.29a	745.8±9.25b	652.2±2.67b	24.6±3.12a
烟煤 BC100%	122.9±3.61a	5.19±1.60c	135.2±4.62a	920.7±7.25a	766.1±8.64a	25.8±5.47a

注：表中数据为 3 个重复的平均值±标准差（SD），a、b、c、d、e 指在 5%显著水平下不同品种间的差异。

烟煤作为热值较好的燃料广泛应用于冶金、热电厂，但是其在燃烧过程中产生大量烟尘和酸性污染气体，燃点、灰分也较高。菊芋是一种广泛种植的能源植物，具有高生物质量的秸秆，秸秆直接燃烧放热量低于烟煤，但是其燃烧的燃点较低、烟气成分环保。

将菊芋秸秆与烟煤混合的固体成型燃料，二者能够在燃烧性能方面进行优势互补，符合实际市场和环境保护对燃料的需求。

南京农业大学海洋科学及其能源生物资源研究所菊芋研究小组的研究表明，纯菊芋秸秆固体成型燃料的放热量为 18460 J/g，已达到二类烟煤燃烧的放热量标准（15490～19080 J/g）[247]，其放热量优于以玉米秸秆、大豆秸秆为原料的固体成型燃料。而 40%菊芋混合固体成型燃料放热量达到了 20883.5 J/g，高于玉米秸秆与粉煤混合的放热量，符合热电厂对燃料热值的需求[248]。40%菊芋的混合固体成型燃料，燃点降低尤为显著。菊芋秸秆较高的氢含量对混合固体成型燃料的燃烧放热有促进作用。单位质量的燃料放热量和燃点是衡量燃料燃烧性能的重要指标[249]。挥发分、固定碳是燃料燃烧的主要物质[250]，灰分不仅对燃烧不产生任何积极效应，而且燃烧后主要是融成炉渣或被高温烟气带出形成烟尘[251,252]。混合固体成型燃料对灰分有降低作用，烟煤中含有较高灰分，与菊芋秸秆混合后燃烧，可以减少灰分的释放，减少排放物中固体颗粒物和灰渣的形成[253]，这可能是由于菊芋秸秆中含有的碱金属 K、Na 对灰分的分解有促进作用。菊芋秸秆的纤维素和半纤维素的含量较高，其化学组成相对于烟煤来说有较高的 H/C、O/C，使其挥发分的比例较高。研究表明，挥发分含量越高越易燃烧，燃料燃烧过程中挥发分首先释放被燃烧，其次是挥发分带动固定碳进行燃烧[254]。因此，高挥发分含量的菊芋秸秆与烟煤混合的固体燃料会较容易点燃，很大程度上降低了混合固体成型燃料的燃点，进而降低了燃烧所需要的能量[255,256]。由于挥发分燃烧持续性不如固定碳好，而烟煤有较高的固定碳含量，在某种程度上与高挥发分的菊芋秸秆相混合可以改善放热量低的问题，二者可以实现优势互补，从而使 40%菊芋的混合固体成型燃料燃点降低显著，放热量依然较高。这与一些研究者研究的生物质固体燃料相比烟煤放热量明显提升有近似的趋势[257]。但是菊芋秸秆的添加量过多，菊芋秸秆中的纤维素、木质素等可能会热熔解后覆盖在烟煤的表面堵塞燃料表面的气孔而影响烟煤挥发分的释放[258,259]，进而影响放热量及放热效率。烟煤在燃烧过程中排放的酸性气体污染物较大，这是由于烟煤的化学成分中 S、N 的含量较高[260,261]，烟气中 NO_2、SO_2 和 H_2S 的排放量均比较高，对环境的污染较为严重，混合固体成型燃料燃烧在烟气排放上有很大的改良[262,263]。主要原因是菊芋秸秆的化学成分主要是 C、H、O 和极少量的 N、S[264]，纯菊芋固体成型燃料燃烧在烟气排放方面污染较小，烟气排放中的酸性气体成分极低。由于烟煤中固定碳的含量高于菊芋秸秆固定碳的含量，单位质量的燃料，烟煤含量越高，产生的温室气体二氧化碳也就越多[265,266]。40%菊芋混合固体成型燃料与纯烟煤相比，燃烧时酸性气体排放总量减少了近一半。混合固体成型燃料总体使可燃烧的挥发分和固定碳达到适宜的含量，使燃料燃烧更加充分平顺，产生的 H_2S 等气体量减少[267]，排放烟气更加环保。

南京农业大学海洋科学及其能源生物资源研究所菊芋研究小组经过研究发现，菊芋秸秆是一种适合与高污染的燃料烟煤进行混合燃烧的生物质原料。40%混合固体成型燃料较好地优化了纯菊芋秸秆为燃料放热量低和挥发分含量过高、燃烧持续性低的问题，减少了纯烟煤较高燃点、烟气污染严重的问题。混合燃料为开发利用可再生能源菊芋秸秆提供了途径，对改善菊芋秸秆直接焚烧和废置对环境的破坏以及生物质能的浪费状况具有积极的作用。混合固体成型燃料的开发使用，既可减少不可再生的化石能源的使用，同时也保护了生态环境，缓解了温室效应，对保证农村可持续健康发展有重要意义。

11.3.4　固体燃料添加剂的选择与燃烧性能分析

我国处于经济迅速发展的时期，对煤炭、天然气、石油的消耗也在日益增加，这些不可再生能源的开发利用不仅仅带来了能源的危机，而且带来了日益严峻的环境污染问题，热力发电厂、工业锅炉、家用燃炉等燃烧设备向大气中排放大量的二氧化硫、二氧化氮等酸性气体，带来了较为严重的酸雨危害和光化学烟雾的污染问题。同时燃烧时产生的大量粉尘对空气质量的影响较大，这是造成 $PM_{2.5}$ 超标污染的主要原因之一。有统计表明，我国 90%的二氧化碳、85%的二氧化硫和 75%的烟尘排放均来自煤炭的燃烧。

生物质能是一种可再生能源[268,269]，对环境友好[270]。依照现有能源结构，在煤炭中添加生物质是一种直接、有效的缓解能源紧张的方法。生物质秸秆和煤炭进行混合燃烧还可以规模化、工业化应用于发电、锅炉燃烧的环节。煤与菊芋秸秆混合燃烧，能够改善煤的燃烧性能[271]。菊芋秸秆生物质和烟煤在燃烧过程中挥发分比较容易释放，在高温情况下挥发的气相碳物质进入烟气，使烟气中带有大量的飞灰，这是粉尘产生的主要原因之一。灰分的含碳量的多少主要取决于挥发的碳颗粒度的大小和烟气的气流速度。秸秆生物质中碱金属的含量较高，导致灰熔点较低，容易产生结渣[272]，而灰渣会影响燃料燃烧的放热量[273,274]。灰渣的形成是造成锅炉腐蚀的一个主要原因，也是影响放热量的一个主要原因。

目前国内外对生物质混合固体燃料的研究非常重视，对于其燃烧容易结渣的问题，多数选择从原料的源头进行处理[275]，在原料内添加一些粉煤灰[276]、高岭土[277]、硅藻土[278,279]和石英砂等作为吸附剂，实验表明添加这些吸附剂对缓解生物质燃料结渣有一定的效果[280]。但是这些只是探讨单一吸附剂的添加对生物质燃料燃烧结渣的影响，并没有分析不同添加剂的差异和比较其他燃烧参数，因此南京农业大学海洋科学及其能源生物资源研究所菊芋研究小组进行了新型菊芋秸秆-烟煤混合固体成型燃料添加剂的研制，取得了一些重要的技术参数。

1. 混合固体成型燃料添加剂的选择与燃烧性能研究方法

本节以南京农业大学海洋科学及其能源生物资源研究所菊芋研究小组研制的40%菊芋秸秆和劣质烟煤为原料生产固体成型燃料为基础，添加不同的吸附剂，从放热量、烟气的成分、结渣率、灰分、灰熔点、烟黑等方面分析菊芋秸秆和劣质烟煤混合固体成型燃料的燃烧性能，研究不同吸附剂对菊芋秸秆和劣质烟煤混合固体成型燃料燃烧性能的影响，为研制开发燃烧性能好、环保标准高、对燃具腐蚀性低的新型生物质燃料提供理论依据。

新型菊芋秸秆-烟煤混合固体成型燃料添加剂的选择与燃烧性能研究使用材料见表 11-50。

表 11-50　新型菊芋秸秆–烟煤混合固体成型燃料添加剂的选择与燃烧性能研究实验材料

原料	品种/产地/标准	简称/分子式
菊芋秸秆	南菊芋 1 号	JAS
烟煤	山西大同	BC
碳酸钙	分析纯	$CaCO_3$
碳酸镁	分析纯	$MgCO_3$
三氧化二铝	分析纯	Al_2O_3
高岭土	分析纯	$Al_2(Si_2O_5)(OH)_4$

实验中所使用的菊芋秸秆收集于江苏省大丰市盐土大地工业园区周围的农田，大同烟煤采购于江苏省大丰市大丰港。$MgCO_3$、$CaCO_3$、Al_2O_3、$Al_2(Si_2O_5)(OH)_4$采购于国药集团化学试剂公司。

吸附剂的选择：菊芋生物质秸秆和烟煤化学组成比较复杂，在其混合燃烧的过程中，添加氧化钙对二氧化硫有一定程度的吸收作用，本实验选择具有常规吸附作用的$MgCO_3$、$CaCO_3$、Al_2O_3、$Al_2(Si_2O_5)(OH)_4$（高岭土）为吸附原料。研究表明当添加吸附剂的量在燃料中所占的比例为 1%、2%、3%时，随着添加吸附剂量的增加，吸附效果也提高。本实验选取 3%的添加剂混合 40%的菊芋秸秆和大同烟煤的混合生物质固体成型燃料，进行灰分、放热量、燃点、灰熔点、烟黑、烟气成分的分析。其中空白组为不添加任何吸附剂的 40%的菊芋秸秆和 60%大同烟煤的混合生物质固体成型燃料。

新型固体成型燃料的生产工艺：生物质固体成型燃料生产流程为用 SG50 型秸秆粉碎机、沙克龙将菊芋秸秆粉碎至颗粒直径为 0.3～0.4 mm（80～100 目）的生物质粉末，置于向阳通风干燥处自然干燥 5～8 h，将烟煤、Al_2O_3、$MgCO_3$、$CaCO_3$、$Al_2(Si_2O_5)(OH)_4$（高岭土）等吸附原料粉碎至 0.3～0.4 mm 的粉末备用，对菊芋秸秆粉末（JAS）、大同烟煤粉末（BC）按菊芋秸秆粉末质量分数表示为 40%JAS 混合后再添加占总质量为 3%的吸附剂混合均匀。经螺旋提升机进料仓将原料送至 SKJ300 型秸秆颗粒机，生产出不同比例菊芋秸秆的混合固体成型燃料。生产流程见图 11-128，实验在盐城市海洋生物产业园固体成型燃料中试生产车间进行。

添加添加剂的固体燃料灰分的测定：经过干燥的试样在高温马弗炉里进行灰化，先后分别在温度(550±10)℃和(815±10)℃的条件下灼烧至恒重，冷却至室温后称量，以剩余残留物的量与初始试样的质量比测定灰分含量。

添加添加剂的固体燃料结渣率的测定：燃料燃烧的结渣情况是研究燃料燃烧性能的重要的标准，测定方法是取 3～6 mm 粒度的试样和木炭，分别放入结渣性测定仪气化装置中恒定鼓风 0.1 m/s 情况下进行燃烧，待燃尽后冷却，筛选 6 mm 以上的渣块称量质量，计算出结渣率。

$$C_{lin}=m/M\times100\% \tag{11-16}$$

式中，C_{lin} 为燃料结渣率，单位是%；M 为总灰渣的质量，单位是 g；m 为筛选的 6 mm 以上的渣块质量，单位是 g。

添加添加剂的固体燃料放热量的测定：采用 ZDHW-2010B 型微机压缩制冷全自动量

热仪来测定菊芋秸秆-烟煤混合固体成型燃料的放热量。

添加添加剂的固体成型燃料烟气成分的测定：用德国产 J2KN 型烟气分析仪对固体成型燃料烟气成分进行分析测定，主要测定酸性气体如 NO_2、NO、SO_2、H_2S 等。

添加添加剂对烟黑的影响：燃料在进行加热过程中，由颗粒生成的挥发物会屏蔽在固体燃料表面，使之与氧脱离反应，进而影响燃烧的效果。这些挥发物随着烟气流动排出形成烟黑。烟黑的测定采用林格曼黑度测定比对的方法，将烟黑比色卡置于加热手柄控制的采样碳管的烟黑测定卡孔，开启烟黑测量泵，抽取 1.63 L 的样气，从加热槽中取出烟黑过滤片，对照烟黑对比卡，读出不透明的级别，重复 3 次，取平均值。

添加添加剂对灰熔点的影响：燃料燃烧的灰熔点与其结渣之间的关系非常密切，灰熔融的燃烧特性也决定了燃料燃烧过程产生的融渣沉积与结渣对燃烧炉具的危害程度，研究生物质原料与劣质烟煤混合燃料燃烧的灰熔点对工业生产有非常重要的理论和现实意义。灰熔点的测量是依据 GB/T 219—2008《煤灰熔融性的测定方法》进行操作。

实验步骤如下：

将糊精（化学纯）10 g 溶于 100 mL 的蒸馏水中配成溶液备用；

按照 GB/T 212—2008 规定将固体燃料完全灰化，将灰样粉碎至颗粒度小于 0.2 mm 备用；

取 1～2 g 灰试样于玻璃板上，用数滴糊精粉溶液润湿调制成膏剂放于灰堆托板模具中塑性制备三角锥体，要求三角灰锥呈高 20 mm、底边长为 7 mm 的正三角形，锥底的一个侧面垂直于托盘底面；

把灰堆放在 60℃的环境下烘干 30 min，然后把灰堆置于灰堆托盘上，放于事先填满还原性碳粉的刚玉舟上；

打开炉膛将刚玉舟送入炉内，使灰堆高点紧挨热电偶（相距 2 cm 内）；

关上炉盖开始升温，在 900℃以下时控制温度升高速度为 15～20℃/min，900℃以上时控制温度升高速度为(5±1)℃/min；

随时观察记录灰堆的形变，记录灰堆的 4 个熔融特性温度：变形温度（DT）、软化温度（ST）、半球温度（HT）和流动温度（FT）；

待全部灰堆达到流动温度后或炉温升高至 1500℃时断电，结束实验。

2. 添加剂对新型固体成型燃料燃烧性能的影响

本部分主要介绍南京农业大学海洋科学及其能源生物资源研究所菊芋研究小组在添加剂对新型固体成型燃料燃烧产生的灰分、结渣率、放热量、烟气组分等性能参数影响方面的研究成果，以评价其研制的以菊芋秸秆为原料的新型环保固体炭棒。

1）添加剂对新型固体成型燃料燃烧灰分的影响

前面已介绍 40%菊芋混合固体成型燃料的灰分含量为 9.09%，研究小组在此基础上添加不同吸附剂，发现对燃料燃烧所产生的灰分含量有一定的影响（图 11-142），添加 $CaCO_3$、$MgCO_3$ 使燃料燃烧的灰分含量降低，Al_2O_3 和高岭土使混合燃料中的灰分含量增加。$MgCO_3$ 对菊芋秸秆-劣质烟煤混合固体成型燃料的灰分含量降低量最为明显，使混合燃料燃烧的灰分含量降低到 7.03%，比混合燃料的灰分降低了 2.06%。添加 $CaCO_3$

吸附剂使混合固体灰分含量较烟煤下降了 0.98%（$P<0.05$）。Al_2O_3 和高岭土使混合燃料中的灰分含量分别增加了 0.6%和 1.01%。

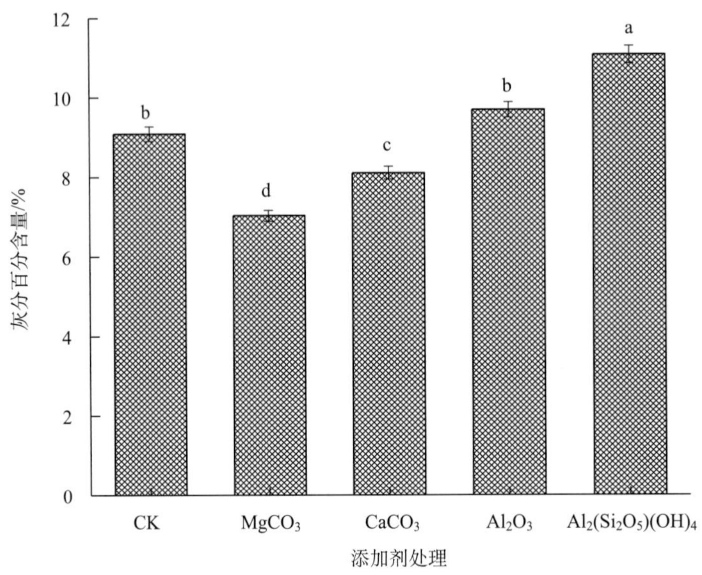

图 11-142　不同添加剂固体成型燃料的灰分

2）添加剂对新型固体成型燃料燃烧结渣率的影响

同样，添加吸附剂后对结渣率有很大的影响（图 11-143），不添加任何吸附剂的混合燃料结渣率为 35%，添加质量分数为 3%的 Al_2O_3、$CaCO_3$、高岭土、$MgCO_3$ 的混合燃料结渣率分别为 16%、8%、28%、2%。其中 $MgCO_3$ 对结渣率降低的影响最大，降低了

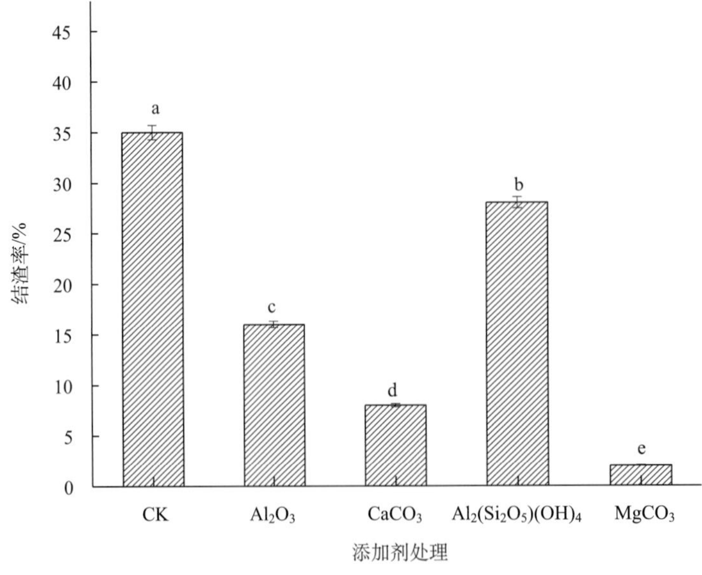

图 11-143　不同添加剂固体成型燃料的结渣率

33%，具有非常强的抗结渣能力。其次是 $CaCO_3$，其对熔渣结渣率的降低量较明显，比空白对照组降低了 27%（$P<0.01$），Al_2O_3 相对于空白组来说使结渣率下降了 19%，也存在明显的差异。添加高岭土相对于空白组来说仅使结渣率下降了 7%。

3）添加剂对新型固体成型燃料燃烧放热量的影响

添加吸附剂后对放热量略有影响（图 11-144），不添加任何吸附剂的混合燃料放热量为 20883.5 J/g，添加了质量分数为 3%的 Al_2O_3、$MgCO_3$、高岭土的混合燃料放热量分别为 20875 J/g、20787.4 J/g、20905.9 J/g，与空白组放热量差异分别是–8.5 J/g、–96.1 J/g、22.4 J/g。添加 $CaCO_3$ 的混合燃料放热量为 21043.2 J/g，相对于空白组来说有一定的提高，比空白组上升了 159.7 J/g。

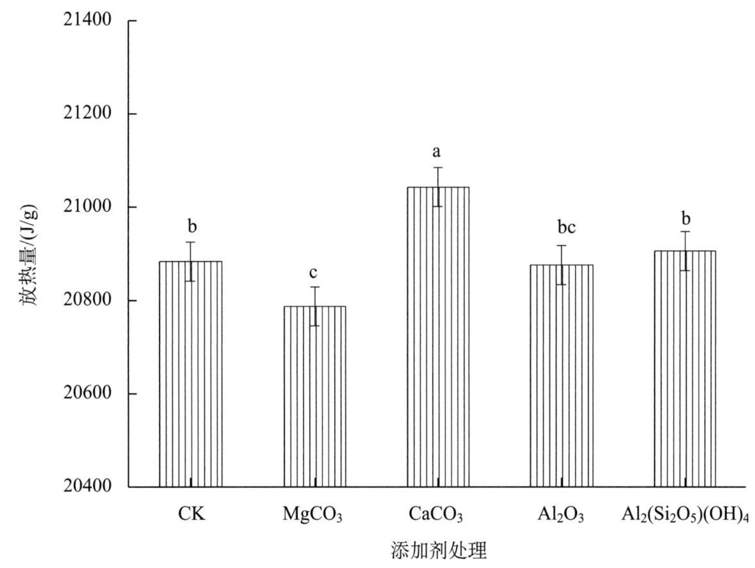

图 11-144　不同添加剂固体成型燃料的放热量

4）添加剂对新型固体成型燃料燃烧烟气成分的影响

将添加不同吸附剂的 40%菊芋秸秆-烟煤混合固体成型燃料分别放入马弗炉内 900℃充分燃烧，并在排气口收集烟气进行检测（表 11-51）。混合固体成型燃料充分燃烧后，Al_2O_3 对燃料 CO_2 的排放量基本无影响，$MgCO_3$、$CaCO_3$ 使 CO_2 的排放量有所降低，分别降低了 1.3%和 1.5%。$Al_2(Si_2O_5)(OH)_4$（高岭土）使 CO_2 的排放量相对于空白组降低最为明显。在烟温方面，添加吸附剂 $MgCO_3$、$CaCO_3$、$Al_2(Si_2O_5)(OH)_4$（高岭土）的均略有下降。

表 11-51　不同吸附剂的混合固体成型燃料烟气成分

处理	烟温/℃	氧气/%	二氧化氮/（mg/m^3）	二氧化硫/（mg/m^3）	硫化氢/（mg/m^3）	二氧化碳/%
空白组	114.2±2.80a	6.29±0.83b	56.4±4.55a	351.5±4.68a	228.4±4.26a	13.7±4.26b
Al_2O_3	115.6±5.34a	6.28±0.53b	53.2±3.67a	348.9±5.42a	230.4±5.98a	13.3±3.55b

续表

处理	烟温/℃	氧气/%	二氧化氮 /（mg/m^3）	二氧化硫 /（mg/m^3）	硫化氢 /（mg/m^3）	二氧化碳 /%
$MgCO_3$	100.3±3.55c	6.23±0.90c	38.1±2.94c	243.4±3.57d	178.4±3.67bc	12.4±4.63c
$CaCO_3$	108.3±3.89b	6.25±0.46c	36.4±5.33c	266.3±6.34c	166.7±5.99c	12.2±3.54c
高岭土	105.6±2.64b	6.56±0.58a	43.5±4.57b	279.6±5.36b	189.6±4.56b	11.6±1.44a

注：表中数据为 3 个重复的平均值±标准差（SD），a、b、c、d 指在 5%显著水平下不同品种间的差异。

三类主要有毒酸性气体排放量方面，空白组燃料燃烧后 NO_2、SO_2、H_2S 的排放量分别为 56.4 mg/m^3、351.5 mg/m^3、228.4 mg/m^3，添加 Al_2O_3 作为吸附剂的混合燃料在烟气排放方面对三类酸性气体的排放基本无影响。添加 $MgCO_3$ 的较空白组分别下降了 32.45%（NO_2）、30.75%（SO_2）、21.89%（H_2S），添加 $CaCO_3$ 的较空白组分别下降了 35.46%（NO_2）、24.24%（SO_2）、27.01%（H_2S）。二者对这三类酸性气体均具有显著的吸附效果。高岭土对这三类有毒气体的吸收也具有一定的作用，分别下降了 22.87%（NO_2）、20.46%（SO_2）、16.99%（H_2S），对有毒酸性气体的吸附能力低于 $MgCO_3$ 和 $CaCO_3$。

5）添加剂对新型固体成型燃料燃烧烟黑的影响

添加吸附剂对混合燃料燃烧的烟黑有一定的影响，从标准烟黑的比色卡可以看出空白组的烟黑指数为 6，添加 $Al_2(Si_2O_5)(OH)_4$（高岭土）吸附剂后烟黑指数为 5，吸附剂为 Al_2O_3、$CaCO_3$ 的烟黑指数为 4，添加 $MgCO_3$ 吸附剂的燃料燃烧后的烟黑指数为 3。添加剂对烟黑有吸附作用，可降低烟黑指数，尤其是碳酸盐类吸附剂的吸附效果较好（图 11-145）。不同吸附剂对烟黑的吸附能力为 $MgCO_3>Al_2O_3=CaCO_3>Al_2(Si_2O_5)(OH)_4$（高岭土）。

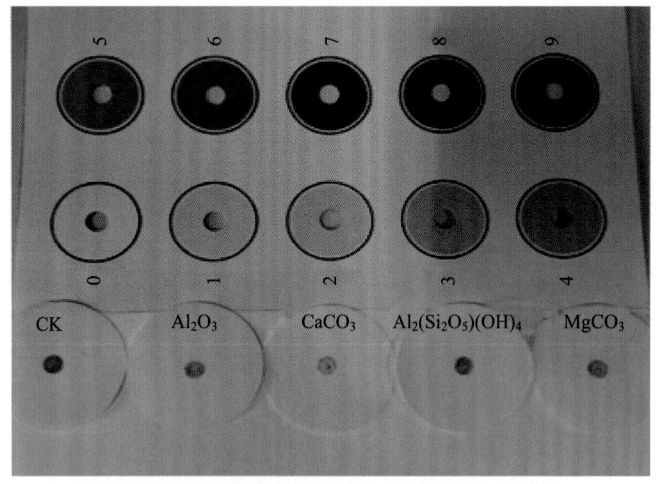

图 11-145　不同添加剂固体成型燃料的烟黑分析

6）添加剂对新型固体成型燃料燃烧灰熔点的影响

添加吸附剂对燃料燃烧的灰熔点影响的效果如图 11-146 所示，添加 $MgCO_3$ 使燃料的变形温度（DT）明显降低，较空白组降低了 40℃，添加 $CaCO_3$ 吸附剂的燃料变形温度（DT）也有一定程度的下降，较空白组下降了 32℃，添加 Al_2O_3 吸附剂的燃料较空白组略微下降，下降了 17℃，添加 $Al_2(Si_2O_5)(OH)_4$（高岭土）的燃料在变形温度上有所上升，大约高出空白组 5℃。对于软化温度（ST），添加 $MgCO_3$ 的燃料软化温度为 1343℃，高出空白组 9℃，添加 $CaCO_3$ 吸附剂的燃料软化温度为 1321℃，略低于空白组，添加 Al_2O_3 和 $Al_2(Si_2O_5)(OH)_4$（高岭土）吸附剂的燃料较空白组的软化温度均有所提高，分别提高了 2℃和 7℃，软化温度（ST）到半球温度（HT）各组基本呈现平顺的升温。对于流动温度（FT），较高的依然是添加 $MgCO_3$ 的燃料，为 1375℃，其次是添加 Al_2O_3 吸附剂的燃料，为 1363℃，添加 $Al_2(Si_2O_5)(OH)_4$（高岭土）的燃料和空白组流动温度几近相同，添加 $CaCO_3$ 吸附剂的燃料流动温度为 1344℃，相对最低。

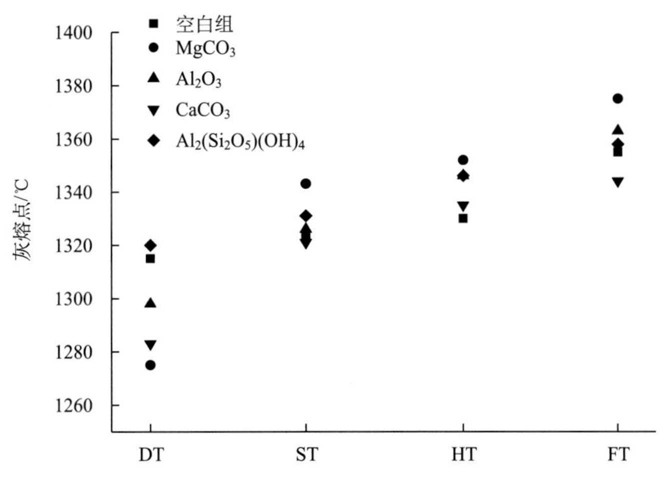

图 11-146　含不同添加剂固体成型燃料的灰熔点

DT.燃料变形温度；ST.燃料软化温度；HT.燃料半球温度；FT.燃料流动温度

南京农业大学海洋科学及其能源生物资源研究所菊芋研究小组优化了菊芋秸秆生物质添加的烟煤燃烧条件，选取不同吸附剂均以 3%的比例添加至 40%菊芋秸秆和 60%烟煤混合的燃料中。分别从结渣率、灰分、放热量、烟气成分、烟黑、灰熔点等几个方面进行比较研究，对比探讨添加不同吸附剂对燃料燃烧性能的影响，以寻求放热量高、烟气排放环保、抗结渣性能好的燃料，以适应实际市场和环境保护对燃料的需求。

南京农业大学海洋科学及其能源生物资源研究所菊芋研究小组的研究成果表明，以活泼的金属氧化物作为吸附剂可以有效地降低灰分的比例，钙和镁等元素对于灰分的分解和降低结渣率有显著的效果，菊芋生物质秸秆中碱土金属含量相对较高，若单独进行菊芋秸秆生物质的燃烧，其灰熔点会相对较低，易产生结渣并腐蚀受热面，对燃炉的炉壁破坏较重，生物质、煤吸附剂进行混合燃烧会降低灰渣的生成[281]。进一步验证了国内外研究添加吸附剂降低煤炭、玉米秸秆生物质固体燃料结渣结果，添加适量的添加剂可以在一定程度上减轻结渣问题。尤其添加 $MgCO_3$ 的燃料几乎可将结渣率控制在 3%以内，添加 $CaCO_3$ 的燃料结渣率也能控制在 10%以内，抗结渣能力显著。添加 $Al_2(Si_2O_5)(OH)_4$

（高岭土）的燃料在抗结渣率上仅略低于空白组，抗结渣能力不及添加 $MgCO_3$ 和 $CaCO_3$ 的燃料。考虑 $Al_2(Si_2O_5)(OH)_4$（高岭土）含有较多的 Si，形成的灰分含量也较高，Si 和菊芋秸秆固有的碱土金属或其他金属元素结合形成较低熔点的金属混合体，进而抵消了结渣能力。添加 Al_2O_3 的燃料对燃料的结渣性有一定的阻抗作用，但是效果不如添加 $MgCO_3$ 和 $CaCO_3$ 的燃料。

添加吸附剂后对放热量略有影响，不添加任何吸附剂的混合燃料放热量为 20883.5 J/g，添加 Al_2O_3、$MgCO_3$、高岭土的混合燃料放热量相比空白组均出现降低。考虑是这几种添加的吸附剂并不能直接燃烧，还要吸收能量参与其他一些反应。但是添加 $CaCO_3$ 的燃料放热量比空白对照组上升了 159.7 J/g。这很可能是 $CaCO_3$ 首先受热分解，然后生成的 CaO 与燃烧过程中燃料释放的水分进行结合生成 $Ca(OH)_2$，这个过程有一定的热量释放，对总的燃料来说放热量有所提升。这与一些学者研究的添加吸附剂对放热量无明显影响不尽相同。

添加不同吸附剂的 40%菊芋秸秆-烟煤混合固体成型燃料充分燃烧后，只有添加了 $MgCO_3$、$CaCO_3$ 对 CO_2 的排放量有所降低，估计是受热分解的碳酸盐进一步吸收了部分燃烧过程中产生的 CO_2 气体，添加的吸附剂 Al_2O_3 对燃烧过程的 CO_2 排放量无影响，高岭土对 CO_2 的排放量有较为明显的降低作用。主要是高岭土显碱性，在高温燃烧时可以和 CO_2 气体充分接触并发生反应，最大限度地吸收温室气体。添加 $MgCO_3$、$CaCO_3$、高岭土吸附剂的燃料燃烧过程均使烟温略有下降，由排烟带出的热量减少可以提升燃料的能源利用率。对于 NO_2、SO_2、H_2S 这三类主要的有毒酸性气体，除了添加 Al_2O_3 吸附剂对其影响不大，添加了 $MgCO_3$、$CaCO_3$、高岭土的燃料对该三类有毒气体吸收较为显著，主要是吸附剂分别与这三类酸性气体发生化学反应，产生硫酸盐或硝酸盐，这三类吸附剂对于减少烟气的污染有显著的效果。

烟黑和放热量以及燃烧烟气排放呈正相关，若燃烧不充分会产生部分没有充分燃烧的碳的小颗粒，不仅导致燃料燃烧放热量降低，还会伴随燃料燃烧产生粉尘或 $PM_{2.5}$ 过量排放的环境问题[282,283]，吸附剂能较为有效地降低燃烧速度，吸收部分气体，使燃料燃烧更加充分平顺，减少未燃烧的颗粒碳进入烟气，尤其碳酸盐类的吸附剂能较好地减少烟黑的排放。

燃料在充分燃烧的情况下燃烧炉具的局部高温使得燃料含有的部分金属高温熔融，再与燃料中的非金属类的硅、硫等元素进行反应形成黏性表面，随着温度降低进而冷却形成结渣的渣块。灰熔点的 4 个特征温度是判别结渣倾向的重要指标。在还原性氛围中若变形温度（DT）高于 1289℃则不易于结渣，在 1180～1288℃属于中等结渣，当变形温度低于 1107℃时为严重结渣。比对来看，添加 $MgCO_3$ 的燃料变形温度相对偏低，相对于空白组或添加其他几类吸附剂的更容易结渣。对于软化温度（ST）来说，当在 1260℃以上时均不容易结渣，抗结渣能力较好的是 $MgCO_3$、$CaCO_3$ 和高岭土，能够有效地防止和减缓结渣。研究表明，这与吸附剂结合原燃料尤其是菊芋秸秆中的钾、硅等元素形成高熔点、不易结渣的 $MgSiO_4$、$Ca_3Mg(SiO_4)_8$、$KAlSiO_6$ 等硅酸盐有关。吸附剂选取对灰渣的影响与上述结渣实验相一致。

南京农业大学海洋科学及其能源生物资源研究所菊芋研究小组通过上述研究，以质量比 40%菊芋秸秆和 60%烟煤为研究对象，添加不同的吸附剂进行燃烧特性实验研究。得出以下结论：对于减少灰分和降低结渣率，添加 $MgCO_3$、$CaCO_3$ 的抗结渣效果较好，添加高岭土吸附剂的燃料相对于空白组在控制灰渣灰分形成上效果不好；对于烟气排放的控制和烟黑度的降低，添加 $MgCO_3$、$CaCO_3$ 的燃料较好，添加 Al_2O_3 对烟气的影响极小；对于放热量，添加 $CaCO_3$ 有提高放热量的作用；对于灰熔点，除添加高岭土吸附剂对变形温度有所提升外，其他三类吸附剂对变形温度虽有降低作用但是依然控制在中等结渣程度的范围内；从添加剂的价格方面比较，$CaCO_3$ 的价格最为便宜，综合考虑在质量比 40%菊芋秸秆和 60%烟煤混合燃料中加入 3%的 $CaCO_3$ 作为吸附剂是抗渣性效果较好、吸收有毒烟气较显著、性价比较高的一种选择。新型混合固体成型燃料的开发使用，对化石能源的合理使用和生态环境的保护有积极作用和重要意义。

11.4　菊芋的产业链构建及其产业化

菊芋的产业链构建既具有坚实的技术基础，又具有广阔的市场空间与重大的社会效应，是一项牵动农业供给侧结构调整与建设美好农村、顺应我国社会主要矛盾变化的战略性工程，是事关国土安全新概念、粮食安全新拓展、能源安全新扩宽、环境安全新内涵的具有前瞻性与引领性的战略布局。

11.4.1　菊芋的产业链构建及其产业化的意义

我国盐渍土资源有 5.27 亿亩，依据土壤盐渍地球化学特征，共可划分为 8 个土壤盐渍区：滨海湿润-半湿润水浸盐渍区、东北半湿润-半干旱草原-草甸盐渍区、黄淮海冲积平原半湿润-半干旱耕作-草甸盐渍区、内蒙古高原干旱-半漠境草原盐渍区、黄河中上游半干旱-半漠境盐渍区、甘蒙新干旱-漠境盐渍区、青新极端干旱漠境盐渍区和西藏高寒漠境盐渍区。其中具有农业利用潜力的近 2 亿亩，占我国耕地总面积的 10%以上。我国盐碱地资源主要分布在 17 个省区，近期可开展农业利用的盐碱土地面积达 1 亿亩，挖掘潜力巨大。

非耕地新资源植物开发是盐渍土资源农业利用的重要途径。例如，以多聚果糖为储存物的菊芋、菊薯具有高抗逆性、低肥水需求、高光合效率、抗病虫害的特定性能，目标产品为菊芋、菊薯生产的初级品及其加工的功能性新资源食品。菊粉是动物与人类可不依赖胰岛素而吸收转化的多糖，为 21 世纪极具代表性的健康糖源食品，经生物转化可形成独特效应的高果糖浆、果寡糖等功能糖。引导农户发展菊芋种植，不仅能带动农民增收，也是发展现代农业生物技术产业的新举措，同时可加快盐渍土的修复。

11.4.2　菊芋的产品在国内外市场具有竞争力

根据国家发展和改革委员会的调查，目前食品产业使用的高纯度菊粉、高纯度低聚果糖大都依靠进口，目前我国每年对一些高纯度菊粉及果糖总需求量在 50 万 t 以上。据调查，我国目前菊粉的市场需求总量约为 40 万 t，每年需进口 20 万 t 菊粉；而国际上，比利时 Orafti 公司和 Warcoing 公司及荷兰 Sensus 集团子公司 CO-SUN 公司是菊粉主要生产公司，产量占世界菊粉产量的 97.0%。巨大的市场缺口、低廉的生产成本以及较大的价格优势，使该产品具有极大的市场潜力。随着人民生活水准的提高，各食品企业为使产品上档次，菊粉与果糖用量还会进一步加速增长，其中高品质菊粉的需求更加迫切。

糖尿病是近年来危害人类健康的重要疾病，患病率逐年提高。因菊粉是不依赖胰岛素而能转化的碳水化合物，可作为糖尿病患者的代用食品。国内外糖尿病患者是一个极大的菊粉消费群体，是菊粉的重要市场之一，而中国的市场还未打开，中国的食品加工厂商正在将目光瞄向新型糖源——菊粉的开发与利用。

菊粉可以有效降低人体的血糖含量，促进双歧杆菌的生长，增强人体的免疫力，促进人体对钙的吸收，这对儿童与老人的健康十分有益。我国儿童与老人是菊粉另一消费群体，具有巨大的市场潜力。

菊芋、菊薯富含膳食纤维，可减少便秘。因人类胃中没有菊粉酶，食用的菊粉与低聚果糖有 89%～97%进入小肠，并在肠道中由以双歧杆菌与乳酸杆菌为主的肠道微生物区系完全发酵。

菊粉首先是能促进双歧杆菌增殖，其次是作为钙的吸收促进剂及非水溶性膳食纤维，热量低于 1cal/g，溶解性极好，特别容易分散于饮料、牛奶、酸乳和乳制品中；加入菊粉后的牛奶、酸奶、乳品饮料等低脂食品具有与全脂产品相同的口感。研究表明，每日摄食 10 g 菊粉对控制体重、改善肠道功能、防治一些疾病、肌体失调以及老年病征很有帮助。

菊粉有利于维生素合成，促进矿物质吸收，明显提高抗体活力，增殖细胞及提高 NK 细胞活性，有增强人体免疫功能、提高人体免疫力的作用。

菊粉还有排毒养颜功能，人体内的有害物质主要有氨、硫化氢、胺类、酚等，会造成口腔异味、唇舌溃烂、肌肤缺乏弹性、毛发干枯、便秘腹泻、颜面生痘、体弱多病等症状。服用菊粉可排出体内毒素，减轻肝、肾等脏器负担。菊粉协同双歧杆菌作用，形成直肠排便反射，起到排毒作用。

菊粉特有的膳食纤维能改善脂质代谢，降低血液中低密度脂蛋白，提高高密度脂蛋白，间接降低血脂、胆固醇及脂肪。菊粉不易被人体吸收，不会由糖-脂代谢途径合成脂肪，从而达到减轻体重的效果。

菊粉还可防止龋齿：菊粉不易使龋齿病原菌凝集，其在齿轮面上形成的乳酸量比蔗糖低 23%～50%，龋化率远远低于蔗糖。

因此菊粉市场定位在提供优质健康生活的健康食品产业，直接把菊芋块茎晾干磨成粉，可掺和到小麦或黑麦面粉中加工成面包，以提高面包的内在品质与感官评价，提高面包碎屑的柔软度，增加面包发泡，延长面包存储时间。菊粉是冰淇淋、夹心巧克力及糕点中的增稠剂。菊芋块茎也可以直接食用，包括生食如做成沙拉、腌制成咸菜或煮熟食用。菊粉目前主要面向国内食品加工市场，并通过后期开发生产一系列的健康食品打开国际市场，市场前景广阔。

11.4.3 我国菊芋产业发展

菊芋产业是一个新兴的朝阳产业，其一，菊芋产业首先是一个生物质能源产业，能源问题在全世界各地都是一个发展瓶颈，在我国，这个问题很突出，化石能源进口比例多年居高不下。菊芋作为特殊的耐贫瘠、耐盐、耐旱、生物量大的植物，较大多非粮作物如木薯、马铃薯和甜高粱具有明显优势。其二，菊芋是事关国家粮食安全的重要产业，是新型功能食品产业。联合国世界粮食安全委员会定义菊芋是 21 世纪人畜共用作物，菊芋曾经作为粮食，但随着生活水平的提高，已经很少有人食用菊芋了，但一旦粮食安全出现问题，菊芋必将是一个重要的粮食替代品。菊芋还是重要的功能食品，其中含有重要的与胰岛素类似的物质，可以自动调节血糖在一个正常的水平。其三，菊芋是典型的绿色生态资源，菊芋种植很少施肥，基本上不喷洒农药，不浇灌，这是绿色有机产业的明显特征。利用荒山荒地种植菊芋，可以增加植被覆盖面积，降蒸抑盐，固沙保水，改善农业生产环境和农村生存环境。其四，菊芋产业是新型的富民产业、扶贫产业，利用荒地种植菊芋可形成能源、农业、食品产业链，带动传统农业向现代农业转变，为农民提供大量就业机会。

我国菊芋产业发展与世界先进水平相比，无论是在产业规模，还是在自主创新能力方面均存在着很大差距。目前我国菊芋产业规模还很小，大多是中小型企业，且主要分布在中西部地区，研发投入严重不足，产品缺乏创新，技术含量低。从总体上来说，我国菊芋产业在技术研发阶段与国际差距较小，但产业化阶段差距较大。

1. 当前菊芋产业发展中存在的突出问题

1）菊芋品种选育研究相对薄弱

法国的 André Bervillé教授筛选的菊芋品种已经最高达到鲜重 6～8 t/亩的块茎产量，地上部的生物量鲜重也能达到 6～8 t/亩，相比而言，我国的菊芋块茎在盐土上亩产 3 t 左右，地上茎叶部分 2～3 t。奥地利专家 Renate Lippert 和 Werner Praznik 发现菊粉累积过程主要由 SST 和 FFT 两个酶来控制，菊粉的聚合度存在一个先高后低再高的过程。鉴于菊芋的块茎产量与开花等发育过程密切相关，美国的 Muhammad Javed Iqbal 教授对菊芋开花影响块茎产量做了比较详细的研究，而我国菊芋生理生化与分子生物学研究才刚刚开始。

2）国际上，菊芋深加工已形成朝阳产业，而我国菊芋产业发展才刚刚起步

20 世纪末，我国顺应国际潮流，进行了食糖产业结构调整，果糖作为蔗糖的替代糖将成为我国食糖产业结构调整的重要内容，但限于原料缺乏、生产技术落后、产品质量差等因素而没有实现预定目标。目前，我国地方政府、科研院所、企业界已意识到发展本国菊芋产业的紧迫性，南京农业大学连续三年举办国际菊芋研讨会，探讨菊芋育种、种植、深加工技术，剖析企业面临的诸多问题，为菊芋的产业化发展排忧解难，深受研发与产业化各界的认同。据初步统计，我国目前菊芋产业化经营企业有 12 家，其中北京威德钠生物技术有限公司、湖北省天门海力菊粉科技发展有限责任公司、甘肃省利康营养食品有限公司、甘肃省白银熙瑞生物工程有限公司、宁夏德邦生物科技有限公司等年加工生产菊粉 3 万 t 左右，仅占国际菊粉产量的 3%。国外只有 3 家公司工业化生产菊粉，分别是比利时 Orafti 公司、Warcoing 公司和荷兰 Sensus 集团公司的 CO-SUN 子公司，这三家公司产量占世界菊粉产量的 97.0%。在欧洲，菊粉及相关产品已成为很大的一个产

业，发展前景十分广阔，瞄准国际市场与国外企业同台竞争，是发展我国菊芋产业必由之路。

3）我国菊芋生物质能源生产仍处于实验研发阶段，尚未实现真正的产业化

菊芋作为我国“十一五”首推生物质能源的原料，在燃料乙醇、生物柴油研发方面取得重大进展。但客观上讲，我国菊芋生物质能源生产仍处于实验研发阶段，尚未实现真正的产业化。德国和法国以菊芋为原料，在 20 世纪 80 年代就成功实现了乙醇生产，但其产品主要是菊芋啤酒，并非燃料乙醇或生物柴油。我国生物质能源发展步伐较国外相对缓慢，主要原因是国家把玉米、红薯等列为粮食类作物，其他生物质原料短缺，使得大部分生物乙醇厂处于停产状态。现阶段，菊芋生产燃料乙醇和生物柴油技术日臻成熟，中试生产乃至产业化进程不断加快，相信未来菊芋在中国作为生物质能源定能与美国玉米相抗衡。

4）菊芋产品研发严重滞后于市场需求

菊芋的用途十分广泛，菊粉、果糖、高果糖浆、果寡糖等产品市场潜力巨大，可用于食品、奶制品、饮料、酒业、医药等各个工业领域。从目前的情况看，国内菊芋仍以粗加工为主。开发优质、高附加值的菊芋产品，与国际市场接轨，使产品走向世界，是菊芋产业发展的内生动力。

2．加快我国菊芋产业发展

1）设立菊芋产业体系，搭建菊芋产学研交流平台，统筹协调我国菊芋产业健康有序发展

为加强菊芋产业的统一规划，减少有限的资金、资源被分割、分散及其低水平重复投资、重复建设等现象的发生，建议搭建菊芋产学研交流平台，即建立菊芋产业体系、行业协会和产业技术创新战略联盟三个层面的平台，统筹规划、协调我国菊芋产业的发展，统筹协调相关体制改革和行业政策制定，统筹协调菊芋产品的生产、市场销售和安全监管，实现我国菊芋产业的快速、健康发展。

2）加大菊芋产业化研发扶持力度，促进朝阳产业发展

建立以市场为导向、以企业为主体、以科研院所为技术依托、以产业化为目标的产学研结合示范基地，对于菊芋科研成果有效转化，促进菊芋产业链的拓展并延伸具有十分重要的作用。建议国家有关部委在行业项目、重大产业化项目、高技术转化项目、国际交流合作等重大计划中专门设置菊芋相关专项，以推动菊芋产业化进程。

3）培植地方农业高科技企业，推动我国菊芋产业快速发展

借鉴发达国家有关生物产业发展的相关经验，按照统筹规划、发挥比较优势、分类指导、稳妥推进的原则，选择创新能力强、产业化基础好、市场化水平高的地区建设以菊芋种植与深加工为主的地方农业高科技企业。在长三角滨海盐土地区、东北盐碱土地区、西北荒漠土地区等重点培植一批具有明显地域特色的菊芋农业高科技企业，建议国家有关部委在土地审批、融资政策、种植补助、税收优惠政策等方面予以支持，使企业拥有良好的创业和投资环境。

参考文献

[1] 苏文金. 微生物菊粉酶的研究进展//现代微生物学进展[M]. 武汉: 武汉大学出版社, 1995: 42-50.

[2] Gill P K, Sharma A D, Harchand R K, et al. Effect of media supplements and culture conditions on inulinase production by an actinomycete strain[J]. Bioresource Technology, 2003, 87(3): 359-362.

[3] 魏文铃, 刘三震, 叶剑敏, 等. 青霉菌(*Penicillium* sp.91-4)合成菊粉酶的调节[J]. 厦门大学学报(自然科学版), 1998, 37(4): 582-588.

[4] 王静, 金征宇. 黑曲霉产菊粉酶的发酵条件优化及诱变育种[J]. 生物技术, 2002, 12(3): 42-45.

[5] Vandamme E J, Derycke D G. Microbial inulinases: Fermentation process, properties and applications[J]. Advances in Applied Microbiology, 1983, 29: 139-176.

[6] Ettalibi M, Baratti J C. Molecular and kinetic properties of *Aspergillus ficuum* inulinases[J]. Agricultural and Biological Chemistry, 1990, 54(1): 61-68.

[7] Mukherjee K, Sengupta S. Purification and properties of a nonspecific β-fructofuranosidase (inulinase) from the mushroom *Panaeolus papillonaceus*[J]. Canadian Journal of Microbiology, 1987, 33(6): 520-524.

[8] Azhari R, Szlak A M, Ilan E, et al. Purification and characterization of *endo*- and exo-inulinase[J]. Biotechnology and Applied Biochemistry, 1989, 11(1): 105-117.

[9] Derycke D G, Vandamme E J. Production and properties of *Aspergillus niger* inulinase[J]. Journal of Chemical Technology and Biotechnology. Biotechnology, 1984, 34(1): 45-51.

[10] Laloux O, Cassart J P, Delcour J, et al. Cloning and sequencing of the inulinase gene of *Kluyveromyces marxianus* var. *marxianus* ATCC 12424[J]. FEBS Letters, 1991, 289(1): 64-68.

[11] 张苓花, 王运吉, 叶淑红, 等. 菊粉酶酶源菌株筛选及其基因克隆[J]. 微生物学报, 2002, 42(3): 321-325.

[12] 魏景超. 真菌鉴定手册[M]. 上海: 上海科学技术出版社, 1979: 501.

[13] Kushi R T, Monti R, Contiero J. Production, purification and characterization of an extracellular inulinase from *Kluyveromyces marxianus* var. *bulgaricus*[J]. Journal of Industrial Microbiology and Biotechnology, 2000, 25(2): 63-69.

[14] 侯雨辰, 乌日娜, 曹恺欣, 等. 马克斯克鲁维酵母菌调控酒精饮料风味物质代谢机制的研究进展[J]. 中国酿造, 2024, 43(01): 7-113.

[15] Allais J J, Hoyos-Lopez G, Kammoun S, et al. Isolation and characterization of thermophilic bacterial strains with Inulinase activity[J]. Applied and Environmental Microbiology, 1987, 53(5): 942-945.

[16] 周帼萍, 沙涛, 程立忠, 等. 菊粉酶的研究及应用[J]. 食品与发酵工业, 2001, 27(7): 54-58.

[17] 王晓丹, 谢晓莉, 胡宝东, 等. 现代微生物分类鉴定技术在白酒酿造中的应用[J]. 中国酿造, 2015, 34(07): 5-9.

[18] Zhang T, Gong F, Chi Z, et al. Cloning and characterization of the inulinase gene from a marine yeast *Pichia guilliermondii* and its expression in *Pichia pastoris*[J]. Antonie Van Leeuwenhoek, 2009, 95(1): 13-22.

[19] Wang L, Huang Y, Long X, et al. Cloning of exoinulinase gene from *Penicillium janthinellum* strain B01 and its high-level expression in *Pichia pastoris*[J]. Journal of Applied Microbiology, 2011, 111(6):

1371-1380.

[20] Kim K, Nascimento A S, Golubev A M, et al. Catalytic mechanism of inulinase from *Arthrobacter* sp. S37[J]. Biochemical and Biophysical Research Communications, 2008, 371(4): 600-605.

[21] Nagem R A P, Rojas A L, Golubev A M, et al. Crystal structure of exo-inulinase from *Aspergillus awamori*: The enzyme fold and structural determinants of substrate recognition[J]. Journal of Molecular Biology, 2004, 344(2): 471-480.

[22] Kim H S, Lee D W, Ryu E J, et al. Expression of the INU_2 gene for an endoinulinase of *Aspergillus ficuum* in *Saccharomyces cerevisiae*[J]. Biotechnology Letters, 1999, 21(7): 621-623.

[23] Hitzeman R A, Hagie F E, Levine H L, et al. Expression of a human gene for interferon in yeast[J]. Nature, 1981, 293(5835): 717-722.

[24] Anderson J A, Huprikar S S, Kochian L V, et al. Functional expression of a probable *Arabidopsis thaliana* potassium channel in *Saccharomyces cerevisiae*[J]. Proceedings of the National Academy of Sciences, 1992, 89(9): 3736-3740.

[25] Sleep D, Belfield G P, Ballance D J, et al. *Saccharomyces cerevisiae* strains that overexpress heterologous proteins[J]. Nature Technology, 1991, 9(2): 183-187.

[26] Cregg J M, Cereghino J L, Shi J, et al. Recombinant protein expression in *Pichia pastoris*[J]. Molecular Biotechnology, 2000, 16(1): 23-52.

[27] Macauley-Patrick S, Fazenda M L, McNeil B, et al. Heterologous protein production using the *Pichia pastoris* expression system[J]. Yeast, 2005, 22(4): 249-270.

[28] Inan M, Aryasomayajula D, Sinha J, et al. Enhancement of protein secretion in *Pichia pastoris* by overexpression of protein disulfide isomerase[J]. Biotechnology and Bioengineering, 2006, 93(4): 771-778.

[29] de Jong L A A, Grünewald S, Franke J P, et al. Purification and characterization of the recombinant human dopamine D2S receptor from *Pichia pastoris*[J]. Protein Expression and Purification, 2004, 33(2): 176-184.

[30] Macauley-Patrick S, Fazenda M L, McNeil B, et al. Heterologous protein production using the *Pichia pastoris* expression system[J]. Yeast, 2005, 22(4): 249-270.

[31] Cereghino G P L, Cereghino J L, Sunga A J, et al. New selectable marker/auxotrophic host strain combinations for molecular genetic manipulation of *Pichia pastoris*[J]. Gene, 2001, 263(1/2): 159-169.

[32] Tschopp J F, Brust P F, Cregg J M, et al. Expression of the *lacZ* gene from two methanol-regulated promoters in *Pichia pastoris*[J]. Nucleic Acids Research, 1987, 15(9): 3859-3876.

[33] Cregg J M, Madden K R. Use of site-specific recombination to regenerate selectable markers[J]. Molecular and General Genetics, 1989, 219(1/2): 320-323.

[34] Werten M W, van den Bosch T J, Wind R D, et al. High-yield secretion of recombinant gelatins by *Pichia pastoris*[J]. Yeast, 1999, 15(11): 1087-1096.

[35] Harrison P T C, Holmes P, Humfrey C D N. Reproductive health in humans and wildlife: Are adverse trends associated with environmental chemical exposure[J]. Science of the Total Environment, 1997, 205(2/3): 97-106.

[36] van der Klei I J, Harder W, Veenhuis M. Biosynthesis and assembly of alcohol oxidase, a peroxisomal matrix protein in methylotrophic yeasts: A review[J]. Yeast, 1991, 7(3): 195-209.

[37] Clare J J, Rayment F B, Ballantine S P, et al. High-level expression of tetanus toxin fragment C in *Pichia pastoris* strains containing multiple tandem integrations of the gene[J]. Biotechnology, 1991, 9(5): 455-460.

[38] Duan Z, Li F Q, Wechsler J, et al. A novel notch protein, N_2N, targeted by neutrophil elastase and implicated in hereditary neutropenia[J]. Molecular and Cellular Biology, 2004, 24(1): 58-70.

[39] Uchiyama T. Metabolism in microorganisms. Part II. Biosynthesis and degradation of fructans by microbial enzymes otherthan levansucrase[M]// Suzuki M, Chatterton N J. Science and Technology of Fructans. Boca Raton, FL: CRC Press, 1993: 169-190.

[40] Nakamura T, Nagatomo Y, Hamada S, et al. Occurrence of two forms of extracellular endoinulinase from *Aspergillus niger* mutant 817[J]. Journal of Fermentation and Bioengineering, 1994, 78(2): 134-139.

[41] Viswanathan P, Kulkarni P R. Enhancement of inulinase production by *Aspergillus niger* van Teighem[J]. Journal of Applied Microbiology, 1995, 78(4): 384-386.

[42] Kwon Y M, Kim H Y, Choi Y J. Cloning and characterization of *Pseudomonas mucidolens* exoinulinase[J]. Journal of Microbiology and Biotechnology, 2000, 10(2): 238-243.

[43] Wanker E, Huber A, Schwab H. Purification and characterization of the Bacillus subtilis levanase produced in *Escherichia coli*[J]. Applied and Environmental Microbiology, 1995, 61(5): 1953-1958.

[44] Moriyama S, Akimoto H, Suetsugu N, et al. Purification and properties of an extracellular exoinulinase from *Penicillium* sp. strain TN-88 and sequence analysis of the encoding gene[J]. Bioscience, Biotechnology, and Biochemistry, 2002, 66(9): 1887-1896.

[45] Akimoto H, Kushima T, Nakamura T, et al. Transcriptional analysis of two endoinulinase genes *inuA* and *inuB* in *Aspergillus niger* and nucleotide sequences of their promoter regions[J]. Journal of Bioscience and Bioengineering, 1999, 88(6): 599-604.

[46] Ohta K, Akimoto H, Matsuda S, et al. Molecular cloning and sequence analysis of two endoinulinase genes from *Aspergillus niger*[J]. Bioscience, Biotechnology, and Biochemistry, 1998, 62(9): 1731-1738.

[47] Onodera S, Murakami T, Ito H, et al. Molecular cloning and nucleotide sequences of cDNA and gene encoding endo-inulinase from *Penicillium purpurogenum*[J]. Bioscience, Biotechnology, and Biochemistry, 1996, 60(11): 1780-1785.

[48] Kang S I, Kim S I. Molecular cloning and sequence analysis of an endo-inulinase gene from *Arthrobacter* sp.[J]. Biotechnology Letters, 1999, 21(7): 569-574.

[49] 王琳, 刘兆普, 赵耕毛, 等. 产菊粉酶菌株的筛选及其产酶条件的优化[J]. 南京农业大学学报, 2007, 30(2): 73-77.

[50] 魏微, 刘兆普, 王琳, 等. 青霉菌 B01 产菊粉酶特性的研究及菊粉酶系分析[J]. 食品科学, 2009, 30(5): 179-183.

[51] J. 萨姆布鲁克. 分子克隆实验指南(上、下册)[M]. 黄培堂, 等译. 北京: 科学出版社, 2005.

[52] 王洪振, 周晓馥, 宋朝霞, 等. 简并 PCR 技术及其在基因克隆中的应用[J]. 遗传, 2003, 25(2): 201-204.

[53] Telenius H K, Carter N P, Bebb C E, et al. Degenerate oligonucleotide-primed PCR: General amplification of target DNA by a single degenerate primer[J]. Genomics, 1992, 13(3): 718-725.

[54] 史兆兴, 王恒樑, 苏国富, 等. 简并 PCR 及其应用[J]. 生物技术通讯, 2004, 15(2): 172-175.

[55] Jenkins N, Curling E M A. Glycosylation of recombinant proteins: Problems and prospects[J]. Enzyme

and Microbial Technology, 1994, 16: 354-364.

[56] Guo M, Hang H, Zhu T, et al. Effect of glycosylation on biochemical characterization of recombinant phytase expressed in *Pichia pastoris*[J]. Enzyme and Microbial Technology, 2008, 42(4): 340-345.

[57] Zhang L, Zhao C, Ohta W Y, et al. Inhibition of glucose on an exoinulinase from *Kluyveromyces marxianus* expressed in *Pichia pastoris*[J]. Process Biochemistry, 2005, 40(5): 1541-1545.

[58] Nagem R A P, Rojas A L, Golubev A M, et al. Crystal structure of exo-inulinase from *Aspergillus awamori*: The enzyme fold and structural determinants of substrate recognition[J]. Journal of Molecular Biology, 2004, 344(2): 471-480.

[59] Yun J W, Kim D H, Kim B W, et al. Production of inulo-oligosaccharides from inulin by immobilized endoinulinase from *Pseudomonas* sp.[J]. Journal of Fermentation and Bioengineering, 1997, 84(4): 369-371.

[60] Lammens W, Le Roy K, Schroeven L, et al. Structural insights into glycoside hydrolase family 32 and 68 enzymes: functional implications [J]. Journal of Experimental Botany, 2009, 60(3): 727-740.

[61] Kobayashi T, Uchimura K, Deguchi S, et al. Cloning and sequencing of inulinase and β-fructofuranosidase genes of a deep-sea *Microbulbifer* species and properties of recombinant enzymes[J]. Applied and Environmental Microbiology, 2012, 78(7): 2493-2495.

[62] Chi Z, Chi Z, Zhang T, et al. Inulinase-expressing microorganisms and applications of inulinases[J]. Applied Microbiology and Biotechnology, 2009, 82(2): 211-220.

[63] Sheng J, Chi Z, Gong F, et al. Purification and characterization of extracellular inulinase from a marine yeast *Cryptococcus aureus* G7a and inulin hydrolysis by the purified inulinase[J]. Applied Biochemistry and Biotechnology, 2008, 144(2): 111-121.

[64] 白春阳, 苏文金. 土曲霉金色变种 AT8951 菊粉酶的纯化和性质的研究[J]. 菌物学报, 1994, 13(4): 282-289.

[65] Chen H, Chen X, Li Y, et al. Purification and characterisation of exo- and endo-inulinase from *Aspergillus ficuum* JNSP5-06[J]. Food Chemistry, 2009, 115(4): 1206-1212.

[66] Pessoni R A B, Braga M R, Figueiredo-Ribeiro R D C L. Purification and properties of exo-inulinases from *Penicillium janczewskii* growing on distinct carbon sources[J]. Mycologia, 2007, 99(4): 493-503.

[67] Wen T, Liu F, Huo K, et al. Cloning and analysis of the inulinase gene from *Kluyveromyces cicerisporus* CBS4857[J]. World Journal of Microbiology and Biotechnology, 2003, 19(4): 423-426.

[68] Moriyama S, Tanaka H, Uwataki M, et al. Molecular cloning and characterization of an exoinulinase gene from *Aspergillus* niger strain 12 and its expression in *Pichia pastoris*[J]. Journal of Bioscience and Bioengineering, 2003, 96(4): 324-331.

[69] Nagy A, Palagyi Z, Ferenczy L, et al. Radiation-induced chromosomal rearrangement as an aid to analysis of the genetic constitution of *Phaffia rhodozyma*[J]. FEMS Microbiology Letters, 1997, 152(2): 249-254.

[70] 李卫旗, 何国庆. ^{60}Co γ 射线诱变选育热凝胶多糖高产菌株的研究[J]. 核农学报, 2003, 17(5): 343-346.

[71] 陈秀坤, 孙晓燕. ^{60}Co-γ 射线对几种真菌菌丝的诱变效应[J]. 中国食用菌, 2000, 19(6): 10-11.

[72] 陈春艳, 陈运中, 张声华. 红曲色素高产菌株的诱变筛选及液态发酵初探[J]. 食品与发酵工业, 2004, 30(10): 43-46.

[73] 吕凤霞, 陆兆新, 别小妹, 等. 枯草杆菌纤溶酶高产菌株的物理化学诱变[J]. 食品科学, 2005, 26(9): 134-137.

[74] 李改平, 韩建荣, 郭妍. 三种化学诱变剂对汤姆青霉 PT95 化学诱变效应的研究[J]. 山西大学学报(自然科学版), 2002, 25(1): 59-62.

[75] 林祖申. UE336-2 米曲霉应用于酱油生产的研究[J]. 中国酿造, 2003, (4): 24-26.

[76] 施巧琴, 吴松刚. 工业微生物育种学[M]. 2 版. 北京: 科学出版社, 2003: 71-74.

[77] 李彦峰, 吕锡武, 严伟. PVA 固定化研究[J]. 中国给水排水, 2000, 16(12): 14-17.

[78] Doleyres Y, Fliss I, Lacroix C. Quantitative determination of the spatial distribution of pure- and mixed-strain immobilized cells in gel beads by immunofluorescence[J]. Applied Microbiology and Biotechnology, 2002, 59(2/3): 297-302.

[79] Riesenberg D, Guthke R. High-cell-density cultivation of microorganisms[J]. Applied Microbiology and Biotechnology, 1999, 51(4): 422-430.

[80] 居乃琥, 仇昌明, 黄国英, 等. 固定化生长酵母细胞快速发酵生产啤酒[J]. 食品与发酵工业, 1986, (2): 17-28.

[81] Bertkau G H, Murphy S M, Sabella F J. Combined immobilized cell bioreactor and pulse column technology as a novel approach to food modification[J]. Process Biochemistry, 1999, 34(3): 221-229.

[82] Nelson J M, Griffin E G. Adsorption of invertase[J]. Journal of the American Chemical Society, 1916, 38(5): 1109-1115.

[83] Tosa T, Mori T, Fuse N, et al. Studies on continuous enzyme reaction Part V. Kinetics and industrial application of aminoacylase column for continuous optical resolution of acyl-DL-amino acids[J]. Biological Chemistry, 1967, 33(7): 603-615.

[84] Bartling G J, Brown H D, Chattopadhyay S K. Synthesis of a matrix-supported enzyme in non-aqueous conditions[J]. Nature, 1973, 243(5406): 342-344.

[85] Dickey F H. Specific adsorption[J]. The Journal of Physical Chemistry, 1955, 59(8): 695-707.

[86] 李冀新, 张超, 高虹. 固定化细胞技术应用研究进展[J]. 化学与生物工程, 2006, 23(6): 5-7.

[87] 林璐, 李莎, 朱宏阳, 等. 固定化细胞生物催化合成异麦芽酮糖[J]. 食品与发酵工业, 2008, 34(3): 29-32.

[88] 张磊, 侯红萍, 张烨. 聚乙烯醇固定酵母细胞在液态白酒生产中的应用研究[J]. 酿酒科技, 2007, (5): 24-27.

[89] Furuya T, Koge K, Orihara Y. Long term culture and caffeine production of immobilized coffee (*Coffea arabica*) L. cells in polyurethane foam[J]. Plant Cell Reports, 1990, 9(3): 125-128.

[90] Iwasaki K, Nakajima M, Sasahara H. Rapid ethanol fermentation for soy sauce production using a microfiltration membrane reactor[J]. Journal of Fermentation and Bioengineering, 1991, 72(5): 373-378.

[91] Ciani M, Ferraro L, Fatichenti F. Influence of glycerol production on the aerobic and anaerobic growth of the wine yeast *Candida stellata*[J]. Enzyme and Microbial Technology, 2000, 27(9): 698-703.

[92] Shreve G S, Vogel T M. Comparison of substrate utilization and growth kinetics between immobilized and suspended *Pseudomonas* cells[J]. Biotechnology Bioengineering, 1993, 41(3): 370-379.

[93] 刘朝辉, 武伟娜, 刘跃, 等. 保护剂提高 β-甘露聚糖酶热稳定性的研究[J]. 天津大学学报, 2008, 41(1): 114-118.

[94] 郝秋娟, 李永仙, 李崎. 淀粉液化芽孢杆菌产 β-葡聚糖酶培养基优化以及酶稳定剂的研究[J]. 中国

酿造, 2006, (4): 18-22.

[95] 贾楠, 牟光庆. 豆豉纤溶酶冻干保护剂的研究[J]. 中国酿造, 2007, (1): 17-19.

[96] 钟国华, 何玥, 刘萱清, 等. 毒死蜱高效降解酶保护剂配方优化及稳定性[J]. 中国农业科学, 2009, 42(1): 136-144.

[97] 李隽, 黄亚东. 复合稳定剂对加酶液体洗涤剂中酶活性影响研究[J]. 广州食品工业科技, 2003, 19(4): 76-77.

[98] 张玉华, 籍保平, 凌沛学. 海藻糖和透明质酸对长双歧杆菌的保护作用[J]. 食品科学, 2006, 27(11): 53-57.

[99] Bahar T, Celebi S S. Immobilization of glucoamylase on magnetic poly(styrene) particles[J]. Journal of Applied Polymer Science, 1999, 72(1): 69-73.

[100] Fonseca L P, Cardoso J P, Cabral J M S. Immobilization studies of an industrial penicillin acylase preparation on a silica carrier[J]. Journal of Chemical Technology and Biotechnology, 1993, 58(1): 27-37.

[101] Mandecki W, Shallcross M A, Sowadski J, et al. Mutagenesis of conserved residues within the active site of *Escherichia coli* alkaline phosphatase yields enzymes with increased k_{cat}[J]. Protein Engineering, Design and Selection, 1991, 4(7): 801-804.

[102] Okkels J S, Svendsen A, Patkar S A, et al. Protein engineering of microbial lipase of industrial interest[J]. Applied Sciences, 1995, 317: 203-207.

[103] Yamaguchi S, Takeuchi K, Mase T, et al. The consequences of engineering an extra disulfide bond in the *Penicillium camembertii* mono-and diglyceride specific lipase[J]. Protein Engineering, Design and Selection, 1996, 9(9): 789-795.

[104] van Kampen M D, Simons J W F A, Dekker N, et al. The phospholipase activity of *Staphylococcus hyicus* lipase strongly depends on a single Ser to Val mutation[J]. Chemistry and Physics of Lipids, 1998, 93(1/2): 39-45.

[105] 张宏梅. 糖类物质对固定化脂肪酶的保护作用[J]. 粮油食品科技, 2007, 15(4): 38-39.

[106] 薛正莲, 赵光鳌. 糖化酶稳定性的研究[J]. 食品与发酵工业, 2000, 25(4): 38-40.

[107] 张贺迎, 武金霞, 张瑞英, 等. 稳定剂对糖化酶溶液的保护作用[J]. 河北大学学报(自然科学版), 2002, 22(4): 374-376.

[108] 周德庆. 微生物学教程[M]. 北京: 高等教育出版社, 1993.

[109] Lopez-Diez E C, Bone S. The interaction of trypsin with trehalose: an investigation of protein preservation mechanisms[J]. Biochemistry Biophysics Acta (BBA)-General Subjects, 2004, 1673(3): 139-148.

[110] 刘彩琴, 阮晖, 傅明亮, 等. 提高 α-半乳糖苷酶稳定性的研究[J]. 食品与发酵工业, 2007, 33(11): 26-28.

[111] 严慧如, 黄绍华. 菊糖的提取、性质及应用[J]. 西部粮油科技, 2001, 26(5): 31-33.

[112] Petrov K K, Yankov D S, Beschkov V N. Lactic acid fermentation by cells of *Lactobacillus rhamnosus* immobilized in polyacrylamide gel[J]. World Journal of Microbiology and Biotechnology, 2006, 22(4): 337-345.

[113] Chen K C, Lin Y F. Immobilization of microorganisms with phosphorylated polyvinyl alcohol (PVA) gel[J]. Enzyme and Microbial Technology, 1994, 16(1): 79-83.

[114] Scannell A G, Hill C, Ross R P, et al. Continuous production of lacticin 3147 and nisin using cells immobilized in calcium alginate[J]. Journal of Applied Microbiology, 2000, 89(4): 573-579.

[115] Zhang L, Wang J, Ohta Y, et al. Expression of the inulinase gene from *Aspergillus niger* in *Pichia pastoris*[J]. Process Biochemistry, 2003, 38(8): 1209-1212.

[116] Uhm T B, Jeon D Y, Byun S M, et al. Purification and properties of β-fructofuranosidase from *Aspergillus niger*[J]. Biochimica et Biophysica Acta (BBA)-General Subjects, 1987, 926(2): 119-126.

[117] 郭尧君. 蛋白质电泳实验技术[M]. 北京: 科学出版社, 2001.

[118] Miller G L. Use of dinitrosalicylic acid reagent for determination of reducing sugar[J]. Analytical Chemistry, 1959, 31(3): 426-428.

[119] Bradford M M. A rapid and sensitive method for the quantitation of microgram quantities of protein utilizing the principle of protein-dye binding[J]. Analytical Biochemistry, 1976, 72(1-2): 248-254.

[120] 汪家政, 范明. 蛋白质技术手册[M]. 北京: 科学出版社, 2000.

[121] Spiro R G. Analysis of sugars found in glycoproteins[M]//Methods in Enzymology. Amsterdam: Elsevier, 1966: 3-26.

[122] 郑彦山, 吴祥云, 王丽威, 等. 黑曲霉变异株 AU-55 发酵菊芋汁产菊粉酶的研究[J]. 西北农业学报, 2011, 20(1): 159-164.

[123] Pessoni R A B, Figueiredo-Ribeiro R C L, Braga M R. Extracellular inulinases from *Penicillium janczewskii*, a fungus isolated from the rhizosphere of *Vernonia herbacea* (Asteraceae)[J]. Journal of Applied Microbiology, 1999, 87(1): 141-147.

[124] Gill P K, Manhas R K, Singh P. Purification and properties of a heat-stable exoinulinase isoform from *Aspergillus fumigatus*[J]. Bioresource Technology, 2006, 97(7): 894-902.

[125] Artyukhov V G, Kovaleva T A, Kholyavka M G, et al. Thermal inactivation of free and immobilized inulinase[J]. Applied Biochemistry and Microbiology, 2010, 46(4): 385-389.

[126] Zhang L, Zhao C, Zhu D, et al. Purification and characterization of inulinase from *Aspergillus niger* AF10 expressed in *Pichia pastoris*[J]. Protein Expression and Purification, 2004, 35(2): 272-275.

[127] Tsujimoto Y, Watanabe A, Nakano K, et al. Gene cloning, expression, and crystallization of a thermostable exo-inulinase from *Geobacillus stearothermophilus* KP1289[J]. Applied Microbiology and Biotechnology, 2003, 62(2/3): 180-185.

[128] Gong F, Zhang T, Chi Z, et al. Purification and characterization of extracellular inulinase from a marine yeast *Pichia guilliermondii* and inulin hydrolysis by the purified inulinase[J]. Biotechnology and Bioprocess Engineering, 2008, 13(5): 533-539.

[129] Sheng J, Chi Z, Li J, et al. Inulinase production by the marine yeast *Cryptococcus aureus* G7a and inulin hydrolysis by the crude inulinase[J]. Process Biochemistry, 2007, 42(5): 805-811.

[130] Varghese G, Diwan A M. Simultaneous staining of proteins during polyacrylamide gel electrophoresis in acidic gels by countermigration of Coomassie brilliant blue R-250[J]. Analytical Biochemistry, 1983, 132(2): 481-483.

[131] 魏文铃, 余娴文, 戴亚, 等. 克鲁维酵母 Y-85 菊粉酶的纯化和性质[J]. 微生物学报, 1997, 37(6): 443-448.

[132] Duvnjak Z, Kosaric N, Kliza S, et al. Production of alcohol from Jerusalem artichokes by yeasts[J]. Biotechnology and Bioengineering, 1982, 24(11): 2297-2308.

[133] 朱宏吉, 郭强. 浅谈菊粉的生产与应用[J]. 上海化工, 2001, (2): 22-23.

[134] 林晨, 顾宪红. 菊粉酶研究进展及应用[J]. 当代畜禽养殖业, 2004, (1): 37-38.

[135] Mao H, Qu Y B, Gao P J, et al. Improvement of xylose fermentation by intergeneric protoplast fusion of *Pichia stipitis* and *Saccharomyce scerevisiae*[J]. Chinese Journal of Biotechnology, 1995, (12): 157-162.

[136] Wang P Y, Shopsis C, Schneider H. Fermentation of a pentose by yeasts[J]. Biochemical and Biophysical Research Communications, 1980, 94(1): 248-254.

[137] Zaldivar J, Nielsen J, Olsson L. Fuel ethanol production from lignocellulose: a challenge for metabolic engineering and process integration[J]. Applied Microbiology and Biotechnology, 2001, 56(1): 17-34.

[138] 李俊俊, 唐艳斌, 唐湘华, 等. 复合酶在菊芋粉发酵生产燃料乙醇中的应用[J]. 酿酒科技, 2009, (3): 65-68.

[139] 周正, 曹海龙, 朱豫, 等. 菊芋替代玉米发酵生产乙醇的初步研究[J]. 西北农业学报, 2008, 17(4): 297-301, 305.

[140] 杜娟. 灰绿曲霉高产纤维素酶突变株的选育及特性研究[D]. 厦门: 厦门大学, 2006.

[141] 吴窈画. 产结晶纤维素酶的嗜热菌鉴定和酶纯化及性质研究[D]. 南京: 南京师范大学, 2007.

[142] Margaritis A, Bajpai P. Ethanol production from Jerusalem artichoke tubers (*Helianthus tuberosus*) using *Kluyveromyces marxianus* and *Saccharomyces rosei*[J]. Biotechnology and Bioengineering, 1982, 24(4): 941-953.

[143] Eliasson A, Boles E, Johansson B, et al. Xylulose fermentation by mutant and wild-type strains of *Zygosaccharomyces* and *Saccharomyces cerevisiae*[J]. Applied Microbiology and Biotechnology, 2000, 53(4): 376-382.

[144] Larsson S, Cassland P, Jönsson L J. Development of a *Saccharomyces cerevisiae* strain with enhanced resistance to phenolic fermentation inhibitors in lignocellulose hydrolysates by heterologous expression of laccase[J]. Applied Environmental Microbiology, 2001, 67(3): 1163-1170.

[145] Wang Y, Shi W L, Liu X Y, et al. Establishment of a xylose metabolic pathway in an industrial strain of Saccharomyces cerevisiae[J]. Biotechnology Letters, 2004, 26(11): 885-890.

[146] 陈雄. 内切型菊粉酶高活力菌株的筛选[J]. 湖北农业科学, 2003, (3): 93-94.

[147] 谢秋宏, 相宏宇. 分解菊粉微生物的筛选和初步鉴定[J]. 吉林大学自然科学学报, 1996, (3): 96-98.

[148] 许春兰, 顾天成, 李飒. 水解菊粉微生物的筛选和初步鉴定[J]. 食品与发酵工业, 1991, (5): 5-8.

[149] 叶淑红, 张福琪, 张苓花, 等. 菊粉酶酶源菌株的筛选及其发酵条件[J]. 大连工业大学学报, 2001, (1): 33-36.

[150] Margaritis A, Bajpai P. Ethanol production from Jerusalem artichoke tubers (*Helianthus tuberosus*) using *Kluyveromyces marxianus* and *Saccharomyces rosei*[J]. Biotechnology and Bioengineering, 1982, 24(4): 941-953.

[151] Rosa M F, Vieira A M, Bartolomeu M L, et al. Production of high concentration of ethanol from mash, juice and pulp of Jerusalem artichoke tubers by *Kluyveromyces fragilis*[J]. Enzyme and Microbial Technology, 1986, 8(11): 673-676.

[152] De Leenheer L. Production and use of inulin: Industrial reality with a promising future[J]. Carbohydrates as Organic Raw Materials Ⅲ, 1996, 25: 67-92.

[153] 胡友军, 周安国, 杨凤, 等. 饲料淀粉糊化的适宜加工工艺参数研究[J]. 饲料工业, 2002, 23(12):

5-8.
[154] 章克昌. 酒精与蒸馏酒工艺学[M]. 北京: 中国轻工业出版社, 2005: 6-38.
[155] 王启为, 季明, 季陵, 等. 菊粉水解生产高果糖浆的酸度选择[J]. 宁夏工程技术, 2003, 2(3): 251-252.
[156] 李合生, 孙群, 赵世杰. 植物生理生化实验原理和技术[M]. 北京: 高等教育出版社, 2000: 184-185.
[157] 范莹莹, 邢思敏. 常压下酸催化菊粉水解反应动力学研究[J]. 广州化学, 1999, (4): 251-252.
[158] 高红春, 李富恒, 周艳丽, 等. 植物根系分泌物化感作用研究方法综述[J]. 安徽农业科学, 2008, 36(21): 8902-8905.
[159] 袁文杰, 任剑刚, 赵心清, 等. 一步法发酵菊芋生产乙醇[J]. 生物工程学报, 2008, 24(11): 1931-1936.
[160] 张倩雯, 王春霞, 杨丽芸, 等. 影响酿酒酵母发酵过程的因素分析[J]. 中国酿造, 2015, 34(12): 14-19.
[161] 董英, 张菊芬, 张红印. 微生物产菊粉酶的研究进展[J]. 食品研究与开发, 2006, 10(27): 175-178.
[162] 杨文英, 董学畅. 细胞固定化及其在工业中的应用[J]. 云南民族大学学报(自然科学版), 2001, 10(3): 406-410.
[163] 来茂德. 走进生物技术——微生物工程[M]. 杭州: 浙江大学出版社, 2002: 2-3.
[164] 孙福来, 杨文, 朱琴, 等. 玉米挤压膨化酒精发酵的研究[J]. 江苏农学院学报, 1997, 18(3): 68-72.
[165] 蔡定域. 酿酒工业分析手册[M]. 北京: 中国轻工业出版社, 1988: 355-356.
[166] 郝林. 食品微生物学实验技术[M]. 北京: 中国农业出版社, 2006: 32-75.
[167] 池振明, 刘自熔. 利用低温蒸煮工艺进行高浓度酒精发酵[J]. 食品与发酵工业, 1993, 4: 29-32.
[168] 傅金泉. 中国酒曲技术的发展与展望[J]. 酿酒, 2002, 29(2): 7-9.
[169] 李健容, 蔡爱群. 民间传统酒曲主要微生物的分离及鉴定[J]. 酿酒科技, 2007, (5): 111-115.
[170] 徐颖宣, 徐尔尼, 冯乃宪, 等. 微生物混菌发酵应用研究进展[J]. 中国酿造, 2008, (9): 1-4.
[171] 于博, 董开发, 张凤英. 广东肇庆传统酒曲优势霉菌的分离及鉴定[J]. 中国食品学报, 2007, 7(1): 95-98.
[172] 王丽, 韩建荣, 赵景龙, 等. 汾酒曲醅中产高温蛋白酶芽孢杆菌的分离[J]. 中国酿造, 2009, (1): 67-69.
[173] 喻凤香, 陈煦, 林亲录, 等. 酒曲根霉的分离纯化及淀粉酶活力测定[J]. 酿酒, 2006, 33(3): 39-41.
[174] 刘秀, 郭坤亮, 张艳梅, 等. 茅台酒曲中分离红曲霉酶系及发酵性能研究[J]. 酿酒科技, 2006, (2): 31-33.
[175] 刘建军, 姜鲁燕, 赵祥颖, 等. 高产酒精酵母菌种的选育[J]. 酿酒, 2003, 1(1): 112-115.
[176] 李杰. 菊芋乙醇发酵工艺的初步研究[D]. 南京: 南京农业大学, 2009.
[177] 宋北, 王继华, 杜丛, 等. 大米酒酒曲中优势菌群的探究[J]. 哈尔滨师范大学自然科学学报, 2010, 26(2): 69-73.
[178] Margaritis A, Bajpai P. Continuous ethanol production from Jerusalem artichoke tubers. Ⅱ. Use of immobilized cells of *Kluyveromyces marxianus*[J]. Biotechnology and Bioengineering, 1982, 24(7): 1483-1493.
[179] L'Hocine L, Wang Z, Jiang B, et al. Purification and partial characterization of fructosyltransferase and invertase from *Aspergillus niger* AS0023[J]. Journal of Biotechnology, 2000, 81(1): 73-84.

[180] 赵春海，王志鹏，池振明. 菊粉酶基因克隆表达与油脂的组分分析[J].中国酿造，2017，36(12): 115-119.

[181] Hayashida S, Ohta K. Effects of phosphatidylcholine or ergosteryl oleate on physiological properties of *Saccharomyces sake*[J]. Agricultural and Biological Chemistry, 1980, 44(11): 2561-2567.

[182] 李楠楠，袁文杰，王娜，等. 菊粉酶基因在酿酒酵母中的表达及乙醇发酵[J]. 生物工程学报，2011, 27(7): 1032-1039.

[183] Szambelan K, Nowak J, Czarnecki Z. Use of *Zymomonas mobilis* and *Saccharomyces cerevisiae* mixed with *Kluyveromyces fragilis* for improved ethanol production from Jerusalem artichoke tubers[J]. Biotechnology Letters, 2004, 26(10): 845-848.

[184] Ohta K, Hamada S, Nakamura T. Production of high concentrations of ethanol from inulin by simultaneous saccharification and fermentation using *Aspergillus niger* and *Saccharomyces cerevisiae*[J]. Applied and Environmental Microbiology, 1993, 59(3): 729-733.

[185] 王建华，刘艳艳，姚斌，等. 一步法制备高果糖浆工程及产酶菌体营养价值研究[J]. 食品与发酵工业, 2000, 26(2): 1-4.

[186] 王晓霞. 普那菊苣菊粉果糖生产的工艺研究[D]. 咸阳：西北农林科技大学, 2008.

[187] Dahlmans J J, Meijer E M, Bakker G, et al. An enzymatic process for the production of fructose from inulin[J]. Antonie van Leeuwenhoek, 1983, 49(1): 88.

[188] Kim B W, Kim H W, Nam S W. Continuous production of fructose-syrups from inulin by immobilized inulinase from recombinant *Saccharomyces cerevisiae*[J]. Biotechnology and Bioprocess Engineering, 1997, 2(2): 90-93.

[189] Illanes A, Wilson L, Raiman L. Design of immobilized enzyme reactors for the continuous production of fructose syrup from whey permeate[J]. Bioprocess Engineering, 1999, 21: 509-515.

[190] Schorr-Galindo S, Fontana A, Guiraud J P. Fructose syrups and ethanol production by selective fermentation of inulin[J]. Current Microbiology, 1995, 30(6): 325-330.

[191] Rizkalla S W. Health implications of fructose consumption: a review of recent data[J]. Nutrition and metabolism, 2010, 7(1): 82.

[192] Singh R S, Dhaliwal R, Puri M. Production of high fructose syrup from Asparagus inulin using immobilized exoinulinase from *Kluyveromyces marxianus* YS-1[J]. Journal of Industrial Microbiology and Biotechnology, 2007, 34(10): 649-655.

[193] Legeza B, Balázs Z, Odermatt A. Fructose promotes the differentiation of 3T3-L1 adipocytes and accelerates lipid metabolism[J]. FEBS Letters, 2014, 588(3): 490-496.

[194] 王菲菲. 模拟移动床制备第三代高纯果糖的研究[D]. 大庆：黑龙江八一农业大学, 2010.

[195] Putra M D, Abasaeed A E, Al-Zahrani S M, et al. Production of fructose from highly concentrated date extracts using *Saccharomyces cerevisiae*[J]. Biotechnol Letters, 2014, 36: 531-536.

[196] 彭英云. *Aspergillus ficuum* SK004 产外切菊粉酶及其酶解菊粉制备高果糖浆的研究[D]. 无锡：江南大学, 2005.

[197] 张乐兴. 高果糖浆的性质与应用[J]. 广州食品工业科技, 2003, 19(1): 44-45.

[198] 黄菁. 酶解大蒜渣制备高果糖浆的工艺研究[D]. 广州：暨南大学, 2011.

[199] Zhang Y, Hidajat K, Ray A K. Optimal design and operation of SMB bioreactor: Production of high fructose syrup by isomerization of glucose[J]. Biochemical Engineering Journal, 2004, 21(2): 111-121.

[200] Tomotani E J, Vitolo M. Production of high-fructose syrup using immobilized invertase in a membrane reactor[J]. Journal of Food Engineering, 2007, 80(2): 662-667.

[201] Atiyeh H, Duvnjak Z. Study of the production of fructose and ethanol from sucrose media by *Saccharomyces cerevisiae*[J]. Applied Microbiology and Biotechnology, 2001, 57(3): 407-411.

[202] Kirk L A, Doelle H W. Simultaneous fructose and ethanol production from sucrose, using *Zymomonas mobilis* 2864 co-immobilised with invertase[J]. Biotechnology Letters, 1994, 16(5): 533-538.

[203] 梁剑锋. 甘蔗废蜜制取高果糖浆工艺技术的研究[D]. 南宁: 广西大学, 2008.

[204] 吴文剑. 以蔗糖为原料制取高果糖浆工艺的研究[D]. 昆明: 昆明理工大学, 2005.

[205] 周中凯, 程觉民. 酶促水解蔗糖生产果葡糖浆新工艺[J]. 中国甜菜糖业, 1998, (5): 1-4.

[206] 何志敏, 吴金川, 杜翔, 等. 蔗糖酶促水解制取富果糖浆新工艺[J]. 食品与发酵工业, 1996, (3): 54-57.

[207] 李清解, 任岱, 文莉. 菊粉水解制备果糖新工艺研究[J]. 食品工业科技, 1997, (1): 45-46.

[208] 魏文铃, 郑志成, 郑忠辉, 等. 菊芋块茎制高果糖浆的研究[J]. 食品科学, 1997, 18(12): 35-38.

[209] Carabasa M, Ibarz A, Garza S, et al. Removal of dark compounds from clarified fruit juices by adsorption processes[J]. Journal of Food Engineering, 1998, 37(1): 25-41.

[210] Karthikeyan T, Rajgopal S, Miranda L R. Chromium (Ⅵ) adsorption from aqueous solution by *Hevea Brasilinesis* sawdust activated carbon[J]. Journal of Hazardous Materials, 2005, 124(1/3): 192-199.

[211] Kumar K V, Kumaran A. Removal of methylene blue by mango seed kernel powder[J]. Biochemical Engineering Journal, 2005, 27(1): 83-93.

[212] 马玉明, 龙锋. 我国东部沙地菊芋生长的调查研究[J]. 中国草地, 2001, 23(6): 43-45.

[213] 隆小华, 刘兆普, 蒋云芳, 等. 海水处理对不同产地菊芋幼苗光合作用及叶绿素荧光特性的影响[J]. 植物生态学报, 2006, 30(5): 827-834.

[214] 袁晓艳, 高明哲, 王锴, 等. 高效液相色谱-质谱法分析菊芋叶中的绿原酸类化合物[J]. 色谱, 2008, 26(3): 335-338.

[215] 刘祖昕, 谢光辉. 菊芋作为能源植物的研究进展[J]. 中国农业大学学报, 2012, 17(6): 122-132.

[216] 杨梅, 袁文杰. 搅拌桨对菊芋联合生物加工发酵生产燃料乙醇的影响[J]. 吉林化工学院学报, 2012, 29(1): 71-75.

[217] 赵耕毛, 刘兆普, 陈铭达, 等. 海水灌溉滨海盐渍土的水盐运动模拟研究[J]. 中国农业科学, 2003, 36(6): 676-680.

[218] 赵耕毛, 刘兆普, 陈铭达, 等. 不同降雨强度下滨海盐渍土水盐运动规律模拟实验研究[J]. 南京农业大学学报, 2003, 26(2): 51-54.

[219] 孙月娥, 王卫东, 高明侠. 菊芋菊粉的提取和膳食纤维的制备[J]. 食品工业科技, 2011, (9): 306-309.

[220] Baxter L L. Biomass-coal co-combustion: opportunity for affordable renewable energy[J]. Fuel, 2005, 84(10): 1295-1302.

[221] Pan Y G, Velo E, Puigjaner L, et al. Pyrolysis of blends of biomass with poor coals[J]. Fuel, 1996, 75(4): 412-418.

[222] Moghtaderi B, Meesri C, Wall T F. 2004. Pyrolytic characteristics of blended coal and woody biomass[J]. Fuel, 2004, 83(6): 745-750.

[223] Meesri C, Moghtaderi B. Lack of synergetic effects in the pyrolytic characteristics of woody

biomass/coal blends under low and high heating rate regimes[J]. Biomass and Bioenergy, 2002, 23(1): 55-66.

[224] Sadhukhan A K, Gupta P, Goyal T, et al. Modelling of pyrolysis of coal–biomass blends using thermogravimetric analysis[J]. Bioresource Technology, 2008, 99(17): 8022-8026.

[225] Baliban R C, Elia J A, Floudas C A, et al. Optimization framework for the simultaneous process synthesis, heat and power integration of a thermochemical hybrid biomass, coal, and natural gas facility[J]. Computers and Chemical Engineering, 2011, 35(9): 1647-1690.

[226] Robinson A, Baxter L, Junker H, et al. Fireside issues associated with coal-biomass cofiring[R]. National Renewable Energy Laboratory(NREL), Sandia National Laboratories, Federal Energy Technology Center. NREL/TP-570-25767, 1998.

[227] Yuan Y, Lin C, Zhao L, et al. The research process of anti-slagging for biomass pellet fuel[J]. Renewable Energy Resources, 2009, 27(5): 48-51.

[228] 赵建海, 赵毅, 阎蓓. 粉煤灰吸收剂去除二氧化硫的实验研究[J]. 电力情报, 2000, (4): 33-35.

[229] Davini P. Adsorption and desorption of SO_2 on active carbon: the effect of surface basic groups[J]. Carbon, 1990, 28(4): 565-571.

[230] Srinivasan A, Grutzeck M W. The adsorption of SO_2 by zeolites synthesized from fly ash[J]. Environmental Science and Technology, 1999, 33(9): 1464-1469.

[231] Robertson J, Benitez C A, Visscher C, et al. Carbon dioxide absorbent: WO 2008/085306A1[P]. 2008-07-17.

[232] Kastner J R, Das K C, Melear N D, et al. Catalytic oxidation of gaseous reduced sulfur compounds using coal fly ash[J]. Journal of Hazardous Materials, 2002, 95(1/2): 81-90.

[233] Rothenberg S J, Mettzler G, Poliner J, et al. Adsorption kinetics of vapor-phase m-xylene on coal fly ash[J]. Environmental Science and Technology, 1991, 25(5): 930-935.

[234] 何启林, 王德明. 煤水分含量对煤吸氧量与放热量影响的测定[J]. 中国矿业大学学报, 2005, 34(3): 358-362.

[235] 崔宪. 影响煤炭挥发分测定的主要因素分析[J]. 商品与质量: 学术观察, 2013, (9): 236.

[236] 李毓婷. 含碳固废作型煤添加剂的研究及型煤特性分析[D]. 太原: 山西大学, 2012.

[237] 王浩青, 贺军荪. 湿法烟气脱硫的烟气排放[J]. 能源环境保护, 2009, 23(3): 18-19, 25.

[238] 洪军. 快速灰化法测定煤中灰分的探讨[J]. 煤质技术, 2010, (3): 28-30.

[239] 阎立峰, 朱清时. 以生物质为原材料的化学化工[J]. 化工学报, 2004, 55(12): 1938-1943.

[240] 吴创之, 周肇秋, 阴秀丽, 等. 我国生物质能源发展现状与思考[J]. 农业机械学报, 2009, 40(1): 91-99.

[241] Vinterbäck J. Pellets 2002: The first world conference on pellets[J]. Biomass and Bioenergy, 2004, 27(6): 513-520.

[242] Long X, Chi J, Liu L, et al. Effect of seawater stress on physiological and biochemical responses of five jerusalem artichoke ecotypes[J]. Pedosphere, 2009, 19(2): 208-216.

[243] 赵耕毛, 刘兆普, 汪辉, 等. 滨海盐渍区利用异源海水养殖废水灌溉耐盐能源植物(菊芋)研究[J]. 干旱地区农业研究, 2009, 27(3): 107-111.

[244] Xue Y F, Liu Z P. Antioxidant enzymes and physiological characteristics in two Jerusalem artichoke cultivars under salt stress[J]. Russian Journal of Plant Physiology, 2008, 55(6): 776-781.

[245] 刘明锐, 姜英, 王东升. 高变质烟煤成型质量影响因素初探[J]. 煤质技术, 2014, (A01): 10-13.
[246] 宋新朝, 李克忠, 王锦凤, 等. 流化床生物质与煤共气化特性的初步研究[J]. 燃料化学学报, 2006, 34(3): 303-308.
[247] 国家质量监督检验检疫总局, 国家标准化管理委员会. 煤的发热量测定方法: GB/T 213—2008[S]. 北京: 中国标准出版社, 2008.
[248] 邢康, 唐庆杰, 张强. 生物质对粉煤燃烧特性的影响[J]. 煤炭转化, 2012, 35(4): 69-71, 76.
[249] 公旭中, 王志, 郭占成. 煤基燃料催化燃烧时燃点的变化规律[C]//全国冶金物理化学学术会议, 昆明, 2012.
[250] 盛宏至, 刘典福, 魏小林, 等. 煤部分气化后生成半焦的特性[J]. 燃烧科学与技术, 2004, 10(2): 187-191.
[251] Song W J, Tang L H, Zhu X D, et al. Effect of coal ash composition on ash fusion temperatures[J]. Energy and Fuels, 2010, 24(1): 182-189.
[252] Jak E. Prediction of coal ash fusion temperatures with the F*A*C*T thermodynamic computer package[J]. Fuel, 2002, 81(13): 1655-1668.
[253] 钱觉时, 郑洪伟, 宋远明, 等. 流化床燃煤固硫灰渣的特性[J]. 硅酸盐学报, 2008, 36(10): 1396-1400.
[254] 郑文竹, 姚炳新, 魏文铃, 等. 从菊芋制备菊粉糖液的方法和菊芋干片成分分析[J]. 厦门大学学报(自然科学版), 1996, 35(1): 112-116.
[255] 周科, 于敦喜, 张广才, 等. 煤粉密度对煤质及其燃烧特性的影响[J]. 热力发电, 2013, 42(9): 87-91, 104.
[256] 张银法. 燃烧系统的能量效益分析[J]. 煤气与热力, 1993, (4): 32-39.
[257] Jiang S Y, Wang Y Y, Zhou J M, et al. Numerical simulation on middle volatile coal combustion in reversed injection burner[J]. Journal of China Coal Society, 2014, 39(6): 1147-1153.
[258] Arias B, Pevida C, Fermoso J, et al. Influence of torrefaction on the grindability and reactivity of woody biomass[J]. Fuel Processing Technology, 2008, 89(2): 169-175.
[259] Yang C L. An application of dyeing technique in organic maturation studies[D]. 桃园: “中央大学”, 2001.
[260] Liu X, Chen M, Yu D, et al. Analysis of influence factors on co-combustion characteristics of bituminous coal with herbal biomass[J]. Transactions of the Chinese Society of Agricultural Engineering, 2012, 28(21): 200-207.
[261] Xie J J, Yang X M, Zhang L, et al. Emissions of SO_2, NO and N_2O in a circulating fluidized bed combustor during co-firing coal and biomass[J]. Journal of Environmental Sciences-China, 2007, 19(1): 109-116.
[262] 张小桃, 李娜, 骞浩. 玉米秸秆与煤掺烧锅炉运行性能分析[J]. 节能, 2013, 32(1): 15-18.
[263] Annamalai K, Thien B, Sweeten J. Co-firing of coal and cattle feedlot biomass (FB) fuels. Part II. Performance results from 30kWt (100, 000) BTU/h laboratory scale boiler burner[J]. Fuel, 2003, 82(10): 1183-1193.
[264] 王少杰, 孟雨吟, 孙士青, 等. 菊芋研究进展[J]. 山东科学, 2011, 24(6): 62-66.
[265] 韩亮. 大同烟煤煤焦氧化钙催化气化特性研究[D]. 北京: 华北电力大学, 2012.
[266] Zebian H, Rossi N, Gazzino M, et al. Optimal design and operation of pressurized oxy-coal combustion

with a direct contact separation column[J]. Energy, 2013, 49: 268-278.

[267] 姜秀民, 邱健荣, 李巨斌, 等. 超细化煤粉低温燃烧的 NO_x、SO_2 生成特性研究[J]. 环境科学学报, 2000, 20(4): 431-434.

[268] 姚向君, 田宜水. 生物质能资源清洁转化利用技术[M]. 北京: 化学工业出版社, 2005.

[269] 王久臣, 戴林, 田宜水, 等. 中国生物质能产业发展现状及趋势分析[J]. 农业工程学报, 2007, 23(9): 276-282.

[270] 科学技术部中国农村技术开发中心. 农村绿色能源技术[M]. 北京: 中国农业科学技术出版社, 2007.

[271] 黄海珍, 陈海波, 苏俊林, 等. 煤与生物质混合燃烧特性及动力学分析[J]. 节能技术, 2007, 25(1): 27-30, 50.

[272] Lindström E, Sandström M, Boström D, et al. Slagging characteristics during combustion of cereal grains rich in phosphorus[J]. Energy and Fuels, 2007, 21(2): 710-717.

[273] 雅克・范鲁, 耶普・克佩耶. 生物质燃烧与混合燃烧技术手册[M]. 田宜水, 姚向君, 译. 北京: 化学工业出版社, 2008.

[274] 阎维平, 陈吟颖. TK6 生物质燃料结渣特性分析与判别[J]. 华北电力大学学报(自然科学版), 2007, 34(1): 49-54.

[275] 袁艳文, 林聪, 赵立欣, 等. 生物质固体成型燃料抗结渣研究进展[J]. 可再生能源, 2009, 27(5): 48-51.

[276] 陈彦广, 陆佳, 韩洪晶, 等. 粉煤灰作为廉价吸附剂控制污染物排放的研究进展[J]. 化工进展, 2013, 32(8): 1905-1913.

[277] 袁艳文, 赵立欣, 孟海波, 等. 玉米秸秆颗粒燃料抗结渣剂效果的比较[J]. 农业工程学报, 2010, 26(11): 251-255.

[278] Vamvuka D, Kakaras E, Kastanaki E, et al. Pyrolysis characteristics and kinetics of biomass residuals mixtures with lignite[J]. Fuel, 2003, 82(15/17): 1949-1960.

[279] Demirbas A. Combustion characteristics of different biomass fuels[J]. Progress in Energy and Combustion Science, 2004, 30(2): 219-230.

[280] 马孝琴, 骆仲泱, 方梦祥, 等. 添加剂对秸秆燃烧过程中碱金属行为的影响[J]. 浙江大学学报(工学版), 2006, 40(4): 599-604.

[281] Fan Z, Zhang J, Lin X, et al. 2004. Problems on analysis of basic property of biomass[J]. Journal of Southeast University (Natural Science Edition), 2004, 34: 352-355.

[282] Lang F, Ma X Q, Wang J J, et al. Study on the ash characteristics of stalks[J]. Renewable Energy Resources, 2007, 25(4): 25-28.

[283] Vamvuka D, Zografos D. Predicting the behaviour of ash from agricultural wastes during combustion[J]. Fuel, 2004, 83(14/15): 2051-2057.

[284] Favelatorres E, Allais J J, Baratti J. Kinetics of Batch Fermentations for Ethanol-Production with Zymomonas-Mobilis Growing on Jerusalem-Artichoke Juice[J]. Biotechnology and Bioengineering, 1986, 28(6): 850-856.

[285] Szambelan K, Nowak J, Czarnecki Z. Use of Zymomonas mobilis and Saccharomyces cerevisiae mixed with Kluyveromyces fragilis for improved ethanol production from Jerusalem artichoke tubers[J]. Biotechnology Letters, 2004, 26(10): 845-848.

[286] Duvnjak Z, Turcotte G, Duan Z D. Production of sorbitol and ethanol from Jerusalem artichokes by Saccharomyces cerevisiae ATCC 36859[J]. Applied Microbiology and Biotechnology, 1991, 35(6): 711-715.

[287] Bahar T, Celebis S. 1999. Immobilization of glucoamyase on magnetic polystyrene particles [J]. J of Mol. Catalysis B: Enzymatic,11:127-138.

[288] 胡琼英, 狄洌. 生物化学实验[M]. 北京: 化学工业出版社. 2007.